中国科学技术协会
年　鉴

2020

中国财富出版社有限公司

图书在版编目（CIP）数据

中国科学技术协会年鉴 . 2020 / 中国科学技术协会组织编写 . —北京：中国财富出版社有限公司，2021.4
ISBN 978-7-5047-7417-0

Ⅰ . ①中…　Ⅱ . ①中…　Ⅲ . ①中国科学技术协会—2020—年鉴　Ⅳ . ①G322.25-54

中国版本图书馆 CIP 数据核字（2021）第 067113 号

策划编辑　宋　宇
责任编辑　邢有涛　刘静雯　郭逸亭
装帧设计　中文天地
责任印制　梁　凡　郭紫楠
责任校对　张营营
责任发行　白　昕

出版发行　中国财富出版社有限公司
地　　址　北京市丰台区南四环西路188号5区20楼
邮　　编　100070
发 行 部　010-52227588转2098
读者服务部　010-52227588转100
网　　址　http://www.cfpress.com.cn

开　　本　889mm × 1194mm　1/16
字　　数　2614千字
印　　张　74.25
印　　数　1—1600册
版　　次　2021年7月第1版
印　　次　2021年7月第1次印刷
印　　刷　宝蕾元仁浩（天津）印刷有限公司
书　　号　ISBN 978-7-5047-7417-0 / G · 0749
定　　价　150.00元

编辑说明

一、《中国科学技术协会年鉴》是一部综合性资料性工具书，由中国科学技术协会主办，2001 年创刊，每年出版一卷，旨在全面、系统地反映中国科协系统为科技工作者服务、为创新驱动发展服务、为提高全民科学素质服务、为党和政府科学决策服务等各项事业发展变化的基本情况和发生的大事、要事、新事及有影响的事，为各方面了解中国科协提供信息和资料。

二、《中国科学技术协会年鉴》采用分类编辑法，主体内容设类目、分目、条目三个结构层次，以条目为表现内容的基本形式，全书条目的标题统一用黑体加【 】表示。

三、《中国科学技术协会年鉴（2020）》着重反映 2019 年中国科协系统的基本情况。全书设领导同志贺信批示讲话、中国科协主席党组书记讲话文章、重要文件、重要会议和活动、中国科协 2019 年主要活动和重要事件、人物、表彰奖励、统计公报、全国学会（协会、研究会）简况、省（自治区、直辖市）科协简况、大事记、附录 12 个类目。

四、本年鉴配备双重检索系统，书前刊有目录，书后配有索引。索引采用主题分析法，款目按汉语拼音字母顺序排列。

五、本年鉴的编辑出版工作得到各撰稿单位的通力合作，谨此致谢。本卷疏漏之处，敬请批评指正。

目　录

重要会议和活动

中国科协2019年主要活动和重要事件

人　物

表彰奖励

中国科协2019年度事业发展统计公报

全国学会、协会、研究会（含受委托管理的学会）简况

省、自治区、直辖市科协，新疆生产建设兵团科协简况

大事记

附　录

索 引

中国科学技术协会章程

（2016年6月1日中国科学技术协会第九次全国代表大会通过）

第一章　总　则

第一条　中国科学技术协会是中国科学技术工作者的群众组织，是中国共产党领导下的人民团体，是党和政府联系科学技术工作者的桥梁和纽带，是国家推动科学技术事业发展的重要力量。

第二条　中国科学技术协会的宗旨是：高举中国特色社会主义伟大旗帜，坚持以马克思列宁主义、毛泽东思想、邓小平理论、"三个代表"重要思想、科学发展观为指导，深入贯彻落实习近平总书记系列重要讲话精神，按照全面建成小康社会、全面深化改革、全面依法治国、全面从严治党的战略布局，坚持科学技术是第一生产力，坚持把创新作为引领发展的第一动力，把人才作为支撑发展的第一资源，把创新摆在发展全局的核心位置，深入实施科教兴国战略、人才强国战略、创新驱动发展战略，认真履行为科学技术工作者服务、为创新驱动发展服务、为提高全民科学素质服务、为党和政府科学决策服务的职责定位，促进科学技术的繁荣和发展，促进科学技术的普及和推广，促进科学技术人才的成长和提高，反映科学技术工作者的意见建议，维护科学技术工作者的合法权益，营造良好科学文化氛围，坚定不移走中国特色社会主义群团发展道路，不断增强政治性、先进性和群众性，建设开放型、枢纽型、平台型科协组织，真正成为党领导下团结联系广大科技工作者的人民团体，提供科技类公共服务产品的社会组织，国家创新体系的重要组成部分，把广大科学技术工作者更加紧密地团结凝聚在党的周围，为实现中华民族伟大复兴的中国梦而努力奋斗。

第三条　中国科学技术协会由全国学会、协会、研究会（以下学会、协会、研究会简称学会），地方科学技术协会及基层组织组成。

地方科学技术协会由同级学会和下一级科学技术协会及基层组织组成。

第四条　中国科学技术协会贯彻自主创新、重点跨越、支撑发展、引领未来的科技工作方针，弘扬尊重劳动、尊重知识、尊重人才、尊重创造的风尚，倡导创新、求实、协作、奉献的精神，坚持独立自主、民主办会的原则和"百花齐放、百家争鸣"的方针，依法依章程开展工作。

第五条　中国科学技术协会高举爱国主义旗帜，加强与香港特别行政区、澳门特别行政区和台湾地区的科学技术交流，维护民族团结，促进祖国统一。

第二章　任　务

第六条　密切联系科学技术工作者，宣传党的路线方针政策，反映科学技术工作者的建议、意见和诉求，维护科学技术工作者的合法权益，建设科技工作者之家。

第七条　开展学术交流，活跃学术思想，倡导学术民主，优化学术环境，促进学科发展，推进国家创新体系建设。

第八条　组织科学技术工作者开展科技创新，参与科学论证和咨询服务，加快科学技术成果转化应用，助力创新发展，为增强企业自主创新能力作贡献。

第九条　弘扬科学精神，普及科学知识，推广先进技术，传播科学思想和科学方法，捍卫科学尊严，提高全民科学素质。

第十条　健全科学共同体的自律功能，推动建立和完善科学研究诚信监督机制，促进科学道德建设和学风建设，宣传优秀科学技术工作者，培育科学文化，践行社会主义核心价值观。

第十一条　组织科学技术工作者参与国家科技战略、规划、布局、政策、法律法规的咨询制定和国家事务的政治协商、科学决策、民主监督工作，建设中国特色高水平科技创新智库。

第十二条　组织所属学会有序承接科技评估、工程技术领域职业资格认定、技术标准研制、国家科技奖励推荐等政府委托工作或转移职能。

第十三条　注重激发青少年科技兴趣，发现培养杰出青年科学家和创新团队，表彰奖励优秀科学技术工作者，举荐科学技术人才。

第十四条　开展民间国际科学技术交流活动，促进国际科学技术合作，发展同国（境）外科学技术团体和科学技术工作者的友好交往，为海外科技人才来华创新创业提供服务。

第十五条　兴办符合中国科学技术协会宗旨的社会公益性事业。

第三章　会　员

第十六条　中国科学技术协会实行团体会员制。

学会和高等学校科协、大型企业科协等基层组织，符合条件的，经批准可成为同级科学技术协会的团体会员。

学会和基层组织发展个人会员。

第十七条　会员的权利和义务：

团体会员可推选代表参加科学技术协会代表大会，享有选举权、被选举权和监督权；参加科学技术协会的活动，对科学技术协会的工作提出建议和批评并进行监督。

团体会员须遵守本章程，接受科学技术协会的领导，执行科学技术协会的决议和决定，开展符合本章程规定的各项活动，承担科学技术协会委托的工作任务。

个人会员的权利和义务由学会和基层组织章程规定。

第四章　全国领导机构

第十八条　全国代表大会和它选举产生的全国委员会是中国科学技术协会全国领导机构。

全国代表大会常务委员会是全国代表大会的常设机构。

第十九条　全国代表大会每五年举行一次，由全国委员会召集。特殊情况下，可以提前或延期举行。

第二十条　全国代表大会的代表名额和选举办法由常务委员会决定，其代表经全国学会和省、自治区、直辖市科学技术协会及有关方面民主协商，选举产生。

代表大会代表实行任期制。

第二十一条　全国代表大会行使下列职权：

一、决定中国科学技术协会的工作方针和任务；

二、审议和批准全国委员会的工作报告；

三、制定和修改中国科学技术协会章程；

四、选举产生全国委员会；

五、决定其他重大事项。

第二十二条　全国委员会会议每年举行一次，由常务委员会召集。

第二十三条　全国委员会行使下列职权：

一、执行全国代表大会的决议；

二、选举主席、副主席和常务委员；

三、审议中国科学技术协会年度工作报告；

四、决定授予荣誉职务；

五、决定其他重大事项。

第二十四条　全国委员会闭会期间，常务委员会领导中国科学技术协会的工作，实施全国委员会确定的任务，批准全国委员会委员的变更、增补或撤销，会员的接纳、退出或处罚；决定常务委员会委员、全国委员会副主席的调整，并提交全国委员会会议批准。

常务委员会会议一般每半年举行一次，由主席召集，也可由主席委托副主席召集。

第二十五条　常务委员会下设书记处。书记处由第一书记和书记若干人组成，人选由主席提名，经常务委员会通过。书记处在常务委员会领导下主持中国科学技术协会的日常工作。

第二十六条 常务委员会设置若干工作委员会和专门委员会，协助审议需经常务委员会审定的有关事项。

第二十七条 常务委员会根据需要，聘请成就卓著的科学家为中国科学技术协会顾问。

第二十八条 全国委员会委员和常务委员会委员应珍惜荣誉，遵守纪律，认真履职。全国委员会委员连续两次无故缺席全国委员会会议，没有正常履职的，一般应辞去全国委员会委员职务；常务委员会委员三次无故缺席常务委员会会议，没有正常履职的，一般应辞去常务委员会委员职务。

因为严重违纪受到查处或受到刑事处罚的，撤销委员职务，同时终止全国代表大会代表资格。

第五章　全国学会

第二十九条 本章程所称全国学会是按自然科学、技术科学、工程技术及相关科学的学科组建或以促进科学技术发展和普及为宗旨的社会团体。

第三十条 加入中国科学技术协会的全国学会须满足以下基本条件：

一、承认中国科学技术协会章程；

二、按照社会团体登记管理规定依法登记；

三、学术带头人应在相关领域有重要影响，个人会员达到1000名以上；

四、经常开展国内外学术交流活动，具有较强的服务科技创新、决策咨询和科学技术普及能力，编辑出版科学技术或科学普及刊物，原则上应设有科学技术奖项；

五、有实体办事机构、固定办公场所和专职工作人员。

第三十一条 符合本章程第三十条规定的全国学会，向中国科学技术协会提出申请，经常务委员会批准，即为中国科学技术协会的团体会员。

第三十二条 加入中国科学技术协会的全国学会接受中国科学技术协会的领导，执行中国科学技术协会的决议，承担并完成中国科学技术协会委托的任务，选举代表参加中国科学技术协会全国代表大会。

全国学会退出中国科学技术协会，须经中国科学技术协会常务委员会批准。

第三十三条 全国学会会员代表大会每四至五年举行一次，决定学会的工作方针和任务，审议和批准学会理事会的工作报告和财务报告，制定、修改会章，选举新的理事会。

全国学会办事机构在理事会领导下开展工作。

第三十四条 全国学会可根据学科发展需要组建学会联合体，有条件的学会联合体应设立党的工作机构。学会联合体为非法人社团组织，其成立或解散须经中国科学技术协会常务委员会批准。

第三十五条 全国学会有下列情形之一的，经中国科学技术协会批准，给予限期整改、警告、撤销团体会员资格等处罚：

一、履职不力、组织涣散的，责令限期整改；

二、限期整改后仍无明显改进的，经批准，给予警告处分；

三、违反国家法律法规，或严重违反中国科学技术协会章程，造成严重不良后果的，经常务委员会批准，撤销团体会员资格。

第六章　地方科学技术协会

第三十六条 本章程所称地方科学技术协会指省（自治区、直辖市）科学技术协会，市（地、州、盟）科学技术协会和县（市、区、旗）科学技术协会。地方科学技术协会是中国科学技术协会的地方组织，是地方同级党委领导下的人民团体。

第三十七条 省、自治区、直辖市科学技术协会接受中国科学技术协会的业务指导。

市（地、州、盟）科学技术协会接受省（自治区、直辖市）科学技术协会的业务指导。

县（市、区、旗）科学技术协会接受市（地、州、盟）科学技术协会的业务指导。

省级以下（含省级）学会接受同级科学技术协会领导，业务上受相应的上级学会指导。

第三十八条 地方科学技术协会执行中国科学技术协会的章程和决议，推选代表参加上级科学技术协会代表大会。

第三十九条 地方科学技术协会代表大会每五年举行一次，决定本地区科学技术协会的工作方针和任务，审议地方科学技术协会委员会的工作报告，选举地方科学技术协会委员会。

地方科学技术协会主席、副主席选举结果应报上一级科学技术协会备案。

第七章 基层组织

第四十条 科学技术工作者集中的企业事业单位和有条件的乡镇、街道社区等建立的科学技术协会（科学技术普及协会）是中国科学技术协会的基层组织，依照本章程开展活动。

地方科学技术协会联系指导农村专业技术协会等基层组织。

第四十一条 中国科学技术协会和地方科学技术协会可依规模和影响发展符合条件的基层组织作为团体会员。

第四十二条 基层组织应立足自身特点，动员和组织科学技术工作者开展学术交流，普及科学技术，推广实用技术，助力创新驱动，服务大众创业、万众创新。

第四十三条 基层组织应大力发展个人会员，及时准确反映基层科学技术工作者的建议、意见和诉求，建好科技工作者之家、广交科技工作者之友。

第八章 工作人员

第四十四条 各级科学技术协会机关对其工作人员按照国家有关规定进行管理。

第四十五条 各级科学技术协会所属学会对其工作人员根据其编制性质和管理的需要，执行相应的人事管理制度。

第四十六条 各级科学技术协会所属事业单位的工作人员按国家对事业单位的管理规定进行管理。

第四十七条 各级科学技术协会工作人员应热爱科学技术协会的事业，牢固树立为科学技术工作者服务的思想，持续改进工作作风，深入实际和基层，密切联系和真诚服务科学技术工作者，不断提高政策水平、专业技能和社会服务能力。

第四十八条 各级科学技术协会要加强对工作人员的培养和教育，有计划有组织地开展培训工作，提高工作人员的政治和业务素质。

第四十九条 各级科学技术协会及所属团体工作人员应自觉加强纪律和道德约束，共同维护科学技术协会作为科技工作者之家的良好形象，不得肆意贬损诋毁。如有违犯者，视情节轻重给予处理。

第九章 经费及资产管理

第五十条 经费来源：

一、财政拨款；

二、资助；

三、捐赠；

四、会费；

五、企事业收入；

六、其他收入。

第五十一条 建立学术交流、科学技术普及、人才举荐和奖励等专项基金。

第五十二条 建立常务委员会领导下的民主理财管理体制。

第五十三条 各级科学技术协会的经费、资产及国家和地方拨给科学技术协会的不动产受法律保护，任何单位和个人不得侵占、挪用和任意调拨；各级科学技术协会所属企业、事业的资产隶属关系不得随意改变。

第十章　会　徽

第五十四条　中国科学技术协会会徽由古天象仪、航天器、齿轮、麦穗、蛇杖以及中文和英文标出的中国科学技术协会名称组成。

第五十五条　中国科学技术协会会徽可在办公地点、活动场所、会议会场悬挂，在出版物上印制，也可制作成徽章佩戴。

第十一章　附　则

第五十六条

中国科学技术协会简称中国科协。

中国科学技术协会会址设在北京。

中国科学技术协会的英文全称是 CHINA ASSOCIATION FOR SCIENCE AND TECHNOLOGY，缩写为 CAST。

第五十七条　全国委员会依照本章程制定《全国学会组织通则》。

第五十八条　全国学会依据有关社会团体登记管理规定、本章程制定学会章程。

地方科学技术协会可根据本章程制定实施细则。

第五十九条　本章程解释权属中国科学技术协会。

第六十条　本章程经中国科学技术协会全国代表大会通过实施。

中国科学技术协会会徽

中国科学技术协会会徽由古天象仪、航天器、齿轮、麦穗、蛇杖以及中文和英文标出的中国科学技术协会名称组成。

中国科学技术协会会徽可在办公地点、活动场所、会议会场悬挂，在出版物上印制，也可作为徽章佩戴。

中国科学技术协会标识

中国科学技术协会标识图案为双面拓扑图形，造型富于变化，富有动感。舞动的丝带寓意中国科协是党和政府联系广大科技工作者的桥梁和纽带，象征科协组织具有蓬勃的生命力和创造力。

中国科学技术协会简介

一、历史沿革

中华人民共和国成立前夕，党中央为团结科技工作者，为新中国建设事业贡献力量，邀请科技界派代表参加中国人民政治协商会议，批准由中国科学社、中华自然科学社、中国科学工作者协会和东北自然科学研究会等4个科学团体共同发起，筹备召开中华全国自然科学工作者代表会议（简称科代会）。1949年7月，科代会筹备会议在北平召开，选出正式代表15人和候补代表2人参加中国人民政治协商会议。1950年8月，科代会在北京举行，决定成立“中华全国自然科学专门学会联合会”（简称全国科联）和“中华全国科学技术普及协会”（简称全国科普），推举地质学家李四光为全国科联主席、林学家梁希为全国科普主席。

1958年9月，经党中央批准，全国科联和全国科普合并，正式成立全国科技工作者的统一组织——中国科学技术协会。50多年来，中国科协先后召开九次全国代表大会，李四光、周培源、钱学森、朱光亚曾分别担任第一、二、三、四届全国委员会主席，周光召为第五、六届全国委员会主席，韩启德为第七、八届全国委员会主席，2016年6月，万钢当选为第九届全国委员会主席。1991年1月，全国政协七届十二次常委会议决定，恢复中国科协为全国政协组成单位。目前，中国科协是国家科教工作领导小组、中央精神文明建设指导委员会和中央人才工作协调小组成员单位，第十二届全国政协有科协界委员43名。

二、宗旨任务

《中国科协章程》规定，科协的宗旨任务主要是：

1. 宗旨

高举中国特色社会主义伟大旗帜，坚持以马克思列宁主义、毛泽东思想、邓小平理论、“三个代表”重要思想、科学发展观为指导，深入贯彻落实习近平总书记系列重要讲话精神，按照全面建成小康社会、全面深化改革、全面依法治国、全面从严治党的战略布局，坚持科学技术是第一生产力，坚持把创新作为引领发展的第一动力，把人才作为支撑发展的第一资源，把创新摆在发展全局的核心位置，深入实施科教兴国战略、人才强国战略、创新驱动发展战略，认真履行为科学技术工作者服务、为创新驱动发展服务、为提高全民科学素质服务、为党和政府科学决策服务的职责定位，促进科学技术的繁荣和发展，促进科学技术的普及和推广，促进科学技术人才的成长和提高，反映科学技术工作者的意见建议，维护科学技术工作者的合法权益，营造良好科学文化氛围，坚定不移走中国特色社会主义群团发展道路，不断增强政治性、先进性和群众性，建设开放型、枢纽型、平台型科协组织，真正成为党领导下团结联系广大科技工作者的人民团体，提供科技类公共服务产品的社会组织，国家创新体系的重要组成部分，把广大科学技术工作者更加紧密地团结凝聚在党的周围，为实现中华民族伟大复兴的中国梦而努力奋斗。

2. 任务

一是密切联系科学技术工作者，宣传党的路线方针政策，反映科学技术工作者的建议、意见和诉求，维护科学技术工作者的合法权益，建设科技工作者之家；二是开展学术交流，活跃学术思想，倡导学术民主，优化学术环境，促进学科发展，推进国家创新体系建设；三是组织科学技术工作者开展科技创新，参与科学论证和咨询服务，加快科学技术成果转化应用，助力创新发展，为增强企业自主创新能力作贡献；四是弘扬科学精神，普及科学知识，推广先进技术，传播科学思想和科学方法，捍卫科学尊严，提高全民科学素质；五是健全科学共同体的自律功能，推动建立和完善科学研究诚信监督机制，促进科学道德建设和学风建设，宣传优秀科学技术工作者，培育科学文化，践行社会主义核心价值观；六是组织科学技术工作者参与国家科技战略、规划、布局、政策、法律法规的咨询制定和国家事务的政治协商、科学决策、民主监督工作，建设中国特色高水平科技创新智库；七是组织所属学会有序承接科技评估、工程技术领域职业资格认定、技术标准研制、国家科技奖励推荐等政府委托工作或转移职能；八是注重激发青少年科技兴趣，发现培养杰出青年科学家和创新团队，表彰奖励优秀科学技术工作者，举荐科学技术人才；九是开展民间国际科学技术交流活动，促进国际科学技术合作，发展同国（境）外科学技术团体和科学技术工作者的友好交往，为海外科技人才来华创新创业提供服务；十是兴办符合中国科学技术协会宗旨的社会公益性事业。

三、组织状况

中国科协由全国学会、协会、研究会（以下简称学会）和地方科协组成。地方科协由同级学会和下一级科协及基层组织组成。组织系统横向跨越绝大部分自然科学学科和大部分产业部门，是一个具有较大覆盖面的网络型组织体系。

1. 全国学会。目前，中国科协所属全国学会 210 个。其中，理科学会 46 个，工科学会 78 个，农科学会 16 个，医科学会 28 个，交叉学科学会 42 个。

2. 地方科协。地方科协包括省、自治区、直辖市科协，市（地）科协和县科协，总计 3141 个，其中省级科协 32 个，副省级、省会城市科协 32 个，地市级科协 381 个，县级科协 2696 个。此外，还有大量科协基层组织，如乡镇科协（科普协会）、农村专业技术协会、企业科协、街道科协、高校科协等。

3. 科协机关。中国科协机关设有办公厅、计划财务部、组织人事部、调研宣传部、学会学术部（企业工作办公室）、科学技术普及部、国际联络部、机关党委、机关离退休干部办公室等部门，直属单位设有创新战略研究院、中国科普研究所、学会服务中心、信息中心、中国科技馆、青少年科技中心、企业创新服务中心、农村专业技术服务中心、中国国际科技交流中心、科学技术传播中心、培训和人才服务中心、科技导报社、机关服务中心、中国科技会堂、新技术开发中心、中国科学技术出版社等。

4. 领导体制。中国科协属中直系统，由中央书记处直接领导。中国科协实行全国代表大会、全国委员会、常务委员会领导制度。常务委员会设置组织建设专门委员会、学术交流专门委员会等 11 个专门委员会，协助审议需经常务委员会审定的有关事项。常务委员会下设书记处，书记处在常务委员会领导下主持中国科协的日常工作。

A Brief Introduction to the China Association for Science and Technology

As the largest non-governmental organization of scientific and technological professionals in China, the China Association for Science and Technology (CAST) serves as a bridge that links the Communist Party of China and the Chinese government to the country's science and technology community. Through its 210 national member societies and local branches all over the country, CAST maintains close ties with millions of Chinese scientists, engineers and other professionals working in the fields of science and technology.

The history of CAST can trace back to the eve of the founding of the People's Republic of China in 1949 when a number of the nation's primary scientific and technological organizations gathered at a meeting to call upon the country's science and technology community to dedicate all their efforts to the building of New China. The meeting led to the birth in 1950 of two new national organizations --the All-China Federation of Natural Science Societies and the All-China Association for Science Popularization. In September 1958, the two organizations decided at their joint congress to merge into a unified single organization -- the China Association for Science and Technology.

Since its inauguration, CAST has made significant contributions to the prosperity and development of science and technology, to the popularization of science and technology among the public, to the emerging of large numbers of professional talents, and to the overall economic and social development in China.

As the bridge linking Chinese science and technology community with the Communist Party of China and the Chinese government, CAST is a constituent member of the country's top political advisory body -- the Chinese People's Political Consultative Conference (CPPCC), where it joins all the political parties and other social groups in the state affairs through political consultation, policy-making and democratic supervision.

The highest leading organ of CAST is the National Congress that meets every five years and the National Committee elected by it. The President of the current National Committee is Prof. Wan Gang. The Secretariat appointed by the National Committee is responsible for the daily operation of CAST, which is headed by the Chief Executive Secretary -- Dr. Huai Jinpeng.

Major tasks of CAST include:

1) to carry out academic exchanges, activate academic thinking, promote the development of all scientific disciplines, and stimulate independent innovation.

2) to organize scientific and technological professionals to contribute to the establishment of a technological innovation system that takes enterprises as the main body and can significantly enhance the enterprises' innovation ability.

3) to carry forward the scientific spirit, popularize scientific knowledge and disseminating scientific ideas and methods according to *the Law of the People's Republic of China on Science and Technology Popularization*; uphold the dignity of science, promote the application of advanced technologies, encourage and organize science educational activities among children and youth, and improve the scientific literacy of all citizens.

4) to reflect suggestions, opinions and demands of scientific and technological professionals, and safeguard their legitimate rights and interests.

5) to push forward the establishment and improvement of a research integrity supervision mechanism, and promote the construction of scientific ethics and a fine style of study.

6) to organize scientific and technological professionals to participate in the making of science- and technology-related policies and laws; organize scientific and technological professionals to participate in the political consultation, scientifically informed decisions and democratic supervision of state affairs.

7) to recognize and reward outstanding scientific and technological professionals, and recommend scientific and technological talents.

8) to provide scientific augmentation and consulting services, and policy advice, facilitate the transformation ofresearch results; undertake project evaluation and appraisal, participate in the formulation of technical standards, professional qualification accreditation.

9) to organize international science and technology exchange programs, promote international scientific and technological cooperation, and develop cooperative relations with scientific and technological organizations and personnel worldwide.

10) to carry out continuing education and training programs.

11) to develop social and public welfare institutions cohering to the aim of the China Association for Science and Technology.

CAST maintains cooperative relations with scientific and technological organizations of many countries and, as the representative of the Chinese science and technology community, is the national members of ICSU, WFEO and many other international scientific and technological organizations. In 2004, CAST was granted consultative status with the Economic and Social Council of the United Nations.

领导同志贺信批示讲话

习近平致第三届世界智能大会的贺信

（2019年5月16日）

习近平

值此世界智能大会开幕之际，我向大会的召开致以热烈的祝贺！向出席会议的国际知名企业家、业界领军人物和图灵奖获得者等各界人士表示诚挚的欢迎！

当前，由人工智能引领的新一轮科技革命和产业变革方兴未艾。在移动互联网、大数据、超级计算、传感网、脑科学等新理论新技术驱动下，人工智能呈现深度学习、跨界融合、人机协同、群智开放、自主操控等新特征，正在对经济发展、社会进步、全球治理等方面产生重大而深远的影响。中国高度重视创新发展，把新一代人工智能作为推动科技跨越发展、产业优化升级、生产力整体跃升的驱动力量，努力实现高质量发展。

举办世界智能大会，旨在为世界智能科技领域搭建一个交流合作、共赢共享的平台。希望大家围绕“智能新时代：进展、策略和机遇”的主题，深化交流、增进共识、加强合作，推动新一代人工智能健康发展，更好造福世界各国人民。

预祝大会圆满成功！

习近平向2019世界青年科学家峰会致贺信

10月26日，2019世界青年科学家峰会在浙江温州召开。国家主席习近平向大会致贺信。

习近平指出，当前，新一轮科技革命和产业变革蓬勃兴起。科技的未来在青年。开展科技人文交流，推动青年创新合作，是各国共同愿望。希望与会嘉宾围绕“汇聚天下英才　共创美好未来”主题，交流思想，互学互鉴，筑牢友谊基石，扎紧合作纽带，让更多青年科技人才施展抱负、成就梦想，以科技创新引领经济社会发展，共创人类发展的美好未来！

2019世界青年科学家峰会由中国科学技术协会与浙江省人民政府共同举办，于10月26日至27日在浙江温州举行。诺贝尔奖得主、海外院士专家、著名青年科学家代表以及国际科技组织负责人等约800人出席。

习近平向首届世界科技与发展论坛致贺信

10月16日，首届世界科技与发展论坛在北京召开。国家主席习近平向大会致贺信。

习近平指出，当前，新一轮科技革命和产业变革不断推进，科技同经济、社会、文化、生态深入协同发展，对人类文明演进和全球治理体系发展产生深刻影响。以科技创新推动可持续发展成为破解各国关心的一些重要全球性问题的必由之路。

习近平强调，中国一贯秉持开放合作，坚持把联合国可持续发展议程同本国发展战略和国情有机结合，努力实现更高质量、更有效率、更加公平、更可持续的发展。希望论坛促进各国科学家、教育家、企业家携手合作，凝聚共识，交流思想，深化合作，为推动构建人类命运共同体贡献智慧和力量。

习近平向 2019 世界新能源汽车大会致贺信

7 月 2 日，2019 世界新能源汽车大会在海南博鳌召开。国家主席习近平致贺信，对大会的召开表示热烈祝贺。

习近平指出，当前随着新一轮科技革命和产业变革孕育兴起，新能源汽车产业正进入加速发展的新阶段，不仅为各国经济增长注入强劲新动能，也有助于减少温室气体排放，应对气候变化挑战，改善全球生态环境。

习近平强调，中国坚持走绿色、低碳、可持续发展道路，愿同国际社会一道，加速推进新能源汽车科技创新和相关产业发展，为建设清洁美丽世界、推动构建人类命运共同体作出更大贡献。希望各位嘉宾深入交流、凝聚共识，深化新能源汽车产业交流合作，让创新科技发展成果更好造福世界各国人民。

习近平向2019中国国际智能产业博览会致贺信

2019中国国际智能产业博览会8月26日在重庆市召开。国家主席习近平致贺信，对会议的召开表示热烈祝贺。

习近平指出，当前，以互联网、大数据、人工智能等为代表的现代信息技术日新月异，新一轮科技革命和产业变革蓬勃推进，智能产业快速发展，对经济发展、社会进步、全球治理等方面产生重大而深远影响。

习近平强调，中国高度重视智能产业发展，加快数字产业化、产业数字化，推动数字经济和实体经济深度融合。中国愿同国际社会一道，共创智能时代，共享智能成果。

习近平向第二届世界顶尖科学家论坛致贺信

10月29日，第二届世界顶尖科学家论坛在上海市召开。国家主席习近平向论坛致贺信。

习近平指出，科学技术是人类的伟大创造性活动，发展科学技术必须具有全球视野、把握时代脉搏。中国愿同世界各国一道加强科学研究，密切科研协作，推动科技进步，应对时代挑战。

习近平强调，中国高度重视科技前沿领域发展，致力于推动全球科技创新协作。中国将以更加开放的态度加强国际科技交流，依托世界顶尖科学家论坛等平台，推动中外科学家思想智慧和研究成果转化为经济社会发展的强大动力。希望与会代表围绕“科技，为了人类共同命运”这个主题，推动基础科学、倡导国际合作、扶持青年成长，为共同创造人类更美好的未来作出贡献。

中国科协主席党组书记讲话文章

在中国科协第九届全国委员会第六次会议上的工作报告

（2019 年 1 月 18 日）

万　钢

各位委员：

受中国科协第九届全国委员会常务委员会委托，我向大会报告工作，请予审议，并请列席同志提出意见。

2018 年工作情况

2018 年是深入贯彻党的十九大精神的开局之年，是改革开放 40 周年。40 年来，我国科技发展取得举世瞩目的成就，自主创新能力不断提升，为支撑经济社会发展作出重要贡献。特别是党的十八大以来，科技事业实现了历史性、整体性、格局性重大变化。过去一年，在习近平新时代中国特色社会主义思想指引下，我国经济社会持续健康发展，创新驱动发展战略深入实施，创新型国家建设迈出新步伐。基础研究、战略高技术等领域取得一批重大成果，首次在半导体量子点体系中实现三量子比特逻辑门，首次人工创建单条染色体真核细胞，"嫦娥四号"探测器首次成功登陆月球背面，国产大型水陆两栖飞机水上首飞，北斗系统开始提供全球服务，港珠澳大桥正式通车运营。人工智能、大数据、云计算等新技术迅速发展，数字经济与实体经济加快融合，大众创业万众创新深入推进，科技创新为孕育未来发展新动能奠定了良好基础，为经济发展、社会进步、民生改善和国家安全提供了有力支撑。

一年来，中国科协在党中央的坚强领导下，深入学习宣传贯彻习近平新时代中国特色社会主义思想和党的十九大精神，坚决贯彻落实党中央重大决策部署，树牢"四个意识"，坚定"四个自信"，坚决做到"两个维护"，扎实履行"四服务"职责定位，聚焦靶心、突出重心，围绕中心、服务大局，开启"1-9-6-1"工作布局，着力扩大有效覆盖、转变拓展职能、建设网上科协、强化基层基础、深化系统改革、提升组织活力，务实推进传承、创新、发展，展现了新时代科协组织新气象新作为，塑造科协发展新格局新风貌。

一、提高政治站位，筑牢团结引领广大科技工作者的共同思想根基

一是坚定践行"四个意识""两个维护"，不折不扣贯彻落实习近平总书记重要指示精神。坚持把党的政治建设摆在首位，把旗帜鲜明讲政治融入科协工作各环节各方面，强化政治引领政治吸纳，引导广大科技工作者坚定不移听党话、跟党走，把政治优势转化为发展优势。各级科协组织以上率下，分层分批开展研讨、培训，持续学习宣传贯彻习近平新时代中国特色社会主义思想。坚持学、思、践、悟相贯通，知、信、行、果相统一，引导科技界、各级科协组织持续深入学习宣传贯彻，深刻领会党的创新理论蕴含的世界观、方法论等内涵，在学懂、弄通、做实上下功夫。坚决落实习近平总书记重要指示精神，建立完善制度机制，大兴调查研究之风，在实际工作中培养和运用政治思维，引导科技界在思想上政治上行动上同以习近平同志为核心的党中央保持高度一致，增强拥护核心、拥戴领袖的自觉性和坚定性。各全国学会和各地科协也以贯彻落实党的十九大精神为契机，掀起学习贯彻习近平新时代中国特色社会主义思想热潮。

二是讲好总书记关心科技事业、关爱科技工作者的故事，提升润物无声宣传思想工作实效。坚定“四个自信”，夯实党在科技界的执政基础，开展爱国奋斗精神主题宣传教育活动，强化精品导向。举办900余场科学家宣讲党的十九大精神巡回报告，受众40万余人次。内蒙古、新疆等地将宣讲活动与科普传播行、天山南北院士行等品牌活动紧密结合。与央视联合推出“科技中国梦、建功新时代”主题报告会，形成科技界学习宣传贯彻党的十九大精神的热潮。联合中共中央宣传部、科技部发布“最美科技工作者”先进事迹并录制专题节目，与主流媒体加强战略合作，联合新华社、央视等制作《追梦身影》等宣传片，《嘱托》首次以微视频解读总书记科技论述，新华社客户端点击量迅速突破百万，引发广泛关注。内宣外宣联动，多媒体融合，生动讲述总书记对科技事业的关心、对科技工作者的关爱，向世界展示我国科技工作者的新形象，提升海外科技工作者的凝聚力，促进世界了解中国，推动民心相通。坚持守正创新，把握时度效，切实履行在科技界举旗帜、聚人心、育新人、兴文化、展形象的使命任务。

三是高扬爱国奋斗主旋律，砥砺中国科学家精神。突出领军人才、基层一线科技人员、青年人才等重点对象，做细高端引领，做实大众引领，做好开放引领。召开中国科协成立60周年百名科学家、百名基层科技工作者座谈会，体现总书记和党中央对科技工作者的关心关爱和激励鼓舞，彰显“全国科技工作者日”不忘初心、凝聚人心的良好氛围，发挥了砥砺奋进、创新建功的引领效应。会同光明日报社、陕西省委等举办纪念全国科学大会召开40周年座谈会、“西迁精神”座谈会。制定方案，统筹部署，在科协系统深入开展“弘扬爱国奋斗精神、创新建功新时代”活动。持续开展“共和国的脊梁——科学大师名校宣传工程”，让中国科学家精神在新时代绽放异彩。会同中共中央组织部组织新当选院士培训，专题研修爱国奋斗精神。受中共中央组织部委托编印《爱国奋斗精神学习读本》，将其作为知识分子和青年学生思想政治教育、职业道德和科学道德建设的重要内容。在《人民日报》发起科学家精神微话题，一天阅读量超过2000万次，有效激发正能量。与中共中央宣传部、科技部联合研究制定《关于进一步弘扬科学家精神加强作风和学风建设的意见》，弘扬爱国、创新、求实、奉献、协同、育人精神，引领价值取向。组建科学家精神报告团，在内蒙古、广东开展“科学家精神进校园”行动。陕西评选30位长期扎根西部的最美科技工作者。吉林科协组织评选“黄大年式科研团队”，推动排演话剧《黄大年》。上海科协举办科学会堂草坪音乐会，礼赞科学家精神。

四是寓政治引领于广泛联系服务。把政治引领、学术规范建设融入人才培养举荐等环节，增强科技工作者的事业成就感、精神获得感、组织归属感、政治认同感。优化奖项评选标准和程序，认真组织第十五届中国青年科技奖、青年女科学家奖评选工作。持续开展“青年人才托举工程”，2018年新托举335名，4届累计支持1051名青年人才，激励处于创新活跃期的年轻科技人员。经中央军委批准，军事科技领域“青托”被正式纳入军队青年英才计划序列。继续推进中国科协优秀中外青年交流计划，遴选59所高校163名博士生与国际同行交流。中国科协女科技工作者专门委员会主动承办世界公众科学促进大会“科学素质与科技女性”分论坛，开展“走基层 贵州行”行动，策划出版“大美·中国女科学家”丛书，促进女性成长和发展。举办2018年全国科学道德和学风建设宣讲教育报告会，近6000名研究生新生现场参加会议，31个省（自治区、直辖市）的500余所高校设立分会场，60万余名师生聆听报告，有效凝聚创新正能量。高度关注科技伦理安全，加强舆论引导。针对“基因编辑婴儿”事件，启动应急处置机制，着眼维护我国科技界整体形象和声誉，有效应对、积极发声亮剑，确保科协组织在科技重大危机事件中不失语、不失策。各地科协积极拓宽人才服务新途径，山东建立科协人才工作体系，天津承担“天津市杰出人才”评选，将“青年人才托举工程”纳入“海河英才计划”，黑龙江将现有奖项纳入省委组织部人才工作手册，河南首次牵头遴选“中原青年拔尖人才”，甘肃恢复设置中断六年的“青年科技奖”，广西首评首颁创新争先奖和杰出工程师奖，重庆、安徽等深入开展创新争先奖评选表彰，山东的泰山科技论坛、吉林的“青年科技领英计划”、江西的“百人远航工程”、辽宁的资助出版工作成为凝聚科技工作者的品牌。

二、坚持服务大局，支撑创新驱动发展工作领域不断拓宽

一是服务科学决策。广泛汇众智、出主意，服务党和政府科学决策。积极应对中美经贸摩擦，组织专家加强高科技发展与国际合作态势研判，开展建言资政。一些重要建议得到习近平总书记等中央领导同志批示，会同相关部门加紧推动落实。系统研究提出关于实施数字经济领先战略和人才培养的建议，得到李克强总理高度重视，相关举措逐步落实。积极开展技术预见，发布第四次全国科技工作者状况面上调查报告、2018绿色发展科技创新人才地图，为党和政府制定人才政策提供支撑。突出文化铸魂、治理筑基，分别与北京大学、清华大学共建科学文化研究院、科技发展与治理研究中心，加强科技界自律和规范管理。推动云南、贵州将全民科学素质工作纳入政府工作考核，协调中央文明办将公民具备科学素质比例纳入全国文明城市测评体系。中国老科学技术工作者协会积极开展战略课题研究，服务科学决策取得显著成效。山东加强智库高端人才队伍建设，一些决策建议得到省委领导批示，部分成果已得到转化。天津将智库成果转化为重点产业专项规划和招引项目目录。上海关于青少年科学教育、光子大科学装置建设等建议获得市委领导批示。江苏、吉林、海南等地优秀智库成果进入决策。河南、湖北、广东等地积极承担中国工程科技发展战略地方研究院工作。

二是加强前瞻规划。坚持登高望远、规划先行，编制完成《面向建设世界科技强国的中国科协规划纲要》，统筹近、中、远期发展，进一步明确了科协组织工作靶心、目标愿景、战略任务和保障措施，坚持聚民心筑同心，汇众智谋发展，以科协事业高质量发展促进经济社会高质量发展，勾画与党的十九大部署相协调、支撑“两个一百年”目标的科协事业发展蓝图。规划纲要提出到2050年将中国科协建成卓越、赋能、创新、包容的科技工作者精神家园的科协组织远景目标，明确了建成世界主要枢纽科技组织、世界科技创新文化高地、全球高端创新人才中心、全球科学文化传播中心、全球高端科技智库中心、国际科技组织总部中心的奋斗目标。

三是促进科技经济深度融合。着力构筑创新生态、破解科技成果转化等难题，为推动供给侧结构性改革、促进产业转型升级提供科技支撑。在福建、天津等地推动数字经济创新示范区和创新创业基地建设。推动创新驱动助力工程升级发展，130余家全国学会主动围绕地方产业发展需求引入科技创新要素，强化试点地区示范引领。聚焦科技成果转化“最后一公里”，中国煤炭学会、中国纺织工程学会、中国机械工程学会、中国环境科学学会、中国兵工学会、中国化工学会等一批学会依托产业协同创新共同体扎实推进煤炭清洁高效利用、生态纺织等领域协同创新。推动成立智慧城市、智慧交通、绿色建造等10个企业科技联合体。搭建跨界平台，畅通交流渠道，助力科技型独角兽企业创新发展。贯彻落实习近平生态文明思想，组建生态环境产学联合体。成功举办2018年全国双创活动周。国家科技传播中心正式启动工程建设，计划于2021年竣工投入使用，努力打造国际科技创新展示中心、科技成果发布交易中心、国际高端学术交流中心和国际科技组织总部基地。重庆的“院士牵头科技创新引导专项”、福建的“院士专家八闽行”、宁夏的“院士专家宁夏行”、河南与各级政府举办“一市一品”产业技术大会等，助力地方产业结构优化升级。江西赣州科协打造“赣州科创吧服务”等系列平台，服务人才成长和企业发展。

四是创新省会合作机制。坚持强化区域战略合作，以协同化发展推进党中央重大决策部署落实落地。先后与江苏、福建、天津、浙江、重庆、山西6个省市党委政府建立全面战略合作机制，会同天津举办第二届世界智能大会，共建创新创业平台，与重庆举办首届中国国际智能产业博览会，与福建举办2018数字经济产学研厦门论坛，打造数字经济发展国际化产学交流平台，重点推动数字经济与实体经济融合发展以及智库、人才、基层组织建设等工作，服务区域发展转型升级和动能转换，助力增强内生动力和发展均衡性。与澳门特别行政区政府签署合作框架协议，服务粤港澳大湾区建设。组织编制相关专题报告，支持雄安新区创新发展。适应新一代信息技术人才培养需求，组织编制《云计算导论》《大数据导论》《人工智能导论》等教材，面向高校和企业培训骨干师资近500人次，近20所高校作为通识课或选修课教材。构建覆盖全国、区域落地的绿色开源共享平台，助推数字经济领先战略，近10万企业用户和310家服务机构入驻，线上发布各类科技活动2000余场。天津等地开展人工智能教育培训和全域科普。重庆市科协、中国电子学会联手举办数字经济百人会、高端闭门研讨会，发布《全球数字经济十大发展趋势》。

五是助力打赢脱贫攻坚战。汇聚科协资源，聚焦脱贫攻坚，深入实施乡村振兴战略。召开全国科技助力精准扶贫现场会，全面落实习近平总书记重要指示精神，部署推动科技助力精准扶贫工作。完善定点扶贫工作机制，根据国务院扶贫开发领导小组办公室统一部署，签订《中央单位定点扶贫责任书》，强化工作督导和责任落实。全年直接带动山西省吕梁市临县和岚县建档立卡贫困户5567户、建档立卡贫困人口14137人脱贫。发挥科普大篷车在科普助力精准扶贫中的作用，向青海、甘肃、陕西试点配发一批科普大篷车，探索社会化运行模式，与“十二五”相比，青海、甘肃两省平均开展活动次数指标提升近3倍。山西开发精准脱贫评估管理平台，配合省扶贫开发领导小组办公室开展2018年易地扶贫搬迁成效评估督导。四川开展“扶志扶智”双扶工程，激发贫困群众内生动力。打造中国农技协科技小院联盟，探索农业科技创新、技术服务和人才培养新模式，由涉农科技专家团队直接驻扎生产一线，“零距离”指导当地农业产业发展，着力提升服务能力，将农技协打造成为农业科技成果转化、“三农”工作智库及科普服务平台，助力乡村振兴战略。开展“智爱妈妈”“智慧蓝领”行动，提升农村妇女、农村务工人员科学素质。面向中西部22个省（自治区、直辖市）国家级贫困县乡村学校少年宫开展2018年“圆梦工程”——农村未成年人科普志愿行动。全国学会广泛开展西部行活动，助力精准扶贫，中华口腔医学会支持西藏成立口腔医学会，组织为无牙颌贫困老人免费镶牙的“雪域口福行”活动。新疆生产建设兵团科协打造10个特色产业示范村，建设16个兵地融合发展科技示范基地。甘肃先后组织动员3343名科技专家，与1.75万户建档立卡贫困户建立常态扶智脱贫链接，河南坚持“农技协+农村电商培训基地+农村电商示范商铺+科技扶贫基地”培训模式，海南创设“村集体经济+示范基地+农户”的经营模式，湖南派工作队在驻点贫困村全覆盖，云南倡导“科技助力、智力帮扶、素质提升、产业先导”模式，西藏开展“雪域科普大讲堂”系列活动，有效拓展了科技助力精准扶贫和乡村振兴的新途径。湖南省湘西土家族苗族自治州泸溪县开展大中型水库青年移民科技创业“启航行动”，四川省德阳市科协打造“农业科技小院”，引导院士专家等资源下沉到基层，贵州省黔西南布依族苗族自治州贞丰县科协建设土布小镇，宁夏固原市西吉县科协推动建立乡村科技馆，发展乡村旅游。

三、深化改革创新，科技公共服务制度平台基础不断夯实

一是系统谋划一流期刊建设。准确把握科技期刊传承人类文明、荟萃科学发现、引领科技发展的战略定位，在谋划期刊发展中彰显科协作为。在党中央关心指导和支持下，聚焦我国科技期刊质量不高、影响力不大、整体水平偏低等问题，系统研究一流期刊建设，配合中央全面深化改革委员会办公室，形成《关于深化改革　培育世界一流科技期刊的意见》，经中央全面深化改革委员会第五次会议审议通过，谋划以建设世界一流科技期刊为目标，科学编制重点建设期刊目录，做精做强一批基础和传统优势领域期刊的战略思路。搭建国际一流期刊交流平台，首创世界科技期刊论坛，拓展期刊“国际朋友圈”，推动本土品牌期刊建设。会同美国科学促进会，打造高水平综合性英文科技期刊*Research*。强化科技期刊发展导向，分梯次建设优秀科技期刊方阵，继续实施中国科技期刊国际影响力提升计划等重大期刊支持项目，支持期刊学术水平和国际影响力进一步提升，38种期刊进入国际同类期刊影响力排名前25%，较2017年增加9种。按照中央关于推进学术成果评价标准改革的重要指示，结合科协职能定位和组织优势，探索开展科技期刊分级目录发布工作，推动中外科技期刊同质等效使用，中华医学会、中华中医药学会、中国农学会、中国电机工程学会、中国地质学会等启动分领域发布高质量科技期刊分级目录工作。中国汽车工程学会倡议并推动行业内科研成果在英文科技期刊*Automotive Innovation*首发。创立*Cultures of Science*，聚集国内外学术同行，促进科学文化研究。突出原创导向，开展第三届优秀科技论文遴选活动，200余位专家评审确定812位作者的95篇论文入选，该活动受到广泛关注和认可，对原创成果国内首发形成激励导向。探索解决“四唯”问题新路径，建设临床医生案例成果期刊平台，加快推进医务工作者多元评价体系建设。

二是推动学术交流和学会创新发展。会同浙江省人民政府举办第二十届中国科协年会，135位院士和3300余名科技工作者参加。首创中国科技智库论坛、中外科技社团发展论坛和世界科技期刊论坛，首启中国科技峰会系列活动，首次发布60个重大科学问题和工程技术难题，强化前沿引领和学术规范。海外人才“双创”大赛有56个项目签订落地意向协议，17个项目落地浙江，助推科技人才延揽和科技成果转化。2018世界生命科学大会、世界机器人大会、世界交通运输大会、绿色发展科技创新大会等一批世界品牌学术会议持续形成广泛影响。首次发布《重要学术会议指南（2018）》，收录158家全国学会及学会联合体高端学术会议，提升影响力。推动学会承接政府转移职能常态化，拓展学会公共服务领域，支持学会打造科技评估、人才评价等公共服务品牌。开展学会设奖情况调查，遴选10个学会奖项加强国际宣传，支持35个全国学会完善标准组织机构和标准管理制度，与国际组织联合制定技术标准，推动技术标准走出去。江苏七成省级学会实现秘书处实体化、秘书长聘任制，98家省级学会承接37个职能部门的516个公共服务项目，实现84家3A级以上省级学会承能全覆盖，17家综合示范学会实现“科技评估、人才评价、标准研制、科技奖励、决策咨询、教育培训”六大类别全覆盖。

三是创新科普服务机制。认真履行全民科学素质纲要实施牵头部门职责，统筹开展科学教育、传播和普及活动。开展全民科学素质纲要实施工作“十三五”中期评估，赴贵州、内蒙古等8个省份实地检查，对山东、河南等6个省份进行第三方评估。开展第十次公民科学素质调查，中国公民具备基本科学素质比例达8.47%。全国科普日活动以“创新引领时代，智慧点亮生活”为主题，各地共1.2万家单位举办各类活动1.8万项，线上线下参与达3亿人次，比2017年提高近70%，参与活动的科技工作者约110万人次，是2017年近3倍。

创新升级中国特色现代科技馆体系。建立科普资源精准推送和落地新机制，全年中国流动科技馆巡展692站，其中贫困县（市）199站，服务公众约2126万人次。科普大篷车开展活动2.1万次，行驶里程约286.5万千米，服务公众1802.5万人次。农村中学科技馆服务公众逾96万人次。中国数字科技馆资源总量新增1.6TB。中国科技馆首次举办“科学之夜”活动，邀请25家省（市）科技馆共同参与，累计服务公众10378人次，与抖音合作推出“扔出平稳立在桌上的水瓶”挑战，播放量超17.6亿次。首次开展“全国科技馆联合行动”，全年共举办4期，累计联合62座次科技馆（博物馆）参与，服务公众约16万人次。

“明天小小科学家”“英才计划”等科技创新后备人才培养活动提质增效。落实国务院《新一代人工智能发展规划》，成功举办首届全国青少年创意编程与智能设计大赛。海峡两岸暨港澳2118所中学的1.1万名高中生参加高校科学营的千余场活动。青少年科学调查体验活动吸引400万余中小学生参加，科学影像节、航天、海洋等青少年系列科普活动广泛开展，效果显著。

创新公民科学素质建设社会动员机制，推进学术资源科普化。推动全国学会深入开展科学传播专家团队建设工作，98个学会组建科学传播专家团队433个，共计聘任推荐首席科学传播专家435人，其中院士41人，在库科学传播专家总人数为5444人，已建团队的学会占中国科协所属学会的49%。创新工作模式，繁荣科普创作。通过政府购买服务方式实施科普信息化工程，加强与人民网、新华网等互联网机构合作，实现科普服务精准推送。截至2018年12月底，“科普中国”累计建设内容资源27.91TB，新增12TB，一年增长80%，累计预览和传播量达232.58亿人次，增长量接近前三年总和。

启动应急科普快速响应机制，针对非洲猪瘟疫情开展科普宣传。组织拍摄制作《科普中国》纪录片。探索将科普元素植入手机游戏，覆盖青少年1亿人次以上。首次举办中国国际科普作品大赛，推出2018国际科普作品展。举办2018中国科幻大会，培育科幻创作人才，推动科幻产业发展。策划实施“创新决胜未来”科普展览，精选改革开放以来40项代表性科技成果面向公众展出，累计服务公众13.7万人次。在此基础上推出高品质虚拟现实仿真体验节目“嫦娥五号虚拟现实节目”，纳入“伟大的变革 庆祝改革开放40周年”大型展览。

各地科普服务机制不断推陈出新。北京抓住职称改革契机，推动设立全国唯一的科学传播专业职称，解决科普工作者内生动力问题；建立以北京科学中心为核心、以16个区域分中心和N个专业特色科普场馆为依托的“1+16+N”科普体系。山东联合有关单位建设科普专家队伍。河南建设覆盖2000多个农村和社区科技传播网络，实现科技“进村（社区）、入户、到人”，破解基层科普阵地缺失和科普“最后一公里”问题。福建举办“一赛一营一会三论坛”，深化闽台科技交流合作。第八届中国（芜湖）科普产品博览交易会、第五届上海国际科普产品博览会成为科技展会的一张“名片”。江苏全面提升青少年科技教育，扎实开展院士专家进百校系列活动，规范设立省政府青少年科技创新大赛培源奖，引领10个设区市、42个县（市、区）设立青少年科技创新市（县、区）长奖。四川成立科幻学会。西藏联合宣传部门播出《科普西藏》等专题栏目。湖北、甘肃扎实推进省科技馆新馆建设。四川推进地市科技馆体系建设，促进科普经费“一人一级一元”政策落地。

四是推进科协系统深化改革。以庆祝改革开放40周年为契机，加强总结谋划，推动新时代科协系统改革再出发。强化顶层设计，成立中国科协深化改革领导小组，制定工作规则，全年召开17次会议讨论重大改革事项，推进落实改革重点任务。深入总结改革经验，针对中央全面深化改革委员会办公室专项督察反馈问题开展扎实整改。指导31家地方科协改革试点探索，鼓励基层首创，加强改革交流，推广可复制经验。目前80%以上地市级科协、半数以上县级科协出台了改革方案。聚焦突出问题精准发力，眼睛向下，紧紧抓住基层组织力和活力不足、学会治理模式滞后等共性“硬骨头”问题，推出“三长制”等一批制度化成果，增强广大科技工作者的改革获得感。开展学会综合能力评估，促进学会创新发展。遴选50个左右基础较好的学会分三类支持，引导其向一流学会目标迈进。启用全国学会组织管理信息平台，实现学会办事“最多跑一趟”。召开“中国特色社会主义科技群团改革与发展”系列研讨会，深入研究科技群团发展规律，探寻改革路径。

各地科协改革取得新进展。北京科协改革经验被市委全面深化改革委员会办公室推广。江西11个设区市科协、100个县（市、区）科协改革方案全部出台并全面推进实施。山东实施改革品牌培育工程，推动科协工作转型升级提质增效，全省17市科协改革方案全部出台，137个县级科协，有135个改革方案已经出台，130个实现独立建制，县级科协新成立事业单位56个，实现加强型改革目标。湖北市县科协编制有所增加，近九成县级科协实现独立建制。河北、四川、江苏、安徽等推动所有地市级科协、85%以上县级科协出台改革方案。

四、加强组织建设，广泛联系、服务群众的工作体系不断完善

一是扩大科协组织覆盖。与国务院国资委、教育部、农业农村部等联合推进在企业、高校、农村建立科协组织，探索联系服务非公企业、新型科研机构的新机制。推动中央企业、大型民营企业、新经济组织企业科协建设。与国务院国资委签署战略合作协议，推动中国电子集团、中国节能环保集团等一批中央企业建立科协组织，支持中石油、中石化等中央企业开展科技创新。强化对民营科技型领军企业的联系覆盖，相继推动阿里、腾讯、小米等一批有影响力的民营企业成立科协。会同教育部加强高校科协建设，新建87家高校科协，湖北、江苏、陕西、黑龙江、湖南、广东等省成立高校科协联盟，促进协同联动、资源共享。河北在全国首创实施个人会员和会士制度，拓宽直接联系科技精英的渠道，推进基层科协组织备案制改革，将建家活动与基层科协组织建设相结合，按照“六有”标准建设“科技工作者之家”。湖北襄阳、四川遂宁等地在科技工作者密集的地方开展建家交友工作。

二是开展提升基层科协组织力“3+1”试点。聚焦加强组织体系建设，全面开展提升基层科协组织力“3+1”试点工作，广泛吸纳以“三长”（医院院长、农技站站长、学校校长）为代表的“关键人物”进入基层科协机构兼职挂职、发挥作用，接长科协手臂，夯实基层基础。制定方案，做好顶层设计，指导全面铺开试点工作。加强研讨交流，召开全国提升基层科协组织力“3+1”试点工作座谈会、直辖市社区科协建设座谈会，凝聚发展共识。截至2018年年底，全国75%市级科协、86%县级科协、近60%乡镇（街道）科协开展“3+1”试点工作，市、县、乡三级科协兼职挂职副主席中“三长”人数分别为435人、1225人、14348人，占比分别为31.3%、34.4%、61.1%。各地科协创造性开展“三长”工作，天津、江苏、福建将“3+1”组织建设拓展为“4+1”或“n+1”。浙江涌现出余姚、安吉、嘉善、浦江、仙居、鹿城等一批推进改革鲜活样本。湖南制定加强基层科协组织力“3+5+1”试点工作方案，开展“三长”“五老”（老干部、老战士、老专家、老教师、老劳模）兼挂职试点。贵州依托全球贵州博士俱乐部，开展人工智能、云计算等100场系列科技前沿主题讲座，探索科协组织力建设新领域。山东菏泽在“三长”中要求每个乡镇科协配齐干部，达到“四有一落实”，即有组织机构、有办公地点、有牌子、有议事规程，相当一部分乡镇科协干部在换届中得到提拔任用。

三是推进"智慧科协"建设。以智慧点亮科协，突出基于思想、组织、人才的大党建引领，集成管理、服务、决策的大数据分析，打造洞悉科技舆情、洞察群团规律、网上联系引领、服务高质量发展的智慧科协平台，提升网上组织力、网络空间话语权，提升"四服务"能力。完成以"智慧党建"为引领的"智慧科协"一期建设，突出"应用为王、数据为魂"，以业务工作为引擎推动信息化建设，提出以党建、智库、学术、科普四大业务板块和协同平台、融合信息平台及数据中心为基础支撑的总体架构，连接业务系统 103 个，汇聚数据 1.4 亿条，初步实现互联互通。目前协同工作平台正在国际动物学会、中国汽车工程学会、中华预防医学会、中国女科技工作者协会、中国城市规划学会 5 个全国学会，广西、黑龙江、河南、湖北、海南、河北 6 个省科协开展试用。"科界"App（应用程序）注册用户超过 79 万，吸引 2554 个各级科协组织、1410 个各级学会以及若干媒体、企业、高校入驻，累计组织线上互动活动 251 场、上线现场会议 257 场、直播会议 281 场，形成"县级科协论坛""科技咖啡馆"等 65 个兴趣部落和"科学家精神"等 2803 个热门话题，总阅读量累计 2061 万次，推广传播量 5.46 亿次。内蒙古在全国首开蒙汉文数字资源共享平台建设。

五、拓展开放合作，推动构建人类命运共同体作用不断彰显

一是召开世界公众科学素质促进大会，开启科普国际化新征程。以"科学素质与人类命运共同体"为主题，召开世界公众科学素质促进大会，来自 38 个国家、58 个国别科技组织、机构和 23 个国际组织的负责人或代表参加大会。大会系统总结国际科普实践，推动全球科普大交流，发布《世界公众科学素质促进北京宣言》，形成推动弥合知识鸿沟、共享发展成果、共建繁荣世界的广泛共识，拓展了开放合作新空间。习近平总书记向大会致贺信，强调加强科技产业界和社会各界的协同创新，促进各国开放合作，为新时代增强人民科学素质提供了重要遵循和行动指南。王沪宁同志出席大会并致辞。会议有关活动报道量超过 3.4 万篇，"公众科学素质"成为现象级热词。中国流动科技馆首次走出国门，赴缅甸、柬埔寨成功开展国际巡展，受到当地社会广泛关注。

二是全方位拓展开放合作，着力打造世界一流民间科技人文交流平台。深化全方位开放合作，拓展中欧民间科技交流渠道，实施科技组织伙伴计划，强化民间科技人文柔性连接，努力构建全球创新合作互利共赢新生态。设立中瑞青年科学家交流计划，与瑞典皇家工程科学院共同举办"中国的科研与创新"论坛，探索中国 - 北欧科技人文交流新机制。拓展双边合作新渠道，将 30 个国家 86 个组织作为中国科协全球伙伴关系的重点工作目标，扩大中国科技界的"朋友圈"，打造全球伙伴关系网络。顺利实施"一带一路"民间科技人文交流携手计划，其中国际民间科技组织平台建设项目吸引包括联合国教科文组织等共 29 个国际组织机构参与，全年开展双边交流 77 次、多边交流 54 次、举办国际会议 54 次，借助平台新孵化出了 6 个海内外培训基地，为 1282 人次国外科技人才提供培训机会。召开 2018 绿色发展科技创新大会，汇聚国内外 35 个城市和 630 余名产业界学术界代表，发布《"一带一路"绿色城市合作论坛遂宁共识》，探索服务人类命运共同体建设的绿色发展路径。首届国际科技馆能力建设培训班共吸引 11 个国家参与，中国古代科技展在希腊雅典巡展，吸引 14.6 万人次参观，进一步促进了世界各国科技馆事业共同繁荣以及从业人员专业发展。实施青少年科技教育国际拓展计划，成功举办中国 - 东盟青少年创新大赛、"一带一路"青少年科技夏令营和第二届"一带一路"青少年创客营与教师研讨活动，成立"一带一路"国际科学教育协调委员会，打造国际交流平台和长效合作机制。成功举办第 33 届全国青少年科技创新大赛，来自 52 个国家和地区的 318 名代表参加，已经成为亚洲区域规模最大、参赛国别最多的青少年科技类竞赛活动。成功举办第十八届中国青少年机器人竞赛暨 2018 世界青少年机器人邀请赛，来自 28 个国家和地区的 60 个代表团共 3000 余人参加，总规模和国际代表数量均创历届新高。坚持服务中央对港澳台工作大局，以科普、学术交流和海峡两岸暨港澳协同创新工作为主线，以交流项目为抓手，重点拓展与港澳台科技组织、产学研机构的交流与合作项目，继续做好港澳台科技人员、青少年的人心回归工作。广西科协策划中欧生命科学论坛、中韩海洋可持续发展论坛、中国—东盟汇商聚智高峰论坛、中国 - 东盟工程项目合作与发展论坛等系列活动。中华口腔医学会以承办 2020 年世界牙科大会为契机，加强与国际口腔界联系。

三是拓展汇聚创新人才新通道，提升中国科技的国际话语权。2018 年经中国科协及所属学会推荐在重要国际组织任职的中国科学家首次突破300人次，达到348人次，其中担任主席、副主席职务的达155人次，以中国科协名义加入的六大国际组织均继续保持副主席以上任职全覆盖。发起举办工程能力国际论坛，邀请9个国际组织、26个国别的41名国际代表参加会议，其中包括8个国际组织的主席和候任主席、11个国家的工程师组织主席，就构建全球统一的工程师能力标准和工程教育标准达成广泛共识。探索筹建中国科技战略委员会，举办人工智能圆桌会议等5项预热活动。以工程教育认证和工程能力建设工作为抓手，组建中国专业工程能力建设联盟（筹）。创办中外科技社团发展论坛，拓展学会国际化发展视野。有序推进在华成立国际科技社团工作。推动招才引智阵地前移，累计建设“海智计划”工作基地69个、海外人才离岸创新创业基地13个、海外海智双创基地5个。成功举办第二届中欧现代农业论坛、第四届中欧生命科学论坛、中国（杭州）海外人才创新创业项目大赛等高层次引才引智活动。上海市科协会同临港管理委员会等共同举办首届世界顶尖科学家论坛，云集40多位包括诺贝尔奖得主在内的世界顶尖科学家。“欧洲华人微电子中国论坛”“中国海归创业联盟杭州创业中心”正式落户浙江。杭州、合肥、宁波探索建立国家海外人才离岸创新创业基地。广东加强与港澳科技团体交流，与144个海外科技团体建立联系，协助引进海外人才1140人。

六、强化党建引领，全面从严治党不断走向深入

一是推进“智慧党建”行动。充分运用互联网技术，推动基层党建创新发展。全面提升科协党建科学化水平，建设科协“党建云”业务平台并与中央和国家机关工委“支部工作”顺利对接，研究制定《关于实施“智慧党建”行动的具体措施》，中国科协机关、直属单位及全国学会100多个基层党组织和1000多名党员注册上线，开发建设大数据平台，“大党建”工作格局初步形成。

二是扎实推进党建工作。强化顶层谋划和系统部署，落实“一岗双责”，重点抓好主体责任和责任主体，扎实推进“两学一做”学习教育常态化制度化。开展“不忘初心、牢记使命、筑牢基础、忠诚担当”支部创新活动。广泛开展党风廉政建设警示教育，强化震慑作用。首亮巡视利剑，全面启动党组巡视工作，高标准高质量对4家直属单位开展巡视，督促被巡视党组织进一步强化管党治党政治责任，推动科协全面从严治党向基层延伸。开展中央巡视整改专项督查，专门成立督查工作组，对13个部门单位开展重点抽查，推进中央巡视整改落实落地。加强干部队伍建设，坚持正确用人导向，加强科学规划，鼓励新时代干部新担当新作为。积极推进学会党建，推动理事会层面成立学会党委198个，选派国际组织理事会党建联络人1名。各类基层党组织覆盖学会办事机构186个，对18个不具备成立条件的办事机构选派了党建指导员，实现学会党组织全覆盖，党在科技界的政治领导基础进一步巩固和加强。各全国学会结合自身情况不断加强党建工作，中华医学会从制度建设层面推进理事会和专科分会党的组织和工作全覆盖，中国水产学会引导学会党员发挥先锋模范作用服务基层一线，中国航空学会、中国城市科学研究会等80多个全国学会积极参加中国科协“党建强会计划”，将学会重点业务和党建活动紧密融合。江苏深入实施“党建强会”计划，设立科技社团党委学会党总支。新疆发挥党支部的战斗堡垒作用和党员的先锋模范作用，积极开展“民族团结一家亲”活动，实现入户走访、结对认亲、扶贫帮困“三个全覆盖”。

三是持续加强作风建设。加强制度建设，完善重大问题专题研究、重大任务定期调度、重要工作及时总结、重要事项督办问责等制度，建立绩效考核和业绩档案管理机制，切实提高执行力。开展落实中央八项规定精神实施细则专项检查，推进反“四风”工作常态化长效化。突出计财廉政风险防控，持续强化财务内控制度建设。加强对学会的财务监督与规范管理，科学防范风险。坚持把纪律和规矩挺在前面，完善督查机制，强化不折不扣坚定贯彻中央重大决策部署的政治担当。集中整治形式主义、官僚主义，建立长效机制，造就忠诚干净担当的高素质科协干部队伍。

中国科协历经一甲子，六十载砥砺奋进，“四服务”成效不断彰显，“三型”组织特色更加鲜明，在党和国家全局中的战略作用愈益重要。我们回顾总结改革开放40周年和科协60周年发展历程和经验，建设了体现中央关怀、凝结历史成就、传承奋斗精神的中国科协会史陈列馆，为“科技工作者之家”增添新元素。科协组织在传承、创新、发展中积累了宝贵经验。一是坚持把加强党的全面领导作为组织发展的根本保证。二是坚持把强化政治引领作为科协工作的根本方向。三是坚持把依靠广大科技工作者作为持续发展的不竭动力。四是坚持把围绕中心服务大局作为履行职能的战略基点。五是坚持把满足人民对美好生活的需要作为事业发展的根本目标。六是坚持把科协干部队伍建设作为事业发展的重要保障。

过去一年，科协工作展示新作为，取得新成效，开创新局面，根本在于坚持习近平新时代中国特色社会主义思想的科学指引，根本在于以习近平同志为核心的党中央坚强领导，得益于各地方、各部门的大力支持，得益于科协系统的砥砺奋进，得益于广大科技工作者的共同努力。这里我谨向全国科技工作者、向关心支持科协事业的各界人士表示崇高敬意和衷心感谢！同时我们认识到，对照中央要求和科技界期盼，科协工作还有很大差距。通过一年的努力，上次工作报告提出的“科学普及与科技创新同等重要”没有破题、科普开放合作不够、智库工作与科协地位不相称、政治引领作用发挥不充分等问题得到了有效缓解，优质科普资源供给不足、学会治理现代化水平不高、基层基础薄弱等问题虽有进展，但还需继续努力解决。我们分析还存在一些与新形势新要求不相适应的方面，如思想政治引领机制方式有待创新，引导科技工作者进军科技创新、服务高质量发展的能力有待提升，一流期刊、一流学会建设亟须加强，科协系统改革存在“上热中温下冷”，对全国学会和基层科协的政策指导、规范监督有待加强，加强学会党建等难题有待破解。对这些发展中的突出问题，必须通过深化改革、着力创新加以解决。

2019年工作安排

2019年是新中国成立70周年，是全面建成小康社会的关键之年。科协工作的总体思路是，以习近平新时代中国特色社会主义思想为指导，深入贯彻党的十九大和十九届二中、三中全会精神，增强“四个意识”，坚定“四个自信”，践行“两个维护”，加强党对科协工作的全面领导，坚持稳中求进工作总基调，聚焦保持和增强政治性、先进性、群众性，着力加强思想政治引领，着力围绕中心、服务大局，着力推动科协系统改革向基层延伸，着力加强党的领导和党的建设，把开放型、枢纽型、平台型组织优势有效转化为服务党和国家中心工作的优势，夯实基础，深化改革，守正创新，服务发展，团结引领广大科技工作者为决胜全面建成小康社会、迈入创新型国家行列、建设世界科技强国不懈努力，以优异成绩庆祝伟大祖国七十华诞。

中国科技事业处于世界百年未有之大变局的重要历史方位，科技革命与产业变革形成历史交汇，科学前沿突破涌动，颠覆性技术带动效应凸显，大国战略博弈激烈，科技竞争高度白热化，国际贸易形势复杂，全球治理格局深度调整，我国发展仍处于并将长期处于重要战略机遇期，我们日益走向世界科技舞台中央，既面临难得机遇，又面临严峻挑战。要全面把握重要战略机遇新内涵，增强忧患意识、责任意识，知机识变、科学应变、创新求变。要把2019年作为科协服务发展年，坚持把政治建设摆在首位，以强“三性”作为衡量科协工作的根本标准，紧扣民族复兴的时代主题，把握服务群众的生命线，立足服务本职，紧扣“四服务”职责定位，做强服务品牌，提升服务效能；聚焦服务中心，打造协同服务平台，推动科技经济融合，助力供给侧结构性改革，服务现代化经济体系建设，服务经济社会高质量发展；坚持服务基层，完善系统组织力提升机制，眼睛向下、重心下沉、资源下倾，面向基层提供精准服务；拓展服务视野，打造国际化服务平台，深度参与全球科技治理，服务新时代改革开放，服务人类命运共同体建设；提升服务本领，创新科技类社会化公共服务机制与方式，坚持实字当先、干字当头、能字为本、效字为要，建设崇尚实干的文化，倡导注重实效的风尚，全面提升科协系统服务实力。坚持创造性贯彻中央重大决策部署，统筹实施“1–9–6–1”工作布局，全面落实科协规划纲要，在更高起点上塑造科协事业发展新格局。

坚定维护核心，以不折不扣贯彻落实习近平总书记重要指示精神的实际行动，坚决维护习近平总书记的核心地位，坚决维护党中央权威和集中统一领导，创新宣传思想工作理念、内容、机制、方法，知行合一、知深力行，引导科技界与以习近平同志为核心的党中央同心同德、同心同向、同心同行。

着力聚焦靶心，毫不动摇坚持党的全面领导，坚定不移强“三性”、建“三型”，创新政治引领政治吸纳方式，深入生动讲好总书记关心关爱科技事业和科技人才的故事，大力弘扬新时代中国科学家精神，履行好在科技界举旗帜、聚人心、育新人、兴文化、展形象等使命任务，引导科技工作者做新时代的追梦人。

着力围绕中心，主动对标国家战略需求，找准切入口，打到点子上，做到关键处，聚焦深化供给侧结构性改革、打好三大攻坚战、推动高质量发展，引导主力军进入主阵地，发力主战场，以科技支撑现代化经济体系建设，着眼科技与经济、科技与社会、科技与文化、科技与未来，促进跨界融合发展，营造健康创新生态，弘扬改革创新精神和爱国奋斗精神，砥砺创新争先建功，更好地为中心任务助力，为全局工作添彩。

着力突出重心，聚焦智库、学术、科普“三轮”联动，实现国际化拓展、信息化支撑、协同化落地，统观全局、突出重点，重心下移、夯实基础，提升组织活力，打造大平台，凝聚大团队，锻造大品牌，塑造大格局，推动科协系统改革向纵深发展、向基层延伸，改出精气神，改出新活力，为科协事业高质量发展增添新动能。

着力凝聚人心，做深做实联系服务工作，围绕靶心画好最大同心圆，切实把党中央决策部署和对科协工作的要求落实下去，把海内外科技工作者建设世界科技强国、实现中国梦的智慧力量凝聚起来，完善共商共建共享的合作机制，扩大科技创新“朋友圈”，讲好中国科技创新故事，以增信释疑凝聚战略共识，以民间科技交流促进民心相通，推动构建人类命运共同体。

一、坚持守正创新，加强政治引领政治吸纳

坚持把践行习近平新时代中国特色社会主义思想、旗帜鲜明讲政治贯穿到科协事业发展各个环节各个方面，把激发创新主体创造活力作为政治引领的落脚点，铸造凝心聚力的“金字招牌”，不断丰富爱国奋斗的精神源泉。深入实施凝心聚力工程，创新政治引领工作机制与方式，在建机制、强功能、增实效上下功夫，更好凝聚智慧力量。深化和创新宣传思想工作，统筹推进科技界思想政治建设。紧紧围绕中央关于庆祝新中国成立70周年的统一部署，深入开展弘扬爱国奋斗、砥砺创新建功系列活动。贯彻落实《关于进一步弘扬科学家精神加强作风和学风建设的意见》，继续实施科学大师名校宣传工程和老科学家学术成长资料采集工程，大力弘扬以爱国、创新、求实、奉献、协同、育人为内核的中国科学家精神。推动中国科学家精神走进广东、走进港澳，为新时代改革开放和粤港澳大湾区建设凝聚强大精神动力。深入开展科学道德和学风建设宣讲教育活动，加强科研诚信建设。围绕团结引领广大科技工作者进一步创新争先，深入开展人才举荐和奖励表彰，推荐（提名）2019年两院院士候选人，评颁首届全国杰出工程师奖、第十六届中国青年科技奖等系列奖项。组织“全国科技工作者日”系列活动，选树一批科技劳模、科技楷模，进一步凝聚思想共识，增强广大科技工作者的荣誉感和自豪感，打造科协组织“亮”品牌。

二、夯实基层基础，全面提升科协系统组织力

突出“服务发展年”工作主题，以国际化、协同化、信息化“三化”联动为支撑，推动智库、学术、科普“三轮”驱动资源下沉，完善基层科协平台对接机制，带动科协系统组织力全面提升。启动实施《面向建设世界科技强国的中国科协规划纲要》，科学制定时间表、路线图，以落实三年行动计划为起点，精心组织、突出重点，引导科技工作者推进自主创新，突破“卡脖子”的关键科技问题，汇聚建设世界科技强国的磅礴力量。突出大抓基层的鲜明导向，形成“三轮”驱动融合发展、精准落地工作格局。

以战略前瞻和方向引领为目标，强化体系设计，发挥学会优势，围绕数字经济、农业现代化等重点领域，加强与高校、中国科学院、中国工程院等战略合作，发挥战略智库功能。加强省会合作顶层设计和统筹布局，突出京沪科创中心、粤港澳大湾区建设、东北振兴等重点，助力地方经济高质量发展。深入开展高水平学术交流，举办中国科技峰会等系列高端前沿学术论坛、国际青年科学家论坛等世界品牌国际会议。服务国家“一带一路”倡议，举办第二届“一带一路”科普场馆发展国际研讨会和国际科技馆能力建设培训班，推动中国流动科技馆俄罗斯国际巡展等。在黑龙江举办第21届中国科协年会，进一步推动平台和品牌升级，全方位助力东北振兴。扎实开展青年人才托举工作，推动全国学会加强青年工作专业委员会、青年科技人才库建设，提升科协组织对广大青年科技工作者的吸引力、凝聚力和组织力。深入推动技术经济融合，做强绿色开源共享平台，建设产业协同创新共同体、产学联合体，推动增长动力转换和经济高质量发展。深入总结《全民科学素质行动计划纲要（2006—2010—2020年）》实施情况，启动编制《面向2035年全民科学素质规划纲要》，打造全域科普工作体系。不断完善中国特色现代科技馆体系，强化精准、权威的科普资源建设，促进科普服务均衡发展、普惠发展、高质量发展。继续实施科普品牌工程，以

“科普中国”品牌为引领，推动科普信息化工程迭代升级。助力实施乡村振兴战略，与农业农村部共同实施乡村振兴农民科学素质提升行动。联合有关部委组织开展2019年全国科普日活动。办好2019中国科幻大会。围绕打赢脱贫攻坚战，深入推动科技助力精准扶贫和定点扶贫。坚持把基层科协工作融入党建引领基层治理的大局之中，以健全组织体系、提升组织力为着力点，持续推进“3+1”试点，完善面向基层的科技类社会化公共服务机制。深入实施“智慧科协”工程，促进科协流程再造、组织重构、格局重塑，全面推进党建、智库、学术、科普、政务信息化建设，开发应用场景，扩大对外延展，“键对键”与“面对面”相结合，提高网上工作本领。坚持满足新时代多样化需求，努力为科技工作者办成一批实事好事。

三、营造创新生态，统筹推进一流学会和一流期刊建设

全面实施《关于深化改革 培育世界一流科技期刊的意见》，统筹推进一流期刊和一流学会发展。开展学会和期刊发展战略研究，全面审视国际期刊发展大势，厘清影响我国科技期刊健康成长、跨越发展的关键要素，坚持完善机制、强化协同，针对主要矛盾和突出问题，深入研究破解之道、创新之策、破局之举。要发扬拼搏奋斗精神，紧盯关键问题、重点单位不放松，协调推进期刊出版机构改革、科技评价机制改革、专业技术职务评价改革，强化编辑部建设，稳扎稳打、务求实效。转变思想观念，克服惯性惰性，探求学会组织国际化开拓、集团化发展的机制与路径，制定实施精耕细作的推进流程。研究把握学会工作规律，强化学会监督管理和规范化建设。推动完善评价体系，促进学会与期刊协同发展。科学编制重点建设期刊目录，做精做强一批基础和传统优势领域期刊。实施期刊发展重大专项，支持国内优秀中英文期刊高水平建设、高质量发展。加强科技界自律和规范管理，营造有利于自主创新的良好生态。与北京大学、清华大学等重点高校合作加强科学文化研究和科技治理体系建设，打造开放平台，促进科技与社会融合发展，完善科技治理体系，传承发展、创造传播光耀时代、光耀世界的中华文化。引导学会积极参与工程教育认证、产业标准制定等工作，加强对学会联合体的指导。

四、扩大开放合作，拓展民间科技人文交流新空间

坚持以全球视野推动科技创新，制定实施国际化发展三年行动计划，构建新时代开放发展新格局，以高水平合作促进高质量发展，以民间科技交流助力塑造新型国际关系。持续实施科技外交助力工程，着力构筑更加开放、更具活力的民间科技人文交流平台，营造聚天下英才而用之的良好环境，建立开放、透明、包容、高效的合作机制，完善吸引、留住和保护高端人才的措施。举办中外科技社团发展论坛，搭建中外科技社团交流合作、共谋发展的平台。进一步巩固、运用好世界公众科学素质促进大会成果，持续推动建立公众科学素质国际组织、机制和合作平台。加强与欧洲国家科技界高层互动，构建战略合作伙伴关系。继续实施中瑞科学家交流计划，构建战略互信通道。大力营造开放创新环境，为科技工作者深度参与全球科技治理铺路架桥。以粤港澳大湾区建设等国家战略为重点，全面推进内地同港澳台合作。举办科技峰会、科技成果展、青少年科技创新大赛等系列品牌活动，庆祝澳门回归祖国20周年。

五、加强党的建设，推进全面从严治党走深走实

坚持以政治建设为统领，抓好党建强会，推动全面从严治党向支部延伸，服务党的创造力、凝聚力、战斗力建设。把践行“两个维护”作为首要政治责任，持续深入加强机关和学会党的政治建设，狠抓党中央重大决策部署的贯彻落实督查。严肃党内政治生活，营造良好政治生态。改进选人用人机制，建立有效激励和容错纠错机制，鲜明树立重实干重实绩、务实戒虚的用人导向。适应新时代要求强化干部培训，加强组织文化建设。深入开展党组巡视，充分发挥巡视利剑作用。驰而不息整治形式主义、官僚主义，推动中央八项规定精神落地生根。

各位委员、同志们！

宏图引领发展，创新决胜未来。在新时代改革开放的新起点上，各级科协组织要不忘初心、牢记使命，守正创新、服务发展。我们要更加紧密地团结在以习近平同志为核心的党中央周围，引导广大科技工作者勇做新时代的追梦人，跑好创新建功的接力赛，为建设世界科技强国、实现中华民族伟大复兴的中国梦作出新贡献。

在首届世界科技与发展论坛开幕式上的致辞

（2019年10月16日）

万　钢

女士们、先生们、朋友们：

大家上午好！

金秋十月，中国人民还沉浸在庆祝新中国成立70周年的喜悦气氛中，各国嘉宾齐聚北京，出席首届世界科技与发展论坛，共话科技发展，共商开放合作，热烈欢迎大家的到来！

女士们、先生们、朋友们！

一方面，新一轮科技革命、产业变革与各国经济社会转型和发展形成历史交汇，大科学的跨界融合特征更加突出，催生新知识新技术，推动产业升级发展的源动力不断涌现，科技与经济社会协同共生、融合发展。另一方面，在人类活动和气候变化的影响下，全球环境与生态系统恶化，严重影响人类的生存与发展。和平赤字、发展赤字、治理赤字也成为制约人类发展的重要因素。携手深化国际交流合作，以科技创新推动可持续发展，是破解全球性问题的紧迫需要，也符合各国人民和全球科技界的新期待。

科技创新应成为可持续发展的根本动力。可持续发展是全人类赖以生存的必然选择，契合世界上绝大多数国家的共同诉求。2016年联合国大会通过《2030年可持续发展议程》，科学与技术是实现议程目标最为基础和核心的动力支撑。中国政府积极响应、率先行动，将2030年议程与中国战略规划密切结合，中国科技界将大力推动可持续发展和各领域的科技创新，同国际同行一道，推动共建人类命运共同体、共创人类美好未来。

科技发展应遵循全球共同的价值准则。向可持续创新转变，需要以科技进步加速可持续发展进程，保障科技增进人类福祉。把握科技的“双刃剑”特征，前瞻思考科技革命可能带来的规制和伦理挑战，完善制度规范，健全治理机制，加强伦理研究，抑制负面作用。中国将进一步推动构建覆盖全面、导向明确、规范有序、协调一致的科技伦理治理体系，与各国一道，共同努力促进全球科技治理体系变革与发展，服务于可持续发展与人类文明进步。

科技合作应成为文明交流互鉴的重要渠道。文明交流互鉴是人类社会进步与文明发展的重要动力，科技是其中最重要、最活跃的领域之一。应对共同挑战，我们应当秉持平等和尊重，摒弃傲慢和偏见，倡导科技无国界、无障碍、无歧视的精神与合作理念，共商、共建、共享更多合作平台，以夯实可持续创新的有效行动，共同推动人类社会可持续发展。

女士们、先生们、朋友们！

本次论坛以“科学、技术、发展”为主题，聚焦科技革命与产业变革、科学技术与教育文化、青年科学家与中小企业成长，契合变革时代发展态势。近年来，中国高度重视科技与人才工作，致力于为科技创新服务人类可持续发展创造良好条件。我们强调重视和加强基础研究，鼓励自由探索，孕育科学突破，不断完善以企业为主体、市场为导向、产学研深度融合的技术创新体系，为经济社会可持续发展提供强大动力。

我们努力发展数字化、信息化、网络化条件下的现代教育，以科技创新推动教育资源共享，通过科学教育培育和形成科学精神，不断提升全民科学文化素质。我们举办世界公众科学素质促进大会、青年科学家峰会等国际品牌会议，为青年人才学术交流与成长、实现人生价值搭建开放平台，引导青年人才为人类命运共同体建设贡献智慧和力量。

女士们、先生们、朋友们！

当前，世界多极化、经济全球化、文化多样化、社会信息化深入发展，以科技创新推动人类文明可持续发展，是我们的共同愿景。衷心祝愿各国嘉宾通过本次论坛，加强交流沟通，拓展开放合作，凝聚发展共识，共同为人类社会可持续发展、为人类文明进步贡献智慧和力量。

预祝首届世界科技与发展论坛圆满成功！

在“花开70场，献礼70年”活动上的致辞

（2019年9月26日）

怀进鹏

清芬挺秀、华夏增辉。很高兴受邀参加《马兰花开》演出活动。我谨代表中国科协，向清华大学和所有参与科学大师名校宣传工程的高校，向关心支持宣传工程的老师、同学们以及社会各界致以崇高敬意！

习近平同志指出，一个没有精神力量的民族难以自立自强，一项没有文化支撑的事业难以持续长久。科学大师名校宣传工程剧目以师生演校友、学弟演学长的方式，致敬那些科技界的人民英雄，致敬托起共和国无数星辰的国家栋梁、民族脊梁。

科学大师名校宣传工程剧目2018年走进“长三角”地区，在江苏开展巡演；2019年7月走进“珠三角”地区，厦门大学和南开大学排演的剧目在澳门特别行政区演出获得巨大成功，献礼澳门回归20周年。今年的演出季以“礼赞共和国、追梦新时代”为主题，唱响爱国奋斗的主旋律，天津大学、浙江大学、中国地质大学（武汉）、西北工业大学4所高校排演的剧目走进广东，助力大湾区建设；上海交通大学排演的剧目在内蒙古自治区，点亮祖国北疆。自2012年启动以来，已有清华大学、北京大学等15所高校，创作排演了16部科学家主题舞台剧，累计演出近400场，50万余人次现场观演，获得广泛好评。这些舞台剧集科学性、思想性、艺术性、时代性于一体，引发广大师生对事业追求、价值使命、时代担当的深刻思考，成为生动鲜活、富有思想感染力、信仰感召力的高校思想政治教育重要载体。

《马兰花开》是一部紧扣时代主题、传承校园文化的红色经典，讲述了邓稼先“干惊天动地事、做隐姓埋名人”的感人故事，塑造了一位我们十分崇敬、景仰的科学大师。

《马兰花开》剧组传承清华大学优良传统，将党建与校园文化建设相结合，弘扬科学家精神与校地共建共育相结合，价值塑造与大众传播相结合，形成了春风化雨、润物无声的思想教育品牌。

当今世界正处于百年未有之大变局，全球科技革命、产业变革与我国经济社会转型、高质量发展形成历史交汇。习近平同志近期对科技工作作出一系列重要指示，特别强调加强学风建设。科技界要更加崇尚爱国奉献、淡泊名利的精神，卧薪尝胆、扎实工作，把论文写在祖国大地上。青年人朝气蓬勃、风华正茂，是祖国的未来，是科技创新的生力军。青年一代养成良好学风，科教兴国才更可持续。老一辈科学家为我们树立了治学典范和明德楷模。我们要继承发扬爱国、创新、求实、奉献、协同、育人的科学家精神，立足新起点、赢在转折点、建功新时代。

希望同学们矢志爱国奋斗。像邓稼先先生那样忠诚报国，把个人理想融入强国伟业，爱国、励志、求

真、力行。为欣欣向荣的伟大祖国增光添彩，是青年一代的众望所归。

希望同学们涵养优良学风。像邓稼先先生那样严谨治学，静心笃志、潜心向学，养成清风正气。激浊扬清，营造健康学术生态，是青年一代的责任所系。

希望同学们砥砺创新建功。像邓稼先先生那样无私奉献，不畏任重，不惧时艰，以担当务实成就创新梦想。谋人民福祉、谋民族复兴、谋世界大同，是青年一代的价值所在。

花开70场，献礼70年。每一场花开，都是正能量的绽放。让我们更加紧密地团结在以习近平同志为核心的党中央周围，深入贯彻《新时代爱国主义教育实施纲要》，接力精神火炬，奋进时代征程，为实现中华民族伟大复兴的中国梦作出更大贡献！

最后预祝演出圆满成功！

在2019世界人工智能大会开幕式上的致辞

（2019年8月29日）

怀进鹏

浦江之滨，业者涌动，智者云集。很高兴出席2019世界人工智能大会。我谨代表中国科学技术协会，对本次盛会召开表示热烈祝贺！对长期以来关心支持科技与科协事业发展的国内外科技组织与政府部门领导、专家、企业家和社会各界致以崇高敬意和衷心感谢！

习近平主席在首届世界人工智能大会贺信中指出，新一代人工智能正在全球范围内蓬勃兴起，为经济社会发展注入了新动能，正在深刻改变人们的生产生活方式；他还特别强调要把握好这一发展机遇，深化合作、共同探讨。当前，人工智能、5G（第五代移动通信技术）与生物医疗等已成为时代科技的标志，特别是人工智能被视为一项跨领域、具有超能级意义的元技术。它既有利于提高生产效率、增进生活质量，也有利于提升国家竞争力和国家安全能力。正是由于作为赋能要素，可以重构产业经济、造福人类社会，它不仅成为现代企业的发展核心和教育的追求，更是许多国家的战略重点，成为全球合作、竞争、发展的新蓝海。

我们期待在大会期间聆听智者的见解，增进合作的共识，推动高效的发展。借此机会提出三点思考，与大家交流。

一是强化基础研究和人才培养。当前人工智能还面临基础理论和关键核心技术瓶颈，还有很多基础性难题有待破解，特别要努力在理论、算法、平台、系统等方面取得突破，丰富技术和产业的源头供给。业以才兴，人才是第一资源，人才队伍的质量、水平和规模决定也制约着产业的高度。要探索产学合作、国内外合作和跨界跨领域合作的协同育才机制，营造人才成长与发挥作用的沃土，推动构建和完善既有利于发挥人才独创能力，又能有效调动众创潜力的平台条件。我们要为未来做好准备！

二是共筑科学发展和治理的良性生态。科技在高歌猛进，文明呼唤伦理自律。人工智能作为一项没有是非的技术，在应用发展中一定要秉持向善、为民的价值观。随着人工智能的快速发展，应用中的伦理问题引发焦虑。中国愿与世界一道，积极推动科技伦理建设，突出创新生态和平台体系，重视跨界融合、跨域协同等方面的制度、法律和政策保障机制建设。我们要为发展奠定基础！

三是推动开放交流和务实合作。国际人才、科技和经济、社会间无障碍的交流融通，是人类文明进步的体现，可以为人类福祉和世界经济发展提供强劲动力和广阔空间。贸易保护与封锁必然阻碍人才流动与科技合作，不利于人才成长、科技发展与经济繁荣，不利于世界的可持续发展。我们期待并倡导科技无国界、科技无歧视，共商、共建、共享合作交流平台，让人工智能更高质量地惠及人类福祉，包容的文明才能可持续。我们要为文明展现胸怀！

开明睿智，海纳百川。上海作为中国科技、经济强劲活跃的增长极，拥有科技创新活力强大的教育科研机构和人才优势，聚集了人工智能核心企业1000余家，泛人工智能企业超过3000家，人工智能相关产业规模超700亿元，是中国乃至全球合作发展的人工智能创新高地。

中国科协是中国科技工作者之家，拥有包括人工智能、电子通信和信息、数学等基础学科在内的210个全国学会。我们始终以助力科技工作者的价值实现为使命，倡导并推动国际间科技、人才的开放合作与交流。我们愿与世界同行携手推动建立人工智能领域国际合作机制，推动有组织、有效率、负责任的创新，促进人工智能健康发展，共同培育全球经济增长新动力。

“智联世界、无限可能”，正如大会主题所示，创新的魅力在于连接与分享。期待大家充分碰撞智慧火花，砥砺创新思维，并以此为契机增进共识、加强合作，共创人工智能的美好未来。

预祝2019世界人工智能大会圆满成功！

谢谢大家！

在2019世界机器人大会开幕式上的致辞

（2019年8月20日）

怀进鹏

今天我们相聚北京，共同参加2019世界机器人大会。我代表中国科协，代表万钢主席，向大会的召开表示热烈的祝贺，对参加本次大会的海内外专家、学者、企业家、各国各地区机构代表和各位嘉宾的莅临表示诚挚的欢迎！

五年来，世界机器人大会已经成为碰撞思想、交流智识的平台，更是洞察机器人前沿、催生产业创新的平台。一年一度的盛会，聚集专家与企业家智慧，汇聚顶尖企业和研究机构，展示创意产品、促进务实合作，发挥了良好的示范引导作用，拉近了机器人与百姓的距离，更架起了各国各地区友谊的桥梁。

当今世界正面临百年未有之大变局，变革时代的机器人技术日新月异，网络化、智能化和融合化趋势日益显著，带动新旧动能转换加速，促进数字经济与智能制造协同发力，不断改变着我们的工作与生活。许多前沿核心技术突破涌动，新产品爆发性增长，产业发展欣欣向荣。据统计，2019年上半年全球机器人市场规模达到144亿美元，而中国机器人市场规模为42.5亿美元，产品结构不断丰富，应用场景持续延伸，机器人产业链逐步向中高端聚集，新材料、核心零部件、主控芯片、操作系统以及自主学习、协同、控制、算法等领域的创造能力已经成为全球在机器人领域竞争的核心要素和专业方向。从2019年的会展来看，产业研发更系统，应用创新更深入，人才队伍快速发展，正引领我们开启智能时代的大门。

本次大会，我们期待聆听更多智者关于未来的真知灼见。借此机会，有四点思考与大家分享：

一是要夯实基础，丰富源头供给。只有厚植基础，才能厚积薄发。科技在快速发展，固本强基是“以慢取胜”之道。当前机器人领域还面临着基础研究和关键核心技术瓶颈，有很多难题还有待突破，应着力夯实基础，为解决“卡脖子”问题和发展核心技术提供后劲。

二是要共筑生态，培育创新土壤。在机器人领域，我们面对的是新兴学科，也是一个小学科，却体现着学科交叉、产业大融合和行业覆盖面广等特点，要推进跨界融合、高效组织的创新格局。从0到1，以学科交叉融合促进原始创新，需要有效的研究组织方式；而从1到N，则更多呼唤有效的技术创新与商业模式创新。着力搭建综合技术、资本、市场要素与人才成长契合的公共服务平台，拓展技术服务与交易，推进技术转移和成果转化，真正促进产学研用融合发展的新生态。

三是要注重伦理，强化科技治理前瞻布局。智能科技高歌猛进，但伦理进化不容忽视。中国组建的国家科技伦理委员会将有利于系统地推动科技伦理建设，有利于在恪守伦理道德底线与推动科技进步之间做好平衡。要协同好社会科学与科技界、产业界和法律界的专家、学者，深入研讨人机协同与未来伦理道德风险，制定科学合理的发展与应对措施，这些都需要国家之间的有效合作。

四是要开放合作，深化交流互动共享机制。商品、技术、资金、人员的交流融通，可以为世界经济增长提供强劲动力和广阔空间。一段时间以来，全球贸易摩擦不断加剧，贸易保护主义已经和正在对全球创新带来损害。我们高兴地看到，本届大会与往届相比，国际元素有增无减，开放合作愿望更加强烈。应对共同挑战，我们要坚持倡导科技无国界、无障碍、无歧视的精神与合作理念，共商、共建、共享更多合作平台，努力推动建立机器人领域国际创新合作机制。

中国科协作为中国科技工作者的共同体组织，愿意以更加开放的姿态，与世界同行加强合作，推动有组织、有效率、有责任的创新，培育全球经济增长新动力，培育构建人类命运共同体的科技文明力量。

衷心期望大家利用世界机器人大会的平台充分交流思想、沟通信息、加强战略合作、砥砺创新思维，并以此为契机增进共识、加强合作、共创智能科技的美好未来。

预祝 2019 世界机器人大会取得圆满成功！

全国科技工作者日寄语

（2019年5月30日）

万钢（全国政协副主席、中国科协主席）

在此全国科技工作者日来临之际，我谨代表中国科协向全国广大科技工作者表示节日的问候和良好的祝愿！希望广大科技工作者认真学习贯彻习近平新时代中国特色社会主义思想，把握时代前进和事业发展的新要求，自觉践行新时代中国科学家精神，把个人成长发展与国家和人民的前途命运紧密相连，在建设世界科技强国的进程中争当先锋，在实现中华民族伟大复兴的生动实践中建功立业。

王志刚（科技部党组书记、部长）

借此全国科技工作者日到来之际，我谨代表科技部向奋战在科研一线的广大科技工作者致以节日的问候！

中华人民共和国成立70年来，一代又一代科技工作者以科技报国之志、创新济民之心，以自立自强的奋斗精神，攻坚克难，勇攀高峰，取得了一系列重大科技成果，为支撑经济社会发展、保障国家安全作出了重大关键性贡献。

在新时代的奋斗征程中，建设现代化强国、赢得世界尊重、提升国家核心竞争力，都必须把科技创新摆在核心位置，作为不二选择。科技创新本质是人的创造性活动，创新驱动本质是人才驱动，国家创新体系是以科技人员和科研活动为核心的系统化构建。我们要为科技工作者报国为民、施展才华搭建舞台，充分激发各类创新主体的积极性和创造性，弘扬科学精神，转变学风作风，努力把科技工作者群体塑造为全社会的优秀群体，让创新创业成为全社会尊崇的价值导向，为加快建设创新型国家和世界科技强国作出更大贡献。

白春礼（中国科学院院长、党组书记，中国科学院院士）

希望广大科技工作者紧密团结在以习近平同志为核心的党中央周围，发扬我国科技界追求真理、服务国家、造福人民的优良传统，传承老一辈知识分子爱国奉献、赤诚报国的崇高精神，面向世界科技前沿、面向经济主战场、面向国家重大需求，厚实基础、潜心钻研、孜孜求索、勇担重任、勇攀高峰，矢志不移自主创新，积极抢占科技竞争和未来发展的制高点，为建设创新型国家和世界科技强国、实现中华民族伟大复兴的中国梦而努力奋斗！

李晓红（中国工程院党组书记、院长，中国工程院院士）

中国工程院将聚焦两个一百年的奋斗目标，围绕国家的重大需求，要开展顶天立地的战略研究，发挥国家战略科技力量的作用，组织动员广大院士联合攻关，尤其要在攻破核心技术，解决“卡脖子”

问题和补短板上，攻坚克难，勇于担当。“院士”称号是党和人民赋予我们的崇高荣誉，我们要一如既往坚守“院士”称号的本质，弘扬新时代的科学家精神，加强学风建设，特别是要牢记天命，守正扬清，服务国家，造福人民。

怀进鹏（中国科协党组书记、常务副主席、书记处第一书记，中国科学院院士）

科技报国、创新为民，是科技工作者的崇高追求。科技志愿服务是一种情怀，也是一份责任；是一种荣耀，也是一项事业，更是礼赞新中国、建功新时代的实际行动。让我们共同弘扬新时代科学家精神和志愿精神，把爱国奋斗融入爱心奉献，把精彩论文写在祖国大地上，在服务基层、服务企业中践行初心使命，让志愿服务闪耀科技之光，结出科技硕果！

致全国科技工作者的新春贺词

（2019年2月4日）

万　钢　怀进鹏

戊狗辞岁，亥猪迎春。值此新春佳节到来之际，我们谨代表中国科学技术协会，向全国科技工作者拜年！衷心祝愿全国科技工作者新春如意、身体健康、工作愉快、阖家幸福！向每一位科学家、每一位工程师、每一位关心支持科技发展的海内外人士致敬和祝福！

过去一年，我们庆祝改革开放40周年，共同见证我国科技事业发展的辉煌成就，从改革奋进的恢宏历史长卷中，重温科技第一生产力的伟大创造。广大科技工作者在爱国奋斗的伟大实践中，传承弘扬爱国、创新、求实、奉献、协同、育人的中国科学家精神。

新的一年，我们喜迎新中国成立70周年，大事多、喜事多，有机遇也有挑战。科技工作者创新环境更加优越，奋斗舞台更加广阔。新征程上，中国科协将深入贯彻落实习近平总书记关于“发展是第一要务，人才是第一资源，创新是第一动力”的重要讲话精神，密切联系、紧紧依靠广大科技工作者，围绕“服务发展”主题，主动服务国家战略需求，服务经济社会高质量发展，顺应人民对美好生活的新期待，唱响“礼赞新中国、追梦新时代”的昂扬旋律。

高天日出江山秀，大地春回草木荣。让我们更加紧密地团结在以习近平同志为核心的党中央周围，树牢“四个意识”，坚定“四个自信”，坚决做到“两个维护”，不忘初心、牢记使命，守正创新、服务发展，勇做新时代的奋斗者、奔跑者、追梦人，以优异成绩庆祝新中国70华诞！

坚守初心使命　建设科技强国

怀进鹏

在全党开展“不忘初心、牢记使命”主题教育，是党中央统揽伟大斗争、伟大工程、伟大事业、伟大梦想作出的重大部署。中国科协深入落实习近平同志关于开展“不忘初心、牢记使命”主题教育的重要讲话精神和《中共中央关于在全党开展“不忘初心、牢记使命”主题教育的意见》，认真贯彻“守初心、担使命，找差距、抓落实”的总要求，牢牢把握目标任务，扎实开展主题教育，进一步加强对科技工作者的政治引领，坚持围绕中心、服务大局，更好凝聚建设世界科技强国的智慧和力量。

坚守初心使命，勇担时代重任

习近平同志指出，“我们所做的一切都是为人民谋幸福，为民族谋复兴，为世界谋大同”，“一切向前走，都不能忘记走过的路；走得再远、走到再光辉的未来，也不能忘记走过的过去，不能忘记为什么出发”。坚守初心使命，既要回顾来路，更要探寻前路。

从优秀传统文化中汲取力量。党的初心使命深受中华优秀传统文化、革命文化和社会主义先进文化的滋养。没有高度的文化自信，没有文化的繁荣兴盛，就没有中华民族伟大复兴。《孟子》提倡“仁者爱人”“民为贵，社稷次之，君为轻”，《礼记》提出“大道之行也，天下为公”。中华优秀传统文化彰显的自强不息、国泰民安、国家统一、协和万邦等思想精华，天下为公、民惟邦本、和而不同、义利统一等价值追求，先天下之忧而忧、后天下之乐而乐等家国情怀，滋养着党的初心使命。党的初心使命还蕴涵着革命文化的红色基因。红船精神、井冈山精神、长征精神、延安精神等革命精神告诉我们，红色政权是从哪里来的、中华人民共和国是怎么建立起来的。社会主义先进文化中的爱国主义、集体主义、社会主义精神，深刻体现中国共产党人的价值立场，为我们坚守初心使命提供强大文化支撑。党员干部理想信念和文化自信不断增强，守初心、担使命的自觉性就会更加彻底和坚决。

自觉强化理论武装。新时代产生新思想、新思想指引新实践。习近平新时代中国特色社会主义思想，是新时代中国共产党的思想旗帜，是国家政治生活和社会生活的根本指针，是当代中国马克思主义、21世纪马克思主义。只有坚持以习近平新时代中国特色社会主义思想武装头脑、指导实践、推动工作，才能更好坚守初心使命。对于科协组织来说，特别要深刻领会习近平同志关于科技创新、群团工作、科协工作的重要论述精神，自觉运用贯穿其中的马克思主义立场观点方法看问题、作决策、干事情。以辩证唯物主义和历史唯物主义认识和把握工作规律，深刻理解习近平同志提出的“科技创新、制度创新要协同发挥作用，两个轮子一起转”“要把科学普及放在与科技创新同等重要的位置”等重要论断，准确把握习近平同志强调的创新发展规律、科技人才规律、科技管理规律等重要规律，推动学习贯彻习近平新时代中国特色社会主义思想往深里走、往心里走、往实里走。

敏于洞察发展大势。世界正面临百年未有之大变局，人类正迎来科技文明前所未有的大发展，科技革命和产业变革与我国经济社会转型发展形成历史交汇，数字化、网络化、智能化深刻影响科技发展与治理，有组织的创新不断推动社会变革、创造新的价值。科技与经济、科技与社会、科技与文化、科技与人的全面发展相互交织，进一步推动科学与技术、科技与工程、自然科学与哲学社会科学融合共生、协同发展。科技支撑综合国力的战略地位日益凸显，对经济社会发展的作用不断扩大，其影响比以往任何时候都更加广泛和深刻。我们要坚守初心使命，就要敏锐把握世情国情和科技发展动态，主动识变应变求变、识责明责担责。

习近平同志指出，我们比历史上任何时期都更接近中华民族伟大复兴的目标，我们比历史上任何时期都更需要建设世界科技强国。我们要着眼大势、统揽全局，全面审视、重新认识变革时代的科协组织承载的历史使命，用好人才第一资源，激活创新第一动力，服务发展第一要务，更好地把广大科技工作者凝聚在党的旗帜下，凝聚在爱国奋斗的伟大实践中。

践行群众路线，突出问题导向

习近平同志强调，群众路线是我们党的生命线和根本工作路线，是我们党永葆青春活力和战斗力的重要传家宝。群众路线是科协作为群团组织的“根”与“魂”。坚守初心使命，必须深入践行群众路线。科协最直接联系服务的群众是广大科技工作者。科协工作如果偏离群众路线，科技工作者就会远离我们，科协组织发挥团结引领作用就会成为一句空话。我们要以“四服务”践行群众路线，切实把服务科技工作者放在心上；既要激发科技工作者的创新创造活力，又要弘扬科学家精神和志愿服务精神；既要密切联系、热情服务科技工作者，又要强化政治引领、政治教育；既要把贯彻群众路线的有效经验做法坚持好，又要走好网上群众路线。

深入调查研究。党的十八大以来，习近平同志高度重视“调研开路”。中共中央政治局出台八项规定，把“改进调查研究”摆在第一位。在“不忘初心、牢记使命”主题教育工作会议上，习近平同志强调，要使调研过程“成为加深对党的创新理论领悟的过程，成为保持同人民群众血肉联系的过程，成为推动事业发展的过程”。我们要坚持把调查研究作为谋事之基、成事之道，真调实研、真查实改、真谋实干，通过深入调研了解科技发展情况，真正掌握实情，搞清楚问题是什么、症结在哪里，拿出破解难题的实招、硬招，谋划推进科协工作高质量发展。

突出问题导向。习近平同志强调，不忘初心、牢记使命，“关键是要有正视问题的自觉和刀刃向内的勇气”。我们要坚持对照习近平新时代中国特色社会主义思想和党的十九大精神，对照党的初心使命，对照党章党规，对照习近平同志对科技和群团工作的指示要求，对照社会和科技工作者需求，对照新时代科协的愿景使命，找准问题和差距。勇于直面政治引领、智库咨询、学会学术、科普服务、国际化发展等方面的突出问题，深挖理想信念不坚定、工作作风不过硬、担当精神不足的思想根源，坚持以刀刃向内的自我革命精神，认真检视反思，深入开展专项整治。

紧扣时代主题，服务发展大局

习近平同志强调，人民的需要和呼唤，是科技进步和创新的时代声音。我们要永葆科协组织的政治性先进性群众性，增强识变应变的敏锐性、刀刃向内的革命性，奔着问题找差距，盯着问题抓整改，担当尽责，扎实工作，做到报国为民、初心不忘，政治引领、靶心不虚，服务大局、中心不偏，扎根基层、重心不浮，党建强会、信心不减，在服务党和国家事业发展中彰显科协独特贡献。

坚定理想信念，提升组织效能。坚持把学习贯彻习近平新时代中国特色社会主义思想作为首要任务，强化理论武装，引导科技工作者增强“四个意识”、坚定“四个自信”、做到“两个维护”。着力提升组织效能，把党领导下科技群团工作的政治优势转化为组织优势，把组织优势转化为高质量发展优势。依据不同层级科协组织的功能定位、主责主业、重点难点，探索分级管理、分类指导的组织体系，全面提升科协系统组织力。探索建立直接联系服务学会和地方科协的工作机制，更好发挥指导协调作用。

强化政治引领，抓实联系服务。积极探索信息化、网络化条件下加强政治引领的新载体新路径，探索需求分众化、差异化条件下联系服务群众的实招，增强思想政治工作精准度和有效性，更好履行举旗帜、聚民心、育新人、兴文化、展形象的使命任务。围绕激活科技人才第一资源，遵循人才成长规律，加强人才举荐服务，大力营造既充分发挥独创能力，又有效调动众创潜力的平台条件环境。大力弘扬新时代科学家精神，砥砺创新，建功新时代。完善科技志愿服务机制，把弘扬科学家精神与弘扬志愿精神有机结合起来，引导科技工作者在志愿服务中守初心、担使命、作贡献。

更新思想观念，创新工作方法。坚持知信行统一，推动转变思想观念、更新工作方法，克服思维定式和惯性惰性，主动担当作为，提高“四服务”效能。既抓思想破冰，又抓难题破解，把思想方法变成工作方法，把创新理念变成行动方案，提升谋划力、协调力、执行力。主动融入京津冀协同发展、长三角一体化发展、粤港澳大湾区建设、东北振兴等区域发展战略，找准科协工作切入点、结合点、着力点，发挥科协组织独特作用。培育全球视野，推动国际化发展，提升科协组织推动构建世界科技治理新格局的能力和水平，引领我国科技工作者有效参与全球科技竞争与合作。

健全组织体系，拓展机制平台。不断健全纵横交织、条块结合的科协组织体系，织密组织网络，提升“一体两翼”组织活力，强化组织赋能，搭平台、拓渠道、建机制、强功能、增实效。探索共建技术交易与服务中心，打造全球化视野、市场化运作、专业化服务的世界级科技成果转移转化平台，服务高质量发展。进一步完善服务企业、服务基层的工作机制，完善党建带群建机制，巩固基层阵地，实现赋能强基。持续推进“三长制”试点，创新更多有效接地气、通实情的机制，增强服务基层实效。加强“智慧科协”建设，构筑更有吸引力凝聚力的网上引领服务平台，走好网上群众路线。

强化政治保障，加强党的建设。贯彻新时代党的建设总要求，全面推进党的建设新的伟大工程。落实全面从严治党主体责任，完善党建业务融合发展的工作体系。把握新时代党建特点和规律，提高机关党的建设质量。持续推进“智慧党建”，构建科协系统网上党建生态圈。抓住领导干部这个“关键少数”，教育引导科协干部真抓实干、转变作风，力戒形式主义、官僚主义，锤炼忠诚干净担当的政治品格。

来源:《人民日报》(2019 年 09 月 09 日 13 版)

重要文件

中国科协　科技部关于开展2019年“全国科技工作者日”活动的通知

科协发厅字〔2019〕24号

各省、自治区、直辖市科协、科技厅（委、局），新疆生产建设兵团科协、科技局，中国科协所属各全国学会、协会、研究会：

2019年是中华人民共和国成立70周年，是全面建成小康社会的关键之年，是决胜进入创新型国家行列之年。为深入贯彻习近平新时代中国特色社会主义思想，突出着力加强思想政治引领，着力围绕中心、服务大局，着力推动深化改革向基层延伸，着力加强党的领导和党的建设，大力弘扬中国科学家精神，广泛选树、大力宣传一批爱国、创新、求实、奉献、协同、育人的“科技楷模”标杆典范，为广大科技工作者办一批实事好事，不断提升科技工作者的社会地位和获得感、荣誉感、使命感，动员和引领广大科技工作者攻坚克难、拼搏奉献，用丰硕的科技创新成果迎接新中国成立70周年，中国科协、科技部将于5月30日第三个“全国科技工作者日”前后在全国范围内组织开展系列活动，以实际行动共同庆祝科技工作者的节日，探索打造为科技工作者服务的节日品牌。现将有关事项通知如下：

一、活动主题

“礼赞共和国　追梦新时代”

以庆祝新中国成立70周年为主线，突出“四个着力”要求，围绕“树典型、办实事、重宣传”，在5月30日“全国科技工作者日”前后推出系列主题活动，持续开展科学家精神、科技成就宣传，传递习近平总书记和党中央对广大科技工作者的关心关爱，向全社会讲好科技工作者爱国奋斗故事，为科技工作者办实事好事，推动成立中国科技志愿者服务总队，全面开展科技志愿服务活动，发动广大科技工作者为经济社会发展服务，坚定理想信念、强化使命担当，增强攻坚克难、永攀高峰、建设世界科技强国的信心决心，汇聚创新创业创造的智慧和力量，掀起祝福祖国的热潮，唱响礼赞共和国七十华诞的时代旋律。

二、活动时间

2019年5月中旬—6月上旬

三、目标成效

（一）强化政治引领凝聚人心共识。引导科技工作者深入贯彻落实习近平新时代中国特色社会主义思想，认真学习贯彻中央领导同志有关五四重要讲话精神，重温习近平总书记在两院院士大会和“科技三会”上的重要讲话精神，汲取精神力量、凝聚价值共识，大力弘扬中国科学家精神，进一步增强科技工作者对党的创新理论、大政方针的政治认同、思想认同、情感认同，进一步激发广大科技工作者创新争先的热情，坚定“主心骨”，唱响“主旋律”，将科技界力量引导到事关国家安全和经济社会发展全局的重大科技任务上来，引导到投身全面建成小康社会、建设世界科技强国伟大征程上来。

（二）提升科技工作者社会地位。以“全国科技工作者日”为契机，集中展示科技工作者不忘初心、牢记使命，为我国科技事业发展七十年如一日奋力拼搏、无私奉献的精神风貌，在全社会大力弘扬新中国成立以来中国科学家的优秀品质和可贵精神，推动全社会尊重科技工作者、理解科技工作者、关爱科技工作者、支持科技工作者，深刻理解发展是第一要务、人才是第一资源、创新是第一动力的重要意义，营造尊重劳动、尊重知识、尊重人才、尊重创造的良好社会氛围。

（三）让科技工作者感到“家”的温暖。在“全国科技工作者日”前后，各单位等要联合相关部门，广泛组织动员，聚焦科技工作者的关切，竭诚为广大科技工作者办实事，认真倾听了解科技工作者建议和需求，为科技工作者学术交流、成长成才服务，把组织的关怀和温暖送到科技工作者的心坎上。要在全社会广泛宣传70年来科技工作者为国家科技事业发展拼搏奉献的感人事迹，切实增强科技工作者获得感、荣誉感、自豪感。

（四）统筹相关活动擦亮工作品牌。努力将“全国科技工作者日”系列活动打造成为品牌工作和特色亮点活动，以选树新时代科技工作者的模范先锋、展现优秀科技工作者精神风貌为核心，以线上线下丰富多彩的宣传活动为支撑，统筹智库、学术、科普各类活动，在“全国科技工作者日”前后组织开展一系列形式多样、内容丰富、科技工作者广泛参与、社会各界高度关注的科技志愿服务行动和主题活动，推动逐步建立各级各行业科技志愿服务队伍，探索形成“全国科技工作者日”活动模式和科技志愿者服务机制，不断增强仪式感，使5月30日“全国科技工作者日”广为认知、深入人心。

四、主要活动

“全国科技工作者日”是科技工作者自己的节日，各单位要积极举办各类特色主题活动，按照“联合协作、广泛动员、扩大覆盖”的原则，切实发挥好“催化剂”作用，与年度重点工作活动和“全国科技活动周”重要活动有机结合、同频共振，既为本地区、本领域、本系统、本行业的科技工作者送上节日的慰问，也要组织科技工作者在节日前后为创新驱动发展、全民科学素质提升开展志愿服务行动。主要活动概括为“五个一批”。

（一）宣传一批优秀科技工作者的典型事迹。会同宣传部门在全国范围内开展“寻找最美科技工作者”活动，推选、宣传一批新中国成立70年来为科技事业发展作出突出贡献的老一辈科技工作者；深入挖掘本地区、本领域、本系统、本行业科技工作者中的典型人、典型事，推选、宣传一批党的十八大以来为我国科技事业作出突出贡献的优秀科技工作者；推选、宣传一批在科研攻关、成果转化、科学普及、科技扶贫等工作中表现优秀的青年科技工作者。充分利用各类媒体对典型人物、典型事迹进行集中宣传，广泛开展向优秀科技工作者学习活动，营造全社会弘扬科学家精神、崇尚科学、热爱科学、尊重科技工作者的氛围。

（二）开展一批丰富多彩的志愿服务行动和主题活动。各单位结合自身实际、发挥各自特色，面向乡村、社区、企业等组织开展一批以科技工作者为主角、社会反响好、关注度高的志愿服务行动和主题活动。统筹传统活动和年度重点工作，以节日为契机发动科技工作者开展“礼赞共和国、追梦新时代”科技志愿服务行动，助力企业发展、助力新时代文明实践中心建设、助力乡村振兴，开展科普讲座、院士专家报告会、专家科普知识巡讲、发布“科学”流言榜、青少年科学调查体验、科普惠农等活动，引导广大科技工作者积极投身服务创新驱动发展、服务全民科学素质提升，让科技工作者在服务奉献中体现自身价值。组织开展争创十佳服务企业创新学会、十佳调研报告、十佳深化改革基层组织等“十佳”行动。举办“发现科学之美”摄影作品征集活动、优秀科技工作者事迹报告会、科技工作者沙龙、“科学之夜”活动、科技成就展览等，丰富科技工作者的文化生活，树立为科技工作者服务的节日品牌。

（三）向科技工作者和广大群众征集一批祝福、建议。利用现场采访、网上互动、短信推送、社交媒体高热话题等渠道，向科技工作者和广大群众征集一批对伟大祖国成立70周年的祝福、对我国科技事业发展的感受和祝愿、对科技工作者创新成果的祝贺和对科技工作、科协工作的意见建议，在各类媒体上以微视频、公益广告等形式推送宣传。

（四）集中走访看望一批一线科技工作者。各地科协、科技厅（委、局）积极邀请党委政府领导同志看望“卡脖子”领域、重大工程、基层一线的科技工作者，把党的关怀关爱送到科技工作者的心坎上。积极主动深入科技工作者集中的科研院所、高校、企业，与科技工作者共同开展“全国科技工作者日”活动，主动关心青年科技工作者、老科技工作者和女科技工作者。

（五）为科技工作者办一批实事。结合实际，积极争取、主动协调相关部门，为科技工作者成长成才、发挥作用、实现自身价值解难题办实事。广泛听取科技工作者的意见诉求，征求对办实事的建议，凝练梳理形成为科技工作者办实事的清单。按照“边调研、边征集、边落实”的方式，在节日前后为科技工作者集中办一批、向社会公布一批、持续推进一批能够让科技工作者有切实获得感的实事、好事，凝练总结为科技工作者办实事的典型做法，形成可复制、可推广的典型案例，让科技工作者有切实的获得感，增强对科协组织的认同感、归属感，增强科协组织的凝聚力、向心力。

五、工作要求

（一）广泛组织动员。积极争取当地党委政府和社会各界对“全国科技工作者日”活动的重视和支持，充分调动、发挥各方面的积极性和创造性，做好活动设计策划和统筹安排，努力形成领导高度重视、全社会广泛参与、广大科技工作者热切期盼的工作局面。统筹安排好与年度其他工作和同期举办的“全国科技活动周”等重要活动的协调和衔接，丰富活动内容，充分发挥“同频共振”效果。

（二）加强宣传报道。充分发挥报纸、电视、广播和新闻网站、微信公众号、移动终端的作用，组织动员各类新闻媒体记者深入基层，利用微视频、微动漫、H5、VR、AR、MR等载体和技术，对优秀科技工作者典型代表和“全国科技工作者日”活动情况集中开展全方位、立体式、全媒体的宣传，在全国范围内形成整体宣传效果，扩大活动的受益面和影响力，让5月30日“全国科技工作者日”深入人心。

（三）强调节俭务实。认真组织、精心制定工作方案，严格贯彻中央八项规定精神和有关要求，不铺张浪费、不追求形式、不走过场、不讲排场，不给科技工作者和基层增加负担，确保各项活动可操作、可评估。

（四）做好总结评估。请各省级科协、科技厅（委、局）、全国学会认真总结活动开展情况和工作成效，梳理总结典型经验，提出意见建议，于6月30日前报送文字信息、影视资料等，为今后“全国科技工作者日”活动提供借鉴。各省级科协、全国学会可通过协同工作平台中的政务信息报送系统报送中国科协办公厅，各省级科技厅（委、局）报送科技部引进国外智力管理司。

中国科协　科技部

2019年5月16日

中国科协　中央文明办关于开展新时代文明实践中心科技志愿服务试点工作的通知

科协发普字〔2019〕19号

各全国学会、协会、研究会，各省、自治区、直辖市、副省级城市科协、文明办，新疆生产建设兵团科协、文明办：

为深入学习宣传贯彻习近平新时代中国特色社会主义思想和党的十九大精神，紧紧围绕建国70周年工作主线，着力加强思想政治引领，着力围绕中心、服务大局，着力推动科协系统改革向基层延伸，着力加强党的领导和党的建设，中国科协与中央文明办拟充分发挥广大科技工作者在推动社会文明进步中的积极作用，广泛开展以科技惠民、科学普及等为主要内容的科技志愿服务，重点开展新时代文明实践中心科技志愿服务试点工作。现将有关事项通知如下：

一、指导思想

以习近平新时代中国特色社会主义思想为指导，深入贯彻党的十九大和十九届二中、三中全会精神，按照《关于建设新时代文明实践中心试点工作的指导意见》《全民科学素质行动计划纲要实施方案（2016—2020年）》的有关要求，统筹发挥科协系统的人才资源优势和文明办的组织协调优势，推进党建带群建、群建促党建，强化新时代科技工作者服务基层的社会动员机制，广泛开展科技志愿服务，促进社会文明进步。

二、工作目标

（一）助力新时代文明实践中心建设。2019年，重点在全国12个省份（以下简称“试点所在省份”）50个县（市、区）（以下简称“试点县”，详见附件）开展新时代文明实践中心科技志愿服务试点工作，动员科技志愿者在文明生活、创新增效、增收致富等方面支持新时代文明实践中心建设，服务大局，积极作为，形成若干有效经验，推出一批示范典型。

（二）打造“智惠行动”服务品牌。以“智”为特色，充分体现科技工作者的智力优势和专业优势；以“惠”为导向，努力满足人民对美好生活的科技需求和科普需求，增强人民群众获得感。抓住“喜迎共和国七十华诞”的有利契机，在全国范围内持续统筹开展新时代科技志愿服务品牌活动“智惠行动”，打造特色鲜明、群众受益、广泛认可的服务品牌。

（三）探索构建科技志愿服务体系。在试点工作基础上，建立完善新时代科技志愿服务机制，推动成立中国科技志愿者总队，逐步形成“国家—省—市—县”的四级科技志愿服务体系，并整体加入中国志愿服务联合会。

三、试点时间

2019年5—12月

四、工作原则

（一）坚持思想引领。用群众喜闻乐见的形式宣传解读习近平新时代中国特色社会主义思想，广泛宣传党和国家关于创新发展的重大战略举措和自主创新成就，寓思想引领于科技志愿服务，进一步树牢“四个意识”、坚定“四个自信”、坚决做到“两个维护”。

（二）坚持服务群众。聚焦人民群众生产生活密切关注的科技领域，大力开展实用技术推广、青少年科技活动指导、卫生健康服务、应急安全技能培训、科学辟谣及反伪科学反封建迷信宣传等各类科技志愿活动，促进公众理解、接受、应用科技成果，普及科学知识，传播科学精神，养成科学健康文明的生活方式。

（三）坚持全面协同。建立各级科协与文明办密切协同机制，整合科协系统各类科技服务和项目资源，统筹各类科普场馆、科普教育基地等阵地资源，发动学会、高校科研院所、科技企业等人才资源，逐步形成以动员全国和省级层面科技专家深入基层、就近吸纳基层科技工作者、组织科普中国信息员网上传播分享的“三位一体”新时代科技志愿服务模式，实现上下拓展、纵横融合、网络活跃。

（四）坚持用好网络。结合智慧科协建设，充分用好“科普中国”平台，积极配合做好“学习强国”网络平台和全国志愿服务信息系统的建设使用，加强科普中国移动端传播和科普中国信息员队伍建设，向群众推送优质科普内容信息，实现网上网下同频共振和互相促进。

五、工作任务

（一）全国范围

中国科协将和中央文明办共同做好中国科技志愿服务的顶层设计，逐步建立完善管理、服务、激励机制，并持续推动和支持鼓励有条件的地方科协开展科技志愿服务工作，将全国学会、高校科协、企业科协的人才智力资源逐级下沉，服务基层、服务发展。各级学会、地方科协和文明办要围绕公众需求，统筹各类项目和活动，逐步建立科技志愿者队伍，结合全国科普日、全国科技工作者日、全国科技活动周、科技文化卫生“三下乡”，举办科普报告、科技培训、技术咨询、农技服务、医疗服务、青少年科技教育等各类科技志愿服务活动，开展科技馆免费开放和流动科普设施巡展，开展乡村学校少年宫主题科普教育活动和科技辅导员培训，汇聚众智，形成合力，共同打造科协系统志愿服务品牌“智惠行动”。

（二）试点层面

1. 建立志愿队伍。试点所在省份要加强对试点县科协的资源支持和指导力度，发挥好市级科协作用，指导试点县科协建立新时代文明实践中心科技志愿服务队，可由县级科协主要负责同志担任队长，开展提升基层科协组织力“3+1”试点工作，吸纳“三长”、科技专家、乡土科技人才等加入科技志愿服务队，鼓励引导科技工作者密集的单位成立科技志愿服务分队，加强志愿者培训管理，广泛开展基层科技科普服务，同时做好志愿者注册、志愿项目发布、志愿服务记录评价等工作。

2. 明确工作任务。试点所在省市科协要大力支持指导试点县，每年开展科普报告、学术讲座、人员培训、农技服务、“大手拉小手”等多种形式的科技志愿服务活动。活动数量原则上不少于一个月 1 次，其中结合全国科普日等重点活动开展服务不少于 1 次，结合卫生健康等群众关切开展服务不少于 1 次，结合农村妇女、青少年等重点人群开展服务不少于 1 次。

3. 构筑服务阵地。试点所在省市科协要将区域内科技馆、流动科技馆、科普大篷车、农村中学科技馆、科普中国 e 站、科普活动室（站）、科普教育（示范）基地等打通盘活，实现每个试点县流动科技馆或科普大篷车巡展的基本覆盖。积极协调上级科协资源、各类社会资源，统筹支持新时代文明实践中心建设。

4. 开展科技惠农。试点所在省市科协要指导试点县科协，组织开展农村重点人群科学素质培训培育和农民科学素质网络知识竞赛，不断提升农民科学生产、健康生活、协调发展的理念和水平。有条件的试点县可由省级科协对接中国农技协，建立中国农技协科技小院，有效促进现代农业技术推广和产业发展。试点县每年培训农村重点人群不少于 200 人次，参加农民科学素质网络知识竞赛不少于 3000 人次。

5. 注重网络动员。试点所在省市科协要指导试点县科协开展科普中国信息员队伍建设和传播分享，吸纳更多公众成为新时代文明实践的倡导者、传播者、践行者，确保试点县的科普中国信息员队伍数量、活跃度等指标超过全省平均水平。用好全国志愿服务信息系统（www.chinavolunteer.cn），做好人员注册、活动内容、服务时长等志愿服务要素的记录汇总。

六、工作要求

（一）加强组织领导。各级科协和文明办要高度重视、密切配合，提高政治站位、增强政治自觉，切实把这项科技志愿服务工作摆上突出位置，制定科技志愿服务任务表路线图，纳入志愿服务工作体系，并纳入各级科协对本级学会的考核内容。建立完善省级统筹负责、市级协调推进、县级具体落实的工作机制，确保试点省份原则上不少于一家全国学会对口联系服务，试点县原则上不少于一家省级学会或高校科协或企业科协的对口联系服务。

（二）强化资源保障。地方科协要统筹用好中央转移支付的基层科普行动计划和本级科普工作经费，建立完善科技志愿服务工作保障机制。中国科协将重点支持 50 个试点县科协，试点所在地方科协要组织做好基层科普行动计划等项目的协同投入，共同为组织科技志愿者投身新时代文明实践中心建设提供有力保障。

（三）落实工作责任。全国学会和省级科协要强化实干、注重实效，大力开展“智惠行动”科技志愿服务工作，做好科技志愿服务的经验交流和效果评估，加强先进典型的宣传报道和信息报送，并于9月底前报送阶段性进展（Word电子版和加盖公章PDF扫描件，下同），12月底前报送工作总结。试点县科协、有条件的各级学会和地方科协要结合全国科技工作者日活动于5月底前成立科技志愿服务队伍，联合文明办共同助力新时代文明实践中心建设，及时报送典型案例，并于9月底前报送阶段性进展，12月底前报送试点工作总结。中国科协将结合工作调研、下沉基层等方式进行工作指导和评估，并向中央文明办推荐表现突出的集体和个人。

附件：新时代文明实践中心科技志愿服务试点县（市、区）名单（略）

中国科协　中央文明办

2019年4月28日

中国科协　中共中央宣传部　教育部　科技部　农业农村部　国家卫生健康委关于举办2019年全国科普日活动的通知

科协发普字〔2019〕29号

2019年是中华人民共和国成立70周年，是全面建成小康社会关键之年。为深入贯彻习近平新时代中国特色社会主义思想，贯彻落实党的十九大和十九届二中、三中全会精神，推动“创新、协调、绿色、开放、共享”的发展理念深入人心，弘扬科学精神、普及科学知识，推动全民科学素质全面提升，促进科学普及与科技创新协同发展。中国科协联合中共中央宣传部、教育部、科技部、农业农村部、国家卫生健康委等有关单位共同组织开展2019年全国科普日活动，为建国70周年献礼。现将有关事项通知如下：

一、时间和主题

2019年全国科普日主题为：礼赞共和国、智慧新生活，定于9月14—20日在全国各地集中开展。各地各部门可根据全国活动主题，结合工作实际拟定活动副主题，主题宣传活动贯穿全年。

二、活动内容

（一）科普协同创新，发展两翼齐飞。集中体现新中国成立70周年以来，科技推动经济社会发展和科普厚植创新基础等方面的发展历程以及新成就、新气象、新作为，进一步提升公众对科技进步和科普服务的获得感。

（二）聚焦社会热点，传播科学思想。围绕航天科技、人工智能、5G技术、工业互联网等前沿科技热点及环境保护、卫生健康、食品安全等民生领域焦点问题，开展系列科普活动，促进公众理解并使用高新科技，及时释疑解惑，促进公众科学文化素养和精神文明水平双提升。

（三）弘扬科学精神，激励爱国奋斗。宣传讲述爱国、创新、求实、奉献、协同、育人的中国科学家精神，弘扬精益求精、执着专注的工匠精神，大力弘扬爱国奉献精神，号召广大科技工作者建功立业新时代。

（四）对标攻坚任务，助力全面小康。对标经济社会发展大局和本地区本部门发展实际，瞄准“三大攻坚战”，将扶贫与扶志、扶智深度结合，充分展现科学普及的创新发展之翼作用，在科技创新与科学普及协同进步中服务全面建成小康社会。

三、主要活动

2019年全国科普日活动立足面向基层、服务发展，着力打造“北京主场活动—全国分会场活动—省级特色活动—各地各部门联合行动”四级活动组织架构，形成“上下联动、纵横融合、网络活跃”的生动局面，全面促进科学精神和科技成果的全民共享。

（一）全国科普日北京主场活动。围绕活动主题，以北京属地活动为基础，集成中国科协和有关主办单位重点活动，打造线上线下结合的重点活动圈，为广大公众带来一场丰富多彩的科普盛宴。

（二）全国分会场联合活动。围绕中心、服务大局，积极助力京津冀协同发展、长江经济带发展、粤港澳大湾区建设以及东北振兴等战略，开展全国科普日分会场活动，并通过信息化手段将北京主场和各分会场活动融合开展。

（三）全国科普日省级特色活动。按照“一省一策一特色”理念，结合本地经济社会发展开展全国科普日省级主场活动，带动辖区内各地掀起科普活动热潮。

（四）全国科普日系列联合行动。在全国科普日活动期间，集中动员组织社会各界，深入农村、社区、学校、企业等，开展多形式、广覆盖的系列科普联合行动。

1. 全国科技馆联合行动。组织科技场馆依托自身优势，开展教育实验、展览展示、网络科普等各类科普活动，让公众在互动体验中获得科学知识。

2. 乡村振兴农村科普联合行动。联合农业农村部门，深入实施乡村振兴农民科学素质提升行动，着力推动移风易俗、提升农民精神风貌，形成农村良好科学氛围。

3. 社区科普联合行动。动员社会各界力量深入社区开展科普讲座、论坛等活动，大力普及科学知识，积极辟谣，及时解疑释惑。

4. 校园科普联合行动。联合教育部门，积极动员科技志愿者开展走进校园系列科普活动，举办科学家演讲、科学实验、科普剧等，启迪青少年科学思维和创新意识。

5. 企业科普联合行动。以企业科协为载体，发动有关企业通过开放参观、交流体验、专家讲解等形式面向公众开展科普宣传。

6. 科普教育基地联合行动。广泛发动各地教育基地积极推出与主题相关的科普展览活动，如博物馆、实验室开放日等活动，组织公众参观体验，提高公众科学认知。

7. 学术资源科普化联合行动。全面加强学会科普工作，广泛动员各级学会和科研院校将优质学术资源面向公众进行科普化宣传，组织广大科技工作者聚焦公众关切，发出权威声音。

8. 全国卫生健康科普专项活动。联合卫生健康部门，举办新时代健康科普作品征集活动，开展各类健康科普讲座和知识问答，提升群众健康素养水平和健康生活理念。

9. 全国气象科普日活动。联合动员气象部门，通过展览展示、专家讲解等形式，开展形式多样、内容丰富、体验性强的气象科普活动。

10. 网上科普日系列活动。以“科普中国”品牌为引领，开展全国科普日百场直播、网络留言互动等活动，通过互联网全方位展示和宣传科普亮点，铲除网络伪科学滋生土壤。

四、工作要求

（一）提高站位，服务大局。各级科协、党委宣传部、教育、科技、农业农村和卫生健康部门要高度重视，充分认识全国科普日活动的政治性、群众性、普惠性，积极沟通、做好统筹，最大限度汇聚资源搭建科普展示平台，主动邀请当地党政领导与公众一起参与全国科普日相关活动。

（二）面向基层，公平普惠。各地科协、党委宣传部、教育、科技、农业农村和卫生健康部门要紧紧围绕全国科普日活动主题，接长手臂、深入基层、服务群众，普惠民生，注重面向乡村、积极助力乡村振兴战略，提升基层群众的幸福感和获得感。

（三）加强宣传，营造氛围。各有关单位要充分利用广播、电视、新媒体等多种方式开展全方位、多角度的宣传推介，提升公众知晓度，营造领导重视、广泛动员、群众参与的良好氛围。

（四）厉行节约，务求实效。各有关单位要认真落实中央关于改进工作作风、厉行勤俭节约的有关规定，力戒形式主义和官僚主义。要加强安全防范措施，充分利用现有资源，切实提高活动实效。

五、有关事项

（一）登录填报。请有关部委、全国学会、省级科协及其他相关单位于2019年7月29日—8月23日登录e享科普日网站（www.kepuri.org，下同）中的全国科普日重点活动管理平台（以下简称“管理平台”），填报重点活动；其中，各省级科协要按照属地管理原则，于8月28日前做好本省重点活动审核工作并汇总上报。重点活动审核上报时，请各有关部委、全国学会、省级科协推荐3~5场大型科普活动作为网络直播候选活动，中国科协将择优安排。重点活动在线填报具体操作流程详见管理平台有关说明。

（二）资源共享。请有关部委、全国学会、省级科协组织相关单位在2019年9月1日—10月11日，通过登录管理平台及时上传活动新闻、图片、视频等资源。e享科普日网站设置全国科普日活动在线展厅，相关资源可自行登录进行下载。公众可通过查询重点活动信息实地参与活动。

（三）工作总结。请各全国学会、省级科协于2019年9月30日前通过管理平台提交活动总结，包括活动照片、视频、总结PPT等材料。2019年10月25日前，全国科普日活动有关主办单位和省级科协向中国科协推荐活动组织单位和特色活动，全国学会推荐特色活动。届时，中国科协将会同活动主办单位，按照活动的重视程度、数量规模、效果亮点、宣传报道及在线展厅资源量和点赞量等指标，开展全国科普日活动工作总结，对工作扎实、成绩突出的单位和特色鲜明、实效显著的活动予以表扬。

中国科协　中共中央宣传部
教育部　科技部
农业农村部　国家卫生健康委
2019年6月11日

中国科协　农业农村部关于印发《乡村振兴农民科学素质提升行动实施方案（2019—2022年）》的通知

科协发普字〔2019〕4号

各省、自治区、直辖市科协、农业农村厅（委、局），新疆生产建设兵团科协、农业农村厅（委、局），各有关单位：

根据《中共中央、国务院关于实施乡村振兴战略的意见》《乡村振兴战略规划（2018—2022年）》和《全民科学素质行动计划纲要实施方案（2016—2020年）》的有关要求，为进一步加强农村科普工作，提高农民科学文化素质，全面服务乡村振兴，中国科协、农业农村部联合相关部门共同实施乡村振兴农民科学素质提升行动，并研究制定《乡村振兴农民科学素质提升行动实施方案（2019—2022年）》。现印发给你们，请结合实际，认真贯彻落实。

中国科协　农业农村部
2019年1月7日

附件

乡村振兴农民科学素质提升行动实施方案（2019—2022年）

根据《中共中央、国务院关于实施乡村振兴战略的意见》《乡村振兴战略规划（2018—2022年）》和《全民科学素质行动计划纲要实施方案（2016—2020年）》的有关要求，为进一步加强农村科普工作，提高农民科学文化素质，全面服务乡村振兴，中国科协、农业农村部联合相关部门共同实施乡村振兴农民科学素质提升行动，特制定本实施方案。

一、背景意义

党的十九大作出实施乡村振兴战略的重大决策部署，将此作为新时代“三农”工作的总抓手。自2006年国务院颁布实施《全民科学素质行动计划纲要（2006—2010—2020）》以来，原农业部、中国科协会同有关部委共同实施农民科学素质行动，农民科学素质和农村科普工作得到显著提升，但是对照实施乡村振兴战略的要求，当前农村科技人才匮乏、农民适应生产力发展和市场竞争的能力不足的现象依然存在，农民的年龄知识结构、个人素质、生活方式等方面的问题还较为突出。据统计，2018年农村居民科学素质比例仅为4.93%，远低于全国公民8.47%的平均水平。因此，实施乡村振兴战略和全民科学素质行动计划，短板在农村、在农民，难点是农民素质尤其是农民科学素质的提升。实施乡村振兴农民科学素质提升行动，要按照“产业兴旺、生态宜居、乡风文明、治理有效、生活富裕”的总要求，引导科协系统、农业农村系统和相关部门的科普资源下沉、人才下沉、服务下沉，全方位提升农民科学素质，不断树立科学生产、健康生活、协调发展的理念，有效提高生产水平和生活质量，有力推动农民全面发展和乡村全面振兴。

二、指导思想和发展目标

（一）指导思想

深入贯彻党的十九大精神，以习近平新时代中国特色社会主义思想为指导，坚持农民主体地位，突出问题导向，优化政策供给，以维护农民群众根本利益、促进农民共同富裕为出发点和落脚点，着力加强农村科普工作、增强农民的科学素质和生产技能，着力推动移风易俗、提升农民精神风貌，着力加大科普资源的供给支撑、形成农村良好科学氛围，切实提高农民幸福感和获得感，为实施乡村振兴战略打好基础。

（二）发展目标

到2020年，适应全面建成小康社会、有效服务乡村振兴战略的农村科普框架体系基本形成。到2022年，农村科普框架体系初步健全，农民科技教育培训水平显著提升，农村科普活动和科普资源不断丰富，农村科普公共服务和科普基础设施建设持续改善，乡村振兴农民科学素质提升取得阶段性成果，探索形成一批各具特色的模式和经验。

三、工作原则

——坚持优先发展。把实现乡村振兴作为共同意志、共同行动，做到认识统一、步调一致，在科普要素上优先配置，在项目资金上优先保障，在公共服务上优先安排，加快补齐农民科学素质短板。

——坚持创新提升。加强顶层设计，深化改革创新，激活各类主体和要素，扩大社会参与面，完善管理机制和服务体系，探索乡村振兴战略实施背景下农民科学素质工作的新模式、新方法、新路径。

——坚持问题导向。充分尊重农民意愿，切实发挥农民在乡村振兴中的主体作用，调动亿万农民的积极性、主动性、创造性，聚焦当前农民科学素质提升的工作问题，找准重点难点，增强针对性，在关键环节取得重点突破。

——坚持统筹协调。科学把握乡村的差异性和发展走势分化特征，充分协调中国科协、农业农村部等有关部门的力量，注重整体部署、循序渐进、分类施策、久久为功，全面加大科普资源配置，推进农民科学素质区域均衡发展。

四、重点任务

（一）加强农村重点人群科学素质培训培育

1. 开展以新型职业农民为主体的农村实用人才培训。加强职业农民制度建设，支持农民通过半农半读、弹性学制参加中高等农业职业教育，加快构建新一代职业农民队伍。在全国层面举办新型职业农民、农村实用人才带头人、村“两委”干部培训班，开展乡土人才示范培训，实施新型职业农民培育工程，重点培育发展家庭农场（林场）主、合作社带头人、农技协领办人、龙头企业骨干、社会化服务组织带头人等，发展多种形式适度规模经营。到2022年，完成培养400万名具有科学文化素质、掌握现代农业科技、具备一定经营管理能力的新型职业农民，全面提升科学素质、职业能力和生活水平。

2. 开展小农户群体科学素质培训。通过线上线下结合方式提升小农户群体的科学素质，全面普及绿色发展、安全健康、耕地保护、防灾减灾、绿色殡葬等知识观念，反对封建迷信，帮助养成科学健康文明的生产生活方式。到2022年，完成小农户群体科学素质培训800万人次以上。

3. 开展乡村科技人才培训。通过开展技能培训、强化专家及乡土人才指导、举办农村青年涉农产业致富大赛、开展农产品区域公用品牌培训等方式，着力培养一支综合素质高、生产经营能力强、主体作用发挥明显的乡村科技人才队伍。加大农村学校科技辅导员培训力度，重点开展科技活动辅导、心理疏导、安全健康、生态环境保护等方面的培训。到2022年，完成乡村科技人才培训8万人次以上，完成农村学校科技辅导员培训2万人次以上。

4. 开展农村妇女科学素质培训。大力开展农村妇女线上线下教育培训，通过开展“智爱妈妈”活动、举办农村妇女科学素质专题培训班、鼓励巾帼农业科技示范基地广泛开展培训等方式，有效提升农村妇女的科学致富能力和科学文化素质。到2022年，完成农村妇女培训80万人次以上。

（二）提升农民科普信息化服务水平

1. 强化科普中国落地应用。联合有关部门，充分利用“科普中国”优质资源，开展科普中国乡村e站建设转型升级，通过队伍共建、资源共享的方式强化科普中国信息员队伍建设，传播分享优质科普内容。到2022年，完成科普中国在所有县域的落地应用。

2. 充分发挥手机“新农具”科普效用。充分利用移动互联网与农民培训的跨界融合，建设完善科普中国App、云上智农App等手机移动端传播体系，利用好全国农民手机应用技能培训周等平台，采取线上线下相结合的形式在全国范围开展农民手机技能培训，提升农民利用手机发展生产、便利生活、增收致富的能力。

3. 建设智慧农民网络平台。全面整合中国科协和农业农村部的优质科普资源，以农业生产、医疗健康、生态环保等与农民切身相关的热点为主题，不断生产汇聚优质科普信息化资源，结合线下职业农民培训探索开展农民网络课堂学习。到2022年，实现浏览量累计超过3000万人次。

4. 开展农民科学素质网络知识竞赛。联合有关部门，通过知识竞赛、有奖竞答、原创作品征集等方式开展农民网络知识竞答活动，增加农民学习科学知识渠道。到2022年，实现通过线上线下参与竞赛的人数累计超过2000万人次。

（三）完善科普惠农服务条件

1. 编创科普惠农系列制品。依托“三农”科普类宣传媒体等平台，重点支持通俗易懂、适合农民生产生活需求的乡村振兴农民科学素质提升系列作品，编创《乡村振兴农民科学素质读本》等。

2. 开展专家服务工作。充分发挥全国学会、涉农科研院校的智力优势和人才优势，鼓励各类科技人才对接地方科协和农业农村系统，为基层农业生产、农村发展、农技服务等提供指导和支持。推动中国农村专业技术协会科技小院联盟发展。建立完善专家决策咨询制度，形成科普服务乡村振兴相关研究报告。

3. 推进乡村科普设施融合建设。推动将科普设施纳入农村综合服务设施、基层综合性文化中心等建设中，加强农村社区科普服务能力。进一步强化农村中学科技馆建设，提高中国流动科技馆、科普大篷车的巡展频率，提升乡村科普公共服务水平。到 2022 年，实现中国流动科技馆巡展和科普大篷车活动在广大乡村地区的基本覆盖。

4. 遴选推介乡村振兴科普示范基地。通过集成统筹的方式，引导农业科普基地转型升级，遴选推介出包括新型职业农民培训、青少年农业科普教育、农业教学科研、农业观光等类型的农业科普示范基地。到 2022 年，遴选推介 100 个乡村振兴科普示范基地。

五、保障措施

（一）加强组织领导

积极争取各级党委政府的支持，将乡村振兴农民科学素质提升行动的相关任务纳入本级乡村振兴有关规划。各地科协组织、农业农村部门要高度重视，因地制宜制定本地区的乡村振兴农民科学素质提升行动实施方案，进一步完善工作机制，加大政策支持，调动涉农高校、农业科研单位、农技推广机构、农民专业合作社和农业龙头企业的积极性，为工作实施提供保障。

（二）完善工作机制

各级科协组织、农业农村部门要充分统筹协调本部门的相关资源，召集相关部门建立定期会商工作机制。切实履行好乡村振兴农民科学素质提升行动牵头部门责任，会同相关部门，密切配合，形成合力，将各项工作任务落在实处。

（三）加大经费支持

各级科协组织、农业农村部门要统筹使用好基层科普工作、新型职业农民培训、农民科技教育等经费，加大对贫困地区和边境地区的倾斜力度，为乡村振兴农民科学素质提升行动提供经费保障，加强经费使用情况的绩效考评，确保专款专用和使用效果。通过众筹众包、项目共建、捐款捐赠、政府购买服务等方式，鼓励和吸引社会资本投入。

（四）营造社会氛围

以乡情为纽带建立农村科普志愿者服务队伍，注重挖掘、总结和宣传基层组织开展乡村振兴农民科学素质提升行动的好思路、好经验、好做法，认真总结推广经验，积极宣传并激励表扬有突出贡献的组织和个人。创新开展文化科技卫生“三下乡”、全国科普日、科普之春（冬）等各类农村特色科普活动，营造形成崇尚科学、勤劳向上、绿色节俭、孝老爱亲的良好氛围。

中共中央组织部　人力资源社会保障部　中国科协　共青团中央关于开展第十六届中国青年科技奖候选人推荐与评选工作的通知

科协发组字〔2019〕43 号

在中华人民共和国成立 70 周年之际，为深入贯彻习近平新时代中国特色社会主义思想，大力实施创新驱动发展战略和人才强国战略，激发广大青年科技工作者的创新创造创业热情，在新时代建设世界科技强国的伟大征程中，培养造就一批具有国际水平的战略科技人才、科技领军人才，为在国家经济发展、社会进步和科技创新中作出突出贡献的青年科技人才人生出彩搭建舞台，激励广大青年科技工作者为实现中华民族伟大复兴的中国梦作出新的更大贡献，中共中央组织部、人力资源社会保障部、中国科协、共青团中央决定开展第十六届中国青年科技奖候选人推荐与评选工作。现将有关事项通知如下：

一、奖项名额

本届中国青年科技奖获奖者不超过 100 名；由当届获奖者中产生中国青年科技奖特别奖获奖者不超过 10 名。往届获奖者不重复授奖。

二、评选条件

（一）坚决维护习近平同志党中央的核心、全党的核心地位，坚决维护党中央权威和集中统一领导，遵纪守法，践行“爱国、创新、求实、奉献、协同、育人”的新时代科学家精神。

（二）中国青年科技奖评选符合以下条件之一：

1. 在自然科学研究领域取得重要的、创新性的成就和作出突出贡献；

2. 在工程技术方面取得重大的、创造性的成果和作出贡献，并有显著应用成效；

3. 在科学技术普及、科技成果推广转化、科技管理工作中取得突出成绩，产生显著的社会效益或经济效益。

（三）中国青年科技奖特别奖评选符合以下条件：

在科学研究或工程技术等方面取得重大成就或作出突出贡献、具有较大发展潜力、堪为青年科学家伦理道德典范的优秀科技领军人才。

（四）中华人民共和国公民。男性候选人不超过40周岁（1979年1月1日及以后出生），女性候选人不超过45周岁（1974年1月1日及以后出生）。

三、推荐（提名）渠道和名额

（一）单位推荐

1. 各省、自治区、直辖市和新疆生产建设兵团党委组织部、人力资源社会保障厅（局）、科协、团委可共同推荐本地区候选人15名；

2. 教育部、国务院国资委、中国科学院可分别推荐候选人30名，科技部、工业和信息化部、农业农村部、国家卫生健康委可分别推荐候选人10名，中国工程院、自然科学基金委可分别推荐候选人5名，其他中央和国家机关部委、国务院直属机构可推荐候选人2名；

3. 中央军委政治工作部可推荐军队系统候选人30名；

4. 中国科协所属各全国学会、协会、研究会可推荐本学科领域候选人2名，中国青年科技工作者协会可推荐候选人15名；

5. 香港、澳门特别行政区有关机构可推荐本地区候选人5名；

6. 各有关高校科协、企业科协可推荐候选人2名。

（二）专家提名

1. 提名规则

中国科学院院士和中国工程院院士可作为提名专家。每位提名专家可提名1名第十六届中国青年科技奖候选人，候选人须获得3名或3名以上提名专家提名方为有效。

2. 责任与义务

（1）提名专家应承担提名、异议答复等责任，并对相关材料的真实性和准确性负责；

（2）提名专家签署提名意见应严格遵守保密规定。

（三）注意事项

军队系统候选人由中央军委政治工作部统一推荐，不得从其他渠道推荐和提名；其他候选人均应通过上述推荐渠道产生。

四、推荐工作要求

（一）坚持“公开、公正、公平、择优”原则，拓宽推荐渠道，严格评选条件，突出品德、能力、业绩导向，克服唯论文、唯职称、唯学历、唯奖项倾向，保证评选质量。

（二）人选推荐要注重向长期工作在科研与生产第一线和西部地区艰苦行业的优秀青年科技工作者倾斜。被推荐人的科技成果应以在国内做出的成果为主，被推荐人应为主要完成人或主要贡献者。

（三）各省、自治区、直辖市和新疆生产建设兵团拟推荐的候选人，由人才工作协调小组或人才工作领导机构统一汇总审核后推荐上报。

（四）候选人推荐材料是中国青年科技奖评审的主要依据，应简明扼要，要重点突出候选人的创新性成就和贡献。非学术性报纸刊物的有关报道不作为证明材料。

（五）推荐单位和候选人要自觉恪守科学道德和学术规范，推荐材料要客观、准确、完整，对于推荐材料填报不实的，实行“一票否决”。如候选人被投诉，推荐单位及候选人所在单位应进行调查核实并提供书面调查材料和结论性意见。

（六）候选人推荐材料不得涉及国家秘密，并由候选人所在单位出具推荐材料非涉密的保密审查证明。材料违反保密规定的，取消被推荐资格。

五、推荐材料报送要求

（一）电子材料报送要求

请各推荐单位根据分配的“推荐单位用户名、密码”登录中国青年科技奖推荐和评审管理系统 http://qwyc.cast.org.cn，根据要求组织候选人用“候选人注册密码”注册并登录后填报电子材料，其中包括《第十六届中国青年科技奖推荐表》（见附件1）和有关附件材料。“推荐单位用户名、密码，候选人注册密码”另行发送。

请于2019年10月31日前上传候选人电子材料。上传成功后，不能更改。

（二）书面材料报送要求

候选人电子材料上传成功后，使用中国青年科技奖推荐及评审管理系统打印书面材料，电子版材料与纸质材料须保持一致。

书面材料包括：

1. 推荐情况报告1份。内容包括推荐人选产生方式、专家评审情况、推荐单位评审组专家名单以及确定推荐的人选等。推荐情况报告电子版通过中国青年科技奖推荐及评审管理系统上传。

推荐情况报告须加盖推荐单位公章，其中：中央和国家机关推荐的，加盖有关司局公章；地方推荐的，同时加盖党委组织部、人力资源社会保障厅（局）、科协、团委公章；学术团体推荐的，加盖学术团体公章。

2.《第十六届中国青年科技奖推荐表》原件一式5份。推荐表中候选人所在单位推荐意见中需对候选人政治表现、廉洁自律、道德品行，以及材料的真实性、准确性及涉密情况出具明确意见；推荐单位或提名专家推荐意见中需对候选人成就、贡献和学风道德作出评价。

3. 有关附件材料一份（装订成册）。包括：

（1）主要科技成果目录；

（2）公开发表的主要论文及专著（论文限3篇、专著限1本）；

（3）论文、专著被他人引用的证明材料；

（4）技术鉴定证书及知识产权证明材料；

（5）技术应用证明材料；

（6）获得表彰奖励证明材料；

（7）其他成就和贡献证明材料。

4. 候选人所在单位出具的保密审查证明。

（三）书面材料报送时间、方式

请于2019年11月5日前将候选人书面材料报送至中国科协培训和人才服务中心。材料可由推荐单位现场报送，现场报送材料时间为11月1日至5日每天8:30—16:30；以快递方式邮寄的，请严格按照邮寄地址信息填写，时间以当地邮戳为准，于11月5日前寄出，逾期无效。除上述两种方式外，其他方式报送的材料原则上不予接收。因推荐单位报送材料方式不符合要求造成报送材料逾期的，责任由推荐单位承担。谢绝候选人本人报送材料。

六、组织领导

中共中央组织部、人力资源社会保障部、中国科协、共青团中央联合成立中国青年科技奖领导工作委员会，负责中国青年科技奖评选表彰工作的组织领导，设立监督委员会，监督评审工作，对评审期间收到的举报和投诉进行研究并提出处理意见。中国科协负责组织实施，成立领导工作委员会办公室，负责评选表彰日常工作，办公室设在中国科协组织人事部。

各推荐渠道要高度重视，加强组织领导，建立工作机构，高质量完成中国青年科技奖推荐工作。

附件：1. 第十六届中国青年科技奖推荐表（样表）（略）

附件：2. 推荐单位用户名、密码及候选人注册密码（略）

中共中央组织部　人力资源社会保障部
中国科协　共青团中央
2019年9月20日

中国科学技术协会　中华全国妇女联合会 中国联合国教科文组织全国委员会关于开展第十六届中国青年女科学家奖和2019年度未来女科学家计划候选人推荐工作的通知

科协发组字〔2019〕42号

各省、自治区、直辖市科协、妇联，新疆生产建设兵团科协、妇联，中央军委政治工作部干部局，中国科协所属各全国学会、协会、研究会，有关高等学校和企业科协：

为深入学习贯彻习近平新时代中国特色社会主义思想，大力实施创新驱动发展战略和人才强国战略，激发广大女科技工作者的创新创造创业热情，弘扬传承中国科学家精神，为建设世界科技强国贡献智慧和力量，现开展第十六届中国青年女科学家奖及2019年度未来女科学家计划候选人推荐工作。有关事项通知如下：

一、第十六届中国青年女科学家奖

（一）奖励名额

中国青年女科学家奖奖励个人名额不超过10名，其中至少1名在西部地区工作；“团队奖”名额不超过5个。

（二）评选条件

1. 中国青年女科学家奖

——坚决维护习近平同志党中央的核心、全党的核心地位，坚决维护党中央权威和集中统一领导，拥护党的路线、方针和政策，遵纪守法，践行“爱国、创新、求实、奉献、协同、育人”的新时代科学家精神；

——在基础科学、生命科学、计算机科学领域

（不含工程技术领域及涉密领域）取得重大发现、重大成果的青年科技领军人才，特别注重推荐创新团队中的领军人才；

——不超过45周岁（1974年1月1日及以后出生）的中国籍女科技工作者。

2. 团队奖

——团队负责人符合中国青年女科学家奖的评选条件；

——团队承担国家基础科学、生命科学、计算机科学领域（不含工程技术领域及涉密领域）重大科研任务，取得创新性和系统性的重大成果；

——团队有明确的研发目标和发展规划，并具有持续创新能力和较好的发展前景；

——团队结构稳定、合理，其中女性人数超过一半，团队核心成员一般不少于5人。

（三）组织推荐

1. 各省、自治区、直辖市科协、妇联和新疆生产建设兵团科协、妇联可共同推荐本地区的候选人5名、候选团队2个；

2. 中央军委政治工作部可推荐军队系统候选人10名、候选团队4个，军队系统候选人或团队由中央军委政治工作部统一推荐，不得由其他推荐渠道推荐；

3. 各有关全国学会、协会、研究会可推荐本学科领域的候选人3名、候选团队1个；

4. 香港、澳门特别行政区有关机构可推荐本地区候选人5名、候选团队2个；

5. 各有关高校科协和企业科协可推荐本单位候选人2名、候选团队1个。

（四）专家提名

1. 提名规则

中国科学院院士和中国工程院院士可作为提名专家。每位提名专家可提名本学科专业（一级学科）范围内中国青年女科学家奖候选人1名，候选团队1个；候选人、候选团队须获得3名或3名以上提名专家提名方为有效。提名专家不得提名军队系统候选人。

2. 责任与义务

（1）提名专家应承担提名、异议答复等责任，并对相关材料的真实性和准确性负责；

（2）提名专家签署提名意见应严格遵守保密规定。

二、2019年度未来女科学家计划

（一）评选范围和条件

1. 热爱祖国，遵纪守法，诚实守信，勤奋学习，刻苦钻研，具有良好的学风和道德品质，表现出较强的科研能力和发展潜力；

2. 从事基础科学、生命科学或计算机科学领域研究工作，研究项目涉及动物（如实验用脊椎动物）和化妆品研究的不在此列；

3. 不超过35周岁（1984年1月1日及以后出生）的中国籍女性在读博士生或在站博士后（候选人学籍关系或工作关系应在国内，在读博士生应为全日制）；

4. 具有拟利用本计划资助开展的科研项目，且获得资助后该项目研究的持续时间不少于12个月。

（二）资助人数

资助人数不超过5名。

（三）组织推荐

1. 各省、自治区、直辖市科协、妇联和新疆生产建设兵团科协、妇联可共同推荐本地区的候选人3名；

2. 中央军委政治工作部可推荐军队系统候选人6名，军队系统候选人由中央军委政治工作部统一推荐，不得由其他推荐渠道推荐；

3. 各有关全国学会、协会、研究会可推荐本学科领域的候选人2名；

4. 香港、澳门特别行政区有关机构可推荐本地区候选人3名；

5. 各有关高校科协和企业科协可推荐本单位候选人1名。

（四）专家提名

1. 提名规则

中国科学院院士和中国工程院院士可作为提名专家。每位提名专家可提名本学科专业（一级学科）范围内的未来女科学家计划候选人1名，候选人须获得3名或3名以上提名专家提名方为有效。提名专家不得提名军队系统候选人。

2. 责任与义务

（1）提名专家应承担提名、异议答复等责任，并对相关材料的真实性和准确性负责；

（2）提名专家签署提名意见应严格遵守保密规定。

三、推荐工作要求

（一）每位被推荐人需明确参评中国青年女科学家奖个人奖、团队奖或未来女科学家计划中的一项。

（二）坚持“公开、公正、公平、择优”原则，保证推荐质量。

（三）中国青年女科学家奖推荐人选要注重向长期在科研和生产一线以及西部地区艰苦行业工作的优

秀青年女科技工作者倾斜，关注中国科协青年人才托举工程入选者，被推荐人的成果贡献以在国内作出的为主，应为主要完成人或主要贡献人。

（四）推荐候选团队的研究方向应符合国家、行业重点发展需求，结构合理，具有良好的持续发展和服务能力。

（五）未来女科学家计划推荐人选既要注重目前已承担的科研工作取得的成果及表现出的科研潜力，也要注重拟申请资助项目的创新性。

（六）推荐单位和候选人、团队要自觉恪守科学道德和学术规范。推荐材料要简明扼要、突出重点，客观、准确、完整。对于材料不实或有其他学术不端行为者，经查实，均按程序取消评选资格或撤销获奖和资助资格。如候选人或团队被投诉，推荐单位及候选人或团队所在单位应进行调查核实并提供书面调查材料和结论性意见。

（七）推荐材料不得涉及国家秘密，并由候选人所在单位出具保密审查证明。违反保密规定的，取消被推荐资格。

四、材料报送要求

（一）电子材料报送要求

请各推荐单位用分配的“推荐单位用户名、密码”登录中国青年女科学家奖推荐及评审管理系统（http://qwyc.cast.org.cn），按照要求组织候选人用“候选人注册密码”注册并登录后进行网络填报电子版材料，其中包括推荐（提名）表和有关附件材料。填报中注意选择拟推荐（提名）的类别。“推荐单位用户名、密码，候选人注册码”另行发送。

提名专家开展提名工作前可与中国科协培训和人才服务中心联系获取系统用户名、密码。提名专家须在候选人推荐（提名）表上签署提名意见及签字。

请于 2019 年 10 月 31 日前填报候选人电子材料。填报成功后，不能更改。

（二）书面材料报送要求

电子材料上传成功后，使用中国青年女科学家奖推荐及评审管理系统打印书面材料，电子版材料与书面材料须保持一致。

书面材料包括：

1. 推荐工作材料

推荐情况报告 1 份，仅组织推荐报送。内容包括推荐人选或团队产生方式、专家评审情况以及确定推荐的人选等，单位负责人签字并加盖推荐单位公章。推荐情况报告电子版通过中国青年女科学家奖推荐及评审管理系统上传。

2. 中国青年女科学家奖候选人材料

（1）《第十六届中国青年女科学家奖候选人推荐（提名）表》5 份原件，请勿另附封面。

（2）附件材料 1 套，包括代表性论文（不超过 3 篇）、主要科技成果目录、技术鉴定、知识产权、技术应用、所获奖项等相关证明材料。专著（不超过 1 本）可另附。

（3）候选人所在单位出具的保密审查证明。

3. 候选团队材料

（1）《中国青年女科学家奖团队奖候选团队推荐（提名）表》5 份原件，请勿另附封面。

（2）附件材料 1 套，根据《候选团队推荐（提名）表》提交“主要成绩和贡献”栏涉及内容相关证明材料。

（3）候选团队依托单位出具的保密审查证明。

4. 未来女科学家计划候选人材料

（1）《2019 年度未来女科学家计划候选人推荐（提名）表》5 份原件，请勿另附封面。

（2）博士生请提供研究生院出具的在读证明，需写明专业及拟毕业时间；在站博士后请提供博士学位证书及工作协议。

（3）候选人所在单位（学校）出具的保密审查证明。

（三）材料报送截止时间

书面纸质材料报送截止时间为 2019 年 11 月 5 日。以接收时间为准。

（四）材料接收单位

网上系统填报指导及材料接收工作委托中国科协培训和人才服务中心进行。

附件：1. 第十六届中国青年女科学家奖候选人推荐（提名）表（略）

附件：2. 中国青年女科学家奖团队奖候选团队推荐（提名）表（略）

附件：3. 2019 年度未来女科学家计划候选人推荐（提名）表（略）

中国科学技术协会　中华全国妇女联合会

中国联合国教科文组织全国委员会

2019 年 9 月 19 日

中国科协办公厅、教育部办公厅等印发2019年科学大师名校宣传工程总体安排

中国科协办公厅　教育部办公厅等5部门关于印发《2019年“共和国的脊梁——科学大师名校宣传工程”工作总体安排》的通知

科协办发调字〔2019〕13号

各省、自治区、直辖市科协、教育厅（委）、团委：

为深入宣传贯彻落实习近平新时代中国特色社会主义思想、党的十九大精神以及习近平总书记在学校思政课教师座谈会重要讲话精神，加快推动科学文化建设，在全社会大力弘扬中国科学家精神，中国科协、教育部、共青团中央、中国科学院、中国工程院共同研究制定了《2019年“共和国的脊梁——科学大师名校宣传工程”工作总体安排》。

现印发你们，请结合实际认真贯彻执行，引导广大科技工作者尤其青年学生强化“四个意识”，坚定“四个自信”，坚定理想信念，树立远大理想，在实现中华民族伟大复兴中国梦的生动实践中贡献智慧和力量。

中国科协办公厅　教育部办公厅
共青团中央办公厅　中国科学院办公厅
中国工程院办公厅
2019年5月29日

2019年“共和国的脊梁——科学大师名校宣传工程”工作总体安排

为深入宣传贯彻落实习近平新时代中国特色社会主义思想，大力弘扬中国科学家精神，精心培育科学文化，喜迎新中国成立70周年，经研究，2019年“宣传工程”工作总体安排如下。

一、指导思想

深入贯彻落实习近平新时代中国特色社会主义思想和党的十九大精神，大力弘扬新时代中国科学家精神，切实履行“举旗帜、聚民心、育新人、兴文化、展形象”职责，将习近平新时代中国特色社会主义思想的理论精髓转化为大众化、通俗化、可视化语言，潜移默化，润物无声，提高对科技界政治引领和政治吸纳的能力水平，树牢“四个意识”，坚定“四个自信”，坚决做到“两个维护”，将广大科技工作者紧密团结在以习近平同志为核心的党中央周围，汇聚建设世界科技强国的磅礴力量。

二、主要安排

（一）舞台演出

1. 区域巡演。组织开展“礼赞共和国　追梦新时代”——科学家主题舞台剧港澳巡演活动，支持厦门大学、南开大学等高校赴香港特别行政区、澳门特别行政区巡演科学家主题演出，展现新中国科学大师的光辉业绩、崇高形象，帮助港澳地区科技工作者尤其是青年学生深刻理解习近平新时代中国特色社会主义思想，明确新时代使命责任，以更加昂扬自信的风貌携手走向世界科技舞台中央。

2. 年度汇演。结合澳门回归20周年，在粤港澳大湾区组织高校集中演出，广泛宣传贯彻习近平新时代中国特色社会主义思想和党的十九大精神，进一步增强广大科技工作者尤其是青少年自觉践行社会主义核心价值观的主动性自觉性。

3. 专题展演。在“全国科技工作者日”期间，为配合联动北京主场活动，组织清华大学、吉林大学、复旦大学、西安交通大学等高校赴江苏、湖南等地开展主题展演，进一步激发科技工作者创新创业热情，传承科学家精神、引领科学文化，在全社会营造尊重劳动、尊重知识、尊重人才、尊重创造的良好氛围。

4. 校园公演。按照“宣传工程”实施要求，动员13所参与高校认真组织校内演出，面向大一、研一入校新生，开展“我眼中的科学大师”优秀作品征集活动，评选出一批优秀作品并结集出版，帮助广大青年学生扣好人生第一颗纽扣，树立正确的理想信念，传承优秀校园文化。

5. 新剧排演。支持西安交通大学原创话剧《追忆西迁年华——向西而歌》、复旦大学原创话剧《种子天堂》在现有剧目基础上，按照整体要求和规范，继续修改完善剧目，打造科学家主题剧目新产品。

（二）打造优秀科学文化产品

1. 打造“宣传工程”品牌宣传片。深入研究品牌活动传播规律，开发制作“宣传工程”品牌宣传片，塑造品牌形象，丰富品牌内涵，强化品牌推广。

2. 出版发行“我眼中的科学大师”优秀作品集。

面向高校学生开展“我眼中的科学大师”优秀作品征集，组织专业人士评选出一批优秀作品并集结出版发行。

3. 制作科学家主题系列微视频。组织社会力量共同开发制作8~10个优秀微视频作品，用形式多样的产品拉近中国科学家群体与社会大众的距离，激励广大科技工作者奋力投身世界科技强国建设征程。

三、组织领导

1. 把握正确导向。要同深入学习贯彻习近平新时代中国特色社会主义思想和党的十九大精神紧密结合起来，通过“宣传工程”的深入实施，落实习近平总书记在学校思政课教师座谈会重要讲话精神和第二十六次全国高校党的建设工作会议各项要求部署，用科学大师崇高榜样激励青年学子努力成为国家栋梁之材，在全社会弘扬中国科学家精神的时代内涵，提高高校思想政治工作的亲和力和针对性。

2. 加强统筹协调。中国科协认真履行牵头职能，做好整体规划和组织实施，积极搭建交流传播平台，联合主办单位、高校、社会机构等各方共同实施好“宣传工程”，不断扩大社会影响。参与高校要紧密结合高校思想政治教育工作实际，将传承弘扬科学家精神融入校园文化建设，依托科学家主题剧目，创造开发系列内容丰富、形式活泼的思政教育课堂。其他单位要按照各项活动具体实施方案要求，认真组织实施，确保每项工作有目标、每项任务有落实、每项活动有影响。

3. 严格规范管理。要严格落实中央八项规定及其实施细则精神，组织活动力求庄重热烈、务实简朴。要严格把握宣传口径，使用“宣传工程”统一标识，统筹宣传资源，强化宣传效果。要严格遵守国家及单位财务管理有关规定和要求，强化预算约束，严格经费执行。由中国科协支持的经费适时开展延伸审计，强化监督检查和责任追究。

科学也偶像
——科学家精神短视频征集活动策划方案

一、活动背景

习近平总书记强调，青年是祖国的前途、民族的希望、创新的未来。当科学家是无数中国孩子的梦想，我们要让科技工作成为富有吸引力的工作、成为孩子们尊崇向往的职业，给孩子们的梦想插上科技的翅膀，让未来祖国的科技天地群英荟萃，让未来科学的浩瀚星空群星闪耀。

2019年是新中国成立七十周年，也是决胜全面建成小康社会的关键之年。长期以来，一代又一代科学家以“心有大我、至诚报国”的情怀投身国家发展伟大事业，挺起了中华民族傲然屹立于世界东方的自信脊梁，绽放出荡气回肠、感天动地的精神力量。面对新时代新征程，更需要以伟大精神引领时代风尚，召唤激励更多科技工作者披荆斩棘、砥砺前行。

当下的青年一代，是移动互联网的一代，他们更习惯通过手机、视频等传播手段了解世界。为此，中国科协将举办“科学也偶像”——科学家精神短视频征集活动，以新的传播媒介和呈现方式，为全国科技工作者以及热爱科学、热衷科研的年轻人搭建一个具有时代意义的交流平台。通过短视频聚集全国优秀青年科研人员，传播科学家精神，用年轻的方式，让科学潮起来，让更多的青年人认识、了解那些默默奉献的科技工作者的同时，活动力求打造国家新偶像、时代新偶像，实现“网聚人的力量”，号召越来越多的青年人投身科学事业，坚持敦品励学、积厚成器，引导青年走向创新建功新时代。

二、活动规划

围绕科学家精神宣传开展系列活动。包括：“科学家精神”短视频征集活动（6—9月）、“我和祖国心相映”创意短视频征集活动（6—9月）、“寻找最SCI的十个故事”微电影拍摄制作（7—9月）、“寻找最SCI的十个故事”微电影网络播出（9月全国科普日前后）、迈向2020——“科学家精神”跨年盛典（2019年12月）。

（一）“科学家精神”短视频征集活动

从一个小场景、小故事，生动呈现有血有肉、情感细腻、热爱生活、多才多艺的真实科技工作者形象，展现他们良好的精神风貌和崇高的人格魅力。视频时长1分钟。

活动安排：

1. 大V、大咖发出号召。通过“科普中国”形象大使及新生代泛科学偶像进行联合发声，以大V微博发布、微信公众号发布、海报朋友圈宣传等方式，号召各大年轻群体参加短视频征集活动。

2. 拍摄方向。主要从六个方向的科学家精神入手——胸怀祖国、服务人民的爱国精神，勇攀高峰、敢为人先的创新精神，追求真理、严谨治学的求实精神，淡泊名利、潜心研究的奉献精神，集智攻关、团结协作的协同精神，甘为人梯、奖掖后学的育人精神，并选取生活中的潮酷科学事件、潮酷科学人为取材对象，让受众了解到“科学家精神”并非高高在上，而是又潮又酷又在身边，是我们学习的榜样，也是可触及的对象。遴选后通过抖音、快手等视频渠道进行宣传，并带动相关视频的征集。

3. 全媒体原创文章推广。在报、网、微、端平台推出一系列原创文章、专题策划，并进行智能分发、实时互动与精准推送。制作出品微信公众号爆款文章，以“95”后、“00”后喜闻乐见的宣传内容和方式，策划一系列原创文章并陆续推出。

4. 校园地推，全球联合发布。通过科协组织内部向各高校科协下达活动信息、号召相关组织、师生响应并参与，利用校园媒体，针对目标人群进行定向传播，突出本次活动的权威性、趣味性与颠覆性，激发目标人群的参与积极性；另一方面，充分利用主流媒体驻外记者站及商业网站在全国及海外站点的强势平台资源进行推广和传播，搭建全球宣传平台。

（二）“我和祖国心相映”创意微视频征集活动

充分发挥创意，通过简短的 15 秒钟创意微视频，通过自己独特的、专业的方式，向祖国母亲致意，为新时代涂添上一抹绚丽的科技色彩。

【案例】中国科学院化学所的科技人员利用纳米加工技术在石墨表面通过搬迁碳原子绘制出世界上最小的中国地图。

（三）“寻找最 SCI 的十个故事”微电影拍摄制作

为更加全面、深入、广泛地展现科学家精神，拍摄十个最能够代表科学家精神的短视频微电影，凝结成最 SCI 的十个故事。拟从以下三类进行素材选择：

1. 新中国初期，以钱学森、邓稼先、郭永怀、袁隆平、黄旭华、屠呦呦、赵忠贤等为代表的老一辈科技工作者为中心，表现他们强烈的家国情怀，艰苦奋斗，不懈创新，为国家富强、民族振兴、人民幸福作出了彪炳史册的重大贡献的一面。

2. 改革开放时期，以李保国、黄大年、南仁东、钟扬、王逸平等为代表的当代科技工作者为中心，表现他们把论文写在祖国大地上，以丰硕的创新争先成果，诠释了心有大我、至诚报国的浓烈情怀的一面。

3. 时代在变，科研工作者也发生了很大的改变，通过从征集活动海选出来的有代表性的人物，拍摄“最颠覆——那些你所不知道的事儿”，让更多人看到科研团队的真实状态，颠覆大众的传统印象，打破科技距离感。

时长：3~5 分钟，微电影形式，在 9 月全国科普日前后推出。

（四）迈向 2020—“科学家精神”跨年盛典

时间：2019 年 12 月中下旬

活动宗旨：弘扬科学家精神，传播科学力量，“有态度”更有力度地迈向 2020。在科学精神与音乐的共同激荡下，搭建精英汇聚交流的公共平台，激发观众深度思考，产生更多的价值共鸣。

盛典内容：搭建“最 SCI”影像展，展示短视频征集、15 秒创意短视频征集、“寻找最 SCI 的十个故事”微电影优秀作品；短视频征集活动及微电影中的老、中、青科学家出镜，做串联演讲，线上线下实时互动；邀请与科学及科学家有关的电影人、音乐家出席活动，与现场科学家互动、演出；推出年度科学家精神态度指数，评选年度科学大事件 TOP10；推出对未来科技变革方向的预测及点评，敏锐洞察最新社会趋势和现象。

呈现形式：现场直播及网络互动，剪辑后的精品内容在人民网、新华网等平台播出。

价值链延伸：将“跨年盛典”中的原创科学音乐，以及一些演讲精华内容剪辑成音频，在“网易云音乐”推出，以“夜听”“歌单”“主播电台”等专题呈现，增强传播力；常态化教育，在网易公开课中推出“科学家精神”专题，不定时更新演讲、课程、实验等，推动科普资源下沉，助力中国教育资源普惠化。

三、活动规则

1. 作品上传地址：kexueyeouxiang@163.com

2. 有关要求：上传内容应包含视频名称、作者 / 单位、视频简介（200 字以内）

3. 上传时间：6 月 15 日—9 月 15 日

4. 展示平台：征集的优秀短视频、创意微视频在科普中国、抖音、快手、科界等平台推送，并将在“科学大师名校宣传工程年度汇演”“全国科普日”等大型活动中集中展示，后期集结成相关专辑出版。

5. 评选奖励：中国科协将从征集到的短视频、创意微视频中遴选部分优秀作品进行展示，接受公众投票。视频点赞量 + 转发量排名 TOP 100 进入专家评选阶段；每位专家依次为作品打分，相加即为作品总分。短视频、创意微视频分别设置一、二、三等奖及单项奖。其中一等奖1名，二等奖2名，三等奖3名；单项奖包括最具人气奖、最具创新视频奖、最佳拍摄奖、最具传播价值奖、最佳故事奖、最佳神剪辑奖各1名。获奖作品将颁发证书并给予适当奖励。

中国科协关于印发《中国科学技术协会全国学会组织通则》的通知

科协发学字〔2019〕6号

各全国学会、协会、研究会：

《中国科学技术协会全国学会组织通则》已经中国科协第九届全国委员会第六次会议审议通过。现印发给你们，请遵照执行。

中国科协

2019年1月25日

中国科学技术协会全国学会组织通则

第一章 总 则

第一条 根据《社会团体登记管理条例》《中国科学技术协会章程》和国家关于社会团体的相关文件法规，为规范中国科学技术协会（以下简称“中国科协”）所属全国学会、协会、研究会（以下简称“全国学会”）组织工作，促进全国学会组织发展，制定本通则。

第二条 全国学会是按自然科学、技术科学、工程技术及相关科学的学科组建，或以促进科学技术发展和普及为宗旨的社会团体。全国学会要认真履行为科技工作者服务、为创新驱动发展服务、为提高全民科学素质服务、为党和政府科学决策服务的职责定位，团结动员广大科技工作者创新争先，促进科学事业的繁荣和发展，促进科学技术的普及和推广，促进科技人才的成长和提高，推动开放型、枢纽型、平台型科协组织建设，成为党领导下团结联系广大科技工作者的社会团体，为实现中华民族伟大复兴的中国梦而努力奋斗。

第三条 全国学会坚持以习近平新时代中国特色社会主义思想为指导，坚决贯彻党的基本理论、基本路线、基本方略，增强政治意识、大局意识、核心意识、看齐意识，坚定中国特色社会主义道路自信、理论自信、制度自信、文化自信，坚决维护习近平总书记党中央的核心、全党的核心地位，坚决维护党中央权威和集中统一领导，加强党的建设，充分发挥党组织的政治核心和思想引领作用，确保正确的政治方向。全国学会贯彻国家自主创新、重点跨越、支撑发展、引领未来的科技工作方针，弘扬尊重劳动、尊重知识、尊重人才、尊重创造的风尚，倡导创新、求实、协作、奉献的精神，坚持独立自主、民主办会的原则和“百花齐放、百家争鸣”的方针，依法依章程开展工作。

第四条 全国学会的主要任务是：

（一）密切联系科技工作者，宣传党的路线方针政策，反映科技工作者的建议、意见和诉求，维护科技工作者的合法权益，建设科技工作者之家。

（二）开展学术交流，活跃学术思想，倡导学术民主，优化学术环境，促进学科发展，服务国家创新体系建设。

（三）组织科技工作者开展科技创新，参与科学论证和咨询服务，加快科技成果转化应用，助力经济社会发展。

（四）弘扬科学精神，普及科学知识，推广科学技术，传播科学思想和科学方法，提高全民科学素质。

（五）健全科学共同体的自律功能，推动建立和完善科学研究诚信监督机制，促进科学道德建设和学风建设。

（六）组织科技工作者参与国家科技战略、规划、布局、政策、法律法规的咨询制定和国家事务的政治协商、科学决策、民主监督工作，建设中国特色高水平科技创新智库。

（七）承接科技评估、专业技术人员水平评价、技术标准研制、国家科技奖励推荐等政府委托工作或转移职能。

（八）表彰奖励和宣传优秀科技工作者，举荐科技人才，注重激发青少年科技兴趣，发现培养杰出青年科学家和创新团队。

（九）开展国际科技交流与合作，为海外科技人才来华创新创业提供服务。

（十）开展科技图书、期刊、报纸、电子出版物、音像制品的编辑、出版、发行，以及相关数字出版活动，提供科技知识服务。

第二章　管　理

第一节　申请业务主管

第五条　登记成立全国学会时，申请由中国科协作为业务主管的，应具备下列条件：

（一）符合国家关于社会团体登记成立的条件；

（二）其业务属于科技领域中的自然科学、技术科学、工程技术学科及相关的新兴、交叉或前沿领域，或与科技发展和普及密切相关的领域；

（三）主要发起者应在相关领域有重大建树和影响，并有一定的代表性，有独立承担民事责任的能力；

（四）提交国家社会团体登记管理机关要求的《社会组织党建工作承诺书》；

（五）有与其业务活动相适应的常设办事机构和专职工作人员；

（六）其业务领域和名称不得与已成立的全国学会相同或相似。

第六条　全国学会发起者向中国科协提交申请，经中国科协书记处同意后，由发起者向国家社会团体登记管理机关申请登记。

第七条　自国家社会团体登记管理机关批准登记之日起六个月内，发起者应组织召开会员（代表）大会，通过学会章程，产生执行机构、监督机构及负责人、法定代表人，成立学会党组织。会议方案应于会员（代表）大会召开前两个月报中国科协书记处审批。会员（代表）大会的结果报中国科协相关业务部门备案。

第八条　已经成立的全国学会申请将业务主管单位变更为中国科协的，事先须经会员（代表）大会通过并征得原业务主管单位同意，向中国科协提出申请，经中国科协书记处批准后，到国家社会团体登记管理机关办理相关手续。

第二节　加入团体会员

第九条　全国学会成为中国科协团体会员，需符合下列条件：

（一）承认《中国科学技术协会章程》；

（二）按照国家社会团体登记管理规定依法登记；

（三）学会负责人应在相关领域有重要影响，个人会员达到一千名以上；

（四）经常开展国内外学术交流活动，具有较强的服务科技创新、决策咨询和科学技术普及能力，编辑出版科学技术或科学普及刊物，原则上应设有科学技术奖项；

（五）有实体办事机构、固定办公场所和专职工作人员，每年合法收入一般不低于一百万元；

（六）有健全的党组织，能正常开展党的工作。

第十条　符合条件的全国学会经理事会同意后，可向中国科协提出入会申请，经中国科协常务委员会审议通过，接纳为中国科协团体会员，其业务主管单位不变。

第十一条　中国科协团体会员享有以下权利：

（一）推选代表参加中国科协全国代表大会；

（二）获得中国科协的有关资料；

（三）获得中国科协的业务活动资助；

（四）参加中国科协的活动；

（五）对中国科协的工作提出建议、批评和监督。

第十二条　中国科协团体会员履行以下义务：

（一）遵守《中国科学技术协会章程》；

（二）接受中国科协领导；

（三）执行中国科协决议和决定；

（四）承担中国科协委托的任务。

第三节　脱离与退出

第十三条　全国学会脱离与中国科协的业务主管关系，须经会员（代表）大会表决通过，向中国科协提出申请，经中国科协书记处批准后脱离。

第十四条　全国学会退出中国科协团体会员，须经理事会表决通过，向中国科协提出申请，经中国科协常务委员会批准后退出。

第四节　备案与信息公开

第十五条　全国学会应向中国科协备案下列信息：

（一）章程；

（二）负责人信息；

（三）组织机构信息；

（四）会员证、会徽；

（五）理事、监事信息；

（六）党组织信息；

（七）中国科协要求的其他信息。

第十六条　全国学会应当向社会公开下列信息：

（一）章程；

（二）负责人信息；

（三）组织机构信息；

（四）接受使用社会捐赠情况；

（五）全国学会年度工作报告；

（六）中国科协、国家社会团体登记管理机关要求公开的其他信息。

第十七条 全国学会应当及时将有重大变更的备案或公开信息向中国科协备案，并向社会公开。

第十八条 涉及国家秘密、商业秘密、个人隐私的信息不公开。

第五节 处 罚

第十九条 全国学会存在内部治理不规范、活力不足等问题的，中国科协将对其主要负责人进行工作约谈。

第二十条 全国学会有下列情形的，将给予限期整改、警告、撤销团体会员资格等处罚：

（一）履职不力、组织涣散的，中国科协相关业务部门将责令限期整改；

（二）限期整改后仍无明显改进的，经中国科协书记处批准，给予警告处分；

（三）给予警告处分后仍无明显改进的，违反国家法律法规或违反《中国科学技术协会章程》造成严重不良后果的，经中国科协常务委员会批准，撤销团体会员资格。

第二十一条 中国科协业务主管的全国学会，存在严重违法违纪行为的，中国科协将提请国家社会团体登记管理机关解除业务主管关系或对其撤销登记。

第二十二条 全国学会受处罚期间，不得申请中国科协资助项目。

第三章 内部治理

第一节 会 员

第二十三条 承认全国学会章程，符合全国学会会员条件，可提出入会申请，经理事会（常务理事会）或其委托的机构审核批准成为全国学会会员。

第二十四条 全国学会会员包括个人会员、单位会员。个人会员是学会组织的主体。

第二十五条 会员原则上应具备以下条件：

（一）个人会员。具有一定专业技术职务或专业知识的科技工作者；热心和积极支持学会工作并具有相应专业知识的管理工作者。

（二）单位会员。与全国学会学科或专业相关，具有一定数量科技人员，愿意参加学会有关活动，支持学会工作的、合法设立的科研、教学、生产、设计等类型的企业、事业单位以及社会团体（港澳台地区民间社会团体除外）。

第二十六条 全国学会对个人会员可授予荣誉会员、名誉会员、外籍会员称号；对本学科或专业科学技术发展和学会工作有重大贡献的专家、学者，经全国学会常务理事会推荐、理事会通过，可授予荣誉会员称号；对本学科或专业的发展有重要贡献，具有较高学术威望，热心参加或协助组织与我国相应学会的科学技术交流的外籍专家、学者，经全国学会常务理事会推荐，理事会通过，可授予名誉会员称号；对在相关学术领域有较高造诣，与我国友好，愿意与全国学会联系、交流和合作的外籍科技工作者，经本人申请或经全国学会个人会员、分支机构、代表机构推荐，经理事会（常务理事会）批准吸收为外籍会员。

有条件的全国学会还可发展其他类别的个人会员，其类别和条件由各学会自行确定。

第二十七条 会员的权利：

（一）入会自愿，退会自由；

（二）享有选举权、被选举权和表决权；

（三）参加学会的活动；

（四）获得学会服务的优先权和优惠权；

（五）对学会工作的批评建议权和监督权；

（六）学会章程规定的其他权利。

第二十八条 会员的义务：

（一）遵守学会章程，执行学会决议；

（二）维护学会合法权益；

（三）完成学会交办的工作；

（四）向学会反映情况，提供有关资料；

（五）依学会章程规定按时缴纳会费；

（六）学会章程规定的其他义务。

第二十九条 全国学会应建立会员工作机构，指定专人负责，健全会员工作制度，实现会员分类管理。有条件的全国学会，可建立会员基层小组。

第三十条 全国学会可直接发展会员，也可委托省级学会、全国学会分支机构发展会员。

第三十一条 全国学会遵循中国科协制定的统一编码规则，对个人会员进行全国统一编码。

第三十二条 会员退会应书面通知学会，并交回有关证件。

第三十三条 会员应按时缴纳会费；不履行缴纳会费义务，视为自动退会；再次申请入会需重新审批。不缴纳会费者，不能成为学会理事（常务理事）候选人。

第三十四条 会员严重违反学会章程，经理事会（常务理事会）或其委托的机构决定，予以除名。

第二节　会员（代表）大会

第三十五条　会员（代表）大会是全国学会最高权力机构，行使下列职权：

（一）制定、修改章程；

（二）选举、罢免理事会理事和监事会监事；

（三）审议理事会的工作报告和财务报告；

（四）制定、修改会费标准；

（五）决定章程规定的其他重大事宜。

第三十六条　会员（代表）大会须有三分之二以上的会员（代表）出席方能召开，其决议须经到会会员（代表）二分之一以上表决通过方能生效。制定和修改章程，须经到会会员（代表）三分之二以上表决通过，不得以鼓掌方式进行表决。涉及换届改选事项的会员（代表）大会，不得以通讯方式召开。

第三十七条　全国学会依据本学会章程规定，每四至五年按期召开一次会员（代表）大会，完成理事会换届工作。

在理事会任期届满前六个月，应向中国科协提出换届申请，经中国科协相关业务部门批准后进行筹备。召开会员（代表）大会前两个月，应向中国科协提出召开会议的申请，经中国科协书记处审批同意后，组织实施。无正当理由不按期上报材料的，将不予受理。

第三十八条　会员（代表）大会的筹备工作在理事会（常务理事会）的领导下，按照本学会章程和民主程序进行。

第三十九条　会员（代表）大会遇特殊情况需提前或延期召开时，须由理事会作出决议，在计划召开会员（代表）大会六个月前报中国科协批准。提前或延期时间一般不得超过一年。

第四十条　全国学会换届后，应在三十个工作日内将选举结果和章程等文件报中国科协相关业务部门备案。按照国家关于社会团体登记管理的有关规定，到国家社会团体登记管理机关办理相关手续。

第三节　理事会（常务理事会）

第四十一条　理事会是会员（代表）大会的执行机构，在会员（代表）大会闭会期间领导学会开展日常工作，对会员（代表）大会负责。

第四十二条　理事会行使下列职权：

（一）执行会员（代表）大会的决议；

（二）选举、罢免理事（常务理事）、副理事长（副会长）、理事长（会长），聘任、解聘秘书长；

（三）筹备召开会员（代表）大会；

（四）向会员（代表）大会报告工作和财务状况；

（五）决定设立办事机构、分支机构、代表机构和实体机构；

（六）决定副秘书长、各机构主要负责人的聘任；

（七）领导学会各机构开展工作；

（八）制定内部管理制度；

（九）负责会员的发展和除名；

（十）履行章程规定的其他职权。

第四十三条　理事会原则上每年至少召开一次会议。理事会须有三分之二以上理事出席方能召开，其决议须经到会理事三分之二以上表决通过方能生效。理事不能到会，可委托代表参加，并有委托投票权。民主决议事项，不得以鼓掌方式进行表决。

第四十四条　学会根据需要，可设立常务理事会。常务理事会在理事会闭会期间行使本通则第四十二条（一）（三）（五）（六）（七）（八）（九）（十）项的职权，对理事会负责。

第四十五条　常务理事会每半年至少召开一次会议。常务理事会须有三分之二以上常务理事出席方能召开，其决议须经到会常务理事三分之二以上表决通过方能生效。

第四十六条　理事会及常务理事会组成原则：

（一）理事会（常务理事会）规模适中，人数根据学会会员数量按一定比例确定，常务理事会人数不得超过理事会人数的三分之一；

（二）理事会（常务理事会）成员在本专业领域应有一定的代表性、权威性；

（三）理事会（常务理事会）成员中应有相当比例的中国共产党党员。理事会成员的四分之三、常务理事会成员的三分之二应为基层一线科技工作者；

（四）理事会（常务理事会）成员中应有合理的年龄结构和相当比例的中青年科技工作者；

（五）每届理事会（常务理事会）成员调整不得少于三分之一。

第四十七条　届中调整理事，由常务理事会提议，经理事会到会五分之四以上理事表决通过方可执行。

第四十八条　调整全国学会负责人的理事会会议不得以通讯方式召开。

第四十九条　全国学会理事会建立的党组织，受中国科协科技社团党委领导。

第四节　监事或监事会

第五十条　全国学会要设立监事或监事会。监事会是学会的监督机构，对会员（代表）大会负责；理事长（会长）、副理事长（副会长）、秘书长、理事（常务理事）、分支机构负责人及学会专职工作人员不得兼任监事。监事会人数一般不超过九人，不少于三人。

第五十一条　监事由会员（代表）大会选举产生或罢免。

第五十二条　监事会行使下列职权：

（一）选举监事长、副监事长；

（二）出席会员（代表）大会，向会员（代表）大会报告监事会的工作；

（三）列席理事会（常务理事会）；

（四）监督理事会（常务理事会）履职情况；

（五）监督学会财务运行管理情况；

（六）履行会员（代表）大会赋予的其他职责。

第五十三条　监事会每半年至少召开一次会议。

第五节　学会负责人

第五十四条　理事长（会长）、副理事长（副会长）、秘书长须具备下列条件：

（一）热爱祖国，坚持党的路线、方针、政策，有良好的道德品质和学风；

（二）在本学科和专业领域内有较高造诣的专家、学者或有较大影响的人士；

（三）热心学会工作，身体健康，能坚持正常工作；

（四）理事长（会长）、副理事长（副会长）任职时年龄一般不超过七十周岁，秘书长任职时年龄一般不超过六十二周岁；

（五）未受过剥夺政治权利刑事处罚；

（六）具有完全民事行为能力；

（七）工作作风民主，团队精神强。

第五十五条　学会调整理事长（会长）、副理事长（副会长），应由理事会（常务理事会）提议，向中国科协提出申请，经审批同意后方可按照学会章程规定履行民主程序，并按要求到国家社会团体登记管理机关办理变更手续。

第五十六条　理事长（会长）行使下列职权：

（一）召集和主持理事会（常务理事会）；

（二）检查会员（代表）大会、理事会（常务理事会）决议的落实情况；

（三）代表学会签署有关重要文件。

理事长（会长）因故不能履行职权，由理事长（会长）委派或常务理事会指定一位副理事长（副会长）代行职权。

第五十七条　秘书长由理事长（会长）提名、理事会同意后方可聘任，并按要求到中国科协和国家社会团体登记管理机关办理备案手续。理事长（会长）不得兼任秘书长。

第五十八条　秘书长行使下列职权：

（一）主持办事机构日常工作，组织实施年度工作计划；

（二）协调各分支机构、代表机构、实体机构开展工作；

（三）提名副秘书长以及各办事机构、代表机构和实体机构主要负责人，报理事会（常务理事会）审定；

（四）聘用办事机构、代表机构、实体机构专职工作人员；

（五）处理其他日常事务。

第五十九条　学会负责人人选超过最高任职年龄规定的，须经学会理事会（常务理事会）提议、中国科协同意后方可选举（聘任），报国家社会团体登记管理机关批准后方可任职。

第六十条　在职县（处）级及以上领导干部兼任全国学会理事长（会长）、副理事长（副会长），或聘任为秘书长的，应按干部管理权限审批。

第六十一条　退（离）休领导干部在全国学会兼任职务（包括领导职务和名誉职务、常务理事、理事等），须按干部管理权限审批或备案后方可兼职。

第六十二条　理事长（会长）、副理事长（副会长）原则上连续任期不得超过两届。由理事会聘任的秘书长可不受届次限制。

第六十三条　理事长（会长）为全国学会法定代表人。因特殊情况需由副理事长（副会长）担任法定代表人，应在章程中写明，经理事会同意后，报经中国科协相关业务部门同意并获得国家社会团体登记管理机关批准后，方可任职。

全国学会的法定代表人不得兼任其他社会团体的法定代表人。秘书长原则上不担任学会法定代表人。

第六节　办事机构

第六十四条　办事机构是全国学会理事会领导下、授权秘书长具体负责的常设专职业务机构。

第六十五条 全国学会办事机构变更或脱离支撑单位，需经理事会（常务理事会）同意，并向中国科协报告。

第六十六条 支撑单位应对学会办事机构提供必要的人力、物资、经费支持，为专职工作人员提供必要的生活、工作保障。支撑单位对其编制内的学会负责人进行调动，应先征求学会常务理事会的意见。

第六十七条 全国学会应根据其办事机构工作人员的编制性质，执行相应的人事管理制度。有条件的全国学会，应实行竞争和流动的动态人事管理，对专职人员进行选聘和招聘。

第六十八条 具备条件的全国学会办事机构应建立中国共产党的组织。

第七节 分支机构与代表机构

第六十九条 分支机构是全国学会根据开展活动的需要，依据业务范围划分或者会员组成特点而设立的专门从事某项活动的机构，是全国学会的组织基础。

代表机构是全国学会在住所地以外属于其活动区域内设置的，代表本学会开展活动，承办本学会交办事项的机构。

第七十条 全国学会的分支机构可以称分会、专业委员会、工作委员会、专项基金管理委员会等；代表机构可以称代表处、办事处、联络处等。

全国学会的分支机构、代表机构名称前应当冠以全国学会的全称，不能单独冠以“中国”“中华”“全国”“国家”等字样，开展活动应当使用全称，英文译名应当与中文名称一致。

第七十一条 分支机构、代表机构接受全国学会理事会（常务理事会）的领导，不得另行制定章程，不具有法人资格，在全国学会授权的范围内活动，其法律责任由设立该分支机构、代表机构的全国学会承担。

第七十二条 分支机构、代表机构的设立应具备下列条件：

（一）名称不得与已设立的分支机构业务范围、名称相同或相似，不得以各类法人组织的名称命名，不冠以行政区划名称，不带有地域性特征；

（二）有学术带头人和一定规模的专家学者群体；

（三）有符合全国学会章程所规定的业务范围；

（四）能在授权范围内独立开展相应的业务活动；

（五）有固定的住所；

（六）有合法和相对稳定的经费来源。

第七十三条 全国学会设立分支机构、代表机构，应依学会章程，经理事会（常务理事会）审议通过。

第七十四条 全国学会理事会（常务理事会）决定分支机构的人员组成。分支机构主要负责人任职年龄一般不得超过七十周岁，连任不得超过两届。

在职县（处）级及以上领导干部兼任全国学会分支机构负责人的，应按干部管理权限审批。

第七十五条 全国学会应将分支机构的财务、账户纳入本会统一管理。分支机构不得开设银行基本账户。以分支机构名义举办的会议、展览、培训等各类活动所发生的经费往来，应纳入学会法定账户统一管理，不得进入其他单位或个人账户。

第七十六条 全国学会不得将其分支机构委托其他组织运营，不得以设立分支机构、代表机构的名义收取或变相收取管理费、赞助费等。

第七十七条 未经全国学会授权或者批准，其分支机构不得与其他民事主体开展合作活动。

第七十八条 有条件的全国学会分支机构应成立党的基层组织，归学会党组织领导。

第七十九条 全国学会应及时将分支机构情况及调整变化情况向中国科协报备并向社会公布，接受社会监督。

第八十条 全国学会要加大对所属分支机构的监管力度，建立“有进有出、优胜劣汰”的动态调整机制，对违法、违规开展活动的分支机构，视情节轻重，可采取警示告诫谈话、责令整改、撤换主要负责人、暂停其活动等措施进行纠正；对不能按要求纠正的分支机构可按学会有关规定进行撤销。

第八十一条 全国学会决定变更、注销其分支机构、代表机构，应经理事会（常务理事会）审议通过。

第八十二条 全国学会被注销或者被撤销登记的，其所属的分支机构、代表机构同时被注销或撤销。

第八节 会 费

第八十三条 全国学会可以依据章程规定的业务范围、工作成本等因素，合理制定会费标准。会费标准的额度应当明确，不得具有浮动性。

第八十四条 全国学会制定或者修改会费标准应当召开会员（代表）大会，须有三分之二以上会员（代表）出席，并经到会会员（代表）二分之一以上表决通过，表决采取无记名投票方式进行。

除会员（代表）大会以外，不得采取任何其他形式制定或者修改会费标准。

第八十五条 全国学会应当自通过会费标准决议之日起三十日内，将决议向全体会员公开。

第八十六条 全国学会会费主要用于为会员提供服务以及按照本会宗旨开展的各项业务活动等支出。

会费使用应制定相应的管理办法，报理事会（常务理事会）审定，并向全体会员公告。

全国学会应当每年向会员公布会费收支情况，定期接受会员（代表）大会的审查，并在年检时填报会费收支情况。

第八十七条 全国学会收取会费，应当按照规定使用财政部印（监）制的社会团体会费收据。除会费以外，其他收入不得使用社会团体会费收据。

第八十八条 全国学会收取会费不符合本通则第八十三条、第八十四条、第八十六条规定的，全国学会会员有权拒绝缴纳，可以向有关部门举报。

第九节　经费与资产管理

第八十九条 全国学会经费来源：

（一）会费；

（二）社会捐赠；

（三）政府和社会资助；

（四）在核准的业务范围内开展活动或服务的收入；

（五）利息；

（六）其他合法收入。

第九十条 全国学会合法收入享有法人财产所有权，任何单位或者个人不得侵占、私分或者挪用；其财产必须用于章程规定的业务范围和事业发展，不得在会员中分配。

第九十一条 全国学会执行《民间非营利组织会计制度》和国家有关财务管理制度，应建立严格的财务管理办法，保证会计资料合法、真实、准确、完整。

第九十二条 全国学会应配备具有专业资格的会计人员。会计不得兼任出纳。会计人员进行会计核算，实行会计监督。会计人员调动工作或离职时，必须与接管人员办清交接手续。

第九十三条 全国学会的资产管理执行国家有关规定，接受会员（代表）大会、监事会（监事）和财政部门的监督。资产来源属于国家拨款或者社会捐赠、资助的，还应当接受审计机关的监督，并将有关情况以适当方式向社会公布。

第九十四条 全国学会注销登记、换届或更换法定代表人，必须依法接受财务审计。

第十节　变　更

第九十五条 全国学会变更名称，须经会员（代表）大会表决通过；变更法定代表人须经理事会同意；变更住所、活动资金、业务范围等事项，须经理事会（常务理事会）同意。上述变更事项经中国科协相关业务部门同意后，到国家社会团体登记管理机关办理相关手续。

第四章　终止与清算

第九十六条 中国科协业务主管的全国学会由于分立、合并、自行解散或违纪违法等原因需要注销的，须经中国科协审查同意后，到国家社会团体登记管理机关申请注销登记。

第九十七条 中国科协业务主管的全国学会注销前，须在中国科协及有关机关的指导下，成立清算组织，清理债权债务，处理善后事宜。清算期间，不得开展清算以外的活动。

第九十八条 全国学会经国家社会团体登记管理机关办理注销登记手续后，即为终止。

第九十九条 中国科协业务主管的全国学会终止后的剩余财产，在中国科协和国家社会团体登记管理机关的监督下，按照国家有关规定，用于发展与学会宗旨相关的事业。

第五章　附　则

第一百条 本通则是全国学会制定章程的依据之一，适用于中国科协业务主管的全国学会和已经加入中国科协成为团体会员的全国学会。

第一百零一条 本通则经中国科协全国委员会通过实施。

第一百零二条 本通则的解释权归中国科协。

关于印发《中国科协 2019 年科普工作要点》的通知

科协普函综字〔2019〕19 号

各全国学会、协会、研究会科普部（普委会），各省、自治区、直辖市、副省级城市科协科普工作相关部门，新疆生产建设兵团科协科普部：

为深入贯彻习近平新时代中国特色社会主义思

想，全面落实党的十九大和十九届二中、三中全会精神和中央书记处对科协工作指示要求，现将《中国科协2019年科普工作要点》印发给你们，请结合实际认真贯彻落实，切实做好2019年的科学素质纲要实施和科普工作。

附件：中国科协2019年科普工作要点

中国科协科普部
2019年4月4日

附件

中国科协2019年科普工作要点

2019年，中国科协科普工作将以习近平新时代中国特色社会主义思想为指导，全面落实中央群团工作会议、"科技三会"和习近平总书记致首届世界公众科学素质促进大会贺信精神，紧紧围绕庆祝新中国成立70周年这条主线，坚持对标党中央指示精神，对标党组书记处部署要求，落实中国科协"1–9–6–1"工作布局，深入实施《全民科学素质行动计划纲要》，打造普惠创新、全面动员、全民参与的社会化大科普格局，推动新时代科普工作全面提升。

一、编制面向2035年的全民科学素质规划纲要，夯实国家部委联合协同的大平台

1. 启动面向2035年的全民科学素质规划纲要编制工作。履行好全民科学素质工作牵头职能，搭好平台、做好服务，总结评估《全民科学素质行动计划纲要（2006—2010—2020年）》实施情况，启动编制面向2035年的全民科学素质规划纲要，做好工作衔接，形成有力的工作推进机制。调动纲要办成员单位和社会各界广泛参与编制工作。

2. 继续深化全民科学素质工作共建机制和动员体系。深化各部门各地方大联合大协作的工作机制，加强全民科学素质行动协同联动，强化政策、经费、人才保障，推动将全民科学素质工作纳入党委政府绩效考核，与各地各部门中心工作有效衔接。鼓励有条件的省区市开展全域科普试点，探索形成可复制可推广的典型经验。

3. 深化全民科学素质发展理论研究。聚焦"科技创新、科学普及是实现创新发展的两翼"等重要论断，深入研究弘扬科学精神、普及科学知识的路径载体和传播机制，总结梳理中国科普发展实践，探索科普发展规律。开展2019年典型地区公民科学素质抽样调查，探索新时代中国公民科学素质快速监测评估机制，创新公民科学素质建设的评估方法，完善公民科学素质调查体系，开展公民科学素质评价国际交流。

二、健全完善社会动员机制，打造社会化全域协作的国内工作大平台

4. 筹建中国公民科学素质促进联盟。进一步探索社会动员新机制，联络动员国内知名企业、高校、科研院所、全国学会、媒体、金融机构及科幻联合组织等有影响力和代表性的机构，发起成立中国公民科学素质促进联盟，建设"产学研媒金"协同的社会化大科普工作平台。

5. 动员社会力量开展科学辟谣工作。健全辟谣联动机制，建设"科普中国"辟谣平台，充分发挥科学家、科技工作者优势参与辟谣资源建设，动员全国学会、地方科协和其他社会力量参与辟谣工作。促进大数据积累，形成辟谣资源库，通过媒体传播矩阵推送辟谣信息，提升科学辟谣的整体效能。

6. 繁荣科普科幻创作。精心办好2019年中国科幻大会，打造中国科幻界的年度盛典。加强市场化探索和社会化参与，搭建科幻产业交流沟通平台，促进中国科幻事业产业发展。持续推进"科普科幻青年之星计划"，推动科普进手游，成立科学游戏联盟，推介优秀科普作品。

7. 实施"科普中国"品牌提升行动。以"科普中国"品牌为引领，以互联网思维创新科普工作模式。积极推动与各地各部门、全国学会、社会机构等共建共享"科普中国"品牌，建设科普资源汇聚和共享网络，打造科普资源中央大厨房和地方样板间。深入实施科普信息化工程，优化完善科普信息化建设机制，加强资源汇聚，广泛动员社会各方丰富优质科普产品供给，着力培育层次丰富、良性循环、持续发展的科普生态体系。进一步办好"典赞·科普中国"等品牌活动，扩大影响力。

8. 拓展科普传播渠道，推动科普产业发展。继续推进科学界与影视界融合发展，探索科学娱乐交流融合，组织科普传媒人员培训、交流活动，加强与重要媒体渠道合作。建立科技馆文化创意产品多元化开发与营销可持续机制，实施全国科技创意产品培育计划。办好中国（芜湖）科普产品博览交易会，支持开展科普产业发展研讨交流活动。加大科普领域知识产权保护力度，动员吸引更多社会力量在科普服务社会中实现应有的价值回报。

三、构建促进公众科学素质提升国际合作长效机制，推动建立国际合作交流的大平台

9. 召开2019年世界公众科学素质促进大会。深化落实《北京宣言》，凝聚国际对于公众科学素质促进对人的全面发展和可持续发展重要性的认识，分享各方对于提升公众科学素质的责任意识、理论成果和创新实践，更好应对科技与社会发展的全球共性问题。研究推进建立国际性公众科学素质促进组织先期工作，推动构建科学传播与普及领域国际合作长效机制。

10. 拓展民间科技交流的全球合作网络。深化首届世界公众科学素质促进大会期间的双边合作意向，加强与相关国际国别组织的民间科技交流。推进科学传播与普及领域全球性的网络交流、资讯传播和资源共享。

11. 促进中国优质科普资源的国际共享。定期举办各种层次的交流活动。积极组建“一带一路”沿线国家科普场馆联盟。推动建设“一带一路”（东盟）科普国际交流基地。举办第二届“一带一路”科普场馆发展国际研讨会和2019年国际科技馆能力建设研修坊。举办“新中国成立70周年暨澳门回归祖国20周年科技成果科普展”，与澳门特别行政区政府共同推动澳门居民科学素质提升。

四、健全完善科普服务机制，打造科普品牌

12. 创新升级全国科普日等品牌性活动。在2019年9月第三周集中开展全国科普日活动，通过北京主场、全国分会场、科普进港澳、各地系列活动等方式广泛动员社会各界开展内容丰富、形式多样的大型群众性科普活动，为建国70周年献礼。举办第21届中国科协年会科普活动，联合中共中央宣传部等部门开展好文化科技卫生“三下乡”活动，联合全国政协教科卫体委员会举办送科技下基层活动。全年围绕健康中国、绿色核能、环境保护、防灾减灾、食品安全、合理用药、创新设计等公众关注的热点主题广泛开展群众性科普活动。

13. 创新升级中国特色现代科技馆体系。推动起草印发科技馆免费开放经费使用指导意见，加快推进《科学技术馆建设标准》修订工作。提升实体馆公众服务质量和水平。进一步挖掘全国科技馆展教资源，举办全国科技馆联合行动。启动流动科技馆区域化常态化试点，扩大科普大篷车社会化运行试点范围，提升流动科普设施服务质量和管理实效，实现流动科技馆、科普大篷车、农村中学科技馆年累计服务公众不少于3500万人次。探索服务“一带一路”沿线国家长效机制，推动流动科技馆在俄罗斯等国进行国际巡展。加强中国数字科技馆内容建设，选取优质科普资源翻译为多语种，推动在“一带一路”沿线国家资源共享。探索建设“智慧科技馆”。

14. 实施青少年科技教育国际拓展计划。精心打造一流青少年科技竞赛和品牌活动，着力提升国际影响力和吸引力；搭建青少年科技教育国际交流平台，办好科学教育国际论坛；以“一带一路”青少年创客营、教师论坛和“一带一路”科学教育国际协调委员会广泛宣传推广我国科学教育成果和中华文化，增进各国青少年相互理解和友谊，助力构建人类命运共同体；加大国际奥林匹克学科竞赛、国际科学与工程大奖赛等重要国际赛事的选拔培训和管理力度，助力中国青少年不断拓展国际视野；提升港澳台青少年参与活动的质量和规模，将对祖国的情感认同深刻融入科教交流活动，服务民心回归。

15. 开展科技后备人才培养促进行动，激发青少年科学梦想。以习近平总书记“给孩子们的梦想插上科技的翅膀”重要讲话精神为指针，举办好全国青少年科技创新大赛、中国青少年机器人竞赛、全国青年科普创新实验暨作品大赛、“明天小小科学家”奖励活动、高校科学营、中学生英才计划、青少年创意编程与智能设计大赛、科学调查体验、科学影像节、“馆校合作基地校”等各项活动；将社会主义核心价值观、科学精神、创新思维、创造能力的培养贯穿科技教育全过程，不断提升青少年科学素质，培养合格的社会主义事业科技创新后备人才。

16. 推进学术资源科普化，加强科普人才队伍建设。广泛动员科技工作者履行科普社会责任，深入推进科学传播专家团队建设，开展学术资源科普化征集、新科技信息科普发布、科技创新成果和科技创新主题科普服务评价等工作。继续加强高层次科普人才培养师资、课程、教材、基地建设，推进科普人才培养国际化合作。举办第六届全国科技馆辅导员大赛。创新开展科普人员培训和继续教育工作。

五、深入实施乡村振兴农民科学素质提升行动，创新提升基层科普服务水平

17. 开展农村重点人群科学素质培训培育。联合农业农村部召开全国乡村振兴农民科学素质提升行动工作部署会。开展新型职业农民、科普中国信息员、乡村科技人才等重点人群培训交流，结合农业农村部新型职业农民培育工程，带动各级科协组织和农业农村部门联动开展农民科学素质培育，推动乡村人才振兴。

18. 夯实科普惠农服务基础。整合统筹科普中国云平台和全国农业科教云平台，建设智慧农民网络平台。开展2019年农民科学素质网络知识竞赛。探索遴选推介乡村振兴科普服务创新实验基地。推动中国农技协科技小院联盟发展，扶持各地开展科技小院申报和建设。编制科普服务乡村振兴研究报告和乡村振兴农民科学素质读本。编制科普惠农系列出版物并发放地方。

19. 创新提升基层科普服务水平。推进科普中国e站转型升级，强化科普中国信息员队伍建设和传播分享。深入实施基层科普行动计划，指导各地积极主动适应实施方式变化，合理安排经费投入。加强社区科普工作，强化社区科普资源内容集成，协同开展城市党建引领社区科协建设试点。举办省级科协区域性观摩交流活动，搭建基层科普服务交流平台。

20. 推进“百千万”科技志愿服务。广泛开展“喜迎共和国七十华诞，科协在行动”志愿服务活动，充分调动科协组织力量走进农村、企业、园区、社区、学校等，推动科普服务走基层。探索建立科普志愿服务机制，壮大科普志愿者服务队伍。联合中央文明办开展新时代文明实践科技志愿服务试点工作，动员组织科技志愿者投身新时代文明实践中心建设。

关于印发《2019年中国科协计划财务工作要点》的通知

各全国学会、协会、研究会办公室，各省、自治区、直辖市科协计划财务部（办公室），新疆生产建设兵团科协办公室，中国科协机关各部门、各直属单位：

为深入学习宣传贯彻党的十九大精神，坚持以习近平新时代中国特色社会主义思想为指导，增强“四个意识”，坚定“四个自信”，坚决做到“两个维护”，认真落实中国科协九届六次全委会议精神和《中国科协2019年工作要点》要求，以服务推动发展，以发展提升服务，我部编制了《2019年中国科协计划财务工作要点》，经书记处领导同意，现印发给你们，请加强协调配合，做好工作落实。

附件：2019年中国科协计划财务工作要点

中国科协计划财务部

2019年3月18日

附件

2019年中国科协计划财务工作要点

2019年是新中国成立70周年，是中国科协规划纲要实施的开局之年，是中国科协“服务发展年”。中国科协计划财务部要以习近平新时代中国特色社会主义思想为指导，深入贯彻党的十九大和十九届二中、三中全会精神，增强“四个意识”，坚定“四个自信”，坚决做到“两个维护”，聚焦靶心，着力“1–9–6–1”工作布局，认真落实中国科协九届六次全委会议精神和《中国科协2019年工作要点》要求，坚持规划纲要引领、坚持高质量发展、坚持品牌发展、坚持绩效优先，建机制、强功能、增实效，全面推动规划纲要实施和计划管理、全面推进科技助力精准扶贫和打赢定点扶贫攻坚战、全面加强预算绩效管理和财务资产管理、全面提高计财内控风险防控和处置能力、全面加强计财队伍和服务能力建设等工作，以服务推动发展，以发展提升服务，努力开创科协计财工作新局面，以优异成绩庆祝伟大祖国七十华诞。

一、以习近平新时代中国特色社会主义思想为指导，以新作为开启新时代科协计财工作新气象

（一）坚持把政治建设摆在首位，努力践行习近平新时代中国特色社会主义思想。深入贯彻党的十九大和十九届二中、三中全会精神，强化创新理论武装，把全面学习宣传贯彻落实习近平新时代中国特色社会主义思想和党的十九大精神作为首要政治任务抓紧压实。筑牢“四个意识”，坚定“四个自信”，做到“两个维护”，严格遵守政治纪律和政治规矩，始终在政治立场、政治方向、政治原则、政治道路上同以习近平同志为核心的党中央保持高度一致。坚持把集中整治形式主义、官僚主义作为一项重要的政治任务，作为正风肃纪、反对“四风”的首要任务、长期任务抓紧压实。全面推动警示教育常态化制度化，严格执行中央八项规定精神，持之以恒去“四化”除“四风”，为新时代科协事业发展做好支撑保障服务。

（二）提高政治站位，砥砺新时代科协计财工作新作为。突出党建引领，聚力财业融通，紧密围绕新时代中国科协“三轮”驱动、“三化”联动、“三维”聚力的发展新格局，推动科协计财服务产品供给侧改革，适应科协计财服务需求的新趋势新变化，推动计财干部主动融入业务工作，着力提升“四大能力”，即：提升先计后财、财业融通的计财管理服务能力，提升谋划设计、协同推动的计财动员执行能力，提升实时感知、精准施策的计财调控服务能力，提升风险识别、化解风险的计财监督服务能力。强化科协计财制度供给，改善服务手段，推进科协计财服务从主要以财政资金供给为主的单一服务，向计财制度、财政资金、计财监管、服务赋能等的多元服务供给转变。

二、坚持规划纲要实施引领，推动高起点塑造面向建设世界科技强国的科协事业新格局

（三）大力营造规划纲要实施的良好氛围。积极动员全国科协系统领导和专家做权威解读，在主流媒体或党刊党报刊发文章。组织编写印发规划纲要辅导读本，充分利用科协系统的各类互联网传播平台宣讲规划纲要，将规划纲要宣讲作为各级科协各类培训常设的公共课，推动各全国学会和地方科协将规划纲要宣讲纳入各类培训会议等活动。将规划纲要译成英文在中国科协英文网站发布。以长图、图文、微视频、动画等多种形式，对规划纲要进行生动解读，在新媒体上进行传播。

（四）分解分工落实规划纲要任务措施。制定印发规划纲要任务分工方案和三年行动计划任务落实工作计划表，推动中国科协机关业务部门制定学习宣传规划纲要的工作计划，在本业务系统开展对规划纲要的专题学习宣传，将对规划纲要的宣讲解读纳入本部门本系统的培训活动；制定将规划纲要与部门单位计划相衔接的工作计划，以规划纲要为引领，做好规划纲要与本部门本单位计划的衔接，将三年行动计划重点任务纳入 2019 年及今后年度工作计划，推动牵头部门分别组织制定 2019—2020 年度详细工作计划，确定相应的路线图、年度目标、工作进度、责任人，形成三年行动计划任务落实工作计划表，定期不定期进行执行进度调度，将任务落实情况纳入部门单位和个人业绩考核。

（五）推动全国学会和地方科协编制发展规划。组织推动各全国学会在规划纲要的指引下，结合本学科、本行业、本领域特点，研究制定本学会中长期发展规划；组织推动各级科协在党委政府的坚强领导下，围绕国家和区域发展战略，结合当地实际，研究制定本地区科协组织发展规划，做好与相关区域、行业发展规划的衔接，加强与相关部门的协同配合，积极争取把规划纲要确定的重点任务纳入相关部门、当地党委政府的工作规划计划，统筹协调落实。

三、坚持高质量发展，全面实施科协预算绩效管理

（六）构筑适应高质量发展的科协预算管理新格局。深入贯彻落实《中共中央国务院关于全面实施预算绩效管理的意见》，以及关于过“紧日子”和坚持厉行节约反对浪费有关要求，按照“坚持稳中求进、突出事业发展，坚持绩效导向、突出高质量发展，坚持品牌优先、突出国际化发展，坚持标准机制、突出规范发展”的要求，以严格的“管评分离”为抓手，实行项目管理者的评判权和裁决权的分离，围绕项目计划入口、项目预算编制关、项目实施单位评审关、项目合同签署关、项目验收关、项目绩效出口的“两口四关”，以绩效管理和风险防控为重点，构筑科协特色、科学高效的“两门四墙”预算管理体系。

（七）强化项目计划管理。对标中央要求、坚持规划引领、坚持一体两翼、坚持全面统筹、坚持守正创新，按照政治引领性、公共服务性、工作协同性、工作带动性、典型示范性等标准，按照三年行动计划确定的目标任务，聚焦靶心，坚决疏减非科协功能项目，通过自上而下和自下而上相结合的工作方式，充分研讨论证，凝练形成项目计划，发布年度项目计划编制指南，组织编制年度项目计划，建立年度备选项目库。开展科协财政预算科目设置调研，重新设置科协一级项目，优化调整现有二级项目，科学设置三级子项目，构建完善科协预算项目体系。

（八）建立完善项目“管评分离”制度。在项目承担单位申报遴选、项目合同变更或终止、结项验收或履约验收等涉及裁量与评审的所有管理环节中，建立完善评审权与裁量权的分离、形成有效制衡的管理工作格局。建设完善财政项目专家评审库，扩大入库专家数量，优化专家专业结构，充分发挥专家库专家作用。建设完善财政项目评审机构库，扩大入库机构数量，优化机构结构，建立完善机构诚信记录和进入退出机制。

（九）高标准做好项目预算编制和执行。高效安全做好 2019 年预算执行，开展对 2019 年项目预算执行进度和绩效目标的考核的全覆盖，建立预算安排与预算执行进度以及绩效目标完成结果双挂钩机制。着力解决好预算管理执行难，强化项目的全生命周期管理、项目招投标管理，细化项目资金使用的范围，规范项目申报文本。推动数量型预算管理向质量型预算管理的转变，推动偏重项目资金管理向注重项目计划和资金管理并重的转变，建立并完善全方位、全过程、全覆盖的预算绩效管理新模式，基本实现预算编制有目标、预算执行有监控、预算完成有评价、评价结果有应用、结果应用有问责的全过程预算绩效管理。

四、坚持扶贫为主题志智双扶，推动科技助力精准扶贫和乡村振兴的工作质量新提升

（十）扎实做好中国科协定点扶贫工作。深入贯彻落实中央脱贫攻坚战略部署，坚持精准扶贫、精准脱贫，以科技助力传统产业提质增效、乡村规划引领乡村振兴、“订单式”培训提升技能素质、众扶众帮拓展脱贫路子为重点，积极动员社会力量参与定点扶贫，扎实推进定点扶贫主体责任落实。搭建科技助力产业扶贫平台，探索与科技特派员制度衔接配合，加强扶贫信息化建设。坚持以扶贫为主题、志智双扶，大力增强贫困户依靠科技脱贫致富的积极性和主动性，大力提高贫困户的科学素质和生产技能，促进打赢脱贫攻坚战和实施乡村振兴战略有机结合。组织编制定点扶贫县乡村振兴整体发展和示范乡村建设规划，打造乡村振兴示范样板，服务乡村振兴战略实施。

（十一）做好全国科技助力精准扶贫工作。印发2019年全国科技助力精准扶贫工作要点，按照中央关于打赢脱贫攻坚战、实施乡村振兴战略的新部署新要求，以帮助建档立卡贫困村（户）增收增智为目标，广泛动员各级科技组织和广大科技工作者积极投身脱贫攻坚，通过科技培训、对口援助、结对帮扶、典型示范、考核激励等有效方式，大力推动科技助力精准扶贫工程在贫困地区深入实施。组织召开全国科技助力精准扶贫现场会，开展全国科技助力精准扶贫工作考核，选塑科技助力精准扶贫示范点。

（十二）做好全国科协系统对口援疆援藏工作。深入贯彻落实中央援疆援藏工作精神，围绕“援疆科技增效工程”和“援藏科技增效工程”重点任务，统筹协调全国科协系统各对口援助单位，在推动新疆、西藏地区全民科学素质提升，支持新疆、西藏地区做好科普人才队伍建设，助力打赢脱贫攻坚战，服务乡村振兴战略等方面重点做好工作强化援助项目的落地见效。支持西藏科协编发传播适合当地公众阅读的科学素质系列读本、建设科普中国西藏频道，支持新疆科协编发科普传播品、开展科普培训等。

五、强化财业融通和服务赋能，推动科协计财服务品质的新提升

（十三）不断完善科协计财制度。研究制定全国学会财务内控基本制度目录，修订完善《中国科协财政项目管理办法（修订）》《中国科协财政项目绩效评价管理办法》《中国科协采购管理办法（试行）》《中国科协机关合同管理办法（试行）》《中国科协固定资产管理暂行办法》等规章制度。加强培训指导和督促考核，确保政府会计准则制度及时全面有效实施。编发项目管理优秀案例和计财违规典型案例。

（十四）开展科协计财专项检查工作。开展全国学会财务管理情况调研，开展中国科协委托（资助）类项目抽查和实地检查，推动发现问题整改落实。开发并试点推广财务内控信息系统，探索全国学会财务监管机制和方式。开展2016—2017年中国科协帮扶定点扶贫县项目检查和2018年项目验收。

（十五）全面加强合同管理和资产管理。加强科协各类资产的监督管理，强化通用资产配置计划刚性约束。组织开展数据资产清查盘点，推动科协数据的集中管理，探索建立数据所有权和使用权分离机制。做好合同审核备案工作，探索实施合同验收报告在线备案，实现合同全过程闭环管理。

（十六）迭代建设科协智慧计财服务平台。按照统一后台、统一标准、统一维护的原则，建立完善计财管理制度、重塑计财管理流程，高起点高标准建设科协智慧计财服务平台，迭代建设计财内控信息系统，新建项目管理服务系统，同步贯穿“业务”与“财务”两条主线。迭代建设科协财务内控信息系统，实现由“管起来、用起来”向“全起来、好起来”升级转型，强化风险自动识别和实时预警，可视化监控和大屏化管理。新建科协项目管理服务系统，建立完善项目管理制度，优化再造项目管理流程，实现计财内部控制管理与项目对外委托实施管理的无缝衔接，提升项目管理的精细化智能化水平，提升计财服务品质，通过全覆盖管理、全过程管理有效提高项目管理质量和效能，通过流程管理、动态监控有效提高财政资金使用效益，通过大数据分析、大屏监控有效提高项目管理科学决策水平，通过事前监督、实时预警、及时处置有效提高项目管理风险防范和化解能力。迭代建设科协智慧统计系统 2.0，完成 2018 年科协综合统计调查，实施新的科协综合统计报表制度。加强统计与业务工作的衔接，建立统计分析报告制度。

关于印发《2019 年中国科协定点扶贫工作要点》的通知

科协计函综字〔2019〕17 号

机关各部门、各直属单位，各有关全国学会、协会、研究会，中共临县县委、县政府，中共岚县县委、县政府：

为贯彻中共中央、国务院关于打赢脱贫攻坚战三年行动指导意见，落实中央农村工作会议精神和新时期中央定点扶贫工作要求，坚持精准扶贫、精准脱贫，坚持扶贫为主题，志智双扶，提高脱贫质量，巩固岚县脱贫摘帽成果、实现临县如期脱贫摘帽，现将经中国科协定点扶贫领导小组审定的《2019 年中国科协定点扶贫工作要点》印发你们，请加强协调配合，按照任务分工组织做好工作落实。

中国科协定点扶贫领导小组办公室（代章）
2019 年 3 月 4 日

2019 年中国科协定点扶贫工作要点

2019 年中国科协定点扶贫，要以习近平新时代中国特色社会主义思想为指导，全面贯彻党的十九大精神，树牢“四个意识”，坚定“四个自信”，做到“两个维护”，认真落实中共中央、国务院关于打赢脱贫攻坚战三年行动指导意见和实施乡村振兴战略的意见精神，认真落实中央农村工作会议精神和新时期中央定点扶贫工作要求，坚持精准扶贫、精准脱贫，坚持扶贫为主题、志智双扶，强化定点扶贫责任落实，提高脱贫质量，巩固减贫成效，防止返贫，按照《中国科协科技助力山西省临县精准脱贫规划（2017—2019 年）》《中国科协科技助力山西省岚县精准脱贫规划（2017—2019 年）》要求，大力实施乡村振兴农民科学素质提升行动，以科技助力传统产业提质增效、乡村规划引领乡村振兴、“订单式” 培训提升技能素质、众扶众帮拓展脱贫路子为重点，充分调动中国科协机关和直属单位、全国学会的积极性，全面加强作风建设，扎实推动定点扶贫县政府落实主体责任，为巩固岚县脱贫摘帽成果、实现临县如期脱贫摘帽作出应有的贡献。

一、深入贯彻落实中央脱贫攻坚战略部署，扎实推进定点扶贫主体责任落实

深入贯彻落实打赢脱贫攻坚战三年行动指导意见和实施乡村振兴战略的意见精神，按照中央单位定点扶贫工作推进会要求，扎实推进定点扶贫主体责任落实。

（一）准确把握中央要求，督导定点扶贫主体责任和任务的落实。认真学习贯彻落实党中央脱贫攻坚的意见精神，坚持以扶贫为主题，志智双扶，落实中央单位定点扶贫的工作要求和中国科协定点扶贫责任书任务。接续选派优秀干部到定点扶贫县挂职，充分发挥中国科协派驻定点扶贫县挂职干部和驻村第一书记的作用，做好支持保障工作。督促中国科协定点扶贫县党委政府落实脱贫攻坚主体责任和完成脱贫攻坚任务，督促检查中国科协机关部门和直属单位落实党中央关于脱贫攻坚决策部署、完成定点扶贫工作任务落实的情况和成效。

责任部门：机关党委；参与部门单位：办公厅、组织人事部。

（二）加强监督检查，推进定点扶贫腐败和作风专项治理。认真贯彻落实习近平总书记关于转变扶贫作风的指示精神，以作风攻坚力促脱贫攻坚，强化监督执纪问责，发挥中国科协定点扶贫工作督导组的作用，扶贫督导工作与纪检监察监督工作有机结合，及时就督导和检查工作中发现重大问题或具体违纪违法问题线索，与纪检监察组沟通，协商处置。加强定点帮扶项目绩效评估，实施绩效管理，加强扶贫项目管理、资金使用监督检查，切实推进扶贫领域腐败和作风专项治理工作，开展 2016—2017 年科普惠民服务定点扶贫县项目专项检查工作，开展 2018 年科普惠民服务定点扶贫县项目验收工作，开展 2019 年科普惠民服务定点扶贫县项目立项调研和实施过程监管。

责任部门：机关党委；参与部门单位：计划财务部、机关纪委。

（三）发挥优势，加大科技资源向定点扶贫县倾斜。积极组织动员中国科协机关和直属单位、全国学会、社会力量支持和参与定点扶贫工作，加大科技资源和科协服务向定点扶贫县倾斜力度。帮助岚县建立铸造、精密设备加工制造等方面的院士专家工作站。

责任部门：学会学术部；参与部门单位：计划财

务部、企业创新服务中心。

（四）开展基层党组织“一对一”帮扶活动。积极组织中国科协机关各部门和直属单位基层党组织把定点扶贫作为自己义不容辞的义务，结合本部门（单位）实际情况积极开展基层党组织与定点扶贫县村支部结对活动，通过一对一、多对一的结对帮扶方式，发挥中国科协组织优势和党员干部先锋模范作用，奉献爱心，帮助结对帮扶村如期实现脱贫摘帽和乡村振兴发展。

责任部门：机关党委；参与部门单位：创新战略研究院、学会服务中心、科技社团党委、中国科学技术馆、中国科技会堂、中国科学技术出版社、中国科普研究所、青少年科技中心、中国国际科技交流中心。

（五）促进定点扶贫县基层科协组织服务能力提升。在定点扶贫县组织开展提升基层科协组织力“3+1”试点，切实发挥基层医院院长、学校校长、农技站站长“三长”作用，扩大定点扶贫县基层组织的有效覆盖、增强凝聚力和服务能力，发挥定点扶贫县基层科协组织在脱贫攻坚和乡村振兴中的积极作用。

责任部门：组织人事部；参与部门单位：科学技术普及部、农村专业技术服务中心、青少年科技中心。

二、搭建科技助力产业扶贫平台，促进定点扶贫县产业提质增效

充分发挥科协优势，协助定点扶贫县谋划脱贫工作整体思路，完善顶层设计，对产业项目的规划、立项、布局等方面，进行科学论证，依托全国学会组织和智力资源，聚焦定点扶贫县需求，搭建桥接平台，助力定点扶贫县特色产业提质增效。

（六）组织举办红枣产业发展论坛。在定点扶贫县组织举办全国红枣产业发展论坛，研讨红枣发展前景和方向，交流红枣研发新技术新品种新产品，对接红枣供给与需求，桥接红枣发展政、产、学、研、金、需等要素。

责任部门：学会学术部；参与部门单位：学会服务中心、农村专业技术服务中心。

（七）组织举办马铃薯产业发展论坛。在定点扶贫县组织举办全国马铃薯产业发展论坛，研讨规划马铃薯产业发展前景和方向，交流马铃薯全产业链运营模式，对接马铃薯供给与需求，宣传打造吕梁马铃薯地标产品品牌。帮助岚县规划设计马铃薯现代科技科普产业园区、建立马铃薯院士专家工作站。

责任部门：学会学术部；参与部门单位：学会服务中心、农村专业技术服务中心。

（八）组织开展沙棘产业发展咨询调研。在定点扶贫县组织开展吕梁地区沙棘产业咨询论证，调查和研判吕梁地区特别是定点扶贫县沙棘产业发展现状、发展条件和未来前景，提出吕梁发展沙棘产业的咨询报告。

责任部门：学会学术部；参与部门单位：学会服务中心、农村专业技术服务中心。

（九）组织开展食用菌种植技术推广。在定点扶贫县组织推广食用菌种植技术，支持食用菌院士专家服务站开展羊肚菌引种试种，对接食用菌供给与需求，宣传打造吕梁食用菌品牌。

责任部门：学会学术部；参与部门单位：学会服务中心、农村专业技术服务中心。

（十）组织研发功能性组合杂粮新产品。以市场为导向，组织研发健康食品，建立农产品质量标准检测、产地追溯系统，组织开展吕梁农产品系列推介活动，做好科技赋能和品牌赋能，提升吕梁农产品品牌效益。

责任部门：学会学术部；参与部门单位：学会服务中心、农村专业技术服务中心。

三、以乡村规划引领定点扶贫县乡村振兴

深入贯彻习近平新时代中国特色社会主义思想和党的十九大精神，准确研判吕梁定点扶贫县经济社会发展趋势和乡村演变发展态势，统筹城乡国土空间开发格局，优化乡村生产生活生态空间，打造乡村振兴示范样板。

（十一）组织编制临县红色旅游发展规划。组织相关学会和专业机构，调研和编制临县红色旅游发展规划，统筹谋划全县旅游资源、基础设施、公共服务、资源能源、生态环境保护等主要布局，制定以红色旅游为主题，田园乡村与现代城镇等各具特色、交相辉映的城乡发展规划。

责任部门：学会学术部；参与部门单位：学会服务中心（科技社团党委）。

（十二）组织编制示范乡镇乡村振兴规划。组织相关学会或社会机构，在定点扶贫县各选取1个示范乡镇，调研和编制示范乡镇乡村振兴规划，科学合理划定粮食生产功能区、重要农产品生产保护区和特色农产品优势区，合理划定养殖业适养、限养、禁养区域，严格保护农业生产空间，保护修复古城、古村和古街等古迹，打造乡镇乡村振兴规划示范样板。

责任部门：学会学术部；参与部门单位：学会服务中心（科技社团党委）。

（十三）组织编制示范村乡村振兴建设规划。组织相关学会或社会机构，在定点扶贫县各选取3个示范村，调研和编制示范村乡村振兴建设规划，充分维护原生态村居风貌，保留乡村景观特色，保护自然和人文环境，注重融入时代感、现代性，强化空间利用的人性化、多样化，着力构建便捷的生活圈、完善的服务圈、繁荣的商业圈，打造彰显特色的美丽乡村示范样板。

责任部门：学会学术部；参与部门单位：机关党委、学会服务中心（科技社团党委）。

四、开展“订单式”培训提升定点扶贫县干部群众技能素质

进一步发挥科技和人才示范、引领作用，形成大扶贫格局，扶贫必扶智，扶智更要扶志，整合优化对接资源供给和基层需求，形成供给与需求双方共同认可的“培训订单”，实地开展针对性科技培训活动，提升定点扶贫县干部工作能力，促进广大群众向着“有文化、懂技术、会经营”新型农民转变，夯实乡村振兴创新创业基础。

（十四）组织举办定点扶贫县科普业务骨干专题培训班。面向定点扶贫县和吕梁其他相关县基层科协科普相关业务人员，分青少年科技教育、公众健康科普、农村基层科普等专题，组织举办2~3期科普业务骨干专题培训班。

责任部门：科学技术普及部；参与部门单位：培训和人才服务中心。

（十五）组织举办定点扶贫县乡村振兴干部专题培训班。面向定点扶贫县乡镇和有关部门负责乡村振兴工作的业务干部，就乡村振兴的政策、规划制定、产业布局、环境整治、管理治理等，组织开展乡村振兴干部专题培训。

责任部门：学会学术部；参与部门单位：培训和人才服务中心。

（十六）举办农业种植技术培训。面向定点扶贫县广大枣农、薯农，分专题就实用增产种植技术、病虫害预防控制、提升农产品品质等，举办两期培训班。

责任部门：农村专业技术服务中心。

（十七）举办农村妇女科学素质培训。面向定点扶贫县，举办农村妇女科学素质专题培训、鼓励巾帼农业科技示范基地广泛开展培训等，大力开展农村妇女线上线下教育培训，有效提升农村妇女的科学致富能力和科学文化素质。

责任部门：农村专业技术服务中心。

（十八）组织开展基层医务工作者专题培训。面向定点扶贫县医务工作者，特别是乡村医生，分层次分专题就医院管理、医疗适宜技术等开展培训，助力提升当地医疗水平。

责任部门：科技社团党委。

五、创新众扶众帮方式，拓展定点扶贫县脱贫路子

准确把握扶贫与扶农关系，精准帮扶与能人带动关系，兼顾扶贫与致富两方面利益，动员社会力量参与定点扶贫，创新扶贫工作模式，积极推动建立评价激励保障制度，凝聚各方力量共同推动定点扶贫县打赢脱贫攻坚战。

（十九）探索与科技特派员制度衔接配合的定点扶贫方式。主动与定点扶贫县科技特派员衔接，创新扶贫理念，开展创业式扶贫，支持科技特派员投身优势特色产业创业，围绕定点扶贫县农业经济社会发展需求，以现代农业、食品产业、健康产业等为突破口，开展农村科技信息服务，应用现代信息技术推动农业转型升级，大力推进“互联网+”现代农业，培育创新品牌，提升品牌竞争力，推动解决产业发展关键技术难题，增强贫困地区创新创业和自我发展能力，加快脱贫致富进程。

责任部门：计划财务部；参与部门单位：农村专业技术服务中心。

（二十）开展销售扶贫和消费扶贫。依托电商平台，开展科技主播培训，开设吕梁山货电商平台扶贫馆，对定点扶贫县农特产品进行推广促销，支持定点扶贫县联合吕梁山集中连片特殊贫困地区的贫困县开展电商扶贫推介巡展系列活动，积极促进特色农产品销售。

责任部门：农村专业技术服务中心；参与部门单位：中国科技会堂、科学技术传播中心、机关服务中心、机关离退休办公室。

（二十一）搭建家政服务人员就业平台。组织定点扶贫县家政服务人员与科协机关和直属单位离退休家庭对接，为双方提供供需信息；组织其他部委老干部局工作人员赴定点扶贫县家政服务培训机构实地参观调研家政服务人员的学习培训、劳务技能等情况，搭建服务平台。

责任部门：机关离退休办公室；参与部门单位：机关服务中心。

（二十二）搭建定点扶贫县农特产品宣传销售平台。借助“e服小科”平台，宣传销售定点扶贫县农特产品，组织动员中国科协机关各部门、各直属单位，以及全国学会通过“e服小科”平台购买定点扶贫县高质量农特产品，以消费扶贫的方式助力定点扶贫县脱贫攻坚。

责任部门：机关服务中心；参与部门单位：机关党委、学会服务中心。

（二十三）助力定点扶贫县基层科普服务能力提升。推动《全民科学素质行动计划纲要（2006—2010—2020年）》在定点扶贫县深入实施，组织发挥好流动科技馆、科普大篷车、农村中学科技馆等科普服务设施作用，组织定点扶贫县青少年参加全国青少年高校科学营、中国青少年机器人竞赛、全国青少年科技创新大赛等青少年活动。

责任部门：科学技术普及部；参与部门单位：中国科学技术馆、青少年科技中心。

（二十四）提高中国科协定点扶贫信息化水平。借助中国科协协同工作平台，建立中国科协定点扶贫领导小组办公室联络员工作组、中国科协定点扶贫县协调工作组等专题组，提高定点扶贫信息发布、沟通效率；搭建中国科协定点扶贫专题应用板块，深化精准扶贫填报应用，探索实现定点扶贫项目申报、验收信息化；以现有平台为基准，建设精准扶贫移动端，拉近全国科技扶贫工作者和扶贫对象的距离，实现扶贫知识、经验共享和扶贫资源互通。

责任部门：信息中心；参与部门单位：计划财务部。

关于实施2019年度创新驱动助力工程示范项目的通知

科协学函企字〔2019〕14号

各全国学会、协会、研究会秘书处（办公室），各省、自治区、直辖市、副省级城市科协学会部，新疆生产建设兵团科协学会部，各有关单位：

为深入贯彻落实党的十九大精神，按照《中国科协面向建设世界科技强国的中国科协规划纲要》工作部署要求，2019年创新驱动助力工程（以下简称“助力工程”）将进一步引导各级科协和学会组织助力科技与经济深度融合。现将年度项目实施有关事项通知如下：

一、项目目标

充分发挥科协组织在政产学研才金用等创新价值链中的桥接纽带作用，组织动员广大科技工作者服务国家重大战略区域和重点产业领域，服务党和政府科学决策，服务区域创新示范引领发展，服务中国科协“省会合作”试点工作。促进科技与经济深度融合，推动健全完善促进科技工作者成果转化对接服务机制和产学研协同创新机制，推动地方现代产业技术体系建设和经济高质量发展。提升学会科技公共服务能力，推进全国学会科技类专业化公共服务产品和专业智库优化升级，推动学会成为促进科技经济深度融合的重要力量。

二、项目资助方向及方式

根据年度项目重点和项目评审结果，2019年助力工程项目将择优资助全国学会和试点地区科协，广泛动员广大科技工作者走进国家重大战略区域和重点产业领域，推动搭建产学研协同创新平台，创新学会专家服务产业发展模式，构建柔性科技智库，提供高质量社会化科技类公共服务产品。具体内容及要求详见项目指南（见附件1）。

中国科协学会服务中心负责组织实施助力工程示范项目的申报及立项评审，在项目实施过程中对各承担单位工作情况进行监督检查，对项目实施效果进行绩效评估，编制《创新驱动助力工程月报》。

三、项目资助方式

（一）申报

1. 各全国学会、协会、研究会，有关地方科协均可按项目内容要求提出申报。鼓励学会、地方科协、企业联合申报。同一单位作为第一申报单位、申报同一类型的项目最多不超过2项。

2. 申报单位应填写项目申报书（见附件2），经费预算应符合中国科协项目管理办法有关规定。

3. 申报流程：申报单位登录学会学术项目管理工作平台（http://xsxm.castscs.org.cn，账户分配及网上申报相关技术问题，请联系网上申报系统技术人员咨询）后，按项目要求逐项完整、真实客观地填写项目申报书，正式提交后完成网上申报，在系统内导出电子版申报书，将双面打印的一式2份纸质申报书（须由项目负责人、单位负责人签字并在封面和申报单位意见处加盖申报单位公章）寄送至中国科协学会服务中心。

4. 申报截止时间为2019年3月31日。

（二）资助原则

1. 优先支持具有较好工作基础，已形成阶段性成果的项目。

2. 优先支持有地方政府、企业等配套经费的项目。

3. 不予支持过去两年助力工程项目和试点工作评估结果为不合格的单位。

4. 不予支持与项目内容要求不符，没有实质内容的项目。

5. 不予支持近两年年检结果为基本合格或不合格的全国学会。

（三）项目实施

1. 获准资助的项目应严格按照项目内容要求进行设计，制定具体实施方案或工作规划、工作计划，填写项目申报书。项目实施期限为2019年1月到2019年11月。

2. 定期报送项目实施进展情况，每月至少提供一条创新驱动助力工程月报文稿信息，项目完成后提交项目总结报告和体现项目成果的材料。

3. 按要求配合相关单位开展监测评估和绩效考核工作。于2019年11月底完成既定目标并提交验收材料。

附件1：2019年度创新驱动助力工程项目指南

附件2：中国科协创新驱动助力工程示范项目申报书（略）

中国科协学会学术部

2019年2月27日

附件1

2019年度创新驱动助力工程项目指南

2019年度创新驱动助力工程项目将重点引领全国学会和试点地区科协重点服务国家重大战略区域和重点产业领域，搭建产学研协同创新平台，加强科技供给侧优化升级，促进全国学会优质创新资源与经济发展深度融合。资助方向如下：

一、全国学会专家走进国家重大战略区域和重点产业领域示范项目（项目编号：ZLGC201901）

1. 任务：

——推动全国学会深度参与“一带一路”建设、京津冀协同发展、长江经济带发展、粤港澳大湾区建设、振兴东北老工业基地、雄安新区建设等国家重大战略发展区域，以及京津冀、上海、长三角、珠三角、安徽合芜蚌、四川成德绵、辽宁、黑龙江等区域改革创新发展试点区域的建设与发展。支持“省会合作”等中国科协与地方党委政府战略合作地区和创新助力试点地区。

——按照“一地一策”思路，由地方科协与全国学会共同组织专家开展走进重点区域创新发展系列活动。活动内容重点聚焦战略区域发展规划的完善与落实、重点产业领域的发展与示范，帮助当地党委政府和企业引入技术、人才、科技成果等创新资源，引导全国学会深度参与区域科技创新引领，提供决策咨询建议、技术攻关、人才引进、人才培训、科技成果推广应用等高质量科技类公共产品服务，推动科技成果转化、科技金融创新等。

2. 项目成果和要求：

——开展实地调研对接，组织多学科跨领域的学会和专家开展实地调研并开展针对性对接服务活动，形成地方产业发展需求报告，制定系统解决方案。

——形成高质量的公共服务产品，完成产业发展决策建议或咨询报告，并报送地方党委政府主要领导。

——形成服务地方发展的长效机制，打造产学研合作品牌活动，形成合作成果，构建产学研服务载体。

3. 拟资助项目数量：30项

4. 拟资助经费额度：80万元/项

5. 项目周期：2019年11月底完成

6. 承担单位：各全国学会、协会、研究会，中国科协与地方党委政府战略合作地区省级科协，创新助力试点地区科协

二、产学研协同创新联合体项目（项目编号：ZLGC201902）

1. 任务：

——推动产业协同创新共同体建设。围绕前沿技术、颠覆性技术、战略性新兴产业关键技术的研发和产业化，推动建设学会、地方政府、企业、高校、科研机构、金融机构等共同参与的产业协同创新共同体，促进技术、资本、人才、成果等创新要素的对接

合作，探索长效、稳定、跨界的协同创新运作机制，集成力量推动相关产业领域的技术创新和产业升级。

——建立产学研协同创新平台。聚焦服务地方经济发展中的重点问题和需求，探索技术经济深度融合服务模式，构建全国学会与地方学会结对合作联动机制，建设一批创新助力学会企业联合体、学会服务站、联合实验室、产业技术研究院、技术创新中心等产学研协同创新平台，开展技术服务、技术攻关、决策咨询、科技评估、成果转化等服务，为推动地方传统产业转型升级和新兴产业集群培育提供科技支撑。

2. 项目成果和要求：

——组织架构完整，工作目标和服务内容明确，运行机制健全。

——形成相对固定的产学研合作品牌活动，落地1~2项合作成果，建立长效合作发展机制。

3. 拟资助项目数量：20项

4. 拟资助经费额度：50万元/项

5. 项目周期：2019年11月底完成

6. 承担单位：各全国学会、协会、研究会，创新助力试点地区科协

三、产业前沿决策咨询智库项目（项目编号：ZLGC201903）

1. 任务：

——建设学会产学研用紧密结合的新型智库。关注和响应学术界、产业界的热点关切和重大诉求，围绕新一代信息技术、高端制造、生物医药、新材料、生态环保、新能源、现代农业、大健康等重点产业，解读国家重大发展需求、重点产业或重大项目的技术进展、前沿方向、热点趋势和难点问题等，提出战略预判，形成智库建言信息专报、产业前沿发展报告、技术路线图等产品，为破解经济发展深层次矛盾和问题提供前瞻性、引领性科技服务，为国家科技战略和政策制定提供决策建议。

——打造高质量科技类专业化公共服务产品。创新科技供给模式，优化整合人才库、成果库、项目库等创新资源，形成服务地方发展需求的专业化、综合性解决方案。围绕地方重点产业发展需求，开展产业技术经济融合论坛等产学研对接合作，形成专题调研报告、规划报告、决策咨询建议报告等产品，为地方党委政府科学规划布局重点产业提供决策咨询建议。

——帮助地方引智聚才。帮助地方开展战略科技人才、科技领军人才、青年科技人才和高水平创新团队的评价、推荐、引进和服务等工作，推动高水平科研基地和培训基地建设，以技术攻关、专家宣讲、技术大讲堂等方式，帮助地方加快培训一批高水平专业技能人才队伍，形成富有成效和特色的柔性引智聚才工作模式和服务产品。

2. 项目成果和要求：

——面向科技与经济融合发展打造学会智库产品，形成智库建言信息专报、产业前沿发展报告、技术路线图等产品。

——形成学会服务地方发展的系统解决方案，开展产业技术经济融合论坛等产学研对接合作，面向地方重点需求形成科技类公共服务产品。

——帮助地方开展引智聚才服务活动，形成柔性引智聚才工作模式。

3. 拟资助项目数量：22项

4. 拟资助经费额度：20万元/项

5. 项目周期：2019年11月底完成

6. 承担单位：各全国学会、协会、研究会，创新助力试点地区科协

四、创新驱动助力工程项目保障管理（项目编号：ZLGC201904）

1. 任务：

——对助力工程实施情况进行动态监测评估，对助力工程总体工作情况进行监测评估，梳理工作总结、工作成果和典型案例，形成《2019年度中国科协创新驱动助力工程监测评估报告》。

——按照《中国科协财政项目管理办法（修订）》（科协办发计字〔2017〕43号）要求，对2019年助力工程示范项目进行绩效考核，深入了解项目实施的财务管理、项目管理、项目效果等内容，对项目完成情况及资金效益情况开展绩效评价，形成《2019年度中国科协创新驱动助力工程项目绩效报告》。

——优化项目申报、评审、资助、绩效考核和评估验收等工作流程，提高工作效率，畅通信息发布渠道，构建汇聚科协、学会、企业的网络体系，提供专家资源、项目资源、成果资源等全方位服务，形成《创新驱动助力智慧服务建设发展报告》。

2. 拟资助项目数量：3项

3. 拟资助经费额度：20万元/项

4. 项目周期：2019年12月底完成

5. 承担对象：高等院校、科研机构、社会第三方专业咨询机构

中国科协关于聘任第六批首席科学传播专家的通知

科协发普字〔2019〕8 号

各全国学会、协会、研究会，各省、自治区、直辖市科协，新疆生产建设兵团科协：

为深入贯彻落实《全民科学素质行动计划纲要实施方案（2016—2020 年）》《中国科协科普发展规划（2016—2020 年）》和《中国科协科普人才发展规划纲要（2010—2020 年）》，加强科普人才队伍建设，提升科普公共服务能力，促进公民科学素质建设目标的实现，中国科协继续组织开展科学传播专家团队建设工作。

按照《中国科协办公厅关于组建科学传播专家团队的通知》（科协办发普字〔2013〕40 号），2014 年 12 月中国科协聘任的第三批首席科学传播专家聘期已满。中国科协对他们多年来在科学传播工作中作出的突出贡献表示衷心的感谢！

经中国科协所属全国学会、协会、研究会推荐，中国科协认真研究，决定继续聘任戴兰宏等 35 名同志、新聘任陈云峰等 144 名同志为第六批全国首席科学传播专家，聘期 3 年。首席科学传播专家领衔开展公益性科普活动时，可以“全国 ** 学科首席科学传播专家”名义进行宣传和介绍。全国学会、各级科协要为科学传播专家引好路、搭好台、服好务，紧紧依托首席科学传播专家及科学传播专家团队，大力推进科学传播工作，不断提升学科科普服务水平和社会影响力。

希望首席科学传播专家深入学习贯彻习近平总书记在纪念改革开放 40 周年大会上的重要讲话精神，把普及科学知识、弘扬科学精神、传播科学思想、倡导科学方法作为义不容辞的责任，带领各科学传播专家团队，按照《全民科学素质行动计划纲要实施方案（2016—2020 年）》和《中国科协科普发展规划（2016—2020 年）》的部署，大力开展科普创作和科学传播，不断创新科技推广和科普活动方式方法，推动拓展学科和行业科普工作，不断为实施创新驱动发展战略、奋力向世界科技强国目标迈进奉献智慧和力量，为全面建成小康社会、实现两个百年奋斗目标、实现中华民族伟大复兴的中国梦作出更大贡献！

附件：全国首席科学传播专家名单（第六批）

中国科协

2019 年 2 月 1 日

附件

全国首席科学传播专家名单（第六批）

中国力学学会

姓　名	专业领域	工作单位
戴兰宏	爆炸力学	中国科学院力学研究所
冯西桥	固体力学	清华大学
亢一澜	实验力学	天津大学
李家春	环境力学	中国科学院力学研究所
李俊峰	动力学与控制	清华大学
龙　勉	生物力学	中国科学院力学研究所
朱克勤	流体力学	清华大学

中国气象学会

姓　名	专业领域	工作单位
陈云峰	气象	中国气象局气象宣传与科普中心
张　鹏	风云气象卫星及其应用	国家卫星气象中心
周　兵	气象服务、季风与降水	国家气候中心
朱定真	公众气象服务、气象传媒建设、科普影视作品策划与制作	中国气象局公共气象服务中心

中国空间科学学会

姓　名	专业领域	工作单位
李莹辉	航天医学	中国航天员科研训练中心
赵建福	微重力流体物理	中国科学院力学研究所

中国地质学会

姓　名	专业领域	工作单位
包书景	页岩气勘查开发	中国地质调查局油气资源调查中心
金利勇	地史学	吉林大学博物馆
王贵玲	应用地热学	中国地质科学院水文地质环境地质研究所
武　强	矿业工程	中国矿业大学（北京）
许　强	地质工程、地质灾害防治	成都理工大学地质灾害防治与地质环境保护国家重点实验室

中国动物学会

姓　名	专业领域	工作单位
李保国	灵长类动物	中国科学院西安分院 西北大学

中国植物学会

姓　名	专业领域	工作单位
巩志忠	植物分子生物学	中国农业大学
李　楠	苏铁类植物保育、研究与科普教育	深圳市中国科学院仙湖植物园
卢宝荣	农作物及其野生近缘种的系统与进化生物学、种群遗传学、保护遗传学和进化生态学	复旦大学
孙蒙祥	植物有性生殖、发育及作物育性相关的育种原理	武汉大学生命科学学院
张力	苔藓植物研究、科研管理与科普教育	深圳市中国科学院仙湖植物园

中国自然资源学会

姓　名	专业领域	工作单位
刘红玉	湿地、生态景观	南京师范大学
刘洪涛	环境科学、资源利用	中国科学院地理科学与资源研究所
王　文	地质矿产、资源经济	中国地质调查局发展研究中心
夏　军	水文学及水资源	武汉大学

中国感光学会

姓　名	专业领域	工作单位
顾金昌	立体影像技术科学	上海艺影数码科技有限公司
刘　晨	光电技术	合肥工业大学
杨建文	辐射固化科学	中山大学
朱永法	光催化科学	清华大学

中国野生动物保护协会

姓　名	专业领域	工作单位
黄乘明	灵长类生态学、行为学和保护生物学	中国科学院动物研究所

中国电机工程学会

姓　名	专业领域	工作单位
李立浧	直流输电	中国南方电网有限责任公司
刘建明	智能电网、电力信息通信	中国电机工程学会

中国水利学会

姓　名	专业领域	工作单位
陈祖煜	防灾减灾与水利工程	中国水利水电科学研究院
高而坤	水工建筑力学专业	原水利部水资源司
刘树坤	水力学、环境水力学	中国水利水电科学研究院水力学研究所
索丽生	水力学、水电站建筑物	原水利部；民盟中央
王　浩	农田水利、工程水文与水资源、系统工程	中国水利水电科学研究院
王守强	水利水电工程、水资源	原水利部

中国空气动力学会

姓　名	专业领域	工作单位
刘沛清	空气动力学、飞行器气动布局设计	北京航空航天大学陆士嘉实验室

中国真空学会

姓　名	专业领域	工作单位
李得天	真空计量技术、电推进技术、科普管理	兰州空间技术物理研究所（510所）

中国自动化学会

姓　名	专业领域	工作单位
段海滨	导航制导与控制、无人机自主控制	北京航空航天大学
刘　富	模式识别与智能系统	吉林大学
王　平	控制科学与工程	重庆邮电大学

中国仪器仪表学会

姓　名	专业领域	工作单位
钱　政	仪器科学与技术、电气工程	北京航空航天大学
石晓光	电子科学与技术、光学、红外辐射与探测技术	长春理工大学理学院、长春中国光学科学技术馆
孙永滨	生产过程自动化	北京广利核系统工程有限公司

杨　俊	仪器科学与技术	国防科学技术大学研究生院学位处
杨培强	分析仪器行业、磁共振	苏州纽迈分析仪器股份有限公司
杨永坛	食品质量与安全	中粮营养健康研究院
袁洪福	化学－光谱分析	北京化工大学

中国计量测试学会

姓　名	专业领域	工作单位
杜广生	流体机械及工程工业流体力学	山东大学能源与动力工程学院
关增建	科学技术史（计量史）	上海交通大学科学史与科学文化研究院
李得天	真空计量技术、电推进技术、科普管理	兰州空间技术物理研究所
李天初	时间频率计量	中国计量院

中国标准化协会

姓　名	专业领域	工作单位
宋明顺	质量管理、计量管理、标准化	中国计量大学

中国造船工程学会

姓　名	专业领域	工作单位
田　冰	船舶工程	中国船舶工业综合技术经济研究院

中国公路学会

姓　名	专业领域	工作单位
孟凡超	公路桥梁工程设计与研究	中交公路规划设计院有限公司

中国航空学会

姓　名	专业领域	工作单位
甘晓华	航空动力与推进学科	空军装备研究院
王亚男	航空科技文化普及	航空知识杂志社
张聚恩	飞行器设计与制造	中国航空工业集团有限公司科技委

中国石油学会

姓　名	专业领域	工作单位
李大东	石油炼制	中国石化石油化工科学研究院
李培明	石油地球物理勘探	中国石油集团东方地球物理勘探有限责任公司
廖仕孟	油气田勘探开发	中国石油学会天然气专业委员会
刘更民	石油科技装备	中国石油大学（华东）

中国可再生能源学会

姓　名	专业领域	工作单位
姚兴佳	风力发电	沈阳工业大学新能源工程学院
袁振宏	生物质能利用和能源战略研究	中国科学院广州能源研究所
赵玉文	光伏学科	中国可再生能源学会
仲继寿	太阳能建筑学科	国家住宅与居住环境工程技术研究中心

中国能源研究会

姓　名	专业领域	工作单位
金之钧	深层油气成藏机理、海相油气地质和资源评价	中国石油化工股份有限公司石油勘探开发研究院
王禹民	电力、核电	中国能源研究会

中国土木工程学会

姓　名	专业领域	工作单位
韩林海	钢管混凝土及其混合结构、钢－混凝土组合结构抗火	清华大学土木工程系
黄晓家	工艺及建筑防火、水灭火系统	中国中元国际工程有限公司
李　浩	石油化工	中国石化工程建设有限公司
闵永林	消防安全与应急救援	应急管理部上海消防研究所
倪照鹏	建筑防火、消防标准化、消防安全工程	应急管理部天津消防研究所

中国纺织工程学会

姓　名	专业领域	工作单位
卞向阳	服装、艺术学理论	东华大学
施楣梧	纺织材料、纺织工程	军事科学院系统工程研究院军需工程技术研究所
肖长发	纤维材料、中空纤维膜材料与膜过程	天津工业大学

中国印刷技术协会

姓　名	专业领域	工作单位
孙宝林	印刷史、出版史、科技哲学、新闻传播、质量管理、印刷出版文化	中国印刷博物馆
吴　伟	印刷工程、包装工程	武汉大学印刷与包装系

中国粮油学会

姓　名	专业领域	工作单位
梁兰兰	米制主食加工、营养与检测专业	广州城市职业学院
赵思明	食品科学与工程、粮食科学与工程	华中农业大学

中国仿真学会

姓　名	专业领域	工作单位
李祥臣	智慧体育工程	国家体育总局体育科学研究所
潘志庚	计算机技术、图形图像、虚拟现实、人机交互等	杭州师范大学
师 丽	控制科学与工程、人工智能、类脑计算	清华大学
王精业	军事装备学	装甲兵工程学院
吴建平	交通运输工程学	清华大学
张贝克	仿真与先进制造	北京化工大学信息学院

中国复合材料学会

姓　名	专业领域	工作单位
陈祥宝	复合材料	中国航发北京航空材料研究院

中国消防协会

姓　名	专业领域	工作单位
范维澄	火灾动力学演化基础、火灾探测、阻燃、灭火和风险评估	清华大学公共安全研究院

中国人工智能学会

姓　名	专业领域	工作单位
乔俊飞	计算智能与智能优化控制	北京工业大学

中国指挥与控制学会

姓　名	专业领域	工作单位
刘东红	信息系统	军事科学院
刘　毅	网络空间安全	原海军计算技术研究所
钱洪伟	公共安全、应急科普教育	河南理工大学
文　曦	智能无人系统的总体技术研究	航天神舟飞行器有限公司
徐云峰	计算机、网络安全	公安部23局
赵建国	无线通信、卫星通信、网络通信	新华通讯社通信技术局
周献中	控制科学与工程、系统工程	南京大学

中国微米纳米技术学会

姓　名	专业领域	工作单位
黄　进	纳米材料、纳米生物医学	西南大学化学化工学院
田文超	电子封装技术、MEMS技术	西安电子科技大学
张宇识	微纳米器件加工及应用、科学脱口秀	中央民族大学

中国密码学会

姓　名	专业领域	工作单位
杨义先	密码学与信息安全	北京邮电大学

中国生物材料学会

姓　名	专业领域	工作单位
张胜民	生物医学材料、组织器官工程	华中科技大学先进生物材料与组织工程研究中心

中国农学会

姓　名	专业领域	工作单位
张大兵	植物发育生物学、转基因生物分子特征研究	上海交通大学

中国土壤学会

姓　名	专业领域	工作单位
陈能场	环境生态	广东省生态环境技术研究所
赵玉国	土壤地理	中国科学院南京土壤研究所

中国水产学会

姓　名	专业领域	工作单位
陈　勇	水产学、渔业资源与环境（海洋牧场）	大连海洋大学
贾　丽	淡水养殖	北京市水产技术推广站
李家乐	淡水水产养殖	上海海洋大学
柳学周	海水水产养殖	中国水产科学研究院黄海水产研究所
鲁义善	水产学科水生动物医学专业	广东海洋大学深圳研究院
王　颖	中国海洋文化、中国渔文化研究	浙江海洋大学
王玉堂	水产养殖、渔药研究	全国水产技术推广总站
徐　皓	渔业装备工程	中国水产科学研究院渔业机械仪器研究所
徐　跑	水产遗传育种	中国水产科学研究院淡水渔业研究中心
叶金云	水产学科、水产养殖学专业	湖州师范学院

中国作物学会

姓　名	专业领域	工作单位
程须珍	食用豆种质创新利用	中国农业科学院作物科学研究所
刁现民	谷子遗传育种	中国农业科学院作物科学研究所
韩天富	大豆遗传育种	中国农业科学院作物科学研究所
孙果忠	小麦遗传育种	中国农业科学院作物科学研究所
张　京	大麦青稞种质资源与遗传育种	中国农业科学院作物科学所

中国热带作物学会

姓　名	专业领域	工作单位
李积华	食品科学	中国热带农业科学院农产品加工研究所
李开绵	种质资源收集保存与评价	中国热带农业科学院热带作物品种资源研究所
刘爱勤	热带作物病虫害防治、旅游管理	中国热带农业科学院香料饮料研究所
刘光华	热带作物	云南省农业科学院热带亚热带经济作物研究所
谢贵水	橡胶栽培	中国热带农业科学院橡胶研究所
易克贤	植物病理学、作物遗传育种	中国热带农业科学院环境与植物保护研究所

中国水土保持学会

姓　名	专业领域	工作单位
陈晓清	泥石流减灾理论与关键技术	中国科学院、水利部成都山地灾害与环境研究所

中国茶叶学会

姓　名	专业领域	工作单位
陈宗懋	茶叶质量安全	中国农业科学院茶叶研究所
江用文	茶叶加工	中国农业科学院茶叶研究所
刘仲华	茶叶深加工、茶叶加工理论与技术、茶与健康	湖南农业大学
鲁成银	茶叶质量与风险评估	中国农业科学院茶叶研究所
阮建云	茶树栽培	中国农业科学院茶叶研究所
王岳飞	茶学、茶叶生物化学与茶健康	浙江大学茶叶研究所

中国中西医结合学会

姓　名	专业领域	工作单位
郭　姣	中西医结合防治代谢病	广东药科大学

中国药学会

姓　名	专业领域	工作单位
冯　欣	临床药学、药事管理、药学科普等	首都医科大学附属北京妇产医院
刘丽宏	临床药学、药事管理、药学科普等	首都医科大学附属北京朝阳医院

中华护理学会

姓　名	专业领域	工作单位
吴欣娟	护理学	北京协和医院

中国解剖学会

姓　名	专业领域	工作单位
李云庆	神经解剖学	第四军医大学
隋鸿锦	比较解剖学、生理学、神经解剖学	大连医科大学
席焕久	人类学	辽宁医学院

中国生物医学工程学会

姓　名	专业领域	工作单位
郭继鸿	心律失常的诊断与治疗	北京大学人民医院
康熙雄	临床免疫学、检验诊断学	国家神经系统疾病临床研究中心、首都医科大学北京天坛医院
廖洪恩	生物医学工程、微创诊疗和医学影像	清华大学医学院生物医学工程系
徐　峰	生物力学	西安交通大学生命学院
尹光福	生物医学材料	四川大学

中国营养学会

姓　名	专业领域	工作单位
于　康	临床营养学	北京协和医院

中国抗癌协会

姓　名	专业领域	工作单位
樊代明	临床医学	空军军医大学
高　明	头颈部肿瘤诊疗	天津医科大学肿瘤医院
顾　晋	消化道肿瘤的诊治	北京大学肿瘤医院
季加孚	肠胃肿瘤外科	北京大学肿瘤医院
贾英杰	中西医结合肿瘤学	天津中医药大学第一附属医院
朴浩哲	神经肿瘤外科医院管理	辽宁省肿瘤医院
强万敏	肿瘤护理、乳腺癌全程护理	天津医科大学肿瘤医院
乔友林	肿瘤流行病	中国医学科学院肿瘤医院
邱录贵	淋巴瘤、骨髓瘤	中国医学科学院血液病医院淋巴瘤＆骨髓瘤诊疗中心
任国胜	普外科、内分泌乳腺外科	重庆医科大学附属第一医院
石汉平	外科学、肿瘤营养学	首都医科大学附属北京世纪坛医院
王　平	肿瘤放射治疗学	天津医科大学肿瘤医院
吴永忠	肿瘤放射治疗	重庆市肿瘤医院
邢金良	肿瘤线粒体生物学及肿瘤标志物相关研究	空军军医大学基础医学教学实验中心
徐瑞华	消化道肿瘤化疗	中山大学肿瘤防治中心
于振涛	食管癌、肺癌及纵膈肿瘤	天津医科大学肿瘤医院食管肿瘤科
赵　强	儿童实体瘤综合诊治及基础研究	天津医科大学肿瘤医院
周　琦	妇科肿瘤	重庆市肿瘤医院

中国体育科学学会

姓　名	专业领域	工作单位
冯连世	运动人体科学	国家体育总局体育科学研究所
田　野	运动人体科学	国家体育总局体育文化发展中心
闫　琪	体能训练	北京市体育科学研究所

中国毒理学会

姓　名	专业领域	工作单位
曹立亚	药学、药品研究、评价与监督管理	国家药品监督管理局执业药师资格认证中心

中国免疫学会

姓　名	专业领域	工作单位
曹雪涛	医学免疫学	中国医学科学院、北京协和医院

中华预防医学会

姓　名	专业领域	工作单位
刘海鹰	脊柱外科	北京大学人民医院
王宁利	眼科学	首都医科大学附属北京同仁医院
赵　平	外科、肿瘤综合治疗、医院管理、肿瘤流行病、肿瘤防治	中国癌症基金会

中华口腔医学会

姓　名	专业领域	工作单位
俞光岩	口腔颌面外科学、口腔医学	中华口腔医学会、北京大学口腔医院
岳　林	牙体牙髓病学、口腔医学	中华口腔医学会、北京大学口腔医院

中国医学救援协会

姓　名	专业领域	工作单位
李宗浩	急救、心肺复苏、灾害救援医学	中国医学救援协会

中国图书馆学会

姓　名	专业领域	工作单位
王余光	图书馆学	北京大学

中国科协办公厅、中国科学院办公厅关于联合发布《2019年科普创作选题指南》的通知

科协办函普字〔2019〕119号

各全国学会、协会、研究会，各省、自治区、直辖市科协，新疆生产建设兵团科协，中国科学院院属各单位，各有关单位：

为深入贯彻落实习近平新时代中国特色社会主义思想和党的十九大精神，弘扬科学精神，普及科学知识，引导、推动社会各方力量围绕服务国家战略布局、聚焦科学技术前沿、关注社会生活热点等重点方向进行选题，创作有战略高度、科学深度和传播广度的优秀科普作品，中国科协、中国科学院共同制定了《2019年科普创作选题指南》。

现印发你们，请结合工作实际贯彻执行，并加强宣传，广泛调动社会各方力量围绕选题开展科普创作，生产紧跟时代潮流、回应公众关切、充满正能量的优秀科普作品，帮助公众科学理解国家战略布局的意义、了解重大科技进展与突破、满足公众对新闻热点事件进行科学探知的需求，推动在全社会形成讲科学、爱科学、学科学、用科学的良好氛围。

特此通知。

附件：2019年科普创作选题指南

中国科协办公厅　中国科学院办公厅

2019年5月29日

2019年科普创作选题指南

一、服务国家重大战略

围绕国家前瞻性战略部署，聚焦国民经济和社会发展的重点领域、重大工程和重大计划等，深入解读其部署实施的战略意义、剖析决策背后的科学依据、展示实施过程中的关键核心科学技术，科学诠释战略布局相关成果对人类、自然和社会经济等方面的关键影响，引导公众理性科学地认识国家战略部署的目的和内涵。

（一）重大战略举措

促进公众对国家战略发展规划的理解，带动全社会科技产业对国家战略发展规划的支撑，围绕我国一系列重大战略举措背后的科学性、合理性和必要性等进行科普创作。

1. “一带一路”建设
2. 京津冀协同发展
3. 长江经济带发展
4. 粤港澳大湾区
5. 河北雄安新区

（二）空天探测、开发和利用

围绕探索、开发和利用地球以外空间的综合性科技布局，包括空间科学卫星系列、深空探测、首次火星探测、地球观测与导航、新型航天器和重型运载火箭等开展科普创作。

1. 嫦娥五号
2. 北斗卫星导航系统
3. 风云气象四号卫星B星
4. 五米光学业务卫星——高分七号
5. 04A星等中巴地球资源卫星
6. 新一代商业可回收卫星
7. “快舟十一号”固体运载火箭
8. 平流层飞艇

（三）海洋资源高效开发和利用

结合建设海洋强国和“21世纪海上丝绸之路”的战略部署，重点围绕维护海洋主权和权益、开发海洋资源、保障海上安全、保护海洋环境的重大关键技术，包括深海探测、海洋环境安全保障、海洋生物资源可持续开发利用、海水淡化与综合利用和大型海洋工程装备等开展科普创作。

1. 载人深潜
2. 饱和潜水
3. 国产航母
4. 深远海搜救打捞
5. 海洋、海岛与海岸带保护
6. 海洋资源开发
7. 海洋资源利用

（四）深地极地探测、开发和利用

结合面向深地极地探测开发的技术需求，重点围绕深地资源勘探理论及技术装备、极地环境观测及资

源开发利用等开展科普创作。

1. 地下空间利用

2. 地热能

3. 深部探测技术

4. 地下矿产资源

5. 物质结构液化

6. 极区环境观测

7. 极区变化对气候的影响

8. 极区资源探测与利用

9. 我国主导的大型极区国际合作计划

（五）深蓝技术研发与应用

围绕服务于发展泛在融合、绿色宽带、安全智能的新一代信息技术，新一代互联网技术等开展科普创作。

1. 人工智能

2. E 级（百亿亿次级）计算

3. 云计算

4. 量子计算

5. 大数据

6. 一体化融合网络

7. 第五代移动通信技术（5G）

8. 可见光通信

9. 自然人机交互技术

10. 第三代半导体芯片

11. 新型传感器

（六）重大科技基础设施

围绕为探索未知世界、发现自然规律、实现技术变革提供极限研究手段的大型复杂科学研究系统——重大科技基础设施的建设意义、科学原理、建设历程及应用成果等开展科普创作。

1. 综合极端条件实验装置

2. 高能同步辐射光源（HEPS）

3. 国家海底科学观测网

4. 大型低速风洞

5. 空间环境地面模拟装置

6. 精密重力测量研究设施

7. 上海光子大科学装置群

8. 国产破冰船

9. 神威·太湖之光超级计算机

10. 500 米口径球面射电望远镜（FAST）

11. 蛟龙号载人潜水器

12. 中国散裂中子源（CSNS）

13. 兰州重离子加速器

14. 大亚湾中微子实验

15. 高海拔宇宙线观测站（LHAASO）

16. 郭守敬望远镜（LAMOST）

17. 全超导托卡马克核聚变实验装置（EAST）

18. 上海超强超短激光实验装置

19. “科学号”科考船

二、聚焦科学技术前沿

新一轮科技革命和产业变革正在孕育兴起，一些重要科学问题和关键核心技术已经呈现出革命性突破的先兆。针对具有前瞻性、先导性和探索性的重大科研技术本身进行追踪和策划，聚焦科学技术自身发展的重要成果和重大突破，深入剖析其科学内涵、技术影响和历史地位，激发公众对科学技术的兴趣并对科技发展现状形成准确的认知。

（一）宇宙探索

围绕人类对宇宙认识探索的历史，革命性的宇宙探索工具，人类对太空认识的进步及背后的故事展开科普创作，促进公众认识和理解天文科技领域重大创新进步和人文历史。

1. 星系的结构、形成与演化

2. 空间天文

3. 空间物理

4. 微重力科学

5. 空间生命科学

6. 黑洞

7. 月球探测

8. 火星探测

（二）地球发现

围绕地球系统（包括大气圈、水圈、岩石圈、生物圈和日地空间）的过程与变化及其相互作用等展开科普创作，促进公众理解地球内部的秘密，唤起大众对地球家园的保护意识。

1. 地理学

2. 地质学

3. 地球物理

4. 地球化学

5. 大气科学

6. 水文学

7. 海洋科学

（三）生命认知

围绕生物（包括植物、动物和微生物）的结构、功能、发生和发展规律的最新研究进展等开展科普创作。

1. 动物

2. 植物

3. 微生物

4. 基因组学

5. 合成生物学

6. 再生医学

7. 脑科学与类脑智能

8. 微生物组计划

9. 干细胞研究

10. 病原微生物与宿主免疫

11. 个性化药物

12. 重大疾病预防治疗

13. 心理学

（四）物质结构

围绕物质结构及基本组成的最新研究进展开展科普创作。

1. 凝聚态物理

2. 高能物理

3. 超常环境下的系统力学

4. 等离子体物理

5. 量子力学

6. 高分子化学

（五）其他

围绕其他领域的前沿研究开展科普创作。

1. 数学

2. 系统科学

3. 仪器科学与技术

三、关注社会生活热点

基础科学研究的重大突破、前沿科技的成果转化，都会影响人们的生活并最终带来变革。各类重大活动、科技事件、自然灾害，以及安全、健康、军事、能源、环保等领域公众天然具有极高的关注度。采用“新闻导入，科学解读”的方式，针对社会生活热点，结合公众的兴趣点，用科学的声音实时准确释疑其中的关键科技问题，提高公众科学素养，抗击谣言传播。

（一）重大热点

围绕重大热点事件开展科普创作，关注其涉及的科技信息，探索事件和活动背后的科学人文意义等。

1. 新中国成立 70 周年

2. 中国人民解放军海军成立 70 周年

3. 澳门回归 20 周年

4. “一带一路”国际合作高峰论坛

5. 第六届世界互联网大会

6. 联合国气候变化大会

7. 2019 中国北京世界园艺博览会

8. 第二届国际进口博览会

9. 2019 世界交通运输大会

10. 国际化学元素周期表年

（二）科学与技术奖项

围绕科学意义重大、公众关注度高的科学与技术奖项开展科普创作，关注奖项研究的成果，解读科学依据，探索研究意义，挖掘科技进步突出贡献者的研究故事等。

1. 国家科学技术奖

2. 诺贝尔奖

3. 菲尔兹奖

4. 图灵奖

5. 拉斯克医学奖

6. 何梁何利基金科学与技术奖

7. 未来科学大奖

8. 科学探索奖

9. 科学突破奖

（三）健康生活

围绕公众关心的卫生健康问题，普及与公众健康紧密相关的科学知识和正确观念等开展科普创作。

1. 饮食营养与合理膳食

2. 健康生活行动

3. 卫生应急

4. 老年人健康管理

5. 儿童近视预防

6. 儿童肥胖

7. 慢性病

8. 科学就医

9. 传染病

10. 合理用药

11. 心理卫生

12. 科学健康观

（四）安全生活

围绕家庭、食品、公共场所、交通出行以及网络空间的安全问题等开展科普创作。

1. 家庭安全

2. 社区安全
3. 校园安全
4. 公共场所安全
5. 交通安全
6. 旅游安全
7. 食品安全
8. 个人信息安全

（五）防灾减灾

针对自然灾害和人为灾害背后成因、应对措施以及救援知识、风险管控等开展科普创作。

1. 气象灾害（台风、冰雹、沙尘暴、雨雪冰冻等）
2. 海洋灾害（风暴潮、海啸等）
3. 地质灾害（山体崩塌、滑坡、泥石流等）
4. 水旱灾害
5. 地震灾害
6. 森林灾害
7. 生物灾害
8. 事故灾难（矿山事故、危险品泄漏、交通事故、建筑施工事故、火灾等）
9. 自救互救常识
10. 重大风险管控

（六）主题日

围绕与科学、技术相关的主题日，包括国际主题日、国家主题日和部委主题日等开展科普创作。

1. 全国科技工作者日
2. 全国科普日
3. 全国科技活动周
4. 中国科学院公众科学日
5. 全民国家安全教育日
6. 全国儿童预防接种日
7. 全国防灾减灾日
8. 全国安全宣传咨询日
9. 中国航海日
10. 全民国防教育日
11. 国家网络安全宣传周
12. 全国消防宣传日
13. 中国航天日
14. 世界电信和信息社会日

（七）军事科技

围绕军事科学技术、先进武器装备及国防安全等开展科普创作。

1. 军事装备
2. 军事历史
3. 国防安全
4. 现代化军队管理

（八）现代农业

围绕现代农业的工业和科学技术基础、科学养殖等开展科普创作。

1. 绿色生产
2. 农作物高效育种
3. 农业合成生物
4. 有害生物长效绿色防控
5. 农业资源高效利用
6. 近海养殖
7. 深海养殖

（九）能源

围绕正在积极研究的传统能源之外的各种能源形式，关注其开采、转换、储藏与应用的原理与技术等，开展科普创作。

1. 天然气水合物
2. 燃料电池
3. 电力储能
4. 未来先进核裂变能
5. 煤炭清洁高效利用
6. 可再生能源
7. 绿色碳科学

（十）高新技术制造

围绕高新技术制造业的生产原理、所用技术，特别是自主核心技术等开展科普创作。

1. 生物药品制造
2. 医疗仪器制造
3. 仪器仪表制造
4. 高速列车制造
5. 飞机制造
6. 航天器制造
7. 新能源汽车
8. 大型船舶
9. 智能制造

（十一）资源与环境保护

围绕资源的合理开发和利用及其带来的环境问题，运用环境科学的理论和方法，协调人类与环境的关系等方面开展科普创作。

1. 土地资源
2. 水资源

3. 森林资源
4. 能量资源
5. 生物资源
6. 自然环境保护
7. 居住生活环境保护
8. 地球生物保护
（十二）文化生活

围绕大众阅读、写作、文娱、体育及其他艺术等方面的活动开展科普创作。

1. 影视文学作品解读
2. 数字媒体艺术
3. 体育
4. 传统节日、节气

（十三）其他

围绕公众关心的其他话题开展科普创作。

中国科协办公厅关于印发《中国科协会徽使用管理规定》的通知

科协办发厅字〔2019〕18 号

各全国学会、协会、研究会，各省、自治区、直辖市、副省级城市科协，新疆生产建设兵团科协：

《中国科协会徽使用管理规定》已经中国科协九届第 59 次书记处会议审议通过，现印发你们，请遵照执行。

中国科协办公厅

2019 年 9 月 24 日

中国科协会徽使用管理规定

第一条 中国科学技术协会会徽是中国科学技术协会（以下简称“中国科协”）的象征和标志。为了维护中国科协会徽的尊严，规范会徽的制作、使用和管理，根据中国科协章程，制定本规定。

第二条 会徽为古天象仪、航天器、齿轮、麦穗、蛇杖以及分别以中文和英文标出的“中国科学技术协会”名称组成的圆形图案。

会徽中间的古天象仪和上方的航天器象征理科，同时展现了古代科技向现代科技的延续；左方的齿轮象征工科；右方的麦穗象征农科；下方的蛇杖象征医科；周围的“中国科学技术协会”和“CHINA ASSOCIATION FOR SCIENCE AND TECHNOLOGY”分别为中文和英文名称。

古天象仪、航天器、齿轮、麦穗、蛇杖为黄色，“中国科学技术协会”和“CHINA ASSOCIATION FOR SCIENCE AND TECHNOLOGY”中英文文字为红色，背景为蓝色。

会徽按照中国科协办公厅发布的《中国科学技术协会会徽制作规范》制作。

第三条 中国科协、地方科学技术协会（包括省、自治区、直辖市科学技术协会，市、地、州、盟科学技术协会和县、市、区、旗科学技术协会，统称地方科协）和基层组织（包括科技工作者集中的企业、园区、高等学校、科研院所等单位和有条件的乡镇、街道、社区、行政村等建立的科协或科普协会）使用统一的中国科协会徽。

第四条 各级学会、协会、研究会（以下学会、协会、研究会统称“学会”）一般应使用本学会会徽。学会没有制定会徽或确因工作需要，需要使用中国科协会徽的，全国学会须经中国科协学会学术部批准，其他各级学会须经同级地方科协学会机构管理部门批准后，方可依照本规定制作和使用中国科协会徽。

第五条 会徽的使用范围：

（一）召开中国科协、地方科协和基层组织的代表大会、委员会全体会议，可以悬挂会徽和使用会徽图案。

（二）中国科协、地方科协和基层组织的工作场所，可以悬挂会徽和使用会徽图案。

（三）中国科协、地方科协和基层组织主办的重要会议和重大活动，可以悬挂会徽和使用会徽图案。

（四）中国科协、地方科协和基层组织工作使用的信封、信笺、请柬、名片等，颁发的奖状、奖牌、奖旗、奖章、聘书和荣誉证书等，可以印会徽图案。

（五）中国科协、地方科协和基层组织主办或制作的非商业用途的官方网站、新媒体公众号、报纸、杂志、音像制品、其他出版物和宣传品，可以使用会徽图案。

（六）新闻媒体报道中国科协、地方科协和基层组织主办的会议或活动，可以使用会徽图案。

本条规定范围以外需要悬挂或者使用会徽及其图案的，须经上一级科学技术协会批准。

第六条 会徽应当置于显著位置。使用会徽及其图案，应当严肃、庄重，确保其形象完整、准确。

第七条 用于悬挂的会徽，通用尺寸为下列三种：

（一）直径100厘米；

（二）直径80厘米；

（三）直径60厘米。

会场悬挂会徽的尺寸，根据会场需要确定。

其他特定场所，需要悬挂非通用尺寸的会徽，须报中国科协办公厅批准。

用于佩戴的会徽徽章直径为2厘米，应当佩戴在左胸前。

第八条 任何机构或个人不得擅自使用会徽，不得擅自改动会徽图案、文字和颜色，不得将会徽进行拆分等变形使用，亦不得将会徽作为其他图案的组成部分使用，不得使用破损、污损、褪色或不符合制作规定的会徽。

第九条 会徽及其图案不得用于商标、商业广告以及商业目的（含潜在商业目的），不得在与中国科协、地方科协和基层组织工作无关的场合使用，不得在日常生活陈设布置中使用，不得在私人庆吊活动等不适宜的场合使用。使用会徽时，不得与商业广告相邻使用。

第十条 中国科协机关、地方科协机关和基层组织工作机构应对会徽制作使用进行监督管理。对违反本规定的应立即纠正，并将有关情况报中国科协办公厅。

第十一条 若发现任何擅自使用会徽、侵犯会徽知识产权的行为，中国科协有权提请有关部门依法查处，并追究使用人、侵权人的相关法律责任。

第十二条 本规定由中国科协办公厅负责解释。

第十三条 本规定自发布之日起施行。《关于中国科协会徽管理办法的通知》（科协办发〔1992〕44号）同时废止。

中国科协办公厅印发《关于开展“百千万”服务区域发展行动的指导意见》的通知

科协办函学字〔2019〕84号

各全国学会、协会、研究会，各省、自治区、直辖市、副省级城市科协，新疆生产建设兵团科协：

为深入贯彻习近平新时代中国特色社会主义思想，引领广大科技工作者在产业转型升级和区域创新发展中建功立业，按照中国科协“服务发展年”总体部署和2019年工作安排，中国科协研究制定了《关于开展“百千万”服务区域发展行动的指导意见》。“百千万”服务区域发展行动是落实习近平总书记关于科协各级组织接长手臂、扎根基层重要指示的实际行动，是动员和号召科技工作者挺进经济建设主战场的重要抓手，是新时代引领学会学术工作转型升级、服务经济高质量发展的标志性工作，中国科协将作为一项重要的长期性工作推进实施。请各地科协和全国学会根据该意见，结合本单位实际，积极作为，创造性地开展工作，并及时梳理总结有效经验模式、典型人物、企业及项目成果案例，研究和解决工作推进中的困难与问题。中国科协将建立信息报送发布机制和评估反馈机制，适时组织开展专题交流和总结推广。现将《关于开展“百千万”服务区域发展行动的指导意见》印发你们，请结合实际推进工作。

中国科协办公厅

2019年4月18日

关于开展“百千万”服务区域发展行动的指导意见

为更好地服务现代化经济体系建设和区域协调发展战略，团结引领广大科技工作者砥砺新作为、建功新时代，中国科协决定，遴选百家骨干全国学会，面向千家企业及其辐射区域，组织万名科技工作者，深入开展“百千万”服务区域发展行动。

一、总体要求

以习近平新时代中国特色社会主义思想为指导，深入贯彻落实党的十九大和十九届二中、三中全会精神，按照中国科协“服务发展年”总体部署，以提升企业创新能力和核心竞争力为导向，激活全国学会、地方科协“一体两翼”协同合力，推动科协各级组织主动融入区域发展大局，搭建连接技术与产业、融合创新链与价值链的市场化工作平台，建立接长服务手臂、引导资源下沉的可持续工作机制，构架科协服务经济建设主战场的零距离工作模式，打造立得住、叫得响、留得下的特色科技服务品牌，引领广大科技工作者在产业转型和区域发展中建功立业，为建设创新型国家作出实质性贡献。

二、重点任务

（一）提升区域融合创新服务能力

1. 联合开展技术创新。围绕区域重点产业发展需要，有针对性遴选一批具有创新条件和创新基础的龙头企业，集聚国内外创新人才及资源，开展技术难题联合研发、新技术新产品开发、国际国家企业标准制定、实验和检验检测、知识产权海外布局等服务，推动企业产品向价值链高端延伸。

2. 提供数字化诊断服务。围绕数字化研发、创新、制造、管理、服务等维度，组织专家为区域和企业提供全方位、全链条数字化诊断，提供数字化升级改造方案。根据电子信息、航空航天、机械制造、能源化工等不同行业特点，研究制定将数字技术嵌入企业生产服务的流程、标准和规范，推动企业智能化远程诊断、在线运维、个性化定制和供应链集成服务等创新业态和模式发展。

3. 发布“创新技术难题榜”。梳理一批传统产业转型升级和新兴产业创新发展面临的行业共性技术、“卡脖子”关键技术、竞争短板技术、提质增效核心技术等，对产业技术创新需求进行信息统筹和动态发布。

（二）推进重点区域企业创新升级

4. 服务骨干企业创新发展。支持一批在重点区域、战略领域具有研发实力和产业基础的骨干企业，开展前瞻性、原创性、颠覆性技术研发和创新技术体系建设，组织标准制定、国际竞标及战略咨询服务，进行国内外跨界高端交流，举荐优秀科技专家到国际组织任职，发挥创新突破、引领示范主力军作用。

5. 促进中小企业快速成长。在电子商务和大数据产业、新材料产业、人工智能制造等领域，遴选一批有潜力发展成为细分领域领军者的中小企业，提供技术创新、人力资源、知识产权、融资信息、设备共享等专业化一条龙服务示范，助力中小企业补短板、强优势，以创业带动就业，构建“专精特新”核心竞争力，培育中国“隐形冠军”企业。

6. 支持企业集群化运作。遴选创新能力强、成长速度快、发展前景好、具有区域竞争优势的同类企业或产业链企业，组建区域内技术、产业和竞争关联型产业集群，通过技术簇系全方位多层次扩展与产业集群同生共长，增强区域整体竞争力。

（三）加快企业创新“五平台一基地”建设

7. 建设技术创新和交易平台。加强对技术贸易新型国际规则的跟踪研究，优化科技供给要素投入，推动在有条件和实际需求的企业和地区，组建联合实验室、技术研发中心、检验检测中心等，促进技术创新和交易专业化、国际化。

8. 建设绿色开源共享平台。加快重点区域企业科协、园区科协建设，强化与全国学会、学会联合体合作，与互联网、大数据、人工智能领军企业共建“产业大脑”，与“智慧科协”连接共享，推动创新创业创造融会贯通。

9. 建设融合创新发展平台。引导领军型企业、平台型企业、国际化研发中心发挥技术创新“头雁”效应，带动中小企业、科研机构，强化交流合作，共同组建产业性或区域性融合创新机制。

10. 建设技术经济融合组织平台。推动产界与学界组织对接，逐步完善建设规范和标准，鼓励全国学会或地方科协牵头，推动建立一批学会联合体、产学联合体、企业科技联合体、协同创新共同体、高新企业联合体。

11. 建设科技银企支撑平台。遴选风投、基金等金融投资企业，开展金融服务进企业融资对接活动，为创新企业提供产品中试、技术推广、专利交易等创新创业全链条金融服务。联合有关高校为高新技术企业定向提供政策、金融、法律专题培训，推动有关金融机构开发科技金融特色产品。

12. 建设区域产业协同创新基地。以“一省一案”省会合作为载体，围绕京津冀协同、长三角一体化、粤港澳大湾区、东北全面振兴、中部崛起、脱贫攻坚以及京沪科创中心建设，组建高新技术园区、科技小镇等区域产业协同创新基地，实现技术链与产业链的便捷对接，发挥创新承载和辐射作用。

（四）营造区域发展良好创新生态

13. 加强智库与咨询服务。支持全国学会、地方科协立足企业创新和区域发展需求，提出有战略高度、微观精度、专业深度的调研选题，围绕创新痛点、难点问题，组织跨界智库研究，形成具有行业、地域特色的咨询报告。

14. 开展以企业科协为载体的科学普及，促进科技创新协同发展。支持企业利用全国科普日、全国科技活动周、全国科技工作者日等平台，面向社会公众组织具有行业和企业特色的科普活动，以生动形象的方式传播行业技术知识和高新技术产品，促进企业承担社会责任、融入社会发展，有效助推全域科普工作。

15. 加快应用型人才培养。选择一批国内重点高校，开展互联网、大数据、人工智能等教学试点工作，适度适时向继续教育、远程教育延伸，形成多层次、全方位、立体化的跨界人才教学培育体系。组织开展企业高管、紧缺技术人才培训，为企业创新培育精细化人才资源。在全国杰出工程师奖、中国青年科技奖、中国青年女科学家奖等评选表彰中，加大企业科技工作者举荐比重。

三、保障措施

（一）强化思想引领。以习近平新时代中国特色社会主义思想为引领，联合相关部委，围绕与企业创新发展，在重点区域举办国际性、区域性会展赛服活动，开展企业自主创新研讨，解读创新激励和惠企政策，凝聚创新共识，提升竞争自信。挖掘一批典型人物、典型案例和典型模式，弘扬中国企业家精神、科学家精神和工匠精神，讲好服务企业、服务区域发展故事，寓价值认同于服务大局，化精神共鸣为创新发展，引领广大企业科技工作者听党话跟党走。

（二）明确工作分工。中国科协统筹协调全国学会和企业资源，搭建在线平台，不定期开展调研、交流和评估；全国学会完善产业服务和资源输送机制，地方科协完善需求摸底和资源对接机制。建立资源共享、会员管理、协同创新、平台建设、生态发展、人才引进等线上线下服务体系。

（三）勇于改革创新。积极适应科技革命和产业变革发展大势，以科技“快变量”将政治优势、组织优势、学科优势有效催化为高质量发展新动能。打破思维定式和传统习惯，深入企业走访调研，建立走访档案，主动倾听企业在技术经济融合方面遇到的困难和问题，有针对性提出破解之策，用服务质量和活动成效，检验和倒逼科协系统深化改革，重构治理模式、打通体制瓶颈、拓展组织功能，推动组织平台化、体系网络化和运营实质化。

（四）注重统筹协同。促进全国学会与地方科协、基层组织建设协同对接，科协系统与党政工作协同共进，科学家、企业家、专业服务人才、志愿服务队伍协同发力。按照智库、学术、科普三轮驱动要求，统筹各类服务区域发展和企业创新的项目资源，重构创新驱动助力工程、产学研融合技术创新服务体系建设等项目设计，与地方需求充分融合，提升基层科协组织的创新能力、服务能力、组织活力和内生动力，推动服务触角和组织网络深度融入地方党委政府部署、融入区域发展大局、融入世界创新发展潮流。

中国科协办公厅关于印发《科技志愿服务管理办法（试行）》的通知

科协办函普字〔2019〕136 号

各全国学会、协会、研究会，各省、自治区、直辖市、副省级城市科协，新疆生产建设兵团科协，各有关机构：

为深入学习宣传贯彻习近平新时代中国特色社会主义思想和党的十九大精神，着力加强思想政治引领，着力围绕中心、服务大局，着力推动科协系统改革向基层延伸，着力加强党的领导和党的建设，中国科协研究制定了《科技志愿服务管理办法（试行）》，现印发给你们。

请各级学会和地方科协高度重视，结合实际抓好贯彻落实，推动科技志愿服务规范化、制度化、常态化，鼓励动员更多科技工作者参与科技志愿，构建各界参与、内容丰富、形式多样、机制健全的科技志愿服务体系。

中国科协办公厅
2019 年 8 月 1 日

科技志愿服务管理办法（试行）

第一章　总　则

第一条　为鼓励和规范科技工作者参与科技志愿服务，推动新时代科技志愿服务制度化和常态化，根据国务院《志愿服务条例》的有关规定，结合科技志愿服务特点，特制定本办法。

第二条　本办法所称的科技志愿服务，是指科技志愿者、科技志愿服务组织为服务科技工作者、服务创新驱动发展、服务全民科学素质提高、服务党和政府科学决策，自愿、无偿向社会或者他人提供的公益性科技类服务。

第三条　科技志愿服务应自觉培育和践行社会主义核心价值观，弘扬“奉献、友爱、互助、进步”的志愿精神和“爱国、创新、求实、奉献、协同、育人”的新时代科学家精神，动员科技工作者进社区、进乡村、进学校、进企业、进园区，以所学所研报国为民、无私奉献。

第四条 中国科协作为科技工作者的群众组织和中国共产党领导下的人民团体，牵头成立中国科技志愿者总队，按照纵横结合、分类指导、属地和层级管理相结合的原则，指导各级学会、地方科协和有关机构成立各级各类的科技志愿服务组织，开展科技志愿服务工作。

第二章 科技志愿服务组织和科技志愿者

第五条 本办法所称的科技志愿服务组织，是指各级科协组织和相关机构成立的科技志愿者协会、科技志愿者队伍、科技志愿服务团（队）等。

本办法所称的科技志愿者，是指不以物质报酬为目的，利用自己的时间、科技技能、科技成果、社会影响力等，自愿为社会或他人提供公益性科技类服务的科技工作者、科技爱好者和热心科技传播的人士等。

第六条 各级学会、地方科协和有关机构，要按照国家关于志愿服务组织的有关规定，成立科技志愿服务组织，招募吸纳和管理科技志愿者并开展科技志愿服务。

原有的科普志愿者相关组织和工作可整体转为相应的科技志愿服务组织和工作。

积极鼓励有条件的科技志愿服务组织按照有关规定进行社会团体登记注册。

第七条 科技志愿者应品行端正、身心健康，遵守国家法律法规和志愿服务相关规定，热心和支持科技创新、科学普及，具有一定的科技服务技能和相应的民事行为能力。

第八条 科技志愿服务组织、科技志愿者应通过中国科协指定的科技志愿服务信息平台进行注册。注册时，应根据信息平台的要求提供组织或个人的基本信息，并确保真实、准确、完整。

全国学会、省级科协等机构注册成立科技志愿服务组织后，可向中国科协提出申请，作为团体代表加入中国科技志愿者总队。省级及以下学会注册成立的科技志愿服务组织，按照层级管理原则，由上一级科技志愿服务组织负责管理。省级以下科协和其他机构注册成立的科技志愿服务组织，按照属地管理原则，由上一级科技志愿服务组织负责管理。

科技志愿服务组织要负责其管理的科技志愿者的团体注册。科技志愿者注册时可根据属地或自身科技服务技能，选择加入相应的科技志愿服务组织。

第九条 科技志愿服务组织的职责：

（一）团结、引领、凝聚科技工作者、科技爱好者和热心科技传播的人士加入科技志愿者行列；

（二）依法筹集、管理和使用科技志愿服务经费、物资，组织开展多种形式科技志愿服务活动；

（三）负责科技志愿者的宣传动员、招募注册、管理培训、记录评价、激励褒扬、个人信息保密等工作；

（四）保障科技志愿者、服务对象的合法权益，安排与科技志愿者的年龄、知识、技能和身体状况相适应的志愿服务，明确说明与科技志愿服务有关的真实、准确、完整的信息以及可能发生的风险等；

（五）为科技志愿者开展科技志愿服务提供必要的工作条件，出具科技志愿服务记录证明；

（六）安排科技志愿者参与可能发生人身危险的志愿服务活动前，应当告知志愿者本人并购买相应的人身意外伤害保险；

（七）对未遵守相关规定、不履行相关义务的科技志愿者建立退出机制，情节严重的予以清退；

（八）履行相关法律、法规、政策规定的其他职责。

第十条 科技志愿者的权利和职责：

（一）遵守国家法律法规及科技志愿服务管理有关规定，自觉维护科技志愿者的形象与声誉，不得以志愿者身份从事任何以营利为目的或违背社会公德的活动；

（二）根据自己的意愿、时间和能力提供科技志愿服务，因故不能按照约定提供志愿服务的，应当及时告知科技志愿服务组织或服务对象；

（三）获得科技志愿服务活动真实、准确、完整的必要信息和安全保障等工作条件，参加科技志愿服务培训和取得志愿服务证明；

（四）尊重服务对象的意愿、人格和隐私，不得向其收取或者变相收取报酬；

（五）对科技志愿服务工作提出意见和建议；

（六）履行相关法律、法规、政策规定的其他职责。

第十一条 科技志愿服务组织可采取公开招募与定向招募相结合、经常性招募与阶段性招募相结合、面向个人招募与面向集体招募相结合等方式开展招募工作，建立健全高效便捷的科技志愿者招募机制和稳定通畅的招募渠道。

科技志愿服务组织应按照专业技能、服务对象等对科技志愿者进行分类管理，根据服务需求和人员情况成立相应的科技志愿服务分支队伍开展各类服务。

第三章 科技志愿服务

第十二条 科技志愿服务的范围主要包括：

（一）围绕新时代文明实践中心建设，依托党群服务中心、社区服务中心、科普中国e站等基层阵地，结合防灾减灾、应急避险、食品安全、卫生防疫、生态保护等群众关切问题，开展科技培训、科普报告、农技服务、义诊咨询、青少年科技教育等公益性科技类服务；

（二）围绕创新驱动发展和乡村振兴战略，结合地方和企业科技文化需求，协助做好科技服务供需对接，对标开展相关的公益性科技类服务；

（三）在文化场馆、科技场馆、科普教育（示范）基地等公共场所开展公益性科技类服务；

（四）参与学雷锋日、全国科技活动周、全国科技工作者日、全国科普日、文化科技卫生“三下乡”、国际志愿者日等大型活动的科技志愿服务；

（五）参与基层公共科技文化设施的管理和群众性科技活动的组织等工作，参与各级科协组织及其他单位开展的科技类相关活动；

（六）为老年人、未成年人和其他生活困难群众等提供公益性科技类服务；

（七）开展互联网公益性科技类服务；

（八）开展其他公益性科技类服务。

第十三条 科技志愿者、科技志愿服务组织、科技服务对象可根据需要签订协议，明确当事人的权利和义务，约定科技志愿服务的内容、方式、时间、地点、工作条件、安全保障措施以及其他需要明确的事项等。

第四章 组织保障和管理机制

第十四条 各级科协组织、科技志愿服务组织根据所在地区志愿服务管理的有关规定，建立健全科技志愿服务激励机制，为科技志愿者争取本地区相应的优惠奖励政策。

各级科协组织要对服务时间较长、业绩突出、社会影响较大的科技志愿服务组织、科技志愿者和科技志愿服务项目给予褒扬。要在人才推荐、项目评审、活动承接等工作中，同等条件下优先考虑服务较好的科技志愿者和科技志愿服务组织，推动有良好服务记录的科技志愿者获得相关科技场馆、科普教育基地等方面的优惠待遇。

第十五条 充分利用各类媒体，宣传科技志愿服务的感人事迹，总结推广成功经验，营造全社会关心、支持、参与科技志愿服务的良好氛围。

第十六条 科技志愿服务组织为科技志愿服务开展提供必要的经费支持。科技志愿服务经费使用应严格遵守有关财务制度和规定，主要用于科技志愿服务开展过程中涉及的场地租用、物品制作、人员培训、后勤保障、宣传推广等方面。对于社会影响力较大、服务效果良好的科技志愿服务可根据财政有关规定，酌情予以活动补助。

鼓励和支持社会力量通过捐助、赞助等方式参与科技志愿服务。可用政府购买服务的方式支持符合条件的科技志愿服务组织参与科技服务项目或活动。

第十七条 中国科协督促指导各级学会和地方科协根据本办法制定具体实施细则以及科技志愿服务的激励机制、权益维护机制和退出机制，并通过科技志愿服务信息平台统筹指导和协调管理各级各类科技志愿服务工作。

第十八条 科技志愿服务组织、科技志愿者应依法、依规开展科技志愿服务，在志愿服务过程中对服务对象造成损害，或受到服务对象的损害，组织单位应按照法律法规及有关规定进行协调处置或提供必要援助，维护服务对象和科技志愿者的合法权益。

第十九条 科技志愿服务工作应主动接受有关部门的监督，重大项目和活动应由纪检监察和审计部门全程监督。任何组织和个人发现科技志愿服务组织或科技志愿者有违纪违法行为，可以向上一级科技志愿服务组织或有关单位投诉、举报。

第五章 附 则

第二十条 本办法由中国科协科学技术普及部负责解释，自公布之日起施行。

中国科协办公厅关于印发《科普中国e站建设管理办法》的通知

科协办函普字〔2019〕48号

各全国学会、协会、研究会，各省、自治区、直辖市科协，新疆生产建设兵团科协：

自《科普中国e站建设及使用暂行办法》（科协

办函普字〔2016〕218号）实施以来，各地积极开展科普中国e站建设，在推进科普信息化落地应用，实现科普服务精心分类、精准推送，提高基层科普服务能力水平等方面发挥了重要作用。但是部分地区在科普中国e站建设工作中出现重建设轻管理、重数量轻质量的现象，甚至大搞突击建设、全覆盖等形象工程。按照中国科协党组和中央纪委国家监委驻科技部纪检组的有关要求，为进一步加强科普中国e站的制度建设和规范管理，有效发挥科普信息化服务阵地的作用，现结合实际对该暂行办法进行修订，形成《科普中国e站建设管理办法》，已经中国科协党组、书记处领导同志同意，现正式印发你们，请结合实际贯彻执行。

中国科协办公厅
2019年3月5日

科普中国e站建设管理办法

第一章　总　则

第一条　为推进科普中国落地应用，构建线上线下相结合的科普信息化服务新阵地，贴近实际、贴近生活、贴近群众开展科普服务，切实解决科学传播“最后一公里”，有效推进全民科学素质提升，中国科协联合相关单位共同推动建设科普中国e站。为做好相关工作，特制定本办法。

第二条　科普中国e站是原有科普活动（服务）站（室）的“互联网+”升级，面向城乡公众，积极与已有设施条件共享共建，开展科普中国移动端传播以及科学文化、文明实践、健康生活、教育培训等线上线下相结合活动的基层科普服务新阵地。

第三条　科普中国e站的主要工作力量是科普中国信息员。科普中国信息员是完成科普中国App实名注册认证并经常性开展科普信息传播的用户。科普中国信息员要下载使用科普中国App，通过微信群、QQ群、公众号等社交渠道将科普中国信息传递给周边群众，积极配合有关部门参与各类科技教育与传播普及活动。

第四条　各级科协组织要通过基层科普行动计划等项目着力支持科普中国e站创新开展各类科普活动，特别是加强科普中国信息员队伍建设、通过科普中国移动端传播分享将其发展为“移动的科普中国e站”，以此带动科普中国e站转型升级。

第二章　建设与使用

第五条　科普中国e站申报和建设要满足有网络、有人员、有场所、有活动、有终端的“五有”前提条件。

（一）有网络：具备满足正常浏览互联网科普内容信息的网络环境和无线网络覆盖，能够稳定保障网络开通和顺畅运行。

（二）有人员：具备满足科普中国e站正常运行的管理服务工作人员。

（三）有场所：具备满足正常开展科普活动的场所。

（四）有活动：开展线上线下结合、满足公众需求的科普活动。

（五）有终端：具备科普中国内容信息的阅读（浏览）终端，包括手机、台式电脑等显示终端。

第六条　科普中国e站建设以共建共享为主要方式，加强与相关部门通力合作，充分利用新时代文明实践中心、基层党群（政务）服务中心、社区综合性文化服务中心、学校、医院、农村专业技术协会、科普教育（示范）基地、公共交通场站等基层已有的公共活动阵地和设施，将科普中国内容资源和科普中国信息员队伍有效融入，为公众提供了解科学知识、提升科学素质的有效平台渠道。

第七条　科普中国e站要坚持以科普中国落地应用为核心，主要职责是下载使用科普中国内容资源、开展科普中国移动端传播、开展线上线下活动等。

（一）下载使用科普中国内容资源。科普中国e站通过登录科普中国云，主动下载获取视频、图文、挂图海报等科普内容资源，通过在站点已有平台上播放视频、在科普宣传栏张贴挂图等方式，及时将科普内容信息传递给属地公众。

（二）开展科普中国移动端传播。科普中国e站在基层凝聚一批热衷于科普宣传、熟练掌握信息化传播的科普中国信息员，在各类网上社交渠道开展科普中国信息移动端传播，为公众提供定向精准的科普服务。

（三）开展线上线下科普活动。科普中国e站要充分利用科普中国服务云的线上内容信息资源，结合日常基层科普活动和全国科普日、全国科技活动周等重大科普活动，开展适合基层特点、符合群众需求的科普教育培训、展览、咨询、竞赛等活动。

第三章 组织与管理

第八条 科普中国e站采取建管结合、以用为先、一级抓一级的组织管理机制。

（一）县级科协组织是科普中国e站的使用和管理主体，负责本辖区内科普中国e站的使用指导、资料审核、数据统计、效果评估等。凡具有“五有”基础并开展下载使用科普中国内容资源、科普中国移动端传播、线上线下科普活动等工作的机构，可向县级科协申报。县级科协要及时开展申报材料审核和实地核查，并报上级科协复核。

（二）地市级科协是科普中国e站的建设和管理主体，负责本辖区科普中国e站的统筹建设、复核管理、业务培训、数据统计、效果评估等。经县级科协审核、地市级科协复核后可认定为科普中国e站并纳入统计序列。

（三）省级科协是科普中国e站的支持和管理主体，可根据地方实际，负责本辖区科普中国e站的统筹建设、监督管理、业务培训、数据统计、效果评估等。

（四）中国科协是科普信息落地应用的指导和服务主体，负责科普中国e站的制度设计和顶层推动，建设完善科普中国服务云，为科普中国e站提供内容资源等服务。

第九条 科普中国e站以有效发挥作用为根本目标，以区域内科普中国App移动端传播量、站点科普活动开展和科普中国内容资源使用传播情况等为主要评价导向。

第十条 各级科协组织要对科普中国e站实行动态管理，建立退出机制。每年要对表现突出的站点和科普中国信息员予以表扬激励；对于工作不积极的站点要进行批评整改；实行末位淘汰制，对于严重不符合要求的站点要撤销整合。

第十一条 科普中国e站的标识和匾牌可根据本地实际情况制作。如需制作，要按照《科普中国e站视觉形象应用手册》所要求规范自行设计和制作。

第十二条 科普中国e站要坚持公益性，不能利用科普中国e站从事纯商业活动。

第十三条 各级科协组织要加强监督管理，提高资金使用效率，杜绝形式主义、政绩工程。对于不顾地方实际和群众意愿盲目铺摊子，搞不必要的“全覆盖”、盲目追求硬件设施高大上，导致浪费、闲置等问题的要批评问责。对于滥用财政经费，特别是滥用扶贫专项资金等问题，一经发现要立刻转交相关部门处理，严肃追究责任。

第四章 附 则

第十四条 本办法由中国科协科学技术普及部负责解释，自印发之日起施行，原《科普中国e站建设及使用暂行办法》同时废止。

附件：1. 科普中国App使用手册简介（3.0版）（略）

2. 科普中国服务云使用手册简介（3.0版）（略）

3. 科普中国e站视觉形象应用手册（略）

重要会议和活动

【李克强出席全国大众创业万众创新活动周】 6月13日，中共中央政治局常委、国务院总理李克强在浙江省杭州市出席2019年全国大众创业万众创新活动周，并发表重要讲话。

李克强说，这次出席“双创”活动周，欣喜看到一群群意气风发的创业者、一批批奇思妙想的创新产品，真切感受到扑面而来的“双创”活力。宋代诗人描绘六月西湖“接天莲叶无穷碧，映日荷花别样红”，这也可以说是今天大众创业万众创新铺天盖地、异彩纷呈、展现无限生机的生动写照。

李克强指出，大众创业万众创新实质是通过改革解放和发展生产力，调动亿万市场主体积极性和社会创造活力，更大限度激发每个人的潜能潜质。近年来，在以习近平同志为核心的党中央坚强领导下，中国经济保持平稳运行。虽然当前面临复杂严峻的国内外形势，但中国经济有韧性，韧性根植于近14亿人的勤劳与创造，“双创”是个重要支撑，依靠更大激发市场主体活力和社会创造力，可以顶住经济下行压力，保持中国经济长期向好的基本面。

李克强说，“双创”有力支撑着就业。就业是最大民生，“双创”为中国丰富的人力资源特别是年轻人打开了广阔就业空间，有利于促进比较充分的就业，让每个家庭有安身立命之本。各级政府要深化“放管服”改革，优化营商环境，进一步落实更大规模减税降费政策措施，让创业创新者按照市场规则公平竞争、轻装上阵，为“双创”提供良好的成长空间。

李克强指出，“双创”是创新发展的重要抓手。中国经济发展到今天，必须加快新旧动能转换。“双创”聚众智、汇众力，利用“互联网+”平台，促进了新动能加快成长，这是中国未来发展的巨大潜力所在。要鼓励创投、风投基金为“双创”加油助力。“双创”还可拓展社会纵向流动通道，为更多人尤其是“草根”创业者提供发展平台，使他们通过拼搏实现人生价值，创造社会财富，这有利于实现机会公平，推进市场繁荣。要推动“双创”提升质量，创业创新者要弘扬企业家精神、工匠精神、专业精神，脚踏实地，从细微处做起，追求卓越，把精妙创意变成现实，以受消费者欢迎的产品和服务赢得市场，推动高质量发展。

李克强还来到“双创”主题展区，走向一个个展台，观看大学生创新创业大赛优秀成果，详细了解视联网、数字化制造、海洋潮流能发电、人工饲料工厂化养蚕、生物医药等方面创新成果，与中外创客交流。对年轻创客提出的“我敢闯、我会创”，李克强表示肯定。他强调，要坚持以习近平新时代中国特色社会主义思想为指导，深入实施创新驱动发展战略，汇聚起全社会创业创新的滚滚洪流，奋力推动国家发展，实现人民对美好生活的向往。

肖捷参加上述活动。万钢主持活动周启动仪式。浙江省主要负责人在启动仪式上发言。老中青三代10位创业创新者代表共同书写大众创业万众创新的“众”字，正式启动本次活动周。

【孙春兰出席纪念中国老科学技术工作者协会成立30周年座谈会】 11月19日，中共中央政治局委员、国务院副总理孙春兰出席纪念中国老科学技术工作者协会成立30周年座谈会并讲话。她强调，要深入贯彻党的十九届四中全会精神，认真落实习近平同志重要指示，发挥党和政府联系老科技工作者的桥梁纽带作用，弘扬老一辈科技工作者科技报国的光荣传统，为加快建设创新型国家作出更大贡献。

全国政协副主席、中国科协主席万钢出席座谈会并讲话。

孙春兰指出，中国老科学技术工作者协会成立30年来，团结广大老科技工作者为推动国家科技进步、服务经济社会发展作出了积极贡献，积累了丰富的工作经验。老科技工作者是党和国家的宝贵财富。希望广大老科技工作者继续发挥专长优势，围绕推动高质量发展、保障和改善民生、应对老龄化等问题积极建言献策，推动科技人才培养和学科专业建设，做好科普活动特别是青少年科学素养的培养。

孙春兰强调，尊老敬老是我们党和国家的优良传统，广大老科技工作者为国家科技事业作出了突出贡献，理应得到全社会的尊重和关爱。各级党委、政府和有关部门要支持老科学技术工作者协会做好服务老科技工作者的工作，提供便利多样的康养服务，组织开展文化、教育、体育等活动，提升生活品质和健康素质，为他们安享晚年、发挥作用创造更好环境。

中国老科学技术工作者协会会长陈至立主持座谈会并讲话。

【第三届世界智能大会召开　李鸿忠宣读习近平主席的贺信并致辞】 5月16日，第三届世界智能大会在天津市开幕。中共中央政治局委员、天津市委书记李鸿忠宣读国家主席习近平的贺信并致辞。他表示，习近平主席的贺信，为我们推动人工智能同经济社会发展深度融合指明了方向。天津市将以更加前卫的理念、更加开放的胸襟，拥抱智能新时代，打造智能新经济，创造智能新生活，加强与世界各国在人工智能领域的合作，加快建设“天津智港”。全国政协副主席、中国科协主席万钢出席大会并作主旨报告，中国科协党组书记、常务副主席、书记处第一书记怀进鹏受邀主持大会主论坛第一场高峰会。

第三届世界智能大会由国家发展改革委、科技部、工业和信息化部、国家广播电视总局、中央网信办、中国科学院、中国工程院、中国科协和天津市人民政府共同主办，以“智能新时代：进展、策略和机遇”为主题，举办2场主论坛和34场分论坛，智能科技展设置室内体验区3000平方米、室外体验区10000平方米，让观众主题式、场景式深度体验智能科技的魅力，组织亚太机器人世界杯天津国际邀请赛、世界智能驾驶挑战赛、世界智能水下机器人挑战赛等赛事，形成会、展、赛+智能体验“四位一体”国际化平台。来自40个国家和地区的知名企业家、业界领军人物等开展对话交流。

在大会主论坛第一场高峰会上，万钢作题为《把握智能科技机遇，构建创新价值共同体》的主旨报告。他指出，中国致力于拓展“智能+”，在智能制造、智能驾驶、智能服务、媒体融合等领域取得新进展。共同应对人工智能提出的新课题、新挑战，要注重策略研究，积极推进人工智能领域建规立法，构建人工智能安全发展战略，重视教育人才培养，加快道德伦理研究。面向未来，要加强人工智能基础研究，重视核心技术突破，强化平台研究，促进跨界融合，提升治理能力。

怀进鹏主持以“前瞻：智能新时代与新机遇”为主题的大会主论坛第一场高峰会。图灵奖获得者，美国国家科学院、国家工程院、艺术与科学院院士约翰·霍普克罗夫特，北京大学校长郝平，波士顿咨询公司BCG资深合伙人兼董事总经理汤睿科，浙江大学校长、中国科学院院士吴朝晖，联想控股股份有限公司董事长柳传志，珠海格力电器股份有限公司董事长董明珠，科大讯飞股份有限公司董事长刘庆峰，西门子交通大中华区首席执行官莫德，阿里巴巴集团技术委员会主席王坚，360集团创始人、董事长兼首席执行官周鸿祎等知名科学家和企业家分别作主题演讲。

万钢、怀进鹏一行还赴中新（天津）生态城观摩智慧城市应用场景。怀进鹏出席“智港夜话”活动。

大会期间，中国科协创新资源共享平台天津（滨海）分中心启动暨滨海新区民营企业科协成立仪式在天津市梅江会展中心举办，怀进鹏与中共天津市委常委、滨海新区区委书记张玉卓，中国科学院院士、天津市科协主席饶子和等出席活动，天津市科协党组书记、常务副主席陆为民主持仪式。怀进鹏指出，这是继市会合作协议签署后双方加强合作的又一个重要尝试，中国科协将积极支持天津市以及滨海新区建设，更好地把自身智力资源和企业问题需求结合起来，探索服务企业特别是民营企业发展的新模式，形成服务企业创新的“项目库”“人才库”“需求库”，建设开放共享的产学协同创新机制。在活动现场，中国科协企业创新服务中心、天津市科协、滨海新区科协、天津中科先进技术研究院有限公司、国家超级计算天津中心、滨海新区民营企业科协6家单位共同签署了《中国科协创新资源共享平台天津（滨海）分中心建设合作协议》。

天津市委、中国科协、天津市科协相关负责人参加大会活动。

【世界新能源汽车大会召开　王勇宣读习近平主席的贺信并致辞】 7月2日，世界新能源汽车大会在海南省琼海市博鳌镇亚洲论坛国际会议中心开幕。国务委员王勇出席开幕式，宣读习近平主席的贺信并致辞。全国政协副主席、中国科协主席万钢作主旨报告。海南省委书记刘赐贵出席，省长沈晓明致辞。中国科协党组书记、常务副主席、书记处第一书记怀进鹏主持开幕式。

王勇强调，习近平主席的贺信，充分体现了中国政府对绿色生态环保和新能源汽车产业的高度重视，为加速推进新能源汽车科技创新和产业发展、深化国际交流合作提供了重要指引。我们要坚持以习近平新时代中国特色社会主义思想为指导，加强统筹规划，强化科技研发，大力推广应用，完善政策环境，推动新能源汽车产业更加协调、更高质量、更可持续发展。

王勇指出，当前中国汽车产业已经进入转型升级的关键时期。要大力推进电池革命，加快突破下一代锂电池、新体系电池和燃料电池等核心技术，大幅提高安全性、可靠性、稳定性。强化科学规划引导，进一步提升充电、加氢等设施发展水平。加快推进产业融合，促进新能源汽车与智能电网、智慧交通、智慧城市等协同发展。持续优化发展环境，完善推广应用政策体系。坚持开放共赢，加强国际交流合作，推动新能源汽车发展成果更好造福世界各国人民。

万钢表示，“电动化、智能化、共享化”在新一轮科技革命背景下孕育新生、叠期而至，推动着汽车产业的能源动力、生产运行、销售使用的全面变革，以前所未有的速度、深度、广度改变着全球汽车产业。这场百年未遇的大变革，不仅为全球汽车产业发展赋予了新动能，也带来了重塑世界汽车能源格局、应对全球气候变化、实现汽车产业可持续发展的历史性机遇。他强调，要做好顶层设计，把握好新旧动能转换节奏，加快改革和创新步伐，推动高水平对外开放合作，与世界各国的汽车界精诚合作、协同创新，共同应对挑战、塑造未来，为推动世界汽车转型升级作出应有的贡献。

沈晓明在致辞中表示，习近平主席在贺信中深刻阐述了加快发展新能源汽车的重要意义，海南将认真学习贯彻习主席重要指示精神。他指出，海南发展新能源汽车产业中央有要求、海南有需求、未来有前景，具有能源清洁、地理、气候、自贸区和中国特色自贸港政策等优势。海南从推广应用和产业发展两个方面推动清洁能源汽车发展，计划到2030年全岛基本实现汽车清洁能源化，并谋划新能源汽车的研发、设计、生产、测试、发布、应用等全产业链发展。

中国科学院院士、科技部原部长徐冠华，国务院发展研究中心原党组书记、中国电动汽车百人会理事长陈清泰，国家市场监督管理总局副局长、国家标准化管理委员会主任田世宏，海南省委常委、秘书长胡光辉，海南省副省长沈丹阳，海南省政府秘书长倪强，中国科协党组成员、书记处书记宋军等出席开幕式。国际能源署首席经济师拉兹洛・瓦罗，清洁能源部长级合作机制（CEM）秘书处主任克里斯蒂安・斬格勒森，大众汽车集团管理董事会主席赫伯特・迪斯，中国第一汽车集团有限公司董事长徐留平，围绕产业变革、技术创新、业界合作、政策建议等方面作大会报告。

会上，科技部副部长王曦、工业和信息化部副部长辛国斌、长安汽车总裁朱华荣、上海汽车集团股份有限公司总裁陈志鑫、宝马集团董事傅乐希、北京汽车集团有限公司董事长徐和谊、比亚迪股份有限公司董事长兼总裁王传福等政府监管部门和企业代表，围绕能源变革、环境保护与汽车产业绿色发展，汽车产业转型升级及创新发展，新能源汽车跨界融合新趋势做专题演讲。清华大学教授、中国科学院院士、世界新能源汽车大会科技委员会联合主席欧阳明高发布了2019年全球新能源汽车前沿及创新技术。陈清泰发布了《世界新能源汽车大会博鳌共识》。

本次大会由中国科协和海南省人民政府共同主办。大会围绕“新时代、新变革、新产业”主题，着眼于全球汽车产业的转型升级和生态环境的持续改善，通过聚集全球专家智慧和产业精英，共同交流探讨新能源汽车在技术创新、产业创新、政策创新、市场模式创新等领域的成功经验与发展趋势，凝聚产业共识，明晰汽车产业转型升级的方向，探索电动化、智能化、共享化协同发展的有效路径。

据了解，大会还设立了5000平方米的先进技术展览展示，首次展示来自15家企业的20项国家重点研发计划“新能源汽车”重点专项标志性成果，举办了“新能源汽车试乘试驾”体验和“我心中的未来汽车”绘画大赛等系列活动。来自德国、美国、韩国等18个国家和地区的政府部门及国际组织机构专家、学者，100多家汽车相关企业代表，以及国内外专家、学者共1500余人参加大会。

据介绍，2018年，全球主要国家新能源汽车销量超过214万辆，中国销量达到125.6万辆，占中国新车销售比例达4.5%。截至2018年年底，全球新能源汽车累计销量突破564万辆，中国占比达52.8%，连续四年居世界首位。

【世界青年科学家峰会召开　万钢宣读习近平主席的贺信并致辞】 10月26日，2019世界青年科学家峰会在浙江省温州市召开。全国政协副主席、中国科协主席万钢宣读习近平主席的贺信并致辞。

万钢在致辞中表示，习近平主席的贺信，对青年科学家寄予厚望，为推进科技人文交流和青年创新合作指明了方向。我们将认真落实贺信精神，搭建更多平台，让更多青年科技人才施展抱负、成就梦想，推动全球科技创新深度合作。

本次峰会以“汇聚天下英才 共创美好未来”为主题，由中国科学技术协会与浙江省人民政府共同举办。诺贝尔奖得主、海外院士专家、著名青年科学家代表以及国际科技组织负责人等约800人出席。

【首届世界科技与发展论坛】 10月16日，首届世界科技与发展论坛在北京开幕。国家主席习近平向论坛致贺信。全国政协副主席、中国科协主席万钢，中国科学院院长、党组书记、“一带一路”国际科学组织联盟首任主席白春礼，中国工程院党组书记、院长李晓红，国际科学理事会主席达亚・瑞迪（Daya

Reddy）出席并致辞。论坛开幕式由中国科协党组书记、常务副主席、书记处第一书记、中国科学院院士怀进鹏主持。

万钢指出，携手深化国际交流合作，以科技创新推动可持续发展，是破解全球性问题的紧迫需要，也符合各国人民和全球科技界的新期待。科技创新应成为可持续发展的根本动力，科技发展应遵循全球共同的价值准则，科技合作应成为文明交流互鉴的重要渠道。

开幕式后，中国科协名誉主席韩启德，中国工程院院士邬贺铨，法国科学院院士、诺贝尔奖得主朱尔斯·霍夫曼（Jules Hoffmann），香港科技大学讲座教授、美国人工智能协会（AAAI）执行委员会委员、中国人工智能学会（CAAI）副理事长杨强，中国交通建设股份有限公司总工程师、港珠澳大桥岛隧工程项目总经理、总工程师林鸣，国际科学理事会首席执行官海德·哈克曼（Heide Hackmann），联合国教科文组织驻北京代表处主任欧敏行 7 位中外专家、学者分别作主旨报告；随后，论坛发布了“飞桨产业级深度学习开源开放平台”和“2019 年度人类社会发展十大科学问题”。

发布环节结束后，华东师范大学校长、中国工程院院士钱旭红，英国皇家学会会士、中国工程院外籍院士、香港城市大学杨建文神经科学讲座教授科林·布莱克莫尔（Colin Blakemore），国际科学理事会特使史凤雅（Flavia Schlegel），瑞士巴塞尔大学教授、KAVLI 奖得主克里斯托夫·格贝尔（Christoph Gerber），Myndset 公司创始人、总裁明特·戴尔（Minter Dial），科大讯飞股份有限公司总裁、董事长刘庆峰开展了高端对话。此外，国内外知名科学家、教育家和企业家分别聚焦“科技革命与产业变革”“科学技术与教育文化”“青年科学家与中小企业成长”开展对话交流。

首届世界科技与发展论坛由中国科协、中国科学院、中国工程院联合主办，俄罗斯科学工程协会联合会共同发起，以“科学·技术·发展”为主题，来自 18 个国家和地区的 400 多位专家、院士、诺贝尔奖获得者、世界重要科技组织会士、大学校长、企业家等参加论坛，共话科技文明，共谋未来发展。本次论坛旨在深入贯彻习近平外交思想特别是构建人类命运共同体思想，聚焦新时代科技革命、多元化文化背景下科技与文化、教育、经济、社会深度融合，青年科学家与中小企业成长，拓宽民间科技外交渠道、畅通国际科技交流渠道，打造主场高端国际科技合作交流平台。

【2019 中国国际智能产业博览会】 2019 中国国际智能产业博览会于 8 月 26 日在重庆市召开。国家主席习近平致贺信，对会议的召开表示热烈祝贺。本届智能产业博览会由科技部、工业和信息化部、中国科学院、中国工程院、中国科协和重庆市人民政府共同主办，以“智能化：为经济赋能，为生活添彩”为主题，主要开展“会”“展”“赛”“论”四大板块活动。来自近 60 个国家和地区的专家、学者参加会议，共吸引 843 家企业参展。参加会议的人员包括国际组织负责人、国外知名学者和 60 多位世界 500 强企业高管等。在智能产业博览会 21 万平方米室内展览面积中，外资企业布展面积占比达 13.6%，比首届智能产业博览会提高 4.2 个百分点。在首届智博会设立智慧体验广场的基础上，2019 年新增了 3 个实景体验区，并向观众免费开放。

8 月 26 日，第二届数字经济百人会在重庆市召开，本次会议是 2019 中国国际智能产业博览会的重要活动，由中国科协、工业和信息化部、中华全国工商业联合会、重庆市人民政府共同主办，中国科协党组书记、常务副主席、书记处第一书记怀进鹏，重庆市委副书记、市长唐良智，重庆市政协主席王炯，工业和信息化部党组成员、副部长王志军，重庆市委常委、宣传部部长张鸣，重庆市人民政府秘书长欧顺清，重庆市科协主席、中国工程院院士潘复生等出席会议。

怀进鹏指出，2018 年首届中国国际智能产业博览会成功召开，使我们感受到重庆的魅力、重庆的动力和重庆的活力。一年来，我们看到重庆的飞速发展，看到重庆不断增长的动能和势能，也感到在数字赋能、智能赋能的新时代，我们正面临新的转型和新的跨越。当前，数字经济已进入“数字化、网络化、全球化、智慧化”融合发展新阶段，正成为全球未来发展的新引擎。数字经济百人会是一个融信息、聚智慧的平台，要观大势，抓市场，谋发展，筑生态，在开放、共享、融合和倡导数字经济新生态方面，为重庆发展、中国发展乃至世界发展作出贡献。中国科协将发挥跨界融合的组织优势，发挥科技人才第一资源作用，与各方共商共建共享智能产业博览会这个平台，推动科技与经济深度融合，为数字经济健康发展注入活力，为开放共享注入动能，为国际合作创造机遇。

会上举办中国科协新一代信息技术系列丛书《云计算导论》《大数据导论》《人工智能导论》赠书仪式以及中国电子学会、重庆市科协、重庆市南岸区人民政府、重庆邮电大学战略合作协议签约仪式。

数字经济百人会于首届智能产业博览会期间在重庆发起成立，聚焦数字经济发展前沿，致力建设前瞻研判分享平台、国际合作开放平台、高端品牌价值平台，为经济赋能、为生活添彩。本次论坛主题为“开放共享·融合赋能——共创数字经济新生态”，通过主旨报告、专题报告、高峰对话等形式，国内外院士、专家、学者、政府官员、企业代表围绕数字经济前沿科技和产业发展重点领域发表创新观点，聚焦主题开展热烈讨论。论坛发布中国区域数字化转型“云”观察报告等前沿成果。

中国互联网协会理事长、中国工程院院士邬贺铨，中国科学院计算技术研究所研究员、中国工程院院士倪光南，同济大学副校长、中国工程院院士吴志强，5G数字转型战略专家、《云经济学》作者乔·韦曼等智能化相关领域的院士、专家和Apple副总裁葛越等10余位知名企业家出席并作主旨报告、专题报告或参与对话。中国科协、工业和信息化部、中华全国工商业联合会以及重庆市各有关部门负责人，国内外相关政府机构、高等院校、科研院所和企业界共500余人参加会议。

智能产业博览会期间，怀进鹏出席2019中国国际智能产业博览会开幕式暨大数据智能化高峰会，并实地考察了重庆市渝北区仙桃国际大数据谷园区。

【第二届世界顶尖科学家论坛】 10月29—31日，第二届世界顶尖科学家论坛在上海市举办，国家主席习近平向论坛致贺信。

中共上海市委书记李强，中国科协党组书记、常务副主席、书记处第一书记怀进鹏出席并讲话。论坛由上海市人民政府主办、世界顶尖科学家协会发起，中国科协为指导单位，临港新片区管理委员会、临港集团、上海市科协、世界顶尖科学家协会上海中心为承办单位，红杉中国慈善基金会为全球战略合作伙伴。

本届论坛以“科技，为了人类共同命运”为主题，聚焦科学家这一核心主体，举办“莫比乌斯”论坛、“未来国家大科学”论坛和青年论坛3场特别论坛，以强化策源动能建设，举办8场主题峰会，充分推动国内外科学家之间交流与合作。来自全世界的65位顶尖科学家，与10余位中国科学院院士、中国工程院院士，100余位海内外青年科学家，媒体代表等参加论坛。

论坛发布《科技，为了人类共同命运——第二届世界顶尖科学家上海倡议》，重申对基础科学这个社会的变革性源泉的关注与强调；强调开放、合作和科技共同体的观念仍然是支撑科学发展的决定性基础；呼吁促进对全球青年科学家的支持；建设一个健康的全球性科学生态体系。倡议提出：让惠及人类未来的科技和科学家承担起更多的责任，并以此为基石创造出更好的科技治理模式。

开幕式上，李强与罗杰·科恩伯格主席共同为世界顶尖科学家协会上海中心揭牌。闭幕式上，举办世界顶尖科学家国际联合实验室基地揭牌和世界顶尖科学家科学社区等合作项目签约仪式。

【万钢出席全国政协十三届二次会议科协界小组会议】 3月6日，全国政协副主席、中国科协主席万钢出席全国政协十三届二次会议科协界小组会议并发表讲话。中国科协党组书记、常务副主席、书记处第一书记怀进鹏出席会议。会议由小组召集人中国科学院院士袁亚湘主持。

会上，张杰、杨卫、赵小津、施一公、钟志华、陈赛娟、李志强、李洪、杨长风、徐世杰等委员先后围绕政府工作报告，就科技创新、科研伦理与学风建设、重大科技成果转化以及基础研究项目经费等热点问题畅所欲言，提出意见和建议。

万钢在听取委员发言后指出，2018年是全面贯彻党的十九大精神开局之年，面对国内外复杂严峻的形势，政府完成全年经济社会发展主要目标任务，成就斐然，来之不易。决胜全面建成小康社会取得重大进展的最重要经验，就是坚持以习近平新时代中国特色社会主义思想为指导，树立“四个意识”，坚定“四个自信”，坚决做到“两个维护”，迎难而上，开拓进取。政府工作报告在2019年的工作部署中，对创新引领发展方面给予了高度重视，提高基础研究项目间接经费占比、项目经费使用“包干制”改革试点等新举措令科技工作者欢欣鼓舞。他强调，科技创新、科学普及是实现创新发展的两翼，科普是科研的延伸，科学家除了做好科研，还要做好科普，弘扬科学精神，助力全民科学素质的提升。科协界委员要发挥专长，围绕党和国家中心工作特别是创新引领发展方面，深入研究，认真查问题、出主意、拿方案，切实增强政协委员建言资政的能力，服务好国家创新体系构建，为建设世界科技强国贡献更多智慧和力量。

【全国政协十三届二次会议科协界联组会议】 3月7日，中国科协党组书记、常务副主席、书记处第一书记怀进鹏到驻地参加全国政协十三届二次会议科协界联组会议，听取委员意见，回应委员关切。会议由小组会议召集人中国科学院院士饶子和主持。

会上，张改平、周然、冯守华、刘玉村、王先进、尹浩、李志强、童国华、包为民、徐慧彬、徐世杰、樊杰、陈钢、王永良、李洪等委员紧密联系科协界实际讨论政府工作报告，围绕科技支撑能力提升、跨界交叉学科融合、全国学会作用发挥、科技资源开放共享、重大科技成果转化、基层科普宣传教育、全民科学素质提升等方面发表见解，提出意见和建议。

怀进鹏指出，2018年是第十三届政协的起步之年，政协工作围绕新发展理念、供给侧改革和高质量发展等方面，在建言资政和凝聚共识上双向发力取得重要成绩，凝结了各位委员的诸多心血和智慧。他强调，中国科协将紧紧围绕党和国家中心任务，团结带领广大科技工作者，以智库、学术、科普“三轮”驱动推进科协事业创新发展，汇聚更多智慧和力量，在国家坚持创新引领发展和提升科技支撑能力等方面积极建言献策。把科学普及放在与科技创新同等重要的位置，弘扬科学精神，提升全民科学素养，并全面推动科学与社会、科学与经济、科学与文化之间的协同发展。积极推进民间科技交流，加强与国际组织的交流合作，发出中国科学家的国际声音，增强科技创新成果的国际影响力。

科技部党组成员、副部长徐南平，工业和信息化部党组成员、副部长王志军，中国气象局、中国地震局等单位负责人，科技部社会发展科技司、成果转化与区域创新司和中国科协办公厅、调研宣传部等部门负责人参加会议。

【中国科协第九届全国委员会第六次全体会议】 1月18日，中国科协第九届全国委员会第六次全体会议在北京召开。会议传达学习了中央关于中国科协工作的重要指示精神，审议通过了中国科协常委会工作报告、关于修改《中国科学技术协会章程》部分内容的建议案的决议和关于《中国科学技术协会全国学会组织通则》的决议。全国政协副主席、中国科协主席万钢作常委会工作报告。中国科协党组书记、常务副主席、书记处第一书记怀进鹏主持会议并作总结讲话。

会议指出，一年来，中国科协在党中央的坚强领导下，深入学习宣传贯彻习近平新时代中国特色社会主义思想和党的十九大精神，坚决贯彻落实党中央重大决策部署，扎实履行“四服务”职责定位，聚焦靶心、突出重心，围绕中心、服务大局，开启“1-9-6-1”工作布局，着力扩大有效覆盖、转变拓展职能、建设网上科协、强化基层基础、深化系统改革、提升组织活力，务实推进传承、创新、发展，展现了新时代科协组织新气象新作为，塑造了科协发展新格局新风貌。

会议指出，2019年是新中国成立七十周年，是决胜全面建成小康社会的关键之年。科协工作要坚持以习近平新时代中国特色社会主义思想为指导，深入贯彻党的十九大和十九届二中、三中全会精神，增强“四个意识”，坚定“四个自信”，践行“两个维护”，加强党对科协工作的全面领导，坚持稳中求进工作总基调，聚焦保持和增强政治性、先进性、群众性，着力加强思想政治引领，着力围绕中心、服务大局，着力推动科协系统改革向基层延伸，着力加强党的领导和党的建设，把开放型、枢纽型、平台型组织优势有效转化为服务党和国家中心工作的优势，夯实基础，深化改革，守正创新，服务发展，团结引领广大科技工作者为决胜全面建成小康社会、迈入创新型国家行列、建设世界科技强国不懈努力，以优异成绩庆祝伟大祖国七十华诞。

会议提出，要把2019年作为科协服务发展年，立足服务本职，紧扣“四服务”职责定位，做强服务品牌，提升服务效能；聚焦服务中心，打造协同服务平台，推动科技经济融合，助力供给侧结构性改革，服务现代化经济体系建设，服务经济社会高质量发展；坚持服务基层，完善系统组织力提升机制，眼睛向下、重心下沉、资源下倾，面向基层提供精准服务；拓展服务视野，打造国际化服务平台，深度参与全球科技治理，服务新时代改革开放，服务人类命运共同体建设；提升服务本领，创新科技类社会化公共服务机制与方式，建设崇尚实干的文化，倡导注重实效的风尚，全面提升科协系统服务实力，在更高起点上塑造科协事业发展新格局。

会议强调，要坚定维护核心，引导科技界与以习近平同志为核心的党中央同心同德、同心同向、同心同行。着力聚焦靶心，履行好在科技界举旗帜、聚人心、育新人、兴文化、展形象等使命任务，引导科技工作者做新时代的追梦人。着力围绕中心，引导主力军进入主阵地，发力主战场，以科技支撑现代化经济体系建设，促进跨界融合发展，营造健康创新生态。着力突出重心，聚焦智库、学术、科普“三轮”联动，实现国际化拓展、信息化支撑、协同化落地，提升组织活力，推动科协系统改革向纵深发展、向基层延伸。着力凝聚人心，做深做实联系服务工作，扩大科技创新“朋友圈”，以增信释疑凝聚战略共识，以民间科技交流促进民心相通，推动构建人类命运共同体。

会议指出，要切实担负起党和国家赋予科协组织的使命任务。要坚持守正创新，把激发创新主体创造活力作为政治引领的落脚点，大力弘扬新时代中国科学家精神，深化和创新宣传思想工作，统筹推进科技界思想政治建设。要夯实基层基础，启动实施《面向建设世界科技强国的中国科协规划纲要》，完善基层科协平台对接机制，突出大抓基层的鲜明导向，形成“三轮”驱动融合发展、精准落地工作格局，带动科协系统组织力全面提升。要营造创新生态，全面实施《关于深化改革培育世界一流科技期刊的意见》，统筹推进一流期刊和一流学会发展。要扩大开放合作，坚持以全球视野推动科技创新，拓展民间科技人文交流新空间。要加强党的建设，坚持以政治建设为统领，抓好党建强会，推动全面从严治党向支部延伸，推进全面从严治党走深走实。

与会委员围绕学习贯彻中央指示精神、审议常委会工作报告等进行了分组学习讨论。大家一致认为，这次会议是一次凝心聚力的政治动员会、攻坚克难的改革推进会、抓实见效的工作部署会。会议研讨体现了高站位、高质量、高标准，大家进一步增进了对党的创新理论的政治认同、思想认同、情感认同，进一步提升了保持和增强政治性、先进性、群众性的坚定性和自觉性，进一步增强了围绕中心、服务大局、创新建功的责任感使命感，进一步形成了推动科协系统改革向纵深发展、向基层延伸的战略共识。

中国科协九届全委会委员、部分中国科协荣誉委员出席会议，全国学会、协会、研究会秘书长，部分省级地方科协专职主席，各省、自治区、直辖市科协党组书记和有关负责同志，中共中央组织部干部四局有关负责同志，中国科协机关各部门、各直属单位主要负责同志等列席会议。

【中国科协第九届全国委员会常务委员会第九次会议】 1月17日，中国科协第九届全国委员会常务委员会第九次会议在北京召开。会议由全国政协副主席、中国科协主席万钢主持。

中国科协党组书记、常务副主席、书记处第一书记怀进鹏传达了中央对中国科协工作的指示精神，报告了中国科协九届六次全委会议日程安排。

会议审议了中国科协常委会工作报告、《关于修改〈中国科学技术协会章程〉部分内容的建议案（草案）》《中国科学技术协会全国学会组织通则（修订草案）》《增补、调整中国科协第九届常委会有关专门委员会主任、副主任的报告》以及中国科协第九届全国委员会委员变更、撤销事项等。听取了《面向建设世界科技强国的中国科协规划纲要》编制和实施情况汇报，关于落实中央书记处领导指示加快推进世界一流科技期刊建设的情况汇报，常委会科技工作者道德与权益专门委员会、学术交流专门委员会工作汇报。会议还书面审议了常委会各专门委员会2018年工作总结和2019年工作计划。

会议批准成立中国科协生态环境产学联合体，表决通过关于《关于修改〈中国科学技术协会章程〉部分内容的建议案（草案）》的决议和关于《中国科学技术协会全国学会组织通则（修订草案）》的决议。决定提交九届六次全委会议审议。

中国科协副主席邓秀新、李华、何华武、沈岩、陈左宁、周守为、孟庆海、施一公、袁亚湘、徐延豪，常委马林、宁允展、朱蓓薇、向巧、杨金成、束为、吴伟仁、宋军、张杰、陈勇、陈维江、武向平、孟红、徐晓兰、黄璐琦、韩喜球、谢和平、雷增光出席会议。

中国科协党组成员王守东、殷皓列席会议。中国科协办公厅、计划财务部、调研宣传部、学会学术部、科学技术普及部、机关党委、学会服务中心、企业创新服务中心、培训和人才服务中心等机关有关部门和有关直属单位主要负责同志列席会议。

【中国科协第九届全国委员会常务委员会第十次会议】 6月28日，中国科协第九届全国委员会常务委员会第十次会议在黑龙江省哈尔滨市召开，全国政协副主席、中国科协主席万钢主持会议。

会议听取《关于第二十一届中国科协年会筹备情况及第二十二届中国科协年会初步设想的汇报》《关于中国科协助力东北三省全面振兴调研服务工作情况的汇报》《关于“礼赞共和国、追梦新时代——科技志愿服务行动”活动情况的汇报》等。

会议审议通过项昌乐同志不再担任中国科协第九届书记处书记（挂职）职务事项。会议增补毛大付同志为中国科协第九届全国委员会委员，撤销赵洪顺中国科协第九届全国委员会委员职务等。

中国科协常务副主席怀进鹏，中国科协副主席马伟明、李华、李洪、何华武、沈岩、陈左宁、周守为、孟庆海、赵玉沛、袁亚湘，常委马林、卢怀玉、宁允展、刘庆峰、刘若鹏、束为、宋军、武向平、欧阳竹、孟红、高福、黄璐琦、韩喜球、雷增光出席会议。未到场的常委中，李静海、邓秀新、徐延豪、王曦、高松5位常委，根据《中国科学技术协会全国委员会常务委员会工作规则》，分别书面委托王守东、王进展、陶福胜、马兴发、郑庆顺5位全委会委员参加会议并表决相关事项。

中国科协办公厅、组织人事部、学会学术部、科学技术普及部、国际联络部、学会服务中心等有关部门、直属单位主要负责人，有关地方科协的主要负责人列席会议。

6 月 29 日，全国政协副主席、中国科协主席万钢出席在黑龙江省哈尔滨市举办的第二十一届中国科协年会，并在开幕式上致辞

10 月 16 日，全国政协副主席、中国科协主席万钢出席在北京举办的 2019 世界公众科学素质促进大会，并在开幕式上致辞

10 月 16 日，中国科协名誉主席韩启德出席在北京举办的首届世界科技与发展论坛并作主旨报告

6 月 23 日，中国科协名誉主席韩启德出席在北京举办的
2019 年“最美科技工作者”遴选评审会并讲话

1月18日，中国科协第九届全国委员会第六次全体会议在北京召开

1月17日，中国科协第九届全国委员会常务委员会第九次会议在北京召开

6月28日，中国科协第九届全国委员会常务委员会第十次会议在黑龙江省哈尔滨市召开

8 月 15 日，中国科协党的建设工作会议在北京召开，包括中央纪委国家监委驻科技部纪检监察组有关同志在内的 500 余人在主会场参加会议，全国各地 3500 余人在视频分会场参加会议

8 月 28 日，中国科协“不忘初心、牢记使命”主题教育总结大会在北京召开，中国科协党组书记、常务副主席、书记处第一书记怀进鹏作总结讲话，中央第二十二指导组组长范小建出席并讲话

6 月 3 日，中国科协 2019 年党风廉政建设推进会暨警示教育大会在北京召开，中国科协党组书记、常务副主席、书记处第一书记怀进鹏，中央纪委国家监委驻科技部纪检监察组组长王宾宜出席会议并讲话

11 月 13 日，中国科协学习宣传贯彻党的十九届四中全会精神报告会在北京举办，
中国科协党组书记、常务副主席、书记处第一书记怀进鹏作辅导报告

1月29日，中国科协党组书记、常务副主席、书记处第一书记怀进鹏（右）出席在北京举办的2019年中国科协党组向离退休老同志通报工作暨新春团拜会，并与老干部交流

6月29日，中国科协党组书记、常务副主席、书记处第一书记怀进鹏出席在黑龙江省哈尔滨市举办的第二十一届中国科协年会并主持开幕式

5月9日，中国科协党组书记、常务副主席、书记处第一书记怀进鹏（中）到山西省临县程家塔村村民贺翠平家中看望慰问

10月12日，中国科协党组副书记、副主席、书记处书记徐延豪（右一）出席在北京举办的《中国工业遗产故事丛书》第一辑首发式，与国家文物局原局长、故宫博物院原院长、中国文物学会会长单霁翔（左一）一同向青少年代表赠书

3月1日，中国科协副主席、书记处书记孟庆海出席在北京举办的2019年中国科协工作要点部署交流会，并就中国科协2019年工作要点编制情况和主要内容作说明

3月21日，中国科协党组成员、书记处书记束为（左）出席中国科协国际科学理事会中国委员会换届活动，并为委员会新当选主席、中国科协副主席李静海院士颁发聘书

在 5 月 30 日“全国科技工作者日”前后，以庆祝中华人民共和国成立 70 周年为主线，中国科协推出主题为“礼赞共和国 追梦新时代”系列活动，以实际行动庆祝科技工作者的节日，打造属于科技工作者自己的节日品牌。

2019 年全国科技工作者日科技志愿服务行动主题活动

艺术与科学的交汇——2019 全国科技工作者日主题音乐会

11 月 13 日，2019 年全国科学道德和学风建设宣讲教育报告会在北京人民大会堂举办，中国工程院院士王泽山、钱七虎、曹雪涛先后作报告，近 6000 人现场聆听，约 80 万人通过网络直播集中收看

12 月 27 日，中国科协高层次科技领军人才专题研修班在北京举办，中国科协党组书记、常务副主席、书记处第一书记怀进鹏作开班动员

3 月 18 日，2019 年中国科协推荐（提名）两院院士候选人评审会议在北京召开

6 月 23 日，2019 年“最美科技工作者”遴选会议在北京召开

6 月 29 日，第十五届中国青年科技奖颁奖大会暨青年科技人才论坛在黑龙江省哈尔滨市举办，获奖者上台领奖

4 月 29 日，第十五届中国青年女科学家奖颁奖典礼在北京举办，10 人获得第十五届中国青年女科学家奖，5 人入选 2018 年度未来女科学家计划

2 月 18 日，“英才计划”2018 年度工作总结会暨专家咨询委员会第六次全体会议在北京召开，并为 2019 年“英才计划”新增导师代表颁发聘书

5 月 7 日，中国科协召开 2019 年全国科技工作者日主题系列活动电视电话会议，主会场设在北京，各省设分会场，副省级城市和有条件的地级市科协通过云直播收看

8 月 20 日，2019 世界机器人大会在北京开幕，23 个部委的相关领导，22 个国际机器人组织代表，机器人领域的专家、学者、企业家代表和新闻媒体记者等 1200 余人参加开幕式

9 月 25 日，第十五届中国科技期刊发展论坛在浙江省杭州市举办，发布《中国科技期刊发展蓝皮书（2019）》、高质量科技期刊分级目录试点成果、《科技期刊出版伦理规范》等

10月16日，2019世界公众科学素质促进大会在北京开幕，来自5个国际组织、28个国家、35个国别科技组织的600余位中外专家、学者参加大会

12月18日，中国公众科学素质促进联合体成立大会在北京举办，在中国科协倡导下，125家企业、媒体、学会、高校、科研文化机构共同发起成立中国公众科学素质促进联合体

9月14日，2019年全国科普日期间，观众在中国科技馆以互动体验等方式参与北京主场活动

11月3日，2019中国科幻大会在北京开幕，中国科协党组书记、常务副主席、书记处第一书记怀进鹏，北京市委副书记、市长陈吉宁等共同启动科技与影视融合平台

5 月 23 日，第九届中国（芜湖）科普产品博览交易会在安徽省芜湖市举办，先后有 16.9 万人次参观，交易（含协议交易）总额约 7.8 亿元

10 月 15 日，2019“一带一路”科普场馆发展国际研讨会暨中国自然科学博物馆学会年会在北京开幕，并举办联合国教科文组织和中国自然科学博物馆学会向斯里兰卡政府递交斯里兰卡国家科学中心规划总方案仪式

1月16日，“典赞·2018科普中国”揭晓盛典在北京举行，现场揭晓2018年度十大科学传播人物、十大科学传播事件、十大科普自媒体、十大“科学”流言终结榜和十大网络科普作品

8月30日，让科学跑赢谣言——“科学辟谣平台”在北京正式启动，首期邀请到516位权威专家入驻

10月16日，中国科协党组副书记、副主席、书记处书记徐延豪（右）在北京会见以色列工程师、建筑师和技术科学毕业生协会董事会主席埃胡德·梅尼帕兹

10月15日，中国科协副主席、书记处书记孟庆海（右）在北京会见哈萨克斯坦国际科技合作中心主任拉扎提·库赛诺娃

10 月 15 日，中国科协党组成员、书记处书记束为（右二）在北京会见古巴科技环境部副部长阿曼德·罗德里格斯·巴蒂斯塔一行

10 月 15 日，中国科协党组成员、书记处书记宋军（右）在北京会见联合国教科文组织驻华代表处代表欧敏行

9月28日，全国政协副主席、中国科协主席万钢（中）在北京会见香港工程及建筑测量规划园境界访问团

5月20日，中国科协党组书记、常务副主席、书记处第一书记怀进鹏在北京会见台湾华聚产业共同标准推进基金会董事长陈瑞隆一行

8月30日，中国科协与澳门特别行政区政府科技交流合作委员会成立暨第一次工作例会在北京召开

中国科协 2019 年
主要活动和重要事件

中国科协 2019 年工作概况

2019 年是新中国成立 70 周年，是党和国家发展进程极不寻常的一年。习近平总书记深切关怀广大科技工作者，多次作出重要指示，寄予期待与重托。70 年来，在党中央坚强领导下，我国科技事业实现了历史性、整体性、格局性重大变化，科技创新在党和国家发展全局中的战略地位不断提升。过去一年创新成果不断涌现：我国科学家首次观测到三维量子霍尔效应、新型手性费米子，实现原子级石墨烯可控折叠，灵长类动物早期胚胎发育机制、青蒿素抗药性等研究取得新突破，“嫦娥四号”在人类历史上第一次登陆月球背面，长征五号遥三运载火箭成功发射，新一代极地破冰船“雪龙 2 号”首航南极，北斗导航全球组网进入冲刺期，5G 商用加速推出，科技支撑乡村振兴、服务民生改善、助力精准扶贫取得新进展，科技与经济深度融合，引领高质量发展取得新成效，科技人才队伍不断壮大，创新型国家建设迈出新步伐。广大科技工作者不负重托，砥砺爱国奋斗，矢志创新建功，为经济社会发展和国家安全提供了重要战略支撑。

一年来，中国科协以习近平新时代中国特色社会主义思想为指导，全面贯彻党的十九大和十九届二中、三中、四中全会精神，坚决贯彻总书记重要指示和党中央重大决策部署，紧扣庆祝新中国成立 70 周年主线，把强“三性”融入“四服务”，把“四个着力”工作要求贯穿始终，把广大科技工作者紧紧团结在以习近平同志为核心的党中央周围，不忘初心、牢记使命，守正创新、服务发展，不断开拓工作新局面。

一、突出政治引领政治吸纳，科技界共同思想基础进一步筑牢

把深入贯彻习近平新时代中国特色社会主义思想作为首要任务，坚定履行政治使命，团结引领广大科技工作者增强“四个意识”，坚定“四个自信”，做到“两个维护”，巩固科技界爱国奋斗的共同思想基础。

一是持续强化理论武装。按照中央统一部署，深入开展“不忘初心、牢记使命”主题教育，各级科协组织和党员干部思想政治受到洗礼锤炼，增强了守初心、担使命的思想自觉和行动自觉。突出示范带动。紧紧围绕中央确立的加强党的政治建设、防范风险挑战、科技服务经济社会发展、脱贫攻坚、科技治理等重大主题，及时跟进开展党组理论学习中心组集体学习，用新思想武装头脑、指导实践，全面带动机关、系统广大党员干部提高政治站位，增强识变应变求变能力。强化“一体两翼”系统部署。针对学习上热中温下冷、学用脱节等问题，形成“听一课、讲一课”机制，带动全国学会理事长，省级科协主席、党组书记等学深悟透并有效落实。推动知行合一。围绕学习总书记国庆系列重要讲话精神，组织科技科普 70 年成就展等活动，激发爱国热情。围绕学习贯彻总书记关于科技创新重要论述精神，推动开展科协系统学风传承行动。围绕全面贯彻党的十九大和十九届二中、三中、四中全会精神，组建宣讲团，组织科学家精神报告团举办 100 余场报告会，全年共组织 64 期科协系统培训。各地科协也开展了形式多样的学习活动，如重庆市科协举办 400 余场“讲信仰、讲信念、讲信心”宣讲活动，覆盖 20 万余人次。创建中国科协党校（人才学院）。统筹“一体两翼”组织架构，凝心聚力，通过有效服务团结引领“三支队伍”，打造没有围墙的人才中心和价值引领阵地。抓住科技领军人才这一关键群体，着力强化理想信念教育，筑牢信仰、信念、信心，强化高端引领和示范效应。在井冈山干部学院举办青年科技领军人才国情研修班；联合中央党校组织近 200 名院士专家专题学习习近平新时代中国特色社会主义思想，探索打造融学习、交流、智库于一体的政治引领平台；组织暑期考察休假，传递总书记对科技人才的关心关爱；加强国际组织任职能力培训，助力科学家在国际舞台上更好彰显价值。面向海外人才，强化开放引领和国情文化交流，增强信任、包容、合作的共识与信心。积极利用世界组织、国际会议等平台做好海外人才吸纳。面向科协系统干部，着力强化管理能力提升，实现对全国学会理事长秘书长、省级科协主要负责人、脱贫攻坚骨干力量以及青年领军人才的有效覆盖。江西省科协、浙江省科协等地方科协先后成立党校，河南省科协建立乡村振兴科技党校。经过半年的建设，科协党校面向“三支队伍”的学习平台功能初步显现。12 月 5 日，中国科协正式入驻“学习强国”平台，发挥智力密集优势，整合智库、学术资源，用学术语言讲好政治，目前已吸纳 20 家地方科协和全国学会作为信息来源渠道，推送百余篇原创文章。精心组织一批为社会公众喜闻乐见的科学家精神、科技前沿知识视频和专题内容，50 集网络视频课程受到主站热推，受到社会公众好评。

二是坚决贯彻总书记重要指示精神。深刻领会总书记对科技、科协工作的重要指示精神，进一步聚焦靶心，明确战略主攻方向，以攻坚克难的勇气不折不扣落实，有效激励科技工作者的创新报国热情。落实中央全面深化改革委员会关于一流期刊建设的重大部署，着眼全局加强战略谋划，带领科技界以打造一流期刊为突破口，强信心、促改革，添动能、建机制，服务科技强国建设。贯彻总书记对首届世界科技与发展论坛等系列国际会议的贺信精神，搭建中国主场交流平台，宣介中国开放合作的主张，服务人类命运共同体建设。深入贯彻总书记关于加强科技创新、科学普及、决策咨询、推动科技为民服务的重要批示精神，完善发挥中国老科学技术工作者协会作用的保障机制。贯彻总书记对集成电路人才培养等重要指示精神，与教育部、工业和信息化部等有关部门加强沟通，推动学科建设、国家产业基金等工作落实。

三是大力弘扬新时代科学家精神。组织科技界深入学习总书记关于科技创新的重要论述，凝练新时代科技工作者的价值符号，推动出台《关于进一步弘扬科学家精神 加强作风和学风建设的意见》，将科学家精神纳入革命精神谱系。深入落实总书记关于学风建设的重要指示精神，推动转化为科技界行动遵循。发挥全国学会示范作用，组织生命科学学会联合体、智能制造学会联合体、航空发动机产学联合体和千名青年科学家发布学风建设倡议，中国老科学技术工作者协会启动“大力弘扬科学家精神 促进学风建设行动”，形成全面加强学风作风建设的强大共识。夯实科学家精神和学风建设的青年基础，持续打造“科学大师名校宣传工程”品牌，围绕庆祝新中国七十华诞，组织13所高校演出49场，一批剧目集思想性、艺术性、时代性于一体，使青年学子受震撼、受教育。组织部分剧目赴澳门特别行政区、广东省巡演，为庆祝澳门回归20周年、服务粤港澳大湾区建设增添亮色。贵州省科协打造反映“人民科学家”南仁东先进事迹的新剧目，江苏省科协创编反映直升机泰斗王适存感人事迹的新剧目。唱响“礼赞共和国、追梦新时代”主旋律，32家省级科协和中华医学会、中国铁道学会、中国能源研究会等65家全国学会参与，共同开展“最美科技工作者”宣传活动，集中展示科技工作者爱国奋斗的时代风貌。面向高校和科研机构征集科学摄影作品和微视频，组织科技人员讲好身边故事，自觉把个人和团队奋斗融入国家发展大局。北京选树61位老科学家作为科技界楷模。山东省将郭永怀事迹陈列馆命名为全省“中国科学家精神宣传教育基地”，打造科学家精神的宣传教育品牌。上海市科协制作《十院士谈学风》专题片，上线抖音官方账号。以重大活动与组织创新为载体，持续营造团结引领氛围。在全国科技工作者日组织开展“双百双服”（百家学会、百支科技志愿队，服务基层、服务企业）行动，倡导并推动科学家精神与志愿服务精神相结合，成立中国科技志愿总队，百余家（占全国学会近半数）全国学会组成科技志愿服务队，以服务基层、服务企业的实际行动礼赞新中国七十华诞。人民日报官方微博“全国科技工作者日”话题上线一周内阅读量超1.5亿次。北京以“科技工作者今天的心声”为题策划拍摄《我和我的祖国》快闪视频，在“学习强国”全国平台首页播出，产生热烈反响。湖北围绕庆祝新中国成立70周年启动“五个一批”行动。

四是守牢科技界意识形态阵地。全面研判中美贸易摩擦向科技、人才遏制演化等外部环境变化对科技界意识形态工作的新挑战，强化大局意识和斗争精神，坚持正确的政治方向、舆论导向、价值取向，严把入口关、过程关、宣传关、处置关、问责关，全面落实意识形态责任制。推动阵地建设从科协机关、直属单位向全国学会、地方科协纵深推进。排查学术会议、重大活动的潜在风险，重点做好青年和网络意识形态风险防范工作。针对美国地理学家学会、美国科学促进会插手涉疆问题与苗头倾向，与外交部密切沟通，及时妥善处置，表明立场、澄清误判。在中央有力领导下，积极应对“IEEE审稿门”事件，中国电子学会、中国通信学会、中国人工智能学会、中国电机工程学会、中国机械工程学会、中国电工技术学会、中国仪器仪表学会、中国光学学会、中国汽车工程学会、中国生物医学工程学会共10家学会主动发声，站稳科学无国界、学术无歧视、交流无障碍的道义高地，在意识形态斗争前沿锤炼斗争精神，增强在国际科技舞台上交朋友、增认同、展形象的能力。在全年举办106场国际学术活动中，建立新闻发言人机制，既引导科技舆论，又擦亮“探头”增强政治敏锐性，防范意识形态风险。山东省科协制定应对机制预案，加强对所属100多个网络平台以及自媒体的舆情监测。

五是代表委员和各专门委员会积极履职，形成工作合力。中国科协副主席、常委、荣誉委员在重大活动和重点工作中率先垂范、认真履职，九大代表深入调研，形成系列建议。各地科协积极推动代表委员发挥作用、增强履职实效。安徽省科协建立省科协常委、委员履职通报制度，开展省科协兼职常委牵头实施重点工作任务试点。中国科协常委会各专门委员会也做了大量工作，老科技工作者专门委员会参与举办纪念中国老科学技术工作者协会成立 30 周年座谈会、老科学家圆桌会议等活动，决策咨询专门委员会助力黑龙江省党政领导与院士专家座谈会，企业自主创新专门委员会围绕粤港澳大湾区国际科技创新中心建设、技术交易服务等问题深入调研，青年科技工作者专门委员会积极推进优秀中外青年交流计划，人才与继续教育专门委员会开展西部科技人才流失情况专题调研，女科技工作者专门委员会举办新时代科技女性践行和弘扬科学家精神座谈会，开展女科学家走基层、向女科学家致敬等主题宣传活动，组织“大美·中国女科学家”丛书采编工作，激发创新报国热情。

二、围绕中心服务大局，支撑高质量发展的组织力持续提升

紧扣时代发展主题，聚力打造智库、学术、科普“三轮”驱动工作载体，把开放型枢纽型平台型组织优势转化为服务高质量发展优势。

一是服务决策，持续构筑科协智库平台。服务中央决策。形成跨界研判机制，围绕总书记对破解“卡脖子”问题等重大关切，聚焦中美贸易摩擦、数字经济、科技伦理治理等国家重大战略问题，汇聚反卡、对卡之策，全年报送建议 60 余篇，多次得到中央领导同志批示，组织科技界、产业界、金融界专家跨界研判，服务中央决策的动员机制日益完善。持续增强学会、学术交流平台的学术引领能力，通过建立重大科学问题和工程技术难题发布机制，树立科技前沿发展风向标。与北京大学、清华大学、中国人民大学、北京航空航天大学等高校共建智库，发挥其学科人才资源、全球合作网络等方面优势，突出科技治理特色，支撑国家治理现代化。动员全国学会专家参与地方智库建设，为基层科协组织服务党委政府决策提供支持，半数以上省级科协提出的咨询报告多次得到地方领导批示，科协组织智库影响力持续提升。重庆市科协向市委、市政府等报送决策咨询建议 30 篇，其中 17 篇获得省部级及以上领导批示。江苏省科协持续打造第三方评估工作品牌，全年报送决策咨询建议 18 篇，其中 8 篇（次）得到省委主要领导批示。内蒙古自治区科协组织召开科技工作者建言献策座谈会、内蒙古农牧业高质量发展建言献策座谈会。陕西省科协打造“智惠三秦”高端智库品牌。吉林省科协以承办院士专家暑期考察休假活动为契机，汇聚专家智慧。

二是凝聚人才，夯实高质量发展的智力保障。深入落实总书记关于聚天下英才而用之的重要指示精神，为海内外科技人才发挥作用创造良好条件。学术引领、以才聚才。与浙江省人民政府共同举办首届世界青年科学家峰会，总书记致贺信，为青年创新合作指明方向。峰会以青年科技人才为纽带搭建开放平台，吸引来自 102 个国家、地区和国际组织的专家、学者参加，发布《全球青年科技领袖圆桌会议共识》。重庆市人民政府举办英才大会，塑造人才引进和培育的品牌。广东省科协承办中瑞青年科学家论坛，推动成立“中瑞产学研联盟”。主动推进科技与经济融合发展。主办发展战略论坛，如世界科技与发展论坛等，体现汇聚战略共识、构筑国际合作战略通道等功能；推进通用技术交流与合作，如与黑龙江省人民政府合作举办中国科协年会，会同北京、中国电子学会等主办世界机器人大会等，通过建立科技问题、产业态势发布机制，加强前沿引领；推进专业技术与产业发展，以跨界学术交流推动数字经济、人工智能、智能制造、生物医学等领域发展，并与地方合作、服务区域发展，如以新能源汽车大会服务海南自由贸易港建设。平台托举、以才育才。加大对新型研发机构和科技企业领军人才以及青年人才参评两院院士的举荐力度，中国科协单一渠道推荐的孙斌勇（42 岁）成为新当选院士中最年轻的中国科学院院士。提名中国科学院院士孙家栋荣获“共和国勋章”、中国科学院院士叶培建荣获“人民科学家”荣誉称号。关键阶段雪中送炭，托举青年人才。强化政治引领和学风建设，着力破除“四唯”倾向。地方各级科协持续实施人才支持计划，完善人才激励机制。北京精心打造科技交流学术月，营造良好创新生态。辽宁省科协组建院士联合会，实施首批“学术头雁计划”，搭建柔性引才育才平台。甘肃省科协联合省委组织部共建院士候选人人才储备库。陕西省科协与省委组织部等 10 部门共同推进院士专家工作站建设，柔性引进团队。河北省科协全力推动科技工作者之家建设。天津市科协的杰出人才培养计划和青年人才托举工程，吉林省科协的青年科技领英计划，上海市科协的飞翔计划、晨光计划，河南省科协的中原青年拔尖人才等，成为托举培育青年科技人才的重要品牌。

三是产学融合，服务国家战略区域发展。外力做功助力东北全面振兴，组织100余位院士专家开展大调研，精准对接东三省需求，突出技术和人才导入，着力优化创新生态。在黑龙江省举办第二十一届中国科协年会，聚焦创新驱动发展十大战略问题，组织百余位院士专家开展专题咨询，提出解决方案，120余位院士、近30个国家的130余位科学家和领军人物、80余位全国学会主要负责人、260余家企业代表等共计6000余名国内外专家、学者参与，围绕东北全面振兴开展多种形式的学术服务。助力京津冀、长三角、大湾区创新发展，与北京市科协、天津市科协、重庆市科协、江苏省科协、浙江省科协、上海市科协共建国际合作平台，推动人工智能科技与产业深度融合，培育数字经济增长极，助力北京市科协、上海市科协建设科创中心。河北省科协建设京津冀科协科技成果转化平台，开展首都科技工作者助力河北创新发展行动计划。广东省科协成立粤港澳大湾区科技协同创新联盟、智能制造等学会联合体、高校科协联盟、乡村振兴战略联盟等赋能创新协同组织。生态环境产学联合体组织开展咨询服务，助力粤港澳大湾区生态环境治理和绿色发展。以“三库一平台”（需求库、项目库、人才库，交易服务平台）建设为抓手，助力破解“卡脖子”难题，主动探索建立技术服务与交易体系，推动开源平台建设，助推数字经济人才培养，促进技术、资本、人才的深度融合。以开源的平台思路，推动协同创新，降低技术交易成本，促进科技成果转化。推动全国学会与地方联合，提升世界机器人大会、智能大会、新能源汽车大会、中关村论坛等跨界交流平台的影响力，有效汇聚人才、技术等要素。航空发动机产学联合体围绕航空发动机“卡脖子”问题，发布中国航发基础研究合作需求，搭建产学融合交流平台。中国有色金属学会成立“固体废弃物大宗消纳及再生资源综合利用”创新联合体。天津市建设中国科协创新资源共享平台天津（滨海）分中心，上线企业超过1100家，动员200余家民营企业共同成立滨海新区民营企业科协。河南省科协举办2019世界传感器大会、2019中国（濮阳）石化产业技术发展大会等10余场产业技术大会，签约项目40余项，签约金额近200亿元。贵州省科协围绕大数据战略行动，成功举办天文论坛。江西省科协承办2019中国航空产业大会。上海市科协推广使用科技创新券，院士专家工作站服务范围覆盖中小微企业4万余家。

四是打造社会化公共服务品牌。中国公路学会等6家学会入选国家标准化管理委员会“团体标准培优计划”，69家全国学会发布团体标准807项。全国双创活动周“会、展、赛”全链条服务效果凸显，各方面人才脱颖而出。50余家全国学会和地方科协积极参与全国双创活动，湖南省科协组织企业科协联合开展创新创业融合行动，中国公路学会举办世界大学生桥梁设计大赛，中国卫星导航定位协会举办“北斗之星”创新创业大赛，中国林学会举办全国林业和草原科普微视频创新创业大赛，中国机械工程学会举办中国大学生机械工程创新创意大赛，中国城市科学研究会开展贫困县农村“双创”的典型模式及作用机理研究，中国作物学会举办全国农科学子创新创业大赛。深入实施创新驱动助力工程，依托“百千万”服务区域发展行动等平台，开拓全国学会服务下沉、地方科协协同承接新渠道。100余家全国学会和地方科协创设各类服务品牌，50家全国学会与地方政府、地方科协共建产学联合组织和产业前沿科技智库，30家全国学会会同地方科协开展“全国专家走进国家重大战略区域和重点产业领域”示范活动。面向长三角一体化发展，浙江省科协开展“千名专家进万企”专项行动，累计建立各类学会服务站381个、企业联系点2580个，创新助力学会企业联合体6个、产业技术创新战略联盟11家，每年都有2000余名高级专家活跃在助力工程一线。辽宁省科协实施“全国学会入辽计划”，成立科技成果转化促进联盟54个，组织动员科技工作者服务民营企业1.2万人次。中国复合材料学会、中国化工学会、中国纺织工程学会、中国煤炭学会等与多个地方科协合作建设实体化转化应用基地。中国稀土学会与江西省科协、江西省赣州市人民政府签订战略合作协议，建设稀土科技成果转化基地。中国电子学会等与地方科协广泛合作，累计培训高校师资近2000人，《人工智能导论》累计发售近3万本，覆盖22个省份。北京推动社团融合创新，支持全国学会与地方学会抱团开展“创新簇”建设。围绕粤港澳大湾区建设，广州市科协与中国通信学会等近20家全国学会开展合作，承办中国创新创业成果交易会。天津市科协发布枢纽型企业科协组织建设指南。湖南省科协与省工业和信息化厅联合发文加强中小企业科协组织建设。安徽省科协征集300项企业技术需求与省级学会进行集中对接。山东省泰安市科协与10家全国学会密切合作，建立实体化平台25个。

五是构建科普社会协同化发展新格局。推动科普服务由政府单一主导向社会化协同发展转型，联合125家产学研机构和媒体平台，首次建立中国公众科学素质促进联合体。广东省科协组织150余家科普新媒体单位成立科普新媒体联盟，覆盖粉丝超过1000万。安徽省科协牵头承办第九届中国（芜湖）科普产品博览交易会。四川省科协成功承办第五届中国（成都）国际科幻大会，探索科幻与其他产业融合发展路径。加强与地方党委政府联动，支持中心城市开展全域科普试点，首期试点地区天津市科协形成全领域行动、全地域覆盖、全媒体传播、全民参与共享的“四全”工作模式，上千万群众直接受益。2019年，天津市科协、重庆市科协、湖南省科协、广西壮族自治区科协、福建省科协推动将全民科学素质工作纳入党政绩效考核，累计12个省份开展此项工作。深圳市颁布《深圳经济特区科学技术普及条例》，强化科普法制化建设。聚焦不平衡不充分短板，创新升级中国特色现代科技馆体系，扩大流动科技馆、数字科技馆的覆盖面。“科学辟谣平台”聚焦人民群众生产生活的重大关切，专业导入，权威发布，广泛传播，形成及时响应和深度覆盖，8月底启动上线以来，活动覆盖3000多万人。“科普中国”广泛动员社会力量加大优质内容供给，传播量超过285亿人次。全国科普日活动线上线下参与达3.2亿人次。湖北省科协、贵州省科协、云南省科协、青海省科协、西藏自治区科协积极推进“科普中国”落地应用。全国青少年科技创新大赛在澳门特别行政区成功举办，吸引56个国家和地区代表队参与，增进澳门特别行政区青少年对祖国的向心力和归属感。加大科普人才培养力度，推动科普与教育融合。北京市科协、天津市科协在图书资料职称系列增设科学传播专业，北京市科协评选全国首批75名科学传播高级职称人才。北京科学中心建设一流科技辅导员队伍，设计开发54门课程、八大主题实验室、100余项展厅实践活动，受到首都青少年欢迎。京津冀三地共同成立科学教育馆联盟。上海市科协、江苏省科协、浙江省科协、安徽省科协举办长三角一体化系列科普合作交流活动。全国学会科普热情高涨。中国海洋学会、中国昆虫学会、中国航空学会、中国有色金属学会、中国煤炭学会、中华医学会、中华口腔医学会、中国卒中学会、中国园艺学会等37家全国学会首批开展科技志愿服务活动。中国药学会以安全用药为主要内容，建设“两微九端”科普传播矩阵，覆盖人群近5000万。中国康复医学会率先组建志愿者服务团队，组织科普进社区、帮扶下基层活动，线上线下开展科学辟谣。中国环境科学学会围绕生态环境热点问题和公众需求加强传播，助力打好污染防治攻坚战。中国电工技术学会全年组织近50次科普活动，发布科技信息500余篇。中国食品科学技术学会发起青年科技志愿服务团队、食育科普创新战略联盟，开展食品安全周活动。

六是扎实服务脱贫攻坚和乡村振兴。坚决贯彻落实中央关于打赢脱贫攻坚战的决策部署，以扶贫为主题，志智双扶，选树典型，广泛组织动员科技组织和科技工作者参与脱贫攻坚，定点扶贫县“点单”、科技组织“接单”、科协“买单”，超额完成中央定点扶贫年度任务，助力山西省吕梁市临县脱贫摘帽、岚县巩固脱贫成效。地方科协和全国学会立足优势、精准发力。山西省科协实施科技助力精准扶贫“百千万”工程，3年累计帮扶贫困人口8.6万人。内蒙古自治区科协开展“科技助力精准扶贫和乡村振兴专家旗县行”活动，组织实用技术培训851场次，受益农牧民10.6万人次，打造“县会协作”科技扶贫模式，对31个国家级贫困旗县“一对一”定向科技帮扶。新疆维吾尔自治区科协实施“精准扶贫专家服务行动”，800余名科协干部职工分批下沉，常态化制度化推进“访惠聚”驻村、南疆支教和深度贫困村脱贫攻坚等工作。甘肃省科协持续推进农技协转型升级，走“以会带户、带基地、带合作社、带产业”的社会化扶贫路子。湖北省科协组织249支科技扶贫工作队开展产业扶贫、技术扶贫。云南省科协创建“学会+”扶贫模式，组织200多个省州级学会和1万多名科技专家，组建120个专家服务团。中国公路学会为山西省吕梁市临县农村捐建“爱心桥”。

三、完善机制营造生态，一流期刊建设顺利推进

突出机制创新和生态营造，以卓越行动计划为引领，重点突破，加大数字化、集群化、国际化改革力度，精耕细作打好硬仗。

一是强化顶层设计。推动《关于深化改革 培育世界一流科技期刊的意见》出台，会同中共中央宣传部、教育部、科技部等部门，集成科技界、出版界意见，形成贯彻落实意见总体方案、领军期刊遴选建设方案、集群化改革试点方案等，有序推进实施。

二是实施卓越行动计划。系统布局单刊建设、集群发展、平台托举、人才培育等先行示范项目，以域选刊，围绕重点领域和战略方向，确定22种领军期刊（18种影响因子学科排名进入世界前25%，12种进入前10%）、29种重点期刊（18种学科排名进入世界前25%，5种进入前10%）、199种梯队期刊和30种高起点新刊，形成重点建设目录。强化刊群联动、平台托举，试点推进集群化改革，对接国际标准启动数字生产、运营、传播平台建设，开展高水平办刊人才选育。

三是多方协同推进。积极争取中共中央宣传部、教育部、科技部、财政部、中国科学院、中国工程院支持，建立部际协调工作机制，组建具有广泛代表性的专家委员会。与美国科学促进会、英国工程技术学会、施普林格·自然集团、爱思唯尔集团等建立伙伴关系，深化国际合作。全国学会积极参与，形成合力。

四是营造良好生态。建设中国临床医生案例成果数据平台，着力扭转唯论文、唯SCI评价导向，推动构建案例成果代表作制度，推进分类多元评价。选取15家全国学会试点发布科技期刊分级目录，推动中外期刊同质等效。着眼提升对全球科技资源的汇聚、管理和运营能力，研究推进科技期刊论文大数据中心建设。研究筹建专项发展基金，探索建立市场化运作机制。编制《科技期刊出版伦理规范》，完善学术不端预警查处机制，筑牢学术诚信和出版伦理底线。

四、深化改革强化基层，群众工作动员力不断增强

坚持接长手臂、扎根基层，推动科协系统改革向基层延伸，扩大组织覆盖，创新联系服务体制机制，党在科技界执政的群众基础进一步夯实。

一是党建带群建赋能基层组织。开展党建引领社区科协建设试点，将科协系统资源统筹下沉基层，共建共享党群服务中心、新时代文明实践中心等基层服务平台，打造社区书院、科普讲堂、健康沙龙等群众欢迎的活动品牌，把惠民服务和党的理论宣讲有机结合。联合中央文明办，开展新时代文明实践中心科技志愿服务试点。成立中国科技志愿者总队，发起科技志愿服务行动，构建四级联动的服务体系。截至2019年年底，注册成立各级志愿服务组织7153个，实名注册志愿者24.7万人，累计开展约1.8万次志愿服务活动，参与服务450万余人。天津市科协发展1268个科技志愿组织，志愿者6万余人，规模稳居全国第一。吉林省科协组建全省各级科技志愿者队伍近百支，组建吉林省科学传播专家团队64支，推动科技服务走基层。河南省科协注册科技志愿者9000余人，科技志愿服务组织277个，开展科技志愿服务活动2700多项，数量居全国首位。安徽省科协建立省、市、县三级科技志愿服务体系，全面开展新时代文明实践中心科技志愿服务工作。湖南省科协怀化市鹤城区将“科普中国”“科普湖南”嵌入党群服务网络平台。广东省科协实施科技志愿服务和“上山下乡”行动。

二是以“3+1”试点改革强基。总结前期试点经验，推广复制有效工作模式，支持32个省级科协因地制宜开展“3+1”工作。在做加法基础上做乘法，累计吸纳3万余名医院院长、学校校长、农技站站长“三长”进入县乡科协兼挂职，调动相关战线力量服务基层，在缓解“四缺”的同时，促进农技、教育、医疗等公共服务结构调整优化，形成面向基层群众的服务合力，为完善共建共治共享的基层社会治理新格局做出新探索。天津市科协出台《基层科协组织建设三年行动计划》，大力推动社区（村）科协组织建设。重庆市科协与市委组织部、市教育委员会、市农业农村委、市卫生健康委联合出台《关于进一步深化基层科协组织“三长制”改革的意见》。宁夏回族自治区科协实现县、乡镇全覆盖，山西省科协实现117个县域全覆盖。江苏省科协推进县乡村三级建立“四长”工作机制，13个设区市、96个县（市、区）、1287个乡镇（街道）科协组织实现全覆盖，95%的村（社区）成立科协组织。浙江省科协实现全省11个市、89个县（市、区）、1335个乡镇完成“三长”纳入科协班子，村级层面将“四老”（老教师、老医生、老干部、老退伍军人）人物纳入科协组织，基层科协组织手臂有效延长。

三是扎实推动学会治理改革。强化内部治理，制定实施全国学会组织通则，提高专业化规范化服务能力。改革学会办事机构挂靠单位调整机制，继续扩大无挂靠学会的范围，充分保障学会社团法人地位。以全国学会为枢纽，广泛联合产业力量组建产学联合体、产业协同创新共同体，增强学会跨界协同优势。围绕产业升级的关键共性难题，构筑产学融合通道，组建航空发动机产学联合体，促进产业界与科技界集智攻关和聚群发展。中华口腔医学会强化精准服务，个人会员突破10万人，会费缴费率保持在80%以上。

四是推动改革向基层延伸。以庆祝新中国成立70周年为契机，围绕党的十八大以来科协系统改革创新发展的生动实践、伟大成就、宝贵经验，开展争创“十佳”行动，选树十佳学会党组织、十佳服务企业创新学会、十佳深化改革县级科协、十佳调研报告、十佳科技助力精准扶贫示范点、十佳科普作品、十佳科幻作品，发挥示范引领作用。尊重基层首创，加强工作研讨和经验交流，深入开展地方科协改革试点工作。深化改革研究，推动理论和实践相结合。重庆市科协持续举办四届科协改革研讨会，安徽省科协开展市科协特色工作创新试点，江西省科协坚持省市县三级科协工作同部署同推进同总结，2019年5个设区市、49个县科协工作经费增加。甘肃省各市县科协机构改革全部到位，14个市州科协新增部门15个、编制7个，86个县区新增部门12个、编制16个，基层科协工作基础得到夯实。

五是提升网上联系服务能力。贯彻落实总书记关于提升网上群团工作能力的指示精神，持续推进“智慧科协”建设工程。连接汇聚132个全国学会和32个省级科协，科技人才资源库不断丰富，科技工作者网上之家“科界”、面向公众服务“科普中国”等App覆盖用户规模持续扩大，全年新增600万人，累计达到1593万人。科技成果交易“绿平台”“智慧学会”等一批特色应用服务有力支撑科协组织业务流程再造和服务能力提升。各地科协积极建设网上群团，拓宽科协与科技工作者、社会公众的联系渠道。山东省科协精准绘制全省科技工作者分布地图，打造资源汇聚、工作协同、精准服务、创新交流四位一体综合平台。广西壮族自治区科协建立网上广西科技工作者之家，注册人数超过5万人，并与中国科协“绿平台”实现数据互通。

五、精心打造“国际月”系列活动，民间科技交流通道有效拓展

以习近平外交思想为指引，着眼推动文明互鉴、提升中华文化影响力，畅通民间科技人文交流渠道，成功举办“国际月”系列活动，提升中国科技的国际话语权和影响力。

一是服务外交大局，主动创设议题。深刻领会总书记对首届世界科技与发展论坛等大会的贺信精神，聚焦科技革命与产业变革、科技与教育文化、青年科学家与中小企业成长等重大议题，及时传递中国科技发展服务人类共同愿景的价值主张，展示推动开放合作的坚定信心。联合新华社制作宣传片《守护》，阐释总书记贺信精神，在海内外广泛传播。落实总书记2018年对首届世界公众科学素质促进大会贺信精神，巩固合作成果，形成18国19个重要科技组织联合推动的“北京行动路线图”。落实联合国可持续发展目标的中国主张得到国际科学理事会等积极响应。组织《人民日报》、新华社、中央电视台等主流媒体，精心策划宣传话题，广泛动员国际知名科学家多角度阐释协同发展的合作理念，全方位释放“国际月”的舆论引导效应。

二是创新合作机制，搭建交流平台。会同中国科学院、中国工程院与俄罗斯科学工程协会联合会共同主办首届世界科技与发展论坛，联合41个国家和地区、76个重要科技机构和国际组织就科技、经济、社会、文化融合新趋势密集研讨，形成广泛共识，有力推动互信、合作、发展。“国际月”期间，6000余名海外科学家、企业家、教育家，96个国际组织，287个国别组织积极参与各类活动。上海市人民政府联合有关部门成功举办第二届世界顶尖科学家论坛，汇聚70位世界顶尖科学家和100位优秀青年科学家，习近平总书记致贺信。山东省科协举办世界海洋科技大会，发布9大类别200余项海洋科技成果，形成“青岛共识”。

三是稳步推进与重点国家和关键组织的合作。加大与美国科学促进会等对口组织的交流合作。精心筹划中美物理学家交流活动，成功召开圆桌会议，形成定期沟通机制，中国科学院院士赵忠贤在特殊时期率团出访并圆满完成任务，展现了强烈的国家使命意识。积极拓展中瑞、中俄等合作渠道并取得新成效，实施“中瑞青年科学家交流计划”，与俄罗斯科学工程协会联合会签署谅解备忘录，并纳入《中俄总理第二十四次定期会晤联合公报》。开拓与缅甸、巴基斯坦、以色列等“一带一路”国家的合作新通道。推荐在374个国际组织担任决策层职务359人，比2018年增加11人。支持李静海、龚克、黄维等在国际组织履职，提升中国科学家在国际科技界的话语权和影响力。中国汽车工程学会与世界汽车工程师学会联合会签署《汽车工程师能力标准》互认协议，为德国等14个成员国所互认，中国《汽车工程师能力标准》首次获得世界认可，填补了全球汽车人才评价标准空白。

四是发挥系统优势，拓展联络渠道。深入实施海智计划，建成77个海智计划工作基地、14个国家海外人才离岸创新创业基地、5个海智计划海外双创基地，制度化联系98个海外华人科技团体。鼓励全国学会在海外建设分支机构或联系点，探索外籍会员制度。建立完善法律和政策支撑体系，推动我国科学家牵头发起成立以我为主的国际科技组织，吸引国际科技组织总部落户中国。江苏省科协举办苏州国际离岸创新创业峰会，在国家级高新技术产业开发区新建10家省级离岸基地，打造海智大会品牌。江西省科协举办海智赣鄱行——2019海外人才创新创业项目（江西宜春）对接会。内蒙古自治区科协举办“海智专家内蒙古行”等系列活动。中国有色金属学会连续30年开展中俄双边科技交流合作，累计促成百余项高端新材料项目。

五是积极开展对港澳台科技交流工作，凝聚海外科技工作者和青少年人心。福建省科协发挥区位优势，坚持10余年举办海峡两岸科技专家论坛等对台湾地区科技交流项目。江苏省科协主动承担中国科协对港澳台交流工作，每年暑期举办海峡两岸暨港澳青年创新创业训练营活动。中国化学会参与举办海峡两岸暨港澳绿色发展青年论坛，彰显学会在做港澳台人员人心回归工作的优势。

六、强化党建保障，全面从严治党工作更加深入

贯彻新时代党的建设总要求和党的组织路线，以党的政治建设为统领抓好党的各方面建设，自觉履行全面从严治党主体责任。

一是深化主题教育，加强党的政治建设。推进履行“两个责任”的制度建设。围绕学习贯彻习近平新时代中国特色社会主义思想主线，统筹“一体两翼”，深入开展主题教育。检视查摆4方面33个突出问题，推进整改落实，做到靶心不虚、中心不偏、重心不浮，坚守初心使命，永葆科协组织政治本色。各地科协主题教育期间，主动作为，聚焦问题精准发力。河北省科协连续两年被评为省直机关党建先进单位。广西壮族自治区科协针对基层农技协长期未解决的深层次问题，下大力气协调，降低基层农技协登记管理门槛。

二是配合中央巡视。自觉接受中央第十二巡视组巡视监督，围绕“四个落实”，突出问题导向，接受全面政治体检，深入查找政治偏差，通过巡视发现问题、形成震慑，推动改革、促进发展。建立长效机制，扎实开展内部巡视。

三是深入实施“党建强会计划”。发挥机关党建示范作用，全国学会和地方科协一体推进，构建科协系统大党建工作格局，辐射带动科技界强化党的创新理论武装，增强对党的向心力。以党建强化新时代学会使命和价值认同，以评促建，强化标杆示范，推动全国学会理事会党委建设，组建中国科协学会党建示范工作联合体。推进党建业务融合发展，找准结合点，围绕中心抓党建，抓好党建促业务，激发学会组织活力。集中整治软弱涣散基层党组织，对学会党建情况进行全面摸底，对业务主管全国学会的133个基层党组织逐一排查，建立工作台账，重点整顿存在问题的1个联合党支部。依托“党建云”平台，扎实推进党建信息化。天津市科协科技社团党委建设“流动党校”，送学上门服务80多个学会，“一会一策”整治7个软弱涣散学会党组织。上海市科协探索形成科技社团党的工作小组、办事机构党支部、党建工作联络员“三位一体”党建工作体系。湖南省科协对所属学会派驻“第一书记”，以党建带会建，被列入政府重点工作绩效评估考核内容。安徽省科协按照“应建尽建”原则，实现省级学会党的组织全覆盖。

四是坚决贯彻落实中央八项规定精神。精简会议文件，全年发文量440个，同比减少1/3，召开会议108个，比年初计划压减32.08%，严格将中央基层减负精神落实到位。强化执行力，建立绩效考核和业绩档案管理机制，完善重大问题专题研究、重大任务定期调度、重要工作及时总结、重要事项督办问责制度，驰而不息整治形式主义、官僚主义。强化廉政风险防控，完善出台29项财务内控管理制度，推进管评分离，构筑“两门四墙”预算管理新流程。建立预警机制，加强对全国学会财务风险监管。加强干部队伍政治建设，鼓励干部担当作为。

过去一年科协工作取得的成绩，根本在于以习近平同志为核心的党中央的坚强领导，根本在于习近平新时代中国特色社会主义思想的科学指引，得益于有关部门、社会各界的大力支持，得益于科协系统和广大科技工作者的共同努力。一年来，江西、河南、山东、四川、内蒙古、天津、甘肃等地方科协先后召开代表大会，推动地方科协事业承前启后、继往开来。过去一年，也是中国科协副主席、常委、荣誉委员履职情况最好的一年，赵忠贤、李静海、袁亚湘、杨卫、王恩哥、龚克、郑晓静、周守为、李洪等一批科学家，在东北调研服务、一流期刊建设、院士举荐、国际合作等重点工作中身体力行、主动作为。地方科协和全国学会在科协年会举办、科技危机应对、学风建设等重大活动中，积极作为、创新建功，汇聚成科协系统强大组织合力。经过公众投票和专家评审产生

“2019 年度科协十大事件”，“国际月”系列活动、首届世界新能源汽车大会、科技期刊改革、作风学风建设、科学家精神宣传等在科技界乃至全社会产生广泛影响，“最美科技工作者”学习宣传活动深入人心，科技志愿服务行动、中国科协党校（人才学院）建设、产学融合助力东北振兴、中国公众科学素质促进联合体建设等工作受到各方好评，“3+1”试点改革强基，推进基层科协有效壮大工作队伍，有力激发了科协系统组织活力。

对照党中央要求，顺应科技工作者期盼，我们清醒认识到，科协工作还存在一些与新形势新要求不相适应的方面。比如，团结引领、联系服务广大科技工作者的机制方式有待创新，科协组织覆盖和工作覆盖有待拓展，科协活动的品牌影响力有待提升，纵深推动科协系统改革力度有待加强，中国科协对全国学会和基层科协的政策指导、规范监督有待加强。对这些发展中的突出问题，必须通过改革创新加以解决。

综　合

【中国科协党组、书记处召开 2019 年工作务虚会】 1 月 5 日，中国科协党组、书记处召开 2019 年工作务虚会议，结合贯彻落实中央书记处关于科协工作的重要指示精神，研究谋划 2019 年工作。会议由中国科协党组书记、常务副主席、书记处第一书记怀进鹏主持。

党组、书记处领导同志紧扣“服务发展年”主题，结合分管工作，围绕科协事业发展战略和关键要素、党建与业务融合发展、年度工作目标和重大任务，以及提升国际化、信息化、协同化发展水平等方面，逐一作主旨发言，与会同志围绕发言进行了深入讨论。

怀进鹏在总结讲话中表示，这次务虚会开得很好，大家发言准备充分、联系实际、思考深刻，讲认识、谈体会，摆问题、找差距，出主意、提建议，高举高打、群策群力，党组、书记处同志前瞻思考、靠前谋划，深入研讨了 2019 年的工作方向和目标任务，达到了预期目的。

怀进鹏指出，要深入学习贯彻中央书记处关于科协工作的重要指示精神，更好地明确方向、聚焦靶心，突出重心、服务大局，把践行习近平新时代中国特色社会主义思想、旗帜鲜明讲政治贯穿到科协事业发展各个环节各个方面，引导科技工作者坚定不移听党话、跟党走，做新时代创新建功的追梦人。

怀进鹏强调，2019 年是中华人民共和国成立 70 周年，是决胜全面建成小康社会的关键之年。科协全体党员干部要进一步增强大局意识，切实增强政治敏锐性和政治鉴别力，牢牢把握历史方位，强化使命担当，以增强服务能力促进提升发展质量，以发展质量检验服务能力。

怀进鹏指出，要进一步夯实发展之基，深刻认识科技与经济、科技与社会、科技与文化、科技与未来的关系，在党和国家工作大局中找准科协工作的切入点、结合点、着力点，内聚人心、外树品牌，大力营造自主创新良好环境，推动解决“卡脖子”问题，提升技术转移和成果转化能力，以实干促实效，服务经济社会高质量发展。

怀进鹏强调，要进一步形成深化改革的共识，把改革主战场放在基层，推动中国科协形成与全国学会、地方科协深化改革“一体两翼”工作布局，创新工作机制与方式，推动改革向纵深发展，在更高起点上塑造面向建设世界科技强国的科协事业新格局。

党组、书记处领导同志徐延豪、孟庆海、束为、项昌乐、宋军、王守东、殷皓出席会议。中央纪委国家监委驻科技部纪检监察组有关负责人，中国科协机关各部门、各直属单位主要负责同志列席会议。

【中国科协召开党组征求科学家、全国学会代表意见座谈会】 1 月 8 日，中国科协召开党组民主生活会征求意见座谈会，征求科学家、全国学会代表等对党组领导班子和党组成员的意见建议。中国科协党组成员、书记处书记宋军主持座谈会并讲话。中国科学院院士陈运泰、韩杰才、魏悦广，中国工程院院士郝希山，中国稀土学会理事长李春龙，以及有关全国学会负责人、优秀科技企业负责人、青年科技工作者代表等 15 人参加座谈并提出意见建议。

与会代表纷纷表示，中国科协党组认真贯彻落实习近平新时代中国特色社会主义思想和党的十九大精神，积极发挥党和政府联系科技工作者的桥梁纽带作用，认真落实中央决策部署，作风过硬，求真务实，主动作为，开拓创新，为全国学会和广大科技工作者做了不少实事、好事。与会代表结合实际，围绕思想政治、精神状态和工作作风三个方面，就进一步转变作风，深入基层调研，加强学会党建，支持学会改革发展，建设世界一流学会，科技期刊建设，弘扬科学家精神，在科技界倡导树立正确价值观，推动学术生态建设，规范学会分支机构管理，加强国际化、信息化建设，加强企业科协工作，关心帮助科技工作者尤其是青年科技工作者成长成才等提出了宝贵的意见建议。

宋军对与会代表提出的中肯意见表示衷心感谢。他表示，各位代表提出的意见建议很有针对性和指导性，会后将认真梳理，原汁原味地向党组报告。他指出，2019年是中华人民共和国成立70周年，也是决胜全面建成小康社会的关键之年。中国科协将深入学习贯彻落实习近平新时代中国特色社会主义思想和党的十九大精神，落实中央书记处对科协工作的重要指示，紧跟时代步伐，主动识变应变，切实转变工作作风，深入基层一线了解情况，创新工作机制，推动改革向纵深发展，团结引领广大科技工作者听党话、跟党走，为建设世界科技强国作出应有贡献。

中国科协机关党委常务副书记李志刚，企业创新服务中心主任、学会学术部副部长苏小军，学会学术部副部长陈锐，学会服务中心主任申金升，科技导报社社长王康友等参加座谈会。

【中国科协党组邀请10位优秀科技工作者代表参加理论学习中心组集中学习】 7月14日，中国科协党组理论学习中心组举行“不忘初心、牢记使命”主题教育第四次集中学习，践行以科技工作者为中心、强化政治引领的初心，结合中共中央办公厅、国务院办公厅印发《关于进一步弘扬科学家精神加强作风和学风建设的意见》，邀请10位优秀科技工作者代表座谈交流，为科技工作者报国为民搭建平台、提供助力。中国科协党组书记怀进鹏主持集中学习。

中国科学院院士、西安交通大学能源与动力工程学院教授陶文铨，西藏自治区农牧科学院畜牧兽医研究所研究员姬秋梅，中水北方勘测设计研究有限责任公司副总工程师杨海燕，中国科学院院士、华中科技大学同济医学院附属同济医院外科学系主任兼肝脏外科主任陈孝平，江西省寻乌中学科技中心主任、高级教师黄才发，中国科学院计算技术研究所智能处理器中心主任、研究员陈云霁，中国核电工程有限公司总工程师邢继，中车青岛四方机车车辆股份有限公司总工程师梁建英，中铁大桥勘测设计院集团公司副总工程师徐恭义，河南省泌阳县夏南牛研究推广中心主任祁兴磊10位优秀科技工作者代表分别讲述了各自践行初心使命的奋斗故事，并对科协工作提出意见建议。

中国科协党组、书记处同志认真聆听并作交流发言。大家一致认为，10位优秀科技工作者代表的朴实感人事迹，彰显爱国、创新、求实、奉献、协同、育人的新时代科学家精神，是中国科协“守初心、担使命”的重要学习内容；他们提出的意见建议，贯穿为中国人民谋幸福、为中华民族谋复兴的初心和使命，是中国科协“找差距、抓落实”的重要整改目标。要充分梳理运用好这次集中学习成果，进一步增强优秀科技工作者先进事迹学习宣传活动的典型性、传承性、时代性、系统性，突出新时代科学家精神与科技界践行初心使命的同一性，充分发挥中国科协团结引领广大科技工作者听党话、跟党走的桥梁纽带作用，不断推动中国科协“不忘初心、牢记使命”主题教育走向深入。

怀进鹏在作学习讲评时指出，中国共产党的领导和历代科技工作者的爱国许国报国强国之志，是科协组织诞生的两大根本要素。中国科协的最大价值就是真心实意地能够服务好科技工作者，并在此基础上弘扬新时代科学家精神，团结带领科技工作者听党话、跟党走。要深入领会新时代科学家精神是在“两弹一星”“载人航天”“西迁精神”等特定科技工作者群体精神基础上的高度凝练与升华，是广大科技工作者在以习近平同志为核心的党中央坚强领导和亲切关怀下创新奋斗伟大民族精神的时代观照，把大力弘扬新时代科学家精神的时代内涵和现实意义作为“不忘初心、牢记使命”的重要举措，在全社会形成尊重知识、崇尚创新、尊重人才、热爱科学、献身科学的浓厚氛围，为建设世界科技强国汇聚磅礴力量。要深刻铭记科协组织是在中国共产党的直接关怀和领导下成立的，始终坚持以党的初心为初心、以党的使命为使命，把践行初心使命体现在旗帜鲜明坚持党的领导态度上、体现在发挥政治作用效果上、体现在服务中心工作能力上，以开展主题教育为契机，引导广大科技工作者更加积极地认同和贯彻党的路线方针政策，确保科协组织密切同广大科技工作者的血肉联系，进一步破解科协事业发展难题，在初心使命的指引下不断开拓科协事业新境界。

中国科协党组副书记徐延豪，党组成员束为、宋军、王守东、殷皓参加集体学习。书记处书记孟庆海，中国科协机关各部门、各直属单位主要负责同志列席。

【中国科协召开2019年工作要点部署交流会】 3月1日，中国科协召开2019年工作要点部署交流会，部署安排 2019 年重点工作和重大任务。中国科协党组书记、常务副主席、书记处第一书记怀进鹏主持会议并讲话。

怀进鹏指出，2019 年是中华人民共和国成立 70 周年，是全面建成小康社会、实现第一个百年目标的关键之年，科协系统要深入学习领会习近平总书记重要讲话精神，按照中央书记处着力加强政治引领、着力围绕中心服务大局、着力深化改革强化基层、着力加强党的领导党的建设的重要指示，加强重大任务顶层设计和系统谋划，努力推动科协事业发展再上新台阶。

怀进鹏强调，科协组织要坚定不移推进习近平新时代中国特色社会主义思想学习宣传贯彻，全面贯彻党的十九大和十九届二中、三中全会精神，增强“四个意识”、坚定“四个自信”、做到“两个维护”，坚持稳中求进工作总基调，聚焦保持和增强“三性”，按照“四个着力”的要求，确保科协工作正确的政治方向。全系统要创新机制、把握工作规律，扩大覆盖、完善组织体系，打造品牌、增强服务实效，系统指导、强化“一体两翼”，广泛凝聚科技工作者礼赞共和国、建功新时代的智慧力量。各级干部要鼓足干劲、振奋精神，主动担当、加强协同，锐意改革、勇于创新，提倡实干、注重实效，把“规划图”变成“施工图”，把“任务书”变成“责任书”，抓好工作要点的推进落实。要最大限度地组织动员广大科技工作者，投身建设世界科技强国，以优异成绩向中华人民共和国成立 70 周年献礼，为全面建成小康社会、实现中华民族伟大复兴的中国梦作出新贡献。

中国科协副主席、书记处书记孟庆海就中国科协 2019 年工作要点编制情况和主要内容作了说明，并就推进落实工作要点提出了具体要求。中国科协调研宣传部、学会学术部分别汇报了开展“礼赞共和国、建功新时代”主题活动和实施一流期刊引领计划的相关安排。

中国科协党组、书记处领导同志，机关各部门、各直属单位负责同志和中层干部参加会议。

【中国科协研究智慧科协建设等重点工作】 3 月 29 日，中国科协召开九届书记处第六十次会议，听取智慧科协（二期）建设工作安排汇报，研究审议《2019 年科协系统深化改革重点任务》《中国科协助力新时代东北三省全面振兴调研服务工作方案》等工作。会议由中国科协党组书记、常务副主席、书记处第一书记怀进鹏主持。

会议指出，“智慧科协”建设是落实习近平总书记关于加强网上群团建设重要指示精神的战略举措。要着眼科协组织履行职责使命、推动事业发展的战略高度，深刻认识、主动适应信息化、网络化、智能化带来的科技群团工作方式变革，提高网上工作本领。一是建立连接，充分发挥全国学会和地方科协作为“一体两翼”的重要作用。二是贡献内容，打造公共服务产品，体现网络平台价值。三是寻求合作，打造样板间，提升科协组织力和网上动员能力。会议要求，要按照“基层减负年”和“服务发展年”要求，推进智慧科协建设，倒排时间表，明确任务分工，确保安全规范。各部门和直属单位要及时专题研究推进，主要领导要切实承担第一责任人责任。

会议原则通过《2019 年科协系统深化改革重点任务》，要求对照中央改革要求，强化问题导向，围绕庆祝中华人民共和国成立 70 周年这条主线，统筹好改革任务、2019 年重点任务与日常工作，以改革提升科协组织力和服务能力。各项任务要明确施工图和效果图，把“任务”变成“方案”，把“方案”变成“行动”，把“行动”变成“效果”，中国科协深化改革领导小组将定期听取改革重点任务进展情况汇报。

会议研究了《中国科协助力新时代东北三省全面振兴调研服务工作方案》。会议指出，要以习近平总书记考察东北三省时提出的“六个方面”总要求为指导，发挥科协开放型、平台型、枢纽型组织优势，主动服务新时代东北地区全面振兴。要加强顶层设计，坚持问题导向，完善工作机制，做好风险防控应急预案，做深做细做实调研前期设计和后期成果凝练工作，搭建民营企业家论坛等合作平台，围绕地方需求精准发力，导入信息化数字化资源，助力东北解决技术短缺、人才匮乏等实际问题。

会议审议了《中国科协 2018 年培训计划执行情况与 2019 年培训计划》，听取第二十一届中国科协年会筹备情况汇报。

中国科协书记处书记徐延豪、孟庆海、束为、宋军出席会议。党组成员王守东、殷皓，中央纪委国家监委驻科技部纪检监察组相关负责同志，中国科协机关各部门、各直属单位主要负责同志列席会议。

【中国科协举行集中学习研讨 调度推动重点工作】 8 月 30 日，中国科协党组理论学习中心组第十次集体学习、中国科协深改领导小组第七次会议、重大任务调度会在北京召开，中国科协党组书记、常务副主席、书记处第一书记怀进鹏主持会议，中国科协党组、书记处领导同志徐延豪、孟庆海、束为、宋军、王守东、殷皓出席会议。

会议听取了重大任务办公室关于重大任务总体推进情况的汇报，国际联络部、科学技术普及部、学会学术部和调研宣传部关于“国际月”活动安排、世界公众科学素质促进大会、2019世界科技与发展论坛和“礼赞共和国、建功新时代”主题活动等重大任务推进情况的汇报。组织人事部、创新战略研究院、青少年科技中心、培训和人才服务中心和中国科学技术出版社分别围绕“科协党校建设”“建设高端科技创新智库”“做好青少年思想引领”“做好科技人才联系服务”和“做好集团化管理，提高核心竞争力”等方面工作分享了学习体会。

会议指出，科协作为科技工作者之家，要真正让科技工作者有家的感觉，要把中国科协党校建设与人才工作有机结合，让科技人才真正变成“科协会友”和“科协党校校友”，真正把科协建设成为开放型、枢纽型、平台型组织。

会议强调，智库建设是科协重点工作之一，承载着提升科技工作者思想创造力的使命。科协智库要聚焦研究人才成长规律、科技管理规律和科技创新规律，既要助力解决“卡脖子”问题，也要为推进自主创新做好服务。要不断开阔视野，拓展智库工作格局，更好地汇聚广大科技工作者的智慧，推动智库工作与服务国家目标有效结合。

会议指出，青少年成长教育与创新人才培养是科普工作的重要内容。在举办青少年科技活动的同时，要研究青少年的成长规律。科学普及既要启迪青少年对未来的思考和幻想，更要弘扬科学家精神，传播科学思想和科学方法。

会议强调，人才服务是科协核心主业，服务好科技工作者是科协工作的基本任务。要深入研究分析国外知名人才计划，推动人才地图精细分类，提高人才成长规律研究水平，开阔人才合作的国际视野。

会议指出，出版社是重要的思想文化阵地，要坚持正确的意识形态方向。互联网和数字出版业的兴起，给全球出版业带来了新的机遇和重大的挑战。中国科学技术出版社要姓科，既要聚焦科协主业服务科协工作大局，又要遵循出版规律谋发展，在向企业化、市场化发展的同时，聚焦服务科协、服务科技工作者这一主业，把发展的基础打牢。

会议强调，“国际月”是中国科协服务国家发展大局、在新形势下更好服务科技人才、加强科技组织建设、推动国际科技民间交流的一项重要举措。在国际合作中要把地方科协、全国学会这“两翼”的积极性调动起来，全面提升科协系统服务高质量发展的能力。

会议强调，科协工作要“以正合、以奇胜”，要把守正和创新有效结合，贯穿于工作始终。要“内外兼修”，加强对规律的研究和把握。要做到知信行统一，守正创新统一，内外兼修统一，推动科协不断向开放型、枢纽型、平台型组织发展。

会议强调，目前全年时间已过三分之二，要加强对重大任务的统筹推动，领导干部要靠前指挥、带头示范，加强协调，不断推动工作落实。要提高政治意识，主动防范和化解重大风险。要围绕下阶段工作开展专题研讨，提前谋划安排2020年工作。

中国科协机关各部门全体干部，各直属单位领导班子成员参加了会议。

【中国科协总结“礼赞共和国、建功新时代”主题活动和“国际月”工作】 11月7日，“礼赞共和国、建功新时代”主题活动总结会、深改领导小组会议、11月重大任务调度会在北京召开，中国科协党组书记、常务副主席、书记处第一书记怀进鹏主持会议。

会议分别听取了调研宣传部、国际联络部、科学技术普及部、学会学术部和组织人事部关于2019年全国科普日、2019年世界公众科学素质促进大会、2019中国科幻大会、首届世界科技与发展论坛、2019世界青年科学家（温州）峰会、国际科学理事会执委会会议、联合国2030年可持续发展目标咨询会、中关村论坛、世界智能网联汽车大会、世界顶尖科学家论坛等重要会议和活动情况的汇报，对“礼赞共和国、建功新时代”主题活动、“国际月”系列活动、科技志愿服务等专项工作进行了总结。会议还分别听取了重大任务办公室、调研宣传部、学会学术部、科学技术普及部、办公厅关于重大任务总体推进情况和“实施科技创新智库精品计划”“实施一流期刊引领计划”“开展全民科学素质提升计划”和“实施智慧科协建设工程”等推进情况的汇报，对年度重大任务进行调度。

会议指出，2019年中国科协按照中央书记处“四个着力”的要求，以庆祝中华人民共和国成立70周年为主线，通过深入开展“不忘初心、牢记使命”主题教育，更好地团结引领广大科技工作者创新建功，把中国科协的事业与国家发展大局结合起来、与中央决策部署结合起来，体现科协的使命担当。在组织实施“礼赞共和国、建功新时代”主题活动和“国际月”系列活动中，中国科协充分展现了影响力、凝聚力、组织力，更好发挥了“三型”组织优势，充分体现了“四个服务”职责使命，达到了预期的效果。

会议强调，深入学习宣传贯彻党的十九届四中全会精神，是当前和今后一个时期最重要的政治任务。中国科协要进一步深刻领会十九届四中全会精神，切实把中央决策部署转化为科协的生动实践。特别是要结合全会精神学习、宣传、实践工作，努力提升科协组织力、影响力，提高中国科协国际化发展能力，不断拓展开放合作新空间，为推进国家治理体系和治理能力现代化、建设世界科技强国作出新贡献。

党组副书记徐延豪，党组成员束为、宋军、王守东出席会议，中央第十二巡视组有关同志、中央纪委国家监委派驻纪检监察组有关同志、中国科协机关各部门全体干部、各直属单位领导班子成员参加会议。

【2019 年全国科技助力精准扶贫工作交流视频会议】 11 月 19 日，2019 年全国科技助力精准扶贫工作交流视频会议在北京召开。中国科协党组书记、常务副主席、书记处第一书记怀进鹏出席会议并讲话。会议由中国科协副主席、书记处书记孟庆海主持，国务院扶贫开发领导小组办公室开发指导司副司长杨栋、农业农村部科技教育司副司长张晔出席会议。

会议传达学习习近平同志关于脱贫攻坚工作的重要指示和李克强总理重要批示，宣布全国“十佳”科技助力精准扶贫示范点名单，9 位全国科技助力精准扶贫工作先进代表围绕“决战决胜脱贫攻坚，科技振兴乡村再出发”主题作典型发言。

怀进鹏指出，一年来，在各级科协、农业农村、扶贫等部门的共同努力下，各级科技组织和广大科技工作者积极投身科技助力精准扶贫，取得了新的成绩，得到贫困地区干部群众的认可，探索形成了以全国学会“订单式”培训、江西省赣州市寻乌县“订单送餐”模式、四川省凉山彝族自治州布拖县“科技小院”模式、河南省南阳市淅川县“武店路径”模式等为代表的科技助力精准扶贫工作机制；以湖南省科协汇聚“四个一”科技服务、华中农业大学定点扶贫规划编制和实施、四川省巴山土猪养殖协会科技擦亮特色品牌、河北省保定市现代农业协同创新联合体精准扶贫等为代表的科技助力产业服务工作模式；以中国防痨协会等医科全国学会开展健康医疗和就业培训、贵州省毕节市黔西县林泉镇新时代文明实践中心实用技能讲习、黑龙江省齐齐哈尔市龙江县科技培训赋能特色产业、新疆维吾尔自治区和田地区民丰县安迪尔乡夏央村“访惠聚”驻村工作队带领农牧民脱贫增收等为代表的增强贫困群众自我发展能力的工作模式；中国科协及时调整定点扶贫工作机制，成立定点扶贫工作督导组，加强定点扶贫开发领导小组办公室力量，形成“定点扶贫县点单、科技组织接单、中国科协买单”的帮扶项目实施方式。这些经验模式有效推动了科技助力精准扶贫工作迈上新台阶，助力当地决战决胜脱贫攻坚取得了良好成效。

怀进鹏强调，习近平同志在 2019 年扶贫日的重要指示，吹响了决战决胜脱贫攻坚战的集结号，全国科技助力精准扶贫工作一定要以习近平新时代中国特色社会主义思想为指导，深入贯彻落实党的十九大和十九届一中、二中、三中、四中全会精神，牢固树立“四个意识”，坚定“四个自信”，坚决做到“两个维护”，按照党中央、国务院关于打赢脱贫攻坚战三年行动和实施乡村振兴战略的新部署新要求，提高政治站位，加强组织领导，聚焦深度贫困地区，坚持以扶贫为主题，志智双扶，以帮助建档立卡贫困村（户）增收增智为目标，组织动员各级科技组织和广大科技工作者积极投身脱贫攻坚，发扬光大科技助力精准扶贫精神，持续加强作风建设，为高质量打赢决战决胜脱贫攻坚战、实施乡村振兴战略作出新的更大贡献。

孟庆海要求，要认真领会传达会议精神，做好科技助力精准扶贫工作部署落实；要认真做好 2019 年工作总结，谋划好明年科技助力精准扶贫工作安排；要坚持科技引领，规划先行，做好下一阶段科技助力精准扶贫向科技助力乡村振兴的转段工作。

国务院扶贫开发领导小组办公室、农业农村部、有关全国学会、北京市科协等部门单位相关负责人，全国“十佳”科技助力精准扶贫示范点代表，中国科协机关各部门及直属单位相关负责人出席主会场会议。全国 31 个省级科协设立视频分会场，各省级科协、农业农村、扶贫等部门单位相关负责人共计 700 余人在分会场参加会议。

会后，孟庆海与全国“十佳”科技助力精准扶贫示范点代表进行座谈，听取基层代表对做好科技助力精准扶贫的意见建议。

【中国科协定点扶贫领导小组2019年第一次会议】 2月14日，中国科协定点扶贫领导小组2019年第一次会议在北京召开。中国科协党组书记、常务副主席、书记处第一书记、定点扶贫领导小组组长怀进鹏出席并主持会议。

徐延豪、孟庆海、宋军、王守东等中国科协党组书记处领导同志出席会议。中国科协机关各部门、各直属单位主要负责同志出席会议。中央纪委国家监委驻科技部纪检监察组相关负责同志，中国科协定点扶贫县县委、县政府主要领导，中国科协派驻定点扶贫县挂职副县长列席会议。

会上，中央纪委国家监委驻科技部纪检监察组相关负责同志，中国科协机关部门、直属单位的主要负责同志，中国科协定点扶贫县县委、县政府主要领导及相关部门负责人，中国科协派驻定点扶贫县挂职副县长分别进行发言。会议通报了中国科协定点扶贫领导小组调整情况，听取了中国科协2018年定点扶贫工作及有关情况汇报，审议通过中国科协2018年定点扶贫工作总结、2019年定点扶贫工作要点及分工、科普惠民服务专项定点扶贫县项目指南。

怀进鹏指出，中国科协2018年定点扶贫工作不断探索和提高，调整优化组织领导机制，推动工作方法创新，与山西省签订全面战略合作协议，与山西省吕梁市签订中国科协首份会市合作协议，广泛动员全国学会参与定点扶贫工作，加强与地方科协的交流，助力山西省吕梁市岚县完成了整体脱贫摘帽目标任务，助力山西省吕梁市临县加速实现整体脱贫摘帽进程。

怀进鹏强调，中国科协定点扶贫县扶贫攻坚任务依然严峻，特别是临县目前仍有4.86万贫困人口。中国科协要发挥优势，搭建科技平台，把一二三产结合起来，针对定点扶贫县村支书、“三长”和社会大众等关键人群做好“订单式”培训，通过乡村规划助力定点扶贫县乡村振兴。要进一步总结岚县顺利完成整体脱贫摘帽任务的宝贵经验，寻找规律，为临县脱贫攻坚提供参考。要进一步推动工作，加强中国科协定点扶贫工作与定点扶贫县实际需求的精准对接，支持好临县的脱贫攻坚工作，配合好山西省委、省政府，吕梁市委、市政府，胜利完成定点扶贫工作的各项任务。

怀进鹏指出，中国科协2019年定点扶贫工作要进一步提高政治站位，把助力临县如期实现整体脱贫摘帽目标，帮助岚县进一步巩固提高脱贫成效、实施乡村振兴作为定点扶贫工作的第一责任。要进一步提高工作标准，在保障“两不愁、三保障”的前提下，抓好定点扶贫工作落实，改进工作作风，积极动员中国科协系统以及社会力量参与。要进一步提高工作质量，强化督导检查，确保定点扶贫工作责任落实到位，保证安全效益双丰收。

徐延豪强调，中国科协定点扶贫工作要充分发挥科协自身优势，加强利用“科普中国”等科普手段传播科学生活常识，提高定点扶贫县贫困群众科学生活能力和水平。将中国科协青少年科技竞赛、科技夏令营等科普活动资源向定点扶贫县倾斜，提高定点扶贫县青少年的科学文化素质，阻断贫困代际传递，从根本上解决贫困问题。

孟庆海指出，定点扶贫要深入基层，做到“问计于基层，问策于基层”，与定点扶贫县共同研究部署。定点扶贫工作要点与项目指南的制定要坚持“说到做到”原则，坚持做定点扶贫县和贫困群众需要的事，项目资金使用严格遵守《中国科协科普惠民服务专项实施管理细则（暂行）》。

【怀进鹏赴定点扶贫县深入调研中国科协定点扶贫工作】 5月8—9日，中国科协党组书记、常务副主席、书记处第一书记怀进鹏深入山西省吕梁市岚县、临县调研中国科协定点扶贫工作，调查了解定点扶贫县脱贫攻坚、巩固脱贫成效与乡村振兴工作进展情况，部署安排2019年中国科协定点扶贫工作，督促工作任务落实。山西省人大常委会原副主任、省科协主席周然等一同调研。

怀进鹏调研了岚县三鑫实业继亨铸造有限公司铸造车间，考察岚县在脱贫摘帽向乡村振兴衔接转换期，发展现代产业巩固脱贫成效工作情况。怀进鹏详细了解科技助力现代产业发展情况和工业对当地经济社会发展的作用，鼓励当地铸造企业充分发挥本地矿物资源优势，依靠科技提升产品质量，积极拓展产业链，做大做强产业集群，要求市县科协为企业发展提供科技支撑。他表示，中国科协将搭建学会服务企业平台，着力打造学企融合平台，为岚县乡村振兴引入人才资源。

怀进鹏赴岚县人民医院、临县白文职业技校调研“3+1”扶贫情况，以及就业扶贫情况，到临县碛口镇调研临县红色旅游资源开发情况。怀进鹏听取了中国防痨学会“互联网＋医疗”精准帮扶工作情况汇报，2019年中国科协定点扶贫护工培训、医学培训、旅游及乡村振兴规划等项目承担单位工作情况汇报。在临县城庄镇程家塔村，怀进鹏检查了科普中国乡村 e 站发现问题整改落实情况，慰问了中国科协派驻程家塔村第一书记刘洋，调研了中国科协基层党组织结对帮扶情况和中国科协扶贫信息化远程管理工作情况，以及全国学会帮扶定点扶贫县工作情况。怀进鹏来到脱贫户贺翠平家、王来全家，送上慰问品，详细询问两家在 2018 年脱贫以后的生产和收入状况。

在与岚县、临县县委、县政府负责人座谈时，怀进鹏对岚县乡村振兴、临县脱贫攻坚取得良好成效给予肯定，他指出，2019 年是岚县由脱贫摘帽向乡村振兴衔接转换，临县脱贫攻坚与乡村振兴紧密结合的关键时期。怀进鹏对下一步中国科协定点扶贫工作提出要求，一是要深入贯彻落实习近平总书记关于脱贫攻坚系列讲话精神，一鼓作气，顽强作战，高质量高标准做好脱贫攻坚工作，不折不扣完成各项工作任务；二是要充分发挥定点扶贫县自身地域优势，进一步提升当地特色产业科技水平，进一步提升公民科学素质，加强专业技能人才培训，确保脱贫攻坚与乡村振兴有机结合；三是要充分发挥中国科协科技人才优势，坚持需求导向和问题导向，围绕“一个主体责任 + 四个重点”，采取科技助力产业扶贫平台、乡村振兴规划、“订单式”培训和众扶众帮等方式，坚定不移地继续做好定点扶贫工作；四是要进一步加强基层科协组织建设和能力提升，充分发挥“3+1”在脱贫攻坚和实施乡村振兴战略中的重要作用，积极推广以党建带群建的帮扶模式，推动全国学会和省市级学会力量下沉。

5 月 10 日，怀进鹏在吕梁市为吕梁市党政干部作题为《信息技术与数字经济：演变与对策》专题讲座，主要围绕信息通信技术创新历程、产业组织与数字经济融合发展前景，同时介绍了智慧科协工程建设情况，受到了吕梁市干部群众的广泛好评。大家一致认为，此次专题讲座为吕梁市领导干部进一步确立了信息技术与数字经济理念，对吕梁市进一步发展大数据产业、加快推进信息化建设、推动吕梁市高质量转型具有很强的指导意义。吕梁市委、市政府、人大、政协主要领导及有关部门主要领导共计 300 人在主会场聆听了讲座，13 个区县县委、县政府主要领导及相关部门负责人共计 1000 余人，通过远程视频在分会场收听收看了讲座。

【孟庆海赴山西省吕梁市调研中国科协定点扶贫工作】 9 月 2—3 日，中国科协副主席、书记处书记孟庆海赴山西省吕梁市临县、岚县开展中国科协定点扶贫调研，调查了解定点扶贫县脱贫攻坚、巩固脱贫成效与乡村振兴的工作进展情况，检查 2019 年中国科协定点扶贫帮扶项目实施进展情况，督促定点扶贫各项工作任务落实。

孟庆海在临县碛口镇调研了临县红色旅游规划项目实施情况，听取中国农业大学、中国农学会、中国城市规划学会 3 家定点扶贫项目承担单位关于规划项目实施情况的汇报；在临县白文镇调研 34MW 光伏扶贫联村电站，考察临县光伏扶贫情况；在临县庙坪村调研山西枣源地生物科技有限公司和临县丰林现代农业科技发展有限公司，考察临县在脱贫攻坚时期食用菌产业和红枣深加工发展情况。在岚县坡上明德小学，调研中小学科学教育网络平台建设情况，现场观摩中国科学技术馆科学教育网络课程岚县坡上小学“开学第一课”；在岚县土豆宴全国推广总部，调研岚县马铃薯深加工研发生产情况。

孟庆海一行还到临县贫困户马文玉家和郝成启家、岚县脱贫户王云旺家，详细询问家庭生产、收入状况和脱贫帮扶情况，鼓励他们要坚定信心，积极生活，通过自身努力早日实现脱贫，过上幸福生活。

在与临县、岚县县委、县政府座谈会上，孟庆海认真听取了定点扶贫县关于脱贫攻坚和乡村振兴工作情况汇报、2019 年中国科协定点扶贫工作和定点帮扶项目实施进展汇报，并与中国工程院院士、沈阳农业大学副校长李天来就推动岚县马铃薯产业发展进行了交流。孟庆海对临县脱贫摘帽、岚县巩固脱贫采取的措施和取得的成效给予肯定，同时对现阶段中国科协定点扶贫工作已取得的成效给予肯定。他说，2019 年是临县实现脱贫摘帽的决胜年，岚县巩固脱贫、乡村振兴转段年，中国科协与定点扶贫县要深入贯彻落实习近平总书记关于脱贫攻坚系列讲话精神，共同努力，做好决战决胜脱贫攻坚工作。

孟庆海对下一步中国科协定点扶贫工作提出要求，一是积极谋划 2020 年定点扶贫工作，问需于基层，结合地方实际，策划好 2020 年的帮扶项目；二是定点扶贫县实现脱贫摘帽后，摘帽不摘帮扶，中国科协将充分发挥组织和智力资源优势，规划引领，帮助县里做好脱贫攻坚向乡村振兴转段规划工作，同时，在规划基础上，打造符合定点扶贫县发展的可持续、可推广的乡村振兴样板间；三是要进一步加强基层组织建设和能力提升，充分发挥“三长”制作用，动员地方科技力量服务脱贫攻坚和乡村振兴发展，探索总结推广“三长＋学会”科协服务基层模式；四是筹备2020年中国科协定点扶贫35年宣传工作，总结好、记录好、展望好科协定点扶贫工作，向实现第一个100年奋斗目标献礼。

调研期间，孟庆海在吕梁学院出席“中国科协新一代信息技术系列丛书”赠书仪式，代表中国科协向吕梁学院等吕梁市有关单位、吕梁市各县赠送“中国科协新一代信息技术系列丛书”300套；出席中国公路学会在临县程家塔村和岚县长门村举办的扶贫爱心桥竣工仪式。

中国科协计划财务部、学会学术部及地方有关同志一同调研。

【中国科协与清华大学共建科技发展与治理研究中心】 1月16日，清华大学科技发展与治理研究中心（以下简称“中心”）成立大会在北京召开。中心由中国科协与清华大学共同发起，旨在深入贯彻习近平新时代中国特色社会主义思想，推动中国科技发展与治理体系建设，服务国家治理体系和治理能力现代化，发挥在全球科技治理中的引领作用。中国科协党组书记、常务副主席、书记处第一书记、中国科学院院士怀进鹏，科技部党组成员、副部长、中国工程院院士徐南平，清华大学校长、中国科学院院士邱勇在成立大会上致辞。中国科协党组成员、书记处书记束为主持会议。

怀进鹏在致辞中提出，加强科技治理是建设世界科技强国和服务高质量发展的奠基工程，要充分估量全球科技产业变革与中国经济社会转型发展历史交汇的深刻影响，针对中国科技伦理研究和政策应对、科技共同体自律相对滞后等短板，加快构建与科技强国相适应的科技治理体系。中心要创新组织机制，搭建战略研究平台、对话合作平台、开放交流平台、人才成长平台，服务科技发展与治理，努力为提升国家治理体系和治理能力现代化水平、推动构建人类命运共同体作出独特贡献。

徐南平代表科技部表示祝贺，强调建立中心是适应国际科技发展趋势、急国家之所急的重要战略举措，是恰当的人在恰当的时间、地点采取的恰当行动。要深刻认识颠覆性技术的“双刃剑”特点，深化学术研究，强化高端智库功能，为科技支撑现代化经济体系建设发挥独特作用。

邱勇在致辞中提出，科技革命将深刻改变人类社会未来发展，科技治理则是全世界共同关注的话题。将以成立中心为契机，利用中国科协和清华大学各自优势，搭建一流智库平台，组建一流科研团队，开展综合性、前瞻性、创新性研究，在积极推动国家科技体制创新的同时，为完善国家科技治理体系、服务构建人类命运共同体作出更大贡献。

中国科学院院士张钹、高松、欧阳钟灿、陈晔光、周琪，中国工程院院士陈左宁、李培根、尤政出席会议。来自国务院办公厅、科技部、国家卫生健康委、中国科学院、中国工程院、国家自然科学基金委员会等机构以及全国学会、高校、媒体代表60余人参加会议。

成立大会上，清华大学副校长尤政宣读了清华大学校务会关于成立清华大学科技发展与治理研究中心的决定。随后，中心领导小组联席组长怀进鹏、邱勇分别为清华大学公共管理学院院长江小涓颁发中心主任聘书，为周琪颁发中心学术委员会联席主任聘书。会上，怀进鹏、邱勇、徐南平，中国工程院党组成员、副院长、科学道德建设委员会主任、中国科协副主席陈左宁，尤政、江小涓，国家自然科学基金委员会原副主任何鸣鸿，周琪共同为中心揭牌。

成立仪式后，还举行科技发展与治理学术研讨会。中心主任江小涓在主持研讨会时介绍，中心将致力于开展科学研究、人才培养、学科建设、国际合作、资政建言5项重点工作。中心学术委员会联席主任周琪，中心副主任李正风在研讨会上做引导发言。相关领域专家、学者聚焦颠覆性科技对科技治理的新挑战专题进行深入研讨。

成立大会前，中心领导小组第一次会议在清华大学举行。会议由中心领导小组联席组长邱勇主持。会议表决通过《清华大学科技发展与治理研究中心章程》和中心近期和中长期工作规划，并通过中心学术委员会和中心机构负责人名单。

【中国科协与中国人民大学共建智能社会治理研究中心】 4月22日，中国科协－中国人民大学智能社会治理研究中心揭牌仪式在北京举办。中国科协党组书记、常务副主席、书记处第一书记怀进鹏，中国工程院原常务副院长、中国工程院院士潘云鹤，中国人民大学校长刘伟分别致辞，中国人民大学常务副书记张建明主持活动仪式。

怀进鹏在致辞中指出，当前科技革命和产业变革正向我们走来，在人类进入数字经济和智能时代背景下，不仅要看到科技高歌猛进，更要看到科技发展给社会带来的焦虑和困惑。对于人工智能、大数据、虚拟现实等新兴技术，世界各国和社会各界都给予高度关注。工业化向信息化转变、信息化向智能化发展，给人类带来可能的新机遇和新挑战并存，应以更加深远的眼光、更加系统的视角拥抱新变化，迎接新时代。

怀进鹏强调，习近平总书记指出，抓住新一轮科技革命和产业变革重大机遇，就是要在新赛场建设之初就加入其中，甚至主导一些赛场的建设，从而使中国成为新的竞赛规则重要制定者，新的竞赛场地重要主导者。2018 年总书记在中共中央政治局第九次集体学习时强调，要整合多学科力量，加强人工智能相关法律、伦理、社会问题研究，建立健全保障人工智能健康发展的法律法规、制度体系、伦理道德。与中国人民大学共建智能社会治理研究中心正是落实习近平总书记重要指示精神，落实国家新一代人工智能发展规划的具体行动。

怀进鹏指出，中国科协与中国人民大学合作共建智能社会治理研究中心，是打造高水平科技智库体系，拓展与著名高校合作的重要内容，是中国科协与北京大学共建科学文化研究院、与清华大学共建科学发展与治理研究中心平台之后，高端科技智库建设又一重要举措，是推进国家治理体系和治理能力智能化发展的积极探索。要发挥中国人民大学在人文社会领域的学科优势、人才优势，发挥中国科协的系统优势、组织优势，促进人工智能技术与经济、社会的深度融合。希望智能社会治理研究中心高起点、高站位，成为智能社会治理的跨界研究平台、跨学科人才培养摇篮和跨国交流对话舞台，持续产出富有价值的智库成果，提升研究实力、社会效益和国际影响力，为应对人工智能带来的风险和挑战、深度参与全球智能社会治理作出中国贡献。

中国人民大学校长刘伟在致辞中表示，中国科协是国家推动科学技术事业发展的重要力量，具有得天独厚的科技人才群体及科技智库咨询信息上达渠道优势。中国科协与中国人民大学牵手，共同致力于搭建人工智能与经济社会深度融合的国际化智能服务研究平台，智能社会治理研究中心依托高瓴人工智能学院，积极探索与中国人民大学传统优势学科交叉融合，积极开展与相关科研机构和部门之间的协同创新研究。相信未来必将对中国乃至全球人工智能发展作出积极贡献。

智能社会治理研究中心成立前，双方共建方案已经中国科协书记处会议审议通过，中心领导小组组长由中国科协党组书记、常务副主席、书记处第一书记、中国科学院院士怀进鹏和中国人民大学党委书记靳诺共同担任。

中国人民大学副校长杜鹏、朱信凯，学校各部处及学院代表，知名科技企业代表，中国科协办公厅、调研宣传部有关负责同志出席成立大会。

【中国科协与北京航空航天大学共建科技组织与公共政策研究院】 4 月 29 日，中国科协－北京航空航天大学科技组织与公共政策研究院成立大会暨新技术变革时代的科技组织专题研讨会在北京举行。中国科协党组书记、常务副主席、书记处第一书记怀进鹏，工业和信息化部党组成员、副部长王志军，中国科协党组成员、书记处书记束为，世界工程组织联合会候任主席龚克，中国科学院大学公共政策与管理学院教授、第三世界妇女科学组织主席方新，北京航空航天大学党委书记曹淑敏、校长徐惠彬等出席会议。

曹淑敏在致辞中表示，希望以此次合作为契机，整合北京航空航天大学学科资源和人才优势，立足国家重大战略需求，针对全球科技治理体系的重大现实问题，与中国科协共同建设一个高水准、高起点、开放型的智库平台，构建中国科技创新的社会组织参与新机制，为建设创新型国家提供有力的理论和智力支撑。

怀进鹏指出，全球科技革命与产业变革的兴起、中国经济社会的转型，使科技支撑引领高质量发展的战略地位更加凸显。加强智库建设，推动有目标、有组织的战略合作，促进科技与产业、经济、社会、文化的融合发展，是中国科协的职责使命。他强调，有效的科技组织与公共政策是推动科技创新的重要保障，此次双方共同建立科技组织与公共政策研究院，是深入贯彻中央重大决策部署、实施国家创新驱动发展战略的需要，合作将以学科交叉融合的视角，深入探索科技产业变革中全球科技组织功能结构特征与发展趋势，为党和政府制定科技公共政策提供咨询，为全球科技治理体系建设提供高水平公共智库服务。希望双方以此次合作为契机，搭建一流智库平台，做出更多符合时代需要、符合国情实际、符合国际发展需求的高质量研究，为科技服务经济社会发展作出新贡献。

王志军表示，要始终坚持科技创新和制度创新

“双轮驱动”。工业和信息化部高度重视产业技术创新体系建设，鼓励企业、高校、科研机构等深入合作，极力推进产学研协同创新，培育经济发展新动能。希望合作双方强强联合，共同发力，深化研究，为经济社会发展提供综合性、前瞻性、战略性和针对性的政策措施建议，为营造良好创新生态、优化产业发展环境提供高质量政策咨询，充分发挥科技创新对现代化经济体系建设的战略支撑作用。

中国科协与北京航空航天大学共建科技组织与公共政策研究院，旨在聚合各自优势，针对国家创新体系中科技组织现代化、科技产业融合、全球科技治理体系构建等重大问题，开展综合性、前瞻性、战略性研究，搭建开放交流平台，精心打造学术研究与智库存服务品牌，促进科技组织发展，为党和政府以及相关产业部门提供科技决策咨询。曹淑敏担任研究院院长。

成立仪式后，还举行了“新技术变革时代的科技组织”专题研讨会。研究院学术委员会委员方新等相关领域专家、学者进行深入研讨。

北京航空航天大学相关部门、学院负责人，中国科协办公厅、调研宣传部负责人出席活动。

【中国科协发布“2018年度科协十大事件”】 2月3日，中国科协发布“2018年度科协十大事件”。经社会公众投票和专家评审，评选出“2018年度科协十大事件”。以下为最后入选的10起2018年科协年度事件名单（按事件发生时间排序）。

1. 确立新时代“1–9–6–1”战略布局

1月26日，中国科协第九届全国委员会第四次会议提出新时代科协工作“1–9–6–1”战略布局，即以学习贯彻党的十九大精神为一条主线，以“三轮”驱动、“三化”联动、“三维”聚力推动组织重构、流程再造和格局重塑，着力推进6项工程，为科技工作者办一批实事。新时代科协工作目标任务更加明确。

2. 凝心聚力塑形铸魂科学家精神

以弘扬爱国、创新、求实、奉献、协同、育人的科学家精神为主线，通过组织百场科学家宣讲党的十九大精神巡回报告会、科学道德学风建设宣讲教育报告会，发布2018年“最美科技工作者”、《爱国奋斗精神学习读本》等活动，筑牢团结引领广大科技工作者的共同思想根基。

3. “3+1”试点提升基层科协组织力

4月26日，中国科协办公厅印发《关于开展提升基层科协组织力“3+1”试点工作的通知》，在全国范围开展基层科协组织体系建设试点，加强上级科协指导，积极吸纳“三长”（医院院长、中小学校长、农技站站长）进入基层科协领导机构兼职挂职、发挥作用，探索新时代基层科协改革创新发展新思路新模式。

4. 科协年会实现战略升级高位转型

5月26—27日，以“改革开放 创新引领”为主题的第二十届中国科协年会在浙江省举办。本次年会大胆变革创新，创立了中国科技智库论坛、世界科技期刊论坛、中外科技社团发展论坛等科技峰会，首次发布60个重大科学问题和工程技术难题，强化前沿引领和学术规范，品牌影响力持续提升。

5. 中国科协迎来一甲子华诞

2018年是中国科协成立60周年。5月30日，中国科协成立60周年百名科学家、百名基层科技工作者座谈会在北京人民大会堂举行，王沪宁出席并作重要讲话。12月29日，万钢、韩启德共同为中国科协会史陈列馆揭幕。各级科协围绕“传承、创新、发展”主题开展了丰富多彩的庆祝活动。

6. 世界公众科学素质促进大会助力人类命运共同体建设

9月17—19日，以“科学素质与人类命运共同体”为主题的首届世界公众科学素质促进大会在北京举行。习近平主席、联合国秘书长古特雷斯向大会致贺信。王沪宁出席开幕式，宣读习近平主席贺信并致辞。大会发布了《世界公众科学素质促进北京宣言》，举办“科学之夜”等系列活动，“公众科学素质”成为现象级热词。

7. 我国具备科学素质公众人数达8.47%

9月18日，中国科协发布第十次中国公民科学素质抽样调查结果。结果表明，我国具备科学素质的公民比例达到8.47%，比2015年的6.20%提高2.27个百分点，为实现2020年“公民具备科学素质的比例达到10%”的目标奠定了坚实基础。

8. 系统谋划世界一流科技期刊建设

牵头组织有关部门起草《关于深化改革 培育世界一流科技期刊的意见》，推动以建设世界一流科技期刊为目标，科学编制重点建设期刊目录，做精做强一批基础和传统优势领域期刊。11月14日，经中央全面深化改革委员会第五次会议审议通过。

9. 国家科技传播中心项目建设正式启动

11月27日，国家科技传播中心正式启动工程建设，计划于2021年竣工投入使用。将努力打造成为国际科技创新展示中心、科技成果发布交易中心、国际高端学术交流中心和国际科技组织总部基地。

10. 编制发布《面向建设世界科技强国的中国科协规划纲要》

12 月 29 日，中国科协正式发布《面向建设世界科技强国的中国科协规划纲要》，确定了“聚焦一个靶心、实现两大目标、三步走、坚持五大基本原则、砥砺五大新作为”的发展战略和目标任务。

【2019 年“最美科技工作者”遴选会议】 6 月 23 日，2019 年“最美科技工作者”遴选会议在北京召开。第十二届全国政协副主席、中国科协名誉主席、中国科学院院士、遴选委员会主任韩启德出席会议并讲话。中国科协党组副书记、副主席、书记处书记徐延豪，中国工程院党组成员、副院长何华武，国家国防科技工业局副局长田玉龙等出席会议。中共中央组织部、科技部、中国科学院等有关部委相关负责同志，以及由著名科学家、科学传播专家、媒体专家、有关企业负责同志等 60 余人组成的遴选专家组出席会议。

韩启德指出，学习和宣传“最美科技工作者”，是进一步弘扬科学家精神，坚持价值引领、把握主基调、唱响主旋律、筑牢科技界共同思想基础的一项重要举措。特别是在喜迎新中国七十华诞之际，选树“最美科技工作者”典型，对于继承和发扬老一辈科技工作者的优良传统，吹响新时代进军世界科技强国的号角，具有重要而深远的意义。

韩启德强调，要坚持客观公正、优中选优，认真审阅材料，充分酝酿人选，真正遴选出群众广泛认可、经得起历史检验的“最美科技工作者”。要注重挖掘科技工作者立足本职、干事创业的感人事迹，为下一步学习宣传工作奠定基础。要兼顾年龄、性别、地域、类别等不同维度的代表性。

按照《遴选办法》，专家分基础研究、技术创新、重大工程、成果转化、科技传播和科技扶贫、基层服务国防和军工 7 个组进行遴选，从 404 位有效候选人中产生 102 位宣传人选。经遴选委员会集中遴选，最终产生 10 位“最美科技工作者”建议人选。

日前，中共中央办公厅、国务院办公厅印发《关于进一步弘扬科学家精神加强作风和学风建设的意见》，明确提出以“最美科技工作者”等宣传项目为抓手，积极选树、广泛宣传基层一线科技工作者和创新团队典型。据了解，“最美科技工作者”学习宣传活动由中共中央宣传部、中国科协、科技部、中国科学院、中国工程院、国家国防科技工业局共同主办，旨在通过深入挖掘、广泛宣传一批优秀科技工作者典型，引导和激励广大科技工作者学习最美、争当最美，将爱国之情、报国之志转化为投身创新实践的实际行动。

【中共中央宣传部等发布 2019 年“最美科技工作者”先进事迹】 为深入贯彻习近平新时代中国特色社会主义思想和党的十九大精神，激励广大科技工作者抢占先机、迎难而上，肩负起建设世界科技强国的历史重任，近日，中共中央宣传宣传部、中国科协、科技部、中国科学院、中国工程院、国家国防科技工业局在北京向全社会公开发布 2019 年“最美科技工作者”先进事迹。

姬秋梅、杨海燕、陶文铨、陈孝平、黄才发、陈云霁、邢继、梁建英、徐恭义、祁兴磊 10 人，都是来自科研生产一线的科技工作者优秀典型。他们中有的矢志不移自主创新，将核心技术牢牢掌握在自己手里；有的扎根脱贫攻坚和科学普及一线，将论文写在祖国大地上；有的严谨治学甘为人梯，为构建人类命运共同体贡献中国智慧……他们是中国科技工作者的优秀代表，他们以实现国家富强、民族振兴、人民幸福为己任，用责任、毅力与担当，书写着一个又一个创新奉献的故事，他们以实际行动，生动诠释了中华民族伟大精神的真谛，有力弘扬了新时代科学家精神，展现了中国科技工作者的良好精神风貌。

发布仪式在中央广播电视总台进行，现场播放了“最美科技工作者”先进事迹的视频短片，从不同侧面采访讲述了他们的工作生活感悟。主办单位负责同志为他们颁发“最美科技工作者”证书。

参加发布仪式的科技工作者代表纷纷表示，这些“最美科技工作者”的事迹感人肺腑、振奋人心，生动诠释了“爱国、创新、求实、奉献、协同、育人”的新时代科学家精神。要以“最美科技工作者”为榜样，牢记科技报国为民的初心，把个人理想自觉融入国家发展伟业，接力精神火炬、奋进新的长征，汇聚起建设世界科技强国、实现中华民族伟大复兴中国梦的磅礴力量。

【2019 全球科技发展与治理国际论坛】 11 月 2 日，由中国科协支持、清华大学主办的 2019 全球科技发展与治理国际论坛在北京开幕。全国政协副主席、中国科协主席万钢发表开幕式主旨演讲，清华大学校

长邱勇致欢迎词，中国科协常务副主席、书记处第一书记、清华大学科技发展与治理研究中心领导小组联席组长怀进鹏作论坛总结。

万钢在主旨演讲中指出，当前新一轮科技革命和产业变革大规模快速发展，呈现出新的态势：基础科学向宏观拓展、微观深入和极端条件方向交叉融合发展；前沿技术呈现多点群发的集群式创新态势；重点领域在学科高度融合汇聚及科学技术螺旋上升的驱动下，带动其他科技领域快速跟进地持续发展；科研组织模式与科学研究范式正在重构，科技革命和产业变革的科学基石、主导力量、组织载体、资源基础正在发生变化。面对科技和经济全球化发展的浪潮，应提升科技合作水平，加强自主创新能力；提升科技供给水平，把握技术发展规律；提升科技治理水平，服务人类共同利益；提升科学普及水平，营造良好社会氛围。他强调，技术不是目的，创造更美好的世界才是科技工作者共同的使命，希望大家以“科技向善”为出发点，构筑科技治理的互信框架，打造全球科技价值共同体，引导科技始终朝着服务人类共同价值和共同利益的方向发展。

怀进鹏在论坛总结中强调，全球化的科技治理对于促进科技创新、引导科技向善、服务人类福祉至关重要，科技创新既需要政策激励，也需要伦理约束。科学家和科技组织在关注科技高歌猛进的同时更要理性思考、接受批判质疑，推动科学共同体、政府部门、社会各界共建治理机制，深化科技治理国际合作。科技创新需要智慧，科技治理更需要智慧，中国科协作为中国科技工作者的共同体组织，将广泛凝聚智慧力量，推动普及科学知识、弘扬科学精神，建设创新智库、拓展开放合作，为国家治理体系和治理能力现代化提供科技支撑，为促进全球科技治理、共建美好世界不懈努力。

第十二届全国政协副主席、博鳌亚洲论坛副理事长周小川、科技部副部长王曦、诺贝尔经济学奖得主保罗·罗默、世界卫生组织前总干事陈冯富珍等来自全球 9 个国家与地区的 30 余位专家、学者、政府与国际机构负责人受邀出席论坛。

【中国科技智库论坛（2019）】 6 月 28 日，中国科协与黑龙江省人民政府在黑龙江省哈尔滨市联合主办以“新时代 新战略 新动能：科技创新与东北振兴”为主题的中国科技智库论坛（2019）。中国科协党组书记、常务副主席、书记处第一书记怀进鹏，黑龙江省委副书记陈海波，中国科学院原党组副书记、中国科学学与科技政策研究会名誉理事长方新出席论坛并致辞。论坛开幕式由中国科协党组成员、书记处书记束为主持，主旨报告环节由中国科协创新战略研究院院长任福君主持。

怀进鹏在致辞中说，举办中国科技智库论坛的初衷，是打造高端平台，更有效汇聚智库思想，更有效促进国际交流。建设科技智库，首先，要把握战略性，放眼全球发展大势。当前科技发展与经济增长、社会进步、全球合作紧密相关，全球正处于科技发展与产业变革的交汇期，科技智库要把握创新发展的规律、科技管理的规律和人才成长的规律，研判当前科技成果产业所处于位势和发展机遇，有效服务经济社会发展。其次，要突出科学性，把握智库研究规律。科技智库研究一定要树立科技创新与智库创新同等重要、科技诚信与科学发展同等重要的理念，不仅要服务能够促进科技发展政策的制定，也要支撑政府制定政策的科学性合理性，助力科技与教育、文化、产业有效融合，营造科技发展良好的生态环境。再次，要坚持开放性，推动智库交流合作。科技智库要建立广泛国际合作平台，推动国际交流协作，解决世界科技发展共同面对的难题和挑战。更要凝结全球科研人员的智慧结晶，促进科技发展和人类文明建设。最后，要提升组织力，夯实智库发展基础。中国科技人力资源总量已经位居全球首位，中国科技智库要充分发挥科研人员的数量和专业优势，融合广大科技人员科研成果与国家发展需要，更要把中国科技进步与全球科技发展大势相结合，真正推动智库有库，也有智。

怀进鹏希望通过举办此次论坛，以科技智库服务东北振兴，以科学咨询支撑东北发展，通过结合黑龙江省农业、生态、矿产产业优势，对产业转型升级和新型科技产业建设建言献策，更好地汇聚众智、服务发展，为当地科技与经济社会发展贡献智库力量。

陈海波在致辞中表示，论坛精心设计一系列与科技创新、振兴发展相关的主旨报告和专题对话，为不断提升黑龙江省的决策水平和工作水平给予了很大帮助。黑龙江省工业基础雄厚，农业优势得天独厚，目前处在爬坡过坎的攻坚期、有力发展的机遇期、大有作为的窗口期，发展恰逢其时、潜力明显，希望本次论坛能够为黑龙江省释放科技潜力、推动振兴发展把脉会诊，为助力黑龙江省全面振兴和全方位振兴出谋划策。

方新在致辞中表示，当前智库建设日益受到党和政府的高度重视，同时东北振兴是国家的一项重大战略部署，因此在推动东北振兴过程中，科技智库应主动积极作为，发挥更大作用。一是有鲜明立场，坚持爱国为民；二是不唯上、不唯书、只唯实；三是能拿出有真知灼见的意见；四是有独到的方法和数据库。

本次论坛作为第二十一届中国科协年会的重要组成部分，围绕新时代发展面临的问题与挑战，聚焦东北振兴、区域创新体系建设、技术转移与技术交易等重大议题进行深度探讨，是汇聚全国科技智库力量，进一步深入贯彻落实好习近平总书记关于东北振兴指示精神的重要举措。论坛中 5 位嘉宾应邀发表主旨演讲。中国科学院院士、中国科学院遥感与数字地球研究所研究员郭华东对如何利用“一带一路”契机推动东北可持续发展进行了分析和讨论。中国工程院院士、哈尔滨工业大学教授邓宗全针对当前工业技术创新方面存在的问题给出了思考与建议。上海交通大学原党委书记马德秀认为东北振兴核心是以改革开放为动力，要不断集聚创新资源、汇聚创新人才。清华大学文科资深教授、苏世民书院院长薛澜分析了当前阻碍东北创新发展的资源要素及制度因素并给出解决方案。中国科学学与科技政策研究会理事长穆荣平提出了国家创新发展的愿景和能力建设的主要任务。15 位来自国内知名智库、高校、研究机构、科协系统的专家、学者、企业家围绕“区域创新体系与东北创新发展”和“技术转移与技术交易的发展与政策需求”2 个议题开展对话讨论。

本次论坛由中国科协创新战略研究院承办，中国科学学与科技政策研究会和黑龙江省科协协办。来自 40 余家智库机构、高校、科研院所和企业的 200 余位代表参加论坛。

【第三届科协发展理论研讨会】 6 月 5 日，由中国科协创新战略研究院主办的第三届科协发展理论研讨会在北京召开。中国科协党组副书记、副主席、书记处书记徐延豪出席会议并致辞，中国科协副主席、中国科协常委会决策咨询专门委员会主任李洪，中国科协计划财务部部长杨文志，中国科协调研宣传部副部长吴善超，江西省科协党组书记、常务副主席罗莹，广东省科协党组书记、专职副主席郑庆顺，重庆市科协党组书记、副主席王合清，宁夏回族自治区科协党组书记、主席陈红樱，中国药理学会理事长张永祥，中国城市规划学会常务副理事长兼秘书长石楠出席会议。来自地方科协、学会和高校、科研机构、企业的代表约 120 人，以及中国科协创新战略研究院等单位的干部职工参加会议。中国科协创新战略研究院院长任福君主持开幕式。

徐延豪在致辞中表示，开展科协发展理论研究意义重大，第一要聚焦“一个靶心”，做好政治引领，围绕中心、服务大局，注重与科技工作者的密切联系，构筑科技创新人才高地；第二要着眼改革、协同、创新，促进科协组织持续繁荣发展；第三要以新型科技智库建设为契机，推进科协发展理论研究。他提出，各级科协组织需要总结经验、思考问题、发现规律，为科协组织的发展出谋划策，做科协发展理论的研究者和践行者。

本次研讨会以“面向建设世界科技强国的科协发展战略”为主题，聚焦中国科协新时代事业发展格局，全面推进中国科协“1-9-6-1”战略布局。李洪作大会主旨报告，杨文志、罗莹、郑庆顺、王合清、张永祥、石楠及天津市科协秘书长李刚和中国科学院大学教授任定成分别作大会报告。

会议围绕新时代科协传承、创新、发展及面临的问题，从中国科协发展战略、社会及政府部门对科协需求的发展研究、提升新时代科协组织组织力、科协组织履行“四服务”职能、建设科协中国特色新型智库、科协组织对科技工作者的政治引领、创新凝聚科技工作者方式、区域协同发展与科协组织作用、科协组织国际化及合作交流等方面进行研讨和交流。本次会议征文经过专家初评和复评，共有 59 篇获得优秀论文奖。大会向优秀论文作者代表颁发了荣誉证书，4 位优秀论文作者在会上进行了交流发言。

【中国科协审议通过《科技志愿服务管理办法（试行）》】 7 月 4 日，中国科协召开九届书记处第六十九次会议，研究审议《科技志愿服务管理办法（试行）》。会议由中国科协党组书记、常务副主席、书记处第一书记怀进鹏主持。

会议原则通过了《科技志愿服务管理办法（试行）》。会议指出，中国科协牵头成立中国科技志愿者总队，要按照纵横结合、属地管理、分类指导、逐级负责的原则，指导各级学会和地方科协成立各级各类的科技志愿者组织，开展科技志愿服务工作。

会议强调，科技志愿服务要坚持以人民为中心，突出科协组织“四服务”职责定位，坚持将志愿精神与科学家精神紧密结合，广泛鼓励和引导科技志愿者进社区、进乡村、进学校、进企业、进园区，以所学所研报国为民。

会议指出，要联合相关部门共同推进建设科技志愿服务的长效机制，严格注册审核，强化留痕管理，建立完善的激励机制、权益维护机制和退出机制，实现与国家志愿服务信息系统数据互联互通，提升组织动员能力。

会议指出，要将科技志愿服务作为中国科协“不忘初心、牢记使命”主题教育重要内容，进一步加强党的领导和党的建设，围绕“为什么做”“为谁做”“谁来做”等问题进行整体设计，重大项目和活动要有纪检监察和审计部门全程监督，进一步加强科技与经济、社会、教育、文化等领域的紧密结合，着力推动科协系统改革向基层延伸。

会议要求，各级学会和地方科协要高度重视，结合实际抓好贯彻落实，推动科技志愿服务规范化、制度化、长效化，鼓励动员更多科技工作者参与科技志愿服务，构建各界参与、内容丰富、形式多样、机制健全的科技志愿服务体系，营造全社会关心、支持、参与科技志愿服务的良好氛围。

书记处书记徐延豪、孟庆海、束为、宋军出席会议。党组成员王守东、殷皓，中央纪委国家监委驻科技部纪检监察组有关负责同志，中国科协相关部门、直属单位主要负责同志列席会议。

【中国科协研究审议《中国现代科学家》系列纪念邮票推荐人选】 8月23日，中国科协召开九届书记处第七十三次会议，研究审议《中国现代科学家》系列纪念邮票（第八组）推荐人选，听取创新战略研究院团组参加中英科技创新与创业政策国际论坛情况汇报。会议由党组书记、常务副主席、书记处第一书记怀进鹏主持。

会议指出，邮票作为国家名片，是一个国家政治经济、历史艺术和科学文化的真实缩影，是弘扬国家和民族精粹的重要宣传载体。入选《中国现代科学家》系列纪念邮票的科学家，都是在各自领域作出卓越贡献、建立不朽功勋的科学大师，他们坚定的爱国信念、感人的奋斗事迹、巨大的人格魅力和高尚的道德品质，成为科技界乃至全社会的典范和楷模。

会议强调，要高度重视、充分利用好《中国现代科学家》系列纪念邮票这个载体和抓手，严格审慎遴选入选科学家，确保经得起历史检验。要以此为契机，会同国家邮政局做好宣传推广，设计制作系列宣传品和衍生品，推动科学家精神进校园、进展馆，让科学大师走近社会公众，让科学文化融入中国发展，增强溢出和引领效应。

会议指出，要提高政治站位，以习近平外交思想为科学指引，对标中央、对标国际，不断探索科技社团发展方向，拓展国际交流与合作范围，打造国际科技交流活动品牌，搭建国际民间科技合作战略通道新机制新平台。要提升战略格局，不断扩大海外科技交流朋友圈，进一步与国内外科技界拓展联系广度，加强交流深度，体现组织温度，引导支持中国科技工作者深度参与全球科技治理，为建设人类命运共同体贡献智慧力量。

书记处书记孟庆海、束为、宋军出席会议。党组成员王守东、殷皓，中央纪委国家监委驻科技部纪检监察组有关负责同志，中国科协相关部门、直属单位主要负责同志列席会议。

【《科学文化（英文）》（*Cultures of Science*）期刊2019年编委会会议】 11月3日，《科学文化（英文）》（*Cultures of Science*）期刊2019年编委会会议在北京召开。编委会名誉主任、中国科协名誉主席、中国科学院院士韩启德参加会议并致辞，编委会主任、中国科协党组副书记、副主席、书记处书记徐延豪主持会议。

韩启德在讲话中肯定了期刊创办一年以来国际编委会的贡献和编辑团队的工作成绩，并对编委会成员及编辑团队提出了“三个希望”：希望编委会成员继续为提高期刊质量贡献力量；希望编委会为期刊提升国际影响力、拓展合作网络贡献力量；希望编委会和编辑团队恪守科研诚信、坚守伦理底线。

中国科协创新战略研究院教授任福君汇报期刊创刊以来的工作进展、团队建设、学术影响、市场推广、国际合作以及出版伦理等工作。本次编委会经民主推荐和投票表决，增选美国麻省理工学院博物馆馆长 John Durant、欧盟 ITER（国际热核聚变实验堆）项目政策与传播负责人 Michel Claessens、中国科学技术大学教授汤书昆、上海科技馆馆长王小明、中国人民大学教授赵延东5位专家为编委会成员，编委团队扩大到20人，其中国际编委11人。

编委增补完成后，全体与会成员就期刊目标定位、打造《科学文化（英文）》的独特性以及提高期刊信息量和可读性等议题进行了讨论并提出相关建议。

徐延豪在总结中表示，本次编委会会议务实高效，与会编委和专家群策群力，凝聚共识，对未来两年的办刊思路及编委会的工作机制提出宝贵的意见及建议，希望编委会以此为契机形成高效稳定的工作机制，促进《科学文化（英文）》期刊的可持续发展。

PUS（*Public Understanding of Science*）现任主编 Hans Peter Peters、土耳其伊斯坦布尔比尔基大学教授 Ahmet Suerdem、葡萄牙里斯本大学学院项目负责人 Marta Entradas、荷兰特温特大学副教授 Anne Dijkstra 4 位知名国际学者就期刊发展提出了各自的专业性建议。

《科学文化（英文）》由中国科协主管，中国科协创新战略研究院主办，是中国科学文化领域的第一本英文期刊。

【中国科协组织召开《国家中长期科学和技术发展规划纲要（2006—2020 年）》实施情况评估工作启动会】 4 月 18 日，中国科协在北京组织召开《国家中长期科学和技术发展规划纲要（2006—2020 年）》（此篇中以下简称《纲要》）实施情况评估工作启动会。中国科协党组副书记、副主席、书记处书记徐延豪出席会议并讲话。

徐延豪指出，2006 年国务院颁布实施《纲要》是继建国初期“向科学进军”、改革开放迎来“科学的春天”和实施“科教兴国”战略之后又一具有里程碑意义的事件，是 21 世纪初指导中国科技工作的纲领性文件。中国科协开展《纲要》评估工作，基础良好，优势明显，参与这项工作的全国学会和地方科协要以高度的责任感和使命感，全力做好各项工作，按时交上一份高质量的优异答卷。

徐延豪强调，评估工作要充分彰显《纲要》的战略特色，要结合新形势、重点问题、体制机制和人才环境系统性地开展，高站位谋划、高标准组织、高效能实施、高质量完成；要充分发挥中国科协与全国学会、地方科协“一体两翼”的格局优势，创新机制模式，做好统筹协调，持续推进工作，力求取得更大的实质性进展。

会上，中国科协创新战略研究院介绍了《纲要》评估工作背景、进展和总体工作方案；辽宁省科协、江苏省科协、广东省科协、中国城市规划学会、中国科协生命科学学会联合体、中国国际科技交流中心等负责人依次发言，强调《纲要》评估的重要意义，表达做好评估工作的信心，并提出思考建议。地方科协、全国学会（学会联合体）和研究机构的 15 位代表结合自身优势和任务分工，分别汇报各自的研究思路和实施计划，相关专家作了点评。

与会人员一致认为，中国科协应当充分依托自身的研究基础，积极发挥第三方主体优势，结合新形势新问题，明确评估工作的目标、范畴、议题、方法，对《纲要》实施的成效与问题给予权威结论，为新的中长期规划制定提供决策参考。

中国科协调研宣传部、中国科普研究所、中国国际科技交流中心、科技部战略规划司，北京等 6 省（直辖市）科协，中国能源研究会等 7 家全国学会（学会联合体）有关负责人和相关评估专家参加会议。

【《国家中长期科学和技术发展规划纲要（2006—2020 年）》实施情况评估工作完成】 由中国科协承接，中国科协创新战略研究院具体组织实施的《国家中长期科学和技术发展规划纲要（2006—2020 年）》（此篇中以下简称《规划纲要》）实施情况评估工作日前完成全部专项评估（研究），形成评估报告初稿。9 月 28 日，中国科协在北京组织召开《规划纲要》实施情况评估专家终审会。中国科协党组书记、常务副主席、书记处第一书记怀进鹏，科技部党组成员、副部长李萌，中国科协党组副书记、副主席、书记处书记徐延豪、终审评估院士专家等共计 60 余人参加会议。

会上，由中国工程院院士杜祥琬担任组长，马伟明、方新、齐让、刘德培、杜祥琬、李华、李洪、吴孔明、何华武、周守为、饶子和、袁亚湘等院士专家组成的终审评估专家组提出审议意见，通过《规划纲要》实施情况评估报告，标志着《规划纲要》实施情况评估全部工作任务已经顺利完成。

此次评估工作历时 10 个月，历经准备、启动、实质评估、形成报告 4 个阶段。评估中，国家发展改革委、财政部等 23 个相关部门和 31 个省级科技管理部门提交了《规划纲要》自总结评估报告。中国宏观经济研究院、清华大学等 9 家科研机构、高等院校受托开展了重点议题专项评估（研究），中国能源研究会、中国科协生命科学学会联合体等 8 家全国学会（学会联合体）开展了科技领域专项评估，北京市科协等 6 家省级科协开展了重点区域评估。此外，本次评估还开展了国际咨询和大数据分析工作。依托中国科协 516 个全国科技工作者状况调查站点开展了科技工作者问卷调查，完成基于 20255 份有效问卷的相关评估证据分析报告。各项目组实地调研 70 余次，召开研讨会 150 余场，广泛听取各界意见建议。参加评估方案制定和评估工作实施、评估结论凝练的国内外专家800余人（包括院士近80人），形成了300万余字的报告和材料，有力支撑了评估结论。

此次评估得到科技部和中国科协的高度重视，有关领导同志数次作出指示。9月28日终审专家会上，怀进鹏、李萌分别讲话，对评估工作表示肯定，鼓励有关各方精心做好后续工作，圆满完成全部任务；徐延豪作会议总结，对参会院士专家、相关部门和人员表示感谢，对评估报告的修改完善提出了明确要求。

此次评估是发挥中国科协组织优势，动员全国学会、地方科协和广大科技工作者参与国家科技规划评估的一次有益探索，是中国科协以第三方科技创新评估引领高端科技智库建设，更好为党和政府科学决策服务的一次积极实践。

【老科学家学术成长资料采集工程专家委员会举行第八次会议】 5月8日，老科学家学术成长资料采集工程（以下简称"采集工程"）专家委员会（以下简称"专委会"）第八次会议在中国科技会堂举行。中国科协荣誉主席、采集工程专委会主任、中国科学院院士韩启德出席会议并讲话，傅志寰、王礼恒、方新、齐让、徐延豪等专委会委员出席会议。

会上，徐延豪代表采集工程领导小组，向新一届专委会主任、委员颁发了聘书。会议听取了弘扬新时代中国科学家精神专项工作、采集工程总体进展及2019年度工作安排等相关汇报，审议通过了2019年度拟采集对象名单。与会委员对采集工程十年来取得的工作成果给予充分肯定，并就下一步工作进行深入研讨，提出建设性意见。

韩启德指出，采集工程应加强前瞻性、战略性和全局性研究，提早布局新形势下的发展方向。要把握好采集的规模和质量，探索与高校院所合作开展院士学术成长资料采集工作机制，加大对西部地区科技工作者的采集宣传，推动对国防领域科技工作者的采集工作，促进相关单位加强对相关资料的征集保存和研究。要进一步优化"采、藏、研、用"工作机制，在研究和宣传上下更大力气，进一步提高传记的出版质量，凝练、弘扬科学家精神，扩大传播范围，强化传播效果，扩大采集工程社会影响力。要加强力量整合，充分发挥科协系统"一体两翼"组织优势，调动高校和科研院所的力量，推动采集资料开放共享。

徐延豪表示，要充分利用采集工程珍贵的历史资料，在"展"和"宣"两方面加大工作力度，为国家科学技术传播中心建设奠定良好基础。要大力弘扬科学家精神，引导青年科技工作者接力精神火炬，奋进新的长征。要定期向专委会汇报相关工作，落实好专委会的各项决议，让采集工程焕发出新的活力。

采集工程领导小组办公室、采集工程项目办公室、采集工程学术指导团队，以及采集工程馆藏基地的相关负责人列席会议。

【2019年中国科协党组向离退休老同志通报工作暨新春团拜会】 1月29日，2019年中国科协党组向离退休老同志通报工作暨新春团拜会在北京举行。中国科协党组书记、常务副主席、书记处第一书记怀进鹏向离退休老同志通报科协工作情况，并偕党组、书记处成员向科协老同志致以诚挚问候和新春祝福。孟庆海、束为、宋军、王守东、殷皓等党组、书记处领导同志，机关、直属单位离退休老同志，机关各部门、各直属单位负责人，老干部工作人员共约500人参加会议。会议由党组副书记、副主席、书记处书记徐延豪主持。

怀进鹏指出，2018年是贯彻落实党的十九大精神的开局之年，是改革开放40周年，也适逢中国科协成立60周年。在党中央的坚强领导下，中国科协深入学习宣传贯彻习近平新时代中国特色社会主义思想和党的十九大精神，树牢"四个意识"，坚定"四个自信"，坚决做到"两个维护"，扎实履行"四服务"职责定位，开启"1–9–6–1"工作布局，认真履行政治责任、强化政治引领，着力服务党和国家发展大局，深化改革激发创新活力，完善联系服务组织体系，拓展开放合作新空间，务实推进传承、创新、发展，展现了科协在新时代的新气象新作为，塑造了科协发展新格局，取得了科协事业新突破。广大离退休老同志热心投身科协事业发展，主动建言献策，参与支持中国科协会史馆建设，以亲身经历宣讲科协历史和光荣传统，为科协发展作出了积极贡献。

怀进鹏强调，2019年是中华人民共和国成立70周年，是决胜全面建成小康社会的关键之年。科协事业的持续发展，离不开广大离退休老同志的关心支持和热心参与，希望各单位要牢牢把握中央关于新时代老干部工作的要求，进一步强化对老同志"高看一眼，厚爱一分"的理念，牢固树立求真务实作风，经常主动地深入老同志中去，了解实际情况，听取意见建议，努力在好事办实、实事办好上提质增效；要突出抓好精准化、信息化、规范化建设，努力为老有所养、老有所医、老有所学、老有所教、老有所乐、老有所为创造良好条件，不断增强老同志们的获得感和幸福感，推动老干部工作融入新时代，展现新担当。

会上，大家共同观看了 2018 年中国科协老干部工作专题片，优秀共产党员标兵、离退休党支部书记薄俊惠代表老同志作发言。老同志们互致问候、畅叙情谊，气氛温馨、祥和，一阵阵欢声笑语，增添了节日的喜庆氛围。

【中国科协召开离退休老干部座谈会】 1 月 9 日，中国科协召开离退休老干部座谈会，广泛征求离退休同志意见建议。中国科协党组副书记、副主席、书记处书记徐延豪，党组成员、组织人事部部长、机关党委书记王守东出席会议。来自机关和直属单位 20 余名老同志代表参加座谈。机关党委、机关离退休办公室等部门负责人参加会议。

会前，职能部门高度重视，做了充分准备，与会代表专门征求了所在支部和单位的意见建议；会上，老同志们发言踊跃、讨论热烈，充分发表看法和建议。大家表示，在 2018 年年底工作繁重之际，党组专门听取老同志们的意见建议，充分体现了党组对老同志的尊重和关心。

与会老同志普遍认为，过去的 2018 年，科协党组深入学习宣传贯彻习近平新时代中国特色社会主义思想和党的十九大精神，坚决贯彻落实党中央重大决策部署，树牢“四个意识”，坚定“四个自信”，坚决做到“两个维护”，严格自律、以身作则、率先垂范。大家表示，一年来，党组扎牢履行“四服务”职责定位，开启“1–9–6–1”工作布局，在扩大有效覆盖、转变拓展职能、建设网上科协、强化基层基础、深化系统改革、提升组织活力等方面成效显著，务实推进科协传承、创新和发展，展现新时代科协组织新气象新作为，塑造科协发展新格局新面貌。

与会老同志还对科协老干部工作表示充分肯定，感谢科协党组对老同志的“高看、厚爱”，对离退休工作部门树立精准化服务理念、积极运用信息化服务手段、加强制度化规范化保障表示赞赏，对参与科协会史馆建设、参加科协传统宣讲和科普中国建设中发挥的积极作用表示自豪。

徐延豪和与会人员充分交流互动，回应老同志关切的热点问题。他指出，老干部是党和国家的宝贵财富，科协事业的发展和所取得的成绩始终离不开老同志的关心和支持。感谢大家对党组工作的肯定和支持，对离退休干部工作的认可和鼓励。

徐延豪表示，这次座谈会开得很好，前期准备充分，大家的意见质量很高、建议弥足珍贵。特别是围绕严明政治纪律和规矩、加强党的建设和作风建设、贯彻新发展理念、加强科协自身建设等方面提出了许多建设性的意见，就老干部工作人员队伍建设、老同志学习活动阵地、恢复直属单位老科协、发挥老同志作用等方面的建议很有针对性，将把大家提出的意见建议反馈给党组，认真研究，推动相关问题解决。

徐延豪强调，机关离退休办公室等职能部门要认真梳理好老同志的意见建议，近期要召开会议专题研究解决，机关离退休办公室层面可以解决的要立行立改，所有意见建议均要有回音。他还就加强制度建设、发挥老同志作用提出具体指导意见，要求在科普中国建设、科普法修订、科技政策研究、智库建设、传统教育宣讲团等方面更好发挥老同志的正能量。

【中国科协党组领导看望慰问基层干部职工】 2 月 2 日，中国科协党组书记、常务副主席、书记处第一书记怀进鹏前往白家庄、北辰、木樨地、魏公村等办公区看望慰问干部职工，代表中国科协党组、书记处向大家致以新春问候和诚挚祝福，衷心感谢大家一年来的无私奉献，祝大家度过一个健康、快乐、吉祥的春节！

2 月 2 日上午，党组领导一行来到白家庄办公区，看望慰问了企业创新服务中心和农村专业技术服务中心的干部职工。怀进鹏对两家单位一年来的工作予以充分肯定，并希望在新的一年里联合起来在服务基层方面做好文章。

在北辰办公区，党组领导一行深入国家科技传播中心建筑工地看望慰问建筑工人并致以节日问候。怀进鹏指出，国家科技传播中心建设项目承载着中国科协的使命，也承载着北京作为科技创新中心的使命，在保证质量的前提下，要克服困难，加快工程进度，早日建成投入使用。在中国科学技术馆，党组领导对干部职工在春节期间坚守岗位、默默奉献表示感谢和敬意。怀进鹏指出，中国科学技术馆作为中国科协重要科普阵地，在推动科普事业发展、推进科学传播方面作出了积极贡献。他鼓励中国科学技术馆干部职工在新的一年里再接再厉，围绕中华人民共和国成立 70 周年推出优质科普内容，以更严的标准、更好的服务和更高的水平交出一份满意答卷。

2 月 2 日下午，党组领导一行来到木樨地办公区，看望慰问了信息中心、中国科技会堂、机关服务中心干部职工。怀进鹏勉励信息中心2019年智慧科协工作要注重连接全国学会和地方科协，对中国科技会堂为广大科技工作者提供细致周到的服务、营造“科技工作者之家”的氛围表示肯定。当了解到机关服务中心文印室职工因紧急工作任务连续4天没有回家、出色完成任务时，怀进鹏说：“大家辛苦了，为保障机关工作高效运行，各位同志舍小家为大家，作出了很多奉献，我代表党组给大家拜年！”

在魏公村办公区，党组领导一行看望慰问了国际科技交流中心、培训和人才服务中心、科技导报社、学会服务中心、科技社团党委、科普研究所、新技术开发中心等单位干部职工。怀进鹏饶有兴致地观看了培训和人才服务中心制作的全球人才大数据分析可视化短片，鼓励其进一步激发干部职工活力，梳理奖励评审和工程能力建设的工作流程，做好模块化设计，提高效率和效能；充分肯定了学会服务中心在联系学会、服务科技工作者等方面的工作所取得的成绩和展现的实力；鼓励科技社团党委在服务学会党建方面再有新作为；希望科技导报社在研究世界各国精品期刊等方面再做新突破；勉励科普所凝练核心、深挖潜力、研究品牌，不断提升国内外影响力；希望国际科技交流中心与新技术开发中心要进一步加强相互协作，在新环境下共同寻求新发展。

在中国科协党组、书记处的统一部署下，春节前夕，机关各部门、各直属单位联系看望离退休老干部、遗孀遗属、生活困难职工群众共计400余人，给干部职工送去党中央关怀和中国科协党组、书记处的关心和新春祝福。

党组、书记处领导的亲切关怀和悉心指导，让中国科协干部职工深受鼓舞、倍感振奋。大家普遍认为，在党组、书记处的坚强带领下，2018年中国科协各项事业取得丰硕成果，作为一名科协人感到十分骄傲和自豪。大家纷纷表示，一定不辜负党组、书记处领导的信任和嘱托，以更加饱满的热情和积极主动的工作态度，推动科协事业2019年再上新台阶。

【中国科协规划纲要培训暨全国学会财务管理培训班】 6月11—12日，中国科协规划纲要培训暨全国学会财务管理培训班在北京举办。培训旨在落实“不忘初心、牢记使命”主题教育部署，深入学习宣传贯彻习近平新时代中国特色社会主义思想，推动中国科协规划纲要的落地落实，引领新时代全国学会和地方科协“一体两翼”工作提质增效，以优异的成绩迎接中华人民共和国成立70周年。中国科协副主席、书记处书记孟庆海出席开班仪式并讲话。

孟庆海指出，中国科协按照6月6日主题教育动员部署安排，各部门各单位正围绕习近平总书记提出的“守初心、担使命，找差距、抓落实”12字总要求，扎实开展主题教育活动。各全国学会、各地科协要结合主题教育，认真领会《面向建设世界科技强国的中国科协规划纲要》(此篇中以下简称《规划纲要》)的实质和内涵，协同发力，开创新时代科协系统“一体两翼”多级联动的新局面，奏响科协系统贯彻《规划纲要》同频共振的大合唱。一是要牢牢把握新时代科协组织的工作靶心，坚持党的领导、坚持科技工作者为中心、坚持服务大局、坚持改革创新、坚持开放融合。二是要牢牢把握新时代科协组织把中国科协建成卓越、赋能、创新、包容的科技工作者精神家园，成为世界主要枢纽科技组织的远景目标和与社会各方勠力同心把中国建成“一高地四中心”的奋斗目标。三是要牢牢把握新时代科协组织发展的“三步走”战略部署。四是要牢牢把握新时代科协组织“五个全面提升、五大作为”的重点任务安排。

中国科协党校成立后，此次培训班将主题教育活动作为重要内容，特别邀请中央党校教授刘炳香作“不忘初心、牢记使命”主题报告。刘教授从共产党人为中国人民谋幸福、为中华民族谋复兴的初心和使命出发，介绍了开展主题教育的时代背景，并围绕主题教育12字总要求和具体目标，强调了树立理想信念、站稳人民立场、正确履职用权、忠诚干净担当的主题教育要求的深刻内涵，提出了落实主题教育要求的具体举措。

培训期间，中国科协有关部门相关负责人就中国科协《规划纲要》概述，以及新时代科协组织的政治引领政治吸纳、学术交流与世界一流期刊建设、科学普及、智库建设、国际科技人文交流合作等专题进行系统解读。培训还就中国科协委托项目管理、有效防范化解学会财务风险等组织了专题讲座。中国通信学会、北京市科协介绍了宣传贯彻落实《规划纲要》，推动规划编制的经验做法。

培训将《规划纲要》专题培训与全国学会财务管理培训合二为一，同时采用主会场面授与分会场视频直播相结合的方式。各全国学会、协会、研究会分管副秘书长及相关工作负责人，各省、自治区、直辖市、副省级城市科协，新疆生产建设兵团科协分管副主席及相关业务部门负责人近400位学员参加培训。

【2019 年度全国科协系统综合统计工作培训班】 12 月 3 日，2019 年度全国科协系统综合统计工作培训班在北京举办。中国科协副主席、书记处书记孟庆海出席培训班并讲话。本次培训班采取视频培训方式，除主会场外，在省级科协设分会场。各全国学会（协会、研究会）、省级科协统计或财务分管领导，以及负责统计、财务的工作人员共计450余人参加了培训。

孟庆海指出，一年来，各全国学会、各级科协以习近平新时代中国特色社会主义思想为指导，全面落实党的十九大关于“完善统计体制”的重大部署，突出统计指标应用、突出统计过程控制、突出智慧统计建设，高质量完成了 2018 年度统计数据的填报。希望各全国学会、各级科协总结好经验，再接再厉，不断适应新时代科协事业发展新要求，不断提高科协统计数据质量水平，不断推动新时期科协统计工作创新发展。

孟庆海强调，党的十九届四中全会作出坚持和完善中国特色社会主义制度、推进国家治理体系和治理能力现代化若干重大问题的决定，开启了“中国之治”的新征程，这给新时代科协组织治理现代化、走向“科协之治”提出了新的要求。要进一步提高对新时期科协统计工作在科协治理中极端重要性的认识，牢固树立科协统计的数据治理、数据创新、数据赋能的理念。

孟庆海要求，各全国学会、各级科协必须认真落实新修订统计指标体系，大力提高科协统计质量水平；高度重视并认真组织好统计数据填报工作；通过中国科协智慧统计系统做好填报工作；加强科协统计过程的管理和科协统计数据质量的控制，加强科协统计服务产品的创新；严格遵守法律法规，严防统计数据造假。

培训期间，中国科协计划财务部部长杨文志围绕新时代科协计财工作新要求新作为作专题报告。此次培训对全国科协系统统计与财务工作人员进一步理解和把握党的十九届四中全会精神、提高相关统计政策和业务水平起到了很好的指导和促进作用。

人　才

【2019 年全国科技工作者日主题系列活动电视电话会议】 5 月 7 日，中国科协召开电视电话会议，统筹部署开展 2019 年全国科技工作者日主题系列活动，扎实推进科协系统“礼赞共和国、追梦新时代——科技志愿服务行动”。中国科协党组书记、常务副主席、书记处第一书记怀进鹏，中国科协副主席、中国工程院副院长邓秀新、何华武，中国科协党组成员、书记处书记束为出席会议。会议由中国科协党组成员兼组织人事部部长王守东主持。

束为就全国科技工作者日主题系列活动安排作说明，对科技志愿服务行动的主题设计、工作背景、内涵外延进行了解读，强调坚持统筹全年重点工作、统筹科协组织“一体两翼”、统筹形成长效工作机制的原则，介绍“组建队伍、搭建平台、开展服务、选树典型”的工作重点，对主题活动重点任务作出安排。

中国复合材料学会、中国自动化学会、北京市科协、山东省科协、浙江省科协、河南省科协、福建省福安市科协有关负责同志和陕西省渭南市科协科技志愿者代表，围绕科技志愿服务主题，聚焦产学研融合、科技成果转化、人才工作体系建设、科协组织建设、科学普及、服务企业和服务基层等方面交流发言。

怀进鹏在讲话中指出，举办全国科技工作者日主题系列活动是加强对科技界政治动员、政治引领的重要行动，要充分认识设立全国科技工作者日的重大意义，擦亮科协组织凝心聚力的工作品牌，打造新时代服务基层新作为的坚强阵地，引导科技工作者以无私奉献引领社会志愿服务新风尚。

怀进鹏强调，开展全国科技工作者日主题活动，要贯彻“礼赞共和国、追梦新时代”的主线，重点组织全国百家学会、百支科技志愿者队伍的“双百”主体，开展服务企业、服务基层的“双服务”，保持和增强科协组织的政治性、先进性、群众性，着力打造团结动员科技工作者服务基层、服务发展的“双百”品牌。要聚焦助力深化供给侧结构性改革、服务企业和产业高质量发展，聚焦推动科学普及、服务全民科学素质提升，全面提升服务经济社会发展和服务基层群众的能力。要有效组织百家学会、百支科技志愿者队伍，推动科协工作重心下移、资源下倾、力量下沉，服务企业、服务基层。要坚持静态与动态、实体与网络相结合的组织机制，完善纵横交织、条块结合的组织体系。要坚持把弘扬新时代科学家精神与志愿精神结合起来，把爱国奋斗与爱心奉献结合起来，以志愿服务让企业受益、让基层群众受益，让科技工作者在服务发展中有成就感，不断增进基层群众的获得感。

怀进鹏要求，要全面提升科协系统组织力，建机制、强功能、增实效，推动精准化、有效性科技志愿服务。推进“3+1”工作试点，发挥好医院院长、学校校长、农技站站长等基层科协兼挂职领导的作用。建好企业发展的问题库、学会服务的项目库、科技人才库，搭建好志愿服务平台，推动主题活动深入开展。完善党建带群建的工作机制，依托基层党群服务中心和新时代文明实践中心，将科协工作主动融入党建引领基层治理、提升公众文明素质的工作大局，让“科协出品”“科协制造”“科协创造”成为基层群众健康文明新生活的流行风尚。

怀进鹏指出，要加强组织领导，完善保障机制，推动科技志愿服务落实落地、生根见效。要加强统筹协调，稳中求进、守正创新，统筹实施好各项重点任务，防范化解重大风险，确保主题活动可控、可操作、可评估。要构建长效机制，推动科技志愿服务行动长效化、常态化。要务求工作实效，做到见人、见事、见项目、见活动、见效果，力戒形式主义。要加强总结宣传，形成可复制、可推广的工作模式、制度机制、有效组织和典型案例，加强舆论宣传。希望科协系统和广大科技工作者以庆祝全国科技工作者日为契机，深入开展科技志愿服务行动，以优异的成绩向中华人民共和国成立70周年献礼，为建设世界科技强国、实现中华民族伟大复兴的中国梦作出新贡献。

部分在北京的中国科协常委、全国学会负责同志，中央企业科协、中央高校科协、北京市科协负责同志，中国科协机关、直属单位负责同志，在主会场出席会议。部分北京以外中国科协常委、全国学会负责同志，各省级科协负责同志，省级学会、省级高校科协和企业科协代表，在各省分会场出席会议。副省级城市和有条件的地级市科协通过云直播收看会议。

【艺术与科学交汇——2019年全国科技工作者日主题音乐会】 5月29日，艺术与科学的交汇——2019年全国科技工作者日主题音乐会在北京举办。中国科协名誉主席韩启德，全国政协副主席、中国科协主席万钢，中国科协党组书记、常务副主席、书记处第一书记怀进鹏出席音乐会。

音乐会上演奏了多首西方古典音乐和中国民族音乐曲目，包括莫扎特《C大调长笛与竖琴协奏曲》《降E大调小提琴与中提琴协奏曲》，巴赫《d小调双小提琴协奏曲》，鲍罗丁《D大调第二弦乐四重奏》，双簧管、大管二重奏《音乐的奉献—卡农》，木管五重奏《疆域风情》，中国民族交响乐曲《小河淌水》《紫竹调》《梦浴华清》等。

本场音乐会以“音乐家演奏＋科学家讲解”的形式展现艺术与科学之间的奥秘。中国科学院院士、西安交通大学电子与信息学部主任管晓宏担任科学解说，与西安音乐学院教师杨曦展开科学与艺术的对话，以科学家的视角结合演奏曲目为观众逐一介绍了“旋律音程的幂律关系”“几何变换在作曲中的应用”等音乐中的科学规律和相关研究，爱因斯坦、钱学森等科学家对音乐艺术与科学关系的理解，李约瑟命题中科学和音乐，探讨艺术与科学的关系。整场音乐会让现场观众在尽享中外乐曲带来的视听盛宴外，还体验和感知到音乐艺术与科学之间的密切关系，获得了艺术与科学交融汇聚的独特感受。乐团加演了电影《上甘岭》插曲《我的祖国》。当熟悉的旋律响起，在场观众心潮澎湃，随着乐曲唱起“一条大河波浪宽……”，把音乐会推向高潮。

本场音乐会由中国科协主办，西安交通大学、西安音乐学院、中国科学技术出版社承办。中国科协党组书记处领导同志，中国科协老领导，在北京的中国科协常委、有关部委负责同志，在北京的中国科学院院士、中国工程院院士及中国青年科学家奖、中国青年女科学家奖等获奖者代表，全国学会相关负责同志，在京高校师生代表、媒体记者等约1300人出席音乐会。

【“礼赞共和国、追梦新时代”——中国科学技术馆“5·30”全国科技工作者日系列活动】 5月30日，由中国科协、中国载人航天工程办公室和中国航天科技集团有限公司联合指导，中国科学技术馆、中国空间技术研究院和北京航空航天大学共同主办的“礼赞共和国、追梦新时代——航天科普志愿行动”正式启动，拉开中国科学技术馆“5·30”全国科技工作者日系列活动的序幕。中国科协党组书记、常务副主席、书记处第一书记、中国科学院院士怀进鹏出席并致辞，中国科协党组副书记、副主席、书记处书记徐延豪，中国科协党组成员、中国科学技术馆馆长殷皓出席活动。

怀进鹏强调，我们比历史上任何时期都更加需要建设世界科技强国，更加需要充分发挥科技人才创新报国、科普惠民的重要作用。他指出，航天科普是科技志愿服务的重要领域，要充分体现航天特色，彰显航天优势。他要求，航天科普志愿服务要引导航天科技工作者把报国情怀转化为服务基层的实际行动，不断完善组织保障与工作机制，进一步加强大联合大协作大开放。他希望，广大科技工作者更加紧密地团结在以习近平同志为核心的党中央周围，担当时代使命，砥砺创新建功，以优异成绩向中华人民共和国七十华诞献礼。

本次航天科普志愿行动包括航天精神志愿科普巡讲和航天科技成果科普展。

航天精神志愿科普巡讲由中国航天领域各方面的专家、学者、英雄模范及工程技术人员等组成演讲团，围绕“两弹一星”和“载人航天精神”主题，以青少年为主要对象开展航天科普教育宣传实践活动。

航天科技成果科普展以载人航天科技成就展示为主线，通过大量的实物展品，展现中国在载人航天领域的科研成就以及取得的应用成果，展示中国载人航天技术的未来发展方向。

5 月 30 日全国科技工作者日当天，中国科学技术馆还面向公众推出“光辉典范 永耀苍穹——朱光亚生平事迹展”。立足朱光亚院士的丰功伟绩和崇高精神，深切缅怀朱光亚院士为中国科技事业和国防现代化建设建立的卓越功勋，深刻阐释朱光亚院士为国家强盛、人民幸福倾尽智慧和心血的一生。

此外，在全国科技工作者日期间，中国科学技术馆还围绕弘扬科学家精神，联合全国科技馆同行启动“百馆千场万人科学家精神宣讲系列活动”，组织 100 多家地方科普场馆的科技辅导教师和科技志愿者宣讲团，在全国范围举办上千场次的中国科学家精神巡讲活动。

中央军委科学技术委员会、中国工程院、中国工程物理研究院、中国科学技术馆、朱光亚战略科技研究院、中国载人航天工程办公室、中国航天科技集团有限公司、中国空间技术研究院、北京航空航天大学有关领导、专家分别参加相关活动。

【2019 年中国科协推荐（提名）两院院士候选人评审会议】 3 月 17—19 日，中国科协推荐中国科学院院士候选人、提名中国工程院院士候选人评审会议在北京召开。全国政协副主席、中国科协主席万钢担任指导委员会主任委员；中国科学院党组副书记、副院长侯建国，中国工程院党组书记、院长李晓红，中国科协党组书记、常务副主席、书记处第一书记怀进鹏担任指导委员会副主任委员；国家自然科学基金委员会原副主任沈岩、中国工程院原副院长杜祥琬担任监督委员会主任委员；中国核工业集团公司科技委高级顾问王乃彦，教育部原副部长林蕙青，南开大学原校长龚克，中国科协党组成员、书记处书记宋军担任监督委员会委员。115 名中国科学院院士、160 名中国工程院院士组成推荐（提名）委员会开展评审。中国科协党组成员、书记处书记束为，中国科协党组成员兼组织人事部部长王守东，中共中央组织部、中央纪委国家监委驻科技部纪检监察组、中国科学院、中国工程院、中国科协有关同志出席评审会议系列会议。

3 月 17 日，杜祥琬主持召开中国科协推荐（提名）院士候选人工作监督委员会会议，听取院士候选人推选工作情况汇报、投诉受理情况和处理建议汇报。经监督委员会认真研究，批准投诉处理结果。

3 月 17 日，万钢主持召开推荐（提名）工作委员会第一次会议，听取院士候选人推选工作情况报告和评审工作安排，总结了全国学会、省级科协推选工作特色和候选人特点，审议通过评审办法，对评审工作提出明确要求。

万钢指出，党的十八大以来，以习近平同志为核心的党中央高度重视科技创新、人才工作，习近平总书记对两院院士予以高度关心关怀关注，对院士制度改革予以高度重视。中国科协将推荐（提名）院士候选人工作，作为深入学习贯彻习近平总书记关于科技创新、人才工作重要指示精神的重大政治任务，要坚决以高度的责任感和使命感，高标准、高质量完成推荐（提名）两院院士候选人评审工作。

万钢强调，在评审中要对新兴学科、交叉学科、小学科领域的科技人才予以关注，对扎根基层、深入一线、默默无闻但成果、贡献突出的科技人才予以重视，通过科协组织这一学术共同体平台增进科技界对他们的了解，助力他们迈向更高的舞台。

万钢要求，要从人才成长规律的角度深刻认识中国科协组织学术团体推荐（提名）渠道发挥的独特作用和重要意义，对推荐（提名）至中国科协的院士候选人予以高度关心关注、作为中国科协当前和今后一段时期的重点联系服务对象，为他们搭建各类高水平平台，广泛开展学术交流，提升在科技界的知名度和影响力，提升候选人的综合竞争力，助力其进一步成长成才。

3 月 18 日，怀进鹏在评审会议全体会议讲话中强调，要深入学习贯彻习近平总书记关于人才评价的重要指示精神，坚持以学术水平、科研成就、成果贡献、创新潜力为引领，突出能力、业绩导向，进行综合评价，破除“四唯”倾向，充分发挥人才评价指挥棒和风向标作用，更好地发现和举荐人才。

怀进鹏要求，要深刻把握新时代对院士增选工作的新要求，站在政治高度为国选才、为国聚才，突出学术导向，注重考察科学道德和学风，进一步增强评审工作的科学性、权威性、公正性，进一步提升评审工作公信力，促进优秀人才脱颖而出。

3 月 18—19 日，对应中国科学院 6 个学部、中国工程院 9 个学部，全部由该学部院士组成的各学部推荐（提名）委员会召开会议，严格按照院士标准，根据评审办法，经审阅候选人材料、逐一介绍候选人情况、集中评议、无记名投票等环节，共评审产生 52 名中国科学院院士候选人、143 名中国工程院院士候选人。

3 月 19 日，万钢主持召开推荐（提名）工作委员会第二次会议，听取两院各学部委员会评审情况汇报、监督委员会监督情况汇报，审定中国科协推荐中国科学院院士候选人、提名中国工程院院士候选人名单，对下一步工作提出明确要求，圆满完成了 2019 年中国科协推荐（提名）两院院士候选人评审工作。

【中国科协党组研究推荐（提名）两院院士候选人】 3 月 29 日，中国科协召开 2019 年第九次党组会议，听取推荐（提名）中国科学院院士、中国工程院院士候选人评审工作情况汇报。会议由中国科协党组书记、常务副主席、书记处第一书记怀进鹏主持。

会议强调，把中国科协组织学术团体推荐（提名）作为院士提名之外的唯一渠道，体现了习近平总书记和党中央对科协系统的高度信任，加强对科技工作者的政治引领、做好人才举荐服务，责任重大、使命光荣。会议认为，本次推荐（提名）院士候选人工作组织严密，全国学会和省级科协广泛参与推选，275 位院士参加评审，监督委员会发挥了重要作用，充分体现了科协系统的组织力和凝聚力，评审结果具有权威性和公信力。

会议强调，下一步，要根据专家意见做好候选人材料完善和服务工作，按程序要求做好向中国科学院、中国工程院报送推荐（提名）结果和相关材料工作，并将有关情况专门报告中央人才工作协调小组办公室。同时，发挥科协组织的渠道和平台优势，在学术交流、创新创业等方面为候选人做好服务。

会议还研究了其他事项。

党组副书记徐延豪，党组成员束为、宋军、王守东、殷皓出席会议。书记处书记孟庆海，中央纪委国家监委驻科技部纪检监察组有关负责同志，中国科协机关各部门、各直属单位主要负责同志列席会议。

【第十五届中国青年女科学家奖颁奖典礼】 4 月 29 日，第十五届中国青年女科学家奖颁奖典礼在北京举办。全国人大常委会副委员长、全国妇联主席沈跃跃，中国科协党组书记、常务副主席、书记处第一书记怀进鹏，全国妇联党组书记、副主席、书记处第一书记黄晓薇，全国妇联党组成员、副主席、书记处书记吴海鹰，中国联合国教科文组织全国委员会秘书长秦昌威，欧莱雅中国首席执行官费博瑞，欧莱雅中国副总裁兰珍珍，北京大学党委常委、常务副校长、医学部主任、中国工程院院士詹启敏，欧洲联盟驻中华人民共和国大使郁白出席并为获奖者颁奖。费博瑞、黄晓薇分别代表主办单位致辞，中国科协党组成员、书记处书记束为主持颁奖典礼。

第十五届中国青年女科学家奖评审委员会主任詹启敏介绍奖项评选情况。本届评审委员会由包括 31 名院士在内的 39 名专家组成，在评选过程中坚持贯彻落实习近平总书记关于科技创新和人才工作重要指示精神，坚持以学术水平、科研成就、成果贡献、创新潜力为引领，突出能力、业绩导向，注重对候选人进行综合评价，力求破除“唯论文、唯职称、唯学历、唯奖项”倾向，树立正确评价导向。经评审委员会初评和复评，从 116 个单位和 27 名专家推荐、提名的 224 名有效候选人中评审产生 10 名第十五届中国青年女科学家奖拟获奖对象，从 61 个单位推荐的 83 名有效候选人中评审产生 5 名 2018 年度未来女科学家计划入选者。

黄晓薇在讲话中指出，女科技工作者发扬自尊自信自立自强的精神，在科学技术重大、前沿领域发挥着越来越重要的作用，已成为建设创新型国家和世界科技强国中不可或缺的重要力量和宝贵财富。第十五届中国青年女科学家奖获奖者是广大女科技工作者中的杰出代表，集中展现了新时代女科技工作者巾帼不让须眉的风采英姿。

黄晓薇强调，广大女科技工作者要向获奖者学习，自觉用习近平新时代中国特色社会主义思想武装头脑，牢固树立“四个意识”，坚定“四个自信”，做到“两个维护”，弘扬科学报国的光荣传统，把个人理想自觉融入国家发展伟业，勇做新时代科技创新的排头兵，立足岗位建功新时代，为实现“两个一百年”奋斗目标、实现中华民族伟大复兴的中国梦创造新业绩、作出新贡献。

牛书丽等 2 人作为获奖者代表进行了发言。她们在发言中表示，以习近平同志为核心的党中央高度重视科技创新工作，关注、关心、关爱广大女性科技工作者，为她们的成长成才创造了优良的环境和提供了强有力的支持，是她们做好科研工作的根本保障。她们号召广大女性科技工作者，要更加紧密团结在以习近平总书记的党中央周围，不忘初心、砥砺前行，刻苦钻研、矢志创新，以更加优异的成绩迎接中华人民共和国成立 70 周年。

中国青年女科学家奖由全国妇联、中国科协、中国联合国教科文组织全国委员会和欧莱雅中国于 2004 年联合设立，是经中央批准设立的唯一面向广大青年女科技工作者的科技奖励，是欧莱雅 – 联合国教科文组织“为投身于科学的女性”计划在中国的发展和延伸。中国青年女科学家奖每年评选 10 位在基础科学领域和生命科学领域取得重大科技成果的、45 岁以下的优秀青年女科学家，其中，至少有 1 名（不限于 1 名）来自西部地区。15 年来，共有来自 21 个省（自治区、直辖市）和香港特别行政区的 134 位女性获得此项殊荣，以榜样的力量激励青年女性投身科学。

未来女科学家计划由中国科协于 2015 年设立，是欧莱雅 – 联合国教科文组织设立的世界最具潜力女科学家奖在中国的发展和延伸，每年评选 5 名处于博士及博士后阶段的女性科研人员，并择优推荐入选者作为世界最具潜力女科学家奖中国区域候选人。

第十五届中国青年女科学家奖入选者名单

（以姓氏笔画为序）

姓　名	单位及职务
马瑜婷	中国医学科学院苏州系统医学研究所研究员
牛书丽	中国科学院地理科学与资源研究所研究员
刘小华	四川大学化学学院教授
刘　颖	北京大学分子医学研究所研究员
杨　慧	西北工业大学教授
张晓丹	南开大学光电子薄膜器件与技术研究所研究员
陈莉莉	华中科技大学同济医学院附属协和医院教授
赵维莅	上海交通大学医学院附属瑞金医院教授
袁　媛	中国科学院西安光学精密机械研究所研究员
魏诗卉	中国人民解放军火箭军研究院研究员

2018 年度未来女科学家计划入选者名单

（以姓氏笔画为序）

姓 名	所在单位
王丽丽	吉林大学
白　蕊	清华大学
杨琳琳	郑州大学
姚菊枚	中国科学院新疆天文台
梁　倞	中国科学技术大学

【“新时代科技女性践行和弘扬科学家精神”座谈会】 6 月 22 日，中国科协常委会女科技工作者专门委员会在中国航发北京航空材料研究院举办“新时代科技女性践行和弘扬科学家精神”座谈会并调研，率先在科技界学习贯彻中共中央办公厅、国务院办公厅《关于进一步弘扬科学家精神加强作风和学风建设的意见》。

十一届全国政协副主席、中国女科技工作者协会会长、中国科学院院士王志珍，全国妇联副主席、书记处书记、党组成员吴海鹰，中国科协党组成员、书记处书记束为，国家自然科学基金委员会党组成员、副主任高瑞平，中国航空发动机集团有限公司党组书记、董事长曹建国出席座谈会并讲话。来自高校、科研院所、企业的 30 余名女性科技工作者参加会议。座谈会由中国科协副主席、中国科协常委会女科技工作者专门委员会主任、中国科学院院士郑晓静主持。

王志珍阐述了新时代女性科技工作者弘扬科学家精神的重要意义，她强调，要大力弘扬科学家精神，在宣传阵地上让科学家占领一席之地，让那些献身国防建设和经济社会建设的科学家们挺起民族精神的脊梁，以伟大精神引领时代风尚。

吴海鹰表示，妇联组织高度重视科技女性的成长成才，重视中国女科技工作者协会等团体会员的作用，将持续做好科技女性的宣传引导和表彰奖励工作。

束为表示，中共中央宣传部、中国科协、科技部共同推动《关于进一步弘扬科学家精神加强作风和学风建设的意见》出台，旨在凝练新时代中国科学家精神，树立科技界广泛认可、共同遵循的价值理念。希望广大女性科技工作者不忘初心、奋力前行，在各自的科研领域取得一流成果，以“心有大我、至诚报国”的情怀，绽放出荡气回肠、感天动地的精神力量。

曹建国指出，中国航空发动机集团有限公司广大科技工作者表现出的“国为重、家为轻”“择一事、终一生”情怀，就是科学家精神在航空发动机战线的具体实践和生动体现。

邹宗平、韩喜球、陈薇、王小云、毕利军、王亚军6位嘉宾围绕新时代科学家精神的核心价值，结合自身成长经历和人生感悟，从爱国、创新、求实、奉献、协同、育人6个方面作了专题发言，生动诠释了科学家精神的丰富内涵和时代价值。

郑晓静在总结讲话中指出，希望广大女性科技工作者做科学家精神的学习者、宣传者、践行者，追求真理，永无止境，在新时代党和国家的事业发展中不断创造出新的更大业绩。

【第十五届中国青年科技奖颁奖会暨青年科技人才论坛】 6月29日，第十五届中国青年科技奖颁奖会暨青年科技人才论坛在黑龙江省哈尔滨市举办，获奖者齐聚一堂，传承科学精神，共话东北振兴。原国务委员、第十一届全国人大常委会副委员长、中国老科学技术工作者协会会长陈至立，中国科协党组书记、常务副主席、书记处第一书记、中国科学院院士怀进鹏，国家最高科学技术奖获奖者、中国工程院院士王泽山，中国工程院院士刘永坦等有关部门领导和院士、专家出席颁奖会，中共中央组织部人才工作局副局长牛伟宏宣读表彰决定，共青团中央书记处书记李柯勇主持颁奖会。

中国青年科技奖由中共中央组织部、人力资源社会保障部、中国科协、共青团中央共同主办，是在钱学森、朱光亚等老一辈科学家提议下于1987年设立的，每两年评选一届，每届表彰不超过100人，2019年已至第十五届。30年来，中国青年科技奖人才辈出、群星璀璨，为促进青年人才脱颖而出发挥了重要作用，奖项定位由解决青年人才断层现象调整为培养青年科技领军人才。截至目前，在近1500位获奖者中已有60位当选为中国科学院院士，82位当选为中国工程院院士。很多获奖者在科技创新、攻坚克难中成长为活跃的中坚和骨干力量，在科技、教育、社会发展中发挥了重要作用。按照第十五届中国青年科技奖评审工作安排，经初评、复评和终评程序，获奖者由评审委员会从1167名有效候选人中评审产生。

颁奖会后，举办青年科技人才论坛。论坛由第十五届中国青年科技奖领导工作委员会委员、中国科学院院士、清华大学副校长薛其坤主持。

中国工程院院士、哈尔滨工业大学校长周玉致辞，他详细介绍了哈尔滨工业大学的百年发展历程，讲述了哈尔滨工业大学能够不断培养和留住骨干科研队伍的经验和体会。第一届中国青年科技奖获奖者、中国科学院院士、中国疾病预防控制中心主任、国家自然科学基金委员会副主任高福以《我的科研之路：从中国青年科技奖走出》为题作报告，介绍他在获得青年科技奖后的成长之路，在青年科技人才和青年学子中产生了强烈共鸣。高福勉励青年科技人才要敢于创新、勇于创造，推动中国科技发展在世界科技发展大格局中从跟跑走向并跑和领跑。第五届中国青年科技奖获奖者、中国科学院院士、哈尔滨工业大学常务副校长韩杰才作题为《三代科技工作者的“怕”与“爱”》的报告，他结合自身的经历及哈尔滨工业大学的发展历程，阐释科学精神，倡议青年科技人才坚持科学精神，坚持和发扬艰苦奋斗的优良科研传统、科研品格，为中国科技发展作出更大贡献。在3位院士的精彩报告之后，7位第十五届中国青年科技奖获奖者围绕“科技助力新时代东北全面振兴”这一主题，结合自身专业作报告，为东北振兴及科技发展提供具有参考价值的意见或合作方案。

中国科协党组成员兼机关党委书记、组织人事部部长王守东在致辞中表示，希望青年科技人才传承弘扬中国科学家精神，像老一辈科学家那样，把“小我”融入祖国和人民的“大我”之中，有理想、有本领、有担当，不忘初心、脚踏实地、奋勇争先，以国际视野的大格局，积极探索科学无人区，抢占科技制高点，创造出更多属于中国的国之利器。把科学梦想、人生理想同国家的梦想、人民的梦想紧紧结合在一起，把论文写在祖国的大地上，把思想的创造力转化为经济社会发展的内生动力。

论坛把中国青年科技奖获奖者和东北三省企业家、企业科技人才聚到了一起。一方面，希望各位青年科技人才能发挥自身专业所长，为东北经济发展、产业转型贡献智慧和力量，成为科技助力新时代东北全面振兴的重要参与者和推动者；另一方面，希望搭建青年科技人才和地方政府、企业沟通交流的平台，有机联动、有序分享，通过问题导向与效果导向，推进产学融合和科技成果转化。

相关部委负责人，黑龙江省有关领导，第十五届中国青年科技奖领导工作委员会委员，院士、专家，黑龙江省、吉林省、辽宁省的企业家代表、企业科技人才，哈尔滨工业大学师生代表，中央电视台、新华网、《中国青年报》、《中国科学报》，以及《中华英才》、《中国高新技术》杂志等新闻媒体出席论坛。

【怀进鹏出席中国科协青年干部座谈会】 12 月 19 日，中国科协党组书记、常务副主席、书记处第一书记怀进鹏出席中国科协机关、直属单位青年干部座谈会，机关和直属单位 18 名青年干部代表参加座谈。党组成员、书记处书记束为主持会议。办公厅、组织人事部有关负责人参加会议。

与会青年干部结合学习贯彻落实习近平新时代中国特色社会主义思想和党的十九届四中全会精神，交流承担中国科协重点工作、重大任务、重要活动，以及参加中央巡视组巡视中国科协相关联络服务工作的收获和体会，对中国科协下一步重点工作提出意见建议。怀进鹏认真听取青年干部发言，不时与青年干部互动交流，并结合科协实际工作，对认真学习贯彻习近平新时代中国特色社会主义思想，做新时代科协优秀青年干部提出要求。

怀进鹏指出，青年干部必须对党忠诚，把政治建设摆在首位。中国科协是党领导下的人民团体，政治性是第一属性，科协青年干部必须坚决贯彻落实习近平新时代中国特色社会主义思想，牢固树立“四个意识”、坚定“四个自信”、坚决做到“两个维护”，严守政治纪律和政治规矩，树立共产党人的世界观、人生观、价值观，切实提高政治能力，真正学懂弄通做实习近平新时代中国特色社会主义思想，做到学、思、用贯通，知、信、行统一，做习近平新时代中国特色社会主义思想的坚定信仰者、忠实实践者。

怀进鹏强调，青年干部必须锐意进取，担当作为。作为推动科协事业向前迈进的中坚力量，青年干部肩负着科协事业创新发展的历史使命，党组书记处寄予殷切希望，要坚持用习近平新时代中国特色社会主义思想武装头脑，指导实践，以守土有责、守土负责、守土尽责的责任担当，在其位、谋其政、干其事、求其效。青年干部要增强主动性，不用扬鞭自奋蹄；要强化担当，在实践中担当，用解决问题的结果导向做实担当；要坚定信心，“只要信念不滑坡，办法总比困难多”。青年干部要把个人成长放到科协大事业中，把“小我”和“大我”结合起来，不断提高思想境界、精神境界。

怀进鹏指出，青年干部必须加强学习，提高本领。科协青年干部不仅要有担当的宽肩膀，更要有成事的真本领，切实担负起党组安排的各项重点工作任务。要加强学习、积累经验、增长才干。要自觉向实践学习、向书本学习，向科技工作者学习、向身边有经验的老同志学习。要按照党的十九届四中全会《中共中央关于坚持和完善中国特色社会主义制度、推进国家治理体系和治理能力现代化若干重大问题的决定》要求，切实增强 9 大本领。要围绕智库、学术、科普等领域，用好网络化组织、数字化平台，提高国际化视野，沉下心来干工作，心无旁骛钻业务，干一行、爱一行、精一行。

怀进鹏强调，青年干部必须锤炼过硬作风，清正廉洁。科协青年干部要高标准要求自己，做人有品位，做工作有品质，做事业有品牌，要处理好公和私、义和利、是和非、正和邪、苦和乐关系，慎独慎初慎微慎欲。要牢记清廉是福、贪欲是祸的道理，树立正确的权力观、地位观、利益观，任何时候都要稳得住心神、管得住行为、守得住清白。

怀进鹏指出，青年是科协的未来，要下大力气培养选拔优秀年轻干部。党组将切实把鼓励干部担当作为、重实干重实绩的用人导向鲜明树起来，让敢担当善作为的干部脱颖而出。组织人事部要充分发挥职能作用，要把组织优势转化为事业发展优势，转化为干部成长优势，完善工作机制，拿出具体措施，统筹优秀年轻干部的选拔、培育、管理、使用，做到严格管理和关心信任相统一，政治上激励、工作上支持、待遇上保障、心理上关怀，增强干部荣誉感、归属感、获得感。

怀进鹏强调，2020 年是全面建成小康社会和“十三五”规划收官之年，是实现第一个百年奋斗目标的关键一年，科协广大青年要认真学习贯彻习近平新时代中国特色社会主义思想，不忘初心、牢记使命，自觉将个人发展融入新时代科协新使命，努力干出不负新时代的光辉业绩，努力书写中国科协事业新篇章。

【中国科协青年干部座谈“服务和发展”】 1 月 3 日，中国科协召开青年干部座谈会。中国科协党组书记、常务副主席、书记处第一书记怀进鹏，党组副书记、副主席、书记处书记徐延豪，党组成员、书记处书记束为、宋军，党组成员王守东等出席会议。来自机关和直属单位 32 名在关键岗位承担重点任务的青年干部参加座谈。办公厅、机关党委等部门负责人参加会议。

与会青年干部认真学习习近平新时代中国特色社

会主义思想和党的十九大精神，围绕贯彻落实习近平总书记在改革开放40周年大会上的重要讲话精神，结合承担的科协重大项目、重点工作，畅谈工作中的感受、体会和收获，提出对科协工作的思考及意见建议。与会党组领导认真听取青年干部发言，不时与青年干部互动交流。

怀进鹏结合科协实际工作作总结讲话。他指出，此次座谈会是落实党组书记处定期联系青年干部制度的安排，主要有两方面目的。一方面，是进一步加强学习和提高认识，深刻理解和领会党的十九大精神，对标党中央对年轻干部的殷殷期望和严格要求，锤炼忠诚干净担当的好干部品格。另一方面，也是按照2018年科协党组民主生活会的要求，围绕主题听一听年轻干部对科协工作、对科协党组的意见和建议。这次会议大家积极发言，有对工作的思考、有对形势的分析，更提出很多建设性的意见和建议。在学习贯彻实践党的十九大精神中，同志们都得到成长和历练，在专业作风、专业精神和工作能力上不断提升。

怀进鹏勉励科协青年干部，要保持年轻的心态，做追梦人，有梦想就有未来，有信心就能看到未来，有奋斗未来则更加精彩。他提出，青年干部一是要有坚定的信念，不断加强政治建设，把对党的忠诚，对科协事业和科技工作的忠诚作为重要的使命。二是要在事中学、事中练，在实干当中看水平见能力。要善于提出有价值的问题，善于通过主动学习提高能力，善于把党和国家的大任务、大目标和科协实际结合起来，找到位置、找到方向、找到信心。三是要从被动到主动，主动学习新情况，主动思考新问题，主动落实新工作。要从竞争中找到激情，先想到；在弥补差距中提高能力，先做到；在实干中解决问题，先做出实效。

怀进鹏强调，党中央高度重视年轻干部的成长和培养。2018年6月29日，习近平总书记主持召开中共中央政治局会议，审议《关于适应新时代要求大力发现培养选拔优秀年轻干部的意见》。7月4日，在全国组织工作会议上，习近平总书记发表重要讲话，专门强调要做好新时代年轻干部工作，指出实现中华民族伟大复兴，坚持和发展中国特色社会主义，关键在党，关键在人，归根到底在培养造就一代又一代可靠接班人。科协党组、书记处也将年轻干部培养作为科协事业持久发展的第一要务，在党的建设工作中抓好干部培养，在实践中培养干部，在培养干部中增强实践，用高质量的党建推动高质量发展，切实把组织优势转化成发展优势。

怀进鹏指出，2019年是中华人民共和国成立70周年，也是全面建成小康社会的关键之年，中国科协将以“服务和发展”为主题，实字当先，强调实干，注重实效，围绕党和国家工作大局展开一系列重大任务和项目。希望广大年轻干部树立目标、找到参照、积极主动，出实招、见实效、干实活，崇尚实的文化，营造实的氛围，推动科协整体实力的全面提升。组织人事部要会同办公厅、机关党委等有关部门，关心爱护青年干部，支持帮助青年干部开展工作。认真梳理座谈会意见建议，研究解决方案，主动排忧解难，让青年干部有信心、有活力、有能力，更好履职奉献。

【中国科协召开高校挂职干部座谈会】 7月12日，中国科协召开高校挂职干部座谈会，深入了解高校挂职干部一年来的主要工作情况和感受体会，听取大家对科协工作的意见建议，并邀请挂职干部派出高校的组织人事部门负责人参加座谈，听取对科协与高校合作方面的意见建议。中国科协党组书记、常务副主席、书记处第一书记怀进鹏出席会议并讲话，中国科协党组成员、机关党委书记兼组织人事部部长王守东出席会议，中国科协党组成员、书记处书记束为主持会议。

怀进鹏对高校挂职干部一年来的工作给予了充分肯定，代表中国科协党组书记处对各位高校挂职干部的辛勤付出表示衷心的谢意，为各位高校挂职干部颁发了挂职纪念证书。怀进鹏表示，安排高校干部到科协挂职交流是科协党组书记处经过认真研究、精心谋划和周密组织的，期望通过与“双一流”大学的高举高打合作，提升合作能力，创造新的发展机会。一年来，挂职工作取得的成果是多方面的，既促进了挂职干部的自身成长和提高，又推进了科协工作的进步和发展，同时也加深了高校在“双一流”建设中对科技社团的理解，增强了科协与高校之间的有效合作。

怀进鹏指出，科协将认真梳理和总结大家对科协工作所提的意见和建议，作为当前正在开展的“不忘初心、牢记使命”主题教育活动的一项重要内容加以改进。今后科协希望能够进一步得到高校的支持和帮助，继续精准做好高校干部挂职工作，不断探索与高校合作的新机会、新空间、新模式，建立形成长期、有效、可持续的合作发展机制，努力把科协与高校之间的人才优势、组织优势转变成为高质量发展优势，不断提升科协的组织力和竞争力。

来自北京大学、清华大学、中国人民大学、北京师范大学、北京航空航天大学、北京理工大学 6 所高校的组织人事部门负责人和 10 名挂职干部参加座谈会并作发言。接收高校挂职干部的相关机关部门负责人列席会议。

【2019 年全国科学道德和学风建设宣讲教育报告会】 11 月 13 日，2019 年全国科学道德和学风建设宣讲教育报告会在北京举办。全国政协副主席、中国科协主席万钢致辞，中国社会科学院院长、党组书记谢伏瞻主持报告会，中国工程院院士、南京理工大学教授王泽山，中国工程院院士、陆军工程大学教授钱七虎，中国工程院院士、南开大学校长曹雪涛先后作报告。来自中国科学院大学、中国社会科学院大学、中国空间技术研究院等 49 所首都高校、科研院所以及部队院校的研究生新生和导师近 6000 人现场聆听报告。报告会通过网络视频方式向全国各高校同步直播，各省、自治区、直辖市科学道德和学风建设宣讲教育领导小组组织了分会场，据不完全统计，约 80 万研究生和研究生导师通过网络直播集中收看。

万钢在致辞中指出，70 年来，中国科技事业呈现跨越式发展，科技实力从最开始的一穷二白不断向世界科技前沿奋力追赶超越，取得了历史性的成就，既得益于党和国家为科技发展绘制的清晰蓝图和给予的坚定支持，也归功于一代接一代怀揣科技报国理想的科学家，他们坚贞不渝地将科学研究与国家前途、民族命运和人民事业紧紧联系在一起，以对党、对人民的赤胆忠诚为共和国托起了无数星辰，他们创造的“两弹一星”精神、载人航天精神和西迁精神彪炳史册，光照千秋。他强调，要矢志爱国奋斗，以爱国之情、报国之志，融入祖国改革的发展事业之中，融入人民创造历史的伟大奋斗之中，融入建设世界科技强国、构建人类命运共同体的伟大实践之中。要弘扬科学精神，培养诚信的科研品行，踏实严谨的工作作风，切不可投机取巧、虚夸浮躁，绝不能伪造、篡改、抄袭，触碰科研的“红线”。要坚持传承育人，在知识理论传授和创新，治学理念方法继承和发扬的同时，注重将良好的治学精神和道德品行融入学生的人格养成，真正做到学高为师，身正为范。

王泽山院士的报告题目是《牢记使命，忠诚奉献》。他结合科研经历，讲述了自己始终专注于火炸药研究，锲而不舍担负国家赋予的使命的感人事迹。他勉励现场的同学和老师，要把“不间断地思考”作为追求超越的一种工作学习方式，多问为什么、追问怎么做，追求问题本质并拓展思考。他告诫大家，在做科研过程中，要有责任感，学会包容和诚信，杜绝学术腐败、抄袭、造假，浮夸浮躁等背离科学精神的行为，要发挥群体作用，关注学科交叉融合趋向，坚定理想信念，心怀大爱，忠于党、忠于人民，在为人民利益不懈奋斗中书写人生华章。

钱七虎院士报告的题目是《让生命在科技报国中闪光》。他通过四句话回顾了自己的人生经历，阐释了科学家精神的深刻内涵，第一句:“爱党信党跟党走，是一生中最正确、最坚定的选择。”第二句:“只有把个人的理想与国家和民族的前途命运紧密联系在一起，才能有所成就、实现价值！”第三句:“科学是老老实实的学问，容不得一点点的马虎和心浮气躁。”第四句:“只有摆正个人和组织的关系，摆正个人和集体的关系，摆正个人和群众的关系，才能顺利前进。”虽然已经 82 岁高龄，他仍心系国防建设与人才培养，表示要在有生之年，继续在防护工程领域潜心研究，带好学生、培养人才、关心团队建设，展现了老一辈科技工作者的品格与境界，把自身事业同国家和民族命运紧密结合，以报国奉献为最高追求，为经济和社会建设作出新的更大贡献。

曹雪涛院士报告的题目是《弘扬科学家精神，打造新时代中国学派》。他用邓稼先、屠呦呦、顾方舟、黄大年等一个个耳熟能详的名字向大家诠释了中国科学家的爱国奉献精神，指出青年学者是推动科技变革的先锋，勉励青年学者们，要做爱国奋斗、诚实守正的科研人。他还从科学学派对科学的贡献说起，呼吁弘扬科学家精神，打造新时代的中国学派，通过鼓励批判、质疑探索精神，允许宽容科学研究的失败，鼓励科技工作者立异鼎新，建立新学说、标立新学派、追求新境界，推动文化文明传承与创新，为构建人类命运共同体、实现可持续发展发出中国声音，走出中国道路，作出中国贡献。

来自首都高校、科研院所的研究生新生和导师代表共同发出了《弘扬科学家精神，加强学风作风建设倡议书》。整场报告会气氛热烈、高潮迭起，与会师生倍感振奋，深受鼓舞。为增强报告会的仪式感和感召力，宣读倡议书前，参会各高校、院所的学生代表逐一擎校旗出场，现场师生热烈回应、掌声连连、此起彼伏。

此次是中国科协联合各主办单位连续第九年举办报告会，每一场报告会都在社会上引起强烈反响，受到广大研究生新生和导师的热烈欢迎。此次报告会在线问卷调查显示，师生认可度达到98.9%。截至2018年年底，全国举办各类科学道德和学风建设宣讲教育活动近12万场，接受宣讲教育的研究生约853万人次、本科生约1109万人次，新上岗研究生导师、新入职教师和青年科技工作者约128万人次，取得显著成绩，得到社会各界广泛认可。

此次报告会由中国科协、教育部、科技部、中国科学院、中国社会科学院、自然科学基金委员会和北京市人民政府共同主办，中共中央组织部、中共中央宣传部、最高人民法院、最高人民检察院、工业和信息化部、公安部、农业农村部、国家卫生健康委、国务院国有资产监督管理委员会、中央广播电视总台、中央军委科技委以及主办单位有关领导同志出席报告会。

【中国科协海智计划特聘专家任福继、白瑞楠荣获2019年度中国政府友谊奖】 9月30日，2019年度中国政府友谊奖颁奖仪式在北京人民大会堂举行。经中国科协推荐，中国科协海智计划特聘专家、日本工程院院士任福继教授，瑞典皇家工程科学院（IVA）副院长白瑞楠（Magnus Breidne）荣获此奖项。

任福继，毕业于北京邮电大学，日本国立北海道大学工学博士，日本工程院院士、欧盟科学院院士、日本工程会院士，合肥工业大学先进智能机器研究院院长、德岛大学教授，中国科协海智计划特聘专家、教育部“长江学者奖励计划”讲座教授、国家特聘专家、“海外杰出青年学者基金”获得者。

任福继教授多年来致力于“情感计算”“先进智能机器”和“人工智能”等领域的研究工作。他以具有情感的先进智能机器人为核心应用点，主持科技部“863”计划项目、国家自然科学基金重点项目、科学研究费基础A项目等多个研究课题。他提出的“心状态转移网络”和“机器人脑和心”理论处于国际领先。在开展大量前沿性研究的同时，任福继教授还在国内外培养了30多名中国籍工学博士，为情感计算及情感机器人研究领域培养了一批优秀的科研人才，为推动中国人工智能的发展作出贡献。

白瑞楠（Magnus Breidne），中国科协海智计划特聘专家，国际光学工程学会和美国光学学会会士。2011年加入瑞典皇家工程科学院（IVA），时任该院负责国际事务的副院长。2004—2010年，出任瑞典驻华使馆科技参赞。拥有瑞典皇家理工学院的物理学博士学位，并在1995—2000年出任该学院的光学研究所所长。曾担任过北欧、韩国和加拿大多家初创公司的董事会成员，以及Ignis A/S（在挪威证券交易所上市的挪威高科技企业）的董事会主席。

中国政府友谊奖是为表彰在中国现代化建设中作出突出贡献的外国专家而设立的最高荣誉奖项。自1991年设立以来，该奖项已连续28年表彰了在科技、经济、教育、文化、卫生等领域的外国专家。2019年度共有来自31个国家的100位外国专家荣获中国政府友谊奖。

【中国（哈尔滨）海外人才创新创业项目路演和签约仪式】 6月29日，中国（哈尔滨）海外人才创新创业项目大赛项目路演和签约仪式在哈尔滨大剧院举行。中国科协党组成员、书记处书记束为，黑龙江省委常委、市委书记王兆力，哈尔滨市委副书记、市长孙喆，中国国际科技交流中心主任陈剑，哈尔滨市委常委、哈尔滨新区党工委书记、松北区委书记高大伟观看路演并见证签约。

获奖的高科技项目代表走进哈尔滨大剧院，向700余名观众献上了一场别开生面的科技盛宴。参加路演的项目涵盖多个行业，6位创业者一一在舞台亮相，一个个创业梦想精彩纷呈。由金融机构、企业、研发机构代表等组成的大众评委团，联合大赛评审委员会，依据团队的现场表现，共同评选出“最佳人气奖”“最具投资价值奖”和“最佳技术创新奖”。

路演及签约仪式不仅有精彩，更有收获。哈尔滨新区科技专家、创投专家、企业家及创业创新平台负责人经过决赛之前与项目代表的充分对接，以及决赛期间面对面洽谈，取得了丰硕成果，36个高精尖项目落户哈尔滨新区。本次成功签约的项目，项目核心人员层次高，项目成熟度高，与哈尔滨新区产业契合度高。签约节目领域涵盖大数据、互联网、生物医药、物联网、装备制造等新兴产业。这些项目，大赛结束后一年内在哈尔滨新区落地实施转化的，将根据获奖情况，分别得到100万元、70万元、50万元、20万元的资金支持。

更加可喜的是，中国海归创业联盟充分肯定哈尔滨新区引进海外智力工作，助力新区打造国际招才引智品牌，与哈尔滨新区签订了长期合作协议。据了解，中国海归创业联盟成立于 2015 年 12 月，由海归创业者及其创办的企业机构组成，有众多来自海外的经验丰富的创业者、知名的科学家、资金雄厚的投资人等，与海外科技社团和海外创业人士联系广泛。双方合作，必将加快国际化科技人才资源向哈尔滨新区集聚，促进新成为创业者最活跃、热度最高的孵化基地，在更大范围、更高层次上推进哈尔滨大众创业、万众创新。

港澳台代表，各省科协党组书记，省直市直部门、外地市代表，哈尔滨新区企业代表、投资机构、金融机构、研发机构、创新创业平台代表和哈尔滨新区机关干部等 700 余人参加了仪式。

【中国科协 2019 年海智计划联席会暨基地工作会】 11 月 9—10 日，中国科协 2019 年海智计划联席会暨基地工作会在重庆市召开。中国科协党组书记、常务副主席、书记处第一书记怀进鹏出席开幕式并讲话，重庆市副市长、重庆高新技术产业开发区党工委书记熊雪出席开幕式并致辞，中国科协党组成员、书记处书记束为出席会议并作总结讲话。

怀进鹏在讲话中充分肯定了海智计划实施 15 年来取得的成绩，并对下一步工作的提效升级提出了希望。一是要建家交友，努力把海智计划作为联系服务广大海外科技工作者的平台，把沟通作为首要任务，连接世界一流的人才，不断扩大朋友圈。二是要建言咨询，充分发挥海智计划智力资源优势，围绕人才培养、投资建设和产业发展等建言献策，推动科技服务经济社会的发展，搭建包容共赢的人文交流桥梁。三是要建设发展，继续深化开放型、平台型、枢纽型科协组织建设，与地方科协、各级学会一同，通过不同形式的组织和机制建设，有效吸纳各方人才加入海智计划，聚集到党和人民的伟大奋斗中来，为实现中华民族伟大复兴贡献力量。

熊雪在致辞中表示，重庆市是海智计划的积极参与者，更是巨大受益者。下一阶段，重庆市还将着力以海智计划、重庆市英才计划等政策为支撑引进人才，加快建设国家海外人才离岸创新创业基地，创新政策举措，做好“一站式”人才服务，努力成为近悦远来的人才向往之地、开放包容的人才聚集之地、活力四射的人才创业之地，让更多人才在重庆大地上找到干事创业的舞台，努力书写新时代重庆市发展的新篇章。

束为在总结讲话中表示，海智计划工作要贯彻落实党的十九届四中全会精神，靠制度来推动各项工作，加强制度和机制建设。首先是要“筑好巢”，推动项目合作与科技人文交流，维护好、发展好海智计划品牌。二是要“吹好号”，在已有的坚实基础上，共同总结经验与案例，将实践提炼为机制，使机制成为海智计划工作的冲锋号，从而形成合力，促进海智计划工作健康有序发展。三是要“扎好纽带”，深化与拓展海智朋友圈，进一步发挥桥梁作用，使得更多的海内外科技工作者、企业加入海智计划，形成推动工作的合力，实现互助共赢。

会上，束为向 8 名新聘海智计划特聘专家颁发证书。中国科协国际联络部负责人刘阳作 2019 年海智计划年度工作报告，介绍了一年来海智工作取得的进展和下一步工作思考。中国海归创业联盟代表、中国科协海智计划海外创新创业基地代表、国家海外人才离岸创新创业基地代表、中国科协海智计划工作基地代表、中国海外人才创新创业项目大赛落地代表、海智云平台建设单位负责人等分别围绕各自工作成果汇报进展，交流经验。会议还举办了两场对谈会，海智计划特聘专家、海外创新创业基地代表、海外科技团体代表、国内基地代表、地方科协代表围绕海外资源如何与国内有效对接、海智基地之间如何实现资源共享专题展开深入交流与讨论。

中国科协办公厅主任王进展，重庆市科协党组书记、副主席王合清等出席会议。来自 17 个国家的 70 名海智专家、部分国家和地区的海外华人科技团体负责人、优秀海归创业人员代表、国家海外人才离岸创新创业基地、海智计划工作基地负责人及相关工作人员，省级及计划单列市、副省级城市科协代表，中国科协国际部、中国国际科技交流中心代表等 240 余人参加会议。

学术交流

【2019 世界智能制造大会】 10 月 18 日，由江苏省人民政府、工业和信息化部、中国工程院、中国科协共同主办的 2019 世界智能制造大会在江苏省南京市开幕。中国科协党组书记、常务副主席、书记处第一书记怀进鹏致辞，江苏省委副书记、省长吴政隆参观展览并在开幕式上讲话，中国工程院主席团名誉主席周济作主旨演讲，工业和信息化部副部长辛国斌，江苏省委常委、南京市委书记张敬华分别致辞。

怀进鹏代表中国科协对大会的召开表示热烈祝

贺。他说，江苏省是中国制造、智能制造的一面旗帜，应对智能化发展的机遇和挑战，我们应当做好准备。一是要以源头创新为智能制造筑基，二是应以良好生态为智能制造固本，三是要以开放合作为智能制造聚力。中国科协愿与世界同行携手推动智能制造技术和产业发展，促进智能制造稳健健康发展，共同培育和推动全球经济增长新动力。期待在大会期间，增进共识，加强合作，鼎新革故，携手奋进，共同创造智能制造的美好未来。

吴政隆表示，江苏省是创造奇迹、成就梦想的一方“宝地”，也是智能制造大有可为、大有作为的一片“热土”。欢迎国内外优秀人才来江苏省创新创业，欢迎更多的国家和企业深度参与江苏省的发展，以世界智能制造大会为平台和纽带，携手打造“中国智造”的“江苏样本”，共同分享制造业高质量发展的红利，共同谱写新时代全球智能制造发展的新篇章。

周济围绕中国制造业发展现状、智能制造最新演进、新一代智能制造技术路线等作了系统阐述，建议充分发挥市场需求拉动作用，加快装备、软件和系统集成等产业蓬勃发展，推动中国制造业迈向世界产业链中高端。

辛国斌表示，智能制造已由理念普及、试点示范进入深化应用、全面推广阶段，要保持战略定力，营造协同高效环境，扎实推进制造业数字化、网络化、智能化转型，着力培育发展新动能。

江苏省副省长马秋林，安徽省副省长何树山，南京市委副书记、市政府党组书记韩立明，江苏省政府秘书长陈建刚，以及参加金砖国家智能制造暨新工业革命伙伴关系论坛的金砖国家代表，国内外智能制造领域机构、高校院所、商（协）会、知名企业代表等参加开幕式。美国机械工程师学会首席运营官杰夫雷·帕特森，德国亚琛工业大学副校长、弗劳恩霍夫激光技术研究所所长莱因哈特·波普拉维，中国交通建设股份有限公司董事长刘起涛，徐工集团董事长王民作演讲。

【2019 世界交通运输大会】 6月14日，由中国科协、交通运输部、中国工程院主办的2019世界交通运输大会（World Transport Convention，WTC）在北京召开。本次会议的主题为“智能绿色引领未来交通”。中国科协副主席、书记处书记孟庆海，交通运输部党组成员、副部长刘小明，中国工程院党组成员、中国工程院副院长、中国科协副主席、中国工程院院士何华武出席会议并致辞。铁路合作组织委员会执行秘书长阿季拉·基什等4位嘉宾分别致辞。开幕式由全国人大常委会委员、中国公路学会理事长翁孟勇主持。

南苏丹共和国道路与桥梁部部长奥克瓦奇、驻华大使杜库，老挝人民民主共和国公共工程与交通部副部长西潘敦，美国交通运输研究委员会主席尼尔·佩德森，大会支持单位和协办单位的嘉宾，15个国际组织的代表，30多位国内外院士以及来自60多个国家和地区的交通主管部门、驻华使馆、高校、科研机构、企事业单位的7000多位代表出席会议。

孟庆海指出，当今世界正处在新科技革命和产业革命的交汇点上，智能、绿色可持续发展愈来愈成为科技发展的主流。随着大数据、人工智能、移动互联及新一代信息技术的运用普及，交通运输发展方式正在发生深刻变化。本次大会聚焦未来交通发展方向，共同探讨智能出行、绿色出行，为世界交通运输行业提供酝酿创新、主导创新、展示创新和实施创新的国际化交流平台，恰逢其时。他强调，世界交通运输大会在推进交通运输领域国际交流合作、推动“一带一路”交通基础设施互联互通、带动并引领世界交通运输发展中发挥了重要作用。中国科技工作者、企业家要与各国同行一起，围绕世界交通运输科技创新的重大需求，携手推动交通运输科技领域的进步与发展，让交通运输科技成果更好地服务于人类命运共同体。

刘小明表示，党的十八大以来，中国已经建成交通大国，正坚定地向交通强国迈进。当前，人工智能、大数据、量子信息、生物技术等新一轮科技革命和产业革命正在积聚力量，将为交通运输发展赋予新动能。但也必须看到，交通运输发展仍面临交通拥堵、大气污染等世界性难题。全体交通人必须坚持世界眼光、中国特色，对标国际一流水平，着力构建安全、便捷、高效、绿色、经济的现代化交通体系，走出一条中国特色交通强国建设之路。他指出，本届大会的主题充分体现了交通运输发展趋势和发展要求，希望大会通过交流互鉴，为促进中国与世界交通运输合作、共同推动世界交通运输智能、绿色发展贡献力量。

何华武指出，交通运输之于国民经济，如同血液循环之于人体组织。交通强，则经济振、贸易盛。从交通大国迈向交通强国，是人民的呼声、时代的要求、历史的必然。智能化和绿色化，将为交通运输事业插上再次腾飞的翅膀。当下，要抓住建设综合立体交通网的关键窗口期，让科技创新成为交通高质量发展的关键动力，以设施网联、管理智慧、出行绿色、资源共享为突破，走出建设交通强国第一步。他强调，中国工程院高度重视 WTC 这个世界交通运输的国际交流合作平台，期待中外交通运输及相关领域科技专家、学者增进交流，加强合作，引领创新，共同为世界交通运输的进步作出新的更大贡献。

开幕式主旨报告环节，4 位世界交通运输领域知名专家，围绕中国高铁发展与技术前沿，智联网与智慧交通，实现 1.5℃转型议程的交通创新，车路协同自动驾驶发展展望及实施路径等主题，为行业和产业界分享交通科技创新前沿观点和发展战略趋势。

本次大会重点打造了 60 个主题论坛、259 个交流单元、240 篇墙报论文、1472 场学术报告，围绕安全与永续、大数据应用、自动驾驶与车路协同、综合管理、智慧城市、智能交通、绿色发展、BIM 技术、长大桥梁检测与监测、京津冀协同发展、粤港澳大湾区、长三角区域一体化、雄安新区建设、交通强国实践、未来交通趋势等领域的重大战略、重大前瞻性技术问题设置话题，体现了当前世界交通运输领域最新科技成果、水平及发展动向。

大会倾力打造的国际化展示平台——交通科技博览会设置了公路、铁路、航空、水运、邮政五个重点展区，充分体现了“大交通”格局。展览总面积达 3.7 万平方米，比上届大会增加 20%。此外，大会还同期举办 2019 世界大学生桥梁设计大赛现场总决赛暨颁奖典礼、首届中国公路学会“世界人行桥奖”、首届“交通 BIM 工程创新奖”等颁奖典礼，重磅发布《中国交通运输 2018》等近 20 项智库成果，还有“一带一路”国际交通联盟 2019 全体会议、“一带一路”国际交通研讨会、第三届中非交通基础设施合作论坛、中欧智能交通高层论坛以及 2019 智慧城市交通国际论坛等多场专项活动同步进行。

对比前两届，2019 年的大会表现出几个显著特点：进一步体现交通界、科技界、工程界的协同创新，初步形成了“大交通”格局，凸显了智能绿色的发展主题。同时，大会也为公众带来一批理念创新和科技创新成果，展示一批新技术、新业态、新模式，这也为未来交通发展带来了启示，从而助推科技变革和交通强国建设。

【2019 世界机器人大会】 8 月 20 日，2019 世界机器人大会在北京开幕。中共中央政治局委员、北京市委书记蔡奇，全国政协副主席、中国科协主席万钢出席开幕式。北京市市长陈吉宁，工业和信息化部部长苗圩，中国科协党组书记、常务副主席、书记处第一书记怀进鹏出席开幕式并致辞。国际机器人研究基金会（IFRR）主席奥萨马·哈迪布（Oussama Khatib）代表国际支持机构致辞。北京市委常委、副市长殷勇主持开幕式，中国科协党组成员、书记处书记宋军出席。

怀进鹏指出，当今世界正面临百年未有之大变局，变革时代的机器人技术日新月异，网络化、智能化和融合化趋势日益显著，带动了新旧动能转换加速，促进了数字经济与智能制造协同发力，并不断改变着我们的工作与生活。许多前沿核心技术突破涌动，新产品爆发性增长，产业发展欣欣向荣。从 2019 年的会展来看，机器人产业研发更系统，应用创新更深入，人才队伍快速发展，正引领我们开启智能时代的大门。为促进机器人产业健康发展，我们一是要夯实基础，丰富源头供给；二是要共筑生态，培育创新土壤；三是要注重伦理，强化科技治理前瞻布局；四是要开放合作，深化交流互动共享机制。希望大家利用世界机器人大会的平台充分交流思想、沟通信息、加强战略合作、砥砺创新思维，并以此为契机增进共识、加强合作、共创智能科技的美好未来。

陈吉宁指出，当前以人工智能为代表的新一代信息技术加速突破，机器人在全球范围内的研究、开发和应用快速发展，并向生产生活各个领域深度渗透。本届大会聚焦全球智能机器人前沿技术与产业发展趋势，致力于打造国际一流的展示合作平台，体现了全球科技界、产业界的共识，将为全球机器人产业发展贡献新的智慧，注入新的活力。

苗圩指出，2019 年以来，受国际经济发展环境的影响，全球工业机器人增长放缓，同时机器人产业在发展过程当中也面临着自身许多问题和挑战。作为新一轮科技革命与制造业融合创新的重要载体，机器人仍然是推动新旧动能转换，推动经济高质量发展的重要动力。当前，中国正在推动制造业的高质量发展，加快发展智能制造是制造业高质量发展的重要方向。

奥萨马·哈迪布（Oussama Khatib）代表国际支持机构致辞时表示，过去几年世界机器人大会吸引了国际机器人领域杰出的专家、学者和相关人士围绕议题开展交流探讨，在促进机器人领域合作创新方面成就斐然，今后它将在全球范围内继续发挥更大推动作用，实现机器人发展的美好未来。

2019世界机器人大会由北京市人民政府、工业和信息化部、中国科协共同主办，中国电子学会、北京市经济和信息化局、北京经济技术开发区管理委员会承办。来自国家发展改革委、教育部、科技部、公安部、民政部、财政部等23个部委的相关领导，22个国际机器人组织代表，机器人领域的专家、学者，企业家代表和新闻媒体记者等共1200余人出席开幕式。

【2019世界人工智能大会】 2019世界人工智能大会于7月29日在上海开幕，大会由国家发展改革委、科技部、工业和信息化部、国家互联网信息办公室、中国科学院、中国工程院、上海市人民政府共同主办，全球人工智能领域的专家、学者、企业家齐聚黄浦江畔，为人工智能行业的发展建言献策。

在2019世界人工智能大会开幕式上，联合国工业发展组织总干事李勇表示，以人工智能为代表的第四代工业革命正在快速发展，工业人工智能将给中小企业带来更多的机遇。李勇说："工业AI和进一步加强的数字化让中小企业更容易在创新方面进行竞争，在学习方面进行竞争。"

中国科协党组书记、常务副主席、书记处第一书记怀进鹏认为，当前人工智能还面临很多基础理论和关键技术瓶颈，有许多难题有待破解，行业的发展需要强化基础研究和人才培养，推动开放交流和务实合作。"要探索产学合作，国内外合作，跨界跨领域的协同育才机制，推动构建和完善既有利于发挥人才独创能力，又能有效调动众创潜力的平台条件。"

开幕式上，还发布10家国家新一代人工智能开放创新平台，并为4家企业颁发了世界人工智能大会的最高奖项：卓越人工智能引领者奖。同时，人工智能应用创新揭榜赛道也正式启动，向全世界邀请人工智能创新技术、优秀产品来到上海市。国家发展改革委副主任、上海推进科技创新中心建设办公室主任林念修表示，据相关机构测算，到2020年中国人工智能产业规模有望突破1600亿元，带动相关产业突破1万亿元，下一步将实施人工智能创新伙伴、资源共享、开放发展三项行动。"以100家人工智能技术企业和应用企业为重点，支持开展协作研发、协同生产和协力推广；完善开源平台体系和信息资源共享；深化与世界各国在人工智能领域的全面合作。"

【2019世界智能网联汽车大会】 2019年10月22—25日，2019世界智能网联汽车大会在北京中国国际展览中心（新馆）召开。大会由北京市人民政府、工业和信息化部、公安部、交通运输部、中国科协共同主办。中共中央政治局委员、北京市委书记蔡奇，全国政协副主席、中国科协主席万钢，工业和信息化部部长苗圩，北京市委副书记、市长陈吉宁出席。北京市委常委、副市长殷勇主持开幕式。

苗圩指出，当前，全球新一轮科技革命和产业变革蓬勃发展，汽车与能源、交通、信息通信等领域加速融合，智能网联汽车作为产业融合创新的重要载体，正在推动汽车产品形态、交通出行模式、能源消费结构和社会运行方式发生深刻变革，具有广阔市场前景和巨大增长潜力。自2018年首届世界智能网联汽车大会以来，工业和信息化部会同相关部门大力推进中国智能网联汽车产业化进程，产业发展导向进一步明确，创新活力更加强劲，发展环境持续优化。

陈吉宁在致辞中说，汽车在新能源技术、人工智能技术等催动下，正在发生革命性变化。促进全球产业界、学术界与政府部门协力合作，加快行业生态建设，已成为智能网联汽车发展的关键课题之一。北京是中国创新活力最强、营商环境最好、国际化程度最高的城市，也是新技术、新场景应用最快、最多的城市。我们致力于推动智能辅助驾驶、智能网联汽车研发与应用，努力完善科学管理体系。我们将以安全为红线，围绕北京2022冬季奥运会等重大项目，开展更大规模、更多场景示范运行，提供多级别、多种类智能网联车辆测试及创新交通形态验证环境。我们邀请国内外各界朋友一道，构建协同创新模式，建立围绕智能网联技术的全价值链，共享智能网联汽车发展新机遇，共建技术创新和产业发展新生态，共同开启汽车发展的新时代。

世界智能网联汽车大会是中国政府批准举办的唯一一个智能网联汽车类别的世界性大会，也是全球最大规模以智能网联汽车为主题的国际会议。本届大会的主题是"共建生态、智领未来——开启汽车新时代"。

蔡奇、万钢、苗圩、陈吉宁和公安部副部长杜航伟、交通运输部党组成员兼总规划师王志清以及2010年诺贝尔经济学奖获得者克里斯托佛·皮萨里德斯、欧洲汽车工业协会秘书长艾瑞克·乔那特、美国国家工程院院士考希克·拉扎什卡拉共同启动大会。

【2019世界新能源汽车大会工作推进会暨组织委员会第一次会议】 3月14日，2019世界新能源汽

车大会工作推进会暨组织委员会第一次会议在北京召开，全国政协副主席、中国科协主席、大会主席万钢出席并讲话。中国科协党组书记、常务副主席、书记处第一书记、大会组委会主任怀进鹏主持并讲话，海南省委副书记、省长、大会组委会主任沈晓明出席并讲话。中国科协党组成员、书记处书记、大会组委会副主任宋军以及大会组委会委员、组委会秘书处成员参加会议。

中国汽车工程学会常务副理事长兼秘书长张进华代表组委会秘书处汇报了 2019 世界新能源汽车大会总体方案和进展情况。中国电动汽车百人会执行副理事长、大会科技委员会联合主席欧阳明高和各位组委会委员对大会总体方案进行了深入讨论并提出了意见和建议。

万钢指出，新能源汽车已经成为实施创新驱动发展战略、深化供给侧结构性改革、推进新旧动能转换等国家战略部署的重要抓手，是带动新产业、新业态、新经济联动发展的先导性产业，也是面向未来建立竞争新优势的战略性产业。他表示，举办此次大会对促进生态文明建设、推动低碳发展、引领汽车产业转型升级，以及加快海南省国家生态文明示范区建设具有重要意义。他强调，大会突出电动化、智能化、共享化融合发展特色，聚焦汽车与能源、交通、信息、通信等领域联动，以及和智慧城市的应用场景深度融合，将对未来中国乃至全球新能源汽车发展起到引领作用。

怀进鹏指出，此次大会是中国科协献礼建国 70 周年的重要活动，也是助力海南省联结世界的战略节点，大会要汇聚全球智慧、聚焦产学融合，通过科学家共识和产学跨界交流，推动新能源汽车领域科学、技术、工程和产业的协同发展，同时对地方产业转型和新旧动能转换发挥重要的溢出效应。以此次大会为契机，推动中国科协与海南省建立长期紧密的战略合作关系。

沈晓明表示，全面深化改革开放试验区、国家生态文明试验区、国际旅游消费中心、国家重大战略服务保障区是中央赋予海南省的全新战略定位，举办世界新能源汽车大会正是契合海南省发展战略定位、服务海南省产业转型升级、促进地方经济社会高质量发展的催化剂和助推器，对海南省落实“三区一中心”地位、推动实施海南省清洁能源汽车发展规划等重大举措具有极其重要的促进作用。

会议要求，大会组委会应进一步完善和细化组织方案，落实好重大任务分解、重要时间节点、重点组织工作，中国科协各有关部门、单位和全国学会要主动对接海南省各方相关需求，通过大会的成功举办促进海南省科技与经济社会的融通发展。

由中国科协和海南省人民政府主办的世界新能源汽车大会（World New Energy Vehicle Congress，WNEVC）将于 2019 年 7 月 1—3 日在海南省琼海市博鳌镇举行，大会主题为“新时代 新变革 新产业”。主要议题包括能源变革、环境保护与汽车产业绿色发展，汽车产业转型升级及创新发展，新能源汽车前沿技术及发展趋势，新能源汽车跨界融合新趋势。会议期间，将进行全球新能源汽车十大创新技术、十大前沿技术评选发布，以及新技术展示和试乘试驾等体验活动。

中国科协办公厅、调研宣传部、学会学术部、国际联络部，海南省政府办公厅、政府研究室、工业和信息化厅、外事办公室，海南省科协，海南省琼海市，中国汽车工程学会，中国电动汽车百人会等有关部门和单位的负责人列席会议。

【2019 中国创新创业成果交易会暨 2019“创响中国”广州站启动仪式】 6 月 21 日，2019 中国创新创业成果交易会暨 2019“创响中国”（此篇中以下简称“创交会”）广州站正式启动。中国科协党组书记、常务副主席、书记处第一书记怀进鹏出席启动仪式并致辞，中国工程院副院长、中国科协副主席邓秀新，九三学社中央副主席丛斌，广东省政协副主席、九三学社广东省委员会主任委员、省住房城乡建设厅厅长张少康，广州市委副书记、市长温国辉，国家发展改革委相关负责人，以及张景中、曹春晓等 15 名院士和国内外科技团体、高校科研院所、民办科研机构、参展技术成果持有人或团队代表、风投创投机构代表及各界创新创业人士共约 400 余人参加启动仪式。启动仪式由广州市副市长王东主持。

怀进鹏在致辞中表示，创交会逐渐成为汇聚双创要素的创新创业平台，在推动产学融合、技术交易与成果转化等方面取得了显著成效。近四年来，中国科协所属的中国通信学会、中国电工技术学会、中国公路学会等 56 家学会深度参与活动，累计先后组织了 2000 多个项目参展，并举办多个专项的活动，积极吸引海内外英才，助力广州市乃至珠三角地区经济社会发展。

他表示，中国科协将和广州市共同努力推动创交会更上新台阶，在服务创新驱动高质量发展中发挥更大作用。一是锻造大平台，更好地支持核心技术自主创新和关键“卡脖子”技术突破，服务经济高质量发展；二是凝聚大团队，期待更多高水平团队加入创交会，交流互进、把握机会、合作发展；三是推动大融合，把握数字化、网络化、智能化融合发展的契机，构筑创新创业健康发展的良好生态；四是培育新动能，进一步加强科技成果遴选，使创新成果真正落地转化，形成经济发展新动能。同时，中国科协将把更多技术成果信息和学会资源导入创交会，积极推动科技成果转化和技术交易的平台在广州市落地，支持广州市人民政府把创交会打造成为立足粤港澳大湾区、辐射全国的重要平台，助力推动经济转型升级，服务粤港澳大湾区发展。

温国辉在致辞中表示，创交会是高端化、国际化、产业化的双创成果交易重要平台，已成功举办4届，累计转化落地科技项目267个，涉及金额120亿元。本届创交会有来自20多个国家和地区的1200多个项目参加，参展项目的含金量、寻求对接的项目数量进一步提升。当前，广州市正紧紧扭住粤港澳大湾区建设这个“纲”，深入实施创新驱动发展战略，对标最高最好最优，着力营造国际一流创新创业环境，围绕产业链部署创新链，围绕创新链完善资金链，打造科技成果高效转化平台，携手粤港澳大湾区兄弟城市，加快建设国际科技创新中心。他邀请更多的创新创业团队、科技创新人才到广州市发展，带着更多的科技创新成果落户广州市。

启动仪式上，10个已达成落地或交易意向的创新创业成果项目持有方代表与企业代表现场交换了签约文本。启动仪式后，与会领导和嘉宾参观了创新创业成果展览。

中国创新创业成果交易会由中国科协、国家发展改革委、中国工程院、九三学社中央、广东省人民政府、广州市人民政府共同主办。2019年的创交会以“双创新时代 共享新未来”为主题，会期3天，展出创新创业成果项目1200多项，并举办20多场次专项活动。此次创交会也是2019年“创响中国”广州站的标志性活动，创交会和“创响中国”广州站紧密结合，互相呼应，在广州全市范围举办政策服务活动、创业服务活动、科技服务活动、投资服务活动和宣传服务活动，落实创新创业政策，交流创新创业经验，讲好创新创业故事，营造创新创业创造良好生态环境。

【第二十一届中国科协年会科技社团发展与治理论坛】 6月27—28日，第二十一届中国科协年会科技社团发展与治理论坛在黑龙江省哈尔滨市举办。论坛围绕“大变革时代科技社团的使命与挑战”主题，探讨了科技社团在全球科技创新体系和治理体系中的定位和价值，谋划科技社团发展方向和发展策略。中国科协党组书记、常务副主席、书记处第一书记怀进鹏出席论坛并致辞。

怀进鹏回顾了世界科技社团的发展历程和中国科技社团的成长轨迹。他指出，科技社团是科技进步和人类文明发展进程中的一道亮丽风景线，对社会治理、社会发展和人类进步，特别是在发明创造和更有效地反映科技界的诉求、社会经济和文明发展方面，是一支非常重要的组织力量。在未来的发展进程中，如何明确科技社团的使命，如何进一步识别当下发展和未来发展的主要问题，如何寻找更有效的对策，特别是如何进一步通过合作交流来推进各国之间、各个文化文明之间和推动科技界有效的沟通合作，是全球科技社团应该共同努力的方向。科学无国界，科学也无歧视。科学更重要的意义在于造福人类。科技社团通过其学术价值来探索责任，通过其社会价值不断发现和发明新产品和新方法，更有效回馈社会、造福社会。

他希望科技社团发展成为科技交流与合作的推动者、创新变革的促进者，通过自觉践行科学无国界和科学无歧视的理念，更好地团结广大科技工作者为科技发展做应有的努力；希望科技社团发展成为全球科技治理的重要的贡献者，搭建好科技工作者与政府、企业和社会间的桥梁纽带，维护好所在国家或地区科技工作者的利益和诉求，更好地服务社会、服务科技、服务创新变革；希望科技社团发展成为科学文化的传播者，传播科学知识，普及科学技术，弘扬科学精神，推动不同地区、不同文化、不同文明之间的交流合作，通过科技共享、文明共享和知识共享，共同为人类社会的进步作出科技界的贡献。

主旨报告会上，美国演讲语言听力协会首席执行官、美国社团管理者协会前任会长阿琳·派特朗顿，北京航空航天大学法学院院长龙卫球，美国地理学家协会主席雪莉·比奇，中国药学会理事长孙咸泽，英国皇家化学会首席执行官罗伯特·帕克，西安交通大学绩效管理研究中心执行主任孟凡蓉6位特邀嘉宾，围绕建立一流科技社团的探索和研究进行交流。

分论坛上，中外知名科技社团及国际科技组织负责人、科技社团研究专家围绕激发大变革时代科技社团发展新活力、科技社团内部治理、科技社团的社会服务与责任展开更加深入的交流和讨论，不断推动科技社团高质量健康发展。

论坛期间，首次公布了世界一流科技社团评价研究的阶段性成果，为全球科技社团发展提供理论参考；首次发布全国学会社会化公共服务产品推介目录，为公众正式推介166项优质社会化公共服务产品；首次举办全国学会社会化公共服务产品路演推介活动，20家单位就各自的公共服务产品及其相关配套政策进行了现场推介。

中国党组成员、书记处书记宋军，世界工程组织联合体候任主席龚克，美国地理学家协会主席雪莉·比奇，美国航空航天学会前任副理事长、国际航空科学理事会前任主席嬴淑娴，美国演讲语言听力协会首席执行官、美国社团管理者协会前任会长阿琳·派特朗顿，英国皇家化学会首席执行官罗伯特·帕克，俄罗斯地理学会副会长彼得·巴克拉诺夫，英国工程技术学会国际运营总监伊恩·默瑟，马来西亚工程师学会副理事长陈志辉，中国地理学会理事长、中国科学院院士陈发虎，中国海洋学会理事长陈连增，中国动物学会理事长、中国科学院院士孟安明，中国细胞生物学学会理事长、中国科学院院士陈晔光，中国电机工程学会理事长郑宝森，中国航海学会理事长黄有方，中国核学会理事长王寿君，中国水产学会理事长王清印，中华中医药学会会长王国强，中国药学会理事长孙咸泽，中华口腔医学会会长俞光岩，中国城市科学研究会理事长仇保兴，中国城市规划学会理事长孙安军，有关国际科技组织及中外知名科技社团负责人，科技社团研究专家、学者等共260余人参加活动。

【中国科协召开中国数学发展战略研讨会】 9月26日，中国科协组织召开中国数学发展战略研讨会。10余位院士专家围绕数学国际发展前沿及应用趋势、推动中国数学发展的政策建议等展开研讨。全国政协副主席、中国科协主席万钢主持会议，中国科协党组书记、常务副主席、书记处第一书记、中国科学院院士怀进鹏，中国科协党组成员、书记处书记宋军出席会议。

中国科学院数学与系统科学研究院院长席南华、山东大学数学学院教授彭实戈、北京应用物理与计算数学研究所研究员江松、清华大学高等研究院杨振宁讲座教授王小云、中国科学院数学与系统科学研究院研究员陈志明5位院士，上海数学中心主任李骏、北京大学数学科学学院副院长李若等来自数学研究领域和企业研究人员代表参加会议，就当前数学发展的总体情况和前沿趋势、技术应用情况、发展瓶颈、人才培养、中国数学发展建议等方面展开研讨并建言献策。

万钢指出，数学的重要性毋庸置疑，世界强国都有强大的数学实力作为支撑。许多重大前沿领域的创新发展需要巨大的计算能力和强大算法，同样需要数学的支撑。中国近现代出过很多著名数学家，如苏步青、熊庆来、陈省身、华罗庚、陈景润、吴文俊、冯康等。如今在数学的核心领域如数论、代数几何等，中国已有成果处于国际最前沿，但跟国际相比尚有差距，学科、地域发展不平衡，在大尺度数学模型、人工智能、生命科学等领域的数学研究还没有深入开展。无论着眼未来发展，还是基于当前发展瓶颈考虑，都需要加强数学研究实力。

万钢对中国的数学发展提出四点意见。一是要遵循数学研究规律，要为数学研究创造更加和谐、宽松的环境。二是要注重构建稳定的创新平台，要有开放的环境、自由的思维、畅通的交流，也要有外部的激发甚至反对的声音。三是必须改革和创新评价方式，尤其要研究如何改变目前以项目为主的支持方式。四是要加强创新人才培养，遵循人才成长规律，改善环境，让青年人更好地成长。

科技部、教育部、中国科学院、国家自然科学基金委员会等有关部门代表，中国科协机关及直属单位有关负责人参加会议。

【中国科协召开第三代半导体高层研讨会】 2月25日，中国科协组织召开第三代半导体高层研讨会，邀请院士专家围绕第三代半导体的定义与范畴、第三代半导体的重点应用领域、中国第三代半导体产业的发展与现状等展开研讨。全国政协副主席、中国科协主席万钢主持会议。全国政协教科卫体委员会副主任、第三代半导体产业技术创新战略联盟指导委员会主任曹健林，中国科协党组成员、书记处书记宋军出席。

中国科学院院士、南京大学教授郑有炓，中国科学院院士、西安电子科技大学教授郝跃，厦门大学校长张荣等来自基础研究领域、产业界以及科技管理领域的 14 位与会专家阐述第三代半导体的概念范畴，研讨了面临的问题和挑战，针对相关国家科技布局及重大战略提出意见和建议。

万钢指出，第三代半导体作为新一代半导体，是支撑新一代移动通信、新能源汽车、高速列车、能源互联网等产业自主创新发展和转型升级的重点核心材料和电子元器件，被列为国家科技创新 2030 重大项目"重点新材料研发及应用"重要方向之一。近年来，中国第三代半导体领域的科研实力显著提升，能否围绕事关国家安全、科技安全和产业安全的相关战略领域攻克关键问题，形成未来优势发展方向，并通过产业应用带来新的经济增长点，在下一步布局中显得尤为重要。应尽早对第三代半导体进行前瞻系统布局，推动其尽快实现产业化。

科技部、工业和信息化部、致公党中央等单位相关司局代表，中国科协机关及直属单位有关负责人参加会议。

【万钢赴 Light 学术出版中心专题调研一流科技期刊建设】 4 月 10 日，全国政协副主席、中国科协主席万钢赴 Light 学术出版中心开展中国科协一流科技期刊建设专题调研活动。科技部原副部长、*Light: Science & Applications* 主编曹健林，中国科协党组成员、书记处书记宋军，中国科学院长春光学精密机械与物理研究所所长贾平、书记马明亚，吉林省科协党组成员、副主席韩宇鸿等参加调研活动。宋军主持调研座谈会。

万钢实地考察了 Light 编辑部，并在 Light 文化墙前听取了白雨虹研究员关于 Light 发展历程的汇报。

随后召开的座谈会上，万钢听取了关于 Light 办刊宗旨、发展历程、建设经验及政策建议等方面的汇报，并就稿源质量、队伍建设、读者受众与国际影响力提升等问题进行了重点交流。

万钢强调，建设一流科技期刊要明确办刊的目标和使命，把握好四点关键内容：一是加强编辑部建设，通过国际合作、培训交流和绩效激励等方式，不断优化编辑队伍的专业化水平，持续提升办刊格局和辐射影响；二是紧跟作者群体，聚焦重大科研项目，跟踪学科前沿热点，加强高水平稿源邀约；三是强化读者需求导向，既要服务国家战略需求，通过高质量期刊集群建设引导相关学科领域发展，又要面向广大科技工作者，有效推动论文质量提升和期刊持续发展；四是优化资源支撑，推进政策试点改革，加强资源开放共享，加快建设期刊论文数据库，探索科技期刊的数字化融媒体出版传播。

中国科协调研宣传部、学会学术部等有关部门负责人参加调研。

【万钢赴中华医学会开展一流科技期刊建设专题调研】 3 月 20 日，全国政协副主席、中国科协主席万钢赴中华医学会，就中国科协一流科技期刊建设问题开展专题调研活动。中华医学会副会长李五四，中华医学会副会长兼秘书长饶克勤，中华医学会党委书记李国勤等参加调研座谈活动，中国科协党组成员、书记处书记宋军主持调研座谈会。

万钢一行先后实地考察了中华医学会杂志社排版中心、演播室和《中华医学杂志》编辑部，对中华医学会在文化传承、集约化出版和数字化转型发展方面进行的探索和创新做法给予了肯定。

随后召开的座谈会上，万钢听取了中华医学会期刊发展的历史、现状以及中华医学会以学科质量为基础、平台建设为抓手、数字化建设为重点、集团化发展为方向的发展目标和下一步改革工作的推进情况。同时深入了解了目前中华医学会期刊集群化、集约化和数字化发展过程中面临的困境。

万钢表示，很高兴看到中华医学会杂志社办刊的悠久历史和在期刊出版方面的众多创新实践。同时指出，学科、期刊与学会的发展互相促进，密不可分。万钢强调，建设一流科技期刊一定要明确办刊方向和目的。一要把握好学术类、临床类、科普类期刊的知识传播、能力提升以及科学普及的功能，要以受众为导向，为医学界、为人民健康、为全社会服务，避免片面强调期刊的影响力和引用率等指标。二要不断优化组织管理结构，提升服务质量，推进管办分离、编辑出版分离，实现期刊集约化、专业化管理，增强期刊传播影响力。逐步将编辑部、出版社、推送平台和用户反馈形成一个闭环，不断发展融媒体新形态，提高增值服务能力，同时探寻合作并购的出版方式借船出海。三要加强科技创新，探索新的服务模式。既要与现有的新媒体融合，又要与整个科技数据大平台合作，实现数据资源共享，从而提高期刊传播效率。

中国科协办公厅、学会学术部等有关部门负责人参加调研。

【万钢赴科学出版社专题调研一流科技期刊建设】 3 月 20 日，全国政协副主席、中国科协主席万钢赴科学出版社开展中国科协一流科技期刊建设问题专题调研活动。中国科学院党组成员、秘书长邓麦村，科学出版社党委书记、董事长林鹏等参加调研座谈活动，中国科协党组成员、书记处书记宋军主持调研座谈会。

万钢首先来到《中国科学》杂志社，在杂志社出版刊物展示台前，详细了解杂志社出版的刊物名称和种类，在期刊运维部，详细询问了出版社在集约化出版方面所做的工作。随后，万钢走访了《国家科学评论》等 7 个编辑部，与编辑部成员进行交谈，深入了解期刊组稿、发行等情况。

万钢听取了邓麦村、林鹏分别对科学出版社的发展情况、出版社期刊改革和发展情况的介绍。万钢表示，科学出版社是国内最大的综合性科技出版机构，在市场化、国际化等方面都取得了显著成绩。

万钢强调，建设一流科技期刊首先要明确办刊的目标和使命。首先，创办科技期刊就是要传播科学知识，提升创新能力，推广科学普及。要以读者需求为导向传播专业知识；尝试开发中英文双语期刊，为科技成果国际交流提供渠道，同时也可以扩大传播面，让更多的读者看到作者的思想和智慧；科学普及和科技创新是一体两翼，科普杂志很重要，但目前是我们的短板，要鼓励科学家们去讲好科学故事，用现代的手段做好科学普及推广工作。其次，要继续优化组织结构，提升服务质量，在满足客户需求过程中探索企业增值服务能力。通过建立专业期刊编辑队伍，加强对稿件选题的征集、挖掘、跟踪等环节，尝试开拓市场，吸纳国外专业编辑协助进行期刊工作。再者，要开放平台，以新媒体发展为契机，加快全媒体融合发展，积极开展多种国际合作，挖掘提高增值服务，创新期刊出版模式和形态。针对客户需求办刊，盘活 OA（开放获取）出版模式，让 OA 出版平台成为群思共享的平台，为科研人员尤其是青年科研人员提供学术交流讨论的舞台，甚至可以成为他们的第一篇学术论文发表的练笔处。通过集聚人气，逐步形成新的办刊模式。最后，利用开放平台，建立国际出版数据共享机制，让中国学者在发表文章也就是贡献智慧的同时，也可以共享国际数据。

在座谈中，万钢提到，目前国际出版集团在不断抢滩中国科技期刊出版市场，面临日益激烈的国际竞争，国内的优势出版企业可以在改革发展新形势下，通过试点先行的方式，打开期刊集群发展的突破口。

中国科协办公厅、学会学术部，中国科学院科学传播局等有关部门负责人参加了调研。

【第十五届中国科技期刊发展论坛】 9 月 25 日，以“跨界融合 再塑生态——科技期刊发展的新动力”为主题的第十五届中国科技期刊发展论坛在浙江省杭州市举办。论坛发布了《中国科技期刊发展蓝皮书（2019）》、高质量科技期刊分级目录试点成果、《科技期刊出版伦理规范》和第四届中国科协优秀科技论文遴选计划入选论文。中国科协党组书记、常务副主席、书记处第一书记怀进鹏，浙江省委常委、常务副省长冯飞，中共中央宣传部出版局副局长冯士新出席开幕式并致辞。中国科学院院士吴朝晖、杨卫、朱作言、张泽、贺林，中国工程院院士陈建峰、黄璐琦、杨华勇等出席论坛。

怀进鹏指出，科技期刊是影响中国创新生态建设和贯通科技与社会的复杂性、系统性、基础性工程，以推动科技期刊高质量发展的“小切口”，能够为深化中国科技体制改革工作积累经验、探索路径。他表示，本届论坛是深入落实中央指示精神，推动中国科技期刊高质量发展的一次盛会，旨在通过推动一流科技期刊建设，营造良好创新生态。要主动适应和把握科技期刊发展大势，助力自主创新能力和国家文化软实力的提升；要探索办刊机制与模式的创新，在推进科技期刊高质量发展中进一步深化科技体制改革；要加大跨部门、跨领域的统筹协调力度，有效动员社会各方力量，形成协同推进科技期刊高质量发展的强大合力；要提升期刊的管理运营能力，坚持统筹一流学会与一流期刊建设相协调，加大学会办刊力度。他强调，中国科协要充分发挥群团组织优势，进一步推动营造良好业界生态，完善评价机制，发挥科技期刊在项目评审、人才评价和机构评估中的作用；要进一步推动开放合作，探索推动科技期刊高质量发展的有效合作渠道，提升中国科技期刊对全球创新思想和人才成长的贡献力。

冯飞表示，近年来，浙江省科技期刊跟浙江科技创新一样，得到了迅速的发展。目前，省科技期刊正通过资源整合、平台搭建、跨界融合，应用互联网、大数据重构期刊形式，探索采用适合自身发展的各种办刊模式和路径。要以此次论坛作为契机，对标世界一流，培育优秀期刊，推动协同创新，促进多元发展，不断提高科技期刊的吸引力和影响力；要加快浙江科技期刊数字化、网络化、国际化发展进程，为全国科技期刊的高质量发展贡献浙江省力量。

冯士新强调，《关于深化改革　培育世界一流科技期刊的意见》的颁布，体现了党中央对科技期刊事业的高度重视，为科技期刊发展指明了方向，也带来了新的发展机遇。在由科技大国向科技强国进军的征程上，党和国家赋予科技期刊崇高使命，时代呼唤科技期刊有更大作为。科技期刊应做到坚守初心，践行职责使命；质量为本，秉持价值追求；融合为要，推动科技期刊转型升级。各相关部门将高效协同，为科技期刊发展营造良好环境，携手开创科技期刊出版工作新局面，为服务创新驱动战略、建设世界科技强国贡献力量。

大会主旨报告环节，中国科协学会学术部副部长刘兴平，中国科学院院士、发展中国家科学院院士杨卫，中国科学院院士、发展中国家科学院院士朱作言，中国工程院院士、中国科协常委、中国中医科学院院长黄璐琦，中国期刊协会副会长李军等先后围绕“推进世界一流科技期刊建设的思考”“塑造源自中国的世界一流期刊”“《中国科学》《科学通报》的使命与改革”“关于中医药科技期刊分级目录制定工作的实践与探索”“坚持守正创新，努力培育和建设世界一流科技期刊”等主题作主旨报告。

围绕高校办刊，论坛首次设立了校长对话环节，浙江大学校长吴朝晖、中南大学副校长周科朝、中国科学技术大学副校长罗喜胜分别作题为《高校办刊的新使命：服务时代需求与引领创新前沿》《高校科技期刊建设面临的挑战和建议》《科技期刊与科研评价》的报告，从高校建设世界一流科技期刊的政策制定、社会责任、评价体系、国际化之路等方面，同与会人员进行探讨、对话、争鸣。

论坛首次引入高科技企业参与科技期刊研讨交流，突出跨行业、跨领域、跨学科的融合发展特点，由阿里巴巴集团牵头组织实施“守正出新，推动新一代信息技术与一流科技期刊跨界融合发展”高峰论坛，探讨科技期刊与新一代信息技术如何与人工智能、大数据、可视化、区块链等技术相结合，重构期刊形态，孕育颠覆式力量。由中国运载技术火箭研究院牵头组织实施“融入全球，推进一流科技期刊的国际化建设”高峰论坛，探讨科技期刊国际化对科技企业发展的意义，颠覆性技术发展对科技期刊国际化平台的需求；探究在新时代背景下融合办刊模式的转型；把握未来重要科技需求，探究技术预测。

与会代表还就一流科技期刊、一流学会与一流学科建设，新技术发展给一流科技期刊带来的挑战，科研诚信与科技期刊的社会责任，科技期刊平台建设和Open Science议题进行交流研讨，为建设世界一流期刊贡献智慧。

在论坛召开同期，举办了中国科技期刊发展主题展，以中华人民共和国成立70周年科技发展为线索，追溯中国科技期刊发展的岁月流光，记录历史变迁，展示辉煌成就，激励期刊界不忘初心、牢记使命，为谋划新时代科技期刊高质量发展之路，推动中国科技期刊迈向世界一流而努力奋斗。由中国科技期刊编辑学会组织的第三届中国科技期刊青年编辑业务大赛决赛，4位选手脱颖而出获得一等奖。

本届论坛为期3天，近800人参加论坛，来自340余家杂志社、出版社和相关学术研究机构，其中高校近200家，学会、协会65家，省（自治区、直辖市）科协14家，企业和其他单位60家的期刊届专家、学者参加论坛，期刊主编、副主编、编辑部主任300余人参加论坛。

【中国科协等七部门联合实施中国科技期刊卓越行动计划】 11月22日，为贯彻落实《关于深化改革 培育世界一流科技期刊的意见》，推动中国科技期刊高质量发展，服务科技强国建设，中国科协、财政部、教育部、科技部、国家新闻出版署、中国科学院、中国工程院联合下发通知，启动实施中国科技期刊卓越行动计划。该计划以5年为周期，面向全国科技期刊系统构建支持体系，是迄今为止中国在科技期刊领域实施的力度最大、资金最多、范围最广的重大支持专项。

该计划以习近平新时代中国特色社会主义思想为指导，以建设世界一流科技期刊为核心目标，围绕变革前沿强化前瞻布局，针对中国科技期刊在编辑、出版、传播、服务全产业链上的关键短板，系统构建支持体系，在项目设置、遴选方式、支持方式和管理方式等方面进行了一系列变革和创新。

项目设置强调系统施策。设立领军期刊、重点期刊、梯队期刊、高起点新刊、集群化试点以及建设国际化数字出版服务平台、选育高水平办刊人才7个子项目，对单刊建设、刊群联动、平台托举、融合发展进行系统布局，力图多点支撑、多点协同发力。

遴选方式突出“以域选刊”。坚持目标导向、问题导向，瞄准国家创新发展关键领域和战略方向，通过大数据分析和专家论证，分别提出了支持现刊、布局新刊的优先建设领域，作为遴选期刊的前置条件，优先支持基础研究领域、优势学科领域、战略前沿和新兴交叉学科领域科技期刊做精做强。

支持方式突出精准发力。按照尖兵引领、梯次培育、试点先行、持续推进的总体思路，打破“定额奖补”的传统做法，在领军期刊、重点期刊、集群试点项目中，探索采取一刊一策、一项一案的差异化支持方式，允许申报单位结合自身发展规划提出个性化经费需求，对办刊基础好、发展潜力大、建设规划明确的优秀办刊单位给予重点支持。

项目管理实施“管评分离”。为提高项目管理的规范化、专业化、精细化水平，项目采取集中申报、分类评审，建立大数据监测、专家评审、第三方绩效评估和动态调整机制，力求实现前、中、后全流程的科学管理。

【中国科协召开科技期刊主编与高被引作者座谈会】 2 月 15 日，中国科协召开科技期刊主编与高被引作者座谈会。中国科协党组书记、常务副主席、书记处第一书记怀进鹏主持会议，党组成员、书记处书记项昌乐、宋军出席。

应用光学国家重点实验室主任、国际半导体照明联盟理事长、国家半导体产业技术创新联盟理事长曹健林，中国科学院院士、中国科协荣誉委员、清华大学教授饶子和，中国科学院院士、中国科学院古脊椎动物与古人类研究所研究员周忠和，中国科学院院士、清华大学教授李亚栋，中国工程院院士、湖南师范大学生命科学学院院长印遇龙，长江学者特聘教授、北京大学分子医学研究所所长肖瑞平，北京航空航天大学自动化科学与电气工程学院院长、中国科学院数学与系统科学研究院网络科学研究中心主任吕金虎，长江学者特聘教授、清华大学教授李景虹，国家杰出青年基金获得者、武汉理工大学首席教授余家国，国家“万人计划”领军人才、上海交通大学讲席教授樊春海以及清华大学出版社党委副书记、期刊中心主任、学术出版中心主任石磊 11 位科技期刊主编，以及科睿唯安高被引作者和中外科技期刊服务能力比较研究课题组代表参加会议。

与会专家分析了中国科技期刊当前的发展趋势和存在的问题，围绕提升中国科技期刊国际影响力的创新思路和发展策略展开交流研讨，提出具有建设性的意见和建议。

怀进鹏指出，经过几十年的不懈奋斗，中国科技水平已跻身世界前列并不断取得标志性成果，中国科技期刊的建设发展也迎来了难得的历史机遇期，要聚焦国家创新发展的关键领域，扎实推进世界一流科技期刊建设，有效支撑创新型国家建设和经济社会发展。

怀进鹏强调，要为科技期刊发展营造良好生态环境，建设优质的科技期刊数字化出版服务平台，优化评价导向和评估体系，引导优质资源向科技期刊出版领域集聚，提供科技期刊建设的“土壤”“阳光”和“水分”。通过开放合作与竞争激励，推动科技期刊集群化发展，着力加强新兴交叉和战略前沿领域的期刊建设，深化科技期刊与工程技术、产业领域的有机融合，引入科技类企业等参与高水平办刊，切实提高中国科技期刊的国际影响力和学术服务能力。

中国科协计划财务部、调研宣传部、学会学术部、学会服务中心、科技导报社、中国科学技术出版社等有关负责人参加会议。

【中国科协召开科技期刊产学融合座谈会】 2 月 28 日，中国科协召开科技期刊产学融合座谈会，中国科协党组书记、常务副主席、书记处第一书记怀进鹏出席，中国科协党组成员、书记处书记宋军主持会议。

来自清华大学、上海大学、中华医学会、高等教育出版社、人民卫生出版社、机械工业出版社、万方数据、北大方正、腾讯、阿里云、科学网等学术机构和产业机构的有关负责人参加会议。会议围绕科技期刊集群化发展路径，产学合作、企业办刊的可行模式，科技期刊出版的产业链条与商业模式等议题展开交流。

参会人员分别结合本单位在科技期刊集约化建设、数字平台建设、出版模式创新、期刊融合发展、合作办刊、出版技术革新和工具开发等方面的探索实践进行交流，对加快科技期刊产学融合、刊媒融合等方面提出意见和建议。

宋军指出，中国科协多次组织深入研究世界一流科技期刊建设的路径和发展战略，牵头起草了《关于深化改革　培育世界一流科技期刊的意见》，经中央全面深化改革委员会第五次会议审议通过。在全球范围内建成具有广泛影响、有学术话语权的一流科技期刊，要建立有效机制整合各方优势，学术要素、产业要素和媒体要素等有机融合对科技期刊建设必不可少，不仅要做好学术内容建设，还需要专业化的管理、市场化的运营和科学有效的传播推广。

中国科协调研宣传部、学会学术部、学会服务中心、科技导报社、中国科学技术出版社等单位有关负责人参加会议。

【中国科协召开科技期刊建设座谈会】 4月3日，科技期刊建设座谈会在北京召开，中国科协党组书记、常务副主席、书记处第一书记怀进鹏主持会议，中国科协党组成员、书记处书记宋军出席会议。

华大基因联合创始人、中国科学院院士杨焕明，北京协同创新研究院院长王茤祥，腾讯公司副总裁马斌，阿里巴巴达摩院高级研究员付强等非公科技机构负责人，以及科学出版社总经理彭斌、人民卫生出版社总编辑杜贤、高等教育出版社副总编辑韩筠、浙江大学出版社社长鲁东明等出版单位相关负责人参加会议。与会人员围绕优质非公科技机构参与办刊、期刊集群化建设、数字化出版传播平台建设等议题展开交流研讨，提出具有建设性的意见和建议。

怀进鹏指出，推进世界一流科技期刊建设是建设世界科技强国的基础性工程，对中国科技事业发展有重大的战略意义。目前中国科技期刊发展态势良好，学术质量和服务能力有了长足的进步，但面对未来科技发展，特别是科技期刊服务国家创新能力建设的需求，中国科技期刊还存在现实差距。面对新一轮科技快速增长和发展，中国在人工智能、大数据以及虚拟现实和区块链等新兴领域的技术发展非常好，学术论文和专利在全球具有明显优势，更好地发挥优势建设一流科技期刊，提升科技期刊对科技创新的服务能力是首要任务。

怀进鹏强调，中国科协要联合各方力量，通过资本与市场的配合，探索加快推动中国科技期刊行业发展的新机制。发挥非公企业整合优势，创新出版模式。促进新兴优势领域的研发合作，转化最新成果，抢占技术制高点。深挖企业优势特长，创新知识服务模式。通过集群化办刊，汇聚集成文献资源，延长服务链条。加强人才队伍建设，提升构造能力。突破地域限制，推动办刊队伍、办刊流程的体系化和国际化。拓宽传播渠道，打造国际化数字出版平台。充分利用大数据和人工智能革新传播渠道，多种方式推动科技期刊发展。

中国科协办公厅、计划财务部、调研宣传部、学会学术部、学会服务中心、科技导报社、中国科学技术出版社有关负责人参加会议。

【第二届中国科技峰会——世界科技期刊论坛】 6月29—30日，第二届中国科技峰会——世界科技期刊论坛在黑龙江省哈尔滨市举办。来自*Nature*、*Science*，以及爱思唯尔、施普林格、威立、电气与电子工程师协会（IEEE）、美国化学会（ACS）、中华医学会、中国化学会、中国中医药学会、中国科学技术信息研究所、Atypon、万方数据的22位期刊主编、科技期刊界资深专家，以“科技期刊的未来与学术传播体系的重构”为题，共同探讨科技期刊未来发展所面临的机遇、挑战和对策。中国科协党组书记、常务副主席、书记处第一书记、中国科学院院士怀进鹏出席并致辞。应用光学国家重点实验室主任、*Light: Science & Applications*主编曹健林主持论坛开幕式和主题报告会。中国科协党组成员、书记处书记宋军出席论坛。

怀进鹏强调，世界科技期刊论坛是中国科协打造的专业化、高层次交流平台，也是作者、读者和出版者沟通合作的渠道。国际期刊出版界、学术界要携手共进，推动科技创新和人类社会的可持续发展。学术交流模式的日趋多样化不断倒逼科技期刊释放创新潜力。随着人工智能和5G技术的发展，以及期刊出版全球化步伐的加快，科技期刊的集约化和规模化，出版传播的数字化和网络化，经营业态的个性化和多样化已成大势。科技期刊发展已经进入新时代，国际出版界要坚守学术初心，拥抱期刊产业变革的新趋势。

怀进鹏表示，下一步，中国期刊界希望在科研诚信和伦理、数字出版传播服务、办刊人才培养方面与国际出版界加强合作，共同捍卫科技交流与合作无国界的科学精神，坚守公平、公正、无歧视的科学信念，共同为科技创新的永续发展和人类文明进步作出新的贡献。

在主题报告环节，爱思唯尔集团董事长池永硕提出学术出版要走国际化道路，期刊发展需要兼顾战略、战术和影响力三个层面。*Nature*总编Magdalena Skipper指出要坚守学术出版的初心，通过创新同行评审机制，加大同行评审透明度保证发文质量。*Science*系列期刊执行总编Monica Marie Bradford表示要在科技期刊运营的各方面制定高标准，打造顶级学术交流和出版平台。IEEE副总裁兼出版服务和产品委员会主席Hulya Kirkici认为，期刊要扎根科学共同体，紧跟学术交流的需求变化。中华医学会期刊管理部主任姜永茂强调，要“传出去”与“引进来”相结合，走出立足国内面向国际的中国期刊国际化发展道路。

在专题对话报告环节，14位专题发言嘉宾分别围绕“期刊如何有效服务作者和读者”“学术不端问题的防范与处置”“开放科学的发展及其对学术出版的影响”“科技期刊的媒体融合发展路径”等议题进行主题发言，与会代表围绕当前科技期刊发展面临的热点难点，进行热烈的讨论和深入的交流。

来自科技期刊相关管理部门、地方科协、国内外科技期刊出版机构，以及全国科技期刊领域的 380 余名代表参加论坛。

【世界一流科技期刊建设专家委员会成立暨第一次全体会议】 10 月 12 日，世界一流科技期刊建设专家委员会成立暨第一次全体会议在北京召开。中国科协党组书记、常务副主席、书记处第一书记怀进鹏出席会议，中国科学院院士、发展中国家科学院院士杨卫，全国政协教科卫体委员会副主任、*Light: Science & Applications* 主编曹健林，中国科协常委、北京理工大学党委副书记、副校长项昌乐，中国科学院院士、《中国科学》《科学通报》总主编朱作言，中国工程院院士、中国机械工业集团有限公司副总经理陈学东，中国工程院院士、中国工程院秘书长、《工程》执行主编陈建峰，中国科学院院士、《中国化学会会刊》主编姚建年，中国科学院院士、中国科协副主席、《中国科学：数学》主编袁亚湘，中国工程院院士、北京大学教授高文，中国科协党组成员、书记处书记宋军等参加会议。

会上，怀进鹏向与会专家颁发世界一流科技期刊建设专家委员会聘书，并就科技期刊建设有关工作进展和推进计划与专家深入交流。怀进鹏表示，科技期刊是科技创新的主要阵地、国家科技竞争力的直接体现、人类文明的重要载体，中国科协会同中共中央宣传部、教育部、科技部、财政部、中国科学院、中国工程院六部门共同组建世界一流科技期刊专家委员会，旨在充分发挥高水平专家的战略咨询作用，动员科技界更多关心和参与科技期刊建设。这是落实中央《关于深化改革　培育世界一流科技期刊的意见》的一项重要制度安排，也是推进一流科技期刊建设工作的重要组织保障。中国科协将会同一流科技期刊建设工作各联合实施部门，大力支持专家委员会工作，充分发挥专家委员会作用，为中国科技期刊冲击世界一流提供坚强保障。

其后，专家委员会主任杨卫主持召开第一次工作会议。与会专家听取专业评价机构关于中国科技期刊卓越行动计划评审指标体系的汇报，并就评审指标、评审规则和组织流程进行探讨交流，提出意见建议。

杨卫在总结讲话中强调，中国科技期刊卓越行动计划是《关于深化改革　培育世界一流科技期刊的意见》明确的重点任务，受到科技界和期刊界的密切关注。专家委员会要发挥好出主意、立规矩、定标杆、守底线作用，履行好咨询服务职责。评审指标设计一定要坚持多方面、多角度、有重点的原则，全面考察申报期刊和期刊群的学术水平、影响力、传播力和服务力，保证评审结果的客观公正。各位专家提出的建设性意见，希望中国科协等联合实施部门认真考虑，予以吸纳。

中共中央宣传部、教育部、财政部、中国科学院、中国工程院等中国科技期刊卓越行动计划联合实施部门代表以及中国科协机关部门有关人员共 20 余人列席会议。

【怀进鹏主持召开世界一流科技期刊建设部际协调会议】 11 月 26 日，世界一流科技期刊建设部际协调会议在北京召开。会议由中国科协党组书记、常务副主席、书记处第一书记怀进鹏主持。中国工程院副院长王辰，中国科协党组成员、书记处书记宋军，中国科学院副秘书长汪克强，以及中共中央宣传部、教育部、科技部、财政部等世界一流科技期刊建设部际协调会议成员单位代表出席会议。

会议听取了中国科技期刊卓越行动计划项目申报评审情况汇报，审议通过了《关于深化改革 培育世界一流科技期刊的意见》实施方案和任务分工。各成员单位代表就如何推动有关任务落地实施进行了深入探讨和交流。与会人员一致认为，培育建设世界一流科技期刊是党中央交办的一项重要政治任务，要以中央书记处关于建设世界一流科技期刊的重要指示精神为总纲，以优化期刊出版布局，提升科技期刊专业管理能力、市场运营能力、国际竞争能力为抓手，从总量、布局、结构、质量四个维度统筹中国的科技期刊建设工作，争取在短时期内建成一批富有国际竞争力和影响力的世界一流科技期刊。

怀进鹏表示，建设世界一流科技期刊是中央交办的重要政治任务，在各部门的倾力配合和鼎力支持下，《关于深化改革 培育世界一流科技期刊的意见》正式印发，中国科技期刊卓越行动计划顺利完成申报评审工作，进入实施阶段，一流科技期刊建设取得良好开局。在前期工作基础上，各成员单位围绕落实

《关于深化改革 培育世界一流科技期刊的意见》，结合各自职能分工，从政策配套、资金配备、人才建设、评价改革等方面提出很多好的举措建议，形成多点发力、有效协同、共同推进的良好机制，为推进一流科技期刊建设构筑有力组织保障。

怀进鹏强调，科技期刊是科技改革和发展的“小切口”，是建设世界科技强国的基础支撑，是贯穿科技、经济、文化的系统工程，需要坚定不移、久久为功、持续推进。各部门要高度重视，强化工作协同，组建专业化、跨部门的工作组，在政策取向、机制设计等方面持续加强工作研究，特别要针对筹建科技期刊发展基金、引导非公企业参与期刊建设、推动科技期刊评价改革、提升科技期刊国际化运营能力等重点难点，组织实地调研，加强政策研究，开展试点工作，探索改革路径。要通过政策拉动市场、调动社会力量，促进出版领域的开放竞争，推动科技期刊的市场化运作和专业化管理。

中国科协机关有关部门和直属单位，部际协调会议各成员单位相关业务司局负责人列席会议。

【怀进鹏出席中国化学会会刊（*CCS Chemistry*）创刊论坛】 4月20日，中国化学会会刊（*CCS Chemistry*）创刊论坛在北京举行。中国科协党组书记、常务副主席、书记处第一书记怀进鹏出席活动并讲话。中共中央宣传部传媒监管局局长、中国期刊协会副会长李军，中国科学院院士、中国化学会理事长、*CCS Chemistry* 主编姚建年出席活动并致辞。*CCS Chemistry* 副主编、中国科学院院士周其林，中国科学院院士谭蔚泓，日本九州大学教授 Chihaya Adachi，美国西北大学教授 Nathan Gianneschi，以及丁奎岭、田禾、孙世刚、于吉红、杨学明、谢在库、周其凤、高松、唐本忠、唐勇等多位化学领域的院士专家，*CCS Chemistry* 出版主管 Donna Minton，10余位作者代表，100余位化学界专家、学者参加活动。论坛由 *CCS Chemistry* 常务副主编、中国科学院院士、吉林大学校长张希主持。

怀进鹏代表中国科协向 *CCS Chemistry* 创刊表示祝贺。他在讲话中强调，科技期刊传承人类文明，荟萃科学发现，引领科技发展，直接体现了一个行业、一个国家的科技竞争能力和文化凝聚力、吸引力。习近平总书记对科技期刊极为关注，中央对培育世界一流科技期刊高度重视。2018年11月14日，中央全面深化改革委员会第五次会议审议通过《关于深化改革 培育世界一流科技期刊的意见》，明确提出要加快建设中国品牌的世界一流科技期刊。抓住全球科技和产业变革、科技治理深度调整的历史性机遇，推进世界一流科技期刊建设，是科技界、期刊出版界和产业界义不容辞的历史责任。

怀进鹏指出，中国化学会是中国科技社团的杰出代表，凝聚了中国化学领域最顶尖的创新人才，肩负着促进化学领域学术交流、学科发展、人才成长的重要使命。自创办第一本刊物《中国化学会杂志》至今，学会的期刊建设伴随着中国化学学科不断发展的历程。当前，中国化学领域科研产出水平已位居世界前列，*CCS Chemistry* 的创办，既是学会服务学科建设、回应科学共同体国际学术交流需求的重要举措，也是推进世界一流学会建设的重要平台和抓手。学会采取的独立办刊、自建网站、钻石开放获取的全新办刊模式，必将对中国科技期刊发展起到示范和带动作用。

怀进鹏表示，世界一流科技期刊需要精耕细作、积厚成器。既要尊重科学研究的规律、科技人才成长的规律，更要尊重期刊出版传播的规律以及学术发展的规律。办好 *CCS Chemistry*，要坚持开放发展，面向国际吸纳顶尖学者和专业出版运营人才加入办刊团队；要坚持改革发展，对标世界一流，提高学术资源整合能力和品牌运营能力，秉持研究与传播同等重要的理念，用高质量传播促进高质量发展，从而获得更高影响力；要坚持创新发展，用更好的机制凝聚合力，探索特色化道路，培育核心竞争能力。

李军代表中共中央宣传部出版行政部门和中国期刊协会向中国化学会成功创办 *CCS Chemistry* 表示祝贺。他表示，伴随着全面深化改革的步伐，科技学术期刊的发展迎来了新机遇。出版资源配置将以细分、优化、引领、提升为原则，着力做优存量、做强增量。聚焦高质量发展推动科技期刊从多到优，从优到强，应当有一批冲顶一流的实力派领头羊和领军者，有接续发展、梯队布局的品种结构、良好业态、健康生态。*CCS Chemistry* 的创刊，对于加速培育高起点的英文科技期刊具有积极示范意义，希望期刊高起点建设、高水平运作，打造世界一流期刊，服务中国化学学科发展和学术进步。

会上，姚建年向与会嘉宾分享 *CCS Chemistry* 的创刊历程和中国化学会的国际出版战略，表达中国化学会为中国和世界化学领域研究学者打造高水平期刊的美好愿景，并对积极支持 *CCS Chemistry* 创刊工作的有关管理部门和国内外专家、学者表示感谢。

日本九州大学教授 Chihaya Adachi、美国西北大学教授 Nathan Gianneschi、加拿大不列颠哥伦比亚大学教授李宏斌、中国科学院上海有机化学研究所研究员游书力、中国化学会出版主管 Donna J. Minton 分别围绕学科建设、期刊发展等议题作专题报告。

CCS Chemistry 是在中国科协、国家新闻出版署等六部门联合实施的中国科技期刊国际影响力提升计划 D 类项目资助下，由中国化学会独立创办的一本化学类综合旗舰刊物，刊载国内外化学科学各个领域的前沿研究以及相关交叉领域的重要进展，面向全球公开发行。发表在 *CCS Chemistry* 上的研究论文将免费开放给世界各地的化学工作者。该刊创刊号已于 4 月正式上线。

全民科学素质工作与科普活动

【2019 世界公众科学素质促进大会】 10 月 16 日，由中国科协主办的 2019 世界公众科学素质促进大会在北京举行。全国政协副主席、中国科协主席万钢在致辞中详细阐述了大会主题“科学素质促进与可持续发展”的重要意义，希望同各国携手合作，实现更深层次的合作，达成更丰硕的成果，为促进世界公众科学素质提升发挥更大的作用。

万钢表示，2018 年 9 月，在北京成功地举办了首届世界公众科学素质促进大会，共同发布了《世界公众科学素质促进北京宣言》，取得了一系列重要成果。2019 年，再一次举办大会，邀请来自 5 个国际组织、28 个国家的科技组织、600 多位嘉宾，以及政产学研各界人士齐聚在此，共谋合作、共商举措、共促发展。

万钢介绍，大会的主题为“科学素质促进与可持续发展”，旨在围绕推动联合国可持续发展的目标，促进世界各国在开展科学教育、传播和普及方面的经验相鉴和资源共享，共同提升公众的科学素质，促进人类社会的可持续发展。

他强调，当今世界正在经历着百年未有之大变局，一方面，科学技术和创新迎来前所未有的大发展，正在深刻影响着世界发展的格局，深刻改变着人类生产、生活的方式；另一方面，影响人类可持续发展的全球性问题日益突出，正在成为世界各国共同的课题和挑战。

万钢指出，中国科协作为科技工作者共同的组织，愿意以更加开放的姿态与世界各国合作伙伴和同行携手推进建立世界公众科学素质的国际组织，共同致力于提升世界公众科学素质，齐心协力为实现联合国 2030 年可持续发展目标，促进全球可持续发展作出积极的贡献。

【2019 年全国科普日启动】 9 月 14 日，以“礼赞共和国、智慧新生活”为主题的 2019 年全国科普日在全国启动，活动将持续到 9 月 20 日。2019 年是中华人民共和国成立 70 周年，2019 年全国科普日活动是国庆前举办的一次大型群众性公益科普活动。活动立足面向基层、服务发展，全国将有 1.5 万个单位开展重点活动 2.4 万项，辐射公众 3.2 亿人次。

2019 年北京主场活动设在中国科学技术馆和北京科学中心。中国科学技术馆区包括砥砺强国之志、智惠行动联播、科普群英荟萃、5G 连接未来、我和我的祖国、创新引领成长六大板块。2019 年北京主场活动以社会化为主要特色，联合龙头企业、重点高校、主流媒体、一流学会等 120 余家机构共同举办庆祝新中国成立 70 周年科技成就科普展。主场活动现场广泛使用游艺、互动体验等群众喜爱的方式，让公众与科学零距离接触，提升了活动吸引力，活动各展区都有群众驻足参观、参与互动，现场氛围十分热烈。

同时，全国范围内还组织开展全国科技馆联合行动、乡村振兴农村科普联合行动、社区科普联合行动、校园科普联合行动、企业科普联合行动、科普教育基地联合行动、学术资源科普化联合行动、全国卫生健康科普专项活动、全国气象科普日活动、网上科普日系列活动等一系列科普活动。如天津市举办全域科普展，广东省举办粤港澳大湾区分会场活动及科学嘉年华活动，广西壮族自治区开展中国－东盟系列高端学术论坛、中国流动科技馆东盟博览会巡展以及东盟青少年创客营等系列国际科普交流活动，黑龙江省举办 2019 年全国科普日暨黑龙江省金秋活动月，福建省举办第十二届海峡两岸科普论坛暨 2019 年福建省科普日主场活动，浙江省举办“给未来一束光”主题创意集市，中国中西医结合学会举办“爱腿日、中国行”系列科普活动，中国水产学会举办科普教育基地宁波海洋世界 2019 年全国科普日活动，中国仪器仪表学会开展走进食品营养安全科普基地。

自 2004 年以来，中国科协已连续 15 年成功举办全国科普日活动，各地各部门在全国科普日期间累计举办的重点科普活动8万多次，参与公众超过15亿人次。

【陈希参加2019年全国科普日活动】 9月17日，中共中央政治局委员、中共中央组织部部长陈希在参加2019年全国科普日北京主场活动时强调，要坚持以习近平新时代中国特色社会主义思想为指导，深入实施全民科学素质行动，厚植创新沃土，为实现“两个一百年”奋斗目标、实现中华民族伟大复兴的中国梦作出更大贡献。

陈希认真观看了“新中国创新成就科普展”“智惠行动联播”“社会化科普创新展”“5G连接未来展”“‘我和我的祖国’科学家精神展”“‘创新引领成长’青少年创新活动展”，与参加全国科普日活动的科技工作者、青少年和科技辅导员亲切交流。

陈希指出，在全国上下隆重庆祝中华人民共和国成立70周年之际，举办全国科普日活动具有十分重要的意义。习近平总书记高度重视科技创新和科学普及，强调“科技创新和科学普及是实现创新发展的两翼，要把科学普及放在与科技创新同等重要的位置”。要认真贯彻落实习近平总书记重要指示精神，更好协同社会各方，动员广大科技工作者，普及科学知识、弘扬科学精神、传播科学思想、倡导科学方法，推动全民科学素质持续提升。

全国政协副主席、中国科协主席万钢，各有关部委负责同志和首都群众代表1500余人参加了北京主场活动。

【万钢视察指导2019年海外活动周展区】 6月13日，2019年全国“大众创业、万众创新”活动周杭州市主会场活动正式启动。启动仪式结束后，全国政协副主席、中国科协主席万钢，中国科协党组成员、书记处书记宋军等到海外活动周展区视察指导工作。

万钢观看了海外活动周展示大屏上的2019年48场活动世界分布地图，并和参展的菲律宾创业者进行了深入交流。万钢充分肯定了海外活动周的各项工作，强调海外活动周要为大众创业万众创新走向全球发挥重要作用，希望未来依托国家科技传播中心建设和运营，汇聚国内外创新创业资源要素，搭建服务双创的国际性平台。

2017年以来，海外活动周已在五大洲29个国家50多个城市举办了170多项活动，2019年在“一带一路”沿线或签约国家举办了21项活动，为在海外推动大众创业万众创新发挥了重要的作用。

2019年海外活动周是全国双创周的五项重点活动之一，海外活动周组委会由国家发展改革委和中国科协组成，组委会办公室设在中国科协科技传播中心。本次活动围绕“一带一路”，深化交流合作，着重建立长效机制，实现从活动到实体转变，进一步扩大了双创在全球的影响力，成为双创活动的海外名片。

【“典赞·2018科普中国”揭晓盛典】 1月16日，由中国科协、人民日报社主办，人民网承办的“典赞·2018科普中国”揭晓盛典在人民日报社举行，活动现场揭晓了2018年度十大科学传播人物、十大科学传播事件、十大科普自媒体、十大“科学”流言终结榜和十大网络科普作品。

中国科协党组书记、常务副主席、书记处第一书记、中国科学院院士怀进鹏，人民日报社总编辑庹震，中国科协党组副书记、副主席、书记处书记徐延豪，人民日报社副总编辑、人民网董事长卢新宁，中国科协党组成员、中国科学技术馆馆长殷皓，航天英雄杨利伟和王乃彦、陈润生、杨乐、武向平、周忠和5位中国科学院院士出席了本次活动。

徐延豪在致辞中说，新时代、新目标、新使命，中国科协要以全民科学素质的持续提升构筑未来发展新优势，全方位挖掘科普的知识、生活、经济、社会、文化价值，厚植国家创新发展的社会沃土。彰显科普的知识价值，突出科普的生活价值，实现科普的经济价值，增强科普的社会价值，发扬科普的文化价值，通过促进全民共享，不断推进世界共享，最终实现科学普及的全面价值。

卢新宁在致辞中表示，作为主流媒体的排头兵、领航者，《人民日报》的全媒体方阵目前已覆盖7.8亿人次，我们有责任秉持科学精神，为广大读者析事明理、解疑释惑，为科普工作建言献策、聚气凝神，用更生动的内容、更有效的方式、更权威的信息去传播，让权威、准确的科学声音更加响亮，为科学的“可理解”“可传播”作出更多贡献。

活动现场揭晓了五大奖项。中国科学院国家天文台研究员、名誉台长王绶琯，中国军事文化研究会网络研究中心主任杜文龙，云南省地震局高级工程师李道贵，黑龙江广播电视台乡村广播策划推广部主任、主持人张琦卓（田妮儿），中国农业大学植物营养系教授、中国工程院院士张福锁，北京协和医院主任医师林国乐，国家气候中心首席专家周兵，北京大学人民医院心血管病研究所所长、主任医师胡大一，中国科学技术大学副研究员、网络科普“大 V”袁岚峰，中国科学院心理研究所研究员高文斌 10 人被授予 2018 年十大科学传播人物。

视频《3 分钟揭秘“嫦娥四号”月球背面之旅》《突破瓶颈！光学系统制造达世界先进》，系列微视频“解读基因编辑”“国宝一百天成长记”“科普帮帮忙”，活动“我的科学之 yeah”线上挑战，栏目《真相》，主题演讲《李治中：癌症的真相》，电视节目《机智过人（第二季）》，系列音频“真相来了”成为 2018 年十大网络科普作品。

《加油！向未来》官方抖音号、新浪微博 @ 中国天气、新浪微博 @ 中国数字科技馆、“中国科普博览”今日头条号、“物种日历”微信公众号、“混子曰”微信公众号、新浪微博 @ 国家动物博物馆员工、新浪微博 @Steed 的围脖、新浪微博 @ 植物人史军、新浪微博 @ 玉龙小段被评为 2018 年十大科普自媒体。

“‘嫦娥四号’成功发射，开启人类首次月背探测”“港珠澳大桥正式开通”“2018 未来科学大奖颁奖典礼举办，7 位科学家获奖”“‘天河三号’E 级原型机完成研制部署”“首届世界公众科学素质促进大会举办”“‘高分五号’卫星成功发射”“‘天眼’FAST 首次发现并认证毫秒脉冲星”“袁隆平团队在沙漠种植水稻初获成功”“‘创新引领未来，智慧点亮生活’2018 全国科普日活动举办”“‘天鲲号’自航绞吸挖泥船试航成功”事件成为 2018 年十大科学传播事件。

“人的体质有酸碱之分”“足贴能够吸附体内毒素，具有排毒功效”“咖啡致癌”“房间放洋葱可防流感”“接触超市小票会致癌”“常吃米饭会诱发糖尿病”“牛奶致癌”“食盐中含亚铁氰化钾，不可食用”，以及“大蒜炝锅会致癌”流言入选 2018 年十大“科学”流言终结榜。

2018 年 11 月，中国科协面向社会征集 2018 年度具有科学传播力的科普自媒体、网络科普作品及科学传播人物，累计收到有效参评项目 436 项，通过大数据筛选及分析产生科学传播事件 100 件、“科学”流言材料 119 条。经专家初评、大数据分析、公示及网络集赞等环节，最终由终评专家评委会评审出年度入选奖项。现场举行了新任科普中国形象大使的聘任仪式，欧阳自远、杨利伟、张双南、徐颖、陈思思和黄轩被聘为新任科普中国形象大使。怀进鹏为到场的科普中国形象大使颁发了聘书。参加本次现场揭晓活动的还有来自全国科学素质纲要实施工作办公室成员单位、中国科协第九届常委会科学普及专门委员会、部分全国学会、地方科协、社会知名科普机构的嘉宾，部分高校大学生代表，科普工作者和科学爱好者代表以及多家媒体，共计 600 余人。本次现场揭晓活动还通过人民网、新华网、腾讯网等媒体进行了现场直播。

“典赞·科普中国”活动是由中国科协主办的一项盘点年度科学传播典型的活动盛事，创办于 2015 年，已连续举办三年。自 2017 年开始，由中国科协与人民日报社共同举办，受到社会各界的普遍关注和一致认可。通过开展“典赞·科普中国”活动，抓住社会公众的关注焦点，有效调动社会广泛参与，以更加符合传播规律的手段，让公众理解科学，让科学普惠人民。

【“我是科学家”年度盛典】 3 月 23 日，“我是科学家”年度盛典活动在中国科学技术馆一层报告厅成功举办。此次活动以“科学与你，探寻万物的联结”为主题，由科普中国形象大使张双南主持，张熇、王贻芳、王志珍、叶叔华和彭凯平 5 位演讲嘉宾分别从深空探测、高能物理、生命科学、天文和社会心理学等角度，为现场观众送上了一场科学盛宴。中国科协党组成员、中国科学技术馆馆长殷皓，中国自然科学博物馆学会理事长程东红，中国科协科学技术普及部副部长郑凯出席活动。主题演讲结束后，殷皓为现场的演讲嘉宾颁发了顾问聘书。

“我是科学家”项目旨在搭建一个广大科技工作者参与科普的服务平台，为科学家开展科普提供服务，帮助科学家提升科普能力，增强科学家参与科普的获得感。项目以打造国家级科学家演讲为核心手段，辅以运营有广泛传播力的新媒体阵地等方式，努力打造科学家“网红”，在科学家群体中形成示范传播效应，逐步构建有梯度的科学传播专家团队。自 2018 年 7 月起，已连续举办 9 期，共有 44 位科学家登上“我是科学家”的舞台，通过演讲形式分享科学和科学背后的故事，践行着“我是科学家，我来做科普”的倡议。累计逾 3000 人次观众来到过演讲现场，相关内容在网络上传播量突破亿次。

【2019 年全民科学素质工作电视电话会议】 4 月 12 日，2019 年全民科学素质工作电视电话会议在北京召开。中国科协党组书记、常务副主席、书记处第一书记怀进鹏出席会议并讲话。中国科协党组副书记、

副主席、书记处书记徐延豪主持会议。中国科协党组成员、中国科学技术馆馆长殷皓，中共中央组织部、中共中央宣传部、国家发展改革委、教育部等31个全民科学素质纲要实施工作办公室成员单位有关负责人在主会场参加会议。各省和副省级城市科协分管《科学素质纲要》实施和科普工作的负责人、纲要实施工作办公室成员单位代表，全国学会分管科普工作的负责人共约4000人在全国各省、副省级城市和地级市分会场参加会议。

会议的主要任务是深入学习贯彻习近平新时代中国特色社会主义思想和党的十九大精神，传达中央领导同志对全民科学素质促进工作的指示精神，总结“十三五”以来全民科学素质工作情况，交流好经验好做法，部署2019年全民科学素质工作重点任务，动员各地各部门砥砺奋进、开拓创新，扎实推进全民科学素质行动，全面提升公民科学素质服务质量和水平，全力推进中国公民科学素质建设工作再上新台阶，以优异成绩迎接中华人民共和国成立70周年。

怀进鹏指出，习近平总书记高度重视科技创新与科学普及，作出一系列重要指示，深刻反映了创新发展的内在逻辑和客观规律，是坚持以人民为中心发展理念的生动体现，为提升公民科学素质、推动创新发展指明了方向，提供了根本遵循。要认真贯彻落实习近平新时代中国特色社会主义思想，深刻认识科学普及与科技创新共同奠定创新发展的深厚土壤，全面看待科学普及是促进中国改革发展稳定的重要助力，准确把握科学素质为实现人的全面发展、共建繁荣世界贡献坚实基础，充分彰显科学素质建设的知识价值、生活价值、社会价值、文化价值和未来发展价值，在实践中回答好“一体两翼”重大命题。

怀进鹏要求，面对新形势新任务，全民科学素质工作要全面加强党的领导，完善党建带群建工作机制，以党的政治优势来引领和推进全民科学素质建设，积极构建党政支持、市场和社会力量多方参与的联合协同格局；要弘扬科学精神，凝聚中国特色社会主义事业的强大精神力量；要抓好青少年、农民、公务员等重点人群，推动科学素质水平快速提升；深化改革创新，持续增强科普服务能力。

怀进鹏强调，2019年要围绕庆祝中华人民共和国成立70周年的主线，全民科学素质工作更好发挥服务党和国家工作大局的战略支撑作用，强化协同性，提升科学性，注重前瞻性，办好2019世界公众科学素质促进大会、全国科普日、中国科幻大会等重点活动，以习近平新时代中国特色社会主义思想为指引，牢固树立“四个意识”，不断坚定“四个自信”，坚决做到“两个维护”，守正创新，服务发展，让新时代“科普之翼”更加强劲，书写庆祝中华人民共和国成立70周年的精彩科普篇章，为全面建成小康社会、实现中华民族伟大复兴的中国梦作出新的更大贡献。

殷皓传达了中央领导同志对公民科学素质促进工作的有关指示精神，中国科协科学技术普及部部长白希作了关于《全民科学素质行动计划纲要》“十三五”中期实施情况的报告，中国科学院、中国地震局、地方科协和全国学会代表作大会交流发言。

“十三五”以来，在党中央、国务院的高度重视和正确领导下，各地各部门扎实推进全民科学素质工作，公民科学素质快速提高，公民科学素质公共服务能力明显提升，公民科学素质建设推进机制进一步完善，科普事业取得显著成绩。2018年中国公民具备科学素质比例达到8.47%，距2020年10%的目标仅差1.53个百分点。科学教育与培训基础条件大幅改善，现代科技馆体系建设取得长足发展，信息化对科普工作的牵引作用不断显现，大联合、大协作工作格局日益完善。

【第九届中国（芜湖）科普产品博览交易会】 5月23—25日，第九届中国（芜湖）科普产品博览交易会在安徽省芜湖市举办。中共中央政治局委员、上海市委书记李强，安徽省委书记、省人大常委会主任李锦斌，中国科协党组书记、常务副主席、书记处第一书记怀进鹏，上海市委副书记、市长应勇，安徽省委副书记、省长李国英，江苏省委副书记、省长吴政隆，浙江省委副书记、省长袁家军，中国科协党组副书记、副主席、书记处书记徐延豪，科技部成果转化与区域创新司负责人出席开幕式，李国英、应勇、吴政隆、袁家军、怀进鹏等在开幕式上先后致辞。

怀进鹏在致辞中指出，中国（芜湖）科普产品博览交易会历经九届，已成为我国科技展会的一张亮丽“名片”，成为集聚创新要素、整合科普资源、展示科技成果、培育科普产业的重要平台。习近平总书记明确指出，科技创新与科学普及是创新发展的“一体两翼”，同等重要。公众科学素质关乎社会文明进步，一个国家或地区公众科学素质水平，既构成其文化根基和底蕴，也决定其经济社会现状和未来。科普及其产品、服务，以增强人民科学素质为目标，其知识价值、生活价值和经济、社会、文化价值还有待进一步发掘。中国科协将持续推动跨界融合发展，建立和完善科学素质国内外合作机制，构建社会化参与、信息化支撑、市场化运作、国际化交流的大科普平台，促进科技创新与科学普及融合、科普事业与科普产业并举；大力加强科普资源建设，开掘优质科普资源，不断增强科普公共服务产品的有效供给；全面开展科技志愿服务，搭建百家学会服务企业、百支科技志愿队伍服务基层的“双百双服”平台与载体，将科普惠民落实到服务基层的行动中。

应勇说，近年来，上海与长三角三省不断加强区域创新合作，共建创新服务体系，共享创新资源，基本形成了全方位、立体化的长三角创新协同体系，为上海科创中心建设和长三角更高质量一体化发展提供了强有力的支撑。

李国英提到，近年来，安徽省深入贯彻落实习近平总书记下好创新“先手棋”的要求，大力推进合肥综合性国家科学中心等创新主平台建设，加快构建重大科技基础设施体系建设，扎实开展信息、能源、健康、环境等领域关键核心技术攻关，朝着我国基础研究和原始创新的重要承载者和策源地的目标迈进。

吴政隆表示，党的十八大以来，江苏省认真贯彻落实习近平总书记关于科技创新的重要论述，不断推动科技事业取得新成绩。截至 2018 年年底，江苏省全社会研发投入占比达到 2.64%，科技进步贡献率达到 63%，科技创新已经成为江苏省高质量发展的重要标识。

袁家军说，近年来，浙江省以参与长三角各种合作为契机，坚持创新导向和人才导向，推进“互联网 +”和生命健康两大科创高地建设，制定出台科技新政、人才新政，加速创新创业生态系统发展的新旧动能转换。

第九届中国（芜湖）科普产品博览交易会由中国科协、安徽省人民政府主办，安徽省科协、安徽省发展改革委、安徽省科技厅、安徽省经济和信息化厅、芜湖市人民政府承办。22 个省、自治区、直辖市的 408 家企业（单位）和来自美国、法国、德国、英国、加拿大、澳大利亚、芬兰、新加坡等 11 个国家以及中国香港特别行政区的 32 家企业、科技团体参展，展览面积达 3.6 万平方米，展示展品 3500 件（项），先后有 16.9 万人次的观众参观，交易（含协议交易）总额约达 7.8 亿元。

展会期间，还举办了长三角一体化创新成果展、科普产业发展论坛、青少年科学教育发展论坛、机器人暨智能制造产业发展论坛、院士报告会、科技场馆建设信息发布会、机器人暨智能制造供需对接会、海峡两岸中小学生仿生机器人竞赛、优秀科普产品奖暨机器人展科技创新奖评选及颁奖等专题活动。

【2019 中国科幻大会】 11 月 3 日，2019 中国科幻大会在北京园博园开幕，本次大会主题为“科学梦想、创造未来”，由国家电影局指导，中国科协和北京市人民政府共同主办，教育部、文化和旅游部、中国作家协会、中国电影家协会共同支持。包括来自北美洲、欧洲和亚洲等大洲的 9 个国家的近 30 位科学家、科幻作家、科普作家及全球科幻机构和组织代表，来自全民科学素质纲要实施工作办公室成员单位、北京市有关部门、丰台区委区政府以及部分地方科协负责同志，科技工作者、科幻业界代表、影视界人士和科幻爱好者等 1000 余人参加开幕式。

中国科协党组书记、常务副主席、书记处第一书记怀进鹏出席开幕式并讲话，北京市委副书记、市长陈吉宁出席开幕式，中国作家协会党组成员、副主席、书记处书记阎晶明出席开幕式并致辞。大会开幕式由中国科协副主席、书记处书记孟庆海主持。

怀进鹏在讲话中指出，习近平同志高度重视科普并强调，“科技创新、科学普及是实现创新发展的两翼，要把科学普及放在与科技创新同等重要的位置”。科普科幻，是铸就科学之基，弘扬科学精神之桥，科幻是关于未来世界的梦想，最能展示科学之美、文化之美、人性之美，对激发青少年的想象力、培养创造力具有独特作用。

他指出，科普科幻是传播科学梦想、传播科学方法之桥，是繁荣科学文化，提升科学素质的重要内容。大力推进发展科普科幻，对于提升人类素质，培育创新精神，培养科学方法具有重要意义。他强调，我们要不断地加强科学技术普及和科幻事业与产业发展，支撑服务经济社会发展，不断坚定文化自信，塑造未来远景；要不断完善政策体系，支持和繁荣科幻事业与产业，营造科幻事业与产业发展的良性生态环境；要不断培育科幻人才后备力量，鼓励探索建立跨界融合的学术组织，建立健全激励机制，深化国际合作与交流，构筑开放平台，充分发挥科幻推动文明互鉴的桥梁纽带作用。

中国作家协会党组成员、副主席、书记处书记阎晶明在致辞中指出，科幻文学是沟通科学与人文、自然与社会的桥梁，它植根于科技创新，服务于人民大众，是新时代科技事业和文化事业的重要组成部分。科幻文学创作是展现中国梦的重要载体，是引导人民群众坚定理想追求的重要力量，是中国科幻作家的重要责任和特殊价值所在。希望广大科幻作家紧紧把握实现“中国梦”这一时代主题开展创作，讲好人民群众的追梦故事，反映人民群众的进步心声，不断繁荣科幻文学创作，创作出更多具有科学性、艺术性、思想性的优秀科幻文学作品。

开幕式上，怀进鹏、陈吉宁、阎晶明和国家电影局副局长白洁、中国科普作家协会理事长周忠和、著名导演黄建新等共同启动科技与影视融合平台。南方科技大学教授、中国科普作家协会副理事长吴岩作了2019中国科幻产业发展情况的报告。会上还举行了中外嘉宾高端对话，周忠和，诺贝尔物理学奖获得者安德烈·海姆，全球顶级畅销科幻小说作家凯文·安德森，美国加州理工学院教授、科普作家伦纳德·蒙洛迪诺，著名科幻作家刘慈欣，北京博纳影业集团副总经理、制作总监曲吉小江6位中外嘉宾围绕“中国科幻，是否迎来了‘黄金时代’？”展开对话，结合各自领域，共同交流互鉴，分享观点与经验，探讨和畅想美好未来。

大会期间，人类现代文明的历史经验与未来梦想、科技与未来、科学与影视融合、中国科幻电影发展之路、游戏世界中的科幻、青少年科学普及和科幻创作等11项专题论坛同步举行；科幻影视创投会、高校科幻辩论赛决赛、科幻之夜、科幻主题演讲、高校科幻知识竞赛、科幻主题游戏创意大赛成果路演6项活动先后举办；大会还安排了平行宇宙科幻展览与科幻市集等展示活动。

据了解，自2016年以来，中国科幻大会已成功举办三届，受到了科幻业界和广大科幻爱好者的普遍欢迎，影响力和参与度不断扩大，引起了社会各界的广泛关注，有力地促进了中国科幻事业与产业发展。

【中国流动科技馆缅甸国际巡展第二站】 11月5日，中国科学技术馆与缅甸教育部联合举办的中国流动科技馆缅甸国际巡展第二站在缅甸第二大城市曼德勒市的曼德勒大学开幕，并面向当地公众开放。

中国驻缅甸曼德勒总领事馆总领事王宗颖，中国科协副主席、书记处书记孟庆海，中国科协培训和人才服务中心主任辛兵，中国科协科学技术普及部、中国科学技术馆有关负责人，缅甸曼德勒省代省长吴萨里昂，缅甸教育部高等教育司司长本温，曼德勒大学校长狄达温等出席开幕仪式并为展览剪彩。

吴萨里昂致辞时表示：感谢中国科协与中国科学技术馆将这些先进的展览设备和优质的科普资源带到缅甸进行巡回展览，帮助缅甸青少年培养科学兴趣、提升科技探究能力和创新能力，支持缅甸科学教育事业的发展。

王宗颖在致辞中指出：中国和缅甸山水相连、地缘相近、人文相亲，是天然的命运共同体。当前，中国和缅甸关系发展进入新阶段，双方在科技、教育、人文、宗教等领域都开展了密切合作，取得了积极的成果。依托科普公共服务和科普资源共享是促进中国和缅甸双方科技文化交流，积极推进人类命运共同体建设的一种有效方式。

孟庆海在讲话中指出，中国流动科技馆国际巡展项目自2018年6月14日启动实施以来，取得了很好的效果。通过流动科普资源的循环利用，能够有效弥补科普资源不均衡和不充足带来的公众科学素养的地区差异，是解决不同国家不同地区科学教育资源发展不平衡问题的有效途径，是提升公民科学文化素质的有效方式。中国愿与缅甸共享科普教育方面好的做法和经验，并希望通过科普教育资源的共享积极促进中缅两国的民间科技交流和合作共赢。此次国际巡展项目是落实“一带一路”倡议的重要举措，中国科协将为缅甸公众提供最优质的科普资源和科普服务。

开幕仪式上，当地的学生们表演了富有特色的缅甸民族舞蹈。中国科学技术馆的科技辅导老师表演了科学实验剧《疯狂马戏团》，以舞台剧的方式，将科普知识与科学实验相融合，让缅甸公众在轻松的氛围中感受科学，走进科学，体验具有中国特色的精彩科学教育活动。

开幕仪式结束后，与会嘉宾及来自曼德勒地区政府机构的近100名工作人员和来自各大学、中学的上千名师生一同参观了展览，大家对展览内容表示出浓厚的兴趣。曼德勒省多家媒体记者到场参加开幕仪式，并对此次活动进行了全面报道。

中国流动科技馆“一带一路”国际巡展自启动以来，已在3个国家、5个城市开展，服务约10万观众，所到之处，广受好评。曼德勒大学作为此次流动科技馆国际巡展接展单位，将以流动科技馆展览为依托，筹备建设曼德勒省科技馆，探索建设运营实体科技馆的经验和做法。流动科技馆国际巡展项目的实施，有效带动了“一带一路”沿线国家科普场馆的建设，为提升“一带一路”国家公众的科学素养，促进双边科学文化交流和民心相通作出了积极贡献。

【让科学跑赢谣言——“科学辟谣平台”正式启动】 8 月 30 日，由中国科协、国家卫生健康委、应急管理部和国家市场监督管理总局等部委主办，中央网信办指导，全国学会、权威媒体、社会机构和科技工作者共同打造的“科学辟谣平台”在北京正式启动。该平台旨在切实提高辟谣信息的传播力、引导力、影响力，让谣言止于智者，让科学跑赢谣言。

科学辟谣平台特聘专家、中国工程院院士、中国食品科学技术学会顾问、国家食品安全风险评估中心研究员陈君石，中国科学院院士、中国科学院地球化学研究所研究员、中国月球探测工程首席科学家欧阳自远，中国工程院院士、中国工程院原副院长、中国工程物理研究院高级科学顾问杜祥琬，中国科学院院士、中国科学院国家天文台研究员、中国科协常委武向平，中国科学院院士、中国科学院古脊椎动物与古人类研究所研究员、中国科普作家协会理事长周忠和，中国药学会首席科学传播专家、北京协和医院原药剂科副主任张继春，复旦大学附属中山医院骨科主任兼脊柱外科主任、国家卫生健康委有突出贡献的中青年专家、上海科技精英董健，应急管理部宣教中心高级工程师、北京减灾协会科普委员会主任张英，中国疾病预防控制中心营养与健康所副研究员、中国营养学会益生菌益生元与健康分会副主任委员兼秘书长向雪松，中华预防医学会健康传播分会常委、中国食品科学技术学会青年工作委员会副主任委员、科信食品与营养信息交流中心副主任钟凯 10 位专家出席启动活动。

中国科协党组书记、常务副主席、书记处第一书记、中国科学院院士怀进鹏出席活动并致辞，他指出，习近平总书记高度重视科学普及工作，强调“科技创新、科学普及是实现创新发展的两翼，要把科学普及放在与科技创新同等重要的位置”。当前，网络已成为公众生活不可或缺的重要空间，同时也为虚假信息和谣言提供了滋生传播空间。中国科协联合社会各方力量，开展科学辟谣，推动科学精神的弘扬和科学知识的普及，让社会公众面对谣言能够科学分析、科学质疑和独立思考，促进公众科学素质的有效提升。他强调，中国科协充分运用全国学会的组织优势，动员社会更好地发挥科学家和广大科技工作者的积极有效作用，与政府组织、媒体平台、社会机构和热心科学传播事业的社会力量有效协同，共同打造好科学辟谣平台，塑造清朗网络空间，在全社会持续推动科学精神的弘扬、科学思想与方法的传播和科学知识的普及，为科技进步、国家发展和人类社会进步贡献力量。

在工作交流环节，中国工程院院士陈君石代表中国食品科技学会介绍了学会辟谣工作。他指出，科学辟谣平台启动上线，有着重要意义，学会要发挥开展辟谣的重要作用，要建立权威的专家团队更好地支持平台建设；人民网总办会成员、中国共产党新闻网总编辑孙海峰和字节跳动平台责任研究中心执行总监刘志毅作了交流发言，分别介绍了辟谣工作的机制和方法，均表示科学辟谣平台上线正当其时，要加强优势互补，在科学辟谣方面展开深度合作，共同打造好科学辟谣平台。现场通过视频播放了“科学辟谣平台”的运行机制。

当前，中国网民规模达 8 亿多，每天有 7.5 亿人在刷朋友圈。网络已成为公众生活不可或缺的重要空间。网络谣言传播速度快，影响范围广、社会危害大，损害公众合法权益，扰乱社会秩序，危害公共安全，需要全社会共同行动，科学治理。科学辟谣平台专家库首期邀请到 516 位权威专家入驻，涉及食品安全、营养健康、生物、农业技术、航空航天等 14 个领域。平台采用“广泛汇聚、科学解读、矩阵传播、源头阻断”的运行机制，构建系统完备、科学规范、公众信赖、运行高效的科学辟谣体系，努力打造最具权威性、时效性、协同性、精准性的国家级“科学辟谣平台”。

中国科协副主席、书记处书记孟庆海和中央网信办违法和不良信息举报中心副主任周展科、应急管理部宣教中心主任何国家、国家市场监督管理总局科技和财务司副司长朱为亮代表主办单位出席会议。孟庆海和周展科为 10 位特聘专家代表颁发聘书。中国科协有关部门和直属单位领导、全国学会代表、科技工作者代表和媒体代表共 110 人参加活动。新华社、中央电视台等 20 余家媒体参加活动并进行宣传报道。

【“创青春 - 中关村 U30”2019 年度启动大会】 5 月 7 日，“创青春 - 中关村 U30”2019 年度启动大会在北京召开。中国科协党组书记、常务副主席、书记处第一书记怀进鹏出席活动并讲话，中国科协副主席、书记处书记孟庆海，共青团北京市委员会书记熊卓，中共北京市海淀区委书记于军，中关村科技园区管理委员会副主任翁啟文以及200余名青年创业者代表、科学家代表、企业家代表，共同见证了2019年度“创青春－中关村U30”启动。活动由中国科协科学技术传播中心主任郑浩峻主持。

怀进鹏代表中国科协向青年创新创业者致以诚挚敬意，向长期关心支持青年创新创业的相关政府部门、机构和各界人士等表示衷心感谢。他引用习近平总书记在纪念五四运动100周年大会上的重要讲话勉励大家，“青年是整个社会力量中最积极、最有生气的力量，国家的希望在青年，民族的未来在青年”，“以真才实学服务人民，以创新创造贡献国家”，希望大家牢记嘱托、不负重托、不辱使命、勇于担当，把人生理想融入创业报国，砥砺创新建功新时代。

怀进鹏指出，当今时代是创新创业创造的时代，是青年敢于有梦、勇于追梦、善于圆梦的最好时代。中关村U30应运而生并不断发展，机制愈加成熟，成效愈加显著，发展空间愈加广阔，影响力也越来越广泛。他寄语中关村U30，要秉承执着、包容、开放、协同的理念，整合资源，凝聚力量，支持服务青年创新创业创造。他表示，中国科协一贯关心支持青年创新创业，扶植青年科技工作者成长成才，今后将与各方一起努力，共同打造更好的中关村U30、世界U30，帮助青年一代成就创新梦想，为实现中华民族伟大复兴的中国梦谱写青春华章。

熊卓代表主办方作了2019年创青春－中关村U30活动发布，于军鼓励青年创新创业者在全国科技创新核心区、中关村核心区——海淀区这片沃土上继续努力奋斗、成就梦想。速感科技（北京）有限公司的陈震和9AM智慧办公的贺虎代表青年创业者在大会上作了交流分享，创业导师代表——北京时代集团公司总裁王小兰作为中关村第一代企业家分享了自己35年的创业经历和感受。

启动大会之前，怀进鹏、孟庆海等参观了在中国科学技术馆一楼展厅举办的以“释青春、创不凡”为主题的青年创新创业展，观看了VR眼镜、手机芯片、无人机、家用扫地机器人、新材料科技、水下机器人等项目产品，与各创业团队进行交流。孟庆海在启动大会前还出席了青年创新创业座谈会，听取了青年创业家、科学家、投资家的意见建议，表示青年创业者也是科技工作者，中国科协愿为大家做好服务，为创新创业做好服务。

“创青春－中关村U30”由中国科协科技传播中心、共青团北京市委员会、中关村科技园区管理委员会、北京市海淀区人民政府联合主办，以中关村为核心，面向海内外，通过创新创业大赛等形式，寻找和选拔35岁以下的青年创业者，搭建创业青年与政府、社会以及投资机构对接与交流的平台。活动至今已举办3年，发现培训支持了一批优秀的青年创新创业者，鼓励激发了更多的青年积极投身于创新创业创造浪潮中，取得了良好的社会反响。

【2019年度科协系统青少年科技教育工作研讨会】 2月25—26日，2019年度科协系统青少年科技教育工作研讨会在江西省南昌市召开。中国科协党组副书记、副主席、书记处书记徐延豪出席会议并讲话，中国科协青少年科技中心负责人刘阳作工作报告，江西省科协主席史可、中国科协科学技术普及部副部长钱岩出席会议。

徐延豪在讲话中充分肯定了2018年科协系统青少年科技教育工作取得的成绩。他指出，各级科协青少年科技教育工作机构按照中央决策部署和中国科协党组要求，紧紧围绕“1-9-6-1”工作布局，认真履行工作职责，创新开展青少年科技教育工作，交出了一份漂亮的“答卷”。

他强调，2019年是新中国成立70周年，是全面建成小康社会的关键之年，要深入开展科技创新后备人才成长规律研究，推动构建青少年科技创新人才发展数据库和测评指标体系，为国家选才育才提出政策和实践建议。要实施好青少年科技教育国际拓展计划，进一步加大对外开放的力度和步伐，拓展工作内涵和外延，推动建立“一带一路”青少年科技人文交流长效机制，着力打造世界一流青少年科技教育活动品牌和国际交流平台。要围绕“智慧科协”建设打造互联互通的高效协同网上平台，善于使用新技术手段促进科技教育活动内容和形式的创新，发挥信息化优势推动科技教育平衡充分发展。要紧密联系和团结引领广大科技辅导员，依托专业水平认证不断提升培训服务能力，探索建立科技辅导员队伍建设长效机制。各级科协要始终保持青少年科技教育工作重要地位不动摇，做到队伍要加强、职能要强化、事业要发展，不断形成系统内外协同联动的合力，营造风清气正的良好环境，为全面建成小康社会收官作出新贡献，以更加优异的成绩献礼中华人民共和国成立70周年。

刘阳在工作报告中全面回顾总结了 2018 年青少年科技教育工作，对 2019 年重点工作任务进行了部署，强调要深入实施《面向建设世界科技强国的中国科协规划纲要》工作任务，按照“1–9–6–1”战略布局，紧扣“服务发展年”主题，加强青少年科技创新人才成长规律研究，进一步完善科技创新后备人才选拔培养的机制和模式，创新开展校内外融合的青少年科技教育和科普活动，推动青少年科技教育国际拓展计划再上新台阶。

与会人员一致认为，这次会议是学习贯彻习近平新时代中国特色社会主义思想的生动实践，是落实中国科协“服务发展年”主题的具体举措，对高质量高标准做好 2019 年科协系统青少年科技教育工作具有重要意义。

21 位省级和副省级城市科协分管领导、中国科协青少年科技中心、各省区市和副省级城市科协青少年科技教育工作机构负责同志等共 110 人参加了会议。

【中国科协研究推进中国公民科学素质促进联盟建设等工作】 4 月 12 日，中国科协召开九届书记处第六十二次会议，听取筹建中国公民科学素质促进联盟、2019 年全国科普日活动有关情况的汇报。会议由中国科协党组书记、常务副主席、书记处第一书记怀进鹏主持。

会议原则同意中国公民科学素质促进联盟筹建方案，原则通过 2019 年全国科普日活动总体方案。

会议指出，组建中国公民科学素质促进联盟，是贯彻落实习近平总书记关于科普工作的重要论述精神，彰显科普工作政治性、社会性、广泛性的重要举措，是创新科普组织机制，促进政府、社会、市场作用有机结合的有益探索。要加强组织领导，积极与相关业务主管部门沟通联系，研究确定运维模式，明确组织活动、资金管理、议事原则、工作方式等内容，确保以组织创新提升公民科学素质建设实效。

会议强调，全国科普日活动连续举办 15 年，已成为世界上覆盖面最广、参与人数最多的科普活动，得到中央领导和社会公众的高度肯定，中央书记处领导同志每年都与首都各界群众一起参与北京主场活动。2019 年全国科普日要紧紧围绕“礼赞共和国、智慧新生活”主题，突出群众性，更大范围、更深层次动员广大科技工作者参与，打造“上下联动、纵横融合、网络活跃”的科普盛宴。要拓展工作格局，推动香港、澳门开展相关活动，融入 5G、人工智能、工业物联网等最新科技元素，以高质量开展活动成效向中华人民共和国成立 70 周年献礼。

会议还研究了其他事项。

中国科协书记处书记徐延豪、孟庆海、束为、宋军出席会议。中国科协党组成员王守东、殷皓，中央纪委国家监委驻科技部纪检监察组有关负责同志，中国科协相关部门、直属单位主要负责同志列席会议。

【中国科协召开全国科普服务标准化技术委员会 2019 年度第一次全体会议】 5 月 9 日，全国科普服务标准化技术委员会（此篇中以下简称“科普标委会”）主任，中国科协党组副书记、副主席、书记处书记徐延豪主持召开科普标委会 2019 年度第一次全体会议。科普标委会委员以及来自中国科协等单位有关负责人、专家及相关人员参加会议。

会议听取了科普标委会秘书长、中国科协党组成员、中国科学技术馆馆长殷皓关于科普标委会 2018 年度工作报告、2019 年度工作计划、科普标委会委员调整提案的汇报。相关标准起草单位汇报了 2 项国家标准制修订立项建议。全体委员共同审议汇报内容并展开交流研讨，提出了宝贵的意见和建议，并通过全国标准信息公共服务平台对所审议的项目逐一进行了投票。

徐延豪对全体委员的积极参与和共同努力表示感谢，充分肯定了科普标委会 2018 年度的工作成绩，并对科普标委会 2019 年度工作提出要求：一是要认真学习领会习近平新时代中国特色社会主义思想，并充分认识到“科技三会”以来，中国科普工作形势的重大变化，切实发挥标准化对中国科普工作把关定向、提质增效的重要作用，不断提升科普资源和服务的质量。二是标准化工作是科普领域的新探索、新实践，是对现行科普工作的规范和提升，各位委员要进一步履职尽责，加强调查研究并洞察科普事业发展动向，结合各自领域的专业和资源优势，积极申报标准预研项目和承担标准制修订任务。三是要增强标准预研项目立项的紧迫感和实效性，围绕公众需求，以问题为导向，切实推进科普服务领域重点、急需、基础等方面标准的预研和制修订工作。四是秘书处要做好联络协调和服务保障工作。

当天，秘书处组织开展了标准编写方面的专题培训，标委会委员及相关项目组成员参与学习交流，共同提升标准化业务能力。

【第二十六届全国科普理论研讨会】 10 月 26 日，

以“新时代科普创新发展”为主题的第二十六届全国科普理论研讨会在安徽省合肥市开幕。中国科协副主席、书记处书记孟庆海出席开幕式并致辞。安徽省政协副主席、省科协主席韩军致欢迎词，中国工程院院士李建刚，中国科协－清华大学科技传播与普及研究中心理事长徐善衍作主旨报告。来自有关高校、科研院所、全国学会和地方科协、科技场馆以及传媒机构的专家、学者、科普工作者150余人参加会议。中国科普研究所所长王挺主持大会开幕式。

孟庆海在致辞中强调，要全面加强科普理论创新发展，中国特色社会主义已经进入了新的时代，中国科普事业发展的环境、条件、要求等也发生了新的变化。“科普是什么？为了谁？谁来做？怎么做？”这一根本问题的时代内涵和外延发生了深刻变化，用传统传播的模式、理念、概念、手段去开展科普工作已经远远不能适应新时代，如何充分实现科普在创新、教育、经济、生态、文化等方面的全部价值，以及科普的泛在、即时、精准、参与、互动、服务与产品特性，迫切需要更深层次的探索和实践。本次研讨会以科普的社会化、市场化、法制化、国际化、信息化“五化”为主题，将为推动科普工作的转型升级提供坚实的理论支撑。希望广大科普理论研究者关注当下中国科普实践，立足中国广阔的实践沃土，用案例说话，总结经验成果，逐步将科普理论研讨会打造成为融知识创新、分享交流于一体的高端平台，成为学术思想的重要策源地和智库成果的重要孵化基地。

开幕式后，李建刚和徐善衍分别作题为《追逐太阳》和《认识科普新起点 续写科普新篇章》的主旨报告。李建刚介绍了“人造太阳”超导托卡马克——聚变工程，分享了中国参与国际热核聚变实验堆（ITER）国际合作项目、研发东方超环（EAST）和中国核聚变工程堆的奋斗征程，展现了中国科学家服务全人类的责任担当和使命情怀，描绘了以“人造太阳”攻克人类未来终极能源系统的伟大愿景。徐善衍结合牵头开展面向2035国家科技中长期发展规划纲要科普专题相关工作，回顾了中国科普实践的发展历程，阐述了对新时代科普工作内涵、外延的深入思考，强调要围绕提升全民族科学文化素质，加快构建新时代科普工作体系和社会化格局。

5位科普理论研究领域的知名专家、学者应邀作大会学术报告，介绍了科学普及与传播领域的最新进展，观点新颖、论述精辟，为创新发展提供了新思路。会议共设置5个分论坛，分别以“科普社会化动员与参与机制研究”“科普市场化运作机制研究”“科普法制化和基层科普创新研究”“公民科学素质建设与国际化研究”“新时代科普信息化支撑研究”为题开展交流。

本次会议由中国科普研究所、安徽省科协联合主办。会议汇聚科学普及与传播研究领域的专家、学者，共同探讨新时代科普创新发展的途径与举措。大会报告紧跟前沿、观点鲜明，与会人员广泛交流、热烈讨论，拓展了学术视野，提升了理论水平，为转变科普理念、创新科普机制、变革科普方式、加强科普评估进行了有益的探讨。

大会发布了中国科普研究所最新优秀学术成果《国家科普能力发展报告（2019）》和“科学传播人才培养译丛”，并为此次大会评选的优秀论文进行颁奖。

【2019“一带一路”科普场馆发展国际研讨会】 10月15日，2019“一带一路”科普场馆发展国际研讨会（BRISMIS2019）暨中国自然科学博物馆学会年会在北京开幕。中国科协副主席、书记处书记孟庆海，中国自然科学博物馆学会理事长程东红，中国科协党组成员、中国科学技术馆馆长、中国科技馆发展基金会理事长殷皓，联合国教科文组织北京办事处科技项目专家菲利普·皮帕尔特（Philippe Pypaert），国际博物馆协会（ICOM）副主席、中国博物馆协会副理事长兼秘书长安来顺出席活动。

斯里兰卡驻华大使卡鲁那塞纳·科迪图瓦库（Karunasena Kodituwakku），科学中心世界峰会基金会主席埃里克·雅克敏（Erik Jacquemyn），斯里兰卡国家科学基金会主席阿齐兹·穆巴拉克（Azeez Mubarak），柬埔寨水利气象部副国务秘书谷奇·温斯伦（Kuoch Vengsrun），柬埔寨劳动与职业培训部副国务秘书苏斯·拉塔维（H.E Suos Rathavy），尼泊尔教育科技部副部长比斯努·那拉扬·什雷斯塔（Bishnu Narayan Shrestha），清华大学美术学院教授、未来实验室主任徐迎庆，中国自然科学博物馆学会名誉理事长李象益，中国科协创新战略研究院院长任福君，中国科学技术馆党委书记、副馆长苏青，中国科协相关部门负责人以及来自政府机构、科普场馆、科技组织及企业的约20名国际代表和280余名国内代表参加会议。

孟庆海在致辞中表示，习近平主席提出的“一带一路”倡议，寄托人类新愿景，开启合作新时代，为各国科普场馆间国际合作提供了新的引领与机遇。本次会议借助 2019 世界公众科学素质促进大会平台，重点围绕科普场馆国际合作的理念、经验、方案、困境、需求及意向等内容开展交流与研讨。他表示，中国高度重视提升公众科学素质工作，创造性地开展了科技为民服务的生动实践；中国科协秉持开放协同理念，以“一带一路”倡议为指引，按照“四个共同”的原则不断拓展务实的国际合作，为建设人类命运共同体作出贡献。

程东红在致辞中表示，新一轮科技革命与产业变革形成历史性的交汇，新时代赋予公众科学素质促进新的意义，针对全球公众科学素质不平衡的问题，各国科普场馆应携手消除科学分享的壁垒，进而推动全球可持续发展。此次大会的目的就是寻求开放和创新，为“一带一路”国家科普场馆之间搭建一个交流合作的平台，同时在这个过程中鼓励学会会员提升专业水平和国际合作能力。

菲利普・皮帕尔特在致辞中表示，科技馆和科学中心在促进科学传播中的作用日益凸显；中国在科学传播领域作出了重要贡献；联合国教科文组织与中国自然科学博物馆学会 2018 年签署双边合作协议，明确支持“一带一路”科普场馆发展国际研讨会这一平台建设。

安来顺表示，信息和观点的充分流动和交流可以让文化遗产、科学技术和博物馆事业更具活力，在多元化的语境下实现了解、包容、共享和繁荣，本次会议正是对世界博物馆这一发展趋势的积极回应。

开幕式上，举行了联合国教科文组织和中国自然科学博物馆学会向斯里兰卡政府递交斯里兰卡国家科学中心总方案仪式。本次会议设置主旨报告、高端对话、发展论坛、专题论坛、平行会议和展览等环节，以“开放创新：科普场馆与公民科学素质促进”为主题，旨在进一步将“一带一路”科普场馆发展国际研讨会构建成为“一带一路”国家科普场馆合作互鉴的长效机制和国际化、综合型、高层次的交流平台。

会议由中国自然科学博物馆学会主办，联合国教科文组织、中国科协、中国科技馆发展基金会支持，中国科学技术馆承办。

【2019 年食品安全宣传周・中国科协主题日活动】 6 月 20 日，全国食品安全宣传周・中国科协主题日活动在北京举行。活动以“智‘惠’好生活 食安更健康”为主题，由中国科协主办，中国食品科学技术学会承办，北京市科学技术协会、北京食品学会协办。

中国科协副主席、书记处书记孟庆海，国家市场监督管理总局食品安全总监王铁汉，中国食品科学技术学会理事长孟素荷，北京食品学会理事长李东，国家食品安全风险评估中心研究员刘秀梅出席活动启动仪式，食品企业代表和消费者近 200 人参加活动。启动仪式上举行了“礼赞共和国、追梦新时代”——中国食品科学技术学会青年科技志愿服务团队宣誓授旗仪式、食安科普新主题“食育科普创新战略联盟”发起仪式，开展了食品安全“进社区”——食品安全与健康科普讲座和“食品安全与营养健康”大咖谈活动。中国经济网、北京青年报对活动内容进行了在线视频直播。启动仪式结束后，来自快乐 50 老年大学的消费者前往北京市营养源研究所参观，通过专业讲解、运动健康互动体验、营养膳食实验室参观等形式多样的活动，更直观地了解食品健康知识及常见的营养误区。

【第 34 届全国青少年科技创新大赛】 7 月 22 日，由中国科协、教育部、科技部等九部委和澳门特别行政区政府共同主办的第 34 届全国青少年科技创新大赛在澳门特别行政区开幕。来自全国 31 个省、自治区、直辖市，新疆生产建设兵团和香港特别行政区、澳门特别行政区和台湾地区的 35 个代表队和来自亚洲、欧洲、非洲、北美洲、南美洲等 50 多个国家和地区的国际代表，以及领队、专家、媒体等共 1500 余人参加开幕式。

中国科协党组书记、常务副主席、书记处第一书记怀进鹏，澳门社会文化司司长谭俊荣出席开幕式并致辞。国务院港澳事务办公室副主任黄柳权，中央人民政府驻澳门特别行政区联络办公室副主任姚坚，中国科协党组副书记、副主席、书记处书记徐延豪以及各主办、承办和协办单位领导，本届大赛评委会副主任、中国科学院院士吴岳良，评审监督委员会主任、中国科学院院士黎乐民，中国科学院院士、北京大学原校长王恩哥，哈佛大学教授、清华大学丘成桐数学科学中心主任丘成桐，港珠澳大桥岛隧工程总工程师林鸣以及来自日本、美国、德国、意大利、以色列、卢森堡、突尼斯、土耳其等国家科技教育组织嘉宾出席开幕式。

怀进鹏在致辞中指出，历经 40 年创新发展，大赛已成为海内外青少年朋友和科技爱好者展示创意才华、追寻科学梦想和互鉴交流的舞台，成为国内外青少年科技教育专家和广大科技教育工作者分享理念、携手共进的重要平台。青少年是祖国的未来，科学的希望，希望青少年朋友们直面正在到来的科技革命的浪潮，勇于探索，勇做新时代科技创新先锋。期望青少年朋友们始终保持敢于拼搏争先的勇气和必胜的信心，在比赛中奋勇争先，更要善于发现、善于交流、善于合作，使大赛成为展示新创意，碰撞新思想、增进新情谊的平台，以优异成绩献礼中华人民共和国70周年和澳门回归20周年。

谭俊荣在致辞时表示，全国青少年科技创新大赛作为一项全国性的大赛，多年来旨在培养青少年的科学思维、创新精神和实践能力，并为他们提供发表成果的平台，借此大会发现和培养了一批又一批具有科研潜质和创新精神的人才，推进科技教育事业的普及与发展。澳门特别行政区政府一向重视科技人才的培养，未来将继续推动科技创新发展，培育更多具有创新精神和创造能力的科技人才。

丘成桐先生和林鸣先生在开幕式上分别作了主旨演讲，分享了他们在科研和工程建设领域的不懈追求和人生感悟，展现了科学家勇攀科技高峰、担当有为的高尚情怀。

在开幕式报到式环节，各参赛代表队依次登场亮相，展示了他们创新的热情和青春的风采。

作为亚洲规模最大、参赛国别最多的青少年科技类竞赛活动，本届大赛参赛规模再创新高，国际化水平进一步提升。终评期间，将通过评委会专家问辩测评，评选产生青少年和科技辅导员创新项目一、二、三等奖，十佳优秀科技辅导员奖，中国科协主席奖和近三十项专项奖。同时，将举办科学教育国际论坛、优秀少年儿童科幻画作品展览、公众开放日、科技教师工作坊等十多项科技人文主题交流活动。同时，通过邀请著名科学家作主旨演讲，组织学生观看科学家主题话剧和举办中国科协主席与海峡两岸暨港澳青少年见面会，使参赛学生感受科学家精神，进一步激发他们的科学热情和爱国情怀。

2019年适逢澳门特别行政区回归20周年，大赛将通过组织国内外参赛代表参观澳门高校国家重点实验室、澳门博物馆等科技人文场馆，充分展示澳门特别行政区回归祖国后在科技创新方面的发展成果和丰富的科技人文资源。

【第19届“明天小小科学家”奖励活动颁奖典礼】 11月11日，由中国科协、中国科学院、中国工程院、国家自然科学基金委员会和周凯旋基金会共同主办的第19届“明天小小科学家”奖励活动颁奖典礼在北京举行。中国科协党组书记、常务副主席、书记处第一书记怀进鹏出席颁奖典礼并致辞。中国科协副主席、书记处书记孟庆海，国家自然科学基金委员会副主任、党组成员高瑞平，周凯旋基金会董事张培薇，“明天小小科学家”奖励活动顾问、中国工程院院士韦钰，活动评审委员会主任、中国科学院大学副校长、中国科学院院士吴岳良，活动评审监督委员会主任、北京大学教授、中国科学院院士黎乐民以及各主办、承办单位有关部门负责人出席颁奖典礼并为获奖选手颁奖。

怀进鹏指出，青少年是科技创新和人类文明进步的先锋，是国家富强、民族复兴的希望。中国在培育青少年科技创新人才方面不懈探索，实践模式得到一些发达国家高度认同。他希望同学们涵养爱国情怀，在未来人生中把个人理想融入强国伟业；传承科学精神，在科学研究中掌握科学方法、探求科学真理；永葆探索好奇，在创新实践中揭示科学奥秘、书写传奇。期待全社会共同努力，厚植青少年创新人才成长沃土，让科技新苗脱颖而出，逐步成为创新创业的中坚力量。

吴岳良代表活动评委会作了评审工作报告。本届活动共有1785名学生注册报名。经评委专家初评，130名学生入围终评。终评阶段，通过研究项目问辩、综合素质考察和知识水平测试，最终确定了一等奖15名，其中“明天小小科学家”称号获得者3名，二等奖35名，三等奖50名，入围奖26名。江苏省苏州中学卢冠宇、北京师范大学第二附属中学张宇臻、上海市上海中学赵海萌3名同学荣获本届活动最高奖——“明天小小科学家”称号。

在颁奖典礼上，往届获奖学生代表郭海骏、李景元以“学长”的身份，与“学弟”“学妹”分享了自己的求学创业经历和心得体会。

终评期间，参赛学生除接受评委会专家问辩考察以外，还参加了院士讲坛、诺奖科学家讲座、青年科学沙龙、“明天小小科学家”同学会，参观中国科学院与“两弹一星”纪念馆、中国科学院力学研究所怀柔园区等科技场馆，体验大学社团活动等多项科技人文交流活动。

“明天小小科学家”奖励活动定位于发现具有科研潜质的优秀学生，鼓励他们选择学习科学技术专业、未来投身科学研究事业。同时，通过奖励学校和辅导机构，推动青少年科技教育工作广泛深入开展。经过近 20 年的发展，活动的社会影响力不断提升，日益受到社会各界关注和肯定，已成为中国青少年科技教育领域的重要品牌活动。

【“英才计划”2018 年度工作总结会暨专家咨询委员会第六次全体会议】 2 月 18 日，“英才计划”2018 年度工作总结会暨专家咨询委员会第六次全体会议在北京召开。中国科协党组书记、常务副主席、书记处第一书记怀进鹏，英才计划专家咨询委员会主任、中国科学院院士、中国科学院原副院长王恩哥及各位委员，教育部高等教育司副司长王启明等出席总结会。总结会由中国科协党组副书记、副主席、书记处书记徐延豪主持。

总结会上，怀进鹏向各位专家、各参与单位和社会各界对“英才计划”工作的支持和帮助表示感谢。他指出，“英才计划”是中国科协联合教育部，面向建设世界科技强国的战略目标，深入落实国家创新驱动发展战略、科教兴国和人才强国战略的探索和实践。2018 年“英才计划”工作方向明确、统筹全局、重点突出，成效显著，为探索新时期人才培养工作和创新人才的成长与发展积累了宝贵经验，作出了积极贡献。他强调，在世界新一轮科技革命和产业变革的历史交汇期，人才资源作为科技创新和经济社会发展第一资源的特征和作用越来越明显，人才竞争已经成为综合国力竞争的核心和关键。要强化使命驱动，主动谋划，不断加大对战略性基础性科技创新人才培养工作的探索和实践；要着眼未来发展，不断创新“英才计划”工作机制，拓展影响力和联动效应；要完善“英才计划”的持续跟踪机制，不断探究创新人才成长和发展的规律；要推动国际交流与合作，善于借鉴国际经验与规律，营造人才成长与发展的良好生态。中国科协将充分发挥组织优势和作用，不断总结工作规律，开创青少年科技教育工作新格局，为建设世界科技强国作出科协贡献。

王启明在总结会上表示，“英才计划”作为“拔尖计划”的姐妹篇，五年来培养了一大批具有创新潜质的中学生，逐步探索出了基础教育阶段拔尖创新人才培养的“英才模式”。“英才计划”已经纳入“拔尖计划”2.0 实施意见，教育部将与中国科协一起积极推进“英才计划”实施，为更多痴迷于科学的青少年才俊提供广阔的成长空间。

15 个参与省、直辖市和 6 个试点省、自治区、直辖市科协、教育主管部门，北京大学、清华大学、复旦大学、上海交通大学、南开大学等 20 余所参与高校代表及参与中学代表参加会议。

总结会上，为 2019 年“英才计划”新增导师代表颁发聘书，与会代表观看了 2018 年度工作总结片，英才计划导师代表陈焱汇报了学生培养的经验做法，中学生代表樊悦阳汇报了参与“英才计划”培养的收获和体会。随后，清华学堂钱学森班创办首席教授郑泉水和清华大学附属中学副校长白雪峰分别围绕“学生多维测评”及“清华附中科技教育实践”两个主题作了专家报告。

英才计划专家咨询委员会第六次全体会议由王恩哥主持。英才计划专家咨询委员会副主任、中国科学院院士、复旦大学原校长杨玉良，中国科协副主席、中国科学院院士、中国科学院数学与系统科学研究院研究员袁亚湘，中国科学技术大学校长、中国科学院院士包信和，中国科学院原副院长、中国科学院院士张杰，中国科学院国家天文台研究员、中国科学院院士武向平，北京航空航天大学学术委员会副主任、中国科学院院士郑志明，中央文史馆馆员、人大附中联合总校校长刘彭芝，以及其他专家咨询委员会委员和学科工作委员会代表出席会议。会议听取了数学、物理、化学、生物和计算机 5 个学科工作委员会所做的 2018 年度工作总结和 2019 年工作计划汇报，审议通过了《“英才计划”中学参与办法（试行）》和《“英才计划”优秀组织单位评选办法（试行）》。会议强调，各位委员要积极参与、献智献策，利用各自优势为“英才计划”搭建更广阔的发展平台；要充分发挥专家咨询委员会的智库作用，探讨和研究“英才计划”特有的培养模式，不断完善工作机制；要围绕学生个性化培养、“拔尖计划”衔接、高校导师和中学教师激励等课题，积极做好专家咨询委员会和学科工作委员会调研工作。

“英才计划”由中国科协和教育部共同主办，共有 15 个省（直辖市）、20 所高校等参与培养工作。该计划的主要任务是选拔一批品学兼优、学有余力，具有创新潜质的中学生走进大学，在自然科学基础学科领域的著名科学家指导下参加科学研究、科技社团活动、学术研讨和科研实践等，在为期一年的培养过程中，使学生感受名师魅力，体验科研过程，激发科学兴趣，提高创新能力，树立科学志向。五年来，已累计培养3000余名优秀中学生。2018年10月，教育部将“英才计划”纳入《教育部等六部门关于实施基础学科拔尖学生培养计划2.0的意见》，为“英才计划”进一步发展提供政策支持。

国际学术交流

【新中国成立70周年科技创新报告会】 9月9日，新中国成立70周年科技创新报告会在瑞典皇家工程科学院会议中心举行，中瑞科研领域专家、瑞典企业、旅瑞华人华侨及留学生代表近百人参加。

本次报告会由全国政协副主席、中国科协主席万钢主讲，中国驻瑞典大使桂从友出席报告会。

万钢从中国科研体系和重要成就、基础研究和前沿探索、科学技术促进经济社会发展和加强国际科技合作4个方面对新中国成立70周年以来中国科技创新的发展进行了深入浅出的讲解。报告不仅展示了中国在各个领域进行的研究和取得的成果，也谈及新能源在中国的发展和中国政府就污染治理进行的努力。

万钢还在报告中进一步强调了国际科技合作的重要性，并详细回顾了中国与瑞典科学技术合作在近年来取得的成效。他不仅介绍了对双边科学技术合作发展作出重要贡献的瑞典科学家，还期望两国在未来能够继续深化科技领域的合作。

来自瑞典企业和科学界的代表就“氢能作为新能源在中国的发展现状与未来”“中欧科技合作的未来走向”等涉及双边科技合作的问题进行了提问。

瑞典皇家工程科学院副院长白瑞楠（Magnus Breidne）曾担任过两任瑞典驻中国大使馆科技参赞，他用流利的中文欢迎万钢此次能够再访瑞典，对中国科技发展进行介绍。在报告结束后，万钢向白瑞楠颁发了中国科协海智计划特聘专家聘书。

【中瑞科学家高层对话】 6月24日，由中国科协和瑞典皇家工程科学院共同举办的中瑞科学家高层对话在瑞典皇家工程科学院举行。中国科学院院士、中国科协副主席、国家自然科学基金委员会党组书记兼主任李静海，中国工程院院士、同济大学副校长吴志强，中国科学院院士、中国科学技术大学副校长杜江峰，联合国环境署国际生态系统管理伙伴计划主任、中国科学院地理科学与资源研究所研究员张林秀，中国科学院城市环境研究所党委书记、副所长朱永官，浙江大学求是高等研究院教授胡海岚，北京大学分子医学研究所研究员刘颖等中国专家，与包括瑞典皇家工程科学院院长Tuula Teeri、副院长白瑞楠（Magnus Breidne），卡罗林斯卡医学院院长Ove Petter Ottersen，乌普萨拉大学校长Eva Akesson，瑞典战略研究基金会主席Lars Hultman，Sweco集团首席建筑师Ulf Ranhagen，以及瑞典青年科学院、林雪平大学代表等在内的瑞典科学家开展了对话交流。

对话中，双方专家结合自身研究，探讨如何通过生命科学、城市规划、生态系统保护、微观磁共振等领域的研究促进联合国可持续发展目标（SDGs）的实现。科学家们表示将加强跨学科领域的融合性研究，推动中瑞科学家深化交流与合作，共同为人类可持续发展作出科技界的贡献。

来自瑞典各高校及研究机构的约10位青年学者参加了此次对话活动。中方专家在瑞典期间还访问了卡罗林斯卡医学院并参加了瑞典皇家工程科学院成立100周年相关庆祝活动。

此次交流活动是继2018年10月在瑞典举办的“中国的科研与创新”论坛之后，中国科协与瑞典皇家工程科学院共同举办的第二次两国科学家交流活动，为增进两国科学家的交流与理解，继续推动“中瑞杰出科学家交流计划”积累了经验，为推进中瑞科技人文交流机制的建立打下了基础。

【中日科学家高层对话】 6月28日，中日科学家高层对话在黑龙江省哈尔滨市召开。作为第二十一届中国科协年会的重要活动之一，本次对话的主题为“如何推进具有实际意义的研发”，邀请中日双方多位知名专家共同围绕面向经济主战场、面向社会课题的应用型科学研究进行深入交流研讨，旨在促进中日双方在科技成果转化、技术转移、合作研发等方面的互学互鉴和交流合作，助力科技与经济社会深度融合。

中国科协党组成员、书记处书记束为出席对话并致辞。2001年诺贝尔化学奖得主、中国科学院外籍院士、日本名古屋大学特别教授、日本科学技术振兴机构（Japan Science and Technology Agency，JST）研究开发战略中心主任野依良治（Ryoji Noyori），中国科学院院士、发展中国家科学院院士、中国化学会副理事长田禾分别担任双方学术召集人。来自中国科学院化学研究所、浙江大学、上海交通大学、黑龙江大学、九州大学、早稻田大学、JST研究开发战略中心的10位专家出席对话并作报告，来自哈尔滨工业大学、哈尔滨工程大学、北京师范大学、黑龙江大学、中国化学会的 20 余名青年科研人员列席对话。

束为在致辞中表示，从全球范围看，科学技术越来越成为推动经济社会发展的主要力量，提高科技成果转化和技术转移效率是包括中国和日本在内的世界各国面临的共同挑战。中日科学家就“如何推进具有实际意义的研发”这一全世界共同关注的话题展开深入交流探讨，具有重要的现实意义，将有助于中日科学家之间的交流互鉴和未来合作。中日科技创新合作互补性强，发展潜力大。在中日关系的积极发展势头下，中国科协将围绕中日两国领导人会晤达成的共识，进一步加强与包括 JST 在内的日本科技组织的合作，更好发挥中日民间科技交流合作的桥梁纽带作用。

作为本次中日科学家高层对话的中方学术召集人，田禾在报告中介绍，目前中国科技人力资源超过 8000 万人，研究人员数量超过 150 万，规模已经是世界最大的，但是中国的科学技术研究在很多方面还有待加强和提高。科研人员在理论性、基础性方面要多做一流的、顶级的研究。另外要多做“有意义的研究”，这主要取决于研究的重要性、不可替代性、独创性等。他表示，日本在多个科技领域都有中国值得学习的地方。在当前国际局势下，中日科学家更应该加强科技领域的合作，为人类社会的发展共同作出贡献。

本次对话活动日方学术召集人、2001 年诺贝尔化学奖得主野依良治表示，中国和日本同属于东方文化，有独特的地理文化，两国应积极发展具有独特优势的科学技术。他希望中日科学家在科技成果转化方面的交流合作不仅停留在讨论层面，应面向未来持续开展实质性合作。

在本次对话中，中日专家们分别结合自己的专业，进行深入的讨论和交流，内容涵盖生物化学、脑科学与医学、材料科学、新能源、人工智能、量子信息等科技领域及相关交叉学科，推动科技成果的转化等话题受到两国科学家的高度关注。中国科学院化学研究所所长张德清以《关于分子科学前沿交叉领域发展的一点思考》为题作报告，上海交通大学教授张万斌介绍了《从青蒿酸到青蒿素的高效化学合成》，浙江大学教授田梅以《从化学到生命》为题就化学、生命科学及医学的交叉进行了探讨，黑龙江大学校长付宏刚则向大家介绍了太阳能的人工转化和利用。JST 中国综合研究・樱花科技中心首席研究员冲村宪树就中日科技交流、如何推动科技成果的转化进行了解读，九州大学教授田中敬二以《高分子界面学科基础理论的构筑与社会应用》为题介绍了他的创新研究及产学研联合、校企联合体的构建，早稻田大学教授井上贵文和 JST 研究开发战略中心研究员岛田义皓分别以《脑科学的展开与人工智能》《所有人的量子计算机》为题进行跨学科的交流与分享。在交流过程中，中日科学家们积极互动，就基础研究、跨学科融合发展、官产学研结合、科研成果产业链打造等话题进行深入对话。

本次中日科学家高层对话由中国科协国际联络部、日本科学技术振兴机构承办，中国国际科技交流中心、中国化学会协办。

【2019 中日科学家高层对话（智能科技应对老龄化）】 11 月 2 日，由中国科协和日本科学技术振兴机构（JST）共同主办，中国国际科技交流中心、中国科协科学技术传播中心、深圳产学研合作促进会承办的 2019 中日科学家高层对话在广东省深圳市召开。论坛主题为“智能科技应对老龄化社会”，旨在推动中日携手共面老龄化问题，促进中日智能养老产业优化升级和新兴产业发展。

人口老龄化是世界各国正在面临的一个共同课题。中国现在已经进入老龄化社会，2024 年年底，60 岁以上老年人口将占总人口的 20.3%。日本自 20 世纪 70 年代起，就已开始应对老龄化社会，具有较丰富的社会管理经验、相应产业基础和针对性的技术研发。本届对话正是要促进中日双方在以智能科技应对老龄化问题上开展广泛合作，结合中日双方高端学术资源，通过中日智能养老相关学科领域的技术交流，促进科技经济深度融合，加快推进中国智能养老产业发展。

中国科协办公厅主任王进展、中国科协国际联络部副部长王庆林、国家发展改革委创新和高技术发展司副司长朱建武、日本内阁府政策统括官松尾泰树、日本科学技术振兴机构理事后藤吉正、日本驻广州总领事石塚英树、深圳市人大常委会副主任蒋宇扬出席开幕式并致辞。

论坛上共有 21 位中日专家作报告。来自国内科研院所、高校、全国学会以及日本政府、大学、企业或团体约 300 名专家、学者汇聚一堂，共话智能养老，探讨中日养老产业合作的可行性与前景，为两国的政府、社会和企业提供意见和建议。

活动期间，专家及学会代表赴腾讯和华为两家企业进行考察调研，并与对方领导及科研人员进行了技术及合作探讨，为未来合作发展奠定基础。通过本次活动为双方相关产品提供了成果落地转化、投资洽谈机会，为企业发展开辟新的合作方向和方式。

2019中日科学家高层对话以“智能科技应对老龄化”为主题，聚集双方科学家进行探讨交流。通过对话活动为中日学术界和产业界提供交流探讨的平台，推动构建中日在智能养老领域的长期合作机制，也是中日科技及产业力量共同推动科技进步、提升人类生活福祉的重要合作舞台，对中日、对亚洲，以至于对全球老龄群体都将会产生积极的促进作用。

【第六届中俄工程技术论坛】 11月25—26日，中国科协、俄罗斯科学工程协会联合会联合主办的第六届中俄工程技术论坛在福建省厦门市顺利召开。

本次论坛得到国家航天局、福建省人民政府、厦门市人民政府、中国航天科技集团有限公司、中国航天科工集团有限公司等支持，由中国宇航学会、中国国际科技交流中心、福建省国防科技工业办公室、福建省科协及厦门市发展改革委共同承办，厦门市科协、厦门大学及厦门理工学院协办。

2019年是中俄两国建交70周年，福建省是21世纪海上丝绸之路核心区，厦门市是2017年金砖国家领导人会晤的举办地。在这样特别的时间和地点，举办第六届中俄工程技术论坛，具有特殊意义。本次论坛以“创新航天，共享未来”为主题，包括开幕式、主旨报告、技术参观、合作签约、闭幕式等环节。来自政府有关部门、中国科协、中国航天科技集团有限公司、中国航天科工集团有限公司、俄罗斯科学工程协会联合会、俄罗斯航空工程公司以及中俄航天相关企业、科研院所及高校等400多名代表参加论坛活动。论坛主办方邀请了来自中国、俄罗斯等国家的14名院士专家为现场参会代表们作报告演讲，展示了高焓试验装置、环境控制与生命保障系统、空间碎片减缓技术、飞艇运输系统、探月计划、空间信息技术产业、航空航天材料、太阳能试验站、光电太阳能电池、无人机技术应用、商业航天等方面的重要进展。

活动期间，厦门市8家院士工作站与俄罗斯科学工程协会联合会、厦门市发展改革委与中国宇航学会分别签署了合作意向书。德扬航空工业（江苏）有限公司、泉州市德源轴承实业有限公司、厦门航空工业有限公司、厦门欧斯拓科技有限公司为6名俄罗斯特聘专家颁发聘任证书。福建省组织项目对接签约仪式，现场共签约项目15项。

【怀进鹏出席第二届“一带一路”国际合作高峰论坛开幕式及“创新之路”分论坛】 4月25日，第二届“一带一路”国际合作高峰论坛“创新之路”分论坛在北京举办，中国科协党组书记、常务副主席、书记处第一书记怀进鹏出席论坛开幕式并致辞。

怀进鹏在致辞中指出，中国科协作为中国科技工作者的群众组织，不断拓展与“一带一路”沿线国家的交流与合作。2016年以来，中国科协通过实施“一带一路”国际科技组织合作平台建设项目和“一带一路”民间科技人文交流“携手计划”，在推动学术交流、人才培训、工程能力互认、共建国际组织等方面，与“一带一路”沿线国家科技组织以及联合国教科文组织等开展了务实合作。中国科协首创世界公众科学素质促进大会、国际科普作品展等活动，开辟了“一带一路”合作新空间。中国科协着力打造青少年创客营、青少年科技创新大赛等交流平台，开展青少年科技交流，为“一带一路”建设增添新亮点。中国科协愿与沿线各国密切合作，开展智库、学术、科普以及学会组织交流，形成有效的合作机制和网络，为沿线各国人民提供更多科技类公共产品，共谋“一带一路”未来发展，为推动构建人类命运共同体作出新贡献。

“创新之路”分论坛以“携手创新，共创未来”为主题，由科技部主办，中国科学院、中国工程院和中国科协协办。根据论坛总体安排，开幕式后，中国科协相关部门负责人作了题为《美美与共　智创未来》的主题演讲，全面介绍了中国科协近年来推动开展的“一带一路”青少年人文科技交流的情况。

4月26日，怀进鹏出席了第二届“一带一路”国际合作高峰论坛开幕式和高级别会议。

【怀进鹏出席发展中国家科学院（TWAS）举办的“面向未来社会的科学”报告会】 11月12日，由中国科协和浙江大学共同承办的发展中国家科学院（也称世界科学院，The World Academy of Sciences，TWAS）理事会议系列活动之一——“面向未来社会的科学”报告会在浙江省杭州市举办。中国科协党组书记、常务副主席、书记处第一书记、中国科学院院士怀进鹏应邀出席会议并作主旨报告。报告会由中国科学院院士、发展中国家科学院司库、浙江大学原校长杨卫主持，发展中国家科学院主席 Mohamed Hanssan、行政官 Romain Murenzi，中国科学院院士、浙江大学校长吴朝晖，阿里云创始人、杭州城市大脑技术总架构师王坚等国际组织代表和专家作主旨报告，发展中国家科学院理事会成员、中国科学院等有关单位代表、浙江大学师生代表等共 180 余人参加会议。

怀进鹏表示，中国科协一直致力于主动搭建国际科技人文交流渠道，通过举办中国科协年会、中国科技峰会、世界公众科学素质促进大会、世界科技与发展论坛、世界青年科学家峰会等系列会议和活动，充分利用中国科协学术、科普和智库资源，为科学家、教育家和企业家开辟交流平台与对话空间，共同探讨应对全球挑战的科技方案。

怀进鹏指出，中国国家主席习近平多次强调，科技创新、科学普及是实现创新发展的两翼，科学素质已日益成为公民全面发展最重要的内涵。中国高度重视科学普及，中国科协要充分发挥科普工作主要社会力量的作用，与发展中国家科学院在搭建发展中国家青年科学家交流平台、设计青年学生和科学交流项目、推动建立世界科学素质组织等方面开展合作，共同努力，为人类科学素质提升和世界可持续发展作出贡献。

发展中国家科学院成立于 1983 年，是非政府、非政治和非营利性的国际科学组织，致力于支持和促进发展中国家的科学研究。

【中国科协举办联合国可持续发展目标学术研究咨询会】 10 月 16 日，中国科协联合国可持续发展目标学术研究咨询会在北京举办。会议就整体实现可持续发展目标（Sustainable Development Goals，SDGs）的有效路径开展了深入交流，旨在促进科技创新发挥推动可持续发展的独特作用。国际科学理事会（ISC）主席达亚·瑞迪（Daya Reddy）、副主席伊莉莎·瑞斯（Elisa Reis）等执委，以色列工程师、建筑师和技术科学毕业生协会董事会主席埃胡德·梅尼帕兹（Ehud Menipaz），乌克兰科学和工程协会联合会主席尼古拉·吉尔尤欣（Nikolay Kiryukhin），世界工程组织联合会候任主席龚克，中国科学院院士刘丛强，太平洋科学协会主席吕永龙，世界青年地球科学家联盟主席王猛等国内外专家代表，科技部、中国科学院、中国社会科学院等有关部门代表和专家共 35 人参加会议。会议由中国科协副主席、国家自然科学基金委员会主任李静海主持。中国科协党组书记、常务副主席、书记处第一书记怀进鹏，党组成员、书记处书记束为出席。

北京师范大学地理科学学部部长、中国科学院院士傅伯杰首先就推进整体实现可持续发展目标阐述了基本观点和初步方案，提出了“分类—统筹—协作”的初步框架，建议注重科技的可持续创新，建立服务 SDGs 的科学治理体系。建议在 ISC 层面建立协调机制，完善国际科技治理结构，加强科技伙伴关系建设。

参加会议的专家、学者围绕联合国可持续发展目标实现的系统途径这一主题，发表专业见解，提出睿智、中肯的建议，对 SDGs 形成高度共识。大家认为，要充分认识实现 SDGs 的重要性、迫切性和复杂性，同时要充分考虑不同国家和尺度下的差异性，充分发挥科技创新在推进 SDGs 中的独特作用，坚持统筹推进、系统推进，循序渐进，不断优化 SDGs 实现路径、完善 SDGs 保障机制。

怀进鹏在总结讲话中表示，全球科技界的共识与行动，对推动科技造福人类、增进可持续创新与文明繁荣，有着特殊重要的意义。中国对以科技创新推动可持续发展十分重视，中国科协将致力于构建全球创新价值共同体，努力构建国际创新合作新生态，为全球科技治理体系发展注入新动力，为可持续发展提供正能量。

【宋军出席第七届智能制造国际会议】 5 月 8 日，第七届智能制造国际会议在北京召开，中国科协党组成员、书记处书记宋军出席开幕式并致辞。工业和信息化部党组书记、部长苗圩，中国机械工程学会荣誉理事长、中国工程院院士周济等出席开幕式。开幕式由中国机械工程学会理事长、中国工程院院士李培根主持。

宋军表示，智能制造是全球制造业变革和科技创新的制高点，是带动中国制造业产业链重构和升级的核心驱动力。中国制造业已经融入全球制造业供应链体系，以新一代信息技术促进制造智能化的水平提高，将客户、生产服务、合作伙伴、供应商、环境等高效互联，对于实现整个产业价值链的整合和协同优化具有重要意义。他希望与会各方通过智能制造国际会议增进共识，加强合作，共同把脉智能制造的发展方向，共同推动智能制造领域形成全球合作共赢的新局面。

苗圩作了《抓住新工业革命机遇 推动智能制造发展迈上新台阶》的主旨报告，周济作了《面向新一代智能制造的人 – 信息 – 物理系统（HCPS）》的主旨报告。EPLAN 全球总经理 Haluk Menderes，日本工程院院士、中国科学院外籍院士、IEEE（电气与电子工程师协会）候任主席福田敏男，美国爱荷华大学教授、JIM（*Journal of Intelligent Manufacturing*）主编 Andrew Kusiak，英国剑桥大学制造学院院长 Tim Minshall 4 位嘉宾分别作主旨报告，从不同的角度阐述智能制造的现状与未来。

智能制造国际会议是由中国机械工程学会发起策划并承办的系列国际会议，已成功举办 7 届。第七届智能制造国际会议的主题是“智能制造——全球合作共赢”，来自中国、美国、德国、日本、英国、法国等国家的上百家机构的 500 余名专家、学者、政府官员和企业家共同出席会议。

【“全球视野下的科学文化研究”国际研讨会】 11 月 3 日，中国科协 - 北京大学（联合）科学文化研究院、中国科协创新战略研究院在北京联合举办“全球视野下的科学文化研究”国际研讨会。研讨会为北京论坛（2019）分论坛“科学文化视域中的科技、健康与社会”中的核心模块，邀请了来自 7 个国家的 15 位国内外知名专家、学者作专题演讲。这也是中国科协 - 北京大学（联合）科学文化研究院自 2018 年 12 月成立以来，第一次举办国际性学术会议。中国科协 - 北京大学（联合）科学文化研究院创始院长韩启德、执行副院长张藜、副院长任福君、副院长周程出席研讨会。

目前，中国科技成就举世瞩目，中国已成为具有重要影响力的科技大国。但是同时应该看到，制约中国科学发展的一个重要因素是缺乏科学传统，科学文化土壤较为贫瘠。韩启德在北京论坛（2019）开幕式上说，“应当作出全面的战略分析，准确研判中国科学当前在世界上所处的水平和地位。应当始终保持谦虚的态度，向西方发达国家以及其他优秀文明学习”。在此背景下，加强国际学术交流与讨论，借鉴学习先进科学文化理念，对于当前中国推进科学文化建设、培植更利于科技创新的文化土壤具有重要意义。

本次研讨会设置“科学文化的历史与实践”“科学文化与科学传播”“科学文化与科学教育”3 个议题，从历史、政治、经济等多个角度对“科学文化”进行剖析和研讨，分别由中国科协创新战略研究院院长任福君、美国麻省理工学院博物馆馆长 John Durant 和德国 J ü lich 研究中心教授 Hans Peter Peters 主持。清华大学教授刘钝、美国麻省理工学院博物馆馆长 John Durant、中国科学技术大学教授汤书昆、伦敦政治经济学院教授 Martin Bauer、伦敦政治经济学院教授 Marta Entradas、加拿大蒙特利尔魁北克大学教授 Bernard Schiele、上海科学技术馆馆长王小明、德国 Jülich 研究中心教授 Hans Peter Peters、英国伦敦政治经济学院教授 AhmetSuredum、荷兰屯特大学教授 Anne MargaretheDijkstra、欧盟 ITER 政策和传播负责人 Michel Claessens、北京师范大学教授王晶莹、中国科学院大学教授张藜、印度科学和工业研究委员会教授 GauharRaza、美国亨廷顿图书馆艺术收藏与植物园资深负责人 Daniel Lewis 等专家分别作报告，并与现场观众进行了对话和探讨。

外事活动

【万钢率中国科协代表团访问瑞典、比利时、法国】 9 月 8—14 日，应瑞典皇家工程科学院（The Royal Swedish Academy of Engineering Sciences）、欧盟委员会（European Commission）、国际能源署（International Energy Agency）等机构的邀请，全国政协副主席、中国科协主席万钢率中国科协代表团访问瑞典、比利时、法国。

出访期间，万钢会见了瑞典能源、产业与创新大臣 Ibrahim Baylan、欧盟委员会科研与创新委员 Carlos Moedas、法国总统科技顾问 Theirry Coulhon、法国巴黎大区议会主席 Valerie Pecresse。代表团与瑞典皇家工程科学院、瑞典皇家科学院（The Royal Swedish Academy of Sciences）、瑞典卡罗林斯卡医学院（Karolinska Institute）、瑞典哥德堡大学（University of Gothenburg）、欧盟委员会、比利时鲁汶大学（Catholic University of Leuven）、法兰西科学院（Academy of Sciences）、国际能源署等机构负责人进行了会谈，访问了沃尔沃汽车公司（Volvo Car Corporation）和中国 - 比利时科技园（China-Belgium Technology Center）并调研欧洲科技奖励、新能源汽车产业发展及高新技术企业孵化器等。代表团一行广泛会晤了三国及欧盟科技、教育、产业界高层人士，围绕加强科技人文交流与创新合作深入交换意见。

在瑞典期间，万钢以“中国科学与技术发展”为主题，为瑞典及北欧科技界人士作专题报告，进行了深入交流；中瑞科研领域专家、瑞典企业、旅瑞华人华侨及留学生代表近百人出席。万钢的报告对中华人民共和国成立 70 周年以来中国科技创新的发展进行了深入浅出的讲解，展示了中国在各个领域进行的研究和取得的成果，在现场引起强烈反响，提升了瑞典科技、产业界对双边科技人文交流和创新合作的信心。代表团还与北欧致公协会代表举行座谈会，就发挥华人专家、学者作用，搭建中欧桥梁，加强双边科技交流、创新合作等问题进行了讨论。

在比利时期间，为进一步促进科技创新及科技型企业发展，代表团与旅欧华人科技专家代表举行了座谈。来自比利时、德国、荷兰、丹麦、奥地利等国的科学家、技术专家及科技型企业科研负责人围绕加强中欧科技创新合作进行了热烈深入的讨论。

代表团还与驻欧盟使团，驻瑞典、比利时、法国大使馆，以及驻法兰克福、哥德堡总领馆主要负责人会谈，充分了解所在国科技及经济社会发展情况，就推动中欧科技人文交流与创新合作充分交换了意见。

此次访问取得圆满成功和丰硕成果，有力推进了中国与瑞典、比利时、法国三国科技界的理解与共识，开拓了与欧盟相关科技机构的合作。中国科协将继续推动与欧洲国家对口科技组织探索双边合作新模式，建立稳固的长期合作机制。

【万钢会见国际能源署署长法提赫·比罗尔】 5 月 17 日，全国政协副主席、中国科协主席万钢在北京会见来访的国际能源署（IEA）署长法提赫·比罗尔一行，双方就推动能源结构转型和加强新能源汽车发展合作交换意见。

万钢首先对法提赫·比罗尔署长来访表示欢迎，介绍了中国科协并感谢 IEA 在全球能源发展尤其是可再生能源发展方面所发挥的重要作用及对中国的大力支持。万钢指出，过去几年中国经济增速有所放缓，更加注重高质量发展，在此过程中，可再生能源、新能源汽车、人工智能等都是重要领域。

比罗尔感谢万钢担任中国科技部部长期间对发起和推动国际清洁能源部长会议所作的贡献。他表示，此次来北京参加清洁能源高级别论坛并与中国政府相关部门及机构会面，了解到中国清洁能源和新能源汽车的发展取得显著成效，得到世界同行的赞许。此行希望重点了解中国新能源汽车的发展，介绍中国的经验。目前国际上有将氢能、风能和太阳能综合利用的发展趋势，欧洲对于发展氢能的兴趣很高，很多国家政府和企业都十分关注氢能和氢燃料电池汽车发展。他还表示，在访日期间，日本首相安倍晋三在与他会见时就表示希望 IEA 能够在 2019 年 6 月召开的 G20 峰会上向各国政府报告全球氢能发展，发布氢能共识，推动主要国家共同开展氢能生产、储运和燃料电池汽车等各领域应用。

万钢向比罗尔重点介绍了中国新能源发展战略及应用推广情况。他说，石油资源短缺、大气污染防治和应对气候变化是中国政府大力发展清洁能源和新能源汽车的初衷并为此付出了长期努力，当前中国清洁能源发电装机量超过 40%，发电量 30% 强，煤电提效和减排效果显著，新能源汽车的产销量和保有量均占全球的 50% 左右。但与欧洲相比，中国弃风、弃光、弃水等依然严重，因此正在推动新能源汽车充分利用风电、光伏、水电和波谷电制氢，实现源头清洁化。

万钢表示，以电力和氢气为代表的能源载体具有来源多样化、驱动高效率和运行零排放的技术特征。中国发展新能源汽车，确定了以纯电动、插电式混合动力和燃料电池汽车为“三纵”，电池、电机、电控共性关键技术为“三横”的研发和产业化布局。以市场为导向，从城市公交、出租、共享汽车入手，逐步拓展到私人用车，循序渐进地推动市场规模增长。从市场需求来看，纯电动汽车由于性能可靠、燃料费用较低（仅为同类燃油汽车的 20% 左右），受到城市用户的欢迎，占保有量的 75% 左右，目前政府和企业正在努力解决公共充电桩建设和使用的问题。

但纯电动汽车仍存在续驶里程和充电时间的短板，尚不能满足量大面广的远程公交、城市物流、长途运输等广域交通市场需求，氢燃料电池汽车凭借清洁、高效、加注快、里程长的技术特征成为最佳选择。中国目前已建立了风能、太阳能发电与氢能生产及燃料电池汽车运营相结合的示范区，也有工业副产氢和利用波谷电制氢并开展燃料电池汽车示范应用的成功范例。中国曾在北京奥运会和上海世博会期间开展过规模示范运行，持续至今有超过 1500 辆燃料电池汽车在各商业化示范区运行。下阶段将加强氢能基础设施建设，完善氢能生产、储运和供销体系，攻克低成本制氢和规模产业化的难题，推进燃料电池汽车市场拓展。

纯电动和燃料电池汽车作为清洁、高效和运行零排放的交通工具，是各具优势、互补共赢的关系，低能耗、低排放的插电式（增程式）混合动力将带动传统燃油汽车转型升级，新能源汽车将有很大的发展空间，应该加强国际合作，希望与 IEA 共同推动此领域的国际科技和产业合作。

万钢表示，中国海南省正在建设全国生态文明示范区，计划在2030年全岛范围内使用纯电动和燃料电池汽车替代传统内燃机汽车，为岛屿经济实现清洁可持续发展提供经验借鉴。万钢诚邀比罗尔出席2019年7月在海南省琼海市博鳌镇召开的世界新能源汽车大会，并在会上介绍IEA相关经验。

比罗尔感谢万钢的邀请，以及对中国政府发展清洁能源和新能源汽车的战略、思路、进展和前景所作的详细介绍，表示期待与中国政府及相关机构进一步探讨并共同推动清洁能源及新能源汽车等合作。

中国科协国际联络部负责人刘阳、中国汽车工程学会秘书长张进华等参加会见。

【万钢会见美国科学促进会主席朱棣文】 10月28日，全国政协副主席、中国科协主席万钢在中国科技会堂会见来访的美国科学促进会（American Association for the Advancement of Science，AAAS）主席、诺贝尔物理学奖获得者、美国能源部前部长朱棣文（Steven Chu）一行。双方就当前形势下推动中美科技人文交流、清洁能源合作等议题交换意见。

万钢对朱棣文一行来访表示欢迎。他回顾了中国科协与美国科学促进会的友谊及近年合作情况，充分肯定了双方在中美科技人文交流合作方面作出的积极贡献。他表示，中国科协与美国科学促进会都是科学共同体组织，希望双方在已有的合作基础上，进一步加强沟通，保持中美科技交流渠道的畅通，继续推动中美科学家、科技机构、企业之间的交流合作，探索解决目前中美科技交流和能源合作中面临的实际问题，共同促进全球化向有利方向发展。

朱棣文感谢中国科协的接待。他表示，美国科学促进会愿意积极推动美国政府理解开展科技合作与国际交流的重要性。他希望中国科协和美国科学促进会共同推动两国加强清洁能源等领域基础科学研究合作，继续发挥好桥梁作用，深化两国科技合作与交流。

中国科协党组成员、书记处书记束为陪同会见。美国加州大学伯克利分校杰出教授丹尼尔·科曼（Daniel Kammen）、中国电机工程学会理事长舒印彪、美中绿色能源促进会执行会长王麒、中国国际科技交流中心主任罗晖、中国科协培训和人才服务中心副主任何巍等参加会见。

【万钢会见美国前总统科技顾问约翰·霍尔德伦】 6月3日，全国政协副主席、中国科协主席万钢在北京会见美国前总统科技顾问、白宫科技政策办公室前主任约翰·霍尔德伦（John Holdren）一行。双方就当前形势下推动中美科技界的交流与合作、能源与应对气候变化等议题交换意见。

万钢对约翰·霍尔德伦一行到访中国科协表示欢迎。他回顾了中美科技创新对话的历程以及中美科技界的友谊，肯定对话为双边科技合作打下了良好基础。他同时指出，目前美国的单边主义倾向阻碍了当年对话成果的深入实施。

谈到中国科协所属十学会6月2日就电气与电子工程师学会（IEEE）“审稿门”事件发表声明，万钢指出，电气与电子工程师学会日前对华为员工及华为资助的个人参与审稿作出无理限制，这是对学术独立、科学精神以及科研人员自由平等学术交流的挑衅。他表示，希望通过约翰·霍尔德伦向美国科技界传达，两国科技界应作为独立“人”开展正常的学术交流，平等对话，这些是受到中美相关协议和宪法保障的。他呼吁中美科技界无论面临什么样的困难，一定要继续加强沟通与合作，共同为人类文明进步作出贡献。

万钢强调，中国政府对绿色生态发展理念十分坚定，“绿色发展”是一个非常重要的主题，涉及人口增长和文化问题。在电动汽车方面，以广东省深圳市为例，所有的公交车、出租车、网约车都已经实现了绿色发展。他希望中美双方有机会开展相关科技合作交流和对话，特别是加强民间对话的机制，并邀请约翰·霍尔德伦出席将于2019年7月在海南省琼海市博鳌镇召开的世界新能源汽车大会。

约翰·霍尔德伦感谢中国科协的接待，他介绍了近期在能源、绿色“一带一路”等合作中的工作进展。他十分赞同中美科技界保持民间对话与沟通的重要意义，表示将继续与中国科技界同行进行学术交往，努力为未来的合作打好基础。与他同行的美国学者也认为中美科技界应该立场鲜明，开展直接的对话和沟通。中美之间不应当是争夺领先地位的关系，而应当联手发声，共同推动全球在重大关切领域的对话。

美国哈佛大学教授亨利·李（Henry Lee）、丹尼尔·施拉格（Daniel Schrag），中国科协国际联络部负责人刘阳，清华大学教授、苏世民书院院长薛澜参加会见。

【万钢会见诺贝尔化学奖得主野依良治】 6月28日，全国政协副主席、中国科协主席万钢在黑龙江省哈尔滨市会见了参加第二十一届中国科协年会的2001

年诺贝尔化学奖得主、中国科学院外籍院士、日本名古屋大学特别教授野依良治（Ryoji Noyori）一行。双方围绕中日科技合作、科技创新等话题进行了探讨。

万钢对野依良治一行参加第二十一届中国科协年会表示欢迎，他简要介绍了中国科协及中国科协年会的有关情况，并希望更多的日本科学家能够参与到中国科协年会及相关活动中来。万钢对当天举行的中日科学家高层对话中提到的科学研究需要官、产、学、研相结合的思路表示认同，他希望中日两国科学家在这方面开展更多的交流与合作。

野依良治感谢中国科协的接待，并简要介绍了日本在健康养老、老龄化应对策略、创新创业等领域的一些做法。他表示，非常期待中日科学家未来能够有更多的交流与合作。

中国科学院院士、中国化学会副理事长田禾，JST 前理事长、JST 中国综合研究・樱花科技中心首席研究员冲村宪树，中国科协国际联络部负责人刘阳等参加会见。

【万钢会见德国萨克森州前州长 Stanislaw Tillich】 10 月 30 日，全国政协副主席、中国科协主席万钢在北京会见来访的德国萨克森州前州长 Stanislaw Tillich 一行。双方就清洁能源应用、能源体制改革等议题进行了深入交流。万钢对 Stanislaw Tillich 一行来访表示欢迎并简要介绍了中国科协的情况。Stanislaw Tillich 感谢中国科协的接待。他介绍了德国萨克森州与中国的合作，以及在清洁能源应用等方面取得的进展。他希望双方共同加强清洁能源等领域的研究，探讨在清洁能源替代传统能源等方面进一步合作的可能性。

万钢充分肯定德国对清洁能源应用的重视以及取得的相关成果。他表示，出于环境保护和社会经济发展的需要，中国近十年来也致力于推进能源清洁化和调整能源结构等方面的工作。他希望中国科协和德国萨克森州及其他地区科技组织能开拓合作领域，加深科技人文交流，共同为促进世界清洁能源发展建言献策。

中国科协调研宣传部部长郭哲、国际联络部负责人刘阳、培训和人才服务中心副主任何巍等参加会见。

【万钢会见清洁能源部长级合作机制秘书处主任克里斯汀・金乐森】 12 月 13 日，全国政协副主席、中国科协主席万钢在北京会见来访的清洁能源部长级合作机制（Clean Energy Ministerial，CEM）秘书处主任克里斯汀・金乐森（Christian Zinglersen）一行。双方就清洁能源部长级合作机制、清洁能源应用、新能源汽车产业发展规划等话题进行了深入交流。

万钢对金乐森一行表示欢迎。他肯定了 CEM 在推动清洁能源科技发展、深化国际交流合作等方面作出的贡献。他指出，在当今全球化的形势下，能源动力、生产运行以及销售方式等方面的改变组成了汽车发展历史上百年未遇的大变革。近期，《新能源汽车产业发展规划（2021—2035 年）》（征求意见稿）正式向社会公开征求意见。中国将在应用市场、基础设施建设、技术研究开发、能源结构调整等方面进行一系列的政策配套，支持新能源汽车产业的发展，未来也将为全球提供更大的市场。

金乐森感谢中国科协的接待，并对中国推动清洁能源发展的一系列政策及举措表示赞同。他指出，由中美两国提出的清洁能源部长级合作机制下的电动汽车倡议（CEM-EVI）得到了众多国家以及国际能源署（IEA）的响应，此举具有开创意义。他表示，中国在 CEM 中担任的是领导角色，对 CEM 至关重要。他希望，未来能和中国一道，在多样化机制发展、多元化支持获取等方面加强合作，共同深化国际研究，让世界在清洁能源发展的进程中获益。

清洁能源部长级合作机制秘书处、中国科协国际联络部、中国汽车工程学会有关负责人一同参加会见。

【万钢会见世界经济论坛执行主席施瓦布】 4 月 25 日，全国政协副主席、中国科协主席万钢会见世界经济论坛创始人兼执行主席克劳斯・施瓦布一行。双方围绕第四次工业革命背景下加强世界科技和经济合作等议题展开深入探讨。中国科协党组成员、书记处书记束为出席会见。

万钢对施瓦布一行来访中国科协表示欢迎，并介绍了中国科协的发展历史和基本情况。他表示，中国科协作为中国科学技术工作者的群众组织，愿意同世界经济论坛深化交流合作，努力探讨适合双方的合作模式，积极参与全球治理体系改革和建设，为促进全球科技、经济、社会更好发展贡献中国力量。关于第四次工业革命和新技术所带来的变革和伦理问题，他强调了科技造福人类，以人为中心的科技发展理念。

施瓦布对中国科协的热情接待表示感谢。他介绍了世界经济论坛的发展情况、全球合作网络化模式以及当前进展。他表示，科技迅速发展，建立全球治理规范体系和框架，开展全球网络型合作体系势在必行。倡导通过推进全球治理合作，共同研究新的科技领域发展趋势以及科技发展带来的机遇、后果和风险。他认为，中国在推动全球合作进程中发挥支柱作用，希望达沃斯论坛能与中国科协深化合作，更好促进全球科技合作和发展。

世界经济论坛大中华区政府关系总监曲鹏程、世界经济论坛大中华区政府关系主管郭君佩，中国科协国际联络部负责人刘阳等参加会见。

【万钢会见以色列驻华大使何泽伟】 11月4日，全国政协副主席、中国科协主席万钢在北京会见以色列驻华大使何泽伟（Zvi Heifetz）一行。双方就科技合作、科学家及青少年科技人文交流、科学与社会等问题进行了深入探讨。

万钢对何泽伟一行来访表示欢迎。万钢首先介绍了中国科协的基本情况、职能定位以及交流合作的重点领域，充分肯定了双方稳定的合作关系以及科技合作中取得的进展和成果。万钢表示，科技发展是一个长期的过程，中以科技界应顺应科技发展方向，进一步加强科技联系与沟通；在科技知识全球化、科技人才全球化的背景下，中国愿意成为世界青年科学家成长的驿站，希望双方深化科技人文交流，加强青年科学家往来；促进科学与公众的交流，共同为提高公民科学素质建言献策。

何泽伟对中国科协的接待表示感谢。何泽伟对中华人民共和国成立70周年表示祝贺，对中国科协重视以色列科技工作及邀请以色列科技工作者参加首届世界科技与发展论坛表示感谢。何泽伟表示，以色列注重科技发展，未来将进一步加强与中国的科技合作，共同探讨新的合作领域，加强科学家之间交流，促进科技发展。

以色列驻华使馆参赞、政治处主任罗南（Ronen Medzini），以色列驻华使馆一等秘书、文化学术及科学事务处主任安若宁（Roni Abramson），中国科协国际联络部负责人刘阳、学会学术部副部长刘兴平、培训和人才服务中心副主任何巍等参加会见。

【万钢会见大众汽车集团董事长兼大众汽车乘用车品牌董事长迪斯】 1月8日，全国政协副主席、中国科协主席万钢在北京会见大众汽车集团董事长兼大众汽车乘用车品牌董事长迪斯（Herbert Diess）一行。双方围绕大众汽车与中国企业在汽车领域的合作展开交流。

万钢对迪斯博士一行的来访表示欢迎。他赞赏了大众汽车在中国深厚的市场基础及对中国工程师与研发人员培养所作出的贡献。他介绍了中国企业在智能驾驶与智能网联汽车领域的最新进展，希望中国和德国两国政府部门、行业协会、研究机构与高新企业加强合作，尤其在电动汽车的标准法规、政策、科研、推广应用等方面加强交流，使新能源汽车走向更为开放的世界舞台，成为全球发展的促进者。

迪斯博士赞赏中国政策对科技与工业快速发展的引领作用及中国智能网联汽车的快速发展，希望可以同中国科技团体与科技企业展开合作，持续推动新能源汽车关键技术及研发系统的创新升级。

中国科协国际联络部负责人刘阳，中国汽车工程学会常务副理事长、秘书长张进华，大众汽车集团（中国）CEO（首席执行官）冯思翰（Stephan Woellenstein），大众汽车集团（中国）执行副总裁张绥新，大众汽车集团（中国）执行副总裁刘云峰，大众汽车集团（中国）高级总监苏巴鸿参加会见。

【国际科学理事会执委会会议】 10月14—15日，国际科学理事会（International Science Council，ISC）在北京召开2019年第二次执委会会议（Governing Board Meeting）。此次会议由中国科协承办，这是ISC成立以来首次在总部所在地巴黎以外的地方召开执委会会议。ISC主席达亚·瑞迪（Daya Reddy）、ISC科学与全球政策特使佛莱维娅·施莱格尔（Flavia Schlegel）、首席执行官海德·哈克曼（Heide Hackmann）等21位执委会和秘书处成员参加会议，参会人员来自五大洲15个国家。

会议期间，全国政协副主席、中国科协主席万钢和中国科协党组书记、常务副主席、书记处第一书记怀进鹏分别会见全体参会人员。万钢表示，ISC是中国科协加入的重要国际组织之一，双方一直保持紧密合作，友谊源远流长。中国科协将一如既往地支持和积极参与ISC的各项工作，为未来发展贡献中国的智慧和力量。怀进鹏表示，中国科协将加强与ISC的交流与合作，共同为联合国《2030年可持续发展议程》建言献策，推动各国间科技合作与人文交流，促进人类可持续发展。ISC主席达亚·瑞迪（Daya Reddy）对中国政府和中国科协对ISC工作的认可和支持表示感谢，他期望以在北京召开ISC执委会会议为契机，进一步了解中国以及中国的科技发展现状，尤其是将科技融入“一带一路”框架内的讨论，继续深化与中国的合作，实现人类可持续发展等共同目标。

会议还专设了中国参与国际科学合作专题，ISC、中国科协、中国社会科学院、中国科学院和国家自然科学基金委员会等有关部门及"一带一路"科技组织联盟（ANSO）分别就其国际交流工作作报告。会后，ISC 部分执委还参加了中国科协联合国可持续发展目标学术研究咨询会、世界科技与发展论坛和世界公众科学素质促进大会等中国科协国际月系列活动。

【怀进鹏率中国科协代表团访问捷克、俄罗斯】 6 月 13—19 日，应捷克科学技术学会联合会和俄罗斯科学工程协会联合会的邀请，中国科协党组书记、常务副主席、书记处第一书记怀进鹏率中国科协代表团访问捷克、俄罗斯。

出访期间，代表团与捷克科学技术学会联合会、捷克贸易工业部、捷克科学院、欧盟超强激光基础设施光束线中心、俄罗斯科学工程协会联合会、俄罗斯机器人与技术控制论国家科学中心、俄罗斯科学院、图拉州科技宫等机构负责人进行会谈并访问了圣彼得堡历史博物馆自然科学展。代表团一行广泛会晤两国科技、教育、产业界人士，围绕加强科技人文交流与合作深入交换意见。

在捷克期间，代表团与捷克科技、教育、产业及技术转移部门代表举行座谈会。双方就国际科技交流与合作、战略研究、技术合作等问题进行讨论，探讨加强在科学教育、青少年活动、工程能力和技术转移等方面的合作。

在俄罗斯期间，围绕中国和俄罗斯两国元首确立的发展中俄新时代全面战略协作伙伴关系的目标和方向，为进一步推动中俄民间科技交流与合作，中国科协与俄罗斯科学工程协会联合会共同举办纪念中俄建交 70 周年——中俄科技界座谈会。来自俄罗斯大学、科学院、工程院、科学与高等教育部等 15 个机构的近 30 位专家、学者出席会议。双方商定以签署备忘录的形式明确围绕"中俄科技创新年"，加强在数字经济、青少年及青年科学家交流、工程能力建设等领域的合作。

怀进鹏分别在两场座谈会上发表讲话，阐述中国科协的使命任务、中国科技界的责任担当，回顾中捷、中俄民间科技人文交流的历程和成果，展望未来合作并提出合作倡议。

访问取得圆满成功和丰硕成果，推进了与捷克、俄罗斯两国科技界的理解与共识，深化了与捷克科学技术协会联合会、俄罗斯科学工程协会联合会等机构的战略合作，拓宽了合作渠道。

中国科协将继续推动与两国科技界探索双边和多边合作新模式，谋求建立新的长期合作机制。

【怀进鹏会见霍尔茨布林克出版集团首席执行官霍尔茨布林克】 3 月 4 日，中国科协党组书记、常务副主席、书记处第一书记怀进鹏在北京会见霍尔茨布林克出版集团首席执行官斯蒂芬·冯·霍尔茨布林克一行，双方围绕学术交流、青少年科学教育、弘扬科学家精神等话题进行座谈交流。

怀进鹏对霍尔茨布林克一行表示欢迎。他谈到，中国科协及所属全国学会主办的科技期刊与霍尔茨布林克出版集团及下属 *Nature*（《自然》）等期刊有着密切的合作。他希望通过此次会面，双方能在新的领域探讨合作，同时继续在科技期刊、论文评价、维护学术生态等方面开展更加深入的合作，促进中西方科技文化交流，使中国的科技发展更好地为世界作出贡献。

怀进鹏指出，青少年科学教育关系到科技创新的未来，他邀请霍尔茨布林克出版集团代表参加将于 7 月在澳门特别行政区举办的第 34 届全国青少年科技创新大赛，并希望以此为契机共同研究青少年成长和创新的规律，开展相关合作。怀进鹏希望中国科协与霍尔茨布林克出版集团联合开展科学家主题摄影大赛，共同发现和展示科学之美、科技工作者之美。此外，怀进鹏还邀请霍尔茨布林克出席将于 6 月在黑龙江省哈尔滨市召开的第二届世界科技期刊论坛。

霍尔茨布林克表示非常荣幸有机会与中国科技界进行交流。作为传统的国际出版商，霍尔茨布林克出版集团希望将更多的中国优秀科技成果带到世界舞台，同时通过加强相互交流、借鉴国际科技出版经验，在促进中国科技期刊国际化、完善中国同行评议体系等方面进一步加强与中国科协的合作。

施普林格·自然大中华区总裁安诺杰（Arnout Jacobs），中国科协调研宣传部、学会学术部、国际联络部，中国科学技术出版社等部门及直属单位负责人参加会见。

【怀进鹏会见美国科学促进会首席执行官 Rush Holt】 6 月 25 日，中国科协党组书记、常务副主席、书记处第一书记怀进鹏在北京会见来访的美国科学促进会（AAAS）首席执行官 Rush Holt 一行。双方就当前形势下推动中美科技合作深入交换意见。

怀进鹏首先对 Rush Holt 一行的来访表示欢迎。他回顾了中国科协与美国科学促进会的友谊以及近年合作情况，充分肯定两会在各领域交流合作中取得的积极进展与成果。他指出，目前中美两国科技领域的交流与合作受到了一些影响，希望中国科协和美国科学促进会保持科技交流渠道的畅通，发挥好桥梁作用，不断推动两国科技人文交流，为人类科技和文明进步贡献力量。

Rush Holt 感谢怀进鹏的接待。他表示，美国科技界对与中国开展合作持积极态度，希望双方作为两国最大的民间科技团体，在重大科技议题上有效沟通，及时向政府传递科技界的声音。

在谈到 IEEE（电气与电子工程师协会）“审稿门”事件时，怀进鹏指出，中国科协所属全国学会以及国际科技界对这一事件非常关注并表示担忧。中国和美国作为世界上具有影响力的大国，应携手推进人类科技文明进步，共同倡导科学无国界、科学无歧视的价值理念，通过民间科技交流的渠道，充分沟通解决问题。他希望在未来面对类似问题与困扰时，中国科协与美国科学促进会可以更加有效地沟通，及时联手发声，成为两国科技界密切合作的建设性力量。

双方一致同意在新的形势下深化已有合作议题，拓展合作新空间。通过不间断的合作，继续发挥好桥梁作用，推动两国科技人文合作交流。双方将持续通过共同举办学术会议、开展科技创新政策合作研究、深化科技期刊合作、开展科技教育和科学普及，不断丰富双方合作的内容。

Rush Holt 现任美国科学促进会首席执行官、*Science*（《科学》）系列期刊执行出版人，曾经长期从事科研、教学工作。他在加入美国科学促进会之前，担任过 16 年的美国众议院议员。

《科学》杂志社社长 Bill Moran，美国科学促进会国际业务负责人 Julia MacKenzie，中国科协调研宣传部部长郭哲、学会学术部副部长刘兴平、国际联络部负责人刘阳参加会见。

【怀进鹏会见美国物理学会主席 David Gross】 8 月 21 日，中国科协党组书记、常务副主席、书记处第一书记怀进鹏在北京会见来访的美国物理学会主席 David Gross。双方就推动中美科技交流合作交换意见。

怀进鹏对 David Gross 的来访表示欢迎。他谈道，当前中国和美国科技领域的交流与合作受到贸易摩擦的波及，中国科协始终秉承科学无国界、科学无歧视的精神，积极减少对两国科技交流面临的负面影响。他希望中国科协与美国物理学会作为两国重要的民间科技团体，应畅通科技交流渠道，共同推动两国科技界正常、积极、有效地开展交流与合作。

David Gross 感谢中国科协的接待。他回顾了中国和美国科技界多年以来的科技交流成果，表达了美国物理学界以及更广泛的科技界人士对于加强中国和美国科技合作交流的愿望，希望就推动建立沟通合作的渠道、未来面向科技合作、科学家自由交流等议题进行探讨。

中国物理学会常务理事、清华大学副校长薛其坤，中国科协调研宣传部部长郭哲、国际联络部负责人刘阳、学会学术部副部长刘兴平参加会见。

【怀进鹏会见世界科学院执行主任罗曼·穆伦齐】 5 月 27 日，中国科协党组书记、常务副主席、书记处第一书记怀进鹏在北京会见世界科学院执行主任罗曼·穆伦齐。双方就加强科技交流、促进未来合作进行交流。

怀进鹏对穆伦齐到访中国科协表示欢迎，并介绍了中国科协的基本情况。他谈到，中国科协是中国民间科技外交的主要力量，世界科学院也在科技外交方面开展了很多工作，希望双方在学术交流、科学普及、国际合作、青少年科技交流和人才培养等方面开展深入合作。

穆伦齐表示非常高兴有机会与中国科协进行深度交流。他介绍了世界科学院的有关情况、“TWAS 青年联盟”（TWAS Young Affiliates Network）项目的历史发展及所开展的科技交流合作。他对中国科协在促进国际科技交流方面所开展的工作表示赞赏，并愿与中国科协在青年科技人才交流方面开展合作。穆伦齐邀请中国科协参加于 11 月 11—12 日在浙江省杭州市召开的 TWAS 执委会会议。

怀进鹏强调，中国科协非常关注青年科技人才培养，开展了青年人才托举工程、中国青年科技奖、中国未来女科学家奖等人才及奖励工作。他表示中国科协与 TWAS 在青年科学家培养方面具有共同的价值观和目标，致力于通过国际科技交流与合作，助力青年科学家成长成才。怀进鹏希望双方在促进人才成长方面增进了解、加强合作，并邀请穆伦齐及 TWAS 作为合作方参加中国科协于 10 月中旬举办的有关科技创新发展的论坛，通过交流经验，进一步加强合作。

世界科学院司库、中国科学院院士杨卫，中国科协国际联络部负责人刘阳参加会见。

【怀进鹏会见爱思唯尔集团董事长池永硕】 4 月 11 日，中国科协党组书记、常务副主席、书记处第一书记怀进鹏在北京会见爱思唯尔（Elsevier）集团董事长池永硕一行。双方围绕培育世界一流科技期刊进行座谈交流。

怀进鹏对池永硕一行到访中国科协表示欢迎。他谈到，中国科协及所属全国学会等与爱思唯尔及其下属期刊有着密切合作。他希望双方能够在共同促进中国科技界建设世界一流科技期刊、进一步提升中国科技期刊的影响力、加强科技期刊人才培养、探讨期刊发展未来合作路径等方面达成更广泛的共识，开展更深入的合作，促进中西方科技文化交流。此外，怀进鹏还邀请池永硕出席 6 月底将在黑龙江省哈尔滨市举办的第二届世界科技期刊论坛。

池永硕表示非常荣幸有机会与中国科协进行深度交流。他回顾了爱思唯尔与中国科技界的历史渊源，介绍了爱思唯尔的办刊理念和经验，并分享了对科技期刊发展的思考。他谈到，进入数字化时代，科技期刊发展要从过去注重内容建设转向内容建设与信息分析服务并行发展，要充分利用人工智能、大数据分析等新技术探索科技期刊出版的发展趋势，挖掘期刊发展的空白领域。他对中国科技期刊的发展充满期待，希望进一步加强与中国科技出版界的相互交流合作。

爱思唯尔大中华区总裁林国庆，科学出版社总经理彭斌，中国科协学会学术部、国际联络部、中国科协创新战略研究院，中国科学技术出版社等部门及直属单位负责人参加会见。

【怀进鹏会见英国皇家学会副会长理查德·凯特罗】 5 月 20 日，中国科协党组书记、常务副主席、书记处第一书记怀进鹏在北京会见英国皇家学会副会长理查德·凯特罗（Richard Catlow）及执行主任朱莉·马克斯顿（Julie Maxton）一行。双方围绕加强科学教育、科学普及、科技政策、科学文化等方面的交流与合作进行了深入探讨。

怀进鹏对凯特罗一行来访中国科协表示欢迎。他回顾了两学会在过去近 40 年间的友好交流与合作，感谢英国皇家学会多年来对中国科协各项工作的关注与支持。他希望双方以此次会见为契机，就科学教育、科学文化、科技政策、科技创新发展等共同关注的话题加强交流，开展更为广泛深入的合作。此外，怀进鹏邀请英国皇家学会派代表出席中国科协主办的世界公众科学素质促进大会、第 34 届全国青少年科技创新大赛等。

凯特罗对中国科协的热情接待表示感谢。他对中国科协在推进科学教育、提升公众科学素质方面所开展的工作深表赞赏，并介绍了英国皇家学会在上述领域开展的相关工作。他表示，在科技迅速发展的背景下，围绕科学素质和科学教育开展深度交流和国际合作非常重要，各国科技组织需要在全球视野下探索提升公众科学素质的有效机制。他倡导两会在已有合作模式基础上进一步深化合作，共同在科学领域作出更大贡献。

英国皇家学会国际事务相关负责人，中国科协学会学术部、科学技术普及部、国际联络部相关负责人参加会见。

【徐延豪率中国科协代表团访问以色列、土耳其】 6 月 9—16 日，为推动中国科协“一带一路”民间科技人文交流合作平台建设，完善中国科协全球伙伴关系网络，落实 2019 年世界公众科学素质促进大会宣传和邀请工作，加强中国科协与以色列、土耳其相关科技组织的联系与合作，中国科协党组副书记、副主席、书记处书记徐延豪率中国科协代表团应邀赴以色列、土耳其访问。

出访期间，代表团访问了以色列外交部，以色列工程师、建筑师和技术科学毕业生协会，戴维森科学教育学院，以色列科学与人文学院，土耳其科技研究委员会，土耳其工程项目评估认证协会，爱琴海大学，伊斯兰科技史博物馆，乌斯库达尔科学博物馆和创新中心等机构并与相关负责人举行会谈，协商在科技人文交流、科技政策、科普共享、工程能力、人才培训等方面的交流与合作，同时邀请各机构主要负责人出席 2019 年世界公众科学素质促进大会，得到各机构的热烈响应。代表团在访问以色列工程师、建筑师和技术科学毕业生协会期间，以中国科协名义与该协会签署了合作谅解备忘录。

6 月 13 日，代表团出席了 2019 年土耳其国际科学能源工程大奖赛开幕式，看望中国参赛学生，并与大赛主办方举行会谈，双方就配合“一带一路”倡议加强中土青少年科技人文交流合作达成共识。

此次访问为中国科协与以色列、土耳其相关科技组织、研究机构和教育机构在科学传播、科技教育、科技政策、工程教育认证和工程能力建设等领域的务实合作奠定了基础，开拓了中国科技界与以色列、土耳其科技界的合作渠道，推动了中国–以色列、中国–土耳其双边科技人文交流合作机制的建立和完善。

【徐延豪会见智利大学代表团】 6 月 4 日，中国科协党组副书记、副主席、书记处书记徐延豪在北京会见智利大学副校长 Flavio Salazar 率领的智利大学代表团一行。双方就加强中国与智利科技交流、促进未来合作交换意见。

徐延豪对智利大学代表团一行到访中国科协表示欢迎，并介绍了中国科协学术交流、科学传播、科学普及和青少年科技教育等方面的工作，表达了与智利方在这些领域开展深入合作的意愿。徐延豪邀请智利大学派专家参加中国科协 2019 年举办的世界公众科学素质促进大会，希望两国科学家广泛接触，加深了解。

Flavio Salazar 对中国科协领导的会见及开展深度交流表示感谢，并与智利大学物理与数学科学学院院长 Francisco Martínez、医学院院长 Manuel Kukuljan 分别介绍了智利大学整体情况，以及在科学、工程领域的最新科研合作情况。他表示，智利大学非常愿意推进双方的全面合作。智利大学是智利共和国国立大学，不仅承担高等教育工作，同时还协助政府，参与解决国民医疗保障、资源勘探、林业和作物发展、地球科学研究、工程抗震等国家性问题。

中国科协学会学术部、科学技术普及部、国际联络部、中国青少年科技辅导员协会等部门单位相关负责人参加会见。

【徐延豪会见土耳其科技研究委员会主席哈桑·曼达尔】 12 月 6 日，中国科协党组副书记、副主席、书记处书记徐延豪在北京会见来访的土耳其科技研究委员会（Scientific and Technological Research Council of Turkey，TÜBİTAK）主席哈桑·曼达尔（Hasan Mandal）一行。双方围绕公众科学素质提升及中土科技人文交流领域的合作交换意见。

徐延豪对曼达尔一行来访中国科协表示欢迎，并回顾了两会近期交流合作情况。他表示，中国科协与土耳其科技研究委员会有着积极的合作愿望与良好的合作基础，希望双方接下来能进一步加强联系，共同探索在公众科学素质提升、青少年科技交流以及科学传播专业技术人员交流互鉴等方面的合作，携手推动两国公民科学素质的提升及中土民间科技人文交流合作的发展。

曼达尔高度评价了中国科协在促进公众科学素质提升、搭建公众科学素质全球交流合作平台等方面开展的工作。他表示，土耳其科技研究委员会将中国科协视作其战略合作伙伴，十分期待双方围绕上述领域加强交流合作。土耳其科技研究委员会愿意积极参与中国科协举办的国际会议及其他相关活动，希望双方能在青少年科技交流、科技场馆专业人员交流互访、公民科学素质调查等方面开展务实合作。

土耳其科技研究委员会主席顾问 Siir Kilkis，中国科协国际联络部、中国科普研究所有关负责人参加会见。

【徐延豪会见以色列工程师、建筑师和技术科学毕业生协会董事会主席埃胡德·梅尼帕兹】 10 月 16 日，中国科协党组副书记、副主席、书记处书记徐延豪在北京会见以色列工程师、建筑师和技术科学毕业生协会（AEAI）董事会主席埃胡德·梅尼帕兹（Ehud Menipaz）。双方就加强两会合作、推动中以民间科技人文交流合作等交换了意见。

徐延豪对梅尼帕兹主席应邀出席 2019 世界公众科学素质促进大会表示感谢。他表示，AEAI 与中国科协都是为科技工作者服务的组织，双方可以在新签署的合作谅解备忘录基础上不断加强合作，同时发挥桥梁纽带作用，推动双方所属专业学会之间开展广泛的、多形式的科技人文交流与合作。

梅尼帕兹主席感谢中国科协的邀请，并对 2019 世界公众科学素质促进大会的成功举办表示祝贺。他表示，AEAI 非常重视与中国科协的合作，期待双方能加强沟通并开展务实合作，共同推动中以工程师、科学家和技术科学毕业生之间的交流。

中国科普研究所所长王挺等参加会见。

【李静海会见国际科学理事会科学与全球政策特使弗莱维娅·施莱格尔】 5 月 29 日，中国科协副主席李静海在北京会见国际科学理事会科学与全球政策特使弗莱维娅·施莱格尔，双方围绕国际科技合作进行了交流。

李静海对弗莱维娅到访中国科协表示欢迎，简要介绍了中国科协的组织结构和中国科协支持期刊发展所做的工作。他谈到，国际科学理事会在科学促进社会发展方面扮演着重要角色。2018 年原国际科学理事会与原国际社会科学理事会合并之后成立的国际科学理事会，加快了自然科学和社会科学的交叉融合，对科技促进可持续发展目标的实现有着重要意义。李静海表示，中国科协将承办国际科学理事会 10 月执委会会议，并于会后组织专家咨询会，整合自然科学和社会科学力量共同商讨可持续发展的实施途径，并向弗莱维娅发出邀请。

弗莱维娅对中国科协的邀请表示感谢。在担任联合国教科文组织助理总干事期间，弗莱维娅对可持续发展议题和生物多样性有比较深入的研究。她认为多样性不仅在自然界意义重大，在科学研究中强调自然科学和社会科学的融合也是保护多样性的体现。中国科协组织自然科学家和社会科学家共同探讨可持续发展的举措值得赞赏。

世界自然保护联盟亚洲区会员委员会主席、中国科学院植物研究所研究员马克平，中国科协国际联络部有关负责人等参加会见。

【孟庆海率中国科协代表团访问缅甸、巴基斯坦】 11 月 3—10 日，应缅甸工程理事会（Myanmar Engineering Council，MEngC）、巴基斯坦工程理事会（Pakistan Engineering Council，PEC）的邀请，中国科协副主席、书记处书记孟庆海率中国科协代表团访问缅甸、巴基斯坦。

在缅甸期间，孟庆海会见了缅甸教育部部长缪登基（Myo Thein Gyi）、缅甸建设部部长乌汉佐（U Han Zaw）、缅甸工程理事会主席查理·丹（Charlie Than）等，就中缅工程能力互认双边合作达成共识，签署了中缅工程师资格互认协议，标志着中国工程师在缅甸具有了执业资格，是解决中国企业工程师在“一带一路”沿线国家执业的重要突破。

在巴基斯坦期间，孟庆海会见了巴基斯坦科技部部长乔杜里·法瓦德·侯赛因（Chaudhry Fawad Hussain）、巴基斯坦工程理事会主席贾韦德·萨利姆·库雷希（Engr. Jawed Salim Qureshi）、巴基斯坦科学技术理事会主席哈比卜拉·汗（Habib Ullah Khan）等，与巴基斯坦重要对口组织负责人就科技、教育领域开展合作深入交换意见，并与巴基斯坦工程理事会签署了工程能力标准互认协议，中巴工程能力双边互认实现重要突破。代表团还与巴基斯坦代表就落实世界公众科学素质促进大会“北京行动路线图”具体措施深入交流，双方对共同发起成立国际组织事宜达成共识。

访问期间，代表团与仰光理工大学（Yangon Technological University）、曼德勒大学（Mandalay University）、巴基斯坦国立科技大学（National University of Sciences & Technology）、巴基斯坦自然历史博物馆（The Pakistan Museum of Natural History）等机构负责人进行了座谈，为中缅、中巴在科技和教育领域开展合作开辟了新途径，特别是在科技馆技术支持、数字科普资源共享以及青少年科技教育等领域达成了新的合作意向。此外，代表团与驻缅甸、巴基斯坦大使馆主要负责人进行了会谈，了解所在国科技及经济社会发展情况，就推动工程能力互认、科普国际化合作等交换意见。

此次访问有力推进了中国与缅甸、巴基斯坦的工程能力互认和科普国际化合作，开拓了与缅甸、巴基斯坦科技、教育机构联系合作的新渠道和新思路。中国科协将继续探索与缅甸、巴基斯坦国家对口组织建立双边合作的新模式，不断深化科技和教育领域合作，建立稳定长久的合作机制。

【孟庆海会见瑞典皇家工程科学院副院长白瑞楠】 9 月 29 日，中国科协副主席、书记处书记孟庆海在中国科技会堂会见瑞典皇家工程科学院（IVA）副院长白瑞楠（Magnus Breidne）一行。

孟庆海欢迎白瑞楠再次到访中国科协并祝贺他荣获 2019 年中国政府友谊奖，白瑞楠表示了感谢。双方回顾了近年共同开展的“中瑞科学家高层对话”活动取得的成果，并围绕深化合作机制、拓宽合作领域及做好 2020 年中瑞科学家交流计划实施工作深入交换了意见。

自 2018 年起，中国科协设立“中瑞科学家交流计划”并与 IVA 合作实施，连续两年组织派遣中国院士、专家赴瑞典开展学术交流活动，增进了瑞典科技界对中国科技发展和中国科技创新体系的全面认识，进一步巩固了中国科协与瑞典对口组织的伙伴关系。

白瑞楠曾任瑞典驻中国大使馆科技参赞，长期支持中国科协工作，积极推动中瑞科技人文交流。“中瑞科学家交流计划”设立以来，他一直作为瑞方负责人参与工作。

中国科协国际联络部副部长王庆林及双方相关工作人员参加会见。

【全球青年创新集训营闭幕式暨颁奖典礼在深圳举行】 11 月 13 日，由中国科协、深圳市人民政府和全球青年创新集训营（UNLEASH）秘书处共同举办的 UNLEASH 2019 闭幕式暨颁奖典礼在深圳音乐厅举行。中国科协副主席、书记处书记孟庆海出席闭幕式并致辞。深圳市委副书记、市长陈如桂，深圳市副市长艾学峰，嘉士伯集团 & 嘉士伯基金会董事长、UNLEASH 秘书处主席弗莱明·贝森巴赫（Flemming Besenbacher），2011 年诺贝尔和平奖得主、非洲古博薇和平基金会创始人莱伊曼·古博薇（Leymah

Gbowee），2006年诺贝尔和平奖获得者、格莱珉银行创始人穆罕默德·尤努斯（Muhammad Yunus），以及来自160多个国家和地区的创新人才和导师等1500多人出席闭幕式。

孟庆海在致辞中表示，在全球治理体系和国际秩序变革加速推进时期，作为全球最大的科技工作者组织，中国科协愿意秉持开放协同理念，充分发挥组织优势和资源优势，贡献智慧和经验，不断深化与世界各国的资源分享、交流合作，为全球科技治理体系发展注入新动力，为可持续发展提供新动能。他希望各国青年创新人才能够筑牢友谊基石，扎紧合作纽带，以科技创新引领经济社会发展，共创人类发展的美好未来。

UNLEASH是在联合国开发计划署支持下开展的全球性创新活动，每年选择一个国家举行，2019年是继丹麦、新加坡之后首次在中国举行。本次活动围绕良好健康与福祉、优质教育、清洁饮水和卫生设施、经济适用的清洁能源、产业创新和基础设施、可持续城市和社区、负责任消费和生产、气候行动8个可持续发展目标，结合深圳创新优势，通过为期一周的创新流程探讨，为联合国可持续发展目标提供了200余个解决方案。

【王曦参加亚洲科学理事会第十九次会议】 12月3—5日，第十九次亚洲科学理事会会议（Science Council of Asia Conference，SCA Conference）在缅甸内比都举行。中国科协副主席、科技部副部长、中国科学院院士王曦作为主席出席会议并致辞。

王曦在致辞中指出，随着经济全球化的深入发展，全人类面对的共同问题日益突出，和平与可持续发展已成为全球关注的主题。联合国《2030年可持续发展目标》的提出为世界可持续发展进一步明确了方向，科学、技术和创新作为推动可持续发展关键因素的作用也日益凸显。亚洲应加强科技伙伴关系建设，加快科技创新进程，实现亚洲可持续发展。

会议期间，王曦主持召开管理委员会会议，并代表中国科协在会上宣介了2020年中国举办亚洲科学理事会第二十次会议暨全体大会的筹备情况，接受了SCA会旗。王曦还同日本学术会议主席Juichi Yamagiwa，缅甸文理学院主席Thet Lwin会面，就进一步加强双边合作，更好发挥SCA作用进行了深入交流。

本次会议以“研究和创新促进亚洲可持续发展”为主题，设4个分论坛，吸引了世界各地200余位专家、学者参加会议。缅甸教育部部长缪登基（Myo Thein Gyi）出席开幕式并致欢迎词。

亚洲科学理事会是中国科协代表中国加入的重要国际科技组织之一。该组织旨在为亚洲各国和地区的科学家提供科学交流与合作平台，利用科学技术促进社会可持续发展和人类生活水平提升。王曦于2018年正式就任亚洲科学理事会主席，任期两年。

【束为会见古巴科技环境部副部长阿曼德·罗德里格斯·巴蒂斯塔】 10月15日，中国科协党组成员、书记处书记束为在北京会见了古巴科技环境部副部长阿曼德·罗德里格斯·巴蒂斯塔（Armando Rodriguez Batista）一行。双方围绕两国科技体制、增进两国学术交流等话题进行了交流。

束为对巴蒂斯塔一行来访中国科协表示欢迎。他表示，中国科协致力于搭建学术交流、科学普及以及青少年科技交流等方面的平台，希望与古巴科技环境部共同发挥桥梁纽带作用，促进中古两国科技界更密切的交往。他向巴蒂斯塔介绍了即将在北京召开的首届世界科技与发展论坛及2019世界公众科学素质促进大会，并邀请古巴方面派员参与中国科协2020年的相关学术活动，在科技促进经济社会发展、科学普及等方面探讨合作的可能性，共同为科技造福人类建言献策。

巴蒂斯塔对中国科协的热情接待表示感谢。他分享了古巴相关机构围绕科技推动社会发展、青少年科技合作、科技政策制定方面所做的工作，表示古巴重视中国科协在推动科技发展、提高公民科学素质等方面所取得的经验，期待进一步深化与中国科协的合作，共同推动两国同一学科领域内相关专业学会开展交流与合作。他还邀请中国科协派员参加2020年古巴举办的第三届国际科技与创新大会。

中国科协学会学术部、国际联络部有关负责人，古巴驻华大使馆代表以及古巴相关专家等参加会见。

【中国科协代表团赴日本出席科学广场及工作访问】 应日本科学技术振兴机构（JST）邀请，中国科协党组成员、书记处书记束为率代表团于2019年11月14日至17日赴日本执行出席科学广场及工作访问任务。

出访期间，束为与JST理事甲田彰，日本科学技术振兴机构前理事长、JST中国研究·樱花科技中心首席研究员冲村宪树，日本学术会议（SCJ）国际事务主任市川恭子，中国驻日本大使馆公使杨宇、东洋大学理事长福川伸次等举行会谈；出席2019年科学广场开幕式并代表中国科协致辞；出席日本华人教授会 2019 年会并代表中国科协致辞。此外，代表团一行还与中国科协海智计划特聘专家巨东英等 9 位在日本华人专家、学者举行会谈，就如何以中国科协海智计划为平台推动中日产学研合作、鼓励更多在日本华人专家、学者为中国贡献进行了交流研讨。

此访推动了中国科协与 JST 的双边科学家高层对话、青少年科技交流、科学传播等项目深入开展；加强了中国科协与 SCJ 等对口组织的联系，为后续合作奠定了基础；开拓了中国科协在日本海智工作合作渠道和领域。

【中国科协与俄罗斯科学工程协会联合会签署谅解备忘录】 当地时间 9 月 17 日，中俄总理举行第二十四次定期会晤期间，在国务院总理李克强和俄罗斯总理梅德韦杰夫的共同见证下，中国科协党组成员、书记处书记束为与俄罗斯科学工程协会联合会副主席兼第一秘书德鲁卡连科在俄罗斯圣彼得堡共同签署了《中国科协与俄罗斯科学工程协会联合会关于进一步加强科技人文交流与合作的谅解备忘录》。两会签署《中国科协与俄罗斯科学工程协会联合会关于进一步加强科技人文交流与合作的谅解备忘录》已纳入《中俄总理第二十四次定期会晤联合公报》。

为贯彻落实习近平总书记关于"一带一路"建设思想和中央书记处对科协工作指示精神，积极响应习近平总书记与俄罗斯总统普京在莫斯科共同签署的《中华人民共和国和俄罗斯联邦关于发展新时代全面战略协作伙伴关系的联合声明》精神，筑牢中俄新时代全面战略协作伙伴关系的民间科技人文基础，中国科协充分发挥自身对外民间科技交流主渠道作用，主动作为，围绕《中华人民共和国和俄罗斯联邦关于发展新时代全面战略协作伙伴关系的联合声明》的目标和相关领域，积极与俄罗斯科学工程协会联合会商讨交流合作。6 月，怀进鹏同志率团访问俄罗斯科学工程协会联合会，双方围绕推动多双边务实合作和人文交流，加强在数字经济示范项目、青少年科技教育、工程技术、科技创新与人文交流等领域的合作，加强在"一带一路"建设、上海合作组织、"金砖国家"及国际科技组织等多边框架下的协作等内容，充分交流，达成共识，迈出了落实中国、俄罗斯元首会晤成果的第一步。

【束为会见世界卫生组织首席护士官 Elizabeth Iro 和国际护士理事会主席 Annette Kennedy】 9 月 6 日，中国科协党组成员、书记处书记束为在中国科技会堂会见来访的世界卫生组织首席护士官 Elizabeth Iro 和国际护士理事会主席 Annette Kennedy，双方就加强医疗健康领域交流合作交换意见。

束为对 Elizabeth Iro 和 Annette Kennedy 的来访表示欢迎。他谈到，世界卫生组织和国际护士理事会都是卫生领域重要的国际组织，为人类健康发展作出了重要贡献，他感谢两个组织对中华护理学会成立 110 周年纪念大会暨"一带一路"国际护理研讨会的大力支持。中国科协将一如既往支持中华护理学会投身公益事业、加强国际交流，希望中国科协与世界卫生组织和国际护士理事会未来开展更多的合作。

Elizabeth Iro 和 Annette Kennedy 感谢中国科协的接待。她们谈到，广大护士在公共卫生、健康服务方面发挥了关键作用，呼吁在提升护理专业能力建设、教育等方面共同努力，为人类创造更美好、更健康的未来。她们期待与中国科协加强合作，特别是在 2020 国际护士年开展深入交流。

中华护理学会理事长吴欣娟、副理事长李峥，中国科协国际联络部有关负责人参加会见。

【亚太工程组织联合会第 27 届全体大会在西安举行】 6 月 29 日，亚太工程组织联合会（FEIAP）第 27 届全体大会暨第 5 届国际学术研讨会在陕西省西安市举行。会议由亚太工程组织联合会主办，中国科协与西北工业大学共同承办。来自 5 个国际组织和马来西亚、缅甸、印度、澳大利亚、尼日利亚等 21 个国家和地区的近 200 名代表出席大会。全国政协常委，中国科协原党组副书记、副主席、书记处书记张勤出席开幕式并致辞。

张勤代表中国科协对大会召开表示热烈祝贺。他表示，亚太工程组织联合会是亚太地区工程发展的重要驱动引擎，自成立以来对亚太地区乃至世界工程技术的发展作出了突出贡献。他希望亚太工程组织联合会积极搭建国际交流合作创新平台，为各成员国工程领域发展及工程教育提供指导和帮助，为亚太地区乃至全球技术进步提供源源不断的智力支持。

亚太工程组织联合会以亚太地区工程组织为主体，会员遍及六大洲，是具有全球影响力的重要工程组织。2017 年 11 月，经中国科协推荐，中国科协常委、西北工业大学常务副校长、中国科学院院士黄维正式当选为亚太工程组织联合会副主席和候任主席。在本届大会上，黄维代表中国科协正式履新亚太工程组织联合会主席一职。

黄维在就任仪式上介绍了亚太工程组织联合会2019—2030年工作规划：一是在亚太区域特别是“一带一路”沿线国家推广亚太工程组织联合会工程教育指南；二是推动形成“一带一路”工程教育协议，提升“一带一路”区域整体工程教育水平和质量；三是探索建立亚太工程人员注册制度，推动亚太区域工程人员资质互认，为亚太区域工程师的流动提供便利。该工作规划体现了亚太地区科技工作者对全球科技治理体系改革的深度参与，将有力地提升亚太地区在全球科技治理中的影响力和话语权，为全球治理体系改革贡献亚太智慧和方案。

大会围绕促进亚太地区各国特别是“一带一路”沿线国家工程教育和工程师互认等议题展开讨论，探讨新形势下国际工程教育应承担的责任与使命，以及通过促进区域间工程教育互认，有效推动亚太各国乃至全球经济社会发展。

【中国科学家龚克正式就任世界工程组织联合会主席】 11月23—24日，2019年世界工程组织联合会（WFEO）全体大会在澳大利亚墨尔本举行。中国科学技术协会荣誉委员、南开大学原校长龚克正式就任世界工程组织联合会主席，任期两年。这是该组织成立50年以来首次由中国科学家任主席。

龚克在就职宣言中表示，WFEO将做好世界工程日的庆贺活动，进一步加强WFEO与联合国及其下属机构的合作，深入参与推动实现联合国可持续发展目标；积极构建与工业界的联系，深入开展同相关科技工程组织的合作，加强在人工智能、大数据、物联网、生物工程、新材料、先进制造等领域的投入，积极融入新一轮工业革命进程中；回应社会关切，加强工程伦理建设，推动全球工程能力建设，促进工程职业和实践中的性别平等和包容。

龚克表示，在任职期间，将致力于团结全球工程界，巩固WFEO在工程界的领导地位、为会员提供更好的服务，努力为应对全球挑战、促进可持续发展贡献力量。

WFEO是1968年在联合国教科文组织的倡议和支持下成立的各国与区域工程组织的联合体，总部设在法国巴黎。作为世界上最大的工程类国际组织，世界工程组织联合会成员覆盖了100多个国家和地区，以及11个相关领域的国际工程组织，是世界上最大的由国家会员和国际会员组成的国际组织，在国际工程领域具有广泛影响力。

中国科协于1981年代表中国正式加入WFEO，成为其国家会员。2017年12月，经中国科协推荐，龚克在意大利罗马举行的WFEO全体成员国大会上高票当选为WFEO候任主席。

港澳台

【万钢与海峡两岸暨港澳青少年见面会】 7月25日，全国政协副主席、中国科协主席万钢在澳门大学与参加第34届全国青少年科技创新大赛的海峡两岸和港澳青少年代表面对面进行交流，来自全国各省、自治区、直辖市、新疆生产建设兵团、香港特别行政区、澳门特别行政区和台湾地区的近40名中小学生参加。

见面会以“创新启航 筑梦青春”为主题，万钢与同学们分享了自己的求学和工作经历，并对大家提出的树立人生理想、科研人员责任与品质、人工智能发展趋势、传承科学家精神、科技创新方向等问题进行了精彩解答和互动交流。万钢语言风趣幽默，态度和蔼可亲，同学们争相提问，活动现场气氛热烈，交流广泛深入。

万钢寄语参赛青少年立志做未来的强者、未来国家的贡献者和未来的科学家，要虚心好学，求真务实，团结协作，胸怀祖国，勇于探究，继承和发扬科学家精神，为科学事业奉献青春和智慧，推动国家科学技术不断进步，担当起中华民族伟大复兴的重任和使命。

中国科协党组副书记、副主席、书记处书记徐延豪，澳门大学校长宋永华，以及中国科协交流部、青少年科技中心，澳门科技委员会、澳门科学技术发展基金、澳门教育暨青年局等大赛主办、承办单位领导出席了见面会。见面会由澳门培正中学科技辅导员闵好年主持。

【万钢考察澳门青年创业孵化中心并与澳门科技界代表座谈】 7月24日，正在澳门特别行政区进行访问的中国科协主席万钢考察了澳门青年创业孵化中心，并与澳门科技界代表进行座谈。

在考察澳门青年创业孵化中心时，万钢对青年创业孵化中心获“国家级众创空间”称号予以肯定，他勉励青年创业者心怀梦想，坚持信念，融入国家支持双创大局，开拓个人事业发展新空间。

随后在与 30 位澳门科技界代表参加的座谈会上，万钢先后听取了 12 位来自澳门特别行政区高校、国家重点实验室以及相关学会人员的发言。万钢表示很高兴有机会能和各位专家坐在一起，交流思想、凝聚共识、促进内地与澳门科技合作。大家的发言聚焦粤港澳大湾区建设和澳门特别行政区与内地的融合发展，所提意见很中肯、富有建设性，听后很受启发。

万钢指出，粤港澳大湾区建设是澳门加快发展的又一次难得机遇，澳门科技界在澳门特别行政区深度参与粤港澳大湾区建设中大有可为、应积极作为。澳门科技界要充分把握当前发展机遇，深入挖掘自身优势和潜力，澳门特别行政区政府、高校和科研院所、科技工作者等要积极谋划、各司其职、协同努力，打造澳门特别行政区的“科技”名片。希望澳门特别行政区各方面珍惜创科思想、提供创科条件，解决创业人员遇到的政策瓶颈、信息瓶颈、人才瓶颈等问题，努力推升“创科”热度。澳门特别行政区应紧跟时代大势，尊重、支持科技工作者，要让科技工作者能够沉下心、坐得住、待得久，要让科技工作成为富有吸引力的工作，要发挥“一国两制”制度优势，与内地科技部门加强交流，培育更多科技人才。

万钢指出，2018 年 11 月，中国科协与澳门特别行政区政府签订合作框架协议，推动内地与澳门在学术、科普、双创、人才、专业研究等领域的合作，支持澳门特别行政区融入国家发展大局。第 34 届全国青少年科技创新大赛、中国科技峰会、科学家主题剧目演出等活动相继在澳门特别行政区举行，这既是中国科协为中华人民共和国成立 70 周年、澳门特别行政区回归祖国 20 周年的献礼，也是中国科协落实与澳门特别行政区政府框架协议，支持澳门特别行政区科技发展的重要举措。

中国科协党组副书记，书记处书记徐延豪、中国科协交流部负责同志，中央人民政府驻澳门特别行政区联络办公室经济部相关同志等陪同考察座谈。

据悉，澳门青年创业孵化中心于 2017 年 10 月 18 日正式交由澳中致远投资发展有限公司营运，以全天候运作的模式，为创新创业的澳门人或愿意为澳门作出贡献者，提供多元化、与时并进的配套设施及专业支援服务。

澳门青年创业孵化中心设有专业咨询、培训指导、专家顾问、路演推介、投资对接等创业服务。创业项目或中小企业负责人和员工可经由创孵中心评估后进驻，享用优质的创新创业资源。

澳门青年创业孵化中心充分发挥澳门“中国与葡语国家商贸合作服务平台”优势，通过“中葡青年创新创业交流中心”和“澳门互动区”两大平台，积极与国内外创孵机构合作，为中国内地及澳门特别行政区、葡萄牙青创团队提供创业空间、商业培训和交流活动等支援服务，为澳门创业者善用当地的优质创业资源“走出去”，为外地优秀项目“走进来”铺路搭桥。

2018 年 10 月 8 日，港澳首个“国家级众创空间”在澳门青年创业孵化中心揭牌，澳门特别行政区行政长官崔世安、科技部副部长张建国主礼。

【万钢会见香港工程及建筑测量规划园境界访问团】 9 月 28 日，全国政协副主席、中国科协主席万钢在北京会见了香港工程及建筑测量规划园境界访问团。访问团由香港新创建集团有限公司行政总裁马绍祥担任团长，成员有全国政协委员、中国科协全委会委员、香港特别行政区立法会议员卢伟国、谢伟铨等相关领域专业人士共 49 人。双方围绕粤港澳大湾区建设、“一带一路”建设及科技创新、科技合作等话题进行了交流。中国科协书记处书记束为陪同会见。

万钢对香港工程及建筑测量规划园境界访问团一行来访中国科协表示欢迎。他表示，中国科协是包括香港科技工程技术人员在内的科技工作者之家。香港特别行政区具有国际领先的科研团队、健全的管理机制与法律制度，是国家的科研高地与科技重镇，在新时代经济发展转型的背景下，希望能与香港工程及建筑测量规划园境界人士继续加强交流，促进工程合作纵深发展，共同为粤港澳大湾区建设贡献力量。万钢希望，双方共同努力为香港青年人发展、创新创业建言献策，庆祝中华人民共和国成立 70 周年，共同展望未来，一道为中国发展作出更多贡献。

卢伟国、谢伟铨、马绍祥在发言中表示，中华人民共和国成立 70 年以来，科技领域的突破见证了国家的总体科技水平的飞跃，期待香港特别行政区在粤港澳大湾区规划纲要的战略背景下，能够积极迎接机遇与挑战，加深与内地的交流与探讨，共同为粤港澳大湾区建设作出贡献，让香港特别行政区更多的青年人体验国家发展与科技进步。

中国机械工程学会副理事长王德成代表内地学会发言并期待内地相关领域的学会与香港特别行政区同行进行更深入的交流，共同促进行业创新发展。

万钢对各位代表的发言进行了回应，并提出了四点希望。一是要加强双方在科学研究方面的合作，尤其是在科研项目上争取更多的合作；二是要更多地进行工程领域方面的合作，特别在工程建设、咨询方面加强合作；三是要利用香港区位优势，在“一带一路”合作项目中更多地推动第三方合作；四是要为青年人在创新创业方面多一些指导和帮助。

中国科协交流部负责人刘阳，学会学术部副部长刘兴平，中央人民政府驻香港特别行政区联络办公室教育科技部副部长肖家虹，以及部分内地相关学会代表参加会见。

【中国科技峰会——粤港澳大湾区科技创新走廊中澳门的机遇和挑战】 7月23日，中国科技峰会——粤港澳大湾区科技创新走廊中澳门的机遇和挑战在澳门特别行政区举办。本次峰会由中国科协和澳门特别行政区政府共同主办，是贯彻习近平新时代中国特色社会主义思想、献礼中华人民共和国成立70周年和澳门特别行政区回归20周年、落实《粤港澳大湾区发展规划纲要》以及《澳门特别行政区政府 中国科学技术协会合作框架协议》的一项重要活动。中国科协党组书记、常务副主席、书记处第一书记怀进鹏，澳门特别行政区代理行政长官谭俊荣出席开幕式并致辞。

怀进鹏强调，习近平主席亲自擘画、亲自部署、亲自推动粤港澳大湾区发展，是洞察国际都市圈和世界湾区发展趋势、结合粤港澳区域优势的重大战略抉择。中央从顶层设计上明确了大湾区建设国际科技创新中心的发展目标，澳门特别行政区作为“广州—深圳—香港—澳门”科技创新走廊中在珠江西岸的中心城市，拥有知名高等学府和国家重点实验室等科教资源，抓住大湾区建设重大机遇，优化科技创新生态，将有力推动铸造粤港澳大湾区发展的灿烂和辉煌。

怀进鹏表示，科技、产业和经济发展，无一例外都是以人才为中心，以才引才、以才聚才、以才兴业成为创新能力建设的重要特征，人才集聚广度和高度决定了一个国家和地区创新发展能力和国际竞争力。希望将大湾区建设成为人才聚集的高地，为大湾区建设具有世界影响力的科技创新中心奠定重要的基础。中国科协作为科技工作者的群众组织，期待与澳门特别行政区各方携手，厚植澳门特别行政区研发基础，通过集中全国学会和优势专家资源，围绕中医药、电子芯片等澳门特别行政区优势学科领域，打造高水平学术交流平台，推动大湾区品牌特色学科发展；共筑澳门特别行政区科技成果转化体系，通过与澳门特别行政区政府以及科技界的交流互动，促进澳门特别行政区科技与经济、金融深度融合，与世界有效交流，促进澳门特别行政区经济适度多元发展，服务大湾区科技经济融合创新；共建澳门特别行政区人才培养引进平台，通过加强与澳门特别行政区科技社团之间的高层交流，进一步加大对澳门青少年培养力度，对接澳门青年的创新创业需求，推动科技人才交流与合作，为大湾区创新发展提供人才保障。

谭俊荣指出，《粤港澳大湾区发展规划纲要》的发布，赋予了澳门特别行政区新的使命，既要作为中心城市之一，发挥核心引擎作用，也成为科技走廊中的重要一环。澳门特别行政区政府通过顶层设计和总体布局，积极推动科技创新发展，通过启动科技创新发展策略研究、制定鼓励科研创新的税负优惠等措施，推动制度创新；通过深化与内地在科技领域的互补合作，充分利用内地科学技术人才和力量，促进和加速澳门科技创新的普及和成效；通过鼓励高等院校和科研机构加强区域间的科技创新合作，加强内地兄弟城市产学研合作，参与构建区域性的协同创新合作平台，着力为大湾区有志于创新创业的青年们提供更多的条件和机遇。谭俊荣表示，中国科技峰会在澳门特别行政区举行，是对澳门科技创新发展的极大鼓舞和强力推动，期待峰会能够为澳门特别行政区更好地把握大湾区建设发展机遇，推动澳门特别行政区创新建言献策。

峰会期间，中国科学院科技战略咨询研究院党委书记、中国科学学与科技政策研究会理事长穆荣平，内地与澳门特别行政区科技合作委员会澳门方主席、澳门科学技术协进会理事长崔世平，中山大学常务副校长孙冬柏，分别作了题为《粤港澳大湾区创新发展之澳门机遇与挑战》《粤港澳大湾区科技创新走廊中澳门的机遇和担当》《粤港澳大湾区科技创新中心 高校：使命、机遇与思考》的主旨报告。此外还聚焦中药质量研究、微电子集成电路、智慧城市物联网、月球与行星科学、青年创新创业设置5个平行分论坛，邀请中国科学院院士、中国科学院微电子研究所研究员刘明等20余位相关领域专家、学者进行交流研讨和智库建言。

中央驻澳门特别行政区联络办负责人，中国科协学会学术部、交流部、调研宣传部负责人，澳门特别行政区政府科技基金行政委员会、政策研究和区域发展局负责人，香港特别行政区政府机电工程署负责人，澳门科学技术协进会负责人，广东省科协负责人，以及全国学会（学会联合体）和澳门社团代表，粤港澳产学研科技工作者代表，澳门特别行政区在校大学生代表等约400人参加开幕式。

【怀进鹏会见台湾华聚产业共同标准推进基金会董事长陈瑞隆】 5月20日，中国科协党组书记、常务副主席、书记处第一书记怀进鹏在北京会见台湾华聚产业共同标准推进基金会（此篇中以下简称“台湾华聚基金会”）董事长陈瑞隆一行。双方就开展两岸信息化领域官产学研交流及两会合作进行充分沟通。

怀进鹏对陈瑞隆一行来访中国科协表示欢迎，他简要介绍了中国科协的组织体系、组织功能及开展学术、科普、青少年交流工作相关情况。他谈到，台湾华聚基金会大力推动两岸信息产业技术标准共通工作，在两岸科技交流尤其是技术标准认定方面走在前列，作出重大贡献。希望该基金会与中国科协进一步建立联系，增进了解，加强合作。

陈瑞隆对中国科协的接待表示感谢，他简要介绍了台湾华聚基金会成立以来在两岸信息产业技术交流方面所做的工作，作为两岸企业家峰会秘书长，他本人直接参与两岸多个产业合作推进小组的工作。他表示，通过参观中国科协会史馆，对中国科协有了直观了解，下一步希望与中国科协加强交流，共同挖掘合作潜力。

双方对各自主办的有关会议活动进行了介绍，对通过出席对方活动以增进了解，寻求合作机遇达成共识。

台达电子、力晶科技、台湾华聚基金会有关人员，中国科协调研宣传部、学会学术部、科学技术普及部、交流部、企业创新服务中心等部门单位的负责人出席会见。

【束为会见澳门特别行政区政府政策研究和区域发展局局长米健】 3月3日，中国科协党组成员、书记处书记束为在北京会见来访的澳门特别行政区政府政策研究和区域发展局局长米健一行。双方就近期拟推动成立“中国科学技术协会与澳门特区政府科技交流合作委员会”的组织构架和职责定位，以及围绕庆祝中华人民共和国成立70周年、澳门特别行政区回归祖国20周年举办“会、展、赛”等系列活动的筹备工作情况进行沟通并交换意见。

束为指出，中国科协与澳门特别行政区政府2018年签署的《澳门特别行政区政府 中国科学技术协会合作框架协议》为贯彻落实国家粤港澳大湾区发展战略，双方共同促进内地与澳门科技发展与交流提供了机制化的保障。他表示，中国科协高度重视《澳门特别行政区政府 中国科学技术协会合作框架协议》的相关落实工作，将重点围绕科普、双创、人才、学术等领域，结合大湾区发展战略贡献智慧和力量。

米健表示，国家刚刚出台的《粤港澳大湾区发展规划纲要》，为打造澳门特别行政区成为大湾区西部创新高地指明了方向。澳门特别行政区政府非常重视委员会的成立，希望充分发挥澳门科学技术协进会作为秘书处的作用开展务实高效的工作，并抓住时机在横琴打造中小企业产学研合作基地。

双方还就两地科技专家交流和智库建设等事宜进行了交流与讨论。

澳门科学技术协进会理事长崔世平，中国科协交流部、澳门特别行政区政府政策研究和区域发展局有关负责人参加会见。

【中国科学技术协会与澳门特别行政区政府科技交流合作委员会成立暨第一次工作例会】 8月30日，中国科学技术协会与澳门特别行政区政府科技交流合作委员会（此篇中以下简称“委员会”）成立暨第一次工作例会在北京召开，双方代表约40人出席。中国科协党组成员、书记处书记束为出席会议。会议由澳门特别行政区政府政策研究和区域发展局局长米健和中国科协交流部负责人刘阳共同主持。

束为对米健一行到访中国科协表示欢迎，强调委员会的成立是落实中国科协与澳门特别行政区政府于2018年11月签署的《澳门特别行政区政府 中国科学技术协会合作框架协议》的重要举措，标志着双方会商机制的正式建立。

会议审定了委员会组织架构、名单及工作职责。中国科协调研宣传部、学会学术部，中国科协创新战略研究院、中国科学技术馆、中国科协青少年科技中心的代表分别汇报了为配合中华人民共和国成立70周年和澳门回归祖国20周年在澳门特别行政区举办的系列活动情况，澳门方面相关参会人员进行补充和回应。双方还就下一阶段的工作计划进行了讨论和部署。

委员会由澳门特别行政区政府政策研究与区域发展局和中国科协交流部负责工作运转，协调解决双方有关合作项目重大问题，推动澳门与内地学术、科普、人才、双创等方面的交流合作，委员由澳门特别行政区政府与中国科协共同商定产生。

澳门科学技术协进会理事长崔世平、澳门科学馆馆长邵汉彬、澳门科技大学校长刘良、澳门大学副校长葛伟、澳门特别行政区政府行政长官办公室顾问黎宇明、政府政策研究和区域发展局副局长林媛、高等教育局高等教育合作与科技厅厅长谢永强等澳门相关部门人员，中国科协交流部、组织人事部、调研宣传部、学会学术部、科学技术普及部、创新战略研究院、青少年科技中心、国际科技交流中心相关负责人参加会议。

【束为会见澳门科学技术发展基金代表团】 1月8日，中国科协党组成员、书记处书记束为在北京会见了来访的澳门科学技术发展基金行政委员会主席马志毅一行。

束为代表中国科协首先对马志毅一行来访表示欢迎，对澳门科学技术发展基金和中央人民政府驻澳门特别行政区联络办公室一直以来对中国科协工作的大力支持表示感谢。他谈到，2018年11月，中国科协党组书记、常务副主席、书记处第一书记怀进鹏率代表团对澳门特别行政区进行工作访问，与澳门特别行政区行政长官崔世安进行了会见。同时，中国科协与澳门特别行政区政府签署了《澳门特别行政区政府 中国科学技术协会合作框架协议》，双方建立了定期会商机制。2019年是中华人民共和国成立70周年、澳门特别行政区回归祖国20周年，中国科协计划在澳门特别行政区举办全国青少年科技创新大赛、祖国科技成果展、科技峰会等系列活动，与澳门特别行政区各界共同庆祝这一历史时刻。他希望通过双方良好的合作，利用中国科协的组织优势，协助推动澳门科学技术发展基金在科普、双创、人才、学术等领域的相关工作，增进两地科技人文交流，促进澳门的科技进步和经济发展。

马志毅对中国科协在澳门科学技术发展基金的项目评审工作中给予的大力支持表示衷心感谢。他表示，2006年第21届全国青少年科技创新大赛曾在澳门特别行政区首次举办，时隔13年再次回到澳门。如今，澳门特别行政区不论是科技实力、科普水平和硬件条件上都已有了长足的发展，澳门各界将积极参与到活动筹备及服务工作中，期待办好这一届成功的大赛。2019年，澳门科学技术发展基金还计划在10月的“科技周”期间，结合庆祝澳门回归祖国20周年举办大型科技展览活动，希望得到中国科协的支持。他希望能继续保持和巩固双方多年来的合作，共同促进内地与澳门科技发展与交流。

双方就第34届全国青少年科技创新大赛、澳门科学技术发展基金项目评审等事宜进行了交流与讨论。

中国科协企业创新服务中心主任苏小军、中国科协交流部副部长张森、中央人民政府驻澳门特别行政区联络办公室经济部副部长徐俊等出席会见。中国科协交流部、中国科协企业创新服务中心、中国科协青少年科技中心有关人员参加活动。

【束为会见出席第二十一届中国科协年会的港澳台地区特邀代表】 6月29—30日，中国科协党组成员、书记处书记束为在黑龙江省哈尔滨市分别会见了参加第二十一届中国科协年会的香港特别行政区、澳门特别行政区和台湾地区特邀代表。

束为代表中国科协欢迎香港特别行政区、澳门特别行政区和台湾地区特邀代表参加本届年会。他表示，香港、澳门、台湾科技界各位新老朋友不辞辛苦从祖国的南端到最北方、最东方的哈尔滨市参加本届科协年会，体现了对中国科协的感情，对中国科协年会的感情，以及对各地区间科技交流合作的感情。

束为强调，随着科技的不断进步，跨界跨地区交流越来越多。在国际竞争激烈的科技领域，中国从“跟跑”逐渐走到“并跑”，甚至是“领跑”。为了实现科学技术更好的发展，需要多方展开交流和合作。多年来，香港特别行政区和澳门特别行政区的对口科技组织与中国科协一直保持着良好的互动，共同推进内地与香港、澳门科技界的交流合作。学术交流、青少年科学教育、粤港澳大湾区以及香港特别行政区建设国际科技创新中心等各项工作，在过去的一年里一直平稳地往前推进。中国科协注重与台湾科技界展开对话和交流，旨在推动两岸共同发展。他感谢港澳台特邀代表对海峡两岸、港澳科技交流合作作出的贡献，希望香港特别行政区、澳门特别行政区和台湾地区与中国科协的交流越来越通畅，友谊越来越长久。

香港特别行政区、澳门特别行政区和台湾地区特邀代表对中国科协的周到安排表示感谢。京港学术交流中心总裁李乃尧表示，在香港特别行政区还有很多艰巨的任务，未来会继续努力开展工作，也希望中国科协给予支持。澳门科学技术协进会会长许敖敖表示，2019年是澳门特别行政区回归祖国20周年，多年来，澳门特别行政区的科技工作与中国科协的支持和指导是分不开的，澳门特别行政区将努力在粤港澳大湾区科技创新走廊建设中发挥重要作用。台湾并购与私募股权协会创会理事长、蓝涛亚洲有限公司总裁黄齐元表示，当前，科技是海峡两岸都非常关心的问题，希望两岸人民能够真正结合起来，创造一个以科技带领发展的新世纪。

中国科协交流部有关人员陪同会见。

【束为会见香港工程科学院代表团】 11 月 19 日，中国科协党组成员、书记处书记束为在北京会见香港工程科学院院长程伯中一行，双方围绕科普、学术以及青少年科学教育等话题进行了交流。

束为对香港工程科学院代表团的来访表示欢迎。他指出，香港工程技术的发展与内地发展紧密相连，有广阔的交流平台，希望双方进一步加强联系，依托优势资源，丰富科普手段，提高科普水平，促进科普内容多样化；加强内地与香港青少年、大学生间的交流，拓展合作视野，共同为香港特别行政区与粤港澳大湾区的建设助力，为国家发展作出更多贡献。

程伯中感谢中国科协的接待。他表示，香港工程界与内地有着深厚的合作基础，希望能深化与中国科协的关系，拓宽交流渠道，加强工程界专业人士互访，推动大学生、青少年交流，共同探讨科学普及、学术交流、产学研结合等方面的工作，让工程技术为社会发展与人民的美好生活贡献力量。

中国科协学会学术部副部长刘兴平，科学技术普及部副部长廖红，中国机械工程学会副理事长兼秘书长陆大明，交流部相关处室负责人等参加会见。

香港工程科学院（Hong Kong Academy of Engineering Sciences，HKAES）于 1967 年发起创立，是香港工程界智库机构，其成员由香港特别行政区不同工程科学或应用领域有卓越成就并且获得业界公认的领袖中遴选产生。香港工程科学院通过举办专家讲座、学术会议及研讨会，支持香港高等工程科学、教育和研究，并就工程科技发展向香港特别行政区政府及专业机构提供策略性专业意见，促进工程科学在香港特别行政区整体发展中作出贡献。

自身建设

【怀进鹏出席全国基层科协“三长”论坛】 10 月 18—20 日，全国基层科协“三长”论坛在江苏省南京市举办。中国科协党组书记、常务副主席、书记处第一书记怀进鹏，江苏省人民政府副省长、党组成员马秋林出席开幕式并讲话。

怀进鹏在讲话中强调，要提高政治站位，从党的建设和群众工作在基层的重要实践，科协组织增强政治性、先进性、群众性的重要实践，深化科协系统改革、提升组织力的重要实践三个层面充分认识“三长制”的重要意义。怀进鹏充分肯定了“三长制”探索取得的积极成效，他指出，自 2018 年年初中国科协启动“三长制”试点以来，各地党委政府高度认可、大力支持，认为“三长制”抓住了深化改革、加强基层科协建设的关键，各地科协和基层“三长”坚持党建引领、因地制宜、建章立制、搭建平台、履职服务，以“三长制”为抓手全面提升基层科协组织力，全国各地吸纳 2 万余名“三长”进入基层科协组织担任兼职挂职副主席，涌现出一批示范典型和优秀代表。

他强调，下一步要坚持以习近平新时代中国特色社会主义思想为引领，久久为功持续推进“三长制”工作，聚焦一个靶心，主动融入党建带群建机制，围绕中心、服务大局；融入两个阵地，深入开展科技志愿服务，助力基层党群服务中心、新时代文明实践中心建设；搭建三个平台，加大“三长”服务保障力度，提升科协组织团结引领、组织动员科技工作者的能力；建立四个机制，推进“三长制”规范化制度化，更好地团结引领广大基层科技工作者，聚焦基层社会和人民群众现实需求，在助力实施健康中国战略、创新驱动发展战略、乡村振兴战略等国家重大战略部署中建功立业。

马秋林在讲话中肯定了江苏省深化科协系统改革、科协事业发展和试点工作成效，提出要不断推进江苏省基层科协组织建设提质增效，用好医院院长、学校校长、农技站站长和科技型企业家联系面广、动员力强、服务便捷的优势，推动科技创新资源下沉，发挥示范带动作用，团结引领科技工作者在紧扣高质量发展中找准定位，在创新引领中奋发作为，在深化改革中全力突破，不断开创科协工作新局面。

本次论坛邀请了农业农村部种植司副司长朱恩林，国家卫生健康委宣传司副司长米锋，重庆市科协党组书记、副主席王合清，宁夏回族自治区科协党组书记、主席陈红缨，江苏省委党校社会学教研部教授王培智作专题报告。为推动交流互鉴，论坛安排了经验交流、分组讨论、代表论坛、总结汇报等活动，连云港市委组织部负责人，基层科协“三长”代表，试点省、市、县科协负责人，新时代文明实践中心和党群服务中心建设试点县科协负责人，农村党支部书记代表等从不同角度汇报交流了试点工作经验、体会和下一步工作计划。论坛安排了现场教学，与会代表分别前往南京市雨花台区、鼓楼区、江宁区、溧水区和高淳区调研“三长”参与科协工作和发挥作用情况。

此次论坛是中国科协党校成立后面向基层科协“三长”举办的重要引领和示范活动，由中国科协组织人事部主办，江苏省科协承办。江苏省人民政府副秘书长张乐夫，江苏省科协党组书记、副主席孙春雷，中国科协组织人事部有关负责人，各省（自治区、直辖市）科协有关负责人以及基层科协“三长”代表等共200人参加活动。

【中国科协党校局级领导干部研修班和省市级新任科协主席培训班】 11月13—15日，中国科协党校在北京举办局级领导干部研修班和省市级新任科协主席培训班。本次培训是党的十九届四中全会闭幕后，中国科协党校举办的第一次集中专题培训，旨在推动科协系统领导干部“关键少数”学习在先、贯彻到底、落实到位四中全会精神，进一步统一思想、凝聚共识，在科协全系统掀起学习宣传贯彻党的十九届四中全会精神的高潮。中国科协党组书记、常务副主席、书记处第一书记怀进鹏出席开班式并以《深入贯彻十九届四中全会精神，提升服务国家治理现代化能力》为题作主旨报告。

怀进鹏在报告中解读了党的十九届四中全会的历史意义、现实意义以及精神实质，深入分析了当前科技界、科技工作者、中国科协面临的形势，用生动的案例阐述了中国科协在履行政治使命、服务国家治理中的探索与实践，对下一步科协系统贯彻落实四中全会精神的工作重点和工作方向提出了要求。他强调，中国科协要坚持以习近平新时代中国特色社会主义思想为指导，坚持科技群团的政治优势、组织优势，健全联系广泛、服务群众的群团工作体系，完善履行政治使命的制度机制，扎实推进科技发展与治理，推进科技支撑社会治理，推动科技服务全球治理，为实现国家治理体系和治理能力现代化目标不断作出新贡献。

本次培训还分别邀请到科技部、国家信息中心和北京大学等部门专家、学者作四中全会精神解读、习近平同志关于科技创新重要论述的解读、国内外经济形势分析等专题报告，邀请浙江省科协、广东省科协作案例分享，安排“庆祝新中国成立七十周年”大型成就展作为现场教学。此外，为了让新任省市科协主席了解科协历史沿革，培训班邀请中国科协原党组成员、机关党委书记王延祜作了《科协历史沿革》的报告，并参观中国科协会史陈列馆等。学员们在分组讨论和结业式交流中纷纷表示，专家们所作报告站位高、视野宽、信息全、分析透，通过学习，对科协工作者的历史使命和担当有了更深的感悟，对科协参与国家治理现代化有了更深刻的理解，启发了工作思路，期待有更多机会参加中国科协党校举办的培训。

培训班结业式上，中国科协党组成员兼机关党委书记王守东再一次强调学习宣传贯彻党的十九届四中全会精神的重要意义，对科协系统宣传贯彻落实党的十九届四中全会精神提出了具体要求。王守东强调，科协领导干部要把学习贯彻党的十九届四中全会精神与完成好当前科协系统各项工作任务结合起来，充分发挥党领导下人民团体的政治引领作用，建好用好中国科协党校，贯彻落实好习近平同志近期对科技工作作出的重要指示精神；充分发挥科协“一体两翼”组织优势，共同推进科协基层组织建设、科技志愿者队伍建设、网上群团建设等重点工作；充分发挥科协民间科技人文交流主渠道作用，坚持用国际化视野谋划科协工作，深化国际交流合作。

中国科协机关和直属单位有关负责同志、省级科协党组书记、专职副主席，地市级科协主席等154人参加培训。

【中国科协党校举办首期青年科技领军人才国情研修班】 7月10日，在“不忘初心、牢记使命”主题教育活动中，中国科协党校成立后的首期青年科技领军人才国情研修班在中国井冈山干部学院开班，中国科协党组书记、常务副主席、书记处第一书记怀进鹏出席开班式并讲话。研修班深入学习贯彻习近平新时代中国特色社会主义思想，开展“不忘初心、牢记使命”主题教育活动，依托井冈山及周边地区丰富的红色教育资源，深入学习党的光辉历史和优良传统，宣传弘扬爱国奋斗精神和中国科学家精神，通过课堂讲授、现场体验、研讨交流、情景教学、音像教学、座谈会等多种方式开展教学。本次研修班共选调学员50人，选调对象主要为中国青年科技奖获奖者、中国青年女科学家奖获奖者、中国科协“青年人才托举工程”项目入选者等。

研修班开班式在中国井冈山干部学院举行，中国井冈山干部学院常务副院长梅黎明致辞，怀进鹏以《不忘初心，创新报国》为题作动员讲话。怀进鹏指出，在全党深入开展“不忘初心、牢记使命”主题教育之际，本次研修班既是中国科协受中共中央组织部委托举办的国情研修活动，也是中国科协党校成立后首次面向青年科技领军人才的一次重要政治教育活动。希望学员充分珍惜宝贵的学习时间，学有所获、学以致用。一是要学理论、悟初心。从外在方面实现学、思、悟相结合，真正学懂、弄通、做实习近平新时代中国特色社会主义思想，传承弘扬革命传统，做到知、信、行相统一，寻找初心、回归初心、践行初心；从内在方面反躬自省，更加深刻地理解党为人民谋幸福、为民族谋福祉的初心使命，更加深刻地理解科技工作者践行党的初心使命、矢志科技报国、创新为民的职责任务。二是要观大势、识责任。把握大势、着眼大局，思考自身责任与使命，为党分忧、为国分忧，敢为天下先、善为天下先，不断提升自己的领导力、影响力，不断巩固学术根据地，形成有世界影响力的中国学派，到国际上主动发声，深度参与全球科技治理，真正把个人理想自觉融入国家发展伟业。三是要担使命、建新功。要担当科技创新的中坚，提升原始创新能力，突破“卡脖子”的关键技术，服务国家和地方经济发展，砥砺自主创新、协同创新、开放创新，以拼搏奋斗建功新时代。要做好资政建言的智囊，以科学咨询支撑科学决策，以科学决策引领科学发展，不仅敏于科技创新，而且善于制度创新，通过调研把握规律，主动出主意、提建议、谏真言。要成为科普惠民的主力，重视和参与科普，充分发挥学术专长，帮助未来一代成就科学梦想，更好满足人民群众对健康文明生活的需求，让公众理解科学，让科学普惠公众。会议由中国井冈山干部学院副院长柯华主持。开班式后，国家自然科学基金委员会原主任、中国科学院院士杨卫就新时代的基础研究进行了授课。

7 月 10 日，怀进鹏主持召开座谈会，从青年科技人才成长成才、一流科技期刊建设、学会国际化能力建设以及科技成果转化 4 个方面听取青年科技领军人才研修班学员的意见建议。与会学员踊跃发言，分别结合自身成长经历就在国际国内学会、期刊任职情况提出意见建议。怀进鹏在总结讲话中指出，学员们从各个角度对调研问题给出了意见建议，很多同志在国内外学术组织和期刊兼职，对中国学会国际化能力建设和期刊能力建设，有着深刻感悟和独到见解。我们将充分珍视并认真总结学员们提出的问题和建议，共同把科技事业、人才事业、科协事业推向前进。他还向学员们发出邀请，邀请他们参加中国科协“国际月”活动，希望学员们在世界科技发展论坛上发出中国青年科学家的声音，并联系邀请国际知名科学家参加会议，深入交流探讨，形成北京共识。同时，还希望青年科技领军人才更好地利用中国科协搭建的服务平台，施展才华、创新建功，一如既往地支持中国科协各项工作，积极参加中国科协组织的各项活动。

【中国科协党校青年科技人才国情研修班】 11 月 25 日—12 月 6 日，中国科协党校青年科技人才国情研修班在浙江省嘉兴市举办。以中国科协“青年人才托举工程”和国家级人才计划入选者为主的两期共 150 名青年科技人才参加研修。

本次研修班深入学习贯彻习近平新时代中国特色社会主义思想和党的十九届四中全会精神，依托嘉兴市“一大”会址等红色教育资源和嘉兴市周边科技产业集群优势资源，深入学习中国共产党初创的艰辛历史和红船精神，近距离体验前沿科技成果，大力弘扬新时代科学家精神，推进作风和学风建设，引导青年科技人才深入认识把握世情国情科情。

研修班通过专题报告、现场体验、研讨交流、情景教学等多种方式进行。浙江省委党校教授何圣东以“科技创新”为主题对党的十九届四中全会精神进行宣讲。中国工程院院士、空军首席专家张福泽以自己的科研成长经历对科学家精神进行解读。中国科学院院士、矿山工程岩体力学专家何满潮结合多年的理论及学术研究成果，充分阐释了科技工作者应该实现的人生价值和应该作出的社会贡献。国家自然科学基金委员会政策局副局长邹立尧、于晟就学员关心的现有基金概况、申请流程、注意事项及未来改革规划等科技政策进行了详细解读。受学员邀请，于晟还参加了学员分组讨论，深入交流项目申报过程中存在的问题和解决的方法，了解当前青年科技人员在工作中存在的难点和痛点，鼓励青年人才勇于面对挑战，激发科技报国热情。国家千人计划特聘专家、精进电动科技股份有限公司创始人蔡蔚，国家千人计划专家、贝达药业股份有限公司董事长丁列明，分别以自身创业经历为例，就学员面临的科技成果转化问题进行了系统的讲解。浙江红船干部学院教师李晓东、诸萍就红船精神和中国宏观经济进行深入分析和讲解。

在现场教学过程中，学员重走“一大”路，参观南湖革命纪念馆、乌镇互联网小镇——航天北斗应用中心、百度大脑和互联网医院，实地考察浙江清华长三角研究院、浙江未来科技研究院和嘉兴科技城展示馆·智立方，体验前沿科技成果。

在分组讨论过程中，学员就科技创新、成果转化和国际交流等方面进行深入交流。上海交通大学医学院研究员袁逖飞、浙江大学农学院研究员周文武等5位学员就交叉领域形成两项合作意向。

研修班由中国科协组织人事部主办，中国科协培训和人才服务中心和嘉兴市科协共同承办。

【中国科协党校学习贯彻党的十九届四中全会精神轮训班】 12月24—26日，中国科协党校在北京举办第一期学习贯彻党的十九届四中全会精神轮训班。中国科协机关和直属单位处级以上领导干部149人参加培训。

轮训班邀请中央党校（国家行政学院）教授汪玉凯、北京大学马克思主义学院副院长宇文利、中国人民大学中共党史党建研究院副院长杨德山、中国科学技术发展战略研究院副院长孙福全分别从政府治理现代化、中国特色社会主义制度优势和制度自信、党的领导制度体系、科技创新体制机制4个不同角度，深入解读党的十九届四中全会精神。在分组研讨环节，学员分别围绕贯彻落实党的十九届四中全会精神，推动中国科协学会学术、科学普及、科技智库、国际化、信息化5个主题进行研讨，并选出代表在结业式上交流分享。

中国科协党组成员、书记处书记束为出席轮训班结业式并作培训总结。束为听取5个小组代表交流分享发言后指出，中国科协在推进国家治理体系和治理能力现代化过程中，一要做到不忘初心，牢记使命，聚焦靶心。通过学术、科普、智库“三轮”建设搭建平台，助力广大科技工作者事业上有成就感，精神上有获得感，组织上有归属感，政治上有认同感；加强国际化，激发广大科技工作者活力，积极参与国际科技治理，扩大朋友圈，促进民心相通，把中国科协建设成与世界科技强国相匹配的世界一流群团组织；加强信息化，建立网上群团，通过网络联系凝聚广大科技工作者。二要做到围绕中心，服务大局。要充分发挥全国学会和地方科协作用，依托“两翼”翼动9100万科技工作者，凝聚起建设世界科技强国的磅礴力量；要面向基层、面向群众，用好党建带群建，依托党组织在基层的党群活动中心和新时代文明实践中心，夯实党在科技界的执政基础。

束为强调，科协系统干部学习习近平新时代中国特色社会主义思想和党的十九届四中全会精神，一要入脑入心，通过培训和自学深刻领会《中共中央关于坚持和完善中国特色社会主义制度 推进国家治理体系和治理能力现代化若干重大问题的决定》的精髓要义；二要真信真用，要贯彻落实习近平总书记关于中国科技创新和科技工作的重要论述精神，主动对标党中央战略部署，围绕中心推进工作。三要说到做到，坚持效果导向，切实把想法变成办法，把办法变成方案，精益求精、知行合一，把学习成果转化为武装头脑、指导实践、推动工作的强大力量。

轮训班由中国科协组织人事部主办，培训和人才服务中心承办。

【中国科协高层次科技领军人才专题研修班】 12月27日，由中国科协和中央党校共同主办的高层次科技领军人才学习习近平新时代中国特色社会主义思想和加强学风作风建设专题研修班在中央党校开班。中国科协党组书记、常务副主席、书记处第一书记怀进鹏作开班动员讲话，中央党校副校长谢春涛就党的十九届四中全会精神解读作首场专题报告。

怀进鹏指出，举办高层次研修班旨在服务科技领军人才深入学习贯彻习近平新时代中国特色社会主义思想，深入落实习近平总书记关于科技创新的重要论述精神，增强“四个意识”、坚定“四个自信”、做到“两个维护”，准确把握国内外发展大势，坚定应对百年未有之大变局的创新自信，不忘初心、牢记使命，广泛凝聚爱国奋斗的智慧力量，为决胜全面建成小康社会、建设世界科技强国、实现中华民族伟大复兴的中国梦作出新贡献。

怀进鹏强调，理论武装要常备常新，这次研修班是在学员以往学习基础上的再学习、再提高、再修养，要充分发挥“头雁”效应和主心骨作用，深入学习贯彻习近平新时代中国特色社会主义思想，身体力行并示范引领广大科技工作者，筑牢团结奋斗的共同思想根基。要深刻认识并准确把握国内外形势新变化，以科技创新推动高质量发展，以创新驱动提高经济整体竞争力、加快现代化经济体系建设，在加快科技成果转化应用、助力战略性产业发展等方面贡献智慧力量，在应对经济下行压力、中美贸易摩擦等国内外各种风险挑战方面体现作为担当。要深入贯彻十九届四中全会精神，充分发挥领军人才在助力构建新型举国体制、强化国家战略科技力量，助力健全鼓励支持基础研究、原始创新的体制机制，助力建立以企业为主体、市场为导向、产学研深度融合的技术创新体系等方面的核心示范、激励引领作用，以科技的治理体系和治理能力现代化建设，全面助力国家治理体系和治理能力现代化建设。要充分发挥关键少数作用，大力弘扬新时代科学家精神，树立良好学风作风，营造良好科研生态，为科技界、全社会树立学术典范和明德楷模，充分发挥学风学术“双引领”作用。

怀进鹏指出，研修班既是一个高层次学习平台，也是一个高水平交流平台，还是一个高端智库平台。各位学员要切实提高政治站位，在学懂弄通习近平新时代中国特色社会主义思想上下真功夫；要充分发挥高端智库作用，贡献真知灼见；要树立学员意识，严格遵守各项规定。

中国科协党组、书记处有关领导同志和来自全国科技战线的200余名高层次科技领军人才参加此次研修班。

12月30日，为期四天的高层次科技领军人才学习习近平新时代中国特色社会主义思想和加强学风作风建设专题研修班在中央党校举行结业仪式。中国科协党组书记、常务副主席、书记处第一书记怀进鹏，中央党校常务副校长何毅亭出席结业式并为学员颁发结业证书。中央党校副校长王东京主持结业式。

12月27—30日，学员们集中听取了党的十九届四中全会精神解读、国际形势与中美关系、经济形势与产业发展、科技创新与科技政策、人才政策、新时代科学家精神等专题讲座，并结合自身工作实际进行了深入热烈交流，金灿荣等10位同志登上学员论坛，中国科学院院士王赤等8位同志结合学习体会作了发言。学员们一致表示，通过集中学习研讨，对世情国情党情科情加深了理解，坚定了理想信念和自信担当，认识到了制约瓶颈和“卡脖子”问题，引发了深入思考和热烈讨论，有效促进了研学相长、学学相长，取得了很好的成效。

怀进鹏在总结讲话中指出，在中央党校为高层次科技领军人才举办研修班，充分体现了党中央对科技创新的高度重视和对科技工作者特别是高层次科技领军人才的厚爱和深切希望，是中国科协党校服务科技领军人才、加强思想政治引领的一项重要举措。通过学习，学员们加深了对习近平新时代中国特色社会主义思想、对党的十九届四中全会精神、对国际国内错综复杂形势和着力防范化解重大风险、对加强作风学风建设重要意义的认识，发挥了高端智库作用，为服务党和政府科学决策提出了一系列政策建议。

怀进鹏强调，各位学员要在推动以党的创新理论武装头脑、指导实践、推动工作中发挥表率作用，真正做到学、思、悟相贯通，知、信、行相统一，更加坚定“四个意识”“四个自信”，增强做到“两个维护”的高度自觉和过硬本领。要在推动科技支撑国家治理现代化中发挥表率作用，努力在推动科技治理、科技支撑社会治理、科技服务国家治理和全球治理等方面出实招、见实效，在构建社会主义市场经济条件下关键核心技术攻关新型举国体制、健全鼓励支持基础研究和原始创新体制机制、创新促进科技成果转化机制、完善人才发现培养激励机制、健全科技伦理治理机制等各方面发挥更加积极的作用。要在弘扬科学家精神、培育良好学风作风中发挥表率作用，在严格自律的同时，还要发挥好师生传承的关键作用，发挥好治学典范和明德楷模的示范引领作用。

【关于弘扬科学家精神争当优良作风学风力行者的倡议】“青年是祖国的前途、民族的希望、创新的未来。”青年科技工作者是科技创新队伍中最具活力的中坚力量，是建设世界科技强国的生力军。作为最具创新活力和发展潜力的青年科技工作者代表，“青年人才托举工程”项目入选者正处在成长成才的关键阶段，也是培养科学精神、树立优良作风学风的重要时期。为深入贯彻落实《关于进一步弘扬科学家精神加强作风和学风建设的意见》，维护风清气正的科研环境，全体“青年人才托举工程”项目入选者向全国青年科技工作者发出倡议：

1. 争当勇担历史责任的有为青年。自觉把个人融入时代发展的脉搏，把个人价值追求同国家富强、民族振兴、人民幸福紧密联系起来，增强“四个意识”，坚定“四个自信”，做到“两个维护”，胸怀科技报国的梦想，把国家需要视为毕生追求，把服务国家看作自己最好的归宿。

2. 争当科技高峰的攀登者。树立敢为天下先的自信和勇气，潜心钻研，醉心学术，敢于走别人没有走过的路，敢于探索别人没有探索过的方向，不断在攻坚克难中追求卓越，在解决受制于人的“卡脖子”问题上担当作为，甘坐“冷板凳”，肯下“苦功夫”，成为科技创新前沿的弄潮儿。

3. 争当科学家精神传承者。学习老一辈科学家无私奉献的家国情怀，弘扬老一辈科学家科技报国的高尚情操，传承和发扬新时代科学家精神，秉持淡泊名利的品德风范，用我们这一代人的奋斗，承担起我们这个时代的责任，做始终与党和国家的发展、与科技进步同向同行的排头兵。

4. 争当优良作风学风的践行者。旗帜鲜明地反对浮夸浮躁和投机取巧的不良风气，坚决防止和反对“圈子”文化，不探听评审专家信息和未经公开的评审信息，不请托游说、干扰有关项目评审，带头尊重和保护知识产权，努力成为良好学术风气的维护者、严谨治学的力行者、优良学术道德的传承者。

5. 争当和谐师生关系的塑造者。尊师重教，发扬老一辈科学家甘为人梯、奖掖后学的育人精神，恪守“学为人师、行为世范”行为准则，对学生既传授科学知识，更传承科学精神，不侵占学生研究成果，努力塑造新一代研究生导师形象，让师生关系回归正途。

【中国科协召开“智慧学会”试点建设研讨会】 2月20日，中国科协召开“智慧学会”试点建设研讨会，中国科协党组成员、书记处书记宋军出席会议并对“智慧学会”试点建设作出部署。

中国科协学会学术部副部长陈锐介绍了“智慧科协”建设相关背景以及“智慧学会”试点建设工作设想。各学会负责人分别介绍了学会信息化工作基础和经验。与会人员围绕“智慧学会”试点建设工作进行研讨，为“智慧科协”建设建言献策。

宋军指出，“智慧学会”试点建设工作是中国科协落实中央关于网上群团建设有关要求，推动“智慧科协”建设的重要举措，各试点学会要进一步深化认识、高度重视，用信息化手段推动学会的思想工作与业务工作相结合，面对面、键对键联系和服务科技工作者，有效提升群众组织力。

宋军强调，科协相关部门和单位要加强与试点学会的沟通交流，坚持赋能学会、服务会员、辐射广大科技工作者的工作定位，推进资源开放共享，完善工作考核机制，推动试点工作落到实处、见到实效，打造有特色、可推广的“智慧学会”样板间。

中国化学会、中国生物物理学会、中国环境科学学会、中国机械工程学会、中国汽车工程学会、中国电子学会、中国公路学会、中国纺织工程学会、中国农学会、中华医学会、中华口腔医学会、中国科学学与科技政策研究会、中国城市规划学会13家全国学会，中国科协办公厅、学会学术部、学会服务中心、信息中心、企业创新服务中心、中国科学技术出版社等部门和单位相关负责人，“智慧科协”建设专家参加会议。

【中国科协航空发动机产学联合体成立】 9月8日，中国科协航空发动机产学联合体成立大会在北京召开。该联合体旨在探索航空发动机领域产业界与科技界的深度合作、集智攻关和聚群发展新模式，围绕航空发动机领域重大需求加强战略牵引、推进协同创新、促进交流合作，为中国航空发动机事业发展作出积极贡献。中国科协党组书记、常务副主席、书记处第一书记怀进鹏，中国航空发动机集团党组书记、董事长曹建国出席成立大会并共同为联合体揭牌。中国科协党组成员、书记处书记宋军，联合体成员单位代表以及航空发动机领域院士专家出席会议，成立大会由中国航空发动机集团总经理助理、中国工程院院士向巧主持。

怀进鹏指出，航空发动机是国之重器，涉及技术学科领域广泛，关系国家战略、国家安全和国民经济命脉。推动成立联合体，是中国科协探索建立新型举国体制下科学大协作、产学大攻关，打造航空发动机产业新生态的一次有益探索和积极实践。希望联合体面向国家战略需要，围绕航空发动机领域面临的整体问题与核心关键技术难题，通过跨学会结合、跨领域结合、跨界融合等多种方式，积极推动开展国际交流合作和人才培养，推动航空发动机领域在政策环境、人才环境和科技环境等方面探索有效机制，形成良好生态，积极推动航空发动机自主创新发展，为中国航空发动机技术和产业发展提供有力支撑。

曹建国表示，联合体的成立恰逢其时、意义重大，将有力助推中国航空发动机产学融合发展迈上新台阶，也将对国家重大战略领域研究、跨界协同发展起到重要示范作用。在中国科协指导和广大成员单位支持下，联合体将深化产学融合，打造助推航空强国建设的国家队；强化战略执行，建立航空发动机领域高端智库；加强需求牵引，建设一体化产业协同发展平台；推进人才成长，构建航空发动机人才培养平台；强化技术交流，搭建航空发动机高端学术平台。

北京航空航天大学校长、中国工程院院士徐惠彬表示，加强航空发动机基础研究领域的协同创新发展意义重大。专家委员会将积极履行联合体章程赋予的职责，做好咨询服务，全力支持联合体发展建设，努力为中国航空发动机事业的快速发展作出新的贡献。

中国航空学会理事长林左鸣，中国航空工业集团有限公司副总经理郝照平，清华大学副校长、中国工程院院士尤政等分别代表学会、企业、高校及科研机构发言。他们一致表示，将充分发挥自身优势，利用各自专业力量，积极承担联合体相关工作，为中国航空发动机事业发展和航空强国建设贡献力量。中国航空发动机集团有限公司科技委主任、中国工程院院士尹泽勇，中国工程院院士甘晓华分别围绕航空发动机领域作学术报告。

成立大会之前，召开筹备工作会议暨主席团第一次会议，审议通过了联合体组建方案、第一届执行主席和主席团成员名单，联合体章程、工作规范、2019—2020年工作计划及专家委员会、秘书长和副秘书长名单。

中国科协有关部门和单位、中国航空发动机集团有限公司及航空发动机领域相关全国学会、中央企业、高等院校和科研院所等联合体首批成员单位代表100余人出席会议。

中国科协航空发动机产学联合体由中国科协推动，中国航空发动机集团有限公司牵头，以“开放、协作、创新、共赢”为组建原则，联合国内7个全国学会、1个行业联盟、9所高等院校、5家中央企业和2个科研院所共25家单位共同发起成立，将着力打造航空发动机领域高端智库以及航空发动机产学协同创新平台、高端学术交流平台、高端人才培养平台和社会公共服务平台的“一智库、四平台”，有力助推中国航空发动机自主研发和航空强国建设。

【怀进鹏出席中国移动科协成立大会】 5月13日，中国移动第二次科技创新大会暨中国移动科协成立仪式在北京召开。中国科协党组书记、常务副主席、书记处第一书记怀进鹏出席并讲话，中国移动董事长杨杰、总经理李跃，工业和信息化部总工程师张峰，中国工程院院士邬贺铨等出席会议，共同为中国移动科协揭牌。北京市科协党组书记马林宣读关于同意成立中国移动科学技术协会的批复文件，国家发展改革委、科技部、国务院国有资产监督管理委员会、国家知识产权局以及中国科协相关部门负责人出席会议。

怀进鹏充分肯定了中国移动多年来不懈创新，从2G起步到5G研发取得的辉煌成就。他谈到，“一纵三环”发展模式和三纵能力建设，体现了中国移动面临机遇和面对挑战时的责任与举措，令人振奋。围绕如何有效组织广大科技工作者参与创新发展的全球竞争，怀进鹏提出，一是企业必遇竞争，没有竞争的企业是没有活力的企业，从移动互联到万物互联的计算模式时代，新技术、新产品、新系统不断发展，创新永无止境。二是创新创业创造的时代也是全球跨界竞争的时代，企业运用人才的范围决定了企业的高度，必须以新姿态迎接新挑战。三是通过开放合作创造新的共赢生态。中国科协作为党领导下的群团组织，所属学会形成庞大网络，有利于实现有序有效的科技组织与企业组织的动态连接。成立中国移动科协，可以推动企业与学会建立广泛合作的平台，开拓进入国际科技组织的渠道，更好地凝聚人才、团结人才，为企业创新、为社会进步作出新的贡献。

杨杰指出，中国移动科协成立是贯彻落实习近平总书记关于科技创新重要论述的具体举措，也是加快推进企业战略转型和创新发展的必然要求，对于公司进一步整合创新资源、汇聚创新力量、激发创新活力、壮大创新队伍，将带来深远的影响。中国移动科协要坚持以习近平新时代中国特色社会主义思想为指导，坚持围绕中心、服务大局，不断拓展科协工作覆盖面，努力建设成为汇聚各类创新资源的开放平台、连接广大科技工作者的桥梁，以及承担国家使命、推动科技进步、实现企业价值的载体。

党　建

【中国科协党组召开2018年度民主生活会】 1月25日，中国科协党组召开2018年度民主生活会。党组书记、常务副主席、书记处第一书记怀进鹏主持会议并作总结。党组副书记徐延豪，党组成员束为、项昌乐、宋军、王守东、殷皓出席会议，书记处书记孟庆海列席会议。

中国科协2018年度党组民主生活会，以强化创新理论武装，树牢“四个意识”，坚定“四个自信”，坚决做到“两个维护”，勇于担当作为，以求真务实作风把党中央决策部署落到实处为主题。根据中央有关要求，科协党组高度重视，研究制定工作方案，扎实开展学习研讨，广泛征求意见，逐条梳理2018年度民主生活会整改落实情况，逐一深入谈心谈话，认真撰写对照检查材料，认真做好各项准备，打牢思想基础。党组领导班子及成员对标中央政治局民主生活会，对标中央要求，对标群团改革，联系中国科协工作实际，深入查摆突出问题，深刻剖析产生问题的原因，以整风精神开展批评和自我批评。怀进鹏首先代表科协党组作对照检查，重点从思想政治、精神状态、工作作风三个方面查找存在的突出问题，深入剖析原因，并从确保靶心不偏、中心不虚、信心不减、初心不忘四个方面提出努力方向和改进措施。随后，怀进鹏带头开展个人对照检查，进行批评和自我批评，党组其他同志也联系思想和工作实际逐一作对照检查并开展批评和自我批评。

【中国科协党组研究科协党建工作】 4月4日，中国科协召开2019年第十次党组会议，审议《中国科协党建工作方案》，研究优化学会党建工作机制等相关事项。会议由中国科协党组书记怀进鹏主持。

会议指出，《关于加强和改进中央和国家机关党的建设的意见》是以习近平同志为核心的党中央作出的重大部署，是推动中央和国家机关全面从严治党向纵深发展的重要指导性文件。要深入学习贯彻《关于加强和改进中央和国家机关党的建设的意见》，进一步修改完善《中国科协党建工作方案》，树牢“四个意识”，坚定“四个自信”，坚决带头做到“两个维护”，全面提高科协党的建设质量。

会议强调，要把党的政治建设摆在更加突出的位置，准确把握科协的政治属性，把旗帜鲜明讲政治融入科协工作各方面全过程，不断提高政治能力和群众工作本领，自觉肩负加强科技界政治建设的历史使命，确保党对科协事业的全面领导。要加强党的创新理论武装，突出抓好“关键少数”和年轻干部，切实在深入学习贯彻习近平新时代中国特色社会主义思想上作表率。要加强机关党支部标准化规范化建设，坚持机关党建带系统党建，统筹“一体两翼”，推动各级学会、科协基层党组织增强政治功能、提升组织力。要切实加强对科技工作者的思想政治引领，大力弘扬科学家精神，强化对战略科技人才、科技领军人才、青年科技工作者等群体的理想信念教育，把政治引领、学术规范建设融入人才培养举荐等环节。要坚持党管干部原则，着力培养忠诚干净担当的高素质科协干部队伍。要层层压实责任，推进党建信息化建设，建立党建工作协调机制，加强党务干部队伍建设，推动全面从严治党“四责”统一工作机制落地落实。

会议强调，要坚持问题导向、效果导向，进一步优化学会党建工作。要树立大党建理念，完善学会党建领导体制，由党组直接领导学会党建工作，加大对科技社团党委的支持指导力度。要不断完善工作机制，破解学会党建工作难题，推进形成科协系统大党建工作格局，以高质量党建保障科协事业高质量发展。

会议还研究了其他事项。

党组副书记徐延豪，党组成员束为、宋军、王守东出席会议。书记处书记孟庆海，中央纪委国家监委驻科技部纪检监察组有关负责同志，中国科协机关各部门、各直属单位主要负责同志列席会议。

【中国科协党组研究审议2019年工作要点】 2月22日，中国科协召开2019年第七次党组会议，研究审议《中国科协2019年工作要点》。会议由中国科协党组书记、常务副主席、书记处第一书记怀进鹏主持。

会议听取《关于〈中国科协2019年工作要点〉编制情况的说明》，原则通过《中国科协2019年工作要点》。与会同志围绕《中国科协2019年工作要点》提出的4个方面、10项重大任务、40项子任务，结合实际认真研讨提出意见建议。

会议指出，2019年是中华人民共和国成立70周年，是决胜全面建成小康社会的关键之年。中国科协以习近平新时代中国特色社会主义思想为指导，突出对标中央、工作协同、“一体两翼”、典型示范等工作原则，紧紧围绕深入学习贯彻习近平新时代中国特色社会主义思想这个首要任务，紧紧围绕庆祝中华人民共和国成立70周年这条主线，按照强“三性”“四个着力”的工作要求，结合科协实际，突出系统布局、系统指导，统筹谋划重点任务。

会议要求，各级科协组织要深入学习贯彻习近平新时代中国特色社会主义思想，进一步增强“四个意识”、坚定“四个自信”、做到“两个维护”。要统筹处理机关与系统的关系，强化重点工作对全国学会、地方科协的牵引带动，发挥好“一体两翼”的组织优势，构建服务发展大格局；处理好守正与创新的关系，以正铸稳，创新促稳，在坚持做好已有工作、擦亮品牌的基础上，持续转型升级，凸显科协组织政治引领和组织动员能力；处理好创新与可行的关系，在保证工作可落实可考核的同时，鼓励创造性开展工作，提升工作实效；处理好局部与整体的关系，始终围绕党和国家工作大局，站在科协整体角度充分考虑工作的复杂性综合性，努力打破部门界限，不断增强工作的系统性、协同性、整体性。

会议强调，要按照会议精神对《中国科协2019年工作要点》进一步修改完善，围绕各项重大任务、子任务制定具体方案，制定路线图、时间表、任务书，提出预期效果；及时召开机关和直属单位干部大会动员部署《中国科协2019年工作要点》，并印发各全国学会和地方科协参照执行；坚持督查评估，将《中国科协 2019 年工作要点》确定的各项任务作为 2019 年督查工作重点，通过推进会、调度会、专题会等方式，及时研究解决工作实践中遇到的重点难点，强化考核结果运用，发挥激励约束机制作用，推动工作落实。

会议还研究了其他事项。

党组副书记徐延豪，党组成员束为、宋军、王守东、殷皓出席会议。书记处书记孟庆海，中央纪委国家监委驻科技部纪检监察组有关负责同志，中国科协机关各部门、各直属单位主要负责同志列席会议。

【中国科协召开党的建设工作会议】 8 月 15 日，结合“不忘初心、牢记使命”主题教育，中国科协召开党的建设工作会议，深入学习贯彻习近平新时代中国特色社会主义思想和党的十九大精神，认真落实中央和国家机关党的建设工作会议精神，全面加强党对科协组织的领导。中国力学学会、中国电机工程学会、中华医学会、中国细胞生物学学会、中国城市规划学会、中国电子学会 6 家全国学会，北京市科协、内蒙古自治区科协、江苏省科协、浙江省科协、广州市科协 5 家地方科协和清华大学《马兰花开》话剧剧组的有关负责同志，分别围绕党建强会、基层党组织建设、党建带群建、青年思想政治引领等内容作典型发言。中央和国家机关工作委员会副书记李勇到会指导，中国科协党组书记、常务副主席、书记处第一书记怀进鹏出席会议并讲话。中国科协党组副书记、副主席、书记处书记徐延豪主持会议。

中国科协党组、书记处领导同志孟庆海、束为、宋军、殷皓，中央纪委国家监委驻科技部纪检监察组有关同志，全国学会理事会党委负责同志、部分在北京的高校科协和企业科协负责同志、中国科协机关全体党员、木樨地办公区直属单位党员共计 500 余人参加主会场会议。各省级科协、副省级城市科协机关和直属单位全体党员、中国科协非木樨地办公区直属单位全体党员共计 3500 余人参加视频分会场会议。

【中国科协党组传达学习党的十九届四中全会精神】 11 月 1 日，中国科协召开 2019 年第三十二次党组会议，传达学习党的十九届四中全会精神。会议由中国科协党组书记怀进鹏主持。

会议指出，党的十九届四中全会是在庆祝中华人民共和国成立七十周年之际、实现“两个一百年”奋斗目标历史交汇点召开的一次极其重要的会议。习近平同志的报告主题鲜明、重点突出，实事求是、催人奋进，充分反映了以习近平同志为核心的党中央领导全国人民取得的新的伟大成就。党的十九届四中全会审议通过的《中共中央关于坚持和完善中国特色社会主义制度 推进国家治理体系和治理能力现代化若干重大问题的决定》，对新时代坚持和完善中国特色社会主义制度、推进国家治理体系和治理能力现代化作出科学完备的顶层设计，是闪耀着马克思主义真理光芒的纲领性文献。

会议强调，学习宣传和贯彻落实好党的十九届四中全会精神是当前和今后一个时期的重大政治任务。科协系统各级党组织和广大党员干部要迅速兴起学习宣传贯彻党的十九届四中全会精神热潮，充分认识中国特色社会主义制度和国家治理体系的显著优势，准确把握党的十九届四中全会战略部署对群团组织和各级党员领导干部提出的政治要求、实践要求，结合实际研究贯彻落实举措，切实把中央决策部署转化为推动科协事业发展的生动实践。

会议强调，要充分发挥群团组织在社会治理中的独特作用，着力强化政治引领、围绕中心服务大局、深化改革强化基层、加强党的领导和党的建设，切实发挥好团结引领广大科技工作者听党话、跟党走的政治作用，厚植党执政的群众基础。要切实增强制度自信，把制度执行和制度创新结合起来，深入研究、把握规律，守正创新、积极作为，既要把行之有效的实践经验转化为制度机制，还要积极借鉴其他群团组织的成功经验，固根基、扬优势、补短板、强弱项，更好支撑科协事业高质量发展。各级科协党员领导干部要增强“四个意识”、坚定“四个自信”、做到“两个维护”，切实提高运用制度干事创业能力，担当尽责、扎实工作，为服务党和国家工作大局、促进国家治理体系和治理能力现代化不断作出新贡献。

会议还审议了《中国科协关于进一步弘扬科学家精神加强作风和学风建设实施方案》，研究部署贯彻落实习近平同志关于科技工作的重要指示精神、加强学风建设的重点工作举措。

党组副书记徐延豪，党组成员束为、宋军、王守东、殷皓出席会议。书记处书记孟庆海、中央纪委国家监委驻科技部纪检监察组同志，中国科协机关各部门、各直属单位主要负责同志列席会议。

【中国科协举办学习宣传贯彻党的十九届四中全会精神报告会】 11 月 13 日，中国科协举办学习宣传贯彻党的十九届四中全会精神报告会。中国科协党组书记、常务副主席、书记处第一书记怀进鹏出席会议并作《深入贯彻十九届四中全会精神，提升服务国家治理现代化能力》辅导报告。会议由中国科协党组副书记、副主席、书记处书记徐延豪主持。

怀进鹏围绕深入学习贯彻习近平同志在党的十九届四中全会上的重要讲话精神，对党的十九届四中全会的重大历史意义、现实意义和精神实质进行系统解读。他指出，党的十九届四中全会是在庆祝中华人民共和国成立70周年的重要节点，向全面建成小康社会、实现第一个百年奋斗目标迈进的关键之年召开的一次具有开创性和里程碑意义的重要会议，标志着党对坚持和完善中国特色社会主义制度规律性的认识达到了新的境界。党的十九届四中全会审议通过的《中共中央关于坚持和完善中国特色社会主义制度　推进国家治理体系和治理能力现代化若干重大问题的决定》，全面回答了在中国国家制度和国家治理体系上应该坚持和巩固什么、完善和发展什么这个重大政治问题，顺应了时代潮流和实践要求，反映了党的意志和人民意愿，是一篇马克思主义的纲领性文献。

怀进鹏强调，党的十九届四中全会明确完善科技支撑的社会治理体系，彰显了以习近平同志为核心的党中央对科技工作、科协事业发展的高度重视。中国科协作为党领导下的人民团体，必须不断增强“四个意识”、坚定“四个自信”、做到“两个维护”，始终坚持以习近平新时代中国特色社会主义思想为指导、以科技工作者为中心，毫不动摇坚持党的全面领导，坚定不移强“三性”、建“三型”，不断提升“四服务”的质量和效能，在方法上突出价值赋能，强化科技工作者对党的创新理论的政治认同、思想认同、情感认同，实践上强化组织赋能、制度赋能，不断提升组织力、凝聚力、影响力，把学习宣传贯彻党的十九届四中全会精神转化为科协组织履行政治使命、服务国家治理的生动实践。

怀进鹏要求，科协系统各级领导干部要把深入学习宣传贯彻党的十九届四中全会精神作为当前和今后一个时期重要政治任务，进一步提高政治站位，充分认识坚持和完善中国特色社会主义制度、推进国家治理体系和治理能力现代化的重大意义，坚守初心使命，增强制度自信，深入研究、把握规律，为服务党和国家工作大局、促进国家治理体系和治理能力现代化不断作出新贡献。

党组成员束为、王守东、殷皓出席会议。机关全体干部、各直属单位班子成员及各党支部负责人、部分全国学会办事机构党组织负责人和部分省、市科协负责人等300多人参加。

【中国科协党组理论学习中心组深入学习党的十九届四中全会精神】 11月22日，中国科协党组理论学习中心组围绕学习贯彻党的十九届四中全会精神举行集体学习研讨。中国科协党组书记、常务副主席、书记处第一书记怀进鹏主持学习。

会上，党组同志结合深入领会习近平同志在党的十九届四中全会上的重要讲话精神和认真研读《〈中共中央关于坚持和完善中国特色社会主义制度　推进国家治理体系和治理能力现代化若干重大问题的决定〉辅导读本》《党的十九届四中全会〈决定〉学习辅导百问》分别作交流发言，党组副书记徐延豪、党组成员束为作重点发言。大家认为，党的十九届四中全会是一次具有开创性、里程碑意义的重要会议，全会审议通过的《中共中央关于坚持和完善中国特色社会主义制度　推进国家治理体系和治理能力现代化若干重大问题的决定》专门对群团工作、科技工作提出要求，充分体现了以习近平同志为核心的党中央的殷切期望和群团组织的重大责任。科协系统要充分认识健全联系广泛、服务群众的群团工作体系的重大意义，始终保持和增强政治性、先进性、群众性，坚持以科技工作者为中心的工作导向，切实以习近平新时代中国特色社会主义思想武装科协系统、教育“三支队伍”、指导事业发展，把广大科技工作者紧紧团结在党的周围，不断厚植党执政的群众基础。要充分认识科技支撑社会治理体系的重要作用，始终坚持和加强党的全面领导，完善和发展党领导学会治理以及支持学会承担公共服务职能的各项制度，深化学会治理改革，优化管理模式，创新运行机制，探索党建强会的新途径、新方式，不断提升学会治理体系和治理能力水平。

党组成员王守东、殷皓参加学习。书记处书记孟庆海，中央纪委国家监委驻科技部纪检监察组有关同志和机关各部门、各直属单位主要负责同志列席。

【中国科协党组理论学习中心组专题学习习近平总书记在庆祝中华人民共和国成立70周年大会上的重要讲话】 10月11日，中国科协党组理论学习中心组举行专题学习扩大会，认真学习习近平总书记在庆祝中华人民共和国成立70周年大会上的重要讲话，深刻领会习近平总书记重要讲话的重大意义和深刻内涵，更好总结和运用宝贵历史经验，更好认识和把握历史发展规律，充分发挥科协组织政治作用，激发爱国热情、凝聚奋进力量。中国科协党组书记、常务副主席、书记处第一书记怀进鹏主持会议。

会议传达学习习近平总书记在庆祝中华人民共和国成立 70 周年大会上的重要讲话。党组有关同志结合认真学习习近平总书记在中央政协工作会议暨庆祝中国人民政治协商会议成立 70 周年大会上的重要讲话以及各自思想和工作实际，谈认识体会、作交流发言。大家认为，习近平总书记重要讲话深情回顾了中华人民共和国 70 年波澜壮阔的历史，鲜明回答了 70 年历史性变革中所蕴藏的内在逻辑，明确指出了前进征程上团结奋斗的方向，是新时代坚持和发展中国特色社会主义的光辉文献。中国科协作为党和政府联系科学技术工作者的桥梁和纽带，要争做学习宣传贯彻习近平总书记重要讲话精神的表率，紧紧抓住“为人民谋幸福、为民族谋复兴、为世界谋大同”这一深刻理解和全面把握习近平新时代中国特色社会主义思想的金钥匙，带头坚持中国共产党领导、坚持人民主体地位、坚持中国特色社会主义道路、坚持“和平统一、一国两制”的方针、坚持和平发展道路，更好团结引领广大科技工作者继续把我们的人民共和国巩固好、发展好，继续为实现“两个一百年”奋斗目标、实现中华民族伟大复兴的中国梦而努力奋斗。

交流发言后，怀进鹏作学习讲评。他指出，习近平总书记的重要讲话，深刻阐述中华人民共和国成立的伟大意义，深刻总结中华人民共和国 70 年的光辉历程、辉煌成就和宝贵经验，深刻剖析党和国家事业发展面临的新形势、新任务、新要求。要把深入学习贯彻习近平总书记重要讲话精神作为一项重大政治任务抓紧抓好，深刻领会其丰富内涵和实践要求，进一步提高政治站位，把第一批“不忘初心、牢记使命”主题教育成果巩固好，把第二批主题教育开展好，配合好中央对中国科协党组巡视各项工作，确保围绕庆祝中华人民共和国 70 周年华诞开展的中国科协国际合作月活动顺利实施。

党组副书记徐延豪，党组成员束为、宋军、王守东、殷皓出席会议，中央纪委国家监委驻科技部纪检监察组有关同志，中国科协机关各部门、各直属单位主要负责人列席会议。

【中国科协党组理论学习中心组学习习近平总书记关于宣传思想工作的重要思想】 4 月 19 日，中国科协党组理论学习中心组就习近平总书记关于宣传思想工作的重要思想举行集体学习研讨。中国科协党组书记怀进鹏主持学习。

人民日报数字传播有限公司董事长兼总裁徐涛应邀对全媒体时代和融媒体发展的社会背景、理论基础、发展现状、存在问题等方面作了讲解，并就进一步做好对科技工作者的政治引领政治吸纳谈了意见和建议。中国科协党组、书记处成员围绕深入学习领会习近平总书记在全国宣传思想工作会议、全国网络安全和信息化工作会议、中央政治局第十二次集体学习时的重要讲话精神，逐一发言，党组副书记徐延豪、党组成员束为作了重点发言。大家一致认为，做好新时代党的宣传思想工作，必须全面贯彻习近平总书记关于宣传思想工作的重要思想，树牢“四个意识”，坚定“四个自信”，坚决做到“两个维护”，坚持稳中求进、守正创新，对标对表举旗帜、聚民心、育新人、兴文化、展形象的使命任务，把学习宣传贯彻习近平新时代中国特色社会主义思想作为首要政治任务，把统一思想、凝聚力量作为工作中心环节，推动建设具有强大凝聚力和引领力的社会主义意识形态，培养担当民族复兴大任的时代新人，更好满足广大科技工作者的精神文化生活需要。怀进鹏作了讲话。

党组成员宋军、王守东、殷皓参加学习。书记处书记孟庆海，机关各部门、各直属单位主要负责人列席。

【中国科协党组传达学习习近平总书记在五四运动 100 周年大会上的重要讲话精神】 4 月 30 日，中国科协召开 2019 年第十三次党组会议，传达学习习近平总书记在五四运动 100 周年大会上的重要讲话精神。会议由中国科协党组书记怀进鹏主持。

会议指出，党中央隆重召开纪念五四运动 100 周年大会，习近平总书记发表重要讲话，深切缅怀了五四先驱崇高的爱国情怀和革命精神，高度评价了五四运动的历史意义，对新时代继承发扬五四精神提出明确要求，为新时代做好青年工作提供了重要遵循，对科协做好新时代青年科技人才工作具有重要的指导意义。

会议强调，各级科协组织要深入学习习近平总书记的重要讲话精神，深刻把握以爱国主义为核心的五四精神，按照树立远大理想、热爱伟大祖国、担当时代责任、勇于砥砺奋斗、练就过硬本领、锤炼品德修为的要求，进一步加强对青年科技工作者，特别是青年科技领军人才的思想政治引领，引导他们听党话、跟党走，自觉增强“四个意识”，坚定“四个自信”，做到“两个维护”，更加紧密地团结在以习近平同志为核心的党中央周围。

会议指出，各级科协组织要围绕中心、服务大局，不断创新工作思路，加强对青年科技工作者特别是“两新”组织中青年科技人才的联系服务。要主动在学术交流、创新创业、建言献策、科技志愿服务、教育培训、国际科技交流等方面为青年科技工作者搭建平台，大力表彰宣传优秀青年科技工作者和创新团队，做广大青年科技工作者的知心人、热心人、引路人，关心他们成长发展，引导支持他们勇于担当新时代中国青年的光荣使命，扎根人民、奉献国家，服务世界、引领未来，为实现“两个一百年”奋斗目标、实现中华民族伟大复兴的中国梦作出新的更大的贡献。

会议还研究了其他事项。

党组副书记徐延豪，党组成员束为、宋军、王守东、殷皓出席会议。书记处书记孟庆海、中央纪委国家监委驻科技部纪检监察组有关负责人，中国科协机关各部门、各直属单位主要负责同志列席会议。

【中国科协党组理论学习中心组围绕贯彻落实习近平总书记重要指示批示精神举行集中学习研讨】 7月19日，中国科协党组理论学习中心组举行“不忘初心、牢记使命”主题教育第六次集中学习，深入学习贯彻习近平新时代中国特色社会主义思想和党中央重大决策部署，努力掌握科学思想方法和工作方法，围绕贯彻落实习近平总书记关于科技创新、群团工作、科协工作的重要指示批示精神深入交流研讨，强化担当作为，破解发展难题。中国科协党组书记、常务副主席、书记处第一书记怀进鹏主持集中学习。机关有关部门主要负责同志结合推动重大任务落实谈学习体会。党组、书记处有关同志作点评发言。

怀进鹏在作学习讲评时指出，此次集中学习创新形式、扩大范围，是落实习近平总书记要求“抓思想认识到位、抓检视问题到位、抓整改落实到位、抓组织领导到位”的实际举措。在主题教育开展“过半”之际，检视剖析科协组织贯彻落实习近平总书记指示批示精神的落实情况，对于检验学习教育和调查研究成效，及时校准偏差，具有重要意义。要抓紧完成实施方案各项任务，发挥“一体两翼”优势，补齐短板，进一步选树典型人、典型事，挖掘提炼科协特色和品牌，注重学习兄弟部门单位主题教育的好经验好做法，扎实推进4项重点措施。要不断提高思想认识，及时跟进学习习近平总书记最新重要讲话精神，树立“唯变不变”意识，时刻识别科技变革、产业变革、社会变革和国际局势变革，在变化中坚守初心使命、提高政治站位、推进自我革命，确保科协工作任何时候都符合党中央的要求和广大科技工作者的期许。要坚持高标准严要求，切实把“12字总要求”“5句话目标”落细落实，做到改字当头、提质增效，通过优化组织重构、强化组织赋能，全面提升组织力。要高质量推进整改落实，坚决反对形式主义、官僚主义，把“改”字立在前面，把“果”字放在其中，加强MCR方法指导，变问题为动力，确保习近平总书记重要指示批示精神和党中央各项决策部署件件能落实、项项有成果。

中国科协党组副书记徐延豪，书记处书记孟庆海，党组成员束为、宋军、王守东、殷皓结合实际对重点发言同志讲述的内容发表了意见，进行了讨论，机关各部门全体同志、各直属单位班子成员约180人参加集体学习。

【中国科协党组理论学习中心组学习习近平总书记在“不忘初心、牢记使命”主题教育工作会议上的重要讲话精神】 6月3日，中国科协党组理论学习中心组传达学习中央“不忘初心、牢记使命”主题教育工作会议精神和习近平总书记重要讲话精神。党组书记怀进鹏主持学习会议，党组成员谈学习体会。

会议指出，习近平总书记的重要讲话高屋建瓴、思想深邃，着眼新时代统揽“四个伟大”、统筹推进“五位一体”总体布局、协调推进“四个全面”战略布局，深刻阐述了开展“不忘初心、牢记使命”主题教育的重大意义，深刻阐明了主题教育的目标要求和重点措施，对开展主题教育提出了明确要求，是开展“不忘初心、牢记使命”主题教育的根本指针，开启了新时代党的建设新篇章。王沪宁同志的讲话，对开展主题教育提出具体要求，具有很强的针对性、指导性。中国科协各级党组织和广大党员要深入学习贯彻，把握核心要义，领会精神实质，把开展主题教育作为增强“四个意识”、坚定“四个自信”、做到“两个维护”、做好“三个表率”的重大政治任务，以高度的政治自觉、思想自觉、行动自觉推动主题教育取得扎扎实实的成效。

会议强调，为中国人民谋幸福，为中华民族谋复兴，是中国共产党人的初心和使命，是激励一代代中国共产党人前赴后继、英勇奋斗的根本动力。坚守这个初心和使命，科协组织就要始终坚持以科技工作者为中心的工作导向，把一切为了科技工作者，一切依靠科技工作者作为根本的工作路线和工作方法，以科技工作者满意不满意作为衡量科协工作的重要标尺，团结引领广大科技工作者在中华民族伟大复兴的新征程上砥砺前行。

会议要求，中国科协各级党组织和广大党员要迅速把思想和行动统一到习近平总书记重要讲话精神和中央决策部署上来，扎实开展主题教育。一是对标对表总要求和目标任务，建立组织领导机构，制定具体措施并严格落实；二是坚持读原著学原文悟原理，始终用习近平新时代中国特色社会主义思想武装头脑、指导实践、推动工作，不断增强贯彻落实习近平总书记关于科协工作各项指示批示精神的自觉性和坚定性；三是把开展主题教育与科协年初部署的重大任务结合起来，强化三维聚力，推动“党建带群建”、科技志愿服务、科协党校建设、弘扬中国科学家精神、科技群团的国际发展等工作；四是加强对科协系统的业务指导，突出“党建强会”，深化“一体两翼”建设。

党组副书记徐延豪，党组成员束为、宋军、王守东、殷皓参加学习。

【中国科协召开“不忘初心、牢记使命”主题教育动员部署会】 6月6日，中国科协召开“不忘初心、牢记使命”主题教育动员部署会，深入学习贯彻习近平总书记重要讲话和主题教育工作会议精神，认真落实党中央决策部署和要求，教育引导广大党员干部守初心、担使命，找差距、抓落实，切实做到理论学习有收获、思想政治受洗礼、干事创业敢担当、为民服务解难题、清正廉洁作表率，不断增强“四个意识”，坚定“四个自信”，做到“两个维护”。中国科协党组书记、常务副主席、书记处第一书记怀进鹏主持并作动员讲话，中央指导组组长范小建出席并讲话。

会议指出，党中央决定在全党开展“不忘初心、牢记使命”主题教育，是以习近平同志为核心的党中央统揽“四个伟大”作出的重大部署，对统筹推进“五位一体”总体布局、协调推进“四个全面”战略布局，实现“两个一百年”奋斗目标、实现中华民族伟大复兴的中国梦，具有重大而深远的意义。习近平总书记在主题教育工作会议上的重要讲话，高屋建瓴、思想深邃，对开展主题教育提出了明确要求和根本指针，是新时代加强党的建设的纲领性文献。开展“不忘初心、牢记使命”主题教育，必须用习近平新时代中国特色社会主义思想武装全党，必须大力推进新时代党的建设，必须保持党同人民群众血肉联系，必须实现党的十九大确定的目标任务。

会议强调，科协走过的61年，是高举党的旗帜跟党走、迈步在时代前列的61年，是贯彻党的群众路线、不断巩固和扩大党在科技界执政基础的61年，是围绕党和国家中心任务、凝聚科技工作者积极作为的61年。中国科协开展“不忘初心、牢记使命”主题教育，要旗帜鲜明坚持党的领导，切实履行联系、动员、引领广大科技工作者听党话跟党走的使命；要竭诚服务科技工作者，牢固树立宗旨意识，坚持以科技工作者为中心的工作导向，不断提升科技工作者获得感、幸福感、安全感；要围绕中心服务大局，必须在大局下思考、在大局下行动，维护核心、聚焦靶心、围绕中心、突出重心、凝聚人心；要与时俱进改革创新，着力提升为科技工作者服务、为创新驱动发展服务、为提高全民科学素质服务、为党和政府科学决策服务的能力，使科协工作始终体现时代性、把握规律性、富于创造性。

会议要求，要全面贯彻落实党中央提出的根本任务、总要求、具体目标和重要举措，结合中国科协实际，创造性开展主题教育。要着力抓好学习教育，坚持原原本本学，深化集中学习研讨，开展丰富多彩的教育活动；要着力抓好调查研究，围绕贯彻落实习近平总书记重要指示批示精神和党中央决策部署，着眼解决难点、重点、基层群众呼声高的问题，推动科协“服务发展年”重大任务落地见效；要着力抓好检视问题，通过多种方式广泛听取意见，认真检视反思，列出问题清单，深刻剖析原因，明确整改方向；要着力抓好整改落实，把“改”字贯穿始终，边学边查边改，认真做好专项整治；要着力抓好组织领导，成立中国科协主题教育领导小组和办公室，专门抽调精干人员，对各部门单位开展主题教育进行督促指导，层层压实责任，加强宣传引导，坚决防止形式主义。

中央指导组组长范小建作了讲话。中央指导组副组长刘越及有关同志，中国科协党组、书记处全体领导同志和近期退出中国科协党组的领导同志，中国科协机关全体党员干部，直属单位中层以上党员干部（含副高级技术职称以上党员），各基层党组织书记（含离退休党支部），共计460余人参加会议。

【中国科协党组理论学习中心组围绕推动全球科技治理格局和科技治理体制创新举行集体学习】 6月24日，中国科协党组理论学习中心组围绕推动全球科技治理格局和科技治理体制创新举行集体学习研讨。党组书记怀进鹏主持学习。

灾害风险综合研究计划国际办公室执行主任韩群力应邀作辅导报告，围绕新形势下科技交流与合作、科技治理、科技组织等方面作了讲解，并就维护中国科技发展空间提出建议。中国科协党组、书记处成员，机关有关部门主要负责同志作交流发言。大家一致认为，科技治理体系建设在国家科技能力建设中居于重要位置。新形势下，仅仅通过政府间科技交往已不足以完全实现和维护好国家利益，拓展民间国际科技交流成为中国科技界参与全球治理并提升国际话语权的重要方式。面对新形势新挑战，中国科协的民间国际科技交流工作要坚持以习近平新时代中国特色社会主义思想为指导，坚持围绕中心、服务大局，坚持相互尊重、合作共赢，在“1–9–6–1”工作布局下，打造国际化服务平台，深度参与全球科技治理，夯实党在科技界的群众基础，服务创新驱动发展，服务人类命运共同体建设。怀进鹏作了讲话。

党组副书记徐延豪，党组成员束为、宋军、王守东、殷皓，机关各部门主要负责同志参加学习。书记处书记孟庆海、各直属单位主要负责同志列席。

【中国科协党组理论学习中心组举行“不忘初心、牢记使命”主题教育集中学习研讨】 6月25—26日，中国科协党组理论学习中心组以“不忘初心、牢记使命，用习近平新时代中国特色社会主义思想武装头脑、指导实践、推动工作”为主题，举行集中学习研讨。党组书记怀进鹏主持学习，中央第二十二指导组组长范小建、中央纪委国家监委驻科技部纪检监察组副组长玄洪云列席指导部分学习活动。

党组同志先后就“坚定理想信念、践行党的宗旨、勇于担当作为”专题和“加强党的政治建设、严守党的政治纪律政治规矩、推进全面从严治党”专题作重点发言、交流发言，其他同志逐一谈学习体会。党组、书记处同志还与分管部门单位主要负责同志进行小组研讨，深入学习贯彻习近平总书记5·31重要讲话精神和《中共中央关于加强党的政治建设的意见》各项具体要求，深化两个专题的集体学习成果。在此基础上，党组、书记处同志对照“5句话”目标，重点从理论武装、问题导向、调研方案、整改落实、注重实效等方面，分别对两天的集中学习研讨进行总结。大家一致认为，为中国人民谋幸福、为中华民族谋复兴的初心和使命，是激励中国共产党人不断前进的根本动力。习近平新时代中国特色社会主义思想是二十一世纪中国的马克思主义，在这面思想旗帜上深深镌刻着党的初心和使命，中国科协全体党员必须结合原著学进去、联系实际干出来，把肩负的初心和使命转化为学懂弄通做实习近平新时代中国特色社会主义思想的生动实践。要悟初心、忠初心、守初心、践初心，敢于担当、善于作为，真抓实干、冲在前线，做到真心真情真学真信，坚持以人民为中心，勇于自我革命，全心全意为科技工作者服务。怀进鹏作了学习讲评。

中国科协党组副书记徐延豪，党组成员束为、宋军、王守东、殷皓，机关各部门、各直属单位主要负责同志参加学习。书记处书记孟庆海、中央第二十二指导组和中央纪委国家监委驻科技部纪检监察组有关同志列席。

【中国科协举办“不忘初心、牢记使命”第二次党课辅导报告会】 7月5日，中国科协举办“不忘初心、牢记使命”第二次党课辅导报告会。中共中央党史和文献研究院副院长吴德刚应邀作辅导报告。中国科协党组书记、“不忘初心、牢记使命”主题教育领导小组组长怀进鹏主持报告会。

本次党课辅导报告以学习贯彻习近平总书记关于“不忘初心、牢记使命”的重要论述为主题，从深刻把握党的革命传统和优良作风的丰富内涵、时代价值、重要特征，弘扬革命传统和优良作风，加强品格建设，努力实现主题教育的根本任务和具体目标等方面，对习近平新时代中国特色社会主义思想的坚定信仰信念、鲜明人民立场、强烈历史担当、求真务实作风、勇于创新精神和科学方法论作了讲解。怀进鹏作了讲话。

党组副书记徐延豪，党组成员束为、宋军、王守东、殷皓，机关各部门全体党员、各直属单位中层以上党员干部约400人参加报告会。

【中国科协党组理论学习中心组专题学习习近平总书记在中央政治局第十五次集体学习时重要讲话】 7月14日，中国科协党组理论学习中心组举行主题教育第五次集中学习，专题学习习近平总书记在中央政治局第十五次集体学习时重要讲话。中国科协党组书记怀进鹏主持学习。

怀进鹏传达中央“不忘初心、牢记使命”主题教育领导小组《关于认真学习贯彻习近平总书记在中央政治局第十五次集体学习时重要讲话的通知》并作重点发言，党组、书记处其他同志作交流发言，围绕深入学习贯彻习近平总书记关于“牢记初心使命、推进自我革命”重要论述谈体会。

大家一致认为，牢记初心使命、推进自我革命，是党最鲜明的品格，也是党最大的优势。习近平总书记根据马克思主义基本原理，深刻总结党的历史经验特别是党的十八大以来全面从严治党的新鲜经验，提出“牢记初心使命、推进自我革命”的重大命题，内涵丰富、意蕴深远，具有很强的现实针对性和战略指导性，对全面贯彻“守初心、担使命，找差距、抓落实”总要求，探索科技群团党的建设规律，正确认识和解决强“三性”、去“四化”、补“四缺”等突出问题，全面提高中国科协党的建设质量，具有重大而深远的意义。要做到不忘初心、牢记使命，并不是一件容易的事情，必须有强烈的自我革命精神，有正视问题的自觉和刀刃向内的勇气，时时刻刻抓住“不忘初心、牢记使命”这条红线，站在人民根本利益、党和国家前途命运的高度，全面增强“四服务”能力，对标对表初心使命、及时校准偏差，以义无反顾、动真碰硬的精神解决仍然存在的老问题和出现的新问题，把党的伟大自我革命进行到底。要以习近平总书记重要讲话精神为遵循，坚持加强党的集中统一领导和解决党内问题相统一、坚持守正和创新相统一、坚持严管和厚爱相统一、坚持组织推动和个人主动相统一，坚持自我净化、自我完善、自我革新、自我提高，大力推进革命精神，把伟大自我革命精神融入会风文化建设，不断营造对党忠诚、为民服务、勇于担当、干事创业的积极氛围。

怀进鹏强调，牢记初心使命必须推进自我革命，推进自我革命必须围绕初心使命，两者相辅相成，互为统一，是推进伟大社会革命、统揽“四个伟大”的根本前提和重要法宝。要真正在思想认识、作风行动上进行自我革命，以刮骨疗伤的决心从主题教育指出的 8 个方面找问题，真刀真枪碰问题，兑现承诺解决问题，防止忘记主题，分心走神、散光跑偏，防止检视问题“新瓶装旧酒”，防止剖析整改问题“见物不见人”。要始终把学懂弄通做实习近平新时代中国特色社会主义思想作为根本任务，切实按照习近平总书记提供的学习方法，自觉主动学，及时跟进学，联系实际学，笃信笃行学，学出坚定信仰、学出使命担当，学以致用、身体力行，把学习成果落实到干好本职工作、推动事业发展上，把习近平总书记关于科技创新的重要论述和对广大科技工作者的亲切关怀融入科技界的思想建设和奋斗实践中，推动学习贯彻习近平新时代中国特色社会主义思想往深里走、往心里走、往实里走，筑牢科技界共同思想基础。

中国科协党组副书记徐延豪，党组成员束为、宋军、王守东、殷皓参加集体学习。书记处书记孟庆海，中国科协机关各部门、各直属单位主要负责同志列席。

【中国科协党组理论学习中心组开展“不忘初心、牢记使命”现场教学】 7 月 26 日，中国科协党组理论学习中心组以“不忘初心、牢记使命”为主题举行第七次集中学习，党组、书记处同志及机关各部门、各直属单位主要负责同志赴北大红楼和国家博物馆参观学习，重温入党誓词，领悟共产党初心使命，进一步深化“四服务”职责定位和党联系科技工作者的桥梁纽带作用。

北大红楼是新文化运动、五四运动的策源地，也是中国第一个共产主义小组的诞生地。在“马克思主义在中国的早期传播”主题展馆内，摆放了一份份文物和手稿，展示马克思主义在中国早期传播的艰辛历程，展现早期马克思主义者在探寻救国之道时的坚定信念和不懈追求。大家参观李大钊的图书馆主任室、毛泽东工作过的阅览室等不同场景，重温新文化运动、五四运动和新民主主义革命的历史，体会先进青年振兴中华的峥嵘岁月，感受先烈先驱坚韧不拔的革命精神。

在国家博物馆观看“复兴之路”展览，大家端详珍贵史料，观看事件描述、实物陈列，不时围绕初心使命、历史规律、革命事迹、改革发展等交流感悟，共同领略、回顾近代以来中国人民救亡图存、为实现民族复兴进行的种种探索，特别是中国共产党领导全国各族人民争取民族独立人民解放、国家富强人民幸福的光辉历程。

在“新时代部分”，大家直观体验到党的十八大以来中国发生的巨大变化，感受到以习近平同志为核心的党中央治党治国治军的高超智慧和卓越能力，深刻感悟习近平新时代中国特色社会主义思想的真挚为民情怀、鲜明问题导向、宽广国际视野、深邃历史眼光、深厚文化底蕴和实践伟力，进一步增强“四个意识”、坚定“四个自信”、做到“两个维护”的自觉，极大鼓舞了干事创业的斗志和士气。

在庄严的党旗下，大家重温入党誓词。中国科协党组书记、常务副主席、书记处第一书记怀进鹏在作学习讲评时指出，这次党组理论学习中心组现场教学，回顾了我们党领导全国各族人民争取民族独立人民解放、国家富强人民幸福的光辉历程，给人以深刻教育和启示。大家要始终把党的初心和使命铭记于心，在贯彻从科学救国、科学报国到科学强国的要求中充分发挥科协组织的作用，矢志为人民谋幸福、为民族谋复兴。要深刻认识中国梦与科学梦紧密相连，科技工作者是中国梦接续历史、现实和未来的传承者，实现中国梦需要科技工作者，也将成就科技工作者，以主题教育为抓手，增强“四个意识”、坚定“四个自信”、做到“两个维护”，破解改革发展难题，更好履行桥梁纽带职责，以坚定理想信念为根基，不断推进自我净化，以纪律制度为保障，不断推进自我完善，破除一切不合时宜的思想观念，不断推进自我革新，切实提高本领，不断实现自我提高。要把守初心、担使命，找差距、抓落实结合起来，把知、信、行统一起来，把变、改、果统一起来，进一步强化“四服务”能力，推进科技人才队伍建设和科技助力转型升级，把科技工作者紧密团结在以习近平同志为核心的党中央周围，脚踏实地为建设世界科技强国、实现中华民族伟大复兴的中国梦作出应有的贡献。

党组副书记徐延豪，党组成员束为、宋军、王守东、殷皓参加学习。书记处书记孟庆海列席。

【中国科协党组理论学习中心组举行主题教育集中学习】 8月19日，中国科协党组理论学习中心组分专题举行“不忘初心、牢记使命”主题教育第八次集体学习研讨，通过深入学习党史、新中国史，全面了解中国共产党的光荣传统、宝贵经验和伟大成就，不断深化对中国共产党人的初心和使命的认识和理解，增强“四个意识”、坚定“四个自信”、做到“两个维护”，始终在思想上政治上行动上同以习近平同志为核心的党中央保持高度一致。中国科协党组书记、常务副主席、书记处第一书记怀进鹏主持集中学习。

首先，大家观看学习了历史文献纪录片《筑梦中国》第二集“中流击水”，回望了1918年第一次世界大战结束至1949年中华人民共和国成立的历史，并结合自身学习情况畅谈学习感受。大家一致认为，中国近代以来170多年斗争史、中国共产党98年奋斗史和新中国70年发展史证明，经过血的洗礼，最终人民和时代选择了马克思主义、选择了中国共产党、选择了社会主义道路、选择了改革开放，党作为中国特色社会主义事业的领导核心是历史必然，中华民族伟大复兴的中国梦一定能够实现。要将学习党史、新中国史作为必修课，常怀忧党之心、为党之责、强党之志，切实做到知史爱党、知史爱国，知行合一、学以致用。怀进鹏作了讲话。

党组副书记徐延豪，党组成员束为、宋军、王守东、殷皓参加学习。书记处书记孟庆海，机关各部门、各直属单位主要负责同志列席。

当日，中国科协党组理论学习中心组还围绕“严肃党内政治生活、做到守初心担使命”开展主题教育第九次集体学习研讨。中国科协党组书记、常务副主席、书记处第一书记怀进鹏主持学习，中央纪委国家监委驻科技部纪检监察组组长王宾宜出席并作专题辅导报告。

王宾宜从理论的高度和历史的维度，以中国共产党人的初心和使命为脉络，对党的光荣传统、宝贵经验和伟大成就作了深刻阐释，指出守初心、担使命必须保持党同人民群众的血肉联系，任何时候都要坚定人民立场这一党的根本政治立场，坚持全心全意为人民服务的根本宗旨，贯彻执行党的群众路线，强化群众观点；必须不断加强党的思想理论武装，始终把对马克思主义的信仰、对共产主义远大理想和中国特色社会主义共同理想的信念作为精神支柱和政治灵魂，在学懂弄通做实习近平新时代中国特色社会主义思想上久久为功，努力掌握马克思主义思想方法和工作方法，筑牢理想信念的“压舱石”和“定海神针”；必须着重提升政治能力，不断提高把握方向、把握大势、把握全局的能力，辨别政治是非、保持政治定力、驾驭政治局面、防范政治风险的能力，善于从政治上分析解决问题，找准党的建设与业务发展的结合点，推动党建与业务融合发展。

党组、书记处同志逐一交流学习体会，一致认为，王宾宜同志的报告主题鲜明、旁征博引、分析透彻、深入浅出，既指明了理想信念和群众观点至关重要，也指出了中国科协领导班子需要狠下功夫的具体工作，具有很强的理论和现实指导意义，为落实好“守初心、担使命，找差距、抓落实”总要求，开好专题民主生活会进一步打牢了思想基础。怀进鹏作了讲话。

党组副书记徐延豪，党组成员束为、宋军、王守东、殷皓参加集中学习。中国科协书记处书记孟庆海、中央纪委国家监委驻科技部纪检监察组有关负责同志，中国科协机关各部门、各直属单位主要负责同志列席。

【中国科协党组召开“不忘初心、牢记使命”专题民主生活会】 8 月 21 日，根据中央统一部署，经中央第二十二指导组同意，中国科协党组召开“不忘初心、牢记使命”专题民主生活会。中国科协党组书记、常务副主席、书记处第一书记怀进鹏主持会议，中央第二十二指导组组长范小建出席会议提出要求并作点评。党组副书记徐延豪，党组成员束为、宋军、王守东、殷皓出席会议，书记处书记孟庆海列席会议。中央第二十二指导组副组长刘越及指导组全体成员，中央纪委国家监委驻科技部纪检监察组有关同志到会指导。

会前，在中央第二十二指导组的有力指导下，党组认真研究制定民主生活会工作方案，党组同志在原有自学、集体学习研讨的基础上，深入学习领会习近平新时代中国特色社会主义思想，深入开展谈心谈话，认真查摆问题、剖析思想根源，自己动手撰写检视剖析材料，为召开专题民主生活会打牢思想基础。

怀进鹏首先代表党组作对照检查，重点从理论学习、思想政治、干事创业、为民服务、清正廉洁 5 个方面查摆了 14 个突出问题，深入剖析原因，从着力推进专项整治、着力强化思想理论武装、着力增强科协组织政治属性、着力深化科协系统改革落地见效、着力建设模范政治机关、着力营造风清气正政治生态六个方面提出努力方向和整改措施。随后，怀进鹏带头开展个人对照检查，进行批评和自我批评，党组其他同志也联系思想和工作实际逐一作对照检查并开展批评和自我批评。

范小建在点评中指出，中国科协党组专题民主生活会准备充分，怀进鹏同志认真履行第一责任人责任，充分发挥示范表率作用，党组同志发言直奔问题、揭短亮丑、见人见事见思想，体现了刀刃向内的自我革命精神，相互批评真点问题、点真问题。他指出，中国科协党组专题民主生活会符合中央要求，开得很成功，既有积极健康的批评和自我批评，也有同志之间的信任和温暖，达到了“团结—批评—团结”的目的，体现了中国科协党组是一个团结的班子。他强调，下一步要按照习近平总书记的要求，以自我革命的精神，以从严从实的做法，以科学有效的方法，切实把问题整改和专项整治工作抓好、抓出成效，让广大党员和群众真正满意。

怀进鹏在总结中强调，要坚持“改”字贯穿始终，党组同志要发挥“关键少数”的“头雁”作用，按照中央的要求和群众期待切实抓好专项整治和突出问题整改。要把守初心担使命作为终身课题，持续深化学习贯彻习近平新时代中国特色社会主义思想，提高政治能力、增强斗争本领。要突出主责主业，坚持效果导向，加强重点品牌建设，识变应变求变，眼睛向下、重心下移，向群众学习，切实提升战略谋划力、带队伍能力、国际发展能力，让党中央放心、让广大科技工作者满意。

根据中央要求，党组专题民主生活会情况将在一定范围内通报，党组同志还将参加本人党组织关系所在支部专题组织生活会。

【中国科协举办庆祝新中国成立 70 周年“不忘初心、牢记使命、建功新时代”党建强会文艺展演】 为深入学习贯彻习近平新时代中国特色社会主义思想，深化“不忘初心、牢记使命”主题教育成果，团结引领广大科技工作者树牢“四个意识”，坚定“四个自信”，坚决做到“两个维护”，向新中国成立 70 周年献礼，12 月 10 日，中国科协庆祝新中国成立 70 周年“不忘初心、牢记使命、建功新时代”党建强会文艺展演在北京举办。中国科学院院士、中国岩石力学与工程学会理事长、党委副书记何满潮，中国科协党组成员兼机关党委书记王守东，中央和国家机关工作委员会行业协会党建部副部长刘岩，中国老科学技术工作者协会常务副会长、党委书记齐让，以及全国党建研究会有关负责人出席活动。

主题教育期间，科技社团党委面向全国学会党组织广泛开展以“不忘初心、牢记使命、建功新时代”为主题的征文展演活动，共征集到诗歌、散文、小说故事类征文 264 篇，诗歌朗诵、小合唱、独唱、舞蹈等节目 20 余个，作品充分展现了广大科技工作者弘扬传承爱国奋斗精神、献身祖国科技事业、投身科技志愿服务、扎根基层、爱岗敬业、奋发有为、建功立业新时代的理想和追求。

本次演出由科技工作者自编自演，分为“传承”“创新”“认同”“作为”四个篇章。大合唱《不忘初心》、舞蹈《红旗颂》等节目表达了广大科技工作者不忘初心、传承精神的家国情怀和对伟大祖国的深深祝福。《见证初心和使命的“十一书”》《圣者仁心》《父亲的散文诗》《未来之国》等节目记述了坚定信仰、科技报国、科技强国的初心和坚守。《铸梦》《铭记》等节目歌颂了广大科技工作者以振兴中华为己任，锐意进取、砥砺前行，为实现“两个一百年”奋斗目标、奋力开创社会主义现代化强国建设贡献磅礴科技力量的庄严承诺。

整场演出综合运用了大合唱、舞蹈、歌伴舞、视觉互动舞蹈秀、配乐诗朗诵、音乐小品、歌曲串烧、独唱、情景诗朗诵、现场采访等多种表现形式，讴歌新中国科技发展成就、歌颂优秀科技工作者先进事迹、传承弘扬科学家精神，生动展现了中国科协党组坚持党建带群建、团结带领广大科技工作者听党话跟党走、建功新时代的初心和使命。

此次文艺展演是全国学会党组织精神风貌的集中展示，也是全国学会党组织“不忘初心、牢记使命”主题教育成果的一次集中汇报。

来自中国科协所属各全国学会的党委书记、党委委员、党员代表以及中国科协机关各部门和直属单位干部职工800余人参加活动。活动由中国科协机关党委、中国科协科技社团党委联合主办，中国高科技产业化研究会党委承办。

【中国科协召开“不忘初心、牢记使命”主题教育全国学会座谈会】 7月18日，中国科协召开“不忘初心、牢记使命”主题教育全国学会座谈会，听取全国学会对中国科协工作的意见建议。中国科协党组书记、常务副主席、书记处第一书记怀进鹏主持会议并讲话。中国科协党组成员、书记处书记宋军，中国航空学会理事长林左鸣，中国工程院院士、中华中医药学会副会长张伯礼，中国科学院院士、中国岩石力学与工程学会候任理事长何满潮，中国科协－北京航空航天大学科技组织与公共政策研究院副院长翟志勇，以及来自11个全国学会的相关负责人参加座谈。

中国数学会、中国力学学会、中国化学会、中国岩石力学与工程学会、中国汽车工程学会、中国航空学会、中国复合材料学会、中国人工智能学会、中国农学会、中华中医药学会、中国城市规划学会等学会相关负责人分别发言，并提出了意见建议。

中国科协办公厅、调研宣传部、学会学术部、科技社团党委、企业创新服务中心等部门和单位的相关负责人参加座谈。

【怀进鹏赴部分全国学会开展“不忘初心、牢记使命”调研活动】 7月17—18日，中国科协党组书记、常务副主席、书记处第一书记怀进鹏带队先后到中国机械工程学会、中国免疫学会、中国通信学会开展“不忘初心、牢记使命”调研活动。中国科协党组副书记、副主席、书记处书记徐延豪，党组成员、书记处书记宋军参加调研。中国机械工程学会理事长、中国工程院院士李培根，中国免疫学会理事长、中国工程院院士田志刚，中国生物医学工程学会理事长、中国免疫学会秘书长、中国工程院院士曹雪涛，中国科协－北京航空航天大学科技组织与公共政策研究院院长翟志勇及中国动物学会、中国生物物理学会、中华医学会、中国仪器仪表学会、中国电子学会、中国计算机学会有关负责同志参加座谈。

围绕“大变革时代的世界一流学会建设”“学会党建”“学会国际化发展”和“技术服务与技术交易”等主题，怀进鹏在调研中分别听取了10个学会负责同志的意见建议。他指出，科技社团是国家创新体系的重要组成部分，在国家治理中具有独特作用。党中央十分重视学会工作，中国科协把推进学会建设摆在特别重要的位置，将为学会排忧解难作为开展“不忘初心、牢记使命”主题教育的一项重要工作。通过调研，要认真总结学会在开展“四服务”中的成功经验，全面了解学会发展过程中遇到的实际困难和问题，与学会一起研究分析问题产生的原因，共同寻找解决良策，努力推动各项工作落实，切实帮助学会解决实际困难。

怀进鹏强调，当今世界处于大变革时代，科技变革、产业与经济变革和社会变革催生新的机遇和挑战，全国学会要乘势而上，进一步明确发展目标，深化治理改革，加强国际化发展，建设中国特色的一流学会组织、有国际影响力的学会组织和有使命召唤的学会组织。要坚持党的全面领导，推动学会党建与业务融合发展，强化思想政治引领，弘扬科学家精神，确保中国广大科技工作者与党同心同德，促进海内外科学家的价值认同。要充分发挥学会的资源优势，创新服务地方经济发展方式，搭建技术服务和技术交易平台，推动新旧动能转换，服务国家经济社会发展。

中国科协办公厅、学会学术部、科技社团党委、企业创新服务中心有关负责同志参加调研。

【怀进鹏作“不忘初心、牢记使命”主题教育专题党课】 7月31日，中国科协党组书记怀进鹏在北京为机关直属单位全体党员作“不忘初心、牢记使命”主题教育专题党课。他强调，要深入学习贯彻习近平新时代中国特色社会主义思想和党的十九大精神，牢记初心使命、推动改革发展，凝心聚力建设世界科技强国。中央第二十二指导组组长范小建出席。专题党课由党组副书记徐延豪主持。

怀进鹏重温了开展“不忘初心、牢记使命”主题教育的重大意义、总要求、根本任务和目标措施，联系科技界实际和科协系统党员干部思想认识，从“坚守初心使命，强化理论武装”“彰显政治作用，永葆政治本色”“践行群众路线，突出问题导向”“紧扣时代主题，服务发展大局”四个方面，交流学习体会，讲述守初心、担使命的感悟，找出存在的差距和不足，提出加强党的创新理论武装、推动新时代科协工作高质量发展的思路举措。

怀进鹏指出，党的初心使命，源自对马克思主义的坚定信仰、对社会主义和共产主义的永恒信念，蕴含着中华优秀传统文化的思想精华和道德精髓，彰显党团结带领全国各族人民实现民族独立、人民解放和国家富强、人民幸福的价值追求。在实现中华民族伟大复兴的新长征路上，要以革命文化滋养初心、以守正创新勇担使命，始终坚持以习近平新时代中国特色社会主义思想武装头脑、指导实践、推动工作，在世界百年未有之大变局中，观大势、识变革、担责任，脚踏实地践行初心使命。

怀进鹏强调，重温共产党人的初心和使命，必须自觉强化党的理论学习，特别是学思践悟习近平新时代中国特色社会主义思想，进一步坚定理想信念，补足精神之钙，从中汲取真理的力量、信仰的力量。要深入学习习近平总书记关于科协职责使命的重要论述，强“三性”、去“四化”，打造“三型”组织，切实发挥组织优势和人才资源优势，坚持以提升组织力为重点，更有效地履职尽责、担当使命，更好地服务科技经济和社会发展。

怀进鹏指出，守初心，担使命，要敢于刀刃向内，勇于自我革命。要对标中央主题教育要求，对照查摆出的“理论学习和政治引领”“服务创新驱动发展”“服务科技工作者”“服务提高全民科学素质”“服务党和政府科学决策”“推动科协工作国际化”“加强党的建设”7个方面28条具体问题，坚持边学边改、即查即改，以“四服务”践行新时代的群众路线。

怀进鹏表示，推动主题教育工作旨在为民、要在守正、贵在创新、重在实干。要紧扣时代主题，尊重创新发展规律、人才成长规律、科技治理规律、群团工作规律，打造智库、学术、科普服务品牌，不断拓展和加强联系科技工作者广度、深度、温度，切实为科技工作者服务。要强化组织赋能，进一步提升组织力，强化“一体两翼”组织建设，加快构建“三库一平台”等工作体系，以优质服务推动高质量发展，把人才第一资源的潜在势能转化为高质量发展的实际动能，激发创新第一动力，实现发展第一要务。科协干部要自觉锤炼忠诚干净担当的政治品格，杜绝口号化、概念化，用实际行动去落实，做到报国为民、初心不忘，两个维护、靶心不虚，服务大局、中心不偏，扎根基层、重心不浮，党建强会、信心不减。

中国科协党员干部一致认为，这次专题党课理论厚实、思想深刻、实践丰富、情真意切，具有很强政治性理论性实践性，为持续不断用党的创新理论指导实践、推动工作提供了系统、具体的思路举措。大家表示，在中央第二十二指导组的指导下，要把对照党章党规找差距与对照习近平新时代中国特色社会主义思想、习近平总书记重要指示批示精神和党中央决策部署检视问题结合起来，边学习、边对照、边检视、边整改，不断增强查摆和解决问题的针对性，推动学习贯彻习近平新时代中国特色社会主义思想取得新进步、达到新高度。

专题党课以视频会议形式举行。中国科学技术馆、魏公村办公区等设分会场。中国科协党组、书记处全体同志，机关各部门、各直属单位全体党员，部分退休党员和部分全国学会党组织负责同志共计900余人参加。

【徐延豪作“不忘初心、牢记使命”主题教育专题党课】 8月9日，中国科协党组副书记、副主席、书记处书记徐延豪在中国科技会堂作“不忘初心、牢记使命”主题教育专题党课。党课以《从历史中理解初心使命　在奋斗中践行初心使命》为题，从如何理解初心使命、如何把握初心使命、如何践行初心使命三个方面进行讲解。党课内容从历史和现实的双重视角探讨了共产主义政党的初心使命，结合亲身经历和自学体会阐述了中国共产党为民族谋复兴、为人民谋幸福的伟大目标，引导教育全体党员要为实现中华民族伟大复兴的中国梦再立新功。

徐延豪结合学习贯彻习近平总书记50多次关于

“不忘初心、牢记使命”的重要讲话精神，深刻阐述了初心使命的内涵、意义、长期性和时代性，引导科技界不断坚守“不忘初心、牢记使命”，为建设世界科技强国贡献力量。从世界社会主义发展历程、中国共产党诞生和发展历程、科协的历史发展三个方面介绍了如何把握初心使命，阐述了《共产党宣言》的创造历程，回顾了马克思、恩格斯作为无产阶级伟大导师、坚定的共产主义信念对共产党人的启示；重温中国共产党党史，更深刻地认识到坚定不移走群众路线，事关党的兴衰和民族复兴大计；分享了重温党章的学习体会和个人的成长经历，认为“不忘初心、牢记使命”主题教育是党进入新时代、踏上新征程、迎接新挑战的战略动员，具有重大现实意义和深远历史意义。

徐延豪强调，要深入学习贯彻习近平新时代中国特色社会主义思想和党的十九大精神，真正将主题教育的丰硕成果落实到发展新时代科协事业的行动中来。要加强理论学习，深学真信笃行；坚定理想信念，对党绝对忠诚；强化宗旨意识，坚定人民立场；干事创业担当，抓好各项工作；为民务实清廉，永葆政治本色。要始终坚持联系广大科技工作者这个初心不变，立足科协职责定位，贯彻和体现“两个维护”要求，坚持守正创新，坚持强“三性”去“四化”，不断提升服务能力，确保党中央政令畅通、令行禁止，团结带领广大科技工作者为实现中华民族伟大复兴的中国梦不懈奋斗。

中国科协调研宣传部、机关党委、创新战略研究院及中国反邪教协会全体党员共计90余人参加党课学习。

【怀进鹏参加“传播科学家精神，牢记科协人初心”主题党日活动】 12月2日，按照中国科协机关党委印发的《中国科协党员领导干部建立党支部联系点工作方案》，中国科协党组书记、常务副主席、书记处第一书记怀进鹏与党支部工作联系点科技传播中心党支部全体党员共同参加了“传播科学家精神，牢记科协人初心”主题党日活动。科学家精神报告团成员钱永刚（钱学森之子）、许进（邓稼先后人）、茅玉麟（茅以升之女），中国科协机关党委常务副书记李志刚等参加活动。活动由科技传播中心党支部书记、主任郑浩峻主持。

大家首先参观了李四光纪念馆，切身感受李四光先生献身科学事业的爱国精神和科学精神。随后举行座谈会，钱永刚、许进、茅玉麟老师分别讲述自己参加科学家精神报告团的收获和体会，与大家共同缅怀钱学森、邓稼先、茅以升等老一代科学家的感人事迹和科学精神。与会同志围绕传播科学家精神，结合本职工作，分享对新时代科学家精神的认识和感悟，提出对弘扬科学家精神的想法和建议，纷纷表示要牢记科协人的初心使命，把传承弘扬新时代科学家精神作为贯彻落实习近平新时代中国特色社会主义思想、为广大科技工作者服务的重要抓手，为建设世界科技强国而努力奋斗。

怀进鹏同志在总结讲话中指出，中国科协要按照《关于进一步弘扬科学家精神加强作风和学风建设的意见》精神，大力弘扬以“爱国、创新、求实、奉献、协同、育人”为核心的科学家精神。要实现将科学家精神转化为发展能力的行动自觉和工作实践，以实际行动诠释新时代科学家精神的真谛。要强化互联网思维，创新传播手段，丰富宣传方式，打造传播科学家精神的品牌活动。要引领广大青少年学习好、传承好、发扬好科学家精神，让更多的青年人走进科技工作者的内心世界，用科学家精神去激发广大青年的历史责任感和使命感。

怀进鹏同志强调，科技传播中心要按照《关于进一步弘扬科学家精神加强作风和学风建设的意见》中的“推动科学家精神进校园、进课堂、进头脑”的要求，继续做好科学家精神报告团、科学家博物馆筹建等工作，并与老科学家学术成长资料采集工程紧密结合，与相关部门紧密合作，在传播中采集科学家资料，在采集中传播科学家精神。

中国科协机关党委、组织人事部、调研宣传部、科学技术普及部、创新战略研究院、中国科学技术馆等基层党组织青年理论学习小组党员代表和科技传播中心党支部全体党员共40余人参加活动。

【中国科协召开“不忘初心、牢记使命”主题教育总结大会】 8月28日，中国科协召开“不忘初心、牢记使命”主题教育总结大会。中国科协党组书记、常务副主席、书记处第一书记怀进鹏作主题教育总结讲话，中央第二十二指导组组长范小建出席并讲话。中国科协党组副书记、副主席、书记处书记徐延豪主持会议。中央第二十二指导组副组长刘越，中国科协党组、书记处领导同志孟庆海、束为、宋军、王守东、殷皓，中央纪委国家监委驻科技部纪检监察组有关同志出席会议。

束为代表党组通报党组专题民主生活会情况，介绍党组专题民主生活会会前准备情况，通报党组领导班子结合“不忘初心、牢记使命”主题教育查摆的突出问题、问题产生的深层次原因、下一步努力方向和整改措施，以及中央第二十二指导组对党组专题民主生活会的点评和下一步工作要求。

怀进鹏在讲话中指出，根据中央统一部署和习近平总书记重要讲话精神，在中央第二十二指导组的指导帮助下，中国科协聚焦“不忘初心、牢记使命”主题，把握“守初心、担使命，找差距、抓落实”总要求，坚持把主题教育作为首要政治任务强化组织领导，紧紧围绕学习贯彻习近平新时代中国特色社会主义思想这条主线扎实开展学习教育，紧密结合党中央部署正在做的事情有针对性地开展调查研究，真心诚意听取意见、认真检视问题，将“改”字贯穿始终，项目化推进整改落实。经过三个月的主题教育，中国科协广大党员干部特别是领导干部在学习运用习近平新时代中国特色社会主义思想武装头脑、指导实践、推动工作上有了新的提升，在锤炼党员干部忠诚干净担当的政治品格方面有了新的提升，在解决科技工作者关心关注和制约科协事业发展的突出问题上有了新的进展。

怀进鹏强调，不忘初心、牢记使命，是加强党的建设的永恒课题，是全体党员、干部的终身课题。中国科协各级党组织和广大党员干部要乘势而上努力把主题教育作为长期任务坚持不懈抓下去，要拿出硬招实招以钉钉子精神持续抓好问题整改和专项整治，要以不忘初心使命再出发、走好新时代长征路的饱满精神状态推进科协事业高质量发展。

范小建在讲话中指出，中国科协各级党组织和全体党员干部响应党中央号召，围绕学习贯彻习近平新时代中国特色社会主义思想这条主线，按照“守初心、担使命，找差距、抓落实”十二字总要求，把学习教育、调查研究、检视问题、整改落实四项措施贯穿始终，把主题教育与党中央决策部署正在做的事情结合起来，牢牢把握根本任务，组织领导有力，整改落实求实效，认真开展主题教育各项工作，基本达到预期目的，初步实现了“理论学习有收获、思想政治受洗礼、干事创业敢担当、为民服务解难题、清正廉洁作表率”五句话的目标。

范小建强调，主题教育收尾绝不是问题整改收场，必须以咬定青山不放松的劲头，继续巩固和扩大主题教育的成效，学习上要更加自觉，政治上要更加坚定，作风上要更加过硬，工作上要更加担当，要清正廉洁警钟长鸣。中央主题教育领导小组明确，11 月底前，第一批主题教育单位要开展落实情况“回头看”。

中国科协机关全体党员干部，直属单位中层以上党员干部（含副高级技术职称以上党员），各基层党组织（含离退休党支部）书记，共计 460 余人参加会议。

【中国科协党组传达学习贯彻十九届中央纪委三次全会精神】 1 月 11 日，中国科协召开 2019 年第三次党组会议，传达学习十九届中央纪委三次全会精神，研究贯彻落实举措。会议由中国科协党组书记怀进鹏主持。

会议指出，习近平总书记在十九届中央纪委三次全会上发表的重要讲话，充分肯定了党的十九大以来全面从严治党取得新的重大成果，深刻总结了改革开放四十年来党进行自我革命的宝贵经验，对继续推进全面从严治党、继续推进党风廉政建设和反腐败斗争作出战略部署，对领导干部特别是高级干部贯彻新形势下党内政治生活若干准则提出明确要求，为推动新时代全面从严治党向纵深发展指明了方向、提供了遵循。科协系统各级党组织和全体党员干部要把学习贯彻习近平总书记重要讲话精神作为重大政治任务，深入学习领会、坚决贯彻落实，把党风廉政建设的新任务、新要求贯穿到科协工作全过程。

会议强调，要坚持把党的政治建设摆在首位，严明党的政治纪律和政治规矩，增强“四个意识”、坚定“四个自信”、做到“两个维护”，坚决贯彻落实新形势下党内政治生活若干准则，自觉把科协工作摆到党和国家工作大局中谋划，深入贯彻落实中央决策部署。要大力弘扬优良作风，党组书记处带头遵守党章党规党纪、严格执行中央八项规定，力戒形式主义、官僚主义，时刻防范“四风”隐形变异问题。要强化政治担当，认真履行主体责任，敢抓敢管、严抓严管，敢于斗争、善于斗争，崇尚实干、务求实效，在实际工作中把全面从严治党工作要求抓具体、抓深入。要结合党组民主生活会调研内容，提出具体举措，切实解决干部职工反映的实际困难。

会议要求，科协系统各级党组织和党员领导干部要坚决扛起全面从严治党的重大政治责任，落实各级领导班子的主体责任、党组织书记的第一责任、领导班子成员的“一岗双责”，细化任务分工，保证全面从严治党要求落到实处。各级纪检监察部门要履行好监督责任，加强纪检监察队伍建设，加大监督执纪问责力度，推动纪检监察工作高质量发展。

党组副书记徐延豪，党组成员束为、宋军、王守东、殷皓出席会议。书记处书记孟庆海、中央纪委国家监委驻科技部纪检监察组有关负责人、中国科协机关有关部门主要负责同志列席会议。

【中国科协党组传达学习《中国共产党党组工作条例》】 4月30日，中国科协召开2019年第十三次党组会议，传达学习《中国共产党党组工作条例》。会议由中国科协党组书记怀进鹏主持。

与会同志对照2015年版《中国共产党党组工作条例》，深入学习了修订的背景、新版《中国共产党党组工作条例》的主要内容及特点。会议指出，这次修订全面贯彻习近平新时代中国特色社会主义思想和党的十九大精神，坚持以党章为根本依据，落实新时代党的建设总要求和新时代党的组织路线，凝练固化《中国共产党党组工作条例》试行经验，为新形势下加强和改进党组工作提供了基本遵循。科协系统各级党组要提高政治站位，进一步树牢“四个意识”、坚定“四个自信”、做到“两个维护”，严格按照《中国共产党党组工作条例》要求，自觉在思想上政治上行动上同以习近平同志为核心的党中央保持高度一致。

会议强调，中国科协党组要从讲政治的高度上积极履职尽责，对照《中国共产党党组工作条例》规定，对工作制度进行梳理完善，进一步彰显政治属性、突出政治导向、强化政治功能，促进党员干部深刻理解《中国共产党党组工作条例》精神，准确把握《中国共产党党组工作条例》规定，要聚焦重大事项把方向、管大局、保落实，勇于担当、敢于负责，履行好对科协系统业务工作的领导责任，为科协事业发展提供坚强政治保证。

会议要求，科协系统各级党组及其成员要全面落实管党治党政治责任，以党的政治建设为统领，严格落实各项责任制，切实把本单位党的建设抓紧抓实。要加强理论武装，坚定政治信仰，严肃党内政治生活，严守政治纪律和政治规矩，弘扬党的优良传统和作风，自觉接受监督，当好示范表率。

会议还听取了关于《2019年中国科协工作要点》重大任务落实机制的情况汇报。会议指出，《2019年中国科协工作要点》是贯彻落实党中央对科协指示批示、指导全年工作的一本总账，要进一步压实责任，形成“重大任务办公室—重大任务总责部门—子任务牵头部门”三级落实体系，一级抓一级，层层抓落实。要广泛动员全国学会和地方科协，加强协调联动，创新工作方法，力戒形式主义，为学会和地方科协工作提供空间和舞台，激活“一体两翼”的组织活力。要强化督查督办，及时发现问题、总结经验、宣传典型，从工作进度、经费执行、KPI（关键绩效指标法）管理等角度入手，协同推进工作有序开展、取得实效。

会议还研究了其他事项。

党组副书记徐延豪，党组成员束为、宋军、王守东、殷皓出席会议。书记处书记孟庆海、中央纪委国家监委驻科技部纪检监察组负责同志、中国科协机关各部门和各直属单位主要负责同志列席会议。

【中国科协党组传达学习《党政领导干部选拔任用工作条例》】 3月22日，中国科协召开2019年第八次党组会议，传达学习新修订的《党政领导干部选拔任用工作条例》。会议由中国科协党组书记怀进鹏主持。

会议对照2014年版《党政领导干部选拔任用工作条例》，通过分析比较的形式介绍了修订的背景、修订的主要内容以及修订后的主要特点。会议指出，《党政领导干部选拔任用工作条例》是重要的党内法规制度，是党和国家干部选拔任用工作的基本遵循。党的十八大以来，以习近平同志为核心的党中央鲜明提出新时期好干部标准，进一步强化党组织领导和把关作用，不断完善选人用人制度机制，推动选人用人工作取得显著成效、发生重大变化。这次党中央对《党政领导干部选拔任用工作条例》进行修订，也是深入贯彻习近平新时代中国特色社会主义思想和党的十九大精神，全面贯彻新时代党的建设总要求和新时代党的组织路线，更好坚持和落实党管干部原则的一个具体举措。

会议强调，组织人事部和各单位的干部人事部门要原原本本地学习、不折不扣地执行，切实做到严格按原则办事、按制度办事、按程序办事，不断提高选人用人的质量和水平。要认真对标文件要求，对照条例把科协现有的各项制度机制检视一遍，与条例精神不相符的，必须马上修改完善；条例已有原则规定的，根据实际需要研究细化具体的措施和办法，使之更具操作性和实效性；对条例已提出方向但未作出明确规定的，可结合科协实际探索创新，取得有效经验后加以总结规范。要强化对条例执行情况的督查落实，及时发现和纠正干部选拔任用工作中的违纪违规行为，坚决整治选人用人中的不正之风，进一步提升制度的权威性和执行力。

党组副书记徐延豪，党组成员束为、宋军、王守东出席会议。书记处书记孟庆海、中央纪委国家监委驻科技部纪检监察组有关负责人、中国科协机关有关部门主要负责同志列席会议。

【中国科协党组传达学习贯彻习近平总书记在省部级主要领导干部专题研讨班上的重要讲话精神】 2月1日，中国科协召开2019年第五次党组会议，传达学习习近平总书记在省部级主要领导干部坚持底线思维着力防范化解重大风险专题研讨班上的重要讲话精神，研究贯彻落实举措。会议由中国科协党组书记怀进鹏主持。

会议指出，习近平总书记在省部级主要领导干部专题研讨班开班式上的重要讲话，站在战略和全局的高度，科学分析了当前和今后一个时期中国面临的安全形势，深刻阐述了提高防控能力、着力防范化解重大风险的一系列重大理论和实践问题，体现了总书记恢宏战略思想、深邃历史眼光、开阔全球视野、鲜明问题导向，为我们做好重大风险防范化解工作指明了方向、提供了遵循。科协系统要深入学习、深刻领会、坚决贯彻，切实把思想和行动统一到中央关于防范化解重大风险的科学判断和工作要求上来，始终保持高度警惕，坚持底线思维，增强忧患意识，提高防控能力，永葆斗争精神，坚决打好防范化解重大风险攻坚战。

会议对中国科协《坚持底线思维着力防范化解风险隐患初步建议》进行了研究讨论。会议强调，要进一步增强“四个意识”、坚定“四个自信”、做到“两个维护”，聚焦保持和增强科协组织政治性、先进性、群众性，增强忧患意识、树立底线思维，把防范风险意识渗透到全年各项工作中，把工作做深做细做实，努力把矛盾消解于未然，把风险化解于无形，最大限度降低风险发生的概率、减少风险造成的损失，牢牢守住不发生系统性风险的底线。要提高政治责任意识和风险处置能力，切实提升政治能力、风险识别能力、主动研判能力和协同处置能力，高度重视敏感时间节点，加强舆情分析，主动查找分析风险点，做实做细应对方案预案。要健全完善风险识别预警监测机制，重大决策风险评估机制，权责统一高效协同的风险应对机制，成立重大任务协调调度专项工作领导小组和有关工作组，提出系统方案、列出任务清单，组织协调各方力量，扎扎实实做好防控风险各项工作。要坚持稳中求进工作主基调，聚焦靶心、围绕中心、突出重心，紧扣时代主题，特别要针对总书记强调的科技安全问题，研究拿出工作实招，弘扬主旋律、传播正能量，下好先手棋、打好主动仗，切实发挥科协组织凝心聚力作用，全面提升服务发展能力。

党组副书记徐延豪，党组成员束为、项昌乐、宋军、王守东、殷皓出席会议。书记处书记孟庆海、中央纪委国家监委驻科技部纪检监察组有关负责同志、中国科协机关有关部门主要负责同志列席会议。

【中国科协党组传达学习中央和国家机关党的建设工作会议精神】 7月12日，中国科协召开2019年第二十次党组会议，传达学习习近平总书记在中央和国家机关党的建设工作会议上的重要讲话精神。会议由中国科协党组书记怀进鹏主持。

会议指出，在全党深入开展主题教育之际，中央政治局举行集体学习，为全党作出了表率和示范。习近平总书记的重要讲话，精辟论述了加强和改进中央和国家机关党的建设的重大意义，对加强和改进中央和国家机关党的建设作出全面部署，为我们深入推进主题教育，加强新时代党的建设提供了行动指南。中国科协要带头深入学习贯彻习近平总书记重要讲话精神，增强“四个意识”、坚定“四个自信”、做到“两个维护”，以高度的思想自觉、政治自觉、行动自觉，扎实开展好主题教育，推动自身建设和各项工作再上新台阶。科协系统广大党员干部要充分发挥好模范带动作用，牢记初心使命，激励担当作为，强化问题导向，破解新老难题，推动主题教育取得更大实效。

会议要求，要坚持和加强党的全面领导，加强科协系统党员干部理想信念教育，培养忠诚干净担当的干部队伍。建设中国科协党校，面向广大科技工作者开展习近平新时代中国特色社会主义思想的宣传培训，深入宣讲党的路线方针政策，着力加强政治引领吸纳。扎实推进党建强会计划，以机关党建带动科协系统和学会党建。

会议指出，要强化责任担当，坚持“书记抓、抓书记”。领导班子成员和各级领导干部要走在前、做表率，履行“一岗双责”，做到明责、履责、尽责。机关党委要聚焦主责主业，全面落实机关党建责任，全面提高机关党建工作质量水平。

会议强调，要切实提升组织力，把人才第一资源的优势挖掘好、发挥好。夯实组织基础，拓展组织结构，加强基层组织建设。与时俱进推动科技与经济、社会、文化深度融合，发挥民间科技人文交流主渠道作用，服务国家政治和外交大局。加强网上科协、“智慧科协”建设，切实提高网上引领、网上联系、网上服务能力和水平。

会议还研究了其他事项。

党组副书记徐延豪，党组成员束为、宋军、王守东、殷皓出席会议。书记处书记孟庆海、中央纪委国家监委驻科技部纪检监察组有关负责同志，中国科协机关各部门、各直属单位主要负责同志列席会议。

【中国科协党组研究贯彻落实中央政协工作会议精神】 9月27日，中国科协召开2019年第二十九次党组会议。会议传达学习中央政协工作会议暨庆祝中国人民政治协商会议成立70周年大会精神、十九届中央第四轮巡视工作动员部署会议精神，研究部署贯彻落实工作。会议由中国科协党组书记怀进鹏主持。

会议指出，习近平总书记在中央政协工作会议暨庆祝中国人民政治协商会议成立70周年大会上发表的重要讲话，对加强和改进人民政协工作作出总体部署，为新时代人民政协事业发展指明了方向，提供了根本遵循。中国科协要深入学习领会、贯彻落实会议精神，有序有力推动相关工作；要将会议精神纳入党组理论学习中心组学习，加深理解、学深悟透，在发挥人民政协科协界别作用上展示新作为，在加强思想政治引领、广泛凝聚共识上彰显新优势。

会议强调，中国科协要认真学习贯彻中央第四轮巡视工作动员部署会议精神，准确把握中央巡视工作新部署新要求，进一步增强“四个意识”、坚定“四个自信”、做到“两个维护”，推动科协全面从严治党向基层延伸。要加强统筹协调、强化服务保障，以更好的精神状态和扎实的工作作风，全力支持配合中央巡视工作顺利进行。要对标对表中央要求，突出问题导向，统筹推进、扎实做好科协党组巡视工作，推动科协系统深化改革，促进科协事业高质量发展。

党组副书记徐延豪，党组成员束为、宋军、王守东、殷皓出席会议。书记处书记孟庆海、中央纪委国家监委驻科技部纪检监察组同志，中国科协机关各部门、各直属单位主要负责同志列席会议。

【中国科协党组传达学习贯彻国家科学技术奖励大会精神】 1月11日，中国科协召开2019年第三次党组会议，传达学习国家科学技术奖励大会精神，研究贯彻落实举措。会议由中国科协党组书记怀进鹏主持。

会议指出，党中央、国务院隆重举行国家科学技术奖励大会，奖励在中国科学技术事业发展中作出突出贡献的科技工作者，习近平总书记出席大会并为获奖代表颁奖，李克强总理发表重要讲话，充分体现了党中央、国务院对科学技术事业发展的高度重视和对广大科技工作者的亲切关怀。

会议强调，中国科协要围绕服务发展的主题，将政治优势、组织优势有效转化为服务国家大局的发展优势；要坚持以习近平新时代中国特色社会主义思想为指导，更好发挥人才第一资源的作用，把握世界新一轮科技革命和产业变革大势，紧扣重要战略机遇新内涵，服务创新驱动发展战略，加快创新型国家和世界科技强国建设，为不断增强经济创新力和竞争力提供组织动能；要聚焦服务中心，打造协同服务平台，推动科技与经济、社会、文化跨界融合发展，助力供给侧结构性改革，服务现代化经济体系建设，更好地服务高质量发展；要大力宣传优秀科技工作者，创新政治引领政治吸纳的工作机制与方式，弘扬新时代中国科学家精神，深入生动讲好习近平总书记关心关爱科技事业和科技人才的故事，讲好中国科技创新故事，履行好在科技界举旗帜、聚人心、育新人、兴文化、展形象的使命任务。

会议要求，机关各部门、各直属单位要深入学习贯彻国家科学技术奖励大会精神，认清形势、统一思想，精心策划、深入研讨，结合实际深入贯彻落实，团结引导广大科技工作者，以获奖代表为榜样，围绕建设世界科技强国的奋斗目标，坚定决心和信心，加快推进自主创新，更好发挥科技创新的引领作用，续写礼赞新中国、奋进新时代的新篇章。

党组副书记徐延豪，党组成员束为、宋军、王守东、殷皓出席会议。书记处书记孟庆海、中央纪委国家监委驻科技部纪检监察组有关负责人，中国科协机关有关部门主要负责同志列席会议。

【中国科协党组研究解决形式主义突出问题为基层减负工作】 5月29日，中国科协召开2019年第十五次党组会议，传达学习丁薛祥同志在中央和国家机关解决形式主义突出问题为基层减负工作推进会上的讲话精神，专题研究贯彻落实举措。会议由中国科协党组书记怀进鹏主持。

会上，大家听取了《中国科协关于整治形式主义的具体措施》，围绕精简文件、精简会议、改进作风、改进文风、改进督查、强化教育监督 6 方面 27 条具体举措，结合实际研究提出意见建议。

会议指出，党的十八大以来，习近平总书记就力戒形式主义、官僚主义多次作出重要指示，中共中央办公厅将 2019 年作为“基层减负年”，下发《关于解决形式主义突出问题为基层减负的通知》，专题部署推进中央和国家机关解决形式主义突出问题为基层减负工作，表明了党中央坚定不移全面从严治党、坚持不懈狠抓作风建设的坚强决心，为整治形式主义突出问题指明方向。

会议要求，结合开展“不忘初心、牢记使命”主题教育，突出问题导向，强化责任担当，坚持求真务实，进一步充实完善贯彻落实举措，把各项要求、指标落到实处、做出实绩、形成长效。要开展形式主义、官僚主义突出问题大排查，找准让广大干部群众反映强烈的“难点”“痛点”，认真查找典型表现、分析深层原因、建好归类台账。要坚持搭平台、建机制、务实效工作思路，从精简文件会议着手，狠抓整改落实，加强数字平台建设，保障年度重大工作落实，不断提高工作效率和工作质量，为科协工作高质量发展提供坚强保证。

会议强调，党组、书记处同志要坚持以上率下，持续释放整治形式主义官僚主义的强烈信号，在解决形式主义、官僚主义突出问题上走在前、做表率。各部门各直属单位要切实提高政治站位，把思想和行动统一到党中央部署要求上来，发扬钉钉子精神，加大工作力度，切实解决实际问题。

党组副书记徐延豪，党组成员束为、宋军、王守东、殷皓出席会议。书记处书记孟庆海，中央纪委国家监委驻科技部纪检监察组有关负责人，中国科协机关各部门、各直属单位主要负责同志列席会议。

【中国科协党组：抓好主题教育专项整治工作、巩固深化整治成效】 8 月 23 日，中国科协召开 2019 年第二十四次党组会议，传达学习《关于中央部委、中央国家机关部门党组（党委）开展巡视工作的指导意见（试行）》和中央有关通报精神，听取世界一流科技期刊工作进展情况汇报，研究部署开展主题教育专项整治工作。会议由党组书记怀进鹏主持。

会议指出，贵州省委贯彻落实习近平总书记重要指示批示精神，深入开展领导干部利用茅台酒谋取私利问题专项整治情况，为进一步深化“不忘初心、牢记使命”主题教育专项整治工作提供了鲜活经验，值得认真学习借鉴。会议强调，中国科协要切实增强开展专项整治的思想自觉和行动自觉，把专项整治工作抓实抓细、引向深入。要强化组织领导，压紧压实责任，聚焦突出问题，强化整改措施，加强督导，立行立改、改出成效。要以钉钉子精神抓实整改，严格按照整改时间表、路线图、责任单、效果单，做到问题不解决不松劲、解决不彻底不放手。要进一步完善体制机制，补齐制度短板，堵塞工作漏洞，形成常态长效，防止反弹回潮。

会议指出，《关于中央部委、中央国家机关部门党组（党委）开展巡视工作的指导意见（试行）》是习近平总书记关于巡视工作重要论述的科学运用，是中央和国家机关做好巡视工作的重要依据，是指导巡视实践的工作指南。要深刻理解《关于中央部委、中央国家机关部门党组（党委）开展巡视工作的指导意见（试行）》的重要意义，进一步提高政治站位和政治觉悟，准确把握其精神实质，抓好贯彻落实。要深入开展党组第三轮巡视工作，与“不忘初心、牢记使命”主题紧密结合，把检验主题教育是否取得实效作为本轮巡视重要任务，全面检查被巡视单位主题教育期间学习教育、调查研究、检视问题、整改落实工作开展情况和取得的实际成效。

会议指出，《关于深化改革培育世界一流科技期刊的意见》已正式向社会公布，科技界、期刊界高度关注。要坚持整体性思维、系统性布局，在政策层面、机制层面做好规划，围绕科技期刊生态系统的建设集中发力，把蓝图规划转化为可落地、可见效的措施，推动破解长期性、整体性问题。要尽快启动实施科技期刊卓越行动计划，特别是领军期刊的遴选建设、集群化试点改革等重点项目，引导重点期刊、重点机构对标世界一流标准，加快改革步伐。要持续在“企业+、国际+、数字+、互联网+”等方面深入研究，坚持引入新力量、建立新机制、探索新模式，在与国际出版集团的竞争中站稳脚跟，在未来全球科技期刊版图中打造中国一极。

会议还研究了其他事项。

党组成员束为、宋军、王守东、殷皓出席会议。书记处书记孟庆海，中央纪委国家监委驻科技部纪检监察组有关负责同志，中国科协机关各部门、各直属单位主要负责同志列席会议。

【中国科协召开2019年党风廉政建设推进会暨警示教育大会】 6月3日，中国科协召开2019年党风廉政建设推进会暨警示教育大会，深入学习贯彻习近平新时代中国特色社会主义思想，全面贯彻党的十九大和十九届二中、三中全会精神，认真落实十九届中央纪委三次全会部署，通报了相关违纪违法典型案例，总结了2018年中国科协党风廉政建设和反腐败工作，部署了2019年工作。中国科协党组书记、常务副主席、书记处第一书记怀进鹏，中央纪委国家监委驻科技部纪检监察组组长王宾宜出席会议并讲话。中国科协党组副书记、副主席、书记处书记徐延豪主持会议。

怀进鹏对2018年中国科协党风廉政建设和反腐败工作进行了全面总结，并对下一步工作进行了部署。怀进鹏指出，中国科协要提高政治站位，坚定不移贯彻落实习近平总书记关于全面从严治党和党风廉政建设重要论述精神，增强“四个意识”、坚定“四个自信”、坚决做到“两个维护”，自觉把习近平总书记重要讲话精神作为中国科协深化全面从严治党和党风廉政建设工作的思想指引和行动指南。怀进鹏强调，要扎实开展“不忘初心、牢记使命”主题教育，不断加强思想政治工作，强化党员干部理想信念教育和理论武装；要紧紧围绕一体推进“不敢腐、不能腐、不想腐”，不断深化标本兼治；要以政治建设为统领，持续强化理论武装，严格党内政治生活，不断强化政治引领，把“不想腐”的行动自觉印刻在每一位党员内心深处；要压实“四个责任”，完善监督防控机制、责任传导机制、责任落实机制、重要风险防控制度机制，健全干部选拔任用机制，让“不能腐”的制度体系融入各项工作的每个环节；要加强日常监督、长期监督，扎实推进党组巡视，集中整治形式主义、官僚主义，精准运用监督执纪“四种形态”，让“不敢腐”的高压态势覆盖科协系统每个领域。

王宾宜肯定了中国科协全面从严治党、党风廉政建设和反腐败工作取得的成效，结合中央纪委国家监委驻科技部纪检监察组工作提出了建议和要求。王宾宜强调，要以政治建设为统领，切实抓好党的十九大精神和中央科技创新重大决策部署的贯彻落实，抓好习近平总书记重要批示指示精神落实，抓好“不忘初心、牢记使命”主题教育；要以永远在路上的坚韧和执着扎实推进全面从严治党，巩固发展反腐败斗争压倒性胜利；要以更高的要求、更实的措施进一步压紧压实主体责任；要一体推进“三不”建设，进一步深化标本兼治；要落实国家监察体制改革和派驻机构改革部署要求，进一步形成监督合力。

中央纪委国家监委驻科技部纪检监察组副组长玄洪云，中央和国家机关纪检监察工作委员会委员、办公室主任郝安平到会指导。中国科协党组、书记处全体成员出席会议，中国科协机关各部门全体干部职工、直属单位中层（含副高级职称）以上干部，全国学会党组织有关负责同志600余人参加会议。

【中国科协机关离退休干部办公室党委成立】 12月23日，中国科协机关离退休干部办公室党委成立大会召开，中国科协党组成员、机关党委书记王守东出席，中国科协老领导齐让、王延祜等近70位离退休干部党员参加，组织人事部、机关党委等部门负责人参加会议。

中国科协机关党委常务副书记李志刚宣读了《关于成立中国共产党中国科学技术协会机关离退休干部办公室委员会的批复》，并就候选人酝酿及批复情况作说明。大会审议通过了机关离退休干部办公室党总支书记、离退休干部办公室主任王志舜所作的工作报告，并选举产生了第一届机关离退休干部办公室党委委员和纪委委员。

王守东代表科协党组对离退休干部办公室党委的成立表示祝贺。他指出，离退休干部办公室党委的成立是科协党建工作的一件大事，也是老干部政治生活中的一件喜事，对于把老干部工作纳入党的严密组织体系、坚持党对老干部工作的全面领导，具有重要意义。他强调，要贯彻落实全国“双先”表彰大会精神，进一步发挥离退休干部工作制度优势，不断提升离退休干部党建工作质量和水平；要坚持和完善离退休干部政治建设、思想建设和党组织建设，发挥老干部优势，完善老干部服务管理，加强老干部工作组织领导和工作推进等四方面的制度机制。他要求，机关离退休干部办公室党委成立后，要加强离退休干部党建特点难点等问题研究，完善工作体制机制，加强对直属单位工作指导，做到同部署、同推进、同落实、同表彰，促进机关和直属单位上下联动，形成工作一盘棋，合力推动科协离退休干部党建工作迈上新台阶。

大会在庄严的国际歌声中闭幕。随后召开的机关离退休干部办公室一届一次党委会选举王志舜为党委书记、崔建平为副书记；一届一次纪委会选举崔建平为纪委书记。

【中国科协党组召开对照党章党规找差距专题会议】 8月9日，按照中央“不忘初心、牢记使命”主题教育领导小组部署要求，中国科协党组召开对照党章党规找差距专题会议。会议由中国科协党组书记、常务副主席、书记处第一书记怀进鹏主持，中央“不忘初心、牢记使命”主题教育第二十二指导组组长范小建到会指导。

对照党章党规找差距，是主题教育、学习教育和检视问题的重要内容，是推动党员领导干部主动检视自我、自觉修正错误的重要措施。中国科协党组高度重视、认真研究，党组书记怀进鹏审定中国科协关于在主题教育中对照党章党规找差距的具体安排和党组专题会议方案，亲自领导落实会议要求、会前准备和会后工作事项。党组同志认真完成党章党规学习任务，逐段逐句重温《中国共产党章程》《关于新形势下党内政治生活的若干准则》《中国共产党纪律处分条例》，认真通读《中国共产党党内重要法规汇编》，并在深入学习的基础上，重点对照《中国共产党章程》《关于新形势下党内政治生活的若干准则》《中国共产党纪律处分条例》查摆18个方面的问题，对照《中国共产党重大事项请示报告条例》列出6个方面的问题，进行检视分析。

会上，党组同志逐一严肃认真地作检视分析发言，结合学习体会检视存在的问题，分析问题的思想根源，提出整改的措施，以刀刃向内、自我革命的精神克己自省、揭丑亮短；同时，以对同志负责的态度，相互间提醒警醒，提醒发言真诚、客观，针对性强，切中要害，被提醒的同志从谏如流，虚心接受。党组同志间点名提醒、反思回应近20次，互相帮助进一步找实问题、提高认识。

怀进鹏主持会议时强调，对照党章党规找差距是强化党的意识、提升政治境界的首要任务，强化党员意识、提升思想境界的重要法宝，强化纪律意识、提升道德境界的基本要求。党组同志是推动科协系统党的建设和事业发展必须抓好的“关键少数”，务必在学习对照党章党规上作表率。要深刻认识对照党章党规找差距的政治意义和现实意义，将这项重要措施当作淬炼党性、固根铸魂的“大熔炉”，以彻底的自我革命精神，以正视问题的自觉和刀刃向内的勇气，把自己摆进去、把职责摆进去、把工作摆进去，通过彻底的对照检查，牢记初心使命、推进自我革命，使自身党的意识、党员意识、纪律意识大增强，政治境界、思想境界、道德境界大提升。要把铸就政治信仰、坚定理想信念作为学习党章的出发点和落脚点，学出绝对忠诚、学出使命担当，确保党中央决定的自己坚决执行、党中央禁止的自己坚决不做，扎扎实实解决好科技工作者最关心最直接最现实的利益问题、最困难最忧虑最急迫的实际问题，把广大科技工作者紧密团结在以习近平同志为核心的党中央周围。要坚持“三严三实”，努力提高道德修养和精神境界，淡泊名利、克己自律，做到自重、自省、自警、自励，经常警示自己、不断反省自己、严格要求自己，不断提高政治觉悟和政治能力，锤炼忠诚干净担当的政治品格。要不断提高自我批评的认识和水平，提升接受批评的境界和能力，做到襟怀坦荡、知错即改，以“心里装着全体人民，唯独没有他自己”的崇高公仆情怀接受政治历练和实践磨炼，真刀真枪解决问题，为即将召开的专题民主生活会做好充分准备。

党组副书记徐延豪，党组成员束为、宋军、王守东、殷皓出席会议。中国科协副主席、书记处书记孟庆海列席会议并对党组班子提出意见建议。中央第二十二指导组成员沈群英、中央纪委国家监委驻科技部纪检监察组副组长玄洪云列席。

【中国科协党校首期主题教育培训班】 6月11—12日，中国科协党校首期主题教育培训班在北京举办。本次培训旨在落实“不忘初心、牢记使命”主题教育部署，深入学习宣传贯彻习近平新时代中国特色社会主义思想，推动中国科协《面向建设世界科技强国的中国科协规划纲要》（此篇中以下简称《规划纲要》）的落地落实，引领新时代全国学会和地方科协“一体两翼”工作提质增效，以优异的成绩迎接中华人民共和国成立70周年。中国科协副主席、书记处书记孟庆海出席开班式并讲话。

中央党校教授刘炳香作了“不忘初心、牢记使命”主题报告，从共产党人为中国人民谋幸福、为中华民族谋复兴的初心和使命出发，介绍了开展主题教育的时代背景，并围绕主题教育12字总要求和具体目标，强调了树立理想信念、站稳人民立场、正确履职用权、忠诚干净担当的主题教育要求的深刻内涵，提出了落实主题教育要求的具体举措。

培训期间，中国科协有关部门相关负责人就中国科协《规划纲要》概述，以及新时代科协组织的政治引领政治吸纳、学术交流与世界一流科技期刊建设、科学普及、智库建设、国际科技人文交流合作等专题进行系统解读。培训还就中国科协委托项目管理、有效防范化解学会财务风险等组织了专题讲座。中国通信学会、北京市科协介绍了宣传贯彻落实《规划纲要》，推动规划编制的经验做法。

本次培训将《规划纲要》专题培训与全国学会财务管理培训合二为一，同时采用主会场面授与分会场视频直播相结合的方式。各全国学会、协会、研究会分管副秘书长及相关工作负责人，各省、自治区、直辖市、副省级城市科协，新疆生产建设兵团科协分管副主席及相关业务部门负责人近400位学员参加培训。

人　物

2019年新当选的全国学会、协会、研究会理事长

（按中国科协团体会员序列排序）

田刚，中国数学会理事长，中国科学院院士。

1958年11月出生，江苏南京人。民盟中央副主席，美国科学与艺术院院士。1984年至今任北京大学讲席教授，2005年至今任北京国际数学研究中心主任。1994年获美国国家科学基金委员会第十九届沃特曼奖，1996年获美国数学会韦伯伦奖，1990年、2002年分别在世界数学家大会上作大会报告。2018年当选为国际数学联盟执委会委员。

主要从事复几何、几何分析及数学物理领域的研究。在Kahler-Einstein度量研究中，引进K-稳定性的概念，并证明该度量存在性与K-稳定性的等价关系。与他人合作建立量子上同调理论以及GW-不变量的严格的数学基础，首次证明量子上同调的可结合性，解决辛几何中Arnold猜想的非退化情形，以及接触几何中Weinstein猜想的稳定情形；在高维规范场数学理论研究中，建立自对偶Yang-Mills联络与标度几何间的深刻联系，给出用标度闭链对该种联络进行紧化的途径等。

张杰，中国物理学会理事长，中国科学院院士。

1958年1月出生，山西太原人。1999年至2003年任中国科学院物理研究所副所长，2003年至2006年任中国科学院基础科学局局长，2006年至2017年任上海交通大学校长，2017年至2018年任中国科学院副院长兼中国科学院大学党委书记。现任德国国家科学院院士，发展中国家科学院（原第三世界科学院）院士，英国皇家工程院外籍院士，美国国家科学院外籍院士。

主要从事高能量密度物理研究，并在近“水窗”X射线激光饱和输出和快点火激光核聚变等前沿研究方面作出杰出贡献，先后获何梁何利基金科学与技术进步奖、国家自然科学奖二等奖、中国科学院杰出科技成就奖、第三世界科学院（TWAS）物理奖、美国核学会爱德华·泰勒奖等国内外重要科技奖项。

方岱宁，中国力学学会理事长，中国科学院院士。

1958年4月出生，江西南昌人。现任北京理工大学教授、校学术委员会主任，深圳北理莫斯科大学名誉校长，北京理工大学先进结构技术研究院名誉院长兼首席科学家。现任国际应用力学学会主席。获得国家自然科学奖二等奖2项，教育部高等学校科学研究优秀成果奖（科学技术）自然科学奖一等奖3项、技术发明奖一等奖2项，并获得何梁何利基金科学与技术进步奖、周培源力学奖、徐芝纶力学奖一等奖，以及国际计算方法大会最高金质奖章等。

主要从事先进材料与结构力学理论、计算与实验方法研究。拓展铁电/铁磁材料宏微观变形与断裂理论，在有限元分析与器件设计中获得应用；发展轻质多功能复合材料力电磁热多场多尺度计算力学方法与设计制备方法，并将所制备的轻质多功能材料与结构应用于国防装备建设；发展先进材料力电磁热多场多轴加载和测试技术与实验方法，将基础研究成果转化为十余种具有自主知识产权的科学仪器。

孟安明，中国动物学会理事长，中国科学院院士。

1963年7月出生，四川大竹人。1990年11月获英国诺丁汉大学博士学位。1990年12月至1992年10月在中国农业大学生物学院做博士后研究。1993年2月至1998年8月任中国农业大学生物学院副教授，1996年3月至1998年8月在美国佐治亚医学院分子医学与遗传学研究所做访问学者。1998年8月至今任清华大学生命科学学院（原生物科学与技术系）教授、博士生导师。2008年3月至2012年6月任中国科学院动物研究所常务副所长、所长，2014年至2015年挂职任北京市科学技术委员会副主任。2008年被评为发展中国家科学院院士。

主要科研领域是脊椎动物胚胎的分子发育生物学。主要利用斑马鱼做模式动物，重点研究早期胚胎中母源mRNA清除、合子基因组转录激活、胚层诱导和分化、体轴形成和分化、左右不对称发育等的调控机制，发现多个重要基因和新的重要信号转导机制，为理解不孕不育、出生缺陷提供线索。相关研究成果发表在*Science*、*Developmental Cell*、*Molecular Cell*、*Nature Cell Biology*、*Nature Communications*、*Development*、*Human Molecular Genetics*等著名期刊上。

陈晔光，中国细胞生物学学会理事长，中国科学院院士。

1964年8月出生，江西乐安人。1996年获美国爱因斯坦医学院博士学位，之后在美国Memorial Sloan-Kettering Cancer Center/HHMI做博士后研究，2000年至2002年任美国加州大学Riverside分校助理教授，2002年起任清华大学教授。

主要从事细胞信号转导机制及其生理病理作用的研究。在信号调控方面取得一系列原创性成果，相关成果发表在*Science*、*Nature*、*Cell Stem Cell*、*Nature Cell Biology*、*Cell Research*等学术期刊上。先后获教育部“长江学者奖励计划”特聘教授、国家杰出青年科学基金、中国青年科技奖和何梁何利基金科学与技术进步奖等荣誉。现任中国细胞生物学学会理事长、*Cell Regeneration*主编、九三学社中央科技委员会主任、国家自然科学基金委员会重大研究计划“细胞器互作网络及其功能研究”专家组组长等。

陈晓亚，中国植物生理与植物分子生物学学会理事长，中国科学院院士。

1955年8月出生，江苏扬州人。1982年毕业于南京大学，1985年获英国雷丁大学博士学位。曾任中国科学院上海生命科学研究院院长，现任中国科学院分子植物科学卓越创新中心|植物生理生态研究所研究员、上海辰山植物园园长（兼）、中国科学院上海辰山植物科学研究中心主任。获何梁何利基金科学与技术进步奖、国际棉花基因组委员会（ICGI）杰出贡献奖、上海科普教育创新奖科普杰出人物奖、“全国优秀博士学位论文指导教师”称号。

主要从事植物生理和分子生物学研究，早期曾从事植物分类学研究。在植物次生代谢（特别是倍半萜生物合成）、棉纤维发育和植物抗虫新技术等方面取得一定成果。主要成就有：克隆鉴定棉酚合成途径的一系列酶和调控因子；解析青蒿素等倍半萜成分合成调控机制；鉴定棉纤维发育过程中的关键转录调控因子和细胞壁伸展蛋白，为阐明棉纤维和表皮毛发育的分子机制作出贡献；利用棉铃虫防御基因，发展植物介导的RNA干扰抗虫新技术。

韩布新，中国心理学会理事长。

1966年10月出生，安徽肥西人。中国科学院心理研究所研究员、博士生导师、学位委员会主任，中国科学院大学心理系岗位教授、人文学科群学位委员会副主任，国际应用心理协会（IAAP）卸任秘书长，亚洲心理协会（APsyA）候任主席，老年心理学专业委员会主任、临床心理学注册工作委员会委员，中国老年学与老年医学学会副会长、老年心理分会会长，全国颜色标准化技术委员会副主任。

主要研究心理健康发展、认知年老化、宗教心理学，发表论文近300篇，出版专著4本，制修订国家标准12项。获国际心理科学联合会（IUPsyS）杰出贡献奖、国际应用心理协会（IAAP）杰出贡献奖，被授予“中国科协先进工作者”“中国老年学与老年医学学会奖·学术成果奖和优秀工作者”“中国心理卫生协会优秀心理卫生工作者”称号。

成升魁，中国自然资源学会理事长。

1957年4月出生，陕西合阳人。1990年至今历任中国科学院自然资源综合考察委员会助研、副研、研究员。2000年至2015年任中国科学院地理科学与资源研究所研究员，学位委员会委员、副所长、党委书记。兼任中国农学会常务理事,《自然资源学报》副主编。

主要从事资源生态与农业发展领域研究工作。近年来开创资源流动研究方向，对中国主要资源的流动及其资源环境效应进行系统研究；率先开展中国城市餐饮业食物浪费的研究，提出中国城市餐桌食物浪费研究的基本理论框架，揭示食物浪费的原因及其与“面子”文化的关系；提出中国新时代粮食安全观及战略，建立一系列粮食安全指标体系，提交20多份咨询报告，得到国家领导人和相关机构的批示并采纳。主持完成国家基础性工作专项、国家重点专项、国家自然科学基金重点项目、国际合作项目及中国科学院重点部署项目等10余项。获省部级特等奖1项、省部级科技进步奖二等奖2项。已发表学术论文260余篇，出版专著6部。

张丽萍，中国感光学会理事长。

1964年8月出生，吉林长春人。1987年毕业于北京师范大学化学系，1993年获硕士学位，1996年获博士学位。1996年至1998年在韩国化学研究所医学药学部做博士后研究。2000年赴日本广岛大学理学部做高级访问教授。2009年至今任中国科学院理化技术研究所所长。

长期从事有机光化学与合成光化学方面的研究工作，取得一系列创新性成果。在 *Journal of the American Chemical Society*、*The Journal of Physical Chemistry* 等国内外重要学术刊物上发表90余篇研究论文。主持或参与完成国家基金项目5项、中国科学院“九五”国家自然科学基金重大项目1项、中国科学院创新项目1项、“973计划”项目4项、“863计划”项目1项、国家重大装备研制专项1项。2005年，作为第三完成人，荣获国家自然科学奖二等奖；2012年享受国务院政府特殊津贴；2013年被授予“全国五一巾帼标兵”荣誉称号；2017年被授予“全国三八红旗手”荣誉称号。

池宏，中国优选法统筹法与经济数学研究会理事长。

1960年1月出生，福建大田人。1982年毕业于华侨大学应用数学系，1994年获英国利物浦大学工业工程博士学位。现任中国科学院科技战略咨询研究院学术委员会副主任、研究员、博士生导师；中国科学院大学教授、博士生导师。获国家科学技术进步奖二等奖、中国科学院科技进步奖一等奖、中国科学院科技进步奖二等奖、全国工程设计计算机优秀软件奖二等奖、中国民用航空运输协会科学技术奖三等奖。

具有30多年的管理科学研究和管理咨询经历，近年来主要从事突发事件应急管理中的应急系统、预案管理，资源优化配置、布局、调度等方面的研究；民用航空安全管理理论、模型与方法研究；智库方法论研究。

张旭，中国神经科学学会理事长，中国科学院院士。

1961年8月出生，江苏宜兴人。1985年毕业于中国人民解放军空军军医大学，1994年获瑞典卡罗林斯卡医学院博士学位。1999年11月至今任中国科学院神经科学研究所研究员，2010年至今任中国科学院上海分院副院长。获何梁何利基金科学与技术进步奖、中国青年科技奖和上海市自然科学牡丹奖等。

长期从事神经系统疾病的分子细胞生物学机理研究。系统研究慢性痛的背根节和脊髓基因表达谱，发现内源性钠钾泵激动剂等新的痛觉信息调控系统，为临床镇痛及药物研发提供新的理论基础；发现伤害性感受神经元中阿片受体亚型间的相互作用及其与吗啡镇痛耐受的相关性，拓展受体复合体功能及药物研究方向；发现成纤维细胞生长因子13（FGF13）通过稳定微管调控神经元和大脑的发育，阐明FGF13基因缺陷造成智力障碍的机理。

Alessandro Annoni，国际数字地球学会主席。

1955 年 3 月出生，意大利米兰人。曾任欧盟联合研究中心数字地球和参照数据部门负责人。长期致力于信息基础设施及多学科互操作前沿研究。在空间规划、空间分析、环境建模、空间数据基础设施、地理信息、GIS 技术、人工智能、遥感、图像处理、系统设计和软件开发等领域拥有丰富的科技经验。主持完成多个地理信息与数字地球技术项目，撰写、合著并编辑上百篇论文和书籍。2013 年，被欧洲地球科学联盟授予 Ian McHarg 奖章。担任国际数字地球学会副主席期间，在推动学会战略发展和数字地球理念推广方面作出贡献。

张辉，中国农业工程学会理事长。

1964 年 9 月出生，吉林松原人，研究员。历任农业农村部发展计划司副司长、农村社会事业发展中心主任。现任农业农村部规划设计研究院院长、党委副书记。曾任中国工程咨询协会、中国勘察设计协会农业专业委员会副主任委员，中国农学会园区分会副会长，全国农产品加工产业联盟常务副主席，全国休闲农业和乡村旅游产业联盟执行主席，第四届食物与营养咨询委员会委员。

长期从事农业和农村经济发展战略研究、规划编制、农业投资管理和示范区推进等工作。先后完成转变农业发展方式、提高农业综合生产能力、建立农业投入稳定增长机制等重大战略研究，具体牵头编制国务院印发的“十二五”现代农业规划、“十三五”农业现代化规划等国家重要规划。组织开展全国现代农业示范区建设，是现代农业产业园创建谋划团队的核心成员。

舒印彪，中国电机工程学会理事长，中国工程院院士。

1958 年 7 月出生，河北涿州人。1977 年就读于华北电力学院电力系统专业，2007 年获得武汉大学电力系统及其自动化专业博士学位，1989 年至 1991 年在英国斯克莱德大学做高级访问学者，教授级高级工程师。国际电工委员会（IEC）第 36 届主席。现任中国华能集团党组书记、董事长，曾任国家电网公司董事长、总经理、副总经理，国家电网特高压建设办主任，中国电网建设公司总经理、总工程师，国家电力调度通信中心总工程师。党的十九大代表，第十三届全国政协委员。

长期从事电网运行与电力系统规划、超 / 特高压输电重大工程建设和技术研发工作，相继主持完成三峡 500kV 超高压大容量输电、± 800kV 特高压直流和 1000kV 特高压交流输电的关键技术研究，主导制定特高压系列国际标准。相关成果推动“西电东送”战略实施和全国电网互联，促进大型能源基地清洁、高效、集约化开发。获国家科学技术进步奖特等奖 2 项、一等奖 1 项，省部级一等奖 3 项，出版著作 1 部，发表学术论文 38 篇，授权发明专利 6 项。获 2018 年光华工程科技奖。

金红光，中国工程热物理学会理事长，中国科学院院士。

1957年5月出生，黑龙江延寿人。1982年获东北电力学院学士学位，1989年获中国科学院工程热物理研究所硕士学位，1994年获日本东京工业大学工学博士学位。国家杰出青年科学基金获得者，国家重点基础研究发展计划（973计划）项目首席科学家，中国科学院工程热物理研究所学术委员会主任，第十三届全国人大社会建设委员会委员。

长期从事热力学和能源动力系统理论与方法研究，建立燃料化学能梯级利用和多能源互补的能质理论，提出分布式冷热电能源系统、煤基化工动力多联产系统等，发现燃烧中CO_2定向迁移的新现象，发明捕集CO_2的化学链燃烧动力系统。在燃料化学能有序释放、聚光太阳能热化学发电、无火焰燃烧方面，为燃料源头节能和控制温室气体作出重要创新性贡献。发表SCI收录论文200余篇，学术著作3部，SCI他引6000余次，获本领域最高国际学术会议ASME IGTI（美国机械工程师协会燃气轮机国际会议）最佳论文奖。获美国、日本专利2项，国家发明专利60余项。曾获国家自然科学奖二等奖、何梁何利基金科学与技术进步奖等多项奖励。

高鸿钧，中国真空学会理事长，中国科学院院士。

1963年8月出生，安徽怀远人。博士，凝聚态物理学家，发展中国家科学院院士，十二届、十三届全国政协常委。现任中国科学院副秘书长。曾任中国科学院物理研究所副所长，中国科学院大学副校长兼校学术委员会主任，中国科学院前沿科学与教育局局长，中国真空学会副理事长，国际真空科学、技术与应用联合会（IUVSTA）纳米科学委员会主席。

长期从事凝聚态物理实验研究，先后获德国洪堡研究奖、第三世界科学院物理奖、全球华人物理学会“亚洲成就奖”、陈嘉庚数理科学奖、中国科学院杰出科技成就奖、国家自然科学奖二等奖、何梁何利基金科学与技术进步奖等科技奖项。

何建中，中国航海学会理事长。

1958年11月出生，湖北仙桃人，工商管理硕士。历任上海长江轮船公司党委书记、总经理，交通部海事局党委书记兼副局长，辽宁省大连市副市长、党组成员兼市口岸工作委员会书记，交通部体改法规司司长，交通运输部党组成员兼政策法规司司长，交通运输部党组成员、副部长，现任十三届全国政协委员。有丰富的航海经历、航运企业管理经验和行政管理经验，组织推进交通运输法规体系建设，为应对国际金融危机影响对中国航运健康可持续发展提出系统性政策措施和指导意见，对中国水运事业发展和航海文化建设作出突出贡献，在国内外业界有着良好的声誉和威望。

刘峰，中国煤炭学会理事长。

1967 年 12 月出生，甘肃平凉人，研究员。1989 年获西南交通大学铁道运输专业学士学位，2011 年获中国矿业大学（北京）管理科学与工程专业博士学位。现任全国煤炭标准化技术委员会主任委员，中国煤炭学会党委（功能型党委）书记，中国煤炭工业协会副会长、技术委员会副主任，中国矿业大学（北京）兼职教授，世界煤炭协会技术委员会副主席，国际矿山测量学会主席团成员,《煤炭学报》主编,《国际煤炭科学技术学报》(英文刊）副主编等职务。

主要从事煤炭行业采矿工程、矿山安全、矿山机电运输、矿山电气工程、资源综合利用、节能环保等领域的科技管理领导工作，负责行业技术经济、质量管理、标准化管理工作。主持国家纵向课题 7 项，行业横向课题 5 项。获国家科学技术进步奖一等奖，中国煤炭工业协会科学技术奖特等奖、一等奖、二等奖,“十一五”国家科技计划组织管理突出贡献奖,“全国科协系统先进工作者”称号等荣誉。

高瑞平，中国硅酸盐学会理事长。

1963 年 10 月出生，河北石家庄人，研究员。东北大学材料系本科、研究生，北京科技大学和美国佐治亚理工学院材料科学联合培养博士。1999 年 9 月至 2000 年 9 月在美国佐治亚理工学院材料学院做高级访问学者。历任第七、第八届国家自然科学基金委员会副主任、党组成员。兼任中国硅酸盐学会理事长、中国女科技工作者协会常务副会长、中国科协女科技工作者专门委员会委员、全国妇联执行委员。

主要从事材料科学研究及科学基金管理工作，开展材料残余应力与小角 X 射线衍射的关系、Y-Ba-Cu-O 高温超导材料、BN 及 Si_3N_4 高性能陶瓷材料、碳材料及纳米材料的研究。负责和参加 4 项国家攻关课题，合作出版专著 2 部，获发明专利 2 项，发表学术论文 50 余篇。享受国务院政府特殊贡献津贴，获“中央国家机关优秀女领导干部”“全国五一巾帼标兵”称号。

曹振雷，中国造纸学会理事长。

1959 年 6 月出生，山东莱芜人，博士，研究员级高级工程师，享受国务院政府特殊津贴。1984 年 12 月至 2011 年 12 月在中国制浆造纸研究院工作，历任研究室主任、副院长、院长、党委书记。2003 年 12 月至 2019 年 6 月任中国轻工集团有限公司副总经理、党委委员。1997 年和 2002 年先后当选为中国共产党第十五、第十六次全国代表大会代表。先后任第六届、第八届、第九届中国科协委员。2001 年作为第一完成人的“重涂高档铜版纸”项目获得国家科学技术进步奖二等奖。2004 年入选“新世纪百千万人才工程”国家级人选。2007 年作为第二完成人的“废纸生产高档彩印新闻纸”项目获得国家科学技术进步奖二等奖。

刘晓凯，中国印刷技术协会理事长。

1962年9月出生，黑龙江密山人。1988年7月参加工作，获法学博士学位。先后在东北师范大学政治教育系哲学专业、政法学院中共党史专业学习。历任中共吉林省委办公厅综合处副处长、督查室副主任，新闻出版总署办公厅文秘处处长、印刷复制管理司副司长、法规司副司长，新闻出版总署教育培训中心党组书记、副主任，新闻出版总署信息中心（互联网出版监测中心）主任、党组书记，国家新闻出版广电总局印刷发行司司长。现任中共中央宣传部印刷发行局局长。

曹建国，中国仿真学会理事长，中国工程院院士。

1963年8月出生，安徽枞阳人。曾任中国航天三院三部主任、中国航天三院院长、中国航天科工集团公司总经理等。现任中国航空发动机集团有限公司董事长、党组书记，中国科协航空发动机产学联合体主席。

长期从事系统仿真技术研究应用，以及航空航天技术研发和工程管理。担任多个型号项目总指挥，主持实施国家科技专项。获国家科学技术进步奖特等奖1项、二等奖1项，国防科学技术进步奖特等奖3项、一等奖2项，先后获得“国家级跨世纪学术带头人”“中国青年科技创新十杰”“全国优秀科技工作者”“全国劳动模范”等称号。

胡海岩，中国振动工程学会理事长，中国科学院院士。

1956年10月出生，上海人。北京理工大学教授，发展中国家科学院院士。1988年获南京航空航天大学固体力学博士学位，曾任德国斯图加特大学研究员，美国杜克大学访问教授，南京航空航天大学教授、副校长、校长，北京理工大学校长等。现任中国力学学会监事长。

长期从事飞行器结构动力学与控制研究，在振动控制系统的非线性动力学、飞行器机载设备非线性隔振、飞行器结构颤振控制、空间结构展开动力学等方面取得重要进展。获国家自然科学奖2项、国家科学技术进步奖1项。2012年获何梁何利基金科学与技术进步奖，2016年获俄罗斯莫斯科大学名誉博士。

刘正雷，中国照明学会理事长。

1958年11月出生，安徽合肥人。1983年9月至1986年7月就读于中国社会科学院马列系马克思主义认识论专业，获硕士学位。1986年7月至1988年7月历任劳动人事部编制局综合处干部、主任科员，1988年7月至1994年8月历任人事部地编司主任科员、副处长，1994年8月至2011年9月历任中央机构编制委员会办公室（以下简称“中央编办”）三司副处长、处长、助理巡视员、副司长、巡视员（其间：2004年12月至2005年6月在安徽省蹲点调研），2011年9月至2015年1月任中央编办监督检查司巡视员、副司长，2015年1月至2020年1月任中央编办中国行政体制与机构改革研究中心主任，2020年1月至今任中国照明学会理事长。

邹磊，中国动力工程学会理事长。

1966年6月出生，黑龙江哈尔滨人，高级经济师，博士。现任第十三届全国政协委员，中国东方电气集团有限公司党组书记、董事长。1988年8月在哈尔滨电气集团有限公司参加工作，历任哈尔滨锅炉厂有限责任公司副总经理、董事长兼总经理、党委副书记，哈尔滨电气集团有限公司党委常委、董事、总经理，哈尔滨动力设备股份有限公司党委常委、执行董事，哈尔滨电气股份有限公司党委常委、副董事长，哈尔滨电气集团有限公司党委书记、董事长，哈尔滨电气股份有限公司党委书记、董事长，2016年5月至今任东方电气集团有限公司党组书记、董事长。获黑龙江省五一劳动奖章，被授予“全国机械工业群众性质量管理活动卓越领导者”称号。

戴琼海，中国人工智能学会理事长，中国工程院院士。

1964年12月出生，上海人。1997年至1998年在清华大学自动化系做博士后研究，1999年至2005年任清华大学自动化系助理研究员，2005年至今任清华大学自动化系教授。现任清华大学信息科学技术学院院长，北京信息科学与技术国家研究中心主任。2005年度国家杰出青年科学基金获得者，2009年被教育部聘为“长江学者奖励计划”特聘教授，2017年获全国创新争先奖状。

主要学术方向为立体视觉和计算摄像学，长期致力于该研究领域的理论和关键技术创新，主持承担科技部国家重点基础研究发展计划（973计划）项目和国家自然科学基金委员会重大仪器项目，成功研制多维多尺度计算摄像仪器，有望成为脑科学和肿瘤转移研究的重要利器。获2008年国家技术发明奖二等奖、2012年国家技术发明奖一等奖、2016年国家科学技术进步奖二等奖。

王迎军，中国生物材料学会理事长，中国工程院院士。

1954年7月出生，河北唐县人，博士、教授、博士生导师，享受国务院特殊津贴专家，中国共产党广东省第九次代表大会代表。历任华南理工大学副校长、党委书记、校长。现任国家人体组织功能重建工程技术研究中心主任、无机非金属材料学科带头人、广东省科协副主席。先后获“广州市三八红旗手”、教育部“高等学校优秀骨干教师”、中国陶瓷工业协会“有突出贡献陶瓷科技专家奖”等荣誉称号，2008年被国际生物材料科学与工程学会联合会授予“生物材料科学与工程Fellow”终身荣誉称号。

主要从事生物材料研究与教学工作。研制出多种新型生物医用材料，并实现工程化。提出骨修复材料生物应答理论，发明骨再生修复材料高级有序结构仿生构建技术。成功研制承重型骨再生系列修复体，并用于临床，解决承重骨再生修复国际难题。主持国家重点基础研究发展计划（973计划）项目（首席科学家）等60余项。获国家技术发明奖二等奖、教育部自然科学奖一等奖、广东省技术发明奖一等奖等10余项奖励。授权国家发明专利23项，发表SCI论文172篇，专著《生物医用陶瓷》入选国家新闻出版总署“三个一百”原创出版工程。

赵树丛，中国林学会理事长。

1955年2月出生，山东诸城人。亚太森林恢复与可持续管理组织（APFNet）董事会主席。获山东医学院医学学士学位、大连理工大学工商管理硕士学位。曾在山东医学院从教十年，先后在山东省、安徽省做县、市、省政府领导工作。2011年至2015年就职于国家林业局，历任副局长、局长。先后在《人民日报》《求是》《学习时报》《经济日报》《光明日报》《领导科学》《中国绿色时报》等报刊围绕林业与生态、林业改革、农村农业经济管理、医药卫生改革发表过多篇文章。多次参加亚太林业部长级会议等。2015年，被世界自然基金会（WWF）授予自然保护领导者卓越贡献奖。

万建民，中国作物学会理事长，中国工程院院士。

1960年6月出生，江苏泰兴人。现任中国农业科学院副院长、第十三届全国政协常委。历任南京农业大学农学系讲师，日本农林水产省农业研究中心教授，南京农业大学生命科学与技术学院、农学院院长，中国农业科学与作物科学研究所所长。

长期从事水稻优异基因挖掘和分子育种研究，在国内较早提出和初步实践作物分子设计育种；在水稻籼粳交杂种优势利用基础研究、品质优异基因挖掘、抗病虫新基因挖掘和优质高产多抗粳稻新品种选育等方面取得重要进展；克隆水稻重要新基因34个，培育新品种13个，获新品种权16项、发明专利36项；以通讯作者在*Science*、*Nature*、*Nature Biotechnology*等SCI刊物发表论文200余篇，出版专著3部；先后获国家科学技术进步奖一等奖、国家技术发明奖二等奖；“阐明独角金内酯调控水稻分蘖和株型的信号途径”入选2014年度中国科学十大进展；1999年被教育部聘为首批“长江学者奖励计划”特聘教授，2006年入选“新世纪百千万人才工程”国家级人选，2012年入选国家万人计划和科技部创新团队，获得何梁何利基金科学与技术进步奖。

张绍祥，中国解剖学会理事长。

1957年10月出生，重庆人。中国人民解放军陆军军医大学数字医学研究所所长、教授、博士生导师，少将军衔。国际数字医学学会（ISDM）主席、中华医学会数字医学分会主任委员、国务院学科评议组成员、中国人体解剖学与数字解剖学学科首席科学传播专家、重庆市数字医学学会理事长、重庆市人工智能学会理事长。国家杰出青年基金获得者、首批“新世纪百千万人才工程”国家级人选、重庆市学科学术带头人、第三军医大学学术领军人才、2项国家科学技术进步奖二等奖第一完成人。任国际学术期刊*Digital Medicine*主编，《局解手术学杂志》主编，《解剖学报》副主编，*Clinical Anatomy*、《解剖学杂志》、《中国临床解剖学杂志》等15本学术期刊编委。

近年，以课题负责人获得国家自然科学基金重大课题、科技部“国家重点研发计划”项目、国家科技支撑计划、国家高技术研究发展计划等19项资助。以第一作者或通讯作者在国内外发表论文400余篇，获国家和省部级科学技术进步奖一、二等奖17项，主编学术专著和全国统编教材21部，招收培养研究生46名。带领团队建立中国数字化人体数据集并进行系列研究；牵头创立中国“数字医学”这一新兴的前沿交叉学科；创建“数字化人体数字解剖学教学系统”。

曹雪涛，中国生物医学工程学会理事长，中国工程院院士。

1964年7月出生，山东济南人。美国国家医学科学院外籍院士、德国国家科学院外籍院士、法国医学科学院外籍院士、英国医学科学院外籍院士。现任南开大学党委副书记、校长。兼任亚太免疫学会联盟秘书长、医学免疫学国家重点实验室主任。

主要从事天然免疫与炎症的基础研究、肿瘤免疫治疗应用研究。以第一完成人获国家自然科学奖二等奖1项、中华医学科技奖一等奖2项、军队和上海市科学技术进步奖一等奖2项、上海市自然科学奖一等奖4项，获得国家发明专利16项、国家Ⅱ类新药证书2个。获中国工程院光华工程科技奖、中国科学院陈嘉庚生命科学奖、教育部长江学者成就奖、中国青年科学家奖等。培养的12名博士生的毕业论文被评为全国优秀博士学位论文，获得首届中国研究生教育特等奖、*Nature*杰出导师终身成就奖。

吴玉章，中国免疫学会理事长。

1963年1月出生，山东青州人。国家杰出青年科学基金获得者，“长江学者奖励计划”特聘教授，获“全国优秀科技工作者”称号等荣誉。现任中国人民解放军陆军军医大学全军免疫学研究所所长，军队专业技术一级教授。

以第一作者、通讯作者或共同通讯作者在*Nature*、*Nature Immunology*、*Immunity*等国际知名杂志发表SCI论著187篇，获得国际和国家发明专利、软件著作权78件，技术支撑获新药证书和医疗器械证书、欧盟CE证书9件，I类生物制品临床批文5件。研究成果入选“中国十大科技进展”“ESI高引论文”“中国百篇卓越论文”“中国百篇最具国际影响力论文”等，以第一完成人获得何梁何利基金科学与技术进步奖、国家技术发明奖二等奖、中华医学奖一等奖各1项及省部级一等奖4项。

李斌，中华预防医学会会长。

1963 年 3 月出生，山东龙口人。1986 年 7 月参加工作，医学博士。1981 年 9 月至 1986 年 7 月在哈尔滨医科大学医疗系医学专业学习，毕业后历任哈尔滨医科大学学生辅导员、年级副主任、年级主任、团委副书记、办公室副主任、办公室主任等职务；2000 年 8 月至 2007 年 2 月任黑龙江省卫生厅副厅长、党组成员；2007 年 2 月至 2009 年 11 月任黑龙江省卫生厅厅长、党组书记；2009 年 11 月至 2013 年 6 月任卫生部规划财务司司长；2013 年 6 月至 2017 年 1 月任国家卫生和计划生育委员会财务司司长；2016 年 12 月任甘肃省政府党组成员；2017 年 1 月至 2018 年 12 月任甘肃省副省长、省政府党组成员；2018 年 12 月任国家卫生健康委副主任、党组成员。

黄志力，中国睡眠研究会理事长。

1962 年 11 月出生，安徽桐城人。1992 年和 1997 年两次获 SASAKAWA（笹川）奖学金，由卫生部派遣赴日本留学，1999 年获博士学位；1999 年至 2005 年在日本文部省学术振兴会做博士后研究，大阪生命科学研究所研究员、研究副部长；2005 年至今在复旦大学任职，现任复旦大学特聘教授、博士生导师、基础医学院副院长、药理学系主任。担任《中国临床药理学与治疗学》等 10 多种杂志编委或常务编委。

主持科技部重大新药创制“国家科技重大专项”课题，国家重点基础研究发展计划（973 计划）项目，国家自然科学基金重点项目、重点国际合作项目和国家杰出青年科学基金项目，上海市领军人才和优秀学科带头人计划项目等。在国际著名杂志发表睡眠研究论文与综述 200 多篇。2014 年以来连续入选 Elsevier 中国高被引学者榜单。

孙小淳，中国科学技术史学会理事长。

1964 年 12 月出生，江苏溧阳人。1984 年获南京大学天文学系学士学位，1989 年获南京大学天文学系硕士学位，1993 年获中国科学院自然科学史研究所博士学位（1992 年 1 月至 1993 年 12 月为荷兰皇家科学院分子与原子物理研究所联合培养博士）。1993 年 12 月至 2015 年 9 月历任中国科学院自然科学史研究所助理研究员、副研究员、研究员（1999 年 8 月至 2003 年 4 月于美国宾夕法尼亚大学科学史与科学社会学系攻读博士学位，2007 年获博士学位）。曾任《中国科技史杂志》主编（2005—2008 年）、德国马普科学史研究所 - 中国科学院自然科学史研究所科学史伙伴小组组长等职。2009 年 12 月至 2015 年 6 月任中国科学院自然科学史研究所副所长、党委副书记兼纪委书记。2015 年 8 月至今任中国科学院大学人文学院常务副院长、教授，2015 年 12 月任中国科学技术史学会第九届理事会理事长，2016 年当选为国际科学史研究院院士。2018 年入选第三批国家万人计划哲学社会科学领军人才。

主要从事天文学史研究，发表 *The Chinese Sky During the Han* 等多篇学术论文。研究内容包括科学史、科学社会学、科学哲学、考古天文学等。曾获中国科学院自然科学奖三等奖。

程东红，中国自然科学博物馆学会理事长。

1953 年 11 月出生，重庆人。2001 年 6 月起任中国科协书记处书记、党组成员，2005 年获北京师范大学教育学博士学位。曾先后在美国宾夕法尼亚州立大学做访问学者、哈佛大学肯尼迪学院参加培训学习。2006 年 5 月至 2014 年 1 月历任中国科协党委常委、副主席、党组副书记、书记处书记。

从事科普工作 30 余年，专注于该领域的非正规科学教育、科学博物馆以及科学传播能力建设等领域的政策推动与实践探索。在中国科协青少年科技中心和科学技术普及部工作期间，参与创设和拓展的青少年科技创新大赛、学科奥林匹克竞赛、“挑战杯” 全国大学生系列科技学术竞赛等具有示范性导向性的科技活动项目，已成为具有广泛社会影响力的科学教育活动品牌。主持研制的科普大篷车，已成为向广大农村基层群众提供科普公共服务的重要载体。在担任中国科协领导职务期间，曾分管科普工作 10 年。从制定和实施《全民科学素质纲要》，到领导中国科学技术馆新馆的内容建设并指导地方科技馆发展，借鉴国际先进经验，不断推动科普工作“围绕中心服务大局”，为建设创新型国家作出贡献。

朱莎，中国流行色协会理事长。

1961 年 12 月出生，江苏无锡人，教授级高级工程师。1981 年 9 月至 1985 年 7 月就读于北京计算机学院。1985 年 9 月至 2000 年 11 月历任中国纺织信息中心（原纺织工业部信息中心）工程师、高级工程师、系统工程处副处长。2000 年 12 月至 2006 年 9 月任中纺网络信息技术有限责任公司副总经理、教授级高级工程师。2006 年 10 月至 2017 年 11 月历任中国流行色协会秘书长、执行副会长、法人。2017 年 12 月至今任中国流行色协会会长、法人及中国流行色协会功能型党委书记，兼任中国纺织工程学会常务理事。

在中纺网络信息技术有限责任公司工作期间分管过《纺织服装周刊》杂志、信息部、系统部、海外合作部等，组织过国内外纺织行业培训、论坛、采购洽谈会等活动，具有丰富的管理工作经验。

崔鹏，中国科学探险协会主席，中国科学院院士。

1957 年 8 月出生，陕西西安人。现任中国科学院山地灾害与地表过程重点实验室主任，曾任中国科学院水利部成都山地灾害与环境研究所所长、中国科学院云南东川泥石流国家野外科学观测研究站站长。1982 年毕业于西北大学，1985 年在中国科学院成都地理研究所获硕士学位，1990 年在北京林业大学获博士学位，2013 年当选为中国科学院院士。

主要从事以泥石流为主的山地灾害和水土保持等方面的研究。获国家科学技术进步奖二等奖、四川杰出创新人才奖、世界水土保持协会（WASWC）杰出研究者奖、中国科协“全国优秀科技工作者”称号等。

王红阳，中国女科技工作者协会理事长，中国工程院院士。

1952年1月出生，山东威海人。发展中国家科学院院士，教育部“长江学者奖励计划”特聘教授，国家杰出青年基金获得者。现任国家肝癌中心主任、国际合作生物信号转导研究中心主任。兼任中国抗癌协会副理事长，中国医师协会精准医学专业委员会委员，上海市医学会副会长。

长期从事肿瘤的基础与临床研究，在肿瘤的炎—癌转化、信号网络调控和肝癌诊断试剂研发等方面有重要建树。在国际有影响的主流期刊发表SCI论文200余篇。近五年申报发明专利28项，已获授权12项（国际专利2项），主持研发的Glypican-3肝癌诊断试剂（中国第一个具有完全自主知识产权获批的肝癌诊断试剂盒）获国家食品药品监督管理总局（CFDA）批复临床应用。先后主持国家和省部级重大、重点科技攻关项目10余项。以第一完成人获首届国家科学技术进步奖创新团队奖、国家自然科学奖二等奖、上海市自然科学奖一等奖、上海医学科技奖一等奖等9项奖励，获“全国三八红旗手标兵”、总后勤部“科技金星”、上海市“十大科技精英”和上海市“优秀学科带头人”等称号，获韩国爱茉莉太平洋杰出女科学家奖、上海市巾帼创新奖和中国女医师协会五洲女子科技奖等。曾先后立一等功、二等功和三等功。

徐建平，中国创造学会理事长。

1959年12月出生，浙江鄞县人。同济大学党委副书记、教授。1978年9月至1982年7月就读于同济大学应用数学专业，获理学学士学位。毕业后留校任教，曾被评为同济大学优秀青年教师、上海市优秀青年教师，获李国豪奖励基金青年教师一等奖、上海市育才奖。自1986年起先后担任同济大学应用数学系学生党支部书记、总支委员、副书记、书记，理学院党委副书记、副书记（主持工作）、理学部党委书记，校审计处处长、纪委副书记、组织部部长，党校常务副校长等职。2014年8月起任同济大学党委副书记。

长期从事数学基础课程的教学与教学研究工作，曾参与编写出版多部教材及教辅书。2005年参与的教改项目获高等教育国家级教学成果奖二等奖、上海市教学成果奖一等奖，2010年作为同济大学高等数学教学团队带头人获第三届“上海市高等学校市级教学团队”称号。

2019年新当选的省、自治区、直辖市科协主席

王恩东，山东省科协第九届委员会主席，中国工程院院士。

1966年7月出生，山东济南人。1991年7月毕业于清华大学机械工程系，获硕士学位。现任浪潮集团有限公司党委委员、执行总裁兼首席科学家，高效能服务器和存储技术国家重点实验室主任，中国计算机学会副理事长，中国电子学会云计算专家委员会副主任。获国家科学技术进步奖一等奖1项、二等奖2项，省部级科学技术进步奖7项，何梁何利基金科学与技术创新奖、山东省科学技术最高奖。

长期从事计算机系统结构设计、关键技术研究和工程实现工作，是中国服务器技术领域带头人和产业开拓者。建立中国高端容错计算机技术体系，主持研制中国首台32路高端容错计算机并得到广泛应用。发表论文22篇，出版专著3部，授权中国和美国发明专利54项。

李言荣，四川省科协第九届委员会主席，中国工程院院士。

1961年7月出生，四川射洪人。1992年毕业于中国科学院长春应用化学研究所，获博士学位。曾留学德国Karlsruhe科研中心和美国科罗拉多大学博尔德分校。现任四川大学校长，曾任电子科技大学校长。

长期从事电子材料与元器件的教学和科研工作，获国家技术发明奖二等奖3项。研究主要围绕薄膜材料技术，包括电介质薄膜、超导薄膜、半导体薄膜、异质集成薄膜等，推动微波器件、传感器件和集成电子器件等的应用和发展。

曹奎，河南省科协第九届委员会主席。

1963年12月出生，河南泌阳人。现任河南省政协常委，省科协党组书记、主席。计算机专业博士，二级教授，博士生导师；省优秀专家、省信息化专家、省学术技术带头人。先后担任许昌学院副院长，河南大学党委常委、副校长（其间挂职担任河南省人口与计划生育委员会副主任），商丘师范学院院长、党委副书记，商丘师范学院党委书记。

主要从事图像信息处理、人工智能领域研究和研发，主持完成多项国家级项目，并获多项科研成果与奖励。先后在本专业学术期刊上发表论文50多篇，其中被SCI、EI收录20多篇，出版著作或教材5部。主持完成2项国家自然科学基金项目、5项省部级课题以及2项省级人才工程项目。获国家级教学成果奖二等奖、省科学技术进步奖一等奖、省教育厅科技成果奖一等奖。

张世珍，甘肃省科协第八届委员会主席。

1963年12月出生，甘肃会宁人。民盟盟员，1988年7月参加工作，毕业于马来西亚皇太子大学动物病理学专业，在职研究生学历，农学博士，研究员。现任甘肃省政府副省长，民盟中央委员会常委、甘肃省委员会主任委员。

史可，江西省科协第九届委员会主席。

1968年12月出生，江西鄱阳人，大学学历，工程硕士，副研究员。1989年8月参加工作，曾任江西省鹰潭市月湖区政府副区长、鹰潭市政府副市长、农工党鹰潭市委员会主任委员等职务。2012年任江西省新余市政府副市长、农工党新余市委员会主任委员、农工党江西省委员会副主任委员。2016年至2018年历任新余学院院长，农工党江西省委员会副主任委员、主任委员，江西省科协主席。2019年5月换届连任江西省科协主席，农工党江西省委员会主任委员。获“江西省十大杰出青年”提名奖、“江西省五一劳动奖章”，以及“江西省职工职业道德十佳标兵”“全国县（市）科技进步工作先进个人”荣誉称号。

王彤，青海省科协第十届委员会主席。

1968年3月出生，江苏南通人，工程师，大学学历、工学学士。1996年10月加入九三学社，1988年7月参加工作。现任政协第十二届青海省委员会常务委员、兼职副秘书长，九三学社青海省委员会兼职副主任委员。曾任青海省西宁市城东区副区长（其间在中国社会科学院研究院数量经济与技术经济系数量经济学专业研究生课程进修班学习，挂职天津市北辰区区长助理）；九三学社西宁市委员会专职副主任委员（正县级，其间挂职山东省邹平县任副县长）；青海省西宁市副市长、九三学社西宁市委员会主任委员、第十届中国红十字会理事、西宁市红十字会会长、西宁市妇女儿童工作委员会主任、西宁城市职业技术学院院长（其间挂职国家旅游局监督管理司任副司长）等职务。2003年4月，获科技部、农业部全国“星火计划”先进个人荣誉称号；2015年12月，获“九三学社创建70周年全国优秀社员”荣誉称号。

饶子和，天津市科协第九届委员会主席，中国科学院院士。

1950年9月出生，江苏南京人。1968年12月参加工作，全日制研究生学历，理学博士，教授，博士生导师。第十三届全国政协常委，第八届天津市科协主席，中国生物物理学会名誉理事长。现任清华大学、南开大学教授。获何梁何利基金科学与技术进步奖、陈嘉庚科学奖、第里雅斯特科学奖、谈家桢生命科学成就奖、贝时璋奖等，被评为国家重点基础研究发展计划先进个人。

长期从事人类新发、再发重大传染性疾病病原体的三维结构研究以及创新药物的研发。在2003年SARS暴发期间，成功地解析出第一个SARS病毒的蛋白质－3CLPRO及其与抑制剂复合物的晶体结构，为抗SARS药物的发现奠定重要的结构基础。发表同行评审论文335篇，被引用逾13000次，申请并获批准专利46项。

赵吉，内蒙古自治区科协第八届委员会主席。

1962年12月出生，内蒙古呼和浩特人。民盟中央委员会委员，内蒙古自治区人大常委，民盟内蒙古自治区委员会副主任委员，内蒙古党外知识分子联谊会副会长。2005年6月获内蒙古大学理学博士学位。1984年7月毕业于内蒙古大学生物学系并留校工作，2003年在芬兰赫尔辛基大学做访问学者，2009年至2016年历任内蒙古大学环境与资源学院首任院长、副校长，教育部高等学校环境类专业教学指导委员会委员（2013—2017年）。现为内蒙古大学生态与环境学院教授、博士生导师、学校学术委员会和学位委员会委员、环境科学与工程一级学科博士点负责人、国家重点研发项目首席科学家、内蒙古自治区环境污染控制与废物资源化重点实验室主任。获第二届内蒙古自治区青年科技奖、教学成果奖一等奖、“草原英才”称号，承担完成国家级科研课题6项。

长期从事微生物生态学和环境微生物学研究，阐明土壤微生物碳氮转换功能群、甲烷氧化和氨氧化微生物环境功能性、湿地温室气体生物控制相关科学问题，在环境微生物资源库建设、规模化牧场牲畜粪污生物转化及资源化、北方草地碳汇潜力评估、沙区生态产业模式与政策研究方面取得应用成果。在各种学术刊物上发表论文近100篇。

2019年去世的中国科协荣誉委员生平

顾方舟同志生平

医学科学家，病毒学专家，享受国务院政府特殊津贴专家，英国皇家内科学院（伦敦）院士，欧洲科学、艺术、文学科学院院士，第三世界科学院院士，“人民科学家”顾方舟同志，因病医治无效，于2019年1月2日在北京逝世，享年92岁。

顾方舟同志，1926年6月16日出生于上海市，原籍浙江宁波。1950年毕业于北京大学医学院医学系，1955年毕业于原苏联医学科学院病毒学研究所。历任中国医学科学院医学生物学研究所副所长，中国医学科学院原中国协和医科大学副院校长、院校长等职。

顾方舟对脊髓灰质炎的预防及控制研究长达42年，是中国组织培养口服脊髓灰质炎活疫苗开拓者之一，被称为“中国脊髓灰质炎疫苗”之父，为中国成为无“脊灰”国家作出了重要贡献。

胡亚美同志生平

中国共产党优秀党员、中国医学科学院学部委员、中国工程院院士、著名儿科医学教育家、新中国儿科医学事业奠基人之一、中国儿童血液肿瘤学开创者、首都医科大学附属北京儿童医院名誉院长胡亚美同志，因病医治无效，于2019年10月3日在北京逝世，享年95岁。

胡亚美同志，1924年4月27日出生，北京人。中国著名的儿科血液学专家，小儿内科学界泰斗。研究制定了适合中国国情的小儿营养性贫血治疗和预防方案；悉心研究婴儿腹泻的病因，制定并推广了合理的输液方案，使该病的病死率由20%下降至1%；对组织细胞增生症X、血小板减少性紫癜、各类溶血性贫血，特别是对小儿急性淋巴细胞白血病的诊治研究，取得突破性进展，使五年无病存活率达74.4%，挽救了无数危重病儿的生命。

表彰奖励

中共中央组织部　人力资源社会保障部 共青团中央　中国科协关于表彰第十五届 中国青年科技奖获奖者的决定

科协发组字〔2019〕32号

各省、自治区、直辖市党委组织部、政府人力资源社会保障厅（局）、团委、科协，中央和国家机关各部委、各人民团体、国务院各直属机构干部人事部门，新疆生产建设兵团党委组织部、人力资源社会保障局、团委、科协，中央军委政治工作部干部局，中国科协所属各全国学会、协会、研究会：

为深入学习贯彻习近平新时代中国特色社会主义思想，加快实施创新驱动发展战略和人才强国战略，激励广大青年科技人才为实现中华民族伟大复兴的中国梦而努力奋斗，中共中央组织部、人力资源社会保障部、共青团中央、中国科协共同决定授予付巧妹等100名同志中国青年科技奖，其中包括10名中国青年科技奖特别奖项。

第十五届中国青年科技奖是根据《中国青年科技奖条例》的规定，经专家评审委员会科学、公正评审，中国青年科技奖领导工作委员会审定产生的。获奖者是我国青年科技工作者的杰出代表。他们弘扬爱国、创新、求实、奉献、协同、育人的科学家精神，自觉把人生理想融入实现中华民族伟大复兴中国梦的拼搏奋斗中，在基础研究、工程实践、科学普及、成果转化等方面取得了突出成绩，为提升我国的经济实力、科技实力、国防实力、国际影响力作出了重要贡献。

发展是第一要务，创新是第一动力，人才是第一资源。培养造就一大批具有国际水平的战略科技人才、科技领军人才、青年科技人才和高水平创新团队，是实现高质量发展的必然要求。各级组织人事部门、团委和科协组织要深入贯彻落实习近平总书记关于科技人才工作的重要指示精神，遵循科技人才成长规律，努力营造聚天下英才而用之的良好环境，最大限度激发和释放人才创新创造创业活力，为全面建成社会主义现代化强国提供人才保证和智力支撑。广大科技工作者特别是青年科技工作者要向中国青年科技奖获奖者学习，礼赞新中国、建功新时代，为建设创新型国家和世界科技强国贡献智慧和力量。

附件：1. 第十五届中国青年科技奖特别奖获奖者名单

2. 第十五届中国青年科技奖获奖者名单

中共中央组织部　人力资源社会保障部

共青团中央　中国科协

2019年6月25日

附件1

第十五届中国青年科技奖特别奖获奖者名单

（按姓氏笔画排序）

序号	姓名	工作单位	推荐单位
1	付巧妹（女）	中国科学院古脊椎动物与古人类研究所	中国科学院/中国古生物学会
2	巩金龙	天津大学	教育部/中国化工学会
3	刘光慧	中国科学院生物物理研究所	中国细胞生物学学会/中国生物物理学会
4	关启安	北京大学	中国数学会
5	杨　莉（女）	北京大学第一医院	中华医学会
6	吴晓宏（女）	哈尔滨工业大学	哈尔滨工业大学科协
7	邹　翔	公安部第三研究所	公安部
8	陈海生	中国科学院工程热物理研究所	中国科学院
9	赵立波	西安交通大学	西安交通大学科协
10	魏新国	北京航空航天大学	工业和信息化部/中国光学工程学会

附件2

第十五届中国青年科技奖获奖者名单

（按姓氏笔画排序）

序号	姓名	工作单位	推荐单位
1	于敦德	南京途牛科技有限公司	江苏省委组织部、人力资源社会保障厅、科协、团委
2	卫　敏（女）	北京化工大学	教育部

续表

序号	姓名	工作单位	推荐单位
3	王　琳（女）	华中科技大学同济医学院附属协和医院	湖北省委组织部、人力资源社会保障厅、科协、团委 / 专家提名
4	王　超	电子科技大学	四川省委组织部、人力资源社会保障厅、科协、团委
5	王　静（女）	北京工商大学	专家提名
6	王二涛	中国科学院上海生命科学研究院	中国植物生理与植物分子生物学学会
7	王小川	北京搜狗科技发展有限公司	中国计算机学会
8	王小军	水利部交通运输部国家能源局南京水利科学研究院	水利部 / 中国水利学会
9	王立平	中国科学院宁波材料技术与工程研究所	中国机械工程学会
10	王在满	华南农业大学	专家提名
11	王志荣	南京工业大学	中国产学研合作促进会
12	王春凤（女）	吉林农业大学	吉林省委组织部、人力资源社会保障厅、科协、团委
13	王晓杰	西北农林科技大学	西北农林科技大学科协
14	王海鹏	西北工业大学	专家提名
15	牛　勇	公安部刑事侦查局	公安部
16	尹　霞（女）	清华大学	清华大学科协
17	卢艳丽（女）	四川农业大学	专家提名
18	白立晨	北京信息科学技术研究院	国家密码管理局 / 专家提名
19	白志山	华东理工大学	上海市委组织部、人力资源社会保障局、科协、团委
20	冯　雪	清华大学	中国力学学会 / 专家提名
21	冯世进	同济大学	教育部 / 专家提名
22	匡　华（女）	江南大学	江南大学科协
23	伊廷华	大连理工大学	中国土木工程学会

续表

序号	姓名	工作单位	推荐单位
24	刘　翔	兰州大学	教育部
25	刘会娟（女）	中国科学院生态环境研究中心	专家提名
26	刘克松	北京航空航天大学	中国复合材料学会
27	刘俊国	南方科技大学	北京市委组织部、人力资源社会保障局、科协、团委 / 广东省委组织部、人力资源社会保障厅、科协、团委 / 中国环境科学学会
28	齐炼文	中国药科大学	中国药科大学科协
29	闫金定	科技部高技术研究发展中心	科技部
30	江　颖	北京大学	北京大学科协
31	安　磊	中国农业大学	中国畜牧兽医学会
32	许建国	吉林油田公司油气工程研究院	吉林省委组织部、人力资源社会保障厅、科协、团委
33	许琛琦	中国科学院上海生命科学研究院	中国科学院 / 中国生物化学与分子生物学会
34	孙爱军（女）	复旦大学附属中山医院	上海市委组织部、人力资源社会保障局、科协、团委
35	杜文博	北京航空航天大学	中国航空学会
36	李武华	浙江大学	教育部
37	李建雄	解放军总医院海南分院	专家提名
38	李春英（女）	空军军医大学第一附属医院	中央军委政治工作部
39	李剑锋	厦门大学	教育部 / 福建省委组织部、人力资源社会保障厅、科协、团委
40	肖　飞	海军工程大学	中央军委政治工作部
41	吴德胜	中国科学院大学	中国系统工程学会 / 中国管理现代化研究会 / 专家提名
42	何贤强	自然资源部第二海洋研究所	自然资源部
43	邹　丽（女）	大连理工大学	大连理工大学科协
44	张　锋	复旦大学	教育部

续表

序号	姓名	工作单位	推荐单位
45	张　强	清华大学	教育部
46	张　澄	山东大学齐鲁医院	山东省委组织部、人力资源社会保障厅、科协、团委
47	张仲凤（女）	中南林业科技大学	湖南省委组织部、人力资源社会保障厅、科协、团委
48	张志勇	北京大学	中国电子学会
49	张杰鹏	中山大学	专家提名
50	张显程	华东理工大学	上海市委组织部、人力资源社会保障局、科协、团委
51	陆　超	清华大学	专家提名
52	陈绍杰	山东科技大学	山东省委组织部、人力资源社会保障厅、科协、团委
53	陈积明	浙江大学	浙江省委组织部、人力资源社会保障厅、科协、团委
54	范金燕（女）	上海交通大学	专家提名
55	林启冰	中国农业科学院作物科学研究所	农业农村部
56	林学春	中国科学院半导体研究所	中国光学学会
57	罗旭彪	南昌航空大学	江西省委组织部、人力资源社会保障厅、科协、团委
58	郑海荣	中国科学院深圳先进技术研究院	广东省委组织部、人力资源社会保障厅、科协、团委
59	单崇新	郑州大学	河南省委组织部、人力资源社会保障厅、科协、团委
60	胡伟达	中国科学院上海技术物理研究所	上海市委组织部、人力资源社会保障局、科协、团委
61	胡京南	中国环境科学研究院	生态环境部
62	钟燕飞	武汉大学	中国测绘地理信息学会

续表

序号	姓名	工作单位	推荐单位
63	姜　波	哈尔滨工业大学	黑龙江省委组织部、人力资源社会保障厅、科协、团委 / 中国材料研究学会
64	姜　鹏	中国科学院国家天文台	中国科学院
65	姜　潮	湖南大学	湖南大学科协
66	秦波涛	中国矿业大学	中国矿业大学科协
67	袁　媛（女）	中国科学院西安光学精密机械研究所	陕西省委组织部、人力资源社会保障厅、科协、团委
68	徐　鹏	厦门大学	福建省委组织部、人力资源社会保障厅、科协、团委
69	高裕弟	昆山维信诺科技有限公司	江苏省委组织部、人力资源社会保障厅、科协、团委
70	席　波	山东大学	山东大学科协
71	陶晓明（女）	清华大学	中国电子学会
72	黄志伟	哈尔滨工业大学	工业和信息化部
73	曹春梅（女）	首都儿科研究所	北京市委组织部、人力资源社会保障局、科协、团委 / 专家提名
74	崔宝凯	北京林业大学	中国菌物学会
75	崔燕平（女）	北京市公安局刑侦总队	北京市委组织部、人力资源社会保障局、科协、团委
76	梁建英（女）	中车青岛四方机车车辆股份有限公司	国务院国有资产监督管理委员会
77	隋少春	成都飞机工业（集团）有限责任公司	国家国防科技工业局 / 四川省委组织部、人力资源社会保障厅、科协、团委
78	颉　伟	清华大学	中国细胞生物学学会
79	程　锋	中国农业科学院蔬菜花卉研究所	专家提名
80	焦宇辰	中国医学科学院肿瘤医院	国家卫生健康委
81	焦树强	北京科技大学	北京科技大学科协
82	鲁　玺	清华大学	中国环境科学学会

续表

序号	姓名	工作单位	推荐单位
83	曾勇军	江西农业大学	专家提名
84	谢　欣（女）	中国科学院上海药物研究所	上海市委组织部、人力资源社会保障局、科协、团委
85	谢少荣（女）	上海大学	上海市委组织部、人力资源社会保障局、科协、团委
86	路德春	北京工业大学	中国地震学会

续表

序号	姓名	工作单位	推荐单位
87	潘秀莲（女）	中国科学院大连化学物理研究所	辽宁省委组织部、人力资源社会保障厅、科协、团委
88	薛　瑞	北京航空航天大学	专家提名
89	戴　庆	国家纳米科学中心	中国青年科技工作者协会
90	魏　勇	中国科学院地质与地球物理研究所	中国地球物理学会 / 专家提名

中国科协 2019 年度
事业发展统计公报

中国科协 2019 年度事业发展统计公报 *

2020年6月

2019 年度，中国科协以习近平新时代中国特色社会主义思想为指导，全面贯彻党的十九大和十九届二中、三中、四中全会精神，紧扣庆祝新中国成立 70 周年主线，把强"三性"融入"四服务"，把"四个着力"工作要求贯穿始终，支撑高质量发展的组织力持续提升，为科技工作者服务持续深化，民间科技交流通道有效拓展，学术交流、科学普及、科技决策咨询等各方面工作取得新进展新成效。

一、组织建设

（一）科协组织建设

各级科协 3209 个，直属单位 1907 个。各级代表大会总人数 305064 人，其中委员会委员总人数 81907 人，常务委员会委员总人数 32354 人。

各级科协从业人员 34491 人，其中女性从业人员 14968 人。各级科协本年收入 ① 总额 134.0 亿元。

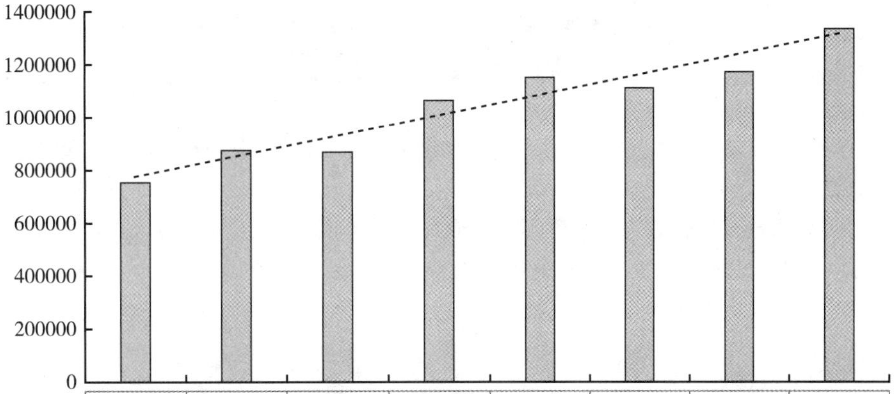

	2012年	2013年	2014年	2015年	2016年	2017年	2018年	2019年
各级科协总收入	754356	876440	872804	1070565	1156639	1118080	1177507	1340589

图 1　各级科协收入情况（单位：万元）

企业科协 ② 17510 个，个人会员 264.9 万人。高校科协 ③ 1437 个，个人会员 75.5 万人。乡镇科协（街道科协）④ 26936

* 本公报中各项统计数据均未包括香港特别行政区、澳门特别行政区和台湾地区。部分数据因四舍五入的原因，存在着与分项合计不等的情况。

公报中各种范围所表述的含义：

各级科协：中国科协机关及直属单位、省级科协、副省级与省会城市科协、地级科协、县级科协。

地方科协：省级科协、副省级与省会城市科协、地级科协、县级科协。

学会：各级科协所属学会、协会、研究会。

两级学会：中国科协所属全国学会、省级科协所属省级学会。

全国学会：中国科协所属全国学会。

省级学会：省级科协所属省级学会。

中国科协基层组织：各级科协在科技工作者集中的企业事业单位、高等学校、科研院所和有条件的乡镇、街道、社区、农村等建立的科学技术协会（科学技术普及协会）等。

① 各级科协本年收入：本年度各级科协部门经费总收入，包括科协经费总收入和直属单位经费总收入。考虑到统计调查数据的时效性，公报中的财务类数据，均按调查单位确定的时点数据或预计数上报。

② 企业科协：各级科协批复由企业成立的科协基层组织。

③ 高校科协：各级科协批复由高等院校成立的科协基层组织。

④ 乡镇科协（街道科协）：乡镇、街道成立的科协基层组织。

个，个人会员 143.9 万人。村科协（社区科协）[1] 26637 个，个人会员 39.5 万人。农技协[2] 2.7 万个，个人会员 442.0 万人。

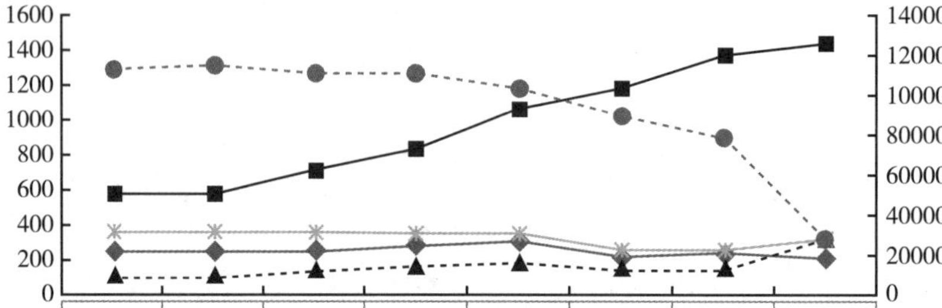

	2012年	2013年	2014年	2015年	2016年	2017年	2018年	2019年
高校科协（个）	574	584	703	831	1066	1181	1374	1437
企业科协（个）	20968	21281	21931	23929	26096	18523	20312	17510
村/社区科协（个）	8235	9067	11179	13636	15046	11292	12184	26637
乡镇/街道科协（个）	31227	30904	30236	29911	29052	21590	22012	26936
农技协（个）	113068	114775	110442	110476	103606	89856	78492	27575

图 2　科协基层组织基本情况

（二）学会组织建设

各级科协所属学会 29675 个，其中中国科协所属全国学会 210 个，省级科协所属省级学会 3848 个。全国学会理事会理事[3] 3.1 万人，省级学会理事会理事 24.6 万人。

两级学会从业人员 50764 人，其中全国学会从业人员 3714 人，省级学会从业人员 47050 人。

两级学会本年收入总额 91.8 亿元，其中全国学会本年收入总额 49.6 亿元。

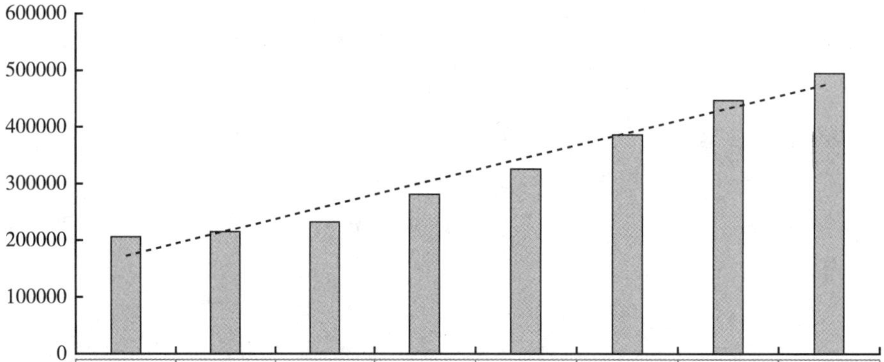

	2012年	2013年	2014年	2015年	2016年	2017年	2018年	2019年
全国学会总收入	208438	216491	234802	282446	328191	388230	448292	495858

图 3　全国学会收入情况（单位：万元）

两级学会个人会员[4] 1302.6 万人，团体会员 56.2 万个。其中全国学会个人会员 522.7 万人，团体会员 5.4 万个；省级学会个人会员 779.9 万人，团体会员 50.8 万个。

---

① 村科协（社区科协）：村、社区成立的科协基层组织。

② 农技协：在民政部门登记、经本级科协正式审批接纳的农村专业技术协会（农技协）和在科协登记备案的各类农村专业技术研究会（农研会）。

③ 理事会理事：经学会会员代表大会选举产生的学会理事会理事。

④ 学会个人会员：在学会注册登记，并取得本学会会员资格的人员（包括外籍会员）。

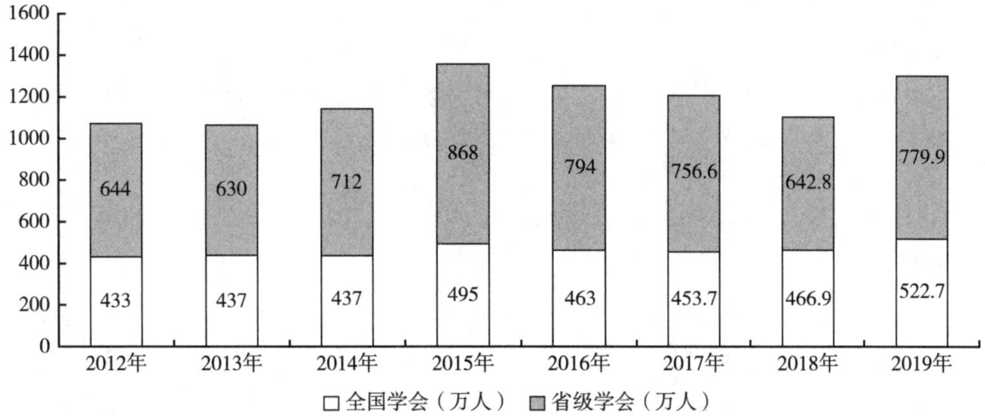

图 4　全国学会和省级学会个人会员情况

二、为科技工作者服务

（一）思想政治教育及能力提升

开展科学道德与学风建设宣讲活动[①] 18094 场次，宣讲活动受众人数 566.8 万人次。

举办干部教育培训班 4949 次（期），共培训 54.6 万人次。

举办继续教育培训班 21004 场次，培训参训人数 354.6 万人次。

（二）表彰举荐

各级科协和两级学会向省部级（含）以上科技奖项、人才计划（工程）举荐人才 8390 人次，向省部级（含）以上科技奖项推荐项目数 3906 项。

设立科技奖项[②] 1135 项，其中全国学会设立 391 项。表彰奖励科技工作者 9.1 万人次，其中女性科技工作者 2.5 万人次，45 岁以下科技工作者 4.8 万人次。

（三）媒体宣传

通过媒体宣传科技工作者 13.9 万人次，其中中央 / 省级媒体宣传科技工作者 2.9 万人次。宣传媒介呈多样化，通过电视宣传 1.5 万人次，通过纸质媒体宣传 4.0 万人次，通过网络与新媒体宣传 9.1 万人次。

（四）志愿服务

在基层直接为公众提供科技攻坚、成果转化、人才培养、科技咨询、科学普及等方面专职科普工作者（科普工作时间占其全部工作时间 60% 以上的工作人员）6.9 万人，兼职科普工作者 83.3 万人，科技志愿者[③] 172.1 万人。

三、国际及港澳台地区民间科技交流

各级科协和两级学会加入国际民间科技组织[④] 893 个。在国际民间科技组织中任职专家 1984 人，其中担任主席、副主席、执委或相当职务的高级别任职专家 835 人，其他一般级别任职专家 1149 人。

参加国际科学计划[⑤] 185 项。参加境外科技活动 4.4 万人次，参加港澳台地区科技活动 1.8 万人次。接待境外专家、学者 4.4 万人次。

---

① 科学道德与学风建设宣讲活动：各级科协和两级学会主办或牵头组织宣讲科学精神、科学道德、科学伦理和科学规范等的活动。

② 科技奖项：省级及以上科协组织和两级学会设立的科技奖项，涵盖人物奖和成果奖，科技奖和科普类奖项等。不包括一般的表扬鼓励和专门针对本单位工作人员的表彰奖励。

③ 科技志愿者：不以物质报酬为目的，利用自己的时间、科技技能、科技成果、社会影响力等，自愿为社会或他人提供公益性科技类服务的科技工作者、科技爱好者和热心科技传播的人士等。本次统计数据包括各级科协及学会登记注册的科技志愿者人数，以及原注册科普志愿者人数。

④ 国际民间科技组织：各级科协和两级学会代表国家、地区或学科加入的，经所在国正式注册、具有法人资质的国际民间科技组织。

⑤ 国际科学计划：各级科协和两级学会及所联系的专家参与国际民间科技组织发起或主导的国际科学计划。

四、学术交流

（一）推进创新创业服务活动

开展推进创新创业活动 23884 项，其中举办竞赛、论坛、展览等类型的活动 7344 项，开展咨询、教育、培训等类型的活动 13468 项，开展投融资、成果转化等类型的活动 1956 项。

（二）专家服务

各级科协指导组建专家工作站[①] 7627 个，全年组织进站专家 13.2 万人次。组建专家服务团队[②] 4761 个，参加服务团队专家 17.5 万人次。

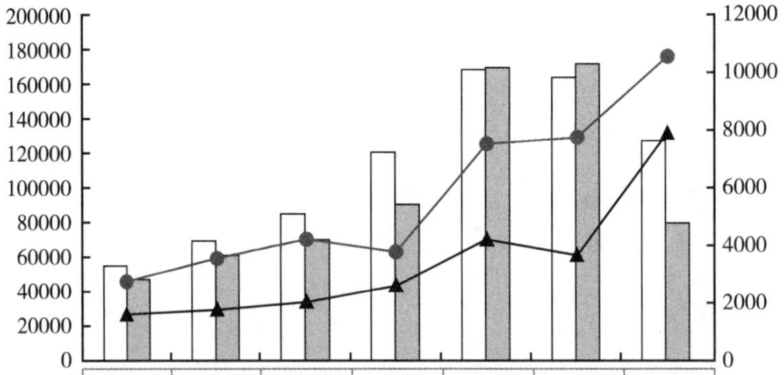

	2013年	2014年	2015年	2016年	2017年	2018年	2019年
专家工作站（个）	3323	4200	5139	7226	10120	9881	7627
专家服务团队（个）	2859	3635	4249	5440	10175	10321	4761
专家进（站、中心）人数（人次）	26611	29080	33675	43199	70142	61117	132007
参加服务团队专家人数（人次）	46373	58878	69853	63536	124755	129099	175152

专家工作站（个）　专家服务团队（个）
专家进（站、中心）人数（人次）　参加服务团队专家人数（人次）

图 5　各级科协指导组建专家工作站、专家服务团队情况

（三）标准制定

两级学会研制技术标准[③] 452 个。两级学会研制团体标准[④] 1049 个。

（四）学术会议

各级科协和两级学会共举办学术会议 19461 场次，参加人数 635.6 万人次，交流论文 112.9 万篇。

举办国内学术会议[⑤] 17823 场次，其中举办学术年会 7208 场次。国内学术会议参加人数 496.2 万人次，交流论文 97.6 万篇。

举办境内国际学术会议[⑥] 1473 场次。境内国际学术会议参加人数 135.5 万人次，交流论文 14.3 万篇。

举办港澳台地区学术会议[⑦] 165 场次。港澳台地区学术会议参加人数 3.9 万人次，交流论文 1.0 万篇。

① 专家工作站：各级科协组织和两级学会协同有关单位，为高层次专家直接参与经济建设和社会服务而组建的科技服务机构。

② 专家服务团队：各级科协和两级学会根据项目合作需要，按专业特点牵头组织的专家服务团队，主要承担科学普及、科技攻关、决策咨询、工程论证、技术指导、科技扶贫等相关合作项目。

③ 技术标准：两级学会针对具有普遍性和重复出现的技术问题，对标准化领域中需要协调统一的技术事项所制定的标准。

④ 团体标准：两级学会按照团体确立的标准制定程序自主制定发布，由社会自愿采用的标准。

⑤ 国内学术会议：在我国境内由各级科协和两级学会主办或牵头主办的以学术交流为目的，由国内有关专家、学者及科技人员参加并提交学术论文的学术研讨会、交流会、报告会和论坛等。

⑥ 境内国际学术会议：在我国境内由各级科协和两级学会主办或牵头主办以及受国际组织委托承办的以学术交流为目的，与会代表来自 3 个或 3 个以上国家或地区（不含港澳台地区）的研讨会、交流会、报告会和论坛等。

⑦ 港澳台地区学术会议：由各级科协和两级学会与港澳台地区有关组织联合主办的以学术交流为目的，来自港澳台地区的与会代表人数占总参会人数 1/3 以上的研讨会、交流会、报告会和论坛等。

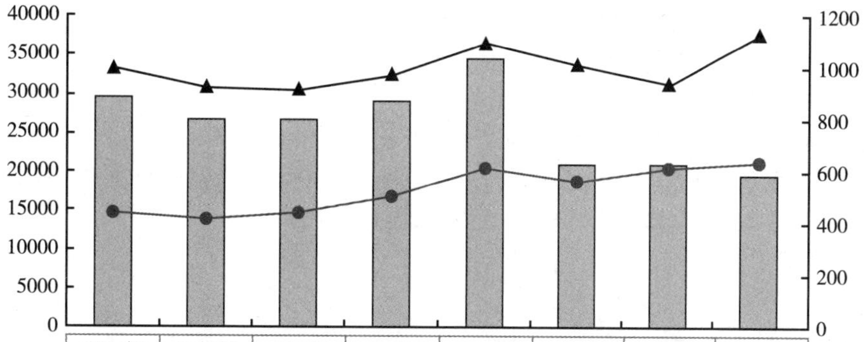

	2012年	2013年	2014年	2015年	2016年	2017年	2018年	2019年
学术会议（次）	29586	26693	26592	29105	34542	21096	21096	19461
参加人数（万人次）	442	411	438.7	502.7	610	558.8	613	635.6
交流论文（千篇）	995	920	910	968	1094	1008	935	1129

学术会议（次） 参加人数（万人次） 交流论文（千篇）

图 6　各级科协和两级学会举办学术交流活动情况

（五）学术期刊

各级科协和两级学会主办科技期刊[①] 1802 种。科技期刊总印数 6010.3 万册，发表论文、文章数 290.3 万篇。

五、科学普及

（一）科普基础设施建设

截至 2019 年年底，各级科协拥有所有权或使用权的科技馆[②] 978 个。总建筑面积 434.2 万平方米，展厅面积 231.1 万平方米。已实行免费开放的科技馆 870 个。科技馆全年接待参观人数 7479.4 万人次。流动科技馆 1773 个。科普活动站（中心、室）5.6 万个，全年参加活动（培训）人数 4078.3 万人次。科普画廊（宣传栏、橱窗）建筑面

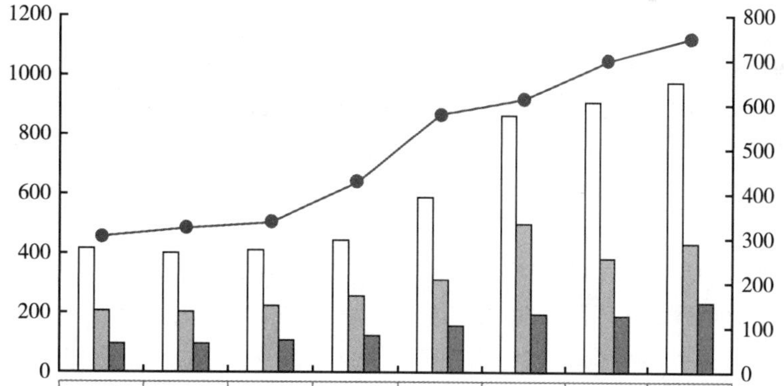

	2012年	2013年	2014年	2015年	2016年	2017年	2018年	2019年
科技馆（个）	419	400	410	445	587	867	909	978
建筑面积（万平方米）	203	202	220	258	314	499	383.5	434.2
展厅面积（万平方米）	95	97	104	123	155	194	187.1	231.1
全年接待参观人数（十万人次）	303	320	333	422	579	610	697.2	747.9

科技馆（个） 建筑面积（万平方米）
展厅面积（万平方米） 全年接待参观人数（十万人次）

图 7　各级科协科技馆建设基本情况

① 科技期刊：由各级科协和两级学会主办或合办，具有固定刊名、刊期、年卷或年月顺序编号，以报道科学技术为主要内容的连续出版物，包括学术期刊、综合期刊、技术期刊、科普期刊和检索期刊等，不包括各类内部刊物。

② 科技馆：各级科协拥有所有权或使用权的具备展览教育、培训教育、实验教育等功能，面向公众常年开放的社会科技教育固定设施。

积 176.7 万平方米，全年展示面积[①] 433.7 万平方米。科普大篷车 1057 辆，全年下乡次数 3.5 万次。科普大篷车全年下乡行驶里程 737.8 万千米，受益人数 1834.3 万人次。

（二）科普宣讲活动

各级科协和两级学会举办科普宣讲活动[②] 25.0 万场次，其中专家科普报告会 4.1 万场次，专题展览 1.2 万场次，科技咨询 8.1 万场次。科普宣讲活动受众人数 14.4 亿人次。举办实用技术培训 8.4 万次，接受培训人数 1392.2 万人次。推广新技术、新品种 17243 项。各类科普活动覆盖村（社区）21.5 万个次。

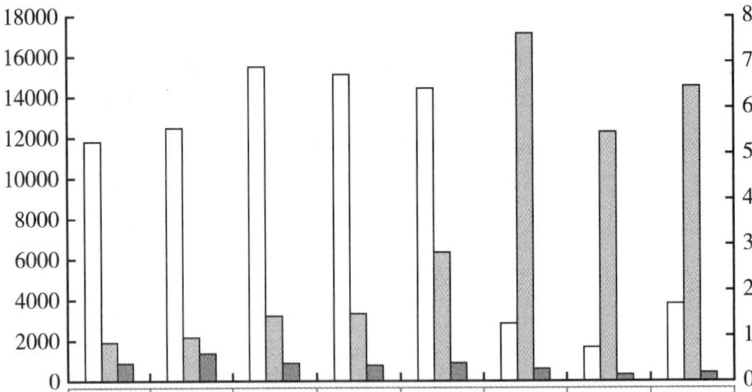

	2012年	2013年	2014年	2015年	2016年	2017年	2018年	2019年
推广新技术、新品种（项）	52678	55536	69328	67358	64434	12810	7604	17243
科普宣讲活动受众人数（十万人次）	1721	2025	3176	3218	6213	17099	12180	14406
实用技术培训人数（万人次）	3640	5509	3303	3178	3423	2093	1111	1392

推广新技术、新品种（项）　科普宣讲活动受众人数（十万人次）
实用技术培训人数（万人次）

图 8　各级科协和两级学会科普活动情况

（三）青少年科技教育

各级科协和两级学会举办青少年科普宣讲活动 47394 场次。青少年科普宣讲活动受众人数 3.2 亿人次。举办青少年科技竞赛 5680 项，参加竞赛的青少年 3056.5 万人次，获奖人数 141.1 万人次。举办青少年科学营[③] 1288 次，参加人数 16.0 万人次。编印青少年科技教育资料 5096 种，印数 747.8 万册。举办青少年科技教育活动和培训 43574 场次，参加培训人数 1429.3 万人次。通过中学生英才计划[④] 培养学生 6.1 万人。

（四）科普传播

各级科协和两级学会编著科技图书 4078 种，印数 1886.4 万册。制作科普挂图 58311 种，印数 1168.5 万张。

制作科技广播影视节目总时长 3.6 万小时。制作科普动漫作品总时长 2.7 万小时。

主办科普传播类网站 1384 个，全年浏览量 116.6 亿人次。主办科普 App118 个，下载安装 949.7 万次。主办科普微信公众号 1909 个，关注量 3853.5 万人。主办科普微博 579 个，粉丝数 5241.3 万人。

① 科普画廊（宣传栏、橱窗）展示面积：各级科协和两级学会单独或牵头联合有关单位共同建设的科普画廊中，展示科学技术信息图片、文字的实际面积。按实际展示面积计算，单面的计算单面面积，双面的计算双面面积。单个年展示面积之和等于年展示总面积。单个年展示面积 = 每次展示面积 × 展示次数。

② 科普宣讲活动：各级科协和两级学会单独或牵头组织的单次或系列化的以报告会、广播、电视、报刊、网络或其他形式举办的科普讲座和报告，以陈列实物及展示图片等形式举办的各类科普展览，以及相关专业专家组成智力团体，向社会和公众提供的智力服务等活动。

③ 青少年科学营：由中国科协、教育部共同主办，旨在充分利用重点大学的科技教育资源，激发青少年对科学的兴趣，培养青少年的科学精神、创新意识和实践能力的青少年高校科学营活动。

④ 中学生英才计划：中国科协和教育部联合开展，为落实“支持有条件的高中与大学、科研院所合作开展创新人才培养研究和试验，建立创新人才培养基地”的要求，选拔一批品学兼优、学有余力，具有创新潜质的中学生走进大学，在自然科学基础学科领域的著名科学家指导下参加科学研究项目、科技社团活动、学术研讨和科研实践等活动。

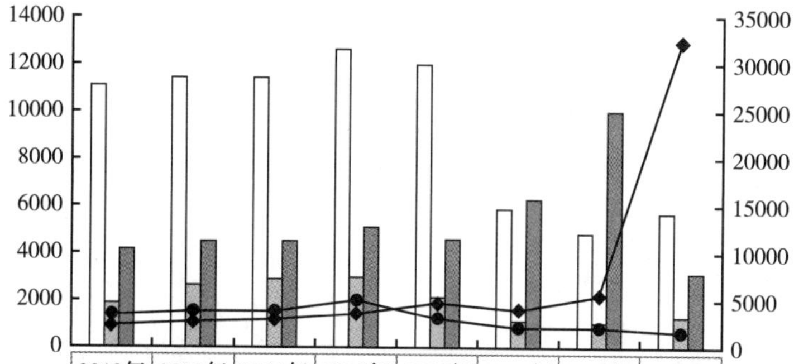

	2012年	2013年	2014年	2015年	2016年	2017年	2018年	2019年
举办青少年科技竞赛（项）	11097	11382	11415	12577	11906	5834	4883	5680
举办青少年科学营（次）	1882	2710	2945	3010	2178	1164	1094	1288
青少年科技竞赛参加人数（万人次）	4048	4400	4363	4956	4484	6196	9905	3056
青少年科学营参加人数（百人次）	3353	3825	3864	4936	3007	2078	1908	1600
青少年科普宣讲活动受众人数（万人次）	2290	2675	2915	3552	4693	3949	5456	32244

图 9　各级科协与两级学会举办的青少年科技教育活动情况

六、科技决策咨询

（一）科技决策咨询活动

各级科协和两级学会举办决策咨询活动 4834 场次，参与专家 5.5 万人次。开展科技评估[①] 7341 项。组织参与立法咨询 439 次。组织政协科协界委员协商或调研活动 1714 场次。

（二）科技决策咨询成果

提供决策咨询报告 4353 篇，其中获上级领导同志批示的报告 456 篇。反映科技工作者建议 10554 条，其中获上级领导同志批示的建议 579 条。答复人大、政协代表（委员）提案 845 件。组织政策解读活动 1855 场次。发布政策解读文章 971 篇。

① 科技评估：各级科协和两级学会独立或牵头开展，遵循一定的原则、程序和标准，运用科学、公正和可行的方法，对科技活动有关的政策、计划、项目、成果、专有技术、产品机构、人才等进行专业判断的评估活动。

中国数学会

11 月 21 日，中国数学会第十三次全国会员代表大会暨 2019 年学术年会在广东省佛山市召开

中国物理学会

9 月 19 日，中国物理学会第十二次全国会员代表大会在河南省郑州市召开，与会专家、学者合影

中国力学学会

10 月 13 日，中国力学学会 2019 年全国会员代表大会暨第十届、第十一届理事会扩大会议在北京召开

中国光学学会

8月1日，2019年中国光学学会学术大会暨40周年庆典在安徽省合肥市召开

中国声学学会

9月21日，2019年全国声学大会在广东省深圳市召开

中国化学会

10月17日，首届国际绿色与可持续发展化学会议在北京召开

中国天文学会

9月7日，中国天文学会2019年学术年会在青海省海西蒙古族藏族自治州召开

中国气象学会

6月15日，第十一届海峡论坛·第八届海峡两岸民生气象论坛在福建省厦门市召开

中国空间科学学会

10月26日，第一届中国空间科学大会在福建省厦门市召开

中国地质学会

10 月 17 日，中国地质学会 2019 年学术年会在云南省昆明市召开

中国地理学会

11 月 2 日，2019 年中国地理学大会暨中国地理学会成立 110 周年纪念活动在北京举办

中国地球物理学会

10 月 27 日，2019 中国地球科学联合学术年会在北京召开

中国矿物岩石地球化学学会

4月20日，中国矿物岩石地球化学学会第17届学术年会在浙江省杭州市召开

中国古生物学会

11月18—19日，第一届亚洲古生物学大会暨中国古生物学会成立90周年纪念活动在北京举办，与会专家、学者合影

中国海洋学会

10月26—28日，2019海洋学术（国际）双年会在海南省三亚市举办

中国植物生理与植物分子生物学学会

11月21—24日，中国科协第388次青年科学家论坛暨第四届青年植物科学家论坛在四川省成都市召开

中国生物物理学会

8月2日，第十七次中国暨国际生物物理大会在天津市召开

中国遗传学会

8月23—25日，第四届全球华人遗传学大会在上海市召开，与会专家、学者合影

中国心理学会

10 月 18 日，中国心理学会第十二届三次全国会员代表大会在浙江省杭州市召开

中国生态学学会

11 月 28 日，第十八届中国生态学大会在云南省昆明市召开

中国环境科学学会

8 月 23 日，2019 中国环境科学学会科学技术年会在陕西省西安市召开

中国自然资源学会

12 月 21 日，中国自然资源学会第八次全国会员代表大会在北京召开

中国感光学会

10 月 10 日，中国感光学会第十届理事会第一次会议在北京召开

中国优选法统筹法与经济数学研究会

11 月 15—18 日，中国优选法统筹法与经济数学研究会第十次全国会员代表大会暨第二十一届中国管理科学学术年会在上海市召开

中国岩石力学与工程学会

11 月 18—21 日，第十六次中国岩石力学与工程学术年会在北京召开

中国实验动物学会

9 月 23 日，第十五届中国实验动物科学年会在云南省昆明市召开

中国青藏高原研究会

7 月 11—12 日，亚洲水塔国际研讨会在北京召开，与会专家、学者合影

中国环境诱变剂学会

6 月 21 日，中国环境诱变剂学会青年专业委员会成立大会在贵州省遵义市召开

中国运筹学会

8 月 18—22 日，2019—2020 年度“走进美妙的数学花园”科普活动在天津市举办

中国菌物学会

8 月 3—5 日，中国菌物学会 2019 年学术年会在陕西省西安市召开

中国神经科学学会

10 月 10—13 日，中国神经科学学会第十三届全国学术会议在江苏省苏州市召开

中国认知科学学会

9 月 21—22 日，第二届中国认知计算与混合智能学术大会在陕西省西安市召开

国际数字地球学会

9 月 23 日，国际数字地球学会第四届一次会员代表大会在北京召开

国际动物学会

12月2—7日，第十一届整合动物学国际研讨会在新西兰奥克兰梅西大学奥尔巴尼校区召开，与会专家、学者合影

中国机械工程学会

10月25—28日，2019国际机械工程教育大会在上海市召开

中国汽车工程学会

10月22—24日，2019中国汽车工程学会年会暨展览会在上海市召开

中国农业工程学会

12月8日，中国农业工程学会成立40周年学术报告会暨2019年学术年会在浙江省杭州市召开

中国电机工程学会

11月13—15日，2019中国电机工程学会年会在北京召开

中国电工技术学会

10月26—28日，2019中国电工技术学会学术年会在云南省昆明市召开

中国水力发电工程学会

4 月 16—17 日，第十五次全国通航建筑物学术交流会暨大型升船机创新设计国际学术交流会在云南省西双版纳傣族自治州景洪市召开，与会专家、学者合影

中国水利学会

10 月 22 日，中国水利学会 2019 学术年会在湖北省宜昌市召开

中国工程热物理学会

10 月 18—20 日，中国工程热物理学会传热传质学术会议暨国家自然科学基金项目进展交流会在山东省青岛市召开

中国空气动力学会

12 月 28 日，中国空气动力学会第十一次钱学森讲座在北京召开

中国制冷学会

11 月 13 日，2019 中国制冷学会学术年会在福建省厦门市召开

中国真空学会

10 月 7—9 日，2019 年纳米和表面科学与技术全国会议在江苏省苏州市召开

中国自动化学会

11 月 24 日，2019 中国自动化大会在浙江省杭州市召开

中国仪器仪表学会

3 月 29—30 日，2019 中国仪器仪表学会学术年会在北京召开

中国标准化协会

1 月 8 日，第三届团体标准化发展论坛暨 2019 年团体标准化发展联盟年会在北京召开

中国图学学会

8月9—12日，第十二届亚太地区图学论坛（AFGS2019）在云南省昆明市召开

中国电子学会

5月13—15日，2019中国云计算和物联网大会在重庆市召开

中国通信学会

11月30日，2019中国信息通信大会在四川省成都市召开，中国通信学会理事长、工业和信息化部副部长陈肇雄致辞

中国造船工程学会

9 月 18—19 日，2019 年首届中国船舶设计师论坛在浙江省舟山市召开

中国航海学会

7 月 4 日，中国航海学会成立 40 周年活动——终身成就荣誉奖颁奖仪式在北京举办

中国铁道学会

3 月 23 日，中国铁道学会 2019 年度工作会议在北京召开

中国公路学会

6 月 14 日，2019 世界交通运输大会在北京召开

中国航空学会

8 月 15 日，第四届中国航空科学技术大会暨 2019 年沈阳国际航空产业发展大会在辽宁省沈阳市召开

中国宇航学会

4 月 24 日，2019 年“中国航天日”启动暨中国航天大会在湖南省长沙市召开

中国水产学会

11 月 13—14 日，首届范蠡学术大会暨第四届范蠡科学技术奖颁奖活动在广西壮族自治区南宁市召开

中国园艺学会

5 月 5—7 日，中国园艺学会牡丹芍药分会在中国农业科学院科普基地为学生举办科普活动

中国植物病理学会

7 月 21 日，中国植物病理学会 2019 年学术年会暨学会成立 90 周年庆祝大会在四川省成都市召开

中国植物保护学会

10 月 23—25 日，中国植物保护学会 2019 年学术年会在贵州省贵阳市召开

中国作物学会

10 月 28 日，中国作物学会第十一次全国会员代表大会在浙江省杭州市召开

中国热带作物学会

9 月 24 日，2019 年全国热带作物学术年会在陕西省西安市召开

中国蚕学会

10 月 24—25 日，中国蚕学会第十届青年学术研讨会在江苏省镇江市召开

中国水土保持学会

12 月 4—7 日，第二届中国水土保持学术大会在北京举办

中国茶叶学会

3 月 19 日，欧洲种茶协会一行到中国茶叶学会进行访问交流，与会专家、学者合影留念

中国草学会

11 月 21—23 日，2019 中国草学会年会暨学会成立四十周年庆祝大会在陕西省西安市召开

中国植物营养与肥料学会

8 月 7 日，中国植物营养与肥料学会 2019 年学术年会在重庆市召开

中国农业历史学会

5 月 11 日，中国农业史青年论坛暨中国农业历史学会年会（2019）暨第十届中华农圣文化国际研讨会在山东省潍坊市召开

中国病理生理学会

6 月 7—9 日，第四届中国微循环周活动在山东省威海市召开

中国营养学会

9 月 20—22 日，第十四届全国营养科学大会暨第十一届亚太临床营养大会、第二届全球华人营养科学家大会在江苏省南京市召开

中国药理学会

11 月 10—13 日，中国药理学会第十五次全国学术大会在北京召开

中国针灸学会

8 月 17 日，2019 中国针灸学会年会暨 40 周年回顾大会在湖北省武汉市召开

中国防痨协会

5 月 30 日，“礼赞共和国　追梦新时代”中国防痨协会科技志愿服务行动启动仪式在北京召开

中国心理卫生协会

8 月 30 日，第十二次全国心理卫生学术大会在北京召开

中国抗癌协会

8 月 16 日，2019 中国肿瘤学大会在重庆市召开

中国体育科学学会

11 月 1 日，第十一届全国体育科学大会在江苏省南京市召开

中国康复医学会

11 月 22—24 日，2019 第三届中国康复医学会综合学术年会暨国际康复设备展览会在北京召开

中国免疫学会

10 月 19—23 日，第十七届国际免疫学大会在北京召开

中华预防医学会

5 月 18—19 日，中国妇幼健康学术大会在北京召开

中华口腔医学会

8 月 28 日，中华口腔医学会第 21 次全国口腔医学学术会议在上海市召开

中国医学救援协会

7 月 19 日，2019 年中国·国际第 17 届现代救援医学论坛在广东省广州市召开

中国研究型医院学会

7 月 20 日，2019 中国研究型医院学会高峰论坛在海南省海口市召开

中国睡眠研究会

10 月 25 日，中国睡眠研究会第五次全国会员代表大会在山东省济南市召开

中国卒中学会

6月28—30日，中国卒中学会第五届学术年会在北京召开

中国未来研究会

8月25日，中国未来研究会成立40周年纪念大会在北京召开

中国科学技术史学会

10月26日，中国科学技术史学会第十届全国会员代表大会在安徽省合肥市召开

中国科学技术情报学会

10月17日，第二十五届中国竞争情报年会在贵州省贵阳市召开，与会专家、学者进行高峰对话

中国图书馆学会

8月21日，2019年中国图书馆年会在内蒙古自治区鄂尔多斯市召开

中国农村专业技术协会

6月30日，中国农村专业技术协会五届二次理事会议在四川省成都市召开

中国工业设计协会

10月18日，2019世界工业设计大会暨国际设计产业博览会在山东省烟台市召开

中国自然科学博物馆学会

2月25日，中国自然科学博物馆学会第七次全国会员代表大会在北京召开

中国青少年科技辅导员协会

11月1日，2019中国青少年科技辅导员协会年会在江苏省南京市召开

中国科教电影电视协会

12 月 28 日，中国科教电影电视协会第六次全国会员代表大会在北京召开

中国科学技术期刊编辑学会

8 月 26—28 日，中国科学技术期刊编辑学会 2019 年学术年会在北京召开

中国流行色协会

12 月 9 日，2019 中国色彩学术年会在上海市召开

中国档案学会

11 月 14—15 日，2019 年全国青年档案工作者学术论坛在重庆市召开

中国国土经济学会

5 月 11—12 日，2019 中国国土经济学会学术年会暨中国国土经济高质量发展论坛在四川省成都市召开

中国土地学会

11 月 11—12 日，2019 年中国土地学会学术年会在福建省福州市召开

中国科技新闻学会

11 月 16 日，2019 年中国科技传播论坛在北京召开

中国老科学技术工作者协会

11 月 19 日，纪念中国老科学技术工作者协会成立 30 周年座谈会在北京召开

中国城市规划学会

10 月 19—21 日，2019 中国城市规划年会在重庆市召开，中国城市规划科技奖领军人才奖获得者上台领奖

中国产学研合作促进会

12 月 30 日，第十三届中国产学研合作创新大会在北京召开

中国工程教育专业认证协会

11 月 19—20 日，中国工程教育专业认证协会 2019 年第一期工程教育专业认证研讨培训会议在上海市举办

中国女科技工作者协会

12 月 21 日，中国女科技工作者协会第四次全国会员代表大会在北京召开

中国创造学会

12 月 12—13 日，中国创造学会第六次全国会员代表大会暨 2019 年学术年会创造创新与未来发展论坛在陕西省西安市召开，与会代表合影

中国高科技产业化研究会

11 月 25 日，第二届中国高科技产业化高峰会议在广东省广州市召开，与会专家、学者进行圆桌对话

中国国际经济技术合作促进会

1 月 12 日，中国国际经济技术合作促进会 2019 年新年专家智库强国论坛在北京召开，促进会理事长杨春光致辞

中国基本建设优化研究会

11 月 6 日，浙江嘉兴（梅花洲）三农优化实验区项目签约仪式在北京举办，研究会副会长兼秘书长孙晓洲和联众实业董事长陶明分别代表双方签定合作协议

中国科技馆发展基金会

6 月 17 日，第六届全国青年科普创新实验暨作品大赛总决赛在北京闭幕

全国学会、协会、研究会（含受委托管理的学会）简况

中国数学会

学会建设 2019 年，学会网站累计浏览量 55.7 万次，累计访问人数 15.2 万人，关注度较 2018 年提升近一倍。学会微信公众号关注人数超 7.2 万人，单篇文章最高阅读量达 8.2 万次，较 2018 年有所增长。

2019 年，学会召开党委会议 2 次，党员扩大会议 1 次，正（副）理事长、秘书长会议 4 次，常务理事会议 4 次，理事会议 2 次，学会发展基金工作委员会会议 1 次。

学会工作会议上讨论通过《中国数学会监事会条例》。审核并批准学会数学史分会、学会组合数学与图论专业委员会以及学会计算机数学专业委员会的换届申请；申请主办期刊《应用概率统计》和《数学进展》的编委换届以及主办期刊《中学生数学》更换主编。同时，就学会数学学科学术评价体系工作小组新修改的学术评价意见，学会丝路数学中心建设情况，举荐国际组织任职人选、各奖项的候选人等事项进行讨论。

学会严格按照中国科协及民政部的有关换届要求开展换届工作。学会第十三次全国会员代表大会于 11 月 21—24 日在广东省佛山市召开。会议审议通过《中国数学会章程修改方案》《中国数学会会费标准调整方案》《中国数学会第十二届理事会工作报告》《中国数学会第十二届理事会财务报告》，选举产生中国数学会第十三届理事会理事、常务理事、理事长、副理事长、秘书长、党委委员及监事会监事。

青年人才托举工程 学会 2017 年获得第三届（2017—2019 年度）中国科协“青年人才托举工程”项目 2 个托举名额。两位被托举人 2019 年在中国科协的支持下和学会的协助下，在各自研究领域都取得进展。

浙江大学教授王伟 2019 年发表 SCI 论文 3 篇，获批国家自然科学基金优秀青年科学基金项目 1 项，作为参与人获批国家自然科学基金重点项目 1 项，指导博士后 2 名，获邀访问北京大学、首都师范大学、美国纽约大学等国内外高校。

北京大学教授史逸 2019 年专注于部分双曲系统各类动力学性质的研究，包括封闭引理、稳定遍历性等；在 *Journal of Differential Equations*（《微分方程杂志》）与 *Nonlinearity*（《非线性期刊》）上各发表一篇文章，另各有一篇文章被 *Commentarii Mathematici Helvetici*（《瑞士数学评论》）与 *Israel Journal of Mathematics*（《以色列数学杂志》）接收；受邀访问美国俄亥俄州立大学和法国巴黎第十一大学，并参加在法国马赛国际数学合作中心（Centre International de Rencontres Mathématiques，CIRM）举办的 Dynamics Beyond Uniform Hyperbolicity（一致双曲性之外的动力学）国际学术会议。

主办期刊 学会主办期刊 9 种，内部刊物 1 种（《中国数学会通讯》）。其中学术类期刊 8 种，科普类期刊 1 种。6 种中文学术期刊是国内核心期刊，2 种英文学术期刊被 SCI 收录。《数学学报》（英文版）获 2019 年度中国科技期刊卓越行动梯队期刊类项目支持。

2019 年，学会期刊总印数约 20.5 万册，共发表论文 2148 篇，与往年数量基本持平。《数学学报》编辑部全面提升官网和采编系统，建立微信公众号与编辑部云平台办公系统，并与中国知网（CNKI）和德国 Springer 出版社等建立合作关系，使期刊的关注度与下载量得到提高。《中学生数学》编辑部实现采编系统与期刊出版门户系统相衔接，实时发布最新稿件处理信息、出版信息，完善在线数字期刊浏览、查询等数字化阅读功能。

国际学术会议 2019 年，学会举办 1 场国际学术会议。学会分支机构共举办 2 场国际学术会议。参会人员共计 1100 余人，其中国外学者约 100 人。大会报告及分组报告共计 180 余场，交流论文篇数约 260 篇。

4 月 8—13 日，由学会和中国科学院数学与系统科学研究院联合举办的丝路数学中心系列会议——2019 数学优化国际会议在北京召开。来自中国、波兰、俄罗斯、法国等国家和地区的百余位学者参加会议。会议设置 3 个短课程，24 位国内外专家、学者作大会报告，丝路数学中心成员数学会推荐的 16 位青年学者作海报展示。

8 月 23—27 日，由学会生物数学专业委员会主办、北京科技大学承办、天津工业大学协办的第七届中 - 印 - 日 - 韩生物数学国际会议（The 7th China-India-Japan-Korea International Conference on Mathematical Biology）在北京召开。来自印度理工学院、日本东京大学、韩国釜山国立大学等近 60 位国外专家和来自中国科学院等近 130 位国内学者参加会议。会议以交流生物数学最新理论研究及在生态学、传染病学、生物学、环境科学等交叉学科的应用为主题作 31 场大会报告、38 场分组报告、4 场展览报告。

7 月 21—26 日，由学会主办，广西数学学会、南宁师范大学、北部湾大学联合承办的第十五届全国代数学学术会议在广西壮族自治区南宁市召开，来自国内外 200 余所高校、科研院所的 700 余人参加会议。会议安排 10 位代数领域的专家、学者作大会报告，并在代数组合、代数数论、交换代数与代数几何、代数表示论、Hopf 代数等 15 个领域安排分组报告。来自不同研究方向的专家、学者共作 150 多场小组报告，展示近年来研究成果，并展开探讨。

国内主要学术会议 2019 年，学会举办国内学术会议 1 场，学会分支机构共举办国内学术会议 6 场，总参会人数近 2300 人，学术报告累计 450 余场，交流论文约 500 篇。

11 月 21—24 日，由学会主办，中山大学和广东省数学会承办，佛山市科协和佛山科学技术学院协办的中国数学会第十三次全国会员代表大会暨 2019 年学术年会在广东省佛山市召开，900 余人参加会议。会议安排来自中国、日本、韩国的 5 位专家、学者作大会报告，200 余位数学专家在代数与数论、几何与拓扑、常微动力系统、偏微分方程、实分析和复分析、计算数学、概率和统计、运筹与控制、组合与计算机数学、数学教育十个领域作分组报告。

10 月 24—27 日，由学会计算机数学专业委员会主办，四川大学、中国科学院数学机械化重点实验室和中国科学院成都计算机应用研究所承办的第十一届全国计算机数学学术会议在四川省成都市召开。来自全国各大高校、科研院所及企业的 170 余名科研人员参加会议。会议邀请 3 位计算机数学领域的学者作大会特邀报告，6 位在计算机数学相关领域取得重要成果的青年学者介绍各自在符号计算、自动推理、几何计算、密码编码、机器学习等方向的最新科研成果，31 位专家、学者作分组报告。

国际组织任职 2019 年，中国科学院院士、学会理事长袁亚湘任国际工业与应用数学联合会（International Council for Industrial and Applied Mathematics，ICIAM）主席；中国科学院院士、学会副理事长田刚任国际数学联盟（International Mathematical Union，IMU）执行委员会委员。

国际交往 4 月 8—13 日，在丝路数学中心指导委员会第四次会议上，中国数学会、尼泊尔数学会、菲律宾数学会、新加坡数学会、波兰数学会、亚美尼亚数学会、香港数学会、圣彼得堡数学会、巴西数学会的理事长、副理事长等 14 人参加会议，同与会代表讨论并拟订初步的 2020 年学术活动计划，以及如何促进丝路数学中心成员国家间的数学交流问题。

11 月 22 日，学会与伦敦数学会代表团进行会谈。学会理事长袁亚湘，副理事长田刚、罗懋康，秘书长陈大岳以及候任秘书长巩馥洲参加会谈。双方就会员问题、联合学术会议、出版物合作及暑期学校问题等进行探讨，达成初步共识。

科普活动 11 月 21—24 日，在中国数学会第十三次全国会员代表大会暨 2019 年学术年会召开期间，中国科学院院士陈恕行、马志明、彭实戈、汤涛、田刚、文兰、席南华、袁亚湘、张景中等在广东省佛山市及周边地区的高校、中学作多场科普报告。

学会普及委员会已连续 3 年为学会定制科普台历，2019 年印制中国数学会台历 2000 册。台历上印有数学公式、数学家故事等有关数学的基础知识。学会通过微信公众号将部分台历赠予数学爱好者。

表彰举荐优秀科技工作者 学会推荐的中国科学院数学与系统科学研究院研究员孙斌勇当选为 2019 年度中国科学院院士。学会举办华罗庚数学奖、陈省身数学奖和钟家庆数学奖 3 个重要奖项的评选活动。中国科学院院士、复旦大学教授洪家兴，清华大学教授冯克勤获得第十四届华罗庚数学奖；山东大学教授吴臻、中国科学院数学与系统科学研究院研究员张平获得第十七届陈省身数学奖；美国俄亥俄州立大学博士吴开亮、中国科学技术大学博士邱国寰、美国加州大学圣塔芭芭拉分校博士崔春风、江苏师范大学博士解龙杰获得第十四届钟家庆数学奖。

党建强会 2019 年，学会党组织召开党委会议和党员扩大会议，执行“三重一大”决策制度，学习贯彻习近平总书记系列重要讲话。学会官网的党建专栏以及通知和公告专栏及时发布党中央、民政部和中国科协的有关文件精神及决策部署。

11 月 19 日，在学会党委书记、理事长袁亚湘的带领下，学会党委 30 余人到广东省东莞市松山湖基地的华为终端公司新总部及大岭山镇的东江纵队纪念馆参观学习。

会员服务 学会进一步完善个人会员系统的会员信息采集模块，完成对不同类型会员的分类，方便为会员提供服务。

【中国数学会第十三次全国会员代表大会暨 2019 年学术年会】 11 月 21—24 日，中国数学会第十三次全国会员代表大会暨 2019 年学术年会在广东省佛山市召开，学会理事、会员代表、中国科学院院士，以及各高校与科研单位专家、学者，编辑出版单位代表等 900 余人出席会议。

开幕式上，中国科协党组副书记、副主席、书记处书记徐延豪，中国科学院院士、学会理事长袁亚湘，广东省教育厅副厅长邢锋，佛山市副市长乔羽等先后致辞。开幕式上颁发学会设立的华罗庚数学奖、陈省身数学奖和钟家庆数学奖。

会员代表大会上，袁亚湘向与会代表作学会第十二届理事会工作报告；副理事长王跃飞作学会章程修改方案的报告及会费标准调整方案的说明；秘书长陈大岳作关于选举安排的说明；副秘书长陈亦飞作财务工作报告。会议审议通过第十二届理事会工作报告、财务报告、学会章程修改方案、会费标准调整方案以及第十三届理事会、监事会候选人名单。经无记名投票，第十三届理事会、监事会候选人全部顺利当选。选举产生第十三届常务理事会、正副理事长、正副秘书长、第十三届理事会（功能型）党委等。

会议期间，中国科学院院士、清华大学教授王小云，复旦大学教授李骏，伦敦数学会、日本数学会和韩国数学会理事长作大会报告，200 余位数学专家在代数与数论、几何与拓扑、常微动力系统等十个领域作分组报告。中国科学院院士陈恕行、马志明、彭实戈等还在当地及周边高校、中学作多场科普报告。《数学学报》等多家期刊单位举办展览推介活动，为与会专家、学者提供最新书刊出版信息。

【丝路数学中心系列会议—— 2019 数学优化国际会议】 4 月 8—13 日，由学会和中国科学院数学与系统科学研究院联合举办的丝路数学中心系列会议——2019 数学优化国际会议在北京召开。来自中国、波兰、俄罗斯、法国、菲律宾、格鲁吉亚、美国、尼泊尔、新加坡、亚美尼亚、印度尼西亚、英国、巴西、澳大利亚、以色列、越南等国家和地区的百余位学者参加会议。开幕式上，学会理事长袁亚湘致开幕词，学会副理事长高小山对丝路数学中心以及此次会议进行简要介绍。

北京大学教授文再文、以色列特拉维夫大学教授 Amir Beck 和香港理工大学教授孙德锋分别讲授“机器学习”“邻近点梯度方法”和“非凸优化”3 个短课程。

会议期间还召开丝路数学中心指导委员会第四次工作会议。出席会议的有学会理事长袁亚湘、副理事长高小山、秘书长陈大岳，尼泊尔数学会理事长 Chet Raj Bhatta，尼泊尔特里布文大学教授 Tanka Nath Dhamala，菲律宾数学会理事长 Emmanuel Cabral，格鲁吉亚国家数学委员会主席 Rolandi Duduchava，新加坡数学会副理事长 Gan Wee Teck，波兰数学会理事长 Waclaw Marzantowicz，亚美尼亚数学会理事长 Yuri Movsisyan，香港数学会理事长杨彤，圣彼得堡数学会代表 Dmitry Zaporozhets 以及巴西数学会理事长袁锦昀。高小山介绍丝路数学中心的基本框架以及主要目标，已举办的历届指导委员会会议，中心自成立以来所举办的学术活动，以及对中心的宣传和对中心未来运行情况的展望。

会议邀请 24 位专家、学者作大会报告，丝路数学中心成员数学会推荐的 16 位青年学者作海报展示。大会报告人分别是圣彼得堡国立大学教授 Majid Abbasov、莫斯科物理科学与技术学院教授 Levon Beklaryan、香港理工大学教授陈小君、中国科学院数学与系统科学研究院研究员戴彧虹、上海交通大学教授范金燕、尼泊尔加德满都大学教授 Prasad Ghimire、北京航空航天大学教授韩德仁、越南国立大学教授 Nam Dung Hoang、香港中文大学教授罗智泉、新加坡国立大学教授 Jeffrey Pang 等。会议的主题涵盖最优化计算方法的各个前沿领域，包括随机优化方法、在线优化算法设计、分布式优化方法、全局优化方法、最优控制和博弈论，以及相关应用领域，包括深度学习、材料计算、图像处理、石油勘探等。

（撰稿人：陈景辉）

中国物理学会

学会建设 2019 年，学会发展个人会员 315 人，并通过民政部年度检查。学会所属 X 射线衍射专业委员会、半导体物理专业委员会、发光分会、高能量密度物理专业委员会、高能物理分会、核物理分会、静电专业委员会、凝聚态计算专业委员会、同步辐射专业委员会、液晶分会、原子与分子物理专业委员会，以及中子散射专业委员会分别进行换届改选。

9 月，学会召开第十二次全国会员代表大会，完成理事会换届，选举产生监事会。第十二届理事会共有理事100人，常务理事32人。张杰当选为第十二届理事长，方忠、龚旗煌、李建刚、孙昌璞、薛其坤和赵政国当选为副理事长，方忠兼任秘书长。监事会共有监事9人，詹文龙当选为监事长。

学会治理结构和治理方式改革 新一届理事会明确创建国际一流学会的发展目标，启动学会组织机构和管理模式改革，将常务理事会分成6个小组，分别负责学会的各项主要工作。每个小组由一位副理事长担任组长，组员由若干名常务理事组成。

主办期刊 学会主办的科技期刊共11种。2019年，各期刊在编委会和编辑部的共同努力下，完成出版和发行任务，部分期刊入选中国科技期刊卓越行动计划资助项目，其中《中国物理C》入选重点项目,《物理学报》《中国物理快报》《理论物理通讯》《中国物理B》分别入选梯队项目。学会期刊网作为联合申办单位之一入选中国科技期刊卓越行动计划集群化试点项目。

2019年,《物理教学》和《物理》的编辑委员会分别进行换届。《物理学进展》增加南京大学作为第二主办单位。

9月20日，第二届中国物理学期刊专场报告会在河南省郑州市召开，14种国内物理学期刊携手亮相。报告会由期刊优秀论文颁奖和专家报告两个环节组成，吸引400余位专家及青年学生参加。

国际学术会议 2019年，学会所属各分会、专业委员会组织和参与组织各类国际学术会议近20次，如第三届亚太等离子体物理大会、第四届极端条件下的物质与辐射国际会议、第十八届强子谱和强子结构国际会议、第八届国际液晶光子学会议、第二届表面增强拉曼光谱国际会议、谱学纳米显微国际研讨会、首届杭州引力波物理国际研讨会、第十一届表面超快动力学国际研讨会等，内容涉及凝聚态物理、表面物理、光学、高能物理与核物理、引力波等多个研究领域。

国内主要学术会议 2019年，学会及其分会、专业委员会共举办国内学术会议近70次。其中，中国物理学会2019年秋季学术会议、全国电子显微学学术年会、第二十二届全国半导体物理学术会议、第二十届全国原子与分子物理学术会议、第十九届全国等离子体科学技术会议等，参加会议人数超900人次。

9月20—22日，中国物理学会2019年秋季学术会议在河南省郑州市召开。来自国内外高校及科研院所的5509名物理学者和学生参加会议。会议共安排报告1940个，其中，邀请报告和口头报告956个，张贴报告980个。

国际组织任职 2019年11月17日，第十届亚太物理学会协会（AAPPS）全体大会在马来西亚举办。大会选举产生第十届AAPPS理事会共15人。经学会推荐，中国科学院物理所向涛、哈尔滨工业大学孙秀冬，以及第九届AAPPS理事会主席龙桂鲁入选新一届理事会。会议同期举办第十四届亚太物理学术会议暨AAPPS 30周年纪念会。学会推荐的中国科学院理论物理所何颂和北京大学刘雄军获得2019年度AAPPS杨振宁奖。

经国际纯粹与应用物理联合会（IUPAP）核物理专业委员会委员叶沿林推荐，北京大学杨晓菲获得IUPAP青年科学家奖。

国际交往 2019年，学会与美国物理学会（APS）、英国物理学会（IOP）开展双边交流活动。

3月6日，2019年中美物理学会负责人早餐会在美国波士顿举办。参加会议的美方代表有：APS主席David Gross、前主席Roger Falcone、首席执行官Kate Kirby、国际部主任Amy Flatten、主编Michael Thoennessen、出版商Matthew Salter、首席政务官Francis Slakey、首席运行官James Taylor、*Physical Review X*总编Ling Miao、*Physical Review Letters*副主编Mu Wang等；中方代表有：学会常务理事沈健、复旦大学金晓峰、上海交通大学贾金锋、中国科学院大学卡弗里理论科学研究所张富春、中国科技大学张振宇、香港科技大学戴希、南京大学李建新、吉林大学马琰铭等。双方就共同感兴趣的议题和近期合作意向交换意见。

10月9日，中英物理学会座谈会在北京召开，学会理事长张杰出席并主持会议。与会双方商讨期刊出版、学术交流和教育培训等方面的合作，特别是2020年IOP代表团访华事宜。到访的英方代表包括IOP首席执行官Paul Hardaker，IOP出版社总监Antonia Seymour，IOP出版社亚太地区负责人Rick Liu、Elaine Tham等。参加座谈会的还有中国科学院物理所学术服务中心主任杨槐馨、《中国物理B》编辑部主任王久丽等。

科普活动 2019年，学会举办在中学开展宇宙线研究研讨会、第七届中国物理学会女科学家巡回报告会、跨年科学演讲等活动，并依托会员单位的科普资源，参与组织科普报告、公众科学日、实验室开放等科普活动。

1月10日，在中学开展宇宙线研究研讨会在北京召开。来自中国科学院高能物理所、清华大学等科研单位及高校的科研人员，以及江苏、北京、天津等省、直辖市中学校长和物理老师等80余人参加会议，讨论和谋划如何将科普与科研相结合，使中学有机会参与前沿科学研究，培养学生的创新精神。

4月17—22日，第七届中国物理学会女科学家巡回报告会在河南省举办。由14位专家组成的报告团先后在郑州大学、郑州外国语学校、河南大学等院校举办31场报告会。

12月30日，"新年悟理"跨年科学演讲在北京举办，主讲人是中国科学院物理所研究员曹则贤。演讲通过新华网等10余家网络平台同步现场直播，超百万网友在线收看。

2019年，作为共同发起单位之一，学会当选为中国公众科学素质促进联合体第一届理事会副理事长单位、常务理事单位。

表彰举荐优秀科技工作者 2019年，学会评选颁发2018—2019年度各项物理奖，获奖者共计17人。北京理工大学王业亮和中国科学院物理所郭建东获得胡刚复物理奖；北京大学肖云峰和清华大学翟荟获得饶毓泰物理奖；中国科学院物理所雒建林和南京大学万贤纲获得叶企孙物理奖；中国科学院高能物理所赵强和清华大学肖志刚获得吴有训物理奖；北京大学朱世琳和上海交通大学刘江来获得王淦昌物理奖；中国科学院物理所杜世萱获得谢希德物理奖；中国科学院物理所胡江平和北京大学孙庆丰获得周培源物理奖；中国科技大学陆朝阳和中国科学院上海技术物理所陆卫获得黄昆物理奖；厦门大学陈理想和中国科学院近代物理所张红获得萨本栋应用物理奖。其中，萨本栋应用物理奖为首次评选颁发，颁奖仪式于9月20日在中国物理学会2019年秋季学术会议开幕式上举办。

经学会推荐，北京大学高原宁入围2019年度中国科学院院士增选名单；中国科学院物理所魏红获得第十六届中国青年女科学家奖。

党建强会 2019年，学会党委牢牢把握政治方向，不断加强自身建设。利用召开第十二次全国会员代表大会的契机，将坚持党的全面领导、建设党的组织、开展党的活动作为重要修订内容写入学会章程。同时，根据学会党建工作的相关规定，召开理事会党员大会并进行换届选举，推选中国科学院院士张杰为新一届党委书记人选。严格对党委成员候选人进行政治审核，审核因素包括政治态度、思想表现、道德品质等方面。

【中国物理学会第十二次全国会员代表大会】 9月19日，中国物理学会第十二次全国会员代表大会在河南省郑州市召开。学会第十一届理事会理事，各省、自治区、直辖市物理学会代表，各分会、专业委员会代表，各工作委员会、各有关单位以及香港、澳门物理学会的代表，共计168人参加会议。中国科协向大会发来贺信。

大会听取并表决通过第十一届理事会工作报告、财务报告，以及《中国物理学会章程》修正案。经无记名投票，选举产生第十二届理事会和监事会，100名理事候选人、9名监事候选人当选。第十二届理事会第一次理事会议选举产生第十二届理事会常务理事32人，理事长1人、副理事长6人，聘任秘书长1人。第十二届监事会第一次会议选举产生监事长。

大会期间举办专题报告会。学会学术交流委员会主任薛其坤、《物理学进展》副主编谢心澄、物理教学委员会副主任唐挈、甘肃省物理学会理事长赵红卫，以及科普工作委员会委员魏红祥分别作题为《研究与育人的体会》《共同关注物理领域中国科技期刊》《高考物理教育改革简报》《甘肃省物理学会发展的机遇与挑战》和《物理所科普宣传工作概览》的报告。

【中国物理学会2019年秋季学术会议】 9月20—22日，中国物理学会2019年秋季学术会议在河南省郑州市召开。来自国内外高校及科研院所的5509名物理学者和学生参加会议。会议开幕式首次开通网络直播，举办2018—2019年度中国物理学会物理奖颁奖仪式。中国科学院院士陈和生、中国科学院外籍院士王中林、中国科学院物理所研究员周兴江，以及北京大学教授肖云峰应邀作大会报告。

会议围绕物理学相关专业领域设置20个分会场进行交流研讨，安排分会邀请报告495个、分会口头报告461个、张贴报告980个；共有72家单位现场布展。

会议同期还召开中国物理学期刊专场报告会、秋季学术会议组委会会议、女物理工作者圆桌讨论会、全国物理学院院长/系主任联席会、中国物理学会科普工作委员会会议、蔡诗东等离子体物理奖颁奖及专场报告会、AIP Publishing报告会、Cell Press报告会、*Physical Review Letters*专场报告会、Springer Nature报告会、2019秋季会议分会场召集人座谈会等多个专题会议。

【第七届中国物理学会女科学家巡回报告会】 4月17—22日，第七届中国物理学会女科学家巡回报告会在河南省举办。中国科学院物理所研究员金奎娟、吴令安、厚美瑛，北京工业大学教授隋曼龄，南京大学教授彭茹雯，中国工程院院士龚新高，复旦大学教授刘韡韬，北京应用物理与计算数学所研究员刘海风，北京大学教授王前，吉林大学教授刘冰冰，中国科学院半导体所研究员赵建华，同济大学教授王祖源，贵州大学教授胡林，以及《物理》编辑部副编审王进萍14位专家共同参与，通过31场报告，介绍多个物理领域的有趣现象和科研前沿进展。

巡回报告会先后在郑州大学、郑州外国语学校、河南大学、河南科技大学、河南师范大学、信阳师范学院和安阳工学院举办，近1500名师生参加。巡回报告会历时6天，辗转6个城市、6所高校和1所中学。报告团专家还与每所学校的师生就科研与生活、女性职业发展等问题开展座谈交流。

【"新年悟理"跨年科学演讲】 12月30日，由中国物理学会和中国科学院物理所联合主办的"'新年悟理'跨年科学演讲——什么是量子力学"在北京举办，主讲人是中国科学院物理所研究员曹则贤。演讲解释什么是量子力学，讲述量子力学的具体内容和由此发展的新技术，并与线上观众互动交流。演讲通过新华网、央视频、光明网、哔哩哔哩、今日头条、新浪科技等10余家媒体平台进行网络直播，吸引超百万人在线观看。

【中学生物理竞赛工作】 2019年，学会组织完成第36届全国中学生物理竞赛，并选拔选手参加国际物理奥林匹克竞赛。竞赛严格执行教育部"零收费"政策，暂停组织由全国统一命题的预赛。有32533名学生参加复赛理论考试，2459人参加复赛实验考试。决赛评出一等奖103名，二等奖126名，三等奖141名，另评出总成绩最佳、理论成绩最佳、实验成绩最佳、女生成绩最佳四项单项奖。

7月7—15日，第50届国际物理奥林匹克竞赛在以色列特拉维夫举办。来自全球78个国家和地区的360余名选手参赛，共决出34枚金牌。中国队的5名选手全部夺得金牌，并取得团体第一名的优异成绩，同时还斩获总分第一、理论第一、实验第一三个单项奖。

（撰稿人：胡兴华）

中国力学学会

服务创新型国家和社会建设 学会作为发起单位加入中国科协航空发动机产学联合体。中国科协航空发动机产学联合体由中国航空发动机集团牵头，以"开放、协作、创新、共赢"为组建原则，联合国内7个全国学会、1个行业联盟、9所高等院校、5家中央企业和2个科研院所共同发起成立，将打造航空发动机领域高端智库以及航空发动机产学协同创新平台、高端学术交流平台、高端人才培养平台和社会公共服务平台的"一智库、四平台"，助推中国航空发动机自主研发和航空强国建设。

学会参与国家自然科学基金信息科学2021—2035年中长期发展规划及"十四五"发展规划。发布《实验设备信息共享图册》，收录10家力学单位提供的近120台实验设备信息，实现力学实验设备的信息共享。

10月18—20日，实验力学专业委员会在山东省青岛市召开力学类科学仪器研制与应用研讨会。会议邀请国家自然科学基金委员会有关领导出席，与实验力学领域专家、学者一起，围绕科学仪器项目的立项、实施与后续发展中的问题，实验力学的仪器研制如何与产业需求对接，以及实验力学的仪器样机如何落地三个方面进行讨论。

学会建设 学会召开第十一次全国会员代表大会，选举产生第十一届理事会理事176人，第一届监事会监事9人。方岱宁当选为第十一届理事会理事长，胡海岩当选为第一届监事会监事长。聘任杨亚政为秘书长。大会表决通过修改《中国力学学会章程》的决议，将发展外籍会员首次写入章程。

学会个人会员较2018年有较大增幅，从29748人增加到35900人。

学会治理结构和治理方式改革 学会秘书处聘请法律顾问加强对业务活动的合同审核和办事机构人力资源管理，聘请专业会计师事务所盘点学会资产、开展专项审计和补充完善《中国力学学会财务工作规范》，形成财务管理体系，建立学会管理内控机制。

青年人才托举工程 学会获得第五届中国科协"青年人才托举工程"资助，4名力学青年人才入选，其中首次遴选出1名女性青年托举人才。学会先后有25位青年获此资助。

学会通过导师制、与力学专家面对面、青年沙龙等培养方案，扶持32岁以下的青年力学人才潜心研究和快速发展。2019年受项目支持人才中有2人获批国家自然科学基金委员会优秀青年科学基金项目，有1人获得腾讯基金会资助的2019年科学探索奖。

主办期刊 学会主办18种学术期刊，包含5种英文期刊和13种中文期刊。2019年，各刊学术引证指标表现良好，*Acta Mechanica Sinica*（《力学学报》）和*Applied Mathematics and Mechanics*（《应用数学和力学》）的2018年度SCI影响因子再创新高，分别上升至1.598和1.699，其中*Applied Mathematics and Mechanics*在应用数学类的排名进入Q1区。

11月，*Acta Mechanica Sinica*、*Applied Mathematics and Mechanics*、《工程力学》和《地震工程与工程振动》4种期刊入选中国科技期刊卓越行动计划，将连续5年获得经费支持。

《力学与实践》和《岩土工程学报》创刊40周年，分别举办创刊纪念活动。

学科发展工程 学会联合国务院学位委员会学科评议组共同开展力学学科发展研究工作，历时2年完成《2018—2019力学学科发展报告》。报告主要概述中国在力学基础理论和实验研究以及在不同工程领域应用中取得的创新性和突破性进展，对比国内外研究发展的现状，对今后力学学科的研究方向和趋势进行展望。

国际学术会议 2019年，学会及所属专业委员会共主办、承办国际学术会议15次，参加会议人数3200人次，其中境外专家345人次，交流论文1300余篇。

国内主要学术会议 2019年，学会及所属专业委员会共主办、承办国内学术会议55次，参加会议人数15315人次，交流论文8300余篇。

3月29—31日，在广东省东莞市召开爆炸与冲击动力学发展战略研讨会。来自国内30余所高校和科研单位的80余名爆炸与冲击动力学领域的知名专家、学者参加会议，对爆炸力学的未来挑战和学科发展规划进行研讨和交流。

10月11—12日，学会固体力学专业委员会在天津市召开2019固体力学专业委员会年会暨新时代固体力学的挑战与机遇研讨会，研讨固体力学的未来挑战与发展等关键问题。西安交通大学教授王铁军和天津大学教授汪越胜担任会议主席，中国科学院院士、北京理工大学教授方岱宁，中国科学院院士、北京大学教授魏悦广，以及长江学者、国家杰出青年科学基金获得者等近80位专家、学者出席会议。

国际组织任职 2019年，学会代表中国在国际理论与应用力学联合会任职理事的5名科学家为：方岱宁、何国威、卢天健、杨卫、郑晓静。

12月13—17日，第16届亚洲流体力学大会在印度班加罗尔召开。会议期间，亚洲流体力学委员会进行改选，清华大学教授符松当选为亚洲流体力学委员会主席。

国际交往 学会在2018年与意大利理论与应用力学协会（AIMETA）签署合作谅解备忘录的基础上，于2019年7月初在罗马举办首届中国—意大利生物力学交流专题研讨会，与意大利国际力学中心签署合作谅解备忘录并正式启动以两个“中心”冠名的BICTAM-CISM离散多相流专题研讨会筹备工作，成为国际理论与应用力学联盟（IUTAM）在全球设立的两个国际力学中心中第一个实质性合作项目。

科普活动 学会组织“力学·启迪·梦想”2019年科技周活动、第十二届全国周培源大学生力学竞赛、第十届全国空间轨道设计竞赛和第十一届中学生趣味力学制作邀请赛等科普活动。其中，第十二届全国周培源大学生力学竞赛吸引全国30个省、自治区、直辖市超过300所高校的26723名学生报名参加。

表彰举荐优秀科技工作者 学会开展第二届钱学森力学奖、第十一届周培源力学奖、第五届中国力学学会科学技术奖、第十六届中国力学学会青年科技奖和2018年度中国力学学会优秀博士学位论文的评选工作。

中国工程院院士、哈尔滨工业大学杜善义获得第二届钱学森力学奖。

中国科学院院士、北京理工大学方岱宁获得第十一届周培源力学奖。

评选出中国力学学会自然科学奖二等奖1项：生物神经系统的动力学建模分析和调控策略研究（主要完成人：王青云、樊登贵）；评选出中国力学学会科技进步奖二等奖1项：飞行器大迎角复杂空气动力学机理及应用研究（主要完成人：马宝峰、邓学蓥）；评选出中国力学学会科普教育奖1项：《趣味刚体动力学》《趣味振动力学》（主要完成人：刘延柱）。

第十六届中国力学学会青年科技奖由浙江大学教授宋吉舟、清华大学副教授李晓雁、北京大学研究员陈正、北京理工大学副教授陈浩森和天津大学教授王毅泽获得。

经评审委员会评审，5篇论文获得2018年度中国力学学会优秀博士学位论文奖，作者分别是南京航空航天大学李雪梅、哈尔滨工业大学李永波、兰州大学刘洪佑、北京大学曲兆亮、北京大学赵耀民；3篇论文获得提名奖，作者分别是清华大学丁彬、浙江大学伍斌、北京大学肖厦子。

2019年，学会先后完成中国科学院院士、中国工程院院士候选人推选，2019年度国家科学技术奖、2019年度教育部高等学校科学研究优秀成果奖青年科学奖、第十六届中国青年科技奖、第十六届中国青年女科学家奖、第十三届光华工程科技奖等科技人才和项目的推荐工作。其中，由中国力学学会提名的大连理工大学教授郭旭主持的“复杂约束下结构优化设计理论与方法研究”项目获得2019年度国家自然科学奖二等奖。

学会创新发展 学会大力发展志愿者队伍，制定《志愿服务管理办法》，在学术会议和科普活动组织过程中征集志愿者，协助完成会议服务、信息收集、材料制作、赛事裁判等工作。

8月24—27日，学会首次举办的亚洲理论与应用力学研讨会在浙江省杭州市举办。来自中国（含香港和澳门）、美国、日本、新加坡、澳大利亚、韩国、印度、越南、泰国9个国家和地区的80余位学者参加会议，加强亚洲、大洋洲和其他国家及地区的学术交流与合作，为力学工作者提供共享新思想和新成果的平台。研讨会计划发展为定期举办的国际学术例会，将其打造成为中国力学学会的品牌学术会议和亚洲地区力学科技工作者交流最新学术成果的平台和输出中国理论与应用力学领域研究成果的重要窗口。

党建强会 中国力学学会第十一次全国会员代表大会上，明确将党的建设和习近平新时代中国特色社会主义思想写入《中国力学学会章程》。

学会组建新一届理事会功能型党委，党委由7人组成，党委书记由理事长方岱宁担任，副书记和党委委员由5位副理事长和1位专职副秘书长担任。

8月15日，中国科学院院士、学会第十届理事长、党委书记杨卫代表中国力学学会在中国科协党的建设工作会议上作典型发言。发言中提到中国力学学会的初心和使命，指出党建是牵引学会各项事业前进的“火车头”，用案例诠释学会党建如何与学会各项事业深度融合。

学会首次开展科教扶贫活动。7月15—16日，学会党委依托女科技工作者委员会、科普工作委员会，联合河北工业大学，以中国科协党建强会特色活动为载体，赴河北省张家口市赤城县开展扶贫工作。活动分为两部分，一是面向赤城县中学生，以“励志青春，协力同行”为主题，举办中国力学学会－河北工业大学扶贫捐赠暨专家报告会；二是走进赤城县镇宁堡乡，与镇宁堡乡乡长和村干部座谈交流，实地了解基层帮扶需求。

会员服务 学会通过实施会员服务能力提升计划，利用《中国力学学会会讯》《中国力学学会会员专刊》《中国力学学会年报》以及网络、微博和微信等新媒体，推动会员之家向信息化枢纽和服务型平台转变。全年整理印发《会讯》6期、电邮推送《会员专刊》12期，微信公众号实时推送信息200多条，编制《中国力学学会年报2018》，向会员提供权威准确的学术信息。

【中国力学学会第十一次全国会员代表大会】 10月13日，中国力学学会2019年全国会员代表大会暨第十届、第十一届理事会扩大会议在北京召开，全国344名会员代表和特邀代表参加会议。中国科协党组成员书记、书记处书记宋军出席会议。

会议审议通过第十届理事会工作报告和财务工作报告，表决通过关于修改《中国力学学会章程》和维持会费标准不变的决议，选举产生第十一届理事会理事176名和第一届监事会监事9名。

召开第十一届一次理事会议，选举产生第十一届理事会理事长、副理事长和常务理事，表决聘任秘书长。中国科学院院士、北京理工大学教授方岱宁当选为第十一届理事会理事长，陈十一、戴兰宏、冯西桥、郭旭、何国威、曲绍兴、魏悦广、杨绍普、郑晓静当选为副理事长，聘任杨亚政为秘书长。

【中国力学大会－2019】 8月26—28日，中国力学大会－2019在浙江省杭州市召开。大会由中国力学学会和浙江大学共同主办，全国30余家高等院校和研究机构参与协办。中国科学院院士、学会第十届理事长杨卫任大会主席，4800余名专家、学者参加会议。

大会安排8个大会特邀报告、400余个分会场报告、3000余个专题研讨会报告和墙报，反映中国力学学科近年来的发展态势与创新研究成果。开幕式上颁发第二届钱学森力学奖、第十一届周培源力学奖等学会重要奖项。

学会以“弘扬科学家精神”为主题，在中国力学大会－2019召开期间，邀请郭永怀事迹宣讲团向与会的流体力学专家、学者讲述感人至深的郭永怀先生事迹。此次宣讲是学会首次将弘扬科学家精神主题引入大型学术会议中，激起与会专家的共鸣。

（撰稿人：刘　洋）

中国光学学会

服务创新型国家和社会建设　8月29日，中国光学学会与江苏省苏州市吴江区科协代表团座谈会在北京召开。吴江区光电企业希望借助学会的资源优势，通过在当地设立服务站、开展科普活动等方式带动地方光电产业发展。学会愿同吴江区科协一起发挥各自优势，共建有效的资源平台，推动双方的交流合作。

学会颜色光学专业委员会参加全国颜色标准化技术委员会《光源显色性评价方法》和《中国常见色色名和色度特性》等国家标准的起草工作，且该两项标准均已于10月1日起实施。同时，参加北京市交通委员会《“长城灰”色度量值确定与宽容度评价方法》的起草工作，目前该标准正在送审中。

学会全年共举办培训活动4次，分别为：2019年中国科学院第十五届光学薄膜技术培训班，学会激光加工专业委员会主办的第六届工业用激光器及系统使用安全培训班和全国激光安全培训班，超精密光学制造与检测技术专项培训班，受众达800余人。

学会建设　4月13日，中国光学学会第八届常务理事会第五次会议在北京召开。会议期间召开学会党委扩大会议，听取2018年学会工作总结和2019年中国光学学会学术大会和2019年亚洲光电子会议的筹备工作报告；审议通过学会学生分会建设方案和管理条例以及分支机构管理办法；同意王大珩光学奖学生奖评选委员会关于将王大珩高校学生光学奖改为王大珩学生光学奖的提议；同意全国优秀博士学位论文评选委员会提出的适当增加全国光学优秀博士学位论文提名奖数目上限的建议；批准学会光量子科学与技术专业委员会的筹备申请。

8月9日，中国光学学会第八届常务理事会第六次会议在安徽省合肥市召开。会议期间召开学会党委扩大会议，听取中国光学学会成立40周年庆典活动、2019年中国光学学会学术大会、2019年亚洲光电子会议的筹备工作汇报；审议通过《中国光学学会分支机构财务管理办法》《中国光学学会项目管理办法》《中国光学学会学术活动组织条例》等管理制度；同意成立学会光量子科学与技术专业委员会。

8月9日，中国光学学会第八届理事会第三次会议在安徽省合肥市召开。会议听取八届五次、八届六次常务理事会工作情况报告，报告总结学会在组织建设、会员服务、学术交流、国际合作、科普宣传、期刊建设、表彰奖励等方面的工作。会议审议修改学会章程，增加党的建设和社会组织核心价值观的内容。审议通过会员代表产生办法、会员管理条例、学术活动组织条例。

6月28—29日，学会光学教育专业委员会第三次全国会员代表大会在江苏省常熟市举办，来自全国各地的110余名会员代表参加会议。大会以无记名投票方式选举产生来自76个单位的87名专业委员会第三届常务委员，其中刘向东当选为主任委员，蔡怀宇、付跃刚、柯昌剑、孙方稳、樊仲伟等当选为副主任委员。

8月9日，学会光学材料专业委员会换届会议在安徽省合肥市召开。张龙当选为新一届专业委员会主任委员，陆延青、刘永、杨中民、徐科、潘世烈当选为副主任委员，齐红基当选为秘书长。张龙代表新一届专业委员会聘任中国工程院院士吴以成、中国科学院院士祝世宁、上海光学精密机械研究所研究员邵建达为荣誉主任委员。

2019年，学会发展个人会员1180人，其中80%以上为高级会员，会员总数达到4708人；发展单位会员17家，总数达到111家。学会已在17个高校和科研院所成立学生分会，学生会员达684人。

学会治理结构和治理方式改革　全年学会先后召开2次常务理事会议、1次理事会议，对原有内部管理制度进行修订和完善，同时邀请相关财税专家和社会组织管理专家对学会新增制度进行审核。共修订原有管理制度5项，其中组织建设制度方面修订《中国光学学会章程》《中国光学学会分支机构管理办法》；业务提升制度方面修订《王大珩光学奖评选与管理办法》《中国光学学会光学科技奖评选条例》《中国光学学会光学优秀博士学位论文评选条例》。新增管理制度13项，其中组织建设制度新增2项，分别是《中国光学学会会员代表产生办法》《中国光学学会会员管理条例》；业务管理制度新增6项，分别是《中国光学学会项目管理办法》《中国光学学会合同管理办法》《中国光学学会学术活动组织条例》《中国光学学会信息公开制度》《中国光学学会新闻发言人制度》《中国光学学会学生分会管理条例》；财务管理制度新增5项，分别是《中国光学学会分支机构财务管理办法》《中国光学学会项目财务管理办法》《中国光学学会会费管理规定》《中国光学学会预算管理制度》《中国光学学会财务报告制度》。新修订的学会内部管理制度共计39项，其中组织建设制度9项、业务提升制度12项、财务管理制度13项、行政人事管理制度5项。另有8项制度正在起草中，3项制度正在修改中。

12月1日，2019年中国光学学会专业委员会工作会议在北京召开，学会23个专业委员会的31名主任委员、副主任委员或秘书长及工作人员参加会议。18个专业委员会的秘书长或主要负责人分别汇报2019年度各自专业委员会的工作总结，学会秘书长刘旭领学《中国科协所属全国学会分支机构管理办法（试行）》《中国光学学会分支机构管理办法》等相关文件。学会副理事长、组织工作委员会负责人贾锁堂强调要从严治会，加强管理。

青年人才托举工程 2019年，学会第二届中国科协“青年人才托举工程”项目被托举人黎敏（华中科技大学）、张学迁（天津大学）和周朴（国防科技大学）完成项目，并通过验收。

主办期刊 学会现有学术期刊12种，其中，中文期刊8种，英文期刊4种；被SCI收录的有3种，被EI收录的有9种（有部分期刊被SCI、EI同时收录）；中国科协主管3种，中国科学院主管8种，教育部主管1种。2019年开始学会不再共同担任《光电子·激光》主办单位。

Chinese Optics Letters（《中国光学快报》）、*High Power Laser Science and Engineering*（《高功率激光科学与工程》）、*Light*：*Science & Applications*（《光：科学与应用》）、《光谱学与光谱分析》入选2019年中国最具国际影响力学术期刊。

学会多本期刊获2019—2023年中国科技期刊卓越行动计划支持。其中领军期刊类项目：*Light*：*Science & Applications*；重点期刊类项目：*High Power Laser Science and Engineering*；梯队期刊项目：*Chinese Optics Letters*、*Frontiers of Optoelectronics*（《光电子学前沿》）；中文梯队项目：《中国激光》《光学学报》。

《中国激光》《光学学报》《光子学报》《中国光学》以及*Frontiers of Optoelectronics*入选2019中国国际影响力优秀学术期刊。

《中国激光》《光学学报》以及*Light*：*Science & Applications*入选庆祝中华人民共和国成立70周年精品期刊展。

《中国激光》入选百种中国杰出学术期刊。

《中国光学》获中国科协中文科技期刊精品建设计划项目资助。

学科发展工程 学会完成《从Photonics Asia 2019看国际光学与光学工程学科发展态势及建议》，已提交中国科协。

学会颜色光学专业委员会主任委员、浙江大学教授徐海松参与中国科协学科发展工程之“色彩学学科方向预测及技术路线图研究”项目，负责色彩科技发展方向预测及技术路线图研究的核心专题攻关任务，组织学术团队并主笔完成“颜色计量与评价发展方向预测及技术路线图研究”和“颜色复现与管理发展方向预测及技术路线图研究”两大模块的撰写工作。

决策咨询 学会受中国工程院和中国科学院委托，由中国科学院院士、学会副理事长顾瑛牵头，完成《我国激光技术与医疗应用2035发展战略研究》重点咨询项目报告，为中国2025年、2035年和2050年激光医学的发展提出规划建议。

国际学术会议 2019年，学会及学会专业委员会主办、协办、承办各类国际学术会议7次，会议参加人数1670人次，交流论文837篇。

9月24—27日，由中荷空间光学仪器联合实验室主办，学会空间光学专业委员会、北京空间机电研究所、荷兰应用科学研究组织（TNO）、荷兰空间研究院（SRON）、荷兰代尔伏特理工大学（TU DELFT）等单位联合承办的第六届空间光学仪器与应用国际研讨会（ISSOIA 2019）在荷兰代尔夫特召开。来自中国、荷兰、芬兰、法国等国家的百余位专家参加会议。大会以“大气成分—气候与空气质量”为重点议题开展交流与讨论。会议同期还举办技术展览与遥感影像图片展览。

国内主要学术会议 2019年，学会及学会专业委员会主办、协办各类国内学术会议31次，会议参加人数8817人次，交流论文3534篇。

8月22—23日，由学会激光加工专业委员会主办的第十三届全国激光加工产业年会暨宝鸡激光产业发展大会在陕西省宝鸡市召开。大会主题为“开放 融

合 共享 助力产业升级”。中国工程院院士李培根，陕西省副省长、宝鸡市委书记徐启方，学会激光加工专业委员会主任王又良，科技部火炬中心副主任李有平以及宝鸡市委市政府相关领导出席会议，来自激光加工专业领域的专家、学者以及600多位业内人士、企业代表参加会议。

11月15—17日，由学会红外与光电器件专业委员会、中国光学光电子行业协会红外分会、国家红外及工业电热产品质量监督检验中心、中国机械工程学会工业炉分会、云南省光学学会等联合主办的全国第十七届红外加热暨红外医学发展研讨会在山东省青岛市召开，中国工程院院士、学会红外与光电器件专业委员会名誉主任委员方家熊担任大会主席。会议主要反映与交流近年来红外加热技术及红外医学领域的新成果和新进展。来自红外加热和红外医学领域的140余位科研人员、医疗专家，以及企业的研发人员参加会议。会议共收到论文投稿91篇，经审核纳入会议《论文及论文摘要集》的论文87篇，其中特邀报告30篇。

国际组织任职 6月29日，由亚太工程组织联合会（FEIAP）主办，中国科协和西北工业大学承办的亚太工程组织联合会第27届全体大会暨第5届国际学术研讨会在陕西省西安市召开。大会上，中国科学院院士、学会常务理事、西北工业大学常务副校长黄维代表中国科协任新亚太工程组织联合会主席一职。

国际交往 美国当地时间2月6日，由学会秘书长刘旭带领的学会代表团在美国旧金山会见国际光学工程学会（SPIE）新任首席执行官 Kent Rochford。双方就行业未来发展等议题进行讨论，对进一步深化两个机构之间的交流与合作达成共识。参加会见的有学会副秘书长顾波、常务副秘书长李淼，SPIE全球业务发展高级主管 Andrew Brown。学会代表团同期参加美国西部光电展（Photonics West 2019），与SPIE相关人员和参加展览的企业代表进行交流，旨在加强国际光学组织间在光电、科普、教育、科技产业政策等方面的合作，达成多项共识。

科普活动 2019年，学会理事、会士中有7位院士在学校作10场科普报告，6000余人次参加科普报告会。

2月2日，中国科学院院士、中国量子信息学家、中国光学学会第七届理事长（现任常务理事）、中国科学技术大学教授郭光灿受邀参加中国首档青年电视公开课《开讲啦》，为观众讲述量子世界，分享他在推动中国量子技术发展过程中的经历。

在公众科学日、科普周、科普日，学会举办形式多样的科普活动13次，并联合北京大学、浙江大学、南开大学、苏州大学、福建师范大学、中国科学院上海光学精密机械研究所等单位开展2019年国际光日系列活动，形式包括科普报告、参观实验室、展示裸眼3D光学显示设备、科普夏令营、科创冬令营、科普大赛、物理文化节、科普展览等，受众达105400余人次。

5月11日，中国光学学会2019国际光日系列科普活动“城市之光”启动仪式在吉林省长春市中国光学科学技术馆召开。中国光学科学技术馆常务副馆长张正瑞主持会议，中国科学院院士、吉林省光学学会理事长王家骐致开幕词，中国科学院长春光学精密机械与物理研究所党委书记、副所长马明亚，长春理工大学副校长、中国光学科学技术馆馆长杨华民，学会副秘书长杨宏分别致辞。长春理工大学、长春工业大学等高校师生150余人参加启动仪式。付跃刚作题为《神奇的眼睛——动物眼睛与仿生光学》的科普报告。11—19日，中国光学科学技术馆举办“光＋影子”“光＋故事”“光＋电影”等以“光＋X”为主题的系列科普活动，形式包括科普报告、绘画作品展、科普进校园、科普大篷车巡展等。

表彰举荐优秀科技工作者 2019年，4位学会理事、会士、编委当选为中国科学院院士、中国工程院院士：学会理事、会士、中国科学院光电技术研究所研究员罗先刚当选为中国工程院院士；学会理事、南昌大学副校长江风益当选为中国科学院院士；学会主办期刊《光学学报》编委、东南大学教授崔铁军当选为中国科学院院士；学会会士杰哈·莫罗当选为中国科学院外籍院士。

学会评选出王大珩光学奖32人，于7月17日 Light Conference 2019（2019光学大会）国际会议上举办颁奖仪式；评选光学优秀博士学位论文奖10项，增选会士8名（包含1名外籍会士），并于8月9日中国光学学会学术大会上举办颁奖仪式和颁发会士牌匾；推荐中国青年科技奖2项、中国青年女科学家奖1项、光华工程科技奖2项、北京市科学技术奖1项、国家科学技术奖2项及院士候选人3名等。经学会推荐，学会秘书长刘旭获得国家技术发明奖二等奖，学会理事林学春获得第十五届中国青年科技奖。

学会创新发展 亚洲光电子会议（Photonics Asia）是学会与国际光学工程学会（SPIE）共同主办的面向光学科技领域的品牌学术会议。办会周期从以往的两年一次改成一年一次，且双数年在北京举办，单数年在北京以外的城市举办。2019 年亚洲光电子会议于 10 月 20—23 日在浙江省杭州市举办，会议设立 16 个专题。为全国各地会员和光学科技工作者就近参加学会学术会议搭建平台，为各地方光学学会、高校之间合作、协作创造机会。

第三届国际先进光刻技术研讨会（IWAPS 2019）于 10 月 17—18 日在江苏省南京市召开。该研讨会首次由学会和集成电路产业技术创新联盟共同主办。研讨会汇集来自北美、欧洲、以色列、日本、韩国、印度、中国大陆及台湾地区等共计 13 个国家和地区的业界领导、专家以及学者，就光刻领域相关的热点问题进行交流和探讨。学会决定自此每年都将合作举办此会议。

党建强会 学会于 8 月召开第八届理事会第三次会议，会议对学会章程进行审议修订，增加党的建设和社会主义核心价值观有关内容。

学会党委通过召开党委扩大会议、群发电子邮件、建立微信群等多种方式发挥政治引领作用。学会党委第三次会议于 4 月 13 日在北京召开。学会党委书记、理事长龚旗煌传达科技社团党委关于学习贯彻《中国共产党纪律检查机关监督执纪工作规则》通知。学会党委第四次会议于 8 月 9 日在安徽省合肥市召开，龚旗煌传达中国科协“不忘初心、牢记使命”主题教育全国学会座谈会的会议精神。

学会党委审议学会内部治理等“三重一大”事项，对原有内部管理制度进行修订和完善，共修订原有管理制度 5 项，新增管理制度 13 项。

会员服务 学会先后对学会网站和会议注册系统进行升级和改版，“中国光学学会”和“光学界”两个微信公众号分别报道学会近期开展的活动、光学领域专家访谈及科技发展等相关资讯。目前，两个微信公众号关注人数均突破 4000 人。学会每两周给会员发送一份学会活动简报。2019 年，经学会八届五次常务理事会议审议通过，在高校和科研院所成立学生分会，目前已有 17 个高校和科研院所备案注册成立学生分会，新入学生会员 684 人。

【2019 年中国光学学会学术大会暨成立 40 周年庆典活动】 8 月 9—12 日，2019 年中国光学学会学术大会暨成立 40 周年庆典活动在安徽省合肥市召开。会议由学会、中国科学院信息技术科学部、中国工程院信息与电子工程学部主办，中国科学技术大学、中国科学院安徽光学精密机械研究所承办。来自高校、科研院所、光学企业的科技人员和学生共 2100 余人参加会议。

学会秘书长刘旭主持开幕式。中国科学院院士、学会理事长龚旗煌，中国科学院院士、中国科学技术大学校长包信和，合肥市委书记宋国权分别致辞。安徽省科协党组书记、副主席王洵，合肥市副市长朱策，合肥市科协党组书记王毓江，中国科学技术大学副校长罗喜胜等出席开幕式。

开幕式上举办中国光学学会成立 40 周年纪念活动。学会组织专家编写《中华之光——中国光学学会四十周年纪念文集》，播放《中国光学学会 40 周年纪念（1979—2019）》短片，回顾学会重要历程。其间，举办首届中国光学学会光学科技奖、2017 年度中国光学学会光学优秀博士学位论文奖的颁奖仪式。宣读 2019 年当选的 8 位中国光学学会会士（包括 1 位外籍会士）名单，龚旗煌为会士代表颁发会士牌匾。学会理事长龚旗煌、副理事长李儒新为首批成立的 7 个高校学生分会代表授旗。

大会邀请 3 位专家作大会报告，中国科学院院士、学会副理事长顾瑛主持大会邀请报告环节。中国科学院院士郭光灿作题为《光量子——打开量子世界大门的一把钥匙》的报告；中国工程院院士李天初作题为《国际基本单位常数化和中国计量院的应对研究》的报告；长春光学精密机械与物理研究所研究员佟存柱作题为《高功率半导体激光模式工程》的报告。

大会设置 20 个分会场，其中邀请报告 236 篇，口头报告 527 篇，张贴报告 445 篇。大会设立优秀学生报告奖，各专题按照学生报告数量 5% 的比例进行评选。会议期间，共有 40 家展商参加同期举办的光电展览。

会议增加光学期刊论坛和未来科学家论坛——科研、成长、未来座谈会。光学期刊论坛由《中国激光》杂志社总经理杨蕾主持。未来科学家论坛——科研、成长、未来座谈会以“交流学习经验，分享成长经历，肩负社会责任”为主旨。学会浙江大学学生分会主席胡淑文主持论坛。学会副理事长顾瑛、北京大学教授肖云峰等出席论坛，近 70 名学者及研究生参加。

【2019 年亚洲光电子会议】 10 月 20—23 日，由学会和国际光学工程学会（SPIE）联合主办的 2019

年亚洲光电子会议（Photonics Asia 2019）在浙江省杭州市举办。学会理事长龚旗煌，副理事长李儒新、顾瑛、刘文清，中国科学院院士徐红星，中国工程院院士戴琼海，常务理事张新亮、祝宁华、陈建新，秘书长刘旭，SPIE 全球业务发展高级总监 Andrew Brown，SPIE 2015 年主席 Toyohiko Yatagai，韩国光学学会理事长 Byoungho Lee 等出席会议。来自世界各国和中国高校、科研院所、企业单位从事光学领域研究工作的800 多位专家、学者和学生参加会议，光学相关企业参加同期光电展览活动。

会议开幕式由刘旭主持。龚旗煌和 Andrew Brown 分别致开幕词。Andrew Brown 代表 SPIE 授予龚旗煌会士牌匾。

报告会由顾瑛主持。李儒新作题为 *Ultra-high Peak Power Lasers：10PW and Beyond* 的报告；瑞士苏黎世大学教授 Daniel Razansky 作题为 *Multispectral Optoacoustic Tomography：a Paradigm Shift in Biomedical Research and Clinical Diagnostics* 的报告；美国莱斯大学 Naomi Halas 作题为 *Nanomaterials and Light for Sustainability and Societal Impact* 的报告。

大会共设 16 个专题，包括高功率激光及应用、半导体激光器及应用、先进激光加工与制造、光电子器件与集成、光学设计和测试、先进光电成像技术等。共收到 881 篇投稿，共有 515 位学者作口头报告，张贴论文 366 篇。

会议同期举办西湖光电子论坛的“超分辨成像”“光镊与超控”“海洋与大气光学”“光学微腔”“异形介质表面”5 个主题报告会，共有 47 位国内外学者作报告。

会议还举办光纤传感高峰论坛、生物医学光子高峰论坛、亚洲照明技术创新与发展论坛，共有 23 位专家作论坛报告，讨论光电技术的发展现状与光电产业发展的战略和前景。

（撰稿人：贾瑞卿）

中国声学学会

服务创新型国家和社会建设 8 月 2 日，学会第一期“噪声防治”培训班在湖北省武汉市开班，参加本期培训班的军地学员共 30 余人。培训班主要授课内容为声学、噪声振动测量、噪声控制、政策法规及合规管理等相关知识和技能。这是学会面向社会推出的首批社会化公共服务产品。

9 月 21—23 日，学会在 2019 年全国声学大会期间举办声学科技展，共有 13 家声学相关企业参加会议，多家企业展示的先进声学科技制造成果受到关注。

学会联合各分会举办 7 次技术培训活动：2 月 25 日，局域声场控制技术与智能音箱的核心技术“远场智能交互”培训讲座在广东省广州市举办；6 月 21—23 日，疼痛超声应用解剖与实践学习班在江苏省南京市举办；7 月 12 日，南昌大学第二附属医院围术期超声应用培训班在江西省南昌市开班；7 月 16 日，2019 北京医学会麻醉学分会学术年会 workshop 在北京举办；7 月 26—28 日，头面部深井阻滞超声 workshop 在广东省佛山市举办；8 月 4—5 日，手术间的远程超声 workshop 在河南省南阳市举办；8 月 30 日—9 月 8 日，全国第 24 期诊断听力学学习班在北京举办。参加培训人数达 587 人次。

学会建设 2019 年，学会个人会员总数为 5566 人，团体会员总数为 49 个。学会贯彻民主办会原则，组织召开九届一次、二次常务理事会议和九届二次理事会议。

9 月，中国声学学会声学教育分会成立。学会的专业委员会数量增至 12 个，总分支机构数量达到 19 个。学会已加入 4 个国际民间科技组织，分别为国际声学和振动学会（IIAV）、西太平洋地区声学委员会（WPCA）、国际声学委员会（ICA）、国际噪声控制工程委员会（I-INCE）。

学会治理结构和治理方式改革 学会以秘书长专职化、工作人员职业化为切入点，加强学会办事机构职业化、规范化建设。学会设有专职秘书长 1 名和办事机构工作人员 8 名。其中，2 名是专职工作人员，分别负责科学传播和财务工作。

青年人才托举工程 4 月，学会 2019 年“青年人才托举工程”项目交流会在江西省南昌市召开。2018 年学会推荐至中国科协的 3 名被托举人应邀作学术报告，就成为第四届中国科协“青年人才托举工程”项目扶持人才以来在工作中取得的进展进行汇报。在项目实施期间，学会根据培养方案对被托举人进行系统性培养，结合被托举人的课题研究内容，将相关学科领域知识转化为解决本项目课题的理论、方法和技术，着重培养被托举人后续深化本学科领域知识的能力。同期还进行 2019 年学会青年人才托举工程项目申报人的答辩。经过前期发布通知、单位推荐、资格审查、现场答辩、专家评审和会后公示等流程，最终有10名青年人才入选2019年学会“青年人才托举工程”项目。

第四届中国科协“青年人才托举工程”项目开展以来，学会共有3人获得经费资助，其中1人入选上海市“晨光计划”。3人以第一作者或通讯作者的身份，在国际核心期刊发表论文32篇，取得专利5项。

学会于12月启动第五届中国科协“青年人才托举工程”项目申报工作，共向中国科协推荐3名托举青年人才候选人。

主办期刊 学会主办期刊4种，分别是:《声学学报》(中文版)、《声学学报》(英文版)、《应用声学》和《噪声与振动控制》。

学科发展工程 学会于4月申报2019年度中国科协学科发展项目“我国生物医学超声科学与技术前沿研究”。6月，项目获批后，学会组织相关专家从生物医学超声学科发展的科学问题、超声生物医学发展的需求、生物医学超声与超声生物医学发展的关键核心技术三方面开展学科调研，并形成近6万字的学科调研综述报告。报告中明确该学科发展的科学问题与核心技术，提出促进学科发展的意见与建议，其中科学问题已报送国家自然科学基金作为声学学科优先发展领域的主要参考。

国际学术会议 学会及所属分会全年举办境内国际学术会议4次，共计参加会议人数1870人次，邀请境外专家、学者42位，交流论文、报告396篇。

10月18—20日，学会生物医学超声工程分会在北京举办2019年度中国生物医学超声联合学术年会，共有来自19个国家和地区的1000余名专家、学者、研究生和企业家参加会议。会议为超声工程领域科研人员和医疗领域临床人员提供互相借鉴、交流和学习的平台。

10月24—25日，学会物理声学分会在江苏省南京市举办首届材料声学技术与产业化发展国际论坛(MATI2019)，国内外知名科研机构和企业的300多位专家、学者参加会议。会议为声学和材料业界开创一个学工融合、技术转授和产业转化的窗口与平台，促进全球科研和工业界的交流与合作。

10月31日—11月2日，2019年度全国检测声学暨第10届全国储层声学与深部钻测技术前沿联合会议在湖北省武汉市举办。会议由中国声学学会和中国地球物理学会联合主办，长江大学“油气资源与勘探技术”教育部重点实验室、中国石化江汉油田分公司承办，中国科学院声学研究所、北京市海洋深部钻探测量工程技术研究中心协办。来自8个国家的40余所大学和研究院所，以及20余家企业的220余名专家、学者及从业者参加会议。会议首次将两个品牌会议合二为一，实现不同学科交叉融合、共同发展的办会初衷，推动检测声学、储层声学、地质资源与地质工程的学科发展和技术进步。

11月20日，中国声学学会与中国科学院深圳先进技术研究院在广东省深圳市共同主办2019国际前沿声学研讨会。来自全国各知名高校、医院、研究院所和企业的200余名声学领域专家、学者及从业者参加会议。会议围绕“声学与生物医学”交叉前沿主题，内容涵盖超声成像方法、超声检测、超声生物效应、超声给药治疗及超声神经调控等前沿领域。

国内主要学术会议 学会及所属分会全年共举办国内学术交流活动8次，参加会议人数1850人次，交流论文、报告740篇。

5月25日，学会水声学分会在江苏省南京市举办中国声学学会水声学分会2019年学术会议，约230人参加会议。会议全面展示水声学科学技术的新成果，促进水声学研究的学术发展。

7月10日，学会声学媒体与信息分会在上海市举办下一代网络技术——5G新型网络SEANET技术研讨会，共有40多位专家、学者参加会议。

7月17—19日，学会建筑声学分会在上海市举办2019中国建筑声学产业发展峰会暨2019中国(上海)建筑声学展览会。来自150多家单位的200余位专家、学者参加会议并进行交流，30多家企业参加会展。

10月12—15日，学会功率超声分会在浙江省杭州市举办2019年全国功率超声学术年会，吸引110余名来自科研院所和企事业单位的专家、学者参加会议，就功率超声领域的基础理论研究、超声波设备、器件和电源研发，以及功率超声在超声提取、声化学和超声加工技术等领域的应用研究等内容进行交流。

12月19—20日，学会声频工程分会在江苏省苏州市举办2019年中国声学学会声频技术交流峰会。近200位专家、学者及工程师参加会议。

国际组织任职 2019年国际声学大会上，学会副理事长李风华竞选成为第24届国际声学委员会委员，继续担任西太平洋地区声学委员会主席。学会副理事长他得安任国际骨超声学会理事。学会常务理事王秀明新当选为国际超声大会委员会主席。学会常务理事杨军任国际噪声控制工程委员会会议选址委员会委员。学会常务理事李晓东任美国航空航天研究所空气声学技术委员会委员。学会理事屠娟新当选为国际治疗超声学会执行委员会委员，同时继续担任美国声学学会国际联络委员会委员。

国际交往 学会与美国声学学会持续推动双方声学杂志合作事宜。《应用声学》2019年第5期和《声学学报》2019年第5期分别刊出《美国声学学会期刊主编致语中国读者》和 *Acoustical Societyof America's Editor-in-Chief's"Hello"to Readers in China* 的文章。

科普活动 学会及会员单位2019年累计开展科普活动37场，累计受益人数达59196人次，创作科普作品342件，运营科普信息化平台3个。

经各分会推荐，专家组考察、审核，学会认定5家单位为2019年全国声学科普教育基地。

9月，学会与湖北三峡腾创科技有限公司就科普教育方面签订战略合作协议，开发系列声学科普课程，共建声学科普教育场馆、声学科技体验馆。学会将以该项目为试点，探索科普产业化道路。

表彰举荐优秀科技工作者 受魏荣爵基金会委托，学会于5月启动2019年中国声学学会魏荣爵奖的评审工作，并在2019年全国声学大会开幕式上举行颁奖仪式，南京大学教授刘晓峻和复旦大学教授他得安获此奖项。学会已连续两年评选魏荣爵奖，旨在奖励声学领域有突出贡献的国内声学工作者。

10月，学会首次开展2019年中国声学学会优秀博士学位论文评选工作。该项工作旨在推动中国声学领域的进步，鼓励创新性研究，促进高层次创新型人才培养工作，提高中国声学领域博士研究生的教育质量。已收取申报书20余份，优秀论文已进入评审阶段。

11月，学会向中国科协推荐3名候选人，分别参加第十六届中国青年女科学家奖评选和第十六届中国青年科技奖评选。

党建强会 学会党委自成立以来，一直重视前置审议学会“三重一大”事项，以确保学会依法依章程开展活动，推动学会各项工作有序开展。4月，学会党委会在江西省南昌市召开，学习《中共中央关于加强党的政治建设的意见》。会议强调，要充分认识新形势下加强党的政治建设的重大意义，准确把握政治性、系统性、统领性、针对性的特点。

根据《关于进一步加强中国科协所属学会党委建设的指导意见（试行）》的规定，学会党委委员任期与学会理事会任职同步，学会理事会换届时学会党委同步调整。9月20日，学会理事会党员大会在广东省深圳市召开，会上进行学会党委委员换届选举，通过差额选举产生新一届党委委员人选。

学会向中国科协申请开展“党建+科普”特色活动，开展“国旗下成长”活动、“走进声学世界·探索声音奥秘”科普日活动、“科普校园行”活动、“关爱老年人听力健康”公益科普志愿服务等活动20余场，直接受众累计达5000余人。

4月，学会党支部在第九届第一次常务理事扩大会议期间，赴南昌八一起义纪念馆开展“不忘初心使命、重温红色历史”主题党日活动。

会员服务 学会全面梳理信息化工作流程，新建学会官网、会员系统、会议系统和微信移动端，实现会员系统与会议系统的联通，方便会员一站式体验学会提供的会员服务。

根据中国声学学会第九次全国会员代表大会通过的《中国声学学会会员管理条例》规定，学会启动个人会员收费工作。由原来只收取高级会员和会士会费，改为将普通会员也纳入会费收取范围。新版会员管理系统全面梳理会员信息，提升会员操作便捷性。借助新增的微信在线支付功能，为新会员缴费和老会员续费提供便利。

【2019年全国声学大会】 9月20—23日，由学会主办的2019年全国声学大会在广东省深圳市召开。大会以“迎七十国庆，奏时代和声”为主题，来自多所高等院校、科研院所和企业的近700名专家、学者共同交流研讨声学前沿问题，共商声学发展大计。

大会旨在持续打造中国声学界高水平的综合年会，进一步展现中国声学学会在新时代的新气象、新作为。会议共录用文章333篇，邀请4位专家作大会特邀报告、58位专家作专题分论坛报告。会议覆盖声学领域的各个专业，共设置9个论坛：新工科背景下的智能超声诊疗、声学超材料的理论与应用、大功率超声换能器、定量检测声学理论与方法、深海声学、声学教育、探索宁静之路、移动通信用微声学器件国产化问题和声学科普发展。会议通过多媒体、移动端以及线上线下结合等多种模式，精准推送，及时传播学术活动信息和研讨成果。

（撰稿人：耿祎晗）

中国化学会

服务创新型国家和社会建设 2019年，学会完成关于开展《国家中长期科学和技术发展规划纲要（2006—2020年）》实施情况和2019年度第二次问卷调查两次调查活动，报送《关于社会力量设奖品牌化发展的几个问题》《规范学术论文署名，保持学术诚信底线》《如何支撑科技半边天——女性科技工作者所面临的问题》《勿让“灌水会议”扰乱学术交流秩序》4篇反映中国化学科技领域及科技工作者普遍问题的报告，为国家有关部门制定决策提供科学依据。

学会在向7万余名会员征集前沿科学问题和工程技术难题基础上，向中国科协提交13个科学问题和6个工程技术难题。经中国科协评选，2个科学问题入选。10月20—21日，学会承办中国科协第383次青年科学家论坛，论坛以“人工酶与定向进化”为主题。中国科学院生物物理研究所、微生物研究所等36个单位的70余名特邀嘉宾和青年学者，研讨人工酶定向进化领域的研究重点、难点问题及学科发展趋势。

8月，学会与河南省科协、濮阳市人民政府共同主办2019中国（濮阳）石化产业技术发展大会，350余名专家、学者参加会议，现场签约《濮阳市科协与中国化学会产学研合作与促进工作委员会合作意向书》等7个战略和投资项目协议。同期组织濮阳市新型化工基地建设座谈会、项目推介及成果发布会，发布10多家科研院所、高校、高新企业的科技成果和专利成果398项，提出27家当地企业的343项需求和拟投入1.15亿元经费的33个技术需求。

10月，学会在河南省漯河市组织协办2019中国（漯河）液压科技产业发展大会，400余名专家、学者参加会议，并与地方签订战略合作协议和创新服务平台合作协议。

学会建设 2019年，学会新发展个人会员7246人，会员总数7万余人，单位会员152个。新成立分支机构2个，下设分支机构36个。2019年起，学会正式启用新会徽。

2019年，学会官网总浏览量近551万次，会员邮件系统发信近65万封；发布各类信息800余篇。微信公众号图文阅读总量约98.7万次，单篇阅读量最高约9.3万次。上线中国化学会英文官方网站（https://www.chinese chemsoc.org）和国际化学元素周期表年中文网站（http://www.chemsoc.org.cn/IYPT2019）。

学会治理结构和治理方式改革 2019年，学会新成立糖化学、农业化学两个专业委员会。结合学会分支机构实际管理，进一步修订《中国化学会学科/专业委员会组织管理办法》，并经常务理事会议审议通过。该办法进一步规范分支机构设置等问题。

青年人才托举工程 2019年，学会在继续实施第二届、第三届“青年人才托举工程”项目的同时，开展第四届“青年人才托举工程”项目。推荐6人作为第五届中国科协“青年人才托举工程”项目候选人。截至2019年年底，学会青年托举人才已达26人。

主办期刊 根据科睿唯安发布的2018年版《中国科技期刊引证报告》，学会主办的12种期刊影响因子超过1.0，11种期刊影响因子实现增长。《催化学报》影响因子达4.914，居SCI收录的中国化学类期刊前两位。《化学学报》达到2.463，为SCI影响因子最高的中文期刊。与英国皇家化学会合作的期刊《材料化学前沿》已被SCIE收录。多种期刊获中国科技期刊卓越行动计划项目资助。其中《纳米研究》入选领军期刊，《催化学报》入选重点期刊，《高分子科学》《化学学报》《中国化学》《中国化学快报》入选梯队期刊。

2019年，学会独立创办的旗舰新刊*CCS Chemistry*已出版5期刊登49篇文章，吸引超过15个国家和地区8万余次的访问，全文下载量达7.6万余次。已被CAS（美国化学文摘社）正式收录。

学科发展工程 2019年，学会依托学科、专业委员会召集的200余位化学领域资深专家，调研并梳理化学领域31个分支2017—2019年在学科发展态势、学术影响、代表性成果等方面的内容，并在此基础上总结学科研究热点与重要进展，最终形成《2018—2019化学学科发展报告》。

国际学术会议 2019年，学会主办5次国际会议。其中，创办首届国际绿色与可持续发展化学会议（Green China 2019），吸引50多个国家和地区的600余位化学工作者参加会议。

国内主要学术会议 2019年，学会及分支机构主办国内会议44次，参加会议人数4.4万余人次，交流论文2.3万余篇，其中9次学术会议参加会议人数突破千人。24个学术会议使用中国化学会学术会议管理平台。2019电催化与电合成国际研讨会、第一届全国二氧化碳资源化利用学术会议、第二十二届全国色谱学术报告会及仪器展览会、第九届关注西部化学教育发展论坛、第十届全国无机化学学术会议、第十六届全国光化学学术讨论会6次学术会议获得中国化学会2019年度优秀学术会议组织奖。

国际组织任职 2019年是国际纯粹与应用化学联合会（IUPAC）各委员会换届年，经过竞选投票，在2020—2021年度IUPAC各委员会中，中国科学家任职高级别委员占比由25%增长至75%。此外，学会监事杨国强当选为IUPAC命名工作委员会委员。

国际交往 2019年11月，学会与英国皇家化学会、日本化学会、德国化学会在英国伦敦共同召开第八届化学科学与社会高峰论坛。来自中国、英国、日本、德国的20多位科学家围绕论坛主题“科学促进可持续发展的塑料”进行研讨。会议成果将由科学作家撰写并形成白皮书，预计于2020年正式发布，供科技政策部门、相关领域学者和社会大众参考。

2019年，经过提名、遴选，学会授予4名国际著名科学家中国化学会荣誉会士称号。至今，已有50名国际科学家被授予中国化学会荣誉会士。

科普活动 2019年是化学元素周期表发明150周年，是联合国批准的“国际化学元素周期表年”。学会与中国科学技术馆等多家单位联合打造“国际化学元素周期表年”系列活动，并贯穿全年。通过组织中国青年化学家元素周期表征集活动，从学会会员中遴选出118位化学元素的“代言人”，组成完整中国青年化学家元素周期表，活动累计受众约7万人次；与中国科学技术馆联合打造“律动世界——化学元素周期表”主题展览活动，通过线下实体展览进行科普宣传，观展人数超过20万人次；与北京朝阳区三里屯街道合作打造“碳氮氧氟氖，点亮三里屯”科普公益“潮”文化活动；举办“请你来答·元素学院”网络答题活动，有效答题人数约2.3万，活动累计受众约14万人次；举办以“元素”为主题的优秀科普图书推荐活动，并在六一国际儿童节向大众推荐12本优秀科普图书，光明日报等媒体予以关注和报道。

2019年，中国共有约8万人参加第33届中国化学奥林匹克（初赛），颁发一等奖1503名、二等奖5417名、三等奖6134名。经过角逐，348位学生参加第33届中国化学奥林匹克（决赛），共决出107枚金牌、143枚银牌、84枚铜牌。4名学生代表中国队参加第51届国际化学奥林匹克竞赛，获得三金一银。此外，南开大学获得2022年第54届国际化学奥林匹克竞赛的承办权，继1995年国际化学奥林匹克竞赛在北京大学举办后，时隔27年重返中国。

12月18日，125家企业、媒体、学会、高校、科研文化机构共同发起的中国公众科学素质促进联合体在北京成立。学会作为发起单位之一，在成立大会上通过选举成为中国公众科学素质促进联合体第一届理事会副理事长单位。在“典赞·2019科普中国”活动中，由学会推荐的中南大学教授徐海入选2019年十大科学传播人物。

表彰举荐优秀科技工作者 2019年，学会完成中国化学会青年化学奖、第七届中国化学会－英国皇家化学会青年化学奖、第十届中国化学会－巴斯夫公司青年知识创新奖、第五届中国化学会－赢创化学创新奖4项奖励的申报、推荐和评审工作，共有301名专家参与奖项推荐，推选出136名有效候选人，经会议评审，产生23位获奖者。2019年度学会分支机构新增中国化学会环境化学杰出成就奖、中国化学会超分子化学青年创新学术讲座奖、中国化学会青年化学工作者委员会菁青化学奖和中国化学会计算机化学专业委员会计算机化学奖4项学术奖励。

学会参与中国科学院、中国工程院、中国科协、教育部等有关部门的人才举荐工作。其中，提名英国诺丁汉大学教授马丁·波利亚科夫获得2019年度中华人民共和国国际科学技术合作奖；苏州大学教授刘庄获得教育部高等学校科学研究优秀成果奖（科学技术）青年科学奖；中国科学院化学研究所绿色溶剂性质与应用研究团队入选中国青年女科学家奖团队奖；湖南大学博士杨雁冰入选未来女科学家计划。

党建强会 学会新修订《中国化学会章程》，增加“本会是中国共产党领导下的社会团体，是党和政府联系化学工作者的桥梁和纽带，是国家推动化学事业发展的重要力量。本会坚持党的全面领导，根据中国共产党章程的规定，设立中国共产党的组织，开展党的活动，为党组织的活动提供必要条件”等内容。新一届理事会党委建立后，学会“三重一大”事项都要经由党委审议。

2019年，学会办事机构党支部突出思想引领，开展“不忘初心、牢记使命”主题教育活动、主题党日参观中国核工业科技馆活动、“科普活动进校园”活动；参与“中国科学家博物馆”项目、《我和我的祖国》视频录制。

会员服务 2019年，学会新修订《中国化学会个人会员条例》，并制定《中国化学会会士条例》，形成个人会员包括学生会员、会员（含外籍会员）、高级会员和会士，以及单位会员包括团体会员单位和理事单位的多元化会员体系。基于会员体系的变化，对会员系统进行全新升级改版，升级后的会员系统对会员信息进行更新采集，为掌握会员成长轨迹和后期精准邮件推送提供大数据支持。

以学会主办学术会议为平台，在会议期间设置会员展台，展示会员宣传海报，以加强参加会议人员对学会会员体系的认识；电子信息化会员内刊《化学通讯》，提供在线阅读服务；建立数字图书馆资源平台，会员免费获取。

以全国科技工作者日为契机，推出5月30日新注册会员免费入会体验一年活动，活动当日新入会员总数1007人。

【首届国际绿色与可持续发展化学会议（Green China 2019）】 10月17日，首届国际绿色与可持续发展化学会议（Green China 2019：1st International Green and Sustainable Chemistry Conference）在北京开幕。来自中国、美国、德国、日本、韩国、加拿大、澳大利亚、巴西、西班牙等50多个国家和地区的绿色与可持续发展化学领域600余位学者参加会议。

会议共安排9个大会特邀报告，26个分会主旨报告，78个分会邀请报告，111个分会口头报告和254个墙报展示。Green China 2019是学会主动发起的国际性绿色和可持续化学会议，是学会推动联合国可持续发展目标实现的重要举措之一。

（撰稿人：王以菲）

中国天文学会

学会建设 2019年，学会完成换届离任审计工作；完成向民政部、中国科协做换届报备工作。根据民政部对全国250家社会组织的抽查审计的通知，完成民政部对学会的抽查审计工作。

坚持民主办会制度，学会先后召开中国天文学会第十四届一次和二次常务理事会议，以及二次理事会议。组织召开第十四届一次组织工作会议；完成核审、发展中国天文学会2019年新会员工作，发展新会员212名，向国际天文学联合会（IAU）推荐新会员18名、初级会员16名。

青年人才托举工程 学会制作第二届中国科协“青年人才托举工程”项目人才培养的视频短片、撰写总结报告，完成并通过验收。组织落实第三届、第四届中国科协“青年人才托举工程”项目人才跟踪培养、经费支持、合同管理、总结汇报等工作。同时，积极争取申请开展第五届中国科协“青年人才托举工程”项目的资格。

国内主要学术会议 2019年，学会举办学术会议17次，其中综合性学术年会1次，参加会议人数达1800余人次，交流论文近800篇。会议包括：中国天文学会2019年学术年会、中国天文学会第21届郭守敬学术研讨会暨2019年星系宇宙学前沿研讨会、中国天文学会行星科学与深空探测前沿研讨会暨中科院行星科学重点实验室和月球与行星科学国家重点实验室2019年联合学术年会、中国天文学会天文教育论坛、活动星系核中心区域反响映射国际研讨会、中国天文学会中国虚拟天文台与天文信息学2019年学术年会、中国天文学会天文学名词研讨会暨第十届审定委员会第四次会议、中国天文学会第二十届东亚地区亚毫米波接收机技术研讨会、中国天文学会2019年VLBI（甚长基线干涉测量）科学技术及应用研讨会、中国脉冲星阵引力波探测合作组织（CPTA）启动会、中国天文学会110米口径全向可动射电望远镜科学与技术研讨会、第八届海峡两岸天文望远镜与观测前沿技术研讨会、中国天文学会第四届“南极星”青年科学家论坛、中国天文学会2019年图书信息与期刊出版研讨会、中国天文学会景东120米脉冲星射电望远镜科学及应用技术研讨会、中国天文学会地面和空间天体测量前沿讨论会、中国天文学会2019年度1米级光学天文望远镜运行研讨会。

科普活动 4月22—26日，由学会主办，北京天文馆、学会普及工作委员会承办，贵州省黔南州天文局协办的2019年全国中学生天文知识竞赛决赛在贵州省黔南布依族苗族自治州平塘县克度镇举办。通过理论笔试、目视观测、望远镜观测三个环节的比赛，最终9名同学获得金牌、22名同学获得银牌、39名同学获得铜牌。北京第一零一中学的郭京松同学获得高年组最佳成绩奖，北京大学附属中学的曲逸飞同学获得低年组最佳成绩奖。决赛期间还举办2019年国家队选拔赛。

1月12日，由学会主办，学会普及工作委员会和北京天文馆承办的2019年中国大陆地区IAU100活动启动仪式在北京举办。

5月29—31日，学会召开礼赞共和国、追梦新时代——天文科普志愿服务行动座谈会，举办中国天文学会天文科普志愿服务行动启动仪式以及情系星辰大海——中国天文科技工作者风采图片展。

8月19—21日，由学会和教育部高等学校天文学类专业教学指导委员会共同主办的2019年“金都超星杯”第三届全国大学生天文创新作品竞赛（CAIC）决赛在广东省广州市举办。评出一等奖8项、二等奖15项、三等奖27项。广州大学、山东大学（威海）、贵州大学、华中师范大学、长安大学获得竞赛优秀组织奖。竞赛期间，还举办高级天文科普报告会和大学生天文发展交流论坛。

12月21日，学会正式发布IAU100太阳系外行星世界命名——中国（内地）活动命名结果。羲和（Xihe）、望舒（Wangshu）成为此行星系统恒星与行星的正式名称。

表彰举荐优秀科技工作者 学会开展第十六届中国青年科技奖的推荐工作，推荐候选人有云南天文台王博、北京大学东苏勃；开展第十六届中国青年女科学家奖的推荐活动，推荐候选人有中国科学院紫金山天文台封莉、北京大学王然、厦门大学李昂；开展2019年度未来女科学家计划候选人推荐活动，北京大学李晔为推荐候选人。

学会组织开展中国天文学会第三届黄润乾天体物理基础研究奖评奖活动，云南天文台研究员李焱获奖；组织筹备第四届黄润乾天体物理基础研究奖评奖活动；组织开展第七届黄授书奖评奖活动，南京大学教授谢基伟、中国科学院紫金山天文台研究员郭建华获奖；与中国科学院国家天文台联合组织开展2018年度十大天文科技进展评选活动；组织开展2019年中国科学院院士和中国工程院院士候选人推荐工作，推荐候选研究员有史生才和徐烨。

学会组织参加第四届中国科协优秀科技论文遴选活动。与腾讯签订合作协议，协助开展首届腾讯科学探索奖推荐活动，其中天文学科获奖人有：中国科学院国家天文台刘继峰、南京大学施勇、中国科学技术大学汪毓明。

党建强会 学会党委组织常务理事会、理事会的党员学习并宣传党的十九大精神文件；组织参加中国科协党建工作会议；参加全国学会党务干部十九届四中全会精神专题学习班；学会秘书处的党员参加挂靠单位的民主评议党员活动；学习习近平总书记重要讲话精神及十九届四中全会精神等各类文件；观看先进人物视频，参与党委组织的专题报告、知识竞赛、“七一”建党纪念、警示教育等各类活动。

学会组织开展2019年学会各项学术交流、科普宣传、期刊建设、科技奖励及学会重要事项审议管理工作；明确学会党建指导员；做好中央巡视组对学会党建等工作的巡视汇报总结工作；完成全国学会基层党组织专项整治摸排调查工作；开通微信公众号，传达学会党建工作会议精神。

【中国天文学会2019年学术年会】 9月7—10日，中国天文学会2019年学术年会在青海省德令哈市召开。年会主题为“聚焦前沿重点领域，促进天文学术交流，激发科技创新；打造西部地区天文科普特色基地；推动‘一带一路’经济快速发展，为海西州经济转型升级作出贡献”。来自全国各天文机构的600余位专家、学者和学生参加会议。开幕式上，颁发中国天文学会第七届黄授书奖和第三届黄润乾天体物理基础研究奖。

年会内容主要是天文学各分支学科和相关的交叉领域的研究，以大会特邀报告、高级科普报告、专题讲座和分会场报告等形式进行。报告大会特邀报告11场、专题讲座2场、高级科普报告2场，分会场交流报告253篇，走进科技馆、走进校园科普报告2场。

（撰稿人：孟红宇）

中国气象学会

服务创新型国家和社会建设 学会建设科技智库体系，服务国家科技强国发展战略。承接政府转移职能，开展气象科技咨询和评估。推进气象数据共享服务效益评估工作，完成中国气象局气象综合观测业务规划实施情况评估报告、2019年中国气象局野外科学试验基地评审遴选工作及科技成果评价2项。开展陕西省商洛市、贵州省黔西南布依族苗族自治州和毕节市、湖北省宜昌市、四川省巴中市等地方特色气候资源评估论证工作，服务地方生态文明建设，助力脱贫攻坚。

学会开展成果转化促进工作。4月，学会在上海市主办2019中国气象现代化建设科技博览会，同期举办2019科博风云论坛和2019年水文技术与装备发展论坛。博览会吸引上百家企业参展，展出新品上千款，观众上万人次。此次博览会上国际展商及国际观众数量较往年有大幅增长。

学会建设 学会根据最新发布的《中国科学技术协会全国学会组织通则》等相关文件，初步完成学会章程修订草案，增补有关习近平新时代中国特色社会主义思想和四个服务职责定位、倡导社会主义核心价值观等相关内容；增加有关学会党组织、监事会的相关内容。做好中国气象学会第二十九次全国会员代表大会筹备工作和学会党组织组建准备工作。

4月，学会组织召开2019年全国气象学会秘书长会议暨中国气象学会分支机构工作会议，学习习近平总书记系列重要讲话精神，加强对各省学会和分支机构的政治引领，研讨学会加强党建工作、完善治理体系的具体措施。

学会完善内部治理和风险管控，进一步加强学会秘书处人才队伍建设和规范化管理；加强内控和财务管理，制定学会形象标识使用管理办法等，修改完善日常管理相关制度；提升管理信息化水平，加强宣传，多方位提升学会综合服务能力，在年度统计、财务、年鉴、科普工作等方面获得中国科协表彰。

青年人才托举工程 8月，学会组织召开“青年人才托举工程”项目工作进展汇报会，启动学会第四届“青年人才托举工程”项目。截至2019年，学会已连续四届申请并成功获批中国科协“青年人才托举工程”项目，扶持人才总计8位。

主办期刊 2019年，学会期刊*Journal of Meteorological Research*（《气象学报》，JMR）SCI数据库影响因子为1.451，比2018年提高42%，国际下载量增长迅速。《气象学报》综合评分位居中国科技信息研究所《中国科技期刊引证报告》大气科学类期刊第三。两刊均入选2019中国国际影响力优秀学术期刊。

学会推动与中国气象科学研究院联合主办《气象学报》和JMR，2019年两刊出版科研论文164篇，组约专刊3份。筹建新栏目和新网站，加强数字平台建设，提升出版效率和学术影响力。加入开放科学计划（OSID）和期刊网店平台，推动出版融合发展。

决策咨询 学会参与中国科协生态环境产学联合体有关工作，牵头完成“粤港澳大湾区生态环境保护与生态环境治理联合调研”之“适应气候变化与气象防灾减灾能力”调研。

作为发起学会之一，学会参与中国科协中国公众科学素质促进联合体组建工作，并竞选成为常务理事单位。

国际学术会议 4月16—18日，由世界气象组织（WMO）主办，学会、中国气象科学研究院、深圳市气象局联合承办的主题为“季风强降水科学与预报”的第四届WMO季风强降水国际研讨会在广东省深圳市召开，来自世界各国气象领域的100余位专家、学者参加研讨会。会议就季风强降水的观测、模式和预报进展进行交流。

国内主要学术会议 学会支持和组织学科专题交流，举办2019年全国重大天气过程总结和预报技术经验交流会、2019年全国农业气象技术交流会、2019年气候预测技术论坛、2019年青年科学家论坛等会议，千余名专家、学者参加会议。

学会支持区域性学术交流，服务国家战略，举办第六届全国农业与气象论坛、第十三届沈阳雨雪冰冻灾害论坛。

两岸交流 6月15日，学会主办第十一届海峡论坛·第八届海峡两岸民生气象论坛。海峡两岸210余位专家、学者围绕“深化气象交流、惠泽两岸民生”的主题，分享气象科技最新研究成果，促进两岸气象研究融合发展。

论坛同期首次举办以“两岸新时代、科技新融合”为主题的2019海峡科技专家论坛——海峡两岸“交通·气象与安全”研讨会。签署闽台交通气象与安全合作框架协议，促进气象、交通行业融合发展。

国际交往 学会参与国际气象学会论坛（IFMS）相关工作，推动中国、日本、韩国气象学会之间的交流；联合世界气象组织（WMO）主办第四届WMO季风强降水国际研讨会；推荐青年学者参与国际交流，获批中国科协资助项目5项。

科普活动 学会发布《校园气象科普教育整体解决方案》，引导和鼓励相关学校建设校园气象站，开展校园气象科普教育。联合中国气象局开展第38届全国青少年气象夏令营、气象科普进校园、2019年全国校园气象站辅导员培训班，联合校长派·校长智库教育研究院开展校园气象科学展评等活动，通过科学实践完善校园气象科学教育顶层设计。

学会推动气象科普活动品牌化建设。策划并组织世界气象日纪念活动、全国气象科普讲解大赛、首届全国气象摄影大赛、气象防灾减灾宣传志愿者中国行、气象科技活动周和全国气象科普日系列科普宣传活动。特别是在气象科技活动周期间，共举办科普讲座30多场，发放宣传品3万多份，活动惠及5万余人次。在气象防灾减灾宣传志愿者中国行活动期间，来自全国16所高校的1300余名大学生志愿者组成140多支宣传分队，深入500余个基层乡镇、6000余家农户、200余所中小学校、100余家企事业单位，发放宣传资料和调研资料80万余份。各类特色活动受益人数持续增长，获得中国科协表彰。

学会完成全国气象科普教育基地的年度考核工作，遴选部分科普教育基地，提供360度全景展示及语音解说服务，组织制定《气象科普教育基地创建规范》。

2019年，学会官方科普微信公众号发布文章近200篇，并在微博、今日头条、一点资讯、搜狐号等自媒体平台同步转发，将气象服务、气象科技前沿等知识普及给公众。

学会完善中国气象学会科普宣传品共建共享机制。发挥网上平台作用，挖掘气象科普宣传品的需求和供给，赋予气象科普宣传品网上商城新的定位，促进各有关方共同发展，促进气象科学产学研结合。

表彰举荐优秀科技工作者　学会开展2019年度大气科学基础研究成果奖、气象科学技术进步成果奖的推荐与评审工作。共收到大气科学基础研究成果奖提名材料8项（一等奖5项、二等奖3项），气象科学技术进步成果奖提名材料37项（一等奖12项、二等奖25项），年内按计划开展材料形式审查、书面函审、专家组答辩评审及中国气象学会气象科技奖励与人才举荐工作委员会通讯会议审议。

学会开展第十八届（2018—2019年度）涂长望青年气象科技奖推荐工作，总计推荐候选人32名；组织完成2019年中国科学院院士和中国工程院院士候选人推选工作，推荐中国工程院院士候选人1名；组织完成第十三届光华工程科技奖、2019年最美科技工作者及第十六届中国青年科技奖人选推荐工作，推荐候选人各2名；组织完成第十六届中国青年女科学家奖和2019年度未来女科学家计划人选推荐工作，推荐青年女科学家奖人选3名，未来女科学家计划人选1名。

党建强会　2019年，学会共开展党支部活动29次，支部讲党课4次。

学会开展“不忘初心、牢记使命”主题教育系列活动；开展专题学习研讨，秘书处全体党员参加集中学习培训；推进学会秘书处党支部标准化规范化建设，召开党支部民主生活会和组织生活会，全面落实党支部“三会一课”；开展党组巡视整改工作，整治形式主义，落实中央八项规定精神；组织参观2019年廉政文化展、庆祝中华人民共和国成立70周年大型成就展等活动。

会员服务　截至2019年，学会有全国单位会员1327个，个人会员近4.2万人；在线注册个人会员1959人，较2018年增长4%，在线注册单位会员140个。学会通过微信公众号、微博等方式在世界气象日、全国科技活动周、全国科普日等活动期间利用新媒体扩大气象科普传播的广度和力度；编发会讯4期、会员手册1本，发放《气象知识》杂志6期。

【2019年全国重大天气过程总结和预报技术经验交流会】　3月27—28日，由学会主办，国家气象中心、江苏省气象局、中国气象学会天气学委员会联合承办的2019年全国重大天气过程总结和预报技术经验交流会在江苏省南京市召开。

此次交流会是学会继2018年加大力度支持和组织专业领域科技交流活动后，第二次主办全国重大天气过程总结和预报技术经验交流会，来自中国气象局各业务、科研单位，全国各省、市（县）气象局、高校、部队、民航等80余个单位的170余位专家、学者参加会议。学会秘书长王金星主持开幕式，江苏省气象局局长翟武全、国家气象中心副主任金荣花出席开幕式并致辞。

交流会共安排特邀报告5篇、大会报告7篇、分会场报告103篇、墙报交流报告51篇。中国工程院院士、国家气候中心研究员丁一汇，中国气象科学研究院院长端义宏，国防科技大学教授陆汉城，南京信息工程大学副校长闵锦忠，南京大学教授赵坤等专家分别围绕冰雪冻雨灾害与北极气候变化的影响、台风研究及预报进展、中尺度灾害性天气预测预警研究、副热带地区区域模式关键技术研发及业务应用、双偏振雷达观测华南两次强对流过程的微物理特征等方面作特邀报告。

交流会设置5个分会场，分别围绕暴雨和暴雪，台风与海洋、高温、寒潮、水文气象，强对流天气，天气预报技术方法及雾霾等议题展开研讨。来自全国气象行业一线预报员交流各自领域取得的主要进展，并指出目前气象预报业务中所面临的难点问题。

【2019年青年科学家论坛】　8月27日，由学会主办的2019年青年科学家论坛在山东省青岛市召开。论坛围绕大气物理和大气环境、极端天气气候研究、气候动力学研究3个议题展开研讨。来自中国气象局

各直属科研业务单位，全国各省、市（县）气象局，中国科学院大气物理研究所，北京师范大学，南京信息工程大学，复旦大学，南京大学等50余家单位的100余位青年科技工作者参加论坛。论坛安排口头交流报告44篇、墙报交流53篇。

中国科协培训和人才服务中心有关领导、青岛市气象学会秘书长耿敏应邀出席开幕式。北京大学教授张庆红、中国气象科学研究院研究员车慧正作特邀报告。论坛还针对此次参会人员的特点，邀请张庆红从导师的角度分享如何扶持以及帮助青年人才成长的经验；车慧正分享自身的成长历程，指出圆梦气象科研强国是建设气象强国的重要任务和青年气象科技工作者的奋斗目标。

【第十一届海峡论坛·第八届海峡两岸民生气象论坛】 6月15日，由学会主办，福建省气象学会、福建省交通运输协会、厦门市气象天文学会承办的第十一届海峡论坛·第八届海峡两岸民生气象论坛在福建省厦门市召开。福建省人民政府副省长李德金，学会副理事长、中国气象局副局长宇如聪出席开幕式并致辞。福建省气象学会理事长潘敖大主持开幕式。

来自海峡两岸气象、农业、海洋、航运、交通、旅游、经济等业界的210余位专家、学者围绕“深化气象交流 惠泽两岸民生”主题，聚焦海峡两岸高影响、前沿性气象科研成果，延伸期预报技术研究成果以及“交通·气象与安全”等热点问题，研讨短时临近预报预警技术、气候变化及延伸期预报技术、卫星雷达及数值天气预报应用技术、台风暴雨等灾害天气成因分析等科学难题，交流交通气象服务、生态气象服务、旅游气象服务等热点问题，分享在防灾减灾救灾方面好的做法和经验。中国工程院院士丁一汇等43位专家作报告，来自海峡两岸的31位气象学者作墙报交流。

会议同期举办以“两岸新时代、科技新融合”为主题的2019海峡科技专家论坛——海峡两岸“交通·气象与安全”研讨会。来自海峡两岸交通运输、气象、海事、航运、经贸等业界、学界和机构的60余名专家、学者和基层代表出席会议。研讨会着眼“部门合作、创新形式、增强实效”，突出科技与产业行业融合，是海峡两岸交通、气象部门首次联合举办的研讨活动。研讨会共收录论文50篇，墙报交流论文7篇，签署闽台交通气象与安全合作框架协议。

【第38届全国青少年气象夏令营】 7月25—31日，由中国气象局、学会联合主办的以“生态气象 美丽京津冀”为主题的第38届全国青少年气象夏令营在北京市、天津市、河北省举办。来自全国15个省（自治区、直辖市）的140多名营员和辅导员参加。

夏令营总营营长、学会秘书长王金星主持开营式，学会科普工作委员会主任委员许小峰致辞。开营式后，营员们听取国家气象中心专家作的题为《生态气象与美丽中国》的科普报告。夏令营期间，营员参观北京中国气象局园区、北京故宫博物院、2019年中国北京世界园艺博览会、河北省丰宁满族自治县坝上草原、承德避暑山庄、天津滨海泰达航母主题公园、天津大沽口炮台遗址博物馆、天津博物馆等历史文化景点，并组织篝火晚会和演讲比赛。

（撰稿人：王 媛 刘文泉）

中国空间科学学会

服务创新型国家和社会建设 3月29日，学会组织空间地球科学专业委员会的多位专家参加科技部组织的第六次国家技术预测，围绕空间科学在地球系统科学领域的发展，提出多项前沿技术方向，并被纳入国家技术预测。

4月19日，全国空间科学及其应用标准化技术委员会标准审查会在北京召开。会议审定《空间量子密钥分发系统架构》《空间应用全光网络系统架构》《空间应用全光网络通信协议》《空间科学实验样品发射前准备与安装要求》《空间科学运管业务规范》《空间有效载荷再飞要求》《空间有效载荷信息安全技术要求》《空间科学元器件保证数据应用交换协议》《高空科学气球发放场测试规程》《基于高空气球的太阳电池标定规范》10项标准。

学会建设 2019年，学会发展新会员199人；召开3次常务理事会议，1次理事会议。经学会常务理事会、理事会审议通过，成立中国空间科学学会空间智能专业委员会。这是第九届理事会产生以来成立的第2个专业委员会，也是学会成立以来的第12个专业委员会。

学会加强对办公室（秘书处）工作人员的培训，安排工作人员参加中国科协组织的全国学会党组织负责人培训、青年党员干部培训、党务干部培训、秘书长论坛、分支机构论坛等。

2月初，创建学会微信公众号，实现发布学会动态、科普文章，会员入会缴费等功能。两个月时间，微信公众号关注量超1200人，总阅读量已达到2万次。

学会重新设计、改版和上线学会网站，增加对会员和会员单位的服务功能，设立“青托风采”等栏目。

学会治理结构和治理方式改革 5月29日，中国社会组织评估等级专家组对学会进行现场评估。经现场评估答辩和内外部社会评价，学会由3A等级晋升为4A等级社会组织。

学会修订并公布《中国空间科学学会分支机构管理办法》，修订《中国空间科学学会财务管理制度》，制定《中国空间科学学会分支机构管理规定》《中国空间科学学会工作人员兼职补贴管理办法》和《中国空间科学学会公众号管理办法》等制度，加强学会工作的制度化和规范化建设。

青年人才托举工程 学会组织完成第二届中国科协“青年人才托举工程”项目的总结，对第三届中国科协“青年人才托举工程”项目进行中期评估，对第四届中国科协“青年人才托举工程”项目进行常规管理。

按照《中国科协办公厅关于第五届中国科协青年人才托举工程项目立项的通知》要求，学会开展第五届中国科协“青年人才托举工程”项目的申请工作，2人获得中国科协资助。

12月30日，学会理事长吴季担任组长，与11位院士和专家组成评审组，评选出李文亚和吴楠为第五届中国科协“青年人才托举工程”项目入选者，并于学会网站和微信公众号进行为期一周的公示。

主办期刊 2019年，学会主办的学术期刊《空间科学学报》出版研究性学术论文93篇，共计6期正刊，总页码860页。根据中国科学信息研究所2019年11月发布的《2018年中国科技论文统计结果（核心版）》，影响因子为0.327，在天文类学科中排名第三，综合评价总分排名第二，被重庆维普资讯有限公司的《中文科技期刊数据库》收录。

决策咨询 由学会组织推荐、学会副理事长黄江川提出的“近地小天体调查、防御与开发问题”入选中国科协2019年度重大科学问题，并在第二十一届中国科协年会上发布。10月10日，学会就该问题组织召开“近地小天体调查、防御与开发问题”专项研讨会，包括4位院士在内的近60位专家出席。根据专家研讨建议，学会完成建议咨询报告，并已上报中国科协。

在第一届中国空间科学大会召开期间，学会组织召开以“发展空间科学 建设航天强国”为主题的空间科学高峰论坛，形成空间科学项目发展建设书，上报中国科协。

“空间天气科学问题”入选2018年度中国科协重大科学问题；2019年，该问题作为重点培育项目获得前沿科技论坛支持。围绕该问题，学会组织专家进行多次研讨，中国科学院院士涂传诒等专家参与献策，完成智库报告和项目总结，并已上报中国科协。

国际学术会议 6月5日，由学会空间生命专业委员会主办的中法航天合作联委会第十二次会议暨中法战略对话空间分组第九次会议在上海市召开，中、法两国就中国空间站航天医学空间实验、失重飞机飞行实验、头低位卧床模拟失重实验等方面的合作进行商讨，确定后续合作计划并签署合作纪要。

国内主要学术会议 学会及其各专业委员会2019年共组织开展学术交流会议15次，参加会议人数2160人次，征集论文1142篇。

8月20—24日，由学会主办的2019年空间机电与空间光学学术研讨会在湖南省长沙市召开。大会安排特邀报告10篇，6个分会场报告40篇，来自20个单位的100余位专家参加会议。

10月26日，第一届中国空间科学大会在福建省厦门市召开。大会由学会发起并主办，是学会自成立以来第一次将11个专业委员会集中在一起进行空间科学领域多学科学术交流的大会。中国科学院院长白春礼致贺信，中国科协、中国科学院、国家航天局、载人航天工程办公室挂名指导，央视网、人民网、《科技日报》等20余家媒体报道。

5月26—30日，第十八届全国日地空间物理学研讨会在青海省西宁市召开。会议由学会空间物理学专业委员会主办，北京大学承办。中国科学院院士窦贤康、魏奉思、吕达仁和中国科学院国家空间科学中心主任王赤等7位专家作大会特邀报告，分会场交流报告327篇。来自全国各地55个单位约400名专家、学者参加会议。

6月4—6日，学会月球科学与比较行星学专业委员会在浙江省嘉兴市组织召开“首次火星探测任务有效载荷探测技术和数据处理”第三次学术研讨会。大会安排特邀报告6篇，分会场报告52篇。中国科学院院士欧阳自远、王建宇和来自国内外52个单位的200余位专家参加会议。

9月16—18日，第五届全国成像光谱对地观测学术研讨会（第十一届成像光谱技术与应用研讨会暨交叉学科论坛）在新疆维吾尔自治区乌鲁木齐市召开，200余人参加会议。会议由学会空间遥感专业委员会和国际数字地球学会中国国家委员会成像光谱对地观测专业委员会联合主办，新疆大学和石河子大学共同承办。会议主题为“新时代成像光谱对地观测技术与应用”，中国科学院院士、学会学术委员会主席童庆禧主持大会，大会设13场特邀报告、11场优秀青年学者特邀报告、4个分会场、41个分会场专题报告。

11月20—23日，第六届微波遥感技术研讨会在浙江省杭州市举办。会议由学会空间地球科学专业委员会、空间遥感专业委员会和国际电子与电气工程师协会地球科学与遥感学会北京分会（IEEE GRSS Beijing Chapter）主办。来自国家部委、科研院所及高校的专家、学者200余人参加会议。中国工程院院士姜景山、蒋兴伟，中国科学院院士金亚秋等5位专家作大会特邀报告，会议交流论文108篇。

国际交往 9月25日—10月1日，学会微重力科学与应用研究专业委员会参与组织在西班牙格拉纳达举办的第14届天地应用两相系统国际会议（ITTW-14），学会微重力科学与应用研究专业委员会主任、中国科学院力学研究所研究员赵建福任会议联合主席（Co-Chair）。

11月11—14日，由国际宇航学会举办的第22届国际宇航科学院“人在太空”会议在迪拜召开。学会空间生命专业委员会委员、北京航空航天大学教授庄逢源任会议名誉副主席，北京理工大学教授邓玉林任副主席，另有3位专家应邀作大会报告。

学会微重力科学与应用研究专业委员会、中国科学院力学研究所研究员赵建福和王双峰担任*Microgravity Science and Technology*（《微重力科学与技术》，MST）客座主编。这是国际上微重力科学领域唯一的SCI期刊。

学会空间地球科学专业委员会与国际电子电器工程师协会地球科学与遥感学会（IEEE GRSS）建立战略伙伴关系，双方将在资源共享的基础上，在学术交流和人才培养等方面展开全方位的合作。

科普活动 4月24日，学会与中国科学院国家空间科学中心联合举办第四届“中国航天日”科普报告会，主题为“逐梦航天，合作共赢”。120余名航天爱好者参观空间科学卫星运控中心，并听取中国科学院国家空间科学中心研究员薛长斌所作的题为《嫦娥四号——月球背面科学探险之旅》的科普报告。

10月25—28日，第一届中国空间科学大会期间，学会组织中国工程院院士吴伟仁，中国科学院院士欧阳自远、郭华东，中国航天员科研训练中心研究员李莹辉，中国科学院上海技术物理研究所研究员舒嵘和中国科学院高能物理研究所研究员张双南6位专家走进福建省厦门市大、中、小学，分别作题为《中国的航天》《空间对地观测技术与应用》《迎接第一个100年，中国的深空探测》《航天飞行中的医学风险与挑战》《从月球到火星，中国宇宙探索的脚步不断迈向深邃太空》《鉴赏〈流浪地球〉和黑洞照片的科学姿势》的科普报告，约1800名师生参与科普活动。

学会空间探测专业委员会副主任委员、北京大学地球与空间科学学院教授焦维新撰写并出版面向少年儿童的科普书籍《嫦娥探月的故事》，完成科普讲座30余场；学会空间探测专业委员会委员、中国空间技术研究院研究员庞之浩2019年发表科普文章50余篇，完成科普讲座30多场，出版2本介绍嫦娥工程和航天员系统的科普图书；学会理事长吴季出版科普图书《月球旅店》，该书兼具科学技术知识的普及和浪漫文化传播的功能。

学会空间地球科学专业委员会于4月24日在中国遥感卫星地面接收站三亚园区和喀什园区举办“中国航天日”主题开放日活动，接待200余位边远少数民族地区的中小学生。活动通过参观遥感卫星地面接收系统、观看空间科学科普宣传片、举办航天科普讲座等形式，介绍中国空间科学和航天事业的发展。

学会空间生命起源与进化专业委员会主任委员、中国科学院院士赵玉芬在浙江省宁波市对市民作题为《化学与生活》的科普讲座。从水与生命、火灾预防、生命中的化学物质、化学与药物等8个方面向听众介绍化学与人们日常的关系。

学会空间天文学专业委员会在先进天基太阳天文台科学网页开设“公众科普”栏目，供访问者学习太阳耀斑、太阳黑子、太阳磁场等方面的科普知识。

学会空间天文学专业委员会结合第八届中国青年天文论坛，在中国石油大学（华东）组织“七夕科普夜”活动，为中国石油大学（华东）的学生和青岛市民作题为《探索宇宙中的暗物质》《走进南极大陆》的科普报告，并组织观星活动。

学会空间遥感专业委员会组织中国科学院院士薛永祺、中国工程院院士潘德炉、中国科学院上海技术物理研究所研究员亓洪兴和杨一德等专家，先后到上海市共康中学、上海科学会堂、上海外国语大学附属双语学校、江苏省张家港市沙洲中学科普工作站、中国科学院应用物理研究所、上海市虹口区科协、中国科学院上海技术物理研究所等地作题为《空中看地球的最新技术》《光电遥感技术与应用》《空中的红外视界》《智慧海洋与海洋经济》等9场科普讲座，2800余人听取报告。

学会微重力专业委员会委员、中国科学院力学研究所研究员赵建福作为中国科协微重力流体物理首席科学传播专家，在南阳师范大学土木与建筑学院作题为《航天与微重力科学》的科普报告，在北京航空航天大学航空科学与工程学院、河海大学机电工程学院（常州）作两场题为《微重力多相热流体动力学及其空间应用》的科普报告。

学会空间生命专业委员会在2019年全国科技活动周暨北京科技周期间，邀请北京航空航天大学教授庄逢源在中国科技馆作题为《空间生命科学，等待你的参与》的科普报告。

表彰举荐优秀科技工作者 2019年，学会常务理事、中国科学院国家空间科学中心主任王赤，学会空间天文专业委员会副主任委员、紫金山天文台台长常进当选为中国科学院院士；学会副理事长、哈尔滨工业大学副校长曹喜滨，学会常务理事、上海硅酸盐研究所结构陶瓷与复合材料工程研究中心主任董绍明当选为中国工程院院士。

学会第九届理事会设立中国空间科学学会科技奖，并完成《中国空间科学学会科技奖奖励办法》向科技部的审批备案，奖励编号为0304。9月26日，经学会组织专家评审，中国科学院院士、中国科学院紫金山天文台研究员常进获得首届中国空间科学学会科学奖；中国科学院长春光学精密机械与物理研究所研究员张学军获得首届中国空间科学学会技术奖。在第一届中国空间科学大会开幕式上，中国科学院党组成员、秘书长邓麦村和学会理事长吴季为获奖人颁发证书和奖章。

学会空间材料专业委员会申报并获批中国科协优秀中外青年交流计划名额1个，入选者将在中国科协的资助下于2020年出国交流3个月，追踪3D打印技术的国际发展前沿，探讨未来3D打印技术在空间材料乃至空间科学领域中的应用。

党建强会 2019年，学会党委开展最美科技工作者推选活动。孙天然、王双峰、薛长斌、黄伟和高扬5位科研人员被评选为最美科技工作者，并通过光盘、网站、微信公众号等新媒体技术进行宣传。

学会完成2019年中国科协全国学会“党建强会计划”编创学会党建宣教电子作品项目。

会员服务 学会借助学术会议、网站和微信公众号平台，不断提升服务、优化管理，会员数量显著增长，会员管理模式进一步改进。

【第一届中国空间科学大会】 10月25—28日，由学会发起并主办，厦门大学承办的第一届中国空间科学大会在福建省厦门市举办，参加会议人数近千人。

会上，9位院士和6位专家作15场大会特邀报告，围绕中国载人航天工程、探月工程、空间科学卫星工程的热点前沿、未来规划、最新成果开展交流，并为发展空间科学和建设航天强国建言献策；空间物理、空间探测等11个专业委员会设21个分会交流主题，开展37场分会交流，交流论文503篇，围绕空间物理学、空间天文学、月球与比较行星学、空间地球科学、空间探测、空间遥感、空间光学与机电、空间材料、空间生命、微重力科学的学术论文展开交流。大会以专项奖励、科普活动、航天新技术新成果展等多种形式，汇集国内外专家、学者，交流最新研究成果、研讨发展形势。

大会期间，安排航天成果展览、科普专场、主题音乐会等科普文化活动，为多个商业航天企业提供展示平台。此外，同期举办磁层－电离层耦合关键科学问题专题研究会、第32届全国空间探测学术研讨会、学会空间天文学专业委员会2019年年会，以及学会空间材料发展与应用、空间地球观测新技术与新方法、空间光学工程技术、空间生命与空间生命起源与进化专业委员会2019年联合年会等学术交流会议。

（撰稿人：庞红勋）

中国地质学会

服务创新型国家和社会建设 2019年，学会及所属分支机构组织开展多项技术培训、科技竞赛等活动。8月28—30日，由学会主办，中国地质调查局发展研究中心、贵州省地质学会等协办的全国地质云建设技术培训研讨会在贵州省贵阳市召开，推广地质云建设技术成果，推动地质云技术与数据合作共享，为地质云进入扩大应用新阶段培养第一批专业技术骨干。10 月 26—27 日，学会地质教育研究分会在江西省南昌市举办全国大学青年教师地质课程讲课比赛，来自中国科学院大学、浙江大学、南京大学、中国地质大学、中国石油大学、中国矿业大学、同济大学、吉林大学、西北大学等全国 77 所高校 139 名青年教师参赛。大赛全程实行实时网络直播，赛后由多位国家级教学名师对比赛进行点评。

学会先后受中国地质科学院、南京大学、中国地质科学院矿产资源研究所、中国地质大学（北京）、中国地质科学院水文地质环境地质研究所的委托，分别对“城市地下空间资源识别评价与协同开发关键技术研究及应用”“浅层地热能高效可持续开发关键技术及应用”等 5 个项目进行科技成果鉴定。

学会组建 14 个地质类专业认证进校考查专家组，派出专家 37 人次，对 13 所高校的 14 个地质工程专业点开展进校考查工作。

学会建设　2019 年，学会组织召开 7 次常务理事会议（通讯）、5 次行业单位秘书长会议、1 次全国秘书长工作会。

3 月 28 日，学会在安徽省合肥市召开分支机构财务管理培训班，总会 59 个分支机构中有 55 个分支机构共计 80 余人出席，其中有 16 个分支机构负责人参加培训班。

2019 年，学会由原来的秘书处和期刊处扩大为学会综合处、评选处、诚信处、交流处和期刊处五个处，核准人员编制 36 人，各处室工作人员到位 28 人。

学会自主研发会议智能服务平台，实现参会人员原笔迹电子签到、自助注册、自助报到及用餐管理等功能，取代纸质签到，实现会议智能化管理。会议智能系统已在中国地质调查局、学会和分支机构多类大型会议中得到广泛应用。

学会改革内部刊物《会讯》《情况通报》报道的内容和形式，突出对行业和学会的重大活动和重要事项的报道。学会网站 2019 年上传信息 300 余条、浏览量 110 万余人次。

学会完成黄汲清青年地质科学技术奖基金管理委员会的换届工作，第三届黄汲清基金管理委员会主任委员由李金发担任，秘书长由朱立新担任。

学会向中国科协申报承担项目 7 项并已获批，其中“中国科协世界一流学会建设”项目为期三年。

主办期刊　学会主办的《地质学报》（中、英文版）、《地质论评》2019 年共出版正刊 24 期、增刊 5 期，收到研究论文 1300 余篇，发表 436 篇，发表研究进展和论文摘要 400 篇。三刊均荣获 2019 年“中国最具国际影响力学术期刊”称号和中国期刊协会“致敬创刊 70 年”荣誉称号。《地质学报》（英文版）继续被 SCI 数据库收录，全球电子版订阅单位和机构达到 5823 家，比 2018 年增加 612 家，主要分布在欧洲（2482 家）、美国（576 家）等地区。《地质学报》（中文版）继续被 EI 等国际数据库收录，并获得“中国百杰学术期刊”称号，核心影响因子 2.237，总被引频次 6626。《地质论评》继续被收录为中国科技核心期刊，核心影响因子 1.975，总被引频次 3702。

10 月 17—19 日，学会在云南省昆明市举办创建主题为“‘世界一流’地学期刊的途径与措施”地学期刊分会，近 30 个期刊的 50 余人参加会议，研讨地学期刊建设的途径与措施。

决策咨询　学会地质教育研究分会撰写提案《关于系统构建中小学阶段地球科学教育体系》，交由全国政协委员正式提交至全国两会，并组织召开全面实施素质教育与系统构建中小学地球科学教育课程体系研讨会，推动提案落实。学会化石保护研究分会配合国家古生物化石专家委员会办公室开展《古生物化石保护条例》修订工作，拟出《古生物化石保护条例》修订工作建议并提交自然资源部审议。

国内学术会议　4 月 13 日，由学会青年工作委员会举办的第四届全国青年地质大会在安徽省合肥市召开，主题为“青年地质工作者——勇当金山银山的发现者 绿水青山的守护者”。中国科学院院士侯增谦、中国工程院院士赵文津、安徽省自然资源厅副厅长李世蕴、学会青年工作委员会主任纪占胜等出席大会。大会期间，赵文津作《地球系统科学观》的主题报告，与全国青年地质学者交流自己从事地质工作的经历、体会和对行业使命担当的思考。中国地质调查局研究员郝爱兵、中国地质科学院矿产资源研究所研究员唐菊兴、山东省地质矿产勘查开发局教授级高级工程师宋明春、中国地质大学（北京）教授郭华明、安徽省地质调查院教授级高级工程师彭玉怀、安徽省勘查技术院教授级高级工程师汪青松、合肥工业大学教授李龙明分别从支撑自然资源管理、构造地质、成矿理论、地下水等地质科学领域作主题报告。来自国内地质科研生产教学单位的 600 多名青年学者分别围绕

12个专题开展学术交流。

6月1—2日，由学会主办，吉林大学、吉林省地质学会协办的第九届世界华人地质科学研讨会在吉林省长春市召开。会议以“东亚地质与经济社会发展”为主题，下设板块活动与环太平洋火山带、东亚地区地震活动与地震地质等11个议题，聚焦东亚地质与经济社会发展的地质科技问题，顺应国际地质科学发展潮流。邀请中国科学院院士、地质学家郭正堂、郝芳、杨经绥作大会主题报告。来自世界各地的华人地质学家共计350余人出席会议。会前，《地质学报》（英文版）编辑出版会议论文专辑。

国际交往 学会承担中国地质代表团参加第36届国际地质大会的有关筹备工作。组成500余人的中国地质代表团，提名推荐侯增谦等4人为国际地质科学联合会新一届执行委员会委员候选人，提名推荐青年地质学家资助计划候选人，完成中国展台预订、方案设计和内容征集遴选等工作。广州海洋地质调查局联合学会海洋地质专业委员会、中国海洋学会海洋地质分会等九家机构主办深海地质探测国际学术研讨会暨2019年海洋地质、矿产资源与环境学术研讨会，围绕“亚欧边缘海：过去与未来（EMS）”科学倡议和海洋地质矿产与环境研究展开探讨，共商交流合作，来自8个国家的近200名专家、学者参加研讨。9月21—27日，学会工程地质专业委员会中国工程地质代表团赴韩国济州参加国际工程地质与环境协会（IAEG）2019年会暨第十二届亚洲区域工程地质大会，IAEG秘书长、学会工程地质专业委员会秘书长伍法权应邀作大会特邀报告，共有90余名中国科学家作口头报告，介绍中国工程地质科学发展与实践经验。学会核地质专业委员会联合核工业北京地质研究院举办巴基斯坦铀资源勘查技术在职培训会，为“一带一路”核地质合作提供支撑。

科普活动 2019年，学会编制完成《地学科普研学工作方案》，126家单位申报中国地质学会地学科普研学基地。在中国地质学会2019年学术年会上首次组织召开地学科普分会场，50余位代表围绕地学科普作品创作、服务创新、研学课程设计、地学科普产业发展新趋势等方面进行交流研讨。在全国防灾减灾日期间，围绕“科普＋扶贫”，学会深入深度贫困区甘肃省天水市麦积区五龙中心学校，为800多名师生开展“珍惜生命·爱护家园”科普讲座。在第50个世界地球日期间，组织开展主题科普宣传活动，受到公众欢迎。整合原有的优秀科普产品奖、优秀科普人物奖和优秀科学传播专家团队奖等奖项，设立中国地质学会科普奖。启动2019年度地质类工程专业优秀本科毕业设计的首次征集工作。10月31日—11月4日，学会与中国科协科普部、湖北省黄石市人民政府联合主办第三届中国（黄石）地矿科普大会、首届“晶彩黄石杯”全国中小学生地学科普作品大赛、地学科普研学论坛，为服务地方经济发展，促进地矿产业绿色转型作出贡献。

表彰举荐优秀科技工作者 学会完成第十七届中国地质学会青年地质科技奖的评选工作，从361名候选人中评选出10名金锤奖获奖者、40名银锤奖获奖者；完成第二届优秀女地质科技工作者奖的评选工作，从84名候选人中评选出10名获奖者；向中国科协推荐中国青年科技奖候选人2名，推荐中国青年女科学家奖候选人1名；推荐中国地质科学院梁锋作为中国青年科技人才接受国际组织资助；推荐1名青年博士后参评2019年中国科协优秀中外青年交流计划；推荐29项国土资源奖科技成果候选项目；组织推荐100余位专家参加国土资源奖的网评和会评工作；向中国科协报送中国科学院院士候选人5名、中国工程院院士候选人6名。

学会在黄汲清先生的母校四川省仁寿县第一中学设立黄汲清奖学金，对优秀在校学生进行奖励。在何梁何利基金委员会和国家科学技术奖励工作办公室的共同协调下，学会申报命名“黄汲清小行星”。

党建强会 学会党委和办事机构党支部扎实推进主题教育工作，组织全体党员干部参加中国地质科学院召开的“不忘初心、牢记使命”主题教育活动、2019年党风廉政建设工作会、《中共中央关于加强党的政治建设的意见》专题学习会和学会理事长、中国地质调查局局长钟自然在第6次局党组（扩大）会议上讲话专题学习会等。

11月21日，学会党支部组织党员干部赴山东省枣庄市开展“党建＋扶贫”活动，举办中国地质学会·山亭区省派第一书记座谈会暨捐赠仪式，调研省派第一书记扶贫项目产业园，走访了解扶贫项目建设情况，制定对接帮扶计划。

学会组织参观北京平西抗日战争纪念馆，举办红螺寺登山健步行和雁栖湖团建等活动。学会党员干部积极参加中国地质科学院组织开展的“学习强国”学习文化周比赛活动，学会办事机构5人获奖，其中一等奖1名、二等奖2名、三等奖2名。

会员服务 学会自主研发会员服务平台，实现会员在线注册、缴纳会费、短信群发、动态阅览等功能，实现对全国数万名会员信息资料的掌握，为下一步会员诚信建设、精准服务等奠定基础。与甘肃敦煌世界地质公园和甘肃临潭冶力关国家地质公园签订合作共建地学科普基地协议书，达成两个公园向学会会员免费开放协议；与中国地质博物馆达成向学会会员免费开放协议。

【中国地质学会2019年学术年会】 10月17—19日，以“地质科技创新服务国家经济社会高质量发展”为主题的中国地质学会2019年学术年会在云南省昆明市召开。自然资源部中国地质调查局党组成员、副局长，中国地质学会常务副理事长兼秘书长李金发，云南省地质矿产勘查开发局党委书记、局长马文龙出席会议开幕式并致辞。

会议设36个分会场，分别围绕基础地质、能源资源、生态保护、城市地质、科学普及等领域的相关议题开展交流与研讨。国家自然科学基金委员会党组成员及副主任、中国地质科学院地质研究所所长侯增谦，国家能源页岩油研发中心主任金之钧，中国石油天然气股份有限公司勘探开发研究院党委书记、院长赵文智等11位知名院士、专家围绕当前地学前沿、热点、难点议题，交流近两年中国在地学研究和地质调查中取得的重要成果，探讨新时代中国经济社会发展过程中面临的重大资源环境科技问题和地球系统科学前沿问题；分别以《我国地学前沿及发展趋势》《中国陆相页岩油开发现状与发展展望》《我国油气供给形势与陆相页岩油革命新机遇》《砂岩型铀矿跌宕成矿模型》《稀土矿产调查研究进展及其战略意义》《支撑服务生态文明建设》《自然资源管理的地质工作新领域》《胶东金矿深部找矿成果与理论技术进展》《大地感知系统与大地感知工程》《高分辨综合航空地球物理勘查技术与进展》《地质大数据挖掘与机器学习算法应用》为题作主题报告。

会议期间，国内外20余家有关地质领域的设备、仪器、软件、图书等生产、供应、服务商进行产品展览。会议共收录论文摘要900余篇。来自全国地勘行业的地质科技工作者、中国地质学会会员、科研院所研究员、高校师生等共计2200余人参加会议。

（撰稿人：李彬飔）

中国地理学会

服务创新型国家和社会建设 2019年，学会承担的《中国大百科全书》第三版《地理学》《中国地理》和《世界地理》三个卷本的词条编写工作取得进展。《中国地理》卷9200多个条目的编写工作基本完成，已经提交70%，部分内容陆续上线。《世界地理》卷完成编写队伍组建工作，召开两次编委会会议，确定条目6500多条，各分区或专题组分别召开会议，已全面进入词条编写阶段。学会与中国科学院地理科学与资源研究所主办的地理大数据百校传播活动在全国高校和科研院所举办10期，推动基于大数据分析的地理学研究以及科技工作者间科学数据共享和知识产权保护。

学会黄河分会联合教育部人文社科重点研究基地等主办首届黄河（生态）经济带发展战略高层论坛，学会联合河南大学等主办黄河流域生态保护和高质量发展高层论坛，助推黄河流域生态保护和高质量发展国家战略的实施。

学会在北京协办国家精准扶贫工作成效评估培训1次；学会农业地理与乡村发展专业委员会在宁夏回族自治区银川市与宁夏科协联合主办西部地区精准扶贫与乡村振兴论坛1次。

学会建设 2019年，学会发展个人会员870人，个人注册会员总数达到14130人；召开理事会议1次，常务理事会议3次。完成自然地理专业委员会等8个分支机构的换届工作，“区域研究规划分会”更名为“国土空间规划研究分会”；新成立发展地理专业委员会，以及地理文献情报分析、树木年轮研究、地理测年技术和流域地理研究4个工作组；召开亚洲地理学会第一届理事会第一次全体会议，选举产生亚洲地理学会第一届执行委员会。

在第二十一届中国科协年会科技社团发展与治理论坛期间，西安交通大学绩效管理研究中心执行主任孟凡蓉作题为《世界一流科技社团评价研究》的报告。其中，学会与中华医学会、中国力学会等7家中国科技社团位列世界科技社团综合评价50强；学会与中华医学会、中国机械工程学会等7家中国科技社团位列世界科技社团分项评价凝聚力20强。

学会治理结构和治理方式改革 学会结合世界一流学会建设，围绕国际交流及国际化品牌建设、与世界一流地理学会合作、学术期刊群网建设和完善学会科技奖励体系开展工作。重点发挥“一体两翼”的动力作用，即发挥学会分支机构和会员单位的积极性，将工作分解为全员参与的治理新方式，如学会绝大多数学术活动与会员单位联合举办，分支机构的品牌活动支撑着学会的发展。

青年人才托举工程 2019年，学会制定《中国地理学会“青年人才托举工程”项目管理办法》，组建领导小组、工作组和专家组，申请中国科协第五届“青年人才托举工程”项目，遴选确定杜鹏和黄洁2位博士作为托举对象。

主办期刊 2019年，学会与复旦大学联合创办《历史地理研究》，继续支持数据出版期刊《全球变化数据学报》，学会学术期刊总数上升到18种。2019年《中国学术期刊国际引证年报》显示，《地理学报》（中文版）、*Journal of Geographical Sciences*（《地理学报》英文版）、*Chinese Geographical Science*（《中国地理科学》）、《经济地理》《人文地理》5种期刊入选2019中国最具国际影响力学术期刊（Top 5%）；《地理研究》《冰川冻土》《地理科学》《地理科学进展》《遥感学报》5种期刊入选2019中国国际影响力优秀学术期刊（Top10%）。

据中国科学文献计量评价研究中心12月发布的《世界学术期刊学术影响力指数（WAJCI）年报》，《地理学报》《地理研究》《地理科学》、*Journal of Geographical Sciences* 4种期刊位于Q1区，《地理科学进展》《中国沙漠》《经济地理》、*Chinese Geographical Science* 4种期刊位于Q2区。

《地理学报》入选中国人文社会科学综合评价研究院发布的2018最受学界欢迎的20种学术期刊（社会科学类）；《地理学报》、*Journal of Geographical Sciences*、*Chinese Geographical Science*、《中国国家地理》《全球变化数据仓储》5种期刊入选中国科技期刊卓越行动计划；《中国地理资源期刊网》核心期刊获得中国科技期刊卓越行动计划集群化试点资助。

3月，学会编辑出版工作委员会在广东省佛山市举办2019年中国地理编辑出版年会，来自全国100多家高校、科研院所、出版社以及40余种学术期刊的近500人参加会议。会议设置特邀报告、专题交流及作者－编者－读者互动几个环节，搭建学术期刊约稿和现场审稿平台。

学会通过支持《中国地理资源期刊网》建设，服务国内50多种地理期刊的发展。

学科发展工程 学会组织专家总结近70年来中国地理学发展状况，撰写《近70年来中国自然地理与生存环境基础研究的重要进展与展望》《中国人文地理学70年创新发展与学术特色》两篇学科发展报告，同时发表在《中国科学：地球科学》第11期。

学会联合中国自然资源学会申请并基本完成中国科协“地理资源领域高质量科技期刊分级目录”项目。由学会和北京大学主办，学会新成立的生物地理专业委员会和北京大学城市与环境学院等联合承办的首届中国生物地理学大会在北京召开，促进中国生物地理学的研究和学科发展；学会产业政策与发展地理学工作组升级为发展地理专业委员会，并召开年度学术会议，委员会成员开展相关研究和学科梳理，撰写《发展地理学的发展与展望》（发表在《地理科学》第39卷第12期）、《发展地理学视角下欠发达地区贫困的地方分异与治理》（发表在《地理学报》第74卷第10期）、《黄河上游地区减贫转向与高质量发展》（发表在《资源科学》第42卷第1期）等学术论文。

决策咨询 学会与华东师范大学联合主办第七届地理学与中国全球战略高层论坛，旨在研讨地理学界的全球战略定位、战略布局和战略关系，共同探讨中非合作与非洲发展大计，助力“一带一路”倡议；学会协办“中国国情与发展”论坛，围绕“新城新区”“美丽中国”“‘十四五’发展规划”“未来地球”主题，举办4次研讨活动。

学会承担第二十一届中国科协年会“区域协调发展论坛”和“黑龙江发展冰雪经济对策研究”两项任务，组织国内外院士专家开展论坛交流和现场调研考察，撰写并提交咨询报告3份，中国科学院院士秦大河代表学会在第二十一届中国科协年会黑龙江省党政领导与院士专家座谈会上作现场报告。

国际学术会议 由学会、中国科学院地理科学与资源研究所等联合主办的2019年中国地理学大会暨中国地理学会成立110周年纪念活动在北京召开，特邀4位国外学者作大会报告，并设立6个国际交流分会场，来自27个国家和地区的专家、学者参与交流。由学会和华东师范大学主办的第七届地理学与中国全球战略高层论坛在浙江省杭州市召开，来自8个非洲国家的24位学者出席会议。由学会文化地理专业委员会主办的第七期（2019年）中国地理学会社会文化地理高级研修班暨社会文化地理青年学者论坛在河南省开封市召开，邀请新加坡、英国、荷兰及中国香港的4位专家全程授课。

学会联合有关机构在境外组织召开第14届中日韩地理学国际学术研讨会（日本）和第八届中欧国际旅游研讨会暨第十三届国际旅游学术前沿研讨会（法国）。

国内主要学术会议 2019年，学会及学会分支机构共举办各类国内学术会议48个。

一是重要品牌学术会议。包括学会主办的2019年中国地理学大会暨中国地理学会成立110周年纪念活动，学会自然地理专业委员会、山地分会等联合主办的自然地理学与山区生态文明建设学术研讨会，学会人文地理专业委员会主办的2019年中国人文地理学术年会，学会编辑出版工作委员会主办的2019年中国地理编辑出版年会，学会青年工作委员会、宁波大学等主办的第十七次全国青年地理工作者学术研讨会，学会经济地理专业委员会主办的2019年中国地理学会经济地理专业委员会学术年会，学会水文地理专业委员会主办的2019年全国水文地理学术年会，等等。

二是具有智库功能的论坛和会议。包括学会与华东师范大学联合主办的第七届地理学与中国全球战略高层论坛，学会黄河分会、教育部人文社科重点研究基地河南大学黄河文明与可持续发展研究中心等联合举办的首届黄河（生态）经济带发展战略高层论坛，学会与黄河水利科学研究院等联合主办的黄河流域生态保护和高质量发展高层论坛，学会农业地理与乡村发展专业委员会、中国科学院精准扶贫评估研究中心联合主办的西部地区精准扶贫与乡村振兴论坛，中国科学院学部工作局及中国科学院地理科学与资源研究所共同主办、学会等协办的“中国国情与发展”论坛，以及中国科协、黑龙江省人民政府主办，学会承办的第二十一届中国科协年会区域协调发展论坛。

三是联合举办学术会议。包括学会政治地理与地缘关系专业委员会、世界地理专业委员会和“一带一路”研究分会联合主办的2019年中国地理学会世界政治经济地理大会，学会城市地理专业委员会和文化地理专业委员会联合举办的2019年中国城市地理学术年会、中国地理学会文化地理专业委员会2019年年会。由学会主办的中国地理学会2019年（华东地区）学术年会和中国地理学会2019年（华北地区）学术年会，得到两个大区内部各省级地理学会的支持，促进地方学会之间的交流与合作。

两岸交流 2019年，学会开展3项两岸地理学术交流活动。6月29日—7月3日，学会乡村景观与休闲产业发展研究组与中国科学院地理科学与资源研究所、台湾暨南国际大学等在山西省晋中市联合举办2019（第十七届）海峡两岸休闲产业与乡村旅游发展学术研讨会。会议聚焦休闲农业、都市农业、乡村旅游、休闲产业、城乡统筹以及新农村建设等问题。6月21日，学会自然地理专业委员会与中国科学院地理科学与资源研究所土地科学与生物地理研究室在北京联合举办地理学综合研究学术研讨会暨纪念赵松乔先生诞生100周年活动，台湾“中国文化大学”董事长张镜湖题写“松柏品格，地理大师”。7月，学会邀请台湾地区的地理学者参加在青海省西宁市召开的自然地理学与山区生态文明建设学术研讨会。

国际组织任职 6月，学会作为亚洲地理学会（筹）的依托机构，组织网络选举产生亚洲地理学会（筹）第一届执行委员会，中国科学院院士、地理学家秦大河当选为首届执行委员会主席，张萱子当选为秘书兼司库。

国际交往 3月，学会代表团访问法国地理学会总部，与法国地理学会会长、法兰西学院院士Jean Pitte和干事Silver Rivet会面交流，商量并制订交流计划；6月，学会邀请时任美国地理学家协会（AAG）主席Sheryl Luzzadder-Beach、俄罗斯地理学会（RGO）副会长Petr Baklanov访问黑龙江省哈尔滨市和北京，出席第二十一届中国科协年会科技社团发展与治理论坛等有关论坛，到有关地理机构作学术报告，首次实现中国、美国、俄罗斯三国地理学会领导会面，就开展学会间的进一步合作达成初步共识。8月，学会代表团访问英国皇家地理学会并参加英国皇家地理学会2019年国际年会。10月，应俄罗斯地理学会邀请，学会派出由12人组成的代表团对俄罗斯外高加索地区进行为期10天的考察和交流。11月，来自21个亚洲国家和地区的地理学会主席或专家、学者，以及来自美国、加拿大、英国、西班牙、荷兰、比利时和南非的特邀专家出席2019年中国地理学大会暨中国地理学会成立110周年纪念活动，俄罗斯地理学会第一副主席Nikolay Kasimov和英国皇家地理学会执行主任Joe Smith发来祝贺视频。

学会组织会员出境参加美国地理学家协会（AAG）2019年学术年会、第四十届亚洲遥感会议。

科普活动 2019年，学会科普工作重点是编辑出版杂志《中国国家地理》，并举办20多场中国国家地理大讲堂活动，参加人数超过5000人次；经教育部批准，学会举办第十三届“地球小博士”全国地理科普知识大赛，全国1000多所高中的8万余名师生参加比赛；举办2019“新蚁族·德阳天立杯”地理自然研学冬令营，这是学会首次参与组织大型研学活动；组织中国代表团参加第十六届国际中学生地理奥林匹克竞赛活动；分别在辽宁师范大学等10所高校、科研单位举办10场地理大数据百校传播报告会；在北京举办“最美国度”俄罗斯地理学会最佳摄影作品展；协助中央电视台完成《绿水青山看中国》第三季的编制工作；利用信息技术以数字博物馆的方式向全社会开放《林超地理博物馆（网络版）》，线上网站浏览量约1万人次，开展线下展览活动1场；学会微博和微信公众号关注量约47710人次。2019年全国科普日，学会以“礼赞共和国 智慧新生活”主题，组织进社区开展垃圾分类宣传活动。

学会举办第五届中国高校地理科学展示大赛、第八届全国大学生GIS应用技能大赛、2019年SuperMap杯（超图杯）第十七届全国高校GIS大赛等面向大学生专业技能培养与提高的赛事活动；召开第十七次全国青年地理工作者学术研讨会并围绕相关主题组织青年辩论赛等活动，为青年人才成长搭建平台。

表彰举荐优秀科技工作者 2019年，学会对原有奖励项目进行全面优化整合，设立中国地理学会科学技术奖，作为社会力量奖项已到国家科学技术奖励工作办公室进行备案。学会评选表彰中国地理学会科学技术奖终身成就奖5名、中国地理学会科学技术奖青年科技奖10名。学会表扬124名为学会建设作出突出贡献的会员和国内外友好人士以及7家合作企业。学会推荐（提名）2019年度中国科学院院士候选人5名、中国工程院院士候选人1名，其中1名成为有效候选人；学会推荐中国青年女科学家奖候选人1名，中国青年科技奖候选人2名。

学会创新发展 2019年，学会创建区域国际组织，完成亚洲地理学会（筹）理事会组建和执委会选举工作，并召开第一次执委会会议，实现中国人主导区域国际组织的建设目标。学会打造国际化品牌活动，在北京主办2019年中国地理学大会。

党建强会 学会制定《中国地理学会党委工作规则》，明确党委的职责任务、党委设置和工作关系、工作制度等。全年召开4次党委会会议，审议常务理事会议讨论的重要问题，做到重大问题事项由党委把关；5月2日，学会党委组织党员、专家到浙江省宁波市宁海县大佳何镇开展党建咨询活动；学会党委相关人员先后到甘肃省科协、张家口市下花园区、嘉应学院开展党建或共建活动；学会办事机构党员参加支部组织的各项活动，包括主题教育活动和群团活动等，还与中国科协学会服务中心学术活动组织处联合开展“不忘初心、牢记使命”主题教育和参观学习活动；学会党委参加2019年全国学会星级党组织创建评价工作，推动学会党建工作。

【2019年中国地理学大会暨中国地理学会成立110周年纪念活动】 11月1—3日，2019年中国地理学大会暨中国地理学会成立110周年纪念活动在北京举办，来自中国（包括香港、澳门特别行政区）、日本、韩国等22个亚洲国家和地区以及英国、美国、加拿大、南非、比利时、荷兰等国家的专家、学者近3000人次出席会议。

中国科学院院士、全国人大常委会副委员长、中国科学院副院长丁仲礼，中国科协党组成员、书记处书记宋军出席大会开幕式并讲话。中国科学院院士孙鸿烈、徐冠华等24位院士，国务院参事刘燕华，英国社会科学院院士、香港浸会大学教授Adrian Bailey，以及加拿大皇家科学院院士、加拿大女王大学教授John P. Smol，国际地理联合会前秘书长、南非科学院院士Michael Meadows，美国地理学家协会前执行主任、美国哈佛大学教授Douglas Richardson，国际区域科学学会前会长、英国伦敦政治经济学院教授Andrés Rodríguez-Pose等国内外专家、学者出席大会开幕式。

大会设立特邀报告12个，其中中国科学院院士报告者5人，外国地理学家报告者4人；设立61个分会场进行专题学术交流，交流论文1500余篇，口头发言1300余个。会议提交论文主要分为地理学基础研究、地理学综合研究、学科及理论方法、国家战略研究、社会发展研究和科技专项成果展示六大类，重点聚焦地理学科学问题和国家战略需求。为了推进国际学术交流，大会设立地理学与可持续发展、发展中国家青年学者地理研究与合作、中日地理学比较研究、面向美丽中国建设的健康地理研究和城市健康地理5个国际交流分会场。

大会组织创新体现在四个方面：一是开放组织，

把学术组织交给分支机构和广大科技工作者，即学会分支机构可以申请设立分会场，并鼓励会员自由联名申请设立分会场；二是重点跟踪，邀请部分在研重点（大）科研项目借助大会平台进行交流和总结，分享最新科研成果，提升创新能力；三是国际合作，学会与国际组织、国际研究计划和学术期刊合作，联合设立国际交流分会场；四是内容引领，聚焦理论方法和学科特色的综合集成问题，强化地理学综合性思维特点。

（撰稿人：张国友）

中国地球物理学会

学会建设 2019年，学会新加入会员750人，其中女性会员110人。截至12月31日，学会个人会员21262人，单位会员148家。

学会组织召开学术会议38次，其中计划内会议13次，计划外会议25次，累计参加学术交流人员6791人次。

学会召开常务理事会议3次、秘书长会议4次、全国秘书长联席会议1次、党委专题工作会议2次、学会工作会议1次、理事扩大会议1次。

青年人才托举工程 经答辩、评委打分，同济大学王本锋、中国石油大学（北京）黄炜霖、山东大学空间科学研究院孔祥良、中国地震局地壳应力研究所黄帅入选2018—2020年度中国科协“青年人才托举工程”项目。

主办期刊 2019年，《地球物理学报》和*Earth and Planetary Physics*（EPP，《地球与行星物理》）均获得中国科技期刊卓越行动计划资助。

Applied Geophysics（《应用地球物理》）各项计量指标稳步上升，完成年度出版任务。

2019年地球物理科技期刊集群网络平台建设初见成效，期刊集群网络平台分手机版和电脑版，加盟期刊约40家，进入试运行阶段。期刊集群网络平台计划整合现有期刊，实现平台统一、信息共享、数据积累和大数据分析等各项功能。

国际学术会议 5月19—22日，由学会和国际勘探地球物理学家学会（SEG）联合主办，长安大学承办的重磁电方法及应用国际研讨会（GEM 2019 Xi′an）在陕西省西安市召开。来自14个国家和地区的280余位专家、学者参加会议。

6月26日，由欧洲地质学家与工程师学会（EAGE）主办、学会承办的第11届EAGE巡回讲座在北京举办，来自大专院校、企事业单位的40余名科技工作者参加讲座。讲座主题为“油气、矿产勘探和开发中重力和磁力方法的定量解释”，授课教师为美国科罗拉多矿业学院地球物理系教授李耀国。

11月30日，2019年环境与新能源地球物理国际学术研讨会暨长江讲坛第41讲报告会在湖北省武汉市举办。会议由学会主办，油气资源与勘探技术教育部重点实验室承办。来自南方科技大学、武汉大学、北京大学、浙江大学、中国地质大学（武汉）、长江大学，中国地球物理学会、中国科学院测量与地球物理研究所、中国地质调查局发展研究中心、山西省煤炭地质115勘查院、湖北省地质局地球物理勘查技术研究院和美国KMS公司等国内外高校、科研院所及生产单位的专家、学者和青年学生共300余人，围绕环境与新能源地球物理探测的新技术、新方法，展开研讨和交流。

国内主要学术会议 10月31日—11月2日，2019年度全国检测声学暨第十届全国储层声学与深部钻测技术前沿联合会议在湖北省武汉市召开。会议由中国声学学会和中国地球物理学会联合主办，长江大学、油气资源与勘探技术教育部重点实验室、中国石化江汉油田分公司承办，中国科学院声学研究所、北京市海洋深部钻探测量工程技术研究中心协办。来自中国、美国、法国、新加坡、阿根廷、意大利、澳大利亚和墨西哥8个国家的40余所大学和研究院所，以及20余家企业的220余位专家、学者参加会议，137位专家、学者作报告，共收到140篇会议论文摘要。

科普活动 学会已组建科学传播专家团队8支。2019年，各团队共开展科普讲座80余场，累计受众1万余人次。

学会创建的“地球科学探秘”和“上天入地”两个科普微信公众号推送科普图文40余篇，内容涵盖海洋、地震、地球物理等社会热点，累计阅读量10万余次。

在移动端科普融合创作与传播工作中，由学会组织创作并于2019年首发的《20年首次3级！时隔一周北京又地震了——是巧合吗？》《谈谈四川宜宾长宁的地震》两篇文章，阅读量达10万人次，并在今日头条、网易新闻等新媒体平台上转发。《地震遗迹——记录地震灾害的伤痕》在杂志《知识就是力量》以及微信公众号“地震三点通”、一点资讯平台发布，同时还在其他媒体和公众号上以《细数那些地震给地球带来的伤痕》为题进行发布和转载。

世界地球日活动周期间，学会联合中国地质调查局航空物探遥感中心、中国地质大学（北京）博物馆和实物地质资料中心等科普基地，围绕2019年世界地球日主题“珍爱美丽地球，守护自然资源”，开展校园宣讲、科普展览、科普文章撰写、小学生地球科学科普知识竞赛、中学生科普演讲大赛等主题宣传活动。

全国防灾减灾日期间，学会围绕“提高灾害防治能力，构筑生命安全防线”宣传主题，通过“上天入地”科普微信公众号，向公众推荐《防震减灾大家唱——云南防震减灾科普民歌》专辑，该专辑由地震专家和云南省词曲作家联合创作。

2019年全国科普日活动周期间，学会科普工作委员会副秘书长吴海成分别前往首都图书馆、首都科学讲堂、自然资源部老干部活动中心，作题为《礼赞共和国 智慧新生活——自然资源探查70年纵横谈》《新中国成立70年——科技创新地质找矿立功的故事》的科普讲座，讲述地球物理、地球化学、遥感等技术在探查自然资源、保护地球的生态环境、灾害预测和防治等领域发挥的重要作用。

8月23—25日，由学会和教育部高等学校地球物理学类专业教学指导委员会联合主办的第五届“创新杯”全国大学生地球物理知识竞赛在湖北省武汉市举办。参赛院校30所，共68支队伍，其中重磁电勘探组队伍26支，地震测井勘探组队伍23支，固体地球物理组队伍19支。

9月19日，地球与行星科学首席科学传播专家杨志根在上海中学国际部作题为《从托勒密的地心说到首次“看见”黑洞——人类认识宇宙的历程》的科学讲座。该校师生近300人听取讲座。

2019年，学会按照中国科协科普工作部署，以地球科学知识、保护环境、培养减灾意识为重点，在线上和线下开展科普活动，受众约8000人次。

表彰举荐优秀科技工作者 学会组织开展中国科学院院士、中国工程院院士推选工作，以及第十六届中国青年科技奖、中国地球物理科学技术奖、中国地球物理学会地球物理工程奖、顾功叙地球物理科技发展奖等奖项的评选工作。

2019年，学会向中国科协推荐中国工程院院士候选人1人、中国科学院院士候选人4人，其中1人入选。

学会推荐中国科学技术大学教授姚华建和毛竹为第十六届中国青年科技奖候选人。

学会开展中国地球物理科学技术奖评选工作，13个项目获奖，其中“高密度宽方位资料的叠前五维解释技术研发与应用”等3个项目获得一等奖，“复杂油气藏波动方程速度建模与地震成像软件系统”等8个项目获得二等奖，“三维RVSP技术研发与应用”等2个项目获得三等奖。中国石油大学（华东）印兴耀获得科技创新一等奖。

学会开展中国地球物理学会地球物理工程奖评选工作，共8个项目获奖，其中“沁水煤田海陆过渡相深部煤层气页岩气地震关键技术及应用”等2个项目获得金奖，“‘犁式’斜缆地震资料采集”等5个项目获得银奖，“东五盘区复杂地质条件下综合探测技术研究”获得铜奖。

中国地震局地球物理研究所研究员陈运泰荣获2019年顾功叙地球物理科技发展奖。中国地质大学（北京）郭良辉、中国科学院地质与地球物理研究所蔡书慧、南方科技大学韩鹏、中国石油大学（华东）韩同城、武汉大学黄狮勇、中国地震局地质研究所韦伟、南昌大学周猛、东北石油大学石颖和北京大学张勇9名会员获得2019年傅承义青年科技奖。根据《刘光鼎地球物理青年科学技术奖评选办法》，黄炜霖、任恒鑫、王林松、于有强、张固澜5名青年学者获得第十届刘光鼎地球物理青年科学技术奖。

学会评选出2019年度杰出博士学位论文2篇，优秀博士学位论文7篇。

根据期刊检索系统对《地球物理学报》《应用地球物理》论文引用率查询统计的结果，4篇论文荣获2019年陈宗器地球物理优秀论文奖，分别是：《我国煤炭需求、探查潜力与高效利用分析》（滕吉文等），《九寨沟地震发震断层属性及青藏高原东南缘现今应变状态讨论》（徐锡伟等），《2017年8月8日九寨沟M7.0地震及余震震源机制解与发震构造分析》（易桂喜等），《基于矢量有限元法的三维张量CSAMT正演模拟》（胡英才等）。

学会创新发展 2019年，学会新建安徽省勘查技术院院士专家工作站、东方地球物理公司院士专家工作站、山东正元地球物理信息技术有限公司院士专家工作站山东烟台鑫泰黄金矿业有限责任公司分站、中铁二院工程集团有限责任公司院士专家工作站、西北有色地质矿业集团有限公司院士专家工作站西藏珠峰资源股份有限公司分站、中国地球物理学会科技推广试点单位江苏省地质勘查技术院、学会科技推广试点单位陕西地矿物化探队有限公司院士专家工作站7家院士工作站/科技推广试点单位。

党建强会 7月2日，学会秘书处临时党支部参加中国科协科技社团党委组织的庆祝中国共产党建党98周年纪念活动。

学会党员来到北京门头沟区，重温入党誓词，参观京西山区中共第一党支部纪念馆、中共早期党员崔显芳烈士纪念馆及其故居，通过讲解员的讲解和现场参观，共同回顾20世纪30年代以来京西山区中共第一个党支部的诞生过程以及当地党员带领村民为革命事业作出的伟大贡献。

在中国科协科技社团党委举办的“庆祝建党98周年唱红歌”活动上，由学会秘书处、分支机构党支部和会员单位相关同志组成11人的中国地球物理合唱队，演唱《没有共产党就没有新中国》和《社会主义好》两首歌曲。

会员服务 2019年，学会为会员单位评定高级职称4人，副高级职称5人，中级职称19人。截至12月底，学会共为会员单位评审人才177人。

由学会主办的2019年中国注册地球物理工程师考试及考核答辩于11月20—21日在北京举办。经评审专家评议、打分，最终47人通过，通过率为95.9%。

【2019年中国地球科学联合学术年会暨中国地球物理学会第35届学术年会】 10月27—30日，由学会与中国地震学会、全国岩石学与地球动力学研讨会组委会、中国地质学会构造地质学与地球动力学专业委员会、中国地质学会区域地质与成矿专业委员会、国家自然科学基金委员会地球科学部共同联合发起，学会承办，中国科学院国家空间科学中心协办的2019年中国地球科学联合学术年会暨中国地球物理学会第35届学术年会在北京召开。年会设有88个专题，收到论文1851篇。会议设1个主会场、23个分会场，安排口头报告1432余篇、大会邀请报告6篇，张贴报告439余篇，参加会议的专家、学者约2100人。中国地球物理学会第35届学术年会举办地球物理前沿进展讲座，安排邀请报告3篇。

【重磁电方法及应用国际研讨会（GEM 2019 Xi′an）】 5月19—22日，由学会和国际勘探地球物理学家学会（SEG）联合主办、长安大学承办的重磁电方法及应用国际研讨会（GEM 2019 Xi′an）在陕西省西安市举办，会议内容涉及重磁电方法原理与技术、油气勘探与生产、矿产与地热资源、地下水资源、环境与工程等专题。来自全球14个国家和地区的280余位专家、学者参加会议。共收到稿件180余篇，最终录用并在会议上口头交流、张贴的报告近120篇。

（撰稿人：乔忠梅）

中国矿物岩石地球化学学会

学会建设 2019年，学会新增会员81人，会员总数达7798人，其中终身会员1439人，其余为年度会员和学生会员。学会完善会员系统，制定并完善学会专业委员会管理考评制度。

1月，学会召开第九届理事会第二次（通讯）会议，就学会2018年的工作情况和2019年的活动安排向理事会进行汇报，听取理事对学会工作的意见。

4月19日，学会在浙江省杭州市召开第九届理事会第五次常务理事（扩大）会议。会上听取秘书长关于学会1—4月工作情况的汇报，传达中国科协关于《面向建设世界科技强国的中国科协规划纲要》《中国科协2019年度主要工作要点》等文件的精神，确定中国科学技术大学承办中国矿物岩石地球化学学会第18届学术年会，启动《矿物学岩石学地球化学学科发展十年进展》的编撰工作。

12月1日，学会在北京召开第九届理事会第六次常务理事（扩大）会议。学会理事长胡瑞忠主持会议。会议听取学会秘书长冯新斌汇报2019年学会工作，以及监事长李世杰汇报监事会2019年工作情况报告；对《中国矿物岩石地球化学学会中长期发展规划》（征求意见稿）进行讨论；决定设立非金属矿物资源高效利用专业委员。

7月27—28日，学会在贵州省贵阳市召开2019年度秘书长工作会议。会上就《中国矿物岩石地球化学学会中长期发展规划》（征求意见稿）展开讨论；就2019全国科普日活动方案和工作进行讨论部署；就新设非金属矿物资源高效利用专业委员会申请（修改稿）提出修改意见；就《矿物岩石地球化学通报》改版后的情况进行说明；就进一步推动期刊的发展以及学会期刊现状进行讨论。

学会分支机构的组织工作有所进展，新设立的气体地球化学专业委员会完成组建；2019年有11个专业委员会召开工作会议，商讨专业委员会的工作。

青年人才托举工程 2019年，学会继续开展中国科协“青年人才托举工程”项目工作，第二届中国科协“青年人才托举工程”项目结题，第四届中国科协“青年人才托举工程”项目启动。

主办期刊 2019年，学会主办的7种期刊均正常出版，并全部通过有关单位年度核查。7种期刊共发表文章724篇，印刷23640册。《岩石学报》、*Acta Geochimica*（《地球化学学报（英文版）》）、《地球化学》和《古地理学报》召开编委会会议，*Acta Geochimica* 入选中国科技期刊卓越行动计划并获得资助；《岩石学报》被评为2019年度百家杰出优秀期刊。

国际学术会议 2019年，学会及其专业委员会举办国际学术会议4次。

9月17日，学会矿床地球化学专业委员会在贵州省贵阳市主办2019年国际岩浆有关矿床：新方法与进展学术研究会，来自国内外科研院所的80余人参加会议。

9月20—22日，学会岩相古地理专业委员会在北京主办第四届国际古地理学会议暨国际古地理学会筹备会议。共安排23场大会报告、77场分会场报告和104个展板展示，来自15所国外高校和40家国内科研院所的271名专家、学者参加会议。

10月13—18日，由学会岩浆岩专业委员会联合中国科学院地质与地球物理研究所岩石圈演化国家重点实验室、浙江大学地球科学学院等举办的第九届Hutton国际花岗岩学术研讨会在江苏省南京市召开，60余位国际专家、学者及200余位国内专家、学者参加会议。

10月19—22日，由中国科学院地球化学研究所矿床地球化学国家重点实验室主办，学会和美国经济地质学家协会联合承办的2019年低温成矿作用国际学术研讨会在贵州省贵阳市召开。会议邀请31位来自国内外的专家，250余位来自国内外高校和科研院所的学者参加研讨会。

国内主要学术会议 2019年，学会及其专业委员会举办国内学术会议6次、主题论坛2次，在相关会议中组织专题研讨8次。

4月20—22日，中国矿物岩石地球化学学会第17届学术年会在浙江省杭州市召开，来自高校、科研院所和生产单位的近2000名专家、学者出席会议。年会共设专题29个，分会场63场次，交流学术报告约705个、展报134个。

4月23—28日，学会变质岩专业委员会在江西省南昌市主办2019年变质岩学术研讨会暨第九届变质岩专业委员会2019年会，来自全国24所大学和科研单位的180余名专家、学者和学生参加研讨会。

4月26—28日，学会大数据与数学地球科学专业委员会在广东省广州市主办第三届全国大数据与数学地球科学学术研讨会。来自40余所高校的专家、学者共200余人参加研讨会。大会共安排学术报告50余个。

8月12—15日，学会环境地质地球化学专业委员会在贵州省贵阳市召开第八届国际医学地质会议，来自中外23个国家（地区）约80所高校及科研院所的300多位专家、学者参加会议。

9月9—11日，学会气体地球化学专业委员会在甘肃省兰州市主办第二届全国气体同位素技术与地球科学应用研讨会，来自10多个国家和地区的近600名专家、学者参加会议，大会共设置专题15个，征集学术报告176个（其中大会报告31个，特邀或主题报告51个）、会议论文100篇。

12月13—16日，学会矿床地球化学专业委员会与中国地质学会矿床地质专业委员会等联合在江苏省南京市举办第九届全国成矿理论与找矿方法学术讨论会，近千人参加会议。

科普活动 2019年，学会、学会科普工作委员会以及各理事单位、分支机构开展形式多样的科普活动。先后组织科普讲座、培训班20余场，受众人数5000余人次。

5月18日，学会与支撑单位中国科学院地球化学研究所共同举办主题为“走进地球化学，了解奥秘宇宙”的中国科学院第十五届公众科学日活动，来自省内各大高校、重点中小学校及科研院所的师生、职工以及市民千余人次参观。

9月13—27日，学会六家理事单位联合举办主题为“我们身边的地学”全国科普日活动，分别由南京大学地球科学与工程学院、中国科学院广州地球化学研究所、广东省矿物岩石地球化学学会、中国科学院地质与地球物理研究所、中国石油大学（北京）、学会岩相古地理专业委员会、中国地质大学（武汉）和中国科学院地球化学研究所承办。近百名志愿者参与活动，受众千余人次。

10月30日，学会联合支撑单位中国科学院地球化学研究所举办主题为“科技报国七十载 创新支撑强国梦”的中国科学院第二届科学节活动，邀请中国科学院国家授时中心研究员董瑞芳和中国科学院广州地球化学研究所研究员王强分别作2场科普报告，受众300余人次。

表彰举荐优秀科技工作者 学会参加中国科协2019年度院士候选人的推选工作，于2月16日召开推选专家委员会会议，遴选推荐5名人选，其中1人通过中国科协的评审；学会向中国科协推荐第16届中国青年科技奖、第16届中国青年女科学家奖、2019年度未来女科学家计划候选人。在中国矿物岩石地球化学学会第17届学术年会开幕式上，举办第17届侯德封矿物岩石地球化学青年科学家奖的颁奖仪式。

党建强会 学会不断完善党委的工作机制和工作制度，定期召开党委工作会议，前置审议学会“三重一大”事项，加强党建工作对学会工作的引导监督。

学会党委及秘书处党支部按计划开展党建活动，全年不定期安排人员参加各项党建主题宣读培训活动，开展“不忘初心、牢记使命”主题教育活动。7月，学会召开秘书长会议期间，结合“不忘初心、牢记使命”主题教育活动，组织秘书长及秘书处的党员参观位于贵州省黔南布依族苗族自治州平塘县的南仁东先进事迹馆。9月20—24日学会秘书处党支部在陕西省延安市开展“学习延安精神，牢记初心使命”现场教育活动。

11月30日，学会第九届理事会第四次党委会议在北京召开。学会党委书记冯新斌，党委副书记何宏平，党委委员翟明国、胡瑞忠、邓军、郑建平、胡素云出席会议。冯新斌主持会议，组织党员学习十九届四中全会精神以及《中国科协“不忘初心、牢记使命”主题教育领导小组文件》。

会员服务 学会使用会员管理系统，对个人会员资料进行整理，及时更新会员的联系方式；每两月一次将会刊《矿物岩石地球化学通报》寄送给会员；建立官方微信公众号，通过微信公众号和现有的网站即时发布学会最新信息。

学会针对会员开展人才奖励推荐活动，丰富学会服务会员内容，增强会员学术活跃度。

【中国矿物岩石地球化学学会第17届学术年会】 4月19—22日，由学会主办、浙江大学地球科学学院和中国科学院地球化学研究所联合承办的中国矿物岩石地球化学学会第17届学术年会在浙江省杭州市召开。来自国内高校、科研院所和生产单位的1800余名专家、学者出席会议，其中包括中国科学院院士、学会名誉理事长刘丛强，学会理事长胡瑞忠、秘书长冯新斌，中国科学院院士陈骏、侯增谦、金振民、贾承造、李曙光、吴福元、徐义刚、杨经绥、杨文采、杨树锋、翟明国、郑永飞、张宏福、邹才能，中国工程院院士吴丰昌，广东省矿物物理与材料研究开发重点实验室研究员何宏平，教授级高级工程师胡素云，国家自然科学基金委员会地球科学部研究员熊巨华，中国地质大学（武汉）教授郑建平等。浙江大学副校长王立忠应邀出席开幕式。

开幕式上举办第17届侯德封矿物岩石地球化学青年科学家奖的颁奖仪式。侯德封矿物岩石地球化学青年科学家奖评选委员会主任委员刘丛强宣读表彰决议，学会负责人为获奖的年轻科学家颁奖，南京大学教授李高军代表全体获奖者发言。

大会特邀6位专家作大会学术报告，围绕学科前沿和热点，设立29个专题分会场。会议期间共进行63场次的专题交流，共交流学术报告705个、展报134个。

4月21日，学会和日本地球化学学会联合举办第四届中－日地球化学和天体化学论坛，旨在促进双边科学家交流与合作。中国、日本两国的16位科学家作学术报告。

【中国矿物岩石地球化学学会第九届理事会第六次常务理事（扩大）会议】 12月1日，中国矿物岩石地球化学学会第九届理事会第六次常务理事（扩大）会议在北京召开。参加会议的有名誉理事长欧阳自远，理事长胡瑞忠，副理事长郑永飞、陈骏、邓军、何宏平、郑建平和胡素云，秘书长冯新斌，监事长李世杰，副监事长徐义刚，常务理事毛景文、李献华等，以及北京地区部分理事、监事、专业委员会主任委员、学会副秘书长、省级学会负责人等60余人。

会议由胡瑞忠主持。冯新斌作2019年理事会工作报告，汇报2019年的工作进展，指出存在的问题，提出2020年的工作计划。李世杰作监事会工作报告，代表监事会肯定理事会2019年的工作，财务管理规范，并就具体问题提出意见和建议。郑永飞作为学会学术工作委员会主任通报撰写《2011—2020十年矿物学岩石学地球化学研究进展与展望》文稿工作的有关情况，并对截稿日期和撰写质量提出具体要求。

会议听取并讨论董发勤代表学会非金属矿物资源高效利用专业委员会申请人作的汇报，以无记名投票表决方式通过在学会设立该分支机构的申请。此外，会议还讨论《中国矿物岩石地球化学学会中长期发展规划》（征求意见稿），听取秘书处副处长郭盛关于学会信息平台建设进展工作汇报。

最后，会议就学会青年人才推选、分支机构年度考评以及学术会议期间开展优秀学生论文评奖活动等事宜进行讨论并形成有关决议。

（撰稿人：郭　盛）

中国古生物学会

服务创新型国家和社会建设　2019年，学会按照《国务院扶贫开发领导小组关于广泛引导和动员社会组织参与脱贫攻坚的通知》中对全国性社会团体“发挥全国性和省级社会组织示范带头作用”的要求，继续对广西壮族自治区桂林市龙胜各族自治县实验中学开展科技助力精准扶贫工作，学会与校方发挥自身优势，帮助学校解决最直接、最现实、最迫切的问题，在提供智力支持、实施科技科普帮扶、协助科学决策等方面有所创新。

根据学会2018—2020年脱贫攻坚工作规划，在2020年年底前，学会分三期以资助科技科普助力经费、捐赠科普图书、开展科普讲座的方式向龙胜各族自治县实验中学提供帮助，经费使用围绕“以科普教育扶贫为主题、以扶智为主线、以励志为目标”工作定位，使用情况将向社会公布，接受社会各界监督。

学会建设　2019年，为庆祝中国古生物学会成立90周年，学会举办一系列活动，主要包括11月18—19日在北京中国科技会堂举办的第一届亚洲古生物学大会；发布纪念中国古生物学会成立90周年的系列图书:《中国古生物学会90年》《中国古生物学会全国科普基地概览》《却顾所来径：中国古生物学家的化石人生》，3本图书均由中国科学技术大学出版社出版，以此记录学会的历史和发展现状，以及科学普及等方面取得的新进展；向张弥曼、汪品先、殷鸿福、周志炎、吴新智、郑守仪、陈旭、邱占祥8位年逾80周岁的中国科学院院士授予中国古生物学会终身成就荣誉及荣誉证书；特邀国际专家作学术报告、书刊展览展示等系列活动。

1月19—20日，中国古生物学会第十二届理事会第二次会议在广西壮族自治区桂林市召开。包括学会理事长詹仁斌在内的58位理事会人员参加会议，学会副秘书长，学会财务、秘书处及办公室人员等列席会议。学会功能型党委书记朱怀诚在会上作党委换届的说明，按照《关于同意中国古生物学会成立党委及组成人选的批复》（科协社团党发〔2016〕18号）中关于委员任期与学会理事会任期同步的要求，学会新一届党委组成如下：詹仁斌为书记候选人，姚建新为副书记候选人，邓涛、白志强、王永栋为委员。会议还讨论纪念中国古生物学会成立90周年系列活动的内容和筹备成立亚洲古生物协会等事宜。

1月19日，中国古生物学会第一届监事会第二次监事会议在广西壮族自治区桂林市召开。学会监事长杨群，副监事长孙革、季强、刘鹏举、谢树成、孙元林、张翼、吴德明参加会议，共同学习《中国古生物学会章程》中关于监事会的职权和人员设置以及行使职责等相关方面的内容。

12月23日，中国古生物学会第十二届理事会第三次常务理事会议和中国古生物学会第一届监事会第三次监事会议在江苏省南京市召开。会议听取学会秘书长蔡华伟关于2019年度工作总结以及2020年工作计划的汇报，同时讨论并通过设立中国古生物学会科技奖有关情况的报告，并对新成立的亚洲古生物协会的工作给予肯定；听取学会新任副理事长姚建新关于2019年学会党建工作的汇报。

主办期刊　学会期刊《古生物学报》是中国古生物学和地层学领域的权威专业期刊，2019年出版4期共58卷，发表论文47篇。

6月,《古生物学报》成立新一届编委会。中国科学院院士戎嘉余担任新一届编委会名誉主编，学会副理事长王永栋担任主编，来自不同单位的25名学科带头人和中青年学术骨干担任编委，另有德国、英国、法国、日本、罗马尼亚和挪威等国家的7名古生物学专家担任海外编委。

《古生物学报》以第58卷第3期作为庆祝中国古生物学会成立90周年专辑出版。该专辑除刊发青藏高原地层古生物学进展11篇外，还专门刊发学会90周年庆相关文章3篇。

《古生物学报》编辑部更新学报官网网页以及在线采编系统，优化邮件模板、增加审稿环节、改良审稿单，降低审稿系统给新用户带来的操作难度，推动《古生物学报》选稿、审稿过程更加便捷和数字化，同时更加严格与专业。

学科发展工程　3月7日，学会在江苏省南京市发布2018年度中国古生物学十大进展的评选结果。新华社、《科技日报》、《新华日报》、江苏广播电视总台、江苏教育频道、《现代快报》、《南京日报》、《江苏科技报》等近十家中央和省市新闻媒体参加发布活动。

2018年度中国古生物学十大进展的成果，集中反映最近一年中国在古生物学各个分支领域所取得的创新研究成果。内容涉及古脊椎动物（古龟类、早期哺乳类、古鸟类、带羽毛的恐龙）、古人类、古生态与古环境、早期生命、地层学等多个学科领域，由中国科学院古脊椎动物与古人类研究所、中国科学院南京地质古生物研究所、云南大学、沈阳师范大学、中国地质大学（武汉）、北京大学、贵州大学等科研院所和高校领衔完成。

国际学术会议 8月18—21日，学会与沈阳师范大学自然资源部东北亚古生物演化重点实验室和吉林大学东北亚生物演化与环境教育部重点实验室，在黑龙江省伊春市嘉荫县联合主办黑龙江嘉荫白垩纪生物群及K-Pg界线国际学术研讨会暨第二届嘉荫化石保护论坛。来自美国、英国、德国、法国、俄罗斯、比利时、罗马、日本、朝鲜、韩国、蒙古、泰国、印度、吉尔吉斯、巴西及中国16个国家的180名专家、学者出席会议，巴基斯坦专家提交论文。研讨会设15个大会主题报告、10个大会报告以及15个墙报展出，收到论文50篇并发表论文摘要集1册。大会突出特点是将科研成果转化为科学普及，为地方文化旅游资源和经济发展服务，包括促进国家级地方的化石保护等工作。

11月18日，由学会主办的第一届亚洲古生物学大会在北京召开，丹麦、瑞典、俄罗斯、蒙古等国家科学院院士，国际古生物学会主席Sylvie Crasquin，国际地层委员会主席、丹麦皇家科学院院士David Harper，瑞典皇家科学院院士、中国科学院外籍院士、国际古生物学协会前副主席Else Marie Friis，以及来自日本、罗马尼亚、俄罗斯、韩国、黎巴嫩等18个国家的70余位专家、学者参加大会。会议期间，来自亚洲10余个国家的古生物学会专家、学者就正式成立亚洲古生物协会召开第一次工作会议，决定将该协会总部落户在中国江苏省南京市。

国内主要学术会议 9月20—23日，由学会古无脊椎动物学分会与陕西省科协联合主办的中国古生物学会古无脊椎动物学分会第二届学术年会在陕西省西安市召开，来自中国科学院南京地质古生物研究所、中国地质大学（北京）、中国地质大学（武汉）、南京大学、贵州大学、首都师范大学、中国科学院地质与地球物理研究所、中国地质科学院、云南大学、长安大学等21家科研院所的150余名学者和学生参加会议。大会设学术报告57个，包括特邀报告1个、大会报告6个、主题报告8个。报告内容主要涉及地球生命起源与早期演化，古生代动物群及重要演化事件，中生代海、陆相无脊椎动物群落及其地层学、埋藏学，新技术和新方法在地质、古生物领域的应用，沉积学、旋回地层与地质年代学，古生物科普等多个方面。

10月11—13日，学会孢粉学分会在四川省绵阳市召开中国古生物学会孢粉学分会第十届第二次学术年会，来自全国64家单位的202位专家、学者参加会议。会议共收到论文摘要129篇、学术报告115个（其中口头89个、展板26个）。会议内容除传统的地层孢粉、第四纪植被和环境、考古、表土花粉与植被重建、孢粉形态、植硅体等领域之外，还涉及花粉营养、DNA、昆虫与传粉关系等领域。

国际交往 6月20—24日，应日本古生物学会原理事长、国立科学博物馆主任真锅真（Makoto Manabe）的邀请，学会副理事长王永栋、秘书长蔡华伟和科普工作委员会秘书长李国祥三人出访日本，参加在日本静冈大学举办的2019年日本全国古生物学大会。

王永栋、蔡华伟和李国祥三位专家出席大会并应邀分别作关于陆地植被、海洋无脊椎和早期生命的学术报告。蔡华伟代表学会在日本古生物学会全体大会和晚宴上分别致辞。

会议期间，王永栋、蔡华伟与真锅真等日本古生物学会负责人和专家，在日本静冈大学召开两次专题工作研讨会，讨论即将组建的亚洲古生物协会（APA）事项，在中国召开第一届亚洲古生物学大会的会议日程、学术主题，以及日本派员参加中国古生物学会成立90周年纪念大会、开展中日联合野外实习、日本学者来中国开展系列讲座、联合举办中日双方古生物学展览等事项，并达成多项共识。

此次出访，是学会首次应邀参加日本古生物学会的全国学术年会，日本古生物学会也表示将参与APA事项，派出30人的代表团出席11月在北京召开的第一届亚洲古生物学大会暨中国古生物学会成立90周年纪念活动。

科普活动 10月11—13日，由学会、四川省地质矿产勘查开发局、崇州市人民政府联合主办，学会科普工作委员会、四川省地质调查院、四川崇州天演博物馆承办的2019年纪念国际化石日主题活动“天演沙龙”暨第三届化石保护与科普文化发展研讨会在四川省成都市崇州市举办，来自全国各地古生物领域的200多位专家、学者、爱好者共同研讨化石保护相关议题。活动内容包括开幕式、天演化石保护研究中心落成典礼、院士专家进校园、崇州科普行、沙龙报告5个单元。开幕式上，四川崇州天演博物馆分别与四川省地质调查院、南京古生物博物馆、重庆自然博物馆、自贡恐龙博物馆、宁夏地质博物馆、延吉市古生物化石研究保护中心签订战略合作协议，共同助推化石保护与古生物科普文化发展。中国地质大学（北京）副校长王训练以《地球系统科学时代的高分辨综合地层学》为题作大会特邀报告。

12月26日，学会秘书长蔡华伟一行6人赴广西壮族自治区桂林市龙胜各族自治县实验中学开展第一期科技助力精准扶贫总结和第二期启动工作，并举办捐助助力资金和科普图书捐赠仪式。中国古动物馆副研究馆员葛旭以“90载化石传奇”为主题向学生作“化石证据”的科普讲座，介绍许氏禄丰龙、先驱杨氏鱼、原始热河鸟和西藏披毛犀等在世界古生物研究中对地球上亿万年来演化和人类起源具有重要证据意义的古生物化石。

表彰举荐优秀科技工作者 2019年，学会分别开展中国科学院院士、中国工程院院士、第十六届中国青年科技奖、第十六届中国青年女科学家奖和2019年度未来女科学家计划候选人推荐工作。其中，中国科学院南京地质古生物研究所研究员朱茂炎和中国科学院古脊椎动物与古人类研究所研究员徐星被推荐为中国科学院院士和中国工程院院士候选人人选；中国科学院南京地质古生物研究所研究员王博和中国科学院古脊椎动物与古人类研究所研究员王敏被推荐为第十六届中国青年科技奖候选人人选。

党建强会 8月15日，结合“不忘初心、牢记使命”主题教育，中国科协召开党建工作会议，学会副理事长、党委委员王永栋代表学会参加设在江苏省科协的视频分会场会议，听取全国学会和地方科协的党建交流报告，并与部分在江苏省的全国科协学会负责人、江苏省科协负责人等进行工作交流。

【中国古生物学会科普工作委员会第六次全体委员会议】 4月9—10日，中国古生物学会科普工作委员会第六次全体委员会议在安徽省合肥市召开。来自国内高等院校、科研机构、地质和古生物博物馆、出版文创、古生物全国科普教育基地等单位的60余人参加会议。

会议进行学会科普工作委员会的换届工作，选举产生由33名成员组成的第二届学会科普工作委员会，并召开首次全体会议。会议决定授予孙革科普工作委员会名誉主任称号并颁发证书。新任科普工作委员会主任王永栋对委员会下一步工作提出要求。他表示，要用创新的思维和发展的眼光，来谋划和推动古生物科普工作发展，整合“互联网＋智能技术”、文创产品研发、联合办展、技术培训、出版科普图书和国际化石日等活动，搭建运行良好、工作高效、务实合作、对外开放的科普工作新平台，加强全国科学科普基地的建设。

（撰稿人：唐玉刚）

中国海洋湖沼学会

服务创新型国家和社会建设 2019年，学会先后在6月、9月受自然资源部第一海洋研究所委托，7月受青岛海洋地质研究所委托开展成果水平鉴定工作，进一步推动承接政府转移职能工作的常态化开展，为打造社会化公共服务品牌奠定基础。

学会建设 2019年，学会召开两次常务理事会议和两次分支机构秘书长会议；3个分支机构完成换届工作；学会参加创建全国学会星级党组织工作，被评为中国科协所属全国学会优秀星级党组织。

主办期刊 学会主办*Journal of Oceanology and Limnology*（《海洋湖沼学报（英文版）》）、《海洋与湖沼》、《水生生物学报》、《湖泊科学》、《海洋科学》5种科技期刊。*Journal of Oceanology and Limnology*、《海洋与湖沼》在2019年先后完成编委会换届工作，被评为2019中国国际影响力优秀学术期刊，入选庆祝中华人民共和国成立70周年精品期刊展。《湖泊科学》获得“中国百种杰出学术期刊”称号。《水生生物学报》入选中国精品科技期刊，并继续被收录为中国科技核心期刊。

国际学术会议 8月27—28日，由中国科协国际部指导，学会与中国国际科技交流中心、韩中科学技术合作中心、山东省科协、中韩海洋科学共同研究中心等单位联合主办的以“海洋与海洋观测技术”为主题的2019中韩海洋可持续发展论坛在山东省青岛市召开。来自中国、韩国的150余名科研工作者、研究生和海洋装备技术产业的专家、学者参加论坛。来自中国、韩国的11位海洋科研领域和海洋装备制造业的专家作主题报告，并进行交流。

国内主要学术会议 2019年，学会及其分支机构共举办7次国内学术会议，共有1955人次参加，交流论文981篇。

5月23—24日，由学会主办的以“全球变化下的海洋与湖沼——大数据与海洋科技创新”为主题的中国海洋湖沼学会2019年青年科技论坛在四川省成都市召开，来自全国35家科研院所、高等院校和企业的102名专家和青年科技工作者参加论坛。论坛共邀请19个单位的27位学者作特邀报告，5位青年学者作自由报告。会上交流论文76篇。

10月10日，由山东省青岛市科协和学会联合主办的以“生态环境、生物资源、效果评估”为主题的世界海洋科技大会分会场——“基于生态系统的现代化海洋牧场建设”学术交流会在山东省青岛市召开。来自全国30余家政府相关部门、科研院所、高等院校，以及海洋牧场相关企业和海洋智能产业等单位的150余名领导、专家、学者和企业负责人参加会议。论坛共邀请13位学者作大会特邀报告。会上交流报告45篇。

11月8—10日，由学会和学会甲壳动物学分会主办的中国海洋湖沼学会甲壳动物学分会第七次会员代表大会暨第十五次学术讨论会在海南省海口市召开。来自70余家单位和企业的350余位从事甲壳动物学研究的专家、学者、研究生和企业人员出席大会。会议选举产生学会甲壳动物学分会第七届理事会，学术讨论会以“创新、发展、生态”为主题，130余位甲壳动物学科技工作者和研究生分别围绕甲壳动物分类学与生物多样性、生态与环境毒理学、遗传学与种质改良、免疫学与病害防治、生理学与分子生物学、水产养殖与营养调控等方面进行学术研讨。会上共交流报告97篇。

11月18—20日，由中国动物学会、学会和学会贝类学分会主办的中国海洋湖沼学会贝类学分会理事换届大会暨第十九次学术讨论会在广西壮族自治区南宁市召开。来自全国各高校、科研院所、科普机构和企业等70多个单位的323名专家、学者参加会议。会议选举产生学会贝类学分会第十一届委员会，举办第一届张福绥贝类学奖青年创新奖颁奖仪式。学术讨论会共收到会议论文162篇，安排口头报告83人次，会上作特邀报告1个、大会报告4个、专题报告78个，展示墙报43个。与会专家、学者围绕“贝类与绿色发展”主题进行交流。

7月18—19日，由学会海洋底栖生物学分会主办、自然资源部第三海洋研究所承办、厦门大学协办的第二届底栖生物学学术研讨会在福建省厦门市召开。来自全国各地高校、科研院所和企业的68家单位近200位专家、学者围绕“底栖生态学机遇和挑战”主题展开研讨。会议期间共收到论文107篇，10位专家、学者作大会报告，56位在分会场作报告，15位作墙报展示。

9月19—21日，由学会海岸河口分会主办的大河三角洲与大湾区学术研讨会在江苏省南京市召开。来自国内外50余家涉海研究机构的350余名专家、学者参加会议，会上交流130个口头报告和30余个展板。

11月22—24日，中国海洋湖沼学会藻类学分会第十届会员代表大会暨第二十次学术讨论会在山东省青岛市召开。来自全国各地110家单位700余位从事藻类学研究的专家、学者和研究生出席大会。会议选举产生学会藻类学分会第十届理事会，学术讨论会共收到论文报告195篇，海报107篇。150位藻类学工作者和研究生分别在藻类（海、淡水）良种与养殖技术、藻类多样性与系统进化、藻类与环境（包括灾害、生态治理等）、藻类天然产物和应用、藻类生理生化、藻类组学、分子生物学与生物技术研究、衣藻分子与细胞生物学专场、蓝藻生理与分子生物学专场及微藻产业发展论坛9个分会场进行研讨。

国际交往 3月23—30日，中国工程院院士、学会海洋腐蚀与污损专业委员会名誉理事长侯保荣携代表团赴美国田纳西州纳什维尔参加由NACE International（美国腐蚀工程师协会国际）主办的NACE 2019年国际腐蚀大会（CORROSION 2019），并与NACE高层进行会谈，议题主要集中在双方合作举办国际会议、出版书籍、制定国际专利及标准等方面。

4月22—26日，学会海洋遥感专业委员会委员丁静携代表团赴韩国釜山参加2019年国际海洋水色科学会议（International Ocean Colour Science Meeting，IOCS）。代表团成员向各位同行专家介绍中国于2018年9月发射的海洋一号C卫星的基本情况和在轨数据测试初步成果，并展开技术讨论。

7月28日—8月2日，学会海洋遥感专业委员会组团赴日本横滨参加由国际电子与电气工程师协会地球科学与遥感学会（IEEE GRSS）主办的2019年IEEE

国际地球科学与遥感大会（International Geoscience and Remote Sensing Symposium 2019，IGARSS 2019）。代表团围绕海岸带成像仪的应用、卫星散射计反演和数据评估、扫描辐射计和校正辐射计的数据处理和应用、SAR 数据处理等方面，向与会专家、学者介绍中国目前开展的工作，并与业内专家开展交流。此外，还完成海面风和流分会场的组织工作。

7 月 28 日—8 月 2 日，学会海洋遥感专业委员会组团赴新加坡参加亚洲大洋洲地球科学学会（AOGS）第 16 届年会。会上就人工智能、神经网络等技术在卫星遥感海洋信息提取中的应用，智慧海洋的初步构想等议题开展交流和学习。会议邀请学会海洋遥感专业委员会秘书长邹斌作为人工智能海洋学（Artificial Intelligence Oceanography）分会场召集人和主持人。

科普活动 6 月 21 日，学会走进中国石油大学（华东）附属中学小学部开展海洋科普进校园活动，150 余名四年级学生参加活动。学会科普专家团队高级工程师王永强和郑萌为学生们作海洋科普讲座，分别以《极地生灵——南、北极海洋生物调查》《看不见的小生命，也会和金属“生锈”搭上界》为题，带领学生认识微生物与金属腐蚀的现象、金属腐蚀的化学反应和基本原理，探索应该如何预防金属的腐蚀。海洋科普讲座后，举办海洋湖沼科普知识有奖问答活动。工作人员从“海洋湖沼科普知识库”中选取 50 道适合四年级学生的问答题，通过有奖竞答形式进行互动。

4 月 21 日，学会与青岛海洋科学与技术试点国家实验室联合举办“问海讲堂进校园”暨青岛市市南区“以海育人”海洋研学实践活动。邀请学会甲壳动物学分会理事刘光兴团队成员为参加的小学生作题为《浮游生物：奇幻漂流世界》的科普报告，并带领学生进行科普小实验。270 余名小学生参加现场活动，500 余名学生通过校内转播系统收看活动。

6 月 5 日世界环境日期间，学会科普专家团队高级工程师郑萌到青岛梓园学校开展“爱海护海，逐梦深蓝”主题活动，给学生带来关于海洋环境的科普讲座。郑萌向学生介绍深海环境综合探测研究的系统解决方法、海洋保护，以及深海垃圾处置等相关内容；同时介绍海洋灾害发生的原因、对人类生活的影响，以及应该怎么做等海洋环保知识。

党建强会 2019 年，学会党委定期召开党委会会议，开展党课培训班，党委委员面向广大党员讲党课；参加中国科协举办的党组织负责人培训班和青年党务干部学习培训班；在学会期刊上发表党建实践文章一篇。学会参加创建全国学会星级党组织工作，推动学会党建工作与业务工作融合，明确今后党建工作的重点和方向。在党建宣传方面，通过网站、微信等方式建立起中国科协、科技社团党委和学会之间的党建学习宣传联动机制。学会通过微信公众号连续推送习近平总书记的重要讲话精神、十九大精神专题学习等文件，2019 年度累计推送党建知识等信息 80 余条，总阅读量超过 1 万余次。

会员服务 学会每周向会员发送展示国外同行最新研究进展的情报资料《海洋科学快报》和《海洋科学消息》，发送学会潮汐与海平面专业委员会内部月刊《气候变化与海平面上升研究动态》，定期向会员提供学会《海洋湖沼学报》(英文版)、《海洋与湖沼》、《水生生物学报》、《湖泊科学》、《海洋科学》5 种科技期刊目录。学会为会员提供贝类养殖、浮游生物监测、基准潮位核定、计量认证知识等方面的培训活动 70 余次，3000 多名会员参加。

【2019 年度中国海洋与湖沼十大科技进展评选揭晓】 学会组织评选 2019 年度中国海洋与湖沼十大科技进展项目，评选范围为 2019 年度在国际或国内产生重大影响的海洋湖沼领域的科技成果。经过海洋与湖沼领域相关单位、专家、学者推荐，以投票方式评选出 2019 年度中国海洋与湖沼十大科技成果：我国科学家首次解析海洋硅藻光合膜蛋白结构及其光合机理；改性黏土治理赤潮技术荣获 2019 年度海洋科学领域唯一国家技术发明类奖；对虾全基因组破译及其重要生理过程解析；过去和未来的海洋变暖状况的评估；全球变暖削弱北太平洋年代际振荡可预测性；热带西太平洋暖池热盐结构与变异的关键过程和气候效应；对极端沿岸厄尔尼诺事件机制研究取得重要突破；大型海藻转录组研究；基于栖息地适宜性评价的海洋保护区选划；烷烃降解菌在马里亚纳海沟最深处勃发。

（撰稿人：潘文静）

中国海洋学会

服务创新型国家和社会建设 7 月，学会党委书记陈连增和 2 名委员先后赴海南省琼中黎族苗族自治县与当地县委、县政府对接，听取脱贫攻坚战进展情况，开展实地调研，制定学会参与脱贫攻坚战工作的方案及措施，并围绕此工作方案，深化脱贫攻坚战工作。11月，学会党委组织3名专家为琼中黎族苗族自治县党政干部及部分师生开展海洋科普专家报告。11月21—23日，学会党委4名专家赴海南省三沙市永兴岛作“三沙大学堂”专题报告，赠送科普产品实物，开展爱国教育、国防教学活动，并与市政府共同提供专家咨询服务等工作。

2019年度，学会召开海洋科学技术奖奖励委员会会议、培训会、2019年度海洋科学技术奖项目形式审查会、项目初评会及项目终评评审会各1次，组织7次科技成果评价会。

5月27日，海洋科学技术奖奖励委员会第二届二次会议在北京召开。会议审核确认2018年度获奖项目，其中一等奖10项、二等奖28项，海洋优秀科技图书17项。

6月10—12日，学会在广东省深圳市举办2019年度海洋科学技术奖工作部署会暨项目申报推荐业务指导教学培训会，50多家涉海单位的100余人参加会议。

8月20日，2019年度海洋科学技术奖形式审查会议在北京召开。5家北京科研机构的13位技术工作人员对全部81个项目进行形式审查。9月17日，学会在北京召开2019年度海洋科学技术奖初评会，经过专家评审，最终进入终评的项目有76项。

10月26—28日，在海南省三亚市举办中国海洋学会成立40周年暨2019海洋学术（国际）双年会及海洋科学技术奖颁奖仪式。开幕式上颁发2018年度海洋科学技术奖。

11月19—20日，2019年度海洋科学技术奖评审委员会会议及项目终评审会在北京召开，中国工程院院士潘德炉、周守为、张偲、李家彪，中国科学院院士陈大可等在内的39名专家参加评审，潘德炉任评审委员会主任。最终评选出2019年度海洋科学技术奖拟获奖项目33项，其中特等奖1项、一等奖11项、二等奖21项，评选出拟获优图书16部。

5月9—10日，学会组织召开由江苏省海洋水产研究所等单位联合开展的“小黄鱼种群动力学研究与应用”项目科技成果评价会；5月14—15日，学会组织召开由中国地质大学（武汉）海洋学院教授牟林团队完成的“智能化海上溢油应急信息保障与预警预测技术”项目科技成果评价会；6月27—28日，学会组织召开由国家海洋局北海预报中心等单位联合开展的“风暴潮智能预警与防灾减灾系统研制与应用”项目科技成果评价会；7月4—5日，学会组织召开由浙江省海洋水产研究所、浙江海洋大学等单位联合开展的“浙江近海重要渔业生物资源养护关键技术创新应用”项目科技成果评价会；7月10—11日，学会组织召开由中国极地研究中心等单位联合开展的“北极航道适航性评估及航行保障技术研发与应用”项目科技成果评价会；7月21—22日，学会组织召开由中国海洋大学开展的“大黄鱼脂类营养研究”项目科技成果评价会；7月22—23日，学会组织召开由国家海洋标准计量中心、国家海洋技术中心、中国电建集团华东勘测设计研究院有限公司、中国国际经济交流中心等单位联合开展的“海洋能标准体系建设及关键技术标准研制”项目科技成果评价会。

学会建设　截至12月31日，学会理事会理事共165名，常务理事会成员共40名；2019年度新增理事4名，新增常务理事9名。

学会会员人数共18198名，团体会员单位共324家，分支机构共45个，科普基地共135个；2019年度新增团体会员单位4家，新增会员3670名，新增分支机构2个，新增科普基地45个。

学会组织召开理事会议2次、常务理事会议2次、通讯会议2次、理事长办公会议5次，以及年度工作会议1次。组织参与脱贫攻坚活动共3次。

学会被评为中国科协2019年度科普工作先进单位、中国科协2019年度全国学会财务年度决算工作先进单位称号，民政部学会等级评估为3A级。根据自然资源部党组研究决定，学会办事机构人事、党群等交由国家卫星海洋应用中心管理。3月29日，学会在北京召开中国海洋学会第八届五次常务理事会议。会议学习传达全国两会精神，中国科协2019年度工作重点，自然资源部、民政部相关文件精神及通知要求，以及学会党委第一次、第二次会议精神。

3月30日，学会在北京召开中国海洋学会第八届四次理事会议暨2019年度工作会议（全国海洋科普工作会、海洋学报编委会会议）。会议总结学会2018年工作，并部署2019年工作重点。来自分支机构的200余名代表参加会议并进行分组交流。

10月12日，学会在北京召开中国海洋学会第八届六次常务理事会议。学会理事长陈连增主持会议，常务副理事长蒋兴伟、副理事长雷波、副理事长罗季燕、秘书长林明森出席会议，常务理事及代表30余人参加会议。

10 月 25 日，学会在海南省三亚市召开中国海洋学会第八届五次理事会议。会议通报学会第八届六次常务理事会议通过的相关决定，审核通过新增副理事长、常务理事，新增单位会员以及开展论坛活动等事项。学会理事长陈连增主持会议，常务副理事长蒋兴伟，副理事长雷波、孙松、戴民汉、罗季燕，秘书长林明森，以及理事和代表共 160 人出席会议。

主办期刊 学会主办海洋学术期刊共 11 种。2019 年,《海洋学报》中文版全年共出版 4 期，发表论文 174 篇，发行 7200 册；*Acta Oceanologica Sinica*（《海洋学报》英文版）全年共出版 4 期，发表论文 185 篇，发行 5400 册;《海洋工程》中文版全年共出版 4 期，发表论文 102 篇，发行 10200 册；*China Ocean Engineering*（《中国海洋工程》英文版）全年共出版 4 期，发表论文 74 篇，发行 1500 册;《应用海洋学学报》全年共出版 4 期，刊发论文 65 篇，发行 2000 册;《海洋科学进展》全年共出版 4 期，刊发论文 66 篇，发行 1000 册;《海洋学研究》全年共出版 4 期，刊发论文 46 篇，发行 1000 册;《海洋环境科学》全年共出版 6 期，发表论文 140 篇，发行 3600 册;《海洋技术学报》全年共出版 5 期，发表论文 100 篇，发行 4200 册;《海洋通报》全年共出版 5 期，发表论文 88 篇，发行 4800 册。其中《海洋学报》中文版的 JCR 影响因子为 0.636；*Acta Oceanologica Sinica*（《海洋学报》英文版）的 JCR 影响因子为 0.699。

国际学术会议 学会举办国际学术会议 1 次。12 月 7—8 日，2019 第七届西湖国际水业大会在浙江省杭州市举办。大会由学会海水淡化与水再利用分会、国家液体分离膜工程技术研究中心和国际脱盐协会主办，以“持续创新打造绿色发展新引擎”为主题，参加会议人数 300 人次，包括境外学术专家 63 人；交流学术论文、报告 20 篇。近 20 位院士、学者、专家作主题报告，与现场 300 余位国内外水处理行业企业的专家、技术人员围绕海水淡化与浓盐水综合利用、工业水处理与回用技术、城镇污水治理、膜科学与技术等领域开展专题学术交流研讨，共同分享科研心得、展示最新进展、共商发展机遇。

国内主要学术会议 2019 年，学会及学会专业委员会共举办国内学术会议 11 次、论坛 4 次，包括学术年会 1 次，参会人数 2086 人次，交流学术论文、报告 223 篇。

1 月 9—10 日，由学会与中华预防医学会、中国医师协会、中国水利学会、中国环境科学学会、中国测绘学会、中国土地学会、中国气象学会、学会、中国地震学会、《中国学术期刊（光盘版）》电子杂志社有限公司联合主办，同方知网（北京）技术有限公司承办的第四届资源环境与生命科技创新发展高层论坛在广东省珠海市召开。论坛以“交流协作、学科融合、创新发展”为宗旨，以“知识服务驱动融合发展”为主题，探讨大数据、人工智能技术条件下，资源环境与生命科技行业的创新路径、创新服务业发展战略以及行业相关机构的知识管理模式。来自全国医药卫生、自然资源、生态环境、农业、水利、气象、测绘、地震、海洋等行业的近 300 位专家、学者参加论坛研讨活动，交流学术报告 10 篇。

6 月 14 日，学会在江苏省苏州市主办中国海洋学会海洋测绘专业委员会 2019 年年会暨第二届新时期海洋测绘发展论坛。会议主题为“精测海洋、服务陆海统筹”。中国科学院院士、中国科学院声学研究所李启虎，中国工程院院士、昆山杜克大学校长刘经南，以及欧洲科学院院士、俄罗斯自然科学院外籍院士金双根出席会议并作大会报告。

10 月 26—28 日，学会与海南省三亚市人民政府在海南省三亚市共同主办中国海洋学会成立 40 周年暨 2019 海洋学术（国际）双年会及海洋科学技术奖颁奖仪式。会议主题为“科技创新助推蓝色经济高质量发展”。1000 余位国内外专家、学者参加会议。会议设 10 个分论坛，围绕海岸带规划与管控治理、海洋生态减灾、赤潮防治与早期预警、海洋经济政策与海洋生态保护修复、海洋生物产业发展等海洋热点问题进行交流探讨。会议同期举办院士专家、企业家与媒体面对面座谈会，围绕自然资源部海洋工作重点关注方向的一些重大课题进行交流与探讨；举办 2019 国际海洋科学技术装备设备展，中国海洋大学、国家海洋技术中心、美国劳雷工业公司、云洲智能科技有限公司等国内外海洋科研机构及企业参加展会。

2 月 22—23 日，学会北方海专业委员会在吉林省吉林市主办 2019 北方海国际论坛暨第三届北极东北亚冰上丝绸之路研讨会。学会秘书长、自然资源部国家卫星海洋应用中心党委书记林明森出席会议并致辞。来自俄罗斯、中国涉海行政部门、科研院所、高校、企事业单位及军方等共 30 余家单位的 60 余位专家、学者参加会议，20 位中外专家作专题报告并交流讨论。会议编制论文集，形成科技工作者建议提纲。

两岸交流 5月22—26日，应台湾民俗学会邀请，学会派学者赴台湾地区高雄市参加由高雄科技大学、台湾“中华郑和学会”、台湾民俗学会和学会共同主办的2019海峡两岸海洋文化学术研讨会暨第五届海峡两岸21世纪海上丝绸之路研讨会。来自境外的10位学者，以及50多位大陆学者等参加会议。会上交流报告20篇，交流内容集中在海洋人文领域和海洋文化产业、海洋教育。

国际交往 5月15—18日，学会秘书长林明森携学会代表团赴韩国济州岛参加第七届中韩海洋科学技术学术研讨会。研讨会由学会与韩国海洋学会联合主办，中韩海洋科学共同研究中心协办。会议主题为“黄海、东中国海环境变化及其生态影响”，议题包括物理海洋及大洋环流、海洋生物化学、海洋生态系统与环境监测预测等。来自中国、韩国10家海洋领域有关部门、科研院所、高等院校约30人参加研讨会。20位中国和韩国专家、学者围绕议题作学术报告。

科普活动 2019年，学会新增全国海洋科普教育基地45家，涵盖学校、科研院所及海洋场馆等相关单位。目前已在全国16个省、直辖市的38个市建立135家全国海洋科普教育基地，其中科技场馆类12家、公共场所类26家、教育科研类91家、生产设施类6家。学会指导和支持20支海洋科学传播专家团队，在防灾减灾日、全国科普日等重要节日，参与海洋科普进校园、海洋科普进内陆等活动。学会共举办科普宣讲活动186次，其中专家科普报告会74次，专题展览50次；开展科技咨询活动9次；举办全国科普日、科普周相关活动43次，青少年科普活动145次。科普活动受众人数超22万人次，参加活动的科技人员及专家1676人次。举办青少年科技竞赛2次，参加人数655人，其中获奖人数293人。学会编印青少年科技教育活动资料2500册；编著科技图书1部，科技图书总印数600册；主办科技报纸1份，总印数6万册。

3月30日，学会在北京召开2019年度科普工作会议。与会代表围绕学会科普年度工作计划，结合各单位实际展开讨论。

5月19—25日，学会与山东省科协共同主办第三届全国青少年海洋测绘地理信息文化科技周活动。活动期间还举办国家海洋科技成果展、水准零点——世界最高峰“珠穆朗玛峰”测绘知识讲座、庆新中国成立70周年——全国青少年海洋测绘信息科普展、中华人民共和国水准零点——航海模拟科技展、“蛟龙”号创造“中国深度”海洋测绘知识讲座等体验活动。

6月8日，世界海洋日期间，学会联合哈尔滨工程大学、大连海洋大学等全国12所涉海高校、10家涉海高校社团主办第六届全国涉海高校“奔向大海，跑向未来”大学生慢跑公益活动；9月18日，在全国科普日活动期间，学会与海洋出版社联合主办“海洋科普进内陆”活动——走进贵州省关岭布依族苗族自治县第二中学；7月8—12日，学会与中国地质大学（北京）在青海省海东市化隆回族自治县联合主办“西望知海”系列海洋科普活动。

全国防灾减灾日和全国科普日期间，学会向海洋科普教育基地新疆维吾尔自治区库尔勒市华山中学捐赠一套防灾减灾展板和500本防灾减灾知识手册；学会组织三位专家到海南省琼中黎族苗族自治县进行科技扶贫，并开展海洋知识讲座；学会与中国造船工程学会、中国航海学会、中国人工智能学会联合主办第二届中国智能船艇挑战赛（运河段），选取九家全国海洋科普基地，联合涉海高校社团开展海洋防灾减灾主题展览，邀请专家走进中国农业科学院附属小学开展科普进校园活动；学会印制30余套海洋科普展板、2500册海洋防灾减灾宣传手册捐赠给部分海洋科普教育基地，用于开展海洋科普宣传活动。

学会主办的《海洋世界》期刊与“地球知识局”微信公众号、大自然保护协会等非政府组织合作策划、举办海洋环保主题展览等公益活动，海洋科普读物《亲海特刊》设立“极地主题”“海洋装备主题”等专栏，面向小学生开展海洋科学知识普及活动。

党建强会 2019年，学会党委组织召开党委会会议3次。1月8日，在广东省广州市召开中共中国海洋学会党委成立暨党委会第一次会议。学会党委由陈连增、蒋兴伟、雷波、于志刚、孙松、张偲、李家彪、戴民汉、林明森、曲探宙、高建东11人组成，由陈连增同志担任党委书记、蒋兴伟同志担任党委副书记，雷波同志担任党委纪检委员，高建东同志兼任党委秘书。3月29日，学会在北京召开中共中国海洋学会党委第二次会议。会议围绕中国科协科技社团加强党建工作内容进行学习和研究，对加强学会党组织工作提出指导性意见并作出具体部署。10月12日，学会在北京召开中共中国海洋学会党委成立暨党委会第三次会议。会议传达学习《关于开展中国科协业务主管全国学会软弱涣散基层党组织专项整治摸排调查的通知》《中国科协科技社团关于开展 2019 年度全国学会“党建强会计划”项目申报的通知》及相关文件精神，审议学会成立 40 周年座谈会相关议题等事项。

【2018 年度中国十大海洋科技进展项目】 学会联合中国太平洋学会、中国海洋湖沼学会、中国造船工程学会、中国指挥与控制学会和中国航海学会评选出 2018 年度中国十大海洋科技进展项目，分别为：北大西洋经向翻转环流减弱导致全球表面增暖加强；我国科研人员证实南大洋环状模对南大洋表层酸化速率具有明显的调控作用；我国科学家首次揭示南海扩张期地幔组成本质；我国首艘自主建造极地破冰船下水；中国首次成功完成深海多金属结核采集系统 500 米海试；首颗中法海洋卫星发射成功；大型灭火 / 水上救援水陆两栖飞机成功实现水上首飞；我国自主品牌深海作业级潜水器首次联合探查“海马冷泉”取得重大科学进展；圆满完成中国首次环球海洋综合科考；中国第一条海上沉管隧道工程——港珠澳大桥岛隧工程。

（撰稿人：王东亚）

中国地震学会

服务创新型国家和社会建设 学会承接政府转移职能。2019 年，作为第三方技术审查机构，学会承接并完成 84 项地震安全性评价报告的技术审查工作，完成“土 - 桩 - 隔震结构动力相互作用及其应用技术”“河谷场地地震动输入方法及工程抗震关键技术”“中国地震巨灾模型” 3 项科技成果评估。

学会服务国家重大工程建设项目，如为川藏铁路提供地震风险与地震参数的技术支持。推进科技成果转化，组织科技人员开发与全国地震动参数区划图匹配的应用程序。启动社会团体标准编制工作，组建团体标准专家库，已经开展第一批团体标准立项工作。

学会建设 2019 年，学会召开理事会通讯会议 1 次、常务理事会议（含通讯会议）6 次，全国省级学会秘书长工作会议 1 次，学会分支机构工作会议 1 次。截至 12 月底，学会共发展个人会员 151 名，个人会员数达到 2581 名。

为加强信息化建设，学会办公室开放会议系统与会员系统，开发线上征集与投票系统。

学会加入中国公众科学素质促进联合体，并被评选为理事单位。

11 月中旬，学会在广西壮族自治区北海市召开全国省级学会秘书长工作会议及分支机构工作会议。会上向各省级学会和分支机构传达中国科协最新动态，开展“不忘初心、牢记使命”党课学习活动，各省级学会和分支机构进行工作汇报和经验交流。

主办期刊 2019 年，《地震学报》出版 6 期，共发表文章 65 篇，共计约 810 页。据《2019 年版中国科技期刊引证报告（核心版）》数据，《地震学报》2018 年的核心影响因子为 0.547（2017 年为 0.613），核心总被引频次为 1318（2017 年为 1306），综合评价总分为 41（2017 年为 39.9），学科扩展指标为 10.64（2017 年为 9.60），学科影响指标为 0.93（2017 年为 0.93），在 15 种地球物理学类期刊中排名第四。

Earthquake Science（《地震学报》英文版）出版两期专刊，分别为密集台阵专刊和工程地震专刊。根据中国知网发布的《中国英文学术期刊国际国内引证报告》（自然科学与工程技术），*Earthquake Science* 国际他引总被引频次 458，影响因子 0.552；国内他引总被引频次 328，影响因子 0.259；综合他引总被引频次 786，影响因子 0.810。*Earthquake Science* 被评为 2019 中国知网中国国际影响力优秀学术期刊。

《国际地震动态》共出版 12 期，载文 276 篇，字数共计约 128 万字；印数为每期 920 册，累计印数 1.1 万册，发行量约每期 720 册，累计发行 8600 册；加入 OSID 开放科学计划及国家科技学术期刊开放平台，在其数据库发布电子版，同时也在网站、微信公众号和 QQ（一种网络即时通信软件）群发布电子版，读者可免费下载阅读。根据主办单位和主编的建议，《国际地震动态》编辑部提交期刊更名为《地震科学进展》的申请，并拿到国家新闻出版署同意改名的批复文件，对期刊的封面、版式、栏目、编委会人员、期刊许可证、ISSN 号、条码、公章等进行设计与申请。

国际学术会议 3 月 25—26 日，由学会与学会国际交流委员会、中国地球物理学会中国大陆动力学专业委员会联合主办，北京欧华联科技有限责任公司和英国 Güralp 公司承办的深部探测及地震监测新进展国际研讨会在北京召开。来自中国地震局、中国科学院、中国部分高等院校，英国 Güralp 公司、英国剑桥大学等 32 家单位的 90 余位专家、学者（其中国外专家 5 位）参加会议。中国地震局地球物理研究所研究员丁志峰担任大会主席，中国科学院青藏高原研究所赵俊猛研究员担任组委会主席。会上交流报告 22 篇，报告内容涉及深部探测、地震监测以及海洋监测等方面，展示具有创新性的研究成果。成果包括中国科学台阵工作新进展、青藏高原科学探测、龙门山断裂带研究、大地电磁法和宽频带法联合反演研究、极端条件下的宽频带观测技术研究、海洋 OBS 应用、Güralp 宽频带地震仪在世界上的应用等。

9 月 17—18 日，由中国科协、中国地震局、广西壮族自治区人民政府共同主办，学会等承办的 2019 中国 – 东盟防灾减灾科学传播高峰论坛在广西壮族自治区南宁市召开。来自中国及东盟 10 国的 350 余位院士及专家，围绕防灾减灾的各种议题进行交流和探讨。论坛以“防灾减灾，知识就是力量”为主题，邀请中国院士、东盟国家防灾减灾专家在主论坛进行发言，就中国 – 东盟防灾减灾科学传播的方向与前景进行探讨。

国内主要学术会议 2019 年，学会及学会分支机构共举办国内学术交流活动 26 次，学术交流论文 3000 余篇，参加会议人数 5800 余人次。

10 月 27—30 日，由学会与中国地球物理学会等多家单位联合主办的 2019 年中国地球科学联合学术年会在北京召开。来自地球科学不同领域的 2100 余名专家、学者、科研工作者、大专院校的教授和学生参加会议。会议共设置 88 个专题，交流探讨 1800 多份学术报告。

8 月 26—28 日，由学会地震预报专业委员会与中国科学院力学研究所、青海省地震局联合举办，青海省地震局承办的中国地震预报论坛—— 2019 年学术交流会在青海省海东市召开。来自中国科学院部分院所、国内部分高校、中国地震局直属单位、省级地震局和市县地震局共 40 多家单位的 150 余名专家、学者参加会议。论坛共设 8 个专题，包括“大地震孕震理论、预测方法与技术”“数字地震观测与预报方法及技术应用”“地震数值预测理论、方法与技术”“地震及滑坡等自然灾害过程中流体与固体的相互作用：现象、机理、观测新方法与数值模拟”“跨学科交叉与地震预测 / 预报研究相关领域”“人工智能在地震预测 / 预报中的应用”“地震预报科普技术与方法”7 个预设专题，以及在 6 月 17 日四川省宜宾市长宁县地震后，增设的“宜宾地震”特别专题。大会共收到 142 篇论文，全部发表在《国际地震动态》2019 年第 8 期；部分论文全文发表在《高原地震》增刊上。大会交流论文 50 篇，其中口头交流 30 篇（含高端特邀报告 9 篇，由中国地震局监测预报司选送的“雏鹰”报告 8 篇），海报交流 20 篇。

学会地震学专业委员会、地震科技情报专业委员会、编辑专业委员会、工程勘察专业委员会、青年科技工作委员会、地方工作委员会、地震应急专业委员会、大地测量与地震动力学专业委员会、地震观测技术专业委员会、空间对地观测专业委员会分别召开 2019 年年度学术研讨会，参会人数 678 人次，交流论文 150 篇。

学会历史地震专业委员会分别在陕西省西安市和甘肃省兰州市召开历史地震研讨会，参会人数 40 人，交流报告 8 篇。

学会岩土工程防震减灾专业委员会、基础设施工程防震减灾专业委员会、可恢复功能防震体系专业委员会、地震工程专业委员会分别与其他单位联合主办第五届全国防灾减灾工程学术会议、第三届土木工程赣江学术论坛、第十三届全国岩土力学数值分析与解析方法研讨会、第四届全国基础设施防灾减灾工程青年学者学术会议、第二届韧性城乡与防灾减灾论坛等学术会议，参会人数达 1650 人次，交流论文 511 篇。

国际交往 学会组织学会会员参加在加拿大蒙特利尔举办的第 27 届国际大地测量学与地球物理学联合会（IUGG）大会等国际学术大会。

学会和学会各分支机构邀请国际学者进行学术交流。如学会地震工程专业委员会邀请美国国家地理空间情报局（NGA）项目成员、阿联酋哈里发大学助理教授岸田忠大（Tadahiro Kishida）为地震动工程特性与数据分析应用培训班学员授课；学会构造物理专业委员会邀请荷兰乌得勒支大学教授 Chris Spiers 为矿物、岩石、断层变形过程与变形机制培训班学员授课；学会工程隔震与减震控制专业委员会邀请日本福冈大学教授高山峰夫和森田庆子为科技人员作报告；学会基础设施工程防震减灾专业委员会邀请前日本生命线地震工程学会主席高田志郎、美国伊利诺伊大学教授 Spencer、澳大利亚工程院院士郝洪为科技人员授课。

科普活动 学会选拔 6 名中学生组建中国代表队，参加 8 月 26 日在韩国大邱市举办的第十三届国际地球科学奥林匹克竞赛（IESO）。来自 41 个国家和地区的 181 位选手参加竞赛。中国代表队获得一金三银的成绩。在后续的 ITFI（国际团队野外考察）和 ESP（地球系统项目）国际合作专题竞赛中，3 名中国参赛者获得一金一银三铜的成绩。

5 月 12 日，由中国地震局主办，学会等承办的

2019年防震减灾千场科普讲座启动仪式在北京召开。启动仪式后，中国地震局研究员何永年举办讲座首讲——防震减灾网络公开课，主题为“不忘初心、防震减灾为民”。活动在凤凰网、新华网、新浪网、北京时间、腾讯网5个平台进行网络直播，受众人数达51.2万人次。

5月25日，学会联合北京大学地球与空间科学学院在北京举办系列科普宣传活动，活动内容包括参观国家地震紧急救援训练基地、开展科普讲座及学术报告，来自全国各地的182名中学生参加活动。在国家地震紧急救援训练基地，中学生体验4D动感电影《灾难警示录》，参观倾斜角度为18° 的斜楼。教官为学生讲解多个实际救援案例，让学生了解救援人员先进的救援理念及专业技术，并为学生作题为《学习应急知识，掌握避险技能》的科普讲座。北京大学地球与空间科学学院教授宗秋刚及其团队为学生带来系列学术报告，包括《流浪地球》《太阳系边际探测计划》。

此外，学会各分支机构举办各种各样的科普活动，走进学校、走进社区，普及防震减灾知识。

表彰举荐优秀科技工作者 学会推荐中国科学院院士、最美科技工作者、第十六届中国青年女科学家奖、第十六届中国青年科技奖候选人。

学会开展李善邦青年优秀地震科技论文奖的评选工作，第十一届李善邦青年优秀地震科技论文奖评出一等奖1名、二等奖3名、三等奖3名。

11月，学会在广西壮族自治区北海市召开的省级学会秘书长工作会议上，授予17家单位“2019年度中国地震学会系统优秀学会（会员单位）”称号，同时授予18人“2019年度中国地震学会系统先进工作者”称号。

党建强会 学会党委组织召开2次党委及党委（扩大）会议。

1月10日，中国地震学会第五次党委扩大会议在北京召开，学会党委书记张培震传达中央纪委办公厅《关于贯彻落实习近平总书记重要指示精神集中整治形式主义、官僚主义的工作意见》及中国科协第四十一次党组会议的相关精神，宣传委员谢富仁带领党员学习习近平总书记在中央财经委员会第三次会议的重要讲话，审议通过中国地震学会九届常务理事会确定的有关事项。

8月15日，中国地震学会第六次党委扩大会议在辽宁省大连市召开。会上，学会党委书记张培震讲“不忘初心、牢记使命”主题教育专题党课。

【中国地震学会成立四十周年学术大会】 8月14—16日，中国地震学会成立四十周年学术大会在辽宁省大连市召开，会议由学会主办，大连理工大学、大连大学、中国地震局地球物理研究所、大连市科协、大连民族大学承办。

国家应急管理部副部长、中国地震局局长郑国光，中国地震局原局长宋瑞祥、陈章立，中国地震局原副局长刘玉辰，中国科学院院士、中国科学院大学教授陈运泰，中国科学院院士、大连理工大学教授林皋，中国工程院院士、哈尔滨工业大学教授欧进萍，中国工程院院士、大连理工大学教授孔宪京，中国地震局地壳应力研究所特聘研究员、法国科学院和美国国家科学院院士 Paul Tapponnier，亚洲减灾中心主任、日本早稻田大学教授滨田正则（Masanori Hamada），美国地震学会东区分会副主席、美国佐治亚理工学院教授彭志刚以及大连市政府相关领导等应邀出席大会。

来自全国地震系统、科研院所、高等院校、科技期刊、仪器设备厂家的专家、学者、科研人员、技术人员、青年学生等千余人参加大会。大会邀请9位老领导、院士和专家作大会主题报告；设立26个专题会场，共计作59个专题特邀报告和320个专题报告；展示41项地震科技领域的学术成果；展出14家仪器设备厂商和科技期刊的产品。大会还评选中国地震学会成立四十周年学术大会学术成果奖；颁发第十一届李善邦青年优秀地震科技论文奖。

【第五届全国防灾减灾工程学术会议】 10月16—18日，由中国灾害防御协会、学会岩土工程防震减灾专业委员会、江苏省地震局主办，广西大学承办的第五届全国防灾减灾工程学术会议在广西壮族自治区南宁市召开。中国工程院院士郑皆连、欧进萍，国际土力学及岩土工程学会主席吴宏伟，俄罗斯工程院外籍院士马巍，比利时皇家科学与艺术学院外籍院士李国强，重庆大学副校长刘汉龙，广西大学副校长吴尽昭，中国科学院武汉岩土力学研究所副所长、研究员盛谦等专家、领导及50多个单位的230余位专家、学者参加会议。

会议由广西大学土木建筑工程学院院长梅国雄主持，欧进萍、吴宏伟、吴尽昭分别代表会议学术委员会、国际土力学及岩土工程学会和广西大学致辞。会议围绕地震工程防灾减灾、岩土工程防灾减灾、结构工程防灾减灾、灾害监测与防御等专题开展探讨和交流。欧进萍、马巍，以及同济大学教授李国强、广西大学教授杨绿峰、河海大学教授高玉峰、河南大学教授王自法、香港科技大学教授吴宏伟、南京大学教授施斌、南京工业大学教授陈国兴、中国科学院武汉岩土力学研究所副所长盛谦、哈尔滨工业大学（深圳）教授段忠东等作大会特邀报告。大会设4个分会场，共作51场学术报告。

学会岩土工程防震减灾专业委员会主任委员陈国兴，副主任委员高玉峰、许成顺、盛谦，委员李小军、刘建达、吴志坚、赵密、路德春等参加会议。李小军、刘建达主持特邀报告；陈国兴作题为《大城市尺度复杂深厚不均匀非线性地震效应评价》的特邀报告；高玉峰作题为《高山峡谷地区隧道工程地震动输入方法》的特邀报告；盛谦作题为《公路边坡地质灾害风险评估与预警》的特邀报告和题为《冻土区路基工程病害及其热棒防治技术》的专场报告。吴志坚、许成顺、赵密、路德春作会议专场报告。

【第四届全国基础设施防灾减灾工程青年学者学术会议】 7月5—7日，由学会基础设施工程防震减灾专业委员会、国际生命线与基础设施地震工程学会、国际防护结构学会、同济大学土木工程学院结构防灾减灾工程系联合主办，桂林理工大学承办的第四届全国基础设施防灾减灾工程青年学者学术会议在广西壮族自治区桂林市召开。桂林理工大学校长解庆林致开幕词，东南大学教授宗周红和陈力、华南理工大学教授吴建营、山东大学教授李利平、同济大学教授吴昊、天津大学教授师燕超和郝逸飞、北京交通大学教授蔡国庆、北京工业大学教授金浏和周宏元等分别作大会报告，并与在座学者进行互动与讨论。围绕大会主题“青年学者关注的防灾减灾工程前沿问题”，全国防灾减灾领域青年学者作学术报告并交流。160位学者参加会议，70多位青年学者作相关议题的特邀报告，各分会场开展讨论，分享学术经验及想法。

（撰稿人：李亚琦）

中国动物学会

服务创新型国家和社会建设 2019年，经学会推荐，会员王文、邱强、陈垒的“反刍动物基因组进化及其对人类健康的启示”项目成果，入选2019年度中国生命科学领域十大进展。

学会建设 8月23日，学会召开第十七届理事会第七次会议，与会理事推举产生第十八届全国会员代表大会主席团主席和成员，通报136名理事候选人入选名单及产生流程、学会常务理事候选人和负责人产生的原则，介绍监事会的规模，确定计票和监票小组规模为9人。

8月23—25日，学会在陕西省西安市召开中国动物学会第十八届全国会员代表大会，会员代表通过无记名投票方式选举产生中国动物学会第十八届理事会理事136名、监事会监事3名，审议通过学会第十七届理事会工作报告、学会章程修改报告和会员会费标准。

8月24日，学会召开中国动物学会第十八届理事会第一次会议。与会理事和被委托人通过无记名投票方式选举产生第十八届理事会常务理事43名和学会负责人11名；经新当选学会理事长孟安明提名，与会理事一致同意聘任魏辅文为学会秘书长。理事审议并一致同意3个分会、1个专业委员会换届选举结果；一致同意动物地理学分会成立申请。召开学会理事会党员大会，通过无记名投票方式选举产生理事会党委委员9名。

学会治理结构和治理方式改革 加强学会的组织建设，完善学会各种规章制度建设，修改学会章程，将“设立中国共产党的组织”“本团体党组织受中国科协科技社团党委领导”写入学会章程，将设立监事会及监事会职责等也写入学会章程。由学会党委委员与理事会负责人共同组成学会换届主席团，对学会换届工作予以指导。加强对分支机构的管理，2019年分支机构的财务纳入学会统一管理。

青年人才托举工程 学会开展第五届中国科协“青年人才托举工程”项目候选人的评审，推荐候选人2名，均获得中国科协“青年人才托举工程”项目的支持。

主办期刊 学会主办科技期刊9种，其中英文期刊4种，3种英文期刊被SCI收录。

Current Zoology（《动物学报》）获得中国科技期刊卓越行动计划的重点项目支持；*Zoological Research*（《动物学研究》）获得中国科技期刊卓越行动计划的梯队期刊类项目支持；*Avian Research*（《鸟类学研究》）获得中国科技期刊卓越行动计划的梯队期刊类项目支持，并连续5年获得“中国国际影响力优秀学术期刊”称号；根据《2019年版中国科技期刊引证报告（核心

版）自然科学卷：中国科技核心期刊（中国科技论文统计源期刊）》,《兽类学报》在昆虫和动物类的13种中文期刊中核心影响因子排名第一,《动物学杂志》在13种昆虫学、动物学类中文期刊中排名第六。

为响应党中央的号召，精准教育扶贫，支持西部及边远贫困地区的教育，2019年学会向贵州省铜仁市石阡县10所中学的40多位中学教师和教研员赠送全年《生物学通报》杂志，以帮助西部贫困地区教师专业成长。

学科发展工程 6月，学会在江苏省苏州市召开第十四届国际斑马鱼大会，组织专家就“国际发育生物学发展战略”进行讨论。

国际学术会议 学会主办及承办国际会议2次，参加会议学者1529人次，其中国外学者355人次；收到论文摘要444篇，其中来自国外学者163篇。

6月12—16日，由国际斑马鱼协会主办，苏州大学和中国动物学会斑马鱼分会承办的第十四届国际斑马鱼大会（The 14th International Zebrafish Conference）在江苏省苏州市召开。来自30多个国家和地区的1100多位科研人员、专家、学者参加会议，其中国外专家350位。

10月16—20日，由学会寄生虫学专业委员会主办、河北大学承办的第十七次全国寄生虫学术研讨会暨第八次国际寄生虫学学术研讨会（Invitation to the Seventeenth National Symposium of Parasitology and the Eighth International Symposium of Parasitology）在河北省石家庄市举办。来自国内外的429位专家、学者及研究生参加会议，其中国外学者5位。

国内主要学术会议 2019年，学会主办或协办国内学术会议15次、学术讲座15场，共有4885人次参加，交流学术论文2019篇，编辑印刷摘要集12本。

8月23—25日，中国动物学会第十八届全国会员代表大会暨第二十四届学术年会在陕西省西安市召开。730位专家、学者及研究生参加，收到论文摘要274篇。邀请10位专家作大会特邀报告，其中2位国际知名专家，另有209位学者作专题学术报告。

8月7—8日，由学会鸟类学分会主办的中国青年鸟类学家研讨会暨第十五届翠鸟论坛在吉林省长春市召开，130余名青年学生参加。来自20余所高校的36名同学作口头报告，内容涉及鸟类繁殖对策与适应、性选择、分子进化、迁徙生态、保护生物学等领域。

10月10—12日，由学会动物生理生态学分会及中国生态学学会种群生态专业委员会联合主办的表型可塑性与个体变异——从生理生态到种群生态全国学术研讨会在重庆市召开。150名研究生参加；6位专家作大会特邀报告，15位专家作大会报告，13位研究生作专场报告。报告重点关注动植物表型可塑性和个体变异及其与环境变化的关系，研究对象从无脊椎动物（如贝类和海胆）到脊椎动物（如鱼类、两栖爬行类和兽类），研究层面从个体生态到种群生态。

10月25—28日，由学会动物生理生态学分会主办的第九届全国动物生理生态学学术研讨会在河北省石家庄市召开。260余位学者和研究生参加，收到论文摘要96篇。会议邀请5位专家作大会报告，49位学者、研究生作专题报告。与会学者交流内容涵盖动物生理生态学学科的各个领域，涉及节肢动物、贝类、鱼类、两栖爬行类、鸟类和兽类等各主要动物类群。

11月17—20日，由学会兽类学分会及中国生态学学会动物生态专业委员会等联合主办的第十五届全国野生动物生态与资源保护学术研讨会在海南省海口市召开。来自112个单位的570位学者和研究生参加会议，收到论文摘要244篇。会议设立5个分会场，设置9个专题，共有153位学者、研究生（研究生报告59个）作报告，40位学者用墙报展示研究成果。

12月13—15日，由中国科学院动物研究所和学会鸟类学分会共同主办的第一届动物遗传、演化与保护学术研讨会在北京召开。64位专家及学生参加会议。三个学科之间相互关联、相互影响并且相互促进，为中国动物进化、遗传、保护以及动物地理等研究领域的科研人员构建学术交流平台。

12月21日，由学会比较内分泌学专业委员会主办的第二届水产经济动物良种繁育与产业化青年科技论坛在广东省湛江市召开。200位科研人员参加会议，收到论文摘要40篇。与会者就国内水生经济动物良种繁育与养殖产业化的最新进展、关键问题和发展方向进行专题报告和研讨。

国际组织任职 学会加入国际动物学会和国际原生动物学家学会2个国际组织。

国际交往 2019年，学会组织6个代表团共141位专家、学者到国外参加国际学术交流活动。1月，组织15人代表团参加世界动物地理学大会并进行交流；3月19—23日，组织17人代表团参加第三届中日行为与神经内分泌学会议并进行交流；4月24—29日，组织5人代表团参加第22届国际扇贝研讨会并进行交流；7月18—21日，组织9人代表团参加第52届国际生殖生物学年会并进行交流；7月27日—8月3日，组织15人代表团参加欧洲原生生物学家学会2019年年会；12月1—8日，协助国际动物学会组织80人代表团参加第十一届整合动物学国际学术研讨会。

学会推荐1名优秀青年作为国际组织后备人才，获得中国科协国际组织专项支持，赴美国芝加哥参加国际蛛形学大会，进行学术交流并观摩国际组织的会议组织及运作模式。

科普活动 2019年，学会开展6项科普活动，受益人数65万人次。约230名科技工作者参加，181名志愿者协助。

5月12日，由学会主办的2019年全国中学生生物学联赛在全国29个省、自治区、直辖市同时举办，有效考生48547名，按照成绩共评出一等奖1476名、二等奖5590名、三等奖8385名。

5月25日，学会参与组织主题为“礼赞共和国、追梦新时代——科技志愿服务行动”的全国科技工作者日系列活动，组织7位科技工作者走进中国科技馆开展志愿服务，为参观群众讲解动物学知识。网易新闻对活动进行现场直播，据统计约60万人次观看直播。

5月25日晚，学会组织专家和志愿者参与中国科学院科学传播局主办的2019年重大示范活动“科学之夜”暨中国科学院第十五届公众科学日特色活动，共有1500人参加。学会组织2名科技工作者、4名工作人员、6名志愿者在国家动物博物馆开展4场《北京的候鸟》立体书制作活动，共接待48个家庭96人。

5月19日，学会联合普华永道等单位开展携手外来务工人员子弟小学学生走进国家动物博物馆科普活动。邀请专家为40多名来自北京华奥学校的学生作科普报告。同期开展《北京的候鸟》立体书讲解与互动制作专场活动，并安排参观国家动物博物馆。

8月10—14日，学会举办第二十八届全国中学生生物学竞赛，29个省、自治区、直辖市共30支代表队的240位选手参赛，200余名领队、教练等参加，颁发金牌72枚、银牌72枚、铜牌96枚。

12月19—21日，学会联合中国科学院动物研究所组织主题为“博物画、科学画”的第八届全国自然科学类场馆科普人员培训班。培训课分6次进行，160名学员参加培训，223位学员加入培训微信群。

表彰举荐优秀科技工作者 9月，学会开展2019年度蔡司·斑马鱼科学研究奖评选工作，共有17名青年科技工作者和研究生获得该奖项。

学会组织第八届青年科技奖的推荐与评审工作，评出10位青年科技奖获得者，从中推荐2名为第十六届中国青年科技奖候选人、1名为第十六届中国青年女科学家奖候选人、1名为2019年度中国未来女科学家奖励计划候选人。评选推荐的2名青年人才，获第五届中国科协“青年人才托举工程”项目支持。

党建强会 8月24日，学会召开第十八届全国会员代表大会，表决通过新的学会章程，将建立党组织、开展党的活动、坚持党对学会的全面领导写入学会章程第四条。召开理事会党员大会，通过无记名投票方式选举新一届党委委员9名，随后党委委员召开会议，进行分工并讨论学会党委的未来工作。

学会党委建立党委工作微信群、理事工作群，党委宣传委员会及时将党中央重大决策的相关内容发布到群里。

8月27日，学会党建活动小组参加所在党支部“不忘初心、牢记使命”主题教育，参观中国科学院“信念·传承·奋斗”党员主题教育基地。

9月19日，学会党员参加所在党支部与北京昌平区南口镇东李庄村党支部共同组织的“牵手合作、结对共建”活动，两支部党员代表共计20人参加，学会党支部书记吕秀霞、东李庄村党支部书记杨德明分别交流各自支部的党建情况。

12月19—21日，学会与中国科学院动物研究所、中国动物学会理事会党委、中国动物学会及国际动物学会党建活动小组联合举办第八届全国自然科学类场馆科普培训班。

会员服务 学会通过学会及分会、专业委员会网站为会员提供国内外学术会议信息、学科发展前沿性进展、科普信息等。重要活动信息通过学会会员微信群发布，组织的专家学术报告会员可在网上观看直播。

截至2019年12月31日，学会发展会员1018名，均通过会员系统完成申请、审批、分配会员编号工作。

学会编辑会员通讯，介绍学会工作动态。完成学会学术会议系统的改造升级。实现微信、支付宝、公务卡、银行卡在线缴费，方便会员注册、预订宾馆、提交论文和会议代表注册等。

【第十四届国际斑马鱼大会（The 14th International Zebrafish Conference）】 6月12—16日，第十四届国际斑马鱼大会在江苏省苏州市国际博览中心召开。

来自中国、美国、英国、德国、日本和韩国等30多个国家和地区的1100多位科研人员参加会议，350位国外专家参加。诺贝尔生理学或医学奖获得者Christiane Nü sslein-Volhard，中国科学院院士蒲慕明、李蓬作大会特邀报告。大会内容涵盖早期发育模式、造血发育、心血管发育、消化道发育和功能、神经发育及其功能、生理与代谢、生殖生物学、疾病模型、药物化学、基因组编辑、影像学技术及进化发育生物学等研究领域。国际斑马鱼大会已在美国连续举办13届，此届会议是首次在美国以外的地区举办。

【中国动物学会第十八届全国会员代表大会暨第二十四届学术年会】 8月23—25日，中国动物学会第十八届全国会员代表大会暨第二十四届学术年会在陕西省西安市召开。29个省、自治区、直辖市的730余名动物学领域的科技工作者参加会议。会议收到论文摘要274篇，邀请10位专家作大会特邀报告，其中国际专家2位，209位学者和研究生在18个专题讨论会上作学术报告。

会议进行理事会换届选举，与会会员代表通过无记名投票方式选举出第十八届理事会理事。召开中国动物学会第十八届理事会第一次理事会议，选举产生常务理事，选举中国科学院院士孟安明任理事长，聘任中国科学院院士魏辅文为秘书长。

【中国动物学会生殖生物学分会－中国生理学会生殖科学专业委员会第三次联合学术年会暨生殖生物学分会第十七次学术年会和生殖科学专业委员会第三届学术交流会】 9月19—21日，由学会生殖生物学分会和中国生理学会生殖科学专业委员会联合主办的中国动物学会生殖生物学分会－中国生理学会生殖科学专业委员会第三次联合学术年会暨生殖生物学分会第十七次学术年会和生殖科学专业委员会第三届学术交流会在广西壮族自治区桂林市召开。来自100余家高等院校、科研院所、医疗机构和相关产业单位的600余位专家、学者参加。收到论文摘要213篇，作特邀报告13个、分会场报告76个和墙报交流115个。邀请中国科学院院士、上海交通大学教授黄荷凤，美国得克萨斯大学医学院（University of Texas Medical School）教授Yang Xia，法国法兰西学院（Collège de France）教授Marie-Hélène Verlhac作主旨报告；来自同济大学、山东大学、南京医科大学、中国农业大学、复旦大学、北京大学及中国科学院生物化学与细胞生物学研究所、中国科学院动物研究所和中国科学院广州生物医药与健康研究院的10位特邀专家作大会报告。

会议期间，学会生殖生物学分会会员选举产生中国动物学会生殖生物学分会第八届委员会。

（撰稿人：张永文　张　欢）

中国植物学会

学会建设 1月，学会召开在京理事团拜会，回顾学会2018年工作，并制订未来5年的工作规划。12月，学会在云南省昆明市召开第十六届理事会第三次理事长联席会。会议听取“万人进校园”活动、科普短视频大赛和期刊建设等工作进展情况及成效汇报，评选出科普短视频获奖作品和科普活动优秀组织奖，并通过2019年度期刊资助奖励方案。

学会新增水生植物资源与环境专业委员会，下设分支机构增至27个。学会2019年发展新会员137人。

学会开通微信公众号和抖音账号，建立移动平台内部评审系统和财务管理系统，初步搭建学术会议管理系统。

学会治理结构和治理方式改革 学会建立省级学会理事长联席会制度，探讨构建总会与省级学会的联动机制，以科普活动为抓手，促进学会上下联动，推动学会各层级的科普工作建设，增进各省级学会间的交流与协作。2019年，学会首次召开省级学会理事长联席会议，联合全国30个省级学会，共同发布“植物科学助力国家绿色发展行动计划”倡议书。

学会发布《中国植物学会专业委员会（分会）设立及管理办法》《中国植物学会推选（提名）院士候选人工作实施细则》《中国植物学会关于人才举荐、奖项推荐评审办法实施细则》内部管理制度；支撑单位派驻一名兼职会计，负责学会财务科目设置、项目经费管理、日常记账等工作，同时进一步完善学会财务制度，规范财务管理工作；建立办公室工作例会制度。

主办期刊 学会加强对主办期刊的支持力度，首次给予经费资助与奖励，制定《中国植物学会主办期刊2019年资助奖励方案》，完成9种主办期刊主编换届工作。各刊全年共出版84期，发表论文1101篇，发行量176892册。

英文期刊*Journal of Integrative Plant Biology*（JIPB，《植物学报》）、*Journal of Systematics and Evolution*（JSE，《植物分类学报》）、*Journal of Plant Ecology*（JPE，《植

物生态学报》）及中文期刊《植物生态学报》和《生物多样性》5刊获得中国科技期刊卓越行动计划项目支持，英文期刊 *Plant Diversity*（PD，原《植物分类与资源学报》）新被SCI收录。

JIPB、JSE、JPE获得2019“中国最具国际影响力学术期刊”称号,《植物生态学报》《生物多样性》和PD获得2019“中国国际影响力优秀学术期刊”称号。

根据科睿唯安《2019年期刊引证报告》，JIPB最新五年影响因子为4.061，连续7年稳居Q1区，并入选2019年北京国际图书博览会（BIBF）庆祝中华人民共和国成立70周年精品期刊展；JSE 1篇论文获得第四届中国科协优秀科技论文;《植物生态学报》《生物多样性》被评为“百种中国杰出学术期刊”。

国内主要学术会议 2019年，学会下设各分支机构组织召开各类学术年会、研讨会、论坛等共6次，征集交流论文、报告449篇，参加会议人数超过1500人次。

4月9日，由学会兰花分会、兰花产业国家创新联盟、福建农林大学主办的首届兰科植物保育与利用国际研讨会在福建省福州市召开。100余位专家、学者围绕“兰科植物的系统演化”“进化生物学”“兰花产业化发展”等主题，分享与交流各国在兰科植物保育与利用方面的进展、经验与做法。

5月10—13日，由学会种子科学与技术专业委员会主办的第六届全国种子科学与技术学术研讨会在湖南省怀化市举办。会议集中展示近年来种子科学与技术的最新研究成果，120余名专家、学者围绕“种子发育与种子活力”“种子萌发与休眠”等主题进行探讨，创新研究策略与方法。

10月14—16日，由学会水生植物资源与环境专业委员会、江苏省植物学会主办的第二届全国水生植物资源与环境学术研讨会在江苏省宜兴市召开。会议共设置11个特邀报告、25个口头报告，以“生态优先、绿色发展”为主题，分析讨论水生植物资源和环境可持续发展的新思路、新技术和新方法。近80所科研机构、高校与企业的180位专家、学者和企业代表参加研讨会。

10月19—20日，由学会苔藓专业委员会和齐齐哈尔大学联合主办的2019中国苔藓植物学高端论坛在黑龙江省齐齐哈尔市召开。参加会议人员就“利用基因组数据重建藓类植物系统关系”“苔藓植物专科专属分类及区域多样性研究”“苔藓植物科学传播”等多个主题开展会议报告与交流。

12月1—4日，由学会药用植物及植物药专业委员会、中国植物生理与植物分子生物学学会植物代谢专业委员会、中国科学院华南植物园主办的第十六届全国药用植物及植物药学术研讨会暨第五届药食同源与植物代谢学术研讨会在广东省佛山市召开。来自国内外各大高校、科研院所、生产企业等150多个单位的380余名专家、学者和企业代表参加会议，以“中药资源可持续利用、促进科技成果转化”为主题，通过12个大会报告和39个专题报告，分享展示国内外药用植物与植物次生代谢最新研究成果和进展。

12月17—20日，由学会植物园分会联合中国植物园联盟等国内外植物园组织主办的2019年中国植物园学术年会在广西壮族自治区南宁市召开。大会主题是“健康中国与植物园建设”，近百名专家、学者围绕“‘一带一路’传统药物资源保护与可持续发展”“智慧植物园技术”“植物园的管理创新”等5个专题作近百场报告。来自中国55个植物园和欧洲、东盟8个国家和地区的政府相关部门、企业和有关行业近800名专家、学者和代表参加会议。

科普活动 为激励和引导广大植物科学工作者投身科普工作，学会制定科普工作奖励方案，并在2019年年底理事长联席会上完成2019年科普活动评选。

学会围绕国家食品安全工作，组建院士、理事长、科学家、志愿者科普团等多层级科普宣讲队伍，联合各省级植物学会，以“作物驯化与人类生活”为主题，在全国范围内开展“万人进校园”科普宣讲活动。2019年，江西省、新疆维吾尔自治区、山东省等近20个省、自治区、直辖市的百余名专家参与活动，共举办科普讲座159场，受众人数3.6万余人次，90%以上为中小学生。

5月，学会组织开展2019年“绿叶科科”全国植物科学科普短视频大赛。7月，学会举办科普短视频专题培训班，来自全国15个省、自治区、直辖市的60多位教师参加培训。截至活动结束，共收到20余家省级学会及7个专业委员会/分会推荐的120部作品，部分作品在抖音平台发布。在大众评选环节，累计访问量180万余次，点赞量20万余次。

学会所属15支科学传播团队，2019年赴陕西省、新疆维吾尔自治区、云南省、湖北省、广东省、北京等地举办讲座、培训、科学讲堂等形式多样的科普活动，依托中国科学院西双版纳热带植物园和中国科学院武汉植物园基地，全年累计参与活动人数 1800 余人次。

学会还新建微信公众号，开辟科普专栏，进一步加强科普信息化建设。

表彰举荐优秀科技工作者 学会与吴征镒科学基金会共同设立的吴征镒植物学奖，是中国首个植物学专业奖项，包含吴征镒植物学奖杰出贡献奖和青年创新奖两类人物奖，每两年评选一次。2019 年，学会评选出第二届吴征镒植物学奖杰出贡献奖 1 人和青年创新奖 2 人。

党建强会 12 月 23 日，学会党委组织“扎根边疆，献身植物科学”主题党日活动，在西双版纳热带植物园参观蔡希陶纪念馆，学习蔡希陶同志一生扎根边疆、献身植物科学事业的光辉事迹。学会有关负责人、副秘书长等 9 人参加此次活动。

会员服务 学会依托学会微信公众号建立会员管理系统，实现在线注册与审核、缴费与续费、制作电子会员卡等功能，为会员入会提供便利。及时更新学会网站和微信公众号，为会员推送学会年报、“万人进校园”科普宣讲活动课件等电子资料，定期发送 6 期学会《电子简报》；在广大会员范围内组织各类评奖申报和人才举荐等工作，加强与会员的联系。

【中国植物学会省级学会理事长联席会】 4 月 9 日，学会在陕西省西安市召开省级学会理事长联席会，中国科学院院士、学会理事长种康，11 位学会副理事长、副秘书长，以及来自全国 29 个省、自治区、直辖市的植物学会理事长、秘书长等共 70 余人参加会议。陕西省科协、中国科学院西安分院有关领导、中国科协科普部联络处负责人应邀出席会议。

种康介绍学会未来五年工作要点，部署“万人进校园”科普宣讲活动和全国植物科学科普短视频大赛等科普工作。学会副理事长巩志忠和副秘书长孔宏智介绍学会与省级学会科普工作联动方案和“万人进校园”科普宣讲活动情况。会上，还安排省级学会代表互相交流科普工作经验。

大会发布“植物科学助力国家绿色发展行动计划”倡议书，学会联合全国 30 个省级学会共同倡导广大植物科学家行动起来，为“建设美丽中国、共谋绿色发展”贡献力量。

活动得到人民网、新华网、光明网、西安新闻网、凤凰网陕西频道等 10 余家中央媒体和地方媒体报道。

【2019 年全国植物生物学大会】 10 月 11—14 日，学会联合中国植物生理与植物分子生物学学会、中国遗传学会、中国细胞生物学学会、中国作物学会共同主办的 2019 年全国植物生物学大会在四川省成都市召开。来自中国科学院、中国农业科学院、中国林业科学研究院相关研究所，北京大学、香港中文大学和日本东京大学等 200 余家单位的 2000 多名专家、学者参加会议。

大会以“植物科学与生态文明”为主题，聚焦农业、生态环境等领域面临的农牧业供给侧改革、粮食安全等重大问题，展示近年来在植物科学研究、植物育种与作物改良等关键技术研究等方面取得的成果。

中国科学院院士种康、方精云、陈晓亚，美国国家科学院院士朱健康等 10 余位国内外专家及 50 多位具有重要学术影响的学者和青年科学家，围绕光合与碳氮平衡、生物大分子结构、修饰与功能、植物生长发育的调控、植物细胞信号转导、植物对全球气候变化的响应、植物的系统与演化、植物生物学与交叉科学、作物驯化与分子育种，以及植物代谢、生化与分子生理 10 个方向展开研讨与交流，并组织主题报告、邀请报告、青年学者论坛、年轻 PI 沙龙及壁报展示等活动，收录论文摘要 244 篇。

大会闭幕式上颁发优秀墙报一等奖 2 名、二等奖 6 名、三等奖 10 名，宣布 2020 年全国植物生物学大会将由中国植物生理与植物分子生物学学会主办，举办地设在广东省深圳市。

【“万人进校园”科普宣讲活动】 “万人进校园”科普宣传活动是学会重点策划和推动的一项科普工作。2019 年，学会制定下发 5 年工作规划，组建多层级宣讲团和课件编写组，并针对不同群体编制专业版和中学版课件；聚焦“作物驯化与人类生活”主题，联合 30 个省级植物学会开展“万人进校园”科普宣讲活动。

6 月 5 日，学会理事长种康在浙江省举办首次讲座，2000 多名中学生听取科普报告。在 9 月全国科普日期间，各省级植物学会在理事长、秘书长带领下，全面启动“万人进校园”科普宣讲活动，围绕活动主题举办报告会近 40 场，受众人数超过万人次。

活动得到全国近 20 个省级学会的响应，“万人进校园”科普宣讲活动走进江西省、新疆维吾尔自治区、山东省等地各大中小学校开展宣讲，受众 3.6 万余人次。有近百家单位通过网站或微信公众号对科普宣讲活动进行宣传和报道。

【2019 年“绿叶科抖”全国植物科学科普短视频大赛】 学会在 5 月启动 2019 年“绿叶科抖”全国植物科学科普短视频大赛，以“传播植物科学、点亮绿色生活”为主题，旨在鼓励利用新媒体制作科普原创作品。

7 月 12 日，学会在江苏省南京市举办科普短视频专题培训班，邀请植物科普专家、抖音科普部负责人等相关科普专家和短视频媒介运营师授课，与学员分享植物科学科普作品的选题方法与立意经验，讲授并现场指导短视频拍摄经验和技巧等。来自全国各省级学会、专业委员会（分会）会员及短视频爱好者等 60 多位学员参加会议。

各省级学会参与活动，共提交作品 120 部。经初审、大众微信投票和理事投票 3 个环节，20 部作品进入会议评审。最终评选出金奖 1 个、银奖 3 个、铜奖 5 个；最佳人气奖 4 个、最佳摄影奖 1 个、最佳策划奖 1 个；先进省级学会 3 个、先进专业委员会 / 分会 1 个。

（撰稿人：姜　晔）

中国昆虫学会

服务创新型国家和社会建设　5 月 17—20 日，在中国科协 2019 年全国学会“党建强会计划”项目的支持下，学会组织专家在山东省临沂市沂水县烟草公司天敌繁育基地和烟草秸秆环境昆虫转化现场、沂水县四十里堡镇果业园区生物防治与物理防控技术示范基地、沂水县崔家峪镇环境昆虫转化农作物秸秆现场、沂水县黄山铺镇汇博园生物防治基地进行专业指导。传授如何用腐烂果实饲喂白星花金龟成虫，如何利用幼虫转化利用腐熟秸秆，如何利用幼虫过腹转化处理农业有机废弃物，实现资源合理利用，并产生经济价值。

学会组织专家通过多种形式进行害虫生物防治研究及应用技术调研，密切同行间的交流和沟通，不断改进和提升生物防治产品与技术，并推广应用于实际生产。包括完善规模化生产技术，在相关企业进行转让和技术服务；在全国范围内进行科普培训和推广应用改进简便高效的天敌增殖释放技术；为全国农业技术推广服务中心、有关省市农业推广部门及相关企业提供害虫生物防治相关的技术和专家支持；组织开展科技下乡、科技培训、技术咨询等，如积极组织生物防治研究，组织推广人员深入生产一线进行科普与技术培训工作。

学会组织专家在各类会议上作相关技术培训报告 20 余次，累计培训人员 3000 余人次；参加各类相关会议 18 次，其中组织 4 次，作大会报告 6 次。

学会建设　截至 2019 年 12 月，学会共有会员 13595 名，其中个人会员 13589 名，团体会员 6 个。会员由学会秘书处统一管理，由学会各分支机构、各省市昆虫学会发展会员。学会现设分支机构 28 个，分支机构的财务、账户纳入学会统一管理；分支机构年底向学会提交本年度工作总结和下一年度工作计划；以分支机构为第一主办单位的会议，所有经费往来都纳入学会账户。

青年人才托举工程　学会于 2019 年 9 月启动第五届中国科协“青年人才托举工程”项目的申报工作，有 8 名青年学者上报，学会通过常委会审阅上报的材料，评审出 3 名候选人接受中国科协生命科学学会联合体评审。中国科协生命科学学会联合体最终评选出中国科学院动物研究所助理研究员丁玎获得第五届“青年人才托举工程”项目扶持。截至 2019 年年底，经学会推荐已有 9 名青年学者获得中国科协“青年人才托举工程”项目资助。

主办期刊　学会主办 *Insect Science*（《昆虫科学》）、《昆虫学报》、《动物分类学报》（中英文混排，合办）、《应用昆虫学报》、*Entomotaxonomia*（《昆虫分类学报》）、《寄生虫与医学昆虫学报》（合办）和《环境昆虫学报》（合办）7 种期刊，共发行 36280 册，发表文章 699 篇，完成 2019 年度出版任务。

《昆虫科学》2019 年出版昆虫基因编辑学术专刊；《环境昆虫学报》策划专栏 10 期，分别为草地贪夜蛾、昆虫多样性、入侵害虫、天敌昆虫研究与应用等专栏；《应用昆虫学报》出版专栏 6 期，分别为捕食性天敌、寄生性天敌、实蝇、蜱螨、资源昆虫和果树害虫专栏。

《昆虫科学》获得 2019 年中国科技期刊卓越行动计划领军期刊项目支持。《环境昆虫学报》获得国家新闻出版署出版融合发展（武汉）重点实验室 2019 年度“学术期刊融合出版能力提升计划”项目资助。

《昆虫科学》为 SCI 源期刊，影响因子 2.710（JCR，2018），在国际昆虫学期刊中排名前 10（10/98）。根据《2019 年版中国科技期刊引证报告（核心版）》，《昆虫学报》总被引频次 2046 次，影响因子 0.839，在昆虫学、动物学期刊中排名第一。

国际学术会议 2019年，学会主办（含联合主办）国际会议4次：第六届国际蚊虫及虫媒病监测和防治学术研讨会暨第十二届全国医学昆虫学学术讨论会，第四届国际昆虫基因组学大会暨第七届国际昆虫生理生化与分子生物学学术研讨会，第十六届中国昆虫学会分类与区系学术会议暨第二届昆虫系统学与进化生物学国际研讨会，第二届国际害虫综合治理学术研讨会。参加会议人数1414人次，交流论文751篇。

国内主要学术会议 2019年，学会举办11次国内学术会议：中国昆虫学会2019年学术年会，中国昆虫学会昆虫生态专业委员会2019年学术交流暨贵州绿色农业发展研讨会，2019年中国昆虫学会青年学者论坛，2019年全国害虫生物防治学术研讨会，中国昆虫学会第十二届全国蜱螨学学术讨论会，2019全国入侵害虫绿色防控论坛，泰山学术论坛–第五届昆虫发育与遗传高峰论坛，第四届中国昆虫学会传粉昆虫学术研讨会，昆虫与绿色农业发展和农村环境治理学术研讨会，第一届昆虫比较免疫与互作学术研讨会，全国第十二届城市昆虫学术研讨会。参加会议人数2905人次，交流论文757篇。

科普活动 2019年，学会联合湖北科学技术出版社举办第六届全国昆虫摄影比赛，共收到来自广东、云南、辽宁、江苏、北京等25个省、自治区、直辖市的昆虫摄影作品2762幅。经专家评审，评出一等奖4幅、二等奖8幅、三等奖39幅、优秀奖22幅。在中国昆虫学会2019年学术年会上进行优秀摄影作品展览，参观人数超过1000人次。

学会开展第二十七届“科技之春”宣传月系列活动，围绕“科技引领未来，创造美好生活”主题，600余名学生率先参与首场科普体验活动。开展“礼赞共和国·追梦新时代——科技志愿服务行动”活动，聚焦“外来入侵昆虫的威胁，出国游，生物安全不能忘”主题，引导公众树立生物安全意识，构筑国门安全生物防护墙。在国际博物馆日和中国旅游日举办“壮丽新中国·芳华蝶变”献礼祖国70华诞暨博览园第七届蝴蝶文化季启动仪式，参观人数1000余人次。

表彰举荐优秀科技工作者 在中国昆虫学会2019年学术年会开幕式上举办中国昆虫学会第九届青年科学技术奖颁奖仪式，姜枫、李虎、林晓丹、刘杨、潘洪生、王然、杨念婉、乙天慈、翟一凡、赵婉10位青年昆虫工作者获得中国昆虫学会第九届青年科学技术奖。

党建强会 在中国科协2019年全国学会“党建强会计划”项目的支持下，学会党委结合“党建+学术+服务基层”，开展一系列党建强会的特色活动。5月17—20日，学会党委在山东省临沂市沂水县开展专题学习活动，结合昆虫与农业绿色发展和农村环境治理学术研讨会的学术活动，围绕中国科协深化“1-9-6-1”的战略布局，把党建工作与学会工作相结合，提升学会“四服务”的能力，充分发挥学会党组织的政治引领作用。

会员服务 2019年，学会编辑出版《中国昆虫学会2019年学术年会论文集》和《中国昆虫学会通讯》第42期，并将电子版上传学会网站，帮助广大会员了解学会动态和学术交流成果，同时利用学会网站开展学术互动交流。

【中国昆虫学会2019年学术年会】 8月27—30日，中国昆虫学会2019年学术年会在广西壮族自治区桂林市召开，从事科研、教育和应用推广工作的1200多名专家、学者及在读研究生出席会议。会前收到论文168篇，录用论文摘要139篇。作特邀大会报告10个，设分会场9个，分会场报告231个，同时在大会场设置墙报区和昆虫摄影展区，展出墙报38个、昆虫摄影作品32幅。开幕式上颁发3个奖项：中国昆虫学会第三届中国昆虫学终身成就奖、中国昆虫学会第九届青年科学技术奖、2019年第六届全国昆虫摄影比赛奖。年会采取“会、展、赛”三位一体的会议交流模式，拓展和扩大与企业之间的合作渠道与合作范围，有利于加大技术推广力度和促进产学研结合。

【提升 *Insect Science*（《昆虫科学》）国际影响力】 学会主办的英文版期刊 *Insect Science*（《昆虫科学》）的影响因子为2.710（JCR，2018），在国际昆虫学期刊中排名前10（10/98）。2019年收稿400篇，发表论文93篇，总页码1062页。2019年采取出版时间节点提前的办法，缩短论文从在线出版到纸质出版的时间，上半年提前完成全年6期的出版任务。编辑部在中国科技期刊影响力提升计划的支持下，资助15篇文章开通开放获取出版，以提高期刊显示度。2019年第6期出版昆虫基因编辑学术专刊，发表综述文章1篇、研究论文14篇，集中反映中国在昆虫基因编辑领域的最新进展，以及基因编辑的研究前沿热点。编辑部通过E-mail向全球13000多名昆虫学研究人员发送文章目录及全文链接，邮件打开率为14.6%。在学会主办的会议上通过邀请参加会议人员扫描二维码关注“昆虫科学”微信公众号，赠送样刊；为第四届国际昆虫基因组学大会暨第七届国际昆虫生理生化与分子生物学学术研讨会提供昆虫基因编辑学术专刊，作为会议资料。“昆虫科学”微信公众号2019年推送文章50篇，平均每篇推文阅读量400次。每篇文章附有原文阅读链接，点击量篇均6次。公众号关注人数从2018年的3500余人增加到4100余人。

（撰稿人：孟晓星）

中国微生物学会

服务创新型国家和社会建设 2019年，学会秘书长东秀珠受国家自然科学基金委员会委托，撰写《微生物学“十四五”规划调研报告》。该调研报告将对中国未来5～10年的微生物学学科发展起到战略指导作用。

11月15—18日，针对北京鼠疫病患的突现，学会在浙江省湖州市德清县举办21世纪第七届全国人兽共患病新技术培训暨中国微生物学会人兽共患病病原学专业委员会成立40周年学术论坛，旨在关注鼠疫疫情与中国新型传染病的突发和防治，对中国疾病预防、疫苗的研发以及加速科技成果转化具有重要意义。

11月24—26日，学会举办第一届全国根际微生物学术研讨会。会议以“根际微生物与农业绿色发展”为主题，围绕根际微生物研究新技术、资源筛选、植物-微生物互作机理、根际微生物与土壤修复及健康、根际微生物资源产业应用前景和微生物肥料产业的发展方向等展开交流，对推动农业微生物服务于生产实践的产学研结合具有重要意义。

学会建设 截至2019年12月，学会会员总数18700余名。

主办期刊 学会主办的期刊有《微生物学报》《生物工程学报》《病毒学报》《中国人兽共患病学报》《微生物学通报》《微生物学杂志》和*Virologica Sinica*（《中国病毒学》）7种。英文期刊*Virologica Sinica*影响因子为2.467，比2018年略有提升。《生物工程学报》入选由中国科协、财政部、教育部、科技部、国家新闻出版署、中国科学院、中国工程院七部委组织实施的中国科技期刊卓越行动计划项目。

国内主要学术会议 2019年，学会及所属专业委员会共组织各类学术会议17次，参会人数9600余人次。其中针对国家长远发展战略和突发事件而召开的学术会议数量增加，专业委员会举办的学术会议交叉性明显。各专业委员会充分利用学术研讨会的举办召开专业委员会委员会议，制定活动计划和发展方向。

10月11—15日，2019年中国微生物学会学术年会在山东省济南市召开。来自全国370多个单位的1200余名微生物学工作者和会员代表参加大会。大会编录《论文摘要集》，共编入437个报告摘要、论文摘要和墙报摘要，其中包括1个前辈事迹报告、4个大会报告、1个学者面对面报告、29个主旨报告、91个分会场报告和16篇前沿热点论坛报告。年会围绕“微生物与生命科学前沿”主题，设置4个主题分会场，分别为“微生物资源与微生物组学”“病原微生物与健康”“环境微生物与环境生物技术”和“微生物生理代谢与合成生物学”，共有142位专家、学者作学术报告；增设“非洲猪瘟防控的现实与挑战”“未培养微生物的认识和分离培养”和“CRISPR分子机制与基因编辑利用前沿热点”论坛，共有16位专家、学者围绕前沿热点进行交流和研讨。中国海洋大学教授张晓华作题为《记我国著名海洋微生物学家“未培养微生物学先驱”徐怀恕先生》的前辈事迹报告。山东大学教授张友明、军事科学院军事医学研究院军事兽医研究所研究员扈荣良、上海交通大学教授王风平和中国科学院城市环境研究所研究员朱永官分别作题为《大片段DNA克隆和转移技术及其应用》《非洲猪瘟病毒及致病特性和防控措施》《海洋深部古菌及其推动的地球化学元素循环》和《环境中微生物和抗生素耐药基因的扩散与传播》的大会特邀报告。

12月12—13日，由广东省科学院、中国微生物学会和广东省微生物研究所共同主办的首届粤港澳大湾区微生物资源调查暨未/难培养微生物分离与培养技术研讨会在广东省广州市召开。来自全国21个省、自治区、直辖市的102家高校、科研院所、政府部门和企业单位的400余名专家、学者参加会议。会议围绕“粤港澳大湾区微生物资源调查行动与方案”和“未/难培养微生物分离与培养的技术与方法”两个主题，针对不同生境的微生物资源调查，未/难培养微生物技术与方法，装备的前沿、现状与瓶颈等热点问题作报告。会议立足粤港澳大湾区丰富的热带亚热带微生物资源，针对制约战略微生物种质资源分离培养的关键技术难题、“卡脖子”技术，提出规划和设想，对难培养微生物分离的“卡脖子”技术进行研讨，旨在积极抢占微生物资源研究的技术高地，推动整个产业链的革新，推进国家重大战略的实施。

7 月 28—29 日，第十三届全国病毒学学术研讨会在黑龙江省哈尔滨市举办。会议由学会病毒学专业委员会、哈尔滨医科大学共同主办，哈尔滨医科大学基础医学院及哈尔滨医科大学伍连德研究所承办。会议吸引来自全国 27 个省、自治区、直辖市的高校、科研院所、临床医院及疾控中心等 280 余个单位的病毒学家及青年学者近 1000 人参加。会议共设 9 个专题，涵盖基础病毒学、医学病毒学、动物病毒学和植物病毒学等领域，包括 80 多个会议报告，近百个墙报交流。此次会议恰逢伍连德诞辰 140 周年之际，特设报告，纪念中国微生物学先驱、病原学家、中国现代医学的奠基人之一伍连德，以及中国医学科学院北京协和医学院原院长、病毒学家顾方舟。

科普活动 2019 年，学会获得科技部颁发的“科技活动周”荣誉证书。

学会科普工作委员会专家在北京、浙江、山东、山西、黑龙江、广东和安徽等地，为中小学生、社会公众和公务员共作 72 场科普报告，直接听众超过 27061 人次。在国家级贫困县——山西省晋中市和顺县、黑龙江省齐齐哈尔市泰来县和安徽省六安市金寨县等开展科技扶贫工作，举办 10 场科普讲座，惠及师生约 2763 名。

学会酶工程、微生物生物安全和兽药与动物食品安全科学传播团，分别组织专家赴广西壮族自治区河池市南丹县和河池市金城江区多所学校举办科普进校园活动，举办多场科普讲座，13000 余名师生参加系列活动。

中国农业微生物科普馆无偿接待参观者 2 万余人次，包括小学生及家长、高等院校师生、全国基层党员及边疆少数民族优秀村党支部书记（4000 余人次），政府、国有企业及事业单位人员（580 余人次），以及农民朋友（5000 余人次）等。

党建强会 10 月 12 日，在 2019 年中国微生物学会学术年会上，东秀珠代表学会党委向全体党员汇报总结 2019 年学会在学术交流、科学普及、会员服务、人才举荐、期刊建设、政府职能承接、组织工作、项目申请和财务报告等方面的工作，以及 2020 年准备开展的主要工作。各位党员围绕人才培养、学术交流、期刊建设和学术年会各个板块的形式和内容创新等发表意见和建议；对理事会和常务理事会所讨论的各项议程进行审议；通过理事会和常务理事会的各项决议；对理事会、常务理事会和学会 2020 年的各项工作提出建议。在会议期间，组织党员围绕“不忘初心、牢记使命”主题开展教育活动，集中学习党中央颁布的一系列文件精神。

【中国科协第 381 次青年科学家论坛暨第十一届全国微生物学青年学者学术研讨会】 9 月 20—23 日，由中国科协学会服务中心、学会普通微生物学专业委员会和重庆市微生物学会主办，西南大学药学院承办的中国科协第 381 次青年科学家论坛暨第十一届全国微生物学青年学者学术研讨会在重庆市召开。来自全国 50 多个单位的 200 余人参加会议，包括近 10 名国家杰出青年科学基金获得者，20 多名国家自然科学基金优秀青年科学基金项目获得者、长江学者奖励计划青年学者和海外高层次人才引进计划青年项目获得者等。

论坛突出新时期微生物学研究的“知”与“行”，以微生物领域内面临的重大科学问题、科技前沿和关键技术为切入点，就微生物学及学科交叉领域所涉及的基础创新、技术革新和应用推广等方面的机遇与挑战展开研讨。大会设置微生物代谢与合成生物学、微生物与大健康、微生物与环境和微生物与交叉科学研究四大议题，邀请 43 位专家作大会报告。

（撰稿人：王　旭）

中国生物化学与分子生物学会

服务创新型国家和社会建设 11 月 22—25 日，由学会主办的第三届中国生物化学与分子生物学微课公开赛（三联杯）暨第二届优秀教师训练营活动在广东省广州市召开。会议邀请国内一线教师开展教学设计策略方法等讲座并进行示范授课。训练营为生物化学与分子生物学教师提供学习和探讨教学思路、教学设计和教学方法的平台。培训结束后由学会颁发结业证书并按照规定办理继续教育学分证明。

学会建设 截至 2019 年 12 月，学会发展个人会员 2550 人，学会会员总数 14782 人。召开常务理事会议 2 次，理事会议 1 次；分支机构负责人会议 1 次，地方学会负责人会议 1 次。完成学会酶学专业分会、基础医学专业分会、基因专业分会的换届工作。

10 月 24 日，为推进组织建设，加强对分支机构的管理工作，学会召开 2019 年度分支机构负责人暨省市学会负责人会议 1 次。分支机构管理工作组、17 个分支机构代表，22个省市学会负责人参加会议。学会副理事长兼秘书长、中国科学院上海生物化学与细胞生物学研究所主任刘小龙介绍自2018年以来开展的分支机构改革的工作进展、工作流程以及改革要求。学会基础医学专业分会、酶学专业分会分别介绍换届及改制情况。与会人员就改革中遇到的共性问题进行讨论。此外，以华东六省一市生物化学与分子生物学会学术交流会及泛环渤海生物化学与分子生物学会学术交流会的开展情况为例，为区域性会议交流提供经验。

学会编撰出版《中国生物化学与分子生物学会2019年工作年报》，纸质版及电子版同时发行。

国际学术会议 2019年，学会共组织召开2次国际学术会议。8月12—15日，第六届吴宪吴瑞国际学术研讨会暨第十一届全国医学生物化学与分子生物学学术会议、第八届临床应用生物化学与分子生物学联合学术讨论会在云南省昆明市召开，参会人数约300人；11月22—23日，第四届炎症与肿瘤－蛋白质组学（国际）研讨会在广东省广州市召开，参会人数约400人。

国内主要学术会议 2019年学会共组织召开17次国内学术会议，参会人数超过6000人次。

10月24—27日，由学会主办的中国生物化学与分子生物学会2019年全国学术会议暨学会成立四十周年庆在山西省太原市召开，参会人数近1500人次。

11月1—3日，由学会等联合主办的第四届全国生物化学与分子生物学会基础医学专业分会青年论坛暨第五届泛华南地区生化与分子生物学联合年会在广东省深圳市召开，参会人数约100人次。

1月11—14日，由学会教学专业分会主办的医学分会教学研讨会在黑龙江省哈尔滨市召开，参会人数50人次。

4月24—25日，由学会糖复合物专业分会等主办的首届糖复合物研究前沿网络学术大会（线上会议）在上海市召开，参会人数约1500人次。

5月11—12日，由学会核糖核酸（RNA）专业分会主办的第一届全国核糖核酸（RNA）青年学术会议在北京召开，参会人数约200人次。

5月25—26日，由学会蛋白质组学专业分会、学会糖复合物专业分会主办，复旦大学承办的2019年临床蛋白质组学和糖组学学术研讨会在上海市召开，参会人数约300人次。

7月12—15日，学会教学专业分会第三届生化教学青年论坛在黑龙江省齐齐哈尔市召开，参会人数约120人次。

8月1—3日，由学会糖复合物专业分会主办的糖科学研究前沿和转化研讨会在上海市召开，参会人数20人次。

8月2—4日，由学会蛋白质专业分会主办，哈尔滨工业大学生命科学与技术学院、生命科学中心承办的第七届全国跨学科蛋白质研究学术讨论会在黑龙江省哈尔滨市召开，参会人数约400人次。

8月8—11日，由学会农业生物化学与分子生物学分会主办的全国农业生化与分子生物学第18次学术研讨会暨农业分会成立30周年庆祝活动在浙江省杭州市召开，参会人数近400人次。

8月9—12日，由学会工业生物化学与分子生物学分会、学会海洋生物化学与分子生物学分会等联合主办的全国工业生化与海洋生物化学工程药物学术交流会议暨陆地与海洋生物技术高级论坛在江西省上饶市召开，参会人数约190人次。

8月11—14日，由学会酶学专业分会主办的第十四届全国酶学学术讨论会在贵州省遵义市召开，参会人数约300人次。

8月14—19日，由学会中医药生物化学与分子生物学分会主办的中医药生物化学与分子生物学分会2019学术年会在黑龙江省牡丹江市召开，参会人数50人。

8月19—20日，由学会生物技术专业分会主办的中国生物化学与分子生物学会生物技术专业委员会2019年度学术研讨交流会暨委员会议在上海市召开，参会人数约70人次。

9月17日，由学会脂质与脂蛋白专业分会主办的“脂进新疆”学术交流在新疆维吾尔自治区召开，参会人数约50人。

9月21—22日，由学会分子系统生物学专业分会等联合主办的第一届全国系统生物学大会在上海市召开，参会人数约500人。

12月12—15日，由学会基因专业分会主办的第十三次全国基因功能与表观遗传调控学术研讨会在广东省深圳市召开，参会人数约200人。

国际交往 3月1日，亚洲及大洋洲生物化学家和分子生物学家联盟（Federation of Asian and Oceanian Biochemists and Molecular Biologists，FAOBMB）执委会会议在广东省深圳市举办。会议由学会承办，深圳大学医学部协办。亚洲及大洋洲生物化学家和分子生物学家联盟的6位执委分别来自中国、日本、澳大利亚、菲律宾、马来西亚和泰国。学会常务理事兼副秘书长刘小龙、中国科学院上海生物化学与细胞生物学研究所研究员丁建平和学会常务理事、深圳大学医学部主任朱卫国作为观察员参加会议。执委会对FAOBMB各方面的工作进行讨论和决议，涉及已召开学术会议、财务状况、各类奖项、未来学术会议、教育、会员发展、执委的换届选举等各项事务。丁建平就2022年第29届FAOBMB会议的筹备情况作汇报。

8月19—22日，第27届FAOBMB大会暨第44届马来西亚生物化学与分子生物学会会议在马来西亚吉隆坡召开。FAOBMB现任主席、学会监事长、北京大学教授昌增益，学会监事、中国科技大学教授周丛照及2019年度FAOBMB教学奖获得者、西安交通大学教授卢晓云参加会议。

10月24—27日，中国生物化学与分子生物学会2019年全国学术会议在山西省太原市召开期间，英国生物化学学会（Biochemical Society）代表团一行3人到访并赞助2019年全国学术会议青年科学家论坛。闭幕式上，英国生物化学学会主席Charles Peter Downes与学会第十二届副理事长隋森芳、蒋澄宇、汤其群共同颁发青年科学家论坛奖。

科普活动 学会响应科技部、中共中央宣传部、中国科协举办2019年科技活动周的号召，在全国各省市学会及学会各分支机构发出开展2019年学会科普活动月的倡议。5月，全国共有23个省、直辖市的70余家高校实验室和医院结合自身特色举办相关主题科普活动。活动形式包括科普报告、实验观摩、展板介绍、疑问解答、动手操作、发放宣传手册和免费检测等。部分单位还提供免费参观服务，诸如杭州医学院人体标本馆、温州医科大学人体科学馆、山西医科大学生命科学馆、大连理工大学植物标本室和动物标本室等科普场馆。科普受众包括研究生、大学生、中小学生、学龄前儿童和社区居民等，共计1万余人次。学会向开放实验室提供经费支持，发放志愿者证书850余份。

表彰举荐优秀科技工作者 北京生命科学研究所邵峰获得第十二届谈家桢生命科学成就奖；北京大学陈鹏和中国科学院生物物理研究所柳振峰获得第十二届谈家桢生命科学创新奖；西安交通大学卢晓云获得2019年度亚洲及大洋洲生物化学家和分子生物学家联盟（FAOBMB）教学奖；上海科技大学饶子和团队的研究项目“揭示抗结核新药的靶点和作用机制及潜在新药的发现”和中国科学院动物研究所周琪团队的“lincGET不对称表达引发小鼠2-细胞期胚胎细胞的命运选择”入选2019年度中国生命科学领域十大进展；中国科学院生物化学与细胞生物学研究所林昶东和复旦大学附属中山医院熊雪莲入选第五届“青年人才托举工程”项目。

学会共奖励人才800余人，包括2019年度郑集-张昌颖青年优秀论文奖获得者4人；2019年度叶惠兰青年学生参会奖获得者5人；中国生物化学与分子生物学会2019年青年科学家论坛奖获得者20人；2019年全国生化大会优秀墙报奖获得者20人；2019年度罗氏大学研究基金获得者10人；奖励科普志愿者850余名。

党建强会 2019年学会党委实施党建强会计划，将党的工作项目化、业务化，在学会主体业务中融入党的元素，发挥学会党组织和广大党员专家的作用，激发理事和会员参与党建工作的积极性。在学会党委的倡议下，通过企业讲座、工厂参观、贫困地区帮扶等活动，倡导科技进基层；联合多个地方学会开展助力活动，发挥学会党员专家的资源优势，帮扶帮困，为学会党组织营造基层氛围。

会员服务 2019年，学会入会会员2550名。学会完善会员入会服务系统，开通微信注册会员功能。制作学会简报，定期推送给会员，方便会员及时了解学会工作动态及活动信息。对会员实行参会费减免制度，减免幅度一般在20%左右，同时提供免费寄送刊物、免费发放CNKI论文数据库检索卡等服务。年底制作2019年年报和2020年工作手册，免费发放邮寄给会员。

【中国生物化学与分子生物学会2019年全国学术会议暨学会成立四十周年庆】 10月24—27日，中国生物化学与分子生物学会2019年全国学术会议暨学会成立四十周年庆在山西省太原市召开。会议由学会主办，山西省生物化学与分子生物学会、山西医科大学、山西大学、中国科学院生物化学与细胞生物学研究所、上海市王应睐生物化学与分子生物学发展基金会共同承办，主题为“生物化学新时代”。

大会于10月25日开幕，由学会副理事长兼秘书长刘小龙主持。学会理事长李林，学会第九、第十届理事长王志新和副理事长赫荣乔，学会第十二届副理事长隋森芳、邵峰、蒋澄宇、林圣彩、汤其群、许瑞明，山西医科大学校长李思进，大会特邀报告人中国科学院院士饶子和、李蓬等专家，国家自然科学基金委员会生命科学部生物物理与生物化学项目主任李硕，英国生物化学学会代表，*Journal of Biological Chemistry*（《生物化学期刊》）团队，以及来自全国科研院所、高等院校的1480人参加会议。

会议分设“RNA与生命调控”“糖脂生物学”“蛋白质功能与修饰”“代谢网络与稳态”“应用生物化学与新技术”“生物化学教育”6个专题，作专题报告106个、青年论坛报告20个，分享2019年生物化学与分子生物学领域的新方向和新进展。

闭幕式上颁发青年科学家论坛奖、优秀墙报奖、叶惠兰青年学生参会奖、郑集－张昌颖青年优秀论文奖和罗氏大学研究基金入围人选等。

【第三届中国生物化学与分子生物学微课公开赛（三联杯）暨第二届优秀教师训练营】 11月22—25日，第三届中国生物化学与分子生物学微课公开赛（三联杯）暨第二届优秀教师训练营活动在广东省广州市召开。活动由学会、中山大学中山医学院、江苏三联生物工程有限公司主办，学会教学专业分会、广东省生物化学与分子生物学会共同承办。来自全国23个省市学会推荐的25名选手参加微课公开赛，约150位青年教师参加优秀教师训练营活动。微课公开赛以“生物化学与分子生物学”为主题，由各参赛教师通过现场授课的方式进行角逐。每位参赛选手限时15分钟，通过模拟教学的方式进行课件展示、板书设计、语言及肢体的表达等，并由评审专家及全体参会人员根据教学态度、教学内容、教学方法与手段、教学能力与艺术等评估标准综合打分。公开赛共产生一等奖4名、二等奖10名、三等奖11名。在微课公开赛结束之后，举办名师示范授课与专家教学讲座相结合的培训活动，受训对象为全国各高校从事生物化学与分子生物学教学的156名一线教师。

（撰稿人：孙晓丽）

中国细胞生物学学会

服务创新型国家和社会建设 2月26日，学会发布《人胚胎干细胞》团体标准。该标准由学会干细胞生物学分会组织制定，是中国首个针对胚胎干细胞的产品标准，于2019年8月6日起正式实施。

9月16日，第二届“一带一路”国际遗传工程小鼠应用和表型分析技术培训班在江苏省南京市开班，来自尼泊尔、巴基斯坦、也门、泰国、斯里兰卡5国共14位学员进行学术交流和探讨。课程包含理论和实践两部分，26位专家通过专业讲座结合相应实验操作，提升学员对小鼠模型各类表型分析的专业知识和技能，推动以遗传工程小鼠为模型的“一带一路”沿线国家的国际合作应用转化。

学会建设 4月10日，学会在天津市召开第十七次全国会员代表大会，完成学会第十二届理事会和第二届监事会换届选举工作，中国科学院院士陈晔光当选为第十二届理事会理事长，高翔当选为第二届监事会监事长。2019年，学会共召开2次理事会议，3次常务理事会议，1次分支机构工作会议，2次地方细胞生物学会工作会议。4—11月，根据学会分支机构管理和换届流程，学会所属13个专业分会和7个工作委员会完成换届改选。11月27日，经学会常务理事会批准，新设伦理工作委员会、标准工作委员会。截至2019年12月31日，学会新增个人会员2500人，新增企业团体普通会员8家、地区团体会员1家，退出企业团体会员2家，学会团体会员总数达33家。

学会被评为2018年度中国科协综合统计调查工作优秀单位、2019年度全国学会科普工作优秀单位，获得中国科协2019年学会工作知识竞赛优秀组织奖、总决赛中参赛代表队获三等奖，以及2019闪耀之星——科技界年度最具影响力组织评选第三名。

学会治理结构和治理方式改革 完善学会下属分支机构管理条例，对分支机构活动组织、财务收支、活动设奖等方面的管理规定进行修订细化。加强学会及分支机构财务规范化管理，制定学会财务管理实施细则，明确学会财务核销的流程和核销标准。

青年人才托举工程 4月11日，学会2019年“青年人才托举工程”项目汇报会议在天津市召开。第一届至第四届的8位“青年人才托举工程”项目入选者依次汇报各自项目的进展情况，由学术委员会和学术导师共9位专家组成的评估组对入选者的工作进行综合考评和指导建议。

10月，学会完成第二届“青年人才托举工程”项目结题工作，并同时启动第五届“青年人才托举工程”项目候选人的推荐遴选工作，最终向中国科协生命科学学会联合体择优推荐陈显军等3位候选人。

胡彦如和李元元两位“青年人才托举工程”项目入选者获得2019年度国家优秀青年科学基金项目资助。

主办期刊 1月起，学会正式成为 *Cell Regeneration*

(《细胞再生》）主办单位，由陈晔光担任主编。该刊为英文开放获取（OA）期刊。2019 年成立新的编辑团队，重组编委会，新设立“干细胞与基因编辑”“模型生物的器官再生”等专辑，重新确定期刊方向。*Journal of Molecular Cell Biology*（《分子细胞生物学报》）2019 年正式改为月刊，并且以完全开放获取模式出版。*Cell Research*（《细胞研究》）2019 年最新 SCI 影响因子达 17.848，入选中国科技期刊卓越行动计划领军期刊类项目，共有 4 篇论文入选第四届中国科协优秀科技论文遴选计划。*Cell Discovery*（《细胞发现》）自 2015 年创刊即采用全新开放获取模式，2019 最新 SCI 影响因子已经升至 4.6。《中国细胞生物学学报》创刊 40 周年，设立创刊 40 周年和科学人生两个特色专栏。

学科发展工程 在中国科协 2019 年重大科学问题和工程技术难题征集活动中，学会共有 13 位专家参与难题建议撰写，24 位专家参与评审，提交 10 个问题难题，最终“细胞器之间的相互作用”和“单细胞多组学技术”2 个问题难题被中国科协重点发布。

决策咨询 9 月 18 日，中国细胞生物学学会重大科学问题和工程技术难题系列座谈会在北京召开。会议针对 2018 年、2019 年入选的 3 个问题难题，邀请难题作者以及相关领域资深专家围绕入选问题难题的研究进展情况、面临的主要问题、应用情况与政策建议进行座谈研讨，最终形成决策建议报告提交给中国科协。

国际学术会议 2019 年，学会共举办 5 次境内国际学术会议：2019 国际衰老生物学大会、第五届世界时间生物学大会、2019 年昆明国际肿瘤研究论坛、2019 中德癌症转化医学前沿研讨会和第十届 DNA 损伤应答与人类疾病国际研讨会。参会人数 1370 人次，交流报告 233 个，收录摘要 278 篇。

4 月 25 日，第五届世界时间生物学大会在江苏省苏州市召开。历时 4 天，设置 5 个主题报告和 16 个分会场，开设生物节律科普课程。来自 19 个国家和地区的 300 余人次参加会议。共有 50 余位国外专家及 20 余位国内专家受邀作报告，包括美国国家科学院院士 2 名及中国科学院院士 2 名。

国内主要学术会议 2019 年，学会共举办 15 次国内学术会议：中国细胞生物学学会第十七次全国会员代表大会暨 2019 年全国学术大会·天津，中国细胞生物学学会神经细胞生物学分会青年前沿论坛，第九届发育生物学金陵会议、国家生命组学数据应用：挑战、安全与应对研讨会暨中国细胞生物学学会功能基因组信息学与系统生物学分会第三届工作委员会会议，2019 年第一届全国细胞器生物学研讨会，第三届泛素 - 蛋白酶体与细胞稳态调控研讨会，2019 年第九届 Hippo 信号通路全国大会，第二届全国肿瘤细胞生物学年会，2019 年表观遗传与染色质生物学大会，中国干细胞第九届年会，中国细胞生物学学会细胞代谢分会首届学术会议暨基金委重大项目肿瘤代谢大会，第八届神经细胞生物学前沿研讨会，第一届中国细胞骨架前沿学术会议，第一届中国细胞生物学学会西部会以及淋巴细胞前沿研究进展研讨会。参会人数 6074 人次，交流口头报告 648 个，收录摘要 945 篇。

9 月 19 日，由学会干细胞生物学分会主办的中国干细胞第九届年会在天津市召开，主题是“干细胞研究与转化——蓄势待发”。中国科学院院士季维智担任大会主席并出席开幕式致辞。会议共设置 6 个分会场，干细胞相关领域报告 79 个，包括大会报告 8 个，分会场主题报告 59 个，青年论坛报告 12 个，参会人数近 1600 人。

国际组织任职 学会生物节律分会代表中国加入世界时间生物学家联合会（World Federation of Societies for Chronobiology，WFSC），会长徐璎和副会长张二荃均任执委。学会资深理事张宏任国际细胞生物学联合会（International Federation for Cell Biology，IFCB）副主席。学会副监事长丁小燕任亚洲及太平洋地区细胞生物学学会联合会（Asian-Pacific Organization for Cell Biology，APOCB）秘书长和 IFCB 执委。

国际交往 12 月 7 日，中国细胞生物学学会｜美国细胞生物学学会（CSCB ｜ ASCB）2019 年联合专场学术研讨会在美国华盛顿召开。来自中国、美国与欧洲的学者围绕“膜性细胞器接触点与互作动力学”“膜性与无膜细胞器互作与细胞可塑性调控”和“细胞器接触点与冷冻电镜三维重构”3 个主题分享各自的研究思路和成果，并共同展望未来 ASCB ｜ EMBO ｜ CSCB 三方合作思路。学会副理事长宋保亮率团出席，大会由学会对外交流委员会主任姚雪彪和美国细胞生物学学会前会长 Jennifer Lippincott-Schwartz 共同主持，300 人参加。

科普活动 2019 年，学会新增上海市七宝中学 1 家科普基地。动员专业分会邀请专家撰写原创科普文章 25 篇，通过学会“细胞世界”微信公众号发布，单篇最高浏览量达1644次。

4月9日，学会在天津市举办科普大师校园行活动，邀请6位科普专家进入当地7所高校、中学作科普报告，近千名师生听取报告。

5月，举办中国细胞生物学学会2019年全国联动实验室开放日活动，共有170家实验室和1个科普基地向公众开放，覆盖全国15个省、自治区、直辖市，受众近2万人次。

9月，举办中国细胞生物学学会第八届显微摄影大赛，共收集显微照片44幅，其中有14幅获奖。获奖照片及科普解说被制作成2020年公益台历，免费赠送给科技工作者。

10—12月，举办2019年诺贝尔生理学或医学奖解读活动14次，主要形式为科普报告、人文对话和专家访谈，受众8465人次。

表彰举荐优秀科技工作者 正式设立中国细胞生物学学会创新奖，下设终身贡献奖、杰出成就奖和青年科学家奖3个子奖项。2019年评选出中国科学院院士李家洋获终身贡献奖，邓宏魁、张宏获杰出成就奖，刘颖、郭国骥获青年科学家奖，王迪等3人入围。

4月12日，中国细胞生物学学会第十七次全国会员代表大会暨2019年全国学术大会·天津评选出青年优秀论文奖一、二、三等奖4人，青年教师讲课比赛优胜奖一、二、三等奖5人，优秀墙报奖20人，普洛麦格创新奖2人。

推荐第十六届中国青年女科学家奖、2019年度未来女科学家计划、2019年度谈家桢生命科学奖共计6位候选人。推荐4项成果入选2019年度中国生命科学十大进展。

学会创新发展 以学会分支机构到期换届为契机，鼓励新一届理事选择加入一个学会工作委员会，参与学会各项工作的组织开展。细胞黄浦（WLLA）研修班积累一批细胞生物学领域优秀青年科学家，成为专业分会增补委员的重要来源。

党建强会 2019年共召开3次学会党委会议，前置审议学会“三重一大”事项。在新一届学会理事党员中成立中国细胞生物学学会第二届功能型党委，中国科学院院士张旭任党委书记。推荐宋保亮、苏秀兰入选全国学会优秀党员科技工作者，对理事会党风廉政建设、科学道德和学风建设等发挥宣传、教育及督导作用。

8月15日，学会副理事长周琪应邀出席中国科协党的建设工作会议，并代表学会作题为《提升政治站位，建设一流学会，加强学会党建，引领人才成长》的报告。

会员服务 通过学会官网、微信公众号、新浪微博、今日头条等渠道发布活动通知、科普文章、学会动态、求职求学等图文信息，为会员提供网络信息服务。发布电子简讯8期，使会员充分利用碎片化时间通过多种渠道了解学会资讯。编印学会2020年度工作手册，免费寄送给学会会员。

学会评选出陈玲玲和苏秀兰为学会2019年最美科技工作者，通过学会网站、微信公众号等平台集中宣传报道她们的先进事迹。

5月30日，在第三个全国科技工作者日来临之际，学会面向细胞科技工作者提供一年的会员免费体验机会。

【中国细胞生物学学会第十七次全国会员代表大会暨2019年全国学术大会·天津】 中国细胞生物学学会第十七次全国会员代表大会暨2019年全国学术大会·天津于4月9—12日在天津市召开，来自全国各地科研院所、高等院校等单位的1700余名专家、学者参加会议。大会旨在促进中国细胞生物学领域研究人员的交流与合作，推动中国细胞生物学学科的发展。学会理事长陈畔光汇报第十一届理事会的工作和财务情况，监事长高翔作第一届监事会工作报告，副理事长丁小燕作学会章程修改和团体会费调整说明并作新一届理事会、监事会选举说明。经过全体会员代表投票选举，会议选举出第十二届理事会理事和第二届监事会监事，并投票通过学会章程修改和团体会费调整方案。

大会共邀请南开大学校长曹雪涛等7位海内外学者作大会特邀报告，设15个学术专题分会场，182位国内外科学家和青年科学家作分会场报告。共收录304篇最新论文摘要，包括153篇墙报摘要。会议期间，安排专门的墙报展示时间，举办仪器、试剂和耗材展览活动，有76家厂商参展。

大会还设立基金委基金申请、资深专家见面会、Meeting the Editors3个特色活动，以及企业产品技术卫星会议、院校企业创新创业论坛、“细胞黏附”专家示范授课、青年教师讲课比赛、创意课堂作品展评、就业宣讲会6个暖场活动。

大会开闭幕式上，颁发中国细胞生物学学会终身贡献奖、杰出成就奖及中国细胞生物学学会–CST青年科学家奖、普洛麦格创新奖等多个奖项。遵义医科大学生命科学馆、细胞生物学国家重点实验室及上海市七宝中学 3 家单位被授予学会科学普及教育基地。

（撰稿人：林晓静）

中国植物生理与植物分子生物学学会

学会建设 2019 年，学会共召开理事会现场会议 1 次，常务理事会现场会议 3 次。召开中国植物生理与植物分子生物学学会第十二次会员代表大会，完成理事会的换届选举工作。

7 月 6 日，中国植物生理与植物分子生物学学会第十二次会员代表大会在江西省南昌市召开，参加会议的会员代表共计 615 人。会议审议通过《第十一届理事会工作报告》《第十一届理事会财务报告》《中国植物生理与植物分子生物学学会章程》和《中国植物生理与植物分子生物学学会会员会费标准》，选举学会第十二届理事会和第一届监事会。新任理事占第十一届理事总数的 40%，其中青年科技工作者比例有所提高，全体理事通过并签署《理事自律公约》。

学会 17 个分支机构与理事会同步换届，根据 5 年来各分支机构的活动情况进行调整，由原来的 17 个分支机构变更为 16 个，同时对分支机构负责人及组成成员进行换届改选，为分支机构发展注入活力。

青年人才托举工程 2019 年，学会推荐南京农业大学博士李姗与中国科学院分子植物科学卓越创新中心黄金泉为第五届中国科协“青年人才托举工程”项目候选人，并获得项目资助。

截至 2019 年，学会共有 6 名会员获得“青年人才托举工程”项目资助，均取得较好成绩。其中，中国科学院华南植物园博士李涛涛在层出镰刀菌侵染香蕉的机制研究和层出镰刀菌胞外分泌蛋白研究等方面取得进展，并以第一作者或通讯作者身份发表论文 13 篇。

主办期刊 学会主办的英文期刊 *Molecular Plant*（《分子植物》），根据 2019 年 6 月公布的 2018 年度《期刊引证报告》，其 SCI 影响因子达 10.812，在植物科学领域的所有 SCI 期刊中排名第 4，稳居该领域研究类期刊第 2 位，连续 8 年在亚洲同领域期刊中排名第 1。2019 年，*Molecular Plant* 继续与 Elsevier 集团旗下 Cell Press 合作创办 *Molecular Plant* 的姊妹刊 *Plant Communications*（《植物通讯》）。6 月 21 日，*Plant Communications* 的投审稿系统以及网站和论文发布平台正式开放，接受科学家的投稿并将通过开放获取方式于 2020 年 1 月出版第 1 期。

学会主办的中文期刊《植物生理学报》是植物科学领域领先的中文学术期刊，现为中文核心期刊、中国科技核心期刊、中国精品科技期刊。2019 年，核心影响因子（1.155）和总被引频次（3462）继续稳步增长，在入选的植物学类中文核心期刊中均排名第 3；CNKI 影响力指数（393.136）和复合影响因子（1.834）在入选的 95 种生物学类中外文期刊中均排名第 9（前 10%），继续保持在植物学和生物学中文学术期刊中的领先位置。来稿量比 2018 年增长 13.9%，发文量和刊出页数保持稳定。

决策咨询 学会承接并开展重大科学问题和工程技术难题的征集和推荐工作，2019 年向中国科协提交重大科学问题和工程技术难题 2 个，其中“全智能化植物工厂关键技术难题”入选；10 月 13 日，在四川省成都市召开重大科学问题和工程技术难题系列专家座谈会，就 2018 年、2019 年学会推荐的重大科学问题和工程技术难题进行研讨座谈，提炼成解决重要问题难题的政策建议，同时形成专项报告上报给中国科协，服务国家科技决策和战略布局。

学会组织召开两次农作物新发病虫害态势与防治研讨会，邀请领域内专家围绕“农作物环境健康”主题，研讨中国农业生产中病虫害防治存在的问题和挑战，研究当前形势下病虫害发生变化的规律，认识新发病虫害发生发展的原因和趋势，提出病虫害系统防控的新思路；从作物育种、植物健康、环境及社会安全等科技发展的角度，为新发病虫害防治新技术的发展与使用，以及防控体系建设提出可操作的建议和意见，并形成相关报告上报国家有关部委。

承接中国科协生命科学联合体 2019 年度“中国生命科学领域十大进展”推荐工作，并推荐 4 项重大进展，服务国家科技创新。

国际学术会议 2019 年，学会共主办、承办国际会议 3 次，参加会议人数 705 人，国外学者 201 人，交流论文 150 篇。

9 月 21—24 日，由学会联合中国科学院植物研究所、北京大学、中国生物物理学会承办的第九届亚洲－大洋洲光生物学大会（The 9th Asia and Oceania Conference on Photobiology）在山东省青岛市举办，来自亚洲、大洋洲及欧洲 11 个国家和地区的近 300 名专家、学者和研究生参加会议，就国际光生物学领域的最新进展进行交流与讨论。

国内主要学术会议 2019年，学会召开国内学术会议7次，参加会议人数4300人，交流论文725篇。

5月31日—6月2日，由学会、中国科学院分子植物科学卓越创新中心（植物生理生态研究所）、植物分子遗传国家重点实验室主办的第二届中国植物修复生物学学术研讨会在湖南省湘潭市召开。会议以“新机遇，新挑战”为主题，来自全国200余名专家、学者参加研讨会，结合国内外的发展趋势和研究现状，讨论如何凝聚力量、整合优势、团结协作、突出重点，解决农田污染物阻控以及植物修复技术应用的关键生物学问题，提升中国植物重金属/有机污染物生物修复领域的研究水平，促进相关领域快速发展。

7月6—8日，学会在江西省南昌市召开中国植物生理与植物分子生物学学会第十二次会员代表大会暨全国学术年会，1200余人参加会议。会议以“植物生理与绿色发展”为主题，设置植物激素与发育生物学等12个专题，交流会议报告120个。

此外，学会及学会专业委员会还主办中国植物生理与植物分子生物学学会女科学家分会第六届学术交流会、2019全国光合作用学术研讨会以及第三届全国植物开花·衰老与采后生物学大会等会议，为国内外学者搭建学术交流与合作的平台。

国际组织任职 世界植物科学理事会（Global Plant Council，GPC）2019年年会于6月16日在湖北省武汉市举办。学会秘书长唐威华受邀出席会议，就如何团结全球植物科学组织应对全球植物科学焦点问题提出建设性意见，并当选为GPC新一届理事会理事。

国际交往 10月，学会应美国植物生物学家学会邀请，在美国加利福尼亚州圣何塞举办两学会联合交流活动（ASPB-CSPB joint workshop）。此次活动为国内高校与科研院所提供展示交流的平台，为海外人才招聘工作打下基础。同时两学会在创新会员服务方式中再次合作，推动在学术交流、科学普及、会员服务等多方面的合作与交流。

科普活动 在全国科技活动周期间，学会组织开展品牌科普“国际植物日”大型科普活动，联合全国9个省、自治区、直辖市的20余家高校、科研院所开展主题为“植物科学与农业发展”的大型科普活动。活动期间共举办科普讲座15场、科普展览11场、植物认知活动8次、开放实验室16个、科学互动探索活动15次、科普视频展播6场、开放科普场馆3个。2019年新增3家单位免费向市民开放博物馆和标本馆，共有约2000名中小学生、普通民众进馆参观浏览，活动累计受众超过10万人次。

学会组织全国植物生物学女科学家科普与学术校园行活动7次，中国科学院院士匡廷云、美国国家科学院院士李雪梅、中国科学院院士曹晓风、北京大学教授顾红雅、山东大学教授夏光敏等30余位国内外女科学家走进北京大学、武汉大学、河南大学、湖南农业大学、湖南大学、华南师范大学、华南农业大学7所大学，从“显微镜下的生命之美”“小麦的前世今生”到“植物对人类文明的贡献”等主题向广大师生传播植物科学知识。

表彰举荐优秀科技工作者 2019年，学会共举荐中国科学院院士候选人、中国工程院院士候选人、第十六届中国青年女科学家奖、第十六届中国青年科技奖等奖项候选人4人，其中浙江大学博士徐娟获得国家自然科学基金优秀青年基金项目资助。

学会颁发第二届卫志明青年创新奖、首届学会杰出成就奖、首届杰出青年科学家奖、学会先进工作者、荣誉会员，共表彰奖励科研工作者35名。中国科学院院士、中国科学院遗传与发育生物学研究所研究员曹晓风和中国科学院院士、中国科学院分子植物科学卓越创新中心（植物生理生态研究所）研究员林鸿宣获得学会杰出成就奖。中国科学院遗传与发育生物学研究所研究员焦雨铃和中国科学院分子植物科学卓越创新中心（植物生理生态研究所）研究员王二涛获得学会杰出青年科学家奖。中国农业大学教授王毅、浙江大学副教授徐娟、中国科学院分子植物科学卓越创新中心（植物生理生态研究所）研究员徐麟、复旦大学研究员郑丙莲和南京农业大学教授郑录庆获得学会卫志明青年创新奖。

党建强会 2019年，召开学会党委会议2次，举办主题党日活动1次；学会党委于7月6日换届，成立学会理事会第二届党委。

会员服务 2019年，学会优化会员管理系统，对学会会员信息进行梳理，对过期会员进行重新登记；增加会员入会福利，包括学会会员可享受注册费优惠减免或旅费资助；会员可被优先推荐参加继续教育及国际交流活动；参加美国植物学家学会年会享受会员优惠价等。2019年学会新增个人会员1068人，团体会员1个。

【中国植物生理与植物分子生物学学会第十二次会员代表大会暨全国学术年会】 7月6—8日，中国植物生理与植物分子生物学学会第十二次会员代表大会暨全国学术年会在江西省南昌市举办。会议由学会主办，江西省农业大学和江西省植物生理学会承办。各省、自治区、直辖市会员代表、学会分支机构代表、科研院所及企业代表1200余人参加会议。

会议审议并表决通过第十一届理事会工作报告、财务报告、学会章程和会员会费标准。选举产生第十二届理事会和第一届监事会。

会上颁发学会杰出成就奖、杰出青年科学家奖和卫志明青年创新奖。

全国学术年会每五年举办一次，是展示中国植物生物学科研工作者最新研究成就，为植物生物学科研工作者搭建学术交流的平台。大会以“植物生理与绿色发展”为主题，围绕植物激素与发育生物学、植物基因组学与分子育种新技术、植物生物互作、植物非生物逆境、植物营养与环境、植物生物技术、植物代谢生物学与营养健康、植物细胞与信号、光合作用与光生物学等领域，开展学术交流和最新成果展示，包括多位院士在内的100余位国内外植物生物学领域专家、学者与千余位参加会议人员进行交流研讨。

【中国科协第388次青年科学家论坛暨第四届青年植物科学家论坛】 11月21—24日，由中国科协主办，学会及四川农业大学等共同承办的中国科协第388次青年科学家论坛暨第四届青年植物科学家论坛在四川省成都市召开。论坛以“植物科学助力可持续农业”为主题，来自57家科研院所的近200名青年科学家、博士后及博士生参加论坛。

开幕式上，中国科学院院士、中国科学院遗传与发育生物学研究所研究员曹晓风受邀作题为《与青年科学家分享我的科研路：努力、坚守与机遇》的报告。论坛设置植物生理与发育、植物与微生物互作、绿色作物生产、大数据与组学及交叉与前沿技术5个分会场。26位青年科学家应邀作报告，展示中国在国际竞争激烈的植物学研究领域取得的系列重要进展，包括植物逆境适应、植物抗病虫害、代谢调控及表观遗传、大数据组学、基因编辑、种质资源利用以及基因序列深度学习等。

【第九届亚洲－大洋洲光生物学大会】 9月21—24日，由亚洲－大洋洲光生物学学会（AOSP）主办，学会、中国科学院植物研究所、北京大学、中国生物物理学会共同承办，山东大学和中国科学院海洋研究所协办的第九届亚洲－大洋洲光生物学大会（The 9th Asia and Oceania Conference on Photobiology）在山东省青岛市举办。来自亚洲、大洋洲及欧洲11个国家和地区的近300名专家、学者和研究生参加会议。

大会邀请6位国际专家作大会报告，55位专家分别在光合作用光反应、光合作用功能调控、光合固碳与代谢、人工光合作用与生物燃料、植物光受体、光信号与光形态建成、光和激素信号互作、生物钟与开花、光化学光医学与光治疗、动物光受体和生物成像技术10个研究领域作专题报告。与会人员就国际光生物学领域的最新进展进行交流与讨论。

会议期间，亚洲－大洋洲光生物学学会为5位学者颁发第四届AOSP奖。其中中国科学院院士、中国科学院植物研究所研究员匡廷云因在光合作用领域长期而持久的研究，尤其是在光合作用膜蛋白结构研究方面的突出贡献获得AOSP杰出贡献奖，中国科学院上海植物生理与生态研究所研究员刘宏涛获得AOSP青年科学家奖。此外，经专家评选，6名青年学者和研究生获此届大会最佳海报奖。

（撰稿人：周　丽）

中国生物物理学会

服务创新型国家和社会建设　受中国科协委托，学会完成《纳米生物学学科发展研究》《关于加快推进我国生物大分子相分离与相变研究前沿的对策建议》等调研报告和智库报告，总结分析国内外相关研究的现状，剖析中国在这些研究领域面临的问题，提出加快学科发展的建议和对策。

学会获得2019年度中国科协创新驱动助力工程示范项目的资助，成立中国·青岛医体整合（体医融合）研究院；推进体医融合大健康产业前沿决策咨询专家智库的建设，完成《关于体医融合人才培养的对策建议》等报告；开展包括老年体医融合论坛、学生健康知识科普讲座、学生脊柱疾病筛查防控、体质检测评估等体医融合活动；制作体医融合数据网络平台、教材和指导课程，培养体医融合专业技术指导人才。

学会建设　截至12月31日，学会个人会员14563名，较2018年增加21%。新增表型组学分会、低氧与健康科学分会、纳米酶分会、生物大分子相分离与相变分会、运动科学分会和材料生物学与智能诊疗技术分会，神经生物物理与神经信息学专业委员会更名为神经生物物理分会。学会下属分支机构增加到40个，其中专业分会23个、专业委员会5个、工作委员会12个。编撰出版《中国生物物理学会2019年工作年报》，发行纸质版500余册，寄送电子版7000余份。

学会治理结构和治理方式改革 学会制定《中国生物物理学会分支机构量化考评体系》和《中国生物物理学会内部报销规定》，规范学会内部管理流程。组织召开首次分支机构秘书长会议，帮助各分支机构全面解读分支机构行为准则和财务管理细则，从而提升分支机构管理水平、引入优胜劣汰管理机制、激发分支机构学术活力。

青年人才托举工程 2019年，学会完成第五届中国科协“青年人才托举工程”项目申报及第二届中国科协“青年人才托举工程”项目总结。

8月5日，学会在天津市召开第二次“青年人才托举工程”经验交流会，邀请不同阶段具有代表性的优秀青年科技工作者参加会议，包括刚毕业的博士、博士毕业3年的“青托”人才、博士毕业5年的研究员、博士毕业7年的国家优秀青年科学基金获得者、博士毕业10年的国家杰出青年科学基金获得者，共同分享成长经历。

主办期刊 2019年学会参与主办的3种学术期刊，在刊物质量、学术影响力和传播能力方面均有所提升。

Protein & Cell（《蛋白质与细胞》）获得2019年度中国最具国际影响力学术期刊，入选中国科协等七部委联合主办的中国科技期刊卓越行动计划梯队期刊，在中国科学院情报研究中心发布的2019年SCI《2019年中国科学院文献情报中心期刊分区表》的统计中，影响力排名从Q2区上升至Q1区。在6月发布的2018年度《SCI期刊引证报告》中，影响因子为7.575，继续在Q1区稳步上升，已经步入国际优秀期刊的行列。

Biophysics Reports（《生物物理学报》）逐步走出创刊初期的困境，在中国科学引文数据库（CSCD）2019年中国科技期刊引证指标数据库（CSCD-JCR）报告中，影响因子为0.6087，在生命科学80本期刊中排名第24。

《生物化学与生物物理进展》在2019年公布的SCI引证数据中，总被引频次305次，影响因子0.219；在2019年版《中国科技期刊引证报告》（核心版）中，总被引频次725次，影响因子0.429，分别排在生物学基础学科类期刊第12位和第23位，综合评价总分55.1，排在该类期刊第6位。在中国科学院文献情报研究中心发布的《2019年中国科学院文献情报中心期刊分区表》中从Q4区上升到Q2区。

学科发展工程 学会承担学科发展工程项目:《纳米生物学学科发展研究》，课题负责人是国家纳米科学中心研究员梁兴杰。样稿已提交中国科协，通过回顾纳米生物学发展历史，调研国际发展态势，提出中国在该学科领域的发展对策与建议。

国际学术会议 学会及其下属专业分会和专业委员会共同主办、承办国际学术会议11次，分别为：4月11—14日，在安徽省黄山市举办的第四届蛋白质介导膜塑形与重装国际学术研讨会；4月19—21日，在上海市举办的第一届中国生物物理学会代谢组学分会年会暨2019代谢组学国际研讨会；5月26—31日，在北京举办的第二十三届国际放射性药物科学会议；8月2—5日，在天津市举办的第十七次中国暨国际生物物理大会；9月20—23日，在北京举办的第五届中国听觉大会；9月21—24日，在上海市举办的第十三届同步辐射与生物学国际会议；10月20—24日，在江苏省苏州市举办的第一届ASBMB-BSC基因组稳定性与表观遗传调控国际会议；10月25—27日，在浙江省杭州市举办的2019年国际衰老及相关疾病大会；11月6—7日，在北京举办的中国科学院前沿科学国际战略研讨会；11月7—10日，在上海市举办的第九届运动与健康国际高层论坛暨2019年第十四届国际运动免疫学学会年会暨第一届中国生物物理学会运动科学分会年会；11月14—17日，在安徽省合肥市举办的第一届生物相分离和相变国际学术研讨会。共计参会人数5685人次，交流论文1589篇。邀请到包含数位诺贝尔奖获得者、俄罗斯科学院院长、美国国家科学院院士/工程院院士、英国皇家学会会员、加拿大皇家工程院院士、法国科学院院士、澳大利亚科学院院士、芬兰科学院院士等在内的国外专家、学者324位参加会议，交流学术论文324篇。

11月6—7日，由中国科学院主办、学会承办的中国科学院前沿科学国际战略研讨会（International Conference on Frontier Sciences of Chinese Academy of Sciences）在北京召开。中国科学院院长、党组书记白春礼担任大会主席并出席开幕式致辞。会议主题为“前沿科学与美好生活”，展示科学发展及其对生活方式影响的紧密联系。诺贝尔物理学奖获得者丁肇中、俄罗斯科学院院长谢尔盖耶夫等50余位国际顶尖科学家，与来自前沿领域的科学家、工程师、科研管理人员以及中国科学院大学的1000余位师生，通过4个主题报告和6个科学领域分论坛，围绕战略性科学问题和热点技术问题，结合国际学科发展态势和实际科技需求，以思想性、前瞻性的视野进行交流和研讨。

国内主要学术会议 学会举办国内学术会议10次，参会人数3150人次，交流学术论文670篇。

6月16—19日，第六届全国冷冻电子显微学与结构生物学专题研讨会在北京举办。此次研讨会由学会冷冻电子显微学分会主办，北京大学生命科学学院承办，中国电子显微镜学会低温电镜专业委员会协办。中国科学院院士、清华大学隋森芳担任大会主席。会议以“中国冷冻电子显微学的新时代”为主题，围绕冷冻电子显微学新技术新方法、生物大分子复合物的高分辨率动态结构及细胞器、亚细胞及原位结构生物学研究3个专题，组织学术报告52场。美国文安德尔研究所（Van Andel Research Institute）教授李慧林和美国普渡大学（Purdue University）教授江文应邀作题为《从我的研究经历，浅谈电子显微学的进化》《高分辨率冷冻电子显微镜：从样品制备到图像处理》的主旨报告。会议期间还颁发第二届中国冷冻电镜杰出贡献奖，清华大学教授王宏伟获此殊荣。来自全国各高等院校和科研院所的400余位与会专家、学者一致认为，此次研讨会为国内外学者提供在冷冻电镜技术方法上的交流平台，推动中国结构生物学的进步和发展。

国际交往 学会冷冻电子显微学分会参与组织6月9—14日在香港特别行政区召开的2019年度三维冷冻电镜戈登研究会议（3DEM GRC）并组团参加会议。分会会长王宏伟担任会议主席，分会副会长孙飞担任主题讲座主席。会议期间，孙飞参加2022年度三维冷冻电镜戈登研究会议的主席竞选。

学会组团参加7月3—5日在韩国大田举办的首届韩国高等研究院－北京蛋白质结构与功能研讨会。学会分子生物物理分会会长许瑞明、副会长黄亿华、秘书长杨娜等应邀在大会上作学术报告。

中国科学院生物物理研究所研究员许瑞明，北京大学教授苏晓东、高宁，南开大学教授杨娜，中国科学院上海生命科学院研究员吴蓓丽、丛尧，以及广州医药与健康研究院研究员刘劲松等组团参加12月17—21日在新加坡国立大学举办的2019亚洲晶体学联合会，并在会议上作特邀报告及专题报告。

学会组织国内从事生物磁共振领域研究的专家、学者参加7月3—6日在新加坡举办的第八届亚太核磁共振研讨会，与来自亚太地区的180多名核磁共振领域的专家、学者分享最新的研究成果，展示中国生物磁共振研究的最新进展。

科普活动 2019年，学会开展科普宣讲活动62场，惠及中小学生、基层党员干部、青年教师以及普通大众等群体8000余人次。新建开放展厅1个，新增开放式研究平台3个，形成1展厅6平台的科普活动基地，总面积近7000平方米。

通过微信公众号、网站、微博、头条号、科学网（官方账号）等推送科普文章114篇，阅读量近4万次。生物医学大讲堂上传腾讯视频450次，浏览量500万余人次，其微信公众号推送文章200余篇，阅读量30万余次，订阅量超过2万人。

设计制作的科普教具自制DNA双螺旋模型和自制肺模型，以及科普工艺品生物物理所四季书签分别获得由中国科学院北京分院举办的首届科普展教品DIY大赛一等奖和三等奖。

以山东省临沂华盛实验学校为中心，通过开展大师讲堂、生命科学创客实验室、教师科普培训、科普示范基地等活动，结合当地政府的科普工作，辐射周边中小学及社区，开展科教惠民活动。

表彰举荐优秀科技工作者 中国科学院院士、清华大学教授饶子和获得第六届贝时璋奖；中国科学院生物物理研究所研究员范克龙、西安交通大学教授王昌河获得贝时璋青年生物物理学家奖。经学会推荐，浙江大学万伟获得第五届中国科协“青年人才托举工程”项目资助。

学会创新发展 聘请科学自媒体BioArt创始人丁广进出任学术期刊执行主编，以促进新媒体与传统期刊的深度融合，加大对刊物中具备国际一流水准文章的推送宣传工作。

在中国暨国际生物物理大会上设立美国细胞生物学会青年差旅奖（ASCB-BSC Travel Award）。从学术墙报展讲中评选出优秀墙报作者，获得由美国细胞生物学会提供的奖金，用于减免其参加美国细胞生物学会组织的学术会议的费用。

学会以“人类衰老与健康”为主题，与门户网站合作，进行科普对话直播的尝试。直播活动中邀请多位专家，分别就各自的研究方向探讨生物学研究与人类衰老及健康的关系。

学会与欧洲分子生物学实验室旗下的欧洲生物信息学研究所（EMBL-EBI）合作，在中国搭建镜像站点。站点于2019年升级改版为EMDB/EMPIAR-China网站（http://www.emdb-china.org.cn/），迁移至中国科技云的云存储平台，整体提升数据的同步速率和安全性，为科学研究的方法学研究提供大量的测试数据集，同时也可用于实践练习。

为展示学会旗下学术期刊的发展历程，学会首次在第十七次中国暨国际生物物理大会上设立期刊封面墙展示，并进行最美封面评选。

党建强会 学会围绕“弘扬爱国奋斗精神，建功立业新时代”主题，开展主题为“专注科研，关注健康”的女性与生物物理之美系列论坛、“坚定的科研之路——陈润生院士主讲青年科研生涯规划”讲座、“普通科技工作者风采”视频展映、《贝时璋的故事》舞台剧演出等系列活动；在学会微信公众号上对《春天的信息丨与女科学家探讨科研与人生》《人物访谈——国家纳米中心聂广军研究员》《科研工作者与父亲的故事》等进行宣传和报道。

学会举办科学道德和学风建设展览，通过微信平台解读《科研诚信案件调查处理规则（试行）》，号召生物科技人才队伍自觉成为科学道德的维护者和严守科研规范的倡导者、践行者。

会员服务 完善会员管理系统，优化集体会员注册流程，实现网页端和手机端同步在线注册、自助缴费、电子会员卡自动生成等功能。

完成会员系统与科界系统的对接，完善学会科技人才数据库，加强“两微一端”和分支机构及会议平台建设，为会员打造一个学术交流和知识分享的完整信息共享生态圈。

为庆祝学会成立40周年，开展系列线上、线下会员活动，宣传展示学会40年来的发展历程和丰硕成果。

【第十七次中国暨国际生物物理大会】 8月2—5日，学会主办的第十七次中国暨国际生物物理大会在天津市举办。学会理事长、中国科学院大学副校长徐涛担任大会主席并主持开幕式。中国科协党组书记处书记宋军，天津市科协主席、学会名誉理事长饶子和，天津市科协党组书记、常务副主席陆为民，学会副理事长、中国科学院生物物理研究所所长许瑞明，以及大会协办单位南开大学副校长王磊等到会并致辞。16位中外院士及来自中国、美国、德国、挪威、澳大利亚、日本、韩国、新加坡、印度、沙特阿拉伯、尼日利亚11个国家的科技工作者和企业代表等1000余人参加会议。

围绕“生物物理与人类健康”的大会主题，美国国家科学院院士、斯坦福大学教授Axel Thomas Brunger，美国艺术与科学院院士、加州大学旧金山分校教授程亦凡，美国艺术与科学院院士、耶鲁大学教授Anna Marie Pyle，中国工程院院士、海军军医大学王红阳，中国科学院院士、复旦大学金力，中国科学院院士、昆明理工大学季维智，美国华盛顿大学教授许文青，浙江大学教授胡海岚，中国科学院生物物理研究所研究员柳振峰分别作题为《神经元胞吐的分子机制》《膜蛋白单颗粒冷冻电镜》《天然免疫受体RIG-I的结构和功能》《肝癌的诊断与治疗进展》《从基因组到表型组》《生命科学研究中的非人灵长类：优势与挑战》《Wnt信号通路的结构和机制分析》《情绪和社会行为的神经基础》《光合作用中光捕获及其调控的超分子结构基础》的大会特邀报告。此外，大会还组织18个专题讨论会、3个中外联合卫星会、2个专题论坛，217场专题报告，张贴学术墙报141个。

【第一届ASBMB-BSC基因组稳定性与表观遗传调控国际会议】 作为探索国际化的新途径，学会经过与美国生物化学与分子生物学会历时两年的多轮磋商，双方达成一致：选定表观遗传学这一前沿热点科学问题，分别在中国和美国，每两年以召开国际会议的形式，为中美两国科技工作者搭建学术交流平台，2019年首届会议在中国召开。

10月20—24日，由中国生物物理学会与美国生物化学与分子生物学会联合发起、中国生物物理学会承办的第一届ASBMB-BSC基因组稳定性与表观遗传调控国际会议（The ASBMB-BSC Symposium on the Interplay between Epigenetic Regulation and Genome Integrity）在江苏省苏州市召开，包含2位美国国家科学院院士和1位欧洲科学院院士在内的30位来自美国、法国、荷兰、日本的国际科学家与249位中国专家、学者参与学术交流。此次会议以“表观遗传学与人类健康”为主题，凸显近年来表观遗传学与染色质生物学的科学前沿特性，围绕基因组稳定性与肿瘤的表观遗传调控，聚焦DNA复制和损伤修复的表观遗传调控，复制和损伤修复过程中染色质组装及其调控，表观遗传变异和基因组稳定性与肿瘤发生的关系，DNA复制和损伤修复过程中染色体，核小体的动态变化等专题，设置大会特邀报告3个、专题邀请报告26个、口头报告13个及学术墙报交流2场、技术讲座1场。会议还邀请到包括*SCIENCE*在内的7个全球高端学术期刊主编参加会议，举办现场编辑答疑会，为中国学者了解国际高水平学术期刊的收稿、评审、录用和发表各流程提供交流平台。

（撰稿人：王　悦）

中国遗传学会

服务创新型国家和社会建设　2019年，中国科协开展重大科学问题和工程技术难题征集发布活动，通过初选、复选、终选等环节，最终遴选出60个中国一线科技工作者关注的重大科学问题和工程技术难题，中国遗传学会采用文献调研、专家研讨、归纳综合等方法，对DNA（脱氧核糖核酸）存储技术研究的学科背景、研究特点、研究意义和国际前沿工作进展进行较为系统的归纳整理；组织撰写并向中国科协提交名为《替代传统储存介质的颠覆性技术——DNA存储技术》的重大科学问题调研报告1份。

学会遗传咨询分会举办遗传咨询师培训班，进一步推动中国遗传咨询的正规化、标准化和职业化。

学会建设　2019年，学会召开理事会议1次、常务理事会议2次，分别就学会2019—2023年发展规划报告，学会改革与发展、分支机构管理及奖项管理等事宜进行讨论并作出决议。

学会治理结构和治理方式改革　学会在十届二次常务理事会议上就学会奖项改革进行讨论，并作出相关改革决议。新的奖项设立方案将注重对老、中、青不同年龄段作出重要原创贡献的遗传学领域科技工作者的鼓励和支持。

青年人才托举工程　学会推荐的中国科学院深圳先进技术研究院罗周卿获得2019年中国科协“青年人才托举工程”项目支持。

主办期刊　2019年，学会主办期刊《激光生物学报》承办并参加《微生物学通报》编委会议；中国知网学术期刊国际国内影响力统计分析数据库显示，2019年影响因子为0.668。学会作为第二主办单位的期刊有《遗传》、*Journal of Genetics and Genomics*（JGG，《遗传学报》）和*Genomics*，*Proteomics & Bioinformatics*（GPB，《基因组蛋白质组与生物信息学报》）。JGG和GPB分别获得中国科技期刊卓越行动计划中“梯队期刊”和“重点期刊”项目资助。

决策咨询　学会完成《中华人民共和国生物安全法（草案）》和《生物技术研究开发安全管理条例（草案）》意见征集工作。

国际学术会议　7月24—28日，由美洲华人生物科学学会、云南大学和学会共同主办的2019年全球华人生物学家大会暨第十七届美洲华人生物科学学会学术研讨会在云南省昆明市召开。研讨会围绕“Bioscience for All，All for Bioscience”主题，下设10个专题，集中展示生物医学、生物多样性、农业和植物科学等多个领域的最新研究进展。

国内主要学术会议　5月17—19日，由中华医学会、中华医学会医学遗传学分会、学会人类与医学遗传专业委员会联合主办的中华医学会第十八次全国医学遗传学学术年会在广东省广州市召开。会议以“创新与规范”为主题，针对目前医学遗传学领域的发展现状和趋势进行交流。来自全国各地的专家、学者共1200余人参加会议，征集论文924篇。

8月15—18日，由中国细胞生物学学会染色质生物学分会和学会表观遗传专业委员会主办，中国科学院遗传与发育生物学研究所承办的2019年度表观遗传与染色质生物学大会在北京举办。来自全国的400多位专家、学者参加会议，表观遗传和染色质相关研究领域的42位国内外专家、学者作学术报告，参会人员围绕基因功能和表观遗传研究领域最新发展趋势和研究动态，从染色质修饰与识别，RNA（核糖核酸）结构、修饰与调控，染色质结构与装配，发育与疾病的表观遗传调控，植物表观遗传学，以及染色质相关技术六个专题进行学术交流。

8月19—22日，由中国科学院遗传与发育生物学研究所和学会植物遗传与基因组学专业委员会主办，江西农业大学承办的第二十届全国植物基因组学大会在江西省南昌市举办。来自国内外多家高校、科研院所及企业的800余名专家、学者和企业代表参加会议。会议邀请来自美国、英国、澳大利亚、日本以及中国的植物基因组学相关领域取得突出成果并具有重要学术影响的46名专家、学者和优秀青年科学家作学术报告。报告涉及基因组测序和新技术，功能基因组学，基因组多样性，蛋白质组学、代谢组学和生物信息学，表观遗传学和表观基因组学，转基因技术和基于基因组的育种等方面的研究成果。

8月26—28日，由中国作物学会分子育种学会和学会数量遗传学分会（筹）共同主办的第八届全国动植物数量遗传学学术研讨会在北京举办，会议以“组学驱动下的数量遗传学”为主题。来自全国各地高校和科研机构共30个单位的120余名科研人员、研究生参加研讨会。18位特邀报告人及10位优秀摘要报告人就动植物数量遗传学研究中的各类前沿课题作报告。报告内容覆盖数量遗传学的发展新方向、组学驱动的数量遗传学研究现状、数量性状的遗传分析和基因定位、数量性状的全基因组解析与选择、分子育种的数量遗传学基础，以及数量遗传学的应用6个专题。会议期间，会议学术委员会还对学会数量遗传学分会筹备及下届会议召开地点进行讨论。

9月16—18日，由学会生物产业促进委员会、中国计量测试学会生物计量专业委员会等共同主办的第三届生物医药50峰会暨精准医学高峰论坛在江苏省泰州市举办。会议共设30余场专家报告，国家级特聘专家、企业家、临床医师、科研工作者等共同探讨生物医药与精准医学发展中的热点话题。

11月22—24日，由中国科学院广州生物医药与健康研究院、学会基因组编辑分会、广州再生医学与健康广东省实验室主办的中国遗传学会基因组编辑分会第二次会员代表大会暨全国学术年会在广东省广州市举办。会议邀请来自中国科学院、北京大学、清华大学等的30余名专家、学者作主讲人，共有400余人参加会议。

科普活动 学会遗传诊断分会和上海市遗传学会在上海市联合举办2019年第二届全国NGS（新一代基因测序）建库技能大赛，推动遗传学相关技术的科普工作。

表彰举荐优秀科技工作者 2019年学会完成院士推荐工作，推荐中国青年科技奖、中国青年女科学家奖、未来女科学家计划、“青年人才托举工程”项目候选人等共十余人次。其中，学会推荐的中国科学院遗传与发育生物学研究所宗媛获得未来女科学家计划支持，中国科学院深圳先进技术研究院罗周卿获得2019年中国科协“青年人才托举工程”项目支持，北京大学第三医院获得2019年中国科协优秀中外青年交流计划支持。

学会创新发展 学会2019年承担中国科协“一带一路”国际科技组织平台建设项目，该项目由学会理事长兼党委书记薛勇彪牵头，通过国际生物多样性与健康大数据联盟促进合作交流，推动生命与健康大数据交汇、应用与共享平台的建设。

党建强会 5月，学会第十届理事会功能型党委第一次会议在江苏省盐城市召开，由党委书记薛勇彪主持会议。会议商定党委分工并指出学会党组织要切实履行职责，在工作中有效发挥政治核心、思想引领和组织保障功能。学会党委带领学会的全体成员学习党的十九大精神、十九届四中全会精神、习近平新时代中国特色社会主义思想以及习近平系列重要讲话等，开展“不忘初心、牢记使命”主题教育实践活动。

学会办事机构党支部在理事会功能型党委的指导下，依据“以党建为引领，促学会建设，促本职工作”的活动纲领，与支撑单位党支部、理事会相关单位党组织开展党建联合工作。

会员服务 8月24日，学会理事长薛勇彪、副理事长兼秘书长杨维才、副理事长杨焕明、副秘书长卢大儒、原副秘书长安锡培、学会办公室及学会几位青年会员一起去看望学会第六届理事长赵寿元和学会第八、第九届常务理事余龙，对前辈们为学会事业发展作出的贡献表示感谢，并向他们介绍学会工作取得的新成果。

【2019全球华人遗传学大会】 8月23—25日，为纪念国际遗传学家、中国现代遗传学奠基人之一谈家桢先生诞辰110周年，2019全球华人遗传学大会在上海市举办，大会主题为“遗传学：技术创新与协同发展”，来自国内外遗传学领域的500余位专家、学者参加会议。大会由复旦大学、学会和美洲华人遗传学会共同主办，遗传工程国家重点实验室、上海市遗传学会、复旦大学生命科学学院和复旦大学人类表型组研究院承办。大会主席由中国科学院院士、复旦大学副校长金力，学会理事长薛勇彪，美洲华人遗传学会会长黄涛生担任。大会执行主席由复旦大学生命科学学院院长林鑫华，学会副理事长兼秘书长、中国科学院遗传与发育生物学研究所所长杨维才担任，大会秘书长由学会副秘书长卢大儒担任。

大会邀请美国人类遗传学会会长、美国凯斯西储大学教授Anthony Wynshaw-Boris，中国科学院院士、国家蛋白质科学中心教授贺福初，美国国家科学院院士、美国耶鲁大学教授林海帆，美国国家科学院院士、美国国立卫生研究院教授杨薇，中国科学院院士、清华大学教授、复旦大学代谢与整合生物学研究院院长李蓬，中国科学院院士、中国科学院动物研究所教授康乐，中国科学院院士、中国科学院副院长张亚平，中国科学院院士、深圳华大基因理事长杨焕明，中国科学院院士、中国科学院上海生命科学研究院韩斌，中国科学院院士、复旦大学副校长金力，中国科学院院士、陆军军医大学教授卞修武，中国科学院院士、中国科学院遗传与发育研究所研究员曹晓风等作大会报告。

大会共设置8个专题会场、近90场学术报告，海内外华人遗传学家就人类遗传与表型组学、生殖发育与干细胞生物学、植物遗传与农业科学、基因组与生物信息学、基因编辑与前沿技术等领域进行交流和探讨。

8月24日，纪念谈家桢先生诞辰110周年座谈会暨谈家桢纪念室揭幕式在上海市举办。会议由复旦大学生命科学学院院长林鑫华主持。学会理事长薛勇彪代表学会捐赠由学会第四、第五届理事长李振声创作的纪念谈家桢的书法作品。

（撰稿人：肖明杰）

中国心理学会

服务创新型国家和社会建设 受中国科协委托，学会于2019年完成“代表联络服务工作试点”项目，调研报告阐述代表联络服务工作面临的问题及整改措施、对未来代表联络服务工作及对社会心理服务体系的建议与设想等，利用联络服务机制推动学会发挥心理学智库的作用。

3月初，全国两会召开之际，学会多位专家参与起草、修改《心理师法》，并完成《心理师法》立法提案。学会专家钱铭怡、樊富珉先后通过清华大学教授蔡继明，学会常务理事、河南师范大学教授赵国祥两位全国人大代表向全国人大提案。9月，赵国祥受到全国人大教科文卫工作委员会的邀请，听取教科文卫工作委员会领导关于《心理师法》的调研。

5月18日，学会与国务院学位委员会心理学学科评议组等联合主办第三届中国特色心理学智库建设高峰论坛。论坛主题为“新时代、新标准、新高度、新行动”，就新时代心理学人才培养单位和科研机构如何抓住机遇、超前布局，为国家和社会培养更多更好的心理学专业人才，服务社会治理，建设平安中国，引领心理学智库成果服务国家战略需求和京津冀协同发展等议题进行学术研讨交流。

学会参与健康中国行动——心理健康促进专项行动、社会心理服务体系建设等工作，以及促进心理健康事业发展、提升心理咨询人员服务能力的专题研讨。推动政策制定和心理服务相关立法工作。7月，学会副秘书长陈雪峰、注册工作委员会副主任赵旭东被推举为国务院新成立的健康中国行动推进委员会专家咨询委员会委员。

学会建设 10月18日，学会在浙江省杭州市召开中国心理学会第十二届三次全国会员代表大会，共计230名代表参加会议。会议通过关于变更学会法定代表人的决议，选举新一任的候任理事长（深圳大学教授李红）、监事长（广州大学教授聂衍刚），并增选副监事长（合肥师范学院教授姚本先）。

2019年学会共召开常务理事会议4次，新增专业委员会3个，工作委员会1个，学会分支机构数量达44个。10月18日，学会在浙江省杭州市组织召开中国心理学会分支机构工作研讨会，宣贯分支机构相关管理制度。

2019年，学会发展普通会员1500余名、学生会员900余名、学术单位会员1个。

学会治理结构和治理方式改革 学会修订完善内部管理制度，包括修订《中国心理学会印章管理办法》《中国心理学会财务管理办法》《中国心理学会分支机构管理办法》《中国心理学会培训工作管理办法》，以及中国心理学会终身成就奖和中国心理学会学科建设成就奖评选办法；制定《中国心理学会分支机构财务管理办法》《中国心理学会优秀青年学者评选办法（试行）》《中国心理学会优秀博士学位论文评选办法（试行）》。

青年人才托举工程 5月30日，学会召开中国科协“青年人才托举工程”项目总结会，主要内容为2016—2018年度“青年人才托举工程”项目总结暨2018—2020年度中国科协“青年人才托举工程”项目启动。

主办期刊 根据2019年《中国学术期刊国际引证年报》，学会主办期刊《心理学报》和《心理科学》入选2019中国最具国际影响力学术期刊。在人文社科类期刊中，《心理学报》排名第5，在国内12种心理学学术期刊中排名第1；《心理科学》排名第18，在国内12种心理学学术期刊中排名第4。

《心理学报》全年发行纸质期刊39600册，发表文章117篇；《心理科学》全年发行纸质期刊19450册，发表文章213篇。

学科发展工程 学会自筹经费组织开展《心理学学科发展报告2018—2019》编撰工作。报告主题为“心理学与人工智能”，10个单位的46位专家参与撰写，由1篇综合报告和7篇专题报告组成。综合报告内容包括三个部分，主要从心理与认知过程、人机交互和教育人工智能方面来总结中国心理学工作者所开展的与人工智能有关的工作。专题报告内容包括心理学在人工智能进化中的重要作用，人工智能技术在运动心理学、法律心理学、军事心理学等领域中的应用，大数据技术在社会心理学研究中的应用，以及基于认知的微表情识别、人脸抑郁表情分析等。

决策咨询 学会回复第十三届全国人大代表提案《关于关注社会实践背后心理健康问题的建议》《关于全社会都来关注抑郁症的建议》；函复中国体育科学学会、国家体育总局《东京奥运备战问题清单》，为国民心理健康建设、备战奥运心理科技保障等提出对策建议。

国际学术会议 2019年，学会及其所属分支机构主办、承办国际学术会议2个，共计340人次参加会议，包含17位来自美国孟菲斯大学、澳大利亚莫纳什大学、欧洲决策协会、德国科隆大学、以色列理工学院等单位的专家、学者，交流论文及报告95篇。

7月13—14日，由浙江大学和学会决策心理学专业委员会主办，浙江大学心理与行为科学系承办的第四届决策与脑研究国际研讨会（The 4th International Symposium on Decision Making and Brain Research，DMBR 2019）暨第三届全国决策心理学学术年会在浙江省杭州市召开。会议主题为“决策与未来”（Decision Making for the Future），重点关注在科技日新月异、社会飞速发展的时代大背景下的人类决策。中国科学院院士、浙江大学校长吴朝晖出席开幕式并致辞。会议期间共举办7场主题演讲、6场特邀演讲、2场口头演讲、2场海报展示，来自中国、美国、德国、澳大利亚、加拿大、以色列等8个国家的近200位学者和学生参加会议。

10月9—10日，由学会网络心理专业委员会、青少年网络心理与行为教育部重点实验室（华中师范大学）联合主办，华中师范大学心理学院承办的第七届网络时代的心理与行为研究前沿——计算行为科学研讨会在湖北省武汉市召开。来自中国科学院心理研究所、清华大学、华中师范大学，美国孟菲斯大学、范德堡大学、北卡罗来纳州立大学，澳大利亚莫纳什大学等国内外高校和研究机构的学者，以及来自国际工程学会（IEEE）等的首席科学家共140人参加研讨会。会议围绕“如何将Auto Tutor设计成一个智适应系统”“学生群组数据在改进智能导学系统中的应用”以及“智适应教学系统中基于学习分析的评估”等主题展开讨论，从计算行为模型、方法的视角，为网络心理与行为研究提供新的途径和研究思路。

国内主要学术会议 2019年，学会及所属分支机构主办、承办各类国内学术会议40个，其中学术年会27个，参会人数12368人次，交流论文及报告4498篇。

10月18—20日，由学会主办，杭州师范大学承办的第二十二届全国心理学学术会议在浙江省杭州市召开。会议主题为“研究心理规律，助力社会发展”。

中国人民大学教授时勘、北京师范大学教授刘超、中国科学院心理研究所研究员王亮、浙江大学研究员陈辉、辽宁师范大学教授罗文波、北京大学研究员易莉分别作题为《中华民族伟大复兴的社会心理促进机制研究》《道德认知与情绪的心理和脑科学研究与应用》《人类空间导航行为的神经振荡机制及临床应用》《注意与工作记忆交互机制》《甲基苯丙胺成瘾者的时间知觉研究》《孤独症谱系障碍儿童的早期视觉注意》的报告。

大会共组织4场学术论坛，51场280个专题研讨报告、176个硕博研究生论坛报告，84场共441个口头报告，4场共663个展贴报告。大会网上缴费注册人数2166人，实际到会人数2407人。

两岸交流 6月8—9日，由学会临床与咨询心理学专业委员会等大陆组织与台湾地区相关心理组织联合主办的第十一届海峡论坛子活动：2019海峡科技专家论坛分会场——海峡两岸家庭建设与社区心理服务研讨会在福建省福州市举办。研讨会主题为“健康心理，幸福生活”，来自海峡两岸的30多位心理学专家共作2个大会主题报告、6个分论坛主题报告及对话、11个专题报告、5个会中工作坊、3个会前会后工作坊、1场论文交流，以及1场大型人文讲座《走进孤独症的世界》。来自全国各地的心理服务从业者、大专院校教研人员和学生以及综合医院心理科、精神科专科医护人员近300人参加会议。

10月28—30日，由学会主办，济南大学教育与心理科学学院承办，山东心理学会、山东省教育学会与山东省心援社会工作服务中心共同协办的海峡两岸暨港澳青年心理学家研讨会——全球化背景下心理学前沿与生涯发展在山东省济南市举办，此次会议是2019年中国科协海峡两岸暨港澳青年科学家学术活动月活动之一。会议就心理学最新理论进展与科研技术、国际心理学组织机构的先进管理经验进行交流与探讨，提高青年心理学家参与国际学术合作的动机、能力和水平，加强海峡两岸心理学界的合作和联系，带动海峡两岸心理学发展与青年心理学者的发展。来自海峡两岸60所高校及香港特别行政区3所大学的教师参加会议。

国际组织任职 学会参与筹建亚太地区心理学联盟（APPA），国际学术交流工作委员会主任、中国科学院心理研究所研究员孙向红任APPA秘书长。

5月，学会理事长、中国科学院心理研究所研究员韩布新当选为亚洲心理协会（APsyA）候任主席（任期为2020—2022年）。

国际交往 4月1—5日，国际应用心理学协会（IAAP）三位主席赴陕西省西安市访问调研，就第三十届国际应用心理学大会（ICAP 2022）各项工作筹备进展等事宜与学会领导和ICAP 2022筹委会进行会谈协商。

7月1—6日，学会代表团参加在俄罗斯莫斯科召开的第16届欧洲心理学大会，开展学术交流和ICAP 2022宣传活动。学会展位在会议期间到访人数500余人次，300余位国际专家、学者参加大会。

9月25—26日，由学会主办，天津师范大学心理学部承办的第六届中日韩三方研讨会在天津市召开，会议主题为“Decision Making”。该研讨会为中国心理学会、日本心理学会、韩国心理学会三方共同发起、轮流主办的学会交流与合作会议。

10月15日，学会接待国际心理学联合会前任主席Saths Cooper到访，组织开展与国内学者的交流。参加交流的中方人员包括张厚粲、张侃、张建新、孙向红、蒋毅等研究员，以及王日出、王思睿两位博士。

科普活动 2019年，学会共举办科普宣讲活动90次，参加活动的科技人员、专家人数达1500人次，科普活动受众总计6.5万人次。编著科技图书1本，总印数3000册；制作科普挂图5种，总印数150份；制作科技广播、影视节目17套。学会开通科普微信公众号“心理服务基层协作网”，总关注数2383人，年度总阅读数23572人次，原创文章年度单篇最高点击量4244次。

表彰举荐优秀科技工作者 学会组织开展2019年中国心理学会终身成就奖、2019年中国心理学会学科建设成就奖的评选工作，授予中国科学院心理研究所研究员张侃2019年中国心理学会终身成就奖；授予白学军、时勘、樊富珉、苏彦捷、葛列众、杨丽珠、郭永玉、俞国良、刘电芝、张力为、罗跃嘉、郑雪、马皑、周爱保、彭运石、周宗奎16位教授2019年中国心理学会学科建设成就奖。

学会创新发展 学会建成全新的学术会议系统，实现与会员系统的双向联通，新系统串联起学会年会及分支各项学术会议，各类会议信息将更及时有效、方便快捷地呈送与展示，为参会者提供方便。

党建强会 学会建立符合学会实际的党建工作制度。形成每年召开一次理事会和监事会党员会议的惯例，党委书记主持会议并作党委工作报告，同时开展一次集体学习活动。

10月18日，学会在浙江省杭州市组织召开中国心理学会理事会和监事会党员大会，组织63名参加会议的党员集体观看文献专题片《我们走在大路上》第24集《领航中国》。

学会推荐“不忘初心、牢记使命，建功新时代——展风采树楷模”宣传活动典型人物2名：中国科学院心理研究所副研究员王利刚、浙江大学教授何贵兵，并在“科技社团党委”微信公众号上推送。

会员服务 学会通过改版会员管理系统平台，创新会员服务项目，吸纳20个心理学科研和教学单位成为学术单位会员，其在读学生均可成为学生会员。

学会依托青年工作委员会举办面向青年会员的系列活动：在中国心理学会第二十二届全国心理学学术会议期间组织研究生论文评选和硕博论坛；10月28—30日，在山东省济南市举办第十期中国心理学会青年学者研究能力建设培训班等。

学会发布《中国心理学会年报2018》。组织评定关青等22人为新一批中国心理学认定心理学家。

【中国心理学会第十二届三次全国会员代表大会】 10月18日，中国心理学会第十二届三次全国会员代表大会在浙江省杭州市召开。会议期间选举候任理事长，听取系列工作报告。

中国心理学会第十二届全国会员代表大会代表共301人，230人参加此次会议，符合学会章程有关规定。

大会由学会秘书长罗劲主持。学会理事长周晓林宣读科协函学字〔2019〕165号《中国科协关于同意中国心理学会第十二届理事会理事长人选的批复》，同意韩布新为学会理事长人选。经无记名投票，选举深圳大学教授李红为新一任候任理事长。

会上，与会代表听取罗劲关于修订《中国心理学章程》的说明，经举手表决一致同意在章程中明确载入“坚持党的全面领导”的相关表述。

在大会计票期间，与会代表分别听取学会各项工作报告：周晓林《中国心理学会工作报告2018—2019》，罗劲《代表联络服务工作现状调研报告》和《心理学系帮扶结对工作情况》，国际学术交流工作委员会主任孙向红《第三十届国际应用心理学大会（ICAP 2022）筹备进展报告、2020年三大国际会议宣传》，监事长时勘《中国心理学会监事会工作报告》等。

按照《中国心理学会监事会工作条例》，在大会期间，监事会选举新任监事长聂衍刚，增选副监事长姚本先。

（撰稿人：王　希　孔　君　张　蔓）

中国生态学学会

服务创新型国家和社会建设　受中国科协委托，学会组织生态环境领域的院士、专家开展《国家中长期科学和技术发展规划纲要（2006—2020年）》环境领域实施情况评估工作，并提交题为《创新思路 建立目标 恢复西藏退化草地》专报一份。

学会组织开展天然林资源保护工程生态系统服务功能评估项目，旨在评估中国天然林保护工程实施20年以来的成效，为科学回答“天然林保护工程实施20年成效如何”提供技术支撑，也为进一步完善天然林保护制度、统筹研究全面保护天然林，以及二期工程到期后的相关政策措施提供决策支撑。

学会组织开展鄱阳湖科学考察评估项目，旨在对鄱阳湖科学考察项目的成果进行评估，回答“鄱阳湖科学考察实施成效”等问题。

学会组织开展《中华人民共和国海洋环境保护法》海洋生态保护专章修订研究，通过海上调研和座谈研讨，研究《中华人民共和国海洋环境保护法》修订的重要事项，从法律修订角度提出前瞻性政策建议。组织以“绿色经济到蓝色经济：城市该如何领导下一次可持续发展”为主题的第八届清洁生产进展国际研讨会，以清洁生产技术、环境管理和资源效率等重点领域为实现可持续发展目标的重要着力点，针对城市清洁生产发展状况，以及向绿色、蓝色经济转型过程中遇到的困难及近十年的技术发展和国际实践进行探讨。

9月22—27日，由人力资源社会保障部专业技术人员管理司、中国科协主办，中国生态学学会、中国农业大学承办的2019有机产业发展助力精准脱贫高级研修班在北京举办。此次研修班是全国有机产业领域的首个专题培训班，来自全国各地政府机关、企业、高等院校和认证机构等不同领域的70名学员参加培训。

学会建设　截至2019年12月31日，学会个人会员11000名，较2018年增加450名。新增中国生态学学会生态气象专业委员会、中国生态学学会恢复生态专业委员会和中国生态学学会高寒生态专业委员会，目前学会共有5个工作委员会、29个专业委员会。2019年学会秘书处新增办公室副主任1名。

编撰《奋进四十年》画册，纪念学会创办四十周年。

学会治理结构和治理方式改革　学会完善《中国生态学学会理事会工作条例》《中国生态学学会专业委员会管理条例》和《中国生态学学会分支机构财务管理制度》，制定《中国生态学学会财务报告制度》《中国生态学学会财务监督制度》《中国生态学学会财务预算管理制度》《中国生态学学会工资薪金制度》《中国生态学学会会费和捐赠票据管理制度》和《中国生态学学会会计核算管理制度》，进一步规范学会内部管理。

主办期刊　2019年学会主办科技期刊共7种，其中学会主办的国际期刊*Ecosystem Health and Sustainability*（EHS,《生态系统健康与可持续性》）已被SCIE收录。根据2019年版《中国学术期刊影响因子年报》，学会主办刊物各项指标表现良好。《生态学报》总被引频次23811次，居全国核心科技期刊第1名。《生态学报》《应用生态学报》和《生态学杂志》总被引频次和影响因子，一直处于生态学期刊排名前列，分别位居第1、第2、第3和第1、第2、第7。《生态学报》《应用生态学报》和EHS均获得中国科技期刊卓越行动计划项目梯队期刊项目资助。

学科发展工程　学会组织编撰《中国生态学学科40年发展回顾》专著。该书系统总结分析中国生态学学科各领域1979—2019年发展历程、研究现状特点、发展趋势及展望，11 月已定稿。

学会持续开展生态学重点分支学科的前沿与动态研究。2019 年度研究并编纂《生态学透视：湿地生态学》和《生态学透视：生态水文学》，将于 2020 年完成出版。

学会组织承担 2019 年中国科协学科发展“景观生态学学科方向预测及技术路线图研究”项目，终稿已提交中国科协，为中国景观生态学学科的发展方向和发展路线，提出可操作的学科发展目标与执行方案。

决策咨询 2019 年，学会农业生态学专业委员会副秘书长陈怡平提出的秦岭生态环境保护的几点建议被中共中央办公厅和全国政协办公厅采纳；学会中药资源生态专业委员会为国家中医药管理局回复《关于支持中药材种业发展的提案》提供种子种苗繁育和种质保存、新品种选育及应用、种子种苗标准和检验机构、种业政策法规现状 4 个方面的最新情况，组织专家为农业农村部种植业管理司《关于征求〈用药短缺特色小宗作物名录（2018 版）（征求意见稿）〉等三个名录意见的函》提出反馈建议 7 条；学会生态健康与人类生态专业委员会的《推进多主体参与垃圾分类采用经济杠杆调控垃圾分类行为》被中共中央办公厅采纳；学会中药资源生态专业委员会为农业农村部种业管理司提供《全国中药材区域性良种繁育基地发展情况报告》。

学会海洋生态专业委员会委员、厦门市湖里区政协常委张跃平的《关于推进现代海洋牧场建设的建议》被全国政协和福建省政协同时采用;《对标国际压载水公约加强我国船舶压载水管理力度》被福建省政协采用;《关于促进我省海洋经济高质量发展的建议》作为福建省政协提案。

国际学术会议 学会及其下属专业委员会 2019 年共举办国际会议 11 次：2019 海洋生态经济国际论坛、第八届城市生态论坛、第十届产业生态学国际大会、第十届亚太化学生态学会议、第二届亚洲生态健康与热带病防控论坛、第一届水生态系统修复与健康论坛、2019 年中国生态学学会微生物生态专业委员会学术年会暨首届国际微生物生态前沿研讨会、第一届水域生态退化与生态修复国际研讨会等。共计参会人数 3589 人次，邀请到国外专家、学者 658 人，交流学术论文 1678 篇。

5 月，由学会、城市与区域生态国家重点实验室、北京城市生态系统研究站共同主办，国际城市生态学会中国分会（SURE-China）承办的第八届城市生态论坛在北京召开。来自美国、德国以及中国 27 个省、自治区、直辖市的 100 多家单位近 300 名城市生态科技工作者参加论坛。论坛邀请中国科学院院士、中国科学院生态环境研究中心学术委员会主任傅伯杰、美国亚利桑那州立大学教授邬建国、美国巴尔的摩城市生态系统研究站教授 Steward Pickett 和 Morgan Grove、美国凤凰城城市生态系统研究站项目首席 Daniel Childers 等 11 位专家、学者，围绕大会主题“搭建城市生态系统长期监测与对比研究平台：机遇与挑战”，介绍先进经验并展开讨论。

7 月，学会产业生态专业委员会协助国际产业生态学会（ISIE）在北京举办第十届产业生态学国际大会。共吸引来自全球 30 多个国家和地区的 600 余名专家、学者参加会议，其中境外专家、学者约占 2/3。大会设立近 50 个分会场，包含 8 个特邀主旨报告和 169 个专题报告，并召集 20 个专场讨论。

9 月，由自然资源部海洋战略规划与经济司、山东省自然资源厅、山东省海洋局、威海市人民政府指导，学会与中国太平洋学会、中国海洋工程咨询协会联合主办 2019 海洋生态经济国际论坛。包括美国大自然保护协会高级顾问罗伯特·约瑟夫·坦西（Robert Joseph Tansey）、联合国开发计划署“大图们倡议”（GTI）秘书处高级项目官员谢尔盖·科迪洛夫（Sergey khidirov）等国内外海洋生态经济领域的近百名专家、学者参加会议。会议发布《2019 海洋生态经济论坛威海倡议》，在海洋生态经济发展的基础研究和顶层设计、制度建设和机制创新、标准化建设、科技创新等方面达成共识。

10 月，学会化学生态专业委员会在浙江省杭州市协办第十届亚太化学生态学会议。来自中国、美国、日本、德国、英国、瑞士、瑞典、马来西亚、阿根廷等 23 个国家的 309 名专家、学者参加会议，其中国外专家、学者 69 名。会议共设立分会场 13 个，作口头报告 162 个，设学术墙报 66 个。

11 月，学会淡水生态专业委员会在广东省广州市举办第一届水域生态退化与生态修复国际研讨会。会议设大会报告 36 个，300 余名国内外专家、学者和研究生参加会议，其中国外专家、学者 20 余名。

国内主要学术会议 2019 年，学会及分支机构共举办年会、研讨会、报告会、论坛等学术活动 32 次，参会人数 9356 人次，提交学术交流论文 4000 余篇，与往年相比，参会人数、收录论文数量、社会影响力均有提高。

11月28日—12月1日，由学会主办、云南大学承办的第十八届中国生态学大会在云南省昆明市举办。来自全国31个省、自治区、直辖市的327家单位的3200名生态学科技工作者参加会议。

7月13—16日，学会旅游生态专业委员会、青海省文化和旅游厅、青海民族大学在青海省西宁市联合主办2019年全国旅游生态与生态旅游学术研讨会暨首届青藏高原旅游发展高峰论坛。来自全国60余家单位的近200位专家、学者参加会议。

7月13—15日，由学会民族生态专业委员会、青海师范大学主办，中央民族大学生命与环境科学学院、高原科学与可持续发展研究院承办，中国生物多样性保护与绿色发展基金会、中国民族地区环境资源保护研究所（勐腊基地）和西双版纳冠城置业有限公司协办的第三届全国民族生态学大会在青海省西宁市举办。来自中国22个省、自治区、直辖市以及澳大利亚等国家的专家、学者和研究生共251人参加会议。

7月16—21日，由学会农业生态专业委员会、生态咨询工作委员会及甘肃省农业科学院土壤肥料与节水农业研究所主办，甘肃省土壤肥料学会、兰州大学草地生态系统国家重点实验室、中国科学院西北生态环境资源研究院共同承办的第十九届中国农业生态与生态农业学术研讨会暨第二届生态咨询工作委员会年会在甘肃省兰州市召开。来自全国各地农业生态和生态农业研究、教学和应用的多所高校、科研院所以及相关企业的270多位专家、学者和研究生参加会议。

国际交往 国际生态学会主席Eun-Shik KIM受邀参加第十八届中国生态学大会并代表国际生态学会致辞。与会期间，学会与Eun-Shik KIM就国际生态学会会员发展、国际生态学会和中国生态学学会合作开展学术活动等内容进行商谈，共同推动国内外生态学发展。

科普活动 2019年，学会共举办主题科普活动301场，其中举办科普讲座194场、科普展览60场、其他科普宣传活动47场。参加活动的科技工作者1588人次，主题科普活动受众人数达265114人次。

“生态科普行”品牌科普活动是学会在原“生态科普校园行”品牌科普活动开展8年的基础上的拓展与延伸，主要面向学校、乡村、社区等不同领域传播生态科普知识，推广生态理念。2019年，学会在科普工作委员会、各专业委员会、地方生态学会及相关单位的支持下，分别在北京、重庆、吉林、广东、云南、内蒙古、广西、浙江、安徽、江西、山东等10多个省、自治区、直辖市开展生态科普活动，近12.4万人次参加活动。

2019年11月28—30日，由学会主办，学会科普工作委员会和云南大学承办，云南省科教基地联合会等单位协办的第二届中国生态文明大讲坛在云南省昆明市举办。

表彰举荐优秀科技工作者 学会组织开展2019年中国科学院院士、中国工程院院士候选人推选和第十六届中国青年科技奖、第十六届中国青年女科学家奖推荐工作。组织开展马世骏生态科学成就奖，中国生态学学会突出贡献奖和第十八届中国生态学大会研究生优秀报告奖、优秀墙报奖等奖项的遴选和宣传表彰工作，共计156人获奖。

学会创新发展 学会首次举办“关注绿色发展，建设生态文明”生态科普作品大赛。大赛共收到生态科普作品310个，其中图文类作品241个、视频类作品26个、动画类作品43个，评选出一等奖1名、二等奖3名、三等奖6名、优秀奖45名和优秀组织单位奖5名。

学会推行“走出去”政策，首次派办公室专职人员参加国际会议。在2019年英国生态学会学术年会（BES Annual Meeting 2019）上作宣传并与英国生态学会主席交流，加强与国际组织的联系，提升国际影响力。

党建强会 学会注重党建的政治引领作用，参加中国科协组织的星级党组织创建活动，以赛促学，以评促建，在自查自纠过程中逐步实现学会党建“两个全覆盖”，推动党建工作与业务工作深度融合。借助学会理事会、常务理事会等集中活动时机，组织全体党员及学会专职人员学习和领会中国科协有关学会党建工作的相关精神和中共十九届四中全会精神。参与中国科协机关党委和科技社团党委组织开展的“不忘初心、牢记使命、建功新时代”征文展演活动。组织会员参加中国科协科技社团党委组织举办的中国科协首届全国学会羽毛球比赛。强化会所合作，参与挂靠单位组织的党建活动。贯彻落实党中央关于科学道德与学风建设工作的指示精神，通过学会网站、微信公众号等多种渠道挖掘、宣传科技工作者爱国故事和科技界优秀典型。

会员服务 学会通过智能化学术交流平台、电子期刊、官方微信公众号、建立秘书长微信工作群等多种信息化交流手段，为科技工作者提供服务。2019 年学会官方微信公众号共发布各类资讯 60 余条，关注用户增幅达 77.8%。开设“互联网 + 高端学术”相融合的会员服务产品——空中生态大讲堂，向会员提供网络在线学术报告视频 9 个。面向广大会员开展科技工作者状况调查，向中国科协提交科技工作者状况调查意见建议稿件共 4 篇。

【第十八届中国生态学大会】 11 月 28 日—12 月 1 日，由学会主办、云南大学承办的第十八届中国生态学大会在云南省昆明市举办。来自中国各地及美国、加拿大和韩国的 3200 余名专家、学者、研究生参加会议。

此次大会恰逢学会成立 40 周年，学会理事长欧阳志云、副理事长安黎哲，中国科学院院士、云南大学校长方精云，国际生态学会主席 Eun-Shik Kim 出席开幕式并致辞。此外，中国科学院院士康乐、于贵瑞、刘丛强，加拿大皇家科学院院士、多伦多大学教授 Spencer Barrett，发展中国家科学院院士、欧洲科学院外籍院士、中国生态学学会副理事长吕永龙，中国生态学学会监事长、中国林业科学院院长刘世荣，以及学会副理事长王克林、陈利顶、朱教君、任海等参加开幕式。开幕式由学会副理事长吴文良主持。开幕式上还举办学会成立 40 周年纪念活动，颁发马世骏生态科学成就奖和中国生态学学会突出贡献奖。

围绕“传承与创新：生态科学新使命”主题，方精云、康乐、Spencer Barrett，以及中国科学院院士、中国科学院地球化学研究所刘丛强，中国科学院院士、中国科学院生态环境研究中心傅伯杰，美国人文与科学院院士、密歇根州立大学教授刘建国，中国科学院华南植物园研究员任海，中国科学院地理科学与资源研究所研究员牛书丽，北京师范大学教授张全国，兰州大学教授董广辉，分别从中国生态学科体系建设、动物体色形成和群体防御机制、生物地球化学与生态学、生态系统服务、全球生态学、入侵生态学、热带珊瑚岛植被生态系统恢复、大数据背景下的生态学研究、快速进化、人类生态环境学等方面作大会报告。

大会设置 46 个专题分会场，共安排 606 个口头报告、193 个学术墙报。还设立全国生态学研究生论坛，444 位优秀生态学研究生作口头报告。会议期间还举办生态科普论坛与生态类书籍展。

大会闭幕式上，举办研究生优秀报告奖和优秀墙报奖的颁奖仪式。

【组织编撰《中国生态学学科 40 年发展回顾》】 2019 年学会组织开展《中国生态学学科 40 年发展回顾》专著编撰工作。该书于 2019 年 11 月定稿，全书共 130 万余字。系统地总结和分析中国生态学学科各领域 40 年来的发展历程、研究现状特点、发展趋势及展望。这些领域包括理论生态、种群生态、群落生态、生态系统生态等为从事生态学研究及相关领域研究或教学的研究人员、学者以及生态学相关业务管理部门提供决策参考。

【*Ecosystem Health and Sustainability* 被 SCI 收录】 *Ecosystem Health and Sustainability*（ISSN：2332-8878，CN：10-1499/X）是一本全新的、开放获取的、在线出版的国际学术期刊，于 2015 年 3 月由美国生态学会和中国生态学学会共同创刊。2019 年 4 月被 Science Citation Index Expanded（SCIE）收录。据测算，目前 EHS 的影响因子约 2.552，根据 2018 年《期刊引证报告》(2017 IF)，EHS 在 242 种环境期刊中排第 95 位，在 160 种生态学期刊中排第 58 位，在两类期刊中影响因子均属 SCI 数据库 Q2 区，与美国生态学会期刊 Ecosphere 相当。EHS 此前已被美国《生物学文摘（预评）》数据库（*BIOSIS Previews*，BP）、DOAJ（Directory of Open Access Journals）、Zoological Record 等收录。

EHS 主要报道宏观生态学和可持续性科学，重点关注人类活动如何影响生态系统的变化，特别关注如何将生态学应用到可持续发展决策中的系统性方法。刊发文章类型包括综述、研究论文、政策论坛论文、评论与回复、国际合作研究进展。

【第二届中国生态文明大讲坛】 11 月 28—30 日，在第十八届中国生态学大会期间，由学会和全国生态文明教育科学传播团队共同主办，学会科普工作委员会和云南大学承办，云南省科教基地联合会等单位协办的第二届中国生态文明大讲坛在云南省昆明市召开。学会理事长欧阳志云、云南省科协副主席向云、云南大学副校长赵琦华出席开幕式并致辞。学会科普工作委员会委员、全国生态文明教育科学传播团队的科普专家，以及来自全国共计 300 余名专家、学者参加开幕式。

中国科学院原党委副书记、中国科学技术大学原党委书记、国际欧亚科学院院士郭传杰，复旦大学教授陈家宽，著名灵长类研究专家龙勇诚分别作《生态文明与科学传播》《生态文明时代的科普之路：生态学家的历史担当与智慧》和《滇金丝猴的故事》特邀报告。

在学会科普工作委员会的召集下，来自全国各地的生态学科普专家和生态科技工作者在第十八届中国生态学大会设立的生态科普论坛上，围绕“生态文明与科学传播”的会议主题，展开研讨和交流，共商、共行生态文明科学理念传播。学会秘书长钟林生、海南大学谭正洪、西南林业大学张卓亚、浙江外国语学院张跃西、广西大学罗应华、中国科学院沈阳应用生态研究所张倩茹、中国农业大学吴文良、中国林业出版社肖静、中国高等教育出版社李冰祥及复旦大学王金秋等先后作报告。

活动期间，学会为云南省昆明市的中小学生安排10个分会场，组织一批来自国内著名高校和科研单位的10余位科普专家，分别进入云南大学附属会展学校、昆明明通小学、昆明市第三中学、昆明市第十二中学、昆明市第一中学度假区分校金岸附小、云南师范大学附属小学、昆明市官渡区第五中学、昆明市官渡区大板桥镇西冲小学等中小学开展科普教育活动。

（撰稿人：罗春燕）

中国环境科学学会

服务创新型国家和社会建设 学会开展环境科学素养有关调查评估，提出居民环境与健康素养提升目标，纳入国家《健康中国行动（2019—2030年）》。完成《生态环境标准管理办法（征求意见稿）》《国家生态环境标准制修订工作管理办法（征求意见稿）》意见回复，争取将团体标准纳入生态环境部标准工作范畴。

学会推进环境工程教育认证工作，扩大认证范围，修订环境类专业认证补充标准、制定申请材料审阅规程文件，夯实规范化建设基础，优化并扩充认证专家队伍，搭建以工程教育为主题的高校间交流平台，受理60项申请，完成24家高校环境工程教育认证。

4月16日，学会与中国检验认证集团在北京签署战略合作协议，双方优势互补，为开展多方面的深入合作建立基础。

11月7日，由学会主办、《环境与生活》杂志社承办的“邻避风险沟通与风险认知”沙龙在北京举办。来自多家环保公益组织的专家、学者和媒体代表约30人参加沙龙并建言。就垃圾焚烧发电厂、危废处理厂等大型环保项目选址和建设过程中的难题进行探讨。

学会建设 2019年，学会召开理事会议1次，常务理事会议5次。审议中国科学院院士、中国工程院院士候选人推选事宜；将党建内容加入学会章程；审议学会分支机构变更、年度考评以及届中理事会领导变更等重要事项，批准成立学会气候变化投融资专业委员会等7个分支机构，下属分支机构由63个增加到70个。根据分支机构2018年度工作情况考评结果，调整挂靠单位和主要负责人。做好青年干部培养储备工作，开展多批次专业培训，提升干部队伍专业素养；结合学会实际细化完善职称评定办法及赋分体系，组织10名工作人员参加生态环境部高级职称评审。

学会召开监事会2019年工作会议，听取年度工作报告、财务报告，修订工作办法等，履行民主监督职能。

学会治理结构和治理方式改革 学会完善《中国环境科学学会章程》，修订《监事会工作办法》《分支机构管理办法》《会员管理办法》，推动形成现代社团民主治理结构和治理机制。不定期召开理事长办公会，就重大议题、重点工作进行部署。对涉及秘书处行政、人事、财务、资产、会员管理等7个方面的40余项管理规定进行全面梳理和修订。

青年人才托举工程 学会按照同行推荐、专家评议、导师培育的模式，开展中国科协“青年人才托举工程”项目候选人遴选并注重人才的长期培养。2019年度仍在培养期两人，获批国家自然科学基金1项，发表论文26篇，申请发明专利5项，获省部级奖1项。

主办期刊 《中国环境科学》共审理稿件3000余篇，发表论文630余篇，获评2019中国国际影响力优秀学术期刊。根据《2019年版中国科技期刊引证报告》，2018年度影响因子为1.892，继续位居环境学科类期刊前列。2019年有22篇论文入围“领跑者5000——中国精品科技期刊顶尖学术论文（提名）”，提名论文均为2015—2019年在学科领域内被引率排名居前的论文。

《环境生态学》是经国家新闻出版署批准，由中国科协主管、学会主办，面向国内外公开发行的环境生态领域学术类期刊，是2019年5月创刊的月刊，由中国知网全文收录，刊号：CN10-1620/S。主要报道环境生态学领域的前沿动态及最新成果，关注环境科学与生态学的交叉融合研究，突出环境生态学领域的理论探索和实践总结，聚焦环境变化导致的生态效应、生态保护修复技术及成效、支撑生态环境体制改革与生态文明建设的有关政策研究。设置的主要栏目有：区域生态、城市生态、农业与农村生态、海岸带与海洋、生态资产与生态服务、资源生态、生态灾害、生态调查与评估、生态规划与设计、生态修复与管理等。

学会联合哈尔滨工业大学、中国环境科学研究院，共同创办国际学术期刊 *Environmental Science & Ecotechnology*（ESE,《环境科学与生态技术》）。已获得国家新闻出版署批准。7 月 5 日，学会召开编委会成立大会，会议由学会秘书长、期刊管理委员会召集人王志华主持。中国工程院院士任南琪担任主编，中国工程院院士王金南、吴丰昌担任副主编，聘请十几位中外院士和专家担任顾问，由外籍院士和专家担任执行主编。ESE 聚焦全球生态系统变化、环境科学、环境工程、生态技术四大重点方向，打造国际性开放式的，跨领域、跨学科，面向前沿和原创性研究的杂志，供科学家、工程师、高校师生、决策者和学界产业界专家、学者交流分享。

学科发展工程 学会开展环境领域学科发展研究，组织学会分支机构编写《2018—2019 环境科学技术及资源科学技术学科发展报告》，总结最新进展、展望发展趋势、引领学科发展；牵头编制《环境管理 环境技术验证》（GB/T 24034—2019），完成 5 项环境技术验证工作；正式发布《再生水利用效益评价指南》等 6 项团体标准。

决策咨询 学会提供环境损害鉴定评估技术服务，完成江苏省泰兴市“固体废物（单氰胺废渣）环境隐患场地环境损害评估”等项目，形成 14 份损害鉴定评估报告。为中国生物多样性保护与绿色发展基金会诉深圳市速美环保有限公司和浙江淘宝网络有限公司环境公益诉讼纠纷案、自贡鸿鹤化工股份有限公司应急处理五氯化锑催化剂案、德国 JRS 公司环境行政处罚案等提供专家意见。

学会承担中国科协创新驱动助力工程示范项目，围绕辽宁省“资源枯竭型城市尾矿环境综合治理”等项目为地方污染治理难题精准把脉，对接需求推动成果转化。

学会组织或参与完成非政府组织在应对气候变化国际合作中的影响力研究、黑龙江省秸秆综合利用技术及产业化政策研究、海南省农村生活污水治理现状及治理路径分析研究、江苏省南通市如皋市农村生活垃圾与生活污水整治规划等咨询课题。

国际学术会议 2019 年，学会及下属分支机构共同主办、承办国际会议 8 次，共计参会人员 2400 余人次，交流论文 650 余篇。

6 月 25—27 日，学会联合生态环境部对外合作与交流中心、生态环境部华南环境科学研究所等多家单位在广东省广州市举办 2019“一带一路”环保产业创新创业大会，共同探讨生态环境科技与产业创新创业的新路径。

10 月 26—28 日，由学会与南方科技大学主办的第六届土壤与地下水国际研讨会（SG 2019）在广东省深圳市召开，学会理事长、生态环境部副部长黄润秋及多位国际院士、专家参加研讨会。

10 月 29 日，由生态环境部宣传教育中心、中国环境科学学会指导，中国节能环保集团有限公司、亚洲开发银行等主办的 2019 中国气候投融资国际研讨会在北京召开。中国气候变化事务特别代表解振华，以及多家国际国内金融与环保机构代表参加研讨会。

11 月 18 日，由比利时大使馆、比利时法兰德斯投资贸易局主办，学会、比利时北方四省协办的比利时 - 中国环保创新合作论坛在北京召开。生态环境部部长李干杰出席论坛并致辞。比利时公主阿斯特里德，比利时副首相、外交和欧洲事务大臣兼国防大臣雷德尔斯出席论坛。论坛围绕“绿色清洁技术”主题，就污染防控与资源化、建筑节能与绿色能源等议题进行交流。

国内主要学术会议 2019 年，围绕生态环境领域重点工作，学会及分支机构主办或参与举办学术会议超过 100 次，参加会议专家、学者超过 2 万人次。

4 月 18—19 日，学会和唐山市人民政府在河北省唐山市联合主办第二十三届二氧化硫、氮氧化物和颗粒物污染防治技术研讨会。会议共设 11 个专题，210 余位专家、学者交流发言，1400 余位专家、学者和企业家参加会议。

5 月 27 日，学会与教育部高等学校环境科学与工程类专业教学指导委员会在甘肃省兰州市联合主办第八届中国环境院所长论坛。论坛主题为“科技创新支撑生态环境保护和打好污染防治攻坚战”，聚焦生态敏感脆弱的西北地区的生态环境保护和污染防治攻坚战工作，300余人参加会议。

此外，学会主办或与其他单位共同主办多次会议，如中国环境科学学会2019年科学技术年会，“十四五”VOCs（挥发性有机化合物）减排策略与监测治理研讨会，大数据在生态环境中的应用与前瞻研讨会暨中国环境科学学会生态环境大数据专业委员会成立大会，2019大循环－农业农村有机污染防治国际研讨会，《IPCC 2006年国家温室气体清单指南2019修订版》解读研讨会，全国水环境污染控制与生态修复技术高级研讨会暨中国环境科学学会水环境分会2019年学术年会，2019全国污泥处理、处置与资源化利用交流研讨会暨国家污泥处理处置产业技术创新战略联盟年会，2019绿色产业创新发展大会暨垃圾分类与“无废城市”建设资源化利用论坛，2019年全国有机固废处理与资源化利用研讨会，第九届重金属污染防治技术及风险评价研讨会，等等。

两岸交流 9月1—3日，学会与台湾环境永续发展基金会在黑龙江省哈尔滨市主办2019两岸环保高层专家论坛。论坛围绕“携手环境科技创新，融合两岸共建生态文明”主题，就污染防治、固体废物管理与资源回收、生态系统保护及生态修复，以及环境产业发展等议题展开研讨和交流。来自海峡两岸的环保研究院所、高校、企业等单位的160人参加研讨，其中台湾地区代表22人，包括台湾环境永续发展基金会董事长陈龙吉、台湾地区高校教授及企业家等。会议期间，与会人士围绕大气污染、土壤及地下水、固体废物处理等领域在技术、科研及产业发展方面进行探讨和交流。

国际交往 6月30日—7月4日，学会秘书长王志华率团出席在英国爱丁堡举办的苏格兰－中国生态环保科技峰会。会上，王志华作题为《科技创新与生态环境保护》的主旨报告，重点阐述和分析中国科技成果转化的现状和在创新成果转化上亟待解决的问题。学会与苏格兰－中国创新科技协会签署《合作备忘录》。

7月7—13日，学会组织会员前往柬埔寨、越南开展“一带一路”生态环境科技与产业交流活动，对柬埔寨、越南两国生态环境科技合作和产业需求进行调研。

9月8—15日，学会组团赴美国和加拿大就流域水环境保护及资源利用开展技术交流活动。

科普活动 学会召开2019年全国生态环境科普工作交流会，提出生态环境科普工作在“十四五”期间将以科技成果转化为核心，推进科研成果科普化；以科普基地创建为载体，提升公众环境素养；发挥新媒体平台功能，创新科普传播形式，增强科普的体验性和生动性，提升科普传播的引导力和公信力；以科普资源库建设为重点，促进科普资源共建共享；以开展科普活动为抓手，提高公众参与感；切实加强组织实施工作，提升生态环境科普工作成效。

2019年在全国科普日北京主场活动“社会化科普创新展”上，学会设计和制作“垃圾去哪儿”互动展项，9月17日，中共中央政治局委员、中共中央组织部部长陈希，全国政协副主席、中国科协主席万钢等领导驻足参观。

2019年，学会环境科学首席传播专家及团队成员面向领导干部、科研人员和青少年开展21次讲座，撰写科普文章41篇，发布在生态环境部官网、微博客户端、微信公众号、新华网、环保科普365等媒体平台；接受央视等媒体采访3次；参与编纂出版科普读物25部。《地下水污染防治知识问答》等16种图书入选教育部《2019年全国中小学图书馆（室）推荐书目》。

学会组织近800支小分队上万名志愿者（以大学生为主）发放科普宣传册6.5万册，面向社区、中小学生、农村妇女、留守儿童和老人，策划、组织、实施主题环境科普活动。

表彰举荐优秀科技工作者 学会面向个人会员开展环境保护科学技术奖，光华工程科技奖，中国科学院院士、中国工程院院士推选等不同层次的人才举荐活动。2019年度环境保护科学技术奖评出获奖项目39个（一等奖4项、二等奖33项、科普类奖2项），提名“淮河流域闸坝型河流废水治理与生态安全利用关键技术”等项目参评2019年度国家科学技术进步奖。

开展中国环境科学学会中国青年科学家奖、中国青年科技奖评选活动。第二届（2019年度）中国环境科学学会青年科学家奖共有30位候选人获评（金奖10名、优秀奖20名）。

学会创新发展 学会加强国家环境保护工程技术中心管理与服务，推进验收工作，完善体系建设。完成垃圾焚烧处理与资源化工程技术中心、创面生态修复工程技术中心等6家工程技术中心的验收工作；完成建筑废弃物资源化利用工程技术中心申报单位的现场考察工作；完成工业烟气控制工程技术中心等13家中心运行绩效评价工作；召开第三届国家环境保护工程技术中心交流年会；在中国环境科学学会2019年科学技术年会、2019中国环博会等会议上举办以“工程技术中心”为主题的展览，提升工程技术中心作为环保“国家队”的影响力。

党建强会 学会结合党总支扩大会、支部党员大会和月例会，学习贯彻习近平新时代中国特色社会主义思想、习近平生态文明思想和全国生态环境保护大会精神，及时传达党中央以及生态环境部党组决策部署，强化政治引领。在学会分支机构探索成立功能型党组织，进一步完善理事会、学会秘书处、分支机构等的党建联动机制。

会员服务 学会加强会员信息推送服务，2019年向会员推送学会工作动态12期、政策类信息100余条、各类活动信息3万余条；面向单位会员举办综合性服务活动，在上海市举办2019中国环境技术大会、2019中国环博会；面向个人会员开展继续教育培训，围绕污染防治攻坚战开展3大类、10个系列、68期培训活动，参训人员达8000余人次。

【中国环境科学学会2019年科学技术年会】 8月23—25日，中国环境科学学会2019年科学技术年会在陕西省西安市举办。学会理事长黄润秋、原理事长王玉庆，以及中国科学院院士秦大河、郭华东、金红光，中国工程院院士任南琪、贺克斌、卢秉恒、武强、王双明，中国工程院外籍院士约翰·克里特登9位院士出席年会。年会共设66个分会场、2个论坛、3个研修班、1个对话会、1个圆桌会及1个环保科技创新成果展等，816位专家作学术报告交流，墙报交流45篇，收录论文656篇，内容涉及环境管理、清洁生产、科技成果转化、环境与健康等各领域，3600余位专家、学者参加会议。同期举办的第三届环保科技创新发展高端论坛围绕中国“生物多样性保护与绿色发展”的主题形成专家建议报送生态环境部。

【2019中国环境技术大会】 4月14—17日，由学会、生态环境部对外合作与交流中心、全国工商联环境商会等机构联合主办的2019中国环境技术大会在上海市召开。大会包括高峰论坛、45场分论坛研讨会及300多场次的技术路演交流活动。来自生态环境领域的科研机构、政府部门和环保产业的专家、学者和企业管理者约600人出席高峰论坛，超过4000人次参加各分论坛和技术路演交流活动。

高峰论坛上，与会专家、学者分别就“打好污染防治攻坚战——生态环保产业的使命担当”“科技创新支撑污染防治攻坚战”“成果转化助力产业技术升级”“长江保护修复”“生态环保产业供给侧改革”5个议题开展探讨与交流，每个议题都围绕技术创新及推动产业升级展开。

【第25届中国大气环境科学与技术大会】 11月18—19日，由学会大气环境分会与学会臭氧污染控制专业委员会联合主办的第25届中国大气环境科学与技术大会在四川省成都市召开。来自中国、日本、韩国、法国和澳大利亚等国的1800余名大气环境科学界的专家、学者和科技工作者参加会议。大会由学会大气环境分会理事长柴发合主持，生态环境部大气环境司、成都市人民政府、四川省生态环境厅等领导就目前大气污染防治形势和大气攻关项目进展情况发表意见。围绕“PM2.5与臭氧协同控制，精准管理”的主题，中国工程院院士王文兴、郝吉明等9位院士和学者在开幕式上就大气科学发展的前沿和大气污染防治研究领域的热点问题作主旨报告。

大会开设33个专题会场，中日韩大气环境学会环境论坛和中国－澳大利亚空气质量科学与管理论坛2个国际专场，以及1个环保产业与技术服务论坛。会议同期举办第七届中法大气环境国际研讨会。大会共安排750多个口头报告和260余份研究成果墙报，交流和展示大气环境科技领域的最新研究成果。

【2019唐山市重点行业深度治理科技成果转化对接会】 3月19日，学会在河北省唐山市主办2019唐山市重点行业深度治理科技成果转化对接会，会议主题为“助推环境污染深度治理，实现绿色发展”。来自唐山市钢铁、电力水泥及锅炉、工业窑炉行业深度治理需求的企业、高校、研究院所等单位近150人参加会议。

会上，与会人员对唐山市最新治理政策文件进行解读。会议设置钢铁焦化、电力水泥及锅炉、工业窑炉（玻璃、陶瓷、耐火和砖瓦窑）、环保科技成果展览展示4个分会场，聚焦唐山重点行业深度治理的难点、痛点、堵点，技术专家和企业家进行探讨和交流。

（撰稿人：张宏亮）

中国自然资源学会

服务创新型国家和社会建设 受中国科协委托，

学会组织专家对《中华人民共和国资源税法（修改草案）》《中华人民共和国乡村振兴促进法（修改草案）》《中华人民共和国民法典（草案）》《中华人民共和国森林法（修订草案）》《中华人民共和国固体废物污染环境防治法（修订草案）》《中华人民共和国长江保护法（草案）》《中华人民共和国矿产资源法（修订草案）》《全国矿产资源规划（2021—2025年）》提出修改意见，部分建议得到采纳。

学会组织完成中国科协创新驱动助力工程示范项目之“创新驱动助力工程实施效果监测评估”项目。

4月9日，学会与中国地质调查局发展研究中心、陕西省地质调查院在陕西省汉中市签署共建“资源产业科研实践基地”协议，以此推动汉中天坑群的科技成果转移转化，打造产学研用相结合的科研实践基地。4月10日，学会与上述单位还组织汉中喀斯特地貌景观联合专题科考，对当地景观开发价值进行评价，对下一步保护利用提出科学建议。

学会承担中国科协委托的定点科技扶贫项目——“山西省临县红色旅游规划编制”项目。学会资源制图专业委员会主任王英杰团队调研山西省吕梁市临县红色旅游资源点、历史文化名村，并向在临县调研扶贫工作的中国科协党组书记、常务副主席、书记处第一书记怀进鹏，临县县委书记张建国等进行汇报。9月和11月，“山西省临县红色旅游规划编制”项目通过中国科协组织的中期评估和最终专家验收。

10月20—22日，学会资源型城市专业委员会委员王成金一行到学会资源型城市专业委员会万盛科研实践基地开展实地研学活动，调研资源型城市转型发展工作，并提出建议意见。

学会资源型城市专业委员会主任张文忠团队开展2018年度全国资源枯竭城市转型年度绩效考核评价工作。该评价由国家发展改革委、财政部、自然资源部、国家统计局联合委托第三方进行。

7月26—29日，学会在山东省青岛市举办新时期下的国土空间规划体系建设培训班，来自相关政府主管部门及企事业单位、研究院（所）、大专院校100余人参加培训。

学会建设 2019年，学会新增会员850人，个人会员总数8150人；新设立宁夏大学志愿者工作站。

12月21日，学会在北京召开第八次全国会员代表大会，选举产生第八届理事会、常务理事会及理事会负责人，以及第一届监事会。

理事会批准成立2个专业委员会和4个分会，分别是：资源法学专业委员会、国土空间规划研究专业委员会，国家公园与自然保护地体系研究分会、秦巴分会、资源大数据分会、世界资源研究分会。学会资源地理专业委员会、旅游资源研究专业委员会、矿产资源专业委员会、水资源专业委员会分别召开换届工作会议。

学会治理结构和治理方式改革 2019年，学会发展新会员中通过分支机构发展的会员人数比往年有所提升。在学会第八次全国会员代表大会上的理事会换届改选中实行秘书长聘任制。

主办期刊 2019年，《自然资源学报》收稿1800余篇（较2018年增加约400篇），总计刊发论文211篇，发稿率约11.72%。据中国科学技术信息研究所数据统计，《自然资源学报》最新影响因子达2.263，在全国2049种科技核心期刊中位列全国第29。

《资源科学》收稿1600余篇，总计刊发论文200篇，发稿率约12.06%。据中国科学技术信息研究所数据统计，《资源科学》的最新影响因子达2.221，在全国2049种科技核心期刊中位列全国第32。

学会进一步确立期刊战略定位，立足国家自然资源战略，服务社会经济与行业发展，打造“资源与战略”专栏，刊发专文9篇。主办“湿地保护”“国土空间规划”“旅游资源与国家战略”“城乡融合淮海论坛”“自然资源双评价”5次线下专题学术研讨会，制作“国家公园”“国土空间规划创新”等重点专栏、专辑。策划《中国自然资源观察》（政策版）第一期、第二期，把学术成果形成战略咨询报告。

1月，《自然资源学报》的融媒体平台开始运营，微信公众号累计推送76期，累计阅读量近14万次，总阅读人数10万人次，关注人数6500余人。

学科发展工程 学会组织实施并完成“资源产业学科科技前沿热点综述”项目。梳理、归纳分析国内外“资源产业经济”学科的发展现状，综合分析研究提出“资源产业经济”学科发展方向、前沿热点目标、前沿任务及优先领域等，组织研讨会2次。

决策咨询 学会向中国科协提交《2020年中国自然资源学会服务于黄河流域国家战略的行动计划》《关于江苏淤泥质海岸区域设立生物多样性维护国家重点生态功能区的对策和建议》等报告。

学会部分理事、分支机构委员提交的建议报告《长江经济带国土开发强度管控政策建议》《关于黄河流域生态保护与高质量发展的若干建议》《强化沿江化工企业污染整治的建议》《宜宾市民营经济高质量发展研究》《建议推动油气管网运营改革与〈能源宪章条约〉兼容促进“一带一路”倡议油气管网设施联通建设》等获得相关部门批示或采纳。

国际学术会议 学会两个专业委员会举办国际会议2个。

6月14—16日，由学会森林资源专业委员会和江西农业大学共同主办的森林资源培育和保护国际学术研讨会暨第二届中国森林资源论坛在江西省南昌市召开。会议邀请澳大利亚西澳大学教授Hans Lambers、加拿大英属哥伦比亚大学教授Cindy Prescott、德国哥廷根大学教授Yakov Kuzyakov、美国克莱姆森大学教授Patricia Layton和Gaofeng Wang、美国佛罗里达大学教授Timothy Martin、印度潘贾布大学助理教授Anand Singh等8位国外专家作大会特邀报告。100余名专家、学者围绕大会主题“森林资源培育与保护”，开展一系列学术报告、学术对话和研究生论坛等活动。

7月13—15日，由学会资源持续利用与减灾专业委员会和北京师范大学地表过程与资源生态国家重点实验室人与环境系统可持续研究中心等共同主办的第七届景观可持续科学论坛（The 7th Landscape Sustainability Science Forum）在青海省西宁市召开。会议邀请中国科学院外籍院士、瑞典皇家科学院院士陈德亮，美国亚利桑那州立大学生命科学学院与可持续科学学院特聘教授邬建国，美国加州大学河滨分校教授Darrel Jenerette，美国亚利桑那州立大学副教授Matei Georgescu，中国科学院院士傅伯杰等国内外专家、学者作学术报告。140名专家、学者参加论坛。

国内主要学术会议 2019年，学会及其分支机构组织各类学术会议28场次，合计5940人次参加会议，交流论文1268篇。

3月31日，由学会和中国自然资源经济研究院联合主办的第二届资源热点问题研讨会在北京举办，研讨会以“自然资源的分类与管理”为主题。中国科学院院士、学会名誉理事长孙鸿烈，原地质矿产部副部长张文驹，自然资源部综合司副司长吴太平，学会理事长成升魁，学会副理事长王仰麟、江源、吴文良、沈镭、陈曦、林家彬、封志明、濮励杰，自然资源部相关司局，中国自然资源经济研究院，原中国人民武装警察部队黄金部队及学会常务理事、分支机构主任、秘书长等90余人参加研讨会。

4月26—28日，由学会主办的第四届全国资源科学青年科学家论坛在广东省广州市召开。论坛由中国科学院广州能源研究所、学会青年工作委员会承办，主题为“国家自然资源管理变革中的资源科技支撑，粤港澳大湾区发展的资源安全与能源保障”。60余名青年科学家参加论坛，15位青年科学家分享最新研究成果。

8月28—30日，由学会资源流动与管理研究专业委员会主办的第二届全国资源流动与管理研究学术论坛在山东省青岛市召开。会议以“资源高效利用推动两型社会建设，管理科学创新助力中国绿色发展”为主题，80名专家、学者参加会议。

9月28—29日，由学会、衡水市人民政府和亚洲园林协会联合主办的“衡水湖保护与发展”院士专家研讨会在河北省衡水市召开。来自中国科学院、国务院发展研究中心、住房城乡建设部、国内外高校和科研单位的院士、专家、学者，以及衡水市生态环境局、市政府相关领导和负责人共计70余人，围绕衡水湖保护与发展、邢台钢铁有限责任公司搬迁问题展开讨论。

10月18—20日，由学会与中国地质调查局发展研究中心、陕西省地质调查院共同举办的以“美丽秦巴”为主题的自然与人文对话——资源产业生态化、生态资源产业化高端学术论坛在陕西省西安市召开。100余位专家、学者参加论坛。国务院参事张洪涛、中国科学院院士张国伟、中国工程院院士康绍忠、学会理事长成升魁等9位专家围绕“自然与人文关系”在现阶段的深化思考进行对话。中国工程院院士王双明等几位专家作《对煤炭主体能源地位与绿色开发的思考》等报告。

11月1—3日，由学会资源循环利用专业委员会主办的第五届中国资源循环利用学术研讨会暨2019年资源循环利用与高质量永续发展博士生学术论坛在湖北省武汉市召开。会议围绕资源循环利用、生态保护、环境可持续发展和生态文明建设等前沿和热点问题展开学术交流，90余人参加会议。

12月30日，学会国家公园与自然保护地体系研究分会（筹）在北京召开中国自然资源学会国家公园与自然保护地体系研究分会成立大会暨学术研讨会。60余位专家、学者围绕国家公园体制与自然保护地体系建设热点问题展开研讨。

国际组织任职 7月，中国科学院院士、学会副理事长夏军在加拿大蒙特利尔举办的第 27 届国际大地测量学和地球物理学联合会（The International Union of Geodesy and Geophysics，IUGG）科学大会上，被授予国际大地测量及地球物理学联合会会士（IUGG Fellow）。

学会理事甄霖任“一带一路”国际科学家联盟成员及东北亚可持续发展研究中心副主任，任期均为 2019 年 11 月—2024 年 11 月。

科普活动 2019 年，学会共举办校园科普讲座 60 场次。分别在宁夏回族自治区银川市金凤区良田回民中学、银川一中和银川九中阅海分校，北京市广渠门中学，新疆维吾尔自治区乌鲁木齐第 113 中学、和田地区墨玉县加汗巴格乡中学、新疆生产建设兵团第二中学及中国科学院新疆分院幼儿园等学校开展资源利用与保护科普宣传讲座；授课专家 30 余人，受众 4000 余人次。

依托中国科学院千烟洲站全国中小学生研学实践教育基地，学会初步完成研学课程体系的设置和升级，接待中小学生研学实践活动 100 余人次。

学会组织参加科普下乡、科普惠民活动 6 次。学会首席科普专家及团队分别在江苏省镇江市句容市宝华镇、苏州市，河北省邯郸市曲周县，宁夏回族自治区固原市原州区等地开展生态保护及治理技术方面的技能培训。培训受众 2000 余人次。

学会举办主题科普活动 2 次。分别是“神奇的地图投影”科普互动活动和资源科普基层行——天山行活动，吸引 150 余名中小学生和 1000 余名市民参与。

学会举办科普展览活动 2 次。学会科普工作委员会在北京和新疆维吾尔自治区乌鲁木齐市举办国家公园与自然保护地摄影科普展和“雪——飘落到人间的精灵”

主题科普摄影展，受众人数超 4 万人次。

5—7 月，学会教育工作委员会主办第一届全国大学生自然资源科技作品大赛。大赛组委会组织专家对 275 项作品进行初审、分组评审和会议评审，遴选出 40 项作品进入决赛答辩环节。7 月 6 日，在贵州省贵阳市举办决赛，评选出一等奖 4 项、二等奖 8 项、三等奖 28 项；5 支团队获得风采展示奖，5 位教师获得优秀指导教师奖，10 家单位获得优秀组织奖。

学会组织专家参与科普图书“陕西省地学科普丛书”的编写工作。

表彰举荐优秀科技工作者 2019 年，学会组织评选表彰中国自然资源学会优秀科技奖和中国自然资源学会青年科技奖，合计 39 名科技工作者获奖。

在中国自然资源学会 2019 学术年会上评选表彰 30 篇优秀青年论文。

党建强会 12 月 21 日，学会召开第八届理事会全体党员大会，选举产生新一届学会党委委员，学会理事长成升魁当选为学会党委书记。

5 月 17 日，学会党委正式批准成立中国自然资源学会党委土地资源研究专业委员会党支部，支撑单位为云南财经大学全国高校“双带头人”教师党支部书记工作室。

9 月 23—24 日，学会党委组织“不忘初心——重走长征路”党建强会活动，125 位党员来到宁夏回族自治区将台堡红军长征胜利会师地和六盘山红军长征纪念馆进行参观学习。宁夏大学资源环境学院的 6 位教师随车讲解宁夏回族自治区的自然资源、地理与经济发展、脱贫攻坚工作及文化历史。党员们还考察固原市西吉县精准扶贫示范基地，与副县长、乡长交流当地精准扶贫工作。

11 月 10—11 日，在学会旅游资源研究专业委员会学术年会后，学会党委组织党员及广大群众前往遵义会议会址及娄山关等地进行参观学习。

【中国自然资源学会第八次全国会员代表大会】 12 月 21 日，中国自然资源学会第八次全国会员代表大会在北京召开，256 位代表参加会议。会议选举产生新一届理事会、常务理事会、监事会及学会主要领导。成升魁当选为学会第八届理事会理事长，夏军、王仰麟、王艳芬、江源、吴文良、封志明、高峻、濮励杰、邓伟、谷树忠、吴太平、杨红生当选为学会第八届理事会副理事长，林家彬、陈曦分别当选为学会第一届监事长、副监事长，成升魁、濮励杰分别当选为学会第八届理事会党委书记、副书记。聘任濮励杰任学会第八届理事会秘书长、沈镭任执行秘书长。

学会第七届理事会理事长成升魁、中国科学院地理科学与资源研究所所长葛全胜、中国科协学会学术部副部长刘兴平等分别致辞。中国科学院院士、学会名誉理事长、中国科学院原常务副院长孙鸿烈，中国工程院院士、学会荣誉理事孙九林发表讲话。

学会第七届理事会汇报 5 年来的业务工作、财务工作，濮励杰主持会议。封志明宣读《中国科协关于同意中国自然资源学会召开第八届全体会员代表大会的批复》。成升魁代表第七届理事会作工作报告，沈镭作学会财务报告和关于调整会费的提议，高峻作《中国自然资源学会章程》（修改草案）的修改说明，江源作《关于第八届理事会理事人选、监事人选等提名情况的报告》。大会全体代表表决通过上述报告。

大会还选举产生学会第八届理事会理事和第一届监事会监事。林家彬、陈曦、杨桂山、刘高焕、谢高地当选为监事，150位资源学界专家、学者当选为理事。在第八届理事会第一次会议上，选举产生50位常务理事和13位学会负责人。在第一届监事会议上选举产生监事会负责人。在第八届理事会党委第一次大会上，选举成升魁为党委书记，濮励杰为党委副书记，林家彬为纪委委员，王艳芬、封志明、邓伟、高峻为党委委员。

【中国自然资源学会2019年学术年会】 9月21日，由学会与宁夏大学共同主办的中国自然资源学会2019年学术年会在宁夏回族自治区银川市召开。年会主题为"创新自然资源理论实践，助推旱区生态绿色发展"，近1000人参加会议。宁夏大学副校长谢应忠和学会副理事长吴文良共同主持开幕式，宁夏大学校长何建国、学会理事长成升魁及宁夏回族自治区教育厅、学会支撑单位——中国科学院地理科学与资源研究所相关单位领导先后致辞。

开幕式上，学会副理事长濮励杰汇报第一届全国大学生自然资源科技作品大赛的组织和比赛情况，南京大学地理与海洋科学学院学生现场展示优秀作品。学会副理事长兼秘书长沈镭宣读《关于表彰2019年中国自然资源学会优秀科技奖、青年科技奖的决定》，并举办中国自然资源学会优秀科技奖、中国自然资源学会青年科技奖颁奖仪式。

中国科学院院士、武汉大学教授夏军，中国科学院战略研究院副院长、中国科学院地理科学与资源研究所研究员樊杰，重庆大学法学院院长黄锡生，宁夏大学资源环境学院院长孙兆军，学会副理事长、国务院发展研究中心林家彬，中国科学院海洋研究所副所长、中国科学院烟台海岸带研究所常务副所长杨红生，沈镭等分别作题为《年代尺度气候变化背景下西北地区及典型流域水资源脆弱性与适应对策》《"十四五"时期国土空间开发保护格局与区域协调发展问题》《资源的社会性理念及其立法的实现》《煤炭固废资源化利用关键技术》《国家公园与自然保护地体系》《海洋牧场发展现状分析与科技应对》《中国自然资源的综合研究与学科定位》的大会主旨报告。

大会设置5个论坛和14个分会场，共收到论文277篇，其中全文96篇、摘要181篇，报告总数261个。

【第十七届中国水论坛】 11月8—10日，由学会与中国地理学会水文地理专业委员会、中国水利学会水资源专业委员会等共同主办的第十七届中国水论坛在北京召开。论坛以"探索水科学未来，助力可持续发展"为主题。来自国内外高校、科研机构及相关企事业单位的1300余名专家、学者和研究生参加论坛。

中国科学院院士刘昌明、夏军、倪晋仁，中国工程院院士康绍忠针对中国水生态、水安全、水环境保护和水灾害防治、水生态文明制度建设以及大江大河水问题治理与挑战等内容作主旨演讲。论坛针对"生态水文与生态文明""气候变化与流域水文过程""水资源创新管理""城市水文与海绵城市建设""水环境与水生态""地下水资源与环境""水科学信息技术与大数据""农业水资源高效利用""重点区域水安全问题""水灾害与水安全"主题开设10个分会场，共进行200余个学术报告。

论坛特别举办"黄河流域生态保护和高质量发展"高峰座谈会，该项目首席科学家、中国科学院院士刘昌明、王光谦、倪晋仁等，北京师范大学副校长郝芳华，水利部及水利部黄河水利委员会科技委有关领导等项目核心专家与近百名学者共同座谈，为黄河流域生态保护与高质量发展建言献策。

闭幕式上，挪威科学与文学院院士许崇育，中国工程院院士王浩，国际水文科学协会副主席、北京师范大学教授徐宗学，中国水利水电科学研究院副院长王建华分别作主旨演讲。

论坛首次颁发中国水论坛终身成就奖，中国科学院院士刘昌明和林学钰获得该项荣誉。同期举办青年学者论坛，评选产生十佳优秀青年论文。

（撰稿人：刘丽娜）

中国感光学会

服务创新型国家和社会建设 学会辐射固化专业委员会组成科技专家团队，走访辐射固化领域企业12家，交流并了解企业关心的问题，帮助企业解答研发技术问题，为企业发展规划出谋献策，实现科技扶持企业，推动辐射固化产业技术创新。

学会影像保护专业委员会主任李玉虎带领科研团队赴中国科学院古脊椎动物与古人类研究所、新华社中国照片档案馆、山西省晋中市档案馆等多家单位开展馆藏照片档案病害状况调研与分析，进行修复保护研究和咨询，推进影像保护科研成果转化。

学会辐射固化专业委员会和光催化专业委员会推进行业标准的制定工作。

5月，学会在江苏省常州市强力电子新材料股份有限公司主持召开平板显示光刻胶用光引发剂科技成果鉴定会。鉴定委员会一致通过鉴定，认为强力新材“平板显示光刻胶用光引发剂”项目研究成果已达到国际领先水平，建议在新型OLED（有机发光二极管）、量子点显示领域推广应用。

学会建设 10月10日，学会召开第十次全国会员代表大会暨2019年学术年会，进行理事会、常务理事会的改选。第十届理事会有理事90名，常务理事30名。截至12月31日，学会个人会员4532名，新增115名；单位会员71个，新增4个；新增电致变色专业委员会，专业委员会由12个增加至13个。

学会治理结构和治理方式改革 学会完善《中国感光学会章程》《中国感光学会分支机构管理办法》《中国感光学会会员管理条例》《中国感光学会财务管理办法》等12个规章制度，制定《中国感光学会理事会条例》《中国感光学会监事会条例》等3个规章制度，进一步规范学会内部管理。

主办期刊 学会主办期刊《影像科学与光化学》和《影像技术》，按计划编辑出版12期，刊登主要文章204篇。

国际学术会议 10月17—20日，学会和亚洲辐射固化协会主办，学会辐射固化专业委员会承办的第十五届亚洲辐射固化国际会议暨展览会（Rad Tech Asia 2019）在浙江省杭州市召开。会议共有705名专家、学者参加，包含36名境外专家、学者，共交流论文126篇，其中大会报告10篇。

国内主要学术会议 学会及各专业委员会共举办10余次国内学术交流活动，主要有：中国感光学会第十次全国会员代表大会暨2019年学术年会、2019第十八届辐射固化技术高级研讨会、2019（第六届）海峡两岸辐射固化技术研讨会、2019光催化中青年学者论坛、第十届中国印刷与包装学术年会暨科技融合创新发展论坛、2019年中国感光学会视频侦查技术与特种照相专业委员会年会暨声像大数据技术应用创新学术会议、生物与医学成像专业委员会第一届三次学术交流会议等，参加会议专家、学者1000余人次，发表论文380篇。

两岸交流 8月16日，学会辐射固化专业委员会主办的2019（第六届）海峡两岸辐射固化技术研讨会在台湾地区高雄市举办。会议有84名专家、学者参加，其中包括40名大陆专家、学者。邀请海峡两岸学者、教授及行业专家作报告，共交流12个口头报告。旨在推动海峡两岸辐射固化行业发展与技术交流，促进低碳环保及节能开发，特别关注光固化相关材料、辐射固化运用等技术领域。

国际交往 9月28日—10月3日，学会组织4名专家赴美国加利福尼亚州旧金山市参加第35届数字印刷国际会议——印刷制造2019（The 35th International Conference on Digital Printing Technologies：Printing for Fabrication 2019）。学会专家发表论文2篇，作口头报告，并介绍中国影像材料、数字印刷及影像科技领域的现状和研究成果。

科普活动 学会举办科普活动11次，受众9000人次。

5月18日，学会联合中国科学院理化技术研究所在北京举办“理化技术 创新为民”公众科学日活动。来自多所学校的6000余名中小学生参加活动。科普形式包括科普讲座、科学小魔术、互动科普实验、科普画廊、参观实验室等。

5月20日、28日，学会光电技术科学传播专家团队首席科学传播专家刘晨到安徽省合肥市朝霞小学和桐城师范高等专科学校开展2场科普讲座。

8月10—20日，学会立体影像技术专业委员会联合上海老科协三维成像研究会，在上海市举办《我爱我的祖国》立体摄影科普展。

表彰举荐优秀科技工作者 学会开展第十六届中国青年科技奖、第十六届中国青年女科学家奖、2019年度未来女科学家计划候选人的推荐工作。开展中国感光学会青年科技奖、科学技术创新奖、突出贡献奖的表彰活动，共表彰奖励科技工作者13名。

学会创新发展 学会成立第一届监事会，助力学会改革发展。监事会由3名监事组成，其中监事长1名，监事2名。

党建强会 学会党委发挥政治引领作用，参与学会“三重一大”事项前置审议。

10月10日，学会召开第十届理事会第一次全体中共党员理事会议。会议由第十届理事会理事长张丽萍主持，推选第十届理事会功能型党委书记、副书记、委员。

学会承担中国科协“党建强会计划”项目“党建＋基层”特色活动。组织10名科技骨干专家，走访5家感光影像领域的重点企业，通过召开座谈会、现场考察的形式为企业解决实际问题，促进产学研用相结合。

会员服务 学会通过实行会员会议注册费减免制度、论文版面费优惠制度，免费寄送学会期刊等学术资料，以及同等条件下会员优先在期刊上发表文章等方式服务个人会员。

学会和学会光催化专业委员会共同开设“中国感光学会”“中国感光学会科普传播”“中国光催化”3个微信公众号，以密切联系会员。全年共发布微信文章近200篇，浏览量上万次。

【中国感光学会第十次全国会员代表大会暨2019年学术年会】 10月10—11日，中国感光学会第十次全国会员代表大会暨2019年学术年会在北京召开。来自感光与影像领域各科研院所、高校、企业的150余名专家、学者参加会议。

学会第九届理事长蒲嘉陵代表第九届理事会作工作报告，常务副秘书长牛桂萍作关于修改学会章程的报告。会议审议通过第九届理事会工作报告、财务报告和新的章程，选举产生由90名理事组成的第十届理事会和由3名监事组成的第一届监事会。

在第十届一次理事会议上，选举产生由30名常务理事组成的常务理事会，选举张丽萍为理事长，王剑、朱永法、张希堂、杨建文、邹应全、陈广学、周秉锋、程灏波、魏杰为副理事长，聘任汪鹏飞为秘书长、任俊为常务副秘书长、陈朝为副秘书长。会议还通过学会分支机构负责人人选。

在第一届监事会第一次会议上，选举黄勇为监事长。会议同期召开第十届理事会第一次全体中共党员理事会议，张丽萍当选为第十届理事会功能型党委书记，魏杰为副书记，杨建文、程灏波、任俊为委员。

会议交流口头报告20个，展示展报24个。邀请5名专家作大会特邀报告，中国科学院院士李永舫、中国工程院院士刘文清、中国科学院化学研究所研究员宋延林、陕西师范大学教授李玉虎、北京化工大学教授聂俊分别作题为《聚合物太阳电池光伏材料最新研究进展》《环境监测领域中光谱学技术进展》《绿色印刷制备聚合物光子晶体与应用》《感光影像档案修复与保护关键技术研究》《生物基光聚合材料》的大会报告。

会议还颁发中国感光学会青年科技奖、中国感光学会科学技术创新奖、中国感光学会突出贡献奖等，8人被授予“中国感光学会荣誉理事”称号。

【第十五届亚洲辐射固化国际会议暨展览会】 10月17—20日，学会和亚洲辐射固化协会主办，学会辐射固化专业委员会承办的第十五届亚洲辐射固化国际会议暨展览会（Rad Tech Asia 2019）在浙江省杭州市召开。

会议共有来自中国、美国、法国、德国、瑞士、荷兰、日本、韩国、马来西亚、菲律宾、新加坡等国家和地区的300余家单位的705名专家、学者参加，包含境外专家、学者36名。

会议主题为“UV/EB- 绿色 创新 发展”，交流大会报告10篇，内容包括北美辐射固化技术综述、日本辐射固化技术最新趋势、中国辐射固化技术与市场概况、韩国辐射固化市场概况与趋势、北美辐射固化市场及技术热点概述、纤维增强聚合物制造中的光化学过程等。

会议交流技术报告95篇、大字报21篇，发布产品信息2篇。其中，市场发展、行业综述报告26篇。附设小型内部展览展位41个，参展单位39家。

（撰稿人：周云霞）

中国优选法统筹法与经济数学研究会

服务创新型国家和社会建设 受中国科协委托，研究会承担大众创业万众创新示范基地第三方评估（委托）项目，组织专家对招商局集团、中国普天信息产业集团进行第三方评估，完成函评、实地评估和评估报告工作，达到预期目标。受中国科协委托，举办以“科学精神的传承与挑战”为主题的中国科协第375次青年科学家论坛，达到预期目标。

学会建设 2019年，研究会召开会员代表大会1次，理事会议1次，常务理事会议3次，分支机构会议1次，秘书处工作扩大会议12次。发展个人会员947人，会员总数4388人，新增团体会员单位4个，团体会员单位共47个，分支机构22个，工作委员会5个。

11月16日，研究会第十次全国会员代表大会在上海市召开，367名会员代表出席会议，选举产生第十届理事会和监事会。在随后召开的第十届理事会第一次会议上，投票选举出 50 名常务理事，产生新一届领导班子。中国科学院科技战略咨询研究院研究员池宏当选为第十届理事会理事长，华中生等 9 人当选为副理事长，林则夫当选为秘书长。

主办期刊 研究会主办、承办学术期刊 3 种，包括中文刊 1 种，英文刊 2 种，印数 27600 册。

由研究会主办的学术期刊《中国管理科学》发表论文 239 篇，印数 26400 册，版面从 2017 年的 196 页扩版至 216 页，论文刊载量提升 74%，总被引频次 3249 次，影响因子 1.863。经研究会强化期刊编委队伍建设，完善审稿专家库，再度被中国知网评为 2019 中国最具国际影响力学术期刊。经与 25 个期刊角逐最终获得中文科技期刊精品建设计划 2018 年度入选项目，于 2019 年年底完成。

由研究会灰色系统专业委员会承办的 *Grey Systems: Theory and Application*（《灰色系统：理论与应用》）国际科技期刊，组稿 4 期，发表学术论文 36 篇，进入 SCI 检索，2019 年正式被 SCIE 数据库收录。

The Journal of Grey System（《灰色系统杂志》）（SCI 源刊）国际科技期刊，组稿 4 期，共发表论文 40 篇。

国际学术会议 2019 年，研究会举办国际学术会议 10 次，其中举办境外会议 3 次，高端前沿会议 5 次。参加会议人数 1871 人次，其中境外专家、学者 622 人次，交流论文 1022 篇。

4 月 11—12 日，第三届可靠性工程、生命科学和运筹管理随机建模国际会议（SMRLO-2019）在北京召开。会议由研究会工业工程分会、北京理工大学管理学院共同主办和承办，来自 12 个国家和地区的 130 多位专家、学者进行学术报告和交流。会议邀请加拿大麦克马斯特大学教授 N.Balakrishnan、美国哥伦比亚大学教授 Mark Brown、法国贡比涅技术大学教授 Nikolaos Limnios 等领域专家、学者作大会报告，并进行 18 场分会场报告。得到 3 个 SCI 期刊给予的特刊支持，以及国家自然基金委员会项目的资助。

5 月 17—19 日，由研究会和中国科学院科技战略咨询研究院联合主办的 2019 能源金融国际会议（ICEF 2019）在云南省昆明市举办，大会主题为“能源转型与环境挑战”。来自全球 10 多个国家的 50 多所高校、科研机构的 200 多位专家、学者参加会议，共议能源金融前沿问题。日本九州大学教授 Shunsuke Managi、厦门大学教授林伯强等进行主旨演讲。会议期间，来自金融领域一流 SSCI 期刊 *Finance Research Letters*（《金融研究快报》）、*Emerging Markets Finance and Trade*（《新兴市场金融与贸易》）等 5 个国际期刊的主编与参加会议人员，开展以期刊投稿选题和能源金融论文写作指导为主要议题的主编论坛。

6 月 28—30 日，由英国肯特大学商学院、中英科技评价前沿方法研究中心、研究会评价方法与应用分会共同主办的 2019 年国际数据包络分析大会（Data-Envelopment-Analysis International Conference 2019, DEAIC 2019）在英国肯特大学举办。研究会评价方法与应用分会副理事长刘文斌担任会议主席，副理事长朱乔担任 DEAIC 系列会议主席，理事长李晓轩及美国伍斯特理工学院教授朱卫未等出席会议并作大会报告。来自全球的 130 多位专家、学者及期刊主编参加会议。大会以“数据包络分析及最新的研究进展”为主题，旨在进一步为公共决策提供建议和参考。

国内主要学术会议 研究会共举办国内学术会议 31 次，其中高端前沿会议 15 次，参加会议人数 5797 人次，交流论文 927 篇。

7 月 7 日，以“经济转型与低碳发展”为主题的第七届全国低碳发展管理学术年会在江苏省徐州市召开。会议由研究会低碳发展管理专业委员会、中国矿业大学共同主办，289 位专家、学者参加会议。会议设 3 个专题分会场，邀请清华大学能源环境经济研究所教授张希良，浙江大学求是特聘教授、浙江大学公共管理学院教授石敏俊等专家，分别围绕大会主题作主旨报告。会议同期召开中国能源模型论坛，美国环保协会北京代表处首席代表、中国能源模型论坛学术委员会委员张建宇和中国能源模型论坛学术委员会委员、国家发展改革委能源研究所原所长韩文科共同主持。

11 月 8—10 日，第十四届国际应急管理论坛暨中国（双法）应急管理专业委员会第十五届年会在云南省昆明市举办。大会由研究会应急管理专业委员会、中国科学院大学、中南民族大学主办，来自国家发展改革委、国家应急管理部、中国科学院大学、清华大学等 50 多个单位的 100 余位专家、学者参加会议。邀请美国纽约州立大学布法罗分校教授庄峻、长江学者王红卫、管理学顶级期刊 *Production and Operations Management*（POM）执行主编 Subodha Kumar 等 12 位专家分别作大会报告。设 5 个分论坛，收到论文 42 篇，经专家评审出 10 篇优秀论文，推荐到相应的重点期刊发表。

国际组织任职 研究会副理事长李建平担任国际信息技术与数量化管理学会（International Academy of Information Technology and Quantitative Management，IAITQM）执行委员兼秘书长。

研究会副监事长刘思峰担任国际电器与电子工程师学会系统、人与控制论学会（IEEE Systems，Man and Cybernetics Society）主席，以及灰色系统与不确定性分析国际联合会（International Association of Grey System and Uncertain Analysis，IAGSUA）主席。

研究会常务理事欧立雄担任国际项目管理协会（International Project Management Association，IPMA）副主任委员。

国际交往 3月30日，在丹麦哥本哈根召开的国际项目管理协会（IPMA）理事会全体会议上，经72个国家和地区的理事会代表投票表决，欧立雄和薛岩被授予IPMA Honorary Fellow荣誉称号，此荣誉称号仅授予对项目管理理论与实践或IPMA发展作出突出贡献的个人。

10月1日，研究会项目管理专业委员会带队参加在墨西哥梅里达举办的第三十一届国际项目管理协会（IPMA）全球大会。会上由项目管理专业委员会推荐的国家电网昌吉—古泉直流电输变电站项目、宁夏煤业公司400万吨/年煤炭间接液化示范项目荣获国际卓越项目管理大奖银奖；宁夏煤业公司副总经理姚敏荣获国际项目管理项目经理大奖金奖。

7月，刘思峰、谢乃明、陶良彦前往英国德蒙福特大学做短期交流。研究会工业工程分会邀请美国休斯敦大学教授Meiqian Feng、美国亚利桑那州立大学教授Rong Pan、瑞士伯尔尼师范教育大学的Dr. Matthias Kirchner来北京进行学术交流。

科普活动 4月11—15日，研究会举办第九届MathorCup高校数学建模挑战赛。竞赛共有5637支队伍（近1.7万名学生）参赛，包括4975支本科生参赛队、594支研究生队伍、68支专科生队伍。参赛队伍来自501所高校，除中国内地高校外，香港中文大学、澳门大学、澳门科技大学，以及加拿大多伦多大学均派出队伍参赛。共收到有效参赛论文4846篇，经评审委员会专家初选、初评、复评、总评，最终评选出一等奖队伍244支、二等奖队伍733支、三等奖队伍1479支。7月19日，经过答辩会上激烈角逐，4支队伍获得MathorCup奖杯。

6月11—15日，由研究会主办、研究会低碳发展管理分会承办的第五届全国大学生能源经济学术创意大赛在江苏省徐州市举办，全国118所高校的901支队伍参赛。

10月26—27日，由研究会项目管理研究委员会和国际项目管理协会联合主办的2019（第四届）全国高等院校项目管理大赛暨国际项目管理锦标赛中国赛区选拔赛在山东省青岛市举办。来自北京大学等30余所高校的70余支代表队共300余名学生以及高校指导老师参加竞赛。

由研究会主办，数学教育委员会编辑、发行的科普期刊《数理天地（初中版/高中版）》全年共出版24期（初中版、高中版各12期），发表文章576篇，印刷103000册。

表彰举荐优秀科技工作者 2019年，研究会推选刘思峰为院士候选人。经分支机构推荐，结合专家评议和常务理事会意见，推荐理事汤铃为第十六届中国青年科技奖候选人。

党建强会 1月12日，研究会第九届理事会功能型党委工作会议在北京召开。会议组织学习习近平新时代中国特色社会主义思想和党的十九大精神。

11月16日，研究会第十届理事会一次党员会议选举产生新一届党委，池宏当选为第十届理事会党委书记。在新一届理事会党员会议上，池宏就功能型党委如何发挥政治核心、思想引领和组织保障作用进行探讨。

11月18日，研究会举办党员活动日，参观上海市嘉定区爱国主义教育基地——外冈游击队纪念馆，60多位党员和青年学者参加活动。

会员服务 研究会利用网络和微信平台做好会员服务，及时推送学术交流信息；每月向理事、团体会员单位、资深会员推送《中国管理科学》电子版，并寄送纸质版。

【中国优选法统筹法与经济数学研究会第十次全国会员代表大会】 11月16日，中国优选法统筹法与经济数学研究会第十次全国会员代表大会在上海市举办，会议由研究会秘书长李建平主持，367位代表出席会议。研究会理事长池宏作《中国优选法统筹法与经济数学研究会第九届理事会工作报告》。会议表决通过《关于中国优选法统筹法与经济数学研究会第九届理事会工作报告》《中国优选法统筹法与经济数学研究会第九届理事会财务工作报告》；投票通过《中国优选法统筹法与经济数学研究会章程》和《会费标准及管理办法》。投票选举出150名理事，组成第十届理事会；投票选举产生监事会，刘祥官当选为监事长，刘思峰、刘卓军当选为副监事长，张群、吴登生当选为监事。

在第十届理事会第一次全体会议上，投票选举出50名常务理事，池宏当选为第十届理事会理事长，华中生、李建平、李仲飞、梁昌勇、刘维奇、马超群、徐泽水、余玉刚、周勇当选为副理事长，林则夫当选为秘书长，组成研究会第十届领导班子。

会议在听取在筹一年的分支机构：量化金融与保险分会、数据科学分会、智能决策与博弈分会的工作汇报后，投票通过转正；投票通过营销工程专业委员会名称变更为网络科学分会的申请；投票确定第二十二届中国管理科学学术年会承办单位为重庆工商大学，举办地在重庆。

【第二十一届中国管理科学学术年会】 11月15—18日，由研究会、中国科学院科技战略咨询研究院、上海大学、《中国管理科学》编辑部主办，上海大学悉尼工商管理学院承办，以“智慧、服务与管理”为主题的第二十一届中国管理科学学术年会在上海市举办。来自全国高校、科研院所的管理科学与工程领域的专家、学者1300余人参加会议。研究会理事长池宏、中国工程院院士杨善林、国家自然科学基金委员会管理科学部副主任刘作仪、中国科学院科技战略咨询研究院院长潘教峰、上海大学党委书记成旦红、上海大学副校长聂清、《中国管理科学》主编蔡晨等出席会议并致辞。开幕式上还颁发《中国管理科学》最具影响力论文奖和奖金。

年会分为大会主题报告、分专题交流、多论坛研讨交流3个部分。在主题报告阶段，邀请中国工程院院士杨善林，长江学者特聘教授、国家杰出青年科学基金获得者、北京航空航天大学副校长黄海军等7位专家作大会主题报告。在分专题讨论阶段，大会分6个专题设10个分会场进行论文交流，经专家评审组评审，20篇论文获优秀论文报告奖。在论坛研讨交流阶段，设4个主题论坛。

会议期间还召开中国优选法统筹法与经济数学研究会第十次全国会员代表大会。

【第十届中国能源经济与管理学术年会暨第十三届中国能源资源开发利用战略学术研讨会】 9月19—21日，由国家自然科学基金委员会管理科学部、研究会能源经济与管理研究分会、华东理工大学主办，华东理工大学社会科学高等研究院等单位承办的第十届中国能源经济与管理学术年会暨第十三届中国能源资源开发利用战略学术研讨会在上海市召开。

中国工程院院士、中国石油化工集团公司王基铭，中国工程院院士、湖南工商大学校长陈晓红，研究会副理事长、北京理工大学国家杰出青年基金获得者魏一鸣，国家发展改革委能源研究所原所长戴彦德，南京师范大学副校长田立新等专家和各高校、科研院所、企业相关领域的学者和研究人员500余人出席会议。华东理工大学副校长吴柏钧与研究会副理事长魏一鸣分别致辞。

大会设1个主会场和8个分会场，包括10个大会主旨报告和166个分组交流报告，特邀王基铭、陈晓红、戴彦德等10位专家、学者作大会主旨报告。

会议期间还开展期刊宣讲及论文发表交流活动以及学术期刊 *Energy and Climate Change*（《能源与气候变化》）创刊发布会。在发布会上，主编魏一鸣介绍期刊的创刊历程以及期刊的目标和范围，表示 *Energy and Climate Change* 区别于同领域其他期刊，有专门的目标和范围，旨在提供一个涵盖从能源生产和储存、气候变化的原因，到能源技术、气候变化及能源和气候政策对社会经济的影响等研究领域的交流平台。

【2019中国项目管理大会暨中国特色与跨文化项目管理国际论坛】 11月2—3日，2019中国项目管理大会暨中国特色与跨文化项目管理国际论坛在陕西省西安市举办。大会以“项目管理——系统化与敏捷化”为主题，来自全国各地的350余名专家、学者及项目管理专业人士进行交流探讨。大会旨在讨论如何将传统项目管理的系统化与敏捷项目管理紧密地结合起来。

大会得到研究会、IPMA的支持，由中国（双法）项目管理研究委员会（PMRC）、全国工程管理硕士专业学位研究生教育指导委员会、西北工业大学、《项目管理技术》杂志社、《项目管理评论》杂志社联合主办，西北工业大学管理学院等单位承办。

西北工业大学党委副书记陈建有，研究会秘书长林则夫，PMRC发起人、名誉主任委员、IPMP中国认证委员会原主席钱福培，PMRC顾问委员、中国建筑业协会原秘书长吴涛，PMRC副主任委员、清华大学建设管理系教授王守清，PMRC副主任委员、南开大学戚安邦，IPMP中国认证委员会主席、西北工业大学欧立雄等领导出席会议。开幕式由PMRC秘书长、西北工业大学管理学院副院长郭云涛主持。开幕式上颁发第十四届 IPMP 十佳杰出国际项目经理大奖、优秀国际项目经理大奖和 2019 中国项目管理优秀论文奖。

大会邀请 IPMA 理事会主席 Reinhard Wagner、IPMA 主席 Jesus Martinez-Almela、清华大学政府和社会资本合作（PPP）研究中心首席专家王守清等就相关主题作大会主旨报告。参加会议的专家、学者就“中国特色与跨文化项目管理国际论坛”“建筑业高质量发展与工程项目管理创新论坛”“国防项目管理论坛”“中国 MBA 文化建设与项目管理分论坛暨 2019 中国 MBA 西北联盟主席峰会”“青年项目管理者论坛”主题展开交流与讨论。

【2019 灰色系统与不确定性分析国际会议】 8 月 8—11 日，经国际灰色系统与不确定性分析联合会批准，由研究会灰色系统专业委员会和南京航空航天大学主办，南京航空航天大学经济与管理学院、华为技术（泰国）有限公司承办的 2019 灰色系统与不确定性分析国际会议在泰国曼谷举办。

会议得到中国科协的资助。主要目的是交流灰色系统理论的最新研究进展，讨论如何进一步加快中国灰色系统理论的理论创新和实践应用。来自英国、美国、法国、波兰、罗马尼亚、加拿大、泰国、伊朗、巴基斯坦、斯里兰卡、印度、马来西亚以及中国大陆和台湾地区的 127 位专家、教授、青年学者出席会议。收到论文 212 篇，根据专家审稿意见与大会预定规模，最终录用 79 篇。

开幕式由英国德蒙福特大学人工智能研究所所长 Yingjie Yang 主持，研究会副监事长刘思峰等致辞。

会议的主要议题包括研讨灰色系统理论的最新进展，促进灰色系统研究的交流与合作，加快灰色系统理论在全球的推广和应用。Yingjie Yang，法国贝尔福－蒙博里亚技术大学（UTBM）副教授 Yicha Zhang，伦敦大学皇家霍洛威学院（RHUL）副教授 Ling Xiao，波兰灰色系统学会创会主席、波兹南工业大学（PUT）工程管理学院工业工程系主任 Rafal Mierzwiak，斯里兰卡灰色系统研究会筹备委员会主任、萨伯勒格穆沃（Sabaragamuwa）大学 R.M.Kapila Tharanga Rathnayaka，华为技术（泰国）有限公司运营商业务部部长刘涛，南京航空航天大学教授王英、谢乃明，大会秘书长、南京航空航天大学教授袁潮清等 12 位专家、学者受邀作大会主题报告，就灰色数据分析、人工智能中的灰色系统理论、灰色系统模型的最新研究成果与应用，以及灰色系统理论未来前景和发展等问题进行学术交流。

会议闭幕式由袁潮清主持，刘思峰、Yingjie Yang 等人为优秀论文作者、大会优秀志愿者和年度三位 GSUA（Grey Systems and Uncertainty Analysis，灰色系统与不确定性分析国际联合会）优秀博士学位论文获得者：波兰波兹南工业大学 Rafal Mierzwiak，南京航空航天大学陶良彦、王俊杰颁奖。

【2019 商务智能与金融工程国际会议暨第十届中国优选法统筹法与经济数学研究会青年论坛】 8 月 15—17 日，2019 商务智能与金融工程国际会议（The 10th International Conference on Business Intelligence and Financial Engineering，BIFE）暨第十届中国优选法统筹法与经济数学研究会青年论坛在陕西省西安市召开。会议由西安电子科技大学、BIFE 会议组委会、研究会青年工作委员会、中国科学院科技战略咨询研究院、《中国管理科学》编辑部共同主办。来自全国各地高校的 20 余名国家杰出青年科学基金获得者、长江学者，10 余名全国高校相关学院院长，10 余名国内外顶级期刊负责人，多位外国专家以及中国各高校师生共 300 余人参加会议。

8 月 15 日，研究会青年工作委员会召开换届会议，讨论第三届青年工作委员会各项选举事项，李建平当选为主任。在第三届第一次全体会议上，新当选委员对未来工作设想展开讨论。

8 月 16 日，西安电子科技大学经济与管理学院名誉院长、发展中国家科学院院士汪寿阳，中国系统工程学会理事长杨晓光，陕西金融资产管理股份有限公司监事长李忠民，大会主席李建平，大会主席、BIFE 会议发起人余乐安等出席开幕式。西安电子科技大学副校长石光明应邀出席并致辞。

大会设立主题报告 9 场、分会场主题研讨 4 组，会议期间举办期刊编辑交流论坛、会议优秀论文推荐和颁奖典礼等活动。收集稿件数量 180 余篇，会议报告 112 篇，评选出优秀论文 31 篇（含英文论文 9 篇）。西安电子科技大学经济与管理学院获活动优秀组织奖。

（撰稿人：张　玲）

中国岩石力学与工程学会

服务创新型国家和社会建设　5 月 5 日，学会在山西省吕梁市召开柳林能源与环境院士工作站第十八次工作会议，部署高科技精准帮扶工作。同期举办2019年第一期无煤柱自成巷110工法培训班。

10月13日，由学会主办的第二届高科技精准帮扶（东北）现场会在黑龙江省双鸭山市召开。会议以“不忘初心、牢记使命、推广110工法新技术、精准帮扶东北振兴”为主题。中国科学院院士、学会候任理事长、中国矿业科学协同创新联盟理事长何满潮，黑龙江龙煤集团党委书记、董事长孙成坤，黑龙江省煤矿安全监察局相关领导，学会秘书长、中国矿业科学协同创新联盟副理事长杨晓杰等出席会议。来自全国煤炭行业主管部门、煤炭企业集团、高校、科研院所，以及煤矿装备、材料制造企业等32家单位的300余名代表参加会议。

学会第1批、第2批立项批准的38项团体标准，已全部通过编制大纲评审，有36项标准正在编制中。团体标准第3批立项申请共收到23份立项申请书，经学会标准工作委员会专家会评，有16项获批。12月27—29日在北京举办团体标准编制研讨会暨培训班（第3期），来自全国大专院校、科研院所、岩石力学与工程界企事业单位的专家、工程技术人员、管理人员70余人参加培训。培训邀请中国标准化研究院逄征虎、朱翔华、许青授课，分别就“团体标准的编写”“团体标准知识产权”“团体标准化政策”3个主题进行讲解。《岩石动力特性试验规程》《海上风电工程基桩检测技术规程》2项标准经学会团体标准领导小组批准于11月18日发布。

学会建设　2019年年初，学会秘书处提出优化秘书处组织机构的建议，经9月1日在北京召开的中国岩石力学与工程学会八届九次党委会议和八届七次理事长办公会议审议通过，形成《秘书处组织机构优化方案》，并于11月29日公布实施。学会秘书处设组织宣传部、学术发展部、科技科普部、国际合作部、综合管理部和计划财务部6个部门。

学会收集和编纂以“弘扬科学家精神，建设世界一流学会”为核心内容的文集，已完成并出版《礼赞·科学家精神》（一），并在第十六次中国岩石力学与工程学会学术大会上设专题展区，向会员及社会各界宣传。

学会治理结构和治理方式改革　11月18日，学会第八届理事会第十次党委扩大会议讨论通过并正式公布实施《中国岩石力学与工程学会党委关于学术会议改革的若干决定》（岩党字〔2019〕06号）。

1月13日和5月25日，学会先后召开两次秘书长联席会和秘书长沙龙工作会，制定二级机构考核管理办法，考核内容包括组织宣传工作（15分）、学术发展工作（10分）、科技科普工作（20分）、国际合作工作（10分）、计划财务工作（10分）、综合管理工作（10分）、学会学术年会工作（20分）和其他亮点工作（5分），共100分。

按民政部、财政部、中国人民银行关于加强社会团体分支机构财务管理的通知，在财务上对二级机构进行规范管理，统一收款银行账号、发票开具、发票专用章等，首次将分会的财务纳入学会统一管理。

青年人才托举工程　学会连续五次入选中国科协“青年人才托举工程”项目，入选项目优秀人才达34人。2019年，以青年托举人才为主，学会承办中国科协第377次青年科学家论坛，并由长江学者、广西大学特聘教授梅国雄，第三届中国科协“青年人才托举工程”项目入选者、长江水利委员会长江科学院博士胡英国，第四届中国科协“青年人才托举工程”项目入选者、中国地质大学（武汉）教授吴文兵，第四届中国科协“青年人才托举工程”项目入选者、中国科学院武汉岩土力学研究所副研究员付晓东共同担任执行主席，召集组织并召开学术论坛。学会1名“青年人才托举工程”项目入选者入选美国岩石力学学会（ARMA）未来领导者计划（Future Leaders Program）。

主办期刊　1月18日，学会英文期刊*Journal of Rock Mechanics and Geotechnical Engineering*（《岩石力学与岩土工程学报》英文版，JRMGE）被SCIE数据库收录。

4月27—28日，《岩石力学与工程学报》2019年“陈宗基讲座”暨岩爆孕育机制、预测模型与灾害控制高端论坛在辽宁省沈阳市召开。同期召开《岩石力学与工程学报》2019年编委会扩大会议，提出建设性建议与对策。

9月22日，学会在北京举办“JRMGE卓越计划”申报研讨会，中国工程院院士、JRMGE主编钱七虎动员部署申报“JRMGE卓越计划”相关工作，并针对关键问题形成6条意见。

10月30日，学会名誉理事长、JRMGE主编钱七虎，学会理事长、JRMGE副主编冯夏庭参加中国科技期刊卓越行动计划2019年度申报项目陈述答辩会，JRMGE入选中国科技期刊卓越行动计划2019年度领军期刊，《岩石力学与工程学报》入选中国科技期刊卓越行动计划2019年度梯队期刊。

学科发展工程 学会组织编写《岩石力学与工程学科发展规划》，发布《中国城市地下空间发展蓝皮书2019》。

学会推荐的“大地震机制及其物理预测方法”问题入选中国科协重点推荐的2019年20个重大科学问题和工程技术难题，并于第二十一届中国科协年会上发布。为进一步跟踪问题发布后的进展情况，于9月28日在北京组织召开“大地震机制及其物理预测方法”专题研讨会。

决策咨询 受中国科协委托，学会于2月1日在北京举办“川藏铁路建设中的科学问题与工程技术难题”高层论坛，梳理凝练出川藏铁路建设中的10个科学问题与工程技术难题。5月18日、6月22日、8月2日、10月24—25日，学会针对问题和难题逐一召开“川藏铁路建设理论与工程对接”系列高端专题论坛，论坛采用“直面问题、结合工程、深入研讨、商定对策”的形式，实现理论与工程对接。

4月11日，应中国三峡建设管理有限公司白鹤滩工程建设部邀请，学会在白鹤滩水电站工程现场组织召开白鹤滩水电站巨型地下厂房洞室群岩石力学关键问题及其防控技术专家咨询会，中国科学院院士、学会候任理事长何满潮主持会议并担任专家组组长，学会副理事长、中国科学院地质与地球物理研究所研究员李晓，学会常务理事、教授级高级工程师邬爱清，学会理事林鹏，学会副秘书长、中国科学院武汉岩土力学研究所研究员黄理兴，水电水利规划设计总院教授李昇5人担任专家，白鹤滩水电站建设方、设计方、施工方、监测方、研究单位等近50人参加咨询会。专家提出白鹤滩水电站地下厂房洞室群建设过程中的三个关键岩石力学问题，并针对相关问题给出咨询建议。

2019年，学会组织专家对中国三峡建设管理有限公司等单位完成的“白鹤滩水电站巨型地下厂房洞室群岩石力学关键问题及其防控技术”等21项科技成果进行评审，并完成2项项目咨询。

国际学术会议 8月18—20日，学会与国际岩石力学与岩石工程学会等在辽宁省沈阳市共同举办2019油气地下储存理论与技术国际研讨会；9月6—8日，学会与俄罗斯科学院西伯利亚分院等在江苏省徐州市共同举办第九届中俄矿山深部开采岩石动力学高层论坛暨中俄深部岩石力学与工程科技联合常设论坛；10月19—21日，学会与国际岩石力学与岩石工程学会等在浙江省绍兴市共同举办第二届岩石力学与工程地质绍兴国际论坛；10月23—24日，学会地下空间分会在四川省成都市主办第六次国际地下空间学术大会。

国内主要学术会议 2019年，学会及其分支机构主办或与其他单位联合主办国内学术会议15场，分别为：第二届全国寒区岩土力学与工程青年学者沙龙、深部高应力岩体开挖诱致动力失稳与控制学术研讨会、TBM（全断面硬岩隧道掘进机）掘进参数数据分享与机器学习高端论坛、第二届全国环境岩土力学与工程学术青年论坛、第二届非常规深部岩土试验方法应用学术交流会、第十六届全国岩石动力学学术会议、中国岩石力学与工程学会水下隧道工程技术分会成立大会暨中国大盾构隧道智能建造高峰论坛、中国科协第377次青年科学家论坛、第二届全国能源地下结构与工程学术研讨会、2019年岩溶勘察与基础工程学术大会、2019年西南五省市区第三次岩石力学与工程学术大会、岩石霍普金森杆试验专题学术研讨会、首届中国岩石力学学会古遗址专业委员会青年论坛、第一届全国水工建筑物健康诊断技术高端论坛、第十届全国高校城市地下空间工程专业建设研讨会。

国际组织任职 2019年，学会副理事长杨强任国际岩石力学与岩石工程学会（ISRM）副主席（任期为2019—2023年），分管国际学会教育基金会工作。

国际交往 2019年，中国在国际岩石力学与岩石工程学会中国际会员人数稳步提升，国际个人会员为2073人，团体会员单位为22个，个人会员数占会员总数的23%。第三次获得最佳国家小组奖，第二次包揽优秀博士论文 -Rocha 奖牌。

2月26—28日，学会专家、学者在越南科学技术研究院进行科技交流；5月21—22日，学会组织申报“战略性国际科技创新合作”重点项目，发起地质灾害监测国际大科学工程计划；7月15—18日，学会在俄罗斯参加第一届高应力岩体力学国际会议，探讨金砖国家国际合作项目并达成合作共识；8月19—23日，学会在吉尔吉斯斯坦参加第17届地质灾害与减灾国际学术会议；9月12—18日，学会在巴西参加第十四届国际岩石力学大会及国际岩石力学学会年会；9月19日，学会候任理事长何满潮带队访问阿根廷工程院并作报告，当选阿根廷工程院外籍院士；9月20

日，何满潮代表学会与阿根廷岩石力学学会签署双边合作交流协议；11月22—24日，学会在越南河内参加首届越–中岩石力学研究与工程论坛暨越南岩石力学学会第35周年年会。

科普活动 5月24—26日，以“礼赞共和国、追梦新时代——科技志愿服务行动”为主题，由学会主办、蛇蟠岛科普教育基地承办的2019年中国岩石力学与工程学会秘书长沙龙在浙江省台州市召开。活动内容包括为蛇蟠岛科普教育基地揭牌、为志愿者团队授旗、举办科普讲座、学会工作总结与部署、科普教育基地考察和咨询服务活动。

5月26—28日，学会在浙江省丽水市遂昌金矿组织开展“科技黄金周、魅力遂昌行”——遂昌金矿科普基地考察评审活动，对遂昌金矿进行严格考察，为开展遂昌金矿的科普工作和科技服务工作奠定基础。

8月6—18日，学会组织开展首次欧亚科学家联合北极科学考察。学会候任理事长何满潮任科考队首席顾问，副理事长唐春安担任科考领队，科考队成员包括国际岩石力学与岩石工程学会副主席、挪威工程院院士李春林，国际地质灾害与减灾学会理事长、日本外籍院士汪发武，香港大学地球物理专家岳中琦，以及来自国内10多个科研院所和大专院校的19名专家、青年学者和相关人员。

表彰举荐优秀科技工作者 8月31日，学会在北京召开第十届中国岩石力学与工程学会科学技术奖评审会议，评审委员会由9位院士和15位岩石力学与工程领域的专家组成。最终评选出2019年第十届中国岩石力学与工程学会科学技术奖特等奖2项（自然奖1项、科学技术进步奖1项），一等奖9项（自然奖1项、技术发明奖3项、科学技术进步奖5项），二等奖16项（自然科学奖1项、技术发明奖2项、科学技术进步奖13项），共计27项，会评淘汰率为27%，获奖率为36.48%。

1月8日，中国工程院院士、学会名誉理事长、监事长钱七虎获得国家最高科学技术奖，中国工程院院士龚晓南团队获得国家科学技术进步奖一等奖；1月13日，学会原副理事长樊启祥、常务理事于斌获得第三届杰出工程师奖；学会动力专业委员会研究员潘俊峰获得第三届杰出工程师青年奖；3月底，学会党委委员、常务理事王旭东出任北京故宫博物院院长；11月8日，学会副理事长赵阳升当选为中国科学院院士，学会理事长冯夏庭、副理事长李术才、常务理事杨春和当选为中国工程院院士。

学会提名2019年度国家自然科学奖二等奖两项，完成2019年中国科学院院士和中国工程院院士候选人推荐（提名）工作，完成第十三届光华工程科技奖、第十六届中国青年科技奖、第十六届中国青年女科学家奖的候选人推荐工作。

党建强会 学会分支机构新成立4个党组织，截至12月底，学会党委下设16个基层党组织。

学会党委先后于1月12日、2月21日、9月1日、11月18日召开八届七次党委会议、八届八次党委扩大会议、八届九次党委会议和八届十次党委扩大会议，审议学会秘书处职业化建设、学术年会财务状况、学会科技奖调整方案等重大事项。

2月，学会党委落实“大力宣传钱院士事迹、努力弘扬科学家精神”的部署，组织召开“弘扬爱国奋斗精神，建功立业新时代”——学习钱七虎院士先进事迹报告会。

5月24—28日，在“浙江红旗第一飘”这一历史事件90周年之际，学会党委组织党建科普系列活动及参观浙江省台州市红色教育基地。此外，借着在浙江省丽水市遂昌金矿科普教育基地考察和评审之机，组织部分党员到遂昌县城西南的王村口参观粟裕将军曾经战斗过的地方。

9月1日，学会八届九次党委会议上通过《中国岩石力学与工程学会“不忘初心、牢记使命”主题教育实施方案》，并部署和启动“不忘初心、牢记使命”主题教育系列活动。

9月20日，学会党委在江苏省南京市组织开展“不忘初心、牢记使命”主题教育系列活动——分支机构（华东区、华南区）调研座谈会及参观南京大屠杀纪念馆主题党日活动。

10月17日，中央第十二巡回督导组成员郝志宏、谭东海、易建军，在中国科协科技社团党委副书记刘亚东等陪同下，到学会就党建方面的工作，尤其对“不忘初心、牢记使命”主题教育贯彻落实情况进行实地调研和工作交流。学会党委书记冯夏庭、副书记何满潮、党委委员康红普、秘书长杨晓杰、顾问秘书长方祖烈参加调研座谈会。

10月30日，中国科协党组成员、机关党委书记王守东，中国科协科技社团党委副书记刘桂荣等同志到学会调研并讨论关于党建方面的工作。王守东传达中央巡视组对中国科协党建工作的督导检视精神，对学会党建工作进行检查，并就如何破解全国学会党建工作难题进行交流研讨。

10月30日，学会党委在北京组织开展“不忘初心、牢记使命”主题教育系列活动——分支机构（华北区、华中区和东北区）参观北大红楼及主题党课教育活动。参观结束后，全体人员到北京故宫博物院听取中国科学院院士何满潮的专题党课。

会员服务 截至12月底，学会会员总数为14025人，增加1426余人，同比增长10%。2019年度，学会网站发布信息128篇，浏览量110万余次；学会微信公众号发布信息63篇，信息浏览量11万余次，关注人数24299人，新增关注人数5000余人。网站改版正式使用，设计策划学会会员系统，新系统简化会员注册登录程序，具备会员注册、缴费后在线开具发票的功能，以及会员在学会参加活动的轨迹记录功能。

学会发行《中国岩石力学与工程学会动态》3期，电子版动态3期，简报6期，新制作《学会简报》手机端和网站同时发送，以快捷便利的方式向会员宣传学会工作。

学会由小规模纳税人变更为一般纳税人，可自行开具增值税专用发票，以满足不同会员对票据的需求，此外开通电子发票申请通道。

【CHINA ROCK 2019第十六次中国岩石力学与工程学术年会】 11月18—21日，由学会主办的以“助力川藏铁路建设，服务国家重大工程”为主题的CHINA ROCK 2019第十六次中国岩石力学与工程学术年会在北京召开。出席大会的有：中国科协科技社团党委副书记、学会服务中心党委书记刘亚东，学会名誉理事长、国家最高科学技术奖获得者、中国工程院院士钱七虎，学会名誉理事长、中国科学院院士陈祖煜、宋振骐、何满潮、丁林，学会名誉理事长、中国工程院院士王思敬、顾金才、蔡美峰、康红普、金智新、陈湘生、杜彦良、冯夏庭，国际岩石力学与岩石工程学会主席Resat Ulusay，国际岩石力学与岩石工程学会副主席、清华大学教授杨强，国际岩石力学与岩石工程学会前副主席William Joughin、李春林，日本工程院外籍院士蒋宇静，国际工程地质与环境协会秘书长、国际工程地质与环境协会中国国家小组主席伍法权，等等。学会所属32个二级机构、23个地方学会组织的来自全国水利水电、煤炭石油、地质冶金、交通铁路、安全防护、市政建设、国防工程等领域的专家、学者、科研人员、企业家代表、工程技术人员、青年学生、设备厂商和新闻媒体记者共计3120人参加大会。大会开幕式由学会理事长冯夏庭主持。何满潮致开幕词，Resat Ulusay代表国际岩石力学学会致辞，刘亚东发表讲话。

大会邀请来自11个国家的29位国际岩石力学专家开展学术交流并作学术报告，网络直播观看量达44674次，工业展览参观人数达10821人次；大会设立20个分会场，学会各分会、专业委员会组织500场学术报告、6场技术培训和120个工业展览；得到12家学术期刊、46家高等院校、16家国家/省部重点实验室、31家科研单位、6家国际社会团体、86家企业集团的支持和帮助。

【第十六届全国岩石动力学学术会议】 8月20—22日，以“合作共赢，携手创新”为主题的第十六届全国岩石动力学学术会议在河北省石家庄市召开。会议由学会岩石动力学专业委员会与石家庄铁道大学共同主办，来自全国各高等院校、科研院所、企事业单位的260余名专家、学者、技术人员及研究生参加会议。

石家庄铁道大学土木工程学院院长王伟主持开幕式，石家庄铁道大学党委常委、副校长郭文武致欢迎词，大会学术委员会主席、学会岩石动力学专业委员会主任委员、中国科学院武汉分院党委书记李海波致开幕词，学会副理事长、长江科学院原院长郭煦灵致辞。

大会设置1个主会场、2个分会场。邀请王明洋、天津大学教授夏开文、东北大学教授朱万成、石家庄铁道大学教授朱永全、中国科学院地质与地球物理研究所研究员祁生文和西安建筑科技大学教授邵珠山6位学者作大会特邀报告。来自全国各高校、科研机构、工程单位的专家、学者、技术人员作47个分会场报告。报告内容涉及岩石动力学的理论创新与工程实践等领域的前沿科技问题。共收到论文69篇，经筛选有55篇入编《第16届全国岩石动力学会议论文选集》。经大会学术委员会评审与推荐，有15篇文章刊登在2019年《爆炸与冲击》第8期“岩石动力学专刊”上，有5篇文章推荐刊登在《岩石力学与工程学报》。

【水电工程防渗帷幕运行可靠性综合评价研究科技成果评价会】 9月28日，学会在湖南省长沙市组织专家召开水电工程防渗帷幕运行可靠性综合评价研究科技成果评价会。

中国水利水电科学研究院原副院长杨晓东，中南大学教授李夕兵，水电水利规划设计总院副总工程师余奎，贵州正业工程技术投资有限公司董事长沈志平，贵州师范大学教授熊康宁，云南省工程勘察大师、教授级高级工程师王文远，中国电建集团中南勘测设计研究院有限公司教授级高级工程师陈安重共7名专家组成评价委员会。杨晓东任评价委员会主任，李夕兵任评价委员会副主任委员。

评价会由学会秘书长杨晓杰主持。会上，项目负责人介绍项目的研究背景、研发思路和取得的主要成效。专家组听取项目完成单位的项目成果汇报，经质询和讨论，形成评价意见。

（撰稿人：胡　威）

中国野生动物保护协会

服务创新型国家和社会建设　协会先后举办6期野生动物保护管理知识培训班，以及全国野生动物救助技术研究与经验交流培训班，以此提高学员的野生动物保护技术水平。

5月27—31日，由协会主办，广东省野生动植物保护协会和肇庆市林业局协办的野生动物保护利用与生态扶贫法律法规普及推广培训班在广东省肇庆市举办，来自广东省18个贫困地（市、县）的40多名林业部门代表参加培训。

学会建设　截至12月底，协会个人会员总数约41万人，团体会员3995个，资深会员314名，下设16个分支机构。

2019年，协会分别召开理事会议、常务理事会议、全国野生动（植）物保护协会秘书长工作会，新增补理事6名、常务理事4名、监事2名。协会专家库成员共97人，涉及高校及科研院所45所。

协会开展对全国15个省（自治区、直辖市）野生动物保护协会基本情况调研。调研通过座谈讨论、实地走访、问卷调查的形式开展，结束后撰写《全国野生动物保护协会组织建设现状调查》，提出加强协会组织建设的意见，并将此报告报送至国家林业和草原局办公室。

国际学术会议　11月22—23日，协会与威海市人民政府在山东省威海市荣成市主办天鹅保护国际学术交流会，国家林业和草原局有关领导、协会监事长张习文及来自俄罗斯、日本、蒙古、巴基斯坦等国的专家、学者和国内部分省（自治区、直辖市）野生动植物保护协会、各有关自然保护地、科研院所、研究机构的相关负责人共100余人参加会议，围绕天鹅生态生物学、保护和管理等相关问题进行讨论与交流，发布天鹅保护《荣成宣言》。

国内主要学术会议　8月1—2日，协会在湖南省长沙市举办穿山甲保护救护交流会。来自全国部分省（自治区、直辖市）野生动物保护主管部门及救护机构的专家、学者、非政府组织代表共计50余人参加会议。会议围绕中华穿山甲的生态功能、繁殖规律与难点、甲片的入药功效、种群的转化关系、“功能性灭绝”论断的科学性、潜在栖息地的选定标准、专项资源调查方法七个方面进行研讨。

11月17—20日，协会科学技术委员会和国际动物学会等单位在海南省海口市共同主办第十五届全国野生动物生态与资源保护学术研讨会。全国600余位专家、学者出席会议，就兽类学、动物生态学研究和野生动物保护的最新理论、技术和实践进行研讨。

11月29日—12月2日，协会鹤类联合保护委员会在安徽省池州市召开2019年中国鹤类及栖息地保护学术研讨会暨中国野生动物保护协会鹤类联合保护委员会年度工作会议。200余人参加会议，就中国鹤类及其栖息地保护进行研讨，并组织鹤类同步调查专题培训。

两岸交流　10月15—16日，协会在浙江省杭州市举办海峡两岸自然教育研讨会，来自全国各地70余名保护区工作人员、学校教师和自然教育机构代表参加会议。会议共设2个大会报告和18个专题报告，大会报告介绍两岸自然教育的发展历史和现状；专题报告从自然教育机构与自然教育、学校与自然教育、自然保护地与自然教育3个方面展开，从不同角度解读自然教育开展的方法、思路及需要注意的问题。

国际交往　2月28日，协会与俄罗斯莫斯科动物园签订《关于开展大熊猫保护研究的合作协议》。至此，协会已与15个国家的17家动物园开展大熊猫保护研究合作。6月，协会在中俄建交70周年之际访问俄罗斯，并举办莫斯科动物园熊猫馆开馆仪式。5月，协会在十三届全国人大常委会委员长栗战书访问奥地利期间，举办大熊猫“园园”与奥地利公众见面仪式。

协会对中国与比利时、英国、新加坡和马来西亚开展的大熊猫合作项目组织定期回顾评估；与美国、日本、俄罗斯等9个国家的近30个访华代表团开展合作交流或会谈磋商。

11月14日，在大熊猫繁育技术委员会2019年年会期间，协会与中国动物园协会联合组织召开中外大熊猫保护研究国际合作方交流会，与美国、日本、泰国、比利时、澳大利亚、芬兰、英国等13个国家的17家合作单位代表开展合作交流及双边会谈，共同指导和推动大熊猫保护研究国际合作项目。

协会制作CITES（《濒危野生动植物种国际贸易公约》）第18届缔约方大会宣传材料，宣传协会对濒危物种坚持科学性和可持续发展的原则立场。应国际狩猎俱乐部（Safari Club International，SCI）邀请，协会与国家林业和草原局相关单位代表于1月8—14日赴美国内华达州里诺市参加第47届国际狩猎大会，就国际狩猎管理、组织狩猎调控野生动物种群、防范野生动物危害、规范狩猎服务行业、推进猎人培训和管理等方面与有关国家的野生动物保护管理者、国际组织负责人和行业代表学习交流。应欧洲动物园和水族馆协会（EAZA）邀请，协会于12月7—14日赴EAZA总部及其成员单位访问，就提高动物饲养水平、推广野生动物科普教育、完善野生动物保护管理机制相互交换意见，为下一步双方深化合作、达成共识奠定基础。协会与阿拉伯联合酋长国驻中国大使馆、卡塔尔野生动物主管部门会谈，交流濒危野生动物保护情况。

11月6—8日，协会参加由世界自然保护联盟（International Union for Conservation of Nature，IUCN）和巴基斯坦政府主办，巴基斯坦气候变化部、世界自然保护联盟亚洲区委员会和亚洲区域办公室联合承办的世界自然保护联盟（IUCN）第七届亚洲区域保护论坛，讨论和完善IUCN未来四年的工作方案，包括建设健康的陆地和海洋生态系统、应对全球气候变化以及加强自然资源治理、建立亚洲区域保护议程等。

科普活动　2月28日，协会与国家濒危物种进出口管理办公室、农业农村部渔业渔政管理局在浙江省宁波市共同主办以“保护海洋物种、传承海洋文明”为主题的2019年“世界野生动植物日”主题宣传活动。制作宣传视频，印制宣传海报，并同期举办濒危物种图片展览。

6月14日，由国家林业和草原局指导，协会、海峡书局股份有限公司和飞羽视界文化传媒（北京）有限公司开发建设的《中国自然生态百科数据库》鸟纲（1400余种）、哺乳纲（400余种）图文在协会官网上线。该数据库在2018年开发的《中国自然生态百科（鸟类）数据库》（发布时定名为“识鸟家”App）和2019年1月11日发布的《中国兽类图鉴》基础上进行扩充，最终数据库内容涵盖动物界、植物界和真菌界。使用者可以查找中国鸟兽相关文字资料和图片信息，方便自然爱好者、科研人员和保护区工作人员使用。

8月26日，协会与黑龙江省林业和草原局等单位在黑龙江省伊春市联合主办新中国成立70周年·中国野生动物保护影像作品展。

11月5日，协会与国家林业和草原局野生动植物保护司在北京共同主办“生态中国－美丽家园——中国野生动物保护摄影展”。11月16日，协会在北京主办“笔墨与动物的对话·保护野生动物大型公益书画展”。

协会联合其他单位在广东省广州市、湖北省武汉市、北京分别举办以“礼赞共和国、智慧新生活”为主题的2019年全国科普日系列科普宣传活动。活动包括野生动物专家科普大讲堂、院士讲座、野生动物保护知识进校园等形式。

11月22日，协会与国家林业和草原局等单位在广东省广州市长隆野生动物世界共同主办以“展现野性之美，共绘绿水青山”为主题的2019年全国暨广东省“保护野生动物宣传月”活动，国家林业和草原局与广东省人民政府等相关领导出席活动，社会各界群众等千余人参加活动。

11月29日，协会在北京举办“天人合一共家园——中国野生动物保护成果展”，国务院原副总理刘延东、全国人大原副委员长陈至立与国家林业和草原局相关领导莅临参观。展览共分六部分，通过200余幅摄影图片、17组野生动物标本和多部短视频，集中呈现野生动物的精彩瞬间，讲述人与自然和谐相处的故事。

协会参与筹办2019年“文化和自然遗产日”全国主题宣传活动。制作《关爱野生动物，保护我们的家园》和《保护海洋物种，传承海洋文明》公益宣传片，在中国国际航空股份有限公司等航空公司的航线上播出。与有关单位合作，在北京大兴国际机场停车楼，制作并展出保护野生动物公益插画，每幅插画长10米，以二方连续排列，全面展现该海拔区内的生态样貌，向每日到访大兴机场的旅客展示中国丰富的野生动物生态资源。与有关单位共同组织举办周杰伦保护濒危野生动物穿山甲的公益广告媒体发布会，共在全国一、二线城市及东南沿海地区15个城市投放

13447块保护穿山甲主题的公益广告牌，广告曝光量约4600万人次。制作禽流感和非洲猪瘟防控宣传视频、海报等宣传材料，在全国20个省（自治区、直辖市）中的211所学校、23个保护区管理局、17家野生动物救护中心和疫源疫病检测中心、6个地方协会和林业局举办摄影展览或讲座，宣传野生动物疫源疫病防控知识。

协会持续推进未成年人生态道德教育工作，于5月21—24日、6月11—15日、7月8—10日分别在广西壮族自治区桂林市、崇左市和山东省东营市组织举办3期自然体验培训师培训班，来自全国66所学校和44个自然保护区的174名工作人员参加培训，累计培训人数达1070人。组织5省（自治区、直辖市）的18所学校举办“播绿行动·野生动物保护知识进校园、进社区”活动。举办“长隆杯”第二届自然笔记大赛，并将优秀作品汇编出版。举办“让孩子体验自然之美——中国野生动物保护协会未成年人生态道德教育实践与探索”展览。

协会主办2019年春秋两季保护候鸟志愿者“护飞行动”，组织开展全国“爱鸟周”系列宣传活动。

协会生态影像文化委员会建成中国鸟类图库，包含8.8万张鸟类图片和中国境内最新版1445种鸟类分布图。

会员服务 协会以会员通讯、网站、微信公众号、中国科协政务信息为平台，发布中国野生动植物通讯录；在协会官网发布新闻206条；在微信公众号推送210期，发文679篇；报送中国科协信息57篇。

【中国野生动物保护协会第五届理事会第四次会议】 12月19日，中国野生动物保护协会第五届理事会第四次会议在北京召开，来自全国各省（自治区、直辖市）的协会理事和从事野生动物保护领域相关工作的领导、专家150余人参加会议。会议总结协会2019年的工作，审议通过2019年协会工作报告和财务报告、2019年协会资深会员发展有关情况报告，表决通过增补常务理事和理事人选，新设分支机构及有关分支机构负责人人选，协会会长陈凤学和监事长张习文分别发言。

同日还召开中国野生动物保护协会2019年常务理事会议、监事会议和全国野生动物保护协会秘书长工作座谈会。

【习近平出席俄罗斯莫斯科动物园熊猫馆开馆仪式】 6月5日，国家主席习近平和俄罗斯总统普京共同出席莫斯科动物园熊猫馆开馆仪式。在两国元首的共同见证下，国家林业和草原局局长张建龙向莫斯科市市长索比亚宁移交大熊猫“丁丁”和“如意”的管理档案，标志着中国–俄罗斯大熊猫保护研究合作项目正式启动。

【栗战书出席大熊猫“园园”与奥地利公众见面仪式】 5月20日，十三届全国人大常委会委员长栗战书与奥地利总统范德贝伦共同出席大熊猫“园园”与奥地利公众见面仪式并致辞。国家林业和草原局相关领导在两国领导人的见证下，向奥地利数字经济部部长移交“园园”的管理档案，标志着“园园”正式加入中国–奥地利大熊猫保护研究合作项目。

【中比、中德大熊猫保护研究合作分别成功繁育双胞胎幼仔】 8月8日，参与协会与比利时天堂公园开展的中国–比利时大熊猫保护研究合作项目的大熊猫“好好”诞下双胞胎大熊猫幼仔“宝弟”（雄）、“宝妹”（雌）。10月，国家主席习近平同比利时国王菲利普就此互致贺电。

9月1日，参与协会与德国柏林动物园开展的中国–德国大熊猫保护研究合作项目的6岁大熊猫“梦梦”繁育出雄性双胞胎幼仔“梦想”和“梦圆”。德国柏林动物园举办两只幼仔百日庆典暨命名仪式，中国驻德国大使吴恳、柏林市市长夏埃尔·穆勒受邀出席仪式并致辞。

【全国“爱鸟周”系列宣传活动】 协会参与组织开展全国“爱鸟周”系列宣传活动，活动包括：4月2日，协会与国家林业和草原局等在江西省南昌市举办以“关注候鸟迁徙，维护生命共同体”为主题的2019年全国暨江西省“爱鸟周”活动。国家林业和草原局相关领导，江西省委常委、副省长刘强等领导出席，协会会长陈凤学宣布活动启动。来自政府主管部门、世界自然基金会等国内外组织、新闻媒体及企业的代表、志愿者、社会各界群众共千余人参加活动。协会发布通过AI（人工智能）识别技术进行鸟类识别的软件“识鸟家”App。全国各级协会也相继开展观鸟、科普讲座和文化演出等形式多样的“爱鸟周”宣传活动。

4月19日，协会与世界自然基金会等在广东省广州市主办2019年全国“爱鸟周”系列宣传活动暨“文玩天下·核雕中国”核雕全国巡展启动仪式，500余名核雕艺术家、非物质文化遗产传承人出席活动。通过讲座和培训，向雕刻艺术家介绍和讲解打击非法野生动植物贸易的相关知识，倡导核雕手艺人紧扣“拥有文化价值，无须生命代价”的创作理念，选择替代品进行雕刻创作。

5月13—17日，协会与国家林业和草原局野生动植物保护司等在北京主办国家林业和草原局科技活动周暨“爱鸟周”科普展。通过图片和文字介绍中国的鸟类资源、鸟类迁徙、鸟类环志以及“爱鸟周”相关知识，其间共举办互动活动12场，27个司局及单位的2200多人次通过扫码和实名制参加展览、答题和互动活动。

7月1日—10月15日，协会联合中国绿色时报社面向全社会征集“爱鸟周”标志及2020年“爱鸟周”活动主题、宣传海报，共收集标志、海报69幅，活动主题585条。

12月6—10日，协会与江西省人民政府在江西省南昌市主办以“湿地滋润赣鄱、候鸟联通世界”为主题的2019鄱阳湖国际观鸟周活动，来自国内外的专家、学者共计千余人参加活动。国家林业和草原局局长张建龙、协会会长陈凤学出席活动。活动设置13个板块，包括院士论坛、国际观鸟赛、江西“省鸟”评选、优秀志愿者（组织）评选、救护候鸟放飞、候鸟国际摄影展、公众自然教育等活动。

【中国野生动物保护协会志愿者“护飞行动”】 在国家林业和草原局的支持与各省野生动植物保护主管部门的配合下，协会具体负责，组织开展春季和秋冬季保护候鸟志愿者“护飞行动”。2019年春季志愿者护飞行动期间，24个参与护飞行动的省级协会共组建188支护飞团队，参与志愿者16430人，巡护里程198641千米；活动发放折页、张贴海报等宣传材料246451份，悬挂宣传条幅2404条，开展科普讲座408场，开展主题摄影展、征文比赛184场，举办书画展、放飞活动、观鸟活动等其他类型活动387场；被包括央视新闻频道、《人民日报》在内的国内各类媒体报道和转载的相关新闻1030条；共拆除鸟网等猎捕工具4619件、救助鸟类8137只、放飞鸟类10758只、无害化处理鸟尸3351只；向林业主管部门反映滥捕乱猎情况827起，配合森林公安查处案件242起，协助抓获犯罪嫌疑人131人；新签订共建爱鸟护鸟文明乡村72个，爱鸟护鸟文明乡村共建村达到176个；在7所大学建立大学生志愿者社团，3个省级协会成立志愿者委员会。秋冬季护飞行动自9月25日启动，12月底截止，全国有多个省、自治区举办启动仪式，志愿者开展科普宣教活动和巡护清网行动，协助行政执法部门侦破一批大案，爱鸟护鸟文明乡村共建活动发展迅速，目前全国爱鸟护鸟文明乡村共建村数量已达349个。

【“中国快递行业拒绝寄递非法野生动植物及其制品自律公约”签署仪式】 5月7日，协会与中国快递协会和世界自然基金会在北京举办“中国快递行业拒绝寄递非法野生动植物及其制品自律公约”签署仪式。来自政府主管部门、政府间国际组织、有关国家驻华使馆、国内外航空协会、快递、运输及航空相关企业的专家、学者、国内外非政府组织代表共90余人参加活动。中国邮政速递、顺丰速运、圆通速递等国内12家快递物流企业及国际快递巨头DHL、FedEx共14家企业签署自律公约，承诺采取各种有效措施，拒绝收寄非法野生动植物及其制品。

（撰稿人：于永福　栾福林）

中国系统工程学会

服务创新型国家和社会建设　根据中国科协学函改字〔2019〕137号文件《关于开展2019年全国学会综合能力评估考核的通知》，学会常务理事杨翠红撰写完成的《全球价值链与中美贸易摩擦影响研究成果显著》，被中国科协收录至《全国学会“四服务”优秀案例汇编》中的“服务党和政府决策”部分。

学会建设　学会充实官网内容，优化会员申请板块。截至12月31日，学会共有团体会员25个，个人会员1873名。2019年度学会通过微信公众号累计推文66篇，关注人数新增610人。

2019年，学会共召开4次常务理事会通讯会议、3次秘书长办公会、1次理事长办公会、2次常务理事会议、1次理事会议和1次分支机构工作会。通过各种事务性会议确定十届理事会领导工作分工和党委委员候选人名单，审阅通过《中国系统工程学会推荐（提名）院士候选人工作实施细则（试行）》、《2019年推荐（提名）院士候选人工作方案》（讨论稿）、《中国系统工程学会薪酬管理办法》、《中国系统工程学会分支机构的学术活动补充规定》。明确学会副秘书长具体分管学会内设工作委员会，配合分管领导完成中国科协和十届理事会的相应工作，并参加中国科协对应业务方向的各种活动；明确入会处理流程，总结学会会员系统在使用过程中暴露的问题；配合中国科协委派指定中国硅酸盐学会调研采访过程中明确学会今后的发展方向；提升向中国科协报送信息的潜在价值，明确今后要发挥学会智库作用；确定中国系统工程学会第21届学术年会举办相关细节；批准成立学会数据科学与知识系统工程专业委员会和生态环境系统工程专业委员会；表决通过修订后的《系统科学与系统工程科学技术奖条例》《系统科学与系统工程科学技术奖实施细则》；通报2019年学会申报中国科协项目情况。

8家学会专业委员会、分会完成换届工作，分别是：交通运输系统工程专业委员会、信息系统工程专业委员会、能源资源系统工程分会、模糊数学与模糊系统专业委员会、决策科学专业委员会、林业系统工程专业委员会、金融系统工程专业委员会和医药卫生系统工程专业委员会。

11月22—25日，学会林业系统工程专业委员会第六次代表大会在广东省广州市召开。会议选举陆元昌等66人组成第六届委员会。陆元昌任主任委员，李际平任常务副主任委员，张智光、刘萍、戴健、雷相东任副主任委员，吕勇任秘书长，邓立斌、张颖、陈世清、谢煜、贾炜玮任副秘书长。

学会治理结构和治理方式改革 学会完善《中国系统工程学会个人会员/团体会员单位申请表》《中国系统工程学会报销单/差旅费报销单》《系统科学与系统工程科学技术奖奖励条例/实施细则》，制定《中国系统工程学会人员薪酬管理办法》《中国系统工程学会分支机构学术活动的补充规定》，具体推进其中所规定的专业委员会学术活动备案机制，进一步规范学会内部管理。

青年人才托举工程 2019年，学会获批第五届（2019—2021年度）中国科协“青年人才托举工程”项目2个托举名额，开展项目申报工作。

主办期刊 学会主办5种学术期刊，包括3种中文刊《系统工程理论与实践》《系统工程学报》《交通运输系统工程与信息》，以及2种英文期刊*Journal of Systems Science and Systems Engineering*（《系统科学与系统工程学报》）、*Journal of Systems Science and Information*（《系统科学与信息学报》）。

2019年，《系统工程理论与实践》《交通运输系统工程与信息》入选中国科技期刊卓越行动计划。

《系统工程理论与实践》获2019年中国科学院科学出版基金科技期刊择优支持，被评为2019年“中国国际影响力优秀学术期刊”；2019年发表文章275篇，发行纸质期刊17640册，召开一次编委会会议，完成编委会换届工作。

《系统工程学报》完成编委换届工作，由原来的48人增加到60人，新进编委均为年轻的一线学者，包括多名国家杰出青年科学基金获得者、国家优秀青年科学基金获得者、长江学者奖励计划入选者；多次组织编辑人员参加编辑业务培训等活动；2019年发表文章69篇，发行纸质期刊4930册。

根据《中国学术期刊影响因子年报（自然科学与工程技术·2019版）》统计，《交通运输系统工程与信息》学科排序为5/151，即在被统计的151本相同学科的期刊中排名第5，与2018年相比提升2个名次。2019年发表文章210篇，发行纸质期刊18000册。

2019年，*Journal of Systems Science and Systems Engineering*团队协助举办两次国际会议，分别为：5月31日—6月2日在广东省深圳市召开的第十届运营管理前沿国际研讨会（Mostly OM 2019 Workshop）和7月13—15日在广东省深圳市召开的2019年第十六届服务系统和服务管理国际学术年会（2019 The 16th International Conference on Service Systems and Service Management，ICSSSM 2019）。2019年发表文章44篇，发行纸质期刊3000册。

*Journal of Systems Science and Information*已加入De Gruyter（德古意特出版社）数据库。2019年发表文章38篇，发行纸质期刊1200册。

国际学术会议 5月10—12日，由中国科学院大学经济与管理学院等主办，学会与《管理评论》杂志社协办的国际系统与控制科学院（IASCYS）2019学术年会在北京召开。国际系统与控制科学院副院长顾基发和中国科学院预测科学研究中心主任汪寿阳共同担任大会主席并分别致辞。学会秘书长唐锡晋在开幕式上致辞，简略回顾学会创建与发展历程。会议主题为“系统理论与控制论：发展与教育”，旨在为系统与控制理论、方法研究的优秀成果与前沿研究提供学术交流平台。

国内主要学术会议 2019年，学会及其分支机构共举办国内学术会议12次，参加会议人数约3227人次，交流论文、报告1994余篇。

5月10—12日，由学会能源资源系统工程分会与江苏大学等主办的第四届能源资源系统工程学术年会在江苏省镇江市召开。围绕能源资源系统工程及相关问题，来自60多个科研机构、高等院校的370余名专家、学者开展学术交流。会议选举产生第二届学会能源资源系统工程分会主任委员及其他成员，范英担任新一届主任委员。

10月11—13日，由国家自然科学基金委员会管理科学部和学会金融系统工程专业委员会主办的第17届金融系统工程与风险管理国际年会在天津市召开。来自全国各地金融系统工程领域的专家、学者、研究生共400余人参加会议。学会理事长杨晓光出席会议并作大会报告。会议共设置3场大会报告、12个邀请报告和30个分会场，交流300余篇金融系统工程领域的最新成果，并完成金融系统工程专业委员会的换届工作。

10月18—20日，由学会决策科学专业委员会主办、河北大学管理学院与河海大学企业管理学院承办的新时代决策科学创新发展学术研讨会在河北省保定市召开。来自四川大学、东北大学、电子科技大学、河海大学、南京大学、天津大学等全国多所院校的专家、学者以及河北大学管理学院部分师生共计100余人参加会议。与会专家、学者就研讨会的主题分别作题为《复杂信息的决策》《基于大数据的管理决策问题研究》《区间值决策优化方法及其应用》《不确定信息表示与多属性决策方法》以及《不均衡数据的机器学习及其应用》的学术报告。

两岸交流 9月20—22日，由学会与中山大学岭南学院和中山大学金融工程与风险管理研究中心共同主办的2019海峡两岸暨港澳金融科技青年学者论坛在广东省广州市召开。

来自中国科学院、北京大学、中山大学、武汉大学、香港科技大学、香港中文大学、西安交通大学、天津大学、厦门大学、中央财经大学、上海财经大学、澳门大学、中南财经政法大学、暨南大学、宁波诺丁汉大学、北京化工大学等全国多所高校的专家、学者参加论坛。论坛主题主要涉及金融科技的创新、风险管理和监管等方面。

中山大学岭南学院金融学系教授曾燕主持论坛开幕式，学会理事长杨晓光、中山大学岭南学院院长陆军出席开幕式并致辞。杨晓光主持大会报告，澳门大学工商管理学院院长陈靖涵、北京化工大学教授余乐安和香港中文大学教授陈南分别以“人工智能在反洗钱中的作用”“基于数据分布特征驱动的信用风险分类研究”“信息松弛和基于对偶的动态规划”为主题作大会报告。

曾燕主持座谈会。在座谈会上，参会专家、学者讨论金融科技的科研、教育与人才培养问题，并就未来科研合作和推动金融科技领域的科研、教育与人才培养作出规划与展望。

党建强会 4月，学会以召开常务理事会议及通讯会议的形式，通过民主选举完成新一届党委成员的换届工作，选举狄增如为学会十届理事会党委书记人选，房勇担任党委副书记，王红卫担任纪检委员，冯耕中担任组织委员，熊熊担任宣传委员，陈国青、薛惠锋、胡祥培、李仲飞担任党委委员，报中国科协科技社团党委审批。

学会党委始终发挥政治引领作用，参与“三重一大”事项的前置审议。党委书记狄增如代表学会参加中国科协于8月15日召开的党的建设工作会议。学会参加中国科协组织的各项党建活动，在常务理事会议上传达学习《中国科协关于认真学习宣传党的十九届四中全会精神的实施方案》。党委组织一系列“不忘初心、牢记使命”主题教育党建活动，包括许国志系统工程思想研讨会、中国商飞集团上海飞机制造有限公司调研等。

会员服务 学会采取会员信息网络化、会费支付多元化、票据管理电子化的新措施，建立高效有序的会员沟通机制。通过学会微信公众号推送学会动态，传递学会工作信息。由学会主办的学术会议，会员注册费给予优惠。

【中国系统工程学会十届二次常务理事会议暨新春茶话会】 2月23日，中国系统工程学会十届二次常务理事会议暨新春茶话会在湖北省武汉市召开。学会理事长杨晓光，副理事长王红卫、李仲飞、狄增如、汪小帆、冯耕中、胡祥培、寇纲、薛惠锋，秘书长唐锡晋及来自全国各地的39位常务理事（包含委托代表）、学会正副秘书长、工作委员会代表参加会议，学会办公室人员及会议承办单位人员列席会议，会议由学会副理事长王红卫主持。

杨晓光确定十届理事会领导工作分工，特增加副理事长分管工作委员会，具体为：汪小帆分管学术工作委员会，陈国青分管国际学术交流工作委员会，狄增如分管教育与普及工作委员会，胡祥培分管编辑出版工作委员会，冯耕中分管青年工作委员会，薛惠锋分管应用咨询工作委员会。

会上，寇纲代表学会第十次全国会员代表大会暨第20届学术年会的承办单位作年会总结汇报，包括会议组织全过程，并重点汇报年会财务决算以及承办单位的支持强度；学会学术工作委员会、教育与普及工作委员会、国际学术交流工作委员会及青年工作委员会的代表作2018年工作总结，其中学术工作委员会主任委员王先甲和青年工作委员会主任委员冯耕中简要介绍2019年工作计划；学会常务副秘书长房勇就新一届学会理事会党委班子的前期选举过程进行汇报；学会秘书长唐锡晋汇报自换届以来学会的主要工作，包括参与中国科协安排的各项工作。会上还学习中国科协1月下旬发布的《全国学会组织通则》的学习材料。

【许国志系统工程思想研讨会暨许国志院士诞辰100周年纪念会】 4月20日，由中国科学院数学与系统科学研究院、中国科学院系统科学研究所、学会等共同主办的许国志系统工程思想研讨会暨许国志院士诞辰100周年纪念会在北京召开，学会理事长杨晓光主持纪念会，秘书长唐锡晋代表学会介绍许国志创办学会并致力于学会发展及近年学会壮大的成果。学会前理事长顾基发、陈光亚和汪寿阳，副理事长狄增如和冯耕中出席会议。学会系统理论专业委员会主任委员徐玖平及代表参加纪念活动。

【中国系统工程学会十届三次常务理事会议、十届二次理事会议】 8月22—23日，中国系统工程学会十届三次常务理事会议在上海市召开。学会理事长杨晓光，副理事长王红卫、李仲飞、狄增如、汪小帆、冯耕中、胡祥培、寇纲，监事长孙宏才，秘书长唐锡晋，副秘书长及常务理事（或其指定代表）共计39人参加会议。学会办公室、编辑部人员及上海大学有关人员列席会议。会议由杨晓光主持，汪小帆致辞并根据会议议程简要介绍理事会的目的和工作部署。

会上，学会党委书记狄增如传达8月15日中国科协党建工作会议主要精神；党委副书记房勇传达中国科协科技社团党委关于党建工作的部署和要求，就学会第十届理事会换届以来党建工作的开展进行汇报，并对下一步党建工作的计划和安排进行动员部署，介绍自学会十届二次常务理事会议以来，秘书处对中国科协部署的各项任务的工作响应，包括项目申报、举办会议及培训等。唐锡晋汇报十届二次常务理事会议以来学会秘书处的主要工作，副秘书长闫相斌从评奖的有关政策、修订内容、需进一步明确的几点问题三个角度对《系统科学与系统工程科技奖励办法》的修订情况进行汇报，与会常务理事对修订草案进行讨论，会议原则通过对《系统科学与系统工程科技奖励办法》《系统科学与系统工程科技奖励实施细则》的修订意见；学会办公室专门负责分支机构工作的南晋华介绍所起草的分支机构换届管理法、分支机构会议申报流程、分支机构印章管理办法、总会印章使用办法等相关管理细则。

12月15日，中国系统工程学会十届二次理事会议在北京召开。学会理事长杨晓光，副理事长狄增如、王红卫、李仲飞、冯耕中、胡祥培、薛惠锋、寇纲，监事长孙宏才及十届理事会成员、分支机构负责人及委托代表出席会议。学会秘书长唐锡晋主持会议。

会上，学会常务副秘书长房勇传达《中国科协关于认真学习宣传党的十九届四中全会精神的实施方案》精神，介绍学会党建工作开展情况，通报2019年学会申报中国科协项目情况。冯耕中从会场选址、时间安排、会议主题、大会报告、会议注册费标准等方面对中国系统工程学会第21届学术年会筹备工作进行汇报；薛惠锋介绍纪念钱学森活动；狄增如介绍中国系统科学大会的参会者组织机制；副秘书长闫相斌介绍《系统科学与系统工程科学技术奖条例》《系统科学与系统工程科学技术奖实施细则》的修订内容；大连理工大学教授党延忠和北京师范大学教授陈彬分别就拟成立"数据科学与知识系统工程专业委员会"和"生态环境系统工程专业委员会"进行陈述。

（撰稿人：李星润）

中国实验动物学会

服务创新型国家和社会建设 1月7—10日，由学会主办的实验动物管理师高级研修班在黑龙江省哈尔滨市召开。培训就4个专题开展，80余位专家、学者参加培训。

3月20—22日，由学会主办的实验动物医师岗位培训班在上海市召开。培训就12个主题开展，120余位专家、学者参加培训。

4月9—13日，由西安交通大学继续教育基地主办的实验动物从业人员技术等级培训班在陕西省西安市召开。培训内容涵盖《实验动物从业人员要求》中的初级、中级、高级内容。培训就7个主题开展培训，50余位专家、学者参加此次培训，47位考生参加考试。

5月6—10日，由学会、中国医学科学院医学实验动物研究所联合主办的"一带一路"传染病动物模型研究和应用国际培训在北京举办。16位专家分别围绕重大传染病动物模型研究等3个专题进行报告，130余位中外专家、学者参加培训。

6月1—3日、9月9—11日、9月24日，学会教育与培训工作委员会组织专家分别对申报继续教育基地的上海农林职业技术学院、重庆医科大学、上海同济大学附属东方医院、吉林大学基础医学院、昆明医科大学开展验收工作，五家单位均通过现场评审。

7月29日—8月2日，由苏州大学继续教育基地主办的实验动物从业人员技术等级认可培训班在江苏省苏州市召开。培训内容涵盖《实验动物从业人员要求》中的初级、中级、高级内容。50余位考生参加培训，49位考生参加考试。

7月30日—8月2日，由学会主办的实验动物管理师高级研修班在福建省厦门市召开。70余位专家、学者参加培训。

9月21—22日，由学会、全国实验动物标准化技术委员会共同主办的实验动物标准编写宣贯培训班在云南省昆明市召开。培训就实验方法标准等问题进行讲解，50余名学员参加培训。

9月21—22日，由学会、英国皇家防止虐待动物协会（RSPCA）共同主办的实验动物福利操作技术规范培训班在云南省昆明市召开。培训就实验动物福利要求等方面开展，70余位专家、学者参加培训。

10月9—11日，由中国医学科学院医学实验动物研究所继续教育基地主办的实验动物从业人员技术等级培训班在北京召开，47位专家、学者参加培训及考试。

11月30日—12月1日，由学会神经科学技术专业委员会主办的2019第四届动物实验技术技能讲习班（神经专场）在上海市召开。培训就外周神经损伤与修复等问题进行解读，近百人参加培训。

学会还针对北京实验动物从业人员举办6期上岗证培训，累计500余人参加。

学会共发布团体标准12项，完成征求意见稿26个。迄今已发布四批75项团体标准，内容涉及基础、管理、质量控制和检测等方面。

学会建设 2019年，学会个人会员总数3120人，团体会员29个。学会新成立分支机构2个，共下设分支机构33个。

4月26日，中国实验动物学会第五届灵长类实验动物专业委员会换届工作会议在云南省丽江市召开，30余位委员参加会议，并召开第五届委员会第一次工作会议。

5月9日，学会实验动物资源鉴定与评价工作委员会成立大会在江苏省泰州市召开。会议选举产生专业委员会成员，并对第一届委员会工作规划进行审议。20余位委员出席第一次全体委员会会议。

5月24—26日，学会中医药实验动物专业委员会第三届常务委员会第三次会议在广东省广州市召开。会议对《动物模型鉴定与评价程序（草稿）》等议题进行讨论。

6月1日，第二届中国实验动物学会实验动物模型鉴定与评价委员会扩大会议在四川省宜宾市召开。委员会就《实验动物模型鉴定与评价工作规范（草稿）》进行汇报，专家针对实验动物模型的研发和标准化作学术报告。

6月4—6日，由学会高校专业教育和学科建设工作委员会主办的第二届实验动物学教学研讨会暨青年教师教学示范活动在重庆市举办。会议增补3名委员。

6月27日，学会实验小型猪专业委员会换届会议在广东省江门市召开。选举产生第二届专业委员会委员，并召开第二届实验小型猪专业委员会工作会议，会上讨论通过第二届专业委员会的工作规划。

11月30日，学会神经科学技术专业委员会成立大会在上海市召开。会上宣布第一届专业委员会委员名单。

12月19日，学会水生实验动物专业委员会换届会议在江苏省南京市召开。会上审议并通过第三届专业委员会工作报告，同时举办第四届委员会第一次全体会议，选举产生第四届专业委员会委员。

12月28日，学会屏障医学专业委员会成立大会暨屏障医学学术报告会在天津市召开。在第一届委员会第一次会议上选举产生常务委员、负责人等。

学会实验动物模型鉴定与评价工作委员会制定《中国实验动物学会实验动物模型鉴定与评价管理办法（试行）》和《中国实验动物学会实验动物模型评价与鉴定实施细则（试行）》，经学会第七届理事会常务理事会第六次会议审议通过。

青年人才托举工程 学会推荐的4人获得第五届中国科协"青年人才托举工程"项目资助。

主办期刊 学会主办的季刊 *Animal Models and Experimental Medicine*（AMEM,《动物模型与实验医学》），出版4期，并已相继被PMC、CSCD、DOAJ、中

国知网、万方数据库等多个国内外重要数据库收录。

6月,《中国实验动物学报》继续被中国科技核心期刊(中国科技论文统计源期刊)、《中文核心期刊要目总览》、中国科学引文数据库(CSCD)来源期刊等数据库收录。

6月,《中国比较医学杂志》继续被中国科技核心期刊(中国科技论文统计源期刊)、《中文核心期刊要目总览》等数据库收录。

国际学术会议 5月22—24日，由学会实验动物福利伦理专业委员会和英国政府共同主办的中英第六届实验动物福利伦理国际论坛在江苏省南京市召开。来自中国、英国、美国的400余位学者参加会议。论坛设置3个分论坛，由14位专家作大会报告。会后参观2个标准化实验动物设施的现场。

6月26—28日，由学会及五邑大学等联合主办的第四届国际小型猪学术论坛暨粤港澳动物实验平台建设研讨会在广东省江门市召开，近300人参加会议。会议邀请专家、学者围绕实验小型猪以及其他实验动物在生物医药研究中的进展等作30余场主题报告。

国内主要学术会议 4月25—26日，由学会主办的灵长类实验动物生物医学研究前沿交流会在云南省丽江市召开。来自国内46个科研院所、高等院校和相关企业的70余位学者参加会议。会议展示灵长类实验动物在神经科学等研究工作中的最新策略、技术方法和研究成果。

5月9—11日，由学会主办的实验动物资源建设与药物毒性研究高层论坛在江苏省泰州市召开，100余人参加会议。

7月19—20日，由学会、中国医学科学院医学实验动物研究所共同主办的第一届龙潭科学会议在北京召开。会议主题是“比较医学——促进人类健康”，100余位学者参加会议。

9月23日，由学会主办的第十五届中国实验动物科学年会在云南省昆明市召开。会议主题为“创新实验动物科技，驱动生命科学发展”。设3个专题报告，共52人作报告。同期举办实验动物福利操作技术规范培训班、实验动物标准编写宣贯培训班。600名专家、学者参加会议，40余家企业厂商参加产品、技术展览。

12月28日，由学会主办的中国实验动物学会屏障医学专业委员会成立大会暨屏障医学学术报告会在天津市召开。会议就屏障医学相关疾病防、诊、治话题进行研讨。

5月22日，中国实验动物学会医药研发外包机构(CRO)实验动物管理工作委员会2019年度第一次学术会议在江苏省南京市召开，近30名专家、学者参加会议。

5月24—26日，由学会中医药实验动物专业委员会主办的2019年中医证候动物模型论坛暨中国实验动物学会中医药实验动物专业委员会第三届常务委员会第三次会议在广东省广州市召开，90余名专家、学者参加会议，7名专家作专题演讲，投稿41篇。

6月4—6日，由学会高校专业教育和学科建设工作委员会主办的第二届实验动物学教学研讨会暨青年教师教学示范活动在重庆市召开，80余名专家、学者参加会议。

6月11—14日，由学会主办的第十八届中国西部实验动物管理与学术研讨会暨首届中国实验动物学会无菌动物专业委员会年会在重庆市召开。会议设立2个分会场，邀请9位专家作报告。

7月3—6日，由学会实验动物标准化专业委员会和全国实验动物标准化技术委员会共同主办的2019年中国实验动物学会实验动物标准化专业委员会年会暨全国首届独立通风笼具(IVC)标准研讨及展示会在山东省泰安市召开。来自国内外科研机构、高等院校和企业的IVC系统生产者、销售者、检测者、使用者和研究者共计150余人参加会议。

7月27—30日，由学会实验病理学专业委员会主办的中国实验动物学会实验病理学专业委员会第四次学术研讨会在天津市召开。

9月4日，由学会媒介实验动物专业委员会、中华预防医学会共同主办的全国病媒及卫生害虫实验种群管理和应用学术研讨会在青海省玉树市召开，40余位专家、学者参加会议，13位专家作报告，征集论文或摘要23篇。

10月29—31日，由学会实验动物标准化专业委员会和全国实验动物标准化技术委员会共同主办的实验动物设施设计与管理高级研讨班在江苏省苏州市召开，250余人参加培训和研讨。

11月8—10日，由学会实验动物与毒理学专业委员会主办的中国实验动物学会实验动物与毒理学专业委员会第一届学术年会(2019)在湖南省长沙市召开，280余位专家、学者参加会议。

11月21—23日，由学会中医药实验动物专业委员会主办的第十一届中国中医药实验动物科技交流会在天津市召开，206位专家、学者参加会议。

11月26日，由学会动物实验生物安全专业委员会主办的动物实验室生物安全培训班与学术交流研讨会在北京召开。培训内容包括理论授课和实践操作，50余位学员参加培训。

国际交往 5月15—17日，学会组织6位专家赴日本福冈市参加第66届日本实验动物科学技术年会，会议主题是“超越多样性”，同期还参观考察日本九州大学医学部实验动物中心的实验动物研究设施并进行座谈。

6月10—13日，学会组织6位专家赴捷克布拉格参加第十四届欧洲实验动物学会联合会（FELASA）大会，会后专家、学者参观捷克表型基因组学中心（Czech Centre for Phenogenomics，CCP）的实验动物部门和意大利马里奥·内格里药理学研究所（Istituto di ricerche farmacologiche Mario Negri）。

科普活动 9月22日，学会在云南省昆明市举办“实验动物——我们的朋友”“礼赞共和国、智慧新生活”主题科普活动。2位专家作报告，400余名中学生到场参加活动，发放科普图书《我们身边的人兽共患病》800余册。

10月12日，“实验动物设施与人类健康”主题科普讲座系列活动在江苏省苏州市举办，近200人参加活动。讲座内容为实验动物设施与人类健康的关系、实验动物和动物实验在传染病研究中的重要作用等。

11月22日，由学会党委、党支部等联合主办，潘家园街道潘家园南里社区协办的“认知动物疾病，共创健康家园”主题科普活动在北京举办，120余位社区居民参加活动。

学会制作科普挂图30种，悬挂于科普画廊供社会公众学习。定期更新科普微信公众号信息。

表彰举荐优秀科技工作者 学会推选中国科学院院士、中国工程院院士候选人1人并上报至中国科协。

学会创新发展 学会通过官网、微信、会议系统、投稿系统等为实验动物科技工作者提供学习和交流平台，为个人会员和单位会员提供各种服务，为党员同志创建党员学习阵地，并向爱好者宣讲实验动物科普知识，举办科普活动。

在智慧科协的“科界”和“绿平台”开设中国实验动物学会专栏，不定期发布学会动态。

党建强会 2月13日，学会党支部组织党员参观“伟大的变革”——庆祝改革开放40周年大型展览。

7月24日，学会党支部组织党员举办“不忘初心、牢记使命”主题教育学习会，学习中共中央“不忘初心、牢记使命”主题教育的指示精神。

8月19日，学会党支部组织全体党员参观“不忘初心、牢记使命”——中央和国家机关定点扶贫工作成果展。

8月23日，学会党支部组织党员开展“讲述奋斗历程，牢记初心使命”主题党日活动。

9月12日，学会党支部组织开展“不忘初心、牢记使命”专题组织生活会。党员分别就守初心、担使命、找差距、抓落实四个方面谈学习体会。

11月21日，学会党支部组织党员召开“以案为鉴 警钟长鸣”专题警示教育组织生活会。支部书记传达关于国家卫生健康委离退休干部局原卫生健康监察专员吴军严重违纪违法案的通报。

学会利用党建微信公众号传达党的十九大精神，发布中国科协党建活动信息，提供学习材料，供党员学习交流。

会员服务 3月8日，学会组织部分在北京的女科技工作者会员参加2019年度女科技工作者社会服务奖颁奖暨第十届“科学与艺术——相约国际妇女节”主题音乐会。

3月23日，学会承办并组织40余位女科学家参加第十四届（2019年）春季“女科学家乐跑健走”活动（北京地区）。

5月30日，在全国科技工作者日，学会工作人员来到中国食品药品检定研究院实验动物资源研究所，慰问一线科技工作者。

学会官网每两个月为会员推送一次电子通讯，涵盖学会近期活动、会议、通知等动态内容。

【第十五届中国实验动物科学年会】 9月21—24日，由学会主办，云南省实验动物学会承办的第十五届中国实验动物科学年会在云南省昆明市召开，年会主题为“创新实验动物科技，驱动生命科学发展”。

会议设置7个特邀学术报告、1个主旨报告和3个专题报告。其中特邀学术报告有：秦川的《新型神经退行性疾病动物模型》、刘国庆的《5G基因工程仓鼠拟人化心血管疾病模型的创建》、彭小忠的《脑瘤的发病机制研究与新药筛选》、吕龙宝的《动物模型与疾病机理研究》、Paul Finnemore的*Improving*

Primate Care and Use、潘兴华的《猕猴衰老模型评价及干细胞治疗的疗效与机制研究》、魏江红的《基因修饰小型猪在生物医学上的应用》。主旨报告是由秦川作的《中国实验动物发展现状及未来思考》。主题报告分别是《实验动物研究与技术专题》《实验动物资源专题》和《灵长类实验动物技术专题》。

此外，40 余家企业厂商参加实验动物设备及相关产品展示会。

【第一届龙潭科学会议暨第一届国际比较医学学会理事会成立仪式】 7 月 19—20 日，由学会和中国医学科学院医学实验动物研究所共同主办的第一届龙潭科学会议暨第一届国际比较医学学会理事会成立仪式在北京召开。会议主题是“比较医学——促进人类健康”，来自国内外的 100 余位学者参加会议。学会理事长秦川出席会议并致辞，讲述龙潭科学会议的宗旨和定位。

学会理事长秦川、日本产业技术综合研究所教授 Renu Wadhwa 和 Sunil KAUL 等来自 9 个国家和地区的 17 位学者分别就比较医学、实验动物资源培育、动物模型研制和分析、动物模型在医学和药学领域应用等作学术报告。

7 月 20 日，举办国际比较医学学会理事会成立仪式。会上选举并通过第一届理事会的理事名单。同时，中国工程院院士、中国医学科学院 - 北京协和医学院原院校长刘德培和 2005 年诺贝尔生理学或医学奖获得者 Barry J.Marshall 当选为国际比较医学学会名誉理事长，并确定 *Animal Models and Experimental Medicine* 为国际比较医学学会会刊。

【“一带一路”传染病动物模型研究和应用国际培训】 5 月 6—10 日，由学会、中国医学科学院医学实验动物研究所联合主办的“一带一路”传染病动物模型研究和应用国际培训在北京举办。该培训由“十三五”重大专项“一带一路”传染病防控课题“传染病防控相关动物模型的推广与应用研究”子课题支持。来自中国、巴基斯坦等国家的 130 位专家、学者参加培训。

培训特邀学会理事长秦川等 16 位专家，分别围绕重大传染病动物模型研究、新发和突发传染病动物模型研究及生物安全管理 3 个专题进行报告。秦川首先作题为《中国严重感染性疾病系列动物模型及安全策略》的主旨报告。报告着重讨论传染病动物模型研制技术体系的难点，强调动物模型的规范化。同时指出，应进一步加强实验动物模型资源建设、实验动物生物安全活动控制以及国内外合作，形成全球生物安全共同体。各位专家分别就丙肝动物模型、乙肝动物模型、艾滋病动物模型、结核病动物模型、登革病毒感染动物模型、寨卡病毒感染动物模型、MERS 感染动物模型、狂犬病动物模型和流感动物模型进行介绍，分享这些动物模型在传染病研究中的最新进展和前沿应用。

培训期间，中国医学科学院医学实验动物研究所的专家还与“一带一路”沿线国家的专家、学者共同召开座谈会。

【中英第六届实验动物福利伦理国际论坛】 5 月 22—24 日，由学会实验动物福利伦理专业委员会和英国政府共同主办的中英第六届实验动物福利伦理国际论坛在江苏省南京市召开。10 个国家和地区的约 450 人参加论坛。

论坛以“提升我国实验动物福利伦理科技和管理规范水平”为宗旨，以“共创优化的更大成就——与推进持续性的改进”（*Big Wins in Refinement—— and Making Change Stick*）为主题，对中国实验动物福利伦理国家标准的推广和对外合作与交流、善待实验动物和“3R”理念如何具体实践、减少痛苦与疼痛、麻醉镇痛、抓取和保定技术、安乐死技术、国内外实验动物替代新技术、环境丰富、实验动物的人道终点和 AAALAC（国际实验动物管理评估与认证协会）国际认证等相关议题进行探讨。特邀 16 名国际专家和国内专家作 8 个部分共 18 个专题报告。增加中国实验动物福利伦理新标准 GB/T 35892 的专业化翻译及国际化专家研讨会，以及 AAALAC 实验动物国际认证和仁慈终点技术 2 个专题学术讨论会。会后参观江苏省药物安全性评价中心和江苏集萃药康生物科技有限公司实验动物设施。

（撰稿人：陈　蕾）

中国青藏高原研究会

服务创新型国家和社会建设　2019 年，研究会发起的“第三极环境青年科学家联盟”倡议已经获得中国科协“‘一带一路’国际科技组织合作平台建设”项目的支持，为从事青藏高原及其周边地区研究的青年科学家提供交流平台，促进青年科学家之间以及与相关教育机构、科研院所、政策制定机构之间的对话和联系。

研究会第三极环境联合科教中心的国际网络已初具规模，启动中美欧“空中课堂”，创新青年人才培养模式，举办系列“一带一路”相关国家青年人才培训班，科技传播平台建设取得新进展。

1月，“空中课堂”同时在北京、美国、尼泊尔加德满都三地连线开办12周24节课的课程，为尼泊尔特里布万大学（Tribhuwan University）的学生系统讲授古气候学，也为三地的学生提供一个实时交流的平台。

12月28日，研究会在北京举办第三届青年科学家论坛，围绕论坛主题“青年科学家在第三极环境研究中的角色：机遇与责任”，10位青年科学家发表主旨演讲并分享科研经历。论坛现场，来自中国、巴基斯坦、印度、伊朗、塔吉克斯坦、缅甸、埃塞俄比亚等国家的近40位中外青年科学家，响应研究会发起的“第三极环境青年科学家联盟”倡议。

学会建设　研究会六届理事会成立以来，新发展个人会员204人。2019年，共发展个人会员1624人。信息化建设能力得到提升，陆续建立科普微信公众号“第三极大本营”等公共服务平台。改版和完善中英文网站，开通电子通讯服务功能，向会员推送工作信息和科研资讯等。

国际学术会议　7月11—12日，由研究会和中国科学院A类战略性先导科技专项“泛第三极环境变化与绿色丝绸之路建设”共同主办，中国科学院、中国科学院青藏高原研究所、联合国教科文组织、联合国环境署、世界气象组织、世界气候研究计划（WCRP-CORDEX）等机构支持的亚洲水塔国际研讨会在北京举办。来自中国、美国、德国、法国、瑞典、荷兰、尼泊尔等国家的40余位专家、学者参加会议。与会专家就亚洲水塔正在失衡的变化过程、产生影响以及如何应对等问题进行讨论。

国际交往　研究会在实施中国科协“一带一路”国际科技组织合作平台计划“第三极环境科教中心建设”项目的基础上，与周边国家的有关学会（如尼泊尔地貌学会、尼泊尔气象水文学会、巴基斯坦地理环境学会、缅甸地理学会等）加强联系，共同举办培训班、签订合作协议等，为建立第三极学会联盟创造条件。同时，为下一步开展三极（第三极、南极、北极）的合作研究与交流奠定基础。

科普活动　研究会利用青藏高原研究的科研和观测平台，开展科普宣传工作，通过举办讲座、创作科普作品、组织科普活动等形式，向公众介绍青藏高原的自然环境特点及研究成果。

4月15日，中国科学院院士孙鸿烈做客青藏高原科学大讲堂，回顾中华人民共和国成立前及成立初期青藏高原科学资料积累的历史，讲述青藏高原综合科学考察前的科考工作以及自1973年开始的第一次综合科学考察研究历程。来自中国科学院青藏高原研究所、中国科学院地理科学与资源研究所等单位的100余名科研人员参加讲座。

5月，研究会与中国科学院地理科学与资源研究所合作，连续举办以“走进高原”为主题的公众科学日活动，以播放专题片的形式向观众讲述两亿年来青藏高原从海洋到陆地，再到高山的演化历史，及其对中国自然环境的重要影响。

10月，研究会与第二次青藏高原综合科学考察研究队、西藏广播电视台联合策划录制《珠峰讲堂——青藏科考故事》50集大型电视系列讲座。研究会50多位长期从事青藏高原研究的专家、学者参与录制，讲述青藏科考的成果和故事，普及青藏科考的知识。

11月24日，中国科学院院士郑度做客青藏高原科学大讲堂，分享青藏高原科考历程。来自中国科学院青藏高原研究所、中国科学院地理科学与资源研究所等单位的近200位科研人员参加讲座。郑度是第一次青藏高原综合科学考察研究的主要组织者之一，他从青藏高原综合科学考察研究历程、进展以及体制文化创新、青藏精神内涵等方面分享科考经历和感悟。

2019年，研究会与星球研究所联合编写《这里是中国》科普图书。图书采用“中国地势三级阶梯”的区划方式，根据中国地势的大格局，从第一级阶梯到第三级阶梯，呈现出高原—山地—平原的变化。借此带领读者体会青藏高原独特的高原雪域风光和人文景观。图书已由中信出版集团出版，全书31.5万字。

表彰举荐优秀科技工作者　2019年，研究会根据中国科协要求组织开展中国科学院院士、中国工程院院士的推荐工作。通过征求具有推荐资格的会员意见，对被推荐人的资格与形式进行审查，以无记名投票的方式表决推荐赵俊猛、赵新全两名候选人。

研究会组织第十二届青藏高原青年科技奖的评选工作，共有来自中国科学院青藏高原研究所、地理科学与资源研究所、地质与地球物理研究所、兰州大学等单位的10名青年科技工作者受到表彰。中国科学院院士孙鸿烈表示：“随着青藏高原科技事业的发展、科学研究水平的提高和国际影响力的增强，青藏高原科技奖已具备向学术成就和国际奖励方向发展的基础。”

党建强会 研究会成立理事会层面功能性党组织。由研究会理事长姚檀栋任党委书记，赵俊猛任党委副书记，吕厚远、方晓敏、姜大榜任党委委员。研究会秘书处联合党支部举办廉政清风主题党日活动，召开“两学一做”的支部学习会议。

会员服务 研究会通过编印研究会宣传手册，介绍研究会的宗旨、工作职能、重要活动等内容，让更多从事青藏高原研究的青年学者了解研究会、加入研究会。

（撰稿人：吴 娟 戴玉凤）

中国环境诱变剂学会

服务创新型国家和社会建设 2019 年，学会组织专业培训 2 次，共 118 人次参加。11 月 24 日，学会风险评价专业委员会在山西省太原市举办 2019 毒理学试验方法理论与技能培训提高班；8 月 16 日，学会膳食与疾病专业委员会在北京举办临床营养技能更新班。

学会建设 截至 2019 年年底，学会共有会员 5600 余人，下设 12 个专业委员会、4 个组织工作委员会。

6 月 18 日，学会在贵州省遵义市召开中国环境诱变剂学会第七届第四次常务理事会议和第七届第三次理事会议；11 月 30 日，学会在北京召开中国环境诱变剂学会第五次常务理事会议。会议确定并通报新的专业委员会成立、专业委员会换届改选以及专业委员会发展建设事宜；商讨中国环境诱变剂学会第十九次学术大会、国际环境流行病学大会举办事宜；对如何提升学术会议、期刊的办会办刊质量进行商讨；对学会 2020 年度各项工作进行研究部署。

6 月 21 日，学会青年委员会、暴露组学与暴露科学专业委员会在贵州省遵义市召开成立大会。学会青年委员会的成立旨在活跃学会的学术思想、服务青年科技人才成长；学会暴露组学与暴露科学专业委员会的成立旨在顺应学科发展、迎合多学科协同发展需求。新机构的建立，将汇集国内不同领域的学者组成跨学科的学术联盟。

6 月 21 日，学会致畸专业委员会在贵州省遵义市召开第五届换届大会，选举产生新一届主任委员、副主任委员、秘书长、常务委员以及专业委员会委员。

8 月 5 日、10 月 19 日，学会出生缺陷防治专业委员会和膳食与疾病专业委员会分别在北京召开工作会议，商讨专业委员会换届工作事宜。

8 月 25 日，学会风险评价专业委员会在安徽省合肥市召开第六届第五次工作会议。

11 月 10 日，学会生物标志物专业委员会在山东省青岛市召开第一届第二次工作会议，部署 2020 年工作与学术活动事宜。

主办期刊 学会主办期刊《癌变·畸变·突变》为中国科技核心期刊，双月刊，每年国内外公开发行 6000 册，2019 年发表论文 96 篇。根据中国知网发布的《中国学术期刊影响因子年报》，《癌变·畸变·突变》的复合影响和综合影响因子等指标在 2008—2018 年均稳中有升。《癌变·畸变·突变》第七届编委会成员共 100 人（含外籍编委 7 人），均为肿瘤学、环境毒理学及相关领域的专家。6 月 20 日，《癌变·畸变·突变》第七届编委会在贵州省遵义市召开第七届编委会第二次会议，对工作进行阶段性总结，商讨期刊进一步发展规划。

国内主要学术会议 2019 年，学会共举办重点学术会议 12 次，其中学术年会 3 次，综合交叉会议 1 次，高端前沿会议 4 次，小型论坛 1 次，学术沙龙 1 次，学术服务会议 2 次。参加会议人员 1518 人次，其中企业代表 288 人次，境外专家 22 人次；交流论文 397 篇。

6 月 19—21 日，学会在贵州省遵义市主办中国环境诱变剂学会第十八次学术大会，450 余位专家、学者参加会议。大会以“环境与健康——新理念和新技术的应用”为主题，设立新技术、新方法，生殖发育毒理，遗传毒性致癌性，环境与疾病，青年优秀论文评选 5 个分会场。分会场报告 62 篇，其中 18 篇论文被推荐参加青年优秀论文评选，31 篇论文作壁报展示。大会期间，学会暴露组学与暴露科学专业委员会举办暴露组学与暴露科学首届学术研讨会，学会青年委员会举办青年委员会首届学术研讨会。

4 月 14—16 日，学会毒性测试与替代方法专业委员会与中国毒理学会毒理学替代法与转化毒理学专业委员会等单位在上海市联合主办 2019 化妆品风险评估及非动物测试新技术方法应用研讨会；7 月 6 日，学会毒性测试与替代方法专业委员会在北京举办体外毒理学与下一代风险评估学术沙龙；8 月 25—28 日，学会风险评价专业委员会在安徽省合肥市举办中国环境诱变剂学会风险评价专业委员会第二十一届全国学术交流会；10 月 18—20 日，学会活性氧生物学效应专业委员会与西安交通大学生命科学与技术学院等单位在陕西省西安市联合举办第七届中国衰老与抗衰老学术大会；11 月 10 日，学会生物标志物专业委员会与青岛大学公共卫生学院在山东省青岛市共同主办中国环境诱变剂学会生物标志物专业委员会 2019 年度学术会议；11 月 28—30 日，学会致癌专业委员会、致畸专业委员会、致突变专业委员会在浙江省绍兴市联合举办 2019 年“三致”专业委员会年会暨 2019 第二届长三角生物医学技术产业化论坛；等等。

国际交往 2019 年，学会多位专家参加世界卫生组织的相关学术会议、参加世界各国举办的相关领域学术会议。同时学会邀请 22 人次国外专家来中国参加相关领域的学术研讨会。

科普活动 2019 年，学会利用各专业特点，开展科普活动 7 次，52 位专家以及科技工作者共 195 位参加，受众约 16 万人次，覆盖多个社区，发放科普宣传册 2100 本，设计挂图 100 张。

5 月，学会膳食与疾病专业委员会在全国开展“全民营养周”科普宣传活动；6 月 12 日，学会抗诱变剂和抗癌剂专业委员会在黑龙江省哈尔滨市开展“环境污染与人体健康”科普讲座；7 月，学会膳食与疾病专业委员会在线上开展“减肥那些事”科普广播；8 月 25 日，学会风险评价专业委员会在安徽省合肥市开展《科技工作者之歌》第三届摄影比赛科普宣传活动；10 月 12 日，学会致癌专业委员会在郑州飞机集团开展职业卫生讲座；11 月 5 日，学会党委组织专家在北京开展“知识共享、促进健康”科普讲座；1—12 月，学会膳食与疾病专业委员会在全国开展“生命早期营养”科普讲座。

党建强会 2019 年，学会党委组织“党建强会计划”特色活动，组织党员参观贵州省遵义市红色革命历史资源、北京昌平区抗日战争革命历史资源，同时发挥学会科技专业优势，以科普讲座、发放宣传册等方式为当地群众科普健康知识，促进全民健康。学会组织的党建强会特色党日活动与构建科协系统大党建工作格局相吻合。

（撰稿人：高苏堤）

中国运筹学会

学会建设 截至 12 月 31 日，学会共有会员 2226 人，其中学生会员 350 人；学会下设分支机构 17 个。2019 年度，学会召开理事会议 1 次，常务理事会议 2 次，召开 3 种期刊编辑部工作会议 1 次。

学会修改完善《中国运筹学会章程》《中国运筹学会个人会员 / 团体会员管理办法》《中国运筹学会分支机构管理条例》《中国运筹学会财务管理制度》《中国运筹学会档案管理制度》，进一步规范学会内部管理。学会加强与地方学会的协同发展，在学会网站上宣传和推荐地方学会活动。

3 月 22—23 日，中国运筹学会第十届常务理事会第五次会议在广东省广州市召开。学会常务理事、副秘书长和监事等 45 人参加会议，学会秘书长刘克主持会议。会议对关于修订《中国运筹学会章程》部分内容的建议案进行审议。

11 月 16 日，中国运筹学会浙江会员中心在浙江省宁波市成立。

青年人才托举工程 1 月 12 日，中国运筹学会第四届中国科协“青年人才托举工程”项目启动仪式在北京召开。中国科学院院士、中国科协副主席、原学会理事长袁亚湘，学会理事长胡旭东，学会副理事长戴彧虹，中国科协培训和人才服务中心副处长方四平等出席会议。启动仪式由学会青年工作委员会副主任吴凌云主持。

学会获得第四届中国科协“青年人才托举工程”项目 2 个资助名额，8 位申请人通过初选。北京工业大学王长军和中国科学院大学王晓入选。

其间，第三届中国科协“青年人才托举工程”项目入选者孙聪（北京邮电大学）和姜波（南京师范大学）进行年度工作汇报，由学会青年工作委员会副主任韩德仁主持，北京大学教授文再文点评。

主办期刊 学会共主办 3 种学术期刊，发表论文 577 篇。2019 年，《运筹与管理》《运筹学学报》两种中文学术期刊总印数为 20900 册，*Journal of the Operations Research Society of China*（《中国运筹学会会刊》）英文学术期刊总印数为 1000 册。

为促进少数民族边远地区运筹学及相关领域的学科建设和发展，《运筹与管理》期刊社先后组织两批专家和学者，分别于 6 月 3 日到宁夏回族自治区银川市，9 月 21—22 日到新疆维吾尔自治区喀什地区喀什市开展学术支边活动。

国际学术会议 学会和学会分支机构共组织境内国际学术会议 3 次，交流论文 167 篇，与会专家、学者 830 人。

6 月 22—23 日，由中国科学院数学与系统科学研究院应用数学研究所、北京工业大学应用数理学院、学会数学规划分会共同主办的运筹学前沿国际研讨会（International Symposium on Frontiers of Operations Research，ISFOR’2019）在北京召开。学会名誉理事长章祥荪、徐光辉，中国科学院数学与系统科学研究院应用数学研究所（以下简称“应用数学研究所”）所长骆顺龙，中国科学院院士严加安先后致辞。桂湘云等运筹学界老前辈与 130 余位来自中国、美国、加拿大、英国、澳大利亚的专家、学者和研究生参加会议。此外，英国华威大学教授陈礴代表因故未能亲临会场的瑞士和奥地利专家致辞，应用数学研究所研究员韩继业介绍中国运筹学早期发展情况。研讨会上，14 位特邀报告人以“运筹学的现状和未来趋势”为主题，先后报告运筹学相关领域的最新成果和发展方向。主要涉及组合优化、变分不等式、连续优化、博弈论等运筹学中的主要模型、理论、算法及其应用。会议期间，与会专家共同庆祝运筹学老前辈越民义先生百岁生日。

7 月 5—7 日，由学会图论组合分会、江苏师范大学、中国科学院数学与系统科学研究院图论组合与网络研究中心共同主办的第八届图论与组合算法国际研讨会暨中国运筹学会图论组合分会第五次代表大会（GTCA 2019）在江苏省徐州市召开。来自国内外的 100 余所科研院校的 300 多名专家、学者参加大会。大会围绕图论、组合以及算法的热点课题进行学术交流，包括 5 个大会报告、23 个邀请报告、53 个分组报告。

会后，学会图论组合分会理事会进行改选，参加会议的 300 余名会员代表以无记名投票的方式选举产生新一届理事 98 位。山东大学教授王光辉当选为分会秘书长，王维凡当选为分会理事长。

12 月 14—15 日，由学会行为运筹与管理分会与北京外国语大学、清华大学工业工程系联合举办的第十一届“行为运筹学与行为运营管理”国际研讨会暨中国运筹学会行为运筹与管理分会第二次代表大会在北京召开。来自美国、英国以及国内 112 所高校、科研院所的 400 多位专家、学者和研究生参加会议。大会组织采购管理、行为组织学、运营与营销管理、“互联网 + 创新”、物流与供应链管理、大数据与运营管理、运营与公司财务管理、电子商务与交易行为、可持续运营与决策行为、行为运营研究方法论等 17 个分论坛，66 名与会专家、学者分享最新的研究成果。会后，学会行为运筹与管理分会召开分会理事会换届会议，通过无记名投票选出新一届理事会成员 114 名。清华大学教授赵晓波连任分会理事长，姜海任分会秘书长。

国内主要学术会议 2019 年，学会及其分支机构共举办国内学术会议 14 次，提交学术论文 654 篇。学会有 5 个分支机构召开学术会议，并在会议期间通过无记名投票完成分会理事会换届工作。

5 月 3—6 日，学会智能计算分会第十三届年会在山东省济南市召开。会议由山东青年政治学院承办，主题主要涉及智能计算的理论与方法，包括智能算法、人工智能、不确定理论及其相关应用。150 人参加会议，15 位专家作大会报告，35 位学者通过分组报告展示最新研究成果。会议期间，召开学会智能计算分会理事会换届会议，杨立兴当选为第四届智能计算分会理事会理事长，柯华当选为秘书长。

7 月 5—7 日，由学会随机服务与运作管理分会主办，安徽建筑大学承办的随机服务与运作管理分会 2019 学术年会在安徽省合肥市召开，200 名专家、学者参加会议。中国工程院院士杨善林、教育部“长江学者奖励计划”入选者张付强、香港城市大学教授陈友华、清华大学教授赵晓波作大会报告；浙江大学管理学院教授华中生和复旦大学管理学院教授胡奇英分别作题为《服务科学及其若干问题研究》《供应链，连接城市、连接国家》的报告。会议期间，赵晓波主持召开随机服务与运作管理分会理事会换届会议，余玉刚当选为新一届分会理事长，毕功兵当选为秘书长。

7 月 27—31 日，学会第四届不确定系统分会年会在湖北省黄冈市召开。近百人参加会议，21 位专家作大会报告，36 位学者通过分组报告展示最新研究成果。会议期间，召开不确定系统分会理事会换届会议，陈孝伟当选为第五届分会理事会理事长，杨向峰当选为秘书长。

8 月 10—12 日，学会模糊信息与工程分会第十一届年会暨分会换届会议在云南省昆明市召开，来自全国 52 所高等院校和科研机构的 100 余名专家、学者出席会议。会议主题为“模糊理论与应用”，开幕式由中国人民解放军国防大学教授刘增良主持，会议安排 12 个大会报告、24 个分组报告。会议期间召开模糊信息与工程分会第五届理事会换届会议，刘增良当选为第五届分会理事会理事长，钟育彬当选为秘书长。

8月29—30日，学会金融工程与金融风险管理分会第九届学术年会暨第四届换届大会在上海市召开。与会专家、学者就金融工程和金融风险管理领域的当前学术前沿，作82场学术报告。香港科技大学教授蔡宁、上海高级金融学院教授胡捷、香港中文大学教授王海婴作3场大会特邀报告，多位专家、学者作15场专题报告及64场分组报告。报告内容涉及鲁棒投资组合、行为金融、银行与其他金融中介的实证分析、投资组合模型、金融衍生品、最优化问题及方法、动态风险管理、流动性与系统风险、计算金融方法及其应用、数据分析及供应链金融、风险管理方法、金融计量、金融科技与风险管理、金融仿真等。会议期间，召开金融工程与金融风险管理分会理事会换届会议，胡奇英当选为分会理事长，杨向峰当选为秘书长。

科普活动　2019年，学会组织10位专家在不同领域开展科普工作，分别在天津市、浙江省、湖南省、陕西省、江苏省的大中小学、医院举办各类科普活动，受益者1000余人次。其中开展青少年科普宣讲活动5场，受众700余人次。

8月18—22日，学会理事长胡旭东代表学会参加2019—2020年度“走进美妙的数学花园”科普活动，并为学生作题为《运筹学：求解生活中的数学难题》的科普报告。

党建强会　学会党委参与学会“三重一大”事项前置审议。采取集中学习、专题调研、理论研讨、心得交流等方式，开展学习宣传贯彻党的十八届六中全会、十九大精神的活动。在学会理事会议、常务理事会议上，理事长带头就党的十九大精神对学会工作的指引进行解读。

4月22日，学会办事机构组织党员参观南京总统府和梅园新村；6月28日，学会运筹党支部参加“不忘初心、牢记使命”主题教育活动之“步前辈初心 为率先拓路”七一诗歌朗诵会；12月29日，学会党委组织学习传达十九届四中全会精神。

会员服务　学会采取会员信息网络化、会费支付多元化、票据管理电子化的新措施，建立高效有序的会员沟通机制。由学会主办的学术会议，会员注册费给予优惠；由学会主办的期刊，会员可以免费下载。学会通过“运筹通讯”微信公众号推送学会动态、发布学会学术活动信息、传递学会工作信息，提升学会凝聚力，拓展会员服务新途径。

【第三届中国运筹青年论坛】　10月25—27日，以“物流技术中的关键运筹问题”为主题的第三届中国运筹青年论坛在江苏省南京市召开。论坛由学会青年工作委员会主办，南京航空航天大学数学数理学院数学系承办。上海财经大学教授何斯迈、南京航空航天大学教授蒋建林、清华大学副教授姜海、上海交通大学副教授罗俊联合担任论坛执行主席。来自全国40家高等院校、科研院所和企业的60余位青年学者参加论坛。论坛内容涉及物流技术与运筹学交叉领域的多个热点方向，如物流中数据驱动的动态交通流、税收和转移定价对跨国公司战略决策影响、地铁节能等。论坛设有海报张贴与座谈环节，与会青年学者围绕论坛主题展开交流与探讨。

论坛为研究中国物流技术与运筹学交叉领域的青年学者提供交流互动平台，展示中国青年学者在物流技术与运筹学领域内最新研究成果。学会第三届、第四届中国科协“青年人才托举工程”项目的4位入选者参与论坛的组织工作并汇报科研工作进展。

（撰稿人：胡　洁）

中国菌物学会

服务创新型国家和社会建设　学会创立和组织的菌物产业专题论坛已成为本领域的专业品牌产业类会议。每期论坛代表专业领域的最前沿发展成果和技术突破，为产业与学术的融合搭建平台。论坛选择菌物品种的发源地或者国内龙头企业作为承办单位，既体现前沿产业技术的代表性，又发挥先进企业和示范基地的先锋带头作用，为企业与专家直接沟通交流搭建桥梁，助力企业技术创新，助力地方经济结构转型升级和产业发展，打造产学研一体化平台。建设产业协同创新共同体，围绕核心技术问题组织联合公关，提升科技成果转化率。

2019年，学会筹划和参与举办系列菌物产业专题论坛5个：3月23日在湖北省宜昌市举办2019中国大球盖菇产业发展大会；4月20—21日在陕西省榆林市举办2019第四届全国羊肚菌大会；7月12—14日在辽宁省沈阳市举办2019第三届全国虫草大会；9月6—8日在浙江省杭州市举办2019首届中国桑黄产业发展大会；11月14—17日在贵州省安龙县举办2019中国·贵州食用菌产业发展大会。

学会参与举办继续教育专业领域培训班4个：5月18—26日，由学会医学真菌专业委员会、苏州市医学会检验专业委员会等联合主办的第六届中国－荷兰医学真菌学习班在江苏省苏州市举办；6月2—6日，由广东省微生物研究所和学会菌物多样性及系统学专业委员会主办的2019年全国菌物多样性与系统学讲习班在广东省广州市举办；8月7日，由学会等联合主办的真菌基因组和宏基因组学讲习班在云南省昆明市举办；10月20—24日，由中国科学院微生物研究所真菌学国家重点实验室主办、学会协办的种群遗传学与基因组学高级培训班在北京举办。

学会建设 截至12月31日，学会新增个人会员487名，团体会员21个。制定《中国菌物学会分支机构管理条例》，对现有分支机构的活动严格计划、共同监督。学会建立《中国菌物学会团体标准章程》，首发学会第一例行业团体标准。

主办期刊 学会主办学术期刊3种。其中，英文期刊Mycology（《真菌学》）旨在搭建中国菌物学家与国际学者学术交流平台，引领和促进菌物学科发展，促进中国菌物学与国际接轨，增强国际影响力。刊登菌物学（包括卵菌、黏菌）各个领域的最新研究成果，目前已被CABI、PubMed、Scopus、CSA、DOAJ数据库收录。已发表稿件近200篇，作者来自美国、德国、荷兰、芬兰、日本、韩国、中国、印度等国家。

中文期刊《菌物学报》为中国自然科学核心期刊，被AM、CA、CABI、Ulrich IPD、CSA、CSCD、CNKI、IC等国内外检索数据库收录。

国际学术会议 2019年，学会主办、参与举办国际会议2次。

8月27—31日，学会及吉林省科协等单位在吉林省白山市抚松县露水河镇联合主办第二届东北亚地区生物多样性国际会议。会议以“推动绿色发展·共享生态文明”为主题，设有动物、植物及菌物的生物多样性，野生动物、植物及菌物资源的保育，分子生物学及遗传三个主题论坛，邀请院士进校园开展科普讲座、共植“院士林”、组织院士专家到长白山野外开展“标本采集”等活动。来自中国、俄罗斯、白俄罗斯、美国、英国、加拿大、韩国、日本、泰国9个国家的9名院士、180余名专家参加会议。

11月22—24日，由亚太医学真菌学学会主办，学会医学真菌专业委员会和中国微生物学会真菌学专业委员会承办的第七届亚太医学真菌大会在广东省广州市举办，大会以“亚太真菌感染热点”为主题，设置特邀报告、专题报告、青年论坛、壁报展示等学术活动，来自中国、日本、韩国、印度尼西亚、泰国、尼泊尔、意大利、法国等国家和地区的250余名医学真菌学者参加会议。

国内主要学术会议 2019年，学会主办、参与举办国内学术会议5次。

5月10—13日，学会真菌霉素专业委员会、北京市农林科学院、中国农业科学院农产品加工研究所、中国真菌毒素网等单位联合主办，北京农业质量标准与检测技术研究中心承办的第二届中国真菌毒素大会在北京召开。来自全国各高校、科研院所、企业和质检中心等单位的200余名专家、学者参加会议。

7月28—29日，由中国科学院东北地理与农业生态研究所和学会菌根及内生真菌专业委员会联合主办的第十四届全国菌根学术研讨会在吉林省长春市召开，来自全国30个省、直辖市、自治区的110家单位的340余位专家、学者参加会议。会议以“菌根助推绿水青山”为主题，内容覆盖微生物学领域，尤其是内生外生菌根相关领域，包括化学微生物学、分析微生物学、微生物生物工程学、微生物化学分类学、微生物数值分类学、微生物地球化学和微生物信息学等。

8月3—5日，由学会主办，西北农林科技大学、易菇网与旱区作物逆境生物学国家重点实验室共同承办的中国菌物学会2019年学术年会在陕西省西安市举办。大会以“多彩菌物、美丽中国”为主题，吸引来自全国200余所科研院校和企业的900余名专家、学者参加会议。共收集论文摘要349篇，其中安排口头报告240个、墙报展示35篇。会议设置7大专业领域，分设21个场次报告。

11月15—20日，由学会地衣专业委员会与遵义医科大学公共卫生学院共同主办，习水国家级自然保护区管理局协办的第二届中国地衣生物学青年学术论坛暨野外工作培训班在贵州省遵义市召开。来自全国各高校和研究所的专家、学者、博士生、硕士生近20人参加会议。会议分野外科考和学术报告两部分进行。

11月29日—12月1日，由赣南师范大学，章贡区人民政府，学会菌物化学专业委员会、菌物组学专业委员会和药用真菌专业委员会联合主办的2019年首届“天然药物、现代组学与健康”学术研讨会在江西省赣州市举办。14位来自国内高等院校、科研院所的专家共同讨论天然药物、现代组学等内容。

科普活动 学会各地科普基地参与所在单位举办的科普活动及科普讲座，内容涉及农作物寒害后复产技术、蘑菇栽培技术、病虫害防治等几个方面。

学会开展全国性、创新性、示范性科普活动，在全国建立5个科普工作基地，形成学科科普品牌。推动学科或行业科技博物馆和科普基地建设，推动会员单位开发开放优质科普资源。

党建强会 学会党委开展理事会层面与学会办事机构层面的党组织活动，创新学会党组织的活动形式和工作方式。

【中国菌物学会2019年学术年会】 8月3—5日，由学会主办，西北农林科技大学、易菇网与旱区作物逆境生物学国家重点实验室共同承办的中国菌物学会2019年学术年会在陕西省西安市举办。大会以“多彩菌物、美丽中国”为主题，吸引来自全国200多所科研院校和企业的900余名专家、学者和企业代表参加。

大会开幕式由学会秘书长、中国科学院微生物研究所研究员白逢彦主持。西北农林科技大学党委副书记、纪委书记陈红致大会开幕词。此次大会通过网络进行现场直播。学会理事长、中国科学院微生物研究所研究员郭良栋在大会上致辞。

大会共收集论文摘要349篇，其中口头报告240个，墙报展示35个。设置7大专业领域，分设21场报告，内容涵盖菌物多样性及系统学、食用菌、医学真菌、菌物组学、菌物化学、药用真菌、植物病原菌物等领域。大会同期开设中国菌物产业发展高峰论坛，召集木耳类产业、食用菌采后与加工产业、蛹虫草产业、天麻产业、茯苓产业和菌文化产业等产业类分会共同组织举办，加强产学研一体化交流。

闭幕式由学会副理事长、山东农业大学教授张修国主持，西北农林科技大学教授孙广宇作大会总结致辞。

【2019种群遗传学与基因组学高级培训班】 10月20—24日，由中国科学院微生物研究所真菌学国家重点实验室主办、学会协办的种群遗传学与基因组学高级培训班在北京举办，共有200余名来自全国各地的科研人员参加培训。会议由中国科学院微生物研究所研究员吴琦主持，郭良栋和中国科学院微生物研究所真菌学国家重点实验室主任蔡磊在开幕式和闭幕式上分别致辞。

组委会邀请美国南佛罗里达大学教授刘晓明，北京大学生命科学学院教授陆剑，清华大学统计学研究中心副教授邓柯，中国科学院古脊椎动物与古人类研究所研究员付巧妹、副研究员张驰，中国科学院北京基因组研究所研究员陈华，中国科学院上海营养与健康研究所研究员李海鹏，中国科学院－马普学会计算生物学伙伴研究所研究员徐书华，中国科学院昆明动物研究所研究员吕雪梅，中国科学院动物研究所研究员翟巍巍，中国科学院数学与系统科学研究院副研究员朱天琪，中国科学院微生物研究所研究员刘杏忠，共12位国内外种群遗传学和基因组学的一线青年科学家任授课教师。培训内容主要围绕群体中的变异及组学水平的描述，群体遗传学中使用的主要统计学方法，群体遗传学中溯祖模型及其应用，群体中自然选择信号的检验，有效群体大小，群体亚结构及迁移、种群历史推断，基因表达调控研究中的比较基因组学，肿瘤细胞群体多样性和进化等方面进行介绍，并结合最新进展对种群遗传学基本理论、原理和方法展开讲解。培训内容还包括学员上机实际操作、互动答疑，并就未来的项目合作和后续培训计划进行研讨。

（撰稿人：蒋　娜）

中国晶体学会

服务创新型国家和社会建设 1月19—24日，由学会、北京大学化学与分子工程学院共同主办的中国晶体学会2019年单晶X射线衍射技术讲习班在北京举办，来自全国从事单晶X射线衍射结构解析等相关研究领域的青年教师、研究生近百人参加。此次讲习班从基本的衍射原理出发对晶体学进行介绍，加强在对称性和消光相关方面的训练，帮助学员解决科研中遇到的困难问题，并针对问题提出解决思路。

7月14—19日，由学会、北京大学化学与分子工程学院共同主办的中国晶体学会2019年粉末X射线衍射技术讲习班在北京举办，来自全国从事粉末X射线衍射结构解析等相关研究领域的青年教师、研究生共80余人参加。尽管粉末X射线衍射技术与应用已经较为成熟，但其应用于复杂结构解析仍需进一步拓展，此次讲习班简要介绍晶体学和衍射的基本原理，强化学员对称性和系统消光的训练，结合常用软件的使用和数据分析，帮助学员掌握粉末X射线结构解析与精修的基本原理和方法，解决研究中的实际问题。

国内主要学术会议 9月17日，由学会小角散射专业委员会（筹）、中国科学院长春应用化学研究所主办，西南科技大学环境友好能源材料国家重点实验室承办的第一届全国小角散射学术会议在四川省绵阳市举办。来自国内外65个科研单位的专家、学者共150余人参加会议。此次会议以“小角散射技术”为主题，凸显其在前沿科学研究中的独特优势。参加会议的专家、学者利用此次会议搭建的合作平台，结合“大科学研究装置”“前沿测试分析方法”“国家重大需求”与“环境友好能源材料国家重点实验室的特色研究方向”等热点话题展开研讨。

10月11—14日，由学会大分子专业委员会、中国生物物理学会分子生物物理分会、中国电子显微镜学会联合主办，学会、中国科学技术大学承办，安徽大学物质科学与信息技术研究院协办的第六届中国结构生物学学术讨论会在安徽省宣城市绩溪县举办。会议内容涵盖基于X射线、电镜、核磁等结构生物学和计算生物学、合成生物学与药物设计的研究成果和新技术、新方法的应用，参加会议的专家、学者就结构生物学及相关研究领域取得的成果和获得的经验进行交流，会议重视青年人才的参与。

（撰稿人：陈　冲）

中国神经科学学会

服务创新型国家和社会建设 学会自主开展青年科技人才培养工作，举办各种技术和前沿进展的培训班共24次，涉及培训人员5860人次。培训致力于提高人才培养的能力水平，扩大“青年人才托举工程”项目的后备队伍。技术类：1月，在上海市举办第十二期上海市疼痛沙龙——疼痛研究基本技术方法科普讲座与演示，150余名学员参加会议；6月，在江苏省南京市举办第一届南京“脑－智”国际研讨会暨2019南京脑科学光成像技术培训班，200余名学员参加会议；7月，在上海市举办中国神经科学学会学习记忆基础与临床分会成立大会暨第一届高峰论坛及第一届神经信号采集处理与调控技术培训班，300余名学员参加会议；10月，在广东省深圳市举办中国神经科学学会神经科学研究技术分会2019年学术年会暨第八届全国光遗传技术培训班，350余名学员参加会议；12月，在上海市举办2019计算神经科学冬季班，50余名学员参加会议。临床类：在全国各地开展“欣中心”——抑郁焦虑诊疗系列教学项目，参加人数约3000人；在全国开展“赛过阳光”2019心境障碍学术能力提升项目，参加人数1760人。

学会建设 截至12月底，学会会员增加到13641人，新增4个团体会员，共计12个团体会员；新增3个专业分会，共计23个专业分会。微信公众号的粉丝达8493人。召开2次常务理事会议、1次理事会议、1次理事长办公会、1次会员代表大会、1次监事会议、1次功能性党委会。

青年人才托举工程 北京师范大学钟穗娟和上海市第一人民医院穆迪获得第五届中国科协“青年人才托举工程”项目的资助。

主办期刊 2019年，学会和中国科学院上海生命科学研究院主办的英文学术期刊*Neuroscience Bulletin*（《神经科学通报》）出版6期，共1138页，发表论文134篇，其中有4期是学术专辑或专栏，全部上传到学会网站供会员下载。根据科睿唯安（原汤森路透）公司6月公布的2018年《期刊引证报告》，*Neuroscience Bulletin*影响因子为4.246。获得中国科技期刊卓越行动计划（2020—2024年）重点期刊类项目资助。

国际学术会议 2019年，学会及其分会共举办国际学术会议6次：2019国际神经科学与神经疾病中西医结合防治新策略学术研讨会、2019年神经科学和疼痛研究国际研讨会、第七届国际离子通道大会、第一届南京“脑－智”国际研讨会暨2019南京脑科学光成像技术培训班、第19届中日韩神经生物学和神经信息学联合研讨会、2019年世界人工智能大会：AI科技沙龙。参加会议人数1332人次，其中，邀请到包含美国国家科学院院士、加拿大皇家科学院院士等在内的国内外专家共计116位。

国内主要学术会议 学会及分会共举办年会、研讨会、论坛等学术活动39次，其中高端前沿学术会议2次、综合交叉学术会议7次，参加会议人数11735人次。

国际交往 1月，学会与日本神经科学学会（Japan Neuroscience Society，JNS）合作，承担推荐青年人才参加日本神经科学学会2019年神经科学大会（Travel awards for NEURO 2019 of Japan Neuroscience Society）工作。学会组织评委对材料进行评审选拔，最终向JNS推荐6名优秀青年学生。

JNS选拔推荐6名青年学生、欧洲神经科学联盟

（FENS）推荐3名青年学生参加中国神经科学学会第十三届全国学术会议暨第七次会员代表大会。

科普活动 2019年，学会组织科普活动共计7次：由学会感觉和运动分会秘书长王彦青等专家、学者组织的木槿花线上线下慢性病防控科普活动；由学会儿童认知与脑功能障碍分会主办的“关爱自闭症儿童 让孤独不再”自闭症宣传活动；由学会神经发育与再生分会主办的2019年实验室开放日活动——“神奇的斑马鱼”；由学会神经内稳态和内分泌分会和神经退行性疾病药物研发国家地方联合工程研究中心联合主办的走进孤独症支持中心——交流慰问活动；由学会感觉和运动分会主办的上海市崇明区老年疾病预防救助项目和2019世界宁养日主题活动；由学会神经胶质细胞分会主办的幼小学生系列科普活动——大脑启蒙知识讲解。

表彰举荐优秀科技工作者 学会向中国科协推荐中国科学院院士候选人2名、2019年度中国生命科学领域十大进展项目1个、第十六届中国青年女科学家奖1人、2019年度未来女科学家计划候选人1人。

会员服务 学会每季度向会员发布一次学会简报，主要反映学会工作的综合信息，并使之形成一种服务会员的新方式，全年共发布4期。

【中国神经科学学会第十三届全国学术会议暨第七次会员代表大会】 10月10—13日，学会主办的第十三届全国学术会议暨第七次会员代表大会在江苏省苏州市召开。会议围绕神经科学的基础研究、临床应用和当前热点等问题展开讨论。瑞典皇家科学院院士Abdel EI Manira、美国国家科学院院士Junying Yuan、英国皇家科学院及医学院院士Trevor W.Robbins、美国国家医学科学院院士Ronald Stanton Duman等国内外专家、学者作报告。共设立8个大会报告、12个分会场、47个专题研讨会、288个口头报告、921篇摘要，参加会议人数达3731人。

10月11日，学会召开第七次会员代表大会，会议内容主要有：中国科学院院士、第六届理事长段树民总结汇报第六届理事会的工作，第六届理事会着重抓学会的内部建设，制定《中国神经科学学会下属分支机构管理规定》和《中国神经科学学会财务管理制度》，同时建立不同层次的会议制度；第六届副理事长张玉秋对学会2015年7月至2019年6月的财务情况作财务报告；第六届副理事长陈生弟作学会章程修改报告，增加监事的决定；第六届副理事长徐如祥主持投票选举流程。

462名会员代表听取第六届理事会的工作报告、财务报告、章程修改说明和会费标准并投票审议通过，最后选举出136名理事和4名监事，构成第七届理事会领导班子。中国科学院院士张旭当选为第七届理事长。

【2019年世界人工智能大会：AI科技沙龙】 8月28日，2019年世界人工智能大会：AI科技沙龙在上海市举办。大会由中国科学院上海分院主办，上海脑科学与类脑研究中心、中国神经科学学会、上海市神经科学学会、中国科学院计算技术研究所等单位承办。

大会特邀欧洲科学院院士Marek Michalewiz，英国皇家科学院院士、加拿大皇家学会院士、纽约科学院院士Demetri Terzopoulos作主题演讲，同时邀请80余位人工智能领域国际顶尖学者和中国科学院长江三角洲地区科研院所相关领域的专家参加会议，旨在搭建人工智能前沿理论和前沿应用的高端交流平台，探讨未来人工智能发展的关键问题，全面了解人工智能领域的学科发展现状和产业发展趋势。

【2019神经科学和疼痛研究国际研讨会】 6月6—8日，由学会感觉和运动分会和神经科学通报（英文版）杂志社等多个单位共同主办的2019神经科学和疼痛研究国际研讨会（2019 International Symposium for Neuroscience and Pain Research）在上海市召开。会议得到教育部、国家外国专家局高等学校学科创新引智计划和国家自然科学基金委员会“重点国际（地区）合作研究项目”资助。

会议邀请来自中国、美国、英国、加拿大、日本和韩国著名高校和研究机构的专家、学者，包括中国科学院院士、浙江大学医学部主任段树民，中国科学院院士、学会理事长张旭和加拿大多伦多大学教授Fang Liu等18位中国科学家和10位国外科学家作28场学术报告，吸引300多位神经科学和疼痛领域的学者参加会议。

【2019神经环路示踪技术专题研讨会暨第四届神经环路技术培训班】 4月16—21日，2019神经环路示踪技术专题研讨会暨第四届神经环路技术培训班在湖北省武汉市举办，由中国科学院脑科学与智能技术卓越创新中心、学会、上海市神经科学学会、中国科学院青年创新促进会武汉分会、中国科学院武汉物理与数学研究所共同主办。

研讨会邀请包括中国科学院神经科学研究所研究

员杜久林、香港城市大学教授贺菊芳在内的33位神经科学领域的专家、学者作主题报告。以神经科学研究中的重点和难点为主要讨论内容，分享神经环路示踪新技术、新方法、新策略和新应用，吸引来自全国100多家高校、科研院所、医院和企事业单位500余人参加。

【第七届国际离子通道大会】 6月16—20日，由学会离子通道与受体分会和浙江省神经科学学会联合主办的第七届国际离子通道大会在浙江省杭州市召开，约500位专家、学者参加会议。美国国家科学院院士Fred Sigworth、詹裕农、叶公杼、David Julius、钱永佑、颜宁，以及浙江大学教授胡海岚围绕离子通道的结构、生理功能、研究技术创新和靶向药物研发等内容为作大会报告。

【中国神经科学学会精神病学基础与临床分会第十六届全国学术年会】 6月26—29日，由学会精神病学基础与临床分会主办的中国神经科学学会精神病学基础与临床分会第十六届全国学术年会在黑龙江省哈尔滨市举办，来自全国各地的精神病学和神经科学领域的700余位专家、学者参加会议。会议安排8场主题演讲、15场主题论坛、288篇大会论文报告、3场博士论坛、921篇壁报交流和5场工作坊等多个环节，围绕精神分裂症早期识别和精准识别、精神疾病生物标记研究、神经调控与精神疾病治疗、精神分裂症兴奋激越的临床特征及危险因素、抑郁障碍自杀的机制研究和从神经生物学角度看慢性失眠的物理治疗新进展等议题展开讨论。

（撰稿人：王娜娜　傅　璐）

中国认知科学学会

服务创新型国家和社会建设　10月18—19日，学会在北京举办痴呆与认知障碍疾病培训班，讲解痴呆和认知障碍领域国内外最新研究成果，并结合临床实践经验，探讨疾病的发生发展规律以及应对诊治原则等。

学会承担“认知科学发展战略研究”项目；承办中国科协中国科技峰会——“认知和计算的关系”脑与认知科学圆桌会议，于3月17—18日在广东省深圳市召开认知涌现专题研讨会。以中国科学家为基础，邀请全球专家和战略科学家，结合对中国认知科学在国际上的优势进行分析交流。

学会结合2019年“重大科学问题和工程技术难题”推荐遴选工作，11月18日在北京举办意识读取的前沿问题和关键技术座谈会，服务国家经济社会发展和科学决策。

学会建设　学会共有个人会员1560人，单位会员25个。学会成立理事会功能型党委，通过党建工作引领学会能力提升。设立2个分会、2个专业委员会、2个工作委员会，分别为学会社会认知科学分会、神经教育学分会，神经环路与信息处理专业委员会、神经与精神影像专业委员会，认知科学和脑疾病转化医学工作委员会、认知计算与人工智能工作委员。在二级机构的建设过程中，不断调研、讨论，促进学科发展。同时，与四川省、辽宁省、广东省、重庆市地方分会保持合作联系，探索与分支机构、地方分会共同发展和服务会员的联动机制。

学会推荐中国生命科学十大进展1项、中国科协学术交流项目2项，入选2019年中国科协重大科学问题和工程技术难题1项。

国内主要学术会议　4月20—21日，由学会主办、安徽医科大学承办的中国认知科学学会第三届认知科学和脑疾病转化医学大会总结会在安徽省合肥市召开。来自各大型医院、研究机构、高校和军队的约70家单位的近500名专家、学者和研究生参加会议。会议组织40余个个与脑疾病相关的专题研讨会，涉及痴呆、帕金森、癫痫、情绪障碍、精神分裂症、脑血管病等。此次会议在办会思路上进行一系列创新，各种认知科学和实验心理学的变量和范式，从不同认知功能层面，应用到脑系科患者的疾病分类、临床诊断乃至治疗等临床基础课题，为精神心理障碍分析提供新的方法。

9月21—22日，由学会和中国自动化学会等联合主办的第二届中国认知计算与混合智能学术大会在陕西省西安市举办，来自国内外80余所高校、研究机构和企业的500多名专家、学者和研究生参加会议。大会围绕人工智能的基本科学问题，探讨脑认知科学、神经科学与人工智能的交叉融合，并就认知计算的基础理论、混合增强智能与深度学习、受神经科学启发的计算架构与器件、先进感知与智能环境4个专题展开讨论。

12月19—21日，由学会主办、四川大学华西医院等联合承办的第一届中国认知科学学会神经与精神影像专业委员会年会暨第三届国际精神影像研究高峰论坛在广东省深圳市召开。来自全国20余个单位的200余名专家、学者参加会议。会议分成精神疾病临床论坛和影像论坛，18位专家、学者作论坛演讲，与会专家分享各自的研究成果、临床研究设计的方法、撰写标书和论文的经验、影像临床诊断的技巧等，推动认知科学、影像学、精神病学、神经病学、计算机科学等学科交叉融合，推动基础科研和临床研究共同发展。

科普活动 9月26日，学会联合中国生物物理学会，在山东省临沂市罗庄区临沂华盛实验学校建立科普教育基地。临沂华盛实验学校的2000余名师生参加揭牌仪式暨科普报告会。此次活动是中国科学院生物物理研究所、中国生物物理学会与学会共同合作开展服务革命老区、助力地方科学普及工作的新探索，受到中国科协“党建强会计划”的支持。

表彰举荐优秀科技工作者 2019年，学会完成1名中国科学院院士、1名谈家桢生命科学奖、2名中国科协“青年人才托举工程”项目、1名北京市科学技术奖、1名中国青年女科学家奖和1名未来女科学家计划候选人的推荐工作。

会员服务 学会坚持以会员为本，通过构建学术年会、专业委员会会议、高峰论坛、学术沙龙、技术培训等多种学术交流体系，服务不同的会员群体。与地方学会、学会分支机构、企业科研单位合作开办功能磁共振影像（fMRI）培训班、脑磁图培训班等，侧重解决实际问题，将认知科学和脑成像国际前沿动态带给会员，并安排实习课程，使会员得到系统的学习和训练。

（撰稿人：周　馨）

国际数字地球学会

学会建设 9月23日，学会组织召开第四届一次会员代表大会。会议听取换届工作委员会的工作报告，履行民主程序，完成换届工作。审议通过学会工作报告、期刊出版报告、第十一届国际数字地球会议筹备进展报告、第八届数字地球峰会筹备情况汇报，通过第十二届国际数字地球会议的申办申请。

9月27日，学会召开第十五次理事会议，就学会未来发展目标、执行计划、执行局和理事会的角色分工以及现有任务组的组织情况进行开放式讨论。

主办期刊 2019年，*International Journal of Digital Earth*（《国际数字地球学报》，IJDE）处理投稿240余篇，累计出版12期，包括4期专刊，共78篇文章。根据美国汤姆森路透（Thomson Reuters）发布的《SCI期刊引证报告》，IJDE影响因子为3.985，在全球50个地理类期刊中排名第10，位于Q1区；在30个遥感类期刊中排名第8，领衔Q2区。

Big Earth Data（《地球大数据》）出版4期，共22篇论文，其中包括2期专刊。该刊主要刊登研究论文、综述文章、数据论文和技术摘记，旨在促进地球科学大数据集的共享，推动大数据技术在地球科学的创新与应用，为从事地球大数据的采集、管理、处理、分析和可视化研究的学者搭建国际学术交流平台。

国际学术会议 5月7日，学会在福建省福州市与相关机构共同举办第二届数字中国建设峰会数字海丝分论坛。作为第二届数字中国建设峰会的重要活动之一，数字海丝分论坛聚焦“数字海丝为高质量发展赋能”这一主题，探讨数字经济发展、数字海丝沿线国家及主要数字经济国家建设、前沿技术创新等议题，为深化数字海丝沿线国家及主要数字经济国家的数字经济合作奠定基础。来自塞尔维亚、葡萄牙、印度尼西亚、澳大利亚、加纳、尼日利亚等数字海丝沿线国家的相关政府高层人士出席分论坛，共话国际合作。论坛设有高峰对话环节，邀请行业领军企业高层及相关专家，共同围绕数字海丝助推经济、文化、科技、教育全面发展等议题，分享各自对未来发展的洞见。此外，论坛现场签约多个合作项目。

国内主要学术会议 11月18日，由学会主办的首届中国数字地球大会在北京召开。来自不同领域的政府部门领导、专家、学者、企业代表等800余人参加会议。大会以“地球大数据促进可持续发展”为主题，聚焦数字地球应用和技术，为科学家与决策者搭建地球大数据背景下的交流新平台，共同探讨梳理大数据时代数字地球发展脉络，厘清数字地球的科学和技术瓶颈问题，促进数字地球与社会经济接轨，探讨如何基于数字地球技术服务国家战略及人类社会可持续发展。

中国科学院院士、学会名誉主席、首届中国数字地球大会主席郭华东主持开幕式。中国科学院院长、首届中国数字地球大会名誉主席白春礼出席大会并致辞。他希望各界携手合作，致力深化和提升数字地球理论研究和技术应用，共同开创中国数字地球领域的美好明天。

第十二届全国政协副主席、首届中国数字地球大会名誉主席王钦敏，科技部原部长、首届中国数字地球大会科学委员会主席徐冠华分别致辞。

中国科协党组书记、常务副主席、书记处第一书记、中国科学院院士怀进鹏，国家自然科学基金委员会副主任、中国科学院院士侯增谦分别致辞，希望各界人士、科学家能够利用地球大数据、人工智能、云计算等技术构建数字地球，为中国提升社会经济水平，促进可持续发展提供重要科技支撑。

开幕式上，发布全球数字地球领域的首部学术巨著——*Manual of Digital Earth*（《数字地球手册》）。该专著由郭华东、美国国家科学院院士 Mike Goodchild、欧盟联合研究中心 Alessandro Annoni 担任主编，来自 18 个国家的 100 余名学者共同撰写完成，目前已由 Springer 出版社正式以开放获取的方式在线出版。该手册分析数字地球理论、技术与应用，剖析数字地球发展现状，预测未来发展趋势。地球大数据原型系统同期发布。该系统是中国科学院 A 类战略性先导专项“地球大数据科学工程”的重要成果，作为一套集数据管理、计算、分析、服务为一体的原型系统，实现从数据到信息再到可视化模拟的全过程功能。该系统已建成一个自然交互与智能分析功能的可视化环境，遴选一批关于地球大数据支撑全球可持续发展、服务“一带一路”建设、驱动科学认知等对国家具有重大意义的研究主题开展科学应用示范，充分展示“地球大数据科学工程”专项在综合分析、决策支持以及知识传播等方面的能力，为国家大数据战略实施、生态文明建设提供科技支撑。

开幕式上还举办“地球大数据科学工程”先导专项签约仪式，先后与福建省大数据管理局、内蒙古自治区大数据发展管理局、贵州省大数据发展管理局、张家口市人民政府、国家发展改革委国际合作中心、国家减灾中心签署合作协议，共同推进地球大数据区域服务平台的建设。通过夯实合作内容，推动地球大数据在各省、自治区、直辖市的服务落地，为区域经济可持续发展提供基础性数据保障和决策支持。

在大会特邀报告环节，中国科学院院士郭华东、中国工程院院士邬贺铨分别作题为《数字地球驱动可持续发展》《互联网的下半场 数字化的新时代》的报告。此外，中国科学院院士、中国工程院院士李德仁，中国科学院院士梅宏，阿里巴巴集团副总裁刘松，数字中国研究院（福建）执行院长何昌垂，京东集团副总裁周伯文分别作题为《5G/6G 时代的地球空间信息学》《软件定义世界：现状与挑战、智能科技构建空间信息服务》《创新推动数字中国建设》《人工智能助力数字地球可持续发展》等特邀报告。

大会围绕“地球大数据服务可持续发展目标”“数字地球前沿技术与平台”主题开展研讨，共设置 52 个分会场报告；还举办陈述彭先生数字地球学术思想研讨会。

国际交往 8 月 5 日，学会秘书长王长林代表学会向联合国全球地理空间信息管理专家委员会的地理空间国际学会联盟（the United Nation Committee of Experts on Global Geospatial Information Management, Geospatial Societies，UN-GGIM GS）提交入会申请。8 月 7 日，学会理事、博士 Zaffar Sadiq Mohamed-Ghouse 代表学会在纽约参加第九届 UN-GGIM 全体会议，正式批准学会加入 UN-GGIM GS。

【第十一届国际数字地球会议暨数字地球系列国际会议召开 20 周年纪念大会】 9 月 24—27 日，以“数字地球驱动社会转型”为主题的第十一届国际数字地球会议暨数字地球系列国际会议召开 20 周年纪念大会在意大利佛罗伦萨召开。会议由学会主办，意大利国家研究理事会和欧盟联合研究中心共同承办。来自中国、意大利、美国、德国、奥地利、英国、澳大利亚、新西兰、日本、俄罗斯、印度等 20 多个国家及相关国际组织的 400 余位专家、学者参加会议。

中国科学院院士郭华东在开幕式上致辞，并将新一届学会主席聘书颁发给欧盟联合研究中心 Alessandro Annoni 博士。意大利托斯卡纳区副区长 Monica Barni、佛罗伦萨市市长代表 Fedsrico Giauassi、国家研究理事会主席 Massimo Inguscio、国家青年创新协会主席 Gabriele Ferrieri，中科星图股份有限公司高级副总裁吴方才分别致辞。

为表彰郭华东为推动数字地球的全球发展及对学会发展作出的贡献，学会理事会在开幕式上授予其学会“终身名誉主席”及“学会会士”称号，目前仅有 5 位科学家获得该称号。此外，开幕式上还预发布由来自 10 余个国家的 100 余位学者历经 3 年编撰完成的英文专著 *Manual of Digital Earth*（《数字地球手册》）。

在大会报告环节，郭华东以《数字地球历史回顾》为题作大会主旨报告。Alessandro Annoni、国际科学理事会教授 Geoffrey Boulton 和澳大利亚新南威尔士大学教授 Graciela Metternicht 分别作题为《数字地球未来展望》《全球可持续化对科学的挑战》《未来即现在——全球数字地球》的大会报告。151 位科学家进行学术报告交流，内容涉及与数字地球紧密联系的地球科学、地球观测、大数据、遥感、数据挖掘、多技术与多平台应用以及数字地球在城市、海洋、大气、生命科学、遗产、公共科学等领域的应用研究。

会议期间，举办 3 场以“数字地球的信任与伦理”“数字地球支持联合国可持续发展目标”“转型社会中的国际数字地球学会发展”为主题的大会研讨，明确在转型社会中数字地球所面对的挑战及机遇，数字地球在实现联合国可持续发展目标中所起到的作用，以及学会未来发展的道路。

闭幕式上，全体参会人员通过《2019 数字地球佛罗伦萨宣言》，这是继《1999 数字地球北京宣言》《2009 数字地球北京宣言》之后的又一重要文件。大会正式宣布第十二届国际数字地球会议将于 2021 年在奥地利萨尔斯堡召开，并举办会旗交接仪式。

（撰稿人：刘婧娜）

国际动物学会

学会建设 截至 12 月 31 日，学会共有团体会员 123 个，覆盖各类科技人员 3 万余人，分布在 36 个国家。个人会员 1557 名，分布在 73 个国家和地区。根据动物学科的热点研究，成立 11 个工作组，推动重点方向的学术交流。

青年人才托举工程 2019 年，学会承担 2 届中国科协“青年人才托举工程”项目，分别由华中师范大学、西北大学、南京师范大学、温州大学承担。学会根据自身特点和优势，成立专家指导委员会和项目工作组，负责项目的学术指导、人员评审及组织实施工作，同时还制定项目管理办法及实施细则，对项目重点资助研究方向的学术指导与遴选、项目申请、被托举人评审、后备人才培养、项目实施等具体工作进行制度化、规范化。中国科协批准学会继续承担 2018—2020 年度项目。

主办期刊 学会主办的双月刊 *Integrative Zoology*（《整合动物学》）2019 年影响因子为 2.14，位列动物学期刊的前 12.35%（21/170），连续 5 年进入动物学期刊 Q1 区（前 25%）。被 22 个国际数据库收录，全文下载量增加 14.7%，高于合作出版商 Wiley 所有动物学期刊的增长值（4.5%）。编辑委员会由来自 17 个国家的 62 名科学家组成。该期刊获得科学传播项目“2019 年中国科学院科学出版基金科技期刊排行榜择优支持”。

国际学术会议 学会共举办 2 次国际会议，近 200 人参加。

7 月 23 日，由学会协办的 2019 国际自然保护地联盟年会暨跨界自然保护地研究与管理合作研讨会在内蒙古自治区呼伦贝尔市根河市举办。会议期间，中国、俄罗斯、蒙古、哈萨克斯坦四国召开跨界保护合作讨论会。学会牵头组织，理事长张知彬主持会议。来自俄罗斯、蒙古、哈萨克斯坦，以及中国黑龙江省、内蒙古自治区、新疆维吾尔自治区等国家和地区的相关专家、学者、负责人 30 余位出席会议。各国专家、学者围绕“促进跨界自然保护”这一主题，结合本国实际和跨界自然保护现状，就水域、动植物、边境区域保护与合作等进行沟通和探讨，并就推进国家、政府间高层合作达成共识。

12 月 2—7 日，学会和新西兰梅西大学在梅西大学奥尔巴尼校区共同举办第十一届整合动物学国际研讨会。会议由梅西大学自然与计算机科学学院承办，得到中国科学院动物研究所、中国科学院国际合作局、中国科协国际联络部、梅西大学、国际自然保护地联盟（IAPA）、Lotek 新西兰有限公司的支持。会议主题为“动物保护与动物学研究”。此次会议是国际动物学会创办以来，第一次在中国以外的国家召开。来自 18 个国家的 146 名科学家及学生出席会议。大会共设立 7 个大会报告、73 个口头报告、34 个墙报和 10 个专题分会。

国内主要学术会议 2019 年，学会共召开 2 次学术会议，近 600 名专家、学者和学生参加会议。

11 月 17—20 日，第十五届全国野生动物生态与资源保护学术研讨会在海南省海口市召开。会议由中国生态学学会动物生态专业委员会、中国动物学会兽类学分会、中国野生动物保护协会科技委员会、学会和海南省动物学会联合主办，热带岛屿生态学教育部重点实验室（海南师范大学）、海南师范大学生命科学学院承办，中国科学院动物研究所动物生态与保护生物学院重点实验室协办。来自全国 112 个单位的近 570 名从事野生动物生态和资源保护工作的专家、学者参加研讨会。会议设有 5 个大会报告和 9 个专题分会。

11月20日，学会联合中国科学院深海科学与工程研究所在海南省海口市举办国际动物学会“一带一路”发展战略研讨会。参加会议人员包括学会工作组负责人，专家，学会会刊《整合动物学》编委、作者等20余人。会上熊文华报告学会和期刊的工作进展、第23届国际动物学大会的筹备工作，张宏茂总结“青年人才托举工程”项目2017—2019年度的实施情况。南京师范大学教授计翔介绍海岛其他两栖爬行动物（海龟、海蛇、巨蜥、蜡皮蜥）的保护情况，以及海南省两栖爬行动物重点实验室和西沙甘泉岛野外工作情况；中国科学院深海科学与工程研究所研究员李松海介绍海洋哺乳动物研究发展及国际合作需求；各工作组分别介绍工作进展和2020年工作计划。

国际组织任职 8月2日，在第33届国际生物科学联合会（IUBS）会员大会暨IUBS成立100周年纪念会上，中国科学院院士康乐当选为新一届IUBS副主席。

国际交往 7月30日—8月2日，第33届国际生物科学联合会（IUBS）会员大会暨IUBS成立100周年纪念会在挪威奥斯陆召开。来自世界各地的国家和地区会员、国际组织、大学与科研机构等的近100位专家、学者出席大会。学会联合国际生物科学联合会中国全国委员会（CCIUBS）组织中国代表团10余人出席大会。

9月14—19日，熊文华、许磊赴马达加斯加参加第13届国际鼠疫研讨会。研讨会由马达加斯加巴斯德研究所和马达加斯加公共卫生部共同组织，旨在分享鼠疫研究和管理方面的进展，包括细菌学、流行病学、感染和免疫、基因组学和进化、疾病监测和控制、生物安全。来自世界各地的200多位鼠疫研究人员参加会议。许磊在会上作题为《历史和基因组数据揭示第三次大流行期间鼠疫全球传播速度的影响因素》的大会报告。

党建强会 学会认真学习中国科协《关于加强科技社团党建工作的若干意见》，并根据习近平总书记强调的在社会组织中实现党的组织全覆盖和工作全覆盖要求，经向挂靠单位中国科学院动物研究所党委汇报同意，联合中国动物学会和中国昆虫学会，在支撑部门党支部内，特别成立学会工作专门党小组，组织开展学会党建的日常工作。

会员服务 学会通过电子邮件和学会网站，向会员发送会议通知、通讯、杂志目录、培训活动等重要信息。团体和个人可通过学会网站和电子邮件申请成为会员。

（撰稿人：张　薇）

中国机械工程学会

服务创新型国家和社会建设 2019年，学会完成《国家中长期科学和技术发展规划纲要（2006—2020年）》制造业领域实施情况专题评估和机械制造业重点领域科技政策实施评估；共完成52项科技成果鉴定，其中独立完成47项，与中国机械工业联合会共同完成5项，总数比2018年增加13项；完成6项团体标准研制工作；推荐的2项标准入选工业和信息化部“百项团体标准应用示范项目”。

学会举办各类培训班60余次，培训人数7000余人次。继续完善学会国家专业技术人员继续教育基地，设立金属液态成形培训中心等3个分中心。

学会工程教育专业认证委员会受理65所高校的81个专业点的认证申请，完成对41个专业的现场考查，其中47个专业的自评报告通过审核；继续开展机械工程技术人员能力评价工作，2800余人通过评价，截至2019年年底，累计43682人通过评价。

学会联合中国人事科学研究院、清华大学天津高端装备研究院等10余家单位，共同完成“我国智能制造人才能力需求调查研究”项目。

学会持续开展中国科协创新驱动助力工程。7月，在辽宁省沈阳市举办“中国机械工程学会走进辽宁”系列活动；10月，承担2019世界青年科学家（温州）峰会相关分会场活动。

5月8—10日，学会在北京举办中国（北京）国际工业智能及动力传动与自动化展览会，展览面积2万平方米，参展企业近200家，专业观众18172人，组团观众3400人。6月2—28日，学会与中国焊接协会等在上海市共同主办第二十四届北京·埃森焊接与切割展览会，展览面积9.2万平方米，来自26个国家和地区的982家展商参展，专业观众28732人。10月23—26日，学会与中国物流与采购联合会等在上海市共同主办2019第20届亚洲国际物流技术与运输系统展览会，800多家企业参展，展出面积超8.5万平方米，参观人数142975人次。

学会建设 2019年，学会第十一届理事会召开理事长办公会议4次、理事会议1次、常务理事会议2

次、全国总干事秘书长工作会议 1 次。

学会新成立游乐机械工程分会和极端制造分会。学会流体传动与控制分会、热处理分会、机械设计分会、包装与食品工程分会、理化检验分会、机械科技信息分会（原机械科技情报分会）、摩擦学分会、塑性工程分会 8 个分会完成换届工作。学会空间机构分会、工业大数据及智能系统分会启动筹建工作。

学会开展第 12 次有国际影响力的学术活动评选工作，共评选出 2018 年度“年会类”“系列专题类”“国际和双边类”19 项学会最具影响力学术活动。获得 2019 年中国科协“中国科技志愿服务百家学会”和“2019 年十佳服务企业创新学会”称号。

学会新增个人会员 4273 人，其中，学生会员 2449 人、普通会员 1036 人、高级会员 763 人、通讯会员 25 人。

学会治理结构和治理方式改革 学会制定《中国机械工程学会分支机构管理办法》《中国机械工程学会会员管理条例》等文件，通过 2019 年度质量管理体系监督审核，制定《2019 年度工作总部员工民主评议办法（试行）》。

青年人才托举工程 2019 年，学会推荐 4 人获得第五届中国科协“青年人才托举工程”项目资助。从第一届至第五届，共有 19 位入选者。

主办期刊 学会完成《机械工程学报》和 *Chinese Journal of Mechanical Engineering*（《中国机械工程学报》英文版）两刊编委会的换届工作，*Chinese Journal of Mechanical Engineering* 新一届编委会由 88 人组成，包括院士 22 人、国际编委 40 人。根据《中国学术期刊国际引证年报》（2019 年版）显示，两刊均入围“中国国际影响力品牌学术期刊”前 5%，获得 2019 年“中国最具国际影响力学术期刊”称号。

Chinese Journal of Mechanical Engineering 入选中国科技期刊卓越行动计划重点期刊，《机械工程学报》和《压力容器》入选中国科技期刊卓越行动计划梯队期刊。

作为牵头单位，学会承担中国科协委托的第四届中国科协优秀论文遴选（制造业与材料集群）的组织工作。

学科发展工程 学会完成《2018—2019 机械工程学科发展研究（机械制造）》的编写工作，包括综合报告 1 项和专题报告 11 项。

学会组织编写的“智能制造系列丛书”获得国家出版基金赞助，30 本分册已有 10 本交稿、2 本出版。启动“绿色制造丛书”组织策划工作，编写和出版《中国物料搬运装备产业发展研究报告 2018—2019》《中国智能制造重点领域发展报告（2018）》《食品与包装机械技术路线图》。

学会组织流体传动与控制、增材制造技术、可靠性、设备维修与工程 4 个分会向中国科协推荐 5 个工程技术难题和 3 个前沿科学问题。

决策咨询 2019 年，学会完成中国工程院“‘一带一路’制造业国际合作研究”“中国制造与‘一带一路’研究”咨询课题，启动“全面提升创新设计能力研究”“创新设计能力建设重点任务研究”“福建建设‘一带一路’国际合作制造业产业基地战略研究”咨询项目。

学会承接并完成中国科协“智能设计技术选择及预见”“全国学会深化改革情况调研”“继续教育建议专报”“战略性新兴产业技术交易和技术发展专题研究”等课题。

学会作为中国科协智能制造学会联合体秘书处单位，牵头组织完成“2019 智能制造‘双十’科技进展”“智能制造领域前沿跟踪研究（2019）”等项目研究工作，组织撰写《中国智能制造重点领域发展报告（2018）》《2019 INTELLIGENT MANUFACTURING REPORT》（2019 智能制造报告）等报告，研究成果分别在第七届智能制造国际会议（2019）、2019 世界智能制造大会上发布。

学会组织编写《关于黑龙江省齐齐哈尔市重型装备制造业智能转型升级发展的建议》《温州乐清电气产业发展研究调研报告》。

国际学术会议 2019 年，学会及学会分支机构组织召开境内国际会议 24 次，参与人数约 12167 人次，交流论文约 1378 篇。会议主要包括第七届智能制造国际会议（2019）、2019 国际机械工程教育大会、2019 智能物流发展论坛、IFWT 2019 焊接国际论坛、2019 机械设计国际会议暨第 20 届机械设计学术年会、第八届流体传动与机电一体化国际会议、2019 全国生物制造工程学术年会暨生物制造国际研讨会等。

国内主要学术会议 2019 年，学会及学会分支机构举办国内学术会议 90 余次，参与人数 1.9 万余人次，交流论文 3650 多篇。会议主要包括 2019 中国机械工程学会年会、第十四届全国摩擦学大会暨 2019 年全国青年摩擦学学术会议、第十二次全国热处理大会暨国际热处理技术论坛、第十八届全国特种加工学术会议、第十六届全国塑性工程学术年会暨第八届全球华人塑性技术研讨会、第十一届全国青年表面工程学术会议、2019中国铸造活动周、第五届全国增材制造青年科学家论坛、2019年全国失效分析学术会议、2019年（第三十二届）全国机械行业可靠性技术学术交流会等。

两岸交流 3月9—15日，中国工程院院士、学会理事长李培根应邀参加中国科协代表团，赴台湾地区访问，并参加在台北市举办的海峡两岸暨港澳产学合作发展论坛，作题为《产学合作视角下的大学教育》报告。

3月21—27日，学会材料分会代表团参加在台湾屏东科技大学举办的第十三届海峡两岸工程材料研讨会，共有来自两岸的73位专家、学者参加。

9月24日，学会副理事长兼秘书长陆大明率11人组成的学会代表团赴台湾地区参加在台北市举办的第二十届海峡两岸机械工程技术交流会，来自两岸机械工程领域的高校、企业代表100余人参加会议。

国际组织任职 2019年，学会9名专家在国际学术组织担任执委以上职务，其中主席1人，副主席2人，执委（理事）6人。学会铸造分会主任委员娄延春当选为2020/2021年世界铸造组织（WFO）副主席。

国际交往 2月19日，学会副理事长兼秘书长陆大明与欧洲物料搬运联合会（FEM）现任主席Jos De Vuyst和秘书长Olivier在德国斯图加特国际物流展览会期间进行会谈，探索与欧洲物料搬运行业组织共同制定货架标准的可能性。

4月10—19日，学会常务副理事长张彦敏率代表团赴瑞典、丹麦、法国开展智能制造技术交流与工作访问，与当地的高校、先进制造企业、科研机构及科技社团围绕智能制造进行技术交流与研讨。

5月8日，国际智能制造联盟启动会在北京召开。中国科协常务副主席、书记处第一书记、中国科学院院士怀进鹏，中国科协智能制造学会联合体主席团主席、学会荣誉理事长、中国工程院院士周济出席会议。来自比利时、中国、加拿大、丹麦、芬兰、法国、德国、以色列、日本、马来西亚、荷兰、挪威、瑞典、瑞士、英国、美国等17个国家和地区的85家机构的130余名专家、学者参加会议。

8月27—31日，学会副理事长兼秘书长陆大明率代表团出访日本，并在日本物流研究中心第四次年会上作主旨报告。日本经济产业省和国土交通省的官员及研究中心100余位会员参加年会。

9月25日，学会荣誉理事长周济在学会工作总部会见德国机械设备制造业联合会（VDMA）总裁Thilo Brodtmann一行。双方就共同关心的问题进行讨论，交换对时下经济与产业发展的看法，就未来加强合作交流达成共识。

2019年，学会与马来西亚工程师学会、丹麦工程师学会机械分部、欧洲物料搬运联合会等机构签订双边合作备忘录。

科普活动 2019年，学会启动“我是工程师”科普系列丛书的编写工作，计划利用三年时间，分三个系列，出版100本图书。在第九届中国（芜湖）科普产品博览交易会上，发布首批8本图书。

学会继续开展中国好设计科普活动。新建云南省昆明市、新疆维吾尔自治区乌鲁木齐市、辽宁省沈阳市、福建省厦门市、福建省泉州市、湖北省武汉市6个区域中心；发起成立东北振兴创新设计产业联盟。开展好设计科普讲堂、创新设计科普培训活动20余次；建设中国好设计科普专家团队2个、全国科普教育基地5个。中国科协正式成为中国好设计科普活动指导单位。

学会举办中国大学生机械工程创新创意大赛6个专项赛事活动，共有来自522所高校10075名学生的2304项作品参加比赛，大赛被纳入2019年全国大众创业万众创新活动周系列活动。学会与中国机械行业卓越工程师教育联盟共同主办第三届“恒星杯”大学生毕业设计大赛，共收到参赛作品458项，其中171项进入决赛，最终评选出金奖1项、银奖7项。

9月，在2019年全国科技活动周期间，学会联合北京精雕科技集团有限公司共同承办“礼赞共和国——庆祝新中国成立70周年科技成就科普展”的先进制造展区，获得组委会颁发的奖励证书。

学会作为理事单位加入中国科协组织的中国公众科学素质促进联合体。

表彰举荐优秀科技工作者 学会共推荐9名科技工作者参选2019年度中国科学院院士、中国工程院院士候选人，第十六届中国青年科技奖，第十三届光华工程科技奖，最美科技工作者等奖项。

2019年，中国工程院院士、西安交通大学教授卢秉恒和中国科学院院士、中国科学院兰州化学物理研究所研究员刘维民获得中国机械工程学会科技成就奖，南京航空航天大学教授徐正扬、合肥通用机械研究院有限公司高级工程师聂德福、浙江大学副教授张斌获得中国机械工程学会青年科技成就奖。

学会与中国机械工业联合会共同设立的中国机械工业科学技术奖共受理申报项目806项，获奖365项，其中特等奖2项、一等奖37项、二等奖126项、三等奖200项。学会设立的绿色制造科学技术进步奖共有获奖项目15项，其中一等奖2项、二等奖4项、三等奖3项、优秀奖6项。学会开设的“中国好设计”奖，共评出金奖10个、银奖20个、创意奖40个和优秀组织奖6个。

学会创新发展 2019年，学会入选中国科协首批“智慧学会”建设试点。协同办公自动化（OA）系统上线试运行。完成统一登录集成平台（含统一身份认证、统一支付、应用系统集成）的开发工作；完成分会在线报销平台和工作总部项目台账读取系统的开发工作。

学会发挥协同创新组织的作用。参与发起成立中国科协航空发动机产学联合体。利用核心机械基础零部件关键共性技术产业协同创新共同体、中国创新设计产业联盟、中国制造业知识服务联盟、中国机械行业卓越工程师教育联盟和中国科协智能制造学会联合体等组织平台，完成重要活动9项。

党建强会 2019年，学会理事会党委坚持把深入学习和贯彻习近平新时代中国特色社会主义思想作为全年工作主线，共召开4次党委会议，研究学会重点工作，部署学会系统的主题教育活动。

学会按照“不忘初心、牢记使命”主题教育活动要求召开启动会，对分会情况进行调研，在常务理事会议上开设专题党课。

7月17日，中国科协党组书记、常务副主席、书记处第一书记怀进鹏带队到学会开展“不忘初心、牢记使命”主题教育专题调研，学会理事长李培根作汇报。

学会党委制定《分支机构党的工作小组工作条例》，34个专业分会均建立党的工作小组，并按照《分支机构党的工作小组工作条例》开展相关工作，实现党组织在学会系统的全覆盖。

学会党委开展党员学习培训工作。3月，举办“不忘初心、牢记使命”党性教育培训，学会工作总部全体党员、干部及各分支机构党的工作小组负责同志共59人赴中共龙岩市委党校（古田干部学院）进行为期4天的培训学习。

会员服务 学会举办高级会员迎春报告会、学生会员与学会专家见面会。开展10余场以“弘扬爱国奋斗精神、建功立业新时代”为主题的2019年度会员日活动。利用学会会员系统、微信公众号，定期推送《先进制造业信息参考》《制造业简报》《“一带一路”倡议——制造业专题》等知识产品。

【第七届智能制造国际会议（2019）】 5月8日，由中国工程院、工业和信息化部、中国科协共同主办，学会策划、发起并承办的第七届智能制造国际会议（2019）在北京召开。会议主题为“智能制造 全球合作共赢”，来自中国、美国、德国、日本、英国、法国等国家的500余名专家、学者参加会议。

中国工程院院士、学会理事长李培根主持开幕式。中国科协书记处书记宋军、德国驻华大使馆公使衔经济参赞Robert Dieter、德国机械设备制造业联合会（VDMA）电气自动化协会会长Reinhard Heister分别致辞。开幕式上，工业和信息化部部长苗圩、宋军、学会荣誉理事长周济共同发布《中国智能制造重点领域发展报告（2019）》。

主旨报告会由中国工程院院士、学会副理事长郭东明主持。苗圩作题为《抓住新工业革命机遇 推动智能制造发展迈上新台阶》的主旨报告，周济作题为《面向新一代智能制造的人－信息－物理系统（HCPS）》的主旨报告；EPLAN软件公司全球总经理Haluk Menderes，日本工程院院士、中国科学院外籍院士、IEEE（电气与电子工程师协会）候任主席福田敏男，美国爱荷华大学教授Andrew Kusiak，英国剑桥大学制造学院院长Tim Minshall分别作题为《全球化视角及价值链数字集成》《机器人：机器与人、现在与未来》《智能制造趋势和技术》《智能技术时代下的新兴技术》的报告。

会议还包括智能制造科技进展“双十”论坛、先进智能制造技术发展研讨会、物流装备绿色与智能技术发展研讨会等学术活动。

【2019国际机械工程教育大会】 10月25—28日，由学会与美国机械工程师学会、英国机械工程师学会、教育部高等学校机械类专业教学指导委员会等共同主办的2019国际机械工程教育大会在上海市召开。会议主题为“面向未来的卓越工程教育”，来自美国、俄罗斯、英国、法国、德国、日本等国家和地区的1100余名专家、学者参加会议。

上海市副市长吴清、中国工程院副院长钟志

华、中国科协培训和人才服务中心主任辛兵、学会理事长李培根、美国机械工程师学会秘书长 Thomas Costabile、上海交通大学校长林忠钦等先后致辞。

教育部高教司司长吴岩以《勇立潮头，赋能未来——以新工科建设领跑高等教育变革》为题作大会特邀专题报告。林忠钦等 13 位中外学者和专家分别围绕论坛主题作主旨报告。

大会期间，举办教育部高等学校机械类专业教学指导委员会 2019 年专题会议、中国机械行业卓越工程师教育联盟 2019 年理事大会、美国工程与技术评审委员会（ABET）年度会议 3 场平行分会，以及“机械类工程教育专业认证”“国际合作办学”“智能制造卓越工程教育”“机械制造课程教学研讨会”“校企合作”“新工科和学科交叉教育”6 个主题分会场。

（撰稿人：刘永华　范晓庆）

中国汽车工程学会

服务创新型国家和社会建设　2019 年，学会共组织开展“氢燃料电池客车关键技术及应用”“重型商用车辅助节能关键技术研发及产业化”“纯电动运营乘用车换电关键技术开发及应用”“面向全球市场高安全皮卡及产业化”“商用车纯电驱动动力总成关键技术研发及产业化”“定制化车身快速制造技术及应用”6 项科技成果评价工作。

学会组建包括标准化工作领导决策、管理协调、咨询与审查、标准研制四级工作体系，牵头起草《CSAE 标准涉及知识产权管理办法》，完成 110 余项立项申请的审查工作，并入选国家首批团体标准培优计划和中国科协团体标准示范学会。

学会举办 2018—2019 年度工业和信息化部汽车行业中小企业经营管理领军人才项目培训班、2019 全国职业院校第三届新能源汽车营销服务师资研修班、2019 全国职业院校智能网联汽车专业建设与人才培养师资研修班等专业技术人才培训班和技术讲座 16 次，参加培训人数 1112 人次。

学会建设　10 月 23 日，学会第九届三次理事会议暨四次常务理事会议在江苏省苏州市昆山市召开，165 人参加会议。会议由学会理事长李骏主持，分别听取学会常务副理事长兼秘书长张进华所作的《中国汽车工程学会 2019 年工作报告》，学会汽车制造分会等 4 个分支机构所作的上届工作报告及新一届工作计划汇报，学会汽车智能共享出行工作委员会筹备组所作的筹备期间工作总结及后续工作计划汇报，学会副秘书长王菊、闫建来、张旭明所作的《关于批准专业分会换届的议案》《关于批准成立中国汽车工程学会汽车智能共享出行工作委员会的议案》《关于理事会人员变动情况的说明》报告。

各位理事肯定学会秘书长张进华所作的 2019 年工作报告，同意学会秘书处提出的 2020 年工作思路，并对学会未来发展规划提出意见建议。

青年人才托举工程　2019 年，学会共收到 2019—2021 年度中国科协“青年人才托举工程”项目申报材料 23 份，经形式审查合格后，根据研究方向划分为 3 个专业类别，确认 11 位青年人才进入终评环节，共有 6 位优秀青年人才入选。

主办期刊　2019 年，学会期刊《汽车工程》收到投稿 1128 篇，录用 233 篇，出刊 12 期，刊出论文 205 篇，其中基金论文占比 92.68%，93.17% 为高校论文，智能汽车、新能源汽车、安全技术领域的论文占比最大。根据 2019 版《中国科技期刊引证报告》,《汽车工程》在交通运输类期刊中，核心总被引频次居第 2 位；核心影响因子为 0.589，居第 3 位；综合评价居第 3 位；学科影响力居第 3 位；所有数据在汽车类专业期刊中居第 1 位。

Automotive Innovation（《汽车创新工程》）收到来自 17 个国家的 110 篇稿件，出刊 4 期，刊出 32 篇论文。据 Springer（施普林格）统计，*Automotive Innovation* 在同领域的新刊中文章下载量领先，自 2018 年出刊以来，文章下载量近 6 万次，平均每篇论文下载量超过 1200 次。

学科发展工程　10 月 10 日，学会联合大众汽车集团（中国）及国务院发展研究中心在北京联合发布《中国汽车产业发展报告 2019》。该报告聚焦“面向未来出行的汽车产业变革与协同发展”，系统勾勒出“出行愿景、场景演化、产业变革、系统协同、政策创新”一脉相承的未来出行与汽车产业变革和协同发展的整体图景。其中，对未来出行的定义、现状及未来愿景，出行场景优化、演化和典型场景，未来出行时代的汽车产业结构变革和市场展望，汽车与交通、城市的协同发展的方向和路径，以及面向未来出行的政策创新等进行全面分析和系统论述。

11 月 14 日，学会在 2019 第二届国际汽车智能共享出行大会上发布《中国汽车智能共享出行发展报告

2019》，这是国内首个智能共享出行细分领域年度研究报告，主要依托学会汽车智能共享出行工作委员会专家智慧，聚焦智能共享出行，以未来的智慧城市为背景，全面关注共享化与电动化、智能化的融合发展。报告对中国典型城市智能共享出行发展作出评价，构建城市智能共享出行发展评价模型，选取典型城市案例，开展年度性城市智能共享出行发展指数研究。

学会发布《世界氢能与燃料电池汽车产业发展报告（2018）》。该报告是在联合国开发计划署、中国国际经济技术交流中心、江苏省如皋市人民政府的支持下，由学会组织编撰。报告以国际视角，从政策、技术、经济性等多维度全面展示世界氢能与燃料电池汽车产业发展趋势，提出极具价值的新问题、新观点和新理论，为公众了解技术发展提供指导，为政府部门出台政策法规、生产企业和研究机构等制定战略规划提供借鉴。

决策咨询 2019 年，学会支撑工业和信息化部完成《新能源汽车产业发展规划（2021—2035）》的方案编制工作，在规划正式启动后，承担“面向 2035 年的产业技术发展与创新能力”专题的研究、规划起草工作，以及咨询委员会秘书处的相关工作。此外，学会联合跨城市、交通、通信等行业的 10 家单位启动中国工程院“中国智慧城市、智能交通、智能汽车深度融合发展战略”研究工作，完成中国工程科技中长期发展战略项目“面向 2035 智慧城市的智能共享汽车系统工程研究”，以及中国科协创新驱动助力工程示范项目“面向未来出行的广州花都汽车产业改革创新发展试点区”等工作。

国际学术会议 2019 年，学会及其分支机构共举办 10 余项国际学术交流活动，主要有：2019 世界新能源汽车大会（WNEVC）、2019 中国汽车工程学会年会暨展览会（SAECCE 2019）、第十一届国际汽车变速器及驱动技术研讨会（TMC2019）、第四届国际氢能与燃料电池汽车大会（FCVC 2019）、2019 国际汽车智能共享出行大会（SMC 2019）、第六届国际智能网联汽车技术年会（CICV 2019）、第四届国际氢能与燃料电池汽车大会（FCVC 2019）等。参加会议人数 1.1 万余人次，其中境外专家、学者 953 人，交流论文和报告 600 篇。

7 月，在 2019 世界新能源汽车大会期间，学会与科技部、清洁能源部长级合作机制秘书处、国际能源署、国际可再生能源署等联合主办边会。11 月，在 2019 国际汽车智能共享出行大会期间，学会召开 EVI 执行委员会工作会议并同期举办全球电动汽车示范城市论坛。

国内主要学术会议 2019 年，学会及其分支机构共举办年会、研讨会、论坛等学术活动 20 余次，主要包括 2019 第十六届全国汽车职业教育年会、2019 中国汽车智能制造创新大会（CAIMIC 2019）、2019 中国·瑞安云江科创大会暨世界青年科学家峰会瑞安汽车高端部件产业高峰论坛等，参加会议人数 2000 余人次。

国际交往 2019 年，学会共派 23 人次前往德国、美国、日本、西班牙等国家开展国际交流活动。

7 月 3—8 日，学会秘书长张进华赴美国参加加州 - 中国 - 欧盟新能源汽车政策研讨会，并在会上发表主旨演讲。与会人员对三方政策进行沟通和交流，总结经验教训，并与相关无人驾驶企业进行交流。出访以参加研讨会、座谈、实地调研等形式，与美国主要研究机构、产业界、地方政府开展交流和研讨，涵盖新能源汽车、智能网联汽车等各个领域。

科普活动 2019 年，学会开展形式多样的科普服务活动。重点扩大大学生汽车赛事这一学会品牌科普活动的国际影响力，加大宣传力度。学会创办的中国大学生方程式汽车大赛已连续举办十届，从最初的单一赛事，扩展为中国大学生方程式汽车大赛（油车）、中国大学生电动方程式大赛、中国大学生无人驾驶方程式大赛和中国汽车工程学会巴哈大赛 4 个独立赛组成的系列赛事。参赛车队也从第一届的 21 支车队，扩展到 2019 年第十届的约 150 所院校共 248 支车队。

10 月 9 日，由学会主办的 2019 中国大学生方程式汽车大赛暨中国大学生方程式系列赛事十周年开幕式在湖北省襄阳市召开，政府、合作企业、参赛车队和媒体近 2000 人参加。大赛以“中国创造，擎动未来”为主题，共包含 3 项静态比赛（设计报告、成本报告、营销报告）、4 项动态比赛（8 字绕环、直线加速、高速避障、耐久测试）、境外参赛车队经验交流会、中国大学生方程式系列赛事十周年盛典以及颁奖典礼。

11 月 19 日，由学会主办的 2019 中国大学生方程式系列赛事（珠海站）及“蔚来杯”中国大学生电动方程式大赛（FSEC）暨“爱驰杯”中国大学生无人驾驶方程式大赛（FSAC）在广东省珠海市开赛。政府、合作企业、参赛车队和媒体近 2400 人参加。

8月14日、27日，由学会主办的2019年中国汽车工程学会巴哈大赛分别在湖北省襄阳市、吉林省长白山开赛，共有来自全国各高校的80支车队与1支来自印度孟买的Lokmanya Tilak工程学院车队的2000余名学生参加比赛。

9月22—25日，学会与国际氢能燃料电池协会（筹）共同主办2019长三角氢燃料电池汽车科普巡游活动。活动历时3天，横跨长三角“氢走廊”地区，途经江苏省常熟市、南通市，在联合国“氢能小镇”南通市如皋市收官，全程216千米。巡游活动汇集15辆中外最新的燃料电池汽车，集中展示包括乘用车、物流车、公交车、客车等在内的最先进的燃料电池汽车。通过现场产品展示、优秀操控、乘坐体验，让公众零距离感受、充分了解氢能及燃料电池汽车的安全性、环保性与可靠性。除此之外，活动还特设科普大讲堂，解答观众对氢燃料电池汽车的成本及寿命问题，帮助大众了解氢能与燃料电池汽车的应用现状及前景。

表彰举荐优秀科技工作者 9月5—6日，学会在湖南省长沙市召开2019年度中国汽车工业科学技术奖终评会。经评审委员会评审，选出特等奖3项、一等奖5项、二等奖15项、三等奖37项；科技人才奖5项，其中优秀科技人才奖2项，优秀青年科技人才奖2项，优秀归国科技人才奖1项。

学会创新发展 学会筹建汽车智能共享出行工作委员会，旨在以工作委员会为支撑平台，聚焦智能共享汽车系统工程，联合推动和研制跨界协同的智能共享汽车技术标准；打造国际知名、国内权威的交流合作平台，促进国内外智能共享出行行业合作；面向未来智能共享出行，引导和促进跨领域的关键共性技术的联合创新；推动智能共享出行创新创业发展，打造国内一流的“智能共享出行双创平台”；凝聚行业共识和发展需求，推动智能共享出行顶层设计和发展规划的形成。

党建强会 为构建学会党委领导下的党建群团工作机制，学会秘书处专门成立党群工作部。学会党委先后制定和完善《学会党风廉政建设制度》《反腐倡廉建设措施》《岗位风险防控及重大事项决策流程管理规范》等一系列党建及相关制度，把党建工作融入学会业务拓展的方方面面。

会员服务 2019年，学会发布《中国汽车工程学会高级会员管理办法》（试行稿），建立包括会士、高级会员、普通会员、学生会员在内的四级个人会员体系。坚持用活动吸引会员，用服务留住会员，强化会员发展和服务意识，将会员发展和服务工作融入业务活动的各个环节。对于已经成立的分支机构，将年度发展新会员数量和会费缴费率作为考核指标之一，敦促分支机构重视会员工作。

截至12月31日，学会会员数量已经突破4.51万人。为保证会员服务能够有效落实，学会建立个人会员、单位会员定期追踪服务制度和信息反馈制度，开通会员服务小秘书微信公众号，以保证日常沟通不间断、重要信息推送不间断。逐步按学校构建学生会员活动中心，向学生会员提供行业动态信息、分享前沿技术。针对品牌学术交流及培训打造学会知识中心，上线近千篇国内外专家报告，开通分级会员在线阅读等形式多样的服务项目。

【2019世界新能源汽车大会（WNEVC）】 7月1—3日，2019世界新能源汽车大会（WNEVC）在海南省琼海市博鳌镇召开，来自18个国家和地区的1543名专家、学者和企业代表参加会议。大会由中国科协和海南省人民政府共同主办，学会与中国电动汽车百人会、海南省工业和信息化厅、海南省科协联合承办。大会围绕“新时代 新变革 新产业”主题，开展会议交流、科技评选、先进技术展览、试乘试驾等多项活动。其中，会议包括1场全体大会、9场专题峰会、2场国际边会、1场闭门会议、1场科技评选发布会和1场博鳌共识发布会。先进技术展览区域面积为5000平方米，集中展出44家企业的新技术产品和21项国家重点专项成果。其间，举办世界新能源汽车发展历程图片展和“我心中的未来汽车”绘画大赛作品展。

国家主席习近平向大会致贺信，国务委员王勇出席开幕式宣读贺信、致辞并参观主题展示，全国政协副主席万钢作大会主旨报告。大会对汽车转型升级与创新发展、氢能及燃料电池技术创新、动力电池技术创新、自动驾驶与未来出行等多个议题进行研讨。大会期间，评选并发布2019年全球新能源汽车创新和前沿技术，共有8项创新技术和8项前沿技术入选，为新能源汽车科技创新提供方向指引。

【2019年中国汽车工程学会年会暨展览会（SAECCE 2019）】 10月22—24日，2019年中国汽车工程学会年会暨展览会（SAECCE 2019）在上海市召开。大会围绕智能网联汽车技术、新能源及混合动力技术、轻量化及材料技术、动力总成及环保技术、安全技术、轮胎、NVH（噪声、振动与声振粗糙度）、制造技术、

技术管理、商业模式等开展 22 场技术分会、38 场专题分会、2 场中外论坛、1 场技术分享会、1 场青年工程师活动、2 场院士论坛、1 场全体大会及高层访谈、1 场媒体话车、7 场闭门会议共 75 场活动。年会面向全球汽车行业征集技术论文 1025 篇，其中优秀论文 35 篇、较优秀论文 102 篇、普通论文 424 篇，整体录取率为 54%。展览面积共 3 万平方米，100 余家企业参加展览。

【第十一届国际汽车变速器及驱动技术研讨会（TMC 2019）】 4 月 19 日，由学会主办的第十一届国际汽车变速器及驱动技术研讨会（TMC 2019）在上海市召开。会议紧扣行业热点话题和发展趋势，在继续研讨传统动力变速器升级技术的同时，重点讨论新能源汽车传动与驱动系统创新技术和战略技术，加强对开发和测试技术及电动汽车驱动技术的研讨。研讨会共包含近 50 场技术演讲、2 场高层互动论坛，约 900 人参加，近 70 家企业展示变速器、混合动力和纯电驱动系统技术和产品，30 余家媒体刊发 50 余篇报道，累计阅读量超 40 万次。

【第六届国际智能网联汽车技术年会（CICV 2019）】 5 月 29 日，由学会与清华大学苏州汽车研究院、国汽（北京）智能网联汽车研究院有限公司等共同主办的第六届国际智能网联汽车技术年会（CICV 2019）在北京召开。年会围绕汽车智能化与网联化技术，聚焦智能网联汽车产业化的挑战、实践路线和跨产业融合，讨论环境感知与信息融合、智能决策与协调控制、开发与测试、人工智能、信息安全、高精地图、车载高速网络、车联网技术在商用车领域的应用等话题。CICV 2019 突破以往的会议模式，组织技术大会、大型专业技术展览和试乘体验活动。114 位国内外专家、学者和企业管理者作报告，1398 位行业代表参加会议；65 家展商参展的 7000 平方米展览区域吸引 7033 人次参观；上百位行业代表进行试乘体验。

【2019（第十三届）汽车轻量化大会暨展览会（ALCE）】 9 月 20 日，由学会与江苏省科学技术协会等共同主办的 2019（第十三届）汽车轻量化大会暨展览会（ALCE）在江苏省扬州市召开。大会邀请 5 位院士、300 余名行业专家，以及来自美国、德国、英国、日本等 20 多个国家和地区的 80 多家汽车企业、400 余家材料与零部件企业代表参加会议，100 多家企业参加展览，共有 1577 人出席大会。大会围绕汽车轻量化产业政策、技术路线设置 200 余场专题技术报告。

【第四届国际氢能与燃料电池汽车大会（FCVC 2019）】 9 月 26—28 日，由学会和国际氢能燃料电池协会（筹）共同主办的第四届国际氢能与燃料电池汽车大会（FCVC 2019）在江苏省南通市如皋市召开。大会旨在为氢能与燃料电池领域提供国际交流、展示与合作的平台，实现产业共赢，共同推进氢能与燃料电池汽车技术及产业的发展。大会涵盖 1 场全体大会、6 场主题分会、5 场边会、1 场大型技术展览以及 1 天试乘试驾体验等活动，来自全球氢能与燃料电池技术的开发者、燃料电池汽车制造商、氢能燃料电池领域投资者等共 1500 余人参加会议，110 余家展商带来新技术、新产品。

【2019 中国汽车零部件产业创新发展论坛暨 2019 中国汽车工程学会 G20 组织年会】 9 月 9—10 日，由学会主办的 2019 中国汽车零部件产业创新发展论坛暨 2019 中国汽车工程学会 G20 组织年会在山东省潍坊市召开。大会以“整零协同、集群发展”为主题，共设 1 场闭门会、1 场高峰论坛、2 个主旨报告、11 篇专题报告，并组织参观盛瑞 8AT 智造基地，举办试乘试驾活动。

大会由学会副秘书长闫建来主持，盛瑞传动股份有限公司董事长、总经理刘祥伍作引导发言。学会名誉理事长付于武、世界汽车组织（OICA）第一副主席董扬分别作题为《“新四化”时代零部件战略转型》《中美贸易背景下全球汽车产业合作》的主旨报告。

（撰稿人：张　静）

中国农业机械学会

服务创新型国家和社会建设 11 月 23 日，由学会和中国农业工程学院等共同主办的“中联重科”杯第五届全国大学生智能农业装备创新大赛在安徽省合肥市开赛。大赛以“智能改变农装　创新引领未来”为主题，设置 3 个类别竞赛项目。来自 60 所高校的 319 件智能农业装备创新作品参加现场决赛。国际农业与生物系统工程学会（CIGR）选派的两名观察员以及日本京都大学也首次参与此次赛事。比赛共评出特等奖作品 28 件、一等奖作品 55 件、二等奖作品 99 件、优秀奖作品 81 件，华南农业大学等 10 所高校获得“优胜杯”。3 家企业代表与学生代表在闭幕式现场进行 4 项创新成果转移转化签约，促进高校创新人才培养和企业需求有机结合。

2019年，学会面向行业征集并下达中国农业机械学会团体标准计划项目50项，并按规定程序开展制定工作；批准发布《立式自吸泵　性能评价规范》等35项中国农业机械学会团体标准。

学会承办人力资源社会保障部“专业技术人才知识更新工程2019年高级研修项目计划”——智能农机技术创新与发展高级研修班。来自全国农业机械及农业工程领域的高等院校、科研院所、地方农机管理部门及企业的高级专业技术和管理人员70余人参加研修。研修班通过专家授课、专题研讨、学员沙龙、微论坛、智能农机企业参观、论文撰写培训等多种方式推动行业高层次人才的培养。方宪法、苑严伟、张咸胜、李道亮、陈兵旗、尚项绳、孟志军、武传宇、姬江涛、周俊、韩英等专家、学者围绕研修内容就不同专业领域进行授课。

8月，学会在派遣专家赴吉林省四平市、长春市等地企业调研的基础上，针对当地产业实际状况和需求，聚焦免耕播种、秸秆处理、水稻机械化育（插）秧、农机智能信息化等热点问题，邀请相关技术专家举办2019现代农业装备技术创新培训班。8位业内专家有针对性地为来自吉林农业装备制造企业等相关单位的百余位技术人员进行培训。

10月26—28日，学会教育工作委员会与教育部高校农工类专业教学指导委员会等在福建省福州市共同主办2019年全国农业工程类专业教育研讨会暨首届全国农业工程类专业青年教师教学竞赛。来自全国33所高校的170余位专家、教师和委员参加研讨。经全国31所高校推荐、大赛组委会审核，63名青年教师参加教学竞赛的现场比赛，共评选出优秀青年教师特等奖8名、一等奖20名、二等奖25名和优秀奖10名。

学会建设　10月10日，中国农业机械学会第十一届理事会第二次会议暨全体党员会议在吉林省长春市召开，参加此次会议的理事和理事代表共计127位。会议通报中国科协关于全国学会重点工作部署及对学会2018年度综合能力的评估结果；经审议，会议表决通过《中国农业机械学会第十一届常务理事会第一次会议关于变更、增补理事的决议》及其他事项决议；通过《中国农业机械学会第十一届理事会第二次会议纪要》。

2019年，学会新成立设施园艺与果蔬机械分会、丘陵山区农林机械分会、检验检测技术分会和人工智能分会4个分会。学会下设分支机构由23个增为27个。

学会治理结构和治理方式改革　学会审议通过《中国农业机械学会分支机构管理办法》《中国农业机械学会分支机构考核评估办法》，进一步规范和加强对分支机构的管理。

主办期刊　学会主办的《农业机械学报》影响因子年度提高5%，总被引频次年度提高7%。2019年共收到有效来稿2000余篇，出版正刊12期，增刊1期，共刊出论文641篇，其中各类基金类论文达100%，国家级项目资助论文约占90%。该期刊被中国学术期刊（光盘版）电子杂志社评为2019中国国际影响力优秀学术期刊。依托中国科协优秀科技论文遴选平台、指标体系，经网上推荐、专家评审等环节，《微型无人机低空变量喷药系统设计与雾滴沉积规律研究》被评为第四届中国科协优秀科技论文。

《国际农业与生物系统工程学会会刊》（CIGR Journal）共出版4期，发表学术论文109篇；亚洲农业工程学会（AAAE）学术期刊《国际农业工程》（IAEJ）共出版4期，发表论文179篇。

国际学术会议　2019年，学会及其所属分支机构共举办国际会议3次，参会人数439人次，邀请国外专家32位，交流报告93篇。

10月31日—11月2日，由学会农副产品加工机械分会、中国机械工程学会包装与食品工程分会共同主办的2019年国际包装与食品工程、农产品加工学术年会在陕西省西安市召开。会议主要围绕现代食品加工、包装机械、农副产品精准深加工中的“绿色、智能、创新”技术以及新成果、新应用开展学术交流。来自日本、马来西亚、新加坡的有关专家及国内包装与食品工程、农产品加工领域的60多所高校、科研机构、企业等的200余名专家、学者参加会议。邀请日本国立研究开发法人产业技术综合研究所教授Ryutaro MAEDA等4位国内外专家作大会报告，同时邀请50多位学者作专题报告。

国内主要学术会议　2019年，学会及其所属分支机构举办各类学术活动26次，交流论文、报告705篇，参会人数5322人次。

6月21—22日，由学会联合山东农业机械科学研究院主办、山东华龙农业装备股份有限公司、学会设施园艺与果蔬机械分会承办的2019中国乡村振兴战略推进大会在山东省潍坊市青州市召开。会议以“乡村振兴　装备先行”为主题，来自全国高等院校、科研院所的专家、学者和企事业单位代表共计 180 余人参加会议。

华南农业大学教授李君、上海交通大学教授刘成良、中国农业大学教授李振波，以及山东华龙农业装备公司总经理李广华等专家学者围绕“果业兴旺　装备支撑”“智能农机装备助力乡村振兴战略实施”“农业 4.0 引领我国乡村振兴”“致力蔬菜装备研发生产，助力乡村振兴战略实施”等主题，作 6 个具有行业前瞻性和技术前沿性的学术报告。

国际组织任职　学会秘书长张咸胜任国际农业与生物系统工程学会（CIGR）审计官（任期为 2019—2022 年）。

学会监事长方宪法任亚洲农业工程学会（AAAE）副主席兼司库；学会副秘书长赵凤敏任 AAAE 秘书长。

国际交往　6 月 24—28 日，CIGR 管理层会议在希腊罗德岛召开，学会秘书长张咸胜参加会议，就世界大学生智能机器人大赛等作工作报告。

9 月，AAAE 主席 V.M.Salokhe 来中国访问，学会监事长方宪法、副秘书长赵凤敏等参加接待，就诸多事项进行洽谈商议。

10 月，学会接待来中国访问的韩国农业机械学会（KSAM）主席 Jong hoon Chung 一行，学会理事长王博、副秘书长张振新等与 KSAM 代表团进行友好交流洽谈，并代表学会与 KSAM 签署合作谅解备忘录。

10 月下旬，CIGR 秘书长、美国佛罗里达大学教授 Fedro Zazueta，CIGR 工作组协调人、丹麦奥胡斯大学教授 Claus Grøn Sørensen 来中国访问，学会名誉理事长陈志、副秘书长赵凤敏参加接待，并就若干合作事项进行商讨。

科普活动　学会主办或配合地方农机主管部门开展农机科技培训、农机科技下乡、现场咨询，以及现场演示观摩等科普活动 120 次，接受教育和培训的农民人数达 1.1 万人次，参与的科技人员和专家 136 人次，科普活动覆盖乡村达 188 个。

学会通过“农业机械”微信公众号、知谷 App、知谷网、“农业机械”头条号等平台传播与农机技术有关的科普作品，并在《农业机械》《农业工程》杂志上刊登专业学术研究论文。在 2019 中国国际农业机械展览会期间进行全新的尝试，推出农机 TV 直播栏目，邀请多家企业高管做客直播间。

表彰举荐优秀科技工作者　10 月 22 日，学会和中国农业机械工业协会共同表彰由双方联合设立的农业机械科学技术奖获奖者，2019 年度共奖励项目 14 项，其中一等奖 2 项（东方红 LF2204 轮式拖拉机等）、二等奖 5 项（华南设施高效环境调控技术及配套装备的推广应用等）、三等奖 7 项（高效多功能桑园机械等）。

学会联合中国农业机械工业协会、中国农业工程学会、中国农业机械化协会和中国农业机械流通协会评选出 60 名中国农业机械化发展 60 周年杰出人物。

党建强会　2 月下旬，学会召开中国农业机械学会第十一届理事会党委第一次会议，审议 2018 年学会工作总结并重点审议 2019 年学会工作计划，对学会工作提出明确要求；6 月，召开学会党委全体党员会议，重点对学会分支机构管理办法等重大事项进行讨论商定；10 月，召开中国农业机械学会第十一届理事会全体党员会议，对学会负责人变更等人事重大事项进行审定。

8 月，学会在河南省洛阳市开展以“党建 + 学术推动中国农业机械技术进步及产业升级”为主题的党建强会特色活动。来自全国各团体会员单位党员科技工作者近 50 人参加活动，组织党员科技工作者走进农机装备产业第一线，共同探讨新时期如何推动农机装备产业向高质量发展转型。按照中国科协部署和委托，作为评价小组成员单位，学会牵头联系并辅导 6 家学会党组织创建并准备评价材料，最终完成评价工作。

【中国农业机械学会 2019 学术年会——现代农业装备创新发展报告会】　10 月 9—11 日，由学会与吉林农业机械学会共同主办的中国农业机械学会 2019 学术年会——现代农业装备创新发展报告会在吉林省长春市召开。来自国内农业装备行业的 302 位科技工作者参加会议。中国工程院院士、学会名誉理事长汪懋华、陈学庚，中国科学院院士、学会名誉理事长闫楚良，学会名誉理事长、中国农业机械工业协会会长陈志，学会理事长王博等出席会议。围绕“持续推进农业装备产业转型升级高质量发展”主题，汪懋华、陈学庚、杨洲、孟志军、徐惠荣分别作学术报告。

会议同期举办中国农业机械学会人工智能分会成立大会暨专题论坛。经选举产生由分会主任委员苑严伟和 155 位委员组成的学会人工智能分会第一届委员会。围绕“人工智能 + 农业装备，助力产业智能化转型，塑造农业装备产业未来”主题，李民赞、苑严伟、胡静涛、魏灵玲、杨博、韩威和林涛分别作专题学术报告。

【落实习近平总书记“大力推进农业机械化、智能化”重要论述暨纪念毛泽东主席“农业的根本出路在于机械化”著名论断发表60周年报告会】 4月29日，由学会与中国农业机械工业协会等主办，江苏大学与中国农业大学等承办的落实习近平总书记“大力推进农业机械化、智能化”重要论述暨纪念毛泽东主席“农业的根本出路在于机械化”著名论断发表60周年报告会在江苏省镇江市召开。

十二届全国人大常委会副委员长张宝文，十届全国政协副主席张怀西等领导出席会议。江苏省委常委杨岳，国务院扶贫开发领导小组办公室原主任、国务院原参事刘坚，原农业部副部长刘成果，原中央纪委驻农业部纪检组组长宋树有，中国工程院院士、学会名誉理事长汪懋华、罗锡文、陈学庚，中国工程院院士、学会副理事长赵春江，学会副理事长李安宁，中国工程院二局、工业和信息化部装备司相关领导，以及学会理事长王博，中国农业机械工业协会会长陈志，学会副理事长、江苏大学党委书记袁寿其，学会监事长方宪法等领导，以及农业机械行业高校、科研机构及企业代表300余人参加会议。张宝文、罗锡文等分别在开幕式上致辞。汪懋华、方宪法等分别围绕中国农业机械化60周年发展进行回顾和展望。李安宁、钱明华、罗锡文、陈学庚、赵春江等围绕农机化和农机装备产业转型升级，分别进行专题发言和深度解读。会议还对60名中国农业机械化发展60周年杰出人物进行表彰。

会议同期举办加快推进农业机械化和农机装备产业转型升级专题论坛。

【2019年中国农机青年论坛】 8月9—11日，由学会、中国农业机械化科学研究院等主办，学会青年工作委员会、华南农业大学等联合承办的2019年中国农机青年论坛在广东省广州市召开。来自全国80多个单位近200位青年专家、学者参加会议。中国工程院院士、学会名誉理事长罗锡文，学会监事长、中国农业机械化科学研究院副院长方宪法等出席开幕式并致辞。学会副理事长杨洲，学会秘书长张咸胜，广东现代农业装备研究所所长张汉月等参加会议。论坛围绕智能农机创新和智慧乡村发展等热点问题，设置“5G+农机”、丘陵山区农机新产品研发、智能农机创新设计、果园机械、农业航空、农机创新支撑区域特色产业发展、农村人居环境整治7个专题，共51位青年专家、学者分享最新研究成果。

【《亲历农机化——中国农机化发展历程》图书首发式】 10月30日，由学会与苏州大学主编的图书《亲历农机化——中国农机化发展历程》首发式在山东省青岛市举办。中国工程院院士、学会名誉理事长罗锡文出席并致辞，中国工程院院士陈温福，学会副理事长刘恒新，中国农业机械工业协会会长陈志，中国农业机械化协会会长刘宪，中国农业机械流通协会会长毛洪，学会监事长、中国农业机械化科学研究院副院长方宪法，江苏大学副校长全力等领导出席活动。

（撰稿人：高　璇）

中国农业工程学会

服务创新型国家和社会建设　学会借助农口应用型学科优势，在新疆维吾尔自治区石河子市启动中国科协创新驱动助力工程项目“北斗导航融合精准农业赋能新疆创新试验区建设”，联合有关社会力量，通过北斗导航精准农业的发展推动新疆创新试验区建设。并形成发展报告和政策建议报告各一份，助力新疆现代化农业进一步发展。

学会承揽中国科协科普惠民服务专项服务定点扶贫县项目“岚县现代设施农业科技示范园区规划”，为山西省吕梁市岚县建成66万余平方米的现代设施农业科技示范园，并进行科学规划布局和顶层设计，提供决策咨询建议，提出可行的规划建设方案。

学会承揽《广东省从化区花卉现代农业产业园（国家级）创建方案》的编制工作。

为促进农业工程领域科技成果转移转化，学会先后完成“规模化沼气/生物天然气产业化关键技术装备研究与应用”“农田畜禽粪肥源重金属风险防控关键技术研究及应用”“畜禽粪污肥料化过程主要污染物减控关键技术研究”三个项目的成果评价工作。

4月27—29日，学会与中国农业国际合作促进会在北京联合主办第十届中国国际现代农业博览会。

8月12—14日，学会与教育部高等学校农业工程类专业教学指导委员会在北京联合主办“银谷杯”第七届全国大学生农建相关专业创新创业竞赛。竞赛以“未来农场与现代农业工程”为主题，来自全国49所高校168支代表队的650余名师生参加比赛。

9月20—21日，学会与教育部高等学校农业工程类专业教学指导委员会等在湖南省长沙市联合主办“华维杯”第一届全国大学生农业水利工程及相关专业创新设计大赛。来自全国40所高校的134支参赛队500多名参赛选手参加比赛。

10月20日，学会在北京主办第三届全国大学生人工智能与机器人创新作品竞赛（农业组）决赛。14支队伍参加决赛。

10月26—28日，学会教育工作委员会与中国农业机械学会教育工作委员会在福建省福州市联合主办2019年全国农业工程类专业教育研讨会暨首届全国农业工程类专业青年教师教学竞赛。全国33所高校的170余位专家、教师、委员参加研讨会。63名青年教师参加现场竞赛。

11月22—24日，学会与中国农业机械学会等在安徽省合肥市联合主办“中联重科”杯第五届全国大学生智能农业装备创新大赛。来自全国各大企业、媒体、高校等的1600余人参加比赛。

学会建设　2019年，学会召开党委会议8次，理事会议1次，常务理事会议4次，监事会议3次，理事长工作会5次，秘书长办公会14次。

12月8日，学会在浙江省杭州市召开十届三次理事会议，张辉当选为十届理事会理事长。

学会咨询工作委员会和土地利用工程专业委员会完成换届工作。新发展个人会员132名，其中党员会员27名；新增单位会员1家。

学会网站月均浏览量5000人次；微信公众号发布文章90篇，关注者1675人。

学会治理结构和治理方式改革　学会规范分支机构管理；加强分支机构换届审批；增强办事机构实体化、规范化、职业化建设；细化秘书处综合办公室、学术交流部、期刊编辑部和咨询工作部4个部门的分工。

主办期刊　《农业工程学报》出刊24期，刊发论文911篇。入选中国科技期刊卓越行动计划梯队期刊项目。被EI（工程索引）收录，影响因子、总被引频次在国内农业工程类期刊中均排名第1。再次入选世界学术影响力Q1期刊，Top 5% 2018中国最具国际影响力学术期刊；再次被评为百种中国杰出学术期刊。

International Journal of Agricultural and Biological Engineering（《国际农业与生物系统工程学报》，IJABE）出刊6期，刊发论文165篇，其中发表国外及国际合作论文45篇。被SCI、EI双收录，影响因子为1.349，在全球被SCI收录的14种农业工程类期刊中排名第6。

学科发展工程　学会持续开展学科发展研究，学科建设、科学研究队伍、科技创新成果、人才培养、平台建设、交流合作、学术出版等方面的相关成果汇集于《中国农业工程学会成立四十周年纪念册》。

决策咨询　5月，学会承接中国科协年会高端智库咨询服务黑龙江专题调研项目“黑龙江省率先实现农业现代化发展战略研究”，提出探索建立国家粮食交易中心、出台基于粮食调入量的粮食利益补偿机制等政策建议。

国际学术会议　6月19日，学会与农业农村部南京农业机械化研究所等联合主办的第十届农业航空施药技术国际研讨会暨国家重点研发计划智能农机专项“农用航空作业关键技术研究与装备研发”项目成果发布会在江苏省南京市召开。会上发布自主避障技术、变量施药系统等技术和系统，以及P30、JF01-20多款植保无人飞机等成果。180余名专家、学者参加会议。

7月19—23日，由中国农业大学主办，学会等联合承办的2019年智慧农业创新发展国际研讨会在北京召开。200余名国内外的专家、学者参加会议。收集国内外学术论文121篇。

10月18—21日，由中国农业大学等主办，学会等联合承办的国际工程科技发展战略高端论坛—精准作业装备论坛暨智能农业国际学术会议在北京召开。会议涵盖精准农业与农业机器人、农业人工智能、农业物联网与动植物表型、大数据与农业信息服务等议题。来自美国、加拿大、澳大利亚等12个国家的专家、学者近300人参加会议。

10月21—24日，学会畜牧工程分会与动物环境与福利养殖化国际研究中心联合主办的2019年动物环境与福利化养殖国际研讨会在重庆市召开。会议以“畜牧业绿色发展与新型工业化”为主题，涵盖生物安全和疾病管控、环境监测、精准畜牧业和生产系统与设备等议题。260余位国内外的专家、学者参加会议。

国内主要学术会议　2019年，学会及学会分支机构举办国内学术会议20余次，交流论文900余篇，参会人数3000余人次，形成科技工作者建议近10个。

4月29日，学会与中国农业机械学会等联合主办的落实习近平总书记“大力推进农业机械化、智能化”重要论述暨纪念毛泽东主席“农业的根本出路在于机械化”著名论断发表60周年报告会在江苏省镇江市召开。300多位专家、学者出席会议。会上表彰60位中国农业机械化发展60周年杰出人物。

7月18—22日，学会土地利用工程专业委员会换届暨2019年生态文明与现代土地利用工程技术学术研讨会在山西省晋中市召开。会议设置4个分会场，150余名专家、学者参加会议。

8月2—5日，学会蓖麻经济技术分会在内蒙古自治区通辽市召开第六届第三次蓖麻年会暨学术研讨会。会议围绕市场引导、科技提升、创新发展等展开讨论，70余人参加会议。

8月24—25日，由学会农业系统工程专业委员会与中国系统工程学会农业系统工程专业委员会联合主办的2019年全国农业系统工程学术年会在吉林省长春市召开，80余名专家、学者参加会议。

10月10—11日，由学会山区分会与国家北方山区农业工程技术研究中心共同主办的首届全国山区农业可持续发展高峰论坛在辽宁省抚顺市召开。来自20多家单位的200余名专家、学者参加会议。

10月16—18日，由学会设施园艺工程专业委员会与中国园艺学会设施园艺分会联合主办的2019中国设施园艺学术年会在江苏省南京市召开。来自全国设施园艺领域从事教学、科研、生产、经营、管理、技术推广等行业的500余人参加会议。

11月17—18日，中国农业工程学会农业机械化电气化专业委员会2019年学术年会暨“北方特色作物机械化生产关键技术与装备论坛”在甘肃省兰州市召开。来自30余家单位的120余人参加会议。

11月22—24日，2019年中国农业工程学会农产品加工及贮藏工程专业委员会学术年会在四川省雅安市召开。来自国内外150余家单位的近700名专家、学者参加会议。大会围绕农产品精深加工技术与装备、食品营养与功能食品、农产品质量安全控制及检测技术、农产品贮藏保鲜及产地初加工技术等多个主题，共收集138篇论文摘要，49篇墙报。

国际交往 国际农业与生物系统工程学会（CIGR）、联合国可持续农业机械化中心（CSAM）、美国农业与生物工程师学会（ASABE）和日本农业机械学会（JSAM）负责人应邀参加中国农业工程学会成立40周年学术报告会并致辞，美国国家工程院院士James Jones到会作关于粮食农业系统的循环经济的报告。

11月，学会常务副秘书长管小冬作为世界工程组织联合会（WFEO）能力建设专业委员会委员受中国科协资助赴澳大利亚参加2019 WFEO工作会议和2019世界工程师大会，分享学会在大学生工程能力培养方面的经验。

科普活动 学会通过14个科普传播专家及团队、2019第十届中国国际现代农业博览会和科普杂志，以线上线下相结合的方式组织开展科普活动30余次，覆盖5万余人次。

学会土地利用工程科学传播专家团队在全国第29个土地日，以发放科普资料、举办签名活动的形式，开展“6·25土地日”宣传活动。

学会畜禽健康养殖环境及工程科学传播专家团队以培训、讲座等形式在四川省成都市、湖北省武汉市等地围绕猪场环境建筑的思考、蛋鸡健康养殖环境控制技术与畜禽场空气环境净化与高效消毒技术等内容开展科普活动。

学会农业生物环境与能源工程学科普传播专家团队以实地考察、现场指导的方式在河南省南阳市西峡县丁河镇生态建设试点园区围绕原料预处理、废弃物多联产、猕猴桃水肥一体化灌溉等方面进行科普指导。

学会农业工程技术传播学科普专家团队在水稻矮化育种60周年大会上展示“丝苗米独特品质4D蛋椅互动体验”科普系统，利用4D蛋椅的方式展示广东丝苗米的生产、加工全过程，为农业品牌推广和科普教育提供全新的手段和形式。

学会田间育种机械工程科普传播专家团队编著的《农机装备》结合《中国制造2025》文件及行动指南，梳理解读中国制造业重点领域——农机装备制造行业发展方向和思路、典型产品及示范工程。

学会科普杂志《农业工程技术》出刊36期，刊出科普文章近500篇。科普微信公众号“农业信息化”全年发布文章近300篇。

2019年，学会被中国科协授予“中国科协志愿服务百家学会”称号，被中国科协科学技术普及部评为2019年度科普工作优秀单位。

表彰举荐优秀科技工作者 2019年，学会向中国科协组织推荐中国工程院院士候选人1人，中国青年科技奖候选人2人。

学会创新发展 学会以弘扬科学家精神为宗旨，举办科学道德与学风建设宣讲教育活动及开展院士专家校园行活动。12月，学会邀请中国工程院院士陈学庚和赵春江就自身经历向浙江大学农业工程专业的青年教师和学生作报告，受众300余人次。

党建强会 2019年，学会召开理事会党委工作会6次，理事会党员会议1次。

学会依托线上平台，在微信公众号党建专栏开展“不忘初心、牢记使命”主题教育宣传16次，在官方网站开设“祖国万岁”专题；线下组织支部党员开展3场主题教育活动。

会员服务 7月，学会在华中农业大学和浙江大学新设两个学生会员工作站，并在当地开展会员活动3场，受众300余人。

学会完善会员管理系统，在官方网站、微信公众号上进行会员风采展示5次。组织推荐党建工作楷模6人次。线下组织有奖问答1次，形成调查报告1份。

学会制定《全国科技工作者日主题活动筹备工作方案》，组织走访慰问活动并看望学会老领导、老专家。

学会公开发布会讯3期，公布学会发展现状、内部建设、主要业务活动、会员发展服务及财务状况等。

【中国农业工程学会十届三次理事会党员扩大会议和十届三次理事会议】 12月8日，中国农业工程学会十届三次理事会党员扩大会议和十届三次理事会议在浙江省杭州市召开，学会理事长隋斌致辞，副理事长康绍忠传达党的十九届四中全会精神和中国科协有关工作部署。学会常务副理事长朱明主持会议并汇报学会工作。学会监事长崔明，监事郧文聚、李萍萍参加会议并监票。学会十届三次理事会议选举增补3位理事、1位常务理事和1位副理事长，农业农村部规划设计研究院院长张辉当选为十届理事会新任理事长。

【中国农业工程学会成立40周年学术报告会暨2019年学术年会】 12月7—9日，由学会主办，浙江大学生物系统工程与食品科学学院承办的中国农业工程学会成立40周年学术报告会暨2019年学术年会在浙江省杭州市召开。来自全国农业工程领域120多个单位的1000余位专家、学者围绕“不忘初心发展农业工程，牢记使命助力乡村振兴”主题开展学术交流，建言献策。CIGR、UN（联合国）、CSAM、ASABE、JSAM等国际组织代表出席会议。网络直播相册浏览量达91万人次，多家主流媒体对会议进行实时报道。

中国工程院院士、中国科协副主席邓秀新到会祝贺，并要求学会对标世界一流学会建设，以党建结合志愿服务、加强世界一流期刊的建设为重点，努力将学会建设成为具有中国特色的高水平学会。

7位中国工程院院士莅临年会。中国工程院院士汪懋华对学会40年发展进行回顾与展望。中国工程院院士罗锡文，农业农村部规划设计研究院研究员朱明、赵立欣，中国农业大学教授李保明、黄冠华、高万林，共6位专家分别就农业机械化、农产品加工与贮藏工程、农村能源工程、畜牧工程、农业水土工程和农业电气化信息化作回顾与展望。

会议设置大会报告、分会场报告、学生报告、论文墙报交流，各分支机构、地方学会风采展示及成果展览和2场学风建设报告。共交流论文300余篇，口头报告199篇，墙报展示200余篇，评选出学生优秀报告20篇。

学会制作《中国农业工程40周年纪念册》《中国农业工程40年》宣传片，征集各专业委员会40周年回顾纪念文章与会议文集，并以电子介质形式交流。

大会表彰改革开放40周年中国农业工程杰出贡献奖40人，中国农业工程学会第八届青年科技奖10人，中国农业工程学会工作突出贡献奖40人，优秀志愿者40人，以及浙江大学、浙江大学生物系统与食品科学学院2个年会优秀组织单位。评选出中国农业工程学会40周年优秀论文奖40篇。

【2019中国国际现代农业博览会（CIMAE 2019）】 4月27—29日，由学会和中国农业国际合作促进会联合主办的2019中国国际现代农业博览会（CIMAE 2019）在北京召开。来自农业主管部门40多位领导出席开幕式。《人民日报》等新闻媒体对会议进行实时报道。

CIMAE 2019集中展示智慧农业、设施农业、精准农业、休闲农业等方面现代农业高新科技，以及20多个省（自治区、直辖市）现代农业发展成就和优质农产品。展览面积约6万平方米，1800多家企业参加展览，包括科技专家团队在内共有国内外4万余人次观展洽谈。

与会领导参观中国农业工程学会10年成就展展区，肯定学会“会、展、赛、刊”四位一体的学术交流模式等成果，希望学会在现有成绩的基础上继续提高创新和服务能力，发挥科技社团在推动中国农业农村现代化和乡村振兴等方面的重要作用。其间，CIMAE 2019组织并策划第四届中国智慧三农大会、无人渔业研讨会、光碳核肥+优质农产品推介会等20

多场活动。CIMAE为农业先进科技成果打造展示平台，加强与国内农业院校的务实合作。北京大学、中国农业大学等10余所高等院校在会上展示其科研优势。

（撰稿人：高　虹　管小冬）

中国电机工程学会

服务创新型国家和社会建设　2019年，学会开展科技成果评价工作，全年累计组织专家2832人次（其中院士202人次），完成行业优秀成果技术评价301项，涉及能源电力行业约145家单位；完成科技成果登记494项；履行电力行业科技查新管理服务职能，确认电力科技查新资质机构39家。

学会全年发布学会标准86项，批准立项60项。推进成套系列标准编制工作，发布统一潮流控制器（UPFC）系列标准13项，开展柔性直流电网成套标准编制。参与团体标准化发展联盟工作，参与《团体标准设计专利处置指南》等标准编写，主办团体标准国际化发展论坛。获得中国科协学会公共服务能力提升标准项目支持。入选国家标准化委员会团体标准培优计划。

学会组织2019年度中国电力科学技术奖推荐与评审工作，评选出授奖项目137项，其中一等奖18项，二等奖38项，三等奖81项。学会提名的“青藏地区可再生能源独立供电系统关键技术及工程应用”项目获得国家科学技术进步奖二等奖。

学会发布《关于加强服务民营企业创新发展工作的意见》，在北京组织召开电力民营企业科技创新发展论坛，积极支持民营企业创新发展；与江苏省科协签署战略合作协议，并联合成立江苏能源互联网产业院士协同创新中心，助推江苏省电力企业科技创新、产业转型升级。

学会建设　2019年，学会召开第十一次会员代表大会，完成理事会换届工作，成立监事会。召开理事会议、常务理事会议、理事会党委会议及工作委员会会议等，审议和决策学会重大事项。召开多种形式座谈会、培训会和专题工作会议。完善工作委员会、专业委员会、省级学会管理体制和运行机制，根据能源电力发展需要对专业委员会布局进行调整，完成10个专业委员会换届调整批复，以及17个专业委员会的委员调整工作。

学会加强会员管理，推进会员规范登记，2019年完成个人会员规范登记101216人，250人晋升为高级会员。开展会士和外籍会士遴选工作。在重庆大学、四川大学、哈尔滨工业大学、北京交通大学、中国电力科学研究院有限公司成立会员中心。

学会加强员工管理，充实员工队伍，优化人员结构，加大培训力度，规范员工职级管理，完善薪酬和绩效考核制度。强化学会财务管理，调整现行管理办法，完善各项规章制度。滚动修编学会信息化建设规划，开发期刊分级、科学传播专家、电子发票管理等新建信息系统，优化升级会员系统、数字化图书馆、会议系统、征文系统等，不断提升信息化服务能力。编印《中国电机工程学会2019年年报》。

学会治理结构和治理方式改革　学会开展第十一届理事会换届工作，成立第十一届理事会，由195位理事组成；成立第一届监事会，由7位监事组成。修订学会章程、会费标准。制定《中国电机工程学会监事会条例》。成立国际标准促进中心（国际电工委员会主席工作秘书处）。完成系列财务制度规范流程设计，创新结算手段，提升财务信息化水平，采用多渠道结算及电子发票等系统，实现“业财”融合。

青年人才托举工程　学会通过科协项目资助、学会资金支持、依托单位配套支撑、导师培养指导相结合的方式，开展2019—2021年度中国科协“青年人才托举工程”项目，共支持青年人才32人，其中中国科协资助2人。

主办期刊　学会及其专业委员会主办、联合主办期刊16种。《中国电机工程学报》、*Chinese Society for Electrical Engineering Journal of Power and Energy Systems*（《中国电机工程学会电力与能源系统学报》，CSEE JPES）、《高电压技术》3刊入选中国科技期刊卓越行动计划项目；《中国电机工程学报》连续17年入选百种中国杰出学术期刊；CSEE JPES首个影响因子达到2.68，进入《期刊引用报告》电气与电子工程学科Q2区，并入选2019中国最具国际影响力学术期刊；《中国电力》《热力发电》《农村电气化》《农电管理》《动力与电气工程师》《电信息》等办刊质量持续提高，为会员搭建交流平台。

学科发展工程　学会完善学术报告编撰体系和学术研究成果发布制度，2019年出版电力行业动能经济、电力人工智能等9个专业发展报告，以及超超临界燃煤发电新技术、特大型冷却塔结构及施工技术等10个专题技术报告，并在2019年学术建设发布会上发布。

决策咨询 学会完成国家发展改革委、国家能源局、中国科学院等单位委托的“我国新一代能源系统战略研究”“《防止电力生产事故的二十五项重点要求》典型案例盘点”“电力安全监管技术支撑体系研究”等12项课题研究。受国家能源局委托组织开展《电力法（送审稿）（修订意见稿）》专家研讨，完成“充电基础设施监控平台建设与运营”项目评价验收工作。

国际学术会议 学会在国内举办的国际学术会议主要有：2019年清洁电力国际工程科技高端论坛暨国家能源集团清洁能源国际高端论坛、2019年国际清洁能源会议、2019可持续电力与能源国际会议、CIGRE（国际大电网委员会）2019年国际研讨会、第三届IEEE（电气与电子工程师协会）能源互联网与能源系统集成国际会议、第八届先进电力系统继电保护及自动化国际会议、第四届“紫金论电”——智能电网保护和运行控制国际学术研讨会、2019年国际供电会议专题技术报告会。

2019年，学会在美国举办2019智慧能源与新一代电网自动控制系统研讨会；在英国举办2019中英未来能源系统发展论坛、智慧能源与智能制造及交通系统的融合技术研讨会。

国内主要学术会议 学会以“清洁能源 智慧电力 美好生活”为主题举办2019年中国电机工程学会学术年会，同期举办院士专家论坛、学术建设发布会等25项学术交流活动。2000余位院士、专家、科技工作者及高校师生参加会议。

学会组织第二十一届中国科协年会分会场——能源产业创新与未来高峰论坛、2019年电气工程学院院（校）长论坛、2019年清洁高效发电技术协作网太阳能热发电技术专题会议、2019智慧能源与动力国际论坛、第五届中国太阳能热发电大会等专题学术交流活动。

学会各专业委员会围绕各自专业领域开展学术活动110余场。

两岸交流 学会邀请香港特别行政区、澳门特别行政区及台湾地区的学（协）会主要领导出席2019年中国电机工程学会学术年会。

以“清洁能源 互联互通 融合发展”为主题，学会与台湾旅沙电力协会、台湾智慧型电网产业协会、福建省电机工程学会等在福建省厦门市联合主办2019海峡两岸能源互联网技术论坛，搭建海峡两岸能源领域民间技术交流平台。

国际交往 学会访问美国国家标准学会（ANSI）和电气与电子工程师学会。与电气与电子工程师学会电力与能源分会（IEEE PES）加强合作，共同发起新的国际会议。与日本电气学会共同主办2019中日新材料和智能电力装备技术研讨会。与韩国电气学会组织召开中韩新能源发电技术趋势与展望学术交流会。

学会组织国内专家、学者和论文作者参加2019国际供电会议、2019年国际大电网委员会亚太区域理事会技术会议、第二十五届电机工程国际会议、IEEE PES年会。

学会推进与IEEE标准协会关于联合开展双标号标准开发和互认协议的签署。在已经签署的备忘录基础上，双方正在商讨形成IEEE/CSEE双标号国际标准制定的合作协议，并以此为指导争取尽快完成第一批双标号国际标准成果。

学会与英国工程技术学会（IET）开展工程师资质国际认证工作，2019年组织150余人参加认证，114人成功通过认证，其中109人获得最高级别的特许工程师资质。学会作为电气类工程能力认证的牵头单位，开展与巴西、缅甸、马来西亚工程师的互认工作，完成对国家电网有限公司、中国电力建设集团公司、中国长江三峡集团有限公司等会员单位的需求调研，并开展面向缅甸的电气类工程能力认证的评审，34人通过认证，并注册为学会工程会员。学会推进与巴基斯坦工程委员会（PEC）在工程能力建设方面的深度合作，完成中国·巴基斯坦工程师国际互认协议签署，商讨互认标准和流程等实施细则。

科普活动 学会加入中国科协倡导成立的中国公众科学素质促进联盟并参加各项活动；联合12家理事长/副理事长单位共同开展2019年第二届“电力之光”中国电力科普日活动，打造“1+N”的全国联动电力科普活动；命名授牌2019年电力科普教育基地36家；开展科普团队建设，共聘任“电力之光”科学传播专家451名；举办“电力之光”山西科普下乡暨扶贫攻坚活动，开展电力科普和产业扶贫工作；组织开展2017—2018年优秀电力科普作品评选推荐工作；组织编著出版能源行业首套原创全手工彩绘科普丛书“能源知识绘”；开展电力科普资源调查，汇总共计21家单位的563个项目。

表彰举荐优秀科技工作者 学会完成2019年度中国电力科学技术人物奖推荐与评审工作，评选出获奖者 110 人，其中中国电力科学技术杰出贡献奖 10 人，中国电力优秀科技工作者奖 50 人，中国电力优秀青年科技人才奖 50 人。

学会完成 2019 年顾毓琇电机工程奖评审工作，西安交通大学教授葛耀中获得 2019 年顾毓琇电机工程奖；组织开展 2019 年度中国科学院院士、中国工程院院士推选工作；推荐 2019 年度创新人才推进计划候选人；推荐第十六届中国青年科技奖、第十六届中国青年女科学家奖和 2019 年度未来女科学家计划候选人。

党建强会 学会开展“不忘初心、牢记使命”主题教育。健全党组织各项规章制度，完善学会党委议事规则。2019 年发展 2 名新党员，转正 2 名预备党员。参加中国科协党建系列活动。承担“党建强会计划”项目，在山西省长治市组织开展“党建＋科普”党建强会特色活动，面向贫困地区学校和农村宣传电力科普知识，700 余位师生、贫困村民及当地居民从中受益。结合当地会员单位定点帮扶工作，学会实施 3 项科技扶贫项目。倡议学会全体党员干部爱心捐款，为贫困户家庭和品学兼优的学生捐赠助学金。同时，学会理事会党委书记带领专家、党员与全国劳动模范、改革先锋申纪兰进行座谈交流。组织党员参观山西省长治市平顺县西沟展览馆、武乡县八路军太行纪念馆，开展爱国主义教育。建立理事会党委的工作体系，在 41 家专业委员会建立党建工作小组。组织参加各类党务人员培训。

会员服务 学会完善会员服务工作体系，推进在高校、科研院所、企业和海外成立会员中心（分会），累计在高校和科研院所建立 14 家会员中心（分会），与 17 家高校达成合作意向，正在筹建会员中心（分会）。密切与会员的联系，在全国科技工作者日期间，组织开展赠书、座谈、走访等系列主题活动，通过举办科技工作者座谈会、老科技工作者座谈会、三八妇女节座谈会等活动，向会员单位征求意见，了解会员需求。优化完善数字化图书馆建设并推广应用，为会员提供期刊、论文、专著、技术报告、科技成果等文献 21 万余条数字信息资源。定期为会员推送学会会刊、资讯、学术活动等信息。

【中国电机工程学会第十一次会员代表大会】 7 月 25 日，学会在北京召开中国电机工程学会第十一次会员代表大会，300 余人参加会议。会议审议通过学会章程，第十届理事会工作报告、财务报告；无记名投票表决通过会费标准，选举产生学会第十一届理事会、第一届监事会，欧阳昌裕当选为学会第一届监事会监事长。

召开第十一届理事会第一次会议，选举产生第十一届常务理事会、理事长、副理事长，聘任秘书长。舒印彪当选为学会第十一届理事会理事长，郑宝森被授予学会第十一届理事会名誉理事长。会议还通过副秘书长和各工作委员会名誉及正副主任委员名单。

【2019 年中国电机工程学会学术年会】 11 月 13—15 日，学会在北京召开以“清洁能源　智慧电力　美好生活”为主题的 2019 年中国电机工程学会学术年会，包括 15 位院士在内的 2000 余位电机工程领域的专家、科技人员、工程师及高校师生参加会议。会议旨在研讨创新变革趋势，交流前沿关键技术，推动能源电力绿色协调发展。会议安排主旨报告、院士专家论坛、学术建设发布会、中日新材料和智能电力装备技术研讨会、开放应用全社会新技术推介会、电力民营企业科技创新发展论坛、8 场专题研讨会、论文交流、技术参观等近 25 项学术交流活动，140 余位院士、专家在会上作报告。

年会期间还推出大型庆祝新中国成立 70 周年电力科技成就展，集中展示 70 年来中国电力重大科技、重大工程进展情况，侧面反映电力科技工作者“强电、强国”的初心使命，突出中国电力工业取得的成就。

【2019 年电力民营企业科技创新发展论坛】 11 月 14 日，由学会和江苏省科协联合主办的 2019 年电力民营企业科技创新发展论坛在北京召开。论坛主题为“提升民营企业科技创新能力，服务民营企业创新发展”，设置主旨报告和嘉宾对话两个环节。来自近百家电力民营企业的 200 多位专家、学者参加会议。

来自国务院发展研究中心企业研究所、国家能源局能源节约和科技装备司、国家电网公司设备部、腾讯公司、江苏大全集团研究院、北京人民电器厂有限公司的专家分别就数字经济时代的企业转型发展、面向“两网融合”的配电网技术需求分析、连接成就智慧能源、电力企业科技创新、智能断路器的中国制造新模式示范等作主旨报告。

院士专家围绕“民营企业发展面临的主要问题”“科技创新在民营企业发展中的作用”“民营企业如何建立完善科技创新体系”3 个主题，分别从人才引进和培养、创新激励机制、标准体系建设等方面开展对话交流，提出促进电力民营企业创新发展的建议。

（撰稿人：李洛安　刘雁斌）

中国电工技术学会

服务创新型国家和社会建设　2019年，学会立项11项团体标准，新发布10项团体标准。发布《关于开展2019年中国电工技术学会标准提案申报及立项工作的通知》，公开征集标准提案。2019年新批准设立2个标准化专家委员会专业分会。

9月23—24日，2019年中国电工技术学会标准宣贯会在湖北省武汉市召开。来自全国各电力生产单位、装备制造企业及检修工程企业的100余名企业代表参加会议。

学会电子信息与电气工程类专业认证委员会共收到286份认证申请书，受理151个专业点的认证申请。

4月和8月，学会电子信息与电气工程类专业认证委员会分别在安徽省合肥市、江苏省南京市召开上半年自评报告审议会议及年中工作会。

7—12月，按照中国工程教育认证协会工作要求，学会邀请教育部电气工程教学指导委员会等单位专家成立专家组，共同撰写《电子信息与电气工程类专业（补充标准）》。

学会参与中国科协组织的有关工程能力评价制度研讨活动4次。配合中国科协工程能力建设联盟开展工程能力评价专家培训，推荐5名专家参加工程能力评价候任考官培训活动，推荐培训合格的考官参加英国工程技术学会（IET）与中国电机工程学会（CSEE）合作开展的国际工程师资质认证面试观摩。

12月7日，学会在北京召开电气工程师资格评审会议，最终15名工程技术人员获得电气工程师资格认定，150名电气工程师资格获得延续注册。

学会组织举办产业论坛等高端技术交流活动，邀请行业专家深入企业考察调研并提供技术咨询服务，助力企业通过科技创新破解发展困境，实现转型升级和高品质发展。学会成功入围2019年十佳服务企业创新学会。

6月12—14日，学会联合中国机械工程学会、中国仪器仪表学会等单位组织15名专家，开展助力齐齐哈尔装备制造转型发展调研活动。

8月3日，学会邀请工业和信息化部智能制造标准化总体组成员单位核心专家为保定天威保变电气股份有限公司提供智能制造技术咨询服务。

学会建设　4月，学会在北京召开八届五次常务理事会议和八届五次理事会议。

学会全年审核4个专业委员会的换届方案，审核批复9个专业委员会35名委员的调整。经常务理事会议审议批准，新成立4个专业委员会。

学会全年发展个人会员850人，其中，高级会员558人，学生会员139人。

学会加强信息化建设，年度网站终审发布文章609篇，网站访问量达122566次；向中国科协网推荐文章225篇；微信公众号更新85次，刊登文章198篇，微信公众号总订阅量2045人。

青年人才托举工程　学会积极组织中国科协“青年人才托举工程”项目申报，重视青年科技人才培养，依托中国科协“青年人才托举工程”项目培养11位优秀青年，其中2019年度新增5人。

学会全年组织8期青年学者交流沙龙活动，为青年会员搭建交流平台，来自高校、科研机构的青年学者600余人次参加沙龙活动。

主办期刊　《电工技术学报》编辑出版24期正刊、2期增刊。投稿量1731篇，正刊刊登521篇，增刊刊登84篇。《中国电工技术学会电机与系统学报》（英文）出版4期正刊，刊登稿件50篇。《电气技术》全年出版正刊12期、增刊1期，刊登稿件309篇。

学会牵头组织并承担第四届中国科协优秀科技论文遴选计划“电工、电子与信息技术集群”论文遴选活动，完成中国科协优秀论文遴选工作。其中，《电工技术学报》2篇论文、《中国电工技术学会电机与系统学报》（英文）1篇论文入选第四届中国科协优秀科技论文遴选计划优秀论文。

2019年，有23篇论文入选中国科学技术信息研究所F5000计划。其中，《电工技术学报》2篇论文入选2018年中国百篇最具影响国内学术论文。

学科发展工程　学会组织编撰完成《2018—2019电气工程学科发展报告》《高压放电与等离子体应用学科方向预测及技术路线图研究》和《高效电力储能技术前沿热点综述》3个学科发展报告。

决策咨询　学会编撰完成《中国线缆产业发展现状及策略建议咨询报告》《非晶合金变压器行业发展研究报告》和《温州乐清电气产业发展研究调研报告》。

国际学术会议　8月11—14日，由学会主办、哈尔滨工业大学承办的第22届国际电机与系统会议（ICEMS 2019）在黑龙江省哈尔滨市召开。来自20个国家和地区的1200余名专家、学者参加会议。会议收到摘要论文1670篇，录用论文1129篇，共评选出优秀论文104篇，参会交流论文全部由EI数据库收录。会议设特邀报告8个、专题报告6个，论文宣讲分会场66个、论文张贴分会场55个。同期举办工业展览，相关企业展出电机及其驱动、仪器、器件等工业产品。

9月7—9日，2019 IEEE第三届国际电气与能源大会在北京召开。大会由学会与北京交通大学、电气与电子工程师学会（IEEE）北京分会共同主办。来自中国、美国、英国等10多个国家的500余名专家、学者参加会议。会议征集论文736篇，录用论文386篇，特邀大会报告12个，设立平行（专题）分会场54个。大会围绕“电机与系统控制”“电工装备技术”“人工智能在电气工程的应用”“电力电子”“高电压及绝缘技术”“直流输电控制与保护”“电气化交通与新能源直流供电技术”“清洁能源装备及制冷技术”“电力系统、新能源、智能电网、能源互联”“第四届未来可再生能源”等内容举办学术会议、论文宣讲、论文张贴等活动。

国内主要学术会议 1月12—13日，第六届电工学科青年学者学科前沿研讨会在广西壮族自治区南宁市召开。来自80余所高校、科研院所的近500名青年学者参加研讨会。研讨会设置1个主会场和3个分会场，同期召开无线电能传输及能源互联配电网2个专题研讨会。主会场报告11个、分会场报告131个，研讨会报告27个。

3月18—19日，2019年工程教育认证新专家培训会在湖北省武汉市召开。来自全国80多所大学电子信息与电气工程类相关专业的110余名专家、学者参加会议。

3月25日，由学会主办的工程教育认证专业自评辅导答疑会在湖北省武汉市召开。来自全国近60所高校的300余名教师参加会议。

5月11—13日，中国（温州）电器产业创新与高质量发展论坛在浙江省温州市召开。论坛特邀中国工程院院士汤广福等8名专家参加会议，来自高等院校、科研院所的200名专家、学者到会交流。

6月13—14日，中国泛在电力物联网技术交流研讨会在江苏省南京市召开。来自全国各高等院校、科研院所及生产企业的100多名专家、学者和企业代表参加交流研讨。

6月30日，第21届中国科协年会装备制造与智能制造技术发展论坛在黑龙江省齐齐哈尔市召开。学会作为中国科协智能制造学会联合体推广应用工作委员会的主任单位，联合相关学会，共同承办装备制造与智能制造技术发展论坛——科技成果推广应用分论坛。共计70余人参加会议。

8月15日，2019年电气工程学院院（校）长论坛在新疆维吾尔自治区乌鲁木齐市召开。来自全国近60所高校电气工程学科的150余名院（校）长和专家、学者参加会议。

9月21日，中国（宁波）输配电产业创新与高质量发展论坛在浙江省宁波市召开。来自高等院校、科研院所、输配电及装备企业的300余名专家、学者、企业高管及技术人员参加会议。

10月27日，学会与中国机械工程学会、浙江省人民政府、乐清市科协等单位共同举办2019世界青年科学家（温州）峰会分论坛——智能制造（乐清）高峰论坛。论坛邀请2名院士、1名图灵奖获得者和10余名青年科学家以及国际科技组织负责人等300余人参加会议。

11月10日，新一代智能制造系统技术研讨会在北京召开。来自智能制造领域的近30名专家、学者参加研讨。

12月19—20日，中国（郑州）电气工程产业创新与协同发展论坛在河南省郑州市召开。论坛特邀中国工程院院士王耀南等4名专家作报告。来自60余家企业和30余家高校的160余名企业管理者、专家、学者参加会议。

国际交往 5月19—22日，学会秘书长（代）韩毅等5人赴法国里昂参加2019第32届世界新能源电动车大会暨展览会。

5月28日，学会青年工作委员会秘书长孙于赴英国，与英国分会一同组织中英青年学者学术交流暨中英智能电网装备论坛活动。

科普活动 学会发挥科技资源和专家资源优势，结合电气工程学科特点，组织开展近10场科普讲座、技术参观等科学普及活动。学会“科学普及”项目入选中国科协《全国学会社会化公共服务产品目录（2019）》。

5月24日，学会举办2019年全国科技周——中国电工技术学会专家报告会。

5月28日，在第三个全国科技工作者日到来之际，学会在中国科学院电工研究所举办“2019绿色能源·科技先行”主题科普活动。

10月25日，学会组织30名天津大学、河北工业大学等高校的师生走进天津市东丽区国家电网公司客户服务中心（北方园区），参观绿色复合型能源网项目。

6月21日、9月16日、10月21日、11月27日，学会科学传播专家走进河北科技大学、保定高阳三利中学、保定天威保变电气股份有限公司、石家庄铁道大学进行科普宣讲，共计2000余名师生参加活动。

学会利用科普微信公众号，组织专家设计制作科普视频12个，发表科普文章100余篇，浏览量近8000人次。学会参与“科普中国”项目信息化建设，组织专家协助“科普中国”对科普文章进行编撰或进行科学性把关。累计推荐76名电气工程领域权威专家成为“科普中国”特聘科普专家。

表彰举荐优秀科技工作者　3月30日，2018年度中国电工技术学会科学技术奖及电工行业——正泰科技奖颁奖大会在北京举办。《中国科技奖励》杂志、《中国工业报》等媒体对颁奖大会进行报道。

12月，学会开展2019年度中国电工技术学会科学技术奖及电工行业——正泰科技奖评选工作。学会收到项目推荐书112份，受理108份。评选出一等奖5个、二等奖8个、三等奖15个。电工行业——正泰科技奖评选出科技成就奖5人、科技创新奖8人。

党建强会　2019年，学会分别召开党支部委员会议、全体在职党员会议12次，组织开展专题党课、主题活动、参观新中国成立70周年大型成就展览等活动。按照入党积极分子培养计划，年度发展党员1名。

7月21—23日，学会党支部组织“不忘初心、牢记使命”主题教育，赴河北省保定市雄安新区管理委员会进行交流学习，组织主题党日活动，参观白洋淀雁翎队红色教育基地、狼牙山壮士纪念馆。

以党建促会建，学会成功申报并完成中国科协“党建强会计划”资助项目和党建调研课题，成为中国科协党建联合体成员单位。

会员服务　学会组织会员单位参加2019中国创新创业成果交易会，被中国科协授予优秀组织奖。

8月，在广东省广州市召开中国电工技术学会会员科技成果推广大会，来自会员单位、理事单位的200余名专家、学者参加会议并到会员单位中国电器科学研究院参观交流。

学会编撰《中国电工技术学会会讯》，每两月一期，为会员提供行业和学会相关资讯。

【第十五届中国电工技术学会学术年会】　10月26—28日，第十五届中国电工技术学会学术年会在云南省昆明市召开。来自高校、科研院所、装备企业及相关媒体的专家、学者和科技工作者共计1200余人参加会议。学会理事长杨庆新代表主办方致开幕词，昆明理工大学副校长束洪春代表承办方致欢迎词。

本届年会以“新时代、新电力、新装备、新技术”为主题，中国工程院院士薛禹胜、李立浧、罗安等专家作7场大会特邀报告。

年会设立电磁发射技术，新能源发电，电力系统与配电网，电力电子技术及电力系统应用，电工新材料与新技术，新型功率器件及其系统集成，高电压与绝缘技术，新型电机与高效电力传动、储能技术8个分会场，共邀请35名分会场主席和召集人主持评审论文，邀请31名专家作特邀报告。年会共征集论文445篇，366篇参与会议交流，其中，226名作者进行宣讲交流，140名作者进行海报交流。评选出8篇最优秀论文和75篇优秀论文，分别推荐至《电工技术学报》《电力系统自动化》《电机与控制学报》等学术期刊；106篇良好论文推荐到各高校学报增刊。

年会期间，特别举办中国电工技术学会发展历程展，对学会38年的发展历程进行回顾和展示；召开工程教育学术论坛、国家自然科学基金委员会电力系统领域基金项目交流会、电磁发射专业委员会工作会议、《电工技术学报》及《电气技术》编辑委员会工作会议。

（撰稿人：马佳佳）

中国水力发电工程学会

服务创新型国家和社会建设　学会组织开展流域梯级开发对经济社会发展促进作用研究、雅砻江流域风光水能互补相关政策研究、雅鲁藏布江水电开发周边关系研究、智能巡检机器人行业标准编制、屏柜智能钥匙行业标准编制、智能安全帽行业标准编制等技术咨询服务。在中国科协专项资助下开展水电发展热点研究、水电项目及人才评价能力建设等项目。

学会承办人力资源社会保障部专业技术人才知识更新工程——风光水电力扶贫与生态修复高级研修

班。开展风光水能互补相关政策研究、风光水电力扶贫策略与实施情况调研等课题研究。

学会全年承担各会员单位委托的55项科技成果鉴定工作。

受有关部门委托，学会工业控制系统安全专业委员会组织“电力行业工控系统安全应急服务平台”开发建设。学会环境保护专业委员会参与流域水电环境保护综合管理研究。

学会水库专业委员会开展“水电中长期发展移民和环保政策研究”“西藏自治区水利水电工程移民安置管理机制研究”“水电工程建设征地税费政策研究”，与世界银行合作完成“中国水电移民经验研究”。

学会有关分支机构组织开展珠江三角洲水资源配置工程水污染监测与防控及取水口突发事件快速处理方案关键技术、大中型水电工程设计施工总承包监理技术、水电工程枢纽区地质灾害监测预警与应急管理等研究和咨询服务。

学会各分支机构发挥专业特色，举办继电保护与励磁系统运行维护检修技术、清洁能源发电装备制造与运维技术、西北电网水库调度运行技术、全国水电厂计算机监控系统以及水轮机调速器系统技术、长江经济带小水电清理整改技术、农村水电绿色改造、水电工程造价等10余次培训班。

学会高坝通航工程专业委员会组织专家参与《航运枢纽安全检测与评估技术规范》等5部行业标准的修编工作。

学会水电监理专业委员会组织修编《水电水利工程施工监理规范》行业标准、制定《抽水蓄能电站工程施工监理规范》等2部企业标准，编制《水电水利工程总承包项目监理导则》，协助会员企业编制并向住房城乡建设部提交《关于在工程建设领域试行聘用合约工程师的方案》。

学会水能规划及动能经济专业委员会组织或参与《梯级水库群风险防控技术导则》和《抽水蓄能电站经济评价规范》等技术标准的修订、成果评审与报批工作。参与完成“中国可再生能源发展报告2018”“新形势下水电发展的目标和支持政策研究”“水电中长期发展研究”“水电开发利用投资和价格问题研究”“中巴经济走廊能源合作”等项目。

学会工程造价专业委员会组织或参与《水电工程竣工决算验收规程》等9项标准的制修订工作，启动涉及水电、风电、光伏光热发电等一批标准的制修订工作。

学会机械疏浚专业委员会组织专家参与编制团体标准《水利环保疏浚工程地质勘察规范》和《水利环保疏浚工程设计规范》。

学会风险管理专业委员会组织编制行业标准《大中型水电站地质灾害预警及应急管理技术规范》。

学会自动化专业委员会组织召开《大型变速抽水蓄能机组关键技术自主化工程应用研究》科技项目阶段性成果专家论证会。参与编制《水电厂智能一体化管控平台技术规范》等6项国家标准，组织召开IEEE/IEC双标国际标准《智能水电厂技术导则》第四版草案工作组审议、《智能水电厂经济运行系统技术条件》等2项国家标准送审稿审查会。

学会小水电专业委员会组织专家参与ISO标准《小水电技术导则》第2—4卷的编写及部分英文翻译校核和审查工作，相关成果列入第二届“一带一路”国际合作高峰论坛成果清单。组织开展农村水电技术标准执行情况摸底和农村水电标准体系修订工作。组织强制性标准《农村水电工程项目规范》研编工作。

学会小水电专业委员会协助水利部农村水利水电司组织3组专家参与“农村水电扶贫工程实施情况调研”，组织6组专家完成“2019年农村水电扶贫工程实施情况跟踪评价”，对“十三五”农村水电扶贫工程实施情况进行评估并编制调研和跟踪评价报告，开发建立全国农村水电扶贫项目库平台。组织专家赴多省开展农村水电增效扩容改造项目成效调研并整理编制《“十三五”农村水电增效扩容改造成效调研报告》。调研并编制《“十四五”农村水电绿色改造实施方案》。

学会小水电专业委员会协助开发小水电清理整改管理平台和移动App、“生态水电建设和农村水电综合评估”App、水电“一张图”综合信息平台，组织举办农村水电统计工作座谈会。

学会建设　学会有团体会员单位166家。经变更或增补后理事会成员162人。个人会员39179人，比2018年增加467人。分支机构34家，其中，新成立工业控制系统安全、工程检测与物理探测2个专业委员会，水电监理、梯级调度控制、贯流式水电站3个专业委员会完成换届，水电站运行管理专业委员会名称变更为“水电与新能源运行管理专业委员会”，风险管理专业委员会挂靠单位变更为水电水利规划设计总院。

11 月 12 日，学会八届四次理事会议在北京召开，150 余人参加会议。会议审议通过学会工作报告、理事会（常务理事会）履职和学会内控及财务运行管理情况的监督检查报告、财务工作报告、八届理事会部分成员变更和部分会员单位调整等事项。全年以通讯或现场方式召开八届七次、八次、九次、十次常务理事会议。

学会编撰出版《中国水力发电年鉴》（第 23 卷）和《中国水力发电信息 2019 年报》。

学会治理结构和治理方式改革 由中国科协资助开展的“世界一流学会建设”项目 2018 年度工作任务通过评估验收，学会继续获得 2019 年度项目经费资助。

学会对财务管理、分支机构管理、印章管理、科技项目管理、学术管理、固定资产管理、预算管理等办法进行制修订。将财务管理部独立设置，由支撑单位统一管理和安排财务负责人。加强财务预算和决算管理，2012 年以来，连续获评中国科协全国学会财务决算工作先进单位。

发挥监事会职能作用，全年联合支撑单位和第三方会计师事务所对学会财务收支管理和内控管理等进行两次监督检查。举办监事列席理事会议（常务理事会议）、党委会议、理事长工作会议、秘书长办公会和分支机构学术会议等活动，监督指导学会工作发展。

主办期刊 学会主办的《水力发电学报》全年出版 12 期，共收到论文稿件 549 篇，录用刊登 162 篇，印发 6000 册。已连续四年均有学报论文入选中国科协优秀科技论文遴选计划。据 2019 年《中国科技期刊引证报告》（核心版）统计，《水力发电学报》核心影响因子为 1.025（2018 年为 0.776），在 23 种水利工程类刊物中排名第 4；核心总被引频次 1875（2018 年为 1789），在 23 种水利工程类刊物中排名第 3；刊登的论文中，科学基金资助的论文比例为 0.93（2018 年为 0.96）。综合评价总分为 53（2018 年为 47），在 23 种水利工程类刊物中排名第 3（2018 年为第 5）；在全国 2049 种学术刊物中排名第 447（2018 年在全国 2008 种学术刊物中排名第 625）。在中国科学文献计量评价研究中心发布的《世界学术期刊学术影响力指数（WAJCI）年报》中，进入“世界学术影响力 Q1 期刊”前 25%。完成 2018 年度《水力发电学报》优秀论文奖评定。

学科发展工程 学会联合有关单位组织编撰“中国水电关键技术丛书”（36 分册）和“中国水电管理创新丛书”（16 分册），全面总结中国水电科技和管理成就及经验。2017 年起陆续完成书稿编写，计划 2020 年全部完成出版。

学会联合支撑单位水电水利规划设计总院共同推进《中国水电工程技术发展报告》编撰工作，计划于 2020 年完成。

学会水工及水电站建筑物专业委员会组织编撰出版《高混凝土坝抗震技术研究》。学会混凝土面板堆石坝专业委员会组织出版《中国堆石坝运行性态及水下检修处理技术》。

决策咨询 学会理事长带队组织专家赴西藏自治区雅鲁藏布江中下游调研水电开发情况，撰写《加快西藏水电开发　助力绿色发展》建言报告并报送中国科协形成“科技工作者建议”，供有关部门决策参考。

学会参与中国工程院组织的“《中华人民共和国可再生能源法》实施情况评估研究项目”水能评估报告的编写，组织分支机构向国家能源局行业标准《可持续水电评价导则》编写组征求意见。

国际学术会议 6 月 15—16 日，学会作为特别支持单位在江苏省南京市举办第八届水资源与环境研究国际会议。来自国内外的 300 余名专家、学者参加会议。

8 月 31 日—9 月 2 日，学会与河海大学等单位在江苏省南京市召开第二届国际移民与社会发展学术研讨会暨国际水电移民对话高端论坛。来自国内外的 150 多名专家、学者参加会议。

国内主要学术会议 2019 年，学会及其各分支机构共举办国内学术交流及技术培训活动 55 场次，参加人数 5700 余人次，出版论文集近 20 部共 4000 余册、论文 900 余篇，收到会议交流论文 480 余篇。

5 月 16—17 日，学会在四川省成都市召开全国水力发电企业工业控制系统安全技术交流会。200 余名专家、学者参加会议。会议发布《中国电力行业安全态势报告》。

10 月 11—13 日，学会在北京召开第七届全国水工抗震防灾学术交流会。220 余名专家、学者参加会议。

1 月 10—11 日，学会水库专业委员会在湖南省长沙市召开 2019 年水库移民政策技术管理论坛暨水利水电工程征地移民规划设计技术交流会。220 余名专家、学者参加会议。

8 月 29—30 日，学会电力系统自动化专业委员会在湖北省宜昌市召开2019年年会暨学术交流会。100余名专家、学者参加会议。

9月18—20日，学会信息化专业委员会和水电控制设备专业委员会在新疆维吾尔自治区乌鲁木齐市联合召开2019年年会暨学术交流会。近130名专家、学者参加会议。

11月13—15日，学会水电与新能源运行管理专业委员会和梯级调度控制专业委员会在广西壮族自治区南宁市联合召开2019年年会暨学术交流会。近240名专家、学者参加会议。

两岸交流 11月6日，学会在北京召开堰塞湖灾害预防与应对措施国际研讨会。其间，学会常务副理事长兼秘书长袁柏松与受邀参加会议的台湾大学水工实验所研究员姚长春进行座谈交流。

国际组织任职 学会副理事长单位中国长江三峡集团有限公司副总经理张定明，学会常务理事、雅砻江流域水电开发有限公司副总经理吴世勇，任国际水电协会（IHA）新一届董事会董事。学会副理事长单位河海大学公共管理学院院长施国庆，当选为国际水电协会水电可持续性评估理事会管理委员会委员及新兴和发展中国家委员会主席。以上职务任期均为2019—2021年。

学会副理事长单位中国水利水电科学研究院副院长彭静任国际水利与环境工程学会（IAHR）秘书长，学会理事单位四川大学水力学与山区河流开发保护国家重点实验室教授林鹏智任IAHR董事会成员。

学会高坝通航工程专业委员会主任委员李云、副主任委员吴澎任国际航运协会（PIANC）内河委员会委员；副主任委员胡亚安任PIANC升船机工作组主席，委员赵根生、李中华分别任PIANC升船机工作组秘书长、委员。

学会混凝土面板堆石坝专业委员会秘书长王富强任国际大坝委员会（ICOLD）土石坝专业委员会委员。

国际交往 1月26—31日，学会高坝通航工程专业委员会委员赵根生赴比利时参加国际航运协会（PIANC）内河委员会会议和青年委员会会议。

2月19日，国际水电协会执行总裁理查德·泰勒一行到访学会并进行交流。

4月10—11日，学会高坝通航工程专业委员会在江苏省南京市组织召开国际航运协会（PIANC）升船机工作组第二次会议。

5月13—16日，国际水电协会（IHA）2019世界水电大会在法国巴黎召开。学会继续作为大会支持单位，赞助将中文作为大会官方语言。组成14人专家代表团参加会议，5位专家作主题发言。会上，为中国电力建设集团董事长晏志勇颁发莫索尼水电杰出成就奖、武汉大学副研究员杨嘉威颁发青年研究员奖。学会制作《中国水电40年》视频资料并赠送各国代表。会前，代表团还参加2019年联合国国际水资源和能源可持续发展论坛，1位专家作主旨报告。

9月5—12日，学会国际河流水电开发生态环境研究工作委员会主任委员顾洪宾、副秘书长姜昊应邀赴印度参加第六次中印经济合作论坛。其间，就中印国际河流开发与生态环境保护的相关问题与印方相关人员进行磋商。

10月1—3日，学会高坝通航工程专业委员会组织委员代表参加在法国里昂举办的国际航运协会（PIANC）第9届内河航运国际学术会议。主任委员李云作大会特邀报告，并成功申请2021年PIANC第10届内河航运国际学术会议由学会高坝通航工程专业委员会挂靠单位南京水利科学研究院承办。

11月5日，国际水电协会（IHA）新任执行总裁埃迪·里奇一行到访学会并进行交流。

学会小水电专业委员会通过修编培训教材、安排英文授课专家等协助会员单位开展“一带一路”国家部长级研讨班、“一带一路”国家官员研修班等10余期援外培训或研修班，参加人员包括亚洲、非洲、拉丁美洲等地的40多个国家的政府官员和技术人员。

学会组织翻译国际水电协会《2019水电现状报告：行业趋势及思考》，收集整理形成年度电力能源国际会议指南1期。

科普活动 学会有序推进位于湖北省宜昌市三峡工程坝区的中国水电科技博物馆筹建工作，完成博物馆主体场馆建设和展陈方案设计，展品征集工作在持续进行中。

5月，在全国科技活动周期间，举办水电开发与脱贫攻坚科普论坛院士进校园活动，邀请中国科学院院士陈祖煜等专家作科普讲座。组织中国水利水电科学研究院水工抗震实验室和清华大学水沙科学及水电工程实验室向公众开放。

学会在全国科技工作者日活动中组建水电科普志愿者总队。7月，组织科普专家接受东方卫视采访，针对社会上关于三峡大坝变形的传言进行电视辟谣和科普。

表彰举荐优秀科技工作者　学会组织开展水力发电科学技术奖评选，共收到行业单位申报的科技成果130项（参与科研人员1400多人），评选出获奖科技成果39项，其中，一等奖10项、二等奖12项、三等奖17项，获奖科技人员近400人。

开展首届水电英才奖评选，表彰并奖励在水利水电工程建设和运行管理等基层一线工作的中青年科技人员共10人。

组织开展2019年度潘家铮水电奖学金评选，来自18所高校和科研院所的60名优秀学生获奖，12月21日在河海大学举办第十一届奖学金颁奖典礼。

开展中国科学院院士、中国工程院院士推选工作，以及第十三届光华工程科技奖、第十六届中国青年科技奖和第十六届中国青年女科学家奖、严恺工程技术奖、IHA莫索尼水电杰出成就奖、青年人才托举工程等候选人推荐工作。推荐中缅工程师资格互认369人、工程能力国际评价候任考官2人。

建设青年人才库。全年收到40余家单位提供的460多份青年人才的推荐资料，便于精准开展人才培养工作。

党建强会　学会党委全年共召开党委工作会议5次，就近50件学会改革发展等"三重一大"事项进行前置审议。

编写学会党委创新实践典型案例。开展中国科协《有效破解党建与业务工作"两张皮"问题研究》课题，推动党建和业务深度融合、相互促进。继续申报"党建强会"活动项目并获得资助。推荐中国科协学会党建宣讲专家库专家2名。

继续推进在分支机构中成立党的工作小组试点工作，已完成新增6家。

会员服务　赴多家会员单位、多个水电工程以及各分支机构和地方学会调研走访，了解会员需求，提升服务水平。继续在分支机构发展个人会员，多渠道为会员学术成长、个人成才提供服务。

编制《中国水力发电工程学会2019年年报》，在学会网站发布并寄送会员单位和理事，推进开放型学会建设。

【2019年中国水电发展论坛暨水力发电科学技术奖颁奖典礼】1月8日，由学会与中国长江三峡集团有限公司联合主办的2019年中国水电发展论坛暨水力发电科学技术奖颁奖典礼在北京举办。来自全国水电水利行业100多家单位的280余名水电工作者参加会议。学会理事长张野、中国长江三峡集团有限公司总经理王琳致辞。中国长江三峡集团有限公司科技部副主任戴会超、国务院发展研究中心研究员王亦楠、中国能源建设集团股份有限公司总工程师和建生、华能澜沧江水电股份有限公司董事长袁湘华作主旨报告。会上，颁发2018年水力发电科学技术奖（36项）、第五届潘家铮奖（张宗亮、席浩、陈云华3人）、2018年度《水力发电学报》优秀论文奖（10篇）。

【第十五次全国通航建筑物学术交流会暨大型升船机创新设计国际学术交流会】4月16—17日，由学会主办的第十五次全国通航建筑物学术交流会暨大型升船机创新设计国际学术交流会在云南省西双版纳傣族自治州景洪市召开。中国工程院院士马洪琪，学会理事长张野、常务副理事长兼秘书长袁柏松，南京水利科学研究院副院长、学会高坝通航工程专业委员会主任委员李云出席会议，来自国内相关科研院所和高校，以及比利时、英国、德国、法国、韩国等国家的专家、学者共80余人参加会议。

由学会高坝通航工程专业委员会组织有关单位参与、以马洪琪领衔的专家团队，依托景洪水电工程，通过15年的探索和努力，研制出新型水力式升船机，并获得2018年度国家技术发明奖二等奖。马洪琪以及其他6位国内外专家分别就水力升船机关键技术及推广应用、水电工程通航建筑物造型和布置研究、升船机水动力学与安全保障关键技术等作专题报告和学术研讨。

【2019中国水电青年科技论坛】10月22日，由学会主办的2019中国水电青年科技论坛在北京召开。特邀中国科学院院士张楚汉、中国工程院院士王浩、中国电力建设集团有限公司总工程师宗敦峰等专家出席。来自全国水电行业50余家单位的100多名青年专家、学者参加论坛。学会常务副理事长兼秘书长袁柏松致辞。

在"中国水电与未来"主题沙龙上，张楚汉、王浩、宗敦峰与青年学者——武汉大学杨威嘉、中国电建集团华东勘测设计研究院刘宁、东方电气集团东方电机有限公司刘德民，共同分析并展望中国水电和新能源事业的发展前景以及广大行业青年应该发挥的作用。

青年科技论坛邀请10名青年专家作技术报告，并特邀4名行业专家进行点评。

论坛共征集学术论文178篇，经过专家严格评审，最终选取75篇论文汇集成册公开出版，其中7篇被评选为优秀论文，并在论坛现场进行颁奖。

【堰塞湖灾害预防与应对措施国际研讨会】 11月6日，由学会主办的堰塞湖灾害预防与应对措施国际研讨会在北京召开。来自国内外的70多名专家、学者参加会议，共同探讨堰塞湖的形成、致灾机理、预警、应急处置等问题。中国科学院院士张楚汉、国际水电协会新任执行总裁埃迪·里奇出席会议并讲话。学会常务副理事长兼秘书长袁柏松致辞。

会议特邀台湾大学水工实验所特聘顾问姚长春、国际华人岩土工程师协会会长翟恩地等专家作主旨报告。会议围绕堰塞湖产生机理、风险评估、工程处置、监测预警技术等内容进行现场交流。

恰逢2018年“11·3”金沙江白格堰塞湖灾害发生一周年，会议为当时参与该堰塞湖风险处置的现场决策、工程措施、施工预警等环节的人员提供总结交流的平台，有助于进一步提高后续应对该类自然灾害的水平和能力。

（撰稿人：雷定演）

中国水利学会

服务创新型国家和社会建设 学会受水利部委托，承担水利技术标准日常管理工作，共完成153项在编标准管理和35项标准报批稿审定等工作，发布9项国家标准和24项水利行业标准，报批5项国家标准；完成《水利标准化工作管理办法》修订及《水利标准化工作三年行动计划（2020—2022年）》编制。在团体标准工作方面，参与编制水利部《关于加强水利团体标准管理工作的意见》；修订《中国水利学会标准管理办法（试行）》，完成报批稿；组织开展《生态护坡 预制混凝土装配式生态护岸技术规程》等18项团体标准的立项论证，发布11项团体标准；与中国教育后勤协会签订团体标准战略合作协议，联合发布《节水型高校评价标准》和《高校合同节水项目实施导则》2项团体标准并联合开展宣贯活动。组织完成2019年度水利职称考试工作，共有2268人参加考试。

11月4—6日，学会在北京举办“牢记使命、兴水为民——中国水利70年”成就展暨2019年中国水博览会暨第十四届中国国际水务高峰论坛。展会搭建交流平台，将“会、展、赛、服”多种形式结合，共设置水旱灾害防御、工程建设与运行管理、水资源管理、节水优先、河湖管理与保护、水生态文明、水法治建设、农村水利与扶贫移民、水利大事记（1949—2019年）等15个展区，展览面积10000平方米，参展企业150余家，12000余人次参观交流。

4月，学会印发《中国水利学会科技成果评价试点办法》。共完成28项水利科技成果的评价工作。

学会完成21个水利类工程教育专业点的认证。修订《水利类专业补充标准》，制定《水利类专业认证委员会关于现场考查工作的若干补充要求》等制度。举办不同层次的水利类工程教育专业认证研讨会4次。

学会申报并完成中国科协创新驱动助力工程项目“人工智能技术在水利行业的应用研究与示范”，编写完成《人工智能图像识别技术应用指导规范》，撰写粤港澳大湾区水安全保障专题调研报告。组织有关专家参加陕西省铜川市山水林田湖草生命共同体生态环境模型项目论证等。

学会建设 学会加强分支机构管理，印发实施《中国水利学会分支机构评估细则》。完成54个分支机构的现状核查。按照行业需求，新增2个分支机构。批复8个专业委员会换届。召开5次常务理事会通讯会议，理事变更6人，新增会员单位128家。联系指导地方学会工作，开展基层学会组织建设，调研了解4省各级水利（务）学会组织建设情况。

开展学会年检工作，2019年度年检合格。

3月26—27日，在河南省郑州市召开2019年分支机构和地方水利学会秘书长工作座谈会。学会秘书长汤鑫华作工作报告，介绍学会工作情况以及未来一个时期的工作思路和主要任务。会议围绕《中国水利学会工作报告》《中国水利学会分支机构考核办法（征求意见稿）》《中国水利学会会员管理办法（征求意见稿）》及日常工作中遇到的问题分组进行讨论。150余名专家、学者参加会议。

学会治理结构和治理方式改革 学会制定发布《中国水利学会固定资产管理办法》《中国水利学会差旅伙食费和市内交通费管理办法》《中国水利学会临时雇用工作人员管理办法》《中国水利学会绩效分配实施细则》4项内部管理制度。制定《中国水利学会关于秘书处职能调配、人事改革的意见》，对秘书处各部门职能进行优化调整，实施秘书处职工轮岗制度。印发《中国水利学会关于印发秘书处领导分工的通知》，明确领导班子分工。

青年人才托举工程 学会申报第五届（2019—

2021年度）中国科协“青年人才托举工程”项目，获得8个培养名额。创新人才选拔方式，首次举办青年人才集训班，首次面向地方水利职业院校开展学术活动。

主办期刊 学会主办6种科技期刊，期刊工作委员会会员期刊达58家。《水科学进展》获中国科技期刊卓越行动计划（2019—2023年）资助，并入选中国科协优秀科技论文遴选计划。5月，与中国水利水电科学研究院、河海大学共同承担“分领域发布中国高质量科技期刊分级目录项目”。多次与国际水利与环境工程学会、香港科技大学及相关期刊主办单位座谈，探索主办或共同创办水利英文期刊的可行方案。与《国际泥沙研究》期刊主办单位国际泥沙研究培训中心初步达成共识，共同主办该期刊。

学科发展工程 为促进水利领域的各类评估和学术交流，学会组织专家启动《水利领域学科分类通则》的编制；推进《水利学科发展报告（2018—2019）》编写工作。

决策咨询 学会围绕社会关注的热点、焦点问题申报相关项目，组织专家调研，将调研成果与专家建议凝练总结，形成《“冰上丝路”陆河连接可行性探讨与相关建议》《黄河泥沙处理与资源利用全链条技术》等5篇参阅信息，报送中国科协、水利部及相关单位参阅。《“冰上丝路”陆河连接可行性研究》报告入围2019年中国科协“十佳调研报告”名单。

国际学术会议 10月23日，学会在湖北省宜昌市举办中国水利学会2019学术年会国际分会场，来自中国长江科学院以及韩国、日本、加拿大、澳大利亚、英国等国的近100名国内外院士、专家，3个国际组织和2个国别组织的专家、学者和负责人等参加学术研讨，就洪水预测与管理、水库运行、海绵城市、水利改革等专题进行交流。

国内主要学术会议 2019年，学会及其所属专业委员会共举办国内学术会议50余次，参会人数共计1万余人次，收到交流论文5000余篇。

8月3—4日，由学会泥沙专业委员会主办的河流泥沙与生态水利学术研讨会在吉林省长春市召开。包括3位院士在内，来自全国高等院校、科研院所、规划设计、运行管理等30多家单位的120余名专家、学者参加会议。大会还举办第十三届钱宁泥沙科学技术奖颁奖仪式。

11月4日，与2019年中国水博览会同期举办第十四届中国国际水务高峰论坛。论坛设置1个主论坛和4个分论坛，主论坛以“两手发力，支撑新时代水利大发展”为主题，围绕新时代水利工作重点和发展方向进行大会交流；分论坛分别以“污染水体治理与生态修复”“智慧水利”“流域综合治理与城市水系设计”“防灾减灾与水利机械”为主题进行研讨，有1500余人次参加会议。

两岸交流 7月，学会海峡两岸水利科技交流工作委员会组织台湾地区多所高校研究生共28人参加在大陆举办的主题为“新知识、新伙伴”的第7届海峡两岸水利青年工程交流营，通过课堂授课、工程参观、文化参访、小组研讨、青年联谊等活动，加强两岸水利青年人才的沟通和了解，体现两岸“一家亲”情谊。

9月，组织12名中国水利水电科学研究院青年专家赴台湾地区参加第8届海峡两岸水利青年工程交流营。

10月，组织40余名专家参加在金门召开的第23届海峡两岸水利科技交流研讨会，为两岸水利科技发展创造平台。

国际交往 6月17—23日，学会秘书长汤鑫华率团赴塞内加尔达喀尔市，以董事、中国代表团团长身份参加世界水理事会第69届董事会会议暨第9届世界水论坛启动会，并主持水安全分论坛，在全球水事活动中积极发声。

9月1—6日，学会副秘书长刘咏峰带队赴巴拿马参加第38届国际水利学大会，并在全球论坛“一带一路的可持续发展：机遇与挑战”主题分会上作主旨报告。

学会继续深化与加拿大、日本、韩国等国水利学术团体的交流合作，互派代表参加对方的学术年会，双边合作机制进一步巩固。5月底，学会副秘书长吴伯健率团赴韩国参加韩国水资源学会年会，并在会上作专题报告。9月，学会秘书长汤鑫华受邀参加亚洲水理事会董事会会议，并在大会上推介中国水利学会，随后学会正式加入亚洲水理事会。

学会通过承担中国科协“一带一路”项目与西伯利亚冻土研究所及俄罗斯东北联邦大学建立联系，进一步扩大国际朋友圈。

学会深化与国际水利与环境工程学会（IAHR）的合作。5月，时任IAHR主席的彼得·古德温（Peter Goodwin）一行到访学会，双方回顾依据2018年签署的合作备忘录，在学术交流、科普等方面开展的一系列合作，并商定下一步将深化创新会员服务、加强标准建设、推进学科发展等方面的合作，不断提升双方在国际水利学术界的知名度和话语权。

科普活动 学会及其分支机构全年开展科普活动200余次，参与人数10万余人次，获得全国科技活动周组委会办公室颁发的荣誉证书。

学会以“党建引领科普，科普助推水利”为题，完成中国科协“党建＋科普”项目，在河北省石家庄市和平山县，共计开展活动10余次，举办科普讲座11场，入选学会2019年十件大事。组织专家和志愿者赴中国农业大学等10余所院校开展“水讲堂”活动，宣传治水思路和水利改革发展总基调。组织各界人士赴广西壮族自治区贵港市、防城港市、玉林市等地开展“中国水之行”活动3次。组建90余人的水利科普传播团队，成立水利科普工作委员会，组织年会科普分会场。

学会组建水科普微信群。开展科学辟谣，及时回应社会关于三峡工程、南水北调工程等水利相关问题的质疑。针对长江大保护、黄河高质量发展、“一带一路”建设等国家重大战略、倡议，组织调研，邀请专家作报告，广泛开展科普宣传活动。举办少儿科普暑期研学活动。开展“护好大水　喝好小水”等水与健康知识讲座。组织编写出版《美丽长江——长江流域水生态科普读本》等科普图书。

表彰举荐优秀科技工作者 2019年，学会完成大禹奖体制改革和奖励委员会筹备工作。3项大禹奖成果获国家奖。完成2018年度“刘光文奖学金”的评审和授奖工作，共有11名研究生、23名本科生获奖。组织2019年度“刘光文奖学金”的申报评审工作。组织3名专家申报第十三届光华工程科技奖，完成第十六届中国青年科技奖、青年女科学家奖和2019年度未来女科学家计划候选人的推荐工作。

党建强会 2019年年初，学会把党建工作纳入全年工作整体布局，继续推动党的工作小组建设，全年共建成党的工作小组18个，召开理事会党委会议3次。党支部组织召开秘书处全体党员大会、支部委员会议40余次，引导党员干部在思想上、政治上、行动上同党中央保持高度一致。

深入开展“不忘初心、牢记使命”主题教育。开展10次集中学习研讨；选取地方水利学会组织弱化、团体标准发展、信息化建设、分支机构管理与会员服务4项重大问题开展调研；党支部书记带头，领导班子共讲授4次党课；召开6次支委扩大会议，专题检视问题32项。

加强党支部的组织制度建设。结合业务分工，把党支部全体党员划分为4个党小组。组织秘书处全体职工赴北京市延庆区开展义务植树暨专题党建活动，赴中国人民抗日战争纪念馆和中国人民军事博物馆参观学习革命历史，赴中国科协参观“中国科协史陈列馆”。1名预备党员按期转正。召开学会党建纪检廉政会议，签订廉政责任书；组织制定廉政风险防控手册；制订领导班子全面从严治党主体责任清单，落实党建工作责任制。

会员服务 学会修订完善《中国水利学会会员管理办法》，制订单位会员服务清单、个人会员服务清单。打造“定制化服务”品牌，举办单位会员座谈会暨大学生水利水运装配式技术设计大赛颁奖典礼。加强与单位会员的联络，先后接待和调研70余家单位会员，组织召开单位会员联络员工作会议。

【中国水利学会2019学术年会】 10月22—24日，中国水利学会2019学术年会在湖北省宜昌市举办。年会主题为“补短板强监管　科技助力新时期治水兴水”。学会理事长胡四一致开幕词，湖北省副省长肖菊华，宜昌市委、市政府相关领导，埃塞俄比亚劳动、公共服务和人力资源发展部国务部长艾耶莱克·沃尔德赛梅·雅特（Ayelech Eshete Woldeseme Yat），日本水文水资源学会副主席大手信人（Nobuhito OHTE），三峡大学校长何伟军分别致辞。水利部总规划师汪安南讲话。学会副理事长、中国水利水电科学研究院院长匡尚富主持大会。

年会设1个主会场和19个分会场，来自10余个国家的专家、学者共1200余人参加年会主会场活动，另有部分专家、学者和约2000名三峡大学师生通过视频旁听主会场或参加分会场活动。年会邀请国际水利与环境工程学会主席、香港科技大学原副校长李行伟，国际洪水管理大会主席斯洛博丹·西蒙诺维奇（Slobodan P. Simonovic），湖北省科协主席、原副省长郭生练，中国工程院院士、中国水利水电科学研究院副院长胡春宏，中国工程院院士、新疆额尔齐斯河流域开发工程建设管理局局长邓铭江等12位院士、专家作特邀报告。年会设河湖长制、水生态保护与修复、粤港澳大湾区、“一带一路”、国际分会场等19个分会场进行交流研讨，邀请300余名专家、学者作报告，并赴三峡水利枢纽进行工程技术调研。

年会同期举办第二届水利青年科技论文（英文）竞赛及颁奖仪式，吸引3000余名中外学者、学生参加。此竞赛连续两年被评为中国科协品牌学术交流活动。会议期间，还开展涉水企业产品展、论文展板展示等活动。

年会共收到论文1000余篇，其中689篇入选《中国水利学会2019年学术年会论文集》并正式出版。

（撰稿人：李志平）

中国内燃机学会

学会建设 2019年，学会新增会员99名，其中青年会员62名，女性会员13名。学会共召开2次常务理事会议、1次理事会议、2次秘书长工作会议。

主办期刊 2019年，学会编辑出版的《内燃机学报》（双月刊）共刊出学术论文73篇，总被引频次为2452，影响因子为1.154，基金论文比为0.92，在能源与动力工程类52种期刊中影响因子排名第6。

《内燃机工程》（双月刊）共刊出学术论文85篇，总被引频次为2035，影响因子为0.997，基金论文比为0.85，在能源与动力工程类52种期刊中影响因子排名第8。

《内燃机》（双月刊）共刊出科普性文章102篇。

国际学术会议 10月10—11日，由学会承办的第十一届CIMAC（国际内燃机学会）青年工程师论坛在江苏省无锡市召开。来自日本、韩国、芬兰、奥地利、瑞士和中国的专家、学者共127人参加会议。会议主题是“低碳 高效 系统 融合”。学会副秘书长、北京理工大学教授冯慧华主持会议，并代表中国工程院院士、学会理事长、CIMAC主席、天津大学校长金东寒致贺信。潍柴动力股份有限公司副总裁佟德辉和荷兰瓦锡兰有限责任公司技术服务中心主任Elias Boletis，分别作题为《内燃机节能减排技术及未来发展》和《船用往复式发动机与机械设备的集成》的主旨报告。11名青年工程师进行论文宣讲。

12月5日，学会在上海海事会议期间，协办CIMAC 2019年圆桌会议，近100位来自国内外的专家、学者参加会议。中国工程院院士、学会理事长、CIMAC主席、天津大学校长金东寒出席会议并致辞。会议的主题为“2020年0.5%的全球硫限制”，特邀4名专家作专题报告。

国内主要学术会议 学会及其所属各分会全年共举办年会、研讨会、报告会、论坛等学术活动21次，参加学术活动人数2963人次，交流学术论文673篇。

8月15—18日，学会燃烧节能净化分会在吉林省长春市举办中国内燃机学会燃烧节能净化分会2019年学术年会。300余名专家、学者参加会议。会议以“内燃机高效低碳与近零排放”为主题，特邀中国工程院院士、学会名誉理事长苏万华等12名专家分别作题为《内燃机未来研究方向的初步探讨》《上汽乘用车汽油机开发》《成品油品质提升及特种油开发途径与实现》《高强化大型柴油机燃烧系统优化的关键技术》《长安高热效率汽油机技术开发》《机动车排放法规和应对技术策略》《高强化柴油机进气流动机理及高压差气道稳流评价方法研究》《基于燃烧反应区拓扑油机协同优化途径及进展》《增程混动45%有效热效率汽油机技术研究》《近壁面区域喷雾燃烧机理和控制策略研究》《新一代 1.5LCVVL高效汽油机的开发》和《中国一汽第三代增压直喷汽油机创新技术介绍》的报告。会议设立5个分会场，每个分会场有2~3个专题报告，对88篇论文进行宣读交流。出版《中国内燃机学会燃烧节能净化分会2019年学术年会论文集》电子版。

11月13—15日，学会后处理技术分会在江苏省镇江市举办中国内燃机学会后处理技术分会2019年学术年会。200余人参加会议。会议针对当前和未来内燃机后处理技术领域的热点问题，特邀生态环境部机动车排污监控中心（VECC）研究员袁盈等12名专家分别作题为《中国移动源排放标准现状及展望》《进一步降低车用柴油机排放的技术途径》《汽油机GPF技术研究》《基于PEMS的RDE测试研究》《非道路国四排放控制技术开发》《国六SCR催化剂应用研究》《满足美国EPA2027年重型发动机的排放控制技术》《满足N1类轻型柴油车国6b排放的后处理解决方案及控制》《国六柴油机后处理系统集成技术研究》《应对国VI排放法规的可持续并有竞争力的催化剂解决方案》《面向国六催化GPF（FWC）解决方案的开发与应用》和《低温等离子体氧化发动机排气颗粒的研究》的报告。报告涉及移动源排放标准、车用和非道路排放测试标准、车用和非道路内燃机排放控制技术前沿和发展趋势等内容。年会设立NOx催化还原技术、颗粒物捕集与催化氧化技术、其他后处理技术、发动机燃烧排放特征4个分会场，邀请8名青年学者和企业技术负责人作专题报告。

国际组织任职 6月，第29届国际内燃机学会（CIMAC）大会上，中国工程院院士、学会理事长金东寒就任新一届CIMAC主席，任职期限为2019年至2022年。

国际交往 CIMAC（国际内燃机学会）WG19第九次和第十次工作会议分别于6月26日和12月2日在加拿大温哥华和中国上海市举办。来自中国、德国、奥地利、荷兰、法国、日本等国的35名专家、学者参加会议。中国的专家、学者在会上作《中国内河船舶混合动力》《新能源等节能减排技术发展情况》《船舶发动机排气污染物排放限值及测量方法（中国第一、二阶段）实施指南》等报告，并围绕“内河船舶排放法规和温室气体减排”主题，就新型燃料和动力系统的功率密度、间隔和市场接受预期等展开讨论。

科普活动 学会及其所属各分会共举办科普讲座2次，发布科普报告5篇，受众人数220人次。

5月24日，学会燃烧节能净化分会与天津大学内燃机燃烧学国家重点实验室在天津市联合举办“实验室开放日”活动。活动结合中国科协“礼赞共和国、追梦新时代——科技志愿服务行动”主题活动的要求，邀请天津市静海区杨成庄中学130多名师生参加活动，参观天津大学北洋园校区新建的电控实验室、燃料电池实验室以及国Ⅵ开发实验室等先进实验室，展出智能驾驶汽车、北洋动力赛车，以及近年来的部分科研成果。实验室的4名教授结合初中学生年龄特点，分别讲授有关智能驾驶、赛车中的物理知识和内燃机知识，以及燃料电池方面的科技常识。

8月5日，学会特种发动机分会在上海市举办“热气机技术”科普活动，邀请华东师范大学第二附属中学90余名师生，参观上海齐耀动力技术有限公司，学会特种发动机分会主任委员顾根香作题为《坚守梦想　锐意创新》的科普报告，讲解特种动力技术和先进产品，帮助学生了解热气机技术的应用和概况。

表彰举荐优秀科技工作者 学会评选出李云强、李国祥和吴坚3名专家获得2019年度昆仑突出贡献奖。谭丕强、何旭、陈龙飞、梁兴雨和张英佳5名青年科技工作者获得2019年度史绍熙人才奖。学会还评选出2019年度中国内燃机学会科学技术奖3项，《GAC小排量汽油机平台技术研究及产品开发》和《发动机NVH关键技术及应用》获得一等奖，《2.7L CTI高效环保动力》获得二等奖。

【中国内燃机学会2019年联合学术年会暨八届九次常务理事会议和八届四次理事会议】 11月1—4日，中国内燃机学会2019年联合学术年会暨八届九次常务理事会议和八届四次理事会议在天津市召开。中国工程院院士、学会理事长、天津大学校长金东寒在会上讲话。大会由学会副理事长、中国科学技术大学党委书记舒歌群，学会副理事长、中国兵器工业集团首席科学家张树勇，学会常务理事、西安交通大学教授黄佐华，学会常务理事、天津大学内燃机燃烧学国家重点实验室主任尧命发共同主持。来自全国90余家企业、高校和科研院所的249名科技工作者参加会议。

大会主题报告围绕“内燃机的高效低摩擦技术”，特邀中国北方发动机研究所研究员王增全、加拿大皇家科学院院士张久俊、中国石油兰州润滑油研究开发中心高级工程师赵正华、清华大学摩擦学国家重点实验室研究员孟永钢、北京理工大学军车动力系统技术国防重点学科实验室斯杰里马赫·亚历山大·乌斯季莫维奇、华南理工大学纸浆造纸工程国家重点实验室教授唐敏、中国船舶重工集团公司第七一一研究所船舶动力国家工程实验室研究员金江善、天津大学内燃机燃烧学国家重点实验室教授谢辉、潍柴动力股份有限公司内燃机可靠性国家重点实验室高级工程师付伟和上海大学材料学院教授董瀚，分别作题为《柴油机增压系统高原适应性研究》《车用氢能燃料电池的发展、现状与挑战》《国Ⅵ排放对内燃机油带来的机遇与挑战》《内燃机缸套－活塞环的润滑问题》《提高内燃机效率的纳米摩擦学技术》《纳米纤维助力发动机升级》《大功率船用柴油机智能化技术的发现与展望》《电气化、网联化背景下的内燃动力智能控制》《活塞－活塞环－缸套系统结构协调技术研究》和《钢铁材料技术进展》的报告。

年会共设4个分会场。北京理工大学教授王尚勇和中国北方发动机研究所研究员王增全分别作题为《面向制造的连杆设计技术研究》和《高压共轨喷油系统设计开发中的几个关键问题》的报告；中国北方发动机研究所研究员白思春和昆明理工大学教授申立中分别作题为《柴油机体系框架设计》和《内燃机电控系统正向开发关键技术》的报告；武汉理工大学教授袁成清、上海交通大学机械与动力工程学院教授孟祥慧和中国科学院兰州化学物理研究所研究员张嘎分别作题为《基于表面纹理的柴油机缸套活塞环磨损控制》《内燃机摩擦学系统分析及在线测试技术》和

《高性能聚合物自润滑材料的设计制备及其在内燃机中的应用》的报告；上海交通大学教授林赫、浙江大学教授吴锋、天津大学教授梁兴雨和西安交通大学教授张英佳分别作题为《车用SCR催化剂研究》《Cu-SSZ-13柴油机SCR催化剂硫中毒机理及建模研究》《润滑油对柴油机颗粒物影响机理研究》和《发动机燃料低温燃烧行为的现状、应用和挑战》的报告。

会议评选出优秀论文20篇，其中一等奖5篇、二等奖10篇，最佳墙报论文奖5篇。编辑出版《内燃机科技——中国内燃机学会2019年学术年会暨新材料与表面技术分会、设计与智能制造分会、基础件分会和测试技术分会联合学术年会论文集》。

（撰稿人：祝维瑾）

中国工程热物理学会

服务创新型国家和社会建设 受中国科协委托，学会完成“可再生合成燃料问题研究”项目，形成研究进展专项报告与政策建议。

受中国科协委托，学会承担并完成“能源高效、清洁、低碳利用协同创新”研究项目，围绕分布式供能系统、风能与太阳能利用、低碳清洁的化石能源利用技术等重要方向推进产学研协同创新，主要涉及分布式供能系统，可再生能源利用技术和化石能源的低碳清洁利用技术。

受中国科协委托，学会承担并完成“压缩空气储能产业发展政策建议研究”项目，提出电力储能技术是具有战略性、基础性、前瞻性的重大能源技术。

青年人才托举工程 学会建立“青年人才托举工程”人才库，动态掌握青年人才信息，促进优秀青年科技人才成长，提供精准化、全方位的扶持培养服务，助力青年科技工作者成长成才。

主办期刊 《工程热物理学报》被中国学术文献国际评价研究中心评为中国国际影响力优秀学术期刊。

国际学术会议 7月28日—8月2日，学会与北京大学联合承办第27届国际爆炸与反应系统动力学会议。来自24个国家和地区的450余名专家、学者共同交流本领域的最新研究成果，探讨前沿科学问题。北京大学校长郝平，国际爆炸与反应动力学会理事会主席、法国科学院燃烧研究所教授N. Chaumeix，此届会议程序委员会主席、加拿大女王大学教授G. Ciccarelli，中国科学院院士、中国力学学会理事长杨卫分别在开幕式上致辞。

国内主要学术会议 学会按照燃烧学、热力学、多相流、传热传质、流体机械和热机气动热力学5个学科举办学术年会，以及国家自然科学基金相关领域项目进展交流会议。中国科学院院士、中国工程院院士、国家自然科学基金委员会工程与材料科学部有关负责人，以及国家杰出青年科学基金获得者、长江学者、优秀青年等高层次人才参加会议。参加会议的工程热物理专家、学者共5000余人次，交流学术论文2000余篇。在学术会议上宣读的论文内容涉及本学科前沿领域。

2019年国家自然科学基金进展交流会上，共有300多个（其中口头60个）项目参与。会议邀请学科领域的专家、学者作特邀报告，为学科领域优秀青年科技工作者提供开拓学术思路的机会，展示科技工作者的最新科研成果，培养和发现优秀能源与动力工程科技人才。

国际组织任职 学会常务理事、上海交通大学副校长黄震和学会副理事长、燃烧学分会主任姚强当选为国际燃烧学会会士。

国际交往 国际燃烧学会自2012年以来资助世界各地每年举办2～4个燃烧学暑期学校，清华大学暑期燃烧学校自2012年以来持续获得国际燃烧学会的资金支持。7月14—19日，清华－普林斯顿－国际燃烧学会2019燃烧学暑期学校（Tsinghua-Princeton-CI 2019 Summer School on Combustion）在北京举办，390人参加学习交流活动。学校邀请法国艾克斯－马赛大学教授Paul Clavin、美国佐治亚理工学院教授Vigor Yang、德国达姆施塔特工业大学教授Andreas Dreizler、法国科学院教授Philippe Dagaut授课，讲授燃烧学基础知识，为国内燃烧学领域学生和青年学者提供学习交流平台，为国内燃烧学研究培养后备力量。

科普活动 5月19—26日，学会在陕西省西安市举办“‘水’主沉浮·‘氢’临天下”主题科技开放活动周。活动共接待理工科本科生、高中生、中小学生及社会公众1000余人次。通过开展大型科普讲座和组织实地参观等，展示实验室前沿科学研究成果，开拓学生科研创新视野。

表彰举荐优秀科技工作者 2019年，学会常务理事、香港科技大学教授赵天寿当选为中国科学院院士，学会常务理事、上海交通大学教授黄震当选为中国工程院院士。学会秘书长陈海生获得第十五届中国青年科技奖特别奖。陈海生、学会理事吕友军入选国家杰出青年科学基金建议资助项目申请人名单。

在2019年吴仲华奖励基金评选活动中，4人获得吴仲华优秀青年学者奖，10人获得吴仲华优秀学生奖。

学会创新发展 学会成立第一届监事会。监事会由3名监事组成，其中监事长1名、监事2名。

【中国工程热物理学会第八次全国会员代表大会】 9月20日，中国工程热物理学会第八次全国会员代表大会在北京召开。学会中国科学院院士、第七届理事会理事长金红光向大会作第七届理事会工作报告，从学会党建、学术交流、国际合作、产学融合、科学普及、会员服务、信息化建设等方面回顾总结第七届理事会期间学会取得的工作成果。第七届理事会秘书长杜建一作《中国工程热物理学会第七届理事会财务工作报告》及《关于修改〈中国工程热物理学会章程〉的报告》，获大会审议通过。学会第七届理事会副理事长杨勇平作《第八届理事会理事候选人产生过程说明》，大会选举产生学会第八届理事会和新一届监事会。学会第八届理事会理事共98人，平均年龄52.8岁，含45岁以下青年工程热物理工作者10名，女性工作者8名，中国科学院院士4名；新一届监事会共3人。

中国科学院院士宣益民主持召开中国工程热物理学会第八届理事会第一次会议。会上选举产生29名常务理事，金红光当选为学会第八届理事会理事长，宣益民、郭烈锦、杨勇平、姚强、张兴、陈海生6人当选为学会第八届理事会副理事长，理事会聘任陈海生为秘书长，选举韩巍为第一届监事会监事长。学会党委同期进行换届选举，中国科学院院士何雅玲当选为学会党委书记。

（撰稿人：宋娟娟）

中国空气动力学会

服务创新型国家和社会建设 9月8日，中国科协航空发动机产学联合体成立，学会作为首批成员单位参与联合体相关工作，促进航空发动机产学融合创新发展。

8月30日，由中国空气动力研究与发展中心低速空气动力研究所牵头、南京航空航天大学等单位参与编制的《小型风力发电机组 第3部分：风洞试验方法》标准正式批准发布，标准编号GB/T 19068.3—2019。

学会风工程专业委员会组织有关专家为多家企业和研究机构提供产品设计技术咨询，包括中国航天员中心的太空舱降噪方案、大运飞机设备散热通风管道降噪方案、中国商用飞机有限责任公司民用飞机机翼前缘缝翼的结冰问题数值计算和风洞试验方案、中国科学院新疆天文台110米口径射电望远镜抗风设计关键问题、西南交通大学列车表面微结构减阻风洞试验研究方案等。

5月13—17日，学会分别在北京和上海市组织完成气动中心高超项目成果评审和中国商用飞机有限责任公司大飞机项目先进气动成果评审。

学会建设 2019年，学会召开理事会议1次、常务理事会议3次、理事长办公会议3次。

学会3个专业委员会经选举新增委员31人，其中，测控专业委员会新聘2名组长和1名副组长，新增19名委员；计算空气动力学专业委员会新增7名委员；流动显示专业委员会新增5名委员，同时新增委员单位3家。

主办期刊 《空气动力学学报》全年编辑出版6期，刊登论文118篇，其中计算空气动力学论文占90%，实验空气动力学论文占10%，印刷发行6000册。编辑出版4个专栏，分别为“首届中国空气动力学大会青年优秀论文”“CFD（计算流体力学）验证与确认”“智能空气动力学研究探索”和“声爆研究”。发表约稿38篇，论文质量普遍提高。

《实验流体力学》编辑出版6期，刊登论文83篇，印刷发行6000册。开展专题及会议约稿，重点开展“复杂流场光学诊断技术”“微纳流动与复杂流体”“面向发动机的湍流燃烧”“流体力学实验测量研究新进展”4个专栏的约稿工作。

Advances in Aerodynamics（《空气动力学进展》，AIA）作为新刊，为保证稿件质量，主要依靠主编、编委撰稿和约稿。1月，期刊网站和投审稿系统建成上线，并正式接收投稿。截至12月底，AIA共收到45篇稿件（涉及13个国家和地区），录用25篇，下载量合计17320次，被引14次。

学科发展工程 由学会测控专业委员会秘书长王帆主编、会员单位及委员支持的《风洞测控技术》获国防科技图书出版基金资助并由国防工业出版社出版。

国内主要学术会议 学会围绕学科发展中的基础性问题和关键技术问题开展学术交流，召开学术交流和研讨会议17次，参加会议人数约3700人次，交流学术报告和论文1339篇。

1月15日，中国空气动力学会年度春节学术座谈会在北京召开。会议由学会主办，中国航天空气动力技术研究院承办。会议以专题报告交流形式展开，共邀请3篇会议报告，分别为《发展航天智能技术走向太空经济时代》《商用飞机发展》和《星空-2高超声速科学飞行试验》。来自10家单位、9所高校的160名专家、学者参加座谈会。

6月13—16日，由学会等单位联合主办的第十八届全国计算流体力学会议在陕西省西安市召开。440名专家、学者参加会议，交流报告268篇，内容涉及流体力学智能化、CFD理论、高精度计算格式、气动噪声、湍流模拟，以及气动布局优化设计和CFD在工程中的应用等研究内容和成果。会议评选出青年优秀论文20篇。

12月28日，学会在北京举办第十一次钱学森讲座，邀请报告3个，分别是北京大学教授李存标的《近壁流动的转捩》、香港科技大学教授徐昆的《多尺度输运的建模和计算》、中国空气动力研究与发展中心高级工程师庞宇飞的《站在技术变革前沿的网格技术及其产品化途径》。来自国内研究机构、高校及相关领域企事业单位的约100名专家、学者参加讲座。

4月18—21日，由中国土木工程学会桥梁及结构工程分会、学会风工程与工业空气动力学专业委员会联合主办的第十九届全国结构风工程学术会议暨第五届全国风工程研究生论坛在福建省厦门市召开。论坛共设6场特邀大会报告和378场分会场学术报告，来自115家单位的597名专家、学者参加会议。澳大利亚悉尼大学教授Kenny Kwok、哈尔滨工业大学教授李惠、西南交通大学教授李永乐、同济大学教授曹曙阳、中南大学教授何旭辉和中国建筑科学研究院研究员陈凯6名专家作大会特邀报告，内容涉及风致舒适度、智能结构风工程、峡谷风特性、龙卷风荷载、高速列车-桥梁气动特性、复杂建筑结构抗风等。

5月29—30日，由学会低跨超声速专业委员会主办、南京航空航天大学承办的技术交流及审稿会在江苏省南京市召开。与会专家、学者围绕各自单位2019年在低跨超声速空气动力技术方面取得的进展进行技术交流。大会收录论文107篇。

6月12—14日，由学会测控专业委员会主办的学术交流及审稿会在甘肃省张掖市召开。来自41家单位的87名专家、学者参加。会议审查学术交流投稿论文181篇，特邀中国航空工业空气动力研究院等单位的专家作大会交流报告，并开展“自由活塞高焓激波风洞调试进展”和“高速风洞测控技术研究新进展”专题交流。

7月25—28日，由学会物理气体动力学专业委员会主办，中国科学院力学研究所高温气体动力学国家重点实验室承办的第十九届中国空气动力学物理气体动力学学术交流会暨专委会会议在甘肃省张掖市召开。120多名科研人员和学生参加会议。会议邀请北京应用物理与计算数学研究所研究员丁永坤、王裴，中国空气动力研究与发展中心研究员杨顺华，中国科学院力学研究所研究员姚卫和厦门大学教授沈捷作大会特邀报告。会议收到论文72篇，宣讲交流论文70篇。6人获得青年优秀论文奖。

7月28—31日，学会流动显示专业委员会在湖南省衡阳市组织召开流动显示与流动控制技术发展专题学术研讨会。会议邀请中国航空工业集团公司沈阳飞机设计所研究员王孜孜、中国飞行试验研究院高级工程师郑浩、中国空气动力研究与发展中心高级工程师谢爱民、中国船舶科学研究中心高级工程师张国平4名专家，分别作题为《流动显示技术在飞机上的应用》《流动显示在飞行试验中的应用》《基于光源拼接的大视场聚焦纹影技术初步研究》和《流场测量在船用节能装置研发中的应用》的大会报告。会议收录17篇学术论文，并编辑完成专题学术论文集。

7月30—31日，由学会空气弹性力学专业委员会、中国力学学会流固耦合力学专业委员会共同主办的第十六届全国空气弹性学术交流会在内蒙古自治区呼和浩特市召开。会议收到论文和摘要153篇。来自47个单位的248名专家、学者参加会议。

8月14—16日，由学会高超声速专业委员会主办的第九届全国高超声速前沿问题研讨班在辽宁省大连市召开。来自32家单位的200余名专家、学者参加会议。邀请大会报告12个。

8月14—17日，由学会风能空气动力学专业委员会主办，兰州理工大学、中国空气动力研究与发展中心低速空气动力研究所共同承办的第十六届全国风能应用技术年会在甘肃省张掖市召开。会议总结风能开发利用领域新的成果、新动态，重点围绕海上、高寒地区风能开发与利用问题，极端环境条件下风力机设计开发与应用，大气边界层自然风特性以及风力机降噪中的关键技术问题展开研讨。会议邀请专家作大会报告8个，收到论文42篇，大会交流报告35篇。80余名专家、学者、企业技术人员和研究生参加会议。

8月17—19日，由学会低跨超声速专业委员会主办，中国航空工业空气动力研究院承办的第七届近代实验空气动力学会议暨低跨超声速专业委员会2019年学术交流会在贵州省铜仁市召开。来自24家单位的120余名专家、学者参加会议。会议共收录论文107篇，其中特邀大会报告4篇，分别是《涡轮空气马达螺旋桨滑流试验技术》《空天飞行器气动关键问题研究》《我国飞/发一体化研究对空气动力地面模拟试验能力的需求分析》和《运动声源麦克风相阵列技术研究》。会议评选出青年优秀论文11篇，编纂形成《第七届近代实验空气动力学会议论文集》。

8月22—24日，由学会测控专业委员会主办、厦门理工学院承办的中国空气动力学会测控专委会七届四次全国学术交流会在福建省厦门市召开。来自中国空气动力研究与发展中心等25家单位的126名专家、学者参加会议。大会特邀6名专家、学者作大会报告，收到论文181篇，按专业领域分3组交流论文63篇，交流范围涵盖测控技术、非接触测量技术、天平传感器技术、信号采集处理、风洞结构设计、特种试验技术等领域。会议评选出青年优秀论文6篇，同时编纂形成《中国空气动力学会测控专委会七届四次全国学术交流会论文集》。

9月26—27日，学会空气弹性力学专业委员会和中国力学学会流固耦合力学专业委员会在福建省厦门市召开新型飞行器气动弹性前沿问题青年论坛。来自7家单位的9名学者受邀作学术报告。

11月1—2日，学会计算空气动力学专业委员会2019年度工作暨专题研讨会召开。专题研讨会围绕“空气动力和飞行力学耦合模拟”和“CFD2035发展愿景”2个主题展开研讨。来自南京航空航天大学、大连理工大学、中国航天空气动力技术研究院、空气动力试验基地的6名专家就有关虚拟飞行和多体分离数值模拟研究的新进展作报告。空气动力学国家重点实验室针对CFD2035发展愿景前期工作作报告，并发放调查问卷。来自国内研究机构、高校及相关领域企事业单位的74名专家、学者参加会议。

科普活动 学会完善科普设施建设，新建先进轨道交通科普馆、高铁模拟驾驶室，各实验室新增多媒体演示大屏。形成集铁路园、科普馆、高铁模拟驾驶室、各实验室为一体的科普参观场所，可对外开放的科普参观面积达7500平方米。

学会建设完成3支稳定的科普建设力量，分别为：以中国科协首席科普专家领衔的科普专家队伍，主要承担科普讲座、国内外企事业单位来访参观及科普讲解等工作；以学生为主体的科普志愿者队伍，主要承担大中小学生科普参观讲解、科普基地日常运行协管等工作；以行政人员为主的科普工作管理队伍，主要承担科普基地日常运行管理工作。

学会与湖南省教育电视台合作完成《科技大发现第二期》科普节目录制。全年共接待来自欧美、澳洲以及中国香港特别行政区、澳门特别行政区及台湾地区的专家、学者，大专院校和中小学学生等超5000人次参观、访问，面向社会大众作科普报告50余次。学会为中学生开展5次力学和空气动力学通识教育和科普教育活动。

9月21日，学会风工程专业委员会与空气动力学国家重点实验室、绵阳市教育与体育局、绵阳市科协等单位联合举办2019年绵阳市大中小学生科普开放日活动。共约200人参加活动。

学会低跨超声速专业委员会依托中国空气动力研究与发展中心高速空气动力研究所开展科学普及活动。全年共接待数十批次参观交流人员，同时还组织北京航空航天大学等高校的193名师生开展实习培训。

表彰举荐优秀科技工作者 2019年学会举办各类推优评奖活动4次，推荐人选16人次。

学会组织开展中国科学院院士、中国工程院院士候选人，第十三届光华工程科技奖候选人，第十六届中国青年科技奖候选人推荐工作。

7月26日，学会在北京召开中国空气动力学会奖励评审会，共评出5人获奖，其中陈迎春获得中国空气动力学科学技术一等奖，沈清、韩中华获得二等奖，张伟伟、冯立好获得青年奖。另外评选出成就奖7人。

经学会七届四次理事会议审议，决定对学会风工程专业委员会、*Advances in Aerodynamics* 编辑部和天津大学进行表彰，授予“2019年度学会先进集体”称号；对在学会推优评奖活动中成绩突出、热心学会工作、积极奉献的13人授予“2019年度学会先进个人”称号。

党建强会 2019年，学会党委召开党委会议3次，学习中央和中国科协党委文件，联系学会工作实际，积极抓落实，集体审议学会重大事项，确保学会工作的正确方向。

学会领导分别参加中国科协2019年党风廉政建设推进会暨警示教育大会、专题党课、党的建设工作会议等党建活动，并向中国科协提交学会理事会党委议事制度。

【中国流动稳定性与转捩研究40年：成就、机遇和挑战专题学术研讨会】 10月26—27日，由学会主办，天津大学承办，中国航天空气动力技术研究院和北京大学共同协办的中国流动稳定性与转捩研究40年：成就、机遇和挑战专题学术研讨会在北京召开。会议特邀中国科学院院士周恒、杨卫、白以龙、李家春、郑晓静、何国威，中国工程院院士李椿萱，老一辈专家贺德馨、安复兴、陈作斌、傅德薰、马延文、王发民，学会理事长唐志共等出席会议。大会邀请报告16个，来自科研院所及高校的178名专家、学者参加会议。

（撰稿人：胡汉东　孟　琳　吴德松）

中国制冷学会

服务创新型国家和社会建设 4月9—11日，第三十届中国国际制冷展在上海新国际博览中心举办。

学会承接清华大学“溶液调湿式空气处理流程优化方法与高效处理机组”“中深层无干扰地热供热技术及应用”，中国科学院理化技术研究所“铜仁市沿河空心李保鲜贮藏可行性预研究”，四方科技集团股份有限公司“农副产品智能化速冻保鲜生产线”和葛洲坝节能科技有限公司“数据中心用二氧化碳载冷制冷系统”等14项科技成果评估和技术鉴定工作。

学会开展专业技术人员专业水平评价，首次实现网上报名，共收到14个省（自治区、直辖市）382名技术人员的申报材料，其中高级工程师110名。

学会组织第11届CAR-ASHRAE（中国制冷学会－美国供热制冷空调工程师学会）学生设计竞赛，共有56所院校报名，收到作品47份，评选出一、二、三等奖和优秀奖及单项奖。举办第一届全国建筑环境与能源应用工程专业青年教师讲课技能竞赛，来自全国25所高校的33名青年教师参赛，最终评选出特等奖及一、二、三等奖。10月24—27日，学会与全国机械职业教育教学指导委员会、中国制冷空调工业协会联合主办的“三向杯”制冷设备安装与调试技能大赛在山东省济南市举办，来自50所院校的75支队伍参赛。组织开展“丹佛斯杯”第六届中国制冷学会创新大赛。

学会针对行业热点及紧缺人才，举办3次继续教育活动。8月13—16日，学会与宁夏回族自治区科协联合主办第二期农产品热泵烘干高级研修班，培训学员50余名。8月19—23日，与全国机械职业教育教学指导委员会制冷空调类专业委员会在湖南省长沙市联合举办2019年全国职业教育制冷空调类专业骨干教师培训班，培训学员30余名。承接生态环境部对外合作与交流中心第二期制冷维修行业良好操作项目，12月24日开班，40人参加培训，该项目计划在2年内分10次培训相关人员400人。

学会组织完成《冷库（箱）和压缩冷凝机组能效限定值及能效等级》强制性国家标准（制订）送审稿、《冷库管理规范》国家标准（修订）征求意见稿。6月1日，首批团体标准T/CAR 1—2019《氨制冷系统安全评价方法》、T/CAR 2—2019《家用空调器安装维修技术规程》开始实施。12月27日，组织召开工作委员会工作会议，审定通过《绿色冷库评价方法》《制冷自提柜》《冰淇淋制冷展示打球柜分类、要求和试验条件》送审稿。

学会承担中国科协创新驱动助力工程项目，与吉林省科协、江苏省苏州市科协、贵州省铜仁市沿河土家族自治县人民政府合作开展冷链调研、编制调研，为地方经济发展建言献策。与江苏省科协签订战略合作协议，与湖北省黄石市科协签订创新驱动框架合作协议，组织企业座谈，为地方企业提供技术支持，助力地方企业技术升级和创新发展。

学会建设 按照理事会制度，学会召开1次理事会通讯会议、3次常务理事会议，讨论决定学会重大事项。全年新发展单位会员61家，个人会员1933人，单位会员总计641家，个人会员总计23476人。

学会积极支持各地方学会开展活动。10月13日，在甘肃省酒泉市召开第33次各省、市、自治区制冷学会秘书长会议，就加强兄弟学会合作、促进区域发展，加强省会合作、驱动行业创新，不忘学会发展初心、牢记会员服务使命进行研讨。对业绩突出的地方学会给予表彰，并介绍其工作经验。

学会加强对专业委员会、工作委员会、工作组的支持，从东部七省合作，发展到“京津冀”、西部七省市、北方十二省市联合组织活动，促进学会工作的开展。

主办期刊 《制冷学报》全年出版6期，总页数1032页，比2018年增加216页，增长26.5%，刊登论文128篇，发行量约2万册。影响因子继续保持增长趋势，在中国科技论文与引文数据库（CSTPCD）E14学科分类的期刊中影响因子排名第2。组织第五届《制冷学报》优秀论文评选，共评出优秀论文11篇、高被引论文5篇、杰出作者7人、突出贡献单位3家、优秀审稿人4位。

《中国制冷简报》全年出版6期，总页数300页，发行3.28万册。学会将联合国人人享有可持续能源（SE for ALL）非营利性组织编写的《全球可持续用冷需求》报告翻译成中文，以《中国制冷简报》增刊的形式出版，并策划组织新闻发布会，邀请该报告的起草者和中国学者、企业家分析报告内容，为中国制冷空调行业发展提供借鉴，指导行业发展。

《制冷技术》全年出版6期，增刊1期，总页数584页，比2018年增加108页，增长21.7%；载文量141篇，发行8.7万册。2019年综合影响因子（JIF）在50种工程技术类期刊中排名第11。组织“开利杯”《制冷技术》优秀论文大赛，评选出优秀论文10篇。

青年人才托举工程 2019年，学会成功申报第五届中国科协“青年人才托举工程”项目。

学科发展工程 学会申报并获得中国科协《制冷及低温工程学科发展研究报告》项目。组织30名行业专家，成立14个编写小组，该书总字数约24万字。

学会和英国建筑服务研究与信息协会［BSRIA佰世越管理咨询（北京）有限公司］共同撰写出版2019年《中国制冷行业发展分析报告五周年特别版》，全书共12万字、101页，在4月以《制冷技术》增刊的形式发行12000册。

围绕中华人民共和国成立70周年，学会面向业内广大科技工作者征集“新中国成立70周年暖通空调与制冷行业创新成果”。经学会专家咨询工作委员会审议，选定不同时期的创新成果70项，并以历史回顾的形式出版成书。

组织50名专家撰写《2019中国数据中心冷却技术年度发展研究报告》，全文14万字。提出综合COP（能效比）评价指标，准确且全面地反映数据中心冷却系统的能效情况，介绍液冷冷却技术、空调空气冷却形式、高效冷源技术与装备、冷却系统的典型故障和调试方式以及高效冷却数据中心典型案例，更新数据中心建设的相关政策信息。

在总结2018年度“中国制冷学会课题研究”项目完成情况及推广应用的基础上，2019年度确定开展5个课题研究项目，为进一步指导该项工作有针对性地开展，确定2020年采用开放式“申报＋专家推荐”申报模式。

国际学术会议 4月1—5日，由国际燃气联盟（IGU）、美国燃气技术研究院（GTI）和国际制冷学会（IIR）主办，中国工业气体工业协会液化天然气分会、中国土木工程学会燃气分会、中国制冷学会、中国城市燃气协会联合承办的第19届国际液化天然气会议在上海市举办。会议吸引全球能源业界2000余名专业人员参与，共设各类主题论坛和专题研讨会26场。4月1日，中共中央政治局委员、上海市委书记李强会见与会专家、学者。上海市市长应勇、国家能源局局长章建华、国际燃气联盟主席姜周明，卡塔尔能源部部长、特立尼达和多巴哥共和国能源部部长出席开幕式并参加会议相关论坛活动。

4月9日，学会与丹麦王国驻华大使馆共同主办中丹氨制冷安全国际论坛。中国科学院院士周远、丹麦驻华大使Helle Meinertz、丹麦环境与食品部局长Annelise Fenger以及来自中国和丹麦两国政府、科研机构、行业院校及相关设计、制造、安装和使用单位的200余人参加会议。

9月23—25日，学会与中国科学院理化技术研究所、日本冷冻空调学会（JSRAE）、韩国制冷与空调工程师协会（SAREK）在湖北省武汉市联合主办第一届亚洲冷链大会（First Asian Conference on Cold Chain）。会议由中国科学院院士周远担任大会主席。来自9个国家和地区的100余名专家、学者参加会议。会议收到论文摘要75篇，录用72篇。大会共安排主题报告8个、口头报告31个、海报展示33个。

国内主要学术会议 2019年，学会主办第十四届全国食品冷藏链大会暨第十一届全国冷冻冷藏产业创新发展年会、2019中国制冷学会学术年会等主要学术会议。

4月10日，学会在上海市组织召开数据中心冷却高峰论坛暨《2018中国数据中心冷却技术年度发展研究报告》发布会，150余人参加会议。

9月19—20日，学会在江苏省泰州市举办数据中心冷却技术及系统设计高峰论坛。150余名专家、学者参加会议。中国科学院院士、西安交通大学教授陶文铨作题为《数据中心节能与冷却技术》的主题报告，报告立足数据中心高耗能问题，提出要保证IT（互联网）设备安全运行，同时降低非必要能源消耗的观点。

两岸交流 11月25日—12月1日，学会与中国制冷空调工业协会、台湾工业技术研究院绿能与环境研究所、台湾区冷冻空调工程工业同业公会等单位联合主办的第十四届海峡两岸冷冻空调学术暨技术交流会在台湾地区高雄市召开。来自海峡两岸从事冷冻空调行业的教授、科研人员、工程师及企业人员共222人参加会议。会议包含4个主题报告和4场分组研讨会，收录论文36篇。会议期间，与会专家、学者还进行技术参观和访问。

国际交往 学会组团赴美国、西班牙、印度、韩国、巴西、土耳其、加拿大、阿联酋、丹麦、德国、法国参加学术、技术交流会与产品展览展示会共13批次。

1月12—16日，学会组织代表团出席2019美国供热制冷空调工程师学会（ASHRAE）冬季年会。代表团与ASHRAE就中美技术研讨会、高能效建筑、CAR-ASHRAE学生设计竞赛等事宜进行商讨。

1月14—16日，学会与中国制冷展其他主办方联合组织28人代表团参加在美国亚特兰大举办的2019年美国制冷展，代表团展出面积324平方米。共有来自全球的1824家参展商参展，净展出面积45801平方米，其中中国展商200余家。

3月3—6日，学会组团参加2019国际氨制冷学会天然工质制冷大会及展览会，就加强中美标准、技术培训等方面合作与国际氨制冷学会进行讨论，确定由学会在完成《氨制冷教材与培训课程氨制冷基础知识》（中文版）的基础上，继续完成后续培训教材的中文版翻译工作。

3月10—11日，学会拜访韩国空调制冷工程师学会，就开展区域性冷链技术交流与合作进行探讨，达成共同举办亚洲冷链大会合作意向，并促成9月23—25日在湖北省武汉市召开第一届亚洲冷链大会。

8月24日—9月1日，学会参加在加拿大蒙特利尔召开的国际制冷大会执委会会议及第25届国际制冷大会。中国提交论文170篇，占会议收录论文总数的24%；中国参会人员148人，占参会总人数的17.4%。上海交通大学教授王如竹获国际制冷学会最高荣誉奖——卡尔·林德奖，6位中国青年学者获青年研究奖。

科普活动 7—9月，学会联合北京市、上海市、重庆市、天津市、山东省等17个省、直辖市地方学会开展68场次“制冷在你身边”科普进社区、进校园活动。累计有351名专家、817名志愿者参与活动，受众近1.5万人，免费配发科普资料7000余册。

学会依托北京建筑大学、武汉职业技术学院、成都纺织高等专科学校新增3家科普教育基地。截至2019年年底，已在全国成立8家科普教育基地。

5月，学会与《知识就是力量》杂志社合作策划“制冷在你身边，带你了解不一样的冷暖世界——建国七十周年科普献礼”制冷科普专题。杂志发行量达25000册。

表彰举荐优秀科技工作者 经组织申报、评审及网上公示等相关程序，学会评选出第九届中国制冷学会科学技术奖进步奖一等奖1项、二等奖7项、优秀奖2项；技术发明奖二等奖2项；青年奖3人、贡献奖1人。

2019年，学会推荐中国工程院院士、中国科学院院士、最美科技工作者、2020年度国家自然科学奖候选人共5人。

党建强会 8月21—22日，学会联合北京制冷学会组织15人专家团赴河北省承德市丰宁满族自治县开展“党建强会促发展　聚力帮扶创新业——2019丰宁行”活动。邀请热泵技术专家与企业家现场讲解适用于该地区蘑菇种植、冷藏、烘干等方面技术，并提供烘干设备样机。活动期间，向当地企业赠送制冷专业书籍、科普读物和冷链物流技术、冷库管理等国家、行业、团体标准。

7月24—26日，学会与湖北省制冷学会在湖北省恩施土家族苗族自治州巴东县举办“制冷在你身边，科普志愿者小分队革命老区行”党建+科普+扶贫活动。16名志愿者为社区居民举办科普讲座，发放科普宣传手册、冰箱除味宝等，并现场演示拆卸、清洗空调过滤器的方法，检修故障空调。小分队应邀调研溪丘湾乡五峰山中药材有限公司种植基地时，提出采用现代化干燥技术及建设方案，并捐赠冷库和烘干设备。

会员服务 5月29—31日，学会在江苏省南京市组织召开主题为“协同发展·节能创新”的2019中国制冷学会（单位）会员大会。通过10个主题报告和2个分会场报告反映行业发展趋势、重点研发方向及相关成果。450余名会员及会员单位代表参加会议。会议表彰优秀单位会员22家，并发布2019年度节能环保产品23项和节能环保技术10项。

【第三十届中国国际制冷展】 4月9—11日，第三十届中国国际制冷展在上海新国际博览中心举办。展会总面积103500平方米，净面积52035平方米（国内馆35775平方米，海外馆16260平方米）。参展商1175家，来自33个国家和地区，其中国内867家，国外308家（包括欧洲、美国、韩国3个国际展团）。共有来自106个国家的观众参观展会，参观人数达61586人次。

展会以“合作创新、共谋发展”为主题，举办1场主题论坛、25个专题研讨会（27场），其中17个专题由学会牵头组织；同期还举办49场技术交流会和行业活动。组委会组织第10届中国制冷展创新产品评定，共有41家企业申报72件产品，经初审、复审两轮评审，27家企业的35件产品入选，共有31名专家参与两轮评审。组委会还组织撰写第12版《中国制冷展技术报告》，8家高校及科研院所的23名专家、学者参与撰写，全文共6.3万余字。

【2019中国制冷学会学术年会】 11月13—15日，由学会主办，国家节能环保制冷设备工程技术研究中心、空调设备及系统运行节能国家重点实验室、福建省制冷学会、集美大学协办的2019中国制冷学会学术年会在福建省厦门市召开。中国工程院院士、清华大学教授江亿，中国科学院院士、西安交通大学教授何雅玲等1200余名专家、学者参加会议。会议以“学术引领　创新驱动”为主题。

院士论坛环节由学会副理事长、上海交通大学教授王如竹，学会副理事长、清华大学教授李先庭共同主持。江亿和何雅玲分别以《我国的能源革命和对制冷行业的影响》和《电子设备热管理中的先进冷却技术》为题作报告。

政策解读环节由学会副理事长刘长永和福建省制冷学会理事长王则金主持。全国政协委员、北京二商集团有限责任公司总工程师唐俊杰，中国标准化研究院研究员成建宏分别以《绿色节能，“氨”全生产——应急管理部就氨制冷剂使用的指导意见解读》和《贯彻国家绿色高效行动方案，促进制冷产业升级》为题作报告。

会议共设空气源热泵、CO_2制冷技术、压缩机技术、太阳能/吸收吸附、强化换热、制冷剂替代及新工质应用等31个分会场，包含249个口头报告。此外，还设有55个张贴报告。会议共收到在制冷、空调、热泵、冷冻冷藏等领域的研究成果和工程实例中的应用总结论文317篇。

【第十四届全国食品冷藏链大会暨第十一届全国冷冻冷藏产业创新发展年会】 9月26—27日，由学会与华商国际工程有限公司主办，学会冷链工作委员会、全国商业冷藏科技情报站、学会冷藏冻结专业委员会承办，湖北省制冷学会协办的第十四届全国食品冷藏链大会暨第十一届全国冷冻冷藏产业创新发展年会在湖北省武汉市召开。大会的主题为“技术引领　产业升级”。学会理事长金嘉玮、副理事长兼秘书长孟庆国，以及来自国内冷链装备制造、应用企业，高校、科研院所的500余名专家、学者参加会议。大会开幕式由学会副秘书长杨一凡主持。

大会主题报告分别由学会副理事长刘长永、华中科技大学教授陈焕新主持。来自国内外的9名行业专家针对冻品品质，冷链管理、技术和应用，数字化、智能化控制等内容作大会主题报告。

大会设置冷冻冷藏装备专题研讨会、冷链企业发展论坛、商用冷链末端设备专题研讨会、冷链运输专题研讨会4场分会场会议，25名专家作口头报告。与会人员参观考察武汉万吨·华中冷链港项目。

（撰稿人：范　薇）

中国真空学会

服务创新型国家和社会建设　4月1—3日，第15届国际真空展览会（IVE）在北京举办。展览分为真空科技展区和航天真空科技展区，航天真空科技展区分为航天主展区、航天科技区、高新企业区、高校展区、融合发展区5个部分。展览总展出面积达13000平方米，参展单位170家，展位518个，赞助单位3家，广告商21家。展会组委会安排多场学术论坛与技术交流活动，同期还举办第六届“航天杯”真空行业摄影书画展等配套活动。学会组织召开中国、日本、韩国真空企业交流会。来自中国、美国、德国、日本、韩国等国家和地区的企业、科研院所、高校等参加展览及活动。

学会质谱分析与检漏专业委员会协助航天无损检

测、泄漏检测专业人员资格认证委员会于5月18—19日、7月27—28日、9月21—22日，分别在四川省成都市、甘肃省兰州市、陕西省西安市对从事航天器质谱分析和检漏工作的150人完成检漏专业Ⅰ、Ⅱ从业人员资格复查认证工作，培训、认证团队由质谱分析与检漏专业委员会委员组成。

7月8—12日，中国真空学会表面与纳米科学专业委员会2019年第11届微纳米加工技术讲习班在中国科学院物理研究所举办。来自全国130家单位的350余名研究生和科研人员参加培训。培训班将微纳米加工技术基础知识的讲授与前沿专题讲座及先进微加工设备介绍相结合，讲授关于微纳米尺度加工技术的基础和应用知识，邀请国内外微纳加工领域专家作前沿学术报告，并安排先进微纳加工设备专题介绍和学员超净实验室实习。

7月27日—8月3日，学会真空冶金、真空工程和真空咨询3个专业委员会在辽宁省沈阳市举办第十六期真空技术论坛。论坛由8个基本课程和19个应用专题组成，内容涵盖真空技术的各主要领域。论坛包括分组实验、教授答疑和企业考察等环节。来自全国各地的近80名学员参加培训，全体学员取得由学会印发的继续教育证书。

中国真空网举办真空获得及检漏技术培训班、真空镀膜技术培训班。来自真空技术应用单位的技术人员、科研开发人员近100人参加培训。

学会与浙江真空设备集团有限公司联合向浙江省台州市科协申请，获批合作成立中国真空学会浙江服务站。

学会建设 学会全年共召开1次理事会议、3次常务理事会议、3次办公会议。中国真空学会第八届十一次常务理事会议上，就组建中国真空学会真空科学传播专家团队（以学会科普工作委员会为主的科学传播专家团队）、首席科学传播专家及专家成员名单进行表决，并通过成立中国真空学会科学传播专家团队的提案，该团队由学会副理事长李得天负责，成员主要来自学会科学技术普及和教育委员会。

截至12月31日，学会新增团体会员7家，团体会员单位总数达409家，个人会员总数3495人。

主办期刊 2019年，《真空科学与技术学报》共收稿件334篇，录用183篇，录用率为54.8%，投稿量比2018年增长25%，全年印制、发行期刊近2万册。在《中国科技期刊引证报告》中，2018年《真空科学与技术学报》总被引频次737，影响因子0.358，他引率0.83，引用刊数285，学科影响指标0.1。

国际学术会议 1月17—19日，学会表面和纳米科学技术专业委员会主办的二维材料与器件物理国际研讨会（International Workshop on Two-dimensional Materials and Devices）在河北省张家口市崇礼区举办。来自国内外科研院所和高校的40余名专家、学者和研究生参加会议。大会邀请来自低维量子材料研究领域的11名国内外青年专家作主题报告，介绍相关领域的最新研究进展。研讨会的议题主要包括二维材料的可控制备与物性调控、二维材料异质结构的制备与物性、自旋相关特性以及二维材料相关的纳米电子与光电子器件的构建与特性等。

7月5日，由学会主办，湖南大学物理与微电子科学学院承办的纳米材料与器件国际研讨会在湖南省长沙市召开。中国科学院院士、学会理事长高鸿钧发起会议并担任会议主席。来自美国得克萨斯大学圣安东尼奥分校、南佛罗里达大学、瑞士联邦材料测试与开发研究所（EMPA）、苏黎世大学、新加坡国立大学和清华大学等国内外高校和科研院所的160余名专家、学者，围绕低维纳米结构的可控组装及其纳米电子器件的构建等问题展开交流研讨。

国内主要学术会议 2019年，学会及其分支机构共举办各类学术会议20余次，参会人数3000余人次。

8月4—7日，学会真空冶金专业委员会、真空工程专业委员会、咨询工作委员会在辽宁省沈阳市召开第十四届国际真空科学与工程应用学术会议。来自国内外30多个城市的226名专家、学者参加会议。大会包括特邀报告、海报展示、产业考察等环节。特邀国内外20余名专家、学者作报告，内容涵盖真空科技的学术前沿和产业动态。会议收录论文103篇。

9月1—2日，学会电子材料与器件专业委员会参与协办的第10届全国光电信息博士生论坛在广东省广州市召开。论坛主题为“光电互联”，通过专家报告、研究生学术报告和墙报3种形式进行交流研讨。清华大学、中山大学、香港科技大学等高校教授作专题报告。

10月7—10日，由学会表面与纳米科学专业委员会主办，中国科学院苏州纳米技术与纳米仿生研究所承办的纳米和表面科学与技术全国会议在江苏省苏州市召开。200余名专家、学者出席会议，近100名专家、学者作邀请报告。会议报告采用领域交叉方式分3个会场同步进行，展示2017—2019年国际与国内在纳米和表面科技研究领域所取得的最新成果，探讨中国纳米科技研究的发展方向。

11月15—18日，由学会薄膜专业委员会主办的第十五届全国薄膜技术学术研讨会在浙江省杭州市召开。会议邀请来自清华大学、浙江大学、法国雷恩第一大学等国内外高校的教授作学术报告。设有3个分会场，共收到学术报告82篇，其中邀请报告10篇、口头报告72篇，180余名专家、学者参加会议。

11月17—29日，中国真空学会质谱分析与检漏专业委员会第二十届学术年会在广东省深圳市举办。来自高校、科研院所等60余家单位的142名专家、学者参加会议。大会设置质谱分析和检漏技术和真空计量技术2个分会场，会议期间共交流论文77篇、特邀报告13篇，评选出优秀论文7篇。

国际交往 7月，学会副理事长董振超、秘书长郭海明参加在瑞典召开的第二十一届国际真空大会（IVC-21），并代表学会成功申办国际真空科技与应用联合会第133届执行委员会（ECM-133）会议。

学会成功申请主办第10届亚洲和澳大利亚真空与表面科学会议暨2020学术年会。

科普活动 学会科学技术普及和教育委员会依托兰州空间技术物理研究所的科普资源组织科普活动10次，受众2000人次。在中国航天日来临之际，学会在中国科学院兰州分院小学东城分校开展2场科普讲座，受众500人次。

学会结合精准扶贫工作，到扶贫点甘肃省临夏回族自治州永靖县红泉镇红泉中心小学开展科普宣讲。

科普丛书“真空科学技术”最后一册《真空处理》正式出版发行。

学会参加甘肃省科技活动周主场活动，组织专家在武威职业学院作题为《仰望星空，脚踏实地》的报告。

1月12日，由学会主办，中国科学院沈阳科学仪器股份有限公司承办的中国真空学会科技工作者日活动暨2019新春联谊会在辽宁省沈阳市举办。来自全国各地近100位专家、学者出席活动，并参观中国科学院沈阳科学仪器股份有限公司真空干泵现场，了解学习国内一流IC干泵制造厂家的研发及生产实力。会上，学会2位副理事长分别作题为《航天梦助推中国梦》和《集成电路零部件现状与发展规划》的报告。

5月18日，学会参与举办中国科学院物理研究所第十六届公众科学日，主题为“爱上物理，改变世界”，展现中国科学院物理研究所近年来在科技创新领域取得的突出成果。微加工实验室向公众介绍微纳米加工领域的先进技术手段，展示微纳米尺度下器件的结构及特性，吸引来自全国各地的近万名观众共同参与。

表彰举荐优秀科技工作者 2019年，学会颁发中国真空学会真空科学硕士、博士优秀论文奖学金（5名），中国真空学会真空科学与技术硕士生奖学金（5名）。

1月，学会成立中国真空学会推选院士候选人领导小组和临时工作小组，制定《中国真空学会推选院士候选人2019年度工作方案》。推选2人作为院士候选人报送中国科协。

2月，推荐学会副理事长李得天入选中国科协第六批全国首席科学传播专家名单。

9月，学会开展第十三届光华工程科技奖申报工作，学会有1名专家申报该奖项。

党建强会 4月20日，学会第八届党委书记于天化主持召开学会党委工作会议，并作关于学会2019年党建工作要点的报告。

学会推荐党委书记邓少芝参加中国科协2019年“不忘初心、牢记使命，建功新时代——展风采树楷模”宣传人物活动。学会党委组织理事学习观看《习近平的情怀：追梦太空》《钱学森》教育视频。

学会与甘肃省国防工业工会工作委员会等单位联合开展支部主题党日活动，并作科普介绍，促进科普业务和党建工作互融互促。

11月30日，在中国真空学会第九次全国会员代表大会期间，学会第八届党委书记于天化代表学会党委作学会理事会党委工作报告，并进行党委换届改选工作。学会副理事长邓少芝担任新一届党委书记，并报中国科协科技社团党委备案。

会员服务 11月，经学会常务理事会议批准，对在学会第八届理事会任期内（2015—2019年）作出突出贡献的单位进行评选和表彰，共106家单位被授予“优秀团体会员”称号。

学会编写完成《中国真空学会2018年年报》，并同时发布在学会官网上，接受会员与社会的监督。

学会微信公众号“中国真空学会”全年发布文章25篇，总浏览量达22396次。学会编印的《学会动态》第26、第27期纸质版，面向全体学会会员发放。《学会动态》聚焦中国科协会议资讯，传递学会及各分支机构及地方学会组织的最新工作动态。

【中国真空学会第九次全国会员代表大会】 11月30日，中国真空学会第九次全国会员代表大会在北京召开。学会理事、全国各地团体会员代表共计185人参加会议。中国科学院院士、学会第八届理事会理事长许宁生代表第八届理事会作工作报告，对理事会五年来的重点工作进行全面回顾与总结。学会第八届理事会秘书长郭海明作财务工作报告。会议审议通过学会第八届理事会工作报告和财务工作报告，表决通过《中国真空学会章程》修订说明。

大会选举产生学会第九届理事会、常务理事会、新一届监事会。中国科学院院士、中国科学院副秘书长高鸿钧当选为学会第九届理事会理事长，彭练矛、刘明、赵红卫、邓少芝、董振超、李得天、张永明、蒋友荣当选为副理事长，中国科学院物理研究所副所长顾长志当选为秘书长，邓少芝当选为学会党委书记，雷震霖当选为学会监事会监事长。

大会同期举办真空学术论坛，特邀高校、科研院所的院士、专家作学术报告。

（撰稿人：张黎云）

中国自动化学会

服务创新型国家和社会建设 学会组织50余名专家，走访浙江省宁波市、温州市、余姚市，黑龙江省哈尔滨市、双鸭山市，河北省衡水市，福建省厦门市等10余个城市，调研30余家企业，了解当地企业发展瓶颈和技术需求。与厦门市、温州市、余姚市、哈尔滨市、衡水市等地签订6个框架合作协议，成立5个学会服务站。

学会根据长江三角洲不同城市的区域特点，分别从机器人产业、智能制造、人工智能等技术角度，在浙江省绍兴市、余姚市、杭州市，上海市，江苏省常熟市组织学术交流活动，培育地方产业化集群，助推地方产业经济发展。

学会面向全国210家学会（学会联合体）、地方科协，征集92家全国学会和地方科协提交的1000余项科技成果，完成1000项科技成果的线上发布以及《2019前沿领域科技成果推介手册》出版工作。

学会打造智能制造协同创新的新体系。新体系以企业为创新主体，面向企业发展需求，打造“三高一平”（人才集聚、技术创新、成果转化三个高地，智能制造协同创新与公共服务平台），建设人才库、需求库和成果库，搭建供需之间的渠道平台，切实解决智能制造面临的人才、技术、成果、服务等需求问题。

学会创新科技扶贫新模式，聚焦贫困地区教育短板，动员100余名科技志愿者投身于助学助教。截至2019年年底，学会在云南省、贵州省、陕西省、甘肃省等地的10余所学校建立9个智慧教育创客实验室、2所爱心图书馆，同时还建立贫困生资助金、开展师资培训和远程教育，以及捐助电脑设备等，促进贫困地区教育水平提升。学会开展的“教育扶智　助学启航”活动被国务院扶贫开发领导小组办公室社会扶贫司列入“社会组织扶贫50佳案例”。

学会建设 2019年，学会共发展学生会员650余人，在库会员数量增长2250余人。发展个人会员7250名，个人会员总数达到43465名；发展团体会员24个，团体会员总数达到206个。学会新成立分支机构2个，筹备成立3个。学会共有52个专业委员会、9个工作委员会、29个省级自动化学会。

学会每2个月召开1次学会正副秘书长工作会议，每季度召开1次学会正副理事长工作会议。此外，学会召开2次常务理事会议、1次理事会议。2019年学会共形成决议40余项。

学会推进办事机构实体化建设和职业化改革，学会秘书处有专职工作人员20余人，平均年龄32岁，其中硕士学位人员比例为45%，博士学位人员比例为25%，人才队伍呈现出年轻化和专业化趋势。

学会入选中国科协2019年十佳服务企业创新学会和中国科技志愿服务百家学会。

学会不断加强对分支机构的管理与评估工作，修订《中国自动化学会分支机构工作条例》和《中国自动化学会分支机构评估办法》。

主办期刊 《自动化学报》获得中国科技期刊卓越行动计划梯队期刊类项目资助。根据《中国科技期刊引证报告（2019年版）》，《自动化学报》的核心影响因子为2.793，是2018年度的1.4倍；核心影响因子、总被引频次、综合评价总分、核心权威因子4项主要指标全部排名第1。根据《中国学术期刊影响因子年报（2019年版）》，《自动化学报》在自动化与计算机领域的140本期刊中，影响因子位列第1，最新影响因子达5.936，是2018年度的1.5倍。《自动化学报》位列世界学术期刊学术影响力指数Q2区，蝉联“百种中国杰出学术期刊”称号。

Journal of Automatica Sinica（《自动化学报》英文版，JAS）被 SCI 收录。JAS 获得中国科技期刊卓越行动计划重点项目资助。根据《世界学术期刊学术影响力指数年报》，JAS 的影响因子为 5.659，世界排名第 7，位列自动化领域世界学术期刊学术影响力指数 Q1 区。根据《中国英文学术期刊国际国内引证报告》，JAS 的国内外综合他引影响因子为 6.688，国际他引影响因子、国内他引影响因子、国内外综合他引影响因子在自动化与计算机领域排名第 1。

JAS 和《自动化学报》获得“中国最具国际影响力学术期刊”称号。

学科发展工程 2019 年，学会主要完成《智能控制：方法与应用》《中国控制科学与工程学科史》《重要学术会议指南 2019》和《全国学会优秀改革案例汇编——学术引领》的编辑出版工作。

国际学术会议 7 月 14 日，学会与国际计算机学会在山东省青岛市共同主办第十届国际信息安全和保护暑期大师培训班（ISSISP）。邀请美国亚利桑那大学教授 Christian Collberg，弗吉尼亚大学计算机科学教授 Jack Davidson，Irdeto 首席专家、Cloakware 创始人顾元祥，中国科学院自动化研究所复杂系统管理与控制国家重点实验室主任、青岛智能产业技术研究院院长王飞跃等 12 名国际信息安全和保护领域专家、学者进行现场授课。

国内主要学术会议 学会及其所属分支机构共举办境内学术会议 150 余次，总计 4 万余人次参加会议，交流论文 9000 余篇。

4 月 18—21 日，学会在浙江省绍兴市召开 2019 国家机器人发展论坛暨 RoboCup 机器人世界杯中国赛。论坛设主论坛和共融机器人、机器人与智能产业、工业机器人及机器人操作系统、服务机器人 4 个专题论坛。来自相关高校、科研院所、企业的专家、学者，RoboCup 机器人世界杯中国赛的裁判员、选手、教练员，以及来自全国各地的媒体工作者等数千人参加活动。

5 月 27—29 日，学会与中国人工智能产业发展联盟在上海市召开 2019 第三届全球人工智能大会。500 余人参加会议，共同探讨人工智能产业发展趋势。

8 月 26 日，学会与厦门市科协等单位在福建省厦门市联合举办 2019 新一代人工智能与自动化论坛。论坛包括主论坛和分论坛，主论坛以“我国物联网产业发展趋势”和“集群系统的低延时交换网络与协议栈”为主题作报告；分论坛以“人工智能理论研究与商业实践”和“青少年人工智能教育的现在与未来”为主题进行探讨。中国工程院院士孙玉，产业界、教育界人士，以及 60 多家科技社团有关专家、学者共 400 余人参加论坛。

8 月 30—31 日，学会在广东省湛江市召开人工智能与自动化前沿论坛暨中国自动化学会青年科学家论坛。来自清华大学、中国科学技术大学、北京航空航天大学、中国科学院自动化研究所、东南大学等 50 余所高校、科研单位的 150 余名专家、学者参加论坛。

11 月 7 日，学会与 IEEE 智能交通系统学会在河南省郑州市召开 2019 国家网络安全峰会（郑州）暨 2019 IEEE 服务运筹、物流与信息化国际会议。大会邀请中国工程院院士孙玉，华中科技大学教授周纯杰等 16 名专家作报告。来自网络安全领域的用户单位、系统集成商、生产厂商、高校及科研单位的近 300 人参加会议。

11 月 15—17 日，学会与国家自然科学基金委员会信息科学部、中国人工智能产业发展联盟在江苏省常熟市共同主办 2019 中国智能车大会暨国家智能车发展论坛。论坛邀请 15 名国内智能车领域专家、学者及企业研发管理人员围绕无人驾驶技术及其应用、人才培养、发展现状和未来前景等作大会报告。来自科研院所、高等院校、学术界以及工业界近 150 人参加论坛。

科普活动 面向大学生，学会举办 2019 RoboCup 机器人世界杯中国赛、“ABB 杯”全国智能技术创新大赛、第十三届“三菱电机杯”全国大学生电气与自动化大赛、第六届“台达杯”高校自动化设计大赛、第三届菲尼克斯智能技术创新与应用大赛，1 万余人次参加活动。

学会分别走进甘肃省定西市通渭县平襄镇徐家川学校、云南省红河哈尼族彝族自治州弥勒市五山乡中心学校等 10 余所学校，帮助五山乡中心学校建立智航电力图书馆，组织开展科技志愿服务助学助教活动及课程培训，培养当地学生对“人工智能 +”的兴趣。

学会利用官方微信公众号、微博、头条号等新媒体渠道传播自动化、信息与智能科学技术领域相关知识，累计发布动态 1168 条，关注人数 6.3 万余人。

表彰举荐优秀科技工作者 学会继续开展中国自动化学会先进集体和优秀学会工作者评选工作，共 8

个集体、9名学会工作者获此荣誉。

学会组织评选2019年度中国自动化学会青年科学家奖、科学技术奖、科普奖、优秀博士学位论文奖、高等教育教学成果奖、自动化与人工智能创新团队奖、杨嘉墀科技奖，最终评出成果奖56项、人物奖19名、企业奖32个、团队奖3个。

党建强会 学会党委将学习贯彻习近平新时代中国特色社会主义思想作为根本任务，先后组织4次集中学习。开展党建强会系列活动。学会党支部依托通讯、网站、微信、微博等平台，打造“互联网+党建”品牌，拓宽党建宣传阵地。

会员服务 学会结合会员科研需求，策划组织7场钱学森国际杰出科学家系列讲座和4期智能自动化学科前沿讲习班。

根据《中国自动化学会会士实施细则》，学会开展2019年学会会士评选工作，授予11名自动化、信息与智能科学领域的学者“中国自动化学会会士”称号。

学会进一步完善全流程会员管理系统，实现会员申请、审核、缴费、成长全记录。学会全年给会员邮寄期刊2.2万余册，通过举办各项活动发放2万余册。为提升服务会员能力，学会先后开展6次会员月活动。

【2019中国自动化大会】 11月22—24日，由学会与浙江省杭州市人民政府、浙江省科协联合主办，浙江大学、杭州市萧山区人民政府、浙江省自动化学会共同承办的2019中国自动化大会在浙江省杭州市召开。大会围绕“智能自动化承载未来”主题，特邀8名院士、专家围绕高端控制装备与系统、脑科学与人工智能、车联网、地月空间发展等自动化相关领域高端技术作大会报告。大会设有智能自动化技术、人工智能与数据科学等8个专题论坛，80余名专家、学者作专题报告。会议还设有18个卫星会议，110余名专家、学者分享新技术、新产品、新成果、新经验。来自海内外自动化、先进制造、信息技术、人工智能等领域的33名院士，100余名长江学者、国家杰出青年，近100位院校校长、院长等共计3000余人参加会议，围绕智能感知、自动控制、智能交通等20余个技术前沿热点展开讨论。大会共收到论文2200余篇。

【第二届中国认知计算与混合智能学术大会】 9月21—22日，由学会与国家自然科学基金委员会信息科学部、中国认知科学学会联合主办的第二届中国认知计算与混合智能学术大会在陕西省西安市举办。来自国内外80余所高校、研究机构和企业的500余名专家、学者和研究生参加会议。

大会由主论坛和4个分论坛组成。会议邀请来自国内外大学、研究所和科技公司的28名专家、学者分别作8个大会报告和20个论坛报告，围绕人工智能的基本科学问题，探讨脑认知科学、神经科学与人工智能的交叉融合。大会共收到国内外论文178篇，最终录用66篇，以口头报告和海报展示的形式进行交流。

【2019中国自动化学会自动化及人工智能颁奖盛典暨钱学森奖启动仪式】 12月7日，由学会与河北省科协、衡水市人民政府联合主办的2019中国自动化学会自动化及人工智能颁奖盛典暨钱学森奖启动仪式在河北省衡水市召开。中国科协党组成员、书记处书记宋军，中国工程院院士、学会理事长郑南宁出席并致辞。来自主管机构、政府部门、科研机构、学术界和企业界的近200人参加会议。

大会同期举办学会首届自动化及人工智能颁奖典礼，以“智在未来”为主题，颁发中国自动化、信息与智能领域最高水平的综合性奖项，包括成果奖56项、人物奖19名、企业奖32个、团队奖3个。会上，学会与衡水市人民政府签署战略合作协议。

（撰稿人：陶则宇）

中国仪器仪表学会

服务创新型国家和社会建设 2019年，学会组织科技成果及地方产业规划评价23项。开展2019年度工程教育专业认证进校工作，通过认证的专业有14个。学会科技评价工作以新产品、新技术鉴定工作为主要内容，共组织鉴定新技术、新产品22项。开展水平评价631人次，开展技能类大赛3项。

学会承接中国科协“仪器仪表领域成果转化信息化平台建设项目”。11月25—27日，项目组借助学会主办的第30届中国国际测量控制与仪器仪表展览会（MICONEX 2019）平台举办仪器仪表领域科技成果转移转化论坛。论坛秉承整合产学研用金等资源的思路，特邀6位专家、学者作主题报告，7家企业进行科技成果转化经验交流。同时特别开辟仪器仪表领域科技成果转移转化成果展示区，对获得2019年中国仪器仪表学会科学技术奖的成果及2018—2019年中国仪器仪表领域27项优秀科技成果分60块展板进行展示。

学会分别在河南省，辽宁省，浙江省，陕西省，北京市，山东省青岛市、济南市，上海市等多地举办智能制造推进发展论坛、智能制造高级研修班、智能制造推进发展论坛暨“走进吉利”、智能制造推进发展论坛暨“走进宝钢”等活动。论坛活动采用集中面授和深入现场实践的教学方式。

学会先后在北京市、河南省许昌市、辽宁省丹东市、浙江省宁波市、上海市等地举办智能制造推进人才研修班，约有800人次参加。

学会分别在四川省成都市和辽宁省盘锦市就食品药品、石油化工行业举办2次“科技下基层，进企业”活动，500多名基层技术人员参加活动。

学会承接中国工程院项目1项、工业和信息化部项目1项、中国科协项目4项、科技部项目2项，参与工业强基项目3期。承接中国工程院“中国工程科技中长期发展战略研究——面向2035的我国科学仪器技术发展战略研究”项目，完成基于文献检索及专利分析的技术研究及技术预测清单制定。承接中国科协“创新驱动助力工程——宜都市高端装备制造（智能制造）产业前沿决策咨询智库建设”项目，编写《宜都市装备制造产业发展报告》；承担“产学研融合技术创新服务体系建设——核心关键技术专利分析研究（触觉传感器）”项目，分析国际发展态势、技术热点、技术差距，研究突破方向策略；承接中国科协创新驱动助力工程示范项目——“服务东北亚门户珲春国际　合作示范区‘一带一路’发展合作示范项目”。承担工业和信息化部高技术船舶科研项目《13万总吨级大型邮轮工程开发》专题八“邮轮标准体系构建及知识产权保护研究”中大型邮轮标准体系研究。完成工业和信息化部智能制造综合标准化项目研究工作。

《中国（郑州）智能传感谷产业发展规划》由河南郑州高新技术产业开发区管理委员会委托，赛迪顾问股份有限公司负责编撰，学会作为第三方组织开展评估，专家组就《中国（郑州）智能传感谷产业发展规划》提出意见和建议，建议进一步聚焦郑州产业特点，深化智能传感器产业链、创新链、资金链的融合。

学会参加智能制造标准化专项技术审查工作，代表国家智能制造标准化专家咨询组，对承担智能制造标准化专项的近30个单位，覆盖航天、航空、船舶、电子、汽车、机械、工程机械、信息产业、家电、纺织、电工、机器人、黄金、食品、医疗设备、石化、农机、建材、医药、运输20个行业的50多个专项进行技术审查。参加智能制造专项的验收工作，代表国家智能制造标准化专家咨询组，对覆盖20个行业的50项智能制造综合标准化与新模式应用项目进行验收。学会策划组织“打造智能制造的精品课程”研讨会，就智能工厂的建设与运行、产品和工艺数字化设计、互联互通要求、制造数字化、物流与仓储系统建设、供应链协同提供咨询服务方案与措施。

学会建设　2019年，学会召开1次理事会议、2次常务理事会议、1次监事会议。推进学会办事机构实体化、规范化、职业化建设，面向社会招聘秘书处工作人员3名，学会秘书处工作人员本科学历17人、研究生学历10人。2019年，学会个人会员数量为46647人，比2018年增加11%；单位会员数量为1406家，比2018年增长19%。

将学会团体标准制定为ASTM（美国材料实验协会）标准。基于学会2018年度开始在国际标准化组织（ISO）推动标准国际化，学会团体标准成为ISO标准制定项目。

学会治理结构和治理方式改革　学会对学会章程、学会会士产生与评定工作办法、分支机构会议、咨询服务、财务管理规定等制度进行修订、审议。修订分支机构换届备案流程，开展分支机构自查自纠工作，年内完成6家分支机构的换届工作。

青年人才托举工程　9月，学会开展第五届中国科协“青年人才托举工程”项目人才遴选工作，共收到19位申报者的材料，经由天津大学教授曾周末牵头，以及9位专家的严格评审，6位申报者进入中国科协“青年人才托举工程”项目下一轮评审。

6月，在黑龙江省哈尔滨市对第三届中国科协“青年人才托举工程”项目进行中期总结，对第四届中国科协“青年人才托举工程”项目进行全面总结，3位评审专家现场点评，并对4位被托举人才提出要求。

主办期刊　学会主办的《仪器仪表学报》英文刊，与国际编委合作组织专栏，由国际知名专家担任执行主编。学会主办的期刊共8本，其中最具影响力的是《仪器仪表学报》，被EI收录，影响因子为1.96，通过重点约稿、专题报道，针对国内外研究的热点领域组稿，先后推出人工智能、精密仪器、机器人、网络安全等特色专题。

学科发展工程　学会承接中国科协学科发展项目

“仪器科学与技术学科方向预测与技术路线图研究”，并完成报告的撰写。承担中国大百科全书出版社委托的《中国大百科全书（第三版）》“仪器科学与技术卷”的编撰工作。

决策咨询 学会发挥“智库”资源优势，开展“百千万”服务区域发展系列活动，与河南省郑州市、吉林省延边朝鲜族自治州珲春市、黑龙江省齐齐哈尔市、江西省宜春市、辽宁省丹东市等地建立战略合作关系，为地方政府提供战略发展咨询。

国际学术会议 2019年，学会提升学术活动国际化水平，主办、承办各类学术活动100余场，其中品牌国际会议10余场，自主品牌会议20余场，学术论坛50余场，参与人数近20000人，外籍参会人数500余人。

10月18日，由学会与国际测量与仪器委员会（ICMI）、国家自然科学基金委员会（NSFC）发起，合肥工业大学主办的第九届国际精密机械测量学术研讨会（ISPMM 2019）在重庆市召开。来自中国、韩国、德国、加拿大及美国等国家的200余名学者参加研讨会。会议共收到学术论文130余篇，录用论文90余篇，并编印成论文摘要集，全部论文由国际光学工程学会（SPIE）正式出版，并由EI收录。大会遴选部分优秀论文，并由相关SCI期刊出版。

11月2—4日，由学会和国际光学工程学会（SPIE）共同主办的2019光学仪器与技术国际学术会议（OIT2019）在北京召开。来自美国、俄罗斯、英国、日本、韩国、澳大利亚、墨西哥、葡萄牙，以及中国（包含香港特别行政区、台湾地区）等国家和地区的400多名专家、学者参加大会。大会设置8个专题学术报告分会场，共收到论文470余篇，作口头报告和张贴报告论文357篇，3位专家作特邀报告。

11月9—11日，由学会与河南省发展改革委、河南省科技厅、河南省工业和信息化厅等单位联合主办的2019世界传感器大会（WSS2019）在河南省郑州市召开。大会以“感知世界、智赢未来”为主题，在主论坛即世界传感器科技高峰论坛上，来自中国、美国、意大利、日本、德国、爱尔兰的6位相关领域专家作主题演讲，探讨传感器技术相关热点、难点问题及解决方案、未来发展趋势、国内外传感器技术应用等问题。1800多位专家、学者参加会议。大会设有12个分论坛，涉及传感器技术、元件、标准以及传感器在各个领域的应用，参会人员达4000余人。

11月9—11日，由学会与学会微纳器件与系统技术分会、清华大学主办的第十三届微米纳米技术创新与产业化国际论坛（ICMAN2019）在河南省郑州市召开。会议旨在推动国内MEMS（微机电系统）和纳米技术的发展，为会员及相关研发单位搭建与世界沟通的桥梁。会议主题为“智能传感器与系统”，150多名国内外专家、学者、企业家参加会议。会议设学术报告18场。

国内主要学术会议 4月21日，由学会信号处理分会、中国电子学会信号处理分会主办的第十九届全国信号处理学术年会（CCSP-2019）在安徽省合肥市召开。会议邀请信号处理领域4名青年专家作特邀报告，150余名专家、学者出席会议。录用稿件99篇，68位论文作者在3个分会场进行17个专题的论文交流，特邀报告和收录的论文均反映当前信号处理在雷达、通信、图像、水声等方面的最新学术成果和研究进展。

8月7—9日，由学会分析仪器分会、长三角科学仪器产业技术创新战略联盟等单位主办的第六届中国分析仪器学术年会（ACAIC2019）在上海市召开，主题为“新技术、新成果、新应用”。来自全国分析仪器研发、生产、应用等领域的330余名专家、学者参加会议。会议发布行业内首部国内主要及特色分析仪器技术、企业发展历程的书籍《风雨四十年》。

8月10日，由学会微型计算机应用学会、中国仿真学会主办的全国第30届计算机技术与应用学术会议（CACIS2019）在四川省雅安市召开。来自32个单位的100余名专家、学者参加会议。会议共收到论文82篇，涵盖机器视觉技术、图形图像技术、信息安全技术、无线通信技术、网络技术、控制技术、建模仿真技术、VR&AR等相关主题。会议设有以“新一代信息技术发展与学科交叉”为主题的沙龙。

10月18—20日，由学会嵌入式仪表及系统技术分会和上海市仪器仪表学会主办的2019全国嵌入式仪表及系统技术会议——网络化智能系统与人工智能专家论坛在上海市召开。会议旨在讨论网络化测控技术、智能系统、识别感知、智能机器人、机器学习与人工智能等领域的最新研究成果和发展趋势，特别是嵌入式系统、仪器仪表在新旧动能转换、人工智能时代中面临的技术性挑战。100余名专家、学者及400余名师生参加大会。

国际组织任职 经学会推荐的清华大学教授王雪

成为亚太工程组织联合会（FEIAP）教育专业委员会委员，参与亚太工程组织联合会第27届全体大会，并成为IEEE世界物联网论坛组织委员会委员。

国际交往 学会长期以来与北美、欧洲以及亚太地区的行业组织保持着良好的沟通与合作，如意大利仪器制造商协会、英国皇家特许计量及控制学会等。2019年，学会成为IEEE合作伙伴，将联合主办2021年IEEE物联网论坛。

在2019世界传感器大会期间，学会召开智能传感器圆桌会议，邀请来自美国、爱尔兰、意大利、日本、马来西亚等国家和地区的27名专家、学者参加会议。支持数十名青年专家参与国际组织活动。与IEEE、IEC（国际电工委员会）、ISO、ASTM等国际组织在学术会议、团体标准等领域开展深度合作。

11月18—22日，学会委派学会常务理事、水平评价评审委员会专家、清华大学教授王雪，赴英国观摩国际工程师资质认证，访问英国IET（英国工程技术学会）总部，与IET专家座谈交流，现场学习和借鉴国外工程师团体组织的工作经验。

学会参加国际智能制造标准化活动，赴意大利参加ISO TC184/SC5/SG6大规模定制研究组会议。

科普活动 学会组建科普传播专家团队，设立5个科普基地。以举办科普报告、科普讲座、科普宣传、科普展览、科技培训、科技咨询、科普作品创作等形式，开展公益展览、科技知识进课堂等科普活动50余场，受众人数4万余人次。组织广大科技工作者参与科技志愿服务活动10余次。

学会新增中国光学科技馆、中粮营养健康研究院、春晖自动化技术长廊3个科普教育基地。与吉林省延边朝鲜族自治州珲春市新文明实践中心合作，共同建设仪器仪表科技产业馆。学会首席科学传播专家开展科普图书编撰活动。科普团队以拓展活动、科普参观、学校公开课、创客汇、科普产品展示等形式开展活动。组织大篷车科技志愿服务活动，全年行程超1万千米，覆盖全国几十个场点。在“粮油与营养”科普公众号上发布5期科普文章，浏览量达2000余人次；探索和学习“互联网+”的科普传播方式，制作《仪脉相承、大国重器》《陀螺仪发展史》《质谱仪发展史》《中国近红外光谱发展史》4个科普视频。

2019年，在全国科普日、全国科技活动周期间，学会聚焦食品安全、环境保护、卫生健康等民生领域问题，面向社区、学校等重点地区开展科普活动，获得科技部“2019全国科技活动周重大示范活动”证书。

表彰举荐优秀科技工作者 2019年，学会科学技术奖共征集申报项目162项，评选出科学技术奖一等奖10项、二等奖27项、三等奖23项。评选4人获得学会青年科技人才奖。评选46人获得奖学金，其中一等奖学金12人、二等奖学金34人。经评选，共11人获得2019年度金国藩青年学子奖学金。推荐的5篇论文被评选为全国优秀博士学位论文。增设国际科学技术合作奖，获奖1人。评选5名中国仪器仪表学会“最美科技工作者”，并对其先进事迹进行宣传报道。

2019年，学会推荐中国科协首席科学传播专家8名。

党建强会 学会在理事会层面成立功能性党委，起到政治核心、组织保障、思想引领作用。学会党支部党员23名，2019年有2名预备党员转为正式党员。开展“不忘初心、牢记使命”主题教育，组织自学和集体学习，组织参观“庆祝中华人民共和国成立70周年大型成就展”，观看爱国主义电影《我和我的祖国》和《中国机长》。

“全面提升学会组织力，促进学会不断发展”入选中国科协所属全国学会党建工作创新实践典型案例选编。年内共召开党委会议3次，组织党建活动6次，组织会员单位赴甘肃省天水市清水县开展“一对一爱心捐赠”及“科技扶智扶贫”活动，共募捐资金10万元，并将学会自编的300本科普图书捐赠给69名儿童。

6月11—13日和9月3—7日，学会分别在甘肃省天水市清水县、贵州省遵义市湄潭县举办2次党建强会科普基层行活动，受众830余人次，党员占75%以上。

会员服务 学会修订《中国仪器仪表学会会士评定办法》。学会加强会员管理信息化建设，不断优化会员管理平台功能，对系统进行升级，会员可在线完成申请入会。开拓线上服务会员新渠道，搭建传感器产业数据库，方便会员查询了解学会在传感器领域的专家、成果和企业信息。创建会员之家微信小程序，为会员搭建线上展示和交流的平台。完善成果库、需求库、人才库，方便会员线上查询专业领域内的信息。

【2019中国仪器仪表学会学术年会】 3月29—30日，2019中国仪器仪表学会学术年会在北京召开。年会主题为“量子化与智能化时代的仪器与测量”，

来自仪器仪表、测量控制以及与之交叉融合领域的600余名学术界、产业界的专家、学者、企业管理者参加会议。

大会由学会与国务院学位委员会仪器科学与技术学科评议组、教育部高等学校仪器类专业教学指导委员会主办，清华大学、天津大学、哈尔滨工业大学、北京航空航天大学等单位协办。中国科学院院士、大会学术委员会主席、学会副理事长、中国航天科技集团公司第九研究院研究员王巍主持大会，中国工程院院士、大会主席、学会理事长、清华大学副校长尤政致欢迎词。

中国工程院院士、学会名誉理事长、中国计量科学研究院研究员李天初作题为《国际基本单位常数化和中国的应对研究》的主旨报告；尤政作题为《智能制造与智能微系统》的主旨报告；中国科技大学计算机学院教授李向阳作《人工智能浪潮下的物联网：智能、无源、安全问题之初探》的主旨报告；英国肯特大学教授闫勇在报告中介绍采用通用传感器，利用数字信号处理及相关图像处理技术，开展一系列智能的工业监测状态应用的方法；美国宾夕法尼亚州立大学教授曹文武作题为《高端压电材料在智能化时代的重要作用》的报告。

大会设置空天探测与仪器、化学测量与仪器、海洋气象探测、生命健康与医疗仪器、精密仪器与智能制造、智能感知技术、电子测量仪器与技术、自动检测与控制技术、工业安全技术、青年学者、教育论坛11个分论坛。

年会期间，还举办中国仪器仪表学会成立40周年纪念活动。

（撰稿人：王兰萍）

中国计量测试学会

服务创新型国家和社会建设　2019年，学会对中国计量科学研究院、北京计量检测科学研究院等单位的10项科技成果组织开展鉴定工作。

立项制定《眼镜验光配镜行业服务质量规范》。加强测量管理体系标准的修订、宣贯等，帮助企业建立完善的测量管理体系，服务企业质量提升、节能降耗、安全防护、转型发展。开展测量管理体系认证工作，学会所属机构中启计量体系认证中心共颁发测量管理体系认证证书642家，对获证组织监督审核1480家。

做好标准物质管理，共评审一级标准物质2659项、二级标准物质9972项。

做好注册计量师管理。开展注册计量师资格考试命题、网络阅卷工作，组织对注册计量师教材进行修订。完成521名注册计量师的注册工作。完成1292余项全国最高计量标准的考核工作，培训314名计量标准考核员。承接全国计量检定规程的审查任务，共审查计量技术规范77项。

根据中国科协创新驱动助力工程的要求，学会利用人才和科技资源优势，继续开展计量测试助力企业创新升级活动。对以青海等省为主的西部地区进行调研，为当地的油厂、奶制品、牦牛肉、酒厂等相关食品企业进行一对一的专家咨询指导，并邀请专家对其进行标准制修订的专项指导。

学会建设　2019年，学会新成立实验室技术支撑与保障专业委员会、智能量测产业技术创新分会2个分支机构，下设分支机构共35个，发展个人会员60人，个人会员总数650余人，团体会员共164家。

青年人才托举工程　经中国科协批准，学会获得开展“青年人才托举工程”资格，同时继续对之前几届的被托举人才进行培养，支持他们开展科学研究，聘请专家指导，给予科研经费支持。

主办期刊　2019年，由学会主办的《计量学报》发表论文186篇，共计1148页。根据中国科学院发布的2019年《中国学术期刊影响因子年报》和中国科学技术信息研究所发布的《中国科技期刊引证报告》，《计量学报》影响因子分别为0.927、0.771，比2018年的0.657、0.538有所提升，目前《计量学报》在计量测试领域的相关期刊中排名第一。在国际期刊指标评价方面，美国Scopus数据库发布的《计量学报》2019年1—10月的数据CiteScore指标为0.51，比2018年的0.15有明显提升；在电气与电子工程类期刊排名中由Q4区上升到Q3区。

决策咨询　学会启动编写“《中国制造2025》对计量测试提出的新要求”课题，课题研究旨在分析当前中国实施《中国制造2025》战略中计量测试面临的新形势、新挑战和新机遇。课题专题报告已进行3轮修改，专题报告将上报国务院有关部门。

国际学术会议　2019年，学会举办国际温度大会和第23届国际测试技术联合会TC 4国际论坛（IMEKO-TC4 2019）暨第五届全国电磁计量大会

（CCEMT 2019）等国际学术会议。

9 月 24—25 日，由学会和中国测试技术研究院共同主办的第 12 届中日韩计量测试学术研讨会在四川省成都市召开。150 多位来自中国、日本、韩国的计量测试专家参加会议。会议主题为“计量测试支撑未来发展”，邀请中国、日本、韩国的 11 名专家就应对国际单位制量子化变革、测量管理体系与工业发展、计量测试团体标准的修制订、计量测试支撑智能制造等方面作学术报告。会议期间，与会专家、学者前往中国测试技术研究院大邑实验基地进行参观和交流。

国内主要学术会议 2019 年学会共组织召开 19 次专业学术会议，参会人数 2000 余人次，征集会议论文 300 余篇，并出版论文集 5 本；召开 5 次产业计量测试学术会议，参会人数近 1000 人次。

5 月 19—20 日，学会在北京举办纪念“5·20 世界计量日”系列活动。5 月 19 日，在北京举办以“计量测试　支撑发展”为主题的纪念“5·20 世界计量日”学术报告会。学会各分支机构、产业计量测试联盟组织召开专业学术交流会。

国际交往 8 月 30 日—9 月 7 日，国际测试技术联合会（IMEKO）召开第 62 届总理事会会议。学会秘书长马爱文作为总理事会理事出席每年一次的总理事会会议，并代表中国行使投票权。理事会上，研究 IMEKO 的未来发展战略，讨论通过 2018 年有关工作情况及下一届总理事会有关内容，通过各专业委员会的人员调整及学术会议举办情况，听取 2021 年国际测量大会筹备情况汇报。

学会组织中国计量测试专家参加国际测试技术联合会主办的 IMEKO-TC10 测试、诊断和检验中的计量研讨会，参观德国计量院（PDB）、法国国家计量实验室（LNE）、国际法制计量委员会（OIML），与同行进行交流。

科普活动 7 月 28 日—8 月 3 日，学会举办第五届“计量筑梦　我爱北京”夏令营公益活动。共有来自新疆维吾尔自治区、贵州省、黑龙江省的 25 名维吾尔族、赫哲族、侗族、苗族等少数民族学生和 7 名教师参加活动。7 月 29 日，在中国计量科学研究院举办开营仪式，学会理事长蒲长城参加开营仪式并讲话。学会邀请计量科普专家及中国计量科学研究院科学家就计量历史、计量文化、计量科技知识等为营员开展科普讲座。组织营员参观中国计量科学研究院、清华大学等单位的计量相关实验室，观看天安门升旗仪式，参观国家博物馆、老北京胡同文化街等地。还组织营员实地考察计量器具制造企业，聆听企业家励志创业故事。同时，还举办“我是计量宣传员”等特色主题活动。

学会组建 4 支科学传播专家团队，并建设计量科普队伍，全年共有 253 人次志愿者开展科技志愿服务活动。对北京民族小学、中国计量大学等 7 所中小学及高等院校近 2000 名学生进行计量知识科普。

学会组织开展全国计量科普创新创意素材征集活动，共征集作品 70 余个，推选出 15 个优秀作品。优秀视频作品推荐至“人民网·科普中国”频道，在全国范围内传播。利用全国科普教育基地，举办 27 项科普活动，参与人数达 2 万余人次。

表彰举荐优秀科技工作者 学会组织开展 2019 年中国科学院院士、中国工程院院士候选人及第十六届中国青年科技奖候选人、第十六届中国青年女科学家奖候选人、2019 年度未来女科学家候选人推荐工作。

学会组织开展中国计量测试学会科学技术进步奖评选活动，经过网上申报、网络初评、会议复审、评审委员会答辩和终审、公示，最终评出 23 个项目获得 2018 年度中国计量测试学会科学技术进步奖。5 月 20 日，举办表彰大会，国家市场监督管理总局副局长秦宜智，中国工程院院士金国藩、尤政、张广军、欧阳晓平、高洁，中国科学院院士王立鼎、王巍，学会理事长蒲长城分别为获奖人员颁奖。国务院相关部委、计量测试领域的院士、专家、学者共 1000 多人参加颁奖大会。大会编辑出版《2018 年中国计量测试学会科学技术进步奖获奖项目汇编》。

党建强会 组织全体党员上党课、计量测试专业课。开展“不忘初心、牢记使命”主题教育，增强学会凝聚力和服务经济社会发展的能力。

会员服务 学会为会员提供可优先参与学会活动和在学会期刊发表论文的渠道。为会员提供参加纪念“5·20 世界计量日”系列活动、学会科学技术奖评奖活动等机会。通过对学会官方网站、微信公众号等平台的建设，会员可在网上了解学会活动，有意愿加入学会者可通过会员系统网站平台办理入会事宜。

【纪念“5·20 世界计量日”学术报告会】 5 月 19 日，学会在北京举办纪念“5·20 世界计量日”学术报告会，主题为“计量测试　支撑发展”。来自全国计量技术机构、科研院所、高等院校、企事业单位的 200 多名专家、学者参加报告会。会上，中国工程

院院士、中国计量科学研究院首席科学家李天初作题为《国际基本单位常数化和中国计量科学院的应对研究》的报告，中国计量大学校长宋明顺作题为《论新国际单位制（SI）的“秒制”特征及其未来发展》的报告，北京工业大学教授、长江学者石照耀作题为《机器人及其核心部件的计量测试技术：现状与挑战》的报告，天津大学教授、长江学者�继贵作题为《汽车智能制造的柔性视觉测量方法及应用》的报告，中国科学院计算技术研究所研究员李晓维作题为《集成电路全生命周期测试技术》的报告，清华大学教授张兴作题为《纳米尺度材料热物性的测量方法与技术》的报告，北京信息科技大学教授祝连庆作题为《光纤传感器技术在飞行器监测中的应用》的报告。

【国际温度大会暨第十四届工业和科学中的温度和热测量国际大会、第四届（北京）国际温度大会和第三届气象气候中的计量国际会议（TEMPMEKO & TEMPBEIJING 2019 and MMC 2019）】 6 月 10—14 日，国际温度大会暨第十四届工业和科学中的温度和热测量国际大会、第四届（北京）国际温度大会和第三届气象气候中的计量国际会议（TEMPMEKO & TEMPBEIJING 2019 and MMC 2019）在四川省成都市举办。来自 40 多个国家和地区的 200 余位国际学者及国内专家、学者共 500 余人参加会议。

会议由学会和中国计量科学研究院主办，中国测试技术研究院协办，国际测试技术联合会温度和热测量技术委员会（IMEKO TC12）提供支持。开幕式上，学会理事长、大会国内组委会名誉主席蒲长城，国际测试技术联合会温度和热测量技术委员会（IMEKO TC12）主席 Davor Zvizdic，国际组委会主席 Andrew Todd，国际组委会联合主席 Andrea Merlone 和国内组委会主席方向分别致辞。大会收到国内外学者的 400 余篇口头和展示报告，吸引 20 余家企业赞助并参会。大会安排 8 个主题报告、5 个分会场、11 场次口头报告、6 场次墙报展示以及 25 家国内外企业的产品展示。

【第 23 届国际测试技术联合会 TC4 国际论坛（IMEKO TC4 2019）和第五届全国电磁计量大会（CCEMT 2019）】 9 月 17—20 日，第 23 届国际测试技术联合会 TC 4 国际论坛（IMEKO TC4 2019）和第五届全国电磁计量大会（CCEMT 2019）在陕西省西安市举办。会议由国际测试技术联合会电磁专业委员会（IMEKO TC4）主办，学会和西安交通大学承办。来自 20 多个国家和地区的 150 余位专家、学者参加会议。大会共收到国内外学者的论文 129 篇，吸引 10 余家企业赞助并参会。大会安排 2 个主题报告、7 场次口头报告、5 场次墙报。

（撰稿人：徐　雷）

中国标准化协会

服务创新型国家和社会建设　2019 年，协会在第二批团体标准试点工作的基础上，推进实施“团体标准培优计划”，组织拟入选团体标准培优计划单位的遴选工作，牵头组织研究团体标准与专利、团体标准与认证结合等关键共性问题，推动团体标准化良好行为自我评价和第三方评价，提升团体标准制定机构专业能力和工作水平。

协会共发布标准 70 项，其中 T/CAS 306—2018《基于大数据平台的智能家电节能技术规范》、T/CAS 311.1—2018《电器电子产品绿色供应链管理》系列标准、T/CAS 321—2018《电热采暖炉的安全要求》、T/CAS 330—2019《家用和类似用途空调器防护管槽安装规范》等 6 项标准入选工业和信息化部百项团体标准应用示范工程。

协会参与国家市场监督管理总局标准创新管理司《推进团体标准国际化工作方案》和《团体标准转化国家标准管理办法》等文件的起草工作。参与《国家标准样品管理办法》的制定工作，进一步完善中国标准样品的管理体制和机制，实现国家标准样品的闭环管理。

协会承担国家标准化管理委员会“团体标准培优计划工作研究”和“标准样品体系研究”，承担国家市场监督管理总局“中国质量管理标准体系的完善和优化”“青少年标准化科普教育研究”，承担中国科协“2019 年度创建星级学会党组织实施工作”“科普活动基本服务要求研究”和“承接企业标准化良好行为确认转移职能第三方评价”等项目。参与中国科协工程能力国际互认项目，支撑中国科协开展 2019 年学会公共服务能力提升 4 个项目 156 个子项目评审，完成项目评估报告。

协会开展《雷电防护系统部件》系列标准、《洁净室及相关受控环境　第 10 部分：按空气中化学物浓度评定设备使用的适用性》等 10 余项国家标准的制修订，发布实施国家标准《雷电防护　雷暴预警系统》，申请《信息系统雷电防护术语》和《洁净室及相关受

控环境 达到粒子和化合物分级规定洁净度的表面清洁》等4项国家标准立项。下达《地闪密度分布图绘制方法》和《洁净室及相关受控环境 第1部分：根据粒子浓度划分空气洁净度等级》等5项国家标准制定计划。下达《普通硅酸盐水泥成分分析标准样品》等414项国家标准样品研复制计划，完成《标准样品工作导则 第7部分：标准样品生产者能力的通用要求》国家标准的修订工作，发布《标准样品工作导则 第2部分：常用术语及定义》等2项国家标准和《红宝石颜色分级标准样品》等211项国家标准样品。

协会在标准化塔式教育培训体系研究成果基础上，研发培训课程，初步形成高、中、低搭配的标准化塔式培训体系，具体包括：与中国计量大学联合开设标准化技能高端人才培训班，截至2019年年底，已有649人次参加培训并获得标准化技能高端人才证书；与中国计量大学通过会校合作方式，组织编写《标准样品概论》，开设标准样品课程；开办新《企业标准体系》系列国家标准宣贯培训班、标准化良好行为培训班十余期，分别在浙江、安徽、山东、广东、福建、湖北、湖南、陕西、江苏、云南等省累计培训2000余人次；举办标准编写及TCS（中国标准编写模板）工具使用培训班，累计培训200余人次。

协会完善国家标准样品项目管理平台，对在线申请国家标准样品研复制计划项目立项的运行与数据进行维护，实现国家标准样品研复制计划项目的调整、报批和有效期延长的试运行；完成标准样品信息综合平台的初步设计和搭建；组织召开第七届标准样品国际研讨会和标准样品系列国际指南高端培训班；承办《国家标准样品管理办法》及相关工作研讨会；完成《国家标准样品管理办法（送审稿）》的修订。协助国家标准审评中心完成《全国标准信息公共服务平台》标准样品板块的数据维护和信息更新。

学会建设 2019年，协会新成立城镇基础设施分会、装备制造业专业工作委员会、婴幼儿托育专业工作委员会3家分支机构，累计有分支机构26个。指导各分支机构举办研讨会、论坛和培训班共计24次，支持举办基于ISO 21500—2012国际和国家标准的组织级项目管理体系建设培训班，支持举办“管廊万里行”城市运行管理高峰论坛。

更新完善会员管理系统，目前会员总数5981人（家），其中个人会员3066人，团体会员2915家。支持和创造条件鼓励员工参加学习实践活动，派员工参加各类学习会、培训班、研讨会和调研活动，申立16个课题项目，引进1名青年骨干。

提升协会信息化系统建设水平，开发“中国标准化协会协同办公平台”，升级改版OA（办公自动化）系统，提升工作效率与服务质量。调整优化网站板块与内容，提供信息搜索指引，全年协会网站发布新闻225条，微信公众号“中国标准化协会”推送文章116篇，累计阅读量52866人次，微信公众号运营三年来，共推送300余条信息，阅读量达到8万余人次。

主办期刊 协会主办《中国标准化》、*China Standardization*（《中国标准化》英文版）、《标准科学》、《标准生活》和《产品安全与召回》5本期刊。

国内主要学术会议 5月16—17日，由协会与中国灾害防御协会、北京城市管理科技协会、中国安全产业协会等行业协会联合主办的“管廊万里行”——粤港澳大湾区城市运行管理高峰论坛在广东省珠海市召开。国家标准化管理委员会原主任、协会理事长、党委书记纪正昆出席会议并作主旨讲话。

10月28—29日，全国标准样品技术委员会（SAC/TC118）第五届四次年会暨第七届标准样品国际研讨会在浙江省宁波市召开。会议总结全国标准样品技术委员会及各分委会、工作组的工作，介绍国际标准样品工作动态，讨论标准制修订、委员调整、组织架构等提案。来自国内外标准样品技术领域的15名专家从标准样品的基础理论、研制工艺及技术特点等入手，同与会人员分享多领域标准样品的研究成果。

12月7日，中国技术传播论坛在北京召开。会议由协会与中国技术传播联盟、中国技术传播教育联盟主办，北京大学软件与微电子学院协办，以“跨界、融合、创新”为主题，旨在促进中国技术传播行业建立健康发展的生态环境、推进建立技术传播领域的各项标准、推动中国企业技术传播与国际接轨。

12月10日，协会承办国家市场监督管理总局技术司组织的《国家标准样品管理办法》及相关工作研讨会。国家市场监督管理总局技术司、全国标准样品技术委员会秘书处挂靠单位的有关领导以及来自标准化、合格评定、环境等多个领域的行业主管部门，行业协会、技术委员会及标准样品研制、应用单位等30余家单位的专家、学者参加会议。参会人员讨论标准样品工作的定位、思路和方向，重点研究标准样品发展方向和2020年度工作重点。

国际组织任职 协会秘书长高建忠担任国际标准

用户联盟（IFAN）理事会成员，任期为2019年1月1日—2021年12月31日。

国际交往 4月7—13日，协会参加在新西兰惠灵顿召开的第42届太平洋地区标准大会（PASC）及第63届PASC执委会（PASC / EC）会议。

4月9日，良好棉花发展协会（BCI）主席柯白瑞率团来访。

6月10—13日，协会参加在韩国大田召开的第42届国际标准化组织标准物质 / 标准样品委员会ISO/REMCO年会。

6月10—17日，协会参加在哥斯达黎加召开的国际标准化组织（ISO）第109次理事会议，以及在英国召开的2019年中英标准化合作委员会机制会议。

7月15—19日，协会参加在日本召开的第十八届东北亚标准合作会议 。

7月23—27日，协会参加在韩国举办的第14届国际标准奥林匹克竞赛活动。

8月28日，韩国标准协会（KSA）主席李相珍来访。

10月15—20日，协会参加在英国召开的第46届国际标准用户联盟（IFAN）年度会议，并组织召开首届IFAN亚太工作组会议。

11月10—17日，协会参加在美国召开的2019年国际标准化组织洁净室及相关受控环境技术委员会（ISO / TC 209）年会和相关工作组会议。

11月11日，日本标准协会（JSA）主席揖斐敏夫率团来访，并同协会签订合作谅解备忘录。

11月17—23日，协会参加在意大利召开的2019年国际电工委员会雷电防护技术委员会（IEC/TC81）年会和相关工作组会议。

11月20—22日，协会参加在瑞士召开的联合国欧洲经济理事会（UNECE）贸易能力和标准指导委员会监管合作和标准化政策工作组年度会议。

科普活动 10—11月，协会和中国计量大学联合举办中国计量大学计量博物馆参观暨建国70周年标准化杰出代表人物展，并先后3次到浙江省杭州市清雅苑社区、文一苑社区和月雅苑社区组织标准化知识进社区活动，以“标准化经历与个人成长”为主题与80余名教师和学生开展标准化大讲堂活动。

协会联合中小学开展标准进校园活动，在北京市第三十五中学和海淀民族小学举办多次标准化知识科普讲座，组织学生参观中国计量科学研究院实验基地。

表彰举荐优秀科技工作者 2月20日，协会在北京组织召开“2019年两院院士候选人”推选专家委员会评审会。协会理事长、国家标准化管理委员会原主任纪正昆，中国工程院院士、原副院长邬贺铨，中国工程院院士、北京工商大学校长孙宝国，中国工程院院士、中国科学院城市环境研究所所长贺泓，中国工程院院士、北京航空航天大学教授王浚，国际标准化组织原主席、中国检验检测创新联合体主席张晓刚，中国计量大学校长宋明顺，中国标准化研究院副院长邱月明8名专家委员出席评审会。

开展2019年度标准化助力奖评选征集活动。共有53个单位和77名个人参评。经过初审、复审和专家委员会终审，中国银联股份有限公司等5家单位获得标准化助力奖单位奖，中国国际贸易促进委员会商业行业委员会秘书长姚欣等15人获得标准化助力奖个人奖，在第十六届中国标准化论坛上为获奖者颁发奖牌和证书。

党建强会 6—9月，协会集中开展“不忘初心、牢记使命”主题教育活动，对照查摆13个差距问题。同时开展党的日常工作及加强学习型组织建设，全年召开6次党总支会议和多次支部会议，协会党委书记纪正昆带头讲党课，派出全体委员参加对口学习培训。全员参观抗日战争纪念馆铭记党史，观看电影《我和我的祖国》。成立党小组和青年理论学习小组，开展谈话谈心，进行批评与自我批评，召开党员干部民主生活会，青年员工参加新中国成立70周年主题歌会，转正预备党员1名。

会员服务 协会组织会员参评中国标准化助力奖及年度优秀论文奖；组织第十六届中国标准化论坛，为会员提供新改革、新理论、新实践交流平台。建立协会标准信息服务网窗口，为会员提供在线便捷查询检索 服务。全年接待、走访30余家会员，为500余家会员查询、查新、购买标准共计28000余件，代购6700余件。

【第三届团体标准化发展论坛暨2019年团体标准化发展联盟年会】 1月8日，由团体标准化发展联盟主办，中国标准化协会承办，中国电机工程学会、TD产业联盟、中国铸造协会、中国认证认可协会、中国质量认证中心、方圆标志认证集团有限公司、美国UL公司等单位协办的第三届团体标准化发展论坛暨2019年团体标准化发展联盟年会在北京召开。

团体标准化发展联盟（以下简称“联盟”）于

2017年12月由中国标准化协会等多家团体发起成立。2019年，联盟成员和观察员单位已达274家，2019年度有33家单位申请加入联盟。

会上，协会理事长、联盟主席纪正昆在讲话中指出，团体标准化工作要围绕国家大政方针，发挥优势，协同发展。团体标准要从体制机制、人员能力、工作平台等方面加强建设，要解决一些共性的实际问题，如团体标准和政府标准在版权方面的差异，团体标准与政府标准在引用、转化时的相关权益，在认证认可、检验检测等工作中引用、采信团体标准和政府标准的差异等问题。

联盟秘书长高建忠介绍2020年联盟工作重点，包括继续支撑培优计划，在联盟内部开展团体标准良好行为评价工作，建设团体标准化发展联盟官方网站，持续进行专题研讨和培训，探索团体标准认证、评价工作机制，编写团体标准涉及专利的专题报告，探索研究团体标准版权政策，探索团体标准国际化的工作机制。联盟将继续组织并推荐成员参与中国标准创新贡献奖、中国标准化助力奖等各级标准化奖项的申报，并征集团体标准化良好行为典型案例，总结经验，梳理问题，编写《团体标准化发展联盟年度报告》。

会议期间召开标准组织专利政策的起源与发展沙龙和与国外标准化组织开展团体标准合作沙龙。

【第十六届中国标准化论坛】 10月14—15日，由协会与郑州市人民政府主办，郑州市市场监督管理局承办的第十六届中国标准化论坛在河南省郑州市召开。来自国内外标准化领域专家、学者，研究机构的领军人物，各行业标准技术管理负责人以及20多个省、自治区、直辖市的近千名标准化工作者，跨国集团企业管理者参加论坛活动。协会理事长纪正昆出席开幕式并讲话，协会副理事长兼秘书长高建忠主持开幕式。

开幕式上，颁发2019年度中国标准化助力奖和论坛征文优秀论文奖，表彰首批标准化良好行为单位，台州市人民政府行政服务中心等10家单位获得新版的标准化良好行为证书。

协会组织开展论坛论文征集评选工作，共有586人提交410多篇最新的标准化研究论文，经评审入选325篇，论文内容围绕“标准化事业发展新时代”主题，涉及第一、二、三产业和社会管理领域。评选出特等奖论文10篇、优秀奖论文19篇，单位组织奖4名。协会编辑出版《第十六届中国标准化论坛论文集》。

论坛以“标准化战略暨高质量发展”为主题，包括1个主论坛，城市家具、电器电子、托育、团体标准与城镇基础设施、少林武术、电线电缆、服务贸易、党建工作8个分论坛，以及全国省、市标准化协会秘书长座谈会1个专题活动和现场技术参观活动。论坛现场发布一批团体标准，进行标准化建设成果展览。

论坛内容紧扣当前国家全面深化改革的形势和标准化体制机制的改革，邀请多位标准化专家、学者，解读国家标准化工作政策举措，分享涉及学科发展、国际合作、产业创新、专利融入、城市家具和城镇基础建设、团体标准发展等新成果和新实践，推广、普及标准化知识，探讨在不断完善社会主义市场经济体制中，如何持续实施标准化战略，全面发挥标准化支撑经济社会发展的基础性、战略性和引领性作用，以高标准助推高质量发展。

（撰稿人：田　欣）

中国图学学会

服务创新型国家和社会建设 6月、12月，学会与人力资源社会保障部教育培训中心联合开展第二十二期、第二十三期“全国CAD技能等级考试”考评工作，考试人数达2.41万人次。8月，在云南省昆明市举办全国CAD（计算机辅助设计）技能等级考试考评员培训班，92名考评员参加培训。学会与人力资源社会保障部教育培训中心联合开展第十四期、第十五期“全国BIM技能等级考试”考评工作，考试人数达9.5万人次。第十五期“全国BIM技能等级考试”三级试运行。分别在陕西省西安市、湖北省武汉市、云南省昆明市举办3期全国BIM（建筑信息模型）技能等级考试考评员培训班，331名考评员参加培训。

8月8日，学会副理事长强毅在中国图学学会第七届第五次理事会议上代表学会发布《机械工程图学中标准教学指南》《技术产品文件　产品残余应力图形符号表示法》《技术产品文件　机械产品设计综合标准化指南》《机械产品三维建模通用要求》《技术产品　文件建筑信息模型（BIM）技能等级标准》5项团体标准。9月20日，5项学会团体标准在全国团体标准信息平台上备案并面向社会公众发布。

承接首个“双创”项目。学会联合北京航空航天大学云南创新研究院、云南大学团委、云南大学软件学院等单位，围绕“双创服务云南省数字经济产业升级”举办创新创业活动，展示最新的创新创业成果，分享前沿技术。8月9日，举办“奋发图强”青年科学家论坛。8月10日，举办以“数字经济与数字化设计与制造”为主题的企业家对话论坛，人民网、新华网和云南省10余家媒体对此次活动进行报道。

学会被授予“中国科技志愿者服务百家学会”称号。8月9日，学会在云南省昆明市举办中国科技志愿者服务百家学会之中国图学学会科技志愿者服务队授旗仪式。首支服务队由江苏赛博智能制造研究院有限公司的科研人员组成。中国工程院院士、学会理事长、清华大学教授孙家广为服务队授队旗。

学会参与中国科协“引领世界科学的前沿科学问题、建设世界科技强国的工程技术难题”的推荐工作。

学会建设 8月8日，学会召开七届五次理事会议、七届七次常务理事会议。12月21日，召开七届八次常务理事会议。根据工作需要召开理事长办公会议、秘书长工作会议。

学会推进“互联网+”，提升信息化建设水平，对考试管理系统、会议系统、会员管理系统、大赛报名系统进行升级；使用会议论文投审稿系统；安排专人负责官方微信公众号信息发布及维护。

2019年，学会新发展个人会员27199人，会员总数达到102509人。新增单位会员6个，单位会员总数达到80个。

参与中国科协信息科技学会联合体工作，支持并参与举办2019年新春报告会。

学会治理结构和治理方式改革 3—6月，学会对15个专业委员会2018年工作开展评估，并在学会七届七次常务理事会议上公布评估结果。完善评估办法，在学会七届八次常务理事会议上通过评估办法修订版本，加强分支机构的规范管理。

青年人才托举工程 学会申报并获得2019—2021年度中国科协“青年人才托举工程”项目2个托举名额。同时，启动“青年人才托举工程”遴选推荐工作，北京航空航天大学助理研究员汪淼、华中科技大学副教授冀晶晶、北京大学讲师黄小帅入选首届“青年人才托举工程”计划。

主办期刊 学会主办《图学学报》、*Visual Computiny for Industry*，*Biomedicine*，*and Art*（《工医艺的可视计算》）和《土木建筑工程信息技术》3本期刊。

《图学学报》全年出版发行6期，发表论文159篇，其中获国家级项目支持的有102篇；省、部级基金项目支持的有34篇；校级基金项目支持的有7篇。继续被国内三大数据库收录，再次入选中国知网《中国学术期刊影响因子年报》统计源期刊、万方中国核心期刊（遴选）数据库及《中国学术期刊文摘》源期刊。

2019年,《工医艺的可视计算》（英文）被EBSCODiscovery Service、Google Scholar、OCLC WorldCat Discovery Service、ProQuest-ExLibris Primo、ACM、Institute of Scientific and Technical Information of China、Naver等国内外数据库收录。全年收到47篇论文（国际稿件占比70%），发表24篇论文（国际稿件占比58%）。

《土木建筑工程信息技术》全年出版6期，刊载论文122篇。影响力指数（CI）101.273，影响力指数学科排序56/162，影响因子（JIF）0.908，他引影响因子0.715，5年影响因子1.458，他引5年影响因子1.331，影响因子学科排序33/162，基金论文比0.27。

学科发展工程 学会承接中国科协学科发展研究项目《图学学科发展研究》，2019年课题组召开3次项目研讨会，年底完成报告初稿并报送中国科协。

国际学术会议 9月25—26日，学会土木工程图学分会在上海市举办第六届BIM技术国际交流会——“数字建造在地产、设计、施工领域应用与发展”论坛。来自国内外的专家、高校师生，以及勘察设计企业、施工企业、运营商、房地产开发商、软件开发企业、BIM服务商等企业人员，共500余人参加会议。50余名中外专家、学者和企业管理者作大会报告，7名外国专家参与BIM国际沙龙论坛技术交流。

国内主要学术会议 3月29—31日，由学会数字化设计与制造专业委员会主办的第五届数字化论坛在上海市召开。大会的主题是“数字孪生”，来自全国44所高等院校、科研院所和企事业单位的50余名专家、学者参加会议。与会专家、学者就数字孪生与智能制造、优化设计、数字化生命、智慧口岸区块链、数字克隆与数字教育、数字化教育等主题进行专题演讲与研讨交流。

5月11日，由学会图学教育专业委员会主办的首届全国高等职业院校图学教育研讨会在湖南省长沙市召开。来自全国61所高等职业院校的近140名工程图学课程带头人和骨干教师参加会议。与会专家、学者就现代职业教育体系下图学教育事业的发展与创新、智慧职教等主题进行专题演讲与研讨交流。

7月12日，由学会应用图学专业委员会与科技云服务产业技术创新战略联盟联合主办的网络协同制造与科技服务学术会议在四川省成都市召开。会议重点围绕网络协同制造和智能工厂、科技服务业暨城市群综合科技服务、专业和价值链协同业务科技资源及标准等领域开展学术和技术交流。学会副理事长、应用图学专业委员会主任委员、西南交通大学教授孙林夫担任大会主席。来自科技云服务产业技术创新战略联盟，西南交通大学等高校及制造业产业链协同与信息化支撑技术四川省重点实验室等单位的近150名专家、学者参加会议。

7月12—14日，由学会动画与数字娱乐专业委员会与中国人工智能学会智能CAD与数字艺术专业委员会联合主办的CIDE & DEA 2019暨媒体智能与大数据计算高峰论坛在辽宁省大连市召开。240余名专家、学者参加会议，聚焦媒体智能与大数据计算领域，围绕计算机图形学、计算机视觉、数字媒体智能计算、大数据计算、智能CAD与数字娱乐等议题开展交流。

9月22日，学会图学大数据专业委员会在山东省青岛市举办首次“走进高校”系列学术讲座活动，主题为“机器学习与影像大数据”。此次活动邀请国内5名青年学者作学术报告。来自山东科技大学师生、青岛部分高校教师以及学会图学大数据专业委员会部分委员共230余人参加活动。

11月16—17日，由学会建筑信息模型专业委员会主办的第五届全国BIM学术会议在湖南省长沙市召开。会议主题为“装配式建筑领域的BIM研究与应用”，来自全国各地的高校师生、相关企业的主管领导和技术负责人，以及BIM从业人员共计500余人参加会议。

科普活动 7月20—23日，学会制图技术专业委员会、产品信息建模专业委员会与其他机构在浙江省宁波市联合举办第十二届“高教杯”全国大学生先进成图技术与产品信息建模创新设计大赛，近100所高校的4000余名学生参加比赛。参加预决赛活动的师生近100万人次。大赛共决出团队奖机械类170个、建筑类68个、水利类11个、道桥类22个。

4月26日、8月27日，分别举办中国图学学会第四期、第五期BIM大讲堂，累计480人听取BIM科普报告。

表彰举荐优秀科技工作者 学会组织开展中国图学学会优秀科技工作者奖、中国图学学会优秀博士学位论文奖、中国图学学会青年托举计划和中国图学学会科学技术进步奖的征集、评审和表彰工作。

学会推荐浙江大学教授童水光为2019年中国工程院院士候选人。推荐第十三届光华工程科技奖和第十六届青年科技奖候选人。

党建强会 3月19日，学会组织18名专家开展“今日故宫，当代学会”主题党建活动。在理事中开展“不忘初心、牢记使命，建功新时代——展风采树楷模”活动。

10月10日，学会开展“不忘初心、牢记使命”主题教育学习会。

会员服务 学会调整会员有效期，从“自然年有效期”变更为“注册日起365天有效期”，服务更加人性化。向会员提供学术会议会费减免服务。

学会编写、印制《中国图学学会2018年年报》，面向社会公开，为会员提供了解学会的渠道。

【第七届中国图学大会】 8月8—11日，由学会主办，云南大学、北京航空航天大学云南创新研究院联合承办的第七届中国图学大会在云南省昆明市召开。近500名图学界的专家、学者参加会议。中国工程院院士、学会理事长、清华大学教授孙家广，中国工程院院士、浙江大学教授谭建荣等出席大会开幕式并致辞。大会由学会副理事长兼秘书长，北京航空航天大学党委常委、副书记赵罡主持。

开幕式上，孙家广作题为《图学的挑战与发展趋势》的特邀报告；谭建荣作题为《工程图学教学改革：回顾与思考》的特邀报告；中国航空工业集团公司原副总经理、中国航空研究院院长张新国作题为《图形建模语言和复杂系统工程应用》的特邀报告；教育部长江学者、清华大学教授胡事民作题为《三维场景的几何重建、智能理解和交互合成》的特邀报告。

大会设第二届“奋发图强”青年科学家创新论坛、“数字建造 创新发展”BIM论坛、智能CAD技术论坛、工程图学金课教学研讨会、第四次图学学科发展研究项目研讨会、视觉大数据分析研讨会6个分论坛和1个主题论文交流会。

大会以“智能计算与大图学”为主题，将图学与“智能制造2025”政策紧密结合，共同探讨大图学、智能计算、数字建造、视觉大数据分析等前沿动态、问题难题。会议共征集论文 99 篇，交流优秀论文 21 篇。

【第 12 届亚太地区图学论坛（AFGS 2019）】 8 月 9—12 日，由学会主办、日本图学会（JSGS）、国际几何与图学学会（ISGG）协办的第 12 届亚太地区图学论坛（AFGS 2019）在云南省昆明市召开。来自中国、日本、匈牙利、意大利、塞尔维亚等国家的近 70 名图学领域专家、学者参加会议。会议交流学术论文 42 篇，展示海报 21 个。

中国工程院院士、学会理事长、清华大学教授孙家广，日本图学学会理事长、九州大学教授 Kazuki TAKENOUCHI，国际几何与图学学会（ISGG）主席、东京大学教授 Yasushi YAMAGUCHI 出席开幕式。学会副理事长兼秘书长，北京航空航天大学党委常委、副书记赵罡主持开幕式。

大会特邀 Building SMART 主席、韩国庆熙大学教授 Inhan KIM 作题为《基于人工智能的建筑环境质量检测》的报告，Kazuki TAKENOUCHI 作题为《日本古代画卷中牛车车轮图案的表示特点》的报告，香港理工大学教授李恒作题为《从虚拟样机到智能建筑，再到建筑工效》的报告，浙江省社会科学院法学研究所研究员王坤代表北京航空航天大学教授田捷作题为《基于人工智能和大数据的生物医学影像新时代》的报告，日本图学学会副理事长、大阪大学教授 Kensuke YASUFUKU 作题为《交互式可视化系统应用于空中交通轨迹分析》的报告。分会场交流学术论文 42 篇、海报 21 个。

【第八届“龙图杯”全国 BIM 大赛】 11 月 21 日，学会在北京主办 2019 年全国 BIM 高峰论坛暨第九届“龙图杯”启动会及第八届“龙图杯”颁奖会，800 余人参加会议。大会得到中国科协、人力资源社会保障部教育培训中心、中国建筑科学研究院、清华大学、北京航空航天大学等相关政府部门和科研院校的支持。

第八届“龙图杯”全国 BIM 大赛分为设计、施工、综合、院校 4 个组别，共有参赛单位 1266 家，收到参赛作品 1844 项，参赛人数 15506 人次，涵盖 BIM 应用的各个阶段。按照公平、公正、公开的原则，从 BIM 技术应用功能、应用创新、应用水平和综合效益等方面严格评审，经过初审、复审、现场答辩及终审、评审结果公示等环节，最终四个组别共评出一等奖 60 项、二等奖 130 项、三等奖 181 项；优秀奖 198 项。人民网、新华网、中国科技网、《科技日报》和《经济日报》等媒体对大赛进行报道。

会议印发《2019 第八届“龙图杯”全国 BIM 大赛获奖工程应用文集》，举办优秀获奖作品展览展示活动。

（撰稿人：杨　洁　王　玉）

中国电子学会

服务创新型国家和社会建设　学会围绕机器人、人工智能、智慧社会、数字经济、工业互联网、区块链等前沿科技和产业，为工业和信息化部等国家部委的政策制定和决策提供智力支撑。学会承担中国科协《〈国家中长期科学和技术发展规划纲要（2006—2020 年）〉信息产业及现代服务业领域实施情况评估》《数字经济引领智能社会发展若干问题的研究》《关于全国学会深化改革情况的调研》等课题研究工作。开展工业和信息化部《电子信息制造业高质量发展评估体系》专项研究工作，以及《基于工业互联网平台的两化融合关键要素业务应用参考架构研究》课题研究工作，并围绕机器人、人工智能、区块链等前沿科技领域进行研究并公开发布一批研究成果，包括《智慧社会中长期发展战略任务研究》《全球工业数字化转型发展趋势及中德合作前景展望》《2019 中国机器人产业发展报告》《我国区域数字化转型“云”观察报告》《全球产业数字化转型趋势及方向研判》等。

学会承接若干地方产业、经济相关规划与研究课题，为地方经济的转型升级和高质量发展提供智力支持与咨询服务，主要包括《天津滨海新区电子信息产业提振研究》《河北省数字经济发展规划（2020—2025 年）》《石家庄市数字经济发展规划（2020—2025 年）》等。

学会成功申报并承担工业和信息化部“工业互联网创新发展工程——工业互联网平台体验中心建设”项目。体验中心汇聚工业互联网平台应用资源，以建设线下和线上结合、展示和服务协同、体验和科普互动的工业互联网平台体验中心，赋能中小企业，推动制造业高质量发展为目标。

学会与 5 个地方科协开展创新驱动助力工程对接工作，为地方经济和企业创新发展提供专家资源和智力支持。积极推进创新驱动助力地方行（安徽省、江西省、江苏省苏州市、山东省济南市）活动，开展面向企业的线下咨询服务，助力地方经济创新发展。学会与省（自治区、直辖市）电子学会加强合作，落实《中国电子学会、省（自治区、直辖市）电子学会合作发展协议》的相关内容。

围绕地方科技成果转化需求，在学会科技成果转化平台功能成熟完备的情况下，为地方相关单位免费建设科技成果转化分平台。

学会建设 12月28日，中国电子学会第十届二次理事会议暨第二十七次工作会议在北京召开。学会理事、监事，所属分支机构的主任委员、秘书长，省（自治区、直辖市）电子学会的理事长、秘书长，以及学会总部有关人员共300多人参加会议。中共中国电子学会第十届理事会委员会第二次会议、中国电子学会第十届七次常务理事会议、中国电子学会第三届三次监事会议同期召开。

学会调整并优化业务重复、作用发挥不明显的分支机构。依据学会章程及相关规定，终止核电子学与核探测技术分会、电子产业战略研究分会、信息系统集成分会，撤销医药信息学分会。电波传播分会、元件分会等11个分会进行换届改选。

2019年，学会按期召开7次常务理事会议、1次理事会议、2次监事会议，研究部署学会各方面工作。修订《中国电子学会监事会工作办法》《中国电子学会工作委员会工作办法》《中国电子学会分会管理办法（试行）》《中国电子学会分会评估考核工作办法》《中国电子学会“先进集体”和“先进工作者”评选表彰办法（试行）》和《中国电子学会分支机构印章管理办法》。开展分支机构与会员服务提能振兴工程。加强对分支机构秘书处的建设，进一步完善分会工作考核评估机制。通过信息化提升分会工作能力，建设分支机构委员会换届、委员会数据管理信息化平台。每季度定期举办分会秘书长沙龙，开展分会调研活动，召开分会秘书长工作座谈会。

加强人才队伍建设，招纳人才，学会总部现有专职员工140余人，平均年龄36.4岁，硕士以上学历人员占总人数的56.6%。

青年人才托举工程 2019年，学会作为中国科协信息科技学会联合体牵头学会，完成第二届中国科协“青年人才托举工程”项目总结和验收工作。

学会通过举办青年人才托举沙龙、全国电子信息青年科学家论坛等活动为被托举人提供成长历练的机会。邀请被托举人参加学会组织的各类学术会议、培训、进修、调研、考察等活动，为被托举人的成长提供支撑。

主办期刊 学会主办科技期刊13种，其中学术期刊12种、技术期刊1种；英文学术期刊2种。科技期刊总印数23.4万册，科技期刊发表论文数1.18万篇。学术影响力和出版质量进一步提升，被SCI、ESI、CA、SA、Scopus等收录。在CNKI（中国知网）发布的年度综合影响力指数中，《电子学报》在学科组149个期刊中居第二位，总被引频次连续保持第一；英文期刊*Chinese Journal of Electronics*新设“下一代深度学习”专栏。《电子测量与仪器学报》《半导体学报》2019年入选中国科技期刊卓越行动计划梯队期刊项目。

国际学术会议 2019年，学会主办、承办和协办国际学术交流活动28项，主要包括2019世界机器人大会、国际智能无人系统大会（2019）、2019国际区块链大会、2019国际VR/AR暨三维显示技术大会、2019智能科技与产业国际合作论坛、2019年国际微波毫米波技术会议、2019亚洲机械电子学国际学术会议等。

国内主要学术会议 2019年学会举办国内学术交流活动143项，主要包括第二届数字经济百人会、第十四届中国电子信息技术年会、2019中国云计算和物联网大会、2019中国物联网大会、2019全国电子战大会、第十五届中国高校电子信息学院院长（系主任）年会、2019年全国通信理论与技术学术会议暨通信领域创新发展论坛、2019网络计算与人工智能学术峰会、第四届中国网络信息安全大会、2019量子信息技术学术交流大会等。

8月26日，由中国科协、工业和信息化部、中华全国工商业联合会、重庆市人民政府共同主办，学会和重庆市科协联合承办，中国数字经济百人会和中国科协信息科技学会联合体等有关机构和单位共同协办的第二届数字经济百人会在重庆市召开。会议以“开放共享·融合赋能——共创数字经济新生态”为主题，邀请全球信息科技和社会经济领域专家、学者和企业领袖，通过专项活动、主旨报告、专题报告、高峰对话等多个环节，聚焦数字经济发展前沿趋势，研讨宏观战略政策布局，交流国际先进发展经验。

国际组织任职 11月23—24日，世界工程组织联合会（WFEO）全体大会在澳大利亚墨尔本召开。学会副理事长龚克就任世界工程组织联合会主席，任期两年，这是该组织成立50年以来首次由中国科学家担任主席。

11月11日，第22届国际宇航学会人在太空研讨会（IAA Humans in Space Symposium）在阿拉伯联合酋长国迪拜举办。学会生命电子学分会主任委员邓玉林接任国际宇航科学院生命科学学部主席。学会电波传播分会主任委员吴健任欧洲非相干散射科学联合会（EISCAT）理事、国际无线电科学联盟（URSI）理事会中国代表。学会VR/AR技术与产业分会副主任委员牟同升任国际电工委员会（IEC）电子显示国际标准战略顾问专家组成员及国际显示计量委员会（ICDM）委员。

国际交往　学会推进筹备发起世界机器人合作组织工作。发挥国际信息处理联合会（IFIP）中方代表、国际无线电科学联盟（URSI）中方代表职责作用，提高中国在该组织中的话语权和国际影响力。发挥中国科协联合国咨商信息与通信技术专委会（CCIT）秘书处、世界工程组织联合会创新技术委员会（WFEO-CEIT）秘书处职责作用。

4月，学会参加在斯洛文尼亚卢布尔雅那举办的2019世界建造论坛和WFEO执委会及专委会会议。11月，学会参加在德国柏林举办的2019联合国互联网治理论坛（IGF 2019），并举办大数据分论坛。11月，学会参加在澳大利亚墨尔本举办的2019世界工程师大会和WFEO执委会及专委会会议。

科普活动　2019年，学会当选为中国公众科学素质促进联合体副理事长单位。在青少年科普领域，打造"一赛、四考、一公益"的服务体系。由学会主办的全国青少年电子信息智能创新大赛入选教育部白名单，青少年等级考试（包括机器人、软件编程、电子、三维创意）年报考人数超10万人次，"烛光义教"遍及全国10余省（自治区、直辖市），出版教材8种，累计培训科技教师超过3万人次。

表彰举荐优秀科技工作者　学会完成中国科学院院士、中国工程院院士候选人推荐工作以及第十六届中国青年女科学家奖、中国青年科技奖和第十三届光华工程科技奖等人才举荐工作，完成2019年度中国电子学会科学技术奖与第六届中国电子学会优秀科技工作者评选工作。

学会按照国家科学技术奖励工作办公室对社会奖励工作的要求，以公平、公开、公正为原则，开展2019中国电子学会科学技术奖评选，共评出特等奖2项、一等奖15项、二等奖36项、三等奖33项，以及创新团队奖2个。中国电子学会科学技术奖一等奖项目有21项提名2019年度国家科学技术奖，其中，通过工业和信息化部等其他渠道提名的5个项目获奖，学会提名的3个项目全部获奖。经鉴定的成果有45项，经过鉴定专家的指导和帮助，大部分成果单位对技术和产业方向作出调整或重新部署，部分成果获得省部级以上科技奖励。

党建强会　2019年，学会加强党的建设，推动学会党建与业务融合发展，开展联学联建，探索党建与业务融合发展。聚焦社区科普领域，与上海市科协联合，依托区域化党建平台和党组织共建联建纽带，以党建带群建，将党建工作与科普工作相结合，用政治引领社区科普服务，将党的组织架构同科普工作运行机制同向发力，开创"党建+社区科普"的新模式，为提高全民科学素质贡献力量。聚焦科技扶贫领域，前往工业和信息化部对口扶贫的四川省南充市，与南充市科协、经济和信息化局、教育局等机构联合开展中国（南充）首届嘉陵区人工智能教育论坛暨机器人挑战赛，探索党建引领、科技扶贫新模式。此外，学会总部多个支部组织与上级单位、兄弟院校支部开展联学联建活动，促进业务方面的联系与沟通，如第九党支部与中国科协办公厅党支部赴华为北京会展中心、中国科技馆调研并进行座谈，第十党支部与北京理工大学信息与电子学院通信技术研究所第一党支部开展共建交流活动等。

会员服务　学会完善会员发展和服务体系，制定《中国电子学会会员服务工作方案》。加强信息化服务平台建设以及与地方电子学会的合作，为会员提供更多服务内容。举办全国电子信息青年科学家论坛7期、青年人才托举沙龙8期、单位会员沙龙、电子信息大讲堂和创新驱动助力地方行活动。面向会员发送《会员通讯》和《青年科学家通讯》电子期刊，开展优秀博士/硕士学位论文评选以及"青年人才托举工程"项目推荐、会士遴选工作等。

【第十四届中国电子信息技术年会】　4月20—21日，第十四届中国电子信息技术年会在安徽省合肥市召开。来自全国电子信息领域的科研机构、高等院校和企业的专家、学者、青年科技工作者，共计2000余人参加大会。学会理事长、工业和信息化部党组成员、总工程师张峰，中国科学院院士、学会副理事长、国家自然科学基金委员会党组成员、副主任陆建华，安徽省委常委、常务副省长邓向阳等分别致辞。中国工程院院士、学会副理事长、大会主席、北京理工大学校长张军作开幕报告。中国工程院院士、中国电子科技集团有限公司总经理吴曼青，中国科学院院士杨元喜、郝跃、尹浩、黄如，中国工程院院士陈鲸、姜会林、樊邦奎、吴建平、周志成、王沙飞、陆军、戴琼海，以及全国各地区有关领导等出席开幕式。大会组织委员会主席、学会总部党委书记张宏图主持开幕式。

此次年会以“智联网与未来”为主题，由主论坛和19个专题论坛组成，包括18名院士在内的200余名专家、学者作学术报告。会议期间，举办2018中国电子学会科学技术奖、优秀科技工作者和优秀科技论文表彰活动。以视频的形式发布《机器人互操作通用规范》《机器人互操作功能规则　第1部分：声源定位》《X射线脉冲星导航探测器地面试验系统技术要求》《X射线脉冲星导航探测器地面试验系统校准规范》《X射线脉冲星导航探测器试验安装技术要求》和《X射线脉冲星导航探测器标定与测试方法》6项中国电子学会团体标准。其中，《机器人互操作通用规范》和《机器人互操作功能规则　第1部分：声源定位》同时发布英语、德语、西班牙语3种语言的参考版本。发布《中国电子学会会士观点（2019）》。

【国际智能无人系统大会（2019）】 9月20—22日，国际智能无人系统大会（2019）在陕西省西安市召开。大会由学会和西安市人民政府、西北工业大学共同主办，以“人工智能＋无人系统”为主题，来自国内外智能无人系统领域的1500余名专家、学者参加会议。大会同期举办智能无人系统科研及产业先进成果展览展示，20余家相关高校重点实验室、科研院所及企业参加，集中展示当前中国智能无人系统领域先进成果。

大会分为开幕式、主论坛、专题论坛和参观考察4个板块。大会主论坛环节，由中国科学院院士、大会主席黄维主持。特邀多位院士专家作大会报告。

同期举办智能无人系统与平台、无人系统智能环境感知、无人系统智能通信与导航、无人系统智能控制与决策、无人系统任务规划与效能评估、无人系统青年科学家前沿6场专题论坛，通过专题论坛报告及互动讨论，集中展示国内外智能无人系统学术与产业发展的最新成果。

【2019中国云计算和物联网大会】 5月13—15日，由工业和信息化部、国家发展改革委、中国科协、重庆市人民政府指导，学会主办的2019中国云计算和物联网大会在重庆市召开。第十二届全国政协副主席、国家电子政务专家委员会主任王钦敏，学会理事长、工业和信息化部党组成员、总工程师张峰，重庆市副市长屈谦，重庆市政协副主席张玲等出席大会并致辞。学会副理事长兼秘书长、中国工业互联网研究院院长徐晓兰，学会副秘书长刘明亮分别主持大会开幕式和主题报告环节。

大会以“云物智联·引领数字经济新发展”为主题，首次将云计算、物联网两个新一代信息技术的热点融合。大会活动包括主论坛以及云计算和物联网安全高峰论坛、2019智慧医疗创新论坛、人工智能赋能新一代物联网论坛、中国智慧城市高峰论坛、2019中国车联网高峰论坛等15个专题论坛，内容涵盖云计算、物联网与实体经济相融合的智慧城市、智能驾驶、工业互联网、智慧农业、供应链、智能制造、网络安全等领域的议题。大会期间还举办中国智谷（重庆）科技园企业座谈交流对接会、云计算物联网“重庆之夜”交流活动、调研交流、云计算和物联网展览会等活动。

（撰稿人：段　续）

中国计算机学会

服务创新型国家和社会建设　2019年，学会举办3次中国计算机学会计算机软件能力认证（CCF CSP认证）考试，全年认证报名人数达34928人次。学会已在全国142所高校建立认证点。清华大学等80所高校的计算机专业以多种方式认同CSP认证成绩，如将CSP认证成绩作为考研复试成绩、计入创新学分、评定奖学金、纳入教学计划等。截至2019年年底，学会共举办18次CSP认证考试，共122303人次参加考试。在2019中国计算机学会未来计算机教育峰会上对2018—2019年度CSP认证先进单位进行表彰。

2019年度学科前沿讲习班（ADL）完成前沿培训12期，主题涉及深度学习、空间大数据与人工智能、智能人机对话与问答技术、量子计算、网络与信息安全、群体智能计算、新一代视觉计算、面向大数据的系统软件与系统结构、群体智能计算、云计算与边缘计算、自然语言计算理论与应用、知识图谱和区块链技术及应用，近1200人次参加培训。8月10—17日，计算机课程导教班在北京举办，主要讲解“计算机科学导论”“数据库与大数据”和“计算机系统基础”三门课程。

学会举办11次信息学教师培训，共有来自全国740所学校（单位）的968人参加。

5月26日，学会资助山西省吕梁市的20名优秀教师赴北京观摩学习。在优秀教师颁奖会上，20名优秀教师交流从教经历和感悟，并就有关教育的3个议题展开讨论。

2019中国计算机学会吕梁教育扶贫公益活动分别于8月27—30日和9月19—22日举办，共有来自全国各地的24名志愿者参加，先后走访山西省吕梁市兴县和岚县的12所不同类型的学校，以及20余个贫困家庭，资助48名贫困家庭学生。志愿者除捐助和慰问外，还为学生们上科普实验课，并对贫困家庭的孩子进行心理疏导。

学会开展智库研究，主动在科技创新和社会治理中发声。强化对本领域机构专业能力、专业办学水平、专业人员能力的专业评价能力，为相关的政策制定和专业发展提供基础评价依据和参考标准。

学会制定并发布学术道德和行为规范，建立学术诚信档案，建设具备长期可持续健康发展的学术生态环境。

学会在2018年发布《计算机科学与技术专业培养方案编制指南》后，在全国范围内选择10个试点专业，2019年完成对10个试点专业培养方案的第二轮工作组入校交流工作。

学会企业合作基金持续发展，搭建学企合作桥梁。2019年，通过中国计算机学会－腾讯犀牛鸟基金专家函评和会评，最终确定26个项目获得科研基金资助，15个项目获得创意基金资助。

学会发布《中国计算机学会－华为数据库创新研究计划》。自2019年起，华为技术有限公司计划投资1500万元，资助国内高校/科研院所教师在数据库领域开展创新研究，以推动国产数据库的技术进步和竞争力构建，培养数据库人才，特别是数据库系统领域人才，促进校企合作及技术成果转化。

学会建设 学会全年召开1次会员代表大会，选举产生新一届理事会；召开2次常务理事会议、1次理事会议和多次工作机构会议。

学会继续组织常务理事参加专业委员会学术年会，对学会专业委员会活动进行调研和数据采集；继续组织专业委员会秘书长培训和主任研讨会；继续按照专业委员会服务会员人数拨付工作经费。

学会技术发展委员会（Technical Council）经学会常务理事会议审议表决后成立。该机构以活动为中心，带动相应的工作机构。经常务理事会议批准新成立集成电路设计专业组。2019年共有34个专业委员会与理事会完成换届选举。

2019年，学会新成立会员活动中心2个、学生分会5个，会员活动中心总数达32个，学生分会总数达49个。会员活动中心和学生分会共组织各类学术活动300余场，学会向会员活动中心和学生分会提供部分活动经费支持。截至年底，付费会员总数达68043人，年度新增会员人数26758人，新增专业会员9000余人，会员人数净增长近20%。

学会治理结构和治理方式改革 学会持续改革、完善与优化学会治理架构，强化学会党委对业务工作的指导。完善学会规章制度，深化专业委员会规范化管理，加强专业委员会和总部之间的互动。加大总部对专业委员会学术活动的全方位服务力度，提升专业委员会的学术影响力和市场运营能力。

完善和创立精准多元的会员服务产品，提升服务便捷性，增加会员权益的含金量，提升学会对国内外优秀科技人员的凝聚力，保持会员人数持续稳定增长。

青年人才托举工程 根据中国科协《“青年人才托举工程”项目实施方案》及有关要求，学会继续实施“青年人才托举工程”项目，组织相关人员参加活动，探索、创新青年科技人才的选拔机制、培养模式、评价标准。

主办期刊 学会主办的*Data Science and Engineering*（《数据科学与工程》）出版4期。学会新创建的*CCF Transactions on Networking*、*CCF Transactions on Pervasive Computing and Interaction*和*CCF Transactions on High Performance Computing* 3本英文电子学报2019年开始出版，各出刊4期，出版工作委员会一方面通过相关领域专业委员会对刊物文章质量进行控制，另一方面主动和斯普林格出版社（Springer）合作，通过数字图书馆增加阅读量，扩大学报传播影响力，提升学报质量。

学科发展工程 学会继续组织专业委员会开展学科研究、发布学科发展报告，2019年发布报告11篇，主题涉及“互联网十年发展回顾”“开放指令集与开源芯片”“高性能计算技术现状与发展趋势”“大数据近似计算方法与系统”“区块链关键技术研究进展”“元学习在监督学习场景下的研究进展与趋势”“事件知识图谱构建研究进展与趋势”“多媒体信号处理的数学理论前沿进展”“基于物理的真实感绘制方法研究进展”“面向增强实现的可视计算技术研究进展”和“医疗健康大数据的研究进展与趋势”。

数据科学与大数据技术系列教材丛书中的《大数据管理》和《大数据分析》2 本教材出版发行。

学会组织撰写《2018—2019 中国计算机科学技术发展报告》，最终收录开放指令集与开源芯片、高性能计算技术、大数据近似计算方法与系统等 10 个领域的发展研究报告并正式出版。

国际学术会议 学会及其专业委员会全年共举办国际会议 5 个，参会人数近 2000 人次。

国内主要学术会议 学会及其专业委员会全年共举办学术年会、研讨会等 46 个，21234 人次参加。

中国计算机学会青年计算机科技论坛（CCF YOCSEF）总部和分论坛全年在 27 个城市共举办 160 余次活动，参加人数 8000 余人次。

5 月 24—25 日，2019 中国计算机学会青年精英大会在四川省成都市举办。来自全国各地从事计算机相关专业的学术界、产业界人士及新闻媒体从业者 800 余人参加大会。大会主题为“硬科技创新之路”，设置 4 个特邀报告、1 个大会论坛、2 个思辨式 YOCSEF 论坛、12 个专题报告会。与会人员共同探讨中国计算机行业未来十年的新思想、新技术、新产业，研讨内容涉及深度学习、联邦学习、边缘计算、类脑计算、图计算、芯片、人机物融合、工业系统安全、机器人等硬科技领域未来十年的发展状况。

大会期间颁发青竹奖、YOCSEF 年度奖等多个奖项。字节跳动人工智能实验室总监李磊，清华大学教授汪玉，微软亚洲研究院首席研究员谢幸，地平线（北京地平线机器人技术研发有限公司）创始人、首席执行官余凯，清华大学教授朱军，中国科学院计算技术研究所研究员、智能处理器研究中心主任陈云霁获得青竹奖。“科研评价：破五唯，立什么？”获得总部优秀论坛奖，“十大经典计算机算法起源、应用与影响”获得总部优秀报告会奖，上海分论坛、广州分论坛、大连分论坛、成都分论坛、合肥分论坛获得 YOCSEF 优秀分论坛奖。

6 月 5 日，中国计算机学会青年计算机科技论坛在北京举办，论坛围绕“IEEE 们遵守美国法律，中国科研发展怎么办”展开讨论。《科技日报》《中国青年报》和《环球科学》等媒体对论坛进行报道。

国际交往 2019 年，学会与 ACM（美国计算机协会）、IEEE CS（美国电气与电子工程师协会计算机学会）、IPSJ（日本信息处理学会）和 KIISE（韩国信息科学家和工程师学会）保持良好合作交往。学会代表参加 ACM 图灵奖颁奖大会，并访问 ACM 总部，双方就中国计算机学会推荐国际期刊和会议列表，ACM 文集和期刊、会议，双方联合设奖，与 ACM 中国的合作，员工互访学习以及新一期合作备忘录的内容等进行讨论。学会代表参加 IEEE CS 理事会议并在会上报告学会发展状况。学会代表参加 IPSJ 和 KIISE 的学术年会，并出席同期举办的中日韩三方会议，中国计算机学会的专家、学者在 IPSJ 年会上作学术报告。中国、日本、韩国在 2019 中国计算机大会上共同举办第三届中日韩智能机器人特别论坛，IEEE CS、IPSJ 和 KIISE 的理事长和秘书长参加 2019 中国计算机大会。

2019 年，学会和美国先进人工智能学会（AAAI）签署合作备忘录，希望通过加强彼此间的联系，实现支持与促进会员发展的共同目标。双方在会议活动中相互推荐讲者，学会通过网站推荐会员加入 AAAI 并注册成为会员，AAAI 为学会会员提供入会价格优惠。

科普活动 学会组织举办全国青少年信息学奥林匹克冬令营、国际信息学奥林匹克中国队选拔、亚洲与太平洋地区信息学奥林匹克竞赛（APIO）、全国青少年信息学奥林匹克竞赛（NOI）等活动。

7 月 14—20 日，由学会主办的第 36 届全国青少年信息学奥林匹克竞赛在广东省广州市举办。来自 31 个省、自治区、直辖市（含香港特别行政区、澳门特别行政区）的 632 名师生参加。

7 月 18 日，学会举办第三届全国青少年信息学奥林匹克竞赛（NOI）与中小学计算机教育论坛，邀请多位中学和大学的专家、学者及教师作主题发言并进行探讨。

8 月 4—11 日，第 31 届国际信息学奥林匹克竞赛（IOI 2019）在阿塞拜疆巴库举办。学会派 4 人代表中国队参加比赛，共有 88 个国家（地区）的 327 名选手参赛。中国队获得 3 金 1 银。担任本次竞赛中国队领队的是中国计算机学会全国青少年信息学奥林匹克竞赛（NOI）科学委员会主席、清华大学博士王宏，副领队是 NOI 科学委员会副主席、北京航空航天大学博士赵启阳。学会秘书长、NOI 主席杜子德，NOI 科学委员会顾问、北京航空航天大学教授尹宝林，NOI

科学委员会委员、清华大学博士韩文弢作为观察员参加竞赛。

2019年共组织近百场走进高校社会公益讲座，提供在线学术视频500余小时。

表彰举荐优秀科技工作者 2019年，学会授予海军计算技术研究所研究员沈昌祥和中国科学院计算技术研究所研究员魏道政CCF终身成就奖；授予清华大学教授胡事民和深圳市大疆创新科技有限公司创始人、CEO（首席执行官）汪滔CCF王选奖；授予中国工程院正高级工程师陈左宁和龙芯中科技术有限公司研究员黄令仪CCF夏培肃奖；授予美国伊利诺伊大学芝加哥分校（UIC）计算机科学系特聘教授俞士纶和美国加州大学洛杉矶分校（UCLA）计算机系教授张丽霞CCF海外杰出贡献奖；授予中国科学院自动化研究所研究员彭思龙和三六零安全科技股份有限公司CCF杰出贡献奖；授予北京航空航天大学教授马殿富和西北工业大学教授周兴社CCF杰出教育奖；授予中国科学院计算技术研究所研究员包云岗、南京大学教授尹一通和北京理工大学教授张美慧CCF-IEEE CS青年科学家奖；授予中软国际有限公司高级副总裁唐振明和上海交通大学教授臧斌宇CCF卓越服务奖；授予清华大学陈健飞、朱晓伟、李崇轩，北京大学陈俊洁、江佳伟，天津大学任文琦、谢肖飞，南京大学郑嘉琦，西北大学金梦，山东大学赵海森CCF优秀博士学位论文奖；授予安天科技集团创始人、董事长肖新光和百度公司深度学习平台飞桨总架构师于佃海CCF杰出工程师奖；授予华为消费者业务CEO余承东和滴滴出行科技有限公司联合创始人兼CTO（首席技术官）张博CCF计算机企业家奖。

学会组织开展2019年中国计算机学会科学技术奖自然科学奖、技术发明奖、科技进步卓越奖、科技进步杰出奖、科技进步优秀奖等奖项的评选和表彰工作。

党建强会 学会开展党建强会行动，结合学会业务工作探索开展形式多样的党组织活动。党委参与学会治理，在每次理事会议和常务理事会议之前，学会党委都对学会发展方向性的工作进行讨论。

学会党委号召各地方分部、专业委员会等机构，在召开学术会议期间，开展党员教育活动，并将活动信息报送学会秘书处进行宣传，一些有特色创意的活动报送中国科协科技社团党委。

会员服务 学会向会员赠送《中国计算机学会通讯》，确保会员享受各种专享优惠福利，开展满意度调查和进行会员关怀。推进信息化建设，对学会官网进行改版，加强页面多终端自适应能力，导航及交互操作更加便捷，便于更好地与会员互动，方便会员参会报名和访问学会数字图书馆。数字图书馆里收录学会旗舰刊物《中国计算机学会通讯》、17种会刊、学科发展报告、技术动态、*IEEE Computer* 中文刊（《计算科学评论》）等出版物以及学会会议及重要学术活动的音视频资料、演示文稿、图集等。会议系统提供论文投稿及评审、会议注册交费等功能，为使用者征文、论文评审及会议注册缴费提供支持。学会通过官方微信、微博等新媒体平台，选择《中国计算机学会通讯》的文章以及讲座等独家资源，推送给会员。学会还建设CCF在线App，通过小程序为会员提供线上个性化资源服务。

学会批准《信息安全学报》《软件导刊》《大数据》和《网络与信息安全学报》4本期刊加入会刊行列，为会员服务。

【2019中国计算机大会】 10月17—19日，由学会主办的2019中国计算机大会在江苏省苏州市举办。会议主题是“智能+引领社会发展”。来自全国1000多家企事业单位的8000余人参加会议。大会安排15个大会报告、3场大会论坛、79场技术论坛、22个特色活动，来自中国、美国、英国、日本、韩国的400多名专家、学者作报告和演讲。与会人员围绕人工智能、人工智能+、人机交互、云计算、大数据、芯片、超算、软件、网络、安全、边缘计算、图计算、量子计算、综合技术、教育、产研合作16个议题进行交流研讨。大会同期举办科技成果展，设置6个特装展位和80个标准展位。

大会开幕式由学会秘书长杜子德主持。中国科学院院士、学会副理事长、大会主席、南京大学校长吕建，苏州大学校长熊思东，美国电气与电子工程师协会计算机学会主席Cecilia Metra（塞西莉亚·梅特拉），江苏省委常委、苏州市委书记蓝绍敏在开幕式上致辞。大会特邀中国工程院院士、中国工程院副院长陈左宁，中国工程院院士、清华大学教授吴建平，英国皇家学会院士、欧洲科学院院士樊文飞，微软全球资深副总裁洪小文，中国工程院院士、香港中文大学（深圳）首任校长徐扬生等15名院士、专家作大会报告。

大会期间，揭晓CCF王选奖、海外杰出贡献奖、科学技术奖、青年科学家奖等奖项。大会资助30个省、自治区、直辖市162所院校的261名师生参加会议。这是自2010年以来，学会连续第十年资助偏远地区的教师、研究生及CCF优秀大学生参加会议，资助总人数达千余人。

（撰稿人：陈玉辉）

中国通信学会

服务创新型国家和社会建设 2019年，学会开展16项科技成果评价，邀请8名院士、130名业界专家组成多个评审委员会，从学术价值、经济效益和社会影响等方面对科技成果进行严格评审。

学会受中国科协委托，完成产学研协同创新联合体项目——车联网（四川）创新助力中心建设，在四川省成都市助力打造国际一流的车联网标准测试验证公共平台，建设高端柔性车联网智库，助力地方产业创新发展。受工业和信息化部委托，完成“网络强国人才发展策略研究”课题，以5G人才为典型研究对象，提出实现网络强国战略的人才发展策略建议。受科技部委托，完成“科普赋能我国ICT产业发展策略研究”课题，分析中国ICT（信息与通信技术）领域科普现状、主要问题和面临的形势，并提出相关策略，为加强信息与通信技术领域科普工作提供理论支撑。

制定《中国通信学会团体标准工作规范》，组织实施第一批共6项关于数据中心绿色节能方面的团体标准规范立项工作。

学会在官网和微信公众号开设专栏，宣传推广网络扶贫优秀论文和网络扶贫最佳实践案例，制作并出版《2018网络扶贫论文案例汇编》，网络扶贫论文被工业和信息化部扶贫工作领导小组办公室展示在工业和信息化部官网上，并纳入扶贫工作数据库。

10月14日，举办全国扶贫日系列论坛——“网络赋能 信息助力 决战决胜脱贫攻坚战”网络扶贫论坛。与会专家交流电信普遍服务和网络扶贫的新成果、新经验，探讨信息通信业在扶贫攻坚中的新思路、新举措，为全面打赢脱贫攻坚战做好网络支撑。

学会建设 2019年，学会新增个人会员8000余名、单位会员35家。新组建网络空间安全与法律委员会、人工智能技术与应用委员会、区块链委员会、移动媒体与文化计算委员会4个分支机构，对学术工作委员会进行换届改选。

完成《中国通信年鉴》（2020卷）的编辑出版和发行工作，发行量5000册，为行业发展服务。编撰并印制发放《中国通信学会2018年年报》《中国通信学会制度汇编》和《中国通信学会廉政风险防控机制建设工作手册》。制定《中国通信学会信息化发展规划（2020—2022年）》，有序推进学会信息化建设。

学会治理结构和治理方式改革 学会推进秘书处实体化规范化职业化建设，修订、新增制度20余项。通过公开招聘、社会招聘等渠道扩充人员队伍。

青年人才托举工程 修订《中国通信学会青年人才托举计划托举对象遴选办法》。举办“青年人才托举工程”通信学术论坛，组织第二、第三、第四届“青年人才托举工程”托举对象之间进行交流。开展第五届中国科协“青年人才托举工程”项目申报工作，共12人（含自筹名额10人）获批托举名额。邀请未能入选“青年人才托举工程”项目的优秀青年进入后备青年人才库，鼓励其参加学会活动。

主办期刊 学会主办的5本期刊发行量总计21200册。《中国通信》（英文版）、《通信学报》入选中国科技期刊卓越行动计划梯队期刊项目。《中国通信》（英文版）的影响因子连续三年保持增长，2019年达到1.882，被评为“2019中国最具国际影响力学术期刊”。参加第四届中国科协优秀科技期刊论文遴选计划工作，学会主办期刊的3篇论文入选。组织召开建设世界一流科技期刊研讨会，积极推进学科领域一流科技期刊建设。

学科发展工程 学会受中国科协委托，完成学科发展项目“面向未来无线通信的天线系统演进和创新”，调研学科发展背景和国内外现状，研究未来天线系统的发展热点、发展趋势和策略相关新技术新成果等，编制学科发展研究报告。

学会举办“经专数字论”高端学术沙龙，围绕“5G工业应用与双创升级”和“发展数字经济，促进经济发展”等主题，组织专家对本学科领域发展的关键问题进行研讨，协助政府部门做好信息通信经济领域的研究与咨询工作。

决策咨询 学会参与科技部关于《国家中长期科学和技术发展规划纲要（2021—2035年）》有关专题起草。完成中国科协、工业和信息化部、科技部等部门委托的6项决策咨询研究项目。

聚焦工业互联网、数字经济、科普等研究领域，组织报送5篇专报。发布卫星通信、5G、车联网等领域4篇前沿报告，以及《车联网知识产权白皮书》《中国智慧杆塔白皮书》。

国际学术会议 学会全年举办国际学术会议11次，参会人数7000余人次，收录论文327篇。发起设立"数字经济安全与发展国际论坛"倡议，组织会员参加国际领域合作交流活动。

8月11—13日，学会与IEEE、IEEE ComSoc（通信协会）共同主办的第八届中国国际通信大会（ICCC 2019）在吉林省长春市召开，来自海内外的300多名专家、学者参加会议。大会以"无线无极限"为主题，设9场座谈会、6场专题报告、9场研讨会、2场行业委员会和1场青年科学家论坛，邀请5名外籍院士和IEEE Fellow（IEEE会士/院士）作主旨报告，17名IEEE Fellow、国际通信专家作专题报告。

国内主要学术会议 学会全年举办国内学术会议40余次，参加人数2万余人次，收录论文1000多篇。

9月20—21日，学会主办的2019粤港澳大湾区5G创新论坛在广东省深圳市召开。论坛以"5G融合创新，产业协同发展"为主题，来自内地、香港特别行政区、澳门特别行政区的300多名行业专家、学者及企业家参加论坛。

两岸交流 学会与台湾"中国无线电协进会"、台湾物联网协会、台湾科技产业协会建立友好合作关系并签订学术交流合作协议，加强两岸在研究合作、举办学术会议、交换学会数据和出版物等方面的合作，促进两岸在5G通信技术、物联网、大数据、云计算等方面的交流。

4月23日，由学会主办的海峡两岸电子信息产业对接交流会在四川省成都市举办。会上开展"5G数字四川"场景展示与体验，两岸企业代表赴四川省有关市（州）、园区考察。来自华为技术有限公司、腾讯科技（深圳）有限公司等企业，中国信息通信研究院、电子科技大学等科研院所、高等院校的专家、学者参加会议。近100家台湾地区企业及行业协会负责人出席活动。

国际交往 学会深化与IEEE合作力度，与IEEE总部在标准合作方面签署合作协议，11月30日，学会与IEEE签署的国际标准合作谅解备忘录正式生效。IEEE执行董事兼COO（首席运营官）Steve Welby和IEEE标准主席Robert Fish表示，IEEE将与学会在全球标准、学术会议、技术交流、专业发展、STEM（科学、技术、工程、数学）活动等方面开展更多合作。学会与IEEE消费电子学会签署合作备忘录。与IEEE通信学会在吉林省长春市联合举办中国国际通信大会，双方进一步加强在《中国通信》（英文版）期刊上的合作。与日本、韩国通信信息学会合作在越南举办亚太通信大会。与联合国科学与技术发展委员会就数字经济安全与发展领域建立联系。

科普活动 2019年，学会组织科普活动7次，受众7万余人次，覆盖全国20多个省、自治区、直辖市。

5月16—17日，学会举办2019年世界电信和信息社会日大会，与地方通信学会及基础电信运营企业联动，开展一系列纪念宣传及科学传播活动，受众人数达数万人次。

8月6日，学会联合湖北省通信学会共同主办的"信息通信展——5G改变社会"科普展启动仪式在湖北省武汉市举办。展览包括信息通信知识科普和5G应用体验馆两部分，采用"科普+体验"的方式，让社会大众近距离了解信息通信技术的发展史及5G技术应用的最新成果。此次活动接待海内外观众3万余人次。

9月14—20日，学会联合中国联通共同参与"全国科普日北京主场活动"，举办为期7天的展览，着重展现5G的新应用，并邀请央视一套《生活圈》等栏目对展位进行专访。此次展览受众约3000人次。

学会副理事长、科学传播专家团队首席专家张新生受邀参加"科普中国·科技前沿大师谈"活动，为500多名公众讲解5G的价值、发展和应用前景。在中国科协调研宣传部主办的以"来了，中国5G"为主题的"科学麻辣烫"活动中，张新生等专家发表演讲，为公众解疑释惑。

表彰举荐优秀科技工作者 学会向第十六届中国青年科技奖、中国青年女科学家奖和2019年度未来女科学家计划等推荐候选人5人次。

学会开展中国通信学会科学技术奖评选工作，共有37项成果获奖，获奖项目占受理项目的28.9%。学会遴选其中6个获得一等奖的项目，参加国家科学技术奖励评选，由北京理工大学信息与电子学院院长安建平等完成的"卫星通信大规模阵列测量技术与应用"项目获得2019年度国家技术发明奖二等奖。

学会创新发展 学会举办第五届3S杯全国大学生物联网技术与应用"三创"大赛、2019"之江杯"全球人工智能大赛等6项创新赛事活动，共有海内外

8100余支团队、3万余名选手参加比赛。此次活动激发社会大众尤其是大学生的创新意识，助推万众创新。

党建强会 学会经中国科协科技社团党委批准，调整党委委员。为更好地支撑党委日常工作，设立党委办公室。学会在19个分支机构成立党的工作小组，分支机构党小组覆盖率达到66%。

学会按照工业和信息化部机关党委和中国科协科技社团党委统一部署，开展“不忘初心、牢记使命”主题教育活动。7月18日，中国科协党组书记、常务副主席、书记处第一书记怀进鹏带队赴学会开展主题教育调研，与有关负责人进行座谈，听取意见建议。

学会承接并组织实施中国科协科技社团党委建家交友项目——首届全国学会羽毛球比赛。

会员服务 学会制定《加强个人会员发展、管理和服务的指导意见》。探索建立会员工作站，组建浙江大学等3校学生会员分部，学会领导班子带队赴会员单位调研并解决实际问题。修订发布《中国通信学会会士工作条例》，组织开展2019年会士遴选工作。

组织个人会员和单位会员参加学会举办的各种活动，优化升级会员管理系统，编制会员服务手册，每月发送《会讯》供会员阅览，向个人会员和单位会员寄送科技期刊1万余册。

【2019中国信息通信大会】 11月30日—12月1日，由工业和信息化部、中国科协和四川省人民政府共同指导，学会与成都市人民政府、四川省经济和信息化厅、四川省通信管理局、四川省科协、四川投资集团有限责任公司联合主办的2019中国信息通信大会在四川省成都市召开。

大会以“5G时代，联动未来”为主题，设置互联网体系结构与技术大会、2019中国国际车联网（智能网联汽车）技术大会和2019中国信息通信大会开幕式暨院士主题报告会3场主题大会，以及28场专题会议。工业和信息化部副部长陈肇雄，中国科协党组成员、书记处书记宋军担任大会指导委员会主任委员。包括1名国际组织负责人，10名国家部委司局领导，14名院士，60余所院所高校代表，200余名学界专家、学者，333名企业高管等在内的共计900多人参加会议。

与会人员聚焦5G、工业互联网、物联网、人工智能、车联网、区块链等热点领域，围绕前沿技术、产业应用、生态系统等多个维度，剖析信息通信技术、产业最新进展和未来发展趋势。现场参加会议人数7487人次，网上直播观看人数52159人次。

会议期间，同步开展信息通信领域科技成果发布、合作签约、四川数字经济研究院揭牌、技术应用成果展示等系列活动，推动政产学研用合作共赢，促进优质研究成果和行业资源对接地方产业发展。大会征集论文200多篇，并择优录入《2019中国信息通信大会论文集》。

【2019年世界电信和信息社会日大会】 5月16—17日，由工业和信息化部指导，学会主办的2019年世界电信和信息社会日大会在北京召开。工业和信息化部党组成员、总工程师张峰出席会议并致辞。工业和信息化部国际合作司副司长刘子平在会上宣读国际电信联盟秘书长赵厚麟的致辞。

大会主题为“缩小标准化工作差距”，中国工程院院士邬贺铨和中国通信标准化协会副理事长兼秘书长杨泽民分别作主题报告，中国移动、中国联通、中国电信、华为、中兴、爱立信等企业专家作演讲。大会就5G、边缘计算、智能终端等内容设立6个技术分论坛。会场外架设5G实验网络，对企业创新成果进行展览展示。共有1000余人参加大会。

大会期间，学会联合地方通信学会及基础电信运营企业，在全国范围内开展一系列纪念宣传及科学传播活动。广西通信学会开展主题为“5G时代智联未来 数字广西赋能八桂”的5G试用活动；青海省通信学会召开5G创新合作暨千兆智能宽带启动会，并开展全省军民联合护线宣传活动；云南省通信学会推出“5·17”电信日特刊（发行量55万余份）和5G体验展览；北京市、天津市、河南省、江西省、浙江省等地通信学会组织专题报告会。此次纪念宣传系列活动覆盖全国近20个省、自治区、直辖市，受众数万人次，对信息通信技术的标准化应用及可持续发展起到推动作用。

（撰稿人：张焕焕）

中国中文信息学会

服务创新型国家和社会建设 2019年，学会共举办《前沿技术讲习班》8期，约3000人次参与学习。7月，由学会主办的《前沿技术讲习班》（CIPS ATT）第13、14期在北京举办，主题分别为“深度学习”“问答”“对话的基础知识”以及“最前沿的相关算法”。会议邀请复旦大学计算机科学技术学院副教授邱锡鹏等9位专家在不同的领域作讲解，并对深度学习及各领域的应用提出未来的研究方向。两期讲习班共超过800名青年学生参与。8月，在广东省深圳市举办第15期讲习班，主题为“社会媒体处理”。8月，在浙江省杭州市举办第16期讲习班，主题为“知识图谱”。9月，在福建省福州市举办第17期讲习班，主题为“信息检索”。9月，在江西省南昌市举办第18期讲习班，主题为“机器翻译”。10月，在云南省昆明市举办第19期讲习班，主题为“计算语言学”。10月，在广东省广州市举办第20期讲习班，主题为“医疗健康信息处理”。

8月12日，学会启动首次扶贫志愿活动，学会副理事长兼秘书长、中国科学院软件研究所特聘研究员孙乐带领扶贫志愿者团队一行6人会同青海师范大学师生，前往青海省海南藏族自治州共和县廿地乡廿地村开展精准扶贫慰问活动。

学会建设 2019年，学会有分支机构20个，其中工作委员会8个，专业委员会12个。分支机构全年举办系列学术活动约50项。

2019年，学会入选中国科协“中国科技志愿服务百家学会”。

学会治理结构和治理方式改革 2019年，学会继续推进办事机构实体化建设和职业化改革。学会秘书处现有专职工作人员6人，平均年龄39岁，其中硕士学位人员比例为83%，人才队伍呈现出年轻化和专业化趋势。

青年人才托举工程 10月，学会通过材料申报和现场答辩，获得第五届中国科协“青年人才托举工程”项目2个资助名额。12月，学会开展遴选工作，经过专家推荐、资格审查、视频评审、专家投票等环节，确定2名推荐人入选第五届中国科协“青年人才托举工程”项目。

主办期刊 学会会刊《中文信息学报》（月刊）全年共出版12期。根据2019年《中国科技期刊引证报告》，《中文信息学报》的核心影响因子为0.627，在信息与系统科学相关工程与技术领域的19本期刊中，核心影响因子和总被引频次排名分别为第6和第7。根据2019年《中国学术期刊影响因子年报》，《中文信息学报》在自动化与计算机领域的140本期刊中，综合影响因子为0.775，相比2017年提高约20%，影响因子学科排序位列第33。

学科发展工程 3—6月，学会组织撰写的学科领域热点问题“自然语言理解”入选2019年信息技术领域十大前沿热点问题。该问题由学会副理事长兼秘书长孙乐，副理事长马少平、宗成庆牵头，韩先培、张家俊、刘知远等研究员参与撰写，经中国科协信息科技学会联合体推荐，通过初审和中国科协终审，最终入选信息技术领域十大前沿热点问题，并位列榜首。

国际学术会议 6月23—25日，由学会、电气与电子工程师协会、中国工程院主办的第四届国际网络空间数据科学大会（IEEE DSC 2019）在浙江省杭州市召开。会议主要内容为数据科学、大数据、网络空间中的数据密集型应用等数据科学和大数据研究热点。会议共设网络空间安全、深度学习算法及其应用、机器学习、社交网络、语料库中的知识获取、知识图谱与知识处理及智能系统等主题分会。邀请丹麦、瑞士、加拿大、美国、英国、澳大利亚等国家的专家、学者作主题报告、特邀报告和辅导报告，共同探讨和交流数据科学和网络空间领域的研究热点和最新成果。来自国内外网络空间数据科学领域的约300名专家、学者和行业代表参加会议，促进网络空间安全领域的理论创新、技术交流与产学研合作。

7月10日，由学会主办的第四届亚洲信息获取暑期学校（ASSIA 2019）在海南省海口市举办。邀请包括荷兰皇家艺术与科学院院士、荷兰阿姆斯特丹大学教授Maarten de Rijke，美国伊利诺伊大学厄巴纳－香槟分校教授Chengxiang Zha，日本早稻田大学计算机系主任Tetsuya Sakai，加拿大蒙特利尔大学教授Jian-Yun Nie，澳大利亚墨尔本大学教授Alistair Moffat，澳大利亚皇家墨尔本理工大学教授Mark Sanderson，美国微软公司姜大昕，北京京东世纪贸易有限公司殷大伟，中国人民大学教授徐君9位专家、学者授课。授课内容包括信息检索与推荐、机器学习、自然语言处理、人机交互等智能信息获取方面的核心研究内容。来自中国、日本、新加坡等国家和地区的80余名学者和学生参加暑期学校，并就相关领域的热点研究话题进行交流与讨论。

国内主要学术会议 2019年，学会及其分支机构共举办系列研讨会、学术讲座、报告会、年会、评测竞赛等学术活动约30次，总参会人数超过5000人次。

5月3—5日，由学会主办、海南大学承办的第十六届全国自然语言处理青年学者研讨会（YSSNLP 2019）在海南省琼海市召开。研讨会的主题为“探索学科交叉，聚焦挑战和机遇”，邀请北京师范大学教授毕彦超、浙江大学教授刘海涛和百度技术委员会主席吴华作特邀报告，并设置词法句法分析、语义表示与计算、文本分析、信息抽取与检索、问答和对话以及机器翻译等主题研讨。每个主题设置综述报告、前沿学术报告、产业应用报告和一个小型讨论，与会的自然语言处理领域的青年学者对每个主题的研究进展、面临的挑战和未来发展趋势进行研讨。会议采取邀请制，约有200人参加。

8月9—11日，由学会主办的第十七届全国少数民族自然语言处理青年论坛（CCIPML 2019）在青海省西宁市召开，约100人参加。会议邀请清华大学、北京大学、中国科学院、哈尔滨工业大学、内蒙古大学的5名少数民族自然语言处理相关领域的专家和2名业界企业管理者就少数民族语言信息处理面临的新问题与挑战、序列到序列学习、藏文信息技术在藏区的应用研究等内容作特邀报告。同时，针对国产多语种操作系统的研究进展、任务和亟待解决的问题等内容开展专题研讨。

8月14—17日，由学会和中国计算机学会共同主办的第十五届全国人机语音通讯学术会议（NCMMSC 2019）在青海省西宁市召开。约有350人参加会议。会议设置5场大会报告、12场分论坛、4场专题论坛和2场发布会，就语音识别与增强、语音合成与语料库、言语工程中的语音学、语音分析与建模、少数民族语音处理、情感语音、语音与医学等议题进行研究。

8月24日，由学会与中国计算机学会合办的第四届语言与智能高峰论坛在北京召开。600余人参加论坛。论坛主题为"语言与智能领域的新发展和新技术"，邀请新加坡国立大学教授李海洲、北京理工大学计算机学院院长黄河燕、华为诺亚方舟实验室语音语义首席科学家刘群、微软研究院医学自然语言处理主任潘海峰、京东人工智能研究院常务副院长何晓冬作特邀报告，就自然语言处理技术的热点、难点以及前沿方向进行剖析。论坛的一个特色环节是学术界与企业界进行圆桌对话，针对观众的提问专家们作出解答，共同探讨语言与智能领域的新发展和新技术，促进学术交流。

9月20—22日，由学会和中国计算机学会联合举办的第二十五届全国信息检索学术会议（CCIR 2019）在福建省福州市召开。来自全国从事信息检索理论与应用研究的60多所高校和科研机构的220余人参加会议。会议主题为"拥抱智能检索新时代"。会议设置会议论文宣讲、活跃在一线的青年学者论坛、热点研究问题讲习班、新委员论坛、工业论坛以及领域亮点论文展示等内容。邀请多位国内外专家、学者作大会特邀报告，并进行基于电子病历的数据查询类问答评测。此外，会议还利用社交媒体进行线上交流，精选部分大会报告进行现场直播。

7月13—14日，由学会大数据安全与隐私保护专业委员会主办的第二届大数据安全与隐私保护学术会议在甘肃省兰州市召开。会议的主题是"受控共享为数据应用排忧解难，隐私计算为个人信息保驾护航"。会议邀请中国科学院信息工程研究所研究员李凤华、澳大利亚悉尼科技大学教授何祥建、英国纽卡斯尔大学董长宇作特邀报告，还邀请7位专家围绕大数据安全和隐私保护作主题报告。同时，还安排13个论文分组报告，并进行研讨。约有120人参加会议。会议对接互联网+、大数据安全、数字经济、人工智能、5G安全等国家战略，为支撑大数据有序共享和隐私保护提供学术交流的平台。

8月16—18日，由学会社会媒体处理专业委员会主办的第八届全国社会媒体处理大会（SMP 2019）在广东省深圳市召开。约600人参加会议。大会包括2个前沿技术讲习班、4个大会特邀报告、4个青年精英科学家报告、10个专题论坛、4个技术评测报告和2场论文报告会。会议邀请中国工程院院士、学会理事长方滨兴，北京大学教授田永鸿，山西大学副校长梁吉业，中国人民大学社会与人口学院院长冯仕政作特邀报告。

8月24—27日，由学会语言与知识计算专业委员会主办的全国知识图谱与语义计算大会（CCKS 2019）在浙江省杭州市召开。800余人参加会议。会议主题为"知识智能"，内容包括学术讲习班、特邀报告、顶级会议回顾、工业界论坛、知识图谱评测与竞赛、学术论文及演示等环节，旨在让社会各界了解知识图谱与语义计算的新方向和新趋势，以推动中国语言与知识计算领域的进一步发展。特邀报告环节邀请海内外学者和工业界专家介绍学科前沿信息及重要成果，如邀请英国南安普顿大学教授Dame Wendy Hall、美国伊利诺伊大学厄巴纳－香槟分校教授季姮作特邀报告。此外，大会还邀请国内外高校、研究院及企业相关领域的学者和研究人员，作有关知识图谱构建、信息抽取、知识存储、检索与推理、知识共享重用与基于知识图谱的问答等方面的主题报告和专题讨论。会议回顾知识图谱与语义计算的进展情况，探讨学科领域内的新发现、新技术和新应用。

12 月 22—24 日，由学会医疗健康与生物信息处理专业委员会主办的第五届中国健康信息处理大会（CHIP 2019）在广东省广州市召开。来自健康信息处理领域的 150 余名研究人员参加会议。会议以“人工智能 + 医疗健康”为主题，设置前沿讲习班、特邀报告、学术论文交流、评测技术交流和专题技术论坛等环节。邀请原国家卫生和计划生育委员会统计信息中心副主任王才有、北京协和医院神经外科主任医师王任直、中山大学教授孙颖从医学专家的视角介绍现代医学对于数据信息化、诊断智能化的需求，江西中医药大学教授杜建强、浙江大学教授李劲松、加拿大维多利亚大学（Victoria University）教授张彦春、复旦大学教授刘雷分别介绍医学数据库、知识图谱构建、人工智能技术在现代医疗中的应用等内容，充分将自然语言处理等人工智能技术与现代医学相结合。

科普活动 9 月 26 日，首次中国中文信息学会（CIPS）高校行活动在江西省南昌市举办。江西师范大学计算机学院院长王明文，以及 100 余名师生参加活动。学会副理事长、中国科学院自动化研究所研究员宗成庆，学会副理事长兼秘书长、中国科学院软件研究所研究员孙乐，中国科学院软件研究所研究员韩先培，中国科学院自动化研究所副研究员张家俊参与“自然语言处理与机器翻译”“基于知识图谱的智能问答”2 场科普讲座。通过举办科普讲座，江西师范大学师生了解自然语言处理技术（NLP）的相关知识。

党建强会 8 月 26 日，学会党支部组织党员赴河北省承德市围场满族蒙古族自治县塞罕坝开展“学习塞罕坝精神　做合格党员”学习实践活动。通过举办主题党日活动，鼓励学会党员以实际行动践行“两学一做”，在工作岗位上发挥先锋模范作用。

10 月 31 日，学会党支部组织集中学习新修订的《中国共产党纪律处分条例》，统一观看警示教育片《警钟》，对全体党员开展警示教育活动，强化党员纪律性，牢固树立“四个意识”，切实做到“不违规、不越界”。

学会党支部将党风廉政教育纳入支部学习内容，通过网站、微信公众号等新媒体平台开展党风廉政宣传。

会员服务 8 月，中国中文信息学会优秀博士学位论文评选启动。论文评选自 2019 年起每年举办一次，主要包括格式审查、初审、终审和颁奖 4 个阶段，共评出 2019 年中国中文信息学会优秀博士学位论文奖 5 篇，优秀博士学位论文提名奖 2 篇。

2019 年，学会继续向会员赠阅《中文信息学报》期刊，提升会员资讯类服务水平。借助社交媒体平台加强对学会的宣传，继续完善学会微信公众号，青年工作委员会和社会媒体处理专业委员会微信公众号平台建设，及时发布相关学术领域的新闻，宣传学会的学术活动，加强与科技工作者的联系。

【第十五届全国机器翻译大会（CCMT 2019）】 9 月 27—29 日，由学会主办、江西师范大学承办的第十五届全国机器翻译大会（CCMT 2019）在江西省南昌市召开，300 多名专家、学者参加会议。大会展示机器翻译领域的最新研究成果，讨论机器翻译评测相关的任务和系统建设，探讨研究发展、技术应用和博士生培养的专门问题。邀请来自英国帝国理工学院（Imperial College London）教授 Lucia Specia 和微软亚洲研究院首席研究员秦涛作特邀报告。

【第十八届中国计算语言学大会（CCL 2019）】 10 月 18—20 日，由学会主办的第十八届中国计算语言学大会（CCL 2019）在云南省昆明市召开。来自内地、香港特别行政区及海外的 800 余名专家、学者参加会议。会议安排 5 个主旨报告、4 个口头报告以及 1 个测评报告。会议邀请英国皇家工程院院士、欧洲科学院院士、英国帝国理工学院教授郭毅可，《人工智能简史》作者、乌镇智库理事长张晓东，浙江大学计算机学院副院长陈为，京东 AI 研究院常务副院长何晓冬，美国伊利诺伊大学厄巴纳 - 香槟分校教授季姮作大会特邀报告。会议收到论文 371 篇，录用 136 篇，总体录用率 36.66%。

（撰稿人：肖千慧）

中国测绘学会

服务创新型国家和社会建设 学会开展 2019 年测绘地理信息创新产品认定工作，共收到 45 家单位 77 项产品申报，认定 29 家单位的 44 项产品为 2019 年测绘地理信息自主创新产品。推荐 4 项测绘科技项目参加国家奖项申报，有 2 项获得国家科学技术进步奖二等奖。

学会建设 学会新发展团体会员近 100 家，截至 12 月底，团体会员总数达 760 家。个人会员达 4 万余人。

学会全年共召开党委会议3次、理事会议1次、常务理事会议2次，完成2名理事的变更、增补工作。每周召开一次理事长办公会议，坚持“三重一大”决策事项集体讨论研究决定。

学会治理结构和治理方式改革 学会制定和完善《中国测绘学会合同管理办法（试行）》《中国测绘学会分支机构财务管理办法》《中国测绘学会考勤休假管理办法》《中国测绘学会省级学会年度工作考评办法（试行）》等制度，为学会工作提供制度保障。

完成分支机构2018年工作考评（3家综合优秀和3家单项优秀），引导分支机构打造高质量的亮点活动，激励分支机构创先争优。完善工作细则，优化分支机构管理与服务模式，为分支机构各类工作提供服务与支持。

主办期刊 学会着力加强对主办期刊的管理、编辑质量和出版发行工作，力求更好地服务会员和广大测绘科技人员。《中国测绘》全年完成征订10091份。《测绘学报》入选2019中国国际影响力优秀学术期刊，*Journal of Geodesy and Geoinformation Science*（《测绘学报》英文版）入选中国核心期刊（遴选）数据库和中文科技期刊数据库。

学科发展工程 学会编写并出版反映2018年度测绘学科发展状况的《测绘科学与技术学科发展报告》和《中国测绘学科发展蓝皮书》。

学会发布《中国测绘地理信息科技创新与产业发展研究报告》，全面系统地反映2019年中国测绘地理信息领域科技创新与产业发展的总体情况，剖析存在的主要问题和所处的发展环境，提出进一步推动科技创新发展的思路。

国内主要学术会议 学会召开中国测绘学会2019学术年会等主要学术会议，学会分支机构全年组织开展涉及测绘地理信息领域各专业技术学科的研讨会、新技术应用推广交流会、专业领域学术年会、论坛等22项交流活动，扩展学会的服务覆盖面，提升学会影响力。

两岸交流 9月25—29日，学会组成以学会理事长宋超智为团长的38人代表团，赴台湾地区高雄市参加第九届海峡两岸测绘发展研讨会，来自测绘地理信息界的专家、学者200余人参加会议。研讨会以“同建智慧时空，共赢美好未来”为主题，邀请中国工程院院士李建成、郭仁忠分别作主旨报告。研讨会就卫星导航定位与技术发展、地籍测量、地理信息系统、摄影测量与遥感、人工智能、无人机测绘、智慧城市、注册测绘师、测绘教育与文化、无人机驾驶与高清地图、地理信息大数据、测绘发展与服务等专题进行研讨和交流。

国际组织任职 学会推荐刘纪平、王涛和黄浩生在国际地图制图学协会任职。在第29届国际地图制图大会上，中国测绘科学研究院副院长刘纪平当选为早期预警与危机管理制图委员会主席，首都师范大学地理信息国际学院副院长王涛当选为教育培训委员会主席，瑞士苏黎世大学的中国学者黄浩生当选为位置服务委员会主席。

国际交往 4月21—27日，国际测量师联合会（FIG）工作周会议在越南河内召开。学会组成以学会副秘书长马振福为团长的11人代表团参加工作周会议。学会副理事长张继贤作为国际测量师联合会副主席随团参加会议。

7月14—21日，经自然资源部批准，学会作为国际地图制图学协会国家会员，组成以学会秘书长彭震中为团长的39人代表团参加在日本东京举办的第29届国际地图制图大会。中国学者与世界各国学者进行交流，在各分会场作20余场技术报告，共组织9家中国的地图制图企业参展，遴选16件地图作品参加展览及评选，其中6件作品获奖。

科普活动 8月19—21日，学会在贵州省遵义市举办第十八届中国学生定向锦标赛暨“中国四维杯”第十五届全国测绘地理信息职工定向越野赛。来自全国的134支学生代表队的1396名学生和62家测绘单位142支代表队的750余名职工参加比赛。

学会组织开展主题为“礼赞共和国、追梦新时代”的2019全国科技工作者日主题活动。举办“绘宇智能”杯2019测绘地理信息科普摄影大赛，推荐的4幅作品获得中国科协第八届科普摄影大赛入围奖。组织参与2019年自然资源科普讲解大赛，中国地图出版社有限公司、河北省测绘科技馆等单位获奖。

表彰举荐优秀科技工作者 学会按要求完成中国科学院院士、中国工程院院士推荐工作，推荐的张继贤、李成名、袁运斌、游雄和边少锋5名候选人均通过形式审查，李成名进入中国工程院2019年院士增选第一轮评审。

举荐殷晓斌参评陈嘉庚青年科学奖，王宇翔和钟耳顺参评第十三届光华工程科技奖，马盈盈和李静团队参评中国青年女科学家个人奖和团队奖。

学会开展科技奖励及推荐工作，进一步完善测绘科技进步奖、全国优秀测绘工程奖、青年测绘地理信息科技创新人才奖、科技创新型优秀单位奖 4 个奖项评选办法，开展评选工作。共收到奖项申报 1021 个，其中，测绘科技进步奖申报 314 个，全国优秀测绘工程奖申报 520 个，青年科技创新人才奖申报 70 个，科技创新型优秀单位奖申报 117 个。评选出测绘科技进步奖 110 项，全国优秀测绘工程奖 208 项，青年测绘地理信息科技创新人才奖 28 名，科技创新型优秀单位奖 47 家。

学会创新发展 学会自 5 月开始承接甲级测绘资质技术审查工作，共完成 269 项申请事项审核。为做好甲级测绘资质申请的审核工作，将审核工作分为初核、复核、审签上报三级，确保审核工作按照《中华人民共和国测绘法》《测绘资质管理规定》和《测绘资质分级标准》的要求严格执行。

学会完成 2019 年测绘地理信息类工程教育专业认证工作目标，共完成 13 所学校专业点的认证工作。新增补正式专家 18 人。

学会与浙江省湖州市莫干山高新技术产业开发区管理委员会共同主办测绘地理信息创新发展与园区建设论坛，就测绘科技创新发展与园区建设开展研讨交流，现场与 13 家企业达成合作意向。此次论坛是贯彻落实学会与湖州市莫干山高新技术产业开发区管理委员会 2018 年 6 月签订的共同打造“测绘地理信息科技与产业示范区”合作协议的具体举措，有利于引导国内外测绘地理信息企业到园区集聚，提高测绘地理信息科技创新能力，推动测绘地理信息及相关产业发展，服务当地经济转型升级，为全国测绘地理信息产业发展提供可推广的典型经验。

党建强会 4 月 18 日，学会全体党员及干部职工与超图集团党支部代表共同前往抗战遗址卢沟桥，参观中国人民抗日战争纪念馆，开展“不忘初心、牢记使命、铭记历史、开创未来”主题党日活动。将学会党建与业务工作深度融合，发挥学会党组织的政治引领、思想引领和组织保障作用，提升学会的组织力、凝聚力和影响力。

会员服务 会员入会、奖项申报、分支机构考评等均通过综合服务平台提交，建立团体会员、正副理事长、常务理事、理事单位、省级学会、分支机构等 QQ 和微信交流群，基本实现工作信息化管理，提升工作效率。

【中国测绘学会 2019 学术年会】 10 月 16 日，以“创新融合　智绘未来——测绘服务生态文明建设”为主题的中国测绘学会 2019 学术年会在江苏省南京市召开。全国政协副主席何维、自然资源部副部长库热西、江苏省副省长费高云、学会理事长宋超智在大会开幕式上讲话。这是学会建会 60 周年之际召开的一次会议，年会回顾中国测绘地理信息事业发展历程，交流最新科研成果，展望行业发展未来。大会邀请 10 名院士，以及来自全国各地测绘地理信息学会、企事业单位和香港特别行政区、澳门特别行政区和台湾地区的 3000 多名专家、学者参加会议。

年会主论坛上，院士专家围绕测绘遥感学科发展 60 年回顾与展望、自然资源大格局下的新型基础测绘、北斗导航技术在现代农业中的应用等主题作报告。同期举办科技与产业沙龙，围绕测绘在服务自然资源管理工作中的科技创新、成果应用等设立 14 个分论坛。与会专家、学者围绕无人机与自然资源智能感知、现代工程测量技术及发展、大数据时代的自然资源管理、人工智能时代的地图学与地理信息技术、地理国情监测技术与应用、测绘地理信息创新发展与园区建设、遥感监测卫星发展与应用、穿越时空的地图之路、新一代信息技术打造新型智慧城市、文化遗产保护前沿技术、智能时代测绘服务模式与创新等主题，展开研讨和交流，分享测绘科技前沿技术和思想。

会上，颁发测绘地理信息杰出成就奖，同时揭晓首届十大测绘科技创新人物，还颁发 2019 年测绘科技进步奖、优秀测绘工程奖、青年测绘地理信息科技创新人才奖、科技创新型优秀单位奖、科学技术奖励评选工作突出贡献奖、“吉威时代杯”青年优秀论文奖、测绘地理信息创新产品等奖项。

会议同期举办第九届中国测绘地理信息技术装备博览会，展览面积约 2.6 万平方米，有 300 余家厂商参展，集中展出测绘地理信息领域的高精尖技术和核心装备，测绘型无人机、移动测量车、测量机器人、机载激光雷达、摄影测量相机等高技术装备，测绘地理信息软件、系统集成和解决方案，以及测绘地理信息跨界融合服务民生领域的创新应用成果。还举办新技术新产品推介、投资洽谈、商贸对接等系列活动。来自国土、规划、水利、农业、环保、交通等相关行业的专业人员，以及自然资源系统和全国相关高校、科研机构、企事业单位的近 1 万人参会参展。

（撰稿人：钱晓雪）

中国造船工程学会

服务创新型国家和社会建设 学会承担中国科协九大代表调研课题“我国船舶行业智库建设的发展与研究”，通过对全球重点地区和代表性智库机构进行深度调研，把握当前国内船舶行业及其他行业智库发展情况，为行业发展提供支撑与服务。

学会参与工业和信息化部“风帆技术示范应用开发”重点科研项目子课题“风帆-主机混合动力VLCC节能指标与经济性分析”，完成“风帆-主机混合动力VLCC（超大型油轮）的石油贸易市场和主要航线、港口特征和需求分析”等6个子专题研究任务，并首次建立风帆助推VLCC经济分析和决策体系，分任务通过验收。

学会完成海运温室气体减排国际公约、标准、技术研究与应用等7项科技成果评价工作。

学会组织向中国科协推荐2019前沿领域科技成果，共入选3项；推荐民营企业参加前沿科技成果评选86项。

学会推荐的武昌船舶重工集团有限公司、江苏自动化研究所的“船舶管件智能制造新模式”项目入选中国智能制造十大科技进展，并在2019世界智能制造大会的智领全球发布会上发布。

学会针对船舶与海洋工程等中、小民营企业专业技术职务任职资格评审渠道不畅通问题，为企业科技人员开展职称评定服务，2019年完成12家企业共77名科技人员的职称评定。

学会根据国家有关政策，制定《修船行业绿色船舶修理企业规范条件（草案）》，经理事会审议通过后已向行业推广。

学会发布《船舶厂所协同设计船体结构通用建模技术要求》（T/CSNAME 001—2019）等5项团体标准；提出《三维体验平台安全保密改造技术要求》等14项团体标准编制建议，经专家组评审正式立项。学会为完善智能船艇挑战赛保障系统，形成《智能船艇人机对抗主要类型和原则》等5项团体标准。

学会举办船舶制造业管理人员培训班1次，共有来自船舶行业20余家企业的近30名技术人员参加培训。

3月27日，由学会等单位联合主办的第九届北京国际海事技术与装备展览会在北京举办，展会面积达9万平方米，来自全球近1800家企业参展，其中世界500强企业46家、国际展团18个，从事海洋工程装备业务的企业约占50%，参展专业观众近8万人。

5月25日，2019年全国职业院校船舶与海洋工程装配技能大赛在辽宁省葫芦岛市举办，学会作为全国船舶工业职业教育教学指导委员会主任委员单位参与主办。共有13所国内高职院校组队参加，经过理论考试和实操考试评选出一等奖2项、二等奖3项、三等奖5项和优秀奖3项。

6月2—4日，由全国船舶工业职业教育教学指导委员会主办，学会参与主办的2019年全国职业院校技能大赛高职组“船舶主机和轴系安装”赛在湖北省武汉市举办。来自全国15个省市的21支代表队参赛，评选出一等奖2个、二等奖4个、三等奖6个。

12月3—6日，由上海市船舶与海洋工程学会主办，学会协办的第二十届中国国际海事技术学术会议和展览会在上海市举办，共有2200余家企业参展，展览面积超过9万平方米，参展人数超过6.5万人，人次超过20万。组织学会所属各专业期刊，以及全国海洋航行器设计与制作大赛、中国智能船艇挑战赛获奖作品在展会上展出。

学会与江苏省科协签订服务创新驱动战略合作协议，双方在加强学术引领、建设高端智库、搭建交流平台、举荐培养人才、助力企业创新、提升科技层次等方面开展合作。

学会与福建省造船工程学会、福建省马尾造船股份有限公司、中国船舶重工集团公司第七〇二研究所共同签署《中国科协创新驱动助力工程产业技术创新战略联盟框架协议》，共同探索福建省海洋装备产业领域的企业与科研院所、科技社团等开展技术合作、科技成果转化应用的新模式，提升福建省海洋装备产业整体竞争力。

学会建设 2019年，学会分别召开十四届五次理事会议（通讯方式）和常务理事会议，审议通过各项议案13项。学会实施各部门负责人竞聘上岗制度，进一步明确秘书处一室三部的职能划分。对有关规章制度进行梳理，补充修订管理办法4项。学会成立青年工作委员会，秘书处设在学会。计算机应用学术委员会按时进行换届。

2019年，学会发展个人会员314人，其中高级会员144人，普通会员166人，学生会员4人；发展团体会员4个。截至12月底，学会共有个人会员31567人，单位会员1013个。

学会开展各类学术活动 42 次，参加人数 4290 人次，交流论文 1589 篇。

青年人才托举工程 2019 年，学会推荐的国家深海基地管理中心陈云赛、哈尔滨工程大学孙延超、江苏科技大学高俊亮、中国船舶重工集团公司第七〇二研究所张伟 4 人入选中国科协“青年人才托举工程”项目。

主办期刊 学会主办科技期刊 15 种，刊载论文 3109 篇；编辑出版论文集 8 本。《中国造船》全年出版发行 4 期，发表文章总计 102 篇；增刊 2 期，发表文章 101 篇。根据 2019 年《中国学术期刊影响因子年报（自然科学与工程技术）》,《中国造船》影响因子为 0.801。

《船舶工程》全年发正刊 12 期，发表文章总计 288 篇；增刊 2 期，发表文章 179 篇。《船舶工程》为中国知网独家收录期刊，根据 2019 年《中国学术期刊综合引证年度报告》，影响因子为 0.580。

Journal of Marine Science and Application（《船舶与海洋工程学报》英文版）全年发正刊 4 期，发表文章总计 86 篇。该刊为中国科技核心期刊和中国科学引文数据库（CSCD）来源期刊。

《舰船知识》全年发正刊 12 期，发表文章总计 232 篇；增刊 1 期，发表文章 45 篇。

学会增加《水下无人系统学报》为学会会刊。

学科发展工程 学会作为中国科协智能制造学会联合体成员单位之一，参与编写《2019 智能制造报告》之“船舶行业应用篇”。该报告在 2019 世界智能制造大会的智领全球发布会上发布。

学会船史研究学术委员会组织出版《中国古船图说》法文版及《阳江木船：传统建造技术与风俗》《海上丝路之造船开海》《海上丝路之导航扬帆》《匠心问舟：第一届中式木帆船模型展评大赛集萃》等专业书籍。

决策咨询 学会作为中国科协智能制造学会联合体成员参与“两用前瞻性技术发展指导目录”项目研究工作，负责其中海洋领域两用前瞻性技术目录撰写工作，多次组织院士专家召开会议，完成相关工作，2019 年版目录已通过验收。

国际学术会议 5 月 8 日，由学会与中国船舶重工集团公司、江苏省科协主办的 2019 年船舶与航运智能化国际论坛在江苏省扬州市举办。来自中国、日本、韩国、美国、德国、法国、挪威、芬兰等国家的 200 余名智能船舶和智能航运领域的专家、学者参加论坛。

国内主要学术会议 4 月 25 日，由学会与上海市虹口区人民政府等单位主办的 2019 中国国际邮轮船舶修造论坛暨展览会在上海市召开。论坛就邮轮建造、邮轮投资、邮轮设计、邮轮翻新及维修技术、邮轮建造配套供应链等开展专题研讨。共有 32 家企业参展。

4 月 26 日，由学会与武汉造船工程学会、武汉理工大学等单位主办的第八届全国船舶与海洋工程发展论坛在广西壮族自治区南宁市举办。会议主题是“创新 智能 绿色 融合”，围绕中西部内河航运及内河船舶制造等开展交流。中国工程院院士朱英富，学会副理事长、武汉理工大学副校长刘祖源等出席论坛。

10 月 12 日，由学会与上海交通大学、日照市人民政府等单位主办的第二届海洋智能装备与系统创新论坛在山东省日照市举办。论坛以“相约日照、智创未来”为主题，设置主题大会、专题论坛、青年基金项目评审环节，就智能船舶、智能航运系统、大型浮体与离岸码头、海洋信息智能感知与识别、海洋无人装备随机任务规划与系统协同、海洋无人系统集成与智能演进等专题展开讨论。

10 月 30 日，由学会与福建省科协、福州市人民政府、福建省船舶工业集团有限公司共同主办的 2019 福建省海洋装备产业发展论坛在福建省福州市连江县召开。此次论坛作为第十九届福建省科协年会专项活动之一，以“创新、转型、智能、绿色”为主题，吸引 200 人参加。

两岸交流 6 月 15—16 日，由学会与中国航海学会、福建省造船工程学会等 7 家单位共同主办的第十一届海峡两岸海洋工程与航海技术研讨会在福建省厦门市召开。该研讨会是 2019 海峡科技专家论坛 18 个分会场之一，以“智慧海洋，融合发展”为主题，围绕“新四通”与新福建融合发展、两岸海洋工程与航海技术领域融合发展、船舶与航运行业适应海洋世纪融合发展等议题进行研讨。130 名专家、学者参加研讨会。会议征集论文 72 篇，其中台湾地区论文 28 篇。会议期间，两岸就船舶与海洋工程学术交流签订合作协议。

国际交往 9 月 15—20 日，学会应邀参加在俄罗斯圣彼得堡市召开的第九届泛亚海事工程学会联合会（PAAMES）会议，讨论造船相关技术和学术问题，并商讨2020年同期举办先进海事工程学术会议（AMEC）的方案。

科普活动 8月10—12日，由学会等单位主办的第八届全国海洋航行器设计与制作大赛暨2019年国际海洋航行器设计与制作邀请赛在黑龙江省哈尔滨市举办。大赛主题为“海洋、创新、合作、共赢”，共有60所高校及科研院所的641件作品参赛，参赛师生达1600余人，其中有13所国外学校参加比赛。

由学会与中国海洋学会、中国航海学会、中国人工智能学会主办的2019中国第二届智能船艇挑战赛运河段和“海上争锋”分别于5月、10月举办，来自国内的52支队伍，近270人参加比赛。

学会成立船舶与海洋工程领域科学传播团队，首席科普专家田小川带领团队深入多所学校，包括西部贫困地区的学校，给学生们讲解国防科普知识，并捐赠杂志千余本。学会的科技志愿服务团队被授予“中国科技志愿服务百家学会”的称号。

学会与中国科普作家协会国防科普委员会、科普中国·军事科技前沿等机构联合推出《小川谈大师》系列新媒体科普作品，用语音和文字相结合的方式，宣传院士的敬业精神。

7月23—28日，学会主办的中国青少年舰船夏令营在山东省青岛市开营。来自北京市、天津市、辽宁省大连市、浙江省、重庆市等省市的70余名青少年参加活动。其间，举办全国中学生自制舰模竞速邀请赛，16人获得参加第八届全国海洋航行器设计与制作大赛中学生组竞赛资格。

7月11—17日，学会与中国科协科学技术普及部、中国航海学会等联合主办2019年全国舰船及航海知识网络竞赛，来自20多个省、自治区、直辖市的参赛者参与网页端及微信端的答题竞赛活动。

受中国科协委托，学会开展海洋科普活动，举办“蓝色畅想”海洋创意方案征集活动，在全国19个省、自治区、直辖市的93所学校中，共征集5800多个方案，评出一等奖10个、二等奖32个、三等奖100个。制作2集海洋知识普及微课，组织开展2场科普进校园活动。

表彰举荐优秀科技工作者 学会推选中国工程院院士候选人2人、中国科学院院士候选人1人、中国青年女科学家奖候选人1人。

学会组织开展2019年度中国造船工程学会科学技术奖评审工作。共收到推荐成果73项，评选出获奖项目46项，其中特等奖1项、一等奖7项、二等奖18项、三等奖20项。

学会与国务院学位委员会第七届船舶与海洋工程学科评议组联合开展优秀博士学位论文的评选工作，共征集18篇船舶与海洋工程领域的博士论文，最终评选出10篇优秀博士论文。

党建强会 根据中国科协总体部署及2019年“党建强会计划”项目实施方案的总体要求，学会发挥党建强会服务平台作用，由学会牵头，联系7家兄弟学会，开展学会党建山东行、广西行、甘肃行、陕西行4项活动。

会员服务 学会每月向理事单位赠送《舰船知识》，全年累计赠送1400余册；学会通过官网和微信公众号向会员传达、宣传有关信息100余篇。

【2019年首届中国船舶设计师论坛】 9月18—19日，2019年首届中国船舶设计师论坛在浙江省舟山市举办。来自国内外船舶行业专家、学者近200人参加会议。论坛由学会主办，舟山市经济和信息化局、中国船舶重工集团公司第七〇四研究所承办。学会副理事长李国安，中国工程院院士于俊崇等专家出席会议。

与会专家围绕智能船的发展方向、深水铺管船作业技术发展与关键技术研究、氢燃料动力船的技术发展方向、科考船的设计难点、关键船舶系统和设备的智能化、智能集装箱船中控系统设计、全回转一体化推进、船海平台结构智能化设计等话题进行分享讨论。

来自瑞典ABB集团、挪威康士伯海事、德国科隆集团的3名专家分别围绕智能电机与船舶数字化、新一代船用推进器、燃油管理系统进行交流，为国内企业了解国外行业情况及主要厂家技术进展提供平台。

高峰对话环节由学会首席专家方书甲主持，有关专家针对与会者提出的国产设备的发展方向、新能源船舶的关键技术、极地船舶的国产配套、国外节能减排相关法律法规、豪华邮轮国产厂商的突破口等问题作分享讨论。

【2019年水下无人系统技术高峰论坛——水下无人系统智能技术会议】 9月23—24日，2019年水下无人系统技术高峰论坛——水下无人系统智能技术会议在山东省青岛市举办。会议由学会与海洋试点国家实验室等单位联合主办。来自高校、科研院所、企业等100余家单位的500多名专家、学者参加论坛，围

绕“水下无人系统智能技术”主题进行交流。

中国科学院院士、海洋试点国家实验室主任吴立新作题为《我国海洋科技未来发展的战略思考》的大会主旨报告。中国工程院院士邱志明，海洋试点国家实验室海洋应用技术联合实验室主任、海军潜艇学院教授笪良龙，哈尔滨工程大学教授严浙平分别作题为《海上无人系统智能技术发展》《水下声学滑翔机组网关键技术研究与应用》《无人潜航器AI的大智与若愚》的主题报告。中国海洋大学、海军潜艇学院、中国船舶集团有限公司各研究所的18名专家、学者分别就“智能控制与集群协同技术”与“智能系统技术”主题进行报告与交流。

【第一届中国船舶及海洋工程材料学术论坛】 11月26—27日，第一届中国船舶及海洋工程材料学术论坛在河南省洛阳市举办。论坛由学会主办，中国船舶重工集团公司第七二五研究所、学会船舶材料学术委员会承办。论坛以“聚焦船舶及海工材料创新与应用，共谋装备发展需求的保障和引领”为主题，跟踪国际海洋材料技术动态，探讨中国船舶及海工材料发展战略，促进新材料和前沿技术成果交流，推动新材料新技术在船舶及海工领域的应用。

来自全国相关科研院所、企业和高校共120余家单位的200多名专家、学者参加论坛，围绕海洋前沿材料技术研究、船舶及海洋工程先进材料研发、海洋工程装备制造工艺及应用、船舶及海洋工程材料的腐蚀与防护、船舶及海洋工程等其他相关技术领域展开讨论。中国科学院院士魏炳波等13名专家作主论坛报告，围绕船舶及海工发展需求，就海洋钢铁材料、钛合金、树脂基复合材料、新型涂料、深海腐蚀试验、船用材料国际规范等方面展开交流。会议征集论文86篇，现场交流46篇。

（撰稿人：梁冠军）

中国航海学会

服务创新型国家和社会建设 2019年，学会完成63项航海科技成果鉴定工作，评定并发布2019年度航海科学技术奖70项，其中特等奖2项、一等奖27项、二等奖34项、三等奖7项。

学会组织实施年度全国船舶系列高级技术职务评审工作，192人取得海船高级职务相应任职资格，20人取得河船高级职务相应任职资格。

学会联合相关单位共同承担“交通运输行业科学技术普及体系建设研究”项目并形成报告，被交通运输部科技司采纳，科技司以此为支撑发布《交通运输部关于加强交通运输科学技术普及工作的指导意见》。学会公开发布《磁罗经技术校正》，2019年共校正磁罗经23947台次。

学会受交通运输部科技司委托，与交通运输部科学研究院、中国公路学会共同组织开展交通运输科普基地调研工作，形成《全国交通科普基地管理办法草案》《全国交通科普基地申报书》和《全国交通科普基地考核体系草案》。

学会建设 11月30日，召开中国航海学会第九次全国会员代表大会，进行理事会、常务理事会改选。全年召开党委会议2次、理事会议2次、理事长办公会议2次、常务理事会议2次、秘书长沙龙1次，集体审议、决策议题40余项。

截至12月31日，学会共有单位会员353家，个人会员4473人。

学会治理结构和治理方式改革 结合学会实际，修订《中国航海学会章程》。承办中国科协学会工作知识竞赛，建设活动官方平台和知识学习库、组建赛事组织机构，组织全国学会积极参与学会工作知识竞赛活动。

青年人才托举工程 学会按照多渠道推荐、同行专家评议的模式，开展第五届中国科协“青年人才托举工程”项目的遴选和推荐工作。大连海事大学讲师王生海获得第五届“青年人才托举工程”项目资助。项目开展四年来，共有4人获得经费资助。

主办期刊 学会主办的期刊有《中国航海》和《航海技术》,《中国航海》为中文核心期刊，2019年订阅量达到近2000册。2019年适逢《中国航海》创刊四十周年，学会特邀编委代表、审稿专家等参加中国航海学会八届四次编委会扩大会议，共商纸质期刊发展之路。《航海技术》2019年订阅量达到近7000册。

学科发展工程 学会集装箱专业委员会依托挂靠单位的学术资源和科研能力，组织上海、宁波－舟山、天津、大连、青岛、广州、南京、厦门、深圳9个集装箱港口共同编写集装箱运输专业方向的技术发展报告，客观地介绍集装箱运输发展的情况，进一步增进社会各界对集装箱运输事业的了解和支持。报告的主要内容包括港口和航运集装箱发展综述、集装箱发展概况及未来展望和资料摘编等。

决策咨询　学会全年共提供《南海航行状况研究报告》《长江航运发展报告》和《集装箱运输发展报告》3篇决策咨询报告，举办决策咨询活动2次。

学会危险货物运输专业委员会参与大危险货物堆场堆存、易燃易爆危险品过闸、内河危险化学品禁运、TDG（联合国危险货物运输专家委员会）提案专家审核等重要政策决策、热点难点问题解决工作，并提供技术支撑。承担内河危险化学品禁运目录制定、LNG（液化天然气）整船运输安全条件等行业重大政策法规研究咨询工作。

国际学术会议　6月14—16日，2019世界交通运输大会在北京举办，学会联合上海海事大学和武汉理工大学分别举办"智能船舶和航行保障"和"智能航运与海事安全"主题论坛。

7月10日，中国国际海员论坛在浙江省宁波市开幕。来自国内外港航界关心支持海员发展和航海人才培养的专家、学者近300人参加会议，围绕"新趋势　迎挑战　促融合　谋发展"的主题，研究探讨当前海员发展面临的问题和挑战，以及海员行业可持续发展的新思路、新方法。

7月25—26日，"广域万象：人类航海的维度与面向"国际学术研讨会在上海市举办。研讨会由学会航海历史与文化研究专业委员会、中国航海博物馆、上海交通大学人文学院、中国博物馆协会航海博物馆专业委员会联合主办。来自中国、美国、英国、日本等国家的近60名专家、学者参加会议。

11月21日，由学会与韩国航海港湾学会、日本航海学会共同主办的2019年亚洲航海学术年会在韩国釜山开幕。来自中国、韩国、日本、斯里兰卡、马来西亚、印度尼西亚、蒙古等国家和地区的专家、学者近100人参加会议。国内学者共30余人参加会议，提交论文23篇。

国内主要学术会议　10月19—22日，以"新时代航海科技新发展"为主题的中国航海学会学术年会在上海市召开。年会围绕航海驾驶、船舶机电、航海保障、引航安全等内容进行交流讨论。中国航海博物馆党委书记张东苏作题为《发挥博物馆功能　讲好中国航海故事》的演讲。会议征集论文560余篇，出版《2019年航海科技优秀论文集》。

5月10日，学会海洋船舶驾驶专业委员会在上海市组织召开船舶驾驶管理与航行安全研讨会。会议结合相关事故案例，围绕驾驶台团队管理，研究如何建立良好的驾驶台值班行为规范，处理好船长与驾驶员之间的关系，以及如何正确使用雷达、如何提高通导设备培训效率等议题展开交流。

10月17—19日，中国航海学会通信导航专业委员会2019年技术研讨会在安徽省合肥市召开。来自交通运输部、高校、研究院所、企事业单位的近40名专家、学者参加会议。研讨会就船舶智能航行保障体系、智能航运安全风险预测、通导技术发展、船舶智能感知与航行系统等通信导航技术的最新发展进行探讨。

11月14日，2019年中国航海学会航标专业委员会沿海航标学组与无线电导航学组学术研讨会在浙江省温州市召开。来自海事航保系统的24家单位和26家厂商的80余名专家、学者参加研讨会。会议共收到论文247篇，与会人员针对《海上自主无线电设备（AMRD）技术标准研究》《基于轨迹摄像机和AIS的防碰撞浮标系统的构思研究》《探索优化西沙水域航标维护管理机制的手段和措施》等9篇论文在会上进行交流。

12月5日，学会集装箱运输专业委员会在广东省广州市举办粤港澳大湾区建设背景下集装箱运输发展研讨会。来自交通运输部水运科学研究院、珠江航务管理局、广州市港务局等单位的专家、学者参加会议，就如何推动粤港澳大湾区集装箱运输发展，助力粤港澳大湾区和"一带一路"建设展开研讨。

两岸交流　9月23—25日，海峡两岸第七届海事风险评估与管理研讨会在海南省海口市召开。会议由学会和集美大学、台湾"中华海洋事业协会"主办，海南科技职业大学与台湾海洋大学承办。会议就海事风险评估模型与方法、海事风险识别、海事风险管控、航行安全、航海保障、货物积载与运送、海上交通工程、数据挖掘理论与方法、海上信息系统、海上交通信息工程及控制、电子海图及应用、航海仿真技术、智能船舶与未来航运风险等内容进行交流。

国际交往　4月9日，学会第八届理事会理事长黄有方作为国际航联高级副主席参加国际航行学会联合会换届后的第一次主席团会议，会议期间参加2019年欧洲航海年会的开幕式、闭幕式和平行论坛活动。

5月，德国航行学会理事长Hermann Rohling到访学会并进行座谈，双方寻求在学术交流和科学知识普及等方面的合作。Hermann Rohling表示欢迎学会加入其在中国开展的相关项目，建立合作伙伴关系。

科普活动 学会向全国15所航海院校88名优秀学生发放“中国航海学会——中国船级社航海奖学金”14.5万元，向全国19所航海院校海上专业的273名贫困学生发放“中国航海学会－张荣发助学金”100万元。

学会组织协调各航海科普教育基地、地方航海学会分别开展“礼赞共和国70周年 共筑海洋强国梦想”“培养海洋意识 服务海洋强国”等10余项大型航海科普活动，受众人数近30万人次。学会联合宁波市教育局举办以“大航海 新丝路”为主题的2019年全国青少年航海科普知识竞赛，此项竞赛被中国航海日活动组委会列为每年航海日的重要群众活动之一。批准山东交通职业学院、上海海事大学商学院为学会科普教育基地。

12月22日，学会与陶行知教育基金会、交通运输部海事局在北京召开青少年航海教育研讨会，共商如何加强青少年航海教育，为建设海洋强国、航运强国和实现中华民族伟大复兴储备具有强烈海洋意识和航海精神与文化的未来人才。会议宣布成立青少年航海教育指导委员会。

表彰举荐优秀科技工作者 学会向中国科协推荐中国青年女科学家奖、最美科技工作者等奖项候选人。学会提名推荐的南京水利科学研究院教授级高级工程师胡亚安被授予第十三届光华工程科技奖。学会授予14名终生奋斗且成就突出的业内老科技工作者“中国航海学会终身成就”称号，对30名在航海科技事业发展和科技创新进步方面作出重要贡献的突出人物进行表彰。

党建强会 学会党委组织召开2次党委会议、3次支部会议，对学会重大工作事项进行前置把关。按中国科协科技社团党委的要求，全面开展星级党组织评价工作。

会员服务 学会组织会员参加全国科技工作者日、学会及各专业委员会学术年会、航海日论坛、国际或地区学术交流活动等。优化会员管理服务信息化平台，完善电子信息化服务手段，以微信群、公众号为宣传、沟通和联络方式，畅通会员联系渠道。

【中国航海学会成立40周年活动暨专题讲座】 7月4日，中国航海学会成立40周年活动暨专题讲座在北京举办。原交通部部长黄镇东、副部长刘松金，交通运输部原部长李盛霖，学会第六届理事会理事长、原交通部副部长洪善祥，学会第七届理事会理事长、交通运输部原副部长徐祖远等相关领导、学会理事及省市航海学会代表、天津港引航中心代表、获奖代表等400余人参加活动。

学会第八届理事会理事长黄有方在会上作主旨报告。他认为，学会要成为航海科技交流与合作的推动者、创新变革的促进者，要成为全球航海科技治理的重要的贡献者，要成为航海科学文化的传播者，要成为航海科技工作者的贴心人。

活动现场还举办表彰仪式，颁发中国航海学会第二届终身成就奖、中国航海学会首届科技贡献突出人物奖、2018年度中国航海学会科学技术奖、航海科技论文优秀组织奖、中国航海学会成立40周年摄影书法大赛奖等。

中国工程院院士、中国海洋大学副校长李华军，中国船级社原副总工程师陈映秋分别围绕“创新海洋科技 提升经略海洋能力”和“船舶智能化技术发展方向”作专题学术报告。

【中国航海学会第九次全国会员代表大会】 11月30日，中国航海学会第九次全国会员代表大会在北京召开。交通运输部副部长刘小明、中国科协党组成员王守东出席会议并致辞，强调要将学会打造成为中国航海学术交流的大平台、技术普及的主渠道、航海领域的新智库，为中国航海事业发展和加快建设交通强国作出新的更大贡献。

交通运输部原副部长何建中当选为学会第九届理事会理事长。何建中表示，学会一是要着力服务国家战略，二是要积极搭建交流平台，三是要加快推进智库建设，四是要大力弘扬航海文化，五是要切实加强自身建设。

【2019年中国航海日论坛】 7月11日，由学会与宁波市人民政府、交通运输部水运科学研究院共同主办的2019年中国航海日论坛在浙江省宁波市举办。论坛的主题是“再扬丝路风帆，共筑蓝色梦想”，口号是“大航海 新丝路”。论坛包括1个主论坛、4个分论坛和1个平行论坛，分论坛分别为中国国际海员论坛、民营港航企业高质量发展论坛、中国国际船舶技术与安全论坛、行舟致远航运文化论坛，平行论坛为海丝港口国际合作论坛。同期举办中国航运50人夏季峰会、第四届全国青少年航海科普知识竞赛、中国航海日帆船赛暨“一带一路”全国帆船邀请赛、中国郑和航海风云榜揭榜典礼、海军舰船开放日等活动。来自国内外相关政府部门、港航企业、学会、协会、

科研院校等机构的专家、学者约400人参加活动。

中国国际海员论坛以“新趋势　迎挑战　促融合　谋发展”为主题，研究探讨当前海员发展面临的问题和挑战，以及海员行业可持续发展的新思路、新方法。来自国际海事组织、国内外航运企业的300余人参加会议。

民营港航企业高质量发展论坛以“绿色新动能　转型新机遇”为主题，吸引来自港航企业、政府部门、行业协会、科研机构的200名专家、学者参加会议。与会人员共同探讨民营港航企业高质量发展路径，分享各单位在实践过程中的新思路、新方法、新经验。

【2019（首届）世界海事大会】 10月20日，由学会与上海海事大学共同主办的2019（首届）世界海事大会在上海市临港新片区召开。来自近30个国家和地区的400余名海事界专家、学者、企事业单位代表参加会议。

大会以“新时代、新科技、新海事”为主题，设置开幕式、诺贝尔奖大师论坛、主题论坛、高端对话、世界海事（海洋）大学校长论坛、专题分论坛等环节，共包含13场论坛，100余个主题演讲，内容涵盖世界海事经济论坛、航运与管理、智能船舶、海事管理、海事法律、海事能源管理等方面的话题和重大进展。

大会邀请2007年诺贝尔经济学奖得主埃里克·马斯金（Eric Maskin）以及2011年诺贝尔化学奖得主丹尼尔·舍特曼（Danny Shechtman）发表演讲，并就区块链技术以及化学与航运安全等话题与海事领域专家、学者和企业家展开对话。

大会还邀请国际海事类院校校长、国外海事机构官员、国际航行学会及协会领导、国际重要港口主要负责人、航运业公司高管、航运经济重要咨询公司主管等100余名国际专家，以及交通运输部原副部长、国际海事组织首届海事大使徐祖远等国内专家，就海事领域前沿热点议题展开交流对话。

会上，学会正式发布《2018南海航行状况研究报告》，这是学会自2017年以来第三次发布关于南海水域船舶航行状况的专题研究报告。

（撰稿人：殷艳杰）

中国铁道学会

服务创新型国家和社会建设 2019年，学会团体标准工作稳步推进，完成800名专家的工作团队组建，37项在编学会标准的研制工作有序开展，获国家标准化管理委员会、中国科协“团体标准示范学会”称号。

学会推进国际工程师认证工作的顶层设计，组织开展铁道领域工程能力评价首批考官培训等工作。

学会完成国家能源集团《基于电力电子的重载铁路智能电分相技术》成果鉴定。

学会面向有关单位征集“2019重大科学问题和工程技术难题”，并成立由学会理事长卢春房担任主任的专家推荐委员会，对所征集项目进行审查，最终遴选出5项科学问题和5项工程技术难题报送中国科协，其中“千米级深竖井全断面掘进技术”入选全国20个重大科学问题和工程技术难题。承担中国科协学会服务中心项目，完成“科技民生报告”系列丛书之《中国高铁——速度背后的科技力量》的撰写。

学会编制完成生态环境部行业标准《排污许可证申请与核发技术规范（铁路、船舶、航空航天和其他运输设备制造业）》，提交《铁路运输设备制造业行业情况及排污单位污染物排放及治理情况研究报告》。

学会建设 2019年，学会新增个人会员100人，新发展单位会员22个。截至2019年年底，个人会员共67789人，单位会员205个。

学会召开七届九次理事会议和2次常务理事会议，审议有关中国科学院院士、中国工程院院士候选人工作实施细则和工作方案，分支机构评估考核办法，理事变更，劳动和卫生委员会、物资管理委员会、铁路文化与博物馆委员会、电气化委员会、信息化委员会换届事项。新增单位会员审批，综合信息管理平台建设等事宜。

3月23日，中国铁道学会2019年度工作会议在北京召开。学会理事长、副理事长、常务理事、理事，各分支机构、省级铁道学会的负责人，秘书处部门负责人和单位会员代表约180人出席会议。会议听取学会工作报告，并提出要加强学会“五个年”建设，即基础建设年，创新和提升学会服务能力；平台升级年，开展高质量学术交流活动；科普品牌年，推动科普工作向深度广度迈进；激励提升年，为打造铁路科技领军人才和创新团队铺路搭桥；党建强会年，提高学会党建工作水平。

学会制定《中国铁道学会分支机构评估考核办法（试行）》，加强对分支机构的管理。

学会推动信息化管理平台的研发工作，提升学会服务质量和办公效率。

青年人才托举工程　学会制定《铁路青年人才托举工程项目实施办法》。继2018年、2019年完成19名中国科协“青年人才托举工程”人才培养目标之后，2020年获得第五届中国科协“青年人才托举工程”项目14个名额。

主办期刊　学会主办的《铁道学报》全年刊发科技论文230篇。根据中国科技论文与引文数据库，在收录的2049种中英文核心期刊的综合评价中总分位列第7，位列《中文核心期刊要目总览》铁道运输类核心期刊第1。

10月，学会与中南大学合作创办的中国第一本铁路英文期刊 *Transportation Safety and Environment*（《交通安全与环境》）正式出版。

国内主要学术会议　学会举办综合性大规模学术论坛6次，指导分支机构、省级学会举办应用性、专业性、针对性的专业技术交流活动94次，参会总人数9000余人次，发表学术报告480余篇，征集论文1900余篇。

4月13—14日，由学会与江苏省综合交通运输学会、南通市人民政府联合主办的中国高速铁路桥梁工程创新技术论坛在江苏省南通市举办。来自高铁桥梁工程领域有关单位的院士、专家共300余人参加会议。中国科协副主席、中国工程院副院长何华武，中国工程院院士、学会理事长卢春房，江苏省副省长、省政府党组成员马秋林分别致辞。论坛以“创新桥梁技术　助力交通强国”为主题，旨在展示中国高速铁路桥梁科技创新和工程建设所取得的成就，推动桥梁工程领域科技创新与可持续发展。

11月9日，由中国国家铁路集团有限公司、天津市人民政府共同主办，学会等单位承办的推动运输结构调整学术研讨会在天津市召开。国家发展改革委、生态环境部、交通运输部等有关部门，以及部分省（市）、高校、科研院所、企业的负责人应邀出席会议。

中国国家铁路集团有限公司总经理、党组副书记杨宇栋，天津市副市长孙文魁分别致辞。中国国家铁路集团有限公司副总经理、党组成员李文新，天津市人民政府副秘书长徐军作主旨报告。国家发展改革委、生态环境部、交通运输部，中国国家铁路集团有限公司，天津市、河北省、山西省人民政府的相关负责人作专题报告。学会副理事长兼秘书长马福海主持主旨报告环节。与会专家、学者围绕提升铁路运输能力、降低社会物流成本、优化货运产品供给、构建现代化综合交通体系等议题进行交流，提出政策建议和工作举措，并在优化运输结构调整、推进建立路地共赢的长效机制等方面达成共识。

11月29日，由中国国家铁路集团有限公司、甘肃省人民政府共同主办，学会和中国铁路兰州局集团有限公司等6家单位联合承办的“一带一路”轨道交通发展论坛在甘肃省兰州市召开。来自国家发展改革委、商务部、国务院发展研究中心等有关部门、高校、科研院所、企业的专家、学者、企业管理者等260余人参加会议。

中国国家铁路集团有限公司副总经理、党组成员李文新，甘肃省委常委、常务副省长宋亮分别致辞，来自相关行业的12名专家、学者作专题报告，学会副理事长兼秘书长马福海主持论坛并作会议总结。与会专家、学者围绕发挥轨道交通引领、开行中欧班列、推进铁路装备制造、共创智能铁路、打造世界一流建设施工装备、建设内陆交通新枢纽、构建“一带一路”新的发展蓝图等议题进行交流，提出建议和具体措施。

国际组织任职　2019年，学会第七届理事会常务理事、学会电气化委员会主任委员、中国国家铁路集团有限公司工电部主任王保国当选为国际重载协会主席，学会秘书长马福海任国际重载协会理事。

国际交往　6月9—16日，学会组团赴挪威参加国际重载协会2019年度理事会议和技术专题研讨会。理事会议选举中国国家铁路集团有限公司工电部主任王保国为国际重载协会主席，确定第十二届国际重载运输大会在北京召开。在主题为“重载4.0——实现性能水平突破”技术研讨会上，来自29个国家的500多名专家、学者参加会议，就车辆轨道耦合系统、轨道、桥梁和隧道、运行、机车车辆、动力牵引与节能、极限工况、人为因素影响等内容开展研讨，中国共有26篇论文参与交流，占交流论文总数的20%。

2019年，学会组织青年科学家出席国际铁路联盟会议和2019年国际运输经济协会（ITEA）年会。

科普活动　学会与中国铁道科学研究院集团有限公司、中国铁路设计集团有限公司、中国中车集团有限公司、中国科技馆合作完成“礼赞共和国——庆祝新中国成立70周年科技成就科普展”中国铁路展区的设计及布展工作，参观人数达16.7万人次。

学会与高科技专业动漫团队合作开发铁路科普系列动漫——《铁路机车争霸赛》，在铁路电视台和“庆祝新中国成立70周年科技成就科普展”铁路展区播放。学会制作《机车爷爷的愿望》等3部宣传“复兴号”动车组成就的动画片，并被纳入中国国家铁路集团春运宣传方案，在各铁路局站车播放。

学会与26个分支机构、30家省级铁道学会开展全国科普日、全国科技活动周、全国科技工作者日等科普活动，推进科普进校园工作。

5月19—26日，由学会主办、中国铁道博物馆承办的2019年全国铁路科技活动周在全国同步开展，主题为“科技强国、科普惠民——全民共享中国铁路高质量发展成果”。学会各分支机构、各省级铁道学会同步在全国重点城市、重点站车等区域开展科普宣传活动。

表彰举荐优秀科技工作者 学会组织完成2019年度中国铁道学会科学技术奖评审工作，评选出特等奖5项、一等奖25项、二等奖58项、三等奖90项，以及铁道环保奖获奖者28名；联合茅以升基金会评选出85名科技工作者获得茅以升铁道工程师奖。

学会组织开展中国科学院院士、中国工程院院士候选人，世界工程组织联合会奖项候选人，格力女性工程奖候选人，第十三届光华工程科技奖候选人，第十六届中国青年科技奖候选人推荐工作。

学会开展2018年度学术活动优秀论文评选，经专家评审，共评选出179篇论文,《智能铁路总体架构与发展展望》等25篇获一等奖的优秀论文及摘要由《中国铁路年鉴》收录。

党建强会 学会开展“不忘初心、牢记使命”主题教育，到中国国家铁路集团有限公司有关部门，各铁路局、铁道科学研究院、出版社，铁道行业企业、院校、科研院所及民政部、中国科协、国家科学技术奖励工作办公室等单位开展调研，采集89条有效建议，并结合实际情况抓好落实整改工作。

会员服务 2019年，新建学会单位会员工作微信群，及时发布学会相关学术活动通知、科技人才推荐、课题项目申报等信息。

学会邀请单位会员代表和个人会员参加学会组织的学术研讨会，为会员单位提供决策咨询服务，为单位会员和个人会员寄送学会主办刊物。

【首届中国铁路发展论坛】 11月21日，由学会、中国铁道科学研究院集团有限公司、中国铁路经济规划研究院有限公司联合主办的首届中国铁路发展论坛在北京召开。来自世界银行以及铁道行业内智库、企业、高校等单位的专家、学者300多人参加会议。论坛以“铁路高质量发展”为主题，就中国铁路工程建造、装备制造、运营管理等领域前沿课题和如何提升铁路国际化服务水平等展开研讨。

与会专家、学者、企业管理者分别从技术前沿、战略高度、前瞻视野等方面为实现中国铁路高质量发展建言献策，展示所在领域的最前沿科技。中国工程院院士、学会理事长卢春房分享更高速度轮轨高铁技术，围绕高铁线路、动车组、列控和牵引供电四大关键技术和安全性、舒适性、智能化、绿色化四大指标，分析高速铁路从350千米/小时向400千米/小时及更高速度突破的现实可行性和未来技术攻关难点。中国中车股份有限公司总裁孙永才在《轨道交通装备技术发展成就与展望》报告中，揭示中国高速铁路和轨道交通装备技术发展之路。中国中铁二院工程集团有限责任公司总经理朱颖向与会人员展示复杂艰险山区高速铁路建设的探索与成果。北京交通大学校长王稼琼的报告围绕服务铁路“走出去”战略，为助力中国高铁走出国门提供可行的解决方案。

【第九届桥梁与隧道工程技术论坛暨第二十八届北京茅以升科教基金会颁奖大会】 7月6日，由学会、中国工程院、北京茅以升科技教育基金会联合主办的第九届桥梁与隧道工程技术论坛暨第二十八届北京茅以升科教基金会颁奖大会在四川省成都市举办。

中国工程院院士、学会前理事长孙永福，中国科协副主席、中国工程院院士、中国工程院副院长何华武，中国工程院院士、中国人民解放军陆军工程大学教授王景全，中国工程院院士、中铁大桥勘测设计院集团有限公司董事长秦顺全，学会副理事长兼秘书长马福海，北京茅以升科技教育基金会理事长茅玉麟等专家、学者共计400余人参加会议。何华武、秦顺全、川藏铁路公司副总经理赵勇分别就川藏铁路雅安至林芝段重大工程难题与对策、超大跨度斜拉桥结构体系研究、川藏铁路隧道建设关键技术作主旨报告。

【川藏铁路工程建造技术研讨会】 4月17—18日，由学会与中国铁建股份有限公司联合主办，中铁第一勘察设计院集团有限公司、学会轨道交通工程分会共同承办的川藏铁路工程建造技术研讨会在陕西省西安市举办。

会议以“研讨艰险复杂山区工程技术难题、助力川藏铁路建设”为主题。来自国家铁路局、中国国家铁路集团有限公司、中国铁建股份有限公司、同济大学、清华大学等企业、高校、科研院所40多家单位的600多名专家、学者参加会议。

会议设桥隧建造技术、地质勘察新技术、装备及智能建造技术3个分会场，行业内35名专家、学者分别就各自研究领域作交流报告。

（撰稿人：陈　雄）

中国公路学会

服务创新型国家和社会建设　1月，学会受交通运输部委托，承担“司机之家”建设标准制定及服务量等级评定工作。围绕“司机之家”建设进行等级评价标准的制定和等级评定，保障“司机之家”的建设、运营质量。自评定工作开展以来，学会多次组织专家进行标准的讨论，研究制定实施方案和配套支持政策，确定“司机之家”建设标准及等级评价标准。在此基础上，制定《“司机之家”运营服务规范》《“司机之家”分级分类管理办法》《“司机之家”考评办法》等相关细则。

5月15日，学会与中国银行股份有限公司共同成立交通金融科技创新联合实验室。实验室将围绕交通资产管理、收费与运营服务、智能交通、运输物流等领域开展技术创新和业态创新。

6月16日，学会成立桥梁支座与伸缩缝装置产业协同创新共同体，旨在推动桥梁支座和伸缩缝装置产业技术创新，规范桥梁支座和伸缩缝装置产业市场秩序。

7月19—23日，学会参与中国科协服务企业技术创新调研活动，承担调研方案制定、调研问卷研制及问题总结等具体工作。根据企业技术创新现状、创新过程中遇到的主要问题和难点起草多份报告，并以专报形式向有关部门提出建议。

9月3日，由学会牵头，联合会员单位和社会力量共同为中国科协定点扶贫县捐建的2座扶贫爱心桥正式竣工通行。

学会和省级公路学会开展成果鉴定、科技评价项目300余项，通过技术咨询提出相关技术政策建议100余条。

学会开展2019年中国公路学会科学技术奖申报服务工作，全年受理申报项目550个。

学会参与的中国工程院重大咨询项目“交通强国战略研究”已结题并由人民交通出版社股份有限公司出版发行。

学会建设　截至2019年年底，学会有个人会员72830人、会员单位2458个。

学会召开理事会议1次、常务理事会议2次，完成2个分会的更名工作及2个分会的换届工作。审议通过《中国公路学会及办事机构议事规程》《中国公路学会世界一流学会建设行动方案》。1月12日，学会自动驾驶工作委员会成立。12月10日，学会法律工作委员会成立。

10月29日，学会在河北省石家庄市召开全国公路学会工作会议。会议总结全国公路学会系统近年来的工作，表彰先进，分析存在的主要问题，安排部署下阶段工作。

主办期刊　学会全年累计发行各类期刊30万余本。

学科发展工程　6月14日，由学会牵头编制的《车路协同自动驾驶发展报告》对外发布，涵盖车路协同自动驾驶内涵、车路协同自动驾驶关键技术及其发展方向等内容。

6月15日，由学会牵头，联合多个高校、研究机构和企业共同编制完成的第三方独立智库报告——《中国交通运输2018》对外发布。报告系统总结2018年中国交通基础设施、出行服务、货运物流、投资融资、交通市场、安全应急、绿色低碳、智能交通、开放合作等领域的发展情况，全方位展示2018年交通运输行业发展成果。

9月21日，学会自动驾驶工作委员会发布《智能网联道路系统分级定义与解读报告》。报告将交通基础设施系统分为I0~I5共5个级别，并进行明确定义和详细解读。

国际学术会议　6月14—17日，由中国科协、交通运输部、中国工程院主办，学会承办的2019世界交通运输大会在北京召开。7000余名交通运输领域科技工作者出席会议。

7月2日，学会在山东省济南市召开第四届国际交通基础设施和材料暨全国沥青路面建设与养护技术研讨会。会议以“增强提升·创新融合”为主题，设置7个中英文主题论坛，研讨内容涉及交通基础设施建设、养护、维修，道路新材料、新技术等相关前沿研究领域。来自30多个国家和地区的近600名交通科技工作者参加会议。

国内主要学术会议 学会及其分支机构全年举办年会、研讨会、报告会、论坛等学术活动共计160余场次，提交学术交流论文4300余篇。

6月15日，学会在北京召开粤港澳大湾区交通发展论坛。会议以“现代化综合交通运输引领大湾区交通建设”为主题，来自台湾“中华道路协会”、香港公路学会、澳门工程师学会的科技工作者，围绕交通基础设施的互联互通、国际湾区的人才流动、全过程交付模式建设、陆路交通运输思考等议题展开交流研讨。

7月10日，学会在广东省广州市召开第二届品质工程论坛。论坛以“安全·耐久·环保·创新”为主题，邀请国内外专家、学者围绕品质工程创建、桥梁工程品质提升与技术创新、品质工程建设实践等主题进行交流探讨，设置4个主旨报告和17场专题报告会。近600名会员和公路科技工作者参加论坛。

9月5日，学会在浙江省绍兴市召开2019年全国美丽农村路建设与产业融合发展研讨会。会议以“乡路与乡愁·交旅融合新引擎”为主题，与会专家、学者围绕农村公路建设改造工作进行研讨。近300名会员和公路科技工作者参加会议。

10月29日，学会在河北省石家庄市召开第三届中国旅游交通大会。会议以“跨界·融合·创新”为主题，邀请交通运输部、国家文化和旅游局等单位的专家、学者围绕促进旅游与交通转型升级发展、开展旅游公路示范工程建设等话题展开探讨。近600名会员和公路科技工作者参加会议。

国际组织任职 在国际道路联盟（IRF）2019年理事会议上，学会副理事长兼秘书长刘文杰当选为国际道路联盟副主席，学会副理事长郑健龙当选为执委会委员。

国际交往 学会全年共接待16批次、来自20余个国家和地区的300余名科技工作者。

5月29日，学会组团赴希腊参加国际道路联盟2019年理事会议。

7月8—11日，学会应邀赴南非参加第38届南非洲交通运输大会，学会副秘书长梅君与南非交通部部长姆巴鲁拉进行会面，并就学会与南非交通科技类社团组织间交流与合作达成多项共识。

10月21—25日，学会组团赴新加坡参加第26届智能交通系统世界大会，推介学会在车路协同自动驾驶领域研究成果，并与新加坡智能交通协会签署战略合作协议。

科普活动 1—6月，学会与中交公路规划设计院有限公司联合主办“中交公规院杯”2019世界大学生桥梁设计大赛。大赛共收到作品266件，来自国内65所大学、国外14所大学共计1179名学生参加比赛，总决赛暨颁奖典礼在2019世界交通运输大会期间举办。

5月19—26日，学会组织全国公路科普教育基地、各级公路学会、科学传播专家及公路行业相关单位开展以“科技强国·科普惠民”为主题的公路知识普及宣传活动，共开展科普宣传活动120余场次。

9月14—20日，学会组织开展“礼赞共和国、智慧新生活”科普日主题活动，动员学会各分会、各省级公路学会、66家全国公路科普教育基地、65名公路科学传播专家联合开展公路科普活动，共开展包括全国公路科普教育基地开放活动、院士专家科学传播行动、走进校园科普活动、科技馆主题日活动等共计180余场次。

学会创办“世界人行桥奖”大赛，首届赛事共收到国内外参赛作品168件，最终评选出金奖1项、银奖2项、铜奖3项。

表彰举荐优秀科技工作者 学会开展第十四届中国公路青年科技奖候选人推荐与评选工作，江西省高速公路投资集团有限责任公司副总工程师费伦林等10名科技工作者获得第十四届中国公路青年科技奖。

学会开展首届中国公路学会优秀青年岩土工程师评选工作，东南大学交通学院教授蔡国军等10名科技工作者获得中国公路学会优秀青年岩土工程师称号。开展第十届中国公路学会百名优秀工程师评选工作，来自全国各地在公路建设、养护、管理、科研等领域的100名贡献突出的工程师获得此荣誉。

学会组织开展2019年中国科学院院士、中国工程院院士候选人推荐工作，确定学会第八届理事会理事、浙江兰亭建设集团有限公司总工程师杨林江，学会桥梁和结构工程分会常务理事、哈尔滨工业大学教授李惠为候选人。

学会作为2019年度国家科学技术进步奖提名单位，共有3项提名项目获奖，其中1项获得国家科学技术进步奖一等奖，2项获得国家科学技术进步奖二等奖。

受中国土木工程学会委托，学会完成中国土木工程詹天佑奖的推荐工作，共推荐2个项目，其中“徐州至明光高速公路安徽段”工程项目获詹天佑奖。

在中国工程院2019年院士增选中，学会副理事长、桥梁和结构工程分会理事长张喜刚和学会常务理事李术才当选为中国工程院院士。

党建强会 学会全年共召开党委会议3次，对涉及学会发展的重大事项进行前置性审议。召开民主生活会1次，就学会存在的主要问题进行剖析，提出改进意见和建议。

经中国科协科技社团党委批准，成立学会办事机构党总支委员会，并在党总支下设5个党支部。建立并完善《中国公路学会党委工作规则》《中国公路学会党总支制度汇编》和《中国公路学会党风廉政建设规定》等制度。

学会开展以“不忘初心、牢记使命、建功新时代”为主题的全国学会征文展演活动。

会员服务 学会编纂《中国公路学会通讯》，全年出版12期，便于会员了解学会动态、行业政策、技术发展等信息。

学会通过举办会员日、走访慰问等活动，增强学会与会员之间的联系。依托学会微信公众号、网站等信息化平台，定期为会员推送公路科技信息，全年共计发送资讯1.2万余条。

【第二十一届中国高速公路信息化研讨会】 3月28日，学会在福建省厦门市召开第二十一届中国高速公路信息化研讨会。会议以“拓展·融合·联网”为主题，围绕大数据、互联网、人工智能在高速公路信息化建设中的融合与应用开展交流探讨。来自全国各地近5000名会员和公路科技工作者参加会议。

在主旨报告阶段，交通运输部总工程师周伟作题为《以智慧交通引领新时代交通运输高质量发展》的报告，交通运输部路网监测与应急处置中心副主任王松波作题为《面向交通强国战略，开启“云上路网”监测与服务新时代》的报告，福建省高速公路集团有限公司副总经理邱淮作题为《福建省高速公路信息化建设实践与探索》的报告，华为技术有限公司交通产品与解决方案总裁李晋波作题为《突破，创新，助力路网智慧畅行升级》的报告。

研讨会设置互联网＋管理论坛、综合技术论坛（上、下）、智慧高速论坛、高速公路全网自由流论坛、车路协同论坛、高速云联网论坛、企业论坛、联网收费论坛、智慧监控论坛、新技术论坛、ETC+论坛、智慧养护论坛、设计创新论坛、气象监测与交通安全论坛、供配电与防雷论坛16个主题分论坛，共作100余场报告。

会议同期举办第二十一届中国高速公路信息化技术产品展示会，展览面积达3万多平方米，来自国内外的300余家系统集成商、产品供应商等参加展示会。

（撰稿人：毕　鑫）

中国航空学会

服务创新型国家和社会建设 2019年，学会有序承接政府转移的科技成果评价职能，全年共组织对航空科技领域的45项成果进行鉴定，推动科技成果的转化应用。组织科技工作者深入地方进行调研，促进地方航空产业经济发展，引导科技工作者创新创业。

学会建设 学会组织召开九届六次及七次理事会议、九届十一次及十二次常务理事会议、2019年工作会及各工作委员会会议等，完成2018年民政部年检等工作。

在2018年会员迅速增加的基础上，2019年突出会员质量的提升，学会新发展个人会员12630名、单位会员32家。

青年人才托举工程 学会托举青年人才总数达到25人，作为2017—2019年度中国科协创新融合学会联合体“青年人才托举工程”项目的牵头学会，完成有关项目实施、总结工作。

主办期刊 2019年，学会主办的5本学术期刊、2本科普期刊完成预定编辑出版及发行工作。《中国航空学报》（英文版）影响因子不断提升，稳居SCI航空航天工程类学科Q1区，在亚洲航空领域内排名第1，世界航空领域内排名第7；被引频次由2018年的2138增至2846，增幅33.1%。《中国航空学报》（英文版）入选中国科技期刊卓越行动计划领军期刊，《航空学报》《航空知识》入选中国科技期刊卓越行动计划梯队期刊。

学科发展工程 2019年，学会完成中国科协委托项目《2018—2035年中国浮空器系统发展路线图》研究工作，自筹经费组织实施《增材制造技术发展趋势研究》和《原子冷却与低温喷泉技术发展研究》。

决策咨询 学会完成国家市场监督管理总局委托的“关于航空制造行业市场竞争状况评估”项目和江西省景德镇市委托的“关于景德镇市引进空中之星轻型公务机可行性研究”项目，向江西省委报送《关于促进江西航空产业与旅游产业融合推动高质量发展的对策研究》。

国际学术会议 4月16—17日，由学会、中国航空研究院主办的2019（第八届）民用飞机航电国际论坛在上海市召开。来自美国、加拿大、日本、德国等11个国家的近500名专家、学者参加会议。欧洲民用航空设备组织秘书长Christian SCHLEIFER、法国空中客车架构整合部资深人机交互专家Florence REUZEAU、波音商用飞机公司副技术院士张家声、美国风河系统公司军工市场业务发展总监Alex WILSON分别就欧洲试航认证标准、人机交互、提升客舱体验、飞行数据安全与网络安全作大会报告。

6月26—27日，由学会主办的第三届民用直升机产业国际论坛在上海市召开。来自国内外直升机运营商、直升机主机厂所、直升机系统供应商、零部件设备供应商、政府协会及行业媒体的专家、学者、企业家近200人参加会议。欧洲民用航空设备组织秘书长Christian SCHLEIFER等国外相关机构的专家、学者就直升机发展与国内专家、学者进行经验交流。

7月28日—8月2日，由学会支持，国际爆炸与反应系统动力学会主办的第27届国际爆炸与反应系统动力学会议（The 27th International Colloquium on the Dynamics of Explosions and Reactive Systems，ICDERS 2019）在北京召开。来自31个国家和地区的454名专家、学者参加会议。大会设有3个大会邀请报告、246个口头报告、102个板报报告、69个进展中板报报告。

11月7日，由学会与四川航空集团主办的2019年国际女飞行员大会（2019 INTERNATIONAL CONFERENCE OF WOMEN PILOTS）在四川省成都市召开。来自不同国家的近100名外籍女性飞行员与中国女性飞行员参加会议。大会期间还举办丹麦画家、女飞行员Simone Aaberg Karn的“蓝天姐妹”主题画展。

12月4—6日，由中国航空学会（CSAA）、英国皇家航空学会澳大利亚分会（RAeS Australian Division）、韩国航空宇航学会（KSAS）和日本航空宇航学会（JSASS）联合主办的2019亚太航空航天技术学术会议在澳大利亚召开。会议征文400余篇，参加会议的专家、学者300余人，其中中国专家、学者共100多人参加会议。

6月12—13日，由学会民用飞机运行支持技术专业分会和上海市航空学会主办的第三届民用飞机运行支持技术国际论坛在天津市召开。空中客车公司中国客舱供应商项目负责人Christoph SCHREMPP等围绕“新机型对新航材管理/保障需求预测体系建设”主题进行讨论。

国内主要学术会议 7月24日，由学会主办的2019年中国航空学会青年科技人才论坛在江苏省苏州市太仓市召开。来自全国航空高校、科研院所及企业的50余位青年科技人才参加论坛。

9月26—27日，由学会主办，北京航空航天大学宁波创新研究院承办的航空科技领域前沿科学问题与工程技术难题研讨会在浙江省宁波市召开。学会理事长林左鸣等参加会议。

10月19日，由学会与中国工程院机械与运载工程学部、河南省科协联合主办的第六届中国航空兵器大会在河南省洛阳市召开。来自中国航空航天、兵器等相关企业、高校和科研院所的数百名专家、学者参加会议。大会以“集智、创新、发展”为主题，邀请中国工程院院士樊会涛、王兴治、刘永才、邱志明及国内数十名从事航空制导武器研究领域的专家、学者作特邀报告交流。

10月26—27日，由学会等单位主办的第六届中国航空强度技术发展高峰论坛在北京举办。中国工程院院士孙聪、中国科学院院士郭万林、西安交通大学教授王铁军、大连理工大学教授郭旭等24名专家、学者分别围绕战机创新设计对强度技术的需求与发展、基于三维疲劳断裂理论的结构耐久性与损伤容限技术、先进重型燃气轮机制造基础与实践、基于拓扑优化的结构创新设计挑战与进展等主题作大会报告。

11月21日，由学会、南京航空航天大学主办的中国航空学会首届研究生论坛在江苏省南京市召开。来自北京航空航天大学、南京航空航天大学、西北工业大学等国内高等院校的80余名学生参加会议。

4月17—18日，由学会民用飞机运行支持技术分会主办的2019中国民航互联飞机大会在上海市举办。来自民航局、民航公司、工业部门的160余名相关人员参加会议。

7月11—13日，由学会测试技术分会主办的第十六届中国航空测控技术年会在北京召开。来自部队、高校以及相关企事业单位170余位专家、学者、企业管理者参加年会。

9月24日，由学会信息融合分会主办的第九届中国信息融合大会在山西省太原市召开。来自95个单位的412名专家、学者参加大会。共有大会报告9场，设有

10个分会场，分会场报告8场，共有115位作者交流论文，最终2篇获得最佳论文奖，9篇获得最佳论文提名奖。

9月28日，由学会民用飞机运行支持技术分会主办的第一届中国航空学会飞机性能学术年会在四川省德阳市举办。来自民航局、航空公司的近100名专家、学者参加会议。

10月30—31日，由学会民用飞机运行支持技术分会和上海市航空学会联合主办的2019民航客户忠诚度管理论坛在上海市召开。来自国内外航空公司、院校、咨询公司、出行体验服务商和大数据、旅游、技术开发商等单位的130余名专家、学者参加会议。

12月6—8日，由学会制导、导航与控制分会主办的2019年制导、导航与控制高端论坛在湖南省长沙市召开。来自国内工业部门、高等院校的200余名专家、学者参加会议。

国际交往 5月、9月，学会分别赴芬兰赫尔辛基、澳大利亚墨尔本参加国际航空科学理事会（ICAS）执行委员会工作会，汇报第32届国际航空科学大会筹备进展情况并参与相关事宜讨论。

9月12日，美国普渡大学理工学院院长Chris Holford一行5人访问学会，与学会秘书长姚俊臣进行会谈。

10月21—25日，学会与国际自动机工程师学会（SAE）联合在上海市开展适航标准专题培训，邀请Electron International公司系统与安全副总裁Eric M. Peterson为讲师，采用英语授课，参加培训的学员有30余人。

11月5日，学会与瑞士航空科学学会（SvFW）在北京签署谅解备忘录，就青少年科普活动、基础研究领域学术研讨等开展双边合作。

11月20日，美国驻华大使馆经济处经济事务官员唐俊雄（Adam Stevens）、经济专家苏煜拜访学会。

科普活动 7—10月，学会与中国航空工业集团有限公司共同主办2019全国通航网络知识竞赛，通过主流科普宣传媒体进行宣传，参赛者通过登录“科普中国”App进行阅读和答题，网站总访问人数52213人次，线上阅读人数达17301人次，答题人数达17217人，其中343人在答题活动中获得满分。经抽奖系统随机抽取，16名答题者分别获得一、二、三等奖。此次活动得到光明网、新华网、中国航空新闻网等网站和媒体的支持。

9—11月，为庆祝人民空军成立70周年，学会主办“我爱祖国的蓝天”创意作品大赛。大赛由空军政治工作部宣传文化中心支持，学会各会员工作站和陕西省航空学会等多家单位协办。共吸引20多个省份1000余名选手参加，线上参与人次突破100万。大赛共收到各类创意方案356个，入围作品268个，经过创意审核、作品初审、大众网络共鸣度评选和专家评审，最终由解放军某部的余锦飞团队创作的《雄鹰》获得一等奖。

学会邀请中国科协首席传播专家王亚男前往四川省成都市、北京市、山东省寿光市举办面向社会公众的公益科普讲座，讲座分别从航空史和航空科学技术创新的角度阐述人类追逐飞行梦想与不断拓展飞行边界的迈进历程，让社会公众和青少年了解航空科普知识，感受航空科技的魅力。

2019年，学会为36所中小学校51800余名中小学生举办科普报告82场、专业航模表演26场，共捐赠图书6600余册、航模10070架、校服700套，超过15000名中小学生在专家的指导下完成航模制作与放飞。为广西壮族自治区防城港市、钦州市、北海市的领导干部举办5场国防形势报告会。

表彰举荐优秀科技工作者 2019年，学会组织开展相关推荐工作，张福泽、王亚男等被推选为全国优秀党员科技工作者。完成2019年度中国科学院院士、中国工程院院士候选人，第十三届光华工程科技奖及第十六届中国青年女科学家奖的推荐工作。

党建强会 以学会理事会党委、办事机构党支部和分支机构党小组为主的学会党建体系不断加强，严格执行“三重一大”决策事项，为学会各级组织工作的顺利开展提供组织保障。学会党建强会活动继续突出国防教育，以科普服务基层为特色，开展党建强会科普进校园、进基层活动，让资源向贫困偏远地区及基层校园倾斜，先后在广西壮族自治区防城港市、钦州市、北海市，江西省九江市，山东省潍坊市、胶州市、威海市，陕西省西安市、汉中市、渭南市、宝鸡市，新疆维吾尔自治区伊犁哈萨克自治州新源县开展大规模主题活动，协助中国仪器仪表学会党委在甘肃省天水市清水县开展党建强会科普服务基层活动。

会员服务 学会通过以学会App、微信小程序和学会各级组织网站为主体的会员服务与管理信息化平台提升联系和服务会员水平，通过移动通信端提供一站式学会活动信息查询、会议注册、会员缴费、期刊及会议论文阅览、会员意见反馈等服务。继续执行会员优先、优惠或免费参加学会主办的活动的政策。

【2019 世界无人机大会暨第四届深圳国际无人机展览会】 6月20—22日，由学会与中国电子信息行业联合会、广东省深圳市南山区人民政府、工业和信息化部政府采购中心、中国科学院无人机应用与管控研究中心联合主办的2019世界无人机大会暨第四届深圳国际无人机展览会在广东省深圳市举办。泰国前副总理 Korn Dabbaransi、Phongthep Thepkanjana，巴基斯坦前总理 Shaukat Aziz，国际无人机开源开发者组织创始人 Jani Hirvinen，韩国无人机协会会长朴宽民，日本无人机协会会长野波健藏，德国联邦经济部顾问托马斯，比利时无人机系统协会总裁帕契克·马斯卡特等国内外3000余人参加活动。

大会以“科技让生活更美好”为主题，围绕无人机在人工智能、智慧交通、灾害救援等方面应用进行探讨，致力于推动无人机产业高质量发展。大会由论坛、展会、评选和赛事4部分组成。共设1场主题大会、30场平行论坛、2.25万平方米国际展览会、3场比赛、全球无人机贡献奖颁奖典礼等活动。邀请300多位专家、企业负责人进行30场演讲，与会专家、学者及企业家深入对话和交流，探讨解读中国无人机产业政策、标准制定，分享全球无人机产业前沿趋势和技术，展望无人机产业发展，谋划智能社会未来愿景，推动深圳、中国乃至全球无人机产业的创新发展。

全球90多个国家和地区的400余家无人机企业带来1000多架无人机参加展览。会议期间，举办无人机航拍大赛、无人机创新创业大赛、无人机竞速比赛，同时揭晓第三届全球无人机贡献奖及2019世界无人机大会创新产品奖。

【2019（第四届）中国航空科学技术大会暨2019年沈阳国际航空产业发展大会】 8月15日，2019（第四届）中国航空科学技术大会暨2019年沈阳国际航空产业发展大会在辽宁省沈阳市举办。学会理事长林左鸣和沈阳市副市长苗治民出席开幕式并致辞。来自航空工业、民航、部队、科研院所、高校等系统的800余名国内外专家、学者参加会议。

开幕式上，举办2019年度中国航空学会科学技术奖颁奖典礼，表彰为中国航空科技发展作出突出贡献的团体及个人，并发布中国首部《电动飞机发展白皮书》。

工业和信息化部装备工业司巡视员石靖敏作题为《中国民用航空工业发展展望》的大会报告，中国工程院院士、沈阳航空航天大学原校长杨凤田作题为《创建中国特色的通航产业发展之路》的大会报告，美国霍尼韦尔航空航天先进技术部首席战略师 Slamshah Amlani 作题为《航空航天业的未来趋势》的大会报告。

大会由学会与沈阳市人民政府联合主办，按专业分为6个分会场和1场专题航空项目推介对接会。会议探讨航空产业发展对推动新一轮工业革命所担负的历史性作用，梳理航空科技及产业进展，展望科技及产业发展趋势，促进学科交流，助力航空科技与地方产业的融合与发展。

（撰稿人：杨　亮）

中国宇航学会

服务创新型国家和社会建设 由学会与河北省沧州市经济开发区共同打造的航天（沧州）科技成果转化中心，以促进航天科技成果转化，提升沧州市及周边地区科技创新发展能力，加快区域经济转型升级，深度服务京津冀协同发展战略为建设目标。2019年，学会与沧州市经济开发区共同发力，实质性推进航天（沧州）科技成果转化中心建设，年内初步建成科技成果展示交易中心、科技成果交易线上服务平台、待转化成果库，借力航天科技助力京津冀协同发展。

在中国科协创新驱动助力工程示范项目的支持下，8月，学会与河北省沧州市经济开发区联合主办中国航天科技成果转化项目推介会，重点推介高端装备、卫星应用、节能环保等领域的65项技术和项目，包括中国北欧技术创新与发展协会在内的5家企业和组织入驻航天科技成果转化平台并签署协议，推动社会资本、民营企业共同参与平台建设，共享融合发展机遇。

9月，学会开展航天科技转化路演及项目对接。邀请相关专家及京津冀企业代表一同赴南京理工大学北方研究院、天津中科智能识别产业技术研究院、绿邦膜分离技术（天津）有限公司等单位进行路演、调研及项目对接，现场达成多项合作协议。

11月，中国航天科技集团有限公司董事邹乃睿、张汝恩、陆志军，董事会秘书、总经理助理、办公厅主任史克禄和部分企业代表一行调研考察航天（沧州）科技成果转化中心。参加调研活动的领导及专家对航天科技成果转化平台的工作给予肯定，对后续建设提出“要建立各方合作的利益共享机制，要让参与者受益，实现共赢、多赢”等意见建议，为航天（沧州）科技成果转化中心后续工作提供新的思路和思考。

学会推荐的“重复使用航天运输系统设计与评估技术”入选中国科协20项重大科学问题和工程技术难题，并在第21届中国科协年会上正式发布。学会推荐的“新一代人工智能技术引领下的云制造系统”入围2019世界智能制造十大科技进展。

学会根据中国科协和中国航天科技集团有限公司关于扶贫工作的部署和要求，对河北省保定市涞源县进行定点扶贫。学会赴涞源县实地调研并推动帮扶落实，组织实施定点帮扶项目、协助做好扶贫宣传、积极开展消费扶贫与爱心捐赠等，用实际行动助力打赢脱贫攻坚战，践行社会责任。

学会建设 学会继续推进个人会员实名化工作，动员理事会各成员单位进一步补充、完善个人会员信息。截至2019年年底，学会个人实名会员人数超1万，个人会员总数达到35623人，单位会员137个。

学会组织召开七届三次理事会议以及第五、第六次常务理事会议，重点通报年度总体工作及专项工作，审议通过学会领导班子届中调整方案、会计制度调整报告等事项。

学会组织实施庆祝中国宇航学会成立40周年系列专题活动，包括40周年微信专栏、“今日科协”专题报道、《宇航学报》学会40周年专刊、学会宣传片拍摄等，全面展现学会发展历程，描绘学会发展前景。完成学会首部官方宣传片《新时代的中国宇航学会》摄制工作，全面展现学会在新时代的新风貌。

学会治理结构和治理方式改革 学会继续深化治理结构和治理方式改革，不断提升学会治理体系和治理能力的现代化水平。依据《中国科协全国学会组织通则》等规范性文件，组织开展包括《中国宇航学会理事会党委会议事规则》《中国宇航学会分支机构管理条例》等6项制度的制修订，为学会及其分支机构合法、合规、合章运行提供制度保障。

青年人才托举工程 学会推进中国科协“青年人才托举工程”项目，完成第二届结项验收，第三、第四届经费监管，第五届申报评选等工作，在推动青年学者成长成才的同时，实现学会高质量发展。制订《中国宇航学会“青年人才托举工程”项目经费使用指南》，依托中国科协“青年人才托举工程”策划学会增值服务，将人才培养与学会主体业务深度对接，为青年成长成才提供平台。

4月，学会举办“青聚湘江”2019年中国宇航学会青年专家论坛，邀请人以入选中国科协“青年人才托举工程”专家为主体，同时邀请航天院士、专家、优秀青年代表等人员，共同探讨青年成长成才等话题。中央电视台《新闻联播》对活动进行报道。

主办期刊 学会主办的《宇航学报》2019年核心影响因子为0.950，继续领跑航天类科技期刊，入选中国科技期刊卓越行动计划。

英文刊*Advances in Astronautics Science and Technology*（《航天科技前沿》）组织召开2019年编委会会议，审议年度工作报告计划，确定2020年出版主题。

《太空探索》围绕中国航天及世界航天热点和重大进展，进行全方位、多视角的解读，策划深度科普专题近20个，彰显在航天科普领域的专业性和权威性。

学科发展工程 学会牵头负责的《2018—2019航天科学技术学科发展报告》在各分支机构和成员单位的支持和配合下，共组织编写22份专题报告和1份总体报告，共计100余名院士、专家参与撰稿及审稿，报告字数超过30万。

决策咨询 学会组织完成《国际空间法律态势对装备发展的影响研究》《中关村示范区信息化系统应用优化研究》《北斗卫星导航应用法律责任研究》《科技民生报告——北斗导航天地间》《科技前沿热点综述研究报告——重复使用火箭机构系统技术发展研究》等10余项研究课题，研究成果得到中央军事委员会装备发展部和中关村科技园区管理委员会等单位的肯定。

国际学术会议 学会初步形成以航天技术创新国际会议、环太平洋地区航天技术会议、中俄工程技术论坛等为主体的高端国际性学术会议品牌集群，品牌建设初具成效。

9月3—6日，由学会与国际宇航科学院、上海航天技术研究院联合举办的第八届航天技术创新国际会议在上海市召开。会议以“航天突破技术创新”为主题，涵盖运载火箭与发射技术、卫星有效载荷与应用、人类空间站与太空探索、颠覆性技术与应用等6个领域，共征集论文142篇。来自10余个国家的370余名专家、学者参加会议，共倡“和平利用空间技术、增进全体人类福祉”。

11月18日，由学会与中国高科技产业研究会、国际和平联盟联合主办的2019太空技术和平利用（健康）国际研讨会在广东省珠海市召开。大会以“同一个太空，同一个家园”为主题，吸引来自中国、美国、俄罗斯、法国、德国、英国等国家数百位科学家、宇航员、行业专家、企业管理者等参加会议，共同探讨太空技术与人类未来。这是一次以专题研究太空技术和平利用为主题的国际会议，也是世界上首次由七大组织共同支持的国际会议。

11月26日，第六届中俄工程技术论坛在福建省厦门市举办。论坛由中国科协和俄罗斯科学工程协会联合会联合主办，学会与中国国际科技交流中心、福建省科协等单位承办。来自俄罗斯科学工程协会联合会、俄罗斯科学院、莫斯科动力学院、俄罗斯航空系统公司及国内专家、学者近400人参加会议。论坛围绕“创新航天，共享未来”主题，就航天技术创新与产业发展相关议题展开探讨。

国内主要学术会议 2019年，学会主办2019年中国航天大会等主要学术会议。5月27日，学会联合成员单位中国航天科工集团第十研究院共同举办2019中国国际大数据产业博览会航天分论坛。论坛以“数融航天·智领未来”为主题，与会专家、学者共同探讨航天领域大数据全业态演进规律与趋势，研究大数据技术链、产业链、价值链、安全链等热点问题，为航天领域大数据技术的深度发展提供新思路、新方案。

国际组织任职 学会自1983年开始开展向国际组织推荐专家的工作。截至2019年年底，累计成功推荐11名专家担任国际宇航联合会（IAF）和国际宇航科学院（IAA）副主席，25名专家任职IAF、IAA执委以上职务；118位专家成为IAA院士，数量仅次于美国、俄罗斯，排名世界第三。

2019年，学会继续协助IAF副主席、学会副理事长杨保华履职国际宇航联合会专门工作，保持中国航天在IAF的话语权和影响力。此外，成功举荐1名中国专家进入IAF空间运输委员会，学会推荐的专家在IAF任职数达18人。

国际交往 9月，在学会大力推动下，“嫦娥四号”1∶1模型成功入驻法国图卢兹航天主题公园。入驻当天举办相关学术活动，IAF副主席、学会副理事长杨保华出席活动，学会与图卢兹航天主题公园签订模型长期展出协议，进一步丰富国际合作的内容和渠道。

科普活动 学会坚持开展青少年航天科普公益活动，包括航天院士进校园、空间站青少年搭载科学实验方案征集、世界空间周、全国科普日、太空画创作征集、航天科技夏令营、太空教育论坛以及中国航天大会系列科普活动等。组织承办的2019青少年高校科学营航天专题营活动，吸引众多中小学生参与，并获得由中国科协颁发的“2019高校营优秀组织奖”荣誉称号。在全国科普日活动中，航天科普互动体验墙日均人流量过万人次。

表彰举荐优秀科技工作者 10月，学会推荐的中国工程院院士、中国空间技术研究院技术顾问戚发轫在第70届国际宇航大会上获得2019年度国际宇航联合会（IAF）“名人堂”奖项。学会推荐的北京航空航天大学教授郭雷和中国科学院数学与系统科学研究院研究员张纪峰获得第六届杨嘉墀科技奖一等奖，北京控制工程研究所研究员汤亮和武汉大学教授张俊获得二等奖。

党建强会 学会开展“不忘初心、牢记使命”主题教育，将政治理论学习与业务工作实践相结合，在主体业务中融入党建元素；参加2019中国科协国防科技全国学会党建强会山东科普行活动。

学会办事机构党组织开展一系列特色活动，包括举办井冈山党性锻炼培训班、微党课比赛，参观“不忘初心、牢记使命”主题档案展、庆祝中华人民共和国成立70周年成就大型展，组织政治理论学习及主题党日活动。

会员服务 学会持续优化和改进会员联系与服务工作，通过学会官网、微信公众号、会员服务管理系统等平台和媒介，实时发布学会重点活动信息，展示学会业务开展全貌。首次制定的《2020年度会员服务增值目录》，从学术交流、期刊出版、课题研究、培训教育、人才表彰推荐、科学普及、外事服务7个维度，结合学会2020年度重点工作计划，推出个人会员33项、单位会员12项增值服务，实现学会会员工作的可持续发展。

【2019年中国航天大会】 4月24日，由学会与中国航天基金会联合主办的2019年中国航天大会在湖南省长沙市开幕。大会围绕“逐梦航天，合作共赢”主题，开展“学术、产业、科普、文创”4类活动，突出国际化、公益化、大众化、网络化特色，集

学术论坛、产业盛会、科普教育、文创体验于一体，吸引来自国家相关主管部门、军工集团、科研院所、航天企业和国际宇航组织的专家、学者1000余人参加活动。

大会学术活动分为主论坛和分论坛两部分。主论坛上，中国工程院院士、中国探月工程总设计师吴伟仁等10余名中外航天领军人物，围绕中国探月工程、中国北斗工程、高分专项工程、中国空间科学卫星计划的进展和展望、风云气象卫星及应用进展、国内可重复使用火箭发展现状及展望等中国航天重大工程的最新成果和进展、全球航天的发展现状和热点事件展开讨论。大会设有10场学术分论坛，围绕外层空间新兴问题国际法治等议题进行交流研讨。

大会还聚焦商业航天、遥感应用等专业领域，举办2019中国对地观测商业峰会、商业航天产业国际论坛、亚热带遥感应用论坛和“航天放飞中国梦”——庆祝新中国成立70周年航天成就展，打造“3论坛+1展览”的产业活动板块，搭建航天产业化合作平台。

大会在上届学术委员会基础上，增加中国科学院、中国气象局、中国遥感应用协会等相关单位的专家，覆盖的航天学术领域更加全面，为保证大会的学术权威性提供智库支撑，为打造高规格的学术交流平台奠定基础。

（撰稿人：黄　超）

中国兵工学会

服务创新型国家和社会建设　2019年，学会共开展3期“智汇兵器”高端论坛系列活动，分别为陆军武器装备发展论坛、第二届军用光电技术发展论坛、中国兵工学会第三届青年科学家论坛，分别形成《陆战智能武器装备未来发展建议》《我国光电侦察监视装备与未来技术发展》《精确制导武器智能化探测发展趋势与关键技术》3篇决策建议。其中，《陆战智能武器装备未来发展建议》被国家发展改革委采纳，并上报国务院办公厅、中央军事委员会办公厅。

学会《新型智慧城市体现国防功能已势在必行》报送国务院国有资产监督管理委员会。

学会在内蒙古自治区巴彦淖尔市乌拉特前旗建立工作站，为当地智慧城市安防工程建设和乌梁素海通用机场建设提供咨询服务，为当地公安局射击场的设计咨询提供服务。目前累计检测安防项目16项，为企业服务近100次。

学会为8家企业提供军工安防企业设计制造施工维护能力评价服务，累计为47家企业办理资质评定。

2019年，共有162人提出申请进行军工安防从业人员水平评价，学会为符合条件、具有相应资格的108人办理军工安防从业人员专业技术资格证书。累计有203人申请，138人获得证书。

学会研究并发布《智能主动防御系统》和《防爆容器通用技术要求》2项团体标准，启动《军用保障用车–汽车爆胎应急安全装置性能要求和试验方法》团体标准工作。

学会承办人力资源社会保障部“新一代人工智能技术与应用”知识更新项目，参与中国科协工程能力国际互认项目。

学会建设　2019年，学会理事会共有186名理事、59名常务理事；高级会员762人，会士49人，普通会员35114人，其中普通会员比2018年增加1002人。

学会召开八届十一次常务理事会议、八届十二次常务理事会议、八届六次理事会议和中国兵工学会第三十八次工作会议，通过换届方案并进行委员变更工作。

学会制定《中国兵工学会废旧物资管理办法（试行）》《中国兵工学会关于纪检监察部门参与重大人事任免工作规范》《中国兵工学会党支部纪律检查委员履职规范（试行）》和《中国兵工学会专家劳务费等业务经费支出标准规定（试行）》等制度。

青年人才托举工程　截至2019年，学会已托举20名青年专家参选中国科协“青年人才托举工程”项目（含自筹）。2019年，学会召开青年专家座谈会、青年委员会工作会议，组织策划中国科协“青年人才托举工程”项目，共推荐9名青年专家参选2019年度中国科协“青年人才托举工程”项目，含6位自筹经费。

主办期刊　根据2019年《中国科技期刊引证报告》统计结果，由学会主办的《兵工学报》扩展影响因子为1.059；核心影响因子为0.865（核心自引率0.14），同比增长30%；综合评价得分83.7分，在2049种核心期刊中排名第47，位列兵器学科20种核心期刊首位。中国知网发布的2019年《兵工学报》国际引证分析报告显示，在武器工业与军事技术工程11种国内外学术期刊中，《兵工学报》世界学术影响力指数排名第2。《兵工学报》全年共收到稿件803篇，正刊出版 12 期，发表论文 298 篇。

学会主办的 *Defence Technology*（《防务技术》）全年收稿 1298 篇，发表 110 篇，下载 50 万次，影响因子 1.261，位于 JCR（《期刊引用报告》）和中国科学院分区 3 区，并入选中国科技期刊卓越行动计划。*Defence Technology* 重点关注 SCI 数据库中与 DT（数据处理技术）相关学科的研究热点，全年参加学术会议 6 场，布展 3 次，召开国际编委会会议及国内小型编委会会议 3 次，高水平综述约稿 6 篇，分别来自 6 个国家。

学会主办的《兵器知识》全年发表文章 185 篇，包含彩页 156 页。完成中国科协“中文科技期刊精品建设计划”项目。《兵器知识》杂志社完成“兵小白”卡通形象的招标、评选工作，并注册商标。在举办科普活动以及微信公众号、电子媒体内容发布中，开始采用“兵小白”卡通形象。

学科发展工程 学会主导，并与 30 多家参与单位共同完成《2018—2019 兵器科学技术学科发展报告・制导兵器》的撰写和研究工作，并征求中国兵器工业集团有限公司相关研究所、军队相关科研人员、高校相关专家的意见进行系统性修改。相关研究成果与报告提交中国科协。

国际交往 3 月，学会派人员赴印度参加第六届爆炸、冲击波和高应变率现象国际研讨会，并参观新加坡南洋理工大学淡马锡实验室和新加坡国立大学冲击力学实验室，为后续开展合作打下基础。

6 月，学会副秘书长瞿雁冰一行 10 人赴德国参加第 50 届德国弗劳恩霍夫化学技术研究所（Fraunhofer ICT）年会，并参观德国弗劳恩霍夫化学技术研究所。

11 月，学会秘书长于小虎一行 10 人赴印度参加第 31 届国际弹道大会。会议期间，南京理工大学教授栗保明等中国专家、学者作大会报告，并推荐北京理工大学教授陈鹏万担任国际弹道学会董事。

11 月，学会副秘书长安玉德一行 12 人赴印度尼西亚参加第 6 届亚洲防务技术大会，全面了解人工智能在军事领域应用的最新情况。大会推荐中国科学家担任亚洲防务技术大会组委会委员，并商议在中国举办 2022 年第九届亚洲防务技术大会的细节。

8 月和 11 月，学会邀请国际弹道专家 Clive Woodley 访问中国兵工学会、北京理工大学、西安近代化学研究所（204 所）、中国兵器工业第 208 所、北京大学和南京理工大学。Clive Woodley 分别在北京大学参加第 27 届国际爆炸与反应系统动力学会议，在 204 所、208 所举办 2 场讲学，在北京理工大学参加第 13 届国际推进剂、炸药、烟火技术秋季研讨会暨丁儆先生诞辰 95 周年纪念会，参加 2020 国际防务技术大会（2020 ICDT）第二次筹备大会。

11 月，学会邀请意大利米兰理工大学教授 Luigi T. DeLuca 出席第 13 届国际推进剂、炸药、烟火技术秋季研讨会暨丁儆先生诞辰 95 周年纪念会和 2020 ICDT 第二次筹备大会，探讨 ICDT 筹备工作。

科普活动 学会全年组织开展科普讲座 160 多场，发表科普文章 400 余篇，出版科普图书 10 余本。获中国科协授予的“中国科技志愿服务百家学会”称号。

7 月，学会组织开展青少年高校科学营兵器专题营活动，共计 115 名师生参加，以兵工文化为核心进行的活动策划成为 2019 年的特色活动案例。

7 月，学会科普部与西北工业大学、陕西省渭南市临渭区崇凝镇线王小学在陕西省西安市组织召开以“播撒报国种子，立做未来栋梁”为主题的国防科普研讨调研会。60 人参加会议。

10 月，学会组织专家、学者前往陕西省渭南市开展以“兵工文化　薪火传承”为主题的校园科普活动。活动内容包含科普讲座、航模表演、知识竞赛，学会还组织 300 余名学生参观兵器科研院所和展览馆。

表彰举荐优秀科技工作者 学会组织开展中国兵工学会青年科技奖评审工作，共有 12 名青年专家获奖，学会推荐中国青年科技奖候选人 2 名。学会推荐的 2 名南京理工大学青年学者入选 2019 年中国科协优秀中外青年交流计划。完成 2018 年兵器学科优秀博士、硕士论文评审初评工作。

党建强会 学会与浙江省兵工学会共同开展“党建强会”系列活动——宁波紧固件共性技术咨询对接会暨党建传承红色基因共建国防教育。学会组织 5 名专家以“点对点”的方式分别到浙江省宁波市 5 家民营企业进行技术咨询和交流对接，针对螺栓断裂、铸件表面处理硬度不均、原材料技术指标等关键技术难题现场进行剖析与指导。学会结合宣传“吴运铎精神”，在宁波市镇海区九龙湖镇中心小学，开展传承红色基因，党建科普校园行活动。

10 月，学会党委制定《关于开展兵工学会党支部党建专项巡察工作方案》和《关于开展兵工学会期刊杂志专项巡察工作方案》。11 月，对学会两个党支部开始进行内部巡察工作，并完成对兵工学会党支部开展巡察工作情况报告。

会员服务 3月，学会组织开展学术会议数字化平台系统升级调研，并完成学术会议数字化平台系统升级工作。开发《兵器知识》移动端电子杂志系统，便于会员在线阅读。

【第二届兵器工程大会】 11月20—21日，由学会主办，南京理工大学承办，北京理工大学、中北大学和重庆市兵工学会等单位协办的第二届兵器工程大会在江苏省南京市召开。19名院士，以及来自企业、高校、部队等60多家单位的300余名专家、学者参加会议。中国科学院院士芮筱亭为大会主席。大会共邀请24名行业内专家、学者作大会报告，并举办小型展览。

大会共收到论文300余篇，经过专家评审，评选出244篇优秀论文并收录到《第二届兵器工程大会论文集》中，该论文集由北京理工大学出版社出版。

（撰稿人：殷宏斌）

中国金属学会

服务创新型国家和社会建设 学会面向企业和会员提供公共服务，建有炼铁生产技术服务平台、电炉炼钢生产技术服务平台，指导企业解决生产中的技术难题，提出可行方案。构建冶金与新材料产学研协同创新服务平台，2019年更新100余项科技成果与研发动态信息。围绕节能减排、先进工艺技术等热点问题，组织筛选前沿的、有应用基础的13项行业关键共性技术进行推广。

对“特高压输变电装备用超低损耗取向硅钢技术开发及应用”等39项行业科技成果项目开展评价工作，完成《冶金工程技术领域科技新进展——基于2013年—2018年冶金科技成果评价情况的报告》。组织专家开展钢铁企业烧结、焦化烟气超低排放专项调研，重点选择京津冀周边10家代表性企业，了解近一年来各类超低排放技术的进展、技术指标的实际达标情况及存在问题等。调研结果为各级部门，特别是钢铁生产企业提供参考意见和建议。

学会开展团体标准工作，完善学会团体标准信息管理系统，并上线运行。在绿色制造、电炉炼钢、绿色炼铁、钢材深加工及应用等方面开展团体标准研究，新材料技术、智能制造技术、绿色制造等领域内的14项团体标准项目通过技术审查。

学会全年举办专业技术人才培训班15次，培训人数650余人次。9月，举办钢铁产品生命周期评价方法高级培训班。11月，举办2019年铌钢冶金技术国际研讨培训班。

学会作为材料类工程教育认证专门机构之一，组织完成85个专业申请认证的评审工作；对受理的43个专业开展自评审核，完成25个专业进校考查工作；组织2019年工程教育认证新专家培训会，培训新专家74名。

学会秘书长王新江率调研组到江苏省南京市开展调研，与江苏省金属学会联合召开省会合作江苏电炉炼钢研发中心研讨会，推动江苏省电炉炼钢联合研发中心建设。与苏州市科协联合主办长三角绿色钢铁核心技术高级研讨会，围绕钢铁行业超低排放技术开展研讨，助力长江三角洲地区钢铁企业绿色制造。9月，在江苏省溧阳市召开中国金属学会总工程师工作委员第二次工作会议，就如何推进企业实施全流程、全方位的超低排放进行交流，团结和动员企业总工为行业科技服务。中国科协年会期间，召开服务东北对接咨询会，与黑龙江省和辽宁省围绕服务东北地区材料产业发展进行项目洽谈、技术对接和实地调研，助力东北振兴。

学会建设 学会会员总数91111人，单位会员总数187个，2019年新发展高级会员2人、普通会员816人，新成立分支机构2个。学会变更副理事长1人、常务理事5人、理事7人。

2019年学会和各分支机构共组织各类学术、技术交流活动75次，参加人员15197人次，交流论文3128篇。

学会治理结构和治理方式改革 学会完善会议制度，优化领导机构组成，规范调整负责人、常务理事、理事，规范召开理事会议、常务理事会议和监事会议。学会加强分支机构管理，完善和制定学会分支机构管理办法及考核评估办法。

青年人才托举工程 12月2日，由学会牵头成立的中国科协先进材料学会联合体在湖北省武汉市举办第三届（2017—2019年度）“青年人才托举工程”项目结题汇报会、青年科学家学术沙龙和第五届（2019—2021年度）“青年人才托举工程”项目答辩评审会，38名候选人参加答辩，25人入选。学会4位青年人才获得自筹资金资助。

主办期刊 《材料科学与技术》（英文版）入选中国科技期刊卓越行动计划重点期刊项目并获得中国科

学院科学出版基金支持,《金属学报》《钢铁》入选中国科技期刊卓越行动计划梯队期刊项目,《金属学报》《钢铁》《中国冶金》入选中国科协中文科技期刊精品建设计划项目。

《材料科学与技术》(英文版)、《金属学报》(英文版)、《金属学报》3 种期刊影响因子均创历史新高。《材料科学与技术》(英文版)影响因子达 5.04，位居世界冶金类期刊第 3 名;《金属学报》(英文版)进入 JCR 冶金类期刊 Q2 区;《金属学报》是该学科领域唯一一本中文期刊。

学科发展工程 学会承担中国科协《2018—2019 冶金工程技术学科发展报告》项目研究，中国工程院院士殷瑞钰担任首席科学家。6 月，在安徽省马鞍山市召开学科发展及教学研讨会。12 月，完成约 27 万字的《2018—2019 冶金工程技术学科发展报告》，包括综合报告和 13 个专题报告，对中国 2018—2019 年冶金工程技术学科的新理论、新方法、新成果、新技术进行系统总结和客观评述。

学会组织编写《钢铁工业智能制造体系构架(白皮书)》，提出钢铁企业智能制造参考架构。组织撰写“钢铁工业绿色制造节能减排先进技术”丛书，学会理事长干勇担任编委会主任，中国工程院院士徐匡迪作序。

决策咨询 学会常务副理事长赵沛作为京津冀协同发展专家咨询委员会成员，参与国家《京津冀协同发展战略规划》的一系列重要咨询、调研、编制工作。针对工业和信息化部《关于引导电弧炉短流程炼钢发展的指导意见(征求意见稿)》的意见函，学会在会员单位、电炉相关工作机构中征求意见，就行业电炉技术发展现状和趋势书面给出复函。参加科技部“2021—2035 国家中长期发展规划”资源领域战略研究工作。

学会牵头中国科协先进材料学会联合体承担中国工程院“2035 我国基础材料绿色制造和智能制造技术路线图研究”项目，分析中国与国际先进水平的差距，提出解决途径，形成基础材料领域实现绿色制造和智能制造的咨询报告，提出政策建议。

国际学术会议 8 月 21 日，学会与韩国金属材料学会共同主办的中韩双边交通运输轻量化学术研讨会在陕西省西安市召开。中国、韩国与会专家、学者围绕铝合金、镁合金和钛合金的基础研究、加工技术、应用技术等进行交流。

8 月 28—31 日，学会与韩国金属材料学会在韩国济州共同主办第十一届中韩双边先进钢铁技术研讨会。会议邀请中国、韩国共 27 名专家作学术报告，围绕炼铁、炼钢与连铸、大气污染物治理与资源综合利用技术、钢铁产品及其物理冶金学基础等开展学术交流。

10 月 31 日，学会与日本铁钢协会在重庆市共同主办第十五届中日双边钢铁技术研讨会。学会常务副理事长赵沛，日本东北大学、日本东京大学的专家、学者以及国内的专家、学者共 140 余人参加研讨会。会议围绕钢铁冶金新技术、新进展及基础研究工作等展开探讨。

11 月 19—21 日，由学会与中国钢结构协会主办，韩国金属学会和意大利冶金学会协办的 2019 年冷弯型钢(管材)先进成型技术国际会议在广东省广州市召开。来自中国、德国、日本、意大利、澳大利亚、韩国冷弯行业领域的 100 余位专家、学者等参加会议。

国内主要学术会议 4 月 24—25 日，由学会与学会特殊钢分会、江苏省金属学会主办的 2019 年全国高品质特殊钢技术交流会在江苏省常州市召开。来自全国钢铁企业、研究院所等 90 余家单位的 180 余名专家、学者、科技人员参加会议，共同交流探讨近年来中国特殊钢研究、生产、应用等领域的技术进步及发展趋势，以及特殊钢领域的技术成果、热点难点问题及解决方案。

5 月 21—22 日，学会在湖北省武汉市召开 2019 年全国冶金烧结节能减排关键技术研讨会。会议主题为“加强协同治理，科学节能减排”，80 余家单位的 200 余名专家、学者及科技人员参加会议。

5 月 24—25 日，学会在北京召开 2019 第二届中国电炉炼钢科学发展论坛。500 余名专家、学者参加会议。国家发展改革委、工业和信息化部相关领导，中国工程院院士殷瑞钰，学会外籍荣誉会员蔡焕堂等作主旨报告。此次论坛针对电炉炼钢设备和技术进行交流，对电炉炼钢的发展进行展望。

6 月 13—14 日，学会在安徽省马鞍山市召开 2019 年钢铁行业能源管理中心建设、运行与升级技术研讨会。会议交流探讨近年来中国冶金能源管控领域面临的形势与问题、取得的技术进步。中国工程院院士殷瑞钰作《对流程制造业中能量流的若干理论认识》的报告。

7 月 26—27 日，学会在山东省日照市召开 2019

年全国冶金焦化节能减排关键技术研讨会。会议以“科学节能减排、促进冶金焦化绿色智能化发展”为主题，围绕中国冶金焦化领域节能减排技术研究、生产及应用等技术进步以及发展趋势进行探讨。

8月14—15日，学会在陕西省西安市召开2019年全国建筑钢筋生产技术研讨会。会议围绕新国标执行后，建筑钢筋质量监管、建筑钢筋微合金化关键技术、连铸与控轧控冷技术优化及钢筋组织均匀性、性能稳定性控制技术、特殊用途钢筋及复合钢筋生产新技术等进行讨论。

8月22—23日，学会在山西省太原市召开2019年（首届）中国金属学会不锈钢科技发展论坛。来自全国不锈钢企业、科研院校等60余家单位的270余名专家、学者、科技人员参加论坛。论坛录用57篇论文并正式出版。

12月1—2日，由学会牵头，中国科协先进材料学会联合体主办的2019年先进材料青年学者论坛在湖北省武汉市召开。中国科学院院士、武汉理工大学校长张清杰，中国工程院院士岳清瑞、王玉忠，国家自然科学基金委员会副主任、中国硅酸盐学会理事长高瑞平，中国科协先进材料学会联合体秘书长、学会副理事长兼秘书长王新江及材料领域专家、青年学者等300余人参加交流。论坛设有主题报告会、“青年人才托举工程”项目汇报会、青年科学家学术沙龙、第五届（2019—2021年度）“青年人才托举工程”项目候选人答辩等活动。

国际交往 3月10日，学会常务副理事长赵沛、秘书长王新江等参加美国矿物、金属和材料学会2019年年会（TMS 2019）。会议期间，学会组织召开第十届环太平洋先进材料与工艺国际会议（PRICM10）国际组委会会议，并与美国矿物、金属和材料学会进行双边会谈。

10月1—4日，学会组织以北京科技大学教授尚成嘉和东北大学教授徐伟为领队，由20余人组成的中方代表团赴巴西参加第十一届国际轧制大会。

科普活动 2019年，学会举办科普展览3次，受众1万余人次，发放科普宣传材料1500余份，组织科普工作志愿者100余人次参与活动。

5月，学会举办2019泰山冶金科技活动周暨绿色智能城市钢厂发展论坛，以“产城融合、绿色发展”为主题，结合行业特点，开展一系列科学技术普及活动，包括院士专家主题报告会、技术专题讲座、基层调研、冶金科技成果展览等。

学会依托“金属材料学科”科学传播专家团队，在安徽省马鞍山市举办2019年“安工大杯”全国模拟炼钢－轧钢大赛。28家单位的80余支代表队参加比赛。

学会举办民生与钢铁专题论坛，探讨特色钢铁材料在日常生活中的重要作用。钢铁研究总院中心实验室等3家单位成为学会科普教育基地。举办“钢研杯”透射电镜图像竞赛。

表彰举荐优秀科技工作者 学会与中国钢铁工业协会共同开展“冶金科学技术奖”评选工作。经评选，84个项目获奖，其中特等奖1项、一等奖14项、二等奖24项、三等奖45项。评出2019年度中国金属学会冶金医学奖获奖项目43项，其中一等奖1项、二等奖11项、三等奖31项。

经学会评选，万雪峰、王存宇等15名科技工作者获第九届中国金属学会冶金青年科技奖。

党建强会 学会开展“不忘初心，牢记使命”主题教育。在学会党委领导下，工作总部党员干部集中学习研讨5天，开展主题党日活动1次。邀请东北大学马克思主义学院副院长任鹏飞作专题党课报告，学会党委书记、常务副理事长赵沛带头讲党课，提出六点学会的发展方向。学会秘书长王新江带队深入企业调研，了解会员单位需求和行业科技难点、热点，并在专家委员会会议和地方学会工作会议上作主题教育报告。通过主题教育活动，对照党章查找差距，征求意见、查摆问题共计17条，梳理廉政风险点10项，落实整改内部治理10项。

会员服务 学会编写2019年年报，帮助会员了解学会年度工作的综合信息。建立微信平台，介绍学会工作动态，传播学会工作信息。

学会依托工作站、院士专家企业行活动等，开展创新驱动助力工程工作，为单位会员提供技术咨询服务。

【第十二届中国钢铁年会】 10月15—16日，由学会主办的第十二届中国钢铁年会在北京召开。年会以“创新引领，高质量发展，建设钢铁强国”为主题，围绕冶金与材料理论、工艺、产品、应用及其绿色化、智能化展开交流。

年会设大会报告、分会场报告、墙报三部分，其中大会特邀报告5篇。设有炼铁与原料、炼钢与连铸、轧制与热处理等20个分会场，口头报告420个，墙报

90 篇。1300 余人参加会议。

大会由学会常务副理事长赵沛和学会副理事长、东北大学校长赵继主持。中国工程院院士、学会理事长干勇和中国钢铁工业协会党委书记、常务副会长兼秘书长何文波分别致辞。

国际标准化组织原主席张晓刚，中国宝武钢铁集团有限公司董事、总经理胡望明，中国钢研科技集团有限公司副总经理田志凌分别就中国钢铁工业科技创新、高质量发展建设提出建议。日本制铁株式会社副社长井上昭彦（Akihiko INOUE），韩国金属和材料学会理事长金成俊（Sung-Joon KIM）介绍日本制铁及韩国钢铁工业近年来技术发展，尤其是绿色制造及智能制造技术的发展状况。

会上，举办第九届中国金属学会冶金青年科技奖颁奖典礼及“中国金属学会科普教育基地”授牌仪式。

【第十届环太平洋先进材料与工艺国际会议】 8 月 18—22 日，由学会与日本金属学会（JIM）、韩国金属学会（KIM）、澳大利亚材料学会（MA）、美国矿物金属材料学会（TMS）共同主办的第十届环太平洋先进材料与工艺国际会议（PRICM10）在陕西省西安市召开。来自 41 个国家和地区的 1500 余名专家、学者参加会议，其中国外专家 510 余名，会上共交流论文 1213 篇。

中国工程院院士、北京航空航天大学校长徐惠彬担任大会主席并致开幕词，来自中国、韩国、美国、日本以及澳大利亚的 5 名国际先进材料领域专家、学者分别作大会特邀报告，介绍近年来国际先进材料领域的发展及取得的成就，同时对该领域研究和应用方面的最新技术进行分析，并指出未来的发展方向。大会按照不同主题分为 18 个技术分会，共计 20 个会场，研讨内容主要包括先进钢铁材料及工艺、高温结构材料、材料先进制备加工技术、材料设计与计算模拟等。

（撰稿人：曹莉霞）

中国有色金属学会

服务创新型国家和社会建设 学会加强与地方政府、地方科协的合作，先后在辽宁省朝阳市，江西省宜春市、新余市、赣州市，广西壮族自治区百色市，黑龙江省鸡西市、七台河市等地建立学会工作站，助推地方经济发展。

8 月，2019 年院士专家服务创新驱动江西行活动在江西省南昌市启动。中国工程院院士邱定蕃、张文海、屠海令、谭建荣、段宁等专家参加活动，与江西省 70 余家从事有色金属、电子信息企业就 140 余项技术和产业发展项目需求进行对接，同时在相关单位作学术报告或开展咨询指导等活动，为企业解决技术难题，支持企业发展。

学会与广西壮族自治区科协和百色市人民政府签订框架协议。学会 4 次组织专家、学者到企业调研走访，开展“点对点”服务，为企业提供技术咨询和指导。在南宁市开展 2 期专业培训，学会理事长贾明星出席铝产业高峰论坛，并为相关铝冶炼加工企业和有关部门负责人作关于中国铝产业发展的前沿报告，推动南宁市铝产业技术创新发展。

2019 年，学会承接中国科协、中国工程院“矿物加工工程学科方向发展路线图”“2035 我国基础材料绿色制造和智能制造技术路线图研究”等 13 项研究课题。

学会轻金属冶金学术委员会在河南省郑州市举办 4 期“创新引领发展大课堂”培训班，分别就如何呈现专利申请的创造性、新中国 70 年工业发展成就与战略机遇、协同创新争创一流、执行力与工匠精神等专题对 340 余人进行培训。10 月，在广西壮族自治区南宁市就广西有色金属产业高质量发展开展专题培训，讲授有色冶炼重金属污染治理新技术，培训人数近 200 人。学会安全学术委员会举办安全生产上岗、技术、国家标准宣贯、职业健康等培训共计 37 期，培训总人数 2830 人次。

5 月，学会与中国冶金矿山企业协会在北京举办第六届中国（北京）国际矿业展览会和辉煌中国——建国 70 周年矿山建设成就展览会，同期还举办 2019 中外矿山产业链发展论坛。来自 50 多个国家和地区的 400 余家国内外矿山、矿山设备生产制造企业、智能矿山服务机构，展示现代化矿山的建设成就、先进的矿山生产技术和装备，2 万余人次参观展览。

学会建设 12 月 18 日，学会在浙江省诸暨市召开七届四次理事会议。中国工程院院士邱定蕃、何季麟、张文海、周克崧、邱冠周、桂卫华、潘复生、柴立元及学会理事等共 220 余人参加会议。学会理事长贾明星出席会议并致辞，学会副秘书长高焕芝作大会报告。会议审议有关事项并对加强学会能力建设、开展学术交流、加强与地方合作、开展创新驱动助力工程、开展中国科协课题申报与研究、服务科技发展、打造精品期刊、开展人才举荐和人才培养、推进科普工作等进行部署。会议邀请中国工程院院士樊代明作题为《健康之我谈》报告。同期召开学会分支机构及地方学会秘书长会议。各分支机构及地方学会代表共60余人参加。会议总结各分支机构2019年工作并讨论2020年工作计划。学会理事长贾明星对各单位2020年度工作提出要求。

2019年，学会完成新能源材料发展工作委员会、会计专业委员会、金属复合材料专业委员会等新设分支机构的组织建设工作。

2019年，学会在理事单位、分支机构协助下，通过微信公众号、会议等宣传方式，开展学会个人会员征集、服务以及管理工作，发展个人会员7000多人。学会筹备设立中国有色金属学会科技专家库，科技专家库已有近1000名专家。

学会成立固体废弃物大宗消纳及再生资源综合利用创新联合体，推动有色金属行业固体废弃物大宗消纳及再生资源综合利用等行业生态环境保护工作。

主办期刊 《中国有色金属学报》（英文版）入选中国科技期刊卓越行动计划重点期刊类项目，《稀有金属》（英文版）、《中国有色金属学报》（中文版）入选中国科技期刊卓越行动计划梯队期刊类项目。

学会与有研科技集团有限公司联合申报的“我国科技期刊与国际接轨的专业平台建设——探讨中国有色金属科技期刊出版平台搭建方法与运营模式”项目，获中国科协学会服务中心科技期刊项目立项。

国内主要学术会议 学会组织各学术委员会（专业委员会）和地方学会共同举办综合性、交叉性、跨学科的学术交流活动，全年共举办中国有色金属学会第十二届学术年会、第十七届全国钛及钛合金学术交流会等国内学术会议57次，参会人员13700余人次，发表论文2900余篇，作大会报告3550余场。

4月19—21日，学会和山东省铝业学会等单位在山东省滨州市召开第五届全国有色金属结构材料制备/加工及应用技术交流会。学会理事长贾明星及来自全国有色金属行业的300余名专家、学者参加会议。会议设研究报告、分论坛等环节，围绕高性能轻合金制备加工技术，硬质合金、难熔金属材料制备加工与应用，先进金属基复合材料、高温合金与粉末材料技术，表面涂层制备与再制造技术，增材制造和特种制造，材料制备与加工新技术等领域展开交流探讨。

5月14—16日，由学会和昆明理工大学等单位联合主办的第七届中国铝工业科学技术发展大会暨第二届国际铝工业高峰论坛在云南省昆明市召开。学会理事长贾明星、中国工程院院士戴永年、王国栋、聂祚仁等出席会议，500余人参加论坛。

6月14日，学会与河南省科协等单位在河南省鹤壁市召开中国（鹤壁）镁精深加工产业技术发展大会。来自全国镁行业相关高校、科研院所和企业的100余名专家、学者、企业管理者出席会议。与会人员针对镁合金材料研发与应用作专题报告，同鹤壁市相关企业对接研讨，到国家镁及镁合金产品质量监督检验中心、鹤壁镁交易中心、鹤壁维达科巽电气有限公司、河南明镁镁业科技有限公司进行专题调研，在技术创新、产品开发、市场开拓，以及相关政策、措施等方面进行交流探讨，为打造鹤壁镁基新材料产业集群及国家级金属镁产品质量提升示范区助力、献策。

8月9—11日，学会与新余市人民政府等单位在江西省新余市召开中国新能源材料与器件第三届学术会议暨新余新能源新材料高峰论坛。江西省副省长孙菊生，学会理事长贾明星出席开幕式并致辞。江西省政协副主席刘晓庄，中国工程院院士张文海、周克崧、桂卫华等出席开幕式。来自国内从事新能源材料方面的专家、学者共计900余人参加会议。大会邀请中国科学院院士李亚栋作题为《贵金属单原子催化工业化的机遇与挑战》学术报告。

4月24—26日，学会冶金设备学术委员会在福建省厦门市召开第七届全国湿法冶金工程技术交流会。中国工程院院士黄小卫担任大会主席。600余名专家、学者、企业管理者参加会议。大会以重（贵）金属、稀有金属、稀土湿法冶金，绿色冶金与清洁生产，固废资源化与循环利用，能源材料湿法制备与综合回收，选冶协同技术与装备等为议题开展交流与讨论。

8月16—19日，学会矿山信息化智能化专业委员会第二届代表大会暨2019矿业前沿与信息化智能化科技年会在河南省洛阳市召开。大会以“绿色开发、深部开采、智能采矿”为主题。学会理事长贾明星出席会议并致辞，中国工程院院士蔡美峰、袁亮、王国法及来自国内180余家高等院校、科研院所和矿业企业的500多名专家、学者、企业代表参加会议。

国际交往　8月18—21日，学会副秘书长高焕芝率领学会代表团一行60余人出席在加拿大温哥华举办的第十届世界铜业大会。会议收录论文150余篇，学会重有色金属冶金学术委员会秘书长李兵在会上作《中国铜行业发展》主题报告。会议期间，组织中国学者举办中国铜冶炼short course（短课程）培训班，宣传中国铜工业发展成就，让世界各国学者进一步了解中国铜行业发展状况。代表团还参加国际铜会组委会会议和国际铅锌会组委会会议。

科普活动　学会结合专业特色开展多项科普活动。学会钒资源清洁利用专业委员会建造地质标本陈列馆、污水结晶科普实验室及工业安全体验馆，组织1200余人参观并提供免费讲解。在全国科普日期间，开展“礼赞共和国、智慧新生活”系列科普活动。学会有色冶金资源综合利用专业委员会组织广西柳钢环保股份有限公司开展2期科普培训，参观国家重金属污染防治工程技术研究中心，介绍冶金环境工程创新技术。

表彰举荐优秀科技工作者　学会与中国有色金属工业协会共同开展中国有色金属工业科学技术奖评选工作，共有219个项目获奖，其中一等奖63项、二等奖93项、三等奖63项。

开展中国科学院院士、中国工程院院士候选人，以及中国科协“青年人才托举工程”项目候选人、中国青年科技奖等奖项候选人推荐工作。其中学会推荐的7名候选人入围中国科协“青年人才托举工程”项目。学会开展第二届中国有色金属学会杰出青年工程师奖评选工作，共有20名杰出青年工程师获奖。

党建强会　3月，学会组织秘书处、分支机构党员开展“重温历史，不忘初心——参观中共一大会址”活动。

学会参与申报中国科协“党建强会计划”项目和党建调研项目，“2019年全国学会‘党建强会计划’——党建强会特色活动，党建+学术”，以及“学会党建研究会2019年度学会党建调研课题”的子项目“科学家精神的弘扬传承与学风建设研究”等获批。

会员服务　学会每月向会员定期发送2期电子会刊，便于会员及时了解学会工作动态和行业相关信息。会员可优先参与学会活动，在学会期刊上发表论文，优先受聘参加学会组织的论证、评议、鉴定和技术咨询等活动，并对参与学会相关会议的会员给予优惠和鼓励。

【中国有色金属学会第十二届学术年会】9月18—21日，中国有色金属学会第十二届学术年会在重庆市召开，主题为“科技创新助力高质量发展”。中国有色金属工业协会会长陈全训出席大会并讲话。15名中国科学院院士和中国工程院院士应邀出席，中国工程院院士、大会主席、重庆市科协主席、重庆大学教授潘复生，重庆市科学技术局局长许洪斌，中国铝业集团有限公司党组成员、副总经理冯贵权出席开幕式并致辞。学会理事长贾明星主持会议。

中国科学院院士刘忠范、邹志刚，中国工程院院士毛新平，中国联通研究院技术委员会主任严斌峰分别作题为《石墨烯产业化之路》《光催化材料研究——面临的机遇与挑战》《近终形制造技术》《5G赋能行业高质量发展》的大会主题报告。会议还举办2018年度中国有色金属工业科学技术奖表彰活动。

来自国内外高等院校、科研院所及企业的2000余名专家、学者参加会议，其中包括长江学者、国家杰出青年等高层次人才200余名。会议收录学术论文385篇，邀请500余名专家作现场报告交流。

会议共设25个分会场，学术内容涵盖有色金属全产业链，包括地质、采矿、选矿、轻冶、重冶、稀冶、材料加工、资源综合利用、环境保护、设备自动化等，还有新设材料基因工程、有色冶金智能工厂、先进金属复合材料等内容。

会议同期举办中国有色金属科技成果展，共有70项成果参展。

【第十七届全国钛及钛合金学术交流会】4月14—18日，学会主办的第十七届全国钛及钛合金学术交流会在江苏省南京市召开，主题是“创新、发展、应用”。学会理事长贾明星、南京工业大学校长乔旭出席会议并致辞。中国工程院院士周廉、中国科学院院士曹春晓等7名院士应邀出席会议，大会由会议主席、南京工业大学材料学院副院长常辉主持。

周廉指出，钛材加工提质增效是钛行业发展的重要方向，希望钛行业继续加强人才培养，鼓励海洋材料应用。中国工程院院士邱冠周、中国科学院金属研究所沈阳先进材料研究与发展中心主任杨锐分别以《攀枝花钛资源综合利用》《TiAl金属间化合物及钛基复合材料国内外发展现状与趋势》为题作大会专题报告。

来自钛及钛合金冶金、材料、制造及航空航天、海洋工程、石油化工、生物医疗等相关领域的企业、高等院校、科研院所的530余名专家、学者参加会议。会议共设9个分会场，分别是合金成分－组织－性能关系、提取冶金与粉体制备、半成品加工与构件制造、金属间化合物与钛基复合材料、增材制造与近净成形技术、钛合金低成本化技术、钛的应用技术及环境响应、生物医学应用、基于材料计算与模拟仿真的钛合金设计与工艺优化。会议收录论文35篇，作专题报告300场。

【第十五届中俄双边新材料新工艺研讨会】 10月15—18日，第十五届中俄双边新材料新工艺研讨会在俄罗斯索契召开。学会理事长贾明星，中国工程院院士屠海令，有研科技集团有限公司董事长赵晓晨，俄方大会组委会主席、俄罗斯科学院常务副院长宋采夫·K·A等出席会议并分别致辞。中国工程院院士孙传尧、聂祚仁、黄小卫，以及200多名中俄冶金材料界专家、学者参加会议，其中中国学者87名。研讨会共收录论文77篇，来自中国的论文31篇。

中国和俄罗斯专家、学者围绕航空航天、新能源、电子信息、生物医用、节能环保、稀贵金属和高纯材料，以及表面工程、激光信息、增材制造、材料冶金过程新工艺新技术10个议题，共提交20篇大会报告，展示中国和俄罗斯近年来新材料、新工艺的发展历程和最新成就。

（撰稿人：刘为琴）

中国稀土学会

服务创新型国家和社会建设 2019年，学会组织专家参加自然资源部矿业权管理司组织召开的稀土开采总量控制指标研讨会，就指标确定、具体分配、行业管理标准和发挥科技导向作用等方面提出建设性意见和建议。

学会完成国家社会科学基金重大项目“中国稀土交易定价机制改革与促进人民币国际化研究”，项目报告共计约84万字，发表文章18篇，申请软件著作权3件。

学会根据中国科协的选题要求，开展“我国主要资源地稀土产业发展战略研究”“稀土科技创新经验总结及成功案例分析”和“稀土元素镧铈钇应用”研究课题。

学会面向广大稀土科技工作者征集“2019重大前沿科学问题与工程技术难题”7项并上报中国科协。

学会承担中国科协项目5项，分别是“中国科协稀土产业科技创新中心建设”项目、“稀土新材料产业前沿决策咨询智库建设”项目、“稀土学科方向预测及技术路线图研究”二期项目、“稀土领域科技公共服务能力建设”项目、“稀土新材料领域团体标准研制发布及推广应用”项目。

学会与江西省科协、赣州市人民政府签订三方战略合作协议，成立中国稀土学会赣州科技服务站和中国稀土学会科技成果赣州转化基地。

11月14日，学会在广东省佛山市召开稀土助剂团体标准审定会。会上，标准起草单位介绍《聚丙烯用稀土β晶型成核剂》和《聚氯乙烯用稀土环保热稳定剂》2项团体标准的项目背景、任务来源、编制方法及依据等情况。

学会建设 学会召开六届四次、五次理事会议和六届七次、八次、九次常务理事会议。在六届四次、五次理事会议上，总结2018—2019年上半年的工作，提出下一步主要工作计划，审议通过增补调整部分常务理事、理事，吸收新会员单位等议案。

学会新成立稀土晶体专业委员会、稀土环境经济与政策专业委员会、磁制冷材料与技术专业委员会3个专业委员会，共设有18个专业委员会。

2019年，学会发展个人会员700人，较2018年增长16%，个人会员总数近5000人；发展团体会员17个，较2018年增长23%，团体会员总数达90个。

学会治理结构和治理方式改革 学会推进秘书长职业化、秘书处实体化、专业委员会专员负责制等改革，推进“两化”建设，打造现代科技社团。

学会加强规章制度和自身能力建设，制定一系列制度办法，并汇编成册，如《中国稀土学会文件管理条例》《中国稀土学会学术自律行为规范》《中国稀土学会“三重一大”规定实施办法》等，共计29项内容。

学会进行领导机构改革，吸收科研院所、高校和稀土集团参与学会工作和治理。

青年人才托举工程 学会组织开展第五届中国科协“青年人才托举工程”项目的推荐选拔工作。成立专家组对稀土领域22家单位的32名申报人的材料进行评审，通过无记名投票的方式评选出4名青年人才作为中国稀土学会推荐的候选人。经答辩评审，西安交通大学张赛获第五届（2019—2021年度）中国科协“青年人才托举工程”项目资助。

主办期刊 根据6月美国科睿唯安公布的2018年度《期刊引证报告》(Journal Citation Report, JCR),《稀土学报》(英文版)SCI影响因子继续增长，学科分区连续7年保持在SCI应用化学类Q2区，学科排名21/71;《稀土学报》(中文版)影响因子0.990，名列第4。根据11月发布的《中国科技期刊引证报告》(CJCR),《稀土学报》(英文版)影响因子为1.185，在材料科学类期刊中名列第2。

《稀土学报》(英文版)获得中国科技期刊卓越行动计划项目资助，被列入中国科协“科技期刊精准推送服务试点项目”，进入中国科学院期刊分区“化学”大类2区及“应用化学”小类2区，连续8年获得“中国最具国际影响力学术期刊”称号。

《稀土学报》(中文版)继续被Scopus数据库收录。5月，入编中国科学引文数据库(CSCD)核心版，有效期至2020年。

学科发展工程 学会完成“稀土学科方向预测及技术路线图研究”二期项目初稿，并提交给中国科协，全文246页，共计15.6万字。该项目主要从稀土资源绿色提取及分离化学、稀土永磁材料、稀土光功能材料、稀土储氢材料、稀土催化材料5个方向研究稀土学科发展方向及技术路线图。

学会与中国稀土行业协会、包头稀土研究院共同制作完成具有独家著作权的《中国稀土资源及产业分布图》。该分布图集合稀土资源、储量、配分，以及稀土矿生产企业，冶炼、分离企业，稀土新材料企业等近260家企业的布局及产能等多源信息。

决策咨询 受工业和信息化部委托，学会完成稀土新材料短板品种和需求情况分析项目，并提交项目报告，约5.5万字；完成稀土功能材料关键技术核心专利情况分析及对中国产业发展的影响项目。

学会与包钢集团矿山研究院合作开展“稀土资源高效分离及保护技术研究”课题咨询项目，学会完成稀土资源部分近2.2万字的撰写工作。

学会承担并完成中国地质调查局发展研究中心委托的《新材料领域应用对稀土资源的需求影响分析》报告初稿，并完成汇报答辩。

学会承担五矿稀土股份有限公司委托的《2019年国外稀土资源开发及稀土深加工材料发展趋势研究》，并提交报告初稿，共4章近3.9万字。

学会承担并完成中国地质科学院矿产资源研究所委托的“稀土资源全产业链关键数据及参数定制”项目。

国际学术会议 10月21—24日，由学会稀土晶体专业委员会、上海应用技术大学联合主办的第一届全国稀土晶体材料与应用研讨会暨稀土化学国际论坛在上海市召开。来自全国晶体领域的专家、学者170人参加会议。来自日本、荷兰、中国的4名专家作大会报告，36名专家作专题报告，22名专家作口头报告，有30篇墙报展示。

国内主要学术会议 7月8日，由学会与中国稀土行业协会，中国工程院化工、冶金与材料工程学部，赣州市人民政府，江西省工业和信息化厅联合承办的中国(赣州)稀土产业高质量发展论坛在江西省赣州市召开。论坛主题是“创新、绿色、安全、高效”，中国工程院院士干勇等20名院士，以及国内稀土界专家、学者约450人参加会议。

9月19—20日，由学会与内蒙古自治区人民政府、中国工程院等单位联合主办的2019年第十一届包头稀土产业论坛在内蒙古自治区包头市召开。500多名专家、学者参加会议。中国工程院院士干勇、国家统计局总经济师兼新闻发言人姚景源、中国科学院院士张洪杰、学会理事长李春龙分别作题为《制造业强国新材料发展战略》《坚持稳中求进推动中国经济高质量发展》《科技引领市场导向 促进稀土产业高质量发展》《世界稀土资源及各国政策概括》的主旨演讲。论坛设稀土发光材料及应用等6个分会场。

11月15—17日，由学会与广东省稀土行业协会、广东省稀土产业集团主办的稀土元素镧铈钇应用研究研讨会暨广东省稀土产业技术创新联盟成立大会在广东省广州市召开。来自全国稀土及相关领域的专家、学者300余人参加会议。中国工程院院士李卫主持大会。会议特邀4名专家作大会报告，设立5个分会场，交流报告90余篇，还进行墙报交流及展览展示。

10月18—21日，由学会光电材料与器件专业委员会主办的第一届全国光电材料与器件学术研讨会在浙江省杭州市召开。来自国内外光电材料与器件领域的230余名专家、学者参加会议。会议作大会报告10个、邀请报告67个、研究生专场口头学术报告43个、墙报展示报告20个。

11月25—27日，由学会理化检验专业委员会、中国稀土行业协会检测与标准分会和中国有色金属学会理化检验学术委员会联合主办的第十七届全国稀土分析化学学术研讨会在江西省赣州市召开。85名专家、学者参加会议。收到论文投稿 41 篇，28 名专家作大会报告。

科普活动 学会完成新时代中国稀土学会宣传片的制作。由学会和中国科协信息中心共同创作的《中国稀土点亮未来》宣传片被评选为“典赞·科普中国”十大网络科普作品，并获得证书和奖杯。

党建强会 学会党支部通过组织党员集中学习研讨和自学，开展主题党日、基层企业调研活动，召开专题研讨会、专题党课等形式开展“不忘初心、牢记使命”主题教育。

【第九届国际稀土开发与应用研讨会暨 2019 中国稀土学会学术年会】 5 月 15—18 日，第九届国际稀土开发与应用研讨会暨 2019 中国稀土学会学术年会在北京召开。中国工程院院士、原副院长干勇，中国工程院院士、钢铁研究总院副总工程师李卫，中国工程院院士、有研科技集团有限公司教授级高工黄小卫等参加会议。学会副理事长、中国科学院院士、兰州大学校长严纯华主持大会。会议邀请国内外 4 名专家作大会报告。650 余名专家、学者参加会议交流，其中包括来自美国、日本等国家和地区的 10 余名外国专家、学者。会议设立 9 个分会场，交流报告 286 篇，其中 46 篇获评优秀口头报告奖；现场交流 30 篇墙报，其中 17 篇获评优秀墙报奖。会议摘要集共收录 320 篇摘要。12 家单位进行仪器设备成果展览展示。

（撰稿人：王　勇）

中国腐蚀与防护学会

服务创新型国家和社会建设 2019 年，学会先后举办 7 期防腐蚀工程师技术资格培训班，培训结业人数 200 余人。进行 4 批资格认证，共有 254 人分别通过不同级别的认证，其中正高级 8 人、高级 13 人、中级 209 人、初级 24 人。学会与美国腐蚀工程师协会（国际）（NACE International）合作举办阴极保护技术员（CP2）、技师（CP3）、阴极专家（CP4）资格认证培训班 3 次，70 余人参加培训。

学会对《中国腐蚀与防护学会科技成果评价管理办法》进行修订，并以中腐鉴字［2019］1 号文件的形式重新发布。全年对 9 项科技成果进行评价。

学会为 52 家企业办理防腐蚀施工资质，其中，资质续办 10 家、一级资质 17 家、二级资质 13 家、三级资质 12 家。

学会建设 学会对《中国腐蚀与防护学会分支机构管理细则》进行修改完善，进一步加强对分支机构的管理。发展个人会员 449 人，团体会员 5 个。完善学会网站建设，实现网络化办公。通过网站、公众号、微信群、邮件等新媒体向学会分支机构定向发送《中国腐蚀与防护学会关于做好科技志愿服务有关工作的通知》。成立科技志愿者服务组织，办事机构设在秘书处，有近 100 人报名参加。

设立会士制，以表彰在腐蚀与防护科学技术领域方面取得突出成绩，同时为学会发展作出重要贡献的杰出会员。依据学会章程和会士条例，经过同行提名推荐与严格遴选，决定授予王佳等 14 位专家“中国腐蚀与防护学会第一届会士”荣誉称号。

青年人才托举工程 2019 年，学会遴选并推荐 12 名中国科协“青年人才托举工程”项目候选人，最终 2 人入选。

主办期刊 学会主办的《材料保护》刊出文稿近 300 篇，完成编委会换届工作。《中国腐蚀与防护学报》全年来稿数量 264 篇，发表论文 103 篇，稿源主要为高等院校和科研院所，其中高校来稿占 70% 以上。

国际学术会议 8 月 30 日—9 月 1 日，由学会与北京科技大学、耐蚀钢产业技术创新战略联盟联合主办的第一届国际耐蚀钢及其冶金新技术学术会议在江苏省南京市召开。来自中国、美国、英国、澳大利亚等 16 个国家和地区的 200 余位专家、学者参加会议。学会常务副理事长李晓刚、加拿大皇家科学院院士 David Shoesmith、加拿大工程院院士骆静莉以及美国腐蚀工程师协会（国际）前副主席 Sandy Williamson 等就耐蚀钢产品开发和创新发展的合作事宜展开交流。学会对澳大利亚昆士兰大学教授 Andrej Atrens 进行采访，Andrej Atrens 为耐蚀钢开发领域的未来发展建言献策。

国内主要学术会议 2019 年，学会举办中国腐蚀与防护学会成立四十年庆祝大会、第二届装备健康智能化诊断与安全学术年会、第十届全国腐蚀大会等主要学术交流活动。

12 月 8 日，由学会主办的 2019 第六届海洋材料与腐蚀防护大会在广东省深圳市举办。来自全国各地的腐蚀防护领域及材料领域的 600 多名专家、学者参加会议。

国际交往 3 月，学会代表团在中国科学院院士、学会荣誉理事长侯保荣带领下，参加在美国田纳西州纳什维尔市举办的美国腐蚀工程师协会2019年会。会议期间，学会和美国腐蚀工程师协会共同举办第五届中国腐蚀与防护海外研讨会，来自中国、美国两国企业与高校的200余位专家、学者参加会议。侯保荣获得由美国腐蚀工程师协会颁发的技术成就奖。学会海外分会秘书长、海洋污损防护技术专业委员会副主任委员、北京科技大学教授张达威作为涂层与缓蚀剂分论坛的召集人之一，邀请30余名来自中国、美国、德国、荷兰、巴西的专家、学者作专题报告。

6—8月，美国腐蚀工程师协会先后两次对学会进行回访，双方就进一步拓宽在培训、认证以及会员活动领域的合作进行讨论。3月，美国腐蚀工程师协会现任主席 Terry Greenfield 为学会常务副理事长李晓刚颁发 2019 W.R.Whitney 奖，以表彰其对腐蚀研究基础理论作出的重大贡献。该奖项是国际腐蚀领域最高学术荣誉，每年授予1位。

8月，印度尼西亚腐蚀学会理事、印度尼西亚万隆理工学院教授 Bimbang Widyanto，泰国呵叻（那空叻差是玛）皇家大学教授 Narongsak 先后访问学会，与学会领导探讨有关“一带一路”沿线国家和地区环境腐蚀试验与数据共享等方面的合作问题，并对2021年联合成立亚太腐蚀理事会达成共识。

9月，学会代表团在学会常务副理事长李晓刚、学会秘书长杜翠薇的带领下，参加在西班牙塞维利亚市举办的2019欧洲腐蚀大会。100余名中国学者参加会议。学会秘书处与欧洲腐蚀联盟有关负责人就联合举办研讨会、联合颁发学术奖项等事宜进行协商。欧洲腐蚀联盟表示愿意进一步协助学会，推进学会与欧洲腐蚀联盟各成员国、各专业委员会开展交流合作。

9月，加拿大皇家科学院院士、西安大略大学教授 David Shoesmith，美国国家工程院院士、西北大学教授 Gregory B.Olson 访问学会，他们表示愿意为中国与加拿大、美国学者交流合作搭建平台。

9月，澳大利亚工程院院士、伍伦贡大学教授窦士学、刘华昆对学会进行访问。学会常务副理事长李晓刚介绍学会近几年的发展情况以及中国在腐蚀科学数据积累共享方面的最新研究进展和全球化工作设想。

科普活动 4月24日，学会网站制作2019世界腐蚀日活动专题——“聊聊腐蚀的兄弟——疲劳那些事儿”，向公众科普腐蚀防护相关知识。

2019全国科技活动周期间，学会进行CMS腐蚀在线监测系统展示，通过示范演示、科普讲解的方式，向公众展示腐蚀大数据的来源——腐蚀监测系统的工作原理和应用领域，旨在凸显新技术、新产品的研发和应用对腐蚀学科和行业发展的推动作用。

2019全国科普日期间，学会举办“推进装备智能化制造　加强腐蚀大数据监测预警”主题活动。

表彰举荐优秀科技工作者 学会组织开展中国腐蚀与防护学会科学技术奖评审工作。经个人成就奖的申报和评审，中国腐蚀与防护学会科学技术奖评出最高学术成就奖1人（北京科技大学教授褚武扬）、最高工程技术成就奖1人（北京航空材料研究院研究员李金桂）、杰出青年学术成就奖10人，并在第十届全国腐蚀大会上予以表彰。

经自愿申报，学会组织专家进行评审，评出2019年度中国腐蚀与防护学会科学技术奖获奖项目28项，其中，一等奖8项、二等奖11项、三等奖9项。在学会成立四十周年之际，学会对为中国腐蚀与防护领域的科学技术进步和发展作出突出贡献的集体、个人进行表彰并授予荣誉称号，共有10个分支机构、36个科技团队、48个企业、15个防腐蚀施工企业以及33名企业领导人、25名学会会员、48名学会工作者被授予相应的荣誉称号。

党建强会 10月27日，学会秘书处党支部在江西省吉安市井冈山组织开展“不忘初心、牢记使命”主题党日活动。通过参观井冈山革命烈士陵园、黄洋界保卫战胜利纪念碑、井冈山革命博物馆、大井毛泽东旧居、小井中国红军第四军医院旧址、茨坪毛泽东同志旧居等革命遗址，了解当年革命的艰辛，牢记党员的初心和使命。

会员服务 学会为新老团体会员订购2019年全年的《材料保护》期刊，及时将学术活动计划通知团体会员单位。根据会员单位的需求，协助其解决技术咨询问题，为其提供施工资质认证等。

【中国腐蚀与防护学会成立四十年庆祝大会】 9月6日，中国腐蚀与防护学会成立四十年庆祝大会在浙江省杭州市举办。学会会员、领导、美国腐蚀工程师协会（国际）以及关心、关注中国腐蚀与防护事业的专家、学者约300人参加庆祝活动。大会由学会常务副理事长李晓刚主持。学会荣誉理事长陈光章致辞，学会理事长王福会在讲话中总结40年来学会在学术交流、国际合作、科学普及、承接政府转移职能等方面作出的成就，学会秘书长杜翠薇宣读学会的表彰决定。50多个全国学会以及NACE国际发来贺信。

为表彰美国腐蚀工程师协会（国际）与学会的友好合作，杜翠薇向NACE国际颁发“国际合作奖”奖牌。

大会同期举办学会四十年成果展，获奖团队、企业成果展，2019中国杭州国际防腐蚀产业博览会，以及第二届装备健康智能化诊断与安全学术年会。

【第十届全国腐蚀大会】 10月23—25日，学会在江西省南昌市举办第十届全国腐蚀大会。共有近800名专家、学者参加会议。中国工程院院士薛群基、侯保荣等5位院士，美国腐蚀工程师协会主席Terry Greenfield，欧洲腐蚀联盟主席Arjan Mol等出席大会。学会秘书长杜翠薇主持开幕式。Terry Greenfield、Arjan Mol、美国腐蚀工程师协会（国际）前副主席Sandy Williamson、中国科学院海洋研究所研究员陈卓元分别作主旨报告。

会议设12个平行分会场，就“腐蚀电化学与腐蚀监检测”“耐蚀材料设计与耐蚀机理”“轻合金耐蚀机理与表面处理”“高温腐蚀与防护”“自然环境（大气/水/土壤）腐蚀”“力学化学腐蚀与防护（应力腐蚀/腐蚀疲劳/氢脆/核材料环境）”“缓蚀剂与应用”“海洋新材料及防护技术”“多相流腐蚀与防护”“涂料、重防腐涂层与涂装”“材料腐蚀基因工程”等18个专题开展学术交流。会议交流报告450余篇。

（撰稿人：靳婉平）

中国化工学会

服务创新型国家和社会建设 2019年，学会开展团体标准立项和研制工作，审核批准团体标准制定立项16项，在研项目19项，其中10项完成征求意见稿。

学会完成石油化工、精细化工领域科技成果评价15项，为下一步开展工业化应用提供指导，促进化工领域科技成果转化。

学会参与本科教育认证工作，全年共参加全国高等院校化工类、材料类专业认证10次。

学会完成中国工程院“先进基础材料强国战略研究”项目的子课题“先进石化化工基础材料研究”。启动中国工程院“2035我国基础材料绿色制造和智能制造技术路线图研究”项目。编制《2017—2025年中国精细化工行业发展设想及对策》，提出中国精细化工发展的中长期发展目标、实施方案建议等。

学会参与中国科协“百千万”服务区域发展行动，持续推进创新驱动助力工程。全年举办针对区域需求的论坛、会议及考察对接活动20余次，入选中国科协科技志愿服务行动百家学会。

学会承接中国科协“高端智库咨询服务龙江专题调研”项目，组织开展黑龙江省“油头化尾”产业发展调研并形成调研报告。

4月11—13日，学会在山东省泰安市开展助力泰安市化工产业转型升级对接活动。学会所属35个分支机构的40余名专家与泰安当地30余个化工企业面对面进行对接洽谈，其间签订《中国化工学会创新驱动助力工程泰安服务站建设意向协议》。

9月19—20日，学会在山东省泰安市举办2019中国（泰安）化工产业转型升级高端论坛。来自全国产学研及学术、行业组织的200多人参加会议。会上，学会为中国化工学会创新驱动泰安工作站、中国化工学会泰安化工安全服务站（中心）揭牌。

10月26—27日，学会与浙江省温州市平阳县人民政府联合主办的平阳塑编塑包对接会暨中国塑包纺织产业高峰论坛在平阳县召开。500多名国内外产学研专家、企业家等相关人员交流互动。会上，学会和平阳县人民政府签订合作框架协议。

学会建设 10月17日，学会在山东省青岛市召开中国化工学会四十届二次会员代表大会暨四十届五次理事会议，204名理事和代表参加会议。会议审议并通过关于修改《中国化工学会章程》、调整会费、调整理事、设立新的专业委员会等议案。会前召开理事会党委扩大会议，前置审议将提交会员代表大会的各项议案。会议邀请第四十届监事会参加会议，监督理事会履职情况和秘书处工作，并作监事会报告，确保学会工作合法合规。

学会加强中国化工学会学生分会建设，建成10个高校学生分会。个人会员由2018年的1.5万人增加到2019年的2万人，单位会员新增23家。

4月12日，中国化工学会分支机构工作会议在山东省泰安市召开，对2019年学会主要业务和强化分支机构管理等工作进行部署并提出相关要求。

9月19日，全国化工学会联席会议在山东省泰安市召开，就改革实践及业务进展情况进行交流与探讨。

学会向社会公开发布《中国化工学会2018年度报告》，纸质版发行400余册，电子版寄送2万余份。

学会治理结构和治理方式改革 学会实施理事履职考核退出机制，取消2名未履职理事资格，充分发挥理事会、监事会的职责和作用。

加强分支机构管理，修订《中国化工学会分支机构考核办法》。成立工程伦理教育工作委员会。

青年人才托举工程 学会通过中国科协先进材料学会联合体推荐的2名科技工作者入选“青年人才托举工程”项目。

主办期刊 2019年，《化工学报》、《中国化学工程学报》（英文版）、《化工进展》和《储能科学与技术》4种期刊被国内外重要数据库收录。《化工学报》的总被引频次和综合评价总分在化工学科排名第1，影响因子排名第2。《化工进展》的影响因子在化工学科排名第1，总被引频次和综合评价总分排名第2。《中国化学工程学报》（英文版）在国内化工学科英文期刊中综合评价总分排名第1，被SCI、EI、Scopus等数据库收录，SCI影响因子达到1.911，增幅为12%。《储能科学与技术》的影响因子为0.754，入选中国科技核心期刊和中国科学引文核心数据库（CSCD），中国知网期刊复合影响因子为1.826，上升17%。

《化工学报》《化工进展》和《中国化学工程学报》（英文版）分别入选中国科技期刊卓越行动计划梯队期刊项目。《化工学报》和《化工进展》均入选2019年度精品期刊顶尖论文平台领跑者F5000项目。《化工学报》被评为“2018百种中国杰出学术期刊”“2019中国国际影响力优秀学术期刊”。《中国化学工程学报》（英文版）入选2019中国最具国际影响力学术期刊。

学会将分支机构主办的11种行业期刊纳入学会管理，初步建成集成化、系统化期刊体系。

11月22—24日，学会三刊编委会暨化工前沿高峰论坛在江苏省常州市召开，探讨一流化工科技期刊的创建发展。

学科发展工程 学会开展的为期3年的“储能技术学科方向预测及路线图”研究项目通过验收。继续开展《化工名词》（定义版）审定工作和《中国大百科全书》第三版化工学科编纂工作，出版《基本有机化工》和《化学工程基础》2个化工名词分册，完成《中国大百科全书》化学工程、基本有机化工、燃料化工、无机化工、化工装备、化工信息化6个分支初稿。

国际学术会议 学会及其所属专业委员会全年共举办国际会议7个，包括2019年国际橡胶专题会议（RubberCon 2019）、第十一届世界农药科技与应用发展学术交流会、第十一届国际超临界流体学术会议、第一届碳资源利用国际青年学者论坛等。参会人数共计14380人次，交流论文322篇。

3月20—23日，学会主办的2019国际烯烃及聚烯烃大会（IOPC）在浙江省宁波市召开。来自中国、美国、瑞士、荷兰、日本、韩国等10余个国家和地区的约300名专家、学者参加会议。

5月21日，学会与德国德西玛展览有限公司共同主办的阿赫玛亚洲展2019在上海市举办。来自16个国家和地区的328家展商参加展览，全面展示世界化工与制药行业供应商的最新技术和设备。展会还组织流程工业的新产品和技术服务、绿色智能装备论坛、医药化工论坛、（第七届）石油化工工程国际论坛、工业水处理新成果等卫星会议，促进化学工业和流程工业的技术提升与产业升级。

9月25—26日，学会主办的中国－东盟农用化学品高端论坛在广西壮族自治区南宁市召开。论坛以“科技创新，绿色发展”为主题，来自中国、越南、缅甸、柬埔寨、巴基斯坦等国家的150余人出席论坛。学会以论坛为起点，打造东盟地区具有国际影响力的学术交流平台，推进中国和东盟国家在农用化学品领域的交流与合作，共同促进东盟各国农业技术的升级和发展。

国内主要学术会议 学会全年开展80余项学术活动，参与学术交流人数达1.5万余人次。

3月20—22日，学会与中国石化等单位联合主办的2019年中国智慧炼化高峰论坛在北京召开。来自相关领域的院士、专家、企业管理者等320余人参加会议。

8月20—21日，学会主办的2019年新型煤化工技术创新与精细化发展大会在宁夏回族自治区银川市召开。来自政府机构、煤化工生产企业、科研院所、行业企业的相关人员共300余人参加会议。

8月29—30日，学会与四川省科协主办的2019中国（德阳）资源化工绿色发展大会在四川省德阳市绵竹市召开。来自全国产学研及学术、行业组织的200余名专家、学者参加会议。会议融学术交流、信息共享和成果推广为一体，推进德阳市化工产业转型，促进新能源、新材料等新兴产业的发展和壮大。

国际交往 学会与世界化学工程联合会、法国过程工程学会、中国旅德学者化学化工学会等国际组织开展交流与合作。

学会开展国际绿色技术联盟（IGTA）工作，举办一系列人才培训班、技术研讨会，助推“一带一路”国家绿色石化技术发展。

科普活动 学会全年共举办科普宣传活动10次，受众18000人次，发放科普宣传材料5000份。

学会扩大科普专家队伍建设，吸纳35个分支机构科普资源，成立化工科技工作者科技志愿服务总队。与中国化工博物馆联合申报“科普中国共建基地”项目。持续发挥石油和化工科普联盟作用，扩增会员单位科普资源，建设整合15家科普教育基地。

为纪念国际化学元素周期表年，学会与中国石油和化工联合会、辽宁省科协等单位共同组织以“‘元’自化学，‘素’造世界”为主题的系列活动。

5月10—12日，学会主办的第三届中国大学生Chem-E-Car（化学能汽车）竞赛在江苏省南京市举办。来自30所高校的代表队参赛，300多人观摩赛事。西北大学、中国石油大学（北京）和南京工业大学3支代表队被选中参加由美国化学工程师学会（AIChE）主办的2019年度学生年会Chem-E-Car总决赛。

8月18—23日，学会主办的第十三届全国大学生化工设计竞赛全国总决赛在山西省太原市举办。全国349所高校的2138支队伍报名参赛。

学会与《知识就是力量》杂志社开展第四届全国中学生数理化科普竞赛，在山东省济南市、湖北省武汉市、辽宁省沈阳市、天津市、河北省石家庄市等14个城市设立分赛区，9000余名中学生参加竞赛，530名学生获奖。

表彰举荐优秀科技工作者 学会组织完成第十一届侯德榜化工科学技术奖评选工作，4人获成就奖、15人获创新奖、30人获青年奖，获奖比例占申报人数的39%。

学会与全球华人化工学者学会联合设立“国际杰出青年化学工程师奖”。学会新设立“中国化工学会科学技术奖”，首届评选出14项技术发明奖、6项科技进步奖、9项基础研究成果奖。

学会完成中国科学院院士、中国工程院院士候选人推选工作和第十三届光华工程科技奖提名候选人推荐工作，向教育部青年科学奖以及亚洲杰出科研工作者和工程师奖等国内外奖项推荐9位候选人。经学会推荐，中国科学院过程工程研究所研究员韩永生获2019亚洲杰出科研工作者和工程师奖（The SCEJ Award for Outstanding Asian Researcher and Engineer），湖南大学教授王双印获2019年度教育部青年科学奖，沈阳中化农药化工研发有限公司研发总监、教授级高级工程师刘长令获2018—2019年度神农中华农业科技奖科学研究类成果一等奖。

学会创新发展 学会建成中国化工学会科技专家智库信息化平台，为化工行业学术交流、人才举荐、决策咨询、科学普及等提供支撑。

学会探索“互联网+创新创业”公共服务模式，建立中国化工科技创新服务平台，搭建技术持有方和需求方的数据交流平台，开展线上线下技术推广、技术对接、科技咨询、科技成果转化等多元化服务。

党建强会 学会严格执行《中国化工学会党委工作规则》《中国化工学会“三重一大”决策管理制度》，前置审议学会20余项“三重一大”事项。

学会打造“党建+创驱”“党建+科普”等品牌活动，在山东省泰安市开展创新驱动暨南湖党建主题活动，在黑龙江省开展“践行初心、勇担使命”——高端智库服务黑龙江活动，组织20余家省级化工学会开展山东省化工产业技术对接等活动。

会员服务 学会完善与全国各省市化工学会之间的会员协同发展机制，升级完善会员信息化系统，改版升级《中国化工学会会员通讯》，将4个会刊的电子版和《健康安全环保》期刊向会员开放。

学会开展2019年度中国化工学会会士评选工作，12名杰出科技工作者被评为学会会士，并有34名中国科学院院士、中国工程院院士成为学会会士。

【2019中国化工学会年会】 10月18日，学会主办的2019中国化工学会年会在山东省青岛市召开。年会主题为“创新引领新时代 化工迈向新未来”。年会设置主论坛学术报告会，邀请7名院士围绕化工领域重大创新、低碳发展、绿色化工、新能源、新材料、智能制造等前沿领域作学术报告；设置29个专题分论坛，涵盖石油化工、化工过程强化、化工分离、纳米材料、储能科学、精细化工、生物化工、煤化工、化工安全、离子液体、介尺度等前沿技术领域。2个特色论坛同期召开，2个异地分论坛分别在德国法兰克福、广西壮族自治区南宁市召开。参会人员突破3000人，收录论文1800篇，300余名各领域专家及学术带头人应邀作学术报告。

年会期间，举办2019年度中国化工学会会士授予仪式、《化学工程手册》（第三版）首发式，颁发2019年度侯德榜化工科学技术奖、2019年度中国化工学会科学技术奖等奖项。大会还设置科学仪器及实验室装备/科教技术专题展区。

（撰稿人：王　燕）

中国核学会

服务创新型国家和社会建设　学会完成哈尔滨工程大学核工程与核技术专家入校考察工作。继续完成西安交通大学、重庆大学、南京航空航天大学、烟台大学4所高校核工程与核技术专业认证申请的审核工作。

学会推进中国核学会科学技术奖设立。计划设立以中国核学会科学技术奖为主体，以中国核学会青年科技奖、中国核学会妇女科技奖为两翼的奖励体系。

学会完成工程师资格国际互认工作。作为首批“工程师资格国际互认”试点学会，本年度共推荐考官7人。开展国际交流，与马来西亚、墨西哥等国的核学会加强工程能力建设和人力资源发展评价方面的合作。

2019年，学会发布《车载式医用数字X射线摄影系统放射防护设施设计要求》等6项中文团体标准及6项团体标准英文版。其中，依照《压水堆核电厂金属材料环境疲劳影响模型》中文标准在国内首次建立核电厂金属材料环境疲劳影响模型。首次发布中英文双语核学会标准，实现与国际对接，为支撑相关技术“走出去”做好准备。

学会完成中国科协“引领世界科学的前沿科学问题、建设世界科技强国的工程技术难题”项目申报。2018—2019年，经学会推荐，核领域共有5个项目入选，并于10月召开“问题难题”项目进展汇报会。

学会向国家科学技术奖励工作办公室提交国家科技进步奖及国家技术发明奖的行业咨询意见。

学会申报2019年中国科协调研选题。学会与中核辽宁核电有限公司共同提交《环渤海核电建设的必要性和安全性研究分析》报告。

10月30日，中国核能安全暨2019核电产业链高峰论坛在山东省烟台市召开。学会与烟台市人民政府签署战略合作协议。

11月8日，学会与中国国际经济技术合作促进会签订战略合作协议。

10月13—19日，学会举办全国核科普讲师培训班，邀请中国工程院院士叶奇蓁、中共中央军事委员会科学技术委员会核与军控领域委员会主任赵军、北京大学肿瘤医院核医学科主任杨志、清华大学工程物理系教授俞冀阳、《科技日报》记者李大庆、腾讯大粤网政务中心深圳运营主编何然等10名专家授课，来自全国涉核企事业单位60名学员参加培训。培训课程内容涉及核科学基础知识、核电安全与核电技术发展、核医学、核心理学、媒体传播与企业宣传、新媒体运营等领域及学科。

学会建设　学会召开第九届理事会第二次会议，审议通过《中国核学会专业分会管理办法（试行）》和《中国核学会专业分会财务管理实施细则》，审议中国核学会理事长授权法人变更的议题。

学会审批通过新设立专业分会9个，专业分会共计39个。编写印发《中国核学会专业分会管理办法（试行）》《中国核学会专业分会财务管理实施细则（试行）》和《中国核学会分会党组织工作职责和活动规范》。2019年各分会开展150余项会议活动。

截至2019年年底，学会个人会员突破1万人，团体会员在161家的基础上新增22家。

8月23日，由学会主办的第三届全国各省核学会秘书长联议会议在陕西省榆林市召开。来自中国核学会与23个省、自治区、直辖市核学会以及中西部核学会联合体的理事长、秘书长等近40人参加会议。

青年人才托举工程　学会连续承接4批“青年人才托举工程”项目，共资助培养20余人。创立“三导师”培养制，完成三方培养协议签订，做好导师匹配和聘请工作。召开“青年人才托举工程”项目工作会议，包括院士报告、青年沙龙、技术参观等，为青年人才提供成长平台。

主办期刊　学会主办的学术期刊有《核科学与工程》、《核技术》、*Nuclear Science and Techniques*（《核技术》英文版）和《计算物理》。

学科发展工程　4月24日，学会发布《2018年国外核工业与技术重大发展动向》。

学会组织编写国家国防科技工业局《关于“十四五”核工业发展规划重大问题研究及规划思路编制工作方案》相关报告，完成“对标国际先进”和“前沿技术发展”2份专题报告的编写。

国际学术会议　5月15—17日，由中国工程院、法国国家技术院、法国科学院、山东省人民政府共同主办，学会承办的核能与环境国际高端论坛在山东省威海市荣成市举办。来自中国、法国、乌克兰、瑞典、日本和国际原子能机构的260余名专家、学者参加会议。

5月20—24日，由经济合作与发展组织核能署（OECD/NEA）和国际原子能机构（IAEA）主办，中国核工业集团有限公司、中国原子能科学研究院、中国核数据中心承办，学会协办的第十四届国际核数据大会在北京召开。大会主题为“核数据——人类的共同资产”，来自45个国家、地区以及相关国际组织的约500名专家、学者参加会议。

6月18—20日，由学会与中国仪器仪表学会联合主办的第五届中国（国际）核电仪控技术大会在上海市召开。会议以“安全、绿色、协同、创新”为主题。大会特邀国内外专家、学者作报告，展示国内核电仪控行业发展，探讨核电仪控、芯片、信息安全、人才培养、智能交互等领域存在的机遇与挑战。

11月13日，由学会与世界核运输学会共同主办的2019年核运输研讨会在北京召开，60名专家、学者参加研讨会。大会邀请日本核燃料公司、法国欧安诺集团、生态环境部核与辐射安全中心、中国民航局和中核清原环境技术工程有限责任公司等单位的12名专家、学者作报告。

国内主要学术会议 10月22日，以“能源革命国际合作”为主题的2019年太原能源低碳发展论坛在山西省太原市举办。学会协助举办“核能安全发展展望”分论坛。

两岸交流 6月16—18日，由学会与台湾核能科技协进会联合主办，核动力运行研究所承办的第十八届海峡两岸核能学术交流研讨会在湖北省武汉市召开。来自两岸近20家单位的100名专家、学者参加研讨会。

国际交往 学会应国际标准化组织（ISO）、国际电工委员会（IEC）和国际电信联盟（ITU）邀请，出席世界标准合作组织召开的2019年国际学术年会。

学会与泰国核学会、法国核学会、墨西哥核学会签订合作协议或谅解备忘录。与国际原子能机构（IAEA）、世界核协会、世界核运输学会（WNTI）、美国机械工程师学会（ASME）互访，加深合作关系。与哈萨克斯坦核学会、约旦原子能委员会、马来西亚核学会及法国欧安诺集团、法马通公司相关负责人保持沟通合作或开展会见。

5月13日，学会理事长王寿君在国际核电站进展大会（ICAPP 2019）上发表演讲并签署《“利用核能共建美好未来”联合声明》。大会期间，王寿君与法国核学会理事长Philippe Knoche举行会谈并签署合作协议。

5月19—24日，由中国核学会（CNS）、美国机械工程师学会（ASME）、日本机械工程师学会（JSME）联合主办的第二十七届国际核工程大会（ICONE27）在日本筑波市举办。大会以“Nuclear Power Saves the World”为主题，来自世界各地的1000余名专家、学者参加会议，中国参会人员达420余名。

11月28日，由学会与哈萨克斯坦核学会共同主办的中哈核电合作研讨会在哈萨克斯坦阿拉木图市举办。研讨会旨在落实学会与哈萨克斯坦核学会于2018年1月签署的谅解备忘录，响应中国“一带一路”倡议，增进哈萨克斯坦对中国核工业全产业链优势的认识和了解，促进两国在和平利用核能领域的合作。

科普活动 学会赴宁夏回族自治区调研，与宁夏回族自治区科协、吴忠市同心县人民政府就科普扶贫工作开展交流合作。由学会主办，中西部核学会联合体和宁夏科协共同承办的“魅力之光”科普系列活动在宁夏回族自治区举办，分为核能与核技术报告会、核医学科普报告暨专项交流研讨会、中学生科普报告会3个系列。

学会围绕庆祝中华人民共和国成立70周年开展特色核科普活动；持续深入开展专题科普宣传，组建核电科普宣传与公众沟通联盟；开展核科普奖评选工作和核科普阵地建设和科普传播专家团队建设；建设核科普资源库。

2月，由学会与四川省科协、四川省翻译协会联合主办的首届全国核行业科技英语演讲大赛启动。共有45家单位推荐复赛选手128人。6月29日，以“绿色核能，走向未来”为主题的首届全国核行业科技英语演讲大赛决赛在四川省成都市举办，22名选手参赛，评出一等奖5名、二等奖17名。

4月15日，由学会与中国核能电力股份有限公司联合主办的第七届“魅力之光”杯核电科普知识竞赛及夏令营活动启动。在知力网开放核科普动漫题目1000道，64万人参与网络答题。竞赛结束后，组织来自全国的60名学生参加为期5天的福建核电科普夏令营。

9—12月，由中国科协主办、中国科学技术馆承办的“礼赞共和国——庆祝新中国成立70周年科技成就科普展”在北京展出。学会承办“核能伟业”展区。

学会编辑出版中国核学会科学家系列画册。完成中国科学院院士王淦昌、汪德熙，中国工程院院士钱皋韵3位院士画册定稿，中国科学院院士姜圣阶、王乃彦，中国工程院院士李冠兴3位院士画册初稿。

学会编写出版《绿色核能科普宣传大纲》中英文版。《绿色核能科普宣传大纲》分为适用范围和目的、指导原则、科普宣传主要内容三个方面。

表彰举荐优秀科技工作者 学会向中国科协推荐中国工程院院士候选人6名，推荐中国科学院院士候选人1名。学会组织开展第十三届光华工程科技奖候选人推荐工作。

11月18日，何梁何利基金2019年度颁奖大会在北京举办。学会副理事长、中国核工业集团有限公司总工程师雷增光获得2019年度工程建设技术奖。

学会第九届理事会青年工作委员会委员刘晓晶、陈志林、钟武律，“青年人才托举工程”被托举人吴坚入围2019年国家优秀青年基金项目获得者名单。

党建强会 学会理事会党委分别在北京和内蒙古自治区包头市召开2次会议，进行集体学习，对学会“三重一大”事项进行前置审议。

学会党支部开展主题党日活动，组织党员参观“伟大的变革——庆祝改革开放40周年大型展览”“伟大历程 辉煌成就——庆祝中华人民共和国成立70周年大型成就展”和中国科学技术馆“核能伟业”科普展厅。

会员服务 根据学会实际需求，搭建学术会议系统、展览系统、品牌活动专属官网等相关系统并推广使用，为会员提供服务。

【中国核学会2019年学术年会】 8月21—23日，由学会主办的中国核学会2019年学术年会在内蒙古自治区包头市召开，主题为“创新科技 绿色发展”。中国工程院院士李冠兴、叶奇蓁、于俊崇等14名专家、1000余名核科技工作者参加会议。

会议征集论文1400余篇，邀请大会报告8篇。同期举办高端闭门会议、核医学科普讲座、妇女论坛、青年论坛、签约等活动。新华社、内蒙古电视台等媒体对年会进行宣传报道，发布宣传文章近30篇。

（撰稿人：王 笑）

中国石油学会

服务创新型国家和社会建设 2019年，学会落实与教育部全国工程专业学位研究生教育指导委员会签订的《关于石油工程硕士研究生教育认证合作框架协议》，调整石油工程硕士研究生教育认证委员会成员，完成中国石油大学（华东）和西南石油大学石油与天然气工程领域工程硕士专业学位研究生教育认证和授牌工作。

学会受国家科学技术奖励工作办公室委托，对2019年国家科学技术奖初评通过项目提出行业咨询意见。组织院士专家对全国人大常委会法制工作委员会《中华人民共和国资源税法（草案）》提出修改意见并进行反馈。完成国家能源局委托项目。学会天然气专业委员会与四川省石油学会推进天然气科技咨询中心建设，组织开展成果评价项目，其中成果获国家科学技术进步奖二等奖1项，中国石油科学技术进步奖一等奖2项、二等奖2项。

学会举办第九届中国石油工程设计大赛、第四届全国油气地质大赛、第五届全国大学生测井技能大赛和第四届全国大学生油气储运工程设计大赛。开展全国石油管材螺纹检测人员资格鉴定与认证、NACE（美国腐蚀工程师协会）国际阴极保护技术CP2/CP3资格认证。开展油气管道完整性管理技术、通信信息技术应用、SEG（国际勘探地球物理学家学会）短训课程、创新方法（TRIZ）、科研论文写作技巧等专业培训和继续教育18场，培训人数2015人次。

学会建设 学会接纳中国地质调查局油气资源调查中心为第5个单位会员，全年发展个人会员480人。组织召开理事会议2次、常务理事会议1次、秘书处办公会议12次和年度工作会议1次。聘任王宜林为第九届理事会名誉理事长，获中共中央组织部批准（干任字〔2019〕386号）。学会法定代表人由理事长赵政璋变更为副理事长兼秘书长于明祥，获中国科协和民政部批准（民社登〔2019〕2014号）。学会非常规油气专业委员会完成换届。

12月17日，学会召开第九届理事会第六次会议，撤销5名理事资格及相应职务，增补张君峰为理事、常务理事，第九届理事会理事减少至112名，常务理事减少至36名。重新聘任学会石油经济专业委员会、非常规油气专业委员会2个分支机构负责人。世界石油理事会中国国家委员会秘书处落户学会，增加人员编制4人。

学会制定并执行《中国石油学会处级及以下管理人员绩效考核实施办法（试行）》，开展全员绩效考核与民主测评。举办中国石油学会成立40周年座谈会，编辑出版纪念画册《我们一同走过》和纪念文集。开通专网OA公文系统，财务共享、人事共享上线运行。

学会组织分支机构及地方学会自查自评、数据统计、年度考核和评先选优，评选表彰年度优秀秘书长10人。学会获得中国科协系统财务数据汇总工作优秀单位、统计调查工作优秀单位和学会工作知识竞赛优秀组织奖，3人被评为公安部“护网2019”网络攻防演习优秀个人、1人被评为中国石油党建信息化平台试点工作先进个人。

主办期刊 《石油学报》影响因子为3.459，总被引频次5800，在全国1933种中文核心科技期刊中，分别排名第2和第57，综合排名第20。与2018年相比，总被引频次排名下降4名，综合排名下降6名。在石油天然气工程类科技期刊中，影响因子、总被引频次及综合排名继续名列第一。获得中国科技期刊卓越行动计划梯队期刊类项目资助，入选“庆祝中华人民共和国成立70周年精品期刊展”，并再次获得“百种中国杰出学术期刊”“中国最具国际影响力学术期刊”称号。刊发的《四川盆地高石梯—磨溪地区震旦系—寒武系大型气藏特征与聚集模式》（2015年第36卷第1期）入选第四届中国科协优秀科技论文。

《石油学报（石油加工）》影响因子为0.862，总被引频次1506，与2018年基本持平。联络大连理工大学、太原理工大学和重质油、化学反应工程等国家重点实验室，组织发表开放课题研究论文30余篇。

Petroleum Research（《石油研究》）力争打造为作者国际化、审稿国际化期刊，全年接收发表国外稿件10篇，论文下载量达81657次，篇均下载量达到817次。

《石油知识》增设“锐科技”等栏目，宣传中国石油石化科学技术。邀请石油工业出版社有限公司联合办刊，并参与图书《大国工匠：谭文波》和《技能大师：赵奇峰》的编写和出版。

国际学术会议 8月17—18日，学会与中国石油大庆油田有限责任公司、黑龙江省石油学会共同主办的中国大庆2019三次采油国际学术研讨会在黑龙江省大庆市召开。来自国内外200余名专家、学者参加会议。中国工程院院士、学会副理事长孙龙德出席会议并致辞。会议以“创新提高采收率技术，延长老油田开发寿命”为主题，中国工程院院士王德民，瑞典皇家科学院院士、瑞典皇家工程院院士、诺贝尔化学奖评委Krister Holmberg，美国国家科学院院士、美国国家工程院院士、哈佛大学教授David Weitz，荷兰皇家工程院院士、中共中央组织部“千人计划”专家、荷兰代尔夫特理工大学教授Pacelli Zitha等国内外22名专家、学者，针对化学驱、气驱、微生物驱等提高采收率技术作专题学术报告。

9月16—19日，学会与俄罗斯欧亚地球物理学会联合主办的第十一届中俄测井国际学术研讨会在俄罗斯新西伯利亚州新西伯利亚市召开。俄罗斯欧亚地球物理学会主席帕斯迪克罗·米哈伊尔·彼得洛维奇，新西伯利亚市副市长洛克奇·阿拉托尔·叶夫根耶维奇，新西伯利亚国立大学校长费多鲁克·米哈伊尔·彼得洛维奇出席会议并致辞。来自俄气地质资源公司、俄罗斯天然气工业股份公司、全俄机械自动化研究所、俄罗斯科学院新西伯利亚分院等测井研发、应用单位的60余名俄罗斯及哈萨克斯坦专家、学者，以及以学会测井专业委员会副主任、中国石油测井有限公司总工程师汤天知为团长的41名中国专家、学者参加会议。会议交流论文44篇，其中中国学者论文21篇，内容涵盖智能测井、三维成像测井、可控源测井、随钻测井、介电频散测井、测井牵引器、非常规储层评价等；俄罗斯学者论文23篇，内容包括随钻测井、核磁测井、磁扫描测井、固井质量检查、生产测井、几何因子理论、中国高端装备应用经验、解释评价和软件等。会议期间，中国和俄罗斯测井专家、学者还参加中俄地球物理测井计量要求的协调圆桌会议。

10月23—24日，学会联合美国石油地质学家协会（AAPG）、中国石油大学（华东）在天津市举办“页岩油气勘探开发技术——前景与挑战”国际地质技术研讨会。学会副理事长兼秘书长于明祥与AAPG科技发展部主任Susan Nash出席并致辞。中国科学院院士贾承造、金之钧、高德利、邹才能，中国工程院院士赵文智、刘合等24名中国专家、学者和16名国外专家、学者围绕页岩油气勘探开发最新研究进展、存在问题、发展方向和挑战等内容作主题报告。来自中国、美国、加拿大、德国、澳大利亚等国家的石油公司、科研院所和高等院校的近250名专家、学者参加会议。会议在32个技术展板中评出11个优秀展板，由AAPG颁发证书。

11月12—14日，学会与日本石油能源技术中心（JPEC）和韩国石油管理院（Kpetro）在韩国首尔召开第十二届中日韩炼油技术研讨会。中国科学院院士、学会副理事长金之钧，中国工程院院士李大东等13名中国专家、学者和日本、韩国专家、学者共75人参加会议。会议围绕“石油加工新技术、油品质量与环境保护、替代燃料和未来汽车”主题，交流报告16篇（中国5篇、日本5篇、韩国6篇）。会议期间，中国、日本代表团参观位于仁川市的韩国天然气公司（KOGAS）液化天然气接收站。

国内主要学术会议 学会及其分支机构全年组织召开各类学术会议50余次，参加人数14660人次，交流论文5764篇。

6月30日，学会联合黑龙江省大庆市人民政府等单位承办的第二十一届中国科协年会分论坛——石油石化产业发展科技论坛在黑龙江省大庆市举办。黑龙江省人大常委会副秘书长王晓明，大庆市委常委、常务副市长曹宪双，中国工程院院士、学会副理事长孙龙德等出席论坛并讲话。论坛设松辽盆地北部非常规资源勘探开发新技术石油分论坛、黑龙江省“油头化尾”产业发展研究石化分论坛、非常规资源勘探开发技术现状及需求发展论坛和院士专家答疑会。中国科学院院士邹才能等17名专家、学者，与大庆油田、东北石油大学、大庆师范学院、大庆市属企业等单位的专家、学者及企业管理者280余人，围绕非常规资源勘探开发新技术在开发致密油和页岩油领域中的关键作用，以及“油头化尾”产业布局、发展环境、人才储备、技术条件和政策需求等内容进行研讨。

7月18—19日，学会在北京召开主题为“绿色高效，提升价值”的全国炼油化工“五剂（催化剂、助剂、添加剂、溶剂、吸附剂）”技术交流会。来自中国石油炼制与化工领域的200余名专家、学者参加会议。中国科学院院士李亚栋等17名专家、学者围绕“五剂”产品质量升级及新品开发、改善产品特性及增效、储存、净化、再生技术作大会主旨报告。全国21家炼化单位、科研院所、大专院校的技术人员作专题报告。会议征集论文160余篇，优选101篇出版论文集。

8月29—30日，学会天然气专业委员会联合四川省石油学会等单位在四川省成都市召开第四届成都天然气论坛。国内相关高校、科研院所、油气田企业的260余名专家、学者参加论坛。学会理事长赵政璋出席论坛并致辞，中国科学院院士贾承造、高德利、郝芳、邹才能和中国工程院院士罗平亚、袁士义、胡文瑞、曹耀峰、赵文智、李阳、刘合出席论坛。论坛以“深层碳酸盐岩气藏勘探开发形势及展望”为主题，设置学术报告和院士专家论坛2个交流单元。邀请赵文智、曹耀峰等10名专家、学者作深层碳酸盐岩领域最新研究成果学术报告。

10月16—17日，学会在四川省成都市举办主题为“推进科技创新，全面提高油气田地面工程建设水平”的第四届中国油气田地面工程技术交流大会暨数字化油气田技术论坛。国家能源局原副局长张玉清，中国工程院院士郜江兴、李阳等18名专家、学者作主题报告。大会设数字化智能化油气田技术、油气集输处理新技术与完整性管理、油（气）田水处理新技术与HSE（健康、安全和环境管理体系）3个分会场，交流论文60余篇，参会人员400余人，30家单位展示技术成果与产品。会议征集论文360余篇，优选156篇出版论文集。

11月12—13日，学会石油工程专业委员会与中国石油大学（北京）在北京主办第四届油气地质工程一体化论坛。中国工程院院士李根生、李阳、孙金声等160余名专家、学者参加论坛。论坛主题为“加速中国非常规油气革命　地质工程一体化发展途径探讨”，设中国陆相页岩油实现突破的一体化途径、一体化管理面临的障碍和解决之道、非常规油气扩大规模与可持续发展、地质工程一体化在不同类型油气藏的实践、如何突破地质工程一体化“数据孤岛”制约5个专题，针对地质工程一体化实施中存在的障碍和关键性制约因素等问题交流研讨。专题讨论涵盖从浅层到深层的各类非常规油气藏及超深盐下和海上高温高压等复杂油气藏内容，反映地质工程一体化的应用广度和深度不断拓展。论坛征集论文107篇，交流论文25篇，张贴论文24篇，出版《中国石油勘探》专刊一期。论坛还举办“管理革命——中国非常规突破必须正视的问题”主题沙龙，分别以《非常规油气成功开发关键技术、先进理念和重要启示——以加拿大都沃内项目为例》和《油藏地质工程一体化，助推难动效益开发》为题，阐述一体化管理变革的理念、机制和途径。论坛达成一系列共识：非常规油气资源是低效资源，必须采用非常规的理念、非常规的技术和非常规的管理；非常规油气资源的开发模式，使地质工程一体化成为刚性需求；非常规油气资源开发的唯一条件是效益开发，必须以地质工程一体化为抓手。

国际交往 5月14日，学会副理事长兼秘书长于明祥在北京会见到访的美国腐蚀工程师协会（国际）主席 Terry Greenfield 一行 4 人，双方就腐蚀防护领域开展培训、举办会议、制订标准等合作事项进行洽谈，初步达成联合办会意向，并于 10 月 10 日签订 2020 年会议合作协议。

科普活动 学会各级组织全年举办院士专家科普报告会 9 次，专题讲座 26 次，科普展览 9 次，科普活动受众人数 48930 人次。年度科普工作获中国科协通报表扬，学会获得“全国科普日活动优秀组织单位”称号。

学会开展第四批科普教育基地考察调研，与石油工业出版社有限公司共同编写“石油科普教育基地系列”科普图书。安排学会石油地质、石油工程、石油物探、石油储运、石油通信 5 个专业委员会和 6 个地方学会，以及 3 个科普教育基地在全国科技活动周期间开展科普活动 21 项，16 家科普教育基地及 2 家院校、研究院所和科研中心对公众开放，获得全国科技活动周组织委员会颁发的表现优异荣誉证书。

学会围绕“礼赞共和国、智慧新生活”全国科普日主题，以科技咨询、讲座、报告、科普大篷车、展览、野外考察等形式，组织学会石油地质、石油工程、石油管材、石油通信、石油物探 5 个专业委员会和 3 个地方学会开展科普活动 17 项，其中联合中国国土经济学会、河南省濮阳市科协举办的“院士专家科普行”报告会，联合江西省石油学会、九江石化科学技术协会举办的国际科普秀和学会石油地质专业委员会举办的“全球能源转型与我国能源发展趋势”科学传播大讲坛 3 项活动被中国科协评为全国科普日特色活动。

表彰举荐优秀科技工作者 学会修改完善《中国石油学会推选院士候选人工作实施细则（试行）》，制定推选工作方案，遴选推荐中国科学院院士候选人 1 人、中国工程院院士候选人 8 人（有 6 人入围中国科协提名中国工程院院士候选人）。

党建强会 学会党委开展“不忘初心、牢记使命”主题教育及“回头看”工作。落实中国科协学习宣传贯彻党的十九届四中全会精神实施方案，制定印发《中国石油学会党委工作规则（试行）》。建立分支机构党建工作联络人机制，创建分支机构党建工作微信群，组织召开分支机构党建工作座谈会。秘书处党支部严格执行“三会一课”制度，强化“三重一大”事项规范决策。派员参加党建理论培训，组织举办主题党日活动和警示教育，完成秘书处党支部基本信息、软弱涣散基层党组织情况摸排调查，实施“党建强会计划”项目。逐级签订党风廉政建设责任书，落实党风廉政建设责任。全年组织召开党委、支委会议 15 次，党员干部民主生活会 2 次，党员组织生活会 2 次，党员大会 4 次，党员及职工学习讨论会 20 次，专题辅导党课 4 次。

4 月 10 日，学会召开第九届理事会全体党员大会，届中调整学会党委成员，增补于明祥为党委委员、书记，明确党委委员黎明为组织委员，周抚生、张涛不再担任党委委员，党委委员由 7 人调整为 6 人。6 月 11 日，获中国科协科技社团党委批准。

7 月 10 日，学会召开第九届理事会第五次会议，商议增加党的政治建设内容进入学会章程，章程修订增补内容待中国石油学会第十次全国会员代表大会召开时予以确认。

会员服务 学会邀请专家在北京举办“变动中的世界格局与安全”国际形势讲座，向在北京的会员和科技工作者介绍当前世界战略格局变化与中国应对策略。学会副理事长兼秘书长于明祥率秘书处各部门负责人走访调研石油炼制分会、石油科技装备专业委员会，推进设立科技奖项、举荐青年人才、发展和服务会员等工作。

【2019 中国石油石化科技与装备创新发展技术交流会】 12 月 17—18 日，学会联合中国石油股份有限公司、中国石油化工股份有限公司等单位在北京举办 2019 中国石油石化科技与装备创新发展技术交流会。来自国家能源局和石油石化企业、高等院校、研究院所等单位的近 400 名专家、学者参加会议。中国科学院院士高德利、邹才能、徐春明，中国工程院院士倪光南、袁士义、康玉柱、李阳、孙金声、孙丽丽出席并作大会报告，围绕实施创新驱动发展战略、加快推进以科技创新为核心的全面创新，提出一系列新理念、新思想、新战略。

会议设油气勘探、油气开发、炼化与销售、油气储运、工程建设 5 个分会场，80 余名科研生产一线技术专家作交流报告，着力突破油气勘探开发、炼油化工、油气储运等领域关键核心技术，加快工程技术和装备技术升级，保障国家能源安全。会议征集论文 350 余篇，优选 151 篇出版论文集。

（撰稿人：邹　刚）

中国煤炭学会

服务创新型国家和社会建设 2019年，学会与中国煤炭工业协会共同组织开展煤炭工业科学技术奖评审工作，共收到来自煤炭企事业单位申报的700个项目，评选出304个奖项，其中特等奖1项、一等奖37项、二等奖116项、三等奖150项。

学会组织完成“多重采空区下厚煤层开采瓦斯与火灾害协同防治技术研究与应用”等8项科技成果的评价鉴定工作。开采损害技术鉴定委员会完成政府部门委托的房屋开采损害技术鉴定12项。开展团体标准征集和立项工作，通过征集、现场答辩和专家评审，最终18项标准予以立项。

开展全国信息化计算机应用技术水平教育培训（CCAT），举办6期信息安全测评师、矿山机电自动控制工程师和信息系统测评工程师培训班，累计培训约350人次。开展煤矿冲击地压防治及智能开采专题培训，220名一线技术人员参加培训。

学会完成中国科协、中国煤炭工业协会委托的《煤炭清洁高效利用技术路线图研究》《煤炭行业高质量科技期刊分级目录》等8项课题。承接中国科协委托的4项国家双创示范基地第三方专家评审工作，分别对内蒙古自治区包头稀土高新技术产业开发区、中国科学院大连化学物理研究所、中信重工机械股份有限公司、三一重工股份有限公司4家全国双创示范基地进行评价。

学会建设 学会召开中国煤炭学会第八次全国会员代表大会和八届一次理事会议，选举产生学会第八届理事会理事、常务理事和领导成员，第八届理事共有179人，其中，中共党员171人，中国科学院院士、中国工程院院士15人，50岁以下中青年55人，具有正高级职称的141人。

学会指导煤矿开采、瓦斯地质、矿山建设与岩土工程、煤矿安全、煤矿机电一体化5个专业委员会完成换届。

学会开展重新核对登记会员工作，认定单位会员120个，核定个人会员21000人。

建设学会信息发布平台，并设有专人管理，及时发布学会信息，快速传播煤炭科技信息、新成果新技术、知名专家新观点。

学会治理结构和治理方式改革 学会第八次全国会员代表大会通过《中国煤炭学会监事会条例》，选举产生6名监事，成立第一届监事会。制定《中国煤炭学会煤矿开采损害技术鉴定委员会管理细则》《中国煤炭学会煤矿开采损害技术鉴定委员会技术鉴定工作规范》《中国煤炭学会煤矿开采损害技术鉴定委员会技术鉴定报告审批程序》等管理办法。

青年人才托举工程 2019年，经本人答辩和专家评审，学会从基层推荐的59名青年中推选10人入围中国科协“青年人才托举工程”项目，其中张通、杜松获得中国科协资助名额，王兆会等8人为自筹资金被托举人。

主办期刊 学会主办的《煤炭学报》是EI核心版收录期刊。2019年核心总被引频次达到9552，核心影响因子达到1.986，入选中国科协中国科技期刊卓越行动计划和中文科技期刊精品建设计划项目。2019年，第12次入选“百种中国杰出学术期刊”，第8次入选“中国最具国际影响力学术期刊”。建成“编委会＋科学编辑＋审稿专家”的办刊专家智库，编委会由88名中国科学院院士、中国工程院院士以及行业领军人才组成。

学会主办的英文期刊*International Journal of Coal Science & Technology*（《国际煤炭科学技术学报》）连续5年获得中国科技期刊卓越行动计划梯队项目资助。编委会由来自欧盟、北美、亚太地区的35名科学家组成，海外编委比例达到57%。

学科发展工程 学会完成中国科协《中国矿山安全学科史》项目，对中华人民共和国成立以来矿山安全学科科研创新、基金 项目以及国家重点实验室发展情况进行系统总结，梳理科技方面取得的主要成就，阐述现代矿山安全学科的发展和重大事件，分别对煤矿、非煤矿山安全技术及矿山安全管理进行总结。

学会编撰出版《中国煤炭科技四十年》，刊载科技成就论文101篇和科技难题综述167篇。论文涵盖煤炭各学科40年来取得的成就及目前需攻克的主要科技难题，突出煤炭安全、高效、绿色、智能开发和清洁高效利用的技术发展路线。

决策咨询 学会组织专家完成《中华人民共和国资源税法（征求意见稿）》的咨询，并提出建议。

学会结合中国科协“三库一平台”建设，开展“问题库”研究，从安全工程、采矿与矿井建设、煤矿机电与智能化、煤炭加工转化与利用以及煤田地质与环境保护5个板块对科学问题与工程技术难题进行收集和梳理，共整理出前沿科学问题173项、工程技术难题89项。其中，中国矿业大学（北京）教授孙继平撰写的《煤矿重大灾害智能报警方法与技术》入选中国科协60个重大科学问题和重大工程技术难题。开展《科技助力资源枯竭型城市转型发展》研究，形成《中国煤炭学会服务黑龙江煤炭资源枯竭型城市煤炭产业转型发展研究报告》。

科技工作者状况调查站点完成科技工作者专题调查、《国家中长期科学和技术发展规划纲要（2006—2020年）》实施情况调查等4项，完成调查问卷120份，报送科技工作者建议4篇。

实施创新驱动助力工程。针对黑龙江省科协提出的黑龙江省鸡西市、鹤岗市、双鸭山市、七台河市"四煤城"煤炭产业转型需求，组织专家调研并召开专题论坛，撰写调研报告和政策建议。

国际学术会议 学会主办国际学术会议2次，参会人数共计705人，其中外籍专家83人。会议共组织学术报告和论文交流97篇，编印论文摘要1册。

6月2—3日，由学会和中国矿业大学主办的首届能源、资源、环境与可持续发展国际会议在江苏省徐州市召开。来自中国、美国、英国、德国、加拿大、澳大利亚、俄罗斯等15个国家的近400名专家、学者开展学术研讨和交流。学会理事长刘峰，中国矿业大学校长宋学锋，欧盟科学院院士、美国佐治亚理工学院教授刘美林以及徐州市委、市政府相关负责人出席开幕式。来自中国、英国、美国的6位专家作大会主旨报告。与会中外专家围绕"能源科学与技术""资源开发与利用""环境科学与工程""可持续能源与绿色发展""智能化装备与技术""职业安全与健康"6个主题，分33个单元进行学术交流。

10月12—14日，矿区土地复垦与生态修复国际会议在河南省焦作市召开。会议由学会土地复垦与生态修复专业委员会主办。出席会议的专家有中国工程院院士、学会副理事长张铁岗，自然资源部土地整治中心有关领导，河南理工大学党委书记邹友峰，美国西弗吉尼亚大学教授、美国采矿与土地复垦协会前主席斯科森·杰弗里·格兰特，柏林工业大学建筑规划环境学院教授、德国景观规划师协会前主席安娜·奎兹佐斯卡·怀库斯，美国露天煤矿复垦管理专家艾德里安·霍普斯狄德。会议以"聚焦矿区生态文明建设，构建山水林田湖草生命共同体"为主题，举办大会报告26场、研究生报告32场，提交论文与摘要60余篇。

国内主要学术会议 2019年，学会和各专业（工作）委员会共组织国内学术会议38个，参加会议人数5511人次，交流学术论文1035篇，编辑出版论文集11部。

6月13—14日，全国煤矿动力灾害防治学术研讨会在山东省菏泽市召开。会议由学会与山东省科协联合主办。学会副理事长祁和刚出席会议。会议围绕煤矿冲击地压危险性预测、监测预警等综合性防治措施、优化矿井开拓布局和采掘布置、完善冲击地压防治法规与标准规范等问题展开学术研讨和交流。

9月9—10日，2019年全国煤炭安全、高效、绿色开采与支护技术新进展学术会议在陕西省西安市召开。会议由中国工程院能源与矿业工程学部、学会岩石力学与支护专业委员会主办。中国工程院院士、学会副理事长顾大钊，中国工程院院士王双明，以及来自60余家企事业单位的260名专家、学者参加会议。大会围绕煤炭安全、高效、绿色开采与支护技术等展开研讨，组织31场报告，中国工程院院士康红普、邱爱慈作大会主题报告。

9月16日，第372次中国科协青年科学家论坛暨第五届煤炭行业青年科学家论坛在辽宁省阜新市举办。论坛由学会与辽宁工程技术大学及全国煤炭行业共青团工作指导和推进委员会承办。180余名青年科技工作者参加会议。论坛交流40余篇学术报告。

10月11日，由学会与中国地质学会煤炭地质专业委员会共同举办的2019年煤炭安全高效绿色开采地质保障技术研讨会在广东省深圳市召开。215名专家、学者参加会议。中国工程院院士谢和平、王双明作主题报告，17位专家、学者围绕煤炭绿色勘查开发、煤层气（瓦斯）抽采利用等方面，介绍近年来取得的学术成就和技术进步，展示新技术和新装备，交流信息、数据、案例和前沿动态。

11月19日，中国·宝鸡（麟游）煤炭清洁利用产业发展大会在陕西省宝鸡市召开。会议由学会与陕西省能源局、宝鸡市人民政府、煤炭科学技术研究院有限公司联合主办。学会理事长刘峰，中国能源研究会副理事长吴吟，陕西省副省长徐启方，以及来自国内高校、科研院所、企业的200余名专家、学者、企业管理者参加会议。会议以"煤炭清洁利用"为主题，中国工程院院士金涌、刘中民、王双明等专家围绕煤炭工业高质量发展及煤炭高效清洁利用、中国能源革命的挑战与机遇、现代煤化工进展、中国煤化工发展前景与战略规划、中国重大煤化工项目进展评价以及麟游县煤炭分质利用规划等主题作专题报告。

5月25—26日，由学会煤化工专业委员会和陕西省咸阳市人民政府共同主办的中国·彬州煤炭清洁转化及多元联产高端论坛在陕西省彬州市召开。中国工程院院士谢克昌、金涌，学会副理事长刘建功参加会议。来自煤炭、石油化工企业，高校、研究院，咸阳市、彬州市相关人员共200余人参加论坛。

12月5—6日，由学会煤矿安全专业委员会、中国煤炭工业安全科学技术学会瓦斯防治专业委员会联合主办的2019年全国煤矿安全学术年会在贵州省贵阳市召开。会议主题为“紧抓煤炭工业两化融合转型发展契机，推进煤炭行业安全技术装备智能化升级”。中国工程院院士王国法作题为《煤矿智能化研发实践与发展方向》的学术报告，10位专家分别围绕大数据与煤炭安全生产、矿井瓦斯治理、火灾防治、矿井降温等内容作专题报告。

国际交往 9月16—20日，学会理事长刘峰参加2019年秘鲁矿业大会暨展览会，同主要产煤国家人员进行交流。

学会同能源与交通创新中心（Innovation Center for Energy and Transportation）签署合作协议，共同为“一带一路”沿线国家提供能源技术支持并培养人才。

派学会副秘书长王蕾到美国加利福尼亚州劳伦斯伯克利国家重点实验室进行为期一年的访问和交流，调研国际组织运行机制，学习能源转换理念，了解区域能源政策，加深与国际组织合作。

科普活动 6月11日，由科普时报社全媒体平台主办，学会与应急管理部信息研究院和中国矿业大学（北京）联合承办的中国科普网（MSTA）大家系列科技讲座第五期——智能化开采：煤炭工业的新技术革命在北京举办。700余人参加活动。人民网、中国经济网等媒体对活动进行宣传报道。

推荐学会首席科学传播专家李瑞峰参加北京新闻广播《照亮新闻深处》节目，就德国关闭最后一座煤矿和中国煤炭清洁高效利用作科普知识讲座。科学传播专家吴慧莉在“科普中国”网站进行有关睡眠与煤炭行业关系等相关知识的普及与辟谣。

学会完成《探秘水煤浆气化》《神奇的无人化采煤》2本科普图书的编撰出版，并获得2019年中国能源研究会优秀科普图书奖。学会主办的《当代矿工》杂志，新推出“科学家讲矿山”科普栏目，普及煤炭地质勘探、煤炭开采等专业知识，展示煤炭行业安全绿色智能开采的成果。组织全国科技工作者日系列活动，安排3次学术活动和科普讲座。

表彰举荐优秀科技工作者 学会共完成中国科学院院士、中国工程院院士候选人，中国青年科技奖候选人等33人次的推荐工作。开展煤炭青年科技奖评审奖励工作，从基层推荐的125名候选人中选拔出40名获奖者。首次评选全国煤炭优秀博士论文20篇。评选表彰煤炭科技功勋13人，最美煤炭科技工作者30人。

学会创新发展 学会发起成立煤矿智能化技术创新联盟，学会理事长刘峰担任联盟理事长，推动煤矿智能化技术发展，促进煤炭行业转型升级。

党建强会 在中国煤炭学会第八次全国会员代表大会期间，选举产生第八届理事会功能型党委成员和党委书记、副书记。学会深入开展“不忘初心、牢记使命”主题教育。学会党委牵头组织多项服务山东省菏泽市煤炭企业活动，组织专家为陕西省榆林市府谷县能源经济发展建言献策。

【中国煤炭学会第八次全国会员代表大会】 12月20日，中国煤炭学会第八次全国会员代表大会在北京召开，280余人参加会议。学会前任理事长王显政、濮洪九，中国煤炭工业协会党委书记、会长梁嘉琨，中国煤炭工业协会副会长王虹桥，中国科学院院士何满潮，中国工程院院士彭苏萍、张铁岗、顾大钊、蔡美峰、金智新、陈湘生、王双明、王国法等出席会议。

学会第七届理事会理事长刘峰代表第七届理事会作题为《提升服务能力、助力创新发展，为建设世界一流科技社团而努力奋斗》的工作报告和财务情况报告。会议审议并通过《中国煤炭学会章程（修订草案）》和《中国煤炭学会会费标准》，同意成立学会第一届监事会，通过《中国煤炭学会监事会条例》，同意增设学会名誉理事长、高端智库委员会、资深常务理事等事项。会议选举产生第八届理事会理事、第一届监事会监事，表彰2018年度和2019年度煤炭青年科技奖获奖个人。

学会第一届监事会会议选举产生第一届监事会监事长、副监事长。在学会第八届理事会第一次会议上，选举产生第八届理事会理事长、副理事长、常务理事，刘峰当选为学会第八届理事会理事长。

（撰稿人：岳燕京）

中国可再生能源学会

服务创新型国家和社会建设 2019 年，学会完成中国电力科学研究院有限公司“电网友好型风电高效安全主动支撑关键技术及规模化应用”、华能定边新能源发电有限公司“高渗透配电网的分散式风电群关键技术研究及应用”、浙江大学“海上漂浮式发电装置平台的测量与调控技术”、江苏金风科技有限公司“大功率直驱永磁系列海上风电机组关键技术研究及应用”等 11 项科技成果的评价工作。

学会依照国家标准化管理委员会和民政部印发的《团体标准管理规定》，于 3 月修订并通过《中国可再生能源学会团体标准管理办法》，为规范开展学会团体标准的制定提供依据。4 月，学会正式发布《关于2019 年学会团体标准申报工作的通知》。全年共收到申请 12 项，已有 11 项标准开展编制工作。

2019 年，学会向财政部、国家能源局、科技部、国家发展改革委、商务部、工业和信息化部等部门报送意见建议，协助开展问题收集等 10 余次。与高校、企业签订战略合作协议，包括与地方机构、高校院所共建研究平台、创新联盟，开展合作研究等 5 项。

学会与佛山科学技术学院、佛山环境与能源研究院、有研工程技术研究院有限公司、佛山市燃气集团股份有限公司签订合作协议，共同发起成立“2020 年深入推进创新驱动助力工程——产业技术创新联盟”，并已开展“防氢渗透涂层技术开发与应用”等合作研究工作。

4 月，学会与苏州市职业大学签订战略合作框架协议，双方共建中国可再生能源高效电能变换协同创新中心，就可再生能源高效电能变换技术研究与应用领域开展全面合作，共同推动可再生能源利用技术的自主创新，促进新能源高效电能变换领域的应用基础研究、高新技术产品开发和人才培养，带动可再生能源科学技术的普及和推广。

6 月，学会与北京中电蓝天新能源技术研究院签署战略合作协议，共同推进可再生能源领域的技术应用、标准制定、成果转化、技术服务、社会培训、人才培养等工作。

6 月，学会与昆明理工大学签署战略合作协议，充分发挥各自优势，加强产学研合作，支撑共建“一带一路”倡议中可再生能源领域的科技和人才需求，为国家和区域新能源产业发展增添新的动力源。

9 月，学会与华北电力大学、内蒙古工业大学分别签署战略合作协议。结合中国新能源与可再生能源行业发展规划，重点开展人才培养、学术交流、战略咨询、科技成果转化和特色智库建设等领域的合作，为能源生产和消费革命战略及创新驱动发展提供强有力的科技人才支撑和智力支持。

11 月 1 日，学会与浙江省湖州市长兴县人民政府及多家学会签署战略合作协议，共同发起成立长兴新能源产业国家级学会企业联合体。联合体的成立将支撑和参与长兴新能源产业的协同创新发展、产学研合作、技术成果转化等工作。其间，学会还参与主办2019 中国・长兴新能源产业高峰论坛。

学会常务理事、天然气水合物专业委员会主任李小森率团队开展的“深海天然气水合物三维综合实验开采系统研制及应用”项目获得 2018 年度国家技术发明奖二等奖。该项目为国家重大科技基础设施“可燃冰生态环境观测实验装置”预研项目涉及的深海可燃冰原位储层重塑、可燃冰原位形成与开采模拟等关键技术提供重要的科技支撑，为可燃冰生态环境观测实验装置的建设奠定基础。

根据《中国可再生能源学会科学技术奖奖励办法》的有关规定，学会举办第二届中国可再生能源学会大学生优秀科技作品竞赛。此次竞赛由全国新能源科学与工程专业联盟与华北电力大学、长沙理工大学、华中科技大学、常熟理工学院联合承办，吸引全国 92 所高校的 3000 余名大学生参加比赛，共收到申报作品 500 件，作品内容涉及风能、生物质能、太阳能、海洋能、可燃冰、氢能、可再生能源发电并网等领域。经过预赛筛选、决赛答辩，最终评选出特等奖作品 4 件、一等奖作品 36 件、二等奖作品 68 件，同时评出长沙理工大学等 9 所高校为优秀组织单位。

学会建设 截至 2019 年年底，学会共有个人会员 2771 人，与 2018 年相比新增 18.7%，个人会员缴费比例达 30%；团体会员共有 102 个。

学会共召开各级工作会议 11 次，其中召开学会党委会议 3 次、全体理事会党员大会 1 次、会员代表大会 1 次、常务理事会议 1 次、理事会议 1 次、理事长工作会扩大会议 2 次、秘书长工作会议 2 次，全年形成、传达、落实有关重要决议 36 项。

9 月 7 日，学会召开九届会员代表大会第二次会议，审议通过学会章程的修订事宜。在此后召开的九届三次理事会议上，对《中国可再生能源学会分支机构和办事机构管理办法》等3项管理制度进行修订。

学会批准新设立分支机构3个，分别是地热能专业委员会、青年工作委员会和太阳能热发电专业委员会。

学会通过学会微信平台公开发布学会年报、新闻动态、通知、公示文件等信息18次，推送内容42条；同时以邮件形式汇总相关动态，向全体理事、广大会员发布工作简报。

4月，学会启动《中国可再生能源学会40周年纪念册》的编撰工作。经反复修订、审稿，于12月底正式完成。该纪念册总结梳理学会成立40年来学会和各分支机构的重大事件，集中体现学会在繁荣学术交流、促进先进技术推广、服务本领域内科技工作者、提供决策咨询服务等方面取得的成果。

学会治理结构和治理方式改革 学会聘请2名新员工，其中1名专职人员负责党务工作，进一步推进学会党组织建设以及党建工作的深入开展；1名中国标准化研究院退休专家，专门负责学会团体标准的相关工作，保障学会团体标准工作顺利、有序、高效推进。

1月19日，学会常务理事会议期间进行各分支机构考评工作，通过明确的考核指标、清晰的考核内容，帮助各分支机构规范管理、提升能力、实现创新发展。此次考评工作的开展，奠定学会正式建立分支机构考评制度的基础。

主办期刊 2019年，在中国科协的指导下，经国家新闻出版署批准，《太阳能》杂志社完成《太阳能》办刊宗旨的变更工作，新的办刊宗旨为“加强学术交流，推动太阳能科技创新，促进实现太阳能产业化、市场化应用发展”，内容定位于“广义太阳能”，由科普期刊改为学术（技术类）期刊。

《太阳能学报》继续被中国知网、北大核心期刊和EI（工程索引）收录。根据中国知网《中国学术期刊影响因子年报（自然科学与工程技术·2019版）》，《太阳能学报》在“能源与动力工程”学科类目、“技术研究”层次，影响力指数（CI）学科排序为3/52，复合影响因子（JIF）为0.723，学科排序为12/52。全年接收投稿1502篇，录用590篇，共出刊12期，每期发文约40篇，共计481篇、3656页，约740万字。与中国知网独家合作，并继续推荐作者进行网络首发。截至2019年年底，网络首发论文47篇，实现篇均提前129天数字出版。

《太阳能》继续入选2019《中国学术期刊影响因子年报》、万方数据等统计源期刊。在“能源与动力工程”学科类目、“技术开发”层次，影响力指数（CI）学科排序为28/52，复合影响因子（JIF）为0.517，学科排序为20/52。全年接收投稿190篇，录用107篇，出刊12期，共发文215篇、960页，约144万字，对约20个行业活动进行报道。在原有与中国知网、万方数据等合作的基础上，又与中教数据库以及国家科技期刊开放平台开展合作。

学科发展工程 11月底，学会完成中国科协学科发展项目“可再生能源学科方向预测及技术路线图研究”。该项目在研究和总结可再生能源学科发展现状和发展特点的基础上，对学科发展趋势进行预测并提出未来发展方向，制定本学科发展的路线图，为学科协调发展、谋划学科布局以及促进相关产业发展和民生建设提出建议。

学会光伏专业委员会发布《2018年中国光伏技术发展年度报告》。该报告由中国光伏学术大会（CPVC）权威专家组织架构，内容涵盖2018年国内光伏全产业链多种技术路线最新技术动向和研究成果。全书共分6个章节，分别从晶体硅材料、晶体硅太阳电池、薄膜太阳电池、新型太阳电池、光伏系统与应用技术和太阳电池中国效率表6个方面梳理2018年各领域的最新技术进展与亮点，并对2019年技术发展趋势进行分析和预判。

学会风能专业委员会编辑出版《中国风电产业地图2018》。该书分析2018年中国风电发展情况，包括市场格局及风电装机情况，为政府、企业和科研机构提供参考，也为社会各界了解中国风能发展状况提供重要数据资料。

决策咨询 2019年，学会及其各专业委员会为政府、企业、科研机构及相关部门开展建言献策、问题征集反馈、前沿问题研究等相关工作共计13项。

1月，学会受中国能源建设集团韶关电力有限公司委托，开展“山地风电开发对韶关地区环境及经济发展影响研究”咨询服务项目。

1月底，学会承接中国海洋石油总公司“可再生能源及多能互补行业分析研究”课题，全面梳理光伏、风电及多能互补产业发展现状、全产业链技术，以及行业布局和政策，并提出发展建议。

1月，学会风能专业委员会组织风电行业相关的开发企业、主要风电设备制造企业，就如何发挥国家财政补贴资源作用，支持风电产业可持续发展问题开展研讨，并形成具体意见报送财政部经济建设司。

3月，学会风能专业委员会征求风电行业主要发电企业关于《国家电网有限公司关于解决风电高电压穿越问题的请示》的意见，并形成意见汇总报送至国家能源局新能源司综合处。

4月，学会针对国家能源局新能源司发布的《2019年风电、光伏发电建设管理有关要求的通知》（征求意见稿），组织相关行业企业召开座谈会，并将会议意见形成文稿报送至国家能源局新能源司。

4月，学会向国家能源局新能源司报送2018年度风电机组吊装容量数据统计工作情况，组织实施风电产业发展数据的统计和报告工作。

6月，学会向国家能源局综合司报送《关于规划建设煤电项目适用容量替代政策及实施有关事项的通知（征求意见稿）》的反馈意见。

7月，学会针对国家相关主管部门拟出台的《促进非水可再生能源发电健康发展的若干意见》，组织座谈会，与行业重点企业进行交流，并将交流成果形成建议报财政部经济建设司。

9月，学会向国家能源局法制和体制改革司报送关于优化营商环境问题清单。

10月，学会向国家能源局综合司报送关于对《光伏发电市场环境监测评价方法及标准修订建议》的意见。

11月，学会在学习《关于贯彻落实"放管服"改革精神优化电力业务许可管理有关事项的通知（征求意见稿）》后，经征求行业及会员单位意见，形成建议文稿报送至国家能源局综合司。

11月底，学会参与商务部组织召开的重点产业联系机制工作会议，就相关产业的出口情况统计和应对建议等进行汇报，并将有关汇报内容形成文字稿报商务部。

12月，学会向工业和信息化部汇报工业企业及园区微电网应用情况和典型案例。

国际学术会议 2019年，学会及其各专业委员会举办国际学术会议10次，参加会议人数7000余人次，交流论文1300余篇。

1月9—11日，学会地热能专业委员会在陕西省西安市参与组织2019第四届中国地热产业发展峰会暨首届丝路国际地热合作论坛。论坛以"'一带一路'背景下，地热产业发展新机遇"为主题，共同研讨地热新时代下的国家政策、产业创新、技术进步、国际合作等议题，通过高层次的思想碰撞、视角分享，共同绘制地热产业新蓝图。

4月26日，由学会太阳能专业委员会与其他单位共同主办的2019可再生能源与绿色低能耗建筑国际论坛暨2019台达杯国际太阳能建筑设计竞赛成果发布会在江苏省苏州市吴江区同里镇召开。来自国内外的建设、能源主管单位的专家、学者，大专院校师生，绿色建筑部品企业和能源企业等相关人员300余人参加会议，共同探讨可再生能源及绿色低能耗建筑相关议题。会议现场发布2019台达杯国际太阳能建筑设计竞赛成果。

5月25—26日，学会光化学专业委员会联合中国科学院物理研究所清洁能源中心、中国科学院清洁能源前沿研究重点实验室、中国科学院光化学重点实验室、北京大学人工微结构与介观物理国家重点实验室和北京市新能源材料与器件重点实验室共同举办第六届新型太阳能电池材料科学与技术学术研讨会。会议学术委员会顾问、中国科学院院士姚建年、赵进才、李玉良、邹志刚、沈保根、杨国桢，会议学术委员会顾问、中国工程院院士陈立泉，以及来自日本、韩国、以色列、澳大利亚和中国香港特别行政区、台湾地区的151所高校和研究所的900余名师生参加会议。大会开通网络直播，网上人气指数达6600以上。此外，为加强和鼓励青年学者的合作和交流，会议设立青年论坛，邀请在新型太阳能领域有杰出贡献的青年学者作邀请报告。会议共收到论文摘要519篇，录用484篇。

5月，学会风能专业委员会主办的第四届全球海上风电发展大会在广东省阳江市举办。大会邀请来自英国、丹麦、挪威、荷兰、德国等15个国家的专家、学者参加会议，国内外参加会议人数1100余人，发表论文80篇，安排新闻采访30余场，媒体报道数量超过1000篇。

7月26—28日，学会太阳能建筑专业委员会与国家住宅与环境工程技术研究中心、中国建筑材料流通协会电供暖委员会、甘肃省太阳能风能协会联合主办2019中国（甘肃）国际清洁能源产业发展论坛暨中国（甘肃）国际供热与暖通技术装备展览会，共计500余人参加会议。

8月19—21日，学会地热能专业委员会协办的

2019第十一届中国国际地源热泵行业高层论坛在北京召开，会议邀请国内外43名院士、专家、企业管理者出席会议并作主旨演讲。与会人员围绕“与世界对话　促地热腾飞”主题，通过主旨演讲与对话、科研成果交流与分享，交流探讨地源热泵行业及地热能发展面临的机遇和挑战。

10月9—12日，由学会海洋能专业委员会主办的第三届中韩海洋能研讨会在山东省青岛市召开。来自山东大学、中国海洋大学、浙江大学、国家海洋技术中心、清华大学、东北师范大学、青岛科技大学等单位的专家、学者与学生，以及来自韩国海洋科学技术院、中韩海洋科学共同研究中心的专家、学者等共计70余人（其中国外专家、学者17人）参加会议。与会专家、学者共同交流海洋能最新学术研究和技术发展成果，会议报告涉及波浪能、温差能、潮流能、潮汐能多个海洋能源种类。

10月21—24日，学会风能专业委员会等单位在北京联合举办2019北京国际风能大会暨展览会（CWP2019），国内外专家、学者近3000人参加会议。会议设置20多场论坛，围绕“风电助力‘十四五’能源高质量发展：绿色、低碳、可持续”的主题展开交流。此外，展览会集中展示风电行业的最新产品和研发成果，吸引中外参展企业600余家，总展览面积6万平方米，展会观众达6万余人次。

10月25—26日，学会地热能专业委员会协办的第二十一届凯洛林国际地质会议暨2019京津冀地质环境协同发展高层论坛在河北省石家庄市召开。来自中国、俄罗斯、蒙古、加拿大等国家的30多家地质教学单位、科研院所、地勘企业的200余名专家、学者参加会议，以“深部地质过程与生态环境研究进展”为主题，开展学术交流和专题研讨。会议设置雄安未来与生态地质环境、“一带一路”地球科学合作与关键问题、深部地质过程与探测技术等11个专题，邀请13名国际专家、学者作特邀报告，46名国内专家、学者作专题报告。

国内主要学术会议　2019年，学会及其各分支机构举办国内学术交流活动40场，参会人数约1.1万人次，交流论文约2000篇。

1月8—9日，由学会主办，学会热利用专业委员会、《太阳能学报》和《太阳能》杂志社共同承办的2018太阳能中温热利用技术大会在北京召开。此次大会是中国针对太阳能中温利用技术首次举办的学术大会，主题是“创新驱动太阳能中温利用发展”。来自全国高校、科研院所、企事业单位的200余名专家、学者参加会议，会议征集论文30余篇。与会专家、学者围绕太阳能集热技术的最新进展、储能技术进展等方面进行探讨。

4月12—14日，由学会主办，学会光化学专业委员会、许昌学院新材料与能源学院（表面微纳米材料研究所）承办，河南大学特种功能材料教育部重点实验室协办的2019薄膜太阳能电池前沿研讨会在河南省许昌市召开。会议聚焦薄膜太阳能电池领域的最新进展和成果，吸引来自中国科学院、清华大学、南开大学等30余所科研机构和高等院校的近100名专家、学者参加，20名专家、学者作大会邀请报告。

6月12日，应云南能源投资集团有限公司的邀请，学会参与主办云南绿色能源国际论坛（2019）。论坛邀请中国工程院院士、学会理事长谭天伟，中国科学院院士、西安交通大学教授郭烈锦，中国工程院院士、中国石化集团原副总经理曹耀峰等在内的14名专家进行专题分享，内容涵盖风能、太阳能、地热能等多个角度。会后，在学会的支持和协助下，推动设立包括云南省绿色能源研究战略研究、地热能开发利用、氢能发展战略研究等近10项合作研究课题，为云南“十四五”绿色能源发展战略研究献计献策。

7月24日，由学会主办的中国可再生能源学会第二届青年科学家论坛在北京召开。会议邀请来自北京化工大学、清华大学、上海交通大学、华北电力大学、华中科技大学、暨南大学、南京航空航天大学、浙江大学、有研工程技术研究院有限公司、军事科学院、中国科学院工程热物理研究所、中国科学院广州能源研究所、中国建筑科学研究院等高校及科研院所的20余位青年科学家参加会议，通过主旨报告的形式分享新能源和可再生能源领域的科研进展。

8月7—8日，由学会主办，中关村华电能源电力产业联盟、中国电力云平台、中国可再生能源学会储能专业委员会、《太阳能学报》和《太阳能》杂志社共同承办的第一届中国储能学术论坛暨风光储创新技术大会在北京召开。会议以“储能科技，能动未来”为主题，来自国内外可再生能源与储能产学研领域的400余名专家、学者、科技工作者及企业管理者参加会议，就国内外风电、光伏、储能的最新技术进展进行交流与研讨。会议共征集论文40余篇。

8月20—22日，学会与国家太阳能光热产业技术创新联盟、中国工程热物理学会、中国电机工程学会共同主办的第五届中国太阳能热发电大会在浙江省杭州市召开。大会以“科学技术创新推进太阳能热发电产业化发展”为主题，吸引来自太阳能热发电领域的专家、学者，以及科研机构、企事业单位等相关人员近300人参加会议，作58篇口头报告，展示墙报12篇。

3月、8月，学会光伏专业委员会先后在江苏省和陕西省举办2场光伏微讲堂活动。活动分别以“叠瓦技术发展趋势”和“大硅片制造技术创新升级”为主题，邀请学术界、产业界的专家、学者展开分享讨论，参会人员500余名。“光伏微讲堂（PV WE CLSASS）”活动是由学会光伏专业委员会创办的以太阳能光伏发电科学技术、示范应用、前沿趋势为主线的专题学术研讨系列活动，是针对光伏行业发展动态和热点焦点推出的系列讲堂，每期微讲堂紧扣一个主题。

4月、9月，学会风能专业委员会先后在北京和浙江省杭州市组织召开2场风能资源技术论坛，与会专家、学者200余人，发布论文30余篇，媒体发布报道20余篇。结合会议交流的成果和达成的共识，会议发布《发电量折减系数设置研究报告》，为风资源测量评估人员提供学术参考。

9月19日，学会风能专业委员会在湖南省株洲市举办第三届风电设备质量与可靠性论坛。论坛以“守正创新，行稳致远，推进风电高质量发展”为主题，300多名专家、学者从设计创新优化、制造可靠性提升、运维可靠性管理、供应链可靠性管控等角度进行研讨。会议共发表论文25篇，进行10余场采访，媒体发布报道30余篇。

10月17—20日，由学会生物质能专业委员会联合多家单位共同举办的第十三届全国研究生生物质能研讨会暨2019生物质能专业委员会学术年会在山东省济南市召开。来自国内从事生物质能行业的高校、科研院所、企业等70余家单位的300余名专家、学者和研究生参加会议。会议共收到154篇学术论文，内容涉及生物质资源开发、生物燃料技术、生物质成型及生物质发电技术、材料与化学品以及平台技术研究政策5个专题，集中反映中国生物质能领域近年来所取得的具有创新性的研发成果，展示生物质能学科前沿研究热点和最新进展。

10月18日，学会发电并网专业委员会与山东省电力公司在山东省济南市联合举办第三届可再生能源并网技术与政策论坛。论坛以“面向平价上网的新能源新机遇”为主题，包含主论坛和技术与政策2个分论坛。来自政府部门、电网公司、发电企业、科研机构、高校院所、咨询与证券公司的专家、学者200余人参加论坛。活动中，学会发电并网专业委员会将论坛参会报名与会员发展相结合，在推广论坛的同时，吸收发展30多名会员。

11月7—8日，由学会风能专业委员会主办的中国中东南部分散式风电开发研讨会在江苏省江阴市召开。来自各级能源主管部门、电网公司、风电开发企业、设备制造企业和咨询服务机构的400多名专家、学者参加会议。会上发布论文30篇，媒体报道超过100篇。会议围绕分散式风电的政策体系、商业模式、技术风险管理等议题展开探讨。会议通过《江阴共识——分散式风电是推动中国能源革命的重要力量》，为中国分散式风电发展献计献策，提供具体行动指南。

11月15—18日，由学会氢能专业委员会和华南理工大学共同主办的第十八届全国氢能会议暨第10届海峡两岸港澳地区氢能研讨会在广东省广州市召开。来自内地和澳门特别行政区的高等院校、科研院所和企事业单位的400多位专家、学者参加会议。大会议题涵盖可再生能源制氢及其他制氢技术、氢的储存、输运技术和加氢站、燃料电池技术、氢能汽车、分布式发电和氢储能技术、氢的安全与标准规范、氢能政策与产业等方面。中国科学院院士、中国科学院大连化学物理研究所研究员李灿，中国科学院院士、西安交通大学教授郭烈锦，中国科学院院士、南开大学教授陈军，中国科学院院士、南京大学教授邹志刚，武汉理工大学教授潘牧，华南理工大学教授朱敏，中国科学院大连化学物理研究所研究员邵志刚等8位专家作大会报告。会议还邀请专业领域内首席专家、教授等共计36人作邀请报告，安排60余篇口头报告、100余篇墙报展示交流。会议共收到论文289篇，主要涉及可再生能源制氢及其他制氢技术，氢的储存、输运技术和加氢站，燃料电池技术等方面。

11月17—18日，由学会青年工作委员会主办，中国科学院广州能源研究所和中国科学院创新促进会协办的粤港澳可再生能源科技创新论坛在广东省广州市召开。论坛邀请清华大学教授史翊翔、中国科学院近代物理研究所工程处副处长王思成、中国科学院广州能源研究所海洋能实验室主任盛松伟、中国科学院广州能源研究所能源战略与低碳发展研究室漆小玲等专家、学者参加会议并作专题报告。论坛还围绕可再生能源及新能源、核能的消纳利用和多能互补与节能融合技术两个议题展开交流。

11月20日，学会太阳能热发电专业委员会与国家太阳能光热产业技术创新战略联盟共同主办的第九届太阳能热利用科学技术研究生论坛在上海市召开。来自北京大学、北京工业大学、北京理工大学、内蒙古工业大学、上海交通大学、天津大学、西安交通大学、长沙理工大学、中国科学院电工研究所、上海应用物理研究所10家单位的25名研究生围绕太阳能聚光、吸热、储热、换热，太阳能多能互补，太阳能制冷等进行交流讨论。

国际组织任职 学会常务理事兼太阳能热发电专业委员会主任委员、中国科学院电工研究所研究员王志峰当选为国际太阳能学会（ISES）新一届董事会成员，任期为2020—2021年。

学会常务理事兼风能专业委员会副主任、秘书长秦海岩连任国际电工委员会可再生能源符合性评价体系（IECRE）副主席。

学会常务理事兼风能专业委员会副主任、秘书长秦海岩任全球风能组织（GWO）执委会成员，同时担任GWO中国委员会主席。

学会常务理事兼热利用专业委员会秘书长何涛当选为国际能源署太阳能供热制冷委员会（IEA-SHC）第84次执委会副主席。

国际交往 6月10—15日，学会光伏专业委员会组织人员前往瑞典参加国际能源署光伏系统第十二组国际会议（IEA PVPS TASK 12）。会议针对“光伏与环境”议题开展交流，并分别针对各参与国家在光伏组件回收及全生命周期（LCA）评价方面的最新研究进展进行讨论。

10月，学会与儿童投资基金会（CIFF）签署项目合作协议，围绕加快中国能源体系转型，确保2030年左右实现非化石能源发展目标、碳排放峰值下降目标和碳强度下降目标，开展国际间知识交流和联合研究合作。

11月18—29日，学会秘书长带队前往挪威、丹麦、瑞典进行公务考察，着重考察北欧三国风电特别是海上风电相关的检测机构、平台运维机构、设备加工制造机构以及全球领先的海上风电场，通过座谈交流和实际调研的形式，了解北欧目前风电发展情况、技术创新模式。

科普活动 2019年，学会主要从建立科普考核体系、吸纳社会科普资源、拍摄科普视频、参与举办科普活动等方面开展科普工作。

4月，学会正式启动中国可再生能源学会科普教育基地（以下简称“科普基地”）申报与评选认定工作。经过申报、评选，最终有9家单位被正式授予“中国可再生能源学会科普教育基地”称号。9家科普基地的科普资源涵盖生物质能、风能、光伏、海洋能、天然气水合物等领域，可开展培训、讲座、展览、互动等多种形式的科普活动。

受中国科协《学会风貌》系列片制作项目支持，学会与项目组共同策划、拍摄《生物质能未来可期》科普宣传视频。该视频以学会理事长谭天伟为采访对象，向公众科普“什么是生物质能”“生物质能的开发利用形式和前景”等知识。

学会作为发起单位加入中国公众科学素质促进联盟，并先后2次参与联盟科普创新成果展策展研讨会。

学会全年共举办科普活动4次，参加人数500余人次，包括结合“启航计划”带领西藏自治区那曲市双湖县藏族孩子参观汉能清洁能源展示中心、携新能源流动展馆走进广东省广州市天河区华阳小学、2019北京国际风能大会暨展览会小学生风能科普活动、“冰与火的艺术——天然气水合物”主题科普讲座。

表彰举荐优秀科技工作者 学会启动中国可再生能源学会科学技术奖的申报与评审工作。历经3个月的征集，共收到学会科学技术奖申报项目99项，学会科学技术人物奖申报53人。最终评出27项技术获得科学技术进步奖、授予10人学会科学技术人物奖。

党建强会 2019年，在学会秘书长工作会议、理事长工作会扩大会议、常务理事会议、理事会议、全国会员代表大会等会议期间，共组织开展党的十九大精神宣讲活动5次，参加学习培训累计超过400人次。

学会开展主题党日学习活动2次。7月，开展“庆祝建党98周年暨重温党史”主题教育理论学习活动，由老党员带领新入职的党员学习党章、重温党史。9月，在学会第九届会员代表大会第二次会议上开展“不忘初心、牢记使命”主题教育专题党课活动。

会员服务 学会为参与学会组织的各类学术交流活动的会员提供优惠，为会员代表免费赠送一年的《太阳能》杂志。开通微信在线注册缴费功能，方便会员快速办理入会手续。

在中国科协的支持下，学会向国际太阳能学会（ISES）推荐40名中国专家、学者，以团体会员身份加入国际太阳能学会，并享有相应的会员权益。

【第29届国际光伏科学与工程会议暨18届中国光伏学术大会】 11月4—8日，由学会主办的第29届国际光伏科学与工程会议暨18届中国光伏学术大会在陕西省西安市召开。来自世界各地的光伏领域专家、学者1000余人参加会议。大会共举办特邀报告15场、主旨报告75场；收录论文721篇，其中口头交流284篇，墙报交流437篇。

此届学术大会分设14个分会场，围绕光伏技术热点问题及前沿技术发展进行研讨，包括光伏材料、电池、模块和系统的制造、特性描述和模拟，以及测试层理、光伏系统和智能电网的可靠性等内容。

大会同期举办中国太阳电池最高效率发布会、IEA国际能源署光伏可持续发展（IEA PVPS）执行委员会各工作组会议、光伏能源系统标准化技术研讨会（IEC/TC82），以及第三届中日联合光伏技术论坛等专题产业技术论坛。会上还颁发国际光伏科学与工程会议奖。

【中国可再生能源学会第九届会员代表大会第二次会议】 9月7日，中国可再生能源学会第九届会员代表大会第二次会议在北京召开。学会理事及来自各专业领域的会员代表240余人参加会议。会议由学会副理事长李宝山主持。

会议审议通过学会2017—2018年度工作报告、财务报告和2017—2018年度学会监事会工作报告，以及学会章程修订草案、学会会员会费调整草案。投票表决通过增选华北电力大学教授杜小泽、清华大学教授梅生伟、华北电力大学国家大学科技园主任王宏盛、知己集团有限责任公司董事长贲智群、清华大学教授姜培学、北京化工大学教授孙晓明、军事科学院军事新能源技术研究所研究员周友杰7人为学会第九届理事会理事。

【中国可再生能源科技创新论坛】 9月7日，学会以“传承创新·绿色未来”为主题召开中国可再生能源科技创新论坛。中国科学院电工研究所副所长韩立，中国节能协会秘书长宋忠奎，中国科学院院士、中国科学院工程热物理研究所研究员徐建中，国务院原参事、科技部原秘书长、学会第七、第八届理事长石定环出席论坛并讲话。

论坛旨在传承和发扬老一辈科学家精神，总结回顾学会40年发展历程，同时，以科技创新为基础，分享前沿科技创新技术、探讨未来发展趋势，打造可再生能源领域科技创新的交流平台。

特邀报告环节，中国工程院院士、学会理事长谭天伟作《学会发展四十年主题报告》，中国科学院院士、中国电力科学院研究员周孝信作题为《新一代电力系统与能源互联网》的报告，中国工程院院士、国家林产化学工程技术研究中心主任蒋剑春作题为《农林生物质能源转化技术与产业发展思考》的报告，国家发展改革委能源研究所原所长韩文科作题为《我国的能源革命和能源转型》的报告，新疆金风科技股份有限公司总裁曹志刚作题为《坚持科技创新，拥抱美好时代》的报告，北京化工大学教授、学会青年工作委员会执行主任孙晓明作为青年科技工作者代表，向与会专家、学者分享青年科学家成长、求学和科研经历。

（撰稿人：梁　媛　孙孟佳）

中国能源研究会

服务创新型国家和社会建设　2019年，研究会组织有关专家评选的“海洋天然气水合物和油气一体化勘探开发机理和关键工程技术”重大科学问题，入选中国科协2019年20个重大科学问题和工程技术难题，形成《重大问题难题进展专项报告》提交中国科协，报送国家有关部门作决策参考。

研究会承担中国科协委托的《国家中长期科学和技术发展规划纲要（2006—2020年）》能源领域的评估任务。评估内容包括规划纲要中能源领域部署的优先主题、重大专项、前沿技术、基础研究等12个专项。研究会按期向中国科协提交《国家中长期科学和技术发展规划纲要（2006—2020年）能源领域评估报告》和专题评估报告。

研究会参与能源类课题调研，完成《固体催化剂工程问题研究》《催化剂制备及应用工程问题研究》《燃料电池应用及催化剂技术》《贵金属催化剂的回收》等调研报告。

研究会推进团体标准制订工作，规范和引导团体标准化工作有序开展，继续完善2018年编制的9项团体标准，并新立项10项团体标准。

研究会完成金沙江白鹤滩水电站安全生产标准化达标评级和施工风险分析及安全评价咨询，乌东德工程建设部风险分级评估及应急能力建设评估，延长能源互联网能量管控及综合服务平台鉴定，时空优化配置、供需互动的多周期多品种电力市场关键技术及交易平台鉴定，面向区域市场的省级电力现货市场运营规则体系鉴定，空湿冷机组冷端节能节水关键技术开发与应用鉴定6项咨询和鉴定项目。

6月，研究会应青海省人民政府邀请，组织院士专家团队对青海清洁能源发展进行专项调研并出席青海省人民政府组织的能源发展专家座谈会。

8月，研究会受青海省能源局委托，组织院士专家针对《青海省建设能源革命示范省实施方案（征求意见稿）》进行咨询，为青海省清洁能源与新能源的健康与可持续发展建言献策。

9月，研究会受山西省人民政府的委托，组织院士专家召开山西省能源革命综合试点改革专家咨询座谈会，为山西省开展能源革命综合改革，推进“山西省能源革命综合改革试点”提出意见建议。

2019年，研究会联合国家发展改革委能源研究所、国家电网有限公司、中国南方电网有限责任公司等单位开展“能源综合利用（综合能源）模式创新与示范工程”创新驱动助力工作，针对国家能源局第一批综合能源示范项目、国家“863”综合能源方面课题的配套示范工程等，以产学研联合调研组的形式对国内综合能源发展情况进行实地调研，研究分析制约中国能源综合利用（综合能源）发展的问题，提出发展思路和解决办法。

2019年，研究会和各分支机构共完成国家能源局、国家发展改革委、中国科协、中央及地方能源企业等委托的研究课题31项，其中国家发展改革委、国家能源局委托课题7项、中国科协委托课题7项、企事业单位委托课题17项。

研究会被中国科协授予“中国科技志愿服务百家学会”称号。

学会建设 研究会发挥理事成员单位、所属分支机构和各地方研究会的组织推荐作用，拓展渠道发展个人会员，全年新增单位会员34家，其中常务理事单位6家、理事单位9家、会员单位19家，单位会员总数达292家；个人会员新增647人，总数达2745人。

2月26日，研究会召开第七届第二次会员代表大会，230余人参加会议。会议讨论通过《中国能源研究会章程（修订草案）》，增加党建内容。

学会治理结构和治理方式改革 研究会建立信息公开制度。公开发布年报等信息，让会员及时了解研究会的发展现状、内部建设、主要业务活动、会员发展服务等信息。

研究会建立并健全相关财务、档案、信息公开制度，加强规范化建设，制订《中国能源研究会财务管理通则》《中国能源研究会会计基础工作规范实施办法》《中国能源研究会会计档案管理办法》《中国能源研究会会计信息化管理办法》和《中国能源研究会固定资产管理办法》等管理制度和办法，形成讨论稿。

研究会建立重要活动和大额资金使用的议事、决策机制，每月首周由常务副理事长史玉波主持召开月度项目审查例会，研究审议重大项目活动，形成会议纪要。

研究会建立志愿者服务工作联席会议制，制定志愿者服务发展规划和计划，统筹、协调、指导志愿者队伍培训，总结推广能源科普志愿者服务经验等。

主办期刊 《能源研究参考》（月刊）是研究会编辑发行的内部刊物。目前，向中央财经委员会办公室、国家发展改革委、科技部、财政部、国务院研究室等部委和指定单位每期报送。

《中外能源》围绕能源热点组织稿件，先后组织专家撰写“二氧化碳的化学利用——二氧化碳为原料参与合成化合物”系列论文，以及《我国可再生能源配额政策的解读与发展方向分析》《基于绿色发展需要推进中国页岩气革命的策略思考》《从世界油气资源发展形势看中国油气资源战略》《论战略石油储备的二元属性》《美国石油战略演进及对中国的启示》《中美能源安全的现状比较与启示》和《如何重建中国陆相烃源岩生油理论》等一批科技论文，并陆续发表。

决策咨询 研究会及其各分支机构发布《能源经济形势分析报告（季度）》《能源数据简明手册2019》《储能产业发展蓝皮书》《储能产业研究白皮书2019》《中国分布式能源行业发展研究2019》《2019年智能发电技术行业发展报告》《煤炭蓝皮书（2019）》和《增量配电发展研究白皮书2019》，合作发布《全球能效2018》中文版报告和《中国能效2018》。

国际学术会议 9月5—6日，由研究会分布式能源专业委员会、中国能源网、能源Link主办的2019（第十五届）中国分布式能源国际论坛在北京召开。会议以“多元化布局和产业链延伸”为主题，围绕分布式天然气、分布式太阳能、分散式风电、分布式生物质能等分布式能源多元化布局，区域能源与综合能源服务，分布式能源国际合作等话题进行探讨。来自主管部门、行业协会、各分布式能源企业的300余名专家、学者参加会议。

论坛设天然气分布式专场、可再生分布式专场、地热和生物质专场、未来创新专场等分论坛。与会专家围绕分布式能源智能微网、区域能源与综合能源服务、“一带一路”国际市场与产能合作、分布式地热与生物质发展现状及政策建议进行讨论。

国内主要学术会议 研究会及其分支机构全年主办各类研讨会、论坛等学术活动30余次。研究会围绕能源发展“十三五”规划、推动能源高质量发展过程中的重点和关键问题，以及当前能源领域的热点、难点问题，举办2019中国能源研究会年会和中国电力可持续发展高层圆桌会议，以能源技术创新发展、“一带一路”能源合作、微电网与综合能源发展、“一带一路”油气合作等为主题举办系列专题研讨会。

国际交往 6月16—21日，研究会燃料电池专业委员会常务副主任兼秘书长韩敏芳受邀参加在韩国举办的第22届国际固态离子学会议，并在大会上作主题报告，介绍固体氧化物电池在中国的最新进展。

9月8—13日，研究会燃料电池专业委员会常务副主任兼秘书长韩敏芳受邀参加在日本京都举办的第16届国际燃料电池研讨会。

11月3—10日，研究会储能专业委员会组织专家参加全球储能联盟年会并进行主旨发言，回顾总结2019年全球储能技术与产业发展情况，就如何在全球范围内推动储能产业发展、推动储能技术进步进行研讨。

科普活动 2019年，研究会新设立6家能源科普教育基地。通过已设立的23家能源科普教育基地，围绕公众关心的绿色低碳、安全用电、日常生活节能技巧知识、垃圾分类等主题，以组织专题活动和现场宣传、制作科普图文展板、放映科普影片等方式开展各类科普教育活动。

研究会和中国煤炭学会科普工作委员会、江苏省能源研究会等单位，合作编印《神奇的煤炭》《低碳生活》和《智慧用电》等能源知识科普读本。

研究会组织开展第二届能源优秀科普作品评选活动，评出图书类、影像类等能源优秀科普作品27项。

表彰举荐优秀科技工作者 研究会组织专家评选并推荐的中国核电工程公司总工程师、“华龙一号”总设计师、核电站研发和设计技术分领域首席专家邢继入选2019年“最美科技工作者”。

研究会评审并推荐的中国石油集团长城钻探工程公司总工程师刘乃震、中国寰球工程公司技术委员会主任张来勇分别通过中国科协评审，入围2019年度中国工程院院士增选有效候选人名单。

党建强会 研究会建立党委学习和报告制度，定期组织召开党委会议和党委（扩大）会议，设专人负责记录。

研究会积极开展“不忘初心、牢记使命”主题教育和主题党日活动、“党建引领学会、科技助力脱贫”等党建强会特色活动。12月9日，研究会科学传播专家团队赴广西壮族自治区贺州市富川县莲山镇中心校举办帮扶送温暖活动，向学校捐助科普图书、学习用品、生活用品等。带领参加活动的学生们观看研究会2019年能源科普优秀影视动画作品。

5月26日，在全国科技活动周和全国科技工作者日期间，研究会邀请院士专家走进华北电力大学校园，举办主题为“党建强会、科技强国”的前沿科学技术知识讲座，内容涉及新一代能源系统、泛在物联网、储能技术发展和燃料电池与氢能等前沿科学技术知识，300多名师生参加活动。

会员服务 2019年，面向会员的中国能源研究会能源创新奖共评选出学术创新奖、管理创新奖和技术创新奖84项，其中一等奖12项、二等奖30项、三等奖42项；评选出优秀青年能源科技工作者32名。

研究会向会员定期提供《中国能源研究会年报》、《能源研究通讯》会刊、《中外能源》和《能源研究参考》等资料。

【2019中国能源研究会年会】 12月4—5日，2019中国能源研究会年会在北京召开。年会以“中国能源高效发展——能源合理增量及结构优化”为主题，围绕促进中国能源结构优化和效率提升，加快形成能源节约型社会，构建清洁低碳、安全高效的能源体系等议题展开研讨。能源领域的院士、专家和政府有关部门领导、研究会会员、能源企业和科研院所的相关人员近900人参加会议。

大会邀请中国工程院院士、原副院长杜祥琬，中国科学院院士、中国电力科学研究院有限公司名誉院长周孝信分别作题为《能源结构优化与转型》和《能源转型中构建我国新一代电力系统》的主旨报告。

国家能源局规划司相关领导，中国工程院院士江亿、康红普，中国科学院院士邹才能，研究会特邀副理事长韩水，研究会可再生能源专业委员会主任李俊峰就“十四五”能源发展规划重点问题思考、能源革命、“十四五”煤炭需求趋势及问题分析、可再生能源高比例发展、中国电源结构与布局优化等议题作演讲。

年会邀请中国南方电网有限责任公司、中国大唐集团有限公司、哈尔滨电气集团有限公司、中国海洋石油集团有限公司、中国长江三峡集团有限公司、四川能源投资集团有限责任公司的6名企业高层领导进行对话。

年会按不同专题举办11个分论坛。年会为中国能源研究会能源创新奖、能源优秀科普作品奖颁奖，并为能源科普教育基地授牌。

【中国电力可持续发展高层圆桌会议】 中国电力可持续发展高层圆桌会议由研究会主办，重点探讨中国电力部门低碳转型的路径和策略，旨在建立一个广泛听取各方意见的长效机制，将各方关心的、有争议的、当前决策困难的关键问题提交到平台讨论，选出核心问题委托智库开展高质量研究，并将研究发现和政策建议提交到平台征求意见，从而支持相关政策的制定和落地，推动中国电力行业的改革和可持续发展，提高电力行业节能减排、应对气候变化与维护公众健康的能力。

2019年，中国电力可持续发展高层圆桌会议按季度举办4场高端闭门研讨会。

第一季度会议主题是“增量配网改革与参加综合能源服务”，会议提出主要观点有：增量配电改革应因地制宜、循序渐进，量与质并重；应加强对地方政府推进增量配电改革的指导规范；注重社会资本引入对电网企业提升管理经营效率的作用；加快增量配电价格的核定，保证供电企业公平参与交易；加强监管，促进增量配电运营规范有序。

第二季度会议以“增量配网与大电网融合发展”为主题，与会专家认为增量配网改革要处理好电网的公益性和资本的逐利性之间的关系。对电网企业提出确保安全、降低电价等方面的要求。

第三季度会议主题以“可再生能源发展新机制”为主题，与会专家认为，建立可再生能源发展新机制非常必要，可从法律保障、市场机制、价格机制和引导性制度等方面着手。在能源转型的大背景下，针对新情况、新技术，应在国家层面及时为可再生能源的发展提供法律保障；加快建立和完善有利于新能源发展和新能源消纳的市场机制；形成有效引导企业、释放市场信号的价格机制；积极探索如何利用绿证、配额、碳税等引导性制度推动新能源发展。

第四季度会议以“新时代能源革命战略”为主题，旨在促进能源政策研究领域的学术交流，推动清洁低碳、安全高效能源体系的构建。会上，研究会常务副理事长史玉波宣布4名新成员加入中国电力可持续发展高层圆桌会议。中国国际经济交流中心研究员范必作题为《能源革命战略思考》的主旨演讲，国家发展改革委能源研究所副所长王仲颖作题为《可再生能源发展在能源革命战略中的定位》的主旨演讲。

（撰稿人：刘淑琴）

中国硅酸盐学会

服务创新型国家和社会建设 学会承担中国科协跨学科高端科技创新智库项目“能源材料前沿跟踪研究”。该项目由中国科学院院士、学会副理事长南策文担任首席科学家，面向新能源领域应用的能量转化和新型储能材料，开展跨学科、跨行业、跨领域国内外科技进展研究和行业领域发展状况研究，为相关材料领域的科研院所、生产企业和应用企业提供技术参考和方向性指导，引导相关产业实施结构调整和产业升级。

学会承担中国工程院咨询研究项目“2035我国基础材料绿色制造和智能制造技术路线图研究”建材部分的研究工作，通过对六大类（石化化工、钢铁、有色金属、建材、纺织、轻工）基础材料领域的调研分析和专家论证，分析在绿色制造和智能制造方面中国与国际先进水平的差距，查找“卡脖子”技术，提出相关行业实现绿色制造和智能制造的可行方案。

5月22—25日，学会在北京主办2019第30届中国国际玻璃工业技术展览会。展会同期举办建筑与玻璃新技术及应用高峰论坛、17场技术讲座，以及“风雨同舟30载、携手迈向新征程”纪念活动，向有关单位和企业颁发合作奖和贡献奖。

学会建设 12月28日，学会在北京召开第九届理事会第二次常务理事会议。会议审议《中国硅酸盐学会2019年主要工作》《中国硅酸盐学会2020年重点工作建议》，审议通过成立学会专业委员会、有关分支机构负责人人选、学会青年科技奖和博士学位论文奖评选结果、学会分支机构评估考核办法等报告，并就学会奖励工作等事项进行讨论。

结合学会改革发展新需求，学会办事机构推进职工队伍知识更新、能力提升和年龄结构优化，2019年11人参加培训17次。

截至12月底，学会新发展个人会员54人，个人会员总数达21074人，团体会员总数达50个。

青年人才托举工程 学会开展第五届中国科协“青年人才托举工程”项目候选人推选工作，经过初评、答辩、终评等环节，学会推荐的4位候选人全部当选，学会组织“青年人才托举工程”项目（学会自筹经费）6名被托举人才评选工作。

主办期刊 2019年，学会主办的《硅酸盐学报》收到稿件876篇，退稿率约为69.2%；编辑出版12期，刊发稿件248篇，其中综述31篇，英文稿件16篇，各类基金资助论文占比约为96.4%。据《中国科技期刊引证报告（核心版）》（2019年版）统计，《硅酸盐学报》的总被引频次为2360，影响因子为0.728。

2019年，学会主办的*Journal of Materiomics*（《无机材料学学报》，JMAT）被SCIE（科学引文索引扩展版）收录，共收到稿件241篇，编辑出版4期，刊发论文85篇，其中综述10篇（占12.3%），国外来稿35篇（占43%），退稿率约为65%。发表在JMAT 70%的论文的主要作者均在*Nature*（《自然》）、*Science*（《科学》）等期刊上发表过多篇论文。2019年JMAT的收稿量、载文量分别是创刊年（2015年）的近5倍、2.4倍。JMAT在材料科学总目录1000余种期刊中排名第48，居前5%；在材料科学—电子—光学和磁性材料分目录210种期刊中排名第14，居前6.7%；在材料科学—金属与合金分目录150种期刊中排名第4，居前2.7%；在材料科学—表面涂层和薄膜分目录108种期刊中排名第4，居前3.7%。Web of Science（科学引文索引）统计的h-index（高引用次数-指数）为21。JMAT国际论文比也由33%逐步增长至43%。

8月25日，《硅酸盐学报》第七届编委会第四次会议、JMAT编委会第六次会议在陕西省西安市召开。同期举办第十一届无机非金属材料专题研讨会暨无机非金属材料学科优秀青年学者论坛。会议交流内容为结构陶瓷及涂层、电磁信息功能晶体与薄膜、能源材料、光催化材料、光学薄膜、碳素及二维材料等。共有350余名专家、学者参加会议，5位专家作大会报告，并设6个分会场进行交流，共交流报告和论文159篇，其中邀请报告100篇、口头报告59篇。

国际学术会议 5月25—29日，由学会主办的第十一届先进陶瓷国际会议在云南省昆明市召开，1427名专家、学者参加会议。会议设置25个专题研讨会，包括97个分会场主旨报告、384个分会场邀请报告、375个口头报告和225个展示交流，基本涵盖整个特种陶瓷领域及相关学科。

国内主要学术会议 2019年，学会举办国内学术会议43次，1万余人次参加会议。

12月1日，中国硅酸盐学会青年工作委员会成立大会暨2019年先进材料青年学者论坛在湖北省武汉市召开。会议由学会和武汉理工大学共同主办，湖北省硅酸盐学会和硅酸盐建筑材料国家重点实验室承办。来自清华大学、武汉理工大学、北京理工大学、中国科学技术大学、东北师范大学、宁波大学、华中科技大学、上海交通大学、西北工业大学、中国建筑材料科学研究总院、中国科学院物理所、中国科学院上海光学精密机械研究所、中国科学院上海硅酸盐研究所、中建材蚌埠玻璃工业设计研究院等50多家高校、科研院所、企业的80余名专家、学者参加会议。学会理事长高瑞平对学会青年工作委员会的工作提出四点要求：一是要树立大局意识；二是要增强服务意识；三是要树立品牌意识，打造属于自己的品牌活动；四是要加强自身建设，坚持民主办会的原则。

10月9—11日，学会耐火材料分会与中国耐火材料行业协会等共同主办的2019武汉耐火材料分会学术年会在湖北省武汉市召开，会议主题为“创新引领、绿色发展”。来自德国、法国、奥地利、美国等7个国家的400余名专家、学者参加会议。年会安排3个分会场共计96场报告，内容涵盖耐火材料基础研究、耐火材料原料、耐火材料应用、耐火材料先进制造技术、耐火材料综合利用等多方面。会议期间，举办中-德-奥研究生学术论坛、耐火材料技术短训班等。来自中国、德国、奥地利3个国家的研究生交流14场学术报告，来自法国、美国的5位学者为耐火材料技术短训班的师生授课，武汉科技大学4位教授讲授ATHOR课程。

10月12—15日，由学会水泥分会主办的中国硅酸盐学会水泥分会第八届学术年会在辽宁省鞍山市召开。大会共安排学术报告59个，其中主题报告10个、邀请报告16个、普通报告33个。围绕“新型胶凝材料体系及废渣/尾矿高效利用”主题，来自41家单位的150余名专家、学者共同探讨镁质胶凝材料体系的研究与应用、低碳排放的水泥熟料新体系及其水化、硅酸盐熟料制备新技术与性能优化、废渣与二氧化碳制备碳酸化材料/制品的研究与技术发展、碱激发胶凝材料等低碳胶凝材料体系研究与应用技术、菱镁矿等尾矿的资源化利用及其环境影响、钢渣等大宗固废的资源化利用、混合材/掺合料及外加剂的应用新技术与机理、镁质外加剂的研究与应用、水泥基胶凝材料测试方法等。

11月29日，由中国建材工业出版社主办、学会固废与生态材料分会协办的固废处置与资源化利用高峰论坛在北京召开。学会固废与生态材料分会理事长王栋民作题为《以固废资源化的科学研究和技术创新推动我国生态文明建设再上新台阶》的大会报告，解读国家“十三五”固废资源化重点专项申请指南，从宏观层面阐明固废资源化政策的方向和重点。

11月30日—12月1日，由学会陶瓷分会和景德镇陶瓷大学共同主办的2019重庆“一带一路”国际陶瓷论坛暨中国硅酸盐学会陶瓷分会2019学术年会在重庆市召开。来自科研院所、高等院校、企业单位代表的700余人参加会议，其中包括重庆市近300名企业代表。会议出版电子版论文集，其中收录33篇论文。与会专家分别作《“一带一路”视野下的中国陶瓷艺术》《我国先进陶瓷发展状况与挑战》《新能源技术与关键材料》《传统陶瓷高性能化和功能化技术关键探讨》《大数据与陶瓷文化创意产业》5个主题报告。

国际交往 10月20—26日，由国际玻璃协会（ICG）发起、中国硅酸盐学会主办的第五届国际玻璃协会冬令营在湖北省武汉市开展，来自中国、英国、德国、丹麦的30名学员参加。此次冬令营的主题涵盖玻璃结构、表征、热力学性质等诸多方面的内容，其中探讨的生物活性玻璃材料在医学领域有重要价值，是近年来的研究热点。

科普活动 在2019第30届中国国际玻璃工业技术展览会上，首次设立艺术玻璃科普展区，与中国科协先进材料学会联合体共同组织“走进玻璃展——了解丰富多彩的玻璃世界”全国科技工作者日科普活动等。

表彰举荐优秀科技工作者 学会开展2019年中国科学院院士、中国工程院院士候选人推选工作，向中国科协推荐4名中国工程院院士和1名中国科学院院士候选人，其中3人通过中国科协初选。

学会开展第十六届中国青年科技奖候选人推选工作，推荐中国科学技术大学教授余彦和华南理工大学教授周时凤为候选人；开展第十三届中国硅酸盐学会青年科技奖的评选工作，经过形式审查、专家评议、投票等环节，评选出11人为第十三届中国硅酸盐学会青年科技奖获得者。完成第三届中国硅酸盐学会优秀博士学位论文奖评选工作，评选出优秀博士学位论文奖10篇、提名奖5篇。

【中国硅酸盐学会第九次全国会员代表大会】 3月30日，中国硅酸盐学会第九次全国会员代表大会在北京召开，来自全国各地的167名会员代表参加会议。与会代表投票选举产生学会第九届理事会理事120名，第一届监事会监事5名；投票表决通过《中国硅酸盐学会章程（草案）》和《中国硅酸盐学会会员会费标准及管理办法》，审议并通过各项报告。在中国硅酸盐学会第九届理事会第一次会议上，投票选举产生第九届理事会常务理事会及领导机构，高瑞平当选为理事长，谭抚被聘任为学会秘书长；理事会通过关于授权晋占平担任学会法定代表的议案；通过授予马眷荣等10人为学会荣誉会员的决定；表决通过《中国硅酸盐学会理事会（常务理事会）条例》《中国硅酸盐学会监事会条例》。在第一届监事会议上，选举徐永模为监事长，姚燕为副监事长。召开学会第九届理事会第一次中共党员会议，选举产生第九届理事会党委，高瑞平当选为党委书记。

【第30届中国国际玻璃工业技术展览会】 5月22—25日，第30届中国国际玻璃工业技术展览会在北京举办。共接待来自66个国家的34329名专业观众，包括国内观众30279名，国外观众4050名。展会期间还接待来自日本、韩国、印度、越南等国外行业机构以及国内各地区玻璃行业组织组成的千人专业买家代表团。

此届玻璃展展示面积达到106800平方米，较第29届增加33%。来自28个国家和地区的905家厂商参加展览，其中国内厂商665家，国外厂商240家。包括德国机械设备制造业联合会、意大利玻璃加工机械和配件制造商协会、美国Dam Inc.等国内外行业机构，分别组织本国厂商以国家展团的形式在展会集体亮相。

【第十一届无机非金属材料专题研讨会暨无机非金属材料学科优秀青年学者论坛】 8月23—25日，第十一届无机非金属材料专题研讨会暨无机非金属材料学科优秀青年学者论坛在陕西省西安市举办。论坛由学会与国家自然科学基金委员会工程与材料科学部共同主办，西北工业大学承办，西安科技大学协办。350余人参加会议，其中具有教授、副教授、高级工程师等高级职称的人数达240人，包括院士4人、优秀青年科学基金项目获得者62人。会议设6个分会场，共收到论文摘要196篇，其中特邀和邀请报告89篇，口头报告72篇。会议交流内容涉及结构陶瓷及涂层、电磁信息功能晶体与薄膜、能源材料、光催化材料、光学薄膜、碳素及二维材料等领域。

（撰稿人：孙睿哲）

中国建筑学会

服务创新型国家和社会建设 1月，中国建筑学会科技进步奖正式纳入国家科学技术奖励工作办公室《社会科技奖励名录》，奖励编号为：0297。学会修改《梁思成建筑奖评选办法》《建筑设计奖评选办法》《科技进步奖评选办法》。

3月，配合住房城乡建设部工程质量安全监管司，学会征集《全国工程勘察设计大师评选与管理办法》修改意见。

学会制定并发布学会团体标准3项，立项15项，研编22项。

学会教育评估办公室承担住房城乡建设部人事司全国高校建筑学专业评估委员会秘书处日常运作工作，截至5月，69所学校通过建筑学专业评估。

学会参加中国科协国际联络部2019年工程能力国际互认项目，组织二级组织参加工程能力评价候任考官培训和观摩活动，协助起草《土木工程类工程能力评价规范》。

5月28日，学会申报的“工程结构安全长期监测预警前沿技术及发展应用瓶颈”项目入选2019年度中国科协年会系列活动。

6月，学会培训工作被列为中国科协党建智库培训重点支持项目。学会分别在北京、广西壮族自治区南宁市等地相继举办建筑师负责制试点实操研讨班、第二期建设项目全过程工程咨询实务操作高级研修班、建筑文化建设与传播夏季工作营、装配式建筑质量安全控制与检测高级研修班、工业遗存建筑保留利用与更新改造研学营等培训研学活动。

11月5—8日，由学会与慕尼黑国际博览集团等共同主办的CADE建筑设计博览会2019在上海市召开，展出面积共计2万平方米。博览会以“献礼建国70周年——人、建筑、技术”为主题，由未来城市——五大公共建筑专题展区、未来人居——高端建筑系统解决方案展区、三大特展、行业大会与建筑师主题沙龙等活动组成。

学会建设 2019年，学会共有二级组织55个，举办二级组织工作会3次。学会新增个人会员3510名，新增团体会员349个；学会微信公众号、微博、今日头条共发布信息2021条，累计阅读量800万余次，最高单条阅读量43万余次。

7月3日，新一届全国注册建筑师管理委员会（2019—2024年）在北京成立。学会副理事长崔愷担任主任委员；理事长修龙、副理事长庄惟敏担任副主任委员；副理事长丁建、王建国、赵琦、曹嘉明及秘书长李存东等多位理事担任委员。

学会建立多样化的信息宣传平台，整合上级单位、建筑专业媒体、二级组织、合作媒体等资源，形成学会宣传媒体矩阵。全年学会网站发布文章946篇，访问量200万人次。

学会治理结构和治理方式改革 学会修订《中国建筑学会二级组织工作条例》等各项规章制度。

加强与地方学会联动发展，在学会平台上宣传和推荐地方学会活动。推行会员双籍制，鼓励地方学会参与全国学会的学术活动，享受优惠政策。

主办期刊 2019年，学会及其二级组织公开出版和内部发行刊物17种，累计发行50万余册。

《建筑学报》全年出版正刊12期，学术论文增刊2期，共发布论文及作品315篇；《建筑结构学报》（*Journal of Building Structures*）全年正刊出版11期，总计发表论文326篇，实现中英双语出版；《建筑实践》（*Architectural Practice*）完成创刊工作，成立新的编委会，实现中英双语出版。

国际期刊*Journal of Asia Architecture and Building Engineering*（《亚洲建筑与建筑工程》，JAABE）被SCI（科学引文索引）和A&HCI（艺术与人文引文索引）同时收录，2018年影响因子达到0.417。学会从2018年11月起承担JAABE的主编和编辑部秘书处工作，为期5年。

受中国科协委托，学会召开推动建筑科学领域发布高质量科技期刊分级目录试点工作会议2次，项目审定委员会由43位专家组成，中国工程院院士刘加平担任主任委员。

决策咨询 2月，重庆市委托学会协助组织重庆市“两江四岸”风貌提升专家评审会，对来自世界各地的91家设计机构及联合体中的12家设计机构的方案进行评议和投票，提出可供决策参考的各标段推荐方案，最终产生“嘉陵江两岸”“长江南岸”“长江北岸”3个标段优秀设计方案。同时，专家组对重庆市“两江四岸”整体天际轮廓线进行论证研究，助力重庆全面提升城市品质，将“两江四岸”打造成为“山水之城·美丽之地”的城市典范。

3月，内蒙古自治区呼伦贝尔市委托学会组织呼伦贝尔历史博物馆项目方案征集活动，来自全国各地的7家优秀团队入围，最终同济大学建筑设计院的方案被评为第一名。

3—5月，学会与江苏省苏州市人民政府在苏州市共同主办首期苏州古城保护建筑设计工作营。来自全国各地的近30个设计团队为苏州古城保护提供专业建议与方案，最终评选出6个团队的优秀方案。在首期工作营结束之际，学会与苏州市人民政府签署长期合作协议，并发布《苏州倡议》。

7月，应河南省安阳市城乡一体化示范区（安东新区）委托，学会组织安东新区高铁、中央水系一期片区深化城市设计（修规阶段）方案征集活动。定向邀请清华大学建筑设计研究院有限公司、华东建筑设计研究院有限公司等多家设计团队组成设计工作营，12月中旬完成第二轮专家评议，选出优秀设计方案为当地提供决策以供参考。

3月，受云南省怒江傈僳族自治州人民政府委托，学会在怒江傈僳族自治州开展农房设计帮扶工作，组织6家单位两两组成设计组分别对怒江傈僳族自治州3个县的18个村进行实地调研。经两轮专家评议，9月初完成3套农房建设技术指南，为怒江傈僳族自治州乡村聚落布局、农房建设与改造、技术措施、配套政策等提供参考，并以正负面清单形式对乡村风貌和农房建设提供指导意见。

国内主要学术会议 2019年，学会及学会二级组织共举办系列学术活动200多场次，其中论坛46场次，研讨会30场次；交流论文3661篇；出版论文集36本；参会人数6万余人次。

5月22日，由学会与江苏省苏州市人民政府、江苏省住房城乡建设厅主办的2019中国建筑学会学术年会在江苏省苏州市召开。年会主题为“新时代本土建筑文化和技艺的融合与创新”，内容包括开幕式、主旨报告会、专题论坛、同期学术展览、会员之夜等活动。来自国内外的专家、学者、高校师生、媒体代表等近3000人参加会议。8位中国科学院院士和中国工程院院士、16位全国工程勘察设计大师以及22位国外专家、学者出席年会。年会设11个主旨报告会、27场专题论坛、1场学术展览，年会学术论文集共收录论文136篇，评选出优秀论文51篇，244位专家、学者作231场学术报告。

9月23日，学会与北京市规划和自然资源委员会、首钢集团有限公司联合主办的“百年首钢·城市复兴”论坛在北京召开，国内外建筑师对首钢工业遗产的改造利用建言献策。论坛同期举办纪念《北京宪章》与国际建筑师协会第20届世界建筑师大会20周年座谈会，原建设部部长叶如棠，中国科学院院士、中国工程院院士吴良镛等回顾1999年世界建筑师大会以及《北京宪章》起草的历史和意义。

两岸交流 9月8—12日，海峡两岸暨港澳青年建筑师学术交流会在贵州省贵阳市召开。此次会议是中国科协青年科学家学术月活动的组成部分，由中国科协委托学会主办，主题为“美丽乡村——青年建筑师的梦想与行动”。会议邀请香港特别行政区、澳门特别行政区和台湾地区45岁以下的青年建筑师参加，会上签署学术交流合作框架协议。

国际组织任职 2019年，学会监事张百平担任亚洲建筑师协会资深会员委员会委员；清华大学建筑学院院长庄惟敏任APEC（亚太经合组织）建筑师项目轮值秘书长、《堪培拉协议》轮值主席。

国际交往 1月13—17日，学会理事长助理仲继寿和综合部主任张松峰赴德国慕尼黑参加2019年德国慕尼黑建材博览会，拜访慕尼黑国际博览集团，讨论11月于上海市举办的CADE建筑设计博览会2019事宜。

5月21日，学会与日本建筑学会、韩国建筑学会共同主办的《亚洲建筑与建筑工程杂志》编委会会议在上海市召开，14位编委参加会议并被授予编委证书。

6月6—8日，在美国建筑师学会年会上，首次设立中国展区并举办中国建筑学会主题展览。

6月10—11日，学会派代表团出席在阿塞拜疆巴库举办的UIA（国际建筑师协会）会员代表大会。大会增加汉语作为UIA官方语言。

8月11—18日，学会与韩国建筑院校联盟在韩国共同主办2019年中韩建筑院校学生工作坊，为两国建筑院校搭建交流平台。

8月，学会副理事长赵琦和住房城乡建设部人事司有关负责人率团出访南非出席《堪培拉协议》第七次代表会议，推动建筑学专业学历国际互认工作。清华大学教授庄惟敏作为协议轮值主席主持会议。

9月21—28日，朝鲜建筑家同盟委员长沈英学一行五人来中国参加第九届梁思成建筑奖颁奖典礼和第十届中国威海国际人居节，并在威海市举办朝鲜图片展。

11月，学会秘书长李存东带领学会代表40余人赴孟加拉国达卡参加亚洲建筑师协会第40届理事会及相关活动。亚洲建筑师协会官方杂志 *Architecture Asia Magazine*（《亚洲建筑》）的编辑部初拟设于同济大学；伍江代表学会在亚洲建筑师协会理事会议上汇报2020年亚洲建筑师协会第19届亚洲建筑师大会的筹备情况；李存东和北京市规划和自然资源委员会副巡视员陶志红向亚洲建筑师协会理事会21个国家和地区代表介绍学会和北京申办2026年国际建筑师协会第29届世界建筑师大会的情况。

12月9—12日，学会副理事长赵琦和监事张百平赴菲律宾马尼拉与菲律宾注册建筑师管理委员会进行APEC建筑师项目中央理事会秘书处工作的移交工作。菲律宾注册建筑师管理委员会支持北京申办2026年国际建筑师协会世界建筑师大会。

科普活动 2019年，学会科普教育基地数量已发展至79个。年初启动科普专项支持计划，首次支持15项科普公益项目，其中包括线上建筑文化公开课、乡建科普教育、儿童建筑科普教育等领域。在学术年会及建筑设计博览会期间，学会举办多场建筑科普主题特色活动，在会场创设立建筑师画廊展区，展出建筑师画作144幅。年中发起并启动“山区孩子的艺术空间”建筑科普公益项目。

表彰举荐优秀科技工作者 2019年，学会向中国科协推荐中国科学院院士、中国工程院院士候选人3人，第十三届光华工程科技奖被提名人3人，第十六届中国青年女科学家奖候选人1人，第十六届中国青年科技奖候选人1人。

6月，学会配合住房城乡建设部建筑市场监管司，推荐2名全国工程勘察设计大师候选人；组织并协助学会会员申报亚洲建筑师协会建筑设计奖，开展亚洲建筑师协会2019学生设计竞赛大陆赛区作品征集活动。

11月5日，2019年亚洲建筑师协会建筑奖颁奖典礼在孟加拉国达卡举办。2019年亚洲建筑师协会建筑奖共设6大类10个奖项，共有33个项目获奖。学会会员共获得17个奖项，其中李兴钢、章明、魏春雨、宋晔皓、陆轶辰、刘宇扬、崔光海、孟凡浩8人获得金奖。

清华大学建筑学院院长庄惟敏和德国建筑师曼哈德·冯·格康获得第九届梁思成建筑奖；哈敏强等29人获得中国建筑学会建筑设计奖－青年工程师荣誉。

在第十届中国威海国际建筑设计大奖赛、大学生竞赛中评选出国际大奖金奖1项，银奖3项，铜奖5项，优秀奖50项；专题奖银奖3项，铜奖5项，优秀奖20项；大学生竞赛金奖1项，银奖2项，铜奖5项，优秀奖20项，最佳指导老师奖28项。

“上海中心大厦结构设计成套技术”等35个项目获2017—2018年度中国建筑学会科技进步奖，其中特等奖1项、一等奖5项、二等奖10项、三等奖19项。

学会创新发展 9月，学会第一个创新驱动助力工程服务站在浙江省绍兴市成立，开展技术服务、决策咨询、成果转化等服务。

党建强会 学会党委组织开展“不忘初心、牢记使命”主题教育系列活动。协助组织召开动员会和主题教育学习会议11次，完成学习情况报告9份，自查自检报告2份；组织党日活动3次；启动二级组织功能型党支部组建工作，截至年底已组建33家。

学会理事会党委前置审议学会“三重一大”事项，包括二级组织换届、成立和撤销，以及预防学术不端行为、接收大额捐赠、开展涉外活动等事项。

会员服务 学会利用会员和会议系统为会员提供各种会议的注册、缴费、现场签到等服务；举办2019年新立方建筑文化论坛（CCDI悉地国际）、学会主动式建筑学术委员会AH系列以及辽宁省建筑设计研究院（LDI）系列共20余场会员之家沙龙，服务会员5000人次。学会提出会员服务的四个层次：基础服务、福利服务、社群服务、定制服务。

【第九届梁思成建筑奖颁奖典礼】 9月24日，由学会主办、国际建筑师协会（UIA）支持的第九届梁思成建筑奖颁奖典礼在北京召开。清华大学建筑学院院长、清华大学建筑设计研究院院长庄惟敏，德国建筑设计师、德国 gmp 建筑师事务所创始合伙人曼哈德·冯·格康（Meinhard von Gerkan）获得第九届梁思成建筑奖。

中国科协党组成员、书记处书记宋军，中国科学院院士、中国工程院院士吴良镛，住房城乡建设部副部长黄艳，中国工程院院士关肇邺、马国馨、何镜堂、魏敦山、崔愷，中国科学院院士郑时龄，国际建筑师协会主席 Thomas Vonier，亚洲建筑师协会主席 Rita Soh Siow Lan，梁思成亲属梁鉴、于葵、于晓东，以及部分往届获奖者、设计单位人员及高校师生、媒体代表等 200 余人出席。宋军、Thomas Vonier、黄艳致辞，庄惟敏发表获奖感言。

（撰稿人：冷　亮）

中国土木工程学会

服务创新型国家和社会建设　学会组织开展中国科协关于征集引领世界科学的前沿科学问题、建设世界科技强国的工程技术难题的工作，在土木工程领域征集到“科学问题”“技术难题”共 30 余个，经过专家评审，遴选出 11 个科学技术难题参加评选；组织开展中国科协关于前沿领域科技成果的征集与推荐工作，经学会各专业分会推荐，共上报科技成果 17 项。

学会隧道及地下工程分会继续承担中国科协学科发展项目《2018—2019 隧道及地下工程学科发展报告》；学会标准委员会继续承担“十三五”国家重点研发计划“工业化建筑标准体系建设方法与运行维护机制研究”课题。

学会开展团体标准编制工作，印发新修订的《中国土木工程学会标准管理办法》。2019 年，学会立项标准 13 项，已有 2 项学会标准正式批准发布。

学会受理和开展 2 项科技成果鉴定。委托学会桥梁分会组织开展“塔梁墩固结体系斜拉桥整体顶升关键技术”成果鉴定工作；委托学会学术工作委员会组织开展“地铁盾构有障穿越成套关键技术及应用”成果鉴定工作。

学会建设　2 月 22 日，学会在北京召开第十届二次理事会议。会议审议并表决通过增补副理事长等 6 项议案；审议通过对学会组织工作委员会、科普工作委员会和外事工作委员会予以撤销，对学会学术工作委员会、标准与出版工作委员会予以合并，更名为“学术与标准工作委员会”的议案。同时，经与会党员理事审议表决，同意成立学会党委及组成人选的议案。此外，学会以通讯会议的方式召开第十届三次、四次常务理事会议。

学会组织召开学会分支机构 2018 年度工作总结会议和 2019 年度分支机构秘书长工作会议。此外，学会的 5 家分支机构按期进行换届工作，其他分会定期召开理事、常务理事会议。

学会治理结构和治理方式改革　学会加强对分支机构学术会议管理。根据《中国土木工程学会学术会议管理办法》的要求，制定中国土木工程学会年度学术会议计划表等 6 项计划；在日常管理中，强化会议审批的过程管理，规范学术会议的计划申报、重点学术会议方案审批、学术会议通知和会议资料报送等报批流程。

学会开展分支机构的评估和考核工作。根据学会分支机构考评办法的要求，制定具体的考评方案和评分细则，从组织建设与管理、学术活动和人才推荐等六个方面对分支机构年度工作情况进行考核评估，考评结果分为优秀、良好、合格和不合格四个等级。年度考评结果将作为学会对分支机构奖励扶持和整顿处理的重要依据。

主办期刊　2019 年，《土木工程学报》完成 12 期正刊的编辑出版工作，发表稿件 146 篇，出版增刊 2 期，发表论文 60 篇，全年接收论文 1018 篇。《土木工程学报》电子版由中国知网、中国科学技术信息研究所、EI（工程索引）、《中国学术期刊文摘》收录，全文 PDF 上传学会网站供免费下载。通过特邀、推荐等方式，向院士、设计大师、总工程师、长江学者等约稿，截至年底，学报论坛栏目共刊发文章 3 篇。

国际学术会议　11 月 14—15 日，由中国工程院土木、水利与建筑工程学部主办，学会市政工程分会承办的 2019（第四届）城市防洪排涝国际论坛在广东省广州市召开。中国工程院院士张建云、任南琪、丁一汇以及 500 余位国内外专家、学者参加论坛。开幕式上，张建云作题为《城市洪涝监测预警与应急响应关键技术研究》的主旨报告，任南琪作题为《海绵城市建设与实践》的主旨报告，丁一汇作题为《增加的中国沿海超大城市暴雨 - 洪涝风险——气候变化与快速城市化的协同影响》的主旨报告。此次论坛以“城市防洪与科学管理”为主题，围绕五大议题交流洪涝防治研究领域所面临的问题和挑战、先进技术及成功经验，为城市科学防涝与水资源合理利用建言献策，为科学解决中国的防洪排涝问题提供全新的解决方案和思路。

国内主要学术会议 2019年，学会及其所属分支机构共举办学术会议69次，参会人数达2.5万余人次，交流学术报告2700多个，出版论文集20余本，发表论文2900多篇。

学会主办和重点支持的学术会议有：中国土木工程学会2019年学术年会、第十六届中国土木工程詹天佑奖技术交流会、2019年土木工程院士知名专家系列讲座暨第十届全国研究生暑期学校、第六届全国土木工程安全与防灾学术论坛、2019内地香港青年工程师土木工程科技交流营。

7月1—7日，由学会和东南大学共同主办的2019年土木工程院士知名专家系列讲座暨第十届全国研究生暑期学校在江苏省南京市召开。来自全国70余所高校的360余名学生参加开学典礼。暑期学校邀请来自中国、美国、英国、加拿大、荷兰、挪威、新加坡等国的55位专家，包括中国工程院院士干勇、王建国，中国科学院外籍院士黄永刚，日本工程院外籍院士吴智深在内的专家，就结构与防灾、桥梁工程、岩土工程、工程管理、力学5个专题开展特邀报告和专题讲座。

7月8—10日，由学会和东南大学联合主办的第三届土木工程海外华人青年学者学术交流与联谊会在江苏省南京市召开。会议涵盖材料、结构、桥隧、岩土、力学、市政、管理等，共设置14个专题论坛、150余场报告，针对土木工程学科的前沿发展方向，探讨关键科学问题。200多位海内外中青年学者参加会议。

11月25—26日，由学会及中国工程院土木、水利与建筑工程学部，国家自然科学基金委员会工程与材料科学部，东南大学，江苏省土木建筑学会共同主办的第六届全国土木工程安全与防灾学术论坛在江苏省南京市召开。论坛由中国工程院院士秦顺全、缪昌文、杜彦良担任主席。中国工程院院士江欢成、欧进萍、聂建国、王浩与丁烈云作论坛主旨报告，长江学者、国家杰出青年自然科学基金获得者等23位专家作特邀报告。包括22位院士在内的全国土木工程领域的300余名专家、学者参加论坛。

两岸交流 由学会隧道及地下工程分会、中国岩石力学与工程学会地下工程分会和台湾隧道协会共同举办的第十八届海峡两岸隧道与地下工程学术及技术研讨会在重庆市召开。300余位来自大陆和台湾地区的专家、学者参加研讨会。大会设置8个论坛分会场，进行72场学术报告。

国际组织任职 2019年，学会桥梁分会理事长葛耀君当选为国际桥梁与结构工程协会（IABSE）主席（任期为2019—2022年）；学会隧道分会副理事长严金秀当选为国际隧道与地下空间协会（ITA）主席（任期为2019—2022年）；学会燃气分会推荐的李雅兰当选为国际煤气联盟（IGU）主席（任期为2021—2024年）。

国际交往 2019年，学会获得中国科协4项国际组织专项支持，用于支持学会专家参加国际组织活动。

学会参加多项国际组织的活动，包括与国际桥梁与结构工程协会（IABSE）、国际土力学与岩土工程协会（ISSMGE）、国际结构混凝土协会（FIB）、国际隧道与地下空间协会（ITA）、国际煤气联盟（IGU）、国际地下空间联合研究中心（ACUUS）、国际公共交通联合会（UITP）的交流互动。与其他国家及地区的土木类相关学会进行友好交流，接待韩国土木工程学会专家、学者来访等。

科普活动 5月20日，由学会城市公共交通分会主办的2019年首届中国城市公共交通暨镇江第三届“5·20公交驾驶员关爱日”活动在江苏省镇江市召开。活动主题为“理解与尊重同行，关心关爱公交驾驶员”，全国60余家公交企业分别在各自城市同期举办“5·20公交驾驶员关爱日”活动。

6月29日，由学会工程风险与保险研究分会主办的首届“城市灾害与风险管理”科普活动在上海市召开。活动通过专家讲堂、科学游戏、创意比赛和实验室参观等形式，向小学生普及城市安全与防灾减灾知识，增进其对自然灾害和现代防灾减灾科学技术的理解。

表彰举荐优秀科技工作者 2019年，学会组织推荐中国科学院院士、中国工程院院士候选人4名，第十六届中国青年科技奖候选人2名，第十三届光华工程科技奖候选人3名；2018年推荐的3名科技部中青年科技创新领军人才候选人中有2人入选；组织推荐2019年教育部青年科学奖候选人1人并已当选；学会理事长郭允冲受邀推荐2020年度陈嘉庚科学奖和陈嘉庚青年科学奖候选人各1人。

学会继续组织开展2019年度国家科技奖励的遴选

提名工作。在各有关单位推荐的基础上，学会邀请业内权威专家评议，共提名3个项目参加评选，最终清华大学教授韩林海等主持完成的“基于全寿命周期的钢管混凝土结构损伤机理及设计方法”项目获得2019年国家自然科学奖二等奖。

学会教育工作委员会（设在清华大学）组织开展2019年高校优秀毕业生奖评选工作，经全国土木工程专业（包括工程管理专业）院校遴选推荐，以及评审委员会评审和学会秘书处审核，授予53名（其中土木工程专业36名，工程管理专业17名）同学“2019年中国土木工程学会高校优秀毕业生”称号。

会员服务 2019年，学会发展个人会员228人，单位会员251家。通过加强网站建设、会员管理系统建设、微信公众号管理等信息化手段，及时为会员提供信息服务，方便会员了解学会动态、参加学会活动，增强学会与会员间的联系。学会向所有会员赠阅12期《土木工程学报》。对于会员参加学会及其各分支机构开展的学术会议、评选表彰等活动给予费用减免和优惠政策。

【中国土木工程学会2019年学术年会】 9月21—22日，由学会主办、上海建工集团股份有限公司承办的中国土木工程学会2019年学术年会在上海市召开。大会主题为“中国土木工程与可持续发展”，来自全国建设、交通、铁路、道桥、隧道、市政等土木工程各个领域的院士、专家、学者、学会会员和新闻媒体代表近700人参加会议。大会开幕式由学会秘书长李明安主持。

开幕式上，上海市人民政府副秘书长出席会议并致辞，学会副理事长、上海建工集团股份有限公司董事长徐征代表承办单位讲话。住房城乡建设部原副部长、学会理事长郭允冲讲话。

开幕式后，来自业界的专家、学者开展学术交流与研讨。中国工程院院士卢春房、周绪红、郑皆连、缪昌文、聂建国、杜彦良、陈湘生，中国建筑科学研究院院长、学会副理事长王俊，同济大学副校长、学会副理事长顾祥林等16位院士和专家作学术报告。报告内容涉及绿色建造、工业化建造、数字化建造、城市更新、污水处理、海绵城市建设、综合管廊建设、地下空间开发、防灾减灾、固废处理、桥隧建设、超高层建设、轨道交通建设等难点热点问题。与会专家不仅交流新的研究成果与研究进展，还提出中国土木工程可持续发展的方向与相关政策建议。学会秘书长李明安、学会副理事长王俊、学会副理事长顾祥林和上海建工集团股份有限公司总工程师龚剑分别主持大会特邀院士报告和大会专家报告。

大会共收到论文投稿203篇，经评审，从中选出90篇在理论上或技术上具有一定创新和工程应用价值的论文，汇编成2019年学术年会论文集。

【中国土木工程詹天佑奖二十周年庆典暨第十六届颁奖典礼】 4月12日，由学会与北京詹天佑土木工程科学技术发展基金会共同主办的中国土木工程詹天佑奖二十周年庆典暨第十六届颁奖典礼在北京召开。来自住房城乡建设部、交通运输部、水利部、中国铁路总公司、国家铁路局、北京市科协等单位的领导，中国建筑集团有限公司、中国交通建设股份有限公司、中国铁路工程集团有限公司、中国铁道建筑集团有限公司等企业的代表，清华大学等高校及科研院所和有关行业学会、协会，各省市土木建筑学会的专家、学者，第十六届中国土木工程詹天佑奖获奖单位代表，以及来自全国的土木工程科技工作者近500人参加会议。

大会由学会秘书长李明安主持，学会理事长郭允冲致辞，学会副理事长、中国中铁股份有限公司董事长张宗言宣读第十六届中国土木工程詹天佑奖颁奖决定及获奖工程名单，共有30项科技创新工程获得詹天佑奖。这些项目在工程设计、绿色环保技术、生态环保技术、历史文化保护、工程安全监测等方面具有多项技术创新。

大会编辑出版《第十六届詹天佑大奖获奖工程集锦》《詹天佑大奖二十周年精品工程图集》，展示获奖工程的创新成果和新技术。

（撰稿人：张　君　刘　渊）

中国生物工程学会

服务创新型国家和社会建设 10月13—15日，由中国科学院和北京市联合主办，中国科学院微生物研究所和学会承办的2019年度雁栖湖会议在北京召开。此次会议是中国科学院和北京市深化合作的品牌项目和重要成果，旨在搭建高水平国际交流平台，分析科学前沿动态，促进多学科融合发展。来自国内外免疫学领域的院士、专家、学者和中国科学院大学等单位的近300人参加会议。会议以“现代免疫学前沿与人类健康”为主题，邀请海内外50余位专家、学者，聚焦现代免疫学前沿与人类健康，凝聚免疫学领域重大科学问题，探讨未来免疫学发展的科研方向。会议以人类健康需求、免疫与肿瘤、病原免疫与宿主研究三个方向为重点，通过主题自由探讨模式，从9场主题研讨中产生的27个覆盖不同免疫学问题的候选问题中，凝练形成12个重要科学问题，在中国科学院大学面向全球公开发布。

学会发挥分支机构中与生物医药领域相关的专业委员会的专家和智力资源，就中国新药创制和产业化发展、精准医学新模式发展、医药产业转型升级、基于信息技术与生物技术深度融合的现代智能医疗器械产品及服务体系建设等方面进行研究和探讨，形成《促进我国生物医药成果转化和技术转移的对策》总体报告和生物医药产业发展战略研究报告，系统分析中国生物医药产业关键技术领域的发展现状，剖析生物医药产业发展存在的问题和瓶颈，针对国际生物医药产业发展的态势和中国的具体需求提出相关政策建议，对制定“十四五”生物医药产业发展规划提供支撑。

为解决山东省德州市有关企业在功能糖和园林药方面的问题，学会主动联系相关专家进行精准对接，帮助企业解决具体问题；学会与河北省保定市科协合作，在开发柿子资源和新产品的基础上，继续发挥柿子产业联盟的组织协调作用；在广西壮族自治区、陕西省等地进行柿子产业科技服务。

学会建设 截至12月31日，学会共有理事127人，其中常务理事37人，女性理事9人；学会共有分支机构25个。2019年学会新增个人会员320人，个人会员总数2981人，其中缴纳会费会员316人；新增团体会员1个，团体会员总数134个。

2019年，学会按照章程中的规定按期召开2次常务理事会议和1次理事会议。

学会治理结构和治理方式改革 2019年，学会出台分支机构考核管理办法，对分支机构的年度活动进行考核和评估，对二次考核不合格的分支机构予以撤销。

青年人才托举工程 9月，学会为中国科协“青年人才托举工程”项目入选者申请中国科协“青年人才托举工程”国际交流项目，为2位被托举人才提供赴波兰参加国际学术会议的机会。

2019年，中国科协生命科学学会联合体第二届（2016—2018年度）“青年人才托举工程”项目结题，经联合体专家评审，由学会推荐的南京工业大学教授朱晨杰被评为“青年人才托举工程”典型代表人物。

经过中国科协生命科学学会联合体的专家评审，由学会推荐的北京理工大学王颖（女）入选第五届（2019—2021年度）中国科协“青年人才托举工程”项目。

主办期刊 学会会刊《中国生物工程杂志》为《中文核心期刊要目总览》核心期刊、中国科技核心期刊（中国科技论文统计源期刊）、中国科学引文索引核心期刊、中国科学院主管期刊，被美国化学文摘（CA）、英国《国际农业与生物科学研究中心》（CABI）等国内外检索系统和相关领域文摘类期刊收录。2019年出版“精准医疗与伴随诊断”“细胞分析”“生物医药国际研发态势”3个专刊，全年载文166篇，印刷1.8万册。

学会与化学工业出版社共同主办《生物产业技术》双月刊，2019年印制4270册，全年载文73篇，文章录用率76%，平均发稿周期60天，刊物纸质订阅数400册/期。

学会期刊部承担中国科协第四届优秀科技论文遴选计划工作，组织近200位学科专家推荐优秀论文，最终由15位专家现场评审出10篇中国科协优秀论文。

国际学术会议 2019年，学会开展与“一带一路”国际科学组织联盟的合作，在第十三届中国生物工程学会学术年会上设立“一带一路”公共卫生安全国际论坛。在第十二届中国生物产业大会上邀请包括美国、英国、巴西研究所与研究机构的学术带头人来中国参加会议，首次设立美国华人生物医药科技协会年会及主题论坛、中俄高峰论坛、中法精准再生医学高峰论坛、中日智能大健康产业高峰论坛等，探讨生物领域国际前沿议题和创新发展趋势。

国内主要学术会议 11月30日—12月1日，学会与广州大学等单位在广东省广州市联合主办第一届全国食品生物技术大会，来自国内240多个单位的1000余位食品生物技术领域的专家、学者参加会议，开展200余场学术报告交流及研究生论坛，展示中国食品生物技术的发展水平。

4月19—21日，学会青年工作委员会与学会合成生物学专业委员会（筹）、华东师范大学在上海市联合主办中国生物工程学会第四届青年科技论坛。论坛以“大健康”为主题，以多学科交叉为特色，围绕合成生物学与大健康，基因编辑、基因治疗与细胞治疗，生物材料与纳米生物技术，大数据与精准医疗，生物催化与代谢工程，疾病与生物医学工程，农业生物技术，生物转化企业论坛等九大方向开展专题研讨。500余位青年科技工作者参加会议，清华大学副教授汪小我担任论坛主席。

5月24—25日，学会生物传感、生物芯片与纳米生物技术专业委员会在山东省济南市召开第二届全国生物传感、生物芯片与纳米生物技术高端论坛，包括5位国内外院士在内的300余位专家、学者、研究生和业界代表参加论坛。论坛以“分析生物技术与大健康”为主题，通过大会特邀报告、大会专题报告、青年报告会、墙报等形式开展学术交流，并组织成果转化经验交流圆桌会。

科普活动　在6月10—12日举办的第十二届中国生物产业大会上，学会设置科普展区。举办“流感专题”科普展览，并针对主要目标受众介绍生命科学最新成果，举办科普讲座，循环播放中国科协和农业农村部资助制作的生物技术短视频以及学会组织翻译的国外生物技术短视频。

8月，学会举办科普专题报告会，与北京市科技馆合作，针对“合成生物学”的新发展向青年学生作科普报告。

学会出版系列科普图书《流感病毒——躲也躲不过的敌人》《寨卡病毒与寨卡病毒病》《Science 125个前沿问题解读》《细胞与干细胞：临床治疗的革命》《转基因的前世今生》，翻译出版《拉鲁斯情境认知小百科：宝宝想知道》一书。

学会“基因农业网”微信公众号关注人数均超过20万，最高单篇阅读数约20万次。

学会获得中国科协2019年度“全国学会优秀科普工作先进单位”称号。

表彰举荐优秀科技工作者　2019年，学会推荐中国科学院微生物研究所研究员王奇慧、北京大学副研究员李婷婷、中国科学院北京纳米能源与系统研究所副研究员封红青3人为第十六届中国青年女科学家奖候选人。

在2019年第十三届中国生物工程学会学术年会上，学会向7位青年优秀论文奖获得者颁发奖状和奖金。

学会开展中国科学院院士、中国工程院院士候选人以及谈家祯生命科学奖候选人的推荐工作。

党建强会　学会秘书处党建工作围绕中心工作开展。学会在召开理事会议或常务理事会议时强调党组织作用，发挥理事会成员中党员的积极性，听取他们的建议或意见。

【第十二届中国生物产业大会】　6月10—12日，学会等19个国家级学（协）会在广东省广州市共同主办第十二届中国生物产业大会。会议以“迈向生物经济新时代：创新、造福人类、可持续发展”为主题，举办高层论坛、19个专业分论坛、成果发布、项目对接等活动。参加人数达3万人次，产业项目集中签约26个，线上线下400多个对接项目，涉及意向合作总金额超200亿元。超30家企业进行现场成果发布。

来自美国、俄罗斯、法国、以色列、日本等全球30多个国家和地区的专业人士参加会议。诺贝尔化学奖获得者Aaron Ciechanover、美国冷泉港实验室基因组学主任Thomas R.Gingeras、香港中文大学校长段崇智等科学家出席高层论坛和主题沙龙活动。华润（集团）有限公司、美国强生公司、美国通用电气公司、英国阿斯利康制药有限公司、美国微软公司、深圳市腾讯计算机系统有限公司6家世界500强企业代表和24名中外院士参加会议。

大会聚焦创新医疗器械、疫苗安全、BT+IT（生物技术+信息技术）、精准医疗等生物产业前沿，举办专题论坛36场。同期举办第三届官洲国际生物论坛，来自全球生物医药领域的600多位专家、学者、企业高层研讨全球新趋势下的产业动向。

大会首次建立线上线下一对一项目洽谈对接服务机制，实现400多个项目对接。组织媒体现场专访国内外专家、学者近50人，发表新闻报道3000余篇（次）。

【中国生物工程学会第十三届学术年会暨2019年全国生物技术大会】　11月8—10日，学会在四川省成都市召开中国生物工程学会第十三届学术年会暨2019年全国生物技术大会，主题为“生物技术与健康中国”，约700人参加。学会副理事长兼秘书长马树恒主持开幕式。中国科学院院士、学会理事长、中国疾病预防控制中心主任、国家自然科学基金委员会副主任高福在开幕式上致辞。

在大会主会场，高福，中国科学院院士、四川大学华西医院临床肿瘤中心主任魏于全，国际热带传染病专家、巴西科学院院士Carlos M.Morel，中国科学院深圳先进技术研究院合成生物学研究所所长、研究员刘陈立，中国科学院大连化学物理研究所研究员秦建华，华南农业大学教授祝钦泷分别作报告。会议还设工业生物技术、农业生物技术、抗体药物等 11 个分会场，进行学术交流。

在开幕式上颁发中国生物工程学会青年优秀论文奖，其中特等奖 1 名、一等奖 2 名、二等奖 4 名。中国科学院微生物研究所研究员严景华举办蛋白纯化与功能研究 MOOC（慕课）课程发布和启动仪式。

会议期间，学会与四川中德医养实业股份公司、成都望路医药技术有限公司、重庆仟众生物科技有限公司签订会企协作创新框架协议。学会召开第六届理事会第五次会议和常务理事会第八次会议。

大会设有成果及产品与技术展示平台，面向国内外相关领域专业人士征集大会论文。

（撰稿人：蒋玉清）

中国纺织工程学会

服务创新型国家和社会建设 受中国科协先进材料学会联合体委托，学会征集纺织领域“2019 重大科学问题和工程技术难题”，向中国科协推荐前沿科学问题 2 个、工程技术难题 1 个；组织实施中国工程院“先进基础材料强国战略研究”课题纺织领域子课题；开展《纺织科学技术名词》编撰工作；组织编纂《中国大百科全书》第三版纺织科学与工程学科相关内容；为江南大学和奥地利维也纳农业大学共同承担的科技部“政府间国际科技创新合作重点专项”项目组织鉴定。

6 月 20 日，学会与常熟理工学院在江苏省常熟市举办“中国纺织工程学会纺织行业学院”揭牌仪式，该学院依靠社会力量办学，创建新型培养模式，探索产学研融合新路径。

学会开展团体标准项目立项、审核、公示等工作，通过立项 13 项，正式发布 9 项，正式出版 8 项，其中在全国团体标准信息平台公布 14 项；修订《中国纺织工程学会团体标准管理办法》，入选国家标准化管理委员会团体标准培优计划；学会发布的《T/CTES 1007—2018 纺织用植物染料 靛蓝》等 2 个标准入选工业和信息化部“百项团体标准应用示范项目”。

学会江苏省苏州市吴江区盛泽镇产业研究院开发的“基于降低臭气和废水排放的新型牛仔浆染纱工艺技术与产业应用”技术研究成果，已应用于多家牛仔服生产企业，产量超过 160 万米；完成环保牛仔、水性湿法涂层、原棉染色、聚酰亚胺、喷染、一体环保再生服装、一种新型高透气环保舒适床垫 7 个技术成果；承担“棉类服装掉色和掉纤维问题解决方案”“一体环保再生面料的研究与开发”“羽绒服抗静电评价标准解决方案”“基于实际应用场景条件下的成衣保暖性能评估体系的研究与应用”“一种新型三维舒弹家纺填充材料的开发与应用”“专业实验室质量管理体系建立技术服务”“产学研高端人才研修基地”7 个项目的研究开发。

学会建设 2019 年，学会发展个人会员 421 人，发展团体会员 8 个。学会分别召开第 25 届常务理事会第十三次扩大会议、第 25 届理事会第七次扩大会议，分别审议通过《关于增补郭建伟等三位同志为副秘书长人选的议案》等 14 项议案。

青年人才托举工程 7 月，学会启动 2019—2021 年度中国科协“青年人才托举工程”项目申报及遴选工作，并重点拓展自筹经费的共同培养项目，完成初评和专家函评工作；完成各届中国科协“青年人才托举工程”项目的年度总结；组织“青年人才托举工程”项目入选者参加中国科协及中国科协学会联合体的相关学术会议。

主办期刊 学会主办期刊《纺织学报》《毛纺科技》围绕提升学术质量和影响力这一核心工作，不断提高审稿效率和优化稿件内容。

2019 年，《纺织学报》稿件的内容继续向跨界发展，非纺织类高校的投稿增加；共刊出论文 355 篇，出版两期专辑；入选中国科技期刊卓越行动计划梯队期刊项目。

学科发展工程 学会组织专家调研山东省滨州市滨城区所属 4 个乡镇（园区）的 12 家纺织服装企业，形成《山东省滨州市滨城区纺织产业中长期发展规划》。

国际学术会议 9 月 26—29 日，由亚洲纺织学会联盟（FAPTA）、中国纺织工业联合会指导，学会与浙江省绍兴市柯桥区人民政府共同主办的第 15 届亚洲纺织会议暨第九届中国纺织学术年会在浙江省绍兴市召开。会议邀请海内外主会场报告 11 个、分会场主报告 41 个、口头报告 94 个、壁报展示 136 个，征集英文论文 343 篇。中国纺织工业联合会会长、学会理事长孙瑞哲，中国工程院院士周翔、孙晋良、蒋士成、俞建勇、王玉忠，中国纺织工业联合会副会长李陵申，国际纺织制造商联合会（ITMF）秘书长 Christian

Schindler，第14届亚洲纺织学会联盟主席、香港理工大学教授忻浩忠，亚洲纺织学会联盟理事会成员等出席会议。学会常务副理事长、第15届亚洲纺织学会联盟主席伏广伟主持开幕式。来自中国、美国、英国、法国、韩国、日本等国家和地区的1200余名专家、学者参加会议。

国内主要学术会议 2019年，学会及其分支机构共举办国内学术会议30余场，参会人数2600余人次，交流学术论文230余篇。

4月13日，学会在北京主办主题为“碳纤维及其复合材料制备技术及应用”的第15期纺织科技新见解学术沙龙，中国工程院院士孙晋良、俞建勇等担任领衔科学家。

7月12日，由学会主办的纺织科学技术学科未来发展论坛暨《纺织学报》创刊四十周年纪念活动在北京召开。中国纺织工业联合会会长、学会理事长孙瑞哲，中国纺织工业联合会原会长、学会原理事长杜钰洲，中国工程院院士蒋士成，中国工程院院士、《纺织学报》第九届编委会主任俞建勇等100余位专家出席论坛。

12月6日，学会在北京主办主题为“纺织基础材料绿色制造和智能制造技术”的第16期纺织科技新见解学术沙龙，中国工程院院士俞建勇等担任领衔科学家。

5月18—19日，应香港理工大学邀请，学会作为支持单位，组织学会会员代表参加第十届海峡两岸纺织学术会议，学会常务副理事长伏广伟出席并致辞，120余位高校师生参加会议。团组成员考察香港理工大学纺织及服装学系以及香港特别行政区的溢达集团总部、南丰纱厂、PMQ元创方等纺织服装特色产业基地。

国际组织任职 9月26日，在亚洲纺织学会联盟理事会议上，学会常务副理事长伏广伟、副秘书长李娟分别当选为第15届亚洲纺织学会联盟理事会主席、理事。

国际交往 4月10—11日，中国纺织工业联合会会长、学会理事长孙瑞哲，学会常务副理事长伏广伟参加在越南举办的2019全球纺织服装供应链大会·胡志明峰会。

7月26—31日，学会常务副理事长伏广伟带队赴土耳其、乌克兰两国的有关纺织机构并与其负责人进行会谈，邀请有关机构加入“一带一路”国际纺织科技联盟。

9月3—7日，受日本纺织品终端用途研究学会邀请，学会组织15位会员前往日本奈良参加2019年国际智能与舒适纺织品研讨会，与纺织界企业和日本高校进行对接和学术交流，并到访可乐丽株式会社、东丽株式会社研发及创新中心、大金全球创新中心等进行交流。

10月27—31日，受美国纤维学会邀请，学会组织会员参加在美国奥斯汀举办的2019年美国纤维学会秋季技术会议，会后到美国得州理工大学纤维材料研究所进行交流。

科普活动 2019年，学会启动第一批和第二批中国纺织工程学会科普教育基地建设工作，聘任科普专家30名、授予科普基地20家；通过“纺织科普博览”“中纺学产业研究院”两个科普微信公众号开展科普课堂。年内，共组织科普活动和科普讲座150余场，线下活动参与人数11万余人次，线上参与人数约9万人次。其中由首席科学传播专家领衔参与的科普活动和科普讲座共计17场，受众10669人次。

表彰举荐优秀科技工作者 2019年，学会共推荐科技工作者42人次。学会完成中国科学院院士、中国工程院院士候选人推荐工作，经学会推荐，浙江理工大学教授陈文兴当选为中国工程院院士；完成2019中国纺织工程学会学术奖的推荐工作，共评出纺织学术大奖1人、学术带头人奖5人、技术带头人奖3人、青年奖3人；完成2019年度纺织优秀博士、硕士学位论文奖推荐工作，评选出优秀博士学位论文奖8篇、优秀硕士学位论文奖10篇；开展“百草纤维”2019纺织科技成果转化贡献奖的组织推荐工作，评选出纺织科技成果转化贡献奖5人。

学会创新发展 2019年学会共深入北京市，上海市，天津市，安徽省，福建省泉州市、厦门市，江苏省苏州市、无锡市、常州市，辽宁省大连市，山东省青岛市、潍坊市高密市、泰安市，湖北省武汉市，四川省南充市，浙江省温州市、绍兴市、宁波市等20余个产业集群地区开展会议、培训、对接、沙龙等，以多种形式开展企业服务，覆盖企业负责人、科研工作者6000余人。

学会组团赴“一带一路”沿线国家的纺织机构考察调研，9月，与来自五大洲16个国家和地区的19个组织签订谅解备忘录，组建“一带一路”国际纺织科技联盟。

党建强会 学会召开党支部委员会会议15次，组织全体党员集体学习11次。完成中国科协“党建+学术”项目；完成“2019年创建全国学会星级党组织”项目的资料采集工作。

5月和11月，以“党建+科普”的形式，学会与中国科协创新融合学会联合体成员学会一道，分别赴广西壮族自治区和陕西省渭南市偏远地区，深入20余所中小学开展国防教育和主题科普活动，并联合中国纺织工业联合会检测中心向广西壮族自治区防城港市东兴市京族学校捐赠700套校服。

6月，学会组织党员、常务理事、专业委员会和地方学会负责人到陕西省延安市和延安市延川县文安驿镇梁家河村现场开展“不忘初心、牢记使命，走进红色圣地、传承革命精神”主题党日红色学习参观活动；到北京市房山区周口店镇黄山店村坡峰岭（红色背篓教育基地）接受革命传统教育。

10月，学会组织全体员工参观“伟大历程 辉煌成就——庆祝中华人民共和国成立70周年大型成就展”。

会员服务 2019年，学会借助网站、微信公众号等媒体平台，向会员发送42期共142条信息，累计发送16.38万人，总阅读量为82289次；向会员发放《纺织动态信息网络月刊》10期，累计发送44080人。

学会全面实行信息化办公及高效管理，网站数字化工作平台可实现会员申请、团体标准立项、水平评价申报、研发中心申请等功能的在线申请与审核工作；学会工作人员使用智能办公系统办理日常工作，引进第三方邮件群发系统向会员定期推送动态信息；大型会议活动使用专业会议系统实现会议全流程自助操作等。

学会推行“线上+线下”的会员活动结合形式，建立会员与专家、会员与会员之间的信息交流平台；印制《会员手册》中英文版本，制作展架等宣传品，并于学会主办的相关会议现场进行宣传推广；借助中国科协搭建的绿色开源共享平台免费为会员发布科技成果信息，促进科研合作；为会员争取中国知网研学平台的免费使用等增值会员服务及优惠；在学会天津市会员工作站开展“专家讲堂”免费讲座，将专家优势资源导入地方，惠及当地会员；推荐学会会员加入英国纺织学会和香港纺织及服装学会，比普通入会人员享受更多会费折扣。

【“一带一路”纺织合作论坛】 9月29日，由学会和浙江省绍兴市柯桥区人民政府共同主办，绍兴市柯桥区中国轻纺城建设管理委员会和国家纺织面料馆承办的“一带一路”纺织合作论坛在浙江省绍兴市召开。作为第15届亚洲纺织会议暨第九届中国纺织学术年会的主要分论坛之一，来自匈牙利欧布达大学、伊朗纺织工业协会、英国利兹大学设计学院、秘鲁圣马科斯国立大学、埃塞俄比亚哈瓦萨理工学院、新西兰怀特克里夫艺术设计学院、欧洲中小企业联盟、意大利全国艺术家协会、西班牙中小企业联合会等30多个国家和地区相关单位的200余位专家、学者参加会议，现场共同探讨在“一带一路”倡议背景下国际纺织产业合作新方向和全球纺织经济发展新趋势。

论坛期间，举办“一带一路”国际纺织科技联盟启动仪式，并召开联盟成员第一次会议。截至2019年年底，已有来自五大洲的18个国家和地区的20个组织签约加入联盟。

（撰稿人：刘凤坤）

中国造纸学会

服务创新型国家和社会建设 根据中国科协征求《中华人民共和国固体废物环境污染防治法（修订草案）（征求意见稿）》的函的要求，学会组织征求造纸行业科技工作者意见，根据行业实际提出修改意见，并反馈至有关部门。

学会衢州市纸基功能材料专家工作站与浙江省衢州市人民政府、中国造纸研究院衢州分院等单位合作举办2019特种纸产业市场形势和发展战略研讨会，为衢州市特种纸产业聚集区提供科技服务。

学会特种纸专业委员会开展2018年特种纸产业情况统计，完成《2018年我国特种纸产业发展现状及分析》行业报告；为规范中国特种纸产品种类、名称，汇编《中国特种纸企业及产品名录》，收集近100种特种纸产品纸样并编辑成册。

学会与造纸器材专业委员会共同启动《造纸网应用规范与造纸毛毯应用规范》团体标准的编制工作。学会造纸器材专业委员会启动《底网造纸毛毯》《造纸毛毯用单丝》《造纸毛毯用短纤》行业标准修订工作，完成造纸器材（造纸毛毯）产业情况统计工作。学会造纸设备专业委员会参与中国轻机行业“十四五”发展规划的编写工作，梳理总结“十三五”造纸机械设备专业发展成就及存在问题，提出“十四五”发展总体目标，明确“十四五”发展重点和主要任务。

学会建设 截至12月31日，学会有个人会员12294人，单位会员212个。

5月30日，学会召开中国造纸学会第八次全国会员代表大会、第八届理事会第一次会议、第八届常务理事会第一次会议、第一届监事会第一次会议。分别选举产生学会第八届理事会、第一届监事会及其领导成员。

10月9日，学会在上海市召开中国造纸学会第八届常务理事会第二次会议。会议通报学会2019年完成的主要工作和即将开展的重要活动，审议通过学会秘书长曹春昱对学会秘书处副秘书长的提名，审议通过第八届理事会工作委员会设置的提案，审议修订《中国造纸学会蔡伦奖评选表彰办法》。

学会按计划完成《2019中国造纸年鉴》编撰工作，于10月正式出版发行。《2019中国造纸年鉴》记录2018年中国造纸工业的发展、各产品市场情况、原材料与环保情况等内容，为《中国造纸年鉴》出版发行的第23卷。

学会治理结构和治理方式改革 学会成立第一届监事会。监事会由3名监事组成，其中监事长1名，监事2名。学会完善“三重一大”决策制度实施办法、合同管理办法、货币资金管理办法、会计人员岗位责任等制度，进一步规范学会内部管理。

主办期刊 《中国造纸学报》、《纸和造纸》、《中国造纸》、《造纸信息》、*Paper and Biomaterials*（《造纸与生物质材料》）全面应用ScholarOne采编系统，推广期刊电子化。各期刊严格执行三审三校制度。

Paper and Biomaterials 完成第二届编辑委员会换届工作。

学科发展工程 学会参与中国科协先进材料学会联合体工作，承担中国工程院“先进基础材料强国战略研究”“2035我国基础材料绿色制造和智能制造技术路线图研究”项目中的轻工材料领域课题研究工作。

2019年，由学会参与的“十二五”国家重点出版物出版规划项目——中芬合著“造纸及其装备科学技术丛书”（中文版）结项。2012年9月，学会秘书长曹振雷与芬兰纸业工程师协会总裁Pirkko Molkentin-Matilainen代表双方签署协议，标志着该项目正式启动。该系列丛书英文版共21卷，汇聚世界造纸及装备企业的先进技术，芬兰所有涉及造纸行业的大学和研究机构的国际级教授对丛书进行编著。中文版在原书基础上进行翻译和先进技术补充，结合中国国情增加“禾草类纤维制浆造纸”等内容。该丛书参译人员涉及中国造纸行业3个行业组织、10所院校和多家企业，共计113人。该丛书入选中华人民共和国成立70周年2019年出版百种科技新书。

学会组织专家参加国际标准起草工作，参加第29届国际标准化组织纸、纸板和纸浆技术委员会（ISO/TC6）全体会议，介绍由中国首次主导起草的国际标准ISO 9184-1《纸、纸板和纸浆 - 纤维组成分析—第1部分：通用方法》的起草工作情况，并确认由中国主导起草另一项国际标准ISO 187：1990《试样处理和试验的标准大气及其监控程序》的复审修订工作，这是中国造纸行业在国际标准工作中取得的重大突破。

国际学术会议 2019年，学会举办国际学术会议4次，分别是第二届纳米纤维素材料国际会议、2019中国国际造纸创新发展论坛、2019国际造纸技术报告会、2019全国特种纸技术交流会暨特种纸委员会第十四届年会，参加会议人数1100余人次，交流学术论文154篇。

10月10日，由学会和中国制浆造纸研究院有限公司共同主办的2019中国国际造纸创新发展论坛在上海市召开。近300位专家、学者和企业代表参加会议，针对造纸行业的创新模式、生态构建、融合发展、智能制造、趋势探索等热点话题进行交流探讨，搭建以企业为主体、市场为导向的沟通合作平台。

10月14—18日，由学会与衢州市人民政府、中国制浆造纸研究院有限公司共同主办的2019全国特种纸技术交流会暨特种纸委员会第十四届年会在浙江省衢州市召开。年会涉及特种纸成果发布会、特种纸技术交流会、特种纸产业发展高峰论坛等专题，来自国内外100多家特种纸及相关企业的300多位代表参加会议。此次年会论文集共收录论文23篇。

国内主要学术会议 2019年，学会举办国内学术会议5次，参加会议人数1300余人次，交流学术论文200余篇。

3月22日，学会在浙江省衢州市组织召开2019特种纸产业市场形势和发展战略研讨会，来自国内45家特种纸生产企业的70多位企业代表参加会议。

3月25—28日，由学会主办的2019中国制浆造纸自动化技术与智能制造研讨会在湖南省岳阳市召开。会议围绕“我国制浆造纸与智能制造相结合”的主题，探讨数字工厂、智能管理、“互联网＋应用”等领域话题。来自制浆造纸、自动化、控制系统、仪器仪表等领域近300家单位的近500位专家、学者和企业代表参加会议。会议征集论文近150篇，收录论文136篇。

11月27—28日，由学会、中国科学技术大学人文与社会科学学院主办的2019纸史和手工纸研讨会在安徽省宣城市泾县召开。来自全国各地从事纸史研究及手工纸生产、检测工作的70多位专家、学者参加会议。会议围绕造纸史、手工纸的热点问题，纸的起源与定义、科学分析方法及相关议题进行研讨，搭建造纸史和手工纸的学术交流平台。

国际交往　6月，学会特种纸专业委员会组织国内特种纸及相关企业、研究机构的科技工作者前往越南进行技术交流与考察活动。同期参加2019年第八届越南国际造纸展览会。

9月，学会与中国制浆造纸研究院有限公司和加拿大林产品创新研究院（FPInnovations）首次合作开展学术交流活动，聚焦生物质资源高值化利用及智能制造领域。

科普活动　学会科普传播专家团队与造纸史、手工纸专家参与电视纪录片《中国纸的故事》的拍摄。该纪录片用时3年制作完成，是全国第一部以文化视角讲述中国造纸术发明的传播和传承创造纪录片，共分为3集。第1集聚焦人类使用图文载体的历史，揭秘中国造纸术的发明与传播；第2集关注工业革命与中国造纸的渊源，展现中国造纸工艺与中国纸走向世界高地的光辉成就；第3集讲述手工造纸与机械造纸的传承与创新，展现新时代中国造纸业的高质量发展。该纪录片于12月在中央电视台科教频道《探索·发现》栏目和央视网播出。

表彰举荐优秀科技工作者　根据《中国科协办公厅关于组织推选2019年中国科学院和中国工程院院士候选人的通知》精神，学会于3月向中国科协推选2名院士候选人。

党建强会　学会党委、联合党支部采取集中学习、专题调研等方式，开展学习宣传党的十九大，十九届二中、三中、四中全会精神的活动。按照上级党委的部署，开展“不忘初心、牢记使命”主题教育活动。

会员服务　结合学会理事会换届工作、全国科技工作者日及其他相关活动，学会开展单位会员走访调研工作。深入企业了解企业的状况与需求，加强与单位会员、高校及科研院所之间的交流，促进产学研合作。2019年，学会及其各专业委员会共走访调研单位会员30余家，高校及科研院所10家。

学会探索期刊电子化工作，免费向会员开放电子期刊阅读。学会为单位会员定期寄赠《中国造纸年鉴》和学会主办专业期刊，传播学会及行业活动信息，加强与会员联系。

【中国造纸学会第八次全国会员代表大会暨学会成立55周年庆祝会】　5月30日，中国造纸学会第八次全国会员代表大会暨学会成立55周年庆祝会在浙江省杭州市召开。中国轻工业联合会会长张崇和出席大会开幕式并讲话。中国工程院院士、华南理工大学教授陈克复，中华全国工商业联合会纸业商会名誉会长、山东太阳纸业股份有限公司董事长李洪信，中华全国工商业联合会纸业商会副会长、玖龙纸业（控股）有限公司董事长张茵等专家、领导，以及来自各省、自治区、直辖市造纸学会及高等院校、科研院所、企业单位的专家、学者、会员代表等近200人参加会议。

大会由学会秘书长曹春昱主持。学会常务副理事长曹振雷代表学会第七届理事会作工作报告，曹春昱作学会章程修订说明报告，副理事长刘忠作第七届理事会财务报告，副理事长何北海宣读第八届理事会理事选举办法。会议审议通过第七届理事会工作报告、财务报告，学会章程及修订说明。选举产生学会第八届理事会理事98人和监事会监事3人。

同期召开学会第八届理事会第一次会议、第八届常务理事会第一次会议、第一届监事会第一次会议，选举产生学会第八届常务理事会常务理事32人。曹振雷当选为学会第八届理事会理事长，曹春昱、王晓昕、陈嘉川、何北海、胡开堂、李耀、刘忠、孙波、张辉、张美云、赵伟当选为副理事长，聘任曹春昱兼任学会秘书长。卢宝荣当选为学会第一届监事会监事长。

【第二届纳米纤维素材料国际会议】　5月16—17日，第二届纳米纤维素材料国际会议（The 2nd International Symposium on Nanocellulosic Materials，2nd ISNCM）在天津市召开。会议由学会主办，天津科技大学、中国制浆造纸研究院有限公司、天津市造纸学会和国家纳米科学中心联合承办。来自9个国家的73所高校、研究机构和科技公司的400多位专家、学者参加会议。

天津科技大学造纸学院院长刘忠任会议执行主席。美国威斯康星大学（University of Wisconsin）教授潘学军主持开幕式。会议学术委员会主席蒋兴宇、天津科技大学副校长路福平、学会常务副理事长曹振雷分别致欢迎词。

来自中国科学院、“985”高校、“211”高校以及“双一流建设”高校在内的24所研究机构的37位国内专家、学者和来自18所国外高校、科技企业和研究机构的20位外籍专家共同完成57场大会报告和分会场报告。

会议共设3个分会场，主要议题包括：纳米纤维素材料的高效制备技术、纳米纤维素材料的形态与特征表征、纳米纤维素材料在传统领域的应用（如纸和包装产品等）、纳米纤维素材料在非传统领域的应用（如流变改性剂、食品添加剂、涂料油漆、石油和天然气、复合材料等）、纳米纤维素材料在新兴领域（如医学、生物学和光电材料等）的应用等。在纳米纤维素材料研究，乃至纤维素科学研究领域中有建树的专家、学者就纳米纤维素的表征、规模化制备、高附加值利用等问题进行讨论。

会议安排墙报展示环节，各高校教师和研究机构人员将其在纳米纤维素新材料的制备、改性与应用等领域的创新成果设计成墙报，供参会人员参观和学习。

【第四届中国造纸装备发展论坛】 5月31日，由学会与中国造纸协会、中华全国工商业联合会纸业商会、中国轻工集团有限公司、中国轻工业信息中心、中国轻工企业投资发展协会联合主办的第四届中国造纸装备发展论坛在浙江省杭州市召开，600多位行业领导、专家、学者参加会议。学会理事长、中国造纸装备论坛组委会秘书长曹振雷主持开幕式。

论坛主题为“创新促进升级开放推动发展”，中国轻工业联合会原会长步正发作题为“创新促进升级　开放推动发展”的主题报告；中国轻工造纸装备专家胡楠作主旨报告，发布《2019中国制浆造纸装备产业发展报告》。

论坛分为4个板块，进行22场专题报告，分别围绕“技术创新驱动装备工业新引擎”“科技创新赋能制造企业新发展”“‘一带一路’与智能制造”等主题，探讨国产造纸装备产业在制浆、造纸、“一带一路”等方面取得的成绩和未来发展方向，分析行业中的热点、难点问题，通过分享典型案例、展示优秀品牌展开交流。论坛共收录论文44篇，评选出优秀论文14篇。

【2019国际造纸技术报告会】 10月11日，由学会、中国制浆造纸研究院有限公司、加拿大林产品创新研究院共同主办的2019国际造纸技术报告会在上海市召开。学会副理事长兼秘书长曹春昱、加拿大林产品创新研究院研究员李庭杰分别在开幕式上致辞。

报告会分别由学会学术交流工作委员会主任、中国中轻国际工程有限公司技术总监靳福明，学会学术交流工作委员会副主任、中国林业科学研究院林产化学工业研究所研究员房桂干主持。来自中国、加拿大、法国等国家的11位学者就生物质资源高效利用领域的研究焦点和热点作报告。

在技术报告会期间，还进行有关制浆造纸及生物质资源利用相关技术成果的墙报展示，与会人员就关注的墙报内容进行咨询和讨论。

（撰稿人：王　斌）

中国文物保护技术协会

服务创新型国家和社会建设 2019年，协会组织专家对国家一级文物保护修复计划61项，较2018年增加15项。

11月26—29日，协会联合北京科技大学在北京主办2019文化遗产预防性保护高级研修班。来自各省、自治区、直辖市从事文化遗产保护管理、文物保护修复的相关单位和公司的72名专业人员参加培训。

学会建设 2019年，协会召开1次理事会议、2次常务理事会议、1次理事长办公会，对重大事项、重要人员变更、重要工作安排等进行审议决策。

2019年，经协会常务理事会议商讨决议，将中国文物保护技术协会原“释光与电子自旋共振测年技术专业委员会”更名为“文物分析检测技术专业委员会”，并于12月完成名称变更，选举产生第一届专业委员会委员。在协会党委、理事会和监事会的监督和指导下，协会各专业委员会举办多项活动，包括相关的学术会议、论坛、培训、对外交流、论证咨询和科普宣教等工作。

国际学术会议 2019年，协会及其下属专业委员会共主办、协办国际学术会议2个，共计参会人数512人次，交流论文156篇。

6月13—14日，协会联合上海视觉艺术学院、中国文物学会文物修复专业委员会在上海市举办2019文物保护与修复国际学术会议。会议以“国际视野下的文物保护与修复”为主题，来自美国、意大利、俄罗斯、韩国等国家及中国（包含香港特别行政区、澳门特别行政区、台湾地区）的专家、学者参加会议，48名专家、学者在会上分享各自的研究成果和经验，对文物保护和修复的理论、技术、方法和人才培养等问题进行探讨。

8月28—31日，由东亚文化遗产保护学会、韩国国立文化财研究所主办，协会与韩国文化财保存科学会、日本文化财科学会、（日本）文化财保存修复学会、大田营销公社协办的东亚文化遗产保护学会第七次国际学术研讨会在韩国大田召开，来自中国、韩国、日本三国的200余名专家、学者参加会议。研讨会以“文化遗产分析的过去、现在和未来”为主题，旨在谋求中国、日本、韩国文化遗产保护科学共同发展。会议交流内容涵盖文化遗产保护理念、保护技术、保护材料、保护案例、分析检测等多个方面。

国内主要学术会议 2019年，协会和各专业（工作）委员会共举办国内学术会议7次，参会人数852人次，交流论文108篇。

9月20—21日，由协会与山东省博物馆学会文物保护技术专业委员会共同主办的馆藏文物保护修复项目工作经验交流研讨会在山东省潍坊市召开。研讨会围绕“馆藏文物保护修复项目方案编制及立项申请”“馆藏文物保护修复项目实施工作”“馆藏文物保护修复项目结项验收及档案归集”“馆藏文物预防性保护项目相关工作”“馆藏文物保护修复人才培养及队伍建设”“如何发挥社会力量促进馆藏文物保护修复项目工作开展”等主题展开，来自各文博单位、公司的18名文物保护工作者作报告。

12月6日，协会与中国人民革命军事博物馆联合主办的馆藏文物微小环境调控及储藏技术研讨会在北京召开，来自故宫博物院、国家博物馆、中国第一历史档案馆、首都博物馆、北京科技大学、武汉大学、北京自然博物馆、山东博物院等20余家博物馆、考古研究所、图书馆、档案馆、科研院所的行业专家、企业相关负责人共60余人参加会议。会议旨在探讨文物保护的新理念、新方法、新材料、新技术，推进馆藏文物小微环境调控相关技术领域研究，特别是馆藏文物在储藏及展览过程中面临的环境问题。围绕这一主题，与会专家建言献策，呼吁进一步加强文物保护领域新技术的研发与融合，推动新型技术成果的转化步伐，为文物保护顺利开展提供保证，推动文物保护意识由“抢救性修复”向“预防性保护”转化。

党建强会 2019年，协会不断完善理事长办公会、常务理事会议、监事会议制度，以理事会层面的功能型党委为基石，落实“三重一大”事项前置审议的工作机制和制度保障，将协会重大决策、活动计划以及分支机构管理等工作做到审批有序，备案有据。

（撰稿人：张　瑜）

中国印刷技术协会

服务创新型国家和社会建设 在国家新闻出版署、人力资源社会保障部的共同指导下，协会组织编制印刷类3项国家职业技能标准并开展配套教材及技能鉴定题库建设工作。组织建设中国印刷业高技能人才教育培训基地工作。组织印刷工程初级、中级技术职称评定，组织、推荐有关人员参加印刷工程高级职称评定。

协会作为全国印刷标准化技术委员会秘书处承担单位，2019年共开展45项标准的制修订、意见征集、审查等工作；完成2项团体标准、12项行业标准、9项国家标准的立项申报工作；上报行业标准20项、国家标准1项；20项行业标准已获批准并颁布实施，出版工作正在进行中。

协会开展中国科协创新驱动助力工程，通过在广东省、河北省唐山市玉田县、陕西省西安市等地区进行UV-LED（紫外发光二极管）光源、印刷设备及数字印刷调研活动，加强对印刷电子、VOCs（挥发性有机物）治理技术、智能包装等新技术研发成果的跟踪，探索协会多元化服务的新模式。

为贯彻国家新闻出版署等五部委关于推进印刷业绿色发展的要求，协会以生态环境部和国家新闻出版署颁布的相关标准为依据，修订发布《绿色原辅材料产品目录（2019）》，推进绿色印刷体系建设。

围绕中华人民共和国成立70周年，协会开展“献礼新中国70年”系列活动，编辑出版《奋进新时代》画册并举办相关主题活动，举办致敬新中国70周年印刷业时代先锋学习交流大会；与中国印刷博物馆联合主办辉煌印刷七十年成就展主题展览和研讨会，展示70年来中国印刷出版业取得的成就。

协会联合北京大学王选计算机研究所、中国印刷博物馆等会员单位，通过参加“铭记荣光　承志前行”北京大学王选计算机研究所命名仪式、组织拍摄毕昇印刷技术奖宣传视频、参观王选纪念室、参加“雏鹰建言暨王选精神宣传月”等活动，重温以中国工程院院士王选为代表的新时代优秀知识分子爱国奋斗、自主创新的经历，传承他们“始终与党和国家的发展同向同行”的家国情怀和奉献精神。

学会建设　截至12月底，学会发展个人会员705名。协会现有单位会员2305个，理事411人，常务理事137人，工作委员会7个，二级分会7个。

12月20日，中国印刷技术协会第九次全国会员代表大会暨九届一次理事会全体会议在北京召开，大会选举产生新一届理事会和领导班子，完成换届交接工作。

“丝路书香工程”出版印刷人才培养项目是协会2017年申报的当年获得中共中央宣传部立项支持的唯一印刷类项目。该项目实施进程历时2年，2019年4月，“丝路书香工程”出版印刷人才培养项目总结会及《出版印刷人才培养教材》（英文版）新书发布会在上海市召开，《出版印刷人才培养教材》（英文版）共29万字、450余页，已在斯里兰卡和纳米比亚等地投入使用。

学会治理结构和治理方式改革　2019年，协会以换届大会为契机，结合协会工作重点和业务进一步修改完善协会章程、会费标准、理事会条例、会员条例、财务管理条例、分支机构管理办法，形成一整套较为完善的规章制度，推进协会办事机构、分支机构以及承担机构的规范化、职业化建设。

学科发展工程　协会联合教育部高等学校轻工类教学指导委员会及印刷工程专业指导工作组，通过工作会议、科技创新竞赛等形式，推进新工科建设、产教融合，培养高质量复合型印刷人才。

决策咨询　受生态环境部委托，协会参与承担“第二次全国污染源普查——印刷和记录媒介复制业产排污核算方法与指南编制”项目，并通过项目验收。

协会作为国际标准化组织/印刷技术委员会（ISO/TC130）秘书处的承担单位，完成国家市场监督管理总局部署的国际标准转化情况调研工作。

国际学术会议　8月22日，协会与中国印刷博物馆、中国出版协会在北京共同主办2019年首届印刷出版文化国际研讨会。会议以“印刷出版文化与人类文明进步”为主题，从专业的视角，围绕世界印刷出版史、印刷出版文化遗存保护、印刷出版文化的传承传播、印刷出版文化研究等多个内容开展研讨。来自世界各地印刷出版领域的120余位专家、学者参加研讨会。

国内主要学术会议　3月20日，协会与山东省新闻出版局、山东出版集团联合主办的2019中国印刷业智能化发展论坛在山东省济南市召开。会议以“新时代新印刷新动能”为主题，探讨智能制造为印刷业带来的创新模式和可持续发展之路，各省市印刷行业代表、专家、学者以及有关媒体记者300余人参加会议。

两岸交流　7月17日，协会与台湾区印刷暨机器材料工业同业公会、香港印刷业商会、澳门印刷业商会共4家协会共同在香港特别行政区举办印刷业交流联谊会。来自海峡两岸和香港特别行政区、澳门特别行政区印刷界的100余位专家、学者围绕“粤港澳大湾区如何发挥优势成为‘一带一路’最重要印刷业中心”的主题进行探讨和交流。协会副理事长朱敏在会上致辞，协会常务副秘书长李永林出席。

协会接待香港印刷业商会、澳门印刷业商会、台湾区印刷暨机器材料工业同业公会代表和日本森泽株式会社社长森泽嘉昭、常务董事森泽武士一行来访。

国际交往　5月27—31日，国际标准化组织/印刷技术委员会（ISO/TC 130）第33届春季工作组会议在香港特别行政区召开，来自17个国家的84名专家分别参加16个组别的会议。以协会副秘书长胡桂绵为团长，来自中国内地及香港特别行政区的15名专家和工作人员参加会议，其中协会的工作人员担任ISO/TC130委员会经理工作。会议期间，中国专家参加各工作组的研讨，分享中国印刷技术领域经验、领取工作任务，并在推进由中国专家执笔的ISO/DTR 19305《ISO/TC130标准框架》项目的后续走向，以及由中国专家提出的制定模切技术标准的工作思路等方面取得进展。

10月28日—11月1日，国际标准化组织/印刷技术委员会（ISO/TC 130）第33届秋季工作组会议及全会在美国犹他州李海市召开，来自17个国家的80余名专家分别参加16个组别的会议。以协会副秘书长胡桂绵为团长，包括ISO/TC 130委员会主席蒲嘉陵在内的11名专家和工作人员组成中国印刷标准化代表团参加会议，并在会上提出印后领域新国际标准项目提案，推进ISO/TC 130战略业务计划，增强中国印刷业的国际话语权。

协会作为ISO/TC 130秘书处的承担单位，组织召开两次国际会议及全会，共开启投票57项，总结投票结果68项，上传文件291个，向ISO/CS提交文件99个，回复咨询邮件1472封。

科普活动 2019年，协会组织专家参与全国科技活动周、全国科普日、防灾减灾日等活动，会同力嘉创意文化产业园、中国印刷博物馆、雅昌文化（集团）有限公司、北京印刷学院等会员单位共同开展绿色创意印刷展、2019京津冀印刷文化创意产业发展论坛、第四届研究生“学术活动月”等活动，共组织行业内外100余名科技专家、科普工作者参与活动，发放印刷科普宣传手册1000余册，张贴科普宣传挂图400余张，展出展板400余块，放映宣传视频50场次，开展各类论坛、研讨会数十场，接受科普知识咨询6000余人次，参观展览观众近1万人次。协会获得全国科技活动周组委会表彰。作为中国科协志愿服务百家协会和70个科普工作表现突出的全国学会之一，协会连续两年受到中国科协科学技术普及部表彰。

表彰举荐优秀科技工作者 4月，协会启动第二十一届中国专利奖的申报评选工作，向国家知识产权局中国专利奖评审办公室推荐华南理工大学等四家单位报送的专利，其中华南理工大学的“一种具有印制高度的防伪二维码的印制方法及装置”获得第二十一届中国专利优秀奖。

根据《毕昇印刷技术奖奖励办法》的规定，协会组织开展第十五届毕昇印刷技术奖的评选工作，经过协会秘书处形式审核、评委会初审、终审及公示等环节，最终评选出8人获得第十四届毕昇印刷杰出成就奖，12人获得第十四届毕昇印刷优秀新人奖。

经协会八届四次理事会议审议通过，协会修订《毕昇印刷技术奖奖励办法》，增设子奖项——毕昇印刷科技进步奖。毕昇印刷科技进步奖将从第十六届毕昇印刷技术奖评选工作开始纳入评选范围。

经组织、筛选，协会推荐万小军、吴伟为印刷学科领域的第十六届中国青年科技奖候选人。

党建强会 协会落实《中共中央关于加强党的政治建设的意见》《中国科协科技社团党委2019年学会党建工作要点》，将党的建设和社会主义核心价值观内容写入协会章程。通过召开理事长办公会、组织专题学习和民主生活会、实施“党建强会计划”项目等多种形式，深化思想教育，提升理论水平。6月，协会完成党支部换届改选工作。

协会推动党建活动和协会重点业务工作深度融合，探索寓主题教育于重要纪念日期、重要人物和重要仪式的新模式，获中国科协“党建强会计划”项目立项支持，并作为25个典型特色项目之一在项目验收会上作总结汇报。

会员服务 围绕中共中央宣传部印刷发行局和协会的中心工作，协会通过微信公众号和《中国印刷技术协会通讯》，将行业政策、会议精神、行业资讯动态传递给会员；组建全国各省市印协工作微信群，为全国各地印刷技术协会提供交流经验的平台；开展会员需求问卷调查，总结归纳会员集中关心的问题，并有针对性地开展服务活动。

【2019年第十五届毕昇印刷技术奖颁奖大会】 12月19日，由协会主办的第十五届毕昇印刷技术奖颁奖大会在北京召开。中共中央宣传部出版局、印刷发行局相关领导，中国科协学会学术部有关负责人，协会理事长王岩镔，协会名誉理事长武文祥等出席会议。协会八届理事会理事、全国各地印刷技术协会相关领导，历届毕昇印刷技术奖获得者、评委特邀代表，以及来自中央电视台《新闻联播》组、《中国新闻出版广电报》、《中国印刷》杂志社、科印网、必胜印刷网、今日印刷等媒体代表共500余人参加大会。

第十五届毕昇印刷技术奖共评选出毕昇印刷杰出成就奖8名，毕昇印刷优秀新人奖12名。大会为获奖者颁发荣誉证书、奖章和奖金。

【中国印刷技术协会第九次全国会员代表大会暨九届一次理事会全体会议】 12月20日，中国印刷技术协会第九次全国会员代表大会暨九届一次理事会全体会议在北京召开。全国政协文化文史和学习委员会副主任、中国版权协会理事长阎晓宏，中国出版协会常务副理事长、原国家新闻出版广电总局副局长邬书林，中共中央宣传部出版局、印刷发行局、干部局等相关领导出席大会。来自全国各省、自治区、直辖市宣传部门和印刷协会的负责人及有关人员、新闻媒体代表共500余人参加大会。

中共中央宣传部出版局局长郭义强出席会议并讲话。他提出四点希望：一是引导行业不忘初心、牢记使命，提高政治站位；二是引导行业坚持追求高质量、高品位、可持续发展的崇高志向；三是引导行业坚持与时俱进、开拓创新，激发行业的活力、战斗力、生命力；四是引导行业坚持弘扬毕昇精神，弘扬工匠精神，弘扬认真负责的精神，不断增强印刷业的社会责任感。

大会通过无记名投票选举产生协会第九届理事会和监事会，丁金德等411人当选为协会第九届理事会理事，艾峰等5人当选为协会第九届监事会监事。大会以票选表决的方式通过新修订的《中国印刷技术协会章程》和《中国印刷技术协会会费标准》。

大会期间，召开协会九届一次理事会全体会议。采用无记名投票方式，选举产生协会第九届理事会137名常务理事，刘晓凯当选为协会第九届理事会理事长，褚庭亮当选为常务副理事长，王关义等28人当选为副理事长，陈迎新当选为协会第九届秘书长。会议同期召开协会九届一次监事会议，许文才当选为协会第九届监事会监事长，艾峰当选为协会第九届监事会秘书长。万仁荣等137人当选为协会第九届理事会常务理事。

（撰稿人：沈　翔）

中国材料研究学会

服务创新型国家和社会建设　9月，在2019年（第二十届）成都市科技年会开幕式暨主题报告会上，学会与四川省成都市科协、四川省成都市青白江区人民政府就学会创新驱动助力工程成都服务站正式签订框架合作协议，并进行授牌仪式。计划重点围绕当地先进材料产业发展战略咨询、成果转移转化、关键技术攻关、国际交往等方面，开展务实合作，帮助实现创新人才、优质项目、优势资源的充分对接，助力青白江区域产业经济实现更好更快发展。

5月，学会在北京召开科技成果评价会议，对福州大学的“复杂组分尾矿渣的分类转化和高值综合利用”科技成果进行评价。这是学会首次开展对材料科技成果评价工作，学会理事长魏炳波担任评审专家组组长。

7月，学会在吉林省长春市召开科技成果评价会议，对海谱润斯科技有限公司的“基于三芳胺子结构基元的空穴传输材料的研发及产业化应用”科技成果进行评价。学会副理事长、清华大学教授翁端和中国科学院院士、学会常务理事刘云圻担任评审专家组组长。

10月，由学会和襄阳市人民政府联合主办，襄阳市国家高新技术产业开发区（自贸片区）管理委员会、湖北省襄阳市科协和科技局承办的中国（襄阳）新材料产业高峰论坛暨中小企业生态赋能大会在湖北省襄阳市召开。大会为襄阳市新材料产业定向把舵，促进襄阳市新材料产业高质量发展。

学会建设　2019年，学会团体会员总数213个，比2018年有所增长。

12月，学会召开常务理事会议，审议变更理事1名。

青年人才托举工程　2019年，学会通过中国科协先进材料学会联合体开展第五届（2019—2021年度）中国科协“青年人才托举工程”项目推荐工作，共收到候选人申报书18份，经评审会议推荐4位候选人。12月初，候选人参与中国科协新材料联合体的答辩评审会，最终4位候选人全部入选。

主办期刊　*Progress in Natural Science：Materials International*（《自然科学进展：国际材料》是由学会和国际材料研究会联盟联合主办的英文期刊。2019年，共收稿736篇，总退稿率超过85%；发表文章6期95篇，其中专刊2期，分别为“计算材料”（第29卷第3期）和“纳米材料”（第29卷第6期）；期刊影响因子达到3.31，进入中国科学院分区—工程技术大类区和材料科学小类区的2区；入选中国科技期刊卓越行动计划梯队期刊，为期5年。

学科发展工程　由学会组织编写，中国铁道出版社出版发行的“中国战略性新兴产业——新材料”丛书，共16分册，历时6年完成，是中国材料领域的一项重大出版工程，是系统论述中国涵盖新型功能材料、先进结构材料、高性能纤维及复合材料的科技系列著作。该套丛书入选“十二五”国家重点出版物出版规划项目和国家出版基金项目。4月26日，该丛书的新书发布会在2019中国新材料资本技术春季峰会现场召开。

决策咨询　学会承接中国科协第二十一届年会“高端智库咨询服务龙江专题调研”项目，开展“黑龙江省石墨产业发展研究”调查研究，重点研究石墨烯用石墨材料，碳纤维用石墨材料，特种石墨材料，耐火、铸造和润滑传统用石墨材料，新能源产业用石墨材料（锂电池负极和碱性电池正极），人造金刚石六个方向。学会组织包括中国工程院院士薛群基和中国科学院院士成会明在内的10多位石墨及相关领域的高水平材料专家组开展调研。专家组分别在黑龙江省“四煤城”（鹤岗市、鸡西市、双鸭山市、七台河市）

和哈尔滨市进行实地调研，重点走访鹤岗萝北石墨产业园区、唯大（鸡西）石墨烯产业园、双鸭山中双石墨有限公司石墨采矿区、七台河新兴区等“四煤城”的新材料产业园区，实地考察哈尔滨工业大学、哈尔滨工程大学、哈尔滨理工大学等科研院所技术研发转化情况，最终完成约31万字的石墨产业调研报告。

5—9月，中国科协组织开展2019年120家大众创业万众创新示范基地建设情况的评估。学会承担对中国科学院宁波材料技术与工程研究所、中国科学院苏州纳米技术与纳米仿生研究所、共享装备股份有限公司三家“双创”基地的评估工作。组织9位专家对以上三家示范基地进行评估并审阅“自评报告”，最终对2家示范基地进行实地考察，对另一家基地进行远程调研。在函评和实地调研的基础上，组织专家完成客观和公正的评估报告。

国际学术会议 10月24—26日，由学会与国际材料研究学会联盟（以下简称“国际材联”）联合主办的第七届国际材联世界材料高峰论坛暨国际材联成立30周年纪念会在浙江省杭州市召开。50多位国际材料科学家应邀出席，重点就生物材料、能源材料两个专题进行交流和研讨，70位教授和研究生参加高峰论坛。1987年诺贝尔化学奖得主、法国斯特拉斯堡大学教授Jean-Marie Lehn，美国华盛顿大学教授Shaoyi Jiang，国际材联三位前任主席Gabriel Crean、B. V. R. Chowdari、Soo Wohn Lee，国际材联当任主席韩雅芳、第一副主席Rodrigo Martins、第二副主席冯元平、执委洪健龙，巴西材料研究学会理事长Osvaldo N. Oliveira Jr.，日本材料研究学会前任理事长Naoki Kishimoto，欧洲材料研究学会副理事长Juan Ramon Morante，印度尼西亚材料研究学会理事长Evvy Kartini，泰国材料研究学会副理事长Pakorn Opaprakasit以及来自世界各地的材料科学家，来自清华大学、北京大学、浙江大学、上海交通大学、中国科学院上海硅酸盐研究所等多家高校和研究院所的专家、学者参加会议。

国内主要学术会议 7月10—14日，由学会主办的中国材料大会2019在四川省成都市召开。大会共设立42个分会，4个主题论坛，涵盖能源材料、环境材料、结构材料、功能材料和材料设计、制备与评价五大领域。参加会议人数7000余人，会议共收到论文摘要4200余篇。2700余位专家、学者报告最新研究成果，展示交流墙报1200余个。

11月13—16日，由学会主办的第二届中国新材料产业发展大会暨2019长沙新材料产业博览会在湖南省长沙市召开。大会由开幕式、2场大会报告、20余个分论坛组成，分论坛主题涵盖玻璃新材料、超硬材料、轻金属、石墨烯、储能材料、复合材料、纺织材料、新材料检验检测以及园区发展等领域。会议期间还开辟“产学研大通道”，为材料相关企业和专家提供交流平台。大会同期还举办2019长沙新材料产业博览会，100多家企业和新材料园区参加展览。

两岸交流 7月10—14日，在中国材料大会2019期间，召开海峡两岸暨港澳新材料论坛（成都）。论坛由学会主办，清华大学、香港城市大学、澳门大学承办。此次论坛是中国材料大会2019的卫星会议，并得到中国科协“海峡两岸暨港澳青年科学家学术活动月”项目的支持。论坛分3个分会场，来自海峡两岸及香港特别行政区、澳门特别行政区的约500名学者及学生参加会议。论坛共设邀请报告150个，主旨报告20个，香港学者报告36个，澳门学者报告5个。大会报告人均是非晶和高熵合金材料、能源转换及存储材料、超级电容器3个新材料领域的学者，其中大多数为中青年专家。论坛的主题是“非晶和高熵合金材料、能源转换及存储材料、超级电容器等新材料的发展”，与会人员重点围绕这3个主题对金属及其化合物新材料的合成和组装、半导体纳米结构和应用、软物质和生物材料、电子学和光电器件制备和性能、电子器件制备和应用、能源器件等进行研讨。

国际组织任职 2019年，学会原秘书长韩雅芳任国际材联主席（任期为2019—2020年）。国际材联秘书处从2019年1月起正式落户北京。

国际交往 5月27—31日，学会参加在法国尼斯召开的第16届国际材联（IUMRS）先进材料大会，大会由欧洲材料研究学会（E-MRS）主办。同期召开欧洲材料研究学会的春季大会。大会共设立28个分会场，2700余人参加会议。国际材联主席韩雅芳在大会开幕式上致欢迎词。中国工程院院士、学会副理事长潘复生被邀请为大会的四位主席之一，并作为颁奖嘉宾出席大会颁奖仪式。在大会期间，召开2019国际材联执委会会议和全体会议。

9月22—26日，学会参加在澳大利亚珀斯召开的2019年国际材联-亚洲材料大会。大会由国际材联授权，澳大利亚材料研究学会（A-MRS）主办。大会分电子和光学材料、能源和环境材料、生物材料、先进功能材料、先进结构材料、计算材料、材料制造和表征7个领域，以及多个研讨会。来自34个国家和地区的500余位专家、学者参加会议。国际材联主席韩雅芳在开幕式上致欢迎词。大会期间召开国际材联执委会非正式会议和亚洲成员全体会议。

科普活动 学会组织编写新材料科普丛书，共收到近30篇稿件。7月出版第1册——《走近前沿新材料》，向社会公众普及有关前沿新材料的基本知识。《走近前沿新材料》是一本具有专业性、趣味性、可读性强的科普读物，全书收录20篇科普文章，共16.8万字，首发6000册，每一个词条独立成文，深入浅出地阐释新材料的源起、范畴、定义和应用领域，配有小故事和原创图片，让读者学习和了解前沿新材料。在中国材料大会2019开幕式上举办《走近前沿新材料》的首发式和赠书仪式，四川省成都市的10所中学接受赠书。

表彰举荐优秀科技工作者 6月，学会召开2019年度中国材料研究学会科学技术奖评审会，经组织专家评审，评选出一等奖7项，共奖励80人，并在中国材料大会2019开幕式上举办颁奖仪式。

根据《中国科协办公厅关于组织推选2019年中国科学院和中国工程院院士候选人的通知》要求，学会组织开展2019年院士候选人推选工作，于2月召开评审会，共推荐2名中国科学院院士候选人。

党建强会 2019年，学会党委和党支部学习贯彻落实党的十九大精神、十九届四中全会精神和习近平总书记系列重要讲话精神。在党委会议上研究审议常务理事会议题中的重大问题，建立学会“三重一大”事项党委前置审议机制。

学会党委书记多次到学会秘书处与秘书处党支部成员一起学习，并对学会党建和业务工作提出明确要求。6—8月，学会秘书处党支部参加第一批主题教育，开展集中教育时间不少于3个月。

学会党支部发挥支部工作平台、微信群等新媒体的作用，做好重点学习引导。学会官方网站增设“党建工作”栏目，并安排专人负责上传各种活动信息。

会员服务 11月14—15日，学会在湖南省长沙市举办学会会员活动日活动。作为学会团体会员单位，来自清华大学、西北工业大学、北京科技大学、上海交通大学、中南大学、复旦大学、北京航空航天大学等40余位高校代表，中国科学院金属研究所、中国科学院上海硅酸盐研究所、中国核动力研究设计院、中国航发北京航空材料研究院、有研科技集团有限公司等30余位科研院所代表，中国建筑材料科学研究总院有限公司、北新集团建材股份有限公司、北京中科三环高技术股份有限公司、山东银鹰化纤有限公司等28位企业代表参加会员活动。与会人员对学会工作建言献策，提出希望学会今后加大鼓励青年学者力度；组织面向学生、青年学者的专业培训；扩大宣传，加强与会员沟通，通过网络、微信群及时传递学会各项活动信息等建议。

学会秘书处将2020年工作月历与学会的期刊等一并邮寄给会员。

（撰稿人：张艳红）

中国食品科学技术学会

服务创新型国家和社会建设 2019年，学会承接来自工业和信息化部、国家市场监督管理总局、中国科协等政府部门的项目20余项。

学会继续承接国家市场监督管理总局“食品安全风险解析”和“食品安全消费提示”项目。全年总计完成24期食品安全风险解析，参与专家95人次；完成31篇“食品安全消费提示”。6月，学会与国家市场监督管理总局合作出版《食品安全风险解析》汇编（2014—2018年）和《如何吃得更安全——食品安全消费提示》（2018—2019年），并在全国食品安全宣传周期间发放。

受全国科学技术名词审定委员会委托，学会历时3年组织完成的《食品科学技术名词》，于9月经全国科学技术名词审定委员会批准进行预公布，期限为1年。

学会承担第二十一届中国科协年会“高端智库咨询服务专题调研”项目。6月30日，中国工程院院士、学会副理事长朱蓓薇在第二十一届中国科协年会——黑龙江省党政领导与院士专家座谈会上，针对“黑龙江省食品和农副产品精深加工产业转型升级研究”项目开展的专题调研成果进行介绍，提出保障食品安全和支撑黑龙江经济社会发展的建议。

根据中国科协全国学会专业技术人员专业水平评价工作群的整体工作部署，学会在湖南省、福建省、河南省、山东省、黑龙江省等地方食品学会及黄酒分会开展食品专业技术人员专业水平评价工作。来自全国58家单位的167名技术人员参与2019年度的申报，其中157人通过相应级别的专业技术水平评价。

2019年，学会共参与9项食品安全国家标准的制修订工作，包括《食品安全国家标准 发酵酒及其配制酒》《食品安全国家标准 食品生产通用卫生规范》《食品中铅污染控制规范》《食品中丙烯酰胺污染控制规范》《食品安全国家标准 运动营养食品通则》《食品安全国家标准 食品微生物学检验 沙门氏菌检验》《食品安全国家标准 食品微生物学检验 克罗诺杆菌属（阪崎肠杆菌）检验》《食品安全国家标准 婴幼儿食品和乳品中左旋肉碱的测定》《食品安全国家标准 婴幼儿食品和乳品中维生素C的测定》。

学会举办专业技术人才培训班2次，包括肉制品供应链微生物风险管理培训班、2019年食品企业卫生设计培训班，参加培训人数200余人次。

2019年，全国共有25个专业申请食品类专业认证，学会受理申请20个，其中19个专业通过自评报告审核。学会完成15个专业现场考查，4个专业待进校考查。

学会建设 4月17日，学会在北京召开组织建设工作会议，来自学会所属21个分支机构以及18个地方食品学会的近60位代表参加会议并交流经验。

8月28日，学会在北京召开2019年第二次分支机构工作会议，29位学会所属分支机构代表出席会议。会议传达民政部、中国科协对分支机构管理的要求。

学会联系行业相关专家，深入企业调研，从科学知识和生产实际出发，完成“食品安全科普丛书”《咖啡物语》和《黑芝麻 大营养》的编辑和出版工作。

青年人才托举工程 1月，根据《中国科协青年人才托举工程管理办法》《中国科协青年人才托举工程实施细则》要求，经专家推荐、学会遴选，学会推荐的2名食品领域青年人才入选第四届中国科协“青年人才托举工程”项目。

主办期刊 学会主办的《中国食品学报》再次被EI（工程索引）收录，成为被EI收录最早，持续收录时间最长的食品类中文学术期刊；首批入选中国科协AMiner（科技情报大数据挖掘与服务系统平台）学术期刊精准推送项目，该项目优先支持前沿学科、优势学科、新兴交叉学科和国家科技发展战略领域具有较高学术水平的科技期刊。

学科发展工程 由工业和信息化部消费品司组织、学会作为牵头单位启动《食品工业发展报告（2018年度）》编写工作，为政府部门决策提供支撑。

学会参与协助中国科协开展第六次国家技术预测的相关工作，围绕前沿交叉和食品领域，提出未来15年食品行业典型问题和关键技术需求清单，助力国家相关政府部门的技术预测工作。

决策咨询 2月19日，学会在北京组织召开“非洲猪瘟疫情”专项研讨会，并结合国际专家咨询等多种沟通方式和渠道，形成科技界共识，向政府部门提供决策和咨询，助力行业健康发展。

国际学术会议 2019年，学会举办国际学术会议2次，参会人数共计1200余人次，提交学术交流论文82篇。

5月22—24日，学会在浙江省杭州市召开第十四届益生菌与健康国际研讨会。来自国家市场监督管理总局特殊食品安全监督管理司、浙江省科技厅等相关部门负责人，专家、学者和企业代表近600人参加会议。会议以“科技创新对接健康需求”为主题，设置三大专题，就行业关注的重点话题展开探讨。中国工程院院士、传染病诊治国家重点实验室主任李兰娟，学会副理事长兼秘书长邵薇，学会益生菌分会理事长、江南大学副校长陈卫，国际益生菌协会执行会长George Paraskevakos，军事科学院军事医学研究院微生物流行病研究所教授杨瑞馥，国家食品安全风险评估中心微生物实验室主任李凤琴以及来自杜邦、养乐多、伊利、味全等企业的专家作大会报告。会上同期发布《益生菌科学共识（2019版）》；共收集论文82篇，选出38篇进行张贴交流，并评选出优秀论文摘要5篇。

国内主要学术会议 2019年，学会共举办研讨会、技术交流会等国内学术活动20余次，提交学术交流论文568篇。与往年相比，会议参与人数、学术水平与社会影响力均有所提升。

3月，学会在湖南省长沙市举办中国食品科学技术学会面制品分会挂面行业研讨会，在上海市召开中国食品科学技术学会食品添加剂分会2019年工作会，在上海市召开2019年中国食品科学技术学会冷冻食品行业发展研讨会暨中国食品科学技术学会冷冻与冷藏食品分会理事长办公（扩大）会。

11月22日，学会在江苏省无锡市主办2019未来食品论坛——植物蛋白肉和细胞培养肉制造技术高峰论坛。会议聚焦食品创新，促进植物蛋白肉、细胞培养肉等新型替代蛋白食品的开发等议题，对产业热点、难点问题及推广经验进行交流。

12 月 18 日，学会组织专家在北京召开植物基食品研究及产业发展研讨会。与会专家、学者就植物基食品在中国的规范化发展初步达成共识。

9 月 21 日，由学会青年工作委员会主办，北京工商大学和《中国食品学报》杂志社共同承办的第四届中国食品科学青年论坛在北京召开。会议期间，学会青年工作委员会向全国食品科技工作者发出《中国食品青年科技工作者北京倡议》。来自食品领域的专家、学者以及全国 160 余所高校、科研单位和企业的 600 余位专家、学者参加会议。会议共收集论文 81 篇。

国际组织任职 2019 年，学会推荐名誉副理事长饶平凡进入国际食品科技联盟（IUFoST）主席团。

国际交往 2019 年，学会受联合国粮农组织（FAO）委托，与国家食品安全风险评估中心共同承担食品安全指标能力建设在中国的落地试点项目已结题，项目成果将为提升国家食品安全监管能力提供重要的科技支撑。

6 月 2—6 日，应美国食品科学技术学会（IFT）邀请，学会代表团赴美国参加 IFT 年会及交流活动，双方围绕中国和美国食品界的发展情况以及未来合作展开讨论，并就双方学会在刊物出版、会议等方面的合作进行沟通。

10 月 7—13 日，学会组织来自国内相关领域的企业代表赴德国参观德国科隆国际食品及饮料展览会（Anuga），了解国际食品发展的最新趋势。

科普活动 2019 年，学会共举办科普活动 20 余次，创作科普动画 10 部，出版科普读物 2 本，受惠人数 4000 万余人次。

1 月 3 日，由中国科协指导，学会主办的 2018 年食品安全热点科学解读媒体沟通会在北京召开。包括国家食品安全风险评估中心总顾问陈君石、北京工商大学校长孙宝国在内的 2 位中国工程院院士与来自北京大学、复旦大学、中国农业大学、北京食品科学研究院等科研院校的食品科技界专家对“咖啡真的‘致癌’吗？”“非洲猪瘟蔓延，猪肉还能吃吗？”“辣条‘同品不同标’被处罚”“食用盐中添加亚铁氰化钾堪比毒药”“江苏消保委揭‘打酱油’真相引发争议”“益生菌成了‘无益菌’”“木耳久泡有毒”“食用植物调和油鱼目混珠国家重拳监管”“‘酸碱体质’骗局被戳穿”“三文鱼标准之争”“美国环孢子虫感染事件解读”“‘职业打假’列入扫黑除恶名单”12 个食品安全热点进行科学解读。

5 月 29—30 日，由学会青年工作委员会委员及青年科技工作者组成的中国食品科学技术学会科技志愿服务团队走进湖南省轻工盐业集团、中国农业科学院麻类研究所和湖南忠食农业生物科技有限公司开展科技志愿服务活动。

6 月 20 日，学会在北京举办“社会共治与资源共享”食品安全科普工作研讨会。会议邀请来自食品科技界、产业界的 100 余位专家、学者、企业代表及新闻媒体参加会议。会议围绕“社会共治与资源共享”主题展开探讨，并对新时代下如何更好地开展食品安全公众科普出谋划策。

9 月，学会与百胜餐饮集团合作开展“食品安全进万家”——进餐饮活动，在全国科普日期间，以肯德基门店的餐盘纸为科普载体，在全国 5000 家肯德基门店发放餐盘纸 4000 万份，将食品安全科普知识直接传递给消费者。

学会与《北京青年报》合作，举办两场科普进社区活动，受邀专家进行专题科普与现场解答，并通过《北京青年报》、微信公众号文章等形式进行传播。

学会组建科普辟谣专家团并入驻“科普中国”辟谣平台。同时，为进一步规范学会科普与辟谣工作流程和管理，保证科普工作成果，学会起草《中国食品科学技术学会食品安全科普辟谣项目管理办法（试行）》，从题目遴选、专家解读、内容审核等方面完善学会科普与辟谣工作机制。

学会加强对科普资源的融合和价值挖掘，以科普图书 / 折页等素材为脚本，制作形式丰富、传播渠道多样的科普作品。在国家市场监督管理总局的支持下，针对食品安全消费提示，创作 10 部科普动画，并在全国食品安全宣传周启动日当天公开发布 3 部。

6 月 20 日，由中国科协主办，国家市场监督管理总局指导，学会承办的全国食品安全宣传周 · 中国科协主题日活动在北京举办，活动主题是“智‘惠’好生活　食安更健康”，200 余人参与活动。中国科协副主席、书记处书记孟庆海，国家市场监督管理总局食品安全总监王铁汉参加启动仪式。活动期间还举办“礼赞共和国、追梦新时代”——中国食品科学技术学会青年科技志愿服务团队宣誓仪式，来自学会青年工作委员会的青年科技志愿者上台宣读誓词，表达对投身科技研究、科学普及等事业的决心。

表彰举荐优秀科技工作者 2019 年，学会按照要求开展院士推荐工作。经过评审，推荐6人为中国工程院院士候选人，其中3位候选人进入第二轮院士评选。

学会继续开展中国食品科学技术学会科技创新奖的申报和评审工作。在中国食品科学技术学会第十六届年会上举办2019年度中国食品科学技术学会科技创新奖颁奖仪式。12位突出贡献奖获得者、15位杰出青年奖获得者，以及首次设立的《中国食品学报》优秀论文奖获得者受到表彰。

学会创新发展　2019年，学会与两家企业继续合作启动2019年度中国食品科学技术学会食品科技基金——“雅培食品营养与安全专项科研基金”“江中食疗胃肠健康专项基金”。同时，学会加强促进高等院校、科研机构的研究成果与食品企业的实际需求相结合。11月，学会与伊利公司签署长期战略合作协议，与君乐宝公司签署专项合作协议。

为满足消费升级对产品创新的需求，学会分别与美团、饿了么、阿里巴巴、沃尔玛、小米及中国连锁经营协会合作，打通新的网络物流与食品业对接渠道。

学会分别与杜邦、盼盼、李锦记、安琪酵母、江苏恒顺、三只松鼠等企业合作，主办6项全国性食品创新大赛。

党建强会　2019年，学会功能型党委和秘书处党支部注重党员的思想政治建设，学习贯彻习近平总书记系列重要讲话精神，开展“不忘初心、牢记使命”主题教育。

学会遵循集体领导、民主集中，事前酝酿、会议决定的原则，做到依法依规办会。所有重大事项均先通过党委会审议后再提交理事会和常务理事会。秘书处日常工作遵照党政联席会议制度，对“三重一大”等事项进行审评。同时，开展创建先进基层党组织，争做优秀共产党员的活动。2019年学会秘书处有一名党员被评为优秀共产党员。

学会党支部加强培养青年人才。2019年，学会发展青年党员1人，预备党员转正1人。

【中国食品科学技术学会第十六届年会暨第十届中美食品业高层论坛】11月12—14日，中国食品科学技术学会第十六届年会暨第十届中美食品业高层论坛在湖北省武汉市召开。孙宝国、朱蓓薇、吴清平、陈坚4位中国工程院院士，以及来自国内218所高校、76家科研单位和海外28所高校的专家、学者共计2500余人参加会议。

中国工程院院士、学会副理事长、北京工商大学校长孙宝国，中国工程院院士、学会名誉副理事长、江南大学校长陈坚，湖北省食品科学技术学会理事长、华中农业大学教授潘思轶分别就“创新驱动中国传统食品现代化”“中国食品科技：从2020到2035”“柑橘的营养特性与资源高效利用”作大会报告。40余场特色学术交流活动围绕促进食品产业价值提升与健康转型、多角度探寻科技与产业融合、助力传统及地方特色产业科技腾飞、对接前沿科技热点、国际交流等开展。会议共收集论文487篇，157篇张贴海报参与交流。

【2019年国际食品安全与健康大会】4月16—19日，由学会与国际食品科技联盟共同主办的2019年国际食品安全与健康大会在北京召开。会议以“创新驱动食品安全与健康”为主题，国家市场监督管理总局、科技部、农业农村部、海关总署、中国科协、中国轻工业联合会、国家食品安全风险评估中心、北京市科协等单位对大会予以支持。包括国家食品安全风险评估中心总顾问陈君石，学会副理事长、北京工商大学校长孙宝国两位中国工程院院士在内的国内专家，以及包括来自世界卫生组织（WHO）、联合国粮农组织（FAO）、国际科学理事会（ISC）、国际食品科技联盟（IUFoST）、国际食品微生物标准委员会（ICMSF）、美国官定分析化学家协会（AOAC INTERNATIONAL）、欧洲卫生工程与设计组织（EHEDG）7个国际组织与政府机构代表在内的18个国家和地区的100余位外国专家出席大会并演讲，600余位专家、学者参加会议。

大会探讨国际食品领域面临的新问题，陈君石、孙宝国、国际科学理事会前主席Gordon McBean、FAO亚太区食品安全官Masami Takeuchi，以及来自国际食品法典委员会、世界卫生组织等单位的十余位中外专家作报告及设置八大议题，对应食品安全与健康转型中的新课题及中国食品安全与产业健康转型的难点和焦点，探索中国食品工业由高速发展转向高质量发展的创新发展之路，为解决中国乃至全球的食品安全与健康问题提出科学路径。

【第十九届中国方便食品大会暨方便食品展】9月11—12日，由学会主办的第十九届中国方便食品大会暨方便食品展在北京召开，以“坚定地走价值提升之路”为主题。中国工程院院士、学会副理事长、北京工商大学校长孙宝国，学会副理事长、中国疾病预防控制中心营养与健康所所长丁钢强等数十位长期关注方便食品领域的科学家与600余位专家、学者和企业代表进行交流与互动。

工业和信息化部消费品司、国家卫生健康委食品司、国家市场监督管理总局食品生产监管司相关领导出席大会并致辞。学会理事长孟素荷在大会上以《坚定地走健康转型与价值提升之路》为题，对2018—2019年中国方便食品行业进行分析。

大会举办企业家领袖论坛、方便食品行业青年论坛与研发总监论坛等互动活动，同期发布《2018—2019年度方便食品行业五大创新趋势》。围绕“方便食品的营养研究”“智能制造”“低温食品创新与业务用市场”“冻干类方便休闲食品”“植物源食品”和“产业关键技术对接”主题设置6大专题，受到与会者关注。

大会期间，学会首次与天猫超市合作，共同打造线上的“方便美食节”活动。

（撰稿人：侯　威）

中国粮油学会

服务创新型国家和社会建设　学会完成2019年度中国粮油学会科学技术奖评选工作，评选出获奖项目24项，其中特等奖2项、一等奖5项、二等奖10项、三等奖7项。受会员单位委托，学会组织专家完成25个项目的科技成果评价工作，推荐9项粮油科技成果进行成果登记。学会入选中国科协公共服务能力提升项目“学会承接政府转移职能常态化”，获批“‘三库’协同创新，助力学会承接政府转移职能常态化”项目。

学会协助国家粮食和物资储备局组织2019年全国粮食科技活动周活动，推荐13项成果、9个创新机构和10个团队、1个科技需求、7家参展单位。与山东省泰安市人民政府、湖南省长沙市宁乡市人民政府等6个地方政府开展合作，助力地方粮油产业经济发展。举办第十四届粮油产销企业订货会，300余家企业参展，近1.6万人次参观展览，米面油订货量近600万吨，签约200亿元，粮机成交额超过6亿元。

2019年，学会发布《浓香菜籽油》等5项团体标准，填补行业空白。面向行业开展团体标准宣贯推广及实施工作，指导相关企业科学规范应用标准。新立项标准34项，涵盖从原粮、储藏、流通、加工、检测到产品的粮食全产业链，而且聚焦新技术、新业态。入选2019中国科协公共服务能力提升项目“团体标准示范学会”，获批“加快粮食团体标准体系建设，促进粮食产业高质量发展”项目。

学会向中国科协推荐的2项技术成果入选中国科协前沿领域科技成果；向中国科协“绿平台”推荐112位业内优秀专家和6项可转化科技成果，为企业创新发展、促进产学研用深度融合提供线上服务。

学会组织专家到数十家企业开展点对点服务，就行业现状、企业发展、生产工艺等方面为企业提出专业的意见建议。为助力精准扶贫有效开展，学会组织行业科技力量到新疆维吾尔自治区、河北省、河南省、内蒙古自治区、宁夏回族自治区等地的贫困地区开展调研、走访，为当地政府和企业建言献策。

学会建设　截至12月31日，学会共有个人会员22088人、单位会员1964个，与2018年同期相比分别提升38.8%、8.7%。学会成立青年工作委员会，完成组织工作委员会、学术工作委员会、技术普及工作委员会、储藏分会、粮油质检分会、发酵面食分会6个分支机构换届工作。黑龙江、辽宁两省成立地方性粮油学会。

学会理事会审议通过《中国粮油学会财务管理制度》《中国粮油学会工作委员会职责》等制度。

学会官方网站年点击量600万余次，比2018年增长50%；官方微信公众号订阅用户1500人，比2018年增长18.67%。学会完善科技奖励评估系统，现有学报编审系统、学术交流平台、科技奖励评估系统、会员系统4个网络工作平台。

学会参与撰写《中国科学技术协会年鉴》《中国粮食年鉴》《中国粮食发展报告》等年鉴类材料。

青年人才托举工程　3月24日，学会在江苏省南京市举办中国粮油学会2018—2020年度“青年人才托举工程”项目启动会，来自行业高校院所、企事业单位的100余位专家、学者参加会议。

12月，学会申请第五届（2019—2021年度）中国科协“青年人才托举工程”项目获批，获得经费资助与经费自筹各2个名额；申请并获批中国科协“青年人才托举工程”国际交流项目，资助第四届（2018—2020年度）中国科协“青年人才托举工程”项目的4名被托举人开展国际交流活动。

学会通过“五点托举”联合培养模式，为7名被托举对象搭建机制灵活、多元化的培育平台，并结合国家粮食和物资储备局“百名博士服务粮企”活动，促进“青托”人才服务于科研一线。学会汇聚行业优秀青年科技工作者，建立青年人才储备库，初步形成优秀粮油青年科技人才的选拔培养机制。

主办期刊 《中国粮油学报》中一篇题为《大豆分离蛋白结构特性与表面疏水性的关系》的文章入选第四届百篇中国科协优秀科技论文遴选计划。《中国粮油学报》杂志社出版的“全国粮食科技周活动”专刊以“科技人才共支撑、兴粮兴储保安全”为主题，刊登36篇文章。《中国粮油学报》的引证指标如影响因子、总被引频次稳步提升，在食品科技类期刊中位居前列。《中国粮油学报》在中国知网上实行优先数字出版，并在此基础上开展网络首发工作。同时通过微信公众号、超星学习通App等平台为行业科研人员提供电子化期刊摘要及过刊下载功能。

学科发展工程 学会组织100余位业内专家、学者深入调研，撰写完成《2018—2019粮油科学技术学科发展报告》。该报告内容包括综合报告和粮食储藏学科发展研究、粮食加工学科发展研究、油脂加工学科发展研究、粮油质量安全学科发展研究、粮食物流学科发展研究、饲料加工学科发展研究、粮油信息与自动化学科发展研究7个专题报告，全面总结近五年来粮油科学技术学科的创新发展历程，取得的新观点、新理论、新方法、新技术、新成果；研究国内外粮油科学技术最新研究热点、前沿和趋势，分析国内本学科与世界同行先进水平存在的差距、问题及原因；论证中国新时代粮油科学技术学科的发展战略需求，提出未来五年学科的研究方向、研发重点及发展趋势。

决策咨询 学会提供的“技术咨询、政策咨询”服务入选中国科协《全国学会社会化公共服务产品目录》，并在第二十一届中国科协年会期间发布。学会组织开展粮食行业重大科学问题和工程技术难题遴选推荐工作，向中国科协推荐3项前沿科学问题和5项工程技术难题；为中国科协完成第六次国家技术预测相关工作提供支撑，推荐12项粮食行业内关键技术难题。

学会完成国家粮食和物资储备局重点调研课题“粮油营养科技创新与双创项目融合模式研究”，撰写《坚持市场导向 创新成果转化模式 助推粮油营养科技创新发展》调研报告；协助起草《关于创新完善粮食“产购储加销”体系 确保国家粮食安全的实施意见》。

国际学术会议 10月27—29日，由学会主办的“一带一路”国际花生产业与科技创新大会在辽宁省沈阳市召开，近200人参加会议。大会以“‘一带一路’国际花生产业与科技发展”为主题，邀请来自美国、印度等国的花生研究领域专家和企业家20余人作大会报告。

11月17—18日，由学会与海南省粮食和物资储备局共同主办的第六届全谷物食品与健康国际研讨会在海南省海口市召开，近300人参加会议。会议主题是“全谷物产业发展、助力健康中国行动”，邀请来自法国、韩国、瑞士及中国全谷物研究领域专家、学者23人作大会报告。

国内主要学术会议 2019年，学会及其所属分会共举办国内学术会议28次，主要有：中国粮油学会油脂分会第二十八届学术年会暨产品展示会，中国粮油学会储藏分会第九次会员代表大会暨第九届全国粮油储藏学术交流大会，着力推动稻米、小麦、玉米、杂粮健康谷物食品融合发展技术研讨会，中国粮油学会饲料分会2019年学术年会暨第一届全国饲料加工与质量安全学术研讨会等。提交论文300余篇，参会人数4400余人次。

10月19—21日，由中国科协主办、学会承办的中国科协第371次青年科学家论坛暨2019粮油营养与健康青年科学家论坛在湖北省武汉市召开。此次论坛特邀5位教授作学术报告，33位青年专家、学者进行交流分享，来自全国粮油相关领域的210多名青年科技工作者参加会议。

国际交往 应国际谷物科技协会（ICC）的邀请，学会秘书长王莉蓉率团赴奥地利维也纳参加ICC第19届大会，与ICC主席和ICC秘书长进行交流，推动双方继续保持合作。学会饲料分会会长王卫国率团赴瑞士参加第二次ISO/TC293年会，会议决议由王卫国作为新ISO标准*Feed Machinery Terminology*（《饲料设备术语》）的项目负责人。

学会支持第二届ICC（国际谷物科技协会）亚太区国际粮食科技大会、第六届国际稻米油科学技术大会等行业国际会议。

科普活动 受中国科协邀请，学会成为“中国公民科学素质促进联盟”共同发起单位，参与各项筹备工作。学会被中国科协授予“中国科技志愿服务百家学会”称号；在2019年科技活动周，获得全国科技周活动组委会办公室颁发的荣誉证书。学会成立中国粮油学会科普志愿者总队，新组建10个科学传播专家团队，调动广大科技工作者参与科普工作，促进科普人才队伍建设。

2019年，学会通过深入社区、学校以及互联网直播等方式开展科普相关活动85次，现场受众5400人次。学会参与组织第二届毛市佬面点美食文化节、第六届“安琪酵母杯”中华发酵面食大赛等科普活动，参与筹备建设中国油脂博物馆。

表彰举荐优秀科技工作者 学会开展中国科学院院士、中国工程院院士以及第十三届光华工程科技奖等候选人推荐工作。学会花生食品分会会长王强被全国科技助力精准扶贫工程领导小组评为全国科技助力精准扶贫2019年度先进个人。

党建强会 学会各级党组织践行“两促进，两发展”学会党建工作法，发挥政治引领和政治吸纳作用。学会功能型党委利用各类学术会议、交流活动向广大粮油科技工作者宣传解读党的重要方针政策，指导两个分支机构成立功能型党小组，做好科技社团“两个覆盖”。

2019年学会共召开全体党员大会17次，支委会会议13次，党小组会议22次，党课3次，主讲主问学习会3次。完成中国科协科技社团党委2019年度“党建强会计划”项目，联合益海嘉里金龙鱼粮油食品股份有限公司北京党支部在河北省张家口市蔚县共同开展党建扶贫活动；在河南省安阳市汤阴县举办“礼赞共和国，追梦新时代”主题党建活动；在北京丰台区宛平城开展“我的政治生日”主题党日活动。

学会开展调研工作，完成全国学会党建研究会2019年度调研课题“提升学会党支部主题党日活动质量与成效研究”。

会员服务 学会加强网上学会建设，除通过期刊为会员提供行业信息外，还通过网络平台、微信公众号、网络直播等平台为会员提供服务。

【礼赞共和国，追梦新时代——学会党建汤阴行】 5月，学会党委、秘书处党支部结合工作实际，组织山东鲁花集团有限公司等十多家会员单位，在河南省安阳市汤阴县举办“党建+创驱+扶贫+科普”四位一体主题系列活动。学会人员到汤阴县五陵镇参观山东鲁花集团高油酸花生种植基地，并看望当地孤寡老人和贫困户，了解当地产业扶贫情况，并授予山东鲁花集团高油酸花生（汤阴）基地中国粮油学会精准扶贫示范会员协作单位。

学会党委、秘书处党支部和汤阴县政府共同组织召开粮油食品产业发展座谈会，山东鲁花集团有限公司、河南华泰粮油机械股份有限公司等会员单位代表、业内专家共40余人参加会议。与会人员为延伸汤阴粮油食品中下游产业，进一步推动汤阴粮油食品产业发展建言献策。

学会以科技活动周为契机，开展2019年全国粮食科技活动周·中国粮油学会科普宣传系列活动，向汤阴县民众普及粮油食品安全健康知识。活动中，学会向汤阴县政府赠送《粮油食品安全与营养健康知识问答》科普图书500册；开展“厨房与减少肿瘤风险”的营养健康大讲堂专题讲座，现场共有500余人参与活动，线上观看人数达700余人次。

（撰稿人：魏　然　张　勇）

中国职业安全健康协会

服务创新型国家和社会建设 协会作为工程教育认证协会（教育部评估中心）的团体会员单位，承担国际工程能力互认的安全类专业认证委员会秘书处的工作，开展工程教育安全类专业的国际实质等效认证工作。截至2019年年底，已完成对30多个安全工程专业点的认证，制定《工程教育认证安全类专业认证委员会工作办法（2018）》《安全类专业认证委员会专家工作评价制度（2018）》《安全类专业认证委员会自评报告审阅工作办法（2018）》《安全类专业认证委员会专项资金使用办法（2018）》，编制《安全类专业工程教育认证专业类分规划》，印制《安全类专业认证十周年学术论文集》，推动学术规范、成果评价。

协会推荐新颖、效益显著的科技成果发明专利参加国家专利奖的评审活动。经过筛选，协会推荐佛山市普拉迪数控科技有限公司的一项自主研发产品的发明专利《一种新型组合式的型材加工中心》，获得第二十届“中国专利优秀奖”称号。

协会与冀中能源集团有限责任公司签订“冀中能源安全文化建设研究项目”合作协议，成立项目组，在其原有安全文化基础上，对企业安全文化进行为期一年的调研、提炼、总结，形成独具特色的煤矿及非煤矿山企业的安全文化。

协会组建包括十几位中国科学院院士和中国工程

院院士在内的近1000名行业内专家、学者的技术专家库，覆盖矿山安全、安全管理、安全设备与检测、道路交通安全、石油化工安全、职业卫生、城市安全风险等多个领域。

协会组建由政府官员、企业家、法学专家、党建专家以及技术管理人员构成的专家咨询委员会，对职业安全健康及党建方面的全局性、战略性和长远性重大问题进行分析研究，形成高端科技创新智库。

学会建设 2019年，协会共发展451家会员单位，其中副理事长单位14家，发展个人会员2000余人。到12月底，协会共有单位会员3651家，个人会员6000余人。新增加10家分支机构，协会分支机构达33家。

1月8日，中国职业安全健康协会第六届理事会第六次会议在天津市召开。协会理事长王德学，副理事长兼秘书长马骏等140余人参加会议。会上，王德学作题为《再接再厉、不懈打拼，朝着创建一流协会目标奋勇前进》的讲话，对协会当前工作和未来发展问题提出指导性意见。他总结协会2018年办成的十件大事、难事、实事、好事，并以“12345678”工作布局对2019年工作提出新的要求。

学会治理结构和治理方式改革 协会成立《中国职业安全健康协会章程》修改小组，对协会章程部分章节进行修改和完善；完善补充《会议费管理办法》《项目管理暂行办法》《财务报销管理办法》《培训暂行管理办法》《项目专家咨询费管理》等制度，规范协会内部管理。

主办期刊 《中国安全科学学报》入选全国中文核心期刊、中国科技核心期刊（中国精品科技期刊）、中国科学引文数据库（CSCD）核心期刊（2019—2020），是《中国学术期刊文摘》首批入选期刊和美国化学文摘（CA）检索期刊。

国际学术会议 4月22—23日，协会在江苏省南京市主办第二十九届中韩日职业安全健康学术研讨会，来自中国、韩国和日本的200多名专家、学者参加会议。会议设主题演讲、专题研讨、学术报告、学术交流以及壁报报告会等环节，共作学术报告42篇，壁报展示41个，收录论文摘要100多篇，评出优秀壁报3个。报告、壁报和论文内容涉及化学中毒、职业癌症、粉尘危害防治、人口老龄化等问题。

9月5—8日，协会在贵州省贵阳市主办第三十四届亚太地区职业安全健康组织年会及2019年学术年会暨2018年度科学技术奖颁奖大会，来自13个国家32个国际组织的近500名专家、学者参加学术会议。会议设主题演讲及分会场讨论等环节。国际社会保障协会（ISSA）主席Joachim Breuer、国家卫生健康委职业健康司相关领导作职业安全健康领域的学术演讲。

国内主要学术会议 2月27日，协会在江苏省南京市主办职业健康心理学研讨会，讨论分析中国职业心理健康面临的严峻形势及相应对策，探索研究领域及规范等。

9月27—28日，协会在湖南省长沙市主办中国职业安全健康协会2018年学术年会暨2017年度科学技术奖颁奖大会。大会表彰2017年以来的80项科技成果，其中一等奖14项、二等奖29项、三等奖37项。大会设安全技术、职业健康、安全管理3个分会场，100多名专家、学者分别进行专题发言。

两岸交流 10月14—17日，协会参与主办并参加在澳门特别行政区举办的第二十七届海峡两岸及香港、澳门地区职业安全健康学术研讨会。研讨会以“以人为本、共建职安”为主题，来自海峡两岸的400余位专家、学者就职业安全健康领域的相关议题进行研讨。

党建强会 协会党委按照组织程序和议事规则对协会“三重一大”事项前置审议，严格把关。协会党委制定理论中心组学习制度和计划，每个季度进行一次党委中心组理论学习，围绕主题进行研讨，对协会发展等重要议题进行探索。

协会秘书处党总支开展并按要求完成第一批“不忘初心、牢记使命”主题教育。9月，协会党总支召开民主生活会，按照习近平总书记关于“四个对照”“四个找一找”的要求，盘点收获、检视问题、深刻剖析。

协会建立健全党支部书记例会制度，坚持每月召开党支部书记例会，听取各个党支部每月开展活动情况。

会员服务 协会探索“互联网＋政策服务＋技术服务”的工作模式，提升会员服务水平。依托技术咨询委员会、专家会员，为会员提供学术交流、科学普及、决策咨询和技术服务等。建立会员服务信息化平台，为会员提供“零距离”服务。

协会建立会员单位联络员制度，组织召开会员单位联络员活动，加强会员联络员之间的了解和沟通；

筹备由会员单位、分支机构等参与的中国职业安全健康协会文艺汇演、中国职业安全健康协会会员运动会等活动。

协会组织功勋会员赴河北省秦皇岛市北戴河区疗养；建立会员单位联络人联系群；创办协会内部报刊《中职安健报》，其中会员单位投稿10余篇，分支机构投稿10余篇，秘书处投稿50余篇，宣传党和国家职业安全健康领域的新决策、新部署、新政策，以及会员单位的经验。

【中国职业安全健康协会第六届常务理事会第六次会议暨专家工作会议及会员联络人活动日会议】 7月17日，中国职业安全健康协会第六届常务理事会第六次会议暨专家工作会议及会员联络人活动日会议在内蒙古自治区满洲里市召开。协会理事长王德学，副理事长兼秘书长马骏，副理事长伊烈、周彬、贺黎光，中国黄金集团有限公司副总经理魏山峰，冀中能源集团有限公司副总经理李文昌，河北省应急管理与安全生产协会会长高圣先等副理事长以及常务理事代表、党建会建工作专家、咨询委员会委员、拟加入协会理事会的单位代表等150余人参加会议。

会上，王德学作题为《把握发展阶段　借鉴历史经验　致力于新的更好更快更大发展》的讲话，从协会发展的历史经验、协会所处的历史阶段、协会担负的历史使命三个层次，结合中华人民共和国成立70周年、协会创立36周年时间节点，总结协会历史，剖析协会未来。

【中国职业安全健康协会第二届职业安全健康高峰论坛】 6月20日，由协会、中国交通运输协会、同济大学、国家能源投资集团有限责任公司、中国石油天然气集团有限公司等单位共同主办的中国职业安全健康协会第二届职业安全健康高峰论坛在广西壮族自治区南宁市召开。

论坛主题为“推动安全发展，我们携手共进”。协会理事长王德学在会上作主旨演讲，针对最近一个时期以来重特大事故频发多发的现状，从中央决策部署落实、安全生产责任制落实、事故查处问责、企业安全生产基础、安全监管工作摆位和安全生产工作机制运行六个方面，剖析安全生产领域存在的突出问题，并强调要以习近平新时代中国特色社会主义思想为统领，强化安全生产红线意识，实施新的发展理念和安全发展战略，以实现安全生产治理体系和治理能力的现代化为目标，开展推进安全生产领域改革创新、提高安全生产巡查工作权威性、加强安全生产考核工作、推进“双重预防机制”建设、推进安全生产固本强基等十个方面的工作。

（撰稿人：孙　静）

中国烟草学会

服务创新型国家和社会建设　10月，学会协助上海烟草集团有限责任公司开展中国烟草博物馆陈列整体升级改造工作。会商各相关单位，成立烟草博物馆展示陈列整体调整升级改造领导小组和工作小组，开展升级改造前期调研工作。组织协调开展内外各项工作，组织编制布展大纲和实施方案，促进公民科学素质的提升。11月，学会开展中国烟草博物馆2018年度行业卷烟新产品烟标征集工作。

学会农业专业委员会编撰2019年度《烟叶生产技术指南》，印刷约5000册免费发放至烟叶产区、工业企业及科研院所；学会安全生产专业委员会参与行业风险分级管控和隐患排查治理双重预防机制建设重点课题研究，开展系列安全知识讲座和专项培训；学会电子商务与物流专业委员会汇编《行业精益物流重点课题优秀成果集》并在中烟商务物流网发布；学会新产业发展专业委员会组织开展多元化投资高质量发展培训班；学会教育培训专业委员会举办行业网络培训课程竞赛，推动行业岗位培训课程体系建设。

学会建设　2019年，学会组织召开中国烟草学会第七届常务理事会十一次、十二次会议，研究确定学会相关工作。2月，完成换届流程网上申报及材料上报工作，以及第八次会员代表大会的组织筹备工作。7月，向民政部、中国科协提交推迟换届申请及相关说明等材料及申请会议延期等相关工作。

学会所属的13个专业委员会、1个期刊编辑工作委员会中，学会教育培训专业委员会、专卖管理专业委员会分别开展主任委员、副主任委员调整工作。学会专卖管理专业委员会从行业专卖监管领域选取127名专家组建专业委员会专家库，覆盖全国33家省级烟草专卖局，涵括专卖内管、市场监管、打假打私等方面；学会经济专业委员会新增4名行业专家，充实专家队伍；学会工业专业委员会在论文征集及评审方面注重细节操作，确保论文质量。

青年人才托举工程　学会根据《中国科协青年人才托举工程管理办法》和《中国科协青年人才托举

工程实施细则》，5月，配合有关部门，研究并通过2019年中国科协“青年人才托举工程”项目托举人才科研项目计划，实时跟踪被托举人才科研动态；9月，办理“青年人才托举工程”项目经费拨付工作，与每位被托举人确定经费使用情况及工作计划，落实款项拨付工作。

主办期刊 2019年,《中国烟草学报》收稿428篇；刊发论文105篇，图片报道12个版面。根据《中国学术期刊影响因子年报（2019版）》显示,《中国烟草学报》影响因子为1.376，较2018年的1.100有所提高；总被引频次为2237；基金论文比为78%；影响力指数（CI）为1137.183，较2018年提高10.92%；学科排名在TS3/TS9轻工业（除纺织食品类）学科期刊中排名第2。

2019年,《中国烟草学报》加强与科研单位交流，逐步加强与行业科研院所和工业技术中心沟通联系，先后派员前往云南、贵州、河南等地的科研和企事业单位进行约（组）稿工作，征集科研人员对《中国烟草学报》工作的意见和建议，对科技人员论文写作规范进行指导。共发表专题报告4篇、综述6篇。

为适应期刊数字化发展趋势，实施数字出版全流程优化改造，学会建立生产流程在线系统平台，打通编辑、排版、校对、作者等各个环节，以单篇出版编校流程为主，实现全流程在线作业。2019年,《中国烟草学报》加强信息化建设，推进XML（可扩展标记语言）排版生产流程管理系统（期刊端）建设。

《中国烟草学报》利用微信公众号平台，推进资源共享。“烟草三刊”微信公众号建立4年来，不断更新平台内容，实现学术论文全文共享，关注人数达5054人，月新增关注200余人，全年阅读量74316人次，影响力不断扩大。《中国烟草学报》编辑部通过推荐重点文章、开展有奖问答等多种宣传形式，提升期刊新媒体关注度。

国内主要学术会议 11月，学会卷烟流通专业委员会在河北省石家庄市召开2019年学术交流会，讨论卷烟营销市场化取向改革相关课题，开展卷烟营销领域学术交流。

12月，学会农业专业委员会在浙江省杭州市组织召开植保学组年度工作会暨全国烟草病虫害发生趋势会商会。会议通报全国烟草病虫害预测预报网络2019年工作运行情况、病虫害和自然灾害发生情况以及全国烟区的气候特征，根据2020年全国烟区气候预测结果，结合烟草品种布局及往年病虫害发生情况等因素，对2020年烟草主要病虫害的发生趋势进行会商。学会农业专业委员会及全国烟草病虫害测报人员共计60余人参加会议。

国际交往 4月，学会组织8人代表团参加国际烟草科学研究合作中心（CORESTA）2019年在美国弗吉尼亚州里士满市召开的上半年分学组会议。代表团先后参加电子蒸汽（EVAP，原电子烟）分学组等多个工作组工作会议，完成各学组会议任务。

10月，学会组织15人代表团参加在津巴布韦维多利亚瀑布城举办的CORESTA 2019年农学和植病学组联席会议。代表团就可持续发展、烟草植保、分子育种、低烟碱烟草进行交流。

2月、6月，学会组织代表分别前往瑞士日内瓦、韩国首尔参加CORESTA 2019年第一、二次理事会议，促进国际学术交流工作的开展。

科普活动 2019年，学会继续入驻中国科协“中国科技工作者之家”平台App，构建网上科协。入驻中国科协官方科普平台科普中国微平台，开展线上科普活动，建立微信群，落实中国科协推进科普信息化建设工作的要求。

学会根据中国科协全国科普日活动要求，依托各专业委员会、省级烟草学会等各会员单位开展2019年全国科普日、科技活动周活动。

表彰举荐优秀科技工作者 2019年，学会面向一线科技人员开展人才选拔推荐工作。10月初，学会印发《关于开展第十六届中国青年科技奖候选人推荐工作的通知》，经行业各单位组织推荐，共有19家单位推荐的47名候选人。学会从烟草行业科技领军人才和学科带头人专家库成员中选取11名专家组成评委对候选人开展集中评审，根据评选结果，推荐郑州烟草研究院陈欢等2人为第十六届中国青年科技奖候选人。

学会创新发展 2019年，学会结合行业中心工作，开展学会年度优秀论文征集评选工作，共收到学会专业委员会、省级烟草学会、行业三刊等机构申报论文1326篇，覆盖13个不同专业领域，论文内容对行业改革发展和各项管理工作有针对性。按照《中国烟草学会优秀论文评选办法》制定的评分标准和评审程序，对申报论文进行初评和终评，共评选出优秀论文530篇，其中一等奖105篇、二等奖161篇、三等奖264篇。

学会推动论文评审工作创新，开发试用在线论文评审系统。2019年，学会整个论文申报评选全流程通过该系统进行，通过可控的工作流程和信息模块，推动论文评审过程规范化、程序化和标准化。

党建强会 2019 年，学会学习习近平总书记系列重要讲话精神和党的十九大精神，贯彻党的十九大和十九届二中、三中、四中全会精神，开展“不忘初心、牢记使命”主题教育，全面加强党的建设。多次召开支部会议，研究部署主题教育工作方案，将主题教育工作计划细化到周，综合梳理制定学会问题清单，将责任细化到处室，细化到具体时限。

学会按照政治生态调研提纲准备资料，进行自我反思对照，对照政治生态突出问题全面整改问题清单。落实“一岗双责”“三会一课”制度，坚持党员领导干部讲党课制度和党员领导干部参加双重组织生活制度。

7 月，学会党支部组织党员开展红色教育、参观博物馆、党员重温入党申请书及入党誓词等主题党日活动。9 月，学会进行党支部换届选举工作，首次成立党小组、青年理论学习小组，并开展党建工作制度的梳理和完善工作。

会员服务 为提高会员在国际学术会议上的沟通能力，学会对 CORESTA 入选论文作者进行英语语言能力培训，2019 年共培训 27 人次。学会定期在微信公众号上发布消息，便于会员了解相关信息。学会会员可优先参与学会活动和在学会期刊上发表论文。

【《中国烟草学报》2019 年编委会会议】 12 月 12 日，《中国烟草学报》2019 年编委会会议在湖南省长沙市召开。会议就行业科技期刊发展进行交流研讨。国家烟草专卖局相关领导出席会议并讲话。会议强调，《中国烟草学报》要以高度的责任感、使命感，强化服务意识，严格工作标准，严把论文质量，把高质量办刊作为生命线，为助力行业高质量发展不断作出新的贡献。要强化使命担当，以建设世界一流科技期刊为目标，将《中国烟草学报》办成与烟草科技事业相融合、与行业改革发展相适应的一流科技期刊；要守正创新，以服从和服务于行业高质量发展为根本，发挥《中国烟草学报》成果转化和学术交流的平台作用；要继续苦练内功，以高度的政治使命感和敬业精神，不断推进《中国烟草学报》各项工作向前发展。

会议听取《中国烟草学报》2019 年工作情况汇报，增补 1 名副主编、2 名编委，并邀请部分专家作专题学术报告。

（撰稿人：王文静）

中国仿真学会

服务创新型国家和社会建设 7 月 9—12 日，由教育部高等学校创新方法教育指导委员会、联合国教科文组织产学合作教席、北京大学工学院创新教育中心指导，学会和国际水中机器人联盟联合主办的国际水中机器人大赛上海站在上海市开展。该项国际比赛已在北京市、甘肃省兰州市、安徽省合肥市、山东省青岛市等多个城市举办。来自美国、英国、荷兰、芬兰及国内近 60 所高校的 200 多支水中机器人竞赛队伍，分别围绕水下机器人竞速、目标识别抓取、水下操控、自主视觉、工程项目和创客生存挑战等项目展开比赛。

9 月 24 日，由教育部高等学校创新方法教育指导委员会、联合国教科文组织产学合作教席、北京大学工学院创新教育中心指导，学会、国际水中机器人联盟和青岛蓝谷管理局联合主办的第十二届国际水中机器人大赛在山东省青岛市开展。大赛包括 5 个组别共 16 个项目的比赛，来自清华大学、北京大学、哈尔滨工业大学、山东大学、西北工业大学等 57 所高校的 331 支队伍参加比赛。

学会建设 10 月 11 日，学会召开中国仿真学会第八次全国会员代表大会，进行理事会、常务理事会改选。学会第八届理事会由 139 名理事、47 名常务理事组成。

截至 12 月 31 日，学会新增会员 5428 人，会员总数达到 22907 人，比 2018 年增加 31%。学会下属分支机构 27 个，覆盖航空航天、教育、军事、交通、社会、经济、医学、生命和娱乐等仿真科学技术领域。

学会成立第一届监事会，由 3 名监事组成，其中监事长、副监事长、监事各 1 名。

学会治理结构和治理方式改革 学会修改完善《中国仿真学会章程》《中国仿真学会会费交纳及管理办法》，制定《中国仿真学会财务管理制度》，规范学会内部管理。

学会加强与分支机构的协同发展，在学会平台上宣传和推荐分支机构活动，鼓励分支机构参与全国学会的学术活动，为分支机构设立分会场。

青年人才托举工程 7 月，学会启动 2019—2021 年度中国科协“青年人才托举工程”项目候选人选拔工作，经初评、终评，最终吴志、王鹏入选 2019—

2021年度中国科协“青年人才托举工程”项目，并在学会网站公示。

10月12日，在2019年中国仿真大会上，学会开办青年科学家论坛，由学会入选中国科协“青年人才托举工程”项目的青年学者共同举办，邀请国内相关领域专家作报告。

主办期刊 2019年，《系统仿真学报》出刊12期，共发表文章332篇，其中新投稿757篇，录用298篇。据《中国学术期刊影响因子年报（2019版）》统计，《系统仿真学报》2018年影响力指数综合排名为17/140；据中国科学技术信息研究所《中国科技期刊引证报告》统计，2018年综合排名为367/2049。

International Journal of Modeling, Simulation, and Scientific Computing（《国际建模、仿真和科学计算》，IJMSSC）2019年收到投稿500余篇，录用78篇，录用率大约为16%。IJMSSC全文被Web of Science数据库和美国工程数据库（EI Compendex）检索，且进入ESCI（Emerging SCI）。

学科发展工程 受中国科协委托，学会完成《2018—2019仿真科学与技术学科发展报告》。报告通过开展仿真科学与技术学科现状分析、国内外学科发展对比及发展趋势研究，在研究总结仿真科学与技术学科发展态势和规律的基础上，分析未来5年仿真科学与技术学科发展新的战略需求，提出仿真科学与技术学科发展方向、制定未来5年仿真科学与技术学科发展趋势的发展策略。

11月，由学会主编的《汉英-英汉建模与仿真术语集》于科学出版社出版，首次印刷1200册，覆盖中国以及国际学术界和工程领域的仿真常用词汇。

国内主要学术会议 10月12—13日，由中国工程院主办，学会与中国工程院信息与电子工程学部、北京仿真中心、航空工业成都飞机设计研究所承办的国际工程科技发展战略高端论坛暨2019年中国仿真大会在四川省成都市召开。四川省副省长王凤朝，中国工程院副院长陈左宁，中国工程院院士李伯虎、赵沁平，学会理事长、中国航空发动机集团有限公司董事长曹建国等出席论坛。来自国内外的500余名仿真领域的专家、学者参加会议，6位专家作大会报告。大会开展4场分会场交流活动，数十位专家进行分会场报告交流。

国际交往 8月，学会在北京航空航天大学开办国际暑期班，邀请国外教授讲授建模仿真基本知识课程。

10月30日—11月1日，2019亚洲仿真会议（AsiaSim 2019）在新加坡国立大学召开。此次会议由新加坡国立大学、南洋理工大学联合承办。学会组织专家、学者与来自20多个国家和地区的仿真专家、学者对未来仿真发展趋势进行交流。

科普活动 4月19日，学会在北京举办京张铁路历史与发展的科普宣传活动，学会离散系统仿真专业委员会专家运用仿真技术向来自北京海淀区的20多位文化界人士介绍京张铁路发展相关知识，为传播京张铁路文化开展科普宣传。学会离散系统仿真专业委员会专家为2019年翻译出版的国外优秀幼儿科普读物《这是什么呀（交通工具系列）》审稿和撰写推荐文字。

5月18—19日，学会仿真技术应用专业委员会参与中国科学技术大学2019年科技活动周活动，活动主题是“科技强国　科普惠民”。学会仿真技术应用专业委员会负责信息科普环节，邀请宁夏回族自治区中卫市海原一中、海原二中、海原三中的学生来到中国科学技术大学，体验科技的魅力。

6月14日，应北京海淀区太平路小学邀请，学会环境建模仿真专业委员会组织6人团队举办主题为“智能科技VR及海洋知识”的科普讲座，通过卫星图片、VR/AR虚拟展示技术介绍海洋环境现状以及人类对海洋的影响。

学会与浙江省杭州市萧山经济技术开发区合作共建“中国智慧交通谷”科普教育基地，面向在校学生及有兴趣的社会群体开展“未来交通”科普活动。

表彰举荐优秀科技工作者 根据《中国仿真学会科学技术奖评选办法》，学会开展2019年度中国仿真学会科学技术奖评选工作，评出一等奖3项、二等奖3项，并于10月12日举办的2019年中国仿真大会上向获奖人员颁发奖项。

学会创新发展 学会进行理事换届工作，为方便理事填写信息和学会审核汇总数据，建立线上理事信息填报系统，为学会理事换届工作提供数据支持，提高学会换届工作的效率。学会会议网站进行布局改版，会议报名分别增设线上注册参会和线下刷二维码注册参会功能，方便参会者报名参加会议。

党建强会 10月23日，学会联合北京航空航天大学科协及其所属各学会近50名的党建小组成员、会员代表及入党积极分子，开展“不忘初心、牢记使命”主题党建会员日活动。活动成员一同参观周文彬纪念雕像，重温入党誓词。

会员服务 学会通过网站刊登《学会通讯》《系统仿真学报》，传播学会学术活动、学会工作信息，帮助会员了解最新科技动态。2019年图文阅读总量约2.7万次，单篇阅读量最高达到1760次；学会官方网站总浏览量6万余次，发布各类新闻信息212篇。

【中国仿真学会第八次全国会员代表大会】 10月11日，中国仿真学会第八次全国会员代表大会在四川省成都市召开，近300位专家、学者和会员代表参加会议。会议审议通过《中国仿真学会第七届理事会工作报告》《关于修改〈中国仿真学会章程〉的报告》《中国仿真学会第七届理事会财务报告》，并以无记名投票方式选举产生学会第八届理事会及第一届监事会。学会第八届理事会理事共139人，平均年龄50岁，其中45岁以下青年仿真工作者35名，女性仿真工作者21名，中国工程院院士3名。第一届监事会共3人，通过监事会第一次会议，选举北京航空航天大学教授吴云洁为监事长。

在中国仿真学会第八届理事会第一次会议上，选举产生第八届常务理事会、正、副理事长，曹建国当选为学会第八届理事会理事长，查亚兵等11人当选为学会第八届理事会副理事长。理事会聘任李妮为秘书长。

【中国仿真学会创建暨《系统仿真学报》创刊30周年学术报告会】 7月15日，以"'智能+'时代建模与仿真技术的研究与思考"为主题的中国仿真学会创建暨《系统仿真学报》创刊30周年学术报告会在北京召开，170余人参加会议。中国工程院院士李伯虎、赵沁平、王子才，国防科技大学系统工程学院军事建模与仿真系教授黄柯棣出席会议。此次会议回顾新时代背景下学会及其《系统仿真学报》30年来的发展历程。在学术报告会环节，多位专家作学术报告。

（撰稿人：赵　罡）

中国电影电视技术学会

服务创新型国家和社会建设 学会应国家广播电视总局无线电台管理局、中国电影科学研究所、中广电广播电影电视设计研究院等9个单位的委托，对"无线局智能运行管理系统""可视化中国电影产业基础数据系统""青岛东方影都影视产业园制作区"等17项科技项目进行科技成果评价和咨询。

2019年，学会共立项5个团体标准，分别是：由国家广播电视总局规划院牵头的《广播级4K超高清摄像机技术要求和测量方法》《超高清监视器技术要求和测量方法》，由中共中央宣传部电影技术质量检测所牵头的《电影鉴定放映室和电影录音棚技术要求和测量方法》《电影数字拷贝卫星接收机技术要求和测量方法》《无障碍电影制作技术规范》。

3月12日，学会标准T/CSMPTE 6—2019《节目制播用高清晰度电视图像监视器色彩校准指南》通过审查和审批，并予以发布。

1月11日，学会信息化媒体技术专业委员会作为指导单位，由1024融媒学院联合北京东方智库信息科学研究院在江苏省南京市举办首届1024全国广电融媒体颁奖盛典。活动首次将全国新媒体优秀项目评选、融合媒体运营方案推广以及融合媒体生态发展环境打造等结合在一起。

3月，学会秘书处学术交流部在北京举办电视节目制作技术质量控制培训班，来自各省广播电视台和业内企业共50余家单位的120名技术骨干参加培训。12月，学会在广东省惠州市举办2019电视安全播出研修班。

学会赴四川省阿坝藏族羌族自治州理县进行少数民族地方广播覆盖测试、县融媒建设成果考察。

学会建设 截至2019年年底，学会有个人会员3960人，团体会员单位133个。

3月22日、12月4日，学会理事会和常务理事会分别召开全体会议，听取秘书处工作汇报，审议学会组织和学术建设的重要问题，指导秘书处开展学会创新发展工作。

1—3月，学会秘书处根据民政部和中国科协的文件要求，结合学会的实际工作情况，对学会《管理制度汇编》业务活动篇的20项制度和组织机构篇的16项制度进行修订，在中国电影电视技术学会第八届三次常务理事会议上对修订内容进行讨论并予以通过，汇集成册。学会强化财务管理工作，严格执行合同审批管理和预算管理制度。

学会加强对分支机构的管理，推进分支机构的组织建设。2019年学会7个分支机构完成换届工作。

学科发展工程 学会和中国电视艺术家协会媒体融合推进委员会共同编辑发布《2017—2018中国电视媒体融合发展报告》。该报告展示近年来学会开展行业学科发展研究的重要成果，对推进中国广播电视媒体行业利用互联网、大数据等新媒体传播优势，推动融合发展之路，提高新闻舆论传播力、引导力具有实际意义。

国际学术会议 11月22日，由学会、北京电影学院联合主办，学会先进影像专业委员会、北京电影学院影视技术系、中国电影高新技术研究院承办的2019年国际特种影像论坛在北京召开。论坛旨在促进中国特种影像技术及相关行业的发展，加强国内外特种影像技术标准、制作流程和创新观念的交流。国际特种影像研究和应用领域的专家、学者、创作者、企业代表参加论坛并交流。

国内主要学术会议 3月19日，学会台网协作发展专业委员会与中国国际广播电视信息网络展览会（CCBN）组委会及中广互联联合举办首届台网协作发展论坛；8月22日，与北京国际广播电影电视设备展览会（BIRTV）组委会、中广互联联合举办媒体融合峰会。

4月18日，学会摄影摄像专业委员会在北京举办第三届“4K之春”摄影摄像新技术论坛，来自全国各地近100位专业委员会委员及业内专家参加论坛。论坛内容涵盖摄影摄像最新技术趋势和标准，技术应用实践等内容，为从事广播电视制作人员提供了解国内外前沿制作技术、互相交流创新实践心得的平台。

4月27—29日，学会声音专业委员会在内蒙古自治区呼和浩特市举办2019中国电影电视技术学会影视声音技术研讨会。会议围绕科幻题材电影声音设计与制作、少数民族语译制片创作发展与人才培养、电视节目的三维声制作等话题展开研讨。来自全国各地广播电视台、影视制作公司、艺术院校的专家、学者等200余人参加会议。会议同期举办2019年声音制作优秀作品奖颁奖典礼。

6月13—15日，中国电影电视技术学会城市电视台技术分会第31届技术年会在宁夏回族自治区银川市举办。会议以“技术引领　智媒时代”为主题，来自106家电视台、49家广电行业厂商的代表及媒体单位共计349人参加会议，重点交流21场次。

6月18日，学会图像专业委员会在北京举办1999—2019影视特效20年主题峰会。峰会围绕电视特效包装20年的发展、现状及未来前景进行探讨，来自国内特效包装行业的近200名专家、学者参加会议。

7月22—28日，中国电影电视技术学会节目制作与传输专业委员会第31届年会在青海省海北藏族自治州祁连县召开。此届年会由青海广播电视台承办，主题为“智慧新广电　融合创未来”。来自全国14家省级广播电视台、凤凰卫视等媒体机构，以及国内外业界厂商共计200余名专家、学者参加会议。年会期间评出高清晰度电视录制技术质量奖，并组织高新技术设备展示及12场技术交流。

8月21日，学会传输与覆盖专业委员会与BIRTV组委会合作，在北京举办首届传输与覆盖技术论坛，40余名专业委员会委员以及参加展会的业内人士近200人参加论坛。论坛结合国家广播电视总局关于推进全国“智慧广电”建设的要求，推进融合创新，推动构建有线无线卫星智能协同覆盖、可管可控、绿色安全的现代传播新格局。

8月22日，学会图像专业委员会在北京举办第十届BIRTV 2019中国视觉效果峰会电视产业论坛。峰会的主题为“新一代的超高清视频制作”，140余人参加。峰会同时采取网络直播的方式，在央视网、BIRTV组委会官网及微信公众号、北京中视前卫影视传媒有限公司官网等平台同步播出。

10月8—12日，中国电影电视技术学会广播融媒体专业委员会年会在四川省成都市举办，会议以“融合创新、智慧广播”为主题，面对5G时代对广播的挑战和机遇，探讨近年来广播行业发展趋势，分享广播融媒体建设成果。年会期间评选出学会广播融媒体专业委员会优秀论文奖。

10月28—29日，中国电影电视技术学会广播技术专业委员会年会在贵州省贵阳市召开，来自48个会员单位的60名委员和特邀委员参加会议。会上就“70周年庆典中的总台技术创新”“科技创新助力媒体融合发展的探索和实践”“融媒环境下的电台直播与总控系统”等议题进行交流。

11月14—16日，中国电影电视技术学会电影高新技术专业委员会第二届会员大会暨电影高新技术研讨会在广东省深圳市召开，120余名专家、会员、电影科技从业者参加会议，11位会员围绕电影高新技术作报告。会后还进行高新技术企业参观等活动。

11月16—18日，学会声音专业委员会在山西省晋中市举办第五届“声音学院奖”评选暨全国高校声音专业教学交流活动，约600人参加。活动期间，举办第五届声音学院奖颁奖典礼，召开全国高校声音专业教学交流研讨会，举办声音学院奖参赛作品展映及专家点评，同时邀请业内专家为与会者带来一系列讲座。

11 月 26 日—12 月 1 日，2019 年中国电视转播技术高峰论坛暨中国电影电视技术学会转播技术专业委员会年会在新疆维吾尔自治区乌鲁木齐市召开。论坛围绕“4K/8K 技术的发展、5G 和 AI 技术与传统电视的结合与应用”“重大活动转播的方案、特种设备研发与应用”“首例 IP 技术实现远程转播制作”“最新转播域的广电产品以及冬奥会媒体规划”等议题进行交流。年会期间，举办 2019 转播技术综合技术奖评奖及颁奖活动。

科普活动 4 月 29 日，学会声音专业委员会在内蒙古自治区呼和浩特市举办以“影视传播 智慧科普”为主题的校园科普活动。影视声音领域的业界专家、学者，与内蒙古师范大学的学生进行影视声音技术交流和探讨，100 余人参加活动。

5 月 18 日，学会网络视频专业委员会和北京电视台少年传媒学院共同举办的科普活动“开放融媒体视野”在北京举办，来自清华大学附属中学的 25 名中学生参加活动。科普活动目的在于搭建教育平台，让学生在参观及体验中学习电视台主流媒体的新闻报道方式和融媒体的创新科技技术手段，培养青少年新闻媒体语言素质，并打开青少年融媒体创新科技的视野。

11 月 16—18 日，学会声音专业委员会在山西传媒学院开展校园科普日活动，活动主要以“节能环保、拒绝污染”为主题，面对广大录音专业师生进行现场讲解和互动，受众人数达数百人。

表彰举荐优秀科技工作者 第十二届中国电影电视技术学会科技进步奖全国共有 29 个单位申报，90 个项目参评。经评委初评后，从科技创新、技术水平、经济效益和社会效益、推动科技进步的作用等方面综合考虑，以无记名评分方式评选出一等奖 7 项、二等奖 15 项、三等奖 24 项。奖励涉及 78 个单位、412 名科技工作者。

中国电影电视技术学会全国杰出和优秀广播影视科技工作者奖共收到 26 个单位和 4 个分支机构推荐的 43 名候选人的评审材料。7 月 5 日在北京举办终评会，经评审委员会审议，依照《全国杰出和优秀影视科技工作者评选表彰条例》，从科学思想品德、重要科技贡献、影视科技界威望以及专家系数四方面进行综合评定，以无记名投票方式评选出全国优秀广播影视科技工作者 29 人，又从中评选出全国杰出广播影视科技工作者 9 人。

中国电影电视技术学会广播影视科技优秀论文奖共收到参评论文 491 篇。初评阶段共评选出论文 204 篇，终评阶段经终评委讨论评议后，按照科技论文评奖条件，以无记名评分方式评选出一等奖 32 篇、二等奖 66 篇、三等奖 106 篇，奖励涉及 402 位科技人员。

中国电影电视技术学会声音学院奖共收到来自 32 所高校报送的 162 部作品，包括影视类作品 70 部，音乐类作品 92 部。评选出声音学院奖·优秀作品奖 83 部，其中一等奖 14 部、二等奖 26 部、三等奖 43 部；评选出声音学院奖·优秀指导教师奖获奖者 45 名，并授予北京电影学院、中国传媒大学等 17 所高校声音学院奖·优秀院校组织奖。

1 月 11 日，学会在首届 1024 全国广电融媒体颁奖盛典上举办省、市、县级广电媒体榜单发布及颁奖仪式，表彰在 2018 年媒体融合工作中表现优异的广播电视媒体单位。

党建强会 3 月 22 日，学会在北京召开中国电影电视技术学会党委扩大会议。会上由学会党委成员向全体常务理事传达中国科协有关文件。12 月 4 日，学会在重庆市召开中国电影电视技术学会党委扩大会议。会后，组织全体理事参观重庆红岩革命纪念馆，接受党性教育。

学会在官方网站设立“党建专区”板块，向广大会员传达党中央精神和相关政策。按中国科协要求开展爱国诗歌朗诵活动，并在学会官网首页设立循环播放链接。

11 月 24 日，学会转播技术专业委员会与中央广播电视总台援疆干部一起前往新疆维吾尔自治区和田地区皮山县举办党建公益捐赠活动，向当地中小学生捐赠 500 个 LED 台灯。

会员服务 学会在官网开放影视技术成果库，及时更新学术会议信息、行业标准、发展动态，方便会员浏览和开展学术交流。利用学会微信公众号，向会员发布会议通知，介绍影视科技发展动态，传播学会工作信息。通过学会科学奖励管理系统，为申报奖项的广大会员提供公平专业的服务。

（撰稿人：路晓俐 蒋 芳）

中国振动工程学会

服务创新型国家和社会建设 2019 年，学会完成“基础设施振动噪声控制关键技术应用”等 3 个项目的成果鉴定工作。

学会振动与噪声控制专业委员会举办6次技术培训会，并将培训地点扩展到北京以外地区，包括四川省成都市、上海市和广东省广州市。该系列技术培训受到第一线的企业科技工作者以及在校研究生和年轻教师的欢迎，其中企业科技工作者参与比例超过50%。

学会动态信号分析专业委员会公益性主办机器状态监测诊断技术认证初、中级培训班。培训班以国家标准为依据，通过案例讲解基本概念和基本技能，聘请相关院校和科技公司理论实践经验丰富的专家进行讲授。学员通过培训，系统学习机器状态监测诊断相关基础知识，了解目前设备状态监测与故障诊断技术的现状与发展趋势。通过师生双方交流、互动及答疑，以及实用技术培训，帮助广大企业设备管理维修人员以及乐于从事该项工作的社会各方人员了解、掌握机器状态监测诊断技术。

学会建设 学会贯彻落实《中国科协2019年工作要点》，加强制度建设，完善内部治理，开拓学会业务，提升会员发展和服务水平。

7月13日，中国振动工程学会八届七次常务理事会议在江苏省南京市召开。会议汇报学会换届工作筹备情况，确定学会第九届理事会理事、常务理事会候选人名单，讨论酝酿学会负责人拟任人选；讨论学会第十三届全国振动理论及应用学术会议、第八次振动工程国际学术会议筹备工作；决定组织开展2019年中国振动工程学会科学技术奖评选工作。

11月8日，中国振动工程学会八届八次常务理事会议在陕西省西安市召开，会议审议通过学会第九次全国会员代表大会议程及相关事项；审议同意学会振动利用工程专业委员会换届工作。

11月9日，学会召开第九次全国会员代表大会，进行理事会、常务理事会的改选。第九届理事会共有理事150人，常务理事49人。

截至12月31日，学会共有个人会员1545人，新增496人，比2018年增长45.5%。新设立5个工作委员会，分别是科学技术奖励委员会、对外交流与合作工作委员会、人才工作委员会、青年工作委员会、科普和竞赛工作委员会。

主办期刊 2019年，《振动工程学报》出版6期，年收稿量475篇，发表论文126篇。根据《中国学术期刊影响因子年报（2019版）》，《振动工程学报》2018年复合影响因子为1.333，在力学类19种期刊中排名第5，在工程与技术科学基础学科类51种期刊中排名第6；影响力指数CI值在工程与技术科学基础学科类51种期刊中排名第8，基金论文比为0.94。

2019年，《振动与冲击》出版24期，年收稿量2766篇，发表论文918篇。根据《中国学术期刊影响因子年报（2019版）》，《振动与冲击》2018年他引总被引频次为7153，他引影响因子为0.706，影响力指数在工程与技术科学基础学科类51种期刊中排名第1，在土木建筑工程162种期刊中排名第9。2019年《振动与冲击》继续被评为中国国际影响力优秀学术期刊。

国际学术会议 8月11—13日，2019国际智能制造与机械动力学学术大会暨中国振动工程学会机械动力学第十一届专业委员会第二次会议在湖南省株洲市召开，来自中国、德国、南非等国高校、研究院所、企业的专家、学者共计180余人参加会议。大会征集投稿126篇，录用稿件108篇，部分论文推荐至国内和国际相关期刊发表。

10月12—15日，第五届包装技术与科学国际会议暨第十八届全国包装工程学术会议在天津市召开。此次会议由天津科技大学、学会包装动力学专业委员会和中国包装联合会联合主办。来自泰国、瑞典、日本、加拿大的国际包装领域的专家、学者，以及来自国内多个包装工程专业高校、科研院所、企业的专家、学者共200余人参加会议。大会包括6个特邀报告、7个主题报告、4个平行分会场专题报告。泰国农业大学教授Vanee Chonhenchob、瑞典中部大学教授Tetsu Uesaka、加拿大林产品创新研究院教授Xuejun Zou，江南大学教授Daisaku Kaneko分别作特邀报告。

国内主要学术会议 2019年，学会及其所属分支机构共举办各类国内学术会议15次，参加人数3945人次，交流报告、论文1683篇。

3月23—25日，由学会主办，汕头大学、学会结构抗振控制与健康监测专业委员会、广东省高等学校结构与风洞重点实验室承办的2019全国工程结构风致振动、监测与控制学术会议在广东省汕头市召开。来自国内46所高校和国内外10多家科研单位的180多位教授、专家、学者和研究生参加会议，共交流论文107篇。中国工程院院士、湖南大学教授陈政清，同济大学教授朱乐东、曹曙阳，汕头大学教授王泉等11位专家分别作题为《斜拉桥拉索涡激振动的电涡流控制技术》《大跨度钝体桥梁非线性颤振的理论和试验研究》《低频脉动风速和高频突变风速的模拟及其荷载效应》《工程结构的健康监测》等的大会学术报告。

1月12—13日，2019年测试技术专题交流会在重庆市召开。会议由学会动态测试专业委员会与重庆理工大学承办。来自国内30余所高校、研究单位及企业的80余位专家、学者参加会议，交流测试技术领域所取得的新成就和新成果。会议包括大会主题报告1个、学术交流报告25个，以及机械检测技术与装备教育部工程研究中心和汽车零部件先进制造技术教育部重点实验室参观活动等。

4月19—21日，由学会故障诊断专业委员会主办，学会动态信号分析专业委员会等协办的故障诊断领域全国青年学者论坛在安徽省合肥市召开。来自20多所院校的50余位专家、学者参加会议。北京科技大学教授冯志鹏、重庆工商大学教授李川、北京航空航天大学教授张辉、中国兵器集团北方车辆研究所研究员杨阳、西安交通大学教授严如强等专家分别作大会报告。

5月4—8日，学会转子动力学专业委员会在河南省郑州市举办转子装备基础研究与共性技术创新论坛暨中国振动工程学会转子动力学专业委员会第九届四次会议，研讨转子动力学领域学术发展、科技创新大计。来自全国各地的专家、学者，以及100余家高校及单位的代表近300人参加论坛，近40名专家、学者作“转子装备（部件）动力学设计与控制”“运行监测与故障诊断”“健康评估与智能维护”主题学术报告，并进行研讨。

5月10—12日，第17届全国非线性振动暨第14届全国非线性动力学和运动稳定性学术会议在江苏省南京市召开。会议由学会非线性振动专业委员会主办，中国力学学会动力学与控制专业委员会协办，南京航空航天大学机械结构力学及控制国家重点实验室和航空学院、江苏省力学学会承办。来自100余所高校及科研院所的1235位包括长江学者、国家杰出青年基金获得者在内的专家、学者参加会议。会议收录论文摘要715篇，交流口头报告621个、海报展示113个。

7月21—23日，2019年全国高维非线性系统复杂动力学研讨会在内蒙古自治区呼和浩特市召开。研讨会由学会非线性振动专业委员会主办，内蒙古工业大学和内蒙古力学学会共同承办。来自20多所高校及科研院所的60余位专家、学者参加会议，就当前国内外的最新技术动态、研究过程中遇到的难题和瓶颈进行讨论和交流。

7月27—31日，由学会包装动力学专业委员会与内蒙古农业大学共同发起的现代包装发展趋势与研究方向研讨会在内蒙古自治区呼和浩特市召开。来自16所高校的20余名专家、学者参加会议，围绕现代包装科学与技术的发展趋势、包装学术研究的热点、中国包装工业发展中呈现的新动态、高校包装工程专业研究方向的设置等话题展开讨论。

8月18—20日，由学会振动利用专业委员会主办，河北工业大学承办的第八届全国振动利用工程学术会议在天津市召开。包括中国科学院院士闻邦椿、赵淳生等专家，以及徐州工程机械集团有限公司、苏州东菱科技有限公司等行业领军企业的30位企业代表在内的150余人参加会议。会议征集论文100篇，交流21个大会报告。

9月21—22日，2019中国振动工程学会非线性振动专业委员会非线性振动论坛在辽宁省沈阳市召开。来自50多所高校及科研院所的140余名学者参加会议。包括国家杰出青年基金获得者、国家优秀青年基金获得者在内的12位学者作大会报告。与会专家围绕非线性振动及动力学与控制学科发展进行研讨。

11月22—24日，学会结构抗振控制与健康监测专业委员会主办的第八届全国结构抗振控制与健康监测学术会议在安徽省合肥市召开。会议由合肥工业大学承办，来自高校和企业的专家、学者500余人参加会议，其中企业科技工作者41人。会议收到论文160余篇，并印刷会议摘要论文集。大会围绕结构荷载场的特性，建模和预测，结构数值建模，静动力分析与设计，结构健康监测、识别、诊断与评估，结构主动、半主动、被动、混合与智能控制，结构维修和加固及改造与性能提升等主题开展学术交流，包括15个大会报告、24个邀请报告和120个技术报告。

12月6—8日，学会结构动力学专业委员会与冲击及防护工程专业委员会联合主办的2019年全国结构振动与动力学学术研讨会暨全国冲击与防护学术研讨会在云南省昆明市召开。会议议题包括振动力学、结构振动控制、结构动力试验、结构动力设计与分析、非线性动力学、随机振动、动力学应用、工程结构抗冲击/抗爆/防撞及防护技术、结构冲击、振动数值模拟方法、工程结构冲击倒塌分析与设计方法、冲击与防护相关测试技术、航天器着陆等。会议邀请中国工程院院士、湖南大学教授陈政清，上海交通大学教授高峰作大会主题报告。来自国内多个科研院校的34位学者作报告，95人参加会议。会议共收录摘要和论文39篇，均以论文集的形式出版。

两岸交流 8月23—26日，由浙江大学、同济大学、学会结构抗振控制与健康监测专业委员会等主办，武汉理工大学承办的第十届（2019）海峡两岸高校师生土木工程监测与控制研讨会在湖北省武汉市召开。来自高校和研究所等单位的300余名专家、学者参加会议。会议收到论文155篇，并印刷会议摘要论文集。会议期间交流大会报告19个、教师专题报告47个、学生报告89个，还分5个会场分组进行交流研讨。

表彰举荐优秀科技工作者 1月，学会制定《中国振动工程学会2019年推选院士候选人工作方案》。依据工作方案组织开展推选工作，经学会推选专家委员会进行评审和投票表决，推荐1名中国工程院院士候选人，2名中国科学院院士候选人。

2019年，学会首次开展科学技术奖评选工作。中国振动工程学会科学技术奖是经国家科学技术奖励工作办公室批准设立的全国振动工程技术科技成果奖，每年评选表彰一次。此次评选共收到专家、相关单位推荐的来自高校、科研院所及企业的科学技术奖推荐材料19份，覆盖全国10多个省、自治区、直辖市。经形式审查、专家初评，14个项目进入终评。12月28日，2019年中国振动工程学会科学技术奖评审会在北京召开，经过专家评审，通过中国振动工程学会科学技术奖励委员会审核。“大型风敏感设施风振预测及其控制精细理论、关键技术及应用”等3个项目获得一等奖，“极端环境下多孔介质耗能机理及减振降噪应用研究”等5个项目获得二等奖。

党建强会 2019年，学会完成党委换届工作，选举产生由7人组成学会第九届理事会党委，党委书记由华宏星担任。

学会党委共召开党委会议3次，组织学习《中国科协党的建设工作方案》《中国科协科技社团党委2019年学会党建工作要点》及党的十九届四中全会精神等重要文件和精神，审议中国振动工程学会全国会员代表大会、理事会议、常务理事会议议程并商讨相关工作。

【第十三届全国振动理论及应用学术会议】 11月10—12日，由学会主办，西北工业大学、西安交通大学联合承办，陕西省振动工程学会、陕西省力学学会协办的第十三届全国振动理论及应用学术会议在陕西省西安市召开。来自国内100余家高等院校、科研院所、企事业单位从事振动工程研究和应用的600余位科技工作者参加会议。

大会特邀中航工业第一飞机设计研究院副总工程师谭申刚代表中国工程院院士唐长红作题为《飞机设计中的结构动力学问题》的学术报告，中国科学院院士、南京理工大学教授芮筱亭作题为《多体系统传递矩阵法（芮方法）及其应用》的学术报告，汕头大学执行校长、加拿大皇家科学院院士、加拿大工程院院士、欧洲科学院院士、欧洲科学与艺术院院士王泉作题为《工程结构健康监测》的学术报告。

会议共收录摘要360篇，论文全文159篇，设置14个分会场，宣读学术报告339篇，其中分会场邀请报告24篇，内容涉及高铁基础设施的振动与控制、振动与噪声控制、机器人动力学与测试技术、工程结构振动舒适度、机械动力学、结构振动及冲击动力学、非线性振动、随机振动和故障诊断、振动领域的相关问题。80篇论文以墙报形式进行展示。会议期间进行振动测量仪器设备展览。

（撰稿人：刘　红　张利明）

中国颗粒学会

服务创新型国家和社会建设 10月16—18日，由学会主办的第十七届中国国际粉体加工／散料输送展览会（IPB 2019）在上海市召开。来自粉碎、研磨、筛分、干燥、混合、过滤、输送、包装、测试、安全防爆等领域的13个国家的177家展商在1万余平方米的空间内展示最新的粉体加工和散料输送技术，11366位专业观众参加展会，参观人数较2018年增长近30%；95%的展商对参展效果表示满意。

2019年，学会团体标准工作委员会按照《中国颗粒学会团体标准管理办法》的要求，发布标准2个，分别是：T/CSP 5—2019《颗粒技术 气固反应测试 微型流化床法》和T/CSP 6—2019《颗粒技术 分散体系稳定性评价 静态多重光散射法》。

主办期刊 学会主办英文刊物 *Particuology*（《颗粒学报》）和中文刊物《中国粉体技术》，前者定位为国际化的学术期刊，后者为应用技术研究的行业性期刊。

Particuology 是由学会和中国科学院过程工程研究所主办，Elsevier 和科学出版社出版的英文双月刊，先后被 SCI、EI、CA、CSA 等国内外多家检索机构收录。2018 年度 SCI 影响因子为 2.616。

《中国粉体技术》是集中讨论粉体工程学的技术性期刊，已先后进入美国《化学文摘》、英国《剑桥科学文摘》、俄罗斯《文摘杂志》等检索系统，被国内多家数据库收录，为中文核心期刊。

国际学术会议 5 月 26—31 日，由学会和美国化学工程师学会共同主办的第十六届国际流态化会议在广西壮族自治区桂林市召开。来自中国、加拿大、英国、德国、美国、日本、法国等 28 个国家和地区的相关人员及工业界代表共 270 余人参加会议。会议以“从基础到应用”为主题，共设 4 个分会 215 个报告，包括 10 个大会报告、20 个主题报告、185 个口头报告，以及 32 个墙报，内容涉及化学链反应、循环流化床、纳米颗粒流化、流化床应用、流化床设计、测量和设备、混合和偏析、建模和仿真等国际流态化研究与开发的前沿和主要领域。

5 月 30 日—6 月 3 日，第十四届国际气液和气液固反应器工程大会在广西壮族自治区桂林市举办。会议由中国科学院过程工程研究所主办，学会与桂林电子科技大学、清华大学共同承办。来自中国、美国、加拿大、德国、法国等 18 个国家化工领域的专家和科研机构以及企业界代表共计 260 余人参加会议。会议以“多相流反应器中的多尺度结构：从基础研究到工业应用”为主题，涉及 3 个议题，共设有 19 个分会 223 个报告，包括 8 个大会报告、25 个主题报告、138 个口头报告和 52 个墙报。

7 月 28—31 日，由学会与英国皇家化学会、英国爱丁堡大学、中国科学院过程工程研究所共同主办的第 7 届中英国际颗粒技术论坛在英国爱丁堡召开。来自中国、英国、澳大利亚、美国、德国、新加坡、法国、荷兰、日本、比利时等 15 个国家和地区的共计 180 余人参加论坛。论坛采用大会报告、分会报告和墙报三种形式，分别就多尺度模拟、颗粒设计技术、颗粒制备与表征技术、粉体处理技术以及其他颗粒相关技术等的最新进展进行交流和沟通，其中邀请报告 19 个、口述报告 91 个、墙报展示 30 个。

国内主要学术会议 4 月 19—20 日，由学会吸入颗粒专业委员会、全国吸入给药联盟与中国医药工业信息中心、北京达孜君合医药科技有限公司共同举办的吸入仿制药一致性评价和生物等效性研究学术研讨会在北京召开，来自吸入行业专业的专家、学者、企业代表和从业人员共 220 余人参加会议。与会专家介绍美国药品注册法规中 505（b）（2）的相关内容，对于企业申报吸入产品申报的特殊途径提出设想；参会人员介绍中国已开展的吸入药物生物等效性研究的相关经验和案例分析。

8 月 23—25 日，由学会颗粒制备与处理专业委员会主办的第十四届全国颗粒制备与处理学术研讨会在辽宁省丹东市召开。110 余人参加会议，其中企业代表 30 余人。大会设特邀报告 11 个，交流报告 20 个。与会专家、学者宣读论文，进行交流与讨论。

9 月 17—20 日，由学会流态化专业委员会主办的第十届全国流态化会议暨颗粒技术会议在辽宁省大连市召开。会议共安排 7 个大会报告、18 个邀请报告和 55 个口头报告以及 19 个墙报展示，来自流态化、颗粒等相关研究领域的 150 余名专家、学者参加会议。会议内容涉及流化床传递过程模型、MTO（甲醇制烯烃）过程流化床研究与开发、燃烧气化过程流化床研究与开发、流化床气固流动模型、流化床与颗粒新技术、流化床测量、流化床试验与应用等。

9 月 22—23 日，中国颗粒学会微纳气泡专业委员会 2019 年年会在浙江省杭州市召开，来自高等院校、研究所和科技企业的 136 人参加会议，其中有 36 家企业的 56 名代表。会议包括 6 个专家邀请报告、12 个主题报告和海报专场。报告主题主要有纳米气泡 / 水基础研究、微纳米气泡应用研究、微纳米气泡的检测和企业家论坛。

11 月 8—10 日，由学会颗粒测试专业委员会主办的第十二届全国颗粒测试学术会议暨 2019 全国粉体测试技术应用研讨会在浙江省杭州市召开。会议邀请国内外颗粒测试的专家作大会学术报告，总结交流颗粒测试等方面的最新成果，探讨颗粒测试发展方向和未来趋势，为与会者提供交流新思想、切磋新技术的平台。此次会议共有 143 人注册和参加，收到学术论文 33 篇。大会报告以颗粒及粉体测试、表征及技术应用为中心内容，组织口头报告 33 个，其中特邀报告 3 个、大会报告 3 个。

11 月 8—10 日，由学会生物颗粒专业委员会主办的第四届全国生物颗粒大会暨工业药剂学产业化进展学术研讨会在广东省深圳市召开。431 人参加会议，其中高校代表99人，企业代表332人。会议收到论文投稿近80篇，并刊印会议论文集。会议共设8个大会报告、32个分会场报告、17个展位。

12月13—15日，由学会主办，湖南大学、中南大学、湘潭大学承办的2019功能材料与界面科学研讨会在湖南省长沙市召开，近500名专家、学者参加会议。会议围绕“功能材料与界面科学”主题，针对当前能源、环境、生物、信息等交叉学科中的功能材料及其表界面科学问题展开研讨。会议内容涉及无机材料、金属材料、高分子材料、表界面技术与表征手段等主题，共计240余人作报告。

12月24—25日，由学会能源颗粒材料专业委员会与中国粉体网联合主办，天目湖先进储能技术研究院协办的2019高比能固态电池关键材料技术研讨会暨第三届能源颗粒材料制备及应用技术高峰论坛在江苏省苏州市昆山市召开。此次论坛重点讨论不同电解质技术的产业化进程，以及相关电池正负极材料在组分比例调整、界面改性、能量密度提升等进阶方向的研发和产业化现状。来自中国科学院、北京理工大学、广东工业大学、苏州大学、赛迪研究院等科研院所和高校的10余位专家、学者作报告，近300位来自全国各地的能源颗粒材料领域内的专家、学者、企业代表参加会议。

两岸交流 8月16—19日，由学会超微颗粒专业委员会主办的第十一届海峡两岸超微颗粒学术研讨会暨中国颗粒学会超微颗粒专业委员会2019年会在湖北省宜昌市召开。来自海峡两岸的高等院校、科研学术机构等共34人参加会议。会议共设4个大会报告，24个会议报告。参会人员就超微颗粒领域的重点、热点问题以及前沿学科所带来的机遇挑战等进行学术交流与研讨。

11月15—18日，由学会与台湾气溶胶学会主办的第十六届海峡两岸气溶胶技术研讨会在河南省洛阳市召开。来自海峡两岸的科研机构、高等院校、环境监测单位的170余名专家、学者参加研讨会。会议主题为“区域大气污染防治最新研究进展及技术”，邀请多名国内外气溶胶研究学者出席并作报告，包括11个邀请报告、45个大会报告、20个书面报告，并有5家展商参与仪器展览。

（撰稿人：韩秀芝）

中国照明学会

服务创新型国家和社会建设 学会完成“2016—2017年中国半导体照明产品市场调查”课题，获得半导体照明产品市场应用数据和照明用电量占全社会用电量的比重，明确半导体照明对节能减排的贡献，为中国工程院固态照明重点咨询项目“我国固态照明现状及技术、产业和应用发展战略研究”提供支撑。

10月30日，学会联合中国科学院半导体研究所、北京华通人商用信息有限公司在北京召开《2016—2017年中国半导体照明产品市场调查报告》新闻发布会，国家发展改革委、国家节能中心、中国节能协会、中国照明电器协会及学会相关领导，清华大学教授罗毅等出席发布会。

由学会推荐的高光效长波长LED材料及芯片制造技术、大功率石墨烯窄带物联网光伏路灯、超级电容高功率光伏路灯3项照明科技成果入选《2019前沿领域科技成果推介手册》，并于2019年全国科技工作者日发布。

学会举办照明设计师培训29次，培训人数1732人次，比2018年增加502人次，其中培训初级照明设计师682人次、中级照明设计师747人次、高级照明设计师303人次。

10月，学会制定并发布《村镇照明标准》（T/CIES 018—2019）团体标准。

3月24日，学会组织专家对南昌大学国家硅基LED工程技术研究中心和南昌硅基半导体科技有限公司共同完成的硅基LED照明技术系列5项科技成果，即“高光效黄光LED材料与芯片制造技术”“高光效绿光LED材料与芯片制造技术”“高光效AlGaInP基红光LED芯片制造技术”“硅基LED专用MOCVD装备设计与制造技术”“金黄光LED照明光源及灯具”进行技术鉴定。

5月13日，学会组织专家对重庆大学建筑城规学院与四川美术学院合作的“一种沉浸式光影艺术装置——‘洞见’”项目进行科技成果鉴定，鉴定委员会认为该装置的研究具有自主知识产权，已获得3项实用新型专利授权，创新性地实现照明技术与影像艺术的结合，具有较大的推广应用价值。

学会建设 截至2019年年底，学会有个人会员4100名，比2018年减少100名，其中高级会员627名；

学会有团体会员1270个，比2018年增加1个。

9月6日，学会召开七届四次理事会议，中国轻工业联合会会长张崇和、党委副书记徐祥楠以及学会理事159人参加会议。会议以不记名投票方式选举刘正雷为学会第七届理事会理事长。

主办期刊 2019年，学会主办的期刊《照明工程学报》共出版6期，该刊入选国家新闻出版署出版融合发展（武汉）重点实验室学术期刊融合出版能力提升计划、日本科学技术振兴机构数据库JST China、波兰《哥白尼索引》（ICI）Journals Master List 2018，被收录为中国科技核心期刊。

国际学术会议 6月25—26日，学会交通运输照明和光信号专业委员会与上海机动车检测认证技术研究中心有限公司、复旦大学电光源研究所等联合主办的第七届中国国际汽车照明论坛（IFAL）在上海市召开。学会副理事长郝洛西、国际汽车照明和信号专家组（GTB）主席Geoff Draper、复旦大学工程与应用技术研究院副院长徐晓创和上海机动车检测认证技术研究中心有限公司副总经理朱晓明等400余名专家、学者参加会议。论坛以“汽车照明与感知——通往自动驾驶之路”为主题，围绕“车灯设计及品质控制”“AFS及ADB技术发展”“汽车照明新技术及材料”“自动驾驶中信号灯的需求”“自动驾驶中的汽车照明器件与系统”“内饰照明及显示技术”6个专题交流探讨。

论坛共收录论文43篇，邀请Geoff Draper作题为《全球汽车照明规范——更新与未来计划》的主题演讲，介绍当前全球照明规范的现状，并对未来革新作出预测；31位国内外年轻学者作专题报告。

学会交通运输照明和光信号专业委员会主任、复旦大学电光源研究所副所长、IFAL创始人、复旦大学教授林燕丹代表国际组委会发布“2020年汽车照明领域的热点研究”课题，为产、学、研各界工作人员提供新的科学研究方向。

国内主要学术会议 2019年，学会及其所属的分支机构共举办国内学术交流活动13次，参会人数共计3500余人次，交流论文150余篇。

6月10日，学会和佛山市照明灯具协会在广东省佛山市共同主办2019中国健康照明论坛，近200名专家、学者参加会议。学会专职副理事长高飞、佛山市科协调研员黄文致辞。学会副理事长、同济大学建筑与城市规划学院教授郝洛西作题为《旨在主动健康干预的光健康循证研究与应用》的报告，全面阐述运用光的科技对健康进行主动干预的学术逻辑和理论依据，并展示相应的研究成果。首都医科大学宣武医院研究员王文作题为《光照与大脑功能》的报告，详细讲述光照与昼夜节律，并从专业的角度阐述健康照明对人体大脑功能的影响。11名专家围绕“健康照明”主题作报告。

7月12日，学会和吉林省科协在吉林省长春市举办中国汽车工业照明高峰论坛，来自全国各地汽车行业、照明行业的领导、专家、学者约400人出席论坛。中国汽车工业工程有限公司技术部副部长孙文华作题为《汽车工厂消防应急照明和疏散系统设计》的报告，他认为消防应急照明和疏散指示系统的合理设计，能保证系统在发生火灾时能有效为建、构筑物中的人员在疏散路径上提供必要的照度条件、准确的疏散导引信息，从而有效保障人员的安全疏散。机械工业第九设计研究院有限公司电气部部长王健作题为《汽车工厂主体厂房照明环境浅析》的报告，以汽车生产的四大主要工艺车间照明设计为切入点，强调汽车生产工艺复杂，各个车间的建筑形式不同，对照明设计的需求也不一样，需要设计师在做照明设计时要遵循国标和行业标准；在项目实施中，要配合项目的施工方、供应商，设计出既符合业主要求又易于实现的方案；设计要立足于用户使用，便于维修。8名专家围绕“汽车工业照明”主题作报告。

11月14—15日，学会在浙江省杭州市主办以“匠人·匠心”为主题的照明设计师第九届交流年会暨工程应用产品展，共有500余名专家、学者、设计师参加会议。学会副理事长、北京照明学会理事长、清华大学建筑设计研究院有限公司总工程师徐华作题为《回归初心》的报告。中央美术学院设计艺术学院副院长成朝晖作题为《匠人·匠心·匠艺》的报告。北京清城同衡照明设计院有限公司副院长李丽作题为《文旅时代，光影赋能》的报告。26名专家围绕“城市景观照明”“智慧照明”“照明工程设计”等主题作报告。

12月14日，学会与辽宁科技大学在辽宁省鞍山市鞍钢博物馆联合举办面向东北振兴战略的照明教育与产业主题论坛暨中国照明产业人才教育论坛，100余名专家、学者和设计师参加论坛。辽宁科技大学校长张志强致辞。中国科学院院士、南昌大学教授江风益向与会专家、学者分享照明光源、色温和LED技术的未来发展和专业领域的研发方向的看法。学会专职副理事长高飞围绕照明行业发展和近几年照明领域行业取得的成果等方面作演讲。4名专家围绕照明教育和照明产业主题作报告。

两岸交流 11月15日，由学会与台湾区照明灯具输出业同业公会共同主办的海峡两岸第二十六届照明科技与营销研讨会在四川省自贡市召开。会议主题为“科技共享，技术共赢，智创未来”，来自海峡两岸照明领域的专家、学者190余人参加会议。开幕式上，学会专职副理事长华树明、台湾区照明灯具输出业同业公会理事长冯松阳、全国台湾同胞投资企业联谊会监事长黄明智、自贡市政府领导等分别致辞。

会上，清华大学美术学院教授杜异作题为《设计思维促进产品创新》的报告，指出设计思维决定设计定位，设计方法和设计流程的改变是最终产品创新的核心；台湾工业技术研究院绿能与环境研究所研究员黄祺峻作题为《台湾LED智慧照明技术与标准进展》的报告，剖析台湾地区照明节能推动背景、室内智慧照明推广现状及2019年智慧照明技术规范。16位专家、学者作专题演讲报告，内容涵盖钙钛矿发光二极管、健康照明、智慧照明、农业照明、道路照明、照明工程设计等。

国际组织任职 6月17—19日，国际照明委员会（CIE）第29届大会在美国华盛顿特区举办，会议期间宣布新一届董事局官员正式上任，任期为2019—2023年，学会副理事长、《照明工程学报》主编郝洛西担任CIE副主席，主管出版工作。

国际交往 1月25日，学会前任理事长邴树奎，副理事长、同济大学教授郝洛西等前往韩国首尔出席亚洲照明大会组委会第23次工作会议。会议讨论并确定第十二届亚洲照明大会的举办方案。

5月20—24日，学会理事阮军率7名代表参加由瑞典标准化协会（SIS）在瑞典斯德哥尔摩举办的ISO/TC 274光与照明技术委员会第七次成员大会，来自全球14个国家和地区的40名专家、学者出席会议。会议就照明系统调试方法标准、自适应道路照明系统标准、光与近视、非视觉效应等进行研讨。

6月14—22日，学会前任理事长邴树奎，副理事长、同济大学教授郝洛西及中国照明专家、学者共63名参加由国际照明委员会（CIE）在美国华盛顿特区举办的国际照明委员会（CIE）第29届大会。来自37个国家和地区的478名专家、学者参加交流。大会共收集论文292篇，交流报告94个、口述墙报31个、张贴报告137个。大会设立专题研讨会8场、CIE分部会议和技术委员会会议55场，研讨内容包括颜色视觉、光度和辐射度的测量方法、道路照明、健康照明、农业照明、眩光评价方法等照明领域未来发展的热点。

表彰举荐优秀科技工作者 学会开展第十四届中照照明奖评选工作，共评选出照明工程设计奖（单位）一等奖24项、二等奖49项、三等奖53项，照明科技创新奖（单位）一等奖5项、二等奖11项、三等奖12项。

党建强会 学会联合党支部召开“不忘初心、牢记使命”主题教育活动，组织支部党员学习、开展党建活动6次，完成中国轻工业联合会巡视整改的总结报告，结合学习党的十九届四中全会精神，全面梳理学会存在的问题，提出学会整改报告。

学会党支部开展中国科协科技社团党委2019年全国学会“党建强会”计划党建强会特色活动——党建+服务基层。6—11月，学会对北京市、天津市、河北省4个乡村的照明光环境现状进行调研，累计25人次参与项目活动，其中照明设计师、建筑照明专家、学会会员共9人，为乡村照明建设规划与设计提供服务。

9月6日，学会党委在江苏省常州市召开2019年理事党员专题会议，40余位学会理事党员参加会议。会议介绍中国轻工业联合会《关于进一步加强党建工作的意见》的内容；总结2018—2019年学会秘书处党支部和学会党委的工作，通报下一步工作计划。全体到会党员一致同意决定增补学会理事长刘正雷、学会舞台电影电视专业委员会主任王京池为第七届理事会党委委员；一致同意刘正雷为学会党委书记，专职副理事长高飞为党委副书记人选报中国科协科技社团党委。

会员服务 学会为会员免费寄送《照明工程学报》8000余份。学会会员可优先参与学会活动和在学会期刊《照明工程学报》上发表论文，通过学会会员QQ群、学会微信公众号等了解学会活动，并可通过学会官网“会员服务”专栏办理入会。

【2019年中国照明论坛】 9月5—6日，学会主办的2019年中国照明论坛——半导体照明创新应用与智慧照明发展论坛在江苏省常州市召开。学会前任理事长邴树奎在开幕式上致辞。此次论坛以“新业态、

新挑战、新技术、新发展”为主题，照明行业专家、学者、设计师近500人参加论坛。

学会秘书长窦林平作题为《照明行业转型过程中的机遇和挑战》的大会主题报告，总结2018年照明行业的发展情况，并对照明行业在转型过程中面临的渠道变革、专业照明发展、景观照明转型、智慧城市发展等机遇和挑战进行分析，为照明行业的发展提供新思路；北京清控人居光电研究院有限公司院长荣浩磊作题为《不忘初心、深耕定制——用光共创价值》的报告，提出三个价值理念：环境价值、社会价值和经济价值；学会副理事长、同济大学教授、国际照明委员会副主席郝洛西作题为《开放融合，共赢未来——第29届国际照明委员会CIE大会及第12届亚洲照明大会回顾》的报告，介绍国际照明委员会的情况，并分享第29届CIE大会及第12届亚洲照明大会的成果，总结会议报告中照明的八大趋势和热点问题。27位专家、学者从景观照明、智慧照明、健康照明、文旅照明、照明工程设计等方面作学术报告，阐释照明行业关注的智能、质量、健康等热点话题。

大会设立1个主题论坛和照明设计与应用、照明产业与技术2个分论坛，共作30篇学术报告。论坛同期举办第十四届中照照明奖颁奖活动，以及照明企业新产品新技术展览。

【第十二届亚洲照明大会】 8月22—23日，由学会、日本照明学会及韩国照明电气设备学会共同组织，韩国照明电气设备学会主办的第十二届亚洲照明大会在韩国大邱召开。会议主题为“用先进的照明连接社会（Connected Society through Advanced Lighting）”，来自中国、日本、韩国、印度、新加坡等国家和地区的150余名专家、学者参加会议。

开幕式上，学会副理事长、亚洲照明大会中方主席、同济大学教授郝洛西，日本照明学会副会长Tomoo Otsuka，韩国照明电气设备学会会长Sedong Kim分别致辞。

大会主旨报告环节，美国伦斯勒理工学院（RPI）照明研究中心（LRC）教授Mariana G.Figueiro作题为《照明对健康和幸福感的影响》的报告；在邀请报告环节，清华大学副教授张昕作题为《激活乡村暗夜：对松阳照明设计的回顾》的报告。

在主题为“健康照明（Healthy Lighting）”的专题讨论会环节，郝洛西介绍“改善情绪及节律的健康光照干预系统”的应用，基于光照通过视觉作用与非视觉生物效应，影响视觉认知、主观情绪，参与调节人体生理体征、激素分泌、昼夜节律这一理论基础，研究患病人员对不同环境下光与色彩刺激的响应状况，提出“人居健康型光环境”解决方案；韩国延世大学教授Taewha Han则从医生的角度系统分析照明在卫生保健方面的应用，并对未来照明提出大胆的想象；来自日本松下的博士Kazuhiro Hatta介绍其公司研发的调节生理节律的照明系统的应用对于老年人睡眠质量有明显的改善作用。

会议共交流30个口头报告、15个短口头报告和80余个张贴报告，并设2场专题讨论会和1场学生专场，围绕人居照明、智能照明、照明设计、照明控制、颜色科学、光健康等热点问题展开研讨。

（撰稿人：宫寅慧）

中国动力工程学会

服务创新型国家和社会建设 10月17—19日，学会咨询展览工作委员会作为承办单位之一，参与筹备2019年在北京举办的2019第十三届中国国际核电工业及装备展览会。该展览会集中、全面展示核电装备制造及核电技术应用等方面的最新技术和设备，展出面积约1.2万平方米，国内外参展厂商约300家。

受相关单位委托，学会组织专家开展“燃煤电站硫氮污染物超低排放全流程协同控制技术及工程应用”“超临界600MW三缸四排汽汽轮机优化升级改造及推广应用”“跨广域网Web与DCS融合技术应用研究”“基于全流程燃煤烟气污染物控制的电站环保关键技术及应用”“基于热法浓缩与烟道蒸发的燃煤机组废水零排放技术研究及应用”“大容量电站锅炉燃煤全过程高效低NOx燃烧的关键技术及应用”等多个项目的鉴定工作。

为总结改革开放40年来中国电力装备技术创新与发展，学会和多家相关单位共同组织、编撰《电力强国的崛起——中国电力装备技术创新与发展》一书，2019年召开多次工作会议，近100位专家参与编纂。

受企业委托，学会为燃煤热值在线测量技术从研制产品到联系电厂试用提供一系列技术咨询，并于6月16日组织专家召开产品鉴定会。

学会建设 2019年，学会召开常务理事会议3次，理事会议1次。召开中国动力工程学会第十一次会员代表大会，选举产生新一届理事会成员 119 名，其中常务理事 39 名。

学会对个人会员和团体会员资料重新整理、统计，结果显示，个人会员总数 1500 人，单位会员 83 个。

主办期刊 2019 年，学会主办的期刊《动力工程学报》向中国科协推荐能源、化工与环境学科集群优秀论文评审和推荐专家，并组织专家进行优秀论文的推荐和评审工作。推荐的论文《汽轮机高温部件总寿命的计算方法及工程验证》被评为第四届中国科协优秀科技论文。据《中国学术期刊影响因子年报（自然科学与工程技术·2019 版）》统计,《动力工程学报》在能源与动力工程类 52 种期刊中排名第 4，被列为中文工程类核心期刊。

《动力工程学报》组织多名编辑对期刊编校相关标准进行解读，在编辑部内部组织交流学习。

学科发展工程 为推动中国动力机械工程学科发展，研究本学科领域中的最新前沿热点和发展趋势，学会于 2018 年在中国科协立项，组织编制《2018—2019 动力机械工程学科发展报告》。2019 年学会多次组织召开评审会对项目进行中期检查，目前已完成各专题报告和综合报告的修改工作，并将汇总后的整体报告提交中国科协。

国际学术会议 学会及其所属各专业委员会共组织各类境内国际学术、技术交流活动 7 次，参加人员 1699 人次，发表论文 523 篇。

6 月 26—29 日，由学会环保专业委员会主办的第七届亚洲废弃物转能源大会 2019 在广东省深圳市召开。大会立足餐厨垃圾、厨余垃圾、污泥、固废处置现状，400 余位国内外政府和企业、协会的专家、学者参加会议，共同探讨餐厨、厨余垃圾处置和污泥、生活垃圾焚烧发电等议题。

8 月 16—18 日，由学会环保专业委员会主办的第四届能源与环境研究进展国际学术会议（ICAEER 2019）在上海市召开。来自英国、印度尼西亚和中国 70 余家高校、科研院所的 140 余位专家、学者参加会议，会议内容涉及能源与环境相关的前沿研究领域。

8 月 19—21 日，由学会自控专业委员会主办、哈尔滨工业大学承办的智慧能源与动力国际论坛在黑龙江省哈尔滨市召开。近 300 位国内外能源领域专家、学者及企业代表参加会议，来自 5 个国家的 46 名专家、学者结合自动化和信息化技术围绕智慧能源系统设计与运行、能源转型时代的教育发展、氢能源利用的安全问题等议题进行交流研讨。

11 月 7—8 日，由学会环保专业委员会主办的第四届亚洲危险废弃物处置大会在江苏省南京市召开。大会立足当前亚洲的危废处置现状，来自中国、美国、法国、瑞典、奥地利等 21 个国家和地区的 200 余位专家、学者参加会议，共同探讨危废安全环保管理处置。

11 月 14—15 日，由学会材料专业委员会与四川省德阳市科协等共同举办的第三届长寿命高温材料国际论坛在四川省德阳市召开。论坛针对先进电站装备设计技术、电站材料的开发与应用、燃气轮机叶片精密制造技术以及电力装备高温部件的组织老化、性能衰退及寿命评估等先进技术开展学术交流，200 位行业内专家、学者参加会议。

国内主要学术会议 学会和各专业（工作）委员会共组织国内各类学术、技术交流活动 9 次，参会人员 659 人次，发表论文 254 篇。

6 月 16—18 日，中国动力工程学会材料专业委员会 2019 年工作会议暨学术交流会在上海市召开，来自企业单位的 40 余位专家参加会议。

6 月 27—28 日，中国动力工程学会辅机专业委员会 2019 年年会暨学术研讨会在江苏省镇江市句容市召开。此次年会共收到论文 19 篇，22 名专家、学者出席会议。会议针对太阳能热电站镜场分析、轴向排汽凝汽器技术研究、在役压力容器性能分析等主题进行交流讨论。

9 月 19 日，学会环保专业委员会在江苏省苏州市召开 2019 燃煤机组 SCR 脱硝系统运行优化及废旧催化剂寿命管理技术交流研讨会。来自发电厂和行业科研院所装备制造厂商的 150 名专家、学者和企业代表，围绕“脱硝系统优化运行—— NOx 达标排放”主题展开交流研讨。

10 月 9—12 日，学会新能源专业委员会在陕西省西安市举办 2019 太阳能热发电及热利用技术交流活动，25 人参加会议。会议主题报告从多方位展示太阳能发电的技术及应用情况。

10 月 30 日—11 月 1 日，中国动力工程学会透平专业委员会学术年会在北京召开，90 余人参加会议。大会特邀电力规划设计总院原副院长孙锐，上海交通大学教授、长江学者刘成良作专题报告。

11 月 24 日，中国动力工程学会工业气体专业委员会 2019 年年会暨氢能产业基础设施技术交流会在四川省成都市召开，60 余人参加会议。中国科学院院士郭烈锦出席会议并作演讲。会议出版论文集 1 册，共收录 27 篇论文，部分论文作者到会交流。

11 月 27—30 日，学会水轮机专业委员会与中国电机工程学会水电设备专业委员会等联合主办的第 22 次中国水电设备学术讨论会在海南省海口市召开，134 位专家、学者参加会议。会议出版《论文集》和《内部交流资料》，共收录论文 109 篇。

11 月 28—30 日，中国动力工程学会叶片制造专业委员会第六届年会在黑龙江省哈尔滨市召开。来自全国汽轮机行业 8 家专业委员会成员单位的 40 多位专家和论文作者出席会议。会上，各专业委员会分别介绍各自单位一年来的生产经营状况，以及在叶片加工新技术、新产品、新工艺等技术开发方面的进展情况。

科普活动 2019 年，学会与上海核工程研究设计院有限公司等 4 家单位合作共建能源动力科普教育基地。

7 月 20—30 日，学会环保专业委员会联合上海电力大学，组织研究生和本科生志愿者利用暑期到甘肃省、宁夏回族自治区等地进行科普。志愿者为当地儿童安排基础课、兴趣课、实验课、科技课等活动，一起举办文艺汇演。

8 月 28 日，学会 - 机关二联合党支部组织青年志愿者在上海发电设备成套设计研究院有限责任公司开展“大手牵小手，快乐度暑假”科普活动。活动期间，志愿者为公司员工子女开展“清洁能源”科普讲座，普及发电知识。

表彰举荐优秀科技工作者 2019 年，学会向中国科协推荐中国工程院院士候选人 1 名，推荐第十六届中国青年科技奖候选人 2 名。

学会开展第二届中国动力工程学会青年科技奖评选工作，7 人获得该奖项。

党建强会 12 月 19 日，学会党委在中国动力工程学会第十一次会员代表大会召开之际召开党委会议，学习党的十九大四中全会精神并进行交流。党委会议还对学会理事会换届工作、第十一次会员代表大会举办、第二届青年科技奖获奖人名单等事宜进行前置审议。

会员服务 2019 年，学会通过微信平台向会员发布会议通知、介绍学会工作动态、开展科学普及和党建强会宣传工作。学会官方网站与中国科协的在线会员注册系统建立链接，逐步实现会员电子化管理。

学会定期向会员、会员单位赠送主办期刊《动力工程学报》，学会会员可优先参与学会活动和在学会期刊上发表论文。

【中国动力工程学会第十一次会员代表大会】 12 月 20—22 日，中国动力工程学会第十一次会员代表大会在上海市召开，209 位代表参加会议。会议以无记名投票方式完成学会理事会的换届选举和监事会的选举工作，组成由中国东方电气集团有限公司董事长邹磊任理事长的第十一届理事会；由国家电力投资集团有限公司专家委员会委员严宏强为监事长的第一届监事会；聘任张树林为学会秘书长并通过其为学会法定代表人的决议；选举产生学会第十一届理事会功能型党委；投票表决通过《中国动力工程学会章程（修订稿）》及学会会费调整等事项，并为学会首批能源动力科普教育基地授牌。

【2019 国际动力工程会议】 10 月 21—25 日，2019 国际动力工程会议（ICOPE-2019）在云南省昆明市召开。此次会议由中国动力工程学会、日本机械工程师学会、美国机械工程师协会共同组织，由学会主办，浙江大学和昆明理工大学承办。浙江大学教授倪明江和昆明理工大学教授王华担任会议主席。学会理事长黄迪南出席会议并致辞。来自中国、美国、日本、新加坡和韩国等国家和地区的专家、学者和企业代表约 300 人参加会议。会上宣读 247 篇论文，组织 6 个大会特邀报告和 27 个分会场主旨报告。

（撰稿人：施亦龙）

中国惯性技术学会

学会建设 2019 年，学会发展新会员 126 人，会员总数达到 4368 人，吸收团体会员 1 个，团体会员数达到 156 个。

学会召开常务理事会议 2 次，理事会议 1 次，监事会议 2 次。会议学习传达中国科协《关于认真学习贯彻中国共产党纪律检查机关监督执纪工作规则通知》《徐延豪同志在 2019 年中国科协调研宣传工作会议上的讲话》等 8 份文件，介绍民政部核准后的《中国惯性技术学会章程》及修改情况说明，讨论和审议学会 2018 年工作总结和 2019 年工作计划、2018 年财务决算和 2019 年财务预算，审议学会规章制度体系建设及信息化建设提案。

学会召开秘书长与联络员工作会议1次、工作机构办公会议5次，传达和研究落实中国科协部署的有关工作，协调学会内部工作。

学会推进“互联网+”学会工作建设，筹建学会会员管理系统，使会员申请入会更加便捷；建设学会微信公众号，让会员及时了解学会发展现状、内部建设、年度主要业务活动等；建设学会线上办公系统，实现协同办公；学会通过建立理事、常务理事微信群，解决信息收集困难造成的工作延误等问题。

学会治理结构和治理方式改革 2019年，学会致力于完成学会规章制度梳理和制修订工作，确保学会各项工作依章依规开展，做到各类会议制度健全，有纪律、有纪要，开展活动合法合规。

学会制定学会分支机构管理办法，加强分支机构建设和管理，明确分支机构职能与任务、变更与撤销、换届、财务管理等内容。

青年人才托举工程 学会申报并获得2019—2021年度中国科协“青年人才托举工程”项目申报资格，成立评选工作小组和评选委员会。经评议，向中国科协推荐2名“青年人才托举工程”项目候选人，并获得经费支持。

主办期刊 2019年，学会主办科技期刊《中国惯性技术学报》共刊发论文124篇、856页、约150万字，按计划出版发行6期。根据《中国科技期刊引证报告》统计,《中国惯性技术学报》核心影响因子为0.929，在工程技术与技术科学基础学科类24种期刊中排名第2；根据《中国学术期刊影响因子年报》统计,《中国惯性技术学报》复合影响因子为1.391，在航空、航天科学技术类57种期刊中排名第4；在Scopus数据库中,《中国惯性技术学报》影响因子为0.79，在航空航天学科中国刊物中排名第5。

《中国惯性技术学报》继续保持国际重要数据库EI（工程索引）及CSCD（中国科学引文数据库）等的收录刊源，并与中国知网、万方数据、重庆维普、超星数据等多家数据库保持合作关系。

决策咨询 全面梳理空天往返惯性技术应用背景、成果动态、前沿进展及发展趋势，学会组织专家撰写完成2019年中国科协科技前沿热点综述——《空天往返惯性技术综述》。

国际学术会议 8月5—6日，由中国光学学会主办，学会惯性仪表与元件专业委员会与中国光学工程学会光纤传感技术专家工作委员会等单位承办的第八届中国（北京）国际光纤传感技术及应用大会暨展洽会在北京召开。国内外400多家单位，近1000名专家、学者、企业代表参加会议。会议除主会场之外，设6个专题会场，形成产、学、研、用相结合，多维度、多层次的学术会议平台。

国内主要学术会议 2019年，学会及其所属专业委员会、地方学会共举办年会、研讨会等学术会议13次，900余人次参加学术交流活动，交流论文报告400余篇。

4月12日，学会联合重庆惯性技术学会在重庆市召开2019年振动陀螺技术研讨会，近50位与会专家、学者探讨振动陀螺技术的发展，交流工作心得，分享成果。

6月27—28日，受2019中津防务车辆装备展筹备委员会邀请，学会在天津市举办2019年惯性技术与地面运动载体学术论坛，来自各高校、研究院所的100余位专家、学者参加论坛。

7月1日，学会联合洛阳市惯性技术学会、上海市惯性技术学会在湖南省长沙市联合举办2019惯性技术学术交流会，来自30多家单位的90余名专家、学者参加会议，会议录用64篇论文，评选优秀论文18篇。

8月15日，学会技术咨询部在北京举办2019年第二届中国定位导航与授时学术论坛，180余位专家、学者参加会议。论坛涉及国内外定位导航与授时技术的发展现状，以及惯性技术与智能导航技术等多信息融合发展的态势。

8月23日，学会联合哈尔滨市惯性技术学会、南京市惯性技术学会、重庆市惯性技术学会在黑龙江省哈尔滨市联合举办2019年惯性技术学术交流会，会议主题为“交流和展示我国惯性技术近年来的研究成果”，60多位专家、学者参加会议，交流论文21篇，评选出优秀论文10篇。

9月10日，学会联合上海市惯性技术学会开展新型惯性仪表技术及惯性器件与系统交流活动，围绕惯性器件、惯性系统的发展趋势，惯性测试技术的重要性，目前惯性技术存在的难点与问题展开研讨。

10月23日，学会在云南省昆明市召开惯性技术与智能导航学术研讨会暨2019年科技工作者研讨会，邀请领域内院士、专家从敏感器技术、系统技术等方面介绍惯性技术和导航控制的智能化最新技术成果。会议共收录论文52篇，评选出获奖论文8篇。

11月22日，学会学报编辑部联合航天科工集团二院二部和北京航空航天大学在重庆市共同举办第三届全国自主导航学术会议——提高惯性测量组合加速度测量精度及长期稳定性的技术和方法，90余人参加会议。会议收录18篇论文并汇编成学术文集。

国际交往 1月，应德国陀螺会议组委会邀请，学会学术交流部（国际）在学会范围内征文，收到会议论文9篇，其中2篇被大会录用。9月，学会组织5人赴德国参加学术交流，参与国际惯性技术领域典型技术的专题研讨，掌握国外惯性技术动态，为国内一线科技工作者的研究和产品研制提供参考。

5月27—29日，学会组成17人的代表团赴俄罗斯参加第27届圣彼得堡组合导航系统国际学术会议，来自法国、德国、芬兰、中国等国家的专家、学者作学术报告，学会有16篇报告应邀在大会上进行宣讲和交流。10月，学会收到第27届圣彼得堡组合导航系统国际学术会议组委会的邀请，学会学术交流部（国际）发出征文通知，11月1日向组委会投送11篇论文摘要。

5月20—22日，ICRA（机器人与自动化国际会议）2019 RoboMaster人工智能挑战赛在加拿大蒙特利尔举办，来自10个国家68支参赛队伍参加比赛，学会组织常务理事单位北京理工大学参加比赛。北京理工大学的机器人战队“Dream Chaser”获得国际挑战赛总冠军。

10月，学会征集第七届惯性传感器与系统国际学术会议稿件，报送12篇论文，其中5篇被大会录用。

学会天空海一体化导航与探测专业委员会与西班牙空间科学研究所共同完成专著《GNSS-R卫星测高方法及水下导航应用》的撰写，并申报“国防科技图书出版基金”和“‘十三五’国家重点图书出版规划”项目；与美国罗德岛大学、中国海洋大学/青岛国家海洋实验室、美国迈阿密大学合作开展二维卫星产品空间精细度研究。

科普活动 4月12日，学会邀请北京理工大学教授王美玲赴重庆第十八中学，讲授《地面无人系统及其关键技术》，150余名学生参加讲座。

5月13—17日，学会联合中国航空学会在广西壮族自治区开展2019年国防科普知识进校园暨海洋意识教育活动。先后走进防城港市、钦州市、北海市等地的8所中小学和5个区、县（市），组织开展5场领导干部国防形势报告、8场航模表演、50余场国防科普报告和100多场航模科技课，为1400余位党政领导干部和2.5万余名中小学生讲授国防教育知识。

11月21日，学会邀请北京航空航天大学教授全伟主讲《量子传感技术的发展与展望》，介绍量子传感技术进入量子时代，量子精密测量与传感给国防带来的革命性变化，以及给产业带来的革命性变化。

12月4日，学会邀请清华大学教授高钟毓主讲《旋转调制式惯性导航系统原理及关键技术》科普报告，主要内容包括利用旋转调制技术进行高精度导航的基础理论、系统实现、误差分析、高精度系统初始对准及系统重调等。

12月10日，学会邀请北京理工大学副教授王博作关于北斗系统的建设与应用方面的科普讲座，通过讲解北斗卫星导航系统的工作原理、技术难题以及应用前景，提升科研人员对卫星导航技术的全面认识。

5月19日，学会联合西安市惯性技术学会举办科技开放日活动，通过航空科普知识讲座、互动体验、趣味竞赛等形式，让青少年认识航空、了解航空，激发青少年对航空科技的兴趣，分享其父母作为航空人的骄傲和自豪，近400位会员及其子女参加活动。

5月26日，学会联合上海市惯性技术学会、上海市空间智能控制技术重点实验室、上海惯性工程技术研究中心和上海伺服系统工程技术研究中心三大省部级平台共同举办2019年上海科技节公众开放日活动，为上海市徐汇区教育学院附属实验中学的教职工与学生团队介绍惯性技术的历史沿革和三大平台的代表性科研成果、核心产品等情况，通过宣传短片、实物展品和定制模型，围绕航天知识、惯性技术作科普讲座。

8月18日，学会联合上海市惯性技术学会、上海科学种子青少年科技创新服务中心、上海惯性工程技术研究中心联合举办神奇的惯性世界——2019年科普夏令营活动，多家单位会员及上海青少年科学社会员共计35组家庭的学生及家长参加活动。通过科普讲座、参观展厅、动手操作、比赛等多种形式，带领家长和学生探秘航天，走进惯性世界。

学会依靠陆海空天惯性技术科普展厅平台，组织指导中小学生参加各类科技创新比赛，获全国明天小小科学家奖一等奖、二等奖各1项，获日内瓦发明展银奖、铜奖各2项。

学会主办科普期刊《海陆空惯性世界》，邀请编委和专家撰写“惯性技术之窗”专栏稿件，内容涉及无人系统、量子传感器、类脑导航技术、人工智能等方面，从不同角度介绍惯性技术知识，聚焦惯性技术在热点领域的新应用。2019年，该期刊除按期出版发行12期外，还编辑出版2期增刊。刊登各类文章123篇，文字260多万字，图片5000余幅，全年出版发行14万册。

表彰举荐优秀科技工作者 学会申报“前沿科技成果”9项；遴选2019年最美科技工作者、第十六届中国青年女科学家奖等奖项候选人11人。

党建强会 2019年，学会党委召开5次工作机构会议，对党和国家有关方针政策和法律法规进行学习，传达和研究落实中国科协部署的相关工作。学会推进“两学一做”学习教育，通过各类形式组织学习党章和习近平总书记系列讲话和党的十九大报告精神。

2月27日，学会召开七届二次常务理事会议暨党委会议，会议由中国科学院院士、学会党委书记、理事长包为民主持，学习《中国科协通报第1期——在中国科协九届全国委员会第六次会议上的工作报告》《中国科协通报第2期——怀进鹏同志在中国科协九届全国委员会第六次会议上的总结讲话》等文件。会议审议并通过学会2018年工作总结、2019年工作计划、财务2018年决算和2019年预算，讨论《中国惯性技术学报》网站建设、学会科技创新奖励设立方案、学会公文审批系统建设方案、微信公众号建设方案、2018年创新优秀论文评选结果等，为学会2019年工作进行把关、定位。

12月6日，学会召开七届三次常务理事会议暨党委会议，学习中国科协科技社团党委2019年学会党建工作要点、中国科协党的建设工作方案等内容。会议审议学会常务理事会闭会期间相关工作开展情况、学会信息化建设方案、成立学会党委办公室、规章制度制修订情况等内容。

学会以组织建设为抓手，实现党的组织和工作全面有效覆盖，学会党委按照“六好”标准，建立健全党的基层组织，完善党建工作机制，组织党员参与服务会员、服务社会的活动。

会员服务 学会组织会员之家活动，并在5月和11月举办会员日活动，为学会科技工作者创造交流机会，加强会员之间的联系。

5月15—16日，学会相关人员前往中国船舶重工集团有限公司第七一七研究所、立得空间信息技术股份有限公司等团体会员单位进行调研，从学会角度收集团体会员的需求，提升学会服务水平。

（撰稿人：王海飞）

中国风景园林学会

服务创新型国家和社会建设 学会服务党中央雄安新区建设重大战略，在已开展相关工作的基础上，完善《雄安新区街道树种选择和种植设计导则》内容，组织专题培训，促进试行和落地等；组织专家参与《雄安新区控制性详细规划》研讨论证。

学会成立以理事长陈重为组长的扶贫工作领导小组，持续开展湖北省黄冈市麻城市科技扶贫工作。依托学会菊花分会，推动科研机构与麻城市合作科研攻关，协助开展人才培训、举办菊花文化活动等，授予麻城市“中国菊花创新发展之城”称号。

学会与中国园林博物馆等单位合作，举办“只留清气满乾坤——陈俊愉院士园林成就展”，缅怀中国工程院院士陈俊愉的学术成就、学术精神和教育理念；与上海市容和绿化局等单位共同举办第十三届中国菊花展览会；支持四川省成都市举办第二届天府芙蓉花节；等等。

学会组织“公园城市评价标准”团体标准编制和“公园城市”系列图书编写工作，为各地公园城市建设提供理论指导。9月，学会与四川省成都市公园城市建设管理局联合举办2019公园城市建设研讨会，在会上设置公园城市理论与实践分论坛。

学会编制完成并公开出版《园林绿化工程施工招标投标管理标准》等3个团体标准；启动《西北干旱半干旱区城市绿地生态设计导则》等7个团体标准编制工作；推动《园林工程管理规范》（国标）的编制；举办团体标准编制研修班；组织新颁团体标准发布和国标推介会，以及全国风景园林行业技术标准宣传贯彻及园林工程施工工法编研培训，推动新颁标准的贯彻实施。

学会配合住房城乡建设部开展市场招投标、企业发展、诚信体系建设等调研工作，提供行业资料和政策建议。编制并公开出版《园林绿化工程施工招标投标管理标准》《园林绿化施工企业信用信息和评价标准》，推动建立园林绿化市场信用管理平台和风景园林师职业制度，以及在建造师专业系列中增设风景园林专业等，服务行业管理方式由以资质管理为主要内容的事前管理向以人才和企业信用管理为核心的事中事后监管转变。

学会完善项目负责人评价体系，扩大项目负责人评价考试试点。编制完成《园林绿化工程项目负责人评价标准》。推进施工现场技术工人评价体系建设，基本完成评价考试系统建设。

学会建设　截至12月31日，学会完成登记注册的个人会员达1.1万人，较2018年增加700人，增长率为6.8%；单位会员达1297家，较2018年增加97家，增长率为8.1%。

1月，学会在广东省深圳市召开六届三次常务理事会议，传达学习住房城乡建设部相关领导在第十二届中国（南宁）国际园林博览会园林论坛上的讲话精神和中国工程院院士、学会名誉理事长孟兆祯对学会工作的意见；审议通过《中国风景园林学会2018年工作总结及2019年工作计划》《中国风景园林学会科学技术奖奖励章程》《中国风景园林学会培训办班管理办法》等。

10月，学会在上海市召开第六届第三次理事会议。

为纪念学会成立一级学会30周年，学会召开老专家座谈会，学会领导、老专家、新学会工作者等共同回顾学会发展历史，总结发展经验，谋划发展思路等。

主办期刊　2019年，《中国园林》共编发论文300余篇，约20万字，出版12期，入选中国科技核心期刊和RCCSE（中国核心学术期刊）。年内，将近十几年发表过的英文论文汇编成书。

学科发展工程　学会持续推进《中国风景园林学学科史研究》编写工作，研究报告经过多轮修改完善，已基本成熟；继续推进《风景园林设计资料集（第二版）》《中国风景园林史》《中国近代园林史（续篇）》等学科基础性图书的编写工作。《风景园林设计资料集（第二版）》初稿已完成，进入审稿阶段；《中国风景园林史》大纲已基本确定，编写工作全面开展；《中国近代园林史（续篇）》编写计划进一步落实。

决策咨询　学会协助住房城乡建设部城建司征集中长期科技发展规划和“十四五”科技创新规划建议，撰写专题报告，就风景园林科技领域的发展思路、举措等提供建议；协助住房城乡建设部开展第十二届中国（南宁）国际园林博览会展园评比和颁奖工作，并开展城市滨水公共空间建设专题调研，总结各地建设经验。

应陕西省西安市浐灞生态区管理委员会的邀请，学会组织专业力量，为浐灞生态区的建设提供支持。双方签署协同创新战略合作框架协议，拟在浐灞建立风景园林设计创新交流基地，并依托基地开展设计交流、科技展示、专业培训等工作，探索支持地方协同创新发展的新模式。

学会领导应邀出席江苏宜居城市建设高层专家咨询会，介绍宜居城市建设国内外成功经验案例，为江苏省宜居城市建设下一步工作和机制创新等建言献策。

国际学术会议　学会与北京林业大学联合主办2019世界风景园林师高峰讲坛，支持举办陈植先生诞辰120周年国际研讨会、首届园林工程国际会议、首届长江经济带景观与生态国际青年论坛等国际学术会议。

国内主要学术会议　为纪念学会作为一级学会成立30周年，学会以“风景园林年”统领2019年学术交流工作。学会先后举办第十二届中国（南宁）国际园林博览会“新时代 新园林”论坛、戈裕良与江南园林论坛、城市公共空间设计与活力提升研讨会、2019中国园艺疗法研究与实践研讨会、中国盆景赏石艺术研讨会等专题研讨活动；主办2019年中国风景园林青年教育工作者论坛，支持召开2019（首届）北京风景园林青年论坛暨园林成果展、首届长江经济带景观与生态国际青年论坛等学术会议，促进青年人才的交流和成长。

10月19—20日，中国风景园林学会2019年会在上海市举办，主题为“风景园林与美丽中国”，2000余人参加会议。会议以习近平总书记的生态文明思想为指导，聚焦美丽中国建设和乡村振兴战略的实施，交流风景园林在优化国土空间格局、保护国家风景名胜资源等方面的创新实践和理论成果。会议设11个分论坛，交流报告184个。中国工程院院士孟兆祯、吴志强，中国科学院院士常青，美国哈佛大学设计艺术学院学术院长尼尔·柯克伍德（Niall G. Kirkwood），日本福井县立大学校长进士五十八等9位国内外专家作大会报告。

学会参与中国科协组织的接待中央人民政府驻香港特别行政区联络办公室来北京访问团与内地学会举办座谈会及相关活动，学会副理事长王磐岩主持建筑业界座谈会并与香港园境师学会相关领导会谈沟通。

国际交往　9月，学会理事长陈重带队参加国际风景园林师联合会（IFLA）第56届世界大会。学会副理事长李雄、清华大学建筑学院副教授郑晓笛代表学会参加 IFLA 理事会议。学会与日本风景园林设计咨询协会（CLA）代表在北京召开交流座谈会，就注册风景园林师制度（RLA）、两国行业标准建设、园林设计和施工经验等进行交流。

学会邀请国际风景园林师联合会主席詹姆斯·海特（James Hayter）、新西兰风景园林师协会主席等专家参加中国风景园林学会 2019 年会、公园城市建设研讨会等国内学术会议。

科普活动 学会命名“中国园林博物馆”等首批 10 个科普教育基地，推选刘秀晨等 30 名风景园林科学传播专家，建立科普团队和专家队伍。5 月，学会在上海市召开科普工作座谈会，交流科普工作经验，部署全年科普工作。学会依托科普基地，开展全国科技活动周和全国科普日系列科普活动。应中国科协要求，组建科技志愿者团队。

学会继续办好风景园林月活动，先后在河南农业职业学院和东北林业大学举办两场学术科普报告会，在北京林业大学举办 80 后青年风景园林师座谈会暨说园沙龙。活动突出“盆景艺术走进公众生活”主题，先后在中国园林博物馆举办木石舒意 咫尺乾坤——中国盆景赏石艺术展，在山东省临沂市举办景韵琅琊——全国中青年盆景联展等。

表彰举荐优秀科技工作者 经学会推荐，胡运骅、施奠东、王向荣 3 人获 2019 年 IFLA 亚太区风景园林杰出人物奖。

学会开展中国风景园林学会科学技术奖评选工作。在《中国风景园林学会科学技术奖奖励章程》的基础上，制定《中国风景园林学会科学技术奖评奖实施细则》，完善评审标准，修订各子奖项申报书等。经过申报、形式审查、初评、终评、公示、公布等环节，共评选出获奖项目 619 项（占申报总量的 51%），包含一等奖 106 项、二等奖 237 项、三等奖 276 项。

风景园林规划设计奖国际化项目获得中国科协支持。

党建强会 学会落实“不忘初心、牢记使命”主题教育学习教育方案，组织党员集中学习《习近平关于“不忘初心、牢记使命”重要论述选编》《党的十九大报告》《中国共产党章程》《习近平新时代中国特色社会主义思想学习纲要》《中共中央关于在全党开展“不忘初心、牢记使命”主题教育的意见》和习近平总书记在“不忘初心、牢记使命”主题教育工作会议上的重要讲话精神，组织召开专题民主生活会，结合学会具体工作找差距，强化“致力于绿色发展的城乡建设”的初心和使命。

会员服务 学会以会员需求为导向，建立会员与非会员差异服务的基础模式，以学会年会为依托，推进建立会员优惠参与机制。全年为会员免费寄发《中国园林》及学会简讯 5000 余册。

12 月，学会在安徽省合肥市举办第十一届会员日活动。活动主题为“以古鉴今 传承发展”，针对会员关心的学术问题和学会工作进行报告和交流，近 300 名会员参加活动。

【“送设计下乡”工作】 为庆祝中华人民共和国成立 70 周年，响应国家乡村振兴、科技下乡、精准扶贫等政策精神，按照住房城乡建设部有关要求，学会依托规划设计分会组织设计师开展“送设计下乡”工作，针对乡村地区生态建设、环境提升、文化振兴等需求，发挥风景园林专业特长，提出专业性方案。设计过程中坚持“共谋、共建、共享”原则，结合村委会意见和村民需求，及时将设计思路和成果与村民进行交流，以问题为导向，实事求是、凝聚共识。

学会选取陕西省延安市黄陵县索洛湾村和甘肃省白银市平川区黄河沿岸村庄，先后开展现场调研、成果编制、内部研讨、公开征求意见、成果审查等，截至 12 月末，两个项目均完成首轮汇报。

“索洛湾村项目”重点梳理“绿水青山转化为金山银山”的思路，明确村庄发展功能布局，提出消除村民担忧的交通安全隐患综合方案，与村民一起制定村庄环境整治和建设美丽乡村的举措；针对百姓休闲健身、完善配套设施的需求，协同制定村民广场的改造方案。

“黄河鹯阴古渡项目”贯彻黄河流域生态保护和高质量发展的国家战略，结合白银市产业转型，凝练平川区历史文化风景资源特色类型，以“鹯阴古渡”为核心，串联周边的丝路、黄河、绿洲和边防特色文化旅游资源，整合建设高品质 5A 级文化旅游景区。

（撰稿人：付彦荣 刘艳梅）

中国电源学会

服务创新型国家和社会建设 7 月 31 日，学会第二批 8 项团体标准正式发布实施。这 8 项团体标准涉及电源不同领域的技术或检测规范，填补相关行业空白，有助于指导行业规范化。截至 2019 年，学会已发布实施团体标准共计16项。2019年完成第三批共计11项团体标准立项工作，同时开展2020年度第四批团体标准征集工作，共收到提案22项。

8月22日，学会在广东省深圳市举办团体标准培训研讨会。会议由学会电能质量专业委员会承办，邀请标准领域专家就学会团体标准工作流程、标准编制要求、标准编写规范等内容进行讲解，20余位各团体标准起草组成员参加研讨。

学会组织多能源储能变换方法和调控技术及装备、风光一体供电系统2场科技成果评价会议。

学会共组织举办6场专题技术培训班，参训人员358人次，单场平均参与人员60人次。培训班包括电动汽车电磁兼容技术高级研修班，功率变换器磁技术分析、测试与应用高级研修班，光储系统设计与应用专题研修班，新能源车充电与驱动技术高级研修班，新一代功率半导体器件、驱动技术、系统集成及应用高级研修班，高效率高功率密度电源技术与设计高级研讨班。

学会建设 根据行业和工作需要，学会新成立电力电子化电力系统及装备专业委员会和交通电气化专业委员会。学会召开八届三次全体理事会议，以及八届四次、五次常务理事会议，讨论审议学会各重大事项和规划。

4月底，学会根据审议通过的学会工作报告制作并发布2018年学会年报。

学会完成2019年度IEEE（电气与电子工程师协会）电力电子学会（PELS）会员推荐工作，共推荐会员56人。

主办期刊 2019年，学会英文期刊*CPSS Transactions on Power Electronics and Applications*（《电力电子技术及应用学报》，CPSS-TPEA）共出版4期，发表论文32篇。截至11月，根据IEEE统计数据，CPSS-TPEA论文在IEEE Xplore数据库下载次数超过5.7万次，其中2019年下载次数超过2万次。Google（谷歌）学术数据引用次数为613次，相关论文经IEEE推荐全部被EI（工程索引）收录。

2019年，学会中文期刊《电源学报》出版6期，发表论文149篇，纸刊发行1.2万册，电子刊发行11.8万余份，共收到投稿929篇，较2018年增加95%，录用论文134篇，录用率为16.8%。学会聘请业内专家、学者担任客座主编，组织3期专辑，包括“燃料电池系统及其应用”专辑、“GaN基功率电子器件及其应用”专辑、“固态变压器技术及其应用”专辑。完成2019年度学报优秀论文和优秀审稿人评选，共评出优秀论文10篇、优秀审稿人5人。

2019年，CPSS-Springer电力电子英文丛书正式出版3本，包括*Wireless Power Transfer*（作者：张波、丘东元）；*New Topologies and Modulation Schemes for Soft-Switching Isolated DC–DC Converters*（作者：郭志强、沙德尚）；*Wireless Power Transfer*（作者：钟文星、徐德鸿、许树源）。该丛书已出版专著7本，尚有2本立项专著按计划进行撰写。完成新一期4个选题立项工作。

学科发展工程 学会完成《中国电源行业年鉴（2019）》的编写工作，于9月由机械工业出版社出版，全书正文共547页，155万字，发行2000册。包含政策法规、宏观经济及相关行业运行情况、行业发展报告及综述、电源行业要闻、科研与成果、电源标准、主要电源企业简介、重点工程项目及相关产品等栏目。

国内主要学术会议 4月12日，学会女科学家工作委员会在陕西省西安市举办电气女科学家论坛，近100人参加。论坛以“科技点亮生活，科研靓丽人生”为主题，集学术报告、主题讨论、互动交流于一体，助力电气女科技工作者和青年女学者的成长与发展。

4月13日，学会青年工作委员会在陕西省西安市举办教学育人与科研实践经验交流会——知名专家与青年教师面对面，100余人参加会议。会议邀请学会理事长徐德鸿，中国工程院院士、学会副理事长罗安等5位本学科领域的专家与青年学者，分享在立德树人、自主创新、勇攀科学高峰方面的教学与科研实践经验，给青年教师提供一个教学与科研互动学习交流的平台。

6月21—22日，学会电力电子化电力系统及装备专业委员会在湖北省武汉市举办第一届电力电子化电力系统及装备技术交流研讨会，近400人参加。会议邀请中国工程院院士郭剑波等10位专家，就电力电子化电力系统及装备研究中的一些热点问题和最新科技进展进行大会报告和交流。

7月12—14日，学会青年工作委员会在浙江省杭州市举办第五届高校电力电子学科青年学者论坛，260余人参加。学会理事长徐德鸿、中国工程院院士邓建军等专家出席论坛。论坛设置特邀专家大会报告3场、青年学者大会报告10场，同时设置“青年教师的职业规划与学术成长”主题沙龙。

8 月 22—24 日，学会电能质量专业委员会在广东省深圳市举办第六届全国电能质量学术会议，240 人参加。会议以“智能、智慧、智造与电能质量”为主题，录用论文 85 篇，设置 9 场大会报告、57 场分会场论文报告、14 家企业现场展览，以及行业发展论坛、墙报交流等环节，交流探讨新形势下电能质量技术和产业的新需求、新机遇、新挑战。

9 月 27—29 日，学会无线电能传输技术及装置专业委员会在山东省青岛市举办 2019 年全国无线电能传输技术及装置学术会议，200 余人参加。会议录用论文 70 篇，设置 7 场大会报告、20 场分会场报告、4 家企业现场展览、1 个墙报交流时段。

12 月 14—15 日，学会变频电源与电力传动专业委员会在江苏省苏州市举办 2019 电动汽车与智能制造中变频电源新技术学术论坛，近 200 人参加。会议聚焦以电动汽车电源技术、智能制造技术、电力传动新技术等为代表的新型技术应用，共组织专题报告 6 场。

12 月 21 日，学会青年工作委员会在上海市召开 2019 年产学研合作青年论坛，60 余人参加。论坛以“促进高校青年教师和企业的交流，加强产学研合作”为主题，邀请 7 场来自高校和企业的专题报告，安排参会人员到上海台达电力电子研发中心进行参观和交流。

国际交往 3 月，学会与美国电源制造商协会共同在美国举办会员企业交流会，来自双方会员企业的代表 30 余人参加会议。

3 月、11 月，学会与 IEEE 电力电子学会召开工作会议，就双方合作进行讨论。

9 月 28—29 日，IEEE Empower a Billion Lives（EBL）全球总决赛在美国巴尔的摩举办。学会参与全球总决赛的组织工作，共组织推荐 6 支亚太赛区队伍参加全球总决赛。

11 月 3 日，学会与美国电源制造商协会（PSMA）联合举办第三届中美电源产业创新论坛，共组织 5 场专题报告，就中美两国企业共同关心的最新电源技术和发展趋势等话题进行交流。

科普活动 学会举办第五届高校电力电子应用设计大赛。大赛由清华大学承办，以“高效率高功率密度 AC/DC 电源设计”为主题，全国共有 40 所高校的 40 支队伍报名参加比赛。决赛于 11 月 1 日在广东省深圳市举办，12 支队伍参加，最终评选出特等奖作品 1 个、一等奖作品 2 个、二等奖作品 2 个、优胜奖作品 7 个。

全国科普日期间，学会分别在安徽省合肥市和北京举办“礼赞共和国、智慧新生活”中国电源学会系列科普讲座——电磁兼容性技术科普讲座。活动由学会科普工作委员会牵头组织，合肥工业大学、北京交通大学承办，来自高等院校及企事业单位的共计 200 余人参加。

表彰举荐优秀科技工作者 学会开展第五届中国电源学会科学技术奖评选工作。共收到各类推荐 63 项，经过函审初评和会评两个阶段评审，最终评选出 18 项获奖项目，其中一等奖 4 项、二等奖 8 项、优秀产品创新奖 6 项，杰出贡献奖 1 人、杰出青年奖 1 人、优秀青年奖 3 人。11 月 2 日，在中国电源学会第二十三届学术年会开幕式上举办颁奖仪式，并在年会现场设立专区对获奖成果和人员进行展示。

截至 2019 年，学会共评选 5 届中国电源学会科学技术奖，获奖项目共 79 个，获奖者 516 人。鉴于电源技术和产业的快速发展，经学会常务理事会审批，中国电源学会科学技术奖评选周期将由两年改为一年。

党建强会 2019 年，学会召开两次党委会议，研究审核学会重大事项。

10—11 月，在学会党委指导下，学会秘书处全体党员、职工开展“不忘初心、牢记使命”主题教育，内容包括集中学习研讨习近平新时代中国特色社会主义思想、观看爱国主义影片、调查研究、整改落实等。

会员服务 学会完善个人会员服务内容，完成个人会员证改版，由传统纸质会员证改版为会员卡的形式。重新制作会员卡邮寄材料，增加会员欢迎信、会员服务说明等内容，加强与会员的联系。

学会在 2019 年全国科技工作者日期间开展优秀青年电源科技工作者风采展示宣传活动，通过网络、微信宣传 9 位学会优秀青年会员事迹。

学会新的在线会员系统正式投入使用，实现团体会员、个人会员在线申请、缴费、信息更新；将会员系统与学会各项功能系统打通，会员可通过会员账号登录，一站式享受参加会议优惠报名、会员专区资料下载、奖励申报、项目申请等服务内容。

学会网站设立会员专区栏目，会员使用会员号登录后，可在线浏览下载学会为会员提供的专属技术资料、学术论文、行业资料或报告。学会调整改进《会员通讯》内容设置和选题，全面及时反映学会最新动态。2019 年共编辑出版 22 期。

【中国电源学会第二十三届学术年会】 11 月 1—4 日，中国电源学会第二十三届学术年会（CPSSC 2019）在广东省深圳市召开。来自电源学术界、产业界、政府部门的专家和科研技术人员 1600 余人参加会议。

学会理事长徐德鸿，学会党委书记兼副理事长韩家新，中国工程院院士、北京装甲兵工程学院教授臧克茂，美国国家工程院院士、弗尼吉亚理工大学教授李泽元，IEEE 电力电子学会主席 Frede Blaabjerg，美国电源制造商协会主席 Stephen Oliver，美国得州农工大学教授 Prasad N. Enjeti，美国斯坦福大学博士 Juan Rivas，中国电源学会监事长、台达电力电子研发中心博士章进法，学会副理事长、华南理工大学教授张波，阳光电源股份有限公司董事长曹仁贤等出席会议。韩家新主持开幕辞，徐德鸿致开幕词，会议技术程序委员会主席、浙江大学教授马皓介绍会议主要情况。

会议组委会邀请国内外相关领域的专家开设 9 场专题讲座，围绕业界关心的微网储能变流器、多电平变换器拓扑与控制、SiC（碳化硅）功率器件、发电机高性能控制、新型氮化镓器件、并网变流器韧性分析、变流器设计、锂离子电池建模与仿真、多电平变换器仿真等技术话题进行讲解。

大会设置 7 场特邀大会报告，邀请李泽元，Frede Blaabjerg，Juan Rivas，Prasad N. Enjeti，中国中车资深技术专家、教授级高级工程师、株洲中车时代半导体有限公司副总经理罗海辉，富士电机首席技术官 Tatsuhiko Fujihira，三菱电机半导体大中国区技术总监宋高升 7 位国际专家作大会特邀报告，紧扣电力电子领域发展的热点议题，分享对该领域的前瞻思考和见解。

会议共录用论文 506 篇。大会分会场交流 52 个主题 272 场技术报告，12 个主题 35 场工业报告。与会论文作者和产业界工程师就电力电子全领域的最新成果进行交流和探讨，内容涉及新颖开关电源；直流变换技术、功率因数校正技术，逆变器及其控制技术，SiC 器件、GaN（氮化镓）器件、新型功率器件及其应用，磁元件和集成磁技术，无线电能传输技术，控制、建模、方针和系统可靠性，新能源电能变换及储能技术，电力电子技术在输配电、电动汽车、铁路、海运、航空、照明、消费电子、数据中心和通信等领域的应用等。会议还进行 2 个主题的墙报交流活动，总计交流论文 234 篇。展览会参展企业 76 家，展位超过 100 个。

会议特设优秀分会场报告人评选活动，最终 74 位报告人获选。经过会议程序委员会及各专题主席的推荐和评选，共评选出 20 篇优秀论文，并现场为获奖者颁发证书。

年会同期举办第五届中国电源学会科学技术奖颁奖仪式及成果展示、“GaN Systems 杯”第五届高校电力电子应用设计大赛决赛及作品展示、电源科研成果交流会、中美电源产业创新论坛、青年电源人才论坛、电源女科学家论坛等活动，全方位展示电源技术的最新发展水平，对电源各个领域的新理论、新技术、新成果及新工艺进行交流与研讨。

（撰稿人：杨乃芬）

中国复合材料学会

服务创新型国家和社会建设 围绕粤港澳大湾区建设，学会服务于广东省新材料产业发展，组织召开专家咨询会，对广东省珠海市、东莞市、佛山市等地复合材料产业发展进行梳理与规划建议。学会先后组织 50 余名专家赴佛山市与东莞市调研当地照明、移动终端等优势产业制造业对复合材料技术的需求，并对接企业开展专业科技服务。与广东省珠海市签署建设科技服务站等合作协议，建立金湾新材料创新基地。

学会与山东省泰安市人民政府、中材科技股份有限公司共建的泰安中研复合材料产业技术研究院升级为省级复合材料协同创新服务平台，开展山东省复合材料产业发展规划的研究、咨询建议与科技成果转移转化，并开始参与或承担省级、国家级课题的申报与研究。

学会成功申报并实施“工程能力国际互认项目”，承接 2019 年度工程教育认证新专家培训工作，共审核 11 个专业自评报告，进校现场考查 7 个专业，并组织召开材料类专业认证委员会 2019 年上半年结论审议会。

学会推荐学会国际交流合作工作委员会主任彭华新担任 2020 年亚澳复合材料会议（ACCM）主席和亚澳复合材料学会理事会副理事长。

学会面向企业一线科技人员，开展继续教育培训与职称评定工作。2019 年举办 3 期复合材料培训，共培训 100 余人；开展 2 期学会职称评定，共评定专业技术人员 80 余名。

学会建设 2019 年，学会召开七届四次理事会议，七届六次、七次常务理事会议，以及七届六次、七次理事长办公会，总结、讨论并部署学会各项工作。

截至 2019 年年底，学会共有团体会员 120 个，个人会员 12682 名，分支机构 36 个。学会组建 300 余人的高端智库团队。学会新设立导热复合材料专业委员会、轨道交通复合材料专业委员会、新型电池与新能源复合材料分会，并筹建体育器材复合材料领域分支机构。

学会举办纪念成立 30 周年系列活动，包括终身成就奖颁奖仪式、纪念视频发布、回顾展览、答谢会等。各项活动系统回顾并展现学会 30 年的发展历程，集中展示学会历届理事与会员单位等信息，突出老中青三代复合材料科技工作者的感人事迹。

学会发起成立中国公众科学素质促进联合体，并当选为理事单位。

5 月，在中国科协 2019 年全国科技工作者日主题系列活动电视电话会议上，学会作为大会第一报告人，向全国科协系统作题为《创新服务机制，深入开展科技志愿服务》的报告，并作为全国学会代表参与中央电视台“5・30 全国科技工作者日”晚会录制。

10 月，学会入围中国科协 2019 年十佳服务企业创新学会名单。

学会治理结构和治理方式改革 为规范学会分支机构管理，学会制定《中国复合材料学会分支机构管理办法补充细则》，对分支机构的设立程序与考核评估进行规范。

学会秘书处调整部门设置，以服务与业务工作为基础，设立会员部、学会部、业务部、事务部、财务部与期刊部。各部门分工明确，部门职责与考核指标清晰。

青年人才托举工程 学会第三届中国科协“青年人才托举工程”项目结题，并开展第五届中国科协“青年人才托举工程”项目申报及选拔工作。2019 年学会举办多场以被托举人才为主的高端青年沙龙，参会人员达 500 余人次，为青年科技工作者提供学术交流平台。

主办期刊 2019 年,《复合材料学报》获批列入中国科技期刊卓越行动计划梯队期刊。根据中国科技信息研究所 2019 年发布的《中国科技期刊引证报告》,《复合材料学报》总被引频次在材料学科类期刊中排名第 2，影响因子排名第 5。

学会与国际出版集团联合主办及发布的英文期刊 *Composites Communications*（《复合材料通讯》）经过 3 年建设，2019 年被 SCIE（《科学引文索引》扩展版）收录。

学会创办《复材新动向》季刊，该期刊主要介绍学会活动与最新工作安排，报道复合材料领域最新发展信息，并收录学会会员提供的科普文章。已获得新闻出版管理部门审批备案。

学科发展工程 学会承担中国科协学科发展工程的子项目，召集专家、学者编写《复合材料学科发展报告》。该报告汇总、分析近两年中国复合材料学科发展现状，简要介绍复合材料学科在学术建制、人才培养、研究平台、重要研究团队等方面的发展状况，并提出中国在复合材料学科领域的发展对策与建议。

决策咨询 学会围绕中国工程院咨询研究项目，开展江苏省碳纤维与复合材料产业发展战略研究。研究成果上报中国工程院，成为相关部门制定江苏省复合材料产业发展政策的重要参考。

中国工程院院士、学会理事长陈祥宝围绕中国科协九大代表调研课题，开展科技社团助力科技成果转化落地研究。

国际学术会议 学会在第四届中国国际复合材料科技大会（CCCM-4）上设立国际分会场，安排 13 场海外专家学术报告，40 余名国外专家、学者参加会议，200 余名国内专家、学者进行学术交流。

国内主要学术会议 11 月 28—30 日，学会在广东省珠海市举办第四届中国国际复合材料科技大会。会议共设置 6 大类 50 余个分议题，包括 14 名国内外院士在内的 3100 余名专家、学者参加会议。会议安排 900 余场学术报告，涵盖复合材料全产业链条分支领域前沿。会议同期举办第三届国际复合材料产业创新成果技术展览会，展示面积 1.5 万余平方米，179 家企业、国家各级重点实验室等展示创新成果与技术。大会期间设置商业航天产业论坛、复材双创路演、系列图书发布会、学会公共职能工作宣讲以及第四届“光威杯”中国复合材料学会大学生创新科技竞赛总决赛等活动，并开展纪念中国复合材料学会成立 30 周年系列活动。

两岸交流 在第四届中国国际复合材料科技大会期间，学会接待多名参加会议的台湾地区专家、学者，促进海峡两岸复合材料学术界的相互了解。

国际交往 学会组织2019年度欧洲出访活动，组团赴德国慕尼黑工业大学、德国西格里集团以及奥地利百德福工程有限公司等地考察交流；参加2019年法国JEC国际复合材料展览会，并接待JEC集团总裁回访，为中国复合材料行业进一步了解国际复合材料发展水平提供机会。

学会接待国际土木工程复合材料学会（IIFC）主席来访。双方对未来可能展开的学术交流合作进行讨论，并初步达成联合主办FRP（纤维复合材料）增强混凝土结构工程国际会议（FRPRCS）及共同设立国际土木工程复合材料领域贡献奖等合作意向。

科普活动 2019年，学会制作发布6期“神奇的复合材料”科普视频及6期“大咖讲复材”人物科普视频，并设计具有复合材料轻质高强特色的卡通科技形象。在CCCM-4上，学会设置科普展区，并与广东省珠海市科协签订合作协议，将合作建立复合材料实体科普展示体验馆，场馆建成后，将成为国内首家以复合材料为主题的科普基地。

学会参加2019年全国科普日活动，搭建3000平方米复合材料科普互动展区，向公众普及复合材料力学相关科学知识。

表彰举荐优秀科技工作者 学会完成首届中国复合材料学会科学技术奖评审工作，评出二等奖5项；评出第三届中国复合材料学会青年科学家奖4人、杰出青年工程师奖3人；评出2018年度中国复合材料学会优秀博士学位论文3篇、优秀博士学位论文提名奖3篇。

学会完成2019年中国科学院院士、中国工程院院士候选人推选工作，以及第十六届中国青年科技奖、2019年中国科协优秀中外青年交流计划、第十三届光华工程科技奖等奖项候选人的推荐工作。

学会设立中国复合材料学会终身成就奖，旨在表彰在复合材料行业科研、教学、生产等岗位从业40年以上，为推进中国复合材料事业发展和科技进步作出杰出贡献的科技工作者。经过业内推荐及专家评选，学会授予中国工程院院士杜善义、张立同中国复合材料学会终身成就奖。

党建强会 学会党委召开2次党委会议，学习贯彻中央有关文件精神，并对学会年度工作总结和计划、CCCM-4方案、学会成立30周年纪念活动方案、学会年度财务预决算、新设立分支机构、学会设立科学技术奖、学会秘书处修订管理制度等重大事项进行前置审议。

会员服务 学会在办公地点设立的实体化会员之家，为会员提供会议交流场地与相关服务。会员可凭借通过参与学会活动获得的积分，免费享受会员之家的服务。会员之家2019年举办活动80余场次，服务会员近2000人次。

【第四届“光威杯”中国复合材料学会大学生科技创新竞赛】 学会与中国化工教育协会等共同主办第四届“光威杯”中国复合材料学会大学生科技创新竞赛，来自全国各赛区71所高校、403支团队参加比赛。经过在7所高校举办的初赛，有24支参赛队伍分为自主命题组和企业命题组两组参加现场决赛，最终评选出特等奖2个、一等奖2个、二等奖6个、三等奖14个。大赛旨在促进大学生群体对复合材料的理解和认识，激发创新意识，增强研究和工程实践能力，为构建复合材料领域的创新型国家人才梯队提供支撑。

（撰稿人：叶金蕊　郝江涛）

中国消防协会

服务创新型国家和社会建设 2019年，协会按照《中国消防行业信用等级评价总体方案》，为服务国家经济建设，经企业自愿申报、协会信评部初审、第三方评价机构测评、协会信评委审核，从59家报名参评企业中评审出53家A级以上企业，6家企业因经营情况不佳等原因未能评为A级以上信用企业。同时，对2017年度、2018年度获评的87家企业进行复评，评审结果在协会网站和全国行业信用公共服务平台、中国商务信用平台均可查询。

协会研究制定《中国消防协会团体标准管理办法》《中国消防协会团体标准制修订工作程序》等文件，确定成立标准技术委员会和团体标准工作组，开始12项团体标准的制定工作。协会和中国汽车工业学会联合制定发布的《电动汽车锂离子电池箱火灾防控装置性能要求和试验方法》（T/CSAE 86—2018）入选工业和信息化部2019年团体标准应用示范项目。

协会加强消防特有工种职业技能鉴定和注册消防工程师全国考试的考评和督导人员培训，组织职业技能鉴定“考评员”和“质量督导员”资格培训班。在人力资源社会保障部职业技能鉴定中心的指导下，举办2期职业技能鉴定“消防设施操作员”考评员资格培训班，培训学员976名；1期“消防员”考评员资格培训班，培训学员293名；1期质量督导员资格培训班，培训学员53名。

学会建设 2019年，协会召开行政办公会议6次、常务理事会议2次、理事会议1次。完成2019年度民政部年检、中国科协科技社团党委深化改革调研及年度综合统计等工作。

7月，协会综合办公系统正式运行，初步实现内部办公自动化。

协会印发《关于进一步规范办公秩序的通知》，确保在脱钩改革期间的工作顺利进行。

主办期刊 2019年，学会出版《中国消防》期刊12期，刊登各类稿件500余篇，共200多万字。宣传消防救援队伍落实习近平总书记训词精神建设成果、消防70年辉煌成就、“不忘初心、牢记使命”主题教育成效、全国119消防宣传月等内容；报道江苏响水爆炸、四川木里森林火灾等重大抢险救援工作，以及中华人民共和国成立70周年消防安保、全国首届“火焰蓝”技能竞赛等重大活动情况；组织开展全国大学生消防文学大赛、小学生消防知识问答、年度消防新闻奖评选等活动。

协会推动刊网融合，开办中国消防杂志社网站及微信公众号，向社会传播消防知识，设有动态、聚焦、视角、文化、科技、法规、行业等15个主栏目、43个子栏目。网站发布稿件1200多篇、图片近5000幅，制作大型专题10个；微信公众号全年编辑和推送信息1000余条，策划微信公众号专题12个。

国际学术会议 10月，协会在北京承办国际消防协会联盟执委会及亚洲分会会议，来自埃及、澳大利亚、丹麦、韩国、马来西亚、美国、印度、印度尼西亚、伊朗、美国等国家及中国香港特别行政区的30余名联盟专家、学者参加会议。

国内主要学术会议 协会主办灭火救援技术论坛、智慧消防高峰论坛和消防装备创新技术论坛，协会副会长冷俐担任论坛主席，分别邀请国务院安全生产委员会应急救援专家组成员、应急管理部灭火救援专家组专家、北京市公安消防总队原总队长吴志强，应急管理部沈阳消防研究所副所长徐放，应急管理部上海消防研究所党委书记薛林担任论坛主持人。包括法国、俄罗斯、比利时等国的专家、学者，应急管理部有关司局、消防研究所专家，中国科技大学、中国人民警察大学、中国消防救援学院等高等院校专家、学者在内的300余人参加论坛。

两岸交流 10月16—21日，协会邀请台湾“中华消防协会”名誉理事长赵钢及理事长陈崇贤一行来访，协会会长陈伟明、副会长陈飞接待来访团，双方进行交流。

国际交往 2019年，协会先后组织出访团组5个，共计40余人次；接待来访团组10余个，共计150余人次。

2019北京国际消防展期间，协会接待法国内政部民事安全局国际和资源战略司司长卡莱尔、新加坡民防部队总监叶伟德、美国消防协会主席吉姆·保利和法国驻华大使、美国驻华使馆商务参赞等60余人次，并安排美国、法国等国家消防人员在行业高峰论坛上作技术报告。

协会继续保持并深化与日本消防协会、韩国消防安全协会的友好合作。经协会申请，中国人民对外友好协会授予日本消防协会会长秋本中日友好贡献奖，应急管理部副部长尚勇、中国人民对外友好协会副会长谢元、应急管理部消防救援局副局长琼色及日本驻华大使馆公使等出席颁奖仪式。2月，协会组织安徽省、辽宁省、江苏省、海南省、重庆市的5个消防救援总队的参谋长赴日本进修，与日方就地震、火山、水域及急救等灾害救援技术进行交流与座谈。5月和9月，协会分别组团赴日本东京参加第35次中日两国消防协会定期协议会，赴韩国釜山参加中日韩三国消防协会联席会议。

协会继续保持与美国消防协会的业务交流，并拓展与法国消防协会的合作关系。两次接待美国消防协会代表团来中国访问，在社团标准合作等方面进行交流。与法国消防协会在北京国际消防展期间签署《中法两国消防协会合作协议书》，就互换展位和业务资料、定期互派代表团访问等事项达成一致。

5月，协会会长陈伟明赴瑞典斯德哥尔摩参加国际消防协会联盟执委会会议，就联盟的改革发展与参加会议的专家进行讨论并提出意见建议。

科普活动 2019年，协会获得中国科协颁发的“2019年全国科技活动周”荣誉证书。举办2019年全国优秀消防科普宣传教育作品评选大赛，共收到投稿367篇，微信投票量22万，118个科普作品获奖。举办2019年全国消防安全知识网络大赛6期，参与人数超过40万人次，240人获奖。参加组织全国科技活动周、全国科普日、防灾减灾日等全国性消防安全教育活动。

5月12日，协会联合中国科学技术大学扶贫开发领导小组办公室、安徽省教育厅宣教中心和六安市消防救援支队，共同在安徽省开展以“提高灾害防治能力，构筑生命安全防线”“消防安全知识科普扶贫”为主题的消防科普系列活动，受教育群众近3000人。协会科普委员会与中国儿童少年基金会开展合作，在“儿童安全教育工程”项目消防安全方面，提供全程专家指导和资源支持。

2019年，协会发挥全国消防科学传播专家团队的作用，安排专家开展消防科普公益服务343次。

表彰举荐优秀科技工作者 协会组织第十六届中国青年科技奖候选人遴选推荐工作，推荐协会会员、中国科学技术大学研究员胡隆华、纪杰为第十六届中国青年科技奖候选人。

协会2019中国消防协会优秀论文奖共征集论文306篇，评选出一等奖18篇、二等奖45篇、三等奖73篇。组织完成中国消防协会第九届科学技术创新奖评审工作，共有26项科研成果获奖，并在2019年科学技术年会上进行表彰。

协会2019年首次举办消防创新产品公益评选活动，共收到申报参评技术与产品234项，其中39项技术、产品获奖并入选2019中国国际消防设备技术交流展览会创新产品名录。

党建强会 2019年，协会发展党员1名，培育入党积极分子1名。共召开3次党委会议，学习贯彻上级党委部署要求，研究审议“三重一大”事项。

协会参加中国科协创建全国学会星级党组织评选活动，被评为全国学会良好党组织。协会党支部按照应急管理部消防救援局要求，遵循“一方隶属，参加多重组织生活”原则，将所有党员纳入党的组织管理。

协会落实“三会一课”制度，年内共组织党员集中学习13次。开展“不忘初心、牢记使命”主题教育活动，组织集中学习10次，党委书记、支部书记为党员上党课，支部委员作专题辅导报告5次。组织观看爱国影片《我和我的祖国》、消防主题电影《烈火英雄》。

协会防火材料分会副秘书长葛欣国、协会火灾原因调查专业委员会秘书长鲁志宝入选中国科协2019年“不忘初心、牢记使命，建功新时代——展风采树楷模”宣传人物。

会员服务 2019年，协会新发展单位会员92家、个人会员174人，并组织召开新入会单位会员负责人座谈会。

协会推荐会员参加国家科技奖励评选、消防科技创新评优等，转发相关文件11份，保障会员单位的优秀科技项目在立项、资金等方面获得相应支持。

协会组织59家会员单位开展企业信用等级评价，评价结果在商务部全国行业信用公共服务平台备案，作为市场准入认证的参考依据。

协会筛选海外优质消防展会，组织7家会员单位、14名人员赴美国圣安东尼奥参加美国消防展，免费向会员单位提供展位，帮助会员单位与国外主办方对接，开拓海外市场。

在第十八届中国国际消防设备技术交流展览会上，协会为会员提供免费咨询、优先选位、租金优惠等服务。

【第十八届中国国际消防设备技术交流展览会】 10月16—19日，由协会主办的第十八届中国国际消防设备技术交流展览会在北京召开。展会共吸引近30个国家和地区的836家展商参展，其中境内参展单位667家、境外参展单位169家，展览总面积12万平方米；来自近70个国家和地区的10.9万人次观展，展会现场图片微信点击、转发量达21.6万人次。此次展会在2019年由中国国际进出口博览局指导、中国会展杂志社承办的第二届中国会展业国际经贸论坛上，获得中国会展业金熊猫奖。

【中国消防协会六届七次理事会议暨2019年科学技术年会】 12月4日，协会在北京召开中国消防协会六届七次理事会议暨2019年科学技术年会。协会会长陈伟明发表讲话，应急管理部消防救援局副局长罗永强出席年会并作特邀报告。应急管理部灭火救援专家组组长牛跃光，协会副会长李引擎、朱力平、尹俊士、张荣昌、许兆亭，协会秘书长曹忙根等出席会议，协会副会长冷俐主持会议。来自全国各省级消防协会、各分支机构、科研院所、高等院校、企业的相关专家、学者、企业代表以及获奖人员共300多人参加会议。同日，还举办消防科普教育论坛、青年消防学者论坛。与会人员结合自己在消防安全领域的长期实践和工作经验，从不同角度分享新时期消防安全工作发展的新理念、新思路、新方法。

【中国消防协会2019年新入会单位会员座谈会】 10月29日，协会在北京召开2019年度新入会单位会员主要负责人座谈会，92 家单位法人代表或总经理、协会相关部门负责人，共约 110 人参加会议。协会秘书长曹忙根出席会议并讲话。会上为新入会员单位颁发证书，新入会单位代表作表态发言。

（撰稿人：曲　毅　吴礼龙）

中国图象图形学学会

服务创新型国家和社会建设　根据国家关于鼓励科技社团开展第三方科技评价工作的精神，学会完善科技成果评价工作流程，建立学会专家库，发挥学会第三方评估优势，2019 年完成科技成果评价 1 项。

6 月 26—28 日，学会与汉诺威米兰展览（上海）有限公司联合主办华南国际机器视觉及工业应用展览会，展览面积达 7500 平方米，参观人数达 3 万人次，吸引国内外近百家机器视觉展商参展。随展举办产业发展论坛，整合转化学术资源，助力华南地区机器视觉产业发展和产学研融合，助力行业发展。

学会举办专业技术讲座 CSIG 图像图形中国行、CSIG 图像图形学科前沿讲习班和全国 SLAM（即时定位与地图构建）技术论坛共计 34 期，参加人数 5000 余人次。

学会建设　2019 年，学会召开理事会议 1 次、常务理事会议 2 次、理事长会议 2 次。截至 12 月 31 日，学会新增会员 1000 人，个人会员共计 5600 名，与 2018 年相比增长 22%。学会图像应用军民融合专业委员会变更名称为图像应用与系统集成专业委员会，新增脑图谱专业委员会。学会下属分支机构由原来的 36 个增加为 37 个。

学会编辑出版《中国图象图形学学会 2019 年工作年报》。

学会治理结构和治理方式改革　学会制定《中国图象图形学学会科学技术奖章程》，修订《中国图象图形学学会章程》《自然科学奖评选条例》《科技进步奖评选条例》《技术发明奖评选条例》《石青云女科学家奖评选条例》《优秀博士学位论文奖评选条例》。

青年人才托举工程　经学会评选推荐，中山大学副教授梁小丹、东南大学副教授王雁刚获得 2019—2021 年度中国科协“青年人才托举工程”项目资助。

8 月 24 日，学会在北京召开“青年人才托举工程”座谈会，邀请被托举人和领域专家参加会议。被托举人就目前工作进展、未来工作计划等方面作汇报，专家对其科研问题进行指导，帮助青年人才成长。

主办期刊　《中国图象图形学报》入选庆祝新中国成立 70 周年精品期刊展、清华大学计算机学科推荐期刊和中国计算机学会（CCF）推荐中文科技期刊目录。

国际学术会议　2019 年，学会及其下属分支机构共举办国际会议 3 次，参会人数 1300 人次，交流论文 97 篇。

11 月 21—24 日，由学会与中国计算机学会、中国仿真学会主办，鹏城实验室、哈尔滨工业大学（深圳）和虚拟现实技术与系统国家重点实验室联合承办，学会虚拟现实专业委员会、中国计算机学会虚拟现实与可视化技术专业委员会、中国仿真学会虚拟技术及应用专业委员会和中国虚拟现实与可视化产业技术创新战略联盟联合协办的第十九届中国虚拟现实大会暨第八届国际虚拟现实与可视化会议在广东省深圳市召开。会议以“VR 的智物新时代”为主题，来自国内外高等院校、科研院所、企业的 500 余名专家、学者参加会议。会议安排 7 场大会特邀报告、7 场主题论坛，收录论文 66 篇。

国内主要学术会议　2019 年，学会及其分支机构共举办国内学术会议 84 次，参会人数 7000 余人次，交流论文 314 篇。

7 月 21—24 日，由学会主办，学会可视化与可视分析专业委员会、四川轻化工大学、西南科技大学、四川大学、电子科技大学、西南交通大学、重庆邮电大学和重庆大学联合承办的第六届中国可视化与可视分析大会在四川省成都市召开，来自全国高等院校、科研机构、企业的 600 余名专家、学者参加会议。大会以“可视当下，预见未来”为主题，共同探讨数据可视化与可视分析的前沿技术和未来发展前景。大会邀请美国石溪大学教授 Arie Kaufman 和德国斯图加特大学教授 Thomas Ertl 作特邀报告。收录论文 38 篇。

8 月 15—18 日，由学会主办，学会三维成像与显示专业委员会和云南师范大学联合承办的中国图象图形学学会第十届立体图像技术学术会议在云南省昆明市召开。会议涉及立体成像和显示技术、内容生成和获取技术、医疗应用等多个热点领域。收录论文 32 篇，特邀报告 4 个。

11 月 8—11 日，由学会与中国计算机学会、中国自动化学会和中国人工智能学会联合主办的第二届中国模式识别与计算机视觉大会（PRCV 2019）在陕西省西安市召开，来自高等院校、科研机构、企业的1800余名专家、学者参加会议。会议安排4个主旨报告、6个特邀报告、6个专题论坛、4个讲习班；收录论文165篇，其中口头报告18篇、墙报交流147篇。

科普活动 2019年，学会开展科普活动11项。

5月19—26日，围绕“科技强国，科普惠民”的主题，学会在西北工业大学、北京师范大学等十几所高校组织科技创新成果展，并获得全国科技活动周组委会表彰。

9月14—20日，学会组织“藏文识别&唐卡数字化保护”等全国科普日系列活动，并被评为中国科协2019年全国科普日优秀活动。

学会在湖北省武汉市、新疆维吾尔自治区乌鲁木齐市等地开展8场面向中小学生的人工智能科普系列讲座，受众达1000人次。

表彰举荐优秀科技工作者 学会推荐中国科学院院士、中国工程院院士候选人以及第十六届中国青年女科学家奖、第十六届中国青年科技奖、2019年度未来女科学家计划、中国科协“青年人才托举工程”项目候选人共计9人次。

2019年，学会开展会士评选工作，高文、赖剑煌、卢汉清、潘云鹤、谭铁牛、吴一戎、徐冠华、余轮、俞能海、章毓晋、郑南宁、庄越挺12名学者当选为学会首批会士。

党建强会 学会采取集中学习、心得交流等方式，开展学习全国两会精神和习近平总书记重要讲话精神的活动。在学会常务理事会议上，学会理事长传达2019年全国两会的成果与精神。

会员服务 学会推动信息化建设，完善会员信息系统、上线会议管理系统，实现会员和会议管理信息化；组织多层次学术活动，为科技工作者搭建交流平台，以学术交流带动会员发展；启动高级会员、会士评选工作，完善学会会员等级建设；通过微信公众号、网站等多种渠道宣传会员成就和成果；加强与地方学会的合作，探索会员发展和会员服务的新途径。

【第十届国际图象图形学学术会议】 8月23—25日，由学会主办，清华大学、北京大学、中国科学院自动化研究所联合承办的第十届国际图象图形学学术会议在北京召开。来自国内高校、科研院所、企业的500余名专家、学者参加会议。

大会特邀报告环节，柏林工业大学教授Marc Alexa作题为*The Shape of Deformations*报告，清华大学教授周杰作题为*Low Quality Fingerprint Recognition*报告，希伯来大学教授Shmuel Peleg作题为*Improved Scene Understanding by Combining Sight and Sound*报告。

会议安排2个讲习班、7个前沿论坛，录用论文183篇，进行33个口头报告和150个墙报交流。

【第二届全国SLAM技术论坛】 7月27—28日，由学会主办，学会三维视觉专业委员会和清华大学承办，深蓝学院协办的第二届全国SLAM技术论坛在北京召开。来自国内高校、科研院所、企业的400余名专家、学者参加会议。

论坛邀请11位专家围绕SLAM技术研究、发展及产业化应用作报告，共同探讨当下SLAM研究前沿，促进国内SLAM技术的发展以及产学研融合。

【2019年暑期联合学术会议】 7月24—26日，由学会主办，学会青年工作委员会、女科技工作者工作委员会、成像探测与感知专业委员会联合承办，新疆大学协办的2019年暑期联合学术会议在新疆维吾尔自治区乌鲁木齐市召开。来自全国高等院校、科研院所及企业的160余名专家、学者参加会议。

会议由青年科学家论坛、女工委学术交流论坛和视觉感知与学习研讨会3个会议组成，共有19个特邀报告。与会专家、学者围绕当前热点问题进行探讨和交流，推动交叉领域科学家之间的合作。

（撰稿人：骆岩峰　黄英英　洪　淼）

中国人工智能学会

服务创新型国家和社会建设 10月27日，在学会举办的2019年白皮书发布会上，7本人工智能行业白皮书同步面世，包括《中国人工智能白皮书》《世界人工智能白皮书》，以及5本人工智能分支领域的中国人工智能系列白皮书，分别为《语言智能白皮书》《智能生物信息处理白皮书》《知识工程白皮书》《智慧医疗技术产业应用白皮书》《智能教育技术白皮书》。

学会建设 学会面向全体会员开展会员普查及登记工作，建立并完善会员信息。2019年，学会个人会员总数达到38249人，新增14685人；单位会员504个，新增351个。首次评选杰出会员70人，新增会士11人，会士总人数达到75人。

学会分支机构数量共48个，包括40个专业委员会和 8 个工作委员会，2019 年新增 3 个分支机构，分别是脑科学与人工智能专业委员会、智慧能源专业委员会、中小学工作委员会。各分支机构 2019 年共举办学术活动 400 余次，其中科普活动 200 余次。

学会治理结构和治理方式改革 2019 年，学会召开会员代表大会 1 次、全体理事会议 1 次、常务理事会议 9 次、理事长工作会议 2 次。学会根据发展需要，在常务理事会议上，通报学会工作报告、财务报告、会士评选情况；审议通过换届方案、会员代表、理事候选人、常务理事候选人、学会新一届负责人候选人产生办法、候选人名单、杰出会员等。在会员代表大会上讨论通过换届选举、会议决议等，并通过《中国人工智能学会章程》《中国人工智能学会会费管理办法》等文件；以无记名投票方式选举产生由 177 名理事组成的学会第八届理事会和 4 名监事组成的第一届监事会；同时在组织工作委员会会议上对学会专业委员会进行考核评估，评选出 2019 年度学会优秀专业委员会。

学会吴文俊人工智能科学技术奖评选基地正式在江苏省苏州市落成，成为中国人工智能领域“科技地标和创新符号”。同时，北京与南京会员服务中心全面落成，搭建起集引进、交流、培养、激励、生活服务等于一体的全链条人才服务和保障体系。三大基地的成立，实现会员服务的全面升级。

青年人才托举工程 10 月 27 日，学会在陕西省西安市召开中国科协“青年人才托举工程”项目中期验收暨 CAAI 青年人才培养研讨会。第五届中国科协“青年人才托举工程”项目申报中，学会获得 2 个名额。

主办期刊 学会共主办学术期刊 4 种，分别为《智能系统学报》、*CAAI Transactions on Intelligence Technology*（《智能技术学报》）、*International Journal of Advanced Intelligence*（《高等智能国际学报》）、《中国人工智能学会通讯》。2019 年，《中国人工智能学会通讯》共发表原创文章 108 篇；《智能系统学报》期刊影响因子为 1.853，较 2018 年提升近 40%；*International Journal of Advanced Intelligence* 正在为申请进入 SCIE 数据库做准备。

学科发展工程 学会在 CAAI 智库建设上，已经完成 2019 年预定目标，推举出全国人工智能领域 510 位科技工作者和企业家作为智库专家。

学会组织专家团队对《人工智能导论》进行修订，并着手编写导论习题集和同步课件。2019 年，开展 2 次《人工智能导论》教学研讨活动。

决策咨询 学会入围 2018 重大科学问题 2 项，入围 2019 重大科学问题 1 项。9 月和 10 月，学会围绕三项重大科学问题，组织召开三场座谈会，讨论重大科学问题的进展情况、面临的主要问题、应用情况与政策建议，并形成专项报告。其中学会生物信息学专业委员会主任、清华大学教授张学工撰写的《人类智能的基因调控基理》已上报中央及相关部委。

国际学术会议 12 月 13—15 日，由学会和国际网络智能协会联合主办，学会脑科学与人工智能专业委员会、中国认知科学学会和中国心理学会协办，海南大学承办的第 12 届脑信息学国际会议在海南省海口市召开，为跨时代的“脑科学与人工智能”的交叉研究和推广提供国际化平台。

12 月 19—21 日，由学会联合 IEEE 北京分会发起的 2019 年第六届 IEEE 云计算与智能系统国际会议（CCIS 2019）在新加坡召开。40 多位云计算和人工智能领域专家、学者参加会议。会议共举办 3 场主旨演讲、1 场工业论坛和 5 场专题论坛，收录优秀论文 40 篇，全面呈现全球学术界的突破方向和研究趋势。会议对学会建设成为世界一流学会具有开创性意义，同时此次会议的举办也使云计算与人工智能的跨学科、跨国家交流更加紧密。

国内主要学术会议 9 月 21 日，由学会主办的第五届中国人工智能大会在山东省青岛市召开。超过 100 位国际人工智能领域专家、800 余位学者及业界精英、2500 余位专业观众参加会议。

国际组织任职 2019 年，学会生物信息学专业委员会主任张学工担任国际计算生物学学会理事，并有多位理事、会员当选为国外院士及 IEEE、ACM（国际计算机学会）、AAAI（美国人工智能协会）等国际组织会士。

科普活动 2019 年，学会开展主题科普活动 200 余次，受众人数达 5 万人次。学会以讲座的形式走进贵州省贵阳市清华中学和遵义市第一中学、四川省西昌市西南小学，为学生带来接触人工智能的机会，引领学生了解人工智能。

学会获批承担 2019 年“科普中国”共建基地项目，并将共建基地设立在南京中新生态科技岛。

10 月，学会“人工智能大讲堂”项目第 24、第 25、第 26 期在陕西省西安市举办。

邀请学会分支机构的科普专家参加“名家讲科普”“以技术创新促转型发展”等主题专题活动，为地方省委党校师生、企业管理及技术人员作科普报告。

表彰举荐优秀科技工作者 十三届全国人大常委会第十三次会议表决通过全国人大常委会关于授予国家勋章和国家荣誉称号的决定，授予中国科学院院士、学会原名誉理事长吴文俊“人民科学家”国家荣誉称号。为弘扬吴文俊科学精神、传承吴文俊学术思想、扩大吴文俊人工智能科学技术奖的影响力，营造良好的学术生态，学会党委研究决定，号召全体会员向“人民科学家”吴文俊学习。

经中国科学院信息技术科学部、中国工程院信息与电子工程学部、吴文俊人工智能最高成就奖获得者和学会会士的提名，2019年度吴文俊人工智能最高成就奖评选委员会邀请中国科学院院士陆汝钤，中国工程院院士吴澄、李伯虎、周寿桓等15位院士专家对被提名人组织评选，并报学会理事长批准，最终决定授予中国科学院院士、清华大学计算机系教授张钹2019年度吴文俊人工智能最高成就奖。深圳前海微众银行股份有限公司杨强、中国平安保险（集团）股份有限公司肖京、中国科学院数学与系统科学研究院高小山获得吴文俊人工智能杰出贡献奖。

学会创新发展 4月27日，由学会主办，天津市教育委员会、天津大学承办的2019年第四届全国高校人工智能学院院长/系主任论坛在天津市召开。论坛的主题是“产教融合、学科交叉的新工科人工智能创新人才培养”，邀请高校、科研院所的人工智能教育专家、人工智能领域企业代表，研讨在当前新工科建设大背景下的高校人才体系培养，探讨人工智能专业本科生的教育问题、底层基础和高层技能之间区别与关联、如何完善人工智能知识体系的结构等问题，对人工智能人才的培养具有借鉴意义。

8月19—20日，由学会主办的2019国际人工智能院长/系主任高峰论坛在陕西省西安市召开，来自国内外20余所高校的人工智能院/系负责人以及产业界领域专家共同探讨人工智能发展前沿和创新、人工智能课程体系和专业建设、人才培养以及产学研合作等问题。

10月27日，由学会主办的全国高校人工智能学院院长/系主任论坛在陕西省西安市召开。8位人工智能领域学术、技术专家作主题报告，针对传统教育方式在新时代环境下所遇到的困难和挑战，给出相应的解决方案，并对未来的发展方向提出合理构想。

学会在腾讯、网易等主流媒体平台开设自媒体账号，文章总阅读量超过千万次。在学会的品牌活动上引入直播的形式，在线观看人数超500万人次，活动覆盖全国超过100家媒体。“中国人工智能学会”和“CAAI会员中心”两个微信公众号推送超1600条内容，订阅人数超13万人，增长率达14%。

党建强会 学会党组织承担“党建强会计划”项目中“党建阵地建设”子项目资助。学会党委组织人工智能及相关领域专家、学者，通过“人工智能大讲堂”的形式，开展系统专业的讲学活动。

学会建立“微专栏”，官网开辟的“党建强会”板块持续发布党建相关的科普知识。在微信公众号设立“党建强会”专栏，安排专人推送党建信息。

会员服务 学会首次启动中国人工智能学会杰出会员评选工作。经学会各分支机构及学会负责人推荐并提请学会七届二十次常务理事会议审议通过，决定授予首批70人“中国人工智能学会杰出会员”称号。

根据《中国人工智能学会章程》《中国人工智能学会会士产生与评定工作办法》，经学会会士提名、专家评议等程序，共产生11位会士，累计产生75名会士。

学会在会员注册缴费环节进行优化，实现网银支付、扫码支付，为会员提供电子会员证。

【中国人工智能学会第八次全国会员代表大会】 10月27日，中国人工智能学会第八次全国会员代表大会在陕西省西安市召开，来自全国各地的558位会员代表出席大会。经过现场差额选举，由会员代表无记名投票产生第八届理事会和第一届监事会。学会第七届理事长李德毅主持会议。

中国科协原党组副书记、副主席张勤，学会挂靠单位北京邮电大学校长乔建永先后致辞，学会副理事长刘宏宣读59家兄弟学会发来的贺信。

大会听取并审议中国人工智能学会第七届理事会工作报告，以及《〈中国人工智能学会章程〉（修改草案）及修订说明》《中国人工智能学会第七届理事会财务工作报告》《中国人工智能学会会费管理办法》。经过民主选举产生学会新一届理事会和第一届监事会，审议通过相关工作报告及文件。在随后召开的学会第八届理事会第一次全体理事会议上，选举产生学会新一届领导班子。戴琼海任学会第八届理事长。

【2019全球人工智能技术大会】 5月25—26日，

由学会主办、南京市麒麟科技创新园管理委员会与京东云共同承办的2019全球人工智能技术大会（2019 GAITC）在江苏省南京市召开。大会以“交叉、融合、相生、共赢”为主题，邀请国内外众多人工智能领域专家、学者参加会议。会议设有主题论坛+专题论坛、人工智能展览、谷歌培训、2019智能系统－物理－信息论坛暨纪念吴文俊先生诞辰100周年学术研讨会等交流活动。议题涵盖人工智能技术、行业应用、资本、伦理、教育等多方面内容。

5月26日，大会同期举办中欧人工智能发展和机遇闭门研讨会。国际核能院院士、清华大学教授张勤，欧洲科学院院士、维也纳技术大学教授 Schahram Dustdar，学会副秘书长、中国科学院计算所研究员何清，马德里理工大学教授、马德里理工大学－埃森哲人工智能创新中心主任 Javier Bajo Pérez，西班牙空军上校、西班牙国防部地缘政治分析师 Ángel Gómez，清华大学社会科学学院、中美关系研究中心副主任鲁俊群，西班牙驻华大使馆教育部技术顾问 Javier Fernández，上海大学教授王潮，马德里理工大学亚洲区负责人、同济大学教授 Claudio Feijoo 等14位专家、学者、企业家出席会议。会议就中欧人工智能对经济和社会的影响、人工智能中的道德规范、教育中的人工智能应用、人工智能可持续发展目标和中欧在人工智能方面的合作展望五大议题展开探讨并达成诸多共识。

【2019中国人工智能大会】 9月21—22日，由学会和青岛市人民政府主办的2019中国人工智能大会在山东省青岛市召开。来自国内外人工智能技术领域的专家、学者共同探讨人工智能领域产学研前沿动态。

大会以“智变融合”为主题，聚焦攻克人工智能技术难关、发展状况以及产业落地等关键问题。设置人工智能女科学家论坛、人工智能青年论坛、人工智能创新应用论坛、视觉语音语言多模态论坛、智能机器人与智慧城市六大论坛，分别围绕“人工智能伦理与安全”“深度学习到瓶颈了吗”“人工智能创新应用、建设美好生活”等主题进行探讨。

大会还邀请中国工程院院士、学会理事长李德毅，中国科学院院士、清华大学人工智能研究院院长张钹，中国科学院院士、学会副理事长谭铁牛，中国工程院院士、中国自动化学会理事长郑南宁，中国科学院院士、西安交通大学教授、陈嘉庚奖获得者徐宗本，科大讯飞股份有限公司董事长刘庆峰，中国平安集团首席科学家肖京，以及加拿大滑铁卢大学教授、国际计算学习理论学会前主席 Shai Ben-David，韩国科学院院士、韩国延世大学教授 So Young Sohn，美国卡内基梅隆大学计算机学院副院长、世界经济论坛未来计算机全球未来理事会主席 Justine Cassell 等50多位全球人工智能专家、学者，与会人员超过3000人。

【2019第九届中国智能产业高峰论坛】 10月26—27日，由学会主办的以“驱动未来，智能无界”为主题的2019第九届中国智能产业高峰论坛（CIIS 2019）于陕西省西安市召开。中国工程院院士、学会理事长、学会会士李德毅，京东集团副总裁伍毅恒致辞。

大会设置1场主论坛、8场分论坛、5场同期活动，并设置1个智能科技创新展区和场景体验区。11位中外院士，160多位专家、学者，3500多位专业观众参加会议，围绕智能产业的热点话题和共性难点展开多维度的交流，立足智能产业发展现状，力求打破发展瓶颈，加速行业落地。

在主题论坛上，7位专家作主旨报告，展示各自的最新研究成果和发现，结合实际场景下的成功案例，带来AI技术产业化应用的前瞻思路。

第一场尖峰对话主题为“人工智能如何打破大规模产业化瓶颈”，探讨全球在发展人工智能产业中的共性问题和解决思路，为今后的发展趋势作出预判。第二场尖峰对话主题为“中国的人工智能产业，星星之火，如何燎原”，旨在针对中国人工智能产业发展的现状与机遇，寻求中国的个性化方案，点出AI企业的破局关键。

8场分论坛紧扣智能科技最新发展趋势，结合中国人工智能技术的成熟应用示范，促进人工智能与不同行业深度融合，探索大规模商业落地的最佳路径。100多位专家、学者、企业家、技术高管等参加论坛，分享新成果，探讨新风向，围绕人工智能前沿技术、热门行业应用、产业发展机遇与挑战展开交流。

此次论坛获得京东云、百度、科大讯飞、滴滴、浪潮、新松机器人、华为、中国平安、宇通客车等企业，以及清华大学、北京大学、西安电子科技大学、西安交通大学、北京航空航天大学、中国科学技术大学、陕西师范大学、同济大学等院校的参与与支持。

（撰稿人：邹亚茹）

中国体视学学会

服务创新型国家和社会建设 7月12—15日，由学会金相与显微分析分会主办、西安石油大学承办的第七届蔡司·金相学会杯大学生金相比赛暨第五届莱州华银·金相学会杯材料专业大学生综合技能大赛在陕西省西安市举办。来自全国83所高校的322名学生、208位指导教师参加比赛。

11月10—11日，由学会金相与显微分析分会主办、兰州理工大学和省部共建有色金属现金加工与再利用国家重点实验室承办的第四届失效分析大赛暨第二届材料专业学生研究能力挑战赛在甘肃省兰州市举办。比赛收到近百项参赛作品，涉及火电、风电、高铁、汽车等12个工程技术领域。来自全国各高校、科研院所和科技企业的近200名学生、指导教师、科技人员参加比赛。

4月12日，学会CT（电子计算机断层扫描）理论与应用分会召开团体标准研讨会，组织专家对进一步推动分会团体标准项目开展进行分析探讨。

学会建设 10月17日，学会七届五次常务理事会议、七届三次理事会议暨学会党委会议在海南省海口市合并召开。会议审议通过生物医学分会换届方案；审议通过拟筹备成立智能成像分会申请报告。10月，学会生物医学分会在海南省海口市召开委员会会议，完成分会换届工作。

主办期刊 学会期刊《中国体视学与图像分析》为季刊，每年出版4期，2019年全年收录论文40篇，其中，获得国家自然科学基金、国家高技术研究发展计划、全军指令性科研基金、省市自然科学基金等各类基金项目资助的论文32篇，占全年论文刊登量的80%。

国内主要学术会议 2019年，学会和各专业委员会共组织各类学术、技术交流活动10次，参加人数约3200人次，交流论文、报告300多篇。

国际交往 5月27—31日，国际体视学与图像分析学会执委会会议在丹麦奥胡斯大学召开，学会副理事长宋晓艳、中国科学院教授孙飞参加学术会议并分别作学术报告。

10月，国际体视学与图像分析学会两位执行委员Dorothy E. Oorschot和Kladnik Aleš应邀访问中国，与学会领导座谈，双方就学术活动、学会管理、体视学培训等进行交流。

国际组织任职 5月27—31日，学会副理事长宋晓艳代表学会参加在丹麦奥胡斯大学举办的国际体视学与图像分析学会执委会会议，宋晓艳被增选为国际体视学与图像分析学会执行委员。

科普活动 2019年，学会及各专业分会开展科普讲座、科普展览、科技咨询等科普活动39场次，受众人数约3000人次。

表彰举荐优秀科技工作者 10月28日，中国体视学学会科学技术奖颁奖仪式在海南省海口市举办，颁发学会科技进步一等奖1项、自然科学二等奖1项，5人获得青年科学技术奖。

学会申报第五届中国科协“青年人才托举工程”项目，推荐第十六届中国青年科技奖候选人2名。

党建强会 10月17日，中国体视学学会理事会议暨党委会议在海南省海口市召开，委员们认真学习习近平新时代中国特色社会主义思想和党的十九大精神，讨论审议学会近期重点工作。

10月20日，学会党委组织党员开展“不忘初心、牢记使命”主题教育实践活动——参观红色娘子军纪念园和博鳌亚洲论坛会址。学会副理事长、党委委员姜志国，副理事长、党委委员彭瑞云，常务副秘书长、党委委员刘克音等50多名党员和积极分子参加活动。

会员服务 2019年，学会会员人数为1777人，新会员增长率为5%。学会新的会员管理系统正式上线，实现会员网上登记注册、缴纳会费、接收通知、申报奖项、期刊投稿、会议报名、下载电子会员证等线上服务功能。

【第十六届中国体视学与图像分析学术会议】 10月17—20日，由学会主办的第十六届中国体视学与图像分析学术会议在海南省海口市召开，来自全国各地的约280名专家、学者和科技工作者参加会议。大会开幕式由学会副理事长兼秘书长王忠主持，副理事长张跃致辞。国际体视学与图像分析学会执行委员Dorothy E. Oorschot和Ales. Kladnik应邀参加会议。

会议以“交叉、融合、创新”为主题，旨在交流中国体视学理论、方法、技术、仪器设备等方面的新进展以及在各领域的交叉应用与融合。会议邀请Dorothy E. Oorschot、重庆医科大学教授唐勇、中国科学院物理研究所研究员白雪冬、东北大学教授秦高梧、南昌大学教授闵卫东、北京航空航天大学教授李阳、中国科学院高能物理研究所研究员魏存峰、清华大学研究员张丽8位专家作大会特邀报告。专家从不同的角度，阐述体视学和图像分析在材料、医学、生物、CT、虚拟仿真、遥感、航空、航天等众多领域的新成果和应用进展。

会议设立CT理论与应用、图像分析与仿真技术、生物医学体视学、材料科学与工程4个分会场，并首次增设青年英文论坛。共交流论文129篇，口头报告92个，其中英文报告24个。经过专家评审，从5个分会场中评选出24个口头报告为本次会议优秀报告。

会议开幕式上还举办2018年度中国体视学学会科学技术奖颁奖仪式，"遥感图像处理关键技术及国产平台研发"项目获得科技进步一等奖（项目完成单位：中国科学院遥感与数字地球研究所、中国土地勘测规划院）；"材料显微组织的三维重建及定量表征"项目获得自然科学二等奖（项目完成单位：北京科技大学、辽宁工程技术大学）；授予5人青年科学技术奖，分别是：戴亚康（中国科学院苏州生物医学工程技术研究所）、任玉平（东北大学）、吴琼（北京航空航天大学）、赵黎（军事科学院军事医学研究院）、赵云松（首都师范大学）。学会副理事长张艳宁、名誉理事长康克军分别向科学技术奖和青年科学技术奖获奖者颁发证书并发放奖金。

（撰稿人：胡　蓓　王　锂　刘克音）

中国工程机械学会

服务创新型国家和社会建设　5月15—18日，学会和中国机械工业联合会、长沙市人民政府共同主办的2019长沙国际工程机械展览会（第一届）在湖南省长沙市举办。展览会以"智能化新一代工程机械"为主题，是一个集国际论坛、国际赛事、行业前沿技术交流、企业风采展示与合作于一体的行业盛会，总展示面积21.3万平方米，设混凝土机械、起重机械等14个展区，国际标准展位约6000个，共吸引1150家中外工程机械企业参展。8月1日，学会在广东省广州市指导举办2019中国（广州）国际工程建筑机械·零部件·再制造·维修技术及服务展览会，除部分主机厂参展外，工程机械零配件厂商和用户也参加展览。11月13—14日，中国环境卫生国际博览会在重庆市举办，学会作为协作单位举办环卫和环保机械展。

为加强对企业的服务，学会和企业共建全断面隧道掘进机职业技能培训基地，并注重全国布局。同时，在中铁工程服务有限公司建立职业技能鉴定站。

学会工程起重机械分会举办的吊装工程仿真设计系统技术专题培训，内容涵盖吊装过程建模、实操演示、校核计算等；为中国核工业二三建设有限公司提供有针对性的有限元计算培训服务。

学会建设　5月，学会召开2019年常务理事会议和理事会议，交流各分会活动情况，讨论成立标准化管理委员会，制定团体标准并协助相关企业制定企业标准，研究开展社团奖励评审工作。

9月18日，2019中国工程机械学会港口机械分会理事长扩大会议暨《港口装卸》杂志编委会工作会议在浙江省杭州市召开，来自全国各地的港口设备制造企业、科研院所和高等学校等单位的30余位专家、学者参加会议。武汉理工港航科技研究院有限公司技术总监徐承军对《港口装卸机械自愿性产品认证实施规则》（征求意见稿）进行宣讲，与会专家、学者对征求意见稿进行讨论并提出意见建议。会议宣读副理事长及常务理事的人事调整决定，以及武汉理工港航科技研究院有限公司港口装卸机械自愿性产品认证关于聘请认证专家的决定，并为受聘专家颁发证书。

学科发展工程　在大连理工大学出版社的支持下，学会完成10种语言的《工程机械系列双向词典》的出版工作。此外，学会组织语言专家、学者，根据中国国家标准，用9种语言编写《多语种工程机械型号名谱》，并由上海科学技术出版社出版。为了总结改革开放后中国工程机械行业发展的成果，在清华大学出版社的支持下，学会组织行业内各方面专家、学者，在出版10卷《工程机械手册》的基础上，又组织12卷《工程机械手册》的编写工作，包括钢筋加工与钢筋混凝预应力机械、混凝土制品机械、桥梁施工机械、高铁施工与轨枕铺设机械、电梯和扶梯、高空作业车、装修机具、市政和园林机械、游乐设施、叉车、维修和再制造以及工程机械信息化。上述各卷均已落实编写单位和主编人员，计划3～4年完成。

国际学术会议　3月28日，2019盾构与掘进关键技术暨盾构再制造技术国际峰会在河南省郑州市举办。此次峰会由中国中铁股份有限公司、中铁隧道局集团有限公司和学会联合主办，盾构及掘进技术国家重点实验室承办。来自中国、德国、美国、日本、韩国、西班牙等国家的560余名专家、学者，就川藏铁路建设面临的重大挑战、全断面隧道掘进机全生命周期管理、盾构绿色再制造技术等一系列前沿创新技术进行交流探讨。

5月15—18日，在2019长沙国际工程机械展览会举办期间，学会召开第七届工程机械与车辆工程新进展国际学术会议，除国内专家、学者外，还有来自美国、德国、日本、意大利、澳大利亚、俄罗斯等国家的专家、学者共200余人参加会议。会议收到英文论文80多篇。

国内主要学术会议 12月12—13日，由学会、中铁工业股份有限公司、中铁工程服务有限公司联合主办的第八届全国机械及交通运输工程博士论坛暨第二届盾构服务产业生态链研讨会在四川省成都市举办，来自清华大学、上海交通大学、西安交通大学、同济大学、西南交通大学等多所高等院校的54名在读博士生和部分高校教授，中铁建设集团有限公司、中国交通建设股份有限公司，以及各地隧道公司、轨道交通服务公司、租赁公司和部分轨交设备制造公司等的董事长、总经理、总工程师、物资设备部长、指挥长等130余人参加会议。新华社、《人民日报》、《光明日报》、《科技日报》、《经济日报》等14家媒体对会议进行报道。

1月7—9日，学会路面与压实机械分会在广东省广州市召开路面机械与信息化、精细化施工技术学术交流会，39人参加会议。会上交流学术报告5篇，会后参观广东省长大公路工程有限公司虎门二桥施工现场的钢桥路面精细化施工及设备。

3月27—30日，学会桩工机械分会、中国建筑业协会深基础与地下空间工程分会、中国土木工程学会土力学及岩土工程分会桩基础专业委员会联合在江苏省无锡市举办第九届深基础工程发展论坛暨全国首届基础工程装备展览会，来自全国各地1500多名深基础工程领域的专家、学者、科技工作者、工程技术人员及60余家企业参加会议。论坛以“新时代引领深基础工程新发展”为主题，面向新时代深基础工程的发展需求，以“会展结合”的形式举办，特别增设全国首届基础工程装备展览会。此次论坛汇编论文63篇。

3月29日，由学会港口机械分会主办，武汉港迪电气集团有限公司、武汉理工大学物流工程学院、武汉港口机械质量监督检验测试中心共同承办的2019·中国港口机械智能控制技术研讨会在广东省深圳市召开。来自全国各大港口、制造企业、科研院所和高等学校等单位的260余位领导和专家、学者参加会议。会议学术报告环节，多位专家、学者就港口机械智能控制技术进行展示和交流。与会专家、学者还前往深圳市蛇口赤湾港和妈湾港进行现场生产参观和考察，进一步了解港口码头装卸现场的生产管理、工艺流程和新技术、新手段在厂桥远程控制中的运用，并在参观过后结合会议内容进行交流研讨。

5月10—12日，由学会液压技术分会、中国工程机械工业协会筑养路机械分会、公路建设与养护技术材料及装备交通运输行业研发中心（徐工集团）、公路养护装备国家工程实验室主办的从制造到智造——道路筑养装备与液压传动控制技术协同发展论坛在江苏省徐州市召开。行业企业人员、高等院校领导及专家、学者、学会会员和行业媒体等400余人参加论坛。论坛由长安大学工程机械学院机械电子工程系教授焦生杰主持。交通运输部公路科学研究院副总工程师黄颂昌，北京市政路桥建材集团有限公司总工程师柳浩，公路建设与养护技术材料及装备交通运输行业研发中心主任任化杰，学会副理事长、燕山大学教授赵静一，江苏徐工信息技术股份有限公司工业互联网事业部副总经理张毅和长安大学国际教育学院博士张伟6位专家、学者围绕“聚焦交通强国战略，谱写新时代道路筑养装备新篇章”的论坛主题，结合各自单位情况作主旨演讲。“践行循环经济，保障绿色交通”“创新装备工艺，探索先进施工养护方法”和“掌控关键核心技术，打造新时代道路筑养高端装备”3场分论坛同期举办。来自相关领域的300多位专家、学者参加，共同探讨行业企业先进做法，探索先进的路面施工及养护方法，以及行业高端装备的先进制造和管理技术等。

6月21日，由学会港口机械分会主办，宁波东力传动设备有限公司、武汉理工大学物流工程学院、武汉港口机械质量监督检验测试中心共同承办的第九届中国港口装卸高新技术研讨会在浙江省宁波市召开。来自全国各地的港口设备制造企业、科研院所和高等学校等单位的100余位领导和专家、学者参加会议。武汉理工大学物流学院教授胡吉全作题为《减速装置失效机理及选型应用研究》的报告，上海振华港机重工有限公司管彤贤作题为《新型集装岸桥研制关键技术研究》的报告，张家港港务集团信息中心高级工程师许丹作题为《基于“物联网+”的多要素散杂货码头生产智能管理》的报告，江苏连云港港口集团有限公司高级工程师李文豪作题为《新型新能源拖轮研究探索》的报告，宁波东力传动设备有限公司技术总监丁为民作题为《港口机械减速机智能运维解决方案》的报告，宁波舟山港有限公司高级工程师陈吉作题为《清洁能源动力在新建拖轮上应用的意向和建议》的报告。与会专家、学者对报告中所提及的新技术手段和港口装卸高新技术的发展前景展开交流和探讨。

8月10日，学会矿山机械分会在黑龙江省哈尔滨市召开中国工程机械学会矿山机械分会第三届理事会年会。来自中国矿业大学、中国矿业大学（北京）、山东大学、合肥工业大学、昆明理工大学、黑龙江煤矿机械有限公司、西安煤矿机械有限公司和郑州煤炭工业（集团）公司等30余家单位的81名理事参加会议。学会矿山机械分会理事长朱真才作年度工作报告。会上讨论联合举办学术会议、打造合作平台、合作承接国家和行业重点研究任务等相关内容，增选部分理事。

8月11日，学会矿山机械分会在黑龙江省哈尔滨市举办矿山机电装备创新研讨会。会议就节能减排大环境下的矿山自动化、智能化和绿色开采关键技术进行讨论，为煤机装备创新研发、绿色制造及煤炭智能开采提供新的思路。会上邀请4名专家、学者分别作《智能化综采关键技术及应用》《煤矿采矿装备机器人化发展建议与思考》《永磁内装式提升机的研究与应用》《煤矿越级跳闸主要原因分析与解决方案》的专题报告，共72人参加会议。

9月20日，学会测试技术分会在上海市组织召开自动化集装箱码头装卸设备远程检测技术研讨会，对相关的问题、技术和需求进行研讨。来自上海海事大学、上海理工大学、上海振华重工（集团）股份有限公司、上海港、天津港、厦门港、深圳盐田港、上海为国港口设备有限公司、上海港口机械质量监督检验测试中心等高校和企事业单位的20余人参加会议。经过研讨，基本厘清下一步的研究发展方向，形成若干产学研深入合作的课题，为中国自动化集装箱码头设备和营运管理技术在“一带一路”沿线国家的推广应用起到促进作用。

9月21日，学会挖掘机分会在河南省郑州市举办中国二手挖掘机行业峰会暨（第三届）中国二手挖掘机联盟全国会员大会，200多位专家、学者参加会议。会议以“凝心聚力·求变共赢”为主题，内容涵盖多场主题演讲、专场培训、圆桌论坛（包括厂商、代理商专场论坛），围绕二手挖掘机从业者当前最关心的行业未来趋势、环保政策走势、二手挖掘机营销/租赁/新机经营、行业财税风险等热点问题展开交流讨论。

10月18—20日，学会重大工程施工技术与装备分会在上海市举办第二届智能制造工程专业联盟大会。学会重大工程施工技术与装备分会理事长卞永明等出席大会，并作主旨发言。大会由同济大学机械与能源工程学院、天津大学机械工程学院和上海大学机电工程与自动化学院主办，机械工业出版社与菲尼克斯（中国）投资有限公司承办。来自全国近80所高校、企业与出版社的约170名专家、学者、企业高管参加会议。大会首先由同济大学副校长吕培明致辞，并介绍新工科“同济”模式的建设现状与发展方向。机械工业出版社副社长林松致辞，并就机械工业出版社与智能制造工程专业的融合发展模式作介绍。同济大学本科生院副院长单烨致辞，并向与会专家、学者介绍同济大学智能制造工程专业本科生培养情况。世界经济论坛（WEF）未来制造委员会主席倪军围绕第四次工业革命下的制造业转型及人才培养需求进行分析与讲解。国际生产工程科学院（CIRP）会士、2018年度中国政府友谊奖获得者 Ömer Sahin Ganiyusufoglu（葛兴福）围绕智能制造工程在工业与教育方面的发展作发言。

10月24日，由学会液压技术分会、同济大学机械与能源工程学院主办的液压管路系统与辅件的科技和工程应用新进展技术论坛在上海市召开。受PTC（国际动力传动与控制技术展览会）组织方汉诺威米兰展览（上海）有限公司委托，在亚洲国际动力传动与控制技术展览会（PTC Asia 2019）期间，举办液压管路系统与辅件的科技和工程应用新进展论坛。中国液压气动密封件工业协会技术委员会副主任、博世力士乐（中国）有限公司原首席技术执行官王长江等8位行业专家作演讲，来自液压设备主机厂、液压元件或液压系统制造商、液压技术服务商，高等院校及科研院所的60多位专家、学者参加会议。

10月24—26日，学会混凝土机械分会与中国工程机械工业协会在江苏省徐州市共同举办中国工程机械工业协会混凝土机械分会暨中国工程机械学会混凝土机械分会年会。会议以“创新驱动高质量发展”为主题，与会人员探讨行业形势及未来发展趋势，进一步明确分会的发展方向和工作规划，开展新技术交流，进行“砼心砼筑高质量　推动砼机械行业高质量发展”主题对话，并参观相关企业。会上还颁发资深专家聘书和优秀论文奖。行业主管领导、理事，会员单位、上下游单位领导及技术负责人、行业媒体等共120余人参加年会。

11月11日，由中国工程机械工业协会桩工机械分会、学会桩工机械分会联合举办，以“初心、聚势、致胜”为主题的2019年中国桩工机械行业年会在湖南省长沙市召开，参加会议的专家、学者共计150余人。

11月15日，中国工程机械学会环卫与环保机械分会年会在重庆市召开，来自政府管理部门和行业的专家、学者共42人参加会议。学会环卫与环保机械分会理事长黄兴华作题为《环卫装备发展研究》的报告，烟台海德专用汽车有限公司工程师王灏作《智慧环卫的开发与设计》专题报告，长沙中联重科环境产业有限公司工程师陈凯作《智能环卫AI（人工智能）机器人装备创新与应用》专题报告，福建龙马环卫装备股份有限公司工程师黄荣明作《新能源环卫车辆的设计与开发》专题报告，重庆耐德新明和工业有限公司工程师彭佳作《中转站新产品的设计与开发》专题报告。会上，为环卫装备发展智库进行揭牌。

国际交往 4月8—14日，学会桩工机械分会组织桩工机械制造企业及基础施工企业的相关领导、专家、学者20余人前往德国慕尼黑参加国际工程机械博览会（bauma）2019。

9月11—13日，学会组织桩工机械制造企业及基础施工企业的相关领导、专家、学者30余人前往日本东京参加2019地基基础技术展览会。

4月16—17日，学会挖掘机分会秘书长周贤彪参加第二届国际智能建设技术会议，并作主旨发言。7月3日，周贤彪参加在韩国首尔举办的第十六届亚洲起重机安全论坛并致开幕词。

党建强会 2019年，学会党委共召开两次党委会议。1月在北京召开学会党委第一次党委委员会全体会议。11月，在河北省石家庄市召开学会党委第二次党委委员会全体会议，讨论2020年工作计划，并向学会理事会提出建议：一是开展学会团体标准的制定工作；二是开展学会社团奖评奖工作，并委托党委委员朱真才、孙兆宏和党委副书记周贤彪草拟奖励章程，供理事会讨论决策。会后组织全体党委委员赴西柏坡革命历史圣地参观学习。

学会全体党委委员集体参观“伟大变革——庆祝改革开放40周年成就”展览会，参观后党委会组织学习讨论取得的成就。各分会逐步成立党的工作小组（有条件的分会成立党支部）。

（撰稿人：张玉洁）

中国遥感应用协会

服务创新型国家和社会建设 协会积极服务辽宁省发展和东北振兴，形成《辽宁省空间信息应用及其相关产业发展若干建议》等咨询文件，并提交辽宁省委书记陈求发等领导参考决策。

持续开展黑土地资源保护治理与利用开发论证，组织形成《关于有效保护黑土地，促进有机农业发展的建议》《黑龙江省黑土地资源保护治理与科学开发实施方案》等咨询材料，并提交黑龙江省委书记张庆伟等领导参考决策。

结合“不忘初心、牢记使命”主题教育，与河北、河南、山东、安徽、湖南、新疆、甘肃、青海、浙江、广东、黑龙江、辽宁、四川、广西、江西、福建、上海等20多个省、自治区、直辖市的地方政府、科研院所、高等院校、社会团体、产业园区、企业等沟通衔接，推动地方开展遥感暨空间信息应用规划设计、普及推广工作。

学会建设 2019年，协会成立京津冀县域遥感分会和黑土地分会2个分支机构，个人会员达到2746人，单位会员达到424家。

协会秘书处专兼职工作人员达13人。

主办期刊 由中国科学院上海技术物理研究所和协会主办的《红外》被中文科技期刊数据库、中国核心期刊（遴选）数据库、中国学术期刊（光盘版）全文数据库和中国学术期刊综合评价数据库（CNKI）等重要数据库收录。

《航天返回与遥感》由北京空间机电研究所主办、协会联办，主要报道中国航天返回技术领域和空间遥感技术领域的新进展和新成果，刊载航天器进入、减速、着陆与上升（EDLA）技术，以及空间光学遥感技术、航空光学遥感技术、空间激光探测技术、复合材料结构成型技术、火工装置技术等专业的理论性或应用性研究论文和综述。

协会内部期刊《中遥通讯》，记录协会2019年度重要活动、党建工作、科普建设、内部治理等工作，以电子版的方式发送给理事和会员阅览。

学科发展工程　7月，协会承担“摄影测量与遥感学科发展研究”项目，负责牵头组织编写《摄影测量与遥感学科发展研究报告》。

2019年，协会进一步研究国内外摄影测量与遥感学科发展历程，调研分析相关部委、地方区域等应用状况和需求，形成《摄影测量与遥感学科发展研究报告》。报告由综合报告、专题报告、英文摘要、附录等内容组成；专题报告分别是《摄影测量与遥感学科发展报告（综合报告）》《平台与传感器》《遥感的技术理论研究》《摄影测量的技术理论研究》《学科典型应用发展研究》《人才培养研究》。

4月，协会紧密衔接武汉大学、北京大学、清华大学等高校推进的“遥感科学与技术”一级学科建设，启动遥感职业化建设，组织来自全国20多家职业院校、普通高校、企业等的数十位专家进行多轮研讨，以三年学制的高等职业教育为切入点和基础，基本形成遥感职业教育体系建设方案。

国内主要学术会议　4月23日，协会参加国家航天局组织的2019年“中国航天日”主场纪念活动，会同湖南大学在湖南省长沙市举办遥感应用科普大讲堂和亚热带遥感应用论坛，邀请包括4名院士在内的10多名专家作报告，500多人参加会议。

6月13—14日，协会依托商业遥感卫星应用专业委员会等机构，联合高分辨率对地观测系统浙江数据与应用中心、宁波杭州湾新区管理委员会、宁波市测绘设计研究院、联科智慧城投资集团有限公司等在浙江省宁波市杭州湾新区举办第二届中国航天商业遥感卫星应用论坛，超过40家企事业单位的100余名专家、学者、企业管理者、投资者参加。

11月15—17日，协会会同国家地理空间信息中心、中国测绘学会、中国卫星导航定位协会、中国通信工业协会、中国航天系统科学与工程研究院和长沙市人民政府在湖南省长沙市举办第十九期钱学森论坛暨2019长沙空间信息产业国际博览会，展览面积达2.5万平方米，参展企事业单位近200家，参展专业人员超过1000人，参展观众数万人次。论坛期间，主办空间信息应用与文化产业融合发展论坛，邀请来自中国航天科技集团有限公司、清华大学、中国科学院等企业和科研院所的专家就航天精神、军工文化等进行研讨。

11月，协会会同中国农业资源与区划学会、中国农业工程学会和北华航天工业学院在河北省廊坊市举办第五届农业遥感应用技术高峰论坛，200余位专家、学者、企业家参加会议，共同搭建中国乃至全球农业遥感专业性、权威性交流平台。

两岸交流　11月8—12日，协会会同香港遥感学会支持台湾地理资讯学会在台湾地区台北市举办第十二届海峡两岸暨港澳地区遥感与空间资讯研讨会，海峡两岸数十名遥感专家和企业家参加。

科普活动　协会在湖南省科技厅、退役军人事务厅，长沙市人民政府，浏阳市人民政府等支持下，协助浏阳市第五中学于浏阳市镇头镇建成浏阳艺术科技博物馆。博物馆于5月5日开馆，总面积6655.8平方米，场馆面积4800平方米，由序馆、钱学森先生生平展、航空航天、武器装备、卫星测控运行及遥感应用、计算机与互联网发展、工业自动化、国内外古代及现代艺术等展室组成，已获批湖南省科普基地。

7月12日—8月12日，协会会同济南市委宣传部，济南市教育局、科协和济南广播电视台在山东省济南市举办2019山东·济南航天嘉年华展览。

表彰举荐优秀科技工作者　1—3月，协会根据《中国科协办公厅关于组织推选2019年中国科学院和中国工程院院士候选人的通知》要求，开展2019年中国科学院院士、中国工程院院士候选人推选工作，推荐中国航天科工集团有限公司第二研究院25所研究员董胜波为中国科学院院士候选人。

党建强会　6—9月，协会开展“不忘初心、牢记使命”主题教育，举办10次专题党课或理论中心组集中学习活动；7月5日，组织赴北京市房山区没有共产党就没有新中国纪念馆举办主题党日活动；对20多家党政机关、企事业单位、社团组织，以及职业教育、科普研学、生态环境遥感、遥感标准化、地质物探五个领域进行系统调研和交流；8月28日，举办专题民主生活会和调研成果交流会；9月3日，举办协会主题教育总结大会。

5月17日，协会接受中央第三巡视组抽查，并就巡视组对国防科工局党组的反馈问题和局党组中央巡视反馈问题全面整改工作台账，结合主题教育活动梳理自身问题并整改；7—8月，举办国家国防科技工业局2019年党风廉政建设宣传教育月活动。

协会参加中国科协科技社团党委组织的2019年创建全国学会星级党组织工作，被评为7星级党组织。

协会参加中国科协科技社团党委和国家国防科技工业局直属机关党委组织的党的十九届四中全会精神

学习宣传活动，形成《中国遥感应用协会关于认真学习宣贯党的十九届四中全会精神的实施方案》，印发各会员（单位）和分支机构并加强组织实施。

会员服务 协会支持副理事长单位中国资源卫星应用中心推进遥感服务“数字广东”建设，发挥空间信息对政务信息的承载、关联和增值服务能力。

【中国遥感应用协会五届四次副理事长会议】 3月22日，协会在北京召开中国遥感应用协会五届四次副理事长会议。协会副理事长兼秘书长徐文主持会议，理事长罗格致辞。会议审议2018年中国遥感应用协会科学技术奖和2018年度中国遥感十大事件评选结果，通报协会换届和第六届理事会组建方案。

【中国遥感应用协会五届三次常务理事会议】 3月22日，协会召开五届三次常务理事会议，协会常务副秘书长卫征主持会议，理事长罗格致辞，副理事长兼秘书长徐文作协会2018年工作报告。审议并以无记名投票方式通过《中国遥感应用协会第五届理事会会费管理办法（修订版）》；审议并通过《中央财政科研项目专家咨询费管理办法》；审议并通过协会相关理事和会员单位调整情况；为新增分支机构——京津冀县域遥感应用专业委员会和黑土地遥感分会授牌；公布2018年度中国遥感十大事件和2018年中国遥感应用协会科学技术奖评选结果并颁奖；通报协会换届和第六届理事会组建方案。

（撰稿人：张圆圆　卫　征）

中国指挥与控制学会

服务创新型国家和社会建设 5月7日，学会分别与山东省烟台市高新技术产业开发区、中国航天科技集团公司第五研究院第五一三研究所、中科星图股份有限公司和烟台北方星空自控科技有限公司签署战略合作协议。

学会举办高端专业技术培训班4个。3月，举办知识图谱技术与应用高级研修班；4月、6月，分别举办第一、第二期联合作战模拟推演高级研修班；11月，举办机器学习与类脑技术与应用高级研修班。来自各科研院所、国防科工企业以及军队院校等50家单位的主管领导、业务骨干共210人在北京接受现场授课、实践操作、研讨交流、实战考核等多种方式的培训，受训人数比2018年增长180%。

11月，受中国科协委托，学会完成“全国学会表彰奖励和人才培养调研项目”，实地走访20个全国学会，同学会负责人、学会工作人员进行访谈，了解全国学会改革发展情况、工作现状和问题困难，并形成调研报告上报中国科协。

12月28日，学会举办第三届全国兵棋推演大赛人机挑战赛暨首届全国智能博弈论坛，来自军地科研院所、院校、国防军工企业和智能博弈领域的260余位专家、学者观摩比赛并参加论坛交流。

学会完成《现代数字城市应急指挥系统通用技术要求》等13项团体标准的立项和征求意见，比2018年增加5项。

学会建设 2019年，学会召开全体理事会议3次、常务理事会议1次，党委扩大会议1次。截至2019年年底，学会共有单位会员154家、个人会员5290人，比2018年新增单位会员44家、新增个人会员632人；学会有分支机构37个，其中包括工作委员会5个和专业委员会32个，比2018年新增分支机构4个，撤销分支机构1个，更名分支机构2个；学会二届理事会有理事单位110家、理事135人，与2018年相比，增补常务理事单位1家、理事单位6家、常务理事2人、理事6人。

5月10日，北京世标认证中心有限公司（评估第三方）受民政部社会组织服务中心委托对学会进行现场评估。12月31日，民政部在“中国社会组织公共服务平台”发布《2018年度全国性社会组织评估等级公告》（民政部公告第469号），学会在民政部组织的2018年度全国性社会组织评估中等级为4A级。

2019年，学会获得中国科协授予的“中国科技志愿服务百家学会”称号以及“2018年度科协系统财务数据汇总工作优秀单位”称号。

学会微信公众号保持每天1期资讯推送频率，具备平台直播、书籍购买、会议报名、在线缴费、学会微站等功能。截至2019年年底，得到8万余位专家、学者的关注。

学会治理结构和治理方式改革 学会完成对分支机构2019年工作年度评价。制修订办公及综合业务，学术管理，人力资源、绩效与薪酬管理，分支机构及会员管理，社会服务管理，战略、投资管理，资产及产权管理7个方面的34项规章制度。

青年人才托举工程 12月17日，学会组织开展第五届中国科协“青年人才托举工程”项目申报及选拔工作，经资格审查、初评和终评三个阶段，对申报人员进行遴选。最终，同济大学研究员衣鹏和东南大学讲师吕跃祖获选。

在已完成培养计划的3人中，1人入选“青年千人计划”并晋升为教授，1人创办无人农机企业且估值过亿，1人获得国家自然科学基金项目1项和黑龙江省科学技术进步奖二等奖（排名第1）。

主办期刊 学会会刊《指挥与控制学报》影响因子已提升至1.58，比2018年有所提高；在中国学术期刊自动化技术、计算机技术所属学科140个类目中排名第24；在2019年国家哲学社会科学文献中心组织的评选中被评为2018年学术期刊数据库军事学学科最受欢迎期刊。

学科发展工程 11月，学会完成《2018—2019指挥与控制学科发展报告》的编写，包含综合报告及云控制与协同、人机融合与认知决策、智能指挥调度、移动指挥网络技术、数据融合技术、空天安全与平行控制、无人集群系统控制7个专题报告。

决策咨询 5月，学会完成“智能化无人系统学科方向预测及技术路线图”咨询研究任务。除综合报告外，还有5个分报告，分别从空间、空中、地面、水面、水下物理域介绍各自无人系统的发展概况。

国际学术会议 10月，由学会、北京理工大学、美国电气与电子工程师协会联合主办的2019 IEEE国际无人系统大会在北京召开。大会以“无人系统技术的颠覆性创新”为主题，探讨和交流无人系统领域相关的学术和技术问题。来自国内外高等院校、科研院所和工业部门的250余名专家、学者参加会议。大会开幕式由北京理工大学机电学院院长陈鹏万主持，会议程序委员会主席、西北工业大学教授潘泉致辞。大会组织学术报告9场，录用论文172篇。

国内主要学术会议 2019年，学会举办国内学术会议34次，组织学术报告317场，参加会议人数约12800人次，交流论文666篇。

1月18日，由学会主办的军事智能化与自主可控技术发展研讨会暨2019院士专家新春座谈会在北京召开。中国工程院院士倪光南、戴浩、于全、费爱国、陈志杰，中国科学院院士尹浩，北京理工大学副校长龙腾，以及来自军队、院校、科研院所的专家、学者及学会常务理事共90余人参加会议。会议由学会理事长费爱国主持。

5月7—8日，由学会、烟台市人民政府、中国科学院空天信息创新研究院主办的2019烟台院士峰会暨数字地球与空天信息应用发展论坛在山东省烟台市召开，来自全国国防、军队、公安、军工、气象、海洋、交通、应急、自然资源、公共安全等领域的专家、学者共1100余人参加会议。

6月10—12日，学会在北京承办第三十二期中国科协所属全国学会秘书长沙龙。沙龙主题是“规范评比表彰、促进学会发展”，70余位全国学会秘书长参加。

6月16日，由学会主办的2019年度数据链技术论坛在湖北省武汉市召开，共200余位专家、学者参加论坛。

6月18日，由学会、国防科技大学、中国航天科工集团有限公司和中国兵器工业集团有限公司联合主办的全国电磁频谱安全与控制大会在北京召开。

7月22—24日，由学会主办的第七届中国指挥控制大会在北京召开。来自国内指挥与控制领域的政府、军队、科研机构、高等院校、大型国企、高新技术企业及社会科技团体等单位的1000余位专家、学者、企业管理者参加会议。大会同期举办专业技术高端论坛13个，开展报告96场，征集到涉及20余个专业领域的论文214篇。

7月26日，由学会、中国航空工业集团洛阳电光设备研究所光电控制技术重点实验室共同主办的第五届智能指挥与控制论坛在北京召开。论坛主题为“智能杀伤链技术”，设有8场主题学术报告、2场嘉宾对话，200多位指挥与控制领域专家、学者参加。

9月22日，由学会、中国遥感应用协会、中国科学院空天信息创新研究院、陕西省科协等共同主办的第二届高分遥感与信息应用战略发展高峰论坛在陕西省西安市召开。

9月28—29日，由学会、陕西省西安市应急管理局和西安建筑科技大学共同主办的2019第四届全国公共安全与应急防控论坛在陕西省西安市召开。来自全国高校、科研单位、企事业单位和安全科技公司等200余人参加论坛。

11月16日，由学会主办的第七届中国指挥与控制学会青年科学家论坛暨大数据科学与工程论坛在湖北省武汉市召开，来自指挥控制领域的科研院所、高等院校、企业、媒体等100多个单位的近160人参加论坛。

11月23—24日，由学会主办的2019年度数据链技术学术会议在陕西省西安市召开。中国工程院院士费爱国，中国科学院院士尹浩、郝跃出席大会，共300余名专家、学者参加会议。

国际组织任职 学会副理事长、同济大学校长陈杰当选为国际自动控制联合会（International Federation of Automatic Control，IFAC）会士。

科普活动 学会举办第三届全国兵棋推演大赛，来自全国23个省、直辖市的近4万人参加比赛，144人获奖；举办外骨骼系统挑战赛、人机挑战赛等国防主题公益比赛；参加2019全国科技活动周暨北京科技周活动主场展示，受众近3万人次；赴北京市、云南省等地近10个基层社区开展“爱太空”航天专题科普进社区系列活动；承接中国科协下达的服务基层部队科普工作项目，组织专家深入高等院校等单位开展培训或讲座。

表彰举荐优秀科技工作者 学会评选出2019年度中国指挥与控制学会科学技术进步奖13项、创新奖2项，青年科学家奖5人、终身成就奖1人，以及优秀博士学位论文9篇。中国工程院院士、军事科学院系统工程研究院研究员、学会监事长戴浩获得2019年度终身成就奖。

党建强会 学会开展“不忘初心、牢记使命”主题教育，采取个人自学、集中研学、多元拓学的方式；参加3次支部书记轮训班，赴副理事长单位、20家全国学会进行走访调研。学会党委副书记兼秘书长秦继荣在学习调研基础上带头讲专题党课《不忘初心奋进新时代，牢记使命军事智能化》。在主题党日活动期间，组织党员看望慰问老科学家、老专家、优秀党员。学会承办中国科协“缅怀革命先辈，继承光荣传统”全国学会党务干部学习交流活动。组织秘书处全体成员参观“伟大历程 辉煌成就——庆祝中华人民共和国成立70周年大型成就展”。

学会党委建立健全微信群、学会微信公众号、学会官网等宣传渠道，落实“党建强会计划”项目。截至2019年年底，学会微信公众号“党建园地”板块推送文章450余篇。

会员服务 学会编写2019年年报，反映学会年度工作综合信息。通过学术会议、继续教育、人才表彰和推荐、科技奖励等平台为会员提供服务。了解会员需求，编制《中国指挥与控制学会通讯》，并免费向会员发送。利用学会官方网站、微信公众号、会议宣传和刊物宣传方式发展会员。

【第七届中国指挥控制大会暨第五届中国（北京）军事智能技术装备博览会】 7月22—24日，学会在北京举办第七届中国指挥控制大会暨第五届中国（北京）军事智能技术装备博览会，以“AI赋能：引领C4ISR体系创新”为主题。主题论坛邀请10位院士、专家作主旨报告，来自国内指挥与控制领域密切相关的政府、科研机构、高等院校、大型国企、高新技术企业及社会科技团体等单位的1000余名专家、学者参加会议。

大会同期举办专业技术高端论坛13个，分别为第五届智能指挥与控制论坛、第二届空中交通管理系统技术学术年会、复杂环境技术论坛、物联网协同创新高峰论坛、智能筹划技术论坛、C4ISR理论与技术高峰论坛、富媒体指挥信息系统论坛、指挥控制网络技术论坛、大数据技术高峰论坛、网络空间安全论坛、智能仿真与模拟训练论坛、无人化指挥控制论坛、智能指挥调度技术创新发展论坛。13个专题论坛专注于不同领域，采取开放的交流方式，共邀请96位各领域专家分别作专题报告，共有2000余名专家、学者参加。

大会同期举办第五届中国（北京）军事智能技术装备博览会。博览会展览面积达到2.2万平方米，从3个展厅增加到4个，展位面积较2018年增加30%。中国兵器工业集团有限公司、中国航天科技集团有限公司、中国电子科技集团有限公司、中国电子信息产业集团有限公司以及国内行业领先的300余家指挥与控制领域高新企业参展。CCTV13新闻频道、CCTV4中文国际频道、《中国海洋报》、环球网等200多家主流媒体均对此会议进行报道，3日内参观人数逾4万人次。

大会期间，举办2019年度中国指挥与控制学会科学技术奖、优秀论文颁奖典礼，为13项科技进步奖、2项创新奖、5项青年科学家奖、23篇大会优秀论文和1项终身成就奖的获得者颁奖。

【2019第三届全国兵棋推演大赛总决赛暨中国国防教育学年会】 由学会主办的2019第三届全国兵棋推演大赛设立北京、山西、陕西、河南、湖北、湖南、江苏、浙江、安徽、广西、重庆、山东和吉林共13个省（自治区、直辖市）级分赛区，来自120余所军地院校近2万名选手报名参加比赛。

全国总决赛于12月7—9日在北京举办，来自全国16所军队院校和6所地方高校的120名选手经过3天角逐，最终48名个人赛选手和48对编队赛选手获得全国总决赛冠军、亚军、季军和一等、二等、三等奖。其中陆军炮兵防空兵学院选手李博获得个人组冠军，中北大学选手陈一波、邵子军获得编队赛冠军。

12 月 9—11 日，同期举办第三届中国国防教育学年会，来自全国高校的 150 余名国防教育工作者观摩大赛总决赛，并围绕“新中国国防教育 70 年：回顾与展望”主题进行交流。

（撰稿人：杜　颖）

中国微米纳米技术学会

服务创新型国家和社会建设　2 月，学会参与中国科协 2019 重大前沿科学问题与工程技术难题征集工作，推荐前沿科学问题 2 项、工程技术难题 2 项，其中前沿科学问题“微纳游动机器人控制技术”、工程技术难题“原子制造的重要性和技术难题”入选。

5 月，学会参与中国科协前沿领域科技成果征集工作，“低热节能仿生防冰表面设计制造技术”“面向生命科学的显微分析与操作仪”两项科技成果入选《2019 前沿领域科技成果推介手册》。

学会参加“中国智能制造十大科技进展”推荐工作，推选的项目“微磁控机器人先进制造系统”入选。

学会举办继续教育培训班 4 期，累计培训近 300 人次。6 月，举办微纳力学测试技术及应用培训班。9 月，举办微纳器件设计与制造研修班。10 月，举办微流控与单细胞数据分析高级研修班、论文写作与期刊投稿交流会。

11 月 7 日，学会与佛山市科协签订三年战略合作协议，旨在发挥学会智库优势，助力佛山市先进材料方面企事业单位的发展。

学会建设　截至 2019 年 12 月底，学会个人会员 2131 名、团体会员 100 家，较 2018 年新增个人会员 171 名、团体会员 6 家。评选 3 名学会会士，并于学会年会期间颁发聘书。

学会治理结构和治理方式改革　学会编纂《中国微米纳米技术学会 2019 年改革方案》《中国微米纳米技术学会 2019 年工作总结和 2020 年工作计划》，修订《中国微米纳米技术学会规章制度汇编》《中国微米纳米技术学会兼职人员行为准则》《中国微米纳米技术学会团体会员管理办法》《中国微米纳米技术学会工作会议制度》。定期举办办事机构内部培训，组织参与上级单位培训活动，加强专职工作人员队伍建设；完善信息公开制度，学会动态及时对外公开。

主办期刊　学会和东南大学联合主办的期刊《传感技术学报》全年总印数 9600 册，发表论文 306 篇；*Nanotechnology and Precision Engineering*（《纳米技术与精密工程》）总印数 4000 册，发表论文 27 篇。

学会整理《新科技快讯》（电子期刊），每月向会员推送 *Nature*（《自然》）、*Science*（《科学》）等国际期刊的最新科技进展。

学科发展工程　4 月，学会“微流控质谱在疾病诊断领域应用前沿综述”项目获中国科协学科发展工程项目立项支持。截至 2019 年年底，项目结题并完成各项指标，撰写《微流控质谱技术在疾病诊断领域应用前沿综述》，举办 2 次前沿热点综述讨论会，在知名期刊发表论文 2 篇。完成 2018 年度两项学科发展项目的验收。

决策咨询　学会参与中国科协创新助力产业发展政策建议研究项目，申报的“福建省海洋资源生物医药产业调研”获立项支持。截至年底，项目结题并通过验收，形成专题调研报告《福建省海洋资源生物医药产业调研报告》，初步搭建公共服务平台——福建省江海资源生物医药行业技术创新中心，组织 1 次全国范围内的行业交流会。组织撰写《MEMS（微机电系统）产业发展白皮书》。

国内主要学术会议　6 月 14—15 日，由学会主办，哈尔滨工业大学机电工程学院、机器人技术与系统国家重点实验室、微系统与微结构制造教育部重点实验室承办的第四届青年科学家论坛在黑龙江省哈尔滨市召开。论坛以“微纳制造与微纳机器人技术”为主题，分为开幕式、专题研讨、圆桌沙龙 3 个环节，来自 30 多个单位的 60 余名青年学者参加会议。

7 月 7—9 日，由学会主办、力合（佛山）科技园和顺德力合创新中心联合承办的第三届微米纳米技术应用创新大会在广东省佛山市召开。大会主题为“创新驱动、共享硕果、助力科研、转型升级”，来自政府部门的领导、科研院所的专家和学者、学会的负责人、金融机构的决策者、企业家等 300 余人参加会议。

10 月 23 日，由学会、现代商业发展研究中心、蓝海优利（深圳）科技发展有限公司联合主办的首届中国专利产业化运营大会（北京·深圳）在北京召开。大会以“创新引领　转化为先”为主题，重点探讨在5G和人工智能时代微纳制造技术、未来建筑技术发展及专利运营。来自国内外的专家、学者共计400余人参加会议。

9月19—21日，由中国科协主办，学会和西安交通大学联合承办的海峡两岸暨港澳青年科学家微纳机电系统技术论坛在陕西省西安市召开。此次论坛为中国科协2019年海峡两岸暨港澳青年科学家学术活动月支持项目。来自西安交通大学、香港城市大学、清华大学、上海交通大学、中北大学、苏州大学、北京航空航天大学、国防科技大学、中国科学院长春光学精密机械与物理研究所、华中科技大学等高校及科研单位的100余位专家、学者参加会议。

12月，中国微米纳米技术学会第三届微流控技术应用大会在福建省厦门市召开，参会人数近500人。该会议已成为国内微流控技术方向综合类大型会议。

科普活动 学会积极响应中国首个全国科技工作者日活动，入选中国科协组建的中国科技志愿者总队，并获“中国科技志愿服务百家学会”称号。学会在各项活动中，开展科技志愿服务同期活动，将科技精神、志愿服务精神贯彻其中。

学会入选中国科协第六批首席科学传播专家的3位专家获得专家证书，并组织冬令营、夏令营等科普活动。

表彰举荐优秀科技工作者 学会推荐苏州大学教授陈涛、哈尔滨工业大学副教授吴志光为第十六届中国青年科技奖候选人。

党建强会 学会坚持“党建+学术”的发展路线，党建带学术、学术促党建。注重青年学者思想引领，将学会青年学者论坛打造为“青年科技学者的领航论坛”。成立办事机构层面党组织，与理事会层面功能型党组织共同引领学会各项工作，扎实推动“两个全覆盖”。围绕中华人民共和国成立70周年开展系列党建活动，开展主题教育，开展党章及党员意识学习。

学会解决基层党组织建设问题，于11月建立中国微米纳米技术学会党支部，上级单位为清华大学精密仪器系党委，并每月开展党支部活动，年底制订下一年度党支部工作计划并着重发展党员工作。

会员服务 学会全年编纂《新科技快讯》12期，每期电子版发送量达12万次；编纂《会讯》两期，并发送给会员。开通网站、微信、电子邮件等便捷入会通道。通过QQ群、微信群、MEMS（微机电系统）技术论坛、微信公众号、网站、邮件、新浪微博等平台，推送学会活动信息。

【中国微米纳米技术学会第二十一届学术年会暨第十届国际会议】 10月11—14日，中国微米纳米技术学会第二十一届学术年会暨第十届国际会议在湖北省武汉市召开。会议由学会主办，武汉大学承办，湖北省青年科技工作者协会协办。来自全国各地区有关单位的600余人参加会议。

大会以“微纳遇见光”为主题，通过主旨报告、分会场专题交流、征文投稿、技术展览等形式交流探讨微米纳米领域的新成果、新进展。大会聚焦微纳技术相关领域世界前沿，关注现有技术瓶颈，在微纳制造与电子制造、光电子、电子封装、智能信息、绿色材料、新能源、航空航天、大生命科学与大健康等领域充分探索学科交叉融合，寻找新的突破机遇。

大会主旨报告邀请专家11人，其中中国科学院院士和中国工程院院士4名、长江学者3名、国家杰出青年基金获得者2名、教授2名。分会场专题交流部分设18个分会场，共邀请143名专家、学者作分会场报告。

会议共征集440篇论文，评审录用330篇，其中125篇口头交流、220篇墙报。

会议同期举办微纳技术展览会，21家单位参展。

（撰稿人：李　娟　刘　颖）

中国密码学会

服务创新型国家和社会建设 学会举办全国密码算法设计竞赛，共收到提交密码算法68个，经形式审查、公开评议、检测评估和专家评选，共有10个分组算法、14个公钥算法进入竞赛第二轮评审。12月28—29日，先后评出分组算法一等奖2个、二等奖3个、三等奖5个，公钥算法一等奖3个、二等奖4个、三等奖7个。

6月3—4日，学会在北京举办商用密码安全性评估技术交流培训会，并对学员进行测试考核，对所使用的教材征求意见。来自科研院所、企业单位的200多名科技工作者参加会议。

6月30日，学会推荐的“完美密码学随机数的产生”入选信息技术领域十大前沿热点问题并在2019中国科协年会上发布。

8月26—30日，学会在北京举办密码学高端系列培训之八——安全多方计算培训，来自科研院所、企业单位的170多名科技工作者及研究生参加。

学会建设 截至2019年年底，学会共有个人会员3690人、单位会员236家，较2018年分别增加11%、17%。

2019年，学会理事会新增理事、常务理事各1名，完成学会秘书长变更。制修订《中国密码学会职责任务、工作流程》《中国密码学会权力清单及廉政风险防控措施》《全国密码算法设计竞赛奖励办法》等6项制度，编印《中国密码学会制度汇编》。召开常务理事会议6次、理事会议2次。学会教育与科普工作委员会、混沌保密通信专业委员会完成换届；成立商用密码应用安全性评估联合委员会、区块链专业委员会。

青年人才托举工程 学会申报并获得第五届中国科协“青年人才托举工程”项目名额1个，配合中国科协完成第二届“青年人才托举工程”项目验收工作，按制度继续做好第三届、第四届“青年人才托举工程”项目人才培养计划并组织实施。

主办期刊 学会2019年共出版《密码学报》6期，《分组密码》专刊1期，共发表论文66篇；增设“理性密码协议”“安全多方计算技术”“完全置换多项式”3个专栏；被国际主流学术期刊数据库Scopus收录。

学科发展工程 学会组织编撰并出版《中国密码学发展报告2019》。

决策咨询 学会参与国家重大专项制定，向国家密码管理局提交《新时代密码人才培养体系建设》项目书。

国内主要学术会议 2019年，学会及其分支机构主办国内学术会议26次，交流论文382篇，约6000人次参加会议。

1月19日，由学会和新华社经济参考报社、中国信息通信研究院共同主办的2019中国物联网安全高峰论坛在北京召开，约600名专家、学者参加会议。

4月14—15日，学会在北京举办全国密码算法设计竞赛分组算法和公钥算法研讨会，共有260多名专家、学者及研究生参加会议。

4月12—13日，学会青年工作委员会在广东省广州市举办中国密码学会2019年青年论坛，130多名专家、学者及研究生参加会议。会议安排10位专家、学者作特邀报告，围绕密码学研究与应用领域的最新成果和热点、学术界与产业界合作等进行交流探讨。

5月18—19日，学会密码算法专业委员会在山东省青岛市召开2019年密码算法学术会议，260多名专家、学者及研究生参加会议。会议安排特邀报告6个，专题报告10个，内容涵盖对称密码、公钥密码、后量子密码、区块链、格理论等多个研究方向及前沿成果。

6月15日，学会电子认证专业委员会在北京举办2019年全国电子认证技术交流大会，150多名专家、学者及研究生参加会议。大会以“电子认证2.0护航数字中国”为主题，特邀中国工程院院士沈昌祥作主旨报告，从国家战略出发，通过法律角度、安全角度以及技术角度等多方位解析建设安全可信体系的必要性，并阐述实现国家安全可信战略、构建网络可信身份生态环境的原则和可行途径。邀请国家信息中心主任李新友作题为《国家应实施网络可信身份管理》的主题报告，从历史中身份管理的起源追溯到网络可信身份管理中面临的问题、现状以及趋势，对网络可信身份进行分析探讨。大会还安排5个专题报告，围绕数字认证2.0体系建设和服务于数字政务、数字商务、数字民生等方面进行交流。

7月11—13日，学会密码测评专业委员会在内蒙古自治区呼和浩特市举办中国密码学会2019年密码测评学术会议，240多名专家、学者及研究生参加会议。大会以“智联核芯时代·奔向安全未来”为主题，安排6个特邀报告，30个专题报告，多角度探讨密码安全技术在不同领域的应用，特别是交流5G、车联网、物联网、区块链、人工智能等新兴领域的安全问题。

7月25—26日，学会量子密码专业委员会在安徽省芜湖市举办中国密码学会2019年量子密码学术会议，300多名专家、学者及研究生参加会议。会议安排3个特邀报告，英国剑桥东芝欧洲研究所教授Zhiliang Yuan作题为*Recent Advances in Quantum Key Distribution*（《量子密钥分配的最新进展》）的报告，介绍英国量子网部署与运行情况，光学集成芯片研究进展及基于双场协议QKD（量子密钥分发）实验实现；中国科学院信息安全国家重点实验室教授翟起滨作题为《谈谈美国密码技术革命所引起的研究量子计算技术热潮》的报告，介绍美国密码技术的历史和发展及其引起的量子计算研究热潮；英国布里斯托尔大学博士Djeylan Aktas作题为*On-chip Quantum Key Distribution*（《片上量子密钥分配》）的报告，介绍他所在团队近期有关集成 QKD 芯片的相关工作，并对片上 QKD 技术的未来发展进行展望。大会还安排 19 个大会报告和 10 个主题报告，内容聚焦量子密码前沿进展和交叉研究，涉及量子保密通信产学研各领域的进展状况，对网络建设与应用实践、量子信息教育教学、电力系统应用、产业化发展、产品化与应用等进行交流研讨；特设产业论坛，安排 6 个论坛报告，邀请 8 位专家、学者参与圆桌讨论，围绕交叉学科、研究产业结合的难点，以及落地思路、政策引导等内容进行探讨；设会场 Poster Session（海报专栏），供大家学习交流。

8 月 10—11 日，学会密码芯片专业委员会在江苏省南京市举办中国密码学会 2019 年密码芯片学术会议（CryptoIC 2019），470 多名专家、学者及研究生参加会议。会议安排 25 个主题报告，聚焦密码芯片软硬件设计、安全分析、实现及应用的最新科学研究和技术开发成果。特设新兴安全技术论坛，安排 6 个报告及圆桌讨论，内容涉及区块链、AI 安全、物联网安全、云安全等。

8 月 21—23 日，学会密码数学理论专业委员会在河南省郑州市举办中国密码学会 2019 年密码数学理论专业委员会学术年会，196 名专家、学者及研究生参加会议。会议安排 10 个特邀报告，内容涵盖对称密码、公钥密码、后量子密码、区块链、格理论等研究方向，聚焦密码数学研究热点与前沿技术。

8 月 23—25 日，学会教育与科普工作委员会在广东省深圳市举办 2019 第十一届全国密码学与信息安全教学研讨会，约 120 名专家、学者及研究生参加会议。会议安排 3 个特邀报告、3 个专题报告和 9 个论文交流，围绕密码学与信息安全领域的研究热点、教学改革方法和思路、密码人才培训和密码技术竞赛筹备等进行交流。

科普活动 7—11 月，学会组织开展 2019 第五届全国密码技术竞赛，先后组织初赛、复赛和决赛三个环节，最终评选出特等奖、一等奖、二等奖、三等奖，累计有 357 支队伍、2000 多人次参加比赛。

9 月 26 日，学会作为合作单位参与筹建由中国科协主办的“礼赞共和国——庆祝新中国成立 70 周年科技成就科普展”开幕式，展区设有密码板块。

表彰举荐优秀科技工作者 学会开展中国密码学会奖评选，评选出学会杰出贡献奖 2 名、优秀青年奖 4 名、先进集体奖 2 个、先进工作者奖 2 名、优秀会员奖 9 名。开展中国密码学会优秀博士学位论文评选活动，最终 5 人获奖。

学会创新发展 3—11 月，结合开展“不忘初心、牢记使命”主题教育，学会申报的国家密码管理局“新时代密码学会工作研究”重点课题完成并验收合格。

4 月 22 日，学会在北京举办密码学高端讲座，特邀图灵奖获得者、以色列维兹曼科学院教授 Adi Shamir 作题为 *Improved Key Recovery Attacks on Reduced-Round AES*（《改进的缩减轮的 AES 的密钥恢复攻击》）的报告，介绍他与合作者在减轮 AES（高级加密标准）密钥恢复攻击方面的最新研究成果。130 多名专家、学者及研究生参加讲座。

党建强会 2019 年，学会召开党委工作会议 3 次，研究审议学会增补理事和常务理事、秘书长变更，制度建设、分支机构设立和换届、经费预算等“三重一大”事项。

会员服务 1 月 5 日，学会在黑龙江省哈尔滨市举办 2019 年中国密码学会黑龙江会员日活动，特邀 4 名专家作学术报告，100 多名专家、学者及研究生参加活动。

5 月 24 日，学会在北京开展“密码学会组织专家服务密码产业国家队”主题活动，特邀 6 名专家到学会会员单位兴唐通信科技有限公司作专题学术报告、座谈研讨等。

5 月 25 日，学会在云南省昆明市举办中国密码学会 2019 年云南会员日活动，特邀 3 名专家作学术报告，100 多名专家、学者及研究生参加活动。赠送《密码学报》《中国密码学会通讯》等刊物 200 多册。

10 月 17 日，学会完成新网站上线验收、服务器迁移。网站新增会员服务、会议管理和信息发布等功能。

2019 年，学会出版《中国密码学会通讯》5 期，刊登稿件 59 篇；向会员赠送《密码学报》《中国密码学发展报告 2018》《中国密码学会通讯》等图书 5000 余册。

【中国密码学会 2019 年会】 11 月 1—3 日，中国密码学会 2019 年会（ChinaCrypt 2019）在陕西省西安市召开，约 1000 名专家、学者及研究生参加会议。国家密码管理局副局长徐汉良出席并致辞，期望学会在密码学术研究方面，构建国内一流学术支撑体系；在密码科技创新方面，建设高水平创新驱动平台；通过制定标准和技术规范，引领密码行业技术进步；加强密码人才培养和社会化培训，构建密码科技人才成长服务体系。

开幕式上，向 2 名中国密码学会杰出贡献奖、4 名优秀青年奖、2 个先进集体奖、2 名先进工作者奖、9 名优秀会员奖获得者颁发证书；向 4 位 2019 中国密码学会优秀博士学位论文奖获得者和其导师颁发证书。

会议安排 5 个特邀报告。美国哥伦比亚大学教授 Moti Yung 作题为《安全计算协议在工业领域中的应用》的报告，指出安全协议是第三代现代密码学（DES 对称、DH/RSA 公钥密码代表第一代、第二代），介绍为什么和如何引入基于安全计算协议的商务应用程序；香港理工大学教授 Man Ho Au 作题为《高效的基于格的零知识证明系统：挑战，构造及应用》的报告，提出一种新方法构造基于格的零知识证明协议，并具有标准可靠性及足够小的可靠性错误；新加坡管理大学教授宁建廷作题为《密文域网络流隐私保护深度检测研究》的报告，介绍一种新型隐私保护安全计算与密态数据搜索协议，在不使用混淆电路技术的情况下实现其对加密网络流的高效深度检测；国防科技大学助理研究员陈荣茂作题为《后斯诺登密码学：密码后门攻击与防范技术研究》的报告，介绍后斯诺登密码学研究热潮主要包括密码后门攻击危害性评估以及抗后门攻击密码算法设计两个方面，并对该领域研究进行总结概述，介绍其所在团队在密码后门攻击以及防范措施上的最新研究进展，展望该领域未来的发展方向；密码科学技术国家重点实验室副研究员张江作题为《基于格的密码学：数字签名算法》的报告，从数字签名算法角度介绍格上密码学研究历史和现状及最新设计技术等。

会议还安排 15 个专题报告、4 个优秀博士论文报告；大会增设密码安全与人工智能前沿研讨会并安排 4 个报告；设自由论坛并安排 12 个报告。

【2019 第五届全国密码技术竞赛】 7—11 月，学会举办 2019 第五届全国密码技术竞赛。大赛以“提高密码意识、普及密码知识、实践密码技术、发现密码人才”为宗旨，共有来自 74 所高校、研究院所的 357 个团队参赛。

11 月 23—24 日，经过线上初赛、复赛评选，在北京举办竞赛决赛，最终评出特等奖 2 项、一等奖 16 项、二等奖 30 项、三等奖 72 项。在赛后颁奖典礼上，中国工程院院士蔡吉人、中国科学院院士王小云和国家密码管理局相关领导、学会理事长王杰等为竞赛获奖者颁发证书。

（撰稿人：陈　灏）

中国大坝工程学会

服务创新型国家和社会建设　学会承担并完成水利部建设司水利建设市场主体电子信用档案建设技术服务、病险水库除险加固项目“一库一表”梳理工作、全国水利建设市场信用体系建设宣贯活动等；开展水利工程质量检测单位乙级资质认定改革工作研究，提出进一步推进水利工程质量检测单位乙级资质认定改革工作的意见建议稿；参与修订水利建设市场主体信用评价管理暂行办法（水利部督办事项），研究水利建设市场主体信用档案建设及电子化平台技术，提出信用数据的数据结构、格式和数据标准，实现信用评价信息、信用评价结果的标准读取与报送；完成《水利建设市场主体信用评价指标体系及电子化平台技术》《水利工程质量检测单位资质认定告知承诺制》调研报告，为相关工作提供支撑。

学会完成水利部国际合作与科技司委托的中国水利技术标准国际化对比研究项目。承担基于“互联网 +”的“工程医院”国际平台（中英文）搭建任务，完成一期建设，并被纳入水利部推进“一带一路”建设水利合作重点实施计划。

学会承担水利部水资源中心、辽宁省水利厅委托的《国内外河湖生态流量保障案例分析》《水利安全生产标准化技术咨询》等咨询项目。提出的胶结坝新坝型被纳入四川省、贵州省以及重庆市的新技术发展规划，并推进西江、岷江航电等工程建设。

学会以新技术为着力点，促进胶结坝关键技术的研究和推广，学会副理事长兼秘书长贾金生分别受邀在广西壮族自治区、西藏自治区和澜湄合作项目培训班授课，推动西南地区科技创新驱动水库大坝的高质量发展。

学会建设　截至 2019 年 12 月底，学会年度新增个人会员 5047 人，总数达 15069 人；新增单位会员 21 家，总数达 246 家。个人会员比 2018 年增长近 50%，单位会员比 2018 年增长近 10%。学会全年召开全体理事会议 3 次。新增促进水库大坝发展的“过鱼设施”与“流域水工程智慧联合调度与风险调控技术”2 个特色分支机构。目前，学会共有 13 个分支机构。

学会完善制订并经理事会审议，修订印章、项目、合同、档案等管理办法与财务内控制度；完善分支机构管理评价办法。被中国科协评为2018年度科协系统统计调查工作优秀单位。

利用“水库大坝智能服务云平台”（中文）在线文函系统与短信平台衔接，学会会员可以通过短信、邮件、微信等方式获得最新资讯，平台实时提示文函收阅情况，优化学会工作流程；利用智能移动办公平台，对学会办事机构工作人员进行考勤和工作效能管理。

学会主办的“大坝新闻”微信公众号保持每周2期的资讯推送频率。同时，结合学会举办的院士专访、主办的名家讲坛、推荐与评选的科技奖励等活动制作专题。截至12月底，累计发布资讯542期，单篇阅读量峰值达2.93万人次，订阅量达1.4万余人。

青年人才托举工程　学会成为第五届（2019—2021年度）中国科协“青年人才托举工程”项目的实施单位。中国水利水电科学研究院王超和大连理工大学刘京茂经学会推选获得资助。

主办期刊　2019年，学会主办的期刊《水利学报》第18次获得“中国百种杰出学术期刊”称号，并获得“2019中国国际影响力优秀学术期刊”称号。

决策咨询　8月，学会理事长矫勇在全国人大常委会第十二次会议上对土地管理法修正案（草案）进行第三次审议时，针对征地补偿相关条款提出增加一个条件，即“不符合法律、法规规定或不符合多数被征地村民意愿”的修改完善建议；针对修改稿中规定的“集体经营性建设用地的出让出租”的内容，建议增加一款，即“集体经营性建设用地出让所得原则上应该归农村集体组织所有并使用”。

学会理事长矫勇撰写《我对宪法第九条“水流”概念的理解》一文，从“水流”的水文属性、资源属性、生态属性三个方面论述其内涵，并指出在开发利用“水流”的过程中，不仅要遵循“水流”的自然规律，更要节约水资源，保护好江河湖泊生态系统。该文章在全国人大刊物上发表。

国际学术会议　11月，学会在云南省昆明市召开第八届碾压混凝土坝国际研讨会。学会理事长矫勇，水利部总工程师刘伟平，国家能源局总经济师郭智，国际大坝委员会主席迈克尔·罗杰斯，西班牙大坝委员会董事、国际大坝委员会副主席恩里克·西弗雷斯等出席会议，来自中国、西班牙、巴西、日本、美国等30多个国家和地区的90多名专家、学者参加会议。此次会议促进碾压混凝土筑坝技术的总结和交流。

11月，由学会和国际大坝委员会共同主办、世界银行支持的第12届水库大坝与水电可持续发展及能力建设圆桌论坛在云南省昆明市召开。来自中国、英国、摩洛哥、尼日利亚、乌干达等国的60多名专家、学者参加论坛。国际大坝委员会主席迈克尔·罗杰斯、世界银行首席水资源专家马库斯·威沙特、老挝能源矿产部部长坎马尼·尹缇拉、中国水利水电科学研究院副总工程师张国新等专家、学者作主旨报告。

国内主要学术会议　4月，由学会、水利部科技推广中心联合主办的第八届水库大坝新技术研讨会暨先进实用技术推介会在广东省珠海市召开，共有400余名专家、学者参加会议。1位院士和43位专家作学术报告，分享水库大坝的新技术、新产品、新工艺、新设备和新理念。

11月，学会在云南省昆明市召开2019学术年会。共计30多个国家和地区的850余名专家、学者参加会议，国际大坝委员会主席出席大会开幕式并致辞。大会特邀中国工程院院士马洪琪、钮新强以及中国华能集团有限公司副总经理樊启祥等专家作主旨报告。

国际组织任职　学会新增推荐5位中国坝工专家为国际大坝委员会专业委员会委员，中国专家在国际大坝委员会的24个专业委员会中任职，提升中国坝工科技的国际话语权。

国际交往　5月，第二届大坝安全国际研讨会在巴西萨尔瓦多召开，学会副秘书长、中国水利水电科学研究院副总工程师张国新率团参加会议并作报告。

6月，国际大坝委员会第87届年会在加拿大渥太华召开，国际大坝委员会荣誉主席、学会副理事长兼秘书长贾金生率70多名专家组成代表团出席。会议期间，作为亚太分会主席和秘书长国家，中国承办国际大坝委员会亚太地区分会，来自亚太地区12个国家的近80名专家、学者参加会议。会议由亚太分会主席、学会副秘书长周建平主持，学会副理事长兼秘书长贾金生出席会议，亚太分会秘书长、学会副秘书长徐泽平在会议上作《大坝安全是大坝工程师的最高职责》的主旨报告。此次会议促进亚太地区国家在大坝安全领域的交流。

10月，水电2019国际研讨会（Hydro 2019）在葡萄牙波尔图召开，学会副秘书长、中国水利水电科学研究院总工程师郑璀莹率团参加会议。

2019年，学会与巴西、西班牙大坝委员会进行商谈，签署合作框架协议，并联合推动国际杰出大坝工程师奖评选工作；与国际水媒体公司签署合作协议，促进中国水利水电优势技术“走出去”。学会在水利部主管的国际组织和国际组织对口机构年度考核中被评定为优秀。

学会依托科普教育基地，开展水库大坝科学认知活动。巴布亚新几内亚能源部部长帕塔一行，赞比亚总统事务部部长、能源部部长等8位部长，葡萄牙驻华大使，IAHR（国际水利与环境工程学会）副主席暨38届IAHR大会组委会主席阿图罗·马卡诺，日本京都大学防灾研究所教授角哲也，美国康奈尔大学“中国与亚太研究”项目团组一行，以及参加全球能源互联网暨中非电力大会的200多名部长、企业高管、行业组织专家都相继参观调研学会在三峡工程设立的水库大坝科普教育基地、双线五级船闸、三峡升船机、三峡电站等。

学会和西班牙大坝委员会联合评选第四届碾压混凝土坝国际里程碑工程奖，共有来自澳大利亚、中国、加纳、哥斯达黎加、日本、老挝、美国、土耳其、越南9个国家推荐的9座工程参评，经国际专家评审，有3座工程获奖，分别是中国黄登大坝、土耳其上卡列柯大坝和美国奥罗维尔溢洪道修复工程。

科普活动　学会利用自媒体平台传播水库大坝的科普资讯，提供水利水电科普信息。

学会与主流媒体加强战略合作，打造专业科普产品，参与完成中央电视台《走遍中国》“雅砻江新传”5集系列报道制作；邀请院士专家团队指导完成香港卫视团队策划制作的5集大型电视纪录片《中国大坝》的文学脚本撰写；策划实施“中国大坝行”活动，走访水电建设“五朵金花”，在《中国三峡》杂志上开辟“公众认知”专栏报道；承担中国水利水电科学研究院委托的水利科普丛书《水利工程知识读本》单册编写工作。

学会围绕社会热点，以专家力量科学引导舆论。邀请国际大坝委员会主席迈克尔·罗杰斯等专家撰文《关于三峡工程安全状况的评述》，回应三峡大坝变形将溃坝等不实言论；转发学会常务理事、中国工程院院士、三峡工程质检专家组组长陈厚群所写的《坝体位移幅度正常》文章。

学会以“相聚三峡、放飞梦想”为主题，组织开展“三峡娃娃行——大坝夏令营”品牌科普活动，向青少年科普水电科学知识，共有319名在校中小学生参加活动。该活动微博累计阅读量713.9万人次，20多家媒体报道，被评选为2019年全国科普日优秀活动。

6月，学会作为水利部定点扶贫丰都帮扶单位之一，与重庆市丰都县联合举办水果种植技能培训班，共有50名来自丰都县龙河镇的农民参加培训。培训将现场教学与实践操作相结合，着重提高参训学员种植梨子、核桃、猪腰枣等水果的种植技术能力。会后，建立起学员奖惩激励、效果回访制度、培训管理台账制度等长效机制，并评选优秀学员。

7—8月，学会组织香港科技大学8名本科生在三峡集团的宜昌市、成都市两地项目中开展水电基地培训和实习活动。在三峡坝区培训期间，实习团队参观学会科普基地——三峡展览馆，通过图片、实物、历史资料等了解三峡工程建设历程和发挥效益情况，现场观摩三峡工程坝前漂浮物的清理等，加深对长江环境保护的认识。

学会以年代为主线挑选125座代表工程，邀请水利水电行业相关院士、专家和大坝建设管理及工程业主，以及设计、科研、施工单位等多方面力量共同参与科普案例编写工作。每个工程以图文并茂的形式，从工程简介、勘测设计与建设、工程运行及风采展示4个方面进行展示。全书125个国内外工程案例已经完成撰写并经多轮专家审校，各章综述的编写工作正在推进中。

表彰举荐优秀科技工作者　6月，在国际大坝委员会第87届执行会议上，由学会推荐的中国工程院院士、学会常务理事马洪琪获得国际大坝委员会终身成就奖。7月，颁奖仪式在北京举办。第十三届全国人民代表大会常务委员会委员，水利部原副部长、党组副书记，学会理事长矫勇与中国华能集团有限公司党组书记、董事长舒印彪向马洪琪颁发证书、奖章。

学会与西班牙大坝委员会及巴西大坝委员会共同发起设立国际杰出大坝工程师奖，每次评选出不超过3名杰出大坝工程师。经国际专家推荐和评选，中国坝工专家钮新强、巴西坝工专家塞尔莫·查皮拉·库珀曼和西班牙坝工专家恩里克·西弗雷斯分别获得该奖项。

学会开展促进水库大坝技术进步奖推选工作。经学会理事会审议通过，2019年特别授予两位国际专家——国际大坝委员会荣誉主席路易斯·贝尔加和国际大坝委员会主席迈克尔·罗杰斯促进水库大坝技术进步奖。

经形式审查、专业预审、大会评审、公示等环节，学会推荐的小湾、锦屏二级水电站工程最终获得第十六届中国土木工程詹天佑奖，颁奖大会于2019年4月在北京召开。学会推荐的大岗山水电站工程入选第十七届中国土木工程詹天佑奖获奖工程并通过公示。

党建强会 9月，学会功能型党委主动对标中国科协星级学会党组织评定标准，参加星级学会党组织创建工作；在入围的31家全国社团中评价结果排名前列，并获得“2019年创建星级学会党组织资料采集”项目支持。

学会通过自媒体平台开展“致敬楷模”活动，组织中国工程院院士朱伯芳、马洪琪、陈厚群、郑守仁等坝工专家典型事迹宣讲活动，宣扬中国科学家精神。

7—9月，学会秘书处党支部围绕“不忘初心、牢记使命”主题教育，先后开展“加强政治建设”“坚定理想信念”“牢记党的宗旨”“全面从严治党”和“保持清正廉洁”等10个专题教育学习，并召开“新时期学会创新发展”专题调研成果交流会、“牢记初心使命、勇于担当作为，凝心聚力促进水利国际交流合作”专题集中学习研讨会和专题民主生活会。

学会秘书处党支部申报并组织完成全国党建研究会科研院所专业委员会课题“全国性学术社会组织创新开展党建工作研究”。

学会高度重视精神文明和群团工作，参与中国科协“祖国万岁——科技工作者颂读爱国诗篇”活动和中国科协党委举办的各类专题活动。8月，学会组织党员参观中央国家机关“不忘初心、牢记使命”定点扶贫成果展。9月，学会对外联络部主任周虹创作和参与演讲的作品《追梦人生》获得全国水利系统“我心中的新时代水利精神”演讲比赛一等奖，并在全国16个省、直辖市巡讲和宣扬科学家精神。

会员服务 学会建立“水库大坝智能服务云平台”(中、英文)，整合学科领域内的各类学术资源，以“学会动态”“工程智库”“工程诊断”“科技奖励”“会议管理”“会员中心”为核心板块，同时还设立专业资源共享和友好交互机制。平台集专业知识智库、国际专家智库、专业在线诊断手段、专业解决方案为一体，便捷国内外会员互联、互通、互动。

学会组织编印《大坝新闻》纸质参刊，寄送有关政府部门和会员单位领导、专家，促进行业信息传播，为有关部门和单位及时提供信息。

学会举办第三届全国大坝工程师乒乓球比赛、会员在线桥牌比赛等系列活动，建家交友，搭建会员交流平台，增强会员归属感。

【国际坝工科技领域战略合作】 11月，水利部副部长陆桂华会见来访的国际大坝委员会主席迈克尔·罗杰斯。陆桂华介绍中国治水的理念、成就和新思路，提出在“一带一路”倡议下，秉持共商、共建、共享的原则，通过国际大坝委员会进一步加强在水电领域的合作。此次会见推动水库大坝安全和水电开发领域的中外合作。

迈克尔·罗杰斯应邀出席中国大坝工程学会2019学术年会暨第八届碾压混凝土坝国际研讨会，参观中国长江三峡集团公司、中国电力建设集团有限公司和中国水利水电科学研究院等学会副理事长会员单位，并在中国水利水电科学研究院作题为《混凝土坝设计的经验回顾》的名家讲坛。

【中国大坝工程学会2019学术年会暨第八届碾压混凝土坝国际研讨会】 11月11—12日，中国大坝工程学会2019学术年会暨第八届碾压混凝土坝国际研讨会在云南省昆明市召开。850多名中外院士、专家、学者结合新时代水库大坝建设和水利水电发展需求，以及行业普遍关注的碾压混凝土坝技术进展、水库大坝工程建设及管理技术现代化、水库大坝与生态保护、调水工程建设技术等议题展开研讨，共同探讨坝工事业发展面临的新形势、新动态、新进展、新成果。

大会特邀中国工程院院士马洪琪、钮新强以及中国华能集团有限公司副总经理樊启祥等专家作主旨报告。巴西大坝委员会主席卡洛斯·恩里克·梅代罗斯，碾压混凝土坝国际专家拉斐尔·伊瓦涅斯·德·阿尔德夸，土耳其国家水利工程总局司长丁瑟尔·安多干，国际大坝专家、德国大坝委员会委员塞萨尔·阿尔瓦拉多·安西塔及西班牙咨询工程师弗朗西斯科·奥尔特加·桑托斯等国际专家作分会特邀报告。

大会设有4个技术分会和7个专题研讨会，研讨会分别为第八届碾压混凝土坝国际研讨会、水库大坝建设与管理技术进展、水下检测修补加固与库区安全监测技术进展、水库大坝公众认知论坛、水库泥沙处理与资源利用专题研讨会、流域水循环与调度专题研讨会及大坝数值模拟专题研讨会。专门设置科学技术创新和奖励交流会议，探讨科技创新和成果凝练的经验。

大会期间召开第 11 次水库大坝与水电可持续发展及能力建设圆桌论坛，特邀国际大坝委员会主席迈克尔・罗杰斯、世界银行首席水资源专家马库斯・威沙特、中国水利水电科学研究院副总工程师张国新等专家、学者作主旨报告。生态环境工程专题研讨会上特邀中国工程院院士王超作学术交流发言，探讨大坝对社会生态环境带来的效益；水库大坝青年论坛上，特邀中国工程院院士陈厚群向青年科技工作者分享自己的科研人生。

会议共征集中外论文 220 篇，正式出版的论文集收录 117 篇，共邀请学术报告 170 多个。会议期间，共邀请 21 家单位参加会间技术展览，展示水利水电最新的技术理念与成果。

《人民日报》（海外版）、《中国电力报》、《中国能源报》、《中国经济周刊》、人民网、中国经济信息网等中央媒体、行业媒体及英国、土耳其媒体发表相关报道 90 多篇。

（撰稿人：周　虹　陈丹妮）

中国卫星导航定位协会

服务创新型国家和社会建设　2019 年，协会承接中国科协项目 6 个：中国科协第二届“北斗之星”创新创业大赛项目；第五届（2019—2021 年度）中国科协“青年人才托举工程”项目；中国科协学会服务中心创新驱动助力工程示范“北斗时空科技产业智库产品与服务”项目；中国科协国际联络部“海峡两岸暨港澳青年科学家学术活动月”项目；中国科协“一带一路”国际科技组织合作平台建设项目“‘一带一路’精准农业国际合作与区域科技组织 / 联盟建设”项目；中国科协科技社团党委全国学会“党建强会计划”项目党建强会特色活动（党建 + 学术）。

学会建设　2019 年，协会新发展单位会员 101 家，新发展个人会员 73 人。共有分支机构 28 个，2019 年新增青年工作委员会、北斗融合发展专业委员会、农业农村专业委员会、雄安北斗应用信息交流工作委员会、航天科教专业委员会、科技普及专业委员会、北斗资源环境应用专业委员会 7 个专业委员会。

1 月 18 日，协会召开第六届理事会第三次常务理事（扩大）会议。会上通过“青年人才托举工程”项目实施细则、优秀博士学位论文评选办法、推选院士候选人工作实施细则以及关于组织成立北斗新时空战略与经济研究院的议案；审议通过新增专业委员会、团体会员、个人会员的议案。

3 月 7 日，协会正式启动协会综合服务平台。包含 3 个模块：会员管理系统、卫星导航定位科学技术奖申报评审系统、会议注册系统。

5 月 15 日，协会召开第六届理事会第四次常务理事（扩大）会议。会上通过《先进专业（工作）委员会评选管理办法》《优秀单位会员评选管理办法》《关于兼职副会长和副秘书长开展协会工作实行备案制的暂行规定》《关于分支机构开展工作实行备案制的暂行规定》《中位协团体标准管理办法》《卫星导航行业信用评价管理办法》《企业信用评价申报书》《中位协工作人员考核及薪酬管理办法》等。表决通过增选理事单位和团体会员单位、个人会员、副秘书长、专业委员会挂靠单位及主任委员人选等重大事项。

9 月 9 日，协会在河南省郑州市召开六届三次理事会议，会长于贤成作六届二次理事会工作报告，秘书长张全德作 2018 年及 2019 年上半年财务工作报告。会议通过会员条例和会长办公会议制度；增选刘大可、王泉君为副会长；刘大可为驻会副会长；严刚为常务理事；增加两名副秘书长；批准新会员、增补理事和设立北斗资源环境应用专业委员会等议项。

青年人才托举工程　2019 年，协会按照《中国科协办公厅关于公布第五届中国科协青年人才托举工程（2019—2021 年度）项目立项结果的通知》要求，推荐候选人 5 名，其中中国科协资助 2 名，自筹经费 3 名。

主办期刊　《导航定位学报》（季刊）由（原）国家测绘地理信息局主管，中国测绘科学研究院、中国测绘学会和协会主办，每年出版 4 期（国内统一刊号：CN10–1096/P）。2019 年度共发表论文 89 篇。

学科发展工程　3 月 10 日，协会与中国新闻社合作编印《中国新闻两会专刊（北斗产业发展专题报道）》，在全国两会期间送呈中央领导及各代表委员参阅，随同《中国新闻》全球发行。收集的图文素材整理印刷成《北斗两会特刊》期刊并向会员单位发放。

5 月 15 日，协会在北京向社会公开发布《中国卫星导航与位置服务产业发展白皮书（2019）》。白皮书反映 2018 年全年行业发展重大动态，从区域发展、市场发展、产业链发展、知识产权发展等多个方面介绍产业综合现状，并就年度产业发展的新特点、新形势和新观点进行归纳总结。其数据和分析为政府部门制定政策和决策提供参考，为企业发展战略制定提供依据。

9月，由协会编写的《卫星导航定位与北斗系统应用》在测绘出版社出版，共收录论文56篇，分为综述、高精度定位、导航与位置服务应用、系统与设备四部分。

决策咨询 自然资源部委托协会面向有关测绘资质企业开展2019年测绘资质管理办法的意见征求工作，向政府主管部门反映企业诉求。

国内主要学术会议 5月30日，协会在山东省烟台市召开北斗“百城百联百用”应用技术推广研讨会暨烟台高新区航空航天产业发展推介会。中国科学院院士、“两弹一星”功勋科学家、首任北斗卫星导航系统工程总设计师孙家栋，中国科学院院士、大地测量学家陈俊勇，中国工程院院士魏子卿，协会会长于贤成等专家、学者参加会议。此次推介会有利于北斗应用技术产业相关项目落地高新技术产业开发区，夯实烟台高新技术产业开发区航空航天产业基础。

国际交往 12月2—12日，“中国科协‘一带一路’精准农业国际科技合作与区域组织/联盟建设”项目组一行先后赴哈萨克斯坦、俄罗斯、白俄罗斯等“一带一路”沿线国家进行考察交流，并就联合发起成立精准农业国际科技合作组织，推动国际间现代农业产业、精准农业应用、先进农业技术以及促进区域内农业要素有序流动、农产品市场深度融合和农业发展经验交流共享等议题进行沟通。协会递交“一带一路”精准农业国际合作联盟倡议书，与上述国家相关机构达成一系列合作意向。

科普活动 协会编辑科普读物《中国北斗科普知识100问》，在中国卫星导航与位置服务第八届年会暨中国北斗应用大会上向参加会议的人员及参加展览会的观众发放。1月24日，协会与10余家行业协会组织联合发起公益救援活动“幸福中国行·零点行动”。4月，协会与中国宇航学会联合主办“北斗领航梦想”全国青少年航天实践活动。

表彰举荐优秀科技工作者 10月31日，协会向中国科协推荐第十六届中国青年女科学家奖和2019年度未来女科学家计划候选人各1名，推荐第十六届中国青年科技奖候选人2名。

3—8月，协会开展卫星导航定位科学技术奖评选工作。经评审评选出2019年卫星导航定位科技进步奖特等奖3个、一等奖10个、二等奖12个；卫星导航定位创新应用奖金奖2个、银奖13个、铜奖35个。授予中国工程院院士宁津生卫星导航定位终身成就奖。

党建强会 1月17日，协会向中央国家机关行业协会商会临时党委上报《中位协党支部书记关于党建述职报告》。2月1日，召开党支部组织生活会和民主评议党员会议，查找出党支部在抓理论学习方面比较薄弱、引导发展方面能力不足、组织建设方面工作不够扎实等问题；制订2019年工作计划，上报中央和国家机关工委协会党建部。

1—5月，协会组织党员学习5次。6月16—18日，组织全体员工赴山西省长治市，与当地党组织联合开展“不忘初心、牢记使命”主题教育活动暨党建工作交流座谈活动，参观位于太行山深处的八路军黄崖洞兵工厂遗址，在烈士公墓前祭奠黄崖洞阻击战烈士；参观位于武乡县的八路军太行纪念馆。

9月，协会“不忘初心、牢记使命”第二批主题教育启动，党支部按照中央国家机关行业协会商会“不忘初心、牢记使命”主题教育领导小组部署，在第十督导组的指导下，认真检视差距不足、剖析思想根源、落实整改举措，使主题教育各项成果贯穿协会建设全过程和业务工作各方面。

会员服务 协会会长于贤成、秘书长张全德分别对山东省、四川省、安徽省、广东省、上海市等多个省、直辖市的会员单位进行考察和调研，了解企业发展经营情况，倾听企业意见，帮助企业解决存在的困难和问题。

协会组织会员单位参观中国空间技术研究院（中国航天科技集团五院）的北斗卫星制造工厂。解决会员企业在申报政府项目时遇到的问题，为其出具证明；举办一期“北斗+5G”技术培训班。

【中国卫星导航与位置服务第八届年会暨中国北斗应用大会】 9月9—12日，协会与郑州市人民政府在河南省郑州市共同举办中国卫星导航与位置服务第八届年会暨中国北斗应用大会。会议以“北斗服务全球 融合创新应用”为主题，来自全国卫星导航与位置服务领域的多家单位参加会议，围绕导航、遥感、通信等卫星系统的技术和应用领域进行交流。在高端论坛上，中国工程院院士魏子卿、陈学庚等5位专家作引领北斗产业发展报告。

会议期间颁发2019年度卫星导航定位科技进步奖、卫星导航定位创新应用奖、卫星导航定位终身成就奖。会议还向获得中国卫星导航定位协会2019年北斗七星奖、优秀论文奖、优秀博士学位论文奖、《全球定位系统》优秀论文奖、《导航定位学报》优秀论文奖及先进专业委员会、优秀会员单位等奖项的获奖单位和个人颁发牌匾和证书。

会议期间举办北京中位协北斗时空技术研究院揭牌仪式，并与中国遥感应用协会、中国智能网联汽车产业创新联盟、中国物流与采购联合会等单位举办合作签约仪式。

9月11日，12个分论坛及郑州高新技术产业开发区项目对接活动专题论坛分会场召开。各专题论坛的报告者从不同的领域和不同的层面，展示“北斗+”应用成果，探讨北斗的应用和发展趋势。

会议同期举办展览会，参展单位来自全国高等院校、科研机构、企事业单位，展品主要包括北斗芯片、板卡、终端、天线、软件、应用方案和应用场景，以及在卫星导航与位置服务领域所取得的科研成果。展厅面积约10500平方米，参展单位145个，参展观众8128人次。展览会期间还发放《中国北斗科普知识100问》《卫星导航系统与位置服务论文集》《中国卫星导航与位置服务产业发展白皮书（2019）》，以及科普读物、会议指南等会议材料。

（撰稿人：梁聪伟）

中国生物材料学会

服务创新型国家和社会建设 2019年，学会协助国家药品监督管理局医疗器械技术审评中心（以下简称“器审中心”）开展决策咨询和审批培训。承接器审中心创新医疗器械特别审批申请项目52个，组织专家审查会43次、优先医疗器械特别审批专家审查会2次。为器审中心遴选第三批专家委员会专家，推荐专家近50位，有40余位入选器审中心专家委员会专家库。成立医疗器械监管科学研究院，参与协助开展创新医疗器械特别审批相关培训，已累计开展3期，培训共计500余人次。

学会建设 2019年，学会新发展会员264人，会员总数2310人；团体会员共83个。学会新成立分会4个，下设分会共19个。

学会共召开常务理事会议2次、理事会议1次。

在中国科协综合统计调查中，学会获得2018年度中国科协综合统计调查工作优秀单位。

学会组织专家编写《生物医用复合材料》《材料生物学》《医用生物活性玻璃》《纳米生物材料》《医用生物活性玻璃》等专业书籍;《纳米生物材料》已完稿并送出版社准备出版。

主办期刊 2019年，学会会刊《再生生物材料》（*Regenerative Biomaterials*）出版6期；官网全年下载量23万余次，其中22%的读者来自美国，15%的读者来自中国，其他读者来自德国、法国、印度、澳大利亚、加拿大、日本等国家和地区；被PubMed Central（美国公共医学中心）等数据库收录，也是国内生物材料领域唯一一本被SCI收录的期刊，2019年最新影响因子为3.382。

《再生生物材料》申报中国科技期刊卓越行动计划，通过答辩评审，获得中国科协“高起点新刊类”项目资助。

国际学术会议 2019年，学会及其分支机构共举办国际会议5次。

5月10—13日，由学会主办的第七届中欧生物材料大会（CESB 2019）在广东省广州市召开。来自全球近20个国家和地区的院士、专家共300余人参加会议。大会以“创新与合作”为主题，交流内容涉及新型生物材料、纳米材料与纳米医学、药物递送与载体、生物影像与分子探针等方面，旨在展示中欧及全球生物材料领域最新进展，探讨发展中的科学与工程问题。

6月12—16日，第四届国际再生医学材料大会（ICRBM 2019）在湖北省武汉市召开，美国国家工程院院士、国际生物材料科学与工程学会联合会（IUSBSE）前主席Nicholas Peppas，中国科学院院士、学会候任理事长刘昌胜，韩国生物材料学会（KSBM）副主席及候任主席Insup Noh等出席会议，200余位国内外专家和青年学者参加会议。

8月11—12日，由学会材料生物力学分会举办的2019生物力学在临床及康复领域中的应用学术论坛暨首届医学中的新技术与新装备国际学术研讨会在北京召开。大会邀请来自美国、英国、澳大利亚、加拿大、法国、德国、中国香港特别行政区等国家和地区的生物医学工程领域专家，围绕生物材料、生物力学、3D打印等在医学和康复中的应用，以及生物医学工程紧密相关的医疗中的新装备、新技术前沿领域取得的最新进展开展国际性学术交流和研讨。

9月24日，学会生物材料生物学评价分会在山东省济南市举办第一届医疗器械和生物材料质量安全评价国际论坛。来自全国的检验机构、科研单位和生产企业的120余位行业人士参加会议。论坛邀请国际标准化组织医疗器械生物学评价技术委员会（ISO/TC 194）第8工作组召集人、S92J委员会主席Christian Pellevoisin，美国美敦力公司研究员Michael Ebert，百特国际有限公司苏州研发中心临床前部门负责人、欧洲注册毒理学家徐海燕，MED研究所监管和临床服务副总裁Theodore Heise等6位国内外专家、学者作主题报告。此次论坛对医疗器械检验、研发和生产起到推动作用。

11月22—24日，学会生物陶瓷分会在上海市举办2019中澳组织工程与再生医学中心学术研讨会，来自澳大利亚、美国、英国、德国及中国香港特别行政区等国家和地区相关领域科研院校以及企业的专家、学者共100余人参加。论坛邀请国内外组织工程科学界与产业界的专家、学者共同分享再生医学研究领域的最新进展，探讨生物医用材料与组织工程的产业化对策，加强中澳双方在组织工程与再生医学等领域的科研合作与交流，促进双方高水平科学研究和人才培养。

国内主要学术会议　2019年，学会及其分支机构共举办年会、研讨会、报告会17次，参加会议人数8101人次，交流学术论文2666篇。

4月26—28日，由中国生物医学工程学会介入医学工程分会和学会心血管材料分会主办的第八届全国介入医学工程大会暨第三届全国心血管材料大会在广东省深圳市举办。会议秉承“以学术带动产业，以科研贯穿临床，以技术创造价值”的宗旨，融合产、学、研、医及投资五大领域，围绕介入医学工程相关领域最新热点问题的应用、研究进展、学术主流以及技术难点等进行学术报告、经验交流、技术展示。来自国内高等院校、研究机构、医院和工业企业等从事介入医学工程和心血管材料研究的120余名专家、学者参加会议。

11月20—22日，中国生物材料学会烧创伤创面修复材料分会成立大会暨首届学术年会在湖北省武汉市召开。来自全国从事生物材料创面修复及临床应用与研发、烧伤、创伤、整形、康复、老年医学、重症医学等领域的专家、教授、青年医师、护理人员以及相关企业人员等500余人参加会议。

两岸交流　4月18—20日，由学会生物医用高分子材料分会主办的2019年生物医用高分子材料学术大会暨海峡两岸学术交流会在江苏省南京市召开。会议共邀请海峡两岸的80多位专家作邀请报告，并有90余位从事生物医用高分子领域研究的学者作口头报告，参会人数近500人。会议加强海峡两岸学者的深入交流，促进生物医用高分子材料领域学术思想的交流和发展。

7月，学会首席科普专家张胜民组织海峡两岸大学生举办再生医学材料研讨会和创新创业夏令营，普及生物材料新知识。

国际交往　4月3—6日，学会应邀组团赴美国西雅图参加2019年美国生物材料学会年会；9月9—13日，学会专家应邀参加在德国德累斯顿举办的欧洲生物材料学会第30届会议；10月14—18日，学会3名专家应邀参加在美国阿灵顿召开的国际标准化组织医疗器械生物学评价技术委员会（ISO/TC 194）工作组会议；10月14—16日，学会专家奚廷斐应邀参加在澳大利亚布里斯班举办的第七届亚洲生物材料大会；12月1—4日，学会名誉理事长张兴栋、秘书长艾华赴英国格拉斯哥参加国际生物材料科学与工程学会联合会2019年度工作会议。

科普活动　2019年，学会开展科普讲座、科技咨询、科技下乡、宣传优秀科技工作者等系列科普活动，全年举办科普宣讲活动17次，宣讲受众人数3000余人次，参加活动的科技人员达150余人次。

全国科普活动周期间，学会组织部分会员单位开放优质科技资源，普及科技知识。向公众开放国家生物医学材料工程技术研究中心、四川医疗器械生物材料和制品检验中心、南通大学神经再生重点实验室、华东理工大学教育部医用生物材料工程研究中心、中国科学院上海硅酸盐研究所、山东省医疗器械产品质量检验中心，通过组织在校学生参观实验室、展览室、科普讲座的形式普及科技知识，共吸引600余名学生参观学习。

4月，学会组织会员和青年志愿者走进山东省济南高新技术产业开发区理想嘉园社区，开展“弘扬五四精神　服务用械安全”志愿服务活动。通过设立展板、发放宣传彩页、现场讲解的方式，对家用医疗器械，如血压计、血糖仪、制氧机、助听器、义齿、角膜接触镜等医疗器械产品的购买、使用进行科普宣传。

5月，学会以“神奇的细菌纤维素”为主题，组织专家、教师7人赴江西省南昌市田家炳学校开展科普宣讲活动，帮助学生了解细菌纤维素。

10月，学会举办特色科普活动“名师讲坛”第七季，邀请葡萄牙波尔图大学教授Mario Barbosa来中国讲学，受众人数500余人。

表彰举荐优秀科技工作者 1月，学会开展国际生物材料科学与工程学会联合会（IUSBSE）“Fellow”候选人评选，向联合会推荐陈红、樊瑜波、付小兵、刘宣勇、秦岭、唐本忠、王常勇、王均、王云兵、殷敬华、于振涛、张凯、郑玉峰13人；2月，召开推选中国科学院院士、中国工程院院士候选人专家评审会议，向中国科协推荐李晓光、顾忠泽2人为中国科学院院士候选人；4月，组织中国生物材料学会科学技术奖评选，共有12个项目参加评奖，评选出一等奖2个、二等奖3个、三等奖1个；9月，开展第十三届光华工程科技奖提名人评选与推荐工作，推荐欧阳宏伟、王云兵2人为候选人；9月，组织第十六届中国青年女科学家奖和2019年度未来女科学家计划候选人评选与推荐工作，向中国科协推荐黄容琴、杨晓和张欣为第十六届中国青年女科学家奖候选人，推荐唐琦为2019年度未来女科学家计划候选人；10月，组织第十六届青年科技奖候选人评选，向中国科协推荐丁丹1人；11月，组织2019年中国科协“青年人才托举工程”项目候选人评选与推荐，向中国科协先进材料学会联合体推荐邓怡、郭伟圣、郭星和王彬4人；12月，组织开展2020年度国家科学技术奖推荐工作，向中国科协推荐2个项目。

党建强会 学会党委参与学会“三重一大”事项前置审议。采取集中学习、理论研讨、心得交流等方式，深入学习宣传党的十九大精神和习近平新时代中国特色社会主义思想。制定《中国生物材料学会党委工作规则》。

会员服务 学会编撰年报，反映学会年度工作的综合信息。每月发布一期《中国生物材料学会电子简讯》，向全体会员发布学会举办的各类活动讯息及学科前沿动态。应用新的会员管理系统，实现会员信息网络化、会费支付多样化、票据管理电子化。会员在学会组织的各类学术会议中均享受注册费优惠价，优先安排会员参加学会组织的学术交流、继续教育和培训，免费为会员订阅《中国生物材料学会电子简讯》，会员投稿学会会刊*Regenerative Biomaterials*享受优惠价格，在符合条件的情况下，优先推荐会员作为各类奖项的候选人。

【中国生物材料学会第四次全国会员代表大会】 8月22日，中国生物材料学会第四次全国会员代表大会在辽宁省大连市召开，会议由学会理事长付小兵主持，181名会员代表参加会议。

学会秘书长艾华代表学会第二届理事会作本届理事会的工作报告，代表们听取《中国生物材料学会第二届理事会财务报告》《关于中国生物材料学会章程（修订草案）的说明》《关于修改中国生物材料学会会费收取办法的说明》等。大会无记名投票选举产生第三届理事会理事130人、第一届监事会监事5人。第三届理事会第一次会议选举产生第三届常务理事会常务理事42名，选举王迎军（任期2019—2021年）、刘昌胜（任期2021—2023年）为理事长；选举陈晓峰、高长有、王云兵、张胜民、赵毅武5人为副理事长。聘任四川大学教授艾华为秘书长。在第一届监事会议上，选举沈健为监事长。

大会审议并通过《中国生物材料学会第二届理事会工作报告》《中国生物材料学会第二届理事会财务报告》《关于中国生物材料学会章程（修订草案）的决议》《关于明确中国生物材料学会会费收取标准的决议》。

【2019中国生物材料大会暨国际先进生物材料大会】 8月22—25日，由学会主办，大连大学附属中山医院承办的2019中国生物材料大会暨国际先进生物材料大会在辽宁省大连市举办。来自中国、美国、欧洲、日本、韩国、澳大利亚等国家和地区从事生物材料及医疗器械的政、产、学、研、投领域的近5000人参加会议。会议以“生物材料与医学的深度融合”为主题，共同探讨生物材料科学与产业的最新成果、发展趋势、临床应用等前沿研究。

大会同期举办第五次中美生物材料论坛、创新骨科材料医工结合论坛，来自国内外生物材料领域的20余位院士参加大会。

大会设大会报告6个，新型生物医用金属材料及应用、生物医用复合材料、骨修复及再生材料、医学影像材料及分子探针、海洋生物材料、组织工程与干细胞、3D打印技术的医学应用等专题28个共115场分会；设青年科学家、生物医用原材料及高端耗材等大会论坛5个、国际研讨会7场、墙报快速演讲4场，同时设有企业卫星会、企业交流与招聘会等活动。共接收论文摘要2200余篇，其中口头报告800余篇，墙报报告1300余篇。

【2019年国际医疗器械监管科学研讨会】 4月26日，由学会和四川大学、国家药品监督管理局主办的2019年国际医疗器械监管科学研讨会在四川省成都市举办。研讨会宣布四川大学医疗器械监管科学研究院成立，并作为国家药品监督管理局首个医疗器械监管科学研究基地。来自国家药品监督管理局相关司局、直属单位负责人，四川大学、清华大学等国内外的专家、学者，四川省科技厅相关负责人等共100余人参加会议。医疗器械监管科学研究基地的建立将充分发挥医疗器械监管方面的三个职能：科学研究的中心、国际交流的中心和人才培养的中心。

（撰稿人：许秀娟　刘　静）

国际粉体检测与控制联合会

服务创新型国家和社会建设　3月1—2日，2019除尘系统设计与粉尘防爆专题培训在江苏省苏州市举办，145人参加培训。培训对象主要为工业通风与除尘、粉尘防爆相关企业，除尘系统与防爆设备供应商，安全监管人员。培训授课内容主要从除尘系统设计与粉尘防爆、粉尘防爆技术与设备两个方向展开。培训后，针对火花探测与熄灭系统标准展开讨论，与国内外供应商达成一致意见。

3月23日—11月9日，联合会开展8场次粉尘爆炸与安全防护技术培训，培训对象为安全监管部门、粉尘涉爆企业、粉尘工艺系统与设备供应商的相关负责人，约580人次参加。培训内容为粉尘防爆，讲授国内现行粉尘防爆相关标准，重点讲解《GB 15577—2018　粉尘防爆安全规程》《AQ 4273—2016　粉尘爆炸危险场所用除尘系统安全技术规范》《AQ 4272—2016　铝镁制品机械加工粉尘防爆安全技术规范》《AQ 4228—2012 木材加工系统粉尘防爆安全规范》相关标准，以及粉尘爆炸危险区域的划分方法与实例，粉尘爆炸风险评估，企业粉尘爆炸常见隐患及整治措施，涉爆粉尘工艺爆炸防护与控制措施，除尘系统设计要点，企业爆炸防护文件编制，美国防火协会（NFPA）等粉尘防爆相关标准介绍，爆炸预防与防护设备检验。同时解读安全防爆的管理规程、监管标准、《〈冶金有色建材机械轻工纺织烟草商贸行业安全监管分类标准（试行）〉的通知》（应急厅〔2019〕17号），风险分级管控和隐患排查治理“双重预防控制机制”的建立和要求，企业主体责任落实及规避法律责任，煤气着火、中毒、窒息和爆炸事故为重点的专项整治，企业安全生产标准化基本规范，事故案例解析，等等。

学会建设　截至2019年年底，联合会个人会员达1433人，其中外籍会员52人。会员主要来自中国、美国、日本、韩国、澳大利亚、德国、英国、意大利、荷兰等国家。

联合会共有理事30人，常务理事7人。为发展国外会员队伍和开展学术及人员交流，联合会秘书处定期举办常务理事会网络会议，保证联合会的重要工作都在常务理事会的监督和领导下进行。本年度秘书处共组织3次常务理事会议。

4月15日，联合会秘书处在辽宁省沈阳市举办第一次常务理事会网络会议。会议通报2019年上半年秘书处的工作计划，协商筹备在2020年11月举办第五届国际粉体检测与控制联合会会员代表大会，并协商第五届理事会理事候选人名单。会议由秘书处秘书长李新光主持，联合会理事长谢植和5位副理事长盖国胜（中国）、Siegfried Radandt（德国）、Mark G.Jones（澳大利亚）、Shuji Matsusaka（日本）、InShup Ahn（韩国）出席会议。

8月18日，联合会秘书处在辽宁省沈阳市举办第二次常务理事会网络会议。会议通报联合会在中国会员队伍方面发展情况和开展的学术活动、展览展示情况；协商确定第五届理事会候选人名单，商定于2020年9月25—28日在辽宁省沈阳市举办第五届国际粉体检测与控制联合会会员代表大会暨第十四届国际学术会议；讨论在澳大利亚和德国筹备成立分支机构的计划。会议由秘书处常务副秘书长金智贤主持。

11月20日，联合会秘书处在辽宁省沈阳市举办第三次常务理事会网络会议。会议通报第五届国际粉体检测与控制联合会会员代表大会暨第十四届国际学术会议筹备情况，讨论各国应推荐更多年轻学者、科学家加入联合会的意见。会议由联合会秘书处秘书长李新光主持。

联合会分支机构工业防爆技术创新联盟利用搭建产学研与应用结合的平台，提升企业成员在工业防爆领域的研究开发、生产制造、应用服务、教育培训、产品认证和安全管理水平。在95个单位会员的基础上，又有30多个单位以团体会员申请加入该分支机构。粉体化标准委员会有30位工程技术人员和专家申请加入分支机构成为会员。工业应用委员会举办多次学术研讨会，有来自美国、日本、韩国、德国的5位专家在参加学术研讨会期间申请加入联合会。

国际学术会议 8月14—17日，由联合会主办的2019鹤岗·第二届国际石墨与能源粉体材料大会暨名山岛论坛在黑龙江省鹤岗市举办，300余位专家、学者参加。论坛主要以“石墨粉体在锂电池负极材料的技术与应用”为主题，联合会副理事长、清华大学材料学院教授盖国胜主持论坛。盖国胜，中国非金属矿工业协会副会长兼秘书长王文利，湖南大学材料学院教授刘洪波，中国五矿股份有限公司副总经理、五矿勘查开发有限公司董事长王炯辉，俄罗斯科学院西伯利亚分院教授阿列克等来自石墨新材料领域的国内外专家，分别作《石墨粉体加工要点》《我国石墨产业现状及发展建议》《天然石墨在炭石墨材料中的应用与发展》《石墨新材料产业发展趋势》《关于利用高速冶金技术提纯石墨的工艺前景》等16场次主题报告。论坛旨在通过交流促进企业合作，推进石墨产业快速发展。

9月24—26日，由联合会等主办的2019国际粉体加工与新材料论坛在山东省淄博市召开，300位专家、学者参加。论坛以“粉体加工与新材料转型”为主题，分别邀请山东国瓷功能材料股份有限公司副总经理、技术总经理宋锡滨作题为《创新与制造过程中的工业文化要素》的报告；美国杜邦公司粉体中心前技术高管赵千秋作题为《从生产过程控制到业务流程和供应链科学管理》的报告；教育部“长江学者奖励计划”特聘教授、郑州大学化工学院院长曹亦俊作题为《工业废水处理和资源化利用》的综合报告；中国铝业集团有限公司首席科学家、山东铝业股份有限公司研究院院长杜善国作题为《氧化铝产业的技术现状与发展》的专题报告；韩国粉体协会副理事长、韩国汉阳大学教授金钟吉作题为《韩国粉体工业现状和纳米粉体合成》的综合报告。专题报告还包括《高分子材料填充改性的现状与发展》《从颗粒设计到材料设计和团体标准的重要意义》。

国内主要学术会议 2019年，联合会联合各分支机构主办学术研讨会、论坛共计10次，参会人数约2000人次。

3月30日，由联合会主办的粉体技术产品标准化培训与部分标准讨论会在山东省淄博市举办，40位专家、学者参加。论坛以“粉体技术产品的标准化和部分标准讨论”为主题，解读相关国家标准，了解国家标准样品，提高粒度检测准确性与其他在用标准的可比性；根据国家标准化管理委员会和民政部文件精神，介绍联合会团体标准工作进展情况。

5月17—18日，由联合会工业应用委员会和清华大学无锡应用技术研究院粉体工程中心联合主办的粉体标准、标样制定暨团体标准启动会在广西壮族自治区防城港市举办，参会专家、学者共30人。会议主要探讨粉体标准和标准样品的制定、修改以及标准在实际生产中的应用。会上，征集粉碎设备制造和使用相关单位的意见，补充和修改已有的团体标准。为了适应技术创新中不断出现的新技术新产品，此次会议也对相关内容和参编单位做增补。

5月24—26日，由联合会工业应用委员会、中国建筑材料联合会粉体技术分会、清华大学材料学院粉体工程研究室联合主办的2019年石英粉体制备与应用创新论坛在江苏省徐州市新沂市召开，参会专家、学者共200人。论坛主要探讨石英产业发展现状及趋势、石英的矿床工业类型与应用特点、石英石生产工艺及其应用等议题。

8月11日，联合会标准化委员会成立大会在山东省淄博市召开。会议由联合会副理事长、清华大学教授盖国胜主持，邀请联合会常务副秘书长、东北大学教授金智贤，联合会秘书长、东北大学教授李新光，全国颗粒表征与分检及筛网标准化技术委员会秘书长侯长革等专家、学者共40余人参加大会。

9月23—24日，由联合会发起的2019年粉尘爆炸防护技术交流会与《爆炸抑制系统技术要求》标准研讨会在辽宁省大连市召开，122位专家、学者参加会议。会议邀请全国防爆电气设备标准化技术委员会、中钢集团武汉环保安全研究院、东北大学、中国计量大学质量与安全工程学院、大连市环境保护产业协会、中国环境科学学会环境损害鉴定评估专业委员会委员、大连理工大学、大连理工度达安全工程有限公司、贺尔碧格（上海）有限公司等单位的专家和领导围绕防爆设备和爆炸抑制系统的技术标准作专题演讲，并讨论防爆系统的团体标准（草稿）的制定工作。

（撰稿人：金智贤）

中国农学会

服务创新型国家和社会建设 学会组织院士专家

对140项重大农业科技成果进行评价。在2019年度国家科学技术奖农业类获奖成果中，有近70%的成果经过学会评价。2019年度学会提名国家科学技术奖22项，最终获奖6项。受国家科学技术奖励工作办公室委托，对2019年度国家科学技术奖评审通过的15项农业项目开展行业咨询评议。

学会完成2018—2019年度神农中华农业科技奖评审工作。经初评、会评、公示等环节，评选产生获奖成果173项，其中科学研究类成果138项、优秀创新团队类成果25项、科学普及类成果10项。中央农村工作会议期间，国务院副总理胡春华接见获奖代表，农业农村部部长韩长赋在全国农业农村厅局长会议上为获奖代表颁发奖牌。

9月，学会与中国林学会等涉农学会联合印发《农林领域高质量科技期刊分级目录认定发布工作实施办法》。

学会参与中国科协“2019重大科学问题与工程技术难题”征集评选活动，由中国农业科学院研究员王旭、中国热带农业科学院研究员徐明岗提出的“废弃物资源生态安全利用技术集成”经学会推荐，入选中国科协2019年20个重大科学问题和工程技术难题，于6月30日由中国科协面向全社会发布。9月26日，学会组织召开“废弃物资源生态安全利用技术集成”重大工程技术难题研究座谈会，形成难题研究进展专项报告，并通过中国科协报送有关部委作决策参考，推动关键技术联合攻关，促进应用推广。

学会组织遴选中国农业农村科技发展最新成果，在2019中国农业农村科技发展高峰论坛上发布2019中国农业农村十大新技术、十项新产品和十个新装备。组织完成2019年农业主推技术遴选工作，加速科技成果推广落地。

受中国科协委托，学会组织60余名院士专家对《国家中长期科学和技术发展规划纲要（2006—2020年）》农业领域实施情况进行评估，形成10万余字报告，为新一轮规划纲要编制提供决策参考；组织开展国家“大众创业万众创新”农口示范基地评估工作，总结“双创”基地典型经验做法，服务部门科学决策。

11月，受中国科协委托，学会对12家农科和涉农学会、8家医科学会进行全国学会深化改革情况调研，了解学会全面深化改革进展情况、主要困难及取得成效，形成5万余字调研报告。

学会实施创新驱动助力工程，为福建省晋江市、山东省淄博市、广西壮族自治区崇左市、河南省濮阳市等地现代农业发展提供咨询服务，组织编制完成《广西崇左东盟左岸国际冷链加工物流产业项目可行性研究报告》等报告。受中国科协委托编制完成《山西临县程家塔村振兴建设规划（2020—2022）》。组织农业科研杰出人才开展服务区域发展行动和院士专家企业家基层行活动，助力重点区域、“三区三州”特色产业发展。

学会围绕农业生态环境治理、动物流行病防控等重点领域，选派220名科技人才和高级管理人才出国（境）培训。承办全国农业科研杰出人才高级研修班，组织举办农产品质量安全、农作物种质资源保存、农业重大技术协同推广等40余期专题业务培训班，累计培训5000余人次。

学会完成第四届中国科协农林学科集群优秀论文的征集、遴选和发布，以及农林期刊集群建设、验收与运行工作。

学会参与第二届全国农业行业职业技能大赛有关工作。

学会建设　11月20日，学会召开十一届三次理事会议和常务理事会议，总结交流工作情况，谋划部署学会改革发展和重点工作。

学会调整分支机构设置，对原农业科技情报分会和农业图书馆分会予以撤销，相应职能进行优化重组后设立图书情报分会；新成立农业监测预警分会。

6月27日，学会组织召开省级农学会负责人座谈会，交流工作情况与发展经验，并就进一步加强体系建设、促进全国各级农学会之间的共建共融和交流合作进行研讨。

学会治理结构和治理方式改革　学会围绕贯彻落实中央关于科技和社会组织工作的新部署新要求，开展调查研究，形成《世界一流学会建设问题研究》等15篇课题报告，推动解决制约学会事业发展的实际问题。

学会全面梳理现行规章制度，编制主要业务工作规范，制定印发《关于进一步规范公文处理工作的意见》《经济合同管理办法》等规章制度。

青年人才托举工程　学会扶持的第二届中国科协“青年人才托举工程”项目的6位被托举人才累计参加自然科学基金重点项目、国家重点研发计划课题、“973”项目子课题等国家重大项目18项，其中主持

10 项；5 人获得国家专利共计 13 项，获国家计算机软件著作权 3 项；以第一或通讯作者等发表论文累计 61 篇，其中 34 篇在 SCI 等期刊上发表。

6 月 2 日，学会在北京举办“青年人才托举工程”推进座谈会，介绍项目实施总体情况，交流项目实施成效，对下一步工作提出具体思路和措施建议。

主办期刊 学会主办期刊 *Journal of Integrative Agriculture*（《农业科学学报》）获中国科技期刊卓越行动计划重点期刊类项目资助;《中国农业科学》获中国科技期刊卓越行动计划梯队期刊类项目资助。

学科发展工程 学会完成 2018—2019 基础农学学科发展研究，成立以中国工程院院士刘旭、万建民，中国科学院院士陈晓亚，中国农业科学院副院长梅旭荣等专家为首席科学家的课题组，围绕农业生态学、农业微生物学、作物生理学、作物遗传育种学、作物种质资源学、农业生物信息学 6 个专题开展研究，发布最新研究进展，推动基础农学学科发展。

学会开展 2019 年度基础农学科技前沿热点综述研究，中国农业科学院副院长梅旭荣担任课题组组长，聚焦作物遗传育种学、作物种质资源学、农业生态学、作物生理学，形成 4 篇专题报告，完成《基础农学科技前沿热点综述研究——以作物科技前沿热点为例》研究报告。

决策咨询 围绕助力乡村振兴，学会组织院士专家起草《关于加强农业科技创新人才培养的建议》《关于农业文化遗产发掘与保护工作的报告》《农学会组织服务乡村振兴有关问题调研报告》《关于加快提升农民科学素质助力乡村振兴战略实施的调研报告》等建议和报告，组织农业科研杰出人才围绕农业科技体制机制创新、重大科技布局等建言献策，梳理形成 220 篇决策建议，为有关部门制定相关政策提供参考。

国际学术会议 学会 2019 年共举办国际学术会议 8 场，累计参会人数 710 余人次。先后举办中国国际肥料大会、第三届中国（三亚）国际水稻论坛、第六届东亚地区农业文化遗产学术研讨会，以及中日、中英农业绿色发展论坛等系列国际学术会议，重点围绕非洲猪瘟防控、农业绿色发展、设施蔬菜病害生物防治等话题开展学术交流。

5 月 19—22 日，由学会农业文化遗产分会等协办的第六届东亚地区农业文化遗产学术研讨会在韩国庆尚南道河东郡召开。与会专家围绕“农业文化遗产与茶”“农业文化遗产保护”“利益相关者与多方参与”“生物多样性保护”等主题，交流全球重要农业文化遗产保护与利用的科研进展、政策成果及实践经验。

6 月 28 日，学会在黑龙江省哈尔滨市举办新时代农业绿色科技发展论坛。美国加州大学戴维斯分校教授威廉·R. 霍瓦特、德国罗斯托克大学农业与环境学院副院长迈克尔·尼尔斯，中国工程院院士罗锡文、李天来、印遇龙，中国科学院院士陈化兰等专家受邀出席并作报告。

国内主要学术会议 学会及其分支机构 2019 年共主办学术会议 36 次，累计参加人数 7300 余人次。

6 月 13—15 日，由学会农业气象分会等主办的第十三届农业环境科学峰会暨全国农业环境科研与产业协作网会议在海南省琼海市博鳌镇召开，研讨农业环境科技前沿与技术预测、农业环境科技发展评价与技术短板、农业农村绿色发展技术、产品与模式等问题，280 余位专家、学者参加会议。

8 月 8—9 日，中国农学会棉花分会成立 40 周年回顾大会暨 2019 年年会在北京召开。大会以“奋进新时代　再创新辉煌”为主题，交流探讨棉花科学研究和产业技术领域取得的新进展、新成果、新技术。来自全国棉花管理、科研、教学、推广，以及相关企业、社会组织等 100 多家单位的近 600 名专家、学者、企业管理者参加会议。

两岸交流 6 月 14—15 日，由学会指导，福建省农学会、台湾“中华两岸交流协会”等共同主办的海峡两岸美丽乡村融合发展研讨会在福建省晋江市召开。两岸专家、学者围绕“生态宜居、乡村振兴”主题作专题报告，交流借鉴美丽乡村建设理论和实践经验。

国际交往 4 月 16 日，学会与来访的国际泥炭地学会主席 Gerald K. Schmilewski、秘书长 Gilbert Ludwig，国际泥炭地学会泥炭经济专业委员会副主席孟宪民进行座谈交流，就共同推进中国泥炭产业发展达成多项共识。

11 月 10—17 日，为增进中欧农业社团发展合作交流，学会组织分支机构和省级农学会 6 名相关负责人组成的代表团，赴德国、英国进行考察。代表团先后赴德国北威州农业协会 Haus D ü sse 农业中心、国际有机农业联盟、英国皇家农学会、英国农业与环境协会等机构进行访问，了解德国、英国主流农业社团的组织架构和业务范围，探讨开展初步合作的意向和优先领域。

学会组织派遣 4 名农业系统人员赴国际粮农组织访问研究或岗位实习。

科普活动 学会参与编制《乡村振兴农民科学素质提升行动实施方案（2019—2022 年）》，组织编制《乡村振兴农民科学素质读本》。

学会连续九年承办全国农民科学素质网络知识竞赛，参赛人数达 2019.73 万人次。开展乡村振兴科普联合行动，举办科普活动 100 余场，发放科普读物 20 万余份，辐射 40 万余人。

3 月 25 日，学会被中国科协授予“基因故事”科普中国共建基地匾牌。开展全国转基因巡讲进校园活动，全年深入 11 个省、自治区、直辖市开展 20 场转基因科普讲座，首次探索开展线上直播，点击观看量近 1000 万次。

11 月 22 日，学会首次举办农业英才校园行活动，邀请中国科协“青年人才托举工程”项目入选者，先后走进南京农业大学、扬州大学作主题报告，分享科研经验。

学会聚焦农业科研院所科普需求，开创科普作品编创咨询服务模式，编创农业文化遗产科普微动漫、农产品质量安全图文等系列科普作品 40 余部（篇），并利用光明网、科普中国、今日头条等媒体进行传播。

表彰举荐优秀科技工作者 学会组织完成 2019 年中国科学院院士、中国工程院院士，以及创新人才推进计划、第十六届中国青年女科学家奖、2019 年度未来女科学家计划、高等学校科学研究优秀成果奖等候选人推荐评审工作，共推荐候选人 15 人。完成 2019 年“国家百千万人才工程”国家级人选和国家“万人计划”青年拔尖人才候选对象推荐评审工作，共计推荐候选人 110 余人。遴选产生 50 名“互联网 + 农技推广”服务之星。

学会创新发展 学会筹建“中国三农科普创新联盟”“中国三农科普智库”，搭建“三农”科普领域全国性高层次协同合作平台。

党建强会 学会深入开展“不忘初心、牢记使命”主题教育，严格执行“三会一课”制度。年初印发《中国农学会 2019 年党的建设工作要点》，推动全面从严治党。强化干部教育培训，全年选派 203 人次参加中国科协等组织举办的宣讲会、辅导会和培训班。组织全体党员赴北京西山无名英雄纪念广场开展“不忘初心、缅怀先烈、牢记使命、砥砺前行”主题党日活动，组织党员干部参观中华人民共和国成立 70 周年大型成就展，学会秘书长胡义萍以《牢记初心使命　勇于担当作为　奋力谱写新时代服务“三农”新篇章》为题讲党课。

会员服务 学会制定会员服务清单，明确和细化个人会员、单位会员所能享受到的学会服务。试点启动会员重新登记工作，规范会员入会流程。10 月，启用中国科协新版会员系统，完善系统功能，提高会员入会登记和管理的工作效率，全年会员数量增加 1.1 万余名。

9 月 24 日，学会以“不忘学会发展初心 牢记会员服务使命”为主题，承办中国科协 2019 学会能力建设论坛，来自中国科协所属全国学会的 80 余名代表与会交流。会后向中国科协呈报的《关于提升中国科协所属全国学会会员服务能力和群众组织力的建议》，获中国科协党组成员、书记处书记宋军批示。

【第六届中国现代农业发展论坛】 11 月 21 日，学会与中国农业大学、农业农村部农业生态与资源保护总站共同举办第六届中国现代农业发展论坛。学会会长、农业农村部副部长张桃林作主旨讲话，学会副会长、农业农村部科技教育司司长廖西元主持论坛开幕式和大会报告。学会副会长、中国科学院院士陈晓亚，学会副会长、中国工程院院士喻树迅，学会副会长周光宏，学会副会长兼秘书长胡义萍等出席论坛。

中国工程院院士张福锁在题为《农业绿色发展的策略与途径》的报告中，以农业绿色转型浪潮下的“科技小院”为案例，梳理推进农业绿色发展的思路与举措。国家能源局原副局长吴吟在题为《关于农村生物质能源开发与产业创新的思考》的报告中，结合个人工作经验提出农村能源改革的解决方案。中国科学院研究员骆永明在题为《我国土壤污染防治中的若干科技问题与需求》的报告中，系统阐述中国土壤污染管控和修复的三大问题，提出全链条式科技创新体系和精准防治的策略。

来自农业科研、管理、推广等领域的 400 余名专家、学者参加论坛。论坛从多视角、多维度探讨中国生物质能源发展和农业资源环境保护的理论及实践问题。

【2019 中国农业农村科技发展高峰论坛】 11 月 20 日，学会在江苏省南京市举办 2019 中国农业农村科技发展高峰论坛。学会会长、农业农村部副部长

张桃林出席并讲话，来自全国农业农村科技领域的院士、专家和企业家1300余人参加论坛。论坛上发布《2019中国农业科学重大进展》《2019中国农业农村重大新技术、新产品和新装备》等5份智库报告。新华社等20余家媒体进行报道。

（撰稿人：马　晶　魏　政）

中国林学会

服务创新型国家和社会建设　根据学会《团体标准管理办法》，开展社团标准的制修订工作，公布《栎果陈醋》等10余项团体标准。

截至2019年年底，学会累计认定180家自然教育学校（基地），发布2项团体标准，组织1次自然解说员培训，公布56个优质活动课程，推荐82本优质书籍，发布《2019年中国自然教育发展报告》。

学会全年共组织召开“东北天然次生林生态系统经营技术”等50余项科技成果评价。

牵头完成中国科协生态环境联合体2019重大调研项目。联合中国环境科学学会等近20家机构40余名专家组成环保、林业、水利、气象、海洋、可再生能源6个专题调研组，赴广东省开展粤港澳大湾区生态环境和生态系统治理联合调研，撰写并提交调研报告。

组织竹产业专家团队到四川省、重庆市、浙江省等地开展竹产业发展技术培训，助力地方竹产业发展，带动竹农增收致富。

7月31日—8月1日，学会在黑龙江省哈尔滨市举办中国林学会林业科技期刊质量提升培训班。来自全国42家林业科技期刊的主编、编辑部主任、责任编辑共80余人参加培训。

11月19—20日，学会应邀在河南省郑州市国家林业和草原局泡桐研究开发中心举办学术论文写作规范讲座，200余人参加讲座。

学会建设　2019年，学会召开第十二次全国会员代表大会，完成换届工作。

新批准成立家具与集成家居分会、国家公园分会，注销林业区划分会和林业情报专业委员会，森林防火分会更名为森林与草原防火专业委员会，林木遗传育种分会、树木学分会等7个分会完成换届。

5月29日，学会在北京召开自然与文化遗产分会成立大会暨学术研讨会。近100名专家、学者参加会议。全国人大环境与资源保护委员会副主任、中国工程院院士张守攻当选为分会主任委员，学会理事长赵树丛为分会授牌。

7月14—16日，学会在云南省昆明市召开古树名木保护学术研讨会，近100名专家、学者参加会议。会议进行换届改选，选举产生学会古树名木分会第二届委员会，胥辉当选为主任委员，陈龙清当选为副主任委员兼任秘书长。

7月27—29日，学会在黑龙江省哈尔滨市召开自然保护地与生物多样性分会成立大会暨首届学术研讨会。100余名专家、学者参加会议。中国工程院院士马建章、中国科学院院士魏辅文等出席会议。张明海当选为分会主任委员，姜广顺任秘书长。

12月10日，学会在江西省南昌市召开林业科技期刊分会换届会议暨第五届全国林业科技期刊发展研讨会。70余人参加会议。学会副秘书长刘合胜当选为分会主任委员，张君颖兼任秘书长。

青年人才托举工程　3月，学会在浙江省杭州市举办第四届青托工程签约启动仪式暨青托人才培养座谈会。会上颁发第三届“青年人才托举工程”项目入选证书；签约启动第四届“青年人才托举工程”项目；完成第五届“青年人才托举工程”项目推荐上报工作；听取第二届、第三届“青托”对象汇报项目实施情况，并就如何选拔、培养、评价托举对象及自筹项目进行讨论。

主办期刊　学会主办期刊《林业科学》2019年收稿1021篇，发稿235篇，影响因子1.111，总被引频次4442，列全国2049种核心期刊第16位、林学期刊第1位，第17次被评为百种中国杰出学术期刊，连续8年入选中国国际影响力优秀学术期刊，继续被EI数据库收录。推进《林业科学》数字化，网站升级改版，增加邮件推送、组建学术专题和图表检索等功能。继续进行XML/HTML数据回溯制作和发布，已回溯至2000年。

学科发展工程　学会组织实施中国科协学科发展项目《2018—2019林业科学学科发展报告》和《林业科学学科方向预测及技术路线图研究》，完成《中国林业优秀学术报告2017—2018》编辑出版工作。

1月11日，学会在黑龙江省哈尔滨市召开“双一流”建设林业青年学术研讨会。会议围绕新时代林业草原科学研究发展趋势与国家战略、高校“双一流”建设情况等开展座谈研讨。

6月24—26日，学会在湖北省宜昌市召开林业科学学科发展研讨会暨学术工作座谈会，加强学术交流与林业学科建设，总结工作经验。

决策咨询 学会对全国自然教育深入调研，并将调研报告通过国家林业和草原局办公室报送中共中央办公厅。

召开智库建设专家咨询会议，围绕国家重大战略、林业和生态建设重大热点问题，策划选题，开展调研。组织专家赴山西省、四川省、云南省等地的贫困地区开展经济林等特色产业在脱贫攻坚及巩固扶贫成果中的地位与作用调研，组织专家赴四川省等5省、直辖市开展古树名木保护立法调研，组织专家赴黑龙江省、山西省等地开展林业产业和林下经济产业发展调研，撰写并提交相关调研报告。

起草并推动国家林业和草原局颁发《关于充分发挥各类自然保护地社会功能大力开展自然教育工作的通知》，通过《国家林业和草原局专报》向中共中央办公厅、国务院办公厅有关部门提交《关于自然教育的调研报告》。

国际学术会议 11月5—7日，学会在山东省日照市召开2019栎类国际学术研讨会。会议主题为“栎树多样性及其现代应用”。来自中国、德国、奥地利、葡萄牙、日本等国专家、学者近150人参加会议。

国内主要学术会议 学会及其各分会全年共举办综合性和专题性国内学术交流会100余次，参会人员2万余人次，交流报告8000余篇，交流论文1万余篇。

3月26日，学会在浙江省丽水市举办林业生态产品价值实现机制学术研讨会暨青年工作座谈会。50余人参加会议。

4月12—14日，第十四届中国林业青年学术年会在海南省海口市召开。年会的主题为“新时代青年创新与山水林田湖草系统治理”，1200余名专家、学者参加会议。学会理事长赵树丛、国家林业和草原局副局长彭有冬等出席开幕式并讲话，中国科学院院士唐守正等作大会主旨报告。大会共设14个分会场，研讨内容涉及森林培育、林木遗传育种、森林经理与信息技术、森林保护、木材科学与技术、林产化学加工、湿地与自然保护区、林业经济、竹子、森林生态、园林、森林防火、草原、热带雨林等学科与研究领域。

5月19日，学会在国家林业和草原局国际竹藤中心召开城市森林与竹藤科学融合发展学术研讨会，100余名专家、学者参加会议。会议主题为“城市森林、竹藤资源与美丽中国”，国际竹藤组织董事会联合主席、国际竹藤中心主任江泽慧，中国林业科学研究院院长刘世荣等作主旨报告。

8月1—4日，学会在黑龙江省哈尔滨市召开中国林学会松树分会2019年学术研讨会。会议主题为“松树产业发展与高效培育”，150余名专家、学者参加会议。

8月20—22日，学会在山西省朔州市右玉县召开风沙区生态修复与右玉精神学术研讨会。会议围绕风沙危害区生态修复理论与技术、右玉精神与生态文明建设、林业青年人才成长成才等相关问题展开研讨。

10月23—25日，学会在江西省南昌市召开第五届中国珍贵树种学术研讨会，250余名专家、学者参加会议。会议主题为“发展珍贵树种，精准提升森林质量”，近20名专家、学者在会上作报告。

11月2—3日，由学会与阿里巴巴公益基金会、全国自然教育网络、湖北省林业局共同主办的中国自然教育大会暨第六届全国自然教育论坛在湖北省武汉市召开。学会理事长赵树丛、国家林业和草原局副局长彭有冬、湖北省副省长赵海山、阿里巴巴公益基金会理事长孙利军、中国地质大学（武汉）校长王焰新出席开幕式并讲话。1300余名专家、学者参加会议。大会主题为“推进自然教育，共筑生态文明”，共设2个主论坛、20个分论坛。

11月25日，2019现代林草业发展高层论坛在北京举办。论坛主题为“践行新发展理念，推进林草业高质量发展”。学会理事长赵树丛、国家林业和草原局副局长刘东生、学会副理事长马广仁、中国工程院院士蒋剑春等专家、学者150余人及20多家媒体参加论坛。会议颁发第十五届林业青年科技奖，并就“转变发展观念，提升科学造林绿化质量”“十大林草科学与十大工程技术问题”分别开展专题研讨。

12月6—8日，学会与中国中药协会等单位在江西省南昌市联合主办中药源头在行动——2019年中药农业、林下经济产业发展战略峰会暨优质药材产销对接洽谈会。700余名专家、学者参加会议。大会期间，学会举办2019林源中药产业发展学术研讨会。会议以“新时代林源中药产业高质量发展”为主题，来自20多个省份的林源中药种植、生产、研发及加工领域的170余名专家、学者参加会议。

12月11—13日，学会在江西省赣州市召开华东六省一市林学会学术交流暨全国家具产业发展学术研讨会。110余人参加会议。会议主题是“新长征 中国家具产业再出发”。会后，与会专家实地考察赣州家具产业。

两岸交流 11月27日，学会在福建省福州市召开2019两岸林业论坛，论坛主题为“创新引领 新时代两岸竹产业创新与融合发展”，组织12场专题学术报告。台湾地区学者赴浙江省杭州市富阳区、福建省南平市建瓯市实地调研，交流竹产业发展情况。

国际交往 11月6日，学会秘书长陈幸良赴巴基斯坦伊斯兰堡参加第七届世界自然保护联盟（IUCN）亚洲自然保护论坛，并获世界自然保护联盟宣传教育委员会杰出奖。

7月17—27日，学会邀请奥地利维也纳自然资源和应用生命科学大学森林培育研究所林业专家Eduard Hochbbichler等赴宁夏回族自治区参观六盘山栎类经营实验示范样板基地建设。

9月22—26日，学会组织德国约翰尼斯科鲁兹林务局负责人、栎类经营专家Burkhard Steckel到辽宁省抚顺市清原满族自治县栎类经营示范样板基地参观考察，并举办森林经营暨栎林更新技术培训班。

10月17—20日，学会邀请马来西亚科学院院士刘柏森等参加吉林省生态建设与森林公园发展论坛并作主旨报告。

12月8日，学会邀请美国南卡罗来纳州克莱姆森大学森林与环境保护系教授Gaofeng Wang到安徽省滁州市红琊山林场麻栎种源实验林和滁州市昌春木炭专业合作社参观考察。

12月11日，学会与国家林业和草原局国际竹藤中心在北京联合主办中缅林业专家竹子增值科技交流研讨会，组织5场专题报告，并就中缅合作展开研讨。

科普活动 学会组织开展“科普中国”2019全国林业和草原科普微视频创新创业大赛。共收到212部参赛作品，涉及森林、草原、湿地、荒漠和陆生野生动植物保护等领域，最终评出优秀林业科普微视频作品133部。

组织2019年全国林业和草原科普讲解大赛。大赛主题为“人与自然和谐共生 携手建设美丽中国”，来自22个省、自治区、直辖市的自然保护区、高校、动物园、博物馆、植物园等49家单位的55人参加比赛，最终评出一等奖3名、二等奖3名、三等奖6名、优秀奖12名。

组织开展第36届青少年林业科学营，来自浙江省的30余名青少年参加活动。组织“童眼观生态”全国青少年科普活动，来自18个省、自治区、直辖市的120名青少年参加活动。

表彰举荐优秀科技工作者 学会完成第八届梁希优秀学子奖评选工作，评选出45名获奖者。完成第十五届林业青年科技奖评选和第十六届中国青年科技奖候选人推荐工作，共推选出20名林业青年科技奖获得者和4名中国青年科技奖候选人。全年共遴选出100名林草乡土专家。

党建强会 学会开展“不忘初心、牢记使命”主题教育，共开展10次集中学习研讨，并组织自然教育、粤港澳大湾区生态环境保护、精准扶贫等专题调研。

会员服务 2019年，学会累计注册缴费会员3451人，比2018年的2401人增长43.7%。制定实施会员参与学会学术交流活动收费优惠政策，累计优惠达1000次以上。与东北林业大学、南京林业大学签订协议，建立2个会员联络办公室，进一步密切与会员的联系。组织开展帽儿山实验林场、北京世界园艺博览会、六盘山国家森林公园等2019年度系列会员考察活动6次，增强会员对学会认同感，提升会员凝聚力。根据章程规定，下发申报终身会员的通知，探索建立终身会员机制。

【中国林学会第十二次全国会员代表大会】 2月27—28日，中国林学会第十二次全国会员代表大会在北京召开。国家林业和草原局局长张建龙，中国科协党组成员、书记处书记宋军出席开幕式并讲话。学会第十一届理事会理事长赵树丛主持开幕式并作工作报告，学会第十一届理事会副理事长、国家林业和草原局党组成员、人事司司长谭光明宣读梁希优秀学子奖、先进学会及先进学会工作者评选结果并颁奖。中国工程院院士曹福亮、蒋剑春，学会第十二次全国会员代表大会执行主席团，国家林业和草原局、中国科协有关部门负责人等300人参加会议。

会议选举产生第十二届理事会和第一届监事会。赵树丛当选为学会第十二届理事会理事长，谭光明等12人为副理事长，选举常务理事58人、理事166人，选举北京林业大学原党委书记吴斌为监事会监事长，监事5人。

大会通过第十二届理事会关于聘任秘书长、副秘书长的决定，审议通过关于学会法人的决议，投票通过《中国林学会章程》（修改案）和《中国林学会会费标准及使用方法》。

【第七届中国林业学术大会】 11月8—11日，第七届中国林业学术大会在云南省昆明市召开。大会主题为“创新驱动林业和草原事业高质量发展”，3000余名专家、学者参加会议。学会理事长赵树丛、国家林业和草原局副局长彭有冬、江苏省人大常委会副主任曲福田等出席大会并讲话。中国工程院院士、学会副理事长曹福亮，中国工程院院士蒋剑春等作大会主旨报告。

开幕式期间，颁发第十届梁希林业科学技术奖和第八届梁希科普奖。开幕式当晚，与会专家、学者观看由学会和南京林业大学共同制作完成的叙事体文献纪实剧《林钟声声——献给新中国杰出的林业开拓者梁希》。

大会共设主会场1个，分会场36个（首次设立留学生分会场），收到论文（摘要）2100余篇，交流报告1300余篇。会议研讨内容涉及林木遗传育种、森林培育、木材科学与技术、林产化工、森林经理、森林生态、树木基础生物学、植物生理、森林土壤、水土保持、野生动植物保护、园林、森林公园与森林旅游、湿地、草原、自然保护地、国家公园、农林文明研究等学科领域。

【2019第三届国际银杏峰会】 11月5日，2019第三届国际银杏峰会在江苏省徐州市邳州市召开，主题是“科技引领，产业突破”。全国政协原常务委员兼副秘书长何丕洁，原林业部副部长刘于鹤，学会副理事长、原国家森林防火指挥部专职副总指挥马广仁等出席会议，来自银杏科研、生产、管理等部门的海内外专家、学者及留学生共计180余人参加会议。

开幕式上，为学会银杏科技服务站揭牌，学会银杏分会常务副会长汪贵斌发布第八届银杏叶提取物360°产业峰会成果，决定在邳州市建立银杏叶研究中心。

中国林业科学研究院原副院长蔡登谷、武汉轻工大学党委副书记程水源、捷克马萨里克大学教授Petr Smarda、中南林业科技大学教授王义强等在开幕式上作特邀报告。

（撰稿人：林昆仑）

中国土壤学会

服务创新型国家和社会建设 2019年，学会对“江苏沿海地区中粮规模化生猪养殖场沼液综合施用技术”“青花椒良种创新及产业化开发应用”“典型铬污染场地风险管控与原位修复技术集成示范”和“铁改性木本泥炭钝化稻田镉砷的机制与应用研究”4项科技成果进行评价。

学会土壤质量标准化工作委员会共开展38项国家标准制定工作，其中20项已发布实施、4项处在报批阶段、7项处在审查阶段，另外6项在编制中。2019年新提出国家标准项目建议10项，秘书处组织起草人员参加两次推荐性国家标准立项评估会，分别有2个、5个项目参加答辩。共有5项通过评估，获得正式立项资格。

11月8—11日，学会修复专业委员会举办的第八届污染场地土壤与地下水风险评估技术HERA++讲座在安徽省合肥市召开。讲座内容为使用HERA++软件评估污染场地土壤与地下水风险，并特设国家与地方土壤风险管控专题，邀请国内外专家围绕典型污染场地污染风险管控、修复策略、效果评估、高背景风险评估及精细化土壤环境管理技术等进行分享与交流。

11月29日—12月1日，学会科普工作委员会和土壤健康工作组在四川省绵竹市联合开展猕猴桃种植区调研和培训活动。专家们通过调研为猕猴桃园区土壤开出“健康药方”，同时对近100名当地各园区业主以及猕猴桃种植户进行培训。

学会建设 学会召开理事会议1次、常务理事会议2次。秘书长更换为中国科学院南京土壤研究所研究员颜晓元，学会理事减少1人。新成立学会分析技术工作委员会。发展团体会员4个。

学会办公室新招聘1名工作人员，主要负责学会会员管理与服务、网络管理与维护、科普活动策划、国际交流等事宜。

学会完成官网手机端网页的建设，并对英文网页进行重新改版，补充更新相关内容。

青年人才托举工程 经申请，学会有2人获得第五届（2019—2021年度）中国科协“青年人才托举工程”项目资助名额。

修订完善《中国土壤学会青年人才托举工程项目实施与管理办法》，完成学会“青托”人才遴选工作。同时，完成2018—2020年度中国科协“青年人才托举工程”项目第二年工作，托举2人已达到预期目标。

主办期刊 学会主办或合办《土壤通报》、《土壤学报》、*PEDOSPHERE*（《土壤圈》）、《水土保持学报》和《干旱区研究》5种期刊。

《土壤学报》入选“中国科技期刊卓越行动计划”项目，获得为期五年（2019—2023年）资助，以及“2019中国最具国际影响力优秀学术期刊”称号。

《土壤圈》最新SCI影响因子达3.188，在全球最具影响力土壤学期刊中排名前十（10/35），得到中国科学院科学出版基金科技期刊择优支持，并获“2019中国最具国际影响力学术期刊”称号。

《干旱区研究》入选《世界学术期刊学术影响力指数（WAJCI）年报》Q1区，WAJCI为1.875。在全球入选的107种农业科学综合类期刊中排名第19，在入选的中国农业科学综合类期刊中排名第5。

决策咨询 学会围绕前沿交叉、食品领域的科技前沿趋势和制约发展的关键技术问题，协助组织专家开展第六次国家技术预测相关工作，形成2个典型问题和2个关键技术需求，为中国科协完成技术预测及材料起草提供支撑。

组织专家对全国人民代表大会常务委员会法制工作委员会《中华人民共和国固体废物环境污染防治法（修订草案）》提出部分修改意见，修改内容特别突出保护耕地质量和生态环境。

国际学术会议 9月20—23日，由学会与国际生物过程学会、中国地理学会联合主办的第二届国际面源污染控制与水环境保护研讨会在湖北省武汉市召开。来自中国、英国、美国、日本、澳大利亚、荷兰、瑞典、印度、泰国、越南等17个国家和地区的近600名专家、学者参加研讨会。会议以“防控新兴面源污染，构建绿色发展之路”为主题，设置面源污染防控与水环境保护的基本问题、流域面源污染控制技术、农田面源污染的减排与阻断、面源污水及径流的处理与回用、面源污染中新兴污染物的风险及控制、农业废弃物处理、环境生物技术及其在土水修复中的应用、受污染地表水体修复、生态修复与服务9个会议主题，安排7个大会主旨报告、30个邀请报告、55个口头报告，编印论文摘要集（收录296篇论文摘要），展示193份墙报。与会专家、学者就面源污染技术、理论基础、实际应用及其推广进行讨论，为面源污染防控和水环境保护献计献策。会议邀请联合国科教文卫组织水利与环境工程学院教授Piet Lens与副教授Raj Eldon Rene、*Chemical Engineering Journal*主编Dionysios D. Dionysiou以及澳大利亚查尔斯特大学博士Philip Kerr为参加会议的青年学者进行免费英语写作培训。

国内主要学术会议 学会及其专业（工作）委员会共举办22场学术会议，参会人数6000余人次，交流报告近1200个，交流论文（摘要）近1200篇。

5月24—26日，由学会青年工作委员会、中国植物营养与肥料学会青年工作委员会主办的第十八届中国青年土壤科学工作者暨第十三届中国青年植物营养与肥料科学工作者学术研讨会在安徽省蚌埠市召开。250余名专家、学者参加会议。会议围绕“健康土壤与乡村振兴”主题，邀请7名专家作报告，并设置肥料开发与科学施用、土壤生态与环境、土壤资源与永续利用、植物营养与健康土壤4个专题分会场，安排70余个学术报告，展示41份墙报。

7月31日—8月2日，由学会土壤物理专业委员会主办，中国农业大学和内蒙古农业大学共同承办的全球变化下土壤物理学的机遇与挑战学术研讨会在内蒙古自治区呼和浩特市召开。450余名专家、学者参加研讨会。会议特邀6名专家作大会特邀报告，并设置10个研讨专题，共安排专家、学者和研究生162人作口头报告，展示墙报19个。

国际交往 3月27—31日，应日本冈山大学邀请，学会理事长沈仁芳前往日本冈山参加“作物营养与可持续生产”中日合作项目交流会议。会议由日本冈山大学教授马建锋发起。会议聚焦植物研究领域的国际研究前沿，旨在加强中日科学家在该研究领域的交流，寻找更多的合作研究机会。沈仁芳介绍土壤酸化以及植物耐铝毒机制方面的工作。

6月16—20日，应韩国土壤学会邀请，学会秘书长张甘霖前往韩国首尔参加第十届城市、工业、矿山、交替和军事区土壤国际会议。

8月20—25日，应韩国庆尚大学邀请，学会秘书长颜晓元前往韩国晋州参加第三届东亚地区氮循环与环境影响国际研讨会。会议除分享全球和东亚地区氮循环及其对环境的影响信息外，还开展“Towards INMS”项目的年度总结和讨论。颜晓元作为“Towards INMS”项目东亚地区负责人，在会议期间作主题报告。会议进一步推动该项目的研究，深化已有的国际合作关系，拓展新的国际合作。

10月31日，英国土壤学会主席Sacha Mooney一行访问学会。双方介绍各自学会的发展概况，Sacha Mooney重点介绍2022年7月将在英国格拉斯哥召开的第22届世界土壤学大会的筹备情况。双方就学会建设、会员管理、期刊发展、会议筹备等方面进行交流，为进一步沟通与合作奠定基础。

科普活动 12月5日，世界土壤日期间，学会在江苏省南京市中国科学院南京土壤研究所张贴2019年世界土壤日主题“防止土壤侵蚀，拯救人类未来”的宣传画，对外开放学会科普场馆并提供义务讲解，向公众免费发放《健康土壤带来健康生活》科普宣传册，同时在学会官网链接“2019年世界土壤日”科普宣传知识。

表彰举荐优秀科技工作者 学会向中国科协推荐“最美科技工作者”候选人2名、第十六届中国青年科技奖候选人2名、第十六届中国青年女科学家奖候选人1名、中国科学院院士候选人1名和中国工程院院士候选人1名。

学会开展第十四届中国土壤学会科技奖评选工作，评选出一等奖2项、二等奖2项，共表彰奖励40人次、16家单位。

学会创新发展 学会针对土壤修复产业中的不同环节在山东省烟台市、上海市、湖北省武汉市分别召开土壤修复装备开发与应用：现在·未来——第一届全国土壤修复大会第一次分会、第二届矿区及周边土壤修复技术及应用研讨会、第一届全国土壤修复功能材料研发及应用研讨会。这些专题研讨和产品展示会瞄准土壤修复产业，聚焦土壤修复技术装备的研究与工程化应用，共商修复装备的现在与未来，推动中国土壤修复技术成果转化与修复装备的产业化发展，为国家土壤生态安全、农产品安全、人居环境安全和公众健康提供技术与装备支撑。

会员服务 学会每年编纂2期会讯，反映学会工作的综合信息，包括会议预告、学会动态、通知公告等，定期发送给会员。

【“倡导土壤健康，坚持绿色发展”学术研讨会】 10月11—13日，学会主办的“倡导土壤健康，坚持绿色发展”学术研讨会在江西省南昌市召开。来自全国各地科研、教学、管理或生产单位的专家、学者共360余人参加会议。会议邀请中国工程院院士、中国农业大学教授张福锁，南京农业大学教授、“千人计划”获得者赵方杰，广东省生态环境技术研究所研究员、“杰出青年基金”获得者李芳柏，江西农业大学教授赵小敏，中国科学院南京土壤研究所研究员、“百人计划”获得者宋昕，国家自然科学基金委员会地球科学部刘羽分别作题为《土壤健康，绿色发展》《土壤与人体健康》《多界面多元素多过程耦合机制：稻田镉砷污染阻控》《江西省土壤遥感技术应用研究》《PFOS及其替代物F-53B在地下环境中的吸附行为及其吸附去除研究》和《新时代国家自然科学基金的改革和土壤学研究》的大会报告。会议还安排22个分组报告，从土壤生物、化学、物理和生态等方面阐述土壤健康的概念和土壤治理的机理与案例。此外，会议还安排25个研究生报告，征集会议论文（摘要）80余篇。

【2019生态文明与土壤科学学术研讨会暨《土壤污染防治法》实施背景下的新时期土壤科学高峰论坛】 12月10—12日，由广东省土壤学会、学会土壤环境专业委员会、学会土壤化学专业委员会等单位联合主办的2019生态文明与土壤科学学术研讨会暨《土壤污染防治法》实施背景下的新时期土壤科学高峰论坛在广东省广州市召开。来自科研院所、大专院校、政府管理部门、相关企业的近500名专家、学者、企业管理者围绕加快提升国家土壤修复科技创新能力、促进土壤修复产业发展、服务生态文明和美丽中国建设等相关问题展开学术交流与研讨。大会安排报告72个，特邀中国科学院院士刘丛强、中国工程院院士张佳宝、中国科学院院士朱永官分别作题为《地球表层系统科学》《优质耕作层工程化快速构建理论与技术》《土壤微生物学研究的一些思考》的报告。10余名行业专家围绕土壤科学的学科定位、土壤污染风险管控与修复、农田土壤污染修复、酸性土壤可持续利用、土壤微生物等议题作报告。会上，国内土壤学科及相关学科领域的专家、学者，分享最新的研究成果，推广相关新技术和新方法，推动中国土壤污染防治工作的规范化发展。

（撰稿人：蒋宇霞）

中国水产学会

服务创新型国家和社会建设 2019年4月，学会秘书长崔利锋应邀接受《人民画报》专访，做“授人以渔——学会扶贫进行时”专题宣传，强调学会作为脱贫攻坚战中一分子，要发挥科学技术在扶贫工作中的支撑作用。

学会起草《中国水产学会科技服务工作站建设与管理办法》。配合中国科协“礼赞共和国、追梦新时代”科技志愿服务行动，搭建基层科技志愿服务平台，被中国科协授予首批“中国科技志愿服务百家学会”“百支科技志愿者队伍”称号。

学会持续助推云南省红河哈尼族彝族自治州哈尼梯田稻渔综合种养产业扶贫，着力解决产业发展过程中的最关键和最迫切的技术问题。3月，学会与中国水产科学研究院淡水渔业研究中心联合邀请中国工程院院士刘旭、陈温福、唐启升等13名专家，组成科技服务团，赴云南省红河哈尼族彝族自治州进行稻渔综合种养产业扶贫实地调研及现场指导。

4月，学会在江西省九江市都昌县与江西省水产学会、都昌县人民政府签约，共建学会科技服务站；组织专家深入生产基地，现场为小龙虾产业献计献策；举办养殖技术培训班，指导小龙虾育种、养殖及加工全产业链发展。

学会配合农业农村部渔业渔政管理局做好《2019年中国渔业统计年鉴》《2018年各省、自治区、直辖市主要渔业统计指标情况》等统计刊物和资料的出版发行和信息发布工作。组织渔业统计领域有关专家研讨并制定渔业统计监测工作方案，成立渔业统计监测专家群，初步组建渔业统计工作专家支撑团队。

学会组织编制乌龟、贝等水产品养殖技术、稻渔综合种养技术、渔船渔港工程类技术等9个渔业领域的行业规范、标准。同时，按照《中国水产学会团体标准管理办法（试行）》，制定《2019年第一批中国水产学会团体标准项目计划》，初步建立团体标准管理信息平台，发布立项团体标准共18项。有7个标准完成征求意见的汇总、梳理、处理工作，进入评审阶段。

学会根据《中国水产学会渔业科技成果评价管理办法（试行）》，制定《渔业科技成果评价工作手册》，明确评价流程，并与中国水产科学研究院黄海水产研究所联合组建评价专家队伍。学会完成《国家渔情信息动态监测关键技术与应用》和《雅鲁藏布江主要裂腹鱼类养护技术体系》等成果评价。

学会开展“百万养殖户”市场信息服务行动，为106万名养殖户提供供需对接和及时的市场动态价格行情，推进市场信息服务进村入户。

学会组建专家队伍，开展中美经贸研究，先后完成《我国水产品进出口贸易现状及应对中美贸易摩擦对策》《2019年一季度全国水产品进出口贸易分析》等报告。

学会组织开展对鲤春病毒血症等12种重要水生动物疫病的专项监测，起草鲤春病毒血症、病毒性神经坏死病、传染性造血器官坏死病、锦鲤疱疹病毒病、鲤浮肿病和罗非鱼湖病毒病6种水生动物疫病的评估报告。

学会建设 3月，学会以通讯形式召开十届四次常务理事会议，审议2018年学会工作报告，收集并采纳理事意见，并对2019年学会重点工作内容进行完善。

7月，学会在吉林省长春市举办十届五次常务理事会议，审议通过《2019年中国水产学会范蠡学术大会方案》等10项议题，调整部分常务理事会成员。会议批准成立科学道德与学术诚信工作委员会、青年工作委员会、动物行为学专业委员会。按照组织程序，上述2个工作委员会和1个专业委员会完成成立备案并颁发聘书。截至2019年年底，学会共有24个分支机构。

12月，学会以通讯形式召开十届三次理事会议，审议通过修订《中国水产学会章程》，调整部分副理事长、常务理事的议案，并对《中国水产学会2020年工作思路》进行研究。

学会组织对《中国水产学会范蠡科学技术奖奖励办法》的奖励范围、奖项设置、评审标准、评审程序等进行研究，提出修订方案，并经十届五次常务理事会议审议通过。

青年人才托举工程 学会组织实施第四届中国科协“青年人才托举工程”项目，使2名被托举人达到申报国家级人才计划的要求，为现代渔业建设提供人才储备。

主办期刊 《水产学报》获得中国科协“精品科技期刊示范项目”资助。

与中国农学会等10余家单位联合申请中国科协“农林领域高质量科技期刊分级目录发布”试点项目，学会承担渔业类期刊的推荐、发布工作。

学会按照各地新闻出版局要求，组织完成4本主办期刊年审工作。组织学会期刊分会开展评选第二届优秀期刊、优秀编辑，颁发2019年“金梭”“银梭”优秀编辑奖和“精品”“优秀”水产科技期刊奖。

中国水产期刊网入网期刊达34种，约占国内水产相关期刊（40多种）的85%，包括水产领域的全部12种中国科技核心期刊，12种CSCD来源期刊，以及由水产科研院所、高校主办的部分重要水产类期刊。2019年收录的文献比2018年增加4000余篇，达30000篇。

学科发展工程 7月，学会申报并获批中国科协2018—2019年水产学学科发展研究项目。该项目由学会理事长王清印牵头，共起草完成1篇主报告、13篇专题报告。

学会获批科技前沿热点综述项目，联合大连海洋大学完成现代化海洋牧场的系统、科学与规范建设相关的文献分析报告、前沿热点问题综述报告各1份。

决策咨询 5月，学会为推动《关于加快推进水产养殖业绿色发展的若干意见》的贯彻落实，联合上海海洋大学、中国水产科学研究院淡水渔业研究中心，申请并获批“长江经济带水产养殖业发展模式转型升级示范”项目。组织编写15份长江经济带省份绿色水产养殖业典型案例，形成《长江经济带水产养殖业转型升级绿色发展研究报告》《池塘绿色养殖发展研究报告》《稻田综合种养发展研究报告》《大水面生态养殖发展研究报告》《大水面生态渔业调研报告》《环保政策对大水面渔业发展的影响报告》《渔业一二三产业融合发展情况研究报告》。

国际学术会议 5月17日，学会与中国水产流通与加工协会、国家虾蟹产业技术体系在广东省珠海市联合举办2019全球水产养殖大会。会议以“绿色发展”为主题，邀请来自中国政府主管部门、科研机构、相关协会、相关企业，以及美国、挪威、意大利、荷兰、丹麦、厄瓜多尔、泰国、越南、马来西亚、印度尼西亚、柬埔寨、菲律宾、新加坡、印度等国的专家、学者、企业管理者600余人参加会议。

国内主要学术会议 2019年，学会举办中国水产学会范蠡学术大会，学会海水养殖分会、淡水养殖分会、鱼病专业委员会、渔业资源与环境分会、海洋牧场专业委员会等分支机构共组织召开年度专题学术会议14次，参会人数近5000人次。

10月25—26日，学会与美国大自然保护协会、浙江水产学会主办，浙江省水产技术推广总站、宁波市渔业技术推广站及三门县水产技术推广站协办，在浙江省宁波市召开修复性水产养殖技术研讨会，主题为“修复性水产养殖”，70余名中外专家及技术人员参加会议并进行研讨。

国际交往 8月20—22日，学会派员赴美国参加中美渔业双边对话第四次会议，就双方履行美国海洋动物保护法实施情况、中美水产品贸易情况等与美方进行商讨。

9月7—11日，学会副秘书长胡红浪率团出席日本水产学会秋季学术大会，介绍学会各领域的学术进展，与大会主办方、承办方就如何组织好学会学术大会进行交流，了解论文奖、墙报奖设立等大会相关学术激励机制。

11月18—21日，学会副理事长兼秘书长崔利锋应邀出席联合国粮农组织（FAO）渔业可持续发展国际研讨会，主持相关专题研讨会，并与参会专家、学者就世界渔业发展相关内容进行交流。

科普活动 5月20日，学会在广东省深圳市举办2019年全国水产科技活动周和科技工作者日活动。来自学会分支机构、会员单位、学生会员工作站、科普教育基地、水产科学传播专家团队、省级水产学会、水产技术推广机构的170余人参加活动，100余名水产专家就当前渔业发展新理念、新进展、新成果进行交流。同期举办改革开放40周年渔业科技标志性成果展。央广新闻、《农民日报》《中国渔业报》《南方日报》《深圳商报》等20余家新闻媒体全程跟踪报道。

9月15日，学会在山西省大同市举办2019年全国科普日中国水产学会主会场活动，向公众科普新中国渔业发展成就、绿色先进的节水养殖技术及水产品营养健康知识，以金鱼展为契机传播中国传统渔文化，发布中国水产学会与全国水产科普基地联盟联合制作的中英文科普动画视频《保护中华鲟，刻不容缓》。参观人数超过1.2万人次，累计发放各种科普宣传资料3200余份，接待科普咨询答疑超过2200人次，线上传播人次过万。

学会完成《中国水产学会科普教育基地认定与管理办法》的修订，经学会常务理事会审议通过并向社会公布，启动新一轮中国水产学会科普教育基地申报工作。

2019年，学会组织专家编制《水产养殖病原菌耐药性状况与防控》《水产养殖用药明白纸2019年1、2号》，并于4月、11月分别会同湖南省畜牧水产技术推广站、湖北省水产技术推广总站在湖南省湘西土家族苗族自治州永顺县、湖北省潜江市开展水产养殖规范用药科普下乡活动启动仪式。据不完全统计，全年共举办各类技术培训班1981次，培训人员达109966人次。

表彰举荐优秀科技工作者 学会按照《中国科协办公厅关于组织推选2019年中国科学院和中国工程院

院士候选人的通知》，制定《中国水产学会推选院士候选人工作实施细则》，按程序和要求向中国科协推选中国工程院院士候选人4名；推选第十六届中国青年科技奖候选人2名、第十六届中国青年女科学家奖候选人1名。

经专家评审、网上公示和奖励委员会审定，共评选出第四届中国水产学会范蠡科学技术奖47个奖项，其中科技进步类25项（一等奖6项、二等奖16项、优秀成果奖3项）；技术推广类20项（一等奖4项、二等奖10项、优秀成果奖6项）；科学普及类2项。

学会组织申报全国农牧渔业丰收奖和神农中华农业科技奖5项，获得丰收奖一等奖2项、神农奖三等奖1项、科普奖1项。组织16个省（自治区、直辖市）申报2019年度神内基金农技推广奖，共有16人获优秀推广人员奖、18户获优秀农户奖。

党建强会 8月1—2日，学会党委组织党员干部和党员专家队伍在重庆市万州区，面向西南贫困地区水产科技工作者和渔民群众开展典型经验交流及技术培训，180余名渔民参加，现场展示50块水产科普展板，发放科普资料5000余份。

学会党委在内蒙古自治区兴安盟举办北方地区稻渔综合种养模式观摩培训活动；在浙江省举办大水面生态发展论坛，对典型技术、经营模式和优秀品牌进行宣传推介。

学会党委申请中国科协科技社团党委项目，在钟麟纪念馆设立“党建宣传教育阵地”。

学会党委继续向中国科协学会党建研究会申报党建调研课题，以“在扶贫攻坚中发挥学会党组织作用研究”为课题开展调研。

学会党委作为中国科协学会党建示范工作联合体、创建星级学会党组织评价小组、学会党委职责清单试点单位成员，配合中国科协科技社团党委完成相关工作。

【中国水产学会范蠡学术大会】 2019年，学会将中国水产学会学术年会命名为中国水产学会范蠡学术大会。11月13—14日，大会在广西壮族自治区南宁市举办。农业农村部副部长于康震出席并讲话，广西壮族自治区人民政府副主席方春明在开幕式上致辞。农业农村部渔业渔政管理局局长张显良、学会理事长王清印、中国工程院院士麦康森、中国科学院院士桂建芳作大会主旨报告。50余名专家、学者受邀作专题报告，从国家战略、产业政策、学科发展、专业技术等方面介绍相关情况，分享思想和观点，提出意见和建议。大会分别就绿色水产养殖新技术、水产生物技术与育种、渔业资源与生态养护等8个专题进行学术交流。共有850余名专家、学者参加会议，口头交流报告270余篇，墙报交流50余篇。

（撰稿人：李利冬　郁　娇）

中国园艺学会

服务创新型国家和社会建设 学会在中国科协“前沿领域科技成果征集”活动中，共征集前沿领域科技成果24项，被中国科协授予“中国科技志愿服务百家学会”称号。

6月6日，学会与江西省宜春市科协共建学会服务站签约仪式在北京举办，双方在业务咨询、学术交流、技术指导等方面深入合作并达成共识。学会组织专家与山东省德州市科协就番茄种植技术对接会签署合作协议，与河南省周口市科协就蔬菜产业发展大会签署合作协议。

学会辣椒分会在中国工程院院士邹学校团队的带领下，为湖南省湘西土家族苗族自治州泸溪县及周边县市提供高质量商品苗，有效避免恶劣天气的影响。建立高标准育苗基地1个，推广二次假植育苗技术和漂浮育苗技术。2019年提供辣椒幼苗1000万株，保障泸溪县浦市镇和武溪镇等乡镇辣椒产业的幼苗供应。

学会西甜瓜专业委员会推广设施栽培自根种植的优质西瓜品种“早佳”（8424），2019年河南省商丘市夏邑县设施西瓜生产规模达80平方千米以上，带动当地数万农民靠发展设施优质西瓜生产与相关产业链就业。

学会建设 学会第十三届理事会有150名理事、50名常务理事。截至2019年年底，学会个人会员9710名，与2018年相比增长11%。新设中国园艺学会青年科学家奖，起草《中国园艺学会青年科学家奖章程》《中国园艺学会青年科学家奖实施细则》，相关材料已提交至国家科学技术奖励工作办公室。

主办期刊 2019年,《园艺学报》在全国2029种核心期刊中排名第24，在园艺类期刊中排名第1。中国学术期刊影响年报数据显示,《园艺学报》最新复合总被引频次194988，复合影响因子1.789，综合影响因子1.309。蝉联“百种中国杰出学术期刊”“第四届中国精品科技期刊”。2019年获得中国科协中国科技期刊卓越行动计划项目资助，并被多个国际重要检索机构收录。2019年全年全文下载量达54.5万次，中国占54.98%，美国占35.31%，其他国家和地区占9.71%。*Horticultural Plant Journal*（《园艺学报》，HPJ）目前被SCIE、Scopus、BIOSIS Previews（BP）& Biological Abstracts（BA）、DOAJ、CAB Abstract、Food Science and Technology Abstract、中国科技论文与引文数据库（CSTPCD）等多个国内外权威数据库收录。据最新Web of Science数据统计，HPJ的影响因子达到1.4，位居SCIE园艺学科（36种）的前45%。

学科发展工程 2019年，学会完成猕猴桃、番石榴、冬瓜、芫荽、丝瓜、睡莲、杜鹃等果树、蔬菜和花卉的基因组测序，获得大量与进化、驯化、遗传改良相关的重要发现。利用多组学技术，在园艺作物产品器官形成与发育、果实品质相关的物质代谢与调控、果实成熟与衰老、营养吸收与高效利用、逆境应答与抗逆性调控等研究方面取得重要成果。园艺种质资源不断丰富，在种质资源收集与创制、抗病育种、基因组学研究、功能基因分析、分子标记辅助选育技术、新品种选育等方面取得进展。雄性不育利用技术进一步发展，世界首例甘蓝显性雄性不育应用于大规模制种获得成功。育成一批在品质、多抗性和产量方面具有突破性的新品种。国内自主育成的蔬菜品种生产覆盖率提高到87%，果树、花卉新品种推广面积不断扩大。果树高光效整形修剪技术、“微垄覆膜”和“起垄覆膜、行间生草”等果园管理技术更加成熟。蔬菜连作障碍克服技术，化肥、农药“双减”技术，病虫害绿色防控技术不断进步。在日光温室结构设计、新型建材研发、环境调控技术等方面获得新的突破，日光温室冬季不加温生产果菜类蔬菜从最低气温-23℃地区成功推移到-28℃地区。

决策咨询 学会干果分会专家组通过考察、咨询、座谈等方式，调研山西省吕梁市红枣产业历史、现状、优势特色和存在问题，结合国内外枣产业发展趋势，桥接红枣发展政、产、学、研、金、需等要素，形成《吕梁红枣产业发展咨询报告》，为当地政府提供品种布局、栽培技术、发展模式等决策建议。

国际学术会议 11月1—2日，学会联合山东农业大学、亚洲温室园艺与植物工厂学会在山东省泰安市共同主办第八届中日韩温室园艺与植物工厂学术研讨会。来自中国、日本、韩国的科研教学单位的专家、学者和部分企业管理者200余人参加会议。

10月9日，学会设施园艺分会主办中国-欧盟城市农业2019年会议，邀请21名国际专家来中国交流。

8月12—17日，第四届国际鲜切大会在山东省泰安市召开。大会由学会采后科学技术分会与山东农业大学、国家苹果工程技术研究中心联合主办。来自17个国家和地区的300余名从事鲜切研究的专家、学者及相关企业人员参加会议。大会促进国内外鲜切果蔬研究教学的合作交流，推动全球园艺产业鲜切领域产学研合作。

国内主要学术会议 2019年，学会及其分支机构共举办国内学术会议37次，共有12062人次参加会议。学会着力打造中国园艺学会、园艺作物分子育种分会、观赏园艺专业委员会、青年学者联合会学术年会4个会议品牌，4场学术年会参加人数均超过800人次。

国际组织任职 学会黄瓜分会副理事长顾兴芳在比利时根特大学举办的2019年国际园艺学会第六届葫芦科蔬菜国际会议上，当选为国际园艺学会葫芦科蔬菜工作组主席。

国际交往 学会副理事长张启翔应邀出席国际园艺生产者协会2019年春季会议。

学会设施园艺分会依托中国农业科学院蔬菜花卉研究所同捷克科学院植物研究所共建中捷丛枝菌根真菌功能与可持续利用联合实验室，双方建立稳定的科研联系，每年定期进行人员互访或信息交流。

学会苹果分会理事长韩振海应邀出席在巴基斯坦木尔坦举办的国际园艺大会，并作《苹果砧木育种进展及砧木应用》报告，参观考察巴基斯坦巴哈丁·扎卡里亚大学及费萨尔巴德农业大学，促进双方在科研和人才培养方面的合作。

学会干果分会理事长、河北农业大学教授刘孟军牵头在河北农业大学成立外国院士工作站。5月，刘孟军和河北农业大学副研究员刘志国应邀赴罗马尼亚布加勒斯特农业与兽医药大学开展合作研究，双方在中罗枣联合重点实验室的建设发展、研究方向、人才培养等方面达成共识。

6月17—26日，学会樱桃分会理事长张开春等赴法国、荷兰、德国开展樱桃学术交流活动，并向国际园艺科学学会汇报2021年国际樱桃大会的筹办情况。

8月7日，学会李杏分会副理事长刘威生邀请意大利米兰大学教授Daniele Bassi和Marco Cirilli博士到辽宁省果树研究所进行学术交流，两位专家介绍米兰大学桃杏育种的现状、目标和重要研究成果。

科普活动 学会通过中央电视台、山东广播电视台、辽宁广播电视台等媒体制作电视专题片普及技术和知识；通过江西广播电台、北京12316三农服务热线等进行远程教育和电话咨询；通过学会官网科普栏目，编译科普图书，发放光盘和技术书籍、“明白纸”等进行园艺科学技术传播；通过与地方政府、企业、学校等合作建立技术示范点和科普教育基地，积极参与中国科协组织的全国科技活动周和全国科普日活动，以“科学流言征集”活动等方式向公众传播园艺科学知识。2019年累计惠及基层农技人员、种植合作社和农民超过10万人次。

以全国科技活动周为契机，学会在官方网站开辟“科学普及”专栏，向公众传播园艺科学知识，活动期间推送《最是一年樱桃红》《蔬菜皇后——洋葱》等科普文章14篇。

表彰举荐优秀科技工作者 学会举荐会员参与评奖、评优，向省部级（含）以上科技奖项、人才计划（工程）举荐27人次。组织推选中国科学院院士、中国工程院院士候选人6名，第十三届光华工程科技奖、第十六届中国青年科技奖候选人各1名，神农中华农业科技奖1项。

学会创新发展 在学会理事会议、常务理事会议上讨论通过《中国园艺学会科技成果评价管理办法（试行）》《中国园艺学会科技成果评价实施细则》《中国园艺学会理事会、常务理事会议事规则》《中国园艺学会名称、会徽、印章使用规范》《中国园艺学会推选院士候选人工作实施细则》《中国园艺青年科学家奖章程》《中国园艺青年科学家奖评选实施细则》《中国园艺学会分支机构管理办法（修订）》《中国园艺学会财务管理办法（修订）》《POS机使用管理规定》10个管理文件。为加强分支机构管理，出台《中国园艺学会关于规范会议、培训的通知》，并编制《中国园艺学会分支机构换届指南》《中国园艺学会分支机构换届方案》等7个系列文件，使分支机构换届有规可循，确保其规范健康发展。

党建强会 在中国科协科技社团党委开展的“不忘初心、牢记使命、建功新时代”全国学会征文展演活动中，学会征集到《临江仙·喜庆之夜》等3篇诗词。在“祖国万岁——科技工作者诵读爱国诗篇活动”中，提交诵读作品2篇。在“展风采，树楷模”全国学会优秀党员科技工作者先进事迹宣传活动中，推荐刘玉梅为全国学会优秀党员候选人。

会员服务 学会探索“互联网+”会员工作新模式，建成集会员、会议系统统一管理为一体的全新网站，介绍学会工作动态，向会员及时发布会议通知和学会工作信息等。学会首次推出线上报名参会、线上缴费、会员会议费优惠等服务，在提升参会者体验的同时提高会员参加学术交流的积极性。

【中国园艺学会2019年学术年会暨成立九十周年纪念大会】 10月21—23日，中国园艺学会2019年学术年会暨成立九十周年纪念大会在河南省郑州市召开。大会主题为“牢记使命勇于登攀　继承传统开创未来”。农业农村部党组成员、中国农业科学院院长唐华俊和中国工程院原副院长刘旭出席会议并讲话。中国工程院院士方智远、吴明珠、束怀瑞、邓秀新、李天来、邹学校分别为学会成立九十周年题词祝贺。学会理事长杜永臣，河南省农业农村厅党组成员王俊忠，中国工程院院士、河南农业大学校长张改平，中国农业科学院蔬菜花卉研究所所长张友军分别致辞。学会副理事长兼秘书长孙日飞主持开幕式。来自全国200多家科研院所、高等院校及企业的1000余名专家、学者参加会议。方智远等5名院士、专家分别从蔬菜遗传育种、果树资源70年、果实采后贮藏、农业机械化等方面作主题报告。43名与会专家、学者在果树、蔬菜、观赏园艺和西甜瓜4个分会场作学术交流报告，分享各个学科领域的最新研究成果。

【中国（周口）蔬菜产业创新发展大会】 11月24—25日，中国（周口）蔬菜产业创新发展大会在河南省周口市召开。河南省科协，周口市委、市政府相关负责人出席大会并讲话。共380余人参加会议。

中国工程院院士方智远，国家大宗蔬菜产业技术体系岗位科学家张宝玺、顾兴芳出席大会，并分别作题为《中国甘蓝生产和育种研究简况》《辣椒产业及技术需求》和《黄瓜产业概况》专题报告。

周口市副市长秦胜军代表周口市人民政府向方智远颁发周口市人民政府科技顾问聘书。学会与周口市科协共同为创新驱动助力工程第二阶段合作揭牌，并与周口市辣椒协会和8家蔬菜企业签订合作协议。周口市蔬菜企业、协会、合作社、种植户代表与院士、专家交流、请教，并达成多项初步合作意向。

（撰稿人：杜永臣　朱路芳　卢　策）

中国畜牧兽医学会

服务创新型国家和社会建设 2019年4月，应湖南省畜牧兽医学会、湘潭市畜牧水产学会邀请，在学会养猪学分会参与下，学会在湖南省湘潭市成立湘潭特色生猪产业国家级学会服务站，多次组织相关专家深入当地养猪企业调研。

3—11月，在学会马学分会的参与下，学会承担并完成中国科协科技扶贫、创新驱动助力工程——“畜牧业协同创新共同体建设”项目，组织专家团队深入山西省吕梁市临县、辽宁省朝阳市建平县、河北省张家口市阳原县等地开展驴产业调研，建立驴产业专家服务站，落实产业技术咨询和服务工作，促进当地驴产业扶贫工作开展。

在学会副理事长乔玉锋带领下，学会宁波（象山）服务站根据当地白鹅产业发展需求，组织专家开展科技咨询、技术帮扶等活动，6月5日在浙江省宁波市象山县召开首届中国白鹅产业技术高峰论坛，助力基层畜牧业创新发展。

9月，学会与家禽学分会、禽病学分会共同配合中国科协科学技术普及部、中国科协农村专业技术服务中心等单位，在江西省赣州市兴国县、宁都县开展全国学会与贫困县对接帮扶活动，并与两县签订对接帮扶战略合作协议。

学会组织专家赴山东省、黑龙江省、四川省、河南省、陕西省、广东省等地与会员企业进行调研交流，了解企业需求，从企业的研发、生产工艺、产品配方和管理等方面给予建议。

学会建设 3月23日，学会在海南省海口市召开十四届四次理事会议暨2019年全国秘书长会议。12月，在北京召开十四届七次常务理事（扩大）会议，学习贯彻党的十九大和十九届二中、三中、四中全会精神，贯彻落实国家科技“三会”和中央群团工作会议精神，总结学会各项工作，审批年度活动计划和分会换届申请，增补理事5人，并进行分会、省学会改革与创新发展经验交流。调整学科分会的组织机构，兽医外科学分会、马学分会、兽医内科与临床诊疗学分会、兽医药理毒理学分会4个学科分会完成理事会换届改选工作。

根据《中国畜牧兽医学会所属学科分会管理办法》，学会加强高级会员的发展工作，召开3次高级会员评审会，共评审通过390名新的高级会员，比2018年增加110名。

主办期刊 学会共主办期刊6种，合作主办期刊2种。7月，*Animal Nutrition*（《动物营养》）被SCI（科学引文索引）收录，这是国内畜牧兽医领域第二本SCI期刊。《动物营养学报》再次获得“百种中国杰出学术期刊”称号，与*Animal Nutrition*双双入选中国科技期刊卓越行动计划梯队期刊项目。11月，《动物营养学报》召开编委会会议，组织新老编委、专家研究办刊工作，谋划刊物发展。*Journal of Animal Science and Biotechnology*（《畜牧与生物技术杂志》）入选中国科技期刊卓越行动计划领军期刊项目。《畜牧兽医学报》刊登的1篇论文获得2018年度“中国百篇最具影响国内学术论文”称号。

学科发展工程 学会历经两年完成中国科协“2018—2019兽医学学科发展研究”项目。3月23日，在中国畜牧兽医学会十四届四次理事会暨2019年全国秘书长会议期间，学会召开兽医学学科发展讨论会，听取理事会和专家就学科发展的意见和建议。会后，110多名撰稿人根据有关意见对报告进行补充修改，形成400多页共29万余字的《兽医学学科发展报告（2018—2019）》。12月，中国科协组织的审读会通过该报告。

决策咨询 学会继续为农业农村部生猪等畜禽产品信息统计监测预警系统提供信息决策服务。为农业农村部生鲜乳质量安全监管提供信息决策服务，承担乳制品法律法规修订调研任务。为农业农村部提供专项的饲料原料的市场研究及风险评估研究。承担农业农村部畜牧兽医局屠宰布局调查研究，承担农业农村部畜牧兽医局家禽产业发展调查研究任务。承担河南省畜牧局畜牧业生产形势信息咨询服务研究，承担山东省饲料行业协会生产形势分析等工作。2019年非洲猪瘟引发全链条产业变革，学会信息与市场研究部与中国农业科学院北京畜牧兽医研究所开展合作研究，形成《中国水禽产业与科技发展研究报告》《中国肉鸡产业研究报告》《中国畜产品生产及消费趋势研究报告》等报告，测算出在非洲猪瘟疫情背景下，猪肉产量和供应量下降的幅度，禽肉产业的发展潜力和产量增加幅度，牛羊肉供应量的变化趋势，以及肉类消费总量和结构的变化趋势，预测未来中国肉类生产和消费的新格局，提出相应的政策、技术和产业发展的战略性建议。

国内主要学术会议 学会及其所属各分支机构全年举办各类学术年会、研讨会、交流会、报告会和学术论坛等共51次，比2018年增加3次；征集交流论文、报告5564篇，比2018年增加1176篇；共有18304人次参加交流活动。学会举办的主要学术交流活动包括第三届中国猪业科技大会暨中国畜牧兽医学会2019年学术年会、2019中国氨基酸与饲料原料应用研讨会、2019中国维生素产业发展高层论坛、2019羊业发展高级研讨会，以及3次中兽药新产品研发研讨会等学术和技术交流活动。

5月10—11日，学会与中华预防医学会、中国微生物学会、中国工作犬管理协会在安徽省合肥市联合召开2019年人兽共患病国际研讨会暨中国狂犬病年会。来自国内公共卫生、农业、公安系统以及相关院校、研究机构的专家、学者近2000人参加会议，围绕“同一世界 同一健康”展开研讨。

国际交往 9月，受联合国粮农组织（FAO）邀请，学会副秘书长兼国际交流部主任马闯赴美国密苏里州堪萨斯城参加全球可持续畜牧业议程利益相关方会议，在贸易与畜牧业可持续发展论坛上发言并互动讨论，阐述中国在畜产品国际贸易方面的立场和在畜牧业可持续发展方面做出的努力与成效。

5月29—30日，学会动物福利与健康养殖分会参与世界动物福利科学大会部分组织工作，分会的专家与来自英国、德国、澳大利亚、新西兰、法国等国家的近300名专家、学者围绕“动物福利科学与畜牧业可持续发展”的主题进行探讨和交流。

科普活动 学会组织专家参与全国科技活动周、全国科普日和科技下乡、科技服务等活动。2019年举办科普宣讲活动19次，受众3210人次。举办实用技术培训42次，参加培训人数3470人次。

学会犬学、马学、养羊学、养牛学、家禽学、中兽医学、口蹄疫学、动物药品学、小动物医学等分会，紧密结合学科、产业发展特点，多次举办技术培训、科技下乡、科技服务等活动。

表彰举荐优秀科技工作者 1月，学会在湖北省武汉市召开中国畜牧兽医学会第三届“青年拔尖人才”学术论坛，为青年人才成长成才铺路搭桥。参加第三届“青年拔尖人才”学术论坛的青年学者有11人在2019年分别获得基金资助或入选国家级人才名单，赵建国、晏向华、周志刚获得国家自然科学基金委员会杰出青年科学基金资助，蒲娟、王敏、粟硕获得国家自然科学基金委员会优秀青年科学基金资助，粟硕、汪洋、李向东、孙铝辉入选国家“万人计划”青年拔尖人才，亓文宝、孙坚入选教育部“长江学者奖励计划”青年学者。

6月，学会推荐的中国农业大学动物科技学院教授安磊获得第十六届中国青年科技奖。

9月21日，在第三届中国猪业科技大会暨中国畜牧兽医学会2019年学术年会上评选出10位优秀论文奖获得者、10位优秀壁报奖获得者。会议还为6位获得2019年“猪蓝耳病”研究进步奖和“猪肠道病”研究进步奖的获奖者颁奖。

6—12月，开展2019年度优秀青年奶牛兽医工作者评选活动，经过初赛和复赛，10名基层青年奶牛兽医工作者获奖。

开展中国科学院院士、中国工程院院士候选人及第十六届中国青年科技奖、第十六届中国青年女科学家奖候选人推荐工作。

党建强会 3月和12月，结合学会全国理事会议和常务理事会议，学会理事会党委召开党委会议，传达贯彻中国科协有关会议精神，研究加强学会党建工作。

会员服务 学会《会讯》2019年印刷4期，共13550份，比2018年多印刷1000份，免费发放给学会高级会员和相关单位，帮助会员和相关单位了解学会、学科分会、省学会季度工作的综合信息。

学会进行学会网站、会员数据库和会议数据库的升级改造工作，为分会、省学会和会员服务提供更好的数据平台。

3月，在全国秘书长会上继续举办学会会员系统和学术会议平台培训班，加强分会信息化建设。继续在学会网站为会员、高级会员提供不同权限的会议论文集电子版、会讯电子版等资料的下载推送服务。

【第三届中国猪业科技大会暨中国畜牧兽医学会2019年学术年会】 9月19—21日，由中国畜牧兽医学会主办、学会养猪学分会和北京博亚和讯农牧技术有限公司承办的第三届中国猪业科技大会暨中国畜牧兽医学会2019年学术年会在山东省青岛市举办。来自全国畜牧兽医科研、教学、生产及相关领域的1150名专家、学者和企业管理者参加会议。

学会副理事长兼秘书长杨汉春致开幕词，学会副秘书长马闯主持开幕式。杨汉春在致辞中说，2015—2019年，中国养猪业进行深度调整，环保、效率和疫病等问题仍十分严峻，中国猪业已经进入转型期的攻坚阶段。2018 年，非洲猪瘟疫情再次放大以上问题的严峻性和产业变革的紧迫性，当前更需要正向的科学技术探索与非洲猪瘟实操防控及复产方案。

大会以“效率、质量、生态”为主题，通过“绿世界”峰会，遗传与育种、营养与饲料、疫病与防治、生产与福利、设备与环保 5 个主题论坛，以及人工智能与信息化、海峡猪业科技、非洲猪瘟防控应用、实践 3+1 特色论坛和企业卫星会等形式，围绕生猪产业热点话题展开探讨，交流中国生猪产业链相关领域的重要科技进展。会议共安排 80 个特邀报告、64 个口头报告和 107 篇壁报展示。

养猪学分会副理事长兼秘书长、中国农业大学教授王楚端主持“绿世界”峰会。会议特邀北京博亚和讯农牧技术有限公司副总经理马闯、牧原食品股份有限公司董事长秦英林、新希望六和股份有限公司首席科学家闫之春、中国农业科学院北京畜牧兽医研究所研究员王立贤、中国动物卫生与流行病学中心党组书记黄保续以《再论中国肉类生产和消费的新格局》《非洲猪瘟下的行业发展趋势及机遇》《现代流行病学方法在中国预防和控制 ASFV 中的实践》《非洲猪瘟情况下猪遗传改良的变化》《加快生猪产业体系升级、提升非洲猪瘟防控效能》为题作专题报告。互动环节，与会专家、学者就非洲猪瘟疫情、病毒检测、疫苗进展、非洲猪瘟背景下的猪场规模及猪舍设计、未来猪肉价格变化等问题进行交流探讨。

会议共征集论文 378 篇，论文提交率达到 41.3%。会议期间，还组织专家评审优秀论文，评选出 10 个中国畜牧兽医学会奖——优秀论文奖、10 个优秀壁报奖，同时还评选出 2019 年度勃林格殷格翰“猪蓝耳病”研究进步奖 3 项、“猪肠道病”研究进步奖 3 项。大会资助 87 名在读硕（博）士研究生免费参加会议。

会议同期举办首届中国猪业科技展，为猪业领域科技创新型企业提供展示平台。

【中国畜牧兽医学会第三届“青年拔尖人才”学术论坛】 1 月 11—13 日，由学会主办，江西农业大学省部共建猪遗传改良与养殖技术国家重点实验室，播恩集团股份有限公司，华中农业大学动物科学技术学院、动物医学院联合承办的中国畜牧兽医学会第三届“青年拔尖人才”学术论坛在湖北省武汉市召开。农业农村部畜牧兽医局、国家自然科学基金委员会生命科学部、科技部中国农村技术开发中心、中国畜牧兽医学会相关领导以及 5 名院士出席会议。特邀国家杰出青年科学基金获得者、教育部长江学者、优秀青年科学基金获得者、教育部青年长江学者、国家万人计划领军人才、2018 年“井冈新秀”等专家、学者、企业家 200 余人参加会议。华中农业大学教授曹胜波主持论坛开幕式。中国科学院院士、学会理事长黄路生致开幕词，华中农业大学党委副书记、副校长姚江林，农业农村部畜牧兽医局副局长孔亮，播恩集团股份有限公司总裁邹新华分别致辞。

学会副理事长兼秘书长杨汉春宣读第二届“井冈新秀”名单，黄路生、邹新华为 10 位“井冈新秀”（参加第二届“青年拔尖人才”学术论坛并最终入选 2018 年度国家级青年人才）颁发奖杯、证书和奖金。中国科学院动物研究所研究员李孟华、南京农业大学动物科技学院教授熊波代表获奖者发言。

论坛以“传承井冈山精神，助推青年人才成长”为主题，设置畜牧学科和兽医学科 2 个分会场，邀请 32 名青年学者作学术报告，安排 23 个壁报展示。由大会邀请的院士、行业知名专家、学者进行现场点评，为青年报告者项目申报和研究计划提出指导性意见。

【*Animal Nutrition*（《动物营养》）成为 SCI 期刊】 7 月 30 日，科睿唯安（Clarivate Analytics）公司正式通知 *Animal Nutrition*（《动物营养》）被 Web of Science 核心子集 Science Citation Index Expanded（科学引文索引，SCIE）收录，标志着 *Animal Nutrition* 成为 SCI 期刊。收录自 2017 年第 3 卷第 1 期起，第一个影响因子将于 2020 年发布。这是继 2014 年 6 月，学会主办的 *Journal of Animal Science and Biotechnology*（《畜牧与生物技术杂志》）成为国内畜牧兽医领域第一本 SCI 收录期刊之后，又一 SCI 期刊。

Animal Nutrition 由中国科协主管，中国畜牧兽医学会主办，《中国畜牧兽医杂志》有限公司出版，动物营养学家、中国工程院院士印遇龙和 Mingan Choct 教授担任联合主编。由《动物营养学报》编辑部于 2014 年下半年开始筹办，2015 年 3 月创刊，国内统一连续出版物号为 CN 10-1360/S，国际标准连续出版物编号为 ISSN 2405-6545，季刊，国内外公开发行，在 Elsevier（爱思唯尔）的 ScienceDirect（科学指南）网络出版平台全文开放获取和在线预出版。发表内容涵盖动物营养学的全部领域，如动物营养需要量以及与免疫学、微生物学、神经科学、遗传学、分子和细胞生物学相关的动物营养学研究，另涵盖饲料营养价

值评定、饲料添加剂、新饲料原料和饲料安全等应用研究。创刊5年来，*Animal Nutrition* 还被 PubMed Central（美国公共医学中心）、Scopus（斯高帕斯）数据库、DOAJ（开放获取期刊指南）等国际著名数据库收录。

Animal Nutrition 将致力于成为动物营养领域具有高度国际影响力的英文期刊，为国内外动物营养领域优秀论文提供国际化平台，加速中国优秀动物营养论文走向世界，为实现中国动物营养学术期刊和论文的国际化作出更大贡献。

（撰稿人：石　娟）

中国植物病理学会

学会建设　7月21日，中国植物病理学会第十一届二次理事会议暨党委会议在四川省成都市召开，学会理事长彭友良主持会议。会议汇报2019年学术年会的筹备情况，以及2019年工作计划与执行情况，确定2020年学术年会承办单位为贵州大学。会议审议通过《中国植物病理学会会员条例（试行）》，完善《中国植物病理学会科技成果评价管理办法（试行）》等。会议通过举办庆祝中国植物病理学会成立90周年座谈会和依据办会实际适当提高学术年会注册费标准2项提议，号召学会各位理事支持 *Phytopathology Research*（《植物病理学报》英文版），要求每位理事4年任期内至少在该期刊上发表1篇文章，建议在同等条件下，优先考虑在该期刊上发表过文章的会员入选学会青年植物病理学家奖和会士。会议还提出关于设立中国植物病理学会优秀教学奖励的倡议。

4月4日，学会植物病毒专业委员会及病原与植物相互作用专业委员会在广东省广州市召开专业委员会会议。会议完成组织人事更新工作，吸纳多位全国植物病毒和植物与病原互作领域的优秀青年科技人员，在此基础上，建立以4个工作组（学术报告组、外联财会组、科学传播组、综合组）为主要工作单元的组织架构，并明确工作范围，提升专业委员会工作水平，致力于为中国相关学科在国际舞台上争取更多话语权。

主办期刊　7月22日，学会在四川省成都市召开 *Phytopathology Research* 编委会会议。学会理事长彭友良等19人参加会议。会议通报期刊收稿、审稿和发稿情况，研究探讨期刊的运营和未来发展。

国内主要学术会议　1月11—13日，由学会植病生防专业委员会主办，河南农业大学植物保护学院承办的第十届中国植物土传病害与生物防治学术研讨会在河南省郑州市召开。大会的主题是“新时代植物土传病害与生物防治研究的挑战”。共有来自100多家科研院所、高校和企业的360余名专家、学者和企业家参加会议。会议邀请学会理事长彭友良等18名专家、学者作大会报告，邀请30多名来自各科研院所和高校的专家、学者、研究生作粮食作物土传病害及防控和园艺作物土传病害及防控两个分会场的交流报告。会议收录论文及摘要109篇，由中国农业科学技术出版社出版《植物土传病害与生物防治研究进展——第十届全国植物土传病害与生物防治学术研讨会论文集》。

5月16—19日，由学会青年委员会主办，贵州大学等单位承办的中国植物病理学会第十四届青年学术研讨会在贵州省贵阳市召开。共有232位专家、学者参加会议。会前，由中国农业大学出版社正式出版会议论文集《植物病理学研究进展》，收录105篇论文、简报和论文摘要。

7月5—8日，第一届作物连作障碍全程绿色解决方案技术与经验交流会在湖南省长沙市召开。会议由学会植病生防专业委员会主办，湖南农业大学植物保护学院协办，中优绿农（北京）农业科技有限公司承办。来自全国高校、科研院所、技术推广部门等的500余人参加会议。大会围绕“绿色发展、提质增效”的主题，特邀中国工程院院士宋宝安等36位专家、学者围绕会议主题，从植物保护、土肥、栽培等学科领域对连作障碍的成因、机理及绿色防控技术等进行交流和探讨。会议将大会报告、交流报告及论文摘要收入《第一届作物连作障碍全程绿色解决方案技术与经验交流会》会刊。

7月13—16日，由学会教学专业委员会主办，甘肃农业大学植物保护学院承办的第二届全国植物病理学教学研讨会在甘肃省兰州市召开。来自全国46所农业院校和科研院所的植物病理学学科带头人、主讲教师，以及出版社和教育服务企业相关人员共140余人参加会议。学会副理事长兼秘书长韩成贵，学会副秘书长、教学专业委员会主任吴学宏等参加会议并致辞。会议围绕新时代新农科背景下的植物病理学学科建设、课程设置等进行大会报告及交流，23名全国植物病理学学科专家、学者作大会报告。与会专家、学者围绕相关内容进行探讨与交流。会议期间，与会专家、学者还参观考察甘肃农业大学干旱生境作物学国家重点实验室、运动场草坪实训基地、甘肃省葡萄酒产业技术研发中心和认知馆。

9月20—22日，2019年中国植物病理学会产后病理学专业委员会学术年会在陕西省西安市召开。大会由学会产后病理学专业委员会主办，陕西师范大学食品工程与营养科学学院承办，来自全国90多家单位的400余名专家、学者参加会议。会议围绕果蔬采后病害发生的分子机制、果蔬采后病害的绿色防控技术、果蔬采后衰老与品质调控机制和果蔬采后品质与安全控制技术4个主题展开研讨。中国工程院院士、学会副理事长康振生代表学会致辞。产后病理学专业委员会主任、大会主席田世平和甘肃农业大学副校长毕阳主持特邀报告环节，康振生等专家、学者作报告。25名专家、学者和12名研究生围绕主题进行口头报告交流，44位参会专家、学者通过墙报展示最新研究成果。

10月8—11日，第十一届植物病毒及病原与植物相互作用学术年会在广东省广州市召开。会议包括英文大会特邀报告、中文特邀报告、青年论坛和墙报展示。大会共邀请16名专家、学者作英文特邀报告，特别邀请 *MOLECULAR PLANT-MICROBE INTERACTIONS*（MPMI）主编 Jeanne Harris 介绍最新评选出的国际 MPMI 十大热点问题。来自美国加州大学戴维斯分校、加州大学河滨分校、佛蒙特大学、肯塔基大学、马里兰大学、俄亥俄州立大学，新加坡国立大学，加拿大农业部，中国清华大学、北京大学、浙江大学、中国农业大学、南京农业大学、福建农林大学、华中农业大学、山东农业大学、西北农林科技大学、中国科学院微生物研究所、中国农业科学院植物保护研究所等国内外约40个高校和科研院所的380名植物病理专家、学者参加会议。会前正式编辑出版《第十一届植物病毒及病原与植物相互作用学术年会》论文集，收录会议摘要约102篇，制作海报39个。

11月17日，由学会植物病原细菌专业委员会主办，广东省农业科学院植物保护研究所承办的中国植物病理学会第八届植物病原细菌学术研讨会在广东省广州市召开。来自全国近50家科研院所、教学单位及企业的200余名专家、学者和企业家参加会议。会议主题为“植物细菌病害绿色防控及解决方案”。大会由广东省农业科学院植物保护研究所副所长李振宇主持，广东省农业科学院副院长杨少海致开幕词。学会植物病原细菌专业委员会主任冯洁作《植物细菌病害的发生与控制策略》主题报告。大会邀请15名专家、学者作大会报告，围绕细菌致病机理、细菌与植物互作、发生流行与防控等主题进行交流。

会员服务 做好会员信息登记工作，充实完善学会会员数据信息，在建立完善会员缴纳会费制度、初步实现会员交纳会费目标的基础上，进一步提高服务质量。对所有按时交纳会费的会员，学会为其以优惠价格加入美国植物病理学会（APS）和订阅 APS 期刊提供服务，同时为加入 APS 的会员在 APS 期刊上发表文章提供版面费减免推荐，在植物病理学刊物上发表文章提供优惠。2019年是中国植物病理学会（CSPP）与 APS 双方执行交叉入会合作的第13年，为促进学会会员和国际同行的合作和交流，学会继续实施与 APS 的会员交叉入会制度。有109位 CSPP 会员加入 APS。

【中国植物病理学会2019年学术年会暨学会成立90周年庆祝大会】 7月21—23日，中国植物病理学会2019年学术年会暨学会成立90周年庆祝大会在四川省成都市召开。大会由学会主办，四川农业大学、四川省植物病理学会、四川省农业科学院植物保护研究所、四川省农业农村厅植物保护总站联合承办。来自中国农业大学、南京农业大学、华中农业大学、西北农林科技大学、浙江大学、上海交通大学、中国科学院微生物研究所、中国农业科学院植物保护研究所等161家单位的近1700名植物病理专家、学者参加会议。会前正式出版由彭友良、王文明和陈学伟主编的《中国植物病理学会2019年学术年会论文集》，收录会议论文及摘要501篇。大会编制《中国植物病理学会2019年学术年会暨学会成立90周年庆祝大会会议指南》和《中国植物病理学会九十周年纪念册》，定制庆祝中国植物病理学会成立九十周年铜制纪念章。会议期间，召开学会第十一届理事会二次会议暨党委会议，以及 *Phytopathology Research* 编委会会议。

大会开幕式由学会副理事长、华中农业大学教授姜道宏主持。学会理事长、长江学者、中国农业大学植物保护学院院长彭友良致开幕词。四川农业大学副校长吴德致辞，简要介绍四川农业大学在植物病理研究领域取得的系列重要进展。国家自然科学基金委员会农业环境与园艺科学处有关负责人就自然基金申请情况及注意事项发表讲话。2019年学术年会包括大会特邀报告、分组交流和墙报展示。大会共邀请12名专家、学者作大会特邀报告。其中，中国工程院院士、贵州大学校长宋宝安介绍其团队在作物免疫防控与绿色防控方面取得的系列创新性发现与研究应用成果，学会副理事长、中国工程院院士康振生阐述小麦条锈病持续控制策略及综合治理技术体系的构建与应用，中国农业科学院植物保护研究所研究员彭德良介绍作物孢囊线虫的综合防控研究与应用情况。分组交流设置6个分会场，分别为植物病原真菌学1、植物病原真菌学2、植物病毒学、植物细菌与线虫病害、植物抗病性与抗病育种、植物病害防治，共有115名专家、学者和67名博士、硕士作大会分组报告，展出墙报92份。

【第一届“一带一路”国际线虫研讨会】 10月28—30日，学会植物病原线虫专业委员会主办的第一届“一带一路”国际线虫研讨会在陕西省西安市召开。来自美国、新西兰、尼日利亚、埃及、泰国、越南、肯尼亚、巴基斯坦、缅甸等国家和中国农业科学院植物保护研究所、北京大学、浙江大学、湖南大学、中国农业大学等76个科研院所的专家、学者及涉农农药企业代表等160余人参加会议。

植物病虫害生物学国家重点实验室副主任王桂荣，学会植物病原线虫专业委员会主任委员彭德良，中国科学院西安分院（陕西省科学院）副院长詹瑞，陕西省科协副主席曹文举，国际植物线虫协会理事长、美国佛罗里达大学教授Larry W. Duncan等专家、学者出席开幕式并讲话。Larry W. Duncan以及国际热带农业研究所教授Danny Coyne等国外专家、学者围绕跨境植物线虫病害理论与应用研究热点和难点、加强检疫性线虫综合防控的国际交流与合作等主题作跨境植物线虫应用基础与控制技术、线虫病害——粮食和食品安全的重大威胁的特邀报告。来自国内外44名专家和青年学者作学术报告，交流植物线虫领域最新研究进展、技术和成果。

会议全程使用英文，报告议题涉及跨境植物线虫病害的早期诊断、线虫种类鉴定、线虫种群动态变化、线虫病害的生态调控、线虫病害综合防控等内容，还包含合成生物学、转录组和基因组等组学在植物线虫相关研究中的应用，以及微生物组与线虫抗病性的关系、生物钟与植物应答线虫侵染的关系、CRISPR基因编辑技术在线虫病害研究中的应用等。会议探讨植物线虫学理论基础与应用技术领域的研究热点、难点问题，促进“一带一路”沿线各国植物线虫学研究人员在方法、技术及信息方面的交流与合作。

【中国植物病理学会第十四届青年学术研讨会】 5月16—19日，由学会青年委员会主办，贵州大学承办的中国植物病理学会第十四届青年学术研讨会在贵州省贵阳市召开，会议的主题是“青年植病，协同创新，共创未来”。来自中国农业大学、中国科学院、中国农业科学院、南京农业大学、西北农林科技大学、华中农业大学、贵州大学等73家单位的232名专家、学者参加会议。会前，由中国农业大学出版社正式出版会议论文集《植物病理学研究进展》，收录105篇论文、简报和论文摘要。会议开幕式由学会青年委员会主任王海光主持，中国工程院院士、贵州大学校长宋宝安，学会理事长彭友良先后致辞。会议邀请宋宝安、彭友良以及南京农业大学教授王源超、浙江大学教授马忠华、中国科学院微生物研究所研究员蔡磊、西北农林科技大学教授王晓杰、中国农业科学院植物保护研究所研究员宁约瑟、华中农业大学教授李博和朱龙付、沈阳农业大学教授玄元虎、中国热带农业科学院研究员黄贵修11名专家、学者作特邀报告，报告内容涵盖新型农药的开发和运用、杀菌剂新靶点的鉴定和利用、入侵有害生物的应对、病原与作物的互作、植物先天免疫和抗病机制以及真菌分类等植物病理学研究领域。

会议设4个分会场，共有46名专家、学者作学术报告，内容包括植物病原菌物学、植物病毒学、植物病原细菌学、植物病原线虫学、真菌病毒、植物抗病性与抗病育种、植物病害防治等。还设有21个学术墙报以展示科研进展。

植物病理学教学论坛分会场由王海光主持开幕式。来自高校和科研院所的专家、学者以及贵州大学植物保护2017级本科班学生参加论坛。论坛包括植物病理学科本科生培养课程设置经验交流，植物病理学科本科生教学主干课程教学经验专家谈，植物病理学相关课程青年教师讲课、专家点评3个环节。邀请学会副理事长兼秘书长韩成贵、南京农业大学教授高学文，以及学会副秘书长、教学专业委员会主任吴学宏作植物病理学科本科生教学经验交流报告。

会议期间，召开中国植物病理学会青年委员会委员会议，讨论今后青年委员会的工作重点，并确定下一届会议由沈阳农业大学和辽宁省农业科学院植物保护研究所共同承办。

闭幕式上，宣布中国植物病理学会第十四届青年学术研讨会优秀墙报奖、优秀报告奖获奖名单，并为获奖者颁发荣誉证书和奖金。

（撰稿人：邹菊华）

中国植物保护学会

服务创新型国家和社会建设 为应对病虫害，学会组织专家召开病虫害发生趋势会商会8次，在中央电视台综合频道发布重大病虫电视预警4期，发布病虫情报30余期，完成全年重大病虫害监测预警工作。配合相关部门做好夏粮和秋粮重大病虫防控督导指导工作，组织以小麦条锈病、草地贪夜蛾、水稻螟虫等为重点的重大病虫害越冬基数调查活动4次，累计邀请专家50余人次，为判断未来病虫害发生趋势提供第一手数据。

7月，学会与杭州睿坤科技有限公司合作研发的人工智能识别农作物病虫害的“慧植农当家”（公测版）App上线，旨在将全球领先的人工智能（AI）图像识别技术应用于农业植物保护领域，为农业生产者提供基于移动终端的病虫害即时识别诊断工具，为测报人员提供信息采集和数据分析工具，并搭建专家交互平台，服务农业生产以及农作物病虫害监控和防治。目前用户总数达81000人，点击量101958次，平均每天点击量700次以上。

学会及分支机构与支撑单位联合举办第四十一期全国农作物病虫测报技术培训班、植保大数据及智慧测报应用技术培训班、植保机械使用及维修培训班、鼠害监测与防治技术培训班、设施草莓病虫害生物防治技术研讨暨示范现场会等14期，累计培训基层植保科技人员2000余人次。

学会建设 组织召开学会理事会议1次、常务理事会议2次，召开全国理事长、秘书长工作会议1次，监事会例会2次、专门会议1次。

2019年，学会新增个人会员41人，团体会员1个。截至12月底，学会有个人会员22429人，团体会员159个。

学会治理结构和治理方式改革 4月13日，学会在重庆市召开2019年工作会议暨十二届五次常务理事会议。10月23日，在贵州省贵阳市召开第十二届理事会第三次全体会议暨十二届六次常务理事会议、学会党委第五次（扩大）会议和学会第一届监事会第五次全体会议，审议通过《中国植物保护学会印章使用管理办法（试行）》《中国植物保护学会会徽使用管理办法（试行）》《中国植物保护学会媒体宣传管理办法（试行）》和修订后的《中国植物保护学会章程》，将党的建设和社会主义核心价值观有关内容写入章程。

青年人才托举工程 1月和7月，学会在福建省福州市组织开展“青年人才托举工程”项目启动和中期督导检查工作。在指导小组导师指导下，福建农林大学副教授卫静的“青托”项目进展顺利。

主办期刊 2019年，学会主办的《植物保护学报》《植物保护》共发表论文462篇，比2018年增加19篇，总发行量14337册，与2018年基本持平，均进入世界学术影响力Q1区期刊，是中国进入Q1区仅有的植物保护学期刊。《植物保护学报》获得中国科技期刊卓越行动计划梯队期刊类项目资助。《植物保护》获中国科学技术信息研究所发布的2018年度“百种中国杰出学术期刊”称号，刊出的学会名誉理事长、中国工程院院士吴孔明及其研究团队的研究成果《中国热带和南亚热带地区草地贪夜蛾春夏两季迁飞轨迹的分析》（刊登在2019年第3期）入选第四届“中国科协优秀科技论文遴选计划”，为农业学科领域入选的10篇论文之一，被引40余次。

学科发展工程 学会组织专家开展“引领世界科学的前沿科学问题、建设世界科技强国的工程技术难题”研究。向中国科协推荐2019年重大科学问题和工程技术难题——植物病原菌免疫学检测技术体系研究与应用1项。11月，由学会副理事长、中国工程院院士康振生和学会理事长陈万权主审，学会植保系统工程专业委员会名誉主任委员、中国农业大学教授马占鸿主编，多名学会理事、分支机构委员会委员参加编写的普通高等教育“十三五”规划教材《植病流行学》（第二版）由科学出版社正式出版发行。

决策咨询 2019年，学会提供决策咨询报告2篇。针对11月北京出现鼠疫患者的情况，结合2019年鼠害发生情况以及目前鼠害学科发展、科学研究和鼠害防控工作开展遇到的问题，学会鼠害防治专业委员会组织中国科学院动物研究所研究员张知彬、中国科学院亚热带农业生态研究所研究员王勇等10多名专家撰写《中科院专家建议尽快采取措施控制害鼠暴发风险》《我国鼠疫流行和防范应对情况面临的困难及对策》咨询报告，提交中共中央办公厅和国务院办公厅，且均被采用。

9月26日，学会组织召开中国科协重大科学问题和工程技术难题“绿色农药创新研究和原创性靶标的发现”研讨会。学会副理事长、中国工程院院士、宁波大学教授陈剑平，学会副理事长、中国工程院院士、贵州大学校长宋宝安等专家、学者共40人参加会议。学会理事长、中国农业科学院麻类研究所所长陈万权主持会议。与会院士、专家就绿色农药创新研究和原创性靶标的发现分析难点与挑战，并由宋宝安牵头撰写《关于加大对绿色农药创新和原创性靶标发现研究支持力度的政策建议》，提交中国科协。

国际学术会议 2019年学会和分支机构与其他单位联合主办或承办国际学术交流会议3次，参会专家、学者共计650人次（其中国外专家57人），共交流论文300篇，80余人作口头发言报告。

9月21—24日，由学会与河南省科协共同主办的第二届国际雷达空中生态学大会在河南省郑州市召开。来自10个国家的34名气象学、生态学、昆虫学领域的专家、学者参加会议。

4月22—24日，2019年农药残留与环境安全国际学术研讨会在安徽省合肥市召开。会议由欧亚食品安全协作网（SELAMAT）、学会农药残留与环境安全专业委员会、中国农业科学院植物保护研究所共同主办。19名国内外专家、学者就农药残留分析检测新技术、农药环境评价、农药代谢规律等问题作主题报告。

10月30—31日，2019高效植保机械与农药减量施药技术论坛暨七届植保机械与施药技术国际研讨会在山东省青岛市召开。会议由中国农业大学药械与施药技术研究中心和中国农业机械流通协会联合主办，学会植保机械与施药技术专业委员会等4家单位协办，主题为“新型高效植保机械与精准减量施药技术”。中国工程院院士、国家农业信息化工程技术研究中心主任赵春江作特邀报告。

国内主要学术会议 2019年，学会共组织召开学术交流活动25次，其中，大型学术年会1次，“党建+学术”活动1次，中国科协重大科学问题和工程技术难题研讨会1次，专业研讨会21次，累计参会人数4748人次，交流论文820篇，正式出版论文集2部。

11月21—22日，由学会主办的“党建+学术”植物保护青年科技人员成长论坛在广西壮族自治区南宁市举办。80余名专家、学者参加会议。会议邀请广西农业农村厅副厅长、广西植物保护学会理事长王凯学作题为《不忘初心、牢记使命，打赢广西山区脱贫攻坚战》的主旨报告。湖南省植物保护研究所副所长谭新球、“青年人才托举工程”项目被托举人才卫静分别作《纳米靶向微生物农药与病虫害互作与识别》和《双生病毒的传播机制》的大会报告。

10月11—13日，由学会生物防治专业委员会和中国农业科学院植物保护研究所联合主办的全国农作物病虫害生物防治学术研讨会在吉林省长春市召开。会议主题为“生物防治与乡村振兴”，分为院士报告、政策解读、特邀报告、学术研讨4部分。交流报告22篇，180名专家、学者参加会议。

国际组织任职 2019年，有5名专家在国际植物保护协会（International Association for the Plant Protection Sciences，IAPPS）等国际学术组织和国际期刊任职。学会理事长陈万权担任欧洲和地中海谷类锈病基金会执委和*Journal of Integrative Agriculture*（《农业科学学报》）编委，学会副理事长周雪平担任国际植物保护协会理事会执委、第九区域中亚地区负责人、*Plant Protection Science*（《植物保护科学》）和*Journal of Integrative Agriculture*编委等。学会杂草学分会主任委员、中国农业科学院植物保护研究所研究员李香菊当选为亚太杂草学会（Asian-Pacific Weed Science Society）副主席。

国际交往 9月3—6日，学会组织40名专家参加在马来西亚古晋市召开的第27届亚太地区杂草科学大会。学会杂草学分会主任委员、中国农业科学院植物保护研究所研究员李香菊作主旨报告，并代表杂草学分会成功申办2023年第29届亚太杂草科学大会。

11月10—14日，学会组织20多名专家参加在印度海得拉巴市（Hyderabad）召开的第19届国际植保大会（XIX International Plant Protection Congress，IPPC 2019），学会专家作主旨报告1个、分会场口头报告9个、墙报展示10个。

科普活动 学会结合中国粮食、蔬菜和果树等农作物生长季节的病虫害发生情况，及时在学会微信公众号和网站发布有关病虫害识别和绿色防控的科普文章，共140余篇。通过组稿和转载的方式发布有关草地贪夜蛾形态特征和生物学习性及严防草地贪夜蛾蔓延的防控措施和技术等科普文章10余篇。微信公众号关注人数18015人，比2018年增加50%；年度总阅读量323599次，比2018年增长100%。

针对2019年草地贪夜蛾入侵的态势，学会科学普及工作委员会联合支撑单位组织相关科研推广体系专家，编印《草地贪夜蛾防控技术挂图》《草地贪夜蛾监测与防控技术手册》，指导基层植物保护部门积极应对草地贪夜蛾危害，保障国家粮食生产安全。

4月14日，学会在重庆市主办“院士、专家进校园活动”。学会副理事长、中国工程院院士、宁波大学教授陈剑平和学会副理事长、中国工程院院士、贵州大学校长宋宝安分别作题为《信息化时代植保科技创新与展望》和《茶树病虫害绿色防控及应用》的专题报告，学会理事长陈万权、名誉副理事长周常勇等10余名专家及500余名师生参加活动。

表彰举荐优秀科技工作者 学会完成2019年中国科学院院士、中国工程院院士候选人推荐工作，共推荐候选人2名，其中1名入围中国科协推荐（提名）院士候选人名单。推荐第十六届中国青年女科学家奖候选人、第十六届中国青年科技奖候选人和2019年最美科技工作者候选人各1名。组织推荐2018—2019年度神农中华农业科技奖2项，其中1项成果获得一等奖。

党建强会 10月，学会20个分支机构全部成立党小组，建立由学会理事会、办事机构、分支机构组成的党建工作三层组织架构体系。

学会党委利用学会网站、微信公众号，结合常务理事会议、理事会议和监事会议，学习贯彻落实党的十九届四中全会精神，传达中共中央关于加强党的政治建设的意见等文件精神。

组织开展主题党日活动3次。3月14日，学会办公室党支部、植保系统工程专业委员会党的工作小组与中国农业大学开封实验站党支部联合开展专题党日活动，交流研讨党建工作开展情况及特色做法。8月21—23日，学会办公室党支部、青年工作委员会党的工作小组、新疆农业科学研究院植物保护研究所党支部和新疆植物保护学会党支部开展“不忘初心、牢记使命”主题党日活动。11月21—22日，学会党委在广西壮族自治区南宁市和百色市举办“党建+学术”植物保护青年科技人员成长论坛，组织学会部分分支机构党的工作小组成员、部分党员、民主党派代表和科技骨干赴革命老区（百色）开展支部共建与学习活动。

会员服务 学会组织撰写《当前职称制度问题分析》《高校科技创新团队建设遇瓶颈》《关于事业单位领导干部轮岗交流的思考和建议》3篇调研报告，反映会员工作中的疑点、难点，在2019年度全国科技工作者状况调查站点绩效考核中获得二等奖。

【中国植物保护学会2019年学术年会】 10月23—25日，中国植物保护学会2019年学术年会在贵州省贵阳市召开。学会理事和来自全国植保领域的1000余名专家、学者参加会议。会议以“植物保护与脱贫攻坚”为主题，交流论文250篇，会前出版论文集1部。

中国工程院院士、华南农业大学教授罗锡文，学会名誉理事长、中国工程院院士、中国农业科学院副院长吴孔明，学会名誉副理事长、中国工程院院士、云南农业大学教授朱有勇，学会副理事长、中国工程院院士、贵州大学校长宋宝安，南京农业大学植物保护学院院长王源超，学会副理事长周雪平，国家自然科学基金委员会生命科学部农业环境与园艺科学处处长于振良，贵州省农业科学院党委书记、院长赵德刚分别就人工智能与植保机械化、草地贪夜蛾的监测预警与控制策略、中国工程院定点澜沧科技扶贫报告、农药绿色发展现状与展望、植物胞外免疫的研究与应用、作物重要病毒单克隆抗体创制与应用、植物保护学科自然科学基金概况、杜仲抗菌肽基因克隆与利用研究作大会特邀报告。学会理事长、中国农业科学院麻类研究所所长陈万权，学会副理事长刘学等主持报告会。

会议设置农业害虫绿色防控与扶贫攻坚、植物病害绿色防控与脱贫攻坚、生物防治与脱贫攻坚、化学防治与脱贫攻坚、杂草绿色防控与脱贫攻坚、鼠害绿色防控与脱贫攻坚6个分会场，120名专家、学者、科技工作者和研究生作口头报告。

（撰稿人：文丽萍　郑传临）

中国作物学会

服务创新型国家和社会建设 学会栽培专业委员会组织专家做好服务指导，加快作物农机农艺信息融合、稻田综合种养绿色高效技术创新与示范、小麦/玉米优质抗逆生产等一批先进适用技术的推广普及与成果转化应用。

学会大豆专业委员会与黑龙江省黑河市人民政府开展大豆产业技术全方位合作，为打造“中国黑河大豆”品牌提供技术支撑，带动黑河市约1.3万平方千米大豆的发展。

学会小麦专业委员会制定《旱地套作小麦生产技术规程》和《小麦轻简化生产技术规程》等，为减少农民种植投入且增加经济收入提供保障。

学会粟类作物专业委员会从产业发展需求出发，成立河北省杂粮产业技术研究院，为科技成果转化和服务搭建平台，促进区域产业发展。

学会承担国家科学技术奖励工作办公室开展的2019年度国家科学技术奖初评通过项目的行业咨询工作，组织专家研究并提出书面咨询意见。

学会栽培专业委员会专家对水稻宽窄行钵苗机械化高产优质栽培、加快稻田综合种养绿色高效技术发展等方面提出的意见与建议，获有关领导及部门重视，并给予专门立项推广。

学会主办第二届全国农科学子创新创业大赛，搭建全国涉农院校大学生创新创业项目与社会资源的对接平台。

学会建设 10月28日，中国作物学会第十一次全国会员代表大会在浙江省杭州市召开，万建民当选为学会新一届理事长。

学会召开全体理事会议2次、常务理事会议4次、秘书长联席会议1次。截至12月31日，学会个人会员总数达到5973人，团体会员142个。

6月20—21日，学会在湖南省怀化市召开2019年秘书长联席会议，总结学会2018年度工作，交流分享工作经验，并就2019年度重点工作任务进行部署。

8月6—7日，学会第21个分支机构——食用豆专业委员会正式成立。

5月28日，学会马铃薯专业委员会在湖北省恩施土家族苗族自治州举办换届大会，选举产生第八届委员会。6月30日，学会特用作物专业委员会第四次全体会员代表大会在北京举办，选举产生新一届委员会。11月26—27日，学会分子育种专业委员会在北京召开第二次会员代表大会暨2019年学术年会，完成换届改选。11月16—17日，学会粟类作物专业委员会第八届全国会员代表大会在福建省厦门市召开，选举产生新一届委员会。12月8日，学会水稻专业委员会在浙江省杭州市召开第三次会员代表大会，选举产生新一届委员会。

学会治理结构和治理方式改革 学会修订、制定《中国作物学会章程》《中国作物学会会费管理办法》《中国作物学会党委委员推荐及产生办法（试行）》《中国作物学会分支机构印章管理办法（试行）》《中国作物学会分支机构财务管理办法》和《中国作物学会青年人才托举工程实施与管理细则》。

学会进一步加强对分支机构的管理，规范学会分支机构名称，专业委员会负责人统一使用“会长、副会长”职务名称，继续完善考评管理机制，分支机构业务开展更加规范化。

青年人才托举工程 2019年，学会完成第二届“青年人才托举工程”项目总结工作，做好第三、第四届“青年人才托举工程”项目人才的扶持与培养工作，以及第五届“青年人才托举工程”项目的遴选工作，被托举人在科学研究、学术交流、自身成长等方面均有提升。

主办期刊 学会主办的期刊The Crop Journal（《作物学报》英文版）获中国科技期刊卓越行动计划重点项目资助，2019年出版6期，共计780页，刊登文章79篇，在ScienceDirect上每月下载量3万余次。2019年*The Crop Journal*影响因子达到3.179，农学排名为14/89；总被引频次从2018年的495提高到2019年的804。

《作物学报》2019年综合评价总分为95.8分，位列2049种中国科技核心期刊的榜首，这是《作物学报》继2014年以后第二次登上榜首，并获得中国科技期刊卓越行动计划梯队期刊类项目资助，第18次被中国科学技术信息研究所评选为“百种中国杰出学术期刊”。此外，编委会完成换届改组。

《作物杂志》2019年核心影响因子为1.082，综合评价总分61.5，在22种农艺学类期刊中排第4，较2018年有所提高，并完成编委会换届。

《麦类作物学报》复合影响因子及复合总被引频次分别为1.633和5295，影响因子和总被引频次比2018年均有所提高。

学科发展工程 学会承担并完成《2018—2019作物学学科发展报告》的编制工作。报告总结并评价作物学学科近年来的新进展、新成果、新见解、新观点、新方法和新技术。

决策咨询 学会大豆专业委员会组织专家撰写的《关于大豆产业可持续发展途径的思考》《中国农业与大豆全要素生产率测算》等10份政策建议，递交农业农村部、国务院相关部门，为中国大豆产业政策制定提供支撑。

学会大麦专业委员会组织专家根据农业农村部要求，开展“十四五”大麦青稞专业发展研究并提交研究报告；撰写《大麦（青稞）2019年生产指导建议》，在农业农村部网上发布；向商务部提交《国外大麦进口对我国大麦产业损害情况调究报告》。

学会油料作物专业委员会利用国家产业技术体系、农业农村部油料专家组等渠道，在调研的基础上建言献策，向国家有关部门反映产业发展现状、存在的问题并提出对策建议，为全国油料生产提供专业性指导意见。

学会粟类作物专业委员会会员单位和委员会骨干成员为政府有关部门提供咨询服务，提交《2019年全国谷子产业发展报告》《关于弘扬粟文化振兴粟产业的建议》等，为全国谷子产业发展建言献策。

学会水稻专业委员会向农业农村部、浙江省有关部门提交决策咨询报告9份，其中专题报告《当前水稻产销中的突出问题及对策建议》得到农业农村部领导批示。

国际学术会议 9月1—2日，学会粟类作物专业委员会主办的第六届世界小米起源与发展会议在内蒙古自治区赤峰市敖汉旗召开。大会以“小米产业发展与乡村振兴”为主题，来自中国社会科学院、中国科学院、中国农业科学院、农业农村部食物营养与发展研究所、日本德岛大学、韩国MG生物科技株式会社等机构的专家、学者，结合敖汉旗“全球环境五百佳”的生态优势、全球重要农业文化遗产地的传承利用等进行交流研讨。会上还举办国内外农业遗产保护经验交流、农业遗产手绘本发行、小米论坛、小米论道、国外合作等活动。

9月5—6日，学会和张家口市人民政府主办的第四届中国藜麦产业高峰论坛在河北省张家口市召开。来自国内外藜麦研究领域专家、国内藜麦企业代表及媒体代表等约160人参加论坛。来自中国、玻利维亚、秘鲁、智利、日本、南非、俄罗斯的专家分别就藜麦新品种选育、资源引进、栽培技术创新、机械化种植、病虫害防治、加工技术改进等作主题报告。企业家代表从藜麦主食化、深加工市场应用、藜麦销售企业转型升级以及藜麦产品的市场前景进行交流研讨。

11月2—3日，学会燕麦荞麦专业委员会主办的第二届中日荞麦产业发展国际论坛在北京召开。大会以“中日荞麦文化交流与产业供应链发展”为主题，就荞麦文化进行交流，推动两国荞麦从业人员的交流合作。

11月15—16日，学会油料作物专业委员会主办的第四届国际脂质科学与健康研讨会在湖北省武汉市召开。来自中国、美国、加拿大、新西兰、芬兰、瑞典等国家脂质科学领域的专家、学者和企业代表共300余人参加会议。

国内主要学术会议 学会及其所属分支机构全年共举办国内学术交流会议46次，参会人数2.1万人次，交流论文2268篇。

8月11—14日，学会主办的第十届全国小麦基因组学及分子育种大会在山东省烟台市召开。来自120余个高校、科研院所、企业的近1000名专家、学者参加大会。大会围绕小麦基因组学、小麦新基因挖掘、小麦分子育种与种质创新等专题举办近50场学术报告。

10月11—14日，学会与中国植物学会、中国植物生理与植物分子生物学学会等单位联合主办的2019全国植物生物学大会在四川省成都市召开。大会以“植物科学与生态文明”为主题，邀请50余名专家、学者和优秀青年科学家作学术报告。与会人员聚焦农业、生态环境等领域面临的重大问题展开交流研讨。

11月6—7日，学会主办的全国小麦抗病抗逆遗传育种研讨会在甘肃省庆阳市召开。来自国内涉农高校和科研院所、地方农业部门、企业等40多个单位的200余名专家、学者参加会议。大会围绕“种质创新与扶贫攻坚”，研讨中国小麦科学的最新成果和研究进展。

5月25—28日，学会马铃薯专业委员会主办的第二十一届中国马铃薯大会在湖北省恩施土家族苗族自治州召开。会议以“马铃薯产业与健康消费”为主题，7名国内外专家作大会主题报告，围绕遗传育种与生物技术、栽培技术与病虫害综合防治等专题进行学术交流和研讨。

国际组织任职 6月23日，在意大利罗马举办的联合国粮农组织（FAO）大会第41届会议上，学会马铃薯专业委员会第七届主任委员屈冬玉当选为联合国粮农组织总干事。

国际交往 7月25日，中国作物学会第二届国际小麦大会申办团出席在加拿大举办的第一届国际小麦大会，申办团在会上进行申办答辩，学会获得2021年大会主办权。其间，时任学会常务副理事长、中国工程院院士、第八届国际作物学会主席万建民带领学会代表团成员与加拿大专家进行学术交流，并考察第八届国际作物科学大会筹备情况。

11 月 18—19 日，学会甘薯专业委员会组织委员参加在日本冲绳举办的第十届东亚甘薯友好交流会，就甘薯生产现状、加工情况、贮藏保鲜方式、销售情况进行交流。

学会甘蔗专业委员会邀请国际甘蔗专家到中国参加学术交流活动，就国内外甘蔗种质创新、分子育种、病害绿色防控等进行探讨和交流。

科普活动 学会及其分支机构、科学传播专家团队共举办科普活动 98 次、教育培训 161 次，全年惠及人数约 99 万人次。

6 月和 9 月，学会开放作物科普基地 2 次，普及传播作物科学知识。截至 12 月底，现场参观人数近 2800 人次，在线点播量累计达 97.5 万次。

表彰举荐优秀科技工作者 学会开展第三届中国作物学会青年科技奖评选，四川农业大学教授王静、中国农业大学教授杨小红、吉林省农业科学院大豆研究所研究员张春宝、南京农业大学教授程涛获奖。

学会开展 2019 年度中国作物学会作物科技奖评选，“热带亚热带玉米骨干亲本创制及杂种优势研究与利用”等 3 个项目获得学会作物科技奖，“作物节水高产栽培创新团队”项目获得创新团队奖，“水稻安全生产技术指南”项目获得科普奖。

学会开展 2019 年中国作物学会优秀博士论文奖评选工作，9 篇博士论文获奖。

党建强会 2019 年，学会组建新一届理事会党委。学会党委共召开党委会议 5 次，对学会重大工作事项决策进行前置审议。

学会党组织以“守正创新　凝心聚力　科普惠民”为主题，开展 2 期“党建 + 科普”活动。

学会所属 21 个分支机构有 14 个分支机构成立党建工作小组。

学会组织党员会员参与中国科协科技社团党委组织开展的全国学会征文展演、新中国成立 70 周年党建强会文艺展演、2019 中国科协全国学会羽毛球赛及相关培训等活动。

会员服务 10 月 27 日，学会与浙江大学联合举办第三届会员日活动。来自全国各地 66 个单位的 300 余名学会会员代表、作物科学工作者等参加活动。

【中国作物学会第十一次全国会员代表大会暨 2019 年学术年会】 10 月 28—29 日，中国作物学会第十一次全国会员代表大会暨 2019 年学术年会在浙江省杭州市召开。来自全国 300 多个单位的 1800 余名作物科学领域专家、学者参加会议。

大会审议通过《中国作物学会第十届理事会工作报告》《〈中国作物学会章程〉修改草案》《中国作物学会第十届理事会财务报告》和《中国作物学会会费管理办法》，并对会员会费标准进行修改，选举产生学会第十一届理事会理事 150 名、第一届监事会监事 5 名。中国农业科学院副院长万建民当选为学会新一届理事会理事长。

中国作物学会 2019 年学术年会的主题为“科技创新与扶贫攻坚”，设有大会报告、分会场报告、墙报交流、论文交流及研究生论坛等学术交流活动。交流内容涉及作物基因挖掘与分子育种、作物种质资源与遗传改良、绿色高效栽培与乡村振兴等。

美国国家科学院院士朱健康，中国科学院院士韩斌，中国工程院院士陈剑平、万建民，美国国家科学院院士邓兴旺，浙江大学教授张天真，中国农业大学教授陈绍江等 10 名院士、专家作大会报告。60 名专家在 3 个分会场作分会场报告。24 名研究生在研究生论坛作报告。44 名学者、研究生通过墙报展示研究进展。会议收录论文摘要 314 篇。

（撰稿人：徐　莉）

中国热带作物学会

服务创新型国家和社会建设 2019 年，学会与福建省科协、福州市人民政府联合主办“乡村振兴老区行——院士专家结对帮扶活动”，组织 30 余名专家对相关产业和企业进行对口帮扶。组织国家甘蔗产业技术体系专家开展产业调研和科技服务，为革命老区的精准扶贫和脱贫攻坚提供人才和智力支撑。围绕热带作物产业发展需求，依托广西田园生化股份有限公司、广西热带作物学会、云南天然橡胶产业集团公司，成立中国热带作物学会南宁服务站、昆明服务站，搭建产学研协同创新平台，着力解决热带农业科技成果向现实生产力转化“最后一公里”难题。

学会理事长李尚兰，副理事长刘波、陈东奎等深入理事单位广西农业科学院、四川国光农化股份有限公司等单位调研，了解热带作物产业发展现状、关键科技问题以及重大产业技术需求，协助科技人员解决技术难题。学会香料饮料作物专业委员会与云南省农业科学院热带亚热带经济作物研究所联合开展云南胡椒产业主要问题调研。薯类专业委员会到海南省白沙黎族自治县青松乡拥处村开展产业扶贫调研。天然橡胶专业委员会围绕提高天然橡胶生产能力和橡胶产业提质增效等问题开展产业调研，组织专家、学者深入深度贫困地区云南省怒江州古炭河草果种植基地、绿色香料产业园区等地考察调研，为怒江傈僳族自治州发展绿色香料饮料产业把脉会诊，助力脱贫攻坚。

学会举办芒果、柠檬、天然橡胶等作物栽培技术培训5期，培训农户400余人次。各分支机构、省级热带作物学会举办橡胶树割胶与施肥技术、南药种植技术、林草间作技术等实用技术培训，将先进适用的热带农业新品种、新技术带给农户。

学会建设 学会组织召开2019年工作会议暨九届五次理事会议，九届十五次、十六次、十七次、十八次常务理事会议，以及3次党委会议，总结部署年度重点工作，研究审议学会重大事项。新增南方瓜类蔬菜专业委员会，指导香料饮料作物、咖啡、生态环境3个专业委员会完成换届工作，选举产生新一届委员会。新增个人会员745人，会员数量达到3304人，较2018年增加29.9%。

学会组织观看2019年全国科学道德和学风建设宣讲教育报告会，在分支机构学术会议等场合解读《关于优化学术环境的指导意见》《发表学术论文“五不准”》《科技工作者道德行为自律规范》《关于进一步加强科研诚信建设的若干意见》《关于进一步弘扬科学家精神加强作风和学风建设的意见》《科研诚信案件调查处理规则（试行）》《科学技术活动违规行为处理规定》等文件，进一步强化热带农业领域科研诚信体系建设，优化学术环境，营造风清气正的学术氛围。

学会治理结构和治理方式改革 学会依据改革任务要求和学会实际情况对学会章程进行修订，增加坚持以马克思列宁主义、毛泽东思想、邓小平理论、“三个代表”重要思想、科学发展观、习近平新时代中国特色社会主义思想为指导，践行社会主义核心价值观，遵守社会道德风尚；坚持中国共产党的全面领导；根据中国共产党章程的规定，设立中国共产党的组织，开展党的活动，为党组织的活动提供必要条件；设立监事会等内容。

推进办事机构实体化、规范化和职业化建设。新聘任工作人员2名，秘书处人员数量达到14人。15人次参加中国科协等单位组织的党务、青年干部以及科技期刊能力提升培训班。强化分支机构管理，开展分支机构年度考核，组织召开分支机构工作会议，促进分支机构健康有序发展。秘书处指导分支机构学术会议和调研活动共22次。

青年人才托举工程 学会组织开展“青年人才托举工程”项目申报和评审工作，获得立项资格，并获3个资助名额。通过单位推荐、形式审查和评审，遴选出海南大学王守创、房传营，中国热带农业科学院热带作物品种资源研究所刘攀道3人为第五届中国科协“青年人才托举工程”项目人选，广东省农业科学院蔬菜研究所陈林等4人为学会“青年人才托举工程”项目人选。

组织召开“青年人才托举”座谈会。邀请被托举人代表、项目承担单位以及热带作物领域青年科技工作者参加会议，围绕如何加大对“青年人才托举工程”的宣传、提升影响力及争取项目实施单位更大力度的支持等方面进行交流，对创新青年科技人才的发掘机制、培养模式和评价标准进行探讨。

主办期刊 《热带作物学报》创新体制机制，经国家新闻出版署批准，新增中国热带农业科学院和中国科技出版传媒股份有限公司为共同主办单位。召开《热带作物学报》第五届编委会第二次工作会议，总结部署年度重点工作。优化在线采编平台，实现在线投审稿、编辑办公、发布期刊最新动态以及编辑部与编委、审稿专家、作者、读者之间互动交流等功能。开通《热带作物学报》微信公众号。推出快审快发和网络首发新业务，针对高水平和热点研究论文，简化审稿流程，15天左右实现网络首发。开展主编日活动2次，主编郭安平和副主编杨礼富到编辑部现场办公，指导《热带作物学报》专题策划、组约稿以及日常管理等工作。

2019年，《热带作物学报》实现创刊39年来的5个“首次”：首次举办期刊宣讲会；首次策划出版专题“热带植物基因组学与基因编辑”；首次被中国科学引文数据库（CSCD）核心库收录；首次被国际数据库（JST）收录；中国知网（CNKI）影响因子首次突破1.0，达到1.007，影响力指数在中国园艺类期刊中排名第4。

学会为培育热带农业科技期刊集群，与《南方农业学报》和《热带农业科学》达成共同主办意向，策划创办英文科技期刊 *The Tropical Crops Journal*（《热带作物学报》）。

学科发展工程 学会申报的“一带一路”国际科

技组织合作平台建设项目“中国－哥斯达黎加热带饮料作物遗传资源研究中心”获中国科协资助。向中国科协申请学科发展项目“热带作物基因组学前沿热点综述”，对天然橡胶、木薯、芒果、椰子等5种热带作物的基因组学前沿热点进展、重大科技突破进行系统介绍、分析和评论，并预测学科发展趋势。

国内主要学术会议 2019年，学会及其所属分支机构共主办国内学术会议24次。

10月11日，由中国热带农业科学院、海南省农业农村厅、海南省科技厅和学会共同主办的科技支撑槟榔产业可持续健康发展高峰论坛在海南省海口市举办。150余名专家、学者参加会议。论坛以“促进槟榔产业学术交流，推动槟榔产业健康可持续发展”为主题，通过特邀报告、专题论坛等形式为中国槟榔产业转型升级和可持续发展建言献策。

11月8—10日，由学会主办的第二届天然材料研究与应用研讨会在云南省昆明市举办。300余名专家、学者参加会议。

12月10—13日，由学会和云南农业大学共同主办的第三届全国热带作物青年科学家论坛在云南省昆明市召开，200余名青年科学家参加会议。

5月13—15日，学会生态环境专业委员会在贵州省召开农业资源环境学术年会。

6月13—15日，由中国农学会农业气象分会和学会生态环境专业委员会共同主办的第十三届农业环境科学峰会暨全国农业环境科研与产业协作网会议在海南省琼海市博鳌镇召开。

6月25—28日，由学会天然橡胶专业委员会主办的2019年全国天然橡胶学术年会在宁夏回族自治区银川市召开。

8月14—17日，中国热带作物学会南药专业委员会2019年学术年会暨南药黎药产业发展研讨会在海南省澄迈县召开。100余名专家、学者参加会议。

9月15—18日，中国热带作物学会剑麻专业委员会2019年学术年会暨2019年中国剑麻产业高峰论坛在广西壮族自治区南宁市召开。

10月10—12日，中国热带作物学会南方瓜类蔬菜专业委员会第一次会员代表大会暨2019年学术年会在广东省广州市召开。

11月1—4日，由学会香料饮料作物专业委员会、咖啡专业委员会，中国优质农产品开发服务协会香料产业分会共同主办的2019年全国香料饮料作物学术年会暨香料饮料产业发展研讨会在云南省怒江傈僳族自治州召开。

11月24—27日，由学会遗传育种专业委员会、农业农村部热带作物生物学与遗传资源利用重点实验室、农业农村部福建甘蔗生物学与遗传育种重点实验室、农业农村部植物新品种测试福州分中心联合主办的2019年全国热带作物遗传育种学术研讨会在福建省福州市召开。100余名专家、学者参加会议。

12月9—12日，中国热带作物学会园艺专业委员会2019年学术研讨会在广东省湛江市召开。近200名专家、学者参加会议。

12月18—20日，由学会农业经济与信息专业委员会和中国热带农业科学院科技信息研究所主办的2019年全国热带农业经济与信息学科前沿与发展战略研讨会在海南省海口市召开。70余名专家、学者参加会议。

科普活动 学会举办2019年全国科技活动周暨第三届热带农业科技活动周活动。活动期间，在海南、云南、广东等省通过科普研学、科普进校园等形式开展面对青少年的“探秘植物王国”、“咖啡冲泡文化体验”、转基因科普讲座、食用菌科普讲座、生物多样性知识普及等科普活动9场次，受益青少年1700多人次。开展南药、木薯、橡胶等作物栽培技术咨询和成果展示以及食品安全宣传4场次，发放种植技术小册子10种，共1400余册，发放百香果苗和白及苗2000余株，直接受益群众1500余人次。

联合中国农学会、广西壮族自治区科协、广西壮族自治区农业农村厅共同主办2019年全国科普日广西活动暨八桂科普大行动。活动聚焦绿色农业、质量农业等前沿热点，以及非洲猪瘟、农产品安全、人畜公共卫生等民生领域焦点问题，开展DIY（手工制作）蔬菜乐园绿色实践、蔬菜农残快速检测等青少年科普讲座和体验活动5场、“党建＋科普”主题活动1场，举办党建领航百名专家走基层——农业种养技术培训和新技术展览咨询4场次。

加强科普平台和人才队伍建设。组织开展全国热带作物科普基地的申报和认定工作。广垦热带农业科普基地、兴隆热带植物园等10家单位被认定为第一批全国热带作物科普基地。组建一支116人的科技志愿服务队伍，选派5名全国科普传播专家参加中国科协举办的科普培训。

2019年，学会先后获得全国科普日优秀组织单位、全国学会工作知识竞赛优秀组织奖、全国科普日优秀活动等集体荣誉和奖励，2 人获全国学会工作知识竞赛三等奖。

表彰举荐优秀科技工作者 学会组织开展中国科学院院士、中国工程院院士候选人推荐工作，向中国科协推荐 2 名候选人，其中中国热带农业科学院研究员徐明岗入围中国工程院 2019 年院士增选有效候选人名单。组织开展第二届学会科学技术奖励工作，共评选出 7 项成果获得科技进步奖，其中一等奖 2 项、二等奖 5 项；授予 1 人杰出贡献奖、5 人青年科技奖。

党建强会 学会定期召开学会党委会，对“三重一大”事项以及换届选举、科学技术奖励、理事会议和常务理事会议议程等进行前置研究和政治把关。赴陕西省延安市开展“不忘初心、牢记使命”主题党日活动，学习延安革命发展历史。

2019 年，学会 4 个分支机构新建党的基层组织，累计共有 20 个分支机构设立党的基层组织。

严格落实“三会一课”、组织生活会和民主评议党员等组织生活制度，自觉加强和规范党内政治生活。召开党员大会 5 次，召开支委会议 15 次；组织开展“强化学习　遇见更优秀的自己”系列党课；坚持开展谈心谈话和批评与自我批评活动；1 人提交入党申请书，1 人预备期满正式成为中共党员。

秘书处党支部新设立 3 个党小组。秘书处党支部获得学会支撑单位中国热带农业科学院“2017—2019 年度先进基层党组织”称号，并被推荐创建海南省直机关党建示范点，1 项主题党日活动被评为中国热带农业科学院优秀主题党日活动，1 个项目获中国科协党建项目资助。学会党委入选全国学会党建十佳典型案例、全国学会党建工作创新实践典型案例和全国学会党建试点单位。参加创建全国学会星级党组织，获得 877 分，在所有参评学会中排名第二，获得“八星级优秀党组织”称号。

会员服务 学会修订会员手册，宣传会员权益，指导和督促分支机构通过学术会议和工作会议等渠道发展会员。通过突出科技工作者的主体地位，提供多样化的优质公共服务产品，不断提升学会服务会员的能力和水平。

【2019 年全国热带作物学术年会】 9 月 24—27 日，由学会和西北农林科技大学共同主办的 2019 年全国热带作物学术年会在陕西省西安市召开。来自全国各地的近 800 名专家、学者参加会议。年会围绕“聚焦产业转型升级　决胜热区脱贫攻坚”主题，通过特邀报告、专题论坛、墙报、论文和会展等形式展开学术交流，分享中国热带作物和相关学科领域最新科技创新成果。学会理事长李尚兰，西北农林科技大学副校长钱永华出席会议并致辞，学会副理事长郭安平、范源洪、符月华、陈东奎、钟广炎等出席会议，会议由学会副理事长刘波主持。

同期举办第二届中国热带作物学会科学技术奖颁奖典礼和第一批全国热带作物科普基地授牌仪式。评选出“海南莎草科资源及其分类学修订研究”等 7 项成果获得第二届中国热带作物学会科技进步奖一等奖、二等奖，授予中国热带农业科学院研究员刘国道杰出贡献奖、吴海滨等 5 人青年科技奖，授予兴隆热带植物园等 10 家单位为第一批全国热带作物科普基地。

中国工程院院士陈学庚、李天来、康振生，中国科学院院士刘耀光，海南大学教授罗杰，中国科学院北京基因组研究所研究员于军，华中农业大学教授金双侠，西北农林科技大学教授马锋旺，中国热带农业科学院研究员黄贵修等专家、学者作大会特邀报告。年会共设种质资源与遗传育种、组学与生物工程、耕作栽培与生理生态、病虫害防控与绿色农业、农产品储藏加工与质量安全、研究生论坛 6 个专题论坛，118 名专家、学者在专题论坛作主旨报告和专题报告，交流论文 93 篇，展出墙报 51 个，16700 余人次收看会议直播。

（撰稿人：郭诗筠　杨礼富）

中国蚕学会

服务创新型国家和社会建设 学会名誉理事长、中国工程院院士向仲怀，副理事长李龙、代方银等多次组织有关专家到四川省南充市嘉陵区调研当地桑产业，支持南充桑产业创新技术研究院开展相关工作，推动以桑茶为主导的桑食品产业发展，以多元开发实现桑资源循环利用，引领全国桑产业健康发展。

11 月 17—19 日，学会副理事长李龙、杨彪和秘书长沈兴家带领有关专家赴四川省广安市武胜县，宜宾市高县、珙县调研当地蚕桑产业工作。专家有针对性地提出发展蚕桑产业的思路：高起点谋划，差异化定位，突出生态效益，建立蚕桑技术服务体系。

11 月 16 日，学会在重庆市举办“东方紫杯”第二届全国大学生蚕桑生物技术创新大赛。大赛以“弘扬丝路精神，绽放创新青春”为主题，以创新实践论文、发明专利为主要比赛内容。来自全国蚕桑生物技术相关专业的15所高校及科研院所的200余人参加比赛。共有100余项作品参赛，大赛评选产生特等奖15名、一等奖31名、二等奖35名、三等奖9名。学会名誉理事长、中国工程院院士向仲怀，教育部高等学校动物生产类专业教学指导委员会秘书长蒋思文出席活动。

学会建设　2019年，学会召开会员代表大会、理事会议、常务理事会议各1次，以通讯方式召开常务理事会议1次，召开理事长办公会2次。

4月25日，学会在广西壮族自治区南宁市召开理事长办公会，研讨会员代表大会筹备和年度学会主要活动等内容。召开十届二次理事会议、十届四次常务理事会议，通报2018年学会工作并研究部署2019年工作，报告第十次全国会员代表大会第二次会议的相关情况。

4月26日，学会在广西壮族自治区南宁市召开第十次全国会员代表大会第二次会议。理事长廖森泰作中国蚕学会换届以来的工作报告，报告从学会党建与思想政治工作、组织活动、财务状况、交流研讨活动、服务人才成长、服务产业、按章开展活动等方面进行总结，并提出未来的重点工作方向。会议确认理事会个别成员调整，表决通过《中国蚕学会会费管理办法》（修订稿），听取各专业委员会的工作汇报。

9月10—12日，以通讯方式召开常务理事会议，表决通过学会蚕遗传育种专业委员会主任委员人选。

12月5日，在重庆市召开理事长办公会，总结2019年学会主要工作，制订2020年学会工作计划，强调要强化党委在学会重大事项和改革发展中的领导作用。

主办期刊　2019年，学会主办的学术期刊《蚕业科学》出版6期，共1170个版面，刊登论文150篇。发表获国家、省部级重点科研计划项目资助并代表学科前沿的论文达到期刊载文总数的75%以上。继续被中国科技核心期刊、中文核心期刊和美国化学文摘（CA）收录。

国内主要学术会议　学会2019年共举办第四届中国果桑产业发展大会暨桑蚕丝绸产业发展论坛、中国蚕学会第十届青年学术研讨会等主要学术交流活动5次，总参会人数928人次，其中企业参会205人次，形成论文集4册，收录论文366篇。

9月18日，由学会和国家蚕桑产业技术体系主办的全国桑茶产业发展大会在四川省南充市嘉陵区召开。中国丝绸桑蚕品牌集群主席朱保成，中国工程院院士向仲怀，南充市委、市政府的相关领导，以及来自全国各地的125名专家、学者参加会议。国家蚕桑产业技术体系首席科学家鲁成、教育部中国校园团餐联盟专家委员会主任张立强、广东省农业科学院副院长肖更生作学术报告。会上，签订多个合作协议。

9月21日，学会在广西壮族自治区河池市宜州区召开2019年全国蚕病理学与病虫害防控学术研讨会。研讨会以“蚕业科技兴农，助力精准扶贫”为主题，有关高校、科研院所、生产企业管理代表86人参加会议，围绕蚕病理学与病虫害防控的研究展开对话和探讨。研讨会分别以主题报告和交流发言的形式进行，交流近年来蚕病理学及病虫害防控领域取得的创新成果。

10月23日，学会在湖南省长沙市召开全国蚕种生产技术经验交流会。来自20个蚕业生产省、自治区、直辖市的172名专家、学者参加会议。会议收到论文46篇，其中围绕蚕种选育和生产、蚕种生产安全、蚕桑产业模式创新等主题的12篇论文进行会议交流。

科普活动　2019年，学会秘书处联合江苏科技大学开展“蚕桑科普进校园”品牌科普活动5次，在江苏省扬州市和镇江市面向中小学生开展蚕桑主题科普活动，参加科普活动的专家22人次，受众师生4200人次。

党建强会　4月25日，学会在广西壮族自治区南宁市召开学会党委会，学会党委书记廖森泰报告党委工作，会议研讨2019年党委工作重点、方式方法，为学会各项重点工作把好方向，积极推进学会改革。

12月5日，学会在重庆市召开党委会，总结2019年学会主要工作，研讨2020年学会党委自身工作和在学会改革发展中如何强化党委对各项工作的领导。

【第四届中国果桑产业发展大会暨桑蚕丝绸产业发展论坛】　4月9日，第四届中国果桑产业发展大会暨桑蚕丝绸产业发展论坛在四川省凉山彝族自治州德昌县举办。全国政协委员、中国农业科学院原党组书记陈萌山参加会议并致辞。原农业部党组成员、原中央纪委驻农业部纪检组组长朱保成发表主旨演讲。中国优质农产品开发服务协会会长黄竞仪等出席大会。

来自全国各地的专家、学者、四川省相关部门负责人及媒体300余人参加会议。

陈萌山表示，要拓展战略思路，加强顶层设计，推动蚕桑丝绸产业转型升级。朱保成在主旨演讲中表示，要大力发展桑蚕产业，助力脱贫攻坚、实现精准脱贫，必须提高站位，深入发掘宣扬桑蚕丝绸的悠久历史，不断增强以产业发展助力脱贫攻坚的使命感；立足现实，加快推进桑蚕资源的多元开发，不断增强以绿色发展聚力精准扶贫的紧迫感；着眼未来，主动把握“一带一路”倡议的战略机遇，不断增强以产业振兴推进长效扶贫的责任感。

学会常务副理事长、中国农业科学院蚕业研究所副所长李龙以《中古友谊银线牵——“一带一路”在拉美的成功实践》为题作演讲，西南大学家蚕基因组生物学国家重点实验室教授赵爱春作题为《优质高产抗逆桑树多元种质发掘评价与利用研究》的演讲。句容市东方紫酒业有限公司、湖北元亨金叶农业发展公司、吴江鼎盛丝绸有限公司等企业分享产品研发及市场探索方面的成功案例和经验。四川省凉山彝族自治州德昌县、宁南县分别介绍两县桑蚕产业扶贫情况。

论坛上举办项目签约仪式，有关单位与德昌县人民政府签订3个项目合作协议，签约金额为4.6亿元。其间，德昌县还举办桑椹及德昌农特产品展示、桑椹美食手工大赛等活动。

【中国蚕学会第十届青年学术研讨会】 10月24—26日，学会第十届青年学术研讨会在江苏省镇江市举办。学会理事长、广东省农业科学院党委书记廖森泰，江苏科技大学党委常委、副校长俞孟蕻，中国蚕学会常务副理事长李龙，浙江大学动物科学学院副院长杨明英等出席会议。来自全国27家高校、科研院所及生产管理单位的240名专家、青年学者参加会议。

大会共收到论文（摘要）201篇，举办大会特邀报告1场、大会专家报告5场、分组交流报告62个。华南师范大学教授冯启理作大会特邀报告，苏州大学教授贡成良、西南大学教授童晓玲、浙江大学教授邵勇奇、华南农业大学教授孙京臣、江苏科技大学教授王俊就各自开展的蚕业科技创新研究作报告。62名青年学者分别作分组交流报告，报告内容涵盖家蚕柞蚕生物学、桑树柞树生物学、蚕桑病原生物学、蚕桑资源开发利用、育种技术与品种选育等领域。学会常务副理事长李龙作会议总结。

（撰稿人：刘　挺）

中国水土保持学会

服务创新型国家和社会建设　2019年，学会完成生产建设项目水土保持方案编制单位和监测单位水平评价工作，731家方案编制单位、257家监测单位提出水平评价申请。经学会咨询与评价工作委员会组织专家进行评审，方案编制单位评审结果为412家单位满足基本条件，其中14家单位为5星级、61家单位为4星级、79家单位为3星级、121家单位为2星级、137家单位为1星级；监测单位评审结果为173家单位满足基本条件，其中2家单位为5星级、10家单位为4星级、20家单位为3星级、37家单位为2星级、104家单位为1星级。

学会共举办生产建设项目水土保持方案编制技术人员、生产建设项目水土保持监测技术人员 、生产建设项目水土保持设施验收报告编制技术人员、水土保持规划设计培训班7期，培训学员3200余人次。

学会建设　学会共召开1次理事会议、2次常务理事会议、4次理事长办公会，审议通过学会修订或制定的制度和其他重要事宜。

5月7日，学会在河南省三门峡市召开2019年秘书长工作会议，73名相关人员参加会议。会议传达有关文件精神，总结学会2018年工作，部署学会2019年重点工作，开展工作交流和研讨。

2019年，学会在北京分别召开学术交流、期刊与科技奖励工作委员会会议，组织宣传工作委员会会议，咨询与评价工作委员会会议和科普工作委员会会议。各工作委员会会议研究各专项工作的工作思路，审议专项重点工作。

主办期刊　11月15日，学会在北京召开《中国水土保持科学》第四届编委会2019年主编会议。会议总结第四届编委会2019年工作，围绕期刊目前存在问题及应对措施、定位与办刊宗旨、学术质量提升举措、完善审稿流程和同行评议制度等方面展开研讨。

《中国水土保持科学》2019年共发表文章110篇，其中水保黄河专栏8篇、基础研究26篇、应用研究59篇、开发研究1篇、工程技术8篇、创新研究2篇、研究综述6篇。继续与中国知网合作，推出整期“优先出版”，即期刊纸质版印刷之前，电子版优先在线发表。官网和微信公众号及时更新并推送当期目录和精选论文。

学会开展第八届《中国水土保持科学》优秀论文评选工作，评选范围涵盖 2017 年 1—6 期，共计 111 篇，评选出优秀论文 5 篇。

国际学术会议 5 月 10—12 日，由中国科学院成都山地灾害与环境研究所、学会等单位联合承办的“一带一路”防灾减灾和可持续发展国际学术大会在北京召开。会议主题为“携手共建安全、绿色、可持续发展的丝路”。

国内主要学术会议 5 月 27—29 日，学会开展中国水土保持学会“全国科技工作者日”座谈会等系列活动，围绕国家水利和水土保持工程建设、人才培养、科学研究、工作经验等内容进行交流。

两岸交流 10 月 20—26 日，学会与台湾“中华水土保持学会”在台湾地区台中市共同主办 2019 年海峡两岸水土保持学术研讨会，会议主题为“水土保持与永续环境”。来自海峡两岸 200 余名专家、学者参加会议，研讨交流海峡两岸水土保持研究领域的前沿动态，加强两岸学术对话，推动两岸水土保持科技合作。学会副理事长刘国彬作题为《主要水蚀区水土流失防治成效评估》的主旨报告，台湾“中华水土保持学会”常务理事、中兴大学教授陈树群作题为《台湾水土保持手册新版编修后的未来发展趋势》的主旨报告。研讨会设置 2 个分会场，来自海峡两岸的 31 名学者作学术报告，围绕水土流失防治与区域永续发展、水源区保育与生态安全、工程建设与水土保持、坡地灾害监测与气候变迁调适、智能化水土保持科技和水土保持政策与教育倡导等问题进行探讨。会议共征集论文 57 篇。

科普活动 学会开展第三批全国水土保持科普教育基地评选工作，北京市鹫峰水土保持科技示范园等 5 家国家水土保持科技示范园区被评为学会第三批全国水土保持科普教育基地。

5 月 12 日，学会在山西省太原市开展 2019 年全国防灾减灾日科普宣传活动，活动主题是“提高灾害防治能力，构筑生命安全防线”。9 月 21 日，学会在北京举办水土保持科普大讲堂，活动主题是“走近水土保持”。11 月 30 日，学会副理事长刘国彬在中央电视台《开讲啦》栏目讲述水土保持故事。

表彰举荐优秀科技工作者 2019 年，学会共评选出第十一届中国水土保持学会科学技术奖 7 项，其中一等奖 3 项、二等奖 2 项、三等奖 2 项；第二届中国水土保持学会优秀设计奖 22 项，其中一等奖 3 项、二等奖 7 项、三等奖 12 项。

学会向中国科协推荐国家科学技术奖候选项目 2 项。

党建强会 学会全年召开 3 次党委会，传达学习中国科协有关文件精神，前置审议学会“三重一大”事项。

5 月 7 日，学会党委在河南省三门峡市开展“传承黄河大坝精神，牢记学会发展使命”主题教育。

【第二届中国水土保持学术大会】 12 月 5—6 日，第二届中国水土保持学术大会在陕西省西安市召开。大会以“重保护、强监管，打造幸福黄河”为主题，由学会主办，中国科学院水利部水土保持研究所、西北农林科技大学水土保持研究所、黄河上中游管理局、黄土高原土壤侵蚀与旱地农业国家重点实验室承办，分会场和论坛由世界水土保持学会、国际泥沙研究培训中心、北京林业大学水土保持学院等单位和学会土壤侵蚀专业委员会等 10 个专业委员会共同组织。

学会理事长、水利部副部长陆桂华，陕西省副省长魏增军，中国工程院院士山仑，联合国粮农组织全球土壤伙伴计划顾问 Clara Lefevre，联合国粮农组织政府间土壤技术委员会主席 Rosa Poch，以及来自高等院校、科研院所、设计单位、学术团体以及相关行业管理部门的 1100 余名专家、学者参加大会。

开幕式上颁发第十一届中国水土保持学会科学技术奖、第二届中国水土保持学会优秀设计奖和《中国水土保持科学》第八届优秀论文奖，为第三批全国水土保持科普教育基地授牌。

中国工程院院士山仑、水利部总规划师汪安南、世界水土保持学会主席李锐、Clara Lefevre、黄河水利委员会副总工程师何兴照在主会场分别作题为《黄土高原退耕还林（草）生态工程的若干思考与建议》《黄河流域生态保护和高质量发展的几点认识和思考》《坚持大国担当，服务全球水土保持》“Soil Erosion：A Global Challenge Addressed by the GSP and the ITPS”《加强黄土高原水土保持建设，促进黄河流域高质量发展》的主旨报告。

大会设置水土保持与乡村振兴论坛、全球土壤侵蚀评价论坛、水土保持学科发展论坛、水土保持环境效应与管理论坛、青年学术论坛和 10 个分会场进行专题研讨，研讨内容涉及预防监督、生态清洁小流域、崩岗侵蚀与治理、山地灾害生态减灾、水土保持动态监测与信息化、工程绿化与绿色矿山、林草生态修复、荒漠化防治、城市水土保持、土壤侵蚀等水土保持研究领域。334名专家、学者在论坛和分会场进行专题交流。大会共征集239篇论文和摘要。

部分与会专家、学者赴西安汉城湖国家水土保持示范园和中国科学院水利部水土保持研究所进行现场技术交流。

（撰稿人：张东宇）

中国茶叶学会

服务创新型国家和社会建设 2019年，学会组织近50名专家分赴安徽省六安市金寨县、湖南省永州市、贵州省黔东南苗族侗族自治州黎平县等82地开展科技助力精准扶贫活动200余次。通过走访调研，了解当地茶叶生产状况，举办科技讲座或技术培训128次，来自当地茶叶管理部门以及从事茶叶企业管理、生产、加工、销售等人员共计2万余人次参加活动。参与企业1879家，发放生产技术资料11560份，推广新品种36个，种植面积94.28万亩，推广新技术48个，取得经济效益4.3亿元。

学会先后组织50余名专家赴江西省景德镇市浮梁县、四川省宜宾市屏山县、湖北省十堰市竹山县等地举办茶产业咨询会3次。就茶叶科技创新、提质增效、标准制订、品牌培育等方面，结合当地实际情况，给出针对性建议。

学会开展茶叶科技成果、产品质量评价。对“夏秋茶原料深加工技术与产业化应用”“高品质宜昌红茶加工工艺的研究与推广”等6个项目开展科技成果评价，出具评价报告。制定茶叶品质评价管理办法，评价茶样385个。

学会发布《茉莉白茶》《茶艺职业技能竞赛技术规程》《潮州工夫茶艺技术规程》和《少儿茶艺等级评价规程》团体标准4项，其中《茶艺职业技能竞赛技术规程》已在全国24个省、直辖市茶艺大赛选拔赛及总决赛执行。

学会承接完成农业农村部社会事业促进司“茶文化转化与创新”、人力资源社会保障部职业技能鉴定中心“茶艺师职业技能鉴定国家题库”审定、浙江省职业技能鉴定指导中心的茶艺师（四、三、二级）和评茶员（1~5级）考试指南的开发和题库调整等项目。5月15—19日，由农业农村部、浙江省人民政府主办的第三届中国国际茶叶博览会在浙江省杭州市召开。学会作为博览会协办单位，参与主办第二届国际茶学院所长会议。

学会举办评茶员、茶艺师职业技能培训15期，共1010人次参加；师资培训11期，共508人次参加；茶叶科技人员知识更新研修班9期，共725人次参加，包括西湖龙井茶、普洱茶、白茶、闽北乌龙茶、广东乌龙茶品质评鉴研修班，茶业经营管理与产业升级研修班，茶艺裁判员培训班及2019年首创的全国少儿茶艺教学能力提升与茶园植保专项能力提升研修班。2019年学会培养的32名学员在全国评茶、茶艺技能大赛中获奖，学会茶艺师资班学员指导的6名学生、2个团队在全国茶艺大赛中获奖。

学会建设 2019年，学会新发展单位会员38家、个人会员506人，新增副理事长1名、理事1名，调整理事2名，其中常务理事1名，新增分支机构1个。截至12月31日，学会共有个人会员4045人，单位会员416家，理事113名，其中常务理事36名，分支机构15个。

加强学会信息化建设，建立中国茶叶学会App，学会官网改版并增设英文版，实现电脑端与手机端互通。2019年学会微信公众号共发布稿件210篇，点击量141万余次，订阅量73510人。

学会治理结构和治理方式改革 为加强国际交流，成立中国茶叶学会国际交流工作委员会，秘书处增设国际交流部。

学会新制定《中国茶叶学会茶叶品质评价管理办法》《中国茶叶学会陆羽奖评选办法》《中国茶叶学会世界一流学会建设项目管理办法》3项制度，修订《中国茶叶学会财务管理办法》《中国茶叶学会全国优秀茶叶科技工作者评选表彰办法》《中国茶叶学会全国优秀女茶叶科技工作者评选表彰办法》3项制度。

9月底，学会在云南省临沧市成立“茶产业协同创新共同体”。首批成员单位共有47家，包括11所高校、14所科研院所、21家企业和1家学会。

学会新建3个“会企”合作专家工作站和1个“会政”联动学会服务站。调查摸底各工作站需求，制订服务计划，设立牵头专家，成立专家小组。2019年，组织专家63人次赴各专家工作站、服务站开展科技服务工作21次，举办咨询会1次、讲座21场，受众1340人次。

主办期刊 《茶叶科学》全年共处理稿件384篇，确定录用67篇。编辑出版6期，刊载论文77篇。中国知网显示《茶叶科学》最新综合影响因子为1.371，网络下载量7.55万次，相比2018年略有增加。据中国科学引文数据库（CSCD）提供的数据，影响因子为0.8344，较2018年提高12.5%；《中国科技期刊引证报告（核心版）》发布的最新核心影响因子为1.13，较2018年提高9.5%。2019—2020年仍被中国科学引文数据库列为核心库（C）来源期刊，被美国史蒂芬斯数据库（EBSCO host）收录。

《茶叶科学》网站进行全面改版升级，实现中英双语；所有已刊论文在网站上实现全部免费下载；与博看网进行合作，国外终端浏览次数和移动终端用户浏览次数明显增多。

学科发展工程 9月27日，学会《2016—2017茶学学科发展报告》在云南省西双版纳傣族自治州勐海县正式发布。学会组织以中国工程院院士陈宗懋、中国农业科学院茶叶研究所所长杨亚军、学会副理事长宛晓春为学术顾问，中国农业科学院茶叶研究所研究员江用文为首席科学家，多位茶学专家参与的编委会，邀请全国茶学各领域的60余名专家参与编写工作。该报告站在学科前沿高度，全面总结中国茶学学科的最新研究进展，凝练茶学近年来取得的新发现、新发明和新技术，分析比较国内外茶学研究进展，指出中国茶学的优势和差距，展望今后中国茶学发展趋势和重点任务。

学会征集重大科学问题和工程技术难题25个。遴选出"植物有害生物全程化学生态学防控"等3个重大科学问题和"富含酚类物质的木本植物遗传转化与再生体系"等3个工程技术难题。其中，"富含酚类物质的木本植物遗传转化与再生体系"及"植物酚类物质的结构、性质与功能"进入中国科协投票范围。

国际学术会议 学会分别在四川省宜宾市、浙江省杭州市举办国际红茶产业科技创新研讨会、第二届国际茶学院所长会议。来自英国、德国、日本、肯尼亚等27国的500多名专家、学者参加会议，41名专家、学者作专题报告，其中15名国外专家分别就各国茶产业及科技发展状况等作报告。收录论文摘要68篇，出版论文摘要集1部。

国内主要学术会议 学会先后在浙江省丽水市松阳县、福建省南平市政和县、云南省西双版纳傣族自治州勐海县、广东省深圳市等地举办全国茶业标准发展研讨会、第七届茶叶感官审评学术沙龙、2019全国茶学学科发展研讨会、第九届茶学青年科学家论坛。来自全国500余名科技工作者参加会议，63名专家围绕各自研究领域作相关报告，包括多名跨领域专家。展示墙报40篇，收录论文长摘要162篇，出版论文集1部。

国际交往 3月19日，来自法国、德国、荷兰、葡萄牙等国的欧洲种茶协会一行16人到学会访问交流。双方就各国的茶叶种植、加工现状以及茶业爱好者对茶的认知情况进行交流，还就进一步加强茶科技与文化交流及推动欧洲茶业的发展交换意见，双方协商在茶业培训方面开展合作，推动茶文化向欧洲传播。

6月13—17日，学会组织2名专家赴韩国首尔参加2019韩国茶叶学会年会及国际学术会议。2名专家分别作《茶树分子育种：挑战与机遇》和《中国茶文化的昨天、今天与明天》主题报告，交流茶科技、弘扬传播茶文化。

科普活动 学会以举办全民饮茶日、茶科普"四进"、"一带一路"茶文化传播等品牌科普活动为基础，编撰《茶知识100问》（中英双语）、《大家说茶艺》、《一杯茶中的科学》和《茶艺培训教材》4本科普图书。将线上科普与线下科普相结合，组织科普专家和志愿者举办科普讲座280余场，近4.3万人次参与。

学会开展的2019年第十一届全民饮茶日活动拓展至国外，全国103个城市以及日本东京、荷兰瓦格宁根等海外城市举办全民饮茶日活动，5000余家企业、近1000万人参与。免费赠送科普口袋书18万册、海报500张、横幅150条，组织讲座600余场。据不完全统计，学会组织的微信平台茶知识有奖竞答活动参与人数17.9万人次，较2018年增加63%，送出品鉴茶2400份。

学会举办线下茶科普"四进"活动，组织专家走进企业、走进学校、走进政府、走进茶博会，分别为农业农村部人力资源开发中心、全国党建研究会科研所专业委员会、浙江省电信公司等就"六大茶类品质评鉴""如何泡好一杯茶""宋代茶文化""中国茶道礼仪"等主题开展科普讲座10余场，赠送科普小册子、茶香皂等科技创新产品1000余份，将科普讲座与现场品饮体验、茶科普知识抢答相结合。

学会开展"一带一路"中国茶文化传播活动，先后2次组织专家赴义乌工商职业技术学院和浙江师范大学面向外国留学生开展茶文化推广传播活动，讲授茶叶科学知识，体验六大茶类冲泡。来自土耳其、印度等30余个国家和地区的100余名留学生参加活动。

学会编制的2019年“科技民生系列丛书”之《一杯茶中的科学》全书分7个章节24个小节共计10万余字，从茶的国饮之路、科学看茶、泡好一杯茶、科学识茶等方面，介绍茶叶科技与茶叶健康相关知识，正面回应社会公众关心的热点问题。

5月15—19日，学会作为第三届中国国际茶叶博览会协办单位，现场开展“名师讲堂”茶科普活动。

表彰举荐优秀科技工作者 学会评选第六届中国茶叶学会科学技术奖、青年科技奖，共收到来自高校、科研院所、农业部门及企业的科学技术奖推荐材料17份、青年科技奖推荐材料25份，覆盖14个省、自治区、直辖市。由学会科学技术奖励委员会办公室对材料进行形式审查，科学技术奖由相关领域专家先进行网上盲评。评审专家依据评选办法对材料进行审议，最终评选出陈红平等10位青年科技工作者获青年科技奖，“茶汁降苦脱涩加工关键技术与产业化应用”项目获科学技术奖一等奖，“茶树抗寒品种选育及其配套栽培技术”等7个项目获科学技术奖二等奖。

学会创新发展 学会为落实国家精准扶贫和乡村振兴战略，发挥学会专家资源优势，培养综合性、应用型、留得住的青年茶业乡土人才，推动茶区科技兴茶、人才兴茶，开创实施“青茶计划”。从国家贫困茶区、学会专家工作站、服务站等服务区域及单位会员企业遴选拟重点培养的青年茶叶技术后备人才，根据各学员工作方向和专长，组织知名专家组成导师组，从茶树品种、栽培、绿色防控、加工等方向给予学员单独指导。各服务区域成立班委，制订班级活动制度和“五个一”年度培养计划，即选择一位导师、做好一份茶事记录、参加一次会议/活动、解决一个问题、做好一份总结。通过对青年茶业人才的培养，为各地茶叶科技水平提升和茶区长效发展贡献力量，2019年签约“青茶”学员100名，实行一对一导师制培养。

党建强会 学会落实党建强会要求，将加强党建工作的内容加入学会章程。安排党委委员参加中国科协2019年党风廉政建设推进会暨警示教育大会，党务干部参加中国科协科技社团党委、中共浙江省直属机关工作委员会组织的党务干部培训，及时向理事发布学习动态。按照要求报送党建工作报告，重要事项及时向中国科协科技社团党委请示报备，“三重一大”事项均由党委进行前置审议，防范化解廉政风险。学会党委被中国科协科技社团党委授予“2019年度全国学会智慧党建优秀学会党组织”称号。办事机构党支部坚持“三会一课一费”制度，组织全体党员前往嘉兴南湖革命纪念馆、中共一大会址开展专题教育活动，与中国细胞生物学学会办事机构支部开展访问学习活动。支部党员走进贵州省黔南布依族苗族自治州贵定县云雾镇营上村，与结对共建的党支部开展学习交流。

会员服务 学会为个人会员和单位会员提供全年12期《中国茶叶》期刊或6期《茶叶科学》期刊，发送学会工作简报和节日问候。通过学会信息化平台为广大会员和茶叶爱好者提供最新茶叶资讯、茶叶科技与研究进展、茶叶科普知识等。

举办“科技工作者日”科学精神宣讲交流会、迎春茶会，看望慰问老科技工作者50名。通过微信、年会、期刊等渠道，宣传推广会员产品和品牌，通过微信公众号宣传优秀茶叶科技工作者10名。

【2019中国茶业科技年会】 12月10—13日，学会在广东省深圳市举办2019中国茶业科技年会。来自27个省、直辖市以及香港特别行政区、台湾地区的31个县市茶业管理部门、54家科研院所、36所高等院校、21个茶叶社团、244家茶叶企业，以及来自韩国、美国、新西兰等国的专家、学者、企业代表，近1500人参加会议。

年会以“科技支撑茶业高质量发展”为主题，集产学研政为一体，设有1个主会场、2个科技分会场和1个经济分会场。邀请包括3名院士在内的30名国内外专家、学者，围绕茶叶绿色防控和质量安全、茶叶深加工、茶文化转化与创新、高质量发展背景下中国茶产业的业态创新、2019年茶叶消费特征与后期趋势展望等20余个议题进行交流，介绍国内外产业、技术发展动态，展示最新技术，分析产销形势，推介茶叶专业人才，传播科学饮茶文化，促进茶叶消费。通过湖南广播电视台茶频道、是茶文化、今日头条等媒体进行网络直播，共计203.6723万人次点击收看；展示500余名相关专业毕业生就业信息、50余项茶叶最新科研成果，为中国茶叶学会科学技术奖、青年科技奖获得者颁奖；邀请韩国和美国专家、学者，就美国、日本、韩国茶叶消费现状进行分析。

【第四届全国茶艺职业技能竞赛】 10月28—31日，由学会与中国就业培训技术指导中心、农业农村部人力资源开发中心、中华全国供销合作总社职业技能鉴定指导中心共同主办的2019年中国技能大赛——“武夷山大红袍杯”第四届全国茶艺职业技能竞赛总决赛在福建省武夷山市举办。竞赛分省级选拔赛和全国总决赛两个阶段，采用线下和线上两种选拔方式。24个省、自治区、直辖市设立分赛区选拔赛，创新开设个人赛、团体赛线上“竞赛直通车”和茶席作品人气投票等线上竞赛参与渠道。据不完全统计，线上、线下共计175万人次参与。来自28个省、自治区、直辖市的270名选手参加总决赛。经过3天的比拼，角逐出个人赛金奖3个、银奖12个、铜奖25个；团体赛金奖1个、银奖3个、铜奖6个；茶席设计赛金奖3个、银奖9个、铜奖18个；优秀茶汤奖、优秀演艺奖、优秀创意奖、优秀文案奖、团队协作奖等单项奖若干。

（撰稿人：马秀芬）

中国草学会

服务创新型国家和社会建设 学会为农业农村部、国家林业和草原局等单位提供工作支持，学会会员参与技术支持、扶贫工作等社会活动20余次。

学会协助中国农学会完成《国家中长期科学和技术发展规划纲要（2006—2020年）》中有关草原学科进展方面的内容编写工作。

11月，在学会的组织下，学会草业经济与政策专业委员会先后派出2人次到甘肃省和内蒙古自治区参加《中华人民共和国草原法》修订的调研工作。

学会协助国家林业和草原局制订有关规划和制度，梳理2015—2019年草原方面成果获奖情况、成果转化情况109项，协助国家林业和草原局完成草原研究方向专家库的组建工作。完成《草原科技成果转移转化问题研究调研汇总》报告1份。

5月9日，学会草地生态专业委员会主任委员沈禹颖及其团队成员参加甘肃省临夏回族自治州和政县科技助力“三州三区”产业扶贫工作座谈会。会议就青贮玉米收获管理及饲喂效果、肉牛肥育技术、提高油菜产量和品质、啤特果生产状况以及产品开发等问题进行讨论，为当地产业发展建言献策。

学会及其专业委员会举办或派学会专家、学者出席各类培训班、研讨会10余次，提高与会人员的草学科学素养，夯实理论知识。

6月23—26日，由学会牧草遗传资源专业委员会承办的中国农业科学院草原研究所第一届植物分类学培训班在内蒙古自治区呼和浩特市举办。来自21个省、自治区、直辖市的相关管理机构、高校、科研院所、企业等53个单位的110余名学员参加培训。

6月29日，云南省草牧业与绿色食品品牌建设技术培训班在云南省昆明市举办。学会草地生态专业委员会主任委员沈禹颖讲授《草田轮作技术研究与应用》，学会草地生态专业委员会副主任委员兼秘书长侯扶江讲授《草地放牧生态系统的基础理论与应用》。

8月20—22日，学会草地生态专业委员会副主任委员兼秘书长侯扶江参加宁夏回族自治区退牧还草工程项目管理暨草原生态修复关键技术研讨会，为县、区、市草原工作负责人和技术骨干授课，并为自治区草原科技工作方案的制订出谋划策。

8月20—22日，第一次草原生物灾害防治技术高级研修班在内蒙古自治区呼和浩特市举办。甘肃省植物保护学会第九届理事会理事及草业园林病虫害专业委员会主任委员李彦忠讲授《草原病害的识别与防治技术》。

8月22—27日，内蒙古草原动物生态学联合研究站工作会议及动物监测研讨会在内蒙古自治区锡林浩特市召开。学会草地生态专业委员会5名委员在内蒙古自治区锡林郭勒盟草原开展“啮齿动物生态学调查方法与技术”培训，培训内容主要包括植物调查、土壤硬度和土壤水分调查、昆虫调查、鼠类调查等。学生和一线技术人员共40余人参加培训。

9月3—10日，2019年草原生态保护技术培训班在甘肃省甘南藏族自治州夏河县举办。学会草地生态专业委员会主任委员沈禹颖讲授《草地生态服务功能及价值评估的研究进展》，并带领全体学员赴桑科草原进行野外操作训练。

12月23日，学会草坪专业委员会草坪生产者工作部（联盟）成立暨第一届草坪生产者论坛在北京召开。中国农业大学等单位的6名专家对来自京津冀地区的100余名草坪生产者进行培训。会议就草坪的生产标准、管理技术、草种选择等进行交流。

学会建设 学会录制《中国草学会成立四十周年庆祝活动宣传片》，印刷学会四十周年庆祝活动及“6·18草原保护日”诗集《筑梦新时代，奋进四十载》300册。

学会饲料生产专业委员会、牧草育种专业委员会和草地生态专业委员会进行换届。截至12月底，学会个人会员5328人，比2018年新增3人。

学会治理结构和治理方式改革 学会对已有的各项管理章程、办法和奖励实施细则等文件进行梳理，编制成《中国草学会章程、管理办法实施手册》。进一步完善个人会员、单位会员入会程序和会员注册登记工作。对学会会员系统信息进行整理完善，完成会员信息、会员数量的核对工作。进一步完善院士推选实施方案和科技成果鉴定评审程序。

主办期刊 学会共主办期刊5种，其中《草业学报》获得“中国精品科技期刊”，入选“领跑者5000——中国精品科技期刊顶尖学术论文项目（F5000）”来源期刊，被收录为中国科技核心期刊，入选2019年北京国际图书博览会（BIBF）庆祝中华人民共和国成立70周年精品期刊展，影响因子为1.474，核心总被引频次4532。《中国草地学报》复合影响因子为1.756，综合影响因子为1.267，复合影响因子较2018年度有所提升。

学科发展工程 《农业伦理学进展（第二辑）》由社会科学文献出版社出版。《农业伦理学进展》是中国第一部以农业伦理学研究为主要内容的学术集刊，由中国工程院院士、学会首席顾问任继周倡导，南京农业大学教授王思明主编。辑刊以推进农业伦理学发展为宗旨，致力于反映农业伦理学最新研究成果。

决策咨询 2月28日，《林业草原“十四五”总体规划》编制草原专题专家咨询会在北京召开。学会委员、中国农业科学院植物保护研究所草地有害生物监测与防控创新团队首席科学家张泽华应邀参加会议，并提出进一步加强草原生物灾害监测预警和绿色防控的建议。

6月，针对内蒙古自治区锡林郭勒盟、呼伦贝尔市等地发生严重的草原蝗虫灾害的问题，学会草地植保专业委员会组织专家对蝗灾发生地点开展灾情调查，并向国家林业和草原局草原管理司提交《关于加强草原蝗虫监测预警与防治工作的建议》的请示报告。国家林业和草原局草原管理司据此给全国草原行政主管业务部门下发《关于进一步加强草原蝗虫防治工作的通知》。

针对2019年度鼠害发生现状，学会草地植保专业委员会成员张知彬和王勇牵头起草咨询报告《中科院专家建议尽快采取措施控制害鼠暴发风险》。针对11月北京出现鼠疫患者的现状，结合2019年的鼠害发生情况、当前鼠害科研单位和草地植保部门在开展鼠害工作中遇到的问题，张知彬和王勇牵头起草报告《我国鼠疫流行和防范应对情况面临的困难及对策》。两份报告均被中共中央办公厅和国务院办公厅采用。

受国家林业和草原局草原管理司的委托，学会对《关于加强草原资源保护和生态修复的若干意见》（此篇中以下简称《意见》）进行政策评估。12月18日，在北京召开《意见》政策评估会。来自国家发展改革委农村经济司、国家林业和草原局、中国科学院地理科学与资源研究所、中国农业科学院草原研究所、北京市农林科学院、北京林业大学、中国农业大学及学会等单位的12名专家参加会议。专家对《意见》进行讨论和修改，并形成《专家评估意见》，学会出具《评估报告》1份。

国际学术会议 8月22—24日，由学会草地管理专业委员会主办的草地生态与可持续性管理国际论坛研讨会在吉林省长春市召开。来自中国、美国、澳大利亚、日本、坦桑尼亚等国家的150余名草地生态学研究专家、学者参加会议。会议主题为“草地生态与可持续管理”。澳大利亚联邦科学与工业研究组织教授Ken Hodgkinson、美国内布拉斯加州林肯大学教授Johannes Knops、河北大学教授万师强和东北师范大学教授王岭应邀作大会报告。来自日本北海道大学、日本农业和食品研究组织、坦桑尼亚达累斯萨拉姆大学、中国农业科学院草原研究所、北京师范大学、中国科学院植物研究所和中国农业科学院草原研究所的7名专家围绕“全球变化与草地适应性”和“草地放牧生态与可持续管理”作专题报告。24名青年科技工作者通过海报展示最新的研究进展和成果。

国内主要学术会议 学会、各分支机构/二级专业委员会以“草原有害生物”“草业科技创新”“草业机械”“草营养与加工”“草坪运动场”“草学教育”等为主题开展学术会议、研讨会、培训班90余次，共收到论文200余篇。

7月19—22日，学会饲料生产专业委员会第十届代表大会暨第十九次学术研讨会在黑龙江省哈尔滨市召开。

8月21—23日，2019年度草地植保学术研讨会暨草地植保专业委员会常务理事工作会在内蒙古自治区锡林浩特市召开。

国际交往 1月21—25日，学会草地生态专业委员会主任委员沈禹颖、副主任委员兼秘书长侯扶江赴韩国江原国立大学访问交流，双方在建立草地农业领域科研合作、本科生教学教育交流和人员互访、科研成果写作与期刊交流等方面进行讨论，签订全面合作备忘录。

8月8—20日，学会草地生态专业委员会常务理事韩国栋和王德利等应邀赴美国访问交流草原科研与管理。代表团考察美国新墨西哥州亚热带灌木草原、科罗拉多州温带矮草草原、怀俄明州温带混合草原、堪萨斯州温带高草草原等典型草地生态系统。与美国农业部农业研究局乔纳达草原试验站（Jornada Experimental Range）、柯林斯堡草原试验站（Fort Collins）、夏岩草原试验站（Cheyenne）、堪萨斯州立大学草原试验站，以及新墨西哥州立大学、怀俄明大学、堪萨斯州立大学等单位的科学家进行交流。

10月1—11日，新西兰草地农业研究所博士Richard Johnson和Wayne Simpson来访，针对目前国际上利用优良内生真菌（菌株）培育抗逆、优质和高产牧草新种质的科学研究中普遍存在的技术难点，两位专家在实验室现场展示禾草内生真菌接种技术，并对部分研究生的实验操作进行指导。

12月2—7日，学会草地植保专业委员会委员张知彬出席国际动物学会在新西兰奥克兰组织召开的第十一届整合动物学国际研讨会。多名委员就自身研究进展以报告的形式和国际同行进行交流。

11月10—15日，学会组织国家林业和草原局草原管理司、中国农业大学、中国农业科学院农业资源与农业区划研究所和国际生物多样性中心东亚办事处的5名专家对尼泊尔的草地保护、建设与利用进行实地考察，了解尼泊尔草原管理利用现状和草地退化情况，并与国际山地综合发展中心科学家就草原跨境保护与利用进行探讨。学会副秘书长、中国农业大学教授戎郁萍起草《尼泊尔草原资源管理与利用考察报告》。

科普活动 6月18日为“第八届草原保护日”，主题为“播种绿色，‘爱’护草原”。学会举办以草原为主题的诗文征集和摄影宣传活动，评选出优秀作品，通过学会微信公众号及学会官网发布，并发放纪念U盘。

表彰举荐优秀科技工作者 经学会推荐，北京林业大学教授韩烈保入选中国工程院院士候选人名单。

由学会主办的2018年度王栋奖学金颁奖典礼在陕西省西安市举办。中国科学院水土保持与生态环境研究中心苗海涛、南京农业大学杨黎莉、西北农林科技大学崔增、四川农业大学程碧真4名硕士，中国农业大学刘燕蓉、翟夏杰，兰州大学陈泰祥、高金龙，南京农业大学赵杰，甘肃农业大学李文6名博士获奖。

党建强会 3月6日，学会秘书处办公室组织学习《中国共产党纪律检查机关监督执纪工作规则》的相关内容。6月6日，开展以“不忘初心、牢记使命”为主题的学习会。多次参加中国科协组织的党建学习活动。

【2019中国草学会年会暨中国草学会成立四十周年庆祝大会】 11月21—23日，由学会主办、西北农林科技大学承办的2019中国草学会年会暨中国草学会成立四十周年庆祝大会在陕西省西安市召开。年会主题是“发展草业　实现扶贫开发与生态保护共赢”。学会名誉理事长马启智，学会理事长何新天，中国工程院院士、兰州大学教授南志标，西北农林科技大学副校长陈玉林，草业与草原学院院长呼天明等专家、学者1000余人参加会议。学会副理事长兼秘书长张英俊主持开幕式。

在开幕式上，学会对为中国草业发展作出巨大贡献者进行表彰，授予中国工程院院士任继周、南志标中国草学会终生成就奖，授予马启智、云锦凤中国草学会特殊贡献奖，授予阿不来提·阿布都热依木等107人中国草学会卓越贡献奖，授予包玉龙等61人中国草学会优秀会员奖，授予白小明等49人中国草学会优秀管理奖。开幕式上还举办2018年度王栋奖学金获奖者颁奖仪式。

会议特邀内蒙古农业大学教授韩国栋、普渡大学（Purdue University）教授Yiwei Jiang等10名草业专家作大会报告，会议设置草地生态与多功能管理、草类植物育种与生物技术、草地植物保护、草类种质资源保护与利用、草坪与运动场场地管理、草学教育+草地资源+经济与政策、草种子科学与技术7个分论坛和“一带一路”草业特色论坛1个，大会共举办10场特邀报告，184场专题报告，收录论文96篇、墙报73份。

会议通过学会官网、“荷斯坦”微信公众号、现场网络直播等方式进行宣传，网络直播观看人数达到9149人次。

（撰稿人：李晓明）

中国植物营养与肥料学会

服务创新型国家和社会建设 4月，学会对华中农业大学、湖北省耕地质量与肥料工作总站、湖北省农业科学院植保土肥研究所、武汉市农业科学院、武穴市耕地质量保护与肥料管理局等9个单位共同完成的“湖北省主要土壤－作物系统钾素高效利用技术研究与应用”项目进行科技成果评价。

1月22—24日，结合山西省忻州市脱贫工作现状，学会党委书记、理事长白由路一行6人赴国家级贫困县山西省忻州市繁峙县开展以“坚持党建引领·促进脱贫攻坚”为主题的精准扶贫帮扶工作。通过捐赠肥料、座谈、科技指导等方式，助力农村脱贫攻坚。

学会建设 截至2019年12月，学会会员总数达5000余人，团体会员共150个。学会召开全体理事会议1次，常务理事会议1次，工作会议1次。

3月15日，学会2019年工作会议在北京召开。会议总结学会2018年工作，研究部署2019年度工作重点。与会人员围绕2019年学术年会筹备、专题研讨会、企业会员服务、科普工作、科学技术奖励、优秀博士/硕士学位论文评选、思想库建设、精准扶贫、纪念中华人民共和国成立70周年活动、青年人才培养等10个方面的具体工作进行讨论并提出意见与建议。

8月6日，学会九届六次常务理事会议及九届四次理事会议在重庆市召开。会议听取2019年学术年会筹备情况报告，审议通过第三届优秀博士、硕士学位论文获奖名单，审议新修订的《中国植物营养与肥料学会优秀博士、硕士学位论文奖励条例》和《植物营养与肥料科技奖管理办法》，并就学会其他工作事项进行讨论。

学会2018年向民政部申报参加评估，经民政部组织的专家组现场考察、集中评审、网上公示等程序，学会被评为3A等级。

学会加快推进信息化建设，对学会网站、微信公众号、微信群和注册报名系统等平台进行升级和整合。

学会加强与地方学会的协同发展，在学会平台上宣传和推荐地方学会活动，推行会员双籍制，鼓励地方学会参与全国学会的学术活动。

青年人才托举工程 学会按照多渠道推荐、同行专家评议、“三对一”指导的模式，开展人才遴选和培养工作。2019年，学会获得第五届（2019—2021年度）中国科协“青年人才托举工程”项目立项资格，并获得中国科协经费资助名额2人。自“青年人才托举工程”项目开展以来，已有8人获得经费资助，学会邀请同行专家定期对被托举人才进行考核指导。

主办期刊 2019年，学会主办的《植物营养与肥料学报》出刊6期，刊发论文227篇，共印刷7800册。据中国科技论文与引文数据库（CSTPCD）统计，《植物营养与肥料学报》2018年度核心影响因子为2.294，核心总被引频次5896，在土壤学类期刊中分别排第2位和第1位。《植物营养与肥料学报》自创刊以来，多次获得“中国精品科技期刊”和“百种中国杰出学术期刊”称号，2019年入选中国科技期刊卓越行动计划梯队期刊项目。

学会主办的《中国土壤与肥料》出刊6期，刊发论文184篇，共印刷6110册。根据《中国科技期刊引证报告（核心版）》统计，2018年《中国土壤与肥料》影响因子为1.016，在土壤学类期刊中排第5位。根据2018年《中国学术期刊影响因子年报》统计，《中国土壤与肥料》复合影响因子为1.768，在农业基础科学类期刊中排第11位。

决策咨询 针对当前农业有机废弃物大量产生造成极大的环境问题，学会党委组织专家通过走访调研河南省、山东省等地有关企业，了解中国农业有机废弃物现状，并组织专家召开主题为“农业有机废弃物利用方向与对策”的高层次专家论坛，形成建议报告，并上报相关部门。

国内主要学术会议 5月24—26日，由中国土壤学会青年工作委员会、中国植物营养与肥料学会青年工作委员会联合主办的第十八届中国青年土壤科学工作者暨第十三届中国青年植物营养与肥料科学工作者学术研讨会在安徽省蚌埠市召开。来自全国60多个单位的250余名专家、学者参加会议，共同研讨土壤与植物营养学科发展。研讨会以“健康土壤与乡村振兴”为主题，7名专家、学者作大会特邀报告。会议设置肥料开发与科学施用、土壤生态与环境、土壤资源与永续利用、植物营养与健康土壤4个专题分会场，开展70多场学术交流、展出41份墙报报告。

12月24日，学会在北京召开高层次专家论坛。中国科学院院士朱兆良、中国农业大学教授李季等20余人参加论坛。与会专家围绕“农业有机废弃物利用方向与对策”的主题进行研讨，并提出相应的对策与建议。

表彰举荐优秀科技工作者 4月，学会开展中国科学院院士、中国工程院院士候选人推荐工作，其中尹飞虎入围中国工程院2019年院士增选有效候选人名单。组织开展第十六届中国青年科技奖、2019年“最美科技工作者”候选人的推荐工作。

8月，学会开展第三届优秀博士、硕士学位论文的评选工作，授予5名博士、6名硕士中国植物营养与肥料学会优秀博士、硕士学位论文奖。

党建强会 1月29日，学会党建工作座谈会在北京召开。学会党委委员、纪委委员、挂靠单位党建工作指导员以及离退休老干部等10余人参加座谈会。会上，学会党委书记白由路同志代表学会党委作工作报告，总结2018年各项工作，提出2019年工作安排及思路。

7月，学会开展“不忘初心、牢记使命，建功新时代——展风采树楷模”榜样精神宣传人物推荐工作，遴选出学会优秀党员科技工作者白由路、王敬国2人，并向中国科协推荐。

学会党委成员及学会常务理事党员50余人前往重庆市歌乐山烈士陵园、红岩村、白公馆开展主题教育活动。

会员服务 编纂学会工作年报，反映学会年度工作的综合信息，并利用学会网站、微信公众号平台及网络电子刊等渠道向学会会员发布学会2019年年报，使会员及时了解学会的发展现状、内部建设情况、主要业务活动、会员发展服务及财务状况等。

采取会员信息网络化、会费支付多元化、票据管理电子化的新措施，建立高效有序的会员沟通机制。

学会编纂《中国植物营养与肥料学会会讯》，每2月出刊1期，便于会员及时了解学会工作的综合信息。

经中国科协批准，学会建立肥料技术科技顾问团。学会根据企业技术需求，组织肥料技术科技顾问团专家服务会员企业。

【中国植物营养与肥料学会2019年学术年会】 8月6—9日，由学会主办的中国植物营养与肥料学会2019年学术年会在重庆市召开。中国科学院院士朱兆良、中国工程院院士张福锁、西南大学校长张卫国、重庆市农业农村委员会副主任高兴明、西南大学资源环境学院院长石孝均等出席大会。来自31个省、自治区、直辖市的1800余名专家、学者参加大会，共同探讨中国植物营养与肥料问题与解决方案。

会上，围绕“植物营养与农业高质量发展”主题，邀请中国工程院院士张福锁作题为《新时代植物营养学的新使命》的主题报告，国际标准化组织肥料、土壤调理剂与有益物质技术委员会（ISO/TC134）秘书Mojdeh Rowshan Tabari作主题报告。南京农业大学教授沈其荣、华南农业大学教授樊小林、西南大学教授陈新平、南京农业大学教授徐新华、中国农业大学教授米国华、中国农业科学院农业资源与农业区划研究所研究员赵秉强、美国内布拉斯加大学副教授杨海顺分别作题为《我国有机（类）肥料研究与产业发展中几个关键问题》《我国缓/控释肥料技术研究与展望》《我国蔬菜养分管理的现状、挑战与对策》《作物养分高效新品种培育：遗传与分子基础》《玉米减肥增效技术途径与生理基础》《中国农业发展与化肥产业转型升级》及*On N Fertilizer Rate Recommendation*的专题报告。

除9个专题报告外，大会设置植物营养生物学、化学肥料、生物与有机肥、新型肥料、绿肥技术、养分循环与环境、肥料工艺与设备、施肥技术、青年科技工作者、农化测试技术、农业农村部植物营养与肥料学科群11个专题分会场。此外，设置学术交流墙报，共计展示50余项研究成果。

大会开幕式上颁发中国植物营养与肥料学会第三届优秀博士、硕士学位论文奖，《植物营养与肥料学报》2016—2017年度优秀论文奖。举办学术年会承办权交接仪式，中国植物营养与肥料学会2020年学术年会将由安徽农业大学承办。

（撰稿人：宋震震）

中国农业历史学会

服务创新型国家和社会建设 2019年，学会受农业农村部委托，承担《中国农业通史》后续编撰年度工作，《中国农业百科全书·农业历史卷》《古今论种》等研究工作，为优秀传统农耕文化的研究、传承提供学术支撑。

组织专家参与农业农村部中国重要农业文化遗产及全球重要农业文化遗产申报等项目的实地调研和考察评估工作。开展中国重要农业文化遗产管理培训，为来自全国各省（自治区、直辖市）农业农村部门、有关市县、各重要农业文化遗产地的相关负责人等共190名学员进行农业文化遗产传承保护培训。为陕西省、宁夏回族自治区、内蒙古自治区、甘肃省、贵州省等地方农业农村部门讲授“农业文化遗产挖掘保护”课程，推动农业文化遗产保护传承。

联合中国农业博物馆，围绕传承和弘扬传统农耕文化，举办中国重要农业文化遗产2019年全国巡展、中国桑蚕丝绸文化展、二十四节气文化艺术展等公益性展览，参观人数累计超过160万人次。

3—11月，中国重要农业文化遗产2019年全国巡展在北京市昌平区、江苏省南京市、浙江省衢州市、福建省三明市尤溪县、广东省广州市举办。展览集中展示农业农村部认定的91个中国重要农业文化遗产，包括联合国粮农组织（FAO）认定的15项18个全球重要农业文化遗产，按照相似地理环境的遗产集中展示的思路，分华北地区、东北地区、西北地区、华东地区、中南地区、西南地区6个片区，具体诠释各遗产地独特的经济、生态、技术、文化、景观特征。巡展全程3000千米，参观总人数120万余人次。《新华日报》《北京日报》《北京晚报》《南方日报》《南京日报》《南方农村报》、北京广播电视台、江苏卫视等媒体对展览进行报道。

6月6日—8月23日，中国桑蚕丝绸文化展在中国农业博物馆举办。展览面积2000平方米，内容包括综述、桑、蚕、丝、绸、路6个部分。累计接待观众3万余人次。《人民日报》、《光明日报》、《农民日报》、《北京日报》、中央电视台、北京电视台、人民网、中国农业信息网等媒体对展览进行报道。

12月19—23日，二十四节气文化艺术展在中国农业博物馆举办。展览面积2000平方米，共分综述、节气与天时、节气与农事、节气与生活4个部分。展览累计接待观众4000余人次。新华社、《光明日报》、《中国日报》、《农民日报》、北京广播电视台、人民网、中国新闻网、中国农业信息网等媒体对展览进行报道。

学会建设 学会做好年检、财务审计、财务预算报送、年度重点工作统计等各项工作，组织开好学会理事会议与常务理事会议，对于“三重一大”事项，采取民主集中的方式，科学民主决策。加强对各专业委员会的管理和指导，重点围绕会议筹办、备案事项报批及年度总结等工作，强化审核把关力度。注重与会员的联系，通过微信群、电子邮件等方式与会员进行交流，及时通报中国科协及学会相关文件精神、学会重大事项等，做好会员服务，提升履职服务能力。

主办期刊 《中国农史》期刊由中国农业历史学会、中国农业科学院、南京农业大学、中国农业遗产研究室、中国农业博物馆联合主办，被北京大学《中文核心期刊要目总览》收录，是中国人文社会科学历史类核心期刊、中文社会科学引文索引（CSSCI）来源期刊、CSSCI中文社会科学引文索引（2017—2018）来源期刊（含扩展版），还被美国《史学文摘》《美国历史与生活》《中国地理科学文摘》等杂志摘录和转载，2019年累计发文92篇。

国内主要学术会议 11月16—17日，学会与华南农业大学主办的文化遗产活化利用与乡村振兴学术研讨会在广东省江门市举办。来自全国的150余名专家、学者参加会议，就农业历史与遗产研究、文化遗产的保护与传承利用、当代乡村文化建设与实践研究等专题展开研讨。会议收到学术论文64篇。专家、学者还走进广东省江门市新会陈皮村、广东省开平市自力村和广东省开平市立园等地考察，多角度接触和了解当地文化遗产。

科普活动 学会联合中国农业博物馆开展传统农耕文化、二十四节气、桑蚕丝绸文化等主题科普活动和科普讲座近50场，累计参与人数1500余人次。

学会下属专业委员会农学思想与《齐民要术》研究会积极推动《齐民要术》及贾思勰农业思想文化的创新发展，原创52集电视动画片《农圣贾思勰》，在中央电视台、山东广播电视台播出，并获第十三届山东省文艺精品工程奖、寿光市第二届圣都文化奖一等奖。

党建强会 学会党委高度重视党组织建设，坚持党建强会，学会秘书处与支撑单位党组织组成联合党支部，开展“不忘初心、牢记使命”主题教育，利用“支部工作”和“学习强国”等平台，学习习近平新时代中国特色社会主义思想，推动学会党员干部牢固树立“四个意识”，坚定“四个自信”，做到“两个维护”。

【中国农业史青年论坛暨中国农业历史学会年会（2019）、第十届中华农圣文化国际研讨会】 5月11—13日，由学会和潍坊科技学院主办，学会农学思想与《齐民要术》研究会、潍坊科技学院农圣文化研究中心、潍坊科技学院贾思勰农学院、寿光市《齐民要术》研究会承办的中国农业史青年论坛暨中国农业历史学会年会（2019）、第十届中华农圣文化国际研讨会在山东省寿光市举办。日本东京农业大学教授黑瀧秀久、范为仁，韩国江原国立大学教授全云圣，美国加州州立大学教授 Dave Gooraho，特立尼达和多巴哥西印度大学教授 Govind Seepersad，以及来自国内 50 余家单位的 120 余名专家、学者参加会议。会议收到学术论文 90 篇。

在第一阶段论文收集与专家盲评基础上，与会青年学者围绕农业历史文化研究与实施乡村振兴战略主题进行演讲交流，最终评出优秀青年论文一等奖 4 名、二等奖 6 名、三等奖 10 名。其他与会专家围绕“传统农学思想理论与现代农业发展”“贾思勰与《齐民要术》研究、农圣文化与农村产业发展研究”“农业文化遗产研究与保护”“传统乡村建设对乡村振兴的启示”“国家特聘专家产业技术创新交流”等主题，分 5 个专题会场开展 70 多场专题学术交流与研讨。《大众日报》《齐鲁晚报》《潍坊日报》《寿光日报》，以及潍坊电视台、寿光电视台等媒体对研讨会进行报道。

（撰稿人：付　娟）

中华医学会

服务创新型国家和社会建设　学会构建继续医学教育服务体系，调整优化 1564 名专家的组成结构，形成覆盖各学科、各地区的专家库队伍。受国家卫生健康委科技教育司委托，学会在对全国各层级继续医学教育工作开展情况进行调查的基础上，组织开展《国家级继续医学教育项目管理办法》《国家级继续医学教育基地管理办法》等文件的拟定工作，完善继续医学教育规章制度建设。通过综合考量，调控国家级继续教育项目数量，提升项目质量，优化学科和地域分布，组织专家完成 10274 项申报 2020 年国家级继续医学教育项目的评审，以满足不同层次卫生技术人员的培训需求。学会开展继续医学教育工作的监管评估，完成国家级继续医学教育项目证书 81 个批次 41.8 万册核发，并扩大国家级继续医学教育项目电子学分证书试点范围，为逐步开展继续医学教育评估做好数据储备。

学会受国家卫生健康委委托，组织专家参与鼓励仿制药品目录遴选、推荐第一批和第二批国家临床医学研究中心评估专家等工作；组织专科分会制定并发布技术操作规范、临床诊疗指南及共识 12 项；组织 31 个分会参加国家医疗保障局 DRGs（疾病诊断相关分组）临床论证工作。

学会落实国家卫生健康委“以基层为重点”的卫生工作方针，先后组织 17 个省 215 名县级医院的骨干医生到 57 家省内三甲医院、6 家当地结核病专科医院进行为期 6 个月的专业培训。专注于基层急需紧缺的重症医学、围产医学、儿科学等 7 个专业培训，组织专家分批次开展指导查房、病例讨论、学术讲座和督导调研等活动，以提高学员对常见病多发病的规范化诊治能力。组织专家在贵州省、山西省等中西部及连片特困地区举办短期培训班，学员免收培训费和食宿费，覆盖基层医生约 3000 名，为提升基层医疗水平提供人才支撑。

学会主办继续教育项目 194 项，覆盖学员 21.74 万人次，加强对项目执行的监督检查，提高项目执行质量。承接中国科协“医学应急志愿者培训”项目，借助远程学习途径培训覆盖山西省重点县的基层医务工作者近 900 人，培训合格率为 95%，选拔骨干人员完成现场理论与技能的培训，合格率达到 100%。支持西部地区或国家集中连片特困地区的卫生人才培养，在新疆维吾尔自治区、甘肃省和青海省等西部地区举办继续教育项目 86 期次，覆盖学员 5.25 万余人次。

学会学习贯彻国务院《医疗纠纷预防和处理条例》，通过医鉴工作培训、编写“医疗安全警讯”、出版《医疗纠纷预防和处理条例》释义和《医疗纠纷预防和处理条例案例》释义、开设“医鉴视点”专栏等举措，帮助各地准确掌握理解法律法规。开展案例总结和医疗纠纷防范工作的研究，完成《医疗损害鉴定分级标准》等 3 个重要配套文件和规则的制定工作，规范医疗纠纷有序处理。组织开展鉴定专家培训 19 场，培训专家 5000 余人，提升各地医学会鉴定书写作水平。2019 年，学会召开评审会、鉴定会 76 场次，完成 39 例预审、6 例鉴定、19 例预防接种鉴定指导工作。

学会开展中华医学会基层卫生人才培养千人计划，选派 215 名县级骨干医生到 57 家省内三甲医院进行为期 6 个月的专业培训；以“卫生健康人才培养”为主题，在山西省吕梁市开展学术指导与技能培训，近 40 批次专家到基层医院开展学术讲座、教学查房、病例讨论、百姓义诊服务活动；在条件允许的学术年会中，减免该地区医务工作者的参会注册费、食宿费，并报销往返交通费，2019 年共计帮扶 1.5 万余人。

学会建设　学会稳妥推进期刊管理部和《中华医学杂志》社有限责任公司管办分离，执行公司法人治理体系和现代企业管理制度，推进集约化出版模式，实现市场化运营、企业化管理。平稳推进杂志社、音像社、广告公司等经营实体单位办公用房整体搬迁工作，提升期刊出版自我运营能力、综合实力和竞争力。

学会开展会史展示建设工作。组织实地调研，梳理珍贵的实物、资料和信息线索；查阅与学会相关的历史档案资料，启动相关文件、资料复制制作工作；组织实物资料征集工作。向社会发出《中华医学会关于征集会史展示实物资料的公告》（中英文），征集反映学会历史上的重大事件、重要节点、重大贡献的重要物证和资料，以及学会代表人物的重要实物及作品等；结合现有材料资源，制定《中华医学会会史建设工作指南》，完成中华医学会会史展示脚本（文字稿）；结合空间布局特点，进行实地勘测，形成陈列、展示平面设计方案。

学会搭建智慧化信息服务平台，通过“PC（个人计算机）+手机+微信”等多种形式，推动信息化基础设施集约建设和信息资源整合共享利用，为会员提供主题化的知识服务及在线培训和积分管理服务，不断创新会员管理和服务模式。完善信息化和网络安全制度体系，制定《中华医学会信息化项目管理办法（试行）》，加强网络安全防护体系和网络基础设施建设。

学会加强数据库建设，在学会网站提供获奖项目的查询服务，为学会的资源整合和下一步成果转化奠定基础。

学会建立世界医学会会议筹备工作组，明确参会代表团成员职责；建立文件审议工作组，对财务与计划委员会、社会医学事务委员会和医学伦理委员会的技术文件提前审议，在会上发出“中国声音”。

学会治理结构和治理方式改革 学会规范专科分会组织建设，继续加强学科建设，制定《中华医学会专科分会新建调整管理办法（试行）》《中华医学会专科分会调整充实委员名额实施方案》，筹备组建罕见病等3个专科分会。加强正面引导和宣传换届纪律，编写《2019年度中华医学会专科分会换届工作手册》，推进组织建设联席会议制度建设，完成17个分会、170个专业学组的换届工作。

青年人才托举工程 中国科协“青年人才托举工程”项目由学会物理医学与康复学分会承办，2位被托举人的研究工作有序开展。为确保项目执行的规范严谨，学会起草并经常委会一致通过形成项目的管理办法和培养方案。学会与被托举人所在单位分别签订项目执行书，并向单位分别拨付项目前两年的研究经费。

主办期刊 学会有19种期刊入选中国科技期刊卓越行动计划，19种系列杂志入选百种中国杰出学术期刊，6篇论文被评为中国百篇最具影响国内学术论文，21种期刊在中国科学技术信息研究所统计源期刊综合评价学科中排名第一。

学会策划出版“中国医学发展系列研究报告”“中华医学会基层卫生人才培训”“中华医学科普工程”等系列丛书70余种，约2000万字；2019年新增1种电子期刊（《中华关节外科杂志（电子版）》）入选中国科学引文数据库，新增2种电子期刊（《中华重症医学电子杂志》《中华老年骨科与康复电子杂志》）入选中国科技核心期刊。

学科发展工程 学会依托专科分会将世界医学会发布的声明、宣言、决议进行评估，确定在中国的适用性，引入先进的医学理念，推动国内社会医学和医学伦理学科的发展。

决策咨询 学会组织分会专家完成国家卫生健康委对2019年临床路径修订、三氧自体血回输疗法等涉及专业领域的89项科技咨询，为政府科学决策提供服务。

国内主要学术会议 学会规划统筹，顶层设计，形成年会—专题会—基层行3个层次的学术交流架构。2019年召开191个学术会议，其中一类会91个，投稿23万余篇，为29万余医务工作者提供学术交流服务。建立学术交流资源库和“学术资源在线”网络服务平台，为学术会议可持续发展提供大数据支持。遴选15个学术会议开展连续3年的会议质量评估，实现参会者的满意度达到92%以上。

国际组织任职 目前学会在国际组织任职的专家达564名，对口联系的国际组织为42个。

学会争取到世界医学会1个理事席位并推荐6位专家担任世界医学会各专业委员会顾问，任期均为两年；陆续推荐学会医学伦理学分会、器官移植学分会3位青年医生参与青年医生网络会议。

国际交往 学会参加中国和俄罗斯政府间人文合作委员会会议，作为主席单位牵头开展中俄友好、和平与发展委员会医学理事会工作，制定医学理事会议事规则，推动中国和俄罗斯务实合作及新时代全面战略协作伙伴关系发展；学会推荐6名专家在世界医学会相关工作委员会任职，参与讨论并投票通过关于职业引导法规、基因在医学中使用的伦理考量、安乐死与医助自杀和法律与伦理的4项宣言，关于妇女儿童医疗保健可及性、抗生素耐药、增强智能在医疗保健中的应用等9项声明，以及关于气候迫切性、立法反对尼加拉瓜堕胎和撤销世界卫生组织阿片类药物使用指南3项决议。

学会发挥在民间外交领域作用，依托“一带一路”国际组织合作平台项目，组织建立中国－巴基斯坦、中国－斯里兰卡学术会议品牌活动，初步完成从建机制到开展务实合作的转型。11月29日—12月3日，第三届中巴医学大会启动仪式在巴基斯坦拉合尔召开，学会骨科学分会与儿科学分会专家参加会议并作报告，巴基斯坦参加会议人员近300名。中国驻拉合尔领事馆总领事龙定斌出席活动并致辞。会议期间，学会骨科学分会与巴基斯坦骨科学分会就接收巴基斯坦骨科医生来中国进修签署行动计划。

学会继续开展日本武田科学振兴财团奖学金项目、中法医学交流周项目。6月19日，由日中医学协会、中华医学会主办的中日医学交流会议2019在日本东京举办，学会肿瘤学分会、放射肿瘤治疗学分会、消化内镜学分会近50名专家组成的中国代表团出席会议，300余名日本专家、学者参加会议。会议围绕主题“癌症治疗的现状和未来”，交流探讨中国和日本两国在癌症诊断、治疗方面的最新进展，对在癌症防控方面面临的共同问题发表《东京宣言》。中国驻日本大使馆特命全权大使孔铉佑出席开幕式并致辞。

学会在世界医学会官方杂志上发表有关“中华医学会县级人才培养千人计划项目”“中国器官捐献与移植改革进展”的文章，正面宣传中国健康扶贫、器官移植和捐献的进展与成就。

学会参与世界医学会《国际医学伦理准则》《伪科学声明》等文件修订工作；参与修订《日内瓦宣言》，并将其翻译成中文发布中文版，促进国内医务人员的职业道德和规范建设；邀请世界医学会《国际医学伦理准则》修订工作组负责人参加学会医学伦理分会年会，并分享准则修订工作的进展，推进中国医学伦理学学科国际化进程。

科普活动 学会贯彻落实《国务院关于实施健康中国行动的意见》，启动学会健康科普专家库建设工作，参与组建国家健康科普专家库。承担中国科协“明医识药”科学辟谣试点工作，组织近90名医药专家入驻中国科协辟谣平台，推送50篇原创辟谣微信图文，组织科普经验丰富的医药工作者开展科学识谣、优质辟谣图文创作交流分享等活动。

学会组织专家参与2019年国际科学与和平周、全国科技活动周、全国科技工作者日、全国科普日系列活动，普及医学科学知识。其中学会开展的全国科普日系列活动被中国科协和国家卫生健康委评为2019年全国科普日优秀活动。

学会支持和协助有关专科分会开展中华医学会血糖共识科普项目、中华医学会呼吸科技下乡活动；继续参与新时代健康科普优秀作品征集大赛，推荐健康生活方式及常见病、多发病、慢性病防治等作品参与大赛活动。

表彰举荐优秀科技工作者 学会贯彻落实《中华医学科技奖评审行为准则》，举办中华医学科技奖推荐工作培训。落实国家科技奖励政策和准则中“不得虚构相关事实，人为拼凑”要求，实现初审网评、会评和终审会议评审委员专业全覆盖。完成2019年中华医学科技奖评审工作。评选出医学科学技术奖一等奖8项、二等奖24项、三等奖48项，卫生管理奖2项，医学科学技术普及奖2项，青年科技奖6项，卫生政策奖1项。

学会推荐2019年度国家科学技术奖项目4项，获得国家奖励1项；学会向中国科协推荐10名院士候选人，推荐前沿领域科技成果17项，推荐光华工程科技奖、中国青年女科学家奖等奖项候选人13人。

学会通过采访、撰写文字稿、录制视频等方式挖掘30位医学工作者身上的闪光点和感人事迹，总结凝练其崇高精神、优秀品质和高尚情操。该项目视频采访13人，文字采访17人。采访作品在学会官网发布19次，在《中华医学信息导报》纸版发布23次，在“中华医学信息导报”微信公众号发布26次。相关内容在“中华医学信息导报”微信公众号上点击量12万余次。

学会创新发展 学会紧跟科技期刊出版发展趋势，加快期刊数字化出版转型，推动拥有自主知识产权的“中华医学会全文数据库”和“中华医学期刊”App、国家级数字化平台“中国临床案例成果数据库”等7个知识库上线运行；开展医学知识服务，建立临床决策支持系统，已成立7个专科学院，提高专科转化医学和临床多中心研究的沟通协作水平；整合学会优质视频资源，完善“中华医学教育在线”等数字化出版平台，增强各类出版物的可读性、便捷性、传播力和影响力，现已上线资源1500余种，注册人数7万余人。

党建强会 学会召开2019年全国地方医学会秘书长工作会议，开展党建工作调研，加强学会及专科分会医学人文和学风建设，完善医学伦理道德规范和监督体系，推动党的工作向基层延伸。发布《中华医学会专科分会党的工作小组工作规则》，督促分会把党的建设全面融入业务工作，发挥党的工作小组在换届选举、学风建设、弘扬先锋模范中的作用。以“不忘初心、牢记使命”主题教育为契机，立足全局，聚焦重点，制定《中华医学会重大风险点及防范化解措施》，建立三项应急措施，以应对业务活动中突发的政治风险，提高学会在举办学术活动和期刊出版中发现风险、认识风险、化解风险的能力和水平。

会员服务 学会通过走访调研具有代表性的四家省级医学会，形成《中华医学会会员发展情况调研报告》，对《中华医学会会员管理与服务实施细则（试行）》（讨论稿）进行修改，完善会员管理相关制度，为提升会员服务的水平奠定组织基础。

学会为实现“专科分会有址，学会会员有家”的目标，按照服务会员、服务专科分会、凝聚队伍的原则，完成首批专科分会入驻“会员之家”工作，为开展专科分会常设机构试点工作奠定基础。

（撰稿人：学会办公室）

中华中医药学会

服务创新型国家和社会建设 6—9月，学会开展一系列精准帮扶活动。在中国科协定点扶贫县山西省吕梁市临县和岚县组织开展4次中医适宜技术（宫廷五联术）培训活动，共培训394名基层医生，实现每人至少掌握2～3项适宜技术。3月、6月和11月，分别举办三期国家中医药管理局定点扶贫县山西省忻州市五寨县适宜技术培训班，共培训基层医师80名，学会投入自筹帮扶资金20万余元。9月8日，召开“互联网+五寨中药材产业扶贫对接会”，聚焦中药材产业扶贫中的重点难点问题展开探讨，并签署五寨县药材种植基地与药材销售企业的框架合作协议。发挥分支机构专家优势，组织专家义诊200场，义诊总人数达2.2万余人次；组织开展基层医师培训近100次，培训医师近2万人，捐赠医疗物资价值130万余元，发放科普资料近550册，开展科普活动近20场次，受众人数2000余人。

学会完成2019年度国家级中医药继续教育项目1295项的管理工作，全年审核、发放继续教育学分证书25.2万份。

学会举办中医经典研修提高班、中医经典传承大会、第二届全国经方实战论坛等经典传承学术活动。选聘确有专长的地方医生作学会学术传承导师，为其学术传承活动发挥第三方见证与监管作用。举办第二届全国中医优才论坛、首届中医少儿推拿技能提升行动、首届中医护理技术创新大赛等活动。

7月5日，由学会、人民网·人民健康网联合主办的2019健康责任论坛暨2018年全民中医健康指数研究报告发布活动在北京举办。此次健康指数研究报告不但设置中医药特色的指标体系，还综合运用大数据、统计分析等现代科学研究方法，推动中医药理论和实践创新。此次报告从中医角度客观评估全民中医健康状态及影响因素，以期为政府决策提供参考依据。

学会建设 2019年，学会发展个人会员7266人，同比增长38.6%，会员总数达24598人；发展单位会员16家，单位会员总数达59家。

11月14日，中华中医药学会第六届第九次理事会议在北京召开。学会会长王国强出席会议并讲话，副会长兼秘书长王国辰主持会议。国医大师晁恩祥，学会副会长张伯礼、吴勉华、杨殿兴、刘维忠、陈达灿、王阶、萧伟、曹正逵等出席会议。会议审议通过学会理事会延期换届和换届方案，颁发2019年中华中医药学会科技成果、优秀人才奖，并回顾学会成立40年来所开展的工作。

学会修订《中华中医药学会内部控制制度汇编（试行）》《中华中医药学会内部控制规范手册（试行）》，完善办事机构内控体系建设，提高学会内部管理水平和风险防范能力。制定学会绩效考核实施方案，初步建立秘书处绩效考核评价体系，组织开展绩效考核评价体系全员培训，推动绩效考核实施。制修订《中华中医药学会分支机构管理办法》等6项制度文件，完成学会分支机构学术活动管理信息平台项目，探索完善民主协商、民主选举的换届选举模式。完成学会外科分会等26个分会换届选举工作，成立膏方分会，注销血栓病分会，分支机构得到进一步优化。

学会起草《中华中医药学会秘书处借调、实习人员管理办法（试行）》《中华中医药学会重大事项通报制度》，修订《中华中医药学会秘书处干部轮岗暂行办法》《中华中医药学会职工考勤及请销假制度》《中华中医药学会职工年度考核管理办法》。完善学会"智慧杏林"微会议系统和学术活动管理综合服务信息平台，开发中医药继续教育服务平台、"您身边的中医权威专家"主题活动专家信息查询系统。

3月31日，中华中医药学会第六届常务理事会第十三次会议在北京召开。会上审议通过《中华中医药学会分支机构管理办法（修改草案）》《中华中医药学会换届方案》，汇报《中华中医药学会第七次全国会员代表大会筹备相关工作情况》《中华中医药学会关于调整会费标准表决方式相关情况的说明》，并就学会下一步工作进行交流和讨论。

4月20日，2019年全国中医药学会工作会议在青海省西宁市召开。会议表彰2019年任期届满分支机构优秀主任委员和2018年度学会精准扶贫工作优秀分支机构。地方学会、分支机构、系列期刊代表3个组分别进行交流和讨论。会议同期举办2018年新任分会主任委员就职仪式、青海省科协与学会服务创新驱动发展战略合作签约仪式。

青年人才托举工程 学会组织实施2019—2021年度"青年人才托举工程"项目，共收到申报项目353项（其中中国科协立项项目73项，学会立项项目280项），立项支持30名被托举人。召开"青年人才托举工程"项目中期评估暨交流会，对2018—2020年度"青年人才托举工程"项目进行中期评估，通过专家现场指导、被托举人才之间的交流，助力被托举人成长。推荐47名被托举人在学会77个分支机构任职委员、青年委员，推荐9名被托举人在系列期刊担任职务。

主办期刊 学会贯彻落实《关于深化改革培育世界一流科技期刊的意见》，培育世界一流中医药科技期刊，构建首个中医药科技期刊评价指标体系，发布中医药科技期刊分级目录（T1、T2级）名单，并面向学会会员和科技工作者发出将优秀成果在中国高质量中医药科技期刊首发的倡议书。

学会组织开展首届中医药科技期刊中青年编辑技能提升行动、2019年度"蒲公英"优秀中医药中青年编辑人才培育项目，并在湖南省长沙市围绕"建设世界一流中医药期刊，培养世界一流中医药编辑"召开主题沙龙，为中青年编辑的成长成才搭建平台。《中华中医药学刊》获得"百种中国杰出学术期刊"称号，《中医杂志》、《中华中医药杂志》、*Chinese Medicine and Culture*（《中医药文化》）等多本杂志入选中国科技期刊卓越行动计划项目，《中国实验方剂学杂志》论文入选中国科协第四届优秀科技论文遴选计划优秀论文。

学科发展工程 学会申报并入选2018年度中国科协学科发展项目。该项目全面总结炮制学科发展轨迹与近五年学科发展的主要成果，厘清中药炮制学发展脉络，明确制约中药炮制学发展的瓶颈问题，找出差距，预测发展方向，给出发展的对策与建议。现已经完成初稿撰写。

学会与《中国中医药报》社合作开设"壮丽70年·中医药学科巡礼"栏目，总结中华人民共和国成立以来中医药理论与临床发展的成就，展示中医药各学科（专科、专病）70年来的发展成果，学会风湿病分会、儿科分会、肝胆病分会、内科分会、整脊分会等提交的学术成就报告被专栏收录并刊登，在行业内外引起反响。

决策咨询 受中国科协委托，学会开展"中医药重大前沿科学问题及工程技术难题遴选"课题，其中"中医药临床疗效评价创新方法与技术"入选中国科协2019重大科学问题和工程技术难题。受国家卫生健康委药物政策与基本药物制度司、国家药品监督管理局药品注册管理司委托，开展"《国家基本药物目录（2018版）》评估"课题、"基于热点问题的中成药上市后评价策略及示范性研究"课题、"中药注射剂再评价策略"课题的研究，提交基本药物遴选及机制建设相关政策建议，编制《关于开展药品（中药）临床综合评价的建议》，并报国家中医药管理局。向国家药品监督管理局报送《已上市中药药学变更研究技术指导原则（征求意见稿）》修改建议及《药品注册管理办法（征求意见稿）》修改建议。

结合"不忘初心、牢记使命"主题教育，学会开展继续教育项目和学分管理情况调研，听取省级中医药继续教育管理人员、一线继续教育管理人员的意见和建议，并形成调研报告，为国家中医药管理局人教司修订继续教育政策、制定工作方案提供参考。

国际学术会议 2月23日，由学会主办的第十五届国际络病学大会在北京召开。包括15位中国科学院院士、中国工程院院士，以及来自中国、美国、加拿大、越南等国家和地区的2000多位专家、学者参加会议。1000余个视频分会场进行同步直播，超过3万名医学界工作者同步收看。大会秉承“传承、开放、创新、融合”的主旨，开展络病理论、临床和基础研究等多层次的学术交流。

3月24日，由学会与人民网·人民健康网共同主办的2019中医药国际化发展论坛在北京召开。中国科学院院士陈可冀、葛均波，中国工程院院士张伯礼，国医大师张大宁以及中医药领域的专家、学者参加会议，共同探讨中医药国际化之路以及未来面临的机遇与挑战，为共建人类命运共同体提供中国方案。

6月28—29日，由学会与北京中医药学会等联合主办的第九届国际经方学术会议、第十届全国经方论坛暨经方应用高级研修班在北京召开。大会以《伤寒论》“辨厥阴病脉证并治”为主题，800余位来自国内外的经方专家、学者参加会议。

7月26—28日，由学会主办，学会中医诊断学分会承办的第二十二次中韩中医药学术研讨会暨中华中医药学会中医诊断学分会第二十次学术年会在安徽省合肥市召开。来自中国、韩国从事传统医学领域医、教、研、产的专家、学者共计200余人参加会议。会议以“中医诊断学的传承和创新”为主题，设专家论坛和研究生论坛，近30位专家、学者分别围绕主题进行探讨与交流，展示当前传统医学诊断领域的研究热点和动向。

10月17—18日，学会与中国医药文化卫生协会等联合主办以“健康雄安，健康未来”为主题的第二届雄安国际健康论坛在河北省廊坊市召开。600余位来自全国医药领域的从业者以及来自18个国家和国际组织的专家、学者参加会议。会议同期举办“国际中医药智库”成立仪式，开展“治未病·药食同源”主题讨论。

国内主要学术会议 2019年，学会组织国内学术会议105次，参会人数34883人次，交流论文9899篇。

9月28日，由学会与中国中药协会、开封市人民政府共同主办的2019全国中医药传承创新与健康产业发展黄河论坛在河南省开封市召开。来自全国各地的600余位专家、学者参加论坛。此次论坛聚焦中医药传承与创新，挖潜中医药“五种资源”优势和作用，助推健康产业的发展，致力于搭建中医药传承创新与产业发展交流平台，为发展中医药大健康产业建言献策。

10月11—12日，由学会主办，学会风湿病分会、中国中医科学院广安门医院承办的中华中医药学会第二十三次全国风湿病学术年会在河北省石家庄市召开。1100余位专家、学者参加会议，9万余人观看同步直播。会议设学术交流环节，展示最新中西药物研究成果。

11月1—3日，由学会主办，学会皮肤科分会承办的中华中医药学会皮肤科分会第十六次学术年会在北京召开，2300位专家、学者参加会议。年会设立34个专场，新增科主任专场和非公立医院专场，226名专家围绕中医、中西医结合皮肤科研究进展及皮肤科适宜技术推广主线作学术报告，内容涉及病、证、理、法等方面，为皮肤科医者提供新的思路与方法。

11月9—10日，由学会主办，学会青年委员会承办的中医药青年学者论坛在北京召开，来自全国各地的300余名中医药青年学者参加论坛。论坛邀请在《细胞》《新英格兰》《美国医学会杂志》等国际期刊发表论文的青年专家作报告；邀请三位取得突出成绩的青年专家分别从不同的角度介绍成长成才之路；聚焦儿科、肿瘤和糖尿病的中医药优势治疗领域，邀请三位专家分别报告临床研究进展和诊疗体会。

11月15—17日，由学会主办，学会眼科分会等承办的中华中医药学会眼科分会第十八次学术大会在湖南省长沙市举办。会议设6个分会场，45个学术专题，2000余位专家、学者参加会议。设置薪火相承名家讲堂、经方论坛、中西医讲坛、研究生论坛等环节，410余位专家作学术报告。

两岸交流 8月23—26日，由学会、台湾“中华海峡两岸中医药合作发展交流协会”、云南省中医药学会共同主办的海峡两岸青年中医药传承创新论坛暨道地药材临床应用论坛在云南省昆明市召开。100余位来自海峡两岸的专家、中医药从业者及致力于两岸中医药文化交流的社会各界人士参加论坛。此次论坛聚焦“中医药青年创业”与“道地药材”，旨在通过海峡两岸中医药专家对青年创业案例以及道地药材临床应用的经验交流，加深台湾地区同行对大陆道地药材的认识。

国际交往 学会组织专家赴匈牙利、克罗地亚参加第十六届世界中医药大会，来自30多个国家和地区的800多名中医药专家、学者参加。

3月14—17日，学会针刀医学分会主任委员李石良与前任主任委员郭长青赴韩国出席第十届全球卫生保健与医疗旅游业论坛暨韩国医疗 2019 学术会议。李石良、郭长青分别向国际同行展示中国在针刀临床技术研究方面的最新进展。

科普活动 9 月，学会联合辽宁省中医药学会、学会护理分会集中开展 2019 年中华中医药学会全国科普日活动。以“礼赞共和国、智慧新生活”为主题，开展活动 37 场，参加活动的中医药科技工作者 648 人，现场受益观众 9000 余人次，免费发放宣传品 5500 余册。

5 月 4—5 日，科普中国 · 百城千校万村行动——名医巡讲系列活动在江西省南昌市举办。此次活动为基层中医师讲授中医药理论知识和临床经验，以推广科学、有效的中医药养生常识和科普知识。

表彰举荐优秀科技工作者 2019 年，学会开展中华中医药学会科学技术奖、李时珍医药创新奖的评审表彰和优秀成果、人才的举荐推荐工作，共评选出中华中医药学会科学技术奖 125 项（人）、李时珍医药创新奖 3 人；提名 4 项成果、1 位专家参加 2019 年度国家科学技术奖评审，其中由中国工程院院士吴以岭等完成的“中医脉络学说构建及其指导微血管病变防治”项目获得国家科学技术进步奖一等奖。至此，学会已推荐 2 项成果获得国家科学技术进步奖一等奖。

此外，学会向中国科协推荐 4 位中国科学院院士、中国工程院院士候选人，1 位光华工程科技奖候选人，2 位中国青年科技奖候选人，3 位中国青年女科学家奖候选人；向科技部推荐 3 位中青年科技创新领军人才候选人。

党建强会 学会启动章程修订工作，将坚持党的全面领导的要求写入章程。落实学会理事会党的领导制度，按照中国科协《关于进一步加强中国科协所属学会党委建设的指导意见》要求，进一步完善党委议事决策、会议、联系沟通制度。

学会开展“不忘初心、牢记使命”主题教育，为党员、全体职工购买发放学习资料，组织召开集中学习研讨 21 次，在微信群转发知识答题卡片 75 张，邀请专家作专题报告，组织职工赴爱国主义教育基地参观并重温入党誓词，成立青年理论学习小组。坚持问题导向，聚焦“抓好学会主责主业、繁荣中医药学术”，就“提升学会学术引领力、服务中医药科技工作者、助力行业科技成果转化”开展调查研究，形成调研报告，并召开调研成果交流会向全体干部职工通报。召开征求意见座谈会、专题会，设立意见箱，开展无记名问卷调研，汇总梳理 5 个方面 9 条问题，建立台账，制定整改落实举措 20 条，并跟进整改进展情况。

学会加强分支机构和学会独家主办期刊的党建工作，制定《中华中医药学会分支机构党建工作方案》，已在学会外科分会等 91 个分支机构建立党的工作小组。成立学会独家主办期刊党的工作小组，召开两次会议并组织学习。制定分支机构和独家主办期刊有关党建工作、考核、主要负责人廉洁风险防控办法等文件。

会员服务 学会贯彻落实国家中医药管理局党组“大学习、深调研、细落实”的工作部署，开展会员联动服务与发展调研，形成《会员联动服务与发展调研报告》（征求意见稿）、《推进会员联动服务与发展实施方案》（征求意见稿）和《中华中医药学会个人会员与单位会员服务清单》。开展学会成立 40 周年纪念活动《我与学会同成长》主题征文活动，共收到 129 篇来稿，通过学会各微信公众号平台进行集中宣传和展示。

【2019 第六届诺贝尔奖获得者医学峰会】 9 月 20—22 日，由学会与中国国际科技交流中心、深圳市科协、诺贝尔奖得主国际科学交流协会（ISSCNL）等共同主办的 2019 第六届诺贝尔奖获得者医学峰会在广东省深圳市召开。峰会以“科技引领生命健康新时代 · 汇聚湾区发展新动能”为主题，以“1+4+1”即开幕式、四大板块主题论坛、第三届国际扶阳医学大会相结合的形式展开。

1991 年诺贝尔生理学或医学奖获得者厄温 · 内尔（Erwin Neher）、2004 年诺贝尔化学奖获得者阿龙 · 切哈诺沃（Aaron Ciechanover）、2013 年诺贝尔生理学或医学奖获得者托马斯 · 苏德霍夫（Thomas C. Sudhof），欧洲人文和自然科学院院士迈克尔 · 豪塞尔（Michael Hausser），新西兰食品科技院院士孙东晓，美国人体运动学科学院院士朱为模，国际欧亚科学院院士张大宁，国医大师李业甫、张大宁，以及多位专家、众多企业家、国际智库成员等共同解析未来智慧医疗管理与实践，寻求中西医融合创新发展的新契机，探寻大湾区生命健康新格局，共创医疗生态新系统。

峰会同期举办全球生物医药创新论坛、大湾区中医产学研创新论坛、海峡两岸暨港澳智慧医疗协同创新论坛、国际项目路演会 4 个主题论坛，邀请近 100 位专家、学者围绕药品研发与上市、免疫治疗、整合医疗、精准医学、中医药、智慧医疗等热点议题进行研讨，助力健全并优化大湾区独特的医疗大健康产业链。

（撰稿人：余珍珍）

中国中西医结合学会

服务创新型国家和社会建设 2019年，学会49个专业委员会和青年、教育2个工作委员会开展脱贫攻坚工作，其中开展脱贫攻坚活动169余场、基层培训7236余场，并捐赠大量物资和药品，受益人群达2.7万余人次，基层培训39万余人次。举办国家级继续教育项目12项，学会级继续教育项目29项，培训人数达1.2万余人次。

学会建设 11月7日，经常务理事通讯会议审议通过，学会成立基层工作委员会。截至12月底，学会分支机构达到66个。

2019年，学会组织完成精神疾病、泌尿外科、内分泌、脊柱医学、心身医学、周围血管病6个专业委员会及教育工作委员会的换届改选工作。学会眩晕病、急救医学、疼痛学、妇产科、活血化瘀5个专业委员会及科研院所工作委员会于12月6日完成换届改选工作。遵照《专业委员会管理办法》，部分专业委员会在2019年度进行委员增补。

学会分别在北京、辽宁省大连市、山东省济南市等地召开5次中国中西医结合学会会长办公会及扩大会议。会议议题主要包括科技奖网评系统建设及评审情况、专业委员会的换届方案、标准化技术委员会工作建设、第七次世界中西医结合大会筹备工作、定点扶贫方案、第八届理事会换届方案等，讨论并通过《专业委员会印章使用管理办法》。同时通过对专业委员会工作的量化考核，评选出2018年度优秀专业委员会。

3月21日，学会在北京组织召开专业委员会新任主任委员、候任主任委员及秘书长培训会议。培训内容涉及学会章程、学术要求、组织管理、专业委员会管理办法、财务管理等事项，并主要针对《专业委员会管理办法》进行讲解及答疑。

8月2日，学会召开第七届十一次常务理事会议（全体监事列席会议）。集中学习“不忘初心、牢记使命”主题教育活动相关文件，学会副会长唐旭东作《不忘初心、牢记使命，做一名合格的共产党员》主题教育报告。会议共同学习并讨论7月24日中央全面深化改革委员会第九次会议《中共中央、国务院关于促进中医药传承创新发展的意见》，听取学会2019年上半年工作总结、下半年工作计划及第七次世界中西医结合大会筹备工作进展情况的汇报。强调要加强中西医结合标准化工作建设，决定成立“长三角”中西医结合工作委员会。此外，对下一阶段党建扶贫工作进行部署。

10月24日，学会在北京召开会长办公会扩大会议，讨论学会换届方案。会议决定，成立学会换届筹备工作委员会。初步确定学会第八届理事会理事候选人的名额分配办法，并提出筹备工作进度安排。11月13日，学会办公室按照学会章程的有关规定，将会长办公会扩大会议的内容以通讯方式向全体常务理事征求意见。11月26日，将换届申请方案上报中国科协，并按相关要求同时上报国家中医药管理局人教司及中国中医科学院党委。

根据中国科协《关于规范全国性学会个人会员登记号的通知》（科协办发学字〔2003〕6号）文件要求，学会于1月16日正式启用中国科协全国性学会个人会员管理系统，进行会员登记管理。目前，学会有详细资料且登记在册的会员122600余人。

青年人才托举工程 2019年，学会开展第五届中国科协“青年人才托举工程”项目申报工作，于12月16日收到19位报名者的信息。经学会学术工作委员会评选，选出2名候选人上报中国科协生命科学学会联合体，经相关评审程序后获批1人。

主办期刊 2019年，学会召开第七届编辑工作委员会第十一次工作会议，来自15种中西医系列杂志的50余名代表参加会议。学会主办期刊共出版102期，刊发3344篇文章。其中,《中国骨伤》正式加入OSID（Open Science Identity）开放科学计划;《中西医结合心脑血管病杂志》入选由中华医学会首批发布的临床医学领域高质量科技期刊分级目录;《中国骨伤》完成科技精品期刊领跑者F5000相关论文的长摘要网上提要任务，共有4篇论文被选入F5000领跑论文;《中国骨伤》和《中国中西医结合杂志》入选庆祝中华人民共和国成立70周年精品期刊展；*Chinese Journal of Integrative Medicine*（《中国结合医学杂志》英文版）被首个中国中医药科技期刊分级目录收录为T1级期刊，在汤森路透发布的2019年度《SCI期刊分析报告》（JCR）中其影响因子达1.445，保持稳定增长。

国际学术会议 12月5—8日，由学会和山东中医药大学主办的第七次世界中西医结合大会在山东省济南市召开，来自12个国家和地区的专家出席会议，共收到投稿论文4879篇，交流墙报300个。大会除主会场外，还设立临床医学、药学、麻醉学等12个分会场，共有284个专题报告。

国内主要学术会议 2019年，学会各专业委员会共召开学术会议79次，注册参会人数40561人次，编辑论文集55册，收录论文20879篇。

6月29—30日，2019中国中西医结合麻醉学会年会暨第六届全国中西医结合麻醉学术研讨会在上海市召开。现场参加会议人数达1800余人，会议邀请到国内外专家120余人。大会通过远程平台进行全程网络直播，共有1万余人次参与，近200家医院相关科室远程参加会议。同期举办“鲁南杯”国医盛典——融贯中西麻醉奖颁奖典礼。中华医学会麻醉学分会主任委员、北京协和医院教授黄宇光，中国医师协会麻醉学医师分会会长、解放军总医院教授米卫东，中华医学会麻醉学分会副主任委员、首都医科大学宣武医院教授王天龙分别进行理念传播和专题演讲。

11月21—24日，由学会肾脏疾病专业委员会主办，解放军总医院肾脏疾病国家重点实验室暨国家慢性肾病临床医学研究中心、天津中医药大学第一附属医院联合承办的中国中西医结合学会肾脏疾病专业委员会2019年学术年会在天津市召开。来自全国各地从事肾脏病的专家、学者等共计2000余人参加年会。会议主题是“传承精华、守正创新”，共设5个分会场，聚焦最新研究进展及热点问题作学术报告，包括13个专题。共作大会主题报告8场，分论坛报告91场，卫星会8场；讲者包括张伯礼、陈香美，学会肾脏疾病专业委员会常委、委员及肾脏疾病专家等，共计105人次作报告。共收到稿件1880篇，从中选出342份优秀摘要进行壁报交流，并评选出34篇优秀壁报。会议期间还举办第二届“益肾论道”演讲比赛决赛，并选出6名优秀选手。

科普活动 2019年，学会各专业委员会开展形式多样的科普宣传活动，如举办健康知识讲座、发放健康宣教手册、开展媒体宣传等，并通过报纸、杂志、网站、微信公众号等媒体平台进行宣传。学会共有57个专业委员会开展科普活动，共计986场，受益群众36.3万余人次，义诊服务受众1.6万余人次，发放宣传册2407册。

表彰举荐优秀科技工作者 2019年，学会共推荐国家科学技术进步奖6项，其中福建中医药大学教授陈立典牵头的“脑卒中后功能障碍中西医结合康复关键技术及临床应用”项目获得国家科学技术进步奖二等奖。

学会科学技术进步奖励办公室收到来自各省市学会、专业委员会及相关单位申报项目共计114项。经评审办公室形式审查，确定进入初评的项目共计109项，包括基础类25项、临床类68项、药学类13项、科普类3项。最终评出一等奖6项、二等奖15项、三等奖20项、科普奖3项。

党建强会 学会党委根据《中国科协科技社团党委2019年学会党建工作要点》的通知要求，进一步完善学会党建“两个全覆盖”专项工作方案，结合学会党委实际情况，制定工作计划，推进党建工作开展。

2月28日、5月13日、6月22日、8月2日、11月12日学会分别召开中国中西医结合学会党委扩大会议，组织党委委员及学会办事机构工作人员学习贯彻习近平新时代中国特色社会主义思想和党的十九大精神，十九届二中、三中、四中全会精神及全国中医药大会精神；学习贯彻习近平总书记有关中医药工作的系列重要指示精神；集中开展“不忘初心、牢记使命”主题教育，号召全体党员全面贯彻落实“守初心、担使命，找差距、抓落实”的总要求，全面推进党的政治建设、思想建设、组织建设、作风建设、纪律建设；并以通讯方式及时向理事会和各专业委员会传达大会精神。

2月22—23日，学会党委开展“寻访红色足迹，传承沂蒙精神”主题教育活动，组织办事机构全体党员到山东省临沂市沂蒙红嫂纪念馆、孟良崮战役纪念馆、大青山抗日战争纪念馆和赵志全同志纪念馆参观学习，接受革命传统和爱国主义教育。

8月30日，学会组织10余名专家，在学会副会长李显筑和姚树坤带领下，赴贵州省遵义市习水县开展党建扶贫义诊活动，重点针对因病致贫患者提供治疗建议和健康指导。

11月2日，学会组织医疗专家开展党建扶贫义诊活动，由第二军医大学附属长征医院心血管内科主任吴宗贵领衔的专家团队走进山西省忻州市五寨县进行扶贫义诊，并为贫困患者送去所需的速效救心丸、舒脑欣滴丸等常用药。

【第七次世界中西医结合大会】 12月5—8日，

由学会、山东中医药大学主办，山东中西医结合学会、山东中医药大学附属医院承办的第七次世界中西医结合大会在山东省济南市召开。大会主题为“中西医结合传承发展，保障人类健康”。国家中医药管理局相关领导，山东省副省长孙继业，中国工程院院士、学会会长陈香美，中国科学院院士、国医大师陈可冀，山东中医药大学党委副书记、校长高树中等出席开幕式并致辞，山东省政协副主席赵家军以及中国科学院院士陈凯先、岳建民，中国工程院院士刘德培、李校堃、于金明、王琦、刘良等12位院士，2位国医大师及280多位国内外专家出席开幕式。来自中国、美国、英国、意大利、比利时、南非、日本、韩国等12个国家和地区的近5000位专家、学者就中西医结合医学和世界结合医学的发展情况、研究成果、创新领域等进行交流研讨。

陈香美就中西医结合医学发展成就、中国中西医结合学会工作情况以及未来工作行动路线作总体介绍。刘德培、于金明、美国国立卫生研究院教授贾立斌、意大利皮埃蒙特东方大学教授吉奥瓦尼·阿彭迪诺、德国美因茨约翰内斯堡·古腾堡大学教授托马斯·费思分别以《中西医学、双流汇聚》《精准防治、攻克癌症》《美国国立癌症研究所中医和癌症研究协作项目成果》《药用大麻：人类的智慧产物，还是人类的轻信和精明》《应用网络药理学方法克服肿瘤耐药》为题作大会主旨报告。

大会设立12个分会场，围绕临床医学、药学、麻醉学、眼科、妇产科、骨伤科、消化内镜、疼痛学、科研院所、眩晕病、风湿类疾病和急救医学等研究领域进行专题学术交流。刘良、王琦、岳建民、李校堃等专家分别就中西医结合诊疗类风湿关节炎、中体质学三个科学问题的现代研究、中草药是发现新颖结构活性物质的重要资源、生长因子类药物的转化医学研究等作报告。

开幕式上还举办2019年度“步长杯”中国中西医结合学会科学技术进步奖颁奖仪式。获奖项目包括一等奖6项、二等奖15项、三等奖20项、科普奖3项。

【第六次全国中西医结合检验医学学术会议】 6月27—29日，由学会与学会检验医学专业委员会主办，四川省中西医结合学会协办的第六次全国中西医结合检验医学学术会议在四川省成都市召开，2500余人参加会议。《国际检验医学杂志》编辑部主任张耀元作为特邀专家参加会议。

学会检验医学专业委员会秘书长、北京中日友好医院检验科主任曹永彤主持开幕式。中国科学院院士赵国屏，中国工程院院士李兆申，国医大师刘敏如，学会检验医学专业委员会名誉主任委员、中国中医科学院广安门医院检验科主任刘贵建，学会检验医学专业委员会主任委员、北京中医药大学东直门医院检验主任杨曦明，四川大学华西医院院长黄勇副，中国医药杂志社总编辑杨秋，《国际检验医学杂志》编辑部主任张耀元，Wiley出版公司副总裁Jose Oliveira Wiley等出席开幕式。开幕式上，开启“一带一路、精准帮扶、科普活动”的启动仪式。

会议围绕“结合创新，助力健康”主题，安排大会学术报告5个、分论坛15个、专题讲座116个、竞赛专场2个、青年委员会科研沙龙1个。邀请检验、临床、基础医学领域的专家作专题报告。赵国屏、李兆申、刘敏如及山东大学第二医院教授王传新等国内中西医结合专家，分别就生物医学大数据与精准医学、消化道肿瘤预防筛查、中西医结合的见解和运用、外泌体分子标志物在肿瘤诊疗中的应用及进展作大会专题报告。

会议同期举办以“提高检验技能和诊断能力”为主题的“医战到底，医鸣惊人”和“慧眼识风险”检验医技师知识竞赛决赛活动，评选出一等奖2名、二等奖4名、三等奖6名。共收到论文2355篇，评审出优秀论文100篇。

（撰稿人：谷雨杉　史冬云）

中国药学会

服务创新型国家和社会建设　2019年，学会受国家发展改革委、国家卫生健康委、工业和信息化部、国家医疗保障局、国家药品监督管理局等委托，开展政策研究、科技评价、监测研究等项目20项，为政府部门提供决策参考。打造大数据分析平台，加强全国医药经济信息网建设，构建信息技术平台；通过国际认证，获得自主知识产权40项；组建科技志愿者服务队，成为中国科协首批“中国科技志愿服务百家学会”。

受国家药品监督管理局委托，学会继续承接“医药代表备案平台建设”“食品药品监管科技成果登记”“过度重复类和鼓励类药品审批目录动态监测”

等项目。参加仿制药质量和疗效一致性评价工作，检索并翻译 44 个相关品规的生物等效性指导原则。完成《监管科学典型行业组织、研究机构、国际会议发展现状》研究报告。发布“第五批过度重复药品提示信息公告”。开展国际人用药品注册技术协调会（ICH）培训工作，推动 ICH 指导原则在中国顺利转化实施，完成以 ICH 国际组织名义举办的 M4Q 指导原则培训试点项目，申获 ICH 国际组织 M3 指导原则培训项目。

学会举办国家继续医学教育项目和学会继续教育项目 18 项，共 54 场次，培训人数达 62696 人次；举办列入学术会议的继续教育项目 31 项，培训人数达 17170 人次；举办药学网络大讲堂培训 13 场次，每次免费培训贫困地区医院药学人员 260 人；举办 4 场 ICH 培训，内容涉及 M4、E2、M8、M3 等指导原则，培训总人数 941 人次。

学会深入贫困地区和革命老区开展扶贫活动。在安徽省阜阳市颍州区、临泉县，安徽省宿州市砀山县、六安市舒城县，山西省吕梁市临县、岚县，江西省赣州市龙南县，广西壮族自治区百色市田阳县开展“科学用药　科普扶贫”活动；在青海省西宁市、西宁市湟中县、海南藏族自治州贵德县、海北藏族自治州刚察县、海北藏族自治州海晏县西海镇开展医药卫生“三下乡”活动；在 28 个省、自治区、直辖市的 900 余个村庄开展“智爱妈妈”小手拉大手活动，直接受众人数达 1.2 万余人次。开展“科学用药 科普扶贫”活动 10 场次，捐赠价值 63 万余元药品和价值 6.95 万余元书籍，宣传活动覆盖人数达 1.3 万余人次。为安徽省阜阳市临泉医药希望小学捐资 30 万元，助力脱贫攻坚。

学会发布《细胞毒性药物规范化配置规范及操作流程》《药物流行病学研究方法学指南》2 个团体标准。发布《中国药物经济学评价指南》（2019 中英文双语版）。开展《公立医疗机构短缺药品管理指南》《短缺药品的替代药品遴选与使用指南》等规范文件的制定工作。

学会与山东省烟台市人民政府、中国医药保健品进出口商会等开展合作，搭建国际交流平台，推动医药产业发展。

学会建设　2019 年，学会发展个人会员 902 人。修订印发《中国药学会学术会议注册管理办法》《中国药学会英文网站管理办法》等 4 项规章制度；开展世界一流学会建设，实施新“三定”方案，加强人才队伍建设；召开理事会党委会议 4 次、理事会议 1 次、常务理事会议 9 次、理事长办公会 5 次、秘书长办公会 9 次；组织 15 个专业委员会进行换届改选工作；组建战略专家委员会。

学会治理结构和治理方式改革　学会开展药学学科分类及专业委员会设立标准调研；召开学会专业委员会主任委员工作会议暨专业委员会管理培训；承担中国科协全国学会深化改革情况调研课题，对 19 家全国学会深化改革情况现场调研，互相学习改革发展经验，研究改革发展举措。

青年人才托举工程　学会继续实施第四届中国科协“青年人才托举工程”项目，推选 2 位第五届中国科协“青年人才托举工程”项目候选人。

主办期刊　学会主办期刊 *Acta Pharmaceutica Sinica B*（《药学学报》英文刊）、《中国天然药物》、《中国中药杂志》获 2019 中国最具国际影响力学术期刊称号；《药学学报》（中文刊）、《中草药》获“2019 中国国际影响力优秀学术期刊”称号。

学会组织召开主办期刊第二十五次审读会、期刊发展论坛（期刊编校人员网络首发及学术规范建设培训）、《中国药学杂志》岛津杯第十四届全国药物分析优秀论文评选交流会等；《药学学报》中英文两刊编委会共同主办第五届《药学学报》药学前沿论坛暨第四届表观遗传与生物医药研发国际学术大会；《中国新药杂志》主办 2019 第三届中国创新药论坛暨中国新药杂志编委会会议；《中草药》主办第一届生物医药创新高峰论坛；学会创办《药学科技前沿》内刊，为药品监管及科技人员提供参考。

学科发展工程　学会跟踪药学学科发展前沿，组织专家编写《药学学科发展报告（2019—2020）》。

决策咨询　学会开展监管科学研究，完成《监管科学典型行业组织、研究机构、国际会议发展现状》研究报告；开展国家药品供应保障监测研究，针对药品政策实施效果提出对策建议，为政府部门制定政策、各级医疗机构药品使用管理提供科学数据支撑；开展短缺药品的治疗范围和替代药品研究，为短缺药物监测、预警及应对提供基础数据支持。开展国家医药创新能力评估研究，完成《关于建立职业化专业化药品检查员队伍的意见（代拟稿）》报告书评估、《药品注册管理办法》（修订案）政策评估、小品种药集中生产基地供应保障能力评估、省（市）级药品集中采购平台体制机制与功能绩效评估等 7 项评估工作。

学会受国家卫生健康委药物政策与基本药物制度司委托，经过3个月调研，在专家指导下，于7月完成《短缺药品的治疗范围和替代药品研究》报告。该报告通过收集多个不同来源的药品使用与功能数据库，结合数据分析与专家咨询等方法，建立短缺药品的替代药品目录及替代分级，包括不同类药品的可替代性和同类不同品种的可替代性，整合不同渠道的药品短缺信息，构建短缺药品替代药品的信息数据库，为未来短缺药品替代品种的更新调整提供方法学支撑。为国家卫生健康委及相关部门开展短缺药品预测、预警，研判短缺级别与影响范围，科学识别药品短缺问题，保障短缺药品供应，满足临床治疗需求提供科学支撑。

11月，学会发布《中国药学会2019年医院用药监测报告》。该报告是在2018年度监测基础上对药品使用情况进行更新。基于全国医药经济信息网网员医院报送的药品使用数据，运用统计学方法，科学分析2019年度医院药品使用情况及近5年变化趋势，从各类药品的品种数、使用金额、使用频度三个维度入手，对中国临床用药趋势进行综合分析，为政府部门制定政策、医疗机构使用药品、医药工业主管部门掌握药品市场供应情况，防止药品供应垄断和价格垄断，优化产业结构提供信息支持。

国际学术会议 2019年，学会举办4次国际会议，包括中欧传统药监管与研发交流研讨会、2019中国药物化学学术会议暨中欧药物化学研讨会、2019年医药创新与发展国际会议、第六届国际用药安全学术论坛。

国内主要学术会议 2019年，学会召开国内学术会议60次，参会人数34488人次，交流论文和报告6205个。学会助力青年药学科技工作者成长，举办药剂学青年科学家论坛、第七届海洋药物博士论坛、纳米药物青年学者论坛和青年药学人才创新发展研讨会。在2019年中国药剂大会上设立青年药剂工作者论坛、药剂学研究生论坛，有23名青年学者和30名药剂学研究生在论坛上就药学科技领域研究新进展、新技术、新成果进行报告交流。

国际交往 学会组织药学工作者参加5次国际会议，分别赴阿联酋参加国际药学联合会（FIP）第79届世界药学大会，赴印度尼西亚参加2019年亚洲药学科学联盟（AFPS）学术会议，赴美国参加2019年美国药师学会年会，赴菲律宾参加第十九届亚洲临床药学大会，赴美国参加2019年美国药学科学家协会（AAPS）年会，并参与大会报告和壁报交流。

科普活动 2019年，学会开展科普活动17项，科普研究3项，线上线下活动覆盖公众7552.9万人次。在全国科普日活动期间，学会开展社会化科普创新成果展、科普互动体验项目，吸引公众参与；开展“药”续华章科普微视频活动；承担“明医识药”科学辟谣项目；开展《中华人民共和国药品管理法》《中华人民共和国疫苗管理法》普法宣传活动；组织青年科研人员宣传药品监管科技成果，普及安全用药知识；完成编写并发布《中国家庭用药手册》（疫苗和免疫接种）和《探秘三七》科普图书，编辑出版《未来药物》科幻图书。学会科普工作获中国科协通报表扬，被评为2019年全国科普日北京主场活动优秀组织单位。

学会开展科技传播创新工程、“智爱妈妈”安全用药科普促进行动、“精准用药”科技传播促进行动；开展全国安全用药月“安全用药 良法善治”、科技活动周“药品安全 科普惠民”主题活动；构建科普传播媒体融合矩阵，学会的官方新媒体平台“药葫芦娃”由“两微七端”扩大到“两微九端”（微信公众号、微博，头条号、搜狐号、企鹅号、一点号、搜狗号、百家号、趣头条、喜马拉雅、抖音号），推出文字、图片、视频、音频等原创科普作品约6787条，阅读量/播放量超1997万次。“药葫芦娃”全年平台累计发布的科普作品总数达7万余条，阅读量/播放量达1亿次。其中头条号获今日头条“清风计划”第四期群媒体榜单第1名，多篇原创文章获今日头条“青云计划”奖励。“智爱妈妈”安全用药科普促进行动项目入围国际药学联合会（FIP）2019年健康促进奖提名。

在2019年全国科技工作者日期间，全国政协教科卫体委员会副主任、学会理事长孙咸泽参加中国科协“礼赞共和国、追梦新时代——科技志愿服务行动”主题现场授牌和授旗活动，学会获“中国科技志愿服务百家学会”称号。

表彰举荐优秀科技工作者 2019年，学会推选第十四届中国药学会科学技术奖16项，评出一等奖3项、二等奖5项、三等奖8项；推荐评选第二十届吴阶平－保罗·杨森医学药学奖4人；推荐评选2019年中国药学会优秀药师69人。

学会创新发展 学会参与国内外监管、产业对话交流，参加亚太经合组织（APEC）生命科学创新论坛监管协调指导委员会（RHSC）会议，推进中国与APEC RHSC的相关合作，推动四川大学、北京大学临床研究所申请获批APEC RHSC医疗器械卓越中心试点项目和APEC RHSC药物警戒卓越中心，促进中国医疗器械监管和药品监管与国际接轨。

党建强会 学会完成主题党日活动10次，组织召开党员大会11次、支委会议27次，组织支部委员及领导班子成员讲党课4次。

学会开展“不忘初心、牢记使命”主题教育；组建中国药学会党支部志愿服务队；组织党员干部职工充分利用支部工作App、国家药品监督管理局机关党委“每日荐读”微信公众号、国家药品监督管理局党校网络学习等平台加强学习；开展中华人民共和国成立70周年学会党建规律课题调研；宣传药学科技人物，弘扬科学家精神。

学会党组织获中国科协科技社团党委2019年创建全国学会星级党组织评价优秀等次（九星级），被评为2019年度全国学会智慧党建建设优秀学会党组织。

会员服务 学会创新服务模式，建立多元会员服务体系。不断完善学会会员管理平台建设，向会员发布学会年报，推送学会会讯、电子版药学期刊等；听取广大会员意见建议，通过各类会议向会员征集对药品监管工作的意见和建议；召开面向会员和单位会员的座谈会，邀请学会专家深入会员单位进行调研座谈，了解会员实际需求，解答专业技术问题；完成《中国药学会会讯》4期编辑印发工作；发布2019年中国药学会年报。

【2019年中国药学大会】 9月5—7日，2019年中国药学大会在河北省石家庄市召开。大会主题为“推进药学科学发展，服务健康中国战略”，围绕总结中华人民共和国成立70周年医药事业发展重大成就，重点探讨新时代药物创新新理论、新方法、新技术、新进展。来自药品监管部门、科研院所、高校、医疗机构、医药企业的专家、学者1700余人参加大会。全国政协副主席、农工党中央常务副主席何维为向大会发来书面致辞。全国政协教科卫体委员会副主任、学会理事长孙咸泽等出席大会开幕式并讲话。开幕式上，宣布成立学会战略发展专家委员会，发布第五批过度重复药品提示信息公告和两个中国药学会团体标准。

大会邀请国家药品监督管理局政策法规司相关领导介绍12月1日起施行的《中华人民共和国药品管理法》的修订背景、原则、主要内容；邀请7名院士作大会主题报告；71名特邀专家在13个分会场作专题报告。大会收录论文516篇，其中92篇在分会场报告交流，评选出优秀论文44篇，其中一等奖4篇、二等奖16篇、三等奖24篇。

大会期间，召开中国药学会24届理事会第二十次常务理事会议等。

【第十九届中国药师周】 11月2—4日，由学会主办的第十九届中国药师周在重庆市召开。大会以“凝聚药师智慧 助力健康中国”为主题，聚焦中华人民共和国成立70年来医药卫生事业取得的新成就，围绕实施“健康中国”战略，就中国医药创新战略和发展规划、新时代药学服务发展模式、科技创新和科学传播融合等问题进行交流和研讨。国家有关部门领导，中国科学院院士、中国工程院院士，学会相关领导，全国医药经济信息网、各地方分网及网员医院负责人，医疗机构药师，科研院所的专家、学者以及新闻媒体记者等2919人参加大会。全国政协教科卫体委员会副主任、学会理事长孙咸泽致开幕词，中国工程院院士、学会副理事长丁健等专家作报告，中国工程院院士、学会副理事长李松主持大会报告。会议交流报告和论文110篇。

大会期间，召开中国药学会24届理事会第四次会议，发布《中国药学会2019年医院用药监测报告》，举办医药政策论坛、第二届医药信息和利用研讨会、药物治疗前沿创新论坛、科学传播论坛、药学服务经典案例分享论坛、药学服务V课堂6个分论坛，开展“安全用药 健康中国”系列科普活动：“科海扬帆 梦想启航”中国药学会科普公益活动走进重庆医科大学、“礼赞共和国、奋进新时代——药师您好”安全用药科普活动。

（撰稿人：梁 毅 李亚娟）

中华护理学会

服务创新型国家和社会建设 2019年，学会受国家卫生健康委委托，组织老年护理领域专家编写《老年护理实践指南》。

11月，学会发布第一批团体标准9项，分别是《成人癌性疼痛护理》《便秘的耳穴贴压技术》《气管切开非机械通气患者气道护理》《住院患者身体约束护理》《化疗药物外渗的预防及处理》《认知障碍老年人激越行为的非药物管理》《成人肠造口护理》《成人氧气吸入疗法护理》《医疗器械清洗技术操作》。

学会明确专科护士、专项培训、专题培训、专病培训等继续教育项目分类和管理流程。制定专科护士培训大纲，明确课程设计原则、培训目标和内容。启动北京以外临床教学基地试点工作，对99个北京内基地及18个北京外基地进行评审与授牌。在原有专科护士培训项目基础之上，新增麻醉、安宁疗护、呼吸、心血管4个领域。2019年培训专科护士2394人，各类师资培训、专业技术培训、专项培训、专题培训等共培训护士3106人次。

学会建设 截至12月底，学会个人会员160208人，其中资深会员12025人，会员人数较2018年增加35.2%。学会新增非公立医院护理工作委员会、县级医院护理工作委员会、学生工作委员会3个分支机构。

学会与国家图书馆合作，完成对学会保留的民国资料的数字化加工工作。资料包括1920—1948年的《护士季报》、1914—1946年全国护士代表大会的会议记录、《中华护士会文凭登记簿》等。在学会成立110周年之际，编辑出版《中华护理学会110年画册》，对以往会史中的学会早期发展历史作重要补充和修正。

主办期刊 2019年，《中华护理杂志》获得中国科技期刊卓越行动计划期刊类项目支持，为期5年。

《中华护理杂志》、《中华护理教育》、*International Journal of Nursing Sciences*（《国际护理科学》英文版）均入选中国科学引文数据库（CSCD）。其中《中华护理杂志》、*International Journal of Nursing Sciences* 入选核心库，《中华护理教育》入选扩展库。

《中华护理杂志》继续获得“百种中国杰出学术期刊”“中国精品科技期刊”“期刊数字影响力100强（学术类）”称号，入选庆祝中华人民共和国成立70周年精品期刊展。

International Journal of Nursing Sciences 被美国国立卫生研究院 PubMed Central（公共医学中心，PMC）收录。截至11月，用户阅读和下载量为28478篇次。全年网络阅读下载量716527篇次，动态 Citescore（引用分数）为1.37。

学会期刊稿件管理系统升级，增加精准推送服务。

8月，学会创办护理专科类刊物《中华急危重症护理杂志》并获批。

9月，《中华护理杂志》1篇论文入选第四届中国科协优秀科技论文，4篇入选中华医学百篇优秀论文。

决策咨询 为发挥学会汇聚专家的专业优势，集成学术资源，加强资源整合，进一步提升服务国家科技发展和科学决策的能力，学会在全国范围内遴选专家并组建中华护理学会决策咨询智库，确定入库专家86名。

国际学术会议 2019年，学会及其分支机构共举办国际会议2次：中华护理学会成立110周年纪念大会暨“一带一路”国际护理研讨会、全国儿科护理学术交流会议暨第七届亚太儿科护士会议。参会人数共计2571人次，交流论文2603篇。

国内主要学术会议 2019年，学会及其分支机构共举办年会、研讨会、论坛等学术活动38次，36611人次参加会议，收到论文投稿63885篇。其中，2000人以上规模的会议2次，1000人以上规模的会议11次。论文投稿比2018年增加39.8%，参加会议人数增加22.7%。

5月23—25日，中华护理学会第23届全国手术室护理学术交流会议在广东省东莞市召开。会议主题为“实干为要 同心筑梦”，来自全国31个省、自治区、直辖市和香港特别行政区、澳门特别行政区及台湾地区，以及亚太地区、美国、欧洲等共计5000余名专家、学者及手术室护理工作者出席会议。国家卫生健康委、广东省卫生健康委、中华护理学会及广东省护理学会相关领导，美国围手术期注册护士协会（AORN）及欧洲压力性损伤指南委员会主席，亚洲围手术期协会秘书，以及各地手术室护理专家、医院感染控制专家、医学专家等受邀作学术分享。会议设手术室护理管理、感染控制、专科护理、教学科研、麻醉恢复与疼痛护理、信息化建设和患者安全7个分论坛，围绕当前手术室护理领域的热点问题展开交流和研讨。颁布2019版《手术室护理实践指南》与《手术室专科护理》教材。

7月25—27日，以“走过20，出发2.0”为主题的中华护理学会静脉输液治疗学术年会在贵州省贵阳市召开。来自31个省、自治区、直辖市的2160名护理工作者，以及数十位跨学科的医学、人文媒体专家出席会议，就血管通路的管理、标准建立、导管维护、并发症等方面的相关问题进行交流与探讨。大会发布《临床静脉导管维护操作专家共识》。

国际组织任职 2019年，学会安宁疗护专业委员会主任委员谌永毅担任国际肿瘤护理学会理事兼沟通委员会主席，学会护理教育专业委员会许湘华担任国际肿瘤护理学会沟通委员会委员。

国际交往 5月，学会代表团参加在俄罗斯圣彼得堡举办的第三届金砖国家护理论坛。会议期间，金砖五国在护理科研、人才交流、教育培训等领域的合作方案上达成一致意见，并签署《第三届金砖国家护理论坛2019年圣彼得堡声明》。

6月，学会代表团参加在新加坡举办的2019国际护士会会员代表会议及国际护理大会。中国成为投稿数量、交流人数、参加会议人数最多的国家。会前一日，学会与国际护士理事会（ICN）讨论在中国开展的“ICN领导力变革”项目的推进情况。会议期间，学会分别与美国、加拿大、德国、新西兰、挪威、日本、韩国等国家的护理组织就未来可开展的合作事项进行讨论。

10月初，学会代表团赴加拿大渥太华参加由加拿大护士协会举办的中加护理论坛，双方在专科护士培养与认证、护理领导力培训、护理骨干互访、护理期刊交流、合作研究等6个方面达成合作意向。

科普活动 3月，学会开展全国优秀微电影、微视频科普作品评选活动，评选出优秀微电影、微视频科普作品60部，内容涉及眼科、骨科、急诊等20余个专科健康知识，为开展线上健康知识科普提供素材。

5月，学会审核认证覆盖全国28个省、自治区、直辖市的140个科普教育基地。召开护理科普培训班和科学传播能力提升培训班，提升科学传播专家和科普教育基地负责人的科普能力和职业素养。

学会以“科技促民生 科普惠健康”为主题，开展一系列针对群众不同健康需求和特点的科普活动。在“5·12”国际护士节和全国科技活动周期间，参与活动的医务科技工作者近8000人次，受益公众138万余人次；开展科普专题讲座300余场，基层帮扶工作100余次，科普教育咨询活动近200次；举办围绕儿童、青少年、老年等重点人群的相关科普活动近100场；推广培训护理技术40余项；发放健康教育资料、书籍近16万册。2019年全国科普日活动期间，学会科普教育基地、科学传播专家团队组织活动1000余次，活动形式包括讲座、义诊、发放宣传手册、咨询、发布视频、网络咨询等。

表彰举荐优秀科技工作者 2019年，学会完成中华护理学会杰出护理工作者全国范围内的评选工作。5月7日，在北京召开庆祝国际护士节大会，向60名杰出护理工作者颁发证书及奖杯。

学会评选出第六届中华护理学会科技奖一等奖1项、二等奖14项、三等奖30项，并在中华护理学会第九届学术年会上举办颁奖仪式。

学会创新发展 学会设置专职人员负责统筹开展信息化建设工作。以提升会议服务满意度为切入点，完善智能会议系统。会议注册缴费、会议投稿、住宿预订、会议资料获取、电子学分证书获取、发票申请等会议各个环节均实现电子化。会员管理系统的会员入会、线上支付一站式服务基本开发完成。学术会议直播平台正式上线，会议的参与度与覆盖面均超出以往规模。学会官网手机网页版完成建设，电脑版完成改版与更新，官网与微信公众号实现一体化。学会微信公众号关注量超过20万人，约是2018年的3倍。

党建强会 学会党委组织党支部开展“不忘初心、牢记使命”主题教育。

2月，学会党支部组织秘书处全体党员及职工赴中国国家博物馆参观“伟大的变革——庆祝改革开放40周年大型展览”。

8月，学会党委在中国科协全国学会“党建强会计划”项目支持下，组织分支机构党支部内科、肿瘤、手术室护理专业委员会专家在陕西省延安市开展“推进精准帮扶，夯实对口支援”——走基层·延安行活动。针对延安基层医疗机构护理问题，组织开展专家授课、护理查房、面对面交流指导等“送政策、送知识、送技术”活动。

会员服务 学会修改会员管理办法，细化会员发展、会员服务、会费收取等管理规定。

【中华护理学会成立110周年纪念大会暨“一带一路”国际护理研讨会】 9月6—7日，学会在北京举办中华护理学会成立110周年纪念大会暨“一带一路”国际护理研讨会（Celebration Ceremony for the 110th Anniversary of Chinese Nursing Association and Belt and Road International Nursing Congress）。中国科协党组书记、常务副主席、书记处第一书记怀进鹏出席大会并致辞。世界卫生组织首席护士 Elizabeth Iro、国际护士会主席 Annette Kennedy 等国际组织领导人出席会议并致辞。国家卫生健康委相关领导出席会议。大会以“合作共赢·助力健康”为主题，来自4个重要国际组织、41个国家护理学会，全国31个省、自治区、直辖市以及香港特别行政区、澳门特别行政区、台湾地区的护理专家、学者等近2000人参加会议。会上56名专家作主旨报告。

会议期间及会后，学会与26个国家护理学会签署护理合作备忘录，计划在卫生体制、护理政策、护理教育、人才培养、护理实践和护理产业发展等方面加强对话、凝聚共识、增进合作。

（撰稿人：余　馨）

中国生理学会

服务创新型国家和社会建设　7月15—18日，学会在吉林省延吉市举办前沿生理学实验技术高端论坛讲座及实验班，50余人参加。

8月5—8日，学会在湖南省湘西土家族苗族自治州吉首市举办中国生理学会生理和行为学实验培训班，来自浙江大学、天津医科大学、南华大学和安徽医科大学等高校的50余名教师参加培训。

学会建设　学会全年召开2次常务理事会议。根据中国科协《中国科学技术协会全国学会组织通则》文件精神结合学会实际工作情况，对《中国生理学会分支机构管理办法》进行修改和完善，为学会的规范化管理和分支机构的健康发展提供制度保障。

青年人才托举工程　按照中国科协2019年工作总体部署，根据《中国科协青年人才托举工程管理办法》和《中国科协青年人才托举工程实施细则》有关要求，学会向中国科协生命科学学会联合体举荐天津医科大学何金龙为第五届中国科协“青年人才托举工程”项目候选人并入选。

主办期刊　9月，《生理学报》获得中国期刊协会“致敬创刊70年”荣誉证书及奖杯，并参加中国期刊协会举办的庆祝中华人民共和国成立70周年精品期刊展和巡展活动。

国内主要学术会议　2019年，学会及其分支机构共组织各类学术交流活动20余场次，参加会议人数达3000余人次。

5月2—4日，学会中医药与脑稳态调控专业委员会和中医院校生理专业委员会联合举办的第二届中医脑科学大会在湖南省长沙市召开，来自16个省、直辖市的30多所院校、科研院所的200余位专家、学者参加会议。与会专家、学者参与10个专题研讨会，作74场报告（包括5场主旨报告）、18张海报交流展示，内容包括胶质细胞介导的脑免疫稳态与帕金森病、中药分子作用靶标的发现、脑梗死血瘀证病理实质及中医药干预效应、从针灸影像研究到脑病治疗新技术实践、中药对脑部微环境稳态调节对药物成瘾的治疗作用等。

6月21—23日，武汉协和国际消化病大会暨中国生理学会消化与营养专业委员会第三届学术会议在湖北省武汉市举办。大会分设内镜、幽门螺杆菌、消化道肿瘤和中西医结合等11个分会场，1000余人参加会议。展示国内外消化系统疾病最新研究成果，探讨本领域研究热点，促进行业间的学术交流。

8月13—17日，学会在福建省厦门市召开第十二届全国生理学教学研讨会。来自29个省、自治区、直辖市包括医学院校、中医院校、农林院校及综合性大学在内的119所高校的生理学教育工作者共210人参加会议。会议内容主要包括生理学教材研讨与教学能力提升培训、生理学教学改革研讨与交流，以及学会主办的第三届全国高校人体生理学微课教学大赛颁奖典礼及作品赏析三大部分。

9月19—21日，由学会生殖科学专业委员会和中国动物学会生殖生物学分会联合主办的第三次联合学术年会暨生殖生物学分会第十七次学术年会和生殖科学专业委员会第三届学术会议在广西壮族自治区桂林市召开。来自全国100余家高等院校、科研院所、医疗机构和相关产业单位的600余位专家、学者参加会议，共收到论文摘要213篇。大会包括特邀报告13个、分会场报告76个和墙报交流115个。

11月22—24日，学会和中国营养学会联合主办的整合生理与营养健康专题研讨会在辽宁省大连市召开。会议邀请整合生理学和营养学领域的多位专家和青年学者作大会特邀报告及17场学术报告，150余人参加会议。会议内容涉及微血管与肾脏生理功能调节、胆汁酸受体与肾脏生理等专题。

国际交往　3月26日—4月2日，第九届亚太生理学国际研讨会在日本兵库县神户举办，学会组织有关专家参加会议。其中，学会消化与营养专业委员会组织5个专题报告。

4月3日，IUPS（国际生理学会）2021英文网站（http://www.iups2021.com）正式开通上线；同时发出“Call for plenary/keynote speakers（召集全体会议/主旨发言人）”的通知。10月28—30日，IUPS组织5位专家来中国讨论2021年大会筹备情况。同时CAPS–IUPS（中国生理学会–国际生理学会）学术委员会17位委员，以及中国科学院院士杨雄里和华中科技大学教授王建军两位CAPS特邀专家共同组织参加第一次国际学术委员会会议。会上，专家从推荐的51位会议发言人和106位主旨报告候选人中，筛选出10位会议发言人和18位主旨报告人。

10月30日，CAPS-IUPS在北京举办2019生理学前沿北京论坛。IUPS主席Chan-hwa Yu，IUPS第一副主席Susan Wray和第二副主席Peter Hunter及秘书长Ulrich Pohl与学会理事长王韵、副理事长王世强、常务理事孔炜分别作报告。

科普活动 5月10—11日，中国生理学会第一届生理学知识大赛暨国际生理学知识竞赛第五届中国地区赛在江苏省徐州市举办。来自复旦大学等22所高校的36支代表队近300名师生参加比赛，清华大学、武汉大学、山西医科大学和湘南学院的代表进行观摩。比赛采用全英文读题、手写或口头作答的方式进行，主要考察选手的医学生理学知识储备和英语交流能力。经过四轮比赛，最终产生一、二、三等奖。

表彰举荐优秀科技工作者 学会举荐中国科学院上海生命科学研究院神经科学研究所研究员、学会副理事长周嘉伟的"大脑衰老之谜"和哈尔滨医科大学教授王羽峰的"射乳反射同步化中枢的鉴定"两个项目申报中国科协组织征集的"2019重大科学问题和工程技术难题"。

学会举荐首都医科大学附属北京安贞医院教授、学会循环生理专业委员会主任委员杜杰的"炎症微环境在心力衰竭发病中的分子机制研究"项目申报2019年度北京市科学技术奖自然科学奖特等奖。

学会举荐中国科学技术大学教授、学会常务理事及青年工作委员会主任委员薛天的"实现哺乳动物裸眼红外视觉"项目申报2019年度"中国生命科学十大进展"。

党建强会 4月13日，学会功能型党委扩大会议在云南省昆明市召开，与会人员学习贯彻习近平新时代中国特色社会主义思想和《中共中央关于加强和改进党的群团工作的意见》的精神。

11月，学会在江苏省南京市召开第25届第二次党委会议，学习中央"不忘初心、牢记使命"主题教育领导小组印发的《关于第二批主题教育单位基层党组织召开专题组织生活会和开展民主评议党员的通知》及中国科协社团党委印发的《关于进一步加强中国科协所属学会党委建设的指导意见（试行）》。

会员服务 学会整理完成新一届（2019—2022年）会员入会资料，截至2019年年底，会员人数达到4870人。2019年，学会编纂印刷会员刊物《生理通讯》（双月刊）6期，并向全体会员免费邮寄近3万册。

【中国生理学会2019年学术年会暨张锡钧基金第十五届全国青年优秀生理学学术论文交流会及第十三届全国青年生理学工作者学术会议】 12月20—22日，中国生理学会2019年学术年会暨张锡钧基金第十五届全国青年优秀生理学学术论文交流会及第十三届全国青年生理学工作者学术会议在江苏省南京市召开，会议由学会主办，南京大学和东南大学协办。参加会议人数约1100人（注册代表947人），志愿者和工作人员共计56人。会议设大会报告2个、专题报告25个、口头报告40个，收集论文摘要326篇。

中国生理学会2019年学术年会创新办会机制，除进行张锡钧基金第十五届全国青年优秀生理学学术论文交流会及第十三届全国青年生理学工作者学术会议外，还设立21个专业委员会、《生理学报》编委会及教育工作委员会组织的26个分会场专题报告，共计142位专题报告者。会议交流内容涵盖生理学研究的多个方面，包括细胞生理学、血液和循环生理学、内分泌和生殖生理学、神经生理学、呼吸生理学、肾脏泌尿和稳态等，以及与企业合作进行的"生理学教学信息化分论坛ESP功能数字人"专题研讨。

张锡钧基金第十五届全国青年优秀生理学学术论文交流会通过专家书面评审，从来自全国52位青年优秀生理学工作者的推荐材料中遴选出24位作大会现场口头报告交流，28位作墙报展示交流。在现场口头报告交流会上，经各位专家根据候选者的工作内容、表达水平、提问答辩和图表展示情况，最终评审出一、二、三等奖及单项奖共9名。

第十三届全国青年生理学工作者学术会议共邀请16位青年工作者作口头报告，其中6位获得优秀青年口头报告论文奖；共有26份墙报参与评选，评出4份优秀墙报。同时，在两天内展出的316份墙报（实际张贴269份）中评出21份生理学学术大会优秀墙报。

为贯彻落实中共中央办公厅、国务院办公厅印发的《关于进一步弘扬科学家精神加强作风和学风建设的意见》，会议期间，学会邀请中国科学院院士、学会第20届理事长杨雄里和学会第22届理事长范明分别作题为《执着和奉献——循着中国生理学界前辈的足迹》和《2019 年诺贝尔生理学或医学奖成果浅析》的演讲。

（撰稿人：周语章　闻　默　杨敬修）

中国解剖学会

服务创新型国家和社会建设　学会举办继续教育学习班、高级进修班共 5 个。4 月 12—14 日，第 24 届全国断层影像解剖学及其临床应用学习班在安徽省芜湖市举办，来自 13 个省、自治区、直辖市的 100 余位解剖学与医学影像学工作者参加学习；6 月 17—29 日，新时代首届全国局部解剖学与临床手术解剖学高级进修班在上海市举办，安排实地解剖 78 学时；7 月 18—22 日，第 25 届全国断层影像解剖学及其临床应用学习班在山西省太原市举办，来自全国的 150 余名临床医生和高校师生参加学习；11 月 20—26 日，第 11 届《神经解剖学》师资培训班在四川省成都市举办，来自 17 个省、自治区、直辖市 37 所院校的 60 余位一线解剖学教师与从事神经科学研究的科技工作者参加培训；12 月 5—9 日，全国运动解剖学青年教师研习班在江苏省无锡市举办，来自 30 多所体育院校、师范院校、综合性大学、医学院校、职业技术学院的 55 位学员参加继续教育。

学会建设　2019 年，学会成立首届监事会，并召开 2 次监事会议。监事会由 3 名监事组成，其中监事长 1 名、监事 2 名。

学会完善各种制度，包括《中国解剖学会关于分支机构的管理规定》《中国解剖学会单位（团体）会员管理规定》《中国解剖学会财务管理制度》《中国解剖学会办公室人员管理规定》等。

2019 年，学会获得中国科协 4 个项目支持，分别为 2019 党建强会计划——党建宣传教育阵地建设项目、前沿科技论坛——全国干细胞免疫治疗技术研发及其产业化路径高层研讨会、2019 年国际民间科技组织事务专项项目、海峡两岸暨港澳解剖学青年科学家论坛。

青年人才托举工程　12 月底，学会推荐陆军军医大学李涛和成都医学院韩玉萍参加中国科协生命科学学会联合体开展的第五届（2019—2021 年度）“青年人才托举工程”项目人才遴选工作。

中国科协组织开展第二届（2016—2018 年度）“青年人才托举工程”项目总结工作。经专家委员会评审，从 35 位被托举人中评选出 3 位典型代表人物，其中学会推荐的曾文获得第二届中国科协“青年人才托举工程”项目典型代表人物。

主办期刊　学会 5 个学术期刊《解剖学报》《解剖学杂志》《中国临床解剖学杂志》《中国组织化学与细胞化学杂志》《解剖科学进展》完成中国科协“三审三校”制度执行情况的专项检查工作，并参加社会效益评价考核工作。

学科发展工程　学会完成中国科协委托的《中国解剖学学科史研究》编撰项目，主要内容有：学科发展的科技和社会环境，学科的认识结构（认识对象的内涵和外延等）、知识结构（知识体系、技术体系、方法体系等）、学术建制的发展，学科的特征（整体性、层次性、动态性、开放性等），学科的科技和社会功能，学科演化的判据、进程、特点、规律，以及学科发展的里程碑事件、主要奠基者和杰出贡献者，学科发展大事记等。该书对解剖学在中国的生成、发展和演化史进行梳理研究，总结学科演化特点与规律，预测学科发展趋势，提出发展策略。

国际学术会议　8 月 19 日，学会在云南省昆明市召开的中国解剖学会第 35 届学术年会上，同期召开第二届中韩解剖学学术交流会。会上举办中韩解剖学合作交流签约仪式，学会理事长张绍祥和韩国解剖学会理事长 Seung Ho HAN 共同参加合作签约仪式。

国内主要学术会议　学会及其分支机构共举办国内学术会议 6 次，参加会议人数 1600 余人次，交流学术论文 900 余篇。

8 月 19—20 日，中国解剖学会第 35 届学术年会在云南省昆明市召开，大会主题为“交流解剖学科的科研与教学成果，探讨解剖学科未来的发展，构建学科发展共同体”。870 位大会注册学者、师生，还有来自韩国（4 人）、新加坡（1 人）、中国香港特别行政区（8 人）、中国澳门特别行政区（3 人）、中国台湾地区（10 人）以及企业代表等，共计 1000 余人参加会议。共设 6 个分会场，举办 36 个专题论坛与分会报告，218 位专家、学者进行口头报告交流，收到投稿论文 700 余篇。

两岸交流　学会承担中国科协 2019 年“海峡两岸暨港澳青年科学家学术活动月”项目，于 8 月 19 日在中国解剖学会第 35 届学术年会上同期举办首届海峡两岸暨港澳解剖学青年科学家论坛，来自海峡两岸和香港特别行政区、澳门特别行政区的 100 余位解剖学领域青年科学家参加论坛。会议期间，学会领导和香港特别行政区、澳门特别行政区以及台湾地区代表签订学术合作的长期战略协议。

国际交往 8月9—11日，由国际解剖学工作者协会联合会（The International Federation of Association of Anatomists，IFAA）主办的第19届国际解剖学工作者协会联合会会议在英国伦敦召开，学会副理事长李云庆带领70名中国学者参加会议。此次大会共有来自79个会员国家（地区）的925名专家、学者参加。

9月19—24日，第十三届中日组织化学与细胞化学学术研讨会在日本神户主会场和德岛卫星会场举办。来自中国37个院校共82位学者组成的中国代表团在学会秘书长兼学会组胚分会主任委员周德山的带领下出席会议。中国代表团在会上共作2个大会报告、21个主题报告和30个墙报展示。

科普活动 学会科普教育基地大连金石滩生命奥秘博物馆的科普专家团队、科普讲师团队共举办科普宣讲活动161场，受益群众92万人次。其中开展青少年科普宣讲活动68场，受众42万人次。大连金石滩生命奥秘博物馆志愿者团队共有两支，一支以大学生及在职人员为主，每年总服务时间在960小时以上；另一支以中小学生中的科普爱好者为主，每年总服务时间在256小时以上。

学会科普微信公众号“生命奥秘博物馆”订阅量52440人；微博“生命奥秘博物馆”粉丝量113357人。

1月8日，2018年度国家科学技术奖励大会在北京召开。学会副理事长隋鸿锦担任主编的科普著作“生命奥秘丛书”（分为《深海鱼影》《达尔文的证据》《人体的奥秘》3册）获得国家科学技术进步奖二等奖。“生命奥秘丛书”向读者传达丰富且独特的动物自然科学方面的知识。

表彰举荐优秀科技工作者 陈罡、陈涛、刘琼、闫军浩、王广五位青年学者获得中国解剖学会第五届中国青年解剖科学家奖。

党建强会 学会党委获得中国科协科技社团党委“党建宣传教育阵地建设”项目。8月，学会党委在辽宁省大连市金石滩毛泽东历史珍藏馆举办揭牌仪式，建立学会第一个党建宣传教育阵地，并开展“不忘初心、牢记使命”主题教育。

学会党委召开第四次党委扩大会议，并组织党员赴辽宁省大连市旅顺口区东鸡冠山、旅顺博物馆、旅顺军港等地进行爱国主义教育活动。

学会党委参加中国科协科技社团党委组织的2019创建全国星级党组织评价工作，并获得良好（六星）评价。

会员服务 2019年，学会采用网络会议系统，为会员提供报名、注册、缴费、宾馆预订、开具电子发票等一站式便捷服务。编撰《中国解剖学会2019年工作年报》和第38期会讯，以纸质版和电子版形式发放给会员。开通微信公众号向会员推送学会学术活动和工作信息。

（撰稿人：祁　栋）

中国生物医学工程学会

服务创新型国家和社会建设 受国家药品监督管理局委托，学会承接《医疗器械科技前沿》杂志4期主要内容的编辑出版工作，为国家药品监督管理局监管层提供决策的学术信息支撑。

学会完成国家药品监督管理局创新医疗器械特别审批审评项目140项，优先审评项目12项，组织专家审查会议128次，配合国家医疗器械技术审评中心完成审评专家库的扩建工作。

7月17日，国家医疗器械技术审评中心与国内14家相关领域的高校、研究院所和医疗机构成立人工智能医疗器械合作平台。学会作为成员单位之一，参与技术法规、团体标准、临床评价、数据治理、数据库建设、人才培养等工作。12月27日，在海南省琼海市博鳌镇召开的人工智能医疗器械创新合作平台会议上，学会提出成立医学人工智能名词术语规范化工作组，并得到创新合作平台管理委员会批准。该工作组由学会牵头，国家药品监督管理局医疗器械技术审评中心、清华大学、浙江大学、东南大学和北京智源人工智能研究院为成员单位。

2019年，学会组织或参与各类团体标准化活动30场次。其中，举办团体标准高峰论坛1场、团体标准宣贯会1场、团体标准制修订流程宣贯培训1期、团体标准网络立项会议2次、团体标准技术审查会4次、委员会会议暨团体标准审批会2次、团体标准项目专题研讨会7次、标准委办公室会议6次，参与团体标准化活动6次。

学会发布11项团体标准，项目类型既涵盖科技前沿与高端产业相结合的技术标准类项目，也涵盖量大面广的产品类标准项目。发布的团体标准有《医用教

学创伤模拟人 第1部分：模型通用技术要求》《有源植入器械在磁共振环境下安全性评价：射频安全性等效组织模拟介质法》《基于增材制造的金属材料填充块样件压缩性能评价方法》《基于金属粉末床熔融技术增材制造植入医疗器械残留不溶颗粒物评价方法》《医疗器械网络安全质量评价方法》《一次性使用无菌医用敷贴》《一次性使用无菌医用输液贴》《一次性使用无菌医用纱布块》《一次性使用无菌医用棉签》《一次性使用无菌医用棉球》《一次性使用无菌医用帽》。

11月15日，学会在山东省济南市召开2019生物医学工程团体标准发展高峰论坛。邀请国家药品监督管理局医疗器械注册管理司、中国标准化研究院、国家药品监督管理局医疗器械技术审评中心及生物医学工程领域的专家，解读最新标准化政策，针对企业关注的标准及医疗器械注册相关领域最新热点问题进行专业解读，并现场互动。来自高校、企业、检验所、研究机构等相关生物医学工程领域的100余名专家、学者参加论坛。

7月11日，学会推动全国科学技术名词审定委员会成立医学人工智能名词编写委员会，目前已开展3次研讨工作，计划于2020年完成中国医学人工智能名词的审定、宣传推广和应用普及工作。

学会建设 11月17日，中国生物医学工程学会第十次全国会员代表大会在山东省济南市召开。会议通过学会九届理事会工作报告、章程修订、会费标准等议题，选举产生学会新一届理事会、常务理事会、学会负责人、监事会，并聘任秘书长。

3月13日，学会成立女科技工作者委员会，并组织召开女科技工作者座谈会和学术论坛。第一届女科技工作者委员会主任委员由中国医学科学院基础医学研究所教授许海燕担任。

5月17日，学会九届八次常务理事会议在北京召开，会议审议通过学会主要工作报告、第十届理事会换届方案、《黄家驷生物医学工程奖奖励章程》；经投票表决通过免疫细胞治疗工程与技术分会（筹）、医学影像工程与技术分会（筹）的成立申请。

7月12日，2019中国生物医学工程学会地方联席会议在湖北省武汉市召开，来自全国各地方学会代表30余人参加会议。

截至12月底，学会共有33个专业分会，个人注册会员24797人，同比增加7478人，增幅为43.2%。

青年人才托举工程 学会推荐的清华大学李翀通过中国科协“青年人才托举工程”项目评选，连续三年获得项目资助。

主办期刊 11月15日，在2019中国生物医学工程大会暨创新医疗峰会期间，召开2019期刊发展论坛，生物医学工程类期刊主编20余人出席会议，以新视角探讨国内生物医学工程类期刊的发展。

学会推荐的发表于《中国生物医学工程学报》的清华大学教授高小榕团队论文《基于小腿表面肌电的智能机器人协同控制方法》，入选第四届中国科协优秀科技论文。

学科发展工程 为研判未来科技发展趋势、抓住科技创新突破口、前瞻谋划和布局前沿科技领域与方向提供依据，学会以公平、公正、公开、择优为原则，面向科技工作者开展征集“2019重大科学问题和工程技术难题”工作。

决策咨询 5月，受国家发展改革委和中国科协委托，学会联合多方专家资源，完成对海南省海口市、青海省、云南省昆明市、浙江省杭州市、江西省赣州市5家国家高新技术产业开发区基地的实地评估工作，全面了解基地的建设情况，梳理先进做法和成功经验，挖掘典型案例，分析存在的问题。

6月9—14日，根据中国科协年会工作安排，中国科学院院士姚建铨率学会专家组成调研组，赴黑龙江省对生态旅游与健康产业融合发展情况进行针对性调研，撰写专题调研报告，并在调研报告基础上凝练专报，最终形成《黑龙江省特色生态资源健康旅游产业发展调研报告》。

国际学术会议 7月20—24日，由学会生物力学专业委员会与中国力学学会共同主办的第七届中美生物医学工程暨海内外生物力学学术研讨会在重庆市召开。440余位专家、学者参加会议，194篇论文进行壁报交流。大会邀请报告的内容涉及心血管生物力学、分子生物力学、细胞生物力学、软组织修复的生物力学、康复工程与生物力学、心肌钙信号、生物仿生材料的力学特性、力学因素与骨髓干细胞分化、血管力-蛋白质组学研究、呼吸道平滑肌研究和力与细胞黏附、医疗器械的生物力学设计等领域。

国内主要学术会议 4月20日，由学会纳米医学与工程分会、天津市科协生命科学学会联合体、天津市生物医学工程学会共同主办的2019年全国纳米医学与工程高峰论坛暨天津市科协生命科学学会联合体学术年会在天津市召开。来自全国各地纳米医学与工程领域的500余名专家、学者参加会议。天津大学党委书记李家俊，学会副理事长王广志，天津市科协党组书记、常务副主席陆为民，天津市科技局相关领导出席会议并讲话。中国科学院院士唐本忠、赵宇亮、江雷、阎锡蕴分别作大会主题报告。

8月20—21日，2019年中国生物医学工程学会青年论坛在辽宁省大连市举办，论坛主题为“迈向智能时代的生物医学工程”，从事生物医学工程相关领域的450余位青年学者参加论坛。大连理工大学副校长姚山、学会副理事长王广志出席开幕式并讲话。会议邀请中国科学院院士张玉奎、吴培亨，东南大学教授万遂人，英国曼彻斯特大学教授任雷作大会主题报告。会议期间，举办2019年中国生物医学工程学会青年工作委员会工作会议。

9月28—29日，2019年中国生物医学工程联合学术年会（高层论坛）在江苏省苏州市召开，论坛主题为“健康中国：生物医学工程的机遇与挑战”，170余位专家、学者参加论坛。中国工程院院士程京、张兴栋、顾晓松等作大会主旨发言。会议围绕生物医学工程学科前沿、最新学术成果、未来产业方向、综合性人才培养等方面开展交流和研讨。

两岸交流 11月5—6日，受科技部交流中心委托，学会在黑龙江省哈尔滨市举办2019年两岸生物医药科技交流。此次交流活动旨在为两岸科技界搭建交流合作平台，不断推动并深化两岸产业技术合作。两岸专家就“智慧健康、医学影像、再生医学、中医药”主题进行交流并作报告。

国际组织任职 学会秘书长池慧当选为国际科学理事会（International Council for Science，ICSU）中国委员会委员（任期为2019—2022年）。

国际交往 7月23—27日，学会组团参加在德国柏林召开的第41届电气与电子工程师协会（IEEE）医学与生物工程学会国际年会（EMBC 2019）。学会工作人员和电气与电子工程师协会医学与生物工程学会的部分高层领导和工作人员建立联系，实地考察在会议上承办分论坛及在中国承办会议的可行性，并向该组织领导表达合作意愿。

11月14—16日，国际医学生物工程联合会（IFMBE）主席Shankar Krishnan应邀出席在山东省济南市召开的2019中国生物医学工程大会暨创新医疗峰会，并进行大会致辞及颁奖。

科普活动 2019年，以加快科普信息化和现代化建设为核心，学会举办创新成果科普展2次，编写科普图书3本、科普绘本1本，制作科普视频2个，把科技创新与科普有机结合起来，满足公众对高新科技知识的需求。

5月31日—6月1日，学会在陕西省延安市举办2019赴革命老区健康科普行活动，为近400名延安中学学生进行生物医学工程领域科普讲座，并捐赠500册科普书籍。

表彰举荐优秀科技工作者 2019年，学会完成中国科学院院士、中国工程院院士、第十六届中国青年科技奖、第十六届中国青年女科学家奖、2019年度未来女科学家计划、中国青年女科学家团队、2019年最美科技工作者、谈家桢生命科学奖等候选人（团队）的推荐工作。

学会完成2018—2019年度黄家驷生物医学工程奖的征集、评选工作，并于11月15日在2019中国生物医学工程大会暨创新医疗峰会开幕式上举办颁奖仪式，最终评选出一等奖3项、二等奖3项。获得一等奖的3个项目“超导磁共振快速成像关键技术与应用（科技进步类）”“高分子纳米载体的结构调控及生物医学应用（基础研究类）”“全数字PET关键技术（技术发明类）”涉及高端医疗器械的关键技术和基础研究前沿，获奖单位坚持产学研医结合，体现临床驱动、追求转化的学科特点。

5月，学会启动优秀博士学位论文评选工作，遴选出优秀博士学位论文6篇。

学会创新发展 学会组织动员50余位专家重点服务国家长江经济带、京津冀城市群、粤港澳大湾区等国家重大战略区域和医疗器械产业领域。推动浙江省绍兴市、四川省成都市、江苏省无锡市、黑龙江省佳木斯市等地建立中国生物医学工程学会服务站，并依托学会服务站，以地方重点医疗器械企业为服务对象，培育新兴医疗器械企业，突破技术瓶颈。

11月16日，学会在山东省济南市举办医工创新产业转化论坛暨医疗器械创新创业大赛。此次论坛聚集业内专家、学者，行业龙头企业家、投资专家、优秀项目方。通过专题报告、圆桌论坛、卫星会等多种交流方式，为医疗器械各方主体的对接交流搭建互动平台。100余名来自全国各地的医疗行业从业者、高校师生参加论坛，共收到300余项创业项目报名参与。

11月15日，学会与高端医疗影像设备公司上海联影医疗科技有限公司签订战略合作协议。

党建强会 2019年，学会党委召开2次学会党委工作扩大会议，传达中央及中国科协有关政策，起草《中国生物医学工程学会党建工作条例（试行）》《中国生物医学工程学会分支机构党的工作小组工作条例》。开展党建强会特色活动，以“党建+基层服务”为主题，赴陕西省延安市、江西省赣州市开展基层服务工作。近100位党员、会员参与党建活动，联系专家53人，惠及群众近600人。

5月31日—6月1日，学会党委在陕西省延安市召开党建工作联席会议，主要围绕学会党建工作进行研讨和交流。同时，组织与会人员在全国党员教育培训示范基地梁家河培训学院进行培训。

会员服务 学会进一步完善会员信息库及会员通讯工作，2019年出版《中国生物医学工程学会通讯》4期。利用微信公众号平台，以在线交流、专家在线回复等方式及时解决会员提出的相关问题，定期发布学会主办的各类活动信息，收集并发布重要业内信息；改版学会官网，增设官网手机客户端，及时报道学会各方面活动信息，2019年度总访问量突破12万人次。

学会组织召开地方学会联席会议、开展庆祝科技工作者日活动、女科技工作者论坛、青年论坛。同时，组织召开老科技工作者交流会、单位会员座谈会等活动，走访慰问会员和基层一线科技工作者代表，制定长效沟通机制。

【2019中国生物医学工程大会暨创新医疗峰会】 11月14—16日，由学会主办、山东第一医科大学（山东省医学科学院）承办的2019中国生物医学工程大会暨创新医疗峰会在山东省济南市召开，2500余名来自产、学、研、医等各界人士参加会议。中国工程院院士、山东省副省长凌文，中国工程院院士、学会理事长、南开大学校长曹雪涛，国际医学生物工程联合会主席Shankar Krishnan，山东第一医科大学（山东省医学科学院）党委常务副书记韩金祥等出席会议并致辞。

大会以“医工融合发展，创新引领未来”为主题。曹雪涛，美国国家医学科学院院士、美国斯坦福大学教授Mark Musen，国际医学与生物工程院会士、美国卡内基梅隆大学教授Bin HE，2018年国家科学技术进步奖一等奖获得者、清华大学教授李路明等专家围绕生物医学工程科技前沿作大会主旨报告。

大会共举办10个高端论坛、20个专业分会场，开展新成果、新技术、新产品的展示和路演活动，涵盖内容包括神经工程、医学影像、生物医学检测、生物力学、健康工程、康复工程、纳米医学、生物材料、组织工程和再生医学、医学人工智能、医疗器械创新、生物医学工程教育、生物医学工程产业转化、生物医学工程期刊发展等。

为发挥大会作为科技成果转化与展示平台的作用，大会邀请鲁南制药集团股份有限公司、上海联影医疗科技有限公司、北京纳通医疗技术有限公司、河南驼人医疗器械集团有限公司等国内企业代表参加会议，并展示企业最新科技成果。

学会通过此次峰会搭建三个平台：互相交流与学习和产学研结合的平台、展览展示生物医学工程领域的最新科研成果平台、推动成果转化平台。

【中国生物医学工程学会第十次全国会员代表大会】 11月17日，中国生物医学工程学会第十次全国会员代表大会在山东省济南市召开，240名会员代表出席会议。

会议听取和审议学会第九届理事会工作报告和财务报告，通过修订后的《中国生物医学工程学会章程》，通过《中国生物医学工程学会制定会费办法及会费标准》。选举产生学会第十届理事会，138人当选为理事；选举产生学会第十届理事会理事长、副理事长，曹雪涛当选为学会理事长，胡盛寿当选为候任理事长；选举产生学会监事会，姜宗来当选为监事长。

召开学会十届一次理事会议，会议实到理事113人，选举产生49名常务理事。经理事长推荐，通过副理事长池慧为学会法定代表人；经理事长提名，聘任池慧为学会秘书长；聘请杨子彬、方祖祥、陶祖莱、郑全录、胡逸民、陈武凡、董秀珍、杨国忠、杨虎、高上凯、顾忠伟、陈思平、冷希岗为总会顾问；对学会理事会功能型党委进行换届，曹雪涛当选为学会党委书记，胡盛寿当选为学会党委副书记。

（撰稿人：康亚文）

中国病理生理学会

服务创新型国家和社会建设 学会参与中国科协关于征集“引领世界科学的前沿科学问题、建设世界科技强国的工程技术难题”的工作，召开入选项目“如何实现老年痴呆的早期诊治”总结会，项目负责人、华中科技大学教授王建枝及其团队成员作“阿尔茨海默病神经退变机制以及tau蛋白的作用”“关键分子异常翻译后修饰促进AD发病新机制”“能量代谢感受分子AMPK在AD发病作用和机制”“tau聚积通过STAT1抑制NMDAR表达导致学习记忆障碍”等6个专题报告，对中国老年痴呆症的早期诊断和治疗进行探索。

学会开展科技扶贫工作，举办中国病理生理学会山西省吕梁市岚县定点扶贫护工技能提升培训班，培训内容以市场需求为导向，在教授基本护理技能的同时，融入催乳、耳穴、刮痧及艾灸等中医特色技术，联合北京中医药大学东方医院为培训学员提供60个护工岗位及8个导医岗位。

学会承接北京市通州区卫生健康委、大兴区卫生健康委政府项目，开展中医药文化进校园活动，开办课程56次，受益人数达570人次。

学会建设 2019年，学会发展会员689人。截至12月底，交费会员9039人，终身会员143人，共计9182人。学会肾脏病专业委员会、生物活性小分子专业委员会正式成立，学会专业委员会总数达到21个。同意由广州医科大学教授刘金保提出的筹建“蛋白质修饰与疾病专业委员会”的申请，可以“蛋白质修饰与疾病专业委员会（筹）”的名义组织学术活动。在学会第十届六次常务理事会议上，分别增补学会肾脏病、系统生物医学、生物活性小分子3个专业委员会主任委员杨俊伟、尹玉新和季勇为学会常务理事。

学会制定出台分支机构各项管理制度，形成合理的管理架构。14个分支机构组织学术交流会议，7个分支机构开展系列科普活动。获得中国科协2019年“中国科技志愿服务百家学会”称号，以及中国科协组织开展的“学会工作知识竞赛”优秀组织奖和总决赛二等奖。

学会治理结构和治理方式改革 学会进一步完善理事会及秘书处人员和工作机制，制定出台分支机构各项管理制度，建立常务理事群、专业委员会联络群、分支机构联络群，完善学会与分支机构联动的会员发展机制，启用智能化会员管理系统，形成结构基本合理的管理架构。

青年人才托举工程 结合病理生理学科研实践，学会探索创新青年人才的选拔机制，申请到中国科协“青年人才托举工程”项目资助，并制定相关管理制度，扶持青年科研人才。

主办期刊 学会主办的《中国病理生理杂志》《中国动脉硬化杂志》《中国实验血液学杂志》2019年共印发7.2万册，发表论文874篇。《中国病理生理杂志》第11次获得“百种中国杰出学术期刊”称号，再次入选中国科技核心期刊，获得中国科技期刊卓越行动计划梯队期刊类项目资助，第10次在基础医学类期刊中综合排名第1。8月9日，《中国动脉硬化杂志》进行第6届编委会改选，编委会成员共128人，其中国内编委107人、海外编委21人。

国际学术会议 6月3—6日，第23届国际心脏研究会（ISHR）世界大会在北京召开。大会由国际心脏研究会主办，学会与国际心脏研究会中国分会联合承办。天津医科大学教授朱毅担任大会主席，北京大学第三医院研究员徐明担任大会共同主席，国际心脏研究会秘书长Lea M.D. Delbridge担任会议学术委员会主席，中国科学院上海营养与健康研究所教授杨黄恬担任会议学术委员会共同主席。国际心脏研究会世界大会首次在中国召开，来自中国、美国、日本、英国、澳大利亚、德国、法国、意大利、新西兰、荷兰等32个国家的1031名学者参加会议。会议特邀海内外180名心血管领域专家、学者作专题报告。大会设7场大会报告、36场专题讨论会、RJ Bing Yang获奖青年学者报告会、ECI青年学者报告会、2场卫星会等，内容涵盖心脏保护与损伤、心功能障碍、离子通道与心律失常、信号转导、心脏代谢、血管损伤与修复等8个专题的研究成果。大会专门组织专家与青年学者互动的圆桌午餐会，设立青年学者旅行奖，资助来自世界各地的50名研究生与博士后。中国科学院上海生命科学研究院研究员周斌获得2019年度杰出研究者奖，并作大会特邀报告。杨黄恬，朱毅，北京大学教授程和平、肖瑞平，香港中文大学教授黄聿被评为国际心脏研究会会士，这是中国学者首次被选为国际心脏研究会会士，同时徐明被增选为国际心脏研究会新一届理事会理事。

6月29—30日，由学会实验血液学专业委员会、中国临床肿瘤学会抗淋巴瘤联盟、《中华血液学杂志》杂志社、上海医药教育协会共同主办的第五届上海国际淋巴肿瘤高峰论坛在上海市召开，论坛主题为“聚焦国际视野、展现中国特色”。大会特别邀请国内外多名专家介绍CAR-T细胞治疗（嵌合抗原受体T细胞免疫疗法）的最新动态。国际细胞治疗协会主席John Rasko、美国MD安德森癌症中心教授Javier Munoz、JCAR017临床研究的主要研究者Tina Albertson，国内专家梁爱斌、徐开林、黄亮分享CAR-T细胞治疗的研究进展和经验。大会期间，对 CAR-T 细胞治疗后是否需要桥接移植，结合临床实践数据及基础研究结果展开辩论。

国内主要学术会议 2019 年，学会及其分支机构共举办国内学术交流活动 14 次，参会人数 6180 人次，交流论文 303 篇。

两岸交流 9 月 19—22 日，中国内地与香港特别行政区心血管基础学科和临床医学学者共同发起的第十二届海峡两岸心血管科学研讨会在江苏省南京市召开，来自中国（包含香港特别行政区、澳门特别行政区、台湾地区）以及新加坡的 400 多位专家、学者参加会议。会议由学会心血管专业委员会主办，接收论文摘要 137 篇，组织 11 场特邀报告、55 场专题报告，内容涉及心脏论坛、血管论坛、心血管转化医学等多个议题。

国际组织任职 2019 年，学会会员朱毅担任 ISHR 分会主席，学会会员席修明担任亚洲太平洋危重病医学会主席，学会常务理事马朋林、会员杜斌和许媛担任亚洲太平洋危重病医学会理事。

科普活动 学会建立科普工作常态化机制，与山东第一医科大学在泰山氢生物医学研究院共建科普教育基地并面向公众开放，宣传氢科学和氢医学知识。

5—7 月，学会组织各专业委员会集中开展系列科普义诊下基层活动。5 月 27 日，学会免疫专业委员会组织“弘扬科学精神，争当校园先锋”主题开放日活动，主任委员刘强为小学生作“一个细胞的故事——探索发现细胞奥妙”科普讲座。5 月 18 日，学会血管医学专业委员会委员、苏州大学血液学研究中心教授何玉龙组织开展以“淋巴管与健康”为主题，以大学本科生为主体的实验室开放日活动。学会消化专业委员会在山东省潍坊市开展消化道早癌诊治科普宣传活动，在山东省德州阳光健康节开展健康千人行讲座“重大疾病的预防”；在陕西省咸阳市为中小学生开展“探索生命的奥秘”科普活动。7 月 6 日，学会副理事长刘秀华带领解放军总医院病理生理研究室/高血压门诊团队赴北京战略支援某部队开展健康知识和高血压防治科普与义诊活动，300 名军人及军人家属听取讲座。7 月 14 日，学会秘书长、学会中医专业委员会主任委员李萍带领团队参加在 2019 中国北京世界园艺博览会期间中央广播电视总台央视动画馆举办的“四季本草”主题馆日活动，组织科技志愿者深入海淀区 15 所学校，将中医文化和科学知识融入教学及校园文化。学会肾脏病专业委员会联合江苏电视台制作科普类电视节目《糖尿病肾病的防与治》，并在黄金时段播出，开展多地区联动的社区义诊活动，覆盖江苏省南京市、湖北省武汉市、湖南省长沙市、北京市、四川省成都市、重庆市等地，辐射几十个社区和村镇，为患者提供健康指导和疾病咨询。

学会参与中国科协携手网易新闻开展的主题为“礼赞共和国、追梦新时代——科技志愿服务行动”全国联动直播活动，学会免疫专业委员会、中医专业委员会分别在辽宁省大连市和北京市参加网易直播。

表彰举荐优秀科技工作者 学会组织推荐中国青年女科学家奖和 2019 年未来女科学家候选人，第十六届中国青年科技奖候选人，“不忘初心、牢记使命，建功新时代——展风采树楷模”人选，推荐华中科技大学同济医学院附属同济医院教授汪道文入选 2019 年中国科学院院士增选初步候选人名单；学会副理事长陈琪受聘江苏省科协第四批首席科技传播专家；学会常务理事董尔丹当选为中国工程院院士。

党建强会 3 月 18 日、11 月 15 日，学会分别在北京和广东省广州市召开党委会议。建立完善一系列工作机制，前置审议学会“三重一大”事项。21 个分支机构成立党的工作小组，学会办事机构与北京大学医学部心血管研究所党支部成立联合党支部，实现党组织“全覆盖”。

会员服务 学会建立各种工作联系群，如常务理事群、党委委员群、学会办事机构群、分支机构联络组、分支机构财务群、期刊网络联系群等，为会员提供服务。完善学会与分支机构联动的会员发展机制，启动智能化会员管理系统，新会员注册、登录管理、会费缴纳、会员证书打印等功能全部实现线上操作。

【第二届中国危重病医学研究论坛暨第二届中国重症治疗技术大会】 3 月 7—10 日，第二届中国危重病医学研究论坛暨第二届中国重症治疗技术大会在山东省济南市召开。大会由学会、学会危重病医学专业委员会、山东省医师协会共同主办，中国医师协会重症医学医师分会协办，来自全国各地 3400 名专家、学者、医学生和民众参加会议。大会聚焦重症医学技术的最新进展以及重症医学研究中的新理论、新技术和新方法，设置主任智慧论坛、青年讲师计划，开设 68 个学术报告，内容涉及重症护理质控、重症营养护理、ICU（重症加强护理病房）精英重案组、机械通气专场、呼吸生理与技术支持、重症肾脏、镇痛镇静技术、呼吸治疗技术、脓毒症与脓毒症休克、雾化吸入论坛、ARDS（急性呼吸窘迫综合征）病理生理与呼吸支持技术、COPD（慢性阻塞性肺疾病）病理生理与呼吸支持技术、护理查房、呼吸治疗与重症护理、重症感染、脓毒症与液体管理、创伤与凝血问题、出血与凝血疾病等专题；组织专场研讨会，涵盖输液泵风险防范及维护保养、BT（脑温）监测技术在ICU中的科研实践进展探讨，重症电子支气管镜、CRRT（连续肾脏替代疗法）、ECMO（体外膜肺氧合）、幽门后置螺旋型鼻空肠营养管技术培训。大会中文论坛内容包括中国重症医学研究的新征程、临床研究之协作与共享、建设中国重症医学教训与训练体系、重症医学未来监测和治疗技术、重症医学实践常规治疗与新技术推广等，英文论坛内容包括镇静镇痛相关文献解读、壁报交流、研究报告等。

【第十七届全国实验血液学学术会议】 11月23日，第十七届全国实验血液学学术会议在山东省济南市召开，会议由学会实验血液学专业委员会主办，山东大学齐鲁医院、上海血液学研究所和山东省抗癌协会血液肿瘤分会联合承办。中国科学院院士、全国人大常委会副委员长、农工党中央主席陈竺出席会议，中国科学院院士、山东大学副校长陈子江，中国工程院院士、学会实验血液学专业委员会主任委员陈赛娟出席大会，山东大学齐鲁医院院长陈玉国致开幕词，齐鲁医院血液科主任侯明主持开幕式。陈竺，陈赛娟，中国工程院院士、山东第一医科大学名誉校长于金明，法国国家医学科学院院士 Laurent Degos，美国国家科学院院士 Bob Roeder，北京大学人民医院血液病研究所所长黄晓军，华中科技大学同济医学院附属协和医院院长胡豫，中国医学科学院血液学研究所所长程涛，上海血液学研究所所长任瑞宝，日本东京工业大学教授 Ryuzo Ohno，日本名古屋医疗中心教授 Tomoki Naoe，美国圣洁德儿童研究医院肿瘤科主任 Ching-Hon Pui，美国希望之城贝克曼研究所教授 DefuZeng，澳大利亚悉尼大学教授 John Rasko，四川大学生物治疗国家重点实验室研究员胡洪波，中国科学院上海生命科学研究院研究员潘巍俊等就最新研究进展作大会报告。陈竺为 Laurent Degos 颁发中法合作奖，为 Ryuzo Ohno 和 Tomoki Naoe 颁发中日终身成就奖。大会围绕专业委员会的4个学组分设4个分会场，就靶向治疗、免疫、干细胞、血管生物4个实验血液学领域的科学问题展开讨论。

【第十五次全国动脉硬化性疾病学术会议】 8月9—11日，第十五次全国动脉硬化性疾病学术会议在宁夏回族自治区银川市召开，会议由学会动脉粥样硬化专业委员会主办，宁夏医科大学承办。学会动脉粥样硬化专业委员会主任委员姜志胜和国际动脉粥样硬化学会中国分会主席刘国庆担任大会共同主席。学会理事长兼党委书记张幼怡、Atherosclerosis（《动脉粥样硬化》）主编 Arnold von Eckardstein 等出席大会开幕式。来自瑞士、日本、美国和中国各地近300名专家、学者和研究生参加会议，重点围绕动脉硬化性疾病的基础研究与临床防治研究最新成果与进展进行学术交流。

（撰稿人：张幼怡　许　红　农小花）

中国营养学会

服务创新型国家和社会建设 7月18日，在健康中国行动推进委员会主办的健康中国行动启动仪式上，学会向全国居民发出“合理饮食，健康基石”的倡议，健康中国行动推进委员会委员、学会理事长杨月欣代表中国营养界发布《人人养成健康饮食习惯》，呼吁人人参与全国居民合理膳食行动。

学会承接国家卫生健康委《控制体重用食品》《预包装食品营养正面标识指南》《营养健康餐厅创建与评价技术指南》等5项标准研制项目；承担科技部“科技冬奥”重点专项“冬季项目运动员膳食营养推荐标准”研究。

学会继续实施中国科协创新驱动助力工程示范项目“富硒产业创新驱动助力工程”。举办硒与健康发展研讨会，并形成《硒与人体健康研究报告》《硒资源与健康产业最新研究报告（2019）》。

学会基于多项营养科学共识指南，出版《肿瘤患者家庭营养指导手册》，发表《艾滋病病人营养指导专家共识》《缺铁性贫血营养防治专家共识》科技论文；更新营养文库App，收录文章208篇；立项市场急需新团体标准12项，发布《代餐食品》1项。

学会开展贫困地区营养改善公益项目4项：与联合国儿童基金会合作，培训120个贫困村的村医和看护人在0～24月龄婴幼儿喂养营养方面的知识与技能；举办婴幼儿喂养咨询实践技能师资班，并在儿童肥胖和改善儿童食物环境等方面进行合作洽谈；与安利基金会合作，开展“安利公益基金会合作儿童营养研究”项目；与中国扶贫基金会合作，开展“学生营养健康教育”项目，为贵州省偏远山区的学校创建“营养角”10余个。

学会建设 学会个人会员从2018年年底的31132人增加到38946人，增长25.1%；单位会员从66家增加至95家。

2019年，学会召开理事会议1次、常务理事会议2次。修订并完善《分支机构管理办法》《中国营养学科学技术奖奖励条例》等制度。现有工作委员会15个、专业分会21个。

青年人才托举工程 2019年，学会继续开展中国科协“青年人才托举工程”项目，完成第二届项目考核，实施第三、第四届项目管理及第五届被托举人评审、推选工作。

主办期刊 学会主办的《营养学报》年收稿602篇，发稿124篇，期均载文21篇，国内总发行量1.0万册。作为《中文核心期刊要目总览》《中国科技论文统计源期刊（中国科技核心期刊）》《中国科学引文数据库》《中国学术期刊文摘源期刊》（中英文版）内收录期刊，继续被国内9个数据库和350种期刊作数据源，入选庆祝中华人民共和国成立70周年精品期刊展。

Asia Pacific Journal of Clinical Nutrition（《亚太临床营养杂志》，APJCN）全年出版5期，发表论文105篇。作为世界四大临床营养杂志之一，被PubMed、Science Citation Index（科学引文索引，SCI）等权威数据库收录。

学科发展工程 学会完成中国科协学科发展工程项目《2018—2019营养学科发展报告》《营养学科热点前沿报告》。通过梳理近五年营养学科最新研究成果，比较国内外研究进展、未来发展趋势等，提出中国在营养学科领域的发展对策与建议。

学会出版学科论著《中国营养科学全书》（第2版）。该书由120多位专家历时2年编写，共505万字，具有科学性、先进性和完整性，是科研机构、教学单位、图书馆的重要收藏读物，也是教学、研究、学习和实践工作中的重要参考。主办《中国食品工业减盐指南》实践研讨会，出版中国首部《中国食品工业减盐指南》，该书综合各国减盐措施以及工业界减盐经验，按类别提出中国食品工业减盐基本原则、目标、技术程序和研究需求，是符合中国国情的可操作的技术实施指南。基于膳食指南修订证据，出版《膳食指南科学证据和方法学研究》。

学会设立5项科研专项基金，2019年完成中国营养学会－百胜餐饮健康基金、中国营养学会－中食营科低聚肽营养研究基金、中国营养学会－振东国人体质与健康研究基金、中国营养学会－飞鹤体质营养与健康研究基金和中国营养学会－明月海藻营养健康研究基金的招标评审和发布工作，支持30多个团队开展营养领域科技创新基础和应用研究。

决策咨询 7月，国务院印发《国务院关于实施健康中国行动的意见》，学会作为“健康中国行动”中合理膳食行动的倡导和实施者，开展全民营养周活动、注册营养师工作、营养科普志愿者队伍建设工作。

学会承接国家市场监督管理总局“特殊食品安全管理国际进展情况分析研究”项目，并出版书籍《特殊食品国内外监督管理与案例分析》。

受世界卫生组织（WHO）委托，学会对全球特别是中国的预包装食品减盐行动、食品预包装正面标识体系（FOP）的应用进行全方位分析并形成报告。

国际学术会议 2019年，学会举办、承办国际会议4次，1338人次参加会议，其中境外专家384人，交流报告267篇。

6月8—11日，由学会与北美华人营养学会共同在美国举办2019年美国营养学会年会中国专场，中国营养界120名专家、学者参加会议，围绕主题“营养和健康：当前的挑战和解决方法”，交流7个学术报告。

9月19—22日，由学会与亚太临床营养学会联合主办的第十一届亚太临床营养科学大会暨中国营养学会第十四届全国营养科学大会在江苏省南京市召开，来自27个国家及中国（包含香港特别行政区、澳门特别行政区、台湾地区）的约300名专家、学者参加会议，收到26个国家和地区的摘要投稿1318篇。

9月22日，由学会营养与保健食品分会、韩国食品科学会和泰国营养联合会主办的第九届国际植物营养素学术研讨会在江苏省南京市召开，200余位专家、学者参加会议。

国内主要学术会议 2019年，学会及其分支机构共举办国内学术会议18次，6838人次参加会议，交流论文1567篇。

8月30日，由学会海洋食品营养与健康分会、海藻活性物质国家重点实验室等联合主办的首届国际海藻与健康产业大会在山东省青岛市召开，来自高校、研究所的300名专家、学者参加会议。10位专家就“海洋功能食品最新进展”“中国大健康产业现状和发展趋势”“海洋营养食品与健康”“我国海洋食品营养科技创新发展”等主题作报告。

10月11—12日，由学会运动营养分会与北京大学运动医学研究所联合主办的北京大学运动医学论坛运动营养分论坛在北京召开。运动营养相关领域学者分别就生物钟与运动营养、运动对肠道菌群的影响及健康效益、肌肉衰减综合征的运动营养防治、体质检测方法及评价体系等作报告，120余名专家、学者参加会议。

11月15—17日，由学会营养转化医学分会主办的2019·中国营养转化与应用技术创新大会在江西省南昌市召开，会议以“营养转化与应用技术创新”为主题，来自美国哈佛大学医学院、加拿大农业与食品部及全国各地的专家、学者330余人参加会议。

两岸交流 在2019中国营养学会第十四届全国营养科学大会上设立海峡两岸暨港澳青年营养科学家学术论坛。交流议题包含临床营养、公共营养、基因组学、营养流行病学以及营养与人工智能等多个营养领域的最新研究、创新和实践成果。台湾“中华膳食营养学会”理事长章乐绮、台湾营养师联合会理事长金惠民、澳门营养学会理事长尤淑瑞、香港营养学会主席萧沛霖以及副主席张智良等出席论坛，香港特别行政区、澳门特别行政区和台湾地区的50余名青年科学家参与交流。同期，学会理事长杨月欣和副理事长马爱国与台湾“中华膳食营养学会”、香港营养学会和澳门营养学会理事长共同商议2020年将在山东省青岛市联合举办的海峡两岸营养改善会议筹备工作。

国际组织任职 8月，在第十三届亚洲营养大会上，学会理事长杨月欣作为亚洲营养学会联合会执委（任期为2015—2019年），全票当选为第十三届（2019—2022年）副主席和（2023—2027年）候任主席。

国际交往 7月，受世界卫生组织驻华代表邀请，学会理事长杨月欣、副理事长杨晓光一行赴世界卫生组织中国代表处，就减盐主题进行合作会谈。

8月3—7日，由亚洲营养学会联合会（Federation of Asian Nutrition Societies，FANS）和印度尼西亚食物与营养学会共同主办的第十三届亚洲营养大会（Asian Congress of Nutrition，ACN）在印度尼西亚巴厘岛召开，大会主题为“营养与食物创新，助力一生健康”。来自36个国家和地区近3000名专家、学者参加会议。会议包括大会报告、主题研讨会、卫星会等100余场学术活动，877个口头报告以及600个壁报交流。学会作为FANS重要成员国之一，配合FANS动员组织190余名国内专家、学者和青年团队参加会议，组织口头报告交流130余人次，壁报交流40个。学会理事长、国际营养科学联合会院士、FANS执行委员杨月欣应邀出席会议。学会理事长基金和中国科协项目资助的30名优秀青年学者一同参加会议。

大会期间，杨月欣、学会常务理事李铎参加FANS理事会议以及成员国会议。杨月欣、学会副理事长杨晓光、副秘书长王瑛瑶等出席亚洲国家食物正面标识营养标识研讨会，与新加坡、马来西亚、印度尼西亚、泰国、文莱、菲律宾、越南等各国卫生部负责人，围绕各国实施方案和相关方态度、经验、阶段工作进展进行交流探讨。

学会专门设立展台，成为中国学者聚集地和国外友人的联络处。杨月欣带领学会国际部人员，分别约见印度尼西亚、美国、尼日利亚、日本、蒙古、新加坡等几个国家的营养学会主席，就中美国际学术会议合作、青年人才培养、2021年国际护士大会（ICN）等相关事宜进行会谈。正式邀请欧盟相关代表、非洲营养联盟主席、Choice International Foundation（健康选择国际基金会）组织秘书长等，就营养政策、减盐经验等进行探讨。

9月20—22日，在2019中国营养学会第十四届全国营养科学大会期间，学会领导与国际营养科学联合会等国际组织，以及各地区营养学会领导分别会谈，就进一步促进各国学术和人才交流的举措达成共识。

科普活动 5月10日，2019全民营养周暨“5·20”中国学生营养日主场启动仪式在北京举办。活动由国民营养健康指导委员会与国家卫生健康委指导，学会与中国学生营养与健康促进会、中国疾病预防控制中心、国家食品安全风险评估中心、农业农村部食物与营养发展研究所、中国科学院上海营养与健康研究所联合主办。来自教育部、工业和信息化部、国家市场监督管理总局等国民营养健康指导委员会成员单位代表，相关学术机构、行业协会、新闻媒体以及社会公众、学生和全国各地营养师等共1000余人参加活动。

中国科协党组副书记、副主席徐延豪，中国工程院院士、学会名誉理事长王陇德，国家卫生健康委相关领导出席启动会并讲话。学会理事长杨月欣发布2019全民营养周“合理膳食、天天蔬果、健康你我”和“5·20”中国学生营养日“营养+运动，携手护视力”主题信息。启动仪式上邀请11位专家作科普讲座，解读2019年全民营养周核心科普知识，为全国各地的全民营养周活动提供科学支持与示范。

通过政府部门推动、学会联动科研院所落实、社会力量参与，号召全国31个省、自治区、直辖市（港澳台除外）联合开展线下活动48066场次，覆盖全国159个地级市，997个县和17163个社区、村落。派发科普类教具、文宣、海报等超过700万份，参加活动的科技人员达117772人。除此之外，5147家媒体制作和发布营养周相关报道。学会向社会各界发放“2019全民营养周核心工具包”，累计浏览、传播量达7亿人次。通过义诊、咨询、宣教、膳食实践课、培训、知识竞赛、专题研讨、专家访谈、科普作品创作、微信公众号和抖音传播等多种方式对公众进行营养健康教育。

2019年全国科普日活动期间，学会在北京主场组织“合理膳食行动”线上科普专题活动，线上参与人数达20万余人次。世界母乳喂养宣传周期间，学会举办“促进母乳喂养，助力健康中国”主题论坛，以帮助更多妈妈实现母乳喂养，促进母婴健康。世界肠道健康日期间，学会联合奶类企业传播益生菌科普知识，并邀请专家开展以“酸奶与营养健康”为主题的线下沙龙活动。

学会开展系列减盐科普宣传活动：组织开发《中国居民减盐核心信息十条》；动员社会力量“为健康减盐”，利用媒体平台发出“盐多损健康，拒绝重口味”的健康口号，拍摄三组“味道淡一点，健康多一点”公益宣传片，倡导家庭健康减盐。

作为“科普中国共建基地”，学会承担中国科协“科学辟谣”项目，组建营养健康科普专家团队116人，组建“中国好营养”科普达人队伍50人。

学会持续推进科普信息平台建设，进行科学传播，运营“中国营养界”“中国好营养”两个品牌微信公众号。

表彰举荐优秀科技工作者　学会开展第七届中国营养学会科学技术奖评选工作，评出2个特等奖项目、5个二等奖项目、7个三等奖项目，获奖人数83人次。

党建强会　学会理事会党委和秘书处党支部开展“不忘初心、牢记使命”主题教育；2019年承担中国科协党建强会项目，开展营养服务走基层活动；发挥专业优势开展营养扶贫，对山西省吕梁市进行营养产业的指导和宣传，帮助山西省贫困地区村卫生室建设健康小屋，制作“党建+营养”宣传栏，向贫困户捐赠棉衣；拍摄《新时代的中国营养学会》《中国营养学会：祝福新中国 奋进新时代》系列宣传片。

会员服务　学会会员系统优化个人中心界面，增加会员之家管理后台和各类数据统计功能，便于各省会员之家管理本省会员、推荐新会员，简化办理流程。

学会开展线上线下服务，及时解决会员需求。创建会员QQ群、微信群；制作常见问题集锦，电话、邮件、QQ、微信咨询快速解答；及时发送、分享学会工作动态、新闻报道、行业动态等。

12月，学会召开单位会员座谈会，围绕学会全年主要工作、营养共识的制定计划、营养行业相关标准进展等展开讨论，并听取会员的意见建议。

2019年，学会共举办13个继续教育项目，18个场次培训班，会员参加培训近5000人次。

【第十四届全国营养科学大会暨第十一届亚太临床营养大会、第二届全球华人营养科学家大会】　9月20—22日，第十四届全国营养科学大会暨第十一届亚太临床营养大会、第二届全球华人营养科学家大会在江苏省南京市召开。

大会由国民营养健康指导委员会办公室、国家卫生健康委食品安全标准与监测评估司指导，学会与亚太临床营养学会、江苏省科协、中国疾病预防控制中心营养与健康所、农业农村部食物与营养发展研究所、中国科学院上海营养与健康研究所主办，国家食物与营养健康产业技术创新战略联盟等单位协办。

来自国际营养科学联合会（IUNS）、世界卫生组织（WHO）、联合国儿童基金会（UNICEF）等国际组织代表出席会议并致辞。美国、英国、意大利、日本、马来西亚、孟加拉国、韩国、新加坡等27个国家的营养学专家和学者参加会议，围绕“营养科学与临床实践”主题进行学术交流，展示营养领域的最新研究成果。会议设置39个分论坛，3500余人参加会议。

大会开幕式上，举办“合理膳食 我行动”启动仪式。学会理事长杨月欣代表中国营养界全体营养科技工作者宣读《合理膳食行动倡议书》，来自全国31个省、自治区、直辖市（港澳台除外）营养学会的代表共同启动倡议行动。

主论坛上，9 位国际营养领域的专家进行主旨演讲，分享营养领域最新进展。300 多名国内外营养学专家作主题报告，与来自营养、健康、食品、农业等领域的科技工作者以及产业界代表交流，就临床营养最新进展、营养科学教育与实践、营养科技和产业的应用与发展等展开探讨，包括妇幼营养、运动营养、临床营养、社区营养、公共营养等众多领域诸多热点议题。

会议期间，同步召开健康中国行动 · 2019 营养行业领袖峰会，旨在落实国家政策，引领行业发展方向，推动合理膳食行动，为健康中国贡献力量。

大会举办建国七十年营养科技成就展，邀请 150 余家国内外企业展示最新产品与技术。

（撰稿人：李耕华）

中国药理学会

服务创新型国家和社会建设 为全面总结“重大新药创制”科技重大专项实施进展，梳理研发成果，“重大新药创制”科技重大专项实施管理办公室——国家卫生健康委科技教育司委托学会承担“国产药物国际化”“医药创新能力评估”两个研究课题，为专项的总结提供支持和参考。

4 月，学会向中国科协提交“科技社团开展科技助力精准扶贫策略与组织实施调研”“国际民间科技人文交流模式及其作用调研”两个选题，其中“科技社团开展科技助力精准扶贫策略与组织实施调研”入选选题目录，并经评审后获准立项。12 月，课题组完成调研报告的撰写，提出科技助力精准扶贫工作的四条建议，报送中国科协。

成立学会贵州省药理学帮扶联合实验室，并起草《中国药理学会扶贫联合实验室章程（讨论稿）》。联合实验室的主要任务是针对当地特色药物以及根据贵州省科研院所、高校、企业的需求，承担或合作开展药理学研究及相关产品研发工作。《中国药理学会扶贫联合实验室章程（讨论稿）》已在学会第十一届六次常务理事会议上进行讨论，修改完善后提交下一次常务理事会议审定。

学会临床药师培训基地自正式运行以来，已为贵州省遵义市习水县培训 3 名骨干药师。7 月，培训基地成员、首都医科大学宣武医院药学部专家和骨干药师赴习水县开展临床药学对口帮扶工作，开展义诊、药物咨询及科普宣传活动，并以专题讲座、临床药学教学查房等形式，指导当地临床药师开展工作。

7 月 26—31 日，学会相继在北京和云南省昆明市举办临床药理高级培训研讨班。培训研讨班由学会和国际药理学联合会（International Union of Basic and Clinical Pharmacology，IUPHAR）临床药理学分会联合主办，116 人参加培训。培训得到国家卫生健康委“重大新药创制”科技重大专项实施管理办公室的支持。授课内容由学会和授课专家根据国际学科发展状况、国内需求、授课人研究专长等共同讨论决定，最终确定六大专题：药物开发与监管（An overview of drug development and regulation）；人体研究委员会及临床试验设计（Human studies committees & clinical trial design）；药物相互作用（Drug-drug interactions）；目标产物特征及特殊人群（Target product profile & special populations）；生物药与生物类似药及其相关问题（Biotech-biosimilar drugs and related issues）；应用精准医学对患者实施分层治疗（Precision medicine to stratify patients）。每半天为一个授课单元，每个单元由大班授课、分组案例分析与讨论以及集中的问答环节构成。

学会建设 2019 年，学会新发展会员 1087 人，会员总数 11986 人。

学会召开 3 次常务理事会议、1 次理事会议。学会定量药理学专业委员会、中药与天然药物药理专业委员会、抗炎免疫药理专业委员会、治疗药物监测研究专业委员会、药物基因组学专业委员会完成换届工作。

6 月 14—17 日，在 2019 泰山学术论坛：第三届国际神经精神科学学术峰会期间，学会召开中国药理学会北美分会工作会议。学会领导及北美分会领导、骨干成员共 12 人参加会议。会议对学会北美分会成立 4 年来的主要工作进行总结和回顾，并提出换届方案，报学会批准备案。

学会在第十一届三次理事会议上组织学习《中国科学技术协会全国学会组织通则》，并据此对《中国药理学会所属分支机构管理办法（试行）》进行修订，在第十一届六次常务理事会议上进行讨论。

青年人才托举工程 学会依托中国科协生命科学学会联合体组织申报中国科协“青年人才托举工程”项目，哈尔滨医科大学博士杨帆和北京大学第一医院博士庞晓丛入选 2019—2021 年度中国科协“青年人才托举工程”项目，获得3年期经费支持。

主办期刊 学会共主办期刊8种，其中学术期刊7种，内部通讯1种。2019年发行量总计9.74万余册。

11月22日，学会主办的《中国药理学报》获得中国科技期刊卓越行动计划重点期刊项目资助，资助期5年。

学科发展工程 为及时总结药理学学科领域的科研成果、预测学科发展趋势、引领学科发展方向、推动学科建设，学会开展撰写学科发展综述活动。截至2019年年底，共有11个专业委员会提交综述稿件。

受爱思唯尔（Elsevier）旗下国际权威药理学丛书*Advances in Pharmacology*（《药理学进展》）主编S J Enna邀请，学会合作组织编写丛书第87卷，主题为“天然产物药物发现的药理学进展”（Pharmacological Advances in Natural Product Drug Discovery）。该卷以“传统与现代的对话——传统药物的药理学研究新进展”为主线，收录有关天然产物药理学研究的综述11篇。

国际学术会议 7月22—24日，由学会北美分会与云南省药理学会联合主办、昆明医科大学药学院承办的中国药理学会北美分会及云南省药理学会2019学术大会在云南省昆明市召开。会议邀请21位来自加拿大多伦多大学和国内医药高校、科研机构的药理学专家作学术报告。

8月3—6日，第七届中日双边基础与临床药理学学术会议在云南省昆明市召开。会议由学会和日本药理学会、日本临床药理学与治疗学学会共同主办，共100余人参加会议。

8月24—27日，由学会与中国科协海智计划办公室、中国药学会、江苏省科协、连云港市人民政府等共同主办的第三届中国（连云港）国际医药技术大会在江苏省连云港市召开。来自海外和全国医药行业的专家、学者、企业代表约2500人参加大会。学会安全药理学专业委员会承办新技术、新策略、新健康——安全药理学国际专题论坛。

11月10—13日，中国药理学会第十五次全国学术大会在北京举办，900余人参加大会。来自中国及德国、法国、美国的专家、学者作大会报告、论坛报告等，与国内学者进行学术交流。会议设青年报告和壁报展讲环节，为青年学者提供交流机会。

国内主要学术会议 2019年，学会及其所属分支机构举办各类学术年会、研讨会、论坛等共计34次，12359人次参加会议，交流论文5318篇。

3月30—31日，由药物不良反应杂志社、学会药源性疾病学专业委员会等主办的第十一届药源性疾病与安全用药中国论坛在北京召开，近1000人参加会议。论坛以《“健康中国2030”规划纲要》为指导，响应世界卫生组织“无伤害用药”（Medication Without Harm）的呼吁，秉承药源性疾病防范和用药安全的初衷，以“医药携手，‘药’无伤害”为主题，重点关注新上市药品的临床合理使用和安全性。

6月22—25日，由学会安全药理学专业委员会、中华中医药学会中药毒理学与安全性研究分会等多个学术团体联合主办的2019年（第九届）药物毒理学年会在湖北省武汉市召开。会议设药审和政策法规、新技术新方法研究、药物毒性评价、中药与天然药物毒性评价、安全药理5个分会场，近800人参加会议。

8月21—24日，由学会生化与分子药理学专业委员会主办的第十六届全国生化与分子药理学学术会议在山东省烟台市召开，近400人参加会议。

10月11—13日，由学会中药与天然药物药理专业委员会举办的第十二届全国中药与天然药物药理学术会议在天津市召开，500余人参加会议。会议期间举办中药复方新药研发相关重大科学和技术问题专题讨论会，召集专家针对中药复方新药创制存在的问题和技术瓶颈进行研究，提出下一步研发思路和方法，也为“重大新药创制”科技重大专项的接续战略研究提供重要参考意见。

11月29日—12月1日，由学会与上海市药理学会主办，学会心血管药理专业委员会、海军军医大学承办的第二届东方药理论坛暨上海市药理学会第二十届学术年会在上海市召开，300余人参加会议。会议设血管药理学特别专题，以此纪念为中国医药学事业作出杰出贡献的国际药理学家、国际药理学联合会前主席Paul M. Vanhoutte（樊浩德）。

两岸交流 5月18日，台湾药理学会理事长、第14届亚洲太平洋地区药理学家联盟学术大会主席简伯武和前理事长、监事、第14届亚洲太平洋地区药理学家联盟学术大会科学委员会主席张文昌到访北京，与学会领导共同讨论第14届亚洲太平洋地区药理学家联盟学术大会的筹备工作。

国际交往 4月7日，第三届中美双边药理学术会议（The 3rd CNPHARS-ASPET Joint Symposia on Pharmacology）在美国奥兰多市召开，学会领导及30

余位会员参加会议。会议主题为“帕金森病与阿尔茨海默病：对抗神经退行性疾病的神经机理和治疗学发现”，来自中国、美国的4位学者作学术报告。

11月11日，学会授予IUPHAR前主席、美国堪萨斯大学医学中心教授S J Enna“中国药理学会名誉会员”称号。

12月4—7日，2019年第五届国际药理学联合会世界天然药产物药理学大会（The 5th IUPHAR World Conference on the Pharmacology of Natural Products）在印度海得拉巴市举办。会议由国际药理学联合会天然产物药理学学部主办，印度药理学会、印度国家营养学研究所承办。大会主题为“天然产物与健康衰老：从分子靶点到治疗”，安排大会报告、论坛报告、口头交流和壁报展讲等。来自印度和世界各国的600余名专家、学者参加会议。学会领导及40余位会员参加会议。15位中国学者分别作大会报告、论坛报告或口头交流报告，另有20余人参加壁报展讲。

会议期间，召开国际药理学联合会2019年执行委员会全体会议，学会党委书记、国际药理学联合会执行委员杜冠华参加会议。杜冠华汇报在中国设立国际药理学联合会分支机构的计划，得到国际药理学联合会领导和执委的肯定。国际药理学联合会领导邀请学会参与国际药理学联合会组织结构调整、数据库建设等更多国际事务。

科普活动　2019年，学会围绕“合理用药、安全用药”的主题，开展多种形式的科普活动。

1月，中国药理学会合理用药科普吉林示范基地在吉林省吉林市建成落户。学会与吉林医药学院、吉林筑石集团公司签订三方合作框架协议，6个社区被授予示范基地社区工作站，6家医院被授予示范基地技术中心。5月，基地启动合理用药平台，成为学会与区域合作、推动科普工作发展与深化的重要尝试。

6月，科普中国平台邀请学会联系相关专家录制视频，对涉及医药健康领域的三条网络谣言——“使用布洛芬可致永久伤害”“长期服用维D和钙片致癌”“吃乙烯利催熟的蔬果导致儿童性早熟”进行辟谣。

在中国科协“礼赞共和国、追梦新时代——科技志愿服务行动”主题活动中，学会作为首批37家全国学会之一，被授予“中国科技志愿服务百家学会”称号，并获得中国药理学会科技志愿者队授旗。

表彰举荐优秀科技工作者　3月，学会形成《2019年中国药理学会推荐（提名）院士候选人工作方案》，推选2位中国工程院院士候选人。

10月，学会组织并完成中国青年女科学家奖和中国青年科技奖候选人的推选工作，共推荐中国青年女科学家奖候选人1人、中国青年科技奖候选人2人。

党建强会　2019年，学会召开2次党委（扩大）会议，集体学习《中国科协科技社团党委2019年党建工作要点》及习近平总书记关于科技创新的重要论述。围绕“提高政治素养、增强责任感和使命感、激发创新奉献精神”三个方面开展工作。

为加强学会基层党组织的建设，学会在第十一届三次理事会暨党委扩大会议上明确提出，在各专业委员会建立党支部。目前已有3个专业委员会正式成立党支部。

依据《中国药理学会科技助力精准扶贫工程实施方案》，学会围绕科技扶贫申报中国科协“党建强会计划——党建+服务基层”项目，并获得批准。该项目以学会2018年贵州省遵义市习水县科技扶贫工作为基础，通过共建联合实验室、临床药师培训、实地指导等具体方式，为当地特色药品食品开发及产业发展提供科技支撑，以提高习水县医疗服务的水平和能力。12月，学会副理事长李林参加项目验收会，代表学会党委进行汇报。

会员服务　为增强会员的科研诚信意识，营造诚实守信、追求真理、崇尚创新、鼓励探索、勇攀高峰的良好科研氛围，学会举办中国药理学会科研诚信征文活动。

【中国药理学会第十五次全国学术大会】11月10—13日，中国药理学会第十五次全国学术大会在北京召开。来自国家卫生健康委、IUPHAR的领导以及全国高校、医院、科研院所和企业的专家、学者近900人参加大会。

大会的开场报告题目为《医学科技中的伦理道德考量》，中国工程院院士秦伯益用近年来涉及生物医学科研伦理道德的正反实例，讲述科研伦理道德课。大会的学术内容包括大会报告、分论坛报告、青年英文报告和壁报展讲以及专题讨论会等。应邀作大会报告的专家主要有：国际药理学联合会主席Ingolf Cascorbi，报告题为*Pharmacogenomics in Oncology*（《肿瘤药物基因组学》）；中国工程院院士、哈尔滨医科大学杨宝峰，报告题为《医工结合与重大慢病防治》；中国工程院院士、中国科学院上海药物研究所丁健，报告题为《肿瘤治疗的精准与挑战》；中国工程院院士、天津药物研究院有限公司刘昌孝，报告题为《抗肿瘤药物研发那些事》；国际药理学联合会秘书长 Michael Spedding，报告题为 *Metabolic Aspects behind Ageing and Neurodegeneration Reveal New Ways forward for Therapy in Motorneurone（ALS）and Parkinson's Diseases*（《衰老和神经退行性变背后的代谢方面揭示运动神经元（ALS）和帕金森病治疗的新途径》）；国际药理学联合会前主席 S J Enna，报告题为 *Pharmacology and Drug Discovery*（《药理学与药物发现》）；法国里昂大学教授林建生，报告题为《大脑觉醒及三代促清醒药物》。

10 个分论坛主题分别是"临床药理学""心血管药理学""药物代谢""网络药理学""海洋药物药理学""生殖药理学""教学与科普""肾脏药理学""民族药物生化与分子机制研究"和"综合交叉药理学"，共 72 位专家在分论坛作学术报告。青年英文报告分为青年学者和研究生 2 个专场，共有 34 位青年报告人分享各自的研究进展。

为给中国科技工作者在国际期刊发表学术论文提供指导，大会特别组织 Elsevier 专题讨论会，邀请 *Pharmacology & Therapeutics*（《药理学与治疗学》）、*Biochemical Pharmacology*（《生化药理学》）杂志主编 S J Enna 和 Elsevier 药理学部出版人 Anne Marie Pordon，围绕"科技论文撰写的要素""如何提高论文接受率"2 个主题作讲座，阐释科研论文撰写和投稿应注意的问题。

（撰稿人：赵　颖）

中国针灸学会

服务创新型国家和社会建设　2019 年，学会发布《针灸门诊装备设施配置规范》等 25 项针灸团体标准项目提案立项公告，开展 2019 年针灸团体标准项目技术审查函审工作，开展《实验动物常用穴位名称与定位》编写通则等 4 项针灸团体标准项目征求意见筹备工作，参加团体标准化发展联盟良好行为委员会工作会议和 2019 年公共服务品牌建设沙龙筹备会，召开真实世界针灸临床研究系列标准的工作协调会与研讨会。

学会协助向国际标准化组织 / 中医药技术委员会（ISO/TC249）国内技术对口单位推荐《中医药：一次性使用无菌皮肤针 第 1 部分：叩击型》项目提案，并启动立项投票；向国家中医药管理局报送《针灸临床实践指南制定及评估规范》《针灸门诊基本服务规范》2 项国家标准送审稿。

学会举办 2019 年度国家中医药管理局继续教育项目培训班 6 期，培训学员 444 人次；举办各类培训班 10 期，培训学员 400 人次；举办 2019 年中国科协定点扶贫项目中医针灸适宜技术培训班，在山西省吕梁市临县、岚县为乡村基层医务人员进行 4 期教育扶贫培训，培训学员 350 人次。

2 月，学会组织专家赴江苏省南京市学会专家服务站，借助服务站平台帮扶当地中小型针灸企业；7 月，在内蒙古自治区巴彦淖尔市磴口县蒙中医医院建立中国针灸学会磴口专家工作站，开展针灸临床、养生保健、医疗产业等中医药帮扶支持活动；9 月，在内蒙古自治区乌海市海勃湾区中医院举办国际欧亚科学院中医药院士乌海工作站、中国针灸学会乌海专家工作站揭牌仪式；12 月，在安徽省滁州市明光市中医院建立中国针灸学会明光专家工作站。学会完成吉林省长春市世针中医技能职业培训学校、浙江省衢州市杨继洲针灸医院（衢江区中医院）、湖北省十堰市中医医院、广西壮族自治区南宁市第七人民医院、山东省日照市中医医院、山东省泰安市中医医院的专家工作站续签工作。

4 月 20 日，学会在贵州省安顺市镇宁布依族苗族自治县召开针灸继承与发展老专家座谈会，向中医针灸非物质文化遗产代表性项目代表性传承人郭诚杰、李鼎、石学敏、田从豁、张缙颁发由文化和旅游部授予的证书和奖杯，老专家代表在会上发言。在 2019 年世界针灸周期间，学会号召各地方学会及总会所属各分支机构以及全国针灸科技工作者组织开展义诊、科普讲座、展览等活动，同时，举办"一带一路"中医药针灸风采行——土耳其、捷克、波兰站中医针灸展。

学会建设　2019 年，学会新发展个人会员 7170 人，会员总数达到 36105 人，团体会员单位 21 个。召开常务理事会议 4 次，学会全国工作会议 1 次。

学会制定《中国针灸学会政府采购暂行管理办法》《中国针灸学会财务报销暂行管理办法》《中国针灸学会差旅费暂行管理办法》《中国针灸学会固定资产暂行管理办法》《中国针灸学会贯彻落实"三会一课"制度学习方案》《中国针灸学会秘书处关于"三

重一大”实施办法》《中国针灸学会秘书处聘用人员暂行管理办法》《中国针灸学会项目结余经费暂行管理办法》。

学会成立火针专业委员会、痛症专业委员会、小儿脑病专业委员会、盆底功能障碍专业委员会、针灸与民族疗法分会5个分支机构，完成刺络与拔罐专业委员会、耳穴专业委员会、微创针刀专业委员会、循证针灸专业委员会、针灸教育专业委员会、针灸医学影像专业委员会、学术流派与传承专业委员会7个分支机构的换届工作。

青年人才托举工程 经同行专家函审和现场答辩，学会向中国科协推荐的2名候选人被确立为第五届（2019—2021年度）中国科协“青年人才托举工程”项目培养人选。

主办期刊 2019年,《中国针灸》在中国知网（CNKI）的复合影响因子为1.938，总下载次数为3116367次，总被引频次为185313次，在发布的《中国科技期刊引证报告》中综合评分继续保持在针灸与骨伤学科第一名，被评为2019中国国际影响力优秀学术期刊。

《针刺研究》在中国知网的复合影响因子为3.170，总下载次数为750523次，总被引频次为53140次，在发布的《中国学术期刊影响因子年报》中影响因子继续保持在123种中医药期刊的第一位。

《世界针灸杂志》在中国知网的复合影响因子为0.645，总下载次数为110225次，总被引频次为2669次。

学科发展工程 3月，针灸传承创新发展研讨会在北京召开，在中医药领域院士和全国两会中医领域代表支持和呼吁下，研讨针灸一级学科建设关键措施，持续推进针灸一级学科倡议工作。

国内主要学术会议 2019年，学会及其所属分支机构共举办各类年会、研讨会、论坛等学术活动27次，参会总人数达8000余人次，收录学术论文1000余篇。

8月17—18日，由学会主办，湖北省针灸学会、湖北中医药大学、武汉针灸学会承办的2019中国针灸学会年会暨40周年回顾大会在湖北省武汉市召开。年会以“新时代 新思维 新跨越 新发展”为主题，设立针灸基础与临床转化，灸法传承和创新，针灸治疗痛症及神经系统疾病，针灸治疗脑病新技术、新进展，针灸循证：证据与前沿，针灸治未病，针刀临床学术交流，针灸特色技法演示8个分会场。会议共收到学术论文463篇，内容涉及基础研究、临床观察、教育、仪器设备研发等多个方面。来自30多个国家和地区的2000余名针灸工作者参加大会。

会议同期举办中国针灸学会40周年回顾暨第七届中国针灸学会科技奖颁奖仪式，湖北省针灸学会理事会全体会议暨世界针灸学会联合会孙国杰中医针灸传承基地授牌仪式，武汉针灸学会青年委员会成立大会，武汉针灸学会实验专业委员会成立大会，中国针灸学会第二届青年科技论坛，脊柱病传统康复的临床与研究论坛，砭术刮痧与刺络拔罐论坛，针灸器材研发、标准制订与临床应用论坛，针灸减肥与美容论坛，针灸文献与理论、流派与传承论坛。同期还进行壁报展示，来自国内的29家中医针灸相关企业参加大会展览，展示近年来针灸产品及器械的新进展。

两岸交流 10月12日，中国针灸学会“针灸临床技术的继承与发展”论坛暨“海峡两岸港澳青年科学家学术月”活动在吉林省长春市召开。此次论坛由中国科协、学会青年委员会主办，长春中医药大学针灸推拿研究所、吉林省针灸学会、长春中医药大学针灸推拿学院承办，由长春中医药大学针灸推拿研究所所长王洪峰主持。来自台北医学大学医学科学研究所、台湾长庚大学、台北市中医师公会、世界针灸学会联合会中医针灸澳门传承基地、长春中医药大学、成都中医药大学等海峡两岸针灸专家、研究生120余人参加会议。7位专家围绕“针灸发展现状与未来展望”等主题分享学术报告。同时，现场进行针灸技术的学术交流和针灸方法的演示。

会议还举办“针灸临床技法的继承与发展”针灸青年科学家论坛座谈会，来自12个省、自治区、直辖市的20余家企业代表，以及来自香港特别行政区、澳门特别行政区、台湾地区的17位针灸推拿学者参加会议，共同探讨针灸技术的继承与发展有关话题。

国际交往 4月4日，世界针灸学会联合会“一带一路”中医药针灸风采行（古巴站）暨2019中美洲古巴中医针灸论坛在古巴哈瓦那举办。此次论坛由世界针灸学会联合会和五洲传播中心共同主办，来自8个国家和地区的近百名医生参加系列交流活动，学会组织中国针灸专家分享中医药及针灸临床经验，并进行交流。

4月6日，学会参加世界针灸学会联合会“一带一路”中医药针灸风采行（巴拿马站）暨2019巴拿马中医针灸论坛。此次论坛由世界针灸学会联合会、海外华人中医论坛和五洲传播中心共同主办，巴拿马大学以及巴拿马孔子学院联合承办。来自中国、巴拿马、巴西和哥伦比亚等国家中医针灸领域的专家、学者以及巴拿马华人中医针灸医师参加论坛。

4月8日，学会参加世界针灸学会联合会“一带一路”中医药针灸风采行（哥斯达黎加站）暨2019中医针灸论坛。世界针灸学会联合会与哥斯达黎加诊疗中心等机构签订合作协议，共同推进在哥斯达黎加设立首家传统中医教学机构。

9月17日，学会参加世界针灸学会联合会“一带一路”中医药针灸风采行（摩洛哥站）。

9月21日，学会参加世界针灸学会联合会“一带一路”中医药针灸风采行（毛里求斯站），双方就针灸特色技术进行交流，并对妇科疾病开展专题研讨，推进学会与毛里求斯大学、孔子学院在中医针灸医教研的合作。

9月24日，为庆祝中华人民共和国成立七十周年，由中国常驻联合国日内瓦代表团、国家中医药管理局和联合国日内瓦办事处联合主办，世界针灸学会联合会、中国－瑞士（日内瓦）中医药中心承办的中医药文化走进联合国万国宫活动在瑞士日内瓦万国宫举办。此次活动融合展览、讲解、演示、体验、义诊等多种形式，展现传统中医药文化的魅力。

科普活动 学会完成北京薄氏腹针医学研究院和上海中经堂实业有限公司两家科普教育基地续期考核工作。在湖南省针灸学会成立科普教育基地，并成立科普志愿者医师宣讲团第十五团。

4月，学会举办“针情无限”全国针灸原创针灸科普微视频大赛总决赛。8月，在辽宁省鞍山市举办“讲针灸故事，做针艾英雄”全国首届针灸故事大赛总决赛。

学会及其所属分支机构、科普教育基地共举办科普宣讲活动126次，参与专家207人次；举办专题展览6次，流动科技馆巡展1次；开展科技咨询213次，受众5万余人次；在全国各地举办义诊活动349次，参与专家380人次，受众约5万人次；播放科技广播、影视节目约2956分钟，其中在电台、电视台播放科技节目2221分钟；举办实用技术培训127次，培训人数10780人次；推广新技术、新品种56项，参加活动科技人员总数746人次，覆盖148个村、79个社区；出版科普作品7部，发布科普文章4135余篇；建设新媒体平台9个，关注人数73万余人次，平均每日点击量6.1万余次。

表彰举荐优秀科技工作者 学会推荐的上海中医药大学岳阳医院研究员刘慧荣获得第十六届中国青年女科学家奖。

学会开展第七届中国针灸学会科学技术奖的表彰工作，对22个获奖项目的集体和个人颁发奖杯和证书。

党建强会 4月16日、9月3日，学会党委两次前往北京市房山区良乡镇残疾人“温馨家园”公益基地，开展2019年党建强会计划项目——针爱梨园认捐助残扶贫走进“温馨家园”特色党建活动。建立党建活动基地和爱心助残基地，开展义诊、科普讲座、党性教育和劳保物品发放等活动，共计发放劳动保障物品及药品、医疗器械，价值1.57万元；种植梨树83棵。

6月20日，学会党委和学会办事机构党支部赴山东省临沂市沂蒙红色教育基地开展革命传统教育主题党日活动。7月3日，为庆祝中国共产党成立98周年，学会党委联合学会办事机构党支部，以及北京市东城区委统战部部分党员赴内蒙古兵团文化博物馆，开展“不忘初心、牢记使命”主题党日活动。

9月8日，学会党委和世界针灸学会联合会秘书处、辽宁中医药大学等单位走进鞍山钢铁集团，在鞍山钢铁集团郭明义爱心工作室开展“不忘初心、牢记使命”发扬鞍钢精神、雷锋精神主题活动。

会员服务 学会录入个人会员系统6943人，查错整理完善会员信息3000条，会员资格到期提醒3429人次。利用个人会员管理系统为会员及时发送邮件，利用邮箱、微信公众号为会员及时推送会议和学会动态消息。

【“振兴灸法中国行”系列活动】 4月20日，由学会发起的“振兴灸法中国行（贵州站）”活动在贵州省安顺市镇宁布依族苗族自治县开展。此次活动以“健康中国·黔郡艾香”为主题，举办贵州省第一届艾草产业发展论坛，开展全国名专家夜话灸疗、咨询义诊等活动，推动研产用协同发展。

4月27日，“振兴灸法中国行（南阳站）”活动在河南省南阳市开展，学会组织专家、学者及17家医疗机构参与义诊活动，全国针灸名家进行学术交流报告及传授技艺，为艾产业发展建言献策。

5月29日，“振兴灸法中国行”——泰山论灸暨世界艾灸日活动在山东省泰安市开展，学会组织国内针灸界专家进行现场教学、学术交流，展示科研和临床的最新研究进展，演示多种灸法的操作方法，促进灸法的临床、科研、标准等全方位发展。

10月21日，“振兴灸法中国行（四川站）”活动暨世界传统医药日科普宣教与大型义诊在四川省成都市举办。此次活动依托学术交流、技术培训、产品展会、灸法科普进社区等形式，振兴灸法国粹，弘扬中医文化，服务健康中国。

11月3日，“振兴灸法中国行（云南站）”活动在云南省德宏傣族景颇族自治州举办，学会副会长兼秘书长喻晓春宣读倡议书，呼吁云南省各级各类医院、医务工作者以及广大民众，崇尚健康，做灸法的挖掘者、宣传者和践行者，让艾灸走进社区、走进城乡、走进家庭。

【世界卫生组织针灸推拿培训和实践规范工作组会议】 8月15—16日，世界卫生组织针灸推拿培训和实践规范工作组会议在湖北省武汉市召开。会议由世界卫生组织召集，学会承办，世界卫生组织6个区域办事处、12个国家和地区的近40名传统医学领域的专家参加会议。国家中医药管理局国际合作司相关领导，世界卫生组织传统医学、补充医学和整合医学处相关领导，世界针灸学会联合会主席、学会会长刘保延出席开幕式并致辞。

会议根据世界卫生组织编写实践技术规范的流程和要求，对针灸及推拿实践技术规范草案进一步细化和明确。以世界卫生组织前期讨论形成的《针灸技术培训规范（草案）》《针灸技术实践规范（草案）》《推拿技术培训规范（草案）》《推拿技术实践规范（草案）》为基础，分为针灸和推拿两个板块，与会各国专家围绕针灸及推拿在培训和实践中涉及的关键技术问题、技术准入、目标和范围、大纲和条目、规范内容及培训时长进行修订。同时针对各国针灸及推拿技术准入的政策法规、培训要求及资格认证等方面的差异展开讨论和交流。

（撰稿人：吴　远　贾晓健）

中国防痨协会

服务创新型国家和社会建设 8月21—23日，协会在北京举办现代结核病控制理论与实践骨干研讨班，来自全国各地结核病防治、临床等领域的防痨科技工作者260余人参加培训，20余位专家授课。授课内容包括结核病流行病学与终止结核病新策略、结核病与耐药结核病诊疗新技术、学校结核病疫情控制与儿童结核病诊断治疗、实验室诊断新技术与结核感染控制、社区结核病患者管理、健康促进理论与科学普及、结核病科学研究与创新等。培训班进行课前基础调查、课后成绩考核和点评。

2019年，协会通过全国公开申报、专家评审，评审出5个中国防痨协会转化医学创新基地。分别是陕西省西安市胸科医院、吉林省长春市传染病医院、广东省深圳市第三人民医院、湖南省长沙市中心医院和广西壮族自治区南宁市第四人民医院。

协会建立中国防痨公益基金，开展结核病科技精准扶贫工作。2019年，中国防痨公益基金“关爱生命关注健康”项目相继在黑龙江省齐齐哈尔市龙江县、甘肃省临夏回族自治州永靖县和四川省阿坝藏族羌族自治州茂县开展爱心救助活动。该项目累计救助患者近1000名，资助每位患者3000元。

协会和协会团体会员单位中国扶贫志愿服务促进会共同成立的扶贫工作组开展的“健康扶贫，结核病攻坚”项目为河北省张家口市各县免费开展肺结核高危人群结核病筛查、贫困救助，配备结核病人工智能筛查系统和结核病高通量检查系统。

协会已完成23项团体标准立项工作，其中18项在研项目，5项团体标准已经完成征求意见正在修订。协会建立团体标准信息平台，组织专家撰写《结核病团体标准编制指南》。

5月8日，中国科协党组书记、常务副主席、书记处第一书记怀进鹏赴山西省吕梁市岚县就巩固脱贫成效和乡村振兴工作情况进行调研。协会秘书长成诗明就协会“互联网+医疗”帮扶岚县工作进行汇报，现场演示深圳市慢性病防治中心与岚县医疗集团远程会诊系统。协会完成2017—2019年中国科协重点合作区域——岚县的科技扶贫工作三年计划。2019年在协会培训基地——深圳市慢性病防治中心为岚县医疗卫生人员主办一期培训班，为岚县开展远程会诊医疗，组织专家赴岚县乡村开展科普宣传和义诊活动，救助贫困家庭学生。

学会建设 2019年，协会发展个人会员3193人，个人会员总数20324人。

11月9日，协会常务理事会第七次（扩大）会议在北京召开，协会常务理事、分支机构负责人、《中国防痨杂志》《结核病与肺部健康》编辑部主任和副主任、协会结核病西部论坛轮值主任委员和协会秘书处人员共80余人参加会议。会议由协会理事长刘剑君主持。协会秘书处分别报告2019年协会工作情况，以及协会2020年第33届全国学术大会筹备和专业分会专题会议申报情况；审议通过《中国防痨协会换届方案》《中国防痨协会第十一届理事会工作报告框架》《中国防痨协会第十二届理事会理事、常务理事分配名单》；投票同意设立协会中西医结合专业分会，授予协会结核病控制分会、结核病基础专业分会、青年理事会和健康促进专业分会“2019年度优秀分支机构”称号。刘剑君为2019年中国防痨协会转化医学创新基地授牌。

2019年，协会成立骨结核专业分会、临床试验专业分会、人兽共患结核病专业分会、结核分枝杆菌/艾滋病毒双重感染专业分会、影像专业分会5个专业分会，并召开全国专题学术大会。

协会结核病控制专业分会、结核病转化医学专业分会、结核病临床专业分会、结核病基础专业分会、结核病健康促进专业分会5个专业分会和青年理事会按期完成换届工作，并将换届工作与学术大会相结合。

协会获得民政部2019年度社会组织评估等级结果4A级评价。

主办期刊 2019年，协会期刊《中国防痨杂志》《结核病与肺部健康杂志》《中国肺癌杂志》均按期完成出版任务。

《中国防痨杂志》出版12期，载文量236篇，《结核病与肺部健康杂志》出版4期，载文量65篇。作为向中华人民共和国成立70周年的献礼，《中国防痨杂志》2019年第10期刊出协会组织撰写的《耐药结核病化学治疗指南（2019年简版）》。

中国科学技术信息研究所《2019年版中国科技期刊引证报告（核心版）》显示，《中国防痨杂志》核心影响因子为0.94，在全部2049种自然科学领域中国科技核心期刊中排名第422；总被引频次为1801，在全部2049种核心期刊中排名第465；《结核病与肺部健康杂志》扩展总被引频次为330，扩展影响因子为1.212。

《中国防痨杂志》期刊社对2018年所发表的论文进行优秀论文评选活动，评选出优秀论文14篇，其中一等奖2篇、二等奖5篇、三等奖7篇。

学科发展工程 协会开展2019中国科协学科发展项目“结核病患者免疫异常与免疫治疗前沿热点综述研究”，介绍前沿热点综述的学科定位和产生背景，详细阐述结核病免疫异常研究进展和结核病免疫治疗的研究进展，以及国内该领域研究团队。

国内主要学术会议 2019年，协会及其所属分支机构开展学术会议16次、论坛7次，参加人数8503人次，收到论文1708篇。

国际交往 10月30日—11月2日，协会组织相关专家参加在印度举办的第50届世界肺部健康大会。10月31日，协会组织结核病防治专家及自主创新研发企业，在大会期间召开主题为“加速实现终结结核策略：中国结核病免疫预防、检测、人工智能筛查与诊断的创新技术进展”的中国专场会议。协会理事长刘剑君在开幕式上致辞，5位中国结核病领域自主创新研发企业代表作大会报告，宣传推广自主创新的结核病诊断创新技术。来自日本、巴西、俄罗斯、印度和南非等国家的专家和世界卫生组织、国际防痨和肺部疾病联合会等国际组织，以及中国疾控机构、医疗机构、企业等单位的专家、学者共160人参加会议。会议由世界卫生组织总部全球结核病规划项目主任Matteo Zignol和国际防痨和肺部疾病联合会副主席魏晓林共同主持。协会秘书长成诗明作为国际防痨和肺部疾病联合会亚太地区协调员，参加亚太区执行委员会会议。

6月19—20日，协会代表团参加在哈萨克斯坦举办的第四届中亚结核病控制大会，参加会议专家作学术报告。

7月1日，在中国外交部亚洲司的安排及陪同下，蒙古国恩赫利玛结核病防治基金会代表团一行5人来协会进行友好访问，双方就开展结核病诊断、治疗与管理等相关问题进行交流，并对进一步开展国际交流与合作进行探讨。

7月4—6日，协会理事长刘剑君带队15人参加在马来西亚吉隆坡举办的拉曼大学第二届医学和健康科学大会，中方代表作专题报告，介绍中国结核病防治新进展及自主研发的结核病诊断新技术和临床应用等。

11月14—16日，协会与大韩结核协会结核病研究院等在韩国举办中韩耐药结核病控制高峰论坛。协会理事长刘剑君、秘书长成诗明和中国部分省结核病定点医院、结核病防治机构专家参加论坛。论坛交流中国耐多药结核病控制策略和进展，学习和访问韩国耐药结核病控制经验。

科普活动 3月20日，由国家卫生健康委、北京市人民政府主办，协会协办的2019年世界防治结核病日主题宣传活动在北京开展，活动主题为“开展终结结核行动，共建共享健康中国”。世界卫生组织结核病和艾滋病防治亲善大使彭丽媛出席活动，并启动遏制结核病行动。协会派代表参加主场活动。

10月22日，由协会与中国性病艾滋病防治协会、中华医学会结核病学分会联合主办，中国疾病预防控制中心、中国健康教育中心技术支持举办的“遏制结核 中国力量”结核病防治宣传暨抖音科普挑战赛在北京开展。央视节目主持人、中国健康知识传播激励计划健康宣传员、红丝带宣传大使白岩松和北京电视台主持人、全国结核病防治宣传大使悦悦主持宣传活动。中国疾病预防控制中心副主任、协会理事长刘剑君作题为《中国结核病防治策略与挑战》的主旨报告，协会秘书长成诗明接受白岩松主题为“谈社会力量对遏制结核病的重要作用”的访谈。活动启动“遏制结核 中国力量”结核病科普挑战赛，现场播放白岩松、濮存昕、悦悦、康辉、刚强、常远、马丽等全国结核病防治宣传大使以及中国科学院院士高福、协会理事长刘剑君等多名专家拍摄的抖音短视频集锦。

表彰举荐优秀科技工作者 6月12日，协会启动2019年中国防痨协会科学技术奖申报评选工作，经过形式审查、初审和终审，评审出一等奖1名、二等奖2名、三等奖3名。

党建强会 8月30—31日，在中国科协科技社团党委指导下，协会党委、协会秘书处党支部联合湖南省胸科医院党委、广东体必康生物科技有限公司党支部、杭州苏泊尔南洋药业有限公司党支部，在湖南省长沙市开展“不忘初心、牢记使命”主题教育。各党组织党员及协会分支机构党的工作小组组长、“最美防痨人”代表等100余人参加活动。

协会秘书处党支部按照《中国共产党章程》《中国共产党支部工作条例（试行）》要求，加强支部思想建设和组织建设，开展“三会一课”，组织生活会、主题党日活动等。

会员服务 协会为团体会员免费提供《中国防痨杂志》《结核病与肺部健康杂志》，并为会员提供杂志实时电子版。定期通过官方网站、官方微信公众号、会员管理系统等方式向会员发送会议通知、科普知识、学术动态信息等。协会为企业会员单位提供技术咨询、评估和论证会、创新成果推广等服务，向会员单位分发协会年历。

【第八届科学研究与结核病防治高峰论坛暨亚太经合组织耐药结核病防治研讨会】 6月27—28日，由协会结核病基础专业分会主办的第八届科学研究与结核病防治高峰论坛暨亚太经合组织耐药结核病防治研讨会在福建省龙岩市召开。论坛邀请协会秘书长成诗明，首都医科大学附属北京胸科医院教授马屿、黄海荣、初乃惠和高孟秋，上海肺科医院教授沙巍，中山大学医学院教授黄曦，北京儿童医院教授申阿东，解放军总医院第八医学中心教授吴雪琼，清华大学附属北京清华长庚医院教授林明贵等十多位专家，分别就耐药结核的控制策略和治疗、非结核分枝杆菌肺病诊疗进展、潜伏感染的诊疗、肺外结核的诊断进展、结核免疫相关机制、诊断新产品临床研究等重难点问题进行报告。

论坛还邀请来自英国牛津大学、美国哈佛大学和荷兰国家环境与健康研究院等5位国际专家分别就结核病的流行现状和控制策略、全基因测序数据分析用于构建传播链、追踪传染源以及预测表型耐药的巨大优势、WGS（全基因组测序）的实际应用、非结核分枝杆菌病的相关临床症状和治疗、结核病的诊断治疗等先进技术手段作报告。

开幕式后，还举办协会结核病基础专业分会与复旦大学、厦门大学联合建立的结核分枝杆菌基因型数据分析平台的启动仪式。

【中国防痨协会结核病西部论坛第23届学术大会】 9月18—19日，由协会主办、陕西省防痨协会等承办的中国防痨协会结核病西部论坛第23届学术大会在陕西省西安市召开，来自21个省、自治区、直辖市的400多名结核病防治专家、学者参加会议，研讨西部结核病防治策略。此次大会的主题为“创新融合发展，守护区域健康”。中国疾病预防控制中心副主任、协会理事长刘剑君，中国疾病预防控制中心流行病学首席科学家曾光，陕西省中医药管理局、陕西省科协学会学术部等相关领导出席开幕式。

论坛上，曾光作题为《论公共卫生和疾控系统改革》的主旨报告，中国医学科学院病原生物学研究所所长金奇、协会副理事长钟球、协会秘书长成诗明等11位专家分别作题为《科技/创新助力遏制结核病流行》《卡介苗新认识》《西部结核病控制现状与挑战》《结核病诊断新技术与提高病原学检出率策略》等报告。

来自全国西部地区结核病防治一线的科技工作者

就各地结核病防治工作进行交流。会上召开中国防痨协会结核病西部论坛2018—2019年执行委员会全体成员会议，部署2020—2021年委员会工作。

【科技志愿服务行动主题活动暨中国防痨协会第三个“全国科技工作者日”】 5月30日，第三个全国科技工作者日当天，协会获得中国科协授予的“中国科技志愿服务百家学会”称号，并受邀参加中国科协全国科技工作者日主场启动活动，协会副理事长张宗德等代表协会接受授旗。

同时，协会在北京市昌平区和贵州省安顺市紫云苗族布依族自治县开展“礼赞共和国、追梦新时代——科技志愿服务行动”主题活动暨中国防痨协会第三个“全国科技工作者日”启动仪式。

北京活动现场由协会主办，北京结核病控制研究所、北京防痨协会承办，河北、山西、黑龙江、上海、山东、广东、四川、贵州等省市防痨协会及北京市昌平区结核病防治所等共同协办。各省市防痨协会代表、首批百人中国防痨协会科技志愿者代表、学生代表、义诊专家、社区居民及其他相关人员共200多人参加活动。协会副理事长洪峰、北京市卫生健康委员会疾控处处长及各省市防痨协会领导出席活动并讲话，宣读首批百人中国防痨协会科技志愿者名单，并为志愿者代表颁发证书。活动期间，协会在昌平区于善街南社区居委会组织开展义诊咨询活动，结核病诊疗专家和全科医生为100多名社区居民提供基础体检及体检车拍胸片服务。各省市志愿者代表为社区居民提供现场科普咨询服务，并发放各种宣传品，洪峰等带队走访慰问4名贫困结核病患者，送去救助金和营养品。

在贵州省安顺市紫云苗族布依族自治县活动现场，举办中国防痨公益基金“双关扶贫”项目帮扶捐赠活动。协会副理事长钟球、秘书长成诗明和有关专家前往紫云苗族布依族自治县大营镇卫生院开展现场慰问结核病患者和科普宣传活动，为现场的首批中国防痨科技志愿者代表颁发证书，并号召各位志愿者要投身到志愿服务活动中，为结核病防控以及2035年终止结核病的目标贡献力量。

（撰稿人：成诗明　樊海英）

中国麻风防治协会

服务创新型国家和社会建设　5月31日—6月3日，协会药物治疗学分会在上海市举办第二届全国经皮给药制剂暨皮肤病药物治疗学创新与发展高峰论坛暨国家级继续医学教育培训班，授课专家13人，培训学员100人。

10月11—13日，协会皮肤外科与美容分会与中国医师协会皮肤科医师分会皮肤外科专业委员会等在北京协办首届皮肤外科大会，培训学员400人。

10月10—13日，协会在辽宁省大连市主办全国麻风皮肤病学术年会暨首届大连皮肤高峰论坛，其间，举办国家级继续医学教育培训班，培训学员628人。

4月18日，中国残疾人福利基金会“集善扶贫健康行”麻风救助项目在云南省楚雄彝族自治州某麻风村启动。30多年来一直致力于麻风防治的中国“最美医生”李桂科和麻风康复者家属宋荣坤成为该项目的“爱心大使”和“阳光大使”。项目受益人数逾2000人。

学会建设　5月，协会被全国科技活动周组委会办公室、科技部引进国外智力管理司授予“2019年全国科技活动周重大示范活动”荣誉证书；12月，协会被中国科协评为2019年全国科普日活动优秀组织单位，协会举办的全国麻风皮肤病防治科普传播专家团队特色活动被评为2019年全国科普日优秀活动。

2019年，协会共召开3次常务理事会议，1次理事会议，1次会员代表大会。

10月10—13日，协会在辽宁省大连市召开七届四次全国会员代表大会及七届五次理事会议，会议免去乐嘉波、高彦炜、王启兴、龙云怀、潘家楼、胡权理事职务，增补赵立军、王刚、董庭文、王玺茜、王平福、彭国文、陈欢、高峡、华红为理事；免去占发先、李桂科常务理事职务，增补蒋洪林为常务理事；增补杨天赐和张钧为协会皮肤性病检验与诊断分会副主任委员；增补王焱为协会皮肤外科与美容分会副主任委员。会议决定保留协会在广东省江门市新会区皮肤医院设立的中国麻风防治协会康复器具新会生产培训基地，在云南省大理白族自治州洱源县山石屏村设立中国麻风防治协会党建教育基地，在云南省文山壮族苗族自治州皮肤病防治所设立中国麻风防治协会全国麻风防治教学培训基地，在湖北省武汉市麻风防治中心设立中国麻风防治协会武汉麻风康复国际合作基地；在江苏省淮安市淮安区皮肤病防治院设立中国麻风防治协会全国麻风畸残矫治手术基地。

12月27—29日，协会在广东省广州市召开第18次常务理事会议，通过协会换届时间、地点、届次，会员代表的规模、组成原则和选举方式，理事会、常务理事会规模、组成原则、人选条件、名额分配及选举方式，监事会的规模、组成原则、人选条件及选举方式，负责人的规模、组成原则、人选条件及选举方式，换届工作组织领导机构。会议决定启动换届程序。

国内主要学术会议 全年协会共举办国内学术会议6次，参加人数1820人次，征集论文270篇，其中40篇论文获优秀论文奖。

国际组织任职 9月13日，在国际麻风防治协会（ILA）工作会议暨换届会议上，协会会长张国成继续当选为国际麻风防治协会副主席，协会候任会长张福仁当选为国际麻风防治协会执委。

表彰举荐优秀科技工作者 协会推荐刘莉莉为第十六届中国青年科技奖和中国青年女科学家奖候选人，推荐98岁仍在岗工作的北京热带医学研究所研究员李桓英为中国科协科技社团党委“不忘初心、牢记使命，建功新时代——展风采树楷模”宣传人物，授予河北省皮肤病防治院等76家单位“先进麻风院村”称号、李韩英等118人“全国麻风院村先进工作者”称号。

国际交往 9月10—13日，第20届国际麻风大会在菲律宾马尼拉召开。大会由世界卫生组织（WHO）、国际麻风防治协会（ILA）和国际麻风救济会联合会（ILEP）联合主办，大会主题为“零传播、零残疾、零歧视”。来自76个国家和地区的1300余名专家、学者参加会议，其中中国代表团共44人。

在麻风化学预防和麻风遗传学病因研究专场，协会候任会长张福仁分享题为《疗前检测HLA-B*13:01预防氨苯砜综合征》的报告，向国际同行介绍率先发现氨苯砜综合征风险位点并研发出检测试剂盒的原创性工作，以及在中国21省市开展疗前HLA-B*13:01检测预防致死性氨苯砜综合征（DHS）的临床研究情况。张福仁率领的中国团队取得的“麻风基因易感性研究”等科研成果保持国际领先地位，引领麻风病因学和治疗学领域的研究热点。

科普活动 1月26日是第67届世界防治麻风病日暨第33届中国麻风节，主题为“消除麻风贫困，共享健康生活”。1月20日，协会与北京热带医学研究所在首都医科大学附属北京友谊医院开展麻风防治知识科普宣传活动。

1月28日，协会与河北省民政厅、省红十字会、省疾控中心，河北省保定市红十字会等部门在河北省皮肤病防治院西院（麻风病院）开展麻风节宣传慰问活动。实地查看休养员的康复治疗和生活情况，并送上慰问金和慰问品。协会领导及西院医务人员和麻风休养员表演文艺节目。

全国各省、自治区、直辖市麻风防治协会也在麻风节期间举办宣传慰问活动。

5月11日，协会会长张国成率协会皮肤美容科普传播专家团队与中国医学科学院皮肤病医院，中国疾病预防控制中心性病控制中心、麻风病控制中心，南京市玄武区锁金村社区医院的专家，在江苏省南京市玄武区大型社区锁金村社区开展主题为“人人享有皮肤保健”的社区义诊及科普宣传活动，发放书面健康教育处方、宣传材料，赠送自制药品100余份。

5月16—21日，协会银屑病科普专家团队在辽宁省大连市、广东省广州市、江西省、北京等地组织皮肤科医务人员在媒体、电台等开展银屑病知识讲座，300余名医师和500余名患者参与现场活动，受众达5万余人。

5月15—25日，科普周期间，协会地方病学科学传播专家团队在甘肃省重点扶贫地区临夏回族自治州临夏市，甘南藏族自治州迭部县、舟曲县和陇南市的宕昌县、文县、武都区举办走进校园和社区系列宣传活动，主题为“科学补碘益智 健康扶贫利民”。在临夏市东区街道大慈社区村、临夏回族自治州卫生学校、临夏现代职业学院和临夏市第三中学举办有关碘缺乏病防治核心知识的现场有奖问答、播放宣传教育片《碘贝贝》、组织健康讲座、发放宣传折页等多种形式的科普宣传活动。发放印有科普信息的笔记本1100本、宣传折页200余份、毛巾130条、手提袋200个、护手霜36支、搪瓷杯36个、主题宣传海报200张、碘盐120袋。

5月16—24日，协会地方病科普传播专家团队赴黑热病流行区甘肃省甘南藏族自治州迭部县、舟曲县，陇南市宕昌县、文县、武都区农村，实施家犬检测、病例随访及健康教育科普活动。随访迭部县洛大村、桥头村、查居村200余户村民，文县中寨镇兴隆村100余户村民；制作蚊虫标本，对病狗圈养治疗，现场示范消毒，发放黑热病防治宣传折页500余份。

5月20日，全国科技活动周期间，协会麻风科普专家团队会同中国睡眠研究会、北京友谊医院热带医学研究所、河北省精神卫生中心、河北省皮肤病防治院、河北省睡眠医学会，在河北省保定市举办2019年科技周活动，进行现场健康咨询和义诊，同时开展专家电视主题讲座。

9月17—18日，协会候任会长张福仁率麻风皮肤病科普专家团队联合山东省皮肤病性病防治研究所，开展以“传播护肤知识，靓丽美丽人生”为专题的健康讲座。山东省济南、潍坊、淄博、东营、滨州、德州等市的皮肤科骨干医护人员及部分患者共计265人参加。

9月20日，全国科普日期间，协会与中国睡眠研究会、马海德基金会、北京热带医学研究所在首都医科大学附属北京友谊医院西城院区开展以“礼赞共和国、智能新生活”为主题的2019年全国科普日活动。开展现场健康咨询和义诊活动，向群众发放健康科普材料，普及麻风防治、皮肤病防治、睡眠、心理健康等知识。

协会社会心理康复传播团队撰写文章《专业“造假”15年，我却只想为他点赞》，以传播科学的麻风知识、介绍麻风康复者如何落下残疾、为什么要使用假肢、应消除麻风歧视等内容，通过腾讯公益服务号发布，阅读量10万余次。

党建强会　5月24—26日，协会党支部全体党员，会同李桓英基金会、首都医科大学附属北京友谊医院的8位专家、中南大学湘雅医院二院的5位专家、云南省疾控中心的2位同志组成的志愿者团队，前往云南省红河哈尼族彝族自治州石屏县皮肤病防治所红河龙潭田疗养院，援建该院医务室价值4万余元的医疗设备，同时开展健康扶贫医疗体检项目及党建活动。专家们为63位麻风受累者体检并诊治麻风溃疡病人，中南大学湘雅医院专家为休养员检查诊治口腔疾患。

6月6日，协会党支部会同陕西省麻风防治与皮肤健康协会党支部在陕西省地方病防治研究所举办科技志愿服务行动启动座谈会暨志愿者服务队授旗仪式。协会党支部书记潘春枝与陕西省麻风防治协会理事长冯清华共同为志愿者服务队授旗。全体党员和志愿者一同前往陕西省西安市劳动公园，参与义诊活动，并接受陕西省电视台及其他媒体采访。

6月17日—8月28日，协会党支部全体党员参加第一批“不忘初心、牢记使命”主题教育，系统学习习近平新时代中国特色社会主义思想。

协会党支部通过协会微信公众号、微信群和网站党建专栏发布党的政策方针、习近平总书记重要讲话精神，报道党建活动，宣传“最美奉献者”李桓英、马海德等的先进事迹。

会员服务　截至2019年年底，协会登记会员增加至9213人。

【中国麻风防治协会性病学科普专家团队开展系列科普活动】　2019年，中华医学会皮肤性病学分会主任委员杨斌率中国麻风防治协会性病学科普专家团队开展系列科普活动。

专家团队利用南方医科大学皮肤病医院微信公众号和官方网站进行梅毒、艾滋病等性病防治知识的健康教育，全年宣传稿件24篇；编写一系列用于促进性病高危人群梅毒检测的科普资料；引入“风险偏好”心理学理论，开展彩票激励的科普模式；利用腾讯企业平台开展以“性福不突然，参与送福袋；人人来参与，齐享康生活”为主题的性健康宣传活动。

专家团队开展“课堂教学＋学生活动＋专家进校园”活动。在南方医科大学开办《大学生性健康》公选课程，每年开设2轮，每轮次约120名大学生选修；在南方医科大学在校学生中开展以“同性婚姻是否应该合法化”“大学生是否应该有婚前性行为”等热点问题为主题的辩论赛。辩论赛增设观众提问、专家答疑等环节，加深学生群体对性、性健康、性文化、性疾病以及社会问题的认识和理解。专家团队长期与中山大学、南方医科大学和广州工商学院等广东省内高校大学生社团合作，定期组织团队性病防治专业人员，赴校园宣讲性病、艾滋病防治相关知识，重点介绍如何预防和治疗性病，如何有效预防性侵害等知识。

专家团队持续开展高危人群科普工作。依托重点人群主动监测网络，在广东省云浮市、江门市和湛江市等10个地市针对女性性工作者（FSW）、男男性行为者（MSM）和男性性病门诊就诊者（MSP）开展性病、艾滋病外展干预和科普活动，发放健康宣传手册和安全套等，倡导安全性行为，减少性病、艾滋病感染风险。在广东省深圳市、珠海市和清远市等7个地市开展针对农村居民、城市居民、流动人口、女性性工作者和男男性行为者等人群的梅毒防治知识知晓率调查。该调查可接触到日常科普活动中难以覆盖的人群，面对面为其开展性病、艾滋病防治知识科普。

（撰稿人：潘春枝）

中国心理卫生协会

服务创新型国家和社会建设　2019年，为打造一支国家急需的社会心理服务人员队伍，协会联合中国社会工作联合会举办面对心理咨询师和社会工作师的社会工作者心理健康职业技能培训，陆续对100万余名心理咨询师和100万余名社会工作师进行双向培训。

学会建设 2019年，协会七届理事会共召开2次常务理事会议，均为现场会议，审议理事长秘书长工作会议提请的内容。

2月15日，在协会七届十次常务理事会议上审议通过协会2018年度的工作情况和2019年全年计划，审批并备案2019年度分支机构拟开展的学术会议和继续教育培训项目等；批准成立协会团体标准工作委员会；共同组织学习并下发文件《社会组织评比达标表彰活动管理暂行规定》，要求协会各常务理事、分支机构负责人知晓并做好宣传管理工作，遵守社会组织评比达标表彰的相关要求和规范。

学会治理结构和治理方式改革 2019年，协会的一项重大变革是即将从中国科协业务主管的科技社团转型为行业协会，由民政部社会组织管理局直接注册登记管理，协会的各项工作也围绕其展开。

8月29日，协会召开七届十一次常务理事会议，协会理事长马辛组织常务理事集中学习中共中央办公厅、国务院办公厅印发的《行业协会商会与行政机关脱钩总体方案》《关于全面推开行业协会商会与行政机关脱钩改革的实施意见》，介绍协会转型可能面临的机遇与挑战等。会上还落实协会的两项重点工作：审议第十届协会优秀心理卫生工作者的评选人员和第十二次全国心理卫生学术大会的筹备工作。

国内主要学术会议 8月30日—9月1日，协会在北京举办中国心理卫生协会第十二次全国心理卫生学术大会。

科普活动 在中国心理卫生协会第十二次全国心理卫生学术大会召开期间，协会安排科普网络直播，来自心理卫生学界的专家、育婴专家、慢性病专家、人力资源顾问，以及经济学家等参与直播，实时观看人数近11万人次。

党建强会 自2016年协会功能型党委成立以来，协会党建工作与业务活动高度结合，重大活动组织和重大决策的制定由党委监督和把关后方可开展。

2019年，协会党委召开1次党委办公会，决议协会重要工作事项；集中召开2次党员大会，学习文件《关于印发全国社会心理服务体系建设试点工作方案的通知》，学习中国科协党组书记怀进鹏“不忘初心、牢记使命”主题教育专题党课材料《牢记初心使命 推动改革发展 凝心聚力建设世界科技强国》。

会员服务 2019年，协会新发展会员约500人。协会进一步优化协会网站及微信公众号的功能和板块，会员可以通过网络登录个人中心办理各项业务，即时浏览最新消息、政策解读、科普文章、培训信息通知等，方便会员关注和参与协会活动。

【中国心理卫生协会第十二次全国心理卫生学术大会】 8月30日—9月1日，中国心理卫生协会第十二次全国心理卫生学术大会在北京召开。全国人大教科文卫委员会人口卫生室、国家卫生健康委和北京市医院管理中心相关领导出席开幕式并致辞。共有1000余名专家、学者参加，接收论文100篇，评选出优秀论文8篇。大会共安排大会报告3个、会中工作坊10个、主题论坛4个、分论坛3个、分会场交流20个，130余名专家、学者作报告。

在保留原有会议形式的基础上，此次会议专门设立论文交流分会场，为包括高校学生、中小学教师、慈善机构中的社会力量、临床工作者等在内的中青年心理卫生学术工作者提供行业交流和发展空间，为心理卫生的研究和实践提供更多机会。

协会以此次会议为契机，进一步了解社会机构的运作模式和发展战略，与其他社会团体和慈善机构合作授课。

（撰稿人：姜婧怡）

中国抗癌协会

服务创新型国家和社会建设 9月，协会举办“肿瘤防治走进延安”公益活动。开展义诊咨询、公益赠书、科普讲座、带教查房、疑难病例会诊、学术交流等活动，帮助革命老区和贫困地区的人民除疾解困、远离癌症。由20余位专家组成的多学科义诊专家团队为当地患者进行义诊咨询，活动累计接待健康咨询上千人次，义诊400余人次。

2019年，协会各专业委员会、省市抗癌协会通过协会申报和实施国家级继续医学教育项目79项，举办72场学术会议，累计培训学员35084人次，授予学分392分。

学会建设 协会现有省级抗癌协会31个，分支机构81个，团体会员单位99个。个人会员总数达到25万余人。

根据学科和专业发展需要，协会扶植建立新的学科专业委员会，特别是新兴学科、边缘学科和交叉学科的专业委员会，以满足肿瘤科技工作者的需求。对任期届满的专业委员会按照管理规定坚持到期换届。对于新任的专业委员会主任委员进行培训，向其讲解协会各项管理规定，并要求其严格执行并签署任职承诺书。对于新申请成立的专业委员会，下发文件对分支机构冠名方式、主发起人要求、成立的条件和不予受理的情况进行说明并指导，征求相关专业委员会（分会）意见，组织专家论证成立必要性。

青年人才托举工程 2019年，协会继续通过中国科协生命科学学会联合体申报中国科协“青年人才托举工程”项目。2月，协会召开2018—2020年度中国科协“青年人才托举工程”项目论证会，组织同行专家对2名候选人（空军军医大学基础医学院李积彬、遵义医学院附属医院何思思）进行论证和指导，扶持其成为肿瘤领域高层次领军人才和高水平创新团队技术负责人的重要后备力量。

主办期刊 2019年，协会系列期刊加盟《中国药房》和《中国医院用药评价与分析》两本中文核心期刊，刊群规模扩大至30种。30种期刊共出版296期，发行58.7万册，刊登论文5670篇，同时在纸媒发行的基础上利用数字化手段扩大宣传。

协会 *Cancer Biology & Medicine*（《癌症生物学与医学》）和 *Chinese Journal of Cancer Research*（《中国癌症研究》）两本英文期刊分别入选中国科技期刊卓越行动计划重点期刊和梯队期刊项目，将连续5年获经费支持。

学科发展工程 2019年，协会继续组织编写《中国恶性肿瘤学科发展报告（2018）》。该书对肿瘤领域各个专业2018年的研究进展进行总结和梳理，凝聚协会40个专业委员会，251位专家、学者的智慧，从学科发展的高度，全面梳理和归纳肿瘤医学各领域的国内外研究现状与进展、存在问题，并提出解决方案与建设性意见。该书在2019中国肿瘤学大会上举办新书发布会和学科发展报告解读专场论坛。

为推动肿瘤整合医学的发展，对国内外肿瘤医学基础与临床各个领域的知识进行全面梳理、总结，协会启动《整合肿瘤学》学术专著编写工作，分别召开《整合肿瘤学》编写工作会议（天津市），《整合肿瘤学》第一次编委会会议（重庆市），青年理事会《整合肿瘤学》编写工作布置会议（福建省厦门市），建立丛书编写工作小组，委任分册主编，编写修订各分册目录和样章，全面启动丛书编写工作。

国际学术会议 8月17日，在2019中国肿瘤学大会期间，协会与国际抗癌联盟（UICC）在重庆市联合主办“一带一路”国家高峰论坛，围绕“一带一路”国家恶性肿瘤防治的现状和政策研究等政策性问题进行交流和探讨。论坛邀请来自中国、日本、韩国等10余个国家和地区的癌症组织专家、学者作报告。议题涉及现阶段“一带一路”国家普遍存在的肿瘤防治现状和问题，为未来癌症防控的发展指明方向。

8月18日，在2019中国肿瘤学大会期间，协会主办中澳肿瘤护理及放疗专场会议。会议重点关注精准医疗时代放射治疗的应用与发展以及肿瘤护理模式的演变，以期使肿瘤临床医生及护理人员提升专业技术，了解国际前沿资讯，将最新的肿瘤技术应用于临床。

国内主要学术会议 协会及各分支机构全年累计举办各类学术会议457场，参加会议人数超过18.5万人次，交流论文2.7万篇。

10月25—27日，由协会和首都医科大学联合主办的2019首都国际癌症论坛在北京举办，国内外肿瘤防治领域专家、学者共5000余人参加会议。大会共设34个分会场开展不同领域的学术探讨。

两岸交流 8月17—18日，协会与台湾肿瘤临床医学会、港澳抗癌协会共同主办第一届海峡两岸暨港澳青年肿瘤科学家学术会议。邀请海峡两岸和香港特别行政区、澳门特别行政区的中青年肿瘤专业技术人员参加会议。

国际组织任职 10月25日，亚洲肿瘤学会（Asian Oncology Society，AOS）成立大会在日本福冈召开。亚洲肿瘤学会于2018年发起筹建，是由亚太抗癌联盟（APFOCC）和亚洲临床肿瘤学会（Asian Clinical Oncology Society）两家国际组织合并成立的一家以肿瘤诊治、肿瘤防控为宗旨的国际一流癌症组织。学会下设常务理事会，由13个国家的癌症组织代表担任常务理事。中国工程院院士、协会理事长樊代明任常务理事，协会秘书长王瑛任秘书长。

国际交往 2019年，协会继续开展“一带一路”国家间的肿瘤医学领域学术交流和专业人员技术培训。与国际抗癌联盟等国际组织合作，开展学术交流及人才培养项目，建立人才交流机制，培养中青年国际化领军专家，为国际组织任职储备人才。

协会委派国际交流部工作人员赴国际抗癌联盟总部进行短期学习和工作。经过资质审查、英文面试答辩、国际抗癌联盟专家复审，最终遴选出10位海外培训项目候选人，给予出国奖学金资助。2019年，协会共协助国际抗癌联盟在中国区发展湖北省肿瘤医院、吉林省肿瘤医院等10家会员单位。

11月7日，协会秘书长王瑛率队与美国癌症研究学会（AACR）在北京进行双边座谈，就双方开展肿瘤人才交流与培训、英文期刊合作，以及参与和协办双方肿瘤学术年会交换意见。

科普活动 1月，协会在全国范围内开展2019年世界癌症日活动，主题为“关爱患者，共同抗癌”。1月11日，全国启动仪式在山西省太原市举办，中国工程院院士、协会理事长樊代明带队为17岁小患者庆祝生日，寄语鼓励小患者并赠送励志图书《逢生》。活动期间，全国各地肿瘤医护人员在30个省、自治区、直辖市举办一系列主题科普活动，包括科普讲座、义诊咨询、医患联谊、公益赠书、媒体访谈等，为公众带来权威、实用的肿瘤防治科普知识。

4月15—21日，由协会发起并主办的第25届全国肿瘤防治宣传周暨2019中国抗癌日活动在全国范围内开展，主题为“科学抗癌，关爱生命”，副主题为“抗癌路上，你我同赢”。中国抗癌日全国启动仪式在陕西省西安市举办，由陕西省肿瘤医院、陕西省抗癌协会承办。活动吸引全国1082家机构参与，参加活动的各地医务工作者、科研人员、志愿者达到23.6万人，各地组织各类科普活动3658场，累计发放科普图书、宣传资料、科普挂图、音像制品等210万份，直接受益群众和患者达到1350万人，媒体阅读总数超过2.94亿人次。

由各个科学传播专家团队牵头，协会发起创立全国性肿瘤防治科普教育基地。在基地设立“图书角”，统一拍摄制作科普作品，定期组织科普宣教及科普能力培训等活动，使肿瘤科普和患者教育工作常态化。2019年，协会建立淋巴瘤科普基地33家、胃癌科普基地26家、肺癌科普基地56家、乳腺癌科普基地10家。

利用“一网两微三平台”，协会在国际肺癌关注月、国际乳腺癌关注月、世界无烟日等节点发布科普文章，接受媒体访谈，传播科普资讯。协会肿瘤防治科普平台自4月15日建立以来，网站累积录入文章、病种小知识、视频等内容近3000条，医生和普通用户注册网站会员数量超过4.6万人，浏览次数超过261万次。协会继续在全国范围内征集感人抗癌故事，出版《逢生（第二辑）》。与人民网、百度、今日头条、TopMD等平台开展媒体合作，制作一系列科普访谈节目和多媒体作品，指导公众和患者科学抗癌。

协会组织开展青年肿瘤医师科普能力大赛，大赛分为网上预赛和总决赛两部分。8月18日，2019全国青年医师肿瘤科普能力大赛总决赛在重庆市召开，大赛共征集参赛作品312个，网上参与投票打分和观看直播的人数达到230万人次。

协会分别在重庆市、福建省厦门市、湖北省武汉市组织3期肿瘤科普训练营，通过导师带队、分组对决的竞赛方式，寓教于赛，打造肿瘤科普能力培训的创新模式。全网播放量720.5万次，为青年肿瘤医生提升科普能力搭建培训平台。

2019中国肿瘤学大会期间，协会组织开展万人科普活动。活动以重庆市为中心，协调开展93场科普专场，活动现场科普受众达到3.6万人次，线上直接参与公众和患者超过1500万人次。

表彰举荐优秀科技工作者 2019年度中国抗癌协会科技奖励评审周期改为每年一次，并取消三等奖评审。协会各专业委员会、省市抗癌协会、团体会员单位共收到推荐项目97项。经过专业组（初评）评审和科技奖评委会（终评）评审，最终评审出获奖项目15项，其中一等奖5项、二等奖10项，并在2019年中国肿瘤学大会开幕式上举办颁奖仪式。

2019年，协会推荐的河南省肿瘤医院郑燕、复旦大学附属肿瘤医院龚成成入选2019年“中国科协优秀中外青年交流计划”。

党建强会 1月，中国抗癌协会第八届理事会党委召开第三次会议，通过关于在专业委员会（分会）层面建立党的工作小组的工作方案，推进中国抗癌协会专业委员会（分会）党的组织和党的工作全覆盖，筹建分支机构党的工作小组，探索分支机构党的工作小组及工作机制。

7月16日，为配合中国科协科技社团党委“展风采，树楷模”宣传活动，协会党委通过协会官网、微信公众号平台，推出党员科技工作者的事迹，树立学习榜样。

10月31日，协会办事机构党支部作为第二批参加单位，在支撑单位党委所在地——天津医科大学肿瘤医院接受中央“不忘初心、牢记使命”主题教育第十一巡回督导组的调研督导。

会员服务 协会继续推进会员发展工作，督促尚未完成会员发展工作的专业委员会继续做好工作，鼓励各个机构重点发展学生会员、青年会员以及外籍会员。继续大力吸收肿瘤领域的医疗机构、科研院所、企事业单位成为协会单位会员，扩大协会影响力。同时，协会推动会员分类管理，提供全方位、精准化的会员服务内容。

协会秘书处组织部起草《关于做好会员管理和服务工作的意见》，提出要加强会员管理，实行普通会员、专业会员和学生会员分级管理，分类服务；创建"CACA（中国抗癌协会）参会助手"微信公众号，活跃学术交流；优惠获取期刊内容，享受期刊个性化服务；组织继续教育和培训活动；开展人才表彰和科技奖励活动；维护会员权益，反映会员诉求；开展会员工作满意度调查，持续改进服务；加强对会员管理和服务工作的领导；加强会员管理和服务信息化建设；密切会员联系，定期组织交流。

协会以会员管理系统、网站和微信公众号为载体，及时发布协会动态、学术会议、行业资讯，为会员提供服务。2019 年，协会及其各专业委员会建立网站和微信公众号 41 个，平均每月发布信息 530 余篇，访问量超 60 万次，微信公众号关注人数已达 21 万余人。

【2019 中国肿瘤学大会（CCO）】 8 月 16—19 日，2019 中国肿瘤学大会（CCO）在重庆市召开，大会由协会主办，重庆大学附属肿瘤医院、重庆抗癌协会承办，国际抗癌联盟（UICC）、中国整合医学发展战略研究院协办，主题为"肿瘤防治，赢在整合"。36 位中外院士、3.24 万名国内外肿瘤医学界专家、学者参加会议。本次大会设 1 个主会场、11 个主题会场、77 个专业分会场，各类学术交流活动共计 101 场。2205 位国内外肿瘤学领域专家、学者作学术报告，征文总数达到 13479 篇，青年优秀论文投稿 6114 篇，壁报交流 4011 篇。

大会主旨报告人经过层层演讲遴选，候选人来自协会各专业委员会、省市抗癌协会、团体会员单位。3 月 28 日，2019 中国肿瘤学大会（CCO）主旨报告遴选暨中国肿瘤新进展研讨会在广西壮族自治区南宁市举办。经过两轮选拔，8 位竞选者成为大会主旨报告人。协会践行"大手拉小手"理念，为广大基层医务工作者提供最前沿和实用的学术资讯、理念方法和技术手段，助力提升中国西部地区及基础医疗机构癌症诊治水平。在线直播观看人数达 210 万人次，网络总观看人数 1530 万人次。参与大会报道的中央和省市新闻单位 220 家，会议报道达 2139 篇。

（撰稿人：刘　齐）

中国体育科学学会

服务创新型国家和社会建设　学会开展国家队营养食品采购管理工作，执行国家体育总局反兴奋剂工作有关规定，为各采购单位共 77 支国家队代理采购营养食品。组织完成《2019—2020 年度国家队集中采购营养食品入围目录》公开招标工作，共有 26 家中标企业的 131 种中标产品（国产 96 种、进口 35 种）入围。

学会组织召开 2019—2020 年度国家队集中采购营养食品入围采购目录中标企业反兴奋剂工作会议，组织专家就当前国际、国内的严峻形势和兴奋剂入刑的司法解释进行解读，邀请国家体育总局主管部门相关领导传达政府部门对综合运用政治、法律、技术、经济的体系治理兴奋剂问题。

受国家体育总局科技司委托，学会开展科技部 2018 年全国科技统计调查工作。组织国家体育总局体育科学研究所、国家体育总局运动医学研究所开展科学研究与技术机构调查，组织国家体育信息中心开展科学技术信息和文献机构调查，组织国家体育总局体育科学研究所开展 3 项国家级科技计划项目跟踪调查。

学会组织开展"高校体育与健康教育课程建设专项课题"申报工作，共收到申报课题 145 项，经评审选出立项课题 45 项。

学会与司法部戒毒管理局签订运动戒毒战略合作协议，推动戒毒工作科学化、专业化发展，为全球毒品治理提供中国智慧和中国方案。

学会及其分支机构组织继续教育培训活动共计 35 次，累计培训近 6000 人次。举办 4 期运动处方师培训班，307 位学员参加培训，218 人通过考试并获得运动处方师证书，通过率约为 70%。举办 4 期体能训练师培训班，391 位学员参加培训，262 人通过考试并获得体能训练师证书，通过率约为 67%。

学会建设　学会按期召开各类工作会议，包括 2 次理事会议、17 次常务理事会议（15 次通讯会议、2 次现场会议）、1 次监事会议、1 次分支机构秘书长工作会议和 12 次学会秘书处工作会议。

学会法定代表人和秘书长由张良变更为冯连世，张良和丁东辞去学会第八届理事会副理事长职务。

学会新成立3个分支机构，分别是：反兴奋剂分会、青年工作委员会、标准化工作委员会。体质研究分会更名为体质与健康分会。办理7个分支机构28名委员的变更手续，16个分支机构的40余次用章申请和有关经费报销。

学会治理结构和治理方式改革 学会制定《中国体育科学学会分会考核管理办法》《中国体育科学学会印章管理办法（征求意见稿）》《中国体育科学学会劳务酬金发放管理规定（征求意见稿）》。

学会重新梳理各项工作流程，防范学会业务风险，委托北京市京师律师事务所开展学会内控体系与业务风险防范项目。

11月，学会组织召开中国体育科学学会第一届监事会第三次会议，全体监事全程列席参加理事会议和常务理事会议，对学会理事会和常务理事会决策议事规则进行监督；审议通过《中国体育科学学会监事会工作条例（试行）》，对监事会组成、产生办法及任职，监事资格职权及工作规则等进行明确规定。

主办期刊 学会主办两种期刊:《体育科学》《中国运动医学杂志》。2019年，新增一种与成都体育学院共同主办的期刊：*Sports Medicine and Health Science*（《运动医学与健康科学》）。

《体育科学》全年发行12期，共印发54400册，发表论文118篇。通过国家社科基金资助期刊年终考评和期刊年检，被中国社会科学院《中国人文社会科学期刊AMI综合评价报告》、北京大学《中文核心期刊要目总览》和南京大学《中文社会科学引文索引（CSSCI）》收录，入选世界学术影响力指数WAJCI-Q1社科期刊（中国）。根据中国知网（CNKI）发布的《中国学术期刊影响因子年报（人文社会科学·2018版）》,《体育科学》影响力指数CI值为1414.214，在体育类学术期刊中排名第一。

《中国运动医学杂志》全年发行12期，共印发18000册，发表论文165篇。在中国知网（CNKI）发布的《中国学术期刊影响因子年报（自然科学与工程技术·2019版）》中影响力指数CI值为707.836，复合影响因子为1.104，在国内军事医学与特种医学同类学术期刊中排名第六。

学科发展工程 学会组织16个分会150余位专家、学者编写完成《体育科学学科发展研究报告（2016—2019）》，由人民体育出版社正式出版发行。

6月，学会体育产业分会在宁夏回族自治区银川市主办第十一届全国体育产业经营管理学科建设研讨会。研讨会由宁夏体育科学技术中心、宁夏体育科学学会联合承办，主题为“体育产业融合发展与人才培养”。来自16个省、自治区、直辖市20余所高校的50余名专家、学者参加会议。

10月，学会体育信息分会在河南省郑州市举办2019全国体育院校外语教学与专业建设研讨会暨第十一届全国体育院校外语教学研究会年会。会议主题为“改革、发展、创新背景下的高等体育院校外语教学改革与专业建设”，来自14所体育院校的70余名专家、学者参加会议。

11月，学会运动心理学分会在湖北省武汉市主办全国应用（运动）心理学学科专业建设研讨会。来自多所高校的专家、学者就应用（运动）心理学专业课程建设、在线课程建设、毕业生就业指导等方面进行经验交流，对面向竞技体育、健康中国的应用型心理学专业人才培养模式、运动心理学课程建设、运动心理学研究生培养模式进行探讨。

国际学术会议 2019年，学会及其分支机构共举办国际学术会议8次，1700余人次参加会议。会议主要包括第十一届全国体育科学大会国际体育科学研讨会、第二届国际运动医学与健康学术论坛、2019“一带一路”运动训练国际论坛暨第五届体育传播（成都）国际高端论坛等。

11月1—3日，学会在江苏省南京市主办第十一届全国体育科学大会国际体育科学研讨会。来自中国、德国、丹麦、法国、日本、芬兰等国家和地区的11位专家、学者参加研讨会。

6月12—15日，学会运动医学分会、运动生理与生物化学分会、成都体育学院等在四川省成都市联合主办第二届国际运动医学与健康学术论坛。来自美国、英国、加拿大、澳大利亚、西班牙、芬兰、韩国等国家，以及中国（包含香港特别行政区和台湾地区）的500余名专家、学者参加论坛。

国内主要学术会议 2019年，学会及其分支机构共举办国内学术会议33次，参会人数8000余人次，交流论文4600余篇，比2018年增加近30%。

11月1—3日，学会在江苏省南京市主办第十一届全国体育科学大会，会议主题为“体育发展的科技力量”，来自国家体育总局及其直属各相关单位，全国各省、自治区、直辖市体育部门，全国各高等院校，体育与健康领域的科研单位、科技企业，各大出版社和体育学术杂志的4000余名专家、学者及企业代表参加会议。大会收到投稿论文9443篇（录用4186篇），专题报告1926篇，墙报交流2260篇；设立2020东京奥运会全面参赛与成绩提升、体医融合的健康促进研究、现代化体育治理体系构建等119个专题论坛，运动处方应用与推广、运动戒毒理论与方法等15个热点专题会场和2个国际论坛。大会邀请中国科学院院士、南京大学校长吕建作题为《信息新时代的计算新范型与体育新应用》报告，中国工程院院士、华东师范大学校长钱旭红作题为《幸福的使者：体育是人文科学》报告，学会副理事长兼秘书长、国家体育总局体育科学研究所研究员冯连世作题为《科技助力奥运备战》报告。大会同期举办体育产品展览会和体育人才交流会。

两岸交流 学会主办第一届全国体育科技创新大赛，来自大陆26个省、自治区、直辖市以及台湾地区的70所高校和67家企业的共393项设计和作品报名参赛，其中创意设计项目239项、产品展示项目154项。经过初评和二次评议，入围决赛项目131项，其中创意设计项目66项、产品展示项目65项。经决赛，最终评选出产品展示奖29项、创意设计奖作品27件。

国际交往 7月，受欧洲体育科学学会邀请，学会组织国内专家赴捷克布拉格参加第24届欧洲体育科学学会年会。学会代表团与欧洲体育科学学会的领导和专家进行交流，并在中欧体育科学研讨会上作学术报告。

8月，受芬兰体育科学学会邀请，学会组织国内专家赴芬兰于韦斯屈莱市参加2019年中北欧体育学术论坛。学会代表团与芬兰体育科学学会、芬兰奥林匹克运动研究中心、于韦斯屈莱大学体育与健康科学学院的领导和专家围绕备战北京冬奥会专家引进、科学研究和双边合作进行交流。

8月，澳大利亚体育运动科学学会主席Kade Davison、首席执行官Anita Hobson-Powell和澳大利亚南十字星大学教授周石到访国家体育总局体育科学研究所，与研究所和学会领导、研究人员进行会谈。双方就运动处方师、体能训练师培训进行合作探讨，并就各自业务的开展进行交流。

9月，受日本体育教育、健康和体育科学学会和德国体育科学学会邀请，学会组织国内专家代表学会分别赴日本横滨和德国柏林参加第70届日本体育教育、健康和体育科学年会和德国体育科学学会体育科学大学日，并作学术交流。

科普活动 学会及其各分会通过科普知识创编、节目录制、“暑假下乡送健康”科普实践、国家国民体质检测下乡活动、体质健康与科学健身系列讲座等形式，在全国各个城市组织开展10余次活动，受众约3万人次。

8月8日，作为北京市卫生健康委主办的健康提素——北京市居民家庭健康技能大赛的支持单位，学会联合国家体育总局体育科学研究所利用自身的科研优势和专家团队，配合支持开展“健康体质”部分比赛。根据国民体质监测指标，对从北京各区筛选出的50多个家庭的参赛家庭成员进行涵盖肺活量、台阶实验、握力、选择反应时、坐位体前屈等项目在内的体质测试。

11月，在2019北京马拉松博览会上，学会与国家体育总局体彩中心、国家体育总局体育科学研究所合作，在中国体育彩票展厅以全新形象和多个主题活动亮相中国国际展览中心新馆。在展示自身发展历史和公益成就的同时，开展北京马拉松选手体质检测服务和全民健身展示活动。体质检测服务包括最大摄氧量测试、三维运动姿态及伤病风险评估、体成分测试、专业平衡运动能力测试和腿部力量纵跳测试5个项目，共测试2298人次。

表彰举荐优秀科技工作者 学会组织开展中国科学院院士、中国工程院院士候选人，第十六届中国青年女科学家奖、2019年度未来女科学家计划候选人，以及国家健康科普专家库第一批成员举荐工作。

党建强会 学会党委发挥政治引领作用，落实学会“三重一大”事项前置审议制度。学会理事会党委书记由张良变更为冯连世，增补学会联合党支部书记林帅天为党委委员。学会办事机构联合党支部按时换届，开展党建教育活动14次、支委会议6次。组建8个分支机构党的工作小组。

学会修订《中国体育科学学会章程》第三条中党的建设和社会主义核心价值观的有关内容，制定《中国体育科学学会党委工作规则（试行）》。

6月，学会党委联合国家体育总局体育科学研究所一行23人赴国家体育总局定点扶贫地——山西省忻州市繁峙县和代县，开展2019年科学健身与健康促进知识技能培训班暨国民体质检测活动。

会员服务 学会全面梳理分析会员现状，实行会员分级分类管理，根据会员需求提供精准服务。实行会员动态管理机制，建立会员退出机制。对1000余名多年不缴纳会费和不参加活动的“睡眠会员”进行清理，提高会员信息的准确性、及时性和可靠性。

学会利用信息化手段，通过学会网站、微信公众号、分会官网等交流平台，加强学会与会员、会员与会员之间的联系，为会员提供国内外学术信息、科普知识等。

【2019运动处方国际论坛】 10月18日，学会与集美大学在福建省厦门市共同主办2019运动处方国际论坛，论坛主题为“运动处方：体医结合的典范”。来自中国、美国、英国、德国、芬兰、澳大利亚、丹麦、日本等国家的专家、学者，国家体育总局体育科学研究所、厦门大学、上海大学、北京体育大学、上海体育学院等111所高校、科研院所和企业的200余名师生、企业代表等参加会议。

会议分别邀请美国专家Walter Thompson围绕慢性疾病人群运动处方、日本专家佐藤祐造围绕体育锻炼对预防和治疗Ⅱ型糖尿病的影响与效果、英国专家Helen Dawes围绕神经退行性疾病运动处方、德国专家Moritz Schumann围绕整合有氧与力量对癌症患者治疗方法、澳大利亚专家Kade Davison围绕澳大利亚运动处方师培训认证情况、国家体育总局体育科学研究所研究员张漓围绕减脂运动处方技术、北京体育大学任弘围绕青少年运动处方研制方法、中国中医科学院广安门医院主任医师李光熙围绕中医传统功法在现代康复处方中应用等内容进行专题报告。

在10月20日举办的运动处方的应用和推广研讨会上，参加会议的专家、学者就如何借鉴国外运动处方，结合中国实际，对运动处方在中国的应用和推广方法与途径形成五点共识：第一，将科学健身融入慢性疾病的预防和治疗方案，把运动处方作为治疗慢性疾病的“一线用药”；第二，建立医疗与体育流转机制，临床医生与运动处方师密切配合，完成慢性病患者个性化运动处方的开具与实施；第三，建立运动处方实施方法库，将经中国体育科学学会甄别认定的运动处方方法入库并向大众开放；第四，加入国际运动处方的科学共同体，参与国际运动处方指南，为世界运动处方贡献中国方案和智慧；第五，运动处方制定实施过程中，行为改变技术是一个重点和难点，帮助个人设定目标、激发动力、克服障碍、实现目标是运动处方区别于普通体育活动的显著标志。

（撰稿人：高利君）

中国毒理学会

服务创新型国家和社会建设 学会受政府部门委托开展《有毒有害水污染物名录（第一批）》（征求意见稿）《化学物质环境风险评估与管控条例（征求意见稿）》《环境健康风险评估技术指南总纲（征求意见稿）》《固体废物污染环境防治法》《新化学物质环境管理办法（修订征求意见稿）》的修订完善工作。

学会举办继续教育培训班15次，共计1800余人次参加培训。

学会建设 截至12月底，学会新发展会员1421人，会员总数达15356人，较2018年增加11.2%；新增单位会员10个，单位会员总数达184个；下设分支机构共28个。

2019年，学会召开常务理事会议2次、理事会议1次、理事长办公会3次、秘书长办公会4次。

根据《中国毒理学会所属专业委员会组织管理细则》，学会药物毒理与安全性评价专业委员会、毒性病理专业委员会、神经毒理专业委员会、中药与天然药物毒理专业委员会4个专业委员会完成换届。学会筹备成立表观遗传学毒理专业委员会、生物技术与药物毒理安全性评价专业委员会。

青年人才托举工程 2019年，在中国毒理学会第九次全国毒理学大会上，2017—2019年度中国科协“青年人才托举工程”项目被托举人段军超、谢达菲，以及2018—2020年度中国科协“青年人才托举工程”项目被托举人刘晶、王迪雅进行年度工作汇报。

主办期刊 2019年，学会与英国皇家化学会（RSC）合作创办的*Toxicology Research*（《毒理研究》英文版）出版6期，刊登中国学者的论文40篇。

国际学术会议 4月14—17日，由学会毒理学替代法与转化毒理学专业委员会与中国环境诱变剂学会毒性测试与替代方法专业委员会联合主办，国际人道对待动物协会等协办的2019化妆品风险评估及非动物测试新技术方法应用研讨会在上海市召开。来自中国、美国、英国、日本、新加坡、比利时、法国等国家和地区的200余名专家、学者到会交流。会上，学会毒理学替代法与转化毒理学专业委员会、中国环境诱变剂学会毒性测试与替代方法专业委员会与欧洲体外毒理学学会进行合作签约仪式。

8月16—19日，由国家纳米科学技术指导协调委员会主办的第八届中国国际纳米科学技术会议（ChinaNANO 2019）在北京召开。会议共设14个主题分会场，10个论坛。中国科学院院士、学会纳米毒理学专业委员会主任委员赵宇亮担任会议执行主席，学会纳米毒理学专业委员会承办纳米材料的环境健康效应与安全性分会场，为国际纳米科技前沿进展学术交流搭建平台。

5月23日，毒理学关注阈值方法在风险评估中的应用国际研讨会在北京召开。会议由学会与国际生命科学学会中国办事处等联合主办，学会理事长周平坤和国家食品安全风险评估中心研究员刘兆平轮流主持。会议邀请4位外国专家和2位中国专家就毒理学关注阈值（Threshold of Toxicological Concern，TTC）相关议题进行报告和交流，来自国内科研院所，大专院校和食品、化妆品、医疗器械、农业等行业的130多名从事毒理学及相关领域管理、研究和应用的人员参加会议。

国内主要学术会议　2019年，学会及其分支机构共举办年会、研讨会、报告会、论坛等国内学术活动15次，提交学术交流论文2000多篇。

4月4日，由学会毒性病理学专业委员会、中国药学会药物毒性病理学专业委员会、成都华西海圻医药科技有限公司共同承办的2019年西南片区毒性病理学研讨会在四川省成都市召开，来自西南地区24家单位的近70位毒性病理学及相关领域的专家参加会议。

4月10—11日，中国毒理学会食品毒理学专业委员会2019年学术会议在湖南省长沙市召开。学会理事长周平坤、学会食品毒理学专业委员会主任委员李宁，以及来自疾控中心、高校、科研院所以及企业从事食品毒理工作和研究的科研人员、学生等共160余人参加会议。会议期间，食品毒理学专业委员会召开“下一代风险评估方法”专题小组讨论。

5月17—20日，由学会药物毒理与安全性评价专业委员会主办的中国毒理学会药物毒理与安全性评价学术大会（2019年）暨粤港澳大湾区生物医药产业第一届高峰论坛在广东省广州市召开，主题为“对接国际规范，聚焦医药安全，鼓励研发创新，促进产业发展”，来自全国药物毒理领域的838名专家、学者参加会议。会议同期召开药物毒理与安全性评价专业委员会第四次会员代表大会，并进行换届改选工作。

6月13—17日，由学会青年委员会主办，以“助力科技创新、推动科研转化”为主题的青年委员会科技沙龙在内蒙古自治区呼伦贝尔市召开，来自全国各地的青年委员及毒理学相关领域的专家、青年学者等50余人参加会议。

8月2—5日，中国毒理学会毒理学教育专业委员会第三次会议暨第四届高校毒理学教育论坛在甘肃省兰州市召开。来自北京大学、复旦大学等63所高校，2家CDC（疾病控制与预防中心）和1家职业病防治研究院的134位教研人员参加会议。会议同期举办毒理学教育专业委员会第三次会议，讨论毒理学青年教师培养、资深教师资格评审、毒理学科研与科普教育等问题。

8月16—19日，由学会生物毒素毒理专业委员会主办的第十四届（2019）生物毒素毒理学术大会在云南省昆明市召开。会议围绕生物毒素多样性及其结构和功能、生物毒素对其生存适应的作用与机制、生物毒素工具与人类疾病机理及创新药物研发等内容展开，交流最新科学研究成果。来自美国加州大学戴维斯分校、清华大学、浙江大学等50余所高校、研究单位的300余位科研人员参加会议。会议共收到论文93篇，设置45个学术报告、1个专业委员会会议和1个圆桌论坛。

8月23—25日，由学会饲料毒理学专业委员会主办的2019年中国毒理学会饲料毒理学专业委员会学术年会在上海市召开。会议围绕“饲料毒理学与农产品质量安全”主题，开设大会主论坛以及饲料与动物源性食品中风险因子毒理学评价及风险评估、饲料与动物源性食品中营养和危害因子分析检测和动物健康养殖与饲料安全防控分论坛。来自国内高校、研究所及企业单位的饲料毒理学领域的专家、学者120余人参加会议。

10月11—14日，学会生殖毒理学专业委员会与中国实验灵长类养殖开发协会在山东省临沂市联合主办2019年生殖毒理药理学理论与技术及科技产品研发学术交流大会暨2019年中国实验灵长类养殖开发协会第五届二次全体会员大会。来自全国各地的生殖毒理学、实验灵长类养殖单位及相关领域的专家、学者、科技工作者、研究生以及相关企业的专业技术研发人员260人参加会议。

10月28—31日，由学会工业毒理学专业委员会、生化与分子毒理专业委员会，中国环境科学学会环境医学与健康分会联合主办的2019年环境与健康学术会议在天津市召开。会议主题为“环境与健康：新视角和新策略”，参加会议的人数超过550人，共收到200多篇论文摘要和论文，展出壁报120个。会议期间，举办期刊主编/编辑互动交流会和国家级继续教育项目“分子毒理学的前沿理论、技术及其应用”的培训。

11月2日，学会临床毒理专业委员会在山东省济南市举办上市药品风险评价及风险管理研讨会，来自医院、高校、科研机构，国家及省级药品不良反应监测中心的150余名专家参加研讨，共商社会共治的上市药品安全性研究协作模式。

11月13—15日，由国家药品不良反应监测中心主办，学会临床毒理专业委员会等单位承办的第七届中国药物警戒大会暨临床毒理学术会议在广东省广州市召开。会议以“药物警戒与监管科学”为主题，来自国家药品监督管理局科技和国际合作司、药品监督管理司、药品审评中心，世界卫生组织，美国、日本、欧盟等国家和地区监管部门的专家作大会报告，1300余人参加会议。

国际交往 7月16—18日，学会26名代表参加在美国夏威夷举办的第十五届国际毒理学大会。大会期间，在国际毒理学联合会（IUTOX）全体理事会议上，学会获得2025年IUTOX大会的主办权，这是学会首次获得毒理学领域国际大会的主办权。会议同期举办IUTOX理事会换届选举，学会常务理事付立杰连任国际毒理学联合会执委。

科普活动 5月30日，全国科技工作者日期间，学会在广东省主办2019年科技工作者日主题系列活动，并为学会科技志愿服务队授旗。

学会主办第二届中国毒理学会校园科普大赛。大赛以“健康安全与科技创新”为主题，向在校大学生征集毒理学相关科普作品，共收到作品11件，选出获奖作品5件。

经学会常务理事会讨论决定，设立学会科普活动专项资金，学会毒理学史专业委员会提交的“识别有毒蘑菇、食用蘑菇和药用蘑菇邮票科普展”项目、灾害与应急毒理学专业委员会提交的“突发中毒科普知识互动平台示范”项目获得学会资助，其科普作品在学会网站、微信公众号上进行宣传。

2019年，学会及其分支机构共举办科普活动30余场，受众29000人次，展图共200余幅，宣传册（彩页宣传卡）3000余张，相关展板50余个，参加专家300余人次。学会共招募45名科普工作志愿者，3个志愿者团体单位。

学会毒理学史专业委员会在科技之春、科技活动周、全国科普日等活动期间，组织开展多场科普活动。西北大学博物馆作为学会科普教育基地免费开放，长期开展科普活动。4—11月，举办识别有毒蘑菇、食用蘑菇和药用蘑菇邮票科普展，累计预约参观单位有531余批次，参展人数达到26850人次。学会分别在广东省深圳市疾病预防控制中心、内蒙古自治区阿拉善有毒生物博物馆、西北农林科技大学、陕西省科技馆举办展览及现场讲解。

学会在陕西省安康市平利县配合当地扶贫，走进平利县第三小学，开展识别有毒蘑菇、食用蘑菇和药用蘑菇邮票科普展、“食品安全”讲座、“行走的实验室”、“科普敞篷车”系列活动，全校师生参加活动。

学会科普平台获得“广东省科普教育基地”“广州市科普基地”“广州地区十佳最具潜力科普资源单位”称号，并通过广州市科协开展的2020年广州科普游自由行和科普一日游项目评审。

学会灾害与应急毒理学专业委员会开发完善化学中毒相关科普展示物料，设计制作苯、1，2-二氯乙烷等常见化学毒物危害防控平面宣传材料8款，印制发放2万余份。利用科普基地、网站、微信公众号、宣传活动等不同渠道开展科普教育和展示活动，举办行业或地区科普培训活动10余场，全年科普受众人数超过2万人次。

学会临床毒理专业委员会结合临床一线所需，深入基层、社区，结合广播电视台、微信公众号、报纸杂志等多种媒体平台，采用知识讲座、科技讲堂、现场示范答疑、电话咨询、微信公众号推送、发表科普文章、举办药物安全知识竞赛等形式，先后开展30余次现场科普活动，现场受众近万人次，发表科普文章120余篇，发放宣传资料3000余册。

学会毒性病理学专业委员会副主任委员苏敏多次参加尘肺相关会议，并应邀在福建省福州市、山东省济南市、广东省广州市、江苏省无锡市、北京市等地开展科普宣讲活动。

表彰举荐优秀科技工作者 2019年，学会开展第三届中国毒理学杰出贡献奖评选工作，评选出陈春英、蒋义国和牛侨3人，并在9月召开的中国毒理学会第九次全国毒理学大会上进行颁奖。

党建强会 为加强学会党委建设，规范开展党委工作，学会各专业委员会健全党的基层组织，确保党的领导在学会工作的全覆盖。在学会官网建立“党建强会”工作专栏，对学会党委与分支机构党组织开展的党建联学活动进行宣传；通过集中学习、参观见习和召开民主生活会等不同形式开展“不忘初心、牢记使命”主题教育；学习贯彻《中国共产党纪律检查机关监督执纪工作规则》《中国科协党建工作方案》《关于进一步弘扬科学家精神加强作风和学风建设的意见》等文件。

学会党委与分支机构党小组召开联合会议，探讨出“党建＋学术”的新模式。5月19日，在广东省广州市举办的粤港澳大湾区生物医药产业第一届高峰论坛上，以“强化党建引领，推进学术交流”为主题，由毒理学领域的优秀党员科技工作者作学术报告。

会员服务 围绕中国科协以“智慧学术”精准服务学会和科技工作者的理念，学会秘书处全面更新完善学会管理信息系统，包括学会网站、网上会议管理系统、会员管理系统和财务管理系统，提升实体化规范化职业化建设水平。

【中国毒理学会第九次全国毒理学大会】 9月17—20日，由学会主办，山西医科大学、山西省毒理学会承办，中国辐射防护研究院协办的中国毒理学会第九次全国毒理学大会在山西省太原市召开，大会以“新时代毒理科学前沿与创新转化”为主题。1200余人参加会议，大会共收到论文投稿近500篇，195位专家、学者作学术报告。

山西省政协副主席、山西医科大学校长李思进，学会副理事长陈景元，中国科学院院士、国家纳米科学中心主任、学会副理事长赵宇亮，中国辐射防护研究院副院长钟锐等参加开幕式和有关活动。

来自美国、法国、英国等国家的10多名专家、学者参加会议，其中包括美国哈佛大学公共卫生学院教授Marc Weisskorf及毒理学相关领域专家William Proctor、Katharine Bray等。赵宇亮、Marc Weisskorf作大会主旨报告，15名毒理学专家作大会特邀报告。同时开设7个分会场、28个专题，共计178名国内外专家、学者和一线科研人员分别在分会场作专题学术报告，会议期间还展出143个壁报。

大会期间召开中国毒理学会第七届三次党委会议、常务理事会议、理事会议。

会上还表彰2019年度中国毒理学会杰出贡献奖和学会2019年校园科普作品大赛的2个获奖单位以及5名优秀参赛个人，举办毒理与健康科技创新成果展览会。

（撰稿人：铁　轶　关　华）

中国康复医学会

服务创新型国家和社会建设 在中国科协组织的“引领世界科学的前沿科学问题、建设世界科技强国的工程技术难题”征集工作中，学会提出5项前沿科学问题和5项工程技术难题，其中“组织再生与定向诱导型组织工程关键技术的研究与应用”“基于人机交互和神经信息技术的阿尔茨海默病早期识别和干预”2个项目获得资助。

学会与江苏省苏州高新技术产业开发区（虎丘区）社会事业局、苏州科技城医院签署战略合作协议，试点建立苏州高新技术产业开发区三级康复专科网络体系平台，探索适合中国国情的三级康复专科网络体系模式。与成都华唯科技股份有限公司、四川知儿未来生命科技集团有限公司、康端（北京）科技有限公司等多家创新型企业签订战略合作协议，联合开展智能康复机器人（外骨骼）在康复临床、家庭康复、康复智能大数据平台“云脑”建设等方面的研究应用，共同致力于推动康复医学科学研究、科技成果转化和康复医疗社会服务。

学会举办“羿生杯”第二届手功能康复创新大赛、第四届“傅利叶”杯中国康复人创意大赛等创新创业大赛，激发康复医学科技工作者特别是青年人才创新热情，为创新产品脱颖而出和产学研用相结合创造条件。

学会建设 截至12月31日，学会正式注册个人会员12315名，与2018年相比增长194%；单位会员138个。新增标准委员会、康复大数据工作委员会、青年工作委员会、循证康复医学工作委员会、伦理工作委员会5个工作委员会，减重与代谢康复专业委员会、风湿免疫康复专业委员会、肾脏病康复专业委员会、针灸技术与康复专业委员会、营养与康复专业委员会、语言言语康复专业委员会、颅脑创伤康复专业委员会、居家康复专业委员会、外科快速康复专业委员会9个专业委员会。组织3个分支机构进行换届（重组）工作，学会下属分支机构由58个增加到66个，分支机构委员新增1100人。

学会治理结构和治理方式改革 学会修订《中国康复医学会章程》《中国康复医学会会员管理办法》《中国康复医学会分支机构管理办法》《中国康复医学会驻会机构管理制度》等规定，制定学会《分支机构建设标准》《学术活动管理办法》《康复医学培训基地建设管理办法》《继续医学教育项目管理办法》《分支机构财务管理办法》《经费报销管理办法》《网络信息平台管理办法》《驻会机构考勤管理办法》《驻会机构薪酬管理办法》9 项规定，编印《学会工作文件选编》，进一步规范学会内部管理工作。

学会按规定遴选推荐监事候选人，并报请会长办公会、六届理事会第四次会议审议通过。

4 月 14 日，学会举办首次分支机构主任委员培训班，邀请中国科协有关部门领导围绕加强法制建设、规范财务管理等方面授课，以提高分支机构主任委员按章操作的意识和能力。

学会聘任京师律师事务所为学会常年法律顾问，为规范学会依法建设管理、维护学会合法权益提供专业化保障。

学会专职工作人员增加到 19 人。调整部门设置，细化完善《秘书处职能部门任务分工》。学会建立经济管理委员会。严格落实计划总结制度、请示报告制度、会议研究制度。

主办期刊 4 月 13 日，学会召开第二次期刊工作会议，组织学习交流，研究加强期刊建设的思路措施。

经国家新闻出版署批准，《反射疗法与康复医学杂志》加入学会主办期刊。学会主办科技期刊增加至 10 种。

Neural Regeneration Research（《中国神经再生研究》英文版）在 JCR（《期刊引证报告》）发布的影响因子为 2.472。该期刊入选中国科技期刊卓越行动计划“重点期刊”和“梯队期刊”项目，参加庆祝中华人民共和国成立 70 周年精品期刊展，获得 OSID 开放科学计划第三批 A 类项目资助。

《中国康复医学杂志》的“中国康复医疗服务体系的发展历程”栏目，被国家卫生健康委宣传司选入《卫生健康事业发展 70 年巡礼》作品选编。

决策咨询 受国家卫生健康委委托，学会承接《康复治疗师队伍建设的政策研究》《中国康复医疗资源调查》2 项涉及国家康复医学事业长远发展的重要研究项目。

学会组织完成第一批（34 本）“康复医学指南”系列丛书的编纂任务，启动第二批（15 本）“康复医学指南”的编写工作。

国际学术会议 11 月 23 日，学会邀请来自日本康复医学会、梅奥医学中心、美国物理治疗与康复学会、美国华人康复医师协会等学术组织的 30 余位国际康复医学专家在 2019 第三届中国康复医学会综合学术年会暨国际康复设备展览会上作专题演讲。来自国际学术组织和国内外康复医学领域的专家、学者、行业同人近 1 万人次参加大会，线上观看人数近 40 万人次。

学会先后举办第二届海峡康复产业高峰论坛暨“一带一路”东部康复医学论坛、第二届“一带一路”中部康复高峰论坛暨第四届国际康复设备博览会、第二届中国康复医学会“一带一路”西部康复医学论坛暨甘肃省康复医学会、甘肃省残疾人康复学会年会，以及首届东北亚康复论坛，其中第二届海峡康复产业高峰论坛暨“一带一路”东部康复医学论坛在菲律宾设置马尼拉分会场。

国内主要学术会议 2019 年，学会共举办全国性学术交流活动 41 次，3.79 万余人次参加会议，其中境外学者 160 余人次。

5 月 16—19 日，中国康复医学会高压氧康复专业委员会第一届学术年会在江西省南昌市召开。会议以“新起点、新融合、促发展、促创新”为主题，共设立 14 场专题报告会，来自全国各地的 250 余名高压氧康复医学专业人员参加会议，1.2 万人次观看线上直播。

6 月 22—23 日，中国康复医学会消化病康复专业委员会 2019（第二届）年会暨中原幽门螺杆菌微生态及消化病论坛在河南省郑州市召开。会议以“拓展康复理念，聚焦消化康复”为主题，诺贝尔生理学或医学奖获得者 Barry J. Marshall、德国科学院院士 Thomas F. Meyer、日本国立冈山大学医学院教授 Koji Abe（阿部康二）及国内外专家、学者共 20 人作讲座，河南省及周边地区从事消化病康复及相关专业的 600 余名医务工作者参加会议。

7 月 12—13 日，第一届中国康复医学会心脏介入治疗与康复专业委员会学术年会暨第五次全国中西医介入心脏病学论坛在广西壮族自治区南宁市召开。会议以“推广、提高、创新、发展”为主题，设置 1 个开幕式主论坛、1 个介入心脏病学基础课程、8 个分论坛，总计 160 场次，邀请国内 150 余位专家授课。来自国内外中西医心脏介入和心脏康复领域的 1000 余名专家、学者及相关专业从业者参加会议。

7 月 26—28 日，中国康复医学会呼吸康复专业委员会第三届学术年会在内蒙古自治区呼和浩特市召开。会议以“协同行动，建立医院内呼吸康复体系”

为主题，共设立16场专题报告会，2500余人参加会议，3万余人观看线上直播。会议共收到论文与摘要113篇，评选出40篇优秀论文进行壁报交流，7篇优秀论文进行大会发言。43个团队参加首届呼吸康复病例PK（对决）大赛，6个项目获奖。

两岸交流 6月29—30日，由学会主办的第二届海峡康复产业高峰论坛暨“一带一路”东部康复医学论坛在福建省福州市召开。论坛以“激发创新动力，开创康复新时代”为主题，设立主论坛和8个分论坛。来自中国（包含香港特别行政区、台湾地区）以及美国等国家的41位学者在分论坛作专题报告。来自海峡两岸、“一带一路”沿线国家和地区的高校、科研院所、医疗机构的康复专家、康复相关领域医师、治疗师共500余人参加论坛。

国际交往 9月，学会儿童康复专业委员会领导和专家参加第73届美国脑瘫和发育医学学会（AACPDM）年会暨第2届国际残疾儿童学术联盟（IAACD）大会，接受参与编写基于临床循证医学依据的儿童康复治疗指南的邀请，与IAACD高层领导及会员专业委员会就加入IAACD进行面对面答辩。大会首次设置“脑瘫儿童终生管理（Lifelong Management for Children with Cerebral Palsy）”中国专场，学会儿童康复专业委员会领导和专家主持会议并作演讲，展示中国政府、社会和儿童康复工作者对脑瘫儿童的高度重视和关爱，以及脑瘫儿童的康复效果和生活情况。

11月22日，学会举办国际合作协议签署暨顾问聘书颁发仪式，与加拿大大学健康网络（UHN）专家Milos R. Popovic、国际物理与康复医学学会（ISPRM）专家Walter R. Frontera签订战略合作协议，并聘请诺贝尔生理学或医学奖获得者、皇家内科澳大利亚学院院士、澳大利亚科学院院士、中国工程院外籍院士Barry James Marshall等10名专家为学会学术顾问，促进学会与国际学术组织交流合作。

科普活动 学会以科普讲座、公益巡诊、媒体直播、科普情景剧、科普大赛等基本形式，在28个省、自治区、直辖市组织97次科普活动，共发放宣传资料4000余册，惠及群众2万余人次。“中国康复医学会康复科普”微信公众号推送科普文章58篇，新增关注数2631人，阅读总量17.34万次，分享6609次。

根据中国科协“礼赞共和国、追梦新时代”行动部署，学会组建由百名专家组成的10支科技志愿服务团队。5月25日，学会在上海市举办科技志愿服务团队授旗仪式。各团队以康复服务为切入点，以普及康复知识、帮扶科室建设为落脚点，先后开展康复科普志愿服务“上海行”“延安行”“郑州行”等40余场活动。

10月17—20日，中国康复医学会科学普及工作委员会第二届学术年会暨“生康杯”康复科普创新作品大赛在上海市举办。大赛共收到全国30多个省份的3000件作品，其中200件作品入围决赛，20件作品获奖。

学会申报中国科协2019年“科普中国”共建基地项目；12月18日，学会获评中国科协2019年度科普工作重点表扬单位。

表彰举荐优秀科技工作者 4月25日，学会启动科学技术奖申报推荐工作，经专家评审，共评选出34项获奖项目，其中一等奖7项、二等奖9项、三等奖18项。

7月25日，学会启动年度优秀奖申报推荐工作，经过专家评审，共评选出300名“优秀三师”“优秀青年三师”。

11月22日，在2019第三届中国康复医学会综合学术年会暨国际康复设备展览会开幕式上，学会授予粟秀初、张济川、黄永禧、刘江生、潘之清、陈文彬、张宝慧、王炜、杨志明、王德生、姚鸿恩、俞卓伟、侯春林13位康复医学科技工作者中国康复医学会第四届终身成就奖。

学会面向40周岁以下康复科技工作者，组织开展优秀青年康复医师、康复治疗师、康复护士奖评选工作，163人获得表彰。

学会创新发展 5月25日，学会在上海市养志康复医院（同济大学附属养志康复医院）组织康复医学培训基地建设项目评审试点工作，专家组对医院的教学管理体系、师资力量、教学水平以及设施设备、综合保障能力等进行评价。6月5日，学会正式批准该医院为中国康复医学会继续教育培训基地。6月12日，学会在上海市举办授牌仪式。2019年共有13家机构被批准为培训基地。

党建强会 7月6日，学会党委在贵州省遵义市召开“不忘初心、牢记使命”主题教育动员部署会，学会党委书记牛恩喜作专题动员辅导，学会党委成员、分支机构党支部书记和办事机构全体工作人员共80人参加会议。会后，学会组织全体人员到红色景点接受革命传统教育，安排3批专家到遵义市第一人民医院、遵义市汇川区团泽镇卫生院、遵义市汇川区团泽镇卜台村开展公益性康复服务活动，为近千名群众义诊，并开展学术讲座、教学查房和技术帮带活动。学会向遵义市汇川区团泽镇卫生院捐赠9台（套）康复设备。按照主题教育部署，学会上下结合实际开展理论学习、交流研讨、参观见学、谈心交心、意见征询、问题整改等工作。

2019年，学会组织以党员专家为主体的康复医疗科技工作者，赴全国各地特别是艰苦边远地区，开展170余项康复服务行活动，100余家医疗机构、2万余名群众受益。此次活动入选中国科协“全国学会党建工作创新实践典型案例”，并在网络投票活动中以1.28万张得票的成绩位居榜首。

11月22日，在学会六届理事会第四次会议暨常务理事会第八次会议上，组织分支机构与学会党委签订《廉政承诺书》。

会员服务 学会研究制定学会个人会员和单位会员“双十条”服务承诺，明确会员的权利和优惠待遇，并向社会进行公布。学会办事机构新设立会员部，抓好承诺事项落实。加强与会员的联系沟通，通过设立“会员热线”、公布学会主管人员联系方式、在学会官方网站建立“会员之家”栏目等措施，建立开放式信息互动渠道。

2019年，学会共组织190项培训班、技能大赛等活动，为会员、康复科技工作者学习提高和成长成才创造条件。

【2019第三届中国康复医学会综合学术年会暨国际康复设备展览会】 11月22—24日，由学会主办的2019第三届中国康复医学会综合学术年会暨国际康复设备展览会在北京召开。学会会长方国恩担任大会主席。大会以“守正创新，融合发展，构建康复事业共同体”为主题，设立综合国际康复主论坛、2019第三届中国康复医学会医养结合高峰论坛、儿童康复分论坛、重症康复分论坛等50余场专题分论坛。

开幕式上，与会领导向2019年度中国康复医学会科学技术一等奖获奖人员颁发证书，授予13位老专家中国康复医学会第四届终身成就奖。

在综合国际康复主论坛上，中国工程院院士王辰、黄璐琦，北京大学人民医院教授胡大一，美国国家医学科学院国际院士励建安，台湾大学医学院复健科教授连倚南，诺贝尔生理学或医学奖获得者Barry James Marshall等专家、学者作专题演讲。

会议同期开展论文征文活动，共有74篇论文被评为优秀论文，其中一等奖12篇、二等奖25篇、三等奖37篇；举办国际康复设备展览会，展出面积达1万平方米，设置展位300余个，百家康复设备企业展示人工智能、“互联网+”、3D打印、人机接口、智能药盒、中医理疗、水疗等新技术和新产品。

人民网、中国网、央广网、新华网、《中国青年报》《国际商报》《健康报》《中国人口报》等媒体对大会进行报道。

（撰稿人：全 华 崔 川）

中国免疫学会

服务创新型国家和社会建设 7月，学会于河南省开封市主办2场青年人才继续教育活动：第七届中国免疫学会博士研究生暑期学校、第七届中国免疫学会青年学者论坛。两次活动共资助76位青年免疫学工作者参加培训。

学会建设 2019年，学会发展个人会员892人，个人会员总数达到11099人。

10月21日，中国免疫学会第八届全国会员代表大会在北京召开。会议审议、通过《中国免疫学会第七届理事会工作报告》《中国免疫学会第七届理事会财务工作报告》《中国免疫学会章程（修订稿）》，投票审议《中国免疫学会会员管理办法（修订稿）》。会议选举产生学会第八届理事会、常务理事会及领导机构，以及学会第一届监事会及领导机构。

青年人才托举工程 学会完成2017—2019年度中国科协“青年人才托举工程”项目工作。学会推荐的两位被托举人才获得2019年度国家自然科学奖二等奖。

主办期刊 *Cellular & Molecular Immunology*（《细胞和分子免疫学》，CMI）2018年度SCI影响因子达到8.213，较2017年增长8.76%，在全球158种免疫学SCI期刊中排名第14，较2017年度上升2名，位于国际免疫学领域期刊的前1/4区；在中国227种SCI期刊中排名第8，其中在医学类期刊中排名第1，在包括欧洲和美国、英国、日本在内的各国家级免疫学会会刊中排名第1。CMI在中国科学院评比中获得中国优秀科技期刊一等奖，并入选中国科技期刊卓越行动计划领军期刊类项目。

中国科学技术信息研究所《中国科技期刊引证

报告》显示,《中国免疫学杂志》2018年总被引频次1727次，影响因子0.885；在全部2049种科技期刊中综合评价总分排名第294；在基础医学类30种科技期刊中排名第2。上述指标在中文免疫学核心期刊中均位居第1。

学科发展工程 学会承接中国科协学科发展项目，完成《免疫细胞治疗前沿进展及热点研究报告》。报告围绕目前肿瘤免疫治疗领域热门的肿瘤疫苗、基因修饰T细胞疗法、免疫检查点等几种免疫治疗手段，论述相关的研究动态、前沿进展和重大突破，以及未来可能的突破方向和发展趋势等。

学会完成“1998—2018年中国免疫学发展态势——基于WoS数据的文献计量分析”。委托中国医学科学院信息研究所，通过量化分析免疫学学科近20年的变化发展，对比国际发展形势形成分析报告，为学科下一步发展提供依据。

决策咨询 2019年，学会接受中国科协学会服务中心委托，完成对《中华人民共和国疫苗管理法（草案）》意见的征集和上报工作。

国际学术会议 5月21—23日，由学会、学会兽医免疫专业委员会和兽医生物技术国家重点实验室（中国农业科学院哈尔滨兽医研究所）联合主办的“一带一路”项目的动物疾病预防和控制国际研讨会在浙江省杭州市召开，主题为“交流与合作”。“一带一路”沿线13个国家的研究所与大学，国内4个科研院所、2家公司共50名动物疫病防控专家，围绕区域内重要动物疫病的流行病学、非洲猪瘟疫苗研发和诊断技术、口蹄疫和禽流感的流行病学调查研究、禽病和猪病防控基础研究等内容进行学术交流，发挥“一带一路”动物疫病防控联合中心的平台作用。

6月11—13日，由学会、中国科学技术大学联合Springer-Nature出版集团共同主办的第二届CMI-NI免疫学研讨会暨第七届CMI国际免疫学研讨会在山东省青岛市召开。以中国、美国、澳大利亚、法国、荷兰、英国等国院士为首的30名专家围绕“肿瘤的免疫治疗与挑战”作专题报告，全球500多人参加会议，与*Nature Reviews Immunology*（《自然免疫学综述》）主编、*Nature*（《自然》）和*Nature Immunology*（《自然免疫学》）期刊高级编辑直接交流。

国际交往 3月24—28日，学会与德国免疫学会合办的第七届中德免疫学研讨会在德国戴德斯海姆召开。两国科学家围绕免疫治疗主题作学术研讨，展示中德两国免疫学研究领域的最新成果，为双方进一步合作奠定基础。

5月9—13日，美国免疫学会年会（AAI2019）在美国圣地亚哥市召开，学会连续12年组织特邀学会分会场，此次主题为“Innate Immunity and Tumor Immunology”（先天免疫与肿瘤免疫学），100余人参加会议和讨论。

学会推进“一带一路”动物疫病防控联合中心建设，与挪威、肯尼亚、巴基斯坦、印度尼西亚、日本、英国、西班牙等国相关科研机构和组织共签署合作备忘录（MOU）17份，为成立相关国际组织奠定基础。

科普活动 学会组织专家撰写的大型科普系列丛书“人体健康与免疫”（10册）正式完成并由人民卫生出版社出版发行。丛书以漫画的形式普及公众关心的健康问题。在中文丛书的基础上，学会科普工作委员会制作完成英文版丛书（3册），并在北京召开的第十七届国际免疫学大会期间举办新闻发布会。

表彰举荐优秀科技工作者 学会开展第九届中国免疫学会学术奖评选工作，并在第十七届国际免疫学大会期间举办颁奖仪式。中国科学院院士曾毅获得中国免疫学会第九届终身成就奖；张学光、吴长有获得中国免疫学会第九届杰出学者奖；林文龙等10名免疫学工作者获得中国免疫学会第九届青年学者奖。

党建强会 学会通过召开中国免疫学会年度秘书长工作会议，组织各分支机构主任委员和各省市免疫学会秘书长学习党关于科技社团工作的最新指示和精神，按照中国科协深化改革科技社团的具体要求，统筹规划学会事业，促进地方学会特色发展，发挥学会党委政治引领作用。学会把党课学习融入继续教育工作中，把思想教育和促进青年人才专业成长有机结合在一起，加大对青年科技工作者的引领力度。

2019年度学会秘书处新发展党员2名，完成秘书处全体人员的入党工作。

会员服务 学会加强信息化建设，完善服务会员机制。利用新改版的中文网站，与中国科协个人会员系统对接，强化会员服务功能。学会定制邮件发送系统、短信推送平台、会议网站管理系统、微信推送等服务平台，加强与会员的有效交流和沟通。学会在官方网站上特设“学术动态”专栏，及时发布中国学者在世界顶级期刊上发表的最新科研成果，并发送给会员。

【第十七届国际免疫学大会】 10月19—23日，由国际免疫学联合会主办、中国免疫学会承办的第十七届国际免疫学大会（The 17th International Congress of Immunology）在北京召开。十三届全国政协副主席、学会副理事长何维出席活动。中国科协党组书记、常务副主席、书记处第一书记怀进鹏，大会主席兼学术委员会主席、中国免疫学会秘书长、南开大学校长、中国工程院院士曹雪涛，国际免疫学会联合会主席、意大利仁爱大学教授 Alberto Mantovani 出席开幕式并致辞，大会组织委员会主席、学会理事长、中国工程院院士、中国科学技术大学教授田志刚主持开幕式。

大会特邀包括3位诺贝尔奖获得者（1996年诺贝尔生理学或医学奖获得者 Peter Doherty，2011年诺贝尔生理学或医学奖获得者 Jules A.Hoffmann，2018年诺贝尔生理学或医学奖获得者 Tasuku Honjo）在内的57位国内外免疫学家，围绕12个会议主题分别作3个主题报告、6个主旨报告、48个大会特邀报告。在198个特邀分会场报告中，大会邀请各国免疫学会的专家和学者，并特别鼓励女性免疫学家参与交流。

6506位来自78个国家的专家、学者参加会议。大会收到论文摘要3700余篇，评选出416篇作分会场报告，2754篇作壁报交流。

大会设10种差旅奖学金鼓励全球青年科学家参加会议。以学会为首，联合美国免疫学会、欧洲免疫学联盟、亚洲－大洋洲免疫学联盟等为各国和各地区的青年研究人员、女性科学家提供差旅资助，让全球的青年科学家有机会学习和探讨免疫学领域的最新研究进展及发展趋势。

（撰稿人：姚　婕）

中华预防医学会

服务创新型国家和社会建设　学会履行中国科协联合国咨商生命科学与人类健康专业委员会秘书处工作职责，组织开展《“一带一路”国家传染病风险评估与对策建议》研究和中国科协《“一带一路”传染病风险与防控英文版》编写工作。

学会组织专家参与《中华人民共和国疫苗管理法》立法论证，承接国家卫生健康委关于《传染病防治法》及《传染病防治法实施办法》的修订工作。完成中国科协和国家卫生健康委对《中华人民共和国生物安全法（草案）》征求意见工作，参与并反馈意见。同时发挥专业优势，参与并提出《游戏障碍的专家共识》《科技志愿服务管理办法（试行）》《职业病诊断与鉴定管理办法》《全国性病防治工作规范》等征求意见稿的修改意见建议。

学会开展团体标准编制工作，申请立项116项，编制发布《大型人群队列现场调查管理技术规范》《大型人群队列终点事件长期随访技术规范》《耶尔森菌病诊断》《空肠弯曲菌、结肠曲菌检验方法》4项团体标准。

学会先后与江苏省科协、中国生物技术股份有限公司、深圳赛诺菲巴斯德生物制品有限公司、中国林学会签署合作协议，联合各方力量开展健康乡村支持计划、医学继续教育与培训、健康科普行动、健康科技产学研、决策咨询等活动。

2019年，学会继续发挥社会组织参与艾滋病防治基金管理委员会办公室职能，共计资助30个省份的892个项目，资助金额近5200万元。据不完全统计，共为易感染艾滋病重点人群提供近447万人次的宣传教育，动员40.8万余名重点人群接受艾滋病抗体检测，为艾滋病病毒感染者和病人提供24万余人次的随访管理和关怀救助服务。

8月，学会会长李斌牵头部署，经征求各省级学会、学会分支机构、常务理事等意见建议，制定《中华预防医学会参与落实健康中国行动2020年工作方案》，在全面参与落实15项专项行动的基础上，聚焦于疾病预防控制工作密切相关的重点专项，从学术交流、标准编制、基层培训、科学普及、技术评估和成果转化等方面配合政府部门开展工作。8月25日，学会发出积极参与健康中国行动的倡议，并通过媒体进行宣传报道，号召全国卫生与健康工作者落实以预防为主的工作方针，大力普及健康知识，全力维护人群健康，有力防控重大疾病。

11月，学会成立慢性病防控国际专家智库。中国工程院院士、学会名誉会长王陇德担任名誉组长，学会副会长兼秘书长梁晓峰担任组长，学会副会长杨维中、世界卫生组织非传染性疾病管理司专家邵瑞太担任执行组长。中国专家成员包括中国科学院院士、学会副会长顾东风，国际欧亚科学院院士、学会副会长李立明等11名国内慢性病防控领域权威专家。外国专家由芬兰国家议会议员、原世界卫生组织慢性病预防和健康促进司司长 Pekka Puska 等8位国际学者担任。该智库旨在落实健康中国行动（2019—2030年）计划，通过联系海内外慢性病防控领域专家，为中国慢性病防控提供多元化、高层次、国际化的智力支撑。

学会建设 学会申请中国科协学会能力提升与改革工程——“世界一流学会建设项目”，重点围绕“完善党建工作机制，发挥党建政治引领和政治吸纳作用”“优化学会内部治理，发挥监督作用”等方面，通过实施党建“五大工程”、实现分支机构党的工作小组全覆盖、主流媒体宣传报道汪诚信和魏承毓2位科学家的先进事迹、完成理事会换届工作、修订《中华预防医学会章程》和制定《中华预防医学会监事会工作规则》、开发建设系列期刊出版系统等一批信息系统、推出人兽共患病国际研讨会等一批品牌学术会议等一系列措施加强学会建设。

学会治理结构和治理方式改革 3—9月，学会制定、修订《中华预防医学会章程》《中华预防医学会会员管理办法》《中华预防医学会监事会工作规则》《中华预防医学会会费管理办法（试行）》和会费标准。

8月25日，学会在北京召开中华预防医学会第六次全国会员代表大会，选举产生第六届理事会和第一届监事会。

2019年批复成立健康大数据与人工智能应用专业委员会、甲状腺疾病防治专业委员会、血液安全专业委员会、行为健康分会、生物信息学分会、狂犬病预防控制工作委员会6个分支机构，撤销长期不开展工作的卫生工程分会。落实民政部及中国科协要求，撤销分支机构青年委员会。修订《中华预防医学会分支机构管理办法》，完善主任委员任期内不能履职时采取措施的条件，明确主任委员不能连任的条件和分会（专业委员会）撤销条件。制定《中华预防医学会科普基地管理办法》，规范学会科普基地的设立、运转和日常管理。为强化秘书处建设、规范日常工作运转和促进职业化建设，先后制定、修订《中华预防医学会采购管理办法》《中华预防医学会在职职工参加学历学位教育管理办法》《中华预防医学会员工岗位设置与管理实施方案》等一系列管理办法。

主办期刊 中华预防医学会学会系列报刊现有72种，其中学术类期刊70种，健康科普类报纸和期刊各1种。学会主办报刊37种。46种系列报刊入选中国科技核心期刊，16种系列报刊入选中国科学引文数据库（CSCD）核心期刊。2019年共出版792期。

7—10月，以“卫生健康事业发展70年巡礼”为主题，各刊设立专题报道栏目，围绕中国公共卫生预防医学各学科领域重大进展和成就撰写并发表文章161篇。

9月，根据《中华预防医学会期刊发展基金项目管理办法》，学会组织开展期刊发展基金项目评审工作，评选出《中国公共卫生》等10种期刊为资助对象。

学科发展工程 截至5月，学会组织编写完成《中国妇幼健康事业发展报告（2019）》，全面总结近年来中国妇幼健康事业取得的成就进展。截至12月底，学会学科带头人编写发布《流行性脑脊髓膜炎免疫预防专家共识》《子宫颈癌等人乳头瘤病毒相关疾病免疫预防专家共识》等专家共识，追踪学术前沿进展，引领学科发展。

国际学术会议 学会举办人兽共患病国际研讨会暨中国狂犬病年会、中国环境与健康大会、“一带一路”粤港澳大湾区传染病防控论坛、2019年中国慢性病大会等国际学术会议，为中外专家提供学术交流平台。

国内主要学术会议 学会举办首届全国疫苗与健康大会、中国妇幼健康学术大会、2019年“世界流感日”科普活动暨学术会议等大型学术会议及继续教育培训活动130余场，参会人数达4万余人次。

两岸交流 12月20日，台湾防疫学会理事长王任贤访问学会。双方就参与落实健康中国行动整体工作布局、台湾地区流感疫苗接种情况、传染病防控、控烟、临终关怀照护等领域展开交流。

国际组织任职 学会及其分支机构共有72名专家在42个对口国际组织任职，其中有3名专家担任国际院士，12名专家担任执委，4名专家担任主席。

学会副会长兼秘书长梁晓峰12月起担任世界公共卫生联盟执委（任期2019—2022年），参与联盟事务的重大决策。

国际交往 5月，学会赴瑞士日内瓦参加世界公共卫生联盟第53届年会及列席第72届世界卫生大会，向国际代表介绍中国免疫规划工作取得的进展；8月，赴新加坡参加第十届流感控制大会，介绍中国在流感监测和预防控制、大流行应对准备等领域取得的成就；9月，赴英国利物浦参加第11届欧洲热带医学与国际卫生大会，联合举办东南亚人畜共患蠕虫病专题分会场，向各国代表分享防控工作经验，展示中国在热带病防治与研究中的成果。

科普活动 2019年，学会开展“健康中国·幸福职工健康科普巡讲”活动，先后走进全国大型企事业单位、高校、社区和基层贫困地区，开展巡讲近20场，直接受益群众5000余人。部分单位对讲座进行远程直播，新华网、保健时报社等同步在今日头条、微信公众号、官网等对讲座进行直播，受惠群众数万人。

3—8月，学会组织开展2019年全国大学生健康科普大赛暨夏令营活动，评选出4支队伍参加夏令营活动赴云南省昆明市、玉溪市进行基层调研。大赛共收到24家院校推荐的37件作品，网络平台吸引953万人次访问，408772人次投票。

9月18—23日，全国科普日期间，学会主办“疾病早预防”主题展区活动，创作6部健康科普视频短剧在现场连续循环播放，发放图文科普读物、宣传折页、海报以及科普报纸，同时以时间为线索，通过历史照片及海报的形式串联起中华人民共和国成立以来公共卫生与预防医学取得的成就。

11月1日，学会联合中国疾病预防控制中心、中国医学科学院、中国健康教育中心和亚太流感控制联盟在北京举办2019年“世界流感日”科普活动暨学术会议。聘请邓亚萍、刚强、悦悦、伊扬担任“世界流感日”宣传大使，并向全社会发出“识流感、防流感、治流感”行动倡议，邀请80余家媒体进行全媒体传播，线下观看直播观众100万余人次。中国科学院院士、中国疾病预防控制中心主任高福，中国工程院院士、中国疾病预防控制中心传染病防控国家重点实验室主任徐建国，中国工程院院士吴以岭，中国工程院院士、中国农业大学动物医学院院长沈建忠，香港科学院创院院士、英国皇家学会院士裴伟士，中日友好医院副院长曹彬等流感领域的专家就流感危害、流感特点、流感预防、流感疫苗研制、流感临床治疗和中医药在流感防治中的作用进行研讨。

4月以来，学会参与中国科协和科普中国等平台的科普辟谣工作，组织专家撰写辟谣文章20余篇，审核辟谣文章30余篇，在学会主办的《保健时报》上设立辟谣专栏。5月，学会科技志愿者团队加入中国科协组建的中国科技志愿者服务总队。

学会组织完成《中国宫颈癌预防控制科普图文》书籍的编写工作，并交由人民卫生出版社出版。

学会完成第十六届中国人口文化奖民间艺术品和宣传品，以及新时代健康科普作品征集大赛、健康中国微视频大赛作品的推荐工作，推荐科普作品70余项。

2019年，学会开展系列健康科普扶贫工作。牵头设计并制作健康科普知识挂图，赠送给山西省临汾市永和县坡头乡索驼村和部分深度贫困地区居民。借助中国科协健康科普业务骨干专题培训项目，11月17—23日，学会组织16位专家赴山西省吕梁市临县和岚县对两地的100余名基层健康科普骨干人员进行为期一周的专题培训。学会多次走进山西、贵州等地的贫困地区（山西省临汾市吉县、山西省吕梁市柳林县、贵州省毕节市大方县）开展科普巡讲，为1000余名贫困地区基层群众送上健康科普知识。

表彰举荐优秀科技工作者 学会完成2019年中华预防医学会科学技术奖评审工作，评选出科学技术奖一等奖5项、二等奖10项、三等奖14项，科普奖1项。组织第十六届中国青年女科学家奖、第十六届中国青年科技奖、2019年中国科协优秀中外青年交流计划、第十三届光华工程科技奖、2019年谈家桢生命科学奖等多种奖项的推荐工作，推荐优秀会员20余人。

党建强会 6月12日，学会召开理事会党委会议，研究审议涉及学会改革发展的重大事项。按照《中国科协所属全国学会理事会学会党委委员产生方式及审核办法（试行）》要求，于12月27日完成理事会党委换届工作。

2月27日，学会实施党建“五大工程”之分支机构党的工作小组建设工程，按照应建尽建、发挥功能作用、突出问题导向、注重工作创新的工作原则，推进分支机构党的工作小组组建全覆盖。截至11月，除当年正在筹备换届的分支机构外，其他74个分支机构已全部成立党的工作小组。分支机构党的工作小组通过微信讨论群、党建学习研讨会、撰写心得体会、开展党建扶贫等多种形式开展党建活动。

学会实施党建“星火传承工程”，以全媒体形式宣传为中国消灭脊髓灰质炎作出杰出贡献的科学家顾方舟的感人事迹。在分支机构广泛推荐基础上，学会深入挖掘鼠疫专家汪诚信、霍乱专家魏承毓的先进事迹，通过制作短视频等方式讲述他们与中国共奋进、共成长、共命运的感人故事。

在学会理事会党委的指导下，学会分支机构组织12次特色性党建和扶贫活动。学会皮肤病与性病预防与控制专业委员会在国庆节期间赴江西省赣州市上犹县、于都县和瑞金市开展“红色基因 寻根溯源”党建活动，行程数百千米，义诊、宣教2000余人。5月，学会脊柱疾病预防与控制专业委员会赴甘肃省定西市、山西省吕梁市开展青少年脊柱侧弯筛查与救助公益活动，对当地医生就颈椎病、腰椎管狭窄症和脊柱侧弯等疾病的系统诊疗思路和规范预防治疗给予指导。

会员服务 学会会员管理系统投入运行，目前已登记78个分支机构的5000余名分支机构委员（专科会员）信息；围绕《中华人民共和国疫苗管理法》宣贯传染病防控技术新进展及推动疾病预防控制实践，面向基层会员和科技工作者，举办近100场继续医学教育学习和基层培训，覆盖近2万人；开展优秀期刊和优秀期刊工作者的评选活动；开展疫苗与免疫“青年人才托举工程”项目，为来自30个省、自治区、直辖市的65名学员提供全科研周期的支持服务。

【中华预防医学会第六次全国会员代表大会】 8月25日，中华预防医学会第六次全国会员代表大会在北京召开。国家卫生健康委副主任李斌、中国科协学术部副部长刘兴平出席会议并讲话。联合国艾滋病规划署驻华代表处国家代表桑爱玲，中国科学院院士、中国疾病预防控制中心主任高福，中华医学会副会长兼秘书长饶克勤分别代表国际组织、兄弟单位、兄弟学（协）会和基金会在开幕式上致辞。中国科学院院士、学会第三届理事会会长及第四、第五届理事会名誉会长曾毅和学会历届领导，国家卫生健康委相关司局、直属单位及联系单位、兄弟学（协）会、基金会以及世界卫生组织驻华代表处、联合国儿童基金会驻华代表处、联合国人口基金驻华代表处、比尔和梅琳达·盖茨基金会北京代表处等国际组织代表出席会议。来自省级预防医学会、疾病预防控制机构、妇幼机构、卫生监督机构、高等院校、科研院所以及相关企业的400余名代表参加会议。

李斌在讲话中传达国务院副总理孙春兰对学会第五届理事会工作报告的重要批示，并要求学会要深入学习习近平新时代中国特色社会主义思想，切实提升思想认识，指导学会改革发展；要加强党的领导，充分发挥政治引领和凝聚感召作用；围绕人民健康需求，充分发挥健康科普主力军作用；精进学术交流，发挥助力创新驱动发展的先锋作用；科学建言献策，充分发挥政府参谋助手作用。

大会审议通过学会第五届理事会工作报告、财务报告及《中华预防医学会章程》《中华预防医学会会员管理办法》《中华预防医学会会费管理办法（试行）》等文件。选举产生学会第六届理事会和第一届监事会。第六届理事会第一次会议选举产生60名常务理事，选举李斌为会长。第一届监事会第一次会议选举产生监事长梁东明和副监事长邓瑛，讨论形成《中华预防医学会监事会工作规则》。全体会员代表审议通过聘请中国工程院院士王陇德为学会第六届理事会名誉会长。全体理事审议通过聘任副会长梁晓峰为秘书长。

【首届全国疫苗与健康大会】 4月21—22日，由学会、中国疾病预防控制中心和江苏省科协共同主办的首届全国疫苗与健康大会在江苏省南京市召开。中国工程院院士、学会会长王陇德，国家卫生健康委疾病预防控制局监察专员常继乐，江苏省科协党组书记、副主席孙春雷，世界卫生组织西太区协调员 Yoshihiro Takashima 出席开幕式并讲话。学会副会长兼秘书长杨维中主持开幕式。来自国家卫生健康委、各级疾病预防控制和医疗卫生机构、科研院所、高等院校、相关学会的领导、专家、学者、专业技术人员及预防接种相关企业代表等共计2500余人参加会议。

会议主题为“新时期疫苗与健康——发展与挑战”。这是中国举办的首次以“疫苗与健康”为主题的全国性学术大会。中国科学院院士、中国疾病预防控制中心主任高福阐述中国预防接种工作面临的挑战与机遇。国家免疫规划咨询委员会主任委员、中国工程院副院长、中国医学科学院院长王辰讲述“糖丸爷爷”顾方舟“一生为一大事来，做一大事去”流芳百世的故事，宣传弘扬老一辈疫苗科学工作者科学求实和无私奉献的崇高思想境界。Yoshihiro Takashima、中国食品药品检定研究院研究员王军志、美国华盛顿大学传染病研究院教授 Steven Reed 分别分享全球疫苗研发和疫苗可预防疾病的进展，中国疾病预防控制中心高级顾问 Lance Rodewald 介绍慢性病与预防接种的最新观点和认知。大会以“传承与健康——新时期预防接种助力健康中国建设”为主题开展圆桌访谈活动。

会议期间，国家卫生健康委疾病预防控制局启动以“防控传染病，接种疫苗最有效”为主题的2019年全国儿童预防接种日系列宣传活动。学会疫苗与免疫分会主办第二届学术年会，数十位国内学者在疫苗研发、疫苗应用与评价、疾病预防与免疫策略和免疫预防与服务4个分会场分享最新的工作和学术研究进展。会议期间，举办联合疫苗全生命周期管理、儿童肺炎球菌性疾病防控与应对等5个卫星会。

【2019年中国慢性病大会】 11月9—10日，由

学会、中国疾病预防控制中心、中华医学会等单位共同主办的2019年中国慢性病大会在北京召开。会议主题为“群策群力　相融共生，开创慢性病防控新局面”，来自国家卫生健康委、世界卫生组织等单位的领导、院士、专家以及来自中国、美国、英国、芬兰、印度、伊朗、日本、新加坡等国家的800余名专家、学者参加会议。

国家卫生健康委副主任、学会会长李斌，世界卫生组织驻华代表Gauden Galea出席开幕式并致辞。学会副会长兼秘书长梁晓峰主持开幕式。李斌在致辞中对慢性病防治工作提出5点要求，一是要坚持党政主导，部门协作，将慢性病防治融入所有的政策；二是要坚持预防为主，防治结合，加强慢性病防治的体系建设；三是要动员社会，全民参与，充分调动社会和个人的积极性；四是要坚持分类指导，因地制宜，提升慢性病防治的管理水平；五是要坚持与时俱进，创新发展，丰富慢性病防治的技术手段。

开幕式上举办中华预防医学会慢性病防控国际专家智库成立仪式。梁晓峰宣读《中华预防医学会关于成立慢性病防控国际专家智库的决定》，李斌为智库专家组名誉组长、组长、执行组长和其他中外专家颁发聘书。

大会邀请中国工程院院士、学会名誉会长王陇德，国家卫生健康委疾病预防控制局局长、学会副会长常继乐，芬兰国家议会议员、原世界卫生组织慢性病预防和健康促进司司长Pekka Puska，世界卫生组织非传染性疾病管理司资深专家邵瑞太，中国工程院院士、上海交通大学医学院附属瑞金医院副院长宁光，中国疾病预防控制中心党委书记李新华等分别围绕中国脑卒中防控之路探索、慢性病综合防控工作、芬兰慢性病防控经验等作大会报告。来自美国、英国、印度、日本、新加坡、伊朗的专家、学者分享国外关于慢性病防控的最新研究成果和学术经验。

【中国妇幼健康学术大会】 5月18—19日，由学会、乔治全球健康研究院、联合国人口基金共同主办的中国妇幼健康学术大会在北京召开。中国工程院院士、学会会长王陇德，中国工程院院士、北京大学第三医院院长乔杰，国家卫生健康委妇幼健康司副司长宋莉，国务院妇女儿童工作委员会办公室副主任张立，乔治全球健康研究院全球女性健康项目高级研究员Amanda Henry，联合国人口基金驻华代表Babatunde Ahonsi，世界卫生组织驻华代表处官员张拓红，联合国儿童基金会卫生处官员黄小娜等出席会议。来自妇幼保健、生殖健康、疫苗与免疫等领域的100余位国内外专家出席会议并作学术报告，来自各级妇幼保健机构、医疗及体检机构、社区（乡镇）卫生服务中心、疾控机构、医学院校和科研院所的1700余人参加会议。学会副秘书长张伶俐主持大会开幕式，王陇德、张立、Amanda Henry、Babatunde Ahonsi、张拓红分别在开幕式上致辞。

大会主题为“关注全生命周期　护航妇女儿童健康”。宋莉作题为《中国妇幼健康进展与展望》的主旨报告，全面阐述中华人民共和国成立70年来妇幼健康事业的发展成就及现阶段面临的挑战。乔杰介绍中国不孕不育女性人群现状和不孕症的预防与诊疗进展。Babatunde Ahonsi、Amanda Henry、黄小娜分别作题为《一项未竟的事业：对人人拥有权利和选择的追求》《从全球视角谈慢性病与女性健康》《全球儿童早期发展行动框架》的报告。学会妇女保健分会、儿童保健分会等8个妇幼相关分支机构主任委员分别作学术报告。会议共收录论文129篇，评选出优秀论文22篇。

（撰稿人：牛霏霏　夏建国）

中国法医学会

服务创新型国家和社会建设　5月，应中国医师协会邀请，学会与中国医师协会签订《执业医师法（修订）》立法研究分课题（成为医师的学历起点、医责险部分）协议书。学会安排《中国法医学杂志》副主编刘鑫牵头负责该分课题法医学部分并与中国医师协会对接。法医学专家组经过半年时间论证研究，其间，刘鑫会同相关单位先后前往甘肃省兰州市第一人民医院、山东省烟台市中心医院、重庆市第三人民医院、贵州省贵阳市第四人民医院、湖南省长沙市第四人民医院、山东省日照市人民医院、江苏省徐州市第三人民医院、贵州省遵义市中医医院、安徽省合肥市第三人民医院、安徽省黄山市康达医院、山东省潍坊市人民医院、湖北省宜昌市第一人民医院、贵州省贵阳市第一人民医院等多地调研，获得大量资料和数据，从法医学角度有针对性地提出《执业医师法（修订）》立法方面的意见和建议。

学会建设　学会共有个人会员6720人，其中2019年新批准个人会员33人；单位会员2个。

学会秘书处筹备学会换届工作，采取多种方式听取会员意见，研讨当前形势下学会运行的模式和建设发展的思路与办法；学习《中国科学技术协会全国学会组织通则》和中共中央办公厅印发的《科协系统深化改革实施方案》，不断完善学会改革意见和换届方案，明确提出换届的指导思想；探索开展学会治理结构和治理方式改革，提出建议在换届方案中增设监事会和学会党委与理事会同期换届的内容。

学会治理结构和治理方式改革 学会完成多项规章制度的制定，如《中国法医学会名称、会徽、标识使用管理办法（试行）》等。

学会落实《中国科协所属全国学会财务管理指引大纲》。为规范学会财务管理，实现学会治理结构和治理方式现代化，秘书处逐条对照，将现行学会财务管理制度相关内容进行修订，以保证能更好地依法依规开展各项工作。

主办期刊 2019年，学会组织编辑部全体员工学习公安部宣传局转发的国家新闻出版署《关于开展出版单位“三审三校”制度执行情况专项检查的通知》，按照相关要求切实做好三审三校工作，确保《中国法医学杂志》高质量出版发行。杂志社于下半年开展自查自纠工作，将《中国法医学杂志》自查情况和存在的问题，按要求形成工作总结上报公安部宣传局。

2019年《中国法医学杂志》收到稿件539篇，全年编辑出版正刊6期，共刊发稿件185篇。

学科发展工程 学会联合广州医科大学，在中华人民共和国成立70周年之际，组织全国法医学专家、学者，撰写出版《中国法医学70年理论与实践》文集，系统总结中华人民共和国成立70年来中国法医学事业发展历程，讴歌70年来法医学的发展成就和重大贡献。该文集在回顾中国法医学发展历程、法医鉴定体制发展演变、法医学鉴定法律法规和法医学教育发展概况的基础上，重点展示中国法医学各分支学科（包括法医现场学、法医病理学、法医物证学、法医临床学、法医毒理学、法医毒物分析、法医人类学、法医精神病学、法医昆虫学等）的发展历史、研究现状、未来展望和中国法医学术团体的发展及学术交流情况。

表彰举荐优秀科技工作者 为做好2019年推荐（提名）中国工程院院士候选人工作，学会成立推选专家委员会、材料审核小组和工作小组，负责推选和组织工作。经过严格的审核程序，推荐公安部物证鉴定中心主任法医师叶健为中国工程院院士候选人。

学会参与第四届中国科协优秀科技论文遴选工作，组织16位推荐专家、4位评审专家，共推荐10篇该领域国内期刊发表的优秀论文。

应最高人民检察院邀请，学会推荐中国工程院院士丛斌为新一届最高人民检察院专家咨询委员候选人。

党建强会 2019年，学会党委和秘书处党支部参加公安部部署、刑事侦查局安排的第一批“主题教育”活动，通过参加中国科协举办的全国学会领导干部“主题教育”培训，集中学习和开展多种形式的党建主题活动，加强对党员干部的思想政治教育和廉政教育，抓好日常监管工作。

通过“主题教育”活动，学会组织党员干部和秘书处员工，认真学习党的十九大和十九届三中、四中全会会议精神，习近平总书记在中央政法工作会议、全国公安工作会议上的重要讲话和批示精神，持续开展不同形式的学习讨论活动。

学会将“维护核心、牢记使命”融入实际工作，号召党员干部以实际行动“发光、发热、发挥正能量”，通过讲党课强化大局观念和责任意识。

学会要求党员，特别是党员领导干部，按照公安部刑事侦查局安排，学习贯彻中央纪委和公安部党委、纪委有关廉政精神和要求。开展专题学习活动，学习《中国共产党党内法规执行责任制规定（试行）》等法律法规。

会员服务 学会秉承“听会员之声，急会员之急，供会员之需”的原则，广泛征求会员意见，更好地为会员服务。2019年减免单位会员会费4万元。

（撰稿人：赵丽娜）

中华口腔医学会

服务创新型国家和社会建设 2019年，由中央财政重大公共卫生专项资金持续支持开展的“全国儿童口腔疾病综合干预项目”在学会设立国家项目管理办公室，由学会负责项目管理工作。该项目覆盖1096个县（市、区），累计培训口腔卫生服务人员16万余人次，参与的医疗机构达4156家，健康教育累计覆盖4015万余人。

受全国科学技术名词审定委员会委托，学会《口腔医学名词》编纂筹备工作在北京启动。该书涵盖5个口腔基础学科及10个临床学科的医学名词。

2019年，学会17个口腔医学立项团体标准项目公示，发布10项团体标准，学会各专业委员会就联合起草“多学科诊疗中维护牙周健康专家共识”达成一致意见。

根据国家卫生健康委科技教育司工作部署，全面推开全国住院医师规范化培训年度业务水平测试工作。学会组织50余名专家开展7个口腔专业的命题及审题工作。

6月9—12日，学会与国家卫生健康委国际交流与合作中心联合举办2019第24届中国国际口腔设备材料展览会暨技术交流会，共开展120场次学术演讲及操作演示活动，包括“名师讲堂”“一步一步”等。来自国内外100余名口腔医学专家参与授课，研讨内容不仅覆盖专业领域，还涉及交叉学科等。

2019年，学会“雪域口福行”项目获得民政部中央财政支持社会组织参与社会服务项目立项，连续两年面向西藏自治区的贫困中老年人免费提供义齿修复服务。在西藏自治区口腔医学会和项目执行医院的支持下，为341名全口缺失牙8颗以上严重影响咀嚼功能的45岁以上贫困中老年人免费镶牙，重建其咀嚼功能，提高生活质量。

为支持西藏自治区做好口腔类别医师资格考试实践技能考试工作，推动考试基地建设，2019年国家医学考试中心在学会协助下于拉萨市举办西藏自治区口腔类别医师资格实践技能考试考官及考务人员培训班，来自西藏自治区的20名口腔类别考官和100余人次基层口腔医师参加培训。

学会自筹经费设立临床应用科技研究项目。“树脂修复研究”项目完成10个项目中期检查工作，“牙科粘接技术临床研究”项目完成10个项目中期检查工作。西部临床科研基金12个项目获得立项，完成结题评审11项。“全瓷材料研究”项目为2019年新成立项目，当年立项10项。

学会承担的国家医学考试中心2018—2020年度科研项目“基于岗位胜任力的口腔执业医师资格分阶段考试研究”通过中期审核，召开项目进展报告会，对项目工作进行阶段性总结，展示项目的阶段性成果。

为贯彻落实《关于开展专科医师规范化培训制度试点的指导意见》，口腔颌面外科学作为第二批试点专科，学会于2019年正式启动专培试点工作，两批次经考核共招收144人进入29家专科基地培训。

学会建设 截至12月31日，学会个人会员104680人，比2018年新增加15838人，同比增长17.83%；专科会员87856人，学生会员5415人，团体会员335个。

学会召开党委会议4次，理事会议1次，常务理事会议5次，会长办公会2次，秘书长办公会5次，省会长秘书长办公会1次，监事会议2次。

3月，学会召开第十一次专业委员会（分会）工作会议，来自34个专业委员会（分会）的130余人参加会议。会议“以会代培”的形式对国家卫生健康委的重要文件进行宣贯，对专业委员会（分会）工作进行总结部署，对重点工作进行研讨。

2019年，学会完成5个二级分支机构的换届改选工作，成立4个专业委员会，学会分支机构达到38个。

2019年，学会修订《中华口腔医学会科技奖管理办法》，增加《中华口腔医学会科技奖评审工作行为准则》。

8月9日，学会召开第八次省级口腔医学会会长、秘书长联席工作会议，以筹备2020 FDI世界口腔医学大会为议题，介绍会议筹备情况，讨论参会名额分配方案。

学会对38个分支机构2018年度工作进行综合考评，其中9个分支机构获得综合优秀奖，2个获得单项优秀奖；首次评选专业委员会（分会）优秀秘书5人。

青年人才托举工程 2019年，学会通过第二届中国科协“青年人才托举工程”项目验收。12月，学会参加立项答辩会获得第五届中国科协“青年人才托举工程”项目立项名额4个，其中中国科协资助2个，学会等额资助2个。9月，学会举办“青年人才托举工程”项目进展汇报及结题报告会，此次会议与中华口腔医学会科研管理分会年会同期召开，近400人参加会议。

主办期刊 学会主办中文学术期刊4本，刊印总数4.46万册，发表论文260篇；英文学术期刊1本，刊印总数1万册，发表论文29篇。

10月，根据《中国学术期刊国际引证年报（2019版）》，学会主办的英文杂志 *Chinese Journal of Dental Research*（《中国牙科研究杂志》，CJDR）连续两年入选中国国际影响力优秀学术期刊。

2019年学会完成CJDR国内英文官网建设，完成《中国口腔医学继续教育杂志》和《中国口腔种植学》两本学会主管期刊的主体网站的建设和升级。

学科发展工程 学会组织全国口腔医学专家，以《牙周稳态维持与重塑机制》为课题首次获得国家自然基金委员会重大项目资助。

决策咨询 2019年，学会就关于牙科汞合金使用问题、口腔卫生士在职培训、口腔医学名词编撰等事项举办决策咨询活动3次，228名专家参与活动。

国际学术会议 2019年，学会及其所属分支机构举办5次国际会议，分别是：2019年中华口腔医学会口腔急诊专业委员会第一届国际牙外伤大会暨第四次全国学术会议、2019国际正畸大会暨第十八次全国口腔正畸学术会议、中华口腔医学会口腔医学科研管理分会第四次学术年会暨口腔医学国际学术前沿论坛、第一届世界口腔激光医学联合会亚太大会、第十二次亚洲口腔麻醉学术会议。参会人数5000余人，其中国外参会专家数百人。

6月21—23日，中华口腔医学会口腔急诊专业委员会第一届国际牙外伤大会暨第四次全国学术会议在陕西省西安市召开，来自10余个国家和地区的666名专家、学者参加会议。

8月28日，学会在上海市举办的中华口腔医学会第21次全国口腔医学学术会议期间，召开CSA-FDI口腔高峰论坛和第三届“一带一路”口腔协同发展论坛，来自13个国家和地区的30名境外专家、学者参加会议。

国内主要学术会议 2019年，学会及其所属分支机构共举办年会、研讨会、报告会、论坛等学术活动40场次，参会总人数达2万余人次，提交学术论文6000篇。

5月27—28日，2019年中华口腔医学会口腔修复学专业委员会第十三次全国口腔修复学学术会议在陕西省西安市召开。会议以“科学修复诊疗方案的制订——传统修复技术与当代先进科技的有机整合”为主题。首次开展应届毕业博士研究生论文交流，邀请ICP（国际口腔修复学会）主席等3位国际口腔修复专家作报告。来自国内近1000名口腔医师和25名韩国修复界专家参加会议，收到论文投稿400余篇。

6月，学会承办中国科协学会服务中心主办的推动中国科技期刊高质量发展小型学术研讨。30余位业内外期刊专家、口腔医学科学家及优秀期刊主编、编辑部主任参加会议。研讨会围绕“中国口腔医学科技期刊发展现状”和“如何提升中国口腔医学科技期刊国际影响力”两个议题进行报告和专题研讨。

7月19—21日，2019年中华口腔医学会口腔种植专业委员会第十一次全国口腔种植学术年会在重庆市举办，共有来自全国各地4086名专家、学者参加会议。会议以“梦想与现实：口腔种植的融合与创新”为主题，收到论文投稿400余篇，学术发言196人次。

学会受中国科协学会服务中心委托，分别在北京市、湖北省武汉市举办口腔科技期刊现状与未来研讨会，讨论《中国科技期刊发展状况》和《中华口腔医学会期刊读者调查》等调研报告。

两岸交流 6月9日，台湾牙医师公会全联会理事长王栋源及两岸事务委员会主任委员李文胜与学会领导会晤。

8月27日，李文胜列席中华口腔医学会第五届理事会第四次理事会议。

国际组织任职 9月7日，在2019世界牙科联盟（FDI）会员代表大会上，学会国际交流部部长刘怡任会员联络与支持委员会委员。

国际交往 9月，学会作为2020世界牙科联盟（FDI）世界口腔医学大会的承办单位，派出10位工作人员观摩学习2019 FDI办会经验，并为2020 FDI世界口腔医学大会做宣传。在2019世界牙科联盟会员代表大会上，举办FDI会旗交接仪式，确定“共筑口腔健康未来”为大会的宣传口号；设计并通过FDI审核的宣传LOGO；开启青花瓷系列主题国内宣传活动；制作宣传视频和折页，在国内及国际会议上推广宣传，同时确定2020 FDI世界口腔医学筹备委员会成员，进行明确分工；落实国际、区域及本地演讲人，制作初版会议日程；制定国内代表组织参会名额分配方案，逐步推进落实；搭建并上线2020 FDI世界口腔医学大会网站及注册系统。

1月25—27日，学会会长俞光岩受邀参加缅甸口腔医学会第39次年会，刘怡作为中华口腔医学会支持FDI继续教育志愿者讲师代表在会上授课。

3月12—16日，学会秘书长岳林一行参加在德国科隆召开的第38届国际牙科博览会。

3月20—21日，世界牙科联盟候任主席Dr. Gerhard Seeberger出席“护牙助成长，欢笑在中国”启动仪式暨2019年世界口腔健康日活动，并访问学会秘书处。

4月23—24日，学会会长俞光岩一行访问俄罗斯口腔医学会，并参加莫斯科口腔展Dental Salon（牙科沙龙）。

5月9—12日，学会会长俞光岩等参加在韩国首尔举办的第41届亚太牙科大会（2019APDC）暨韩国牙科学会第54届学术年会暨第16届首尔牙科展。王晓霞作为中华口腔医学会支持FDI继续教育志愿者讲师代表在会上授课。

6月10日，中华口腔医学会、缅甸口腔医学会以及上海优医基医疗影像设备有限公司在北京签署口腔健康科普项目资助协议。

6月20日，在加拿大温哥华举办的第97次国际牙科研究会（IADR）年会期间，学会举办第五次“中国之夜”招待会。

7月12—14日，学会会长俞光岩一行参加马来西亚国际口腔医学年会暨展会（MIDEC）。

9月3—7日，学会代表团一行21人在会长俞光岩带领下参加在美国旧金山举办的2019FDI世界口腔医学大会，其间学会举办“上海午餐会”，来自130多个国家和地区、200余个口腔学术组织的FDI会员代表参加会议。

11月2—3日，刘怡作为中华口腔医学会支持FDI继续教育志愿者讲师代表，在印度口腔医学会2019年会上授课。

11月13—15日，学会会长俞光岩等受墨西哥口腔医学会会长Laura Diaz Guzman邀请参加墨西哥口腔医学会第37届口腔学术年会。

科普活动　2019年，学会举办主题科普活动28项、科普展览2场，1500余位科普工作者参加活动，受众达200万余人次；举办青少年科普宣讲活动5次，受众2255人次。

5月19日，学会应邀参加在北京自然博物馆开展的主题为“科技强国　科普惠民”的科技周活动。5位口腔医学专家开展口腔科普知识宣传及咨询活动，通过播放科普短片，赠送口腔健康知识折页、画册及专家讲解等形式向公众传播口腔保健知识。共发放杂志、折页和画册等资料500余份。

5月24日，国家卫生健康委、科技部和中国科协联合开展2019年新时代健康科普作品征集大赛，学会申报“第三十个全国爱牙日纪念视频”、科普动画《齿间观潮记》以及《口腔健康　一生关注》《影响孩子一生的事——儿童口腔保健》4个作品，其中《影响孩子一生的事——儿童口腔保健》一书获得科普图书类优秀奖，《口腔健康 一生关注》入选科普图书类入围作品。

10月31日，由学会主办的第四次全国口腔健康流行病学调查科普解读继续教育培训班在上海市召开，四次邀请流调科普解读项目组的6位专家现场授课。来自上海市基层医院的200余名医护人员参加培训。

表彰举荐优秀科技工作者　2019年，学会累计表彰科技工作者175人次，其中住院医师操作技能演练表彰12人，“新星秀”壁报展示表彰98人，青年科学家论坛表彰青年科学家31人，推选优秀专业委员会12人，推选杂志优秀论文作者22人。

学会向世界牙科联盟（FDI）继续教育委员会推荐2位继续教育讲师并通过审核，加入2019年世界牙科联盟亚太地区的继续教育项目。

学会创新发展　“一步一步”系列项目是由学会继续教育部设计的“口腔临床实用技术规范化培训”项目，2019年在全国范围开展6个类别共24个班次的培训，3600余人次参与，以理论课和临床操作课相结合的形式开展。

“名师讲堂”系列讲座传授国内外口腔临床治疗领域前沿技术和全新治疗理念，2019年共举办9期，共有2000余名口腔临床医生听取讲座。

“热点论坛”系列是2019年由学会创新开发的论坛，旨在讨论口腔临床常见热点问题，在全国范围开展3期，共有900余名口腔临床医生参加论坛。

学会持续加强信息平台建设，提升电子周报的影响力，及时使用新媒体传播业内资讯和行业动态。2019年发布47期，发布消息共382条，点击率达1381227次。

党建强会　2019年，学会共召开4次党委会议，审议事关学会发展的重要事项，参与审议和决策。学会38个二级分支机构均已建立党的工作小组，并首次召开分支机构党的工作小组座谈会。

学会以“不忘初心，牢记使命”主题教育为主线，以“党建强会计划”项目为抓手，开展3次活动。

3月20日，学会在江西省赣州市于都县罗坳镇中心小学开展“健康口腔进校园，苏区扶贫健齿行”公益活动，专家对100多名学生进行口腔保健知识讲解和口腔健康检查活动，向300多名学生赠送口腔健康教育画册和学习用品。

5月18—19日，学会在西藏自治区林芝市开展“口腔健康促进”系列帮扶活动，向林芝市人民医院捐赠《口腔执业医师资格考试指导》《口腔医学临床指南和规范》等书籍，协调企业捐赠价值70万元的种植机、种植体和价值5万元的头戴式放大镜及照明系统。

9月22—23日，学会在甘肃省天水市开展“党建助力陇原情”西部行公益活动。在天水市第一人民医院开展免费继续教育培训、赠送口腔健康科普书籍，向350多名基层口腔医师进行专业培训。向当地500余名民众提供口腔健康咨询和检查服务，并发放口腔护理用品。

会员服务 2019年，学会个人会员已达104680人，达到口腔从业人员50%，并且缴费率保持80%以上；发展学生会员5415人，缴费率达100%。学会探索会员服务新形式，在原有会员服务基础上，对资深会员提供VIP精品服务。

学会连续4年在学会学术年会期间设立会员服务专区，为会员提供现场服务，成为学会会员服务精品项目。

【中华口腔医学会第21次全国口腔医学学术会议暨2019中国国际口腔设备器材博览会】 8月29日—9月1日，由学会主办、国药励展展览公司承办、上海市口腔医学会协办的以“口腔健康，牙周护航”为主题的中华口腔医学会第21次全国口腔医学学术会议暨2019中国国际口腔设备器材博览会在上海市召开。

年会邀请故宫博物院故宫学院院长单霁翔在大会开幕式进行演讲，诠释文化的力量。400余位国内外专家带来超过400场学术报告。来自30余个国家及地区的超过3.5万名海内外专业观众参加会议。此次年会根据FDI世界口腔医学大会相关安排作全面预演，学术内容设计、议程安排完全按照国际会议标准执行。

学会开展学术年会品牌项目“新星秀”壁报交流活动，面向口腔医学专业各个学科征集优秀壁报，内容分为科学研究、临床病例、科学普及三大类别，全国各地500多名青年口腔医生报名，经过初评有451人入选，433名青年医师参加会议，最终97名医生获得“新秀之星”“新锐之星”“新蕾之星”等称号。

会议同期举办中国国际口腔设备器材博览会（CDS），汇集国内外口腔行业领先企业，涵盖口腔产品全产业链，以推广新产品、新技术和现场体验互动为核心，促进贸易采购、交流合作。

【“世界口腔健康日”科普宣传活动】 2月20日，学会发布倡议通知，号召所有的会员单位和会员开展2019年3·20“世界口腔健康日”科普宣传活动，同时学习贯彻并实施国家卫生健康委于1月31日印发的《健康口腔行动方案（2019—2025年）》。

3月20日，学会在江西省赣州市南康区逸夫小学举办“护牙助成长，欢笑在中国”启动仪式暨2019年世界口腔健康日活动，主题为“关注口腔健康”。由国家卫生健康委疾病预防控制局作为指导单位，学会及全国儿童口腔疾病综合干预项目办公室主办，江西省口腔医学会、赣州市南康区人民政府协办，南昌大学附属口腔医院以及赣南医学院第一附属医院等承办。国家卫生健康委疾病预防控制局相关领导、FDI候任主席Gerhard Seeberger、学会会长俞光岩等领导和专家，赣州市南康区逸夫小学师生以及3M公司代表等1000余人出席启动仪式。

截至4月30日，学会共收到上报活动20余场，活动受众人数约1万人次，参与活动的科普工作者300余人，其中专家100余人。

【“全国爱牙日”主题活动】 9月17日，由学会和中国牙病防治基金会联合主办的2019年9·20“全国爱牙日”主题活动在北京开展。活动由学会秘书长岳林主持，国家卫生健康委疾病预防控制局慢性病与营养管理处相关领导、学会会长俞光岩、中国牙病防治基金会理事长葛立宏等出席活动并讲话。同时。活动邀请学会科普部部长为小学生讲授关于儿童口腔保健的科普知识，并设置请小学生现场演示刷牙等互动环节。活动共发放科普图书及宣传资料200余份。

同时，在国家卫生健康委疾病预防控制局的指导下，学会联合人民日报社《健康时报》和网易健康，推出爱牙日特别策划系列直播节目——“护口腔健康，保生命质量”，邀请口腔医学界专家做客直播间，连续6期分别就种植牙、龋齿、口腔癌、口腔谣言、牙周病、正畸与大众在线交流，解读百姓最为关心的口腔问题，观看总量287万，直播点击总量117.7万。同期，学会与网易健康联合推出5期《爱翻译的大裱姐·口腔知识科普系列》短视频，并在“健康中国”微信公众号转发。

【2019年全国口腔健康科普演讲交流活动】 学会组织开展2019年全国口腔健康科普演讲交流活动，并于3月在广东省广州市启动。活动由大区演讲交流和全国演讲交流两部分组成。

大区演讲交流活动足迹遍布中国东北、华东、西北、华中、西南、华北、华南7个大区，共有近500名口腔医务工作者报名参与线上、线下活动，近100

名专家作点评，最终有 21 人获得“科普之星”称号、42 人获得“科普精英”称号、64 人获得“科普先锋”称号、49 人获得“科普达人”称号。

8 月 29 日，2019 年全国口腔健康科普演讲交流活动在中华口腔医学会第 21 次全国口腔医学学术会议期间举办。会议邀请中国科协科学技术普及部及国家卫生健康委疾病预防控制局慢性病与营养管理处相关领导、学会副会长路振富等 18 位专家担任评委，同时邀请四川传媒学院有声语言艺术学院教授张北丽进行演讲艺术培训，来自全国各地约 27 位口腔医务工作者同台演讲。线上约 10 万人次参与在线观看，33 家媒体进行报道。

（撰稿人：王　靓）

中国医学救援协会

服务创新型国家和社会建设　4 月 8 日，北京市副市长卢彦等到协会调研，就北京急救体系的现状及发展与协会相关负责人进行座谈。

依据《关于委托开展空中医疗急救及心肺复苏技术培训的函》《中国民用航空局 国家卫生健康委员会关于印发〈航空医疗救护联合试点工作实施方案〉的通知》《〈航空医疗救护联合试点工作实施方案〉解读》文件，协会开展空中医疗急救及心肺复苏技术培训工作。截至 11 月底，协会共举办 4 次航空医疗救护培训班，参训人员共计 197 人次；举办 3 次心肺复苏师资培训班，参训人员共计 190 人次。

2019 年，协会分支机构开展业务活动共计 60 余次，比 2018 年增加 50%。在协会标准化工作委员会的支持指导下，各分支机构及会员单位共发布团体标准 32 项，其中《非新生儿破伤风诊疗规范》在 11 月 5 日升为行业标准。

6 月 6—8 日，协会组织中国疾控中心、江苏省卫生健康委、广西壮族自治区卫生健康委、福建省卫生健康委、江苏省卫生应急研究所、江苏省战救器材动员中心等相关专家，对卫生应急综合培训演练基地（湖北）进行现场评审和指导。

学会建设　2019 年，协会 3 个分会完成换届工作，新成立 2 个分会、20 余个专业学组，1 个分会进行届内调整，同时对于分会内部连续不参加分会工作的会员及理事会成员进行调整。

主办期刊　2019 年，由协会主办的《中国急救复苏与灾害医学杂志》在 1—11 月总刊稿 323 篇，其中论著 145 篇，国家 / 省部级基金项目 86 篇。该期刊被《2019 年版中国科技期刊引证报告（核心版）自然科学卷》收录（2018 年 11 月—2019 年 11 月科技核心期刊）。

国际学术会议　7 月 19—22 日，由协会主办，广东省第二人民医院、中国灾害防御协会、国际 SOS 总部、徐州医科大学救援医学研究所与《中国急救复苏与灾害医学杂志》社共同协办，中山大学附属第七医院、广州创特会议服务有限公司、广州市会展服务中心有限公司承办的 2019 年中国 · 国际第 17 届现代救援医学论坛在广东省广州市召开。来自国家卫生健康委、广东省及部分省市卫生健康委的专家、学者，中国科协、中国标准化研究院专家，香港特别行政区、澳门特别行政区、台湾地区急救及临床医学专家，全球复苏联盟（GRA）、国际 SOS 总部、美国心脏协会（AHA）、欧洲复苏委员会（ERC）、挪威挪度总部（Laerdal）、日本地震救援、德国空中急救总部（DRF）、全德空地急救总部（ADAC）、俄罗斯紧急救援机构等国外急救机构的专家，以及全国医学救援领域的 1500 余名专家、学者参加论坛，协会党委书记吴永平主持开幕式。

国内主要学术会议　5 月 5 日，由协会主办，温州市卫生健康委员会、中共温州市瓯海区委、温州市瓯海区人民政府、温州市高教园区管委会承办，中国医师协会、中华护理学会、中国灾害防御协会协办的“健康中国 · 心肺复苏”会议暨 50 人论坛在浙江省温州市召开，来自全球心肺复苏研究领域的近 100 名专家、学者参加论坛。

国际交往　12 月 2—7 日，协会空中急救分会常务副会长姚丽萍一行 7 人到俄罗斯紧急状态部、俄罗斯救援直升机基地、俄罗斯直升机公司，就俄罗斯航空医疗救援体系建设交流合作等内容进行访问和交流。

科普活动　3 月，在协会会长李宗浩带领下，协会考察评审专家组分别对湖州师范学院医学院、徐州医科大学、中国心血管健康联盟、幸福营地（北京）文化发展有限公司申报的科普中国——灾害医学救援及公众自救互救科普基地进行考察评审。

以科普中国——自救互救科普宣传暨志愿者公开选拔活动为基础，协会动员全国各志愿者团体、医疗机构、高校、协会二级分会、企业等社会力量发挥自身优势，经培训、考核等环节，最终选拔出100名自救互救科技志愿者组建中国医学救援协会科技志愿者队，作为首批百支科技志愿者队伍，在“礼赞共和国、追梦新时代——科技志愿服务行动”授旗仪式上向其授旗。

7月20—21日，由协会主办，徐州医科大学、湖州师范学院医学院、心血管健康（苏州工业园区）研究院、幸福营地（北京）文化发展有限公司共同承办的科普中国——灾害医学救援及公众自救互救科普基地项目重点活动在广东省广州市召开。

表彰举荐优秀科技工作者 2月23日，协会组织有关院士、专家召开2019年推选中国科学院院士和中国工程院院士候选人专家初审会，向中国科协推选中国工程院院士候选人1人、中国科学院院士候选人1人。

党建强会 推进协会党支部“三会一课”“两学一做”的建设，由协会党委副书记带头讲党课，采取原文学习、研读学习、专题学习的方式，围绕“不忘初心、牢记使命”进行专题研讨，围绕贯彻落实习近平总书记关于“全面从严治党永远在路上”的论述，认清全面从严治党的重大意义，把握全面从严治党的核心要求，不断增强履职尽责走在前的自觉性和主动性，全面提升落实全面从严治党的政治素养。

9月23—27日，在中华人民共和国成立70周年之际，协会党委联合中南大学湘雅二医院、湖南省湘西土家族苗族自治州龙山县人民医院、湖南省张家界市桑植县人民医院走进湘西革命老区，开展科普中国——灾害医学救援及公众自救互救科普基地重点活动。

12月11日，协会党委联合社区救护分会的专家来到北京大兴区旧宫镇养老照料中心，开展“关爱老人‘救’在身边”主题党日活动。开展此次活动是为了落实党中央“不忘初心、牢记使命”主题教育部署及践行协会“关爱生命、科学救援”的宗旨，通过对养老中心工作人员进行急救知识培训，提高他们在日常生活及突发事件中作为“第一目击者”的急救意识、知识及技能水平。

（撰稿人：吴　慧）

中国研究型医院学会

服务创新型国家和社会建设 学会推进健康照护师工作，在国内率先提出健康照护师新职业理念，成立由340名专家组成的护理教育专业委员会，编写出版8部健康照护师系列教材。

3月，学会组织中国人民解放军总医院护理部7名护理专家赴河南卫生干部学院，对首批来自贫困家庭的48名学员进行课堂授课，为健康照护师培训工作积累经验。

5月，学会领导接受新华社记者采访，全面介绍探索推动健康照护师职业发展有关情况，新华社记者采写的《健康照护师成为养老服务新职业》一文刊于《国内动态清样》第3334期，得到国务院总理李克强、副总理胡春华、国务委员王勇批示。

学会协调组织国家卫生健康委、民政部等有关部门和专家参加咨询论证会，征求各方面意见。学会遵照人力资源社会保障部指示及专家意见，根据健康照护师新职业申报进程开展有关工作：对健康照护师新职业标准进行两轮研发论证；按照设定的课程体系，组织国内护理教育专家与人民网合作开展线上录课，构建网上课堂。

应天津市政府主要领导约请，学会就健康照护师培训上岗、先行示范，与天津市卫生健康委员会及其相关机构进行探讨，初步形成协同推进合作方案；实地考察天津医学高等专科学校、上海开放大学、郑州雪绒花职业培训学校、厦门倍凡教育管理有限公司等院校及康养机构，初步遴选出一批适合健康照护师培训的合作机构。

学会指导设立健康照护师录用管理机构，实现健康照护师统一录用、统一派遣、统一薪酬、统一管理。依托学会医疗专家资源，学会指导成立健康照护管理中心，协调清华大学网络行为安全研究所研发健康照护师服务管理系统，构建健康照护师、被照护对象、医学专家“三位一体”的服务与管理体系。

学会参与脱贫攻坚工作，分别于3月和7月启动“百名医学专家精准健康扶贫行”河南站和海口站活动，并分别与当地卫生健康委员会签订长期帮带协议。学会动员组织骨科创新与转化专业委员会、眩晕医学专业委员会的70余位专家在当地市、县医院开展学术讲座、教学指导、疑难杂症会诊、技术治疗、专家门诊、专科示教和技术帮带等一系列精准健康扶贫活动。学会组织肌骨超声及浅表专业委员会、血液净化专业委员会、甲状腺疾病专业委员会、移动医疗专业委员会等二级分支机构，分别赴新疆维吾尔自治区和陕西省榆林市开展精准健康扶贫行动。在前期各单位推荐、评审和公示的基础上，组织开展“精准健康扶贫十大优秀案例”评选活动，共评选出14个优秀案例和个人，并在2019中国研究型医院高峰论坛上举办颁奖仪式。

年内，学会先后与人民网股份有限公司、中国人寿保险股份有限公司、飞利浦（中国）投资有限公司、北京融合医学发展基金会等单位签署战略合作协议；与中国平安保险（集团）股份有限公司联合发布人工智能医学合作研究项目，为三个团队吸引近1亿元的医学人工智能研发基金。

学会编辑出版《习近平关于卫生与健康重要论述摘编》。12月21日，学会在北京举办习近平关于卫生与健康重要论述学习交流会。来自北京市、上海市、重庆市、陕西省西安市、贵州省贵阳市等地的120多位军地卫生与健康领域的领导、专家、学者出席会议。中国共产党新闻网、人民网·人民健康对此次大会进行报道。

学会建设 4月，民政部社会组织管理局委托中国质量协会质量保证中心，对学会近年来的工作进行整体评估，学会被评估为4A级社会组织。

学会专门成立换届选举组织机构，制定换届实施方案，提交会长、副会长、常务理事、理事等换届人选名单，履行向民政部、中央军事委员会政治工作部关于学会有关人选的报批手续，如期完成换届工作文字材料撰写和编印工作。

7月，学会召开第二届换届选举大会，新的领导集体成员均高票当选。会议全面总结学会从2013年成立至今所取得的成就。学会新成立监事会，指定监事长和监事会成员，并召开监事会第一次全体会议，学习第二届会员代表大会精神和监事会职责，研究监事会开展工作的基本思路和路径。

8月，学会召开伦理审查委员会成立大会。与会领导介绍学会伦理审查委员会筹建情况及相关工作计划，为21名相关领域专家、律师代表颁发伦理审查委员会委员聘书，并就《中国研究型医院学会伦理审查委员会章程（草案）》及其相关事项进行讨论，达成共识。

成立学会会务服务部、会务服务公司，组建会务执行、形象设计、财务会计、人力行政等方面的人员队伍；制定《人事管理规定》《考勤管理规定》《薪酬管理办法》等10余项管理规定和办法，保证会务服务公司规范有序运营；安排专人主动与二级专业委员会对接联系，并在学会分支机构和第二届理事微信群中推送会务服务公司有关情况，为护理教育专业委员会等论坛会议的召开提供服务。

学会按照新闻传播、智能办公、开发服务的需求，与人民网合作设计的多功能网站10月已经上线。

学会治理结构和治理方式改革 学会按照民政部和国家相关部委财务管理规定，制定完善学会《分支机构财务管理办法》《差旅费管理办法》等8项财务管理制度，规范学会财务收支管理，提升财务制度与管理的标准化、规范化。

学会配备专职人员从事档案管理工作，划分档案管理专区，赴三家医院和兄弟协会学习档案管理先进经验，参观分类整理档案管理样式，逐步补齐学会成立以来所有文件，收齐分支机构所有材料。

主办期刊 学会多次召开专题会议和优秀撰稿人座谈会，研究办刊工作。组织召开学会北京地区部分研究型医院院长座谈会暨新增杂志编委会委员会议，研究明确新的名誉总编辑、总编辑，增补副总编辑，推进《中国研究型医院》杂志入选核心期刊工作。

决策咨询 通过承担国家和地方政府有关项目的咨询任务，为深化医疗卫生与健康制度改革，突破卫生体系改革壁垒提供学会方案。学会组织专家完成国家卫生健康委委托起草的《生物医学新技术临床应用管理条例》并获国家卫生健康委办公会议通过，已向社会公示；研究起草《关于我国肿瘤诊断治疗领域有关问题建议》报告并上报国家发展改革委；撰写《河南省开展跨境电商进口药品试点方案》并提交河南省人民政府。

国际学术会议 5月24—26日，2019年第22届国际医学冲击波治疗学会（ISMST）年会在北京举办。会议由学会和国际医学冲击波治疗学会联合主办，学会冲击波专业委员会承办。来自30个国家的800名专家、学者参加会议。会议收到论文400篇。与会专家就冲击波与激光磁、DMS（电动肌肉振动仪）、超短波、扶他林、臭氧、肌内效贴等疗法联合治疗展开临床治疗经验分享。大会还介绍冲击波与针刀针刺、冲击波与经络穴位、冲击波传统医学的其他应用三个方面的病例和经验，以及如何借鉴中医思想指导下的循经取穴、手法御枪、补法泻法、联合疗法等内容。

国内主要学术会议 2019年，学会各分会、专业委员会和学会杂志编辑部共主办或承担学术会议、全国品牌学术会议、专科学习班等264次。

科普活动 学会指导各分支机构参与全国科普日、全国科技活动周等科普活动，开展科技志愿者服务工作。学会生物治疗学专业委员会成立肿瘤生物免疫治疗科普小组，以“人人享有肾脏健康”为主题，通过不同形式开展肾脏疾病义诊、科普知识讲座、社区健康教育等系列肾脏宣传活动；学会肾脏病学专业委员会联合中华医学会肾脏病学分会、河南省医学会血液净化学分会联合举办“走基层、送健康”兰考大型科普活动，此次活动通过专家义诊、科普宣教、疑难病例讨论、透析技术指导等方式，支持河南省开封市兰考县医疗卫生事业发展；学会眩晕医学专业委员会每月开展1次眩晕临床学习班，以临床进修的形式开展带教科普教育；学会精准医学与肿瘤MDT专业委员会组织开展第25届全国肿瘤防治宣传周肝癌防治科普讲座。中国工程院院士、学会副会长郑静晨牵头编写的“人生必须知道的健康知识”丛书，获得中国科协年度科普类金奖。

表彰举荐优秀科技工作者 学会组织开展推选中国科学院院士、中国工程院院士候选人工作。经学会专家评审，向中国科协推选院士候选人6名，其中2名通过中国科协组织的评审被推荐到中国工程院，并进入第二轮有效院士候选人名单。

学会组织开展第十三届光华工程科技奖提名人选推荐工作。经研究制定推荐工作实施方案，下发推荐工作通知，组织召开专家评审会选拔、评审，并对评审结果进行公示，学会分别向中国科协推荐第13届光华工程科技奖候选人3名、第十六届中国青年科技奖候选人2名。其中，2名光华工程科技奖候选人通过中国科协的评审并公示。

党建强会 学会利用周会时机，及时传达党的十九届四中全会精神，结合学会实际，制定学习贯彻计划方案，通过网络、微信群集中宣讲。

按照中国科协科技社团党委的要求，学会结合换届改选工作，把党的领导和党建工作写进学会章程。同时，根据学会领导班子变化情况，及时对理事会党委成员及其工作分工进行调整补充。通过会议或通讯形式，召开党委会议，报告、审议学会换届、大项工作、经费使用等“三重一大”事项。

学会组织开展弘扬科学家精神、建功新时代活动，向中国科协推荐优秀党员科技工作者，申报“不忘初心、牢记使命、建功新时代”主题征文展演文艺节目，组织驻会党员、工作人员参观庆祝中华人民共和国成立70周年大型成就展和中国科协科技社团党委组织开展的学习培训活动等。学会党支部定期听取党员思想汇报，开展谈心交心活动，做好入党积极分子培训考核工作。

6—8月，根据民政部社会组织服务中心党委部署要求，按照“守初心、担使命，找差距、抓落实”的总要求，学会开展“不忘初心、牢记使命”主题教育，包括制定教育方案、集中学习讨论、查找检视问题、参观红色基地、上好专题党课等多种形式。

会员服务 学会加强与会员单位和专家的沟通，实现信息共享。继续教育方面，2019年学会申请发放学分项目37个，已经发放学分项目33个，占申请学分发放总量的89.2%。通过与接口单位沟通，资料提交齐全项目发放率达94%。经学会各分支机构申请，2019年新增继续教育账号3个，学会继续教育项目申请账号增至111个；继续教育项目新增63个，新增备案项目5个。

【2019中国研究型医院高峰论坛】 7月19—21日，在民政部的指导下，由学会主办，人民网·人民健康、海口市卫生健康委员会、海口市会展局协办，海南医学院第一附属医院承办的2019中国研究型医院高峰论坛在海南省海口市召开。论坛以“智能医学·创新转化”为主题，举办1个主论坛、24个分论坛，聚焦智能医学领域先进理论、智能健康产业前沿技术、智能医疗健康成果，通过多视角、多领域、多途径探讨现代医学科技创新发展之路，分享国内外最新前沿医学知识和管理经验。军地20多位副部级领导，10多位中国科学院院士、中国工程院院士，500余位医院院长及专家、学者、医务工作者近3000人参加论坛。

学会名誉会长、中国人民解放军总医院原院长秦银河作主旨报告，对研究型医院的人工智能提出思考。他认为，医学结构的变革使医学功能实现革命性的变化，将对诊断治疗、就医服务、健康管理、科研创新、医院管理等模式进行全方位颠覆。未来医学人工智能建设应当朝着精准判读系统、远程医疗系统、人性化服务系统、传染病预测系统、普惠健康管理系统、医学知识图谱系统、医学科研系统、医院智能管理系统、应用评估系统九个方向发展。他认为医学人工智能发展应当始终坚持方向正确、探索创新、数据共享、人才优先四个指导原则。

（撰稿人：王雅捷）

中国睡眠研究会

服务创新型国家和社会建设 3月15日，研究会发布《2019中国青少年儿童睡眠指数白皮书》，出台中国首部关于睡眠家居环境的行业标准。

研究会与福建省三明市大田县赤头坂森林康养基地设立中国睡眠研究会睡眠康养示范基地，并派专家、学者对睡眠小镇建设进行专题研讨和论证，到基地驻点进行技术指导。

研究会与江苏豪森药业集团有限公司共同发起“中国睡眠研究会豪森项目”，分三档共资助17个研究项目，为中国睡眠领域研究人员提供资助。

学会建设 2019年，研究会重新登记会员，个人会员数3928人，团体会员147个。

2019年，研究会召开常务理事会议5次、理事会议1次；重大问题均由理事会（常务理事会）决定。

10月25日，中国睡眠研究会睡眠产业与转化工作委员会成立大会在山东省济南市召开。10月26日，研究会标准与规范专业委员会在山东省济南市成立。

国际学术会议 11月14—17日，第五届北京大学－宾夕法尼亚大学联合睡眠医学论坛分别在北京市和山东省滨州市举办，国内外30多位专家进行口头及专题报告，内容涉及睡眠医学各个领域。

国内主要学术会议 2019年，研究会及其所属各专业委员会共举办学术年会、研讨会、高峰论坛等学术活动10次，参会人数4322人次，提交学术交流论文1467篇，评选表彰优秀论文100余篇。

3月15—17日，由研究会主办的第十届北京睡眠高峰论坛在北京召开。会议邀请国内外睡眠相关领域的专家作专题报告。会议采用网络直播方式，线上点击量1万余次，在线观看人数600余人次，现场参会人数500余人。

国际组织任职 9月，世界睡眠学会（Word Sleep Sociecy）在加拿大温哥华召开的世界睡眠学会2019年学术大会上，正式接收中国睡眠研究会为成员组织，研究会理事长韩芳当选为世界睡眠学会秘书长。

2019年，研究会理事长韩芳接任亚洲睡眠学会主席；黄志力、张希龙当选为亚洲睡眠学会理事。

科普活动 3月16—17日，2019年3·21世界睡眠日中国主题发布会暨大型科普宣传活动启动仪式在北京举办，全国大型睡眠科普宣传活动随即启动，全国数百家医院和高校参与活动。2019年世界睡眠日的主题是“健康睡眠，益智护脑”。慕思寝室用品有限公司携手研究会、新华社《环球》、作业帮App、艾瑞咨询集团，聚焦青少年儿童的睡眠质量，通过调研和大数据分析，发布《2019中国青少年儿童睡眠指数白皮书》。

2019年世界睡眠日期间，全国共有380家医院参与“枣安睡眠健康教育项目”，开展义诊281场、患者教育127场、医师教育30场，参与的医务人员数3123人次，其中副高职以上专家1010人次，直接受益群众37433人，有57家地方媒体进行采访报道。

5月20—21日，研究会联合中国麻风防治协会与河北省皮肤病医院共同开展全国科技活动周活动。研究会结合“健康睡眠，益智护脑”主题，通过健康睡眠理念讲解、病例咨询、发放书面宣传材料、组织现场群众开展有奖答卷、传播健康睡眠理念等活动，向群众宣传睡眠不好与常见疾病的关系等。现场共派发科普宣传资料400份、问卷答题300份、礼品350份，参与观众400余人次。

9月20日，全国科普日期间，研究会携手中国麻风防治协会、北京友谊医院以及北京药到植物科技有限公司在北京友谊医院开展科普日宣传活动。活动现场派发科普宣传资料200份、问卷答题150份，义诊咨询观众100余人次。

会员服务 研究会先后走访深圳雅兰家居用品有限公司、深圳和而泰智能控制股份有限公司、华为技术有限公司、享睡（深圳市迈迪加科技发展有限公司）等26家企业。8家企业要求加入研究会，成为企业会员单位；3家企业拟组织其国外客户参与2020第三届中国国际健康睡眠展览会。

【中国睡眠研究会第五次全国会员代表大会】 10月25日，中国睡眠研究会第五次全国会员代表大会在山东省济南市召开，300多名代表参加大会。研究会第五届理事会理事长韩芳致开幕词。会议审议通过《中国睡眠研究会第五届理事会工作报告》《中国睡眠研究会章程修改说明报告》《中国睡眠研究会财务报告》。

研究会常务理事周盛年主持第六届理事会理事选举工作。会议选举产生第六届理事会理事109人。第六届一次理事会议选举产生35名常务理事。黄志力当选为研究会第六届理事会理事长；唐向东、高雪梅、赵忠新、李庆云、时杰、陈贵海当选为研究会第六届理事会副理事长；左和鸣被聘为研究会第六届理事会秘书长。大会选举产生第六届监事会，刘春风当选为监事会监事长。

【中国睡眠研究会第十一届全国学术年会】 10月25—27日，中国睡眠研究会第十一届全国学术年会在山东省济南市召开，1200多名睡眠领域相关人员参加会议。年会邀请国内外睡眠专家针对睡眠疾病的诊断、治疗和研究的最新进展作大会（专题）报告，介绍世界睡眠科学的最新研究进展和学科前沿动态。

年会共设两场大会报告，设立神经疾病与睡眠、睡眠呼吸障碍、睡眠与心理卫生、睡眠觉醒神经环路和调控机制、睡眠生物节律、Orexin（增食欲素）与睡眠障碍、中医药改善睡眠等分论坛；开展青年医生临床病例思维训练营、睡眠医学专科培训活动；探讨临床科研方法及论文写作、睡眠医学人才培养的“医技护一体化”培养模式，举办睡眠技能大赛；展开睡眠疾病诊治技术新技术、儿童OSAS（阻塞性睡眠呼吸暂停综合征）病例讨论；举办睡眠中心建设与运营研讨会、失眠发生机制论坛和3场卫星会。

【“健康中国·睡眠行”科普活动】 10月25—27日，中国睡眠研究会第十一届全国学术年会启动“健康中国·睡眠行”科普活动，向全国发出“健康中国·睡眠行”倡议书，搭建科普宣传平台。

7月9日，《健康中国行动（2019—2030年）》计划发布。其中，睡眠健康的目标是使失眠患者的患病率由15%逐步降低、睡眠时长由平均6.5小时增加到7～8小时。

研究会呼吁社会公众：主动了解睡眠对于健康的意义和相关影响因素，传播健康睡眠理念；培养健康睡眠行为，营造有益睡眠的环境；关注妇幼、中小学、老年等特殊人群的睡眠保健；睡眠疾病产生后，向正规医疗机构寻求医疗援助；加强锻炼，关注心理健康，培养乐观精神。

研究会号召睡眠领域专家、学者：加强各种形式的学术研究与交流，让更多医务人员了解睡眠知识和理论；指导更多的年轻学者加入睡眠诊疗与研究队伍；在本专业工作中注重睡眠疾患的共病与影响，加强睡眠方面的研究；保持学习热情，与多学科团结合作，为广大患者提供科学、全面、先进的医疗方案；积极投身于睡眠科学的普及工作，加快睡眠科学知识的传播；亲身垂范，实践健康睡眠行为规范。

（撰稿人：潘继红）

中国卒中学会

服务创新型国家和社会建设 学会成立“中国脑血管病血脂管理新瑞计划——首届卒中血脂新瑞基金”项目奖。

学会建设 学会秘书处有40名工作人员，其中30名专职人员、10名兼职人员。秘书处设立办公室、学术会务部、组织部、会员服务部、财务部、国际合作部、期刊部、临床研究部、科技奖励办公室、科普部（红手环办公室）、卒中中心联盟办公室、项目部12个职能部门。

截至2019年年底，学会理事会共有理事104名，常务理事35名；学会青年理事会有青年理事218名；学会个人会员40196名，会员人数比2018年增加20867名。年内，学会成立脑小血管病分会，学会下属的分支机构由2018年的23个增至24个。在学会支持下，广西卒中学会、上海市卒中学会、宁夏卒中学会、重庆市卒中学会、新疆卒中学会成立，省级卒中学会由2018年的17个增至22个。

青年人才托举工程 学会推选首都医科大学附属北京天坛医院陈玮琪、上海交通大学附属第六人民医院汤耀辉2名青年专家为第五届中国科协“青年人才托举工程”项目候选人。

主办期刊 2019年，学会官方英文会刊*Stroke and Vascular Neurology*（《卒中与血管神经病学》，SVN）在线出版文章41篇，被Web of Science核心合集Science Citation Index-Expanded（SCIE，直接晋级，未经过ESCI）、MEDLINE、Essential Science Indicators（ESI）、PubMed Central（PMC）、Scopus、DOAJ等国际数据库及文献检索系统收录。

国际学术会议 6月28日，学会与美国心脏协会（AHA）及美国卒中协会（ASA）在北京联合举办“卒中医疗质量控制和诊疗策略”主题学术论坛，30余名来自中国及北美洲、欧洲、大洋洲国家和地区的与会专家就各自的卒中医疗质量控制和不同地区的卒中诊疗策略之差异进行交流。

国内主要学术会议 2019年，学会共主办5场中国脑血管病圆桌会议，会议得到中国科协“征集重大科学问题和工程技术难题”专项工作经费支持。

3月1日，中国脑血管病圆桌会议（CNSR）第二次全国会议在北京召开，会议主题为“脑小血管病”。

北京协和医院教授朱以诚、香港中文大学医学院教授莫仲棠，以及国内外脑血管病领域的专家、学者共57人参加会议，围绕脑小血管病社区人群研究、中西方人群脑小血管病发病率的比较研究、脑小血管病相关的基础研究的最新成果、中国脑小血管病的临床研究优先发展战略规划进行交流。

5月4日，中国脑血管病圆桌会议第三次全国会议在浙江省杭州市召开，会议主题为“血管性认知障碍”。加拿大健康科学院院士、加拿大不列颠哥伦比亚大学教授宋伟宏，浙江大学教授段树民，同济医学院教授王建枝，以及国内外脑血管病领域的专家、学者共32人参加会议，围绕血管性认知损害发病机制研究展望、睡眠调控的环路机制、借鉴情感认知环路的探索思维和技术推动血管性认知损害的研究、临床病理讨论——血管卒中高危因素对AD（阿尔茨海默病）的病程和病理的影响、神经心理学对血管性认知障碍的思考与实践、阿尔茨海默病关键科学问题的思考与探索、血管性认知障碍及痴呆的遗传研究、血管性认知障碍的研究战略规划解读进行交流。会议组织编写《中国卒中后认知障碍防治研究专家共识》。

8月23日，中国脑血管病圆桌会议第四次全国会议在黑龙江省牡丹江市召开，会议主题为“转化医学”。军事医学科学院教授王以政、中国科学院自动化研究所研究员蒋田仔，以及国内外脑血管病领域的专家、学者共35人参加会议，围绕新型的生物标志物在脑血管病诊疗研究中的应用、影像技术与脑血管病诊断和转化研究、基于基础研究的靶点，卒中新药研究策略、基于基础研究，筛选老药发现其治疗卒中的新功能、中国脑血管病转化研究的愿景进行交流。

12月14日，中国脑血管病圆桌会议第五次全国会议在福建省福州市召开，会议主题为“卒中与遗传”。北京天坛医院教授王拥军、北京大学基础医学院教授王韵、复旦大学教授郑平，以及国内外脑血管病领域的专家、学者共80人参加会议，围绕基于卒中大队列的遗传学研究、卒中遗传的研究愿景、非人灵长类抑郁障碍初步研究、人工智能技术的临床应用、脑疾病的发病机制及精准干预策略、抑制星形胶质细胞Hsp90-GLT1的抗癫痫机制研究等进行交流。

国际组织任职 学会重症脑血管病分会主任委员、首都医科大学附属北京天坛医院教授刘丽萍担任世界卒中组织理事会区域和社团会员委员。

国际交往 学会响应国家“一带一路”倡议，落实《中匈两国卒中学会合作协定》中促进两国卒中科技人才互访交流的计划，于2019年资助两名青年医师赴匈牙利国家级医学临床科研中心进行为期两周的研修。该项目得到中国科协“‘一带一路’民间科技人文交流‘携手计划’（2018—2020）”项目的经费支持。

科普活动 截至2019年年底，学会的科普志愿队伍“红手环志愿者服务团”已发展成为拥有1537家志愿单位（分队）、40123名志愿者的全国性志愿科普服务团队，较2018年新增志愿单位109家，新增志愿者258名。所属志愿单位累计开展科技志愿服务近9000场次，参与志愿者人数达5万余人次，服务总时长近2万小时。服务内容和形式为：开展重大慢性疾病的健康科普讲座、健康咨询、危险因素（血压、血脂、血糖、尿酸）筛查等活动。

学会组织编写弘扬科技服务志愿精神的系列图书《红手环感动中国（第三辑）》1部，卒中防治类科普图书《中风患者和照料者手册》1部。

表彰举荐优秀科技工作者 学会与匈牙利共和国驻华大使馆于2016年共同设立“中匈科学合作基金——青年学者计划”项目奖。2019年共有43名青年学者申报，最终陈飞、井珍、李沛汐、骆嵩、隋滨滨5位青年学者获奖，并于中国卒中学会第五届学术年会开幕式上举办颁奖仪式。

2019年，共有27名青年学者申报“中国脑血管病血脂管理新瑞计划——首届卒中血脂新瑞基金”项目奖，最终秦海强、许玉园、袁怀武、金佳丽、林毅、宋波、王昊、毛玲8位青年学者获奖，并于中国卒中学会第五届学术年会开幕式上举办颁奖仪式。

3月，学会组织开展第五届中国卒中学会终身成就奖、中国卒中奖、第一届中国卒中学会国际合作贡献奖的评审工作，最终授予南京医科大学脑科医院教授李作汉中国卒中学会终身成就奖，授予南京大学医学院附属鼓楼医院教授徐运中国卒中奖，授予澳大利亚墨尔本大学附属皇家墨尔本医院教授Stephen Davis中国卒中学会国际合作贡献奖，并于中国卒中学会第五届学术年会开幕式上举办颁奖仪式。

5月，为纪念5·30全国科技工作者日，并表彰在卒中医学领域作出贡献的科技工作者，学会授予汪凯等12人“2018年度中国卒中学会优秀科技工作者”称号。

党建强会 学会党支部坚持“三会一课”制度，

坚持“两学一做”。党支部全年共召开党员大会14次、主题党日活动12次，参加各级各类党课培训活动30余次，全体党员和入党积极分子坚持通过包括支部工作App在内的各种方式进行学习，不断提升党性修养。

8月8—9日，学会理事会党委和办事机构党支部到黑龙江省鸡西市密山市人民医院开展“中国卒中学会党组织党建强会、情系基层公益行动走进密山”义诊和学术交流活动。活动面向400多位群众提供义诊、健康咨询服务，赠送健康科普书籍；开展专家学术讲座、指导查房活动；组建成立一支“永远不走”的健康科普公益团队——密山市红手环志愿者服务团。此次活动得到中国科协“党建强会”项目的经费支持。

2019年，学会党支部参加第一批和第二批“不忘初心、牢记使命”主题教育。

【中国卒中学会第五届学术年会】 6月28—30日，中国卒中学会第五届学术年会暨天坛国际脑血管病会议2019在北京召开，来自国内外400余位专家、近1万名神经科医师参加会议。中国科学院院士、学会会长赵继宗出席会议。大会共设53个分论坛，比2018年增加11个，涵盖基础、临床及科研，包括神经内科、全科医学、神经介入、神经外科、神经重症、卒中康复、卒中护理、青年医师论坛等，从入院急诊评估、分诊，到影像诊断、临床治疗及卒中后康复、护理等，交流最新的卒中防治理念、防治手段和最实用的临床操作技术，展示脑血管病领域的阶段性研究成果，解读卒中领域最新的临床防治指南。

（撰稿人：王　枫）

中国自然辩证法研究会

服务创新型国家和社会建设 研究会承担中国科协学会服务中心“全国学会公共服务能力提升”项目。研究会复杂性与系统科学哲学专业委员会参与粤港澳大湾区科技创新与绿色发展的研究及咨询工作。

学会建设 2019年，研究会共召开3次理事长会议（其中一次与党委会议联席召开）、3次常务理事会议、2次理事会议、1次监事会议，以及2019年全国工作会议。

研究会完成法定代表人更换事宜，经八届二次理事会议表决通过，副理事长刘孝廷担任研究会第八届理事会法定代表人。新增两个专业委员会，八届三次常务理事会议表决通过生态学哲学专业委员会、科学思想史专业委员会成立事宜。根据《中国自然辩证法研究会分支机构管理办法》的相关规定，在八届三次理事会议上对分支机构2019年的工作进行考核；对各工作委员会和专业委员会组织建设工作进行指导和管理；增选4名理事、2名常务理事。恢复研究会自然辩证法研究所的职能，并设立老自然辩证法专家工作委员会（办公室）。

研究会委托专业公司对网站进行改版更新，新设计的网站由通知通告、重要新闻、学术活动、学科建设、各地动态、国际交流、主办刊物、表彰奖励、党建强会、会员天地、政策法规、科技服务等栏目组成。

学会治理结构和治理方式改革 研究会围绕党组织工作制度、决策机构工作制度、办事机构制度、分支机构制度、业务活动制度、人事管理制度、财务管理制度等，新增、修订十余项规章制度。

研究会党委前置审议研究会“三重一大”事项，部分议题由党委会与理事长会召开联席会议讨论决定。

加强监事会对研究会各项工作的监督职能，请监事会成员列席理事会议、常务理事会议、理事长会议等。

主办期刊 2019年，研究会主办的《自然辩证法研究》《医学与哲学》期刊均按期出刊。《自然辩证法研究》入选南大核心期刊、全国中文核心期刊、全国百强社科学报、中国人文社科学报核心期刊、RCCSE（中国科学评价研究中心）中国核心学术期刊。纸质版通过报刊发行局发行，平均每期发行量约1000份。

学科发展工程 2019年，研究会与中国人民大学马克思主义学院合作开展学科调研，探讨自然辩证法进入马克思主义学科的可能性、名称、方式等，向有关部门提交把自然辩证法作为马克思主义二级学科的建议。

1月，研究会自然辩证法史专业委员会组织专家撰写的教育部马工程重点教材《科学技术哲学》由高等教育出版社出版，该书由研究会自然辩证法史专业委员会主任刘大椿主持编写。4月，刘大椿、刘劲杨等多位自然辩证法史专业委员会成员担任教育部组织的马工程教材示范主讲教师，参与教材培训。

研究会工程哲学专业委员会配合中国工程院，开展工程知识论研究工作，重点承担并完成《工程知识论研究》理论部分的研究和撰写工作，并参与案例部分的统稿工作。在中国工程院院士、研究会工程哲学专业委员会主任殷瑞钰的领导下，召集本专业委员会学者，共同撰写本科生教材《工程哲学教程》。

研究会继续推进全国科学技术名词审定委员会“自然辩证法名词”审定工作。9月，在北京召开自然辩证法名词审定工作第八次会议，对第三组科学哲学的名词定义进行审定，并邀请全国科学技术名词审定委员会两位专家参加会议。

国际学术会议 6月8—13日，由研究会、研究会复杂性与系统科学哲学专业委员会、华南师范大学、广东省自然辩证法研究会、*Systems Research and Behavioral Science*（《系统研究与行为科学》）期刊联合主办，华南师范大学公共管理学院、系统科学与系统管理研究中心、粤港澳大湾区科技创新与绿色发展研究中心共同承办的2019年系统思想与可持续发展实践国际学术研讨会暨第十一届全国复杂性与系统科学哲学学术研讨会在广东省广州市召开。来自美国弗吉尼亚大学、英国赫尔大学、美国加州州立大学、澳大利亚昆士兰大学、清华大学、北京师范大学、北京航空航天大学、华侨大学、华南理工大学、哈尔滨工业大学、华南师范大学等国内外高校的专家、学者围绕“系统思想与可持续发展实践”这一主题展开研讨。

国内主要学术会议 2019年，研究会和所属委员会共举办14次国内学术会议，各委员会举办30余次国内学术会议。

3月8—10日，由研究会与福建省自然辩证法研究会联合举办的科技管理创新与绿色发展学术研讨会在福建省福州市召开。来自全国近20所高校及科研院所的50余名专家、学者参加会议。会议收到论文25篇，与会专家、学者围绕“科技管理创新与绿色发展”主题，就科技管理创新与文化建设、创新驱动战略与绿色发展、生态创新理论与实践、生态文明示范区建设与管理创新、管理创新与新福建建设以及其他相关议题展开研讨。

4月13—14日，由研究会与滇西科技师范学院共同主办的第三届文化多样性与生态多样性学术研讨会在云南省临沧市举办。滇西科技师范学院副校长董大校出席会议并致辞。来自全国10余所高校和科研院所的20余名专家、学者，以及滇西科技师范学院近200名师生参加会议。与会专家、学者围绕工业革命、现代文明、历史宗教、新媒体、生态文明及文化自觉等多方面进行探讨与交流。

4月26—29日，由研究会主办、北京理工大学珠海学院荣誉学院承办的科技创新、生态文明与绿色生活方式学术研讨会在广东省珠海市召开。来自全国20多所高校、科研院所和企事业单位的40余名专家、学者参加会议，围绕“科技创新”“生态文明”“绿色生活方式”三大主题进行探讨。

6月21—22日，由研究会和陕西师范大学联合主办的首届科学技术与社会协同发展论坛在陕西省西安市举办。论坛聚焦“新兴技术与国家治理”，来自全国30多所高校和科研院所的70余名专家、学者参加会议。论坛征集学术论文33篇，以“信息技术与国家治理”“生物技术与国家治理”“科学民主化的理论与实践”为专题设置三个分会场。

7月26—28日，由研究会主办，东北电力大学马克思主义学院、北华大学马克思主义学院承办的第四届生态文明视阈下东北亚的科技与社会发展学术研讨会在吉林省吉林市召开。来自全国10余所高校和科研院所的30余位专家、学者参加，围绕生态文明理论的反思与前瞻、创新发展与技术公信力、生态治理与东北振兴等议题展开讨论。

4月13—15日，由研究会科学基础与信息网络专业委员会、湖南长沙理工大学马克思主义学院联合主办的人工智能与当代马克思主义学术研讨会在湖南省长沙市召开。来自全国高校和科研院所的116位专家、学者及研究生参加研讨会。

8月21—23日，由研究会科技文化专业委员会主办，江西工程学院和武汉理工大学马克思主义学院共同承办的第十六届全国科技文化与社会现代化学术研讨会在江西省新余市召开，来自全国近50所高校和科研院所的120多位专家、学者和研究生参加会议。

两岸交流 6月28—30日，由研究会科技与社会专业委员会、技术哲学专业委员会共同承办的第九届海峡两岸区域发展论坛在辽宁省沈阳市召开。会议以“两岸协力创新、共促东北振兴”为主题，设有海峡两岸区域创新驱动发展、海峡两岸创新文化与科技创新、海峡两岸人工智能等新科技与智慧制造、智慧城市建设等10个专题组议题。来自海峡两岸30余所高校、科研院所的近百名专家、学者参加论坛。

国际组织任职 2019年，研究会常务理事、生命伦理学专业委员会主任翟晓梅当选为世界卫生组织关于制订人类基因组编辑治理和监督全球标准专家顾问委员会委员。

8月，在第16届国际逻辑学、方法论和科学技术哲学学术会议上，研究会常务理事成素梅被推选为国际科学技术史和科学技术哲学联盟的逻辑学、方法论和科学技术哲学协会第17届理事会成员。

国际交往 2月28日—3月2日，研究会环境哲学专业委员会与尼泊尔文学协会、尼泊尔特里布纹大学等单位，在尼泊尔奇特旺国家森林公园共同主办环境哲学与生态文学国际研讨会暨首届亚洲环境哲学论坛。来自中国、尼泊尔等国家和地区的近百名环境哲学与生态文学的专家、学者参加研讨，围绕环境哲学与生态文学的联系、自然文学的哲学启示、人与动物关系的伦理研究、亚洲生态文明建设的理论与实践、绿色发展理论等议题进行交流。

3月21—27日，研究会与捷克共和国社会科学院、英国开放大学联合围绕开展的国际合作项目“自产食蔬与日常生活环境伦理”在贵州省贵阳市举办第一次学术研讨会。10月13—18日，在捷克共和国社会科学院举办第二次学术研讨会。中国学者已按预期完成1498份有效问卷，下一步将根据数据进行分析；捷克共和国社会科学院和英国开放大学的6位学者作学术报告。

3月29—31日，研究会科学技术与工程伦理专业委员会与大连理工大学、美国北得克萨斯大学共同发起组织的第二届中美环境哲学和环境伦理学术研讨会在美国北得克萨斯大学召开，主题是“农业、农村发展中的环境哲学和环境伦理问题”。研究会副理事长兼秘书长、中国科学院大学教授尚智丛出席会议，参加会议的中国学者有大连理工大学王前、郑保章、徐强、李英杰、王文敬，美国学者有北得克萨斯大学和密歇根大学的Douglas Anderson、Irene Klaver、Adam Briggle、Michael Thompson，以及北得克萨斯大学哲学系教师、博士生、访问学者等，共计30余人。

6—8月，研究会博物学文化专业委员会主任徐保军代表专业委员会三次拜访英国博物学史学会（Society for History of Natural History）主席Peter Davis，向英国博物学史学会同行介绍中国博物学领域的相关研究，尤其是近年来博物学文化专业委员会的工作，并一起探讨未来双方在博物学相关领域合作的方式方法等。

8月5—10日，研究会工程哲学专业委员会会员李伯聪、王大洲、王楠等参加在捷克布拉格召开的国际逻辑、方法论与科技哲学大会（CLMPST 2019）。会后访问挪威科技大学技术与社会研究中心，就工程哲学与工程教育问题进行专项学术研讨和交流，并就未来的学术合作进行磋商，达成初步协议。

科普活动 2019年，研究会常务理事、副秘书长、保卫科学精神工作委员会主任董春雨深入基层单位，在西安交通大学、北京工业大学、陕西师范大学、滇西科技师范学院等近10所院校作学术讲座，开展科学精神、科学思想和科学方法教育活动，报告题目为《当前形势下中国知识分子的历史担当》《当代中国的文化自信》《从逻辑谈学生理性思维方式的培养》《创新教育漫谈 》《大数据时代个性化知识的认识论转向问题研究》等。

9月6日，研究会常务理事、保卫科学精神工作委员会副主任段伟文在首都经济贸易大学研究生新生入学教育报告会上作《科研诚信与学术规范》的报告。针对基因编辑婴儿等重大科技伦理事件，段伟文在《新京报》《学习时报》《探索与争鸣》《中国科学报》等报刊上发表多篇文章。

2019年，研究会开展科学道德和学风建设宣讲教育活动。利用已组建的科学道德与学风建设宣传教育专家队伍，全年先后在福建师范大学、华南理工大学、北京师范大学、西安交通大学、北京工业大学、陕西师范大学、滇西科技师范学院等高校举办科学道德与学风建设宣讲报告会，受众2000余人次。

3—5月，研究会人力资源专业委员会根据中国银行保险监督管理委员会要求，组织保险企业开展风险管理、反洗钱、防范非法集资系列培训。4—8月，研究会人力资源专业委员会组织开展“四讲四爱”（讲党恩爱核心、讲团结爱祖国、讲贡献爱家园、讲文明爱生活）群众教育实践活动系列专题培训。

9月，研究会博物学文化专业委员会在广东省中山市詹园、商务印书馆、北京林业大学博物馆等单位，面向相关学术研究人员和社会公众分别设置《柯蒂斯植物学杂志》版画展、西文博物学古籍展两个博物学专门展，配以相关学术报告。

表彰举荐优秀科技工作者 2019年，研究会组织开展第二届中国自然辩证法研究会学术奖的申报评奖工作。修订《中国自然辩证法研究会学术奖励条例》《中国自然辩证法研究会学术奖励评审实施细则》，并增设终身成就奖。9月，评出第二届中国自然辩证法研究会学术奖，其中终身成就奖2项、学术成果奖5项、青年成果奖5项。

党建强会 2019年，研究会完成党委换届工作，新一届党委共有9名成员，研究会理事长何鸣鸿任党委书记，研究会党委下设党委办公室，负责研究会党委的日常工作。

研究会新一届党委成立后，召开两次会议，学习《中国共产党章程》、中央和中国科协文件精神，制定并通过《中国自然辩证法研究会党委工作规则》。

研究会党委定期召开会议，原则上每半年一次。建立党委工作微信群，利用现代网络手段组织开展党的路线、方针、政策等方面的学习。

研究会秘书处党支部在中国科协科技社团党委的领导下，开展“不忘初心、牢记使命”主题教育。8月，秘书处党支部与中国科协学会服务中心第四党支部、中国未来研究会党支部联合开展“不忘初心、学习鲁迅革命精神”主题党日活动，组织党员参观鲁迅博物馆。

9月27日，研究会秘书处党支部举办主题党日活动，前往北京展览馆参观“伟大历程辉煌成就——庆祝中华人民共和国成立70周年大型成就展”。

12月，研究会召开党委第二次会议暨八届三次理事长会联席会议，党委会议前置审议研究会2020年工作计划、组织建设、《自然辩证法研究》编委会换届、成立问题哲学专业委员会等事宜。

2019年，研究会党支部组织全体党员参加中国科协机关党委、中国科协科技社团党委、中国科协学会服务中心党委等上级党组织举办的各类党建学习活动，包括“不忘初心、忠诚担当”廉政主题教育参观主题党日活动、纪念五四运动一百周年活动、邀请专家围绕价值认同作主题报告的学习活动、邀请中国人民大学教授对习近平新时代中国特色社会主义思想学习纲要进行解读的学习活动、党员教育管理信息化研讨活动、纪念建党98周年系列活动等。

会员服务 2019年，研究会吸纳新会员89人（均为个人会员，无团体会员）；收集整理更新会员中理事、常务理事144人的资料，制作并寄发理事证或常务理事证；为132位个人会员进行信息更新，梳理会员系统重复页面，分类整理统计36个专业委员会会员及总会会员825人，年末清理无效会员107人；建立并完善会员管理制度，做好会员信息资料的收集整理工作，实现会员信息管理数字化。

研究会每月定期向会员寄发研究会内部通讯、杂志，2019年共向会员发放《工作通讯》9600余册、《自然辩证法研究》11000余册，确保会员及时了解研究会动态。

【中国自然辩证法研究会八届三次理事会议暨2019年学术年会】 11月2—3日，中国自然辩证法研究会八届三次理事会议暨2019年学术年会在北京召开。参加学术年会的专家、学者和研究生共计400余人。

研究会八届三次理事会上，理事长何鸣鸿作题为《坚守初心　团结奋斗　启航新时代新征程》的工作报告；副理事长兼秘书长尚智丛传达中国科协第九届全国委员会第六次会议和中国科协党的建设工作会议精神；副理事长刘孝廷介绍《关于理事任免和履职的规定》《关于授予“荣誉会员”称号的决定》，以及增选理事和常务理事等事宜。

经全体理事审议，大会表决通过工作报告，授予曹南燕等11名学者“荣誉会员”称号，增选曹志平、夏保华、杨渝玲、杨阳为理事，增选李小年、费多益为常务理事。研究会副理事长吴彤宣读《关于颁发第二届中国自然辩证法研究会学术奖励的决定》，范岱年、邱仁宗2位学者获终身成就奖，陈凡、段伟文等5名学者获学术成果奖，陈佳、邓蕊等5名学者获青年成果奖获。大会向获奖者颁奖，向“荣誉会员”获得者颁发证书。

学术年会以“科技前沿问题与人类命运共同体——新时代的机遇与挑战”为主题，设主会场和10个分会场。在主会场阶段，邀请4位专家作大会主题报告。围绕习近平生态文明思想与新时代生态文明建设、自然哲学与绿色发展理念、新兴科学技术发展中的伦理问题、智能化社会的伦理挑战、新时代的科技文化前沿问题等主题设置10个分会场，收录论文230余篇。

（撰稿人：赵月刚）

中国管理现代化研究会

服务创新型国家和社会建设 研究会创业与中小企业管理专业委员会蔡莉教授团队协助吉林省科技厅完成《加快科教优势向双创优势转变的推进方案》的起草工作，该方案已于4月经吉林省人民政府批准执行；协助吉林省科技厅开展科技企业孵化器和众创空间考核办法起草工作，协助吉林省发展改革委开展双创示范基地年度考核指标体系的起草工作，考核办法和指标体系已被采纳执行。

5月，研究会平行管理专业委员会王飞跃教授团队撰写的《中科院专家关于区块链信息内容安全的技术分析与政策建议》通过中国科学院科学传播局递交中央有关单位。

7月，研究会电子商务与网络空间管理专业委员会与西藏自治区商务厅、京东集团签订战略合作协议，促进电子商务产学研协调发展。合肥工业大学教授刘业政、大连理工大学教授胡祥培等获聘西藏自治区商务厅首批电子商务咨询委员会专家，为西藏电子商务发展献计献策。

研究会公司治理专业委员会李维安教授团队发布2019年度《中国公司治理评价报告》。9月7日，发布《2019深圳上市公司治理评价报告》，联合深圳市公司治理研究会发布《2019深圳上市公司治理、绿色治理、董事会治理和董秘十佳排行榜》，并率先开展ESG（环境、社会和治理）指数和战略合作研究。

研究会公司治理专业委员会李维安教授团队受国务院国有资产监督管理委员会委托，共同开展国有控股上市公司治理与市值管理评价研究，并连续发布年度报告。该团队发布的《我国公司治理的差距与改进建议——基于与经合组织治理文件比较的视角》对策建议报告获中国银行保险监督管理委员会领导批示。

10月，研究会金融管理专业委员会张维教授团队审定《信用报告模板（京津冀）》，探索建立全国统一的信用报告标准，为推动信用报告结果实现异地互认。

研究会商务智能专业委员会石勇教授团队与上海中国金融期货交易所进行合作，服务于国家金融风险的防控，将大数据和超算技术应用于金融期货高频数据的分析。

研究会管理思想与商业伦理专业委员会围绕“中华老字号”企业的文化传承与创新发展、社会责任等问题开展系列调研，在江苏恒顺集团有限公司成立首个管理思想与商业伦理专业委员会实践研究基地。

学会建设 12月29日，研究会在江苏省苏州市召开联职理事长会议，总结2019年工作，并就2020年度工作和第七次全国会员代表大会、理事会换届工作作出整体计划安排。

研究会决策模拟专业委员会、组织与战略管理专业委员会和政府战略与公共政策研究专业委员会完成换届工作。经组织程序审查并经研究会理事会审议通过，设立城市与区域管理专业委员会。

根据中国科协《关于开展全国学会外籍会员备案试点工作的通知》，研究会对章程进行修改，修改稿提交理事会审议。5月27日，研究会理事长席酉民签发修订后的《中国管理学青年奖评选章程》。

学科发展工程 研究会创业与中小企业管理专业委员会受国家自然科学基金委员会管理学部的委托，负责专项任务“工商管理学科发展战略及十四五发展规划研究”，组织近10场专家座谈会，召集国内高校近20位青年教师参加研究工作。

研究会国际商务谈判专业委员会组织专家参与人力资源社会保障部组织的教材编写工作，编写职业技能培训国家级鉴定教材《商务谈判技术》。

研究会政府战略与公共政策研究专业委员会组织有关专家完成《中国政府管理年鉴2015—2016》的编纂工作。年鉴主要涵盖政府战略管理、政府绩效管理等8个主题。

国际学术会议 9月21—22日，由研究会创业与中小企业管理专业委员会等联合主办的第七届2019吉林大学创新创业国际会议在吉林省长春市召开。会议主题为“引领世界，面向未来的创新与创业”，大会分为主题演讲和青年论坛两部分，共有200余位专家、学者参加会议，包括10位国外专家、学者作主题演讲。

5月17—19日，由研究会商务智能专业委员会参与协办的第六届国际数据科学会议（The Sixth International Conference on Data Science， ICDS 2019）在浙江省宁波市召开，有100多位来自海内外的专家、学者参加会议。

国内主要学术会议 1月10—11日，以“工业智联网：AI赋能·智联世界”为主题的2019国家智能产业峰会在山东省青岛市召开。其间，研究会平行管理专业委员会和中国自动化学会区块链专业委员会联合主办以“共识共治·链上智能”为主题的区块链平行论坛。

4月18日，由研究会管理案例研究专业委员会与全国MBA教育指导委员会等联合主办，西南大学承办的第十届中国管理案例学术年会在重庆市召开。来自全国百余所高校的300余名专家、学者和博士研究生参加。

4月21—23日，第四届中国营销（50人）高峰论坛暨中国管理现代化研究会营销管理专业委员会

2019学术年会在上海市召开。会议围绕“新时代新环境、新市场新营销”主题展开讨论，来自60余所高校及科研机构等单位相关领域的专家、学者80余人参加。

5月11—12日，研究会管理与决策科学专业委员会在江苏省无锡市主办第二届预测科学前沿论坛，来自全国50多所高校的70多位专家、学者以及80余位博士生和硕士生参加会议。会议共安排11场大会报告和3个专家论坛。

7月8—10日，由全国工商管理专业学位研究生教育指导委员会和研究会运作管理专业委员会主办的第二十一届全国MBA《生产运作管理》教学和学术研讨会在湖北省武汉市召开。来自全国90多所高校的160余名专家、学者参加会议。

9月4—5日，研究会金融管理专业委员会在天津市主办2019互联网背景下金融创新与风险管理工作坊（FinTech，Innovation and Risk Management Workshop，FIRM 2019），来自国内10余所高校的近100名师生参加会议。

9月14—15日，研究会组织与战略管理专业委员会在辽宁省沈阳市举办第5届组织与战略管理专业委员会年会。会议以“为共生时代的组织和战略管理系统转型”为主题，共安排7场主题报告，多位学者报告各自对共生时代的组织和战略管理系统转型的研究成果，设靶子论文16篇，收到《管理科学》专栏稿件专场论文4篇。特邀专家、学者参加工商管理学科论坛。

9月20—21日，研究会组织行为与人力资源管理专业委员会主办的第8届中国人力资源管理论坛在辽宁省沈阳市召开，700余人参加会议。会议共设18个分论坛，3个交流与分享环节。论坛首次设立曙明论文奖。

9月21—22日，研究会管理思想与商业伦理专业委员会在江苏省扬州市举办首届管理思想与商业伦理高端论坛。主题论坛分两个板块：以中国本土管理思想特别是本土企业家精神、企业文化为核心的前沿研究板块；以企业特别是老字号企业的商业伦理、社会责任为核心的聚焦与特色研究板块。共邀请6位专家作主题报告。

10月10—11日，由研究会信息管理专业委员会与国际信息系统协会中国分会（CNAIS）共同主办的2019博士生与青年学者论坛在江苏省南京市召开。来自全国各高校的60余名博士生及青年学者参加论坛。

10月11—13日，由研究会公共管理专业委员会与青年工作委员会联合主办的中国公共管理学术年会（2019）暨第五届公共管理青年学者论坛在湖北省武汉市召开，来自全国各高校的200余名专家、学者参加论坛。论坛主题为“智能时代的公共管理与政策创新”。

10月25—27日，研究会营销管理专业委员会协办的第十六届中国营销科学学术年会暨博士生论坛在四川省成都市召开。

11月23—24日，研究会廉政建设与治理研究专业委员会主办的2019年学术年会在四川省攀枝花市召开，会议共收录论文126篇，160余人参加会议。

两岸交流　5月25日，高雄应用科技大学教授杜建衡带领16名台湾地区学生组成访问团参加由研究会企业并购与重组研究专业委员会在北京举办的海峡两岸健康养老“最后一公里”交流研讨会。共有300位学者和企业管理者参加会议。

12月28日，研究会决策模拟专业委员会在福建省福州市举办第六届海峡两岸大学生职业技能大赛企业竞争模拟竞赛，共有来自39所院校的76支队伍、300多名师生参加现场总决赛。

科普活动　5月25—26日，研究会国际商务谈判专业委员会在北京举办第二十一届未来国际商务（英语）谈判精英赛，比赛采用实战案例，选手全程使用英语，来自国内高校近200名中外本科学生和研究生参加比赛。

6月21—23日，研究会电子商务与网络空间管理专业委员会承办的第九届全国大学生电子商务“创新、创意及创业”挑战赛安徽赛区总决赛在安徽省合肥市举办，安徽省内共238支团队参加竞赛。

7月14—19日，研究会廉政建设与治理研究专业委员会在四川省成都市举办第九届全国大学生廉洁领袖夏令营，2019年新当选廉洁大使和廉洁社团骨干共45人参加。活动还评选出第七批廉洁大使，来自39所大学的40名学生。

1月，研究会决策模拟专业委员会启动第十届（2019）全国高等院校企业竞争模拟大赛暨第十八届（2019）全国MBA培养院校企业竞争模拟大赛。现场总决赛于4月27日在四川省成都市举办。来自全国30个省、自治区、直辖市以及澳门特别行政区的238所院校的2249支队伍共11240余名师生报名参加，其中高校组 184 所院校，报名队伍 1952 支；MBA 组 54 所院校，报名队伍 297 支。现场总决赛有 60 支高校队伍以及 34 支 MBA 培养院校队伍参加。为响应国家“一带一路”倡议，现场总决赛邀请尼泊尔特里布文大学商学院院长和尼泊尔运筹学会秘书长到比赛现场观摩，共 400 余位师生参加现场总决赛。

9 月，研究会决策模拟专业委员会启动第四届（2019）全国工商企业管理技能大赛。历经预赛、复赛、半决赛、总决赛 4 个阶段。11 月 23 日，现场总决赛在河南省郑州市举办。102 所院校的 869 支队伍（本科组 71 所院校 654 支队伍，高职组 31 所院校 215 支队伍）报名参赛。67 支队伍约 400 名师生参加全国现场总决赛。

11 月 24 日，研究会政府战略与公共政策研究专业委员会主办的第九届全国高校“模拟市长”大赛校际总决赛在北京召开。来自全国 30 余所高校的 200 余支队伍参赛。赛事首次举办粤港澳大湾区分区赛，大赛历时 6 个月，最终来自全国 9 所高校的 10 支团队进入校际总决赛。

表彰举荐优秀科技工作者 2019 年，中国管理现代化研究会中国管理学青年奖的评选方向是“工商管理”，经材料审查、专家函评、学术委员会会议评审和主席团终审认定，厦门大学教授吴超鹏、复旦大学教授金立印和华南理工大学教授牛保庄获得 2019 年中国管理学青年奖。

党建强会 2019 年，研究会党委召开工作会议 1 次。经中国科协科技社团党委与中国科学院大学经济与管理学院党委协商后决定，由中国科学院大学经济与管理学院党委教工二支部从 12 月 11 日开始，负责研究会办事机构党建的联系管理工作。

研究会党委坚持“三重一大”制度，如 2019 年度中国科学院院士、中国工程院院士候选人推选工作，中国管理学年会事宜,《中外管理》期刊审查工作都经党委前置审议。

研究会党委坚持“三会一课”制度，开展主题教育活动，参加中国科协创建星级学会党组织评价工作，被评为五星级党组织。

【第十四届（2019）中国管理学年会】 11 月 1—3 日，由研究会、复旦管理学奖励基金会联合主办，西交利物浦大学承办，香港管理专业协会、西安交通大学管理学院、中国矿业大学管理学院、德国 TÜV NORD 北德集团协办的第十四届（2019）中国管理学年会在江苏省苏州市召开，年会的主题是“数字时代的管理生态”。来自全国各高等院校、研究机构的 1115 位专家、学者，以及各行业关注中国管理研究与实践的业界人士参加会议。会议聚焦前沿理念和最佳实践，共同探讨学术界及企业界最新成果和管理学热点背后的本质和规律。年会共设 5 场主旨报告，西交利物浦大学执行校长席酉民，周大福珠宝金行有限公司董事总经理黄绍基，中国科学院大学教授、发展中国家科学院院士石勇，香港特别行政区太平绅士、香港大学中医药学院荣誉教授、香港医院管理局前总裁黄谭智媛，西交利物浦大学国际商学院院长 Jorg Bley 分别以《数字智能时代与组织生态管理——和谐管理的启示》《创新科技提升顾客体验》《大数据分析与数字经济》《数字时代的医改医保》《创新，企业家精神及教育景观的改变》为题作大会主旨演讲。23 个平行专题论坛围绕财务与会计、金融管理、股权投资、信息管理等议题展开，与会专家、学者就有关议题进行探讨，分享交流最新研究成果。

11 月 2 日，举办 2019 年度中国管理学青年奖颁奖典礼，厦门大学管理学院教授吴超鹏、复旦大学管理学院教授金立印、华南理工大学工商管理学院教授牛保庄获得 2019 年度中国管理学青年奖。

11 月 3 日，举办 5 个平行论坛和高层次人才招聘会，平行论坛包括院士专家论坛、女管理学家论坛、企业家论坛、期刊论坛、商科教学改革论坛，参加论坛的专家、学者就“大智移云时代新商科人才培养的机遇与挑战”主题展开交流与讨论。年会最后举办会议优秀论文颁奖仪式及闭幕式，共有 23 篇论文获会议优秀论文奖。

【第一届中国管理现代化研究会电子商务与网络空间管理专业委员会年会】 7 月 21—23 日，第一届中国管理现代化研究会电子商务与网络空间管理专业委员会年会在西藏自治区拉萨市召开。会议由研究会电子商务与网络空间管理专业委员会主办，西藏大学、西藏自治区商务厅和西藏宣众企业管理有限公司承办。

会议以“电子商务与大数据分析”为主题，来自学术界和产业界的 80 余位专家、学者、企业代表，以及西藏自治区商务厅相关领导和 10 余位媒体记者参加会议。

西藏大学教授尼玛扎西，研究会电子商务与网络空间管理专业委员会副主任、大连理工大学教授胡祥培，西藏自治区商务厅党组书记李文革在开幕式上致辞。西藏自治区商务厅启动电子商务建设智库计划，与京东集团和高校签订战略合作协议。

京东集团X事业部、农业发展部总经理乔志伟，大连理工大学教授胡祥培，东南大学教授赵林度分别以《京东农场项目案例分享》《开发电商荒地，建设电商高原——边疆农村电子商务发展的思考与实践》《远程医疗服务模式创新探索与实践》为题作大会主旨报告，分享最新研究成果、研究方向和工作感悟。

7月21日，南京财经大学教授曹杰、北京科技大学教授闫相斌、西安交通大学教授刘汕、合肥工业大学教授姜元春、黑龙江八一农垦大学教授冷志杰和武汉大学教授吴江分别以《面向在线与离线的商务数据融合与分析》《网贷平台中的投资者羊群行为研究》《非结构化数据的分析与度量：以上市公司创新文化为例》《大数据驱动的非对称市场竞争分析研究》《物联网环境下粮食供应链创新应用研究》和《共享经济平台供需方互动信息行为研究》为题作主旨演讲。

会议期间，研究会电子商务与网络空间管理专业委员会召开工作会议，就第二届年会部署、专业委员会建设和发展等议题进行讨论和研究。

7月22—23日，与会专家与西藏自治区商务厅、西藏大学及当地企业的相关人员就西藏自治区电子商务的发展和人才培养问题展开讨论。

【2019第十一届中国决策科学学术年会】 6月28—30日，2019第十一届中国决策科学学术年会在江苏省无锡市召开。年会由研究会管理与决策科学专业委员会、中国运筹学会决策科学分会、江南大学共同主办，江南大学商学院承办，中国优选法统筹法与经济数学研究会青年工作委员会、中国物联网发展战略研究基地协办。大会主题是“大数据与人工智能决策”，来自国内外95所高校的240余名专家、学者参加。

会议设学生论文工作坊、大会主题报告、分论坛报告、期刊编辑交流论坛等几个板块。会议邀请中国工程院院士、湖南工商大学校长陈晓红，湖南大学教授陈收，大连理工大学教授胡祥培，加拿大康考迪亚大学教授Gregory E. Kersten，分别作大会主旨报告。陈彬、余乐安、张宁3位教授参加学生论文工作坊，对学生论文进行点评，就如何发表高水平学术论文与参加论坛的师生进行互动与交流。

6月29日，中国科学院研究员李建平、厦门大学教授方颖、中国科学院教授王珏和北京化工大学教授余乐安分别在大数据决策主题论坛上作系列报告；华东理工大学教授周炜星、对外经济贸易大学教授吴卫星、天津大学教授熊熊、西南交通大学教授朱宏泉在智能金融决策主题论坛上分别作系列报告，分享大数据、智能金融决策的研究前沿、热点和学术成果。会议还专设教师论文分组讨论活动，与会教师汇报各自的论文成果，相关专家对汇报论文进行点评，提出具有针对性和建设性的意见和建议。在分会场报告之后，举办杰出学者面对面交流论坛，邀请9位国内优秀青年学者分享各自成长和科研历程。

6月30日，加拿大温莎大学教授Kevin Li，美国普渡大学教授J. Gregory Shanthikumar和Qi Annabelle Feng分别作题为《去中心化抑或集成：环境税下的分布式渠道策略》《大数据时代生产与运作管理研究的演进》和《生产与运作管理中的随机函数及其应用》的主旨演讲。

在期刊编辑交流论坛上，《系统工程理论与实践》《系统科学与信息学报》编辑部主任李琳、《系统科学与数学期刊》副主编房勇、《管理科学学报》责任编辑熊熊、《中国管理科学》责任编辑吴登生分别介绍各个期刊的基本情况，并就师生提出的相关问题作答。

【2019中国技术创新与创业学术年会】 12月28—29日，研究会技术与创新管理专业委员会联合创业与中小企业管理专业委员会共同主办的2019中国技术创新与创业学术年会在广西壮族自治区南宁市召开，大会以“高质量发展阶段的技术创新与创业”为主题，来自同济大学、中山大学、吉林大学、南开大学等高等院校的100多位专家、学者和研究生参加会议。

研究会技术与创新管理专业委员会主任、同济大学经济与管理学院院长李垣主持开幕式。广西民族大学党委书记卞成林，吉林大学党委常务副书记、研究会创业与中小企业管理专业委员会主任蔡莉分别致辞。

大会分设大会报告和6个分论坛。大会报告分别由华南理工大学教授朱桂龙和华中科技大学教授王宗军主持。浙江大学教授吴晓波、中国科学院大学教授柳卸林、大连理工大学教授孙玉涛、香港科技大学教授李家涛、南京大学教授刘洪和浙江大学教授杨俊分别就高质量发展阶段的技术创新与创业作主题发言。6个分论坛分别就“双创”升级版的内涵与推进路径、创新创业生态体系构建、大中小企业融合的创新创业、“卡脖子”技术领域突破的创新创业活动、数字化创新与创业、制造业服务化转型展开研讨。

会议期间，参加会议的专家、学者分别赴广西壮族自治区南宁市中关村及药用植物园开展现场调研活动，了解南宁市新时代创新与创业发展的现状。

（撰稿人：石谷山）

中国技术经济学会

服务创新型国家和社会建设 学会受中国科协委托，完成《科技社团在枢纽型技术交易市场建设中的短板与对策建议》调研报告，为科技社团参与顶层设计、改革优化现行治理模式、有效提高自身能力提供参考。

学会受中国科协创新战略研究院委托，完成《问题导向的全国（北京）科技创新中心建设研究》报告，研究基于北京建设科技创新中心存在的突出问题，提出北京建设科技创新中心的定位、目标及任务，为加快科技创新中心建设提供决策支撑。

学会受北京市水科学技术研究院委托，完成《北京市第三产业用水效率评价》，为北京市相关部门及时制订各个行业的用水和节水计划提供支持。

学会建设 2019年，学会召开2次理事长办公会议、2次常务理事会议、1次理事会议。12月7日，召开中国技术经济学会第六届理事会第四次会议，增选41名理事、11名常务理事。截至12月31日，第六届理事会共有200名理事、43名常务理事。

学会新批准设立区块链分会、装备质量分会和科技创新政策与评价专业委员会，下属分支机构由25个增加为28个，其中专业委员会13个、分会15个。

学会治理结构和治理方式改革 2019年，学会共制修订各种制度8种。修订《理事会、常务理事会、理事长办公会会议制度》《分支机构管理制度》《中国技术经济学会技术经济奖奖励办法》；制定《分支机构年度综合考评管理办法》《分支机构年度综合考评指标体系》《开放型、平台型、枢纽型合作机构管理办法》《团体标准管理办法》《秘书处年终考核办法（试行）》。

主办期刊 学会主办三种学术期刊，分别为《科学技术与工程》（旬刊）、《技术经济》（月刊）和《科技和产业》（月刊）。

《科学技术与工程》每年出刊36期，是《中文核心期刊要目总览》（2017年版）“综合性科学技术类”核心期刊。2019年发表论文1999篇。

《技术经济》每年出刊12期，是《中文核心期刊要目总览》（2017年版）核心期刊、中文社会科学引文索引（2017—2018）扩展版来源期刊、2018年中国人文社科学期刊AMI综合评价A刊核心期刊等。2019年发表论文179篇。

《科技和产业》每年出版12期，是中国知识资源总库（CNKI）源期刊。2019年发表论文276篇。

学科发展工程 学会完成“十三五”国家重点研发计划项目“支撑碳排放交易的典型共性技术与标准研究及集成应用示范”，为完善碳排放交易中重点标准研制及标准体系建设、不同行业的集成解决方案，以及建立中国碳排放交易市场提供标准、技术和数据支撑。

由学会神经经济管理专业委员会主任委员马庆国带头，专业委员会成员申报并立项2019年度管理科学部重点专项项目“神经科学驱动的管理决策与应用创新研究”，共包括5个课题。

5月8日，学会知识产权专业委员会在江苏省无锡市举办“新技术的发展和运用”学术会议，邀请法院相关人员、律师和信息产业管理人员共50余人参加。会议期间举办专业委员会闭门会议，讨论知识产权学科建设和服务国家创新政策的问题。

9月21日，由学会神经经济管理专业委员会组织的“神经经济管理系列专著”编委会筹备会议在浙江省杭州市召开，推动“神经经济管理系列专著”出版。

决策咨询 学会金融科技分会为《中华人民共和国证券法》的修订提供咨询意见。

国际学术会议 7月20日，由学会神经经济管理专业委员会组织的2019学术年会——决策神经科学国际论坛在浙江省宁波市举办。来自复旦大学、浙江大学、中国科学技术大学、东南大学等国内高校的40余名专家、学者，以及来自瑞士苏黎世大学、美国纽约城市大学、德国杜塞尔多夫大学等的20余名专家、学者参加会议。

10月11—13日，学会参与举办以“城市交通可持续发展”为主题的第七届运输与时空经济论坛国际会议在北京召开，与会人员来自25个国家，注册参会人数达到250人以上。

10月26—27日，由学会复杂科学管理分会、教育部人文社会科学重点研究基地——清华大学技术创新研究中心、武汉系统工程学会、武汉大学复杂科学管理研究中心、华北电力大学经济与管理学院、中国科学院大学经济与管理学院、大连理工大学管理与经济学部、吉林大学管理学院、加拿大多伦多大学和澳大利亚阿德莱德大学联合主办的第十届复杂科学管理国际研讨会在北京召开。170余位专家、学者参加会议，就“复杂科学管理”理论与实践研究开展对话交流。会议组织多个专题组进行专题汇报，并举办徐绪松复杂科学管理奖颁奖仪式。

国内主要学术会议 2019年，学会举办国内学术会议19场，参加会议人数3600余人次。

11月16日，由学会、中国体育产业价值创新联盟主办的第五届中国体育产业价值创新论坛暨第三届全国体育经济与价值管理学术会议在北京召开，100余位专家、学者参加会议。论坛定位于“深耕体育产业价值，实现产业高质量发展”，聚焦中国体育企业竞争优势与核心要素的探讨和制约中国体育产业发展的瓶颈，从不同角度呈现体育产业价值创新的实践历程与发展展望。

12月12—14日，由学会和中国开发性金融大讲堂组委会、中国建设会计学会、全国城投产业合作组织、中国现代集团有限公司主办的第13届中国城市建设投融资论坛暨首届全国城投产业合作组织年会在四川省成都市召开。来自全国各地方人民政府、财政厅、发展改革委、国有资产监督管理委员会等相关部门和城市建设投资公司、科研院校、金融机构等单位的400多人参加会议。学会作为发布单位之一，正式对外发布《城投公司转型综合指标评价体系》研究成果。

1月10日，由学会标准化分会参与主办的综合能源服务产业年度峰会在北京召开。这是国内首个综合能源服务产业峰会，以“助力能源革命，打造创新发展新引擎”为主题，聚焦综合能源服务领域热点话题，400余位专家、学者参加会议。

4月7日，由学会复杂科学管理分会主办的复杂科学管理与美丽中国研讨会在湖北省武汉市召开，24名国内专家、学者参加会议，从创新、和谐共生、能源、城乡共融及价值体系等方面汇报研究进展情况。

4月11日，由学会知识产权专业委员会主办的知识产权保护与高质量发展学术会议在上海市举办，邀请学界、产业界、实务界（包括律师、代理人）等共100多人参加研讨。

4月25—27日，由学会投融资分会、中国城市建设投融资论坛组委会、中国建设会计学会、中国财政学会政府和社会资本合作研究专业委员会、中国现代集团有限公司联合主办的2019年地方政府化债与融资热点专题研讨会在江苏省扬州市召开，参会人数超过400人。

5月25日，第四届创新创业与中小企业发展论坛暨中国技术经济学会中小企业分会第二届年会在北京举办，来自清华大学、中国社会科学院及国内其他高校和研究机构的专家、学者及管理学院师生200余人参加。此次年会设置两个分论坛，12位专家、学者围绕“中小企业成长”和“创新与创业”分享最新的研究成果。

6月7—9日，由学会技术管理专业委员会和西安交通大学主办的第十六届中国技术管理学术年会在陕西省西安市举办。年会被列入西安市“双创周”重要活动，主题是“应对国际竞争的技术与创新管理”，国内外专家、学者、企业家近300人参加会议。

7月19—20日，学会神经经济管理专业委员会学术年会在浙江省宁波市举办。来自清华大学、复旦大学、浙江大学、中国科学技术大学、东南大学等国内40余家高校的100余位专家、学者参加会议，交流神经经济与神经管理的研究成果及应用。

8月15—16日，由学会技术孵化与创新生态分会主办的第二届中国技术孵化与创新生态学术年会在河北省秦皇岛市召开，来自全国各地40余所高等院校、科研院所和企业的专家、学者、企业家和青年学生120余人参加。

9月7—8日，由学会技术创新创业分会、清华大学中国企业成长与经济安全研究中心、吉林大学创业研究中心等主办的中国创新与企业成长2019年度学术会议在云南省昆明市召开，会议主题为“创新引领中国高质量发展的理论与实践”。200多名专家、学者参加会议，主要讨论创新引领发展的机制、路径与政策，以及基于科学的产业创新模式与机制、创新网络与协同创新、西部地区的创新创业与产业升级等。

10月11—12日，由学会投融资分会、中国现代集团有限公司、中国建设会计学会、中国开发性金融大讲堂联合主办的政府项目投融资模式重构与平台公司产融对接会在江苏省南京市召开，参加会议人数超过300人。

11月1—3日，由中国社会科学院环境与发展研究中心、学会环境技术经济分会主办，合肥工业大学经济学院承办的第三届环境技术经济前沿研讨会在安徽省合肥市召开。会议以“绿色转型与高质量发展”为主题，来自科研机构、高等院校等36家单位的90多名专家、学者参加研讨，交流学术论文40余篇，评选出5篇优秀获奖论文。

11月8—9日，由学会中小企业分会主办的数字经济与中小企业高质量发展论坛暨2019年浙江省中小企业研究会年会在浙江省宁波市举办，约100位专家、学者参加会议。在大会交流环节，与会专家、学者分别围绕区域产业发展、创业生态系统、政府资助与企业创新、专业人才培养、中小企业融资和经管类学术论文写作等问题作主旨报告。

11月8—10日，中国技术经济学会农业技术经济分会年会在浙江省杭州市召开，来自中国农业科学院，各省、自治区、直辖市农业科学院以及相关高等院校在内的30多家单位的120余名专家、学者，围绕会议主题“创新发展与乡村振兴”展开交流和讨论。

11月15—17日，中国林业经济学会2019年会暨第十七届中国林业经济论坛在云南省昆明市召开，来自国家林业和草原局、全国34所高校和科研院所的300余名专家、学者参加会议。邀请4位专家、学者作主题报告。学会林业技术经济专业委员会组织技术经济分论坛，主题为“技术经济与美丽中国建设”。

国际交往 1月，学会与意大利环境、领土和海洋部可持续发展、环境损害、欧盟和国际事务司签署合作协议，以“能力建设和经验交流”为目的，在中国和意大利联合培训中国环境保护、清洁发展领域的研究、管理和决策人才。

3月20日，学会理事长李平会见国际可再生能源机构（International Renewable Energy Agency，IRENA）候任总干事卡梅拉（Francesco La Camera）。双方希望学会和国际可再生能源组织能在推进中国和世界的清洁、可持续发展上展开合作。

4月9日，受欧盟委员会的邀请，学会理事、技术管理专业委员会主任委员陈劲，常务理事柳卸林随科技部代表团赴比利时布鲁塞尔参加第四次中欧创新合作对话并作主旨报告。

5月13日，学会理事、技术管理专业委员会主任委员陈劲随中国代表团赴瑞典斯德哥尔摩参加ISO/TC279“创新管理”工作组会议。

6月17—18日，学会理事、技术管理专业委员会主任委员陈劲随中国代表团赴德国柏林参加中德创新政策国际研讨会并作主旨发言。

10月8—9日，受塞尔维亚政府邀请，学会理事、技术管理专业委员会主任委员陈劲随中国代表团赴贝尔格莱德参加第四届中国－中东欧国家创新合作大会。

科普活动 5月17日，学会通信技术经济专业委员会主任吕廷杰通过喜马拉雅网络平台作60集的5G前沿讲座，点击量近420万次。

学会标准化研究分会秘书处利用微信公众号，发布低碳、环保、新能源领域等方面标准化新闻，推送相关新闻、资讯239篇。

表彰举荐优秀科技工作者 学会完成2019年度优秀成果奖、优秀博士学位论文奖和博士生优秀论文奖评选。

经评审委员会评审、奖励委员会审议及结果公示，共9项学术研究成果获得优秀成果奖，其中一等奖3项、二等奖3项、三等奖3项。

经会员推荐、博士生申报、评议组评定、结果公示、复议等程序，授予闫岩、张开迪、张怀阁3人优秀博士学位论文奖，授予白明皓、王思梦、李雅洁3人博士生优秀论文奖。

学会创新发展 学会制定《开放型、平台型、枢纽型合作机构管理办法》，与中化环境控股有限公司联合设立绿色技术创新实验室，主要研究方向与内容为绿色技术创新评价指标体系的建立与评估、产学研合作平台的建设、绿色发展咨询服务平台的建设，以及中意绿色技术创新领域交流桥梁的搭建。

党建强会 8月11—13日，针对山东省威海市绿色发展重大现实问题，学会党委联合能源创新与环境规制分会赴威海市北洋电气集团股份有限公司开展绿色发展调研。以人工智能发展趋势和企业未来发展业务为重点进行探讨，同时交流民营企业转型问题，听取企业发展经历，了解目前面临的困难。参观威海市环翠区张村镇姜家疃村党群中心和教育基地。

9月28—29日，学会党委开展党建工作交流会，到云南省大理白族自治州漾濞彝族自治县苍山西镇光明村开展基层党建的调研及基层党务工作经验交流。

会员服务 学会与中科科界（北京）科技有限公司合作，重新开发会员系统，完善会员数据库。

【中国技术经济学会第二十六届学术年会】 12月7日，由学会和中国社会科学院数量经济与技术经济研究所联合主办，华中科技大学管理学院承办，中国社会科学院项目评估与战略规划研究咨询中心协办的中国技术经济学会第二十六届学术年会在湖北省武汉市召开，会议主题为"'百年未有之大变局'与创新发展"。来自高等院校、科研院所、政府部门以及企业界的300余位专家、学者、企业代表等参加会议。开幕式由学会常务副理事长李志军主持，华中科技大学副校长梁茜致欢迎词。

学会理事长李平、中国社会科学院欧洲研究所所长吴白乙、中国科学技术信息研究所党委书记赵志耘、华中科技大学管理学院教授刘智强、清华大学互联网产业研究院院长朱岩分别作题为《百年科技强国建设的战略思考》《世局之变与中美之争》《人工智能的社会治理》《合作对象选择与突破性创新表现》《区块链经济的突破口》的主题演讲。

此外，年会还组织技术经济与创新发展、城市发展与绿色经济、投融资与绩效评价、区块链经济与社会治理、高铁与"一带一路"基础设施建设、支持期刊主编见面会6个分论坛。颁发中国技术经济学会优秀成果奖、优秀博士学位论文奖、博士生优秀论文奖和第二十六届学术年会优秀论文奖。

（撰稿人：何　冰）

中国未来研究会

服务创新型国家和社会建设　2019年，研究会教育培训中心开展工商管理学研修项目，举办党政干部领导力提升研修班，与中国科学院大学重庆学院合作开展企业管理者经营管理高级研修项目，共计600余人次参加。

研究会在北京举办2019全国百佳教师密训营，来自全国各地近300名幼儿园园长参加培训。

10月8日，研究会与中国国际文化传播中心、"一带一路"文化点亮世界活动组委会、中法文化艺术交流中心联合主办的"一带一路"文化点亮世界系列活动"丝路之花，绽放世界"启动仪式在北京举办。来自中国、法国的文化艺术家和媒体记者等100余人参加活动。

学会建设　研究会全年召开理事会议1次、常务理事会议2次、理事长办公会议3次、秘书长办公会议1次。确立理事长办公会制度，恢复秘书长办公会议制度。调整理事会负责人：增补2名副理事长，调整秘书长，增补5名常务理事。调整研究会人才战略专业委员会主任，新增研究会社区发展专业委员会和人才评价与创新战略研究分会两个分支机构，增补研究会讲师团专家成员。完善学会各项制度，制作制度汇编，加强学会制度化建设。

研究会为纪念人才战略全面实施二十周年（2000—2020年），编撰《走向世界的中国学者》特辑，展现全国300多位专家、学者风采及创新成果。

8月25日，研究会制作中国未来研究会40周年纪念宣传片，并在研究会网站、微信公众号上发布。

主办期刊　研究会主办的《未来与发展》全年出版12期，收到稿件1629篇，发表学术论文252篇，用稿率15.47%。其中，基金项目占发表文章的64%。网络下载量为11.12万次/年。论文全部纳入中国期刊全文数据库和中国核心期刊（遴选）数据库，已入网"万方数据——数字化期刊群"，是中国核心学术期刊（扩展版）、中国人民大学书报资料中心《复印报刊资料重要转载来源期刊》。

研究会与北京国际交流协会联合主办的《发现》，设有"开卷有益""特别策划""管理新理念""经营新智慧""科学新思维""生活新格调""一月奇闻"等栏目。全年出版12期，发行量10万册。

国际学术会议　3月12日，由象山智库主办，研究会"一带一路"专业委员会和中美企业峰会协办的中美经贸论坛·中国企业峰会在北京召开。峰会分析2019年中美经贸关系的重点与趋势，对接中美经贸资源，打通企业合作路径。

国内主要学术会议　5月31日，研究会在北京举办雄安文旅会展发展论坛。

8月25日，研究会在北京召开2019年学术年会，全国近160名专家、学者参加会议。

9月19—20日，研究会在北京举办第八届中国科学家教育家企业家论坛，来自全国各行各业的600余名专家、学者、科技工作者、教育工作者、新闻工作者、企业家参加。论坛围绕"打造新时代协同创新体系，助力产学研深度融合发展"主题展开交流探讨，为产学研深度融合和创新驱动发展献计献策。

9月20—22日，研究会与重庆市大足区人民政府在重庆市大足区联合举办文化旅游融合发展学术研讨会。来自全国各地近百名专家、学者、文化旅游部门相关领导和旅游企业负责人参加会议。会议以习近平总书记关于文化和旅游发展的重要指示精神为指导，围绕"文旅融合发展"主题，从文化和旅游深度融合相得益彰、文旅融合促进乡村振兴、文旅融合提升文化遗产保护利用、文旅融合推动全域旅假发展等角度开展学术交流。

11月24日，研究会在北京参与举办《中国现代化报告2019》专家座谈会。《中国现代化报告2019》以“生活质量现代化”为研究主题，以促进和实现美好生活为总体目标，主要包括世界生活质量和研究的发展趋势、生活质量指标和评价、中国生活质量现代化的战略选择、世界生活质量评价、世界现代化的定量评价五项内容。

12月2日，研究会评估与预测分会主办的“一带一路”背景下风险防范与化解论坛在重庆市举办，来自全国50多位专家、学者参加会议，200多位高校教师、学生参与交流，发表论文30多篇。

科普活动 9月19日，研究会成立科技志愿者服务队，加强学会科普工作。

2019年，研究会在广西壮族自治区南宁市开展8场《中医五脏心学》系列科普资讯讲座，共200人次参加活动。

研究会智库工作委员会筹备推出“未来世界”与“科学陷阱”两套丛书。研究会以丛书为依托，举办公益讲座，将其中有政策价值的观点汇总，通过各种渠道向有关部门反映。在丛书编辑过程中完成研究会科学研究、科普、建言三个基本功能。

表彰举荐优秀科技工作者 2019年，研究会推选上报1名中国工程院院士候选人，1名中国青年科技奖候选人。

党建强会 2019年，研究会党委审议研究会理事会负责人调整情况，调整理事会负责人方案，并要求理事会严格按照《中国未来研究会章程》履行民主选举程序，并将选举结果报备中国科协和民政部。

研究会党支部认真贯彻执行“三会一课”制度，组织召开党员学习会议、党员会议各4次，组织党员听党课4次，召开民主生活会4次。

【中国未来研究会成立40周年纪念会暨2019年学术年会】 8月25日，中国未来研究会成立40周年纪念会暨2019年学术年会在北京召开，全国近160名专家、学者参加会议。年会以“新科技革命与新产业革命的挑战与机遇——中国未来研究再出发”为主题，研究会理事长、中国人民大学国际关系学院副院长金灿荣，研究会副理事长、智库工作委员会主任、中国科学院自然科学史研究所研究员刘益东等作特邀报告。研究会首席顾问、中国社会科学院文献信息中心研究员秦麟征，军事科学院原副院长、国务院发展研究中心研究员邓寿鹏，研究会原副理事长、中共中央直属机关事务管理局原副局长曲琪玉等出席开幕式。

大会播放研究会成立40周年宣传片，回顾研究会发展历程。研究会理事长金灿荣作题为《百年未有大变局与世界的未来》的报告，学会会员、数权新经济体系创始人、数权经济联盟理事长李小勇作题为《加强数权未来研究　促进数字中国建设》的报告，刘益东作题为《虚拟科学与大IT革命：支撑未来学的快速崛起》的学术报告，学会会员、清华大学建筑学院博士曹根榕作题为《基于城镇化趋势的“十四五”基础设施战略布局思考》的学术报告。

（撰稿人：白兆钦）

中国科学技术史学会

服务创新型国家和社会建设 2019年是中国科学院建院70周年，学会常务理事王扬宗承担中国科学院建院70周年院庆展工作。王扬宗主持“中国科学院院史研究”项目，负责开展中国科学院院史编研的组织联络和指导工作，参与院史资料的收集征集和整理研究工作，以及内部刊物《院史资料与研究》的执行编辑工作。

学会化学史专业委员会承担《中国大百科全书》第三版科学技术史卷化学化工史相关内容的编撰工作，组织会员完成所有词条的编撰。

学会建设 10月26日，中国科学技术史学会第十次会员代表大会在安徽省合肥市召开，来自全国各地高校、科研机构和部分省、直辖市科学技术史学会的147名会员代表参加会议。大会进行理事会、常务理事会的改选；监事会和学会领导的选举；并通过新的学会章程及会费标准调整方案。第十届理事会由90名理事组成，常务理事会由25人组成，第一届监事会由5人组成。截至12月31日，学会个人会员1356名，比2018年增加82名。学会同意筹备成立语言、文学与科学研究专业委员会。

主办期刊 学会主办的《中国科技史杂志》入选中文社会科学引文索引（CSSCI）（扩展）来源期刊；学会与中国科学院自然科学史研究所合办的《自然科学史研究》入选中文社会科学引文索引（CSSCI）来源期刊。

国内主要学术会议　10月26—28日，由学会主办，中国科学技术大学科技史与科技考古系承办的中国科学技术史学会2019年度学术年会在安徽省合肥市召开。会议由大会报告和分会场报告组成，共有19个分会场，来自全国各高校和研究机构的500余位科技史工作者和研究生参加会议。

5月9—10日，由上海交通大学主办，学会数学史专业委员会参与协助筹备的纪念吴文俊院士诞辰100周年暨数学科学与数学史国际学术研讨会在上海市召开。13位中国科学院院士、近90位国内外专家、学者参加会议，共同缅怀纪念吴文俊先生的数学成就与科学精神。

5月，学会化学史专业委员会联合自然辩证法研究会化学化工专业委员会在北京召开科学哲学与科学史视域下的化学实践学术研讨会，40多位会员参加，12人作学术报告。

6月21—22日，学会数学史专业委员会与中国教育科学研究院、大连金普新区在辽宁省大连市共同举办数学文化进课堂：意义、路径与展望国际论坛。参加论坛的专家、学者及师生共计200余人，其中有来自美国加州大学、美国特拉华大学、加拿大卡尔加里大学，以及中国科学院数学与系统科学研究院、西南大学、东华大学、内蒙古师范大学、天津师范大学、辽宁师范大学、台湾清华大学、台湾嘉义大学、中国教育科学研究院、中国科学院自然科学史研究所等高校和研究机构的数学史与数学教育专家、学者50余人，来自高校硕士、博士研究生及中小学数学教师150余人。

8月16—17日，由学会农学史专业委员会、技术史专业委员会、金属史专业委员会、工程史专业委员会、传统工艺研究分会、少数民族科技史专业委员会、造纸史与纸质文物专业委员会、工业考古与工业遗产研究分会、综合史专业委员会、物理学史专业委员会、科技与经济社会史专业委员会，以及中国机械工程学会机械史分会、中国造船工程学会船史研究会主办，苏州丝绸博物馆、苏州市科学技术史学会承办的第七届中国技术史与技术遗产论坛在江苏省苏州市召开。来自全国相关领域170余位专家、学者围绕传统工艺与非物质文化遗产、工业史与工业遗产、农业史与农业遗产、纺织史与纺织遗产、船史与船舶遗产、科技考古与博物馆等7个议题展开学术交流。

9月20—22日，学会少数民族科技史专业委员会和传统工艺研究分会在广西壮族自治区南宁市举办第十四届传统少数民族科技史学术研讨会暨第七届传统工艺论坛。来自全国各地的60余位专家、学者及10余位广西壮族自治区传统工艺传人参加会议。

11月，学会化学史专业委员会在北京举办2019北京化学史和化学哲学论坛，学会化学史专业委员会副主任袁江洋、刘立和叶青作主题报告。

12月6—8日，学会数学史专业委员会与山西师范大学共同主办的近现代数学史研究理论与实践工作坊研讨会在山西省临汾市召开。来自西北大学、上海交通大学、上海师范大学、四川师范大学、浙江科技大学、湖南理工大学、西安石油大学、信阳师范学院、洛阳师范学院等高校的40余位数学史专家、学者及研究生出席会议。

12月27—28日，学会数学史专业委员会与内蒙古师范大学共同在内蒙古自治区呼和浩特市举办回顾·展望·奋进——中国数学史研究新视野研讨会。来自中国科学院自然科学史研究所、清华大学、上海交通大学、中山大学、西北大学、东华大学、天津师范大学、西北农林科技大学、信阳师范学院、内蒙古师范大学、内蒙古民族文化产业研究院等单位的专家、学者参加会议。与会人员共作报告13场，报告内容包括中国传统数学史、中国近现代数学史、外国数学史、汉字文化圈数学史、数学史与教育等。

国际组织任职　8月，在韩国全州召开的第15届国际东亚科学技术与医学史学会全体大会上，学会副理事长、中国科学技术大学教授石云里当选为新一届国际东亚科学技术与医学史学会主席。

国际交往　3月16日—4月7日，国际丝绸之路科学与文明学会项目组召开小型研讨会，与乌兹别克斯坦科学院院士、兀鲁伯天文台（Ulugh Beg Observatory）台长Ehgamberdiev Shuhrat进行交流研讨，探讨中乌丝绸之路上的天文与考古成果，以及后续合作交流事宜。

4月3—10日，学会邀请新西兰坎特伯雷大学教授John Bernar Hearnshaw前来北京访问，参与国际丝绸之路科学与文明学会项目交流研讨，就中西天体物理和光谱等方面的问题展开讨论，并达成后续合作意向。

5月22—26日，学会理事长孙小淳赴法国巴黎参加国际科学史学院理事会议，同时讨论与法国巴黎天文台的合作交流事宜。

6月7日—7月14日，学会邀请美国纽约城市大学教授Joseph Dauben前来北京访问，参与国际丝绸之路科学与文明学会项目交流研讨，就中西19世纪及以后数学史等方面的问题展开讨论，同时探讨双方未来合作事宜。

9月12—15日，国际科学史研究院首届大会在希腊雅典召开，主题为“Science in Different Cultures and Civilizations”（“不同文化和文明中的科学”）。学会前任理事长刘钝作为国际科学史研究院院士应邀出席会议，作题为《从〈蒂迈欧篇〉到五轮塔：对佛教五轮塔的跨文化研究》的报告，并在大会上获得国际科学史研究院柯瓦雷奖。

11月3—9日，学会理事长孙小淳、秘书长罗兴波应邀访问世界健康峰会组委会，赴德国柏林与组委会主席Detlev Ganten商议2020年度在中国举办国际论坛事宜，顺访德国马普科学史研究所及德国马普研究所总部，与马普科学史所所长薛凤（Dagmar Schaefer）就开展科学史研究达成共识。

12月23日，亚美尼亚国家科学院维克托·安巴楚勉布拉堪天文台（Byurakan Observatory）台长Areg Mickaelian一行三人前来北京访问学会。双方就双边学术交流与合作，以及第十五届国际中国科学技术史会议暨第一届丝绸之路科学与文明会议的合作事项进行沟通，并对具体事项达成一致。学会理事长孙小淳与Areg Mickaelian代表双方签署合作备忘录。

【中国科学技术史学会第十届全国会员代表大会】 10月26日，中国科学技术史学会第十届会员代表大会在安徽省合肥市举办，来自全国各地高校、科研机构和部分省、直辖市科学技术史学会的147名会员代表参加会议。学会理事长孙小淳代表学会第九届理事会作题为《求真务实，团结奋进，开创新时代》的工作报告；学会副理事长关增建对学会章程修改进行说明；学会秘书长鲁大龙作会费标准调整说明；学会常务副秘书长罗兴波作学会第九届理事会财务工作报告。

经无记名投票，大会选举产生第十届理事会。之后，学会召开第十届理事会第一次会议，与会理事以无记名投票的方式选举产生第十届常务理事会和学会领导。孙小淳当选为学会第十届理事会理事长，曲安京、王思明、石云里、张藜、郭世荣和潜伟当选为副理事长，罗兴波当选为秘书长。

经无记名投票，大会选举产生第一届监事会。关增建、李晓岑、张大庆、张增一、胡化凯当选为第一届监事会监事。之后，学会召开第一次监事会议，选举关增建为监事长，张增一为副监事长。

【中国科学技术史学会2019年度学术年会】 10月26—28日，中国科学技术史学会2019年度学术年会在安徽省合肥市召开，来自全国高校和研究机构的500余位科技史工作者和研究生参加会议。中国科学技术大学党委书记舒歌群，国际科学史学会前主席、柯瓦雷科学史奖章获得者刘钝，广西民族大学原副校长万辅彬，国际科学史研究院终身秘书Efthymios Nicolaidis和学会理事长孙小淳等出席开幕式。

会议由大会报告和分会场报告组成，共有19个分会场，主题分别为天文学史、物理学史、数学史、地学史、农学史、技术史和传统工艺、金属史、科技人物研究、科技史教学、科技与社会发展、科学文化、生物学史、少数民族科技史合并分组、西方科技史、性别与科学研究、医学史、中国近现代科技史、综合史、科技考古。在学术年会上，新方法的探索思考与应用、全球化视野、多语言在研究中应用以及多学科交叉的模式等主题成为报告亮点。例如，西北大学科学史高等研究院院长曲安京作题为《人文科学研究的几个误解——兼论近现代精密科学史研究在中国的困境与出路》的报告，通过回顾过去一百年国际数学史研究范式的转变，引起国内科学史共同体对一些相关问题的重视。

此次年会适逢中国科学技术大学科技史与科技考古系成立20周年，中国科学技术大学博物馆在会议期间推出“大爱无垠　儒师风范——钱临照先生逝世20周年纪念展”和“安提凯希拉机械——来自古希腊的精密天文仪器展”两个新展览。

（撰稿人：汤深语）

中国科学技术情报学会

服务创新型国家和社会建设 5月20—24日、10月21—25日、11月11—15日，学会科技查新专业委员会分别在浙江省杭州市、福建省南平市、四川省南充市举办2019年首期全国情报分析师培训班、2019年全国第二期科技查新员培训班、2019年第二期全国情报分析师培训班，共培训来自全国各查新机构285人次。

青年人才托举工程 2019年，学会获批承担第五届中国科协“青年人才托举工程”项目，并托举2名青年科技工作者。目前，学会已连续承担三届中国科协“青年人才托举工程”项目。

主办期刊 1月16日，学会在北京召开《情报学报》编委会会议。会议由学会理事和《情报学报》主编戴国强主持，对优秀审稿人和优秀论文作者进行表彰，并颁发证书。

从2019年第1期（第38卷，第1期）起，《情报学报》刊物门户网站（网址：qbxb.istic.ac.cn）已经实现提供当期文章的HTML文本以及文章中所附图表的功能。从第8期起，《情报学报》公众号具备封面文章或专题文章的全文本推送功能。

《情报工程》通过召开会议征集一批高质量稿件。

国内主要学术会议 4月27日，由学会、南京农业大学和中国社会科学情报学会共同主办的第九届全国情报学博士生学术论坛在北京召开。论坛主题为“智能、智慧、智库——新时代的情报学发展”。武汉大学大数据研究院院长马费成作题为《大数据环境下的用户需求信息组织》的报告，来自中国农业科学院农业信息研究所、南京大学、中国人民大学、南京农业大学等专家介绍各自的学术成果。论坛得到武汉大学、南京大学等65家高校、科研院所、行业企业及《图书情报工作》《图书情报知识》《情报学报》等11家媒体的支持，共计260余名图书情报与档案管理学科博士生、博士生导师及行业代表参加会议。围绕主题，论坛向各培养单位的情报学及相关学科博士生征集稿件，经过评审委员会的两轮评审，最终从征集论文中评选出优秀论文，部分优秀论文还被推荐到论坛的支持媒体上发表。

5月16—17日，学会竞争情报分会在湖南省株洲市举办2019走进中车最佳竞争情报实践现场交流论坛，来自全国相关企业、行业情报研究机构，地方省市情报院所，咨询公司、高等院校，以及中国中车股份有限公司总部、子公司的100余人出席论坛。会议安排与会专家、学者参观中车株洲电力机车研究所有限公司的陈列室、半导体事业部和制造中心。

8月1日，由学会竞争情报分会与北京科技情报学会知识管理与竞争情报专业委员会、北方科技信息研究所联合主办的第九届技术竞争情报助力科技创新研讨会在贵州省铜仁市召开。来自全国情报研究机构、高等院校、相关企业的专家、学者、企业代表近50人参加研讨。会议围绕当前技术竞争情报研究与服务的热点和难点，邀请来自全国各地的研究院所、企业和高等院校的专家、学者作主旨报告，报告内容涉及推动国家关键核心技术竞争情报研究与实践、面向科技前沿跟踪的数据资源建设实践与思考、中国航空产业发展预警、利用多源信息开展科技前沿预测的方法等。

8月13—17日，学会普及工作委员会及上海市科技情报学会、上海市行业情报发展联盟、《竞争情报》杂志社在新疆维吾尔自治区乌鲁木齐市共同举办2019年情报新技术新方法新工具开发利用学术研讨会暨专题培训等系列活动，来自全国各地150余名专家、学者参加活动。活动包括主题报告、专题培训、大会交流、调研新疆科技情报所和新疆图书馆等。15位专家、学者作21个主题报告。

10月16—19日，由学会竞争情报分会和北方科技信息研究所共同主办、贵州省科学技术情报研究所和贵州省科学技术情报学会协办的第二十五届中国竞争情报年会在贵州省贵阳市召开。来自全国各地的200余名专家、学者参加会议。年会以“竞争情报——改革开放再出发”为主题，设立特邀报告、高峰对话、精英亮剑、互动论坛、国际视野、创新·战略·前瞻、新方法·新工具·新服务、2019年评优表彰获奖团队与个人颁奖典礼和第二十五届中国竞争情报年会获奖论文颁奖典礼等内容。先后有16位专家、学者为大会作报告和演讲。会议共收到43篇学术论文，并对论文进行评选，最终评选出一等奖3篇、二等奖5篇、三等奖6篇。年会为获奖论文作者举办颁奖仪式，其中2位论文作者参与论文宣讲。年会期间，大会秘书处设立竞争情报成果展示台，展示新产品、新工具。

10月17日，由学会普及工作委员会与上海图书馆（上海科学技术情报研究所）、上海市科学技术情报学会主办的虚拟现实产业发展战略情报论坛在上海市召开。为了确保论坛成功举办，上海市科技情报学会于2月发布“虚拟现实产业发展战略情报研究项目”招标书，最后确定2所高校、4家研究所作为项目承担单位。论坛上，相关项目课题成员代表分别介绍各自的研究成果。

10月17—18日，学会知识组织专业委员会在安徽省合肥市举办2019年中国科学技术情报学会知识组织专业委员会年会暨第三届知识服务与情报工程学术交流会。会议邀请中国新闻出版研究院、中国科学院、科大讯飞股份有限公司、国家能源投资集团有限责任公司、清华大学、北京大学、日本名古屋大学、荷兰自由大学等国内外科研院所和行业领域的专家、学者，就知识获取、知识组织、知识工程、知识服务、数据科学、大数据、人工智能、知识图谱、认知计算、知识管理、科技创新、科技智库等内容进行报告和学术交流，与会人员共计300余人。33位专家作4场特邀报告、4场人工智能主题报告、4场知识服务主题报告。在学术交流环节，20位专家就“知识图谱与知识问答”“数字出版与智库建设”“开放共享与社交媒体”“知识管理与知识发现”“富媒体与可视化”“知识服务与情报分析”主题作学术报告与交流。会议设置颁奖环节，举办知识服务最佳实践颁奖仪式，知识服务最佳实践项目由行业推荐和自主申报，并由专家评审后选出6个作为获奖项目。

10月18日，由学会情报研究与咨询专业委员会主办的2019年中国信息资源管理论坛暨第四届大数据与信息资源管理协同创新共同体学术研讨会在北京召开。来自政府机关、企事业单位、高等院校、科研院所的60余名专家、学者出席会议。此次会议在《国务院关于在线政务服务的若干规定》的政策背景下，以“大数据治理与在线政务服务”为主题，从大数据治理视角探讨在线政务的具体落实举措，为在线政务创新和改进提供理论和实践支持。

科普活动 5月，学会创新方法专业委员会承办第七届全国大学生创新方法大赛。此次大赛收到来自全国24个省、自治区、直辖市的126所高校的1801项作品，参赛人数达1万余人。138项大学生参赛项目与116家企业签约。

9月23—29日，学会普及工作委员会与上海市科学技术情报学会、上海图书馆（上海科学技术情报研究所）、上海行业情报发展联盟、上海新兴产业情报研究联盟在上海市联合主办2019年上海科技情报服务宣传周。宣传周的主题为“生物医学工程前沿技术”，聚焦科技情报与前沿科技，开展互动性强、娱乐性高，具有公益性和科技情报双重特色的主题展览活动；举办促进会员单位之间交流与合作的联盟年度总结大会；同时，通过专题报告会展示科技情报合作研究课题成果。上海图书馆（上海科学技术情报研究所）馆（所）长陈超携各单位代表共同为展览揭幕，并同与会人员一同参观展览。展览内容包括前沿技术展板展示和一个特别打造的体验展示中心。此外，还设有智能听诊器、长程监测心电仪、免疫层析芯片检测仪、VR治疗孤独症等一系列体验活动。

表彰举荐优秀科技工作者 5月，学会启动第二届情报科学奖评奖工作。经过严格的评选流程，评选出情报科学创新团队奖2项、优秀情报工程项目奖3项，杰出情报科学家奖1项、青年情报科学家奖8项。

党建强会 学会坚持“三重一大”制度，在党委领导下开展业务工作。

学会党支部组织集中学习，参加首批“不忘初心、牢记使命”主题教育。

学会参与中国科协发起的主题为“礼赞共和国、追梦新时代”的科技志愿服务行动，推动基层科学普及工作。学会被授予“中国科技志愿服务百家学会”称号。

【2019中国情报学年会暨情报学与情报工作发展论坛】 11月8—10日，由学会和华中师范大学共同举办的2019中国情报学年会暨情报学与情报工作发展论坛在湖北省武汉市召开，300余人参加会议。会议的主题是“新时代、新使命、新作为”，首次冠以“中国情报学年会”。此次会议主要探讨在大数据与人工智能时代，如何重塑情报学与情报工作内核与应用场景，回望情报学本质与初心；如何在重大的科学发现与国家战略实施中发挥情报学与情报工作应有的作用。

会议设置特邀报告、专题报告、圆桌论坛、论文交流、青年论坛、学生论坛6个环节，10余场分论坛。学会理事长、中国科学技术信息研究所所长戴国强作题为《推进竞跑阶段的创新情报研究》的大会报告。闭幕式上举办会旗交接仪式，2020年中国情报学年会暨情报学与情报工作发展论坛将与中山大学共同举办。

【2019“春之声”竞争情报沙龙活动】 3月27日，学会竞争情报分会与四川省科技信息研究所、四川省科技情报学会等联合主办以“大数据环境下产业竞争情报研究与实践”为主题的2019“春之声”竞争情报沙龙活动。来自全国部分省市科研院所、高等院校、企业和相关机构的分会会员，四川省科技情报学会会员近100人参加。沙龙围绕技术监测与预判的探析、基于多源数据融合的情报用户需求探测、基于大数据的领域知识与科学规律发现，组织专家、学者从不同视角和竞争情报实践出发，分享大数据环境下产业竞争情报研究方面的探索与思考。

（撰稿人：王婷婷）

中国图书馆学会

服务创新型国家和社会建设 学会承接全国基层文化和旅游公共服务队伍示范性培训项目，举办全国县级图书馆长研习班。4—8月，先后在江苏省淮安市、西藏自治区林芝市和内蒙古自治区鄂尔多斯市举办第十期至十二期研习班，330名县级图书馆馆长参加。

5—11月，学会先后在四川省成都市、吉林省长春市和江苏省盐城市举办第十三期至十五期“阅读推广人”培育行动，共计培训647人。

学会举办全国图书馆总分馆制暨“城市书房”建设研讨班、2019年图书馆馆长及业务骨干高级研修班、2019年图书馆信息组织和资源建设研修班、智慧图书馆与新一代图书馆平台建设研讨班、首届图书馆对公众开展信息素养教育研讨班等班次，培训各级各类图书馆馆长及业务骨干777人。

学会承接文化和旅游部公共服务司“全国公共图书馆效能监测及动态评估”工作，组织业内专家和项目协助研究单位召开工作研讨会，启动《全国公共图书馆评估定级方案》制定和全国公共图书馆效能监测系统研发工作。

学会完成第六次全国县级以上公共图书馆评估定级工作，省级、副省级以上等级图书馆标牌的制作和发放工作，配合文化和旅游部公共服务司于3月20日在上海市举办一级图书馆授牌仪式。

学会承接文化和旅游部公共服务司“‘读好书 爱中华’——新中国成立70周年主题阅读推广活动框架体系研究”项目和“文化暖心 阅读惠民”主题阅读志愿服务活动项目。

11月，学会为海南省琼中黎族苗族自治县等4个乡村基层阅读点筹措图书5000册、电子阅读设备16套。12月底，联合国家图书馆及有关社会力量组成由学会理事长饶权为首的文化文艺小分队，赴云南省怒江傈僳族自治州开展下基层活动，向怒江傈僳族自治州图书馆、怒江傈僳族自治州福贡县图书馆和贡山独龙族怒族自治县图书馆捐赠图书14000余册，赠送移动阅读学习设备20台，同步开展“文旅e家 助力美好生活”扫一扫活动。

5—11月，学会联合国家图书馆在甘肃省兰州市、湖南省长沙市和山东省青岛市举办“革命文献与民国时期文献保护计划”宣传推广活动——甘肃站、湖南站和山东站系列活动。活动包括系列展览和专题培训班两大板块。系列展览主要介绍“革命文献与民国时期文献保护计划”目前的进展及取得的成果，其中以视频方式展示远东国际军事法庭庭审记录，还原历史真相。专题培训班主要面向全国各图书馆民国时期文献保护工作的主管领导和业务骨干开展，共计培训409人。

学会编辑出版《光荣·梦想 守正·创新——中国图书馆学会成立40周年纪念文集》《中国图书馆学会年会论文集（2019年卷）》。编写“中小学图书馆建设与服务”系列丛书，丛书由《中小学图书馆概论》《小学图书馆资源建设与服务》《中学图书馆资源建设与服务》3册组成。

2019年，学会完成《2018—2019图书馆学学科发展报告》。报告包括1个综合报告和6个专题报告，对2016—2018年国内外图书馆学学科发展进行研究，对有关研究热点进行分析，并对学科发展趋势进行预测。

学会建设 2019年，学会有个人会员21607人，单位会员746家。

学会全年召开5次党委会议暨学会负责人工作会议、5次常务理事会议，审议通过有关分支机构和省级图书馆学会变更理事、常务理事及分支机构负责人等事项。2月28日，召开九届五次理事会议，选举产生部分学会负责人和党委负责人，国家图书馆馆长饶权当选为学会第九届理事会理事长、党委书记，并担任法定代表人；国家图书馆副馆长陈樱当选为学会第九届理事会副理事长、党委委员。

3月13—15日，学会在广西壮族自治区钦州市召开2019年秘书长联席会议暨《中国图书馆年鉴》编纂工作会议，以“新时代图书馆发展——社会组织的责任与使命”为主题，专题研讨学会在新时代图书馆事业发展中担负的责任与使命，总结和部署学会重点工作及《中国图书馆年鉴》编纂工作。

主办期刊 学会严格执行双向匿名审稿制度，出版《中国图书馆学报》1—6期。完成2018年英文年刊各项组稿和编辑工作。在选题策划、学术期刊国际化、网站建设等方面取得突破。

决策咨询 学会参与《中华人民共和国档案法》（修订草案）征求意见工作，向中国科协有关部门报送《中国图书馆学会关于〈中华人民共和国档案法〉（修订草案）意见的复函》。

学会承接文化和旅游部人事司委托的深化图书资料系列职称制度改革工作。在图书资料系列职称制度改革领导小组指导下，对全国各地、各系统、各类型图书馆开展调研，并面向图书资料系列职称制度改革专家委员会，就《关于深化图书资料专业技术人员职称制度改革的指导意见》开展征求意见工作。

国际学术会议 3月26—29日，由学会、中国国家图书馆和英国大英图书馆共同主办的中英图书馆论坛在四川省成都市举办，主题为“公共图书馆服务创新与事业发展”。此次论坛设立读者服务、数字图书馆与创新、馆员培训与发展、图书馆角色与定位4个分论坛，来自中国和英国图书馆的120余位专家、学者围绕主题展开讨论与交流。

国内主要学术会议 2019年，学会举办中国图书馆年会、第三届全国图书馆未成年人服务论坛、西部公共图书馆2019年学术研讨会、第31届全国十五城市公共图书馆工作研讨会、传承文明　服务社会——新时代公共图书馆高质量发展研讨会、第六届全国文献编目工作研讨会、新时代公共图书馆服务与建设创新研讨会、2019年中国高校图书馆发展论坛、中国图书馆学会专业图书馆分会2019年学术年会、中国图书馆学会医学图书馆分会第27届学术研讨会暨2019年学术年会、中国高职图书馆发展论坛（2019）等重要学术活动43场。

国际组织任职 学会理事长饶权当选为国际图书馆协会和机构联合会（以下简称“国际图联”）国家图书馆专业组常委；学会副理事长陈樱当选为国际图联亚洲与大洋洲地区专业组常委；学会副理事长程焕文连任国际图联管理委员会委员（任期2019—2021年）；学会秘书长霍瑞娟当选为国际图联图书馆协会管理专业组常委。

国际交往 学会为业界专家、学者参加2019年美国图书馆协会年会及国际图联2019年世界图书馆与信息大会提供专业信息咨询与服务，申请邀请函109份，并提供相关会议文件翻译等服务。

科普活动 学会发布《关于开展2019年全民阅读工作的通知》，主题为“读经典　学新知　链接美好生活”，通过各分支机构和地方图书馆学会逐级传达至基层，号召全国各级各类图书馆围绕主题开展专题展览、讲座和书目推荐等活动。

学会开展以“爱祖国，爱阅读——学习强国，阅读圆梦”为主题的2019年全国少年儿童阅读年系列活动。

学会开展“读好书，爱中华”主题读书活动。活动由文化和旅游部公共服务司指导，学会和国家图书馆共同主办，由“我心中的一本好书”“我们一起读经典”“我与图书馆的故事”“阅美@图书馆”“成长在春风里——少儿阅读服务”等重点活动组成，采取“线下服务+移动终端传播”相结合的方式，向公众推荐好书。

4月8—11日，学会在山西省太原市举办第十三届全民阅读论坛，学会经典阅读推广委员会委员、专家以及来自全国各地图书馆相关人员共400余人参加论坛。其间，举办阅读推广优秀项目分享交流会。

学会开展“书香城市（区县级）”“书香社区”风采展示活动，旨在发现一批更具宣传推广价值的“书香城市（区县级）”和“书香社区”。北京市东城区等9个地区进入2019“书香城市（区县级）”风采展示活动名单，天津市和平区新疆路社区等6个社区进入2019“书香社区”风采展示活动名单。在2019年中国图书馆年会期间，通过视频展播、现场访谈和专题展览等形式，展示有关城市和社区的风采。

学会与国家图书馆联合全国各级各类图书馆及有关单位共同开展“共读中华经典　同度传统新年”春节主题活动，集中推送新春文化“大礼包”，包括“品书香　赏年俗”年俗文化展和年俗专题资源等，吸引省级图书馆学会和各级各类图书馆参与。据不完全统计，全国共有1200余家图书馆及有关单位承办活动，覆盖全国大部分地区，受众超过500万人次。

学会创新发展 学会不断加强信息化平台和会员学习中心移动端建设，加强官方微信和网站信息发布能力建设，增强用户参与活动的便利性和可操作性，通过信息化手段不断提升学会的群众组织力和服务能力。会员人数和微信公众号关注人数稳步增长，微网站上线并逐步优化，移动端可以较好地满足用户注册、浏览信息、查询会员资格等线上服务要求。

党建强会 学会党委按照上级党组织统一部署和要求，开展“不忘初心、牢记使命”主题教育。制定主题教育工作方案，学习习近平总书记在“不忘初心、牢记使命”主题教育工作会议上的重要讲话精神；认真研读《习近平关于“不忘初心、牢记使命”论述摘编》和《习近平新时代中国特色社会主义思想学习纲要》等必读书目；组织观看中央电视台系列微视频《初心》；组织开展“七一”系列活动，进行革命传统教育；开展谈心谈话，列出问题清单并及时整改；开展专题组织生活会；在主题教育过程中开展增强“四力”教育实践工作等。

学会党委坚持业务活动集体研究决策机制、活动负责人承诺和落实机制以及严格的审稿机制，在学术交流、阅读推广、行业协调、教育培训和国际交流等各项业务活动中，强化意识形态责任制，尤其是涉及学会“三重一大”的事项，启动党委前置审议程序。

学会党委承担中国科协2019年“党建强会计划”项目，主题为“服务全民阅读，助力中华优秀传统文化传播”。按照中国科协科技社团党委要求，面向会员开展“不忘初心、牢记使命、建功新时代”作品征集活动，收到征文60篇、视频作品13个。经评审，3个作品获得一等奖、5个作品获得二等奖、7个作品获得三等奖、11个作品获得优胜奖。

学会党委参与2019年全国学会星级党组织创建评价工作，联系指导中国药学会等3家学会党组织开展创建工作，并作为评价小组成员单位参与评审。

会员服务 学会会员学习中心网站持续优化，移动端在苹果App Store（应用商店）上线，发布图书馆学基础理论、图书馆与现代技术、图书馆与行业政策等11个大类100余门课程，实现广大会员和图书馆工作者实时在线学习功能。

【2019年中国图书馆年会】 8月20—23日，2019年中国图书馆年会在内蒙古自治区鄂尔多斯市召开。年会由学会和鄂尔多斯市东胜区人民政府主办，全国各级各类图书馆工作者和境内外专家、学者等约500人注册参加会议。年会主题为“新时代图书馆的转型发展：均衡　融合　智慧”，包括开闭幕活动、主题论坛、分会场、“图书馆人之夜”活动、“同城共读　万卷共知”阅读知识决赛等内容。大会围绕主题，开展学术论文和业务案例征集活动，设立分主题40余项，共收到相关作品2000余篇；设立9场主题论坛和3场卫星会议，约80名专家、学者作主旨报告。

8月21日，举办“光荣梦想四十载　守正创新再出发——中国图书馆学会成立40周年”主题论坛，通过学术交流和研讨的形式纪念中国图书馆学会成立40周年。论坛上，首发《走向新时代的中国图书馆学会》主题宣传片，5位专家围绕学会推动中国图书馆行业、学科、教育和全民阅读发展及未来发展趋势等内容作主题报告，相关专家、学者围绕与学会有关的故事作专题发言。

【第三届全国图书馆未成年人服务论坛】 5月21—24日，由学会主办的第三届全国图书馆未成年人服务论坛在安徽省滁州市召开，主题为“阅读的力量——立德树人，培根铸魂”，300余人参加。论坛设置理论与创新、阅读与认识、服务与转型3个分论坛，邀请国际儿童读物联盟主席张明舟和中国海洋大学儿童文学研究所所长朱自强等专家、学者作主旨报告和专题发言，精选10个经典与创新案例进行现场分享；同期设置新技术新产品专题展示与体验区，举办同读·同乐——国际儿童阅读日海报展全国巡展启动仪式。

【全国数字图书馆建设与服务联席会议第二十次会议】 12月5日，由学会主办的全国数字图书馆建设与服务联席会议第二十次会议在北京召开，主题为“图书馆转型发展与未来规划”，来自各成员单位和学会的30余位专家、学者参加会议。会上，国家图书馆副馆长汪东波以《新时代国家图书馆转型发展的实践与思考》、上海图书馆副馆长刘炜以《第三代图书馆系统与数字图书馆未来发展》、中国科学院文献情报中心主任助理赵艳以《国家科技知识服务体系发展思考》、CALIS（中国高等教育文献保障系统）管理中心副主任姚晓霞以《CALIS在新时期的转型与发展思考》、CADAL（大学数字图书馆国际合作计划）项目管理中心技术总监徐建刚以《浙大图书馆智库服务探索》、中共中央党校（国家行政学院）图书和文化馆副馆长李爽以《党校系统图书馆转型发展与未来规划》、国防大学图书馆负责人李思以《国防大学图书馆转型发展遇到的矛盾问题与对策思考》、文化和旅游部全国公共文化发展中心副主任罗云川以《公共数字文化融合背景下公共图书馆创新服务的探索实践》为题，分别作专题发言。与会专家、学者结合专题发言进行交流，讨论并通过《数字图书馆资源管理指南》。

【同城共读　万卷共知——2019年4·23世界读书日全民阅读活动】 4月23日，学会和国家图书馆联合3039家图书馆及阅读推广机构，共同开展以“读经典　学新知　链接美好生活”为主题的全民阅读活动，涵盖公共、高校、科研院所、中小学、医院等各级各类图书馆。联合发布《服务全民阅读　共创美好生活——中国图书馆界4·23全民阅读活动倡议书》，共同向社会发出图书馆人对于服务全民阅读、推进学习型社会建设的倡议。搭建专门活动平台，集中展示各图书馆阅读推广活动风采，发布图书和音视频等资源供公众免费学习。组织专家研制中华优秀传统经典推荐书目，依托《唐诗三百首》《古文观止》《史记》《论语》《诗经》等编制试题库，开展“同城共读 万卷共知”阅读知识竞答活动。各省、自治区、直辖市图书馆学（协）会积极动员各级各类图书馆策划开展形式多样的读书活动，引导和鼓励社会公众阅读经典，参与在线竞答。据统计，共9.1万余人次访问平台参与学习，其中7.3万余人次参加线上答题，并于2019年中国图书馆年会期间参与现场竞答活动。

（撰稿人：马　骏）

中国城市科学研究会

服务创新型国家和社会建设　研究会开展首个科技成果评价项目“城市生态基础设施规划建设关键技术及应用”。该项目受北京大学、北京土人城市规划设计股份有限公司委托，采用会议评价的形式，中国工程院院士王浩、贺克斌、陈军等9位专家听取项目成果汇报，形成评价意见。项目成果实现理论方法与工程技术的系统化融合应用，经大量实践检验，在理论、方法和关键技术上均有重大突破和创新，填补国内相关领域空白。

研究会完成“资源型城市转型发展智库建设及创新模式研究”“团体标准示范学会”等课题。

研究会牵头的“十三五”国家重点研发计划“健康建筑可持续运行及典型功能系统评价关键技术研究”及“公共建筑机电设备系统运行管理现状调研与分析”2019年度已完成课题结题。

研究会参与国家自然科学基金政策研究重点项目“中国现代能源监管体系与监管政策研究”、国家社会科学基金重大项目“中国特色政府监管理论体系与应用研究”、国家重大科技专项子课题“城镇排水与污水处理系统污染物核算及高效监管技术体系研究与示范”，同时还承担多项由相关部委以及北京市人民政府委托的课题研究项目。

研究会完成国家行业标准《绿色生态城区评价标准》《绿色校园评价标准》的编制，《健康建筑评价标准》形成征求意见稿；发布中国首个针对旧居住区综合改造的团体标准《城市旧居住区综合改造技术标准》，完成多项研究会团体标准，如《既有居住建筑外加装配式电梯工程技术标准》《大跨度预应力空心板建筑工程应用技术标准》《医疗建筑集成化装配式内装修技术标准》《民用建筑室内空气质量监测仪》《装配式轻型钢结构工业厂房技术标准》；合作编制完成《ISO/FDIS　37156智慧城市基础设施—数据交换与共享指南》《ISO/DIS　37163智慧城市基础设施—城市停车场智慧交通的引导》《ISO/CD　37164智慧社区基础设施—使用燃料电池轻轨的智慧交通》《ISO/DIS　37165智慧城市基础设施—智慧交通之数字支付指南》《ISO/AWI　37166智慧城市顶层设计多源数据集成规范》《ISO/NP　37170城市治理与服务数字化》6个国际行业标准。

学会建设　2019年，研究会新成立韧性城市专业委员会。研究会已有21个专业委员会，年度新增会员总数达到4800多人。

经中国科协党组批准，研究会和中国科协战略创新研究院共同组建“未来城市研究所”，其宗旨是建设中国未来城市研究领域的国家级高端智库。

研究会加强同中央电视台、人民网、新华网等主流媒体的合作。研究会理事长仇保兴代表研究会在新华网思客讲堂录制一期《未来中国城镇化的发展方向》的节目。

学会治理结构和治理方式改革　研究会继续加强自身规范性建设，加大对分支机构规范性的管理，统一规定研究会下属分支机构的名称规范管理以及用章规范管理。继续对各分支机构进行综合能力评估工作，各分支机构明确今后工作重点方向。

研究会智能网上办公系统逐步完善，实行网上办公一体化、无纸化；科普信息化建设取得新进步，利用新媒体，加大宣传力度，通过微信公众号定期推送相关科普知识、学术动态、学术观点。

青年人才托举工程　研究会继续推进中国科协“青年人才托举工程”项目，建立研究会青年人才“遴选—培养—托举—评价”机制，制定《中国城市科学研究会青年人才托举项目管理办法》，实施项目全程严格监管与动态调整制度；建立青年人才资源储备库、青年人才个人培养档案、培养扶持专家库、长期跟踪评价人才数据库，为项目绩效评价提供有效数据支撑；建立多层次、多重点的托举平台，并形成研究会青年人才培养平台目录，满足优秀青年人才成长的多元化业务需求，托举一批富有创新能力及发展潜力的城市科学优秀青年人才，助力中国城市工作建设与发展。

主办期刊 2019年，《城市发展研究》出刊12期，刊发学术论文近300篇，发行纸质期刊58500册，对城镇化、城乡统筹、城市规划、城市经济、土地利用、区域研究等传统研究内容继续保持高度关注的同时，抓住城市科学研究的重点和热点问题，特别关注乡村振兴、城市更新与保护、城市治理等问题。

《城市发展研究》获得2019“中国最具国际影响力学术期刊”称号，为南京大学中文社会科学引文索引（CSSCI）来源期刊、中国人民大学书报资料中心《复印报刊资料重要转载来源期刊》。

学科发展工程 2019年，研究会出版12本年度报告及年鉴，分别为《中国低碳生态城市发展报告（2019）》《中国绿色建筑（2019）》《中国城市规划发展报告（2018）》《中国城市交通规划发展报告（2018）》《中国小城镇和村庄建设发展报告（2019）》《智慧城市年度发展报告（2018）》《中国数字化城市管理发展报告2018》《中国城市公用事业发展报告（2019）》《中国城市更新发展报告2019》《中国智慧城市年鉴2018》《中国建筑节能年度发展研究报告2019》《中国城市治理发展报告2019》。

国际学术会议 研究会全年共举办国际会议5次，分别为第十五届国际绿色建筑与建筑节能大会、首届中国城市水环境与水生态发展大会、第十四届城市发展与规划大会、第十四届中国城镇水务发展国际研讨会、第八届国际智慧城市峰会。

国内主要学术会议 研究会及其分支结构共举办年会、研讨会、论坛等学术活动8次，参加会议人数近3000人次。

11月23—24日，由研究会主办的2019中国城市更新高端学术研讨会在广东省深圳市举办。大会特设“2019中国城市更新暨粤港澳大湾区城市更新研究与探索”“城市更新的市场实践”等多场主题论坛，围绕城市更新的人文思考、行业尺度、发展质量、制度建设、生态修复、产业升级、历史文化保护、更新企业的发展方向、广东省“三旧”改造十年回顾、城市更新经典成功案例等话题进行报告。

5月30—31日，由研究会数字城市专业委员会主办的数字化时代下的工程设计企业管理与技术变革高峰论坛在湖北省武汉市召开。与会专家、学者围绕“打造数字企业　成就智慧管理”主题，共同探讨在大数据时代下如何数字化转型，打造工程设计企业管理新模式。

4月20—21日，中国城市科学研究会新型城镇化与城乡规划研究专业委员会2019学术年会在广东省深圳市举办。会议以“新时代城乡发展：变革与规划应对”为主题，围绕新型城镇化、城乡统筹、乡村振兴、规划改革等议题，展开探讨。

国际组织任职 研究会理事长仇保兴任国际水协会中国委员会主席；研究会智慧城市联合实验室首席科学家万碧玉在国际标准组织ISO/TC　268 SC1（智慧城市基础设施计量分技术委员会）担任副主席一职，在2019年度合作参与6项关于智慧城市方面的国际标准编制工作。

国际交往 研究会与德国能源署（Dena）合作开展中德生态示范城市工作，旨在生态城市规划、建设和运营管理等多个环节中借鉴德国低碳生态先进理念和技术，启动7个具有代表意义和示范效应的绿色生态城区城市建设项目。

研究会与法国建筑科学技术中心（CSTB）签署谅解备忘录，确定在生态城区方面达成全面合作，启动3个示范项目。

为推动落实《中欧合作2020战略规划》，研究会与芬兰大使馆在低碳生态城市方面开展合作，先后完成《南京南部新城中芬生态规划》《阿尔山中芬生态城规划》以及《陕西省榆林市生态区中芬生态规划》项目合作协议。

7月19日，中日生态城示范区国际合作项目签约仪式在北京举办。日本大使馆运输参事官笈田雅樹等出席并致辞，研究会理事长仇保兴和日本都市再生机构理事长、日本国土交通省国土计划局原局长中岛正弘分别代表中日双方共同签署中日生态城示范区国际合作项目协议。此项目旨在共同打造一流绿色生态城市，引入日本先进技术理念，加强日本低碳生态先进理念和技术在中国城市中的应用，共同推动中日生态城市技术领域的合作。

研究会加强与世界绿色建筑委员会（WGBC）和国际水协会（IWA）之间的交流。2019年，这两个国际组织共派遣5批专家参与研究会的学术研究和论坛。

研究会开展同美中绿色能源促进会（UCGEC）的合作，研究会理事长仇保兴代表研究会同诺贝尔奖得主朱棣文担纲的美中绿色能源促进会签订合作备忘录。

研究会开展同世界自然基金会（WWF）之间的合作，承接《中国城市和城镇地区的实况与数据研究》

报告的研究工作。

研究会作为国际智慧城市基础设施计量分技术委员会（Smart Urban Infrastructure Metrics）国内技术对口单位，合作编制关于智慧城市方面的国际标准，2019年合作编制完成智慧城市方面国际标准6项，新立项国际标准2项。

科普活动 研究会举办科普宣讲活动4次，受众300余人次，主要有：联合相关学校及地方政府组织开展绿色科普教育巡回课堂及绿色科普主题讲座；在广东省深圳市举办第五届全国青年学生绿色建筑夏令营，来自14所院校的16名学生参加夏令营活动；与清华－伯克利深圳学院建立首期建科学院Capstone创新训练营，开展绿色建筑、生态城市科普创新训练营，宣贯绿色建筑、生态城市建设相关知识；协助组织参与“畅想美好愿景 共绘城市未来——小小规划师”公益科普活动。

举办青少年科技竞赛4项。与中国建设教育协会共同组织举办全国高等院校首届“绿色建筑设计”技能大赛，全国共有360多所院校设计团队参加比赛；举办2019年全国青年学生绿色建筑知识竞赛，600多名学生参加答题；启动第二届全国大学生绿色校园概念设计大赛方案征集工作；开展城市水环境与水生态科普创意大赛，共征集来自清华大学、同济大学、南京大学等60多所高校学生的有效作品600余件。

党建强会 7月1日，为纪念建党98周年，响应并贯彻落实全党开展的“不忘初心、牢记使命”主题教育，研究会党总支召开“不忘初心、牢记使命”主题教育暨纪念建党98周年党员大会。党总支书记刘平星为全体党员讲授“不忘初心、牢记身份、践行承诺”专题党课。

会员服务 研究会应用会员管理系统，使会员信息网络化；开通支付宝支付渠道，使会费支付多元化；建立分级管理机制，组织会员参与研究会组织的各项国际、国内学术交流、合作及产学研平台搭建等活动。

【第十五届国际绿色建筑与建筑节能大会】 4月3—4日，由研究会和深圳市人民政府等联合主办的第十五届国际绿色建筑与建筑节能大会在广东省深圳市召开，清华大学环境学院教授、研究会秘书长余刚主持开幕式。来自国内外的专家、学者5000余人次出席会议。

大会以“升级绿色建筑，助推绿色发展”为主题，设有1个综合论坛，54个分论坛。开幕式上，国务院参事、住房城乡建设部原副部长、研究会理事长仇保兴以《我国绿色建筑回顾与展望》为题作报告；中国工程院院士钱七虎、江亿，住房城乡建设部总工程师陈宜明等11位专家和绿色建筑领域企业负责人发表主题演讲。在分论坛上，国内外专家、学者重点交流绿色建筑与建筑节能的最新科技成果、发展趋势和成功案例，研讨绿色建筑与建筑节能技术标准、政策措施、评价检测、创新设计和优化建造，加速推广绿色建筑，分享国际国内绿色建筑与建筑节能新经验、新技术，加快装配式建筑的普及和绿色建筑的发展。

《第十五届国际绿色建筑与建筑节能大会论文集》同期出版，遴选代表性文章142篇，覆盖“绿色建筑智能化与数字技术”等20个专题。

【第十四届城市发展与规划大会】 8月27—28日，研究会与郑州市人民政府主办的第十四届城市发展与规划大会在河南省郑州市召开。国务院参事、住房城乡建设部原副部长、研究会理事长仇保兴，中国工程院院士、同济大学副校长吴志强，自然资源部总规划师庄少勤等11位专家致辞。大会不仅邀请到国家相关部委领导，还邀请到300多位国内外城市发展与规划领域的专家和学者。

大会以“创新规划设计，提升城市活力”为主题，设有1个综合论坛，19个分论坛，围绕“国际中心城市功能提升”“国际生态城市理论和实践与中外城镇化发展进程比较”“创新驱动与资源型城市转型发展”“城市老旧小区、老旧街区有机更新与城市品质提升”等相关议题进行专题学术研讨。

经大会学术指导委员会专家评审，遴选出333篇具有代表性的文章辑录成《2019城市发展与规划论文集》。

【第十四届中国城镇水务发展国际研讨会】 11月26—27日，由研究会、国际水协会（IWA）中国委员会、研究会水环境与水生态分会、苏州市人民政府联合主办的第十四届中国城镇水务发展国际研讨会在江苏省苏州市召开。会议以“攻坚水污染防治，加快水生态修复”为主题，邀请300多位国内外城镇水务与水环境综合治理领域的专家、学者进行探讨和交流。大会邀请中国工程院院士、生态环境部水专项技术总师吴丰昌，中国工程院院士、长江学者特聘教授、城市水资源与水环境国家重点实验室主任任南琪，中国工程院院士、北京师范大学教授杨志峰出席开幕式并发表演讲。研究会理事长仇保兴出席大会开幕式并作题为《城市应急供水系统设计要点——基于复杂适应理论（CAS）》的主旨演讲。

大会设有主论坛1个，分论坛30个，围绕“城镇水务改革与发展战略”“海绵城市规划建设与管理”“城市智慧水务建设与运行”“黑臭水体治理”“村镇生活污水处理设施建设与改造”等与城镇水务相关的专题展开研讨和交流。

【第八届国际智慧城市峰会】 12月16—17日，由研究会和郑州市人民政府主办的第八届国际智慧城市峰会在河南省郑州市召开。大会设立1个主论坛和14个分论坛，以“助推5G商用，升级智慧生态城市”为主题，邀请相关政府部门负责人、中国科学院院士、中国工程院院士、智慧城市领域专家出席大会，分享交流国际前沿智慧城市建设经验，集中探讨5G、人工智能、未来城市、大数据、城市“大脑”、物联网、区块链等新技术革命给城市发展带来的机遇和挑战，以凝聚理念共识和行动共识的方式，打造智慧城市建设的高端政企交流平台、产业凝聚平台和投融资对接平台，共享未来智慧城市构建的新理念和新思路，加速推进智慧生态城市标杆建设。

（撰稿人：叶蒙宇　姬朕宇）

中国科学学与科技政策研究会

服务创新型国家和社会建设　研究会承担科技部委托的“深化科技创新治理机制建设研究”项目；承担中国科协创新战略研究院的“双创示范基地建设第三方评估”项目；承担中国科协委托的“世界一流科技社团评价体系及排行”“科技民生报告丛书支撑管理专项”“海南国际创新人才和科技合作国际化瓶颈问题调研”“科技社团理论研究现状及发展态势研究”“PI制科研组织形势研究”“中国科学所属学会、协会和研究会的组织力调查研究”“青年科技人才成长特征分析”等研究项目。

研究会承担“温州创新城市建设”“台州市重点产业（领域）战略咨询活动大湾区创新体系建设”“山东省产业技术需求调研项目”“甘肃省兰州市等10个地区公共服务客观统计指标采集分析”等研究项目。

4月17日，由研究会区域创新专业委员会等主办的2019科技智库核心能力建设高级研修班在上海市开班，来自全国17个省、直辖市的30多家机构的70余位学员参加培训。

学会建设　截至2019年年底，研究会会员人数达4864人，较2018年增长44%。微信公众平台关注人数达3920人，较2018年增长59%。

经研究会七届五次理事会研究决定，调整无故不参加会议、不能正常履职的常务理事2名、理事2名，新增补理事4名。

研究会建立信息公开制度，组织编制2018年年报，并在研究会网站上公开发布。

研究会规范财务制度建设与财务管理。按照中国科协办公厅《关于印发〈关于中国科协所属全国学会进一步加强财务管理的若干规定〉的通知》（科协办发计字〔2018〕22号）要求，开展财务管理对照检查和整改工作。针对存在的个别制度不完善、不规范现象，结合实际制定有关制度实施方案。

主办期刊　《科学学研究》期刊影响因子是3.815，2017年为3.855。总被引频次为13813，2017年是12040，有明显提高。影响力指数（CI）学科排序是2/37，2017年是2/34。核心总被引频次为3944，2017年是3142，排名第2。核心影响因子为1.627，2017年是1.569，排名第9。综合评价排名第7，2017年第4。2019年，被中国学术期刊（光盘版）电子杂志社评为“中国最具国际影响力学术期刊”。这是自2012年以来，《科学学研究》连续8年获评该奖。

2019年11月19日，中国科学技术信息研究所主办的中国科技论文统计结果发布会上公布的数据显示，《科研管理》期刊2018年总被引频次为3596，与2017年相比增加479，在管理学类期刊中排名第4；核心影响因子为1.764，与2017年相比增加0.13，排名第6。《科研管理》期刊2018年在37种科学学与科研事业类期刊中，复合总被引频次为14410，与2017年相比增加2143；复合影响因子为4.280，与2017年相比增加0.694，排名第2。被评为“2019中国最具国际影响力学术期刊”，被收录为《中国科技核心期刊》（中国科技论文统计源期刊），入选2019—2020年度中国科学引文数据库来源期刊。

中国知网数据显示，《科学学与科学技术管理》2018年总被引频次为13057，比2017年（10567）增长23.6%；2018年影响因子为3.919，比2017年（3.478）增长12.7%。在2019年《世界学术期刊影响力指数WAJCI年报》中，位列2019世界学术期刊学术影响力指数（WAJCI）Q2 区中国社科期刊“科学学与科研事业”类第 1。

编辑部创新优先出版业务，缩短期刊从录用到刊发的时间，提高文章的时效性，并开通微店，实现期刊线上订阅与购买，为读者和作者提供方便的购买模式。

决策咨询 研究会参与 2019 年中国科协组织的立法咨询活动。组织专家对《民法典各分编（草案）》等法案进行讨论，并提交相关建议。

研究会承接中国科协年会党政专家座谈会调研咨询任务，组织开展高端智库咨询服务龙江专题调研，研究会副理事长薛澜应邀参加第二十一届中国科协年会党政领导与院士专家座谈会，作《黑龙江省科技创新促进动能转换对策研究》主题发言。

国内主要学术会议 8 月 17—18 日，由研究会主办，研究会青年工作委员会承办的第十一届（2019）中国青年创新论坛在浙江省杭州市举办。论坛的主题是“数字经济背景下的创新管理研究”。

10 月 26—27 日，由研究会主办，研究会公共管理专业委员会、长安大学公共管理与法学院共同承办的中国公共管理高峰论坛暨国家治理能力现代化会议在陕西省西安市召开。来自清华大学、中国人民大学、复旦大学、华中科技大学、西安交通大学、长安大学等 35 所高校师生共计 300 余人参加研讨会。开幕式由长安大学公共管理与法学院院长刘兰剑主持。

4 月 26—28 日，由研究会科学计量学与信息计量学专业委员会等主办的第十一届全国科学计量学与科教评价研讨会在重庆市召开。来自全国 40 余家单位的科学计量学、科教评价领域的 140 余名专家、学者出席会议。会议期间，召开第七届中国科学学与科技政策研究会科学计量学与信息计量学专业委员会第四次全体会议。

4 月 27—28 日，由研究会数字创新管理专业委员会等主办的创新驱动与高质量发展国际研讨会在广西壮族自治区南宁市召开。与会专家、学者就“创新驱动”与“高质量发展”两个专题进行交流与探讨。

5 月 18 日，由研究会科技政策专业委员会等主办的建国 70 年来中国科技创新政策的发展研讨会暨科技政策专业委员会会议在浙江省宁波市召开。与会专家、学者探讨建国 70 年来中国科技创新政策的思想和理论、发展的历史阶段和特点、规划在中国科技发展中的作用等议题。40 多名专家、学者参加会议。

6 月 15 日，由研究会知识产权政策与管理专业委员会等主办的第二届中国知识产权政策与管理发展论坛在重庆市召开，会议主题为“新时代背景下的知识产权强国战略”。170 余名专家、学者参加会议。

7 月 13—14 日，研究会政策模拟专业委员会在北京召开政策模拟与评估方法学术年会。

7 月 28 日，由研究会技术预见专业委员会等主办的第十四届全国技术预见学术研讨会在北京召开。会议以“技术预见：引领新一轮科技规划研究”为主题，研讨技术预见在研究编制新一轮中长期科技发展规划和“十四五”科技发展规划中的引领与支撑作用，把握未来科技发展趋势，增进技术预见方法、实践和应用方面的交流。

8 月 8—9 日，由研究会区域创新专业委员会等主办的全国区域创新学术研讨会在青海省西宁市召开，200 余人参加会议。会议主题为“区域创新战略规划与东西部科技合作”，聚焦“十四五”区域创新战略规划和 2035 年区域协同创新前沿热点、重点任务，围绕新形势下东西部科技合作的理论与实践，探讨西部地区创新驱动发展路径和全国区域协调发展的典型案例等。

8 月 10—11 日，由研究会公共管理专业委员会主办的全国政府绩效管理与评估高峰论坛在陕西省西安市召开。

8 月 17 日，研究会数字创新管理专业委员会预备会议在浙江省杭州市召开。会议明确数字创新管理专业委员会的使命和任务，指出面对中国的数字创新实践，专业委员会应逐步构建高质量的研究性学科性平台，以全球视野分析中国网络与数字创新发展的规律，推动学术共同体探索这一领域的理论发展与实践指导。

9 月 21—22 日，由研究会科技管理与评价专业委员会主办的第十九届全国科技评价学术研讨会在重庆市召开，近 500 名专家、学者参加会议。会议主题为“科技评价与区域协调发展战略”，与会专家、学者就推动科技评价与区域协调发展战略问题的讨论与研究进行探讨，为解决中国科技评价改革与区域协调发展问题提供理论与方法支撑。大会收到论文及摘要 260 余篇，10 篇论文被评为大会优秀论文，27 篇论文获得大会表彰。

两岸交流 6 月 28 日—7 月 1 日，由研究会等主办，研究会海峡两岸学术交流专业委员会等承办的第九届海峡两岸区域发展论坛在辽宁省沈阳市召开，主题为“两岸协力创新，共促东北振兴”。来自海峡两岸专家、学者共同探讨全球化背景下海峡两岸协同发展之路，研究如何有效推进两岸在区域经贸、科技、教育、文化和城市发展中的交流与合作。

国际交往　7月8—9日，研究会在英国举办第二届国际科技政策与创新创业论坛。论坛以“中英科学、技术与创新合作：下一个四十年”为主题，探讨中国和英国合作政策机制，以支持两国重点关注的战略领域，进一步加强两国在基础研究、创新方面的合作，以及与第三方国家或国际组织之间的全球伙伴关系。近150名国内外学者、政府人员参加论坛。会议征集论文160篇，收录论文集66篇。会后，国务院新闻办公室网站、新华网、人民网、《欧洲时报》等国内外主要媒体进行相关报道。

表彰举荐优秀科技工作者　10月，研究会完成第三届中国科学学与科技政策研究会奖评选工作，并在第三届中国科学学与科技政策研究会年会上举办颁奖典礼，对中国科学学与科技政策领域杰出的研究人员进行表彰。南京信息工程大学教授李廉水、河南师范大学教授梁立明获得杰出贡献奖；中国科学院科技战略咨询研究院研究员陈凯华、清华大学公共管理学院教授梁正、大连理工大学教授陈悦获得优秀青年奖。同时，补发张碧晖终身成就奖。

研究会另推荐陈凯华、温珂为第十六届中国青年科技奖候选人。

党建强会　研究会学习宣传贯彻党的十九大精神，在学会主体业务中融入党的元素，推动学会党建工作制度化、规范化、科学化，及时更新党建“五个清”统计台账，依托相关分支机构开展党建工作。

【第十五届中国科技政策与管理学术年会暨中国科学学与科技政策研究会理事会议】　10月19日，由研究会主办，南昌大学承办，南昌大学经济管理学院、南昌大学中国中部经济社会发展研究中心、江西发展升级推进长江经济带建设协同创新中心、中国科学院大学公共政策与管理学院以及《科学学研究》《科研管理》《科学学与科学技术管理》和 *Innovation and Development Policy*（《创新与发展政策》）编辑部协办的第十五届中国科技政策与管理学术年会暨中国科学学与科技政策研究会理事会议在江西省南昌市召开。年会以“科技革命与数字转型：机遇与挑战”为主题，来自各高校、科研院所、产业界的近千名专家、学者参加会议。研究会理事长穆荣平、南昌大学党委副书记黄恩华先后为大会致辞。

邀请8位专家、学者以科技革命与数字转型为背景，从宏观、微观、技术研究等视角作报告，包括研究会理事长穆荣平的《创新发展格局演化背景下中国发展愿景与政策取向》、中国科学院大学经济与管理学院教授柳卸林的《从制度理论看自主创新与中长期科技规划的实施与绩效》、研究会副理事长蔡莉的《数字化新企业快速成长机制》、南京信息工程大学教授李廉水的《两化融合到创新引领——中国制造业智能化进程与展望》、科大讯飞股份有限公司副总裁李世鹏的《人工智能大规模应用的机遇与挑战》、研究会副理事长胡志坚的《科学技术工业革命趋势探析》、上海交通大学教授吴建南的《数字转型与城市治理：从最佳实践中我们能学到什么？》，以及南昌大学经济管理学院教授李建强的《技术创新是否降低了二氧化碳排放？》。

年会期间，举办“数字转型面临的问题与对策”和“科学学与科技政策研究热点与前沿”两场专题对话，黄鲁成、李春成、杨彤、余江、朱桂龙、朱雪忠、陈凯华、陈悦、李万、温珂、张赤东等专家、学者作要点发言，并与现场听众互动研讨。此外，年会设立27个分会场，就相关主题进行讨论交流，如创新发展与治理的数字化转型，企业创新发展，产学研合作理论与实践，科技创新政策体系与效用的评估，面向“十四五”的科技创新与公共政策，海峡两岸绿色创新与融合发展的新路径，技术预见理论与方法，科技创新合作网络、科技伦理与治理，科技社团发展与治理创新，数据科学与科技项目管理创新，新时期国家创新体系建设与科技体制改革，科学文化建设，新时期科学学理论、方法与应用，数字创新与经济高质量发展，知识产权政策与管理，科技基础设施专业委员会会场，等等。

年会共收到论文400余篇，组委会经匿名评审程序遴选出16篇优秀论文，研究会理事长穆荣平、副理事长魏江向优秀论文作者颁发荣誉证书，优秀论文将刊载于《科学学研究》《科研管理》《科学学与科学技术管理》等期刊。

【第八届中国科技政策论坛】　11月24日，由中国科协常委会决策咨询专门委员会主办，中国科协调研宣传部支持，中国科协创新战略研究院和研究会共同承办的第八届中国科技政策论坛在北京召开。论坛以“新兴科技发展与法治社会建设”为主题，旨在贯彻落实党的十九届四中全会精神，推动科技在国家治理体系和治理能力现代化进程中发挥重要作用。来自全国各地的科技政策制定者、专业政策研究人员、科学家、省级科协代表以及其他机构的代表共计约200人参加论坛。

研究会名誉理事长、中国科学院党组原副书记、中国科学院科技战略咨询研究院特聘研究员方新，中国科学院院士、全国人大常委会副秘书长郭雷，中国工程院院士、十三届全国人大宪法和法律委员会副主任委员丛斌，研究会副理事长、清华大学苏世民书院院长薛澜发表主旨演讲。中国科协调研宣传部部长郭哲主持主旨演讲。

研究会理事长穆荣平，中国科协创新战略研究院院长任福君，科大讯飞股份有限公司副总裁刘江，中国科学院大学公共政策与管理学院教授罗先觉，国务院参事、中国科学院大学经济与管理学院教授石勇，山东大学数据科学研究院副研究员王芳，最高人民法院信息中心主任许建峰，阿里巴巴集团控股有限公司政策法规研究室总监李倩，中国科协创新战略研究院副研究员刘萱，上海社会科学院法学研究所研究员刘长秋，中国科学院科技战略咨询研究院研究员肖尤丹，同济大学教授朱雪忠等专家、学者以专题对话方式开展交流，分别就科技在法治国家建设中的作用、法律对科技发展的保障与规制两个问题进行研讨。

（撰稿人：孙芬芬）

中国农村专业技术协会

服务创新型国家和社会建设 协会推进科技小院建设，聚集全国涉农高校、科研院所人才资源，搭建产学研用交流平台，引导涉农科技工作者进入农村生产第一线，推动科技小院模式落地。赴四川省、福建省、广西壮族自治区、内蒙古自治区、江西省等地考察调研，多次召开科技小院建设研讨会。截至12月底，已在四川省、福建省、河北省、江苏省、江西省、广西壮族自治区6地挂牌成立26个科技小院，并在内蒙古自治区、云南省等地培育若干个科技小院。组织举办科技小院专题培训班，通过课堂讲授、经验交流、实地调研多种方式，搭建培训交流平台，助推科技小院模式落地。

协会与江西省科协签署战略合作协议，在科技服务、人才培养、共建科技小院等方面开展合作。

9月23—29日，协会在河南省郑州市举办智慧农民引领暨百名乡村科技人才培训班、全国农技协农产品区域公用品牌专题培训班，来自全国28个省、自治区、直辖市的300余名省级农村专业技术协会工作负责人、优秀农村专业技术协会领办人、涉农科技工作者及有关人员参加培训。

学会建设 协会按工作程序召开五届二次理事会议，审议通过年度工作报告、财务报告，变更、增补部分理事、常务理事、副秘书长。

学会治理结构和治理方式改革 协会支持23个专业委员会发挥专业优势，组建专家服务团，在业务范围内开展各项活动。先后支持中药材、食用菌、奶牛、农产品流通、蚕桑专业委员会举办中药材产业形势与发展论坛、全国食用菌生产技术培训暨现场观摩会、中国奶业竞争力提升行动——奶牛金钥匙技术示范走进山东牧场暨农技推广座谈会、2019香港“一带一路”国际食品展、2019中国国际薯业博览会，申报中国科协“创新驱动助力工程”项目等多项活动。实施中国农技协专业委员会交流研讨项目，组织3次交流活动。

协会支持各省农技协建设发展。出席广西、江西、上海、陕西、湖北、湖南等省（自治区）级农技协换届大会。支持福建、黑龙江、四川、山西、广西等省（自治区）级农技协开展工作，联合主办海峡两岸农业绿色发展与乡村产业振兴论坛、中国农技协（黑龙江）合作交流峰会，出席四川省农村乡土人才创新创业大赛、山西省第三届吕梁名特优功能食品展销会等活动，及时转发广西科协和民政厅联合印发的《关于进一步加强农村专业技术协会登记管理工作的通知》。

科普活动 协会号召并开展科技志愿服务工作。成立中国农技协科技志愿者服务总队并在各省农技协、专业委员会和科技小院设立分队。组织动员科技工作者、农技协工作者、农技协领办人及会员参与科技志愿服务。

学会创新发展 协会按照“五横四纵一特色”的架构推进智慧农技协建设。搭建5个平台，即会员服务平台、优质农产品展示平台、农产品区域公用品牌数据服务平台、基层农技协样板展示平台、可视化展示平台；建设4个频道，即党建频道、智库频道、学术频道、科普频道；打造科技小院、专业委员会、科技志愿服务等特色栏目。智慧农技协以“连接赋能”为着力点，推动应连能连尽连，构建网上农村专业技术协会服务新格局，实现全国农村专业技术协会业务数据化、流程协同化。截至12月底，已有10097家农技协组织入驻智慧农技协平台。

党建强会 7月，协会在五届二次理事会议期间召开党委会议和全体党员会议。协会办事机构党支部组织全体党员参加第一批“不忘初心、牢记使命”主题教育，牵头落实7项农技协工作整改措施并取得阶段性成果。在此基础上对照第二批主题教育的新要求，继续加强学习。

会员服务 协会组织实施助力乡村振兴项目，支持15个省农技协、5个专业委员会，共实施项目21个，支持各省农技协、专业委员会开展科技培训，培养乡村科技人才。

【中国农村专业技术协会第五届理事会第二次会议】 6月30日—7月3日，中国农村专业技术协会第五届理事会第二次会议在四川省成都市召开，来自各级科协、农业大学、基层农技协的200余人参加会议。

会议期间，协会理事长柯炳生为来自山西、福建、四川等省份和中药材专业委员会、奶牛专业委员会等分支机构授予“中国农村专业技术协会科技志愿者服务分队”旗帜，并围绕乡村产业振兴与农技协作辅导报告。协会党委书记、常务副理事长师铎作年度工作报告，并在党员大会上就协会党委开展“不忘初心、牢记使命”主题教育作部署。中国工程院院士、协会副理事长张福锁作题为《科技小院助力乡村振兴》专题报告，讲述科技小院的核心职能以及在研究解决技术难题、促进产业发展、培养“三农”工作人才等方面的典型实践。协会秘书长杨利军结合协会印发的《关于推进智慧农技协建设的通知》，对加快推进智慧农技协建设工作进行动员和部署。

会议审议通过协会第五届理事会年度工作报告、财务报告，变更、增补部分理事、常务理事、副秘书长。各分组讨论召集人汇报本组成员就年度工作报告等文件以及针对农技协党建、智慧农技协建设、科技小院等工作提出的意见建议。

来自四川、福建两省农技协负责人就科技小院建设典型经验作交流分享，共同探讨如何进一步推动科技小院建设。全体参加会议人员前往四川蒲江果业科技小院进行现场观摩，相关负责人就入驻科技小院以来所做的工作和取得的成绩作详细介绍。

【2019年中国农村专业技术协会科技小院专题培训班】 11月28—30日，协会主办的2019中国农村专业技术协会科技小院专题培训班在福建省福州市举办，来自全国20多个省、自治区、直辖市的科协、农技协、高校及企业代表等200余人参加。协会科技小院联盟秘书长、中国农业大学教授李晓林，福建省农技协理事长吴瑞建，四川省农技协副理事长、四川农业大学教授王西瑶分别作专题报告，来自福建省、四川省的科技小院专家、依托单位负责人、在校研究生、农户等交流分享科技小院建设经验。课程教学完成后，进行分组讨论活动，学员们就科技小院建设展开讨论和交流。培训期间还组织学员前往福建建瓯闽北乌龙茶科技小院进行现场教学，实地参观考察科技小院的建设工作。

【全国农村专业技术协会农产品区域公用品牌专题培训班】 9月26—29日，由协会和中国科协农技中心联合举办的全国农村专业技术协会农产品区域公用品牌专题培训班在河南省郑州市举办，来自全国27个省份的农技协负责人、各专业委员会有关负责人、优秀农技协领办人、涉农科技工作者等近200人参加培训。

协会副理事长陈豫川、农业农村部中国绿色食品发展中心农艺师赵坤、振兴国际智库理事长李志起、北京农村专业技术协会副理事长李华、山东省泰安市板栗协会会长王雅红作专题报告。

学员围绕打造和保护农产品区域公用品牌，助力产业兴旺等方面进行交流和讨论，并先后来到河南省新郑市好想你枣业科普教育基地、荥阳市河阴石榴科普示范基地进行现场教学。

结业会上，各小组从不同层次、不同角度汇报学习打造农产品区域公用品牌的心得体会，明确今后的工作方向，部分优秀学员作典型发言。

【智慧农民引领暨百名乡村科技人才培训班】 9月23—26日，由协会和中国科协农技中心联合举办的智慧农民引领暨百名乡村科技人才培训班在河南省郑州市举办。来自全国27个省份的农技协负责人、各专业委员会有关负责人、优秀农技协领办人等近200人参加培训。协会理事长柯炳生、副秘书长彭立颖等为学员授课。学员围绕农民科学素质提升、智慧农技协建设、农技协助力乡村振兴战略等工作，进行交流讨论，部分优秀学员作典型发言。

（撰稿人：封　伟）

中国工业设计协会

服务创新型国家和社会建设 2019年，协会先后组织专家走进贵州、甘肃、四川、山西等地，为各地产业长效发展献计献策，助推产业转型升级，通过产业平台、产业旅游和产业生态等的资源整合、有序建设，为当地农户出谋划策，助力区域经济生态可持续化发展。截至12月底，已经对接十余个省市，收到500余份设计需求，产生超过100种案例成果，300余家设计企业和机构加入扶贫队伍。

协会与黄山手绘工厂、设咖工场联合培养手绘设计人才，并纳入工业设计能力水平认证体系，推进行业从业者设计手绘、设计软件能力及创新思维能力水平的提升，为产业新旧动能接续转换与创新型国家发展战略提供强有力的人才支持，为行业输送“双创”人才。逾3000名“设计手绘能力注册设计师”“设计软件能力注册设计师”获得认证。

协会承办“国家企业经营管理人才素质提升工程”的2019届工业和信息化部中小企业经营管理领军人才工业设计高级研修班，课程为期一年。从2013年开始，协会已连续7年承办该项目，已在全国18个省市的24座城市开展培训活动，累计培养近800名创新企业家，产生超过50个合作创新成果。

协会承办山东设计创新企业家人才培育工程高级研修班，围绕“设计赋能企业升级”，共同探索以设计创新赋能制造业转型升级。4月26—27日，高级研修班创新2班首期课程在山东省烟台市举办，来自山东省各市及全国其他地区的50位设计师参加培训，以设计创新赋能山东省制造业转型升级。

主办期刊 《设计》是由中国科协主管，协会主办的（首批）学术期刊。2019年中国知网公布的复合影响因子、综合影响因子、人文社科影响因子均为68，在艺术类期刊中排名第一。《设计》被中国知网（Q1区）、中国学术期刊网络出版总库、CNKI系列数据库、科学引文数据库（SCD）源期刊、中国学术期刊综合评价数据库、中国核心期刊（遴选）数据库、国家科技学术期刊开放平台、万方数据电子出版社、龙源期刊网收录，被维普网、博看网等全文收录。

决策咨询 协会为工业和信息化部、国家发展改革委等部委提供智库咨询服务。就制造业转型升级、新旧动能转换、创新创业、设计扶贫、乡村振兴、“一带一路”倡议、国家工业设计奖项等工作建言献策。

协会完成工业和信息化部、财政部委托的《制造业设计能力提升专项行动指南》解读及推动落实相关工作，以及《工业设计扶贫工作专项》《加强国际合作壮大工业设计园区政策路径研究》《深入推动设计扶贫典型经验和路径研究》研究课题。

国际学术会议 10月18—20日，由协会承办的2019世界工业设计大会在山东省烟台市召开。大会以“设计·动能之光”为主题，来自亚洲、欧洲、美洲、非洲、大洋洲的40多个国家和地区的2000多位专家、学者、企业家、设计师等参加会议。

国际交往 3月，在联合国工业发展组织的支持下，2019世界工业设计大会暨国际设计产业博览会欧洲新闻发布会召开。中德工业设计中心专家委员会成立，由来自近20个产业领域的国际专家构成，西门子用户界面设计中心创始人Heidi Kröemker出任专家委员会主席。

4月，中德工业设计中心代表中国设计平台机构受邀参加德国汉诺威工业展，展会期间中德工业设计中心与汉诺威市贸易促进局就展会以及中德两国企业设计创新合作等方面达成多项共识。

科普活动 2019年，协会直接发起和参与组织的各种培训和推广论坛、峰会达上百场，直接受众超过2万人次。

学会创新发展 在2019世界工业设计大会开幕式上，世界工业设计大会以及协会联合国内外50多家大学和企业共同发起联合共建中国工业设计联合创新大学。

会员服务 协会利用全国性行业资源平台优势，支持和服务会员发展，除组织展览会、论坛、培训、对接会等活动，以及通过联络、协调等方法解决会员单位遇到的实际问题外，还及时发布行业发展信息。协会已经形成网站、微信公众号、微博、《设计通讯》、《设计》、《中国工业设计年鉴》等信息发布媒介体系，及时推送行业发展的相关动态。

【2019世界工业设计大会】 10月18—20日，由协会联合全球30多个国家和地区的设计组织、机构、企业以及院校等发起的2019世界工业设计大会（WIDC）在山东省烟台市召开。会议以“设计·动能之光”为主题，来自亚洲、欧洲、美洲、非洲、大洋洲40多个国家和地区的2000多位专家、学者、企业家、设计师等，以设计产业为核心，就加快新旧动能

转换、促进高质量发展等领域，展开一系列分享、探讨、交流与合作。

工业和信息化部党组成员、副部长王江平，山东省委常委、常务副省长王书坚，原国家外经贸部首席谈判代表、副部长龙永图，烟台市委相关领导，中德工业设计中心专家委员会主席 Heidi Kröemker 出席大会开幕式并致辞，烟台市市长陈飞主持开幕式。

开幕式上，汉诺威中德商务中心、烟台国际设计小镇、中国工业设计联合创新大学、国家产教融合发展工程烟台工业设计中心一系列创新成果落地，将成为设计产业发展的有力支撑。

会上，成立首个世界设计产业组织，发布全球首个《设计产业宣言》。协会联合全球 40 多个设计组织共同举办国际设计产业博览会，设有 3 万多平方米的创新成果展，集中展示全球顶级的创新成果，吸引国内外观众 14 万人次，网络浏览点击量达 3.5 亿次。

大会期间，举办上百场国际峰会、高峰论坛、产业对接、Workshop（工作坊）等活动，如工业设计战略与未来经济建设——中国工业设计发展 40 年研讨会、设计扶贫与可持续发展圆桌峰会、WIDC 国际设计产业高峰论坛、国际设计组织联席会议、世界设计组织发起成立会议、WIDC 设计产业发展圆桌峰会、绿色潮流童装发布会、中德工业设计专家联席会议、全国工业设计领军论坛、设计创造物联美好生活论坛、“工业设计赋能轨道交通——设计点靓中国金名片”论坛、“设计思维与下一代成长”主题论坛、“新物种　新赛道　让世界看见中国设计”论坛及烟台首届“市长杯”工业设计大赛颁奖仪式等。

【第二届世界生态设计大会】 12 月 6 日，由协会和广州市人民政府联合主办的第二届世界生态设计大会在广东省广州市召开，来自全球 30 多个国家的设计组织、机构、企业及院校的专家、学者、企业家参加会议。会议以“创新设计，定制梦想”为主题。

大会期间，来自孟加拉国、柬埔寨和泰国 3 个主宾国的政、企、学、研、艺代表充分展现各国的风土人情及特色产业。开幕式上公布全球首个“定制之都”，并揭晓创新设计奖（ID 奖）评选结果。最终获得“定制之都案例城市”称号的分别是广东省广州市和柬埔寨暹粒省暹粒市。

（撰稿人：王艳峰）

中国工艺美术学会

学会建设 2019 年，学会继续执行理事长办公会制度，并根据工作需要拓宽会议的工作内容。理事长办公会由理事长、专职副理事长、秘书长和副秘书长等参加，主要审议秘书处提出的工作方案，讨论学会重大工作事项。

学会充分发挥省际学会理事长联席会议的作用。3 月，学会在福建省泉州市德化县召开第二次省际学会理事长联席会议。

学会对所有会员的资料进行全面梳理和分类，并在此基础上修订会员管理办法，实行会员标准化管理。根据学会章程和会员管理办法，开展会员换证工作，并进一步做好会员发展工作。

学会恢复成立纤维艺术与设计专业委员会。

主办期刊 《雕塑》是学会主办的雕塑专业双月刊。2019 年,《雕塑》主要栏目包括“特别报道”“封面艺术家”“艺海撷英”“公共艺术”“泛雕塑”“雕塑教育”“理论纵横”等，全年出版约 3 万册。

国际学术会议 4 月，学会织锦专业委员会在江苏省苏州市举办织锦技艺·传承与创新·2019 国际学术会议，来自美国、法国、意大利、日本、瑞典、罗马尼亚、越南等国家和地区的 100 余位专家、学者，就织锦技艺的传承与创新进行交流。会上，15 位专家、学者阐述学术研究、艺术创作、创作理念等方面的实践经验和成果，并互相交流。

10 月 26 日，学会与荆州市人民政府共同主办的 2019 荆楚问漆国际学术研讨会、全国漆艺邀请赛等系列活动在湖北省荆州市召开。活动得到文化和旅游部非物质文化遗产司、湖北省文化和旅游厅的支持与指导。研讨会上，中国、日本、韩国的专家、学者分别作专题报告，就大漆与当代艺术创作、漆树种植与文旅融合、大漆产业与现代生活等专题，分别进行学术讨论。活动旨在研究挖掘传统漆艺的历史渊源、文化内涵、精神价值，推动全国传统漆艺的传承发展和楚式漆艺的振兴，促进国际漆艺界多元交流。

11 月 14—15 日，由国际民间艺术组织指导、学会支持，江门市人民政府、暨南大学、五邑大学共同主办的“一带一路”文化遗产合作与交流（2019 江门）国际研讨会暨国际手工艺展示在广东省江门市召开。此次研讨会以“湾区文化遗产与创意产业的发展及应用”为主题，邀请来自北京、香港特别行政区、澳门特别行政区等国内专家、学者，以及东京、纽约等国际湾区的专家、学者、创意设计师、政府管理人员等，为粤港澳大湾区的文化遗产与创意产业发展出谋划策。同期举办的国际手工艺展活动邀请来自伊朗、澳大利亚、日本、印度、美国、意大利、拉脱维亚等12个国家的20多个项目的艺术家参加，江苏省、贵州省等地的民间艺术家展示苏绣、苗绣、仿真绣等6种传统手工艺，众多艺术作品集新材料、传统工艺和现代设计于一体，跨界融合创新特点突出。

国内主要学术会议 8月，学会与广东工艺美术协会在广东省广州市举办第二届“岭南论坛”。此次论坛就如何扩大工艺美术社会影响力、调整产业结构、加强跨界融合、迎接工艺美术发展新时代、工艺美术与新生活新文化的关系、工艺美术品牌价值的传播等话题进行探讨，拓展工艺美术工作者面对当下科技、审美和大众生活挑战下的生存语境和品牌发展思路。

11月2—3日，学会在福建省厦门市举办第二届“鹭岛对话”工艺美术论坛。论坛共两场，主题分别为“工艺美术与新生活、新文化”和“工艺美术的品牌价值传播”，就工艺美术产业的创意发展、产学研有机融合和工艺美术品牌发展方向进行探讨。来自院校、研究机构、工艺美术产区的多名专家、学者以主旨演讲和对话的形式，围绕两个论坛主题，对行业融合与发展进行交流与讨论，为中国工艺美术的创新发展提出新观点、新思路。

6月13—16日，学会与宜宾市人民政府合作，组织参与在四川省宜宾市召开的首届中国（宜宾）国际竹产业发展峰会暨竹产业交易会。大会由中国国际商会、国际竹藤组织、中国竹产业协会主办，国家林业和草原局生态保护修复司及学会等单位支持，四川省林业和草原局、宜宾市人民政府承办。学会主办“竹工艺作品展”及“竹·艺——竹工艺文化的传承与发展”主题研讨会。研讨会由个案解剖和多元对话两个板块组成。大师名匠论述工艺传承、创新、发展三者的关系，同时分享自身艺术探索的经验、工艺实践的成果、产业发展的见解及人才培养的思路。

11月，在首届中国工艺美术博览会（CACE）期间，学会承办赋能·新生——中国工艺美术传承与发展论坛。工艺美术行业专家、学者分别从传统工艺与当代设计的关系入手，探讨传统手工艺术在现代审美体系下的创新与融合，论述在全球化趋势迅速发展的机遇下，中国传统手工艺术如何根植于传统文化，更好地将中国优秀传统文化带向全球；从支持与发展工艺美术职业教育层面，论述传统手工艺在传承与发展的道路上，如何运用现代教学理念，培养出更多的“接班人”；从互联网打造传播生态圈角度，探讨工艺美术领域的品牌化策略，构建自身品牌的价值体系；从品牌运作、市场开发等经验出发，解读在文旅融合的趋势下文创产业的发展道路。

科普活动 2019年，根据地区特点和专业特点，学会组织专家共考核和建立5个工艺美术科普教育基地，分别为：江苏省苏州市镇湖刺绣科普教育基地、福建省泉州市德化县陶瓷科普教育基地、广东省工艺美术科普教育基地、福建省泉州市惠安县石雕科普教育基地和山东省潍坊市民间艺术教育基地。

6月8日，学会与各省市工艺美术学/协会在国家文化遗产日联合发起“手艺·守艺——中国工艺美术学会工艺美术科普教育日”活动，围绕工艺美术非物质文化遗产“进校园、进社区、进企业、进乡村”开展科普教育服务。除北京主会场外，参与活动联动的还有江苏、河北、福建、江西、陕西、广东、贵州、大连等省市工艺美术学/协会，在全国各地共组织20余场工艺美术科普活动。

党建强会 学会根据党建教育工作的具体安排，制定并实施主题教育工作方案，组织全体工作人员学习党建教育文件和材料，并按照工作方案开展一系列党建教育活动。如前往北京大学红楼开展以“不忘初心、牢记使命”为主题教育的党日活动。

（撰稿人：毛增印）

中国科普作家协会

服务创新型国家和社会建设 2019年，协会继续承担科学传播专家团队培训交流组织实施工作，为科学家参与科学传播和科普创作搭建平台、提供服务。组织开展第六批首席专家及团队聘任工作，并为在库的512个团队（包括510名首席专家及6547名团队成员）提供科学传播能力培训、视频拍摄、宣传等服务，同时研究制定团队运行指导意见及未来发展规划等。

4月12日，由协会、天津市科协、江苏省科协联合主办的第六届全国中学生科普科幻作文大赛正式成为教育部批准的全国性中小学生竞赛活动之一。来自全国的16万名中学生参加比赛，6000余名学生进入决赛，1228名学生获得全国级奖项；11月2日，在2019中国科幻大会期间举办颁奖仪式。

5月16日，协会与江苏省科协专项合作见面会在北京召开。协会副理事长、中国科普研究所所长王挺与江苏省科协学会学术部部长李政就签订服务创新驱动战略合作协议进行会谈，正式签署《江苏省科学技术协会　中国科普作家协会服务创新驱动战略合作协议》。协议为期三年，主要内容包括推动优质科普资源、项目和活动在江苏省落地，促进江苏科普创作和科普产业的发展，有针对性地策划、组织科技活动和科普论坛，挖掘、培育江苏科普创作人才四个方面。

6月，协会与豆瓣网合作开展“优秀科普科幻图书遴选与推介”项目。组建42人专家团队，覆盖科普科幻领域创作者、研究人员及图书编辑，经过5轮评审及讨论，结合公众投票，遴选出40部优秀科普科幻图书，包括原创科幻、引进科幻、原创科普、引进科普图书各10部，形成“公众喜爱的优秀科普科幻图书”建议书单。

10月31日—11月1日，由协会、北京经济技术开发区工委宣传部联合主办的2019年全国青少年科普科幻教育大会在北京召开。会议以“展想象之翼，创科学未来”为主题，开展特邀嘉宾主旨报告、科学教育主题分论坛、科学教育课程展示、科学嘉年华、科普科幻名家进校园、作家签售等活动。来自全国200余位学者、作家、教育工作者以“科普＋教育”“科幻＋教育”的跨界视角探讨青少年科普科幻教育的新动向、新问题和新启示。

2019年，协会继续开展“科普文创”项目，通过与北京市科学技术普及创作协会、上海市科普作家协会、四川省科普作家协会、江苏省科普作家协会、清华大学、百花文艺出版社、吉林新闻综合广播钟晓工作室、北京青蜜科技有限公司，以及协会科技记者与编辑专业委员会、医学科普创作专业委员会、科幻创作研究基地等开展合作，项目先后进行潜力人才选拔、创作培训、评论培训、编创培训、创作大赛、创作交流等工作。全年累计在北京市、上海市、江苏省南京市、四川省成都市、吉林省长春市、天津市等地开展科普科幻创作初级培训班6个、高级培训班6个、精英培训班3个、评论培训班2个、编创培训班2个，邀请授课讲师60余人次，培训学员1400余人次。“2019科普文创——科普科幻青年之星计划”收到各地参赛作品300余篇，经专家评审，284篇科普科幻作品在项目官网展示，遴选出55篇优秀作品及13篇创作潜力作品，拟授予作品作者“科普科幻青年之星”称号，并从中发展部分学生会员。

协会承担中国科普期刊分级目录工作。8月22日，成立中国科普期刊分级目录专家委员会。9月，分别对长江三角洲地区和西南地区的科普期刊进行调研。结合调研情况，项目组在专家委员会指导下，设计科普期刊评价指标和评审细则，经大众投票和专家评审，将分期分批发布中国科普期刊分级目录。

学会建设　截至10月底，协会发展以中青年科技人员为主的会员232名，总会员达4160余人。完善《中国科普作家协会规章制度汇编》，针对风险点建立健全协会各项内部控制制度。完善并严格执行项目实施管理办法，通过中国科协财务专项检查。配合主管部门开展巡视、审计等工作。

协会加强专业委员会建设，成立中国科普作家协会科幻专业委员会，并在2019中国科幻大会上举办“人类现代文明的历史经验与未来梦想”专题论坛。在内蒙古自治区鄂尔多斯市建立第一个科普作家村——灶火壕村。协会各专业委员会开展线上线下交流活动，助力会员创作：科学文艺专业委员会、医学科普创作专业委员会、农业科普创作专业委员会的委员创作大量作品，并获多个奖项；农业科普创作专业委员会、科普教育专业委员会、海洋科普专业委员会、科幻专业委员会、科普演讲专业委员会、科技电影与技术专业委员会、科普美术专业委员会、科技记者与编辑专业委员会、科幻创作研究基地等开展多项交流活动；医学科普创作专业委员会、科学文艺专业委员会、科普教育专业委员会、科幻创作研究基地等申请、承担多项国家级、省部级研究项目，通过开展研究为科普创作建言献策，特别是医学科普创作专业委员会在探索医学传播学术道路和人才培养方面作尝试。

4月19日，协会七届五次理事会议在北京召开。会议由中国科学院院士、协会理事长周忠和主持，近百位理事参加，协会各分支机构代表及秘书处成员列席会议。会议选举增补中国科普研究所所长王挺为协会第七届理事会副理事长，审议通过科技电影与技术专业委员会人员调整的方案。与会人员围绕新时代协会发展，从加强协会党建和组织建设、打造品牌、扩大影响、强化交流合作等方面建言献策。

主办期刊 协会完成《科普创作》和《科普作家通讯》(更名为《中国科普作家协会会员通讯》)的出刊工作。

学科发展工程 协会继续开展学科科普图书创作历史研究，开展2018年科普创作状况研究，以人才培养为核心，内容涵盖科普创作政策、作品创作与出版等主题；开展2018年科幻产业发展研究，并在2019中国科幻大会上发布初步成果。

国内主要学术会议 2019年，协会继续主办“繁荣科普创作 助力创新发展”系列沙龙活动。活动由协会专业委员会、单位会员、地方科普作家协会、科普创作基地承办，计划开展20期。截至10月底，已成功举办15期，共计17场，参与会员逾800人次；除在北京市、上海市、四川省、安徽省等地举办外，新增江苏省、陕西省等地方科普作家协会作为沙龙活动承办单位；沙龙主题涵盖科普科幻创作、科学教育、编辑出版、科普机构运营、科学文化与文创产业等领域。

4月18日，协会在北京召开王麦林科学文艺创作奖座谈会。会议由协会理事长周忠和主持，中国科协党组副书记、副主席、书记处书记徐延豪出席并讲话，参加会议的还有20余位科普作家、专家、学者。会议现场，王麦林向郭曰方颁发荣誉证书，并回忆自己的科普工作之路。郭曰方、金涛、齐仲、吴显奎、吴岩、石顺科、苏青、尹传红、王挺、颜实、陈玲等先后发言。

9月20日，由协会组织工作委员会和科技记者与编辑专业委员会主办的中国科普作家协会老科普作家沙龙在北京召开。20余位荣誉理事和老会员参加活动。会上回顾协会发展历程以及自身参与协会建设、参与科普创作的历程，还就科普创作事业发展以及中国科普作家协会未来发展方向提出建设性意见。

10月22日，协会科学文艺专业委员会和科普编辑与出版专业委员会在北京联合主办郑公盾科学文艺思想作品研讨会。来自科普界和出版界的30余位专家从不同角度分享郑公盾的创作特点及其科学文艺思想的内容和形成过程。

11月2—3日，由中国科协、北京市人民政府主办，协会承办的2019中国科幻大会在北京举办。开幕式上，中国科学院院士、协会理事长周忠和作为主持人参加高峰论坛，副理事长吴岩发布《2019中国科幻产业报告》。“科幻之夜”上，颁发协会科幻电影专业委员会参与主办的水滴奖。大会共设置6个专题论坛，其中，青少年科学普及和科幻创作专题论坛和人类现代文明的历史经验与未来梦想专题论坛由协会承办。青少年科学普及和科幻创作专题论坛包括第六届全国中学生科普科幻作文大赛颁奖仪式、创作主题沙龙与对谈、青少年科普科幻剧展演等内容，来自全国各地的200余位作家、学者、青少年创作者和教育工作者现场交流与探讨。“人类现代文明的历史经验与未来梦想”专题论坛于11月2日、3日分别在中国科技馆及北京园博园举办，特邀来自美国、加拿大、意大利、英国、以色列的国际科幻作家和国内学者、科幻作家展开对话。论坛期间，举办协会科幻专业委员会成立仪式。

科普活动 协会和中国科普研究所联合主办《科学故事会》杂志，逐步打造面向中小学生的科学阅读、写作、培训和活动的融媒体平台。

协会官方网站(中国科普作家网)共发布文章487篇，访问量50万余次；官方微博(中国科普作家协会)推送文章500余篇，总阅读量7万余次，订阅总数31899；官方微信公众号“中国科普作家协会”发文315篇，关注人数6899人。

党建强会 协会开展“不忘初心、牢记使命”主题教育，围绕七届四次理事会通过的《中国科普作家协会2019年工作要点》，以协会成立四十周年为契机开展各项工作。

协会完善党委工作机制，学习宣传贯彻党的十九大精神，落实中国科协《关于加强科技社团党建工作的若干意见》的工作部署。

会员服务 2019年，协会推荐的会员马传思被吸纳为中国作家协会会员。会员尹超和吴岩的作品选题分别入选2019年度中国作家协会定点深入生活和重点作品扶持名单。

【“2019科普文创——科普科幻青年之星计划”首期科普创作评论培训班】 4月22日，由协会和清华大学联合主办的“2019科普文创——科普科幻青年之星计划”首期科普创作评论培训班在北京举办。

培训由清华大学教授刘兵担任主讲教师，来自清华大学、《中国绿色时报》、中国科普研究所的十余位青年学员参加培训。培训以小规模课堂形式开展，分理论讲解和写作实践两部分，共安排四次课，为期一个月。根据课程计划，第一次课主要由刘兵从文本属性、读者群体等视角，讲授科普作品评论的相关理论和撰写原则，并组织学员从第四届中国科普作家协会优秀科普作品奖获奖作品中选取书评图书。接下来的三次课，刘兵指导学员撰写书评并逐一进行课堂点评，通过反复修改和打磨，指导学员最终完成合格的评论作品。

【《科学故事会》杂志创刊首发仪式】 8月22日，由中国科协主管，协会和中国科普研究所主办的《科学故事会》杂志创刊首发仪式在北京举办。中国科协副主席、书记处书记孟庆海，中国科学院院士、协会理事长周忠和，清华大学人文学院科学史系教授、中国科协－清华大学科技传播与普及研究中心主任刘兵以及编委会专家、小作者、新闻媒体等共同参加活动。孟庆海、周忠和等为《科学故事会》创刊揭牌，并向编委及顾问颁发聘书。《科学故事会》主编、中国科普研究所所长、协会副理事长王挺作题为《用科学故事讲好青少年视角下的时代大主题》的发言。

创刊会还邀请到《科学故事会》小作者及试读者发言。杂志的创刊，得到包括科普科幻文学作家叶永烈，中国科幻小说代表作家刘慈欣，中国科学院院士叶叔华、褚君浩、杨焕明等作家和专家、学者的支持。

启动仪式后,《科学故事会》召开首次编委会会议，讨论如何结合时代特点和传播规律办好刊物，激发青少年的科学兴趣，提升青少年的科学素质。

【2019年科学传播专家团队高级研修班】 8月7—9日，由中国科协科普部主办，协会承办，鄂尔多斯市科协等协办的2019年科学传播专家团队高级研修班在内蒙古自治区鄂尔多斯市举办。培训班包括主旨报告、首席专家及团队成员主题交流以及现场教学三个环节。来自全国各个学会的60多位首席专家及团队成员参加研修。

研修班邀请一批专家分享科学传播经验，中国科普研究所副所长王玉平主持。《光明日报》科技部常务副主任金振蓉、中国科普研究所研究员高宏斌、北京交通大学教师陈征、中国科普作家协会会员李剑龙、中国气象学会首席专家朱定真、协会科普演讲团副团长焦国力、中国医学救援协会首席专家李宗浩、上海市长宁区医学传播专家周祥俊分别作题为《从媒体人角度谈科学家做科普》《新时代科普规律》《科学教育与科学传播的不同逻辑》《运用产品思维做科学传播》《不忘初心，坚守科学传播阵地》《科普演讲需要专业精神》《复苏再认识与中国践行》《医学健康科普之实践推广》的主题报告。同时，研修班安排科学传播专家团队的20多位专家、学者作科学传播的经验交流。此外，研修班赴鄂尔多斯市恩格贝生态示范区参观学习，中国科协原副主席、沙漠化防治专家刘恕进行现场教学。

【中国科普作家协会理事会党委扩大会暨七届六次理事会议】 11月15日，中国科普作家协会理事会党委扩大会暨七届六次理事会议在江苏省南京市召开。协会理事长周忠和，副理事长杨焕明、王挺、崔丽娟、汤书昆、冯伟民、郑永春，党委副书记王玉平，秘书长陈玲以及理事会成员出席会议，协会各分支机构、单位会员、创作基地代表以及秘书处有关成员列席会议。

会议分两阶段进行。第一阶段是理事会党委扩大会议，审议通过《中国科普作家协会理事会党委工作规则》《中国科普作家协会“三重一大”议事规则》。第二阶段是七届六次理事会议，汇报《中国科普作家协会2019年工作总结》《中国科普作家协会2020年工作要点》以及协会2019年财务情况和2020年财务预算，提请全体理事审议并一致通过。

到会的各分支机构、创作基地和地方科普作家协会代表汇报各自2019年的工作开展情况，并从组织建设、发展会员等方面对协会工作和发展建言献策。其间，周忠和对各专业委员会、创作基地和地方科普作家协会的工作进行有针对性的点评，并从三个方面对协会工作提出建议和要求：一是要加强科普创作评论建设，充分发挥协会的专业优势和创作的引领带动作用；二是要着力建设好专业委员会组织，保证其区域覆盖性和领域代表性，提升其推动科普创作的能力和水平；三是加强与地方科普作家协会的沟通与联络，有效推动全国省级层面科普作家协会的组织建设。

（撰稿人：李姗姗）

中国自然科学博物馆学会

服务创新型国家和社会建设 学会以承担中国科协科学技术普及部评审项目的方式，协助科学技术普及部推进有关工作。完成2019年科技馆免费开放补助资金测算工作。收集整理175家免费开放的科技馆的工作情况统计表与工作总结，对有关数据和材料进行汇总与逐项分析，撰写完成《2018年度全国免费开放科技馆工作情况统计报告》。组织完成全国2019—2022年在建科技馆情况摸底调查，组织完成赴青海省科学技术馆、云南省科学技术馆、东莞科学馆等场馆实地调研，起草完成全国科技馆免费开放5年工作情况报告。

学会完成中国自然科学博物馆学会科学技术奖向国家科学技术奖励办公室报备工作。完成中国科协科学技术普及部2015—2017年项目补充验收工作，共12项。完成"一带一路"科普场馆国际研讨会英文网站上线运行工作。

学会建设 2月25日，中国自然科学博物馆学会第七次全国会员代表大会在北京召开。大会选举产生学会第七届理事会和监事会，表决通过秘书长、副秘书长和各专业委员会、工作委员会负责人人选。程东红当选为理事长，王小明、李春冀、单敏、欧阳辉、欧建成、贾跃明、黄克力当选为副理事长，赵有利当选为监事长，欧建成聘任为秘书长，陈静瑛聘任为副秘书长。

学会新一届专业委员会分别为：自然历史博物馆专业委员会，科技馆专业委员会，水族馆专业委员会，天文馆专业委员会，专业科技博物馆专业委员会，湿地博物馆与自然保护区专业委员会，地学博物馆专业委员会，科普场馆特效影院专业委员会；新一届工作委员会分别为学术工作委员会，科普工作委员会，组织、会员与宣传工作委员会，外事工作委员会，技术工作委员会，展项研发及环境设计工作委员会，青年工作委员会。

6月25日，学会在浙江省嘉兴市召开2019年度学会联络员工作会议，来自全国29个省、自治区、直辖市的150余名联络员参加会议。会议对学会2019年换届大会情况进行介绍，对加强学会与会员单位联络沟通、积极融入"一带一路"科普场馆互惠合作等内容向各联络员作说明，并对学会2019年下半年工作进行部署和安排。

12月23—24日，学会在广东省广州市召开中国自然科学博物馆学会2019年度地方博协工作会议。重点围绕学会推进国际合作平台建设、地方博协组织创新发展典型案例、年度工作总结及计划开展交流研讨。学会理事长程东红，广东省科协党组成员、专职副主席吴焕泉，学会副理事长兼秘书长欧建成出席会议。来自全国各省级、市级自然科学博物馆协会（学会/研究会/联合会）及区域性联盟的负责人，有关主管部门、秘书处单位的40余人参加会议。

学会组织召开10次理事长办公（扩大）会议和2次学会党委（扩大）会议；组织召开2次常务理事会议（通讯会议）、2次监事会议；完成22家新会员单位入会工作；组织分支机构换届工作，推进6个专业委员会完成换届工作；完成学会年检及法人变更工作；完成税费缴纳、汇算清缴、财税审计等财务工作；编辑推送学会微信公众号及官网新闻信息91篇。

学会治理结构和治理方式改革 2019年，学会推进会员结构、办事机构、治理机构和管理方式的改革。研究起草学会分支机构管理办法，起草学会换届工作报告。

主办期刊 2019年，学会会刊《自然科学博物馆研究》由季刊变更为双月刊；对栏目进行优化整合，设置专题、探究、评介、器象、追溯5个栏目；对封面和正文版式进行重新设计；全年完成6期会刊出版发行工作，刊发论文71篇；通过约稿、组稿、征稿等方式，提升稿件质量。据中国知网发布的《中国学术期刊影响因子年报（2019版）》，在文化与博物馆学类的16种期刊中，该刊影响力指数排名第6，复合类影响因子和期刊综合类影响因子均排名第2。

学科发展工程 2019年，学会编纂并出版《中国科普场馆年鉴（2018卷）》。收集整理111家科普场馆2017年的发展情况、数据统计、资料分析以及科学博物馆学会发展等资料，并交由社会科学文献出版社出版。同时启动2019卷年鉴编纂工作。

国际学术会议 10月15—18日，学会组织的2019"一带一路"科普场馆发展国际研讨会暨中国自然科学博物馆学会年会在北京召开。中国科协副主席、书记处书记孟庆海出席开幕式并讲话。联合国教科文组织北京办事处科技项目专家菲利普·皮帕尔特、斯里兰卡驻华大使卡鲁那塞纳·科迪图瓦库、国际博物馆协会副主席安来顺、科学中心世界峰会基金会主席埃里克·雅克敏、斯里兰卡国家科学基金会主席阿齐兹·穆巴拉克等出席会议。开幕式上，举办联合国教科文组织和学会共同向斯里兰卡政府递交斯里兰卡国家科学中心总方案仪式。会议以"开放 创新：科普场馆与公民科学素质促进"为主题，通过主旨报告、高端对话、发展论坛、专题论坛、平行会议及附设小型展览，为专家、学者交流搭建平台。来自10个国家100余个科普场馆、政府机构及科技组织的300余名专家参加会议。会议还组织国际专家赴国家海洋博物馆（天津）进行专业考察。

10月17日，由中国科协主办，学会与中国科学技术馆联合承办的2019年世界公众科学素质促进大会专题论坛在北京召开。论坛以“科学素质促进：‘一带一路’国家科普场馆的合作与实践”为主题，围绕“一带一路”国家科普场馆的合作与实践中的理念、经验、方案、困境、需求及意向等方面，开展交流与研讨。会上，中国科学技术馆、上海科技馆、北京天文馆与尼泊尔、柬埔寨、俄罗斯、新加坡、埃及等国家的科普场馆或相关机构正式签署5项双边协议，成为2019年世界公众科学素质促进大会的成果之一。

科普活动 学会为有实质性合作的中国科学技术馆、上海科技馆、中国地质博物馆、北京自然博物馆、北京天文馆5家场馆提供资金补助。

学会创新发展 6月25—27日，学会在浙江省嘉兴市举办“新时代自然科学类博物馆展览教育活动策划与实践”专题培训班，来自全国29个省（自治区、直辖市）的150余名中层管理人员参加培训，邀请业界专家和科普场馆资深管理人员作5场报告。

9月21—24日，学会在山西省太原市召开中国自然科学博物馆学会第四期教育人员培训班，来自全国各地共68家科博场馆、会员单位的260余名场馆管理层、一线骨干教育人员参加培训。培训班围绕“场馆研学教育活动”展开探讨与交流。

党建强会 2019年，学会党委共召开两次会议，研究学会党建强会相关工作。组织学习《中国科协关于加强学会党建工作的若干意见》，贯彻落实《中国科协科技社团党委关于推进中国科协所属学会党建“两个全覆盖”专项工作方案》中的要求。

会员服务 学会实施“一带一路”科普资源互惠共享计划，以资金补贴方式鼓励并号召会员单位参与“一带一路”科普资源互惠共享。

【中国自然科学博物馆学会第七次全国会员代表大会】 2月25日，中国自然科学博物馆学会第七次全国会员代表大会在北京召开。中国科协党组书记、常务副主席、书记处第一书记怀进鹏出席大会并发表讲话。中国科协机关、直属单位等有关部门领导，中国博物馆协会、中国青少年科技辅导员协会、中国农村专业技术协会、中国科技馆发展基金会及地方博物馆协会等兄弟学会负责人，以及来自全国的会员代表共300余人参加大会。

大会审议通过第六届理事会工作报告、财务报告、学会章程草案，表决通过会费标准、中国自然科学博物馆学会科学技术奖设立方案，以及各专业委员会、工作委员会设置方案及主要负责人人选；选举产生学会第七届理事会和第一届监事会，135名代表当选为理事，48名代表当选为常务理事，4名代表当选为监事；表决通过秘书长、副秘书长人选。

大会上怀进鹏为中国自然科学博物馆学会科学技术奖（贡献奖）获奖代表颁奖，并在会议期间接见一线科技工作者代表。

（撰稿人：陈　春）

中国可持续发展研究会

服务创新型国家和社会建设 研究会将智库专家与地方需求相结合，先后组织多批专家、单位会员赴广西壮族自治区桂林市、山西省太原市、云南省临沧市、湖南省郴州市等地进行调研，与当地政府和企业开展对接洽谈活动。

研究会多位理事受聘为国家可持续发展议程创新示范区咨询委员，多次参加由科技部社会发展科技司和中国21世纪议程管理中心组织的研讨，并参与内蒙古自治区鄂尔多斯市、山东省枣庄市、江苏省徐州市、浙江省湖州市等创建主体的调研、评审、咨询、能力建设工作，以及第三批国家可持续发展议程创新示范区创建主体的评审工作。

研究会承担绿色技术银行服务对接应用研究工作，开展实地调查、专题研究、能力建设等活动。

研究会面向单位会员提供企业发展、绿色技术产品应用项目咨询服务，接待咨询200余次。

学会建设 截至12月31日，研究会个人会员202人，女性会员56人，高级（资深）会员83人。新吸纳2家单位为团体会员，共计63家。从业人员7人，其中女性从业人员4人，社会聘用人员6人。

研究会财务部门完成2019年度财务决算工作，撰写2019年度财务决算报表编报说明。

研究会组织开展员工培训，派员参加培训活动。4月9—12日，参加中国科协2019年全国科技工作者状况调查站点培训班；12月3日，参加中国科协2019年度全国学会、地方科协综合统计培训班。内部举办若干针对工作人员的培训与学习分享活动，内容涉及政策解读、形势分析、管理制度分析、团体标准编制等。

主办期刊 2019年,《中国人口·资源与环境》中文刊在《中国科技核心期刊》“环境科学技术与资源科学技术”学科中综合排名第4，核心影响因子2.281，位列学科第1。在全部2049种科技核心期刊中，排名从2018年的第23名后退到第28名。在中国社会科学院人文社会科学期刊评价中,《中国人口·资源与环境》中文刊位列环境科学学科第1，被评为权威期刊。《中国人口·资源与环境》中文刊影响因子在《中国学术期刊影响因子年报（2019版）》中从2018年的5.036上升为2019年的5.428，在环境科学技术、经济计划与管理两个学科中排名第1。

根据中国知网《中国学术期刊影响因子年报》统计,《中国人口·资源与环境》英文刊入选中国科技核心期刊，在中国社会科学院人文社会科学期刊评价中，首次被评为英文核心期刊。

国际学术会议 11月，由研究会人居环境专业委员会主办的第三届落实2030年可持续发展议程：再造魅力故乡·宁波论坛在浙江省宁波市召开。论坛面向落实联合国2030年可持续发展议程，围绕第11个全球可持续发展目标“建设包容、安全、有抵御灾害能力和可持续的城市和人类住区”开展城乡建设、社区复兴工作中的案例分享和经验交流活动，并形成《宁波共识（2019版）》。

党建强会 研究会秘书处工作人员参加所在联合党支部的“不忘初心、牢记使命”主题教育和“三会一课”党建活动。

会员服务 12月，研究会人居环境专业委员会在北京组织学术交流活动，邀请中国欧洲事务特别代表、联合国原副秘书长吴红波作题为《全球可持续发展的机遇和挑战》的报告，分享全球视角下对可持续发展趋势和挑战的见解，并对“百年未有之变局”“当前资本主义遇到了严重的困难”“战略机遇期”等重大国际问题，向会员分享观点。

【2019中国可持续发展研究会学术年会暨可持续发展论坛】 5月9—10日，由研究会主办，山东师范大学承办的2019中国可持续发展研究会学术年会暨可持续发展论坛在山东省济南市召开。会议得到中国21世纪议程管理中心、新华社《经济参考报》和山东省科技厅支持。来自科技部、中国科协等单位的领导及研究会理事、分支机构人员、会员，联合国开发计划署、联合国粮食计划署、联合国人居署、国家可持续发展议程创新示范区、国家可持续发展实验区以及可持续发展领域的专家、学者等共300余人参加会议，共同商讨如何依靠创新助推联合国2030年可持续发展议程。

开幕式和主旨演讲由研究会理事长王浩主持。科技部社会发展科技司副司长苏海红、中国科协学会服务中心副主任李芳、联合国开发计划署助理国别主任万扬、山东师范大学校长曾庆良、山东省科技厅厅长唐波先后在开幕式上致辞。国务院参事刘燕华、中国科协原副主席齐让、联合国原副秘书长吴红波、中国21世纪议程管理中心主任黄晶、同济大学教授诸大建分别以《创新驱动可持续发展》《创新发展战略、路径与体系》《全球可持续发展的趋势与挑战》《重读绿色经典——寻求可持续发展历史轨迹》《可持续发展目标的理论、指标与实践》为题作主旨报告。

年会以“依靠创新助推2030年可持续发展议程”为主题，设可持续发展实践、绿色技术转移转化、可持续发展目标、气候变化4个分论坛。年会通过主旨演讲、主题论坛、专题展览等形式，研讨全球可持续发展面临的新问题、新挑战和新举措，多途径交流中国落实2030年可持续发展议程的创新理念和实践经验，展示政府、企业、社会组织为实现联合国可持续发展目标贡献的中国智慧和创新方案。

（撰稿人：张　阳）

中国青少年科技辅导员协会

服务创新型国家和社会建设 协会开发“一带一路”文化融合课程（英文）、青少年创造力发展的心理机制与教学等在线课程7门。9月，科技辅导员在线学习平台英文版上线，面向“一带一路”沿线国家科技教师提供4门慕课、1门微课及在线教学等支持工作。开展示范性科技辅导员培训工作，重点加强基层科技辅导员培训，完善三级培训体系。围绕创意编程与智能设计、综合实践活动、科学影像等重点青少年科技教育活动，面向一线科技辅导员组织开展32场次线下培训，3293名教师参与线下示范性培训。其中，面向新疆维吾尔自治区和西藏自治区分别开展专项培训；面向湖南省、宁夏回族自治区等10个地区开展11期“送培到基层”项目，1200余名贫困地区科技辅导员受益；在中国科协科学技术普及部指导下，联合中国科技馆发展基金会，组织开展农村学校科技辅导员专项培训和专题调研；按照中国科协定点扶贫工作要求，资助山西省吕梁市临县曹峪坪九年制学校10名骨干科技辅导员到上海市、广西壮族自治区南宁市参加课程培训和研讨活动。开设“科学的印记”“小天文学家”“人工智能与信息社会”等27期慕课、16期微课，超过5万名科技辅导员报名参加学习。

协会开展高级科技辅导员专业水平认证工作，北京、天津、内蒙古等11个省、自治区、直辖市开展初级、中级认证试点工作。截至11月30日，共有1924人报名参加各级认证，通过初级、中级认证的科技辅导员达329人，通过高级认证的科技辅导员达47人。协会理事长、中国工程院院士陈赛娟，中国科学院院士武向平为获得认证的高级科技辅导员代表颁发证书。

学会建设 2019年，协会新增北京科学中心等3家单位作为全国科技辅导员培训基地，培训基地总数达到32个。经七届七次常务理事会议批准，新成立科学教师教育专业委员会和工程技术教育专业委员会。

主办期刊 《中国科技教育》全年完成12期，发行66000册，共发表文章近400篇。出版《上海市青少年科普促进会优秀STEM课程案例选集》增刊。《中国科技教育》杂志社微信公众号每周5天按时推送，订阅人数已达17233人。

国际学术会议 第34届全国青少年科技创新大赛期间，协会在澳门特别行政区举办主题为“青少年科技创新人才培养”的2019科学教育国际论坛。来自50多个国家和地区的500余名科技教育工作者参加论坛。

协会举办“汽车科普助力创新人才培养”国际工程技术教育论坛、第九届中国（芜湖）科普产品博览交易会“青少年科学教育发展论坛”、人工智能科普论坛等，共计约800名科技教师、科技教育工作者参加会议。

国内主要学术会议 11月1—2日，协会围绕“科教联合　共育英才”主题在江苏省南京市举办2019中国青少年科技辅导员协会年会，来自全国1000余名科技教育工作者参加。举办人工智能走进中小学、新时代科技辅导员专业发展等4场专题论坛，开展工程技术教育、天体探究等13场科技教师工作坊，开展高校、科研机构、科技场馆、中小学校、科技企业8场专业参观活动。

国际交往 第三届“一带一路”青少年创客营与教师研讨活动期间，协会为来自亚洲、欧洲、非洲、美洲和大洋洲的37个国家、地区和国际组织的87名科技教师、教育行政部门和科教组织代表举办科学教育论坛和教师工作坊活动。

科普活动 协会举办第十届全国青少年科学影像节、第五届全国青少年创意编程与智能设计大赛教师交流活动。在澳门特别行政区举办11场主题各异的科技教师工作坊活动。来自全国各省、自治区、直辖市，以及香港特别行政区、澳门特别行政区的科技辅导员参加活动。

学会创新发展 协会优化科技辅导员培训管理和认证管理系统，为基层开展信息化工作提供协助。全年通过培训系统组织开展培训33场次，共完成2335张电子证书发放、7301次电子签到和1566人次在线问卷数据收集工作。通过认证管理系统，11个参与初、中级科技辅导员认证的试点省、自治区、直辖市的认证机构，实现认证工作的全流程管理。

党建强会 协会秘书处联合党支部参与中国科协机关党委和青少年科技中心党总支组织的专题辅导讲座和主题宣讲活动，组织党员参观“伟大的变革——庆祝改革开放四十周年”大型展览。

会员服务 截至12月5日，协会会员管理系统登记在册的个人会员77649人，单位会员554个；新增个人会员1962人，单位会员79个。

协会向单位会员赠阅《中国科技教育》杂志4231册，向个人会员赠阅各种科教书籍2307册；107名会员享受2019年中国青少年科技辅导员协会年会注册费优惠；226名会员参与协会组织开展的线下培训。

协会组织开展第27届全国青少年科技辅导员论文征集活动，共收到推荐论文334篇。在2019中国青少年科技辅导员协会年会开幕式中，协会副理事长、重庆师范大学教授林长春为论文一等奖获奖者颁发证书。

【2019中国青少年科技辅导员协会年会】 11月1—2日，2019中国青少年科技辅导员协会年会在江苏省南京市举办，主题为“科教联合　共育英才”，来自全国1000余名科技教育专家、中小学校长、科技辅导员参加，交流研讨如何汇聚科技界与教育界的智慧和力量，共同推进新时代青少年科技教育创新发展。中国科学院院士、国家天文台研究员武向平，教育部巡视员王新立，陕西师范大学教授胡卫平，南京师范大学附属中学校长葛军4位专家作主旨报告。会上举办人工智能走进中小学、新时代科技辅导员专业发展等4场专题论坛，开展工程技术教育、天体探究等13场科技教师工作坊，开展高校、科研机构、科技

场馆、中小学校、科技企业8场专业参观活动。

【第五届全国青少年创意编程与智能设计大赛】 10月18—20日，由协会和中国科协青少年科技中心、天津市科协共同主办的第五届全国青少年创意编程与智能设计大赛终评在天津市召开。中国科学院院士、大赛评审委员会主任郑志明，中国科协国际部、青少年科技中心负责人刘阳，天津市科协党组书记、常务副主席陆为民等出席闭幕式暨颁奖典礼。

来自全国30个省、自治区、直辖市及香港特别行政区、澳门特别行政区、新疆生产建设兵团的青少年参加比赛，共申报作品30800份，10621份入围全国比赛。其中，创意编程作品9668份、智能设计作品953份。886名选手参加Scratch创意编程比赛的线上终评，来自27个省、自治区、直辖市和澳门特别行政区的339名选手参加Python创意编程、Arduino智能设计和Micro：bit智能设计比赛的终评。青少年科技教育和信息技术领域的400多位专家对参加全国比赛的项目进行初评、复评和终评，共评选出一等奖119个、二等奖175个、三等奖291个、优秀奖384个、优秀指导教师奖200个、优秀组织单位奖17个、专项奖6个。大赛终评活动以“展会赛”的形式，融合高校、企业、社会机构的人工智能科普资源，打造青少年人工智能科普活动。人工智能科普展暨体验活动通过多元展示与实操体验等形式，为社会公众和青少年直观了解最新的人工智能科普资源成果搭建平台。人工智能科普教育论坛和教师主题工作坊的报告和活动提升全国骨干科技教师自身专业能力和指导青少年开展人工智能科普活动的水平。

（撰稿人：于　波）

中国科教电影电视协会

服务创新型国家和社会建设　在中国科协指导下，协会主办“中国龙奖”和“科蕾杯”两项科教影视作品推优活动。科教片《绿色长城》和法国影片《探路者》获“中国龙奖”；“科蕾杯”近6届共征集活动作品1347部，获奖作品412部。9月20日—10月31日，协会与深圳市科协在第四届深圳（国际）科技影视周期间合作开展优秀科教影片公益展映活动。

9月21日，协会与农业农村部办公厅、中国广播电视社会组织联合会、中国电影家协会、中国老区建设促进会、中国农业电影电视中心等单位共同在河南省驻马店市正阳县举办“乡村振兴　光影筑梦”——2019中国农民电影节。

由协会专业工作委员会牵头，组织专家进行研讨，先后策划起草“深圳科普影视教育基地”“天中科技城”“西双版纳泛亚影城”等项目方案，并已取得实质性进展。协会与河南省信阳市委、市政府共同策划“信阳科幻未来城”项目，11月3日协会与信阳市科协签订战略框架协议，以中原地区为基点，与当地政府共建科普影视基地、科普教育基地、科普研发基地。

学会建设　2019年，协会共有个人会员1077人，新加入144人；团体会员54个，新加入7个。理事会共有158人，其中常务理事45人、理事113人，男性125人、女性33人，中共党员136人、民主党派4人、群众19人、少先队与团员4人，正高职称49人、副高职称46人，平均年龄48.6岁。协会下设专家工作委员会、专业工作委员会、品牌战略委员会、科普工作委员会、国际合作工作委员会、青少年联谊委员会6个工作委员会。秘书处有专职工作人员8名，其中党员5名。

根据中国科协全面深化改革工作部署要求，协会通过中国科协学会服务中心的“代管学会能力提升”项目。

2019年，协会修订并完善一系列规章制度，印制《中国科教电影电视协会规章制度汇编》，逐一针对风险建立健全协会各项内部风险控制及管理制度，共修订管理办法6个，新增管理制度36个。

科普活动　9月20日—10月31日，协会与深圳市科协合作，在第四届深圳（国际）科技影视周期间开展优秀科教影片公益展映活动。先后在深圳市福田区莲花街道富梅社区、Skyland未来科技馆、深圳市儿童医院、深圳科技馆等地开展公益展映活动。活动覆盖社区、学校、医院、科普场馆等80个网点，共300多场次，累计受益人数超15万人次。

2019年，协会承担中国科协科学技术普及部“优秀科教影视节目公益展播组织实施”项目，组织专家进行多次论证研讨，目前已经完成平台整体规划、栏目设计、页面设计、域名申请、技术开发、内容发布等工作，正进行优秀科普影视作品共享平台（http://yxgx.kxj.org.cn）的测试，即将正式上线。平台主要实现四大功能：一是优秀科普影视作品展示，通过图文、新媒体等多种形式，展现“科蕾杯”“中国龙奖”等历年获奖视频片花、创作故事和精彩花絮，并实现获奖作品、知名创作机构、知名导演团队、主要传播机构等多个维度分类查看检索；二是科普影视创作单位及创作人交流，会员可查看平台的完整视频资源，分享视频，发布作品信息；三是科普影视数据可视化，基于中国科教电影电视协会30多年的获奖作品和数据，结合金鸡奖、百花奖、华表奖等国内主要奖项中的科教影视获奖作品，围绕“选题领域、影片类型、制作单位、主创人员”等关键要素进行数据化、可视化的呈现；四是国际和国内科教影视推优活动申报，设立重要奖项推荐、热门影评等栏目，系统整理、有序呈现国际主要电影节和电影奖项的评奖信息，连接国际科普影视奖项申报入口。

党建强会 协会按照中国科协机关党委要求，首批开展为期3个月的“不忘初心、牢记使命”主题教育。

协会党委严格按照“三会一课”制度，先后组织全体党员开展传达党中央会议精神、加强“四风”建设、组织爱心捐款、学习党支部工作条例、参与党建知识竞赛答题、“五一”端午小长假纠正“四风”问题、配合巡视组巡视等主题的相关会议。

秘书处党支部获批中国科技社团党委“党建强会”项目。与中国科协学会服务中心第六党支部建立友好联合关系，共同开展活动。

【第10届中国国际科教影视展评暨制作人年会】 9月25—27日，由协会和深圳市科协联合主办的第10届中国国际科教影视展评暨制作人年会（CICSEP）在广东省深圳市召开，开展“中国龙奖”影视作品展评和科教影视发展高端论坛两大活动。年会的主题是“科学与真实·科学与梦想·科学与传播”，旨在搭建国际科教影视原创力量交流、研讨和交易的平台，促进科教影视行业国际交流合作。年会是广东省深圳市全国科普日重大活动之一，也是第四届深圳（国际）科技影视周重要组成部分，得到深圳市委、市政府，深圳市委宣传部，深圳市科协，深圳市文化广电旅游体育局等单位的支持。来自美国、加拿大、澳大利亚、日本、韩国、英国、德国、俄罗斯、捷克等国家的资深科教影视制作人参加年会。中国国际科教影视展评暨制作人年会每两年举办一次，每届都有来自20多个国家和地区的近百家电视台、制作机构参与。

【2019年“科蕾杯”与“中国龙奖”评选活动】 在中国科协指导下，协会主办“科蕾杯”与“中国龙奖”两项科教影视作品推优活动。中国农业电影电视中心出品的科教片《绿色长城》和法国影片《探路者》获“中国龙奖”；“科蕾杯”近6届共征集活动作品1347部，获奖作品412部。

参加展评活动的境外机构主要包括澳大利亚广播公司（ABC）、英国广播公司（BBC）、加拿大广播公司（CBC）、美国探索频道（Discovery Channel）、韩国广播公司（KBS）、美国国家地理频道（NGC）、日本NHK（日本广播协会）电视台、新西兰自然历史公司（NHNZ）、南非非洲自然历史有限公司（NHU Africa）、奥地利广播公司（ORF）、比利时法语广播电视台（RTBF）等。

参加展评活动的国内机构有：中央电视台、中国教育电视台、中国农业电影电视中心、华风气象传媒集团有限责任公司、大陆桥文化传媒集团有限责任公司等影视制作机构；中国传媒大学、北京电影学院等院校；全国科普影视作品制作及播出单位，国家、省、市级科协下属的科普影视中心；科技馆、军事、医疗、农业、航空、天文、气象、地震、网络、科普作家协会等下属的影视制作中心等。

（撰稿人：刘　畅）

中国科学技术期刊编辑学会

服务创新型国家和社会建设 2019年，学会举办3期编辑培训班，分别是全国科技期刊编辑业务培训班、全国科技期刊英文编辑写作与国际化发展培训班、全国科技期刊数字出版业务培训班，培训学员共计455人次。参加培训的人员经考试达到合格，并颁发《继续教育证书》，计入出版专业技术人员继续教育72学时。

学会建设 2019年，学会在原有制度的基础上，新增《常务理事会制度》《理事长办公会制度》《秘书长聘任制度》《保密管理办法》《项目管理办法》《合同管理办法》《内控风险管理办法》《学术会议管理制度》《奖励评选表彰管理制度》等。同时为确保学会人、财、物管理更加规范，修订和完善部分管理制度，包括《会员管理办法》《聘用人员管理办法》《财务管理制度》《固定资产管理办法》等，新增及修订的制度将在理事会审议并通过后执行。

学会按照中国科协有关学会改革与治理的要求，对理事及常务理事进行动态管理，调整不能正常履职的理事。加强分支机构建设和管理，完善《工作 / 专业委员会工作条例》，加强与各地方学会的联系。完善《聘用人员管理办法》，完善专职工作人员招聘管理办法及相应的人事管理制度。

主办期刊 截至 12 月 31 日，学会主办期刊《编辑学报》系统收稿 1378 篇，比 2018 年同期的 1307 篇略有增加。稿件处理效率提高，97% 以上的稿件在 60 天内处理完毕。编辑部加大审稿力度，对全部来稿都写审稿意见，尤其对退修文章一般都给出从内容到规范化的详细修改建议，退稿率约为 80%。完成第 1—6 期刊物的编辑出版工作，共发表 190 余篇文章，发行量保持在 2000 册以上，按 5000 种科技期刊每刊 1 册计算，发行覆盖率达到 40% 以上。

《编辑学报》以第十五届中国科技期刊发展论坛、中国科学技术期刊编辑学会 2019 首届学术年会、2019 中国学术期刊发展论坛等为契机，组约中国科学院院士朱邦芬、朱作言、高福，中国工程院院士黄璐琦，北京大学教授张海霞，《中国国家地理》杂志内容总监刘晶等专家、学者针对科技期刊发展撰写高水平文章。

国内主要学术会议 2019 年，学会开展学术交流活动 4 次，分别是中国科学技术期刊编辑学会 2019 年首届学术年会，第十七届（2019）全国核心期刊与期刊国际化、网络化研讨会，中国科技期刊发展及成就研讨会，2019 中国学术期刊未来论坛。参加学术研讨人数 3945 人次，会议交流论文 266 篇，出版论文集 1 部、《编辑学报》增刊 1 种。

科普活动 学会组织科研一线的院士专家开展科普活动，利用行业和学科资源，邀请不同领域的院士专家开展科普工作。

学会通过各种途径收集学术不端与科研伦理方面的文件、文献、案例，开展主题宣讲。开展学术道德科研伦理方面的课题研究，为科技期刊编辑提供学术不端等方面的咨询服务。

党建强会 学会组织的每期教育培训课程中都邀请新闻出版界的专家党员结合业务工作讲授党课，对学员进行政治教育，课程有“习近平总书记关于新闻出版方面的重要论述”“矩阵思维提供的方式和方法——从‘十九大’报告到习近平思想”“以习近平新时代中国特色社会主义思想武装头脑，增强‘四个意识’，做党和人民满意的出版工作者”等。

12 月 25 日，学会党委联合中华医学会杂志社党委开展参观“伟大历程　辉煌成就——庆祝中华人民共和国成立 70 周年大型成就展”的党建活动，40 余名党员同志参加活动。

会员服务 截至年底，学会有团体会员 1310 个，个人会员 9634 人。通过业务咨询、学术会议交流、编辑业务培训、项目研究、青年编辑业务大赛、期刊赠送及电子会讯等会员服务途径，发展个人会员。

学会在会员单位中开展基金项目研究。依据《中国科技期刊编辑学会基金项目管理办法》，6 月 14 日发布《2019—2020 年度课题研究项目申报指南》，截至 7 月 3 日，共收到会员单位申报申请书 116 份。经初评、复评和终评，遴选出 14 个资助项目予以资助。

学会组织会员单位申报中国科协青年科学家参与国际组织及相关活动项目，资助学会青年工作委员会主任任延刚以及来自会员单位的朱瑞芳参加在美国北加利福尼亚州由杜伦大学举办的 2019 年国际管理与技术编辑学会（ISMTE）年度会议。资助学会青年工作委员会委员王晓峰参加在英国伦敦召开的全球学术与专业出版者协会（ALPSP）年会。

学会建立会员管理服务平台，完善入会系统，提高办理入会的效率，会员信息实时更新。向会员提供电子会讯、期刊推送、会议信息、活动介绍等电子化信息服务。

【中国科学技术期刊编辑学会 2019 年学术年会】 8 月 26—28 日，主题为“立足本土　面向国际　创世界一流科技期刊”的中国科学技术期刊编辑学会 2019 年学术年会在北京召开。来自全国各地的 500 余名科技期刊工作者与相关主管部门领导及院士、专家参加会议，共同探讨中国科技期刊的创新与发展，为办好一流科技期刊建言献策。

中国科协学会学术部副部长刘兴平、中国科学院院士高福、中国科学院院士周忠和、北京大学教授张海霞、新华网资深媒体人段世文、中国科学院战略咨询院研究员李真真、北京知识产权法院法官冯刚以及 Springer Nature（施普林格　自然）集团开放科研总监 Arend Küster 分别以《培育世界一流科技期刊的路径思考》《建设中英文兼顾的世界一流科技期刊体系》《科技期刊对国家科技发展及民众科学素养提升的重要性》《中国学术期刊的国际化生态建设》《科技新闻的传播策略》《学术期刊在科研诚信建设中的角色及作用》《期刊出版中的相关著作权问题》《日益开放的开放科研：现状与未来》为题，从不同角度对如何建设世界一流科技期刊给出建议。

年会设置6个分论坛，研讨主题分别为科技期刊出版伦理规范、扶持政策促进科技期刊跨越发展、青年编辑学术研究能力提升、科普期刊内容产品化和发行策略、新中国成立70周年医学期刊的发展、科技期刊开放出版发展。

【中国科技期刊发展及成就研讨会】 2019年，学会承接“建国70周年以来我国科技期刊发展及成就研讨”项目，7月21日在北京召开中国科技期刊发展及成就研讨会。会议围绕中华人民共和国成立70周年中国科技期刊发展概况及成就，采用专题报告、主旨发言、案例分析和自由讨论相结合的形式进行研讨。研讨内容包括中华人民共和国成立70年来中国科技期刊的演变与发展轨迹、中华人民共和国成立70年来中国科技期刊取得的成就、中国科技期刊发展中的成功之道与经验教训、加快发展中国科技期刊发展的对策与建议。通过回顾和梳理1949—2019年70年间中国科技期刊的发展道路、发展状况和成就，总结科技期刊的发展经验和规律，正确认识科技期刊在推动中国科技创新中的地位和作用。

【第十七届（2019）全国核心期刊与期刊国际化、网络化研讨会】 10月11—14日，由学会、中国科学技术信息研究所、北京万方数据股份有限公司、万方数据电子出版社共同主办的第十七届（2019）全国核心期刊与期刊国际化、网络化研讨会在河南省郑州市召开。大会以“不忘初心、牢记使命，推动中国期刊全面发展”为主题，探讨自主创新时代下期刊的新型媒体生态发展之路，解读期刊现行政策，借人工智能和移动互联网飞速发展的东风，应对转型挑战，与行业内期刊在开放获取、媒体融合、知识服务等新型出版业态发展策略等方面进行交流。来自全国24个省、自治区、直辖市的293个编辑部共400余名专家参加会议。会议收到论文113篇，经过评审有85篇收录于《第十七届（2019）全国核心期刊与期刊国际化、网络化研讨会论文集》。大会议程包括开幕式、专家报告、论文代表学术报告与交流，并邀请6位行业专家作专题报告，从不同角度、不同层面对期刊的创新发展作论述和解读。

【第三届中国科技期刊青年编辑业务大赛决赛】 9月24日，由学会主办，学会青年工作委员会承办的第三届中国科技期刊青年编辑业务大赛决赛在浙江省杭州市举办，18位选手参赛，最终4位选手获得一等奖、14位选手获得二等奖，并由现场观众评选出1位选手获得最佳风采奖。

（撰稿人：张　霞）

中国流行色协会

服务创新型国家和社会建设 协会开展色彩搭配师职业技能培训及考评工作。全年累计开展72期色彩搭配师职业能力四级、三级和二级培训与考评，来自服装、家具、建筑设计、室内装饰、形象设计、纺织品设计、环境艺术、机械制造、化妆品制造、互联网、工业设计、涂料等行业的相关人员参加培训与考评。其中，举办色彩搭配师四级培训42期，累计487人次通过色彩搭配师职业技能四级考评；举办色彩搭配师三级培训15期，累计143人次通过色彩搭配师职业技能三级考评；举办色彩搭配师二级培训6期，累计65人次通过色彩搭配师职业技能二级考评。举办1期色彩搭配师四级讲师班，培训9人。

协会开展色彩领域专业培训，举办面向不同层次色彩科技工作者需求的培训班8期。其中，空间色彩组织与设计培训3期，共计培训47人次；服装陈列色彩培训1期，共培训25人次；色彩创新设计培训3期，共计培训34人次；协助拼布色彩培训1期，共计培训15人次。

协会开展中国色彩提案研究。代表中国参加在美国奥兰多和德国科隆举办的国际流行色委员会会议，并与16个成员国共同确定2021春夏、2021/2022秋冬色彩流行趋势提案。

协会与企业联合开展色彩趋势研究和发布。协会为青岛海尔集团控股有限公司提供全面色彩战略合作的咨询服务，为企业进行色彩规划和色彩管理，为新产品开发提供技术支持与指导，帮助企业进行产品规划和市场调研及产品色彩应用。1月17日，联合晨阳水漆有限公司在国家体育场鸟巢金色大厅发布晨阳水漆有限公司流行色，发布2019年主打色——赤锦，并为晨阳涂料儿童房进行配色定制服务。3月，在上海服装博览会期间，与中国植物染色彩流行趋势基地印象草原联合发布2019/2020秋冬植物染色彩流行趋势。4—6月，与佛山市通利陶瓷科技有限公司分别在广东省佛山市、浙江省温州市和宁波市发布2019—2020瓷砖色彩流行趋势。12月11—25日，由新疆维吾尔自治区工业和信息化厅主办、协会承办的2019年新疆纺织服装人才赴国内品牌企业培训开班仪式在广东省深圳市举办。共有30名设计师参加，培训内容包括大师讲堂、现场教学、实操实训等。

11月，协会与广东省东莞市大朗镇人民政府联合发布《2020/2021中国（大朗）毛织服装流行趋势》。由协会、深圳市龙华区委宣传部、深圳市龙华区观湖街道共同主办的2019第三届中国·深圳国际拼布与手工艺术展在广东省深圳市召开。来自法国、德国、澳大利亚、韩国、中国等国家的拼布艺术家参加展览，共展出优秀作品200余幅。

学会建设　协会全年累计发展团体会员29个，团体会员总数达到806个；发展个人会员404人，个人会员总数达到9716人。召开常务理事会议2次、理事会议1次。

2月8日，中国流行色协会第十次全国会员代表大会暨十届一次理事会议在上海市召开。大会审议并通过九届理事会工作报告、财务报告、修改章程的报告和修改会费标准的提案；表彰一批为协会作出突出贡献的优秀科技工作者；选举十届理事、监事、常务理事、协会领导机构。

协会修订《中国流行色协会会员服务条例》，搭建集专业杂志报告、色彩研究、学术交流、色彩培训等为一体的会员服务体系。

主办期刊　协会全年共出版《流行色》12期，刊登科普文章328篇。

国际学术会议　9月1日，由亚洲色彩联合会和协会主办，佛山市工业设计学会承办的第十一届亚洲色彩论坛在广东省佛山市召开。论坛主题为“色彩赋能　高质量发展”，邀请多名专家、学者分享各自领域的研究，并与参加会议的近450位跨界人士开展国际交流，共同探究家居色彩设计产品创新，探讨色彩的重要作用与影响。

国内主要学术会议　2019年，协会共举办或承办国内学术会议2次，共有450余人次参加会议。

9月1—2日，由中国科协学会学术部指导、协会主办的2019家居色彩产业创新创意高峰论坛在广东省佛山市举办，共有250人参加论坛，围绕“时尚·创新·设计”主题开展国际交流，共同探究家居色彩设计及产品创新。

12月8—9日，由协会和东方国际（集团）有限公司共同主办的2019中国色彩学术年会在上海市召开。年会以“色彩·变革·智慧生活”为主题，共有200多人参加。

国际交往　协会全年接待来自意大利、日本、韩国3个国家相关色彩公司和机构的专家、学者15人次来访，就色彩应用、设计等相关专业领域的内容展开交流和会谈。

5月、11月，协会两次派代表参加国际流行色委员会会议，提交2021年春夏季中国色彩提案、2021/2022年秋冬季中国色彩提案，并带回日本、韩国、泰国、英国、法国、美国、意大利、德国、瑞士、芬兰、西班牙、匈牙利、土耳其、葡萄牙、丹麦等国的色彩提案和国际定案，出版《国际色彩趋势报告》。

科普活动　协会分别在北京市，上海市，广东省广州市、深圳市、佛山市、东莞市，河南省郑州市，湖南省长沙市，四川省成都市，陕西省西安市，辽宁省沈阳市，广西壮族自治区南宁市，江苏省南通市，浙江省宁波市，山东省青岛市等地开展72期色彩搭配师职业能力（四级、三级、二级）培训与考评活动，共1000余人次参加。

3—7月，协会分别在上海市、北京市举办3场“色彩创新设计”和“空间色彩组织与设计”高级研修班。4—11月，分别为中央电视台开展4场“H5的色彩设计”“平面色彩设计”及“中西色彩文化”主题培训。5月、8月、10月，协会为东莞市懿境实业发展有限公司开展“空间色彩组织与设计A”“服饰搭配”“色彩陈列与视觉营销”等主题培训。

2019年，协会在北京市、天津市、新疆维吾尔自治区等地开展女童保护公益讲座近30场。

7月11—12日，由中国科协学会服务中心主办、协会承办的2019全国学会公共服务能力提升研修活动在北京举办，51家全国协会的主要负责人参加活动。

协会利用流行色和色彩搭配师微信公众号、微博等新媒体渠道传播时尚流行趋势、色彩科学常识、色彩设计理念、色彩时尚、色彩趋势、色彩营销、色彩培训等知识。4个自媒体平台共计推送科普文章279篇，发布微博113条，受众达7万余人次。

表彰举荐优秀科技工作者　2019年，协会为10人颁发第九届理事会突出贡献奖，授予30人“第九届理事会先进科技工作者”称号。

党建强会　12月，协会党委与理事会换届同步，完成党委委员调整工作。根据《中共中国流行色协会功能型委员会工作规则》和《中国流行色协会党委请示报告工作制度》等制度开展党委工作。

协会党支部开展“不忘初心、牢记使命”主题教育。组织支部党员开展自主学习与集中学习。组织“不忘初心、牢记使命，走进红色圣地、传承革命精神”主题党日活动，如参观红色背篓精神传承教育基地、庆祝中华人民共和国成立70周年大型成就展等。支部组织党员领导干部及支部委员参加2019年度党务工作者培训班。

会员服务 协会为会员企业提供12期《流行色》期刊，以及《2021春夏国际色彩趋势报告》《2020/2021秋冬国际色彩趋势报告》《纺织服装流行趋势展望》等专业研究报告，传递业内最新资讯。2019年为会员新增电子版《色彩快讯》内容。

（撰稿人：蔡　飞）

中国档案学会

服务创新型国家和社会建设 学会响应国家档案局关于扶贫工作的号召，合理安排部门经费的使用，利用自有资金支持定点扶贫工作。

学会联系中国教育电视台《美丽假期》栏目组，组织为四川省凉山彝族自治州喜德县两河口镇波振村小学捐助桌椅196套，其中栏目组捐助74套，美家美邦（北京）环保科技有限公司捐助80套，首都师范大学实验小学四年级1班师生捐助42套。

学会档案整理鉴定学术委员会副主任委员张开森为中国气象局制定国家气象行业标准《珍贵气象档案分级鉴定规范》提供专家咨询。

学会保护技术委员会开展档案保护项目调研与咨询，学会保护技术委员会主任李玉虎赴中国第一历史档案馆指导清代玉牒保护工作，多次组织并带领专家赴中国第二历史档案馆指导民国特藏档案修复与保护工作，带领科研团队赴中国科学院古脊椎动物与古人类研究所指导早期古脊椎动物考古影像资料修复与保护工作并合作开展相关科学研究，赴新华社中国照片档案馆开展馆藏照片、底片病害状况调研与分析，进行修复保护业务咨询，并组织对河南省平顶山市档案局、浙江省温岭市档案局馆藏的清代圣旨、诏书，延安文艺纪念馆馆藏《黄河大合唱》手稿等档案，青海省循化撒拉族自治县档案局馆藏的“班禅大师题词”档案，黄河档案馆收藏的明清时期有关黄河水利的古籍、民国时期黄河水利工程档案，中国船舶重工集团有限公司档案馆馆藏的中国早期船舶设计、制造过程中形成的以硫酸纸为主要材质的船舶图纸档案的修复保护进行专题研究与业务咨询。

学会建设 学会第八届理事会有理事99人，其中常务理事26人。个人会员8080人，团体会员276个。

3月13日，学会在福建省福州市召开八届九次常务理事会议。9月18日，在广西壮族自治区南宁市召开八届十次常务理事会议。10月22—23日，在北京召开八届四次理事会议，传达上级有关文件精神、部署相关工作，表决通过学会副秘书长、发展会员、《中国档案学会换届方案》、第一届监事会负责人选等事项。

3月14日，2019年全国档案学会秘书长会议在福建省福州市召开。会议部署2019年全国档案学会工作计划及学会换届工作。与会代表围绕“档案学会在档案机构改革后如何创新工作体制机制、有效履行新时代赋予档案学会的职责要求”主题进行交流发言。

学会文献影像技术委员会对全体委员进行重新确认，对已退休和离开相关工作岗位的人员开展委员清理工作，吸收中国金茂控股集团有限公司等单位从事档案管理和影像技术研究的人员加入委员会。

学会加入2个国际民间组织，分别是国际档案理事会和国际档案理事会东亚分会。对中国档案学术网进行改版。

学会出版《中国档案学会学术成就概览》。委托中国人民大学档案学院教授徐拥军组织撰写，系统回顾总结学会成立以来举办的各类学术活动及其成就、学术期刊内容，以及对推动中国档案学术建设所作出的贡献。出版《企业档案资源利用与提质增效研究与案例》《少数民族历史档案管理学》《国有企业境外档案监管体系研究》《2019年海峡两岸档案暨缩微学术交流会论文集》《2019年全国青年档案学术论坛论文集》。

主办期刊 《档案学研究》为中文社会科学引文索引（CSSCI）来源期刊、全国中文（档案学）核心期刊，双月刊。全年共出刊6期，刊发文章125篇。根据中国知网《中国学术期刊影响因子年报（2019版）》统计数据，该刊影响力指数、复合影响因子、期刊综合影响因子、人文社科影响因子在全国13家档案期刊中均排名第一。

国内主要学术会议 3月22日，学会和山东省档案学会在山东省济南市联合举办实践与创新——新时代档案保护技术和信息化发展论坛。百余名档案工作者与档案专家参加论坛，聚焦新时代档案事业的机遇和挑战，探讨新时代档案保护技术和信息化建设路径，共谋档案事业高质量发展。论坛邀请7名档案专家作主题演讲。

5月23日，由学会主办、四川省档案馆协办的“物理消毒在档案保护中的运用”专题研讨会在四川省成都市召开，会议围绕以物理技术为基础的档案保护技术进行研讨。来自全国27个省、自治区、直辖市和解放军档案馆的160余名档案工作者与档案专家共同探讨推进档案保护技术转型升级的新路径。8位相关领域专家作学术报告。

9月5日，由学会和浙江省档案学会联合举办的“档案工作体制机制创新”学术研讨会在浙江省杭州市召开。会议以“机构改革后档案工作体制机制创新”为主题，结合本地、本部门实际，就机构改革后地方档案机构的设置情况、档案工作面临的新问题以及档案工作的发展等展开讨论。

9月26日，由学会主办，广东省档案学会和广州地铁集团有限公司承办的新中国档案事业发展学术研讨会在广东省佛山市召开。来自全国逾300名档案专家、学者和档案部门领导、档案业务负责人参加会议。5位相关领域专家、学者作发言。

11月14—15日，由学会主办的2019年全国青年档案工作者学术论坛在重庆市召开。国家档案局副局长、中央档案馆副馆长付华，重庆市档案馆馆长华强出席论坛开幕式。论坛进行4场学术交流，来自中国空间技术研究院技术资料中心的肖思佳等14名青年档案工作者作主题发言，钱毅、陈永生、丁海斌、张照余等专家分别对他们的发言进行点评。

4月20—21日，学会基础理论学术委员会在广西壮族自治区南宁市召开主题为“技术变革与档案管理创新”的学术年会；7月25日，在四川省成都市承办2019档案知识管理与创新高峰论坛。

9月25—26日，学会档案文献编纂学术委员会在山东省威海市召开以“档案编研开发与档案文化建设中如何筑牢政治意识”为主题的年度工作会议，编辑出版《档案编研开发与档案文化建设》报告文集。

11月11—13日，学会档案信息化技术委员会在重庆市召开以“围绕新形势下档案信息化发展趋势，利用现代前沿信息技术实现档案信息资源的规范管理，实现数字档案资源安全存储，实现档案资源的深度开发与利用，实现大范围和多种类的档案信息资源互补与共享，实现信息化条件下档案服务智慧转型”为主题的学术年会。

11月17—18日，学会档案整理鉴定学术委员会在重庆市召开以“档案资源建设”为主题的年会。

7月8—9日，由学会和中国文献影像技术协会主办的2019年海峡两岸档案暨缩微学术交流会在宁夏回族自治区银川市召开。会议以“社会记忆与文化传承”为主题，来自海峡两岸及香港特别行政区、澳门特别行政区的109名专家、学者围绕会议主题进行学术交流与探讨。论文学术交流分6场进行，共有17篇论文进行现场交流。

科普活动　学会与北京市档案局、北京市社会科学界联合会、北京市档案学会联合举办“档案见证北京”社会公益文化系列讲座。聘请档案业内的专家、学者开讲，满足广大市民学习北京历史文化的需求。

6月5日，由国家档案局主办、学会承办的“6·9”国际档案日专题讲座在北京召开。国家档案局副局长王绍忠主持讲座，中国航空商会筹备组副组长、中国工业史特聘专家王荣阳作题为《奋斗铸就辉煌——中国航空工业简史》的专题讲座。来自中央和国家机关各部委档案部门、人民团体档案部门、中央企业档案部门的800余人参加讲座。

8月，学会档案整理鉴定学术委员会副主任委员张开森应邀为东部战区档案馆档案干部培训班授课，作题为《档案学的两大支撑性理论》的讲座；11月，应邀为自然资源部举办的自然资源档案著录规范研讨会授课，作题为《民国档案文件级著录工作》的讲座。

11月，学会档案整理鉴定学术委员会与中国第二历史档案联合组织纪念“世界数字信息保存日”活动，举办包括大数据数字信息储存、区块链以及云存储等内容的科普讲座。

学会企业档案学术委员会开展以“企业档案资源利用与提质增效研究”为主题的学术交流暨研究论文征集活动，择优选取论文21篇和6个优秀案例，出版《企业档案资源利用与提质增效研究与案例》。

【首届全国档案馆馆长论坛】　10月23日，学会在北京举办首届全国档案馆馆长论坛，来自全国16个省、自治区、直辖市的档案局（馆），9个计划单列市和副省级市档案馆，4个省会城市档案馆的领导，以及151个市县档案馆、32个高校档案馆、部分企事业档案馆的专家、学者共300余人参加论坛。学会理事长段东升致辞，国家档案局局长李明华出席论坛并讲话。论坛邀请文化和旅游部党组成员、故宫博物院院长王旭东作《基于价值的文化遗产保护与传承——以敦煌、故宫为例》主旨演讲，浙江省委副秘书长、浙江省档案局局长、浙江省档案馆馆长刘芸作《新时代档案治理现代化的浙江探索与实践》主旨演讲，中国人民大学信息资源管理学院院长张斌作《对档案馆未来发展的思考》主旨演讲，国家档案局巡视员许卿卿作《以专业完善档案馆基本功能，以特色集聚档案馆发展功能》主旨演讲，青岛市档案馆副馆长杨来青作《再信息化：档案馆发展战略的思考》主旨演讲，安徽省档案馆馆长黄玉明作《适应新形势　展现新作为》主旨演讲，天津市档案馆馆长方昀作《档案馆职能定位与展望——以天津市档案馆为例》主旨演讲，上海市档案局副局长、上海市档案馆副馆长邢建榕作《用档案讲好故事——以上海市档案馆为例》主旨演讲。

【企业档案工作论坛】 10月25日，学会主办的企业档案工作论坛在北京举办，来自全国各地企业档案部门的200余名专家、学者参加论坛。国家档案局副局长付华出席论坛并讲话。国家档案局经科司企业处处长蔡盈芳作《机遇与挑战：数字经济下的企业档案工作》主旨发言，中国人民大学信息资源管理学院副教授钱毅作《数字经济环境下企业档案标准规范体系设计路径》主旨发言，比亚迪股份有限公司档案中心主任王亚兰作《基于业务驱动的企业档案工作》主旨发言，科大讯飞股份有限公司智慧档案业务线总经理张海剑作《人工智能赋能档案事业创新2.0》主旨发言，中国石油化工集团有限公司办公厅档案处李春艳作《数字经济环境下中国石化档案信息化实践经验及挑战》主旨发言，国泰君安证券有限公司办公室主任助理、档案中心主任刘俊作《建设新型企业数字档案馆，服务数字经济发展》主旨发言，中国商飞上海飞机设计研究院科技情报档案部部长蒋君仁作《工业互联网发展与企业档案工作》主旨发言，东软集团软件产品事业部档案产品总监付展智作《人工智能助力企业档案工作创新发展》主旨发言。

（撰稿人：李　威）

中国国土经济学会

服务创新型国家和社会建设　为贯彻落实习近平总书记关于“要探索以生态优先、绿色发展为导向的高质量发展新路子”的指示精神，学会面向“一城三区”168个城市启动高质量发展共建工程。根据专家建议，选出40个“美丽中国·深呼吸小城高质量发展实验区”，6月29日与10个城市签署高质量发展共建协议。

8月8—9日，学会理事长柳忠勤应邀考察回访全国首批生态环境建设实验区河南省商丘市梁园区，先后考察水池铺乡辣椒种植基地、黄河故道生态走廊、国家森林公园等。8月30日—9月1日，应黑龙江省安达市人民政府邀请，学会组织专家赴“美丽中国·深呼吸小城高质量发展实验区”考察并依据安达市人民政府开列的“问题清单”与市领导进行座谈交流。

学会建设　学会全方位改革工作机制、工作内容、工作思路、工作方法。召开1次理事会议、2次常务理事会议、2次监事会议、1次理事长办公会议和1次单位扩大会议。

2月28日，学会召开监事会第四次会议，提出制度建设应成为学会自身建设的重要工作。围绕学会的决策机制、执行机制、监督机制，进一步建立健全有关规章制度。

1月12日，召开分支机构工作会议，到会分支机构负责人汇报2018年度工作和2019年度工作计划。

主办期刊　学会主办期刊《今日国土》全年发表78篇文章，印刷量达到13200册。期刊版面已进行修订，增加“三农聚焦”和“高层声音”两个栏目，推动“一城三区”经验交流。

决策咨询　学会智库为中小城市政府决策服务，推动中小城市经济社会的可持续发展。在“一城三区”建设过程中，为地方提供决策咨询活动4次，组织政策解读活动5次，开展咨询研究项目1项，参与咨询活动的专家180余人次。

学会继续为河南省鹤壁市的空间规划作战略指导，2月、5月、10月多次到鹤壁市或在北京市指导咨询。4月15—18日，学会领导前往吉林省白山市长白朝鲜族自治县研讨空间规划纲要。4月27日，应邀到陕西省榆林市考察并围绕榆林高质量发展举办座谈会。11—12月，为福建省三明市将乐县、山西省大同市云州区、吉林省白山市长白朝鲜族自治县、山西省长治市沁源县4个县区做空间规划纲要的咨询论证，为地方的高质量发展提供科学指导。

国内主要学术会议　2019年，学会围绕国土经济理论，主办和协办8次学术会议。

2月23日，由学会主办的以“中小城市高质量发展”为主题的第十二届中国国土区域城市经济学家新春论坛在北京召开，来自5个全国学会的专家、学者共90余人参加论坛。

5月11—12日，以“中国国土经济高质量发展的理论与实践”为主题的2019中国国土经济学会学术年会在四川省成都市召开，来自全国多家高校、科研院所和企事业单位的专家、学者、博（硕）士研究生、企业管理者、记者等200余人参加会议。

6月29日，由学会主办的第五届中国国土经济论坛在北京召开，论坛主题是“中小城市高质量发展的理论和实践”。

科普活动 5月，学会被评为“中国科技志愿服务百家学会”。组织3场大型科普活动，受众人数达37万人次，参与专家45人次，发放科普图书1.3万册。

4月16日，学会在吉林省长白山池南区参与组织“三江九城”摄影大赛；9月17日，参与主办在河南省濮阳市开展的“院士专家科普行”活动；9月21日，主办“中国国土大讲堂”等科普公益活动。

党建强会 2019年，学会召开2次党委会议；优化完善学会秘书处党支部功能，推动党组织向办事机构覆盖。截至年底，党支部共建工程已经覆盖到10个省的20个党支部。

学会继续开展党支部共建工程和党建强会项目，已经为共建单位在专家资源、平台信息、咨询服务、党建工作机制建设等方面提供支撑。

3月16日，学会在北京召开五届八次党委扩大会议；8月11日，在山东省青岛市召开党日活动主题报告会。

会员服务 2019年，学会改革会员发展和服务方式，吸纳关心支持学会事业的各界人士及增加科研院所等研究人员；为会员搭建平台，特别是为青年会员搭建平台，通过组织多种方式的活动增加学会与会员、会员与会员之间的沟通与交流，如国土大讲堂、国土论坛、学术年会等线下活动；组织会员到“一城三区”考察调研。

学会的志愿者队伍建设主要以会议服务为主，根据不同种类的活动，选择不同层次、不同类别的志愿者，在会议召开之前进行会前培训，明确会议分工。

【2019中国国土经济学会学术年会暨中国国土经济高质量发展论坛】 5月11—12日，2019中国国土经济学会学术年会暨中国国土经济高质量发展论坛在四川省成都市召开。年会由学会主办，四川大学、西南交通大学联合承办。学会首席顾问、国务院参事、科技部原副部长刘燕华，原国土资源部副部长胡存智，学会理事长兼党委书记柳忠勤，西南交通大学校长徐飞，四川大学副校长晏世经，成都市社会科学界联合会主席杨继瑞，以及来自全国多家高校、科研院所和单位的专家、学者和博（硕）士研究生、企业管理者、记者等200多人出席会议。

大会邀请13位专家作主题报告，围绕国土经济学的基本理论与方法、国土经济高质量发展的基本理论问题与中外实践、新时代国土空间规划理论、技术及治理体系现代化、国土资源保护、修复与高效集约开发利用、信息技术在地质灾害防治中的应用、国土经济高质量发展中的政府管理创新、乡村振兴与国土经济高质量发展、长江经济带的绿色发展与生态文明建设、倾斜摄影测量技术在智慧城市建设中的应用等方面进行讨论和交流。

5月11日，大会进行分会场讨论。在4个分会场，来自全国各高校与科研单位的50多位专家、学者分别围绕中国国土经济理论探索与制度改革、中国国土生态文明建设与高质量发展、中国城镇国土空间高效集约开发利用、中国区域空间协调发展4个方面作主题报告。会议从征集到的近30篇论文中评选出10篇青年优秀论文。

【2019“一城三区”建设与发展座谈会】 1月12日，学会在北京召开2019“一城三区”建设与发展座谈会。第十届全国政协副主席、学会名誉理事长张怀西，学会首席顾问、国际木材科学院院士江泽慧，原环境保护部副部长周建，科技部原副部长刘燕华，学会沙产业专业委员会主任刘恕，原国土资源部副部长胡存智，学会理事长、党委书记柳忠勤等专家、学者40余人出席会议。会议由周建主持。

柳忠勤以“接长手臂，扎根基层，助力‘一城三区’老百姓过上好生活”为主题，报告2018年“一城三区”工作情况，并解读2019年工作思路。

“一城三区”已涵盖全国166个中小城市和地区，影响9000多万人。

【第十二届中国国土区域城市经济学家新春论坛】 2月23日，由学会主办，中国区域经济学会、中国区域科学协会、全国经济地理研究会、中国城镇化促进会联合主办，洛阳师范学院协办，以“中小城市高质量发展”为主题的第十二届中国国土区域城市经济学家新春论坛在北京召开。学会首席顾问、国务院参事、科技部原副部长刘燕华，学会理事长、党委书记柳忠勤，国家发展改革委原副秘书长范恒山，中国区域科学协会理事长、国家发展改革委国土开发与地区经济研究所原所长肖金成，全国经济地理研究会会长、中国人民大学区域与城市经济研究所所长孙久文，中国区域科学协会候任理事长、学会副理事长、北京大学首都发展研究院院长李国平，中国区域科学协会会长、首都经济贸易大学副校长杨开忠，以及来自5个全国学会的专家、学者共90余人参加论坛。论坛由学会秘书长、北京市城乡经济信息中心主任刘军萍主持。

此次论坛增加媒体对话环节，邀请5位专家就中小城市高质量发展发表观点，通过跨学科、跨部门、跨领域的互动碰撞，就中小城市高质量发展进行沟通和交流。

会上，专家、学者围绕中小城市高质量发展的重要性、创新和人才是中小城市高质量发展的核心问题、空间规划的优化是推动高质量发展的重要契机、要立足都市圈来规划建设中小城市、产业发展是支撑中小城市高质量发展的关键以及从国家区域政策走向与几个典型案例分析等进行讨论。

（撰稿人：杨巧英）

中国土地学会

服务创新型国家和社会建设 学会组织专家赴河北省保定市雄安新区参观考察并座谈。与中国城市规划协会联合发布《国土空间规划编制从业者自律规则》。围绕自然资源部中心工作，在北京、江苏、广西等省、自治区、直辖市举办国土空间规划培训班，近2000人次参加培训。

学会面向自然资源部江西省赣州市定点扶贫地区举办国土空间规划培训班，并谋划组织会员单位开展定点扶贫村村庄规划编制志愿活动。

学会针对“土地资源资产产权制度改革与权益实现”“生态文明背景下的耕地保护战略与路径创新”“《土地管理法》的修改与实施”等议题广泛征稿，并形成专题成果。

6月24日，学会与中国青年志愿者协会、中国国土勘测规划院、中国城市规划学会联合在北京主办由共青团中央青年发展部、自然资源部国土空间规划局指导的2018年村土地利用规划志愿服务全国大学生暑期社会实践专项行动表彰大会和2019年村庄规划编制志愿服务活动启动仪式，正式启动2019年村庄规划编制志愿服务活动。

9月20日，在2019中国浙江宁波人才科技周开幕仪式上，举办“中国土地学会宁波服务站”等5家上级学会的授牌仪式。浙江省委组织部副部长，省人力资源社会保障厅党组书记、厅长鲁俊向宁波市国土资源学会理事长樊献鹏授牌。学会副理事长、南京农业大学公共管理学院院长冯淑怡，学会办公室副主任刘光成参加授牌仪式。

学会建设 学会召开七届五次常务理事会议，部署全年工作；定时召开办事机构工作会议。完善和落实民主集中制的各项制度，坚持“三重一大”决策事项集体讨论研究决定。推进学会信息化建设，整合网站、微信公众号平台。稳步发展会员，2019年新增个人会员129人（总数8676人），新增团体会员45家（总数549家）。

主办期刊 2019年共完成《中国土地科学》1200余篇投稿文章的在线处理工作，计1200万余字；完成1—12期《中国土地科学》的组稿、编辑、出版和发行工作；完成1—6期《土地科学动态》的组稿、编辑和出版工作。根据2019年《中国学术期刊影响因子年报》,《中国土地科学》影响力指数（CI）为674.850，复合总被引频次为6932，复合影响因子上升到4.004，在农业经济类47种学术期刊中排名第4，获评“2019中国最具国际影响力学术期刊”，并再次被遴选为“世界学术影响力Q1期刊”。

《土地科学动态》针对“新时代国土空间规划体系构建”“国土空间用途管制制度建设”“国土综合整治与生态修复”“《土地管理法》修改与实施”等选题推出系列观点性文章。

学科发展工程 学会继续与中国国土勘测规划院等单位合作，开展年度土地科学学科发展专题研究，对2018年度国内土地科学最新进展情况进行系统总结，完成年度《土地科学学科发展蓝皮书》的编写、出版工作。

学会召开2019年中国土地科学论坛，完成2019年土地科学研究重点进展评述及2020年展望总报告和各分报告。

学会重点围绕“空间治理体系现代化”“新时代国土空间规划体系构建”“国土空间用途管制制度建设”“专家解读《中共中央　国务院关于建立国土空

间规划体系并监督实施的若干意见》”“国土综合整治与生态修复”“《土地管理法》的修改与实施”等议题开展系列研究，形成6份研究报告。

决策咨询　学会组织征集专家对《土地管理法修正案（草案）》的意见和建议，共征集专家意见31条，部分建议被采纳。

国际学术会议　6月14—15日，由自然资源部国土空间规划局等单位指导，上海市地质调查研究院（上海市国土资源调查研究院）和浙江大学土地与国家发展研究院主办，学会与中国城市规划学会、德国汉斯·赛德尔基金会等单位协办的“空间与未来”上海国际研讨会在上海市召开。来自联合国人类住区规划署全球土地工具网络（GLTN-UN Habitat）、国际城市与区域规划师学会、德国汉斯·赛德尔基金会、国际测量师学会（FIG）等国际组织及学术研究机构，以及国内外高校、研究机构、行业学会等近300名专家、学者参加会议。上海市委常委、常务副市长、市政府党组副书记陈寅到会并致辞。

国内主要学术会议　学会主办2019年中国土地学会学术年会，联合浙江财经大学土地与城乡发展研究院举办“国土综合整治与生态修复”学术研讨会，指导召开第十三届规划信息化实务论坛等学术活动。

3月23日，学会与南京农业大学公共管理学院联合主办的国土空间用途管制制度建设研讨会在江苏省南京市召开。来自北京大学、南京大学、中国人民大学、浙江大学、南京农业大学等全国11所高校和中国国土勘测规划院、江苏省土地勘测规划院、上海市地质调查研究院等相关科研机构，自然资源部、江苏省自然资源厅及国土空间用途管制试点地市自然资源管理部门的领导、专家及南京农业大学的部分师生共计120余人参加研讨会。

6月24日，学会与中国国土勘测规划院、自然资源部土地利用重点实验室在北京联合举办建立国土空间规划体系并监督实施专家座谈会。会议围绕如何通过国土空间规划，让土地更加生态，更富价值进行交流。

两岸交流　8月29—30日，学会联合江苏省科协在江苏省徐州市共同主办2019年海峡两岸土地学术研讨会。研讨会共征集两岸土地学界专家论文75篇。来自两岸土地学界的200余名专家参加会议，围绕“土地利用创新与生态文明建设”主题展开学术研讨。中国科学院院士、江苏省科协副主席祝世宁，台北大学公共事务学院副院长、台湾地区代表团团长彭建文等专家、学者在开幕式上致辞。

国际交往　学会出席国际测量师联合会（FIG）2019年度工作周会议，与英国皇家特许测量师学会（RICS）继续保持联络，协助德国汉斯·赛德尔基金会等举办2019中德土地管理高级研讨暑期学校、社会科学引文索引（SSCI）期刊联合学术会议。

科普活动　学会开展第29个全国“土地日”网络知识竞赛活动，42324人次参与答题；举办第二届全国大学生土地利用规划技能大赛和首届全国大学生土地国情调查大赛。

学会联合相关高校、科研机构共同举办2019年全国土地科技周活动。活动围绕“科技强国·科普惠民”主题，开展包括科普讲座、全国土地管理专业大学生土地技能竞赛获奖作品展、土地科普知识竞赛和现场仪器科普体验等活动。线上，发挥融媒体作用，确保活动多元化，增强互动性，吸引在校大学生参与；线下，通过布设展览、发放展品、专业仪器操作体验等方式，为不同专业的大学生提供了解土地管理专业知识、实用仪器设备等的平台，吸引大量师生参与。5月28日，学会联合中国国土勘测规划院在四川省成都市共同主办2019年全国土地科技周活动闭幕式。

12月27日，学会首席科学传播专家、自然资源部国土整治中心研究员王军应北京十二中邀请，为全体教师作题为《保护用好国土资源　服务生态文明建设》的科普报告，并现场与教师进行互动交流。

表彰举荐优秀科技工作者　学会组织完成2019年中国科学院院士、中国工程院院士候选人推选工作，配合开展国土资源科学技术奖评选工作，继续开展2019年中国土地学会学术年会青年优秀论文评选工作。

党建强会　10月18日，学会顾问邹玉川受邀为江苏省张家港市自然资源和规划局讲授“不忘初心使命、坚持改革创新”专题党课，张家港市委、市政府分管领导，各镇（区）分管负责人，苏州市自然资源和规划局及各市（区）自然资源和规划局有关领导及党员等共计400余人参加学习。

【2019年中国土地学会学术年会】　11月11—12日，2019年中国土地学会学术年会在福建省福州市举办，主题为“国土空间布局与生态文明建设”。学会理事长王世元作主题讲话，包括多名院士在内的300名专家、学者参加会议，会议总规模超过1000人，共

收到论文200多篇。经过专家严格筛选，158篇入选光盘论文集，10篇被评为2019年中国土地学会学术年会青年优秀论文。年会设置1个主会场、16个分会场，6位业内专家受邀作大会学术报告。26家会员单位参加会议并现场展示自己的成果。

（撰稿人：许　坚）

中国科技新闻学会

服务创新型国家和社会建设　受中国科协委托，学会参与重大活动宣传策划与实施，在2019年中国科协年会、全国科技工作者日、“创响中国”巡回接力及双创周活动、2019世界公路交通运输大会、世界新能源汽车大会、世界能源大会、世界公众科学素质大会、中国科幻大会等活动中与媒体记者共同策划、报道。

2019年，学会共组织70余家新闻单位、1827名媒体记者参与76项科协重大活动新闻宣传工作，其中重点参与5个专项，完成宣传片6个，采访专家90余人，发稿2420余篇。先后组织、策划、采访一线科技工作者、典型人物、院士专家科研团队等，形成一批有影响力的科学报道。

11月25—29日，受中国科协调研宣传部委托，由学会、中国传媒大学协同创新中心承办的2019中国科协系统新媒体工作人员培训班——科技传播新媒体与融媒体运用在北京举办。授课教师包括新媒体从业者、高校教授等10余名专家，80余名科协系统新媒体工作人员参加培训。培训聚焦媒体融合、短视频创作与传播等内容，通过现场教学、专题讲座、影像教学、体验教学等多元手段，帮助学员学习宣传工作新理念、新方法。学员还参观中国传媒大学电视台、媒体融合与传播国家重点实验室支撑平台。

学会建设　2019年，学会新增个人会员85人，新增团体会员35个。新增品牌传播专业委员会、科技创新传播工作委员会和健康传播专业委员会，学会所属分支机构由16个增至19个。

3月26日，中国科技新闻学会分支机构负责人工作会议在北京召开。会上，各分支机构领导交流工作经验和2019年工作计划，并就如何加强合作进行研究探讨。学会理事长宋南平出席会议并对分支机构工作提出要求。

学会编辑出版《科缘情怀——40年中国科技新闻作品选》，主要收录《人民日报》、新华社、《科技日报》等中央主要媒体自1978年改革开放以来发表的优秀科技新闻作品，由中国科学技术出版社正式出版发行，首次印刷1000册。

学会治理结构和治理方式改革　11月15日，学会召开六届三次理事会议，审议通过《六届理事会制度》《六届理事会议事规则》《会员管理制度》《主办期刊出版经营管理办法（修订）》《分支机构管理办法（修订）》。

学会建立各分支机构秘书处信息平台，及时了解各分支机构工作动态，对分支机构开展的活动予以报道支持，不仅在学会官网和微信公众号上发布，还邀请中央媒体进行宣传报道。

学科发展工程　学会组织科技传播理论专家，完成共2.2万字的课题报告《科协系统典型案例遴选和宣传工作机制研究》。调研团队开展为期4个月的调查研究，通过资料收集、汇总分析，开展访谈、座谈、论证会等形式，形成可靠、有用的研究结论，撰写政策建议专报，并编制学习课件。课题对研究科协系统遴选工作和宣传工作的路径、机制等方面具有样板意义，并就如何提升科协系统典型人、典型事的社会影响提出参考建议。

国内主要学术会议　7月9日，由学会主办，学会数据新闻专业委员会与河北大学新闻传播学院承办的2019数据新闻高峰论坛在河北省保定市召开。河北大学党委副书记杨立海，学会理事长宋南平、副理事长兼秘书长许英等出席论坛并致辞。中国传媒大学新闻学院教授沈浩、清华大学新闻与传播学院教授彭兰、复旦大学新闻学院教授廖圣清、河北大学新闻传播学院教授任瑞娟、《中国科学报》原副总编辑李占军、人民网舆情数据中心副主任单学刚、新华网融媒体未来研究院副院长鞠靖、央广网副总编伍刚等分别作主旨演讲。来自全国相关新闻单位、科研院校等单位的80余人参加会议。

8月11日，由学会与云南省科技厅、云南省科协主办，中国科普研学联盟等单位承办的第二届中国科普研学论坛暨2019中国科普研学联盟年会在云南省昆明市召开，主题为“科普研学发展和创新”。会上，科普研学联盟秘书长包明明作联盟工作汇报，中国科学院院士刘嘉麒，教育部教育发展研究中心首席专家王晓燕，日本科学技术振兴机构（JST）中国研究与樱花科技中心副主任米山春子分别作题为《以天地为己

任 山川做课堂》《促进研学实践教育的内涵式发展》《日本的修学教育及JET的科普教育举措》的专题报告。会议由学会副理事长周建强主持。来自全国高等院校、科研院所、科普场馆、中小学、科普研学基地等单位的300余人参加会议。

国际交往 6月29日—7月5日，学会组织来自新华社、科技日报社、中央广播电视总台的5名科技记者赴瑞士洛桑参加第十一届世界科技记者大会。来自全球83个国家的1137名记者注册参加大会。

科普活动 6月1日，由中国科学技术馆和学会主办，中国少年儿童艺术教育网、北京华夏世纪文化艺术交流中心承办的“让科学插上艺术的翅膀——全国少年儿童科技创新艺术作品展”在北京开幕，共展出122幅科幻绘画作品。活动自3月20日发出征稿通知，共收到来自全国各地的5800余幅科幻绘画作品。中国政府网、中央广播电视总台、人民网、新华网等媒体进行报道。

学会科普工作委员会与科技部、中国科学院传播局、北京市科学技术委员会共同举办“科学咖啡馆”科普沙龙活动。全年共举办12期，主题分别为“科学与美的融合”“南极科考——奇幻科学之旅”“探秘火山”“量子计算”“生命之美”“太阳的威胁”“人工智能芯片的现状与趋势”等，中国科学院院士刘嘉麒、林群等共300余名专家、学者参加沙龙，沙龙线上访问观看量逾万次。此外，学会科普工作委员会还编创《科学大院》《有趣的科学新发现》图书，由浙江教育出版社正式出版发行，首次印刷5000册。

2019年，学会新媒体专业委员会举办6场主题沙龙，主题分别为：“融媒体落地发展”“全媒体、融媒体与科学传播”“科技、新媒体与女性力量”“5G融合创新”“人工智能+教育与传播”“参访新时代空间”。据统计，共有28名专家、学者作主题分享，330余人参加活动。

学会科技报分会搭建“科闻天下”共享平台，推出全国科技报融媒体平台“科闻天下”网站（www.kewentx.com）、微信小程序、App等。

党建强会 学会开展“不忘初心、牢记使命”主题教育，并为每一名理事党员购买《习近平关于党风廉政建设和反腐败斗争论述摘编》；组织全体党委委员参加中国科协学习活动，并在学会党委开展专题研讨。

会员服务 4月13—15日，由学会、学会科技报分会主办，重庆科技报社承办的全国科技报系统工作研讨会在重庆市召开。学会理事长宋南平、副理事长兼秘书长许英、副理事长兼科技报分会理事长郝建新，以及来自全国28家科技报（刊）社的社长、总编、新媒体机构负责人等60余人参加会议。会上，许英表示，科技报分会要积极团结带领广大会员，促进各会员单位间的优势互补、交流与合作。郝建新对各会员单位提出五点要求。

【2019年中国科技传播论坛】 11月16日，由学会主办的2019年中国科技传播论坛在北京召开，主题为“全媒体时代的科技传播”。来自各新闻单位、科研院校、有关部门的200余人参加开幕式。

中国科协党组副书记、副主席、书记处书记徐延豪，贵阳市委、市政府领导出席大会并致辞。挪威工程院院士、挪威斯塔万格大学终身教授容淳铭，中国科学院院士、华东师范大学软件学院院长何积丰，中国信息通信研究院副院长王志勤，人民网董事会秘书李奇分别作题为《基于区块链的未来互联网》《可信人工智能》《5G与新媒体》《媒体融合和内容科技》的主旨报告。开幕式由学会理事长宋南平主持。

论坛设有7个分论坛，主题分别为“国际视野下的科学传播与科学教育”“融媒新时代：全域传播”“大数据人工智能时代：科技传播与应用”“跨界融合的健康传播”“科技期刊的科学传播与能力提升”“‘十四五’科普产业发展新趋势新模式”和“乡村振兴与科技传播”。

《光明日报》、《科技日报》、《中国科学报》、人民网、新华网、光明网、中国经济网等媒体对论坛进行报道。

【“科学麻辣烫”——科学家与媒体对话系列活动】 由中国科协调研宣传部主办，学会、光明网共同承办的“科学麻辣烫”是科学家与媒体对话系列活动之一。活动聚焦科技前沿话题、热点事件，邀请科学家、科普专家与主流科学媒体编辑、记者面对面对话交流，再由媒体将了解到的科学信息及时准确地传播给社会公众。

活动自2019年创办以来，共举办5期，主题涵盖5G技术、柔性电子技术、农业科技成就、小麦育种技术和锂电池技术等，其中3期在北京举办，另外2期分别前往浙江省杭州市、河南省新乡市实地调研采访。

共有20余位专家参与活动，19位专家作主题分享，其中，有院士1人、教授9人、研究员6人、总工程师1人、外籍专家2人（1人为院士，1人为教授）。此外，还有120余位记者参加，共形成新闻专题1个，媒体报道150余篇，网络直播总访问量超150万人次。其中，“庆祝新中国成立70周年——农业科技成就回顾与展望”主题活动的总观看量达80万人次。

（撰稿人：杜　梦）

中国老科学技术工作者协会

服务创新型国家和社会建设　协会会同中国科协老科技工作者专门委员会启动“大力弘扬科学精神　促进学风建设”行动，重点围绕成立老科学家报告团、举办老科学家圆桌会议、组织编撰老科学家回忆录、研究筹办老年科技大学、助力农村中学科技馆建设五个方面开展工作。

协会成立老科学家报告团，聘请中国工程院院士周守为，滕吉文、刘嘉麒、陈润生、阎锡蕴、吴岳良5位中国科学院院士和李象益、周立柱、王水弟3位教授为报告团成员。在纪念中国老科学技术工作者协会（此篇以下简称“老科协”）成立30周年座谈会上，由中国科协党组书记、常务副主席、书记处第一书记怀进鹏为报告团成员颁发聘书。老科学家报告团以大学和研究机构为重点，开展科学家精神和道德学风建设宣讲和座谈。

2019年，协会共举办2次老科学家圆桌会议。9月19日，由协会、中国科协老科技工作者专门委员会主办，中国国际科技交流中心、中国科协创新战略研究院承办的首届老科学家圆桌会议在北京召开，邀请院士专家围绕更好促进学风建设提出建议意见。11月29日，由协会、中国科协老科技工作者专门委员会主办，中国科协创新战略研究院承办的第二次老科学家圆桌会议在北京召开，邀请院士专家围绕中国基础研究和“卡脖子”问题展开研讨。

协会举办全国老科协秘书处工作人员和科普讲师培训班。2019年，协会共举办科普讲师提高培训班2期，全国老科协工作人员培训班2期，参加培训人数共计250余人次。

协会会长陈至立和其他副会长带领秘书处成员先后赴江苏省、上海市、江西省、河北省、新疆维吾尔自治区、黑龙江省、吉林省、辽宁省、广东省、山东省、甘肃省等地调研老科协工作，召开座谈会，听取汇报，展开讨论交流；赴企业和基层老科协、老科协农业科技项目基地、农村中学科技馆等进行实地考察。

协会完成课题10项，分别是《南水北调中线工程水源区水环境保护问题与对策研究》《我国西北地区建设草种子专业化生产带可行性研究》《新时代教育关键问题与对策研究》等。

5月22日，协会在上海市召开元宝枫与神经酸专家咨询会。协会会长陈至立出席会议并讲话，来自上海高等院校、科研院所及医院的12位专家、学者为元宝枫产业发展、神经酸的医药用研究建言献策。

学会建设　11月19日，协会在北京召开纪念中国老科学技术工作者协会成立30周年座谈会，中共中央政治局委员、国务院副总理孙春兰出席并作重要讲话，全国政协副主席、中国科协主席万钢出席并讲话。协会会长陈至立主持座谈会并讲话。共700余人参加座谈会。

2019年，协会增补常务理事6人，变更常务理事3人、理事4人。协会完成年检工作，召开六届八次、九次常务理事会议和六届七次理事会议。协会六届七次理事会议选举班程农、蒋笃运、王延祜、李芳为协会常务理事、副会长，李芳同时为协会法定代表人；选举王鲁宁、尹伟伦、田玉科、陈小川、郑红、赵洪亮、蔡敏勇为常务理事；选举宁波群、宋德辉、张鸿博、程卫华为理事。免去陈正、陈积芳、张孝祺常务理事、理事职务；免去李彦、邢爱民、盛兆龙、梁世伟理事职务。

2019年，协会会长陈至立主持召开7次会长办公会，审议秘书处提出的工作方案，讨论研究近期工作。中国科协党组成员、书记处书记宋军多次出席会议。

继续完善协会网站和微信公众号建设。截至11月，学会网站浏览量超348万次；微信公众号订阅用户3364人，阅读量26万余次。

主办期刊　2019年，学会主办的《今日科苑》共出版12期，刊发文章106篇，印刷数量3万册，出版专刊1期（“老科协奖”专刊）。增设“科学共同体研究”等新栏目，采访部分中国老科协30周年奖获得者，并开设“老科技工作者风采”专栏。

协会完善期刊网站，启动同行评议机制。实行平台投稿、审稿、修稿、录稿，搭建期刊编辑部、读者和作者沟通的渠道。修订《〈今日科苑〉期刊管理办法》及《〈今日科苑〉“三审三校”管理办法》等制度文件。

决策咨询 2019年，协会提供决策咨询报告6篇，其中《决策咨询专报》2期，获国家领导人批示2篇。

协会撰写《关于继续推动既有住宅加装电梯的建议——厦门经验的启示和思考》，通过《科技工作者建议》2019年第3期报送国务院。3月5日，李克强总理在十三届全国人大第二次会议上所作的政府工作报告中提出，“支持加装电梯”。

协会围绕中国基础研究和“卡脖子”问题加强研究，形成《加强我国基础研究和“卡脖子”问题的几点建议》，以协会《决策咨询专报》（2019年第1期）的形式，于12月6日呈报国务院。

科普活动 2019年，协会在全国20多个省、直辖市开展科普报告320场，其中院士精品报告12场，听众超过19万人次。

协会开展新时代中国老科协科学报告团科普讲师培训与发展研究，完成科普讲师培训大纲的构建。

协会协同中国科技馆发展基金会助力农村中学科技馆建设。2019年，在5个省、自治区协助建设农村中学科技馆14所。分别赴甘肃省、陕西省、新疆维吾尔自治区的10所农村中学科技馆了解情况。在四川省、甘肃省、山西省、重庆市、安徽省、河北省、江西省、贵州省、陕西省等地的15所农村中学科技馆举办专场科普报告19场。

协会向全国各级老科协发出《关于组建老科技工作者志愿服务总队的通知》，多个省级协会成立老科技工作者志愿服务队，开展志愿服务活动。2019年，协会组织多位医疗专家，分别赴湖南省、山东省、新疆维吾尔自治区、甘肃省开展医疗义诊活动4次，共诊治患者6013人次，查房590人次，科室会诊73人次，指导手术7例，培训医护人员3189人次，举办健康保健科普报告惠及听众6468人次。

表彰举荐优秀科技工作者 经协会推荐，李桂莲、赵崇德、郭志勤入选中国科协科技社团党委“不忘初心、牢记使命，建功新时代——展风采树楷模”宣传人物。

协会开展2019年度老科协奖评选表彰活动。评选出2019年度中国老科协奖突出贡献奖获得者10名、老科协奖获得者185名、先进集体奖获奖单位20个。获奖情况经协会常务理事会审议通过，在全国科技工作者日期间进行公示，于11月召开大会进行颁奖和表彰。

协会开展30周年优秀共产党员、先进个人和先进集体表彰活动，共34名优秀共产党员、70名先进个人和30个先进集体受到表彰，在11月召开的纪念中国老科学技术工作者协会成立30周年座谈会上被授予30周年纪念证章。

党建强会 协会开展“不忘初心、牢记使命”主题教育。定期召开党委会议，2019年共召开5次党委会议。

6月，协会党委举办全国老科协党务干部研讨班，来自全国24个省、自治区、直辖市老科协和部分基层老科协的41名党务干部参加研讨班。协会党委书记齐让主持开班仪式并作主题报告，中央和国家机关工委协会党建部巡视员刘岩，中国科协培训和人才服务中心主任辛兵，科技社团党委副书记刘桂荣，协会党委副书记王延祜、党委委员岳明生分别致辞、授课。

根据中国科协科技社团党委统一部署，协会党委开展理事会党委职责清单试点工作，结合实际制定《中国老科协党委职责清单试点实施方案》。

7月1—5日，协会在“不忘初心、情系老区”山东微山县医疗义诊活动期间，开展主题党日活动，参观铁道游击队纪念园。党委委员岳明生及秘书处党支部有关人员参加活动。

会员服务 10月7日，全国老科技工作者日期间，协会组织开展以“欢庆70年 奉献新时代”为主题的“欢乐庆”活动，中国科学院院士刘嘉麒、滕吉文、童庆禧、林群、曹春晓等专家和老科技工作者代表共560人参加活动，光明网对活动全程直播。

【纪念中国老科学技术工作者协会成立30周年座谈会】 11月19日，纪念中国老科学技术工作者协会成立30周年座谈会在北京召开。中共中央政治局委员、国务院副总理孙春兰出席并作重要讲话，全国政协副主席、中国科协主席万钢出席并讲话。原国务委员、十一届全国人大常委会副委员长、协会会长陈至立主持座谈会并讲话。中国科协党组书记、常务副主席、书记处第一书记怀进鹏，中国科学院党组副书记、副院长侯建国，国务院副秘书长丁向阳，教育部副部长郑富芝，科技部副部长李萌，民政部副部长王爱文，人力资源社会保障部副部长汤涛，国家卫生健康委副主任李斌出席座谈会。

座谈会上颁发30周年纪念证章。上海退（离）休高级专家协会会长叶叔华、中国科学院老科协张志林、东风汽车公司老科协会长孙长海分别发言。中国科学院院士、中国科协副主席、老科技工作者专门委员会主任沈岩宣读《大力弘扬科学精神　促进学风建设行动》。怀进鹏为老科学家代表颁发老科学家报告团成员聘书，各位报告团成员向青年代表赠送老科学家传记图书。

全国各级老科协代表、老科技工作者代表、中国科协机关部门和直属单位负责人等700余人参加座谈会。中央电视台第一套节目《晚间新闻》节目对座谈会进行报道。

【老科协科技示范基地工作交流会暨授牌仪式】 5月28日，老科协科技示范基地工作交流会暨授牌仪式在江西省老科协科技示范基地（江西省农科院高安基地）举办。原国务委员、十一届全国人大常委会副委员长、协会会长陈至立，十二届全国政协教科文卫体委员会副主任、科技部原副部长、协会副会长陈小娅，江西省副省长胡强，山东省委原常委、省人大原副主任、协会副会长、山东省老科协会长朱正昌，江西省政府副秘书长宋雷鸣，江西省科协副主席孙卫民，宜春市委书记颜赣辉，高安市委书记袁和庚，江西省农业科学院党委书记池泽新、院长戴星照等领导及江西省各级老科协代表、各级老科协科技示范基地代表、省老科协科技特派员培训班全体学员、省农业科学院机关各部门负责人、各研究所负责人、省农业科学院基地全体管理干部共150余人参加会议。山东省老科协、黑龙江省老科协有关领导受邀参加会议。会议由江西省政协原副主席、协会副会长、江西省老科协会长朱张才主持。

陈至立向江西省老科协颁授“中国老科学技术工作者协会科技示范基地”牌匾。陈至立、陈小娅、胡强、朱张才等领导为中国老科学技术工作者协会科技示范基地揭牌。

【健康扶贫“革命老区行”大型义诊活动启动仪式】 9月24日，由协会主办、甘肃省老科协和白银市老科协承办的健康扶贫“革命老区行”大型义诊活动启动仪式在甘肃省白银市会宁县召开。原国务委员、十一届全国人大常委会副委员长、协会会长陈至立出席并宣布活动启动。原林业部党组成员、纪检组组长、协会副会长杨继平，甘肃省人大常委会副主任吴明明，甘肃省老科协特邀研究员、甘肃省人大常委会原副主任柯茂盛，甘肃省委老干部局局长梁蓉兰等领导出席。协会邀请中国人民解放军总医院心血管内科主任、主任医师张志寿，北京医院内分泌科主任医师迟家敏，北京宣武医院呼吸科主任医师于森，北京同仁医院神经内科主任医师耿稚平等北京各大医院的18位专家，甘肃省科协、市（州）科协，以及国务院扶贫开发领导小组办公室、国家卫生健康委等政府主管部门及县医院医务工作者代表等近200人参加启动仪式。甘肃省科协党组书记、第一副主席陈炳东主持会议。

陈至立一行赴会宁县大沟镇厍弃村看望甘肃省老科协、白银市老科协组织的29名健康扶贫义诊专家，同时考察村史馆、农产品陈列馆、大棚蔬菜种植情况、牛羊养殖情况等，并深入脱贫农户家中了解情况。

来自北京的医疗专家在白银市第三人民医院开展为期3天的学术讲座、座谈、会诊、义诊等活动，共查房50人次，接诊患者582人次，开展业务指导5次，手术指导2例；4名科普专家开展4次讲座，听众1500人次。甘肃省老科协、白银市老科协组织的29名健康扶贫专家在会宁县大沟镇厍弃村、庄湾村为400多人次村民义诊。

义诊期间，协会开展“不忘初心、牢记使命”主题教育活动，参观红军长征会师纪念馆，组织协会科学报告团的科普讲师举办科普讲座。原卫生部新闻宣传中心、中国健康教育中心副编审刘立和中国人民解放军国防大学战役部教授孙旭分别在会宁县人民医院和会师中学、枝阳中学作题为《健康中国，你我同行》和《中国梦、强国梦、我的梦》的科普报告。

【全国老科协2019年党务干部研讨班】 6月12—15日，全国老科协2019年党务干部研讨班在北京举办。协会常务副会长、党委书记齐让出席开班式并作报告。来自全国24个省、自治区、直辖市老科协和部分基层老科协的41名党务干部参加研讨班。河南省人大常委会原副主任，河南省老科协会长、党支部书记蒋笃运参加开班式。

研讨班得到中国科协机关党委、机关服务中心、培训和人才服务中心、科技社团党委和中国科协科普示范绿化基地的支持。

党务干部研讨班上，中央和国家机关工委协会党建部巡视员刘岩，中国科协老科技工作者专门委员会副主任、中国老科协党委副书记王延祜，中国科协科技社团党委副书记刘桂荣分别授课。研讨班注重讲授与研讨交流相结合，共安排2次分组研讨。

结业式上，山东省老科协和辽宁省老科协分别作为小组代表汇报学员交流讨论的情况，反映目前全国老科协党建工作现状和存在的问题。王延祜作研讨班总结讲话。

（撰稿人：刘　艳）

中国科学探险协会

学会建设　12月19日，协会第六次全国会员代表大会在北京召开，会议由中国科学院院士、协会第五届理事会主席秦大河主持。协会秘书长李杰代表第五届理事会作工作报告，副主席王维作财务报告，常务理事李世杰作修改章程报告。与会代表对3个报告进行审议，并提出修改建议，最终以表决的方式通过3个报告。会议以无记名投票方式选出协会第六届理事会理事96人、监事3人，张文敬当选为监事长。

随后召开协会第六届理事会第一次会议。会议由中国科学院院士、协会第六届理事会主席崔鹏主持。会议以无记名投票方式对协会第六届常务理事会常务理事、理事会负责人进行选举。31人当选为常务理事，崔鹏当选为协会第六届理事会主席，郭柯、康世昌、李杰、马耀明、王维、效存德、张百平、朱江当选为协会第六届理事会副主席。经崔鹏提名，以表决的方式通过推举秦大河为协会名誉主席的提案；经崔鹏提名，以表决的方式通过张继民、王新民为协会荣誉理事的提案；经崔鹏提名，以表决的方式通过聘任李杰为协会第六届理事会秘书长的提案；经李杰提名，以表决的方式通过聘任王乃昂、张齐兵、梁红斌、丁明虎为协会第六届理事会副秘书长的提案。

7月，应重庆市江津区人民政府办公室的邀请，协会派考察组在江津区有关单位的配合下，赴四面山自然保护区就设立基地事宜进行考察调研。根据考察调研情况，考察组与江津区有关方面进行充分论证，经研究决定，设立中国科学探险协会四面山基地。

10月19日，协会成立沙漠科学考察专业委员会，王乃昂担任主任委员，吴波、董玉祥、马全林、李钢、张克存担任副主任委员。

主办期刊　《中国科学探险》（双月刊）本着“亲近自然、认识自然、享受自然”的科学探险理念，向读者普及与之相关的科学探险知识，完成2019年度的出版任务。在公益宣传方面，全年继续对国际爱护动物基金会、世界自然保护联盟、“绿色和平在中国”等公益组织和项目进行宣传。

科普活动　协会2019年继续稳步推进极地及境外科普活动。共组织会员开展3次南北极科普考察活动，参与人数达387人次。同时，以小团队的方式开拓新的境外科普活动。

1月，协会分两个航次组织275名会员参加南极科普考察活动。活动分别由协会副主席王维、秘书长李杰带队，协会理事井哲帆作为指导专家随队出行。此次活动主要前往南极半岛、南乔治亚岛、马尔维纳斯（福克兰）群岛考察，并登陆中国南极长城站。

8月24日—9月10日，协会组织112名会员参加北极科普考察活动。活动由协会秘书长李杰带队，协会理事李传金作为指导专家随队出行。此次活动主要前往斯瓦尔巴德群岛、格陵兰岛、冰岛考察。

8月，协会和兰州大学资源环境学院共同主办巴丹吉林沙漠科学考察活动。由协会常务理事王乃昂带队，正式队员15人，其中包括4名带队教师、2名研究生和9名本科生。队员专业涵盖自然地理与资源环境、地理信息科学、人文地理与城乡规划、大气科学、历史学。此次野外考察从内蒙古自治区阿拉善盟阿拉善右旗巴丹吉林镇出发，沿1927年11月“中国西北科学考察团”南线，即袁复礼先生率南队穿越巴丹吉林沙漠的路线进行考察。重点考察风沙地貌、湖泊变迁、地下水位动态、生物多样性和文化遗存等，沿途见有石器、细石器、彩陶、烽燧、黑釉和至大通宝古钱币等。通过水位变化、文献记载等，调查巴丹吉林沙漠的古今环境变迁。通过寻访牧民，找到古丝绸之路的重要驿站保尔全吉。

表彰举荐优秀科技工作者　协会组织开展2019年度中国科学探险协会先进工作者评选、中国科学探险协会科普工作先进工作者评选活动，王乃昂获得“科普工作先进工作者”称号，李杰获得“先进工作者”称号。

党建强会　2019年，协会根据《中国科学探险协会功能型党委工作制度》，规范协会党委日常工作的范围以及职权。协会党委按照工作计划，组织开展主题教育活动，分别赴上海市中共第一次全国代表大会会址、北京西山国家森林公园无名英雄纪念广场等地开展党建活动。

（撰稿人：霍翠萍）

中国城市规划学会

服务创新型国家和社会建设　学会承担中国科

协、住房城乡建设部、中国工程院等多个机构的重点咨询课题，包括《城市工业遗产保护名录》《城市工业遗产价值评价标准》《城乡规划基本术语》《城市景观风貌规划研究》《绿色城市更新方法与实施路径研究》等。参与国家历史文化名城名镇名村保护设施建设规划、国家历史文化名城名镇名村信息监管系统建设。

学会利用专家优势、国际网络优势和信息优势，针对地方规划的不同需求，分别组织国际方案征集活动、高层次专家评审和咨询活动，包括杭州西站枢纽地区（仓前科创新城）核心区城市设计暨概念规划方案征集、张家港市人民路沿线城市设计国际方案征集、杭州艮山门动车运用所上盖空间开发城市设计暨概念方案征集、衢州高铁西站综合枢纽及周边地块概念方案设计、杭州大运河新城核心区城市设计方案征集、南京紫东地区核心区城市设计国际咨询、连云港连云新城总体空间概念规划和重点地区城市设计等10多项规划设计和咨询项目。

1月，学会向国家科学技术奖励工作办公室申报中国城市规划学会科技奖，该奖项的设立填补长期以来中国规划领域国家级科技奖励的诸多空白。中国城市规划学会科技奖包括领军人才奖、青年人才奖、科技进步奖和若干专项奖等子奖项。2019年，学会启动领军人才奖和优秀科技论文专项奖的申报和评选工作，中国工程院院士吴志强、中国科学院院士段进、学会副理事长杨保军、赵万民获得领军人才奖，9篇论文获得优秀科技论文专项奖（青年）。

学会多次组织专家团队共同筹划，先后承担山西省吕梁市岚县王狮乡长门村精准脱贫和美丽乡村建设、岚县古迹保护和利用总体规划等项目。作为住房城乡建设部定点扶贫帮扶工作组成员，学会多次对接青海省西宁市湟中区扶贫工作，通过实地调研、专家座谈等形式促进当地经济发展。扶贫工作成果被纳入中央和国家机关定点扶贫工作成果展。

学会组织全国“规划志愿者”“规划西部行”等活动。在河北省雄安新区、江苏省南京市、山西省吕梁市、陕西省西安市等多地开展“礼赞共和国、追梦新时代——规划志愿服务行动”全国科技工作者日主题系列活动，并获中国科协授予的“中国科技志愿服务百家学会”奖牌；在重庆市大足区开展“规划西部行”活动，义务为地方提供规划服务。

3月26日，由学会和中国土地学会联合主办的国土空间规划理论专题培训会——“以人为本规划”专场在北京召开。培训会邀请学会荣誉理事、加拿大女王大学区域与城市规划学院前院长梁鹤年及其团队成员作专题报告，围绕“以人为本规划”的基本原理及其在国土空间规划中的实践应用展开交流，来自近140家单位的200多位专家、学者参加培训。

学会建设 2019年，学会新增个人会员562人、单位会员7个，个人会员总数8760人、单位会员100个。完成城乡规划实施学术委员会、风景环境规划设计学术委员会、区域规划与城市经济学术委员会、乡村规划与建设学术委员会、历史文化名城规划学术委员会、城市规划新技术应用学术委员会换届工作；完成城乡规划实施学术委员会、城市总体规划学术委员会、控制性详细规划学术委员会更名工作。

学会治理结构和治理方式改革 学会进一步落实《理事长分工办法》，严格执行理事会议、常务理事会议、秘书长工作会等基本制度，明确理事长责任分工；执行秘书长工作例会制度，明确与落实秘书长责任分工；落实《二级组织管理办法》要求，严格执行二级组织年度考评制度，进一步规范二级组织的工作要求，提升对会员的服务质量；以信息化为抓手，推行扁平化治理模式。

主办期刊 学会全年共发行期刊145457册。其中学会会刊《城市规划》12期发行100757册，*China City Planning Review*（《城市规划》）4期发行1000册，《人类居住》4期发行2000册,《城市交通》6期发行3300册,《小城镇建设》12期发行38400册。

《城市规划》入选2019—2020年CSSCI（中文社会科学引文索引）来源期刊目录和CSSCI扩展版来源期刊目录；入选2019年中国科技核心期刊（中文）目录，并成为中国科技论文统计源期刊；入选2019中国最具国际影响力学术期刊（人文社会科学）。

学科发展工程 学会开展《学科预测及技术路线图研究》课题研究，出版《城市规划历史与理论》年度学科进展报告；委托西安建筑科技大学、同济大学、东南大学、天津大学等高校编写“低碳生态城市规划”系列丛书。

国际学术会议 2019年，学会举办境内国际会议1次，共计参会人数203人次，交流论文127篇。

11月16—17日，由学会和东南大学主办，东南大学建筑学院和学会城市规划历史与理论学术委员会承办的2019开发区转型与城市创新发展国际研讨会在江苏省南京市召开。来自中国和“一带一路”沿线国家政界、学界、业界等多方专家、学者，共同探讨全球和中国城市创新发展、中国开发区转型和“一带一路”工业化与城镇化发展、中国国际合作园区发展与规划等方面的理论与实践、问题与矛盾、机遇与挑战、思路与对策等。

国内主要学术会议 2019年，学会及其所属二级委员会共举办国内学术会议45次，较2018年减少1次；参会人数16067人次，较2018年减少4038人次；交流论文2063篇，较2018年减少880篇。出版《活力城乡 美好人居——2019中国城市规划年会论文集》等15本学术出版物，共发行29600册，制作光盘11000张。

5月18—19日，由学会主办，学会城乡规划实施学术委员会、珠海市自然资源局、珠海市规划设计研究院联合承办的以“规划实施与健康城市”为主题的第七届全国城乡规划实施学术研讨会在广东省珠海市召开。来自全国各地的科研机构、规划设计单位、规划管理机构及高等院校的200余位专家、学者参加会议。

11月9—10日，由全国公共管理专业学位研究生教育指导委员会和学会联合主办，教育部建筑学教育指导委员会城乡规划教学指导分委会协办的第五届中国城市治理与学科发展研讨会暨中国城市治理学术年会在北京召开。会议以“城市时代，包容治理”为主题，邀请全国各地的专家、学者就新时期城市治理的关键议题进行分享与探讨，推进新时代下中国城市治理学科发展与学术研究，促进高校教师和学者之间的交流，凝聚城市治理学术共同体，共商学科发展大计。

11月30日—12月1日，由学会主办，西安建筑科技大学建筑学院、西安市城市规划设计研究院、中国城乡建设与文化传承研究院联合承办的2019城市规划·长安论坛在陕西省西安市召开。论坛主题为“西部城市规划70年”，包括全体会议和5场平行论坛，总结西部地区城市规划发展经验，探讨新时期城市规划发展方向与科学研究重点。会议同期举办“西部城市规划70年成就展”。

国际组织任职 学会常务副理事长兼秘书长石楠入选联合国人居署顾问团。学会理事陈小卉、学会城市影像学术委员会副主任委员马向明担任国际城市与区域规划师学会中国理事。

国际交往 学会代表行业率先与“一带一路”沿线国家展开国际交流合作，对接丝绸城和五岛项目规划合作及参加中美科技合作联委会第一次会议，代表中国规划行业与科威特国签署《中国城市规划学会和科威特丝绸城与布比延岛开发机构关于组织规划咨询合作谅解备忘录》；持续跟踪巴基斯坦瓜达尔港的国际招标、首都伊斯兰堡的开发区规划设计等国际合作项目；参与国家重点研发计划“境外产业园区规划技术合作研究与示范应用”项目，项目覆盖中东、东南亚及南亚、非洲多个地区。

学会代表中国规划界，组团赴印度尼西亚参加第55届国际规划大会，重点从国家政策和地方行动两个层面介绍中国在规划领域应对气候变化取得的成就，呼吁加强气候变化领域的国际规划合作。与国际规划组织联合成立应对气候变化全球规划师联盟（P4CA），面向全球征集应对气候变化规划行动的成功案例。着力推动国际规划师学会亚洲总部成立的相关工作。

学会与联合国人类住区规划署、国际欧亚科学院、中国市长协会等单位共同编制 *The State of China's Cities* (2018/2019)(《中国城市状况报告(2018/2019)》)双年刊，作为国际社会了解中国城市发展的重要研究报告。发起“UPAT（国际规划顾问团）”国际培训项目，联合ISOCARP（国际城市与规划师学会）等举办规划设计国际工作坊和国际青年规划师工作营。

科普活动 学会科普类杂志《人类居住》面向社会公众推广可持续人居环境理念，普及世界范围的人居环境知识，全年共刊登文章101篇。学会官网、微博、微信等信息平台协同普及规划知识，开辟“学会声音”“规划周刊”等栏目，围绕城市设计、京津冀协同发展等主题，为公众梳理城乡规划行业重大新闻事件。

《人类居住》杂志社与中国城市规划设计研究院历史文化名城研究所共同举办2019北京国际设计周·儿童专场活动；学会新技术应用学术委员会在北京举办第三届城垣杯·规划决策支持模型设计大赛，来自海内外高校、规划研究机构、规划编制与管理单位数百名专家、学者参加。

会刊《城市规划》2019年在广东省广州市举办城市规划论文撰写讲座，着力提高高校学生和青年学者写作技巧。截至2019年年底，讲座已经在不同城市举办8期。

学会开展青年规划师年会、2019六校联合毕业设计、第三届城乡规划专业京津冀高校“X+1”联合毕业设计、第8届金经昌中国青年规划师创新论坛、第7届“西部之光”大学生暑期规划设计竞赛等活动，在年会上专门设置2场青年专场论坛以及香港与内地青年规划师对话，联合国际城市与区域规划师学会举办国际青年规划师工作坊等，给青年学者提供学习交流的平台。

表彰举荐优秀科技工作者 学会开展中国城市规划学会科技奖领军人才奖、中国城市规划学会科技奖优秀科技论文专项奖（青年）、2019年度党员优秀科技工作者、第四届中国城市规划青年科技奖、2019年金经昌中国城市规划优秀论文奖、2019中国城市规划年会优秀组织奖等评选表彰活动。向中国科协推荐3名院士候选人、2名第16届中国青年科技奖候选人。

学会创新发展 学会着力从信息化建设向智慧学会建设迈进，各类信息平台会员和用户达到40万人，总访问量超过1500万人次，微信公众号用户关注量超过15万人。

党建强会 学会党委获得中国科协“优秀星级学会党组织”称号；学会秘书处党支部获得上级党委颁发的“优秀基层党组织”荣誉，同时被评为“年度优秀党支部”；学会党委连续三年申获中国科协“党建强会”项目支持。

会员服务 学会全年编印《学会简讯》纸质版及电子杂志12期，面向全体会员，传递学会及其所属二级组织的最新工作动态。不断完善会员数据库、学术资料库，新建成线上缴费系统、在线会议平台、网络直播平台，建设官网、微信、微博、手机客户端、微信小程序等平台；各项活动和奖励优先向会员优惠开放。

【2019中国城市规划年会】 10月19—21日，由学会与重庆市人民政府主办，重庆市规划和自然资源局承办的2019中国城市规划年会在重庆市召开。会议以“活力城乡 美好人居”为主题，系统总结70年来中国规划工作的成就。

会议包括全体大会和分会场交流。分会场包括1场主题对话、22场专题会议、28场学术对话、5场特别对话和1场高端对话。国家最高科学技术奖得主、学会名誉理事长、中国科学院院士、中国工程院院士、清华大学教授吴良镛以同步视频的方式参加“人居与高质量发展”学术对话。

学会常务副理事长兼秘书长石楠主持大会开幕式。学会理事长孙安军，住房城乡建设部副部长黄艳，自然资源部党组成员、副部长赵龙，联合国副秘书长、人居署执行主任 Maimunah Mohd Sharif，重庆市委副书记、市长、党组书记唐良智分别致辞。学会在开幕式上对所组织的一系列学术、公益活动的获奖者进行表彰，以此推动城乡规划学科建设，助力青年学者成长。

4位院士及多位中央部委、国家级研究机构的专家分别作题为《共绘高质量发展蓝图 共创高品质美好生活》《完善空间治理 促进城市化健康发展》《让城乡因我们更美好》《新时代北京规划的实践探索》《论空间规划的内核逻辑》《国土空间规划的“双评价”：理论与方法》《存量发展中的城市设计——跨界思考与实践》《城区总设计师的思考与实践》《受抑制的服务业——城乡规划和人口空间分布的影响》《包容共享、显隐互鉴、宜居可期——城市活力的历史图景和当代营造》的大会报告。

年会共收到8462位作者撰写的4051篇学术论文，经过学会20个二级组织专家团队匿名审查，有2086篇被收录到《2019中国城市规划年会论文集》中，其中227篇优秀论文在年会上宣读，312篇做墙报展示。年会开发微信小程序。参会专家、学者可以通过小程序查看电子手册、会场日程、交通安排等会议相关信息，还可以通过“规划问吧”栏目与同行交流。

【辉煌70年系列献礼活动】 学会与中国城市规划设计研究院共同编著《中国城市规划70年》，系统梳理中华人民共和国成立以来中国规划成就；设立专栏，特邀学会名誉理事长、国家最高科学技术奖获得者、中国科学院院士、中国工程院院士吴良镛，学会特邀理事董光器，学会常务理事、中国城市规划设计研究院院长杨保军，学会标准化工作委员会副主任委员、武汉市自然资源和规划局副局长刘奇志等专家、学者从不同角度、不同层面阐述70年来中国城市规划走过的历程及积累的经验，构建中国特色规划理论体系。9月25日，召开“壮丽70年 大匠营国路——庆祝新中国成立70周年规划行业老专家座谈会”，参加座谈会的7位专家、学者中，最年轻的77岁，最年长的97岁，他们以亲身经历说明中国城市发展的巨大成就离不开规划工作。

（撰稿人：刘静静 曲长虹）

中国产学研合作促进会

服务创新型国家和社会建设 2019年，促进会通过开展一系列论坛、项目对接和专项活动，为联通区域经济跑道注入创新动力，如在广东省深圳市举办虚拟现实产学研创新大会，与陕西省科技厅等联合举办第三届陕西“一带一路”科技创新创业博览会，在辽宁省沈阳市举办第十三届中国介入医疗论坛，在上海市举办中国金融科技教育与应用创新论坛，等等。

促进会组织人员深入基层，先后前往浙江省宁波市，广东省深圳市和广州市，河南省郑州市，江苏省无锡市、徐州市、南京市，陕西省西安市，湖北省武汉市，上海市，山东省济南市、泰安市，安徽省，内蒙古自治区，辽宁省沈阳市、抚顺市，吉林省长春市，重庆市，河北省保定市雄安新区等地调查研究并实地考察，走访当地企业、高校、科技园区和乡镇，举办多场专题讲座和研讨会，并参加各地方、各区域、各行业产学研合作活动和项目对接会议200余场。

促进会按照国家标准化管理委员会要求，围绕国家标准化战略，制定《中国产学研合作促进会团体标准化工作管理办法》，累计发布团体标准32项，立项24项，并积极建设标准化专家库，集聚标准化专家达324人，覆盖全国26个省（自治区、直辖市）、14个行业、46个具体专业领域。

为强化企业在科技创新中的主体地位，鼓励企业设立研发机构，促进会支持国家电网构建电力大数据、综合能源服务、智能配电与物联网创新联盟，指导构建国土空间资源保护与利用、金融科技教育与应用、工业设计产业技术创新、红外医学、健康养生、产学研合作推动“一带一路”建设、微能量医学、检验鉴定技术、高等师范院校教育科技融合创新发展等一批产学研用一体化全国性产业技术创新战略联盟。在调查研究的基础上，从众多联盟团体会员中评选出科技文化传播联盟、科普产学研联盟、运动医学联盟、石墨烯产业技术联盟、周围血管诊疗技术联盟、科创金融联盟、能源应用联盟、集装箱式水产养殖联盟、创新创业教育新校区、生物检测监测联盟为2019年中国产学研合作十大好联盟。同时，促进会加强对各联盟工作的指导和监督，帮助其规范化运行，对于违背联盟构建及指导办法，出现违规、不规范行为、不能充分发挥创新平台作用的联盟，及时予以整顿和清理。

促进会开展产学研合作创新示范试点单位和示范企业的试点工作。经自荐和评审，认定山东省济宁市国家高新技术产业开发区、合肥市包河区人工智能视觉产业港、江苏省泰兴经济开发区、辽宁省北票鸟化石国家级自然保护区、南京市江北新区产业技术研创园、上海青浦工业园区等产学研合作创新示范试点单位20余家。

促进会认定青岛海尔股份有限公司、力博重工科技股份有限公司、软通智慧科技有限公司、广东东鹏陶瓷股份有限公司、天津安捷物联科技股份有限公司、山东国辰实业集团有限公司、北京盛世宏明投资基金管理有限公司等产学研合作创新示范企业80余家。

促进会在调研基础上，评选出北大汇丰智汇谷产学研基地、国家老年疾病临床医学研究中心（中国人民解放军总医院）、国网节能服务有限公司、海尔智家股份有限公司、胶州市人民政府等单位为2019年中国产学研合作十大好案例。

学会建设 12月29日，2019年中国产学研合作促进会理事会议在北京举办。促进会及政产学研界领导、理事、会员、专家、学者及联盟负责人等500余人参加会议。会议听取会费收取财务审计情况报告、《中国产学研合作促进会2019年工作总结和2020年工作计划》、第十三届中国产学研合作创新大会筹备情况、中国产学研合作创新与促进奖评审情况、促进会党建工作、产学研联盟构建情况和促进会换届工作筹备情况的汇报。

促进会继续加强对团体会员单位的规范指导，以产学研合作创新示范基地、示范企业试点工作为抓手，提炼产学研合作好案例及其成功经验并进行宣传，推动实体经济发展和新旧动能转换。

促进会完成国家相关的普查和审计工作。经国务院国有资产监督管理委员会和民政部审核，促进会年检合格。

促进会持续加强信息网络和平台服务环境建设。在官方网站新增“创新成果库”板块，加强办公地点平台服务环境建设，为开展服务工作、评审工作等提供更加舒适、整洁的办公环境。

国际学术会议 10月11—13日，经中国科协批准，在促进会指导下，由北京大学、北京大学第三医院、中国运动医学产学研创新联盟、亚洲关节镜学会等联合主办的第六届亚洲关节镜学术大会暨第三届北京大学运动医学论坛在北京召开。中国科学院院士、全国人大常委会原副委员长、第十二届全国政协副主席韩启德，中国工程院院士、中华预防医学会名誉会长、原卫生部副部长王陇德，中国工程院院士、北京大学第一医院名誉院长郭应禄，中国工程院院士、北京大学医学部主任詹启敏，中国工程院院士、北京大学第三医院院长乔杰，促进会执行副会长、秘书长王建华，亚洲关节镜学会创始人兼名誉主席 Sung-Jae Kim（孙洁金），亚洲关节镜学会现任主席 Andri Lubis（安德里·卢比斯）等，以及来自美国、英国等国家相关领域的专家、学者参加会议，交流和探讨国际运动医学前沿动态、创新技术及现代医疗的融合与影响。

10 月 21 日，在促进会支持和指导下，由西安市人民政府和石墨烯产业技术创新战略联盟（CGIA）联合主办的 2019 中国国际石墨烯创新大会在陕西省西安市举办。意大利工业技术研究院教授 Francesco Bonaccorso（弗朗西斯科·博纳科索），欧洲科学院材料科学部院士、欧盟“石墨烯旗舰”计划能源大项负责人、德国德累斯顿工业大学教授冯新亮等专家、学者 2000 余人参加大会，聚焦丝路经济，共铸石墨烯产业美好未来。

10 月 25 日，促进会联合国际血管联盟中国分部、首都医科大学宣武医院、首都医科大学血管外科研究所、北京华炎血管疾病诊疗产业技术创新战略联盟主办的第三届国际血管联盟中国大会暨第十五届中国首都血管论坛在北京召开。国内外血管外科领域的专家、学者共 500 余人参加会议，就各类疑难血管疾病临床诊疗工作展开研究和探讨，分享学术经验，加强学术交流，助推血管外科事业创新发展。

国内主要学术会议　1 月 25 日，在促进会支持和指导下，由北京大学运动医学研究所主办的北京大学·崇礼冰雪运动医学与产业创新发展高峰论坛在河北省张家口市崇礼区举办。中国工程院院士、北京大学第三医院院长乔杰，国家知识产权局原局长田力普等相关专家、学者出席论坛开幕式。北京大学运动医学研究所所长、北京大学第三医院崇礼院区院长敖英芳主持论坛。论坛现场向北京 2022 年冬季奥运会和冬季残奥会定点医院——北京大学第三医院崇礼院区进行授牌。

6 月 13 日，在促进会支持和指导下，由上海立信会计金融学院和慧科教育科技集团有限公司共同主办的金融科技发展论坛暨金融科技教育与应用创新联盟成立大会在上海市召开。国家开发银行原副行长李吉平，上海市教育委员会副主任毛丽娟，美国新泽西理工学院管理学院院长 Reggie J. Caudill（雷吉·J. 考迪尔）等专家、学者近百人参加论坛，探讨政产学研跨界合作，共促金融科技产业快速发展。

6 月 27 日，在促进会支持和指导下，由中国电力科学研究院有限公司和中国电力企业联合会科技开发服务中心主办的 2019 年（第三届）中国配电技术高峰论坛在北京召开。来自国家电网有限公司、中国南方电网有限责任公司、促进会等单位的 1000 多位专家、学者、企业管理者出席会议，加强产学研协同创新，推动能源互联高质量发展。

6 月 29 日，在促进会支持和指导下，由广东第二师范学院主办，广州创显科教股份有限公司、广州培生教育传媒有限公司承办的粤港澳中小学校长论坛暨教育培训协同创新联盟成立大会在广东省广州市召开。中国教育发展战略学会执行会长、教育部政策法规司原司长孙霄兵，广东省科技厅基础研究与科研条件处相关领导，广州创显科教股份有限公司董事长张瑜，促进会执行副会长、秘书长王建华等专家、学者、企业管理者等 300 余人参加会议，共同促进产学研协同合作平台的搭建，推动高品质教育创新发展。

9 月 15 日，在促进会支持和指导下，由中国科技文化传播产业联盟与 2019 年北京世界园艺博览会事务协调局共同主办的 2019 年科技文旅智慧创新高峰论坛在北京召开。十二届全国政协教科文卫体委员会副主任、促进会常务副会长陈小娅，促进会执行副会长、秘书长王建华，中共中央宣传部新闻宣传局原副局长武家奉，中国工程院院士、科技文化传播产业联盟理事长孙九林等专家参加论坛，就多元化、全域化、全链条的科技文旅新业态进行交流。

10 月 23 日，在促进会支持和指导下，由鹏城实验室、云安全与新兴技术安全创新联盟等共同主办的 2019 云计算与新兴技术安全大会在广东省深圳市召开。十三届全国政协社会和法制委员会副主任、中央网信办副主任陈智敏，中国工程院院士、鹏城实验室主任高文，中国工程院院士、中国云安全联盟理事长方滨兴，中国工程院院士邬江兴，中国工程院院士、中国电子科技集团公司首席科学家陆军，促进会执行副会长、秘书长王建华等产学研界专家出席峰会，共同研讨未来云计算与新兴技术安全，助力数字经济创新发展。

11月2日，在促进会支持和指导下，由中国人民解放军总医院国家老年疾病临床医学研究中心、中国老年医学学会共同主办的国家老年疾病临床医学研究中心学术年会暨2019老年医学国际高峰论坛在北京召开。来自科技部、国家卫生健康委等单位的领导及专家、学者700余人参加大会，助力打造老年疾病创新成果转化应用国家平台，共促产学研医联动一体化。

11月18日，促进会联合中国企业联合会、中国工业经济联合会、福建省企业与企业家联合会、平潭综合实验区管理委员会共同主办的2019年中国平潭·企业家科学家金融家创新论坛在福建省福州市平潭县召开。中国工业经济联合会会长李毅中，福建省人民政府副省长郭宁宁，中国知识产权研究会理事长田力普，中国企业联合会常务副会长兼理事长朱宏任，平潭创新论坛理事会理事长李川，促进会执行副会长兼秘书长王建华，平潭综合实验区党工委书记陈善光等500余人出席论坛，探讨如何打通产学研用通道，加强产学研用一体化，推进科技创新成果转移转化和落地，引领区域经济实现跨越发展。

两岸交流　3月10日，经中国科协批准，以促进会副会长兼秘书长王建华为团长的中国科协考察团，在台湾地区对东海大学、台湾玉山科技协会、台湾屏东县、台湾工业技术研究院等进行实地考察。海峡两岸暨港澳协同创新联盟与南台湾产学联盟协会在台湾地区台北市联合举办海峡两岸暨港澳2019产学合作发展论坛，中国工程院院士、代表团成员李培根作两场专题报告。

11月27—28日，在促进会与青岛市人民政府的支持下，海峡两岸暨港澳协同创新联盟在山东省青岛市举办首届海峡两岸暨港澳青年企业家创新创业发展论坛。来自海峡两岸暨香港特别行政区、澳门特别行政区的青年企业家、科技专家、金融机构专家等400余人参加论坛，围绕大会主题进行交流。同期举办新一代信息技术与人工智能论坛等分论坛和海峡两岸暨港澳协同创新联盟第二届理事会议、双招双引项目及创投风投推介会以及项目签约等活动。会议激发海峡两岸及香港特别行政区、澳门特别行政区的青年企业家创新创业热情，深化海峡两岸暨港澳产学研各界的互动交流与紧密合作，促进项目成果对接，实现协同创新发展。

科普活动　促进会与科普产学研创新联盟合作，每月组织举办一次针对青少年学生的“院士大讲堂”系列公益品牌活动，主讲人均为中国科学院院士、中国工程院院士，截至2019年年底已举办6次，现场听众总计达2000人次，网络直播受益人数达3000万人次。中国科协科普部向促进会颁发荣誉证书，以表彰促进会在科普工作中的突出表现。

3月31日，在促进会支持下，由中国宋庆龄青少年科技文化交流中心主办，中国科普产学研创新联盟和中国科学报社协办的“院士大讲堂”在北京开讲。中国宋庆龄基金会党组书记、常务副主席杭元祥，中国宋庆龄青少年科技文化交流中心主任郭新保，中国科学院行政管理局副局长占剑等领导出席活动。中国科学院院士武向平、中国工程院院士孙宝国分别作题为《认识我们的宇宙》《食品科学与人类健康》的科普报告。

8月25日，在促进会支持和指导下，由临床营养产业创新联盟、代谢病防治创新联盟等联合主办的“健康中国科普行—— 1363慢病院外管理”专项行动暨“社区慢病健康管理真实世界研究”科研项目发布会在北京召开。原卫生部副部长殷大奎、中国健康管理协会副会长曾强、北京市临床营养质量控制与促进中心主任马方等领导及基层医生200多人参加活动，开展慢病健康管理，助力健康中国行动。

表彰举荐优秀科技工作者　2019年，促进会作为承接政府职能转移的创新人才推进计划推荐试点单位，推荐3位产学研界优秀创新人才，1人入选；推荐4个产学研合作项目申报中国专利奖，1项获得中国专利优秀奖。

党建强会　促进会党支部坚持“三会一课”制度，开展“不忘初心、牢记使命”主题教育、爱党爱国观影等活动，组织党员和工作人员重温中国共产党领导中国人民的奋斗史；经上级党委批准，发展新党员。

会员服务　促进会不断加强对信息服务部、法律服务部、金融服务部的管理，为联盟、基地等会员单位提供优质服务，加速产学研项目成果的转化与落地。如：委托中泰证券股份有限公司作为牵头单位，为产学研合作单位提供股权融资服务、债权融资服务、科研立项服务等；与农业农村部农产品质量安全监管司、中国科学院过程工程研究所、黑龙江大学、黑龙江中医药大学等单位建立联系，加强沟通合作，推动集装箱养鱼、厨余垃圾处理、海洋环境防腐工程、绿岛计划、桦树产业创新等项目落地。

【第十三届中国产学研合作创新大会】 12月30

日，由促进会主办的第十三届中国产学研合作创新大会在北京召开。全国政协副主席、中国科协主席万钢，全国人大常委会原副委员长陈至立，十二届全国政协副主席王钦敏出席会议。万钢、王钦敏发表讲话。工业和信息化部党组成员、副部长辛国斌，中国科学院院士、国家自然科学基金委员会副主任侯增谦，科技部副秘书长贺德方等相关领导出席大会并演讲。促进会副会长石军主持大会开幕式。

国务院国有大型重点企业监事会主席赵华林，中国工程院院士、教育部原副部长赵沁平，全国政协常委、中国科协原党组副书记、副主席张勤，中国工程院院士、中国工程院原副院长干勇，工业和信息化部原部长、中国工业经济联合会会长李毅中，中国工商银行原行长杨凯生等领导以及全国产学研一线专家、学者1500余人出席大会，围绕“创新科技　融合发展　勇攀高峰”的大会主题，共同探索产学研用深度融合实现创新科技融合发展的新思维、新方法和新路径，为中国科技创新发展提供指引。

（撰稿人：蒋向利）

中国发明协会

服务创新型国家和社会建设　8月13日，由人力资源社会保障部批准并委托协会举办的新产品研发高级专业人才能力提升高级研修班在北京召开，协会党委书记、常务副理事长兼秘书长余华荣作开班动员。培训班特邀中国科学院院士、中国科学院电子学研究所所长、微波成像技术国家重点实验室主任、中国科学院大学电子电气与通信工程学院院长吴一戎，国家知识产权局条法司审查政策处处长孟海燕，协会常务理事、发明方法研究分会会长、萃智（TRIZ）培训专家赵敏3位专家授课，来自国家电网北京市电力公司、中航工业哈尔滨飞机工业集团有限责任公司、沈阳飞机工业（集团）有限公司、广东工业大学和有关地方协会等各行各业的70多位学员参加培训。

协会与北京亦庄投资控股有限公司、汇桔网、北京洛可可科技有限公司、巴西伊瓜苏市相关单位等国内外机构建立战略合作和合作发展协议，通过第三方为发明人提供知识产权价值评估、工业设计、孵化加速、风险投资、产业落地等全链条服务，促进合作发展。

学会建设　2019年，协会新入会个人会员370人、单位会员36个。新入会个人会员中博士、硕士研究生112人，占比30%。

4月16日，协会七届六次常务理事会议在北京举办，会议通报七届理事会理事增补、变更情况，新设分支机构和现有分支机构规范名称情况，第二批会士人选推荐、评议情况，首任院士专家咨询工作委员会专家人选情况，协会会员会费标准调整情况等事项。增补、变更以后，协会理事会成员人数为209人。

7月2—5日，协会在江西省九江市召开全国发明协会秘书长工作会议，部署2019年下半年重点工作。

按照协会章程，根据工作需要，在已有分支机构的基础上，新设院士专家咨询工作委员会、学前创新教育分会、社区发展创新创意分会3个分支机构。

协会举办首届第二批协会会士受聘仪式，李登海、王永民、包起帆、昝林森、江碧涛、高凤林、李嘉强、王大轶、贾利民、李校堃、席北斗共11位发明家、科学家当选为首届第二批协会会士；举办协会新成立院士专家工作咨询委员会首任专家受聘仪式，该委员会成员包括协会会士、院士、学者、行业领军人才等，旨在搭建高端发明智库，更好地服务会员、社会和国家。

在2018年度中国科协系统财务数据汇总工作中，协会被评为优秀单位，这是协会连续七年被评为优秀单位。

国际交往　11月，协会党委书记、常务副理事长兼秘书长余华荣代表协会与金砖国家工商理事会技能组组长刘振英一同应邀参加在巴西首都巴西利亚举办的金砖国家领导人峰会系列活动，出席金砖国家工商论坛、金砖国家数据经济论坛、技能发展与技术创新论坛、智能制造 / 工业4.0论坛等专题活动。其间，与巴西巴拉那州伊瓜苏市、发明者协会国际联合会、巴西创新发明家科学家企业家协会签订合作备忘录，访问伊瓜苏市意识形态文化研究中心、巴西利亚大学、美洲联合大学、拉丁一体化联邦大学、巴西伊泰普新能源企业等机构，加强双边及多边合作关系。同时还访问秘鲁理工大学、阿根廷圣安德烈斯大学，共同促进国际间发明成果转化。

协会首次与美国硅谷国际发明展组委会签订中国区独家代理协议。与日内瓦国际发明展中国区总代理北京中知国际会展有限公司签订战略合作协议，举办日内瓦国际发明展和纽伦堡国际发明展。

2019年，协会遴选出包括中国运载火箭技术研究院、中国空间技术研究院、清华大学、珠海格力集团股份有限公司、宝钢集团、东北大学、泉州市职工技术协会等单位选送的175个项目、53人次，赴美国、德国、法国、瑞士、韩国、泰国、土耳其、塞尔维亚、克罗地亚、北马其顿等国参加当地举办的国际发明展览会，取得79金、61银、28铜的成绩。

科普活动 6月2日，第三届全国中小学生创·造大赛颁奖仪式在北京举办。大赛由协会和科技日报社共同主办，是教育部批准的2019年度面向中小学生开展的全国竞赛活动，也是全国科技活动周重点示范活动。共有120支队伍晋级全国总决赛。总决赛选手打破年龄、地域局限，重新分为40个大组，最后8支队伍获金奖、12支队伍获银奖、10支队伍获铜奖、10支队伍获优胜奖。

8月19日，第十五届宋庆龄少年儿童发明奖颁奖仪式在北京举办。此次活动由中国宋庆龄基金会与协会共同主办，共有全国38支代表队的上万名中小学生参加，参赛作品近4000件。

表彰举荐优秀科技工作者 协会推荐3位候选人参评科技部创新人才推进计划中青年领军人才。向中国科协推荐1名中国青年女科学家奖候选人和2名中国青年科学家奖候选人。

4月16日，协会组织首届发明创业奖成果奖颁奖大会，86个项目获奖。

12月24日，协会第11届发明创业奖·人物奖评审会议在北京举办，共评选出15名特等奖、85名人物奖。

协会向2019年度中国专利奖共推荐6个项目，其中2项获银奖、3项获优秀奖。

党建强会 2019年，协会开展“不忘初心、牢记使命”主题教育，提高协会党建工作的针对性与实效性，发挥协会党组织和广大党员的作用。

4月16日，协会在北京召开协会党委一届五次全体会议，理事长潘云鹤讲话，党委书记余华荣作2018年党委工作报告。

6月10日、9月18日，协会分别组织全体党员到中国航天科技集团公司第五研究院502研究所、中国运载火箭技术研究院参观调研座谈，举办“不忘初心、牢记使命”主题教育党日活动。

协会党委书记余华荣调研湖北省发明协会、武汉九生堂生物科技股份有限公司、健康中国研究中心、北京新奥特科技集团有限公司、开封高新技术开发区等单位，了解地方发明协会工作情况和企业、行业服务需求，吸纳好的意见建议。

10月12日，协会组织全体员工观看影片《我和我的祖国》。

会员服务 7月5日，由协会主办，山东发明协会联合主办的中国新兴产业院士高端恳谈会在山东省威海市召开，共邀请10位院士参加会议。

7月23日，协会举办新会员座谈会，国家能源集团、清华大学、中国中铁建工集团、山东中坤石油科技股份有限公司相关人员，以及石墨烯创新企业代表、大学生等参加会议，交流发明创新体会及对协会工作建议等。

12月26日，协会调研中国宝武钢铁集团有限公司，探讨交流科技扶贫、企业创新领军人才培养、青少年发明创新教育等方面并开展合作。

12月27日，协会调研上海港湾集团在服务国防建设、“一带一路”建设等方面的新进展、新成就，探讨共建发明成果转化基地等合作事宜。

【第二十三届全国发明展览会·“一带一路”暨金砖国家技能发展与技术创新大赛】 11月7—9日，第二十三届全国发明展览会·“一带一路”暨金砖国家技能发展与技术创新大赛在广东省佛山市举办。活动由协会和金砖国家工商理事会、广东省科技厅共同主办，由佛山市人民政府承办。大赛得到科技部、中华全国总工会、国家知识产权局、科技日报社及广东省人力资源社会保障厅等单位的支持。来自全国各地和粤港澳大湾区11个城市超过1900个发明创新项目参展。

据统计，展会现场签约项目20个，商谈对接项目超50个。其中，中车新时代电动汽车股份有限公司、北京精准医疗科技有限公司、珠海迪普医疗科技有限公司、衢州光明电力投资集团有限公司等企业的参展项目，因技术先进成熟，具有市场前景和完备的发展计划，意向项目成交额达数十亿元。

来自俄罗斯、巴西、南非、中国等国家的80余支国内外代表队，300多名中外高技能人才参与“一带一路”暨金砖国家技能发展与技术创新大赛佛山未来技术技能国际挑战赛。大赛共有12个赛项，共有1318个项目获发明创业奖·项目奖，其中，金奖353项、银奖451项、铜奖514项，金奖中评出专项奖24项。

活动现场参观人数达3.2万人次，开幕式、闭幕式、现场采访等网络直播收看量超200万人次。2019科技部科技成果直通车（佛山站智能制造领域）活动成为展会重要内容之一，来自北京和广东省深圳市等地的科技创新企业与佛山市5个企事业单位签订合作协议。

【第十三届中国发明家论坛暨发明创业奖颁奖典礼】 4月17日，第十三届中国发明家论坛暨发明创业奖颁奖典礼在北京举办，同期召开中国发明协会第七届六次常务理事（扩大）会议。来自全国31个省、自治区、直辖市和香港特别行政区、澳门特别行政区、台湾地区的专家、学者共200余人参加会议。论坛由协会、科技日报社、国家科学技术奖励工作办公室、中国知识产权报社共同主办，并得到科技部、国家知识产权局、中华全国总工会、中国科协的支持。论坛以“新中国成立70周年、科技发展与发明创新”为主题。

协会理事长潘云鹤和党委书记余华荣出席论坛和颁奖典礼。科技部党组成员、科技日报社社长李平，全国政协常委、国家知识产权局副局长何志敏等领导出席论坛，并为86位发明创业奖获奖代表颁奖。中国工程院院士、中国电力科学研究院院长郭剑波作题为《新能源发展现状、趋势与挑战》的主旨报告，北京大学国家发展研究院教授周其仁作题为《发明的认知》的主题演讲，国家知识产权公共运营平台副总经理马天旗分享“高价值专利挖掘”相关内容。

【第二十四届中国五金博览会】 9月26—28日，由协会等5家协会和永康市人民政府共同主办的第二十四届中国五金博览会在中国“五金之都”浙江省金华市永康市举办。来自中国、瑞典、意大利、韩国等国家和地区的1686家企业参展，外地参展客商比例增至58%。博览会首次开设机械装备联合展区，还有网货节、五金名品精品展示、高新技术成果项目展、第七届中国五金工业设计展等一系列活动。来自永康市的20家工艺美术协会成员以团体名义共同参加本届博览会，并以永康金属雕的招牌亮相，进一步丰富展会的艺术性和特色性。

【第十四届全国高等职业院校“发明杯”大学生创新创业大赛】 第十四届全国高等职业院校“发明杯”大学生创新创业大赛由协会、山东省教育厅、山东省人力资源社会保障厅、山东省科技厅、山东省市场监督管理局（知识产权局）、山东省科协共同主办。10月26日，大赛总决赛在山东省济宁市举办。来自全国20个省（自治区、直辖市）的132所高等职业院校代表队参加比赛，共收到专利类、发明制作类、创业类、创意类比赛作品8264件，经过初评790件作品晋级决赛。经过校赛、网评和现场终评，311件作品获一等奖、273件作品获二等奖、362件作品获三等奖。

【中国发明协会学前创新教育分会首届年会暨儿童创新教育论坛】 8月8日，中国发明协会学前创新教育分会首届年会暨儿童创新教育论坛在北京举办。活动由协会主办，中国下一代教育基金会、创新方法研究会、中国家庭教育学会、中国陶行知研究会支持，协会学前创新教育分会、中幼联（北京）国际教育科技研究院承办。第十届全国人大常委会副委员长、中国关心下一代工作委员会主任顾秀莲，全国政协常委、全国妇联原副主席、书记处书记、中国家庭教育学会常务副会长赵东花，协会党委书记、常务副理事长兼秘书长余华荣，中国心理学会前理事长、北京师范大学教授林崇德，科技部中国21世纪议程管理中心原副主任、创新方法研究会副会长周元，协会学前创新教育分会会长、中幼联（北京）国际教育科技研究院院长程淮等出席“为共和国百年华诞培养百万英才”活动启动仪式，为建国70周年学前创新教育优秀论文、案例和课例征集活动获奖者颁奖，1000余人参加活动，网络直播超过3万人次观看。

（撰稿人：朱汉夫　王清梅）

中国工程教育专业认证协会

服务创新型国家和社会建设　3月25日—4月2日，协会分别在上海市、陕西省西安市、山东省青岛市等地组织召开10期认证专业自评辅导答疑会议。会议针对2019年认证重点和自评工作中存在的问题进行辅导答疑，来自受理认证专业的2000名专业教师参加。

5—6月、9—11月，协会分上下半年在403个专业开展现场考查工作。其中，在下半年80个专业试点开展优化程序认证模式。在保证工作质量前提下，优化考查项目，推动多专业联合认证，缩减专家人数和工作天数。

6月17日，协会与教育部高等教育教学评估中心联合印发通告，集中公布截至2018年年底，通过工程教育认证的227所高等学校的1170个工科专业名单。

6月20日，教育部高等教育司以正式函件形式向省级教育行政部门和部署高校转发。

9月4日，协会与教育部高等教育教学评估中心联合发布《关于参加工程教育认证有关事宜的通告》。依据有关法律法规、国际规则以及认证工作规章制度，就境外机构境内开展工程教育认证工作表明态度，引导高校规范参加认证。教育部高等教育司转发该通告。

10月8日，协会发布《工程教育认证通用标准解读及使用指南（2020版，试行）》，指南针对每一条标准项，从内涵解释、专业自评、专家考查、常见问题等方面进行解读。

10月19日、25日和11月30日，协会分别在河北省秦皇岛市、山东省济南市和天津市举办3期骨干专家培训班，近500名骨干专家参加培训。培训聚焦产出评价机制底线要求，采用小规模研讨的方式进行，围绕案例材料充分交流，强化专家对具体问题的把握能力，帮助专家统一标准尺度，提高工作水平。

11月19—20日，协会在上海市举办2019年第一期工程教育专业认证研讨培训，近600名高校教师参加培训。培训主要宣讲认证理念，介绍认证工作当前的形势，明确下一阶段工作重点。

12月28—30日，协会分两期在四川省成都市和湖北省武汉市开展2020年工程教育认证受理专业培训。培训以“现场培训＋网络直播培训”的形式进行，两期培训现场共计700人次，网络直播受众超过4000人次。培训讲解认证理念内涵，分享部分高校的认证工作组织及实践经验，对2020年工程教育认证重点工作提出要求。

12月20日，协会公布2020年工程教育认证申请受理专业名单。申请2020年专业认证的1741个专业，经形式审核、不同专业领域交叉审核、分专业领域审核等环节，最终确认受理671个专业。

学会建设 3月27—28日，协会召开2018年下半年认证结论审议会。研究当前认证工作存在的问题和结论审议方式面临的挑战，对2018年下半年264个专业认证报告进行审议，并对各专业类认证委员会结论审议工作进行综合评议。

4月28日，协会召开2019年第一次理事长办公会议。协会学术委员会、结论审议委员会代表列席会议。会议听取2015年以来的工程教育认证工作汇报，并就协会内部治理、分支机构、经费保障、违纪违规及理事会议筹备等各项议题进行探讨，形成共识。

6月15日，协会召开2019年一届一次理事会议，通过协会章程修订案，增补选举1名副理事长，通过部分单位的入会申请。会前召开一届二次理事长办公会议，会后召开一届二次监事会议。

7月2日，经协会理事会、党委会、监事会审议通过，集中印发协会章程修订案、党委工作制度、会员管理制度、工作会议规范、财务管理制度、监事会条例、工程教育认证工作监督、仲裁与违规处理办法等各类工作文件，规范协会各项工作。

8月8—9日，协会召开2019年第一次学术委员会扩大会议。梳理当前认证工作存在的问题和面临的挑战，研究下一阶段认证工作的思路和举措，并就补充标准修订、认证专业口径、提升认证能力等有关议题进行研讨，形成共识。

10月29—30日，协会召开2019年上半年认证结论审议会，对完善结论审议工作方式等进行研讨，对2019年上半年216个专业认证报告进行审议，并对各专业类认证委员会结论审议工作进行综合评议。

11月18日，协会召开工程教育专业认证2020年申请审核工作专题研讨会，对审核工作进行专题研讨。

12月16—17日，协会召开2019年第二次学术委员会扩大会议。会议总结前一阶段开展的优化程序模式试点，审议通过各专业类补充标准、中期审核办法和2020版自评报告指导书，并就国际实质等效认证与国家三级认证关系、承办中国科协工程能力国际论坛工程教育分论坛等相关事宜进行探讨。

2019年，协会组织召开四次专业类认证委员会秘书长工作会议，分别就2019年工程教育认证重点工作、补充标准修订、工作文件修订、工程教育认证形势研判与工作考虑、2020年工程教育认证申请受理工作等内容进行研讨，与会人员针对认证工作流程、认证工作质量保证、专业类认证委员会的建设发展、专家及高校专业的培训机制等热点问题提出若干建设性意见和建议。

学会治理结构和治理方式改革 6月19日，协会与教育部高等教育教学评估中心签订《教育部高等教育教学评估中心 中国工程教育专业认证协会工程教育认证合作框架协议》。

12月27日，协会发布《关于公布工程教育认证举报电话和信箱 接受社会监督的通告》，公布举报电话及电子信箱，畅通监督举报渠道，接受社会各界监督。在机械、材料2类专业，5个学协会开展单位会员独立承担认证组织实施改革试点工作。

国际交往 3月13—14日，协会派员赴孟加拉国参加专业认证保障工程教育质量国际论坛并作报告，系统介绍中国工程教育的基本情况和专业认证的历史、程序、成果、特色等。

6月9—14日，协会赴香港特别行政区参加2019年国际工程联盟大会（IEAM）。协会理事长吴启迪应邀参加大会并作大会报告，介绍中国工程教育认证工作的成绩和经验。参会代表团参加闭门会议各项议题研讨，对缅甸、印度尼西亚、泰国和尼日利亚申请成为预备成员以及墨西哥转正申请进行投票表决。

6月29日，协会应邀参加亚太工程组织联合会（FIEAP）第27届全体大会暨第5届国际学术研讨会。协会常务理事陈以一代表协会作大会报告，就“一带一路”沿线国家工程教育、工程师和学生交流等有关事宜进行研讨。

10月，协会在北京会见澳大利亚工程师学会代表团，交流两国工程教育认证工作。

11月3—8日，协会首次出访欧洲工程教育认证联盟（ENAEE）和德国工程、信息科学、自然科学和数学专业认证机构（ASIIN）。拓展与欧洲大陆的国际质量保障合作，加强了解与交流，探索与欧洲国家质量保障合作可行性，就认证结果双边互认和加入EUR-ACE体系实现多边互认进行初步协商和探索。

学会创新发展 协会在80个专业开展优化程序模式试点工作，切实减轻学校和专家负担，提升认证工作效率及质量。探索“宽进严出”认证工作模式，通过扩大受理比例、拉长建设周期、加强过程指导、严格自评审核，并在电子信息与电气工程类专业开展试点，借助信息化手段，发挥以评促建作用，引导OBE（基于学习产出的教育模式）落地落实。同时推进与之相适应的新版工作平台建设。

9月12日，协会会同教育部高等教育教学评估中心发布2020年认证申请通告，要求专业围绕产出评价机制底线要求提供申请材料，并将接受认证申请的专业扩大至20个工科专业类的全部专业和土木工程专业。

党建强会 协会理事会成立功能型党委。6月15日，召开一届一次理事党员大会暨一届一次党委会议，选举产生一届一次功能型党委会，并由党委会讨论确定党委会委员分工。协会秘书处的党建工作纳入教育部高等教育教学评估中心统筹组织。

2019年，协会先后组织党员参加以党支部、党小组、年轻干部理论学习小组为单位的理论学习和实践活动，共组织党员参加12次全体党员大会、6次党小组会，听党支部书记讲党课3次，上微党课7次；多次举办主题党日、原文原著读书班、青年干部演讲等活动。

会员服务 协会编纂内部通讯刊物，反映协会年度工作综合信息，传播协会学术活动，服务协会会员。截至2019年年底，协会共发出14期通讯刊物，记录协会大事、要事、新事和突出成绩。

【中国工程教育专业认证协会2019年一届一次理事会议暨常务理事会议】 6月15日，中国工程教育专业认证协会2019年一届一次理事会议暨常务理事会议在北京召开。会议听取协会工作报告，增补选举常务理事范唯担任副理事长，审议通过章程修正案和各项工作制度，表决同意吸纳中国自动化学会等11家社会团体为单位会员，审议批准认证结论审议委员会审议通过的2018年462个专业认证结论建议，听取有关单位理事变更、会员退出情况和监事会对三起五类违规情况的处理通报。会前召开2019年一届二次理事长办公会议，审定有关事项。会后召开2019年一届二次监事会议，通报副监事长及有关监事辞任事项，增补选举万小朋监事为副监事长，并通过《监事会条例》等有关事项。

（撰稿人：李　涛）

中国女科技工作者协会

学会建设 12月21日，中国女科技工作者协会第四次全国会员代表大会在北京召开。大会审议通过《中国女科技工作者协会第四次全国会员代表大会工作报告》等多个议题，并选举新一届协会会长、常务副会长、副会长及秘书长等人选。

学会治理结构和治理方式改革 6月19日，重庆市女科技工作者协会首届会员代表大会暨成立大会在重庆市召开，中国女科技工作者协会常务副会长程东红出席并致辞。近200名来自重庆市高校、科研院所及企事业单位的女科技工作者代表参加大会。

国内主要学术会议 5月28日，由协会与中创科技发展战略研究中心、中国女企业家协会共同主办的2019首届女科学家与女企业家高峰论坛在北京召开。论坛围绕“科技引领发展，共创智慧中国”主题展开。邀请全国在现代农业、医疗与健康、环境保护与治理等领域的科学研究、科技创新、成果转化、产业转型升级方面作出突出贡献的女科学家、女企业家作主题演讲，旨在动员社会各界人士积极参与和共同努力，加强女科学家和女企业家之间的交流与合作。

8月11日，由协会和中国工业与应用数学学会、中国科学院数学与系统科学研究院联合主办的“女性与数学”教育和研究发展论坛在北京召开。协会秘书长许平致辞，中国科学院院士席南华代表中国科学院数学与系统科学研究院致辞。中国科学院院士王小云与会议参加者分享自己的学习和科研经历。新华社高级记者孙英兰表示要从相关政策的缺失、社会对女性的片面认识以及女性自身的定位方面采取相关措施。北京四中数学特级教师谷丹结合自己的教学经验，认为数学思维个体会有差异，可以根据不同的特点因势利导。

科普活动 2019年，协会在甘肃省、重庆市、湖南省长沙市、北京市等地举办走基层、进校园以及知识讲座等活动。

6月21日，由协会和清华大学生命科学联合中心主办的2019 Women in Science恳谈会在北京召开。中国科学院院士、协会会长王志珍，常务副会长程东红到会参与讨论。恳谈会通过邀请优秀女科学家分享交流在科研创新中的体会与感悟，重点帮助青年学子解答科研事业、婚姻家庭、学习生活中的困惑。

10月16日，协会组织7名女科技工作者分别在甘肃省陇南市西和县十里镇中心校、卢河镇中心校、北关小学、姜席镇中学四所学校开展科普报告会。曹静、闫桂英、刘建妮、赵红梅、王奇慧、罗丽娟分别以《气象卫星技术与发展》《数学的魅力》《古生物进化》《兵器研究》《病毒的微观世界》《航空材料技术应用》为题，向中小学生普及科学知识；李艳艳围绕情绪调节与心理疏导、保护留守儿童身心健康、防治儿童性侵犯专题举办讲座。此次进校园科普公益活动，受众达上千人次。

11月9日，由协会与重庆市科协主办的女科学家走基层（进校园）活动在重庆市举办。

表彰举荐优秀科技工作者 2019年，协会完成第四届女科技工作者社会服务奖推荐/申报、遴选、评审、公示等工作，为钱令嘉、李艳华、刘建妮、李虹彦、陈群、吕帆、郑璇、王美华8位女科技工作者，以及中国化学会女化学工作者专门委员会（集体获奖者）颁发2018年度女科技工作者社会服务奖。

协会推荐评选世界工程组织联合会（WFEO）格力女性工程奖、全国巾帼建功标兵、全国巾帼建功先进集体、2019全国三八红旗手等，张熇、韩喜球、梁建英获得“全国巾帼建功标兵”称号，中国探月工程北京空间飞行器总体设计部深空探测器总体设计组获得“全国巾帼建功先进集体”称号。

会员服务 3月8日，在中国科协常委会女科技工作者专门委员会支持下，协会和中央音乐学院在北京共同主办2018年度女科技工作者社会服务奖颁奖暨第十届“科学与艺术——相约国际妇女节”主题交响音乐会。

5月28日，协会科普与文化拓展委员会和中国科学院声学所工会联合举办胃健康知识专题讲座。北京部分单位会员和个人会员参加，与会人员总计100余人。健康讲座帮助科技工作者们了解胃部疾病的基本常识，认识到保护胃健康的重要性和必要性，增强养成良好生活习惯和饮食习惯的意识，更加关注健康，做好自我保健、自我预防。活动得到单位会员中国科学院文献情报中心、中国科学院生物物理研究所、中国科学院科技战略咨询研究院和部分个人会员的支持和参与。

3月23日、11月16日，由协会主办的第十四届、第十五届春秋“女科学家乐跑健走”活动（北京地区）在北京召开。两次活动均由协会第三届理事会常务副会长方新带队，女科学家代表、个人会员和单位会员代表共计300人参加。

【中国女科技工作者协会第四次全国会员代表大会】 12月21日，中国女科技工作者协会第四次全国会员代表大会在北京召开。全国人大常委会副委员长、全国妇联主席沈跃跃，全国妇联党组书记、副主席、书记处第一书记黄晓薇，中国科协党组书记、常务副主席、书记处第一书记怀进鹏出席会议。大会由协会第三届理事会会长王志珍主持。来自全国妇联、中国科协、中国科学院、中国工程院等部门和相关全国学会的代表以及来自全国各地、各有关单位的会员代表等150余人参加会议。

黄晓薇在致辞中向中国女科技工作者协会第四次全国会员代表大会的召开表示祝贺并发表讲话。怀进鹏对中国女科技工作者协会过去六年取得的成绩给予肯定，并对广大女科技工作者和新一届理事会提出希望。会上，沈跃跃为王志珍颁发“中国女科技工作者协会杰出贡献荣誉称号”证书。黄晓薇、怀进鹏为方新、刘碧秀、陈赛娟、杨劼、崔平、阎锡蕴、程宁宁、程东红8人颁发荣誉理事证书。

王志珍代表第三届理事会作题为《团结动员广大女科技工作者，为建设世界科技强国、实现中华民族伟大复兴中国梦而努力奋斗》的工作报告，对协会过去六年的工作进行总结和回顾。大会审议并通过《中国女科技工作者协会第四次全国会员代表大会工作报告》《中国女科技工作者协会章程（修改草案）》《中国女科技工作者协会第三届理事会财务工作报告》及《中国女科技工作者协会会费收缴、使用和管理办法》，选举产生新一届理事会、监事会和负责人，王红阳当选为第四届理事会会长，郑晓静、高瑞平、曹淑敏当选为常务副会长，吕植、向巧、朱美芳、秦川、曹晓风、韩喜球当选为副会长，并提名产生秘书长、监事长，解欣为新任秘书长，许平为新任监事长。

会议期间，召开中国女科技工作协会第四届理事会常务理事会第一次会议。会议由第四届理事会会长王红阳主持，高瑞平、曹淑敏、向巧等20名常务理事参加会议。主要讨论组织建设事项和2020年工作计划。

【女科学家走基层（进校园）活动】 11月9日，由协会与重庆市科协主办，重庆市女科技工作者协会、重庆医科大学、西南大学两江实验中学共同承办的女科学家走基层（进校园）活动在重庆医科大学、西南大学两江实验中学同时召开。协会和中国科协组织人事部、重庆市科协、重庆医科大学、西南大学两江实验中学相关负责人出席报告会，重庆医科大学和西南大学两江实验中学将近1500余名学生聆听报告会。

在重庆医科大学报告会上，女科学家王志珍、郑晓静、秦川、李英贤分别作题为《人工合成胰岛素中的科学问题》《相信自己，做最好的自己》《不忘初心，不负美好时代》《科学求是，逐梦航天》的专题报告，除了介绍前沿的科技知识，还结合自身经历为青年学子解答成长过程中的困惑，为他们的未来指明发展方向。

王志珍向现场同学分享她和团队从事人工合成胰岛素研究时的科学背景以及在研究过程中鲜为人知的故事，通过她的自身科研经历和成长感悟，激励广大学子积极投身于科技事业，不断追求真理、攻坚克难、砥砺奋进。

在西南大学两江实验中学报告现场，女科学家曹静、闫桂英、赵姝颖、罗丽娟分别就《追星逐梦拓未来》《运筹学：做事情做到最好》《人工智能与机器人》《神舟飞船的防热衣》作科普报告，向同学们普及科学知识，传播科学观念，帮助他们树立正确的理想和信念。主题报告结束后，女科学家们与同学们进行互动交流，回答同学们关心的问题。

【全国妇联主席沈跃跃赴中国女科技工作者协会调研】 6月14日，全国妇联主席沈跃跃一行赴协会进行调研，在协会单位会员中国科学院生物物理研究所（2016年度女科技工作者社会服务奖获奖集体）举办座谈会。全国妇联副主席吴海鹰、书记处书记章冬梅陪同调研。协会常务副会长方新、程东红，副会长王红阳、曹淑敏出席座谈并交流意见建议。沈跃跃深入了解女科技工作者们的工作和生活情况。还参观中国科学院生物物理研究所核酸生物学重点实验室副主任毕利军研究团队实验室，了解女科学家带领的团队的科研工作情况。

（撰稿人：夏梦彤）

中国创造学会

服务创新型国家和社会建设 2019年上半年，学会与同济大学科学技术协会组成学会联合体面向广大科技工作者征集中国科协“2019年重大科学问题和工程技术难题”，组建院士团队的专家委员会对所征集的难题进行遴选推荐，最终推荐上报：“轨道交通用大功率燃料电池发动机关键技术”“槟榔加工行业废水处理关键技术”“单晶激光光纤介质材料”“超（超）临界锅炉奥氏体耐热钢劣化机理、监控与评估技术研究”“土壤重金属污染修复”“量子定位系统”“复杂运动环境下高端液压元件流体控制的基础理论”“高功率、远距离、安全的无线能量传输方案”“宏观量子态空间科学实验”“环境纳米塑料的耦合鉴定方法”共10个重大科学问题和工程技术难题。

4月18—20日，第三届中国（上海）国际发明创新展览会在上海市召开。展览会由学会和太平洋地区发展与教育组织（PRIDE）、中国发明协会、上海发明协会、上海市创造学会、上海市老科学技术工作者协会主办，得到香港发明创新总会、澳门创新发明协会、台湾杰出发明家交流协会、世界发明智慧财产联盟总会、大连发明协会等单位的支持。旨在推进中国创新发明与国际间的交流和合作，提升研发水平；展示推介中国自主发明创新成果，营造“万众创新、大众创业”的环境和氛围；推进科研成果与企业、市场的结合，加快发明创新成果的转化应用与产业化，为社会发展提供服务，促进经济发展。设创新发明孵化企业区、创新发明成果区、学生区和境外发明创新区。除此之外，组织创新发明技术推介会。为鼓励创新发明，组织评奖活动，设金奖、银奖、铜奖。

6月1—2日，由学会主办，东南大学、安徽工业大学承办的第二届全国大学生创新体验竞赛在江苏省南京市召开。大赛共收到来自全国36所高校的389件作品并通过资格审查获准参加全国赛。经过网络投票、网络评审、现场答辩，共有214件作品获奖，其中：主题一“日新月异”一等奖29件、二等奖47件、三等奖39件；主题二“创新价值”一等奖20件、二等奖40件、三等奖39件。此次竞赛由东南大学教务处指导，东南大学国家大学科技园、东南大学机械工程学院和安徽工业大学创新教育学院具体组织。

学会创造教育专业委员会组织并指导222所创造教育实验基地学校，在学校的办学设计、课程建设、课堂教学、课外活动、思想品德教育、学校管理、校园文化等方面开展创造教育，取得一定教育成绩与研究成果，促进中小幼学生创造力的开发。2019年，共发展上海市商贸旅游学校、上海市浦东新区梅园小学、上海市浦东新区昌邑小学、上海市宝山区宝林路第三小学、上海市杨浦区翔殷幼稚园5所中小幼学校成为创造教育实验基地。

4月6日，学会青年工作委员会主任刘宏建、委员陈洁，学会创造理论和应用研究专业委员会主任陈金耀等人赴上海贝贝佳教育投资管理有限公司进行考察，并与其达成初步合作意向，共同开发青少年创新课程，推广青少年创新活动。

9月11—26日，学会创造教育专业委员会与上海创造教育培训中心联合举办2019年上海市中小学创造教育骨干教师学习研修班，上海市各区县创造教育基地学校小学教师25人参加学习。

10月8—9日，学会创造教育专业委员会与上海成北石蒙教育科技有限公司在上海市向明中学联合举办FPSPI未来问题解决教师公益培训活动。

10月24—30日，学会创造教育专业委员会与上海创造教育培训中心联合举办2019年贵阳市初中理化生教研员及实验教师高级学习研修班，贵州省贵阳市初中物理、化学、生物教研员及实验教师50人参加学习。

12月15—21日，学会创造教育专业委员会与上海创造教育培训中心联合举办2019年贵阳市高层次创新型青年教师核心素养与创新人才培育高级学习研修班，贵州省贵阳市高层次创新型青年教师40人参加学习。

学会创造教育专业委员会联合中国下一代教育基金会健康成长专项基金、中国儿童发展中心、昂立STEM、昂立教育科技集团有限公司、上海校外宝教育科技股份有限公司共同协办2019年小小思维营创新活动大赛。4月27日，学会创造教育专业委员会携手爱奇艺奇巴布、上海校外宝教育科技股份有限公司、至慧学堂共同举办小小思维营·家庭创新挑战嘉年华暨颁奖仪式。

学会建设 12月12日，学会在陕西省西安市召开中国创造学会第六次全国会员代表大会。大会由学会第五届理事会副秘书长殷俊锋主持。依据章程，一致投票通过第六届理事会理事长、理事候选人，第一届监事会监事候选人名单。随后，召开第六届理事会一次会议和第一届监事会一次会议，选举产生学会第六届理事会理事、副秘书长、常务副秘书长、秘书长及常务理事、副理事长、常务副理事长、理事长；选举产生学会第一届监事会监事、副监事长、监事长。

学会新成立创造理论和应用研究专业委员会，选举主任委员1名、副主任委员4名、秘书长1名、副秘书长5名。主任委员由上海市创造学会企业委员会副主任及副秘书长陈金耀担任，副主任委员由上海市创造学会副会长及学会青年工作委员会主任刘宏建、上海师范大学人工智能教育研究所所长殷业、学会企业创新专业委员会副主任马种会、学会智能制造与服务分会代表靳文瑞担任。秘书长由刘宏建兼任，副秘书长由太平洋地区发展与教育组织副主席盛汇、复旦大学林青、上海林涌投资咨询有限公司董事长查一亮、上海徐来教育科技有限公司总经理李艳红、瓦力机器人中心校长朱艳担任。截至2019年年底，学会创造理论和应用研究专业委员会共有39位正式委员，覆盖高校、研究机构、学会协会、政府部门、企业等各界专家、学者。

国内主要学术会议 2019年，学会创造理论和应用研究专业委员会共举办8期创造论坛，邀请学会企业创新专业委员会副主任马种会主讲《新一代信息技术发展与创新创造》《面对快速发展的网络时代，企业家如何顺势而为》等讲座。

国际交往 1月24日，学会青年工作委员会主任刘宏建、秘书长王荟会见以色列使馆经济事务与创新处主任石梅、Stienberg 和 Chengjin，共同探讨中国、以色列 2019 年合作的具体切入点，并列出合作项目。以色列使馆表示，将联合邀请以色列中国商会等合作伙伴，加入 2019 年开启的中国和以色列“双创”以及科学技术转移发展项目中。

8月16—20日，学会创造教育专业委员会随上海校外宝教育科技股份有限公司到日本东京参加索尼创新赛开幕式暨中日青少年科技创新教育高峰论坛。

学会创新发展 学会与中国市场学会职业教育工作委员会、中国企业财务管理协会创新人才评价专业委员会、中国民办教育创新创业联盟等单位在国家科技部火炬高技术产业开发中心和美国职业教育协会（DECA）指导下联合各行业龙头企业和相关院校共同举办第一届全国职业教育产教融合创新创业大赛。大赛时间是 2019 年 12 月—2020 年 12 月，旨在搭建以行业为依托、院校为基础、项目为纽带的产教融合一体化双创平台，构建产教融合创新链，助推产教融合协同发展。

【中国创造学会第六次全国会员代表大会暨 2019 年学术年会】 12月12—13日，由学会主办，陕西省社会科学届联合会、陕西省科协指导，陕西省创造学会承办，西安思源学院协办的中国创造学会第六次全国会员代表大会暨 2019 年学术年会在陕西省西安市召开，年会以“创造创新与未来发展”为主题。来自教育部、人力资源社会保障部相关领导，高等院校、科研院所的专家、学者，部分企业家，学会会员代表共 300 余人参加会议。

12月12日，召开中国创造学会第六次全国会员代表大会，全体会员审议并通过《中国创造学会第五届理事会工作和财务报告》《中国创造学会章程修改报告》和《中国创造学会会费收取标准和管理办法修改报告》。

12月12日，举办中国创造学会 2019 学术年会暨创造创新与未来发展论坛开幕式，来自全国创造创新领域的专家、学者、企业界人士及师生代表 800 余人参加会议。中国科协副主席、中国科学院院士郑晓静，陕西省科协主席、中国工程院院士蒋庄德，陕西省社会科学届联合会党组书记、常务副主席郭建树，学会理事长、同济大学党委副书记徐建平，西安思源学院董事长周延波等出席论坛相关活动。开幕式上，徐建平、周延波致辞，郑晓静、郭建树发表讲话，蒋庄德作论坛主旨报告；并对学会专家组评选出的 2 个论坛成果一等奖、9 个二等奖、17 个三等奖进行表彰奖励。

12月13日，举办“创造创新与未来发展”主论坛和“创新教育”“技术创新”“管理创新”3 个分论坛，分别由安徽工业大学教授冷护基、大连理工大学教授冯林、国家科技专家库专家刘彦辰及西安交通大学教授吴锋主持。邀请 15 位专家、学者作专题学术报告，分享各自在创造创新研究、创造学普及和推广、创新创业创造人才培养方面新的研究实践成果和学术观点。论坛期间，与会专家、学者围绕论坛主题，就创新创业创造教育理论前沿和教育实践探索，科技创新、管理创新最新成果，创造创新与未来发展等展开交流研讨。

（撰稿人：李　芹）

中国高科技产业化研究会

服务创新型国家和社会建设 2019 年，研究会与中智科学技术评价研究中心合作，经中国社会科学院批准立项，将《中国航天育种发展报告蓝皮书（1987—2018）》列入国家“皮书系列”。研究会航天育种创新产业联盟组织国内 20 余家科研院所、企事业单位的专家、学者参与“蓝皮书”编写工作，向全国 52 家科研院所、企事业单位近百位从事航天育种专业的专家、学者发出编纂资料征集函。该书全面回顾中国航天育种事业 30 余年发展历程，总结取得的成果和经验，分析发展的机遇和挑战，提出未来发展规划。“蓝皮书”首卷初稿已经编写完成。

为应对中国大豆自给率持续不足 15% 的局面，研究会自筹经费开展《盐碱地规模种植航天育种耐盐碱大豆》课题研究。课题组调研 30 多家相关企业和科研院所在不同类型的盐碱地和沙荒地进行耐盐碱大豆种植的试验情况，完成相关调研报告。报告认为：应利用中国存量资源极大，但尚未得到较好开发利用的盐碱地资源，进行盐碱地改良种植航天育种大豆。

3月，中国工程院 2019 年院士重点咨询项目——绿水西输二期课题《大规模海水淡化与西输工程战略研究》获批立项。研究会与上海交通大学、大连理工大学、中国铁建股份有限公司等共同承接课题。课题组组织专家从调水源头到输水沿线全线调研，并举办“大规模海水淡化与西输工程战略研究”项目启动会暨关键技术研讨会。目前，课题组正在组织编写《绿水西输新空间经济带战略研究》。

研究会编写完成并向社会公开发布《中国智能制造产业发展报告》，报告主要包括智能制造概况、全球智能制造态势、中国智能制造原则任务、态势分析、产业分析、趋势分析、困境分析、转型分析、十大科技进展等 11 篇，共计 6.7 万字。

4 月，受国家林业和草原局信息化管理办公室委托，研究会人工智能联盟承接“人工智能 + 生态”发展战略研究课题。组织多所相关高校和科研机构的专家、学者，从战略背景、战略设计和战略保障等方面开展研究，完成近 50 万字的《人工智能 + 生态发展战略》著作。

2019 年，研究会以企业为主要服务对象，共完成 73 项科技成果评价工作，累计召开成果评价研讨会百余次。

受地方政府及投资运营企业委托，研究会协助开展特色小镇和田园综合体产业规划工作。共参与编制和申报陕西富平奶山羊小镇等发展规划（可行性报告、创建方案）9 项；协助开展“二维可拼接医用 CT 探测器”等可行性研究报告及项目申报 3 项。

研究会与清华大学、中国农业大学、北京化工大学等高校合作，为企业解决技术难题，提升科技创新能力。研究会成果转化工作委员会与中国铁建股份有限公司等中央企业和地方国有资本合作，推进竹缠绕项目在湖北省襄阳市、内蒙古自治区乌海市、山东省临沂市、福建省龙岩市、广西壮族自治区玉林市、河南省南阳市淅川县等地产业化。

研究会在上海市嘉定区南翔镇启动高新技术成果转化孵化基地建设，并于 3 月举办基地揭牌仪式。此外，与湖南省怀化市高新技术产业开发区管理委员会签署共建高新技术成果转化孵化基地合作协议。

2019 年，研究会举办专业技术培训 67 次，参与学习人数累计 1748 人。

学科发展工程　5 月，研究会与中国运载火箭技术研究院研发中心共同承接中国科协 2019 年“学科发展科技前沿热点综述”项目之《空间光推进石墨烯薄膜帆的基础研究》课题，围绕石墨烯在光的照射下产生推力的原理、推进方案及技术可行性进行研究，2019 年年底已完成 5 万余字的前沿研究报告。

决策咨询　研究会组织专家向全国两会提交《为及时避免当前“规模小、布局散、市场乱”无序现状，而有利于我国北斗卫星导航市场稳健走上全球服务的对策建议》等 6 份决策咨询报告。

国际学术会议　2019 年，研究会参与主办太空技术和平利用（健康）国际研讨会、2019RoboRAVE 国际机器人教育大会等学术交流活动。

7 月，全球移动互联网大会（GMIC 2019）的重要高端论坛“全球科学家智库峰会”在广东省广州市举办。峰会邀请 50 余位中外科学家，就助力粤港澳大湾区建设及城市品质发展进行研讨。研究会国际交流中心作为峰会的联合主办方，参与整个峰会筹备、策划、组织等工作，并邀请广东省科协、中国工程科技发展战略广东研究院的领导和专家参加会议。

国内主要学术会议　2019 年，研究会及分支机构主办、联合主办前沿、高端学术会议逾 12 场，参与人数 1613 人次，交流论文 181 篇。

11 月 25—26 日，研究会品牌活动第二届中国高科技产业化高峰会议在广东省广州市举办，15 位院士以及来自国家机关、科研机构、企事业单位的专家、学者共计 600 余人参加大会。

研究会智能信息处理分会主办第 13 届全国智能信息处理学术年会，共征集论文 114 篇，经专家评审，中国知网、《北京理工大学学报》共收录高质量论文 96 篇。

科普活动　2019 年，研究会共举办 10 场航天科普展览和专业展及相关活动，累计展览面积超过 3 万平方米，制作展板 393 块，参观群众高达 35 万人次；邀请专家进行航天科普和航天精神报告会 27 场，听众 2092 人次。研究会在山东省烟台市龙口市、潍坊市、东营市、烟台市和辽宁省阜新市等地分别设立 5 家航天科普院士专家工作站，支持地方开展航天科普教育工作。

表彰举荐优秀科技工作者　研究会推荐第十三届光华工程科技奖候选人 2 位、第十六届中国青年科技奖候选人 2 位；推荐 2019 重大科学问题和工程技术难题 2 项；推荐前沿科技成果 82 项，其中进入第二轮的成果 10 项。

研究会连续 4 年在北京举办“献给共和国的科学家们——新春京剧名家名段欣赏”活动，400 余位科技工作者参加活动。

党建强会 2019年，研究会党委及其所属党支部、党小组组织党员和入党积极分子参加中国科协科技社团党委组织的“不忘初心、牢记使命”主题教育活动。

研究会在各分支机构和内设机构中，开展创建星级党支部（党的工作小组）活动。探索制定《创建星级党支部（党的工作小组）的评审标准》，将党的工作向基层延伸。制定《中高会临时党支部议事规则》，通过采取与所有非在职领导签订廉政承诺书、每周例会学习党的文件等措施，将全面从严治党工作落到实处。各分支机构、内设机构党支部（党的工作小组）组织开展“七一”歌唱党、《如何做一名共产党员》党课、红色主题学习之旅等教育实践活动。

研究会承接中国科协科技社团党委“不忘初心、牢记使命、建功新时代”党建强会征文展演活动，共评出诗歌类和散文及小说故事类获奖作品134篇，文艺汇演已于12月10日在北京上演。承接中国科协科技社团党委《科技社团价值认同建设课题研究》课题。承接中国科协党建研究会《加强学会党务工作者自身建设研究》课题，总结学会在开展党务工作者建设实践中积累的有益经验和存在的问题，给出推动建设一支与新形势发展相适应的高素质专业化的党务工作者队伍的对策性建议。

研究会组织编写《中国航天精神教程》，并于4月由中央党校出版社公开出版发行，向第四个中国航天日献礼。研究会航天精神研究分会启动编写《中国航天精神辞典》，拟作为《中国航天精神教程》的姊妹篇。

研究会参加中国科协科技社团党委组织的各类活动。组织参加“没有共产党就没有新中国”庆祝建党98周年歌唱比赛和“不忘初心、牢记使命”主题党日活动。组队参加中国科协科技社团党委“建家交友”羽毛球比赛。

【第二届中国高科技产业化高峰会议】 11月24—26日，研究会与广州市高新技术产业开发区管理委员会、广州市黄埔区人民政府合作，在广东省广州市举办第二届中国高科技产业化高峰会议。来自国家机关、科研机构、企事业单位的专家、学者共计600余人参加会议。

大会主席由中国科学院院士徐冠华担任。中国科学院院士包为民，中国工程院院士杜祥琬、卢秉恒、刘韵洁等作大会主旨报告。中国科学院院士都有为、沈保根、祝学军，中国工程院院士郭孔辉、戚发轫、龙乐豪、范本尧、蔡美峰、李阳、武强等到会并与京东科技、启迪控股、世纪互联、创新工场等企业的企业家进行现场对话。大会发布“高科技产业化成果2019推荐项目”6项。

大会同期举办人工智能、5G时代、区块链、无废城市、航天育种、乡村振兴、南海牧场、资本赋能创新成果、云工作时代9个平行分论坛，70多位专家、学者和企业家作专题发言。会议期间，广东省人民政府举办众议建设粤港澳大湾区国际创新中心院士圆桌会议，专程邀请参加高峰会议的专家、学者建言献策。论坛情况在中央电视台《新闻直播间》、广东卫视新闻栏目播出，总计47家媒体进行报道。研究会和中国科学院文献情报中心共同主办的《高科技与产业化》杂志在第二届中国高科技产业化高峰论坛之后，形成会议报告集并在会刊《高科技与产业化》上专题刊出。

（撰稿人：凌　芸）

中国国际经济技术合作促进会

服务创新型国家和社会建设 促进会助力精准扶贫国家战略，经湖南省湘西土家族苗族自治州人民政府推荐，促进会理事长杨春光于10月16日被湘西土家族苗族自治州州委、州政府评为湘西州社会扶贫先进个人。杨春光作为案例评审专家代表，应邀参加由人民日报社、国务院扶贫开发领导小组办公室指导，人民网、《中国扶贫》杂志社联合主办的第二届中国优秀扶贫案例报告会，以及新华社《瞭望》周刊主办的座谈会，分享其与学会的扶贫工作经历。

促进会继续与中关村大数据产业联盟等战略发展伙伴合作，为扶贫点湖南省湘西土家族苗族自治州吉首市补点村提供田园综合体顶层设计和生态高值农业园区模式培训，引导当地村民脱贫致富。

1月12日，促进会与中智科学技术评价研究中心签订战略合作协议。

11月8日，促进会与中国核学会在北京签署战略合作协议。促进会理事长杨春光和中国核学会理事长王寿君出席签约仪式。协议的签署代表双方将发挥各自在技术、人才、组织、品牌等方面的优势，共同推动国际间交流合作，搭建高水平交流平台，召开高层次发展论坛，举办高水平科技展览，共同促进产业发展、市场开发，有效实现资源和信息的互补、共享。

学会建设 促进会召开理事会和分支机构负责人会议，重申中国科协、民政部对于分支机构的管理规定。建立《分支机构主要负责人当面报告工作制度》，凡涉及分支机构开展重大活动、参与国外境外活动、负责人变更等重大事项，分支机构负责人均需向理事长当面报告审批。

促进会还召开分支机构负责人座谈会，邀请法学专家作法律重点讲座。

学会治理结构和治理方式改革 促进会实施理事会聘任专职秘书长制，专职工作人员实行聘任制。探索实行符合市场规律的运行机制、分配机制和激励机制，充分调动工作人员的积极性。加强专职工作人员和分支机构负责人及兼职人员的政治教育、业务培训，加强秘书处办公室管理人员主动作为、履职尽职的责任意识。

国内主要学术会议 1月18日，由促进会、湖南省关心下一代工作委员会、湘潭市人民政府等举办的民营企业发展和关心下一代工作研讨会在湖南省湘潭市召开。第十届全国人大常委会原副委员长、中国关心下一代工作委员会主任顾秀莲出席并讲话。促进会理事长杨春光，国务院扶贫开发领导小组办公室原主任、农业农村部副部长刘坚，湖南省人大常委会原副主任、省关心下一代工作委员会主任杨泰波，湘潭市委、市政府领导等出席会议。

4月19日，由促进会制造与建筑产业专业委员会主办的“智造中国、创想未来”集成建筑产业论坛在广东省佛山市召开。论坛旨在整合多方资源，提供通路和渠道，输送养分孵化建筑建材企业成长。来自全国建筑行业企业家、设计师、陶瓷企业代表600余人参加论坛。

5月11日，由促进会和中国电动汽车百人会指导，促进会可持续城市与社区专业委员会主办的2019中国汽车发展趋势与政策实施高峰论坛在北京召开。论坛围绕汽车行业大变革期的行业发展趋势、政策发展趋势、技术发展趋势以及上下游产业链正在面临的投融资问题进行探讨。

国际交往 在第二届中国国际进口博览会期间，促进会与迪拜世博局协商科技经贸品牌进入2020年迪拜世界博览会的相关工作。

党建强会 促进会党委开展“庆祝建党98周年、庆祝建军92周年”主题党日活动，多次召开“不忘初心、牢记使命”主题教育，开展系列主题党日活动。

11月8日，促进会临时党支部重新进行选举。

会员服务 促进会组织会员企业开展多方位合作和走访调研活动。理事长杨春光带队考察调研中国证券投资者保护基金有限责任公司、汉普集团、中国电子科技集团公司第五十四研究所、敬业集团有限公司、石家庄以岭药业股份有限公司、河北跃迪新能源科技集团有限公司、北京北信源软件股份有限公司、优先（北京）科技有限公司、神州数码控股有限公司、人天通信集团有限公司、河北安防报警网络有限公司、天骥航空文化传播河北有限公司、中产联联盟园区、内蒙古中路北斗能源科技有限公司、中国网库集团公司、北京久朝医药投资（集团）有限公司、杭州纵横通信股份有限公司、天津中节能智能玻显科技有限公司、中国移动广东通信集团有限公司等，并参加3个会员单位挂牌活动。

学会会员企业北京浦莱维特商业运营管理有限公司与内蒙古中路北斗能源科技有限公司签订战略合作协议，双方将在北斗导航、能源销售、物流结算等领域全面深化合作。

学会积极服务会员企业，探索会企合作新模式，不断满足企业科技创新、成果转化、国际合作等多方面需求。

【2019年新年专家智库强国论坛】 1月12日，促进会在北京举办2019年新年专家智库强国论坛。第十二届全国政协常委、工业和信息化部原部长李毅中，第十一届全国人大民族委员会主任委员、宁夏回族自治区原主席马启智，国务院参事谢伯阳，中智科学技术评价研究中心理事长李闽榕，国务院参事室公共政策研究中心理事长胡本钢等出席论坛。促进会理事长杨春光作为主办方负责人为论坛致开幕词。李毅中、谢伯阳、李闽榕、胡本钢等专家分别围绕建设制造强国、发展民营经济、新时代科技强国等主题对如何加快实现新时代的强国目标提出意见建议。专家、学者、企业代表和媒体记者等200余人参加论坛。

【2019中国民营经济发展论坛】 6月14日，促进会与北清智库商学院在新疆维吾尔自治区伊犁哈萨克自治州霍尔果斯市联合举办以“新时代·新思想·新丝路”为主题的2019中国民营经济发展论坛，来自全国各地和新疆边境国家的400多名专家、学者和企业家参加论坛。促进会理事长杨春光和北清智库商学院院长吴树江分别代表论坛主办方致辞，霍尔果

斯市委市政府领导致辞。商务部原副部长周可仁、中国前驻哈萨克斯坦大使周晓沛、中智科学技术评价研究中心理事长李闽榕、国家发展改革委原研究中心主任宋承敏等领导和专家、学者先后发表演讲，并参加北清智库商学院霍尔果斯分院成立仪式。

论坛期间还举办中哈双方经贸交流会，近30位哈萨克斯坦企业家及商会代表参与论坛并与中方企业进行经贸洽商及交流。

【产教融合协同发展研讨会】 10月22日，促进会和北京科技职业学院共同主办的产教融合协同发展研讨会在北京召开。促进会理事长杨春光与第十二届全国政协副主席、民建中央原常务副主席马培华，中国工程院院士钟山，教育部职业教育与成人教育司司长陈子季，北京市延庆区人民政府相关领导等作主旨演讲，围绕“全面深化产教融合、助力无人机产业高质量发展”主题，就深化产教融合，推动教育优先发展、人才引领发展、产业创新发展、经济高质量发展相互贯通、相互协同、相互促进展开研讨和交流。

（撰稿人：张志伟）

中国基本建设优化研究会

服务创新型国家和社会建设 “三农优化实验区项目”是研究会多年来持续实施建设的一项旨在贯彻落实“乡村振兴”战略，助力全面建成小康社会的务实举措，陆续在广东省、江西省、贵州省等全国十多个重点农业省、自治区实施。11月6日，“浙江嘉兴（梅花洲）三农优化实验区项目”签约仪式在北京举办。研究会副会长兼秘书长孙晓洲、嘉兴市联众实业投资有限公司董事长陶明分别代表双方签订合作协议。

国际交往 10月16日，应日本政府内阁顾问、联盟论坛财团代表理事原丈人的邀请，研究会副会长韩奇兴等出席2019世界联盟论坛东京会议。会议期间，韩奇兴与原丈人进行友好交流。韩奇兴表示，研究会作为非政府组织（NGO），承担着“服务国家战略、服务区域经济、服务产业发展”，探索破解热点难点问题，助力新时代经济社会优化发展的重要职能任务，希望与日本加强交流合作，为人类命运共同体建设携手同行。原丈人简要介绍当前日本经济政策、日本老龄医疗现状及联盟论坛财团的基本情况。双方围绕智慧城市、老龄医疗、环保设备、新材料等领域，进行友好交流与探讨，初步达成合作意向。

会员服务 研究会在坚持做好日常性、普惠性会员服务工作的同时，突出做好以下三个方面的工作：一是注重运用官网、微信公众平台等形式为广大会员企业推送党中央、国务院和各部委的政策资讯及研究会最新动态信息，帮助会员企业了解经济及产业发展形势，增强会员企业的“存在感”；二是推荐会员企业参加相关部委组织的科技、创新、优化类评优评奖项目及重大活动，增强会员企业的“价值感”；三是注重为会员企业提供匹配度强的个性化解决方案，增强会员企业的“获得感”。

【金融优化工作委员会、三农金融创新中心揭牌仪式】 5月18日，研究会金融优化工作委员会、三农金融创新中心揭牌仪式在北京举办。研究会党委书记徐小青、副会长兼秘书长孙晓洲，企业负责人，以及专家、学者等参加揭牌仪式。研究会依托行业龙头企业合作设立的三农金融创新中心，是国家智库资源与科技金融企业的专业化服务相结合的创新融合，将探索优化城乡普惠金融服务体系，持续提升金融服务国计民生的能力，为助力乡村振兴战略作出新贡献。

【中基芦笋大健康产业引导基金签约仪式】 研究会联合国家芦笋创新团队和深圳久久益基金管理有限公司发起成立中基芦笋大健康产业引导基金，并在北京中关村资本大厦三农金融创新中心举办签约仪式。来自农业农村部、国家发展改革委、研究会等有关单位和部门的领导，中国合作经济协会会长、原农业部总农艺师孙中华，中国投资协会农业和农村投资专业委员会会长、国家发展改革委农村经济司原司长胡恒洋，研究会副会长兼秘书长孙晓洲，研究会常务理事、“中国芦笋之父”陈光宇等专家，张家界市人民政府有关领导，天津市、广东省、山东省、江西省、四川省等地方政府代表共60余人参加签约仪式。孙中华向研究会芦笋大健康产业引导基金的成立表示祝贺，并指出中央高度重视三农工作，研究会长年致力于三农问题的研究和优化实践，探索解决三农金融的瓶颈问题，并取得新进展、新成果。

胡恒洋在讲话中强调，基金对产业发展起重要作用：一是要夯实产业基础，尤其是注重利用好国家相关产业政策的支持；二是要坚持三产融合发展，搞好价值链、供应链、产业链的建设和完善；三是要有自己的品牌，形成产业引领。

陈光宇讲解芦笋大健康产业的发展理念、顶层设计、实施路径和广阔前景。基金管理人、深圳久久益基金管理有限公司董事长吴军介绍基金的募集情况及运作时间表。张家界市人民政府副秘书长刘德祥对三农优化实验区项目和芦笋大健康产业引导基金的成立表示祝贺。

孙晓洲强调，研究会主导发起成立的中基芦笋大健康产业引导基金，旨在引导资本向民生和三农领域下沉，引导政府从传统管理向创新服务转变，引导产业把小作物与国家战略结合。

（撰稿人：孙华伟）

中国科技馆发展基金会

服务创新型国家和社会建设 基金会2019年新建150所农村中学科技馆。年度累计开展科普活动1500余场次，孵化学生创意作品2000余件，直接服务公众超过100万人次。

截至2019年年底，全国已有29个省、自治区、直辖市和新疆生产建设兵团建立858所农村中学科技馆，直接服务公众已超过402万人次。其中，中西部地区建设812所，占比94.64%；覆盖国家级贫困县553个，占比81.32%。

8月，基金会经过与合肥磐石自动化科技有限公司友好协商，为“2019年国际科技馆能力建设项目”募集专项支持资金50万元。同时，合肥磐石自动化科技有限公司为响应国家“一带一路”倡议，支持“一带一路”沿线国家的科普资源配置，向基金会捐赠价值22.5万元的农村中学科技馆展品。

基金会与中国科学技术馆、国际博物馆协会科技博物馆专业委员会联合主办2019年国际科技馆能力建设高级工作坊。11月，工作坊正式召开，聘请世界科技馆领域专家授课，采用案例分析、分组讨论、科技馆实践等多种形式，专家和学员就科技馆展品设计流程、展览研发与叙事性设计、展览团队创新方法等专题展开讨论。

10月，基金会提供资金支持2019“一带一路”科普场馆发展国际研讨会暨中国自然科学博物馆学会年会。共有来自10个国家100余个科普场馆、政府机构及科技组织的300余名专家、学者参加会议。会议签署5项中外双边协议。大会附设小型展览，基金会专门展出农村中学科技馆系列科普展品，共有来自国内外百余家场馆、机构和企业相关人员近300人次参观。

2019年，基金会共收到社会企事业单位捐赠资金364.31万余元，以及价值263.38万元的实物捐赠。

国维财富投资集团有限公司向基金会捐赠1500万元，用于中国科协“求是杰出青年学者奖”的评审表彰奖励。

中国国家博物馆和中国科学技术出版社分别向基金会捐赠410万码洋和129万码洋图书。

在“99公益日”活动中，基金会共筹得善款130487.31元。

国际交往 11月，基金会响应国家“一带一路”倡议，向缅甸北部城市腊戍捐赠一所农村中学科技馆。

科普活动 2019年，由基金会主办的“我分享你快乐”公益科普行活动走进4所校园，捐赠89841万码洋的科普类图书、230套校服、1座科普活动室，以及各类科普资源包套材等，直接受益学生1700余人次。

基金会组织各校开展“中学科技馆在行动”活动。经严格评审，最终确定为河北省张家口市宣化区第二实验中学等22所学校每校提供3万元资助款。受助学校各自开展活动，共举办各类科普活动209项，面向公众开放时长达1719小时，直接服务公众54044人次，征集科幻画作品335幅，征文137篇，活动得到各类媒体报道共计162次，其中校外公共媒体报道58次。

第六届全国青年科普创新实验暨作品大赛由中国科协主办，中国科学技术馆和中国科协青少年科技中心承办，基金会和中国青少年发展基金会作为公益合作机构负责大赛资金的使用管理。大赛共设15个分赛区，覆盖30个省、自治区、直辖市及港澳台地区的184个城市，参与大赛的中学和大学1005所，征集作品16124件，报名总队伍数22041支，共6万余名大、中学生参加比赛。

第六届全国科技馆辅导员大赛由中国科协主办，基金会独家支持30万元公益资金。大赛共设置31个分赛区，共有来自185家科技馆的498名辅导赛选手、248个科学表演项目。全国总决赛由山西省科学技术馆承办，共有来自31个分赛区、49家科技馆的62名展品辅导赛选手、59个科学表演项目（其中科学实验29个，其他科学表演30个）参赛；59家单位的代表现场观摩，参赛及观摩人员共计850余人。

表彰举荐优秀科技工作者 12月10日，基金会在北京举办心中有光·梦在远方——中国科技馆发展基金会2019年度颁奖典礼，表彰第五届科技馆发展奖5个子奖项及其提名奖的获奖者111名（含团队）。

根据中共中央宣传部、中国科协、科技部、中国科学院、中国工程院、国家国防科技工业局印发的《关于开展2019年“最美科技工作者”学习宣传活动的通知（科协发调字〔2019〕20号）》要求，基金会于5月推荐农村中学科技馆科技教师作为候选人代表。最终江西省赣州市寻乌县寻乌中学的科技教师黄才发当选为“最美科技工作者”。

党建强会 7月26日，基金会全体党员赴北京延庆区科技馆开展主题教育调研。

2019年，基金会参加中国科学技术馆党委组织的“七一”主题党日活动；支持山西省吕梁市岚县社科乡下马铺村“扶志扶智 强农惠农”；接收范家旭同志为中共预备党员。

【中国科技馆发展基金会2019年度颁奖典礼】 12月10日，中国科技馆发展基金会2019年度颁奖典礼在北京举办。基金会名誉理事长邓楠，中国科协副主席、书记处书记孟庆海，基金会顾问、中国老科技工作者协会常务副会长齐让，基金会顾问、国务院参事室特约研究员鲍红，中国科学院院士、基金会专家评审委员会委员欧阳自远，基金会专家评审委员会委员王庭大，中国科协党组成员、中国科技馆馆长、基金会理事长殷皓等出席颁奖典礼。来自各省科协科普部、科技馆、农村中学科技馆的校长及科技教师等近300人参加活动。

2019年度基金会表彰奖励科技馆发展奖“辅导奖”“展品奖”“展览奖”“创意奖”“贡献奖”5个子奖项及其提名奖的获奖者共计111名（含团队）。

【农村中学科技馆公益项目】 经中国科协党组领导批复同意，中国科学技术馆牵头，中国科协科学技术普及部、中国科学技术馆、中国科协青少年科技中心、中国科学技术出版社、中国青少年科技辅导员协会、中国老科学技术工作者协会和基金会7家部门（单位）组成“农村中学科技馆公益项目”专项工作组。

截至2019年年底，中国科学技术出版社协助基金会制作宣传片，并为2019年公益科普行捐赠科普图书5364册；中国科协青少年科技中心择优将5所农村中学科技馆已建校纳入2019年已建青少年科学工作室资助范围，每所资助2万元用于开展科普活动；中国老科学技术工作者协会提供专家讲座资源库，用于支持17所农村中学科技馆已建校开展科普活动；9月16—20日，中国青少年科技辅导员协会在天津市举办2019年农村学校科技辅导员能力提升培训班，给农村中学科技馆已建校26个参训名额。

为解决基层科技教师培训资源和机会不平衡和不充分的情况，基金会向科学教育水平薄弱的地区倾注更多培训力量，首次提出分片区培训和全国新建场馆培训相结合的模式。

8月20—23日，基金会在内蒙古自治区巴彦淖尔市召开西北片区科技教师培训交流会，来自内蒙古自治区、西藏自治区、甘肃省、青海省、新疆维吾尔自治区、新疆生产建设兵团的农村中学科技教师和巴彦淖尔市及其各区（旗、县）科技馆辅导员共170余人参加会议。

10月28日—11月1日，基金会在云南省腾冲市举办西南片区科技教师培训会，来自四川省、重庆市、贵州省、云南省的100余名科技教师接受培训。

12月10—13日，基金会2019年度农村中学科技馆项目工作研讨及交流培训会在北京举办。来自全国26个省、自治区、直辖市和新疆生产建设兵团的地方科协和科技馆项目负责人以及2019年度150所新建农村中学科技馆校长及科技教师共180人参加会议。

【“我分享　你快乐”公益科普行活动】 6月26日，“我分享 你快乐”公益科普行走进航天英雄刘洋的母校——郑州市第三中学，开展“聚梦航天　放飞梦想”主题公益科普行活动。活动不仅为河南省23所学校捐赠科普类图书3648册、科普资源包套材126箱，基金会还联合北京航空航天大学、郑州市探奇科学教育咨询有限公司为师生组织校园科学运动会、魅力科学课堂等活动，并首次尝试将科学与艺术相结合，联合北京中艺艺术基金会为师生提供与艺术家面对面交流的机会。

10月9—10日，“我分享　你快乐”公益科普行走进中国科协重点扶贫地区——山西省吕梁市，来到临县城庄九年制学校杨寨教学点和岚县普明中学。基金会结合实际，为临县城庄九年制杨寨教学点的孩子们捐赠御寒棉衣校服230套、科普图书750册；为普明中学捐赠科普图书750册、科普资源包22套；基金会科技志愿者组织学生体验3D金属机器人拼装。联合山西省科学技术馆带领岚县普明中学的师生观看科普剧表演。

11月14日，基金会在岚县人民政府、山西省科学技术馆、社科乡政府、社科乡中学的支持下，举办2019年“我分享 你快乐”公益行走进山西省吕梁市岚县社科乡中学活动。向社科乡中学捐赠1万码洋科普图书以及2万余元的科普资源包等物资。

（撰稿人：范家旭）

中国生物多样性保护与绿色发展基金会

服务创新型国家和社会建设 基金会参与北京大学习近平新时代中国特色社会主义思想研究院生态文明研究中心成立及工作落地，基金会秘书长周晋峰任中心联合主任。

基金会编制《乌兰察布生态文明城市规划》。通过实施国土空间综合规划、扩大生态经济发展规模、深化生态环境整治与保护等措施，分阶段、分步骤地将内蒙古自治区乌兰察布市建设成为具有北方特色的国家级生态文明示范市。

基金会在北京大学、北京理工大学、郑州大学、九三学社郑州大学委员会、内蒙古自治区乌兰察布市、江西省抚州市崇仁县、宁夏回族自治区中卫市、耶鲁北京中心、江汉大学举办9期“生态文明大讲堂”活动，受众400余人次。讲座分享生态文明研究和绿色发展实践领域核心内容及最新动态，并编撰《生态文明城市规划政策与实践汇编》，将其作为地方开展生态文明城市规划的参考资料。

5月，基金会向农业农村部提交的“以虫治虫”以及保护夜蛾黑小峰（Telenomus remus Nixon）等寄生性天敌来增强中国生物防治策略的建议在《2020年全国草地贪夜蛾防控预案》通知（农农发〔2020〕1号）中得到采纳。

基金会致函教育部部长建议采取措施停止校园使用塑料书皮。10月10日，教育部办公厅、生态环境部办公厅、国家市场监督管理总局办公厅、中国科协办公厅四部门联合发布《关于在中小学落实习近平生态文明思想、增强生态环境意识的通知》，通知中明确提到要努力实现“无塑开学季”，要求学校不得强制学生使用塑料书皮。

2019年，基金会在全国开展“旧衣可循环回收”项目，向四川省、湖北省、青海省、辽宁省沈阳市、河北省秦皇岛市等地的贫困地区捐赠清洗消毒后的旧棉衣和新棉衣共5万余件、棉被500余床。

为推动穿山甲保护、改变非法贸易现状、加大基因测序科学技术研究等，基金会与西交利物浦大学共同成立中国穿山甲研究中心，双方希望将该研究中心建设成世界领先的穿山甲研究机构。

4月，基金会获得中国绿色领导力“一带一路”绿色发展项目批准，正式加入“一带一路”绿色发展平台，成为该平台第25家合作伙伴机构。7月，基金会成为全球能源互联网发展合作组织会员单位。10月25日，基金会加入全球猿类联盟（Ape Alliance），成为会员单位。11月，基金会正式加入“一带一路”生命科技促进联盟。

学会建设 2019年，基金会拥有分支机构37个，其中专项基金24个、专业委员会13个。全国范围建立保护地140余个，发展志愿者队伍2000余人。

基金会已在全国20多个省、自治区建立自然生态系统类、生物多样性类等类型保护地140余个，其中2019年成立38个，保护对象涉及暗夜星空、沙漠湿地、濒危植物五小叶槭、濒危动物中华对角羚、南海珊瑚、中华白海豚、斑海豹等多个品种。

9月、12月，基金会召开第五届第二次、第三次理事会议。会议审议通过章程修改、二级机构设立、专项基金更名、注册地址更换等多项事项。完善《中国生物多样性保护与绿色发展基金会章程》《人事管理制度（修订）》等制度，进一步规范内部管理。

基金会2018年成立少年儿童（“绿少”）工作组，通过开展公益活动，实践“环保教育从娃娃抓起”，让少年儿童从小正确认识生命、认识人与自然的关系。2019年，“绿少”工作组在全国各地建立4个绿少基地。

决策咨询 为深入了解和调查卓乃湖溃坝事件所引发的退水区沙尘暴及沙尘对藏羚羊产羔地以及下游盐湖水位持续上涨等所带来的一系列生态环境问题，基金会与中国科学院空天信息创新研究院第三次深入三江源地区，进行为期10天（1月11—20日）的实地考察，并于1月28日举办卓乃湖流域沙漠化治理专家咨询会，来自水利水电工程研究、风沙治理、冻土研究、生态学以及微生物研究领域的20位专家参加会议。

国际学术会议 2019年基金会主办、联合主办、指导并参与的国际研讨会议、论坛等学术活动29次。关注议题包括可持续饮食、濒危野生物种保护、气候变化、荒漠化防治、生态文明发展等，分享中国社会组织助力生物多样性保护的好经验，践行深度参与全球环境治理理念。

1月25日，基金会邀请印度地球政策中心（TERRE Policy Centre）负责人在北京举办“生态文明与绿色学校”主题讨论会。来自联合国教科文组织知识社会局官员 Bhanu Neupane 和致力于推动高校校园可持续发展的各界人士参加会议。会议就联合国“可持续发展目标”（SDGs）之全球范围的教育网络平台 SCCN（Smart Campus Cloud Network）项目达成一致意见。

国内主要学术会议 2019年，基金会主办、联合主办、指导并参与国内研讨会、论坛等学术活动60余次，涉及环境法律（案件、草案征求意见、社会热点、提案议案）、绿色经济与可持续发展等领域。

7月22日，基金会与张掖市人民政府共同主办纪念钱学森逝世10周年暨河西走廊沙产业工作研讨会。研讨会系统总结钱学森先生沙产业理论及35年实践成果。上百名专家、学者参加大会。

7月13日，由中国生态学学会民族生态专业委员会和青海师范大学主办，基金会协办的第三届全国民族生态学大会在青海省西宁市召开。来自全国22个省、自治区、直辖市以及澳大利亚等国的专家、学者和研究生共251人参加大会。大会共收到78篇论文和摘要、24篇学术墙报，并评选出4个优秀学术论文奖和4个优秀学术墙报奖。

8月24日，基金会与国家林业和草原局野生动植物保护司、北京市科学技术研究院、北京市文物局、北京市园林绿化局、北京市大兴区人民政府、北京经济技术开发区管理委员会、河北省张家口市人民政府等单位共同举办第二届北京（国际）麋鹿文化大会。大会以“一会（第二届北京国际麋鹿文化大会）+一展（‘麋鹿东归’常设主题展）+一闪（麋鹿形象快闪）”的组合形式开展，旨在提高国际社会和社会公众对麋鹿文化的认知水平。有关部门领导、世界麋鹿保护相关专家、全球麋鹿保护区相关负责人、文化学者、野生动物保护志愿者、新闻媒体工作者等120余人参加会议。

国际组织任职 6月，基金会秘书长周晋峰受世界自然保护联盟世界保护地委员会（IUCN WCPA）海洋连通性工作组（Marine Connectivity Working Group）邀请，任执行委员。

8月，基金会秘书长周晋峰加入世界自然保护联盟（IUCN）绿色犯罪学专家组（GCSG）。

国际交往 1月，基金会秘书长周晋峰会见非洲公园特使、《濒危野生动植物种国际贸易公约》秘书处原秘书长约翰·斯坎伦，双方就自然保护的公众参与、可持续旅游和生计等问题进行探讨。

7月25日，国际鸟盟理事会主席、《生物多样性公约》（CBD）前执行秘书长迪亚斯一行到访基金会，探讨鸟类与生物多样性保护。

12月18日，阿联酋气候变化与环境部长萨尼·本·艾哈迈德·泽尤迪、阿联酋驻华大使阿里·扎希里一行到访基金会，就中国社会组织推动环境治理，包括生物多样性保护、中华保护地体系（CCAfa）、保护古枣树环境公益诉讼和反盗猎、推动绿色“一带一路”等方面进行交流。

3月19日，基金会作为世界自然保护联盟（IUCN）成员机构受邀参加在孟加拉国举办的GBM流域（恒河—布拉马普特拉河—梅格纳河流域）社会组织网络培训会，分享河流生物多样性保护的中国举措。

4月29日，基金会赴法国巴黎参加“生物多样性和生态系统服务政府间科学政策平台”全体大会第七次会议（IPBES7）。会上发布《生物多样性和生态系统服务全球评估》，强调生物多样性保护对实现可持续发展目标的重要性。

7月，基金会副秘书长王豁应邀出席在北京举办的第九届中英青年领导者圆桌会议。围绕生态环保与可持续发展的核心议题，中国代表团与以英国国会议员安德鲁·格温为团长的英国青年政治家代表团一行进行交流，并作主旨报告。

10月20日，基金会受邀参加在新西兰南岛特卡波镇举办的新西兰国际星光大会和国际暗夜协会2019年年会，并作主旨报告。

10月23日，基金会秘书长周晋峰在美国耶鲁大学伯克礼堂（Burke Auditorium）开展“生态文明与中国环境法律实践”讲座，以中国实例展示在工业文明向生态文明的绿色转型中，广大人民群众和社会组织是如何发挥重要助力作用的。

10月28日，基金会参加在美国拉斯维加斯举办的2019年霍瑞西斯中国论坛（Horasis China Meeting），并在“绿色即经济（The Economics of Going Green）”主题分论坛中发表演讲。

11月6日，基金会应邀出席在科特迪瓦阿比让举办的非洲企业责任联盟（ACCA）年会，并以《中国在非洲投资的影响、机遇和责任》为题作演讲。来自非洲企业责任联盟的会员单位及国际和中国相关机构代表约130人出席会议。

12月15日，基金会在美国华盛顿参加全球环境基金民间组织磋商会议（GEF CSO）及GEF第57届理事会议，并在全球环境基金民间组织磋商会议上就打击野生动物贸易问题分享创新的社区保护地体系，以及深度参与全球反盗猎治理工作经验。

3月11日，基金会赴肯尼亚内罗毕出席第四届联合国环境大会（UNEA4），并在大会期间与中国人民对外友好协会和中华全国工商业联合会共同主办“中国梦·光彩行”中国企业家助力世界第三极生态环境保护的主题边会。中国人民对外友好协会秘书长李希奎、世界自然保护联盟（IUCN）主席章新胜、西藏自治区工商业联合会副主席普布次仁以及20位西藏自治区企业家参加活动。

4月29日，基金会赴瑞士日内瓦参加国际危险化学品管控三公约缔约方大会，并在大会期间联合深圳市零废弃环保公益事业发展中心和合肥市庐阳区深蓝环境环保行动中心举办“在化学品和固废管理中的公众参与”的主题边会。

6月11日，基金会参加在瑞典举办的斯德哥尔摩食物论坛。基金会秘书长周晋峰主持活动，并对话时任联合国《生物多样性公约》的执行秘书长 Cristiana P. Palmer，就农业生物多样性保护在生物多样性框架中的重要性进行讨论。

8月17—19日，基金会参加在瑞士日内瓦举办的《濒危野生动植物种国际贸易公约》第十八次缔约方大会（CITES COP18），并在大会期间举办“基础设施与野生动物”和“为穿山甲创造一个可持续的未来”两场主题边会。

9月2日，基金会赴印度出席《联合国防治荒漠化公约》缔约方大会第十四届会议（UNCCD CoP14），并在大会期间举办“中国荒漠化解决方案的新兴力量——生物质综合利用方案控制土地荒漠化，促进土地可持续发展”主题边会，讲述中国荒漠化防治与生物多样性保护的举措。

10月10—11日，基金会参加在意大利佛罗伦萨举办的全球植物园国际大会，并作《在地保护与迁地保护——中华保护地》主旨发言。

11月27日，基金会参加在韩国济州岛召开的联合国开发计划署/全球环境基金-黄海大海洋生态系-第二期项目最新跨界诊断分析报告磋商会及临时委员会理事会第4次会议（ICC-4）。

12月1—3日，《生物多样性公约》区域性保护措施专题研讨会在加拿大蒙特利尔举办，基金会秘书长周晋峰应邀参加会议，并与CBD代理执行秘书伊丽莎白·姆雷玛会面。

科普活动 2019年，基金会主办或参与科普活动60余场，内容涉及多项公益赛事、征文活动、摄影作品征集、国际观鸟赛、暗夜星空高校公益科普讲座、青少年科普教育活动、野生鸟类救助培训班等。

3月24日，基金会主办的全国大学生环保知识竞赛活动暨第三届全国大学生环保知识竞赛正式启动，共191万名大学生参赛，获1423个院校团委、社团组织的协办支持。

10—12月，基金会分别在北京市、辽宁省、重庆市、内蒙古自治区的6个市县开展15场斑海豹宣传科普教育活动。共有2900余人次参加活动，其中中小学生占参加活动总人数的89.6%。发放科普资料约2000份。

基金会“绿少”平台开展以穿山甲保护、减塑捡塑等为主题的中小学生物多样性保护宣传教育30余次，并重点面向青少年组织开展10余次游学活动，将生态旅游与科普教育有效结合，吸引来自全国各地近1000名中小学生及300余名家长参加活动。

由基金会指导的“用艺术的视角描绘生态文明故事”——2019可持续发展目标（SDG）青少年公益美术作品征集活动，吸引近万名青少年参与，最终100名青少年入围现场展示暨颁奖仪式。

基金会大学生环保工作委员会服务全国各高校环保社团，并组织高校环保社团交流会。截至2019年，已经发展北京大学、清华大学、浙江大学、复旦大学等近百家高校社团，先后组织20余场线下公益组织交流会。

基金会与湖北环境保护宣传教育中心、武汉星途网视文化传媒有限公司、黄石广播电视局联合拍摄《绿水青山》国家环保公益电影。

学会创新发展 基金会拥有抖音、头条号等近10个融媒体科普宣传阵地，关注人数较2018年增加20万人次，点击量达5亿次。

党建强会 2019年，基金会共计开展党员学习交流活动20余次；参与中国科协“不忘初心、牢记使命”主题教育系列培训、2019年全国学会党组织负责人培训班、青年党务干部培训班等活动10余次。

【粮食和农业植物遗传资源保护与惠益分享研讨会】3月和7月，基金会与联合国粮农组织（FAO）、《粮食和农业植物遗传资源国际条约》（ITPGRFA）、北京市农林科学院、对外经济贸易大学共同主办2次粮食和农业植物遗传资源保护与惠益分享研讨会，就农业生物多样性保护展开交流。来自FAO、ITPGRFA、农业农村部、中国农业大学、中国农业科学院等国际组织、相关部门、高校和研究机构的专家、学者参加会议。该会议对促进中国加入《粮食和农业植物遗传资源国际条约》起到正面作用。

（撰稿人：唐　玲）

中国反邪教协会

服务创新型国家和社会建设　2019年，协会组织发动各地反邪教协会开展以“抵制邪教，崇尚科学，从自身做起”为主题的全国反邪教协会系统防范邪教宣传日（周、月）活动。在各地科协和有关部门的支持下，全国开展36万场展览、宣讲、文艺演出、竞赛、理论研讨、监所帮教、心理咨询、教转回访、反邪教宣传资料发放、涉邪违法犯罪线索举报等活动，覆盖受众约1亿人次。

协会组织参与全国反邪教知识竞赛活动，协会系统共有1337个微信公众号、微博和网站报道推广，全国共有1.57亿人次参与活动。

协会上线“反邪教宣传教育资源库”，汇集展板/挂图、微电影/微视频/微动漫、文学作品、图书4大类625条近年来协会开发制作的优秀反邪教宣传教育资源，并免费向协会系统用户开放。

协会完成新时代高校反邪教工作调研，首次针对高校反邪教工作开展大规模专题调研，完成针对大学生的邪教问题认知情况调查问卷并取得数据，动员反邪教协会系统力量将实证研究方式与案例分析、经验总结相结合开展系统研究。

协会加强对国际反邪教理论研究引进，完成对中国反邪教工作有借鉴参考意义的8部专著和2部影视作品的翻译编审工作。

协会牵头组建全国反邪教专家库，打造反邪教工作智囊团、人才库。

学会建设　协会做好“薄荷茶社”网站的运行维护和推广工作。网站全年共发布稿件3105篇，其中原创稿件1669篇，网站点击量22万余次。做好“薄荷茶社”微信公众号运行维护和提质增效工作，推送内容以活动类，反邪教故事、科普文化类文章为主。

主办期刊　协会主办《中国反邪教通讯》月刊，每期近6万字，全年印发3000册。

科普活动　协会与科普时报社在《科普时报》上合办“理性之光”栏目，刊登科普类反邪教相关主题文章，通过学习强国、科普中国等平台进行二次传播。

党建强会　2019年，协会开展“不忘初心、牢记使命”主题教育，组织开展集中学习12次，累计开展调研活动20余次，与中国密码学会开展2次联学联建活动。党支部书记围绕学习总体国家安全观上专题党课，邀请专家讲授党史、新中国史、反邪教斗争史，建立“不忘初心、牢记使命”主题教育学习园地。

【新时代高校反邪教工作专项调研】协会组织全国反邪教协会系统、反邪教理论研究基地、部分高校共同参与，以实证研究方式，对10个省、自治区、直辖市62所高校的11000余名在校学生（包括研究生、本科生、专科生）进行高校学生对邪教问题认知与应对情况问卷调查，对3个省市百余所高校反邪教工作进行系统总结，剖析13所高校涉邪教问题的典型案例，呈现当前高校学生对邪教的认知和邪教对高校的渗透情况，从正反两方面总结反邪教的经验和邪教的渗透与危害，从供需角度分析高校反邪教工作的不足和改进方向，提出工作意见。

（撰稿人：姚　达）

12月30日，内蒙古自治区科学技术协会第八次代表大会在呼和浩特市召开

5月6日，江西省科学技术协会第八次代表大会在南昌市召开

2月26日，山东省科学技术协会第九次代表大会在济南市召开

4 月 24 日，河南省科学技术协会第九次代表大会在郑州市召开

4 月 16 日，四川省科学技术协会第九次代表大会在成都市召开

4 月 28 日，甘肃省科学技术协会第八次代表大会在兰州市召开

8月27日，青海省科协第十届委员会第四次全体会议在西宁市召开

5月22日，中国科协助力东北三省全面振兴调研服务吉林行启动会在吉林省长春市召开

5月24日，中国科协助力东北三省全面振兴调研服务龙江行启动会在黑龙江省哈尔滨市召开

8 月 23 日，沪苏浙皖科协服务长三角一体化发展战略合作签约仪式在上海市举办

8 月 19—22 日，浙江院士专家团队在宁夏回族自治区开展“浙江院士专家宁夏服务行”活动

5 月 23 日，第一届长三角一体化创新成果展、第九届中国（芜湖）科普产品博览交易会在芜湖市召开

11月4日，2019北京国际科学传播交流周暨北京中外科技馆馆长对话会在北京召开

9月24日，2019年山西省科协年会在晋城市召开

7月14日，辽宁省第十三届学术年会暨中国机械工程学会走进辽宁高端对话会在沈阳市召开

5月30日，庆祝“全国科技工作者日”暨“新疆青年科技奖”颁奖会在乌鲁木齐市举办

3月26日，宁夏提升基层科协组织力“3+1”工作推进会在银川市召开

6月11日，贵州省科协“不忘初心、牢记使命”主题教育工作会在贵阳市召开

省、自治区、直辖市科协，新疆生产建设兵团科协简况

北京市科学技术协会

服务经济社会发展 市科协完成京津冀地区《国家中长期科学技术发展规划纲要（2006—2020）》实施情况评估，为新一轮规划的编制和实施提供依据和参考。20家专业智库基地组织开展15项课题研究和10期决策咨询沙龙。全年报送各类决策咨询成果近200篇。《关于尽快推进超高速管道交通发展的建议》获得副市长隋振江、杨斌批示；《关于加强首都高精尖制造业服务化转型的建议》被市政府《昨日市情（专刊）》采用；3项建议被中国科协办公厅采纳，10余篇被市有关部门采纳。《北京市网购食品安全及监管研究》被评为中国科协2019年十佳调研报告。《北京科技工作者表彰奖励机制创新研究》被收入北京人才蓝皮书《北京人才发展报告（2019）》，为相关决策提供参考。2019年新增全国性科技工作者状况调查站点3家，2家被中国科协评为优秀调查站点。2019年提交14个团体提案，代表科技工作者参政议政。

市科协面向京津冀发布60个优秀科技成果项目，举办6期前沿科技大讲堂，开展2期专业人才培训，累计培训110人。

制定《市科协落实〈北京市乡村振兴战略规划（2018—2022年）〉工作要点》。支持涉农学会与北京郊区低收入村、农业合作社和新型农业经营主体结对帮扶，采用“团队+公司+合作社+低收入户”模式，29家学会服务34个低收入村，带动增收超过10%。11家市学会深入河北省承德市丰宁满族自治县、保定市阜平县等国家级贫困县开展技术指导，达成合作22项。

面向一线科技工作者，依托创新服务中心、企业科协等，开展创新方法培训、创新经验交流等活动近百场，数千名企业科技工作者直接受益。面向高校师生及社会大众，举办第十三届“北京－意大利”科技经贸周、大学生科技创新作品与专利成果展等活动。市科协首次举办2019双创服务工作校园行——CEO进校园活动，邀请20余位企业家参观北京航空航天大学“冯如杯”预赛展示，并与大学生就创新项目进行交流。举办2019双创精英训练营，京津冀三地26所高校75人报名，遴选34名大学生参加。“BSTCC创新培育平台”微信公众号发布159篇文章，累计阅读量超过2.4万次。

引导离退休科技工作者开展创新服务，支持北京老科学技术工作者总会与天合科技成果转化促进中心合作，36位专家参与，为企业技术需求探索市场化解决途径。

新建开放式企业科协89家、院士专家工作站26家、企业创新簇63个和北京优秀青年工程师创新工作室20个，促成合作项目200余项。聚焦“三城一区”建设，落实与北京经济技术开发区战略合作协议，牵线推动与比利时、芬兰、德国科技创新机构全面对接，实现项目落地，资源互通。配合中关村科学城、未来科技城建设，推动建立8家开放式企业科协，组织学术交流、创新研讨等活动50余次。

《科学素质纲要》实施及科普信息化建设工作 市科协履行全民科学素质纲要实施工作办公室职责，制定纲要实施工作年度45项重点任务。启动北京《全民科学素质行动规划纲要（2021—2035年）》研究工作。举办2019北京市公民科学素质大赛，将答题平台与“公民科学素质学习”“全国农民科学素质网络知识竞答”平台链接。大赛平台参与用户超过46.5万人，网络点击量超过829.7万次，已在7个区举办线下活动。启动农民科学素质提升行动，继续邀请专家深入乡村举办讲座31场，直接覆盖人数9000余人，发放资料9000余册，覆盖13个区31个村镇。北京市公民具备科学素质比例达到21.48%。

实施基层科普行动计划，共计征集项目295个，经专家评审最终资助项目86个。其中科普惠农兴村工程项目30个，社区科普益民工程项目36个，首都公民科学素质提升工程项目20个。

北京科学嘉年华期间，首都科技创新成果展展示创新成果48项，现已巡展5场次，累计覆盖约5万人次。

科普信息化传播能力持续提升，“京科普”“蝌蚪五线谱”“科协频道”等网络平台，策划制作系列化、启发式音视频节目数百期，播放量过千万；“科普中央厨房”汇聚优质科普资源3万余项，吸引国家新闻出版署“绿书签”公众号等众多机构成为固定用户；“科学流言榜”得到全国近百家媒体转载刊发。择优支持科普项目86个，开展科普活动1000余场次。

由市科协主办的北京国际科学传播交流周吸引22个国家和中国澳门特别行政区36家境外科普机构和科技组织参与。在科技馆长对话会、北京中外科技馆馆长对话会、北京国际科学节圆桌会议、北京国际科技电影展和世界科普展示交流活动上，举办主旨报告、圆桌会议、论坛沙龙、专题研讨等14场，12个国家的14家科学传播机构和科技场馆带来100余项科普展示及互动项目，展映14个国家37部优秀科技电影。首都科普剧团全年开展科普剧展演20余场。科普志愿服务更加社会化、日常化，实名注册志愿者达3000人。

市科协成立北京科学教育馆协会，首批成员单位共75家，其中中国科学院系统6家、高校17家、公共服务系统37家、企业15家。为确保协会有效运行，新增成员单位10家。联合京津冀三地共同成立京津冀科学教育馆联盟，推动“首都科普”主题科普实践活动，开展科学思想方法主题展教区观摩研讨活动，组织开展科学教育馆“精品科普活动”交流等。探索首都科普主题研学公益性、市场化及综合服务平台模式机制，开展“科学教育北京行”公益研学活动，来自顺义区、昌平区、平谷区、怀柔区、密云区、延庆区6个区的中小学生参加首批活动。近40家专业场馆以及科研院所、高等院校、高新企业所属场馆，以及16个区科协及街道乡镇参与首都科普联合行动，联合开展近200场科普系列活动。

学术交流　举办北京地区广受关注学术论文系列报告会，线上线下实时关注总量超过200万。据不完全统计，市科协所属学会全年承办高规格国际论坛32项。

市科协全年举办学术交流活动160余场，涵盖互联网和大数据、航空航天等数十个学科和行业领域，其中国际会议18场，与全国学会合作举办17场，90多位院士及400多名专家、学者参加会议。北京图象图形学学会承办第18届电气与电子工程师协会混合与增强现实国际学术研讨会。市科协及北京听力协会联合举办2019北京国际听力学大会，大会通过主题报告、圆桌论坛、行业展览等形式，集中展示交流听力行业的发展新趋势、助听新技术和科研新成果。

利用网络直播、微博互动、公众号推送等各种方式，吸引公众关注学术、了解学会。超百万人次观看学术月开幕实况，通过“科协频道”直播学术月活动16场，累计受众700万人次。

服务科技工作者　立足新时期人才工作特点，修订市科协《关于加强科技人才工作的意见》及四项配套工作计划，推动新时期人才工作体系升级完善。探索实施青年人才托举导师负责制，17位院士参与，促进学术思想、科研方法新老传承。市科协通过首都海智离岸创新工作站，与海外高校、众创空间、行会和商会等建立合作关系，打通北京发掘、引入优秀海外青年学者的渠道。全年推荐68人参加全国及北京重大人才奖项评审，1人入选“国家百千万人才工程”，1人当选为北京学者。全年74家学会共开展109项科技人才和275项科技成果评价，其中6家新增会员1600余人。

市科协与市人力资源社会保障局开展科学传播专业职称评审，评出全国首批科学传播专业正高级技术人员15人、副高级技术人员60人。

自身建设　市科协党组研究编制《北京市科协事业发展三年行动计划（2019—2021年）》。《北京市科协系统深化改革实施方案》分解的5大方面76项任务中，95%已经完成或完成阶段性目标。在各区委直接领导下，16个区科协全部出台深化改革方案。

市科协社会组织党总支领导9个学会秘书处党支部履行党员教育、管理、监督职责，发挥党组织的政治功能和政治作用。社会组织党建委通过组织沙龙、培训党建指导员等方式，领导187个党建工作小组把握正确方向、落实决策部署、统筹改革创新，发挥政治核心作用。2019年新成立党建工作小组18个，党组织覆盖率达86.2%，党的工作实现217家社团全覆盖。

区科协及科协基层组织　截至2019年年底，全市共有区科协16个。

通州区科协联合北京科技咨询中心开展科技工作者创新能力提升培训活动。来自科技企业的研发人员、创新管理人员、技术人员约100人参加培训。由顺义区科协、北京临空经济核心区管理委员会主办的顺义区科技成果项目路演对接洽谈会在北京临空创新创业示范基地举办，科技成果项目专家以及相关企业负责人参与活动，十余项项目达成初步合作意向。西城区科协组织优质科普资源单位、科协委员、首席科普讲师走进河北省张家口市，开展“共建促共享　科普塞外行”开学季科普活动。房山区科协印发《房山区科协系统深化改革实施方案》。

市级学会、企业科协、高校科协　截至2019年年底，全市新增2家团体会员，科技类社会组织团体会员达到217家；新建企业科协97家，各级企业科协已达1008家；21所高校建立科协组织。据不完全统计，市科协联系服务的科技工作者总数达56.5万。

北京通信学会与中国联合网络通信集团有限公司北京市分公司在北京联通总部大楼报告厅举办北京

通信学会暨北京联通网络技术大讲堂《区块链在电信网络应用探讨》和《区块链应用与产业研究》讲座，210余名专业科技人员参加培训。

由北京营养师协会等单位主办的主题为“营养师——健康中国的践行者”的第七届中国营养师大会在北京召开，近400位营养界专家和学者参加会议。

由北京物联网智能技术应用协会等联合主办的中国（烟台）果蔬行业数字经济高峰论坛在山东省烟台市召开，来自全国各地政府部门领导，高校、科研院所的行业专家及智慧农业代表性企业、农业产业化龙头企业、规模性家庭农场及合作社的代表近200人参加会议。

北京幼儿科普协会举办以“幼儿科普教育论坛——芬兰幼儿科学教育的理念、方法和过程”为主题的讲座，邀请Edutimes（索蒙）教育集团的教师余丽莎主讲，来自北京各幼儿园的80余位教师参加学习。

由北京地质学会主办的院士讲地质——地质资源与生态环境可持续发展高峰论坛在中国矿业大学（北京）召开，来自地勘单位、科研机构、高等院校等单位的地质工作者和相关行业领域的工作者250余人参加。

北京安全技术学会在第22届北京科技交流学术月期间举办“2019智慧安防时代”主题论坛。来自安防行业、安防工程商、集成商、报警运营商等500余人参加论坛。

北京农学会主办的“乡村振兴的中国方案”研讨会在四川省成都市召开，来自北京、天津、河北、四川、江西、云南、内蒙古等省、自治区、直辖市的农业科研单位的专家、学者共70多人参加会议。

由中国灾害防御协会、北京减灾协会主办，北京气象学会等协办的2019京台青年科学家减灾分论坛暨首都圈巨灾应对高峰论坛在北京召开。来自北京、台湾地区的相关领域专家、学者、科技人员60余人参加论坛。

由北京医学会、北京医学会重症医学分会，联合天津市医学会重症医学分会、河北省医学会重症医学分会主办的以“重症医学：协作促发展”为主题的2019北京重症医学年会暨首届京津冀重症医学高峰论坛在北京召开，来自北京、天津、河北、山东、山西、内蒙古等省、自治区、直辖市的900余名重症及相关学科的专家、学者参加论坛。

9月20日，由北京长风信息技术产业联盟承办的2019（第五届）中国海归创业大赛项目对接洽谈会在北京召开。20家企业现场对接40余个项目，实现有效对接125项次，共达成合作意向30余个。

【北京地区广受关注学术论文系列报告会】 9月20—26日，市科协在第22届北京科技交流学术月期间，首次推出北京地区广受关注学术论文系列报告会。报告会聚焦数学、化学、生物医学工程三大学科，选择基础数学、应用数学、基础化学、应用化学和生物医学工程五大领域，遴选出北京学者2014—2018年发表在国内外期刊上的热点、前沿、广受关注并具有重大影响力的100篇论文，并精选27篇论文，举办5场北京地区广受关注学术论文系列报告会。该系列报告会由市科协主办，北京化学会、北京生物医学工程学会、北京科学技术期刊学会、北京理化分析测试技术学会、北京运筹学会、北京人工智能学会、北京数学会、北京计算数学学会等12家学术团体参与，清华大学、北京大学、北京师范大学、中国科学院北京分院提供支持。

报告会邀请中国科学院院士林群、李玉良、李亚栋、杨万泰和中国工程院院士林东昕等院士专家，以及多位长江学者、国家杰出青年基金获得者、青年千人计划获得者以及优秀青年科技工作者代表，围绕论文成果及最新科研进展作报告并交流发言。

来自相关学会的会员，高校、科研机构的科技工作者，相关企业的科技人员，相关院士和专家、学者，北京广受关注学术论文的作者以及媒体代表等600余人参加系列报告会。报告会采取微博直播的方式，其中4场报告会累计观看人次达204万，化学论文报告会单场观看人次达97万。

【科学传播专业技术职称评审】 2019年，市科协抓住北京市职称改革契机，向市政府建议设立科学传播专业技术职称，得到市政府的支持和批准，使北京成为全国首个设立科学传播专业技术职称的省级行政区。市科协与市人力资源社会保障局联合印发《北京市图书资料系列（科学传播）专业技术资格评价试行办法》，联合市社会科学界联合会组织专家编写《初中级考试大纲》，配合市人事考试中心完成《初中级考试大纲》命题工作，形成初、中、高三级考评体系。首倡“代表作”评审制，打破职称评审“唯论文”传统，依据能力、业绩、贡献进行分类评价和综合考核，从申报的180人中评选出全国首批科学传播专业15名正高级、60名副高级专业技术人员。

【学会沙龙暨2019—2021青年人才托举拜师仪式】 8月29日，市科协在北京科学中心举办学会沙龙暨2019—2021青年人才托举拜师仪式。“青托”人才及导师、茅以升北京青年科技奖获得者、青年北京学者计划入选者、北京市“百千万人才工程”入选者、北京青年学术演讲比赛获奖者、北京青年优秀科技论文获奖选手、学会代表以及媒体等近200人参加沙龙。

仪式上，北京测绘学会、北京农业工程学会、北京膜学会、北京交通工程学会、北京金属学会等学会导师向“青托”人才赠书并书写寄语。

北京乳腺病防治学会、北京工程师学会筹备组、北京科技人才研究会分别围绕如何开展“青年人才托举工程”项目、举办面向青年科技工作者论坛和开展跨学科交流活动的工作思路和具体举措作发言。学会代表、“青托”人才及导师、茅以升北京青年科技奖获奖人员共同交流科协“经理学术”的理念和人才培养平台对青年科技工作者的鼓励作用，并对下一步工作进行展望。

【首届北京中外科技馆馆长对话会】 11月4日，由市科协主办的主题为“携手合作，共同发展——科技馆的创新实践与可持续发展”的首届北京中外科技馆馆长对话会在北京科学中心举办。中国自然科学博物馆学会名誉理事长徐善衍、理事长程东红，市科协党组书记马林等领导及来自全球11个国家的14家科学传播机构和科普场馆的15位代表参加会议。与会代表围绕科技场馆社会文化功能、创新实践、交流合作等方面内容，就科技场馆的未来发展趋势，从科学文化传播视角进行探讨。

马林、徐善衍、美国麻省理工学院博物馆馆长约翰·杜兰特（John Durant）、加拿大魁北克大学教授伯纳德·席勒（Bernard Schiele）等作主旨报告，阐述推动科学传播、科学教育、科学文化等发展的必要性和重要性，分析发展状况及未来趋势，分享研究成果和实践经验。

会议期间，举办科学工作坊“中国人的家”和“小球大世界”等特色主题活动，从科学传播实践层面，促进参加会议人员之间的交流与合作。对话会还开设以“科学文化传播的趋势与展望”和“科技馆的社会文化功能”为主题的两个平行会议及圆桌会议，近30位国内外科学传播专家围绕科技馆、科学中心的特色建设、运行模式、合作交流、可持续发展等话题进行座谈研讨。

【首届（2019）国际自主智能机器人大赛】 8月17—18日，由市科协主办，北京电子学会、清华大学微电子学研究所、北京科技社团服务中心等单位共同承办的首届（2019）国际自主智能机器人大赛在北京科学中心举办。大赛以“自主智能，共创未来”为主题，吸引来自德国、英国、韩国、科特迪瓦、巴基斯坦以及国内高校的33支队伍参加比赛，来自20多个国家和地区的相关机构代表出席。

中国科学院院士、中国科协常委、西北工业大学常务副校长、亚太工程组织联合会（FEIAP）主席黄维，韩国科学技术研究院教授柳惠俊，德国国家科学院院士、德国汉堡大学多模态智能机器人系统研究所所长张建伟，分别以《“柔性电子+”与未来产业》《机器人智能的图灵测试及模块构建》、*AI Robots and AI SoCs* 为题作主旨演讲。

比赛共包括标准赛、自由赛和表演赛三种形式。评选出特等奖1名，一等奖2名，二等奖5名，三等奖9名，优秀奖7名。清华大学与英国林肯大学组成的联队“清微Robot队”获得特等奖。

（撰稿人：刘　伟）

天津市科学技术协会

服务经济社会发展　市科协为民营企业引进创新资源，动员200余家民营企业共同成立天津市滨海新区民营企业科协，实现实体化运行。与天津市工商业联合会合作，共同推进民营企业、科研院所和医院科协建设，采取举办科技报告会、推动科技成果转化、实施知识产权保护等措施，服务民营企业发展。

协调市政府、中国科协、南开大学联合建设数字经济发展与治理研究中心，成为数字经济发展高端智库。征集决策咨询课题117项，确定29项为重点课题。组织的大型决策咨询成果《关于发展天津市重点产业产业链的建议》获得第十六届天津市社会科学优秀成果智库类一等奖。报送的《筹建智能科技生态园，推进“八链融合”，加快发展天津智能科技产业》科技工作者建议，经市委副书记、市长张国清批示纳入天津产业发展规划，成为2020年工作重点。

中国科协创新资源共享平台天津（滨海）分中心揭牌运行，上线企业超过1100家，累计服务民营企业超过300次。全年分两批认定17个院士专家工作站，柔性引进中国科学院院士、中国工程院院士11人，外国院士4人，各类专家49人，建站单位与院士专家合作开展科技创新和成果转化57项。

11月2日，举办2019年中国创新方法大赛天津赛区企业创新方法专项赛，来自中国石油天然气等公司的34个创新项目报名参赛，成为企业展示科技创新成果的平台。11月23日，举办2019年天津市大学生TRIZ杯专项赛暨第五届天津市大学生创新方法应用大赛，来自天津工业大学、天津师范大学等12所高校的156支队伍、450余人参赛。

举办两期创新工程师培训班，对来自149家企业的高管、技术骨干和一线科技工作者等200余人进行培训。在丹佛斯（天津）有限公司举办为期6天的创新方法企业专场培训，53名一线工程师参加培训，帮助企业通过推广应用系统化创新方法提高技术研发和生产经营管理水平。

开展科技助力精准扶贫工作，通过科技助力企业创新、科技产品捐赠、直接捐款等方式帮扶甘肃省、河北省承德市等地发展经济。与天津市委宣传部等共同组织文化科技卫生“三下乡”集中服务活动，组织现代农业实用技术和经营管理技能培训，举办农民科学素质网络知识竞赛，服务农民30万余人次。

《科学素质纲要》实施及科普信息化建设工作 2019年，天津市公民具备基本科学素质的比例提高到15.22%，位居全国第三。起草《关于大力推进全域科普工作的实施意见》，明确“全领域行动、全地域覆盖、全媒体传播、全民参与共享”的全域科普理念，并由天津市委办公厅、天津市政府办公厅印发，在全市统一推进。

围绕提升公民科学素质，举办天津市第33届科技周、2019年全国科普日主场活动暨全域天津科普嘉年华、“科普天津·科学大家话科普”系列讲座等全市范围科普活动。

针对青少年、领导干部和公务员、城镇居民、农民四类人群，围绕民生主题，组织开展各类科普活动3000余场，覆盖上千万群众。建设青少年科技教育新品牌，与市教育委员会合作，邀请中国科学院院士欧阳自远，通过视频平台为全市120万中小学生同上《开学第一课》。打造领导干部科学素质示范阵地，推动在天津党建网、天津干部在线等学习平台开设科普专栏，全年20万余人次受教育。组织职业技能大赛，面向城镇劳动者开展技能培训，全年共培训专业技术人员33.3万名。开展“千名专家进基层”和科技下乡等活动1230余场，服务农民30万余人次。

出台《天津市科普全媒体传播计划》，建立天津市科普融媒体联盟，研究开发“科普天津云”平台，统筹推进优质科普资源在全市传播，全年各类科普宣传受益人数超1000万人次。打造“我们爱科学”“科普大讲堂”“科学流言终结榜”等6个科普传播品牌，累计开展媒体宣传4.85万次。

学术交流 实施天津市国际学术交流平台培育计划，重点资助12个项目，邀请456名外籍专家来天津市举办学术报告会370余场。

搭建两院院士学术交流平台，资助两院院士活动16项、“院士专家创新驱动行”项目8项，邀请到包括加拿大皇家学院院士Philippe Van Cappllen等在内的70多位院士专家来天津市出席学术交流活动。

面向市级学会和高校科协，资助36个重点学术交流项目，邀请来自天津市及全国各行业266名专家、学者，围绕人工智能、城市建设、新能源新材料等多方面开展研讨交流，举办学术报告150场，受众人数达9200余人次。

推进一流科技期刊建设，研究出台《天津市关于培育世界一流科技期刊的实施意见》《关于实施天津市一流期刊建设计划的工作方案》，推动天津市《肿瘤生物学与医学》杂志入选中国科技期刊卓越行动计划重点期刊。

服务科技工作者 落实“海河英才”行动计划，对36名杰出人才培养计划入选者、19名第四届中国科协“青年人才托举工程”项目入选者拨付培养经费1134.6万元。开展2019年度生物医药职称评审工作，192人通过评审。

组织“共和国脊梁”原创话剧《侯德榜》《杨石先》编创、公演和巡演。举办以“中国梦·科技梦”为主题的院士专家报告会。联合天津广播电视台、《天津日报》等主流媒体和“两微一端”等网络平台宣传中国工程院院士李正名、中国科学院院士姚建铨等百余名优秀科技工作者先进事迹。

组织开展2019年最美科技工作者评选推荐工作，评选15名天津市最美科技工作者，杨海燕入选全国十佳最美科技工作者。

全国科技工作者日期间，市、区科协面对面慰问300余个基层单位的2000余位一线科技工作者。通过天津科技工作者之家，全年服务学术活动209次，接待院士专家646人次，服务科技工作者3.07万人次。

自身建设 学习贯彻习近平新时代中国特色社会主义思想，开展“不忘初心、牢记使命”主题教育，组织党组中心组集中学习16次，带动机关和直属单位党支部平均集中学习15次，带动基层科协组织和学会开展集中学习、理论培训2000余场次。出台《弘扬科学家精神，加强科学道德和学风建设实施意见》，开展科学道德与学风建设宣讲1300余场次，受众15万余人次。

实施《天津市基层科协组织建设三年行动计划》，推动16个区科协全部实现独立办公、独立设置党组，推动246个街道（乡镇）、5112个社区（村）成立科协组织，推动24家市管企业、20所高校、1832个企业成立科协组织，实现全市41个市级及以上园区科协组织全覆盖。

编制《市级学会未来五年发展规划》，围绕职责定位、功能作用，推进会员结构、制度机制、治理方式改革。指导40家学会变更领导机构、核准业务范围。批准筹建市汽车工程学会、市自然科学博物馆学会、市药品监管科学研究会，推动组建青年科技工作者协会。实施“党建强会计划”，调整51个学会党组织，指导25家科技社团换届，支持26个学会党组织建成党建阵地。

区科协及科协基层组织 截至2019年年底，天津市共有16个区科协，全部实现独立办公、独立设置党组；有246个街道（乡镇）科协和5112个社区（村）科协。

各区科协全面落实《天津市全民科学素质行动计划纲要实施方案（2016—2020年）》，推进全域科普，举办科技周、科普日活动，开展青少年科技活动，完善科普基础设施，实施科普信息化建设，开展基层科普行动计划；组织开展学术交流活动等，服务科技工作者创新创业，开展决策咨询服务。

河东区科协推进“一街一特色”的科普品牌建设；津南区科协立足区内资源优势，成立驻区高校科普讲师团；河西、东丽、武清、宝坻等区科协在主要街道建设科普宣传栏；蓟州区科协打造科普特色旅游村；滨海新区科技馆建成运营；东丽区科协着力构建“1+11+N”科普阵地布局；河北区科协联合区教育局举办“智慧教育”专场年会；和平、北辰等区科协支持和鼓励青少年参加世界性、全国性青少年科技创新赛事；武清区科协在97个基层单位推广“智慧科普”盒子；静海区科协专门组织社区老年人智能手机应用培训。

市级学会、企业科协、高校科协 截至2019年年底，天津市共有市级学会152个、基金会2个、企业科协1832个、高校科协20个。

天津市印刷技术协会与北京、河北、山东、山西、内蒙古、吉林、辽宁、黑龙江8个省（自治区、直辖市）印刷技术协会共同主办2019年第十三届九省区市印刷业发展交流会，围绕发展数字印刷、加快智能制造、加强环保治理等进行探讨；中国生物医学工程学会纳米医学与工程分会、天津市科协生命科学学会联合体、天津市生物医学工程学会共同主办2019年全国纳米医学与工程高峰论坛暨天津市科协生命科学学会联合体和天津市生物医学工程学会学术年会，来自全国纳米医学与工程领域的500余名专家、学者就相关领域最新科研成果进行交流研讨。

市医学会、市中西医结合学会、市药学会组成专家工作组，赴新疆维吾尔自治区和田地区开展“柔性援疆”帮扶工作，为当地民众进行健康义诊，捐赠药品、医疗器械和书籍。

【天津市科学技术协会第九次代表大会】 10月10日，天津市科学技术协会第九次代表大会在天津大礼堂召开。中共中央政治局委员、天津市委书记李鸿忠，中国科协党组书记、常务副主席、书记处第一书记怀进鹏出席大会并讲话。

大会评选表彰10名优秀科技工作者标兵、100名优秀科技工作者、40名青年科技奖获得者、20名青年科技奖提名奖获得者等一批先进科技工作者。选出新一届市科协领导机构，来自基层一线的委员、常委占比分别达到88.64%和78%。大会明确未来五年市科协事业发展5个目标、7个方面20项重点任务。

【怀进鹏一行来天津调研】 3月31日—4月2日，中国科协党组书记、常务副主席、书记处第一书记怀进鹏一行来到天津市，为贯彻落实习近平总书记关于社区建设和京津冀协同发展等重要讲话精神，就京津冀科协协同发展、党建带群建加强基层科协组织建设、全域科普工作等进行调研座谈。其间，李鸿忠、张国清会见怀进鹏一行，就深化天津市与中国科协各领域合作进行交流。天津市委副书记阴和俊陪同并出席座谈会，市委常委、滨海新区区委书记张玉卓参加调研。调研期间，怀进鹏深入南开大学、天津大学、天津赛象科技股份有限公司、天津安捷物联科技股份有限公司、天津高新技术产业开发区党群服务中心、南开区金融街社区党群服务中心、和平区朝阳里社区党群服务中心等地，主持召开民营科技企业家座谈会、社区科协建设座谈会及京津冀科协协同发展座谈会，见证北京市、河北省、天津市科协签署《京津冀科协全面战略合作框架协议》及《京津冀科学教育馆联盟建设发展战略合作协议》。

【天津市全域科普工作会议】 5月24日，天津市全域科普工作会议在天津大礼堂召开。会议贯彻落实天津市委、市政府关于推进全域科普工作的部署。天津市委常委、宣传部部长陈浙闽，副市长姚来英出席并讲话。会议明确推进全域科普行动计划的目标和措施。市科协党组成员和局级干部，各区、有关功能区和有关部门负责人，全域科普工作有关责任部门和全民科学素质纲要实施工作办公室成员单位负责人，市科协机关部门和直属单位负责人共160余人参加会议。

【天津市第33届科技周】 5月18日，以“智能时代、科技强市、全域科普”为主题的天津市第33届科技周举办开幕式并进行主场活动。天津市委副书记阴和俊出席开幕式并致辞，市人大常委会副主任李虹、副市长姚来英、市政协副主席李绍洪、市委副秘书长刘钊等市领导出席。与会领导向2019年天津科普大使颁发聘书，向全市人工智能科普主题征文、演讲获奖者颁发证书，向天津市新增科普基地授牌，共同启动“科普天津云”平台，与现场群众一起参观“全域科普”“智能时代”“科技强市”等主题展览和展示活动。

科技周期间，市科协在全市举办25项市级示范活动、30项基层重点活动和近2000项基层科普活动。

【2019年全国科普日天津市主场活动暨全域科普嘉年华系列活动】 9月14日，由市科协、市委宣传部、市教委、市科技局等11家单位联合举办的2019年全国科普日天津市主场活动暨全域科普嘉年华系列活动在天津青少年活动中心开幕。市委常委、市委宣传部部长陈浙闽，市人大常委会副主任李虹、姚来英、李绍洪等出席活动。

2019年全国科普日天津市主场活动以“礼赞共和国、智慧新生活”为主题，以“全域科普、筑梦新时代”为副主题，集中展示天津市推进全域科普工作的阶段性成果。设计全域科普工作展示、AI与未来、玩转科学、科学与艺术、开秀啦、趣味竞赛六大板块，围绕“智能科技”“自然科学”“科学实验”等多个主题，为公众筛选定制105项科普展品、19场科学表演活动。

2019年全国科普日期间，全市组织开展社区科普联合行动、乡村振兴农村科普联合行动、校园科普联合行动、企业科普联合行动、科技场馆联合行动、科普教育基地联合行动、学术资源科普化联合行动、全国卫生健康科普专项活动等共计330余项，其中市级重点活动和基层重点活动各30项，带动全市举办各类科普活动1000余场。

【2019年全国科技工作者日天津市主题活动】 5月30日，“礼赞共和国、追梦新时代——科技志愿服务行动”2019年全国科技工作者日天津市主题活动启动仪式，在天津市和平区新兴街朝阳里社区举办。天津市委常委、市委宣传部部长陈浙闽出席并宣布科技志愿服务行动启动，中国科学院院士、市科协主席饶子和等领导出席活动。启动仪式为市科技志愿总队和有关区、高校、学会、企业的40支科技志愿服务队代表授旗，向全市广大科技工作者发出倡议，科技志愿者代表进行宣誓。市科协与中国科协同步启动科技志愿服务行动，已发展科技志愿者组织1530个、科技志愿者81069人。

【《天津科技大讲堂：国之重器——北斗导航》】 2月24日，由市科协主办的《天津科技大讲堂：国之重器——北斗导航》专题节目在天津海河传媒集团“津云”中央厨房开机录制。北斗三号工程副总设计师、北斗三号导航卫星首席总设计师谢军，北斗三号卫星总体主任设计师杨聪伟、刘家兴担任主讲嘉宾。此期节目是“天津科技大讲堂”与中国空间技术研究院天津基地“航天大讲堂”联合制作的特别节目，采取“津云”网络平台现场直播形式，手机用户在“津云”客户端不仅能够直接观看现场活动，还可以参加在线互动。据统计，线上实时观看人数达3.3万人。

（撰稿人：潘玉伟）

河北省科学技术协会

服务经济社会发展 落实首都科技工作者助力河北创新发展行动计划。省科协在石家庄市长安区、唐山市滦州市、衡水市冀州区、邢台市平乡县、邯郸市涉县举办5场实地对接活动，共组织北京市科协11家学会40名专家与河北省5个县（市、区）44家企业对接，5个县（市、区）科协分别与北京相关学会签订《首都科技工作者助力河北创新发展人才智力合作框架协议书》，搭建专家工作平台，促进长期合作。

充分发挥京津冀科技成果转化平台作用。在张家口市举办科技成果转化推介会，张家口市8家企业和张家口高新技术产业开发区管理委员会分别与北京中关村天合科技成果转化促进中心签署《企业科技成果转化服务框架协议》和《关于合作建设科技成果转化基地的框架协议》。张家口市科协与北京西城区科协签订战略合作协议，并联合开展2场大型科普活动。

成功举办全国大众创业万众创新活动周河北分会场活动。省科协组织省兵工学会、省电子学会、省电工技术学会、省电子政务学会，主办人工智能创新应用高端论坛、首届京津冀大数据与物联网产业创新发展高峰论坛、智慧城市创新发展高峰论坛等4场活动。与省科技厅、省教育厅联合主办河北省创新方法大赛暨创新方法十周年成果展，1000多名选手、150多个项目参赛，评出一等奖1项、二等奖5项、三等奖10项，选拔8个代表队进入全国决赛，被科技部和中国科协评为2019年中国创新方法大赛优秀组织奖。

新设立院士工作站53家，院士专家服务中心、科技专家企业工作站47家。与53名专家进行联系，初步达成25个项目合作意向，组织院士专家企业行60人次。开展科技信息企业推广应用工作，邢台经济技术开发区、栾城装备制造基地等地100多家企业参与培训，提高企业专利开发能力。

助力打赢脱贫攻坚。将全国基层科普行动计划项目资金1355万元和省级基层科普行动计划项目资金510万元用于支持贫困县的科技助力扶贫工作，帮扶贫困人口3.89万人。各级科协开展驻村帮扶工作，省科协帮扶的张家口市怀安县西沙城乡南刘家窑村实现脱贫。举办西藏阿里农牧系统专业技术人员实用技能培训班，向新疆维吾尔自治区巴音郭楞蒙古自治州科协和新疆生产建设兵团二师科协援助科普展品。

《科学素质纲要》实施及科普信息化建设工作 履行全民科学素质工作领导小组办公室职责，完善全民科学素质工作共建机制，对全省全民科学素质工作领导小组25个成员单位进行调整。组织召开省全民科学素质工作领导小组会议，省政府副省长、省全民科学素质工作领导小组组长徐建培主持会议并讲话。组织开展河北省全民科学素质教育基地优秀活动征集评选，评选出11项优秀科普活动。开展2019年河北省全民科学素质系列读本征集评选，举办科普创新培训班。

加大科技馆体系建设力度，推动建立以省科技馆为主导，省内特色科技馆、专业科技馆、流动科技馆和民营科技馆参加的科技场馆联盟。省科协指导省科技馆和部分市县科技馆免费开放工作。省科技馆实现常设展览安全运行，展品和科普影视设备完好率95%以上，全年接待观众69.69万人次，同比增长33.4%。4万平方米的唐山科技馆开馆运营，已累计接待观众40万余人次。流动科技馆巡展工作有序推进，共巡展70站，接待观众150万人次。中国科技馆发展基金会援建全省农村中学科技馆32所，开展活动381次，接待师生9万余人次。全省26辆科普大篷车巡展418场（次），总行程36611千米，受益人数13.4万人次，活动时间2577.5小时，媒体报道106次。

开展社区科普e站典型创建工作，20个社区参加创建。各地通过科普e站共传播V视快递科普视频1.82万部，通过科普App和微信公众号推送“科普中国”优质资源6.5万篇。成立省科技志愿者总队，科技志愿者总数1375人，科技志愿服务组织52个，开展科技志愿服务活动451次。与省政协教科卫体委员会、省政协提案委员会、省九三学社分别在保定市易县茂源科普示范基地和保定市涞水县拒马河农业创新创业基地举办“开展科技帮扶　助力脱贫攻坚”主题活动，邀请省内40余名专家进行技术服务，受益群众1500余人次。

全国科普日河北省主场活动设有5大板块55个项目，省级重点活动689个。组织开展全国减防灾社区公益活动、全国食品安全宣传周活动、全国科技活动周，受益公众超百万人次。联合省气象局、省科技厅、省教育厅、省地震局开展“冀望风云　燕赵科普行”活动。组织开展“科普中国——绿色核能”主题科普活动，受众达10万余人次。开展科普大讲堂进学校、进社区活动，组织专家团队开展科普讲座24期。会同省民族宗教事务厅继续开展为少数民族和民族地区送科技活动，分别赴承德市、保定市、邯郸市有关地区开展科普活动6场。推动“科普中国”栏目落地，覆盖80万有线电视用户，更新数据1000余条。联合腾讯网开设科普中国－河北频道，开设科普专栏6个，发布科普内容600多条。在石家庄市地铁布设科普终端2410个，全天播出8～10次。

举办第34届河北省青少年科技创新大赛、第11届河北省青少年机器人竞赛、首届河北省青少年创意编程和智能设计比赛。在第十九届中国青少年机器人竞赛中，河北队获得12金18银17铜。开展青少年人工智能科普活动、青少年科学调查体验、青少年高校科学营、青少年科学影像节等各类科普活动。会同团省委、省妇联联合开展共建青少年科学工作室活动，承办全国青少年科学工作室研讨会。推进京津冀青少年创客联盟河北中心建设。

学术交流 组织实施2019年学会能力提升行动。经省级学会申报、评审委员会严格评审，共评选出学会能力提升计划项目58项，其中：高层次科技活动22项（包括高层次国际学术交流活动6项），学会特色活动－品牌活动25项，精准扶贫活动6项，招生引资活动5项。省级学会共邀请院士及专家16人次，全国专家近百人次来河北省出席学术活动。开展第三批综合示范学会项目建设，省电工技术学会等10个学会入选。在衡水市举办2019中国自动化学会自动化及人工智能颁奖盛典暨钱学森奖启动仪式，300多位院士、专家参加。

搭建国际学术交流平台。以引进海外人才为抓手，指导保定市加强国家级海智计划工作基地建设，2019年9月中国科协批准在保定经济开发区设立中国科协“海智计划”工作基地，该基地成为河北省首家获批的“海智计划”工作基地。结合学科发展需要，支持省营养学会、省医学会、省畜牧兽医学会、省生殖健康学会、省健康教育与康复学会、省创造创新学会6个省级学会举办国际学术会议，邀请美国、日本、南非等国家的专家作主题报告，同时调动省级学会开展国际学术交流的积极性。在邯郸市曲周县举办日本设施蔬菜种植技术培训班，将日本先进的节水农业技术带到生产一线。

服务科技工作者 联合省教育厅在华北科技学院组织全省科学道德和学风建设高校座谈会、研究生座谈会和集中宣讲报告会，报告会设分会场60余个，1.5万余名师生参加。2019年全省共开展集中宣讲、座谈交流等活动240余次，参与师生2.6万余人次。开设科研诚信必修和选修课程40个，2.8万余人次修读。省科协在《河北科技报》开辟“老科技工作者口述历史”专栏，刊发经历和见证过重大历史事件的老科技工作者访谈稿。

完成中国工程院院士候选人推选工作，推荐张孟臣、张祥建、张福成、赵治海4人作为河北省候选人，其中1人通过中国科协初评。开展第十四届河北省青年科技奖评选和第十六届中国青年科技奖推荐工作，评选产生省青年科技奖20名、省青年科技提名奖10名，并择优推荐15名第十六届中国青年科技奖候选人。开展第十六届中国青年女科学家奖及2019年度未来女科学家计划候选人推荐工作。开展第七届河北省科普事业贡献奖评选工作，60人获奖。与省委宣传部联合开展最美科技工作者选树宣传活动，10名科技工作者入选，他们的事迹在全省先进典型宣传展示平台——“最美河北人发布厅”发布播出，并在24家主流媒体和新媒体上持续宣传。

省科协3000平方米的科技工作者之家建成并开放，提供知识产权、技术合同登记、法律咨询、学术交流、健康咨询、休闲交友等多项服务，举办活动6场，接待科技工作者1000多人。全省新命名挂牌科技工作者之家建设示范单位67个。按照“六有”标准，全省已建成科技工作者之家277个。

自身建设 出台《基层科协组织建设规范（试行）》《乡镇（街道）科协换届工作指南》。“3+1”试点工作全面完成。现有乡镇（街道）科协1856个，主席、副主席中兼挂职人数共5623人，其中“三长”3532人，占比63%。园区内新建科协60家，已建成并正常开展活动的高校科协53家。

对省级学会年检工作进行改革，力争让学会年检“只跑一次”，形成《学会年检数据统计分析报告》，为提升学会管理和服务水平提供数据支撑。积极探索通过党建促进学会创新发展的新途径、新模式，实现学会党组织和党的工作全覆盖。

2019年，省科协聘任中国科学院院士李廷栋等39人为第二批省科协会士，其中中国科学院院士7名，中国工程院院士12名，外籍院士1名，专家19名。已累计聘任会士53名，其中北京市和天津市科学家26名，中国科学院院士、中国工程院院士25名，外籍院士1名。通过举办“会士燕赵行”等一系列活动，柔性引进人才，服务河北省发展。新增个人会员1194人，累计5920人。省、市、县三级科协发展个人会员近2万名。开展“三化”改革试点省级学会达到26个，其中实施秘书长聘任制试点学会10个、秘书处实体化试点项目16个。邀请省科协常委和市级科协负责人专题研究省科协民主办会制度，对专题常委会会议制度，科协代表建议制度，常委会主题发言制度，兼职副主席、常委、委员领衔工作制度，主席会议制度和代表调研制度进行修订和完善。

8月，省科协完成中国科协改革试点工作结项验收。9月，省委副书记赵一德对省科协改革工作作出批示，要求着力深化，狠抓落实，推动改革成果向建设创新型河北的效能转化，推动省级改革成果向基层延伸。

地市县及科协基层组织 截至2019年年底，全省共有区市科协11个，省直管县科协2个，县级科协171个，街道（社区）科协521个，乡镇科协1856个，农技协3864个。

石家庄市科协主办、承办省级以上高端学术交流会议5场。承德市科协把实施学会能力提升计划与支持重点学术活动有机结合，举办承德市健康服务业协会2019年年会、第五届承德市互联网大会等学术交流活动；开展“塞罕坝可利用的野生植物资源开发利用研究”和“承德市呼吸系统疾病与气象条件关系的分析”2项课题研究。保定市科协面向全市科技工作者举办各层次的报告会、座谈会、研讨会和研修班20余场。沧州市科协对科技工作者之家进行设施功能升级，市委统战部加挂“科技界新阶层工作站”牌子。廊坊市科协设立“廊坊科技工作者之家大联盟”公众号，建立科技工作者之家群，成员发展到34家，涉及大数据、能源、生态环保、医疗、法律、农业、媒体、金融、人工智能等多个行业，为跨行业融合和多功能发展奠定基础。唐山市科协在科技馆建设面积500平方米的科技工作者之家。邯郸市实现县级科协科技工作者之家全覆盖。

省级学会、企业科协、高校科协 截至2019年年底，全省共有省级学会141个，23个省级学会完成换届改选，141个省级学会全部成立党组织。全省建有园区科协149家、企业科协285家、高校科协53家。

2019年省计算机学会、省化学会、省电工技术学会、省自动化学会、省解剖学会、省粘接与涂料协会承接有关政府转移职能，累计36个省级学会承接政府转移职能27项。

省老科协在调研基础上向省委省政府提出关于进一步发挥新时代老科技工作者作用的建议并被采纳。

省急救医学会联合国家卫生健康委能力建设和继续教育中心主办河北省急性消化病学学术会议暨国家卫生健康委门静脉高压TIPS能力培训班，吸引全国200余位专家参加。

省护理学会开展“礼赞共和国、智慧新生活——科技促民生、科普惠健康”2019年全国科普日主题活动，举办京津冀护理健康教育科普知识培训班暨河北省科普作品大赛，成立省护理学会护理科普志愿者服务队，组织形式多样的科普宣传活动。

省石油学会组织召开第二十届渤海湾油气田勘探开发技术研讨会，来自三省一市的石油学会代表，以及环渤海湾油气田的领导、专家、科研骨干共计200余人参加会议，大会共交流10个主题报告、45个分会场专业技术报告。

省名医学会以选树名医、表彰良医、举荐人才、为名医服务为工作重心，开展燕赵名医系列选树活动，2019年首届燕赵名医系列颁奖典礼于10月18—19日在石家庄市举办。

【第二届创新驱动发展大会暨新材料技术大会】 8月1—2日，以“新材料·新产业·新动能”为主题的第二届创新驱动发展大会暨新材料技术大会在保定市涞源县举办。大会聚集院士专家智力资源，瞄准保定市新材料产业链需求，探讨第三代半导体、高分子材料等新材料产业链协同创新发展的新思路与新方法，共商半导体产业园区发展新模式、新路径，助推保定创新驱动经济强市建设。

大会由中国科协学会学术部、省科协、保定市人民政府主办，第三代半导体产业技术创新战略联盟、中国科协先进材料学会联合体、保定市科协、涞源县人民政府承办，北京市科协、河北同光晶体有限公司等协办。中国科学院院士、中国科学院副院长李树深出席会议。中国工程院院士、国家新材料产业发展专家咨询委员会主任干勇，中国工程院院士、北京工业大学副校长聂祚仁，中国工程院院士、北京有色金属研究总院教授黄小卫应邀出席会议。

新材料技术大会主旨报告会由科技部高新技术发展司材料处原处长、第三代半导体产业技术创新战略联盟长三角协同发展委员会共同体主任徐禄平主持。与会专家干勇、聂祚仁、黄小卫和于坤山分别以《制造强国新材料发展战略》《材料全生命周期的环境友好发展》《稀土材料发展现状及应用前景》《第三代半导体：跨越式发展的机遇与挑战》为题作主旨报告。

同期举办“百千万”服务区域发展行动京津冀座谈会、第三代半导体技术研讨会、保定半导体产业园建设座谈会。来自全国有关学会，北京市、天津市和河北省科协领导，河北省各设区市科协、驻保高校、市直有关部门、各县（市、区）政府、开发区管理委员会、市级相关学会及企业主要负责人近300人参加。

（撰稿人：姚　琳）

山西省科学技术协会

服务经济社会发展 落实《中国科学技术协会山西省人民政府全面战略合作协议》。省科协做好牵头工作，省会合作落地见效。2019年，中国科协给予山西省有关项目资金支持达5800万元，并在促进科技经济融合和产业转型升级等方面给予智力支持。

加强院士专家工作站建设。聚焦推进现代产业体系、国家清洁能源基地建设等，新建院士专家工作站18个，开展院士专家山西行活动20场。全省科协系统累计建立院士专家工作站129个，累计引进院士专家121名、院士专家团队660余人。

实施“双创”提升行动。组织全国大众创业万众创新活动周山西分会场系列活动19场，举办论坛、报告会等14场，群众性竞赛活动3场，展示展出项目286个，现场观众达2.2万人次；举办“创响山西”评选活动，线上线下收到选票63万张，关注人数2000万人次。联合省农业农村厅举办第三届“三晋新农人”创业创新竞赛、第三届山西省农村创业创新大赛等活动。联合省总工会、团省委开展“五小”竞赛活动。

服务企业科技创新能力提升。在企业中开展科技专利信息服务、创新方法培训、科技成果转化等项目，培训专利应用工程师300人、知识产权应用人才350人、创新骨干人才130人，形成创新改进成果30项。从2019中国创新创业成果交易会上引入国内外优秀科技成果260项；2019年完成技术合同登记73份；“金桥工程”立项58个，新建学会服务站22个，承接中国科协2019年产学研融合发展项目3个，“讲理想、比贡献”活动征集企业技术创新建议1000项。

实施科技助力精准扶贫工程。省科协协助中国科协、吕梁市人民政府举办2019中国马铃薯产业发展高端论坛、2019全国枣产业发展高端论坛，以及以“乡村振兴 扶智脱贫”为主题的干旱半干旱地区有机旱作农业技术交流活动。开展百万农民“提素质、强本领、促振兴”冬季培训活动，培训高级人才200人、农业专业技术人员2200人、新型农业经营和服务主体1000人、农村实用技术人才5万人。在省科协所属的《科学导报》《山西科技报》等期刊上刊登科技扶贫专刊专版144期。举办第七届山西省科普惠农特色优质农产品展销会及第二届“第一书记”年货节，联合山西农业大学、山西省农资商会举办山西科普惠农3·19行动暨吕梁市第二届乡村e站科技节，联合省农业农村厅举办2019山西功能农产品品牌建设活动。

加强科技创新智库平台建设。新建智库试点6个、省级科技工作者状况调查站点6个；成立晋科智库联盟，举办首届晋科智库论坛。受中国科协委托，组织专家对中部地区《国家中长期科学和技术发展规划纲要（2006—2020年）》实施情况、8个全国双创示范基地建设情况进行评估。在省科协系统开展“我为改革创新作贡献”建言献策活动，围绕装备制造业转型升级、战略性新兴产业集群培育等方向开展专项课题研究21项，编发《科学决策参考》8期，报送省委、省政府。

《科学素质纲要》实施及科普信息化建设工作 推进《科学素质纲要》实施。完成山西省全民科学素质工作领导小组成员单位调整。组织省级成员单位开展年度公民科学素质特色活动，分别举办“让我们共同行动，保护生态环境”生态环保宣传、“太阳、地球和天气”气象科普等公民科学素质特色活动。举办山西省公众科学素质网络知识竞赛，37万人参与、531万人次答题；开展山西省全国科普日系列活动，全省举办展览展示、科普讲座、科普宣传、现场咨询等活动1090项；举办第八届中国科普摄影大赛，收到稿件9736件，精选100幅优秀作品在第19届中国平遥国际摄影大展展出；开展全省青少年科技创新大赛、青少年机器人竞赛等多项活动，中小学生参与人数26万人次；开展健康中国·山西行动、“智爱妈妈”行动、科普中国——绿色核能主题宣传等活动。

推进科普信息化建设。发挥科普中国乡村e站优势，开展线上培训140场，培训人数达21万人次；“农村微课堂”微信公众号推送农业科普课件1439期，“咱们的带头人”微信公众号发布消息89期267条；省城公交、楼宇电视《百万市民科普每一天》科普品牌工程，编播科普专题片48期，覆盖太原2800辆公交车和500个公共场所；为全省基层科协配发挂图2000套、手册60000本、海报7000张；开发图书、挂图、动漫、视频、H5海报等科普资源300余套（件），新增资源量400GB。

完善现代科技馆体系。省科技馆免费开放252天，接待观众120万人次；流动科技馆深入40个站点巡展，受众58.6万人次；科普大篷车深入基层学校39所，受众4.1万人次；科技馆进校园活动走进中小学校26所，受众8000人次；为集中连片贫困区新建农村中学科技馆6所，配发科普大篷车1辆。

学术交流 举办2019山西省科协年会主场活动，围绕“改革创新 科技引领——助力能源革命与产业转型”主题，组织院士专家特邀报告会、党政领导与院士专家座谈会等主场活动；围绕“先进铸造”“有机旱作”“绿色发展”等主题举办12场分会场活动，7名院士参加年会活动。支持省级学会、市级科协举办标志性年会、高端前沿学术论坛24次，其中全国及国际性学术活动3次、区域性学术活动4次、省级学术活动16次、市级科协学术活动1次。支持省级学会承办中国地理学会、中国农业工程学会等5家全国学会在省内举办学术年会、研讨会等学术会议。

服务科技工作者 加强对科技工作者的政治引领。召开“弘扬科学家精神、争做新时代先锋”省城科技工作者座谈会，开展“礼赞共和国、追梦新时代”2019年山西省全国科技工作者日活动，组织“弘扬爱国奋斗精神、建功立业新时代”主题活动，举办科学道德和学风建设宣讲报告会6场，开办的“党的创新理论微讲堂”微信公众号被省委宣传部评为2019年基层理论宣讲先进集体。

举荐表彰优秀科技人才。开展第十届山西省优秀科技工作者和第九届山西省十佳中青年优秀科技工作者评选，以及中国工程院院士候选人、第十六届中国青年科技奖候选人等多项推荐工作；举办庆祝中华人民共和国成立70周年山西科技成就系列宣传活动，宣传报道科技工作者的新实践新成就新形象。

贯彻落实习近平总书记关于老科协工作的重要批示精神，采取举措推动山西省老科协新发展；向省科协代表大会代表征集建议案，听取科技工作者的意见建议；打造“山西省科技工作者之家”网站和微信公众号，办好“山西科协”“山西科普”等微信公众号平台，开展网上建家交友活动。

自身建设 推进科协系统深化改革。省科协深化改革取得阶段性成效，完成科协团体会员制度、创新科学文化公共服务机制、学会党建工作机制等改革任务，改革任务完成率达90%以上；全省11个市、117个县（市、区）均以地方党委或党委办公室名义出台科协改革方案，基层科协深化改革工作实现全覆盖。

开展包点联系基层工作。强化包点联系市、县（市、区）工作制度，机关各部门、直属各单位分别包点联系11个市、22个县（市、区），督促指导基层科协落实重点任务，帮助提升工作水平；全年向基层下拨各类项目资金2035万元，支持市县科协围绕提升基层科普服务能力、科技助力精准扶贫等开展工作。

推进“3+1”试点工作。围绕“3+1”试点工作在忻州、临汾等市开展调研，树立工作典型，举办山西省基层科协“3+1”工作培训班；全省11个市、117个县（市、区）均开展“3+1”建设；忻州市忻府区科协因“3+1”试点工作成绩突出，被中国科协评为“十佳深化改革县级科协”。

推动全面从严治党向纵深发展。开展“不忘初心、牢记使命”主题教育，坚持党组中心组周一学习、党支部周五学习制度，组织开展专题党课、专家报告、干部培训、座谈交流等活动；全年党组中心组学习36次；举办干部培训班10期，培训627人次；召开年度党风廉政建设工作会议，修订《中共山西省科协党组工作规则》，开展违反中央八项规定精神突出问题、形式主义官僚主义问题等专项整治和警示教育工作。

深化学会改革创新。以学会换届为契机，完善优化领导机构、执行机构和监事机构，推动学会依章履职；实施学会改革创新和服务能力提升项目，推进学会试点承接政府转移职能工作，5个省级学会9个项目被确定为年度承接政府转移职能试点学会和项目，项目涉及科技评估、技术标准研制等多个领域；省科协所属16个学会成为省科技进步奖提名组织单位。

地市县及科协基层组织 截至2019年年底，全省有市级科协11个；县（市、区）科协117个，其中独立建制116个，朔州市右玉县科协与科技行政部门合署办公；行业科协2个，分别是省国防科协、省电力科协；乡镇、街道等基层科协组织不断壮大。

太原市科协累计建立院士工作站73个，累计引进院士80名。大同市科协完善科技专家智库，收录自然科学各领域的科技专家224名。朔州市科协开展人才短缺的成因与对策课题研究，探索产业结构转型与破解人才短缺难题的途径和对策。忻州市科协大力推进“3+1”工作，14个县（市、区）全部出台“3+1”实施方案，185个乡镇科协组织完成“三长”进科协工作。吕梁市科协科技助力精准扶贫取得实效，动员44个市级学会、597名科技工作者开展科技助力精准扶贫工作，助力38个科技助力精准扶贫示范基地推广实用技术13项。阳泉市科协发挥阳泉籍科幻作家刘慈欣的名人效应，在市实验中学建成科普科幻体验室。晋中市科协发挥智库作用，为市委乡村振兴廊带建设项目建言献策。长治市科协组织公民科学素质抽样调查，公民具备基本科学素质的比例达 9.1%，提前完成省“十三五”规划中要求公民具备基本科学素质的比例达到 9% 的指标。晋城市科协院士专家工作站建设实现零突破，承办 2019 年山西省科协年会主场活动。临汾市科协举办 2019 年全国青少年 U 系列航空体育比赛（山西站）暨 2019 年全国航空模型公开赛（山西站），在山西省 2019 年公民科学素质网络知识竞赛中全省排名第一。运城市科协召开农业类科技工作者座谈会，为市委出台《鼓励农业科技人员在岗开展技术增值服务合理取酬的实施意见》提供可行性建议。

省级学会、企业科协、高校科协　截至 2019 年年底，省科协所属省级学会有 135 个，其中理科学会 17 个、工科学会 34 个、农科学会 16 个、医科学会 21 个、综合交叉学科学会 47 个。省护理学会承接政府转移职能，完成“山西护工”培训及考核、护理管理人员岗位培训、专科护士培训等专项工作。省气象学会组织第三届气象科普讲解大赛。省机械工程学会开展科技成果评价（鉴定）工作和全民技能提升工程培训，参与中国工程院《山西省工业高质量发展战略研究报告》撰写。省林学会在朔州市右玉县开展风沙区生态修复与右玉精神学习专题调研；承办中国林学会风沙区生态修复与右玉精神学术研讨会；举办山西省沙棘产业发展研讨会。省金属学会承接政府转移职能，开展冶金行业成果评价工作；承办 2019 年（首届）中国金属学会不锈钢科技发展论坛。省土木建筑学会成立专家委员会、标准化技术委员会、总工程师工作委员会，提升学会服务能力。

省科协大力加强企业科协、高校科协组织建设，新成立 6 个企业科协、2 个高校科协，不断扩大基层科协组织的覆盖面。省科协首次开展对高校科协科普课题项目支持工作，加强对高校科协科技工作者的服务和引导。与省教育厅共同主办山西省高校科协联盟合作交流与高校科协培训会，推动高校科协发展，提升高校科协活力。在太原重型机械集团有限公司等企业科协对科技工作者进行调研，加强对企业科技工作者的服务，为企业组织安排健康科普报告；组织开展企业科协科普活动及培训项目申报，在全省评选出优秀项目，每个项目给予经费支持。

【2019 年山西省科协年会主场活动】　9 月 24 日，省科协和中共晋城市委、晋城市人民政府联合主办的 2019 年山西省科协年会主场活动在晋城市启动。全国政协常委、省科协主席周然讲话，晋城市委书记张志川致辞。中国工程院院士、中国矿业大学教授彭苏萍、武强，山西大学副校长、省科协常委程芳琴，省科协党组成员、副主席郝建新、温万一，省科协副主席张秀亲，各市科协领导、省级学会负责人及专家、学者、科技工作者代表等 400 人参加开幕式。

本届年会主题为“改革创新　科技引领——助力能源革命与产业转型”。从 8 月中旬开始，到 10 月底结束，分学术引领、助力转型、科学传播三大板块。年会期间，举办 1 个主场活动和 12 个分会场活动，20 多位院士、150 多位国内外专家和学术团体参加会议。

活动期间，晋城市人民政府特聘彭苏萍、武强为晋城市政府顾问。省科协举办国家级学会服务站、专家工作站授牌和省级学会服务站授牌仪式。经晋城市科协倡议，山西省晋城市、长治市、运城市及河南省郑州市、洛阳市、开封市六市科协联合发起成立中原经济区科技创新联盟。

【全国科普日山西省启动仪式】　9 月 19 日，全国科普日山西省启动仪式在太原市举办。活动由省全民科学素质工作领导小组、省科协、中共山西省委宣传部、省教育厅、省科技厅、省农业农村厅和省卫生健康委共同主办。全国政协常委、省科协主席周然出席并讲话。

2019 年全国科普日活动的主题是“礼赞共和国、智慧新生活”，全国科普日山西省活动围绕科普协同创新、发展两翼齐飞，聚焦社会热点、传播科学思想，弘扬科学精神、激励爱国奋斗，对标攻坚任务、助力全面小康 4 个方面展开。

科普日活动各主办单位，省科协所属省级学会（协会、研究会）、企业科协、高校科协，省科协直属单位，省内科普教育基地等 90 家单位共同参加活动并设置一些特色展区，如太原理工大学优秀科技成果展、中北大学可产业化项目展、太原市青少年科技创新大赛少年儿童科学幻想绘画展、科技助力精准扶贫项目展以及创新企业展等。

主场活动期间，邀请省科协第二批首席科学传播专家、山西财经大学教授郭淑芬作题为《中国科技 70 年：战略历程和成就回顾》的主题报告。9—11 月，省科协组织聘请的科学传播专家分赴全省各市县农村、社区、学校、企业开展为期两个月的系列科普报告活动。

（撰稿人：吕　伟）

内蒙古自治区科学技术协会

服务经济社会发展 开展决策咨询。5月，自治区科协以“生态优先、绿色发展”为主题举办科技工作者建言献策座谈会，自治区政协副主席董恒宇出席会议并讲话，10位专家、学者围绕科技助推内蒙古自治区绿色发展建言献策。8月，举办内蒙古自治区煤炭学会成立暨煤炭产业绿色高质量发展高层论坛。9月，上报《加快构建我区煤炭科技创新体系的建议》，自治区党委常委、秘书长张韶春作批示，部分建议写入《内蒙古自治区现代能源经济发展战略规划纲要（2019—2035年）》。11月，主办内蒙古农牧业高质量发展建言献策座谈会，自治区党委副书记、政法委书记林少春主持会议，自治区副主席李秉荣出席；中国工程院院士尹伟伦、程顺和，中国农业大学国际学院院长黄冠华等12位区内外专家和相关企业代表，共同探讨推动自治区农牧业高质量发展的思路举措。全年向自治区党委、政府报送科技工作者建议8篇。7月，组建内蒙古自治区科协生态环境产学研联合体。9月，开展院士专家草原行、海智专家内蒙古行系列活动，8位院士、海智专家深入巴彦淖尔市、呼伦贝尔市、通辽市的9个旗（县、区）多家科技企业、农业示范基地调研并提出意见和建议。在科普传播行、精准扶贫专家旗县行等活动中，150多名专家为当地经济社会发展建言献策。

服务企业创新发展。自治区科协新建企业创新服务站3家，服务企业37家，产生应用典型案例30个，促进企业提高经济效益。1—5月，组织高校、科研院所专家、学者开展煤炭开发利用科技需求调研活动，深入30多家企业解决技术难题。6月，联合有关部门在通辽市举办2019年全国大众创业万众创新活动周内蒙古分会场活动，展示企业创新服务最新成果20多项。自治区党委副书记、自治区主席布小林，自治区副主席欧阳晓晖出席启动仪式。8月，开展知识产权战略巡讲和专利应用工程师培训活动，400多人参加培训。9月，开展2019年中国创新方法大赛内蒙古赛区活动，54家企业、高校的190个项目参加；活动期间举办创新方法培训班4期，培训学员450人。

助力脱贫攻坚。4月，在通辽市奈曼旗（国家级贫困旗县）建立全区首家药材种植精准扶贫院士专家工作站，带动当地农民脱贫增收，并依托院士站建立蒙中药材种植科研基地。8月，开展科技助力精准扶贫和乡村振兴专家旗县行活动，组织实用技术培训、现场技术指导和义诊851场次，受益农牧民10万余人次。深化县会协作，组织区直学会与31个国家级贫困旗县科协签订协议，开展实用技术培训等150余场次，受益农牧民1.5万余人次。在自治区科协对口帮扶点兴安盟科右前旗索伦镇乌敦嘎查开展沙果树种植技术培训活动。

《科学素质纲要》实施及科普信息化建设工作 推进《科学素质纲要》实施。4月，组织召开2019年内蒙古自治区公民科学素质推进工作座谈会，自治区纲要成员单位领导、联络员等40多人参加会议。5月，联合自治区农牧厅出台《内蒙古自治区乡村振兴农牧民科学素质提升行动实施方案（2019—2022年）》。组织全区农牧民参加全国农民科学素质网络竞答，参赛人数61855人次，满分率86%。

开展主题科普活动。5月，联合自治区教育厅举办全区首届科普视频创作大赛，征集作品300多件，评选奖项12个。8月，开展中国科普大篷车走进俄罗斯交流活动，集中展示40天，俄罗斯参观体验的青少年达8000余人次。9月，联合自治区党委宣传部、教育厅、科技厅、农牧厅、卫生健康委共同举办“礼赞共和国、智慧新生活”2019年全国科普日内蒙古主场系列活动，16个全区学会协会、29家高新技术企业和科研院所、13所高校和15家社会机构在内蒙古科技馆展示体验项目500多个。活动期间，全区开展各类科普活动2300多项，受益人数100万余人次。10月，组织开展“公民科学素质提升——全民在行动”媒体走基层采访活动。12月，组织举办自治区公民科学素质竞赛年度总决赛，来自14个盟市、3所高校、3个自治区学会和2家企业的88名选手参加比赛，团队赛决赛通过网易平台直播，受众2.8万人次。组织科普专家团在12个盟市和103个旗县开展大规模科普传播行活动3次，举办讲座、培训等1300多场次，受益群众37万余人次。截至12月底，全区三级科普专家团队已发展到110支、2000多人。组织安排40多个区直单位的6000多名党员干部参加内蒙古科技馆科技主题体验活动。组建200余支共3万余人的科普志愿者队伍，开展各类科普志愿服务活动3784场次，受益人数113.4万人次。

开展青少年科技教育活动。1月21—23日，第34届内蒙古自治区青少年科技创新大赛在内蒙古科技馆举办，全区有1913项作品参加比赛，评出一等奖319项、二等奖497项、三等奖887项。7月，组织自治区11名青少年选手和1名科技辅导员参加在澳门特别行政区举办的第34届全国青少年科技创新大赛，自治区代表队共获得各类奖项49项，其中一等奖1项、二等奖11项、三等奖36项、专项奖1项。5月23—24日，第19届内蒙古自治区青少年机器人竞赛在呼和浩特市举办，全区14个盟市的194所中小学的235支队伍共565名青少年参加比赛，评出一等奖45项、二等奖72项、三等奖93项。8月，在第19届中国青少年机器人竞赛中共获得一等奖1项、二等奖3项、三等奖12项。举办青少年高校科学营活动、青少年科学调查体验活动、青少年科学影像节活动、青少年人工智能活动等推进青少年实践教育。5月13—18日，“大手拉小手科普报告希望行”内蒙古巡讲活动在巴彦淖尔市举办。7月，开展京蒙青少年暑期夏令营、港澳台大学生暑期实习、“情系乌敦”青少年科技夏令营活动。

加强科普阵地建设。拨付项目资金1420万元，新建、改扩建青少年科技馆16个，打造科普示范社区20个。争取科技馆免费开放项目资金2239万元，全区24座科技场馆获得资助。新建科普e站3124个，评选命名全区科普教育基地71个、科技教育示范学校61个、科普示范社区24个、科普示范e站24个。自治区科技馆2019年参观人数112万人次，开展展教活动3844场次；举办特效电影展映月活动，累计放映影片2339场次，观看人数14.9万人次；举办内蒙古科普大讲堂44期，现场听讲人数8000余人次，视频直播观看人数120万余人次；在呼和浩特市土默特左旗设立内蒙古科技馆分馆。自治区流动科技馆巡展45个旗县，99辆科普大篷车总行程20万余千米，受益群众160万余人次。举办农村专业技术协会培训班2期，培训秘书长300余人。

加强科普信息化建设。6月，在呼伦贝尔市召开全区科普信息员培训和经验交流会，科协系统干部、科普信息员等200余人参加，50名优秀科普信息员获得表彰。截至12月底，已注册科普信息员32万余人，滚动培训人数达2.5万人次。在《内蒙古日报》、内蒙古新闻网、人民网、内蒙古广播电视台、微信公众号分别开设《科普在线》《科普内蒙古》《科普天天听》《科普面对面》等专栏；数字电视4K智能终端开通科普内蒙古服务平台，覆盖用户200万余人，点击量270万余次；利用平台举办线上科普知识答题活动，参与答题人数60.6万人次。“科普内蒙古”微信公众号开展全民科学素质网络知识竞赛，参与答题人数超过21.7万人次。

学术交流 2019年自治区级学会共举办学术交流43场次，参加人数近5000人，交流学术论文1000余篇，编写出版医疗、环保、农牧业技术3个系列18部科普图书，印刷5000套共4万册。

7月11日，由中国国际科技交流中心、自治区科协和中国农学会共同举办的2019中日农业绿色发展论坛在呼和浩特市举办。自治区副主席欧阳晓晖出席开幕式并致辞，中国工程院院士、中国农学会副会长刘旭出席。内蒙古部分学会、协会、高校科技工作者，各盟市农牧业企业、农业示范基地负责人等200余人参加论坛。

8月，举办2019草原生态与保护国际学术研讨会和内蒙古自治区第十四届自然科学学术年会。9月5—7日，组织科技工作者参加第十二届海峡两岸科普论坛，内蒙古科技工作者向大会提交论文12篇，7名论文作者受邀进行交流发言。9月10日，举办中俄科技成果（满洲里）推介会，来自中国和俄罗斯高校、企业的100多位专家、学者参加会议，两国与会专家进行推介发言，讲解农业、科技、工业、服务业等领域的先进实用技术。

服务科技工作者 开展中国工程院院士候选人、第十六届中国青年女科学家奖候选人推荐工作。5月，开展2019年内蒙古自治区“最美科技工作者”评选工作，20名科技工作者入选，其中10名被推荐为2019年全国最美科技工作者候选人。12月，评选出10家内蒙古自治区示范院士专家工作站。

完成14个全国科技工作者状况调查站点的问卷调查、网络调查、信息报送。组织慰问作出杰出贡献的科技工作者刘仲龄、荣威恒。通过微信、QQ、微博等平台加强与科技工作者的线上联系，指定专人接待来访科技工作者。向自治区党委、政府反映科技工作者建议8条。

9月，开展“科学家精神进校园”最美科技工作者事迹宣讲活动，举办“李四光地质学科普走进内蒙古”讲座等，近3万名科技工作者和青年学生参加。10月，联合自治区党委宣传部等单位共同举办“共和国的脊梁——科学大师名校宣传工程”科学家主题剧目草原行暨最美科技工作者宣讲活动，科技工作者代表及高校师生共4000余人观看《钱学森》主题话剧。

举办钱学森科技报国的圆梦历程报告会、事迹展等，6000余名科技工作者和青年学生参加活动。举办2019年科学精神和科学道德集中宣讲报告会、思想政治教育和学风建设座谈会，科技工作者和高校师生共2000余人参加活动。20名内蒙古自治区最美科技工作者深入呼和浩特市、巴彦淖尔市企业、学校进行宣讲活动，4000多名科技工作者、师生听讲。宣传科技工作者典型事迹，在各类媒体刊发播报稿件、音视频150余篇次。

联合自治区卫生健康委、科技厅等单位举办主题为“礼赞共和国、追梦新时代——科技志愿服务行动”5·30全国科技工作者日内蒙古自治区主场活动。在启动仪式上，为内蒙古自治区科技志愿者总队等11支科技志愿服务队授旗，并现场组织开展科技志愿服务活动。

自身建设 12月30—31日，内蒙古自治区科协第八次代表大会在呼和浩特市召开。印发《关于做好2019年全区科协系统深化改革和基层科协组织建设工作的通知》《关于做好盟市、旗县（市、区）科协换届工作的通知》《基层中小学校组织建设规范》《苏木乡镇科协组织建设规范》等文件，在呼和浩特市、赤峰市召开自治区科协全面深化改革暨基层组织建设推进工作片会。截至12月底，自治区科协本级改革任务完成率达95%（60项完成57项），盟市科协改革任务完成率达73%。4个盟市科协、37个旗县（市、区）科协完成换届工作，盟市科协换届完成率达66.7%，旗县（市、区）科协换届完成率达39.8%。全区新建科协基层组织2037个，其中苏木乡镇（街道）科协497个、企业科协202个、高校科协10个、中小学科协1328个。举办科协系统基层干部能力提升培训班2期，培训干部200余人。把“三长”配备工作与基层组织建设、换届工作紧密结合起来，截至12月底，全区1223名学校校长、医院院长、农技站站长进入科协组织担任委员、常委、副主席。

建成自治区、盟市、旗县三级科协和区直学会“四位一体”的科协系统云站群，联通12个盟市科协、91个旗县科协、30个学会、4个事业单位门户网站。实施“互联网+政务”工程，建成网络化管理服务平台、科普志愿者服务平台和智库系统。

地市县及科协基层组织 呼伦贝尔市科协打造青少年科技活动年，举办全国青少年科学影像节、全国青少年航海模型锦标赛等青少年科技赛事36场，吸引全市2.28万人次参加。巴彦淖尔市科协领先全区创建8家科技小院，形成集农业科技创新、示范推广和人才培养于一体的科技服务平台。赤峰市科协着力打造高水平科普信息员队伍，“科普中国”实名注册科普信息员达7.74万名。通辽市科协狠抓科协基层组织建设，实现属地高校和所辖苏木（乡镇）、街道科协组织全覆盖。鄂尔多斯市科协9个旗（县、区）的735个嘎查（村）、233个社区、244所学校全部建立科普e站，覆盖率达100%。包头市科协向市委、市政府提交建议7条，其中2条获主要领导批示。锡林郭勒盟科协梳理提炼30多位科技工作者建议，以《科技工作者建议》上报盟委行署，获锡林浩特市委书记批示。

乌兰察布市商都县科协组织农牧系统的专业技术人员深入目标乡镇村，为全县2000多户适合发展生产的贫困户进行培训和服务，开展现场技术指导15次，解决疑难问题20个。乌海市海勃湾区科协建立“海勃湾科普”微信公众号，开展科普中国“空中课堂”“你传播、我奖励”等活动。呼和浩特市回民区科协在50余所中小学开展“我爱绿色生活”主题科学调研体验进校园活动。

自治区级学会、企业科协、高校科协 2019年，自治区科协新吸纳7家学会为团体会员，至此自治区级学会、协会、研究会总数达117家。

内蒙古蒙医药学会组织召开“传承创新发展 建设智慧蒙医”医院管理能力提升主题论坛、首届南北民族医药协同发展论坛会、“一带一路”中俄蒙民族医药国际论坛暨第三届中俄蒙蒙医药学术交流会。内蒙古电机工程学会为呼伦贝尔市莫力达瓦达斡尔族自治旗尼尔基第一中学捐赠教学设备、无人机教学模型和科普图书，并向当地贫困农户无偿提供无人机植保服务。内蒙古地质学会向中国矿业联合会组织推荐的内蒙古自治区有色地质勘查局总工程师沈存利获得第三届“杰出工程师奖”。

包头钢铁（集团）有限责任公司科协在企业科技创新工作方面发挥“领头羊”作用，5月，成立科技信息转化应用服务站。注重企业青年员工心理关怀，组织企业青年员工参加自治区科协、自治区团委联合组织的科普报告进企业、助力青工强技能系列活动。

内蒙古大学科协邀请中国科学院院士张杰为高校师生作“未来以来、唯变不变”等主题报告，自治区学会、高校科协、企业科协的科技工作者，“中学生英才计划”学员，内蒙古大学师生共计1000余人听取报告。内蒙古师范大学科协举办科普报告会，中国人民解放军第一任航天员大队大队长、中国航天基金会宣传部部长申行运作题为《扬航天精神　铸民族辉煌》的航天知识讲座，150 多名师生听取讲座。

【内蒙古自治区科学技术协会第八次代表大会】 12 月 30—31 日，内蒙古自治区科学技术协会第八次代表大会在呼和浩特市召开。自治区党委书记、自治区人大常委会党组书记石泰峰，中国科协党组书记、常务副主席、书记处第一书记怀进鹏出席并讲话，自治区党委副书记、主席布小林等出席开幕式。来自全区各地的 500 多名科技工作者代表出席会议。自治区科协第七届委员会主席赵吉代表科协第七届委员作大会工作报告，自治区总工会党组书记、副主席冯家举代表人民团体致辞。自治区科协党组书记麻魁主持开幕式。大会审议通过《内蒙古自治区科学技术协会第七届委员会工作报告》，选举产生自治区科协新一届领导机构，赵吉当选为自治区科协第八届委员会主席。

【内蒙古自治区第十四届自然科学学术年会】 8 月 23 日，自治区科协联合自治区教育厅、科技厅、人力资源社会保障厅共同举办的内蒙古自治区第十四届自然科学学术年会在阿拉善盟开幕。中国工程院院士、清华大学化工系教授金涌，中国工程院院士、国家油菜工程技术研究中心主任傅廷栋，中国科学院院士、国家天文台研究员武向平应邀出席开幕式。来自自治区各学会，有关大专院校、科研院所、企业的科技工作者及年会获奖论文作者 400 余人参加开幕式。傅廷栋、武向平、金涌分别以《关于油菜多功能利用》《自然科学的宇宙观》《从诺贝尔奖谈创新思维的养成》为题作主题报告。年会共设 1 个主会场、20 个分会场，以“生态优先、绿色发展”为主题，聚焦畜牧学、心理学、细胞生物学、地质学等自治区重点学科前沿，围绕更好地服务于自治区高质量发展相关问题进行交流研讨。3400 多位科技工作者参加活动，共征集论文 665 篇，评选出优秀论文 258 篇。

【2019 草原生态与保护国际学术研讨会】 8 月 21—22 日，自治区科协与内蒙古大学、北京市科协、青海省科协、甘肃省科协联合举办 2019 草原生态与保护国际学术研讨会，会议以“坚持生态优先，推动绿色发展”为主题，全国人大常委会副委员长、九三学社中央委员会主席、中国科学院院士武维华，自治区副主席欧阳晓晖出席会议。来自荷兰、意大利、新西兰、蒙古、俄罗斯等国的 11 位外籍专家和国内从事草原生态研究的 240 多位科技工作者参加会议，40 位国内外专家、学者围绕草原生物多样性保育、退化草原生态系统修复、生态系统功能与健康、生态系统多重服务等方面进行学术交流。

【组建内蒙古自治区科普专家团】 1 月 15 日，自治区科协召开内蒙古自治区科普专家团成立大会。自治区人大常委会副主任吴团英、中国科学院院士刘嘉麒、中国科学院老科学家科普演讲团副团长徐文耀等出席会议。内蒙古科普专家团经自治区科协聘任组建，由自治区大专院校、科研院所、自治区学会和《科学素质纲要》成员单位各领域的 160 多位专家组成，是非营利公益性科普组织。

（撰稿人：吴欣倩）

辽宁省科学技术协会

服务经济社会发展　省科协围绕辽宁省“五大区域发展战略”和“一带五基地”建设，深入实施“全国学会入辽计划”，促成中国科协先进材料学会联合体与辽宁省国家新型原材料基地建设工程中心、中国机械工程学会与辽宁省先进装备制造业基地建设工程中心签署战略合作协议，全年吸引全国学会来辽宁省开展学术活动超过百场，参加会议的中国科学院院士、中国工程院院士 50 余人。协助中国科协开展助力东北三省全面振兴调研服务辽宁行座谈会 4 场，涉及有关单位 57 家，实地调研国企、民企、科研院所、高校等 16 家。10 月 18—20 日，在沈阳市举办 2019 工业互联网全球峰会，万余人次参加，大会设立主旨大会、13 场专题会议和创新成果对接活动等，参加会议的企业有 1800 余家。

畅通建言献策渠道。筹建中国工程科技发展战略辽宁研究院和辽宁院士联合会，服务省委、省政府科学决策。参与中国科协部署的《国家中长期科学和技术发展规划纲要（2006—2020 年）》实施情况调查，完成问卷 1394 份。

加快推进“四站”建设。新建院士工作站 36 家，引进院士专家 192 人，开展合作项目 83 个，解决制约企业发展的关键技术难题 68 个。新建专家工作站 145 家，引进各类高层次专家 465 人，开展合作项目 282 个，解决企业技术难题 300 余个。创建学会服务站 201 家，开展科技服务 2472 人次，实现科技成果转化 178 项。新建海智专家工作站 5 家。开展服务民营企业“百千万”行动，全省科协系统在民企建立院士工作站、专家工作站、海智专家工作站、学会服务站 246 家，服务民企千余家，参与科技服务的科技工作者达万余人次。

深化创新驱动助力示范区（县）创建工作。阜新市新邱区建立全省首个示范区，2019 年有 3 个项目列为辽宁省“重强抓”项目，形成“新邱经验”。全年新建 4 个创新驱动助力工程示范区（县），累计建立 10 个。组织国家级、省级学会服务示范区企业 137 家共 550 余次。促进科技成果转化。联合中关村天合科技成果转化促进中心等 4 家单位成立辽宁省科技成果展示交流转化联盟。举办 2019 辽宁省国际环境与能源技术成果展，聚集 6 个国家 22 项技术成果，参观人数 4.8 万人次，包括与中国铁塔等 31 家单位进行对接，达成合作意向项目 7 个。建设辽宁省创新方法企业应用推广示范基地 2 个。组建创新方法讲师团，培训人员 500 余人次。举办 2 期技术经纪人培训班，培训 340 余人次。

持续开展脱贫攻坚行动。推动省级学会、市科协开展乡村振兴农村科普联合行动、院士专家科学传播行动、《名家讲科普》等特色科普活动。全年组织动员科技专家 327 人，助力服务建档立卡贫困户 2591 户、建档立卡贫困人口 5288 人。深入葫芦岛市建昌县进行定点扶贫和选派干部驻村工作调研，启动实施辽宁省科协助力乡村振兴提升农民科学素质凌源示范工程，举办农业实用技术培训班和知识竞赛 28 场，受众 5000 余人次。

《科学素质纲要》实施及科普信息化建设工作 省科协履行全民科学素质纲要实施工作办公室职责，编印 6 期纲要工作简报。实施 4 个科学素质行动和 7 项基础工程，落实基层科普行动计划，加大对科普示范社区等基层科普组织的支持力度，全年 550 多家单位获得项目扶持。9 月 17 日，在省科技馆开展 2019 年全国科普日暨辽宁省第八届科普日活动；启动科技志愿服务工作，遴选省内 31 位医学专家组建科普志愿宣讲团；联合省科技厅首次评选全省优秀科普基地 18 家，省委副书记周波、副省长卢柯出席启动仪式，并分别为首批全省优秀科普基地代表授匾、省科普志愿宣讲团授旗。实地走访 9 家科普基地，召开 5 次座谈会，推动社会化科普资源开发开放。省科技馆全年累计接待观众 130 万余人次，举办各类科教活动 400 余次，科普大篷车和流动科技馆巡展受众 12 万余人次。

推进科普信息化建设。以手机游戏的方式在全省开展为期 3 个月的公民科学素质网络答题活动，近 10 万人次参加。以短信形式推送“遇事问科学”科普信息，向农民推送科普短信 1599.3 万条。全省共建科普 e 站近 2000 个，科普中国 App 注册科普信息员 2.6 万余人，微信分享文章 260 万余篇次。

促进科技后备人才培养。组织第 34 届辽宁省青少年科技创新大赛，吸引来自 14 个市的 12.7 万人参加，其中 14 个项目参加第 34 届全国青少年科技创新大赛，2 个项目获得一等奖，省科技馆获全国基层赛事优秀组织单位奖。举办第十六届辽宁省青少年机器人竞赛，开展全国青少年高校科学营活动，推进“中学生英才计划”，开展全国青少年科学影像节、青少年人工智能普及活动，省科技馆获得第十届全国青少年科学影像节和全国青少年人工智能普及活动优秀组织单位奖。

学术交流 加强与全国学会联系合作。省科协联合全国分析测试协（学）会合作创新战略联盟在丹东市举办首届中国实验室绿色技术国际报告会暨展览会；支持中国航空学会在沈阳市举办第四届中国航空科学技术大会暨 2019 沈阳国际航空产业发展大会；资助中国化工学会工程热化学专业委员会等 3 个全国学会专业委员会和分支机构在辽宁省进行学术交流。

打造学术交流品牌。省科协联合中国机械工程学会、省先进装备制造业基地建设工程中心举办以“装备智造与振兴发展”为主题的辽宁省第十三届学术年会，中国机械工程学会百余位院士专家参加会议。联合省发展改革委、省财政厅、省农业农村厅、省科技厅、省农业科学院、沈阳农业大学举办以“绿色发展与乡村振兴”为主题的第十届辽宁现代农业发展论坛，省农业相关部门的科技专家、科技工作者等近千人参加论坛，论坛期间涉农领域 21 个科技社团联合成立辽宁省科协现代农业学会联合体。联合中国科学院青年创新促进会举办中国科学院青年创新促进会化学与材料论坛暨第三届辽宁青年科学家论坛，来自中国科学院系统以及省内高校、科研院所的 14 位优秀青年专家作主旨报告，省内 50 余名青年科技工作者与中国科学院系统的青年人才进行对接和交流。

鼓励省级学会开展学术交流活动。重点资助 39 个学术交流平台项目，其中国际学术交流活动 5 个。承办国家级学术交流活动 5 个，跨区域学术交流活动 3

个。组织省级学会完成 9 个学科（产业科技）发展报告，包括测绘、林学、营养、通用航空、适老建筑、精细化工、刺身养殖、畜禽种业、水稻 9 个学科和产业领域。

服务科技工作者 推荐 15 人为第十六届中国青年科技奖候选人。推荐 2 人为第十六届中国青年女科学家奖候选人。推荐 1 人为 2019 年度未来女科学家计划候选人。推荐 1 人为第二十二届中国科协求是杰出青年奖成果转化奖候选人。联合省委宣传部评选 10 名 2019 年度“辽宁好人 · 最美科技人”。联合省委组织部评选表彰第十二届辽宁青年科技奖获得者 40 名。评审辽宁省自然科学学术成果奖 799 项，资助出版优秀自然科学学术著作 21 部，资助青年科技工作者国际及港澳台学术交流 51 人。实施辽宁省学术“头雁”计划，首批遴选出 32 名。免费为全省 500 余家科技型中小企业科技人员提供科技文献检索服务。

开展以“礼赞共和国、追梦新时代”为主题的纪念辽宁省科协成立 60 周年暨 2019 年全国科技工作者日系列活动。全省科协系统举办论坛、科普志愿服务等大型活动 150 余场，走访慰问、表彰优秀科技工作者（团队）400 余人，集中宣传优秀科技工作者 153 人次。组建 40 多支科技志愿服务队伍，开展 50 余场科技志愿活动。制作《致敬科技追梦人》宣传短视频，视频浏览总量超过百万人次。举办“创新决胜未来”科技成果展，精选中华人民共和国成立 70 年来具有代表性的科技成果向公众展出，展览接待团体 160 余个，受众人数达 20 万余人次。

开展科技工作者状况调查。17 个调查站点向中国科协上报反映科技工作者状况信息报告 99 篇，省科协被中国科协评为“优秀区域责任部门”。联合省统计局调查队开展全省科技工作者状况调查，形成《辽宁科技人员状况调查研究报告》。组织全省各级科协、科技社团、高等学校和科研院所推进 2018—2019 年度科技创新智库项目，完成 77 个立项项目的中期评估。组织科技工作者参与省人大科技创新体制机制改革工作专题调研，反映科技工作者意见建议。

自身建设 扎实推进科协系统深化改革。召开省科协九届一次常委会议、九届二次全委会议，审议通过《辽宁省科协专门委员会设置方案》等制度文件，组建先进装备制造专门委员会、重大技术装备专门委员会、新型原材料专门委员会、重要技术创新与研发专门委员会、现代农业专门委员会 5 个省科协专门委员会。举办省科协系统深化改革暨基层组织建设工作推进座谈会，先后与沈阳、葫芦岛、鞍山、丹东、铁岭等市委沟通协调，推进市县科协领导机构改革，统筹推进市县地方科协组织建设。

深化科协系统干部教育培训。开展“不忘初心、牢记使命”主题教育，形成长效机制 7 个，出台和修订各类制度规定 26 个，落实重大整改举措 19 项。举办“四服务”能力水平提升专题培训班，各市科协班子成员和中层干部、部分县（市、区）科协负责人 55 人参加。举办辽宁省青年人才国情省情研修班，培训对象以第十二届辽宁青年科技奖获得者为主体共计 40 人参加。举办省级学会党建工作培训班，省级学会的 81 名基层党组织书记和党建工作负责人参加。

地市县及科协基层组织 截至 2019 年年底，辽宁省共有副省级科协 2 个、地级市科协 12 个、县级科协 100 个、乡镇街道科协组织 1023 个、农村社区科协 972 个。沈阳市科协组织 2019 中国沈阳海智创新创业大赛，征集海内外科技项目 300 余项，其中 10 个优质项目被引入沈阳市。大连市科协举办第十五期鸲鹬新财经论坛、第二届热科学与工程中的测量技术国际会议等 20 余场高端系列论坛。阜新市科协以院士专家工作站、学会服务站为依托，开展研发合作 30 多项，柔性引进院士专家及科研团队人才 40 余人次。

建设全省科协基层组织网。开展提升基层科协组织力“3+1”试点工作，推动县乡两级科协吸纳“三长”等科技界关键人物进入科协领导机构。选取葫芦岛市科协和葫芦岛市和营口市部分县区科协作为试点，提高“三长”人员在科协代表大会中的比例，葫芦岛市南票区、龙港区、兴城市、建昌县完成乡镇科协“三长”吸纳工作。编制《科协基层组织建设工作手册》，进一步明确科协基层组织定位，推动企业园区科协、高校院所科协、农技协等基层科协组织整体联动。

省级学会、企业科协、高校科协 加强学会组织建设。截至 2019 年年底，省科协所属省级学会共 125 家，业务主管 79 家省级学会实现党组织全覆盖。全年新批准成立 2 家，3 家学会主办杂志变更省科协为业务主管单位。进行学会规范化建设专项整治，评选出 14 个省科协规范化建设试点示范学会。出台《省级学会党建工作规范》等 9 个制度文件，完善规范建设制度体系。

推进企业科协建设。在全省 241 家企业科协营造科技创新环境，发挥企业科协在促进科技进步、提升科学素质、凝聚科技人才、激发创造活力等方面的作用。大船集团科协举办“庆祝大船集团科协成立60周年”主题活动，围绕TRIZ理论创新方法开展培训，获得第二届中国创新方法企业专项赛辽宁赛区金奖，另有9个项目获得二等奖，5个项目获得三等奖。

加强高等学校科协工作。扩大高校组织覆盖面和服务覆盖面，支持高校科技工作者参加中国科协和省、市科协举办的学术、科普、智库、表彰举荐等活动。依托省内高校组建省级科学道德宣讲教育专家团队，组织全省高校约2万名师生集中收看全国科学道德与学风建设宣讲教育报告会。在东北大学以“弘扬科学家精神，加强学风作风建设”为主题举办集中宣讲活动，邀请中国科学院院士闻邦椿、东北大学教授任鹏作主题报告。据不完全统计，全省举办各级各类宣讲教育活动242场次，受众20万余人次。

【辽宁省第十三届学术年会暨中国机械工程学会走进辽宁高端对话会】 7月14日，由省科协、中国机械工程学会、省先进装备制造业基地建设工程中心共同主办的辽宁省第十三届学术年会暨中国机械工程学会走进辽宁高端对话会在沈阳市举办，主题为“装备智造与振兴发展”。来自中国机械工程学会的百余名院士专家和辽宁省装备制造领域的高校、科研院所和企业的专家、学者共300余人参加会议。

年会开幕式上，中国科协学会服务中心、中国机械工程学会、省科协、省先进装备制造业基地建设工程中心共同签署战略合作协议。报告会后，举办中国机械工程学会走进辽宁高端对话会。中国工程院院士李培根、郭东明等20余位中国机械工程技术领域专家，以及省政府副秘书长王永威参加会议。省先进装备制造业基地建设工程中心主任张震和省工业和信息化厅副厅长冯文胜分别介绍辽宁省装备制造业产业发展和先进装备制造业基地建设情况。院士专家对辽宁省装备制造业发展尤其是如何打造具有国际竞争力的先进装备制造业基地提出意见和建议。

【中国科协助力东北三省全面振兴调研服务辽宁行座谈会】 5月21日，中国科协助力东北三省全面振兴调研服务辽宁行座谈会在沈阳市召开。省委书记陈求发，中国科协党组书记、常务副主席、书记处第一书记怀进鹏出席座谈会并讲话。省委副书记周波主持大会。

会上，省委常委、副省长陈向群介绍辽宁省情，中国科协副主席郑晓静代表中国科协助力东北三省全面振兴调研组作交流发言，中国科协副主席、书记处书记孟庆海通报中国科协助力东北三省全面振兴调研服务工作相关情况。

【辽宁省科协九届二次全委会议】 3月29日，辽宁省科协九届二次全委会议在沈阳市召开。会议总结全省科协2018年工作，研究部署2019年任务。省委副书记周波出席会议并讲话，对省科协组织提出3个方面要求。大会审议通过《辽宁省科协落实省委“1+8”系列文件精神实施方案》和《辽宁省科协省级学会组织通则》。省科协九届委员会委员出席会议，各省级学会、市科协有关人员列席会议。

【全国科普日暨辽宁省第八届科普日】 9月17日，2019年全国科普日暨辽宁省第八届科普日在沈阳市启动。省委副书记周波、省政府副省长卢柯出席。

本届科普日活动主题为“礼赞共和国、智慧新生活”，由省全民科学素质工作领导小组主办、省全民科学素质纲要实施工作办公室（省科协）承办。全省着重开展科技馆联合行动、乡村振兴农村科普联合行动、社区科普联合行动、校园科普联合行动、企业科普联合行动、科普教育基地联合行动、学术资源科普化联合行动等系列科普活动，形成全省“上下联动、纵横融合、网络活跃”的社会化科普新局面。启动仪式现场，周波、卢柯分别为首批全省优秀科普基地代表授匾，为省科普志愿宣讲团授旗。活动期间，举办庆祝中华人民共和国成立70周年的“创新决胜未来”科技成果展和辽宁省国际环境与能源优秀技术成果推介转化系列活动。

省全民科学素质纲要实施工作办公室各成员单位领导、省级优秀科普基地代表、省科普宣讲团代表等400余人参加活动。

（撰稿人：郑福宝）

吉林省科学技术协会

服务经济社会发展 开展重大决策咨询研究。邀请中国工程院院士夏咸柱起草《关于扑灭非洲猪瘟的建议》，多位省领导圈阅。

建设高层次人才专家库，入库专家800多位。新建吉林省科协科技创新智库基地8家，基地总数达到20家，委托智库基地开展决策咨询课题研究8项，其中委托省社会科学院经济研究所做的课题研究《吉林省经济高质量发展评价及其战略选择研究——以长春新区为例》，得到省委副书记、省长景俊海批示，并入选中国科协“2019年十佳调研报告”。

对接落实中国科协助力东北三省全面振兴调研服务。5—12月，围绕发挥人才支撑作用助力东北全面振兴、科技志愿服务助力新时代文明实践中心建设、强化科技在乡村振兴战略中支撑作用主题，共有中国科协党组书记处领导3人次、兼职副主席4人次、院士17人次，中国科协8个机关部门和事业单位、16个全国学会、1个中国科协学会联合体，先后分29批、118人次来到吉林省，深入9个市（州）开展调研服务活动，探索建立助力吉林振兴的长效机制，调研形成《吉林省科技人才调研报告》《吉林新时代文明实践中心建设及科技助力乡村振兴情况分报告》。

完成省人力资源社会保障厅授权的2018年度省科协工程系列专业技术资格评审工作，340人通过科协渠道取得相应资格。

实施创新驱动助力工程。承接中国科协创新驱动助力工程示范项目“协同创新促进东北老工业基地振兴”，邀请中国工程院院士姜会林、中国科学院院士张洪杰担任顾问，组织省内外10余家单位组成项目组进行调研，举办协同创新发展论坛、航天育种技术及其产业链座谈交流会。承接中国科协《大数据导论》系列教学研讨活动，培训高校教师和企业科研人员270余人。与中国仪器仪表学会，珲春市委、市政府联合主办科技助力吉林省珲春市图们江“一带一路”发展论坛，围绕东北亚“一带一路”倡议发展方向、全球视野下的珲春跨境贸易、海洋经济发展等进行交流，提供对接服务，参加论坛的专家、学者共300余人。

开展双创服务工作。推动新建院士专家工作站10家，全省院士专家工作站达到60家。持续面向企业开展创新方法培训，指导省内企业在2019年中国创新方法大赛中获得3个一等奖。承办2019年企业自主创新研讨系列活动吉林站，开展创新创业论坛暨交流培训活动、高校科技工作者创新创业创造助力系列活动等。

服务乡村振兴和脱贫攻坚。3月，与省农业农村厅共同印发《吉林省乡村振兴提升农民科学素质行动实施方案（2019—2022年）》，提出15项重点工作任务，开展系列工作。与省委组织部联合开展院士专家基层行活动，组织院士专家82人次深入全省8个贫困县，帮助解决需求问题178个。通过“科技之冬”集中示范活动、长春农博会科普大集、学会专家行等基层科普活动，引导科技人才深入基层与农民对接，帮助农民解决生产生活实际问题。

《科学素质纲要》实施及科普信息化建设工作 联合省委宣传部、省教育厅、省科技厅、省农业农村厅、省卫生健康委、省文学艺术界联合会主办2019年全国科普日暨吉林省第十七届科普周活动。主场活动展出航天科技、人工智能、5G技术、智慧医疗等科技展品62件，举办科普报告会、首届科普摄影大赛作品展览，面向公众上映省科技馆自主创作拍摄的科普全息影片《科科带你漫游太阳系》，向省直机关单位发放省科协编印的《数字信息科学技术知识干部读本》，1.2万人次现场参与，106.5万人次在线观看。全国科普日期间，全省各级科协组织开展200余项相关活动。

举办吉林省科协大讲堂，围绕“科技创新与人才培养”“健康吉林建设”“信用强国建设”“区块链技术”“人工智能”“心理健康”主题举办6期，邀请中国科学院院士、中国科协副主席沈岩，心血管病专家、医学教育家胡大一等专家分别作报告，通过腾讯新闻在线直播、吉视传媒“科普中国”频道录播方式宣传，总受众超200万人次。

实施“吉林省基层科普行动计划”，建设农技协、科普示范基地62个，科普中国e站88个，“科普中国”互动点播频道站点21个。制定《吉林省科普工作示范基地认定管理办法》，认定省科普工作示范基地82个，其中支持辽源市南仁东小学科普工作示范基地建设校园科技馆1个。省科技馆全年接待观众62万人次，同比增长29.2%，邀请韩国国立大邱科学馆、日本科学未来馆专家、学者到吉林省交流访问，组织青少年赴韩国参加竞赛活动。流动科技馆走进13个县（市、区），受众62万人次。科普大篷车巡展14个县（市、区）43个基层单位，行驶1.6万千米，受众4万人次。推动通化市梅河口市科技馆、白山市抚松县科技馆加入全国免费开放科技馆行列。

组织编写《数字信息科学技术知识干部读本》《科技助力乡村振兴农民科学读本》《科普中国吉林行》。设计制作1150个移动科普画廊，制作H5科普资源30个、动画科普短片20部、漫画10部。

发挥吉视传媒科普中国融媒体传播示范基地作用，全省283万户双向数字电视家庭中，“科普中国”点播专区实际点播用户超89万户，全年播出2000小时以上。与《吉林日报》、《城市晚报》、吉林人民广播电台、吉林电视台乡村频道合办“科普宣传”专栏共376期，通过《吉林日报》彩练新闻、新时代e支部等新媒体平台推送科普信息。自办的“吉林科普微窗”微信公众号全年推送科普图文201篇，其中省内科技工作者原创作品占1/3。

学术交流 省科协主办第六届吉林省科技论坛15项，支持举办国际学术交流活动6项。其中，由国际仿生工程学会主办、吉林大学承办的第六届国际仿生工程学术会议，以“仿生创新促进健康发展”为主题开展学术交流、科技成果展览展示等，来自20多个国家和地区的500余位专家、学者及企业界代表参加会议，其中外国专家、学者100余人。

支持省级学会围绕创新驱动发展战略、健康中国战略、数字吉林建设等举办第二届中国汽车工业照明高峰论坛、吉林省第二届现代医院管理与健康中国行动高峰论坛、2019吉林省区块链技术应用高峰论坛等学术活动。

服务科技工作者 实施“吉林省青年科技领英计划”，包括青年科学家年会、“青年人才托举工程”项目、优秀科技专著出版资助、青年人才举荐等。

省科协举办第二届吉林省青年科学家年会，主会场报告会邀请中国科学院院士、吉林大学校长张希等3位专家、学者作报告，870余人参加；分会场设置青年科学家论坛、研究生论坛、研究生科技论文演讲比赛等40余项活动。承办第378次中国科协青年科学家论坛，省科协是20家承办单位中唯一的地方科协。

开展2019—2020年度吉林省“青年人才托举工程”项目评选，给予12名32岁以下青年科技工作者为期2年的专项资金支持。推荐5名青年科技工作者入选2019年中国科协优秀中外青年交流计划。

承办中国科协党校2019年第二期院士专家暑期考察休假活动，11位院士、8位高层次专家参加，省政府副省长安立佳、省政府副秘书长高材林与院士专家进行交流。组织开展3批吉林省院士专家学术休假活动，共有8位院士、62位高层次专家参加。

开展吉林省科技志愿服务行动，组建吉林省科技志愿者总队，由中国工程院院士李玉担任总队长，下设科技传播服务、农业农村服务、医药卫生服务、工程技术服务4个支队；指导组建全省各级科技志愿者队伍近百支。

组织推荐的吉林农业大学王春凤、吉林油田公司油气工程研究院许建国获得第十五届中国青年科技奖。推选中国工程院院士候选人1人并成为有效候选人。依规轮换国家级科技工作者状况调查站点4家。完成科技工作者状况专项调查2项，发放调查问卷6000余份，征集科技工作者意见建议103件，其中向中国科协报送有效信息69件，《部分科技工作者扶贫遇问题》在中国科协内部刊物上刊发。

与省委宣传部等单位联合开展吉林省最美科技工作者评选。全国科技工作者日期间集中在省级主流媒体宣传报道20位基层优秀科技工作者的典型事迹。

自身建设 出台《吉林省科协事业发展三年行动计划（2019—2021年）》，明确省科协第九届委员会任期内的工作目标任务和保障措施，统筹实施六大重点工程、25项具体任务。

集中开展“不忘初心、牢记使命”主题教育，完成各项工作目标任务。以主题教育促进科协系统改革取得进展，全省科协系统深化改革目标任务基本完成。全省60个县（市、区）科协已有46个召开代表大会，“三长”人数占领导机构总人数的14.97%。由党委副书记分管的市级科协达到8个、县级科协达到49个。已有18个县（市、区）明确将按照法定要求和程序补选科协负责人为同级人大或政协常委。

开展“年轻干部上讲台”活动，来自省科协机关及直属单位29名年轻干部参加。

地市县及科协基层组织 截至2019年年底，全省共有市（州）科协9个、长白山保护开发区管理委员会科协1个、县（市、区）科协60个。

长春市科协主办首届“安华杯”长春青年移动应用创新创业大赛，为获奖项目提供配套支持和孵化服务。吉林市科协助力浙江吉林对口合作，与浙江省科协就共建院士之家事宜达成合作意向，举办吉林-永嘉人才交流推介会。四平市科协印发《四平市乡村振兴提升农民科学素质行动实施方案（2019—2022年）》。辽源市科协、通化市科协在全国科技工作者日期间，集中在当地主流媒体宣传报道基层优秀科技工作者典型事迹。白山市科协开展科普知识进老年大学、进社区、进军营、进学校、进机关活动30余场。松原市科协组织农业专家开展科普进田间活动。白城市科协建设扶贫科技小院，带动农民依靠科技共同致富。延边朝鲜族自治州科协承办长白山药用植物保护与开发利用国际学术论坛，邀请来自韩国、俄罗斯的专家作报告，是全省唯一由市级科协承办的国际学术会议。

省级学会、企业科协、高校科协 截至2019年年底，全省共有省级学会、协会、研究会141个，其中新成立2个、脱钩1个。共有企业科协306个，其中新成立44个。共有高校科协28个，占全省高校总数的45%，其中新成立3个，经过调研排查取消组织不健全的4个。

省中医药学会承办第十二届中国东北亚博览会2019中国长白山健康论坛，来自全国17个省和直辖市的900余名专家、学者参加论坛。省信息技术应用协会承办2019吉林省自主可控数字化建设推进大会，邀请国内相关领域专家围绕自主可控数字化战略、自主创新安全办公平台、信息技术创新产品及能力等焦点问题作报告。省机器人学会举办“海信杯”首届吉林省大学生人工智能创新大赛，全省24所高校1500余人参加比赛。

省康复医学会承办首届中国（长春）国际医养结合高峰论坛——医学与健康海智分论坛，邀请6位华人专家作报告，分享交流医养产业结构发展和迭代创新经验，探讨国内老龄化健康问题的解决方案，100余位专家、学者参加会议。

推动四平红嘴国家级经济技术开发区、4家省级园区成立科协组织，推动长光卫星技术有限公司成立科协组织。吉林大学科协举办9期鼎新大讲堂，邀请诺贝尔奖得主、国际国内院士专家作报告。吉林大学科协、吉林农业大学科协、吉林铁道职业技术学院科协等参与全国科普日、全国科技活动周等活动，利用校内科技教育资源面向公众特别是青少年普及科学知识。长春师范大学科协、长春工程学院科协、吉林化工学院科协等为企业搭建服务平台，促进科技成果转化。

【景俊海对省科协科技建议作出批示】 省科协委托科技创新智库基地省社会科学院经济研究所开展课题研究，形成《吉林省经济高质量发展评价及其战略选择研究——以长春新区为例》报告，提出五个方面的发展建议。7月30日，景俊海对建议报告作出批示，要求省商务厅系统研究，对下一步开发区发展提出可行的办法举措。该研究成果同时入选中国科协“2019年十佳调研报告”。

【吉林省科协会史展】 9月29日，吉林省科协会史展在长春市召开。会史展占地500余平方米，以省科协发展历史和事业发展成就为主线，设置序厅、党的关怀、传承发展、历史回眸、改革发展和科学家精神六大板块，采用文字、图片、声像等表现形式，展示省科协发展历程，对历史的传承发展具有积极意义。

【第一届吉林省青少年科技节暨第34届吉林省青少年科技创新大赛】 4月13日，第一届吉林省青少年科技节暨第34届吉林省青少年科技创新大赛在长春市开幕。省委副书记高广滨、省人大常委会副主任车秀兰、省政府副省长安立佳、省政协副主席支建华、中国科学院院士王家骐出席开幕式。来自全省各市、州的参赛选手千余人参加开幕式。此届科技节由省科协与有关部门主办，以“体验·创新·成长”为主题，贯穿全年，内容包含第34届吉林省青少年科技创新大赛等4类17项青少年科技活动。

第34届吉林省青少年科技创新大赛共收到作品2712项，共评选出学生竞赛类作品400项参加终评。

（撰稿人：任　远）

黑龙江省科学技术协会

服务经济社会发展 承办第21届中国科协年会，配合中国科协组织120余位院士，近30个国家的130余位科学家和领军人物，80余位全国学会主要负责人，260余家企业代表等共计6000余名国内外专家、学者参加会议，围绕东北全面振兴开展学术交流服务。年会期间举办“海智大赛”及“四煤城（七台河、双鸭山、鸡西、鹤岗）”专场路演活动，意向落地签约项目36个，已正式注册13个，经批准，在黑龙江省工业技术研究院设立中国科协“海智计划”工作基地，这是在黑龙江省设立的第一个工作基地，为助力哈尔滨新区招才引智搭建新平台。年会期间举办技术经济深度融合高峰论坛，促成全国学会与“四煤城”签约项目5个，龙煤集团与中国煤炭学会签约，加入煤炭清洁利用产业协同创新共同体。

配合中国科协开展高端智库服务龙江专题调研，由中国科学院院士秦大河等15位院士领衔、100余位专家参与，开展10大课题调研，通过第21届中国科协年会，省党政领导与院士专家座谈会集中向省委、省政府建言献策。

规范科技创新智库成果报送载体，形成《关于黑龙江林业产业发展的建议》《关于东北地区开发俄罗斯远东地区矿产资源的建议》等6篇科技创新智库专报。发挥老科技工作者建言献策作用，编发的《关于推进黑龙江省农村改厕工作的几点建议》得到省长王文涛和副省长李海涛、王永康的批示。

组织创新创业系列活动，面向企业（园区）、科研院所、高等学校，在“双创”活动周期间组织1个专题论坛、1个大型报告会、1个成果转化对接会、6场专题培训。

开展科技助力脱贫攻坚工作。投入近200万元，为贫困县建设社区科普体验馆、科普特色学校机器人体验室；投入20万元为20个贫困县建设科普网络书屋；投入24万元在12个贫困县举办马铃薯、玉米、水稻等种养实用技术培训班。全国科普日期间，投入15万元在贫困县开展科普进乡村、中俄青少年科技交流、科技志愿等系列活动；为部分贫困县配发《农民备春耕知识》《食品安全常识》等科普图书1万余册。

《科学素质纲要》实施及科普信息化建设工作 将省工业和信息化厅、省自然资源厅、省体育局3家单位增补为省科学素质纲要实施工作联席会议办公室成员单位。截至2019年年底，省科学素质纲要实施工作联席会议成员单位共36家。

开展“科普之冬”、全国科普日暨龙江金秋科普月、青少年科技创新大赛、科技展览有奖征文暨科技夏令营等科普品牌活动。开展科普富民兴边行动，在18个边境县建设社区科普体验馆。建设24个科普特色学校体验室和35个县级科普网络书屋。制作科学辟谣微视频、农村技术类短视频等，开发48类、印制40万张科普挂图，编印25万册科普读物。举办中国农技协（黑龙江）合作交流峰会，评选出省优秀农技协带头人、十佳农技协带头人、十项现代农业新技术新成果。开展新时代文明实践中心建设，建立10个农村科普示范基地。组织全省部分农民参加全国农民科学素质网络知识竞赛，参赛人数位列全国第三。截至2019年年底，全省共有国家级科普教育基地28个，与2018年持平；省级科普教育基地316个，比2018年增加40个。国家级科普示范县（市、区）14个，省级科普示范县（市、区）32个，与2018年持平。

省科协科普大篷车总计行程1.144万千米，共开展科普宣传活动68次，受教育人数近13万人次。组织科技专家服务团开展农技培训7次，现场技术指导7次，发放各类农技教材1万套，受益农民达4000人次。截至2019年年底，全省共有科普大篷车42辆，共设立科普大篷车科普活动站26所。

省科技馆全年累计免费开放294天，共接待公众235万人次。球幕影院共放映700场次，4D影院共放映1116场次，官方网站和数字科技馆点击量达22.342万次。开展科普活动500余次，科普剧表演260场次，参与公众近10万人次。开展4次主题科普展览，展览时间200余天，公众参观量达80万人次。完成24个市县的中国流动科技馆巡展任务。

联合人民网黑龙江频道、新华网黑龙江频道、凤凰网黑龙江频道、东北网、黑龙江广播电视台、《黑龙江日报》等12家媒体建立科学传播融媒体联盟。与黑龙江广播电视网络股份有限公司联合打造科普中国全媒体传播云平台，累计播放科普视频1000多小时，点击量达800万次。与人民网黑龙江频道联合建设掌云乡村App平台，设置“龙江头条”“科普社区”“图解知天下”“农业百科”“健康养生”5个栏目，招募2000余名科普志愿者。与黑龙江广播电视台龙广乡村台联合改造升级“龙江科普惠农云服务”平台，近10万用户关注。黑龙江新闻广播在早间版《行风热线》节目中开设“科普进行时”专栏,《黑龙江日报》客户端开设“科普龙江”专栏，推送科普文章360篇。

学术交流 12月5—6日，第二届韧性城乡与防灾减灾论坛在哈尔滨市举办。省科协党组成员、副主席刘福出席开幕式并致辞。中国工程院院士吕西林，省政协原副主席陶夏新，中国灾害防御协会秘书长唐豹，中国地震学会秘书长李小军，日本隔震协会会长、日本建筑学会前会长、日本工程院院士Akira Wada等出席开幕式。论坛共设7个主题、11个分会场、1个国际专场，共有12个大会报告和16个特邀报告。与会专家、学者围绕自然灾害防治和城乡抗震韧性关键科学问题进行交流和研讨。

9月25日，由省科协、哈尔滨工业大学、哈尔滨医科大学主办的2019哈尔滨国际医工交叉高峰论坛在哈尔滨市举办。

服务科技工作者 联合省委宣传部、省科技厅等单位开展龙江最美科技工作者评选活动，杨士莪等10位科技工作者获龙江最美科技工作者荣誉称号。

组织开展科普大师课系列活动，举办26场巡回科普讲座，覆盖1.5万人次。邀请中国科协科学家精神报告团宣讲李四光等老科学家的先进事迹。

开展老科学家学术成长资料采集工作，完成中国工程院院士马建章采集项目立项和中国工程院院士蔡鹤皋、沈世钊采集项目结题工作。

完成科技工作者健康状况、人才计划和《国家中长期科学和技术发展规划纲要（2006—2020年）》实施情况问卷调查。

成立院士推选工作小组，由11名中国工程院院士组成推选工作专家委员会，规范院士推选流程。

组织开展科技志愿者队伍和科技志愿者注册工作，已有335支科技志愿者队伍和1.2万名科技志愿者完成网上注册。

自身建设 推动学会治理改革，制定实施《黑龙江省科学技术协会省级学会通则（试行）》，提高专业化规范化服务能力。加强科协基层组织建设，开展改革督察及改革督导调研，分别到哈尔滨市五常市、绥化市安达市、佳木斯市抚远市等6个市和省人工智能学会等5个学会开展学会和基层科协组织建设及科协系统深化改革调研。全省13个市（地）和42个县（市、区）出台科协改革方案，指导市、县科协开展换届工作，2019年，牡丹江、绥化、伊春和大庆4个市科协召开换届大会。推动独立建制的科协设党组和兼职副主席，截至2019年年底，独立建制设党组的县（市）科协达到21个、市辖区科协达到7个，分别比改革前增加15个和4个；有25个县（市）科协、11个市辖区科协增设兼职副主席，分别比改革前增加19个和9个。启动《黑龙江省科学技术协会条例》修订立法调研。

开展理想信念教育，举办主题教育读书班，参加全省合唱汇演。推进主题教育整改落实“回头看”，细化整改工作台账，梳理15项整改任务113项整改措施。开展“转作风、促整改、抓落实”调研活动，深入13个市（地）和20余个县（市、区）进行调研。组织全省93个学会党组织、1842名党员开展业务主管学会“不忘初心、牢记使命”主题教育，召开专题培训会议，各学会集中学习研讨达116次。

地市县及科协基层组织 截至2019年年底，黑龙江省共有市（地）科协13个，县级科协127个。

哈尔滨市科协开展首届创新争先奖评审工作，哈尔滨工业大学超精密仪器技术创新团队等10个科技创新团队，哈尔滨工程大学材料科学与化学工程学院教授杨飘萍等10位科技创新带头人分别获首届哈尔滨市创新争先奖集体奖和个人奖。

3月12日，佳木斯市科协召开秸秆无害化处理新技术交流座谈会，佳木斯市委副书记、政法委书记张晓燕出席会议并讲话。英国牛津大学植物学博士、土壤环境科学系主任、土壤调查试验中心主任黄裕铭，以及来自佳木斯大学、黑龙江省农业科学院佳木斯分院、黑龙江省农业科学院水稻所等单位的共40余名专家就秸秆无害化处理新技术从土壤、整地、抛洒、腐解、施肥、低温、病虫害等方面进行探讨。

12月9日，黑河市孙吴县科技馆举办开馆仪式，省科协党组成员、副主席臧晓敏，黑河市委常委、副市长庞晓东出席仪式，孙吴县委副书记王洪庆主持仪式。中小学校长、教师、学生，社区主任及居民代表等200余人参加活动。省科协向孙吴县科技馆资助科普展品资金65万元。

省级学会、企业科协、高校科协 截至2019年年底，黑龙江省共有省级学会213个，比2018年增加1个，其中业务指导省级学会117个，业务主管省级学会96个。企业科协79个，比2018年减少128个。高校科协21个。

省地震工程学会等6个学会和八一农垦大学科协分别承办太阳岛科技论坛系列活动，省核学会等3个学会分别举办新发展新理念学术沙龙，省食品科学技术学会等6个学会分别举办小型高端学术研讨活动。

省绿色食品与健康学会联合体、省卒中学会等承担学术资源科普化项目、科技奖励品牌化项目、承接政府转移职能常态化项目和创新驱动助力工程示范项目，建立2个学会服务工作站。

省光学学会、力学学会、人工智能学会分别举办省第四届大学生光电设计竞赛、第十三届全国大学生结构设计竞赛黑龙江省分区赛、首届省人工智能大赛。

省糖尿病教育学会常年深入社区开展科普教育；省实验动物学会承接黑龙江省实验动物地方标准的研究和制定；省植物保护学会设立“稼卫”奖学金。

12月12日，省植物保护学会举办2019年年会暨第三十四届黑龙江植保“双交会”。省科协党组书记、副主席陶福胜出席开幕式。年会以“减量增效、绿色发展”为主题，开展专家论坛和信息、技术交流活动，评估2019年生物灾害及农药使用实况，分析2020年生物灾害发生趋势及农药发展使用趋势，并就新登记农药、减量施药、安全用药、农田化学除草、生物农药及绿色防控前沿技术等进行研讨。

1月26日，省心脏医学学会成立大会暨“心健康”公益行动计划黑龙江启动会在哈尔滨市召开，省科协党组成员、副主席刘福，省民政厅副巡视员、省社会组织管理局局长杨晓光出席会议并致辞。会议选举产生省心脏医学学会第一届理事会和监事会。启动会上，河北省医学会心血管病学会主任委员傅向华、中华医学会心血管分会委员刘斌作专题学术报告。来自全省心脏科学领域的200余位专家、学者参加会议。

6月5日，省科技创新协会举办2019创新驱动发展战略与创新创业发展论坛。此次论坛是2019年黑龙江省大众创业万众创新活动周的系列活动之一，邀请中国科学院院士、哈尔滨工业大学副校长韩杰才，清华大学科技园创始人梅萌分别作题为《龙江第一创新源泉　哈工大的担当与作为》和《智慧创业　快乐创新》的报告。

【中国科协助力东北三省全面振兴调研服务龙江行启动会】 5月24日，中国科协助力东北三省全面振兴调研服务龙江行启动会在哈尔滨市举办。中国科协党组书记、常务副主席、书记处第一书记怀进鹏，省委书记张庆伟出席会议并讲话。中国科协党组成员、书记处书记宋军介绍中国科协助力东北三省全面振兴调研服务工作相关情况，中国航天科技集团第五研究院党委书记、副院长赵小津和中泽嘉盟投资有限公司董事长、数字中国联合会主席吴鹰发言。中国科协副主席袁亚湘，中国科协党组成员、书记处书记束为，黑龙江省及哈尔滨市相关领导参加启动仪式。

【黑龙江省党政领导与院士专家座谈会】 6月30日，黑龙江省党政领导与科技领域的院士专家进行座谈交流。全国政协副主席、中国科协主席万钢，省委书记张庆伟出席并讲话。中国科协党组书记、常务副主席、书记处第一书记怀进鹏出席，省长王文涛主持。中国工程院院士赵春江、朱蓓薇、任南琪、薛群基、胡永康、向巧，中国科学院院士姚建铨、秦大河，以及刘迎秋、薛澜等专家围绕发展现代农业、资源高效利用和新动能发展等主题，介绍各自主持的服务黑龙江课题调研成果。

【黑龙江省科协第八届委员会第三次会议】 1月22日，黑龙江省科协第八届委员会第三次会议在哈尔滨市召开。省委副书记陈海波出席会议并讲话。省科协党组书记、副主席陶福胜主持会议并作常委会工作报告。会议传达中国科协九届六次全委会会议精神，审议通过《关于黑龙江省科协常委会工作报告的决议》《黑龙江省科协省级学会通则（试行）》《关于个别调整省科协八届常委会委员的决定》。

【2019年黑龙江全国科普日暨龙江金秋科普月主场活动】 9月21日，以“礼赞共和国、智慧新生活”为主题的2019年黑龙江全国科普日暨金秋科普月主场活动在哈尔滨市开幕。副省长程志明出席活动并宣布活动启动，省科协主席赵敏出席活动并为黑龙江省科技志愿者总队代表授旗。主场设置科技创新成果展示、智慧生活体验、绿色发展宣传、科技志愿服务、垃圾分类普及、科学辟谣宣传等系列活动。通过主题展览、新媒体互动等形式，展示科技最新成果，利用信息化手段拓展活动的覆盖面。

【2019哈尔滨国际医工交叉高峰论坛】 9月25日，由省科协、哈尔滨工业大学、哈尔滨医科大学主办的2019哈尔滨国际医工交叉高峰论坛在哈尔滨市举办。省科协主席赵敏出席开幕式。省科协党组成员、副主席刘福，哈尔滨工业大学副校长刘宏，哈尔滨医科大学副校长孙长灏，哈尔滨新区松北区委常委甄长瑜出席论坛并致辞。论坛邀请2013年诺贝尔生理学或医学奖得主 Thomas C. Sudhof，美国放射肿瘤学会院士 Joe Y. Chang，美国 MD 安德森癌症中心转化分子病理学终身教授 Sendurai Mani，哈尔滨工业大学交叉科学研究中心主任高会军，中国医学科学院肿瘤医院泌尿外科主任邢念增等国内外专家、学者作专题报告。哈尔滨工大国际干细胞工程研究院有限公司与哈尔滨新区商谈项目建设内容和投资规模，同时与国家癌症中心泌尿外科签订战略合作协议。

（撰稿人：谢　婷）

上海市科学技术协会

服务经济社会发展　市科协围绕上海战略性新兴产业发展，建立集成电路、人工智能、生物医药三大重点产业专业委员会。召开2019中国（上海）集成电路创新峰会，首发《中国集成电路技术路线图（2019版）》。与奉贤区政府联合举办东方美谷院士专家战略咨询会议，为奉贤生物医药美丽健康产业发展提供指导。

组织科技工作者建言献策，人工智能高地、光子大科学装置、上海“硅滩”建设等建言专报，获市领导批示。市政协十三届二次全会期间，科协界别提交《关于提升科技金融服务助推上海科创中心建设的建议》等6篇团体提案，并作题为《关于共建共用大科学装置，服务长三角科技创新一体化发展的建议》的大会发言。

市科协与江苏省、浙江省、安徽省科协签订《关于服务长三角一体化发展战略合作框架协议》，举办长三角绿色生态一体化科技服务日等活动。与上海市科学技术委员会、杨浦区人民政府联合举办首届长三角区块链应用创新大赛。举办“助力科创”创新服务系列活动，开展科技产业论坛、科技政策宣讲、创新创业项目路演、创新成果展示、产学研用合作对接等活动50余场。与市推进科技创新中心建设办公室等联合举办上海科创中心建设五周年成果展，展示蛟龙号载人潜水器、克隆猴等73个重大科创成果，在2019年全国双创周上海分会场及全市各区巡展。配合市发展改革委举办全国双创周上海分会场活动，做好双创人物、展品的遴选及宣传报道等工作。

推进上海自贸试验区海外人才离岸创新创业基地建设，形成由总部空间和12个合作空间构成的主体孵化网络，发展境内外合作伙伴32个。举办2019年海外人才上海自贸区创业汇对接交流活动，申报17个国家和地区的700余个创业项目，遴选60个优质项目实施对接。

新建院士专家工作站（含服务中心）72家，其中民营企业61家；新增进站院士专家374名，其中院士18名（中国科学院院士7名、中国工程院院士5名、海外院士6名）。联合新疆维吾尔自治区科协，在喀什地区莎车县建立新沙漠绿洲农业科技有限公司院士专家工作站，帮助当地引入美国国家科学院院士、植物逆境生物学专家朱健康团队。联合上海市科学技术委员会，在建站企业推广使用科技创新券，帮助中小企业降低创新创业成本。

举办临港院士专家工作站学会服务日活动，促成相关学会与12家科技企业达成合作意向。推动建设生命科学、城市与交通科学、养老科技等学会联盟，新建立三角能源科学研究院等一批新型研发机构。49家学会承接政府转移职能90项，58家学会完成第三方科技评价628项。

做好对新疆维吾尔自治区喀什地区、西藏自治区日喀则市、云南省普洱市等地的对口支援和科技扶贫工作。为喀什地区创新创业服务中心提供人才、资金等支持，引导创新创业要素向喀什地区集聚。发挥市公路、建筑、环境等学会作用，在环境保护、清洁能源、环保建材、道路建设等领域对日喀则市开展系列援助。在普洱市科技馆启动“推行垃圾分类，践行绿色发展”——东西部协作扶贫上海普洱科普行活动。

《科学素质纲要》实施及科普信息化建设工作 市科协与市委组织部联合印发《关于加强党建引领基层科协建设的意见》，引导优质科普资源向基层下沉，打造社区书院等群众家门口的精神家园。组织举办科普日、科技节、科技电影周等活动。全国科普日上海市区活动总数达3700余项，数量位列全国第二。举办第六届上海国际科普产品博览会，4天吸引近11万人次参观。围绕“生态环境保护”“生活垃圾分类”等主题，深入基层开展体验式科普活动。“科普进地铁”覆盖主要线路，地铁日均科普受众达800万人次。

举办第34届上海市青少年科技创新大赛、2019上海市青少年机器人竞赛、2019年上海市青少年创意编程与智能设计大赛、第六届“谁是王牌诠释者”大赛等科技赛事和2019年青少年高校科学营上海科学营、2019沪台青少年科技夏令营、上海市未成年人科学教育发展论坛、2019科学诠释者核心课程培训等活动，助力培育科技创新生力军。选派学生参加英特尔国际科学与工程大奖赛、第34届全国青少年创新大赛和第19届“明天小小科学家”奖励活动等比赛。

动员科技工作者、科学爱好者注册成为科技志愿者，号召所属学会、各级科协组织和高校、媒体、市科普志愿者总队等参与科技志愿服务。截至2019年年底，上海市在科技志愿服务信息平台发布的科技志愿服务活动数量位列全国第三。

整合聚集优质科普资源，打造科普项目库、专家库两库合一的“科普中央厨房”。以家门口科学社、社区书院、科学咖啡馆等多种模式，深入党建中心、市民驿站、文化中心等基层综合服务场所，接入“智慧党建”“市民云”“社区云”等平台，通过项目输送、组织共建植入科普元素和内容，以点带面推进科普信息化建设。根据老年人、青少年、白领、农民等群体特点，分级分类开发服务项目，在社区推广“智慧科普”盒子，形成“科普中国＋上海本地化”的科普资源库，构建全域科普网络，提升资源精准投送能力和服务实效。

2019年，市科协系统举办科普宣讲活动4520次，受众436.38万人次；举办青少年科技竞赛144项，参与人数148万人次；科普志愿者共有4.18万人。

学术交流 市科协与临港地区开发建设管理委员会等联合举办第二届世界顶尖科学家论坛，组织科学家参与系列论坛，选拔优秀青少年与科学家对话。推动世界顶尖科学家协会上海中心在上海科学会堂启用。承办2019世界人工智能大会，助力打造人工智能“创新高地”。举办学术年会、院士圆桌会议、长三角科技论坛、上海科协大讲坛等品牌活动，邀请诺贝尔奖获得者、海内外科学家交流研讨。

与中国工程院土木、水利与建筑工程学部，市土木工程学会共同举办2019IBTC（第八届）国际桥梁与隧道技术大会；联合市住房城乡建设管理委员会、建筑学会举办第二届“上海历史建筑文化与科技国际周”主题论坛和红色建筑图文展；会同虹口区、黄浦区、杨浦区、徐汇区科协举办第十四届“蓝色浦江”学术年会等。

加强与国际及港澳台科技组织的学术交流，举办中丹技术交流会、中荷光子技术创新及应用研讨会、第27届海峡两岸都市交通学术研讨会、海峡两岸科普论坛、港沪科技合作与发展研讨会等。

推进科研诚信建设，举办科学道德和学风建设宣讲教育报告会，制作《十院士谈学风》专题片。

2019年，市科协系统举办各类学术会议1456场（其中境内国际学术会议104场），参与人数33.79万人次，交流论文、报告3.68万篇；主办科技期刊65种，发表文章1.4万篇。

服务科技工作者 市科协发挥推荐渠道作用，向中国科协推荐中国工程院院士候选人，做好组织动员和申报辅导。组织开展上海市科技精英、青年科技英才、大众科学奖等高层次科技人才评选表彰，其中已有77人当选为中国科学院院士、中国工程院院士。与第一财经广播联手打造《科技精英微评书》，将科学家的事迹用评书的方式进行演绎，通过广播宣传。完成最美科技工作者、中国科协求是杰出青年成果转化奖、优秀中外青年交流计划、未来女科学家计划、中国青年女科学家奖、中国青年科技奖等推荐工作。

在5·30全国科技工作者日和国庆前夕分别举办以“科技精英评选30周年”和“新中国成立70周年”为主题的2019春季上海科学会堂草坪音乐会，科学家与音乐家同台演出。联合上海知识产权法院举办知识产权保护座谈会，为科创企业和科技工作者提供法律服务。开展科技工作者职称申报受理服务，做好政策更新解读。

以上海科学会堂为载体，建好科技工作者之家，打造国际科技会客厅。上海科学会堂获评第八批全国重点文物保护单位。“上海科协·网上家园”上线运行，为科技工作者和科技社团提供一站式网上咨询服务。建设上海科协网上会史馆，做好科技工作者状况调查、老科学家学术成长史料采集等工作。

2019年，市科协系统表彰奖励科技工作者2298人次；开展科技工作者专项调查45次；举办干部教育和继续教育培训班821场次，参加人数18.94万人次。

自身建设 市科协扎实开展“不忘初心、牢记使命”主题教育。优化整合事业单位功能，强化公益性、服务性，推进事业单位改革。

推动完善科技社团党的工作小组、办事机构党支部、党建工作联络员“三位一体”党建工作体系，党的工作小组在所属市级学会实现全覆盖。举办“党建引领学会能力提升”专题培训班。开展《上海科技创新中心建设背景下的科技社团发展路径》等课题研究。

联合市社会组织管理局修订《上海市科技类社会团体换届选举指引》，指导52家学会完成理事会换届；组织开展“学会实施助力工程的工作模式与经验成效”等7期学会秘书长沙龙，130余家市科协所属学会、34家长三角地区科协及学会参与；开展市科协星级学会评选表彰，遴选四星、五星级学会23个；推荐市医学会、市土木工程学会获评“上海市品牌社会组织”。

市科协印发《进一步加强乡镇街道科协组织建设深入推进“3+1”试点工作的实施意见》，推进提升基层科协组织力“3+1”试点工作。针对科技型小微企业，探索建立企业科协联盟，推动黄浦区成立科技企业创新服务联盟。编印《上海市企业（园区）科协工作指南》《上海市高校科协建设工作手册》，形成可推广、可复制模式。

区科协及科协基层组织 截至2019年年底，全市共有区科协16个，区级学会263个，乡镇、街道科协146个。

浦东新区科协以“创新与转化——生物医药高质量发展”为主题，召开第七届上海院士专家峰会；黄浦区科协在线科普平台“科堂”上线；静安区科协开展上海国际自然保护周“拾趣·童行”野趣自然体验活动；徐汇区科协探索推进微家园平台建设，为科技工作者学术交流、表达诉求、建言献策畅通渠道；长宁区科协在华阳社区文化中心建成家门口科学社，在天山路、北新泾街道打造社区书院；普陀区科协打造科普教育基地“一馆一品”特色活动；虹口区科协发挥白玉兰广场科普驿站作用，推进楼宇单位和社区垃圾分类工作；杨浦区科协以高校校长、科研院所所长、国家大学科技园董事长为纽带扩充队伍，推广基层科协“三长”工作模式；宝山区科协聚焦新材料、先进制造业等领域举办第二届创新创业大赛；闵行区科协举办长三角少年儿童科普微童话创作实践活动；

嘉定区科协开展汽车、新材料产业等技术交流与学术论坛；金山区科协成立院士专家科普顾问团，举办首届科技成果博览会；松江区科协在长三角G60科创走廊（松江）科技节发布上海天文台“上海65米射电望远镜系统研制”项目等最新科创成果；青浦区科协首发长三角生态绿色一体化发展示范区科普护照；奉贤区科协与区电视台、广播电台共同推出《科普在贤城》栏目；崇明区科协开展“科学小讲台”“小崇明探生态”等青少年品牌活动。

市级学会、企业科协、高校科协 截至2019年年底，市科协共有市级学会199家、企业（园区）科协214家、高校科协11家；学会个人会员29.5万余人、团体会员1.57万余个。

市级学会和企业科协、高校科协在学术交流、科学普及、服务创新驱动发展等方面主动作为。市船舶与海洋工程学会主办中国国际海事会展，市医学会主办第一届亚洲医学磁共振学术大会，市标准化协会主办第21届中国国际工业博览会科技论坛“标准化国际研讨会”，市科学学研究会举办人工智能产业专题研讨会，市化学化工学会举办上海市第十届大学生化工设计竞赛，市公路学会智慧交通科普教育基地在同济大学授牌，市皮革技术协会发布《儿童鞋安全技术规范》团体标准，市航空学会与英国皇家航空学会签署战略合作备忘录，市药学会推动国内首个“智慧药事”服务共享平台落地上海市。

石化科协举办以“新材料、新能源、新业态”为主题的上海石化科技论坛，宝钢科协围绕“技术降本、智慧制造、城市钢厂、公司多基地”等生产经营难题举办首席师研修班；上海理工科技园科协举办上海理工大学—通州湾示范区产学研直通车活动等。

各高校科协依据各自办学特色，开展“一校一特色”品牌活动。同济大学科协举办学科交叉前沿论坛，上海出版印刷高等专科学校科协举办“印刷专业的科研之路”理工科双周学术论坛，上海电机学院科协依托上海装备制造产业发展研究中心开展智库工作，上海第二工业大学科协利用创新实验室、创新创业作品展厅、数控加工车间、电子废弃物中心等开展各类科普活动。

【第二届世界顶尖科学家论坛】 10月29日，第二届世界顶尖科学家论坛在上海市开幕。国家主席习近平致贺信。上海市委书记李强宣读贺信并讲话。世界顶尖科学家协会主席、诺贝尔化学奖获得者罗杰·科恩伯格和中国科协副主席徐延豪分别致辞。李强与罗杰·科恩伯格共同为世界顶尖科学家协会上海中心揭牌。

本届论坛由上海市人民政府主办、中国科协指导、世界顶尖科学家协会发起，以“科技，为了人类共同命运”为主题，汇聚44位诺贝尔奖得主，20位沃尔夫奖、拉斯克奖、图灵奖、麦克阿瑟天才奖、菲尔兹奖获得者，100多位中国科学院院士、中国工程院院士和中外青年科学家，高校、科研机构负责人，科创企业及金融界代表。

论坛期间举办莫比乌斯论坛、国际大科学计划战略对话、青年科学家论坛及8大主题峰会。

【上海市科协第17届学术年会】 5月18日，上海市科协第17届学术年会在上海科学会堂开幕。此届年会以“聚焦三大重点领域发展，推进上海科创中心建设”为主题，围绕人工智能、集成电路、生物医药三大领域开展学术交流活动近60场。中国工程院院士、市科协主席陈赛娟致开幕词。开幕式上，成立市科协集成电路、人工智能、生物医药三大重点产业专业委员会，全国政协副主席、中国科协主席万钢为中国科学院院士许宁生、毛军发、陈凯先颁发专业委员会主任聘书。开幕式后的主题报告会上，三位专业委员会主任分别作题为《科创中心背景下的上海集成电路》《人工智能赋能新时代》《生物医药创新前沿与我国生物医药发展态势》的特邀报告。包括上海市科协常委、3个专业委员会委员在内的800多名科技工作者参加开幕式，并听取特邀报告。上海市副市长吴清、市政府副秘书长陈鸣波分别为第十六届上海市科技精英及提名奖获得者颁奖。

【上海市科协与市委组织部联合发布《关于加强党建引领基层科协建设的意见》】 7月19日，市科协与市委组织部联合发布《关于加强党建引领基层科协建设的意见》（此篇中以下简称《意见》）。《意见》提出以党建带群建、群建助党建，拓展深化基层科协工作，提升科协组织的服务力和吸引力。

《意见》明确5个方面重点内容：加强党建引领基层科协工作体系建设，建立“一级指挥、二级调度、三级联动”工作体系；加强党建引领基层科协阵地体系建设，以“党建引领、科技特色、资源融合、群众喜爱”为目标，推动基层科协工作进街镇、进居村、进楼宇、进园区；加强党建引领基层科协功能体系建设，进一步加强对习近平总书记关于科技创新重要思想的宣传培训；加强党建引领基层科协力量体系建设，充分发挥基层党组织和党员在科普工作中的战斗堡垒和先锋模范作用，带头普及科学知识、弘扬科学精神、传播科学思想、倡导科学方法；加强党建引领基层科协作用体系建设，坚持共建共治共享理念，主动融入、协同构建以党组织为核心的城乡基层治理体系，在联系服务基层群众，共建美好社区、美丽乡村的过程中，充分发挥基层科协桥梁纽带、组织动员、政治引领作用。

【沪苏浙皖科协签署战略合作框架协议】 8月23日，上海、江苏、浙江、安徽三省一市科协共同签署《关于服务长三角一体化发展战略合作框架协议》。三省一市科协将做好一体化发展的顶层设计，在联合组织思想政治引领行动、合作开展重点决策咨询项目、共同举办学术交流活动、全面开展全域科普工作、建立市（省）会合作交流机制、探索推动长三角学会联盟建设、建立长三角协同创新服务载体联盟、探索建设长三角“大科普”生态圈、建设长三角区域特色智库联盟、拓展长三角科技人才服务等方面开展务实合作，推进长三角科协工作协同、组织建设协同、智慧科协建设协同，推动中国科协与长三角科协向高水平、深层次、宽领域一体化协同发展。

（撰稿人：葛繁丽）

江苏省科学技术协会

服务经济社会发展 省科协报送《科技工作者建议》13篇、《科技智库专报》6篇，获省领导批示14篇次。其中，《关于建设新材料原子基因工程科学设施推进原子制造科学技术高质量发展的对策建议》得到省委书记娄勤俭和副省长马秋林的批示。办理省人大议案、省政协提案2件。承接“《国家中长期科学和技术发展规划纲要（2006—2020年）》长三角地区实施情况评估”“大湾区全国双创示范基地建设情况第三方评估”等项目。

举办第十六届长三角科技论坛暨2019年江苏科技论坛；长三角三省一市科协共同签署《关于服务长三角一体化发展战略合作框架协议》。聚焦中国科协（苏州）海外人才创新创业离岸基地建设，举办中国海智2019年苏州离岸创新创业峰会，签约8个项目。放大苏州离岸基地的示范效应，在南京市江北新区等10个国家级园区试点建设10家省级离岸基地。打造海智大会品牌，举办第三届中国（连云港）国际医药技术大会、第二届太湖（马山）生命与健康论坛等，来自中国科学院院士、中国工程院院士和国内外专家等数千人参加会议，签约64个重大项目。全年举办海智活动274场次，引进人才195人、项目209个。

推进中国科协“智慧科协”样板间试点，完成“四大板块”互联互通，数据汇聚率达100%，位列全国省级科协第二。优化科技人才服务、双创服务、科普服务、科技智库和政务信息化五大网上服务平台，推动“线上+线下”服务体系建设。“科普云”信息服务系统科普资源总量达6.31TB，其中自主研发2.24TB。

协调推动中国纺织工程学会、中国制冷学会等8家全国学会及省工程师学会、省能源研究会分别在无锡市、泰州市等地创建院士领衔的10个协同创新中心。推动中国汽车工程学会、江苏省汽车工程学会助力“国家氢能源汽车检测公共平台”落地南通市如皋市。

常态化开展文化科技卫生“三下乡”，推广无人植保机、全自动滴灌设备等成果。持续实施科技助力脱贫致富奔小康工程，定点帮扶的12个村全部达标脱贫。

《科学素质纲要》实施及科普信息化建设工作 2019年，江苏省具备科学素质的公民比例达到12.70%，较2018年上升1.19个百分点。出台《江苏省乡村振兴农民科学素质提升行动实施方案（2019—2022年）》。命名省级科普惠农服务站60家。开展2019年全国农民科学素质网络知识竞赛江苏赛区活动。

推进援疆援青工作，援建新疆3个社区科普馆，组织科技专家赴新疆生产建设兵团第四师开展技术交流；援建青海省海南藏族自治州科普大屏，举办农技协领班人培训，邀请海南藏族自治州中小学生前往南京市观摩第31届江苏省中小学生“金钥匙”科技竞赛总决赛。

省科协、省委宣传部等联合举办2019年江苏省全国科技活动周暨江苏省第31届科普宣传周和2019年全国科普日江苏省主场活动。科普周、科普日期间同步开展院士专家进百校活动，其中科普进校园217场、进社区52场、进乡村48场，全省各地联动开展各类科普活动4492项。省科协、省科技厅等联合举办第30届江苏省青少年科技创新大赛、第31届江苏省中小学生“金钥匙”科技竞赛。开通人民网江苏频道《科普江苏》栏目。为“学习强国”平台提供科普资源22期。组建新一批科技传播专家服务团队，认定服务团队150个，聘任首席科技传播专家230人。

争取中央财政资金1504万元，支持省内11家科技馆实施免费开放。投入4600万余元，建成33套流动科技馆，复制10套流动科技馆。开展省科普场馆绩效考评工作，对南京科技馆等优秀单位给予资金奖补。2019年命名省级科普教育基地100家，奖补优秀基地20家，认定省级科普产品研发基地10家。首次启动22家社会科普场馆扩大开放试点工作。截至2019年年底，全省共有科技馆（科技活动中心）21座，其中省级1座、设区市6座、县（市、区）14座；在建（重建）5座。

学术交流 跟进28家签约的国家级学会重大学术活动进展，吸引国家级学会来江苏省举办第十四届全国营养科学大会、中国大数据创新发展高峰论坛等高层次学术交流活动26场，近2.3万人次参加会议。推动省级学会、设区市科协与已签约国家级学会对接，联合服务企业392家，举办专项高端学术研讨150场次，达成合作项目230个。

服务科技工作者 向中国科协推荐中国工程院院士候选人17名，提名2019年度国家科学技术奖1项，推荐第二十二届中国科协求是杰出青年成果转化奖、第十六届中国青年科技奖等国家级科技奖候选人25名。省科协“青年人才托举工程”项目资助青年科技人才100人。开展江苏省第二次科技工作者状况调查。落实《省科协走访慰问科技工作者实施办法》，慰问科学家和一线科技工作者代表18人次。为省内200余名作出突出贡献的科技工作者办理全民健身卡。完成全省科技工作者大数据库一期工程。

邀请西安交通大学话剧《追忆西迁年华——向西而歌》、吉林大学话剧《黄大年》等“共和国的脊梁——科学大师名校宣传工程”剧组来江苏省演出。组织全国科技工作者日系列活动，推送“家国科学路”科学家系列微视频、科学家书信集等宣传作品，指导推动南京航空航天大学原创话剧《中国直升机泰斗王适存》纳入科学大师名校宣传工程剧目。

自身建设 出台《关于加强江苏省科技社团党建工作的意见》，在全国科协党建工作会议上作专题发言。

制定第三轮“提升计划”实施方案，将创建“综合示范学会”调整为建设“一流学会”，强化过程控制和督察考核，经评审最终立项335项，涉及109个学会。省级学会办事机构中高学历科研人员、专业社工人才比例明显提高，理事会人员结构持续优化，监事会实现全覆盖。推动承接政府职能工作常态化开展，92家省级学会已承接165个公共服务项目。规范机关和事业单位人员在学会兼职。

全面推进县、乡、村三级建立学校校长、医院院长、农技站站长（农服中心主任）及高新企业董事长“四长”工作机制。全省95%的村（社区）成立科协组织。县级科协平均有2名以上“四长”兼任挂职主席、副主席，同比增长25.7%；乡镇（街道）科协平均有2名兼任挂职主席、副主席，同比增长4.6%。

地市县及科协基层组织 截至2019年年底，全省有设区市级科协13个；县（市、区）科协96个，其中独立建制的有83个，占比86.5%。苏州、镇江、泰州、连云港、淮安、盐城、宿迁7个市所属县级科协全部独立建制。县级科协设立党组的有43个，占比44.8%。县级科协领导班子成员进入同级人大或政协常委会的有60个，占比62.5%。全省有乡镇（街道）科协1154个，行政村及社区科协15787个。建立农技协945个，新增38个，初步实现涉农县全覆盖。市县科协全年组织举办科普宣讲活动约1.6万次，举办实用技术培训约1.4万场次，参加活动科技人员达8.1万人次，受众超过820万人次。

省级学会、企业科协、高校科协 截至2019年年底，省科协有省级学会、协会、研究会152个，学会团体会员12159个，个人会员47.53万人；企业科协3150个，高校科协94个，农技协945个。

【全国基层科协“三长”论坛】 10月18日，由中国科协组织人事部主办，省科协承办的全国基层科协“三长”论坛在南京市举办。中国科协党组书记、常务副主席、书记处第一书记怀进鹏到会讲话，副省长马秋林出席开幕式并致辞。省政府副秘书长张乐夫，省科协党组书记、副主席孙春雷出席会议。中国科协办公厅、组织人事部负责人，相关承办地负责人参加会议。来自全国各地科协有关领导和基层科协“三长”等约200人参加论坛。

【第三届中国（连云港）国际医药技术大会】 8月25日，第三届中国（连云港）国际医药技术大会在连云港市开幕。大会以“顺势而动　向新而行”为主题，由中国科协海智计划办公室、中国药理学会、中国药学会、省科协、省药品监管局、连云港市人民政府共同主办。全国政协副主席、农工党中央常务副主席何维，全国政协常委、农工党中央常委、省委主委、省政协副主席周健民，全国政协教科卫体委员会副主任、中国药学会理事长孙咸泽，国际药理学联合会执委、天然药物药理学分会提名委员会主席、中国药理学会理事长张永祥，连云港市委相关人员出席会议并致辞。省科协党组书记、副主席孙春雷出席大会并参加项目签约仪式。中国科学院院士陈凯先，中国工程院院士丁健、李松、陈芬儿出席大会，来自国内外医药行业的专家、学者、企业家代表2500余人参加会议。

【全国疫苗与健康大会】 4月21日，全国疫苗与健康大会在南京市召开。大会由中华预防医学会、中国疾病预防控制中心和省科协主办，中华预防医学会疫苗与免疫分会、省预防医学会、省疾病预防控制中心承办。中国工程院院士、中华预防医学会会长王陇德，国家卫生健康委疾控局监察专员常继乐，省科协党组书记、副主席孙春雷，以及世界卫生组织西太区协调员 Yoshihiro Takashima 出席开幕式并致辞。

【沪苏浙皖科协服务长三角一体化发展战略合作签约仪式】 8月23日，沪苏浙皖科协服务长三角一体化发展战略合作签约仪式在上海市举办。上海市科协党组书记、副主席马兴发，省科协党组书记、副主席孙春雷，浙江省科协党组书记、副主席郑金平，安徽省科协党组书记、副主席王洵分别在《关于服务长三角一体化发展战略合作框架协议》上签字，标志着上海、江苏、浙江、安徽科协合作进入一个全新的阶段。

【第十六届长三角科技论坛暨2019年江苏科技论坛】 9月5日，第十六届长三角科技论坛暨2019年江苏科技论坛在南京市举办。论坛由省科协及浙江省科协、上海市科协、安徽省科协联合主办。省人大常委会副主任许仲梓出席会议并讲话。省科协党组书记、副主席孙春雷致辞，上海市科协党组成员、副巡视员黄兴华发言。浙江省科协党组书记、副主席郑金平，安徽省科协党组书记、副主席王洵出席会议。会议由中国科学院院士、省科协主席陈骏主持。来自中国科学院、中国工程院等院士专家，江苏、浙江、上海、安徽科协代表，相关领域的科技工作者和企业代表，日本、美国、意大利等国家的专家、学者和科技组织代表共700余人参加开幕式。

（撰稿人：杨　非）

浙江省科学技术协会

服务经济社会发展　承办2019年全国大众创业万众创新活动周杭州主场活动，国务院总理李克强出席启动仪式并发表重要讲话。双创活动周期间，举办企业创新大家谈、2019“创世技”颠覆性创新榜发布会、风向标——中国创新创业先锋论坛等重点活动，举办15项国家部委活动、271场地方活动。

出台省科协科技智库建设意见，启动筹建“之江科技智库”。联合发起成立长三角科技创新智库联盟，开展高端智库服务长三角地区一体化战略研究。省大湾区建设顾问团秘书处发挥作用，顾问团成员已达37位，举办浙江省大湾区建设院士专家顾问团年会、中国工程院水污染控制国际高端论坛、中英智慧城市研讨会等学术研讨活动。

9月，省科协与省发展改革委合作推选中国科学院院士杨玉良，中国工程院院士杨华勇、杨小牛、朱利中4位院士成为浙江省大湾区建设院士专家顾问团第二批成员。省科协受浙江省委、省政府委托牵头组建浙江省大湾区建设院士专家顾问团，目前顾问团成员包括中国工程院院士、中国工程院原常务副院长潘云鹤等在内的37位院士专家。

落实省委重大部署，开展“服务企业服务群众服务基层”活动，发动党员干部深入基层一线访民情、访企情、访政情。对口帮扶衢州市开化县大溪边乡大溪边村，开展先锋志愿行动，支持等级公路改造，邀请农业专家深入基层提供技术支持，促进当地种植业和休闲旅游业科学发展。开展“千名专家进万企”专项行动，省市两级科协组织对接各级学会723家、专家6584人次，服务企业4992家，解决难题3217项。全省联动掀起服务热潮，嘉兴市“暖心扶企”专项行动中228名科协干部与7100名科技工作者建立联系，丽水市“百名专家连百村”活动共组织专家下乡1220人次。

打造“浙江院士之家”智力集聚新平台，确定杭州市萧山区、宁波市东钱湖镇、湖州市德清县等8个首批试点，导入两院国际论坛、专委会议、产业对接活动7场。院士专家工作站建设不断规范，全年新建市级以上工作站139家，评定第十一批省级工作站24家，全省累计建站1059家。

长三角区域一体化进程不断加速，一市三省（上海市、江苏省、浙江省、安徽省）正式签署战略合作框架协议，重点围绕高水平学术交流、全域科普、学会联盟、科技智库和人才服务等方面开展全方位合作。有序推进海智计划工作基地和海外人才离岸创新创业基地建设，长兴国家大学科技园获批海智计划工作基地，杭州市在乌克兰新建基辅海外联络站，宁波市建立海外合作基地5家，开展海外学子浙江行、海外英才项目对接会等活动，组织海外科技工作者来浙江省开展服务。

《科学素质纲要》实施及科普信息化建设工作 履行全民科学素质纲要实施工作办公室职责，召开《科学素质纲要》实施工作电视电话会议；启动全民科技文化省建设研究；开展以“建生态文明·助乡村振兴”为主题的全国科普日主场活动。省委常委、组织部部长黄建发及省政府副省长高兴夫全年4次批示肯定浙江省《科学素质纲要》实施工作。举办中国－巴基斯坦科学传播研讨交流活动。科普立法调研起草工作进展明显，牵头提出人大立法工作建议，召开广东省、浙江省科普立法座谈会，起草完成6个分项15万字的调研报告及《浙江省科学技术普及条例》草案。

构建完善“科学+”科普品牌体系，全年举办“科学+”活动36场。《加油！科学+》科普情景剧全省巡演32场，《冲刺！科学+》全民益智竞赛吸引28万人次参与海选答题。不断壮大全省科技志愿服务队，舟山市科协组建25支专业化科技志愿服务团队，湖州市科协开展科技志愿“三服务”活动。

建立健全现代科技场馆体系，省科技馆年接待观众91万人次，流动科技馆、科普大篷车分赴17个县区完成31个站点巡展，第六届全国科技馆辅导员大赛中浙江省代表团获得三金一银的成绩。助力乡村振兴发展战略，参与省政协“六送下乡”服务；省农村致富技术函授大学推进农民培训工作与提高全民科学素质相结合，评选出155名农民高级技师。

充分发挥浙江科普传播融媒体联盟作用，《都市快报》开辟专栏40期，网易科普直播观看总人数超1260万人次；联合宣传日趋常态化，与科协组织深度交融的互联网媒体传播集群稳步形成。科学与艺术进一步融合发声，成功开发科普剧《最后一滴眼泪》，聚焦“防诈骗”等社会问题的农村科普小剧进驻文化礼堂，原创科普动漫《百变小加》入选“典赞·2019科普中国”十大网络科普作品。围绕前沿科技和社会热点编撰浙江科学文化素养丛书，《科学24小时》杂志年发行量近百万份。

学术交流 10月26—27日，省科协等有关部门在温州市联合承办以“汇聚天下英才，共创美好未来”为主题的2019世界青年科学家峰会，国家主席习近平向峰会致贺信，全国政协副主席、中国科协主席万钢，中国科协党组书记、常务副主席、书记处第一书记怀进鹏，浙江省委副书记袁家军，中国科协党组成员、书记处书记束为等领导出席，4位诺贝尔奖获得者、1位图灵奖获得者、109位海内外院士及来自102个国家、地区和国际组织的800名中外专家、学者参加大会。

省科协承办第十五届中国科技期刊发展论坛，论坛发布《中国科技期刊发展蓝皮书（2019）》《科技期刊出版伦理规范》等系列成果，省委常委、省政府常务副省长冯飞对论坛给予肯定。

与省社会科学界联合会合作，推动自然科学与社会科学跨界融合。联合宁夏回族自治区科协开展浙江院士专家宁夏行活动，推动建立交流合作机制。

服务科技工作者 开展院士科技战略咨询项目和重点软课题研究，有效转化各类课题成果，编报《科技工作者建议》6期；鼓励省老科学技术工作者协会、省心理卫生学会等建言献策，报送建议获得浙江省委书记车俊、副书记袁家军等省主要党政领导批示肯定。

开展全国科技工作者日活动，启动寻找“科技追梦人”活动，全省350余场主题活动联动，庆祝科技工作者的节日。在中国科协官方微信公众号“改革进行时”上开设“走进之江”专栏，刊发60余篇讲述基层科协、基层科技工作者的浙江故事。

深入科研院所、医院、学校、学会走访慰问，建成科学会堂，为科技工作者提供服务。开展中国工程院院士候选人推选工作，推荐王坚等15名候选人，并主动慰问新当选的叶志镇、任其龙、陈文兴等在浙江的中国科学院院士和中国工程院院士。推荐中国青年科技奖、中国青年女科学家奖、中国科协优秀中外青年交流计划、中国科协求是杰出青年奖成果转化奖等奖项候选人27人，面向全省评选并表彰20名浙江省有突出贡献的青年科技人才。与省教育厅联合开展院士结对培养青年英才计划，邀请52位院士对首批优秀青年教师进行“带徒授艺”式培养，完成“育才工程”立项及三年验收工作，择优支持20位优秀青年人才。组织科学道德和学风建设宣讲教育报告团赴中国计量大学、温州大学等高校，引导青年学生弘扬恪守科研诚信、树立家国情怀，全省近40所高校和科研院所约2.5万名研究生接受宣讲教育。

落地“网上科协”三年规划，以一中心、三体系、五平台、一门户网站群为核心，建成科技工作者服务平台、科学汇App、科技工作者管理系统、创新创业平台等，网页版和移动端同步为全省科技工作者、科研团体和企事业单位提供便捷服务。完善智能办会系统，服务省级学会、市县科协22场培训，采集数据9359人，实现智能化、精准化的会议管理，累计收集630家省市县三级学会18.6万条数据，全力打造网上“科技工作者之家”。

自身建设 组织全省各级科协学习贯彻习近平新时代中国特色社会主义思想、习近平总书记致世界青年科学家峰会贺信精神，专题研究省委〔2003〕2号和〔2007〕59号文件精神，组织对标对表文件逐一检查、逐条落实。把握浙江省“三个地”（中国革命红船起航地、改革开放先行地、习近平新时代中国特色社会主义思想重要萌发地）的政治优势，开展“不忘初心、牢记使命”主题教育，结合实际彰显“浙江味”“科协味”，党组理论学习中心组开展专题学习20次。建立中国科协党校浙江省分校，面向基层科协领导、“三长”代表、青年人才开展党校培训，示范带动广大科技工作者和党员干部开展政治理论学习。

落实“最多跑一次”改革精神，做好机关内部改革工作，印发省市县三级部门间办事事项参照目录，指导各级科协完成清单梳理。贯彻落实中央、省委为基层减负精神要求，制定出台精简文件、压缩会议、推进信息化建设等6项举措，细化量化各项指标，推动科协系统内业务培训整合20%以上。

全员开展“扬正气、树新风、去顽疾”教育活动周，剖析存在的庸、懒、散等九种典型问题。制定出台党建工作规范化建设意见等系列制度，持续开展“六有”星级党支部评定和“六强”先锋党支部争创工作，全体党员对照《中国共产党章程》《中国共产党廉洁自律准则》《中国共产党纪律处分条例》查找问题1236个，对形式主义和官僚主义开展针对性整治。完善学会理事会党建工作制度，指导145家学会设立党建工作指导员。

4月，省科协与衢州市开化县签订全面合作协议，对口开化县大溪边村开展结对帮扶工作。湖州市德清县、丽水市景宁畲族自治县、衢州市开化县先后与省科协签署全面战略合作关系协议，依据“科技先导、务实高效、突出重点”原则，省科协重点围绕产业提升、资源引进、乡村振兴、人才培养、科普宣传、决策咨询六个方面进行帮扶，与基层县广泛开展合作。

8月29日，省科协与省社会科学界联合会在杭州市签署战略合作协议，实现浙江省自然科学界与哲学社会科学界首次跨界合作，推进自然科学与社会科学的碰撞融合，建立有效合作的常态化机制。

8月，省科协与上海市、江苏省、安徽省科协在上海市共同签署《关于服务长三角一体化发展战略合作框架协议》，浙江省提出依托院士专家等高端人才建设“之江科技智库”。

地市县及科协基层组织 截至2019年年底，全省共有省、市、县三级科协组织101个，乡镇（街道）科协1340个，村（社区）科协组织24966个。

衢州市开化县科协与省科协签署全面战略合作协议，开展共建合作；丽水市景宁畲族自治县、湖州市德清县科协与省科协持续深化战略合作；台州市科协推出“三长”领衔制；金华市科协“三长”履职经验推广至全国；余姚市科协入选全国“十佳深化改革县级科协”；宁波市科协参与第二届世界“宁波帮·帮宁波”发展大会，组织甬籍院士恳谈会；湖州市科协举办2019·湖州人大会，获工作集体嘉奖；嘉兴市科协开展嘉兴院士工作站建设十周年成果展示暨百名院士嘉兴行活动；绍兴市科协实施“融杭联甬接沪”战略；衢州市科协开展院士专家衢州行活动；金华市科协举办第十届浙江中西部科技论坛等。

省级学会、企业科协、高校科协 截至2019年年底，全省共有省级学会（协会、研究会、促进会）179个，团体会员12302个，个人会员27.6万人。建有企业科协2845个，高校科协67个，农村专业技术协会875个。

稳步实施《学会协同创新服务站管理和评价规范》浙江标准，新争取国家级示范项目2个，培育省级示范项目15个，新增丽水市森林康养产业、湖州市长兴县新能源产业、兰溪市纺织产业等一批“四级四方”学会企业联合体，嘉兴市嘉善县、温州市苍南县、衢州市开化县等地新建省级学会服务站。

【2019世界青年科学家（温州）峰会】 10月26—27日，由中国科协与浙江省人民政府共同主办，浙江省科协、温州市人民政府承办的2019世界青年科

学家（温州）峰会在浙江省温州市召开。峰会以“汇聚天下英才，共创美好未来”为主题，包括1个开幕式、12项核心子活动和22项延伸活动。国家主席习近平向峰会致贺信。全国政协副主席、中国科协主席万钢，中国科协党组书记、常务副主席、书记处第一书记怀进鹏，中国科协党组成员、书记处书记束为3位中国科协领导，袁家军、黄建发、陈伟俊、高兴夫4位省领导，4位诺贝尔奖获得者、1位图灵奖获得者、109位海内外院士及来自102个国家、地区和国际组织的800名中外专家、学者参加会议。峰会共签订高能级创新平台10个、科技创新项目78个、战略合作协议17个。峰会设立世界青年科学家创业园，发布总规模20亿元、一期规模2亿元的世界青年科学家科创基金，包含16个拟投资引进的高层次人才项目。

【“浙江院士之家”建设】 2019年，杭州市萧山区、宁波市东钱湖镇、湖州市德清县、嘉兴市桐乡市、绍兴市柯桥区、金华市义乌市、衢州市开化县、台州市仙居县8个地方作为首批“浙江院士之家”建设试点。“浙江院士之家”建设是在院士专家工作站建设的基础上，将院士专家工作站“点对点”服务的模式提升为“点对线”“点对面”服务的模式，是由省委组织部牵头、省科协协同6个厅局联动的一项全省性、系统性工作。8家试点已开展各类院士活动30多次，集聚院士100多人。8个地方举办党政领导与院士专家座谈会10多次，10多位院士专家已成为当地政府的专家顾问，并签订长期合作协议，落地具体合作项目10余个。特别是在引入海智计划项目方面，德国国家科学与工程院院士罗德尔领衔的“下一代无铅信息功能陶瓷材料与器件”项目已经正式落地嘉兴市桐乡市。

（撰稿人：耿　介）

安徽省科学技术协会

服务经济社会发展　实施创新驱动助力工程。全年省科协共组织229家各级学会专家1081人次服务454家企业，签署合作协议178项，为企业增加经济效益约1.6亿元。

4月17日，省科协在合肥市召开创新驱动助力工程集中对接会，将征集来的299项企业技术需求与62家省级学会对接，建立学会与企业间“一对多”“多对一”服务模式。对宣城市、铜陵市、滁州市、蚌埠市、安庆市5个省科协创新驱动助力工程示范市进行评估，并形成评估报告。对60个创新驱动助力项目进行奖补，发挥项目示范引领作用，带动各级学会参与创新驱动助力工程。

10月28日，上海、江苏、浙江、安徽科协共同签署《长三角三省一市科协共建长三角科技创新智库联盟协议》，通过机制共商、平台共建、要素共享等方式，集聚长三角三省一市科技智库资源。

推动科技智库建设。全年新建省循环经济研究会、省现代农业和新农村建设研究会、马鞍山市科协3个科技创新智库研究基地。开展2019年安徽省科技工作者建议征集评选活动，形成《安徽产业集群创新发展的问题与对策研究》等10篇决策咨询报告。评选出《关于调结构促转型　振兴蔬菜产业的建议》等9篇优秀科技工作者建议。搭建创新合作平台。推进合肥市国家海外人才离岸创新创业基地建设，建设4家空间载体、7家海外服务站，与3家境外孵化器企业开展合作。依托合肥市、芜湖市、蚌埠市、滁州市、马鞍山市、安庆市6个中国科协海智基地，举办29场次对接活动。服务大众创业万众创新。联合省发展改革委、合肥市人民政府、安徽省投资集团管理有限公司共同主办2019年“创响中国”安徽省创新创业大赛，共收到参赛项目1262个，其中省内623个、省外286个、海外353个。11月13—15日，大赛总决赛暨签约仪式在安徽广播电视台举办，共决出一等奖项目10个，二等奖项目20个。大赛期间共有10个项目与10家投资机构达成意向投资。联合省科技厅，组织开展2019年中国创新方法大赛推荐活动，共征集项目76个，择优推荐6个项目参加全国总决赛，获二等奖2个，三等奖4个。

科技助力精准扶贫。全省共组织83个农技协、365个学会、7111名科技专家深入扶贫一线，开展农业实用技术培训和新技术、新品种推广服务，累计帮助建档立卡贫困户3.9万余户，带动贫困户11.49万余人。履行定点帮扶职责，助力六安市叶集区洪集镇唐畈村脱贫攻坚，该村贫困发生率由2018年的0.67%降至2019年的0.15%，省科协驻唐畈村扶贫工作队被授予安徽省属单位脱贫攻坚先进集体。

《科学素质纲要》实施及科普信息化建设工作　2019年安徽省公民具备科学素质的比例达到9.2%，比2018年提高0.96个百分点。完成省政府对各市政府2018年度全民科学素质考核工作。联合省文明办印发《关于开展新时代文明实践中心科技志愿服务工作的通知》，成立安徽省科技志愿者总队，建立省、市、县三级科技志愿服务体系。联合省农业农村厅出台《安徽省乡村振兴农民科学素质提升行动实施方案（2019—2022年）》。与省气象局签订战略合作框架协议。8月，省委书记李锦斌，省委常委、常务副省长邓向阳在省科协党组呈报的《第九届中国（芜湖）科普产品博览交易会总结》报告上分别作出批示，对继续办好科博会提出进一步要求。

开展各类科普活动。9月15日，由省科协等主办的2019年全国科普日安徽省主场活动在国防科技大学电子对抗学院举办，省委分管领导等出席活动。通过《安徽科技报》等媒体对10位2019年安徽省最美科技工作者的先进事迹进行宣传报道。全省487家单位共举办科普活动2935项，受众超1500万人次。全省42个单位被中国科协评为全国科普日优秀组织单位，位居全国第三；29项活动被评为优秀活动，位居全国第七。开展科学传播专家团全省宣讲115场次，受益公众2.3万人次。举办“百名专家乡村学堂讲科普”活动141场次，受益学生2.1万人次。省科学技术馆共接待观众18.8万人次，开展各类科普活动250余次，更新展品38件（套）。命名100个省级示范农技协、100个科普示范社区。科普大篷车保有量34辆，开展展教活动187场次，受益群众14万余人次。新增3套中国流动科技馆展品，共有9套展品在30个县（市、区）巡展，受益群众30万余人次。

推进科普信息化建设。推动将科普中国e站纳入社区、村综合性文化服务中心建设，截至2019年年底，全省共建成科普e站1117个。依托科普中国e站，各级科协和科技志愿者开展线上和线下活动1万余次，线上活动公众点击量逾百万人次。通过“科普安徽”网站、微信公众号、App编辑发布1万余篇科普知识，网站访问量超过3万人次。微信公众号推送科普文章近2000篇，阅读数近百万。

举办各类青少年科技竞赛。联合省教育厅、团省委举办第十届安徽省百所高校百万大学生科普创意创新大赛。全省共有80所高校2537名大学生报名参赛，提交参赛作品3004件，共评出优秀科普作品奖一等奖14件、二等奖32件、三等奖100件。举办2019年安徽省青少年科技创新大赛和第十九届安徽省青少年机器人竞赛，组织第19届中国青少年机器人竞赛暨2019世界青少年机器人邀请赛和第34届全国青少年科技创新大赛。

学术交流　择优支持53个省级学会学术交流项目，参与科技人员共10100余人，收集论文1280余篇，交流学术论文750余篇，编印学术论文集19册。9月5日，上海、江苏、浙江、安徽4省（市）科协在江苏省南京市共同举办第十六届长三角科技论坛，长三角地区科协、学会以及相关领域的科技工作者约700人参加会议。

9月28—29日，由省科协、台湾元智大学、安庆市人民政府等单位共同主办的第九届皖台科技论坛在安庆市召开，来自海峡两岸科技界、企业界、教育界专家、学者近500人参加论坛。论坛以“区域科技经济合作与发展”为主题，围绕高端装备制造、新能源汽车、化工新材料与医工医药、健康养老服务等方面展开学术交流。同期举办青少年仿生机器人竞赛、安庆·台湾名优特产产品展销会等系列活动。

10月26—27日，由中国科普研究所和省科协共同主办的第二十六届全国科普理论研讨会在合肥市召开，来自国内部分高校、科研院所以及各级科协、科技场馆等机构的专家、学者、科普工作者近200人参加会议。中国科协副主席、书记处书记孟庆海出席开幕式并讲话，省政协副主席、省科协主席韩军在开幕式上致欢迎词。

服务科技工作者　组织开展安徽省全国科技工作者日活动，省委副书记信长星，省政协副主席、省科协主席韩军等领导走访看望科技工作者。5月30日，召开“礼赞共和国、追梦新时代”安徽省科技工作者座谈会。5月，省科协联合省委宣传部、省科技厅、中国科学院合肥物质科学研究院、省国防科学技术工业办公室共同开展2019年安徽省最美科技工作者学习宣传活动，授予王渭等10人“2019年安徽省最美科技工作者”称号。

向中国科协推荐中国工程院院士候选人3名、第十六届中国青年科技奖候选人15名。支持7名省级学会负责人到国际民间组织中任职，66名科技工作者到全国学会任职。实施省科协领导干部联系服务省级学会、专家、省科协常委和委员制度，建立常态化研究办理意见建议制度。开展科技工作者状况调查站点工作，17个全国站点上报有效信息65篇，12个站点被评为一等站点，2个站点被评为三等站点。依托合肥市国家海外人才离岸创新创业基地，引进海外人才24名，签署落地协议19项。

自身建设 制定实施《安徽省科学技术协会代表大会代表任期制实施办法》，建立省科协兼职常委牵头实施省科协重点工作任务制度。加强学会党建。截至2019年年底，按照“应建尽建”原则，147家省级学会建立党组织，实现省级学会党的组织和党的工作全覆盖。推动科协组织向基层延伸。截至2019年年底，已有20所部属、省属高校成立科协组织，覆盖率达43%，68个省级以上园区建立科协，覆盖率达57%。新增企业科协86家。82个县级科协开展提升基层科协组织力“3+1”试点工作。结合“不忘初心、牢记使命”主题教育，学习贯彻党的十九届四中全会精神，举办面向基层科协、省级学会负责人培训活动。组织17位县级科协主席参加中国科协群众组织力提升进修班，组织6位基层“三长”参加全国论坛。

地市县及科协基层组织 截至2019年年底，安徽省共有市级科协16个，县级科协101个，乡镇（街道）科协1496个，农技协2300个，高校科协32个，园区（企业）科协656个。市县级科协共举办科普宣讲活动3400多次，开展实用技术培训430场次，推广新技术、新品种392项，参加活动的科技人员数量达4万余人次，受众人数逾300万人次。

开展市级科协特色工作创新试点，省科协驻会负责人联系指导安庆市市级学会治理结构和治理方式、铜陵市科技工作者沙龙、六安市公民科学素质知识电视大奖赛等14项特色创新工作。合肥市科协、芜湖市科协召开代表大会，完成换届工作。合肥市科协开展新时代文明实践中心科技志愿服务，全市成立科技志愿者服务队伍242支，形成“市—县—乡镇（街道）”三级科技志愿服务体系，组织开展各类新时代文明实践中心科技志愿服务803次。宿州市科协在全国科技工作者日到来之际，召开全市科技工作者座谈会，通过当地主流媒体，对60余名科技工作者先进事迹及其科研成果进行宣传。蚌埠市科协推进社区科普益民行动，新建社区科普馆6个、科普中国e站20个，组织科普志愿者220余人次深入社区开展服务。六安市科协依托中国科普研究所开发的“科学素质学习”小程序在全市范围内开展公民科学素质知识学习活动，累计超过72万人次参加学习。马鞍山市科协推进决策咨询服务，围绕轨道交通发展进行课题研究，形成《马鞍山轨道交通产业发展的路径研究报告》，为市委、市政府相关决策提供智力支撑。池州市科协与徽商银行池州分行举办“银会合作·银企对接”暨创新驱动发展推进会并签署银会合作战略协议，协议授信金额3亿元，支持企业发展。

省级学会、企业科协、高校科协 截至2019年年底，全省共有业务主管的省级学会151个，新成立2家省级学会，新增1家业务主管的省级学会，吸收1家团体会员。全省共有园区（企业）科协656个，高校科协32个。

1月12—13日，省园艺学会在合肥市举办安徽省第八届园艺学博士论坛。来自省内有关高校、科研单位的专家、学者和在校研究生、博士生等90余人参加论坛。5月4—5日，省计算机学会与省人工智能学会在安庆市举办第三届江淮信息技术发展论坛，围绕“数据驱动　智能创新”主题开展研讨交流，来自清华大学、北京大学、华中科技大学、中国科学院自动化研究所等高校和科研院所的200余名学生及科技工作者参加论坛。8月10—11日，省光学学会联合中国科学技术大学、安徽大学、中国光学学会环境光学专业委员会在合肥市共同举办第五届全国环境光学学术会议暨2019年安徽省光学学会年会，围绕“环境光谱、光电传感及环境监测技术”“地基、机载、星载光学遥感技术”“海洋光学与海洋探测”3个主题进行学术交流，来自国内有关专家和青年科研人员近200名参加会议。11月14—16日，省灸法研究会、安徽中医药大学等单位联合举办的第四届庐州灸法论坛暨针灸经络研究回顾与展望学术研讨会暨安徽针灸经络研究60周年纪念活动在合肥市召开，大会以“传承精华　守正创新——新时代针灸经络研究的责任和使命”为主题，邀请国内外针灸经络领域专家、学者进行主题交流，共有400余人参加会议。

9月27日，马钢集团科协举办公民科学素质科普报告会，邀请中国科普研究所科学素质研究室主任、国务院特殊津贴专家何薇作专题报告，来自马钢集团各基层科协单位科技人员、安徽冶金科技职业学院的部分师生等200余人参加会议。

10月25日，合肥工业大学科协召开校科协与大学生科技社团面对面座谈会，就校科协与大学生科技社团协同做好科技知识普及、科技志愿服务、学术道德教育、学术研讨交流、创新创业教育等问题展开交流研讨，合肥工业大学党委常委、副校长、校科协主席刘晓平出席会议。

【第九届中国（芜湖）科普产品博览交易会】 5月23—25日，由中国科协、省政府主办，省科协、芜湖市人民政府等单位承办的第九届中国（芜湖）科普产品博览交易会在芜湖市举办。中共中央政治局委员、上海市委书记李强，安徽省委、省政府，中国科协，上海市、江苏省、浙江省政府主要领导出席开幕式，省委书记李锦斌主持开幕式，中国科协党组书记、常务副主席、书记处第一书记怀进鹏以及上海市、江苏省、浙江省、安徽省政府主要领导致辞。全国22个省、自治区、直辖市的408家企业和来自美国等11个国家和地区的32家企业、科技团体参加展览，展出展品3500多件（项），参加观众16.9万人次。

（撰稿人：范成柱）

福建省科学技术协会

服务经济社会发展 省科协承接中国工程院与省政府共建中国工程科技发展战略福建研究院建设任务，全面启动福建研究院建设工作，为福建工程科技发展战略提供高端智库支撑；组建研究院学术委员会和工作机构，确定首批22位院士固定服务福建。组织实施智能制造等11项首批咨询项目，70位院士领衔或参与研究。首次联合省科技厅实施“福建省创新战略研究计划联合项目”。

在上海市、广东省深圳市两地举办两期科技人员创新能力提升培训班，120名科技人员参加培训。举办专利应用工程师培训5场、创新方法培训3场。组织省内高校和国有企业16名优秀科技人才，赴英国举办先进制造业高层次人才培训班。

主动融入第十七届中国·海峡创新项目成果交易会，继续设立院士馆，首次设立科技社团馆，全国政协副主席高云龙、省委书记于伟国参观院士馆和科技社团馆。交易会期间，举办福建省院士专家工作站授牌暨院士项目签约仪式，创新举办院士、学会与民营企业对接会，促成49项院士项目对接成功。全年组织院士130人次、专家300人次开展院士专家八闽行、宁夏行活动。命名省级院士专家工作站56家，重新认定省级院士专家工作站18家，遴选省级示范院士专家工作站10家，首次试点认定外籍院士省级院士专家工作站2家。新建7个国家级、62个省级创新驱动助力工程学会服务站。对接国家“外专千人计划”专家、福建省“百人计划”专家，推动一批海外高新技术与国内企业合作。

开展“千会服务千企”“千会帮千村”等活动。举办中国创新方法大赛（福建赛区）决赛。印发《关于大力弘扬科学家精神深入开展科技志愿服务行动的通知》，组建省科技志愿者总队和首批20支科技志愿者分队。

联合省农业农村厅出台《科普助力乡村振兴行动实施方案（2019—2022年）》，统筹推进科普惠农兴村富民。建立平和琯溪蜜柚科技小院、建瓯闽北乌龙茶科技小院、闽侯青梗菜科技小院、三明兰花科技小院和连江海带科技小院，成立中国农技协科技小院联盟（福建）。继续开展科普助力乡村振兴大学生暑期志愿服务，在三明市沙县举办第十六届福建国际英语科普夏令营，面向省级扶贫开发重点县和中央苏区（老区）举办高校科学营活动。邀请中国科协海智专家赴革命老区县，现场指导当地农业规划和休闲农业产业发展。推动省科协挂钩帮扶的宁德市柘荣县如期完成脱贫攻坚项目。

《科学素质纲要》实施及科普信息化建设工作 建立并落实福建省全民科学素质工作联席会议制度，联席会议组成人员为26个省直部门有关领导，省科协主要领导担任召集人，省科协承担联席会议日常工作。建立第二批2016—2020年度福建省科普示范县14个。首次将海峡两岸科普论坛融入全国科普日福建省主场活动。选聘第二批闽江科学传播学者45名，中国科学院院士谢华安和韩家淮被聘为首席闽江科学传播学者。组织闽江科学传播学者深入基层开展科普讲座、科技咨询等活动200多场，受众3万多人次。出版福建省优秀科普作品集《奋进新时代　科普新生活》。组织公众参加全国全民科学素质网络竞赛，全省共有83万人参赛、答题737万次，参赛人数和答题次数两项指标均居全国首位。

联合有关高校、科研院所等机构共建8家省科技馆分馆，与7所学校共建省科技馆“馆校结合基地校”，组织7个科技馆实施免费开放，流动科技馆巡展25个站点，累计受众近190万人次。组织22辆科普大篷车开展活动144次，受众15.6万人次。创新举办福建省青少年科技创新大赛，首次同步举办院士与青少年面对面交流共话创新等活动。选派青少年参加第31届国际信息学奥林匹克竞赛并获得金牌。举办第十八届海峡两岸大学生辩论赛，两岸高校16支代表队参赛，通过海峡卫视融媒体首次进入台湾地区直播。举办2019闽台青年学子（创新创业）科技研习营活动。

制定《科普中国e站建设管理办法》，加强对全省2800多个科普中国e站管理与服务。“福建科普”微信公众号全新改版，整合省内56个科普类微信自媒体，建成福建科普微矩阵2.0版本，实现内容共享、渠道互通，提升全省科普类自媒体的科学传播效果。开展科普信息员业务培训，全省共注册科普信息员5万多人。

完成省科技馆信息管理中心建设，福建数字科技馆发布各类科普文章700余篇，拓展更新“嫦娥四号探月”“5G技术”等热点栏目12套，推出36个动漫原创气象科普主题内容、2个科普视频以及3个主题季度热点，全年访客数81万人次，网站浏览量330万次。

学术交流 省科协培育“创新创业创造”优秀学会，首批遴选15个省级学会，连续三年并每年给予经费补助，支持在重大学术交流、专业智库建设、服务企业创新、支持农村发展、产业协同创新、两岸科技融合等重点领域开展特色和品牌建设。

主办、承办第十九届福建省科协年会、第十一届海峡论坛·2019海峡科技专家论坛、第十二届海峡两岸科普论坛、2019海峡两岸管理论坛、第三届竹应用国际会议——绿色循环经济与技术、第十七届国际菌草产业发展研讨会等国内、国际学术会议。

深化福建省和台湾地区科技交流合作，促进两地科技人员、科技社团和科技产业融合发展，全年参加交流交往活动的两岸科技人员和青少年4000多人次，其中台湾地区1100多人次；征集学术论文1865篇，其中台湾地区544篇。

服务科技工作者 联合省委人才工作领导小组办公室等部门出台《关于进一步弘扬科学家精神，鼓励和支持广大科技工作者投身创新创业创造的意见》。

开展全国科技工作者日系列活动，发出《致全省广大科技工作者的倡议书》。省委常委周联清专程看望慰问企业科技工作者代表并座谈。遴选10名最美科技工作者，其中2名被确认为福建省“最美人物”和提名奖获得者。在省科协自媒体和《福建日报》等主流媒体上，集中宣传科技工作者事迹。

开展第十五届福建青年科技奖评选工作，30名优秀青年科技人才获奖；表彰第六届福建省优秀科技工作者30名；投入资金支持“青年人才托举工程”项目首批10名托举对象。开展科技工作者状况调查站点工作，报送信息69条，完成调查问卷846份。

自身建设 组织开展“不忘初心、牢记使命”主题教育，推进主题教育与业务工作融合发展，坚持实学实做实改，以事业发展来检验主题教育的成效。召开省科协全面从严治党工作会议、党建工作会议等，签订党建和党风廉政建设责任书，落实机关党建和党风廉政建设各项任务。制定出台《关于加强落实工作的意见》《效能建设考评办法（试行）》等，修订机关公文处理、资产管理、财务管理等一系列制度。充实和加强省科协科技社团党委，实现所属156个科技社团党的组织和党的工作“两个全覆盖”。建成启用省科协协同办公系统，开通“福建科协”微信公众号，省科协门户网站全新升级改版，已上线试运行。

科协改革全面启动并持续推进，9个设区市、79个县级科协已出台实施改革方案，各项改革任务基本完成并持续深化。优化组织建设管理工作，修订《福建省省级学会组织通则》《省级学会组织管理报备工作办理指南》，指导新成立、换届一批省级学会，举办省级学会党建和业务培训班。在全省推行提升基层科协组织力“3+1”工作，全年新增“三长”兼职挂职主席、副主席365人，各级科协兼挂职主席、副主席中“三长”已达1042人。

地市县及科协基层组织 截至2019年年底，全省共有设区市级科协9个、县级科协84个、乡镇（街道）科协1098个、村（社区）科协909个、农技协630个。市县科协全年开展科普宣传活动4248次，受众443.65万人次；开展实用技术培训723次，培训7.57万人次；推广新技术、新品种383项。

福州市科协在65个社区推进社区科普标准化建设，举办“福州院士”“福州高级科技专家名录”丛书发布会暨福州院士风采展活动。厦门市科协开展厦门市公民科学素质抽样调查，2019年厦门市具备科学素质公民比例达到13.4%。莆田市科协推动市科技馆新馆展教工程建设，建成X-D互动科普影院、球幕影院2个和智慧小城、科学探趣等展厅9个，展品和展项430多件（项）。泉州市科协编制完成《泉州市科技新馆展教工程建设规范》，新建院士工作站13家，1家获评省级示范站，12家被命名为省级工作站。龙岩市科协完成县、乡镇（街道）科协“三长制”全覆盖，全市累计吸纳“三长”438名。

省级学会、企业科协、高校科协 截至2019年年底，省科协业务主管的省级学会共有148个，拥有个人会员24.17万人、团体会员7651个，建立专家服务工作站51个。全省有企业（园区）科协1182个、高校科协61个。新成立福清台湾农民创业园区科协，全省累计涉台企业和园区成立科协23个。

省级学会全年共举办国内学术会议、境内国际学术会议，以及香港特别行政区、澳门特别行政区和台湾地区学术会议292次，参加人数8.02万人次，交流论文、报告11451篇；主办科技期刊34种，总印数45.52万册，发表文章8647篇。

省光学学会、省物理学会、省土木建筑学会、省医学会等举办学术年会137次。省自动化学会举办首届智慧能源控制与优化国际论坛，省养蜂学会举办第二届蜜蜂与健康国际学术研讨会，省食品科学技术学会举办第五届食品与健康：传统智慧的现代生物学证据国际研讨会，省水土保持学会举办第一届海峡两岸水保科技论坛，省电力企业协会举办2019海峡两岸能源合作平台第一届年会（论坛），省水产学会举办第九届闽台水产学术研讨会，省护理学会举办第十届海峡两岸暨港澳护理高峰论坛。

【中国工程科技发展战略福建研究院学术委员会第一次会议】 8月1日，中国工程科技发展战略福建研究院学术委员会第一次会议在福州市举办。中国工程院院士、机械与运载工程学部主任、大连理工大学校长、福建研究院学术委员会主任郭东明出席会议并讲话，中国科学院院士、省科协主席、福建研究院学术委员会主任郑兰荪主持会议，25名学术委员会委员参加会议。会上，中国工程院院士、省科协副主席、福州大学校长、福建研究院院长付贤智代表福建研究院对2019年咨询研究项目立项申报情况作说明。会议审议通过学术委员会议事规则，对2019年咨询研究项目进行评议评审，并提出2020年咨询研究项目选题方向建议。

【第十二届海峡两岸科普论坛暨2019年全国科普日福建省主场活动启动仪式】 9月6日，第十二届海峡两岸科普论坛暨2019年全国科普日福建省主场活动启动仪式在福州市举办，省委常委周联清出席并讲话，省人大常委会副主任吴洪芹，省政协副主席阮诗玮，中国科学院院士、省农业科学院研究员谢华安，中国工程院院士、省科协副主席、福州大学校长付贤智，省全民科学素质工作联席会议成员单位领导等出席，来自海峡两岸的专家、学者、科技工作者和科普工作者等600多人参加。省科协党组书记、副主席曾能建主持启动仪式。仪式上，14个第二批2016—2020年度福建省科普示范县、8家福建省科技馆分馆获授牌，首席闽江科学传播学者、第二批闽江科学传播学者获颁聘书，福建中医药大学校长李灿东、台湾《科学月刊》杂志社原总编辑张之杰分别作科普报告。

第十二届海峡两岸科普论坛以“礼赞新时代、智慧新生活”为主题，由省科协牵头联合海峡两岸有关单位共同举办。论坛围绕智慧生活与信息技术、科普教育与创新发展、科普创作与人才培养、科普场馆能力建设与活动策划4个专题进行研讨交流，海峡两岸专家、学者、科普工作者150多人参加，其中台湾地区64人。收到科普文章135篇，其中台湾地区58篇。论坛期间，在省科技馆举办科普嘉年华、海峡两岸科普场馆能力建设论坛等活动，组织5位两岸科普专家进校园作科普报告。

【第十九届福建省科协年会】 10月23—27日，省科协联合福州市人民政府共同主办的第十九届福建省科协年会在福州市召开。年会以“创新·创业·创造——科技助力新福州新发展”为主题，围绕“数字福州”“海上福州”“平台福州”建设，通过搭建学术交流、成果转化、科学普及、决策咨询等平台，汇聚社会各领域科技资源，助力新时代新福州建设。

大会设置开幕式、特邀报告会，以及“科技引领”“产业升级”“引智惠民”3个主题板块和12场专项活动，20多名院士和一批来自海外的国家特聘专家、5000多名科技工作者参加年会。省委、省人大、省政府、省政协有关领导出席开幕式，中国工程院院士、中华预防医学会名誉会长王陇德，中国科学院院士、中国科学院上海光学精密机械研究所所长、上海科技大学党委书记李儒新，杭州齐悟科技有限公司创始人兼首席执行官王一分别以《“健康中国2030”的机遇与挑战》《从上海张江新一代光源科学装置建设谈科技创新》《AIOT时代硬科技创业者的机遇与挑战》为题作特邀主旨报告。

【福建省院士专家工作站授牌暨院士项目签约仪式】 6月18—21日，省委组织部、省科协、省科技厅、省财政厅共同承办的福建省院士专家工作站授牌暨院士项目签约仪式在福州市举办。中国工程院原院长、中国工程院主席团名誉主席周济，中国航空学会理事长林左鸣，省政协副主席刘献祥，中国纺织工程学会副理事长龚进礼等领导及25位院士出席。现场签订16项院士专家项目合作协议，涉及数字经济、化工、新材料、智能制造、节能环保、生物医药、海洋渔业、现代农业等产业领域，5家全国模范院士专家工作站、10家福建省示范院士专家工作站、74家新认定的福建省院士专家工作站获授牌。

【第十一届海峡论坛·2019海峡科技专家论坛】 6月8—24日，由中国科协主办，省科协承办，海峡两岸105家单位和社团共同协办的第十一届海峡论坛·2019海峡科技专家论坛主会场和18个分会场分别在厦门市、福州市、泉州市、漳州市以及福州市平潭县等地举办。

论坛以“两岸新时代、科技新融合”为主题，聚焦高质量发展和两岸融合发展，突出“第一家园”建设，围绕“新四通”与新福建融合发展、两岸科技社团融合发展、科技与产业融合发展、城市与乡村融合发展、自然与社会融合发展和食品与健康融合发展进行交流。来自海峡两岸科技专家和业界人士3200多人参加论坛，其中来自台湾地区的有900多人。促成32项两岸学术交流和科技合作项目签约，推动福建省、台湾地区8对闽台科技社团“结对子”，征集科技论文1730篇，其中台湾地区486篇，提出《加快两岸电力互通，推动能源融合发展》《推进闽台数字产业融合发展的思路探索》等政策建议18篇。

（撰稿人：严建和）

江西省科学技术协会

服务经济社会发展 省科协建立科技智库，涵盖160名专家。组织专家、学者聚焦江西省重点产业和战略性新兴产业开展决策咨询活动。全年向省委、省人大、省政府、省政协和相关省直单位报送《决策咨询专报》6期，其中3期分别获3位省领导批示。

争取国家级学会为地方经济发展提供高端智力支撑，全省已建国家级学会科技服务站21个，省级71个。争取中国稀土学会与省科协、赣州市科协签订三方协议，活动报告得到中国科协党组书记、常务副主席、书记处第一书记怀进鹏和省委副书记李炳军，省委常委、副省长吴晓军批示，中国科协办公厅将其作为学习交流材料向全国科协系统转发。推动中国农技协与省科协签订服务乡村振兴战略合作协议。与中国农学会、中国林学会、中国茶叶学会、中国水产学会等国家级学会合作，为江西省贫困县提供精准对接帮扶服务；组织科技专家2252人、科技团队114个参与科技助力精准扶贫，帮扶3万余人；建立7家科技小院；资助534名贫困县学生暑期到江西省科技馆研学。省科技助力精准扶贫领导小组（省科协、省农业农村厅、省扶贫开发领导小组办公室）被评为2019年度全国科技助力精准扶贫优秀组织单位。赣州市寻乌县南桥镇高排村被评为全国科技助力精准扶贫示范点。

全省已建院士工作站262家（省级123家，市级139家），其中2019年新建省级、市级院士工作站38家，引进院士200人。2019年实现技术突破和取得专利授权均近1000项，引进培养高层次人才1000余人，成果转化取得显著经济效益。

全省已建“海智计划”工作站52家，其中2019年新建12家，遴选推荐井冈山国家农业科技园、上饶经济技术开发区获批中国科协“海智计划”工作基地。工作站引进海外专家206人、团队91个，开展学术交流和引智对接活动180多场次。推动建站单位建立国家工程技术研究中心等国家级平台22个，省重点实验室等省级平台63个，获得专利100多个。

全省专利应用企业达3298家，其中2019年新增63家、培训专利应用工程师674名，培育企业应用成果典型案例46个，转化应用科技信息产生新技术、新产品、新专利分别为204个、192个和231个。

《科学素质纲要》实施及科普信息化建设工作 省科协牵头主办江西省全民科学素质促进大会，推动《科学素质纲要》落地；在11个设区市开展全省公民科学素质现状与提升对策宣讲；创新启动“赣鄱科普大讲堂”，带动全省开展1000场以上科普报告；组建省科协科技志愿者服务队并开展各种形式的志愿活动；开展江西省首席科学传播专家遴选活动，聘任12名首席科学传播专家并陆续开展公益性科普活动。2019年，江西省具备基本科学素质公民的比例为8.87%，比2018年提高1.29个百分点。

全国科普日江西省主场活动在九江市举办，3万余人参与现场活动，300多万网民参与主场网络直播、网上答题等线上活动，全省各地同步开展科普宣教活动300多场。开展2019年科普之春暨学雷锋科普志愿者服务月、文化科技卫生“三下乡”、暑期文明实践志愿服务、航天精神报告会、全省科普讲解大赛等活动。

“科普江西”微信公众号最高关注量近60万人，“科普江西”抖音号关注量达5.1万人。举办2019年江西省“贺新春　爱科学　猜灯谜”网络科普知识大赛，16.7万人参赛，累计答题62.3万人次；举办2019年江西省公民科学素质知识网络竞答活动，累计答题31.18万人次。

省科技馆在抓好免费开放的同时，举办特效影院科普教育系列活动 10 场，科学实验表演 333 次，公益科普活动及体验课程 44 次。省科技馆新馆建设有序推进。萍乡市科技馆建成并开馆，上饶市科技馆建设方案通过初审，景德镇、鹰潭、抚州 3 个市科技馆建设进展顺利。

省科协牵头承办第十届亚洲青少年机器人锦标赛；举办江西省第五届大学生科普动漫创作大赛、江西省青少年网络安全与信息技术大赛等。组织参加全国青少年科技创新大赛和第 19 届中国青少年机器人竞赛。完成中国流动科技馆江西 14 个站点的巡展，累计行程 8000 千米；全省 29 辆科普大篷车深入学校、农村、社区开展科普活动，受益公众 21 万余人次。

学术交流 指导省级学会、高校科协和省设区市科协分别主办、承办一批学术交流活动。在赣州市举办 2019 中国（赣州）稀土产业高质量发展论坛、中国新型工业化与城镇化发展论坛（第五届年会）暨赣州对接融入粤港澳大湾区建设高峰论坛；在宜春市举办中国锂业大会暨第四届中国（宜春）锂电新能源产业高峰论坛；在新余市举办中国新能源材料与器件第三届学术会议暨新余新能源新材料高峰论坛；在上饶市举办 2019 长江流域五省（市）遗传学会学术联会；在抚州市举办中国（江西）食用菌产业发展高峰论坛等。

组织有关高校、省级学会、"海智计划"工作站与美国、日本、澳大利亚等国科技团体和专家开展交流；应邀组团赴俄罗斯等"一带一路"国家开展科技交流与合作；首次组团参加中国科协第十届海峡两岸青年学子科技交流活动；接待朝鲜畜牧养殖考察团。

服务科技工作者 在全国科技工作者日、春节等重大节日走访慰问科技工作者，利用基层调研时机与科技工作者座谈，加强对 13 个国家级和 15 个省级科技工作者状况调查站点的指导，听取广大科技工作者意见建议。加大科技人才举荐力度，推荐南昌大学食物过敏创新团队入围第十六届中国青年女科学家奖团队奖拟获奖团队（全国仅 5 个），推荐 4 名优秀科技人才入选 2019 年中国科协优秀中外青年交流计划，完成中国工程院院士候选人推荐和 2019 年度未来女科学家计划、第二十二届中国科协求是杰出青年成果转化奖、第十六届中国青年科技奖等江西省候选人的推选工作。指导省水土保持学会、省林学会等 10 多个学会开展多种形式的人才表彰和奖励工作。省科协创新服务平台建成并投入使用，为科技工作者搭建提供创新创业综合服务的"网上科技工作者之家"平台。

继续实施"远航工程"，累计资助中青年人才赴境外学习交流 679 人次，2019 年资助 79 人。"远航工程"首次被纳入"江西人才云"，实现网上申报和评审，通过座谈会、远航微信群等方式对资助对象进行跟踪服务。

开展江西省最美科技工作者评选，并组织评选出的 10 位最美科技工作者深入社区、农村开展科技志愿服务主题宣传教育活动；举办 2019 年江西省最美科技工作者周义朋同志先进事迹报告会；通过《科技日报》、《江西日报》、江西卫视等媒体宣传报道江西省寻乌中学教师黄才发获得 2019 年全国十大最美科技工作者的新闻和先进事迹等；在江西省科协微信公众号"图说——2019 江西最美科技工作者"栏目和《江西科协》"院士与江西""科技英才""远航工程与我"等栏目宣传优秀科技工作者。

自身建设 《江西省科协系统深化改革方案》中 50 项重点改革任务已完成 49 项；11 个设区市科协、100 个县（市、区）科协改革方案全部出台并全面推进实施。其中 5 个设区市、49 个县（市、区）科协科普经费增加。

会同省社会组织管理局联合开展年检审查工作，95% 的省级学会参加年检；配合学会登记管理部门开展全省性社会组织等级评估工作，省地质学会被评为 5A 级社团，15 个 4A 级社团中前 4 名为省科协所属学会。

与省科技厅联合出台《关于加强高新技术企业科协组织建设的意见》，推动高新技术企业科协组织建设。联合省教育厅下发《关于进一步推进我省高校科协建设工作的意见》。推进并提升基层科协组织力"3+1"试点工作，全省 90 个县级科协、1338 个乡镇（街道）科协已完成试点工作，分别吸纳"三长"365 人和 4127 人。赣州、新余、景德镇、萍乡 4 个设区市已完成试点任务，全省 4 篇试点工作材料入选中国科协《提升基层科协组织力"3+1"试点工作案例汇编》，2 篇典型事迹材料被中国科协 2019 年试点工作简报转发。

成立中共江西省科学技术协会党校，先后在重庆市、宜春市举办两期培训班。习近平总书记 5 月视察江西省后，省科协第一时间组织召开科技界学习习近平总书记视察江西重要讲话精神座谈会，发挥科协在科技界的政治动员、政治引领、政治教育作用。118

个省级学会成立党组织，其中学会独立党支部93个，联合党支部6个。

地市县及科协基层组织 截至2019年年底，省科协系统共有11个设区市科协，100个县（市、区、局）科协，农村、企业、院校、街道（社区）科协等2300余个。

南昌市科协开展“洪燕领航”工程，对本地区赴外省及境外深造的中青年人才进行评选资助，2019年资助54人。九江市科协有序推进科协系统改革，德安县被中国科协评为“十佳深化改革县级科协”正式人选单位。景德镇市科协与中国航空学会开展合作，在景德镇高新技术产业开发区建立专家服务站。萍乡市科协邀请中国科协科学家精神报告团等在萍乡市举办各类报告会16场。新余市科协联合新余市委组织部，探索建立“两新”组织领导下的“科技创新博士服务团”，为博士进企业开展科技创新搭建桥梁。鹰潭市科协助力世界铜都建设，深入30余家铜产业相关企业了解技术和人才需求，联系院士专家对接服务。赣州市科协改革工作在全国科协系统改革试点单位绩效考评中名列总分第一，省委副书记、赣州市委书记李炳军专门作出批示。宜春市科协在各县（市、区）开展全民科学素质行动计划培训183场，受众2万余人次。上饶市科协争取市委、市政府支持，将全民科学素质工作纳入上饶市高质量经济发展指标考核体系。吉安市科协推进科普信息化建设，“科普吉安”微信公众平台关注人数从2.4万升至8.3万。

省级学会、企业科协、高校科协 截至2019年年底，省科协所属省级学会（协会、研究会）129个，新成立省级学会4个，吸纳团体会员单位1个，指导24个省级学会召开会员代表大会并完成换届工作。建立企业科协329个，2019年新增82个，建立园区科协86个，2019年新增4个，实现国家级高新技术产业开发区、经济技术开发区园区科协全覆盖，省级以上园区科协覆盖率超过80%。建立高校科协71个，2019年新增22个，全省自然科学领域高校科协覆盖率超过85%。与省卫生健康委联合发文并在全国范围内率先推进全省三甲医院成立科协组织。

省稀土学会在赣州市举办中－韩稀土新材料技术发展研讨会。省生态学会在南昌市举办中－俄白鹤繁殖与越冬生态学术沙龙。

【江西省科学技术协会第八次代表大会】 5月6日，江西省科学技术协会第八次代表大会在南昌市召开。省委书记刘奇，中国科协党组书记、常务副主席、书记处第一书记怀进鹏，省委副书记李炳军出席并讲话。中国科学院院士黄路生，中国工程院院士张文海、颜龙安出席大会开幕式。大会期间，全体代表听取和审议省科协七届委员会工作报告，选举产生新一届省科协领导机构。

会议以无记名投票的方式，选举省科协第八届委员会常务委员会委员51名，选举史可为省科协第八届委员会主席，选举罗莹、梁纯平、孙卫民为省科协第八届委员会副主席（专职），选举宋平岗为省科协第八届委员会副主席（挂职），选举张文海、颜龙安、黄路生、邓晓华、朱烈滨、刘光华、李庆红、李雄辉、杨明、杨斌、辛清华、张耀霞、周世健、涂宗财、黄小春、谢金水、赖金生为省科协第八届委员会副主席（兼职）。

【怀进鹏一行在江西省开展调研活动】 7月10—11日，中国科协党组书记、常务副主席、书记处第一书记怀进鹏一行就弘扬井冈山精神和长征精神、基层科协组织建设情况等问题，结合中国科协开展“不忘初心、牢记使命”主题教育，在吉安市井冈山市、赣州市开展调研活动。中国科学院院士、国家自然科学基金委员会原主任杨卫，省委副书记、赣州市委书记李炳军，省人大常委会副主任、吉安市委书记胡世忠，中国井冈山干部学院常务副院长梅黎明，省科协党组书记、副主席罗莹，中国科协组织人事部副部长解欣以及吉安、赣州市委、市政府有关领导先后陪同调研。

【2019中国航空产业大会】 9月5—6日，由中国航空学会、省政府等主办，省科协牵头承办的2019中国航空产业大会在景德镇市召开。来自中国航空学会、国内外航空产业，以及通航运营、投融资、航空小镇建设等方面的专家、学者、企业代表等近1300人参加会议。与会人员围绕“新时代、新趋势、新动能”主题，共同探讨如何实现航空产业高质量发展。7位院士及国内外众多专家出席大会并作报告，举办活动15场。大会通过“会、展、赛、参观”四位一体的形式，推动通用航空的技术链、产业链、人才链、资金链、政策链深度融合，构建政产学研用资的交流合作平台，其中景德镇直升机上下游产业对接会签约总金额近14亿元，助推中国航空产业高质量发展。

【2019年院士专家服务创新驱动江西行】 8月28日，由省科协联合省委人才工作领导小组办公室、省

工业和信息化厅等共同主办的2019年院士专家服务创新驱动江西行活动在南昌市启动，180余人参加启动仪式。中国工程院院士邱定蕃、张文海、屠海令、谭建荣、段宁和中国有色金属、电信信息领域的31名专家作学术报告，提供技术指导和项目对接服务，达成合作意向17个。

此次活动的主要目的是，根据省委、省政府重大决策部署，围绕江西省致力打造的有色金属、电子信息两大过万亿级产业发展需求，组织院士专家集中来江西省开展决策指导、技术服务、项目对接系列活动，形成一批决策咨询成果，指导解决一批技术难题，达成一批项目合作、人才引进培养意向，集聚院士专家高端智力和创新资源助力江西高质量跨越式发展。

【2019年（第三届）土木工程赣江学术论坛】 4月20日，由华东交通大学、国家自然科学基金委员会、中国岩石力学与工程学会、省科协等单位主办的2019年（第三届）土木工程赣江学术论坛在南昌市召开。中国工程院院士张全兴、谢礼立、缪昌文、郑健龙、陈湘生、张建民，以及数十名长江学者、国家“杰出青年”科学基金获得者，共计400余名专家、学者参加开幕式。省科协党组书记、常务副主席罗莹出席并讲话。张全兴、谢礼立、缪昌文、陈湘生分别作《深化清洁生产，推进绿色发展》《韧性城市：从结构抗震到城市防灾》《严酷环境中混凝土耐久性提升技术研究》和《居民需求—轨道交通—土地资源—城市空间之协同——浅论轨道交通可持续发展之路和全域多规合一》等专题报告。

（撰稿人：钟海峰　刘　平）

山东省科学技术协会

服务经济社会发展 省科协强化智库建设，聚焦服务山东省八大发展战略，呈报建议23期，省领导批示15期，其中省委书记、省人大常委会主任刘家义批示14期，多篇建议纳入决策程序。8月28日，刘家义对省科协呈报的《关于加大沂蒙红色文化产业化开发的建议》作出批示。省委常委、组织部部长王可，省委常委、宣传部部长关志鸥分别作出批示。9月11—12日，在潍坊市举办磁悬浮动力装备产业创新生态系统专题峰会，推动潍坊市出台专项支持政策。着力激发智库人才咨政建言积极性，举办山东省新旧动能转换国家战略创新峰会及系列活动，围绕“服务新旧动能转换”“打造乡村振兴齐鲁样板”“工业互联网产业创新生态系统”等主题，先后在临沂市、潍坊市、济南市举办主题及专题峰会10场次，院士专家、地方政府领导及有关企业代表千余人参加，助力市县“双招双引”及高质量发展。与省科技厅建立战略合作机制，将智库创新项目纳入省软科学计划，评选20项重大研究课题。加强与清华大学智库中心、清华大学技术创新研究中心双向交流，建立长效合作机制。组织智库专家赴青海省、西藏自治区开展智力援青援藏活动，持续提升智库服务力、传播力、影响力。

筹备第二十二届中国科协年会，研究确定十大调研选题。10月26日，2019年山东省科协年会在日照市开幕。大会邀请3位院士、25位专家作专题报告，签约合作协议12项，发布可供转化的科技项目400余个，年会报道数据点击量突破1000万余人次。

推动院士专家工作站建设。新批复成立12家院士专家工作站，其中5家院士专家工作站由国外院士专家领衔进站工作。开展2018年自然科学学术创新奖表彰活动，向100人授予“山东省自然科学学术创新奖”荣誉称号。推动实施海智计划，全省已获批国家级海智计划工作基地5个，国家级海外人才离岸创新创业基地2个。

实施学会创新发展工程。争取资金，评选30家创新争先学会，开展20项助力创新驱动发展行动，围绕“十强”产业服务31个协同创新基地发展。举办第三届山东省科技工作者创新大赛，参赛项目达306项。举办第十一届山东省大学生科技节，设80项赛事活动，新增赛事15项，参与大学生达16.8万人次。组织第五届“山东省创客之家”评选和评估，评选出20家。组织双创培训进校园，举办第十四届全国高职院校“发明杯”大学生创新创业大赛暨大学生知识产权培训、第十届山东省“创青春”大学生课外学术科技作品竞赛等系列活动，打造创客嘉年华品牌，营造创新创业氛围。

开展助力脱贫攻坚行动。组织新时代文明实践农业科技志愿服务总队赴临沂市莒南县开展技术培训、举办主题讲座、捐赠科普器材等志愿服务。组织农业科技志愿服务队5支分队，开展各类科普服务活动。配合中国科协在胶州市等9个市（县）开展新时代文明实践中心科技志愿服务试点工作。组织山东农学会为莒南茶溪川田园综合体作整体规划设计，与10余家企业签订战略合作协议；联合莒南县举办茶溪川田园综合体招商推介会、青岛沂蒙周等大型招商展示会。

《科学素质纲要》实施及科普信息化建设工作 启动全国科普日山东省主场活动，副省长于杰出席启动仪式并讲话，在全省同步组织开展1399项科普活动，数量居全国第3位。开展新时代优秀科普工作者选树、全省科普宣讲大赛、健康科普宣传平台建设、应急科普创作大赛、设立“科普山东”在线点播频道、科普示范学校命名等工作，构建全社会广泛参与的大科普格局。

加强“互联网+科普”建设，与山东海看新媒体研究院有限公司合作开设“科普山东”专区。集中打造“科普山东”信息集成平台，微信公众号关注量突破80万余人。举办142期山东科学大讲堂。组织第二届山东省科普创作大赛，共征集作品2122件。

建立健全现代化科技场馆体系，省级层面加快省科技馆新馆建设，省科技馆累计接待参观者65.28万人次，开展展品演示活动1576次。省科技馆新馆封顶，进入内容建设阶段。市县层面加快无科技馆地域的申请筹建，建成及在建科技馆47家，筹划建设12家；新增免费开放补贴的市级科技馆1家、县级科技馆2家，全省达19家。县级以下推进科普教育基地、科普社区、流动科技馆等建设。

实施山东省科普示范工程，共评定各类科普示范单位130家。加强全省科普教育基地规范化建设，268家单位被评为2019年度山东省科普教育基地。推进实施基层科普行动计划，支持建设科普社区110个、农技协60个、科普教育基地55个。加强校园科技馆建设，组织流动科普特效影院车、科普大篷车等开展送科技电影下乡活动；召开全省“馆校合作”培训班，开展研学活动204次。

学术交流 省科协以“创新海洋科技 引领产业发展”为主题，举办2019世界海洋科技大会，来自20个国家海洋科技领域的国际组织代表，高校和科研机构的专家、学者，企业高管及技术人员700余人，围绕海洋工程科技前沿与创新发展等主题开展学术交流。大会设置滨海湿地保护与修复研讨会等活动内容，发布9大类别200余项海洋科技成果，形成“世界海洋科技大会青岛共识”。

以“智能与智慧、创新与发展”为主题，举办2019中日韩工程技术大会，来自中国、日本、韩国智能制造、智慧控制领域的300余位专家、学者参加会议。大会共设主题论坛和4个专题分论坛，涵盖智能制造、高端装备以及国际专利技术转化等内容，参会人员围绕青岛新型工业园区建设和高新技术应用开展交流，签订多项合作协议。

做强泰山科技论坛学术品牌，2019年确定论坛入选项目112项，比2018年增加39项，其中举办A类论坛46期，1名诺贝尔化学奖获得者，21名中国科学院院士、中国工程院院士和外籍院士，297名长江学者、泰山学者等作学术报告，10500名科技工作者参加。

服务科技工作者 做好院士推选工作，2人成为中国工程院有效候选人。开展院士候选人推举服务，全省8人进入院士增选第二轮，陈子江和李术才分别当选为中国科学院院士和中国工程院院士。举办夏季院士专家考察休假疗养活动，省内外8位院士、12位专家参加。推荐中国青年科技奖、中国青年女科学家奖、未来女科学家计划、优秀中外青年交流计划等28名候选人。

构建科技工作者政治引领载体，与“学习强国”山东学习平台建立合作交流机制，共推荐选送全国稿件200余篇，载登4000余条次。完成智慧科协一期工程，已入驻机构3655个，汇聚视频、音频、文本、表格、图片等数据资源约1T。举办全省青年科技领军人才国情研修班，开展5·30全国科技工作者日系列活动，举办庆祝全国科技工作者日暨纪念山东省科协成立60周年座谈会。

实施“青年人才托举工程”项目，对20名青年科技人才持续给予资金支持。成立山东省青年科学家协会，首批吸纳250名优秀青年科学家入会，建立“山东青年科学家”网上服务宣传平台，举办首届青年科学家论坛。承办第十届海峡两岸青年学子科技交流活动，促进海峡两岸青年人才互信认同。

全省科协系统通过各类媒体宣传科技工作者先进事迹涉及2000余人次，各媒体刊播转载科协主创性活动信息6000余条。开展齐鲁最美科技工作者评选活动，评选出10名齐鲁最美科技工作者，其中梁建英被选为全国最美科技工作者。

自身建设 召开学习贯彻党的十九届四中全会精神暨科协改革现场推进会，23个单位交流改革经验，推广菏泽市改革“四种模式”等一批成功经验。全力推进市县科协改革，16个市科协和137个县级科协全部出台改革方案，95%的县级科协实现独立建制，市县科协新成立事业单位56个。

深化党建带群建工作，扎实开展“不忘初心、牢记使命”主题教育，省委副书记杨东奇出席省科协党组专题民主生活会。加强学会组织建设指导，召开省级学会秘书长培训班，推动12个学会完成换届，督促5个学会党支部换届，新成立学会党建工作小组2个、党支部2个。出台学会党建工作指导意见。抓好基层党建带群建工作，制定县（市、区）科协换届选举办法及程序，开展换届选举工作标准化、规范化试点，指导5个市科协开展换届工作。

深化学会治理结构和治理方式改革，出台直接挂靠省科协的省级学会、协会、研究会管理工作暂行办法。持续推进学会动态调整，将山东省作物学会、山东省创新战略研究会纳入业务主管，吸收山东省研究型医院协会、山东省海洋发展研究会作为团体会员。

深化基层组织建设“3+1”试点工作，召开提升基层科协组织力“3+1”试点工作推进会，新增4个试点市，目前试点单位达7市27个县（市、区），解决基层“四缺”问题。3个市所属乡镇、街道科协组织全部完成换届，推荐的9个案例入选中国科协《提升基层科协组织力“3+1”试点工作案例选编》。

地市县及科协基层组织 截至2019年年底，山东省共有省辖市科协16个，县（市、区）科协137个，全省91.49%的乡镇、街道办事处建有科协组织。基层科协开展助力地方创新驱动发展、脱贫攻坚等活动，承办科技论坛及学术会议。

济南市科协举办新时代文明实践系列科普活动，将优质科普资源融入新时代精神文明建设。青岛市科协成立海洋科学学会联合体，助力“海洋攻势”。淄博市科协加强产学研融合，助推化工产业转型升级。枣庄市科协加强科技智库建设，呈报的决策建议获得市委书记批示。东营市科协举办黄河口科技论坛，抢抓黄河流域生态保护和高质量发展重大战略机遇。烟台市科协争取中国科协“海智基地”落地。潍坊市科协承办第二届山东省新旧动能转换国家战略创新峰会。济宁市科协联合承办中国（济宁）人工智能与智能制造产业发展论坛。泰安市科协促成泰安中研复合材料产业技术研究院成立。威海市科协开展“菜单式”科普服务。日照市科协举办世界教育机器人大赛（WER）山东省国际公开赛。临沂市科协举办农村实用技术及农技协领办人培训。德州市科协启动校园科普馆建设项目。聊城市科协举办招才引智对接会，构建“科协搭台，科技唱戏”格局。菏泽市科协促成山东高端化工研究院成立，服务产业转型升级。

临沂市罗庄区、莒南县，枣庄市滕州市、淄博市沂源县、济宁市邹城市、菏泽市单县、潍坊市安丘市、泰安市东平县等科协开展全国科普日、全国科技工作者日、庆祝中华人民共和国成立70周年等宣传活动；济南市槐荫区科协开展“服务发展年”进企业服务活动；东营市河口区科协开展新型农民培训活动；烟台市蓬莱区科协开展送科技下乡活动；威海市环翠区科协深化校地合作，打造科技教育新平台，展现新时代基层科协组织担当作为。

省级学会、企业科协、高校科协 截至2019年年底，省科协所属学会共155家，其中主管学会105家、委托管理50家，会员40万余人。全省现有高校科协130家，覆盖率达95%；推动30余家高校成立大学生科协。全省16个市和70%的县（市、区）建有农技协联合会。企业科协1500余家，新注册省级园区5个，新成立企业科协178家。

山东生态学会举办助力乡村振兴讲座，山东硅酸盐学会举办创新驱动发展工程座谈会，山东人工智能学会开展“双百扶贫”等活动；山东省青年科学家协会、山东省海洋经济技术研究会、山东省电子学会、山东省内燃机学会与有关市共建创新实践基地、电子信息协同创新基地。全省43家省级学会完成“绿平台”上线注册，共发布服务专家信息1068条。

【山东省科学技术协会第九次代表大会】 2月26—27日，山东省科学技术协会第九次代表大会在济南市召开。省委书记、省人大常委会主任刘家义，中国科协党组书记、常务副主席、书记处第一书记怀进鹏出席开幕式并讲话。省委副书记、省长龚正，省政协主席付志方等省领导出席开幕式。

中国工程院院士、省科协主席唐启升代表省科协八届委员会作工作报告。省总工会党组书记、常务副主席刘贵堂代表各人民团体向大会致贺词。有关省领导，省直有关部门、各人民团体负责同志，大会主席团成员，省科协第九次代表大会代表，特邀专家、学者等800余人参加大会。

大会选举产生山东省科协新一届领导机构。中国工程院院士王恩东当选为山东省科协第九届委员会主席。

【2019中日韩工程技术大会】 7月19日，2019中日韩工程技术大会在青岛市开幕。来自中国、日本、韩国的300余位专家、学者、企业家和机构代表

参加会议。中国科协原党组副书记、副主席张勤，中国科学院院士宋振骐出席大会。

大会围绕青岛新型工业园区建设和高新技术应用开展交流及合作对接活动，搭建基于三国产业协同的“一带一路”服务新框架。会议期间，省科协与国际专利运营联盟、日本日荣国际特许集团、韩国孵蓝高科技国际创业创新机构、青岛诺展网络科技有限公司等企业分别签订战略合作协议。

【2019世界海洋科技大会】 9月24日，2019世界海洋科技大会在青岛市举办，旨在落实海洋强国战略，加强国际海洋科技领域交流，聚集全球海洋人才、学术、产业资源，打造海洋学术交流平台，搭建“双招双引”平台和“政产学研金服用”融合的海洋科技成果转化平台。来自20个国家的近百名海洋领域院士专家，以及高校和科研机构700余名专家、学者相聚青岛市，共谋发展。世界气候研究计划国际组织向大会发来贺信。省委副书记杨东奇致辞。

大会由中国科协指导，山东省科协和青岛市人民政府主办，青岛市科协、青岛海洋科学与技术试点国家实验室、山东省海洋经济技术研究会、青岛蓝谷管理局共同承办。大会发布海洋领域前沿科学和工程技术十大难题，宣布世界海洋科技大会青岛共识，同期举办2019（第四届）青岛国际海洋科技展览会。

【山东省智库高端人才研修班暨第二届新旧动能转换国家战略创新峰会】 11月14—15日，山东省智库高端人才研修班暨第二届新旧动能转换国家战略创新峰会在济南市举办。省智库高端人才，省智库高端人才工作专项小组成员单位，省科协新一代信息技术学会集群等省级学会，各市科协，优秀企业家代表等300余人参加会议。峰会邀请中国社会科学院大学、香港创业创新研究院、海尔集团、山东社会科学院等专家、企业家作报告，设置“5G技术与工业互联网”“工业互联网与企业创新生态”两个专题论坛。大会为获得2019年度山东智库创新项目代表进行颁奖。

（撰稿人：袁慎庆　郝美想）

河南省科学技术协会

服务经济社会发展 联系28位院士为省科学技术研究院固定院士，确定6项以院士领衔的2019年第一批咨询研究项目并推动开展实施。举办第11期“聚焦中原”院士专家智库论坛——“河南省能源革命战略研究”座谈会，6名院士、70余名专家参加会议。联合举办坝道工程医院共享平台建设与运行研讨会，23位中国科学院院士、中国工程院院士，1位外籍院士，近200位业内专家参加研讨。

协助开展《国家中长期科学和技术发展规划纲要（2006—2020年）》中部地区实施情况评估。遴选支持61个专家课题组，开展“实施创新驱动战略推动河南经济高质量发展对策研究”“河南大数据产业发展与智慧城市建设研究”“河南省制造业现状的优劣分析及发展对策研究”等45项科技智库课题调研。

受省财政厅委托，开展河南省企业研究开发财政补助资金绩效评价和郑洛新国家自主创新示范区财政补助政策评估。

联合全国学会、省辖市政府，举办2019世界传感器大会、2019中国（濮阳）石化产业技术发展大会等十余场产业技术大会，组织4场展博会，柔性引进专家106名，搭建协同创新基地等15个，签订79项合作协议。推进电工装备等8项重点产业协同创新项目，推进25项企业关键技术协同创新项目实施。

实施科技助力精准扶贫工程，动员9400余名科技专家助力建档立卡贫困户18000余户。协助支持全国首家中国科协乡村振兴科技党校落户濮阳市。

《科学素质纲要》实施及科普信息化建设工作 调整省全民科学素质工作领导小组，组织收看全国全民科学素质工作电视电话会议，制定印发《2019年河南省全民科学素质工作要点》，编印《河南省全民科学素质行动工作动态》。以省全民科学素质工作领导小组名义通报各省辖市2018年《科学素质纲要》实施工作考核情况。

省科协新建18个科普信息化试点县（市、区）。依托高校设立全媒体科普创作基地，累计制作视频节目1202部、时长6370分钟，音频节目663期、时长2万分钟。与网络音频平台合作开设“科普之声”广播节目，累计在线播出1100余期，听众超过1630万人次。建设科普中国乡村e站、社区e站、校园e站共2476个，全省200多个科普微信公众号开设“科普中国”栏目。

全国科普日期间，举办重点科普活动3856项，辐射公众超过1500万人次。联合举办4期中原科普讲坛，邀请专家作科普报告。举办首届河南省科普微视频大赛，征集作品近500部，850万人次通过视频展映平台观看。注册科技志愿者9000余人，科技志愿服务组织281个，开展科技志愿服务活动2732项。开展“科普大篷车走进伏牛山走进贫困县”科技志愿服务活动，5县104所乡镇中小学校的20万余名青少年参加。组织451万人次参加全民科学素质网络知识竞赛。揭批“全能神”邪教专题宣传月，受益群众超过700万人次。围绕“乡村振兴战略”等主题，邀请专家、学者在14个市举办58场科学大讲堂。

第13届青少年科学素质大赛参赛人数达445万人次，第33届河南省青少年科技创新大赛参赛人数达60万余人次。新建20个现代农业科普园、20个社区科普基地，新认定113个省级科普教育基地，总数达到338个。

省科技馆新馆建设取得阶段性进展，1月1日省科技馆新馆正式开工建设，11月29日实现主体结构封顶。展教工程方面已完成6个常设展厅（共8个常设展厅）招标。争取中国科协新增配发4辆科普大篷车，总数达到69辆；新建10个农村中学科技馆，总数达到33个。中国流动科技馆巡展进校园暨科普志愿服务乡村行完成49个站点巡展，接待观众220万余人次。

开展农村电商技能人才培训，新培训农村电商技能人才3万人次，建设农村电商示范店铺630个，电商科普受益人员达75.6万人次。承办中国科协、全国妇联、农业农村部“智爱妈妈行动”工作推进会暨百名农村妇女带头人培训班，承办中国农技协专业委员会交流研讨活动，联合中国科协农技中心举办智慧农民引领暨百名乡村科技人才培训班。

学术交流 支持实施26项重点学术活动项目，主办承办第二届国际粮油食品科学与技术发展论坛等多场国际性学术会议，联合开展第六届中国航空兵器大会、2019中国绿色矿业与非金属材料产业技术发展大会、2019大数据时代城市管理发展研讨会等10余场全国性学术活动。联合举办2019海峡两岸暨港澳物流领域协同创新论坛。开展2019“海智专家中原行”活动，走进郑州市中国农业科学院果树研究所基地、中美国际创业港等进行现场技术指导。接待朝鲜煤矿生产考察团、香港工程师学会专家代表团等来河南省交流，组团参加第27届海峡两岸都市交通学术研讨会。组织2个团队分别赴美国、日本等国家开展科技交流与合作。

服务科技工作者 省科协、省委宣传部等联合评选2019河南最美科技工作者，推荐祁兴磊参加全国最美科技工作者评选。与省委宣传部等联合制作《最亮的星——2019河南最美科技工作者发布仪式》，集中展示10位最美科技工作者感人事迹，新媒体平台阅读量两天内达百万次以上。举办中国科学院院士陈俊武先进事迹报告会和全省科技界代表学习陈俊武先进事迹座谈会，动员引领全省科技工作者向时代楷模、最美科技工作者陈俊武学习。

遴选30名自然科学和工程技术类中原青年拔尖人才并入选“中原千人计划”；联合省委组织部等评选第十四届河南省青年科技奖，60名青年科技工作者获奖。

自身建设 召开省科协第九次代表大会，中国科协党组书记、常务副主席、书记处第一书记怀进鹏，河南省委书记王国生出席大会并讲话。大会明确未来五年省科协工作高质量发展总体要求、目标任务、保障措施。建立科协改革方案备案制度，指导督促17个省辖市、济源示范区及157个县（市、区）全部出台科协深化改革方案。举办第五届省科技社团党建工作论坛，指导平顶山市、漯河市科协成立科技社团党委。印发《关于推进企业科协工作改革创新发展的指导意见》《关于推进实施“一业一会”的指导意见》，新建企业科协67家，园区科协13家，指导5个省辖市成立21家“一业一会”，指导1市成立企业科协联合会。支持新建农技协联合会108个、基层农技协组织600个。协调解决省科技馆公益一类事业单位分类改革后财政供给体制调整问题。河南科技报社、农家参谋杂志社继续加快推进市场化改革，研究制定省民间文艺家协会、省科技咨询服务中心改革创新发展实施方案。

升级省科协门户网站，网站信息及活动平台点击量超过200万人次。建设省科协代表委员履职平台，开发推广科技工作者项目申报和服务平台，所有项目均实现网上申报。推进全省科协系统网站、微博官方账号、微信公众号和手机报建设。

开展“不忘初心、牢记使命”主题教育。制定印发省科协党组履行全面从严治党主体责任清单，落实党风廉政建设责任制、意识形态工作责任制，推进以案促改制度化常态化。完成机关处级干部选拔任用、轮岗交流、调整配备。落实请示报告制度，年内向省委报送请示报告20余件。

地市县及科协基层组织 截至2019年年底，全省共有省辖市科协17个、济源示范区科协1个、县

（市、区）科协 158 个。

郑州市科协与郑州国家高新技术产业开发区管理委员会联合举办院士专家企业行交流会，邀请仪器仪表领域 10 余名专家为企业建言献策。开封市科协赴江苏省、浙江省、安徽省学习科技馆及青少年活动中心建设情况，交流工作经验。洛阳市科协承办由中国创新方法大赛河南赛区决赛。平顶山市科协参与承办由省科协、平顶山市人民政府等主办的 2019 中国（平顶山）工业精细陶瓷暨汝瓷产业技术发展大会；建设电商示范店铺 57 个，受益人数 9.6 万人次。安阳市科协指导安钢科协开展“讲理想　比贡献”活动，承办由“汇聚双创活力，澎湃发展动力”双创活动周主场活动。鹤壁市科协举办中国（鹤壁）镁精深加工产业与技术发展大会，全年邀请 30 余名学会专家为企业提供科技创新服务，解决技术难题。濮阳市科协联系组织在北京召开濮阳市创新驱动发展座谈会。漯河市科协举办 2019 中国（漯河）食品机械产业技术发展大会，推动市政府与河南工业大学签订战略合作协议。周口市科协承办 2019 中国（周口）蔬菜产业创新发展大会，推动蔬菜产业转型升级和创新发展。驻马店市科协、驻马店文化广电和旅游局联合主办天中论剑——中原古代铸剑技术及剑文化产业发展论坛，打造产学研用结合体。南阳市科协举办 2019 河南省科协院士专家（南阳）专场报告会，解读都市型现代农业产业发展、新农村建设和社会可持续发展等问题。信阳市科协和上天梯非金属矿管理区等联合承办 2019 中国绿色矿业与非金属材料产业技术发展大会，助力信阳非金属矿开发及相关非金属材料产业转型升级。济源示范区科协主办全国科普日主场活动启动仪式，设置科普知识展览与咨询等 30 余项主题科普活动，参观群众 3000 余人次。

省级学会、企业科协、高校科协　截至 2019 年年底，全省有省级学会 154 个、企业科协 443 个、高校科协 37 个、医院科协 14 个、园区科协 34 个。

省医学会设立河南医学科技奖，160 个项目获奖。省化学学会、省化工学会、省生物工程学会、省食品科学技术学会联合举办第七届河南省化学化工生物食品学术技术交流会。省工程图学学会、省机械工程学会、省仪器仪表学会等联合举办河南省第十一届“高教杯”大学生先进成图技术与产品信息建模创新大赛。省土木建筑学会承办第九届中国中西部地区土木建筑学术年会。省电机工程学会召开 2019 年河南省电力科技奖、河南省电机工程优秀青年工程师奖评审会议。省电工技术学会承办智能制造高级研修班。省电子学会、两化融合服务联盟河南省分联盟联合主办 2019 河南省绿色数据中心建设研讨会。省制冷学会主办 2019 年河南省冷库隔热夹芯板技术研讨会。省心理卫生协会、省心理学会联合省辖市科协，组建专家团队提供“重信重访问题心理疏导化解”服务。省农学会、省植物生理学会、省食用菌学会在多地开展农村种植业指导和培训工作。郑州大学科协等高校科协组建科技专家志愿服务团队。

【河南省科学技术协会第九次代表大会】 4 月 24 日，河南省科学技术协会第九次代表大会在郑州市召开。中国科协党组书记、常务副主席、书记处第一书记怀进鹏，省委书记王国生出席会议并讲话。省长陈润儿，省政协主席刘伟等省领导出席大会开幕式。来自省各行业的 800 多名科技工作者代表参加大会。

曹奎代表省科协第八届委员会作工作报告，大会表彰全省科协系统先进集体和先进工作者。审议通过省科协第八届委员会工作报告决议，选举产生省科协新一届领导机构，曹奎当选为省科协第九届委员会主席。

【2019 世界传感器大会】 11 月 9—11 日，由中国仪器仪表学会、省科协、郑州市人民政府等单位主办，郑州国家高新技术产业开发区管理委员会承办的 2019 世界传感器大会在郑州市召开。来自 21 个国家和地区的专家、学者、企业代表参加会议，交流全球传感器科技、产业和应用的最新成果。中国科协副主席李华，省委常委、郑州市委书记徐立毅，副省长刘伟，中国工程院院士、清华大学副校长尤政，工业和信息化部电子信息司副司长任爱光出席开幕式并致辞。大会由传感器大会、传感器产业展览会、传感器创新大赛（决赛）三大板块组成。传感器大会安排主论坛和 12 场专题论坛，包括 10 余位中外院士在内的众多世界传感器专家、学者、企业家参加，300 余家国内外传感器行业企业代表参观传感器产业展览会。大会发布《中国（郑州）智能传感谷产业发展规划》成果报告和“传感器产业政策十条”，哈尔滨工业大学机器人智能装备科技园等 10 个重点项目方代表和郑州国家高新技术产业开发区现场签约，并举办新产品、新技术发布会，为传感器创新大赛颁奖。

【2019 年全国科普日河南省暨郑州市主场活动启动仪式】 9 月 17 日，由省科协联合省委宣传部、省发展改革委及郑州市委、市政府等单位共同主办的 2019 年全国科普日河南省暨郑州市主场活动启动仪式

在郑州市举办。大会为张新友和庞晓戈颁发“河南省科普形象大使”证书，为科学与影视融合电影展映活动周揭幕。2019年全国最美科技工作者祁兴磊，第30届国际生物奥林匹克竞赛金牌获得者孟昱向全省科技工作者、青少年科技爱好者发出倡议。主场活动设置航空航天、智慧生活、健康安全、现代科技馆4个体验区和科技扶贫成果展区。17—20日，全省各级科协组织会同省委宣传部、省发展改革委、省教育厅、省科技厅、省环保厅、省卫生健康委等单位，组织开展3800多项重点科普活动。

【2019年河南最美科技工作者发布仪式】 11月20日，由省委宣传部、省科协、省科技厅等联合主办的2019年河南最美科技工作者发布仪式在郑州市举办。仪式上公布2019年河南最美科技工作者名单，现场播放获奖科技工作者的事迹短片，并为王静、刘代军、祁兴磊、陈俊武、李俊贤、陈培莉、张新友、胡建军、茹振钢、胡新朋共10位获奖科技工作者颁奖。

【“科普大篷车走进伏牛山走进贫困县”科技志愿服务活动】 5月20日，由省科协、省文明办、省教育厅、中共洛阳市委、洛阳市政府主办的“科普大篷车走进伏牛山走进贫困县”科技志愿服务活动在洛阳市宜阳县启动。启动仪式上，为开展“科普大篷车走进伏牛山走进贫困县”科技志愿服务活动的宜阳县、汝阳县、洛宁县等5个县授旗。省科协调集400多件科技馆展品，到宜阳县等5个县104所乡镇中心学校，开展科技馆巡展和科学素质教育活动。河南科技报社向104所乡镇学校免费发放10万余份科技教育和学习专刊。

【“礼赞共和国、追梦新时代”河南省科技志愿服务行动启动仪式】 5月30日，由省科协、郑州大学主办的“礼赞共和国　追梦新时代”河南省科技志愿服务行动启动仪式在郑州市召开。来自全省学会、高校、企业、医院、科研院所、农技协等单位的科技志愿者代表200余人参加仪式。仪式上向省科协党组书记、主席曹奎授“河南省科技志愿者服务总队”队旗，为从全省各类科技志愿服务分队中遴选的10支代表队授旗。

【河南省科技界代表学习陈俊武同志先进事迹座谈会】 12月12日，由省科协主办的河南省科技界代表学习陈俊武同志先进事迹座谈会在郑州市召开。陈俊武先进事迹宣传团成员出席座谈会，中原青年拔尖人才、河南省青年科技奖获得者、“青年人才托举工程”项目入选者和来自全省学会、高校、医院、企业的科技工作者以及省科协干部等30余人参加座谈，现场聆听陈俊武同志先进事迹报告，交流感悟和体会。省科协相关部室和直属单位负责人参加座谈，并与科技工作者代表进行交流。

陈俊武是科技报国70年的共和国石化技术开拓者，彰显“爱国、创新、求实、奉献、协同、育人”的新时代科学家精神。10月7日，中共中央宣传部宣传发布陈俊武的先进事迹，授予陈俊武“时代楷模”称号；11月14日，中共河南省委发出《关于开展向陈俊武同志学习活动的决定》。

（撰稿人：马玉宝　安　伟）

湖北省科学技术协会

服务经济社会发展　省科协配合中国科协完成《国家中长期科技发展规划纲要（2006—2020年）》湖北情况评估，出台《湖北省科协科技创新智库研究课题管理办法》，制定《省科协关于开展弘扬新时代科学精神促进高质量发展工作方案》。建成科技专家库，已入库专家107名。

中国工程科技发展战略湖北研究院组织实施咨询研究项目35个，200余位中国科学院院士和中国工程院院士领衔或参与战略咨询研究项目，向省委、省政府和国家有关部委报送8本《院士智库》专刊，全部获得省委、省政府主要领导批示。该研究院获得2019年（第四届）全国人才工作创新案例优秀案例奖。省科协以科技工作者建议和决策咨询成果专报形式向中国科协、省委办公厅、省政府办公厅呈送专报46篇，7篇获省部级领导批示。

省科协加强院士专家工作站建设，对已建站点实行动态管理，注销院士专家工作站104家，新批准成立院士专家工作站99家，现有院士专家工作站724家。9月25—26日，在襄阳市召开全省院士专家工作站观摩交流会，总结推广院士专家工作站先进管理经验和工作方法，提升院士专家工作站管理水平。

启动“百千万”服务湖北高质量发展行动，支持学会、高校科协在企业设立会企创新协作基地、校企协同创新基地，建立学会服务企业长效机制，促进湖北企业高质量发展。举办2019年省科协产学研对接活动，18家学会、高校科协与企业签订合作协议，发布科技成果205项。举办海智专家荆楚行、楚粤会企专家创新合作对接交流等活动，为企业解决一批技术创新难题，服务全省创新发展。

加强中国科协（武汉）海外人才离岸创新创业基地建设，全省站点发布海外人才项目272项、国内需求216项，开展海智活动11场，签署各种合作协议50个，引进（落地）项目5个、团队18个、海外高层次人才22人。接待海外专家团体累计280人次，组团出国（境）引才引智活动7次。

科技助力精准扶贫省级专家团队扩充到23支，市州和贫困县组建科技团队227支。23支省级专家团队开展科技培训和技术指导活动92次，参与专家人数达269人，培训指导贫困群众2874人次；市州和贫困县开展科技培训和技术指导3248次，参与专家人数1600人，培训指导贫困群众230940人次。组织科技工作者在黄冈市英山县、孝感市大悟县、宜昌市五峰土家族自治县、恩施土家族苗族自治州建始县等地开展19次志愿服务活动，受益群众近3000人。利用省农村致富技术函授大学平台，开展农民科学素质提升行动，全年开班56个，培训农民群众8000余人。

《科学素质纲要》实施及科普信息化建设工作 省科协发挥湖北省全民科学素质工作领导小组办公室职责，组织协调各成员单位，实施《湖北省全民科学素质行动计划纲要实施方案（2016—2020年）》，调整湖北省全民科学素质工作领导小组组织机构，加强与各成员单位的日常联系与信息共享。制定实施《2019年湖北省公民科学素质行动工作要点》，明确省级公民科学素质建设的重点任务、工作措施和责任分工，指导各市州结合实际制定本级公民科学素质行动工作要点。

2月28日，由省科协主办、省机械工程学会承办、华中科技大学等7所高校协办的“荆楚科普大讲堂”院士专家系列科普报告会在武汉市召开，推动“五个一科普工程”实施。邀请院士专家作科普报告，组织专家、学者进基层、进学校开展系列科普报告会60余场，听众3万余人次。12月12日，由省科协、省演艺集团出品，长江人民艺术剧院创作演出的人文科普音乐话剧《浮出水面》在湖北剧院首演。开发一批优质科普作品，举办湖北省科普作品征集评选推介和湖北70年科普作品展览；建设一批特色科普基地，在全省建设特色产业科普基地91个，新建科普惠民社区40个、科普教育学校13所，命名湖北省科普教育基地211个。

9月2—12日，省科协会同全民科学素质领导小组成员单位，组成7个督查组，对16个市州及所辖36个县（市、区），以临检抽签方式开展实地督查，现场查看科技馆、特色产业科普基地、科普教育基地等各类科普场馆（所）121个，查阅有关台账资料，听取科技工作者意见建议，当面指出存在问题。9月12日，湖北省全国科普日活动启动式暨主场活动在仙桃市举办。副省长赵海山出席启动仪式并为省科技志愿服务总队授旗。组建科学普及、科技创新、科技助力精准扶贫乡村振兴三支服务队，推动省科协重心下移、资源下倾、力量下沉，服务企业、服务基层。全省在科技志愿服务信息平台完成注册科技志愿者7000余人，科技志愿服务组织300余个，发布并开展科技志愿活动400余次。

推动科普信息化工程升级，办好“智豆”移动客户端、楚天科普手机报、江城科普快车、科普e站、东湖科普绿道等科普信息化平台，全年更新平台内容860余篇，湖北科普网浏览量突破80万次。拍摄农村实用技术视频课件6部。推进科普设施向公园、广场、湿地等延伸，推动公共科普设施均衡、普惠、高质量发展。推动市县科技馆免费开放试点工作，流动科技馆、科普大篷车下乡巡展39站（次），惠及大众54万人次。

学术交流 省科协及所属学会全年举办学术会议221场，参加会议人数51588人次，交流学术论文4931篇，其中举办国际学术会议27场，390名国外专家、学者参加会议。组织334名科技人员赴国内外进行培训考察；编辑出版图书151种，共934360册。实施“科技创新源泉工程”，制定《湖北省科学技术协会所属学会工作评价规范（试行）》，资助长江生态环境保护与修复论坛暨2019年湖北省环境科学学会学术年会等69项学术活动，对第八届武汉现代病毒学国际研讨会等10个学术交流项目予以重点支持。

服务科技工作者 开展人才举荐表彰工作，推荐8名科技工作者参评中国科学院院士、中国工程院院士。开展第十六届中国青年科技奖、第二十二届中国科协求是杰出青年成果转化奖等奖项的遴选推荐工作，以及第十六届中国青年女科学家奖和2019年度未来女科学家计划候选人的推荐工作。支持青年科技人才赴国外大学、研究机构、实验室开展短期访问、交流，推荐的4名科技工作者入选2019年中国科协优秀中外青年交流计划。推荐女科技工作者代表参评湖北省三八红旗手，华中科技大学同济医学院附属协和医院教授王琳获得表彰。在武汉市举办湖北省科学道德和学风建设报告会，邀请中国科学院院士陈孝平作报告，1000余名科技工作者参加会议。

推进科技工作者状况调查站点建设和老科学家学术成长资料采集工程工作。

自身建设 1月22日，省科协九届三次常委会议在武汉市召开。听取《关于湖北省2018年公民科学素质工作情况的报告》《关于中国工程科技发展战略湖北研究院2018年工作和服务院士的情况汇报》，审议《关于2018年省科协所属学会、基层科协改革发展情况的报告》，同意吸纳湖北省机电工程学会、武汉工商学院等6个学会、5个高校科协和1个学会联合体为省科协团体会员，同意武汉白鱀豚保护基金会变更业务主管。

4月2日，省科协九届四次常委会议、九届三次全委会议在武汉市召开。省委常委、统战部部长尔肯江·吐拉洪出席会议并讲话，会议审议省科协九届三次全委会工作报告、省科协第九届委员会常委变更和增补情况报告。

7月，省科协九届五次常委会议、九届四次全委会议以通讯方式召开，表决同意增补刘侃为省科协第九届委员会副主席（挂职）、常委。

按照党中央和省委部署，对照“守初心、担使命，找差距、抓落实”的总要求开展主题教育。认真梳理习近平总书记关于科协工作和科技创新的重要论述，通过举办读书班、中心组学习、集中交流研讨、先进事迹报告会等方式，提升科协干部思想政治水平。开展调查研究，领导班子成员带队深入学会、基层科协开展调研19次，召开座谈会13次。党组书记带头认领问题，开展批评与自我批评，完成整改27项。从武汉纺织大学选派1名高层次专家挂职省科协党组成员、副主席。

党组多次研究改革工作，开展调查研究，聚焦基层科协反应强烈的突出问题，研究制定《关于进一步做好全省科协系统深化改革工作的通知》。从加强政治建设、组织建设、强化保障、学会改革等11个方面，作出具体要求。开展《湖北省科学技术协会条例》实施情况调研，推动基层科协组织建设、科普能力建设和保障水平。

省科协获得2019年中国创新方法大赛优秀组织奖、全国科普日活动优秀组织单位、全国科技活动周先进集体、中国科协系统财务数据汇总工作优秀单位、统计调查工作优秀单位、“礼赞新中国、追梦新时代”改革创新案例征集优秀活动组织单位、青少年调查体验活动优秀组织单位、高校科学营优秀组织单位奖，被评为湖北省目标管理优秀单位、综治（平安建设）优胜单位、文明单位、脱贫攻坚先进支持单位、国有资产管理工作优秀单位。

地市县及科协基层组织 截至2019年年底，全省市、州、直管市、林区科协17个，县级科协101个，乡镇（街道）科协1162个，实现乡镇（街道）科协全覆盖。推动农技协、科普协会等向乡村、社区延伸，在武汉市开展社区科协建设试点工作。

开展“3+1”试点工作，将医院院长、学校校长、农技站站长“三长”作为推动科协基层组织建设和改革的重要抓手，明确要求市县科协换届时必须将“三长”吸纳到科协全委会中，充实到科协领导班子中。市、县、乡领导机构中兼职挂职科协主席、副主席3714人，其中“三长”1864人，占兼职挂职总人数的50.2%；2019年新增兼职挂职613人，其中“三长”445人，占比72.6%。依靠“三长”开展活动，实现以“长”带队，激发基层一线科技工作者的创新活力，夯实科协基层组织。《中国科协周报》刊载4篇湖北简报，1篇在湖北省群团改革简报推介，南漳县科协入选全国十佳深化改革县级科协。

省级学会、企业科协、高校科协 制定并颁布实施《湖北省科学技术协会所属学会工作评价规范（试行）》。新吸纳湖北省科技领军人才发展促进会、湖北省森林康养研究会为所属学会和团体会员，所属学会达到155家；新建5个高校院所科协，高校科协达到50家；新成立企业科协32家，园区科协2家。新增6家学会开展秘书处实体化、秘书长专（兼）职化试点工作。

【第十九届“华创会”海智助力“芯驱动”专场会议】 11月21日，第十九届“华创会”海智助力“芯驱动”专场会议在武汉市召开。会议由省政府、国务院侨务办公室、武汉市人民政府主办，省科协承办。有关单位负责人，省内产业界专家、学者100余人参加会议。会议围绕湖北“一芯驱动、两带支撑、三区协同”区域和产业发展战略，邀请国内外院士、专家建言献策。副省长肖菊华出席会议并讲话。中国科学院外籍院士马佐平，英国皇家工程院院士林建国，华中科技大学机械科学与工程学院副院长、教授尹周平等一批专家、学者作主旨报告。中国科学院院士熊有伦及马克方库（Marc Francaux）、闫大鹏、周华、张敏容5位专家、学者进行高端对话，最终形成促进湖北“芯”产业发展的建设书，为推进“一芯两带三区”区域和产业战略布局中亟须解决的相关问题提供参考。

【第十届湖北科技论坛暨2019年省科协产学研对接活动】 9月24日，由省科协主办的第十届湖北科技论坛暨2019年省科协产学研对接活动在武汉市举办。省委常委、省委统战部部长尔肯江·吐拉洪出席论坛并致辞。中国工程院院士周济、谭建荣，中国科学院院士丁汉出席论坛并作主旨报告。来自各相关学会、市州和高校科协、企业等单位的1000余位科技工作者代表参加会议。活动收集汇总205项科技成果并进行汇编发布，现场展示3D打印机、无人机等25个实物产品，推介9个项目。华中科技大学科协、加宝复合材料（武汉）有限公司等18家高校科协、学会和企业签订产学研合作协议。

【海智专家荆楚行活动】 7月25日，由省科协、襄阳市人民政府主办，中国科协（武汉）海外人才离岸创新创业基地、襄阳市科协、襄阳市侨联承办的海智专家荆楚行活动在襄阳市举办。活动以“海智英才聚襄阳，创新驱动促发展”为主题，来自国内外的30名院士、海智专家，以及全省各市州科协、中国科协海智基地高校和科研院所、相关企业、新闻媒体等的300余人参加活动。美国国家科学院院士文小刚、中国科学院院士曹春晓分别作主旨报告。一批海智专家和湖北省15个企事业单位现场签约，多个项目进入实质性洽谈，为推动湖北省经济转型升级作出贡献。

【2019湖北省科学普及电视大赛总决赛】 9月11日，由省科协、省科技厅、省广播电视台、中国科学院武汉分院联合主办，湖北卫视承办的2019湖北省科学普及电视大赛总决赛在湖北广播电视台录制。总决赛特邀中国工程院院士丁烈云、秦顺全，中国科学院武汉病毒研究所研究员胡志红，武汉大学卫星导航定位技术研究中心教授牛小骥，武汉纺织大学教授徐卫林担任评委。比赛评出一等奖1个，二等奖2个，三等奖3个。节目于国庆期间黄金时段在湖北卫视播出。省委常委、统战部部长尔肯江·吐拉洪，省委副秘书长王永辉，省科协党组书记、副主席叶贤林，省科技厅副厅长吴麟章，中国科学院武汉分院分党组副书记、纪检组组长蔡长塔，湖北广播电视台相关人员等出席活动，并为获奖选手颁奖。

（撰稿人：唐　华）

湖南省科学技术协会

服务经济社会发展 省科协实施创新驱动助力工程。组织省科协常委会专业委员会科技咨询活动6次，院士专家市州行、企业行活动6次，邀请院士专家86人次到地方、企业为重大科技创新项目、重点产业提供科技服务；推进长沙市、株洲市、湘潭市、岳阳市实施中国科协创新驱动助力工程示范城市建设，建立省级以上学会服务工作站14个；支持建立轨道交通领域协同创新中心及省中小企业创新发展服务中心等平台和服务基地；在全省推广中国科协科技信息资源库，指导企业转化运用库内信息获得经济增效7544万元，节约研发成本2240万元；举办创新方法培训班和专利信息应用培训班各6场，共培训一线科技工作者791名、工程师352名；完成决策咨询报告7篇，其中《关于做大做强湖南自主可控计算机及信息安全产业链的调研报告》得到省委书记杜家毫批示，并被有关部门采纳；承办2019年中国创新方法大赛，全国1000多家企业、2000余支队伍参加比赛。

实施“海智计划”。新建省级海智基地10个，实施海智基地示范项目10个。开展引智对接活动91场；洽谈海外合作项目261个，签署协议121项；引进海外人才127人，其中9人获国家级人才称号；发布海外项目合作需求102项，接纳回国创业华侨54人；邀请海外专家举办讲座157次，接待海外学者867人。

开展全国双创活动周系列活动7场，吸引万余人参加。举办“创响中国”系列活动，支持中南大学、湘江新区等国家级双创示范基地和株洲动力谷、张家界众创空间等企业（园区）双创示范基地举办活动共56场。

实施科技助力精准扶贫工程。开展脱贫攻坚“四个一”帮扶行动，实现助力项目、科技服务、致富带头人培训在重点贫困村“三个全覆盖”。全省6767名科技专家进村入户，培育2060名科技示范户（科普带头人），带动700余个产业发展，助力4万余名群众增收脱贫。

《科学素质纲要》实施及科普信息化建设工作 省科协履行全民科学素质纲要实施工作办公室职责，组建全省科技志愿服务体系，省科协成立科技志愿者总队，在各省级学会、市州科协成立支队，各县级科协成立分队，共发展科技志愿服务组织460个、科技志愿者2万余人；举办湖南省第三届科学素质网络大赛，参赛人数达600万人次；在全省开展科普日重点活动300余次，受众200万人次；组织近4万人次参加全国农民科学素质网络知识竞赛，被中国科协评为优秀组织单位。

加强青少年科技教育。实施中学生“英才计划”，举办“筑梦航天”青少年航天知识大赛、青少年科技创新大赛、青少年机器人竞赛、中学生学科竞赛等赛事，参赛总人数超171万人次，获奖54项，其中含全国青少年科技创新大赛金牌1枚、全国青少年机器人竞赛暨世界青少年机器人邀请赛金牌2枚。

加强科普基础设施建设。省科技馆展厅全年接待观众近185万人次；在贫困地区建成26所农村中学科技馆；动用流动科技馆13套，共巡展县（市、区）117个，覆盖600万余人次；科普大篷车新增7台、更新展品1件，行程约1.5万千米。

推进科普信息化建设。围绕“科普湖南”品牌，开发湖南特色科普资源，建成以省科技传播平台为源头，横联纵通、内融外扩的融媒体中心。“科普湖南”微信公众号关注用户超180万，同比增长50%，获2019年科技传播奖；新建科普e站482个、智慧乡村加“邮”站815个；省数字科技馆建成并上线；推广“两融合”试点经验，将2.6万社区网格员发展为科普信息员。

学术交流　省科协联合省委网信办等4家单位共同举办2019中国（长沙）网络安全·智能制造大会，全面展示新一代网络安全和智能制造领域最新技术，分享新动态和新经验。

围绕助力实施泛珠三角区域合作战略、粤港澳大湾区建设国家战略及实施湖南创新引领开放崛起战略，联合广东省科协等3家单位共同举办第15届泛珠三角区域科协和科技团体合作联席会议暨2019湖南科技论坛，开展重点活动11项。

接待到湖南省考察的香港营造师学会、工程师学会学者共43人，促成省级学会与其签订战略合作协议3项；组织7人赴台湾地区参加第27届海峡两岸都市交通学术研讨会。

服务科技工作者　开展全国科技工作者日系列活动，组织全省上万名科技工作者收看2019年全国科学道德和学风建设宣讲教育报告会；邀请话剧《马兰花开》团队在湖南省巡演，弘扬邓稼先等老一辈科学家的爱国、创新、奉献精神；以“新时代优秀科学家的历史使命和爱国情怀”为主题，拍摄系列宣传片《逐梦科学人》，并在“学习强国”平台上线；联合湖南卫视拍摄反映院士工作生活的系列专题片《创新者强》，并在《湖南新闻联播》上播出。

在全国宣传因公殉职的省科协委员、省洞庭湖水利工程局总工程师余元君及其光辉事迹，追授其“湖南优秀科技工作者”称号，开展学习余元君同志系列活动。余元君事迹得到中共中央宣传部、中共中央组织部等中央部门和省委重视，先后追授其“时代楷模”“人民满意的公务员”“最美奋斗者”“湖南省优秀共产党员”称号。

实施“青年人才托举工程”项目，新增托举对象31人，其中院士后备人才11人、中青年学者12人、年轻优秀科技人才8人。托举对象中3人当选为中国工程院院士，1人当选为联合国国际生态生命安全科学院院士。共支持托举对象新任国际学术组织职务12项，在重要学术活动上作报告115人次，发表SCI论文304篇，出版专著14本；承担国家级科研项目42项；获国家级科技奖励5项，获国家级、省部级人才称号各9人；获专利授权127项。

评选表彰首届湖南最美科技工作者10人，并开展系列宣传活动；推荐4人入选2019年中国科协优秀中外青年交流计划，1人被评为全国最美科技工作者；开展科技工作者状况调查站点工作，报送信息123条，完成问卷2310份，被中国科协评为优秀区域责任部门，站点优良率达94.7%。

自身建设　坚持党建带会建，在38个学会开展“两个覆盖”试点，探索在学会各个层面建立党的工作机构，实现党的组织和党的工作全覆盖。党建带会建工作被省委、省政府列入对市州重点工作绩效评估考核的内容。

建立学会联合体4个，指导43家单位实施2019年学会服务能力提升计划；联合省工业和信息化厅、省教育厅分别印发《关于加强中小企业科协组织建设工作的实施意见》和《加强高校科协工作的实施意见》，全省14个市州全部建立企业科协联合会，本科院校全部建立科协组织；发展农技协56个，会员10万余人。截至2019年年底，全省各级科协组织发展到13000多个，同比增长120%。

地市县及科协基层组织　全省共有市级科协14个；县级科协实现全覆盖，共122个，新增7个；乡镇（街道）科协1674个，新增52个；村（社区）科协7120个，全部为新增。开展科普宣讲活动2428次，受众2439.5万人次；开展实用技术培训880次，受众5.6万人次。

长沙市科协完成决策咨询课题8个，3个获市委、市政府主要领导批示，其中1项研究成果在市政府《调研参考》上刊发。郴州市科协通过打造科普公交、与市广播电视台栏目合作等形式，在新老媒体融合中探索公众科普新形式。张家界市科协建立“名校+名城”研究生实践育人基地，吸引华中科技大学6名硕士研究生到市工业园挂职锻炼。岳阳市科协联合市文化旅游广电局评选出全市首批30家科普旅游教育基地，通过编印手册、开展夏令营等举措推动基地协同发展。株洲市科协营造爱才、惜才氛围，给予10名科技工作者连续3年每年10万元的扶持。衡阳市科协编撰《衡阳市科技人物志》，共收录2000多年来本地的4000余名科技人物信息。怀化市科协探索形成“科普+基地+产业+旅游”模式，巩固脱贫成果。益阳市科协出台《政府科技顾问管理办法》，向全市企业征集技术需求，共征得高端人才、项目合作、技术难题等需求126项，已解决41项。

省级学会、企业科协、高校科协　全省共有省级学会146个，新增4个；企业（园区）科协1248个，新增1050个；高校科协71个，新增12个。承接政府转移职能90余项，组织学术交流500余场，参与人数近10万人次。

省企业科协联合会编印具有工作标准和引领作用的《企业科协工作手册》，在中国科协年度企业科协工作会议上发布；开发创新方法云平台，设立创客工作间；开展“创新三师”资格认证，培育认证国家一级创新工程师、培训师共283人。省健康管理学会实施学会能力提升计划项目“办事机构实体化、秘书长专职化”，对学会秘书处机构设置和运行机制进行改革，完善定编定岗、公开聘任、绩效考核等制度，全面实现规范化管理。省防痨协会通过“一带一路”向马来西亚高校和医院推广无影膜夹层杯结核病病原体检测技术。省富硒产业协会专家提出的《关于支持发展富硒特色农业产业的报告》，获省委副书记乌兰和中国工程院院士袁隆平批示，在7个县建立试点。湖南财政经济学院科协承办第三届数据科学与商业分析国际会议，以“数据科学与商业分析、财经大数据领域新进展”为主题，邀请3名外籍专家作学术报告，提交EI（《工程索引》）收录机构论文105篇，其中外籍作者论文30篇。

【2019年中国创新方法大赛总决赛】　11月18—24日，由中国科协、科技部、省政府联合主办，省科协主承办的2019年中国创新方法大赛总决赛在长沙市举办，大赛主题是“创新创业、方法先行”。从区域赛2038支参赛队伍中胜出的200支队伍参加全国总决赛。经项目展示和理论测试两轮比拼，11支队伍获得参加最后电视擂台赛的资格。总决赛在湖南广播电视台播出。经过快速作答、模拟方案和动手实操三个环节的较量，中国电力建设集团贵阳勘测设计研究院获得第一名，北京航天试验技术研究所、山河智能、成都飞机工业集团分别获得第二名、第三名、第四名。中国科协副主席李洪出席活动，中国创新方法研究会理事长刘燕华、省科协名誉主席何继善等领导和专家为获奖队伍颁奖。

【2019中国（长沙）网络安全·智能制造大会】
11月28—30日，由省政府、中国工程院、中国科协指导，省委网络信息化委员会办公室、省工业和信息化厅、省科协、长沙市人民政府、中国电子信息产业集团共同主办的2019中国（长沙）网络安全·智能制造大会在长沙市举办。大会围绕“创新引领、智造未来”主题，聚焦5G、人工智能、PK生态体系等热点，举办开幕峰会及4场高峰论坛和12场主题论坛。中国工程院院士谭建荣、阿里云A IoT（人工智能物联网）首席科学家丁险峰等网络安全领域的300余位专家和企业代表共同探讨产业发展趋势，分享前沿技术，共同为中国智能制造和工业互联网建设提供新的思路。全国政协原副主席马培华宣布大会开幕。开幕峰会上，中国工程院院士倪光南以《安全可控与网络安全》为题分析当今中国网络信息技术的现状，指出中国的“长板”是互联网应用和5G、大数据、物联网等新一代信息技术，“短板”则是芯片和基础软件，强调中国要取长补短，坚持安全可控和开放创新并重，独立自主和对外开放相统一。美国斯坦福大学教授、《人工智能时代》作者杰瑞·卡普兰以《传统产业的智能化创新与数字化转型》为题讲述未来工厂的智能变革，指出抛除偏见以采用更多设计原则，是解锁人工智能所有价值的必要条件，未来工厂的产品生产过程会更加迅速、高效，远超现在的工厂。中国工程院院士方滨兴、奇安信科技集团董事长齐向东分别以《从六论视角谈智能制造的安全》和《智能制造的内生安全》为题，分析当今智能制造与网络安全存在的

漏洞及对策。

大会设立4大主题展馆，全面展示智能网联汽车、5G与物联网等网络安全和智能制造领域的最新产品，分享新动态及新经验。参展企业近400家，含西门子、施耐德等世界500强企业23家。首届“补天杯”破解大赛、无人机大赛、机器人对抗赛、“湖湘杯”网络安全技能大赛等多场专项活动同步举办，观众达20万人次。

【第15届泛珠三角区域科协和科技团体合作联席会议暨2019湖南科技论坛】 11月12—15日，由湖南、广东两省科协及衡阳市人民政府、中国农学会联合主办的第15届泛珠三角区域科协和科技团体合作联席会议暨2019湖南科技论坛在衡阳市举办。大会设有高端智库座谈会、高端油气用管学术论坛、航天与健康学术研讨会等11项重点活动。中国工程院院士刘大响等18位专家、学者以“创新驱动、智引未来”为主题，围绕助力实施泛珠三角区域合作战略、粤港澳大湾区建设国家战略及实施湖南创新引领开放崛起战略，共探创新发展之路。来自湖南、广东等9省以及香港特别行政区和澳门特别行政区的500余名科技工作者参加会议。

开幕式上，中国社会科学院学部委员汪同三以《全要素生产率与品牌》为题作报告；加拿大工程院院士、香港城市大学教授孙东以《微机器人细胞操作系统》为题发表演讲；深圳勘察研究院副总经理卢永华作《测绘地理信息在深圳智慧城市建设中的实践》主题报告。大会期间，众多院士专家到衡阳市多家企业和研究所进行实地考察，为衡阳高质量发展建言献策，促成市政府与品牌中国战略规划院、中国农业科学院油料作物研究所等单位签订《战略合作框架协议》《高品质菜籽油合作协议》等10余项合作协议。泛珠三角区域科协和科技团体召开座谈会，就泛珠三角区域对外交流合作、科技创新、“海智计划”等重点项目开展交流。

【省科协调研报告获省委书记批示】 8月，省科协与省委政策研究室等单位合作，组织专家对湖南省信息安全产业发展成效进行专题调研。根据调研成果完成的《关于做大做强湖南自主可控计算机及信息安全产业链的调研报告》，被中国科协评为2019年十佳调研报告。该报告全面分析湖南省在国家信息安全和信息技术自主可控领域的优势和不足，指出存在供给能力与政府采购需求不匹配、基于PK［飞腾中央处理器（phy tium）+麒麟操作系统（kylin）］体系的IT生态发展面临困境、与央企合作项目推进速度较慢三个方面的问题，同时提出加强高位协调、加大产业基金扶持力度、建立自主可控计算机产业链联合体、培育引进高端人才、发挥成果溢出效应五点建议。省委书记杜家毫高度重视并作出批示，在全省计算机和信息安全领域自主创新的重点任务、科技人才队伍建设、攻坚难点等多个方面提出要求。

【湖南省首届最美科技工作者评选活动】 2019年，省科协、省委宣传部、省科技厅联合开展湖南省首届最美科技工作者评选活动。“杂交水稻之父”袁隆平等10名院士专家和基层一线科技工作者入选。10月28日，湖南省首届最美科技工作者颁证仪式暨讲好湖南科技工作者动人故事汇演在长沙市举办。省委常委张宏森等领导出席并为最美科技工作者颁发证书。活动现场观众超500人次，网上直播浏览量在3小时内达272万。省科协组织湖南卫视、红网等多家媒体成立新闻采访团，进行现场采访，在重要版面、主新闻时段、首页首屏开辟专栏进行宣传报道，发布新闻300余篇次。

（撰稿人：卜仲伟）

广东省科学技术协会

服务经济社会发展 省科协推进院士专家（企业）工作站和学会科技服务站建设，全年新建院士专家（企业）工作站109家、省级学会科技服务站18家。

省科协联合省科技厅将比利时、瑞典2个海外“海智计划”工作站申报为广东省海外高层次人才工作站，推动“海智计划”工作列入广东省海外高层次人才工作的整体布局。全年新建省科协“海智计划”工作站26个，建站单位开展引才、引智、引项目活动587场次，签署290项合作协议，落地854个项目，引进海外人才2232人。

开展广东中青年科学家上山下乡科技志愿服务行动，组织480多名中青年科学家赴德庆、仁化、茂名、阳江、河源、韶关、湛江、汕头、汕尾、惠州10个市县开展精准人才对接和科技服务，与基层企事业单位签订合作协议336项。

受中国科协委托，省科协牵头组织对辽宁省、吉林省、黑龙江省的6个双创基地进行双创示范基地建设和政策措施落实情况评估，并向广东省委、省政府提交《广东双创示范基地的启示报告》。牵头开展

《国家中长期科学和技术发展规划纲要（2006—2020年）》实施情况地方评估，完成《粤港澳大湾区〈国家中长期科学和技术发展规划纲要（2006—2020年）〉实施典型经验和关键问题研究》评估报告。

省科协推动中国工程科技发展战略广东研究院的工作，推进项目与资金管理制度化、规范化。围绕广东省战略性新兴产业发展“卡脖子”问题、广东省“一核一带一区”产业布局等重大问题，聚集中国科学院院士、中国工程院院士49名和国内一流科技研发人员80多名，组织开展15个项目的研究工作。

发挥科协系统优势，精准对口帮扶湛江市遂溪县岭北镇西塘村脱贫致富，实现脱贫率100%，村道路硬底化、村自来水、道路亮化工程等均100%到户。

《科学素质纲要》实施及科普信息化建设工作 联合省科技厅推动《广东省科学技术普及条例》立法调研、起草工作，在全国率先发布《2019—2020年度科技创新普及专题指南》，推动重大科技成果科普化。成立广东省科普新媒体联盟、广东省健康科普联盟，搭建科普创新发展新机制新平台。

加快科普信息化建设。省科协在农技协、农村科普示范基地、科普示范社区等基层单位新建科普中国e站107个，建立科普信息化试点县（市、区）9个。

推动重点人群科学素质提升。省科协联合有关部门单位举办第34届广东省青少年科技创新大赛、第19届广东省青少年机器人竞赛、第14届广东省青少年科学调查体验活动、青少年高校科学营广东营活动。省科协与有关部门单位联合举办广东省文化科技卫生“三下乡”活动，组织近200名专家开展集中服务，3000多名基层群众、青少年参加活动。开展广东省全国科技活动周、防灾减灾日暨全省科技进步活动月、食品安全宣传周等主题宣传活动。省科协及各科协组织及相关单位等联合举办全国科普日粤港澳大湾区分会场活动和第二届广东科普嘉年华暨2019年全国科普日广东省主场活动，近5万人次群众参观体验。省科协、省科技厅联合组织开展第十三届广东省科普作品创作大赛。省科协组织开展第二届广东十大科学传播达人评选活动。

开展广东省中国流动科技馆和科普大篷车巡展活动，累计接待参观群众24万人次。继续做好科技馆免费开放工作，将补助范围扩大到县级科技馆。开展广东省十佳科普教育基地评选活动，组建广东科普讲师团。联合省科技厅、省文化和旅游厅创建广东省科普小镇，推动科普教育与文化、旅游产业融合发展。加强科普信息员队伍建设，全省注册科普员68965人，分享科普文章74万余篇。

学术交流 5月18日，省科协、省科技厅联合举办岭南科学论坛·双周创新论坛，邀请200多位国内外专家开展主题演讲和对话交流。举办广东省科协第十七届学术活动月、广东院士讲坛等学术活动。

打造粤港澳科技合作交流平台，聘请一批香港特别行政区、澳门特别行政区科技界人士担任省科协特邀委员，开展港澳科技专家广东（珠海、湛江）科技志愿服务行动和港澳科技界、省科协港澳特邀委员迎春座谈会等活动。举办第15届泛珠三角区域科协和科技团体合作联席会议、世界湾区生态与环境高端论坛等学术论坛，组织第三届粤港澳青少年科技创新合作交流、绿色创科日及粤港澳大湾区机电业创科考察交流等活动，发起成立粤港澳大湾区科技创新联盟。组织香港特别行政区、澳门特别行政区和内地科技社团互访37批次，举办论坛、学会交流活动40多次。

服务科技工作者 5月30日，省科协组织召开广东庆祝全国科技工作者日暨表彰先进大会，向第十五届广东省丁颖科技奖获得者颁奖，向优秀科技成果奖获得者颁发证书。举办中国科学院院士卢永根先进事迹报告会，在全省科协系统开展向卢永根同志学习活动。联合各大媒体对大国院士、丁颖科技奖获得者、最美科技工作者等进行报道。

组织推进省科协“青年科技人才托举工程”项目，开展第十五届广东省丁颖科技奖评选和2019年中国工程院院士候选人推荐评审工作。完成第十六届中国青年科技奖、第二十二届中国科协求是杰出青年成果转化奖、第十六届中国青年女科学家奖、最美科技工作者等奖项候选人推荐评审工作。

推进科学道德与学风建设。指导全省150所高校、科研院所4万余人观看2019年全国科学道德和学风建设集中宣讲教育报告会。举办2019年广东省科学道德和学风建设集中宣讲报告会，邀请中国工程院院士何镜堂为全省700多名高校新聘任研究生导师、青年教师、研究生代表作宣讲报告。

落实在广东省工作院士专家意见“直通车”制度，省科协向省政府主要领导提交中国工程院院士吴清平、中国科学院院士魏奉思等的建议。组织专家开展广东科技工作者队伍规模与结构特征等调查研究，据初步统计，省科技工作者人数达803万人。被中国科协评为全国科技工作者状况调查站点“优秀区域责任部门”。

自身建设 实施《广东省科协系统深化改革实施方案》，制定广东省科协兼职副主席轮流定期驻会制度。制定《广东省科协干部挂职交流工作方案》，推进省、市科协干部挂职交流。

推进所属学会有序承接政府转移职能改革试点，配合省人力资源社会保障厅制定关于深化工程技术人才职称制度改革的指导意见和实施方案，支持相关学会开展测控仪器工程技术人才和网络空间安全工程技术人才职称评价工作。

制定《广东省科技社团创新发展五年工作规划(2018—2022年)》，重新修订《广东省科协团体会员管理办法（修订稿）》，进一步规范和加强对省科协团体会员的管理。对92家科技社团进行综合能力评估，评出五星学会9家、四星学会20家。

地市县及科协基层组织 截至2019年年底，全省21个地市科协党组已全部独立建制，119个县（市、区）成立科协，建立618个乡镇（街道）科协组织、1443个社区科普组织。

广州、中山、肇庆、韶关、梅州、茂名、东莞等市科协推进基层组织建设及提升基层科协组织力“3+1”工作取得阶段性成效，德庆、普宁、南雄、佛冈等13个县（市、区）实现辖区乡镇（街道）科协全覆盖，吸纳“三长”进入科协组织。

肇庆市全市8个县（市、区）、104个乡镇（街道）全部完成基层科协组织力“3+1”提升试点工作，吸纳312名“三长”进入科协各级组织。

广州市科协承办2019中国创新创业成果交易会，首次设立中国科学院专利技术成果拍卖会。

深圳市科协引入高水平团队20个、高端人才90多名，帮助孵化企业（机构）220家。承办2019中瑞产学研发展论坛，推动瑞典创新资源与中国产业对接。

珠海市科协制定《珠海市高端学术交流资助办法（试行）》。

东莞市科协举办2019“欧洲科创赋能东莞智造”海外项目专场路演会和2019欧创中国（广东）行活动。

汕头、汕尾市科协将院士工作站建设纳入市财政扶持计划。

省级学会、企业科协、高校科协 截至2019年年底，全省共有省级学会187个、园区科协15个、企业科协768个、高校科协71个，成立广东民办高校科协联盟信息学科与产业联盟。

省科协联合12个香港特别行政区、澳门特别行政区科技社团共同推动粤港澳大湾区工程技术人才专业资格互认工作，筹建广东工程师学会，推动建立符合国际规则的互认工作平台。

支持省级学会设立科学技术奖，扩大学会取得广东省科学技术奖提名资格的覆盖面，已有11家学会设立科学技术奖。

省标准化协会研制《广东省企业标准先进性评价》团体标准，为全国标准化工作提供“广东先进标准”样板。

省计算机学会举办主题为“才聚珠江，智AI中华”的紫为云·2019泛珠三角+大学生计算机作品大赛总决赛。此次大赛共有2万多名高校学生提交作品参赛，作品以AI、大数据和信息控制技术为主，涉及金融、医疗、教育、无人驾驶、新零售等多个领域。

省护理学会举办综合病例站点式护理技能大赛培训班，此次活动秉持“以赛促护、以赛促练、以赛促能、以赛促优”的宗旨，从OSCE（客观结构化临床技能考试）考核模式和综合病例竞赛理念与设计和竞赛专业技能模块展开，重点解读综合病例站点式技能大赛考核要点。全省500余名学员参加开班仪式。

【2019中国创新创业成果交易会】 6月21日，由中国科协、国家发展改革委、中国工程院、九三学社中央委员会、广东省人民政府、广州市人民政府共同举办的2019中国创新创业成果交易会在广州市开幕，活动由省科协和广州市科协承办。中国科协党组书记、常务副主席、书记处第一书记怀进鹏出席开幕式并致辞。交易会共展出1200多项海内外科研成果，有99个项目达成合作意向。会议首次设立中国科学院专利技术成果拍卖会。为支持大湾区科技成果转移转化，开幕前已在各基地举办16场推介活动，实现113个项目对接，87个项目签约。

【岭南科学论坛·双周创新论坛】 2019年，省科协联合省科技厅、省工商业联合会、省社会科学院举办20场岭南科学论坛·双周创新论坛。讨论内容涉及毫米波太赫兹技术、极限对地探测、益生菌产业发展、视觉健康、机器人、精准医学、绿色建造科技、科技金融等。邀请包括22位中国科学院院士、中国工程院院士在内的200多位国内外专家开展主题演讲和对话交流，1094家企业和5300多人次参与交流。举办项目路演32场，促成产学研合作意向6项。同步举办展会 4 场，参展企业 54 家，参展人员 4000 多人次，达成合作意向 350 多项。形成 7 份高质量的学术、产业发展报告，供政府有关部门、相关行业和企业参考。

【第二届广东科普嘉年华】 10 月 12—13 日，省科协联合省委宣传部、省科技厅等 10 个省直单位举办第二届广东科普嘉年华，围绕航天科技、人工智能、5G 技术、物联网等前沿科技热点及环境保护、卫生健康等民生领域焦点问题，以多元展示、互动体验、快乐参与为主要形式，打造“科普未来城”概念，让观众感受、畅想未来生活。活动展区超 5000 平方米，近百家单位、企业参展，共吸引 3.1 万人次入场参观体验。通过线上线下的宣传联动，吸引《南方日报》、中央广播电视总台、中国新闻社、腾讯网等 40 多家主流媒体，以及广东天气、科普广州等 40 多家科普新媒体参与活动宣传报道，活动总曝光量超过 1 亿。网络直播、科普答题等活动，线上线下参与人次超 250 万。

【第 34 届广东省青少年科技创新大赛】 3 月 29—31 日，第 34 届广东省青少年科技创新大赛在汕头市澄海区举办。来自全省各地科技教育工作者、师生及社会人士近 2 万人次参加大赛。大赛共收到来自全省 22 支代表队的近 1200 项作品，其中 307 项青少年创新项目、20 项优秀科技辅导员创新项目、10 项优秀科技实践活动项目和 30 幅优秀科幻画参加现场展评活动。大赛评出各类参赛作品一、二、三等奖，颁发 22 项专项奖。大赛推荐的作品参加 7 月在澳门特别行政区举办的全国创新大赛，总成绩并列全国第二。

【“共和国的脊梁——科学大师名校宣传工程”广东汇演活动】 9—10 月，由中国科协、教育部、共青团中央、中国工程院、中国科学院主办，省科协牵头省直有关部门联合承办“共和国的脊梁——科学大师名校宣传工程”广东汇演活动。组织中国地质大学、浙江大学、西北工业大学、天津大学 4 所高校的话剧演出团队，分别赴中山大学、深圳大学、汕头大学、广东医科大学等高校，演出《大地之光》等 4 部国家级的经典原创话剧，展现李四光、竺可桢等 4 位科学大师的光辉人生和感人故事，共演出 12 场次，观看人数超过 1.2 万人次。

（撰稿人：刘泽周）

广西壮族自治区科学技术协会

服务经济社会发展 开展决策咨询。组织重点课题研究 9 项、资助青年课题 30 项、收到“八桂科技英才建言行动”建言稿件 8 篇、开展 5 项“学术成果转化行动”，形成《科技创新智库成果专报》6 篇、《广西科技工作者建议》7 篇。其中，《关于应对我区非洲猪瘟疫情的建议》等 6 项智库成果获得自治区领导批示，并分别转自治区扶贫开发办公室、科技厅、农业农村厅、交通运输厅、卫生健康委等部门研究落实。提交 7 篇政协提案获答复办理，其中《关于加强我区公民科学素质建设的建议》被列为重点督办提案。

启动实施“全国学会专家入桂行”活动。促成中国有色金属学会与百色市人民政府，中华中医药学会与北海市人民政府，中国生物工程学会与贵港市人民政府签订合作协议；促成中国汽车工程学会支持贵港市举办中国（贵港）汽车产业发展论坛，苏州高迈新能源有限公司投资建设年产万辆新能源专用车等 6 个项目在当地签约落地。发挥中欧生命科学联盟广西工作站等“海智计划”工作站的作用，促成海智专家王泽峰、刘震等海外人才回国交流和服务。

各级科协指导组建专家工作站 24 个，全年组织进站专家 11212 人次。组建专家服务团队 39 个，参加服务团队专家 1007 人次。通过“提质增效”项目，支持 10 个学会、企业科协、高校科协开展院士专家工作站建站工作，批复建立南宁市第四人民医院、广西富凤农牧集团有限公司院士专家工作站。对接粤港澳大湾区，成立桂深科技创新联盟。在南宁、柳州等 8 个设区市开展 18 场一线创新工程师培训、创新方法带题培训或深度培训班，惠及企业 50 多家，一线创新骨干 1200 多名。

全区科协系统全年完成扶贫产业科技培训 10.1 万人次，自治区科协组织科技助力精准脱贫专家团重点在深度极度贫困地区开展培训，共在 32 个县（市、区）培训 49 期，培训贫困农民 5302 人次。全年动员组织 316 名各级学会专家开展产业技术培训和服务 142 场次，培训服务贫困农民 1.1 万人次。聚集中国农技协、自治区科研院所和高校的科技与人才资源，依托自治区甘蔗、桑蚕、芒果等一批特色优势农业产业，试点建设 7 个科技小院，助力脱贫攻坚、乡村振兴和农业高质量发展。引入养殖企业推动定点帮扶贫困村，建设以“微生物+”为核心的现代生态种养殖模式示范点34个。开展“党旗领航——百名专家走基层”活动服务脱贫攻坚，全年参与活动的自治区级学会65家，开展活动295场，受益人数8000人次。自治区科协定点帮扶的平果市果化镇巴龙村实现整村脱贫摘帽。

《科学素质纲要》实施及科普信息化建设工作 争取自治区党委、政府将全民科学素质工作纳入14个设区市的绩效考核体系，完善推进公民科学素质提升的方式和考核激励模式。制定《广西公民科学素质提升两年行动计划（2019—2020）》，印发《广西乡村振兴农民科学素质提升行动实施方案（2019—2022年）》。2019年广西公民科学素质抽样调查结果显示，自治区具备基本科学素质的公民比例为6.82%，同比2018年提高0.74个百分点，提升幅度为12.2%。

截至2019年年底，自治区在中国科协科技志愿服务信息平台注册通过的科技志愿者共5494人，全国排名第10；注册通过的科技志愿服务组织共514个，全国排名第3。

各级科协和自治区级学会举办科普宣讲活动6210次，科普活动受众人数431.78万人次。开展系列品牌科普活动，联合多部门举办全国科普日广西活动暨“八桂科普大行动”“八桂科普大讲堂”系列讲座，以及“科普中国——科学大咖面对面”“科普进党校”等活动。针对多地频发的一氧化碳中毒事件、非洲猪瘟和北流市发生5.2级地震等突发事件，组织各市级科协开展应急科普宣传。

全区举办青少年科技竞赛163次，参加竞赛的青少年73.42万人次，获奖人数4.69万人次。分别在南宁市、梧州市举办第三届“一带一路”青少年创客营与教师研讨活动、第18届广西青少年机器人竞赛暨东盟国家青少年机器人邀请赛等多场国际性青少年科技交流活动，来自41个国家、地区和国际组织的350余人参加。广西青少年科技创新活动、青少年科学节全区联动参加人数均超过100万人次，自治区青少年科技创新大赛的参赛人数覆盖率达10.09%，全国排名第5。

全区科技馆全年接待参观人数215.68万人次。流动科技馆巡展受众人数157.06万人次。科普活动站（中心、室）885个，全年参加活动（培训）人数57.84万人次。科普大篷车全年下乡次数865次，行驶里程24万千米，受益人数47.55万人次。举办实用技术培训1309次，接受培训人数11.85万人次。推广新技术新品种278项。

各级科协和自治区级学会编著科技图书45种，印数23.21万册。主办科技报纸3种，印数650.16万份。制作科普挂图122种，印数23.69万份。制作科技广播、影视节目13套，播放科技广播及影视节目总时长176万分钟。

与广西网络广播电视台联合拍摄公益科普系列片。开通“大众科普”App，构建网站、手机、信息大屏、微博微信“四位一体”的数字科普传播体系，提高科普公共服务能力。争取中国科协支持自治区成立中国—东盟科普国际交流中心。协同自治区生态环境厅命名12家单位为第一批自治区生态环境科普基地。全区建成科普中国e站622个。科普画廊建筑面积2.44万平方米，全年展示面积6.01万平方米。主办科技网站13个，全年浏览量1361.77万人次。主办科普App或设置科普栏目的综合类App 2个，科普App更新频次21次，主办科普微信公众号20个，关注人数18.88万人。主办科普微博6个，粉丝数2.31万人。

学术交流 自治区科协举办第九届中日水环境技术交流活动暨第二届中日韩水资源发展论坛、第九届中国－东盟工程项目合作与发展论坛、2019中国－东盟防灾减灾科学传播高峰论坛、2019中国－东盟汇商聚智高峰论坛高端对话、2019中国（贵港）汽车产业发展论坛、全国科学院科技成果联展、2019广西甘蔗产业高质量发展峰会、南方肥料产业发展与耕地质量建设论坛、世界大跨度拱桥建设技术大会、第八届广西青年学术年会等一系列高端论坛活动，来自超过12个国家和地区的5000人次参加会议，出席的中外院士达到51人次。

举办国内学术会议191场次，其中学术年会106场次，参加会议人数43413人次，交流论文、报告6844篇。举办境内国际学术会议14场次，参加人数5625人次，其中境外专家、学者236人次，会议交流论文、报告302篇。

服务科技工作者 向省部级（含）以上科技奖项、人才计划（工程）举荐人才191人次，向省部级（含）以上科技奖项推荐项目70项。表彰奖励科技工作者3053人次，其中女性科技工作者1432人次，45岁及以下科技工作者1546人次。截至2019年年底，建立科技工作者状况调查站点76个，报送科技工作者站点信息篇数260篇。通过媒体宣传科技工作者1853人次，其中中央和省级媒体宣传科技工作者808人次。

组织全区近2万名高校师生和科研院所青年科技工作者观看全国科学道德和学风建设宣讲报告网络直播；邀请中国科学家精神报告团成员深入南宁市、桂林市的14所高校、中学作宣讲报告，约7000名师生参加。与多家媒体合作，打造《广西科技群英谱》《爱国情·奋斗者》《“创争”力量》《“杰工”荣光》《最美科技人》等栏目及专题，推出近100人次的系列优秀科技人物宣传报道。5月30日，举办2019年全国科技工作者日广西科技工作者座谈会，邀请2019年度广西科技进步奖、首届广西创新争先奖、首届广西杰出工程师奖等奖项获得者约130人参加，向全区2322.8万手机用户进行科学家精神宣传。

自身建设 2月20日，广西壮族自治区科协八届常务委员会第一次会议在南宁市召开。会议传达中央书记处领导讲话精神、中国科协九届全国委员会第六次会议精神等内容，审议《自治区科协八届一次常委会工作报告》和《广西壮族自治区科学技术协会学会组织通则》（2019版），审议通过接收广西无人机技术应用协会为自治区科协团体会员。

截至2019年年底，全区科协系统完成改革任务1660项，占全部改革任务的88.7%。其中，自治区科协深化改革任务完成率为100%，设区市科协深化改革任务完成率为98%，县级科协深化改革任务完成率为86.2%。改革后全区市县科协机关、事业编制共605个，实际在编在岗701人，聘用人员145人。其中，全区科协系统通过此次深化改革，增设部室10个，增设直属事业单位2个，增加机关和事业编制各10个；通过优化组织结构、政府购买服务、柔性引进等方式，增加工作人员16名。

地市县及科协基层组织 自治区共有地级市科协14个，县（市、区）科协111个，街道（社区）科协279个，乡镇科协704个。截至2019年年底，全区市县（市、区）乡镇三级科协共有兼职副主席2694人，其中兼职副主席的“三长”人员2341人，占比87%；“三长”人员在各级科协组织的覆盖率达到75%。发展中国－东盟信息港股份有限公司、中国石化北海炼化有限责任公司等国有大型企业成立企业科协。全区12个设区市科协通过召开代表大会，提高科协领导机构中基层科技工作者代表的比例。

南宁市科协助力南宁企业建成国家级创新平台1个，省部级创新平台5个；参与国家级科技项目1项，自治区级科技项目7项，获省部级科技奖项11项。柳州市科协组织开展第一届柳州市青少年科技创新市长奖的推荐、申报、评选、颁奖等工作，评出第一届优秀学生奖10人，优秀教师2人。桂林市公民具备科学素质的比例从2018年6.3%提高到2019年的7.0%。梧州市科协承办的第18届广西青少年机器人竞赛暨东盟国家青少年机器人邀请赛在梧州毅德国际博览城举办。北海市科协为8家企事业单位提供技术改造、项目引进、人才引进等工作，与北京科技大学等多所高校和科研院所进行洽谈和合作，签订合作协议15项，为企业解决技术难题12项，开展技术攻关项目10项。防城港市科协落实群团改革任务，吸纳“三长”代表进入科协领导机构兼职。河池市科协指导宜州区然泉公司院士专家工作站升级认证为国家级院士专家工作站。来宾市和钦州市的市县乡三级科协“三长”提前一年实现全覆盖。崇左市科协开展中越科技（科普）交流合作活动，推动双方在科技、环保、农业等多领域合作。

自治区级学会、企业科协、高校科协 全区共有自治区级学会（协会、研究会）114个，新增1个；高校科协39个，企业（园区）科协501家，同比增长47%。其中，新增企业科协122家，园区科协5家，企业科协联合会1家，企业科协工作站34家。自治区科协下设基层农技协1860多个，个人会员36.7万人。其中，新建农技协51个，在贫困县新建21个。

省学会与84家企业、51家高校、33家科研院所开展产学研合作，建立长期合作机制的有51家，设立的36个工作站点在运行当中，促进38个项目落地企业、高校、科研院所。学会开展承接政府转移职能工作共157项，政府购买服务24项；承接科技评估529项，承接技术标准制定9项；承接职业资格认定3项。

广西气象学会推动落实自治区气象局与自治区科协签订的《广西壮族自治区气象局关于与自治区科学技术协会签署战略合作协议的报告》获得中国气象局3位领导的批示。广西农学会举办“礼赞共和国、智慧新生活——广西绿色农业行”活动，共开展重点活动4项，专家参加服务56人次，公众参与人数达3000人次，发放科普读物和资料2000份，培训农民500多人次。

广西轻工协会开展中泰糖业技术交流座谈会，邀请泰国农业大学教授Wirat Vanichsriratana带领泰国糖厂专家23人到自治区交流。

【第九届中国－东盟工程项目合作与发展论坛】

9月18日，由自治区科协联合中国国际科技交流中心等单位主办的第九届中国－东盟工程项目合作与发展论坛在南宁市举办。来自中国、马来西亚、柬埔寨等多个国家防灾减灾领域的专家围绕“防灾减灾工程技术”的主题，紧扣中国与东盟国家的自然灾害成灾特点、防灾减灾研究科技成果和防灾减灾经验进行交流探讨。会上分别举办论坛项目签约仪式、论坛主旨报告、向院士专家和论坛主旨报告主持人赠送纪念证书仪式以及两个平行分论坛活动。来自防灾减灾研究领域的专家、学者及相关研究人员，媒体、高校、企业代表，学会代表等300多人参加会议。

陈运泰在报告会上介绍地震成灾机理、人类对地震发生过程开展研究的意义、做地震破裂过程反演的理论和方法等内容；Men Den（缅登）以《柬埔寨自然灾害防治与持续发展》为主题，介绍柬埔寨面临的地质和气象风险，灾害方面的信息，以及对资源的开发利用和相关的政策；钱维宏向与会者分享其最新研究成果——定位干旱、热浪、低温、冻雨、雷电、山火、龙卷风、台风、飓风、雾、霾等极端天气的新方法；林伟豪以“东南亚灾害管理”为主题，分析中国与东盟国家容易发生哪些自然灾害以及各个国家在应对自然灾害中的经验做法等内容；高孟潭从创新驱动风险防控、中国在防灾减灾方面的具体行动等几个方面作介绍。此次论坛促使自治区气象局和北部湾大学，广西安讯科技股份有限公司和浙江大学华南工业技术研究院智慧城市研究中心分别达成项目合作意向，并现场签订合作协议。

【2019年全国科普日广西活动暨八桂科普大行动】 9月12日，2019年全国科普日广西活动暨八桂科普大行动在南宁市启动。活动主题为“礼赞共和国、智慧新生活”。活动分为自治区本级以及各地系列联合活动。自治区党委副书记孙大伟、自治区副主席费志荣以及各主办单位、承办单位和协办单位的有关负责人出席启动仪式，来自各地的群众及学生数百人一同参加启动仪式。启动仪式上，为2019年广西最美科技工作者和第七届广西青少年科技创新奖获得者颁奖。活动围绕航天科技、人工智能、5G技术、工业互联网等前沿科技热点及环境保护、卫生健康、食品安全等民生领域焦点问题进行科普，包括全国科技馆联合行动、乡村振兴农村科普联合行动、社区科普联合行动、校园科普联合行动、企业科普联合行动等十大专题。全区各地打造的350多项重点科普活动，涵盖百列动车主题科普宣传活动、“我是小小科学家”系列活动、八桂科普大讲堂、广西青少年科技运动会、农民教育培训行动、学生技能竞赛、“药用植物与植物”科普宣传活动、2019中国－东盟防灾减灾科学传播高峰论坛等。同时，以“科普中国”品牌为引领，开展全国科普日广西活动暨八桂科普大行动直播等网上科普日活动。

（撰稿人：吕　游　陈启浩）

海南省科学技术协会

服务经济社会发展　省科协组织医疗卫生、农业、林业等多领域专家，围绕南繁、深海、航天、椰子、槟榔、橡胶、热带雨林等省委、省政府中心工作建言献策。形成《关于全球动植物种质资源引进中转基地建设的建议》等7份建议书，向省委、省政府报送科技工作者建议14篇，其中9篇获省领导批示，向省委宣传部报送2篇政策建议。

开展科技助力精准扶贫。省科协研究出台《琼中黎族苗族自治县黎母山镇握岱村2019年度脱贫攻坚实施方案》和《握岱村2019年乡村振兴工作方案》，联合琼中黎族苗族自治县科协，制定帮扶措施，投入8万多元，采购200箱蜂种，依托基地培训养蜂技术骨干3人，开展扶贫培训5期（含实地指导），受益人数达100余人次，带动44户建档立卡贫困户增收脱贫，完成定点帮扶村的扶贫工作，握岱村整村退出贫困村队伍。

积极参与海南自贸区（港）建设。省科协成立海南省科协推进自由贸易试验区（自由贸易港）建设领导小组，推动国际离岸创新创业示范区政策制定，引进4家公司进驻复兴城国际离岸创新创业基地，聘请7名国内外院士和1名国家杰出青年科学基金获得者为海南省特聘专家，引进16名北京医生落户海南医学院、三亚市人民医院开展医疗援助工作。推荐美国北伊利诺伊大学商学院、海南籍海外学者林海英作为杰出人才引进海南大学国际旅游学院。

省科协结合海南省“陆海空”重大科技计划和产业重点，新增设立海南大学、海南生态软件园等7家海南省“海智计划”工作站。结合海南自贸区（港）相关领域的国际科技交流与合作，开展面向欧洲、美国、日本等地区和国家，“一带一路”沿线国家特别是东南亚国家的科技交流与合作，推动离岸创新创业示范区设立以及相关创新创业活动。增设4家海南省海外人才联络站，推动海南大学“海智计划”工作站获批设立海南省（外籍）院士工作站。推动并签署设立外籍院士工作站协议。推动中国热带农业科学院热带生物技术研究所、海南移动、海南大学等单位和澳大利亚工程院院士Rob、英国皇家工程院院士王江舟和德国汉堡科学院院士张建伟等建立合作关系。依托“海智计划”工作站，重点与东南亚国家在热带农业、生物多样性和海藻资源利用及遥感数据等方面开展交流与合作。开展与香港特别行政区、澳门特别行政区、台湾地区的科技交流与合作，融入粤港澳大湾区科技创新体系建设。

省科协组织省级学会等相关单位注册27个志愿团队，注册志愿者400多人。开展100多项科技志愿服务活动，累计服务时长1000多小时。

《科学素质纲要》实施及科普信息化建设工作 省科协增加《科学素质纲要》办公室成员单位，成员单位从24个增至28个。举办两期全民科学素质网络大赛活动，参与人数达93.8万人次。举办2019海南省全国科普日科普主题展，40多家科普产业企业、省级学会、农技协优质产品参展。举办10期“科普大讲堂”，现场参与人数3000多人，通过网络直播收看人数232万余人次。与省广播电视总台合作开展“百姓科普汇”在线直播及网络直播活动，参与人数达28.76万人次。加强与中国科学技术馆的联系与沟通，为海南省争取6所农村中学科技馆建设项目。联合省文联等单位，组织专家和科技工作者开展送科技、送文艺、送温暖“三下乡”活动。联合省发展改革委、海口市城建集团有限公司、文昌市人民政府等单位，推动省科技馆的建设。联合省委组织部、省人力资源社会保障厅、海南广播电视大学等单位，在海南省干部在线学习平台开辟“科普知识”专栏，在海南行政机关公务员在线学习网开设科普知识课程，在海南党员干部现代远程教育平台开设“科普中国”专栏。为全省110万IPTV（交互式网络电视）用户提供科普知识服务，推动《科普中国》入驻海南有线电视点播频道，覆盖全省50多万点播用户。联合省委组织部，利用远程教育平台覆盖全省各行政村，开展科普资源共建共享活动。联合省电视台开辟《科普一分钟》栏目，全年共播出365期。举办第五届奥秘万千·海南省青少年科普知识大赛、第31届海南省青少年科技创新大赛、2019年海南省青少年机器人竞赛。

6月28—29日，由省科协、省教育厅共同主办的第十二届海南省青少年“科普小先生”演讲比赛在海口市举办。全省22支参赛队、80名选手参加比赛。大赛主题为“科学饮食，健康生活”，经过专家评审，评出一等奖12名、二等奖28名、三等奖40名。

学术交流 11月19日，省科协联合中共海南省委人才发展局在海口市主办以“创新驱动自贸建设 产业引领海南发展”为主题的海南自贸区（港）南繁·深海·航天“陆海空”科技创新和产业发展国际合作交流大会。来自中国、英国、德国、加拿大、美国等14个国家的9名院士和300多名专家、学者参与交流。副省长王路出席大会并致辞。大会签约项目8个，促成5家国际国内卫星企业及研究机构落户三亚市，促成南繁种业和中国热带农业科学院与东盟国家的科技合作。推动国家胚胎研究中心的设立，推动智能海洋装备制造团队的组建。形成并上报《关于深海科技产业发展与国际合作的建议》和《关于商业航天产业发展与国际合作的建议》等建议书。

11月25—27日，省科协在海口市举办海南橡胶·槟榔·椰子“三棵树”产业科学发展研讨会，来自国内外的150多名“三棵树”产业领域的专家、学者、企业家及市县领导参加研讨会，为“三棵树”产业发展建言献策。会议签约“农业科技合作”“海南航冠智能科技有限公司股权转让”和“热带农业科学数据研究中心建设项目”3个合作项目。形成《关于促进海南天然橡胶产业健康可持续发展的建议》等4份建议书。

组织完成2019年度创新驱动助力工程项目的评审工作，下发《关于确定2019年度海南省科协学会学术项目的通知》，共评选出创新驱动助力工程项目38项。

服务科技工作者 省科协与海南电视台联合录制播出电视专题节目《最美科技人》，全年共计录播24期。开展2019年海南省科协中国工程院院士候选人推选工作。联合省委组织部、省人力资源社会保障厅、团省委共同开展海南省中国青年科技奖推荐与评选活动。开展第八届海南省优秀科技工作者评选工作。

自身建设 制定《省科协贯彻落实〈关于进一步加强党员干部纪律教育工作的意见〉的实施方案》，组织党员领导干部上廉政警示教育课，组织30余名党员干部观看《伸手必被捉之二》《蝇贪蚁腐之害》《强力破“网”打“伞”深化扫黑除恶》《“象牙塔”里的

“硕鼠窝”》等警示教育片，参观警示教育基地，旁听一场海南省第一中级人民法院庭审警示教育活动。

省科协出台《海南省科协系统深化改革实施方案》，落实13个重点改革任务和79项具体改革措施。指导75家省级学会设立党支部，向8家省级学会指派党建工作指导员，加强学会党建工作的指导。指导三亚、万宁、儋州等16个市（县）出台深化改革方案，建立乡镇（社区）科协83个。

省科协制定《海南省科协提升基层科协组织力“3+1”试点实施方案》，确定3个市（县）科协为首批全面开展“3+1”试点单位。对全省市、县、乡镇科协组织机构、领导机构、人员队伍、工作开展等情况进行全面普查。对“三长”进入县（乡镇）科协领导机构的数量和作用发挥情况进行调研，推动“3+1”工作列入市（县）科协深化改革方案。

省科协贯彻落实《中国科协教育部关于加强高等学校科协工作的意见》要求，促成海南医学院、海南大学、海南师范大学、三亚城市职业学院、海南软件职业学院、海口经济学院6家高校成立科协组织。

地市县及科协基层组织 截至2019年年底，海南省市县（区）科协组织共有22个，乡镇（社区）科协83个，农技协161家。

琼海市科协以《科学素质纲要》为抓手，组织开展各类科普活动8次，发放各类科普资料5.8万册。联合海南省科技活动中心开展中国流动科技馆琼海巡展活动，参加人数约4万人次。

白沙黎族自治县科协围绕科技扶贫工作，举办实用技术培训18期，其中橡胶冬春综合管理培训9期，电商知识培训3期，养蜂技术培训3期，槟榔种植、咖啡种植、茶叶采摘各1期，培训农民共1437人次。

儋州市科协开展加强与科技工作者联系活动，全年走访一线科技工作者80人次，帮扶贫困户、退休老干部、老干部遗属46人次。走访农技协、科普示范单位、合作社等20次。

海口市科协开展“科技活动月”活动，发放科普环保袋300个、科普书籍500余册。举办4次农村科普大集市，4期农村专业实用技术培训班，以及青少年“七巧科技”竞赛活动。开展10场预防登革热科普宣传活动及2场非洲猪瘟科普知识讲座。

三亚市科协举办莲雾栽培技术培训班3期，共培训300人次；举办百香果技术交流推广现场会2次、猫山王榴莲种植推广会1次，参与人数累计达1200人次；举办第二届三亚莲雾节，累计受众5万人次。联合社会组织，采用“企业+基地”“企业+合作社”模式，带动贫困人口增产增收。

五指山市科协召开第二次代表大会，选举产生新一届领导班子。

省级学会、企业科协、高校科协 省电子学会承接“海南海事局沿海甚高频通信系统改扩建工程通信覆盖效果测试与分析”项目；省环境科学学会承接“海南省排污许可证管理制度技术研究”项目；省气象学会承接“海南省雷电防护装置检测技术人员能力评价测试”项目；省人工智能学会承接“海口市商务与会展产业智慧服务平台初步设计及概算编制邀标及评审”项目；省质量学会全年承接工业和信息化部科技司、省卫生健康委等10多个政府部门委托，累计实施工业质量品牌建设、项目调查等项目14项。

截至2019年年底，全省企业科协共有10家，高校科协6家。

三亚城市职业学院科协全年派出教师参加培训与学术交流30余人次，与其他企事业单位合作开展科研项目4项。

海口经济学院科协出台《海口经济学院横向科研项目管理办法》，修订《科研工作量管理办法》等规章制度。

海南医学院科协举办院士学术讲坛、国家自然科学基金申报动员讲座、国内外专家学术报告等20余场。举办“一带一路”热带医学联盟（BRTMA）第二届热带医学高峰论坛、第四届亚太国际急诊论坛暨海南省医学会急诊医学专业委员会2019年学术年会。

海南矿业科协与北京科技大学签约共建科研平台，开展高级人才培养和科技创新研究合作，公司院士工作站获省科技厅审批，申报的6个专利项目获受理。

海口力神咖啡饮品有限公司科协开发2个新产品——醇香咖啡、16克特浓咖啡，为企业增加销售收入400多万元。申报实用新型专利4项。

【世界新能源汽车大会】 7月1—3日，由中国科协和海南省人民政府联合主办，省科协等单位承办的世界新能源汽车大会在琼海市博鳌镇举办。省科协配合大会组委会做好大会的各项综合协调服务工作，开展“我心中的未来汽车”绘画大赛。举办2场科普大讲堂——新能源汽车讲堂，特邀4位国内新能源汽车专家授课，参会人员达600余人，网络直播观看者超4.8万人次。大会期间，开展招商引资和项目对接活动，省政府领导分别与保时捷、华为、西门子、比亚迪等 11 家企业开展“一对一”商务洽谈，在总部经济建设、清洁能源汽车推广、5G 网络、充电基础设施建设、绿色氢能源示范中心建设等方面达成一系列初步合作意向，服务海南省经济发展。

【第 31 届全国青少年科技创新大赛】 经各市（县）学校层层选拔，大赛组委会收到参赛作品 597 项，其中青少年科技创新项目 301 项，科技辅导员创新项目 58 项，科技实践活动 50 项，少年儿童科学幻想绘画 188 幅。经过组委会初审，评出省级青少年科技创新项目科协主席奖 6 项、一等奖 45 项、二等奖 96 项、三等奖 160 项，10 名优秀科技教师和 10 个优秀组织奖。省科协组织获奖者（项目）参加第 31 届全国青少年科技创新大赛，最终获得一等奖 1 个、二等奖 2 个、三等奖 5 个的成绩。海南华侨中学李昂的《自动到户的物流系统》获得“十佳最受公众喜爱展位”称号。

（撰稿人：陈　理）

重庆市科学技术协会

服务经济社会发展 市科协完成重庆智汇旅游科学技术研究院的登记注册工作，支持重庆科技学院建设重庆市创新文化研究中心，市科协宣传部成为中国工程科技发展战略重庆研究院项目征集办公室。聚焦重庆市高质量发展指标体系构建、数字经济发展趋势及路径选择等设置 20 个重大课题，强化高端学术会议成果提炼，报送专报 30 篇，17 篇获省部级领导批示。推动创新发展有新突破。参与承办第二届中国国际智能产业博览会数字经济百人会、牵头承办 2019 重庆英才大会。中国科协批准重庆市两江新区为国家海外人才离岸创新创业基地，加快筹建中国科协重庆技术交易与服务中心。新建市级院士专家工作站 6 家，总共 89 家；新建海智计划工作站 5 家，总共 33 家。重庆市科技工作者众创之家举办双创活动 404 场，新入驻孵化项目（企业）51 个（家），申请知识产权 52 件，获得“2019 中国 100 家特色空间”称号。“十百千”志愿服务区域发展行动深入开展，“两学一产”协同创新机制成效初显，推动高校科技资源与区县企业精准对接，开展一线创新工程师培训和新一代信息技术师资培训，累计开展创新服务活动 150 余场次。

科技助力精准扶贫纵深推进。大力实施科技助力精准扶贫“六个一”工程，万州区龙驹镇获评全国“十佳”科技助力精准扶贫示范点。在 18 个深度贫困乡镇开展科技帮扶活动 60 余场次，举办 2 期深度贫困乡镇中小学生科技营，144 名师生受益。常态化开展院士专家走进区县、农科专家急诊室、流动科技馆、科普大篷车等活动。举办农业科技专家助力脱贫攻坚专项活动。承担中国科协农村专业技术服务中心“智爱妈妈”项目，组织专家赴梁平区、丰都县开展活动 2 场次，受益 500 余人。组织开展“科技助力精准脱贫与乡村振兴有机衔接”课题调研，得到市委常委、万州区委书记莫恭明批示。市科协全部完成中央脱贫攻坚专项巡视反馈意见的整改任务。

《科学素质纲要》实施及科普信息化建设工作 认真履行全民科学素质纲要实施牵头部门职责，统筹开展科学教育、传播和普及活动。市科协委托中国科普研究所开展年度调查，2019 年重庆市公民具备基本科学素质比例达到 9.02%，同比提高 12.6%。

市政府印发加快建设区县科技馆实施方案，加速区县科技场馆建设；重庆科技馆开馆 10 周年，累计接待市内外观众超过 2000 万人次。实施“社区科普大学示范教学点提升行动计划”，打造 100 家社区科普大学示范点；开展科普进社区活动，推动科普元素与社区融合；重庆医科大学附属儿童医院、礼嘉智慧公园被授牌“科普中国共建基地”。

科普品牌活动覆盖广泛。举办全国科普日、防灾减灾日、科技活动周、公民科学素质大赛等品牌活动，其中在全国科普日期间，全市举办各类科普活动 3800 余项，在重庆科技馆举办的主场活动 2 天接待市民近 6 万人次。科普大篷车渝州行覆盖 8 个偏远区县的 40 余所学校；中国流动科技馆巡展活动在 7 个区县累计开放 215 天。

科普服务措施不断创新。新编撰《高新技术知多少》《健康真相知多少》《应急避险知多少》等科普读物，免费向市民发放 2 万余本；发挥科普文化重庆云平台的资源整合和精准推送作用，打造科普重庆中央厨房科普资源数据库；在上游新闻、《重庆科技报》和主流门户网站、区县电视台开展“求真求证”科普宣传活动。1792 个科普文化重庆云信息资源终端全年采集推送科普信息内容资源 15.76TB，总访问量达到 545.8 万人次。

青少年科技教育蓬勃开展。承办第十九届中国青少年机器人大赛暨 2019 世界青少年机器人邀请赛，大赛把“赛”“展”“会”有机结合起来，加入“科教论坛”和“机器人教育产业展览”两大内容，重庆市参赛队伍共获一等奖6项、二等奖15项、三等奖12项。举办第34届重庆市青少年科技创新大赛、第二届重庆市青少年STEAM科创大赛、第六届全国青年科普创新实验暨作品大赛片区赛等8项青少年赛事，选拔80个项目参加全国性比赛；科普校园行活动举办258场次，受益师生超过100万人次。

学术交流 市科协在涪陵区举办2019年重庆市科协年会；支持举办2019中国云计算和物联网大会、2019中国肿瘤学大会、第三届国际前沿科技创新大会等国际国内高端学术会议。全年市科协主管的学（协）会共组织学术活动750余场次，参加人员18.6万余人次，其中国际性学术交流活动9场，全国或区域性学术交流活动37场，发表学术论文14095篇，获得全国性学会奖励10余项。推动国际和港澳台地区民间科技交流与合作，组织赴俄罗斯洽谈海外技术合作平台等4个团组。举办第十届海峡两岸青年学子科技交流活动、第七届台湾大学生重庆实践活动，组织参加第十八届海峡两岸大学生辩论赛。举办中国科协2019年海智计划联席会暨基地工作会。开展2019年市科协自然科学优秀学术论文评选，共评选出优秀学术论文64篇。2019年，重庆市有4个期刊入选中国科技期刊卓越行动计划。

服务科技工作者 重庆市机构编制委员会新批准在市科协设立公益一类事业单位重庆市院士工作服务中心（正处级），在2019年院士增选中重庆市1名外籍专家当选为中国工程院外籍院士，全职引进德国科学院院士、中国工程院院士各1名；向中国科学院提出成立重庆市院士联络处的申请，承接中国科学院学部咨委会会议；举办程天民院士人文艺术作品展。成立重庆市女科技工作者协会。

开展全国科技工作者日活动，全市举办系列活动42场，发布各级各类新闻媒体报道2100余篇（次）；举办首届创新争先奖表彰暨先进事迹报告会，10个先进集体、98名先进个人受到表彰。

组织开展中国青年女科学家奖、重庆市十佳青年科技奖等奖项评选，重庆吉芯科技有限公司高性能数据转换器IC创新技术团队荣获第十六届中国青年女科学家奖团队奖，中国人民解放军陆军军医大学教授许力凡入选2019年度未来女科学家计划。

加强科技工作者状况调查站点管理，组织完成调查问卷1060份，向中国科协报送科技工作者状况信息103篇，完成成渝经济区实施《国家中长期科学和技术发展规划纲要（2006—2020年）》情况评估等专项调查。市科协被中国科协评为优秀区域责任部门，4个站点被评为优秀调查站点，5名站点负责人被评为优秀调查员。

自身建设 开展“不忘初心、牢记使命”主题教育，开展集中学习研讨17次；召开26场座谈会，形成8份调研报告；检视43个问题，明确113条整改举措；理论成果《共产党人要把不忘初心牢记使命作为终身课题》《不忘初心、牢记使命“三望”强“三感”》在《重庆日报》《当代党员》上发表；在中央第十指导组对重庆市主题教育评估中，全市及市科协的6项指标测评结果均为“好”。围绕“科协发展”主题举办第四届科协改革研讨会，征集论文230余篇。

加强基层组织建设。联合市委组织部等部门出台《关于进一步深化基层科协组织“三长制”改革的意见》，2260名“三长”担任区县、镇街科协班子成员。以“三长制”改革为突破口提升科协组织力，中国科协改革试点单位永川区和石柱土家族自治县通过评审，酉阳土家族苗族自治县科协入选全国“十佳深化改革县级科协”。市科协科技社团党委完成换届，工作经验在市委办公厅《工作情况交流》上刊发。组织开展庆祝建党98周年活动，表彰15个先进党支部、31名优秀共产党员和16名优秀党务工作者。

科技服务中心服务科协事业发展，在科协系统大事要事中发挥作用。推进国有资产集中统一监管，聚合重庆中科普传媒发展股份有限公司、重庆课堂内外杂志社出版有限公司、《重庆科技报》社有限公司等资源，组建重庆科普文化产业(集团)有限公司，打造市级科普文化产业投资运营平台。

区县（自治县）科协及科协基层组织 全市38个区县（自治县）和万盛经济技术开发区均成立科协，乡镇（街道）科协约1016个。重庆市农村专业技术协会联合会所属各级农村专业技术协会1091个，会员30万余人。

沙坪坝区科协围绕医疗、新能源、新材料、智能生物制造等重点产业发展举办沙磁创新论坛6场；巴南区科协在全区开展创新争先大赛；九龙坡区科协举办2019重庆市科技创新成果对接会、2019智能生态与数字平台技术应用交流峰会等活动；永川区科协举办重庆市智能制造产学研联合体成立大会暨智能制造技术发展论坛；长寿区科协联合区总工会、区人力资源社会保障局举办2019年创新争先技术能手和“光影中的劳动美”表彰活动；石柱土家族自治县科协组织2019年科技创新助力石柱乡村振兴活动；江北区科协新修订《重庆市社区科普大学江北分校评级管理办法》《江北区社区科普大学示范教学点提升行动计划》；酉阳土家族苗族自治县科协牵头建成县青少年科技创新教育中心；江津区科协在四面山建设自然科普基地，江津科技馆累计接待游客25万余人次；彭水苗族土家族自治县科协组织42家农技协全年帮扶贫困户1103户，共4560人。

市级学会、企业科协、高校科协 截至2019年年底，市科协主管或联系的市级学（协）会有158个，其中理科25个、工科45个、农科15个、医科36个、交叉学科37个；属市科协业务主管的学（协）会128个，属市科协团体会员的学（协）会30个。新成立2个学会，接收重庆市科技创业投资协会为市科协团体会员。全市企事业科协共有770余家。成立三峡库区高校科协联盟。

市科技青年联合会等15个学会完成换届选举。对2018年限期整改的5个“问题学会”进行复审，其中3个学会完成整改，2个学会被提请注销登记。

市工业设计协会举办双创周创业分享活动；市妇幼卫生学会举办2019年中华医学会围产危重症及新生儿复苏培训班；市老科学技术工作者协会赴黔江区、秀山土家族苗族自治县开展义务教育和产业扶贫调研；市现代五金“两学一产”联合体组织企业参加国内外多项专业展会推介产品、切磋技艺；市水产学会、市风景园林学会等结合“不忘初心、牢记使命”主题教育，与基层农村党支部结队开展主题党日活动。

重庆中软国际智能制造与智能服务研究院、重庆布尔药业动物有限公司、中国船舶重工集团衡远科技有限公司等企业科协开展专利信息服务进企业行动。重庆龙翼生物科技有限公司通过一线创新工程师培训，设计10种解决无菌敷贴吸水速率偏低问题的方案。

重庆大学、西南大学、重庆理工大学和重庆师范大学等9所高校科协组织40个团队、70余名专家参加高校科技资源精准对接区县企业活动。重庆科技学院科协承办“电镜在材料科学中的应用”国际研讨会（2019）。

【第二届数字经济百人会】 8月26日，在2019中国国际智能产业博览会期间，由中国科协、工业和信息化部、中华全国工商业联合会、重庆市人民政府联合主办，重庆市科协和中国电子学会共同承办的第二届数字经济百人会在重庆市举办。会议以“开放共享·融合赋能——共创数字经济新生态”为主题，共商数字经济发展大计。

中国科协党组书记、常务副主席、书记处第一书记怀进鹏，重庆市委副书记、市长唐良智，重庆市政协主席王炯，工业和信息化部副部长王志军，重庆市委常委、宣传部部长张鸣，中国工程院院士倪光南、邬贺铨、吴志强、潘复生，巴基斯坦驻成都代总领事阿赫塔尔·马哈茂德，5G数字转型战略家、《云经济学》作者乔·韦曼等出席会议。

开幕式上，怀进鹏代表中国科协向唐良智赠送《人工智能导论》《大数据导论》《云计算导论》系列丛书；举办《中国电子学会、重庆市科学技术协会、重庆市南岸区人民政府、重庆邮电大学战略合作协议》签约仪式。邬贺铨、乔·韦曼、倪光南、吴志强分别作主旨报告。Apple Inc.（苹果公司）副总裁及大中华区董事总经理葛越，广联达科技股份有限公司董事长刁志中，小米集团副总裁、集团技术委员会主席崔宝秋，阿里巴巴集团副总裁胡臣杰分别作专题报告。浪潮云总裁王方、新加坡资讯通信媒体发展局数字准备处和计划组助理局长许丽娜、IBM（国际商业机器公司）副总裁兼首席数字官陈怀宇、西门子（中国）有限公司过程工业与驱动技术集团自动化事业部总经理姚峻、悉尼区块链中心常务董事黄文勇等开展高峰对话。会议期间，中国电子学会、中国数字经济百人会、阿里云研究院联合发布《我国区域数字化转型“云”观察报告》。

【2019中国云计算和物联网大会】 5月13—15日，2019中国云计算和物联网大会在重庆市举办。会议经市科协与中国电子学会协同争取，由中国云计算大会和中国物联网大会整合为中国云计算和物联网大会。首届大会由中国科协、工业和信息化部、国家发展改革委、重庆市人民政府指导，中国电子学会主办，市科协、市经济和信息化委员会、市大数据发展局、南岸区人民政府共同支持。

第十二届全国政协副主席、国家电子政务专家委员会主任王钦敏，工业和信息化部党组成员、总工程师、中国电子学会理事长张峰，重庆市副市长屈谦出席开幕式并致辞。中国电子学会副理事长兼秘书长、工业互联网研究院院长徐晓兰主持开幕式。包括诺贝尔物理学奖获得者、英国皇家学会院士、英国剑桥大学名誉教授布赖恩·大卫·约瑟夫森（Brian David Josephson），梅宏、李培根、倪光南等7位中国科学院院士、中国工程院院士在内的国内外院士专家，中国电信、中国移动、阿里巴巴等企业代表，市级相关部门和南岸区相关负责人共计1000余人参加开幕式。

大会设置1个主论坛、13个专题分论坛、2场封闭会议和高端访谈，内容涵盖云计算、物联网与实体经济相融合的智慧城市、智能驾驶、工业互联网、智慧农业、供应链、智能制造、网络安全等领域，演讲专家、学者超过100人，参会听众超过5000人次。大会期间还举办云计算和物联网展览会，云计算和物联网行业领域的20余家企业现场展示核心技术产品和解决方案。

【2019重庆英才大会】 重庆市委、市政府决定将“重庆国际人才创新创业洽谈会”更名为“重庆英才大会”并每年主办。2019重庆英才大会组委会办公室设在重庆市科协，负责筹办工作。

11月9—10日，2019重庆英才大会在重庆市举办。全国人大常委会副委员长丁仲礼出席开幕式并致辞，第十一届全国政协副主席王志珍参加会议。中国工程院党组书记、院长李晓红，中国科协党组书记、常务副主席、书记处第一书记怀进鹏，中国侨联党组书记、主席万立骏等13位国家部委领导出席。市委书记陈敏尔宣布大会开幕，并会见中外重要专家、学者。市委副书记、市长唐良智出席开幕式并致辞。来自全球的180余名科学家、国际组织负责人、大学校长、行业领军人物、“独角兽”企业负责人，以及1.5万余名优秀人才带着技术、成果、项目参加会议。

大会举办会、论、谈、演、赛等36项活动。现场签约引进紧缺人才608名、项目227个。怀进鹏在大会开幕式上为中国科协国家海外人才离岸创新创业基地授匾，助力重庆两江新区产业转型升级。王志珍等20余名女科学家出席“女科学家与智能时代”专题论坛和两场“女科学家走基层（进校园）”专场学术报告会。会议同期举办“院士在重庆”座谈会，20余名院士为重庆发展提出新路径、新方法、新思路。

【2019重庆市科协年会】 6月17—18日，以“创新驱动·绿色发展”为主题的2019重庆市科协年会在涪陵区举办，市人大常委会副主任沈金强出席开幕式并讲话，6位院士出席年会活动并作主旨报告。此次年会由市科协、涪陵区人民政府主办，来自相关高校、科研院所专家以及科技工作者等800余人参加。

年会活动由开幕式暨大会特邀报告会、闭幕式、4个专题论坛、2场学术交流活动、青少年科技模型大赛、党政领导与院士专家座谈会、中医药义诊和其他配套活动组成。开幕式上，中国科学院院士张景中，中国工程院院士郝希山、王玉忠、潘复生，分别围绕数学教育、肿瘤防治、废弃塑料、新型材料等方面介绍最新科技进展和前沿成果。闭幕式上，中国工程院院士陈剑平围绕农业特色小镇研究和实践分享理论观点。各分论坛共有22位专家、学者围绕论坛主题展开对话交流。大会形成《决策咨询报告集》，为涪陵区发展提出针对性意见建议近30条。

【重庆市女科技工作者协会成立大会】 6月19日，重庆市女科技工作者协会成立大会在重庆市召开。中国女科技工作者协会常务副会长、中国科协原副主席、书记处书记程东红出席并讲话。重庆市女科技工作者协会会员代表等近200人参加会议。大会选举产生协会第一届理事会，重庆医科大学副校长杨竹当选为会长。

（撰稿人：贺　鹏）

四川省科学技术协会

服务经济社会发展 省科协组织院士专家起草完成《关于提升全省科研事业单位职务科技成果转化率的五点建议》《发挥“锂辉石资源”和“锂盐产业”优势，助推四川新能源汽车发展的建议》《加快全省“老年脑健康”产业布局和发展的建议》《促进四川省中药材产业高质量发展的五点建议》等决策咨询专报，获省领导批示2篇、编入《每日要情》2篇，其中药材发展的建议受到省政府高度重视，省政府省长尹力要求农业农村厅等省直部门组织调研并推动产业发展。发挥全省各级老科协智力优势，撰写调研报告近400篇，各级领导批示或有关部门采纳238篇。

联合省发展改革委、科技厅做好2019年全国双创活动周有关活动，组织开展2019年“创响中国”首站暨菁蓉汇雏鹰计划。推动“天府科技云服务”工程，编制完成项目可行性研究报告、顶层设计方案、运维体系策划方案，明确四大主要功能，制定4项工作机制、12项运行规则。梳理科技工作者“科技所能”、企事业单位“科技所需”5243项。

推进院士（专家）工作站建设。全省新建院士（专家）工作站90个，引进院士18名，高层次专家

200名，开展科技项目合作309项，帮助企业解决关键技术难题724项，获发明专利1902项，获省部级及以上科技奖励253项，推广转化科技成果522项，主持或参与制定国家行业标准266项。成都飞机工业（集团）有限责任公司等10个建站单位，被评为四川省第八批院士（专家）工作站。

实施中国科协“2019年产学研融合技术创新服务体系建设——科技信息企业应用推广”项目。截至2019年年底，已在全省20个市（州）组织实施科技信息应用推广，服务重点企业3500余家，培训专利应用工程师5000余人，企业转化应用科技信息产生新产品182个、新技术254个、新专利211个。

省科协捐赠价值1050万元的流动科技馆展品，支持推动10个贫困县的科技馆建设；依托四川乡村振兴农民大学、科技小院和农民夜校，开展脱贫攻坚和乡村振兴人才培训41期、培训人数6000余人次；实施“千会千村联万户”产业帮扶工程，结对1204个、联系6万余人；投入资金1350万元，重点支持55个贫困地区农技协、科普示范基地等农村经营主体发展，推广农业新技术新品种104项；以中国农技协科技小院联盟四川科技小院为载体，形成“科研院所+企业+科技小院+贫困户”的特困山区技术推广新模式。

《科学素质纲要》实施及科普信息化建设工作 省科协组织参与全国科普日活动、全国文化科技卫生“三下乡”四川省集中示范服务活动、四川省第二十四届“科技之春”科普活动月等活动，举办2019年中国西部反邪教论坛、反邪教宣传教育“七进”活动。举办第五届中国（成都）国际科幻大会、第十届全国青少年科学影像节展映展评活动、第34届四川省青少年科技创新大赛、第17届四川省青少年机器人竞赛、四川省农村乡土人才创新创业大赛。四川科技馆全年共接待来馆观众208万人次，其中常展观众185万人次，比2018年同期增长20.9%。全省已建成科普e站1575个。

3月22—25日，第34届四川省青少年科技创新大赛在遂宁市举办，来自全省近400名青少年、50名科技辅导员以及46名贫困县的师生参加竞赛、展示和交流活动。大赛共评选出237个一等奖项目。

推进科普信息化建设。完成四川省科普资源档案库建设，建成网络版天府科普图书馆，新增网站及微信公众号阅读模式，完成10万种图书、1000种期刊的数字资源采购工作。打造“科普四川”服务矩阵，在全国开展科普群主制探索，全省建成5285个科普信息员群，全年实现科普精准推送3.2亿人次。注册科普中国App人数达52973人，累计播放V视快递视频66386部，通过科普中国App分享科普中国文章20万余篇，通过微信公众号转载科普中国内容74万余篇。四川科技网取得互联网新闻资质，成为四川省唯一科技类互联网新闻媒体。《云丹科普苑》电视栏目全年在四川广播电视台康巴卫视频道和网络媒体同步播出52期，累计时长1300分钟。

学术交流 省科协开展学术交流示范建设，安排资金支持20个省级学会开展学术交流活动，打造学术示范品牌。指导省级学会开展学术交流活动，全年主办、支持、指导省级学会开展各类学术活动共计150余场次，包括首届全国核行业科技英语演讲大赛、2019中日先进医疗与新药研发高峰论坛暨成果转化大会、四川省首届科普摄影展、2019国际新材料及增材制造产业发展论坛、第八届全国机械工程学科在读博士生学术论坛、中国通信学会2019年（第38届）通信线路学术年会等。参加中西南学会学研究第37届年会、第21届中国科协年会、湖南科技论坛暨泛珠三角地区和港澳“9+2”联席会等省级学术交流活动，加强跨区域学术交流合作。

服务科技工作者 省科协开展四川省全国科技工作者日活动，组织开展庆祝全国科技工作者日座谈会。开展中国工程院院士（四川省）候选人推选工作，向中国科协推选3位中国工程院院士候选人。开展四川最美科技工作者评选及学习宣传活动，评选出孙朝晖等10名2019年四川最美科技工作者。开展四川省“天府万人计划”天府杰出科学家初评，评选出罗琦等15名天府杰出科学家候选人。开展第十六届中国青年科技奖等各类人选推荐评审工作和2019年度国家科学技术奖、2019年度四川省科技奖励项目等人选申报提名推荐工作。持续开展老科学家学术成长资料采集工程，开展科学道德和学风建设宣讲教育活动。

开展“青年人才托举工程”项目中期评估，继续支持10个省级学会托举廖凯、赵克雷等10名优秀青年科技人才，其中3人曾在《自然》《科学》《细胞》国际期刊上发表过科研论文。

自身建设 扎实开展“不忘初心、牢记使命”主题教育。召开四川省科协第九次代表大会，选举省科协新一届领导机构。3月1日，省科协召开干部会议，省委副书记邓小刚出席会议并讲话。省委组织部副部长邓涛在会上宣布省委任命决定：毛大付任省科协党组书记，提名为省科协副主席。

开展“礼赞共和国　奋进新时代”中华人民共和国成立70周年庆祝活动，被省委、省政府评为单项工作作出突出贡献部门。

加强学会党建工作，成立独立支部36个、功能型支部12个、联合支部2个，覆盖52个学会；调整充实40名党建指导员，加强对学会和民办非企业党建工作指导。

持续加强学会改革工作，编制《四川省学会积分管理制度（试行）》《四川省科协社会组织活动管理办法（试行）》等系列文件，探索建立科协会员分类服务和管理机制。安排专项资金支持20家省级学会开展20项承接政府转移职能与科技公共服务，推动学会成为科技公共服务主体。

地市县及科协基层组织　截至2019年年底，全省共有市（州）科协21个、县（市、区）科协183个、乡镇（街道）科协3832个，科普志愿者18.1万人。农技协6609个，会员总数232万户。市（州）、县（市、区）科协全年开展科普宣讲活动2959次，受众1486万人次；开展实用技术培训1574次，培训14.5万人次。

成都市科协举办2019年（第二十届）成都市科学技术年会，举办分会场活动10个、重点学术交流活动33场、科普宣传教育活动99场，各类活动共计142场（次），较2018年增加65%，参与科技工作者超过10万人次。

攀枝花市科协组织开展“冶金部攀枝花钒钛磁铁矿高炉冶炼试验组”事迹抢救性挖掘工作，先后赴北京，河北省承德市，辽宁省沈阳市、鞍山市，湖南省长沙市，四川省成都市，重庆市等十多个城市，形成人物采访通讯61篇、视频采访58份。初步完成《砥砺奋进铸辉煌——攀枝花钒钛磁铁矿高炉冶炼试验攻关回顾》《攀枝花英雄·108将》的编纂工作。

凉山彝族自治州科协推进“互联网+科普”行动计划和科普信息化建设工程，与凉山日报社合作，开办“科普照亮脱贫之路”专栏；与凉山彝族自治州电视台合作，完成彝语科普电视节目《科普苑》的制作，并在凉山广播电视台彝语频道播出61期。

省级学会、企业科协、高校科协　截至2019年年底，全省共有省级学会（协会、研究会）195个，新增7个。成立学会联合体2个、学会服务工作站72个。企事业（园区）科协1188个，新增4个。

省电子学会主办2019年第四届IEEE云计算与大数据分析国际会议，9个国家和地区的共计139名专家、学者出席会议。会议设置12个分会场，邀请美国中央密歇根大学、加拿大阿萨巴斯卡大学及中国西南交通大学等的专家、学者作主题报告。

省食品科学技术学会开展食品专业技术职务资格认证工作，共收到来自四川省、湖北省、山东省等地50余家单位的134份报名材料，65人已通过认证，58人已通过初审，将继续进行答辩和终审。

省气象学会组织开展《近千年青藏高原东部多时空尺度水文气候变化研究及其应用》《四川省小流域山洪地质灾害气象预警预报系统》《大气季节内振荡延伸期预报关键技术及应用》《降水诱发地质灾害风险判识和评估技术》等气象科技成果的评价工作。

省土木工程学会组织开展四川省第七届高校土木建筑类学生优秀设计评选、四川省“李冰奖·洛素杯”建筑景观设计大赛，评定四川土木工程李冰奖4项。并联合省内8家相关学会，推动“李冰奖”升级为省级土木工程科技综合奖。

【四川省科学技术协会第九次代表大会】　4月16日，四川省科学技术协会第九次代表大会在成都市召开。中国科协党组书记、常务副主席、书记处第一书记怀进鹏出席并致辞。省委书记彭清华对大会作出批示，省委副书记、省政府省长尹力出席并讲话。省委副书记邓小刚、省人大常委会副主任陈文华、省政协副主席陈放和省级有关部门负责人以及700多名来自全省的科技工作者代表出席会议。谢和平代表省科协第八届委员会向大会作工作报告。省科协党组书记毛大付主持开幕式。

大会审议《四川省科学技术协会第八届委员会工作报告》和《四川省科学技术协会实施〈中国科学技术协会章程〉细则》，选举产生四川省科协新一届领导机构。李言荣当选为四川省科协第九届委员会主席。

【彭清华对推进“天府科技云服务”工作作出重要批示】　3月初，省科协新一届党组班子谋划“天府科技云服务”工程，精准落实习近平总书记对科协“四服务”的重要指示。4月中旬，四川省委书记、省人大常委会主任彭清华对“天府科技云服务”工程作出重要批示：“这件事做好了，对于调动科技人才积极性、激发全社会创新活力、挖掘智力资源很有意义，要支持科协做细做实、做出成效。”省委副书记、省长尹力，省委副书记邓小刚也作出批示。

【2019 中日先进医疗与新药研发高峰论坛暨成果转化大会】 11 月 10 日，2019 中日先进医疗与新药研发高峰论坛暨成果转化大会在成都市举办。全国政协副主席何维，省委副书记、省长尹力，国家药品监督管理局局长焦红，日本独立行政法人医药品医疗器械综合机构局长佐藤大作，成都市市长罗强出席大会开幕式并致辞。省政协副主席陈放，中日科研院所、产业园区、商协会、企业代表和省级有关部门负责人等参加大会。

此次大会上，日本展示 400 个已进入临床研究的先进医疗技术与生物医药产品，中国提供超过 500 项前沿技术成果，此举将为双方深化合作、提高成果转化效率、壮大医疗产业集群贡献力量。会议期间，中日生物医药企业代表签署成果转化战略合作协议。

【全国科技工作者日座谈会】 5 月 30 日，省科协举办庆祝全国科技工作者日座谈会，来自全省各领域的科技工作者代表交流创新经验、共谋发展未来。省委副书记邓小刚出席座谈会并讲话。会议向天府杰出科学家代表颁发证书，向 2018 年度模范院士专家工作站授牌，发出组建四川省科技志愿者总队的倡议书并授旗，听取省科协“天府科技云服务”工程介绍，优秀科技工作者代表作发言。

【2019 年四川最美科技工作者】 5 月中旬至 7 月中旬，省科协、省委宣传部、科技厅、中国科学院成都分院、省国防科学技术工业办公室首次联合开展最美科技工作者学习宣传活动，评选出孙朝晖、何世明、徐勇、方宇、汤一新、潘桂棠、王秀全、符宇航、邹喜华、黄永梅 10 位最美科技工作者。省委副书记邓小刚出席发布仪式并讲话，省政府副省长杨兴平，中国工程院院士、四川大学校长、省科协主席李言荣出席活动。

【第十届全国青少年科学影像节展评展映活动】 10 月 25—27 日，由中国科协青少年科技中心、中国青少年科技辅导员协会和省科协共同主办的第十届全国青少年科学影像节展评展映活动在成都市举办。中国科协副主席、书记处书记孟庆海，省政府副省长王凤朝出席颁奖典礼。此届影像节共收到科学影像作品 4647 部，最终评选出科学万花筒最佳作品 3 项、科学万花筒最佳单项奖作品 19 项、一等奖作品 56 项、二等奖作品 76 项，并根据初评成绩确认三等奖作品 2890 项。

【2019 年四川省暨成都市全国科普日活动启动仪式】 9 月 17 日，2019 年四川省暨成都市全国科普日活动启动仪式在成都市锦江区举办。省委副书记邓小刚、省政协副主席张雨东出席启动仪式并参观科普路演。启动仪式上，向全省科技工作者发出“行动起来，担当提升全民科学素质主力军重任”的倡议，向广大群众发起“崇尚科学，用科学创造美好新生活”的倡议，并为四川首届科普摄影展获奖者颁奖。

（撰稿人：余永刚）

贵州省科学技术协会

服务经济社会发展 省科协组织实施学会“五送五促进”行动，开展产业规划、农村适用技术推广、农业技术指导培训等活动。实施基层科普项目，划拨专项资金资助“科普惠农兴村计划”项目、基层科普能力提升项目、科技致富“二传手”培训工程项目等 163 个，培训各类农村科技骨干 2000 余人次，覆盖贫困地区群众 6.5 万余人。开展新时代文明实践中心试点工作。开展“银会合作”项目，撬动近千万元的借贷资金用于农技协及科普带头人的发展。发挥科技智库作用，围绕贵州省十大千亿级产业和“十四五”规划，组织开展专题调研，撰写调研报告并形成决策咨询专报，其中《关于贵州烟草产业“十四五”高质量发展的建议》《关于贵州医药产业发展的建议》《贵州白酒产业专利发展状况及对策建议》等获省领导批示。征集“院士专家援黔行动”需求 30 余项，对接相关领域专家到实地进行技术指导和培训，从技术体系、市场、产销对接等多方面进行“把脉问诊”。开展院士进校园活动，邀请中国科学院院士、第三世界科学院院士赵东元，美国国家工程院院士、中国工程院外籍院士范良士，新西兰皇家科学院院士、澳大利亚工程院院士陈晓东等院士专家到各大高校，围绕前沿科技成果和发展方向等进行宣讲交流。与省委组织部联合制定《2019 年“黔归人才计划”工作方案》，研究提出“黔归人才计划”近期和长期工作规划。完善“黔归人才”数据库建设，收集人才数据 26 万余条。

《科学素质纲要》实施及科普信息化建设工作 省科协会同有关部门对贵州省全民科学素质工作领导小组成员单位和成员进行调整，完善组织机构；推动建立科技志愿服务工作平台，成立贵州省科技志愿者总队；加强科普信息员队伍建设。截至12月底，全省注册认证人数达15.08万人，分享科普资源达351.5万次，注册人数和资源分享分列全国第4位、第6位。

贵州科技馆全年接待参观者53万余人次，流动科技馆巡展20站，服务公众40万余人次；吸纳科普教育基地16家，省级科普教育基地达到109家。开展西南地区第六届全国青年科普创新实验暨作品大赛、第六届全国科技馆辅导员大赛、第十届全国青少年科学影像节活动等各类青少年科技活动。组织参加2019年全民科学素质网络竞赛，参赛人数达307.4万余人次，列全国第3位。开展各类反邪教宣传活动40余次，发放宣传资料4万份。印发《公民科学素质应知应会200问》宣传册10万册。组织参与公民科学素质培训讲座活动16次，培训党员领导干部2800余人次。

完成“科普中国·贵州版”云平台建设，推进科普信息化建设。开展“科普中国·百城千校万村行动”和科普e站建设，贵州科普e站达到1221个。创新开展各类科普活动，与中国科普研究所合作研发手机移动端“科学素质学习”微信小程序，全省参赛人数达1120万余人次。

学术交流 省科协举办贵州省高校青年学者论坛10期；重点资助2019年中国细菌学大会、第二届国际害虫综合治理学术研讨会等62项学术活动；实施科技团体创新创业融合行动，出台《关于进一步推进创新驱动助力工程意见》；资助贵州大学、贵州省公路学会等9家高校科协、省级学会开展大学生桥梁方案大赛、众创空间创新创意大赛等活动。6月21日，组织科技创新型企业、优质项目代表赴广东省广州市参加2019中国创新创业成果交易会，省科协获组委会颁发2019中国创交会“优秀组织单位”称号。

服务科技工作者 省科协开展多种形式的全国科技工作者日庆祝活动。慰问科技工作者代表；组织开展专家休假疗养活动。开展人才举荐工作，推选周少奇、湛正刚为2019年中国工程院院士候选人。组织开展第十六届中国青年科技奖、第十六届中国青年女科学家奖、2019年度未来女科学家计划、2019年中国科协优秀中外青年交流计划贵州省候选人评审推荐工作，推荐候选人26名，团队2个。开展2019年最美科技工作者推选工作，评选出孟平红、潘学军等10人作为2019年最美科技工作者候选人，向中国科协推荐。与省委组织部、省委党校等部门协调，先后举荐李彬、万良等专家，到新时代学习大讲堂、省委党校举办科技前沿专题讲座。

省科协在《贵州日报》刊登《40年只争朝夕 科技工作者增色多彩贵州》系列专稿，报道南仁东先生以及中国工程院院士马克俭、宋宝安，蔬菜种植专家李桂莲，油菜专家杜才富，以及大数据、桥梁建设方面的多位优秀科技工作者事迹；与《大众科学》期刊合作推出“科学家精神”专栏，刊登《南仁东的“天眼”之梦》《任继周的“草人”情怀》等22位科学家的感人故事；完成《贵州省科学家传记》（第二卷）编撰工作，并启动第三卷的编撰工作；推进老科学家学术成长资料采集工作；联合多彩贵州网等媒体建设贵州科学技术名人网络展馆，对网络展馆实行动态更新；组织编演科普剧《天眼之光》。11月18日，与贵州师范大学联合编演的话剧《天眼之魂》完成首演。

自身建设 3月28日，省科协第九届二次全委会（扩大）会议在贵阳市召开。省科协主席何力出席会议并讲话。会议传达学习中国科协第九届全国委员会第六次会议精神，增补省科协第九届委员会委员，对第八届贵州省优秀科技工作者进行表彰。

黔西南布依族苗族自治州科协、安顺市科协、黔东南苗族侗族自治州科协等完成换届工作。遵义市“3+1”试点工作有序推进，明确10个县级科协试点工作，并在乡镇开展试点工作。

省科协采取主动上门服务的方式，在贵州中医药大学等高校成立科协组织，覆盖六盘水市、安顺市、黔东南苗族侗族自治州、黔西南布依族苗族自治州4个市（州）；先后在全球贵州博士俱乐部、贵州智慧产业集团、贵州金之键高科技材料有限公司等企业成立科协组织和决策咨询博士专家智库。

省科协修订学会考核评价指标，完成对85家省级学会的考核；开展学会能力提升培训，对140余名省级学会负责人、专职干部开展业务培训和社会工作师考试培训。深化学会治理结构和治理方式改革，指导10余家省级学会规范管理，理顺内部治理结构，完善治理方式。实施学会学术建设示范引领工程，完成第三批综合示范学会创建工作。

市（州）县科协及科协基层组织 截至2019年年底，全省共有市（州）科协9个，县科协88个。

贵阳市科协新建科普大学分校5所，依托社区工作人员、科学教师、科技人员、科普专家、大学生社工及社区居民等科普志愿者开展社区科普便民服务活动；协同组织各学会、协会、研究会共同为农户提供“急约即到”服务活动90余次，服务群众1万余人。推进民营企业成立科协4家。引入中国工程院院士涂铭旌、朱有勇等9人及其科研团队成立黔程天力、航宇科技、贵阳市农业试验中心等8家院士工作站。

六盘水市科协组建专家人才智库，组织专家深入贫困地区、科普小院等开展种植养殖技术咨询培训，提高贫困户的科学素质和生产技能。在易地扶贫搬迁点建设社区科普大院，以社区科普大院为科技服务平台，发挥社区科普e站、科普书屋、科普志愿者队伍作用，组织开展城镇生产生活方式适应性培训，解决搬迁群众不愿搬迁和搬迁后技能缺乏、习俗难改等问题。

安顺市科协召开第三次代表大会，选举产生新一届领导机构和领导班子。在国家级深度贫困县——安顺市紫云苗族布依族自治县猫营镇龙井社区打造科普惠民小镇，为社区居民及周边群众1万余人提供科普服务。

毕节市科协实施三年脱贫攻坚计划，开展驻村帮扶和科技助力精准扶贫工作，毕节市黔西县林泉镇被评为全国十佳科技助力精准扶贫示范点。

铜仁市科协对接有关部门将中国科学院紫金山天文台发现的一颗小行星命名为“梵净山星”，并开展“梵净山星”系列科普文化宣传，建立科普观测站，增加景区科普点等，打造景区“旅游+科普”模式。

黔东南苗族侗族自治州科协召开第九次代表大会，选举产生新一届领导班子。组织科技专家下乡进村，帮助发展特色产业，培训脱贫技能。开展实用技术培训26期，受训达1758余人次，涉及食用菌、生姜、精品水果、钩藤种植等。

黔南布依族苗族自治州科协组织开展青少年科技实践和科学体验活动，通过研学旅行、主题科普和科普进校园等多种形式的活动，参与师生1.4万余人次。

黔西南布依族苗族自治州科协召开第五次代表大会，选举产生新一届领导班子。在兴义市进行网易公司“科技小黑板”试点工作，实现优质教育资源共享；以四大人群为重点，采取“五进”方式宣传科普知识，将科普资料主动送到农村、社区、车站、学校、医院、新市民社区等。组织开展“融入新城区·做好新市民·科学爱生活”科普知识巡展，发放新市民系列科普图书5万余册。组织黔西南布依族苗族自治州册亨县、望谟县少数民族科普工作队结合布依族民族语言，编排科普和反邪教宣传文艺节目，在传统节日、少数民族特色节日等节庆活动中演出30余场次。

省级学会、企业科协、高校科协 截至2019年年底，全省共有省级学会129个，其中理科学会22个、工科学会36个、农科学会14个、医科学会26个、综合交叉学会31个；省级学会共有会员9.65万人；2019年新成立省级学会4个。全省共有企业科协、园区科协202个。2019年全省共有高校科协29个，其中新成立高校科协1个。

【2019中国国际大数据产业博览会“天演·数据·未来——天文论坛”】 5月26日，2019中国国际大数据产业博览会（简称“数博会”）“天演·数据·未来——天文论坛”在贵阳市召开。论坛由数博会组委会主办，省科协、中国科学院国家天文台承办，贵州大学、贵州师范大学、全球贵州博士俱乐部科学技术协会、贵州智慧产业集团科学技术协会协办。“天演·数据·未来——天文论坛”作为数博会的核心论坛，邀请中国科学院院士欧阳自远、武向平，德国科学院院士迈克尔·克雷默等院士专家出席论坛。新华网、腾讯新闻、贵州电视台等多家媒体对论坛进行报道，新浪贵州对论坛全程直播，227万人次观看直播。论坛期间，省科协联合部分省属学会聚焦数博会，承办或协办数字驱动智造未来论坛、2019云计算和大数据发展前沿高峰论坛等多个分论坛，中国工程院院士倪光南、卢秉恒、张尧学等院士专家出席活动。

【“不忘初心、牢记使命”主题教育】 6—9月，省科协集中开展“不忘初心、牢记使命”主题教育。省科协班子成员分别带队到9个市（州），深入毕节市大方县、纳雍县，黔南布依族苗族自治州三都县，铜仁市玉屏县等20多个县（区）科普示范基地、园区、社区、学校等开展调查研究，征求基层党员干部群众的意见建议，检视存在的问题。做好专项整治和突出问题整改工作，分层分级落实整改责任。开展革命传统教育、先进典型教育和警示教育，组织党员干部赴延安市开展党性教育培训，赴娄山关红军战斗遗址接受革命传统教育，赴黔南布依族苗族自治州瓮安县开展主题教育专题学习，赴羊艾监狱和王武监狱开展警示教育等。

【中国创新方法大赛首届贵州赛区决赛】 9月，省科协举办以“高质稳步发展，方法创新先行”为主题的中国创新方法大赛首届贵州赛区决赛。全省106支参赛队共318人参赛，涉及机械、材料、电子、化工、医疗、交通等20多个行业。决赛选拔出7支队伍代表贵州省参加2019年中国创新方法大赛总决赛，获得一等奖3个、二等奖2个、三等奖1个和优胜奖1个。同时，中国电建集团贵阳勘测设计研究院有限公司参赛队获得全国擂台赛金奖，省科协获大赛优秀组织奖。省政府省长谌贻琴对报送的《贵州省在“2019年中国创新方法大赛”上取得历史性佳绩》专报作出批示。

【第34届贵州省青少年科技创新大赛暨第五届贵州省青少年科技节】 3月23日，第34届贵州省青少年科技创新大赛暨第五届贵州省青少年科技节在黔南布依族苗族自治州惠水县开幕。来自全省9个市（州）和遵义市仁怀市的1200余名中小学生和辅导老师参加活动。活动由省科协、省教育厅、省科技厅、省生态环境厅、省体育局、团省委、省妇联共同主办，以“创新·体验·成长”为主题，通过举办科普成果展、科普报告、科学表演秀、科学课堂等活动，集中展示贵州省中小学校各类科技教育活动优秀成果。

【2019贵州省青少年机器人竞赛】 4月27日，由省科协、省教育厅、省科技厅、省文化和旅游厅、省大数据局、团省委、省妇联主办的2019贵州省青少年机器人竞赛在贵阳市清镇市开赛，来自全省290支参赛队共900余名学生参加比赛。此次比赛涵盖小、初、高机器人综合技能比赛，FLL机器人工程挑战赛，VEX机器人工程挑战赛等7个项目，新增Enjoy AI人工智能普及赛项目。

【2019年全国科普日贵州省主场活动】 9月17日，由省科协、省委宣传部、省教育厅、省科技厅、省农业农村厅、省卫生健康委主办，黔南布依族苗族自治州科协，福泉市委、市政府承办的2019年全国科普日贵州省主场活动在福泉市启动。省政协副主席左定超出席并致辞。活动以“礼赞共和国、智慧新生活”为主题。全省各地、各部门于9月14—20日组织1.5万余名科普工作者和科技工作者开展各类科普活动259个，参与公众110万余人次，覆盖青少年、农民、城镇劳动者、领导干部和公务员等群体。参加活动的单位、活动数量、覆盖人数都较往年增加。

（撰稿人：徐　赤）

云南省科学技术协会

服务经济社会发展 9月19日，省科协与玉溪市委、市政府联合主办以“科技支撑创新发展、绿色引领健康生活”为主题的第九届云南省科协学术年会。600多位省内外相关领域院士、专家和科技工作者参加会议，聚焦学科发展、科技前沿、自主创新和产业建设中的基础性、关键性、普遍性问题，开展多层次、多学科、多领域的学术交流和决策咨询。

加强科技创新智库建设，立项支持省环境科学、通信、生态等学会（协会）分别完成《关于进一步推进云南省争当生态文明建设排头兵的建议》《云南省稻田养鱼产业发展专题调研报告》《关于玉溪市建设全省数字经济先行区的建议》和《对抚仙湖保护与治理近期重点问题的研判与对策建议》等决策咨询成果，并以“专家建议”的形式上报省委、省政府，决策咨询成果得到省委副书记王予波、省政府副省长王显刚等领导批示和有关部门重视。第八届年会研究项目“楚雄州气候资源与特色农业开发应用的研究”，获2019年度云南省科学技术进步奖三等奖。据统计，全省各级科协组织共举办决策咨询活动47次，提供决策咨询报告60余篇，有16篇获党政领导批示。

在2019年双创活动周期间，组织开展各项活动236场（次），直接参与人数超过8万人次。与省发展改革委联合开展双创研究课题征集评选活动，评出优秀课题19个。与省科技厅联合举办2019年中国创新方法大赛云南赛区分赛，有35支队伍、105人报名参赛。为企业提供“一对一”创新辅导精准服务，培育高质量应用成果案例30个。

全年新建院士专家工作站49个，企业科协30个、园区科协1个；举办创新方法和专利应用培训3场，近千名企业管理者和科技人员参加培训。

深化科技助力精准扶贫工作。以“扶技”为载体、以“扶智”为主线、以“扶志”为目标，在贫困、民族和边境地区建成科技助力脱贫示范村50个、科技扶贫服务站50个、科技扶贫培训教室125个。协调争取各类扶贫资金，支持定点扶贫村——大理白族自治州南涧县乐秋乡麻栗村开展科技、产业等扶贫工作和美丽乡村建设，全村250户建档立卡贫困户全部达到脱贫出列标准，提前一年实现零问题、零风险脱贫退出。

《科学素质纲要》实施及科普信息化建设工作 履行云南省全民科学素质工作联席会议办公室职责，将公民科学素质建设纳入全省年度综合考评，推动各地、各部门全面落实公民科学素质建设各项目标任务。组织参加“全民科学素质网络竞赛”和“全国农民科学素质网络竞赛”。2019 年，云南省公民具备基本科学素质的比例达到 5.15%，比“十二五”末的 3.29% 提升 1.86 个百分点，增速排名全国第 8。

推进基层科普行动计划。争取中国科协、财政部下达云南省基层科普行动计划专项资金。创建并命名 50 个省级科普示范社区和 50 所科普教育示范学校。按照“九个一”（即扶持一个产业协会、建设一个微型科技场馆、组织开展一系列科普活动、建立一个科普 e 站、培养一支科普人才队伍、建立一个专家工作站、创建一所科普示范学校、培训一批新型农民和打造一项特色科普工作）的内容，在全省 64 个乡镇启动建设第一批科普小镇。举办实用技术培训 1800 多次，推广新技术、新品种 239 项；参加活动科技人员 15.6 万人次。建设农村科普示范基地 519 个，科普示范县（市、区）22 个、示范街道（乡镇）136 个、示范社区 674 个。开展“百名专家科技下乡”活动 227 场，受益群众 7.2 万人次；各级农村致富技术函授大学培训新型农民 104821 人次，发放教材近 7 万册。

加强科普基础设施建设。省科技馆和曲靖科技馆、昆明市石林彝族自治县科技馆等 9 家科技馆被纳入 2019 年全国科技馆免费开放单位。新建农村中学科技馆 13 所，累计 78 所，覆盖 15 个州（市）64 个县，年参观人数达 20 万人次。省科技馆“科学的探索”展厅全年免费开放 306 天，接待观众 32 万人次。在 49 个站点开展中国流动科技馆巡展，受众近 150 万人次。全省 95 辆科普大篷车开展科普宣传活动 601 场次，直接受益群众98.5万人次。建设科普画廊10.7万平方米，建设全国科普教育基地 22 个、省级科普教育基地 49 个。组织开展全国科普日、全国科技活动周、文化科技卫生“三下乡”和流动科技馆、科普大篷车等主题性、全民性、群众性科普活动。各级科协组织举办科普宣讲活动 1400 多场次，受众人数近 700 万人次。举办第 34 届云南省青少年科技创新大赛暨机器人竞赛，共有 2100 项作品参赛；来自 15 个州（市）的 189 支代表队、391 名中小学生参加机器人竞赛。与省民族宗教事务委员会协作，在丽江市玉龙纳西族自治县等 10 个县开展第三批双语科普工作。

推进科普信息化建设。全省共建设科普中国 e 站 3680 个，建成微信公众号等各类信息平台 476 个，发布科普视频 47 万条，转发科普图文 75 万篇，科普志愿信息员超过 10 万人。

学术交流 制定《云南省科协资助所属学会项目管理办法（试行）》，提高项目管理水平和资金使用效益。印发《关于进一步规范所属学会举办研讨会、论坛等学术交流活动的通知》，发挥学会优势，搭建交流平台。依据“分类推荐、集中评审、好中选优”原则，择优支持省级学会开展科技创新智库建设、学术交流示范品牌建设、科技助力精准扶贫等 7 类 51 个项目。完成赴美国、墨西哥、牙买加学术交流访问任务；省营养学会、省公共营养师协会等单位共同承办第六届两岸社区营养与健康促进论坛；省中医药学会、省针灸学会等单位联合主办 2019 第四届海峡两岸董氏奇穴针灸与经方论坛；组团参加越南第九届大湄公河次区域传统医药交流会。

据统计，全省各级科协组织共举办国内学术会议 159 次，交流论文 3400 多篇，参加人数 7.8 万人次；举办境内国际学术会议 5 次，交流论文 40 篇，参加人数 420 人次；参加国外及中国香港特别行政区、澳门特别行政区、台湾地区科技活动 375 人次，接待专家、学者 123 人次。

服务科技工作者 省科协与省委宣传部联合开展云南省 2019 年最美科技工作者评选工作，方震东等 10 位科技工作者获得 2019 年云南省“最美科技工作者”称号。联合省委组织部等部门开展第十六届中国青年科技奖和第九届云南省青年科技奖评选推荐工作，王仁臻等 10 人获得第九届云南省青年科技奖。推荐王丽、兰丹凤等 8 人分别为第十六届中国青年女科学家奖和 2019 年未来女科学家计划候选人。推荐胡彦如等 5 位优秀青年科技人才为 2019 年中国科协优秀中外青年交流计划候选人。与省人力资源社会保障厅联合开展第三届云南省科学技术普及奖评选，授予云南省农业科学院热带亚热带经济作物研究所等 20 个单位“先进集体”称号，授予刘抒江等 20 人“先进个人”称号。开展中国科学院院士、中国工程院院士候选人推荐遴选工作，推荐的郝小江当选为中国科学院院士。

5 月 31 日，省科协召开 2019 年全国科技工作者日座谈会，邀请部分在云南省的院士、优秀科技领军人才和省级学会负责人，围绕科技创新发展、科技人才需求、科学技术普及、科技成果转化等进行座谈交流。同日，还举办科技志愿服务行动启动仪式，遴选 5 个省级学会、3 个企业科协、2 个高校科协组成首批 10 支科技志愿服务队。全年共完成近 9000 名科技志愿服务者、200余个科技志愿服务组织登记工作。

据统计，全省各级科协组织和所属学会共表彰奖励科技工作者2541人次。其中，女性科技工作者781人次，40岁以下科技工作者1090人次。建立科技工作者状况调查站点73个，提交反映科技工作者建议547条，有50条获党政领导批示。

自身建设 省科协将2019年定为“服务发展年”，推动省科协改革向纵深发展、向基层延伸。省科协深化改革任务已全面完成，全省16个州（市）、129个县均出台改革方案，玉溪市、曲靖市麒麟区通过全国地方科协改革试点评审。深化基层科协组织力“4+1”试点工作，培训基层科协负责人、乡镇“三长”代表400余人。16个州（市）、129个县（市、区）科协组织实现独立建制，90%以上的乡镇建立科协组织。全省共发展农技协7998个，会员93万名。

2019年，省科协被中国科协评为地方科协财务决算先进单位、全国科普日活动先进集体、全国科技助力精准扶贫先进单位、全国科学素质网络竞赛先进集体。省级科普经费从年人均2元提高到3元，达12845万元。省科技馆实现从“公益二类、差额供给”到“公益一类、全额供给”的根本性转变。

地市县及科协基层组织 截至2019年年底，云南省共有省辖州（市）科协16个，县级科协129个，街道（社区）科协327个，乡镇科协916个，注册科普志愿者3.2万人。

昆明市科协联合昆明理工大学等单位举办2019年绿色能源创新创业论坛，为昆明市绿色发展献计献策；昆明市官渡区科协在太和街道成立云南首家街道科普联盟，中国石化销售股份有限公司云南昆明石油分公司等27家企事业单位成为首批成员单位。昭通市科协对标对表开展驻村帮扶，贫困发生率由2018年的23.24%降至8.62%。曲靖市科协推进科普e站建设，建成市、县、社区三级科普e站后台管理系统；曲靖市罗平县科协全年举办科普展览41期、科普讲座37场、科普橱窗263期、科普进校园6期、实用技术培训657期。玉溪市科协加强基层组织建设，高校和企业科协建设取得突破。保山市科协多措并举精准扶贫，获得“2018年度全国科技助力精准扶贫先进团队”称号。楚雄彝族自治州科协服务创新型楚雄建设，组建专家工作站54家，帮助51家企业注册中国科协“绿平台”；楚雄州妇女彝绣协会培训绣娘1300多人次，帮助农村妇女居家就业。红河哈尼族彝族自治州科协完成农村致富技术函授大学招生1.1万人，短期实用技术培训71530人次。普洱市科协与电视台合作开办《科普大篷车》栏目，全年播出156次，共计1560分钟。普洱市澜沧拉祜族自治县科协实施科技扶贫示范行动，带动2.8万户、9万贫困人口脱贫。西双版纳傣族自治州科协推进改革工作，实现科协机构独立建制。大理白族自治州科协联合洱海保护管理局等单位开展全国科技工作者日活动，宣传洱海保护、绿色发展理念。德宏傣族景颇族自治州科协搭建平台，推进中国－缅甸经济走廊科普示范带建设。丽江市科协借承办院士科学家丽江行活动之机，完成丽江科普旅游发展对策专题研究，与中国科学院等单位达成多个合作协议。怒江傈僳族自治州科协在怒族、独龙族、普米族等少数民族聚居地开展双语科普示范村建设，助力脱贫攻坚。迪庆藏族自治州科协开展“四送一创”主题科普宣传活动，发放各类宣传资料9500份，受众1.2万人次。文山壮族苗族自治州砚山县科协举办科普大篷车－腾讯青少年科学小会活动。临沧市科协加强科普基础设施建设，市科技馆试运行并免费向社会公众开放；临沧市耿马傣族佤族自治县科协在“不忘初心、牢记使命”主题教育中开展“我最喜爱的习言习语”留言活动；临沧市临翔区科协在区委、区政府大楼设立科普e站，为领导干部和公务员推送科普信息。

省级学会、企业科协、高校科协 出台《云南省科协省级学会组织通则（试行）》，推进学会工作制度化规范化建设。完成“云南省科协学会信息化管理平台建设”项目，并投入试运行。截至2019年年底，云南省共有省级学会（协会、研究会）144个，其中团体会员27个，个人会员12万人；企业科协364个，个人会员2.4万人；19所高校建立科协组织。

省环境科学学会联合九三学社云南省委员会和生态环境部环境规划院承担“怒江州生态补偿政策体系研究”项目，形成怒江傈僳族自治州生态资产核算、生态补偿政策等研究报告。省化学化工学会与重庆、陕西等省（直辖市）相关学会联合主办2019年西部国际化工产业发展大会暨化工展览会。省通信学会牵头筹备成立云南省5G专家咨询委员会，统筹推动全省5G网络建设和应用发展。省民族民间医药学会联合内蒙古蒙医药学会主办首届南北民族医药协同发展论坛，加强南北民族民间传统医药文化交流与合作。省电机工程学会开展云南电网调度系统运行人员受令资格培训，152 名学员参加培训。省学会研究会承办中西南学会学研究第 37 届年会，来自中西南地区 13 个省（自治区、直辖市）的学会工作者和相关代表 260 人参加会议。玉溪高新技术产业开发区成立园区科协，48 家企业成立科协、1126 名科技人员加入科协组织。

【第九届云南省科协学术年会】 9 月 19 日，以“科技支撑创新发展、绿色引领健康生活”为主题的第九届云南省科协学术年会在玉溪市举办。600 多位省内外相关领域院士、专家和科技工作者围绕云南省经济社会发展和战略需求，聚焦学科发展、科技前沿、自主创新，产业建设中的基础性、关键性、共性问题，开展决策咨询并建言献策。

此届年会由省科协和玉溪市委、市政府主办，主要内容包括大会开幕式和特邀报告会、学术研讨、课题研究、参观学习、专题展演等。中国工程院院士徐志磊，中国科学院院士都有为，中国工程院院士、省科协主席朱有勇等出席开幕式，并围绕“智能制造和创新设计”“云南省科技扶贫工作实践及思考”等主题作大会特邀报告。省科协党组书记、第一副主席张泽军主持开幕式，玉溪市委书记罗应光致辞。广东、河南、湖北、贵州、深圳等省市科协有关领导出席开幕式。

【2019 年全国科普日云南省主场活动】 9 月 14—20 日，省科协、省委宣传部、省教育厅、省科技厅、省农业农村厅、省卫生健康委、中国科学院昆明分院、昆明市人民政府等在全省共同组织开展以“礼赞共和国、智慧新生活”为主题的 2019 年全国科普日系列活动。9 月 17 日，全国科普日云南省主场活动启动仪式在昆明市举办。多家科技企业、学会组织围绕航天科技、人工智能、5G 技术等前沿科技及环境保护、卫生健康、食品安全等民生领域热点，开展科技成果集中展示活动。

活动期间，省科技馆举办“科技创新看中国”专题展览；省青少年科技中心组成科普报告队，赴西双版纳、文山等州（市）开展 30 场科普报告；省少数民族科普工作队与中国科学技术馆、腾讯公司联合举办科普大篷车活动。全省各级科协组织结合当地特色产业发展和公众科普需求，开展内容丰富、形式多样的集中科普示范活动。据不完全统计，活动期间开展各类科普讲座、科技论坛、报告会 310 次，设置科技咨询台 334 个、科普展板 1289 块，编印活动指南 2000 份、科普挂图 16700 张，开放科普基地 106 个，放映科普影视 202 场，开展科技下乡活动 157 次，发放各类科普宣传资料 40 万余份，直接受益群众约 215 万人次。

【“时代楷模”朱有勇】 12 月 2 日，中共中央宣传部在北京向全社会宣传发布朱有勇先进事迹，授予他“时代楷模”称号。

朱有勇是中国工程院院士、云南省科协主席、云南农业大学名誉校长，中国植物病理学专家。他在深度贫困的“民族直过区”承担扶贫任务，带领村民发展特色产业，改变当地贫困落后的面貌；他致力于农业科学研究，取得多项科研成果，立足农村实际推动科技成果转化；他创办院士科技扶贫指导班，为云南省少数民族贫困地区培养 1000 余位科技致富带头人；他情系“三农”，扎根边疆，挂钩联系普洱市澜沧拉祜族自治县以来，与少数民族群众同吃同住同劳动，受到当地人民群众欢迎和社会各界赞扬，被称为“农民院士”；他先后获得国家科学技术进步奖二等奖，以及“全国优秀共产党员”“全国杰出专业技术人才”“全国模范教师”等称号。

（撰稿人：黄剑平）

西藏自治区科学技术协会

服务经济社会发展 自治区科协推动院士专家工作站建设，联合上海市科协在日喀则市建立西藏喜马拉雅生态科技股份有限公司院士专家工作站，对当地农业科学研究所提高科研能力、创新青稞种植技术、培育业务精良的青稞产业科研队伍以及推动青稞产业发展起到积极作用。

实施调研咨询项目，委托相关学会开展《拉萨市区生活垃圾分类现状及对策建议》《自治区供热状况调查及技术方案优选》《自治区护士人力资源现状的调查》3 个调研咨询项目，为有关部门和企事业单位提供决策咨询服务。

实施科普助力精准帮扶示范项目 19 个，助力脱贫攻坚工作。实施《西藏自治区基层科普行动计划》，奖补 2 个农技协、11 个科普示范基地、3 个科普示范社区、5 名科普带头人、25 名科普信息员。推动落实基层党建“十二件实事”，落实帮扶项目 6 个，助力 2 个定点贫困村脱贫摘帽，帮助建档立卡贫困户 160 户共 692 人脱贫。

《科学素质纲要》实施及科普信息化建设工作 实施《西藏自治区全民科学素质行动计划纲要实施方案（2016—2020年）》，组织成员单位、学会组织和基层科协开展系列科普宣传活动300余场次，受益公众近百万人次。开展自治区“五下乡”、“三下乡”、5·12防灾减灾日、科技周、科普日等一系列科普宣传活动。3家单位入选全国科普日活动优秀组织单位，3项活动入选全国科普日优秀活动，18项活动入选全国科普日重点活动。

组织青少年参加自治区内外科技活动，在第34届全国青少年科技创新大赛上，1个项目获全国二等奖、22个项目获全国三等奖；在第十九届中国青少年机器人竞赛暨2019世界青少年机器人邀请赛上，6个项目获全国三等奖；在第十届全国青少年科学影像节活动上，1个作品获全国一等奖，自治区科协获全国最佳创作团队奖。在第36届全国中学生物理竞赛上，获6枚铜牌。组织120名学生参加2019年全国青少年高校科学营活动。在哈尔滨工业大学和拉萨市分别举办西藏自治区2019年中小学科技教师专题培训班、西藏青少年科技辅导员培训班，对166名科技教师进行专题培训。

加强科普平台建设，完成102所中学科技馆创建任务，实施65个中学科技馆能力提升工程，建设45个小学科技馆，建立3个青少年科学工作室，落实流动科技馆设备1套，在7个地市建设科普长廊7个。组织开展以“体验科学”为主题的2019年中国流动科技馆第二轮巡展西藏首站启动仪式及科普宣传活动和“流动科普设备”三级科协联动试点活动，中小学生和社会公众3万人次参与科学体验。

实施科普资源开发与信息化建设，与《知识就是力量》杂志社合作，完成20个原创科普音频、20幅科普漫画以及10个科普微视频的制作，累计新增藏汉科普资源内容40G。与西藏日报社藏汉翻译团队合作，完成50个科普视频藏文版译制、45个科普音频藏文版录制、60幅科普挂图藏文版译制和1000余篇农牧技术、历史人文等科普文稿翻译。开发藏汉双语科普电视盒子5000台，免费向基层配发。通过科普资源开发与宣传，科普网络平台累计访问用户达7万人次，“科普西藏”微信公众号关注人数超过2万人次。与西藏广播电视台合作，开办《科普西藏》电视栏目，播出52期专题科普节目；开设5个科普专栏广播节目，播出160期。加强科普e站建设，建成118个乡村e站、社区e站、校园e站，打通科普服务“最后一公里”。

学术交流 资助重点学会开展土壤健康与农业绿色发展学术研讨会、第四届高山极地持久性有毒污染物（PTS）研讨会等多场学术交流活动，搭建学术交流平台，促进科技工作者学术交流交往。推进学会创新能力建设，资助自治区级学会开展9类42项学会创新和服务能力建设项目。

服务科技工作者 举办全国科技工作者日活动，邀请自治区领导看望慰问优秀科技工作者代表，引导科技工作者发挥模范带头作用。组织科技工作者开展“科技使者进乡村活动”志愿服务活动，在林芝市和昌都市开展非洲猪瘟综合防控技术指导；在那曲市开展藏绵羊、山羊高效育肥技术现场示范；在日喀则市开展农牧民藏药材种植加工技术指导；在拉萨市、日喀则市、山南市开展青稞高产栽培技术培训，引导广大科技工作者不忘初心、牢记使命，为自治区科技事业发展作出贡献。

推荐3名中国工程院院士候选人，1人进入第二轮遴选；推荐的姬秋梅博士获得全国2019“最美科技工作者”称号；开展第十六届中国青年女科学家奖和2019年度未来女科学家计划候选人推荐工作和第十六届中国青年科技奖候选人推荐与评选工作。推荐中国科协求是杰出青年奖成果转化奖和第六届中国青年科技工作者协会西藏自治区代表候选人。宣传优秀科技工作者先进事迹，弘扬科学家精神和工匠精神。组织5位专家赴山东省青岛市参加2019国际组织任职专家及后备人员培训班。开展基层一线科技工作者知识更新培训班，培训120名基层一线科技工作者，提升服务农牧区的水平。

自身建设 加强党的建设，落实全面从严治党责任和“一岗双责”，严格履行意识形态工作责任制，扎实推进“两学一做”学习教育常态化制度化，深入开展“不忘初心、牢记使命”主题教育。召开自治区科协六届六次全委会议和地市科协工作座谈会等，深入学习贯彻习近平新时代中国特色社会主义思想和党的十九大精神，学习宣传习近平总书记关于治边稳藏的重要论述、致2019·中国西藏发展论坛贺信以及关于科技事业发展的重要论述。组织参加2019年全国科学道德和学风建设宣讲教育报告会，学习贯彻《关于进一步弘扬科学家精神加强作风和学风建设的意见》，大力弘扬中国科学家精神，引导各级科协组织和广大科技工作者争做“神圣国土保护者，幸福家园建设者”排头兵和新时代科技创新先锋。

4 月 3 日，自治区科协六届六次全委会议在拉萨市召开。会议传达中国科协九届六次全委会议及 2019 年地方科协工作座谈会会议精神，全面总结 2018 年各项工作，提出 2019 年工作安排及思路，通报 2018 年度自治区级学会考核情况，并表彰优秀学会。

在重庆市举办基层科协工作人员业务培训班，提升专（兼）职工作人员的政策理论水平和依法依章办会能力。开展学会年检，指导 13 家学会按期召开会员代表大会，落实学会主体责任，加强对学会运行管理工作的指导，提升学会组织“四服务”能力。

推进受援工作，落实 2019 年中国科协援藏项目资金，开展特色科普资源开发、科普阵地建设、科普信息员队伍建设等工作。落实西藏自然科学博物馆免费开放补助资金 150 万元。与对口援藏省市科协开展交流合作，扶持基层青少年科技教育、科普基础设施建设、科普培训等。

地市县及科协基层组织 截至 2019 年年底，自治区有地市科协 7 个、县区科协 74 个。自治区基层科协围绕地方党委、政府中心工作，开展各项科普宣传、实用技术培训等活动。拉萨市科协举办雪域拉萨科普嘉年华活动，2000 余人参加；日喀则市科协组织 13 家科技型企业、6 个学（协）会等单位开展科普进校园、进乡村、进基地等活动，服务公众 4080 人次；昌都市科协组织开展“科普六进”活动，发放科普宣传资料 7500 多份，展出科普挂图（展板）等 480 幅（块），为群众义诊 2000 人次，开展科技咨询服务活动 12 场次；山南市科协组织开展科普知识进农牧区、进校园及科普一条街活动，发放科普物品和宣传资料 16320 余册（份）；林芝市科协利用科普长廊 LED 屏开展专题科普宣传，每天播放 4 小时；那曲市科协深入基层做宣传，免费为 200 余人义诊，发放科普宣传资料等 8000 余册（份），受益人群达 3000 余人次；阿里地区科协开展“行动起来，减轻身边的灾害风险”，以及日常科学知识普及、农牧业先进适用技术集中宣传、气象科普咨询和宣传、国防教育宣传等活动。

自治区级学会、企业科协、高校科协 截至 2019 年年底，全区有自治区级学会 32 个、团体会员 9 个，个人会员 10370 人，学会和团体会员同比减少 24%，个人会员减少 16%。自治区地质学会举办 2019 年度雅鲁藏布江中段地学科普夏令营活动和西藏民族大学医学部第二届“丽春五月、医展风采”校园文化节等活动；自治区护理学会举办 7 场义诊和卫生健康知识宣传活动；自治区园艺学会培训农牧民 205 人次；西藏职业技术学院科协开展全国科普日校园宣传活动、西藏土著鱼类保护科普宣传活动。助推“大众创业、万众创新”活动，投入资金在西藏农牧学院开展“蘑盒”项目，为大学生创新创业提供机会。

【西藏自治区科协 2019 年地市科协工作座谈会暨西藏自治区级学会秘书长联席会议】 4 月 3 日，西藏自治区科协 2019 年地市科协工作座谈会暨西藏自治区级学会秘书长联席会议在拉萨市召开。自治区科协党组书记、副主席顿珠旦增出席会议并讲话。李秀珍、张金文、杜恩社、巴琼等自治区科协领导以及各地市科协领导、学会秘书长、自治区科协各部门负责人出席会议。

会议学习贯彻党的十九大精神、全国和自治区两会精神和中国科协九届六次全委会议精神，围绕推进科协系统改革、提升学会能力建设、科技助力脱贫攻坚、科学道德与学风建设等议题展开讨论交流，各地市科协和有关学会进行汇报交流。

（撰稿人：李月桂）

陕西省科学技术协会

服务经济社会发展 省科协联合渭南市、宝鸡市、咸阳市等市政府举办“智惠渭南”“智惠宝鸡”“智惠咸阳”高端科技创新智库论坛，组织 5 位院士、57 位专家，深入 40 多家企业对接 80 多项科技需求，为地方产业转型升级提供咨询建议和科技服务。依托全省科技优质资源开展前瞻性理论探索和政策研究，呈报《2019 年度陕西省自然灾害趋势综合预测建议》《关于陕西省商业航天产业发展的思考和建议》等多份专家建议，为党委政府科学决策建言献策。

省科协与省委组织部等 10 部门共同推进院士专家工作站建设，全省建成各类院士专家工作站 245 个，开展合作项目 574 个，转化成果 419 项。联合省科技厅等单位举办陕西省科技工作者创新创业大赛。实施省科协“青年人才托举计划”项目，对 28 所高校的 80 个项目和 40 多家企业的 60 个项目进行资助。组织企业开展“三新三小”（新技术、新工艺、新材料，小发明、小创新、小改造）创新竞赛活动，全省 90 余家企业的 170 余个项目参与活动，评选表彰 100 项优秀成果。

实施陕西省科技助力精准扶贫工程、“百千万”行动，分主题在关中、陕南、陕北召开现场会，统筹推进全省科技助力脱贫攻坚工作。省科协与12个贫困县签订合作协议，帮助发展县域特色产业。依托省脱贫攻坚联合体，组织涉农涉医省级学会和高校科协等力量，深入贫困县区开展科技培训、科学普及等工作。在全省建立农业专家服务站113个、农技协组织2437个，推广“点菜式”科技服务，开展各类培训7910场次。组织30个基层单位参加第26届中国杨凌农业高新科技成果博览会“科技助力脱贫攻坚专题展”，被会议组委会授予优秀组织奖、展示奖。

《科学素质纲要》实施及科普信息化建设工作 认真履行省全民科学素质纲要实施工作办公室职责，研究制定《关于大力推进全域科普工作的意见》，落实各地、各成员单位工作责任。联合中国科普研究所、西北工业大学共建陕西省公众科学素质研究发展中心，联合省科技厅实施陕西省提升公众科学素质研究计划项目91项，开展公众科学素质调研普查和研究工作。投入资金2835万元实施“基层科普行动计划”和陕西省“科普惠农富民计划”。

举办“科技之春”宣传月、全国科普日等各类科普示范活动2113项，受益群众达450万余人次，被中国科协评为全国科普日活动优秀组织单位。举办第34届陕西省青少年科技创新大赛、第十九届陕西省青少年机器人竞赛，评出一、二、三等奖共1031项。组织实施“英才计划”、青少年高校科学营、“明天小小科学家”等活动，助力科技创新后备人才培养。

陕西科技馆常设展厅开放259天，免费接待观众15万余人次；流动科技馆在全省36个县（区）巡展，受益群众184.6万人次；基层县（区）92辆科普大篷车开展活动3025次，受益群众33.4万余人；为陕西省13个农村学校争取农村中学科技馆建设项目；建设科普中国e站651个、电子科普画廊90个。在《陕西日报》、陕西电视台等主流媒体共刊登和播出专题科普栏目400余期；出版《陕西科技报》157期、发行403万份；“陕西科普”“水煮科技”微信公众号及微博、今日头条等新媒体平台，全年发文7100余篇，阅读点击量1700多万人次。截至2019年年底，陕西省公民具备基本科学素质的比例达到8.8%，比2018年提高0.93个百分点。

学术交流 省科协组织开展学术金秋重点学术交流活动507项。举办2019年陕西智能物联与工业互联网发展论坛、推广北斗导航应用服务“三个经济”发展研讨会和健康陕西高峰论坛暨陕西省康复医学会2019年学术年会等会议，促进科技与经济、产业和社会的融合发展。

举办中韩交通技术发展及经验技术交流会，韩国交通学会一行17人来访；举办首届约翰·霍普金斯护理精英人才高级研修班，来自全省200多家医疗机构的近300名护士长参加培训；举办第11届无线通信与信号处理国际会议等国际学术会议。组织相关企业赴中国台湾地区参加农业全产业链生态循环发展模式项目对接会，促进海峡两岸学术交流和民心相通。

服务科技工作者 挖掘“西迁精神”新时代内涵，推荐中国科学院院士、西安交通大学教授陶文铨入选中共中央宣传部、中国科协等开展的全国最美科技工作者学习宣传10人名单，被中共中央宣传部列入“闪亮的名字——2019最美科技工作者”重点宣传人物，周洲等5人入选中国科协重点宣传名单。

围绕“礼赞共和国、追梦新时代”主题，开展陕西省全国科技工作者日系列活动。省委副书记贺荣慰问优秀科技工作者和创新团队代表。举办优秀科技民营企业家事迹报告会。

推荐的5人获第十五届中国青年科技奖、2人获第十五届中国青年女科学家奖；5人（团队）为第十六届中国青年女科学家奖和未来女科学家计划候选人。推荐9人为2019年中国工程院院士候选人，其中1人进入第二轮评审。

开展科技工作者状况调查，上报站点信息100余条，完成调查问卷1550份，为相关政策制定提供支撑。举办科学道德和学风建设宣讲报告会、座谈会374场次，参加人员9.94万人次。

自身建设 开展省科协第九次代表大会筹备工作，提高基层一线委员代表候选人的比例。在127家省级学会建立党组织，党组织覆盖率达91%，比2018年提高5.6%，为其余12家省级学会选派党建指导员，党的工作覆盖面达到100%。指导12个省级学会开展团体标准制定试点工作、7家学会承接项目26个、40多家学会设立学科奖项。投入资金支持35个市县区推进“三长”工作，实现全省县区全覆盖。在22个县开展科技志愿服务活动“十个一”试点工作，4个县入选全国新时代文明实践中心科技志愿服务活动试点县，累计开展活动200余场次。指导咸阳市武功县科协深化改革，获评中国科协“十佳深化改革县级科协”。

地市县及科协基层组织 截至2019年年底，全省共有市级科协11个，县级科协107个，乡镇（街道）科协1083个，农技协组织2437个，注册科技志愿者组织259个、科技志愿者6635人，开展主题科普示范活动2113项、实用技术培训7910次，受益群众450万余人次。

西安市科协资助第25届微特电机及驱动技术创新与发展论坛等重点学术项目37个；接待法国、日本等国家科技代表团6批，进行学术交流14次，推介美国南方电力公司与省内有关企业就大气污染控制领域的应用建立联系，促成中法葡萄酒庄合作项目落地。宝鸡市科协创建省级农业专家服务站12个，命名市级农村科普示范基地、科普示范村34个，新建和扶持农技协83个，组织30多个科技组织的396名专家开展农业技术培训767场次，带动贫困户脱贫20431人。咸阳市科协承办“智惠咸阳”高端智库科技创新论坛暨陕西省第四届丝绸之路青年学者论坛咸阳分论坛，400余名专家、学者参加活动，5位专家作主旨报告，76名专家与52家企业洽谈，达成合作意向25项。铜川市科协开展“定点、定向、订单”式实用技术以及电商培训24期，受益1000余人，编印手册6种，发放1.2万册，服务脱贫攻坚。渭南市科协开展“科技之春”重点科普活动168项，市县两级327个部门单位的6300名科技工作者参加活动，受益群众53万人次。延安市科协加大招才引智工作力度，共建院士工作站23个，引进中国科学院院士、中国工程院院士24人，建站数量和引进院士人数居全省前列。榆林市科协开展“壮丽70年·奋进新时代”科技成果展；对100名科技智库专家发放聘书，精选调研课题10项。汉中市科协建立94个镇（办）科协组织，吸纳280名“三长”（医院院长、学校校长、农技站站长）进入全市各级科协组织兼职挂职，带动各领域科普资源服务基层群众。安康市科协推广“互联网+科协+X”工作模式，建设科普e站74个，将200余名科技专家“挂在网上、连在线上”，提供“点菜式”“订单式”服务，打通农技推广“最后一公里”。商洛市科协评选表彰自然科学优秀论文64篇；开展科技人员继续教育和技能培训工作，培训科技人员3000多人次。杨凌示范区科协举办农业技术比武大赛，联合省土壤学会开展连作障碍试验课题研究，推动农业技术创新发展。韩城市科协联合陕西广播电视台等单位，举办陕西首届韩城美食大赛。

省级学会、企业科协、高校科协 截至2019年年底，全省共有省级学会139个，较2018年增加2个；团体会员3863个，个人会员17.82万人；学会联合体3个；学会服务工作站15个，较2018年增加10个；企业科协209个，较2018年增加8个；园区科协7个；高校科协35个，较2018年增加3个。

省消防学会、省古生物学会、省护理学会等开展“科技之春”“全国科普日”等主题科普活动460余场次。省动物学会承办中国动物学会第十八届全国会员代表大会暨第二十四届学术年会，1000余名专家、学者围绕“新时代的动物学：学科交叉，创新引领”主题，研究探讨动物学领域的新发现、新问题，分享交流新方法、新成果，大会还同期举办2019年全国动物学博士生学术论坛（动物学）。省地球物理学会举办航空、地面物探技术及装备研讨会，交流推广地球物理新装备、新技术。省水力发电工程学会召开2019年度技术质量交流会暨施工现场观摩会，近90名专家、学者交流路桥企业创新施工技术和先进管理经验。

110家科技企业开展科技咨询活动，780余名科技工作者参与活动，解决技术难题88个。省内外近300家高校、企业、科研院所及科技组织参与2019年陕西省科技工作者创新创业大赛，500多个项目参加预赛、复赛，202个项目入围决赛。活动评选出20个金奖、59个银奖、119个铜奖以及5个最佳人气奖。

西安交通大学、西北工业大学、西北农林科技大学等15所高校举办高校科协科学论坛17个，进一步深化学术交流，促进学科建设和人才培养；陕西师范大学、西北大学等18所高校科协举办青年科技工作者学术交流活动19次，参与活动的科技工作者近万人次。

【“智惠宝鸡”传感器科技产业发展论坛】 5月21日，由省科协、省工业和信息化厅、宝鸡市人民政府主办的“智惠宝鸡”传感器科技产业发展论坛在宝鸡市举办。陕西省副省长、宝鸡市委书记徐启方为宝鸡姜谭工业园区科技创新服务站授牌。

中国工程院院士蒋庄德、中国科学院院士管晓宏、西安电子科技大学党委副书记杨银堂等近30位专家，以及省内外企业负责人等500余人出席论坛。

论坛前夕，省自动化学会、省机械工程学会组织17位专家赴宝鸡市调研，形成两份专家报告。针对报告中传感器产业存在问题，在主论坛上蒋庄德、管晓宏、杨银堂、徐志刚、焦李成分别作题为《高端智能传感技术及应用》《信息物理融合系统》《传感器信号采集与处理集成电路技术》《智能网联汽车测试技术与信息安全问题》《人工智能发展趋势与挑战》的报告，分享传感器产业链内技术演进路径和发展趋势，围绕智能传感器产业链协同升级和产业生态完善，智能传感器材料、设备、设计、制造、分装、测试等提出意见建议，推动解决发展中的难题。

论坛同期举办产品展博会，国内40多家传感器企业参展，推介最新的传感器企业产品、技术，开展项目招商活动。西北工业大学空天微纳系统教育部重点实验室和宝鸡市渭滨区政府签订共建智能传感器联合研究中心的合作协议。

【健康陕西高峰论坛暨陕西省康复医学会2019年学术年会】 8月23—25日，健康陕西高峰论坛暨陕西省康复医学会2019年学术年会在西安市举办。论坛由省科协主办、省康复医学会承办，主题为“大健康、大康复、新机遇、新挑战”。

省政府副秘书长姚建红、美国医学科学院国际院士励建安、中国医师协会康复医师分会会长李建军、中华医学会物理医学与康复医学分会主任委员岳寿伟、中华医学会物理医学与康复医学分会候任主任委员何成奇、陕西省康复医学会理事长贺西京分别作《发展康复事业　助力健康中国》《ISPRM2019国际大会集萃》《创新引领康复未来》《中国腰疼指南解读》《2019康复医学科学科建设战略》《颈椎外科围手术期加速外科康复管理策略》的主旨报告。

论坛设康复与健康主会场和康复医学前沿与康复治疗新进展论坛、肌骨疼痛与智慧健康工程论坛、儿童康复论坛、创伤救治与康复论坛、心肺康复论坛、加速康复外科论坛、康复护理论坛和康复技术论坛等9个分会场。大会设专题报告103个，其中主旨报告6个，各分论坛发言74个，康复治疗技能竞赛论坛1个。来自省内外90多名专家、2000余名医务工作者共同探讨康复发展的新趋势、新机遇、新挑战。

【陕西省首列“科学号”科普专列通车】 9月24日，陕西省首条城际铁路主题列车“科学号”科普专列开启试乘体验活动。省科协党组书记、常务副主席孙科和陕西城际铁路有限公司党委副书记、总经理李爱国为科普专列揭幕。“科学号”科普专列由省科协与陕西城际铁路有限公司共同推出，陕西科技报社策划完成内容。

“科学号”科普专列的6节车厢被划分为智能制造、科普场馆、三航、自然科学、技术通讯、应急科普6大主题板块和在陕西省的64位院士的宣传栏。乘客通过列车内外车体图文展示、扫码等方式可以了解科学知识与陕西省优势科技产业。城际铁路既搭载智能技术，又融入科普理念的设计。

【陕西省科技志愿者总队成立大会】 5月23日，陕西省科技志愿者总队成立大会在西安市召开。中国工程院院士、省科协主席蒋庄德为各设区市、杨凌示范区、韩城市科协科技志愿者支队授旗。会议宣读《关于成立陕西省科技志愿者总队的决定》。渭南市科协副主席雷振民、西北大学地质学系教授刘建妮等6位志愿者代表围绕“礼赞共和国、追梦新时代”主题，结合自身工作经历，讲述科技工作者志愿服务的感人事迹。

省科协党组书记、常务副主席孙科强调，科协组织要聚焦服务企业产业高质量发展和推动科学普及服务全民科学素质提升，全面提升服务经济社会发展和服务基层群众的能力；要进一步推进全省“三长”工作试点，搭建好志愿服务平台，加强组织领导，完善保障机制，推动科技志愿服务行动落地落实、生根见效。

2019年，全省注册科技志愿者组织259个、科技志愿者6635人，举办实用技术培训3850余期次，举办科技报告会、研讨会等540余场次，发放各类科普宣传资料250万余份（册），科普场馆接待观众133.6万余人次。

（撰稿人：田西平）

甘肃省科学技术协会

服务经济社会发展　省科协推动新建院士专家工作站14个，柔性引进15名院士及其团队助力创新发展。平凉市依托9个院士专家工作站，已建成5个省级人才培养基地和2个特色产业综合示范基地，为推进苹果、马铃薯等农业产业发展提供科技支撑。推进“海智计划”甘肃工作基地建设，新建“海智计划”工作站6个，实施特色示范项目8个。

省科协举办2019年甘肃省学术年会、第九届兰州生命科学论坛、第五届环境与发展智库论坛等学术活动，形成《关于加强甘肃矿产资源深部勘察践行暨新时代绿色发展理念的建议》《甘肃建设“一带一路”中医药国际交流合作创新区的建议》等一批高质量决策咨询建议，助力全省经济高质量发展。

实施科技助力脱贫攻坚工程，组织3600名科技专家与4.3万户贫困户结对开展常态帮扶，动员全省各级农技协组织开展科技培训、农技服务活动2800余场次。实施10个学会助力精准扶贫项目，助推10个贫困县的特色优势产业提质增效。实施致富产业培育、科普宣传培训等项目，开展健康义诊、物资捐赠等活动，全方位推进3个帮扶村如期实现整体脱贫。

持续推进农技协转型升级，组织881个基层农技协及县级以上农技协联合会入驻智慧农技协网上平台。支持省农技协联合会和14个农技协组织实施转型升级项目。

《科学素质纲要》实施及科普信息化建设工作 组织开展以“礼赞共和国、智慧新生活”为主题的2019年全国科普日甘肃省系列活动。结合全国科普日主题活动，以流动科技馆巡展为载体，深入农村、社区、学校、企业开展各类科普宣传活动6万余场次，受益人数达300万人次。举办第34届甘肃省青少年科技创新大赛暨第19届中国青少年机器人（甘肃赛区）竞赛等活动，参与青少年达200万余人次。

省科协争取中央财政补助资金，支持甘肃科技馆和7个市县科技馆免费开放，新建县级科技馆1个、农村中学科技馆7个、科普小院9个。推进甘肃科技馆后续项目及配套设施建设，建成青少年科学实践与体验中心，并举办“海洋精灵”水母主题展、全球机械百音盒展、科普大讲堂等10余项科普展教活动。甘肃科技馆全年接待观众101万余人次，接待团队1200多个。

实施科普信息化项目14个，打造智慧科普样板间3个，认定2020—2024年科普教育基地52家。落实基层科普行动计划专项资金，对106个基层科普组织和11个科技致富带头人进行奖补。

截至2019年年底，科普大篷车配发总量达94辆，总行驶里程54万千米，开展活动4769场次，服务基层公众326万人次。

学术交流 省科协举办以“创新引领生态产业发展、开创科技兴陇新局面”为主题的2019年甘肃省学术年会。邀请国内专家作主旨报告，并组织相关领域专家进行学术交流，形成优秀论文15篇，专家建议报告1篇。

组织省内高校及科研院所选派专家参加第十一届FCPAE（全欧华人专业协会联合会）欧洲论坛，促成中英智慧农业“国合项目”。

联合内蒙古自治区科协、内蒙古大学等单位举办2019草原生态与保护国际学术研讨会，来自俄罗斯、蒙古、意大利等国家以及中国北京、青海、甘肃等多个省、自治区、直辖市的200多位草原生态学者和管理人员参加会议。大会以“坚持生态优先，推动绿色发展”为主题，重点讨论中国北方草原在内的亚洲中部草原生态和保护问题，促进草原生态和保护方面的国际交流合作。

组织参加第十届海峡两岸森林保育经营学术研讨活动、第十届海峡两岸青年学子科技交流活动、第27届海峡两岸都市交通学术研讨会等，加强与香港特别行政区、澳门特别行政区、台湾地区的科技交流与合作。

支持学会、协会、研究会及各市州科协举办第十六届全国风能应用技术年会、丝绸之路防沙治沙与生态修复国际学术研讨会、第八届中国环境院所长论坛等学术交流活动。

服务科技工作者 推选3名中国工程院院士候选人，推荐27名优秀科技工作者参评第二十二届中国科协求是杰出青年成果转化奖等全国性奖项。揭晓第九届甘肃青年科技奖获奖名单，表彰30名杰出青年科技工作者。实施甘肃省“青年科技人才托举工程”，对16名青年科技人才进行立项资助。

围绕“礼赞共和国、追梦新时代”全国科技工作者日主题，组织开展科学家宣讲团走基层、走访慰问科技工作者代表、宣传优秀科技人才先进事迹等系列活动，并组织各级科协挖掘、宣传本地区科技工作者中的先进典型。

自身建设 召开甘肃省科协第八次代表大会，选举产生新一届领导机构。结合开展“不忘初心、牢记使命”主题教育，召开党组理论学习中心组学习扩大会议17次，组织专题辅导3次、研讨交流4次，带动10个支部开展集中学习研讨232次，并成立机关年轻干部学习研究小组。

省科协领导班子带领各部门负责人深入16个县区开展调研，形成调研成果6个，检视梳理问题18个，提出对策措施23个。持续推进农技协转型升级，组织881个基层农技协及县级以上农技协联合会入驻智慧农技协网上平台。

地市县及科协基层组织 截至2019年年底，全省共有市级科协14个，县级科协86个，乡镇（街道）科协1430个。市州科协改革全面启动并有序推进，县区科协改革方案出台率达到77%。其中，14个市州科协新增部门15个、编制7个，86个县区科协新增部门12个、编制16个。

推进提升基层科协组织力“3+1”试点，吸纳学校校长、医院院长、农技站站长“三长”到基层科协领导机构兼职。2019年，市县科协兼职副主席、常委、委员中“三长”占比分别为45%、11.9%和7%，乡镇（街道）科协兼职副主席、委员中“三长”占比分别为44.2%和49%。乡镇（街道）和行政村（社区）建立科协组织的比例持续上升，分别达88.3%和29.8%。

全省市县级科协全年组织举办科普宣讲活动957次，宣讲活动受众339万人次；开展实用技术培训497场次，参加活动的科技人员数量达到12.5万人次，受众超过282万人次。

庆阳市科协依托16个农技协联合会和69个农技协，实施产业聚合领航、科技助力精准扶贫等“五大行动”，联合53个乡镇农技中心组建农技社会化服务中心，承接产业技术骨干培训等项目31个，探索农技协服务发展的“九种模式”，助推脱贫攻坚。

平凉市科协以“互联网+”思维为突破口，大力开展电子商务人才培训，涌现出一大批以“静宁苹果”为载体的电子商务平台，在助农增收、拓展产品销售途径方面发挥作用。

白银市科协推动全市16家市属学（协）会、64家农技协成立基层党组织，实现党组织全覆盖。

省级学会、企业科协、高校科协　截至2019年年底，省科协所属省级学会有102个，企业科协67个，高校科协15个。省科协推进学会治理结构和治理方式改革，支持3个省级学会实施承接政府转移职能与公共服务示范项目，新发展业务主管学会5个；指导所属学会14个独立党支部和5个联合党支部推进党支部标准化建设；指导45家学会开展年检服务；指导省地理学会、省数学会、省心理咨询师学会等5家学会完成换届工作。

省水力发电工程学会举办第十六届全国风能应用技术年会，省环境科学学会承办第八届中国环境院所长论坛。省级学会和市州科协每年召开学术年会，如天水市科协举办天水市首届学术年会，省心理学会举办甘肃省心理学会2019年学术年会，省化学会举办第一届甘肃省分析化学青年论坛，等等。

省科协引导全国、省级学会与企业开展合作项目13项，研发引进新产品、新技术22项。西北永新集团有限公司科协征集技术创新需求4项；结合全国科技活动周、全国科技工作者日等活动，开展“企业开放日”活动；成立1个国家级企业技术中心、1个国家级博士后科研工作站、3个省级工程研究中心（工业设计中心）、1个院士专家工作站，帮助企业解决生产经营中的技术改进、难题攻关、提高质量、降低消耗和新品研发与应用等问题；开展2019年技术创新项目工作，全集团共计立项52项，其中技术研发项目37项，技术革新项目15项，申报专利10项，授权专利4项，多个新开发项目取得突破，销售额超过1200万元。兰州城市供水（集团）有限公司科协上报通过省、市科技计划项目4项、专利5项，获得省、市各级科技奖励7项。

兰州交通大学科协组织全校师生参观科技成果展21场次，参观人数2400人次；参与各类学科竞赛29项，获得全国奖74项，省级奖159项；组织2019年校级大学生参与“创新创业训练计划项目”，立项182项；主办学术会议12场次，学术讲座125场次，并定期举办科技活动周、主题活动、暑期社会实践等。兰州交通大学组建甘肃省首个高校院士工作站。河西学院科协结合实际探索新模式，成立河西学院西路军研究院、祁连山生态研究院、柔性复合材料应用基础研究所等专业组织，建立产学研合作长效机制。

【甘肃省科学技术协会第八次代表大会】 4月28—29日，甘肃省科学技术协会第八次代表大会在兰州市召开。省委书记、省人大常委会主任林铎，中国科协党委书记、常务副主席、书记处第一书记怀进鹏出席开幕式并讲话。省委副书记、省长唐仁健，省委副书记孙伟，省委常委、省委组织部部长李元平，省委常委、省委秘书长王嘉毅，省人大常委会副主任陈克恭，省政协副主席郭天康以及中国科学院院士赖远明、刘维民出席会议。来自全省各地的600名科技界代表及省直有关部门负责同志参加会议。

副省长张世珍主持开幕式。省科协党组书记、第一副主席陈炳东受省科协第七届委员会委托作工作报告。

大会审议通过甘肃省科协第七届委员会工作报告的决议；审议通过关于《甘肃省科学技术协会实施〈中国科学技术协会章程〉细则》的决议；选举产生省科协第八届委员会新的领导机构，张世珍当选为省科协第八届委员会主席，陈炳东、张平、毛曼君、张炯、冯永成等20人当选为副主席，王锐、王春怀、史百战等35人当选为常务委员。大会对30名第九届甘肃青年科技奖获得者进行表彰。

【2019年甘肃省学术年会】 9月18日，由省科协、省科技厅、省农业农村厅、省发展改革委、白银市人民政府联合主办的2019年甘肃省学术年会在白银市召开。来自省级学会和市州科协负责人，省内外有关专家、学者，科研、生产、教学一线的科技工作者等400余人参加会议。学术年会主题为“创新引领生态产业发展、开创科技兴陇新局面”。中国科学院院士陈化兰、中国机械工业集团有限公司智能技术研究院院长郝玉成、中国社会科学院农村发展研究所研究员党国英应邀出席并作主旨报告。年会聚焦智能制造、寒旱农业、凹凸棒石等绿色生态产业发展，共设立开幕式暨特邀报告会和4个分会场学术交流活动。

【第34届甘肃省青少年科技创新大赛暨第19届中国青少年机器人（甘肃赛区）竞赛】 3月28—30日，由省科协、省教育厅、省科技厅等有关部门共同主办，以“创新·体验·成长”为主题的第34届甘肃省青少年科技创新大赛暨第19届中国青少年机器人（甘肃赛区）竞赛在敦煌市召开。省委副书记孙伟，省科协党组书记、第一副主席陈炳东，省科协副主席张平出席活动并参观创新成果展示。来自全省14个市州的参赛选手、科技辅导员、观摩人员等5000余人次参加活动。

第34届甘肃省青少年科技创新大赛全省参与人数达40万，向省大赛组委会推荐各类作品1249项，评选出各类奖项1061项。第19届中国青少年机器人（甘肃赛区）竞赛共有17支代表队、346支参赛队的1383名参赛代表参加比赛，评选出竞赛一等奖57项，二等奖114项，三等奖170项；创意比赛一等奖19个，二等奖28个，三等奖43个。

【白银市国家级院士专家服务基地揭牌】 5月16日，白银市国家级院士专家服务基地在白银市白银区水川湿地公园揭牌。白银市院士专家服务基地是白银市委、市政府为实施人才强市战略、打造新时代“白银人才联合舰队”建立的综合性服务基地。3月，人力资源社会保障部从全国遴选确定第五批国家级专家服务基地20家，白银市院士专家服务基地是甘肃省此次唯一获准设立的国家级院士专家服务基地。

【首届甘肃民营科技企业发展峰会】 12月10日，由省科协、中国民营科技实业家协会主办的首届甘肃民营科技企业发展峰会在兰州市召开。全省百余名民营企业家及业内专家、学者进行讨论交流，旨在聚焦创新驱动，促进全省民营科技企业高质量发展。会上，来自中国科技体制改革研究会、省科技厅、西安电子科技大学及相关会计师事务所和金融机构的5位专家、学者，分别作《民营企业与创新创业》《区块链技术创新赋能行业应用》《科技型企业发展相关政策》等主题报告，报告内容既包含对中国民营企业面临机遇和挑战的分析，也有针对甘肃省科技型企业发展的支持政策、税收优惠及普惠金融政策的解读。

（撰稿人：何来喜　李晓伟）

青海省科学技术协会

服务经济社会发展 省科协打造科技创新智库，新吸纳聘请38名相关学科领域专家。进一步发挥专家作用，紧扣全省着力打造的重点产业发展方向和发展战略突出问题，择优资助省内高校和科研院所实施《以“犬驱虫和羊免疫”为主的防治技术阻断人感染“包虫病”的效果调查》等15个决策咨询调研课题和《青海盐湖产业高质量绿色发展研究》等4个重大决策咨询课题研究；编发《促进青海高校高层次人才培养与引进的对策与建议》等6期省科协《青海科技工作者建言》，服务党委政府科学决策。完善院士专家工作站管理制度，发挥工作站作用并带动培养本土人才，新建成国家电投集团黄河上游水电开发有限责任公司张建民院士工作站、海西蒙古族藏族自治州人民医院董家鸿院士工作站海西分站、青海中控太阳能发电有限公司岑可法院士工作站3个院士工作站和省人民医院赵生秀专家工作站、省地质矿产勘查开发局专家工作站“潘彤工作室”、青海民族大学马成俊专家工作站3个专家工作站。举办2期一线创新工程师创新能力培训班，共培训工程师和技术人员230余人。举办2019年中国创新方法大赛青海分赛区比赛，并择优推荐4个项目参加全国大赛，取得二等奖1项、三等奖2项，省科协获得优秀组织奖。

依托由96名省内外专家组成的省农技协乡土专家服务团队开展智力扶贫服务行动，面向基层开展科技对接服务50余场次；支持经费600万元，资助实施农技协项目38个，举办农技协领办人培训班及省外专家现场指导、专题讲座等100余期（次）活动。

《科学素质纲要》实施及科普信息化建设工作 省科协认真履行全民科学素质纲要实施工作办公室职责，协调27家成员单位整合优势资源，因地制宜开展各种科普宣传工作。成立首批青海省首席科学传播专家队伍和省农技协乡土专家队伍开展科普服务基层工作。针对国家全民科学素质纲要实施工作办公室对青海省“十三五”全民科学素质工作评估检查存在的突出问题，省委、省政府召开全省全民科学素质行动计划纲要专题工作会议，协调解决《科学素质纲要》实施工作中存在的问题和困难。

积极打造“生态科普”品牌活动。全年开展生态环境科普“五进”活动130余次，其中进校园53次、进社区43次、进乡村28次、进寺院4次、进军营2次，受益群众7万余人次。打造以实体馆为主、流动馆为辅的普惠共享科普服务体系，扩大科普活动覆盖面。青海省科技馆依托展厅展品资源，策划开展系列科普活动，全年累计接待公众54.8万余人次，其中青少年占比58%。深化科普大篷车服务基层工作，加大对边远地区居民的科普工作力度，全省49辆科普大篷车先后在72个县（区）、乡镇和社区开展活动600余次，行程近40万千米，受益群众30万余人次，科普大篷车单车行驶里程和累计里程均排名全国第二。中国流动科技馆先后赴海西蒙古族藏族自治州、黄南藏族自治州、玉树藏族自治州的14个县（市）开展巡展活动，累计行程近1万千米，接待公众10.7万余人次。

积极推进科普信息化。在全国率先开展首个科普中国地方样板间——“科普中国　青海频道”建设工作。翻译藏语微视频400部，并在省级电视台及地州电视台播放。加大科普信息员队伍建设，注册科普信息员1320名，建立“科普中国”基站23个，分享文章7.2万余篇。举办全国科普日、垃圾分类、环境保护、科学素质提升等主题线上科普知识竞赛6期，参与总人数达44万余人次。

学术交流　先后召开三江源国家公园生态保护与适应性管理学术研讨会、第六届中国西部睡眠医学研究大会暨青海省睡眠研究会第五届学术年会、自然地理学与山区生态文明建设学术研讨会等。据不完全统计，全年省科协和省级学会举办各类学术会议600余场次。按照“突出重点，带动一般”的工作思路，投入130万元资金实施综合示范学会和学会创新能力提升项目18个，重点打造省藏医药学会等4个全省综合示范学会，探索总结学会治理结构改革和能力提升方面可复制可推广的经验和做法，发挥引领示范作用。

服务科技工作者　省科协分层次、多形式开展“弘扬爱国奋斗精神、建功立业新时代”活动，举办全省科学道德和学风建设宣讲暨“两弹一星”精神巡回报告会4场，受众科技工作者2470余人，省内各高校研究生新生和新任研究生导师宣讲教育覆盖面达到100%。在全国科技工作者日前夕，省委常委、省总工会主席马吉孝代表省委、省政府慰问一线优秀科技工作者代表和科技创新团队。5月30日，省科协成立青海省科技志愿者总队并举办授旗仪式。宣传优秀科技工作者事迹，遴选报道典型人物57人次，评选推荐10名青海省最美科技工作者参加全国评选；实施“青年人才托举工程”，制定印发《青海省科协中青年科技人才托举工程项目管理办法（试行）》，确定10名科技工作者为托举对象并进行为期3年资助；推荐优秀科技工作者参加国家部委奖项评审及中国工程院院士候选人提名。

自身建设　开展“不忘初心、牢记使命”主题教育，在省委第九巡回指导组的指导下，加强组织领导，召开党组专题民主生活会，共查找出43个问题，制定整改措施23条并逐条落实。

以党建强会为抓手，推进学会党组织建设和党的工作“两覆盖”，指导4个省级学会在理事会层面成立功能型党组织，目前共成立省级学会党组织26个，覆盖面38.8%。研究制定《青海省科技社团党组织党建工作示范点创建标准》，重点打造省医学会等6个学会为党建工作示范点。

推进科协系统深化改革并不断向基层延伸，推进学会和地方、基层科协组织“一体两翼”建设。开展基层科协“3+1”试点工作，吸纳“三长”进入基层科协领导机构兼职挂职，提升基层科协组织力。海南藏族自治州科协完善工作举措，推动全州所有县完成“三长”进入县科协领导机构兼职挂职。争取调整设立省级奖项青海省科学成果奖，包括创新驱动奖牌、创新驱动奖章，搭建表彰先进、鼓励创新平台。

把严守党的政治规矩和政治纪律作为一切工作的基础，营造政治生态，党组中心组全年集中学习33次；严格落实党风廉政建设“两个责任”和党员领导干部“一岗双责”；抓好制度建设，先后修订完善党组会议议事规则、主席办公会议议事规则及联系服务科技工作者、财务管理等制度，强化制度落实与执行；抓好作风建设和能力建设，加强干部教育培训，完善考评机制，强化考核结果运用。

市（州）县及科协基层组织　西宁市科协组织评选表彰优秀学术成果，促进学术交流，激励科技工作者创新创业。依据《西宁市自然科学优秀学术成果评审和奖励办法》组织奖项申报工作，通过初评、复评、终评，评定出优秀学术成果18篇（个），并以市政府名义进行表彰。新纳入评选范围的获奖科研报告、专著类学术成果6个，占获奖总数的33%；基层一线科技工作者学术成果入选12篇，占获奖总数的67%。承办高水平学术报告会，为城市建设招才引智。引进高端人才为地方经济和社会发展服务，邀请中国工程院院士丁一汇赴西宁市以《气候变化与西宁凉爽城市建设》为题作报告。

海西蒙古族藏族自治州科协围绕全州中心工作，履行科协职能，夯实科普工作基础，创新科普工作方法，全力推进公民“提素”工程。发挥德令哈天文科普馆等科普场馆的教育阵地作用，为全州干部群众提供科普服务，全年免费接待参观人数达到8000余人次。以青海省流动科技馆巡展暨科普大篷车“五进”活动为载体，先后在格尔木市、德令哈市及海西蒙古族藏族自治州都兰县、乌兰县70多个学校、村镇和社区开展活动，为基层青少年、农牧民、社区居民带来科普知识。

海南藏族自治州科协全面深化科协系统改革，组织召开海南藏族自治州提升基层科协组织力“3+1”改革推进会，在全省率先完成将医院院长、学校校长、农技站站长“三长”纳入县、乡镇科协领导机构兼职挂职，以提升基层科协组织力。全州5县及所属36个乡镇“三长”吸纳工作全面完成，5县科协共选配科协主席5人，兼职副主席20人（其中“三长”15人，占75%）；乡镇科协选配科协主席36人，兼职副主席共135人（其中“三长”104人，占77%）。

省级学会、企业科协、高校科协　省科协加强对省级学会的指导和管理，制定印发《青海省科学技术协会省级学会组织通则》。年内督促指导省科技情报学会、省动物学会、省公路学会、省计算机学会、省数学会、省藏医药学会、省物理学会、省环境科学学会、省气象学会、省药学会、省土木建筑学会的换届工作。

围绕贯彻推进省委“一优两高”战略，助力全省重点产业发展，省科协搭建平台，支持省级学会主办或承办高层次、高质量的大型学术交流活动。4月13—15日，由河南省科协和青海省科协指导，河南生物工程学会、青海省农学会等主办的豫青特色农业产业化论坛暨全谷物食品营养与健康产业发展研讨会在河南省郑州市召开，两省农业科技工作者和企业家围绕促进全谷物食品研发，推动全谷物产业发展，展开交流探讨。8月20—22日，由内蒙古自治区科协、内蒙古大学、北京市科协、甘肃省科协、青海省科协联合主办的以“坚持生态优先，推动绿色发展”为主题的2019草原生态与保护国际学术研讨会在内蒙古自治区呼和浩特市召开。会议重点讨论包括中国北方草原在内的亚洲中部草原生态和保护问题，旨在促进草原生态和保护方面的国际交流合作。来自俄罗斯、蒙古、意大利、荷兰和新西兰等国家以及中国北京、青海、甘肃、黑龙江、山东和四川等多个省份的200多位草原生态学者和管理人员参加会议。

2019年，先后召开由省科协主办、省睡眠研究会协办的第六届中国西部睡眠医学大会暨青海省高原睡眠医学高峰论坛和由青海省科协指导，中国地理学会自然地理专业委员会、山地分会联合主办，青海师范大学、省地理学会等承办的中国自然地理学与山区生态文明建设学术研讨会等。

【省科协十届三次常委会议和全委会议】 2月27日，省科协十届三次常委会议和全委会议先后在西宁市召开。省委常委、省总工会主席马吉孝出席全委会议并讲话。省科协党组书记、主席尤伟利主持会议并代表常委会作工作报告。省科协十届常务委员会委员、十届委员会委员分别出席会议。全委会议审议《省科协第十届常务委员会工作报告》《关于接纳、撤销相关省级学会省科协团体会员资格的决议（草案）》《责令相关省级学会限期整改的决议（草案）》和《青海省科协省级学会组织通则（试行）》；常委会议听取省科协推选2019年中国工程院院士候选人情况的报告，研究审议有关人事事项。

【省科协十届四次常委会议和十届四次全委会议】 8月27日，省科协十届四次常委会议和十届四次全委会议先后在西宁市召开。省科协党组书记尤伟利主持会议。王彤全票当选为省科协第十届委员会常务委员、主席，并在全委会议上作工作报告。

【青海省全民科学素质行动计划纲要专题工作会议】 9月21日，青海省全民科学素质行动计划纲要专题工作会议在西宁市召开。青海省委常委、省总工会主席马吉孝出席会议并讲话，副省长张黎主持会议。各市州政府负责人，青海省全民科学素质纲要实施工作办公室成员单位负责人共40余人参加会议。马吉孝、张黎分别就进一步抓好青海省“十三五”规划纲要工作、认真落实会议精神提出相关要求。省政府副秘书长谢宏敏通报全国“十三五”《全民科学素质行动计划纲要》实施工作评估检查组对青海省检查评估情况。省科协主席王彤代表青海省全民科学素质纲要实施工作办公室介绍全省的《全民科学素质行动计划纲要》实施工作进展情况，分析目前存在的问题，并对下一步工作提出意见和建议。省财政厅、省生态环境厅、省卫生健康委、团省委4家全民科学素质纲要实施工作办公室成员单位，以及海东市、海西蒙古族藏族自治州政府分管领导分别在会上作发言。

（撰稿人：潘永胜）

宁夏回族自治区科学技术协会

服务经济社会发展 开展决策咨询工作。围绕自治区党委、政府重点工作，征集各类调研课题135个，从中遴选17个重点课题进行研究，其中有3篇调研报告被自治区党委、政府主要领导批阅。宁夏科协党组向自治区人民政府报送《关于〈宁东“三大基地”建设存在的问题与对策〉的报告》，报告主要针对宁东“三大基地”发展中存在产业升级、降低能耗、生态环保、技术创新、基础设施建设、产城融合发展等方面存在的问题，提出具体意见和建议。自治区党委、政府对报告高度重视，自治区党委督查室要求将有关落实情况及时反馈。吴忠市科协大力提升建言献策质量，得到市委主要领导批示。编辑印发《科技决策咨询》8期、《宁夏科协》杂志6期，出版《宁夏科协资政报告（2019）》。

履行政协组成单位职责。建立政协科协界别委员工作室，组织科协界别委员开展界别活动3次，提交提案1件，上报意见建议12条，被政协社情民意采用5条，其中2条得到自治区领导批示。向自治区政协提交的支持贫困地区农村中学科技馆可持续发展的提案，被列为重点提案，落实财政资金825万元，保障全区83个农村中学科技馆日常运行维护和可持续发展。

建立服务创新发展的长效平台。深入贯彻落实《关于科协系统实施创新驱动助力工程的实施意见》，指导新建院士专家工作站4个，总数达到49个；对5个学会服务企业工作站、3个院士专家工作站进行项目支持，帮助企业解决技术难题40多个。组织举办创新方法大赛、知识产权战略巡讲、一线创新工程师培训等活动。持续实施科技服务产品应用推广及企业一线创新人才培养项目。举办企业专利应用工程师培训班2场，培训企业高管及一线创新工程师60多名，帮助企业解决生产技术难题50多个。举办2019年中国创新方法大赛宁夏分赛暨宁夏第三届创新方法大赛。

开展院士专家宁夏行活动。组织开展江苏、浙江、福建院士专家宁夏行活动。前期科协系统上下联动，深入企业、高校征集需求和问题193项，并与江苏、浙江、福建等省科协精准对接，选定14名院士、29名高层次专家来自治区开展技术交流活动51场次、作学术报告15场次，签订合作协议11项，帮助自治区企业、高校解决涉及发展方向、人才培养、技术创新等方面的难题。

开展脱贫攻坚工作。组织专家深入年度贫困脱帽县开展培训20余场，帮助群众解决生产技术难题。在中卫市举办科技专家助力脱贫攻坚集中服务行动，组织40多名科技专家深入基层开展科技培训、健康讲座等活动，受益群众6万余人次。固原市科协利用“互联网+农业科普”创新服务平台，为固原市脱贫攻坚提供高效精准服务。理顺“宁夏三农呼叫中心”的隶属关系，完善“宁夏三农呼叫中心”专家库。联合自治区党委组织部开展“抓党建促脱贫富民大宣讲”活动，制作科普微视频150期，重点针对贫困地区开展专家远程视频授课40余场次，培训农民4万余人次。发挥流动科技馆和科普大篷车“科普轻骑兵”优势，以贫困地区为重点开展巡展活动，流动科技馆巡展14站，科普大篷车行驶里程20万余千米，受益群众达100万人次。

《科学素质纲要》实施及科普信息化建设工作 认真履行全民科学素质纲要实施工作办公室职责。提请自治区人民政府召开专题工作会，进一步明确工作任务和要求，与各成员单位签订任务书，推动《科学素质纲要》的全面落实。联合各成员单位组织开展全国科普日、全民科学素质网络知识竞赛、“典赞·2019科普宁夏”、科技活动周等主题科普活动100余场，举办科协大讲堂100余场，参与群众超过80万人次。与宁夏回族自治区气象局、地震局签订战略合作协议，建立工作会商及合作机制。加强科普宣传阵地建设，新建青少年科学工作室5个，打造科普小镇和科普主题公园各2个。

提升科普信息化建设水平。不断拓宽延伸科普宁夏全媒体传播云平台覆盖面，App终端、电视频道和微信公众号点击量超过60万次；在宁夏教育电视台开设科普栏目，制作播出科普节目60余期；将“科普中国”视频资源纳入宁夏干部教育培训网络选修课程，4万余人次点播学习；发展科普中国App科普宣传员6.7万余人，注册人数全国排名第九，分享文章1812万余篇，在全国传播活跃榜上连续8个月位居全国第一。银川市科协出台《科普宣传员制度及管理办法》，对工作突出的科普宣传员进行奖补。

推进科技馆体系建设。争取中央拨付科技馆免费开放资金2749万元，比2018年增加542万元，支持全区6个科技馆进行展区改造和展品更新，全年共接待公众160万人次。参与中国科协流动科技馆区域常态化巡展试点，争取中国科协支持，为自治区增配4套价值700万元的流动科技馆区域常态化巡展资源，并自筹3套。

推动青少年科技活动。开展青少年科技创新大赛、机器人竞赛、青少年科学节、“大手拉小手”科普报告、青少年科普剧竞赛等各类活动，吸引50万余人次青少年参与。在第34届全国青少年科技创新大赛中，宁夏回族自治区代表队获得各类奖项32项；在第19届中国青少年机器人竞赛中，获得一等奖3项、二等奖5项、三等奖10项，并获得1枚金牌；在第五届全国青少年创意编程与智能设计大赛中，获得一等奖3项、二等奖4项、三等奖17项、优秀奖32项、DF创意之星专项奖1项。

学术交流　搭建学术交流平台。围绕自治区优势特色产业发展、学科进步、产业升级等方面，对28个重点学术交流活动进行项目支持，并指导区级学会开展学术交流活动300余场，邀请16位院士到会作报告，超过4万人次参加学术交流活动。

开展品牌学术交流活动。举办2019年“塞上学术月”活动，围绕工业新技术、气象与农业、医药科技等领域，16个区级学会在9—10月集中举办30场专题学术交流活动，吸引5000余名科技工作者参加。联合中国核学会、中国制冷学会、中国有色金属学会在宁夏回族自治区开展学术交流和科普宣传活动。支持宁夏化学分析测试学会、宁夏医学会、宁夏医院管理协会、宁夏护理学会等举办第十一届全国体育产业经营管理学科建设研讨会、银川城市能源互联网论坛、2019中国西部人力资源发展和创新（宁夏）峰会、第十五次全国动脉硬化性疾病学术会议、第三届华夏生殖医学论坛、宁夏第二届分析测试学术交流会暨首届检测与认证认可论坛、第七届全国心血管病理学会议暨2019年心血管分子病理论坛等全国性、区域性高端学术交流活动。

加强对外交流合作。组织2个科技工作者交流团组分别赴日本和意大利、希腊开展学术交流活动，拓展对外交流合作渠道和内容。

举办第十四届宁夏科协资深专家论坛和第十五届宁夏青年科学家论坛，围绕银川都市圈建设、宁夏高质量发展及贺兰山生态修复等方面举办6个专题论坛，交流学术论文630余篇，吸引3000余名科技工作者参加，编辑出版论文集3部，印发论文集2000册。

服务科技工作者　举办宁夏庆祝全国科技工作者日暨最美科技人颁奖会，分享最美科技人爱国奋斗故事，展现宁夏科技工作者的时代风采，自治区党委、政府领导和全区350余名科技工作者参加活动，现场进行网络同步直播，并在宁夏广播电视台公共频道黄金时段进行转播。全区科协系统结合实际组织开展主题活动300余场，其中，银川市科协向全市科技工作者发出慰问信，并发放爱心健康关怀卡。

加强与科技工作者联系。修改完善全区科协系统工作人员联系服务科技工作者制度，进一步拓宽联系渠道，明确联系的方式和要求。通过8个科技工作者状况调查站点，及时掌握和反映科技工作者的意见和诉求，向中国科协报送信息38篇。

组织评选第三届“宁夏最美科技人”11名和第二届宁夏离退休专业技术人才突出贡献奖12名，开展第四批“宁夏青年科技人才托举工程”项目评选工作，共102人入选。组织开展第十五届宁夏自然科学优秀学术论文评选工作，共评选出获奖论文199篇。

强化典型宣传。在《宁夏日报》设置专版、在宁夏广播电视台开设专栏，并在主流媒体刊发报道93篇，对宁夏杰出人才奖获得者何季麟、孙涛、彭凡，第三届宁夏最美科技人艾绍贵、马玉龙、王海燕等优秀科技工作者先进事迹进行宣传。在宁夏科技馆举办“走在建设世界科技强国征程上的中国科学家”主题展，并开设“宁夏篇”，展示700余位现当代科学家和自治区40位优秀科技工作者的事迹，共有27万余人次参观主题展。吴忠市和中卫市科协开展“宁夏最美科技人”评选活动，并进行宣传报道。

自身建设　着力提升基层科协组织力。为深化全区科协系统改革、增强基层科协组织“三性”、破解基层科协“四缺”等问题，在各市县全面开展提升基层科协组织力“3+1”工作，吸纳745名医院院长、学校校长和农技站站长进入县乡科协组织兼职挂职，在全国率先实现基层科协组织“三长”人员全覆盖。通过召开推进会、组织考察学习、制定出台“三长”人员履行职责指南等措施，切实提升“三长”履职能力。

加强科协组织管理。对4家区级学会予以撤销会员资格或注销，对21家学会按照相关规定进行脱钩改革，遴选24家基层组织实施规范化建设项目。

开展“智慧科协”建设。争取中国科协支持，将宁夏科协列为全国“智慧科协”建设试点单位，及时上传组织、人事、专家库等方面的信息，并组织区、市、县三级科协，全区学会等各级各类科协组织加入“智慧科协”集群，提高网上联系服务科技工作者能力。

开展科技志愿服务活动。成立宁夏科技志愿者总队，并指导基层科协成立科技志愿服务队伍309支，注册人数11245人，在全区新时代文明实践中心建设5个科普活动体验室，开展公益性科技类服务活动220余场。

地市县及科协基层组织 截至2019年年底，全区有市级科协5个，县（市、区）科协22个，新增乡镇、街道科协13个，总数达到235个。2019年新增农技协18个，总数达到317个。县（市、区）科协全年组织科普宣讲活动3679次，举办实用技术培训2479场，参加活动科技人员总数达2.2万人次，受众超过190万人次。

7月6—7日，宁夏科协在中卫市海原县举办“送培到基层”活动，来自中卫市、固原市、吴忠市的120名科技辅导员和县（市、区）科协工作人员参加培训，其中贫困地区中小学科技教师81人。

组织全区各市县745名“三长”人员开展科普宣传、科技教育、实用技术培训等活动600余场，发展科普宣传员4.2万人，培训群众4万余人次。银川市永宁县、固原市隆德县科协发挥“三长”作用，组建科技志愿服务队伍深入基层开展各类服务活动。

自治区级学会、企业科协、高校科协 截至2019年年底，宁夏科协所属学会（协会、研究会）80个，学会共有团体会员3850个，个人会员5.2万人，分支机构277个。全区累计成立企业科协218个、园区科协6个、高校科协5个。新成立企业科协42个，园区科协2个。宁夏各区级学会全年召开国家级、区级学术活动1200余场次，科技工作者参加人数12万余人次。

1月18日，宁夏老科协举办老科技工作者服务三农助力乡村振兴研讨交流会，会议围绕“老专家下乡助力 企业发展农民受益”“开展‘互联网+农业科普’服务乡村振兴”“老专家立足企业产业发展，发挥引领科技支撑作用”“在南部山区引进推广藜麦品种，为脱贫致富服务”等专题进行探讨和交流，征集交流材料21篇。

5月11日，宁夏护理学会在银川市举办庆祝“5·12”国际护士节暨“健康中国·科普助力”志愿护理服务活动。

7月30日，由宁夏科协主办，宁夏石油学会承办的第十五届宁夏青年科学家论坛石化专题论坛在银川市召开。论坛征集论文249篇，公开出版论文集1册，发表论文142篇。论坛期间对68篇优秀学术论文进行表彰，一等奖论文获奖作者进行大会交流。

【江苏院士专家宁夏行】 8月6—9日，由中国科学院院士陈洪渊、祝世宁、郭万林及南京农业大学教授屠康等7名高层次专家在宁夏回族自治区开展2019年江苏院士专家宁夏行活动，为自治区经济社会发展建言献策。活动由江苏省委组织部、宁夏回族自治区党委组织部牵头指导，江苏省科协、宁夏科协承办，宁夏5市科协协办。

8月7日，自治区党委书记、人大常委会主任石泰峰会见江苏院士、专家一行，希望两地科协建立长效合作机制，加强后续合作。活动期间，院士、专家调研考察宁夏的企业、高校、科研院所、医疗机构等单位，共举办学术报告5场、技术咨询服务17场。陈洪渊走进国家能源集团宁夏煤业有限责任公司煤制油项目现场，开展技术讲座和技术咨询，现场为企业答疑解惑；祝世宁参观吴忠市好运电焊机有限公司、吴忠市中心电焊机有限公司生产车间，对激光应用于机械加工制造进行技术指导，并提出搭建激光技术交流平台的意见；郭万林调研中色（宁夏）东方集团有限公司，对稀有金属铍的多尺度计算、性能试验、产品设计等方面提出指导意见；江苏省南通市第一人民医院主任医师崔志明来到吴忠市红寺堡区人民医院，现场指导医生开展骨科病例手术；柳李旺、屠康、孙岳明、梁诚、姚卫蓉、汤文浩6位江苏省高层次专家就蔬菜抗性育种的抗性标记及基因编辑、高性能磷酸铁锂电池研究、电子线路板低温热裂解中卤族元素溴的去除、农特产品保鲜技术的市场应用与研发和骨科消化外科学科能力提升几个方面内容，为有关企业和医院解疑释惑，解决技术难题5个，达成合作意向3项。

【宁东能源化工基地高质量发展高峰论坛】 12月24日，由宁夏科协、宁夏回族自治区宁东能源化工基地管理委员会主办的2019年塞上学术月宁东能源化工基地高质量发展高峰论坛在银川市灵武市宁东镇举办。来自自治区高校、科研院所、社会团体、政府、企业等部门的专家、学者、高校研究生等300余人参加会议，当天有20.6万人次通过“圆点直播”视频直播平台观看论坛实况。宁夏大学教授汪一鸣作题为《宁东能源化工基地高质量发展的思考》报告；自治区发展改革委原副巡视员、研究员汪建敏作题为《关于宁东基地康养产业发展的思考——高端养老园区建设构想》报告；中共宁夏回族自治区委党校教授柏建华作题为《宁东能源化工基地高质量发展的问题与对策》报告。

（撰稿人：贺党立）

新疆维吾尔自治区科学技术协会

服务经济社会发展 完成《新疆节能减排蓝皮书（第一辑）》的出版工作。面向各地州市、自治区学会及高校征集2020年调研选题170个。向自治区政协报送2019年提案选题线索9条，与自治区政协教科卫体委员会确定并开展年度课题调研，报送《关于进一步巩固农村地区推广国家通用语言文字成果的建议》和《新疆民营企业发展壮大的对策与建议》等提案，报送自治区政协2020年协商议题7条。

推进新疆企业院士专家工作站建设。新建中国科学院新疆生态与地理研究所肖文交院士工作站、阿克苏地区第一人民医院院士专家工作站等5家院士专家工作站。发挥院士专家工作站作用，努力为在疆和来疆院士服务，促进新疆企业与中国科学院、中国工程院院士专家的科技交流合作，为企业提升自主创新能力、促进科技成果转化，培养科技领军人才、学科带头人和科技创新人才提供支持。

认真落实自治区关于创新驱动发展战略部署，推动“双创”工作有序开展。举办2019年全国大众创业万众创新活动周新疆分会场系列活动。组织动员自治区内企业参加2019年中国创新方法大赛，宣传推广创新方法理论在企业的应用。举办新疆企业创新成果展，集中展现“创响中国”系列活动在促进企业科技成果转化、创新人才培养、科技公共服务、科技资源汇聚等方面的成效和企业创新成果。自治区累计举办“双创”培训班140余场次，培训2万余人；依托新疆科学大讲堂、企业家进校园等平台，举办政策宣传、创业辅导等系列活动150场次，受益人数达3万余人次。

常态化制度化推进“访惠聚”驻村、深度贫困村脱贫攻坚和支教工作。选派29名干部赴和田地区民丰县安迪尔乡、洛浦县布亚乡开展驻村、支教和深度贫困村第一书记任职工作。2019年投入资金支持安迪尔乡落实庭院葡萄架项目、胡杨王抢救保护、“户户通”、洛浦县布亚乡科技扶贫示范工程等项目。“访惠聚”驻村工作队帮助安迪尔乡理清“稳红枣、扩甜瓜”发展思路，2019年仅甜瓜一项就实现人均增收4000元以上，科协定点扶贫村民丰县安迪尔乡夏央村被评为“十佳全国科技助力精准扶贫示范点”。建立科技助力脱贫攻坚长效机制，明确“科技之冬”活动聚焦科技助力精准扶贫，持续开展精准扶贫专家服务行动。新疆科协投入资金开展“百会万人下基层”系列科技服务活动和精准扶贫专家服务行动，共计实施40个精准扶贫项目。

《科学素质纲要》实施及科普信息化建设工作 履行全民科学素质工作领导小组办公室职责，配合中国科协做好第十次中国公民科学素质抽样调查，新疆维吾尔自治区公民具备基本科学素质的比例达到6.19%。针对自治区公民科学素质偏低的问题，新疆科协联合农业农村厅制定下发《新疆维吾尔自治区乡村振兴农民科学素质提升行动实施方案（2019—2022年）》，进一步加强农村科普工作，提高农牧民科学素质。

实施“基层科普行动计划”项目，为各地州市下拨全国和自治区基层科普行动计划资金2000万元，支持基层科协开展科普信息化建设，提升基层科普能力。以科学普及基层行、科学大讲堂、“科技之冬”、全国科普日、科技活动周等为载体，组织动员各族科技工作者开展科学普及活动和科技大培训。在新疆人民广播电台、乌鲁木齐人民广播电台开设《校园科普之声》《科普之声》专栏，在“科普中国”微信公众号推出《急救小常识》100部、《科普校园》275期，联合相关学会开设《健康科普》栏目。

举办第九届新疆维吾尔自治区青少年科技节、第十六届“挑战杯”全国大学生课外学术科技作品新疆赛区竞赛等活动，全区参赛青少年达200万人次。组织开展2019年新疆青少年科学调查体验活动，全区120所城乡中小学校3万余名学生参与网上科学调查体验活动。通过举办第33届自治区青少年科技创新大赛、第19届自治区青少年机器人竞赛、首届自治区青少年创意编程与智能设计大赛，选拔1000余名各族优秀青少年参加第34届全国青少年科技创新大赛、第19届中国青少年机器人竞赛等各类青少年科技竞赛活动，全区共有500多个项目获得全国奖项，其中乌鲁木齐市第一中学的赵天张同学获得第34届全国青少年科技创新大赛一等奖。重视偏远贫困地区未成年人科学素质提高，遴选210名各族优秀青少年参加全国高校科学营活动，赴北京和上海市等地知名学府、国家重点实验室、科技场馆参观，与院士专家面对面座谈交流。

创新科普传播方式，实施“互联网+科普”行动，推进科普信息化建设。完善“科普中国·新疆云视”平台建设。全区在社区、学校、医院、车站等公共场所建设“科普中国·新疆云视”平台电子科普画廊320个，iTV智能电视机3740台，科普触控屏268个。运营新疆广电网络“天山云”机顶盒平台“科普新疆”公益频道，为全区400万余电视用户提供优质科普视频资源。运营“科普新疆”官方微信公众号，2019年累计发布各类图文资料1400余条；开发设计、制作科普口袋书、折页2500套，出版发行《知识—力量》《科学与生活》维文科普杂志9万册，编译《科普大篷车》广播、电视栏目音视频280个小时。持续推进科普e站建设，覆盖面不断扩大。

争取中国科协支持，2019年获得科技馆免费开放资金3525万元，新争取流动科技馆1个，更新科普大篷车5辆，目前全区科普大篷车数量达到116辆。新疆科技馆投入近800万元对展教产品进行升级改造。开展县域科技馆试点建设，先后为塔城地区沙湾县、昌吉回族自治州呼图壁县等地10家科技馆配发展品。各级科协争取当地党委政府支持，保证县域科技馆的持续运行。

学术交流 2019年，全区各级科协组织举办100余场学术交流活动，17000余名国内外科技工作者参加活动，其中50余名院士、30余名国外专家参加交流。新疆地理学会承办第六届MEECAL中亚干旱区生态系统可持续管理与环境演变国际学术交流会，新疆农业机械学会主办“一带一路”智慧农业植保飞防高峰论坛，新疆营养学会承办2019·中国营养医学发展论坛暨全军营养医学大会，新疆微生物学会、新疆动物学会联合举办新疆特色生物资源保护与利用学术研讨会等。

服务科技工作者 在全国科技工作者日期间，6位自治区领导走访慰问全区12名优秀科技工作者；阿克苏地委和克孜勒苏柯尔克孜自治州党委主要领导对12名一线优秀科技工作者进行走访慰问。新疆科协班子成员常态化走访慰问院士专家，听取科技工作者的心声，先后深入33个学会、13家企业、5所高校、18个地县科协开展24次调研，收集科技工作者的意见建议，帮助解决实际问题。各地州市科协在第二批“不忘初心、牢记使命”主题教育中深入乡村、社区、企业、学校开展调研活动，帮助解决基层科技工作者存在的实际问题。

表彰举荐优秀科技工作者，激励科技工作者成长成才。银波、阿里木·赛买提等20名优秀青年科技工作者获得第九届新疆青年科技奖，并在全国科技工作者日进行表彰奖励和宣传。推荐付德润、武丽君等11人为2019年最美科技工作者，并开展向最美科技工作者学习宣传活动。开展自治区院士人选培养计划推荐和评审工作，中国科学院新疆生态与地理研究所陈曦、陈亚宁，中国石油新疆油田分公司支东明，新疆大学王维庆4人被纳入培养计划，并获得经费支持。开展中国工程院院士候选人、第十六届中国青年女科学家奖、2019年度未来女科学家计划、第十六届中国青年科技奖和第二十二届中国科协求是杰出青年奖成果转化奖评选推荐工作。在2019年中国科学院院士增选中，肖文交当选为中国科学院院士。

自身建设 新疆科协领导班子和班子成员通过主题教育共查摆出与科技工作者联系不亲不紧、基层科协组织力弱化等问题166条。针对梳理出来的问题，认真查找原因，狠抓整改落实，坚持标本兼治。

召开自治区科协八届七次和八次全委会议，传达中国科协九届六次全委会议和2019年地方科协工作座谈会精神，审议有关人事事项，通报《关于接纳新疆科协团体会员的决定》；围绕“1+3+3+改革开放”和中国科协“1–9–6–1”工作部署，创新工作思路，狠抓工作落实，不断提升履行“四服务”职责的能力和水平。

持续深化科协系统改革。全区各级科协组织按照“精简、整合、建并、扩能”的原则优化组织结构，提升履职能力。新疆科协在改革中提高基层科技工作者在科协领导机构中的代表比例。阿克苏地委、巴音郭楞蒙古自治州和克孜勒苏柯尔克孜自治州党委重视科协工作，在机构改革中推动县市科协机构全部独立建制，并落实人员编制和工作经费，改变过去县级科协同其他部门合署办公、科协主体作用发挥不明显的局面。各地科协开展“3+1”试点改革，基层科协组织的作用凸显。

地市县及科协基层组织 截至2019年年底，新疆共有地州市科协14个，县级科协95个，地县少数民族科普工作队 73 个，农技协 178 个。全区各地科协组织共举办各类科技培训班 1.8 万余期，受教育群众 800 万余人次；开展重点科普活动 450 余场次，受益群众 112.8 万人次；举办专题讲座 145 场，免费赠阅少数民族科普杂志 8 万册。

乌鲁木齐市科协投资新建市科技馆，与市广播电视台联合打造“科普乌鲁木齐”融媒体平台，拓宽科普信息化工作渠道，提升科普宣传的深度和广度。昌吉回族自治州科协重视企业科协和院士专家工作站工作，新疆特变电工股份有限公司依托院士专家工作站，推动技术创新成果产业化 16 项，德蓝水技术股份有限公司依托院士及创新团队的科技优势，先后获得 65 项专利授权。克拉玛依市科协举办各类青少年科技创新竞赛。阿勒泰地区科协开展“科技之冬”活动，全地区共组织举办各级各类培训 1216 期，培训各类人员 11.01 万人次，发放各类实用技术资料 9.821 万份，参与培训工作的各级科技人员 1300 余人次。伊犁哈萨克自治州科协充分利用“科技之冬”、科技活动周、“科技之夏”、全国科普日等重要时段和节点，开展科普进社区、进学校、进机关、进军营、进信教群众等活动，全年共举办各种大型科普宣传活动 20 余场次，发放科普图书、科普宣传资料 2 万余册，受益群众超过 30 万人次。哈密市科协组织 70 余家企业举办第二届哈密市创新创业大赛。吐鲁番市科协整治形式主义、官僚主义，召开会议次数较 2018 年减少 55%，印发文件减少 60%。巴音郭楞蒙古自治州科协不断深化改革，相继指导和硕县、焉耆回族自治县、且末县、尉犁县完成科协换届工作，各县科协代表中基层一线科技工作者的比例达到 60% 以上。阿克苏市科协克服资金、人员不足的困难，坚持面向公众正常开放阿克苏科技馆。和田、喀什等地科协与当地组织部党员远程教育中心联合推送科普中国资源。

自治区级学会、企业科协、高校科协 截至 2019 年年底，自治区科协共有区级学会（协会、研究会）99 个，会员 31.3 万余人。企业科协 109 家，高校科协 18 家，新建院士专家工作站 5 个，全区累计建立企业院士专家工作站 52 家。企业院士专家工作站建立企业技术中心 16 个、工程技术研究中心 18 个、国家高新技术企业 7 个、国家级重点实验室 2 个、自治区级重点实验室 5 个、博士后科研工作站 16 个。

全区各学会开展“百会万人下基层”系列科技服务活动和“精准扶贫专家服务行动”，先后组织 180 余名专家为群众提供种植、植保等多学科、多领域的技术培训和技术服务，开展结核病、乙肝等传染病预防和治疗知识普及，累计到驻村点开展科技服务和科技培训 120 余场次，受益群众 5 万余人。新疆老科协先后组织 60 余名老科技工作者深入南疆和北疆开展科技培训、电商服务、健康讲座、义诊等活动，培训医务人员 420 余人次，受益群众 3.5 万余人。新疆农学会、新疆微生物学会等 20 余个自治区学会组织农业科技工作者和科技特派员，为农牧民群众提供农作物种植管理和畜牧养殖等方面的技术培训 320 余场次，培训群众 12 万余人。

【庆祝改革开放四十周年报告会】 1 月 10 日，新疆科协和新疆老科技工作者协会联合举办庆祝改革开放四十周年报告会。新疆科协名誉主席、中国老科协副会长、新疆老科协会长张国梁出席报告会，新疆科协党组副书记、副主席陶鹏讲话，新疆科协党组成员、副主席米宁主持会议。报告会上，来自水利、石油、医疗卫生等领域的 6 名院士专家分别作报告，交流个人成长经历和体会，畅谈各自领域 40 年来发生的变化。

新疆老科协常务理事、理事，各地州市老科协、新疆老科协各分会及各地州市科协负责人，新疆科协所属学会代表，以及新疆科协全体干部职工近 260 人参加报告会。

【全国科技工作者日暨新疆青年科技奖颁奖会】 5 月 30 日，新疆科协举办全国科技工作者日暨新疆青年科技奖颁奖会，会议以“礼赞共和国、追梦新时代”为主题。新疆老科协会长张国梁，自治区科技厅党组副书记、厅长，中国科学院新疆分院院长张小雷，新疆科协党组副书记、副主席陶鹏，自治区党委组织部人才工作办公室、自治区人力资源社会保障厅、团委、科协等新疆青年科技奖评选单位领导，各族科技工作者代表，首席科学传播专家和科普公益使者共同庆祝科技工作者的节日。

会上为 20 位第九届新疆青年科技奖获得者颁奖，为 46 位新疆首席科学传播专家代表和 22 名科普公益使者代表颁发聘书，为传播科学技术的 6 支科技志愿服务队授旗。

【“中国好设计”走进新疆装备制造业系列活动】 7 月 30 日—8 月 1 日，中国“好设计”走进新疆装备制造业系列活动在乌鲁木齐市举办。活动由中国创新设计产业联盟、中国机械工程学会主办，新疆机械工程学会承办。

中国创新设计产业战略联盟的第十个区域中心正式落地乌鲁木齐，通过开展以创新设计为主题的"好设计"评选活动，推动"好设计"的成果转化、展览展示、培训交流、国际合作，助推新疆的科技创新、企业转型升级。

中国好设计工作委员会副主任、同济大学设计创意学院副院长徐江，中国工程院"一带一路"制造业国际合作研究课题组专家、浙江大学教授汤永川分别在开幕式上作主旨报告。新疆特变电工股份有限公司总工程师黄新楠，新疆机械工程学会理事长、新疆大学教授孙文磊分别作大会交流发言。

中国工程院"创新设计发展战略研究"项目组专家，中国创新设计产业战略联盟领导专家，创新设计区域联盟、创新设计产业联盟、"中国好设计"区域中心负责人，以及自治区相关部门领导、行业主要骨干与技术专家、新疆历届"中国好设计"获奖代表和新闻媒体工作者等100余人出席活动。

【援疆科技增效工程】 中国科协2019年为全区科技馆免费开放、科普惠民服务、精准扶贫专家服务行动、青少年科技教育等方面给予专项资金支持，新分配农村中学科技馆7套。全区各级科协组织同对口援疆省市科协对接工作，各援疆省市在推动自治区科技传播、提升青少年科学素质，以及科普场馆建设、科普资源开发、科普惠民项目、科技人才培训等方面给予支持。江苏省科协投入专项经费帮助伊犁哈萨克自治州科协建立社区健康科普室；河南省科协支持哈密市在有条件的乡村、社区、示范基地建设科普服务站10个。

【首届自治区青少年创意编程与智能设计大赛】 11月30日，由新疆科协主办，自治区青少年科技中心、乌鲁木齐八一中学共同承办的首届自治区青少年创意编程与智能设计大赛在乌鲁木齐市开幕。来自全区14个地州市的264名选手、科技教师和国内专家等约300人参加开幕式。

首届自治区青少年创意编程与智能设计大赛于6月正式启动，全区14个地州市共申报作品265份。经过专家网络初评，共有166份作品入围终评。其中，创意编程作品130份，智能设计作品36份。11月30日举办Scratch创意编程比赛网络终评，130名选手参加在线答题，其中36个作品入围。

【2019年全国科普日新疆主场活动】 9月21日，由自治区党委宣传部，自治区教育厅、科技厅、农业农村厅、卫生健康委、科协联合举办，以"礼赞共和国、智慧新生活"为主题的2019年全国科普日新疆系列活动启动仪式暨主场活动在新疆科技馆举办。自治区政府副秘书长许龙章参加启动仪式并讲话。自治区学会（协会、研究会）、企业代表和中小学生代表近300人参加启动仪式及主场活动。

在主场活动中，为2019年增补的自治区科普教育基地代表授牌，为第33届新疆维吾尔自治区青少年科技创新大赛一等奖获奖者颁发证书，为科普资源开发优秀单位发放资助经费。同时，举办"5G技术及应用"科普讲座、人工智能科技创新机器人展览和工业机器人智能流水线展示，以及科普剧、科普实验及科普知识竞答、研学活动"乘风破浪"现场大作战等，开展科普志愿者签名活动，对自治区首席科学传播专家、自治区科普教育基地、企业创新创业成果等进行宣传展示。

【高端科技创新智库建设座谈会】 12月27日，新疆科协召开高端科技创新智库建设座谈会。自治区社会科学院、自治区院士专家工作站、学会有关专家、学者及新疆科协领导出席会议。新疆科协党组书记、副主席丁有明出席会议并讲话。新疆科协党组副书记、副主席陶鹏主持会议。

中国工程院院士邓铭江提出，智库建设要聚焦新疆工作总目标，整合优势力量，创新体制机制，提升研究质量，为自治区科学决策提供建议。中国科学院院士欧阳钟灿就国家在高端智库建设方面的新动态和发展趋势作发言，他提出科协组织要发挥联系科技工作者的优势，集成高端人才资源，引进国家和内地的院士及其团队来疆开展科技合作及交流活动，把各方面优秀人才集聚到自治区高质量发展各项事业中来，为实现新疆工作总目标提供全方位的人才与智力资源的支持。同时，与会院士专家对建设高端科技创新智库提出建设性的意见建议。

（撰稿人：石本兵）

新疆生产建设兵团科学技术协会

服务经济社会发展 开展决策咨询、建言献策。新疆农垦科学院面向南疆开展重点产业发展科技需求和科技服务调研，为兵团相关产业发展提供科学参考；石河子大学先后围绕传统发酵食品、干旱区光合作用与农业等研究领域，主办或承办国际国内学术交流会议20余场次；二师铁门关市科协组织专家提出番茄、辣椒、棉花绿色有机发展及富硒特色产业和盐碱地综合利用等工作建议，促进师市农业结构调整和转型发展。

发挥科技示范引领作用。组织512名科技人员赴南疆开展科技服务工作，示范推广新品种、新技术133项，培训职工群众26351人次。帮扶和田地区墨玉县、喀什地区英吉沙县建设20个农业科技示范基地，建成林果、蔬菜示范基地2473亩，在50团、51团示范推广棉花新品种“中棉所96A”7200多亩。二师、三师、五师、十二师、十三师、十四师科协联合科技局开展科技特派员选派和培训工作；石河子大学、塔里木大学以项目为载体，形成产学研相结合的科技服务模式；新疆农垦科学院在南疆设立示范点30个。

实施科技助力向南发展战略。争取中国科协资金400万元用于南疆相关连队（村）家庭农场、土地流转。整合科技专项资金3961万元，实施南疆沙区盐碱地饲料油菜产业化等重大科技项目，在南疆团场、和田地区墨玉县、喀什地区英吉沙县等地新建、改建各类设施大棚及各类养殖设施819座，帮扶贫困户628户。十一师科协在5团沙河镇开展“科技之冬”“科技下乡”等科技培训；塔里木大学科协组建科技服务团队在南疆举办各类培训活动1560场次，其中举办4场塔河明珠学术论坛、6期胡杨科学讲堂，为南疆区域经济发展建言献策；新疆农垦科学院选派100多名科技特派员开展农业巡回服务和现场指导工作。

《科学素质纲要》实施及科普信息化建设工作 召开2019年兵团全民科学素质工作专题会，制定印发《兵团全民科学素质重点工作推进方案》；完善组织机构，领导小组成员由原来的21个增加到25个。国家全民科学素质纲要实施工作办公室评估检查组对兵团全民科学素质工作实施情况进行评估检查，兵团科协将检查组的反馈意见向兵团党委汇报，并传达到兵团、师市全民科学素质工作领导小组成员单位，加强整改落实，补齐短板弱项。

针对科普受众群体的不同需求，组织编印五大重点人群、“科技下乡”“科普之冬”学习培训教材，形成兵团本土化教材。各成员单位向职工群众发放科普知识宣传手册、科技书刊等宣传资料10万余份，受益群众达50万余人次。八师科协召开2019年全民科学素质领导小组会议，在街道、社区组织开展科普讲座90余场次，推进“科普益民大讲堂”活动常态化；三师、五师科协为团场提供农业实用技术手册、种养殖光盘等科普资源；四师科协编印《干部健康知识科普手册》；六师科协开展“送科技、送健康”活动；十师科协编印《生态文明科普手册》等科普出版物。

举办“礼赞共和国、追梦新时代”主题科普展览，第17届兵团青少年科技创新大赛、第7届兵团青少年机器人竞赛。选拔90多名青少年参加各类科技竞赛活动，70余个项目分别获全国一、二、三等奖。组织选拔培训195名营员赴内地高校、石河子大学开展活动。各成员单位开展科普活动50余次，展出展板1000余块，约1500名科技工作者参与活动，职工参与率达90%以上。一师、二师、三师、六师科协举办“航天院士进校园”特色科普实践活动，参与活动人员达6000余人；七师科协举办青少年科技夏令营活动；十一师科协开展特色科普实践活动；石河子大学科协举办校内外科普讲座26场，参与人数达5300余人次。

联合石河子大学、塔里木大学组建200余支科普志愿者队伍，利用假期开展科普志愿服务，实现南疆团场全覆盖。组织实施基层科普行动计划，表彰奖补先进集体25个、先进个人18名。为基层学校新建农村中学科技馆16个。开展“科普之冬”暨“科技下乡”活动，组织兵团科协第四次代表大会代表、委员等科技工作者赴5团、51团等地开展科技服务，示范推广新技术新品种。利用兵团电视台《科普兵团》栏目、《兵团日报》“科普周刊”版面、科普兵团微信公众号等媒体平台宣传科普知识，为兵团公众提供可视化科普服务。开展科普专家进社区、中国流动科技馆巡展等活动，把科普服务送到职工群众的家门口。一师、二师、四师、八师、十师、十三师科协分别新建青少年科学活动室、社区科普活动室等基础设施；四师科协“科普之冬”大培训活动职工参培率达98%以上；五师科协开设“双河之声”名家访谈专栏；十师科协通过“向阳花小喇叭”平台开设《科技之窗》板块；十二师科协设立“科普之窗”专栏，宣传科普知识。

服务科技工作者 组织兵团科协所属学会集中收看2019年全国科技工作者日主题系列活动电视电话会议，在石河子大学开展第三次全国科技工作者日兵团主场活动，召开科技工作者代表座谈会，走访看望优秀科技工作者代表。举办“我和我的祖国——兵团科技助力精准扶贫成就展”，宣传在科技助力精准扶贫工作中涌现出的科技工作者先进典型。二师科协在融媒体平台开辟《科技风采》专栏宣传科技人员风采；十三师科协印发《十三师科技局、科协干部联系服务工作者制度》；新疆农垦科学院科协召开主题为“礼赞共和国、追梦新时代”科技工作者座谈会；石河子大学科协引导广大教师“走出校园、走下讲台、走进科普”，激发广大科技工作者关注科普、热爱科普。

开展2019年最美科技工作者学习宣传活动，推荐中国工程院院士陈学庚为全国最美科技工作者候选人，组织3名优秀科技工作者代表接受《人民日报》等中央媒体采访。推荐中国青年科技奖、新疆青年科技奖候选人8名，其中1人获得新疆青年科技奖。组织专家对78名符合条件的兵团科研人员、援疆专业技术人才开展科研以及实验系列高级专业技术职称评审工作。石河子大学科协推荐优秀人才20余名，1名科技工作者入选中国科协优秀中外青年交流计划。兵团科协投入资金资助调研课题、学术交流项目10项。

组织500名科技工作者集中观看全国科学道德和学风建设宣讲教育报告会。石河子大学、塔里木大学分别举办科学道德和学风建设宣讲报告会2场，新疆农垦科学院举办3期“弘扬科研精神　建功立业新时代”宣讲活动，5000余名大学生和科技工作者受到教育。

自身建设　召开兵团科协四届一次常委会议和四届二次全委会议，研究制定《2019年兵团科协工作要点》，形成兵师两级科协系统定期向党委汇报工作制度。加强干部教育监督管理，增强科协系统规矩纪律意识，坚持民主集中制，涉及人事安排、重大资金分配等议题提交党组会研究通过。将科普专项资金的70%用于支持南疆师团科普能力建设。全年召开党组会54次，党组理论学习中心组学习研讨16次。在调研的基础上，形成《兵团科协基层组织建设现状调研报告》。班子成员自查问题87个，整改82个，完成率94.3%，基层科技工作者和科协党员干部满意率均达到97%。

制定全年党建、党组理论学习中心组学习、党风廉政建设计划，落实“三会一课”制度，开展主题党日活动12次、组织生活会1次。2019年印发文件12份，较2018年减少52%。建立对兵团科协常委、委员履职考评制度。

兵团科协基层组织　兵团科协指导各师市、院校科协按照章程规定开展换届工作。2019年，两校一院科协和兵团老教授协会、兵团公路学会、兵团青少年科技辅导员协会已经完成换届工作。一师、三师、八师、十三师科协已完成换届筹备工作。组织编制兵团科协工作手册。

兵团各级科协组织落实中央和兵团深化改革总体部署，各师市科协开展“3+1”（学校校长、医院院长、农科所所长及科技型企业家）试点改革，在科协领导机构组成方案中均提高基层科技工作者的比例。兵团科协开展“十四五”科普工作重大问题研究，制定《兵团科协信息宣传报送管理办法》，建立信息报送机制。八师石河子市、石河子大学、新疆农垦科学院科协资助、指导学会开展学术交流和科普宣传活动；二师铁门关市、八师石河子市、石河子大学、塔里木大学科协积极指导服务院士专家工作站建设。

8月25—30日，兵团科协与兵团党委组织部联合举办提升科技创新服务能力专题研讨班，推荐18名基层科协主席、工作人员参加全国县级科协主席培训班。探索组建科技志愿者队伍，鼓励科协代表、委员等开展科技志愿服务。

【兵团科协四届一次常委会议和四届二次全委会议】　2月21日，兵团科协先后召开四届一次常委会议和四届二次全委会议。四届一次常委会议审议通过四届二次全委会议议程及四届二次全委会工作报告。四届二次全委会议以视频会议形式召开。兵团科技局党组书记、局长、兵团科协主席徐秀芝出席会议并作工作报告。大会总结2018年以来的工作，提出2019年工作安排，强调把2019年作为“科协服务发展年”，履行科协“四服务”职责定位。

【第17届兵团青少年科技创新大赛】　3月23—24日，兵团科协主办的以“创新·体验·成长”为主题的第17届兵团青少年科技创新大赛在四师可克达拉市举办，来自兵团14个师、3所兵直学校的17支代表队共300多人参加比赛，评选出151个一等奖，同时还评选出“十佳优秀科技辅导员”“十佳科技教育创新学校”等。选拔第17届兵团青少年科技创新大赛优秀青少年、科技辅导员参加第34届全国青少年科技创新大赛等各类科技竞赛活动，项目分别获全国一、二、三等奖。

【第7届兵团青少年机器人竞赛】　5月25日，由兵团科协、兵团教育局组织主办，兵团三中承办的第7届兵团青少年机器人竞赛在兵团三中开赛，来自兵团14个师（市）、3所直属学校的158支代表队共380名选手参加比赛。比赛项目包括机器人篮球和足球竞赛、WER能力挑战赛、BDS和VEX工程挑战赛、机器人综合技能比赛。在各个项目中荣获一等奖的队伍，将代表兵团参加第二十届全国中小学电脑制作活动和第十九届全国青少年机器人竞赛。

（撰稿人：罗昌欧）

大事记

1月

1月3日	中国科协召开青年干部座谈会。怀进鹏、徐延豪、束为、宋军、王守东等出席会议。
1月5日	中国科协召开党组会议，传达学习中央书记处关于科协工作的重要指示精神。怀进鹏主持会议。
1月8日	万钢在中国科技会堂会见大众汽车集团董事长兼大众汽车乘用车品牌董事长迪斯（Herbert Diess）一行。
1月8日	束为在中国科技会堂会见来访的澳门科学技术发展基金行政委员会主席马志毅一行。
1月9日	中国科协召开离退休老干部座谈会。徐延豪、王守东出席会议。
1月15日	2018年“创响中国”系列活动总结暨成果展示活动在北京举办。国家发展改革委副秘书长任志武，宋军出席活动并讲话。
1月16日	“典赞 · 2018科普中国”揭晓盛典在人民日报社举办。
1月16日	清华大学科技发展与治理研究中心成立大会在北京召开。怀进鹏，科技部党组成员、副部长、中国工程院院士徐南平，清华大学校长、中国科学院院士邱勇在成立大会上致辞。束为主持会议。
1月16日	中国科协党组理论学习中心组举行集体学习研讨，重点学习习近平总书记在中央政治局民主生活会上的重要讲话精神。怀进鹏主持学习。
1月17日	中国科协九届九次常委会议在北京召开。万钢主持会议。怀进鹏传达指示精神。
1月18日	中国科协第九届全国委员会第六次全体会议在北京召开。万钢作常委会工作报告。怀进鹏主持会议并作总结讲话。
1月18—19日	中国科协2019年地方科协工作座谈会在北京召开。怀进鹏主持会议并讲话。中国科协党组、书记处领导，各省（自治区、直辖市）及新疆生产建设兵团、副省级城市科协党组书记、主席出席会议。
1月25日	中国科协党组召开2018年度民主生活会。怀进鹏主持会议。徐延豪、束为、项昌乐、宋军、王守东、殷皓出席会议。孟庆海列席会议。
1月29日	2019年中国科协党组向离退休老同志通报工作暨新春团拜会在北京举办。怀进鹏向离退休老同志通报科协工作情况。

2月

2月1日	中国科协召开党组会议，传达学习习近平总书记在省部级主要领导干部坚持底线思维着力防范化解重大风险专题研讨班上的重要讲话精神。怀进鹏主持会议。
2月14日	中国科协机关党委组织召开基层党组织书记述职评议考核会议。怀进鹏出席会议并讲话。
2月14日	中国科协定点扶贫领导小组2019年第一次会议在北京召开。怀进鹏出席并主持会议。
2月15日	中国科协召开科技期刊主编与高被引作者座谈会。怀进鹏主持会议。项昌乐、宋军出席会议。
2月18日	“英才计划”2018年度工作总结会暨专家咨询委员会第六次全体会议在北京召开。怀进鹏，英才计划专家咨询委员会主任、中国科学院院士、中国科学院原副院长王恩哥及各位委员，教育部高等教育司副司长王启明等出席总结会。徐延豪主持会议。
2月20日	中国科协召开“智慧学会”试点建设研讨会，宋军出席会议并对“智慧学会”试点建设作出部署。

2月21日 “弘扬爱国奋斗精神，建功立业新时代”学习钱七虎院士先进事迹报告会在北京召开。宋军、中国工程院院士蔡美峰等出席报告会。

2月22日 中国科协召开党组会议，研究审议《中国科协2019年工作要点》。怀进鹏主持会议。

2月24日 徐延豪赴江西省调研江西省科技馆新馆建设工程，并与省科技馆新馆建设工作领导小组进行座谈。

2月25日 腾讯公司董事会主席兼首席执行官、腾讯基金会发起人马化腾与14位知名科学家共同发起的“科学探索奖”报名正式启动。

2月25日 怀进鹏一行到山东省调研科技创新工作。

2月25日 中国自然科学博物馆学会第七次全国会员代表大会在北京召开。怀进鹏出席大会并讲话，殷皓出席大会。

2月25日 中国科协组织召开第三代半导体高层研讨会。万钢主持会议。全国政协教科卫体委员会副主任、第三代半导体产业技术创新战略联盟指导委员会主任曹健林，宋军出席会议。

2月25—26日 2019年度科协系统青少年科技教育工作研讨会在江西省南昌市召开。徐延豪出席会议并讲话。

2月26日 山东省科学技术协会第九次代表大会在山东省济南市召开。怀进鹏出席开幕式并讲话。省委副书记、省长龚正，省政协主席付志方，省委副书记杨东奇等领导出席开幕式。

2月27日 孟庆海到辽宁省调研“智慧科协”建设工作。

2月28日 中国科协召开科技期刊产学融合座谈会。怀进鹏出席会议。宋军主持会议。

3月

3月1日 中国科协党组理论学习中心组围绕加强党的政治建设专题举行集体学习研讨。怀进鹏主持学习。

3月1日 中国科协召开2019年工作要点部署交流会。怀进鹏主持会议并讲话。

3月3日 束为在北京会见来访的澳门特别行政区政府政策研究和区域发展局局长米健一行。

3月4日 怀进鹏在北京会见霍尔茨布林克出版集团首席执行官斯蒂芬·冯·霍尔茨布林克一行。

3月6日 万钢出席全国政协十三届二次会议科协界小组会议并讲话。怀进鹏出席会议。

3月7日 怀进鹏参加全国政协十三届二次会议科协界联组会议。科技部党组成员、副部长徐南平，工业和信息化部党组成员、副部长王志军等出席会议。

3月11日 中国科协与广西壮族自治区人民政府在北京签署全面战略合作协议。

3月13日 怀进鹏在北京听取四川省科协党组书记毛大付关于四川省科协“九大”筹备情况及2019年工作安排的汇报。

3月14日 怀进鹏在北京会见贵州省人大常委会副主任、省科协主席何力一行，听取贵州省科协关于近期工作情况和2019年工作安排的汇报。

3月14日 2019世界新能源汽车大会工作推进会暨组织委员会第一次会议在北京召开。万钢出席会议并讲话。怀进鹏主持会议并讲话。海南省委副书记、省长、大会组委会主任沈晓明出席会议并讲话。

3月15日 中国科协党组理论学习中心组围绕全国两会精神专题举行集体学习研讨。怀进鹏主持学习。国务院研究室教科文卫司司长侯万军作辅导报告。

3月17—19日 中国科协推荐中国科学院院士候选人、提名中国工程院院士候选人评审会议在北京召开。

3 月 20 日　万钢赴中华医学会，就中国科协一流科技期刊建设问题开展专题调研活动。宋军主持调研座谈会。

3 月 20 日　万钢赴科学出版社开展中国科协一流科技期刊建设问题专题调研活动。

3 月 22 日　中国科协召开党组会议，传达学习《2019 年省部级党委（党组）理论学习中心组专题学习重点内容安排》和新修订的《党政领导干部选拔任用工作条例》，研究审议《2019 年度中国科协党组理论学习中心组专题学习方案》。怀进鹏主持会议。

3 月 23 日　“我是科学家”年度盛典活动在北京举办。殷皓出席活动。

3 月 27 日　中国老科协创新发展研究中心课题开题评审会在北京召开。

3 月 27 日　中国科协党组第二轮巡视组向企业创新服务中心反馈巡视情况。宋军出席会议并讲话。王守东主持会议。

3 月 29 日　中国科协召开九届书记处会议，听取智慧科协（二期）建设工作安排汇报，研究审议《2019 年科协系统深化改革重点任务》《中国科协助力新时代东北三省全面振兴调研服务工作方案》等工作。怀进鹏主持会议。

3 月 29 日　中国科协召开党组会议，听取推荐（提名）中国科学院院士、中国工程院院士候选人评审工作情况汇报。怀进鹏主持会议。

3 月 31 日—4 月 2 日　怀进鹏在天津市就深入贯彻落实习近平总书记关于社区建设和京津冀协同发展等重要讲话精神、推动党建带群建加强基层科协组织建设、京津冀科协协同发展等进行调研座谈。

4 月

4 月 1—3 日　中国科协 2019 年调研宣传工作会议暨调研宣传干部培训班在广西壮族自治区柳州市举办。徐延豪出席会议并讲话。

4 月 3 日　科技期刊建设座谈会在北京召开。怀进鹏主持会议。宋军出席会议。

4 月 3 日　中国科协党组第二轮巡视组向农村专业技术服务中心反馈巡视情况。徐延豪出席会议并讲话。王守东主持会议。

4 月 4 日　中国科协召开党组会议，审议《中国科协党建工作方案》，研究优化学会党建工作机制等相关事项。怀进鹏主持会议。

4 月 9 日　中国科协召开 2019 年双创工作动员部署会。宋军出席会议并讲话。

4 月 10 日　万钢赴 Light 学术出版中心开展中国科协一流科技期刊建设专题调研活动。科技部原副部长、*Light: Science & Applications* 主编曹健林参加调研活动。宋军主持调研座谈会。

4 月 11 日　怀进鹏在北京会见爱思唯尔（Elsevier）集团董事长池永硕一行。

4 月 12 日　中国科协召开九届书记处会议，听取筹建中国公民科学素质促进联盟、2019 年全国科普日活动有关情况的汇报。怀进鹏主持会议。

4 月 12 日　中国科协召开党组会议，传达学习全国组织部长会议精神，通报 2018 年“一报告两评议”结果。怀进鹏主持会议。

4 月 12 日　2019 年全民科学素质工作电视电话会议在北京召开。怀进鹏出席会议并讲话。徐延豪主持会议。

4 月 12 日　万钢在北京会见天津市委副书记、市长张国清一行，并听取天津市关于举办第三届世界智能大会的汇报。怀进鹏、宋军参加会见。

4 月 16 日　四川省科学技术协会第九次代表大会在四川省成都市召开。怀进鹏出席开幕式并致辞。四川省委书记彭清华对大会作出批示，省委副书记、省长尹力出席并讲话。省委副书记邓小刚出席开幕式。

4月16—17日　怀进鹏听取浙江省科协工作汇报并赴杭州市余杭区梦想小镇调研。

4月18日　中国科协在北京组织召开《国家中长期科学和技术发展规划纲要（2006—2020年）》实施情况评估工作启动会。徐延豪出席会议并讲话。

4月18日、24日、29日　孟庆海先后赴中华医学会、中国公路学会、中国化学会，调研全国学会创新发展、规划编制、信息化建设以及财务管理等工作，并与有关负责人进行座谈。

4月19日　中国科协党组理论学习中心组就习近平总书记关于宣传思想工作的重要思想举行集体学习研讨。怀进鹏主持学习。

4月20日　中国化学会会刊（*CCS Chemistry*）创刊论坛在北京举办。怀进鹏出席活动并讲话。

4月22日　中国科协－中国人民大学智能社会治理研究中心在中国人民大学启动。怀进鹏，中国工程院原常务副院长、中国工程院院士潘云鹤，中国人民大学校长刘伟分别致辞。

4月24日　束为赴北京延庆区调研新时代文明实践中心建设和社区科协建设。

4月24—25日　河南省科协第九次代表大会在河南省郑州市召开。怀进鹏、河南省委书记王国生出席大会开幕式并讲话。河南省省长陈润儿，省政协主席刘伟等领导和省级老领导出席大会开幕式。

4月25日　《重要学术会议指南（2019）》编委会第二次会议在北京召开。编委会主任、中国金属学会理事长、中国科协先进材料科学联合体主席、中国工程院院士干勇，宋军出席会议并讲话。

4月25日　万钢会见世界经济论坛创始人兼执行主席克劳斯·施瓦布一行。束为出席会见。

4月25日　第二届"一带一路"国际合作高峰论坛"创新之路"分论坛在北京举办。怀进鹏出席论坛开幕式并致辞。

4月26日　首届中国科学文化论坛暨北京大学科学技术与医学史系揭牌仪式在北京大学举办。万钢、韩启德、北京大学校长郝平、李静海出席会议并致辞。

4月27日　怀进鹏赴甘肃省调研企业科技创新和部分高校、科技场馆科普工作。

4月28日　甘肃省科学技术协会第八次代表大会在甘肃省兰州市召开。甘肃省委书记、省人大常委会主任林铎，怀进鹏出席大会并讲话。甘肃省领导唐仁健、孙伟、李元平、王嘉毅、陈克恭、郭天康以及中国科学院院士赖远明、刘维民出席大会。甘肃省副省长张世珍主持大会。

4月29日　第十五届中国青年女科学家奖颁奖典礼在北京举办。全国人大常委会副委员长、全国妇联主席沈跃跃，怀进鹏等出席，并为获奖者颁奖。束为主持颁奖典礼。

4月29日　中国科协－北京航空航天大学科技组织与公共政策研究院成立大会暨新技术变革时代的科技组织专题研讨会在北京航空航天大学举办。怀进鹏，工业和信息化部党组成员、副部长王志军，束为等出席会议。

4月30日　中国科协召开党组会议，传达学习《中国共产党党组工作条例》和习近平总书记在五四运动100周年大会上的重要讲话精神。怀进鹏主持会议。

5月

5月6日　江西省科协第八次代表大会在江西省南昌市开幕。怀进鹏出席开幕式并致辞。江西省委书记刘奇出席开幕式并讲话。

5月7日　"创青春－中关村U30"2019年度启动大会在北京召开。怀进鹏出席活动并讲话。

5月7日　中国科协召开电视电话会议，统筹部署开展2019年全国科技工作者日主题系列活动。怀进鹏、邓秀新、何华武、束为出席会议。

5月8日　第七届智能制造国际会议在北京召开，宋军出席开幕式并致辞。工业和信息化部党组书记、部长苗圩，中国机械工程学会荣誉理事长、中国工程院院士周济等出席开幕式。中国机械工程学会理事长、中国工程院院士李培根主持开幕式。

5月8日　老科学家学术成长资料采集工程专家委员会第八次会议在北京召开。韩启德出席会议并讲话。

5月8—9日　怀进鹏赴山西省吕梁市岚县、临县调研中国科协定点扶贫工作。

5月9日　徐延豪主持召开全国科普服务标准化技术委员会2019年度第一次全体会议。

5月13日　中国移动第二次科技创新大会暨中国移动科协成立仪式在北京召开。怀进鹏出席仪式并讲话。

5月13—15日　2019中国云计算和物联网大会在重庆市召开。第12届全国政协副主席、国家电子政务专家委员会主任王钦敏，工业和信息化部党组成员、总工程师张峰，重庆市副市长屈谦，重庆市政协副主席张玲等出席大会。

5月15日　中国科协在北京组织召开“双创”示范基地评估工作启动会。徐延豪出席会议并讲话。中国科协创新战略研究院院长任福君主持会议。

5月16日　第三届世界智能大会在天津市开幕。天津市委书记李鸿忠宣读国家主席习近平的贺信并致辞。万钢出席大会并作主旨报告。怀进鹏主持大会主论坛第一场高峰会。

5月17日　万钢在中国科技会堂会见来访的国际能源署署长法提赫·比罗尔一行。

5月17日　《重要学术会议指南（2019）》面向广大科技工作者在线发布。

5月17日　第70届英特尔国际科学与工程大奖赛在美国亚利桑那州凤凰城落幕。中国选手在能源化学、系统软件、植物科学、嵌入式系统、机械工程、物理和天文、化学等多个学科获得奖项。

5月18日　上海市科协第十七届学术年会暨第十四届上海工程师论坛开幕式和主题报告会在上海科学会堂举办。万钢、上海市副市长吴清出席开幕式并讲话。上海市科协主席、中国工程院院士陈赛娟致开幕词。

5月18日　万钢在上海市与上海市科协干部职工代表交流座谈。上海市科协党组书记、副主席马兴发等参加座谈会。

5月20日　怀进鹏在北京会见英国皇家学会副会长理查德·凯特罗及执行主任朱莉·马克斯顿一行。

5月20日　怀进鹏在北京会见台湾华聚产业共同标准推进基金会董事长陈瑞隆一行。

5月21—24日　怀进鹏带领调研组先后赴辽宁省、吉林省和黑龙江省启动中国科协助力东北三省全面振兴调研服务工作。

5月23—24日　孟庆海一行前往甘肃省临夏回族自治州、白银市调研甘肃省科技助力精准扶贫和科普工作。

5月23—25日　第九届中国（芜湖）科普产品博览交易会在安徽省芜湖市举办。中共中央政治局委员、上海市委书记李强，安徽省委书记、省人大常委会主任李锦斌，怀进鹏，上海市委副书记、市长应勇，安徽省委副书记、省长李国英，江苏省委副书记、省长吴政隆，浙江省委副书记、省长袁家军，徐延豪等出席开幕式。李国英、应勇、吴政隆、袁家军、怀进鹏等在开幕式上先后致辞。

5月27日　怀进鹏在北京会见世界科学院执行主任罗曼·穆伦齐。

5月27日　*Research* 被中国科学引文数据库（Chinese Science Citation Database，CSCD）收录，并被遴选为2019—2020年的数据统计来源期刊。

5月29日　中国科协召开党组会议，传达学习丁薛祥同志在中央和国家机关解决形式主义突出问题为基层减负工作推进会上的讲话精神。怀进鹏主持会议。

5月29日　艺术与科学的交汇——2019年全国科技工作者日主题音乐会在北京中山音乐堂举办。韩启德、万钢、怀进鹏出席音乐会。

5月29日　李静海在北京会见国际科学理事会科学与全球政策特使弗莱维娅·施莱格尔。

5月30日　“礼赞共和国、追梦新时代——航天科普志愿行动”正式启动。怀进鹏出席活动并致辞。徐延豪、殷皓出席活动。

6月

6月3日　万钢在北京会见美国前总统科技顾问、白宫科技政策办公室前主任约翰·霍尔德伦一行。

6月3日　中国科协党组理论学习中心组传达学习中央“不忘初心、牢记使命”主题教育工作会议精神和习近平同志重要讲话精神。怀进鹏主持学习会议。

6月3日　中国科协召开2019年党风廉政建设推进会暨警示教育大会。怀进鹏、中央纪委国家监委驻科技部纪检监察组组长王宾宜出席会议并讲话。徐延豪主持会议。

6月4日　徐延豪在北京会见智利大学副校长 Flavio Salazar 带领的智利大学代表团一行。

6月5日　第三届科协发展理论研讨会在北京召开。徐延豪出席会议并致辞。李洪等出席会议。

6月6日　中国科协2019年6月重大任务调度会在北京召开。怀进鹏主持会议。徐延豪、孟庆海、束为、宋军、王守东、殷皓出席会议。

6月6日　中国科协召开“不忘初心、牢记使命”主题教育动员部署会。怀进鹏主持并作动员讲话，中央指导组组长范小建出席并讲话。

6月9—16日　徐延豪率中国科协代表团赴以色列、土耳其访问。

6月11—12日　中国科协党校首期主题教育培训班在北京举办。孟庆海出席开班式并讲话。

6月11—12日　中国科协规划纲要培训暨全国学会财务管理培训班在北京举办。孟庆海出席开班式并讲话。

6月11—15日　第二届土耳其国际科学能源与工程大奖赛在土耳其伊兹密尔举办。徐延豪出席大赛开幕式。

6月12日　中共中央办公厅、国务院办公厅印发《关于进一步弘扬科学家精神加强作风和学风建设的意见》。

6月13日　2019年全国大众创业万众创新活动周浙江省杭州市主会场活动正式启动。万钢、宋军等到海外活动周展区参观。

6月13日　中共中央政治局常委、国务院总理李克强在浙江省杭州市出席2019年全国大众创业万众创新活动周，并发表重要讲话。

6月13—19日　应捷克科学技术学会联合会和俄罗斯科学工程协会联合会的邀请，怀进鹏率中国科协代表团访问捷克、俄罗斯。

6月14日　2019世界交通运输大会（World Transport Convention）在北京召开。孟庆海，交通运输部党组成员、副部长刘小明，何华武出席会议并致辞。

6月14日　中国科协举办第四期风向标——中国创新创业先锋论坛。宋军出席论坛并讲话。

6月14日　2019年全国大众创业万众创新活动周重点活动之一“企业创新大家谈”在浙江省杭州市举办。宋军出席活动。

6月14日　中国科协在浙江省杭州市举办2019“创世技”颠覆性创新榜发布会暨青年创新创业联盟成立仪式。宋军出席仪式并致辞。

6月17日	中国科协"不忘初心、牢记使命"主题教育领导小组召开专题工作会议，传达学习中央第二十二指导组工作会议精神。徐延豪主持会议。
6月17日	"探知未来"第六届全国青年科普创新实验暨作品大赛全国总决赛在北京落幕。孟庆海、殷皓等出席颁奖典礼并为获奖选手颁奖。
6月19日	*Research* 通过由美国国家医学图书馆（National Library of Medicine，NLM）组织的学术质量评审，美国公共医学中心（PubMed Central，PMC）将收录 *Research* 从 2018 年创刊号开始的全部文章。
6月20日	全国食品安全宣传周·中国科协主题日活动在北京举办。孟庆海等出席活动启动仪式。
6月21日	2019 中国创新创业成果交易会暨 2019"创响中国"广州站启动。怀进鹏出席启动仪式并致辞。
6月21—22日	怀进鹏在广东省广州市调研科技成果转移转化和世界一流科技期刊建设等工作。
6月22日	中国科协常委会女科技工作者专门委员会在北京举办"新时代科技女性践行和弘扬科学家精神"座谈会并调研。第十一届全国政协副主席、中国女科技工作者协会会长、中国科学院院士王志珍，全国妇联副主席、书记处书记、党组成员吴海鹰，束为等出席座谈会并讲话。
6月23日	2019 年"最美科技工作者"遴选会议在北京召开。韩启德出席会议并讲话。徐延豪、何华武、国家国防科技工业局副局长田玉龙等出席会议。
6月24日	中国科协党组理论学习中心组围绕推动全球科技治理格局和科技治理体制创新举行集体学习研讨。怀进鹏主持学习。
6月24日	由中国科协和瑞典皇家工程科学院共同举办的中瑞高层科学家对话在瑞典皇家工程科学院举办。李静海，中国工程院院士、同济大学副校长吴志强，中国科学院院士、中国科学技术大学副校长杜江峰等中国专家与瑞典科学家开展对话交流。
6月25日	怀进鹏在北京会见美国科学促进会（AAAS）首席执行官 Rush Holt 一行。
6月25—26日	中国科协党组理论学习中心组以"不忘初心、牢记使命，用习近平新时代中国特色社会主义思想武装头脑、指导实践、推动工作"为主题，举行集中学习研讨。怀进鹏主持学习。
6月26日	怀进鹏在北京会见广东省委常委、统战部部长黄宁生一行。
6月27—28日	第二十一届中国科协年会科技社团发展与治理论坛在黑龙江省哈尔滨市举办。怀进鹏出席论坛并致辞。
6月28日	由中国科协与黑龙江省人民政府联合主办的中国科技智库论坛（2019）在黑龙江省哈尔滨市举办。怀进鹏，黑龙江省委副书记陈海波，中国科学院原党组副书记、中国科学学与科技政策研究会名誉理事长方新出席论坛并致辞。束为主持论坛。
6月28日	第二十一届中国科协年会科技创新企业家高峰论坛——主旨报告会在黑龙江省哈尔滨市举办。怀进鹏，黑龙江省委副书记、省长王文涛出席论坛并致辞。
6月28日	中国科协九届十次常委会议在黑龙江省哈尔滨市召开。万钢主持会议。
6月28日	万钢在黑龙江省哈尔滨市会见参加第二十一届中国科协年会的 2001 年诺贝尔化学奖得主、中国科学院外籍院士、日本名古屋大学特别教授野依良治（Ryoji Noyori）一行。
6月28日—7月1日	第二十一届中国科协年会——海峡两岸暨港澳绿色发展青年论坛在黑龙江省哈尔滨市举办。
6月29日	亚太工程组织联合会（FEIAP）第 27 届全体大会暨第 5 届国际学术研讨会在陕西省西安市举办。全国政协常委，中国科协原党组副书记、副主席、书记处书记张勤出席开

幕式并致辞。

6月29日　第二十一届中国科协年会在黑龙江省哈尔滨市开幕。万钢致开幕词，黑龙江省委书记、省人大常委会主任张庆伟致欢迎词。怀进鹏主持开幕式。

6月29日　第十五届中国青年科技奖颁奖会暨青年科技人才论坛在黑龙江省哈尔滨市举办。原国务委员、第十一届全国人大常委会副委员长、中国老科学技术工作者协会会长陈至立，怀进鹏，中国工程院院士、国家最高科学技术奖获奖者王泽山，中国科学院院士、中国工程院院士刘永坦等出席颁奖会。中共中央组织部人才局副局长牛伟宏宣读表彰决定，共青团中央书记处书记李柯勇主持颁奖会。

6月29日　中国科协在黑龙江省哈尔滨市召开地方科协党组书记座谈会。怀进鹏主持会议并讲话。徐延豪、孟庆海、束为、宋军出席会议。

6月29—30日　束为在黑龙江省哈尔滨市分别会见参加第二十一届中国科协年会的香港特别行政区、澳门特别行政区和台湾地区特邀代表。

6月29—30日　第二届中国科技峰会——世界科技期刊论坛在黑龙江省哈尔滨市举办。怀进鹏出席论坛并致辞。应用光学国家重点实验室主任、*Light*：*Science & Applications* 主编曹健林主持论坛开幕式和主题报告会。宋军出席论坛。

6月30日　第二十一届中国科协年会在黑龙江省哈尔滨市落幕。怀进鹏出席闭幕式并致辞。徐延豪主持闭幕式。

6月30日　万钢参观第二十一届中国科协年会科技创新企业家高峰论坛——创新创业优秀成果展和能源科技创新成果展。怀进鹏，黑龙江省委书记、省人大常委会主任张庆伟，省委副书记、省长王文涛，省政协主席黄建盛，徐延豪、束为、宋军、王守东等一同参观。

6月30日　中国科协党组召开“不忘初心、牢记使命”主题教育征求意见座谈会。徐延豪主持会议并讲话。

6月30日　黑龙江省党政领导与科技领域的院士专家召开座谈会。万钢、黑龙江省委书记张庆伟出席会议并讲话。怀进鹏出席会议。黑龙江省省长王文涛主持会议。

7月

7月1—2日　原国务委员、第十一届全国人大常委会副委员长、中国老科学技术工作者协会会长陈至立到吉林省调研老科协工作，召开座谈会听取工作汇报并讲话。

7月2日　世界新能源汽车大会在海南省博鳌亚洲论坛国际会议中心开幕。国务委员王勇出席开幕式，宣读习近平主席的贺信并致辞。万钢作主旨报告。海南省委书记刘赐贵出席开幕式，省长沈晓明致辞。怀进鹏主持开幕式。

7月3日　中国科协“不忘初心、牢记使命”主题教育领导小组召开扩大会议。怀进鹏主持会议。束为、王守东等出席会议。

7月4日　中国科协召开九届书记处会议，研究审议《科技志愿服务管理办法（试行）》。怀进鹏主持会议。

7月5日　中国科协举办“不忘初心、牢记使命”第二次党课辅导报告会。中共中央党史和文献研究院副院长吴德刚作辅导报告。怀进鹏主持报告会。

7月5日　中国科协“不忘初心、牢记使命”主题教育领导小组召开第三次工作会议。怀进鹏主持会议。徐延豪、束为、王守东等出席会议。

7月8日　怀进鹏在北京调研企业科技创新和科技成果转移转化等工作。

7月10日　中国科协党校成立后的首期青年科技领军人才班在井冈山干部学院开班。怀进鹏出席开班式并讲话。

7 月 10 日　怀进鹏就弘扬井冈山精神和长征精神、基层科协组织建设情况等问题，结合中国科协开展“不忘初心、牢记使命”主题教育，与中国科学院院士、国家自然科学基金委员会原主任杨卫等组成调研组，赴江西省井冈山市、赣州市开展调研。

7 月 10 日　“律动世界——化学元素周期表专题展”在中国科学技术馆短期展厅开幕。孟庆海，中国化学会副理事长、中国科学院院士杨学明，殷皓，巴斯夫全球副总裁、中国首席代表伍德克（Joerg Wuttke）等出席开幕式。中国科学技术馆副馆长欧建成主持开幕式。杨学明、伍德克、殷皓分别致辞。

7 月 12 日　中国科协召开党组会议，传达学习习近平总书记在中央和国家机关党的建设工作会议上的重要讲话精神。怀进鹏主持会议。

7 月 12 日　中国科协召开高校挂职干部座谈会。怀进鹏出席会议并讲话，王守东出席会议。束为主持会议。

7 月 14 日　中国科协“不忘初心、牢记使命”主题教育领导小组召开第四次会议。怀进鹏主持会议。徐延豪、束为、王守东等出席会议。

7 月 14 日　中国科协党组理论学习中心组举行主题教育第五次集中学习，专题学习习近平总书记在中央政治局第十五次集体学习时重要讲话。怀进鹏主持学习。

7 月 15 日　徐延豪主持召开机关党建工作调研座谈会。

7 月 17—18 日　怀进鹏带队先后到中国机械工程学会、中国免疫学会、中国通信学会开展“不忘初心、牢记使命”调研活动。徐延豪、宋军参加调研。

7 月 18 日　中国科协召开“不忘初心、牢记使命”主题教育全国学会座谈会。怀进鹏主持会议并讲话。宋军，中国航空学会理事长林左鸣，中国工程院院士、中华中医药学会副会长张伯礼，中国科学院院士、中国岩石力学与工程学会候任理事长何满潮等参加座谈。

7 月 19 日　怀进鹏在北京会见重庆市副市长熊雪一行。

7 月 19 日　中国科协党组理论学习中心组举行“不忘初心、牢记使命”主题教育第六次集中学习。怀进鹏主持集中学习。

7 月 19 日　“不忘初心、牢记使命”中央和国家机关优秀驻村第一书记先进事迹巡回宣讲第四场报告会在北京召开。

7 月 22 日　第 34 届全国青少年科技创新大赛 2019 科学教育国际论坛在澳门大学举办。怀进鹏、徐延豪等出席论坛。中国科学院大学副校长、中国科学院院士吴岳良主持论坛。

7 月 23 日　“中国科技峰会——粤港澳大湾区科技创新走廊中澳门的机遇和挑战”在澳门特别行政区举办。怀进鹏、澳门特别行政区代理行政长官谭俊荣出席开幕式并致辞。

7 月 23 日　“礼赞共和国 追梦新时代”——科学家主题舞台剧目巡演澳门行暨南开大学大型原创话剧《杨石先》在澳门科技大学上演。

7 月 24 日　万钢考察澳门青年创业孵化中心，并与澳门特别行政区科技界代表座谈。

7 月 24 日　怀进鹏在北京会见清华大学丘成桐数学科学中心主任丘成桐。

7 月 25 日　万钢在澳门大学与参加第 34 届全国青少年科技创新大赛的海峡两岸和香港特别行政区、澳门特别行政区青少年代表面对面进行交流。

7 月 25 日　全国科学道德和学风建设宣讲教育领导小组 2019 年工作会议在北京召开。束为主持会议。

7 月 26 日　中国科协党组理论学习中心组以“不忘初心、牢记使命”为主题举行第七次集中学习。党组、书记处同志及机关各部门、各直属单位主要负责同志赴北大红楼和国家博物馆参观学习。

7 月 29 日　怀进鹏先后深入中国国际科技交流中心、机关服务中心、中国科学技术出版社有限公司调研指导“不忘初心、牢记使命”主题教育。束为、宋军分别参加调研。

7月31日　怀进鹏在北京中国科技会堂为机关直属单位全体党员作“不忘初心、牢记使命”主题教育专题党课。中央第二十二指导组组长范小建出席。徐延豪主持。

7月31日　《中国科技期刊发展蓝皮书（2019）》定稿会在北京召开。宋军出席会议。

8月

8月1—3日　沈岩和束为等组成调研组，赴吉林省开展助力东北三省全面振兴调研服务。

8月2—5日　第十七次中国暨国际生物物理大会在天津市召开。宋军，中国科学院院士、天津市科协主席、中国生物物理学会名誉理事长饶子和等出席大会并致辞。

8月5—11日　中国科协党校2019年第一期院士专家暑期考察休假活动在黑龙江省黑河市举办。束为赴活动地点慰问院士专家，并围绕中国科协的国际化相关工作进行座谈。

8月7—8日　怀进鹏结合“不忘初心、牢记使命”主题教育，围绕提升基层科协组织力等工作赴宁夏回族自治区开展调研。

8月9日　中国科协党组召开对照党章党规找差距专题会议。怀进鹏主持会议。中央“不忘初心、牢记使命”主题教育第二十二指导组组长范小建到会指导。

8月9日　徐延豪在北京作“不忘初心、牢记使命”主题教育专题党课。

8月9日　殷皓在北京为科普口有关部门、单位全体党员干部作题为《发扬自我革命精神 构建新时代科普工作新格局》的主题教育专题党课。

8月10日　中共中央宣传部、中国科协、科技部、中国科学院、中国工程院、国家国防科技工业局在北京向全社会公开发布2019年“最美科技工作者”先进事迹。

8月10—12日　中国科协企业自主创新专门委员会赴广东省珠海市、深圳市、广州市三地了解大湾区规划建设过程中企业科技创新需求和科技成果转移转化工作。

8月15日　中国科协召开党的建设工作会议。中央和国家机关工作委员会副书记李勇到会指导。怀进鹏出席会议并讲话。徐延豪主持会议。

8月16日　中国科协、中共中央宣传部、教育部、科技部联合印发《关于深化改革 培育世界一流科技期刊的意见》。

8月19日　中国科协党组理论学习中心组分专题举行“不忘初心、牢记使命”主题教育第八次集体学习研讨。怀进鹏主持集中学习。

8月19日　中国科协党组理论学习中心组围绕严肃党内政治生活、做到守初心担使命举行主题教育第九次集体学习研讨。怀进鹏主持学习。中央纪委国家监委驻科技部纪检监察组组长王宾宜出席并作专题辅导报告。

8月20日　2019世界机器人大会在北京开幕。中共中央政治局委员、北京市委书记蔡奇，万钢出席开幕式。北京市市长陈吉宁、工业和信息化部部长苗圩、怀进鹏出席开幕式并致辞。国际机器人研究基金会（IFRR）主席奥萨马·哈迪布致辞。北京市委常委、副市长殷勇主持开幕式。宋军出席开幕式。

8月21日　中国科协党组召开“不忘初心、牢记使命”专题民主生活会。怀进鹏主持会议。徐延豪、束为、宋军、王守东、殷皓出席会议，孟庆海列席会议。中央第二十二指导组副组长刘越及指导组全体成员，中央纪委国家监委驻科技部纪检监察组有关同志到会指导。

8月22日　怀进鹏到中国科学技术馆慰问奋战在暑期运行一线的中国科学技术馆干部职工。孟庆海、殷皓等参加活动。

8月23日　中国科协召开党组会议，传达学习《关于中央部委、中央国家机关部门党组（党委）开展巡视工作的指导意见（试行）》和中央有关通报精神，听取世界一流科技期刊工作进展情况汇报，研究部署开展主题教育专项整治工作。怀进鹏主持会议。

8 月 23 日　中国科协召开九届书记处会议，研究审议《中国现代科学家》系列纪念邮票（第八组）推荐人选，听取创新战略研究院团组参加中英科技创新与创业政策国际论坛情况汇报。怀进鹏主持会议。

8 月 24 日　以“机遇与挑战”为主题的新时代技术服务体系建设论坛在北京举办。怀进鹏、宋军出席论坛。

8 月 26 日　第二届数字经济百人会在重庆市召开。怀进鹏，重庆市委副书记、市长唐良智，重庆市政协主席王炯，工业和信息化部党组成员、副部长王志军等出席会议。

8 月 27 日　怀进鹏带领中国科协“不忘初心、牢记使命”主题教育指导组到中国科普研究所进行调研。孟庆海参加调研。

8 月 27 日　束为赴浙江省温州市调研，就高水平办好 2019 世界青年科学家（温州）峰会筹备工作与浙江省委常委、温州市委书记陈伟俊座谈交流。

8 月 28 日　中国科协召开“不忘初心、牢记使命”主题教育总结大会。怀进鹏作主题教育总结讲话，中央第二十二指导组组长范小建出席并讲话。徐延豪主持会议。中央第二十二指导组副组长刘越，孟庆海、束为、宋军、王守东、殷皓，中央纪委国家监委驻科技部纪检监察组有关同志出席会议。

8 月 28 日　祖国万岁——科技工作者诵读爱国诗篇沙龙在北京举办。孟庆海出席沙龙。中国科学院院士严加安代表科技工作者致辞。

8 月 29 日　以“智联世界，无限可能”为主题的 2019 世界人工智能大会在上海市开幕。怀进鹏出席大会开幕式并致辞。

8 月 30 日　中国科协召开九届书记处会议，听取 2019 中国科幻大会筹备工作情况汇报。怀进鹏主持会议。

8 月 30 日　由中国科协、国家卫生健康委、应急管理部和国家市场监督管理总局等部委主办，中央网信办指导，全国学会、权威媒体、社会机构和科技工作者共同打造的“科学辟谣平台”在北京启动。怀进鹏出席活动并致辞。

8 月 30 日　中国科协党组理论学习中心组第十次集体学习、中国科协深化改革领导小组第七次会议、重大任务调度会在北京召开。怀进鹏主持会议。徐延豪、孟庆海、束为、宋军、王守东、殷皓出席会议。

8 月 30 日　中国科协与澳门特别行政区政府科技交流合作委员会成立暨第一次工作例会在北京召开。束为出席会议。

9 月

9 月 2 日　中国科协召开党组第三轮巡视工作动员部署暨培训会。徐延豪出席会议并讲话。王守东主持会议。中央纪委国家监委驻科技部纪检监察组、党组巡视工作领导小组办公室有关同志和党组第三轮巡视组全体同志参加会议。

9 月 2—3 日　孟庆海赴山西省吕梁市临县、岚县开展中国科协定点扶贫调研。

9 月 6 日　中国科协召开党组会议。会议传达学习习近平总书记的重要指示精神，审议通过《中国科协“不忘初心、牢记使命”主题教育总结报告》《中国科协党组专题民主生活会情况报告》《中国科协贯彻落实新时代党的组织路线的若干意见》，研究成立中国科协志愿服务工作领导小组。怀进鹏主持会议。

9 月 6 日　中华护理学会成立 110 周年纪念大会暨“一带一路”国际护理研讨会在北京召开。

怀进鹏、国家卫生健康委主任马晓伟、外交部国际司司长杨涛、中国医师协会会长张雁灵、世界卫生组织首席护理官 Elizabeth Iro、国际护士理事会主席 Annette Kennedy、国际护士会名誉主席 Judith Shamian、红十字国际委员会首席护士 Amanda Baumgartner-Henley、中华护理学会理事长吴欣娟等出席大会。中华护理学会副理事长皮红英主持大会开幕式。

9月6日　束为在北京会见来访的世界卫生组织首席护士官 Elizabeth Iro 和国际护士理事会主席 Annette Kennedy。

9月8日　中国科协航空发动机产学联合体成立大会在北京召开。怀进鹏，中国航空发动机集团有限公司党组书记、董事长曹建国出席大会并共同为联合体揭牌。宋军出席会议。中国航空发动机集团有限公司总经理助理、中国工程院院士向巧主持会议。

9月8—14日　应瑞典皇家工程科学院、欧盟委员会、国际能源署等机构的邀请，万钢率中国科协代表团访问瑞典、比利时、法国。

9月9日　怀进鹏在《人民日报》发表署名文章《坚守初心使命 建设科技强国》。

9月9日　新中国成立70周年科技创新报告会在瑞典皇家工程科学院举办。万钢主讲报告会。中国驻瑞典大使桂从友出席报告会。

9月9日　怀进鹏在北京听取青海省科协党组书记尤伟利、科协主席王彤关于青海省科协近期工作汇报。

9月11日　中央第十二巡视组巡视中国科协党组工作动员会召开。中央第十二巡视组组长武在平作动员讲话。怀进鹏主持会议并讲话。

9月14—20日　以“礼赞共和国、智慧新生活”为主题的2019年全国科普日在全国启动。

9月17日　中共中央政治局委员、中共中央组织部部长陈希参加2019年全国科普日北京主场活动。万钢及各有关部委负责同志参加活动。

9月17日　束为与俄罗斯科学工程协会联合会副主席兼第一秘书德鲁卡连科在俄罗斯圣彼得堡共同签署《中国科协与俄罗斯科学工程协会联合会关于进一步加强科技人文交流与合作的谅解备忘录》。

9月17日　怀进鹏、孟庆海、北京市副市长隋振江等考察调研北京科学中心，并观摩体验全国科普日北京主场活动B区暨第九届北京科学嘉年华科普系列活动。

9月19日　中国老科学技术工作者协会和中国科协老科技工作者专门委员会在北京召开首届老科学家圆桌会议。原国务委员、第十一届全国人大常委会副委员长、中国老科学技术工作者协会会长陈至立和怀进鹏出席会议并讲话。

9月20日　中国科协召开党组会议。会议传达学习习近平总书记在中央财经委员会第五次会议上的重要讲话以及“不忘初心、牢记使命”主题教育第一批总结暨第二批部署会议精神。

9月21—23日　2019年全国科学道德和学风建设宣讲教育研究生导师专题研讨班暨研究生论坛在上海市举办。束为，教育部党组成员、副部长翁铁慧等出席活动。

9月27日　中国科协召开党组会议。会议传达学习中央政协工作会议暨庆祝中国人民政治协商会议成立70周年大会精神和十九届中央第四轮巡视工作动员部署会议精神。怀进鹏主持会议。

9月29日　首届世界科技与发展论坛组织委员会秘书处第三次工作会议召开。宋军出席会议并讲话。

9月29日　孟庆海在北京会见瑞典皇家工程科学院（IVA）副院长白瑞楠一行。

9月30日　2019年度中国政府友谊奖颁奖仪式在北京人民大会堂举办。中央政治局常委、国务院总理李克强会见获奖专家并发表重要讲话。中共中央政治局委员、国务院副总理刘鹤向获奖外国专家颁奖并讲话。中国科协海智计划特聘专家、日本工程院院士任福继荣获此奖项。

10 月

10 月 8 日　首届世界科技与发展论坛组织委员会秘书处第四次工作会议召开。宋军出席会议。

10 月 12 日　“中国工业遗产故事”丛书第一辑首发式在北京举办。徐延豪出席活动并致辞。

10 月 15 日　2019“一带一路”科普场馆发展国际研讨会暨中国自然科学博物馆学会年会在北京举办。孟庆海，中国自然科学博物馆学会理事长程东红，殷皓，联合国教科文组织北京办事处科技项目专家菲利普·皮帕尔特（Philippe Pypaert），国际博物馆协会（ICOM）副主席、中国博物馆协会副理事长兼秘书长安来顺出席活动。

10 月 15 日　束为在北京会见古巴科技环境部副部长阿曼德·罗德里格斯·巴蒂斯塔一行。

10 月 16 日　由中国科协举办的 2019 首届世界科技与发展论坛在北京开幕。

10 月 16 日　首届世界科技与发展论坛青年科学家与中小企业成长分论坛在北京举办。宋军，国际干细胞组织主席、中国细胞生物学学会副理事长、中国科学院院士、发展中国家科学院院士、中国科学院副秘书长周琪出席论坛。

10 月 16 日　徐延豪在北京会见以色列工程师、建筑师和技术科学毕业生协会（AEAI）董事会主席埃胡德·梅尼帕兹（Ehud Menipaz）。

10 月 18 日　2019 世界智能制造大会在江苏省南京市开幕。怀进鹏致辞。江苏省委副书记、省长吴政隆出席开幕式并讲话，中国工程院主席团名誉主席周济作主旨演讲，工业和信息化部副部长辛国斌，江苏省委常委、南京市委书记张敬华分别致辞。

10 月 25 日　全国学会学习贯彻习近平主席致首届世界科技与发展论坛贺信精神座谈会在北京召开。宋军出席座谈会并讲话。

10 月 26 日　2019 世界青年科学家峰会在浙江省温州市召开。万钢宣读习近平主席贺信并致辞。

10 月 26 日　以“新时代科普创新发展”为主题的第二十六届全国科普理论研讨会在安徽省合肥市开幕。孟庆海出席开幕式并致辞。

10 月 27 日　2019 年国际清洁能源会议（ICCE 2019）在北京召开。宋军，中国电机工程学会理事长、国际电工委员会（IEC）候任主席、中国华能集团有限公司董事长舒印彪等出席会议并致辞。

10 月 28 日　万钢在北京会见来访的美国科学促进会（AAAS）主席、诺贝尔物理学奖获得者、美国能源部前部长朱棣文（Steven Chu）一行。

10 月 29 日　中国科协召开第二批“不忘初心、牢记使命”主题教育工作推进会，学习贯彻中央第二批“不忘初心、牢记使命”主题教育有关精神。宋军出席会议并讲话。中央第十一巡回督导组成员、中央纪委国家监委办公厅二级巡视员原广丰到会指导工作。

10 月 29—31 日　以“科技，为了人类共同命运”为主题的第二届世界顶尖科学家论坛在上海市举办。

10 月 30 日　万钢在北京会见来访的德国萨克森州前州长 Stanislaw Tillich 一行。

11 月

11 月 1 日　中国科协召开党组会议，传达学习党的十九届四中全会精神。怀进鹏主持会议。

11 月 2 日　2019 全球科技发展与治理国际论坛在北京开幕。万钢发表开幕式主旨演讲，清华大学校长邱勇致欢迎词，怀进鹏作论坛总结。

11 月 3 日　中国科协 – 北京大学（联合）科学文化研究院、中国科协创新战略研究院在北京联合举办“全球视野下的科学文化研究”国际研讨会。

11 月 3 日　2019 中国科幻大会在北京开幕。怀进鹏出席开幕式并讲话，北京市委副书记、市长陈吉宁出席开幕式，中国作家协会党组成员、副主席、书记处书记阎晶明出席开幕式并致辞。孟庆海主持大会开幕式。

11 月 3 日　《科学文化（英文）》（*Cultures of Science*）期刊 2019 年编委会在北京召开。韩启德参加会议并致辞。徐延豪主持会议。

11 月 3—10 日　应缅甸工程理事会（MEngC）、巴基斯坦工程理事会（PEC）的邀请，孟庆海率中国科协代表团访问缅甸、巴基斯坦。

11 月 4 日　万钢在北京会见以色列驻华大使何泽伟（Zvi Heifetz）一行。

11 月 6 日　“未来教育关键问题与对策研究”课题中期评审会在北京召开。中国老科学技术工作者协会会长、原国务委员、第十一届全国人大常委会副委员长陈至立，中国老科学技术工作者协会常务副会长、中国科协原党组副书记、副主席齐让，中国老科学技术工作者协会副会长、科技部原党组成员、副部长陈小娅等作为专家出席评审会。

11 月 7 日　中国科协直属单位老科协第九次会员代表大会在北京召开。王延祜当选为第九届理事会会长。

11 月 7 日　“礼赞共和国、建功新时代”主题活动总结会、深化改革领导小组会议、2019 年 11 月重大任务调度会在北京召开。怀进鹏主持会议。

11 月 8 日　中国科协生命科学学会联合体、智能制造学会联合体、航空发动机产学联合体发布关于进一步弘扬科学家精神加强作风和学风建设的倡议书。全体青年托举工程入选者向全国青年科技工作者发出关于弘扬科学家精神争当优良作风学风力行者的倡议。

11 月 8 日　中国科协召开党组会议，传达学习习近平同志致 2019 世界青年科学家峰会的贺信、在中央政治局第十八次集体学习时的重要讲话和在第二届中国国际进口博览会开幕式上的重要讲话精神，中共中央办公厅关于做好党的十九届四中全会精神学习宣传工作的通知精神和全国干部监督工作会议精神。怀进鹏主持会议。

11 月 9—10 日　中国科协 2019 年海智计划联席会暨基地工作会在重庆市召开。怀进鹏出席开幕式并讲话，重庆市副市长、重庆高新区党工委书记熊雪出席开幕式并致辞，束为出席会议并作总结讲话。

11 月 11 日　第 19 届“明天小小科学家”奖励活动颁奖典礼在北京举办。怀进鹏出席颁奖典礼并致辞。

11 月 12 日　“面向未来社会的科学”报告会在浙江省杭州市召开。怀进鹏出席会议并作主旨报告。

11 月 12 日　“品读科学家故事，感悟科学家精神”——“‘共和国脊梁’科学家绘本丛书”首发式暨科学家传记绘本编创论坛在北京举办。

11 月 13 日　2019 年全国科学道德和学风建设宣讲教育报告会在北京人民大会堂举办。万钢出席报告会并致辞。中国社会科学院院长、党组书记谢伏瞻主持报告会。

11 月 13 日　中国科协举办学习宣传贯彻党的十九届四中全会精神报告会。怀进鹏出席会议并作《深入贯彻十九届四中全会精神，提升服务国家治理现代化能力》辅导报告。徐延豪主持会议。

11 月 13 日　全球青年创新集训营（UNLEASH）2019 闭幕式暨颁奖典礼在广东省深圳市举办。孟庆海出席闭幕式并致辞。

11 月 13—15 日　中国科协党校在北京举办局级领导干部研修班和省市级新任科协主席培训班。怀进鹏出席开班式并作主旨报告。

11 月 13—15 日　孟庆海到广东省深圳市调研地方科协工作。

11 月 19 日	中共中央政治局委员、国务院副总理孙春兰出席纪念中国老科学技术工作者协会成立 30 周年座谈会并讲话。万钢出席座谈会并讲话。
11 月 19 日	2019 年全国科技助力精准扶贫工作交流视频会议召开。怀进鹏出席会议并讲话。孟庆海主持会议。国务院扶贫开发领导小组办公室开发指导司副司长杨栋、农业农村部科技教育司副司长张晔出席会议。
11 月 19 日	束为在北京会见香港工程科学院院长程伯中一行。
11 月 22 日	中国科协召开党组会议，传达学习习近平同志关于科技特派员制度的重要指示精神和“不忘初心、牢记使命”主题教育专项整治工作推进会精神。怀进鹏主持会议。
11 月 22 日	中国科协党组理论学习中心组围绕学习贯彻党的十九届四中全会精神举行集体学习研讨。怀进鹏主持学习。
11 月 22 日	中华医学会、中国农学会发布关于弘扬科学家精神加强作风和学风建设的倡议书。
11 月 24 日	第八届中国科技政策论坛在北京召开。第八届中国科技政策论坛主席、中国科协决策咨询专门委员会主任李洪主持论坛开幕式。徐延豪在论坛开幕式上致辞。
11 月 25 日—12 月 6 日	中国科协党校青年科技人才国情研修班在浙江省嘉兴市举办。
11 月 26 日	世界一流科技期刊建设部际协调会议在北京召开。怀进鹏主持会议。中国工程院副院长王辰，宋军，中国科学院副秘书长汪克强，以及中共中央宣传部、教育部、科技部、财政部等世界一流科技期刊建设部际协调会议成员单位代表出席会议。
11 月 26 日	2019 年中国科协九届常委会青年科技工作者专门委员会会议暨中国科协优秀中外青年交流计划评议活动在北京召开。
11 月 29 日	第二次“老科学家圆桌会议”在北京召开。中国科学院院士、清华大学基础分子科学中心主任程津培，中国老科学技术工作者协会常务副会长齐让，全国政协委员、中国科学院微电子研究所研究员周玉梅，全国政协委员、北京大学物理学院教授、国家纳米科学中心副主任朱星，全国政协委员、中国科学院动物研究所副所长张德兴等出席会议。沈岩主持会议。
11 月 30 日	束为、宋军在北京会见北京冬奥组委副主席韩子荣一行。

12 月

12 月 2 日	怀进鹏与党支部工作联系点科技传播中心党支部全体党员共同参加“传播科学家精神，牢记科协人初心”主题党日活动。
12 月 3 日	怀进鹏在北京会见吉林省副省长安立佳一行。
12 月 3 日	怀进鹏主持会议听取中国科协助力东北三省全面振兴调研服务工作专题汇报。袁亚湘、郑晓静、孟庆海、束为、宋军出席会议。
12 月 3 日	2019 年度全国科协系统综合统计工作培训班在北京举办。孟庆海出席开班仪式并讲话。
12 月 3—5 日	第十九次亚洲科学理事会会议（SCA Conference）在缅甸内比都召开。王曦作为主席出席会议并致辞。
12 月 6 日	徐延豪在北京会见来访的土耳其科技研究委员会（TÜBİTAK）主席哈桑·曼达尔（Hasan Mandal）一行。
12 月 10 日	中国科技馆发展基金会 2019 年度颁奖典礼在北京举办。中国科技馆发展基金会名誉理事长邓楠，孟庆海，中国科技馆发展基金会顾问、中国老科学技术工作者协会常务副会长齐让等出席活动。
12 月 10 日	中国科协庆祝新中国成立 70 周年“不忘初心、牢记使命、建功新时代”党建强会

文艺展演在北京举办。中国科学院院士、中国岩石力学与工程学会理事长、中国岩石力学与工程学会党委副书记何满潮，王守东，中央和国家机关工委行业协会党建部副部长刘岩，中国老科学技术工作者协会常务副会长、党委书记齐让等出席活动。

12 月 13 日　中国科协召开党组会议，传达学习中央经济工作会议精神。怀进鹏主持会议。

12 月 13 日　万钢在北京会见来访的清洁能源部长级合作机制（Clean Energy Ministerial，CEM）秘书处主任克里斯汀·金乐森（Christian Zinglersen）一行。

12 月 13—14 日　2019 年中国科协企业工作座谈会暨企业创新服务工作总结验收会在北京召开。宋军出席会议并讲话。

12 月 17 日　“典赞·2019 科普中国”揭晓盛典在北京举办。怀进鹏，孟庆海，殷皓，中国科学院院士林群、刘嘉麒、汪景琇、周忠和，中国工程院院士吴光辉以及科普中国形象大使徐颖等参加活动。

12 月 18 日　万钢在北京会见来访的日产（中国）投资有限公司总经理西林隆（Nishibayashi Takashi）一行。

12 月 19 日　怀进鹏出席中国科协机关、直属单位青年干部座谈会。束为主持会议。

12 月 20 日　中国科协召开党组会议，审议《中国科协党组理论学习中心组学习实施细则》。怀进鹏主持会议。

12 月 23 日　中国科协机关离退休干部办公室党委成立大会召开。王守东出席会议，中国科协老领导齐让、王延祜等近 70 位离退休干部党员参加会议。选举王志舜为第一届机关离退休干部办公室党委党委书记。

12 月 24 日　怀进鹏在北京会见天津市副市长连茂君一行。

12 月 24—26 日　中国科协党校在北京举办第一期学习贯彻党的十九届四中全会精神轮训班。束为出席轮训班结业式并作培训总结。

12 月 27 日　由中国科协和中央党校共同主办的高层次科技领军人才学习习近平新时代中国特色社会主义思想和加强学风作风建设专题研修班在中央党校开班。怀进鹏作开班动员讲话。

12 月 30 日　高层次科技领军人才学习习近平新时代中国特色社会主义思想和加强学风作风建设专题研修班在中央党校举行结业仪式。怀进鹏、中央党校常务副校长何毅亭出席结业式并为学员颁发结业证书。中央党校副校长王东京主持结业式。

12 月 31 日　中国创新 50 人论坛在北京召开。徐延豪出席论坛并致辞。

附　录

中国科学技术协会组织体系框图

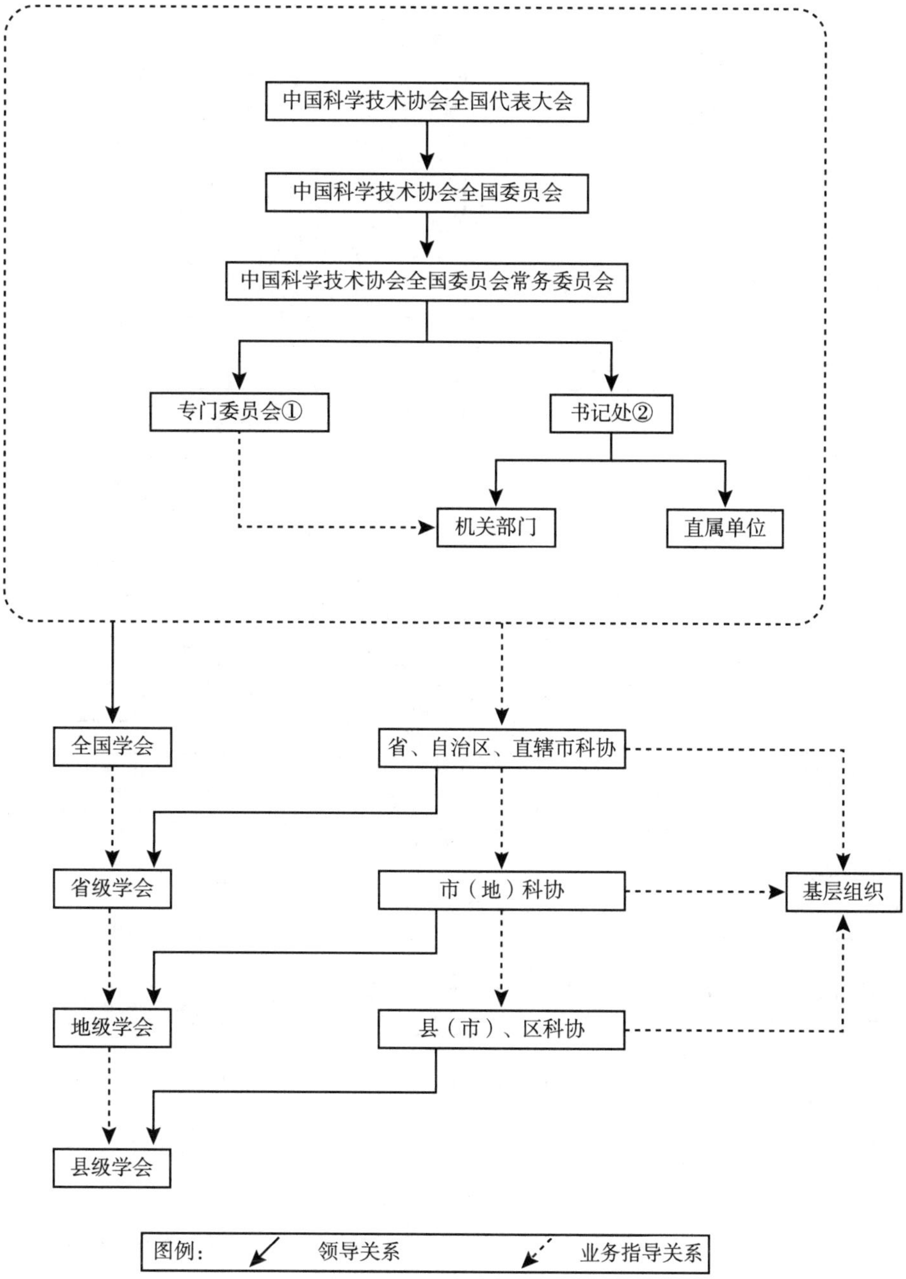

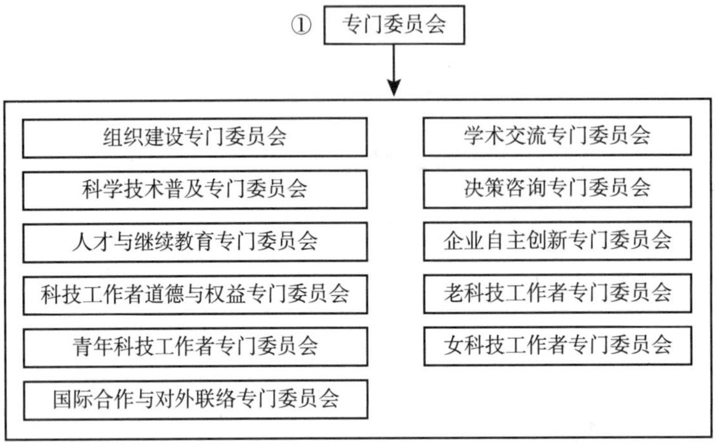
①
专门委员会
组织建设专门委员会
科学技术普及专门委员会
人才与继续教育专门委员会
科技工作者道德与权益专门委员会
青年科技工作者专门委员会
国际合作与对外联络专门委员会
学术交流专门委员会
决策咨询专门委员会
企业自主创新专门委员会
老科技工作者专门委员会
女科技工作者专门委员会

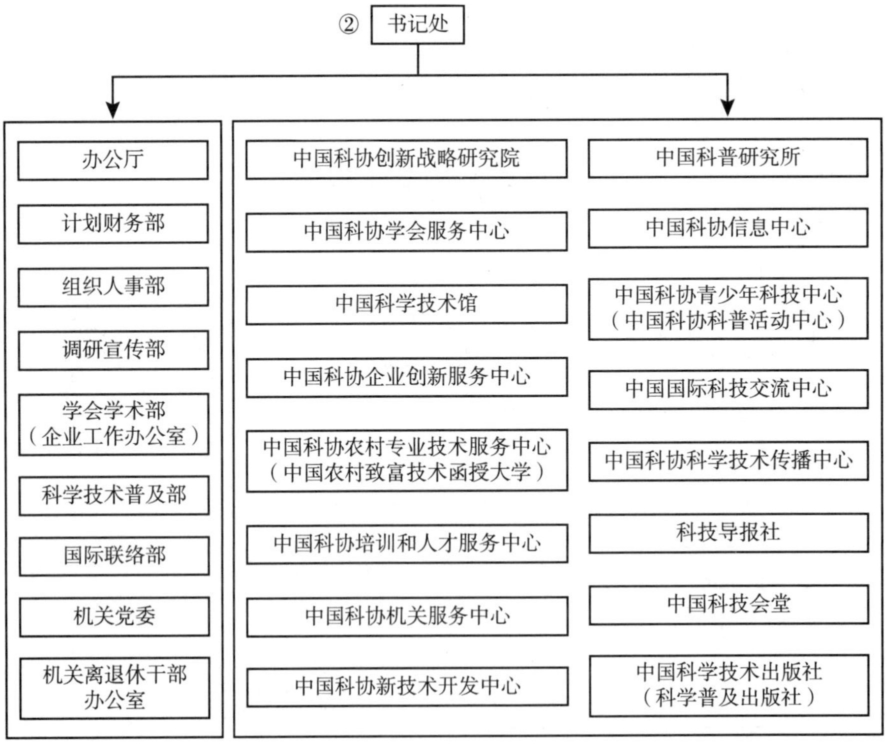
②
书记处
办公厅
计划财务部
组织人事部
调研宣传部
学会学术部（企业工作办公室）
科学技术普及部
国际联络部
机关党委
机关离退休干部办公室
中国科协创新战略研究院
中国科协学会服务中心
中国科学技术馆
中国科协企业创新服务中心
中国科协农村专业技术服务中心（中国农村致富技术函授大学）
中国科协培训和人才服务中心
中国科协机关服务中心
中国科协新技术开发中心
中国科普研究所
中国科协信息中心
中国科协青少年科技中心（中国科协科普活动中心）
中国国际科技交流中心
中国科协科学技术传播中心
科技导报社
中国科技会堂
中国科学技术出版社（科学普及出版社）

中国科学技术协会名誉主席、荣誉委员

1986年6月27日中国科学技术协会三届一次全委会议通过

名誉主席 周培源 严济慈 茅以升

荣誉委员 （以姓氏笔画为序）

王顺桐 王淦昌 许 杰 苏步青 杨显东 汪德昭 沈 鸿 陈世骧 金善宝 高士其 谈家桢 黄汲清 董纯才 裴丽生

1987年3月中国科学技术协会三届二次全委会议通过

荣誉委员 袁翰青 沈其益

1991年5月27日中国科学技术协会四届一次全委会议通过

名誉主席 钱学森 钱三强

荣誉委员 （以姓氏笔画为序）

王大珩 卢嘉锡 刘东生 李国豪 吴仲华 沈 元 张 维 陆 达 唐敖庆 曹天钦 裘维蕃

1996年5月31日中国科学技术协会五届一次全委会议通过

名誉主席 朱光亚 卢嘉锡 吴阶平

荣誉委员 何 康 林兰英（女） 强巴赤列（藏族） 胡亚美（女） 高景德

2001年6月24日中国科学技术协会六届一次全委会议通过

荣誉委员 干福熹 王连铮 石元春 叶叔华（女） 母国光 朱高峰 庄逢甘 孙大涌 李振声 杨 乐 闵桂荣 张存浩 陈可冀 陈佳洱 施莫邦 聂 力（女） 顾方舟 高 潮 龚育之

2006年5月25日中国科学技术协会七届一次全委会议通过

名誉主席 周光召

荣誉委员 左铁镛 旭日干（蒙古族） 刘 恕（女） 江泽慧（女） 苏纪兰 李依依（女） 张玉台 国 林 胡启恒（女） 钱 易（女） 徐善衍 郭孔辉 曾庆存

2011年5月29日中国科学技术协会八届一次全委会议通过

荣誉委员 马国馨　王永炎　王震西　韦　钰（女，壮族）邓　楠（女）艾国祥　白春礼（满族）齐　让　杜祥琬　杨福家　张开逊　张启发　陆延昌　陈运泰　赵忠贤　栾恩杰（满族）高润霖　郭桂蓉　符淙斌　管华诗

2016年6月2日中国科学技术协会九届一次全委会议通过

名誉主席 韩启德

荣誉委员 干　勇　王　兴　王　韧　王小兰（女）王诗宬　王恩哥　方　新（女）邓中翰　卢锡城　冯长根　吕　植（女）刘　玠　许振超　孙家广　杨　卫　杨　劼（女，蒙古族）杨玉良　吴　跃　吴明江　沈爱民　张　勤　张桃林　陈惠娟（女）陈赛娟（女）周建平　郑南宁　赵沁平　哈木拉提·吾甫尔（维吾尔族）饶子和　秦大河　袁家军　夏　强　唐启升　黄伯云　龚　克　屠海令　程东红（女）谢克昌　樊明武

已去世的名誉主席（8名）

卢嘉锡　朱光亚　吴阶平　周培源　严济慈　茅以升　钱三强　钱学森

已去世的荣誉委员（39名，以姓氏笔画为序）

王大珩　王连铮　王顺桐　王淦昌　卢嘉锡　毋国光　旭日干　庄逢甘　刘东生　许　杰　苏步青　李国豪　杨显东　吴仲华　汪德昭　沈　元　沈　鸿　沈其益　张　维　陆　达　陈世骧　林兰英　金善宝　胡亚美　施莫邦　袁翰青　顾方舟　高　潮　高士其　高景德　唐敖庆　谈家桢　黄汲清　曹天钦　龚育之　董纯才　强巴赤列　裘维蕃　裴丽生

中国科学技术协会所属全国学会、协会、研究会及受委托管理的学会

序号	序码	学会名称	理事长	秘书长
1	A-01	中国数学会	田 刚	巩馥洲
2	A-02	中国物理学会	张 杰	方 忠
3	A-03	中国力学学会	方岱宁	杨亚政
4	A-04	中国光学学会	龚旗煌	刘 旭
5	A-05	中国声学学会	张春华	张守著
6	A-06	中国化学会	姚建年	范青华
7	A-07	中国天文学会	景益鹏	周济林
8	A-08	中国气象学会	王会军	王金星
9	A-09	中国空间科学学会	吴 季	庞红勋
10	A-10	中国地质学会	钟自然	李金发
11	A-11	中国地理学会	陈发虎	张国友
12	A-12	中国地球物理学会	陈晓非	郭 建
13	A-13	中国矿物岩石地球化学学会	胡瑞忠	冯新斌
14	A-14	中国古生物学会	詹仁斌	蔡华伟
15	A-15	中国海洋湖沼学会	孙 松	杨红生
16	A-16	中国海洋学会	陈连增	林明森
17	A-17	中国地震学会	张培震	李小军
18	A-18	中国动物学会	孟安明	魏辅文
19	A-19	中国植物学会	种 康	汪小全
20	A-20	中国昆虫学会	康 乐	戈 峰
21	A-21	中国微生物学会	邓子新	东秀珠
22	A-22	中国生物化学与分子生物学会	李 林	刘小龙
23	A-23	中国细胞生物学学会	陈晔光	杨 瑾
24	A-24	中国植物生理与植物分子生物学学会	陈晓亚	唐威华
25	A-25	中国生物物理学会	徐 涛	张 宏
26	A-26	中国遗传学会	薛勇彪	杨维才
27	A-27	中国心理学会	韩布新	罗 劲
28	A-28	中国生态学学会	欧阳志云	钟林生
29	A-29	中国环境科学学会	黄润秋	王志华
30	A-30	中国自然资源学会	成升魁	濮励杰
31	A-31	中国感光学会	张丽萍	汪鹏飞
32	A-32	中国优选法统筹法与经济数学研究会	池 宏	林则夫
33	A-33	中国岩石力学与工程学会	冯夏庭	杨晓杰

序号	序码	学会名称	理事长	秘书长
34	A-34	中国野生动物保护协会	陈凤学	李青文
35	A-35	中国系统工程学会	杨晓光	唐锡晋
36	A-36	中国实验动物学会	秦　川	赵宏旭
37	A-37	中国青藏高原研究会	姚檀栋	欧阳华
38	A-38	中国环境诱变剂学会	曹　佳	郝卫东
39	A-39	中国运筹学会	胡旭东	刘　克
40	A-40	中国菌物学会	郭良栋	白逢彦
41	A-41	中国晶体学会	苏晓东	孙俊良
42	A-42	中国神经科学学会	张　旭	韩　雪
43	A-43W	中国认知科学学会	陈　霖	马原野
44	A-44W	中国微循环学会	刘乃丰	詹启敏
45	A-45G	国际数字地球学会	Alessandro Annoni	王长林
46	A-46G	国际动物学会	张知彬	韩春绪
47	B-01	中国机械工程学会	李培根	陆大明
48	B-02	中国汽车工程学会	李　骏	张进华
49	B-03	中国农业机械学会	王　博	张咸胜
50	B-04	中国农业工程学会	张　辉	朱　明
51	B-05	中国电机工程学会	舒印彪	林铭山
52	B-06	中国电工技术学会	杨庆新	裴相精
53	B-07	中国水力发电工程学会	张　野	袁柏松
54	B-08	中国水利学会	胡四一	汤鑫华
55	B-09	中国内燃机学会	金东寒	李树生
56	B-10	中国工程热物理学会	金红光	陈海生
57	B-11	中国空气动力学会	唐志共	徐　翔
58	B-12	中国制冷学会	金嘉玮	孟庆国
59	B-13	中国真空学会	高鸿钧	顾长志
60	B-14	中国自动化学会	郑南宁	张　楠
61	B-15	中国仪器仪表学会	尤　政	张　彤
62	B-16	中国计量测试学会	蒲长城	马爱文
63	B-17	中国标准化协会	纪正昆	高建忠
64	B-18	中国图学学会	孙家广	赵　罡
65	B-19	中国电子学会	张　峰	徐晓兰
66	B-20	中国计算机学会	梅　宏	杜子德
67	B-21	中国通信学会	陈肇雄	张延川
68	B-22	中国中文信息学会	方滨兴	孙　乐
69	B-23	中国测绘学会	宋超智	彭震中
70	B-24	中国造船工程学会	李长印	林宪东
71	B-25	中国航海学会	何建中	闫晓波

序号	序码	学会名称	理事长	秘书长
72	B–26	中国铁道学会	卢春房	马福海
73	B–27	中国公路学会	翁孟勇	刘文杰
74	B–28	中国航空学会	林左鸣	姚俊臣
75	B–29	中国宇航学会	雷凡培	王一然
76	B–30	中国兵工学会	尹家绪	于小虎
77	B–31	中国金属学会	干　勇	王新江
78	B–32	中国有色金属学会	贾明星	张洪国
79	B–33	中国稀土学会	李春龙	牛京考
80	B–34	中国腐蚀与防护学会	王福会	杜翠薇
81	B–35	中国化工学会	戴厚良	华　炜
82	B–36	中国核学会	王寿君	于鉴夫
83	B–37	中国石油学会	赵政璋	于明祥
84	B–38	中国煤炭学会	刘　峰	
85	B–39	中国可再生能源学会	谭天伟	祁和生
86	B–40	中国能源研究会	吴新雄	郑玉平
87	B–41	中国硅酸盐学会	高瑞平	谭　抚
88	B–42	中国建筑学会	修　龙	李存东
89	B–43	中国土木工程学会	郭允冲	李明安
90	B–44	中国生物工程学会	高　福	马树恒
91	B–45	中国纺织工程学会	孙瑞哲	尹耐冬
92	B–46	中国造纸学会	曹振雷	曹春昱
93	B–47	中国文物保护技术协会	王时伟	曲　亮
94	B–48T	中国印刷技术协会	刘晓凯	陈迎新
95	B–49	中国材料研究学会	魏炳波	张增志
96	B–50	中国食品科学技术学会	孟素荷	邵　薇
97	B–51	中国粮油学会	张桂凤	王莉蓉
98	B–52T	中国职业安全健康协会	王德学	马　骏
99	B–53	中国烟草学会		王建雪
100	B–54	中国仿真学会	曹建国	李　妮
101	B–55	中国电影电视技术学会	谢锦辉	路晓俐
102	B–56	中国振动工程学会	胡海岩	张　方
103	B–57	中国颗粒学会	朱庆山	王体壮
104	B–58	中国照明学会	刘正雷	窦林平
105	B–59	中国动力工程学会	邹　磊	张树林
106	B–60	中国惯性技术学会	包为民	王　岩
107	B–61	中国风景园林学会	陈　重	贾建中
108	B–62	中国电源学会	徐德鸿	张　磊
109	B–63	中国复合材料学会	陈祥宝	张博明

序号	序码	学会名称	理事长	秘书长
110	B-64	中国消防协会	陈伟明	曹忙根
111	B-65	中国图象图形学学会	谭铁牛	马惠敏
112	B-66	中国人工智能学会	戴琼海	王卫宁
113	B-67	中国体视学学会	陈志强	王 忠
114	B-68	中国工程机械学会	卞永明	刘 钊
115	B-69T	中国海洋工程咨询协会	周茂平	屈 强
116	B-70T	中国遥感应用协会	罗 格	徐 文
117	B-71	中国指挥与控制学会	费爱国	秦继荣
118	B-72T	中国光学工程学会	张广军	赵雪燕
119	B-73T	中国微米纳米技术学会	尤 政	王晓浩
120	B-74	中国密码学会	王 杰	安晓龙
121	B-75T	中国大坝工程学会	矫 勇	贾金生
122	B-76T	中国卫星导航定位协会	于贤成	张全德
123	B-77W	中国生物材料学会	王迎军	艾 华
124	B-78G	国际粉体检测与控制联合会	谢 植	李新光
125	C-01	中国农学会	张桃林	胡义萍
126	C-02	中国林学会	赵树丛	陈幸良
127	C-03	中国土壤学会	沈仁芳	颜晓元
128	C-04	中国水产学会	王清印	崔利锋
129	C-05	中国园艺学会	杜永臣	孙日飞
130	C-06	中国畜牧兽医学会	黄路生	杨汉春
131	C-07	中国植物病理学会	彭友良	韩成贵
132	C-08	中国植物保护学会	陈万权	郑传临
133	C-09	中国作物学会	万建民	刘春明
134	C-10	中国热带作物学会	李尚兰	刘国道
135	C-11	中国蚕学会	廖森泰	沈兴家
136	C-12	中国水土保持学会	陆桂华	王玉杰
137	C-13	中国茶叶学会	江用文	阮建云
138	C-14	中国草学会	何新天	张英俊
139	C-15T	中国植物营养与肥料学会	白由路	赵秉强
140	C-16W	中国农业历史学会	刘新录	王一民
141	D-01	中华医学会	马晓伟	饶克勤
142	D-02	中华中医药学会	王国强	王国辰
143	D-03	中国中西医结合学会	陈香美	吕文良
144	D-04	中国药学会	孙咸泽	丁丽霞
145	D-05	中华护理学会	吴欣娟	应 岚
146	D-06	中国生理学会	王 韵	李俊发
147	D-07	中国解剖学会	张绍祥	周德山

序号	序码	学会名称	理事长	秘书长
148	D-08	中国生物医学工程学会	曹雪涛	池 慧
149	D-09	中国病理生理学会	张幼怡	李 萍
150	D-10	中国营养学会	杨月欣	杜松明
151	D-11	中国药理学会	张永祥	张永鹤
152	D-12	中国针灸学会	刘保延	喻晓春
153	D-13	中国防痨协会	刘剑君	成诗明
154	D-14	中国麻风防治协会	张国成	王 红
155	D-15	中国心理卫生协会	马 辛	王 刚
156	D-16	中国抗癌协会	樊代明	王 瑛
157	D-17	中国体育科学学会	李颖川	冯连世
158	D-18	中国毒理学会	周平坤	刘 超
159	D-19	中国康复医学会	方国恩	牛恩喜
160	D-20	中国免疫学会	吴玉章	黄 波
161	D-21	中华预防医学会	李 斌	梁晓峰
162	D-22	中国法医学会		翟恒利
163	D-23T	中华口腔医学会	俞光岩	岳 林
164	D-24T	中国医学救援协会	李宗浩	李立兵
165	D-25T	中国女医师协会	乔 杰	韩晓明
166	D-26T	中国研究型医院学会	何振喜	何振喜
167	D-27W	中国睡眠研究会	黄志力	左和鸣
168	D-28W	中国卒中学会	赵继宗	王彩云
169	E-01	中国自然辩证法研究会	何鸣鸿 李维安 石 勇	尚智丛
170	E-02	中国管理现代化研究会	席酉民 杨善林 张 维	赵景华
171	E-03	中国技术经济学会	李 平	黄检良
172	E-04	中国现场统计研究会	房祥忠	程维虎
173	E-05	中国未来研究会	金灿荣	张延岐
174	E-06	中国科学技术史学会	孙小淳	罗兴波
175	E-07	中国科学技术情报学会	戴国强	潘云涛
176	E-08	中国图书馆学会	饶 权	霍瑞娟
177	E-09	中国城市科学研究会	仇保兴	余 刚
178	E-10	中国科学学与科技政策研究会	穆荣平	陈 光
179	E-11	中国农村专业技术协会	柯柄生	杨利军
180	E-12	中国工业设计协会	刘 宁	应放天

序号	序码	学会名称	理事长	秘书长
181	E-13	中国工艺美术学会	陶小年	任建新
182	E-14	中国科普作家协会	周忠和	陈　玲
183	E-15	中国自然科学博物馆学会	程东红	欧建成
184	E-16T	中国可持续发展研究会	王　浩	周海林
185	E-17	中国青少年科技辅导员协会	陈赛娟	林利琴
186	E-18	中国科教电影电视协会	薛继军	季　林
187	E-19	中国科学技术期刊编辑学会	朱邦芬	任胜利
188	E-20	中国流行色协会	朱　莎	王　淼
189	E-21	中国档案学会	段东升	邓小军
190	E-22	中国国土经济学会	柳忠勤	刘军萍
191	E-23	中国土地学会	王世元	高延利
192	E-24	中国科技新闻学会	宋南平	许　英
193	E-25	中国老科学技术工作者协会	陈至立	徐　强
194	E-26	中国科学探险协会	崔　鹏	李　杰
195	E-27T	中国城市规划学会	孙安军	石　楠
196	E-28T	中国产学研合作促进会	路甬祥	王建华
197	E-29T	中国知识产权研究会	田力普	陈　燕
198	E-30T	中国发明协会	潘云鹤	余华荣
199	E-32T	中国工程教育专业认证协会	吴启迪	吴　岩
200	E-33T	中国检验检测学会		夏　扬
201	E-34T	中国女科技工作者协会	王红阳	解　欣
202	E-35W	中国创造学会	徐建平	张亚雷
203	E-36W	中国经济科技开发国际交流协会	李振声	张　帆
204	E-37W	中国高科技产业化研究会	包为民	黎宇红
205	E-38W	中国微量元素科学研究会	朱志国	陈　岳
206	E-39W	中国国际经济技术合作促进会	杨春光	任树平
207	E-40W	中国基本建设优化研究会	厉无畏	孙晓洲
208	E-41W	中国科技馆发展基金会	殷　皓	初学基
209	E-42W	中国生物多样性保护与绿色发展基金会	谢伯阳	周晋峰
210	E-43W	中国反邪教协会	欧阳自远	王慧梅

中国科学技术协会机关各部门及主要负责人

办公厅
主　任 王进展　**副主任** 徐　强　周大亚
下设：综合处（信访办公室）、秘书处（督查室）、委员工作处、文档处（值班室）、信息处（代表联络处）

计划财务部
部　长 杨文志　**副部长** 王江宏　王　蓓
下设：综合处、规划发展处、预算管理处、财务资产处、监督管理处、扶贫工作处

组织人事部
部　长 李坤平　**巡视员、副部长** 公坤后　**副部长** 谭华霖
下设：综合处、干部处（干部教育培训处）、事业单位人事管理处、人才工作处、组织处、干部监督处

调研宣传部
部　长 郭　哲　**副部长** 吴善超　宋玉荣
下设：综合处、调查研究处、政策法规处、宣传处、改革协调处

学会学术部
部　长 刘兴平　**副部长** 林润华　杨书宣
下设：综合处、学会管理处、改革发展处、学术交流处、期刊出版处、企业工作处

（企业工作办公室）
主　任 刘兴平　**副主任** 苏小军

科学技术普及部
部　长 白　希　**副部长** 钱　岩　廖　红
下设：综合处、资源办（联络处）、基层处、传播处、科普信息化处

国际联络部
副部长 王庆林　张　森
下设：综合处、国际组织处、双边合作处、港澳台交流处、海智工作处

机关党委
书　记 王守东（兼）　**常务副书记** 李志刚
副书记、机关纪委书记 周文标　**纪委副书记** 许向阳
副书记 于小晗　**副巡视员** 徐　斌
下设：办公室、党风监督室、巡视工作协调室（机关纪委办公室）、纪律检查室（审计室）、机关工会

机关离退休干部办公室
主　任 王志舜
下设：服务一处、服务二处、办公室综合处

中国科学技术协会直属单位及主要负责人

中国科协创新战略研究院	院　长　任福君　　副院长　赵立新　阮　草
	纪委书记　邓　芳
中国科普研究所	所　长　王　挺　　副所长　王京春　王玉平　郑　念
中国科协学会服务中心	主　任　申金升　　党委书记　刘亚东
	副主任　楼　伟　朱文辉　　纪委书记　张利洁
	副主任　李　芳
中国科协信息中心	主　任　高　勘　　副主任　魏时刚　曲大成
中国科学技术馆	馆长、党委副书记　殷　皓　　党委书记　苏　青
	副馆长　欧建成　隗京花　庞晓东
	纪委书记　张　清
	局级领导　蒋志明　兰　军
中国科协青少年科技中心	主　任　辛　兵　　副主任　张振威　刘会强
（中国科协科普活动中心）	青辅协秘书长　林利琴
中国科协企业创新服务中心	主　任　苏小军　　副主任　郭　昊　宁方刚
中国科协农村专业技术服务中心	主　任　师　铎　　副主任　王　诚　杨利军
（中国农村致富技术函授大学）	
中国国际科技交流中心	主　任　罗　晖　　副主任　贾子文　顾雁峰
中国科协科学技术传播中心	主　任　郑浩峻　　副主任　陈　锐　白元平
中国科协培训和人才服务中心	主　任　郑　凯　　副主任　王书瑞　何　巍
科技导报社	社　长　王康友　　副社长　史永超
中国科协机关服务中心	主　任　陈　剑　　副主任　周庆云
中国科技会堂	总经理　余建坤　　副总经理　杨绍丽　梁　华
	纪委书记　胡富梅
中国科协新技术开发中心	主　任　罗　晖　　副主任　秦久怡
中国科学技术出版社有限公司	党委书记、社长　秦德继
（科学普及出版社）	党委副书记、总经理　顾　斌
	党委副书记　林　立　　副总经理　冯师斌
	纪委书记　高春波　　副社长　郭　晶

中国科学技术协会主管科技期刊目录

截至2019年12月（共500种）

序号	编　号	期刊中文名称	国内统一连续出版物号
1	A01-01	数学进展	11-2312/O1
2	A01-02	数学通报	11-2254/O1
3	A01-03	数学学报（英文版）	11-2039/O1
4	A01-04	应用概率统计	31-1256/O1
5	A01-05	中学生数学	11-1531/O1
6	A02-01	大学物理	11-1910/O4
7	A02-02	电子显微学报	11-2295/TN
8	A02-03	化学物理学报（英文版）	34-1295/O6
9	A02-04	物理教学	31-1033/G4
10	A02-05	物理学进展	32-1127/O4
11	A03-01	工程力学	11-2595/O3
12	A03-02	固体力学学报	42-1250/O3
13	A03-03	固体力学学报（英文版）	42-1121/O3
14	A03-04	力学学报（英文版）	11-2063/O3
15	A03-05	实验力学	34-1057/O3
16	A04-01	光谱学与光谱分析	11-2200/O4
17	A04-02	光学学报	31-1252/O4
18	A04-03	中国激光医学杂志	11-2926/R
19	A05-01	噪声与振动控制	31-1346/TB
20	A06-01	电化学	35-1172/O6
21	A06-02	分子科学学报	22-1262/O4
22	A06-03	高分子科学（英文版）	11-2015/O6
23	A06-04	高分子通报	11-2051/O6
24	A06-05	化学教育	11-1923/O6
25	A06-06	色谱	21-1185/O6
26	A06-07	无机化学学报	32-1185/O6
27	A06-08	物理化学学报	11-1892/O6
28	A06-09	中国化学（英文版）	31-1547/O6
29	A06-10	中国化学快报（英文版）	11-2710/O6
30	A07-01	天文爱好者	11-1390/P

续表

序号	编　号	期刊中文名称	国内统一连续出版物号
31	A08-01	气象学报（英文版）	11-2277/P
32	A10-01	地质论评	11-1952/P
33	A10-02	地质学报	11-1951/P
34	A10-03	地质学报（英文版）	11-2001/P
35	A10-04	矿床地质	11-1965/P
36	A10-05	岩矿测试	11-2131/TD
37	A10-06	岩石矿物学杂志	11-1966/P
38	A11-01	地理学报（英文版）	11-4546/P
39	A11-02	经济地理	43-1126/K
40	A11-03	世界地理研究	31-1626/P
41	A12-01	应用地球物理（英文版）	11-5212/O
42	A12-02	地球与行星物理（英文）	10-1502/P
43	A13-01	矿物岩石地球化学通报	52-1102/P
44	A15-01	海洋与湖沼	37-1149/P
45	A15-02	海洋湖沼学报（英文版）	37-1518/P
46	A16-01	海洋工程	32-1423/P
47	A16-02	海洋世界	11-1261/P
48	A16-03	海洋学报	11-2055/P
49	A16-04	海洋学报（英文版）	11-2056/P
50	A16-05	中国海洋工程（英文版）	32-1441/P
51	A17-01	地震学报	11-2021/P
52	A17-02	地震学报（英文版）	11-5695/P
53	A17-03	国际地震动态	11-2362/P
54	A18-01	生物学通报	11-2042/Q
55	A18-02	兽类学报	63-1014/Q
56	A19-01	植物生态学报（英文版）	10-1172/Q
57	A20-01	昆虫科学（英文）	11-6019/Q
58	A21-01	病毒学报	11-1865/R
59	A21-02	中国人兽共患病学报	35-1284/R
60	A22-01	生命的化学	31-1384/Q
61	A22-02	中国生物化学与分子生物学报	11-3870/Q
62	A24-01	植物生理学报	31-2055/Q
63	A25-01	生物物理学报	10-1302/Q

续表

序号	编 号	期刊中文名称	国内统一连续出版物号
64	A26-01	激光生物学报	43-1264/Q
65	A27-01	心理科学	31-1582/B
66	A28-01	生态学报	11-2031/Q
67	A28-02	生态学杂志	21-1148/Q
68	A28-02	生态系统健康与可持续性（英文）	10-1499/X
69	A29-01	环境与生活	11-5582/X
70	A29-02	环境生态学	10-1620/S
71	A29-03	中国环境科学	11-2201/X
72	A30-01	应用基础与工程科学学报	11-3242/TB
73	A30-02	自然资源学报	11-1912/N
74	A32-01	数理天地（初中版）	11-3091/O1
75	A32-02	数理天地（高中版）	11-3095/O1
76	A33-01	岩石力学与工程学报	42-1397/O3
77	A35-01	交通运输系统工程与信息	11-4520/U
78	A35-02	系统工程理论与实践	11-2267/N
79	A35-03	系统工程学报	12-1141/O1
80	A35-04	系统科学与系统工程学报（英文版）	11-2983/N
81	A35-05	系统科学与信息学报（英文）	10-1192/N
82	A36-01	中国比较医学杂志	11-4822/R
83	A36-02	中国实验动物学报	11-2986/Q
84	A36-03	动物模型与实验医学（英文）	10-1546/R
85	A38-01	癌变・畸变・突变	44-1063/R
86	A39-01	运筹学学报	31-1732/O1
87	A39-02	运筹与管理	34-1133/G3
88	A39-03	中国运筹学会会刊（英文）	10-1191/O1
89	B01-01	材料热处理学报	11-4545/TG
90	B01-02	粉末冶金技术	11-1974/TF
91	B01-03	焊接学报	23-1178/TG
92	B01-04	机床与液压	44-1259/TH
93	B01-05	机械工程学报	11-2187/TH
94	B01-06	机械设计	12-1120/TH
95	B01-07	流体机械	34-1144/TH
96	B01-08	汽车知识	11-4722/TH

续表

序号	编　号	期刊中文名称	国内统一连续出版物号
97	B01-09	润滑与密封	44-1260/TH
98	B01-10	设备管理与维修	11-2503/F
99	B01-11	塑性工程学报	11-3449/TG
100	B01-12	特种铸造及有色合金	42-1148/TG
101	B01-13	无损检测	31-1335/TG
102	B01-14	压力容器	34-1058/TH
103	B01-15	制造技术与机床	11-3398/TH
104	B01-16	中国表面工程	11-3905/TG
105	B01-17	中国机械工程	42-1294/TH
106	B01-18	中国机械工程学报	11-2737/TH
107	B01-19	中国铸造装备与技术	37-1269/TG
108	B01-20	组合机床与自动化加工技术	21-1132/TG
109	B02-01	汽车工程	11-2221/U
110	B02-02	汽车创新工程（英文）	10-1501/U
111	B03-01	农业机械学报	11-1964/S
112	B04-01	农业工程学报	11-2047/S
113	B05-01	农村电气化	11-2181/TM
114	B05-02	农电管理	11-3778/D
115	B05-03	中国电机工程学报	11-2107/TM
116	B05-04	中国电机工程学会电力与能源系统学报（英文）	10-1328/TM
117	B06-01	电工技术学报	11-2188/TM
118	B06-02	电气技术	11-5255/TM
119	B06-03	中国电工技术学会电机与系统学报（英文）	10-1483/TM
120	B07-01	水力发电学报	11-2241/TV
121	B08-01	泥沙研究	11-2532/TV
122	B08-02	水利学报	11-1882/TV
123	B08-03	岩土工程学报	32-1124/TU
124	B08-04	中国防汛抗旱	11-5587/TV
125	B09-01	内燃机工程	31-1255/TK
126	B09-02	内燃机学报	12-1086/TK
127	B11-01	实验流体力学	11-5266/V
128	B12-01	制冷学报	11-2182/TB
129	B13-01	真空科学与技术学报	11-5177/TB

续表

序号	编　号	期刊中文名称	国内统一连续出版物号
130	B14–01	模式识别与人工智能	34–1089/TP
131	B14–02	自动化博览	11–2516/TP
132	B14–03	自动化学报（英文版）	10–1193/TP
133	B15–01	办公自动化	11–3749/TP
134	B15–02	光学仪器	31–1504/TH
135	B15–03	化学传感器	32–1406/TP
136	B15–04	气象水文海洋仪器	22–1135/TH
137	B15–05	仪器仪表学报	11–2179/TH
138	B15–06	仪器仪表学报（英文版）	10–1206/TH
139	B15–07	自动化仪表	31–1501/TH
140	B18–01	工医艺的可视计算（英文）	10–1521/TP
141	B18–02	图学学报	10–1034/T
142	B18–03	土木建筑工程信息技术	11–5823/TU
143	B19–01	电波科学学报	41–1185/TN
144	B19–02	电子测量与仪器学报	11–2488/TN
145	B19–03	电子技术与软件工程	10–1108/TP
146	B19–04	电子商务	11–4499/TN
147	B19–05	电子世界	11–2086/TN
148	B19–06	电子学报	11–2087/TN
149	B19–07	软件	12–1151/TP
150	B19–08	数据采集与处理	32–1367/TN
151	B19–09	新一代信息技术	10–1581/TP
152	B19–10	微波学报	32–1493/TN
153	B19–11	信号处理	11–2406/TN
154	B19–12	电子学报（英文）	10–1284/TN
155	B20–01	计算机辅助设计与图形学学报	11–2925/TP
156	B21–01	电信科学	11–2103/TN
157	B21–02	通信学报	11–2102/TN
158	B21–03	爱上机器人	10–1564/TP
159	B21–04	中国电信业	11–4524/TN
160	B21–05	中国通信（英文版）	11–5439/TN
161	B22–01	中文信息学报	11–2325/N
162	B23–01	测绘学报	11–2089/P

续表

序号	编　号	期刊中文名称	国内统一连续出版物号
163	B23–02	测绘学报（英文）	10–1544/P
164	B25–01	航海技术	31–1251/U
165	B25–02	中国航海	31–1388/U
166	B26–01	铁道工程学报	11–3567/U
167	B26–02	铁道学报	11–2104/U
168	B26–03	铁道知识	11–1372/U
169	B27–01	中国公路学报	61–1313/U
170	B27–02	中国公路	11–3597/F
171	B27–03	中国交通信息化	11–5951/U
172	B28–01	航空材料学报	11–3159/V
173	B28–02	航空模型	11–1525/V
174	B28–03	航空学报	11–1929/V
175	B28–04	航空知识	11–1526/V
176	B28–05	中国航空学报（英文版）	11–1732/V
177	B29–01	太空探索	11–4492/V
178	B29–02	宇航学报	11–2053/V
179	B30–01	爆破器材	32–1163/TJ
180	B30–02	兵工学报	11–2176/TJ
181	B30–03	兵器材料科学与工程	33–1331/TJ
182	B30–04	兵器知识	11–1470/TJ
183	B30–05	车辆与动力技术	11–4493/TH
184	B30–06	弹道学报	32–1343/TJ
185	B30–07	弹箭与制导学报	61–1234/TJ
186	B30–08	防务技术（英文）	10–1165/TJ
187	B30–09	火炮发射与控制学报	61–1280/TJ
188	B30–10	火炸药学报	61–1310/TJ
189	B31–01	材料科学技术（英文版）	21–1315/TG
190	B31–02	钢铁	11–2118/TF
191	B31–03	金属世界	11–1417/TG
192	B31–04	金属学报	21–1139/TG
193	B31–05	金属学报（英文版）	21–1361/TG
194	B31–06	连铸	11–3385/TG
195	B31–07	中国冶金	11–3729/TF

续表

序号	编 号	期刊中文名称	国内统一连续出版物号
196	B32-01	分析试验室	11-2017/TF
197	B32-02	稀有金属	11-2111/TF
198	B32-03	稀有金属（英文版）	11-2112/TF
199	B32-04	稀有金属材料与工程	61-1154/TG
200	B32-05	稀有金属材料与工程（英文版）	10-1190/TG
201	B32-06	中国有色金属学报	43-1238/TG
202	B32-07	中国有色金属学报（英文版）	43-1239/TG
203	B32-08	分析检测（英文）	10-1412/06
204	B33-01	稀土学报（英文版）	11-2788/TF
205	B33-02	中国稀土学报	11-2365/TG
206	B34-01	中国腐蚀与防护学报	21-1474/TG
207	B35-01	化工进展	11-1954/TQ
208	B35-02	化工学报	11-1946/TQ
209	B35-03	中国化学工程学报（英文版）	11-3270/TQ
210	B36-01	核科学与工程	11-1861/TL
211	B36-02	计算物理	11-2011/O4
212	B37-01	石油学报	11-2128/TE
213	B37-02	石油学报（石油加工）	11-2129/TE
214	B37-03	石油知识	11-4725/TE
215	B37-04	石油研究(英文)	10-1439/TE
216	B38-01	当代矿工	11-2762/C
217	B38-02	国际煤炭科学技术学报（英文）	10-1252/TD
218	B38-03	煤炭学报	11-2190/TD
219	B39-01	太阳能	11-1660/TK
220	B39-02	太阳能学报	11-2082/TK
221	B40-01	中外能源	11-5438/TK
222	B41-01	硅酸盐通报	11-5440/TQ
223	B41-02	硅酸盐学报	11-2310/TQ
224	B41-03	无机材料学学报（英文）	10-1466/TQ
225	B42-01	建筑结构学报	11-1931/TU
226	B42-02	建筑热能通风空调	42-1439/TV
227	B42-03	建筑学报	11-1930/TU
228	B43-01	城市公共交通	11-4416/U

续表

序号	编　号	期刊中文名称	国内统一连续出版物号
229	B45–01	纺织学报	11–5167/TS
230	B46–01	纸和造纸	11–2709/TS
231	B46–02	中国造纸学报	11–2075/TS
232	B49–01	自然科学进展·国际材料（英文版）	11–3853/N
233	B50–01	中国食品学报	11–4528/TS
234	B51–01	中国粮油学报	11–2864/TS
235	B52–01	中国安全科学学报	11–2865/X
236	B53–01	中国烟草学报	11–2985/TS
237	B56–01	振动工程学报	32–1349/TB
238	B56–02	振动与冲击	31–1316/TU
239	B57–01	颗粒学报	11–5671/O3
240	B58–01	照明工程学报	11–3029/TM
241	B60–01	海陆空天惯性世界	11–4491/O3
242	B60–02	中国惯性技术学报	12–1222/O3
243	B61–01	中国园林	11–2165/TU
244	B67–01	中国体视学与图像分析	11–3739/R
245	B68–01	中国工程机械学报	31–1926/TH
246	C01–01	棉花学报	41–1163/S
247	C01–02	农学学报	11–6016/S
248	C01–03	农业科研经济管理	11–3801/S
249	C01–04	中国农学通报	11–1984/S
250	C02–01	林业科学	11–1908/S
251	C03–01	土壤通报	21–1172/S
252	C04–02	海洋渔业	31–1341/S
253	C04–03	科学养鱼	32–1131/S
254	C04–04	水产学报	31–1283/S
255	C04–05	渔业学报（英文）	10–1397/S
256	C05–01	园艺学报	11–1924/S
257	C05–02	园艺学报（英文）	10–1305/S
258	C05–03	中国葡萄酒	11–5567/TS
259	C06–01	动物营养学报	11–5461/S
260	C06–02	动物营养（英文版）	10–1360/S
261	C06–03	畜牧兽医学报	11–1985/S

续表

序号	编　号	期刊中文名称	国内统一连续出版物号
262	C06–04	畜牧与生物技术杂志（英文版）	11–5967/S
263	C06–05	中国畜牧杂志	11–2083/S
264	C06–06	中国兽医杂志	11–2471/S
265	C07–01	植物病理学报	11–2184/Q
266	C08–01	植物保护	11–1982/S
267	C08–02	植物保护学报	11–1983/S
268	C08–02	植物病理学报（英文）	10–1545/Q
269	C09–01	作物学报	11–1809/S
270	C09–02	作物学报（英文版）	10–1112/S
271	C09–03	作物杂志	11–1808/S
272	C10–01	热带作物学报	46–1019/S
273	C11–01	蚕业科学	32–1115/S
274	C12–01	中国水土保持科学	10–1449/S
275	C13–01	茶叶科学	33–1115/S
276	C14–01	草地学报	11–3362/S
277	C14–02	草业科学	62–1069/S
278	C14–03	草业学报	62–1105/S
279	D01–01	健康世界	11–3251/R
280	D01–02	慢性疾病与转化医学（英文）	10–1249/R
281	D01–03	世界耳鼻咽喉头颈外科杂志（英文）	10–1248/R
282	D01–04	药物不良反应杂志	11–4015/R
283	D01–05	英国医学杂志（中文版）	11–3904/R
284	D01–06	中华病理学杂志	11–2151/R
285	D01–07	中华超声影像学杂志	13–1148/R
286	D01–08	中华传染病杂志	31–1365/R
287	D01–09	中华创伤骨科杂志	11–5530/R
288	D01–10	中华创伤杂志	50–1098/R
289	D01–100	中华心血管病杂志（网络版）	11–6031/R
290	D01–101	儿科学研究（英文）	10–1593/R72
291	D01–102	中华炎性肠病杂志（中英文）	10–1480/R
292	D01–103	中华转移性肿瘤杂志	10–1548/R
293	D01–11	中华创伤杂志（英文版）	50–1115/R
294	D01–12	中华儿科杂志	11–2140/R

续表

序号	编　号	期刊中文名称	国内统一连续出版物号
295	D01-13	中华耳鼻咽喉头颈外科杂志	11-5330/R
296	D01-14	中华放射学杂志	11-2149/R
297	D01-15	中华放射医学与防护杂志	11-2271/R
298	D01-16	中华放射肿瘤学杂志	11-3030/R
299	D01-17	中华风湿病学杂志	14-1217/R
300	D01-18	中华妇产科杂志	11-2141/R
301	D01-19	中华肝胆外科杂志	11-3884/R
302	D01-20	中华肝脏病杂志	50-1113/R
303	D01-21	中华骨科杂志	12-1113/R
304	D01-22	中华航海医学与高气压医学杂志	31-1847/R
305	D01-23	中华航空航天医学杂志	11-3854/R
306	D01-24	中华核医学与分子影像杂志	32-1828/R
307	D01-25	中华急诊医学杂志	11-4656/R
308	D01-26	中华检验医学杂志	11-4452/R
309	D01-27	中华健康管理学杂志	11-5624/R
310	D01-28	中华结核和呼吸杂志	11-2147/R
311	D01-29	中华解剖与临床杂志	10-1202/R
312	D01-30	中华精神科杂志	11-3661/R
313	D01-31	中华口腔医学杂志	11-2144/R
314	D01-32	中华口腔正畸学杂志	11-5797/R
315	D01-33	中华劳动卫生职业病杂志	12-1094/R
316	D01-34	中华老年医学杂志	11-2225/R
317	D01-35	中华临床感染病杂志	11-5673/R
318	D01-36	中华临床营养杂志	11-5822/R
319	D01-37	中华流行病学杂志	11-2338/R
320	D01-38	中华麻醉学杂志	13-1073/R
321	D01-39	中华泌尿外科杂志	11-2330/R
322	D01-40	中华内分泌代谢杂志	31-1282/R
323	D01-41	中华内分泌外科杂志	11-5807/R
324	D01-42	中华内科杂志	11-2138/R
325	D01-43	中华皮肤科杂志	32-1138/R
326	D01-44	中华普通外科杂志	11-3855/R
327	D01-45	中华器官移植杂志	42-1203/R

续表

序号	编　号	期刊中文名称	国内统一连续出版物号
328	D01–46	中华全科医师杂志	11–4798/R
329	D01–47	中华烧伤杂志	50–1120/R
330	D01–48	中华神经科杂志	11–3694/R
331	D01–49	中华神经外科杂志	11–2050/R
332	D01–50	中华神经外科杂志（英文）	10–1275/R
333	D01–51	中华神经医学杂志	11–5354/R
334	D01–52	中华肾脏病杂志	44–1217/R
335	D01–53	中华生物医学工程杂志	11–5668/R
336	D01–54	中华实验和临床病毒学杂志	11–2866/R
337	D01–55	中华实验外科杂志	42–1213/R
338	D01–56	中华实验眼科杂志	11–5989/R
339	D01–57	中华实用儿科临床杂志	10–1070/R
340	D01–58	中华手外科杂志	31–1653/R
341	D01–59	中华糖尿病杂志	11–5791/R
342	D01–60	中华外科杂志	11–2139/R
343	D01–61	中华微生物学和免疫学杂志	11–2309/R
344	D01–62	中华围产医学杂志	11–3903/R
345	D01–63	中华胃肠外科杂志	44–1530/R
346	D01–64	中华物理医学与康复杂志	42–1666/R
347	D01–65	中华显微外科杂志	44–1206/R
348	D01–66	中华现代护理杂志	11–5682/R
349	D01–67	中华消化内镜杂志	32–1463/R
350	D01–68	中华消化外科杂志	11–5610/R
351	D01–69	中华消化杂志	31–1367/R
352	D01–70	中华小儿外科杂志	42–1158/R
353	D01–71	中华心律失常学杂志	11–3859/R
354	D01–72	中华心血管病杂志	11–2148/R
355	D01–73	中华胸心血管外科杂志	11–2434/R
356	D01–74	中华血液学杂志	12–1090/R
357	D01–75	中华眼底病杂志	51–1434/R
358	D01–76	中华眼科杂志	11–2142/R
359	D01–77	中华眼视光学与视觉科学杂志	11–5909/R
360	D01–78	中华眼外伤职业眼病杂志	11–6022/R

续表

序号	编　号	期刊中文名称	国内统一连续出版物号
361	D01–79	中华医史杂志	11–2155/R
362	D01–80	中华医学教育探索杂志	11–6021/R
363	D01–81	中华医学教育杂志	11–5259/R
364	D01–82	中华医学科研管理杂志	11–3565/R
365	D01–83	中华医学美学美容杂志	11–4657/R
366	D01–84	中华医学信息导报	11–5178/R
367	D01–85	中华医学遗传学杂志	51–1374/R
368	D01–86	中华医学杂志	11–2137/R
369	D01–87	中华医学杂志（英文版）	11–2154/R
370	D01–88	中华医院管理杂志	11–1325/R
371	D01–89	中华胰腺病杂志	11–5667/R
372	D01–90	中华预防医学杂志	11–2150/R
373	D01–91	中华整形外科杂志	11–4453/R
374	D01–92	中华肿瘤杂志	11–2152/R
375	D01–93	中华血管外科杂志	10–1411/R
376	D01–94	贫困所致传染病（英文）	10–1399/R
377	D01–95	中华生殖与避孕杂志	10–1441/R
378	D01–96	生殖与发育医学（英文）	10–1442/R
379	D01–97	中华新生儿科杂志（中英文）	10–1451/R
380	D01–98	实用疼痛学杂志	10–1379/R
381	D01–99	中华心力衰竭和心肌病杂志（中英文）	10–1460/R
382	D02–01	风湿病与关节炎	10–1073/R
383	D02–02	世界中西医结合杂志	11–5511/R
384	D02–03	糖尿病天地	11–5210/R
385	D02–04	中国中医骨伤科杂志	42–1340/R
386	D02–05	中华中医药杂志	11–5334/R
387	D02–06	中医临床研究	11–5895/R
388	D03–01	中国中西医结合耳鼻咽喉科杂志	34–1159/R
389	D03–02	中国中西医结合急救杂志	12–1312/R
390	D03–03	中国中西医结合皮肤性病学杂志	12–1380/R
391	D03–04	中国中西医结合肾病杂志	14–1277/R
392	D03–05	中国中西医结合外科杂志	12–1249/R
393	D03–06	中国中西医结合影像学杂志	11–4894/R

续表

序号	编　号	期刊中文名称	国内统一连续出版物号
394	D03–07	中国中西医结合杂志	11–2787/R
395	D04–01	药物分析杂志	11–2224/R
396	D04–02	药学学报	11–2163/R
397	D04–03	药学学报（英文）	10–1171/R
398	D04–04	中国海洋药物	37–1155/R
399	D04–05	中国临床药理学杂志	11–2220/R
400	D04–06	中国临床药学杂志	31–1726/R
401	D04–07	中国现代应用药学	33–1210/R
402	D04–08	中国新药与临床杂志	31–1746/R
403	D04–09	中国药学（英文版）	11–2863/R
404	D04–10	中国药学杂志	11–2162/R
405	D04–11	中国医院药学杂志	42–1204/R
406	D04–12	中国中药杂志	11–2272/R
407	D05–01	中华护理教育	11–5289/R
408	D05–02	中华护理杂志	11–2234/R
409	D05–03	国际护理科学（英文）	10–1444/R
410	D06–01	生理科学进展	11–2270/R
411	D07–01	解剖科学进展	21–1347/Q
412	D07–02	解剖学报	11–2228/R
413	D07–03	解剖学杂志	31–1285/R
414	D07–04	中国临床解剖学杂志	44–1153/R
415	D07–05	中国组织化学与细胞化学杂志	42–1300/Q
416	D08–01	中国生物医学工程学报	11–2057/R
417	D08–02	中国生物医学工程学报（英文版）	11–2953/R
418	D08–03	中国心脏起搏与心电生理杂志	42–1421/R
419	D08–04	中国血液流变学杂志	32–1625/R
420	D09–01	中国病理生理杂志	44–1187/R
421	D09–02	中国动脉硬化杂志	43–1262/R
422	D09–03	中国实验血液学杂志	11–4423/R
423	D11–01	中国临床药理学与治疗学	34–1206/R
424	D11–02	中国药理学报（英文版）	31–1347/R
425	D11–03	中国药理学通报	34–1086/R
426	D12–01	中国针灸	11–2024/R

续表

序号	编　号	期刊中文名称	国内统一连续出版物号
427	D13-01	结核病与肺部健康杂志	10-1059/R
428	D13-02	中国防痨杂志	11-2761/R
429	D14-01	中国麻风皮肤病杂志	37-1348/R
430	D15-01	心理与健康	11-3387/R
431	D15-02	中国健康心理学杂志	11-5257/R
432	D15-03	中国心理卫生杂志	11-1873/R
433	D16-01	癌症康复	11-3882/R
434	D16-02	癌症生物学与医学（英文版）	12-1431/R
435	D16-03	中国癌症研究（英文版）	11-2591/R
436	D16-04	中国肺癌杂志	12-1395/R
437	D16-05	中国肿瘤临床	12-1099/R
438	D20-01	中国免疫学杂志	22-1126/R
439	D20-02	中国免疫学杂志（英文版）	11-4987/R
440	D20-03	中国肿瘤生物治疗杂志	31-1725/R
441	D23-01	中国牙科研究杂志（英文）	10-1194/R
442	D28W-01	卒中与血管神经病学（英文）	10-1528/R
443	E01-01	医学与哲学	21-1093/R
444	E01-02	自然辩证法研究	11-1649/B
445	E02-01	管理现代化	11-1403/C
446	E02-02	中外管理	11-2812/C
447	E03-01	技术经济	11-1444/F
448	E03-02	科技和产业	11-4671/T
449	E03-03	科学技术与工程	11-4688/T
450	E04-01	数理统计与管理	11-2242/O1
451	E05-01	发现	11-1585/N
452	E05-02	未来与发展	11-1627/G3
453	E06-01	中国科技史杂志	11-5254/N
454	E07-01	情报工程	10-1263/G3
455	E07-02	情报学报	11-2257/G3
456	E09-01	城市发展研究	11-3504/TU
457	E12-01	设计	11-5127/TB
458	E14-01	科普创作	10-1488/I
459	E14-02	科学故事会	10-1591/N4

续表

序号	编　号	期刊中文名称	国内统一连续出版物号
460	E15-01	大自然	11-1385/N
461	E15-02	自然科学博物馆研究	10-1368/G2
462	E17-01	中国科技教育	11-4765/N
463	E18-01	科技尚品	11-5573/Z
464	E18-02	摄影与摄像	11-3625/TB
465	E19-01	编辑学报	11-2493/G2
466	E20-01	流行色	10-1458/J
467	E21-01	档案学研究	11-1226/G2
468	E22-01	今日国土	11-4757/N
469	E23-01	中国土地科学	11-2640/F
470	E24-01	电子竞技	11-5293/TP
471	E24-03	科幻画报	11-4854/N
472	E24-04	科技传播	11-5820/N
473	E24-05	科技创新与品牌	11-5588/G3
474	E24-06	科学家	10-1135/N
475	E24-07	科学中国人	11-3292/G3
476	E24-08	新媒体研究	11-4775/N
477	E24-09	中国科技信息	11-2739/N
478	E25-01	今日科苑	11-4764/N
479	E26-01	中国科学探险	11-5048/N
480	W07-01	密码学报	10-1195/TN
481	W20-01	地球大数据（英文）	10-1455/P
482	Z02	科技导报	11-1421/N
483	Z03	科普研究	11-5410/N
484	Z04	科协论坛	42-1341/G3
485	Z05	科学大观园	11-1607/N
486	Z06	数码影像时代	11-5714/TN
487	Z07	知识就是力量	11-1647/N
488	Z08	中国动物保健	11-3994/Q
489	Z09	中国学术期刊文摘	11-3501/N
490	Z10	研究（英文）	10-1541/N
491	Z11	中国总会计师	11-5056/F
492	Z12	科学文化（英文）	10-1524/G

续表

序号	编　号	期刊中文名称	国内统一连续出版物号
493		胰腺病学杂志（英文）	10–1560/R
494		生物组学研究杂志（英文）	10–1558/R
495		中国化学会会刊（英文）	10–1566/O6
496		知识就是力量（汉藏文）	10–1569/N
497		生物安全与健康（英文）	10–1630/Q
498		母胎医学杂志（英文）	10–1632/R71
499		环境科学与生态技术（英文）	10–1631/X
500		中华急危重症护理杂志	10–1655/R

全国学会、协会、研究会简介

中国数学会
Chinese Mathematical Society（CMS）

地址：北京市海淀区中关村东路55号
邮政编码：100190
电子信箱：cms@math.ac.cn
主页网址：http://www.cms.org.cn
电话：010-82541448/010-82541197
传真：010-82541448
理事长：田　刚
副理事长：王小云　史宇光　巩馥洲　李万同
　　　　　李　骏　肖冬梅　张伟平　张纪峰
　　　　　周爱辉　席南华　黄云清　彭联刚
秘书长：巩馥洲（兼）

中国物理学会
Chinese Physical Society（CPS）

地址：北京市海淀区中关村南三街8号中国科学院物理研究所内
邮政编码：100190
电子信箱：cps@iphy.ac.cn
主页网址：http://www.cps-net.org.cn
电话：010-82649019
传真：010-82649019
理事长：张　杰
副理事长：方　忠　龚旗煌　李建刚　孙昌璞
　　　　　薛其坤　赵政国
秘书长：方　忠（兼）

中国力学学会
The Chinese Society of Theoretical and Applied Mechanics（CSTAM）

地址：北京市海淀区北四环西路15号
邮政编码：100190
电子信箱：office@cstam.org.cn
主页网址：http://www.cstam.org.cn
电话：010-62559588/010-62559209
传真：010-62559588
理事长：方岱宁
副理事长：陈十一　戴兰宏　冯西桥　郭　旭
　　　　　何国威　曲绍兴　魏悦广　杨绍普
　　　　　郑晓静
秘书长兼司库：杨亚政

中国光学学会
The Chinese Optical Society（COS）

地址：北京市海淀区学院南路86号中国科协综合业务楼201室
邮政编码：100081
电子信箱：cos@cast.org.cn
主页网址：http://www.cncos.org
电话：010-62103292
传真：010-62103235
理事长：龚旗煌
副理事长：李儒新　顾　瑛　贾锁堂　刘文清
　　　　　刘泽金　任晓敏　王文杰

秘书长：刘　旭

中国声学学会
The Acoustical Society of China（ASC）

地址：北京市海淀区北四环西路 21 号
邮政编码：100190
电子信箱：asc@mail.ioa.ac.cn
主页网址：http://www.aschina.org.cn
电话：010–82547904/010–82547909
传真：010–82547904
理事长：张春华
副理事长：李　琪　李风华　孙　超　他得安
　　　　　谢菠荪　章　东
秘书长：张守著

中国化学会
Chinese Chemical Society（CCS）

地址：北京市海淀区中关村北一街 2 号
邮政编码：100190
电子信箱：spzheng@iccas.ac.cn
主页网址：http://www.chemsoc.org.cn
电话：010–82449177
传真：010–62568157
理事长：姚建年
副理事长：丁奎岭　黄　维　刘忠范　帅志刚
　　　　　孙世刚　谭蔚泓　田　禾　谢在库
　　　　　杨学明　于吉红
秘书长：范青华

中国天文学会
Chinese Astronomical Society（CAS）

地址：江苏省南京市北京西路 2 号
邮政编码：210008
电子信箱：cas.nj@pmo.ac.cn
主页网址：http://astronomy.pmo.cas.cn
电话：025–83332036
传真：025–83332036
理事长：景益鹏
副理事长：王　娜　白金明　刘继峰　吴学兵
　　　　　常　进
秘书长：周济林

中国气象学会
Chinese Meteorological Society（CMS）

地址：北京市海淀区中关村南大街 46 号
邮政编码：100081
电子信箱：cms@cms1924.org
主页网址：http://www.cms1924.org
电话：010–68406821
传真：010–68406821
理事长：王会军
副理事长：宇如聪　费建芳　钱泽宏　端义宏
　　　　　杨修群　胡永云　李廉水
秘书长：王金星

中国空间科学学会
Chinese Society of Space Research（CSSR）

地址：北京市海淀区中关村南二条一号
邮政编码：100190
电子信箱：cssr@nssc.ac.cn
主页网址：http://cssr.org.cn
电话：010–62559882
传真：010–62582961
理事长：吴　季
副理事长：万卫星　曹喜滨　陆　卫　高　铭
　　　　　邹永廖　黄江川
秘书长：庞红勋

中国地质学会
Geological Society of China（GSC）

地址：北京市西城区百万庄大街 26 号
邮政编码：100037
电子信箱：dizhixuehui@sina.com
主页网址：http://www.geosociety.org.cn
电话：010–68999018
传真：010–68995305
理事长：钟自然
副理事长：李金发　朱立新　马永生　王香增

邓　军　任　辉　杜运斌　郝　芳
侯启军　徐锡伟　郭正堂　琚宜太
秘书长：李金发（兼）

中国地理学会
The Geographical Society of China（GSC）

地址：北京市朝阳区大屯路甲 11 号
邮政编码：100101
电子信箱：gsc@igsnrr.ac.cn
主页网址：http://www.gsc.org.cn
电话：010-64870663
传真：010-64889598
理事长：陈发虎
副理事长：董治宝　葛全胜　何大明　贺灿飞
李小娟　刘　敏　鹿化煜　宋长青
吴正方　夏　军　薛德升　张国友
秘书长：张国友（兼）

中国地球物理学会
Chinese Geophysical Society（CGS）

地址：北京市海淀区民族大学南路 5 号
邮政编码：100081
电子信箱：cgs@cgs.org.cn
主页网址：http://cgscgs.org.cn
电话：010-68729347/010-82998257
传真：010-82998257
理事长：陈晓非
副理事长：陈海弟　苟　量　谢玉洪　熊盛青
张东宁　赵殿栋
秘书长：郭　建

中国矿物岩石地球化学学会
Chinese Society for Mineralogy, Petrology and Geochemistry（CSMPG）

地址：贵州省贵阳市观山湖区林城西路 99 号
邮政编码：550081
电子信箱：csmpg@vip.skleg.cn
主页网址：http://csmpg.gyig.cas.cn
http://www.csmpg.org.cn
电话：0851-85895823
传真：0851-85895823
理事长：胡瑞忠
副理事长：陈　骏　邓　军　何宏平　胡素云
王世杰　翟明国　郑建平　郑永飞
周卫健
秘书长：冯新斌

中国古生物学会
Palaeontological Society of China（PSC）

地址：江苏省南京市北京东路 39 号
邮政编码：210008
电子信箱：psc@nigpas.ac.cn
主页网址：http://www.chinapsc.cn
电话：025-83282138
传真：025-83357026
理事长：詹仁斌
副理事长：邓　涛　王永栋　姚建新　白志强
华　洪
秘书长：蔡华伟

中国海洋湖沼学会
Chinese Society for Oceanology and Limnology（CSOL）

地址：山东省青岛市南海路 7 号
邮政编码：266071
电子信箱：csol@qdio.ac.cn
主页网址：http://csol.qdio.ac.cn
电话：0532-82898636
传真：0532-82893932
理事长：孙　松
副理事长：王　凡（常务）　杨红生　沈　吉
麦康森　赵进东　高　抒　焦念志
秘书长：杨红生（兼）

中国海洋学会
Chinese Society for Oceanography（CSO）

地址：北京市丰台区莲宝中路马官营家园 3 号楼
邮政编码：100161

电子信箱：xuehuiban@126.com
主页网址：http://www.cso.org.cn
电话：010–68047614
传真：010–68567980
理事长：陈连增
副理事长：蒋兴伟　雷　波　于志刚　孙　松
李家彪　张　偲　罗季燕　窦希萍
戴民汉　林明森
秘书长：林明森（兼）

中国地震学会
Seismological Society of China（SSC）

地址：北京市海淀区民族大学南路 5 号
邮政编码：100081
电子信箱：zgdzxh@sina.com
主页网址：http://www.ssoc.org.cn
电话：010–68729352
传真：010–68417858
理事长：张培震
副理事长：陈晓非　吴忠良　孙柏涛　高孟潭
秘书长：李小军

中国动物学会
China Zoological Society（CZS）

地址：北京市朝阳区北辰西路 1 号院 5 号
邮政编码：100101
电子信箱：czs@ioz.ac.cn
主页网址：http://czs.ioz.cas.cn
电话：010–64807051
传真：010–64807051
理事长：孟安明
副理事长：包振民　冯　江　李保国　张正旺
张知彬　陈广文　杨　光　桂建芳
董贵信　魏辅文
秘书长：魏辅文（兼）

中国植物学会
Botanical Society of China（BSC）

地址：北京市海淀区香山南辛村 20 号
邮政编码：100093
电子信箱：bsc@ibcas.ac.cn
主页网址：http://www.botany.org.cn
电话：010–62836505
传真：010–82599636
理事长：种　康
副理事长：巩志忠　顾红雅　黄宏文　康振生
刘　宝　孙　航　谭仁祥　汪小全
秘书长：汪小全（兼）

中国昆虫学会
the Entomological Society of China（ESC）

地址：北京市朝阳区北辰西路 1 号院 5 号中国科学院动物研究所内
邮政编码：100101
电子信箱：entsoc@ioz.ac.cn
主页网址：http://entsoc.ioz.ac.cn
电话：010–64807135
传真：010–64807098
理事长：康　乐
副理事长：戈　峰　卜文俊　陈学新　高希武
韩日畴　洪晓月　金道超　骆有庆
王成树　魏启文　吴孔明　张雅林
秘书长：戈　峰（兼）

中国微生物学会
Chinese Society for Microbiology（CSM）

地址：北京市朝阳区北辰西路 1 号院 3 号
邮政编码：100101
电子信箱：csm@im.ac.cn
主页网址：http://csm.im.ac.cn
电话：010–64807200
传真：010–64807950
理事长：邓子新
副理事长：黄　力　邵一鸣　徐志凯　杨瑞馥

焦念志　徐建国　张克勤　王　磊
秘书长：东秀珠

中国生物化学与分子生物学会
The Chinese Society of Biochemistry and Molecular Biology（CSBMB）

地址：上海市岳阳路 320 号
邮政编码：200031
电子信箱：csbmb@sibs.ac.cn
主页网址：http://www.csbmb.org.cn
电话：021–54921088/021–54922818/021–54921090
传真：021–54922818
理事长：李　林
副理事长：陈国强　林圣彩　刘小龙　邵　峰
汤其群　许瑞明
秘书长：刘小龙（兼）

中国细胞生物学学会
Chinese Society for Cell Biology（CSCB）

地址：上海市岳阳路 320 号
邮政编码：200031
电子信箱：cell@cscb.org.cn
主页网址：http://www.cscb.org.cn
电话：021–64221728
传真：021–64221828
理事长：陈晔光
副理事长：李朝军　李劲松　罗凌飞　任海云
宋保亮　张　旭　周　琪
秘书长：杨　瑾

中国植物生理与植物分子生物学学会
Chinese Society for Plant Biology（CSPB）

地址：上海市徐汇区岳阳路 319 号 31 号楼 A 座 211 室
邮政编码：200031
电子信箱：cspb@sibs.ac.cn
主页网址：http://www.cspb.org.cn
电话：021–54922859/021–54920737/021–54922857
传真：021–54922859
理事长：陈晓亚
副理事长：曹晓风　黄三文　黄英金　夏光敏
赵德刚　朱玉贤
秘书长：唐威华

中国生物物理学会
The Biophysical Society of China（BSC）

地址：北京市朝阳区大屯路 15 号
邮政编码：100101
电子信箱：wangyue@ibp.ac.cn
主页网址：http://www.bsc.org.cn
电话：010–64889894/010–64887226/010–64888542
传真：010–64889892
理事长：徐　涛
副理事长：程和平　雷　鸣　李　蓬　刘志杰
许瑞明
秘书长：张　宏

中国遗传学会
Genetics Society of China（GSC）

地址：北京市朝阳区北辰西路 1 号院 2 号
邮政编码：100101
电子信箱：gsc@genetics.ac.cn
主页网址：http://gsc.ac.cn
电话：010–64806529
传真：010–64806636
理事长：薛勇彪
副理事长：曹晓风　韩　斌　黄路生　孟安明
乔　杰　谭华荣　杨焕明　杨维才
秘书长：杨维才（兼）

中国心理学会
Chinese Psychological Society（CPS）

地址：北京市朝阳区林萃路 16 号院中国科学院心理研究所内
邮政编码：100101
电子信箱：cps@psych.ac.cn
主页网址：http://www.cpsbeijing.org
电话：010–64888946

传真：010–64855830
理事长：韩布新（现任） 周晓林（前任）
　　　　李　红（候任）
副理事长：陈　红　郭秀艳　苏彦捷
秘书长：罗　劲

中国生态学学会
Ecological Society of China（ESC）

地址：北京海淀区双清路 18 号
邮政编码：10085
电子信箱：esc@rcees.ac.cn
主页网址：http://www.esc.org.cn
电话：010–62849101
传真：010–62849113
理事长：欧阳志云
副理事长：安黎哲　陈利顶　吕永龙　闵庆文
　　　　　任　海　王克林　王艳芬　魏辅文
　　　　　吴文良　朱教君
秘书长：钟林生

中国环境科学学会
Chinese Society for Environmental Sciences（CSES）

地址：北京市海淀区红联南村 54 号
邮政编码：100082
电子信箱：hybcses@163.com
主页网址：http://www.chinacses.org
电话：010–62210708
传真：010–62210728
理事长：黄润秋
副理事长：丁仲礼　王灿发　曲久辉　任官平
　　　　　任南琪　刘文清　邹首民　陆新元
　　　　　武维华　贺克斌　倪晋仁　高吉喜
　　　　　王金南　吴丰昌
秘书长：王志华

中国自然资源学会
China Society of Natural Resources（CSNR）

地址：北京市朝阳区大屯路甲 11 号
邮政编码：100101
电子信箱：csnr@igsnrr.ac.cn
主页网址：http://www.csnr.org
电话：010–64861455/010–64889806
传真：010–64861455
理事长：成升魁
副理事长：王仰麟　王艳芬　江　源　吴文良
　　　　　夏　军　高　峻　濮励杰　邓　伟
　　　　　谷树忠　杨红生　吴太平
秘书长：濮励杰（兼）

中国感光学会
Chinese Society for Imaging Science and Technology（CSIST）

地址：北京市海淀区中关村东路 29 号
邮政编码：100190
电子信箱：xh@csist.org.cn
主页网址：http://www.csist.org.cn
电话：010–82543686/010–82543687
传真：010–82543687
理事长：张丽萍
副理事长：魏　杰　周秉锋　杨建文　张希堂
　　　　　王　剑　程灏波　陈广学　邹应全
　　　　　朱永法
秘书长：汪鹏飞

中国优选法统筹法与经济数学研究会
Chinese Society of Optimization, Overall Planning and Economic Mathematics（CSOOPEM）

地址：北京市海淀区中关村东路 55 号中科院思源楼
　　1201 室
邮政编码：100190
电子信箱：shuangfa@casipm.ac.cn
主页网址：http://www.scope.org.cn
电话：010–62542629
传真：010–62542629
理事长：池　宏
副理事长：华中生　李建平　李仲飞　梁昌勇
　　　　　刘维奇　马超群　徐泽水　周　勇
　　　　　余玉刚

秘书长：林则夫

中国岩石力学与工程学会
Chinese Society for Rock Mechanincs & Engineering（CSRME）

地址：北京市朝阳区北土城西路 19 号
邮政编码：100029
电子信箱：csrme@126.com/csrme@vip.sina.com
主页网址：http://www.csrme.com
电话：010-82998165/010-82998163
传真：010-82998163
理事长：冯夏庭
副理事长：杜时贵　郭熙灵　康红普　李术才　李夕兵　李　晓　潘一山　唐春安　王明洋　杨更社　杨　强　殷跃平　朱合华
秘书长：杨晓杰

中国野生动物保护协会
China Wildlife Conservation Association（CWCA）

地址：北京市东城区和平里东街 18 号
邮政编码：100714
电子信箱：cwcaoffice@163.com
主页网址：http://www.cwca.org.cn
电话：010-84238801
传真：010-64238030
理事长：陈凤学
副理事长：王洪杰　刘建顺　李书民　李青文　张希武　张举彦　陈万成　郝燕湘　高振坤　郭家学　葛剑平　蒋志刚　焦德发　赵　勇
秘书长：李青文（兼）

中国系统工程学会
Systems Engineering Society of China（SESC）

地址：北京市海淀区中关村东路 55 号
邮政编码：100190
电子信箱：sesc@iss.ac.cn
主页网址：http://www.sesc.org.cn
电话：010-82541431
理事长：杨晓光
副理事长：陈国青　狄增如　冯耕中　胡祥培　寇　纲　李仲飞　汪小帆　王红卫　薛惠锋
秘书长：唐锡晋

中国实验动物学会
Chinese Association for Laboratory Animal Sciences（CALAS）

地址：北京市朝阳区潘家园南里 5 号
邮政编码：100021
电子信箱：calas@cast.org.cn
主页网址：http://www.calas.org.cn
电话：010-67781534
传真：010-67781534
理事长：秦　川
副理事长：林东昕　卢金星　陈学进　孙岩松　黄　韧　赵德明
秘书长：赵宏旭

中国青藏高原研究会
The China Society on Tibetan Plateau（CSTP）

地址：北京市朝阳区林萃路 16 号院 3 号楼
邮政编码：100101
电子信箱：cstp@itpcas.ac.cn
主页网址：http://www.cstp.org.cn
电话：010-84097041
传真：010-64889769
理事长：姚檀栋
副理事长：邓本太　岗　青　侯增谦　洛桑·灵智多杰　于贵瑞　张人禾　朱立平
秘书长：欧阳华

中国环境诱变剂学会
Chinese Environmental Mutagen Society
（CEMS）

地址：北京大学医学部公共卫生学院 236 室
邮政编码：100191
电子信箱：iaems_cn@163.com
主页网址：http://www.cnems.org.cn
电话：010–82335754
传真：010–82335754
理事长：曹　佳
副理事长：浦跃朴　林东昕　郝卫东　张天宝
陈　雯
秘书长：郝卫东（兼）

中国运筹学会
The Operations Research Society of China
（ORSC）

地址：北京市海淀区中关村东路 55 号
邮政编码：100190
电子信箱：orsc@amt.ac.cn
主页网址：http://www.orsc.org.cn
电话：010–82541190
理事长：胡旭东
副理事长：白延琴　陈国庆　戴彧虹　范更华
李　勇　修乃华　杨晓光　张玉忠
赵晓波
秘书长：刘　克

中国菌物学会
Mycological Society of China（MSC）

地址：北京市朝阳区北辰西路 1 号院 3 号中国科学院微生物研究所 B410
邮政编码：100101
电子信箱：msc93@im.ac.cn
主页网址：http://www.mscfungi.org.cn
电话：010–64807455
传真：010–64807455
理事长：郭良栋
副理事长：边银丙　戴玉成　姜子德　图力古尔
王源超　席丽艳　张劲松　张修国
朱　平
秘书长：白逢彦

中国晶体学会
Chinese Crystallographic Society（CCrS）

地址：北京市海淀区北京大学伟利楼 207 室
邮政编码：100871
电子信箱：ccrs@pku.edu.cn
主页网址：http://www.ccrs.net.cn
电话：010–62757857
传真：010–62767969
理事长：苏晓东
副理事长：牛立文　苏成勇　来鲁华　靳常青
廖立兵　王　牧　于　荣　吕　扬
秘书长：孙俊良

中国神经科学学会
Chinese Neuroscience Society（CNS）

地址：上海市岳阳路 319 号 31A 楼 211 室
邮政编码：200031
电子信箱：cns@sibs.ac.cn
主页网址：http://www.cns.org.cn
电话：021–54922854/021–54922893
传真：021–54922893
理事长：张　旭
副理事长：何士刚　罗敏敏　王以政　吴志英
谢俊霞　徐广银　张玉秋
秘书长：韩　雪

中国认知科学学会
Chinese Society for Cognitive Science
（CSCS）

地址：北京市朝阳区大屯路 15 号中科院生物物理所 7300 房间
邮政编码：100101
电子信箱：sec@cogsci.org.cn
主页网址：http://www.cogsci.org.cn

电话：010-64861049
传真：010-64861049
理事长：陈 霖
副理事长：韦 钰 郑南宁 段树民 郭爱克
秘书长：马原野

国际数字地球学会
International Society for Digital Earth
（ISDE）

地址：北京市海淀区邓庄南路 9 号
邮政编码：100094
电子信箱：isde@radi.ac.cn
主页网址：http://www.digitalearth-isde.org
电话：010-82178912
传真：010-82178916
主席：Alessandro Annoni
副主席：Zaffar Sadiq Mohamed-Ghouse Mario Hernandez
秘书长：王长林

国际动物学会
International Society of Zoological Sciences
（ISZC）

地址：北京市朝阳区北辰西路 1 号院 5 号 C506 室
邮政编码：100101
电子信箱：iszs@ioz.ac.cn
主页网址：http://www.globalzoology.org
电话：010-64807295
传真：010-64807295
理事长：张知彬
副理事长：长滨嘉孝（日本） Sarita Maree（南非）
秘书长：韩春绪

中国机械工程学会
Chinese Mechanical Engineering Society
（CMES）

地址：北京市海淀区首体南路 9 号主语国际 4 号楼 11 层
邮政编码：100048
电子信箱：headquarters@cmes.org
主页网址：http://www.cmes.org
电话：010-68799009
传真：010-68799050
理事长：李培根
副理事长：张彦敏（常务） 王德成 尤 政
陆大明 陈 钢 陈学东 林忠钦
郭东明 蒋庄德 谭建荣
秘书长：陆大明（兼）

中国汽车工程学会
China Society of Automotive Engineers

地址：北京市西城区莲花池东路 102 号天莲大厦 4 层
北京市大兴区亦庄经济开发区荣华南路 13 院 7 号楼 6 层、7 层
邮政编码：100055/100176
电子信箱：office@sae-china.org
主页网址：http://www.sae-china.org
电话：010-50950000
传真：010-50950095
理事长：李 骏
副理事长：陈 龙 丁宏祥 付炳锋 高和生
管 欣 瞿国春 李开国 刘 波
刘卫东 欧阳明高 王国强 王秋景
项昌乐 余卓平 赵 韩 祖似杰
秘书长：张进华

中国农业机械学会
Chinese Society for Agricultural Machinery
（CSAM）

地址：北京德胜门外北沙滩 1 号
邮政编码：100083
电子信箱：csam@caams.org.cn
主页网址：http://www.agro-csam.org
电话：010-64882291/010-64880302
传真：010-64882291
理事长：王 博
副理事长：于海业 刘 旭 刘恒新 李安宁
杨 洲 赵春江 赵剡水 姜文娟
袁寿其 隋 斌 傅泽田
秘书长：张咸胜

中国农业工程学会

Chinese Society of Agricultural Engineering

（CSAE）

地址：北京朝阳区麦子店街 41 号
邮政编码：100125
电子信箱：hqcsae@agri.gov.cn
主页网址：http://www.csae.org.cn
电话：010–59197098
传真：010–59197100
理事长：张　辉
副理事长：朱　明（常务）　康绍忠　李天来
赵春江　吴普特　隋　斌　袁寿其
包　军　陆华忠　张全国　李瑞川
方宪法
秘书长：朱　明（兼）

中国电机工程学会

Chinese Society for Electrical Engineering

（CSEE）

地址：北京市西城区白广路二条 1 号
邮政编码：100761
电子信箱：csee@csee.org.cn
主页网址：http://www.csee.org.cn
电话：010–63414320
传真：010–63414319
理事长：舒印彪
副理事长：张智刚　贺锡强　金耀华　王宏志
杨　亚　米树华　姚　强　吴　云
高立刚　刘吉臻　郭剑波　李　冶
路书军
秘书长：林铭山

中国电工技术学会

China Electrotechnical Society（CES）

地址：北京市西城区莲花池东路 102 号天联大厦 10 层
邮政编码：100055
电子信箱：esintl@public.bta.net
主页网址：http://www.ces.org.cn
电话：010–63256857
传真：010–63256808
理事长：杨庆新
副理事长：尹天文　叶向东　朱元巢　刘　杰
孙逢春　孙鹤旭　肖立业　宋永华
宋晓刚　张文亮　陈干锦　郝玉成
荣命哲　姚为正　秦汉军　徐殿国
郭嵋俊　梁曦东　管瑞良　裴相精
秘书长：裴相精（兼）

中国水力发电工程学会

China Society for Hydropower Engineering

（CSHE）

地址：北京市海淀区车公庄西路 22 号院 A 座 11 层
邮政编码：100048
电子信箱：b07@cast.org.cn/leidy5378@126.com
主页网址：http://www.hydropower.org.cn
电话：010–58381747/010–58382515
传真：010–63547632
理事长：张　野
副理事长：袁柏松（常务）　么　虹　王　琳
王　森　王志轩　朱跃龙　刘国跃
李　云　杨晓东　杨清廷　张建民
陈云华　周厚贵　郑声安　郑旭东
夏　忠　晏志勇　韩　水　喻新强
谢长军
秘书长：袁柏松（兼）

中国水利学会

Chinese Hydraulic Engineering Society

（CHES）

地址：北京市西城区白广路二条 16 号
邮政编码：100053
电子信箱：ches@org.cn
主页网址：http://www.ches.org.cn
电话：010–63204863
传真：010–63202154
理事长：胡四一
副理事长：张忠义　匡尚富　张建云　金兴平

薛松贵　徐　辉　陈永灿　吴　澎
秘书长：汤鑫华

中国内燃机学会
Chinese Society for Internal Combustion Engines（CSICE）

地址：上海市华宁路 3111 号
邮政编码：201108
电子信箱：zhuweijin66@126.com
主页网址：http://www.csice.org.cn
电话：021-31310973
传真：021-31310973
理事长：金东寒
副理事长：孙少军　刘志刚　李继凯　许传国
张树勇　邵　煜　董建福　舒歌群
谭贵荣
秘书长：李树生

中国工程热物理学会
The Chinese Society of Engineering Thermophysics（CSET）

地址：北京市海淀区北四环西路 11 号
邮政编码：100190
电子信箱：cset@iet.cn
主页网址：http://www.cset.org.cn
电话：010-82543040
传真：010-82543037
理事长：金红光
副理事长：宣益民　郭烈锦　杨勇平　姚　强
张　兴　陈海生
秘书长：陈海生（兼）

中国空气动力学会
Chinese Aerodynamics Research Society（CARS）

地址：北京市海淀区学院路 37 号国家计算流体力学实验室
邮政编码：100191
电子信箱：carsqdxh@gmail.com
主页网址：http://www.cars.org.cn
电话：010-82317341
传真：010-82317341
理事长：唐志共
副理事长：任玉新　王志川　沈　清　孙　茂
高正红　赵　宁　张新宇　杨　炯
张来平
秘书长：徐　翔

中国制冷学会
Chinese Association of Refrigeration（CAR）

地址：北京市海淀区阜成路 67 号银都大厦 10 层
邮政编码：100142
电子信箱：car@car.org.cn
主页网址：http://www.car.org.cn
电话：010-68715723
传真：010-68434679
理事长：金嘉玮
副理事长：孟庆国　江　亿　陈学东　何雅玲
纪志坚　李增群　罗二仓　刘长永
王翔雨　路　宾　刘　挺　黄　辉
王如竹　李先庭
秘书长：孟庆国（兼）

中国真空学会
Chinese Vacuum Society（CVS）

地址：北京市海淀区中关村南三街 8 号 A 楼 2 段 304 室
邮政编码：100190
电子信箱：cvs@chinesevacuum.com
主页网址：http://www.chinesevacuum.com
电话：010-62607991/010-62607885
传真：010-62605869
理事长：高鸿钧
副理事长：彭练矛　刘　明　赵红卫　邓少芝
董振超　李得天　张永明　蒋友荣
秘书长：顾长志

中国自动化学会
China Association of Automation（CAA）

地址：北京市海淀区中关村东路 95 号自动化大厦 509
邮政编码：100190
电子信箱：caa@ia.ac.cn
主页网址：http://www.caa.org.cn
电话：010-62522248
传真：010-62522248
理事长：郑南宁
副理事长：陈　杰　陈俊龙　戴琼海　桂卫华
侯增广　李少远　王成红　杨孟飞
于海斌　张纪峰　张剑武　周东华
秘书长：张　楠

中国仪器仪表学会
China Instrument&Control Society（CIS）

地址：北京市海淀区知春路 6 号锦秋国际大厦 A 座 23 层
邮政编码：100088
电子信箱：info@cis.org.cn
主页网址：http://www.cis.org.cn
电话：010-82800755
传真：010-82800879
理事长：尤　政
副理事长：谭久彬　王　巍　刘文清　黄　如
钱　锋　曾周末　徐洪海　吴　朋
许大庆　邵柏庆　马玉山　叶华俊
王东江　张　彤
秘书长：张　彤（兼）

中国计量测试学会
Chinese Society for Measurement（CSM）

地址：北京市朝阳区农展馆北路 2 号农业和农村部北办公区 22 号楼
邮政编码：100125
电子信箱：13810830294@163.com
主页网址：http://www.china-csm.org
电话：010-59196612
传真：010-59196613
理事长：蒲长城
副理事长：丁雪梅　于化东　马爱文　张广军
林建忠　方　向　钟新明　欧阳证
王　巍　万立骏
秘书长：马爱文（兼）

中国标准化协会
China Association for Standardization（CAS）

地址：北京市海淀区增光路 33 号院中国标协写字楼
邮政编码：100048
电子信箱：cas@china-cas.org
主页网址：http://www.china-cas.org
电话：010-68482899
传真：010-68482899
理事长：纪正昆
副理事长：王　晔　王中丹　王宗龄　刘泽洪
吴江徽　吴道洪　宋明顺　陈　璐
季　飞　钱建林　高建忠　董若琳
冀晓东
秘书长：高建忠（兼）

中国图学学会
China Graphics Society（CGS）

地址：北京市海淀区知春路 1 号学院国际大厦 1006 室
邮政编码：100191
电子信箱：cgsmsc@cgn.net.cn
主页网址：http://www.cgn.net.cn
电话：010-62165986
传真：010-62165987
理事长：孙家广
副理事长：许杰峰　孙林夫　李　华　陈锦昌
赵　罡　韩宝玲　强　毅　魏小鹏
秘书长：赵　罡（兼）

中国电子学会
Chinese Institute of Electronics（CIE）

地址：北京市海淀区玉渊潭南路普惠南里 13 号楼（北京市 165 信箱）
邮政编码：100036
电子信箱：dzxh@cie-info.org.cn
主页网址：http://www.cie.org.cn
电话：010-68600650
传真：010-68233917
理事长：张　峰
副理事长：王海峰　许宁生　芮晓武　李言荣
　　吴一戎　张　军　张建锋　陆建华
　　周子学　房建成　郝　跃　徐晓兰
　　黄　维　龚　克　蒋亚非　潘建伟
秘书长：徐晓兰（兼）

中国计算机学会
China Computer Federation（CCF）

地址：北京市海淀区中关村科学院南路 6 号
邮政编码：100190
电子信箱：CCF@CCF.org.cn
主页网址：www.ccf.org.cn
电话：010-62562503
传真：010-62527485
理事长：梅　宏
副理事长：胡事民　金　海　周　明
秘书长：杜子德

中国通信学会
China Institute of Communications（CIC）

地址：北京市海淀区万寿路 27 号院 8 号楼
邮政编码：100846
电子信箱：zhanghuanhuan@china-cic.cn
主页网址：http://www.china-cic.cn
电话：010-68209070
传真：010-68209074
理事长：陈肇雄
副理事长：余少华　张延川　衣雪青　张新生
　　乔建永　高步文　江　阳　许家奇
　　李正茂　刘桂清　范云军
秘书长：张延川（兼）

中国中文信息学会
Chinese Information Processing Society of China（CIPSC）

地址：北京市海淀区中关村南四街 4 号中科院软件园 7 号楼 201 房间
邮政编码：100190
电子信箱：cips@iscas.ac.cn
主页网址：http://www.cipsc.org.cn
电话：010-62661047
传真：010-62562916
理事长：方滨兴
副理事长：马少平　王海峰　刘庆峰　孙　乐
　　那顺乌日图　张桂平　李宇明
　　宗成庆　施水才　黄河燕
秘书长：孙　乐（兼）

中国测绘学会
Chinese Society for Geodesy Photogrammetry and Cartography（CSGPC）

地址：北京市海淀区莲花池西路 28 号
邮政编码：100830
电子信箱：9238589@qq.com
主页网址：http://www.csgpc.org
电话：010-63881320
传真：010-63881449
理事长：宋超智
副理事长：彭震中　李建成　杨元喜　程鹏飞
　　张建平　赖百炼　徐　文　李清泉
　　宋关福　陈　平　张继贤（特聘）
　　陈　军（特聘）　刘耀林（特聘）
　　王　倩（特聘）
秘书长：彭震中（兼）

中国造船工程学会

China Society of Naval Architects and Marine Engineers（CSNAME）

地址：北京市西城区月坛北街 5 号
邮政编码：100861
电子信箱：csname@csname.org.cn
主页网址：http://www.csname.org.cn
电话：010-59517930
传真：010-59517928
理事长：李长印
副理事长：李国安　孙　伟　王宇航　石　林
　　　　　黄　震　刘志刚　宋保维　姜朋明
　　　　　刘祖源　张宏军　周希辰
秘书长：林宪东

中国航海学会

China Institute of Navigation（CIN）

地址：北京市东城区和平里东街十号院
邮政编码：100013
电子信箱：cinnet@163.com
主页网址：http://www.cinnet.cn
电话：010-65299797
传真：010-65299796
理事长：何建中
副理事长：张宝晨　王　宏　周静波　莫鉴辉
　　　　　孙玉清　费维军　郑和平　潘　伟
秘书长：闫晓波

中国铁道学会

China Railway Society（CRS）

地址：北京市海淀区复兴路 10 号
邮政编码：100844
电子信箱：zgtdxhbgs@126.com
主页网址：http://www.crs.org.cn
电话：010-51847402
传真：010-51876602
理事长：卢春房
副理事长：马福海　叶阳升　孙永才　庄尚标
　　　　　余邦利　张宗言　周　黎　周志亮
　　　　　郑　健　赵国堂　徐　飞　耿志修
　　　　　康高亮　程先东　傅选义
秘书长：马福海（兼）

中国公路学会

China Highway and Transportation Society（CHTS）

地址：北京市朝阳区安华路 17 号院中国公路学会办公楼
邮政编码：100010
电子信箱：e_bixin@126.com
主页网址：http://www.chts.cn
电话：010-64288788
传真：010-64951487
理事长：翁孟勇
副理事长：周纪昌　郑健龙　孟凤朝　陈奋健
　　　　　游庆仲　冯西宁　刘文杰　张劲泉
　　　　　石宝林　邓仁杰　马　建　唐伯明
　　　　　王　民　张喜刚
秘书长：刘文杰（兼）

中国航空学会

Chinese Society of Aeronautics and Astronautics（CSAA）

地址：北京市朝阳区安外北苑 2 号院
邮政编码：100012
电子信箱：csaazhb@126.com
主页网址：http://www.csaa.org.cn
电话：010-84924382
传真：010-84923942
理事长：林左鸣
副理事长：王　政　张新国　汪劲松　罗荣怀
　　　　　徐惠彬　聂　宏　高建设　吴　松
秘书长：姚俊臣

中国宇航学会

Chinese Society of Astronautics（CSA）

地址：北京市海淀区阜成路 8 号
邮政编码：100048

电子信箱：office_csa@163.com
主页网址：http://www.csaspace.org.cn
电话：010-68768617
传真：010-68768617
理事长：雷凡培
副理事长：王一然　王兆耀　刘石泉　李　跃　杨保华　吴燕生　袁　洁　徐　强　潘旭东
秘书长：王一然（兼）

中国兵工学会
China Ordnance Society

地址：北京市海淀区车道沟 10 号院（北京市 2431 信箱）
邮政编码：100089
电子信箱：suggest@cos.org.cn
主页网址：http://www.cos.org.cn
电话：010-68963154/010-68963055
传真：010-68962962
理事长：尹家绪
副理事长：胡海岩　刘仓理　曾　毅　聂晓夫　邓智尤　王晓锋　于小虎
秘书长：于小虎（兼）

中国金属学会
The Chinese Society for Metals（CSM）

地址：北京市海淀区学院南路 76 号
邮政编码：100081
电子信箱：csmoffice@csm.org.cn
主页网址：http://www.csm.org.cn
电话：010-65270210
传真：010-65124122
理事长：干　勇
副理事长：赵　沛（常务）　陈德荣　姚　林　赵民革　张少明　左　良　杨仁树　赵　继　于　勇　沈　彬　曲　阳　王新江
秘书长：王新江（兼）

中国有色金属学会
The Nonferrous Metals Society of China（NFsoc）

地址：北京市海淀区复兴路乙 12 号
邮政编码：100038
电子信箱：nfsoc@163.com
主页网址：http://www.nfsoc.org.cn
电话：010-63971451
传真：010-63965399
理事长：贾明星
副理事长：冯贵权　李仲泽　桂卫华　严纯华　刘国平　王永前　刘江浩　胡岳华　张英杰　杨　斌　赵晓晨　夏晓鸥　陆志方　张洪国
秘书长：张洪国（兼）

中国稀土学会
The Chinese Society of Rare Earths（CSRE）

地址：北京市海淀区学院南路 76 号
邮政编码：100081
电子信箱：csre@cs-re.org.cn
主页网址：http://www.cs-re.org.cn
电话：010-62182748/010-62173501
传真：010-62173501
理事长：李春龙
副理事长：严纯华　龚　斌　李　波　杨占峰　黄松涛　胡伯平　黄长庚　瞿业栋　薛冬峰　谢志宏　王　涛　李　琼
秘书长：牛京考

中国腐蚀与防护学会
Chinese society for Corrosion and Protection(CSCP)

地址：北京市海淀区学院路 30 号
邮政编码：100083
电子信箱：wanpingjin@126.com
主页网址：http://www.cscp.org.cn
电话：010-62397591

传真：010-62397591
理事长：王福会
副理事长：刘建华　孙明先　李　劲　李晓刚
吴建华　张　盾　陆　峰　韩　冰
张政军　张鉴清　汪的华　林昌健
宫声凯　任子平　吴　勇　赵景茂
胡文彬　桂泰江　董俊华
秘书长：杜翠薇

中国化工学会
The Chemical Industry and Engineering Society of China（CIESC）

地址：北京市朝阳区安定路33号化信大厦B座7层
邮政编码：100029
电子信箱：wangyan@ciesc.cn
主页网址：http://www.ciesc.cn
电话：010-64449479
传真：010-64411194
理事长：戴厚良
副理事长：李静海　蔺爱国　华　炜　何仲文
胡徐腾　黄　维　李良君　刘良炎
潘正安　谭天伟　辛　忠　张传江
张　方　张锁江　乔　旭
秘书长：华　炜（兼）

中国核学会
Chinese Nuclear Society（CNS）

地址：北京市西城区三里河南四巷1号
邮政编码：100045
电子信箱：cns@ns.org.cn
主页网址：http://www.ns.org.cn
电话：010-68555559/010-68576120
传真：010-68576150
理事长：王寿君
副理事长：王　森　王凤学　王文宗　田东风
刘永德　吴浩峰　张志俭　庞松涛
姜胜耀　祖　斌　赵　军　赵永明
赵宪庚　詹文龙　雷增光
秘书长：于鉴夫

中国石油学会
Chinese Petroleum Society（CPS）

地址：北京市西城区六铺炕街6号
邮政编码：100724
电子信箱：syxhqn@126.com
主页网址：www.cps.org.cn
电话：010-62067135
传真：010-62067135
理事长：赵政璋
副理事长：孙龙德　金之钧　黎　明　刘中民
于明祥
秘书长：于明祥（兼）

中国煤炭学会
China Coal Society（CCS）

地址：北京市朝阳区青年沟路5号
邮政编码：100013
电子信箱：mtxh@chinacs.org.cn
主页网址：http://www.chinacs.org.cn
电话：010-84262776/010-84262778
传真：010-84264526
理事长：刘　峰
副理事长：于　斌　马世志　宋学锋　张建国
尚建选　孟祥军　顾大钊　唐永志
彭苏萍

中国可再生能源学会
China Renewable Energy Society（CRES）

地址：北京市海淀区中关村北二条6号
邮政编码：100190
电子信箱：cres@mail.iee.ac.cn
主页网址：http://www.cres.org.cn
电话：010-82547225
传真：010-82547225
理事长：谭天伟
副理事长：蒋利军　李宝山　柳　地　吴创之
许洪华　喜文华　姚兴佳　仲继寿

赵 颖

秘书长：祁和生

中国能源研究会

China Energy Research Society（CERS）

地址：北京市西城区三里河路 54 号

邮政编码：100045

电子信箱：cers@cers.org.cn

主页网址：http://www.cers.org.cn

电话：010-56034652/010-56034653

传真：010-68513097

理事长：吴新雄

副理事长：王 敏 王禹民 史玉波 李 东
李 辉 李庆奎 杨长利 吴 吟
沙先华 陆启洲 陈进行 祖 斌
贺锡强 曹培玺 喻宝才

秘书长：郑玉平

中国硅酸盐学会

The Chinese Ceramic Society（CCS）

地址：北京市海淀区三里河路 11 号

邮政编码：100831

电子信箱：guisuanyanxuehui@ceramsoc.com

主页网址：http://www.ceramsoc.com

电话：010-57811248

传真：010-57811249

理事长：高瑞平

副理事长：周 玉 南策文 缪昌文 李新华
彭 寿 晋占平 宋力昕 陈 文
程 新 刘建华 颜碧兰

秘书长：谭 抚

中国建筑学会

The Architectural Society of China（ASC）

地址：北京市海淀区三里河路 9 号

邮政编码：100835

电子信箱：zhb@chinaasc.org

主页网址：http://www.chinaasc.org

电话：010-88082227

传真：010-88082224

理事长：修 龙

副理事长：曹嘉明 崔 愷 丁 建 丁烈云
官 庆 刘 军 龙卫国 孟建民
王 俊 王建国 徐 建 张 桦
赵 琦 朱小地 庄惟敏 刘加平
梅洪元

秘书长：李存东

中国土木工程学会

China Civil Engineering Society（CCES）

地址：北京市海淀区三里河路 9 号

邮政编码：100835

电子信箱：cceszhb@163.com

主页网址：http://www.cces.net.cn

电话：010-58933958

传真：010-58933953

理事长：郭允冲

副理事长：戴东昌 王同军 王祥明 张宗言
刘起涛 王 俊 李 宁 顾祥林
聂建国 徐 征

秘书长：李明安

中国生物工程学会

Chinese Society of Biotechnology（CSBT）

地址：北京朝阳区北辰西路 1 号院 3 号中国科学院微生物研究所 B 座 411 室

邮政编码：100101

电子信箱：xh@im.ac.cn

主页网址：http://www.biotechchina.org

电话：010-64807678

传真：010-64807678

理事长：高 福

副理事长：陈惠鹏 林 敏 刘双江 马树恒
马延和 麦康森 岳国君 张 偲
张先恩

秘书长：马树恒（兼）

中国纺织工程学会
China Textile Engineering Society（CTES）

地址：北京市朝阳区延静里中街 3 号主楼 6 楼
邮政编码：100025
电子信箱：liufengkun@ctic.org.cn
主页网址：http://www.ctes.com.cn
电话：010-65017755
传真：010-65016539
理事长：孙瑞哲
副理事长：伏广伟 封亚培 徐卫林 俞建勇
胡 克 崔世忠 刘 迪 蒲宗耀
程博闻 夏志林 刘子斌 李鹏飞
高卫东 陈建勇 龚进礼 彭燕丽
秘书长：尹耐冬

中国造纸学会
China Technical Association of Paper Industry（CTAPI）

地址：北京市朝阳区望京启阳路 4 号中轻大厦 B 座 10 层
邮政编码：100102
电子信箱：123123@ctapi.org.cn
主页网址：http://www.ctapi.org.cn
电话：010-64778760/010-64778766/010-64778768
传真：010-64778769
理事长：曹振雷
副理事长：曹春昱 王晓昕 陈嘉川 何北海
胡开堂 李 耀 刘 忠 孙 波
张 辉 张美云 赵 伟
秘书长：曹春昱（兼）

中国文物保护技术协会
China Association for Conservation Technology of Cultural Heritage（CACTCH）

地址：北京市东城区景山前街 4 号故宫博物院内
邮政编码：100009
电子信箱：cactch1980@hotmail.com
主页网址：http://cactch.org.cn
电话：010-85007412
传真：010-85007412
理事长：王时伟
副理事长：杜晓帆 郭 宏 黄 滋 黄继忠
苏伯民 谭玉峰 铁付德 赵西晨
秘书长：曲 亮

中国印刷技术协会
The Printing Technology Association of China（PTAC）

地址：中国北京西城区太平街 6 号富力摩根中心 E818
邮政编码：100050
电子信箱：ptac_shenxiang@163.com
主页网址：http://www.chinaprint.org
电话：010-59361480/010-59361487
传真：010-59361489
理事长：刘晓凯
副理事长：王关义 兰本立 朱 敏 乔鲁予
刘 杰 汤 帜 孙宝林 李 莉
吴雪勇 何曼玲 沈剑毅 张 亦
张 涛 张巍远 陈宁俊 陈邦设
陈迎新 陈 斌 赵 伟 袁亚平
栗延秋 钱 薇 殷卫国 郭志强
常晓霞 彭 勇 蒲嘉陵 褚庭亮
秘书长：陈迎新（兼）

中国材料研究学会
Chinese Materials Research Society（CMRS）

地址：北京市海淀区紫竹院路 62 号 4102 室
邮政编码：100048
电子信箱：chinese_mrs@163.com
主页网址：http://www.c-mrs.org.cn
电话：010-68475052
传真：010-68722033
理事长：魏炳波
副理事长：李元元 丁文江 韩高荣 聂祚仁
潘复生 王迎军 翁 端 谢建新
杨 锐 姚 燕 张平祥 周科朝
周少雄 朱美芳
秘书长：张增志

中国食品科学技术学会

Chinese Institute of Food Science and Technology（CIFST）

地址：北京市海淀区阜成路北三街 8 号九层
邮政编码：100048
电子信箱：cifst@126.com
主页网址：http://www.cifst.org.cn
电话：010-65265375/010-65265376
传真：010-65264731
理事长：孟素荷
副理事长：孙宝国　周光宏　朱蓓薇　邵　薇
　　　　　金征宇　丁钢强　岳国君　吴清平
　　　　　李　宁　石维忱　谢明勇　路福平
秘书长：邵　薇（兼）

中国粮油学会

Chinese Cereals and Oils Association（CCOA）

地址：北京市西城区百万庄大街 13-6 二层
邮政编码：100037
电子信箱：yong@ccoaonline.com
主页网址：http://www.ccoaonline.com
电话：010-68357522
传真：010-68357522
理事长：张桂凤
副理事长：马　俊　王莉蓉　丹志国　卞　科
　　　　　邱伟芬　佟　毅　俞学锋　宫旭洲
　　　　　顾正彪　涂长明　谢松柏　翟江临
秘书长：王莉蓉（兼）

中国职业安全健康协会

China Occupational Safety and Health Association（COSHA）

地址：北京市东城区和平里北街 21 号
邮政编码：100713
电子信箱：37951250@qq.com
主页网址：http://www.cosha.org.cn
电话：010-64463959
传真：010-64463210
理事长：王德学
副理事长：马　骏　伊　烈　周　彬　李文昌
秘书长：马　骏（兼）

中国烟草学会

China Tobacco Society（CTS）

地址：北京市西城区月坛南街 55 号
邮政编码：100045
电子信箱：wangwenjing1@tobacco.gov.cn
主页网址：http://www.tobacco.org.cn
电话：010-63605165
传真：010-63605760
副理事长：王建雪　张　虹　杨先杰　谢剑平
　　　　　刘建福　杨　俊　王元英
秘书长：王建雪（兼）

中国仿真学会

China Simulation Federation（CSF）

地址：北京市海淀区学院路 37 号
邮政编码：100191
电子信箱：cassimul@vip.sina.com
主页网址：http://www.csf-sim.org.cn
电话：010-82310612
传真：010-82317098
理事长：曹建国
副理事长：查亚兵　范文慧　黄海军　纪志成
　　　　　姜　兵　马　萍　马世伟　熊新平
　　　　　张　柯　张　克　张志利
秘书长：李　妮

中国电影电视技术学会

China Society of Motion Picture and Television Engineers（CSMPTE）

地址：北京市西城区真武庙二条真武家园 4 号楼一层西段
邮政编码：100045
电子信箱：mishuchu@csmpte.com
主页网址：http://www.csmpte.com

电话：010–63981959
传真：010–63959031
理事长：谢锦辉
副理事长：丁汶平　马晓波　王　晓　李　江
陈　炜　周立宏　郑福双　钱岳林
徐建新　栾国志　雷振宇
秘书长：路晓俐

中国振动工程学会
Chinese Society for Vibration Engineering
（CSVE）

地址：江苏省南京市御道街 29 号
邮政编码：210016
电子信箱：csve@nuaa.edu.cn
主页网址：http://www.csve.org.cn
电话：025–84892135
传真：025–84892135
理事长：胡海岩
副理事长：陈　璞　褚福磊　华宏星　李　惠
李　杰　许希武　翟婉明　张　方
张建民
秘书长：张　方（兼）

中国颗粒学会
Chinese Society of Particuology（CSP）

地址：北京市海淀区中关村北二街 1 号过程大厦 1003
邮政编码：100190
电子信箱：klxh@ipe.ac.cn
主页网址：http://www.csp.org.cn
电话：010–62647657/010–62647647
传真：010–82629146
理事长：朱庆山
副理事长：费广涛　卢春喜　李春忠　彭　峰
常　津
秘书长：王体壮

中国照明学会
China Illuminating Engineering Society
（CIES）

地址：北京市东城区菊儿胡同 7 号北京一轻研究所南楼 3 层
邮政编码：100009
电子信箱：cies19870601@163.com
主页网址：http://www.lightingchina.com.cn
电话：010–65836525/010–65815905/010–65830997
传真：010–65812194
理事长：刘正雷
副理事长：高　飞（专职）　华树明（专职）
汪　猛　徐　华　郝洛西　杨春宇
梁荣庆　潘建根　庄申安　魏　彬
官　勇　梁　毅　王立雄　姚梦明
秘书长：窦林平

中国动力工程学会
Chinese Society of Power Engineering
（CSPE）

地址：上海市闵行区剑川路 1115 号
邮政编码：200240
电子信箱：cspe@speri.com.cn
主页网址：http://cspe.cpeweb.com.cn
电话：021–54705106
传真：021–54705106
理事长：邹　磊
副理事长：吕智强　严建华　何雅玲　张树林
陈干锦　徐　鹏　魏昭峰
秘书长：张树林（兼）

中国惯性技术学会
Chinese Society of Inertial Technology
（CSIT）

地址：北京市西城区月坛北小街 2 号
邮政编码：100037
电子信箱：zggxjsxh@126.com
主页网址：http://www.csit.org.cn

电话：010–88527795

传真：010–68388652

理事长：包为民

副理事长：李立新　王　巍　杨　雨　赵　坤
姜福灏　袁　利　尚俊云　雷宏杰
刘付成　王振华　马卫华

秘书长：王　岩

中国风景园林学会

Chinese Society of Landscape Architecture（CSLA）

地址：北京市海淀区三里河路 9 号

邮政编码：100835

电子信箱：chsla@vip.sina.com

主页网址：http://www.chsla.org.cn

电话：010–88084198

传真：010–88082100

理事长：陈　重

副理事长：王　翔　王磐岩　李　雄　朱子瑜
张　勇　杨　锐　吴桂昌　周如雯
郑淑玲　夏颖彪　高　翅　强　健

秘书长：贾建中

中国电源学会

China Power Supply Society（CPSS）

地址：天津市南开区黄河道 467 号大通大厦 16 层

邮政编码：300110

电子信箱：cpss@cpss.org.cn

主页网址：http://www.cpss.org.cn

电话：022–27680796

传真：022–27687886

理事长：徐德鸿

副理事长：韩家新　罗　安　张　波　曹仁贤
陈成辉　刘进军　阮新波　汤天浩

秘书长：张　磊

中国复合材料学会

Chinese Society for Composite Materials（CSCM）

地址：北京市海淀区学院路 37 号

邮政编码：100191

电子信箱：huiyuanbu@csfcm.org.cn

主页网址：http://www.csfcm.org.cn

电话：010–82026320/010–82026120

传真：010–82026910

理事长：陈祥宝

副理事长：成来飞　方岱宁　冯志海　韩克岑
侯　晓　冷劲松　马朝利　徐　坚
邢丽英　薛忠民　俞建勇

秘书长：张博明

中国消防协会

China Fire Protection Association（CFPA）

地址：北京市朝阳区华威西里甲 19 号

邮政编码：100021

电子信箱：bgs@cfpa.cn

主页网址：http://www.cfpa.cn

电话：010–87789619

传真：010–87789252

理事长：陈伟明

副理事长：王铁民　杨建民　李引擎　陈　飞
朱力平　尹俊士　张荣昌　许兆亭
冷　俐

秘书长：曹忙根

中国图象图形学学会

China Society of Image and Graphics（CSIG）

地址：北京市海淀区中关村东路 95 号东楼 307/308

邮政编码：100190

电子信箱：info@csig.org.cn

主页网址：http://www.csig.org.cn

电话：010–82544676/010–82544661

传真：010–82544676

理事长：谭铁牛

副理事长：赖剑煌　卢汉清　马惠敏　潘志庚
　　　　　汪国平　俞能海　章毓晋　赵忠明
秘书长：马惠敏（兼）

中国人工智能学会

Chinese Association for Artificial Intelligence（CAAI）

地址：北京市海淀区西土城路十号北京邮电大学教一楼 122 室
邮政编码：100876
电子信箱：msc@caai.cn
主页网址：http://www.caai.cn
电话：010–62281360
传真：010–62282983
理事长：戴琼海
副理事长：陈　杰　赵春江　王恩东　刘成林
　　　　　刘　宏　孙富春　周志华　王国胤
　　　　　王文博
秘书长：王卫宁

中国体视学学会

Chinese Society for Stereology（CSS）

地址：清华大学工物系刘卿楼 211 室
邮政编码：100084
电子信箱：tscss@mail.tsinghua.edu.cn
主页网址：http://www.tscss.org
电话：010–62776336
传真：010–62784659
理事长：陈志强
副理事长：张　跃　王　忠　彭瑞云　张艳宁
　　　　　秦高梧　田　捷　姜志国　宋晓艳
秘书长：王　忠（兼）

中国工程机械学会

China Construction Machinery Society（CCMS）

地址：上海市杨浦区四平路 1239 号同济大学机械南馆 303 室
邮政编码：200092
电子信箱：ccms_office@126.com
电话：021–65985015
传真：021–65985015
理事长：卞永明
副理事长：杨华勇　焦生杰　宓为建　肖汉斌
　　　　　朱真才　刘元洪　黄兴华　赵静一
　　　　　许武全
秘书长：刘　钊

中国遥感应用协会

China Association of Remote Sensing Application（CARSA）

地址：北京市海淀区永丰产业基地丰贤东路 5 号中国资源卫星应用中心 A 座 3 层
邮政编码：100094
电子信箱：ygxh@carsa.org.cn
主页网址：http://www.carsa.org.cn
电话：010–57503347
传真：010–57503347
理事长：罗　格
副理事长：王　桥　李传荣　左群声　杨　军
　　　　　杨保华　吴一戎　顾行发　徐　文
　　　　　郭华东　龚健雅　蒋兴伟　童旭东
　　　　　吴军虎　潘旭东　童旭东　李国平
　　　　　高　平
秘书长：徐　文（兼）

中国指挥与控制学会

Chinese Institute of Command and Control（CICC）

地址：北京市海淀区车道沟十号院科技 1 号楼 10 层
邮政编码：100089
电子信箱：cicc@c2.org.cn
主页网址：http://www.c2.org.cn
电话：010–68964721
传真：010–68964756
理事长：费爱国
副理事长：于　全　何　友　陈　杰　秦继荣
　　　　　李定主　龙　腾　王积鹏　黄　强
　　　　　张红文　顾　浩　朱荣刚　吕金虎
　　　　　付　琨

秘书长：秦继荣（兼）

中国微米纳米技术学会
Chinese Society of Micro-Nano Technology
（CSMNT）

地址：北京市海淀区清华大学精密仪器系 4102-2 室
邮政编码：100084
电子信箱：csmnt@mail.tsinghua.edu.cn
主页网址：http://www.csmnt.org.cn
电话：010-62772108
传真：010-62796707
理事长：尤 政
副理事长：蒋庄德 黄 如 王 琛 邱介山
王 政 许建中 王跃林 王晓浩
秘书长：王晓浩（兼）

中国密码学会
Chinese Association for Cryptologic Research（CACR）

地址：北京市丰台区靛厂路 7 号
邮政编码：100036
电子信箱：cacr@cacrnet.org.cn
主页网址：http://www.cacrnet.org.cn
电话：010-59703621
传真：010-59703621
理事长：王 杰
副理事长：杨义先 王小云 陈克非 吴文玲
秘书长：安晓龙

中国大坝工程学会
Chinese National Committee on Large Dams(CHINCOLD)

地址：北京市海淀区玉渊潭南路 1 号
邮政编码：100038
电子信箱：chincold@vip.126.com
主页网址：http://www.chincold.org.cn
电话：010-68781709
传真：010-68712208
理事长：矫 勇
副理事长：王松春 晏志勇 匡尚富 张建云
胡甲均 苏茂林 钮新强 贾金生
刘志明 李 昇 林初学 张启平
周厚贵 寇 伟 曲 波 程念高
张宗富 夏 忠
秘书长：贾金生（兼）

中国卫星导航定位协会
GNSS and LBS Association of China
（GLAC）

地址：北京市丰台区金家村 288 号华信大厦
邮政编码：100080
电子信箱：glac@glac.org.cn
主页网址：http://www.glac.org.cn
电话：010-68185060
传真：010-68187080
会长：于贤成
副会长：刘大可（驻会） 于建国 王文忠
支晓晔 牛新民 刘忠华 刘贵生
刘爱明 李 冰 李 澍 李建成
杨玉坤 张 伟 金乃高 周儒欣
赵 军 胡发兴 姜德荣 莫晓宇
贾必明 郭信平 黄伟文 彭扬名
程鹏飞 魏爱辉 王泉君
秘书长：张全德

中国生物材料学会
Chinese Society for Biomaterials（CSB）

地址：四川省成都市望江路 29 号四川大学生物材料楼
邮政编码：610064
电子信箱：csbm@csbm.org.cn
主页网址：http://www.csbm.org.cn
电话：028-85417078
传真：028-85410246
理事长：王迎军
副理事长：陈晓峰 高长有 王云兵 张胜民
赵毅武
秘书长：艾 华

国际粉体检测与控制联合会

International Federation of Measurement and Control of Granular Materials（IFMCGM）

地址：辽宁省沈阳市和平区文化路3号巷11号
邮政编码：110004
电子信箱：mcgm2012@126.com
主页网址：http://www.ifmcgm.com（调试中）
电话：024-83689395
传真：024-23891977
理事长：谢　植（中国）
副理事长：Mark G.Jones（澳大利亚）
Shuji Matsusaka（日本）
Siegfried Radandt（德国）
InShup Ahn（韩国）　盖国胜（中国）
秘书长：李新光（中国）

中国农学会

China Association of Agricultural Science Societies（CAASS）

地址：北京市朝阳区麦子店街22号楼
邮政编码：100125
电子信箱：nongxuehui2020@163.com
主页网址：http://www.caass.org.cn
电话：010-59194202
传真：010-59194204
会长：张桃林
副会长：万建民　刘　旭　孙其信　吴孔明　沈仁芳
陈晓亚　周光宏　胡义萍　喻树迅　廖西元
秘书长：胡义萍（兼）

中国林学会

Chinese Society of Forestry（CSF）

地址：北京市海淀区东小府2号
邮政编码：100091
电子信箱：Zglxhbgs@126.com
主页网址：http://www.csf.org.cn
电话：010-62889815
传真：010-62889815

理事长：赵树丛
副理事长：谭光明　曹福亮　蒋剑春　马广仁
宋权礼　郝育军　刘世荣　安黎哲
李　斌　王　浩　陈幸良　本　华
秘书长：陈幸良（兼）

中国土壤学会

Soil Science Society of China（SSSC）

地址：江苏省南京市北京东路71号
邮政编码：210008
电子信箱：sssc@issas.ac.cn
主页网址：http://www.csss.org.cn
电话：025-86881532
传真：025-86881000
理事长：沈仁芳
副理事长：邓良基　吴金水　张兴昌　张旭东
李保国　胡　锋　徐建明　徐明岗
谢建华
秘书长：颜晓元

中国水产学会

China Society of Fisheries（CSF）

地址：北京市朝阳区麦子店街18号楼101-1
邮政编码：100125
电子信箱：csfish@vip.163.com
主页网址：http://www.csfish.org.cn
电话：010-59195028/010-59195494/010-59195156
传真：010-59194025
理事长：王清印
副理事长：崔利锋　麦康森　桂建芳　王小虎
吴嘉敏　宋林生　刘东超　丁雪燕
赵玉山　张　璐
秘书长：崔利锋（兼）

中国园艺学会

Chinese Society for Horticultural Science（CSHS）

地址：北京市海淀区中关村南大街12号中国农业科学院蔬菜花卉研究所

邮政编码：100081
电子信箱：cshs@caas.cn
主页网址：http://www.cshs.org.cn
电话：010-82109528
传真：010-82109528
理事长：杜永臣
副理事长：邓秀新　李天来　邹学校　孙日飞
　　陈昆松　韩振海　高俊平　张启翔
　　张　显　刘君璞
秘书长：孙日飞（兼）

中国畜牧兽医学会
Chinese Association of Animal Science and Veterinary Medicine（CAASVM）

地址：北京市朝阳区农展馆南路 9 号博雅园 1-106
邮政编码：100125
电子信箱：c06@cast.org.cn/caav001@163.com
主页网址：http://www.caav.org.cn
电话：010-85959009/010-85959010/010-85959006
传真：010-85959010
理事长：黄路生
副理事长：才学鹏　包　军　冯忠武　朱　庆
　　乔玉锋　李　明　杨汉春　步志高
　　呙于明　张许科　陈伟生　邵根伙
　　秦玉昌　殷　宏　焦新安　廖　明
　　薛廷伍
秘书长：杨汉春（兼）

中国植物病理学会
Chinese Society for Plant Pathology (CSPP)

地址：北京市海淀区圆明园西路二号
邮政编码：100193
电子信箱：office@cspp.org.cn
主页网址：http://www.cspp.org.cn
电话：010-62731025
传真：010-62813785
理事长：彭友良
副理事长：王源超　王福祥　刘杏忠　朱有勇
　　吴元华　吴祖建　李健强　陈剑平
　　周雪平　姜道宏　康振生　韩成贵
秘书长：韩成贵（兼）

中国植物保护学会
China Society of Plant Protection（CSPP）

地址：北京市海淀区圆明园西路 2 号中国农业科学院植物保护研究所院内
邮政编码：100193
电子信箱：cspp62@163.com
主页网址：http://ipmchina.net
电话：010-62815913
传真：010-62815913
理事长：陈万权
副理事长：周雪平　康　乐　陈剑平　宋宝安
　　魏启文　陈洪俊　柏连阳　康振生
　　张友军　刘　学　沈　杰
秘书长：郑传临

中国作物学会
The Crop Science Society of China（CSSC）

地址：北京市海淀区中关村南大街 12 号中国农科院育种南楼
邮政编码：100081
电子信箱：zwxh@caas.cn
主页网址：http://www.chinacrops.org
电话：010-82108616
传真：010-82108785
理事长：万建民
副理事长：刘春明（常务）　杨维才　金危危
　　赵久然　毛长青　丁艳锋　吉万全
秘书长：刘春明（兼）

中国热带作物学会
Chinese Society for Tropical Crops（CSTC）

地址：海南省海口市龙华区学院路 4 号
邮政编码：571101
电子信箱：cstcorg@126.com
主页网址：http://www.cstcs.org.cn
电话：0898-66962982
传真：0898-66962982

理事长：李尚兰
副理事长：符月华　郭安平　吴金玉　刘　波
　　　　　张治礼　刘国道　胡新文　范源洪
　　　　　吕林汉　汪　铭　陈东奎　钟广炎
秘书长：刘国道（兼）

中国蚕学会
Chinese Society of Sericulture Science（CSSS）

地址：江苏省镇江市四摆渡江苏科技大学西校区
邮政编码：212018
电子信箱：csss_china@126.com
主页网址：http://www.sricaas.cn
电话：0511–85616661
传真：0511–85622507
理事长：廖森泰
副理事长：李　龙（常务）　代方银　李　标
　　　　　钱永华　宋国柱　吴海平　杨　彪
秘书长：沈兴家

中国水土保持学会
Chinese Society of Soil and Water Conservation（CSSWC）

地址：北京市海淀区清华东路 35 号北京林业大学四教 505 室
邮政编码：100083
电子信箱：zgsbxh@263.net
主页网址：http://www.sbxh.org
电话：010–62336451
传真：010–62336451
理事长：陆桂华
副理事长：蒲朝勇　黄正秋　吴　斌　崔　鹏
　　　　　刘国彬　王玉杰
秘书长：王玉杰（兼）

中国茶叶学会
China Tea Science Society(CTSS)

地址：浙江省杭州市梅灵南路 9 号
邮政编码：310008
电子信箱：chinatss@tricaas.com
主页网址：http://www.chinatss.cn
电话：0571–87310353/0571–86653176
传真：0571–87310353
理事长：江用文
副理事长：蔡　军　黄　政　梁月荣　麦楚均
　　　　　阮建云　肖力争　殷建豪　余文权
　　　　　张正竹
秘书长：阮建云（兼）

中国草学会
Chinese Grassland Society（CGS）

地址：北京市海淀区圆明园西路 2 号新动科楼 0118 室
邮政编码：100193
电子信箱：cgsoffice@163.com
主页网址：http://www.chinagrass.org.cn
电话：010–62732799/010–62731666
传真：010–62732799
理事长：何新天
副理事长：王　堃　王德利　师尚礼　沈益新
　　　　　张　博　呼天明　侯扶江　高洪文
　　　　　韩国栋　韩烈保　张英俊
秘书长：张英俊（兼）

中国植物营养与肥料学会
Chinese Society of Plant Nutrition and Fertilizer Science（CSPNFS）

地址：北京市海淀区中关村南大街 12 号中国农业科学院资源楼
邮政编码：100081
电子信箱：zwyyxh@caas.cn
主页网址：http://www.cspnf.org.cn
电话：010–82109093
传真：010–82109093
理事长：白由路
副理事长：王敬国　谢建华　周　卫　杨少海
　　　　　孙　波　王俊忠　赵秉强
秘书长：赵秉强（兼）

中国农业历史学会
China Agricultural History Association
（CAHA）

地址：北京市朝阳区东三环北路 16 号
邮政编码：100026
电子信箱：nsxhmsc@126.com
电话：010-65096059
理事长：刘新录
副理事长：王一民 魏 琦 徐剑波 王秀清
杨乃良 惠福平 朱宏斌 闵庆文
苑 利
秘书长：王一民（兼）

中华医学会
Chinese Medical Association（CMA）

地址：北京市东城区东四西大街 42 号
邮政编码：100710
电子信箱：cma@cma.org.cn
主页网址：http://www.cma.org.cn
电话：010-85158114
传真：010-85158028
会长：马晓伟
副会长：赵玉沛 刘雁飞 刘德培 买买提·牙森
苏 志 李五四 李清杰 杨宝峰
张伯礼 陈赛娟 郑树森 柯 杨
饶克勤 贺福初 徐建光 高 福
秘书长：饶克勤（兼）

中华中医药学会
China Association of Chinese Medicine
（CACM）

地址：北京市朝阳区樱花园东街甲 4 号
邮政编码：100029
电子信箱：xinxibu102@126.com
主页网址：http://www.cacm.org.cn
电话：010-84257895
传真：010-84257895
理事长：王国强
副理事长：王 辰 王 阶 王国辰 刘维忠
闫希军 李俊德 杨殿兴 吴以岭
吴勉华 张伯礼 陈达灿 陈凯先
徐安龙 萧 伟 曹正逵
秘书长：王国辰（兼）

中国中西医结合学会
Chinese Association of Integrative Medicine
（CAIM）

地址：北京市东城区东直门内南小街 16 号
邮政编码：100700
电子信箱：caim@caim.org.cn
主页网址：http://www.caim.org.cn
电话：010-64010688/010-64025672
传真：010-64010688/010-84035154
会长：陈香美
副会长：王文健 李显筑 吴以岭 姚树坤 郭 姣
唐旭东 高思华 凌昌全 崔乃强 黄光英
秘书长：吕文良

中国药学会
Chinese Pharmaceutical Association（CPA）

地址：北京市东城区天坛西里 2 号
邮政编码：100050
电子信箱：cpa@cpa.org.cn
主页网址：http://www.cpa.org.cn
电话：010-67095470
传真：010-67095470
理事长：孙咸泽
副理事长：陈志南 黄璐琦 丁 健 李 松
王晓良 吴春福 丁丽霞 孙飘扬
李 波 来茂德 张晓东 蔡东晨
秘书长：丁丽霞（兼）

中华护理学会
Chinese Nursing Association（CNA）

地址：北京市西城区西直门南大街 2 号成铭大厦 C 座
28 层
邮政编码：100035

电子信箱：zhhlxhcna@163.com
主页网址：http://www.cna-cast.org.cn
电话：010-53779547
传真：010-53779547
理事长：吴欣娟
副理事长：皮红英　张利岩　么　莉　李　峥
　　　　　丁炎明　李　燕　吴　瑛　张素秋
　　　　　胡斌春　李映兰
秘书长：应　岚

中国生理学会
Chinese Association for Physiological Sciences（CAPS）

地址：北京市东城区东四西大街 42 号
邮政编码：100710
电子信箱：office@caps-china.org.cn
主页网址：http://www.caps-china.org.cn
电话：010-65278802/010-85158602
传真：010-65278802
理事长：王　韵
副理事长：王世强　陈　军　陈思锋　罗自强
　　　　　周嘉伟　徐天乐　管又飞
秘书长：李俊发

中国解剖学会
Chinese Society for Anatomical Sciences（CSAS）

地址：北京市东城区东单三条 9 号院
邮政编码：100005
电子信箱：d07@cast.org
主页网址：http://www.csas.org.cn
电话：010-65296459/010-65273712
传真：010-65273712
理事长：张绍祥
副理事长：李云庆　丁文龙　刘树伟　赵春华
　　　　　刘学政　李　和　周德山　张宏权
　　　　　崔慧先　隋鸿锦　马　超
秘书长：周德山（兼）

中国生物医学工程学会
Chinese Society of Biomedical Engineering（CSBME）

地址：北京市东城区东单三条 5 号
邮政编码：100005
电子信箱：swyxgch@126.com
主页网址：http://www.csbme.org
电话：010-65136537/010-69156448
传真：010-65265035
理事长：曹雪涛（现任）　樊瑜波（前任）
　　　　胡盛寿（候任）
副理事长：程　京　顾晓松　王广志　万遂人
　　　　　李德玉　尧德中　池　慧　赵毅武
　　　　　王国胜　韩金祥　郑海荣
秘书长：池　慧（兼）

中国病理生理学会
Chinese Association of Pathophysiology（CAP）

地址：北京市海淀区学院路 38 号北京大学医学部生理楼 104 室
邮政编码：100191
电子信箱：zgblslxh@163.com
主页网址：http://www.caop.ac.cn
电话：010-82801719
传真：010-82801719
理事长：张幼怡
副理事长：陈　琪　陈国强　陆大祥　刘秀华
秘书长：李　萍

中国营养学会
Chinese Nutrition Society（CNS）

地址：北京市朝阳区建国门外大街甲 14 号北京广播大厦 1405
邮政编码：100022
电子信箱：cns@cnsoc.org
主页网址：http://www.cnsoc.org
电话：010-83554781

传真：010-83554780
理事长：杨月欣
副理事长：蔡　威　常翠青　丁钢强　马爱国
马冠生　孙长颢　杨晓光　朱蓓薇
秘书长：杜松明

中国药理学会
Chinese Pharmacological Society（CPS）

地址：北京市西城区先农坛街 1 号
邮政编码：100050
电子信箱：ylxh@cnphars.org
主页网址：http://www.cnphars.org
电话：010-63165211
传真：010-63165211
理事长：张永祥
副理事长：陈建国　丁　健　杜冠华　李　林
石京山　魏　伟
秘书长：张永鹤

中国针灸学会
China Association of Acupuncture and Moxibustion（CAAM）

地址：北京市东城区东直门内南小街 16 号
邮政编码：100700
电子信箱：caambgs@126.com
主页网址：http://www.caam.cn
电话：010-64030959
传真：010-64030959
理事长：刘保延
副理事长：王　华　王　舒　王麟鹏　方剑乔
朱　兵　刘智斌　许能贵　孙忠人
杨金生　吴焕淦　余曙光　夏有兵
高树中　喻晓春
秘书长：喻晓春（兼）

中国防痨协会
Chinese Anti-tuberculosis Association（CAA）

地址：北京市东四西大街 42 号
邮政编码：100010
电子信箱：cata_1933@126.com
主页网址：http://www.cata1933.cn/
电话：010-65257475
传真：010-65257509
理事长：刘剑君
副理事长：钟　球　袁政安　张宗德　成诗明
黄　春　刘永煜　陈效友　张　帆
秘书长：成诗明（兼）

中国麻风防治协会
China Leprosy Association（CLA）

地址：北京市朝阳区十里堡甲 3 号 5 号楼 27D
邮政编码：100025
电子信箱：clabj@vip.163.com
主页网址：http://www.chinalep.org
电话：010-67522205
传真：010-67522206
理事长：张国成
副理事长：潘春枝　冯清华　宁　湧　严丽英
严良斌　吴建中　张连华　张锡宝
李　伟　李延庆　李俊华　杨　军
郑道城　格鹏飞
秘书长：王　红（聘任制）

中国心理卫生协会
Chinese Association for Mental Health（CAMH）

地址：北京市西城区德外安康胡同 5 号
邮政编码：100088
电子信箱：yyt808@sina.com.cn
主页网址：http://www.camh.org.cn
电话：010-58303238
传真：010-82029354
理事长：马　辛
副理事长：王　刚　谢　斌　杨甫德　刘　靖
王　力　赵旭东
秘书长：王　刚（兼）

中国抗癌协会

China Anti-Cancer Association（CACA）

地址：天津市新技术产业园区兰苑路5号A座10楼
邮政编码：300384
电子信箱：bgs@caca.org.cn
主页网址：http://www.caca.org.cn
电话：022-23359958
传真：022-23526512
理事长：樊代明
副理事长：詹启敏　于金明　季加孚　王红阳
　　赫　捷　李　强　郭小毛　徐瑞华
　　朴浩哲
秘书长：王　瑛

中国体育科学学会

China Sport Science Society（CSSS）

地址：北京市东城区体育馆路11号
邮政编码：100061
电子信箱：csssbgs@126.com
主页网址：http://www.csss.cn
电话：010-87182586/010-87182594
传真：010-87183928
理事长：李颖川
副理事长：冯连世　祝　莉　谢敏豪　池　建
　　陈佩杰　刘　青　敖英芳　季林红
秘书长：冯连世（兼）

中国毒理学会

Chinese Society of Toxicology（CST）

地址：北京市海淀区太平路27号
邮政编码：100850
电子信箱：cst@chntox.org
主页网址：http://www.chntox.org
电话：010-66932387
传真：010-68183899
理事长：周平坤
副理事长：陈景元　李　桦　彭双清　浦跃朴
　　沈建忠　孙祖越　吴永宁　杨杏芬
　　赵宇亮　周建伟
秘书长：刘　超

中国康复医学会

Chinese Association of Rehabilitation Medicine（CARM）

地址：北京市朝阳区北辰东路8号汇欣大厦A座307室
邮政编码：100101
电子信箱：carm-office@carm.org.cn
主页网址：http://www.carm.org.cn
电话：010-64210670
传真：010-64219690
会长：方国恩
副会长：牛恩喜（常务）　彭明强（常务）　李建军
　　陈立典　岳寿伟　周谋望　黄晓琳　燕铁斌
秘书长：牛恩喜（兼）

中国免疫学会

Chinese Society for Immunology（CSI）

地址：北京市东城区东单三条5号
邮政编码：100005
电子信箱：csi@immunol.org.cn
主页网址：http://www.csi.org.cn
电话：010-69156451
传真：010-69156451
理事长：吴玉章
副理事长：孙　兵　姚　智　吴　励　储以微
　　黄　波
秘书长：黄　波（兼）

中华预防医学会

Chinese Preventive Medicine Association（CPMA）

地址：北京市朝阳区华威里25号5层
邮政编码：100021
电子信箱：cpma_zhxt@126.com
主页网址：http://www.cpma.org.cn
电话：010-84039879
传真：010-84039873

会长：李 斌

副会长：梁晓峰 杨维中 顾东风 乔 杰 常继乐 张 学 谷晓红 李立明

秘书长：梁晓峰（兼）

中国法医学会

Chinese Forensic Medicine Association

（CFMA）

地址：北京市西城区木樨地南里 17 号楼

邮政编码：100038

电子信箱：fyxh6626@sina.com

主页网址：http://www.fyxh.org

电话：010-66269250

传真：010-63495531

副会长：翟恒利

秘书长：翟恒利（兼）

中华口腔医学会

Chinese Stomatological Association（CSA）

地址：北京市海淀区中关村南大街甲 18 号北京国际大厦 C 座 4 层

邮政编码：100081

电子信箱：csa@cndent.com

主页网址：http://www.cndent.com

电话：010-62116665

传真：010-62110880

会长：俞光岩

副会长：王 林 王松灵 卢海平 白玉兴 边 专 刘洪臣 沈国芳 张 斌 陈吉华 周 诺 周学东 郭传瑸 凌均棨 章锦才 路振富

秘书长：岳 林

中国医学救援协会

China Association for Disaster & Emergency Rescue Medicine（CADERM）

地址：北京市海淀区永定路 69 号解放军总医院第三医学中心行政 6 层 613 室

邮政编码：100039

电子信箱：caderm@163.com

主页网址：http://www.caderm.org

电话：010-57976109

传真：010-57976104

会长：李宗浩

副会长：钱阳明 王明晓 徐卸古 黎檀实 殷 明 封志纯 田军章

秘书长：李立兵

中国研究型医院学会

Chinese Research Hospital Association

（CRHA）

地址：北京市海淀区西三环北路甲 2 号

邮政编码：100081

电子信箱：yjxyyxh@163.com

主页网址：http://www.crha.cn

电话：010-68484810

传真：010-68484810

会长：何振喜

副会长：赫 捷 乔 杰 董家鸿 葛均波 张抒扬 王建业 孙 阳 雷光华 梁廷波 王 前 邵凤民 华树成 郝定均 王永晨 何昆仑 吕吉云 周先志 王明晓 刘希华 姚 军

秘书长：何振喜（兼）

中国睡眠研究会

Chinese Sleep Research Society（CSRS）

地址：北京市海淀区高梁桥斜街 40 号 B 座 902 室

邮政编码：100044

电子信箱：sleepcn@163.com

主页网址：http://www.zgsmyjh.org

电话：010-65230156

传真：010-65230156

理事长：黄志力

副理事长：唐向东 高雪梅 赵忠新 李庆云 时 杰 陈贵海

秘书长：左和鸣

中国卒中学会
Chinese Stroke Association（CSA）

地址：北京市丰台区南四环西路 188 号总部基地三区 6 号楼
邮政编码：100070
电子信箱：csa.office@chinastroke.net
主页网址：http://www.chinastroke.net
电话：010–57986266
传真：010–57986256
会长：赵继宗
副会长：王拥军　董　强　葛均波　纪立农　徐安定
秘书长：王彩云

中国自然辩证法研究会
The Chinese Society for Dialectics of Nature(CSDN)

地址：北京市西城区三里河路 54 号
邮政编码：100045
电子信箱：zrbzhf@vip.sina.com
主页网址：http://www.chinasdn.org.cn
电话：010–62149306
传真：010–62173674
理事长：何鸣鸿
副理事长：王　安　郭贵春　陈　凡　吴　彤
张大庆　刘孝廷　尚智丛
秘书长：尚智丛（兼）

中国管理现代化研究会
Chinese Academy of Management（CAM）

地址：北京市海淀区中关村东路 80 号青年公寓 7 号楼
邮政编码：100190
电子信箱：camchina@126.com
主页网址：http://www.camchina.org.cn
电话：010–82680396
传真：010–82680396
理事长：李维安　石　勇　席酉民　杨善林　张　维
副理事长：陈国青　陈　剑　杜越新　陆雄文
黄丽华　汪寿阳　薛　澜　赵景华
赵曙明
秘书长：赵景华（兼）

中国技术经济学会
Chinese Society of Technology Economics（CSTE）

地址：北京市海淀区学院南路 86 号
邮政编码：100081
电子信箱：jishujingjixuehui@vip.163.com
主页网址：http://www.cste.org.cn
电话：010–62144346
传真：010–62174221
理事长：李　平
副理事长：李志军（常务）　牛东晓　王宗军
李开孟　杨德林
秘书长：黄检良

中国未来研究会
China Society for Futures Studies（CSFS）

地址：北京市海淀区学院南路 86 号
邮政编码：100081
电子信箱：e05@cast.org.cn
主页网址：http://www.csfs.org.cn
电话：010–62103295
传真：010–62103295
理事长：金灿荣
副理事长：阎耀军　顾朝林　何传启　陈恩红
刘益东　张延岐
秘书长：张延岐（兼）

中国科学技术史学会
Chinese Society for the History of Science and Technology（CSHST）

地址：北京市海淀区中关村东路 55 号
邮政编码：100190
电子信箱：zgkjs_xuehui@163.com
主页网址：http://www.cshst.org
电话：010–57552527
传真：010–57552527
理事长：孙小淳

副理事长：曲安京　王思明　石云里　张　藜
郭世荣　潜　伟

秘书长：罗兴波

中国科学技术情报学会

China Society for Scientific and Technical Information（CSSTI）

地址：北京市海淀区复兴路 15 号
邮政编码：100038
电子信箱：wangtt@istic.ac.cn
主页网址：http://www.cssti.org.cn
电话：010-58882544
传真：010-58882028
理事长：戴国强
副理事长：邢宪力　马费成　代　涛　叶缘民
刘林山　陈　超
秘书长：潘云涛

中国图书馆学会

Library Society of China（LSC）

地址：北京市海淀区中关村南大街 33 号
邮政编码：100081
电子信箱：ztxhmsc@nlc.cn
主页网址：http://www.lsc.org.cn
电话：010-88545677
传真：010-68417815
理事长：饶　权
副理事长：方　卿　朱　强　刘小琴　李广建
吴建中　张晓林　陈　樱　程焕文
秘书长：霍瑞娟

中国城市科学研究会

Chinese Society For Urban Studies（CSFUS）

地址：北京市海淀区三里河路 9 号
邮政编码：100835
电子信箱：office@chinasus.org
主页网址：http://www.chinasus.org
电话：010-58933149
传真：010-68313149
理事长：仇保兴
副理事长：杨焕明　曲久辉　江　亿　郭仁忠
谭荣尧　王　俊　俞孔坚　吴志强
张爱林　詹纯新
秘书长：余　刚

中国科学学与科技政策研究会

The Chinese Association For Science of Science and S&T Policy

地址：北京市海淀区中关村东路 55 号思源楼 1209
邮政编码：100190
电子信箱：casssp@casisd.cn
主页网址：http://www.casssp.org.cn
电话：010-62542615
传真：010-62542615
理事长：穆荣平
副理事长：李廉水　柳卸林　李　光　李　垣
魏　江　蔡　莉　胡志坚　薛　澜
秘书长：陈　光

中国农村专业技术协会

China Rural Special Technology Association（CRSTA）

地址：北京市朝阳区白家庄东里 13 号楼 7 层
邮政编码：100026
电子信箱：zgnjx2015@sina.com
主页网址：http://www.nongjixie.org
电话：010-65032609
传真：010-65032609
理事长：柯炳生
副理事长：师　铎　韩文胜　张福锁　李杰人
张建华　纳　翔　陈豫川
秘书长：杨利军

中国工业设计协会

China Industrial Design Association（CIDA）

地址：北京市海淀区万寿路 27 号院 8 号楼 7 层
邮政编码：100036

电子信箱：cida@vip.163.com
主页网址：http://www.chinadesign.cn
电话：010–68209323
传真：010–68209323
会长：刘　宁
副会长：应放天　赵卫国
秘书长：应放天（兼）

中国工艺美术学会
China National Arts & Crafts Society (CNACS)

地址：北京市西城区阜外大街乙 22 号 408 室
邮政编码：100833
电子信箱：xuehuiwangzhan@126.com
主页网址：http://www.cnacs.net.cn
电话：010–68396408
传真：010–68396408
理事长：陶小年
副理事长：马　佩
秘书长：任建新

中国科普作家协会
China Science Writers Association（CSWA）

地址：北京市海淀区学院南路 86 号
邮政编码：100081
电子信箱：kpcswa@163.com
主页网址：http://www.kpcswa.org.cn
电话：010–62103258/010–62102021
传真：010–62103258
理事长：周忠和
副理事长：崔丽娟　冯伟民　汤书昆　王晋康　王　挺　吴　岩　颜　宁　杨焕明　郑永春
秘书长：陈　玲

中国自然科学博物馆学会
Chinese Association of Natural Science Museums（CANSM）

地址：北京市朝阳区北辰东路 5 号
邮政编码：100012
电子信箱：cansm@vip.sina.com
主页网址：http://www.cansm.org
电话：010–59041345
传真：010–59041331
理事长：程东红
副理事长：王小明　李春冀　单　敏　欧阳辉　欧建成　贾跃明　黄克力
秘书长：欧建成（兼）

中国可持续发展研究会
Chinese Society for Sustainable Development（CSSD）

地址：北京市海淀区玉渊潭南路 8 号
邮政编码：100038
电子信箱：cssd@acca21.org.cn
主页网址：http://www.cssd1992.org
电话：010–58884791/010–58884795
传真：010–58884795
理事长：王　浩
副理事长：曲久辉　郭日生　赵　清
秘书长：周海林

中国青少年科技辅导员协会
China Association of Children's Science Instructors（CACSI）

地址：北京市海淀区复兴路 3 号中国科技会堂 C 座 302
邮政编码：100863
电子信箱：cacsi@cacsi.org.cn
主页网址：http://www.cacsi.org.cn
电话：010–68518719/010–68580512
传真：010–68516005
理事长：陈赛娟
副理事长：李晓亮（常务）　王康友　刘　阳　林长春　俞伟跃　欧建成
秘书长：林利琴

中国科教电影电视协会

China Science Film and Video Association（CSFVA）

地址：北京市海淀区学院南路 86 号西楼 414
邮政编码：100081
电子信箱：cicsep@cast.org.cn
主页网址：http://www.csfva.org.cn
电话：010-62113038
传真：010-62113038
理事长：薛继军
副理事长：兰　军　李海胜　何苏六　张　健
　　张　跃　陈　虎　季　林　蒋　涛
秘书长：季　林

中国科学技术期刊编辑学会

China Editology Society of Science Periodicals（CESSP）

地址：北京市海淀区学院南路 86 号
邮政编码：100081
电子信箱：cessp1987@vip.163.com
主页网址：http://www.cessp.org.cn
电话：010-62147743
传真：010-62147743
理事长：朱邦芬
副理事长：任胜利　栗延文　彭　斌　饶子和
　　汪新红　宋培元　杨亚政　颜　帅
秘书长：任胜利（兼）

中国流行色协会

China Fashion & Color Association（CFCA）

地址：北京市朝阳区朝阳门北大街 18 号中国人寿保险大厦 618 室
邮政编码：100020
电子信箱：fashioncolor@fashioncolor.org.cn
主页网址：http://www.fashioncolor.org.cn
电话：010-85229531
会长：朱　莎
副会长：贺显伟　宋建明　徐海松　陈玲芬　吴　剑
　　夏国新　程慧玲
秘书长：王　淼

中国档案学会

The Society of Chinese Archives（SCA）

地址：北京市西城区永安路 106 号
邮政编码：100050
电子信箱：daxsw@263.net
主页网址：http://www.idangan.com
电话：010-63020081
传真：010-63018703
理事长：段东升
副理事长：丁志隆　高大岭　张　斌　邓小军
　　胡振荣
秘书长：邓小军（兼）

中国国土经济学会

China Society of Territorial Economists（CSTE）

地址：北京市丰台区紫芳园六区 2 号楼 1 单元 213 室
邮政编码：100078
电子信箱：bj_jrgt@126.com
主页网址：http://www.csote.org
电话：010-87692301
传真：010-87699631
理事长：柳忠勤
副理事长：李青松　赵林茹　严金明　吴文良
秘书长：刘军萍

中国土地学会

China Land Science Society（CLSS）

地址：北京市西城区冠英园西区 37 号
邮政编码：100035
电子信箱：zgtdxh@vip.sina.com
主页网址：http://www.clss.org.cn
电话：010-83064931/010-83064669
理事长：王世元
副理事长：李海兵　高延利　王仰麟　冯淑怡

刘彦随　严金明　何　平　张凤荣
范树印　赵继成　郭仁忠　黄贤金
蒋文彪　谢俊奇

秘书长：高延利（兼）

中国科技新闻学会

Chinese Society for Science and Technology Journalism（CSSTJ）

地址：北京市西城区三里河路 54 号

邮政编码：100045

电子信箱：kjxw@sina.com

主页网址：http://www.csstj.org.cn

电话：010-68598031/010-68598032

传真：010-68598473

理事长：宋南平

副理事长：周建强　陈　鹏　周德进　房汉廷
郝建新　王　挺　刘守训　田俊荣
许　英　刘志军　崔保国　赵　承
龙兵华

秘书长：许　英（兼）

中国老科学技术工作者协会

China Association of Senior Scientists and Technologists（CASST）

地址：北京市海淀区学院南路 86 号

邮政编码：100081

电子信箱：zhglkx@cast.org.cn

主页网址：http://www.casst.org.cn

电话：010-62148262

传真：010-62148262

会长：陈至立

副会长：齐　让　陈小娅　冯长根　杨继平
岳明生　王延祜　徐　强　李　芳
臧胜业　张友君　罗啸天　仲跻权
申立国　刘永忠　朱张才　朱正昌
蒋笃运　蔡力峰　蒋济雄　班程农
张国梁

秘书长：徐　强（兼）

中国科学探险协会

China Association for Scientific Expeditions（CASE）

地址：北京市海淀区西小关中国科学院大气物理所铁塔分部

邮政编码：100083

电子信箱：e26@cast.org.cn

主页网址：http://www.case.org.cn

电话：010-62378038

传真：010-62379818

主席：崔　鹏

副主席：郭　柯　康世昌　李　杰　马耀明　王　维
效存德　张百平　朱　江

秘书长：李　杰（兼）

中国城市规划学会

Urban Planning Society of China（UPSC）

地址：北京市海淀区三里河路 9 号

邮政编码：100037

电子信箱：planning@planning.org.cn

主页网址：http://www.planning.org.cn

电话：010-58323862/010-58323863/010-58323864/010-58323866

传真：010-58323850

理事长：孙安军

副理事长：石　楠（常务）　王建国　尹　稚
吕　斌　伍　江　杨保军　吴志强
何兴华　张　泉　张少康　赵万民
赵燕菁　周　岚　施卫良　樊　杰

秘书长：石　楠（兼）

中国产学研合作促进会

ChinaIndustry-University-ResearchInstitute Collaboration Association (CIUR)

地址：北京市海淀区西三环北路 89 号中国外文大厦 8 层 A-03-1

邮政编码：100089

电子信箱：ciur@ciur.org.cn

主页网址：http://www.ciur.org.cn
电话：010-68987182
传真：010-68986913
会长：路甬祥
副会长：陈小娅　石　军　赵长禄　王建华
秘书长：王建华（兼）

中国发明协会
China Association of Inventions（CAI）

地址：北京市海淀区复兴路甲 15 号科技部专家公寓 6 层
邮政编码：100036
电子信箱：zgfmxh@cainet.org.cn
主页网址：http://www.cainet.org.cn
电话：010-63951008/010-63955833
传真：010-63951008
理事长：潘云鹤
副理事长：于英涛　马　云　王子纯　王传福
王宏宇　王琳达　王锡娟　尹　利
朱义明　刘彭芝　闫楚良　孙连桂
李书福　李家民　杨　松
余华荣（常务）　邹远东　沈福昌
林晓东　林章利　易　建　郑浩峻
房汉廷　房建成　钱为强　徐士龙
徐宇栋　唐大立　崔卫燕　粟　斌
秘书长：余华荣（兼）

中国工程教育专业认证协会
China Engineering Education Accreditation Association（CEEAA）

地址：北京市海淀区魏公村路 2 号
邮政编码：100081
电子信箱：ceeaa@moe.edu.cn
主页网址：http://www.ceeaa.org.cn
电话：010-82213367
理事长：吴启迪
副理事长：张　勤　谢克昌　吴　岩　范　唯
李金生
秘书长：吴　岩（兼）

中国女科技工作者协会
China Women's Association for Science and Technology（CWAST）

地址：北京市海淀区丰豪东路 1 号院久远楼 206
邮政编码：100094
电子信箱：nvkeji@163.com
主页网址：http://www.cwst.net/col/col321/index.html
电话：010-59872775
传真：010-59872775
会长：王红阳
副会长：郑晓静（常务）　高瑞平（常务）
曹淑敏（常务）　吕　植　朱美芳
向　巧　秦　川　曹晓风　韩喜球
秘书长：解　欣

中国创造学会
China Creative Studies Institute（CCSI）

地址：上海市杨浦区 1239 号
邮政编码：200092
电子信箱：ccsis@ccsis.org
主页网址：http://www.chinaccsis.com
电话：021-65986960
传真：021-65985811
理事长：徐建平
副理事长：张亚雷（常务）
秘书长：张亚雷（兼）

中国高科技产业化研究会
China High-Tech Industrialization Association（CHIA）

地址：北京市海淀区阜成路 8 号档案馆楼 315 室
邮政编码：100830
电子信箱：zghw10@163.com
主页网址：http://www.chia.org.cn
电话：010-68370413/010-68370784
传真：010-68370884
理事长：包为民
副理事长：梁小虹（常务）　王宇宏　王映民

王晋年　刘延宁　冯记春　沈保根
张寿全　张宝红　康金城
秘书长：黎宇红

中国国际经济技术合作促进会

China Association for Promoting International Economic & Technical Cooperation（CAPC）

地址：北京市朝阳区惠新南里 6 号天建大厦 1001
邮政编码：100029
电子信箱：496704005@qq.com
主页网址：http://www.capc.com.cn
电话：010–53635604
理事长：杨春光
副理事长：王志宗　田继生　任树平　刘敬桢
宋　旭　宋和平　张学记　李　勇
陈凯慧　黄福水　彭　东　霍庆华
秘书长：任树平（代理）

中国基本建设优化研究会

China Optimization Society of Capital Construction（COSOCC）

地址：北京市海淀区学院南路 62 号中关村资本大厦四层
邮政编码：100081
电子信箱：sunhuawei@cosocc.org.cn
主页网址：www.cosocc.org.cn
电话：010–62809310
传真：010–62809310
理事长：厉无畏
副理事长：徐小青
秘书长：孙晓洲

中国科技馆发展基金会

Foundation for the Development of Science and Technology Museums in China（FDSTMC）

地址：北京市朝阳区北辰东路 5 号
邮政编码：100012
电子信箱：fdstmc@cstm.org.cn
主页网址：http://www.fdstmc.org.cn
电话：010–59041573
传真：010–59041576
理事长：殷　皓
秘书长：初学基

中国生物多样性保护与绿色发展基金会

China Biodiversity Conservation and Green Development Foundation（CBCGDF）

地址：北京市海淀区板井路 69 号世纪金源国际公寓
邮政编码：100097
电子信箱：v1@cbcgdf.org
主页网址：http://www.cbcgdf.org
电话：010–68485952
传真：010–88431370
理事长：谢伯阳
秘书长：周晋峰

省、自治区、直辖市科协，新疆生产建设兵团科协简介

北京市科学技术协会

地址：北京市朝阳区育慧里 4 号
邮政编码：100101
电子信箱：bastbgsh@126.com
主页网址：http://www.bast.net.cn
电话：010-84635008/010-84635009
传真：010-84655007
主席：刘德培
副主席：于德明　马　林　王恩哥　田　文　刘晓勘　孙宝国　孙晓峰　李　德　杨月欣　沈　岩　孟凡兴　徐明波　高　松　高　福　薛其坤

天津市科学技术协会

地址：天津市和平区和平路 287 号
邮政编码：300041
电子信箱：tastbgs@163.com
主页网址：http://www.tast.org.cn
电话：022-27120933/022-27129898
传真：022-23434553
主席：饶子和
副主席：陆为民（常务）　张丽珠　卢双盈　夏秋雨　张泽峰（挂职）　王树新　周其林　袁　鹰　韩振勇

河北省科学技术协会

地址：河北省石家庄市西大街 73 号
邮政编码：050011
电子信箱：skxbgs2015@163.com
主页网址：http://www.hbast.org.cn
电话：0311-86049311
传真：0311-86049311
主席：段惠军
副主席：刘纪雷　许顺斗　郑丽萍　张建辉

山西省科学技术协会

地址：山西省太原市迎泽大街 388 号山西国际大厦
邮政编码：030001
电子信箱：sxskx@163.com
主页网址：http://www.sxast.cn
电话：0351-4068848
传真：0351-4068848
主席：周　然
副主席：许富昌　温万一　郝建新　张秀亲　马　进　王建文　孙世新　张克军　张其光　陈明昌　金智新　段志光　黄庆学　常国华　谢　红

内蒙古自治区科学技术协会

地址：内蒙古自治区呼和浩特市回民区新华大街 70 号
邮政编码：010020
电子信箱：nmgkxbgs@126.com
主页网址：http://www.imast.org.cn
电话：0471-6290014
传真：0471-6290014

党组书记：麻　魁
主席：赵　吉
副主席：麻　魁　荣昌平　苏雅来　王小海　乌　兰
刘振刚　刘景海　刘利强　苏日娜　吴苏海
宋希文　俞海明　张喜荣　林丛虎　塔　娜
路战远

辽宁省科学技术协会

地址：辽宁省沈阳市浑南区智慧三街159号
邮政编码：110167
电子信箱：lnkxbgs@163.com
主页网址：http://www.lnast.net
电话：024–23227601
传真：024–23221693
主席：郭东明
副主席：张春英　王元立　崔铁民　朱玉宏

吉林省科学技术协会

地址：吉林省长春市朝阳区人民大街6255号
邮政编码：130021
电子信箱：reny1023@163.com
主页网址：http://www.jlskx.org.cn
电话：0431–85261419
传真：0431–85682405
主席：冯守华
副主席：林　天　张晶莹　韩宇鸿　穆晓东
李启云（挂职）　于吉红　王利祥　冯　江
刘益春　安立佳　孙友宏　苏忠民　冷春生
宋柏林　张会轩　金宁一　姜会林　贾　平

黑龙江省科学技术协会

地址：黑龙江省哈尔滨市南岗区中山路204号
邮政编码：150001
电子信箱：hljkx@sina.com
主页网址：http://www.hljkx.org.cn
电话：0451–82626403
传真：0451–82642716
主席：赵　敏
副主席：陶福胜　刘　福　臧晓敏
夏永刚（2019年7月结束挂职）　王希豹
付宏刚　包　军　孙柏涛　李　斌　李己华
李文华　杨宝峰　杨德森　周　玉　郭春景

上海市科学技术协会

地址：上海市南昌路47号
邮政编码：200020
电子信箱：zhuzhu@sast.gov.cn
主页网址：http://www.sast.gov.cn
电话：021–53822040
传真：021–53826013
主席：陈赛娟
副主席：丁奎岭　丁晓东　马兴发　王建宇　李　林
李虹鸣　沈余生　陈　平　陈　丽　金　力
秦文波　顾祥林　徐学敏　徐建光　梁兆正
蒋昌俊　蔡友铭

江苏省科学技术协会

地址：江苏省南京市北京西路30号
邮政编码：210024
电子信箱：jskx2412@163.com
主页网址：http://www.jskx.org.cn
电话：025–83323435
传真：025–83303700
党组书记：孙春雷
主席：陈　骏
副主席：孙春雷　刘志红　祝世宁　张建云　黄　维
缪昌文　王广基　朱怀诚　易中懿　胡敏强
尤肖虎　杨　辉　孙力斌　郁霞秋　任晋生
冯少东　徐春生

浙江省科学技术协会

地址：浙江省杭州市武林广场8号省科协大楼
邮政编码：310003
电子信箱：gengjie0889@dingtalk.com
主页网址：http://www.zast.org.cn
电话：0571–88091326
传真：0571–85107032
主席：姚　克

副主席：郑金平　姜长才　陆　锦　王忠民　田　梅
王　涛　李家彪　杨小牛　应义斌　陈剑平
范　渊　蔡袁强

安徽省科学技术协会

地址：安徽省合肥市花园街4号安徽省科技大厦6–7层
邮政编码：230001
电子信箱：ahskx62661726@126.com
主页网址：http://www.ahpst.net.cn
电话：0551–62661725
传真：0551–62655031
主席：韩　军
副主席：王　洵　蔡士祥　魏军锋　方勇华　王英俭
朱长飞　伍　军　刘晓平　闫红新　陈学东
项兴初　胡以华　俞本立　袁　亮　徐义流
曹云霞　蒋育翔　靳学明

福建省科学技术协会

地址：福建省福州市鼓楼区东大路73号省直东湖大院2号楼
邮政编码：350001
电子信箱：fjskxbgs@163.com
主页网址：http://www.fjkx.org
电话：0591–87532949
传真：0591–86270670
主席：郑兰荪
副主席：曾能建　林学理　史　斌　鲁伟群　田中群
焦念志　付贤智　徐西鹏　陈立典　杨江帆
江云宝　王长平　兰思仁　陈晓春　李清彪
曹　荣　翁启勇　朱鹏立　涂慕溪
汪世华（挂职）

江西省科学技术协会

地址：江西省南昌市青山湖区洪都中大道248号
邮政编码：330002
电子信箱：357496307@qq.com
主页网址：http://www.jxkx.gov.cn
电话：0791–86261298
传真：0791–86261298
党组书记：罗　莹
主席：史　可
副主席：罗　莹　梁纯平　孙卫民　宋平岗

山东省科学技术协会

地址：山东省济南市杆南东街8号
邮政编码：250001
电子信箱：skxbgsgy@shandong.cn
主页网址：http://www.sdast.org.cn
电话：0531–82073209
传真：0531–82073209
主席：王恩东
副主席：王春秋　纪洪波　张　波　秦维强　陈爱国
杨美红（挂职）　于金明　万书波　王　涛
王英龙　包振民　李术才　郑建华　郝　芳
凌沛学　梁建英

河南省科学技术协会

地址：河南省郑州市金水区花园路53号
邮政编码：450008
电子信箱：hnskxnba @ 163.com
主页网址：http://www.hast.net.cn
电话：0371–65707511
传真：0371–65707512
主席：曹　奎
副主席：谈朗玉　房卫平　邓洪军　王继芬　阚云超
童孟进　张新友　张改平　刁玉华　常俊标
张建国　李红霞

湖北省科学技术协会

地址：湖北省武汉市武昌区八一路9号
邮政编码：430071
电子信箱：hubeikexie@126.com
主页网址：http://www.hbkx.org.cn
电话：027–87823704
传真：027–87823704
主席：郭生练
副主席：丁烈云　马忠星　王永良　王国斌　王焰新
毛新平　叶贤林　朱　瑛　刘　侃　余　军

陈焕春　秦顺全　袁志明　窦贤康

湖南省科学技术协会

地址：湖南省长沙市东风路17号
邮政编码：410005
电子信箱：hnkxbgs@163.com
主页网址：http://www.hnast.org.cn
电话：0731-84884371
传真：0731-84884348
主席：张尧学
副主席：丁荣军　于起峰　刘小明　刘晓河　印遇龙　李　华　张辉学　陈晓红　周后德　罗　安　郑健龙　柏连阳　段美娟　秦裕辉　童旭东　傅爱军　蒋晓云　谭蔚泓

广东省科学技术协会

地址：广东省广州市连新路171号
邮政编码：510040
电子信箱：stainfo@sta.gd.cn
主页网址：http://gdsta.cn
电话：020-83550424
传真：020-83549085
主席：陈　勇
副主席：王瑞军　王迎军　冯日光　吴创之　吴焕泉　吴清平　陆华忠　陈　新　罗　俊　郑庆顺　徐义刚　廖　兵　瞿金平

广西壮族自治区科学技术协会

地址：广西壮族自治区南宁市古城路31号
邮政编码：530022
电子信箱：gxkxzxb@126.com
主页网址：http://www.gxast.org.cn
电话：0771-2630650
传真：0771-2630650
主席：黄日波
副主席：纳　翔　梁　宏　梁春花　何　求　朱其东　赵劲民　邓国富　马少健　孙国友　唐咸来　袁智军　刘翠权

海南省科学技术协会

地址：海南省海口市国兴大道69号省委办公大院9号楼7楼
邮政编码：570203
电子信箱：hnkxxcb@163.com
主页网址：http://www.hainanast.org.cn
电话：0898-65393360
传真：0898-65332244
主席：刘艳玲
副主席：胡月明　林　峰　郑　红　吕传柱　史海涛　刘　丹

重庆市科学技术协会

地址：重庆市渝中区双钢路3号科协大厦16楼
邮政编码：400013
电子信箱：cqkxbgs@yahoo.cn
主页网址：http://www.cqast.cn
电话：023-63003916
传真：023-63003788
主席：潘复生
副主席：王云贵　王合清　卞修武　石晓辉　卢　涛　刘　波　许洪斌　杜云贵　李　林　李　彦　李祖伟　李儒冠　张卫国　陈昌明　陈　蓉　周后康　钟　宁　唐伯明　唐洪军　蒋和全　程　伟　曾　礼　谭明星

四川省科学技术协会

地址：四川省成都市武侯区人民南路四段11号
邮政编码：610041
电子信箱：bgs@sckx.org.cn/408964397@qq.com
主页网址：http://www.sckx.org.cn
电话：028-85221933
传真：028-85222804
主席：李言荣
副主席：王学定　毛大付　邓建军　石　碧　朱　颖　李为民　李曙光　余曙光　周利平　郑有良　经　戈　姜晓亭　崔　鹏　赖　静　雷文勇　翟婉明

贵州省科学技术协会

地址：贵州省贵阳市南明区瑞金南路2号
邮政编码：550002
电子信箱：gzskxbgs@126.com
主页网址：http://www.gast.org.cn
电话：0851-85832225
传真：0851-85832225
主席：何　力
副主席：张美圣　刘炳银　刘开树　杨泳滨　宋宝安
赵德刚　谭　红　杨　柱　冯新斌　秦水介
周　琦　韦　维　罗　扬　董泽琴　刘志杰
潘学军　杨三可　夏峥嵘　魏　巍

云南省科学技术协会

地址：云南省昆明市护国路26号
邮政编码：650021
电子信箱：ynast@163.com
主页网址：http://www.yunast.cn
电话：0871-63138614
传真：0871-63155032
主席：朱有勇
副主席：王　华　左荣贵　朱华山　向　云　刘　强
关鼎禄　孙　航　吴启明　张泽军　和江峰
郑　进　唐　兵　蒋永文

西藏自治区科学技术协会

地址：西藏自治区拉萨市藏大东路岗廓路西藏科协
邮政编码：850000
电子信箱：403382141@qq.com
主页网址：http://kjg.cdstm.cn/index.php?a=subweb&wsid=39&webname=xzkx
电话：0891-6890529
传真：0891-6828576
主席：杨开勇
副主席：顿珠旦增

陕西省科学技术协会

地址：陕西省西安市新城大院
邮政编码：710006
主页网址：http://www.snast.org.cn
电话：029-63917170
传真：029-63917173
主席：蒋庄德
副主席：孙　科（常务）　丁德科　王跃进　方光华
吕建军　孙振霖　李　跃　李金城　杨效宏
郑晓静　赵　卫　赵铱民　郝　跃　翁志黔
韩开兴　程光旭　蔡钊利　谭永华　熊中元

甘肃省科学技术协会

地址：甘肃省兰州市安宁区银安路566号
邮政编码：730070
电子信箱：gsskxbgs@163.com
主页网址：http://www.gsast.org.cn
电话：0931-6184211
传真：0931-6184256
主席：张世珍
第一副主席、党组书记：陈炳东
副主席：张　平　毛曼君　张　炯　冯永成

青海省科学技术协会

地址：青海省西宁市城西区文景街32号国投广场A栋7楼
邮政编码：8100008
电子信箱：qhskxbgs@163.com
主页网址：http://www.qast.org.cn
电话：0971-6335628
传真：0971-6302839
党组书记：尤伟利
主席：王　彤
副主席：尤伟利　徐东向　马　玉　朱春云　刘峰贵
吴向培　宋仁德　张超远　罗仙平　樊海宁

宁夏回族自治区科学技术协会

地址：宁夏回族自治区银川市金凤区广场西路
邮政编码：750011
电子信箱：nxkxbgsh@163.com
主页网址：http://www.nxkx.org

电话：0951-5085100
传真：0951-5043588
主席：陈红缨
副主席：陈国顺　张晓玲

新疆维吾尔自治区科学技术协会

地址：新疆维吾尔自治区乌鲁木齐市新医路686号
邮政编码：830054
电子信箱：xjqkxbgs@126.com
主页网址：http://www.xast.org.cn
电话：0991-6386038/0991-6386011
传真：0991-6386012
主席：王永明
副主席：丁有明　陶　鹏　海萨尔·夏班拜　谢国政　米　宁　巴哈尔古丽·库尔班

新疆生产建设兵团科学技术协会

地址：新疆维吾尔自治区乌鲁木齐市南湖北路516号南湖明珠大厦
邮政编码：830018
电子信箱：xjbtkx@126.com
主页网址：http://kjj.xjbt.gov.cn/
电话：0991-2896193/0991-2896182
传真：0991-2896190
主席：徐秀芝
副主席：徐　斌　吕学强　叶含春　周　平　史晨辉　杨学东　陈　伟　宋晓玲　彭　延

索　引

主题索引

编制说明

1. 本索引为主题索引，以年鉴内容述及的主题为索引对象，包括收入书名、机构名、会议名等专有名词。主题选取力求概括全面，突出重点，揭示特色内容，提供多方位检索。

2. 索引范围为全书正文及附录中的部分相关内容。

3. 索引排序先按汉语拼音音序，再按阿拉伯数字、拉丁字母的次序排列。

4. 索引以“见”的形式，将非标引词指向标引词，例如：科技工作者评选表彰　见　优秀科技工作者举荐表彰。以“参见”的形式揭示相关条目之间的联系，例如：建言献策　参见　决策咨询；再如，国际科技交流与合作　参见　各全国学会、省级科学技术协会。后一例指可参见年鉴中全国学会、省级科学技术协会条目下的相关内容。

5. 检索页码后的“a”为该页左栏，“b”为该页右栏。检索数字“d1.01”中的“d”表示“大事记”，“1.01”表示 1 月 1 日的记录。连续页码只记录起始页。二级标题在主标题下以缩格方式显示，以“—”表示主标题的区分；以“，”表示主标题的补充说明。

A

B

C

E

F

G

H

J

K

L

M

N

R

T

W

X

Y

人名索引

本索引收入年鉴中的人名，先按汉语拼音音序排列中文人名，再按英文字母的次序排列其余人名。

E

F

G

H

J

K

L

R

S

X

Y

国际组织机构名称索引

本索引收入国际机构组织名称，先按中文译名的拼音音序排列，再按英文字母的次序排列。